III A 13	IV A 14	V A 15	VI A 16	VII A 17	VIII A 18
					2 4,003 **He** Helium $1s^2$
5 10,81 **B** Bor $2p^1$	6 12,01 **C** Kohlenstoff $2p^2$	7 14,01 **N** Stickstoff $2p^3$	8 16,00 **O** Sauerstoff $2p^4$	9 19,00 **F** Fluor $2p^5$	10 20,18 **Ne** Neon $2p^6$
13 26,98 **Al** Aluminium $3p^1$	14 28,09 **Si** Silicium $3p^2$	15 30,97 **P** Phosphor $3p^3$	16 32,06 **S** Schwefel $3p^4$	17 35,45 **Cl** Chlor $3p^5$	18 39,95 **Ar** Argon $3p^6$
31 69,72 **Ga** Gallium $4p^1$	32 72,59 **Ge** Germanium $4p^2$	33 74,92 **As** Arsen $4p^3$	34 78,96 **Se** Selen $4p^4$	35 79,90 **Br** Brom $4p^5$	36 83,80 **Kr** Krypton $4p^6$
49 114,8 **In** Indium $5p^1$	50 118,7 **Sn** Zinn $5p^2$	51 121,8 **Sb** Antimon $5p^3$	52 127,6 **Te** Tellur $5p^4$	53 126,9 **I** Iod $5p^5$	54 131,3 **Xe** Xenon $5p^6$
81 204,4 **Tl** Thallium $6p^1$	82 207,2 **Pb** Blei $6p^2$	83 209,0 **Bi** Bismut $6p^3$	84 210 **Po** Polonium $6p^4$	85 210 **At** Astat $6p^5$	86 222 **Rn** Radon $6p^6$

68 167,3 **Er** Erbium $5d^0\ 4f^{12}$	69 168,9 **Tm** Thulium $5d^0\ 4f^{13}$	70 173,0 **Yb** Ytterbium $5d^0\ 4f^{14}$	71 175,0 **Lu** Lutetium $5d^1\ 4f^{14}$
100 253 **Fm** Fermium $6d^0\ 5f^{12}$	101 256 **Md** Mendelevium $6d^0\ 5f^{13}$	102 254 **No** Nobelium $6d^0\ 5f^{14}$	103 257 **Lr** Lawrencium $6d^1\ 5f^{14}$

Eric Frösch
Steinweg 3
4147 Aesch

Physik

Paul A. Tipler

Physik

Aus dem Amerikanischen übersetzt von
Michael Baumgartner, Denny Fliegner, Andreas Jedynak, Birgit Marter,
Matthias Marx, Thomas Meigen, Wolfgang Paul und Michael Zillgitt

Herausgeber der deutschen Ausgabe:
Dieter Gerlich und Götz Jerke

Spektrum Akademischer Verlag Heidelberg · Berlin · Oxford

Originaltitel: Physics for Scientists and Engineers,
Third Edition, Extended Version

Amerikanische Originalausgabe bei Worth Publishers, Inc., New York, New York, USA
© 1991, 1982, 1976 by Worth Publishers, Inc.

Herausgeber der deutschen Ausgabe:
Prof. Dr. Dieter Gerlich, Institut für Physik, Technische Universität Chemnitz-Zwickau

Dr. Götz Jerke, München

Die Deutsche Bibliothek – CIP-Einheitsaufnahme

Tipler, Paul A.:
Physik / Paul A. Tipler. Aus dem Amerikan. übers. von Michael Baumgartner ... Hrsg.
der dt. Ausg.: Dieter Gerlich und Götz Jerke. – Heidelberg ; Berlin ; Oxford : Spektrum
Akad. Verl., 1994
  Einheitssacht.: Physics for scientists and engineers <dt.>
  ISBN 3-86025-122-8

© der deutschen Ausgabe 1994, 1995, 1998 Spektrum Akademischer Verlag GmbH
Heidelberg · Berlin
1. Auflage 1994
1. korrigierter Nachdruck, 1995, der 1. Auflage 1994
2. korrigierter Nachdruck, 1998, der 1. Auflage 1994

Alle Rechte, insbesondere die der Übersetzung in fremde Sprachen, sind vorbehalten.
Kein Teil des Buches darf ohne schriftliche Genehmigung des Verlages photokopiert
oder in irgendeiner anderen Form reproduziert oder in eine von Maschinen verwendbare
Sprache übertragen oder übersetzt werden.

Lektorat: Björn Gondesen
Redaktion: Walter Greulich, Birkenau
Produktion: Katrin Frohberg
Einbandgestaltung: Kurt Bitsch, Birkenau
Satzherstellung: Satz- und Reprotechnik GmbH, Hemsbach
Druck und Verarbeitung: Druckhaus Beltz, Hemsbach

Das **Umschlagbild** veranschaulicht den Meißner-Ochsenfeld-Effekt: Ein Supraleiter
verhält sich wie ein idealer Diamagnet und stößt einen Permanentmagneten ab. Im Bild
schwebt ein würfelförmiger Permanentmagnet über einer supraleitenden Scheibe aus
$YBa_2Cu_3O_{7-x}$. (Foto: © 1988 Richard Megna, Fundamental Photographs)

Die **Bildquellen** sind jeweils in der Bildunterschrift direkt an der betreffenden
Abbildung genannt. Herausgeber und Verlag haben sich bemüht, alle Inhaber der
Bildrechte ausfindig zu machen und um Abdruckgenehmigung zu bitten. Einige wenige
Inhaber der Bildrechte konnten trotz intensiver Bemühungen nicht gefunden werden.
Der Verlag bittet alle Betroffenen um Kontaktaufnahme.

Spektrum Akademischer Verlag   Heidelberg · Berlin

Aus dem Vorwort zur dritten Auflage der amerikanischen Originalausgabe

Die vorliegende dritte Auflage erscheint nicht wie die vorgehenden Auflagen unter dem Titel „Physics", sondern als „Physics for Scientists and Engineers". Sie ist zur Begleitung einer zwei- oder dreisemestrigen Physikvorlesung gedacht, die sich an Studenten natur- und ingenieurwissenschaftlicher Fächer richtet. Grundkenntnisse der Differential- und Integralrechnung sollten vorhanden sein. Der mathematische Anspruch wächst zu den hinteren Kapiteln hin.

Das Buch ist in sechs Teile gegliedert: Mechanik, Schwingungen und Wellen, Thermodynamik, Elektrizität und Magnetismus, Optik, Moderne Physik. Beim Schreiben hatte ich vier Ziele vor Augen:

1. Ich wollte eine ausgewogene Einführung in die wichtigsten Phänomene und Konzepte sowohl der klassischen als auch der modernen Physik geben. Es kam mir sehr darauf an, auch einen Eindruck davon zu vermitteln, wie schön und anregend Physik ist. Gleichzeitig soll der Text natürlich eine solide Grundlage für eine weitergehende Beschäftigung mit der Physik legen.
2. Die Physik soll in logischer und in sich geschlossener Form präsentiert werden, die das Interesse der Studenten weckt und ihren Wünschen entgegenkommt.
3. Ich wollte mit dazu beitragen, daß die Studenten in die Lage versetzt werden, mit Selbstvertrauen und Geschick an physikalische Probleme und Aufgaben heranzugehen.
4. Physik ist keineswegs nur eine akademische Disziplin, sondern findet im Alltag und in der modernen Technik viele Anwendungen. Dadurch, daß ich einerseits den Blick auf solche Anwendungen lenke und andererseits auf Grundfragen unserer materiellen Welt eingehe, wollte ich die Studenten zur Beschäftigung mit physikalischen Fragen anregen.

Die einzelnen Teile des Buches sind stark miteinander verzahnt und bauen aufeinander auf. Insbesondere wird die klassische Physik so präsentiert, daß der Leser ein solides Fundament zum Verständnis der modernen Physik erhält. So führe ich beispielsweise im Kapitel 14 (Akustik) Wellenpakete und Gruppengeschwindigkeit ein – Konzepte, die später in Kapitel 36 (Quantenmechanik) benötigt werden. Die Maxwell-Boltzmann-Verteilung wird in Kapitel 15 (Temperatur) behandelt, so daß auf sie bei der Diskussion der elektrischen Leitfähigkeit in Kapitel 39 (Festkörper) zurückgegriffen werden kann. Im Teil „Moderne Physik" kann der Stoff notgedrungen fast nur deskriptiv gebracht werden. Dennoch lassen sich auch hier die grundlegenden Konzepte anhand von typischen,

Aus dem Vorwort zur Originalausgabe

einfachen Problemstellungen vermitteln. So entwickle ich das Pauli-Prinzip anhand von Symmetriebetrachtungen bei der Untersuchung zweier identischer Teilchen im eindimensionalen Potentialtopf mit unendlich hohen senkrechten Wänden (Kapitel 36). Im Festkörper-Kapitel (Kapitel 39) wende ich dieses Potentialtopf-Modell wieder an, um das Konzept der Fermi-Energie plausibel zu machen und damit die elektrischen und thermischen Eigenschaften von Metallen zu erklären.

Jedes Kapitel enthält durchgerechnete und erläuterte Beispiele bzw. Beispielaufgaben (oft verknüpft mit einer nachfolgenden Übung, bei der die Lösung mit angegeben ist), eine Zusammenfassung der wichtigsten Feststellungen und Gesetzmäßigkeiten sowie eine Sammlung von Aufgaben. Die Aufgaben sind nach drei Schwierigkeitsstufen geordnet: Bei Aufgaben der Stufe I geht es nur um einfaches Anwenden der im Text auftretenden Gleichungen. Aufgaben der Stufe II erfordern ein tieferes Verständnis des gesamten Kapitels. Bei den Aufgaben der Stufe III handelt es sich um „harte Nüsse" – hier müssen die wesentlichen Aussagen unterschiedlicher Kapitel kombiniert werden, wobei der mathematische Anspruch recht hoch angesiedelt ist.

An dieser Stelle möchte ich allen danken, die zum Entstehen dieses Buches beigetragen haben.

Berkeley, California
im Juni 1991

Paul Tipler

Die amerikanische Ausgabe trägt die Widmung

Für Claudia

Vorwort zur deutschen Ausgabe

Mit der deutschen Übersetzung von Tiplers „Physics for Scientists and Engineers" (third edition) liegt eine in sich geschlossene Einführung in die Physik vor, die zwei auf den ersten Blick widersprüchliche Ziele vereint: Sie will eine verständliche und anregende Darstellung sein und zugleich die physikalischen Konzepte in der gebotenen Strenge entwickeln.

In den USA gilt Tiplers „Physics" als eines der erfolgreichsten Experimentalphysik-Lehrbücher. Gelobt wird es nicht nur wegen seiner verständlichen und einprägsamen Darstellung, sondern auch wegen seiner anschaulichen und liebevollen Bebilderung und der Vielzahl aktueller Themen, die in die Darstellung einfließen und ein „rundes" Bild der Physik vermitteln.

Die deutsche Ausgabe, die den Anforderungen der Physikausbildung an hiesigen Universitäten angepaßt wurde, entspricht der einführenden Experimentalphysikvorlesung für Physiker; wir sind überzeugt, daß die Art der Darstellung auch Studenten der benachbarten Naturwissenschaften den Einstieg in die Physik erleichtern wird.

Der Aufbau des Lehrbuchs folgt dem klassischen Vorgehen (von der Mechanik zur Teilchenphysik). Seine herausragenden Merkmale sind:

- großzügige Gestaltung und Ausstattung, außergewöhnlich aufwendige mehrfarbige Graphik sowie viele Farbfotos,
- prägnante, verständliche und anschauliche Sprache,
- sorgfältige Heranführung an formale Aspekte,
- über 400 konkrete durchgerechnete Beispielaufgaben,
- mehr als 1200 Übungsaufgaben unterschiedlicher Schwierigkeitsgrade.

Besonders erwähnenswert sind die Essays, in denen zahlreiche hochaktuelle Themen aus der physikalischen Grundlagenforschung und aus benachbarten Gebieten, aber auch historische Themen näher beleuchtet werden. Hierdurch erfahren die Studenten anschaulich, was Physik in der praktischen Forschung und Anwendung bedeutet und welche Zusammenhänge zwischen den vielen einzelnen Fakten und Gesetzmäßigkeiten bestehen. Die Essays lassen damit das Lehrbuch nicht Gefahr laufen, als eine Sammlung lexikalischen Wissens zu erstarren.

An dieser Stelle möchten wir auf das „Arbeitsbuch zu Tiplers Physik" von James S. Walker (Spektrum Akademischer Verlag, Heidelberg 1994) hinweisen, in dem alle Aufgaben besprochen und gelöst werden.

Vorwort zur deutschen Ausgabe

Bei der Übertragung eines amerikanischen Lehrbuchs ins Deutsche muß auf die unterschiedlichen Bildungssysteme Rücksicht genommen werden. Dementsprechend mußte der Text durch eine Reihe von Eingriffen den deutschen Verhältnissen angepaßt werden:

- Hinführung zur differentiellen und vektoriellen Formulierung von Zusammenhängen. Unterschiedliche Vorkenntnisse der Studenten können auf diese Weise ausgeglichen werden.

- In späteren Kapiteln werden – wo sinnvoll – Differentialoperatoren (grad, div, rot) eingeführt.

- Straffung einzelner Kapitel bei gleichzeitiger Vertiefung an anderen Stellen.

- Anpassung an in Deutschland übliche technische Gegebenheiten (wie etwa Umrechnung auf die übliche Netzspannung von 230 V bei 50 Hz).

- Weitgehende Verwendung von SI-Einheiten.

Unser Ziel war es, Studierenden einen Text an die Hand zu geben, der ihnen den Zugang zur Physik erleichtert, gute Dienste bei der Prüfungsvorbereitung leistet und darüber hinaus zeigt, daß Physik mehr ist als stures Auswendiglernen von Formeln.

Unser Dank gilt dem Übersetzerteam *Thomas Meigen* (Kapitel 1 bis 6), *Michael Baumgartner* (Kapitel 7 bis 11), *Andreas Jedynak* und *Birgit Marter* (Kapitel 12 bis 14 und 18 bis 20), *Michael Zillgitt* (Kapitel 15 bis 17 und 37 bis 38), *Wolfgang Paul* (Kapitel 21 bis 26 und 28), *Matthias Marx* (Kapitel 27, 29 bis 33 und 39) und *Denny Fliegner* (Kapitel 34 bis 36 und 40 bis 42). Ein so umfangreiches Buch wie dieses kann nicht ohne eine tatkräftige Redaktion entstehen. Wir danken an erster Stelle *Walter Greulich*. Die inhaltliche, sprachliche und formale Bearbeitung lag in seinen Händen. Er hat wesentlichen Anteil an der Anpassung an die deutschen Verhältnisse. Unterstützt wurde er in der „heißen" Endphase der Bearbeitung von *Michael Zillgitt*, *Carsten Heinisch*, *Lothar Eisenmann* und *Denny Fliegner*, ohne deren Mithilfe die deutsche Ausgabe nicht mehr zum Wintersemester 1994/95 erschienen wäre. Dem Verlag sind wir für die ausgezeichnete und verständnisvolle Zusammenarbeit sehr verbunden, insbesondere Herrn *Björn Gondesen* für seine konstruktive Kritik und viele Verbesserungsvorschläge sowie Frau *Susanne Tochtermann* für die hervorragende herstellerische Betreuung. Schließlich danken wir allen beteiligten Mitarbeitern der Firma Satz- und Reprotechnik und des Druckhauses Beltz, die durch ihren unermüdlichen Einsatz diese aufwendige Produktion möglich gemacht haben.

Chemnitz und Zürich *Dieter Gerlich* und *Götz Jerke*
im Juni 1994 (als Herausgeber der deutschen Ausgabe)

Inhalt

1	**Einheitensysteme**	1
1.1	Physikalische Größen und Einheiten	1
1.2	Meßgenauigkeit und Meßfehler	3
1.3	Die Dimension einer physikalischen Größe	5
1.4	Rechnen mit physikalischen Größen	6
	Zusammenfassung	9
	Essay: Hans Christian von Baeyer, *Fermis Lösung*	10
	Aufgaben	13

Teil 1   Mechanik

2	**Bewegung in einer Dimension**	19
2.1	Durchschnittsgeschwindigkeit	20
2.2	Momentangeschwindigkeit	23
2.3	Beschleunigung	26
2.4	Integration	28
2.5	Bewegung mit konstanter Beschleunigung	31
	Zusammenfassung	37
	Aufgaben	38
3	**Bewegung in zwei und drei Dimensionen**	43
3.1	Verschiebungsvektor und Vektoraddition	43
3.2	Vektoraddition in Komponentenschreibweise	45
3.3	Einheitsvektoren und Multiplikation von Vektoren mit Skalaren	47
3.4	Der Geschwindigkeitsvektor	48
3.5	Der Beschleunigungsvektor	50
3.6	Relativgeschwindigkeit	52
3.7	Wurfbewegungen	53
3.8	Kreisbewegung	61
	Zusammenfassung	64
	Aufgaben	66
4	**Die Newtonschen Axiome**	71
4.1	Das erste Newtonsche Axiom: das Trägheitsgesetz	72
4.2	Kraft, Masse und das zweite Newtonsche Axiom	74

4.3	Die Gewichtskraft	78
4.4	Das dritte Newtonsche Axiom	80
4.5	Kräfte in der Natur	82
4.6	Anwendungen zur Lösung von Bewegungsproblemen	86
	Zusammenfassung	93
	Aufgaben	95

5 Die Newtonschen Axiome II: Anwendungen — 99

5.1	Reibung	99
5.2	Strömungswiderstand	109
5.3	Bewegungsprobleme im Fall von mehreren miteinander verbundenen Körpern	110
5.4	Scheinkräfte	114
5.5	Numerische Methoden	118
	Zusammenfassung	121
	Aufgaben	123

6 Arbeit und Energie — 129

6.1	Arbeit und kinetische Energie: Bewegung in einer Dimension bei konstanter Kraft	130
6.2	Arbeit bei veränderlicher Kraft	134
6.3	Arbeit und Energie in drei Dimensionen	137
6.4	Die potentielle Energie	142
6.5	Potentielle Energie und Gleichgewicht in einer Dimension	147
6.6	Die Erhaltung der mechanischen Energie	150
6.7	Der verallgemeinerte Energiesatz der Mechanik	158
6.8	Energieerhaltung	163
6.9	Leistung	165
	Zusammenfassung	167
	Aufgaben	170

7 Teilchensysteme und Impulserhaltung — 177

7.1	Der Massenmittelpunkt	177
7.2	Bewegung des Massenmittelpunkts	182
7.3	Impulserhaltung	185
7.4	Das Massenmittelpunktsystem als Bezugssystem	190
7.5	Kinetische Energie eines Systems von Teilchen	192
7.6	Stöße in einer Dimension	195
7.7	Stöße in drei Dimensionen	203
7.8	Kraftstoß und zeitliches Mittel einer Kraft	206
7.9	Raketenantrieb	210
	Zusammenfassung	213
	Essay: Ralph A. Llewellyn, *Die Entdeckung des Neutrinos*	216
	Aufgaben	219

8 Drehbewegungen — 225

8.1	Winkelgeschwindigkeit und Winkelbeschleunigung	225
8.2	Drehmoment und Trägheitsmoment	229
8.3	Die kinetische Energie der Drehbewegung	234
8.4	Berechnung von Trägheitsmomenten	236
8.5	Der Drehimpuls	242
8.6	Rollende Körper	249
8.7	Der Vektorcharakter der Drehgrößen und das Kreuzprodukt	256
8.8	Statistisches und dynamisches Ungleichgewicht	262
8.9	Kreiselbewegungen	263
	Zusammenfassung	265
	Aufgaben	267

9 Statisches Gleichgewicht des starren Körpers — 279
- 9.1 Gleichgewichtsbedingungen — 279
- 9.2 Der Schwerpunkt — 281
- 9.3 Einige Beispiele für statisches Gleichgewicht — 283
- 9.4 Kräftepaare — 287
- 9.5 Stabilität des Gleichgewichtes — 288
- Zusammenfassung — 291
- Aufgaben — 292

10 Gravitation — 299
- 10.1 Die Keplerschen Gesetze — 299
- 10.2 Das Newtonsche Gravitationsgesetz — 303
- 10.3 Messung der Gravitationskonstanten — 309
- 10.4 Schwere und träge Masse — 311
- 10.5 Verlassen von gebundenen Bahnen um die Erde — 312
- 10.6 Potentielle Energie, Gesamtenergie und Umlaufbahnen — 318
- 10.7 Das Gravitationsfeld einer Kugelschale und einer Vollkugel — 321
- Zusammenfassung — 327
- *Essay*: A.P. French, *Isaac Newton (1642–1727)* — 329
- Aufgaben — 333

11 Mechanik deformierbarer Körper — 339
- 11.1 Dichte — 339
- 11.2 Spannung und Dehnung — 342
- 11.3 Druck in einer Flüssigkeit — 345
- 11.4 Auftrieb und Archimedisches Prinzip — 349
- 11.5 Oberflächenspannung und Kapillarität — 353
- 11.6 Fluiddynamik und Bernoulli-Gleichung — 356
- 11.7 Viskose Strömung — 362
- Zusammenfassung — 365
- *Essay*: Robert G. Hunt, *Die Aerodynamik des Radfahrens* — 368
- Aufgaben — 371

Teil 2 Schwingungen und Wellen

12 Schwingungen — 379
- 12.1 Harmonische Schwingungen — 379
- 12.2 Harmonische Schwingung und Kreisbewegung — 387
- 12.3 Energiebilanz bei harmonischen Schwingungen — 388
- 12.4 Massen an senkrecht aufgehängten Federn — 392
- 12.5 Pendel — 394
- 12.6 Bewegungen in der Nähe von Gleichgewichtspunkten — 400
- 12.7 Gedämpfte Schwingungen — 401
- 12.8 Erzwungene Schwingung und Resonanz — 406
- Zusammenfassung — 409
- *Essay*: James S. Walker, *Chaos – eine ordentliche Unordnung* — 411
- Aufgaben — 416

13 Mechanische Wellen — 423
- 13.1 Wellenberge — 424
- 13.2 Ausbreitungsgeschwindigkeit von Wellen — 429
- 13.3 Harmonische Wellen — 431
- 13.4 Energieübertragung durch Wellen — 434
- 13.5 Superposition und Interferenz harmonischer Wellen — 435

13.6	Stehende Wellen	438
13.7	Überlagerung stehender Wellen	446
13.8	Wellengleichung	448
	Zusammenfassung	451
	Aufgaben	454

14 Akustik 459
14.1	Ausbreitungsgeschwindigkeit von Schallwellen	459
14.2	Harmonische Schallwellen	462
14.3	Wellen in drei Dimensionen: Intensität	466
14.4	Interferenz: Schwebungen	470
14.5	Stehende Schallwellen	476
14.6	Harmonische Analyse und Synthese	481
14.7	Wellenpakete und Dispersion	483
14.8	Reflexion, Brechung und Beugung	484
14.9	Der Doppler-Effekt	487
	Zusammenfassung	493
	Essay: Jack L. Flinner, *Seismische Wellen*	497
	Aufgaben	502

Teil 3   Thermodynamik

15 Temperatur 509
15.1	Temperaturskalen	509
15.2	Gasthermometer und die absolute Temperatur	512
15.3	Thermische Ausdehnung	514
15.4	Die Zustandsgleichung für ideale Gase	518
15.5	Die molekulare Deutung der Temperatur: die kinetische Gastheorie	522
15.6	Die Van-der-Waals-Gleichung	528
15.7	Phasendiagramme	530
	Zusammenfassung	533
	Aufgaben	535

16 Wärme und der Erste Hauptsatz der Thermodynamik 539
16.1	Wärmekapazität und spezifische Wärme	540
16.2	Phasenübergänge und latente Wärme	543
16.3	Wärmeübertragung	546
16.4	Der Erste Hauptsatz der Thermodynamik	554
16.5	Die innere Energie eines idealen Gases	557
16.6	Volumenarbeit und das *P-V*-Diagramm eines Gases	559
16.7	Wärmekapazitäten und der Gleichverteilungssatz	562
16.8	Adiabatische Zustandsänderung	568
	Zusammenfassung	571
	Essay: Jerrold H. Krenz, *Der Energiehaushalt der Erde und die globale Erwärmung*	575
	Aufgaben	579

17 Die Verfügbarkeit der Energie 585
17.1	Wärmekraftmaschinen und der Zweite Hauptsatz	586
17.2	Kältemaschinen und der Zweite Hauptsatz	590
17.3	Die Gleichwertigkeit der Formulierungen des Zweiten Hauptsatzes	591
17.4	Der Carnot-Wirkungsgrad	592
17.5	Wärmepumpen	597

17.6	Entropie und Unordnung	599
17.7	Entropie und Wahrscheinlichkeit	605
17.8	Der Dritte Hauptsatz der Thermodynamik	607
	Zusammenfassung	608
	Aufgaben	610

Teil 4 Elektrizität und Magnetismus

18 Das elektrische Feld I: Diskrete Ladungsverteilungen — 617
18.1	Elektrische Ladung	618
18.2	Leiter, Nichtleiter und Influenz	621
18.3	Das Coulombsche Gesetz	623
18.4	Das elektrische Feld	627
18.5	Elektrische Feldlinien	632
18.6	Bewegungen von Punktladungen in elektrischen Feldern	635
18.7	Elektrische Dipole in elektrischen Feldern	636
	Zusammenfassung	638
	Aufgaben	640

19 Das elektrische Feld II: Kontinuierliche Ladungsverteilungen — 645
19.1	Berechnung des elektrischen Feldes mit Hilfe des Coulombschen Gesetzes	646
19.2	Das Gaußsche Gesetz	654
19.3	Berechnung des elektrischen Feldes mit Hilfe des Gaußschen Gesetzes	658
19.4	Ladung und Feld auf den Oberflächen von leitenden Gegenständen	669
19.5	Mathematische Herleitung des Gaußschen Gesetzes	674
	Zusammenfassung	675
	Aufgaben	677

20 Das elektrische Potential — 681
20.1	Elektrisches Potential und Potentialdifferenz	681
20.2	Das Potential eines Systems von Punktladungen	685
20.3	Elektrostatische potentielle Energie	690
20.4	Berechnung des elektrischen Potentials kontinuierlicher Ladungsverteilungen	691
20.5	Elektrisches Feld und Potential	698
20.6	Äquipotentialflächen, Ladungsfluß und dielektrischer Durchschlag	704
	Zusammenfassung	710
	Essay: Richard Zallen, *Elektrostatik und Xerographie*	713
	Aufgaben	715

21 Kapazität, Dielektrika und elektrostatische Energie — 721
21.1	Der Plattenkondensator	722
21.2	Der Zylinderkondensator	724
21.3	Dielektrika	725
21.4	Die Speicherung elektrischer Energie	729
21.5	Zusammenschaltung von Kondensatoren	733
	Zusammenfassung	739
	Aufgaben	740

22 Elektrischer Strom — 747
22.1	Strom und die Bewegung von Ladungen	747
22.2	Widerstand und Ohmsches Gesetz	751

22.3	Die Energie des elektrischen Stroms	756
22.4	Zusammenschaltung von Widerständen	761
22.5	Ein mikroskopisches Modell der elektrischen Leitfähigkeit von Metallen	765
Zusammenfassung		769
Essay: Elizabeth Pflegl Nickles, *Reizleitung in Nervenzellen*		772
Aufgaben		776

23   Gleichstromkreise   781
23.1	Die Kirchhoffschen Regeln	782
23.2	*RC*-Kreise	790
23.3	Amperemeter, Voltmeter und Ohmmeter	798
Zusammenfassung		801
Aufgaben		803

24   Das Magnetfeld   811
24.1	Die magnetische Kraftwirkung	812
24.2	Die Bewegung einer Punktladung in einem Magnetfeld	818
24.3	Das auf Leiterschleifen und Magnete ausgeübte Drehmoment	827
24.4	Der Hall-Effekt	831
Zusammenfassung		835
Aufgaben		837

25   Die Quellen des magnetischen Feldes   843
25.1	Das magnetische Feld einer bewegten Punktladung	844
25.2	Das magnetische Feld von Strömen: Das Gesetz von Biot und Savart	848
25.3	Die Definition des Ampere	858
25.4	Das Ampèresche Gesetz	860
Zusammenfassung		866
Aufgaben		869

26   Magnetische Induktion   875
26.1	Der magnetische Fluß	876
26.2	Induktionsspannung und Faradaysches Gesetz	877
26.3	Die Lenzsche Regel	881
26.4	Induktionsspannung durch Bewegung	883
26.5	Wirbelströme	887
26.6	Generatoren und Motoren	889
26.7	Induktivität	891
26.8	*LR*-Kreise	895
26.9	Die Energie des Magnetfelds	898
Zusammenfassung		900
Essay: Syun-Ichi Akasofu, *Das Polarlicht*		903
Aufgaben		907

27   Magnetismus in Materie   915
27.1	Magnetisierung und magnetische Suszeptibilität	916
27.2	Atomare magnetische Momente	920
27.3	Paramagnetismus	922
27.4	Ferromagnetismus	925
27.5	Diamagnetismus	928
Zusammenfassung		930
Aufgaben		933

28	**Wechselstromkreise**	937
28.1	Wechselspannung an einem Widerstand	938
28.2	Wechselströme in Spulen und Kondensatoren	943
28.3	Zeigerdiagramme	949
28.4	*LC*- und *LCR*-Kreise ohne Wechselspannungsquelle	950
28.5	*LCR*-Kreise mit Wechselspannungsquelle – erzwungene Schwingungen	955
28.6	Der Transformator	965
28.7	Gleichrichtung und Verstärkung	969
	Zusammenfassung	973
	Essay: John Dentler, *Elektromotoren*	976
	Aufgaben	985
29	**Maxwellsche Gleichungen und elektromagnetische Wellen**	991
29.1	Der Maxwellsche Verschiebungsstrom	992
29.2	Die Maxwellschen Gleichungen	995
29.3	Die Wellengleichung für elektromagnetische Wellen	998
29.4	Energie und Impuls einer elektromagnetischen Welle	1002
29.5	Das elektromagnetische Spektrum	1007
	Zusammenfassung	1011
	Essay: C.W.F. Everitt, *James Clerk Maxwell (1831–1879)*	1013
	Aufgaben	1016

Teil 5   Optik

30	**Licht**	1023
30.1	Die Lichtgeschwindigkeit	1025
30.2	Die Ausbreitung des Lichts: das Huygenssche Prinzip	1028
30.3	Reflexion	1030
30.4	Brechung	1032
30.5	Das Fermatsche Prinzip	1042
30.6	Polarisation	1044
	Zusammenfassung	1050
	Essay: Robert Greenler, *Jenseits des (sichtbaren) Regenbogens*	1051
	Aufgaben	1053
31	**Geometrische Optik**	1059
31.1	Ebene Spiegel	1059
31.2	Sphärische Spiegel	1062
31.3	Durch Brechung erzeugte Bilder	1068
31.4	Dünne Linsen	1071
31.5	Abbildungsfehler	1081
	Zusammenfassung	1083
	Aufgaben	1085
32	**Optische Instrumente**	1089
32.1	Das Auge	1089
32.2	Die Lupe	1093
32.3	Die Kamera	1095
32.4	Das Mikroskop	1098
32.5	Das Teleskop	1099
	Zusammenfassung	1104
	Aufgaben	1106

33 Interferenz und Beugung — 1109
33. 1 Phasendifferenz und Kohärenz — 1109
33. 2 Interferenz an dünnen Schichten — 1111
33. 3 Das Michelson-Interferometer — 1114
33. 4 Das Interferenzmuster an einem Doppelspalt — 1116
33. 5 Vektoraddition von harmonischen Wellen — 1120
33. 6 Interferenzmuster bei drei oder mehr äquidistanten Quellen — 1122
33. 7 Beugungsmuster an einem Einzelspalt — 1125
33. 8 Interferenz- und Beugungsmuster beim Doppelspalt — 1130
33. 9 Fraunhofersche und Fresnelsche Beugung — 1131
33.10 Beugung und Auflösung — 1132
33.11 Beugungsgitter — 1135
Zusammenfassung — 1139
Aufgaben — 1141

Teil 6 Moderne Physik

34 Relativitätstheorie — 1149
34. 1 Das Newtonsche Relativitätsprinzip — 1150
34. 2 Das Michelson-Morley-Experiment — 1152
34. 3 Die Einsteinschen Postulate — 1156
34. 4 Die Lorentz-Transformation — 1157
34. 5 Uhrensynchronisation und Gleichzeitigkeit — 1164
34. 6 Der Doppler-Effekt — 1168
34. 7 Das Zwillingsparadoxon — 1169
34. 8 Die Geschwindigkeitstransformation — 1171
34. 9 Relativistischer Impuls — 1174
34.10 Relativistische Energie und Masse-Energie-Äquivalenz — 1176
34.11 Allgemeine Relativitätstheorie — 1183
Zusammenfassung — 1186
Aufgaben — 1189

35 Ursprünge der Quantentheorie — 1195
35.1 Strahlung des schwarzen Körpers und Plancksches Wirkungsquantum — 1197
35.2 Der photoelektrische Effekt — 1199
35.3 Röntgenstrahlung — 1202
35.4 Compton-Streuung — 1204
35.5 Energiequantisierung in Atomen und Bohrsches Atommodell — 1206
35.6 Welleneigenschaften des Elektrons und Quantenmechanik — 1212
Zusammenfassung — 1216
Aufgaben — 1218

36 Quantenmechanik — 1221
36. 1 Wellenfunktionen von Teilchen — 1221
36. 2 Wellenpakete — 1225
36. 3 Die Unschärferelation — 1230
36. 4 Der Welle-Teilchen-Dualismus — 1233
36. 5 Die Schrödinger-Gleichung — 1234
36. 6 Das Teilchen im Kastenpotential — 1237
36. 7 Das Teilchen in einem Potentialtopf mit endlich hohen Wänden — 1241
36. 8 Erwartungswerte — 1244
36. 9 Der quantenmechanische harmonische Oszillator — 1246

36.10	Reflexion und Transmission an einem Potentialwall	1249
36.11	Die Schrödinger-Gleichung in drei Dimensionen	1253
36.12	Die Schrödinger-Gleichung für zwei identische Teilchen	1255
	Zusammenfassung	1257
	Aufgaben	1260

37 Atome — 1265

37.1	Das Wasserstoffatom	1266
37.2	Die Wellenfunktionen des Wasserstoffatoms	1270
37.3	Magnetische Momente und der Elektronenspin	1275
37.4	Der Stern-Gerlach-Versuch	1277
37.5	Die Addition der Drehimpulse und die Spin-Bahn-Kopplung	1279
37.6	Das Periodensystem	1282
37.7	Spektren im sichtbaren und im Röntgen-Bereich	1289
37.8	Absorption, Streuung und stimulierte Emission	1292
37.9	Der Laser	1293
	Zusammenfassung	1298
	Essay: D.J. Wineland, *Atomfallen und Laserkühlung*	1300
	Aufgaben	1306

38 Moleküle — 1309

38.1	Die chemische Bindung	1310
38.2	Mehratomige Moleküle	1317
38.3	Energieniveaus und Spektren zweiatomiger Moleküle	1322
	Zusammenfassung	1330
	Aufgaben	1332

39 Festkörper — 1335

39.1	Die Struktur von Festkörpern	1336
39.2	Das klassische Konzept des Elektronengases und seine Grenzen	1344
39.3	Das Fermi-Elektronengas	1345
39.4	Die Quantentheorie der elektrischen Leitung	1353
39.5	Das Bändermodell der Festkörper	1356
39.6	Dotierte Halbleiter	1359
39.7	Halbleiterübergangsschichten und ihre Anwendungen	1361
39.8	Supraleitung	1367
	Zusammenfassung	1372
	Essay: Samuel J. Williamson, *SQUIDs*	1376
	Essay: Ellen D. Williams, *Raster-Tunnel-Mikroskopie*	1380
	Aufgaben	1383

40 Kernphysik — 1389

40.1	Eigenschaften der Kerne	1390
40.2	Kernspinresonanz	1396
40.3	Radioaktivität	1398
40.4	Kernreaktionen	1403
40.5	Kernspaltung, Kernfusion und Kernreaktionen	1405
40.6	Wechselwirkung von Teilchen mit Materie	1413
	Zusammenfassung	1418
	Aufgaben	1421

41 Elementarteilchen — 1425

41.1	Hadronen und Leptonen	1425
41.2	Spin und Antiteilchen	1428
41.3	Erhaltungssätze	1431

41.4	Das Quark-Modell	1434
41.5	Feldquanten	1438
41.6	Die Theorie der elektroschwachen Wechselwirkung	1439
41.7	Das Standardmodell	1439
41.8	Große Vereinheitlichte Theorien	1441
	Zusammenfassung	1442
	Aufgaben	1443

42	**Astrophysik und Kosmologie**	**1445**
42.1	Unser Stern, die Sonne	1446
42.2	Die Sterne	1453
42.3	Die Entwicklung der Sterne	1457
42.4	Kataklysmische Ereignisse	1460
42.5	Endzustände der Sterne	1463
42.6	Galaxien	1466
42.7	Gravitation und Kosmologie	1472
42.8	Kosmogenesis	1474
	Zusammenfassung	1478
	Aufgaben	1480

Weiterführende Literatur   1483

Namen- und Sachverzeichnis   1485

Einheitensysteme

Der Mensch ist von Natur aus neugierig und trachtete immer schon danach, die ihn umgebende Welt zu verstehen. Seit der Erfindung der Schrift haben wir nach Wegen gesucht, die verwirrende Vielfalt von Ereignissen, die wir beobachten, zu ordnen. Diese Suche nach Ordnung hat eine Vielzahl von Formen angenommen: eine ist die Religion, eine andere die Kunst und eine dritte die Wissenschaft. Unter Wissenschaft versteht man zunächst die gesammelten Erkenntnisse über die uns umgebende materielle Welt. Darüber hinaus umfaßt Wissenschaft aber auch den Akt der Erkenntnisgewinnung, wobei sich die wissenschaftliche Methode nach allgemeinem Verständnis durch Systematik und Rationalität auszeichnet.

Gewöhnlich teilen wir die Wissenschaft, im engeren Sinne die Naturwissenschaft, in mehrere voneinander abgrenzbare, gleichzeitig aber auch zusammenhängende Disziplinen ein. So untersucht beispielsweise die Biologie lebende Organismen. Die Chemie handelt von der Wechselwirkung der Elemente und Verbindungen. Die Geologie befaßt sich mit dem Aufbau der Erde. Die Astronomie untersucht das Sonnensystem, Sterne, Galaxien und das Universum als Ganzes. In der Physik geht es um Materie und Energie, um die Prinzipien, die die Bewegungen von Teilchen und Wellen bestimmen, um die Wechselwirkungen zwischen Teilchen und um die Eigenschaften von Molekülen, Atomen, Atomkernen und ausgedehnteren Systemen wie Gasen, Flüssigkeiten und Festkörpern. Die Physik ist die Grundlagenwissenschaft von der unbelebten Natur. Andere naturwissenschaftliche Disziplinen bauen auf der Physik auf.

1.1 Physikalische Größen und Einheiten

Die Gesetze der Physik beschreiben Zusammenhänge zwischen physikalischen Größen wie Länge, Zeit, Kraft, Energie oder Temperatur. Daher besteht eine der wichtigsten Forderungen an die Physik darin, solche Größen eindeutig zu definieren und genau zu messen. Eine physikalische Größe zu messen bedeutet immer, sie mit einer genau definierten Einheit dieser Größe zu vergleichen. Um zum Beispiel den Abstand zwischen zwei Punkten zu messen, vergleichen wir diesen Abstand mit einer Einheit der Länge, z.B. dem Meter. Die Behauptung, eine bestimmte Strecke sei „25 Meter" lang, bedeutet dann, daß ihre Länge 25mal

1 Einheitensysteme

so groß ist wie die der Einheit Meter. Offensichtlich ist jede *physikalische Größe* als Produkt aus einer Zahl (im Beispiel 25) und einer Einheit (im Beispiel dem Meter) gegeben. Es gilt also

$$u = \{u\} \, [u] \, ,$$

wenn u die physikalische Größe, $\{u\}$ die *Maßzahl* und $[u]$ die *Maßeinheit* ist.

Die Einheiten aller physikalischen Größen lassen sich auf eine kleine Zahl von fundamentalen Einheiten, auch **Basiseinheiten** genannt, zurückführen. So wird die Einheit der Geschwindigkeit durch den Quotienten aus Längeneinheit und Zeiteinheit ausgedrückt, beispielsweise in Metern pro Sekunde oder in Kilometern pro Stunde. Viele Größen, die wir im folgenden untersuchen werden, wie etwa Kraft, Impuls, Arbeit, Energie oder Leistung, basieren auf drei fundamentalen Größen: Länge, Zeit und Masse. Die Wahl der Einheiten für diese drei Größen bestimmt damit ein ganzes System von Einheiten. Das weltweit am weitesten verbreitete System ist das **SI-System** (SI steht für Système Internationale). Im SI-System ist das Meter die Einheit der Länge, die Sekunde die Einheit der Zeit und das Kilogramm die Einheit der Masse.

Die Basiseinheit der Länge, das **Meter** (mit m abgekürzt), war ursprünglich definiert als Abstand zweier Kerben in einem Stab aus einer Platin-Iridium-Legierung, der in Sèvres bei Paris aufbewahrt wird. Dieser Abstand war so gewählt, daß die Strecke zwischen Äquator und Nordpol entlang dem Längenkreis durch Paris 10^7 m entsprach (Abbildung 1.1). Der in Sèvres aufbewahrte Stab wird als *Urmeter* bezeichnet. Heute wird das Meter als jene Strecke definiert, die das Licht im Vakuum in einer Zeit von $1/299\,792\,458$ s zurücklegt. Durch die Konstanz der Lichtgeschwindigkeit ($c = 299\,792\,458$ m/s) ist damit das Meter auf die Einheit der Zeit zurückgeführt, bleibt aber weiterhin Basiseinheit im SI-System.

Die Basiseinheit der Zeit, die **Sekunde** (s), wurde früher über die Drehung der Erde als $\frac{1}{60} \cdot \frac{1}{60} \cdot \frac{1}{24}$ des mittleren Sonnentages festgelegt. Heute wird die Sekunde ebenfalls über Eigenschaften des Lichtes, und zwar über Lichtwellen definiert. Atome strahlen Energie, die sie vorher aufgenommen haben, in Form von Lichtenergie ab. Mit jedem Übergang zwischen zwei Zuständen im Atom ist Strahlung einer charakteristischen Frequenz verbunden. Diese Frequenzen können zur Definition der Basiseinheit der Zeit herangezogen werden. Die Sekunde ist so definiert, daß die beim Übergang zwischen den beiden sogenannten Hyperfeinstrukturniveaus des Grundzustands von Cäsium-133 ausgesandte Strahlung eine Frequenz von $9\,192\,631\,770$ Schwingungen pro Sekunde besitzt. Mit diesen Definitionen sind die Basiseinheiten der Länge und der Zeit allen Labors auf der Welt zugänglich.

Die Basiseinheit der Masse, das **Kilogramm** (kg) – 1000 Gramm (g) –, ist durch die Masse eines Einheitskörpers (des *Urkilogramms*) festgelegt, der sich ebenfalls in Sèvres befindet. Wir werden den Begriff der Masse in Kapitel 4 ausführlich besprechen und dabei sehen, daß das Gewicht eines Körpers an einem bestimmten Ort auf der Erde proportional zu seiner Masse ist. Damit können Massen gewöhnlicher Größenordnung durch Wiegen miteinander verglichen werden. Ein Duplikat des Urkilogramms befindet sich in der Physikalisch-Technischen Bundesanstalt in Braunschweig.

In der Thermodynamik und Elektrizitätslehre werden drei weitere Basiseinheiten benötigt: die Einheit der Temperatur, das Kelvin (K) (früher das Grad Kelvin), die Einheit der Stoffmenge, das Mol (mol) und die Einheit der Stromstärke, das Ampere (A). Es gibt noch eine andere Basiseinheit, die Candela (cd) als Einheit der Lichtstärke, die in diesem Buch allerdings (außer in Kapitel 1) nicht weiter verwendet wird. Diese sieben Basiseinheiten – das Meter (m), die Sekunde (s), das Kilogramm (kg), das Kelvin (K), das Ampere (A), das Mol (mol) und die Candela (cd) – bilden das SI-System.

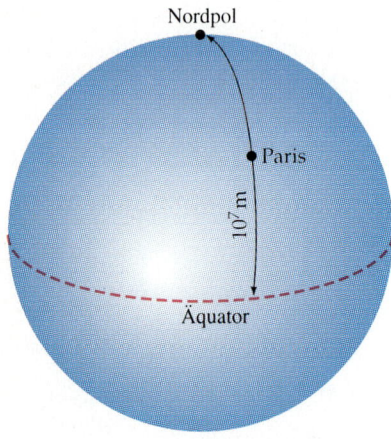

1.1 Das Meter war ursprünglich so festgelegt, daß der Abstand zwischen dem Äquator und dem Nordpol entlang des Längenkreises durch Paris 10^7 m entsprach.

Tabelle 1.1 Wichtige physikalische Größen und ihre SI-Einheiten

Größe	Name der SI-Einheit (Basiseinheit bzw. abgeleitete Einheit)	Symbol, Zusammenhang mit Basiseinheiten
Länge	Meter	m
Zeit	Sekunde	s
Masse	Kilogramm	kg
Fläche	Quadratmeter	m^2
Volumen	Kubikmeter	m^3
Frequenz	Hertz	$Hz = s^{-1}$
Geschwindigkeit	Meter/Sekunde	$m\,s^{-1}$
Beschleunigung	Meter/Quadratsekunde	$m\,s^{-2}$
Kraft	Newton	$N = kg\,m\,s^{-2}$
Druck	Pascal	$Pa = N\,m^{-2} = kg\,m^{-1}\,s^{-2}$
Arbeit, Energie, Wärmemenge	Joule	$J = Nm = kg\,m^2\,s^{-2}$
Leistung	Watt	$W = J\,s^{-1} = kg\,m^2\,s^{-3}$
Dichte	Kilogramm/Kubikmeter	$kg\,m^{-3}$
Temperatur	Kelvin	K
Stromstärke	Ampere	A
Ladung	Coulomb	$C = A\,s$
Stromdichte	Ampere/Quadratmeter	$A\,m^{-2}$
Spannung	Volt	$V = J\,C^{-1} = kg\,m^2\,s^{-3}\,A^{-1}$
Widerstand	Ohm	$\Omega = V\,A^{-1} = kg\,m^2\,s^{-3}\,A^{-2}$
Kapazität	Farad	$F = C\,V^{-1} = kg^{-1}\,m^{-2}\,s^4\,A^2$
elektrische Feldstärke	Volt/Meter	$V\,m^{-1} = kg\,m\,s^{-3}\,A^{-1}$
magnetische Feldstärke	Ampere/Meter	$A\,m^{-1}$
magnetische Induktion	Tesla	$T = V\,s\,m^{-2} = kg\,s^{-2}\,A^{-1}$
Induktivität	Henry	$H = V\,s\,A^{-1} = kg\,m^2\,s^{-2}\,A^{-2}$
Lichtstärke	Candela	cd
Energiedosis	Gray	$Gy = J\,kg^{-1} = m^2\,s^{-2}$
Aktivität	Becquerel	$Bq = s^{-1}$
Stoffmenge	Mol	mol

Die Einheit jeder physikalischen Größe kann durch diese SI-Einheiten ausgedrückt werden. Einige häufig benutzte Kombinationen haben spezielle Namen. So wird die Einheit der Kraft als Newton bezeichnet (1 N = 1 kg m/s^2). Die Einheit der Leistung heißt Watt (1 W = 1 kg m^2/s^3). Die Namen und SI-Einheiten der wichtigsten physikalischen Größen sind in Tabelle 1.1 zusammengestellt.

Die Vorsilben von häufigen Vielfachen und Bruchteilen der SI-Basiseinheiten sind in Tabelle 1.2 aufgelistet. Diese Vielfachen sind jeweils Zehnerpotenzen. Ein solches System nennt man **Dezimalsystem**. Das Dezimalsystem, das auf dem Meter basiert, heißt **metrisches System**. Die Vorsilben können auf jede SI-Einheit angewandt werden: 0,001 Sekunden sind 1 Millisekunde (ms), 1 000 000 Watt sind 1 Megawatt (MW) usw.

Ein anderes Dezimalsystem, das besonders in der theoretischen Physik benutzt wird, ist das cgs-System, das auf Zentimeter, Gramm und Sekunde beruht. Ursprünglich wurde das Gramm als die Masse eines Kubikzentimeters Wasser definiert. (Das Kilogramm war damit die Masse von 1000 Kubikzentimetern oder von einem Liter Wasser.)

1.2 Meßgenauigkeit und Meßfehler

Viele Zahlen, mit denen wir es in der Wissenschaft zu tun haben, sind das Resultat einer Messung und damit nur bis zu einer bestimmten Meßgenauigkeit bekannt. Das Ausmaß der Ungenauigkeit hängt sowohl von der Geschicklichkeit

Tabelle 1.2 Vorsilben für Zehnerpotenzen

Vielfaches	Vorsilbe	Abkürzung
10^{18}	Exa	E
10^{15}	Peta	P
10^{12}	Tera	T
10^{9}	Giga	G
10^{6}	Mega	M
10^{3}	Kilo	k
10^{2}	Hekto*	h
10^{1}	Deka*	da
10^{-1}	Dezi*	d
10^{-2}	Zenti*	c
10^{-3}	Milli	m
10^{-6}	Mikro	μ
10^{-9}	Nano	n
10^{-12}	Piko	p
10^{-15}	Femto	f
10^{-18}	Atto	a

* Die zu Hekto (h), Deka (da) und Dezi (d) gehörigen Vielfachen sind keine Potenzen von 10^3 und werden kaum noch benutzt. Eine Ausnahme macht die Vorsilbe Zenti (c), die bei der Längeneinheit, 1 cm = 10^{-2} m, verwendet wird.

des Experimentators als auch von dem verwendeten Apparat ab und kann häufig nur abgeschätzt werden. Wir wollen uns hier etwas eingehender mit dem Meßvorgang und den möglichen Ursachen für Meßfehler beschäftigen. Wir hatten bereits gesehen, daß eine Messung immer darin besteht, die zu messende Größe mit einer Basiseinheit zu vergleichen. Ein solcher Vergleich ist naturgemäß immer mit Fehlern verbunden. Daran ändert prinzipiell auch der verstärkte Einsatz der Elektronik bei der Aufnahme, Umwandlung und Verarbeitung von Meßwerten nichts – er führt lediglich zu einer deutlichen Erhöhung der Meßgenauigkeit und reduziert häufig das Auftreten einfacher Ablesefehler. Messungen sind also immer fehlerbehaftet, es gibt aber verschiedene Arten von Fehlern: Wir unterscheiden zwischen **systematischen** und **zufälligen** Fehlern.

Systematische Fehler zeichnen sich dadurch aus, daß sie bei wiederholten Messungen unter gleichen Bedingungen in gleicher Weise auftreten. Es gibt viele Ursachen für derartige Fehler, etwa ein unvollkommenes Meßgerät, eine mangelhafte Kalibrierung der Geräte oder äußere Störeinflüsse auf die Meßapparatur. Häufig gelingt es, durch Probemessungen den Anteil der systematischen Fehler zu bestimmen und die Werte der darauffolgenden Messungen entsprechend zu korrigieren.

Zufällige Fehler treten bei jeder Wiederholung der Messung in unterschiedlicher Weise auf, die Meßwerte verteilen sich um den wahren Wert herum. Solche Fehler können durch Schwankungen in den Versuchsbedingungen, durch Ablesefehler oder durch Rundungsfehler bei der digitalen Verarbeitung der Meßdaten hervorgerufen werden. Manchmal spiegeln sie auch nur den Zufallscharakter der Meßgröße wider, z.B. bei Zerfallsraten radioaktiver Substanzen. Die Größe der zufälligen Fehler läßt sich durch Wiederholung der Messung und anschließender Mittelwertbildung reduzieren. Eine Analyse der zufälligen Fehler erfolgt mit Methoden der Statistik und Wahrscheinlichkeitsrechnung. Bei einer n-maligen Wiederholung der Messung mit den Meßwerten $x_1, x_2, \ldots x_n$ (auch als **Stichprobe** vom Umfang n bezeichnet) ist

$$\langle x \rangle = \frac{1}{n} \sum_{i=1}^{n} x_i = \frac{1}{n} (x_1 + x_2 + \ldots + x_i + \ldots + x_n) \qquad 1.1$$

das **arithmetische Mittel** der Stichprobe. Je größer n ist, um so mehr nähert sich $\langle x \rangle$ dem Erwartungswert x_e (dem zu erwartenden Durchschnittswert) für die gemessene Größe an. Um den Betrag des zufälligen Fehlers abzuschätzen, mit dem die Einzelmessungen behaftet sind, berechnen wir die **Standardabweichung** s_x der Stichprobe

$$s_x = \sqrt{\frac{1}{n-1} \sum_{i=1}^{n} (x_i - \langle x \rangle)^2}. \qquad 1.2$$

Da sich die zufälligen Fehler bei der Mittelwertbildung zum Teil gegenseitig aufheben, ist die Standardabweichung des Mittelwertes, $s_{\langle x \rangle}$, kleiner als s_x:

$$s_{\langle x \rangle} = \frac{s_x}{\sqrt{n}} = \sqrt{\frac{1}{n(n-1)} \sum_{i=1}^{n} (x_i - \langle x \rangle)^2}. \qquad 1.3$$

Häufig kann man davon ausgehen, daß die Verteilung der zufälligen Fehler einer Gaußschen Normalverteilung entspricht. Dann läßt die Standardabweichung unserer Stichprobe einen Rückschluß auf die Breite der zugrundeliegenden Normalverteilung zu, und wir können einen Vertrauensbereich angeben, in dem der tatsächliche Wert mit einer bestimmten Wahrscheinlichkeit zu erwarten ist. Für die konkrete Berechnung der Vertrauensbereiche bieten sich Tabellen an, die in den einschlägigen Statistikbüchern zu finden sind.

Oft besteht ein Experiment aus der Messung mehrerer Größen, deren Meßwerte $X_1, X_2, ..., X_m$ schließlich in eine Formel eingesetzt werden, die zu einem Ergebnis Y führt:

$$Y = Y(X_1, X_2, ..., X_m) .$$

Da alle Meßwerte fehlerbehaftet sind, stellt sich die Frage, wie sich die Fehler der Einzelmessungen im Fehler des Endergebnisses niederschlagen. Während sich systematische Fehler im ungünstigsten Fall aufaddieren, können wir bei den zufälligen Fehlern davon ausgehen, daß sie sich zum Teil gegenseitig aufheben. Die Standardabweichung des Ergebnisses s_y läßt sich nach dem **Fehlerfortpflanzungsgesetz von Gauß** wie folgt über die Standardabweichungen der einzelnen Größen berechnen:

$$s_y = \sqrt{\sum_{j=1}^{m} \left(\frac{\partial Y}{\partial X_j} s_{xj}\right)^2} . \qquad 1.4$$

Dabei ist der Ausdruck $\partial Y / \partial X_j$ die sogenannte partielle Ableitung der Größe Y nach der Größe X_j. „Partiell" bedeutet, daß bei der Bildung der Ableitung die anderen Größen, von denen Y ebenfalls abhängt, konstant bleiben. Auf den Begriff der Ableitung gehen wir im Kapitel 2 noch näher ein.

Wenn wir beispielsweise die Zentripetalbeschleunigung bei einer Kreisbewegung mittels

$$a_z = \frac{v^2}{r}$$

berechnen wollen, nachdem wir die Geschwindigkeit v und den Radius r gemessen haben, so ist

$$s_{a_z} = \sqrt{\left(\frac{2v}{r} s_v\right)^2 + \left(\frac{v^2}{r^2} s_r\right)^2} .$$

1.3 Die Dimension einer physikalischen Größe

Die Dimension einer physikalischen Größe zeigt, wie die Größe von den Basisgrößen Länge, Zeit und Masse abhängt. Die Dimension ist unabhängig von den verwendeten Einheiten und erlaubt ein schnelles Überprüfen von physikalischen Gleichungen. Beispielsweise wird die Fläche eines Rechteckes mit den Seiten x und y durch Multiplikation der beiden Seiten gefunden, $A = x \cdot y$. Unabhängig davon, ob wir die Seiten x und y in m oder km angeben, hat die Fläche damit die Dimension „Länge mal Länge", geschrieben als L^2. Entsprechend hat die Geschwindigkeit die Dimension „Länge durch Zeit" oder L/T. Die Dimensionen anderer physikalischer Größen wie Kraft oder Energie können ebenfalls leicht auf die Dimensionen Länge, Zeit und Masse zurückgeführt werden.

In physikalischen Gesetzen werden verschiedene Größen durch eine Formel miteinander verknüpft. Wenn wir einen Ansatz für eine solche Formel aufschreiben, erlaubt uns die Untersuchung der Dimensionen sehr schnell, einfache Fehler zu entdecken. Betrachten Sie beispielsweise die folgende Formel für die Strecke x:

$$x = vt + \frac{1}{2} at,$$

wobei t die Zeit, v die Geschwindigkeit und a die Beschleunigung ist, die (wie wir noch sehen werden) die Dimension L/T^2 besitzt. Wir können uns leicht davon überzeugen, daß diese Gleichung nicht korrekt ist. Da x die Dimension einer Länge hat, müssen beide Summanden auf der rechten Seite ebenfalls die Dimension einer Länge besitzen. Der Term vt hat in der Tat die Dimension einer Länge, aber die Dimension von $\frac{1}{2} at$ ist $(L/T^2)\, T = L/T$. Da dieser Term die falsche Dimension hat, kann die gesamte Formel nicht stimmen.

Häufig ergeben sich physikalische Größen als Produkt anderer physikalischer Größen. Man kann dann die Dimensionen dieser Größen benutzen, um eine mögliche Formel – bis auf Proportionalitätsfaktoren – zu raten. Wenn wir beispielsweise einen Ansatz für die Abhängigkeit der Schwingungsdauer eines Pendels von seiner Masse m, seiner Fadenlänge ℓ und der Erdbeschleunigung g bekommen wollen und damit annehmen, daß keine weiteren Größen eine Rolle spielen, machen wir zunächst folgenden Produktansatz:

$$t \approx m^\alpha \cdot \ell^\beta \cdot g^\chi.$$

Nun schreiben wir diesen Ansatz für die Dimensionen um:

$$T^1 \approx M^\alpha \cdot L^\beta \cdot (L/T^2)^\chi = L^{\beta+\chi} \cdot T^{-2\chi} \cdot M^\alpha.$$

Durch Vergleich der Exponenten erhalten wir $\alpha = 0$, $\beta = \frac{1}{2}$ und $\chi = -\frac{1}{2}$ (da gelten muß: $\beta + \chi = 0$ und $-2\chi = 1$). Damit lautet unser Formelansatz

$$t \approx \ell^{1/2} \cdot g^{-1/2} = \sqrt{\frac{\ell}{g}}.$$

Er stimmt bis auf den Proportionalitätsfaktor 2π mit der richtigen Formel überein (Gleichung 12.32).

Die Konsistenz der Dimensionen ist eine notwendige, aber natürlich nicht hinreichende Bedingung für die Gültigkeit einer physikalischen Formel. Eine Gleichung kann in jedem Term die korrekte Dimension besitzen, aber dennoch keinen physikalisch sinnvollen Zusammenhang beschreiben.

1.4 Rechnen mit physikalischen Größen

Wir haben bereits gesehen, daß sich eine physikalische Größe stets als Produkt aus Maßzahl und Maßeinheit darstellen läßt. Eine physikalische Einheit kann damit wie ein gewöhnlicher Faktor behandelt werden, d.h., sie kann ausgeklammert und gekürzt werden. Diese Eigenschaft ist besonders nützlich, wenn es darum geht, physikalische Einheiten ineinander umzuwandeln. Wenn wir beispielsweise wissen wollen, wie vielen Kilometern pro Stunde (km/h) eine Geschwindigkeit von 1 m/s entspricht, bringen wir zunächst m und km sowie s und h über die folgenden Gleichungen in Verbindung:

1.4 Rechnen mit physikalischen Größen

$$1\text{ km} = 1000\text{ m} \Leftrightarrow \frac{1\text{ km}}{1000\text{ m}} = 1$$

$$1\text{ h} = 3600\text{ s} \Leftrightarrow \frac{3600\text{ s}}{1\text{ h}} = 1$$

Da jede Größe mit 1 multipliziert werden kann, ohne ihren Wert zu verändern, erhalten wir

$$1\,\frac{\text{m}}{\text{s}} = 1\,\frac{\text{m}}{\text{s}} \cdot \frac{3600\text{ s}}{1\text{ h}} \cdot \frac{1\text{ km}}{1000\text{ m}} = 3{,}6\,\frac{\text{km}}{\text{h}}.$$

Die Faktoren $\frac{3600\text{ s}}{1\text{ h}}$ und $\frac{1\text{ km}}{1000\text{ m}}$ heißen Umwandlungsfaktoren. Alle Umwandlungsfaktoren haben den Wert 1 und gestatten eine einfache Umrechnung zwischen zwei verschiedenen Maßeinheiten einer Größe.

Häufig ist es bei der Berechnung physikalischer Größen sehr praktisch, Zahlen in der Exponentialdarstellung anzugeben. Man schreibt sie dazu als Produkt aus einer Zahl zwischen 1 und 10 und einer Zehnerpotenz. So ist der Abstand zwischen Erde und Sonne etwa $150\,000\,000\,000$ m $= 1{,}5 \cdot 10^{11}$ m, der Durchmesser eines Virus etwa $0{,}00000001$ m $= 1 \cdot 10^{-8}$ m. Die Exponentialdarstellung liefert eine übersichtliche Angabe der Genauigkeit und Größenordnung einer physikalischen Größe. Auch bei umfangreicheren Rechnungen ist damit eine grobe Abschätzung des Ergebnisses möglich. Einen groben Anhaltspunkt für die Ungenauigkeit liefert die Zahl der Ziffern, mit der ein Meßergebnis angegeben wird. Wenn wir zum Beispiel sagen, ein Tisch sei 2,50 m lang, dann meinen wir wahrscheinlich, daß seine Länge zwischen 2,495 m und 2,505 m liegt. Wir kennen seine Länge also auf etwa $\pm 0{,}005$ m $= \pm 0{,}5$ cm genau. Wenn wir einen Meterstab mit Millimetermarkierungen benutzen und den Tisch sorgfältig messen würden, könnten wir die Länge sogar auf $\pm 0{,}5$ mm statt auf $\pm 0{,}5$ cm bestimmen. Wir würden diese Genauigkeit dann durch vier Stellen ausdrücken, mit denen wir die Länge angeben, etwa 2,503 m. Eine mit Sicherheit richtige Ziffer (außer einer Null, die nur das Dezimalkomma festlegt) heißt **signifikante** oder **gültige Stelle**. Die Zahl 2,50 hat drei gültige Stellen. 2,503 hat vier. Die Zahl 0,00103 hat drei gültige Stellen, da die führenden Nullen nur das Dezimalkomma festlegen. In der Exponentialdarstellung wird diese Zahl als $1{,}03 \cdot 10^{-3}$ angegeben. Ein häufiger Fehler besteht darin, bei der Angabe eines Ergebnisses zu viele Ziffern zu verwenden, eine Folge des Einsatzes von Taschenrechnern. Nehmen Sie an, daß Sie die Fläche eines kreisförmigen Spielfeldes bestimmen wollen, indem Sie dessen Radius abschreiten und die Formel $A = \pi r^2$ benutzen. Wenn Sie den Radius zu 8 m bestimmt haben, erhalten Sie bei einem Rechner mit 10 Stellen $\pi(8\text{ m})^2 = 201{,}0619298$ m^2. Die Stellen hinter dem Komma täuschen aber eine nicht vorhandene Genauigkeit vor. Da Sie den Radius durch Abschreiten bestimmt haben, würden Sie erwarten, daß er nur auf etwa 0,5 m genau ist. Eine allgemeingültige Regel bei der Multiplikation oder Division mehrerer Zahlen ist:

> Die Zahl der gültigen Stellen beim Ergebnis einer Multiplikation oder Division ist gleich der kleinsten Zahl gültiger Stellen in allen Faktoren.

Im vorigen Beispiel war der Radius des Spielfeldes nur mit einer gültigen Stelle bekannt, also hat die Maßzahl der Fläche auch nur eine gültige Stelle. Sie sollte mit $2 \cdot 10^2$ m^2 angegeben werden, was besagt, daß die tatsächliche Fläche irgendwo zwischen 150 m^2 und 250 m^2 liegt.

Eine ähnliche Regel gilt für die Addition und Subtraktion von Meßwerten:

> Das Ergebnis einer Addition oder Subtraktion zweier Zahlen besitzt keine gültigen Stellen jenseits der letzten Dezimalstelle, an der beide Zahlen eine gültige Stelle hatten.

In einem Lehrbuch ist es mühsam, bei jeder Zahl die korrekte Anzahl gültiger Ziffern anzugeben. Zur Vereinfachung schreiben wir in diesem Buch daher beispielsweise 3 m statt 3,00 m, obwohl die Zahlen in den Beispielen und Übungen – falls es nicht ausdrücklich anders angegeben ist – mit drei (oder manchmal vier) gültigen Stellen bekannt sind.

Bei groben Abschätzungen und Vergleichen runden wir oft eine Zahl auf die nächste Zehnerpotenz. Eine solche Zahl heißt **Größenordnung**. Beispielsweise ist eine Ameise etwa $8 \cdot 10^{-4}$ m $\approx 10^{-3}$ m groß. Wir sagen, daß die Größenordnung der Länge einer Ameise 10^{-3} m beträgt. Entsprechend sagen wir, daß Menschen eine Körpergröße in der Größenordnung von 10^0 m besitzen, obwohl die meisten Menschen knapp 2 m groß sind. Damit sagen wir nicht, daß eine typische Körpergröße tatsächlich 1 m beträgt, sondern wir deuten an, daß sie näher an 1 m als an 10 m oder 0,1 m liegt. Wir können auch sagen, daß ein Mensch um drei Größenordnungen größer ist als eine Ameise, und meinen damit, daß ihre Körpergrößen im Verhältnis 1000 zu 1 stehen. Bei der Angabe einer Größenordnung verliert eine Zahl durch die Rundung jegliche gültige Stelle. Die Tabellen 1.3 bis 1.5 enthalten typische Größenordnungen von Längen, Massen und Zeitintervallen, die häufig in der Physik vorkommen.

Oftmals kann die Größenordnung eines Ergebnisses durch ein paar vernünftige Annahmen und elementare Rechnungen abgeschätzt werden. Der Physiker Enrico Fermi war ein Meister darin, Näherungslösungen für Fragen zu berechnen, die zunächst unlösbar schienen, weil zuwenig Informationen verfügbar waren. Solche Fragen werden deshalb häufig **Fermi-Fragen** genannt. Das folgende Beispiel zeigt eine solche Fermi-Frage.

Tabelle 1.3 Größenordnungen verschiedener Strecken

Strecke	m
Protonenradius	10^{-15}
Atomradius	10^{-10}
Radius eines Virus	10^{-7}
Radius einer Riesenamöbe	10^{-4}
Radius einer Walnuß	10^{-2}
Körpergröße eines Menschen	10^0
Höhe der größten Berge der Erde	10^4
Erdradius	10^7
Sonnenradius	10^9
Abstand zwischen Erde und Sonne	10^{11}
Radius des Sonnensystems	10^{13}
Abstand zum nächsten Fixstern	10^{16}
Radius der Milchstraße	10^{21}
Radius des sichtbaren Universums	10^{26}

Tabelle 1.4 Größenordnungen verschiedener Massen

Masse	kg
Elektron	10^{-30}
Proton	10^{-27}
Aminosäure	10^{-25}
Hämoglobin	10^{-22}
Grippevirus	10^{-19}
Riesenamöbe	10^{-8}
Regentropfen	10^{-6}
Ameise	10^{-3}
Mensch	10^2
Saturn-5-Rakete	10^6
Pyramide	10^{10}
Erde	10^{24}
Sonne	10^{30}
Milchstraße	10^{41}
Universum	10^{52}

Tabelle 1.5 Größenordnungen verschiedener Zeitintervalle

Zeitintervall	s
Licht durchquert einen Atomkern	10^{-23}
Schwingungsperiode von sichtbarem Licht	10^{-15}
Schwingungsperiode von Mikrowellen	10^{-10}
Halbwertszeit eines Myons	10^{-6}
Schwingungsperiode der höchsten hörbaren Töne	10^{-4}
Zeit zwischen zwei Herzschlägen beim Menschen	10^0
Halbwertszeit eines freien Neutrons	10^3
Dauer einer Erdumdrehung (Tag)	10^5
Dauer einer Drehung der Erde um die Sonne (Jahr)	10^7
Lebensdauer eines Menschen	10^9
Halbwertszeit von Plutonium-239	10^{12}
Lebensdauer einer Gebirgskette	10^{15}
Alter der Erde	10^{17}
Alter des Universums	10^{18}

Beispiel 1.1

Um welchen Betrag verringert sich die Dicke eines Autoreifens auf einer Fahrstrecke von 1 km?

Wir nehmen an, daß die Dicke eines neuen Autoreifens etwa 1 cm beträgt. Dies mag um den Faktor 2 falsch sein, aber 1 mm wäre bestimmt zu dünn, 10 cm zu dick. Da die Reifen nach etwa 60 000 km ersetzt werden müssen, nehmen wir an, daß der Gummi nach 60 000 km vollständig abgerieben ist. Die Dicke, die pro Kilometer abgerieben wird, ist damit

$$\frac{1\,\text{cm}}{60\,000\,\text{km}} = 1{,}7 \cdot 10^{-5}\,\frac{\text{cm}}{\text{km}} \approx 0{,}2\,\frac{\mu\text{m}}{\text{km}}.$$

Fragen

1. Welche Vor- und Nachteile hat es, den eigenen Arm als Längeneinheit zu verwenden?
2. Eine bestimmte Uhr gehe im Vergleich zur Standard-Cäsiumuhr konstant um 10% zu schnell. Eine zweite Uhr schwanke dagegen zufällig um 1%. Bei welcher Uhr ist die Gefahr größer, daß man den Zug verpaßt?

Zusammenfassung

1. Physikalische Größen (wie Länge, Zeit, Kraft oder Energie) werden als Produkt von Maßzahl und Maßeinheit ausgedrückt.

2. Die Basiseinheiten im Internationalen System (SI-System) sind das Meter (m), die Sekunde (s), das Kilogramm (kg), das Kelvin (K), das Ampere (A), das Mol (mol) und die Candela (cd). Jede physikalische Größe kann durch diese fundamentalen Einheiten ausgedrückt werden.

3. Die beiden Seiten einer Gleichung müssen die gleiche Dimension besitzen. Die Dimensionsanalyse gestattet einen ersten schnellen Test einer physikalischen Formel.

4. Meßwerte sind stets mit systematischen oder zufälligen Fehlern behaftet. Durch wiederholte Messungen können die zufälligen Fehler und deren Fortpflanzung bei späteren Berechnungen mit Hilfe der Statistik und Wahrscheinlichkeitsrechnung abgeschätzt werden.

5. Die Zahl der gültigen Stellen beim Ergebnis einer Multiplikation oder Division ist gleich der kleinsten Zahl gültiger Stellen in allen Faktoren. Das Ergebnis einer Addition oder Subtraktion zweier Zahlen besitzt keine gültigen Stellen jenseits der letzten Dezimalstelle, an der beide Zahlen eine gültige Stelle hatten.

6. Die Rundung einer Zahl auf die nächstgelegene Zehnerpotenz nennt man die Größenordnung dieser Zahl. Die Größenordnung einer Zahl kann oft durch vernünftige Annahmen und einfache Rechnungen abgeschätzt werden.

Essay: Fermis Lösung

Hans Christian von Baeyer
The College of William and Mary, Williamsburg, Virginia

An einem Montagmorgen im Juli 1945 explodierte um 5 Uhr 29 die erste Atombombe der Welt in der Wüste hundert Kilometer nordwestlich von Alamogordo in New Mexiko. Vierzig Sekunden später erreichte die Druckwelle das Lager, in dem die Wissenschaftler dieses historische Ereignis voller Spannung erwarteten. Der erste, bei dem sich diese Anspannung wieder löste, war der italienisch-amerikanische Physiker Enrico Fermi, der gerade Zeuge wurde, wie das Projekt, das er selbst mit ins Leben gerufen hatte, seinen Höhepunkt erreichte.

Bevor die Bombe explodierte, hatte Fermi ein Blatt Papier in kleine Fetzen zerrissen. Als er dann spürte, wie sich die ersten Erschütterungen der Druckwelle durch die Luft ausbreiteten, ließ er die Papierfetzen über seinem Kopf fallen. Sie flatterten in entgegengesetzter Richtung zu dem Atompilz, der am Horizont aufstieg, nach unten und landeten etwa zweieinhalb Meter hinter ihm auf dem Boden. Nach einer kurzen Kopfrechnung erklärte Fermi, daß die Sprengkraft der Bombe derjenigen von zehntausend Tonnen TNT entspräche. Geschwindigkeit und Druck der Druckwelle wurden vor Ort von ausgeklügelten Meßinstrumenten aufgezeichnet. Die Analyse dieser Daten dauerte mehrere Wochen und bestätigte schließlich Fermis spontane Abschätzung. Es ist übrigens nicht bekannt, wie Fermi dabei genau vorging, aber wahrscheinlich machte er folgendes: Er schätzte die gesamte kinetische Energie ab, die sich durch die Atmosphäre ausbreitete, indem er die Geschwindigkeit maß, die die Luft durch die Explosion erhalten hatte. Danach teilte er dies durch jene Energie, die von einer Tonne TNT freigesetzt wird.

Seine Kollegen bei dem Atombombentest waren von diesem brillanten Beispiel wissenschaftlicher Improvisation zwar beeindruckt, aber nicht überrascht. Enrico Fermis Genie war in der Welt der Physiker überall bekannt. 1938 bekam er den Nobelpreis für seine Arbeiten auf dem Gebiet der Elementarteilchenphysik. Vier Jahre später war er es, der in Chicago die erste selbständige nukleare Kettenreaktion erzeugte und damit das Zeitalter der militärischen und kommerziellen Nutzung der Kernenergie einleitete. Kein anderer Physiker seiner Generation und keiner seither war ein solch meisterhafter Experimentator und führender Theoretiker zugleich. Die Papierfetzen und die Analyse ihrer Bewegung sind geradezu ein Sinnbild dieser einzigartigen Vereinigung von Gaben.

Wie alle Virtuosen hatte auch Fermi seinen eigenen, unverwechselbaren Stil. Es passierte ihm einfach nie, daß er die Lösung eines Problems nicht fand. Seine wissenschaftlichen Arbeiten und Bücher zeigen eine Verachtung für alle unnötigen Schnörkel und eine Bevorzugung des direktesten Weges vor dem intellektuell elegantesten Weg zu einer Antwort. Wenn er die Grenzen seiner Klugheit erreichte, beendete Fermi eine Aufgabe auf recht rohe Weise.

Um sich dieses Vorgehen zu veranschaulichen, stellen Sie sich vor, daß ein Physiker das Volumen eines unregelmäßigen Körpers bestimmen soll, beispielsweise der leicht birnenförmigen Erde. Ohne irgendeine Formel könnte er sich ziemlich hilflos fühlen. Nun gibt es verschiedene Wege, eine Formel zu finden: Eine Möglichkeit besteht darin, einen Mathematiker um Rat zu fragen, aber es ist normalerweise schwierig, einen zu finden, der das nötige Wissen und Interesse besitzt. Die mathematische Fachliteratur durchzustöbern ist eine weitere Möglichkeit, wenngleich sie zeitaufwendig und meist vergeblich ist, da die idealen Körper, die die Mathematiker interessieren, nicht zu den unregelmäßigen Körpern passen, die wir in der Natur finden. Schließlich könnte der Physiker erwägen, alles Spezialwissen außer acht zu lassen, um dann die Formel aus elementaren mathematischen Prinzipien abzuleiten. Aber natürlich wäre jemand, der bereit ist, Unmengen an Zeit in theoretische Geometrie zu investieren, niemals Physiker geworden.

Andererseits könnte der Physiker auch genauso vorgehen wie Fermi und das Volumen *numerisch* berechnen, anstatt sich auf eine bestimmte Formel zu verlassen. Das könnte möglicherweise bedeuten, den Planeten in Gedanken in eine Vielzahl kleiner Würfel zu zerlegen, deren Volumen jeweils einfach durch Multiplizieren von Länge, Breite und Höhe bestimmt werden kann. Danach werden die Ergebnisse dieser einfachen Nebenrechnungen aufaddiert, wobei die Berechnung um so genauer wird, je mehr Würfel einbezogen werden. Diese Methode ergibt nur eine Näherungslösung, aber da sie nicht auf einer unbekannten Formel aufbaut, führt sie sicher zu dem gewünschten Ergebnis – und darauf kam es Fermi schließlich an. Durch den Einsatz von Rechnern und Taschenrechnern seit der Zeit des Zweiten Weltkrieges ist die numerische Lösung zu einem Standardverfahren in der Physik geworden.

Die Technik, schwierige Probleme in kleine, handhabbare Teilprobleme zu zerlegen, läßt sich auf viele Fragestellungen anwenden, auch wenn sie sich einer numerischen Berechnung entziehen. Fermi zeichnete sich durch diese provisorische Methode besonders aus. Um sie an seine Studenten weiterzugeben, entwickelte er eine bestimmte Sorte von Fragen, die seither mit seinem Namen verbunden ist. Eine Fermi-Frage hat eine charakteristische Gestalt. Beim ersten Anhören hat man nicht die leiseste Ahnung, wie die Antwort lauten könnte. Zudem ist man sich sicher, daß zuwenig Informationen angegeben sind, um überhaupt eine Lösung finden zu können. Wenn man jedoch die Frage in Unterprobleme aufspaltet, von denen jedes einzelne gelöst werden kann, ohne daß man Experten oder Fachliteratur zu Rate zieht, so ist eine Abschätzung im Kopf oder auf der Rückseite eines Briefumschlages möglich, die der exakten Lösung erstaunlich nahe kommt.

Nehmen Sie beispielsweise an, man wolle den Erdumfang bestimmen, ohne ihn irgendwo nachzuschlagen. Gegeben sei der Abstand zwischen New York und Los Angeles von etwa 4800 km und der Zeitunterschied zwischen den beiden Küsten von drei Stunden. Drei Stunden entsprechen einem Achtel eines Tages, und ein Tag ist die Zeit, die die Erde für eine Umdrehung benötigt. Deshalb kann der Erdumfang mit dem Achtfachen von 4800 km, also 38 400 km, abgeschätzt werden. Tatsächlich beträgt der Erdumfang am Äquator genau 40 000 km.

Fermi-Fragen scheinen zunächst den Denksportaufgaben zu ähneln, die auf den hinteren Seiten von Wochenendbeilagen und anderen populären Magazinen erscheinen (Wie können Sie mit drei Gefäßen, in die jeweils acht, fünf und drei Liter hineinpassen, einen einzelnen Liter abmessen?), doch die beiden Gattungen unterscheiden sich deutlich voneinander. Im Gegensatz zu den Denksportaufgaben kann eine Fermi-Frage nie durch logische Schlußfolgerungen allein beantwortet werden und ist immer eine Näherung. (Um den Erdumfang genau zu bestimmen, muß man ihn tatsächlich messen.) Zudem benötigt man zur Lösung eines Fermi-Problems Informationen, die in der Fragestellung nicht ausdrücklich erwähnt sind. (Das Umfüll-Rätsel enthält dagegen alle Angaben, die zu seiner Lösung nötig sind.)

Diese Unterschiede bedeuten, daß Fermi-Fragen enger mit der physikalischen Welt zusammenhängen als mathematische Rätsel, die für den Physiker oft von geringer praktischer Bedeutung sind. Ebenso erinnern Fermi-Fragen an gewöhnliche Probleme, mit denen sich auch Nicht-Physiker Tag für Tag herumschlagen müssen. Tatsächlich sind die Fermi-Fragen und die Art, in der sie gelöst werden, nicht nur wichtige physikalische Übungen, sondern sie stellen geradezu eine Lektion in Sachen Lebenskunst dar.

Wie viele Klavierstimmer gibt es in Chicago? Die seltsame Natur dieser Frage, die Unwahrscheinlichkeit, daß irgend jemand die Antwort kennt, und die Tatsache, daß Fermi diese Frage seinen Studenten an der Universität von Chicago gestellt hat, hat ihr den Rang einer Legende eingebracht. Es gibt keine korrekte Antwort (und genau darauf kommt es an), aber jeder kann Annahmen machen, die schnell zu einer Näherungslösung führen. Hier ist eine Möglichkeit: Chicago hat drei Millionen Einwohner, eine Durchschnittsfamilie besteht aus vier Personen, und ein Drittel aller Familien besitzen ein Klavier. Also gibt es 250 000 Klaviere in dieser Stadt. Wenn jedes Klavier alle zehn Jahre gestimmt wird, dann sind das 25 000 Stimmungen pro Jahr. Wenn jeder Klavierstimmer sich pro Tag um vier Klaviere kümmern kann, dann kommt er an 250 Arbeitstagen im Jahr auf 1000 Stimmungen, und es muß etwa 25 Klavierstimmer in dieser Stadt geben. Die Antwort ist nicht besonders genau, es könnten genausogut nur zehn oder sogar 50 sein. Aber wie die gelben Seiten des Telefonbuches verraten, liegen wir mit Sicherheit im richtigen Bereich.

Fermis Absicht war es zu zeigen, daß man von den unterschiedlichsten Annahmen ausgehen kann und trotzdem zu Abschätzungen gelangt, die alle im Bereich der richtigen Antwort liegen, obwohl man anfangs noch nicht einmal eine Ahnung von der Größenordnung der Antwort besaß. Der Grund dafür ist, daß die Fehler in jeder Kette von Berechnungen dazu neigen, sich gegenseitig aufzuheben. Anstatt jeder dritten könnte nur jede sechste Familie ein Klavier besitzen, andererseits könnten Klaviere alle fünf anstatt alle zehn Jahre gestimmt werden. Es ist genauso unwahrscheinlich, daß alle Fehler zu einer Unterschätzung (oder Überschätzung) führen, wie es unwahrscheinlich ist, daß man beim Werfen einer Münze stets Kopf (oder stets Zahl) erhält. Nach den Gesetzen der Wahrscheinlichkeitsrechnung neigen die Abweichungen von den korrekten Abschätzungen dazu, sich gegenseitig aufzuheben, so daß sich das Endergebnis der richtigen Zahl annähert. Ein wichtiger Vorbehalt dabei ist, daß man sorgfältig darauf achten muß, daß die Abweichungen in einer bestimmten Richtung nicht bevorzugt werden.

Sicherlich geht es bei den Fermi-Fragen, mit denen es Physiker zu tun haben, eher um Atome und Moleküle als um Klaviere. Um sie zu beantworten, muß man sich einige fundamentale Größenordnungen ins Gedächtnis rufen, etwa den typischen Durchmesser eines Atoms oder die Anzahl von Molekülen in einem Fingerhut voll Wasser. Mit solchen Fakten ausgestattet, ist man ähnlich wie in Beispiel 1.1 in der Lage abzuschätzen, um welchen Betrag ein Autoreifen während einer Umdrehung unter normalen Fahrbedingungen abgerieben wird. Nehmen Sie an, daß ein Reifen etwa 1 cm dick ist und nach etwa 60 000 km abgenutzt ist. Wenn man 1 cm durch die Zahl der Umdrehungen dividiert, die ein gewöhnlicher Reifen in 60 000 km vollführt, liegt die Antwort im Bereich eines Moleküldurchmessers.

Eine weitere Fermi-Frage veranschaulicht die riesige Anzahl von Atomen und Molekülen, die uns umgeben. Die Aufgabe besteht darin, die Behauptung von „Cäsars letztem Atem" zu beweisen, die besagt, daß man mit jedem Atemzug ein einzelnes Molekül jener Luft einatmet, die Cäsar bei seinem Tod ausatmete. Hinter dieser Behauptung stecken eine Einschränkung und mehrere Annahmen. Die Einschränkung ist, daß die Behauptung nur näherungsweise gilt, weil sie nur im Mittel zutrifft. Wenn Sie drei- oder viermal einatmen, ohne ein Molekül aus Cäsars Luft aufzunehmen, seien Sie nicht enttäuscht; ein andermal werden Sie gleich mehrere auf einmal einatmen. Eine der Annahmen besteht darin, daß innerhalb der letzten zwei Jahrtausende keine Moleküle zur Atmosphäre hinzugekommen sind oder sich durch eine Verbindung mit anderen Molekülen der Luftzirkulation entzogen haben, was sicherlich nicht zutrifft. Zudem wird vorausgesetzt, daß Cäsars letzter Atem die Chance hatte, sich gleichmäßig über die gesamte Erdatmosphäre zu verteilen, was auch nicht gerade besonders realistisch ist. Aber wenn beide Annahmen vertretbar *wären*, dann wäre die Behauptung wahr und könnte auch auf den letzten Atemhauch von Attila, Sokrates oder Jesus angewandt werden.

Der zentrale Punkt bei dieser Parabel ist, daß nicht nur die Erdatmosphäre riesengroß ist, sondern auch die Zahl der Moleküle, die in einem einzigen Atemzug enthalten sind. Um die Behauptung zu beweisen, müssen Sie nur das Volumen der Atmosphäre abschätzen und es dann durch das Volumen der Luft in Ihren Lungen dividieren. Das führt zu der Frage, wieviel Lungen voll Luft die Atmosphäre enthält, und es ergibt sich, daß dies etwa der geschätzten Anzahl von Molekülen in Cäsars letztem Atemzug entspricht. Beide Zahlen betragen etwa ein Zehntel der Avogadro-Konstanten, $6 \cdot 10^{23}$ – eine Zahl, die Physiker und Chemiker auswendig wissen.

Aktuellere Fermi-Fragen könnten von der Energiepolitik (Wie viele Solarzellen werden benötigt, um eine bestimmte Menge elektrischen Strom zu erzeugen?), vom Umweltschutz (Welche Menge sauren Regens wird jährlich durch die Verfeuerung von Kohle verursacht?) oder vom Wettrüsten handeln. Schlaue Physiker – jene, die Umwege und Sackgassen vermeiden wollen – gehen nach einem altbewährten Prinzip vor: Beginne niemals eine längere Rechnung, bevor du nicht den Bereich kennst, in dem die Antwort wahrscheinlich liegen wird (und, genauso wichtig, den Bereich, in dem die Antwort wahrscheinlich *nicht* liegt). Diese Physiker gehen jedes Problem so an, als wäre es eine Fermi-Frage, und schätzen zunächst die Größenordnung des Ergebnisses ab, bevor sie sich in eine genauere Untersuchung stürzen.

Physiker benutzen die Fermi-Fragen auch, um sich miteinander zu unterhalten. Ob sie sich in Korridoren an der Universität, im Foyer eines Kongreßzentrums oder in einem französischen Restaurant treffen, immer wenn sie beispielsweise neue Experimente oder ungewöhnlichere Themen miteinander diskutieren, verschaffen sie sich meist zuerst einen Überblick über das Neuland, indem sie den Umfang des Problems numerisch, aber von Hand bestimmen. Diejenigen, die daran gewöhnt sind, mit Fermi-Fragen umzugehen, nähern sich dem Experiment oder Thema so, als wäre es ihr eigenes, und demonstrieren ihr Verständnis für die zugrundeliegenden physikalischen Prinzipien, indem sie Überschlagsrechnungen vornehmen. Wenn sich die Unterhaltung zum Beispiel einem neuen Teilchenbeschleuniger zuwendet, schätzen die Physiker die Stärke eines Magnetfeldes ab, das dafür benötigt wird; wenn es um die Struktur eines neuen Kristalles geht, berechnen sie den Abstand zwischen dessen Atomen. Die Absicht ist, mit dem geringsten Aufwand zu einer vernünftigen Antwort zu kommen. Es ist der Geist der Unabhängigkeit, den Fermi selbst in großem Maße besaß und den er durch diese Fragestellungen weiterzugeben gedachte.

Fragen über Atombomben, Klavierstimmer, Autoreifen, Teilchenbeschleuniger und Kristallstrukturen haben auf den ersten Blick wenig gemeinsam. Aber die Art, in der sie beantwortet werden, ist jeweils dieselbe und kann auch auf Fragen jenseits der Physik angewandt werden. Ob es sich um Probleme des Kochens, der Autoreparatur oder der persönlichen Beziehungen handelt, immer gibt es zwei Kategorien von Antworten: Sich zaghaft an Autoritäten zu wenden – Nachschlagewerke, Vorgesetzte, Experten, Physiker oder Seelsorger – oder wie der geistig Unabhängige aus dem privaten Schatz an gesundem Menschenverstand und begrenztem Fachwissen zu schöpfen, den jeder besitzt, vernünftige Annahmen zu machen und zu seinen eigenen, zugegebenermaßen angenäherten Lösungen zu gelangen. Um es klarzustellen: Es wäre natürlich verrückt, zu Hause Neurochirurgie zu betreiben – aber schlichte-

Enrico Fermi und Niels Bohr bei einem Spaziergang. (© Niels-Bohr-Archiv, Kopenhagen)

ren Herausforderungen, wie ein Chiligericht zuzubereiten, eine Wasserpumpe zu ersetzen oder einen Familienstreit zu schlichten, kann man oft schon allein durch Logik, gesunden Menschenverstand und Geduld begegnen.

Nicht jeder vertraut einer solchen Vorgehensweise. So standen manche Leute der Analyse des zwei Milliarden Dollar teuren Atombombentests, die Fermi mit Hilfe einer Handvoll Konfetti durchführte, wahrscheinlich sehr skeptisch gegenüber. Eine solche Haltung verrät vielleicht weniger über ihre Kenntnisse des Problems als über ihre Lebenseinstellung.

Letzten Endes liegt der Wert von Fermis Umgang mit wissenschaftlichen und alltäglichen Problemen in der Belohnung, die man dafür bekommt, unabhängige Entdeckungen und Erfindungen gemacht zu haben. Es ist egal, ob es sich dabei um etwas so Bedeutendes wie die Bestimmung der Sprengkraft einer Atombombe oder um etwas so Unbedeutendes wie die Abschätzung der Anzahl von Klavierstimmern in einer Stadt wie Chicago handelt. Zu einer Antwort nur ehrfürchtig aufzuschauen oder sie jemand anderes finden zu lassen, führt nämlich zu einer Verarmung: Es beraubt einen des Vergnügens und des Stolzes, die mit der Kreativität verbunden sind, und enthält einem eine Erfahrung vor, die uns mehr als andere im Leben mit Selbstvertrauen ausstattet. Umgekehrt ist Selbstvertrauen eine wichtige Voraussetzung, um Fermi-Probleme zu lösen. Persönliche Schwierigkeiten so anzugehen wie Fermi-Fragen kann damit durch eine Art Kettenreaktion zu einer Gewohnheit werden, die das Leben bereichert.

Aufgaben

Stufe I

1.1 Physikalische Größen und Einheiten

1. In den folgenden Gleichungen ist der Abstand x in Metern, die Zeit t in Sekunden und die Geschwindigkeit v in Metern pro Sekunde gegeben. Bestimmen Sie jeweils die SI-Einheiten der beiden Konstanten C_1 und C_2: a) $x = C_1 + C_2 t$; b) $x = 1/2\, C_1 t^2$; c) $v^2 = 2 C_1 x$; d) $x = C_1 \cos C_2 t$; e) $v = C_1 e^{-C_2 t}$.

2. a) Wie viele Sekunden hat ein Jahr? b) Wenn man pro Sekunde eine DM abzählen könnte, wie viele Jahre benötigte man dann, um eine Milliarde DM abzuzählen? c) Wenn man ein Molekül pro Sekunde abzählen könnte, wie viele Jahre würde es dann dauern, um alle Moleküle in einem Mol abzuzählen? (Die Anzahl der Moleküle pro Mol ist gleich der Avogadro-Zahl $N_A = 6{,}02 \cdot 10^{23}\ \mathrm{mol}^{-1}$.)

1.3 Die Dimension einer physikalischen Größe

3. Die SI-Einheit der Kraft F ist das Newton (1 N = 1 kg · m/s^2). Bestimmen Sie die Dimension und die SI-Einheiten der Konstanten G in Newtons Gravitationsgesetz $F = G m_1 m_2 / r^2$.

4. Ein Gegenstand sei an einer Schnur befestigt und bewege sich auf einer Kreisbahn. Die Kraft, die von der Schnur ausgeübt wird, hängt von der Masse des Gegenstands sowie von seiner Geschwindigkeit und vom Kreisradius ab. Welche Kombination dieser Variablen ergibt die richtige Dimension (ML/T^2) für die Kraft?

5. Das dritte Keplersche Gesetz drückt die Umlaufzeit eines Planeten um die Sonne durch seinen Bahnradius r, die Konstante G in Newtons Gravitationsgesetz ($F = G m_1 m_2 / r^2$) und die Sonnenmasse $M_\odot$ aus. Welche Kombination dieser Faktoren ergibt die richtige Dimension für die Umlaufzeit des Planeten?

1.4 Rechnen mit physikalischen Größen

6. Berechnen Sie die folgenden Ausdrücke, runden Sie die Ergebnisse auf die richtige Anzahl gültiger Stellen, und geben Sie sie in Exponentialschreibweise an:
a) $(2{,}00 \cdot 10^4) \cdot (6{,}10 \cdot 10^{-2})$;
b) $(3{,}141592) \cdot (4{,}00 \cdot 10^5)$;
c) $(2{,}32 \cdot 10^3) \cdot (1{,}16 \cdot 10^8)$;
d) $(5{,}14 \cdot 10^3) + (2{,}78 \cdot 10^2)$;
e) $(1{,}99 \cdot 10^2) + (9{,}99 \cdot 10^{-5})$.

7. Führen Sie folgende Berechnungen durch, und runden Sie die Ergebnisse auf die richtige Anzahl gültiger Stellen: a) $3{,}141592654 \cdot (23{,}2)^2$; b) $2 \cdot 3{,}141592654 \cdot 0{,}76$; c) $\tfrac{4}{3}\pi \cdot (1{,}1)^3$; d) $(2{,}0)^5 / (3{,}141592654)$.

8. Die Sonnenmasse beträgt $1{,}99 \cdot 10^{30}$ kg. Sie besteht zum größten Teil aus Wasserstoff und besitzt nur einen kleinen Anteil schwererer Elemente. Das Wasserstoffatom hat eine Masse von $1{,}67 \cdot 10^{-27}$ kg. Schätzen Sie die Anzahl der Wasserstoffkerne in der Sonne ab.

1 Einheitensysteme

Stufe II

9. Der Winkel, den die Mondscheibe von der Erde aus gesehen bildet, beträgt etwa 0,524° (siehe Abbildung 1.2). Der Mond ist etwa $3,84 \cdot 10^5$ km von der Erde entfernt. Wie groß ist der Monddurchmesser? (Der Winkel θ, den der Mond einnimmt, ist näherungsweise gleich d/r_M, wobei d der Monddurchmesser und r_M der Abstand Erde – Mond ist.)

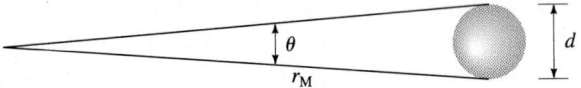

1.2 Zu Aufgabe 9.

10. Die Astronomische Einheit (AE) ist definiert als mittlerer Abstand zwischen Erde und Sonne, sie beträgt $1,496 \cdot 10^{11}$ m. Das Parsec (Einheitenzeichen pc) ist diejenige radiale Entfernung, von der aus die Bogenlänge 1 AE unter einem Winkel von einer Sekunde erscheint (Abbildung 1.3). Ein Lichtjahr ist die Entfernung, die das Licht in einem Jahr zurücklegt. a) Wie viele Parsec sind eine Astronomische Einheit? b) Wie viele Meter entsprechen einem Parsec? c) Wie viele Meter sind ein Lichtjahr? d) Wie viele Astronomische Einheiten entsprechen einem Lichtjahr? e) Wie viele Lichtjahre sind ein Parsec?

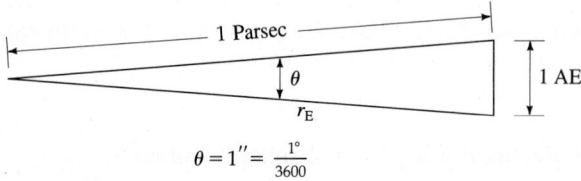

1.3 Zu Aufgabe 10.

11. Die Vereinigten Staaten importieren 6 Millionen Barrel Öl pro Tag (1 Barrel sind etwa 159 L). Dies deckt etwa ein Viertel des Gesamtenergieverbrauchs der USA. Ein Barrel passe in eine Tonne mit einer Höhe von einem Meter. a) Welcher Länge in Kilometern entspräche die täglich importierte Ölmenge, wenn man die Tonnen aneinanderlegte? b) Die größten Tanker können etwa eine Viertelmillion Barrel Öl transportieren. Wie viele Tankerladungen sind pro Jahr nötig? c) Wieviel geben die USA für das importierte Öl pro Jahr aus, wenn ein Barrel 20 Dollar kostet?

12. Der Kern eines Eisenatoms hat einen Radius von $5,4 \cdot 10^{-15}$ m und eine Masse von $9,3 \cdot 10^{-26}$ kg. a) Wie groß ist die Dichte des Kerns in Kilogramm pro Kubikmeter? b) Wenn die Erde die gleiche Dichte hätte, wie groß wäre dann ihr Radius? (Die Masse der Erde beträgt $5,98 \cdot 10^{24}$ kg.)

13. Wenn das Universum sich nicht weiter ausdehnen, sondern sich wieder kontrahieren soll, muß es eine Dichte von mindestens $6 \cdot 10^{-27}$ kg/m³ besitzen. a) Wie viele Elektronen pro Kubikmeter würden benötigt, um diese sogenannte kritische Dichte zu erreichen? b) Wie viele Protonen pro Kubikmeter erzeugten dieselbe Dichte? (Die Massen von Elektron und Proton sind auf der Innenseite des Einbandes angegeben.)

14. Viele Getränke werden in Aluminiumdosen verkauft. Die Masse einer Dose betrage durchschnittlich 0,018 kg. a) Schätzen Sie grob die Zahl der Aluminiumdosen, die pro Jahr in Deutschland produziert werden. b) Bestimmen Sie die Gesamtmasse Aluminium, die damit pro Jahr allein für Getränkedosen benötigt würde. c) Wiedergewonnenes Aluminium werde für 2 DM pro kg verkauft. Welchen Wert besäßen dann die leeren Aluminiumdosen, die in einem Jahr anfielen?

Stufe III

15. Die folgende Tabelle enthält die Ergebnisse einer Meßreihe, bei der die Schwingungsdauer T eines Gegenstands (der an einer Feder aufgehängt war) in Abhängigkeit von seiner Masse m bestimmt wurde. Diese Daten entsprechen der einfachen Gleichung $T = Cm^n$, die T als Funktion von m ausdrückt. Darin sind C und n Konstanten, und n muß keine ganze Zahl sein. a) Bestimmen Sie C und n. (Es gibt mehrere Wege, das zu erreichen. Einer besteht darin, einen Wert für n anzunehmen und T gegen m^n aufzutragen. Wenn der Wert von n richtig ist, ergibt sich eine Gerade. Eine andere Möglichkeit ist, $\log T$ gegen $\log m$ aufzutragen. Die Steigung der Geraden ist dann gleich n). b) Welche Meßpunkte weichen am stärksten von der Geraden ab?

Masse m/kg	0,10	0,20	0,40	0,50	0,75	1,00	1,50
Schwingungs-dauer T/s	0,56	0,83	1,05	1,28	1,55	1,75	2,22

16. Die Schwingungsdauer T eines einfachen Pendels hängt von seiner Länge ℓ und der Erdbeschleunigung g ab. Aufgrund von Dimensionsbetrachtungen kommt der Ansatz

$$T = C \cdot \sqrt{\frac{\ell}{g}}$$

in Frage. a) Überprüfen Sie die Abhängigkeit der Schwingungsdauer T von der Länge ℓ, indem Sie jeweils die Zeit für eine volle Periode bei zwei unterschiedlichen Längen ℓ messen. b) Die Konstante C kann nicht durch Dimensionsüberlegungen bestimmt werden, sondern nur durch ein Experiment wie in a). Dabei muß g bekannt sein. Verwenden Sie $g = 9{,}81$ m/s^2 und Ihre Ergebnisse aus a), um die vollständige Formel zu ermitteln.

17. Ein Ball werde von der Höhe h mit der Geschwindigkeit v horizontal abgeworfen und erreiche die Weite r in horizontaler Richtung, bis er auf dem Boden auftrifft. a) Erwarten Sie, daß r mit wachsendem h zu- oder abnimmt? Was passiert bei wachsendem v? b) Leiten Sie unter Berücksichtigung der Dimensionen eine mögliche Abhängigkeit der Weite r von h, v und der Erdbeschleunigung g ab.

18. Eine Binärziffer wird als Bit bezeichnet. Eine Folge von 8 Bit heißt Byte. Für die Darstellung eines Buchstabens wird üblicherweise ein Byte verwendet. Die Festplatte eines Computers habe eine Speicherkapazität von 100 Megabyte. a) Wieviel Bit können auf ihr gespeichert werden? b) Wie vielen Schreibmaschinenseiten mit jeweils 2000 Buchstaben entspricht das?

Teil 1
Mechanik

Bewegung in einer Dimension

2

Eine genaue Beschreibung von Bewegungsvorgängen ist wichtig für ein Verständnis der physikalischen Welt. Tatsächlich war sie von zentraler Bedeutung für die Entwicklung der Naturwissenschaften von Aristoteles bis Galilei. Die Gesetze, **wie** Dinge fallen, waren schon lange aufgestellt, bevor Newton herausfand, **warum** sie fallen. Eines der frühesten wissenschaftlichen Rätsel betraf die Scheinbewegung der Sonne am Himmel und die jahreszeitliche Bewegung der Planeten und Sterne. Ein großer Triumph der Newtonschen Mechanik war die Entdeckung, daß die Bewegung der Erde und der anderen Planeten um die Sonne mit Hilfe einer Kraft erklärt werden konnte, die zwischen Sonne und den Planeten wirkt.

In diesem und dem nächsten Kapitel werden wir uns mit der Beschreibung von Bewegungen (der *Kinematik*) beschäftigen, ohne dabei deren Ursachen zu hinterfragen. (In Kapitel 4 werden wir die Ursachen der Bewegung im Rahmen der Newtonschen Gesetze untersuchen.) Im vorliegenden Kapitel beschränken wir uns auf die Bewegung in einer Dimension, also auf die Bewegung entlang einer geraden Linie. Ein einfaches Beispiel der eindimensionalen Bewegung ist ein Auto, das auf einer ebenen, geraden und schmalen Straße fährt. Für eine solch eingeschränkte Bewegung gibt es nur zwei mögliche Bewegungsrichtungen, eine positive (vorwärts) und eine negative (rückwärts).

Um unsere Betrachtung von Bewegungen zu vereinfachen, beginnen wir zunächst mit Gegenständen, deren Position im Raum durch die Angabe der Koordinaten eines Punktes beschrieben werden kann. Einen solchen Gegenstand nennen wir ein **Teilchen**. Es liegt nahe, ein Teilchen als einen sehr kleinen Gegenstand anzusehen – häufig spricht man auch von einem **Massenpunkt** (oder einer **Punktmasse**) und meint damit einen idealisierten Körper, dessen Masse in einem Punkt konzentriert ist. Wir sollten uns aber vor Augen führen, daß im Grunde durch die Verwendung der Worte „Teilchen" oder Massenpunkt die Größe des Gegenstandes in keiner Weise eingeschränkt ist. (Wir werden im folgenden aus rein praktischen Gründen hauptsächlich den Begriff „Teilchen" und nicht den des „Massenpunkts" verwenden – beide sind aber vollkommen äquivalent.) Beispielsweise ist es für manche Zwecke sinnvoll, die Erde als Teilchen zu betrachten, das sich auf einer fast kreisförmigen Bahn um die Sonne bewegt. In solchen Fällen sind wir nur an der Bewegung des Erdmittelpunktes interessiert, und wir lassen die Größe der Erde und ihre Eigendrehung außer acht. Bei einigen astronomischen Fragestellungen wird das ganze Sonnensystem oder sogar eine ganze Galaxie als Teilchen behandelt. Wenn wir allerdings die Eigendrehung oder die innere Struktur eines Gegenstandes untersuchen wollen, können wir ihn nicht mehr als einzelnes Teilchen behandeln. Aber die Methoden, die wir beim Studium der Teilchenbewegung kennengelernt haben, sind auch in diesen Fällen nützlich, weil wir jeden Gegenstand, wie komplex er auch sein mag, als eine Ansammlung oder ein „System" von Teilchen auffassen können.

2.1 Durchschnittsgeschwindigkeit

Der Begriff der Geschwindigkeit ist uns aus dem Alltag vertraut. Anschaulich können wir die Geschwindigkeit eines Teilchens als das Verhältnis der zurückgelegten Strecke zur verstrichenen Zeit definieren:

$$\text{Durchschnittsgeschwindigkeit} = \frac{\text{Gesamtstrecke}}{\text{Gesamtzeit}}.$$

Die SI-Einheit der Geschwindigkeit ist Meter pro Sekunde (m/s). Im Alltag benutzen wir auch oft die Einheit Kilometer pro Stunde (km/h). Wenn Sie in 5 h 200 km zurücklegen, dann ist Ihre Geschwindigkeit 40 km/h. Im Grunde sprechen wir hier von der **Durchschnittsgeschwindigkeit**, denn wir wissen nichts über die Einzelheiten der Reise: Sie könnten sich 5 Stunden lang mit einer konstanten Geschwindigkeit von 40 km/h bewegt haben, Sie könnten den ersten Teil schneller zurückgelegt haben als den zweiten, oder Sie könnten sogar zwischendurch eine Pause eingelegt haben und dafür in der restlichen Zeit um so schneller gefahren sein.

Wenn wir hier mit Durchschnittsgeschwindigkeiten arbeiten, so könnten wir darüber hinaus auch die Richtung der Bewegung vernachlässigen. Wir wollen jedoch, obwohl wir uns auf die eindimensionale Bewegung beschränken, die Richtung einbeziehen, um damit das Vektorkonzept, d.h. die mathematisch etwas aufwendiger zu behandelnde Bewegung im dreidimensionalen Raum (Kapitel 3) vorzubereiten. Bei der Bewegung entlang einer geraden Linie gibt es nur zwei mögliche Richtungen: die positive und die negative. Wir führen auf dieser Geraden zunächst ein Koordinatensystem ein, indem wir einen Ursprung O und eine positive Richtung auszeichnen. Jedem Punkt auf der Geraden entspricht eine Zahl x, die den Abstand (z.B. in Meter oder Kilometer) des Punktes vom Ursprung angibt. Abbildung 2.1 zeigt einen Wagen (den wir als ein Teilchen behandeln können), der sich zur Zeit t_1 am Ort x_1 und zur Zeit t_2 am Ort x_2 befindet. Wir verwenden hier die übliche Konvention und tragen positive x-Werte auf der rechten Seite des Ursprunges auf. Die Änderung der Position des Teilchens, $x_2 - x_1$, nennen wir die **Verschiebung** des Teilchens. Es ist üblich, den griechischen Buchstaben Δ als Symbol für die Änderung einer Größe zu verwenden. Somit wird die Änderung von x als Δx geschrieben:

Verschiebung $$\Delta x = x_2 - x_1.$$ 2.1

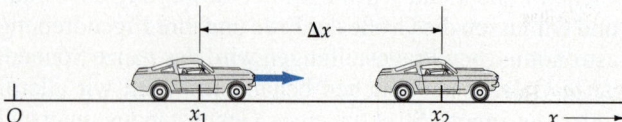

2.1 Wenn der Wagen vom Punkt x_1 zum Punkt x_2 fährt, dann ist seine Verschiebung $\Delta x = x_2 - x_1$.

Die Durchschnittsgeschwindigkeit läßt sich nun einfach als das Verhältnis der Verschiebung zur Länge des Zeitintervalls $\Delta t = t_2 - t_1$ definieren:

$$\langle v \rangle = \frac{\Delta x}{\Delta t} = \frac{x_2 - x_1}{t_2 - t_1}.$$

2.2 *Durchschnittsgeschwindigkeit*

Verschiebung und Durchschnittsgeschwindigkeit können sowohl positive als auch negative Werte annehmen, je nachdem, ob x_2 größer oder kleiner als x_1 ist. Ein positiver Wert entspricht einer Bewegung nach rechts, ein negativer Wert einer Bewegung nach links.

Beispiel 2.1

Eine Schnecke sei zur Zeit $t_1 = 2$ s bei $x_1 = 18$ mm und befinde sich zur Zeit $t_2 = 7$ s bei $x_2 = 14$ mm. Berechnen Sie die Verschiebung und die mittlere Geschwindigkeit der Schnecke in diesem Zeitintervall.

Nach Definition ist die Verschiebung der Schnecke

$$\Delta x = x_2 - x_1 = 14 \text{ mm} - 18 \text{ mm} = -4 \text{ mm}$$

und die Durchschnittsgeschwindigkeit

$$\langle v \rangle = \frac{\Delta x}{\Delta t} = \frac{x_2 - x_1}{t_2 - t_1} = \frac{14 \text{ mm} - 18 \text{ mm}}{7 \text{ s} - 2 \text{ s}} = \frac{-4 \text{ mm}}{5 \text{ s}} = -0{,}8 \text{ mm/s}.$$

Die Verschiebung und die mittlere Geschwindigkeit sind beide negativ. Die Schnecke bewegt sich daher nach links.

Machen wir uns noch einmal klar, was es bedeutet, daß wir die Richtung der Bewegung in unsere Betrachtung einbeziehen. Wie sieht unsere Rechnung aus, wenn sich die Bewegung aus mehreren hintereinandergeschalteten Phasen zusammensetzt? Bewegt sich der Wagen aus Abbildung 2.1 zunächst von x_1 nach x_2 und dann nach x_3, so ist die Verschiebung der Gesamtbewegung $\Delta x = (x_3 - x_2) + (x_2 - x_1) = x_3 - x_1$. In dieser Gleichung werden auch die Richtungen der Einzelbewegungen, die ja positiv oder negativ sein können, korrekt berücksichtigt. Für die Durchschnittsgeschwindigkeit erhalten wir

$$\langle v \rangle = \frac{\Delta x}{\Delta t} = \frac{(x_3 - x_2) + (x_2 - x_1)}{(t_3 - t_2) + (t_2 - t_1)} = \frac{x_3 - x_1}{t_3 - t_1}.$$

Im Alltag verstehen wir unter Durchschnittsgeschwindigkeit allerdings meistens etwas anderes, und zwar vernachlässigen wir die Richtungen der Einzelbewegungen vollständig und arbeiten nur mit deren Beträgen. Mathematisch ausgedrückt heißt das:

$$\langle v \rangle_{\text{Alltag}} = \frac{|x_3 - x_2| + |x_2 - x_1|}{(t_3 - t_2) + (t_2 - t_1)} = \frac{|x_3 - x_2| + |x_2 - x_1|}{t_3 - t_1}.$$

Das nachfolgende Beispiel veranschaulicht den Unterschied zwischen $\langle v \rangle$ und $\langle v \rangle_{\text{Alltag}}$.

Beispiel 2.2

Eine Läuferin rennt 100 m in 12 s, dreht dann um und joggt 50 m in Richtung des Startpunktes in 30 s. Wie groß ist ihre Durchschnittsgeschwindigkeit?

Wenn die Läuferin bei $x_1 = 0$ m startet, so wendet sie bei $x_2 = 100$ m und befindet sich am Ende bei $x_3 = 50$ m. Um die Durchschnittsgeschwindigkeit zu ermitteln, müssen wir die Verschiebung $\Delta x = x_3 - x_1 = 50$ m durch die Gesamtzeit $\Delta t = (t_2 - t_1) + (t_3 - t_2) = (12 + 30)$ s $= 42$ s dividieren:

$$\langle v \rangle = \frac{\Delta x}{\Delta t} = \frac{50 \text{ m}}{42 \text{ s}} = +1{,}19 \text{ m/s}.$$

Bei Vernachlässigung der Richtung (bzw. der Richtungsänderung) erhalten wir

$$\langle v \rangle_{\text{Alltag}} = \frac{|50 - 100| + |100 - 0|}{30 + 12} \frac{\text{m}}{\text{s}} = \frac{150}{42} \frac{\text{m}}{\text{s}} = 3{,}57 \frac{\text{m}}{\text{s}}.$$

Beachten Sie, daß beide Durchschnittsgeschwindigkeiten, $\langle v \rangle$ und $\langle v \rangle_{\text{Alltag}}$, nicht gleich dem Mittelwert der Geschwindigkeiten in den beiden Teilstrecken sind. (Dies nachzuweisen sei Ihnen als Leser überlassen.)

In Abbildung 2.2 ist für eine willkürliche Bewegung entlang der x-Achse x gegen t aufgetragen. Jeder Punkt auf dieser Kurve gibt an, an welchem Ort x sich das Teilchen zu einer bestimmten Zeit t befindet. Eine solche Kurve nennen wir eine Weg-Zeit- oder x-t-Kurve. Wir haben in der Zeichnung die beiden Punkte P_1 und P_2 der Kurve mit einer geraden Linie verbunden. Die Verschiebung $\Delta x = x_2 - x_1$ und das Zeitintervall $\Delta t = t_2 - t_1$ zwischen diesen Punkten sind in der Zeichnung eingetragen. Die Strecke zwischen P_1 und P_2 ist die Hypotenuse des rechtwinkligen Dreiecks mit den Katheten Δx und Δt. Das Verhältnis $\Delta x / \Delta t$ ist demnach die **Steigung** dieser Strecke. Da dieses Verhältnis aber genau der Durchschnittsgeschwindigkeit im Zeitintervall Δt entspricht, haben wir eine sehr anschauliche geometrische Deutung der Durchschnittsgeschwindigkeit gewonnen.

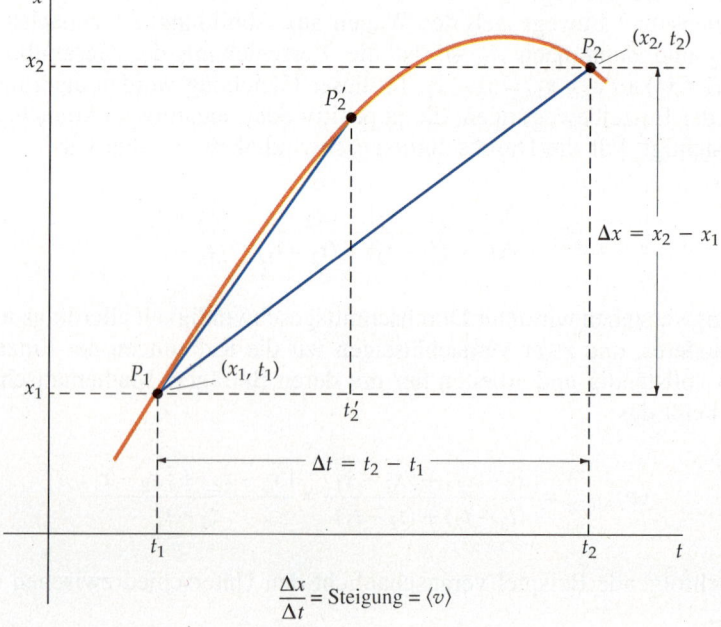

2.2 Diagramm der Strecke x gegen die Zeit t (Weg-Zeit-Diagramm) für die Bewegung eines Teilchens in einer Dimension. Die Punkte P_1 und P_2 sind durch eine Gerade miteinander verbunden. Die Durchschnittsgeschwindigkeit entspricht der Steigung dieser Geraden, $\Delta x / \Delta t$. Die Gerade durch P_1 und P_2' hat eine größere Steigung als die Gerade durch P_1 und P_2, die zum Zeitintervall $t_2' - t_1$ gehörende Durchschnittsgeschwindigkeit ist demzufolge ebenfalls größer.

Die Durchschnittsgeschwindigkeit entspricht der Steigung der Geraden, die die Punkte (x_1,t_1) und (x_2,t_2) verbindet.

Solange die Geschwindigkeit nicht konstant ist, hängt die Durchschnittsgeschwindigkeit auch von der Größe des Zeitintervalls ab, auf das sie sich bezieht. Wenn wir beispielsweise in Abbildung 2.2 ein kleineres Zeitintervall wählen, indem wir die Zeit t'_2 näher an t_1 heranrücken, so wächst die Durchschnittsgeschwindigkeit, was sich in einer größeren Steigung der Geraden durch P_1 und P'_2 zeigt.

Fragen

1. Hat die Behauptung „Um 9 Uhr morgens betrug die Durchschnittsgeschwindigkeit des Wagens 60 km/h" einen Sinn? Wenn ja, welchen?
2. Ist es möglich, daß die Durchschnittsgeschwindigkeit in einem bestimmten Zeitintervall den Wert null annimmt, obwohl die Durchschnittsgeschwindigkeit für ein kleineres Zeitintervall, das im ersten Intervall enthalten ist, ungleich null ist?

2.2 Momentangeschwindigkeit

Auf den ersten Blick mag es unmöglich erscheinen, die Geschwindigkeit eines Teilchens in einem bestimmten Moment anzugeben. Zum Zeitpunkt t_1 befinde sich das Teilchen am Ort x_1. Wenn es gerade an einem bestimmten Ort ist, dann bewegt es sich doch nicht – oder? Wenn es sich nicht bewegt, sollte es dann nicht immer an derselben Stelle bleiben? Dies ist ein uraltes Paradoxon. Wir können es nur auflösen, indem wir uns klarmachen, daß eine Bewegung zu beobachten und damit zu definieren immer bedeutet, einen Gegenstand zu mehr als einem Zeitpunkt zu betrachten. Es ist dann möglich, die Geschwindigkeit eines Teilchens in einem bestimmten Augenblick dadurch anzugeben, daß man einen Grenzwert bildet.

Abbildung 2.3 enthält dieselbe x-t-Kurve wie Abbildung 2.2, nur ist jetzt eine Folge von kleiner werdenden Zeitintervallen $\Delta t_1, \Delta t_2, \Delta t_3, \ldots$ eingezeichnet. Für jedes Zeitintervall ist die Durchschnittsgeschwindigkeit die Steigung der entsprechenden Geraden. Je kleiner das Zeitintervall wird, um so mehr nähert sich die Gerade der Tangente an die x-t-Kurve im Punkt P_1. Damit nähern sich auch die Steigungen der Geraden der Steigung dieser Tangente an. Als **Momentangeschwindigkeit** für einen bestimmten Zeitpunkt definieren wir:

Die Momentangeschwindigkeit für einen bestimmten Zeitpunkt ist die Steigung der Tangente an die x-t-Kurve in diesem Punkt.

Mit der Definition der Durchschnittsgeschwindigkeit aus (2.2) können wir die Momentangeschwindigkeit mathematisch durch einen Grenzwert ausdrücken:

$$v = \lim_{\Delta t \to 0} \frac{\Delta x}{\Delta t}.$$

2.3 *Momentangeschwindigkeit*

2 Bewegung in einer Dimension

2.3 Weg-Zeit-Kurve wie in Abbildung 2.2. Wenn wir die Länge des Zeitintervalls, das bei t_1 beginnt, immer weiter verkleinern, so nähert sich die Durchschnittsgeschwindigkeit in diesem Zeitintervall immer mehr der Steigung der Tangente an die Kurve im Punkt P_1. Diese Steigung ist die zeitliche Ableitung der Kurve zum Zeitpunkt t_1, sie entspricht der Momentangeschwindigkeit.

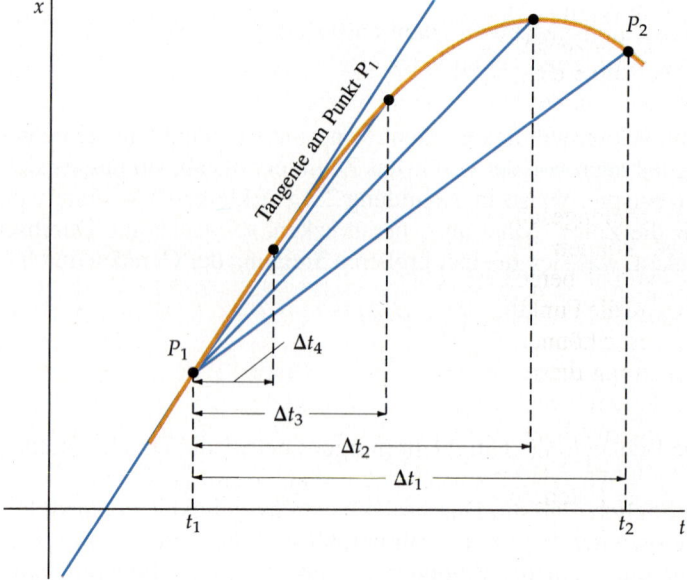

Dieser Grenzwert wird in der Differentialrechnung als **Ableitung** von x nach t bezeichnet. In der üblichen Schreibweise wird die Ableitung als $\dot{x} = dx/dt$ geschrieben, wobei der Punkt die **zeitliche** Ableitung von x symbolisiert:

$$v = \lim_{\Delta t \to 0} \frac{\Delta x}{\Delta t} = \frac{dx}{dt} = \dot{x} \,. \qquad 2.4$$

Die Steigung dx/dt kann positiv oder negativ sein, entsprechend erhalten wir eine positive oder negative Momentangeschwindigkeit.

Beispiel 2.3

Die Position eines Teilchens in Abhängigkeit von der Zeit sei durch die x-t-Kurve in Abbildung 2.4 gegeben. Finden Sie die Momentangeschwindigkeit zur Zeit $t = 2$ s. Wann ist die Geschwindigkeit am größten? Wann ist sie gleich null? Ist sie jemals negativ?

In der Abbildung haben wir die Tangente an die Kurve zum Zeitpunkt $t = 2$ s eingezeichnet. Aus der Zeichnung können wir die Steigung der Tangente zu 4,5 m/3 s = 1,5 m/s bestimmen. Zur Zeit $t = 2$ s ist damit $v = 1{,}5$ m/s. Nach der Zeichnung hat die Steigung (und damit die Geschwindigkeit) ihren größten Wert bei $t = 4$ s. Die Geschwindigkeit ist

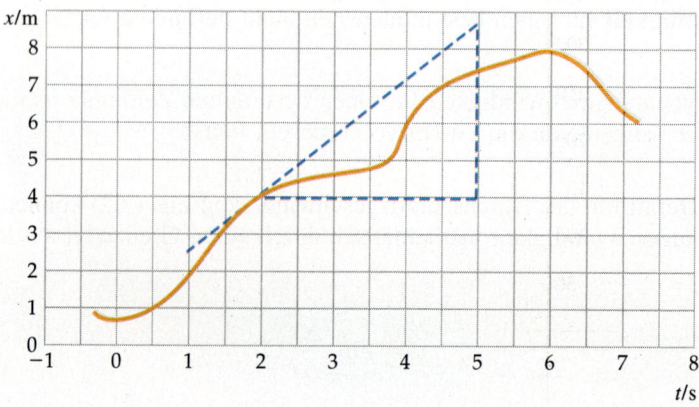

2.4 Weg-Zeit-Kurve zu Beispiel 2.3. Die Momentangeschwindigkeit zur Zeit $t = 2$ s ist durch die Steigung der Tangente an die Kurve in diesem Punkt gegeben.

null zu den Zeiten $t = 0$ s und $t = 6$ s, was wir daran erkennen können, daß die Tangenten in diesen Punkten horizontal sind und damit die Steigung null besitzen. Für Zeiten nach $t = 6$ s hat die Kurve eine negative Steigung, damit ist die Geschwindigkeit ebenfalls negativ. (Die Steigung der Tangente an eine Kurve in einem bestimmten Punkt wird häufig kurz als die „Steigung der Kurve" in diesem Punkt bezeichnet.)

Um die Momentangeschwindigkeit zu bestimmen, haben wir zwei Möglichkeiten: Einmal können wir gemäß Gleichung (2.4) den Grenzwert für jeden Zeitpunkt explizit berechnen. Diese Methode ist recht mühsam und nur dann sinnvoll, wenn die Funktion $x(t)$ aus irgendeinem Grund nicht analytisch gegeben ist. Zum anderen können wir, falls x als Funktion der Zeit t analytisch angegeben ist, die Ableitung dieser Funktion nach der Zeit bilden und dann den Wert der Ableitung für den jeweiligen Zeitpunkt einfach durch Einsetzen berechnen. Um die Ableitung zu finden, können wir alle Ableitungseigenschaften und -regeln verwenden, die wir aus der Differentialrechnung kennen. Zur Erinnerung: Wenn x eine einfache Potenzfunktion von t ist, wie

$$x = Ct^n,$$

wobei C und n beliebige Konstanten sind, dann ist die Ableitung von x nach t gegeben durch

$$\frac{dx}{dt} = \frac{d}{dt}(Ct^n) = Cnt^{n-1}.$$

2.5 *Ableitung einer Potenzfunktion*

Beispiel 2.4

Die Position eines Steines, der aus dem Ruhezustand heraus von einer Klippe heruntergestoßen wird, sei durch $x = Ct^2$ gegeben, wobei x die Fallstrecke nach unten in Metern und t die Zeit in Sekunden angibt. C ist eine Konstante und hat die Einheit m/s^2. Bestimmen Sie die Geschwindigkeit zu jedem Zeitpunkt.

Die zu $x = Ct^2$ gehörende Kurve ist in Abbildung 2.5 gezeigt. Für die drei Zeitpunkte t_1, t_2 und t_3 ist jeweils die Tangente eingezeichnet. Mit zunehmender Zeit wächst die Steigung der Tangente, was eine größer werdende Momentangeschwindigkeit bedeutet. Mit (2.5)

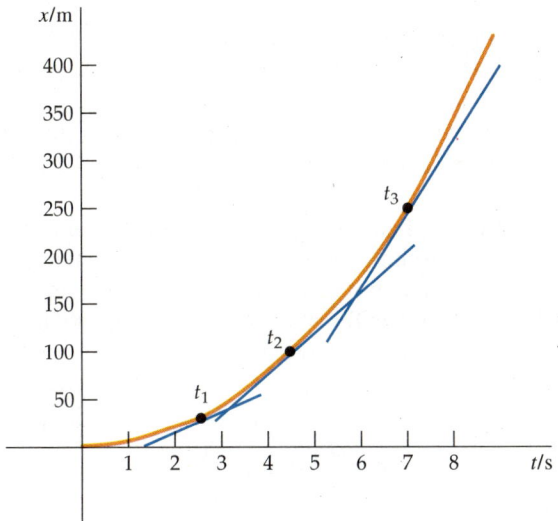

2.5 Der Graph der Funktion $x(t) = Ct^2$ zu Beispiel 2.4, hier mit $C = 5$ m/s^2. Für die drei Zeitpunkte t_1, t_2 und t_3 sind jeweils Tangenten an die Kurve gezeichnet. Die Steigungen dieser Tangenten wachsen mit der Zeit an, was einer zunehmenden Momentangeschwindigkeit entspricht.

können wir die Momentangeschwindigkeit für jeden Zeitpunkt durch Ableitung von $x = Ct^2$ berechnen:

$$v = \frac{dx}{dt} = 2\,Ct\,.$$

Die Momentangeschwindigkeit wächst also proportional mit der Zeit an.

Es ist wichtig, sorgfältig zwischen den Begriffen der Durchschnittsgeschwindigkeit und der Momentangeschwindigkeit zu unterscheiden. In der Physik versteht man, wenn nichts anderes gesagt wird, unter „Geschwindigkeit" üblicherweise die Momentangeschwindigkeit.

Fragen

3. Unterscheiden sich die Durchschnittsgeschwindigkeiten für verschiedene Zeitintervalle, wenn die Momentangeschwindigkeit konstant ist?
4. Wenn in einem Zeitintervall die Durchschnittsgeschwindigkeit $\langle v \rangle = 0$ ist, muß dann die Momentangeschwindigkeit v für irgendeinen Zeitpunkt in diesem Intervall gleich null sein? Um Ihre Antwort zu untermauern, skizzieren Sie eine mögliche x-t-Kurve, bei der $\Delta x = 0$ für ein willkürlich gewähltes Zeitintervall Δt gilt.

2.3 Beschleunigung

Wenn sich die Momentangeschwindigkeit eines Teilchens wie in Beispiel 2.4 mit der Zeit verändert, dann sagen wir, das Teilchen werde *beschleunigt*. Die **Durchschnittsbeschleunigung** in einem bestimmten Zeitintervall $\Delta t = t_2 - t_1$ ist als das Verhältnis $\Delta v/\Delta t$ definiert, wobei $\Delta v = v_2 - v_1$ die Änderung der Momentangeschwindigkeit in diesem Zeitintervall ist:

Durchschnittsbeschleunigung
$$\langle a \rangle = \frac{\Delta v}{\Delta t}\,.$$
2.6

Die Dimension der Beschleunigung ist Länge geteilt durch (Zeit)^2, die entsprechende SI-Einheit ist Meter pro Quadratsekunden (m/s^2). Wenn wir zum Beispiel sagen, daß ein Teilchen mit einer konstanten Beschleunigung von 5 m/s^2 aus der Ruheposition heraus beschleunigt wird, dann bedeutet dies, daß es sich nach 1 s mit einer Geschwindigkeit von 5 m/s bewegt, nach 2 s mit 10 m/s und so weiter.

Wie bei der Geschwindigkeit können wir nun die **Momentanbeschleunigung** als Grenzwert der Durchschnittsbeschleunigung für immer kleiner werdende Zeitintervalle definieren. Wenn wir die Geschwindigkeit gegen die Zeit auftragen, entspricht die Steigung der Tangente an diese v-t-Kurve in einem Punkt nun der Momentanbeschleunigung für diesen Zeitpunkt:

Momentanbeschleunigung
$$a = \frac{dv}{dt} = \lim_{\Delta t \to 0} \frac{\Delta v}{\Delta t}\,.$$
2.7

Die Beschleunigung ist damit die Ableitung der Geschwindigkeit nach der Zeit. Die entsprechende Schreibweise für diese Ableitung ist $\dot v = \mathrm{d}v/\mathrm{d}t$. Da die Geschwindigkeit selbst als Ableitung des Ortes x nach der Zeit t definiert ist, ist die Beschleunigung die zweite Ableitung von x nach t, geschrieben als $\ddot x = \mathrm{d}^2 x/\mathrm{d}t^2$:

$$a = \frac{\mathrm{d}v}{\mathrm{d}t} = \frac{\mathrm{d}\,(\mathrm{d}x/\mathrm{d}t)}{\mathrm{d}t} = \frac{\mathrm{d}^2 x}{\mathrm{d}t^2} = \ddot x \,. \qquad 2.8$$

Bei konstanter Geschwindigkeit ist die Beschleunigung gleich null, da für alle Zeitintervalle $\Delta v = 0$ ist. In diesem Fall ändert sich die Steigung der entsprechenden x-t-Kurve nicht. In Beispiel 2.4 hatten wir gefunden, daß für die Funktion $x = Ct^2$ die Geschwindigkeit linear mit der Zeit nach der Formel $v = 2\,Ct$ ansteigt. Die Beschleunigung, also die Steigung der Geschwindigkeit-Zeit- oder v-t-Kurve, ist demnach konstant gleich $2\,C$. Welch große Bedeutung der Begriff Beschleunigung für die Mechanik, ja im Grunde für die gesamte Physik hat, wird in Kapitel 4 klar werden: Dort werden wir sehen, daß die Beschleunigung eines Teilchens der Kraft proportional ist, die auf das Teilchen einwirkt.

Beispiel 2.5

Ein leistungsstarkes Auto kann in 5 s von 0 km/h auf 90 km/h beschleunigen. Wie groß ist die Durchschnittsbeschleunigung während dieser Zeit? Vergleichen Sie dies mit der Erdbeschleunigung, die 9,81 m/s^2 beträgt.
   Wir benutzen Gleichung (2.6) und berücksichtigen, daß 1 m/s = 3,6 km/h ist, und erhalten damit für die Durchschnittsbeschleunigung:

$$\langle a \rangle = \frac{\Delta v}{\Delta t} = \frac{90\ \mathrm{km/h}}{5\ \mathrm{s}} \cdot \frac{1\ \mathrm{m/s}}{3{,}6\ \mathrm{km/h}} = 5\,\frac{\mathrm{m}}{\mathrm{s}^2}\,.$$

Dies ist etwa die Hälfte der Erdbeschleunigung.

Beispiel 2.6

Das Weg-Zeit-Gesetz eines Teilchens sei durch $x = Ct^3$ gegeben, wobei C eine Konstante mit der Einheit m/s^3 ist. Finden Sie Geschwindigkeit und Beschleunigung des Teilchens als Funktion der Zeit.
  Die Geschwindigkeit ist die Ableitung von x nach t

$$v = \dot x = 3\,Ct^2\,.$$

Die Beschleunigung ergibt sich nach (2.8) als zweite Ableitung von x nach t und damit als Ableitung von v nach t:

$$a = \ddot x = \dot v = 6\,Ct\,.$$

Die Beschleunigung ist hier also nicht konstant, sondern wächst linear mit der Zeit.

Fragen

5. Geben Sie eine Bewegung an, für die die Geschwindigkeit negativ, die Beschleunigung aber positiv ist. Skizzieren Sie eine entsprechende v-t-Kurve.

2 Bewegung in einer Dimension

6. Geben Sie eine Bewegung an, für die sowohl die Geschwindigkeit als auch die Beschleunigung negativ sind.
7. Ist es möglich, daß für einen Körper die Geschwindigkeit den Wert null hat, während die Beschleunigung von null verschieden ist?

2.4 Integration

In diesem Abschnitt wollen wir uns das mathematische Rüstzeug für die eingehendere Beschäftigung mit Bewegungsabläufen aneignen. Wir lernen dabei Methoden kennen, die bei der Lösung vieler Gleichungen in der Physik eine große Rolle spielen.

Wir haben bereits gesehen, wie man die Geschwindigkeitsfunktion $v(t)$ und die Beschleunigungsfunktion $a(t)$ durch Ableitung der Ortsfunktion $x(t)$ nach der Zeit t gewinnen kann. Das umgekehrte Problem besteht darin, die Funktion $x(t)$ zu finden, wenn die Geschwindigkeit $v(t)$ oder die Beschleunigung $a(t)$ gegeben ist. Dazu müssen wir ein Verfahren anwenden, das uns bereits vom Schulunterricht her als **Integration** bekannt ist und das wir hier kurz wiederholen wollen. Wenn wir die Beschleunigung $a(t)$ als Funktion der Zeit kennen, so gilt es, eine Funktion $v(t)$ zu finden, deren Ableitung der Beschleunigung entspricht. Die Funktion $v(t)$ wird dann die **Stammfunktion** von $a(t)$ genannt. Wenn beispielsweise die Beschleunigung konstant ist, also

$$\frac{dv}{dt} = a,$$

dann ist die Geschwindigkeit eine Funktion der Zeit, deren Ableitung gerade diese Konstante ergibt. Eine solche Funktion lautet

$$v = at.$$

Dies ist allerdings nicht der allgemeinste Ausdruck für v, der die Bedingung $dv/dt = a$ erfüllt. Wir können nämlich jede beliebige Konstante zu at hinzuaddieren, ohne die Ableitung der Funktion nach der Zeit dadurch zu verändern. Wenn wir eine solche Konstante v_0 nennen, erhalten wir

$$v = at + v_0.$$

Die Konstante v_0 ist die Anfangsgeschwindigkeit zur Zeit $t = 0$. Die Funktion $x(t)$ für die Position des Teilchens ist dementsprechend jene Funktion, deren Ableitung die Geschwindigkeit ergibt:

$$\frac{dx}{dt} = v = v_0 + at.$$

Um x zu finden, können wir jeden Term getrennt betrachten. Die Funktion, deren Ableitung zur Konstante v_0 führt, ist $v_0 t$ plus einer beliebigen Konstanten c_1. Die Funktion, deren Ableitung at ergibt, ist $\frac{1}{2} at^2$ plus einer beliebigen Konstanten c_2. (Die Ergebnisse können leicht durch Ableiten überprüft werden.) Indem wir diese Ergebnisse addieren und die beiden Konstanten c_1 und c_2 zu einer einzigen Konstanten $x_0 = c_1 + c_2$ zusammenfassen, ergibt sich für die Position des Teilchens

$$x = x_0 + v_0 t + \frac{1}{2} at^2. \qquad 2.9$$

Wir haben hier ein sehr wichtiges Merkmal der Vorgehensweise bei der Integration kennengelernt: Um die allgemeine Lösung anzugeben, müssen wir der Stammfunktion eine beliebige Konstante, **Integrationskonstante** genannt, hinzufügen. Da wir zweimal integrieren mußten, um $x(t)$ aus $a(t)$ zu erhalten, treten nun zwei Konstanten, x_0 und v_0, auf. *Diese Konstanten sind durch die Geschwindigkeit und die Position des Teilchens zu einem bestimmten Anfangszeitpunkt gegeben, der gewöhnlich bei $t = 0$ gewählt wird.* Sie werden deshalb die **Anfangsbedingungen** genannt. Das Problem „Gegeben ist $a(t)$, finden Sie $x(t)$" heißt das **Anfangswertproblem**. Die Lösung hängt vom Verlauf der Funktion $a(t)$ und von den Werten von v und t zu einem bestimmten Zeitpunkt ab. Dieses Problem ist in der Physik von besonderer Bedeutung, da die Beschleunigung eines Teilchens durch die Kräfte bestimmt wird, die auf das Teilchen einwirken (siehe Kapitel 4). Wenn wir also die Kräfte auf ein Teilchen und seine Position und Geschwindigkeit zu einem bestimmten Zeitpunkt kennen, so können wir im Prinzip seine Position für alle Zeiten berechnen (man spricht dann auch von der *Lösung der Bewegungsgleichung*).

Bei den bisherigen Integrationsbeispielen haben wir es jeweils mit Stammfunktionen von Polynomen zu tun gehabt. Unter Berücksichtigung von (2.5) sehen wir, daß die Stammfunktion zu $f(t) = at^n$ mit den Konstanten a und $n \neq -1$ ganz allgemein

$$F(t) = \frac{a}{n+1} t^{n+1} + b$$

Stammfunktion einer Potenzfunktion

lautet, da unabhängig von der Integrationskonstanten b gilt: $\dot{F}(t) = f(t)$. Falls es sich nicht um Polynome handelt, besteht die Kunst der Integration darin, aus den eigenen Erfahrungen im Bilden von Ableitungen eine gute Idee für die Form der Stammfunktion zu entwickeln – oder in einem der vielen mathematischen Nachschlagewerke nachzusehen. Eine andere Möglichkeit, die immer zum Ziel führt, besteht darin, die Integration numerisch durchzuführen. Das heißt nichts anderes, als daß man die Integration durch eine Summenbildung annähert. Um dies zu verstehen, müssen wir uns vor Augen halten, daß die Integration eng mit dem Problem verwandt ist, die Fläche unter einer Kurve zu finden. Betrachten wir den Fall einer Bewegung mit konstanter Geschwindigkeit v_0. Die Verschiebung Δx im Zeitraum Δt entspricht genau dem Produkt aus Geschwindigkeit und Länge des Zeitintervalls:

$$\Delta x = v_0 \Delta t .$$

Wie wir aus Abbildung 2.6 entnehmen können, ist dies die Fläche unter der Geschwindigkeit-Zeit-Kurve. Diese graphische Interpretation der Verschiebung als der Fläche unter der v-t-Kurve ist auch dann gültig, wenn die Geschwindigkeit nicht konstant ist, wie in Abbildung 2.7 gezeigt. In diesem Fall läßt sich die Fläche unter der Kurve zunächst dadurch annähern, daß das Zeitintervall in eine Zahl kleinerer Intervalle Δt_1, Δt_2, Δt_3, ... zerlegt wird, denen jeweils eine rechteckige Fläche zugeordnet ist. Die Fläche des schattierten Rechteckes ist $v_i \Delta t_i$, was näherungsweise der Ortsänderung Δx_i des Teilchens im Zeitintervall Δt_i entspricht. Wir können diese Näherung immer genauer machen, indem wir Δt_i sehr klein werden lassen. Wir erhalten dann eine sehr viel größere Zahl von rechteckigen Flächen, deren Summe sich der gesamten Ortsänderung (der Verschiebung) im Zeitintervall zwischen t_1 und t_2 gut annähert.

Mathematisch schreiben wir dies als

$$\Delta x \approx \sum_i v_i \Delta t_i ,$$

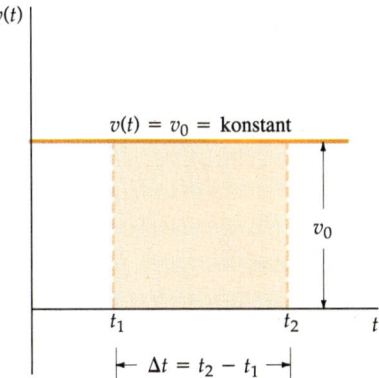

Schattierte Fläche $= v_0 \Delta t = v_0(t_2 - t_1)$
$= v_0 t_2 - v_0 t_1$
$= x_2 - x_1 = \Delta x$

2.6 Die Verschiebung Δx im Zeitintervall Δt ist gleich der Fläche unter der Geschwindigkeit-Zeit-Kurve $v(t)$ in diesem Zeitintervall. Für $v(t) = v_0 =$ konstant entspricht die Verschiebung der schattierten rechteckigen Fläche.

2.7 Graph einer beliebigen Geschwindigkeit-Zeit-Kurve $v(t)$. Die Verschiebung Δx im Zeitintervall Δt_i ist näherungsweise $v_i \Delta t_i$, was durch die schattierte, rechteckige Fläche angedeutet wird. Die gesamte Verschiebung von t_1 bis t_2 entspricht der Fläche unter der Kurve in diesem Zeitintervall. Diese Fläche kann durch Aufaddieren der Rechteckflächen angenähert werden. Je kleiner Δt_i wird, um so besser wird die Näherung.

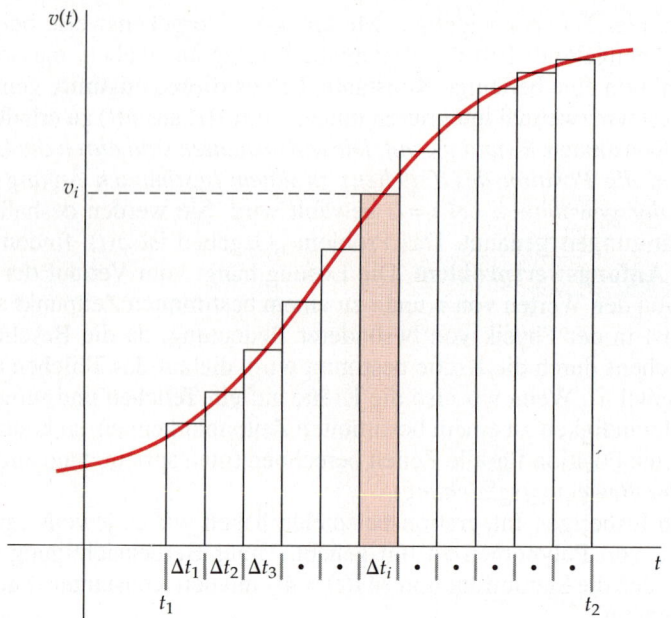

wobei der griechische Buchstabe Σ (ein großes Sigma) für „Summe" steht. Der Grenzwert für immer kleiner werdende Zeitintervalle ist gleich der Fläche unter der Kurve $v(t)$; er heißt das **Integral** dieser Kurve und wird geschrieben als:

$$\Delta x = \lim_{\Delta t_i \to 0} \sum_i v_i \, \Delta t_i = \int_{t_1}^{t_2} v \, dt \, . \qquad 2.10$$

Es kann hilfreich sein, sich das Integralzeichen als gedehntes S vorzustellen, das an die Summenbildung erinnert. Die Grenzen t_1 und t_2 geben den Anfangs- und Endwert des Integrationsintervalls an.

Auf ähnliche Weise kann die Änderung der Geschwindigkeit in einem Zeitintervall als die Fläche unter der entsprechenden Beschleunigung-Zeit-Kurve interpretiert werden. Wir schreiben dies als

$$\Delta v = \lim_{\Delta t_i \to 0} \sum_i a_i \, \Delta t_i = \int_{t_1}^{t_2} a \, dt \, . \qquad 2.11$$

Die Durchschnittsgeschwindigkeit besitzt nun eine einfache geometrische Interpretation. Betrachten Sie die Kurve in Abbildung 2.8. Die Verschiebung Δx im Zeitintervall $\Delta t = t_2 - t_1$ ist durch die schattierte Fläche angedeutet. Nach der Definition (2.2) der Durchschnittsgeschwindigkeit in einem Zeitintervall ist die Verschiebung das Produkt aus $\langle v \rangle$ und Δt:

$$\Delta x = \langle v \rangle \, \Delta t \, .$$

Die Durchschnittsgeschwindigkeit $\langle v \rangle$ ist in Abbildung 2.8 durch die horizontale Linie angedeutet, die genau so eingezeichnet ist, daß die Fläche $\langle v \rangle \, \Delta t$ mit der Fläche unter der tatsächlichen v-t-Kurve übereinstimmt.

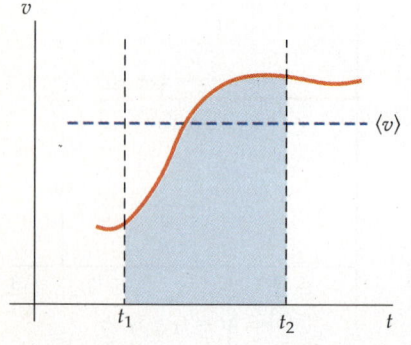

2.8 Geometrische Interpretation der Durchschnittsgeschwindigkeit. Nach Definition ist $\langle v \rangle = \Delta x / \Delta t$. Damit muß die rechteckige Fläche $\langle v \rangle (t_2 - t_1)$ der Verschiebung im Zeitintervall $t_2 - t_1$ entsprechen. Daraus folgt, daß die Fläche $\langle v \rangle (t_2 - t_1)$ (begrenzt durch die gestrichelten Linien) und die schattierte Fläche unter der Kurve gleich groß sein müssen.

Beispiel 2.7

Ein Teilchen bewegt sich aus der Ruheposition heraus mit konstanter Beschleunigung a. Zeigen Sie durch Berechnung der Fläche unter der v-t-Kurve, daß die Durchschnittsgeschwindigkeit für ein beliebiges Zeitintervall, das bei $t = 0$ beginnt, der halben Endgeschwindigkeit entspricht.

Abbildung 2.9 zeigt die v-t-Kurve für dieses Problem. Die Verschiebung von $t = 0$ bis zu einer beliebigen Endzeit t_e ist durch die schattierte Fläche gegeben. Die Fläche dieses Dreiecks ist $\frac{1}{2} v_e \Delta t$, wobei v_e die Endgeschwindigkeit ist. Die Verschiebung ist demnach

$$\Delta x = \frac{1}{2} v_e \Delta t = \langle v \rangle \Delta t.$$

Die Durchschnittsgeschwindigkeit entspricht damit der Hälfte der Endgeschwindigkeit in diesem Zeitintervall.

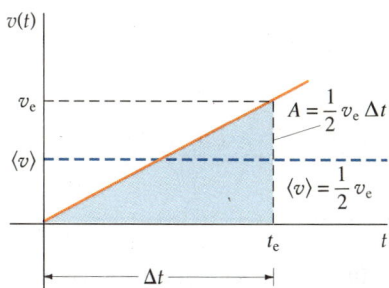

2.9 Beweis von $\langle v \rangle = \frac{1}{2} v_e$ für ein Teilchen, das sich vom Ruhezustand aus mit konstanter Beschleunigung bewegt. Die Verschiebung ist gleich der Fläche unter der Kurve, also $\Delta x = A = \frac{1}{2} v_e \Delta t$. Außerdem muß für die Verschiebung auch gelten $\Delta x = \langle v \rangle \Delta t$. Daraus folgt $\langle v \rangle = \frac{1}{2} v_e$.

2.5 Bewegung mit konstanter Beschleunigung

Die Bewegung eines Teilchens mit konstanter Beschleunigung kommt in der Natur häufig vor. So fallen nahe der Erdoberfläche aufgrund der Gravitation alle Gegenstände mit konstanter Beschleunigung senkrecht nach unten. (Die Annahme einer konstanten Beschleunigung gilt genaugenommen nur dann, wenn wir den Luftwiderstand vernachlässigen können.) Die Erdbeschleunigung wird mit g bezeichnet und hat näherungsweise den Wert

$$g = 9{,}81 \text{ m/s}^2.$$

Eine konstante Beschleunigung bedeutet, daß die Steigung der v-t-Kurve konstant ist, die Geschwindigkeit also linear mit der Zeit zunimmt. Wenn zur Zeit $t = 0$ die Geschwindigkeit v_0 beträgt, dann ist ihr Wert zu einer späteren Zeit t gegeben durch

$$v = v_0 + at. \qquad 2.12$$

Konstante Beschleunigung, v in Abhängigkeit von t

Für den Ort des Teilchens gilt nach (2.9)

$$x = x_0 + v_0 t + \frac{1}{2} a t^2. \qquad 2.13$$

Konstante Beschleunigung, x in Abhängigkeit von t

Nun können wir die Durchschnittsgeschwindigkeit im Zeitintervall Δt, zu dem die Verschiebung $\Delta x = x - x_0$ gehört, bestimmen:

$$\langle v \rangle = \frac{\Delta x}{\Delta t} = \frac{v_0 t + \frac{1}{2} a t^2}{t} = v_0 + \frac{1}{2} at = v_0 + \frac{1}{2}(v - v_0) = \frac{1}{2}(v_0 + v), \qquad 2.14$$

Konstante Beschleunigung, Durchschnittsgeschwindigkeit

2 Bewegung in einer Dimension

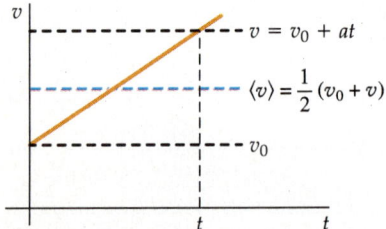

2.10 Durchschnittsgeschwindigkeit bei konstanter Beschleunigung. (Näheres siehe Text.)

Konstante Beschleunigung,
v in Abhängigkeit von x

wobei wir (2.2), (2.12) und (2.13) benutzt haben. Abbildung 2.10 veranschaulicht diesen Zusammenhang. Wir können aus (2.12) und (2.13) auch die Zeit eliminieren, um die Verschiebung Δx durch die Beschleunigung a, die Anfangsgeschwindigkeit v_0 und die Geschwindigkeit v zu einem Zeitpunkt t auszudrücken:

$$\Delta x = v_0 t + \frac{1}{2} a t^2 = v_0 \left(\frac{v-v_0}{a}\right) + \frac{1}{2} a \left(\frac{v-v_0}{a}\right)^2 .$$

Wenn wir beide Seiten mit a multiplizieren und die Terme ausschreiben, erhalten wir

$$a \, \Delta x = v_0 v - v_0^2 + \frac{1}{2} v^2 - v_0 v + \frac{1}{2} v_0^2 = \frac{1}{2} v^2 - \frac{1}{2} v_0^2$$

oder

$$v^2 = v_0^2 + 2 a \, \Delta x . \qquad 2.15$$

Diese Gleichung ist zum Beispiel dann nützlich, wenn wir die Geschwindigkeit eines Balles bestimmen wollen, der, mit v_0 gestartet, eine gewisse Strecke Δx herunterfällt, ohne uns für die genaue Fallzeit zu interessieren.

Wir wollen uns nun einige Beispiele zu Bewegungen mit konstanter Beschleunigung ansehen. Der erste Schritt bei der Lösung derartiger Probleme besteht darin, ein geeignetes Koordinatensystem zu wählen. Wenn möglich, wählen wir die Position des Teilchens zur Zeit $t = 0$ als Ursprung, so daß $x_0 = 0$ ist. Die positive Richtung der x-Achse bestimmt das Vorzeichen der Geschwindigkeit und der Beschleunigung. Obwohl diese Wahl beliebig ist, kann eine kluge Wahl der positiven Richtung die Lösung eines Problems erleichtern. Wenn wir beispielsweise ein Problem betrachten, bei dem ein Ball von einer bestimmten Höhe herunterfällt, ist es am einfachsten, die Abwärtsrichtung als positiv zu wählen. Dann sind Geschwindigkeit und Beschleunigung positiv, da der Ball durch die Gravitation stets nach unten beschleunigt wird. Wenn wir andererseits einen Ball nach oben werfen, ist es üblich, die Aufwärtsrichtung als positiv zu wählen. Die Beschleunigung ist dann negativ, und das Vorzeichen der Geschwindigkeit hängt davon ab, ob der Ball sich momentan nach oben oder unten bewegt.

Beispiel 2.8

Ein Ball werde mit einer Anfangsgeschwindigkeit von 30 m/s nach oben geworfen. Gleichzeitig erfahre er eine Beschleunigung von 10 m/s² nach unten. Wie lange braucht er dann bis zu seinem höchsten Punkt? Welche Strecke legt er bis zu diesem Punkt nach oben zurück? (In diesem Beispiel haben wir die Fallbeschleunigung mit 10 m/s² angenähert, um die Rechnung zu erleichtern.)

Wir wählen den Ursprung am Anfangsort des Balles und die Aufwärtsrichtung als positiv. Gegeben sind $v_0 = 30$ m/s und $a = -10$ m/s². Die Beschleunigung ist negativ, da sie nach unten gerichtet ist. Während der Ball nach oben fliegt (v ist positiv), verringert sich die Geschwindigkeit (vom Anfangswert ausgehend), bis sie null wird. In diesem Moment ist der Ball an seinem höchsten Punkt. Er beginnt nun zu fallen, und seine Geschwindigkeit wird negativ (Abwärtsbewegung). Wir wollen zunächst die Zeit t finden, bei der die Geschwindigkeit v verschwindet (gleich null wird). Nach (2.12) ist die unbekannte Zeit t durch die bekannten Größen v_0, a und v gegeben:

$$v = v_0 + at ,$$
$$0 = 30 \text{ m/s} + (-10 \text{ m/s}^2) \, t ,$$
$$t = \frac{30 \text{ m/s}}{10 \text{ m/s}^2} = 3{,}0 \text{ s} .$$

Die Strecke Δx, die der Ball in dieser Zeit zurücklegt, finden wir mit Gleichung (2.14). Da die Anfangsgeschwindigkeit 30 m/s und die Endgeschwindigkeit 0 m/s beträgt, ist die Durchschnittsgeschwindigkeit für die Aufwärtsbewegung 15 m/s. Die gesuchte Strecke ist dann

$$\Delta x = \langle v \rangle t = (15 \text{ m/s}) \cdot 3{,}0 \text{ s} = 45 \text{ m} \, .$$

Wir können Δx auch mit Hilfe von (2.13) finden, die Rechnung ist allerdings etwas komplizierter, und man läuft eher Gefahr, sich zu verrechnen. Wir werden diesen Weg aber trotzdem gehen, um unser Ergebnis zu überprüfen:

$$\begin{aligned}\Delta x = x - x_0 &= v_0 t + \frac{1}{2} a t^2 \\ &= (30 \text{ m/s}) \cdot 3{,}0 \text{ s} + \frac{1}{2} (-10 \text{ m/s}^2)(3{,}0 \text{ s})^2 \\ &= +90 \text{ m} - 45 \text{ m} \\ &= 45 \text{ m} \, .\end{aligned}$$

Beispiel 2.9

Wie lange ist der Ball aus Beispiel 2.8 insgesamt in der Luft?

Wir könnten zunächst raten, daß das Ergebnis $t = 6$ s betragen müßte, da der Ball zum Fallen einer Strecke von 45 m aus Symmetriegründen genauso lang benötigen sollte wie beim Steigen einer Strecke von 45 m. Diese Überlegung ist korrekt. Wir können diese Zeit aber auch aus Gleichung (2.13) erhalten, wenn wir $\Delta x = x - x_0 = 0$ setzen:

$$\Delta x = v_0 t + \frac{1}{2} a t^2 = 0 \, .$$

Durch Ausklammern erhalten wir

$$t \left(v_0 + \frac{1}{2} a t \right) = 0 \, .$$

Die beiden Lösungen sind $t = 0$ und

$$t = -\frac{2 v_0}{a} = -\frac{2 (30 \text{ m/s})}{-10 \text{ m/s}^2} = 6 \text{ s} \, .$$

Die erste Lösung $t = 0$ entspricht der Anfangsbedingung, daß sich der Ball zu dieser Zeit bei x_0 befand.

Die Abbildungen 2.11 a und 2.11 b zeigen die x-t-Kurve und die v-t-Kurve für den Ball aus Beispiel 2.8 und Beispiel 2.9. Beachten Sie, daß zum Zeitpunkt $t = 3$ s die Geschwindigkeit des Balles zwar gleich null ist, nicht aber die Steigung der v-t-Kurve. Die Steigung hat zu allen Zeitpunkten den Wert -10 m/s², da ja vorausgesetzt wurde, daß die Beschleunigung konstant ist. Wenn der Ball sich nach oben bewegt, ist seine Geschwindigkeit positiv, und der Betrag der Geschwindigkeit nimmt immer mehr ab. Ab dem Zeitpunkt, ab dem sich der Ball nach unten bewegt, ist die Geschwindigkeit negativ, aber ihr Betrag wächst an.

2 Bewegung in einer Dimension

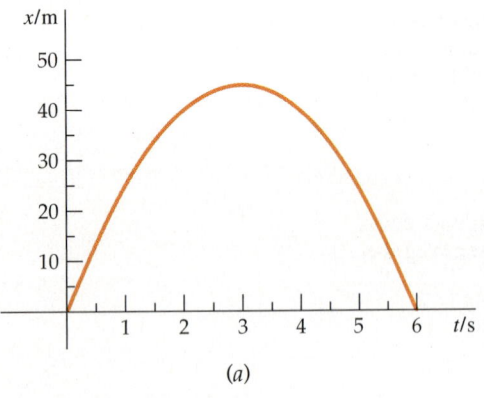

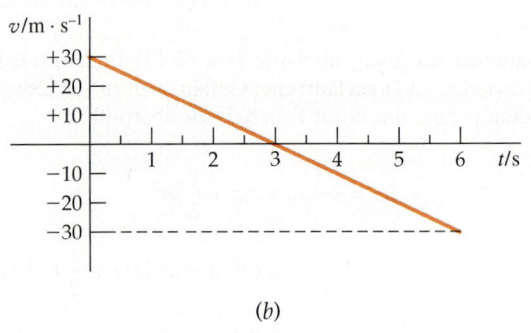

2.11 a) Weg-Zeit-Kurve für den Ball, der in den Beispielen 2.8 und 2.9 in die Luft geworfen wird. Die Kurve ist eine Parabel:
$x(t) = (30 \text{ m/s}) \, t - \frac{1}{2} (10 \text{ m/s}^2) \, t^2$.

b) Geschwindigkeit-Zeit-Kurve für denselben Ball. Die Geschwindigkeit nimmt vom Anfangswert 30 m/s stetig ab bis zum Endwert −30 m/s, kurz bevor der Ball wieder am Boden auftritt. Zur Zeit $t = 3$ s, wenn der Ball an seinem höchsten Punkt angelangt ist, ist die Geschwindigkeit null, aber die Änderung der Geschwindigkeit, also die Beschleunigung, ist −10 m/s² wie zu allen anderen Zeitpunkten auch.

Übung

Ein Wagen wird aus dem Ruhezustand heraus konstant mit $a = 8$ m/s² beschleunigt. a) Wie schnell ist er nach 10 s? b) Wie weit ist er in dieser Zeit gefahren? c) Wie groß ist seine Durchschnittsgeschwindigkeit im Zeitintervall von $t = 0$ bis $t = 10$ s? (Antworten: a) 80 m/s, b) 400 m, c) 40 m/s)

Beispiel 2.10

Ein Wagen, der sich mit einer Geschwindigkeit von 30 m/s bewegt, mache eine Vollbremsung. Wenn dabei die Beschleunigung −5 m/s² beträgt, wie weit bewegt sich dann der Wagen noch, bis er zum Stillstand kommt? Diese Strecke nennt man den **Bremsweg**.

Hier haben wir die ursprüngliche Bewegungsrichtung des Wagens als positiv gewählt. Der Bremsweg wird dann ebenfalls positiv sein, aber die Beschleunigung ist negativ. (Eine Beschleunigung, die zu einer Verminderung der Geschwindigkeit führt, wird als *Verzögerung* oder *Bremsung* bezeichnet.) In diesem Beispiel sind die Anfangs- und Endgeschwindigkeit sowie die Beschleunigung gegeben, und es geht darum, die Strecke Δx zu finden. Wir interessieren uns dabei nicht für die Zeit, die der Wagen für die Bremsung benötigt, also können wir Gleichung (2.15) anwenden. Wir setzen $v = 0$ und erhalten

$$v^2 = v_0^2 + 2a \, \Delta x = 0 \, ,$$
$$0 = (30 \text{ m/s})^2 + 2 \, (-5 \text{ m/s}^2) \, \Delta x \, ,$$
$$\Delta x = 90 \text{ m} \, .$$

Dies ist eine beträchtliche Strecke. Die Kraft, die die Bremsung hervorruft, ist die Reibung zwischen den Autoreifen und der Straße. Auf einem nassen Straßenbelag oder auf Schotter sind die Reibungskräfte kleiner, und der Betrag der Beschleunigung (der Verzögerung) ist kleiner als 5 m/s², was zu einem noch längeren Bremsweg führt.

Beispiel 2.11

Wie groß ist der Bremsweg unter gleichen Bedingungen wie in Beispiel 2.10, wenn der Wagen anfangs eine Geschwindigkeit von 15 m/s besitzt?

Wenn wir in (2.15) $v = 0$ setzen, sehen wir, daß der Bremsweg dem Quadrat der Anfangsgeschwindigkeit proportional ist. Wenn wir diese Geschwindigkeit verdoppeln, erhöht sich der Bremsweg also um den Faktor 4. Wenn wir dagegen die Anfangsgeschwindigkeit halbieren, wird der Bremsweg um den Faktor 4 verkleinert. Der Bremsweg für $v_0 = 15$ m/s entspricht daher einem Viertel des Bremsweges für $v_0 = 30$ m/s, also $\frac{1}{4} \cdot 90$ m = 22,5 m.

Auch wenn die Beschleunigung in einem realen Fall nicht konstant ist, lassen sich manchmal trotzdem wertvolle Erkenntnisse über die Bewegung des betrachteten Gegenstandes gewinnen, indem man annimmt, die Formeln für konstante Beschleunigung seien gültig, und untersucht, was in einem solchen Idealfall passieren würde.

Beispiel 2.12

Ein Wagen pralle mit einer Geschwindigkeit von 100 km/h auf eine Betonwand, die sich dabei nicht bewegt. Wie lange dauert es, bis der Wagen steht, und welche Beschleunigung hat er dabei erfahren?

In diesem Beispiel ist es eigentlich nicht angemessen, den Wagen als ein Teilchen zu behandeln, da die verschiedenen Teile des Wagens unterschiedlich beschleunigt werden. Außerdem sind die Beschleunigungen nicht konstant. Lassen Sie uns trotzdem annehmen, der Aufprall des Wagens ließe sich durch die Beschleunigung eines Punktteilchens beschreiben. Zunächst stellen wir fest, daß wir noch weitere Angaben brauchen, um die Bremszeit oder die Beschleunigung zu berechnen. Die fehlende Information ist der Bremsweg. Wir können ihn aus unserer Alltagserfahrung abschätzen. Bei einem solchen Unfall bewegt sich die Mitte des Wagens meistens um eine Strecke, die weniger als die Hälfte der Wagenlänge beträgt. (Andernfalls wäre der Wagen vollständig platt gedrückt.) Eine vernünftige Abschätzung des Bremsweges liegt wahrscheinlich zwischen 0,5 m und 1,0 m. Lassen Sie uns 0,75 m als Abschätzung verwenden. Wir können dann die Bremszeit über $\Delta x = \langle v \rangle \Delta t$ berechnen, wobei $\langle v \rangle = \frac{1}{2} v_0 = 50$ km/h = 14 m/s. (Da wir nur grobe Abschätzungen vornehmen, reichen uns zwei gültige Stellen.) Dann ist

$$\Delta t = \frac{\Delta x}{\langle v \rangle} = \frac{0{,}75 \text{ m}}{14 \text{ m/s}} = 0{,}054 \text{ s} .$$

Da der Wagen in dieser Zeit von 100 km/h = 28 m/s aus auf 0 m/s abgebremst wird, ist die Beschleunigung

$$a = \frac{\Delta v}{\Delta t} = \frac{0 - 28 \text{ m/s}}{0{,}054 \text{ s}} = -520 \text{ m/s}^2 .$$

Um ein Gefühl für die Größe dieser Beschleunigung zu bekommen, sei angemerkt, daß sie über 50mal größer ist als die Erdbeschleunigung.

Beispiel 2.13

Ein Wagen fahre mit 80 km/h durch eine Tempo-30-Zone. Ein Polizeiwagen starte aus dem Stand heraus genau in dem Moment, als der Raser ihn passiert, und beschleunige konstant mit 8 km/(h · s). a) Wann holt die Polizei den Temposünder ein? b) Wie schnell fährt der Polizeiwagen in diesem Moment?

Dieses Problem ist insofern etwas komplizierter, als sich nun zwei Gegenstände bewegen. Wir nehmen den ersten Treffpunkt der beiden Wagen als Ursprung und wählen die Bewegungsrichtung der beiden Autos als positive Richtung. Der Moment, in dem der Raser am Polizeiwagen vorbeifährt, definiert den Zeitpunkt $t = 0$.

a) Da sich der erste Wagen mit einer konstanten Geschwindigkeit bewegt, ist seine Position x_W durch (2.13) gegeben, wobei wir $x_0 = 0$ und $a = 0$ setzen:

$$x_W = v_0 t = (80 \text{ km/h}) \, t .$$

2 Bewegung in einer Dimension

Die Position x_P des Polizeiwagens ergibt sich aus

$$x_P = \frac{1}{2} at^2 = \frac{1}{2} \cdot 8 \frac{\text{km}}{\text{h} \cdot \text{s}} t^2.$$

Indem wir $x_W = x_P$ setzen und nach t auflösen, finden wir den Zeitpunkt, zu dem sich die beiden Wagen treffen:

$$80 \frac{\text{km}}{\text{h}} t = \frac{1}{2} \cdot 8 \frac{\text{km}}{\text{h} \cdot \text{s}} \cdot t^2$$

oder

$$t \left(t \cdot 4 \frac{\text{km}}{\text{h} \cdot \text{s}} - 80 \frac{\text{km}}{\text{h}} \right) = 0.$$

Die beiden Lösungen sind $t = 0$, was der Anfangsbedingung entspricht, und

$$t = \frac{80 \text{ km/h}}{4 \text{ km/(h} \cdot \text{s)}} = 20 \text{ s}.$$

Der Polizeiwagen erreicht den Raser nach einer Zeit von $t = 20$ s.

b) Wir finden die Geschwindigkeit des Polizeiwagens mit Hilfe von Gleichung (2.12), wobei wir $v_0 = 0$ setzen:

$$v_P = at = 8 \frac{\text{km}}{\text{h} \cdot \text{s}} \cdot t.$$

Bei $t = 20$ s beträgt die Geschwindigkeit des Polizeiwagens

$$v_P = 8 \frac{\text{km}}{\text{h} \cdot \text{s}} \cdot 20 \text{ s} = 160 \frac{\text{km}}{\text{h}}.$$

In diesem Moment ist der Polizeiwagen doppelt so schnell wie der Temposünder. Dies muß stimmen, da die Durchschnittsgeschwindigkeit des Polizeiwagens der Hälfte seiner Endgeschwindigkeit entspricht. Und da beide Wagen in derselben Zeit dieselbe Strecke zurücklegen, müssen sie die gleiche Durchschnittsgeschwindigkeit haben. Abbildung 2.12 zeigt die Weg-Zeit-Kurven für beide Wagen.

Fragen

8. Zwei Kinder stehen auf einer Brücke, und beide werfen einen Stein senkrecht nach unten ins Wasser. Sie werfen die Steine zur gleichen Zeit, aber einer der Steine taucht früher ins Wasser ein als der andere. Wie ist das möglich, wo doch beide Steine dieselbe Beschleunigung erfahren?
9. Ein Ball wird senkrecht nach oben geworfen. Wie groß ist die Geschwindigkeit am höchsten Punkt seines Fluges? Wie groß ist die Beschleunigung an diesem Punkt?

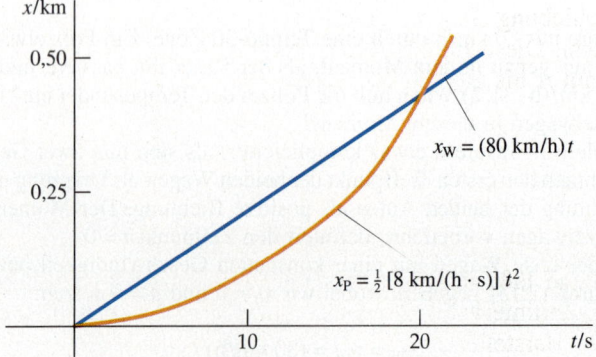

2.12 Weg-Zeit-Kurven für den dahinrasenden Wagen (x_W) und den Polizeiwagen (x_P) aus Beispiel 2.13. Die Kurve für den Polizeiwagen besitzt die Steigung null für $t = 0$, da der Polizeiwagen aus der Ruhe heraus startet. Er erreicht den rasenden Wagen bei $t = 20$ s. Beachten Sie, daß zu diesem Zeitpunkt die Steigung von $x_P(t)$ größer ist als diejenige von $x_W(t)$. Zur Zeit $t = 20$ s ist der Polizeiwagen doppelt so schnell wie der Raser.

Zusammenfassung

1. Die Durchschnittsgeschwindigkeit ist das Verhältnis der Verschiebung Δx zur Länge des Zeitintervalls Δt:

$$\langle v \rangle = \frac{\Delta x}{\Delta t}.$$

   In die Verschiebung (und somit in die Geschwindigkeit) geht die Richtung der Bewegung mit ein.

2. Die Momentangeschwindigkeit v ist der Grenzwert dieses Verhältnisses, wenn das Zeitintervall gegen null geht. Dies entspricht der Ableitung von x nach t:

$$v = \lim_{\Delta t \to 0} \frac{\Delta x}{\Delta t} = \frac{dx}{dt} = \dot{x}.$$

   Die Momentangeschwindigkeit kann graphisch als Steigung der Weg-Zeit-Kurve (x-t-Kurve) wiedergegeben werden. Durchschnittsgeschwindigkeit und Momentangeschwindigkeit können sowohl positiv als auch negativ sein.

3. Die Durchschnittsbeschleunigung ist das Verhältnis der Änderung der Geschwindigkeit Δv zur Länge des Zeitintervalles Δt:

$$\langle a \rangle = \frac{\Delta v}{\Delta t}.$$

   Die Momentanbeschleunigung a ist der Grenzwert dieses Verhältnisses, wenn das Zeitintervall gegen null geht. Dies ist die Ableitung von v nach t oder die zweite Ableitung von x nach t:

$$a = \frac{dv}{dt} = \dot{v} = \frac{d^2x}{dt^2} = \ddot{x}.$$

   Die Momentanbeschleunigung ist graphisch durch die Steigung der Geschwindigkeit-Zeit-Kurve (v-t-Kurve) gegeben.

4. Die Verschiebung Δx kann graphisch als Fläche unter der v-t-Kurve aufgefaßt werden. Diese Fläche ist das Integral von v im Zeitintervall von der Anfangszeit t_1 bis zur Endzeit t_2, geschrieben als

$$\Delta x = \lim_{\Delta t_i \to 0} \sum_i v_i \, \Delta t_i = \int_{t_1}^{t_2} v \, dt.$$

   Entsprechend läßt sich die Änderung der Geschwindigkeit in einem bestimmten Zeitintervall als Fläche unter der Beschleunigung-Zeit-Kurve (a-t-Kurve) darstellen.

2 Bewegung in einer Dimension

5. Im Spezialfall einer Bewegung mit konstanter Beschleunigung gelten die folgenden Formeln:

$$v = v_0 + at$$

$$\Delta x = \langle v \rangle t = \frac{1}{2}(v_0 + v)t$$

$$\Delta x = x - x_0 = v_0 t + \frac{1}{2}at^2$$

$$v^2 = v_0^2 + 2a\,\Delta x\,.$$

Ein häufig verwendetes Beispiel für eine Bewegung mit konstanter Beschleunigung ist der freie Fall eines Gegenstandes nahe der Erdoberfläche unter dem Einfluß der Schwerkraft. Dabei ist die Beschleunigung des Körpers nach unten gerichtet und hat einen Betrag von $g = 9{,}81$ m/s².

Aufgaben

Falls nicht anders angegeben, verwenden Sie den Wert $g = 9{,}81$ m/s² für die Erdbeschleunigung.

Stufe I

2.1 Durchschnittsgeschwindigkeit

1. a) Wie lange braucht ein Überschallflugzeug, das mit 2,4facher Schallgeschwindigkeit fliegt, um den Atlantik zu überqueren, der etwa 5500 km breit ist? Nehmen Sie die Schallgeschwindigkeit mit 350 m/s an. b) Wie lange benötigt ein Flugzeug, das mit 0,9facher Schallgeschwindigkeit fliegt, für dieselbe Strecke? Nehmen Sie nun an, daß es zu Beginn und am Ende der Reise jeweils 2 Stunden dauere, um zum Flughafen bzw. ins Hotel zu gelangen und das Gepäck aufzugeben bzw. abzuholen. Wie groß ist dann die Durchschnittsgeschwindigkeit von der Wohnung bis zum Hotel bei einer Reise c) mit dem Überschallflugzeug und d) mit dem normalen Flugzeug?

2. Die Lichtgeschwindigkeit beträgt $3 \cdot 10^8$ m/s. a) Wie lange braucht das Licht, um die mittlere Entfernung von $1{,}5 \cdot 10^{11}$ m zwischen Sonne und Erde zurückzulegen? b) Wie lange braucht das Licht, um von der Erde zum Mond zu gelangen, der im Mittel $3{,}84 \cdot 10^8$ m von ihr entfernt ist? c) Ein Lichtjahr ist die Strecke, die das Licht in einem Jahr zurücklegt. Wie viele Kilometer sind das?

2.2 Momentangeschwindigkeit

3. Geben Sie für jede der vier x-t-Kurven in Abbildung 2.13 an, ob a) die Geschwindigkeit zur Zeit t_2 größer, kleiner oder gleich der Geschwindigkeit zur Zeit t_1 und ob b) der Betrag der Geschwindigkeit zur Zeit t_2 größer, kleiner oder gleich dem Betrag der Geschwindigkeit zur Zeit t_1 ist.

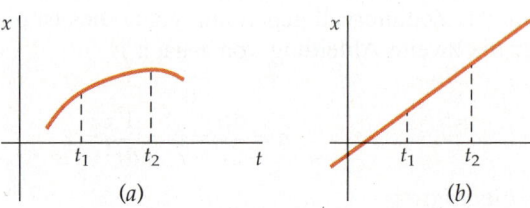

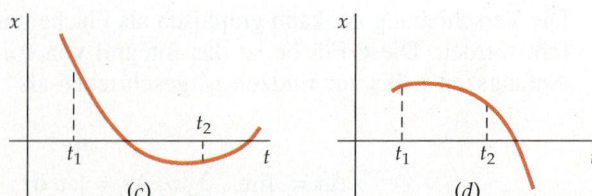

2.13 x-t-Kurven zu Aufgabe 3.

4. Ermitteln Sie aus der x-t-Kurve in Abbildung 2.14 folgende Größen: a) die Durchschnittsgeschwindigkeit

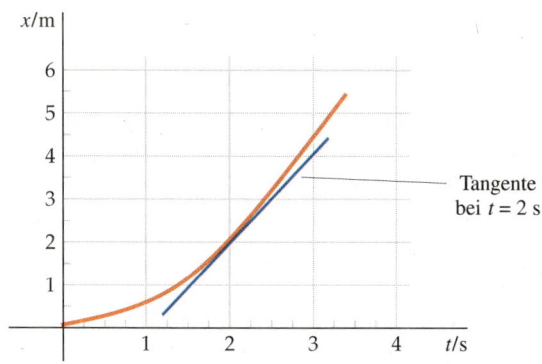

2.14 *x*-*t*-Kurve zu Aufgabe 4 mit der Tangente im Punkt $t = 2$ s.

zwischen $t = 0$ und $t = 2$ s und b) die Momentangeschwindigkeit für $t = 2$ s. Bestimmen Sie hierfür die Steigung der eingezeichneten Tangente.

5. In Abbildung 2.15 ist *x* gegen *t* aufgetragen. a) Wie groß ist die Durchschnittsgeschwindigkeit im Zeitintervall von $t = 1$ s bis $t = 5$ s? b) Finden Sie die Momentangeschwindigkeit für $t = 4$ s. c) Zu welchem Zeitpunkt ist die Geschwindigkeit gleich null?

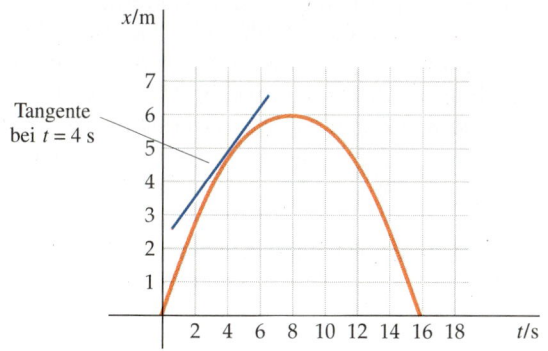

2.15 *x*-*t*-Kurve zu Aufgabe 5 mit der Tangente im Punkt $t = 4$ s.

2.3 Beschleunigung

6. Zur Zeit $t = 5$ s bewegt sich ein Gegenstand mit 5 m/s. Bei $t = 8$ s beträgt seine Geschwindigkeit -1 m/s. Ermitteln Sie die Durchschnittsbeschleunigung in diesem Zeitintervall.

7. Geben Sie für jede der Funktionen $x(t)$ in Abbildung 2.16 an, ob die Beschleunigung positiv, negativ oder gleich null ist.

2.4 Integration

8. Die Geschwindigkeit eines Teilchens sei gegeben durch $v = 7$ m/s $- (4$ m/s$^2) \, t$, wobei *t* in Sekunden ein-

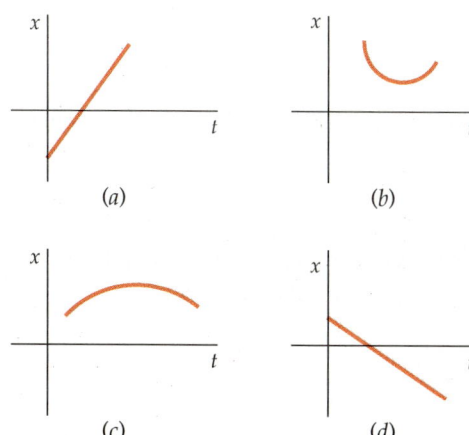

2.16 *x*-*t*-Kurven zu Aufgabe 7.

zusetzen ist. a) Skizzieren Sie die Funktion $v(t)$ und bestimmen Sie die Fläche unter der Kurve von $t = 2$ s bis $t = 6$ s. b) Ermitteln Sie die Funktion $x(t)$ durch Integration und benutzen Sie sie, um die Verschiebung im Intervall von $t = 2$ s bis $t = 6$ s zu bestimmen. c) Wie groß ist die Durchschnittsgeschwindigkeit in diesem Zeitraum?

9. In Abbildung 2.17 ist die Geschwindigkeit eines Teilchens gegen die Zeit aufgetragen. a) Welche Größe (in Metern) hat die farbig hervorgehobene rechteckige Fläche? b) Bestimmen Sie näherungsweise die Verschiebung, die das Teilchen jeweils im 1-s-Intervall ab $t = 1$ s und ab $t = 2$ s erfährt. c) Wie groß ist ungefähr die Durchschnittsgeschwindigkeit im Intervall von $t = 1$ s bis $t = 3$ s?

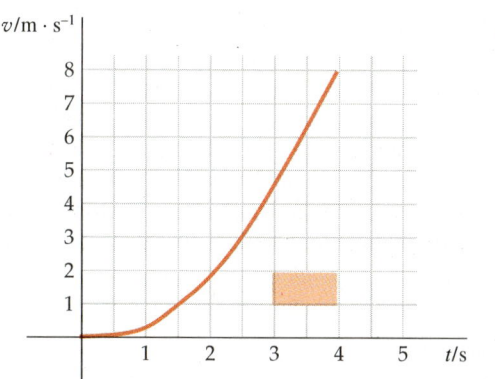

2.17 *v*-*t*-Kurve zu den Aufgaben 9 und 18.

2.5 Bewegung mit konstanter Beschleunigung

10. Ein Gegenstand werde konstant beschleunigt und habe bei $x = 6$ m die Geschwindigkeit $v = 10$ m/s. Bei $x = 10$ m sei $v = 15$ m/s. Wie groß ist die Beschleunigung?

11. Ein Gegenstand werde mit 4 m/s² beschleunigt. Zur Zeit $t = 0$ sei er bei $x = 7$ m und habe eine Geschwindigkeit von 1 m/s. Wie schnell bewegt er sich, wenn er bei $x = 8$ m ist? Zu welcher Zeit erreicht er diese Position?

12. Ein Ball werde mit einer Anfangsgeschwindigkeit von 20 m/s nach oben geworfen. a) Wie lange ist er in der Luft? b) Welche größte Höhe erreicht er? c) Wann befindet er sich 15 m über dem Boden?

Stufe II

13. Die Position x eines Teilchens in Abhängigkeit von der Zeit t werde beschrieben durch die Gleichung $x = (1 \text{ m/s}^2) t^2 - (5 \text{ m/s}) t + 1$ m. a) Bestimmen Sie die Verschiebung und die Durchschnittsgeschwindigkeit für das Intervall von $t = 3$ s bis $t = 4$ s. b) Ermitteln Sie eine allgemeine Formel für die Verschiebung im Zeitintervall von t bis $t + \Delta t$. c) Wie lautet der Ausdruck für die Momentangeschwindigkeit für jeden Zeitpunkt t?

14. Die Abhängigkeit der Position x eines Gegenstands von der Zeit t sei gegeben durch $x = At^2 - Bt + C$, wobei $A = 8$ m/s², $B = 6$ m/s und $C = 4$ m ist. Bestimmen Sie die Momentangeschwindigkeit und die Beschleunigung als Funktionen der Zeit.

15. Ein Ball falle aus einer Höhe von 3 m herunter und springe vom Boden zurück bis in eine Höhe von 2 m. a) Mit welcher Geschwindigkeit trifft der Ball am Boden auf? b) Mit welcher Geschwindigkeit verläßt er den Boden? c) Der Ball sei 0,02 s lang mit dem Boden in Kontakt. Wie groß ist dann der Betrag und wie ist die Richtung der Durchschnittsbeschleunigung in diesem Zeitintervall?

16. Die Beschleunigung einer Rakete sei gegeben durch $a = Ct$, wobei C eine Konstante ist. a) Stellen Sie die allgemeine Funktion $x(t)$ für die Position der Rakete auf. b) Geben Sie Position und Geschwindigkeit für $t = 5$ s an, wenn sich die Rakete zum Zeitpunkt $t = 0$ bei $x = 0$ befindet und hier $v = 0$ ist. Die Konstante habe den Wert 3 m/s³.

17. Abbildung 2.18 zeigt die Beschleunigung a eines Teilchens als Funktion der Zeit t. a) Welche Größe hat das farbige Rechteck? b) Das Teilchen startet zur Zeit $t = 0$ aus der Ruhe. Bestimmen Sie die Geschwindigkeit für $t = 1$, 2 und 3 s, indem Sie die Rechtecke unter der Kurve abzählen. c) Skizzieren Sie die Kurve $v(t)$ nach Ihren Ergebnissen aus b) und schätzen Sie ab, wie weit sich das Teilchen im Zeitintervall von $t = 0$ s bis $t = 3$ s bewegt hat.

18. Die Gleichung der Kurve in Abbildung 2.17 lautet $v = 0{,}5\, t^2$ m/s. Darin ist t in s einzusetzen. Ermitteln Sie durch Integration die Verschiebung Δx des Teilchens im Zeitintervall zwischen $t = 1$ s und $t = 3$ s und vergleichen Sie sie mit dem Ergebnis von Aufgabe 9. Ist in diesem Fall die Durchschnittsgeschwindigkeit gleich dem Mittelwert von Anfangs- und Endgeschwindigkeit?

19. Ein Teilchen bewege sich mit einer konstanten Beschleunigung von 3 m/s². Zur Zeit $t = 4$ s ist es bei $x = 100$ m. Bei $t = 6$ s habe es eine Geschwindigkeit von 15 m/s. Bestimmen Sie seine Position bei $t = 6$ s.

20. Astronomen haben festgestellt, daß sich die Galaxien mit einer Geschwindigkeit von der Erde entfernen, die proportional zu ihrer Entfernung von der Erde ist. Dies ist das Hubblesche Gesetz. Die Geschwindigkeit einer Galaxie im Abstand r von der Erde ist gegeben durch $v = Hr$, wobei $H = 1{,}58 \cdot 10^{-18}$ s⁻¹ die Hubble-Konstante ist. Wie groß ist die Geschwindigkeit einer Galaxie, die a) $5 \cdot 10^{22}$ m von der Erde oder b) $2 \cdot 10^{25}$ m von der Erde entfernt ist? c) Wenn beide Galaxien sich mit konstanter Geschwindigkeit bewegt hätten, wie lange wäre es dann her, daß sich beide am selben Ort wie die Erde befanden?

21. Geben Sie für die beiden Kurven in Abbildung 2.19 jeweils an, a) zu welcher Zeit die Beschleu-

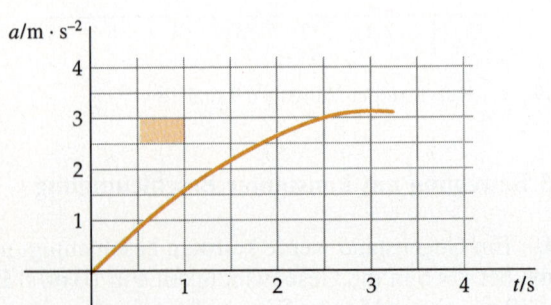

2.18 a-t-Kurve zu Aufgabe 17.

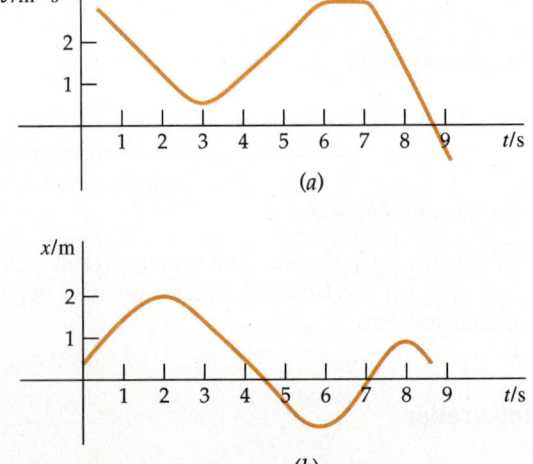

2.19 a) v-t-Kurve; b) x-t-Kurve zu Aufgabe 21.

nigung des Gegenstands positiv, negativ bzw. null ist, b) zu welcher Zeit die Beschleunigung konstant ist und c) zu welcher Zeit die Momentangeschwindigkeit null ist.

22. Eine Ladung Steine werde von einem Kran mit einer konstanten Geschwindigkeit von 5 m/s nach oben gezogen. 6 m über dem Boden falle ein Stein aus der Ladung heraus. Beschreiben Sie die Bewegung des fallenden Steines, indem Sie die Funktion $x(t)$ skizzieren. a) Welche größte Höhe über dem Boden erreicht der Stein? b) Wie lange dauert es, bis er den Boden erreicht? c) Mit welcher Geschwindigkeit trifft er am Boden auf?

23. Ein Personenwagen werde aus der Ruhe 20 s lang mit 2 m/s^2 beschleunigt. Die Geschwindigkeit bleibt dann während der nächsten 20 s konstant. Danach beträgt die Beschleunigung -3 m/s^2, bis der Wagen wieder steht. Wie groß ist die insgesamt zurückgelegte Strecke?

24. Ein Pilot springe ohne einen Fallschirm aus seinem brennenden Flugzeug. Kurz vor dem Aufprall auf einen Heuhaufen habe er eine Geschwindigkeit von 120 km/h erreicht. Ein Mensch kann eine Verzögerung von höchstens 35 g überleben. Im gesamten Heuhaufen sei die Verzögerung konstant. Wie hoch müßte der Heuhaufen dann sein, damit der Pilot gerade noch überleben kann?

Stufe III

25. Fertigen Sie ein v-t-Diagramm an, das Punkte oder Abschnitte enthält, für die folgendes gilt: a) Die Beschleunigung ist null, während die Geschwindigkeit nicht null ist. b) Die Beschleunigung ist null, aber nicht konstant. c) Geschwindigkeit und Beschleunigung sind beide positiv. d) Geschwindigkeit und Beschleunigung sind beide negativ. e) Die Geschwindigkeit ist positiv und die Beschleunigung negativ. f) Die Geschwindigkeit ist negativ und die Beschleunigung positiv. g) Die Geschwindigkeit ist null, aber nicht die Beschleunigung.

26. Ein Zug fahre in einem Bahnhof mit einer konstanten Beschleunigung von 0,40 m/s^2 an. Eine Reisende erreiche einen bestimmten Punkt des Bahnsteigs 6 s, nachdem das Ende des Zuges diesen Punkt verließ. Mit welcher Geschwindigkeit muß sie mindestens laufen, um den Zug gerade noch zu erreichen? Skizzieren Sie die Bewegungen der Reisenden und des Zuges als Funktionen der Zeit.

27. Abbildung 2.20 zeigt das x-t-Diagramm für einen Körper, der sich entlang einer geraden Linie be-

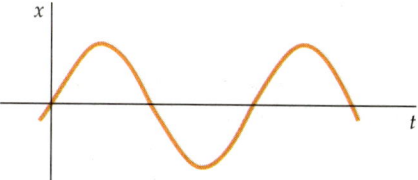

2.20 x-t-Kurve zu Aufgabe 27.

wegt. Skizzieren Sie die zugehörige v-t- sowie die a-t-Kurve.

28. Die Weltrekorde für kurze Sprintstrecken seien 5,5 s über 50 m und 6,5 s über 60 m sowie 9,9 s über 100 m. In einem einfachen Modell nehmen wir an, daß ein Sprinter aus der Ruhe starte, für eine kurze Zeit T mit konstanter Beschleunigung a beschleunige und schließlich mit einer konstanten Geschwindigkeit $v_0 = aT$ weiterlaufe. Nach diesem Modell wächst die Strecke x für $t > T$ linear mit der Zeit an. a) Tragen Sie die gegebenen Strecken der Weltrekorde gegen die Zeit t auf. b) Zeigen Sie, daß nach dem beschriebenen Modell für Zeiten $t > T$ die Strecke x gegeben ist durch $x = v_0 (t - \frac{1}{2} T)$. c) Legen Sie durch die Punkte in der Zeichnung eine Ausgleichsgerade und bestimmen Sie deren Steigung sowie ihren Schnittpunkt mit der Zeit-Achse. Berechnen Sie die Beschleunigung a mit Hilfe der Tatsache, daß die Steigung v_0 entspricht und der Schnittpunkt mit der t-Achse bei $\frac{1}{2} v_0 T$ liegt. d) Der Weltrekord über 200 m liege bei 19,5 s. Diskutieren Sie die Anwendbarkeit des einfachen Modells auf Rennen über 200 m und längere Strecken.

29. Die Beschleunigung eines Teilchens, das unter dem Einfluß der Schwerkraft und einer Bremskraft (z.B. des Luftwiderstands) nach unten fällt, ist gegeben durch

$$a = \frac{dv}{dt} = g - bv,$$

wobei g die Erdbeschleunigung und b eine Konstante ist, die von Masse und Form des Teilchens sowie von dem Medium abhängt, in dem es fällt. Das Teilchen beginne zur Zeit $t = 0$ zu fallen. a) Diskutieren Sie qualitativ, wie sich die Geschwindigkeit mit der Zeit verändert. Betrachten Sie dazu die Änderung von dv/dt in der Gleichung. Wie groß ist die Geschwindigkeit, wenn die Beschleunigung gleich null ist? Man nennt dies die *Grenzgeschwindigkeit*. b) Skizzieren Sie die Lösungsfunktion $v(t)$, ohne die obige Differentialgleichung zu lösen. Dies geht auf folgende Weise: Zur Zeit $t = 0$ s ist v gleich null, und die Steigung ist g. Zeichnen Sie eine kurze, gerade Strecke, wobei Sie die Steigungsänderung innerhalb des Zeitintervalls vernachlässigen. Am Ende dieses ersten Zeitintervalls ist die Geschwindigkeit nicht mehr null; damit ist gemäß der Gleichung die

Steigung nun kleiner als g. Zeichnen Sie jetzt eine weitere Strecke mit einer kleineren Steigung als zuvor. Fahren Sie auf diese Weise fort, bis die Steigung null, also die Grenzgeschwindigkeit erreicht ist.

30. Ein Teilchen bewege sich entlang einer Geraden so, daß zu jeder Zeit der Ort, die Geschwindigkeit und die Beschleunigung denselben numerischen Wert besitzen. Geben Sie den Ort x als Funktion der Zeit an.

31. Ein Kraftfahrzeug habe eine maximale Verzögerung von 7 m/s², und die Reaktionszeit des Fahrers bis zur Betätigung der Bremse betrage 0,5 s. (Dies sind recht typische Werte.) In der Nähe einer Schule solle das Tempo derart begrenzt werden, daß es allen Wagen möglich sein muß, auf einer Strecke von 4 m zum Stillstand zu kommen. a) Wie groß ist dann die maximal erlaubte Geschwindigkeit? b) Welcher Anteil des Anhalteweges von 4 m wird allein für die Reaktion des Fahrers benötigt?

32. Ein sich schnell bewegender Gegenstand erfahre einen solchen Widerstand, daß sich seine Geschwindigkeit in jeder Sekunde auf die Hälfte verringert. Die Anfangsgeschwindigkeit sei 1000 m/s. a) Skizzieren Sie die (glatte) Geschwindigkeitsfunktion $v(t)$. b) Wie groß ist die Durchschnittsgeschwindigkeit in den ersten 10 Sekunden?

Bewegung in zwei und drei Dimensionen

3

In diesem Kapitel betrachten wir die Bewegung eines Teilchens in zwei und drei Dimensionen. Verschiebung, Geschwindigkeit und Beschleunigung werden jetzt als Größen aufgefaßt, die sowohl einen Betrag als auch eine *Richtung im Raum* besitzen. Solche Größen heißen **Vektoren**. In späteren Kapiteln werden wir vielen anderen Vektorgrößen begegnen, z.B. der Kraft, dem Impuls und dem elektrischen Feld. Größen, die nur einen Betrag und keine zugehörige Richtung besitzen, so wie Abstand, Masse oder Temperatur, heißen **Skalare**.

In diesem Kapitel wollen wir die Eigenschaften von Vektoren im allgemeinen und jene von Verschiebung, Geschwindigkeit und Beschleunigung im besonderen untersuchen. Viele der uns interessierenden Merkmale der Bewegung in drei Dimensionen treten auch in zwei Dimensionen in Erscheinung. Da sich die zweidimensionale Bewegung leichter darstellen läßt, werden wir die meisten Beispiele darauf beschränken. Zwei wichtige Spezialfälle, die Wurfbewegung und die Kreisbewegung, werden wir ausführlich behandeln.

3.1 Verschiebungsvektor und Vektoraddition

Wenn Sie jemanden nach dem Weg zum Postamt fragen, und er antwortet Ihnen, es sei 10 Häuser weiter, so werden Sie sich sofort erkundigen, in welche Richtung Sie gehen sollen. Es ist natürlich etwas anderes, ob das Postamt 10 Häuser nördlich oder 10 Häuser östlich liegt oder ob Sie 6 Häuser nach Westen und 8 Häuser nach Süden gehen müssen (und deshalb an 14 Häusern entlanggehen, aber trotzdem in Luftlinie nur 10 Häuser entfernt ankommen). Die Größe, die die kürzeste Entfernung und die Richtung von einem Punkt im Raum zu einem anderen angibt, ist ein *gerichtetes Linienelement* und heißt **Verschiebungsvektor**. Allgemein sind **Vektoren** *Größen, die sowohl einen Betrag als auch eine Richtung besitzen*. Wir werden Verschiebungsvektoren dazu benutzen, generelle Eigenschaften von Vektoren zu veranschaulichen, weil sich *Vektoren genauso addieren und subtrahieren wie Verschiebungen*. Ein Vektor wird graphisch durch einen Pfeil repräsentiert, dessen Richtung derjenigen des Vektors entspricht und dessen Länge proportional zum Betrag des Vektors ist. Abbildung 3.1 zeigt ein Teilchen, das sich vom Punkt P_1 über P_2 nach P_3 bewegt. Der Verschiebungsvektor von P_1 nach P_2 ist durch den Pfeil *A* wiedergegeben. Beachten Sie, daß die

3 Bewegung in zwei und drei Dimensionen

3.1 Addition von Vektoren. Die Verschiebung C ist gleich der nacheinander ausgeführten Verschiebung von A und B, d. h. $C = A + B$.

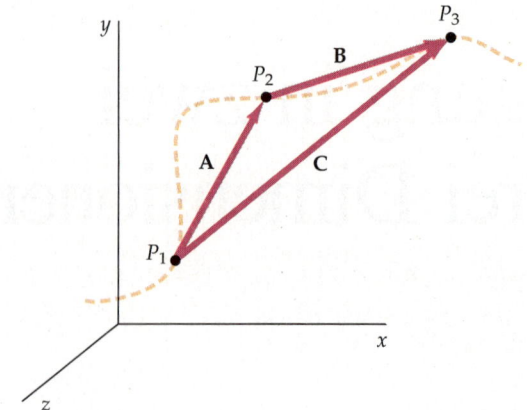

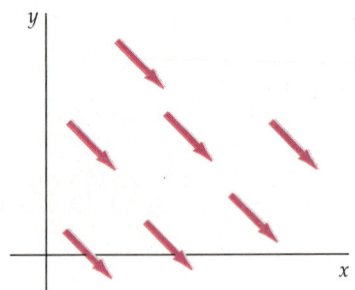

3.2 Vektoren sind gleich, wenn sie in Betrag und Richtung übereinstimmen. In dieser Abbildung sind alle Vektoren gleich.

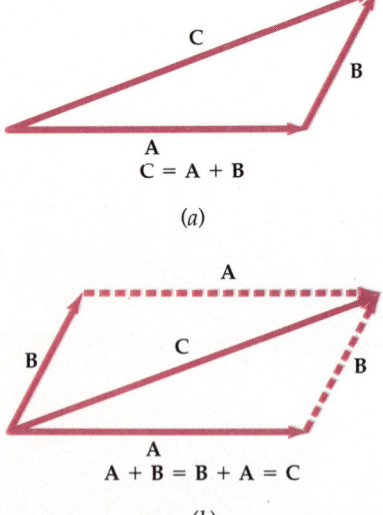

3.3 a) Allgemeine Vektoraddition $A + B = C$. b) Parallelogramm-Methode der Vektoradditon. Der Vektor B wird parallel verschoben, so daß sein Anfang mit dem Ende von A zusammenfällt (Vektor B jetzt gestrichelt). Der resultierende Vektor $C = A + B$ ist nun die Diagonale des Parallelogramms, das von A und B gebildet wird. Man kann leicht erkennen, daß die Reihenfolge der Addition egal ist, d. h. $A + B = B + A$.

Verschiebung A nicht vom Weg abhängt, den das Teilchen zurücklegt, um von P_1 nach P_2 zu kommen, sondern nur von den Endpunkten P_1 und P_2. Der zweiten Verschiebung von P_2 nach P_3 entspricht graphisch der Pfeil B. Die resultierende Verschiebung von P_1 nach P_3 wird durch den Pfeil C veranschaulicht. Dieser resultierende Verschiebungsvektor C ist die Summe aus den beiden Teilverschiebungen A und B:

$$C = A + B .\qquad 3.1$$

Dieses Beispiel läßt sich folgendermaßen verallgemeinern: Zwei beliebige Vektoren (mit denselben Einheiten) können graphisch addiert werden, indem man den Anfang des zweiten Pfeils an die Spitze des ersten Pfeiles setzt. Der resultierende Vektor erstreckt sich dann vom Anfang des ersten Pfeils bis zur Spitze des zweiten Pfeils.

Wir werden Vektorgrößen durch fettgedruckte, kursive Buchstaben kennzeichnen, um sie auf diese Weise von skalaren Größen zu unterscheiden, die lediglich kursiv geschrieben werden. (Handschriftlich kennzeichnet man Vektorgrößen üblicherweise mit einem Pfeil über ihrem Symbol, zum Beispiel $\vec{A}$.) Der Betrag eines Vektors A wird entweder als $|A|$ oder einfach als A geschrieben. Für gewöhnlich hat der Betrag eines Vektors eine physikalische Einheit. Der Betrag eines Verschiebungsvektors wird in Längeneinheiten ausgedrückt, beispielsweise in der SI-Einheit Meter.

Beachten Sie, daß die Summe der Beträge von A und B nicht gleich dem Betrag von C ist, solange A und B nicht in dieselbe Richtung zeigen. Das heißt, $C = A + B$ bedeutet nicht automatisch, daß auch $C = A + B$ gilt.

Da Vektoren allein durch Betrag *und* Richtung vollständig definiert sind, sind zwei Vektoren gleich, wenn sie denselben Betrag und dieselbe Richtung haben, unabhängig von der Lage ihrer Anfangspunkte. Graphisch sind zwei Vektoren gleich, wenn sie dieselbe Länge besitzen und parallel zueinander sind. So sind in Abbildung 3.2 alle Vektoren identisch.

In der Physik kommt häufig der Fall vor, daß man an der Summe zweier Vektoren interessiert ist, deren Anfangspunkte zusammenfallen (beispielsweise wenn an einem Teilchen zwei verschiedene Kräfte angreifen). Wollen wir die Vektoren graphisch addieren, so müssen wir, wie wir bereits festgestellt haben, den Anfang des einen Pfeils an die Spitze des anderen setzen. In Abbildung 3.3a wird das noch einmal allgemein veranschaulicht. Abbildung 3.3b zeigt für unseren Fall das praktische Vorgehen: Der Vektor B wird so verschoben, daß sein Anfang mit dem Ende von A zusammenfällt (Vektor B jetzt gestrichelt).

Der resultierende Vektor C bildet nun die Diagonale des Parallelogramms, das von den Seiten A und B aufgespannt wird. Diese Art, Vektoren graphisch zu addieren, nennt man die **Parallelogramm-Methode der Vektoraddition**. Aus

Abbildung 3.3b können wir entnehmen, daß es egal ist, in welcher Reihenfolge zwei Vektoren addiert werden, d. h. $A + B = B + A$.

Wir können, wie Abbildung 3.4a zeigt, Vektor B von Vektor A *subtrahieren*, indem wir einfach den Vektor $-B$ addieren, der denselben Betrag hat wie B, aber in die entgegengesetzte Richtung zeigt. Das Ergebnis ist $C = A + (-B) = A - B$. Eine andere Art der Subtraktion zeigt Abbildung 3.4b, wobei die beiden Vektoren A und B so angeordnet wurden, daß sie im selben Punkt beginnen. Beachten Sie, daß der Vektor $C = A - B$ nun als derjenige Vektor aufgefaßt werden kann, der zu B addiert werden muß, um den resultierenden Vektor A zu erhalten.

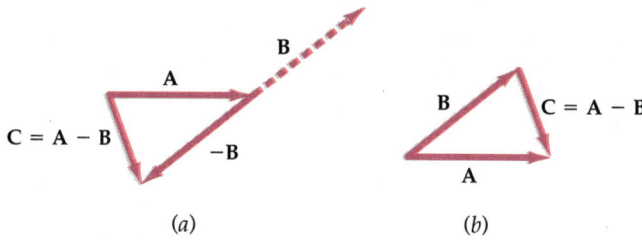

3.4 Subtraktion von Vektoren. a) Hier kann $C = A - B$ durch Addition von $-B$ zum Vektor A gefunden werden. b) Ebenso kann man $A - B$ ermitteln, indem man den Vektor C sucht, der zu B addiert den Vektor A ergibt.

Fragen

1. Kann die Verschiebung eines Teilchens vom Betrag her kleiner sein als die Strecke, die das Teilchen zurückgelegt hat? Kann der Betrag der Verschiebung größer sein als die zurückgelegte Strecke? Begründen Sie Ihre Antwort.
2. Geben Sie ein Beispiel, in dem der zurückgelegte Weg von beträchtlicher Länge, die entsprechende Verschiebung jedoch gleich null ist.

3.2 Vektoraddition in Komponentenschreibweise

Analytisch, also in Gleichungen, lassen sich Vektoren addieren und subtrahieren, indem man sie vorher in ihre Komponenten zerlegt. Die Komponente eines Vektors entspricht der Projektion dieses Vektors auf eine Linie im Raum, wobei das Projizieren darin besteht, von der Spitze des Vektors das Lot auf die Linie zu fällen, wie in Abbildung 3.5 gezeigt. Ein wichtiges Beispiel ist die Projektion eines Vektors auf eine Achse eines rechtwinkligen Koordinatensystems. Eine solche Projektion heißt **rechtwinklige Komponente** des Vektors. Vektorkomponenten sind immer Skalare.

Abbildung 3.6 zeigt einen Vektor A, der in der x-y-Ebene liegt. Er besitzt die rechtwinkligen Komponenten A_x und A_y. Diese Komponenten können im allgemeinen positiv oder negativ sein. Zeigt zum Beispiel A in negative x-Richtung, so ist A_x negativ. Wenn nun θ der Winkel zwischen dem Vektor A und der x-Achse ist, so können wir aus der Abbildung ablesen, daß

$$\tan \theta = \frac{A_y}{A_x} \qquad \text{3.2a}$$

$$\sin \theta = \frac{A_y}{A} \qquad \text{3.2b}$$

$$\cos \theta = \frac{A_x}{A}, \qquad \text{3.2c}$$

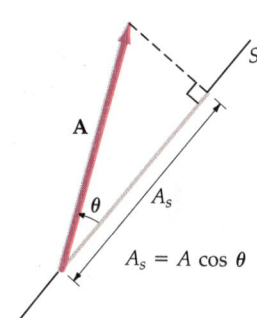

3.5 Die Komponente A_s entlang einer Geraden im Raum wird ermittelt, indem man von der Spitze des Pfeils das Lot auf die Gerade fällt.

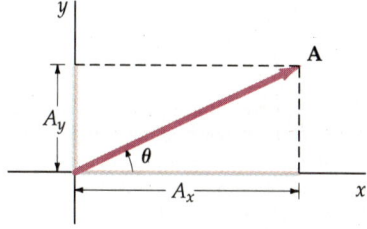

3.6 Die rechtwinkligen Komponenten des Vektors A hängen mit dem Betrag A und dem Winkel θ über $A_x = A \cos \theta$ und $A_y = A \sin \theta$ zusammen.

3 Bewegung in zwei und drei Dimensionen

wobei A der Betrag von $\mathbf{A}$ ist. Die Komponenten von $\mathbf{A}$ ergeben sich also aus dem Betrag A und dem Winkel θ durch

$$A_x = A \cos \theta \qquad 3.3$$

und

$$A_y = A \sin \theta . \qquad 3.4$$

Umgekehrt können wir, wenn wir die Komponenten A_x und A_y kennen, aus (3.2a) den Winkel θ bestimmen und mit dem Satz von Pythagoras den Betrag A berechnen:

$$A = \sqrt{A_x^2 + A_y^2} . \qquad 3.5$$

Abbildung 3.7 zeigt die komponentenweise Addition von zwei Vektoren $\mathbf{A}$ und $\mathbf{B}$, die in der x-y-Ebene liegen. Daran wird deutlich, daß sich die Komponenten der Summe $\mathbf{C} = \mathbf{A} + \mathbf{B}$ folgendermaßen bestimmen lassen:

$$C_x = A_x + B_x \qquad 3.6a$$

und

$$C_y = A_y + B_y . \qquad 3.6b$$

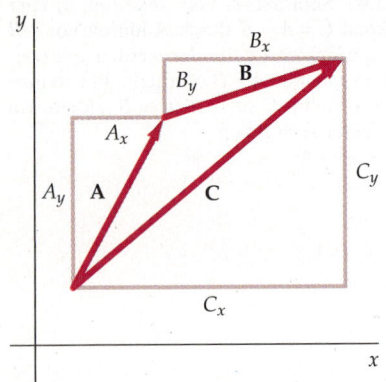

3.7 Die x- und y-Komponenten der Vektoren $\mathbf{A}$, $\mathbf{B}$ und $\mathbf{C} = \mathbf{A} + \mathbf{B}$. Aus der Zeichnung läßt sich ablesen, daß $C_x = A_x + B_x$ und $C_y = A_y + B_y$.

Beispiel 3.1

Ein Mann gehe 3 km nach Osten und dann 4 km in einem Winkel von 60° nach Nordosten. Bestimmen Sie die resultierende Verschiebung.

Die Verschiebungsvektoren zu diesem Beispiel sind in Abbildung 3.8 wiedergegeben. Nehmen wir die östliche Richtung als x-Richtung und die nördliche Richtung als y-Richtung. Da die Pfeile nicht rechtwinklig zueinander stehen, müssen wir zunächst die rechtwinkligen Komponenten beider Vektoren bestimmen. Es gilt also

$$A_x = 3 \text{ km}$$

und

$$A_y = 0$$

sowie

$$B_x = 4 \text{ km} \cdot \cos 60° = 4 \text{ km} \cdot 0{,}5 = 2 \text{ km}$$

und

$$B_y = 4 \text{ km} \cdot \sin 60° = 4 \text{ km} \cdot 0{,}866 = 3{,}46 \text{ km} .$$

Die Komponenten der resultierenden Verschiebung sind also

$$C_x = A_x + B_x = 3 \text{ km} + 2 \text{ km} = 5 \text{ km}$$

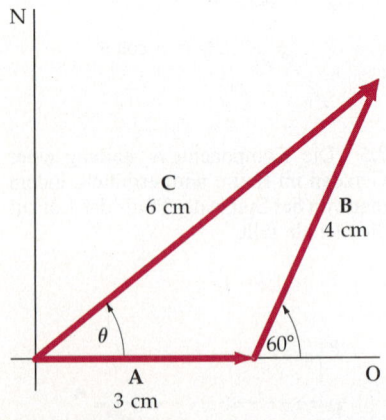

3.8 Vektoraddition aus Beispiel 3.1. Da $\mathbf{A}$ und $\mathbf{B}$ nicht orthogonal sind, müssen zunächst jeweils die rechtwinkligen Komponenten bestimmt und getrennt addiert werden. Mit dem Satz von Pythagoras läßt sich dann der Betrag von $\mathbf{C}$ errechnen. Statt dessen kann $\mathbf{C}$ auch graphisch ermittelt werden, indem man die Verschiebungsvektoren aneinandersetzt (wobei 1 cm $\triangleq$ 1 km).

sowie

$$C_y = A_y + B_y = 0 + 3{,}46 \text{ km} = 3{,}46 \text{ km} .$$

Mit dem Satz von Pythagoras erhalten wir nun den Betrag der resultierenden Verschiebung C:

$$C^2 = C_x^2 + C_y^2 = (5 \text{ km})^2 + (3{,}46 \text{ km})^2 = 37{,}0 \text{ km}^2$$

und somit

$$C = \sqrt{37{,}0 \text{ km}^2} = 6{,}1 \text{ km} .$$

Der Winkel zwischen C und der x-Achse ergibt sich aus

$$\tan \theta = \frac{C_y}{C_x} = \frac{3{,}46 \text{ km}}{5 \text{ km}} = 0{,}692 ,$$

und damit ist der Winkel θ gleich

$$\theta = \tan^{-1} 0{,}692 = \text{arc tan } 0{,}692 = 34{,}7° .$$

Dasselbe Ergebnis können wir auch graphisch ermitteln, indem wir die beiden Pfeile für die Verschiebungen A und B aneinandersetzen und die resultierende Verschiebung C abmessen, wie in Abschnitt 3.1 gezeigt (wobei wir mit dem Maßstab 1 : 100 000 arbeiten, also 1 cm $\triangleq$ 1 km).

3.3 Einheitsvektoren und Multiplikation von Vektoren mit Skalaren

Jeder Vektor A kann mit einem Skalar s multipliziert werden, wobei s eine dimensionslose Zahl oder eine physikalische Größe (Zahl mit Maßeinheit) sein kann. Das Ergebnis ist der Vektor $B = sA$, der in Richtung von A zeigt und den Betrag sA hat. Die Dimension von B entspricht der Dimension von s multipliziert mit der Dimension von A.

Wir können einen Vektor zweckmäßigerweise durch seine Komponenten ausdrücken, indem wir Einheitsvektoren benutzen. Ein **Einheitsvektor** ist als ein *dimensionsloser* Vektor definiert, der den Betrag 1 besitzt und in eine festgelegte Richtung zeigt. So seien beispielsweise e_x, e_y und e_z Einheitsvektoren, die jeweils in x-, y- und z-Richtung zeigen. Der Vektor $A_x = A_x e_x$ ist dann das Produkt aus der Komponente A_x (also der Projektion des Vektors A in x-Richtung) und dem Einheitsvektor e_x. Er ist parallel zur x-Achse (oder antiparallel, wenn A_x negativ ist) und hat den Betrag $|A_x| = |A_x \cdot e_x| = |A_x| \cdot |e_x| = |A_x|$. Jeder Vektor A kann als **Linearkombination** von Einheitsvektoren geschrieben werden:

$$A = A_x e_x + A_y e_y + A_z e_z = (A_x, A_y, A_z) . \qquad 3.7$$

Abbildung 3.9 gibt diese Vektorsumme graphisch wieder. Die Vektoraddition von A und B läßt sich nun mit Einheitsvektoren wie folgt schreiben:

$$A + B = (A_x e_x + A_y e_y + A_z e_z) + (B_x e_x + B_y e_y + B_z e_z)$$
$$= (A_x + B_x) e_x + (A_y + B_y) e_y + (A_z + B_z) e_z . \qquad 3.8$$

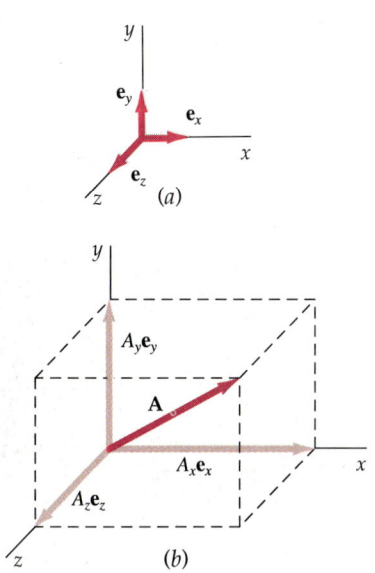

3.9 a) Die Einheitsvektoren e_x, e_y und e_z in einem rechtwinkligen Koordinatensystem. b) Der Vektor A kann als Linearkombination der Einheitsvektoren ausgedrückt werden: $A = A_x e_x + A_y e_y + A_z e_z$.

3 Bewegung in zwei und drei Dimensionen

Fragen

3. Wie würden Sie zwei Vektoren komponentenweise subtrahieren?
4. Kann eine Komponente eines Vektors einen Betrag besitzen, der größer ist als der Betrag des Vektors selbst? Unter welchen Umständen kann der Betrag einer Komponente eines Vektors gleich dem Betrag des Vektors sein?
5. Kann ein Vektor gleich null sein und trotzdem eine oder mehrere Komponenten besitzen, die ungleich null sind?
6. Sind die Komponenten von $C = B + A$ immer größer als die entsprechenden Komponenten von A und B?

3.4 Der Geschwindigkeitsvektor

Stellen Sie sich vor, Sie fahren mit dem Auto nach Süden. Der Betrag der Geschwindigkeit von beispielsweise 50 km/h würde dabei durch das Tachometer angezeigt, während Sie an einem mitgeführten Kompaß die Richtung ablesen könnten. Die Momentangeschwindigkeit wäre dann ein Vektor, der in die Richtung der Bewegung zeigt und dessen Betrag gleich der Geschwindigkeit ist, die das Tachometer gerade anzeigt. In Analogie zu unseren Ergebnissen in Kapitel 2 gibt, allgemein ausgedrückt, der Vektor der Momentangeschwindigkeit die zeitliche Änderung des Verschiebungsvektors an. Mit der Herleitung dieses Zusammenhangs wollen wir uns im folgenden näher beschäftigen.

Abbildung 3.10 zeigt ein Teilchen, das sich entlang einer Kurve im Raum bewegt, und zwar in einem Raum, in dem alle Punkte bezüglich eines x-y-Koordinatensystems angegeben werden können. Die Kurve repräsentiert den tatsächlichen Weg, den das Teilchen im Raum durchläuft – man spricht auch von der **Trajektorie** des Teilchens. Sie sollte nicht verwechselt werden mit den Weg-Zeit-Kurven im vorherigen Kapitel. Jeder Punkt der Kurve, also jeder Ort des Teilchens, wird durch die Angabe der x- und y-Koordinate beschrieben. Man kann den Ort des Teilchens auch als Verschiebung gegenüber dem Nullpunkt des Koordinatensystems auffassen. Der entsprechende Verschiebungsvektor heißt **Ortsvektor r**. Befindet sich das Teilchen am Punkt (x, y), so lautet der Ortsvektor

$$r = xe_x + ye_y.$$ 3.9

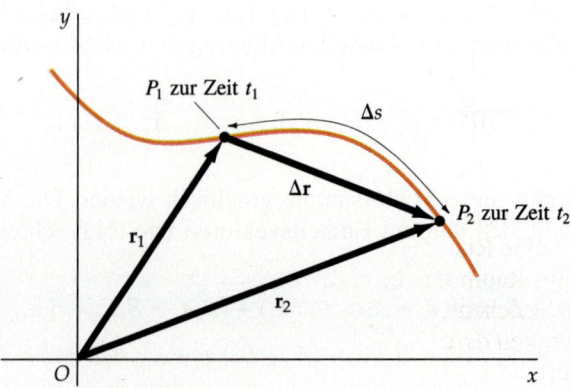

3.10 Ein Teilchen bewegt sich entlang einer beliebigen Kurve im Raum. Dabei besitzt es zu zwei verschiedenen Zeitpunkten t_1 und t_2 die Ortsvektoren r_1 und r_2. Der Verschiebungsvektor Δr ist die Differenz der beiden Ortsvektoren, $\Delta r = r_2 - r_1$.

3.4 Der Geschwindigkeitsvektor

Zum Zeitpunkt t_1 befindet sich das Teilchen im Punkt P_1. Der zugehörige Ortsvektor r_1 zeigt vom Ursprung auf den Punkt P_1. Zu einem späteren Zeitpunkt t_2 befindet es sich im Punkt P_2 mit dem Ortsvektor r_2. Der Vektor der Verschiebung von P_1 nach P_2 gibt die räumliche Änderung des Ortsvektors an:

$$\Delta r = r_2 - r_1 .\qquad 3.10$$

(Dies ist analog zur Definition in Kapitel 2, wonach wir unter eindimensionaler Verschiebung die Änderung der x-Koordinate verstehen.) Der neue Ortsvektor r_2 ist die Summe aus dem ursprünglichen Ortsvektor r_1 und dem Verschiebungsvektor Δr, wie im Bild gezeigt. Das Verhältnis vom Verschiebungsvektor zum Zeitintervall $\Delta t = t_2 - t_1$ entspricht dem **Vektor der mittleren Geschwindigkeit** (wir werden im folgenden die Begriffe „mittlere Geschwindigkeit" und „Durchschnittsgeschwindigkeit" gleichberechtigt nebeneinander benutzen):

$$\langle v \rangle = \frac{\Delta r}{\Delta t} .\qquad 3.11$$

Vektor der Durchschnittsgeschwindigkeit

In Abbildung 3.10 sehen wir, daß der Betrag des Verschiebungsvektors nicht gleich dem tatsächlich durchlaufenen Weg Δs ist, der entlang der Kurve gemessen wird. Der Verschiebungsvektor ist kleiner als diese Distanz Δs (es sei denn, das Teilchen bewegte sich zwischen den Punkten P_1 und P_2 auf einer geraden Linie). Wenn wir jedoch immer kleiner werdende Zeitintervalle betrachten (wie in Abbildung 3.11), dann nähert sich der Betrag der Verschiebung dem der tatsächlichen Strecke, die das Teilchen entlang der Kurve zurücklegt. Die Richtung von Δr nähert sich dabei der Richtung der Tangente an die Kurve im Punkt P_1. Wir definieren den **Vektor der Momentangeschwindigkeit** als Grenzwert des Vektors der mittleren Geschwindigkeit für Δt gegen null:

$$v = \lim_{\Delta t \to 0} \frac{\Delta r}{\Delta t} = \frac{dr}{dt} = \dot{r} .\qquad 3.12$$

Vektor der Momentangeschwindigkeit

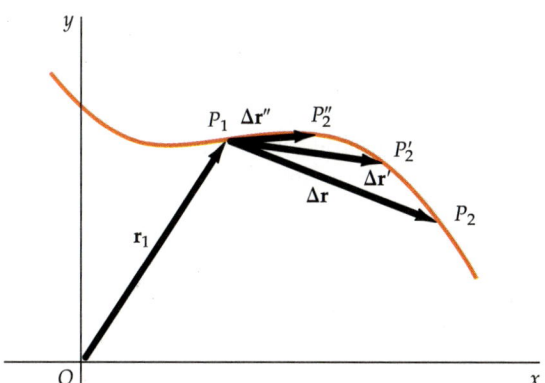

3.11 Je kleiner man die Zeitintervalle wählt, um so mehr nähert sich der Betrag des Verschiebungsvektors dem tatsächlich durchlaufenen Weg entlang der Kurve; gleichzeitig nähert sich die Richtung des Verschiebungsvektors der Richtung der Tangente an die Kurve im Punkt P_1.

Der Vektor der Momentangeschwindigkeit ist also die Ableitung des Ortsvektors nach der Zeit. Seine Richtung weist entlang der Tangente an die Kurve, die von dem Teilchen im Raum durchlaufen wird. Er zeigt also immer in Richtung der Bewegung des Teilchens. Der Betrag der Momentangeschwindigkeit entspricht der Geschwindigkeit ds/dt, wobei s der zurückgelegte Weg entlang der Kurve ist: $|dr/dt| = ds/dt$.

3 Bewegung in zwei und drei Dimensionen

Um die Ableitung in (3.12) zu bestimmen, müssen wir den Ortsvektor wie in (3.9) in seine Komponenten zerlegen:

$$\Delta \boldsymbol{r} = \boldsymbol{r}_2 - \boldsymbol{r}_1 = (x_2 - x_1)\,\boldsymbol{e}_x + (y_2 - y_1)\,\boldsymbol{e}_y = \Delta x \boldsymbol{e}_x + \Delta y \boldsymbol{e}_y$$

$$\boldsymbol{v} = \lim_{\Delta t \to 0} \frac{\Delta \boldsymbol{r}}{\Delta t} = \lim_{\Delta t \to 0} \frac{\Delta x \boldsymbol{e}_x + \Delta y \boldsymbol{e}_y}{\Delta t} = \lim_{t \to 0}\left[\left(\frac{\Delta x \boldsymbol{e}_x}{\Delta t}\right) + \left(\frac{\Delta y \boldsymbol{e}_y}{\Delta t}\right)\right]$$

oder

$$\boldsymbol{v} = \frac{\mathrm{d}x}{\mathrm{d}t}\boldsymbol{e}_x + \frac{\mathrm{d}y}{\mathrm{d}t}\boldsymbol{e}_y\,.$$

Beispiel 3.2

Ein Segelboot habe die Anfangskoordinaten $(x_1, y_1) = (100\,\text{m},\ 200\,\text{m})$. Zwei Minuten später habe es die Koordinaten $(x_2, y_2) = (120\,\text{m},\ 210\,\text{m})$. Wie groß sind die Komponenten, der Betrag und die Richtung seiner mittleren Geschwindigkeit für dieses Zeitintervall von 2 min?

$$\langle v_x \rangle = \frac{x_2 - x_1}{\Delta t} = \frac{120\,\text{m} - 100\,\text{m}}{2{,}00\,\text{min}} = 10{,}0\,\text{m/min}$$

$$\langle v_y \rangle = \frac{y_2 - y_1}{\Delta t} = \frac{210\,\text{m} - 200\,\text{m}}{2{,}00\,\text{min}} = 5{,}0\,\text{m/min}$$

$$\langle v \rangle = \sqrt{\langle v_x \rangle^2 + \langle v_y \rangle^2} = \sqrt{10{,}0^2 + 5{,}0^2}\,\text{m/min} = \sqrt{125}\,\text{m/min} = 11{,}2\,\text{m/min}$$

$$\tan \theta = \frac{\langle v_y \rangle}{\langle v_x \rangle} = \frac{5{,}0\,\text{m/min}}{10{,}0\,\text{m/min}} = 0{,}500$$

$$\theta = \tan^{-1} 0{,}500 = \text{arc tan}\ 0{,}500 = 26{,}6°\,.$$

3.5 Der Beschleunigungsvektor

Der **Vektor der mittleren Beschleunigung** (oder der **Durchschnittsbeschleunigung**) ist definiert als das Verhältnis der Änderung der Momentangeschwindigkeit $\Delta \boldsymbol{v}$ zum Zeitintervall Δt:

Vektor der Durchschnittsbeschleunigung

$$\langle \boldsymbol{a} \rangle = \frac{\Delta \boldsymbol{v}}{\Delta t}\,. \qquad 3.13$$

Der **Vektor der Momentanbeschleunigung** ist der Grenzwert dieses Verhältnisses, wenn die Länge des Zeitintervalls gegen null geht. Das heißt, der Vektor der Momentanbeschleunigung ist die Ableitung des Geschwindigkeitsvektors nach der Zeit:

Vektor der Momentanbeschleunigung

$$\boldsymbol{a} = \lim_{\Delta t \to 0} \frac{\Delta \boldsymbol{v}}{\Delta t} = \frac{\mathrm{d}\boldsymbol{v}}{\mathrm{d}t} = \dot{\boldsymbol{v}}\,. \qquad 3.14$$

Um die Momentanbeschleunigung zu bestimmen, drücken wir **v** in rechtwinkligen Koordinaten aus:

$$\mathbf{v} = v_x \mathbf{e}_x + v_y \mathbf{e}_x = \frac{dx}{dt}\mathbf{e}_x + \frac{dy}{dt}\mathbf{e}_y.$$

Damit ergibt sich

$$\mathbf{a} = \frac{dv_x}{dt}\mathbf{e}_x + \frac{dv_y}{dt}\mathbf{e}_y = \frac{d^2x}{dt^2}\mathbf{e}_x + \frac{d^2y}{dt^2}\mathbf{e}_y = \ddot{x}\,\mathbf{e}_x + \ddot{y}\,\mathbf{e}_y.$$

Beachten Sie, daß der Geschwindigkeitsvektor seinen Betrag, seine Richtung oder auch beides ändern kann. Von Beschleunigung sprechen wir, wenn der Geschwindigkeitsvektor in *irgendeiner* Weise variiert. Am besten sind wir vertraut mit einer Beschleunigung, bei der die Geschwindigkeit ihren *Betrag* ändert. Ein Teilchen kann sich aber auch mit einer Geschwindigkeit von konstantem Betrag bewegen und trotzdem beschleunigt werden, nämlich dann, wenn die *Richtung* des Geschwindigkeitsvektors variiert. Ein besonders wichtiges Beispiel dafür ist die Kreisbewegung, die wir in Kapitel 3.8 behandeln werden.

Beispiel 3.3

Ein Auto fahre mit einer Geschwindigkeit von 60 km/h nach Osten. Es durchfahre eine Kurve und bewege sich 5 s später mit 60 km/h nach Norden. Welche mittlere Beschleunigung hat das Auto?

Abbildung 3.12 zeigt die beiden Geschwindigkeitsvektoren $\mathbf{v}_1 = 60$ km/h $\mathbf{e}_x$ und $\mathbf{v}_2 = 60$ km/h $\mathbf{e}_y$ sowie die Änderung der Geschwindigkeit

$$\Delta\mathbf{v} = \mathbf{v}_2 - \mathbf{v}_1 = (60 \text{ km/h})\,\mathbf{e}_y - (60 \text{ km/h})\,\mathbf{e}_x.$$

Das Bild ist so gezeichnet, daß $\mathbf{v}_1 + \Delta\mathbf{v} = \mathbf{v}_2$. Die mittlere Beschleunigung ist gegeben durch

$$\langle\mathbf{a}\rangle = \frac{\Delta\mathbf{v}}{\Delta t} = \frac{(60 \text{ km/h})\,\mathbf{e}_y - (60 \text{ km/h})\,\mathbf{e}_x}{5 \text{ s}}$$

$$= (12 \text{ km} \cdot \text{h}^{-1} \cdot \text{s}^{-1})\,\mathbf{e}_y - (12 \text{ km} \cdot \text{h}^{-1} \cdot \text{s}^{-1})\,\mathbf{e}_x.$$

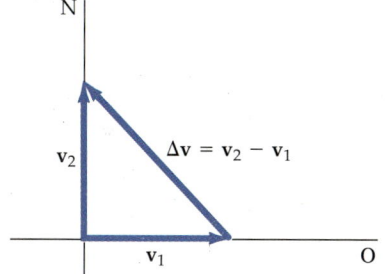

3.12 Geschwindigkeitsvektoren zu Beispiel 3.3.

Der Betrag der mittleren Beschleunigung ist

$$\langle a \rangle = \sqrt{a_x^2 + a_y^2} = \sqrt{(-12 \text{ km} \cdot \text{h}^{-1} \cdot \text{s}^{-1})^2 + (12 \text{ km} \cdot \text{h}^{-1} \cdot \text{s}^{-1})^2} = 17{,}0 \text{ km}/(\text{h} \cdot \text{s}).$$

Das Auto beschleunigt also, obwohl sich der Betrag der Geschwindigkeit nicht ändert.

Fragen

7. Hat die Richtung des Geschwindigkeitsvektors bei einer beliebigen Bewegung eines Teilchens eine besondere Beziehung zur Richtung des Ortsvektors?
8. Nennen Sie Beispiele, in denen die Richtungen des Geschwindigkeits- und des Ortsvektors a) entgegengesetzt, b) gleich und c) senkrecht zueinander sind.

3 Bewegung in zwei und drei Dimensionen

9. Kann ein Teilchen gerade beschleunigen, obwohl es sich mit einer Geschwindigkeit von konstantem Betrag bewegt? Kann ein Teilchen mit konstantem Geschwindigkeits*vektor* gleichzeitig beschleunigen?
10. Kann ein Teilchen eine Kurve durchlaufen, ohne beschleunigt zu werden?
11. Kann der Geschwindigkeitsvektor die Richtung ändern, während der Betrag konstant bleibt? Wenn ja, geben Sie ein Beispiel an!

3.6 Relativgeschwindigkeit

Die Geschwindigkeit eines Körpers wird manchmal relativ zu einem Koordinatensystem gemessen, das sich selbst relativ zu einem anderen Koordinatensystem bewegt. Stellen Sie sich zum Beispiel vor, eine Person bewege sich auf einem Eisenbahnwaggon mit einer Geschwindigkeit v_{PW} relativ zum Waggon, während dieser mit der Geschwindigkeit v_{WE} relativ zur Erde die Schienen entlangrollt, so wie es in Abbildung 3.13 zu sehen ist. Die Geschwindigkeit der Person relativ zur Erde, v_{PE}, ist nun also die Summe dieser beiden Geschwindigkeiten:

Relativgeschwindigkeit $\qquad \boxed{v_{PE} = v_{PW} + v_{WE}\,.} \qquad 3.15$

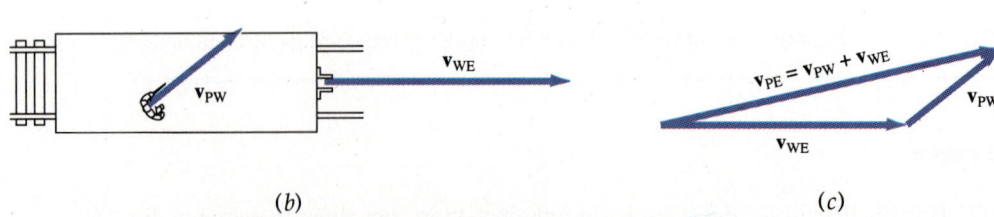

3.13 a) Relativ zum Waggon hat die Person die Geschwindigkeit v_{PW}. b) Die Geschwindigkeit des Waggons relativ zur Erde ist v_{WE}. c) Relativ zur Erde besitzt die Person die Geschwindigkeit $v_{PE} = v_{PW} + v_{WE}$.

Die Addition von Relativgeschwindigkeiten kann genauso wie die Addition von Ortsvektoren durchgeführt werden, entweder graphisch, indem man den Anfang des einen Geschwindigkeitsvektors an das Ende des anderen setzt, oder analytisch, indem man die Vektorkomponenten addiert.

Beispiel 3.4

Ein Fluß ströme mit einer Geschwindigkeit von 3 m/s nach Osten. Ein Junge schwimme nordwärts durch den Fluß mit einer Geschwindigkeit von 2 m/s relativ zum Wasser. Welche Geschwindigkeit hat der Junge gegenüber dem Ufer?

Abbildung 3.14 zeigt die Geschwindigkeitsvektoren zu dieser Aufgabe. Die Geschwindigkeit des Jungen relativ zum Ufer ist die Vektorsumme der Geschwindigkeit des Jungen relativ zum Wasser $\mathbf{v}_{JW}$ und der Geschwindigkeit des Wassers $\mathbf{v}_{WU}$ relativ zum Ufer, wie in der Abbildung gezeigt. Der Betrag dieser Geschwindigkeit ist

$$v = \sqrt{v_{JW}^2 + v_{WU}^2} = \sqrt{(2 \text{ m/s})^2 + (3 \text{ m/s})^2}$$
$$= \sqrt{13 \text{ m}^2/\text{s}^2} = 3{,}61 \text{ m/s} \,.$$

Die Richtung der Geschwindigkeit bildet mit dem Ufer den Winkel

$$\tan \theta = \frac{v_{JW}}{v_{WU}} = \frac{2 \text{ m/s}}{3 \text{ m/s}} = 0{,}667$$
$$\theta = \tan^{-1} 0{,}667 = \arctan 0{,}667 = 33{,}7° \,.$$

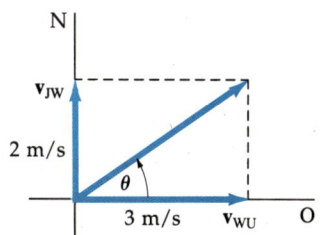

3.14 Geschwindigkeitsvektoren zu Beispiel 3.4.

3.7 Wurfbewegungen

Eine wichtige Anwendung der Bewegung in zwei Dimensionen ist die eines Körpers, der in die Luft geworfen oder geschossen wird und sich dann frei bewegen kann. Die Bewegung eines solchen Projektils wird eingeschränkt durch den Luftwiderstand, die Rotation der Erde und durch Unregelmäßigkeiten in der Erdbeschleunigung. Der Einfachheit halber wollen wir diese Komplikationen vernachlässigen. Das Projektil erfährt dann während des Fluges eine konstante, senkrecht nach unten gerichtete Beschleunigung mit dem Betrag $g = 9{,}81$ m/s². Das wichtigste Merkmal der Wurfbewegung ist, daß hier die horizontalen und vertikalen Komponenten der Bewegung unabhängig voneinander sind. Betrachten Sie zum Beispiel einen Ball, der von einem Wagen aus geworfen wird, der sich selbst horizontal mit konstanter Geschwindigkeit fortbewegt, wie Abbil-

3.15 a) Ein Ball wird von einem Wagen aus senkrecht in die Luft geworfen. Relativ zum Wagen bewegt sich der Ball senkrecht nach oben und fällt dann zu seiner ursprünglichen Position zurück. b) Relativ zur Erde hat der Ball eine horizontale Anfangsgeschwindigkeit, die der Geschwindigkeit des Wagens entspricht; er bewegt sich deshalb auf einer parabelförmigen Bahn.

dung 3.15 zeigt. Wird der Ball relativ zum Wagen senkrecht nach oben geworfen, bewegt er sich zum höchsten Punkt seiner Flugbahn, um dann wieder zurückzukehren (Abbildung 3.15a). Die Maximalhöhe der Flugbahn hängt von der dem Ball beim Abwurf mitgegebenen senkrechten Geschwindigkeit ab. Diese Art von senkrechter Bewegung, bei der das Teilchen (der Ball) eine abwärtsgerichtete Beschleunigung erfährt, wurde bereits im zweiten Kapitel diskutiert. Sie hat nichts zu tun mit der horizontalen Bewegung des Wagens relativ zur Erde. Die horizontale Bewegung des Balls relativ zur Erde ist eine Bewegung mit konstanter Geschwindigkeit, nämlich der Geschwindigkeit des Wagens. Daß diese von der vertikalen Bewegung des Balles unabhängig ist, leuchtet sofort ein. Relativ zur Erde beschreibt der Ball eine Parabel (Abbildung 3.15b); dies ist die charakteristische Bahn der Wurfbewegung – wir wollen darauf im folgenden näher eingehen.

Stellen Sie sich vor, der Ball wird mit einer Anfangsgeschwindigkeit geworfen, die sowohl eine vertikale als auch eine horizontale Komponente relativ zu einem festen Bezugspunkt besitzt (sogenannter *schräger* Wurf). Wir betrachten die Bewegung des Balls in einem Koordinatensystem, bei dem (wie üblich) die *y*-Achse senkrecht liegt (positive Richtung nach oben) und die *x*-Achse waagerecht (positive Richtung in Richtung der anfänglichen horizontalen Geschwindigkeitskomponente des Balls). Dann ergibt sich für die Beschleunigung

$$a_y = -g \qquad \text{3.16a}$$

und

$$a_x = 0 \; . \qquad \text{3.16b}$$

Nehmen wir an, wir werfen den Ball vom Ursprung des Koordinatensystems aus mit einer Anfangsgeschwindigkeit v_0 und einem Winkel θ zur horizontalen Achse ab (Abbildung 3.16). Die Anfangsgeschwindigkeit hat dann die Komponenten

$$v_{0x} = v_0 \cos\theta \qquad \text{3.17a}$$

$$v_{0y} = v_0 \sin\theta \; . \qquad \text{3.17b}$$

Da es keine Beschleunigung in horizontaler Richtung gibt, ist die *x*-Komponente der Geschwindigkeit konstant:

$$v_x = v_{0x} \; . \qquad \text{3.18a}$$

Die *y*-Komponente ändert sich mit der Zeit

$$v_y = v_{0y} - gt \; . \qquad \text{3.18b}$$

(Das ist dieselbe Gleichung wie (2.12) mit $a = -g$.) Die Komponenten der Verschiebung des Balls sind

$$\Delta x = v_{0x} t \qquad \text{3.19a}$$

$$\Delta y = v_{0y} t - \frac{1}{2} g t^2 \; . \qquad \text{3.19b}$$

(Vergleichen Sie diese Gleichung für *y* mit (2.13).)

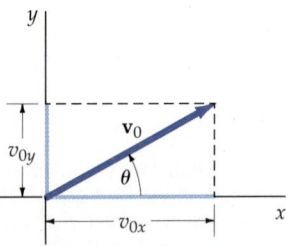

3.16 Die Komponenten der Anfangsgeschwindigkeit eines Projektils sind $v_{0x} = v_0 \cos\theta$ und $v_{0y} = v_0 \sin\theta$, wobei θ der Winkel zwischen v_0 und der horizontalen *x*-Achse ist.

Beispiel 3.5

Ein Ball werde mit einer Anfangsgeschwindigkeit von 50 m/s und einem Winkel von 37° zur Horizontalen in die Luft geworfen. Wie lange ist der Ball in der Luft, und welche Entfernung hat er in dieser Zeit in waagerechter Richtung zurückgelegt? ($g = 10$ m/s^2)

Die Komponenten der Anfangsgeschwindigkeit sind

$$v_{0x} = (50 \text{ m/s}) \cos 37° = 40 \text{ m/s}$$
$$v_{0y} = (50 \text{ m/s}) \sin 37° = 30 \text{ m/s} \,.$$

Die Flugzeit des Balles finden wir, indem wir in (3.19b) $\Delta y = 0$ setzen und dann nach t auflösen:

$$\Delta y = v_{0y} t - \frac{1}{2} g t^2 = t \left(v_{0y} - \frac{1}{2} g t \right) = 0 \,.$$

Diese Gleichung hat die Lösungen $t = 0$, was der Anfangsbedingung entspricht, und

$$t = \frac{2 v_{0y}}{g} = \frac{2 \cdot 30 \text{ m/s}}{10 \text{ m/s}^2} = 6 \text{ s} \,.$$

Dies ist dasselbe Ergebnis, das wir bereits in Beispiel 2.9 erhalten haben (bei derselben Anfangsgeschwindigkeit und vertikalen Beschleunigung). Auch im vorliegenden Beispiel ist die gesamte Flugzeit des Balles doppelt so groß wie die Zeit t_1, die der Ball benötigt, um seinen höchsten Punkt zu erreichen. Wir können t_1 bestimmen, indem wir in (3.18b) $v_y = 0$ setzen:

$$v_y = v_{0y} - g t_1 = 0$$
$$t_1 = \frac{v_{0y}}{g} = \frac{30 \text{ m/s}}{10 \text{ m/s}^2} = 3 \text{ s} \,.$$

Da sich der Ball in horizontaler Richtung mit der konstanten Geschwindigkeit von 40 m/s bewegt, beträgt die Entfernung, die er in dieser Richtung zurücklegt,

$$\Delta x = v_0 t = 40 \text{ m/s} \cdot 6 \text{ s} = 240 \text{ m} \,.$$

Diese Strecke wird allgemein **Reichweite** genannt und mit einem eigenen Symbol R bezeichnet.

Abbildung 3.17 zeigt für unser Beispiel die Höhe y in Abhängigkeit von der Zeit. Diese Kurve ist identisch mit der Kurve in Abbildung 2.11a für die Beispiele 2.8 und 2.9, da die vertikalen Beschleunigungen und die vertikalen Geschwindigkeiten in allen drei Beispielen übereinstimmen. Der Ball legt in jeder Sekunde eine Strecke von 40 m in horizontaler Richtung zurück, so daß wir die x-t-Kurve auch als Graphen von y in Abhängigkeit von x interpretieren können. Wir brauchen dazu nur die horizontale Achse von einer Zeitskala in eine Längenskala umzuwandeln, indem wir die Zeitwerte mit 40 m/s multiplizieren. Die y-x-Kurve ist (wie die x-t-Kurve) eine Parabel.

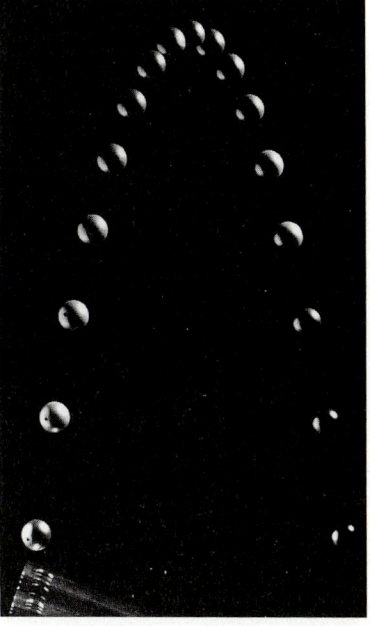

Mehrfachbelichtete Aufnahme eines in die Luft geworfenen Balls. Die Position des Balls wurde in gleichen Zeitabständen von ungefähr 0,43 s aufgenommen. (© 1968 Fundamental Photographs)

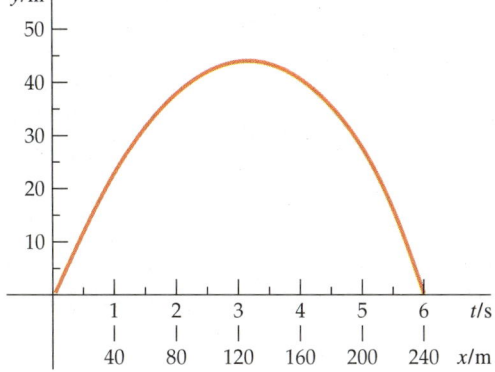

3.17 y-t- und y-x-Diagramm für die Bewegung des Balls aus Beispiel 3.5. Die Zeitskala kann durch Multiplikation eines jeden Zeitwertes mit 40 m/s in eine Längenskala umgerechnet werden: $x = (40 \text{ m/s}) \, t$.

Die allgemeine Gleichung für den Weg $y(x)$ erhalten wir aus (3.19a) und (3.19b) durch Eliminieren der Variablen t aus diesen beiden Gleichungen. Wählen wir $x_0 = y_0 = 0$ und setzen $t = x/v_{0x}$ in (3.19b) ein, so erhalten wir

$$y = v_{0y}\left(\frac{x}{v_{0x}}\right) - \frac{1}{2}g\left(\frac{x}{v_{0x}}\right)^2$$

oder

$$y = \left(\frac{v_{0y}}{v_{0x}}\right)x - \frac{1}{2}\left(\frac{g}{v_{0x}^2}\right)x^2 . \qquad 3.20$$

Diese Gleichung ist von der Form $y = ax + bx^2$, sie beschreibt also eine Parabel, die durch den Ursprung geht.

In Abbildung 3.18 sind noch einmal alle Größen, die bei der Wurfbewegung eine wichtige Rolle spielen, zusammengefaßt. Neben der Wurfparabel sind der Geschwindigkeitsvektor mit seinen Komponenten an verschiedenen Punkten, der Wurfwinkel θ und die Reichweite R zu sehen.

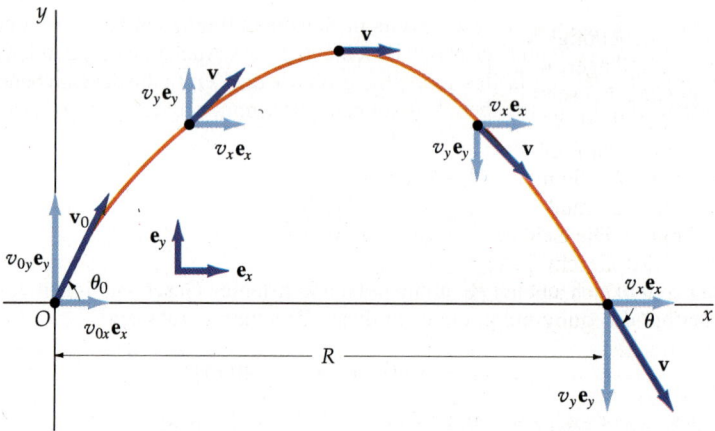

3.18 Wurfparabel eines Balles. An mehreren Punkten ist der Geschwindigkeitsvektor mit seinen rechtwinkligen Komponenten eingezeichnet. Der horizontal zurückgelegte Weg entspricht der Reichweite R. θ_0 ist der Wurfwinkel.

Übung

Eine Kugel werde in einer Höhe von 2 m mit einer Anfangsgeschwindigkeit von 200 m/s horizontal abgeschossen. Wie weit fliegt die Kugel ($g = 9{,}81$ m/s^2)? (Antwort: 129 m)

In Beispiel 3.5 konnten wir die Reichweite eines Balles ermitteln, indem wir zunächst aus der vertikalen Komponente des Geschwindigkeitsvektors die Flugzeit bestimmt hatten. Diese Zeit wurde dann mit der Horizontalkomponente des Geschwindigkeitsvektors multipliziert, und wir erhielten die Reichweite des Balles. Ob diese Methode auch anwendbar ist, wenn der Ball nicht auf derselben Höhe landet, von der aus er abgeworfen wurde, wollen wir nun untersuchen.

Beispiel 3.6

Der Ball aus Beispiel 3.5 werde mit derselben Anfangsgeschwindigkeit abgeworfen, allerdings jetzt von einem Felsen aus, der 55 m über einer Ebene liegt (Abbildung 3.19). Wo trifft der Ball auf?

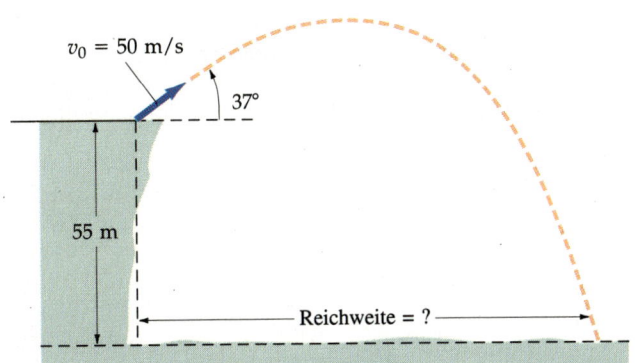

3.19 Hier wird ein Ball von einer erhöhten Position aus abgeworfen. Die Reichweite findet man, indem man zuerst die Gesamtzeit errechnet, während deren der Ball in der Luft ist, und diese dann mit der x-Komponente der Ballgeschwindigkeit multipliziert.

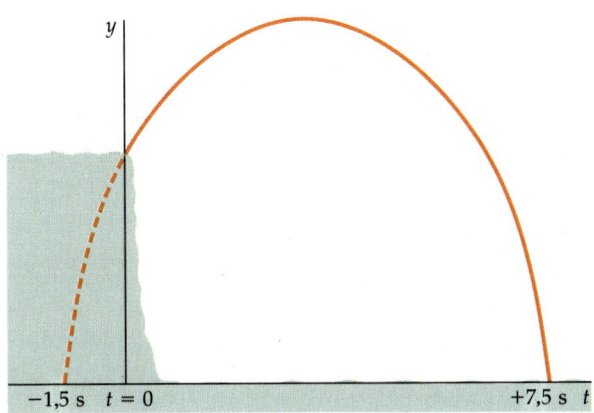

3.20 Die Lösung $t = -1{,}5$ s, die sich ergibt, wenn man in Beispiel 3.6 $\Delta y = -55$ m setzt, beschreibt die Situation, bei der der Ball die Wurfparabel in umgekehrter Richtung (von rechts nach links) durchliefe. Er würde dann $y = 0$ zur Zeit $t = 0$ erreichen. Es handelt sich hier um eine rein mathematische Lösung, die in der Praxis keine Bedeutung hat.

In diesem Fall benötigt der Ball wieder 3 s, bis er seine maximale Höhe erreicht hat, aber seine Fallzeit ist länger, weil er einen größeren Weg bis zum Auftreffpunkt zurücklegen muß. Entsprechend unserem Vorgehen in Beispiel 2.8 bestimmen wir zuerst die maximale Höhe, die der Ball erreicht. Die vertikale Komponente der Geschwindigkeit ist anfangs 30 m/s, am höchsten Punkt hat sie den Wert null. Die mittlere Aufwärtsgeschwindigkeit beträgt also 15 m/s, die maximale Höhe ist damit $y = (15$ m/s$) \cdot 3$ s $= 45$ m. Von seinem höchsten Punkt aus muß der Ball 45 m plus 55 m fallen, also $-\Delta y = 100$ m, bis er am Boden aufkommt. Die Zeit, die der Ball nun braucht, um aus der „Ruhe" (die senkrechte Komponente des Geschwindigkeitsvektors ist am Umkehrpunkt gleich null) 100 m zu durchfallen, ergibt sich aus Gleichung (3.19b). Diese Gleichung ist nichts anderes als eine Formel für die Bewegung mit konstanter Beschleunigung, und um eine solche Bewegung handelt es sich hier:

$$\Delta y = v_{0y} t - \frac{1}{2} g t^2$$

$$-100 \text{ m} = 0 - \frac{1}{2} (10 \text{ m/s}^2) t^2$$

oder

$$t = \sqrt{20 \text{ s}^2} = 4{,}5 \text{ s} \, .$$

Die gesamte Flugzeit des Balles beträgt also 3 s + 4,5 s = 7,5 s. Der in dieser Zeit horizontal zurückgelegte Weg ist

$$x = v_{0x} t = (40 \text{ m/s}) \cdot 7{,}5 \text{ s} = 300 \text{ m} \, .$$

Wir hätten Gleichung (3.19b) auch anwenden können, um die Zeit direkt zu bestimmen, ohne das Problem in zwei Teile zu zerlegen. Wenn der Ball 55 m unterhalb seines Startpunktes landet, setzen wir $\Delta y = -55$ m. Die Zeit ergibt sich dann aus

$$\Delta y = v_{0y} t - \frac{1}{2} g t^2$$

$$-55 \text{ m} = (30 \text{ m/s}) \, t - \frac{1}{2} (10 \text{ m/s}^2) \, t^2 \, .$$

Für diese quadratische Gleichung gibt es zwei Lösungen, $t = -1{,}5$ s und $t = 7{,}5$ s. Die negative Zeit ist jene Zeit, die der Ball benötigen würde, wenn er die Parabel in der anderen Richtung durchlaufen und vollenden könnte (Abbildung 3.20).

Für den speziellen Fall, in dem Anfangs- und Endhöhe identisch sind, können wir eine allgemeine Formel für die Reichweite eines Projektils herleiten, in der als unabhängige Variablen die Anfangsgeschwindigkeit und der Wurfwinkel auftreten. Die Zeit, die das Projektil benötigt, um seinen höchsten Punkt zu erreichen, finden wir, indem wir die vertikale Komponente seiner Geschwindigkeit gleich null setzen.

$$v_y = v_{0y} - gt = 0$$

oder

$$t = \frac{v_{0y}}{g}.$$

Die Reichweite R ist dann die Strecke, die in der doppelten Zeit zurückgelegt wird:

$$R = 2v_{0x}\left(\frac{v_{0y}}{g}\right) = \frac{2v_{0x}v_{0y}}{g}.$$

Nach (3.17a) und (3.17b) ergibt sich, abhängig von der Anfangsgeschwindigkeit v_0 und dem Wurfwinkel θ, für die Reichweite

$$R = \frac{2(v_0 \cos \theta)(v_0 \sin \theta)}{g} = \frac{2v_0^2 \sin \theta \cos \theta}{g}.$$

Dies kann noch weiter vereinfacht werden, indem wir die trigonometrische Gleichung für den doppelten Winkel benutzen:

$$\sin 2\theta = 2 \sin \theta \cos \theta.$$

Damit erhalten wir

Reichweite eines Projektils
$$R = \frac{v_0^2}{g} \sin 2\theta.$$
3.21

Da der maximale Wert von $\sin 2\theta$ gleich eins ist, wenn $2\theta = 90°$ oder $\theta = 45°$, ist die Reichweite bei diesem Winkel maximal und damit gleich v_0^2/g.

Gleichung (3.21) ist nützlich, um die Reichweite für Wurfprobleme zu bestimmen, bei denen Abwurf- und Auftreffhöhe gleich sind. Bedenken Sie jedoch, daß diese Formel in Beispiel 3.6 nicht verwendet werden konnte, weil die Höhen nicht identisch waren. Wichtiger ist allerdings, daß wir mit (3.21) etwas über die Abhängigkeit der Reichweite vom Wurfwinkel lernen können. Zum Beispiel haben wir gerade gesehen, daß die Reichweite maximal ist, wenn der Abwurfwinkel 45° beträgt. Dieser Zusammenhang ist beispielsweise bei allen Wurfsportarten von größter Bedeutung.

Betrachten wir unser Problem noch aus einem etwas anderen Blickwinkel. Die horizontale Entfernung, die ein Projektil zurücklegt, ist das Produkt aus der Horizontalkomponente v_{0x} der Geschwindigkeit und der Zeit, in der sich das Projektil in der Luft befindet; die Zeit wiederum ist proportional zu v_{0y}. Die maximale Reichweite kommt zustande, wenn die horizontale und die vertikale Komponente gleich groß sind, wenn also der Abwurfwinkel gleich 45° ist. In einigen praktischen Anwendungen sind noch weitere Überlegungen notwendig.

3.7 Wurfbewegungen

So sind zum Beispiel beim Kugelstoßen Abwurf- und Auftreffhöhe nicht identisch: Die Kugel wird von einer Ausgangshöhe aus gestoßen, die etwa 2 m über der Erde liegt, während sich der Auftreffpunkt auf der Erde befindet. Diese Höhendifferenz verlängert die Zeitspanne, in der sich die Kugel in der Luft befindet. In diesem Fall ist die Reichweite maximal, wenn v_{0x} etwas größer ist als v_{0y}, d. h., wenn der Abwurfwinkel etwas kleiner ist als 45° (Abbildung 3.21). Untersuchungen der Flugbahnen bei Weltklassekugelstoßern haben gezeigt, daß sie die maximale Reichweite bei einem Abwurfwinkel von etwa 42° erreichen. Eine andere praktische Anwendung ist die einer Gewehrkugel, bei der außerdem noch der Luftwiderstand berücksichtigt werden muß, um die Reichweite genau vorhersagen zu können. Der Luftwiderstand verringert sowohl die Reichweite bei gegebenem Schußwinkel als auch den optimalen Schußwinkel selbst.

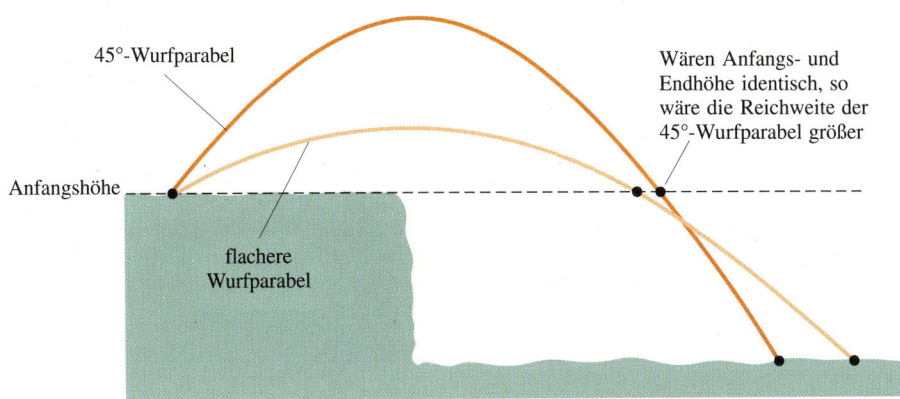

3.21 Liegt der Auftreffpunkt eines Projektils niedriger als der Abwurfpunkt, so wird die Reichweite bei einem Winkel maximal, der kleiner als 45° ist.

Nach unserer Analyse der Wurfbewegung trifft ein Körper, der aus einer Höhe h fallengelassen wird, nach derselben Zeit auf der Erde auf wie ein Körper, der von der gleichen Höhe aus horizontal geworfen wird. In beiden Fällen ist die Fallhöhe gegeben durch $y = \frac{1}{2} g t^2$ (wenn y vom Ausgangspunkt nach unten positiv gemessen wird). Diese erstaunliche Tatsache kann leicht demonstriert werden. Galilei (1564–1642) war der erste, der die Wurfbewegung in dieser modernen Version beschrieben hat. Der folgende Text ist die sinngemäße Übersetzung eines Abschnitts aus Galileis 1632 erschienenem *Dialog über die beiden hauptsächlichen Weltsysteme, das ptolemäische und das kopernikanische*. Darin zeigt Galilei, daß es richtig ist, die horizontale und die vertikale Komponente der Wurfbewegung als voneinander unabhängige Größen zu behandeln:

> Das Schiff sei in Ruhe, und der Fall eines Steines dauere zwei Pulsschläge. Jetzt setzen Sie das Schiff in Bewegung und werfen denselben Stein vom selben Ort; nach dem, was wir bisher gesagt haben, braucht er die Zeit von zwei Pulsschlägen, um auf das Deck zu fallen. Während dieser beiden Pulsschläge ist das Schiff zum Beispiel 20 m weitergefahren, so daß die natürliche Bewegung des Steins eine gekrümmte Linie gewesen sein wird, die viel länger ist als die erste, gerade und senkrechte, die lediglich die Länge des Mastes hatte; dennoch kommt der Stein in derselben Zeit auf dem Deck an. Stellen wir uns nun vor, das Schiff beschleunigt, so daß der Stein während des Falls einer noch viel längeren Kurve folgen muß als vorher; möglicherweise kann die Geschwindigkeit des Schiffs beliebig erhöht werden, und der fallende Stein beschreibt immer längere Bögen, aber er wird sie immer noch in denselben zwei Pulsschlägen zurücklegen. Ein anderes, ähnliches Beispiel wäre das einer erstklassigen Kanone, die von einem Turm aus abgefeuert wird. Es würde keinen Unterschied machen, ob sie mit einer großen oder einer kleinen Ladung gestopft war und ob die abgefeuerte Kugel tausend, viertausend oder zehntausend Meter weit fliegen würde; bei allen Schüssen würde die Kugel dieselbe Zeit bis zum Auftreffen benötigen, und jede dieser Zeiten wäre dieselbe, wie sie die Kugel bräuchte, wenn sie vom vorderen Ende des Kanonenrohrs aus ohne jeden anderen Impuls senkrecht zu Boden fiele.

Galileo Galilei (1564–1642). Ausschnitt aus dem Frontispiz von Galileo Galilei, *Istoria e dimostrazioni intorno alle macchie solari …* (Rom 1613).

3 Bewegung in zwei und drei Dimensionen

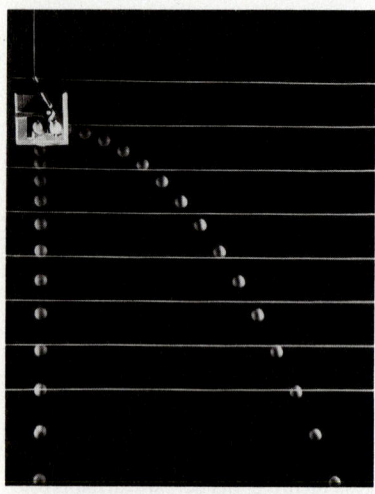

Vergleich der Bewegungen eines senkrecht nach unten fallenden und eines waagerecht geworfenen Balles. Man sieht deutlich, daß die vertikale Position unabhängig von der horizontalen Bewegung ist. (Aus *PSSC Physics*, 2nd edition; D.C. Heath and Company and Education Development Center, Inc., Newton, MA, 1965)

3.22 Affe und Pfeil aus Beispiel 3.7. Zur Zeit t befinden sich beide auf der Höhe $h - \frac{1}{2}gt^2$. Der Pfeil wird also den Affen immer treffen, wenn der Affe sich in dem Augenblick fallen läßt, in dem der Pfeil abgeschossen wird.

Beispiel 3.7

Ein Wildhüter möchte mit einem Betäubungsgewehr einen Affen schießen, der am Ast eines Baumes hängt. Er zielt genau auf den Affen, ohne zu beachten, daß der abgeschossene Pfeil eine Parabel durchläuft und deshalb unter dem Affen vorbeifliegen wird. Der Affe sieht jedoch, wie der Pfeil den Gewehrlauf verläßt und läßt sich fallen in der Erwartung, so dem Pfeil zu entgehen. Zeigen Sie, daß der Affe unabhängig von der Anfangsgeschwindigkeit des Pfeils getroffen wird, solange die folgenden Voraussetzungen erfüllt sind: Die Anfangsgeschwindigkeit des Pfeils ist so groß, daß er die Entfernung bis zum Baum zurücklegt, bevor er auf die Erde fällt; der Affe läßt sich in dem Augenblick fallen, in dem der Pfeil abgeschossen wird.

Diese Situation wird manchmal demonstriert, indem man mit einem Pfeilgewehr auf eine Scheibe zielt, die von einem Elektromagneten gehalten wird. Wenn der Pfeil das Gewehr verläßt, wird der Stromkreis unterbrochen, und die Scheibe fällt nach unten. Sei nun der horizontale Abstand zum Baum x und die ursprüngliche Höhe des Affen h, wie in Abbildung 3.22 gezeigt. Der Pfeil wird unter einem Winkel abgeschossen, der durch $\tan\theta = h/x$ bestimmt ist. Gäbe es keine Gravitation, würde der Pfeil die Höhe h in der Zeit t erreichen, die er auch benötigt, um die horizontale Entfernung x zu durchlaufen:

$$y = v_{0y}t = h$$

$$t = \frac{x}{v_{0x}}.$$

Aufgrund der Gravitation erfährt der Pfeil jedoch eine Beschleunigung nach unten. In der Zeit $t = x/v_{0x}$ erreicht der Pfeil eine Höhe y, die gegeben ist durch

$$y = v_{0y}t - \frac{1}{2}gt^2 = h - \frac{1}{2}gt^2.$$

Dies ist um $\frac{1}{2}gt^2$ kleiner als h, also gerade um die Strecke, die der Affe in der gleichen Zeit fallend zurücklegt. In den üblichen Demonstrationsversuchen wird die Anfangsgeschwindigkeit variiert, und man kann sehen, daß die Zielscheibe bei großem v_0 sehr nahe bei ihrem Ausgangspunkt getroffen wird und bei kleinem v_0 erst, kurz bevor sie am Boden auftrifft.

Fragen

12. Welche Beschleunigung erfährt ein Wurfgeschoß am höchsten Punkt seiner Bahn?

13. Kann sich die Richtung der Geschwindigkeit eines Körpers ändern, während seine Beschleunigung hinsichtlich Betrag und Richtung konstant bleibt? Wenn ja, geben Sie ein Beispiel an.

3.8 Kreisbewegung

Kreisbewegungen kennen wir aus der Natur und aus dem täglichen Leben. Die Erde bewegt sich beinahe auf einer Kreisbahn um die Sonne, der Mond dreht sich um die Erde. Räder drehen sich im Kreis, und Autos bewegen sich auf Kreisbögen, wenn sie um Kurven fahren. In diesem Abschnitt betrachten wir ein Teilchen, das sich mit konstanter Geschwindigkeit auf einer Kreisbahn bewegt. Aus unserer Alltagserfahrung heraus könnten wir sagen, das Teilchen werde nicht beschleunigt, weil ja der Betrag der Geschwindigkeit konstant bleibt. Aber wir haben die Beschleunigung als die zeitliche Änderung des Geschwindigkeitsvektors definiert, und während ein Teilchen sich auf einer Kreisbahn bewegt, ändert der Geschwindigkeitsvektor kontinuierlich seine Richtung. Newton war einer der ersten, die die Bedeutung der Kreisbewegung erkannten. Er zeigte, daß ein Teilchen, das sich mit der Geschwindigkeit v auf einer Kreisbahn mit dem Radius r bewegt, eine Beschleunigung erfährt, die den Betrag v^2/r hat und zum Kreismittelpunkt hin gerichtet ist. Diese Beschleunigung heißt **Zentripetalbeschleunigung**. Betrachten wir einen Satelliten, der sich auf einer Kreisbahn um die Erde bewegt. Warum fällt der Satellit nicht auf die Erde? Die Antwort ist nicht, daß es keine Gravitationskraft gibt, die auf den Satelliten wirkt. 200 km über der Erdoberfläche ist die Gravitationskraft nur um 6% kleiner als direkt auf der Erdoberfläche. Der Satellit bewegt sich tatsächlich zur Erde hin, aber aufgrund seiner Tangentialgeschwindigkeit fällt er sozusagen ständig an ihr vorbei.

Um dieses zu verstehen, betrachten wir Abbildung 3.23. Ohne Zentripetalbeschleunigung würde sich der Satellit in der Zeit t von Punkt P_1 nach P_2 bewegen. Statt dessen kommt er am Punkt P'_2 an, der auf der Kreisbahn liegt. Somit „fällt" der Satellit gewissermaßen die Strecke h, wie in der Abbildung zu sehen. Der Grund für den „Fall" des Satelliten ist eine Beschleunigung a, die wir im folgenden herleiten wollen. Nehmen wir an, die Zeit t sei sehr klein. Dann liegen die beiden Punkte P_2 und P'_2 annähernd auf einer radialen Linie, wie

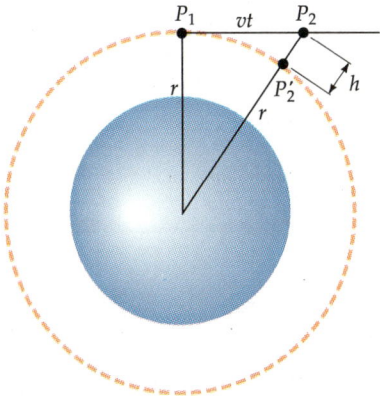

3.23 Ein Satellit bewegt sich mit der Geschwindigkeit v auf einer Kreisbahn mit Radius r um die Erde. Erführe der Satellit keine Beschleunigung zur Erde hin, würde er in der Zeit t in gerader Linie von P_1 nach P_2 fliegen. Aufgrund der Beschleunigung „fällt" er in dieser Zeit um die Strecke h. Für kleine t gilt $h = \frac{1}{2}(v^2/r)\, t^2 = \frac{1}{2} at^2$.

Die Ringe des Saturn, 1980 fotografiert von Voyager 1. Die Ringe bestehen aus Eis oder eisbedecktem Gestein, das sich auf Kreisbahnen um den Planeten bewegt. (Foto: NASA)

3 Bewegung in zwei und drei Dimensionen

ebenfalls in der Abbildung gezeigt, und wir können die Näherung benutzen, daß h sehr klein ist im Vergleich zum Radius r. Damit läßt sich h über das rechtwinklige Dreieck mit den Seiten vt, r und $r+h$ berechnen. Nach dem Satz von Pythagoras erhalten wir

$$(r+h)^2 = (vt)^2 + r^2$$
$$r^2 + 2hr + h^2 = v^2 t^2 + r^2$$

oder

$$h(2r+h) = v^2 t^2 \;.$$

Da für sehr kleine Zeiten t die Fallhöhe h sehr viel kleiner ist als der Radius r, können wir in der Klammer h gegenüber $2r$ vernachlässigen. So erhalten wir

$$2rh \approx v^2 t^2$$

oder

$$h \approx \frac{1}{2}\left(\frac{v^2}{r}\right) t^2 \;.$$

Andererseits wissen wir, daß eine konstante Beschleunigung a vorliegt, so daß für die Fallhöhe gilt: $h = \frac{1}{2} a t^2$. Der Vergleich beider Ausdrücke liefert für den Betrag der Beschleunigung des Satelliten:

$$\boxed{a = \frac{v^2}{r}} \;.\qquad 3.22$$

Die Beschleunigung ist nach innen, zum Kreismittelpunkt hin gerichtet.

Wir können zeigen, daß dieses Ergebnis allgemein für Kreisbewegungen mit konstanter Geschwindigkeit gilt, indem wir die Orts- und Geschwindigkeitsvektoren betrachten (Abbildung 3.24). Der Vektor der Anfangsgeschwindigkeit $\mathbf{v}_1$ steht senkrecht zum Ortsvektor $\mathbf{r}_1$. Kurze Zeit später liegt die Geschwindigkeit $\mathbf{v}_2$ vor, die senkrecht auf $\mathbf{r}_2$ steht. Der Winkel $\Delta\theta$ zwischen den Geschwindigkeitsvektoren ist derselbe wie der zwischen den Ortsvektoren, da beide denselben Winkel durchlaufen müssen, damit sie weiterhin senkrecht zueinander stehen. Ist das Zeitintervall sehr klein, dann ist der Betrag der Verschiebung $|\Delta\mathbf{r}|$ annähernd so groß wie der Bogen Δs. Die mittlere Beschleunigung ist das Verhältnis der Geschwindigkeitsänderung $\Delta\mathbf{v} = \mathbf{v}_2 - \mathbf{v}_1$ zum Zeitintervall Δt. Aus der Zeichnung ersehen wir, daß die Änderung der Geschwindigkeit (und damit die mittlere Beschleunigung) für sehr kleine Δt annähernd senkrecht zu den Geschwindigkeitsvektoren steht und zum Kreismittelpunkt hin gerichtet ist. Wir erhalten den Betrag der mittleren Beschleunigung über den Winkel $\Delta\theta$ in den ähnlichen Dreiecken in Abbildung 3.24. Es gilt

$$\Delta\theta = \frac{\Delta s}{r} \approx \frac{|\Delta\mathbf{v}|}{v} \;,$$

wobei r der Radius des Kreises und v der Betrag der Geschwindigkeit ist. Wenn wir beachten, daß Δs durch $\Delta s = v\,\Delta t$ gegeben ist, dann erhalten wir

$$\Delta\theta = \frac{v\,\Delta t}{r} \approx \frac{|\Delta\mathbf{v}|}{v}$$

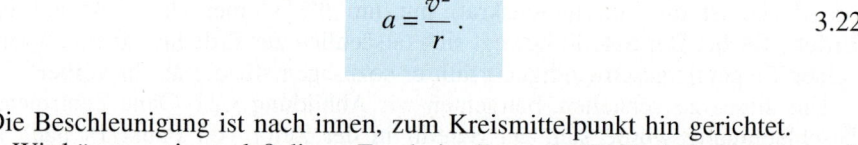

Zentripetalbeschleunigung

3.24 Orts- und Geschwindigkeitsvektoren eines Teilchens, das sich auf einer Kreisbahn bewegt. Der Winkel $\Delta\theta$ zwischen $\mathbf{v}_1$ und $\mathbf{v}_2$ ist derselbe wie der Winkel zwischen $\mathbf{r}_1$ und $\mathbf{r}_2$. Für sehr kleine Zeitintervalle ist die Änderung der Geschwindigkeit $\Delta\mathbf{v}$ annähernd senkrecht zu $\mathbf{v}$ und zum Kreismittelpunkt hin gerichtet.

oder

$$\frac{|\Delta \mathbf{v}|}{\Delta t} \approx \frac{v^2}{r}.$$

Bewegt sich ein Teilchen mit konstanter Geschwindigkeit auf einer Kreisbahn, so ist es oft vorteilhaft, die Geschwindigkeit als Funktion derjenigen Zeit anzugeben, die das Teilchen für einen vollen Umlauf benötigt, also der Periode T. Ist der Radius des Kreises r, dann legt das Teilchen während einer Periode den Weg $2\pi r$ zurück. Für die Geschwindigkeit gilt damit:

$$v = \frac{2\pi r}{T}. \qquad 3.23$$

Beispiel 3.8

Ein Auto fahre um eine Kurve, deren Radius 30 m beträgt. Durch Reibung trete eine Zentripetalbeschleunigung von maximal 5 m/s² auf. Mit welcher maximalen Geschwindigkeit wird das Auto die Kurve durchfahren?

Aus (3.22) erhalten wir

$$\frac{v^2}{r} = a$$

$$v_{max} = \sqrt{r a_{max}}$$

$$= \sqrt{30 \text{ m} \cdot 5 \text{ m/s}^2} = 12{,}2 \text{ m/s} = 12{,}2 \cdot 3{,}6 \text{ km/h} = 44 \text{ km/h}.$$

Beispiel 3.9

Ein Satellit bewege sich 200 km über der Erdoberfläche mit konstanter Geschwindigkeit auf einer Kreisbahn um den Erdmittelpunkt. Welche Geschwindigkeit besitzt er, wenn wir annehmen, daß die Erdanziehungskraft in dieser Höhe um 6% schwächer ist als direkt auf der Erdoberfläche, und wie lange benötigt er für einen Umlauf?

Die Beschleunigung, die ein Körper im freien Fall nahe der Erdoberfläche erfährt, ist $g = 9{,}81$ m/s². In 200 km Höhe beträgt die Beschleunigung $a = 0{,}94 \cdot g = 0{,}94 \cdot 9{,}81$ m/s² $= 9{,}22$ m/s². Der Radius der Umlaufbahn ist gleich dem Erdradius plus 200 km: $r = (6370 + 200)$ km $= 6570$ km. Die Geschwindigkeit des Satelliten erhalten wir aus (3.22):

$$v^2 = r \cdot a = 6570 \text{ km} \cdot 9{,}22 \text{ m/s}^2$$

$$v = 7{,}78 \text{ km/s}.$$

Den Zusammenhang zwischen der Umlaufzeit und der Geschwindigkeit liefert (3.23):

$$T = \frac{2\pi r}{v} = \frac{2\pi \cdot 6570 \text{ km}}{7{,}78 \text{ km/s}} = 5306 \text{ s} = 88{,}4 \text{ min}.$$

Abbildung 3.25 stammt aus Newtons berühmten *Principia*, genauer: aus dem 3. Buch, das vom Weltsystem handelt. Die Abbildung zeigt den Zusammenhang zwischen der Wurfbewegung und der Satellitenbewegung. Newtons Beschreibung lautet in der Wolfersschen Übersetzung von 1872:

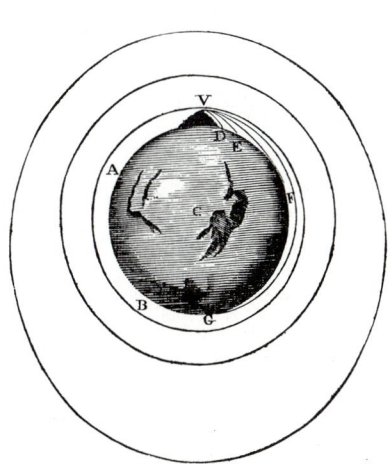

3.25 Zeichnung aus dem *3. Buch* von Newtons *Principia*. (Die ursprüngliche Ausgabe erschien 1687, die Zeichnung stammt aus einer von A. Motte bearbeiteten Fassung von 1728.) Dargestellt ist der Zusammenhang zwischen Wurfbewegung und Satellitenbewegung.

3 Bewegung in zwei und drei Dimensionen

Dass durch die Centripetalkräfte die Planeten in ihren Bahnen erhalten werden können, ersieht man aus den Bewegungen der Projectile. Ein geworfener Stein wird, indem ihn seine Schwere antreibt, vom geradelinigen Wege abgebogen und fällt, indem er in der Luft eine krumme Linie beschreibt, zuletzt auf die Erde. Wird er mit grösserer Geschwindigkeit geworfen, so geht er weiter fort und durch weitere Vergrösserung derselben könnte es geschehen, dass er einen Bogen von 1, 2, 5, 10, 100, 1000 Meilen beschriebe, oder dass er endlich über die Grenzen der Erde hinausginge und nicht mehr zurückfiele.

Bewegt sich ein Teilchen mit veränderlicher Geschwindigkeit auf einer Kreisbahn, so gibt es außer der Zentripetalbeschleunigung auch eine Komponente der Beschleunigung, die tangential zum Kreis gerichtet ist. Diese tangentiale Komponente der Beschleunigung ist einfach die zeitliche Änderung des Betrags der Geschwindigkeit, d.h. dv/dt, während die radial nach innen gerichtete Komponente den Betrag v^2/r hat. Für eine beliebige Bewegung längs einer Kurve können wir einen Teil der Kurve als Bogen eines Kreises betrachten (Abbildung 3.26). Das Teilchen hat eine Zentripetalbeschleunigung v^2/r in Richtung des Krümmungskreismittelpunkts, und wenn sich der Betrag der Geschwindigkeit ändert, erfährt es zusätzlich eine tangentiale Beschleunigung vom Betrag dv/dt.

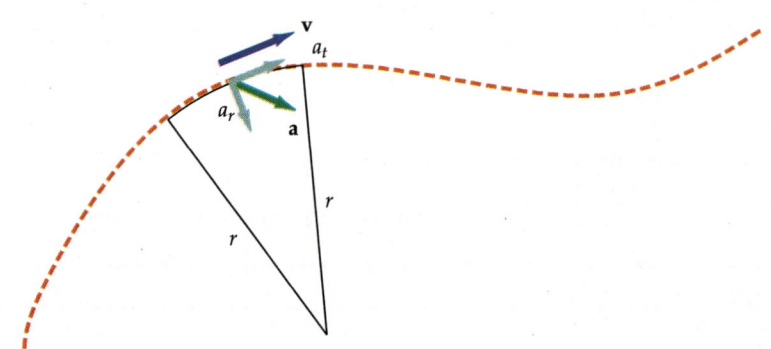

3.26 Ein Teilchen, dessen Bewegung auf einer beliebigen Bahn verläuft, kann so betrachtet werden, als bewege es sich in einem kurzen Zeitintervall auf einem Stück eines Kreisbogens. Der Vektor der Momentanbeschleunigung besitzt eine Komponente a_r mit dem Betrag v^2/r, sie ist zum Zentrum des Bogens hin gerichtet. Die zweite Komponente hat den Betrag dv/dt und verläuft tangential zur Kurve in Richtung der Bewegung.

Zusammenfassung

1. Größen, die sowohl einen Betrag als auch eine Richtung besitzen, wie Verschiebung, Geschwindigkeit und Beschleunigung, sind Vektorgrößen.

2. Zwei Vektoren werden graphisch addiert, indem man den Anfang des zweiten Pfeiles an das Ende (also die Spitze) des ersten Pfeiles setzt und dann den resultierenden Vektor vom Anfang des ersten Pfeils an das Ende des zweiten Pfeils zeichnet. Das **Subtrahieren** eines Vektors **B** entspricht dem **Addieren** des Vektors **−B**, wobei **−B** ein Vektor gleichen Betrags wie Vektor **B** ist, jedoch in die entgegengesetzte Richtung zeigt.

3. Vektoren werden analytisch addiert, indem man zuerst die Komponenten berechnet, die gegeben sind durch

$$A_x = A \cos \theta$$
$$A_y = A \sin \theta ,$$

wobei θ der Winkel zwischen A und der x-Achse ist. Die x-Komponente des resultierenden Vektors ist die Summe aus den x-Komponenten der einzelnen Vektoren. Entsprechend ist die y-Komponente die Summe der einzelnen y-Komponenten.

4. Der Ortsvektor r zeigt von einem beliebig gewählten Ursprung zum Ort eines Teilchens. Im Zeitintervall Δt ändert sich r um Δr. Der Geschwindigkeitsvektor v gibt die zeitliche Änderung des Ortsvektors aus. Er zeigt in Richtung der Bewegung, d.h. tangential zur Kurve, auf der sich das Teilchen bewegt. Der Vektor der Momentangeschwindigkeit ist gegeben durch

$$v = \lim_{\Delta t \to 0} \frac{\Delta r}{\Delta t} = \frac{dr}{dt} = \dot{r}.$$

5. Der Beschleunigungsvektor entspricht der Änderung des Geschwindigkeitsvektors pro Zeit. Der Vektor der Momentanbeschleunigung ist gegeben durch

$$a = \lim_{\Delta t \to 0} \frac{\Delta v}{\Delta t} = \frac{dv}{dt} = \dot{v}.$$

Ein Teilchen wird beschleunigt, wenn der Geschwindigkeitsvektor entweder seinen Betrag oder seine Richtung oder beides ändert.

6. Wenn sich ein Teilchen mit der Geschwindigkeit v_{TA} relativ zu einem Koordinatensystem A bewegt, das sich selbst mit der Geschwindigkeit v_{AB} relativ zu einem anderen Koordinatensystem B bewegt, so ist die Geschwindigkeit des Teilchens relativ zu B

$$v_{TB} = v_{TA} + v_{AB}.$$

7. Bei der Wurfbewegung sind horizontale und vertikale Bewegungen unabhängig voneinander. Die Geschwindigkeit v_{0x} der horizontalen Bewegung ist konstant und gleich dem Betrag der horizontalen Komponente des gesamten Geschwindigkeitsvektors:

$$v_x = v_{0x} = v_0 \cos \theta$$

$$\Delta x = v_{0x} t.$$

Die vertikale Bewegung entspricht der Bewegung in einer Dimension mit konstanter, nach unten gerichteter Erdbeschleunigung:

$$v_y = v_{0y} - gt$$

$$\Delta y = v_{0y} t - \frac{1}{2} g t^2.$$

Die gesamte Entfernung, die ein Projektil zurücklegt, die Reichweite R, findet man, indem man zuerst die Zeit ermittelt, während der sich das Projektil in der Luft befindet, und diese dann mit der horizontalen Komponente der Geschwindigkeit multipliziert. In dem Spezialfall, in dem Abwurfhöhe und Höhe des Auftreffpunkts identisch sind, hängt die Reichweite vom Wurfwinkel θ wie folgt ab:

$$R = \frac{v_0^2}{g} \sin 2\theta,$$

ihr Maximum nimmt die Reichweite bei $\theta = 45°$ an.

3 Bewegung in zwei und drei Dimensionen

8. Bewegt sich ein Teilchen mit konstanter Geschwindigkeit auf einer Kreisbahn, so erfährt es eine Beschleunigung, weil die Geschwindigkeit sich hinsichtlich der Richtung ändert. Diese Beschleunigung heißt Zentripetalbeschleunigung und ist zum Kreismittelpunkt hin gerichtet. Der Betrag der Zentripetalbeschleunigung ist

$$a = \frac{v^2}{r},$$

wobei v der Betrag der Geschwindigkeit und r der Radius des Kreises ist.

Aufgaben

Stufe I

3.1 Verschiebungsvektor und Vektoraddition

1. Ein Weg verlaufe längs eines Kreises mit einem Radius von 10 m. Ein x-y-Koordinatensystem sei so angelegt, daß der Kreismittelpunkt auf der positiven y-Achse liegt und der Kreis den Ursprung schneidet. Eine Frau startet im Ursprung, geht mit konstanter Geschwindigkeit den Weg entlang und kommt genau eine Minute später wieder am Ursprung an. a) Bestimmen Sie jeweils Betrag und Richtung des Verschiebungsvektors vom Ursprung aus, und zwar 15, 30, 45 bzw. 60 s nach dem Start. b) Bestimmen Sie Betrag und Richtung der Verschiebung für jedes der einzelnen 15-s-Intervalle. c) Wie ist die Verschiebung im ersten Intervall gegenüber der im zweiten Intervall? d) Wie ist die Verschiebung im zweiten Intervall gegenüber der im letzten Intervall?

2. Bestimmen Sie graphisch für die in Abbildung 3.27 dargestellten Vektoren A und B folgende Größen: a) $A + B$; b) $A - B$; c) $2A + B$; d) $B - A$ und e) $2B - A$.

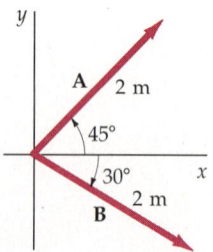

3.27 Zu Aufgaben 2 und 5.

3.2 Vektoraddition in Komponentenschreibweise

3. Bestimmen Sie die rechtwinkligen Komponenten der Vektoren, die in der x-y-Ebene liegen, den Betrag A haben und mit der x-Achse den Winkel θ bilden, wie in Abbildung 3.28 gezeigt: a) $A = 10$ m, $\theta = 30°$; b) $A = 5$ m, $\theta = 45°$; c) $A = 7$ km, $\theta = 60°$; d) $A = 5$ km, $\theta = 90°$; e) $A = 15$ km/s, $\theta = 150°$; f) $A = 10$ m/s, $\theta = 240°$ und g) $A = 8$ m/s², $\theta = 270°$.

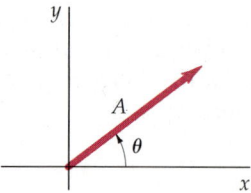

3.28 Zu Aufgabe 3.

4. Ein Flugzeug fliege in einem Winkel von 30° zur Horizontalen. Wählen Sie die x-Achse entlang der Achse des Flugzeugs und die y-Achse senkrecht zum Flugzeug. Bestimmen Sie die x- und die y-Komponente der Erdbeschleunigung, die den Betrag 9,81 m/s² hat und senkrecht nach unten gerichtet ist.

5. Die Verschiebungsvektoren in Abbildung 3.27 besitzen beide einen Betrag von 2 m. a) Bestimmen Sie ihre x- und y-Komponenten. b) Bestimmen Sie Komponenten, Betrag und Richtung der Summe $A + B$. c) Bestimmen Sie Komponenten, Betrag und Richtung der Differenz $A - B$.

3.3 Einheitsvektoren und Multiplikation von Vektoren mit Skalaren

6. Bestimmen Sie Betrag und Richtung von A, B und $A + B$ für: a) $A = -4e_x - 7e_y$, $B = 3e_x - 2e_y$; b) $A = 1e_x - 4e_y$, $B = 2e_x + 6e_y$.

7. Ein Würfel der Kantenlänge 2 m liege mit seinen Flächen parallel zu den Koordinatenebenen, und eine seiner Ecken befinde sich im Ursprung. Eine Fliege starte am Ursprung und gehe an drei Kanten entlang, bis sie an der gegenüberliegenden Ecke ankommt. Geben Sie den Verschiebungsvektor der Fliege an, indem Sie die Einheitsvektoren e_x, e_y und e_z benutzen. Bestimmen Sie den Betrag der Verschiebung.

8. Suchen Sie für den Vektor $A = 3e_x + 4e_y$ drei andere Vektoren B, die ebenfalls in der x-y-Ebene liegen und die Eigenschaft $A = B$ haben, wobei aber $A \neq B$ gilt. Drücken Sie die Vektoren durch ihre Komponenten aus und stellen Sie sie graphisch dar.

9. Zwei Vektoren A und B liegen in der x-y-Ebene. Unter welchen Bedingungen gilt $A/B = A_x/B_x$?

3.4 Der Geschwindigkeitsvektor

10. Ein Vektor $A(t)$ habe einen konstanten Betrag, ändere jedoch gleichmäßig seine Richtung. Zeichnen Sie die Vektoren $A(t)$ und $A(t + \Delta t)$ für ein kleines Zeitintervall Δt und bestimmen Sie graphisch die Differenz $\Delta A = A(t + \Delta t) - A(t)$. Wie verhält sich bei kleinen Zeitintervallen Δt die Richtung von ΔA zu der von A?

11. Auf einer stationären Radarstation werde ein Schiff ausgemacht, das sich 10 km weiter südlich befindet. Eine Stunde später sei das Schiff 20 km südöstlich der Station. Das Schiff bewege sich die ganze Zeit mit konstanter Geschwindigkeit und in unveränderter Richtung. Wie groß ist seine Geschwindigkeit?

12. Der Ortsvektor eines Teilchens sei gegeben durch $r = (5 \text{ m/s}) t e_x + (10 \text{ m/s}) t e_y$, wobei t in Sekunden und r in Metern angegeben sind. a) Zeichnen Sie den Weg des Teilchens in der x-y-Ebene. b) Bestimmen Sie die Komponenten von v und deren Beträge.

3.5 Der Beschleunigungsvektor

13. Ein Ball werde senkrecht nach oben geworfen. Betrachten Sie das 2-s-Zeitintervall $\Delta t = t_2 - t_1$. Dabei liege der Zeitpunkt t_1 eine Sekunde vor dem Erreichen des höchsten Punktes und t_2 eine Sekunde danach. Bestimmen Sie für Δt: a) die Änderung des Betrags der Geschwindigkeit, b) die Änderung der Geschwindigkeit und c) die mittlere Beschleunigung für dieses Zeitintervall.

14. Zur Zeit $t = 0$ s befinde sich ein Teilchen im Ursprung und habe eine Geschwindigkeit von 40 m/s bei einem Winkel von $\theta = 45°$. Nach 3 s ist das Teilchen bei $x = 100$ m und $y = 80$ m; seine Geschwindigkeit ist nun 30 m/s bei $\theta = 50°$. Berechnen Sie a) die Durchschnittsgeschwindigkeit und b) die mittlere Beschleunigung des Teilchens in diesem Zeitintervall.

3.6 Relativgeschwindigkeit

15. Eine Schwimmerin durchquere einen 80 m breiten Fluß mit einer Geschwindigkeit von 1,6 m/s relativ zum Wasser und senkrecht zu dessen Strömungsrichtung. Sie erreiche das gegenüberliegende Ufer 40 m flußabwärts. a) Welche Geschwindigkeit hat der Fluß? b) Welche Geschwindigkeit hat die Schwimmerin relativ zum Ufer? c) In welche Richtung müßte sie schwimmen, um direkt gegenüber anzukommen?

16. Ein Flugzeug fliege mit einer Geschwindigkeit von 250 km/h relativ zur Luft. Es wehe ein Wind mit 80 km/h in genau nordöstlicher Richtung. a) In welche Richtung muß das Flugzeug gesteuert werden, um genau nach Norden voranzukommen? b) Welche Geschwindigkeit hat das Flugzeug relativ zum Boden?

3.7 Wurfbewegungen

17. Ein Überschallflugzeug fliege horizontal in einer Höhe von 20 km mit einer Geschwindigkeit von 2500 km/h, als ein Triebwerk abfällt. a) Nach welcher Zeit trifft das Triebwerk auf dem Boden auf? b) Welche horizontale Entfernung legt das Triebwerk zurück, bevor es aufschlägt? c) In welcher Entfernung vom Flugzeug befindet sich das Triebwerk, wenn es die Erde erreicht (vorausgesetzt, das Flugzeug fliegt weiter, als wäre nichts geschehen)? – Der Luftwiderstand soll vernachlässigt werden.

18. Ein Projektil werde mit einer Geschwindigkeit v_0 unter einem Winkel θ zur Horizontalen abgeschossen. Ermitteln Sie einen Ausdruck für die maximale Höhe über der Abschußhöhe, und zwar in Abhängigkeit von v_0, θ und g.

3.8 Kreisbewegung

19. Ein Pilot gelange mit seinem Flugzeug aus dem Sturzflug in eine kreisförmige Flugbahn mit dem Radius 300 m. Welche Richtung und welchen Betrag hat die Beschleunigung im tiefsten Punkt des Kreises, an dem die Geschwindigkeit 180 km/h beträgt?

20. Ein Gegenstand bewege sich mit konstanter Geschwindigkeit v auf einer Kreisbahn mit dem Radius r. a) Wie ändert sich die Beschleunigung a, wenn v verdoppelt wird? b) Wie ändert sich die Beschleunigung a, wenn r verdoppelt wird? c) Warum ist es unmöglich, daß sich ein Gegenstand exakt um eine scharfe Ecke bewegt?

21. In Abbildung 3.29 bewegen sich die Teilchen entgegen dem Uhrzeigersinn auf Kreisbahnen mit einem Radius von 5 m. Ihre Geschwindigkeiten können dabei variieren. Die Beschleunigungsvektoren zu bestimmten

Zeitpunkten sind eingetragen. Bestimmen Sie die Beträge von **v** und d**v**/dt zu jeder dieser drei Zeiten.

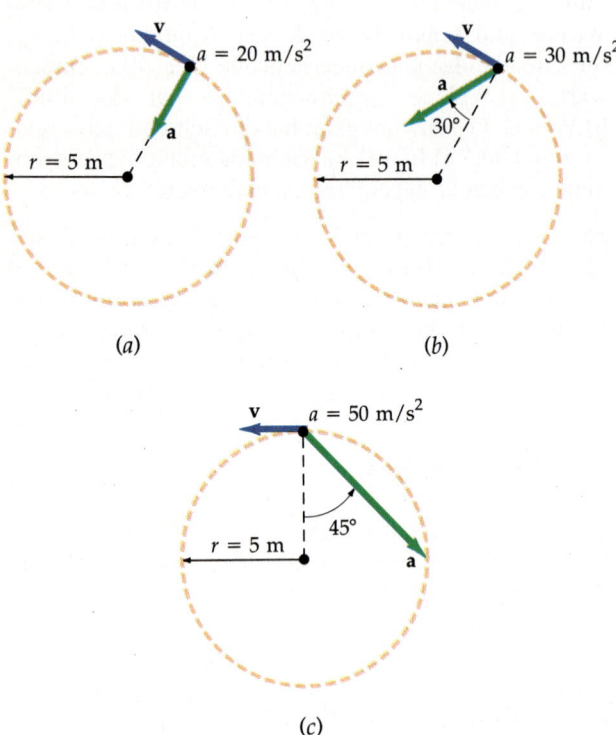

3.29 Zu Aufgabe 21.

Stufe II

22. Ein Teilchen bewege sich mit konstanter Beschleunigung in der x-y-Ebene. Zur Zeit $t = 0$ befindet es sich bei $x = 4$ m und $y = 3$ m. Die Beschleunigung ist gegeben durch den Vektor $\mathbf{a} = (4 \text{ m/s}^2)\, \mathbf{e}_x + (3 \text{ m/s}^2)\, \mathbf{e}_y$. Der Geschwindigkeitsvektor ist zu Beginn $\mathbf{v} = (2 \text{ m/s})\, \mathbf{e}_x - (9 \text{ m/s})\, \mathbf{e}_y$. a) Bestimmen Sie den Geschwindigkeitsvektor zur Zeit $t = 2$ s. b) Bestimmen Sie Betrag und Richtung des Ortsvektors zur Zeit $t = 4$ s.

23. In den Abbildungen 3.30 a – c bewegen sich Teilchen auf Kreisbahnen mit veränderlichen Geschwindigkeiten. Die Geschwindigkeitsvektoren sind eingezeichnet. Bestimmen Sie jeweils den mittleren Betrag der Beschleunigung zwischen den beiden angegebenen Positionen.

24. Ein Teilchen bewege sich mit konstanter Geschwindigkeit auf einer Kreisbahn mit dem Radius 5 m. Es beginne zur Zeit $t = 0$ s im Punkt $x = 5$ m, $y = 0$ m und benötige 100 s für einen Umlauf. a) Welche Geschwindigkeit hat das Teilchen? b) Bestimmen Sie Betrag und Richtung des Ortsvektors **r** zu den Zeiten $t = 50$ s, $t = 25$ s, $t = 10$ s und $t = 0$ s. c) Bestimmen Sie den Betrag von $\langle \mathbf{v} \rangle$ und geben Sie die Richtung von $\langle \mathbf{v} \rangle$ für jedes der folgenden Zeitintervalle an: $t = 0$ s bis $t = 50$ s; $t = 0$ s bis $t = 25$ s und $t = 0$ s bis $t = 10$ s. d) Wie verhält sich die Durchschnittsgeschwindigkeit $\langle \mathbf{v} \rangle$ des Zeitintervalls $t = 0$ s bis $t = 10$ s zur Momentangeschwindigkeit zur Zeit $t = 0$ s?

25. Ein Teilchen habe die konstante Beschleunigung $\mathbf{a} = (6 \text{ m/s}^2)\, \mathbf{e}_x + (4 \text{ m/s}^2)\, \mathbf{e}_y$. Zur Zeit $t = 0$ ist der Geschwindigkeitsvektor gleich null, und der Ortsvektor ist $\mathbf{r_0} = (10 \text{ m})\, \mathbf{e}_x$. a) Geben Sie Geschwindigkeits- und Ortsvektor in Abhängigkeit von der Zeit t an. b) Bestimmen Sie die Gleichung der Bahnkurve des Teilchens in der x-y-Ebene und skizzieren Sie die Kurve.

26. Ein Güterzug fahre mit der konstanten Geschwindigkeit $v = 10$ m/s. Ein Mann stehe auf einem leeren Waggon, werfe einen Ball in die Höhe und fange ihn wieder auf. Relativ zum Waggon sei die Anfangsgeschwindigkeit des Balles 15 m/s senkrecht nach oben. Ein zweiter Beobachter stehe außerhalb des Zuges an den Gleisen. a) Bestimmen Sie Betrag und Richtung der Anfangsgeschwindigkeit des Balles vom zweiten Beobachter aus gesehen. Beantworten Sie die Fragen b) – e) für jeden Beobachter getrennt. b) Wie lange ist der Ball in der Luft? c) Welche horizontale Entfernung hat er zurückgelegt, bis er wieder aufgefangen wird? d) Welches ist seine geringste Geschwindigkeit während des Fluges? e) Welche Beschleunigung erfährt der Ball?

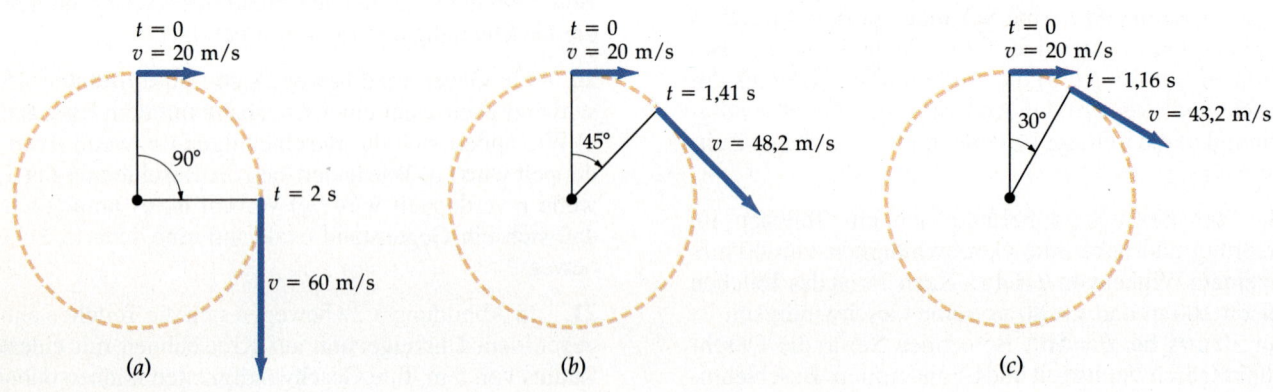

3.30 Zu Aufgabe 23.

27. Ein Projektil werde von einem 200 m hohen Steilufer aus abgeschossen (siehe Abbildung 3.31). Die Anfangsgeschwindigkeit betrage 60 m/s, und die Abschußrichtung sei 60° zur Horizontalen. Wo wird das Projektil landen, wenn der Luftwiderstand unberücksichtigt bleibt?

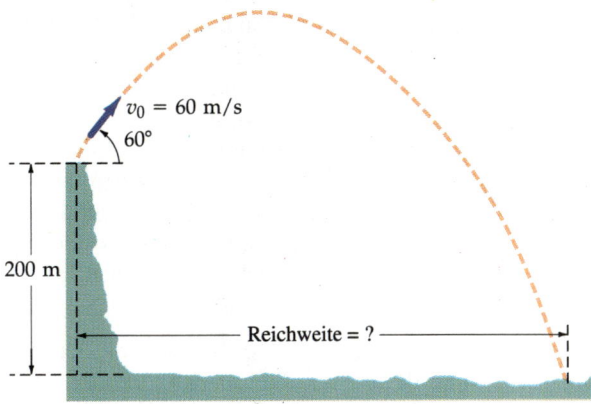

3.31 Zu Aufgabe 27.

28. Das Auto A in Abbildung 3.32 fahre mit einer Geschwindigkeit von 20 m/s nach Osten. Sobald es die Kreuzung erreicht, startet Auto B 40 m nördlich der Kreuzung und fährt mit konstanter Beschleunigung von 2 m/s² nach Süden. a) Wo befindet sich B relativ zu A 6 Sekunden, nachdem A die Kreuzung passiert hat? b) Welche Geschwindigkeit hat B relativ zu A zur Zeit $t = 6$ s? c) Welche Beschleunigung hat B relativ zu A zu diesem Zeitpunkt?

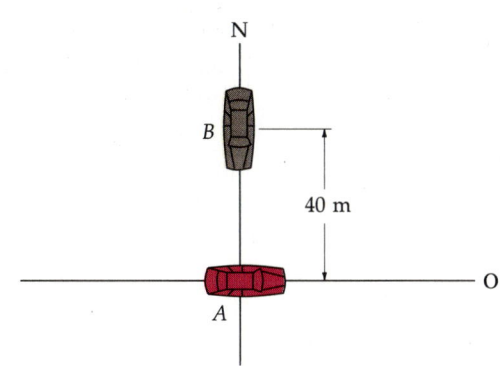

3.32 Zu Aufgabe 28.

29. Ein Körper am Äquator erfährt aufgrund der Erdrotation eine Beschleunigung in Richtung des Erdmittelpunktes. Weiterhin erfährt er aufgrund der Rotation der Erde um die Sonne eine Beschleunigung in Richtung der Sonne. Berechnen Sie beide Beschleunigungen und drücken Sie sie in Abhängigkeit von der Erdbeschleunigung g aus.

Stufe III

30. Die Kugeln eines Gewehres verlassen die Mündung mit einer Geschwindigkeit von 250 m/s. Soll eine Kugel ein Ziel treffen, das sich in 100 m Entfernung auf der Höhe der Mündung befindet, so muß der Schütze auf einen Punkt zielen, der höher liegt als das Ziel. Wieviel höher als das Ziel ist dieser Punkt? (Vernachlässigen Sie den Luftwiderstand.)

31. Galilei zeigte, daß bei Vernachlässigung des Luftwiderstands die Reichweite von Projektilen identisch ist, wenn ihre Abwurfwinkel um denselben kleinen Winkel nach oben oder unten von 45° abweichen. Beweisen Sie dies.

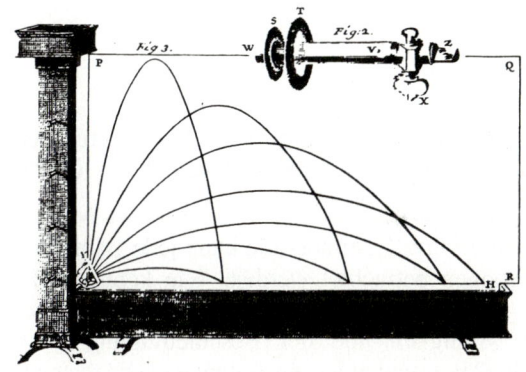

Wurfbahnen für unterschiedliche Abwurfwinkel (aus einem Physikbuch von Petrus van Musschenbroek, 1762).

32. Ein Teilchen bewege sich im Uhrzeigersinn auf einem Kreis mit dem Radius 1 m und dem Mittelpunkt $(x, y) = (1$ m, $0)$. Das Teilchen starte im Ursprung zur Zeit $t = 0$ aus der Ruhe. Der Betrag seiner Geschwindigkeit steige konstant mit $(\pi/2)$ m/s². a) Wie lange braucht das Teilchen für eine halbe Umdrehung? b) Bestimmen Sie Betrag und Richtung der Geschwindigkeit des Teilchens zu diesem Zeitpunkt. c) Wie groß sind dann die radiale und die tangentiale Komponente des Beschleunigungsvektors? d) Bestimmen Sie Betrag und Richtung des Beschleunigungsvektors nach einer halben Umdrehung.

33. Ein Junge stehe 4 m vor einer senkrechten Wand und werfe einen Ball (siehe Abbildung 3.33). Der Ball verlasse die Hand des Jungen in 2 m Höhe mit der Anfangsgeschwindigkeit $\mathbf{v}_0 = (10\,\mathbf{e}_x + 10\,\mathbf{e}_y)$ m/s. Erreicht der Ball die Wand, so wechselt die horizontale Komponente der Geschwindigkeit ihr Vorzeichen, und die vertikale Komponente bleibt unverändert. Wo trifft der Ball den Boden?

34. Ein von der Eisfläche aus abgeschossener Eishockey-Puck überfliege gerade noch eine 2,80 m hohe Plexiglaswand. Seine Flugzeit dorthin betrage 0,65 s;

3 Bewegung in zwei und drei Dimensionen

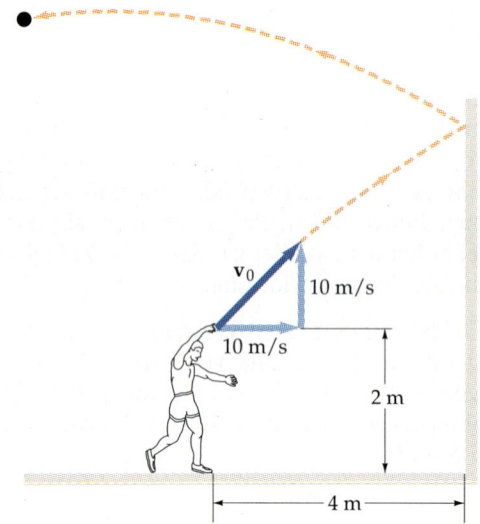

3.33 Zu Aufgabe 33.

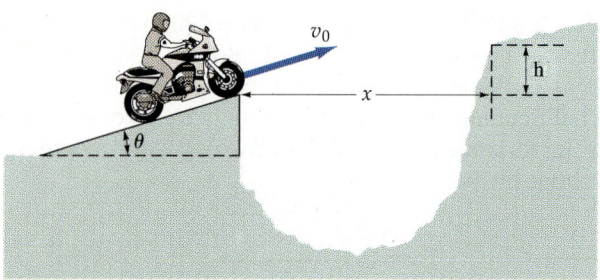

3.34 Zu Aufgabe 36.

die horizontale Entfernung sei 12 m. Bestimmen Sie
a) die Anfangsgeschwindigkeit des Pucks und b) die
größte Höhe, die er erreichen wird.

35. Für kurze Zeitintervalle kann jede Bahnkurve als Kreisbogen betrachtet werden. Wie kann der Krümmungsradius eines Bahnsegments aus der Momentangeschwindigkeit und der Beschleunigung bestimmt werden? Betrachten Sie ein Teilchen am höchsten Punkt seiner Bahn. Geben Sie den Geschwindigkeitsvektor kurz vor und kurz nach diesem Punkt an. Ändert sich der Betrag der Geschwindigkeit? Wie hängt der Krümmungsradius an diesem Punkt vom Betrag der Geschwindigkeit ab?

36. In Abbildung 3.34 fährt eine Geländemaschine über eine Rampe mit dem Winkel θ, um einen Graben der Breite x zu überspringen und auf der gegenüberliegenden Seite zu landen, die um die Strecke h höher liegt. a) Bestimmen Sie bei gegebenem θ und x die obere Grenze für h, bei der das Gefährt den Graben noch überspringen kann. b) Wie groß muß die Absprunggeschwindigkeit v_0 für einen erfolgreichen Sprung mindestens sein, wenn h die Höchstgrenze unterschreitet? (Vernachlässigen Sie die Länge des Motorrads und nehmen Sie an, daß das Überwinden der Länge x und der Höhe h ausreicht, um den Graben zu überspringen.)

37. Zwei Bälle werden mit gleicher Geschwindigkeit v_0 von einer Steilküste der Höhe h abgeworfen. Der eine Ball werde unter dem Winkel α zur Horizontalen nach oben und der andere unter dem Winkel β nach unten geworfen. Zeigen Sie, daß beide Bälle mit derselben Geschwindigkeit den Boden erreichen, und drücken Sie diese Geschwindigkeit in Abhängigkeit von h und v_0 aus.

38. Der Ortsvektor eines Teilchens, das sich in der x-y-Ebene bewege, sei gegeben durch

$$r = [(10\ \text{m/s})\,t + (5\ \text{m}) \cos 2\omega t]\,e_x$$
$$+ [(5\ \text{m}) - (5\ \text{m}) \sin 2\omega t]\,e_y,$$

wobei r in Metern und t in Sekunden angegeben sind.
a) Wie groß ist die Geschwindigkeit des Teilchens?
b) Der Ortsvektor beschreibe ein Teilchen an der Felge eines rollenden Rades. Skizzieren Sie die Ortskurve des Teilchens, wenn das Rad rollt. Für welche x-Werte berührt das Teilchen die Oberfläche, auf der sich das Rad bewegt? c) Welche Beschleunigung erfährt das Teilchen? d) Zu welchen Zeitpunkten ist das Teilchen in Ruhe, und wo befindet sich das Teilchen zu diesen Zeiten relativ zur Horizontalen?

Die Newtonschen Axiome

4

Bislang haben wir die Bewegung eines Körpers durch Angabe von Ort, Geschwindigkeit und Beschleunigung beschrieben. Wir wissen also, *wie* sich ein Körper bewegt, wir können aber noch nicht die Frage beantworten, *weshalb* er sich bewegt. Im Gegensatz zur rein geometrischen Beschreibung der Kinematik beschäftigen wir uns jetzt also mit den Ursachen für Bewegungen, der **Dynamik**.

Wir werden dazu eine neue physikalische Größe einführen, die für die gesamte Physik von fundamentaler Bedeutung ist: die **Kraft**. Auf den Begriffen von Kraft und (träger) Masse basiert die gesamte klassische oder Newtonsche Mechanik. Alle Phänomene der klassischen Mechanik können mit Hilfe von drei einfachen Sätzen beschrieben werden, die als die Newtonschen Axiome oder Gesetze bekannt sind. Die Newtonschen Axiome bringen die Beschleunigung eines Körpers mit seiner Masse und den auf ihn wirkenden Kräften in Verbindung. In diesem Kapitel werden wir jedes der Newtonschen Axiome einzeln betrachten und die Begriffe von Masse und Kraft sorgfältig definieren. Wir werden sehen, wie sich die Newtonschen Axiome auf einfache Probleme anwenden lassen, bei denen eine Kraft von konstantem Betrag auf einen einzelnen Körper wirkt. In Kapitel 5 werden wir allgemeinere Anwendungen der Newtonschen Gesetze untersuchen.

Eine heute verwendete Formulierung der Newtonschen Axiome lautet:

Sir Isaac Newton, Physiker, Mathematiker, Astronom (1643–1727). Nach einem Kupferstich (Ausschnitt).

Erstes Newtonsches Axiom (Trägheitsprinzip): Ein Körper bleibt in Ruhe oder bewegt sich mit konstanter Geschwindigkeit weiter, wenn keine resultierende äußere Kraft auf ihn einwirkt (die resultierende Kraft ist die Vektorsumme aller Kräfte, die an einem Körper angreifen):

$$F = \sum_i F_i = 0 \, .$$

Zweites Newtonsches Axiom (Aktionsprinzip): Die Beschleunigung eines Körpers ist umgekehrt proportional zu seiner Masse und direkt proportional zur resultierenden Kraft, die auf ihn wirkt:

$$a = \frac{F}{m}$$

Die Newtonschen Axiome

4 Die Newtonschen Axiome

oder

$$F = ma.$$

Drittes Newtonsches Axiom (Reaktionsprinzip): Kräfte treten immer paarweise auf. Wenn Körper A eine Kraft aus Körper B ausübt, so wirkt eine gleich große, aber entgegengesetzt gerichtete Kraft von Körper B auf Körper A.

4.1 Das erste Newtonsche Axiom: das Trägheitsgesetz

Nach dem ersten Newtonschen Axiom behält ein Körper, der in Ruhe ist oder sich mit konstanter Geschwindigkeit bewegt, seinen Bewegungszustand bei, wenn keine resultierende Kraft auf ihn einwirkt. Er bleibt also in Ruhe oder bewegt sich mit derselben Geschwindigkeit weiter. Diese Eigenschaft eines Körpers, seinen Bewegungszustand beizubehalten, bezeichnet man als **Trägheit**. Deshalb wird das erste Newtonsche Axiom auch **Trägheitsgesetz** (oder Trägheitsprinzip) genannt. In den Zeiten vor Galilei nahm man an, daß stets eine Kraft wirken muß – sei es durch Ziehen oder Schieben, um einen Körper in Bewegung zu halten. Wir kennen dies aus unserer Alltagserfahrung: Wenn wir ein Buch über einen Tisch schieben und es dann loslassen, so gleitet es ein Stück weit und bleibt schließlich liegen. Galilei und Newton erkannten, daß sich das Buch in einer solchen Situation nicht kräftefrei bewegt, weil Reibung wirksam ist. Wird die Oberfläche des Tisches poliert, gleitet das Buch weiter, und die Abnahme der Geschwindigkeit in einer bestimmten Zeit ist geringer. Wenn wir das Buch auf ein Luftkissen legen (was bei speziellen Luftkissentischen möglich ist), dann kann sich das Buch eine beträchtliche Zeit ohne wahrnehmbare Änderung der Geschwindigkeit bewegen.

Galilei untersuchte Bewegungsabläufe im Experiment. Er ließ beispielsweise einen Ball eine schiefe Ebene herunterrollen und beobachtete, daß die Geschwindigkeit des Balles in gleichen Zeitintervallen immer um denselben Betrag zunahm, daß also die Beschleunigung des Balles konstant war. Ähnlich nahm die Geschwindigkeit beim Heraufrollen in gleichen Zeitintervallen um die gleichen Beträge ab.

Abbildung 4.1 zeigt einen Ball, der eine bestimmte Schräge herunterrollt und sich danach eine andere Schräge wieder hinaufbewegt. Der Ball erreicht auf der zweiten Schräge fast wieder dieselbe Höhe, von der aus er startete, unabhängig von der Steigung der Schrägen. Je kleiner die Steigung der zweiten Schräge wird, um so weiter rollt der Ball nach rechts. Bei Vernachlässigung jeglicher Reibung wird daher ein Ball, der sich auf einer horizontalen Ebene bewegt, für immer ohne Geschwindigkeitsänderung weiterrollen. Newton formuliert dieses Ergebnis in seinem ersten Axiom.

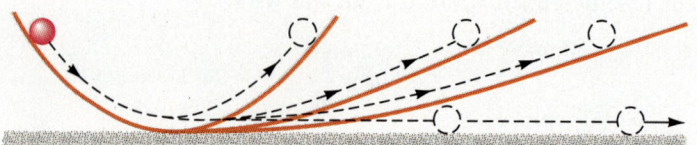

4.1 Das Experiment von Galilei mit Bällen, die eine schräge Bahn herunter- und hinaufrollen. Die Bälle bewegen sich unabhängig vom Neigungswinkel der Schräge fast wieder bis zu ihrer ursprünglichen Höhe hinauf. Je kleiner dieser Winkel wird, um so weiter rollt ein Ball nach rechts.

4.1 Das erste Newtonsche Axiom: das Trägheitsgesetz

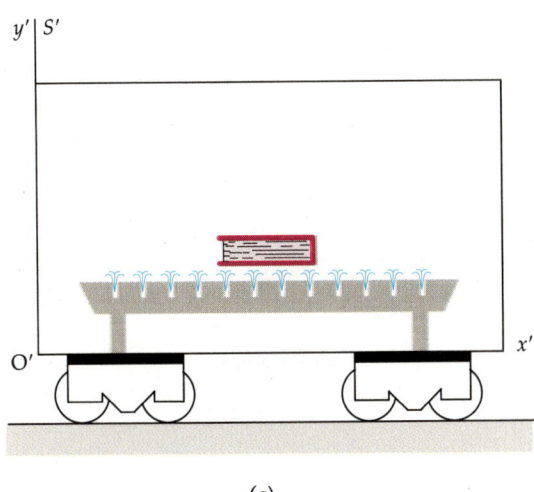

(a)

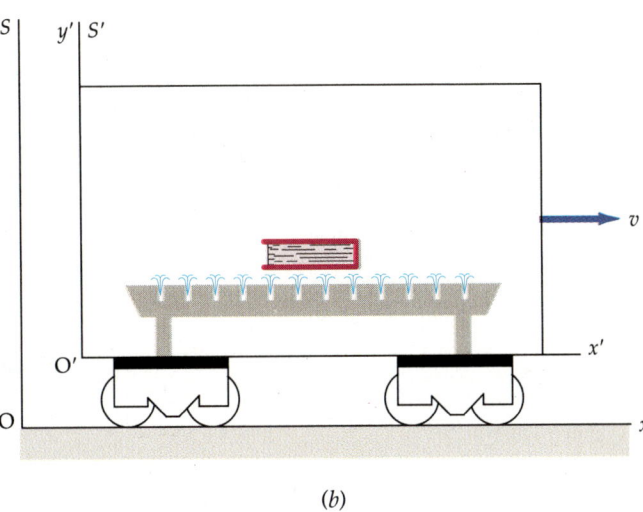

(b)

Beachten Sie, daß das erste Newtonsche Axiom nicht zwischen einem ruhenden Körper und einem sich gleichförmig (d. h. mit konstanter Geschwindigkeit) fortbewegenden Körper unterscheidet. Die Frage, ob ein Körper ruht oder sich mit konstanter Geschwindigkeit bewegt, hängt vom Koordinatensystem ab, in dem die Bewegung betrachtet wird. Stellen wir uns ein Buch vor, das auf einem Luftkissentisch in einem Eisenbahnwaggon liegt. In einem Koordinatensystem, dessen Ursprung O' mit dem Waggon verbunden ist (Abbildung 4.2a), bleibt das Buch in Ruhe. Position, Geschwindigkeit und Beschleunigung des Buches lassen sich bezüglich dieses Koordinatensystems – es sei mit S' bezeichnet – angeben. Koordinatensysteme, auf die wir uns bei der Bestimmung physikalischer Größen beziehen, heißen **Bezugssysteme**. Diesem grundlegenden Begriff werden wir im ganzen Text immer wieder begegnen. Ausführlich wird er im Kapitel 34 über die Relativitätstheorie diskutiert. Nehmen wir an, daß sich der Waggon auf den Schienen mit der Geschwindigkeit v nach rechts bewegt und das Buch so auf dem Luftkissentisch liegt, daß es relativ zum Waggon in Ruhe ist. Die Geschwindigkeit v des Waggons wird relativ zu einem zweiten Koordinatensystem gemessen, dessen Ursprung O mit den Schienen verbunden ist und das wir S nennen. Im Bezugssystem S der Schienen bewegt sich das Buch mit der Geschwindigkeit v nach rechts (Abbildung 4.2b). Entsprechend dem ersten Newtonschen Axiom wird sich das Buch im Bezugssystem S mit konstanter Geschwindigkeit nach rechts bewegen oder im Bezugssystem S' weiterhin in Ruhe verbleiben, solange keine resultierende Kraft einwirkt.

Das erste Newtonsche Axiom gilt nicht in allen Bezugssystemen. Betrachten wir ein weiteres Bezugssystem S'', das mit einem Waggon verbunden ist, der sich entlang den Schienen mit konstanter Beschleunigung a bewegt. Wir nehmen an, daß der Waggon zur Zeit $t = 0$ aus der Ruheposition heraus startet und daß wir genau zu diesem Zeitpunkt ein Buch auf den Luftkissentisch im Waggon legen. Beachten Sie, daß das Buch wegen des Luftkissens keine Reibung erfährt. Vielmehr wird es relativ zu den Schienen (Bezugssystem S) in Ruhe bleiben, während sich der Luftkissentisch (zusammen mit dem Waggon) unter ihm hinwegbewegt (mit der Beschleunigung a). Im Bezugssystem S'' des Waggons allerdings wird das Buch mit $-a$ nach hinten beschleunigt. Es erfährt also im Bezugssystem des Waggons eine horizontale Beschleunigung, ohne daß eine horizontale Kraft wirkt. Diese horizontale Kraft wäre erst dann nötig, wenn man das Buch in diesem Bezugssystem in Ruhe halten wollte (Abbildung 4.3). Das erste Newtonsche Axiom gilt in einem solchen Bezugssystem also nicht.

Ein Bezugssystem, in dem das erste Newtonsche Axiom gilt, heißt **Inertialsystem**. Jedes Bezugssystem, das sich relativ zu einem Inertialsystem mit

4.2 a) Ein Buch befindet sich in Ruhe auf einem Luftkissentisch in einem Eisenbahnwaggon im Bezugssystem S'. b) Relativ zum Bezugssystem S bewegt sich das Buch mit derselben Geschwindigkeit v wie der Waggon nach rechts.

4.3 Der Waggon würde unter dem Buch hinweggleiten, wenn es nicht durch die Feder in Ruhe gehalten würde. Die Feder übt eine horizontale Kraft auf das Buch aus und verleiht ihm also relativ zum Bezugssystem S eine Beschleunigung **a**. Relativ zum Bezugssystem S″, das mit dem Eisenbahnwaggon verbunden ist, befindet sich das Buch trotz der einwirkenden Kraft in Ruhe. Das erste Newtonsche Axiom hat in beschleunigten Bezugssystemen wie S″ keine Gültigkeit.

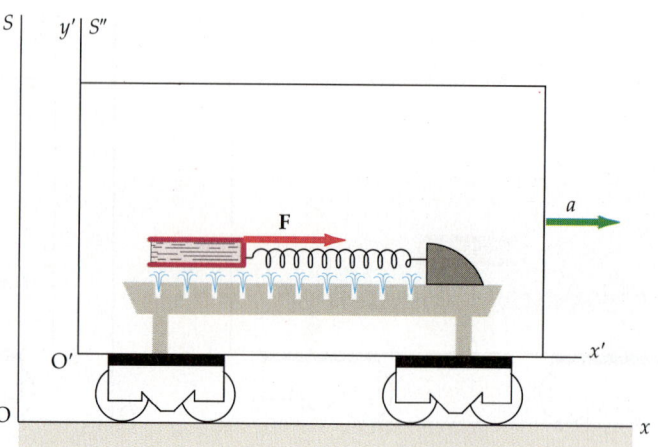

konstanter Geschwindigkeit bewegt, ist selbst ein Inertialsystem. Ein Bezugssystem, das mit der Erdoberfläche verbunden ist, kann genaugenommen kein Inertialsystem sein, da durch die Drehung der Erde um ihre Achse eine kleine Beschleunigung jedes Punktes auf der Erdoberfläche zum Erdmittelpunkt hin auftritt. Des weiteren gibt es eine andere kleine Zentripetalbeschleunigung der gesamten Erde aufgrund ihrer Drehung um die Sonne. Diese Beschleunigungen liegen jedoch in der Größenordnung von 0,01 m/s² oder weniger, so daß ein Bezugssystem, das mit der Erdoberfläche verbunden ist, in guter Näherung als Inertialsystem angesehen werden kann.

4.2 Kraft, Masse und das zweite Newtonsche Axiom

Das erste und zweite Newtonsche Axiom können wir als Definition der Kraft ansehen. Eine **Kraft** ist die Größe, die einen Körper dazu veranlaßt, seine Geschwindigkeit zu ändern, das heißt zu beschleunigen. Die Kraft und die von ihr verursachte Beschleunigung zeigen in dieselbe Richtung. Der Betrag der Kraft ist das Produkt aus der Masse des Körpers und dem Betrag der Beschleunigung. (Wir werden die Masse eines Körpers weiter unten definieren.) Diese Definition der Kraft stimmt mit unserer intuitiven Vorstellung überein, nach der die Kraft einem Ziehen oder Schieben gleichkommt, das durch unsere Muskeln ausgeübt wird.

Welche Beschleunigung erfährt ein Körper, wenn mehrere Kräfte gleichzeitig auf ihn einwirken? Experimentell beobachtet man, daß der Körper nur in eine Richtung beschleunigt wird, so als ob auch nur eine einzelne Kraft an ihm angreife. Genauer betrachtet, erhält man folgendes Ergebnis: Die resultierende Beschleunigung ist im Betrag proportional zum Betrag der Vektorsumme der angreifenden Kräfte und zeigt in dieselbe Richtung wie diese Vektorsumme. Kräfte lassen sich also wie Vektoren addieren.

Die **Masse** (genauer: die *träge Masse*) ist die jedem Körper innewohnende Eigenschaft, sich einer Beschleunigung zu widersetzen. Das Verhältnis von je zwei Massen kann wie folgt definiert werden: Eine Kraft F wirkt auf einen Körper der Masse m_1 und führt zu einer Beschleunigung a_1,

$$F = m_1 a_1 \,.$$

Wenn dieselbe Kraft nun auf einen Körper der Masse m_2 einwirkt und zu einer Beschleunigung a_2 führt, so gilt

$$F = m_2 a_2 .$$

Wir verbinden diese beiden Gleichungen und erhalten

$$F = m_1 a_1 = m_2 a_2$$

oder

$$\frac{m_2}{m_1} = \frac{a_1}{a_2} .$$

4.1   *Definition der Masse*

Das Verhältnis der Massen zweier Körper ist also dadurch gegeben, daß wir dieselbe Kraft auf beide Körper einwirken lassen und ihre Beschleunigungen vergleichen. Diese Definition stimmt mit unserer intuitiven Vorstellung von Masse überein. Wenn ein Körper eine größere Masse besitzt, so führt eine bestimmte Kraft zu einer geringeren Beschleunigung als bei einem Körper mit kleinerer Masse. Wirkt dieselbe Kraft auf zwei verschiedene Körper, dann ist das Verhältnis der Beschleunigungen a_2/a_1 unabhängig vom Betrag und von der Richtung der Kraft, wie aus dem Experiment hervorgeht. Das Verhältnis ist zudem unabhängig von der Art der Kraft, die wir verwenden. Daher spielt es keine Rolle, ob die Kraft durch eine Feder, durch die Erdanziehung oder durch elektrische oder magnetische Anziehung oder Abstoßung hervorgerufen wird. Wenn in einem direkten Vergleich nach (4.1) herausgefunden wird, daß die Masse m_2 doppelt so groß ist sie die Masse m_1 und wenn eine dritte Masse m_3 viermal so groß ist wie m_1, dann wird m_3 im direkten Vergleich doppelt so groß sein wie m_2. Mit diesem „Assoziativgesetz" der Massen können wir eine Massenskala definieren, indem wir einen bestimmten Körper als Standard oder Normal auswählen und seine Masse als Masseneinheit festlegen. Das internationale Massen-Normal ist ein Platin-Iridium-Zylinder, der im Internationalen Büro für Maß und Gewicht in Sèvres (Frankreich) aufbewahrt wird. Seine Masse beträgt nach Definition 1 **Kilogramm**, dies ist die SI-Einheit der Masse (siehe auch Kapitel 1). Dieses **Primärnormal** wird verwendet, um durch Vergleich sogenannte **Sekundärnormale** der Masse festzulegen. Sekundärnormale sind beispielsweise die Massenstücke, die in jeder Kaufmannswaage zum Einsatz kommen. Der Zweck der Sekundärnormale ist, daß sie in großer Stückzahl hergestellt und jedem, der Massen bestimmen will, zur Verfügung gestellt werden können. In staatlichen Instituten (wie der Physikalisch-Technischen Bundesanstalt in Braunschweig) kann man solche Sekundärnormale **eichen** lassen. Dabei werden sie mit besonders präzisen anderen Sekundärnormalen verglichen, die ihrerseits am Primärnormal in Sèvres geeicht wurden. Die Masse eines beliebigen Körpers läßt sich bestimmen, indem man die Beschleunigungen mißt, die eine Kraft auf diesen Körper und das Sekundärnormal hervorruft, und (4.1) anwendet. Da die Masse eine dem Körper innewohnende Eigenschaft ist, hängt sie auch nicht davon ab, wo sich ein Körper befindet, sei es auf der Erde, auf dem Mond oder im Weltraum.

Die Einheit der Kraft ist 1 **Newton** (N) und entspricht jener Kraft, die benötigt wird, um einen Körper der Masse 1 kg mit 1 m/s^2 zu beschleunigen.

4 Die Newtonschen Axiome

Beispiel 4.1

Eine gegebene Kraft beschleunige einen Körper der Masse 1 kg mit 5 m/s². Dieselbe Kraft wirke auf einen zweiten Körper und beschleunige diesen mit 15 m/s². Welche Masse besitzt der zweite Körper, und wie groß ist die beschleunigende Kraft?

Da die Beschleunigung des zweiten Körpers bei gleicher Kraft dreimal so groß ist wie jene des ersten Körpers, muß die Masse des zweiten Körpers 1/3 der Masse des ersten Körpers betragen, also 0,33 kg. Die Kraft hat den Betrag $F = 1 \text{ kg} \cdot 5 \text{ m/s}^2 = 5 \text{ N}$.

Wir haben die Begriffe der Kraft und der Masse so eingeführt, daß das zweite Newtonsche Axiom direkt aus diesen Definitionen folgt:

Das zweite Newtonsche Axiom

$$\boldsymbol{F} = m\boldsymbol{a} = m \cdot \frac{d\boldsymbol{v}}{dt} = m \cdot \frac{d^2\boldsymbol{r}}{dt^2}.$$
4.2

Das zweite Newtonsche Axiom sorgt für eine Verbindung zwischen den dynamischen Größen, Masse und Kraft, einerseits und den kinematischen Größen, Beschleunigung, Geschwindigkeit und Verschiebung, andererseits. Letztere haben wir in den Kapiteln 2 und 3 kennengelernt. In Kapitel 7 werden wir sehen, daß es eine weitere dynamische Größe gibt, die eng mit dem zweiten Newtonschen Axiom verknüpft ist: den **Impuls** $\boldsymbol{p}$. Dieser ist definiert als das Produkt aus Masse und Geschwindigkeit, $\boldsymbol{p} = m\boldsymbol{v}$. Newton selbst hat sein zweites Axiom folgendermaßen formuliert: Wenn eine Kraft $\boldsymbol{F}$ auf einen Körper wirkt, so ändert sich sein Impuls:

$$\boldsymbol{F} = \frac{d\boldsymbol{p}}{dt} = \frac{d(m\boldsymbol{v})}{dt}.$$

Darauf und auf die Anwendungen des zweiten Newtonschen Axioms in der „Impulsformulierung" werden wir später (Kapitel 7 und Kapitel 34) noch ausführlich eingehen.

Das zweite Newtonsche Axiom ist äußerst hilfreich, da es uns erlaubt, eine Vielzahl physikalischer Phänomene mit wenigen, relativ einfachen Kraftgesetzen zu beschreiben. Beispielsweise können wir mit dem Newtonschen Gravitationsgesetz die Bewegung des Mondes beschreiben oder die Planetenbahnen im Sonnensystem, die Bahnen künstlicher Satelliten, die Abhängigkeit der Erdbeschleunigung g vom Breitengrad und von der Meereshöhe eines Ortes, die Abweichungen der Erdbeschleunigung aufgrund der Anwesenheit mineralischer Ablagerungen oder die Flugbahn einer ballistischen Rakete.

Beispiel 4.2

Ein Körper der Masse 4 kg befinde sich zur Zeit $t = 0$ in Ruhe. Eine konstante, horizontale Kraft F_x wirke auf den Körper ein. Bei $t = 3$ s habe sich der Körper um 2,25 m weiterbewegt. Ermitteln Sie die Kraft F_x.

Weil auf den Körper eine konstante Kraft wirkt, ist auch die Beschleunigung konstant, und sie kann mit Hilfe der Gleichungen aus Kapitel 2 berechnet werden. Wir verwenden (2.13) mit $v_0 = 0$ und erhalten

$$\Delta x = \frac{1}{2} a t^2$$

$$a = \frac{2 \Delta x}{t^2} = \frac{2 \cdot 2,25 \text{ m}}{(3 \text{ s})^2} = 0,500 \text{ m/s}^2.$$

Die Kraft ist daher

$$F_x = ma = 4 \text{ kg} \cdot 0{,}500 \text{ m/s}^2 = 2{,}00 \text{ N}.$$

Beispiel 4.3

Ein Teilchen der Masse 0,4 kg sei den beiden Kräften $\boldsymbol{F}_1 = 2 \text{ N } \boldsymbol{e}_x - 4 \text{ N } \boldsymbol{e}_y$ und $\boldsymbol{F}_2 = -2{,}6 \text{ N } \boldsymbol{e}_x + 5 \text{ N } \boldsymbol{e}_y$ ausgesetzt. Wo befindet sich das Teilchen bei $t = 1{,}6$ s, und welche Geschwindigkeit besitzt es dann, wenn das Teilchen zum Zeitpunkt $t = 0$ im Ursprung aus der Ruhe heraus startet?

Die resultierende Kraft auf das Teilchen ist die Vektorsumme der beiden gegebenen Kräfte:

$$\boldsymbol{F} = \boldsymbol{F}_1 + \boldsymbol{F}_2 = (2 \text{ N } \boldsymbol{e}_x - 4 \text{ N } \boldsymbol{e}_y) + (-2{,}6 \text{ N } \boldsymbol{e}_x + 5 \text{ N } \boldsymbol{e}_y)$$
$$= -0{,}6 \text{ N } \boldsymbol{e}_x + 1{,}0 \text{ N } \boldsymbol{e}_y.$$

Die Beschleunigung des Teilchens folgt aus dem zweiten Newtonschen Axiom:

$$\boldsymbol{a} = \frac{\boldsymbol{F}}{m} = \frac{-0{,}6 \text{ N } \boldsymbol{e}_x + 1{,}0 \text{ N } \boldsymbol{e}_y}{0{,}4 \text{ kg}} = -1{,}5 \text{ m/s}^2 \, \boldsymbol{e}_x + 2{,}5 \text{ m/s}^2 \, \boldsymbol{e}_y$$

oder

$$a_x = -1{,}5 \text{ m/s}^2 \quad \text{und} \quad a_y = 2{,}5 \text{ m/s}^2.$$

Da das Teilchen am Ursprung zum Zeitpunkt $t = 0$ aus der Ruhe heraus startet, sind seine x- und y-Koordinaten bei $t = 1{,}6$ s gegeben durch

$$x = \frac{1}{2} a_x t^2 = \frac{1}{2} (-1{,}5 \text{ m/s}^2) (1{,}6 \text{ s})^2 = -1{,}92 \text{ m}$$

und

$$y = \frac{1}{2} a_y t^2 = \frac{1}{2} (2{,}5 \text{ m/s}^2) (1{,}6 \text{ s})^2 = 3{,}20 \text{ m}.$$

Die x- und y-Koordinaten der Geschwindigkeit des Teilchens zur Zeit $t = 1{,}6$ s sind

$$v_x = a_x t = (-1{,}5 \text{ m/s}^2) (1{,}6 \text{ s}) = -2{,}40 \text{ m/s}$$

und

$$v_y = a_y t = 2{,}5 \text{ m/s}^2 \cdot 1{,}6 \text{ s} = 4{,}00 \text{ m/s}.$$

In Vektorschreibweise ist die Geschwindigkeit des Teilchens für $t = 1{,}6$ s

$$\boldsymbol{v} = -2{,}4 \text{ m/s } \boldsymbol{e}_x + 4 \text{ m/s } \boldsymbol{e}_y = \left(-2{,}4 \, \frac{\text{m}}{\text{s}}, 4 \, \frac{\text{m}}{\text{s}}\right).$$

Übung

Eine Kraft von 3 N beschleunige einen Körper unbekannter Masse mit 2 m/s². a) Welche Masse besitzt der Körper? b) Wie groß ist die Beschleunigung, wenn die Kraft auf 4 N erhöht wird? (Antworten: a) 1,5 kg; b) 2,67 m/s²)

4 Die Newtonschen Axiome

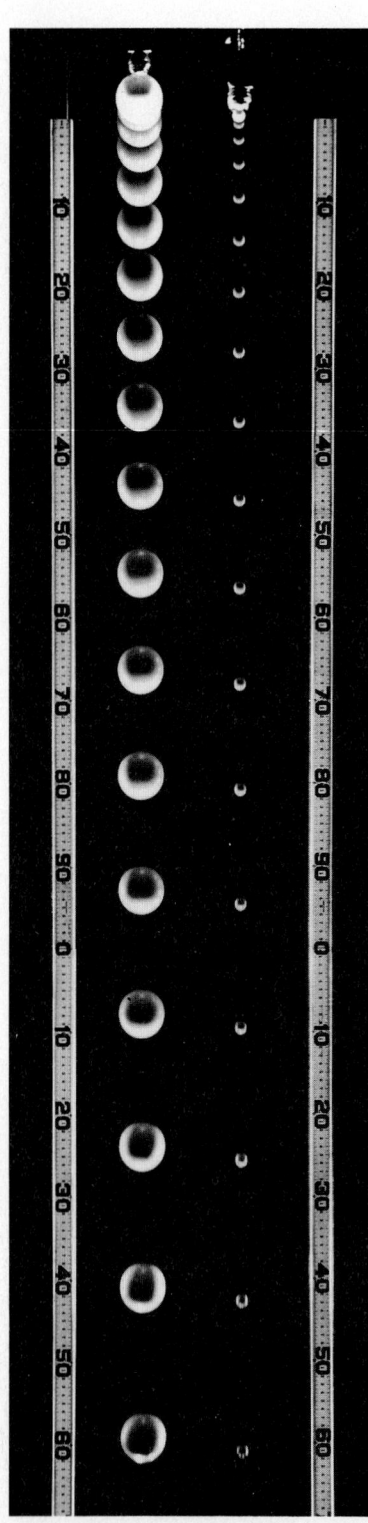

Wenn der Luftwiderstand vernachlässigt werden kann, fallen Kugeln verschiedener Masse mit derselben Beschleunigung, der Gravitationsbeschleunigung, nach unten. (© Berenice Abbot/Commerce Graphics, Ltd., Inc.)

Fragen

1. Kann man aus der Tatsache, daß ein Körper nicht beschleunigt wird, schließen, daß keine Kräfte auf ihn einwirken?
2. Wenn nur eine einzelne Kraft an einem Körper angreift, wird der Körper dann beschleunigt? Kann seine Geschwindigkeit jemals gleich null sein?
3. Ist eine resultierende Kraft vorhanden, wenn a) ein Körper sich mit konstanter Geschwindigkeit auf einer Kreisbahn bewegt, b) ein Körper, der sich entlang einer geraden Linie bewegt, langsamer wird, oder c) ein Körper sich mit konstanter Geschwindigkeit entlang einer geraden Linie bewegt?
4. Ist es möglich, daß ein Körper sich im Kreis bewegt, ohne daß eine Kraft auf ihn einwirkt?
5. Kann man allein aus der Angabe der Kraft, die an einem Körper angreift, vorhersagen, in welche Richtung sich der Körper bewegen wird?

4.3 Die Gewichtskraft

Die Kraft, der wir im täglichen Leben am häufigsten begegnen, ist die Erdanziehungskraft, die auf jeden Körper wirkt und die als **Gewichtskraft** G des Körpers bezeichnet wird. Wenn wir einen Körper nahe der Erdoberfläche loslassen und den Luftwiderstand als vernachlässigbar klein annehmen, so wirkt allein die Erdanziehungskraft auf den Körper (diese Situation heißt **freier Fall**), und er wird mit 9,81 m/s² zur Erde hin beschleunigt. Diese Beschleunigung ist ihrem Betrag nach unabhängig von der Masse, d. h., sie ist für alle Körper gleich. Wir nennen diese Größe die Erdbeschleunigung g. Nach dem zweiten Newtonschen Axiom können wir die Gravitationskraft auf einen Körper der Masse m beschreiben als

$$F = ma \ .$$

Indem wir $a = g$ verwenden und G für die Gravitationskraft schreiben, erhalten wir

$$G = mg \ . \qquad 4.3$$

Die in dieser Gleichung auftretende Masse charakterisiert die Schwere des Körpers. Sie wird daher auch als schwere Masse bezeichnet, im Unterschied zur trägen Masse, die wir bei der Formulierung des zweiten Newtonschen Axioms kennengelernt haben. Auf Details zu diesem Unterschied gehen wir in Kapitel 10 ein. Vorerst nehmen wir es als gegeben hin, daß schwere und träge Masse gleich sind. Da an einem bestimmten Ort auf der Erdoberfläche g für alle Körper gleich ist, können wir folgern, daß die Gewichtskraft eines Körpers seiner Masse proportional ist. An einem anderen Ort, z.B. in einem gewissen Abstand von der Erdoberfläche, hat g einen anderen Wert. Allgemein können wir sagen: Der Vektor g in (4.3) entspricht der Kraft pro Masseneinheit, die von der Erde auf einen beliebigen Körper, der sich an einem bestimmten Ort befindet, ausgeübt wird. Wenn man jedem Punkt eines Raumes einen bestimmten Wert einer physikalischen Größe zuordnen kann, so ist durch diese Zuordnung ein **Feld** der betreffenden Größe definiert. In unserem Fall ist die Erdbeschleunigung g eine solche Größe, das durch sie beschriebene Feld wird als **Gravitationsfeld** der Erde bezeichnet. (Dem Feldbegriff werden wir in diesem Buch immer wieder begegnen. Eine physikalische Begründung für die Einführung des Feldkonzepts wird im Abschnitt 4.5 gegeben. Auf Gravitationsfelder gehen wir in Kapitel 10 genauer ein.) *g* ist gleich der Fallbeschleunigung eines Körpers, der allein der Gravitationskraft der Erde ausgesetzt ist. Nahe der Erdoberfläche hat *g* den Wert

$$g = 9{,}81 \text{ N/kg} = 9{,}81 \text{ m/s}^2 \,.$$

Sorgfältige Messungen an verschiedenen Orten haben gezeigt, daß *g* nicht überall denselben Wert besitzt. *Die Erdanziehungskraft, die auf einen Körper wirkt, ist ortsabhängig.* Insbesondere nimmt die Gravitationskraft oberhalb der Erdoberfläche mit dem Quadrat des Abstandes eines Körpers von der Erde ab. So wiegt ein Körper im Hochgebirge etwas weniger als auf Meereshöhe. Die Gravitationskraft verändert sich auch mit dem Breitengrad, da die Erde nicht exakt kugelförmig, sondern an den Polen leicht abgeflacht ist. Deshalb ist die Gewichtskraft im Gegensatz zur Masse keine dem Körper innewohnende Eigenschaft.

Obwohl die Gewichtskraft eines Körpers von Ort zu Ort durch die Änderungen von *g* variiert, machen sich diese geringen Abweichungen in den meisten Anwendungen nicht bemerkbar. So scheint in unseren alltäglichen Erfahrungen die Gewichtskraft eine genauso charakteristische Eigenschaft eines Körpers zu sein wie seine Masse.

Nahe der Mondoberfläche ist die Anziehungskraft der Erde auf einen Körper viel geringer als jene des Mondes. Die Kraft, die der Mond auf diesen Körper ausübt, wird üblicherweise als die Gewichtskraft des Körpers auf dem Mond bezeichnet; sie beträgt etwa 1/6 der Gewichtskraft auf der Erde. Wir erinnern uns, daß die Masse eines Körpers unabhängig davon ist, ob sich der Körper auf der Erde, auf dem Mond oder anderswo im Raum befindet. Die Masse ist eine körpereigene Eigenschaft, während die Gewichtskraft von anderen Körpern abhängt, die Gravitationskräfte auf den betreffenden Körper ausüben. Ein Beispiel soll den Unterschied zwischen Masse und Gewichtskraft verdeutlichen. Stellen Sie sich vor, Sie nehmen eine schwere Bowlingkugel mit auf den Mond. Da die Gewichtskraft der Kugel auf dem Mond nur ein Sechstel ihrer Gewichtskraft auf der Erde beträgt, ist es auf dem Mond viel einfacher, die Kugel hochzuheben. Um die Kugel allerdings mit einer bestimmten Geschwindigkeit in horizontaler Richtung wegzuschleudern, ist auf dem Mond dieselbe Kraft erforderlich wie auf der Erde, denn die Masse der Kugel ist konstant. Dementsprechend wäre natürlich auch im Weltraum, weit entfernt von allen Gravitationsfeldern, für dieselbe Beschleunigung dieselbe Kraft nötig.

Da an jedem beliebigen Ort die Gewichtskraft eines Körpers seiner Masse proportional ist, können wir die Massen zweier Körper bequem mit Hilfe ihrer Gewichtskräfte vergleichen, solange wir diese am selben Ort bestimmen.

Die Wahrnehmung unserer eigenen Gewichtskraft rührt gewöhnlich daher, daß wir Kräfte spüren, die die Wirkung der Gewichtskraft ausgleichen. Wenn wir beispielsweise auf einem Stuhl sitzen, spüren wir die Kraft, die der Stuhl ausübt und die unsere Gewichtskraft ausgleicht, so daß wir nicht auf den Boden fallen. Wenn wir auf einer Federwaage stehen, dann spüren unsere Füße die Kraft, die die Feder auf uns ausübt. Die Waage ist so geeicht, daß sie die Kraft anzeigt, die sie durch das Zusammendrücken ihrer Federn aufbringt, um unsere Gewichtskraft auszugleichen. Diese ausgleichende Kraft wird auch **scheinbare Gewichtskraft** genannt. Wenn keine Kraft vorhanden ist, die die Gewichtskraft ausgleicht, wie beim freien Fall, dann ist die scheinbare Gewichtskraft gleich null. Diese Situation nennt man auch **Schwerelosigkeit**, sie ist für Astronauten in ihren Raumschiffen spürbar. Stellen Sie sich ein Raumschiff vor, das sich bei einer Zentripetalbeschleunigung von v^2/r auf einer kreisförmigen Erdumlaufbahn bewegt, wobei r der Bahnradius und v die Geschwindigkeit ist. Die einzige Kraft, die auf das Raumschiff der Masse m_R wirkt, ist seine Gewichtskraft $F = m_R g = m_R v^2/r$. Deshalb befindet es sich durch die Erdbeschleunigung im freien Fall. Ein Astronaut innerhalb des Raumschiffes befindet sich ebenfalls im freien Fall. Die einzige Kraft, die auf ihn wirkt, ist seine Gewichtskraft, die für die Beschleunigung $g = v^2/r$ verantwortlich ist. Da es in dieser Situation keine Kraft gibt, die die Gewichtskraft ausgleicht, ist die scheinbare Gewichtskraft des Astronauten gleich null.

Einheiten der Kraft und der Masse

Die SI-Einheit der Masse, das Kilogramm, ist neben der Sekunde und dem Meter die dritte fundamentale SI-Einheit. Die Einheit der Kraft, das Newton, und die Einheiten für Impuls und Energie, die wir später kennenlernen werden, sind abgeleitete Einheiten dieser drei Basiseinheiten. Da 1 N einer Masse von 1 kg eine Beschleunigung von 1 m/s² verleiht, erhalten wir aus $F = ma$

$$1 \text{ N} = 1 \text{ kg} \cdot \text{m/s}^2 . \qquad 4.4$$

Früher wurde das Kilopond (kp) als Krafteinheit verwendet, wobei 1 kp der Gewichtskraft von 1 kg auf der Erde entspricht. Nach (4.3) gilt also 1 kp = 1 kg · g = 9,81 N. Diese Einheit der Kraft wird von der Alltagssprache häufig versteckt angewandt, beispielsweise bei dem Satz „Mein Gewicht ist 60 Kilo". Der Satz ist an zwei Stellen ungenau formuliert: Meinen wir mit dem Gewicht die während der Wägung wirkende Gewichts*kraft*, so muß die Abkürzung Kilo für Kilopond stehen. Meinen wir dagegen mit Kilo das Kilogramm, so steht das Gewicht für das Ergebnis der Wägung für unsere *Masse*. Hieran wird deutlich, zu welchen Mißverständnissen der Begriff *Gewicht* führen kann, der in einer dritten Bedeutung auch noch als Bezeichnung für die Verkörperung von Masseneinheiten verwendet wird (anstelle von Massestück, Gewichtsstück, Wägestück). Der Preis für die Einfachheit der Umrechnung von Massen in Kräfte bei der Verwendung der Einheit Kilopond ist also, daß die begriffliche Trennung einer Masse von ihrer Gewichtskraft leicht verlorengeht. Diese Differenzierung ist aber die Hauptaussage des zweiten Newtonschen Gesetzes, so daß als Einheit der Kraft in der Physik nur noch das Newton erlaubt ist. Was das Wort Gewicht angeht, so darf es in Handel und Wirtschaft als Ergebnis einer Wägung, also anstelle des Wortes Masse, weiterhin benutzt werden; in der Physik sollte man es möglichst nicht verwenden, falls man aber unbedingt möchte, dann nur im Sinne von Gewichtskraft.

Fragen

6. Nehmen Sie an, ein Körper wird von der Erde in den Weltraum befördert und ist dort weit entfernt von allen Sternen, Galaxien oder anderen Körpern. Was bedeutet das für seine Masse und seine Gewichtskraft?
7. Wie kann ein Astronaut seine Masse spüren, wenn er sich in der Schwerelosigkeit befindet?

4.4 Das dritte Newtonsche Axiom

Das dritte Newtonsche Axiom wird manchmal auch als **Wechselwirkungsgesetz** oder **Reaktionsprinzip** bezeichnet. Es beschreibt die wichtige Eigenschaft von Kräften, immer in Paaren aufzutreten. Wenn auf einen Körper A eine Kraft einwirkt, dann muß es einen weiteren Körper B geben, der diese Kraft ausübt. Darüber hinaus gilt: Wenn B eine Kraft auf A ausübt, dann muß A mit einer Kraft auf B einwirken, die den gleichen Betrag, aber die entgegengesetzte Richtung besitzt. Beispielsweise übt die Erde eine Gravitationskraft G auf ein Projektil aus und beschleunigt es in Richtung des Erdmittelpunkts. Nach dem dritten Newtonschen Axiom wirkt daher auch das Projektil mit einer Kraft gleichen Betrags, aber entgegengesetzter Richtung auf die Erde ein. Diese Kraft $G' = -G$ wirkt auf die Erde in Richtung des Projektils. Wenn dies die einzige Kraft wäre, die die Erde erfährt, würde sie damit in Richtung des Projektils beschleunigt. Da die Erde eine sehr große Masse besitzt, bleibt die Beschleunigung aufgrund dieser vergleichsweise schwachen Kraft aber vernachlässigbar klein.

Bei der Diskussion des dritten Newtonschen Axioms werden häufig die Begriffe „Kraft" und „Gegenkraft" verwendet. Wenn der Körper B eine Kraft auf den Körper A ausübt, dann wird die Kraft, mit der A umgekehrt auf B einwirkt, als Gegenkraft bezeichnet. Es ist dabei gleichgültig, welche der beiden Kräfte die Kraft und welche die Gegenkraft ist. Der entscheidende Punkt ist, daß Kräfte im Grunde immer als **Kraft-Gegenkraft-Paar** auftreten.

Beachten Sie, daß *sich Kraft und Gegenkraft niemals aufheben können*, da sie auf *verschiedene Körper* wirken. Dies ist in Abbildung 4.4 veranschaulicht, die zwei Kraft-Gegenkraft-Paare für einen Körper zeigt, der auf einem Tisch liegt. Die nach unten gerichtete Kraft, die auf den Körper wirkt, ist seine Gewichtskraft G aufgrund der Erdanziehung. Der Körper übt eine gleich große und entgegengesetzt gerichtete Gegenkraft $G' = -G$ auf die Erde aus. Das ist unser erstes Kraft-Gegenkraft-Paar. Wenn dies die einzig wirkenden Kräfte wären, würde der Block nach unten beschleunigt werden. Aber zusätzlich übt der Tisch eine nach oben gerichtete Kraft F_N auf den Körper aus. *Diese* Kraft (nicht aber G') gleicht die Gewichtskraft des Körpers aus. Gleichzeitig wirkt natürlich auch $F'_N = -F_N$ als Gegenkraft vom Körper auf den Tisch. Die Kräfte F'_N und F_N bilden also das zweite Kraft-Gegenkraft-Paar. Wenn man vom Aufheben von Kräften spricht, so ist damit immer gemeint, daß die Vektorsumme aller einen Körper angreifenden Kräfte null ist (erstes Newtonsches Axiom).

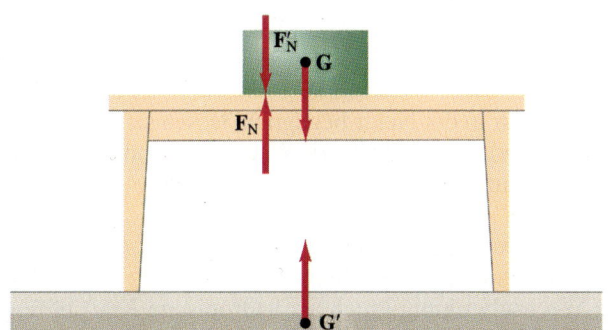

4.4 Kraft und Gegenkraft. Die Gewichtskraft G ist die Kraft, die von der Erde auf den Körper ausgeübt wird. Eine gleich große, aber entgegengesetzt gerichtete Kraft $G' = -G$ wirkt als Gegenkraft vom Körper auf die Erde. In ähnlicher Weise übt der Tisch eine Kraft F_N auf den Körper aus, der umgekehrt mit $F'_N = -F_N$ auf den Tisch einwirkt. Kraft und Gegenkraft wirken auf verschiedene Körper, so daß sich diese Kräfte niemals aufheben können.

Beispiel 4.4

Ein Pferd weigert sich, einen Karren zu ziehen. Es argumentiert folgendermaßen: „Nach dem dritten Newtonschen Gesetz führt jede Kraft, mit der ich den Karren ziehe, zu einer gleich großen und entgegengesetzt gerichteten Kraft, mit der der Karren mich zurückzieht. Damit ist die Gesamtkraft null, und ich habe überhaupt keine Chance, den Wagen zu beschleunigen." Was ist an dieser Argumentation falsch?

Abbildung 4.5 zeigt ein Pferd, das einen Karren zieht. Da wir an der Bewegung des Karrens interessiert sind, haben wir eine gestrichelte Linie um ihn gezeichnet und alle Kräfte angegeben, die auf ihn wirken. Die Kraft, mit der das Pferd nach rechts zieht, ist mit

4.5 Ein Pferd zieht einen Karren. Der Karren wird nach rechts beschleunigt, wenn die Kraft **Z**, mit der das Pferd zieht, größer ist als die Reibungskraft F_R, die vom Boden auf den Karren ausgeübt wird. Die Kraft **Z**′ ist gleich groß und wirkt in entgegengesetzter Richtung wie **Z**. Da **Z**′ aber auf das Pferd ausgeübt wird, hat diese Kraft keinen Einfluß auf die Bewegung des Karrens.

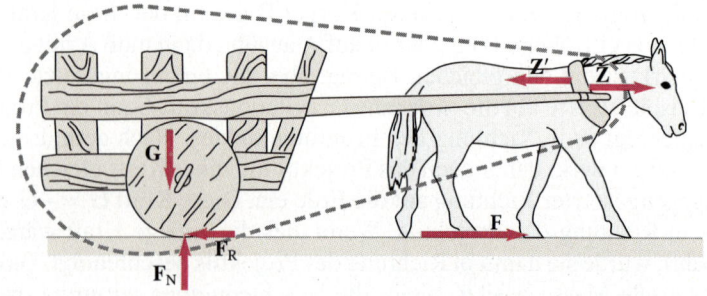

Z bezeichnet. Diese Kraft wird eigentlich vom Pferd auf das Geschirr übertragen. (Da das Geschirr am Karren befestigt ist, sehen wir es als Teil des Karrens an.) Die anderen Kräfte, die auf den Karren wirken, sind seine Gewichtskraft **G**, die Auflagekraft des Bodens F_N in vertikaler Richtung und die Reibungskraft des Bodens F_R in horizontaler Richtung nach links. Die vertikalen Kräfte **G** und F_N gleichen sich aus, da der Wagen in vertikaler Richtung nicht beschleunigt wird. Die horizontalen Kräfte sind **Z** und F_R, die in entgegengesetzter Richtung wirken. Der Karren wird beschleunigt, sobald **Z** größer ist als F_R. Beachten Sie, daß die Reaktionskraft **Z**′ auf das Pferd wirkt, nicht aber auf den Karren. Sie hat keinen Einfluß auf die Bewegung des Karrens, aber sie macht sich bei der Bewegung des Pferdes bemerkbar. Wenn das Pferd nach rechts beschleunigen soll, so muß es eine nach rechts gerichtete Kraft **F** geben, die vom Boden auf das Pferd ausgeübt wird und größer als **Z**′ ist. Dieses Beispiel veranschaulicht, wie wichtig es ist, eine einfache Zeichnung anzufertigen, wenn man mechanische Probleme lösen will. Hätte das Pferd eine einfache Skizze angefertigt, so hätte es gesehen, daß es nur fest genug mit den Hufen auf dem Boden nach hinten drücken muß, damit es vom Boden nach vorne angeschoben wird.

4.5 Kräfte in der Natur

Fundamentale Kräfte

Alle Kräfte, denen wir in der Natur begegnen, lassen sich auf vier grundlegende, zwischen Elementarteilchen auftretende Wechselwirkungen und die zugehörigen Fundamentalkräfte zurückführen:

1. die Gravitationswechselwirkung,
2. die elektromagnetische Wechselwirkung,
3. die starke Wechselwirkung (auch als hadronische Kraft bezeichnet),
4. die schwache Wechselwirkung.

Die Gravitationskraft zwischen der Erde und einem Körper nahe der Erdoberfläche entspricht der Gewichtskraft des Körpers. Die Gravitationskraft, die die Sonne auf die Erde und die anderen Planeten ausübt, ist dafür verantwortlich, daß die Planeten auf ihren Umlaufbahnen um die Sonne gehalten werden. Ähnlich hält die Gravitationskraft, die zwischen Erde und Mond wirkt, den Mond auf seiner fast kreisförmigen Bahn um die Erde. Die Gravitationskräfte, die sowohl vom Mond als auch von der Sonne auf die Ozeane der Erde wirken, führen zu den Gezeiten. In Kapitel 10 werden wir uns näher mit der Gravitationskraft beschäftigen.

Die elektromagnetische Kraft umfaßt sowohl elektrische als auch magnetische Kräfte. Ein vertrautes Beispiel der elektrischen Kraft ist die Anziehung zwischen kleinen Papierfetzen und einem Kamm, der zuvor durch die Reibung an den Haaren aufgeladen wurde. Obwohl sich die bekannte magnetische Kraft zwischen einem Magneten und einem Körper aus Eisen zunächst stark von der elektrischen Kraft zu unterscheiden scheint, entsteht eine magnetische Kraft immer dann, wenn sich elektrische Ladungen bewegen. Die elektromagnetische Kraft zwischen geladenen Elementarteilchen ist weitaus größer als die Gravitationskraft zwischen ihnen, so daß hier die Gravitationskraft fast immer vernachlässigt werden kann. So ist beispielsweise die elektrostatische Abstoßung zwischen zwei Protonen ungefähr um den Faktor 10^{36} größer als ihre Anziehung aufgrund der Gravitationskraft. Die elektromagnetischen Kräfte und ihre Anwendungen sind Gegenstand von Teil 4 dieses Buches.

Die starke Wechselwirkung kommt zwischen bestimmten Elementarteilchen vor, nämlich den Hadronen; dazu zählen beispielsweise die Bestandteile der Atomkerne, die Neutronen und Protonen. Diese Kraft bewirkt, daß die Kerne zusammengehalten werden. Die schwache Wechselwirkung besitzt wie die starke eine sehr kleine Reichweite (in der Größenordnung des Kerndurchmessers); sie kommt zwischen Elektronen und Protonen oder Neutronen vor. Sie ist für eine bestimmte Art des radioaktiven Zerfalls, den β-Zerfall, verantwortlich. Auf die starke und die schwache Wechselwirkung werden wir in den Kapiteln 40 und 41 noch ausführlich eingehen.

Die vier fundamentalen Kräfte wirken zwischen Teilchen, die räumlich voneinander getrennt sind. Man spricht hier vom Konzept der **langreichweitigen Wirkung** oder Wirkung über eine Entfernung hinweg. Newton sah diese langreichweitige Wirkung als einen Mangel seiner Gravitationstheorie an, aber er verzichtete darauf, eine andere Hypothese über die Natur der Kräfte zu formulieren. Tatsächlich schrieb er 1692 in einem Brief (sinngemäße Übersetzung eines Zitates aus: Isaac Newton, Dritter Brief an Bentley (25. Februar 1692), R. und J. Dodsley, London, 1756):

> Es ist unvorstellbar, daß unbelebte Dinge ohne die Vermittlung durch irgend etwas, das keine materielle Natur besitzt, auf andere Dinge einwirken sollten, ohne gegenseitigen Kontakt, so wie es sein müßte, wenn die Gravitation, im Sinne von Epikur, eine Wesenseigenschaft der Dinge wäre und ihnen innewohnte. Und dies ist ein Grund, warum ich wünschte, Sie würden mir die angeborene Gravitation nicht zuschreiben. Daß die Gravitation den Dingen angeboren ist und ihnen innewohnt, so daß ein Körper über eine Entfernung sogar durch das Vakuum auf einen anderen Körper einwirken kann, ohne die Vermittlung von irgend etwas, durch welches ihre Wirkung und Kraft übertragen werden könnte, das scheint mir eine solch große Absurdität zu sein, daß niemand, der vernünftig über philosophische Dinge nachdenken kann, darauf hereinfallen würde.

Heutzutage behandeln wir das Problem der langreichweitigen Wirkung, indem wir das **Konzept des Feldes** verwenden. Wir können uns dann beispielsweise die Anziehung der Erde durch die Sonne in zwei Schritten vorstellen. Die Sonne erzeugt im Raum ein Gravitationsfeld, über das eine Kraft auf die Erde übertragen wird. Das Feld spielt also die Rolle des Vermittlers. Auf ähnliche Weise erzeugt die Erde ein Gravitationsfeld, das eine Kraft auf die Sonne ausübt. Wenn die Erde sich an einen anderen Ort bewegt, so ändert sich das Feld der Erde. Diese Änderung breitet sich im Raum nicht unmittelbar aus, sondern mit einer Geschwindigkeit von $c = 3 \cdot 10^8$ m/s, was genau der Lichtgeschwindigkeit entspricht. Solange wir die Zeit, in der sich das Feld ausbreitet, im Vergleich zu den Zeitspannen anderer Bewegungen vernachlässigen können, dürfen wir den Vermittler selbst, also das Feld, bei unseren Betrachtungen genausogut außer acht lassen. Wir können die Gravitationskräfte also so behandeln, als würden sie von Sonne und Erde direkt und unverzüglich aufeinander ausgeübt. Beispielsweise bewegt sich die Erde während der Zeit von 8 Minuten, die während der Ausbreitung des Gravitationsfeldes von der Erde zur Sonne vergehen, nur um einen kleinen Bruchteil ihrer gesamten Umlaufbahn um die Sonne weiter.

Kontaktkräfte

Die meisten Kräfte, die auf makroskopische Gegenstände des Alltags einwirken, sind Kontaktkräfte, die beispielsweise von Federn, Seilen oder Oberflächen in direktem Kontakt mit den Gegenständen ausgeübt werden. Diese Kräfte sind das Resultat molekularer Wechselwirkungen, also von Kräften, die die Moleküle des einen Körpers auf jene des anderen Körpers ausüben. In den molekularen Kräften ihrerseits manifestiert sich in komplizierter Weise die fundamentale elektromagnetische Kraft.

Eine Spiralfeder, die durch Aufwickeln eines steifen Drahtes entsteht, ist ein vertrauter Gegenstand. Die Kraft, die die Feder beim Zusammendrücken oder Auseinanderziehen erzeugt, ist das Ergebnis komplizierter zwischenmolekularer Kräfte, aber eine empirische Beschreibung des makroskopischen Verhaltens der Feder ist für die meisten Anwendungen ausreichend. Wenn man die Feder zusammendrückt oder auseinanderzieht und sie dann losläßt, so kehrt sie zu ihrer ursprünglichen oder natürlichen Länge zurück, vorausgesetzt, die Veränderung der Länge war nicht zu groß. Es gibt eine Grenze für solche Auslenkungen, jenseits deren die Feder nicht mehr zu ihrer ursprünglichen Länge zurückkehrt, sondern dauerhaft verformt bleibt. Wenn wir aber nur Auslenkungen unterhalb dieser Grenze zulassen, können wir die Auslenkung Δx eichen, indem wir die Kraft angeben, die für eine bestimmte Verlängerung oder Verkürzung nötig ist. Experimentell beobachtet man, daß bei kleinem Δx die Federkraft nahezu proportional zu Δx ist und in entgegengesetzter Richtung wirkt. Diese Beziehung ist als **Hookesches Gesetz** bekannt und kann geschrieben werden als

$$F_x = -k\,(x - x_0) = -k\,\Delta x\,, \qquad 4.5$$

wobei die Konstante k als Kraftkonstante der Feder oder kurz als **Federkonstante** bezeichnet wird. Der Abstand x bezeichnet die Koordinate des freien Endes der Feder oder eines beliebigen Gegenstandes, der sich an diesem Ende befindet. Die Konstante x_0 ist der Wert dieser Koordinate, wenn sich die Feder in ihrer Gleichgewichtslage befindet. Die Gleichung (4.5) enthält ein negatives Vorzeichen, da bei auseinandergezogener Feder (Δx positiv) die Kraft F_x negativ ist, während bei zusammengedrückter Feder (Δx negativ) die Kraft F_x positiv ist (Abbildung 4.6). Wegen der Neigung dieser Kraft, die Feder in ihren ursprünglichen Zustand zurückzuführen, spricht man auch von **Rückstellkraft**.

Die Federkraft ähnelt derjenigen Kraft, die zwischen den Atomen eines Moleküls oder eines Festkörpers wirkt, da auch in diesen Fällen die Rückstellkraft für kleine Auslenkungen aus der Gleichgewichtslage proportional zur Auslenkung ist. Es ist dabei hilfreich, sich bildlich vorzustellen, daß die Atome in einem Molekül oder einem Festkörper durch Federn miteinander verbunden sind (Abbildung 4.7). Auf diese Weise können wir Oszillationen von Atomen in einem Molekül so deuten, als hätten wir den Abstand zwischen den Atomen im Molekül

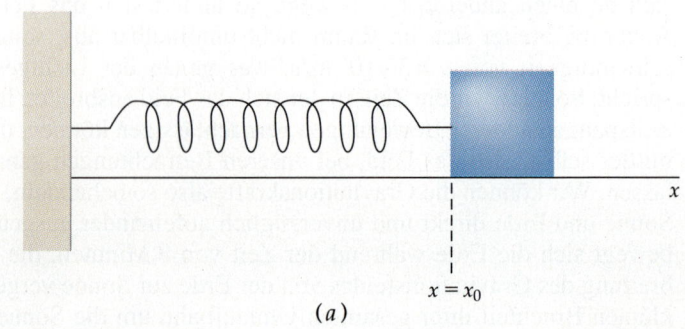

4.6 Hier ist eine Feder mit einem Körper verbunden, der sich horizontal bewegen kann. a) Wenn die Feder weder gedehnt noch zusammengedrückt ist, übt sie keine Kraft auf den Körper aus. b) Wenn die Feder so gedehnt wird, daß Δx positiv wird, so greift sie mit einer Kraft vom Betrag $k\,\Delta x$ in negativer x-Richtung am Körper an. c) Wenn die Feder so zusammengedrückt wird, so daß Δx negativ wird, übt sie eine Kraft vom Betrag $k\,\Delta x$ in positiver x-Richtung auf den Körper aus.

von Hand etwas vergrößert und die Atome dann losgelassen, so daß sie wie makroskopische, mit Federn verbundene Massen anfangen zu schwingen.

Wenn wir an einem biegsamen Faden ziehen, dann spannt sich der Faden leicht und zieht mit einer gleich großen, aber entgegengesetzten Kraft zurück (es sei denn, der Faden reißt). Wir können uns einen Faden als eine Feder mit einer solch großen Federkonstanten vorstellen, daß seine Längenzunahme während der Krafteinwirkung vernachlässigt werden kann. Da der Faden biegsam ist, können wir ihn durch eine Kraft nicht zusammendrücken, statt dessen krümmt er sich.

Wenn zwei Körper miteinander in Kontakt sind, üben sie aufgrund der Wechselwirkung ihrer Moleküle Kräfte aufeinander aus. Stellen Sie sich einen Körper vor, der auf einem Tisch liegt. Seine Gewichtskraft drückt ihn nach unten gegen den Tisch. Da die Moleküle im Tisch einen großen Kompressionswiderstand aufweisen, übt der Tisch eine nach oben gerichtete Kraft auf den Körper aus, eine **Auflagekraft**. Kräfte wie diese, die senkrecht oder normal zur Oberfläche wirken, heißen **Normalkräfte**. (Das Wort *normal* bedeutet hier nichts anderes als *senkrecht*.) Sorgfältige Messungen würden zeigen, daß sich eine Fläche unter einer Last immer leicht durchbiegt, aber diese Biegung ist oft mit bloßem Auge nicht wahrnehmbar. Beachten Sie, daß der Wert der Normalkraft, die eine Oberfläche auf eine andere ausübt, über einen großen Bereich variieren kann. Solange der Körper nicht so schwer ist, daß der Tisch unter ihm zusammenbricht, wird der Tisch eine aufwärts gerichtete Kraft von genau jener Größe auf den Körper ausüben, die der Gewichtskraft des Körpers entspricht, egal wie groß oder klein diese Gewichtskraft ist. Wenn Sie den Körper zusätzlich nach unten drücken, so wird die Auflagekraft des Tisches entsprechend größer sein als die Gewichtskraft des Körpers; durch die Kompensation der am Körper angreifenden Kräfte wird er auch in diesem Fall nicht nach unten beschleunigt.

Unter bestimmten Umständen üben Körper, die miteinander in Kontakt sind, auch Kräfte aufeinander aus, die parallel zur Oberfläche der Körper wirken. Die Parallelkomponente einer Kontaktkraft zwischen zwei Körpern heißt **Reibungskraft**. Wir werden die Reibung im nächsten Kapitel untersuchen.

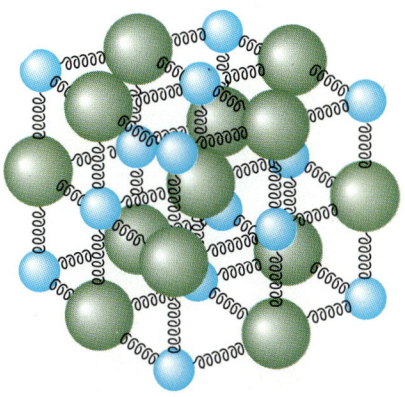

4.7 Modell eines Festkörpers, bei dem die Atome untereinander mit Federn verbunden sind, die die Kräfte zwischen den Atomen symbolisieren.

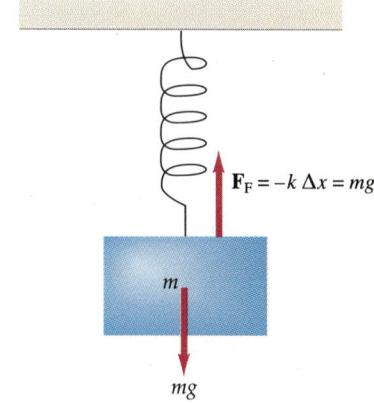

4.8 Ein Körper ist an einer Feder aufgehängt. Die Gewichtskraft des Körpers $G = mg$ wird durch die nach oben gerichtete Federkraft F_F ausgeglichen.

Beispiel 4.5

Eine Feder besitze eine Federkonstante von $k = 300$ N/m. Ein Körper mit einer Masse von 4 kg hänge an der Feder, ohne sich zu bewegen (Abbildung 4.8). Bestimmen Sie die Auslenkung der Feder.

Dies ist ein Beispiel eines statischen Gleichgewichtes, das wir in Kapitel 9 noch genauer untersuchen werden. Da der Körper nicht beschleunigt wird, muß die resultierende Kraft, die auf ihn wirkt, gleich null sein. Dabei treten zwei Kräfte auf: Die Gewichtskraft mg wirkt nach unten, die Federkraft F_F nach oben. Wenn wir die Abwärtsrichtung als positiv wählen, so ist die Gewichtskraft positiv, genauso wie die Auslenkung der Feder Δx. Die

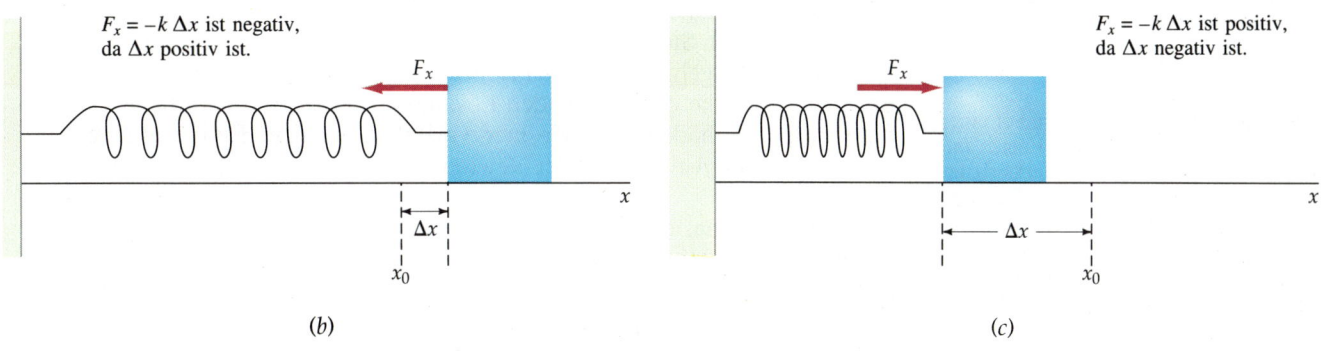

Federkraft wirkt nach oben und ist daher negativ. Wenn wir die Summe der Kräfte auf den Körper gleich null setzen, erhalten wir

$$mg + (-k\,\Delta x) = 0\,.$$

Mit $m = 4$ kg, $k = 300$ N/m und $g = 9{,}81$ m/s^2 = $9{,}81$ N/kg ergibt sich

$$4\text{ kg} \cdot 9{,}81\text{ N/kg} - 300\text{ N/m} \cdot \Delta x = 0$$

oder

$$\Delta x = \frac{4\text{ kg} \cdot 9{,}81\text{ N/kg}}{300\text{ N/m}} = 0{,}131\text{ m}\,.$$

Übung

Eine Feder mit einer Federkonstanten von 400 N/m werde mit einem Körper der Masse 3 kg verbunden, der sich in Ruhe auf einem Luftkissentisch befindet; durch das Luftkissen trete bei einer Bewegung des Körpers keine Reibung auf. Welche Auslenkung der Feder ist erforderlich, um dem Körper eine Beschleunigung von 4 m/s^2 zu verleihen? (Antwort: 3 cm)

4.6 Anwendungen zur Lösung von Bewegungsproblemen

Mit Hilfe der Newtonschen Axiome können wir eine Vielzahl von Bewegungsproblemen lösen. Alle Anwendungen der Newtonschen Axiome laufen auf zwei prinzipielle Möglichkeiten hinaus:

> 1. Wenn alle Kräfte bekannt sind, die auf ein Teilchen wirken, so läßt sich die Beschleunigung des Teilchens bestimmen.
> 2. Kennen wir umgekehrt die Beschleunigung eines Teilchens, so lassen sich die Kräfte berechnen, die auf das Teilchen einwirken.

In diesem Abschnitt werden wir die Newtonschen Gesetze auf einige einfache Probleme anwenden, die Bewegungen unter dem Einfluß von Kräften betreffen, deren Betrag konstant ist. Wenn Sie den nachfolgenden Stoff intensiv durcharbeiten, so werden Sie ein Gefühl dafür bekommen, um was es bei der Newtonschen Mechanik geht. Praktische Probleme sind gewöhnlich komplexer als diese Beispiele, aber die entsprechenden Lösungsverfahren sind natürliche Erweiterungen der Methoden, die wir hier vorstellen werden. Einige allgemeinere Beispiele für die Anwendung der Newtonschen Axiome werden wir in Kapitel 5 kennenlernen.

Nehmen wir an, ein Körper der Masse m befinde sich in Ruhe auf einem reibungsfreien, horizontalen Tisch und werde über einen Faden mit der Kraft F nach rechts gezogen, wie in Abbildung 4.9 gezeigt. Um die Bewegung des Körpers berechnen zu können, müssen wir die resultierende Kraft kennen, die auf ihn

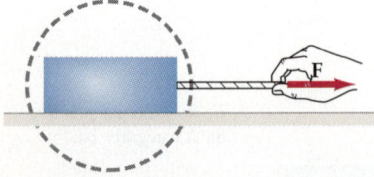

4.9 Ein Körper befindet sich auf einer reibungsfreien, horizontalen Ebene und wird über einen Faden mit einer horizontalen Kraft nach rechts gezogen. Der erste Schritt bei der Lösung des Problems besteht darin, den Körper, der untersucht werden soll, zu identifizieren. Im vorliegenden Fall trennt der Kreis den Körper von seiner Umgebung.

einwirkt. Der erste Schritt besteht darin, den Körper, dessen Beschleunigung bestimmt werden soll, zu identifizieren und zu kennzeichnen. In der Abbildung wurde dazu ein Kreis um den Körper gezeichnet; diese Auswahl und Kennzeichnung des Körpers dient dazu, ihn gedanklich von seiner Umgebung zu trennen. Im nächsten Schritt suchen wir alle möglichen Kräfte, die auf den Körper wirken. Solche Kräfte können vom Kontakt des Körpers mit seiner Umgebung herrühren, oder es können Kräfte sein, die wie die Gravitation über eine Entfernung hinweg wirken.

In diesem Beispiel wirken drei äußere Kräfte auf den Körper (Abbildung 4.10). Eine Zeichnung wie in Abbildung 4.10 heißt **Kräftediagramm**. Die drei Kräfte sind

1. die Gewichtskraft G des Körpers,
2. die Kontaktkraft F_N, die vom Tisch ausgeübt wird; da wir den Tisch als reibungsfrei angenommen haben, wirkt die Kontaktkraft senkrecht zur Tischoberfläche;
3. die Kontaktkraft Z, die durch den Faden übertragen wird.

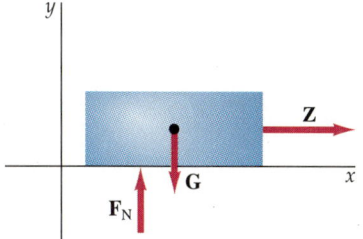

4.10 Kräftediagramm für den Körper aus Abbildung 4.9. Die drei wirksamen Kräfte sind die Gewichtskraft G, die Normalkraft F_N und die Kraft Z, die durch den Faden übertragen wird.

Zusätzlich ist in Abbildung 4.10 ein dem Problem angepaßtes Koordinatensystem eingezeichnet. Beachten Sie, daß die Normalkraft F_N und die Gewichtskraft G denselben Betrag besitzen, weil der Körper vertikal nicht beschleunigt wird. Da die resultierende Kraft in x-Richtung zeigt und den Betrag Z besitzt, liefert das zweite Newtonsche Gesetz

$$Z = ma_x.$$

Die Kraft, mit der die Hand am Faden zieht, ist gleich der Kraft, die der Faden auf den Körper ausübt. Wir erkennen dies im Kräftediagramm für den Faden, das in Abbildung 4.11 zu sehen ist. Der Körper übt die Kraft Z' auf den Faden aus. Sie besitzt den gleichen Betrag, aber die entgegengesetzte Richtung wie die Kraft Z, mit der der Faden am Körper zieht. (Wir haben bisher die Masse des Fadens nicht berücksichtigt. In Wirklichkeit wird der Faden leicht durchhängen, und die Kräfte F und Z' werden kleine vertikale Komponenten besitzen, aber sie sind so klein, daß wir sie in unserem Beispiel getrost vernachlässigen können.) Da der Faden gespannt bleibt, muß er dieselbe Beschleunigung erfahren wie der Körper. Wenn m_F die Masse des Fadens ist, erhalten wir mit dem zweiten Newtonschen Gesetz

$$F - Z' = m_F a_x.$$

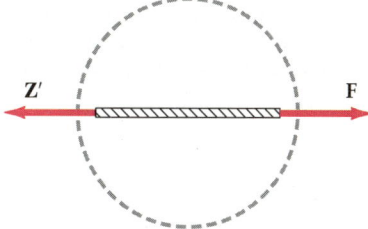

4.11 Kräftediagramm für den Faden aus Abbildung 4.9. Wenn der Faden leicht genug ist, so daß seine Masse vernachlässigt werden kann, dann haben die Kräfte F und Z' den gleichen Betrag.

Falls der Faden so leicht ist, daß wir seine Masse vernachlässigen können, vereinfacht sich dies zu

$$F - Z' = m_F a_x \approx 0.$$

Da Z und Z' denselben Betrag haben, sind die Kräfte F und Z identisch.

Abbildung 4.12 zeigt ein kleines Stück des Fadens der Masse Δm_F. Die Kräfte, die auf dieses Stück wirken, sind Z_1 vom rechten Teil des Fadens und Z_2 vom linken Teil des Fadens. Da der Faden eine vernachlässigbare Masse hat, sind diese Kräfte vom Betrag gleich groß, $Z_1 = Z_2 = Z$. Die Kraft Z wird auch die **Zugkraft** (oder Zugspannung) im Faden genannt. Jedes Fadenstück übt eine Kraft Z auf seine beiden Nachbarn aus. Diese Kräfte wirken entlang dem Faden, so daß ein leichter Faden, der zwei Punkte verbindet, überall dieselbe Zugkraft besitzt. Dieses Ergebnis gilt auch für einen Faden, der über eine reibungsfreie Rolle von vernachlässigbarer Masse läuft, solange zwischen den beiden betrachteten Punkten keine tangentialen Kräfte auf den Faden wirken.

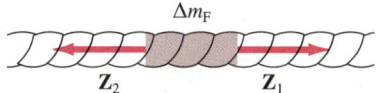

4.12 Kräftediagramm für ein Fadenstück der Masse Δm_F. Wenn die Masse des Fadenstücks vernachlässigt werden kann, dann sind die Zugkräfte Z_1 und Z_2, also die Kräfte, die ein Fadenstück auf seine Nachbarn ausübt, vom Betrag her gleich groß.

Sogar in diesem einfachen Beispiel werden beide Anwendungen der Newtonschen Axiome benutzt: Die horizontale Beschleunigung wird durch die gegebene Kraft F ausgerückt. Die vertikale Auflagekraft F_N des Tisches wird aus der Tatsache gewonnen, daß der Körper auf dem Tisch liegenbleibt, also $a_y = 0$ ist. Einschränkungen der Bewegung eines Körpers, wie in unserem Beispiel die Forderung, daß der Körper auf der Tischoberfläche bleibt, heißen **Randbedingungen**.

Nach dem dritten Newtonschen Gesetz treten Kräfte immer paarweise auf. Abbildung 4.10 zeigt nur diejenigen Kräfte, die am Körper angreifen. In Abbildung 4.13 sind die zugehörigen Gegenkräfte zu sehen. Dies sind die Gravitationskraft G' vom Körper auf die Erde, die Normalkraft F'_N vom Körper auf den Tisch und die Kraft Z' vom Körper auf den Faden. Da diese Kräfte nicht auf den Körper wirken, haben sie nichts mit seiner Bewegung zu tun. Wir können sie daher außer acht lassen, wenn wir das zweite Newtonsche Axiom auf die Bewegung des Körpers anwenden.

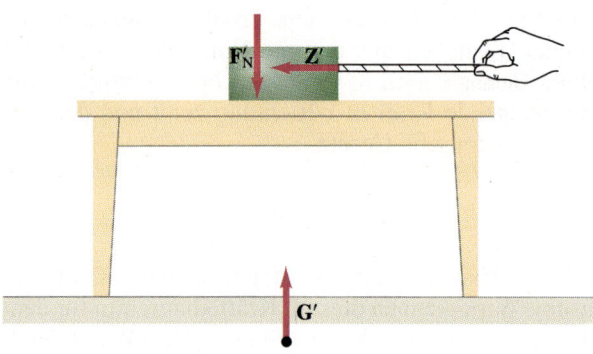

4.13 Die Gegenkräfte, die zu den drei Kräften in Abbildung 4.10 gehören. Beachten Sie, daß diese Kräfte *nicht* auf den Körper wirken. Z' wirkt auf den Faden, F'_N auf den Tisch und G' auf die Erde.

Dieses einfache Beispiel veranschaulicht eine allgemeine Vorgehensweise, um Aufgaben mit Hilfe der Newtonschen Axiome zu lösen. Diese Methode besteht im wesentlichen aus den folgenden Schritten:

Lösung von Bewegungsproblemen mit Hilfe der Newtonschen Axiome

1. Fertigen Sie eine saubere Zeichnung an.
2. Identifizieren und kennzeichnen Sie den Körper, der betrachtet werden soll. Erstellen Sie sodann ein Kräftediagramm, das alle äußeren Kräfte enthält, die auf den Körper wirken. Wenn mehrere Körper bei einem Problem untersucht werden sollen, zeichnen Sie für jeden Körper ein eigenes Kräftediagramm.
3. Wählen Sie ein geeignetes Koordinatensystem für jeden Körper und wenden Sie das zweite Newtonsche Axiom $F = ma$ für jede Komponente an.
4. Lösen Sie die daraus resultierenden Gleichungen nach den Unbekannten auf und nutzen Sie alle zusätzlichen Informationen, die meistens in Form von Randbedingungen gegeben sind.
5. Schauen Sie sich Ihre Ergebnisse sorgfältig an, und überprüfen Sie, ob sie mit vernünftigen Abschätzungen übereinstimmen. Besonders nützlich ist es, herauszufinden, wie sich Ihre Lösung verhält, wenn Sie die Variablen extreme Werte annehmen lassen. Auf diese Weise können Sie Fehler schnell entdecken.

Wir wollen nun einige Beispiele betrachten.

Beispiel 4.6

Bestimmen Sie die Beschleunigung eines Körpers der Masse m, der eine schiefe Ebene reibungsfrei hinabgleitet, die um den Winkel θ gegen die Horizontale geneigt ist.

Es gibt nur zwei Kräfte, die auf den Körper wirken, die Gewichtskraft G und die Normalkraft F_N, die von der schiefen Ebene ausgeübt wird (Abbildung 4.14). (In Wirklichkeit würde noch eine Reibungskraft parallel zur Oberfläche der schiefen Ebene auftreten, aber wir wollen hier von einer idealisierten, reibungsfreien Oberfläche ausgehen.) Da die beiden Kräfte nicht entlang derselben Geraden wirken, können sie sich nicht gegenseitig aufheben, also muß der Körper eine Beschleunigung erfahren. Er wird auf der schiefen Ebene nach unten beschleunigt. Dies ist ein weiteres Beispiel einer Randbedingung. Für dieses Problem ist es üblich, ein Koordinatensystem zu wählen, dessen Achsen parallel beziehungsweise senkrecht zur schiefen Ebene stehen. Dann hat die Beschleunigung nur eine Komponente a_x. Bei dieser Wahl zeigt die Normalkraft F_N in y-Richtung, und die Gewichtskraft G hat die Komponenten

$$G_x = G \sin \theta = mg \sin \theta$$
$$G_y = -G \cos \theta = -mg \cos \theta ,$$
  4.6

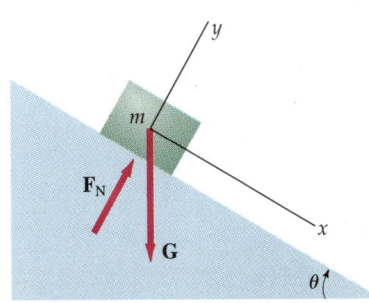

4.14 Die Kräfte, die auf einen Körper der Masse m wirken, der reibungslos auf einer schiefen Ebene nach unten gleitet. Es ist üblich, die x-Achse parallel zur Ebene zu wählen.

wobei m die Masse des Körpers und g die Erdbeschleunigung bezeichnet (Abbildung 4.15). Die resultierende Kraft in y-Richtung ist $F_N - mg \cos \theta$. Aus dem zweiten Newtonschen Axiom und der Tatsache, daß $a_y = 0$ ist, folgt

$$\sum F_y = F_N - mg \cos \theta = ma_y = 0$$

und daher

$$F_N = mg \cos \theta .$$ 4.7

Auf ähnliche Weise gilt für die x-Komponenten

$$\sum F_x = mg \sin \theta = ma_x$$
$$a_x = g \sin \theta .$$ 4.8

Die Beschleunigung auf der schiefen Ebene ist konstant und hat den Wert $g \sin \theta$. Es ist hilfreich, unsere Ergebnisse für extreme Werte von θ zu testen. Bei $\theta = 0°$ ist die Ebene horizontal. Die Gewichtskraft hat dann nur eine y-Komponente, die durch die Normalkraft F_N ausgeglichen wird. Die Beschleunigung ist gleich null: $a_x = g \sin 0° = 0$. Im anderen Extremfall, $\theta = 90°$, ist die schiefe Ebene vertikal. Dann hat die Gewichtskraft nur eine x-Komponente, und die Normalkraft ist gleich null: $F_N = mg \cos 90° = 0$. Die Beschleunigung ist $a_x = g \sin 90° = g$. Der Körper befindet sich damit im freien Fall.

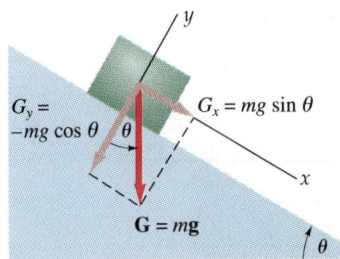

4.15 Die Gewichtskraft eines Körpers kann durch ihre Komponenten entlang den x- und y-Achsen ersetzt werden. Da der Vektor der Gewichtskraft senkrecht zur Horizontalen und die y-Achse senkrecht zur Ebene steht, ist der Winkel zwischen diesen beiden Richtungen gleich dem Neigungswinkel der schiefen Ebene. Die y-Komponente der Gewichtskraft ist daher gleich $-mg \cos \theta$, und für die x-Komponente ergibt sich $mg \sin \theta$.

Beispiel 4.7

Ein Bild wiege 8 N und sei an zwei Drähten mit den Zugkräften Z_1 und Z_2 aufgehängt, wie in Abbildung 4.16a angedeutet. Bestimmen Sie die Zugkräfte in den Drähten.

Da das Bild nicht beschleunigt wird, muß die resultierende Kraft gleich null sein. Die drei wirksamen Kräfte – die Gewichtskraft $G = mg$, die Zugkraft Z_1 im ersten Draht und die Zugkraft Z_2 im zweiten Draht – müssen sich also gegenseitig aufheben. Abbildung 4.16b zeigt das Kräftediagramm für das Bild, wobei die Kräfte jeweils in ihre horizontalen und vertikalen Komponenten zerlegt sind. Da die Gewichtskraft nur eine vertikale Komponente mg nach unten besitzt, müssen die horizontalen Komponenten der Zugkräfte Z_1 und Z_2 sich gegenseitig aufheben und ihre vertikalen Komponenten die Gewichtskraft ausgleichen:

$$\sum F_x = Z_1 \cos 30° - Z_2 \cos 60° = 0$$

$$\sum F_y = Z_1 \sin 30° + Z_2 \sin 60° - mg = 0 .$$

4 Die Newtonschen Axiome

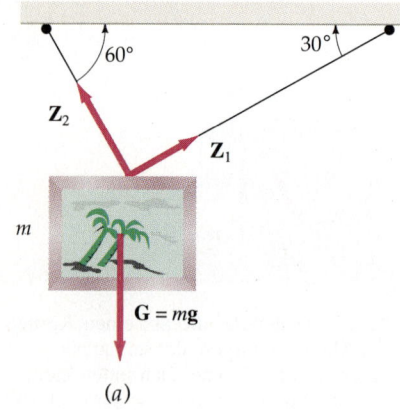

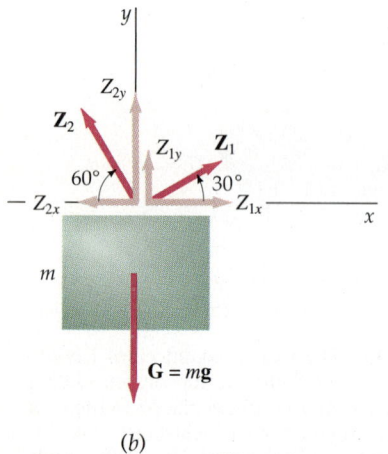

4.16 a) Das Bild aus Beispiel 4.7 ist an zwei Drähten aufgehängt. b) Kräftediagramm für das Bild, wobei die beteiligten Kräfte in ihre x- und y-Komponenten zerlegt sind.

Wenn wir $\cos 30° = \sqrt{3}/2 = \sin 60°$ und $\sin 30° = \frac{1}{2} = \cos 60°$ benutzen und nach den Zugkräften auflösen, erhalten wir

$$Z_1 = \frac{1}{2} mg = 4 \text{ N}$$

$$Z_2 = \sqrt{3}\, Z_1 = \frac{\sqrt{3}}{2} mg = 6{,}93 \text{ N} \, .$$

Wir werden nun zwei Anwendungsbeispiele der Newtonschen Axiome betrachten, bei denen sich ein Körper im Kreis bewegt. Wenn sich ein Teilchen mit einer Geschwindigkeit v auf einer Kreisbahn mit dem Radius r bewegt, dann erfährt es, wie wir in Kapitel 3 gesehen haben, eine Beschleunigung v^2/r in Richtung des Kreismittelpunktes – egal ob sich der Betrag der Geschwindigkeit ändert oder nicht. Wird eine Änderung des Betrags der Geschwindigkeit festgestellt, so ist das ein Zeichen dafür, daß tangential zur Kreisbahn eine zusätzliche Beschleunigungskomponente vorliegt, deren Betrag dieser Geschwindigkeitsänderung entspricht.

Wie bei jeder Beschleunigung muß es auch bei der Kreisbewegung eine resultierende Kraft in Richtung der Zentripetalbeschleunigung geben. Diese Kraft heißt **Zentripetalkraft**. Beachten Sie, daß die Zentripetalkraft keine neue Kraftart darstellt. Sie ist lediglich ein *Name* für die Kraft, die die Zentripetalbeschleunigung erzeugt und damit eine Kreisbewegung ermöglicht. Die Zentripetalkraft kann durch einen Faden, eine Feder oder durch irgendeine andere Kontaktkraft wie eine Normal- oder Reibungskraft aufgebracht werden. Es kann sich natürlich auch um eine Kraft handeln, die über eine Entfernung hinweg wirkt, wie wir es bei der Gravitationskraft kennengelernt haben.

Beispiel 4.8

Ein Ball der Masse m hänge an einem Seil der Länge ℓ und bewege sich mit konstanter Geschwindigkeit v auf einer horizontalen Kreisbahn mit dem Radius r. Wie in Abbildung 4.17 gezeigt, habe das Seil einen Winkel θ zur Vertikalen, der sich aus $\sin \theta = r/\ell$ ergibt. Bestimmen Sie die Zugkraft im Seil und die Geschwindigkeit des Balles.

Die beiden Kräfte, die auf den Ball wirken, sind seine Gewichtskraft $\mathbf{G} = m\mathbf{g}$, die ihn vertikal nach unten zieht, und die Zugkraft $\mathbf{Z}$, die entlang dem Seil wirkt. Bei dieser Aufgabe wissen wir, daß die Beschleunigung horizontal sein muß, in Richtung des Kreismittelpunktes zeigt und den Betrag v^2/r besitzt. Deshalb muß die Vertikalkomponente der Zugkraft die Gewichtskraft $m\mathbf{g}$ ausgleichen. Die Horizontalkomponente der Zugkraft ist gleich der Zentripetalkraft. Die vertikalen und horizontalen Komponenten der resultierenden Kraft ergeben daher

$$Z \cos \theta - mg = 0$$

oder

$$Z \cos \theta = mg$$

und

$$Z \sin \theta = ma = \frac{mv^2}{r} \, .$$

Wir können die Zugkraft leicht mit der ersten Gleichung berechnen, da θ gegeben ist. Die Geschwindigkeit v schreiben wir mit den bekannten Größen r und θ, indem wir die eine Gleichung durch die andere dividieren, um Z zu eliminieren. Wir erhalten dabei

4.6 Anwendungen zur Lösung von Bewegungsproblemen

$$\frac{Z \sin \theta}{Z \cos \theta} = \frac{mv^2/r}{mg}$$

$$\frac{\sin \theta}{\cos \theta} = \tan \theta = \frac{v^2}{rg},$$

also

$$v = \sqrt{rg \tan \theta}.$$

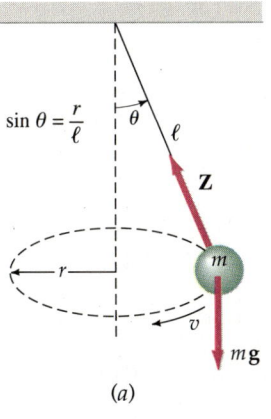

Beispiel 4.9

Ein Eimer Wasser werde auf einer Kreisbahn mit Radius r in vertikaler Richtung herumgeschleudert. Wenn seine Geschwindigkeit am obersten Punkt des Kreises v_o beträgt, wie groß ist dann die Kraft, die der Eimer an diesem Punkt auf das Wasser ausübt? Bestimmen Sie auch den kleinsten Wert von v_o, bei dem das Wasser noch im Eimer bleibt.

Die Kräfte, die am obersten Punkt des Kreises auf das Wasser wirken, sind in Abbildung 4.18 gezeigt. Es handelt sich um die Gewichtskraft $m\mathbf{g}$ und die Kraft $\mathbf{F}_E$, die der Eimer aufbringt. Beide Kräfte wirken nach unten. Die Beschleunigung in Richtung des Kreismittelpunktes zeigt in diesem Punkt ebenfalls nach unten. Das zweite Newtonsche Axiom liefert

$$F_E + mg = m\frac{v_o^2}{r}.$$

Die Kraft, die der Eimer ausübt, ist deshalb

$$F_E = m\frac{v_o^2}{r} - mg.$$

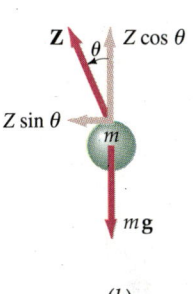

4.17 a) Ein an einem Seil hängender Ball bewegt sich auf einer horizontalen Kreisbahn. b) Kräftediagramm für den Ball, wobei die Zugkraft $\mathbf{Z}$ in ihre horizontalen und vertikalen Komponenten zerlegt ist.

Beachten Sie, daß sowohl die Gravitationskraft als auch die Kontaktkraft des Eimers zur Zentripetalkraft beitragen.

Wenn wir die Geschwindigkeit des Eimers erhöhen, wird der Boden des Eimers eine größere Kraft auf das Wasser ausüben, um es auf der Kreisbahn zu halten. Wenn wir dagegen die Geschwindigkeit verringern, wird auch F_E kleiner. Da der Eimer keine aufwärts gerichtete Kraft auf das Wasser ausüben kann, ist die kleinste Geschwindigkeit, das Wasser am obersten Punkt des Kreises haben kann, durch $F_E = 0$ gegeben. Dann gilt

$$mg = m\frac{v_{o,min}^2}{r}$$

oder

$$v_{o,min} = \sqrt{rg}. \qquad 4.9$$

Wenn das Wasser sich mit dieser kleinsten Geschwindigkeit bewegt, dann ist seine Beschleunigung am obersten Punkt des Kreises gleich der Erdbeschleunigung g, und die einzige Kraft, die auf das Wasser wirkt, ist die Anziehungskraft der Erde, also die Gewichtskraft $m\mathbf{g}$ des Wassers.

Wenn Sie diesen Versuch einmal selbst ausprobieren wollen, dann würden Sie sicher gerne wissen, wie schnell Sie den Eimer schleudern müssen, um nicht naß zu werden. Ein vernünftiger Wert für r ist 1 m, wenn wir eine Armlänge von 70 cm und eine Entfernung von 30 cm zwischen Ihrem Arm und dem Wasser annehmen. Die kleinste Geschwindigkeit am oberen Punkt des Kreises ist dann

$$v_{o,min} = \sqrt{rg} = \sqrt{1 \text{ m} \cdot 9{,}81 \text{ m/s}^2} = 3{,}13 \text{ m/s}.$$

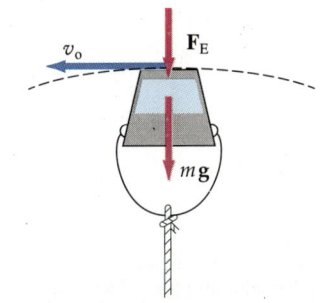

4.18 Ein Eimer Wasser wird auf einer vertikalen Kreisbahn herumgeschleudert. Am obersten Punkt wirken die Gewichtskraft $m\mathbf{g}$ und die Kontaktkraft des Eimers F_E auf das Wasser ein. Beide Kräfte sind in diesem Moment auf den Kreismittelpunkt nach unten gerichtet.

Wenn Sie den Eimer mit einer konstanten Geschwindigkeit im Kreis bewegen, kann die größte Umdrehungszeit mit Hilfe von (3.23) aus Kapitel 3 berechnet werden:

$$T = \frac{2\pi r}{v} = \frac{2 \cdot 3{,}14 \cdot 1 \text{ m}}{3{,}13 \text{ m/s}} \approx 2 \text{ s}.$$

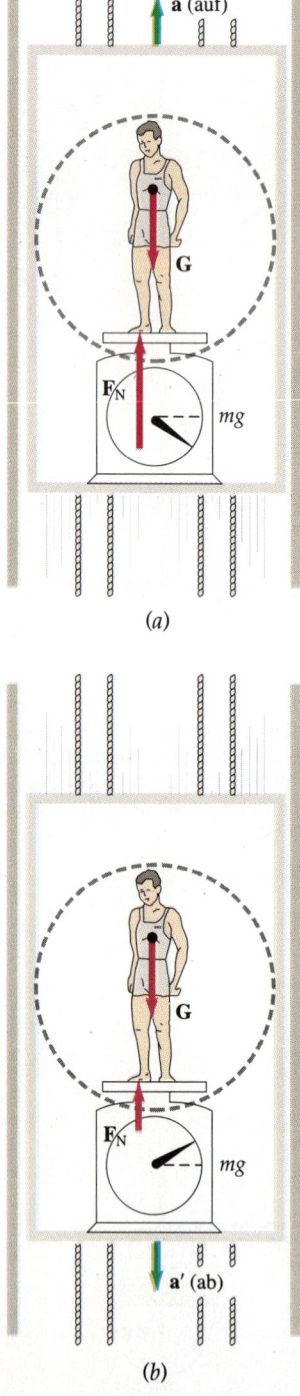

4.19 Ein Mann steht auf einer Waage in einem beschleunigten Fahrstuhl. Die Waage zeigt die *scheinbare Gewichtskraft* des Mannes an, die vom Betrag her mit F_N übereinstimmt. a) Wenn die Beschleunigung nach oben zeigt, ist seine scheinbare Gewichtskraft größer als mg. b) Wenn die Beschleunigung nach unten zeigt, ist seine scheinbare Gewichtskraft kleiner als mg.

In unserem letzten Beispiel wenden wir die Newtonschen Axiome auf einen Körper an, der sich relativ zu einem Fahrstuhl in Ruhe befindet, während der Fahrstuhl selbst beschleunigt wird.

Beispiel 4.10

Ein Mann stehe auf einer Waage, die am Boden eines Fahrstuhles befestigt ist, wie in Abbildung 4.19 gezeigt. Was zeigt die Waage an, wenn der Fahrstuhl a) nach oben und b) nach unten beschleunigt wird?

a) Da der Mann relativ zum Fahrstuhl in Ruhe ist, wird er ebenfalls nach oben beschleunigt. Die Kräfte, die auf den Mann wirken, sind zum einen die nach oben gerichtete Kraft F_N, die von der Waage ausgeht, und zum zweiten seine nach unten gerichtete Gewichtskraft G. Die resultierende Kraft $F_N - G$ zeigt wie die Beschleunigung a nach oben. Mit dem zweiten Newtonschen Axiom erhalten wir

$$F_N - G = ma$$

oder

$$F_N = G + ma = mg + ma .\qquad 4.10$$

Die Kraft F'_N, die der Mann auf die Waage ausübt, bestimmt die Anzeige der Waage. Da F'_N die Gegenkraft zu F_N ist, haben beide Kräfte denselben Betrag. Wenn der Fahrstuhl also nach oben beschleunigt, ist die scheinbare Gewichtskraft des Mannes um den Betrag ma größer als seine wirkliche Gewichtskraft.

b) In diesem Fall wird der Fahrstuhl nach unten beschleunigt, und wir nennen die Beschleunigung nun a'. Die resultierende Kraft muß jetzt nach unten zeigen, was bedeutet, daß die Gewichtskraft mg größer ist als F_N. Wenn wir die Abwärtsrichtung positiv wählen, ergibt das zweite Newtonsche Axiom

$$G - F_N = ma'$$

oder

$$F_N = G - ma' = mg - ma' .\qquad 4.11$$

Auch hier gilt, daß die Anzeige der Waage, also die scheinbare Gewichtskraft, dem Betrag nach mit F_N übereinstimmt. In diesem Fall ist die scheinbare Gewichtskraft aber kleiner als mg. Wenn $a' = g$ ist, sich der Fahrstuhl also im freien Fall befindet, scheint der Mann gewichtslos zu sein. Was passiert, wenn die Beschleunigung des Fahrstuhls größer als g wird? (Damit dies geschieht, müßte zusätzlich zur Gravitation eine weitere Kraft den Fahrstuhl nach unten ziehen.) Wir nehmen an, daß die Oberfläche der Waage nicht klebrig ist, so daß die Waage keine abwärts gerichtete Kraft auf den Mann ausüben kann. Damit wird der Mann höchstens mit seiner Gewichtskraft G nach unten gezogen, die Waage wird sich also bald vom Mann entfernen. Der Mann besitzt die Beschleunigung g, die kleiner ist als die Beschleunigung des Fahrstuhls. Daher wird der Mann schließlich gegen die Decke des Fahrstuhles prallen. Wenn die Decke stabil genug ist, wird sie auf ihn eine Kraft nach unten übertragen, die ihm dann ebenfalls die Beschleunigung a' verleiht.

Übung

Sie stehen auf einer Waage in einem Fahrstuhl, der nach unten fährt und dann mit einer Beschleunigung vom Betrag 4 m/s² abbremst. Was zeigt die Waage beim Abbremsen an, wenn Ihre Masse 70 kg beträgt? (Antwort: 967 N)

Fragen

8. Ein Bild ist wie in Beispiel 4.7 an zwei Drähten aufgehängt. Erwarten Sie, daß die Zugkraft in dem steiler ausgerichteten Draht größer oder kleiner ist als im anderen?
9. Welchen Einfluß hat die Geschwindigkeit des Fahrstuhls auf die scheinbare Gewichtskraft des Mannes in Beispiel 4.10?

Zusammenfassung

1. Die grundlegenden Gesetze der klassischen Mechanik sind in den Newtonschen Axiomen enthalten:
   Erstes Newtonsches Axiom (Trägheitsprinzip): Ein Körper bleibt in Ruhe oder bewegt sich mit konstanter Geschwindigkeit weiter, wenn keine resultierende äußere Kraft auf ihn einwirkt.
   Zweites Newtonsches Axiom (Aktionsprinzip): Die Beschleunigung eines Körpers ist umgekehrt proportional zu seiner Masse und direkt proportional zur resultierenden Kraft, die auf ihn wirkt:

   $$a = \frac{F}{m}$$

   oder

   $$F = ma .$$

   Drittes Newtonsches Axiom (Reaktionsprinzip): Kräfte treten immer paarweise auf. Wenn Körper A eine Kraft auf Körper B ausübt, so wirkt eine gleich große, aber entgegengesetzt gerichtete Kraft von Körper B auf Körper A.

2. Ein Bezugssystem, in dem die Newtonschen Axiome gelten, heißt Inertialsystem. Jedes Bezugssystem, das sich relativ zu einem Inertialsystem mit konstanter Geschwindigkeit bewegt, ist selbst ein Inertialsystem. Ein Bezugssystem, das relativ zu einem Inertialsystem beschleunigt wird, ist kein Inertialsystem. Ein Bezugssystem, das mit der Erde verbunden ist, kann näherungsweise als Inertialsystem angesehen werden.

3. Die Kraft wird mit Hilfe der Beschleunigung definiert, die sie bei einem Körper hervorruft. Eine Kraft von 1 Newton (N) erzeugt bei einem Körper der Masse 1 kg eine Beschleunigung von 1 m/s^2.

4. Die Masse ist eine jedem Körper innewohnende Eigenschaft, die dessen Widerstand gegen eine Beschleunigung angibt. Die Masse eines Körpers läßt sich mit derjenigen eines anderen Körpers vergleichen, indem man dieselbe Kraft auf beide Körper wirken läßt und ihre Beschleunigungen mißt. Das Verhältnis der beiden Massen entspricht dann dem Kehrwert des Verhältnisses ihrer Beschleunigungen:

   $$\frac{m_1}{m_2} = \frac{a_2}{a_1} .$$

   Die Masse eines Körpers hängt nicht davon ab, wo er sich befindet.

5. Die Gewichtskraft **G** eines Körpers ist die Gravitationskraft zwischen dem Körper und der Erde. Sie ist proportional zur Masse m des Körpers und zur Erdbeschleunigung g, durch die das sogenannte Gravitationsfeld der Erde definiert wird und die mit der Beschleunigung des freien Falls übereinstimmt:

$$G = mg \ .$$

Die Gewichtskraft ist keine körpereigene Eigenschaft. Sie ist wie die Beschleunigung g ortsabhängig.

6. Alle Kräfte, denen wir in der Natur begegnen, können durch vier grundlegende Wechselwirkungen erklärt werden:

   1. die Gravitationswechselwirkung,
   2. die elektromagnetische Wechselwirkung,
   3. die starke Wechselwirkung (auch als hadronische Kraft bezeichnet),
   4. die schwache Wechselwirkung.

   Die meisten Kräfte, die auf makroskopische Gegenstände des Alltags einwirken, wie die Kontaktkräfte, die von Federn, Seilen oder Oberflächen ausgeübt werden, beruhen auf molekularen Kräften. Sie sind letztlich eine Folge der elektromagnetischen Wechselwirkung.

7. Eine allgemeine Vorgehensweise, um Aufgaben mit Hilfe der Newtonschen Axiome zu lösen, besteht aus den folgenden Schritten:

   1. Fertigen Sie eine saubere Zeichnung an.
   2. Isolieren Sie den Körper, der betrachtet werden soll, und zeichnen Sie ein Kräftediagramm, das alle äußeren Kräfte enthält, die auf den Körper wirken. Zeichnen Sie für jeden beteiligten Körper ein eigenes Kräftediagramm.
   3. Wählen Sie ein geeignetes Koordinatensystem für jeden Körper, und wenden Sie das zweite Newtonsche Axiom für jede Komponente an.
   4. Lösen Sie die daraus resultierenden Gleichungen nach den Unbekannten auf, und nutzen Sie jede zusätzliche Information.
   5. Schauen Sie sich Ihre Ergebnisse sorgfältig an, und untersuchen Sie, wie die Lösungen sich verhalten, wenn Sie den Variablen extreme Werte zuweisen.

Aufgaben

Stufe I

4.2 Kraft, Masse und das zweite Newtonsche Axiom

1. Ein Körper erfahre eine Beschleunigung von 4 m/s², wenn eine Kraft F_0 auf ihn einwirkt. a) Wie groß ist die Beschleunigung, wenn die Kraft verdoppelt wird? b) Unter dem Einfluß derselben Kraft F_0 erfahre ein zweiter Körper eine Beschleunigung von 8 m/s². Wie ist das Verhältnis der Massen der beiden Körper? c) Wenn beide Körper miteinander verbunden werden, welche Beschleunigung bewirkt die Kraft F_0 dann?

2. Eine Kraft F_0 beschleunige einen Körper der Masse m mit 5 m/s². Bestimmen Sie die Beschleunigung des Körpers, wenn auf ihn die Kräfte wirken, die in Abbildung 4.20a und b eingezeichnet sind.

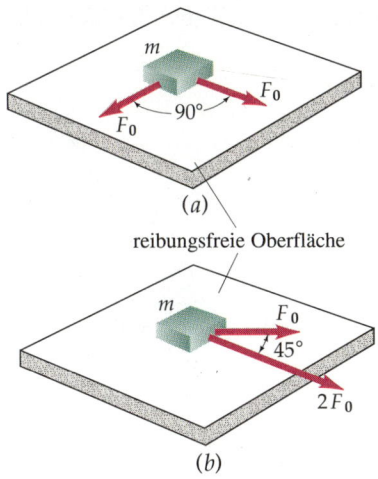

4.20 Kräfte, die auf den Körper in Aufgabe 2 einwirken.

3. Eine Kraft $\mathbf{F} = (6\,\text{N})\,\mathbf{e}_x - (3\,\text{N})\,\mathbf{e}_y$ wirke auf einen Körper der Masse 2 kg. Bestimmen Sie die Beschleunigung $\mathbf{a}$. Wie groß ist der Betrag a der Beschleunigung?

4. In Abbildung 4.21 ist für einen Gegenstand der Masse 10 kg, der sich geradlinig bewegt, v_x gegen t aufgetragen. Zeichnen Sie ein Schaubild, das die auf den Gegenstand einwirkende Kraft als Funktion der Zeit wiedergibt.

5. Abbildung 4.22 zeigt die Position x eines Teilchens, das sich geradlinig bewegt, als Funktion der Zeit t. In welchen Zeitintervallen wirkt eine Kraft auf das Teilchen? Geben Sie die Richtung der Kraft (+ oder −) in diesen Zeitintervallen an.

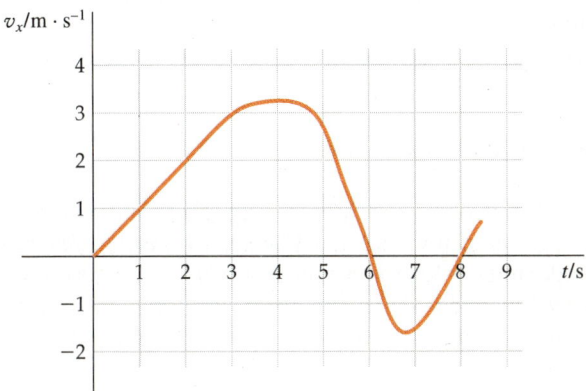

4.21 Zu Aufgabe 4: Schaubild der Geschwindigkeit v_x als Funktion der Zeit t.

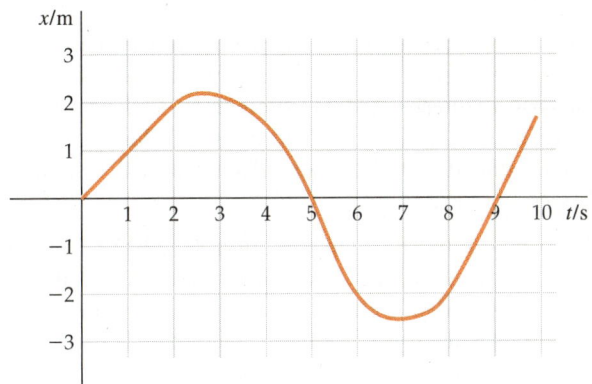

4.22 Zu Aufgabe 5: Schaubild der Position x als Funktion der Zeit t.

4.3 Die Gewichtskraft

6. Welche Gewichtskraft in Newton wirkt auf ein Mädchen, das eine Masse von 50 kg hat?

7. Die Gravitationskraft, die von der Erde auf einen Körper ausgeübt wird, der sich in der Höhe h über der Erdoberfläche befindet, ist

$$F = mg\,\frac{R_{\text{E}}^2}{(R_{\text{E}} + h)^2}.$$

Darin ist R_{E} der Erdradius (etwa 6370 km) und g die Fallbeschleunigung an der Erdoberfläche. a) Welche Gewichtskraft in Newton wirkt auf einen Mann der Masse 80 kg an der Erdoberfläche? b) Bestimmen Sie seine Gewichtskraft in einer Höhe von 300 km über der Erde. c) Wie groß ist die Masse des Mannes in dieser Höhe?

4 Die Newtonschen Axiome

4.4 Das dritte Newtonsche Axiom

8. Ein Körper gleite eine schiefe Ebene reibungslos hinunter. Fertigen Sie eine Zeichnung an und tragen Sie alle Kräfte ein, die auf den Körper wirken. Geben Sie zu jeder Kraft in der Zeichnung auch die Gegenkraft an.

4.5 Kräfte in der Natur

9. Ein Körper der Masse 6 kg gleite auf einer reibungsfreien horizontalen Fläche. Er werde über eine Feder mit der Kraftkonstanten 800 N/m gezogen, wobei sich die Feder dabei um 4 cm aus ihrer entspannten Länge dehnt. Wie groß ist die Beschleunigung des Körpers?

4.6 Anwendungen zur Lösung von Bewegungsproblemen

10. In Abbildung 4.23 sind Körper mit Federwaagen verbunden, an denen die jeweils wirkenden Kräfte in Newton abzulesen sind. Was zeigen die Federwaagen in den Fällen a) bis d) an, wenn man die Masse der Seilstücke und die Reibung der Rollen und der schiefen Ebene vernachlässigt?

11. Eine Frau trage einen Karton der Masse 10 kg an einer Schnur, die eine Zugkraft von 150 N aushält. Die Frau betrete damit einen Aufzug. In dem Moment, in dem dieser nach oben anfährt, reißt die Schnur. Wie groß muß die Beschleunigung des Aufzugs mindestens sein?

Stufe II

12. Ein Bild habe eine Masse von 2 kg und sei an zwei gleich langen Drähten aufgehängt. Beide Drähte schließen mit der Horizontalen einen Winkel θ ein, wie in Abbildung 4.24 gezeigt. a) Bestimmen Sie allgemein die Zugkraft Z in Abhängigkeit von θ und von der Gewichtskraft G des Bildes. Für welchen Winkel θ ist Z am kleinsten, und für welchen ist es am größten? b) Bestimmen Sie die Zugkraft an den Drähten für $\theta = 30°$.

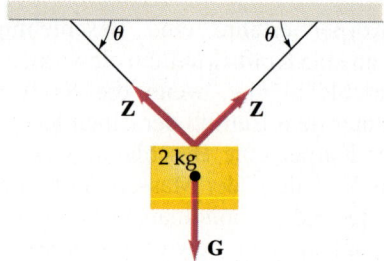

4.24 Zu Aufgabe 12.

13. Ein Kasten werde auf einer schiefen Ebene von einem Seil gehalten (Abbildung 4.25). a) Bestimmen Sie die Zugkraft im Seil und die Normalkraft, die die

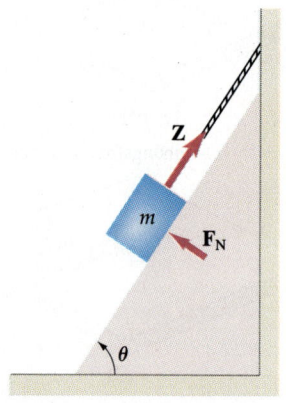

4.25 Zu Aufgabe 13.

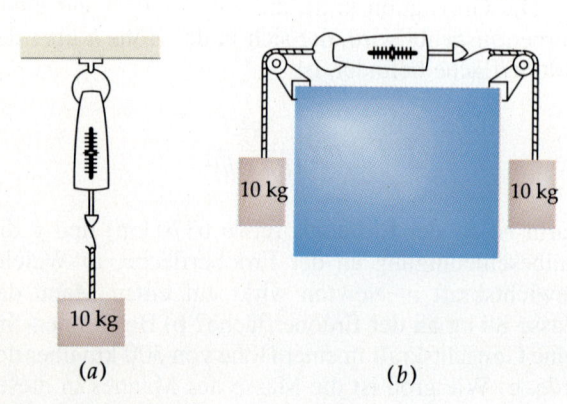
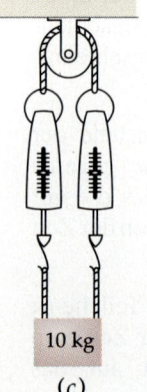
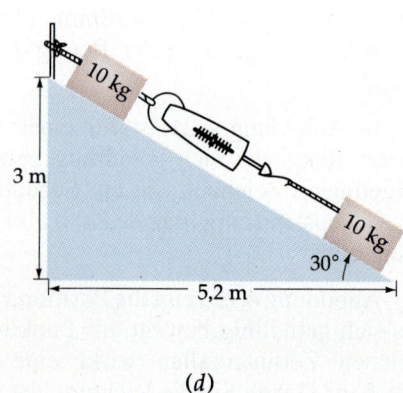

(a) (b) (c) (d)

4.23 Zu Aufgabe 10.

Ebene ausübt. Es sei $\theta = 60°$ und $m = 5$ kg. b) Geben Sie die Zugkraft als Funktion von θ und m an und prüfen Sie die Formel für $\theta = 0°$ und $\theta = 90°$.

14. Ein Körper der Masse 0,5 kg werde an einer Feder über einen reibungsfreien Tisch gezogen. In der folgenden Tabelle ist die Beschleunigung a des Körpers bei verschiedenen Federlängen ℓ eingetragen.

ℓ/cm	4	5	6	7	8	9	10	11	12	13	14
a/m·s^{-2}	0	2,0	3,8	5,6	7,4	9,2	11,2	12,8	14,0	14,6	14,6

a) Tragen Sie die Kraft, die die Feder auf den Körper ausübt, gegen die Federlänge ℓ auf. b) Welche Kraft übt die Feder aus, wenn sie um 12,5 cm gedehnt wird? c) Um wieviel wird die Feder länger, wenn der Körper an ihr aufgehängt ist und sich in Ruhe befindet? Die Erdbeschleunigung sei $g = 9,81$ N/kg.

15. Ihr Wagen stecke in einem Schlammloch. Sie sind allein, aber Sie haben ein langes, starkes Seil bei sich. Immerhin studieren Sie Physik, also befestigen Sie ein Ende des Seils am Auto und das andere Ende an einem Baum und ziehen nun seitlich daran, wie in Abbildung 4.26 dargestellt. a) Welche Kraft übt das Seil auf den Wagen aus, wenn der Winkel $\theta = 3°$ beträgt und Sie mit einer Kraft von 400 N am Seil ziehen, ohne daß sich der Wagen bewegt? b) Welche Kraft muß das Seil aushalten, wenn Sie eine Kraft von 600 N einsetzen müssen, um den Wagen bei $\theta = 3°$ zu bewegen?

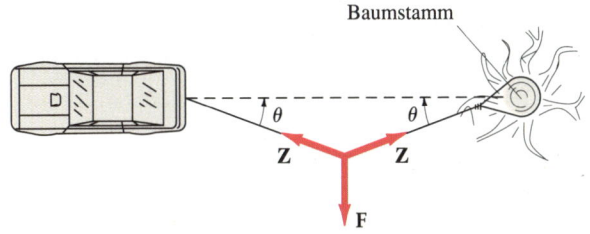

4.26 Zu Aufgabe 15.

16. Ein Autofahrer fahre mit einer Geschwindigkeit von 90 km/h und muß plötzlich eine Vollbremsung machen, um einen Unfall zu vermeiden. Zum Glück hatte er sich angeschnallt. Benutzen Sie vernünftige Werte für die Masse des Fahrers und für die Bremszeit, um die (als konstant angenommene) Kraft abzuschätzen, mit der der Sicherheitsgurt den Fahrer abbremst.

17. Ein Vater schleudere sein Kind im Kreis herum, wie in Abbildung 4.27 gezeigt. Welchen Betrag und welche Richtung muß die Kraft haben, mit der der Vater das Kind im Kreis dreht, wenn dieser einen Radius von 0,75 m und das Kind eine Masse von 25 kg hat? Eine Umdrehung dauere 1,5 Sekunden.

4.27 Zu Aufgabe 17.

Stufe III

18. Ein Kasten der Masse m_1 werde von einer Kraft F über ein Seil gezogen, das eine viel kleinere Masse m_2 hat (siehe Abbildung 4.28). Der Kasten gleite auf einer glatten, horizontalen Oberfläche. a) Bestimmen Sie die Beschleunigung des Seiles und des Kastens, die zunächst als ein einziger Körper anzusehen seien. b) Welche resultierende Kraft wirkt auf das Seil? c) Bestimmen Sie die Zugkraft im Seil an der Stelle, an der es mit dem Körper verbunden ist. d) Die Darstellung in Abbildung 4.28, in der das Seil horizontal eingezeichnet ist, ist nicht ganz korrekt. Korrigieren Sie die Abbildung und geben Sie an, wie diese Änderung die ermittelten Werte beeinflußt.

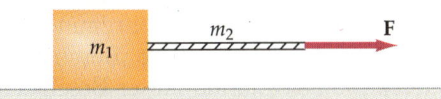

4.28 Zu Aufgabe 18.

19. Ein Körper der Masse 2 kg liege auf einem glatten Keil, der einen Neigungswinkel von 60° hat (Abbil-

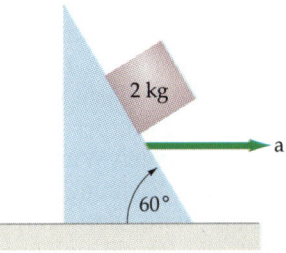

4.29 Zu Aufgabe 19.

dung 4.29) und sich mit der Beschleunigung a nach rechts bewegt, so daß der Körper relativ zum Keil in Ruhe ist. a) Bestimmen Sie a. b) Was geschieht, wenn man dem Keil eine größere Beschleunigung verleiht?

20. Ein Anstreicher habe eine Masse von 60 kg und stehe auf einer Aluminium-Hebebühne der Masse 15 kg. Ein Seil, das an der Hebebühne befestigt ist, laufe über eine feste Rolle und erlaube dem Anstreicher, sich mit der Hebebühne nach oben zu ziehen (Abbildung 4.30). a) Um zu starten, beschleunigt er sich und die Hebebühne mit $0{,}8$ m/s². Mit welcher Kraft muß er am Seil ziehen? b) Sobald er eine Geschwindigkeit von 1 m/s erreicht hat, zieht er nur noch so stark, daß er und die Bühne sich mit konstanter Geschwindigkeit nach oben bewegen. Welche Kraft ist dafür nötig? (Vernachlässigen Sie die Masse des Seiles.)

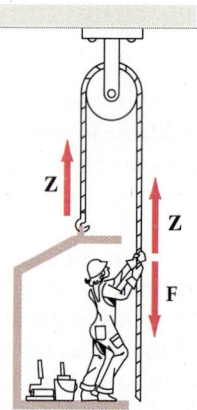

4.30 Zu Aufgabe 20.

21. a) Zeigen Sie, daß ein Punkt auf der Erdoberfläche mit der geographischen Breite θ eine Beschleunigung von $3{,}37 \cos \theta$ cm/s² relativ zum Erdmittelpunkt erfährt. Welche Richtung hat diese Beschleunigung? b) Diskutieren Sie den Einfluß dieser Beschleunigung auf die scheinbare Gewichtskraft eines Körpers nahe der Erdoberfläche. c) Die Fallbeschleunigung eines Körpers auf Meereshöhe *relativ zur Erdoberfläche* ist am Äquator gleich $9{,}78$ m/s² und bei einer geographischen Breite von $\theta = 45°$ gleich $9{,}81$ m/s². Welche Werte hat das Gravitationsfeld g an diesen Punkten?

22. Sie können einen einfachen Beschleunigungsmesser bauen, indem Sie einen kleinen Körper an einem Faden in einem beschleunigten Fahrzeug aufhängen, zum Beispiel innen am Autodach. Wenn eine Beschleunigung auftritt, wird der Körper ausgelenkt, und der Faden wird einen bestimmten Winkel θ zur Vertikalen aufweisen. a) In welcher Richtung relativ zur Richtung der Beschleunigung wird der Körper ausgelenkt? b) Zeigen Sie, daß die Beschleunigung a gegeben ist durch $a = g \tan \theta$. c) Der Beschleunigungsmesser sei am Dach eines Autos befestigt, das aus einer Geschwindigkeit von 50 km/h auf einer Strecke von 60 m zum Stillstand kommt. Welchen Winkel zeigt der Beschleunigungsmesser an? Zeigt der Körper nach vorn oder nach hinten?

23. Ein Mädchen mit einer Masse von 65 kg wiegt sich, indem es sich auf eine Waage auf einem Skateboard stellt, das eine schiefe Ebene hinunterrollt; siehe Abbildung 4.31. Es trete keine Reibung auf, so daß die Kraft, die die schiefe Ebene auf das Skateboard ausübt, senkrecht auf der Ebene steht. Was zeigt die Waage bei $\theta = 30°$ an?

4.31 Zu Aufgabe 23.

24. Ein kleiner, durchbohrter Zylinder mit einer Masse von 100 g gleite auf einem Draht. Dieser sei zu einem Halbkreis mit dem Radius 10 cm gebogen und rotiere um eine vertikale Achse mit 2 Umdrehungen pro Sekunde (Abbildung 4.32). Für welche Werte von θ bleibt der Zylinder relativ zum sich drehenden Draht in Ruhe?

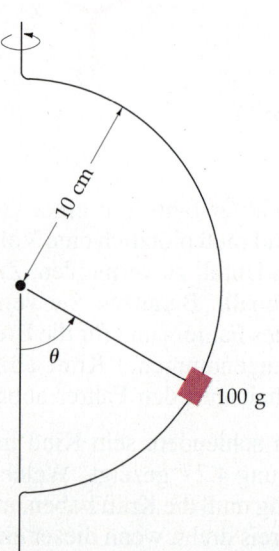

4.32 Zu Aufgabe 24.

Anwendungen der Newtonschen Axiome

5

In diesem Kapitel werden wir die Newtonschen Axiome auf Bewegungsprobleme anwenden, die in der Praxis eine besonders wichtige Rolle spielen oder an denen grundlegende Begriffe und Zusammenhänge noch einmal veranschaulicht und vertieft werden können. Die drei Hauptthemen des Kapitels sind: Reibungskräfte, Strömungswiderstände und Scheinkräfte. Darüber hinaus werden wir in Zusammenhang mit den Strömungswiderständen ein mathematisches Verfahren kennenlernen, das in der gesamten Experimentalphysik große Bedeutung hat: die numerische Integration.

Die Methode zur Lösung mechanischer Probleme, die im Abschnitt 4.6 beschrieben wurde, eignet sich auch für die Probleme in diesem Kapitel. Sie sollten sich die Schritte, die diese Methode umfaßt, noch einmal in Erinnnerung rufen. Ein besonders wichtiger Schritt sollte Ihnen in Fleisch und Blut übergehen: zu jedem Bewegungsproblem zunächst eine Zeichnung anzufertigen und die wichtigen Kräfte, die auf jeden beteiligten Körper wirken, in ein Kräftediagramm einzutragen.

5.1 Reibung

Wenn Sie mit einer nicht zu großen horizontalen Kraft gegen eine auf dem Boden liegende Kiste drücken, dann wird die Kiste sich wahrscheinlich nicht bewegen. Der Grund dafür ist, daß der Boden eine horizontale **Haftreibungskraft** F_H ausübt, die die von Ihnen aufgebrachte Kraft ausgleicht (Abbildung 5.1). Die Reibungskraft entsteht durch die Wechselwirkung der Moleküle der Kiste mit denen des Bodens, und zwar überall dort, wo die beiden Oberflächen in engem Kontakt sind. Die Reibungskraft wirkt in entgegengesetzter Richtung zur von außen angreifenden Kraft. Die Haftreibungskraft ähnelt einer Auflagekraft, da sie äußere Kräfte in gewissen Grenzen (d.h. bis zu einem bestimmten Maximalwert) ausgleichen kann. Um in unserem Bild zu bleiben: Wenn Sie fest genug gegen die Kiste drücken, dann wird sie über den Boden gleiten. Sobald die Kiste in Bewegung ist, werden die molekularen Wechselwirkungen zwischen ihr und dem Fußboden ständig aufgebaut und wieder getrennt, und kleine Teile der Oberflächen „brechen ab". Dieses Phänomen ist ebenfalls auf eine Kraft zurückzuführen, die einer Bewegung entgegenwirkt: die **Gleitreibungskraft**. Um die Kiste mit

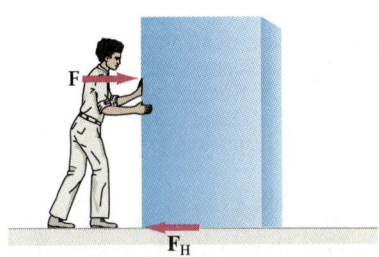

5.1 Wenn Sie versuchen, eine große Kiste über den Boden zu schieben, wirkt die Reibung der Bewegung entgegen. Der Boden übt eine Haftreibungskraft F_H aus, die die eingesetzte Kraft F ausgleicht, solange F nicht größer ist als die Haftreibungskraft.

5 Anwendungen der Newtonschen Axiome

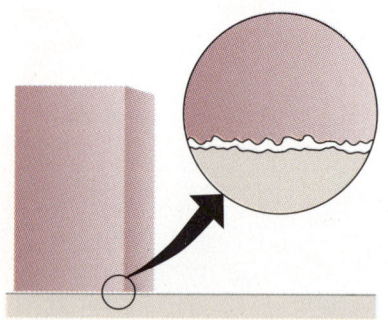

5.2 Die mikroskopische Berührungsfläche zwischen einer Kiste und einem Tisch ist nur ein kleiner Teil der gesamten makroskopischen Berührungsfläche. Die Reibungskraft ist proportional zur Normalkraft, die zwischen den Oberflächen wirkt.

einer konstanten Geschwindigkeit zu schieben, müssen Sie eine Kraft aufbringen, die den gleichen Betrag hat wie die Gleitreibungskraft, aber in die entgegengesetzte Richtung zeigt.

Wir wollen zunächst die Haftreibung untersuchen. Wir könnten vermuten, daß die maximale Haftreibungskraft proportional zur Größe der Berührungsfläche der beiden Körper ist. Experimentell läßt sich jedoch nachweisen, daß die Kraft in guter Näherung nicht von der Berührungsfläche abhängt. Sie ist vielmehr proportional zur Normalkraft, die eine Oberfläche auf die andere ausübt. Abbildung 5.2 zeigt einen vergrößerten Ausschnitt der Grenze zwischen einer Kiste und einem Tisch. Danach entspricht die tatsächliche mikroskopische Berührungsfläche, auf der die Moleküle miteinander wechselwirken, nur einem kleinen Teil der gesamten makroskopischen Berührungsfläche. Die Haftreibung ist eine komplizierte Erscheinung, die auch heute noch nicht vollständig verstanden ist. Wir werden jedoch im folgenden ein mögliches Modell vorstellen, das sowohl mit unserer intuitiven Vorstellung als auch mit empirischen Ergebnissen übereinstimmt. Die maximale Haftreibungskraft ist proportional zur mikroskopischen Berührungsfläche, diese wiederum ist proportional zur gesamten makroskopischen Fläche A und zur Normalkraft pro Flächeneinheit F_N/A, die zwischen den Oberflächen wirkt. Das Produkt aus A und F_N/A ist daher unabhängig von der gesamten makroskopischen Fläche A.

Betrachten wir beispielsweise eine Kiste mit einer Masse von 1 kg, die eine Seitenfläche von 60 cm² und eine Grundfläche von 20 cm² besitzt. Wenn die Kiste mit der Seite auf einem Tisch liegt, dann kommt nur ein kleiner Teil der gesamten 60 cm² tatsächlich mit dem Tisch in Berührung. Liegt die Kiste dagegen auf der Unterseite (also der Grundfläche), dann ist die mikroskopische Berührungsfläche um den Faktor drei größer, weil die Normalkraft pro Flächeneinheit dreimal so groß ist. Da die Grundfläche nur ein Drittel der Seitenfläche beträgt, bleibt die gesamte mikroskopische Berührungsfläche allerdings unverändert. D.h., die maximale Haftreibungskraft $F_{H,max}$ ist proportional zur Normalkraft zwischen den beiden Flächen:

$$F_{H,\mathrm{max}} = \mu_H F_N, \qquad 5.1$$

wobei der Proportionalitätsfaktor μ_H als **Haftreibungszahl** bezeichnet wird. Sie hängt von der Oberflächenstruktur der Kiste und des Tisches ab. Wenn wir mit einer horizontalen Kraft kleiner als $F_{H,\mathrm{max}}$ gegen die Kiste drücken, wird die Reibungskraft diese horizontale Kraft ausgleichen. Allgemein gilt:

$$F_H \leq \mu_H F_N. \qquad 5.2$$

a) Vergrößerter Ausschnitt einer polierten Stahloberfläche, die deutliche Unregelmäßigkeiten ausweist. Die Strukturen haben eine Größe von etwa $5 \cdot 10^{-5}$ cm, was mehreren tausend Atomdurchmessern entspricht (aus: F.P. Bowden, D. Tabor, *Friction and Lubrication of Solids*, 1950; mit freundlicher Genehmigung von Oxford University Press). b) Diese Computerdarstellung baut auf mikroskopischen Daten auf und zeigt Goldatome (unten), die an einer Spitze aus Nickel hängenbleiben, wenn die Spitze angehoben wird, nachdem diese mit der Goldoberfläche in Kontakt war. (Foto: Uzi Landman, W. David Luedtke, Georgia Institute of Technology)

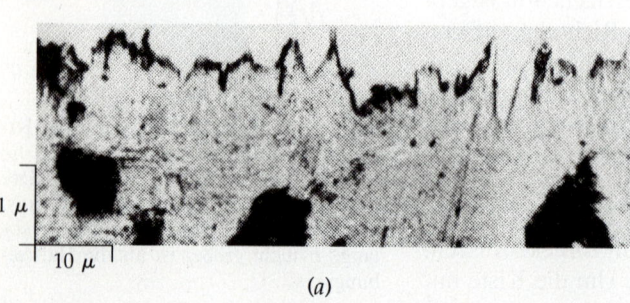

(a)

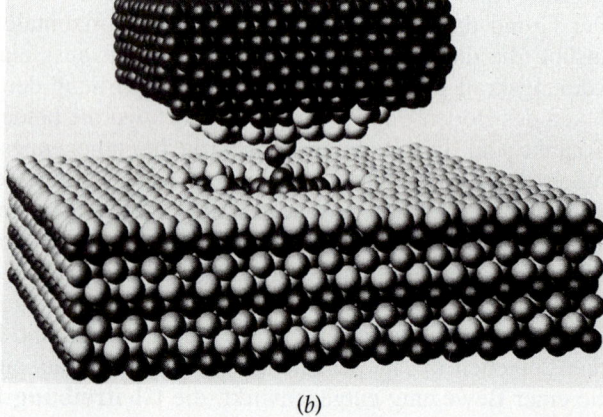

(b)

Die Gleitreibung wirkt, wie bereits erwähnt, ebenfalls der Bewegung entgegen. Wie die Haftreibung ist auch die Gleitreibung ein kompliziertes und nicht vollständig verstandenes Phänomen. Die **Gleitreibungszahl** μ_G ist als Verhältnis der Gleitreibungskraft F_G zur Normalkraft F_N definiert:

$$F_G = \mu_G F_N \,. \qquad 5.3$$

Aus Experimenten geht hervor:

1. μ_G ist kleiner als μ_H.
2. μ_G hängt von der Relativgeschwindigkeit der Oberflächen ab. Im Geschwindigkeitsbereich von 1 cm/s bis zu mehreren Metern pro Sekunde ist μ_G näherungsweise konstant.
3. μ_G hängt (wie μ_H) von der Struktur ab, nicht aber vom Wert der makroskopischen Berührungsfläche.

Wir werden im folgenden die Abhängigkeit der Gleitreibungszahl μ_G von der Geschwindigkeit vernachlässigen und annehmen, daß μ_G eine Konstante ist, die nur von der Struktur der beteiligten Oberflächen abhängt.

Abbildung 5.3 zeigt die Reibungskraft F_R, die der Tisch auf die Kiste ausübt, als Funktion der eingesetzten Kraft. Die Reibungskraft gleicht die eingesetzte Kraft aus, aber nur bis zu einem Wert von $F_{H,max} = \mu_H F_N$. Überschreitet die eingesetzte Kraft diesen Wert, so beginnt die Kiste zu gleiten. Danach ist die Reibungskraft konstant und gleich $\mu_G F_N$.

Wir können μ_H und μ_G messen, indem wir einen Körper auf eine ebene Fläche setzen und die Ebene langsam neigen, bis der Körper herunterzugleiten beginnt. θ_k sei der kritische Neigungswinkel, bei dem die Gleitbewegung einsetzt. Für kleinere Neigungswinkel befindet sich der Körper in einem statischen Gleichgewicht unter dem Einfluß seiner Gewichtskraft mg, der Normalkraft F_N und der Haftreibungskraft F_H (Abbildung 5.4). Wir wählen die x-Achse parallel und die y-Achse senkrecht zur Ebene und erhalten

$$\sum F_y = F_N - mg \cos \theta = 0$$

und

$$\sum F_x = mg \sin \theta - F_H = 0 \,.$$

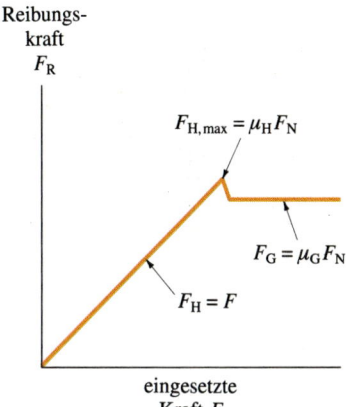

5.3 Reibungskraft F_R auf einen Körper in Abhängigkeit von der eingesetzten Kraft F. Wenn die eingesetzte Kraft die maximale Haftreibungskraft $\mu_H F_N$ überschreitet, beginnt der Körper zu gleiten, und die Reibung besteht nun aus Gleitreibung.

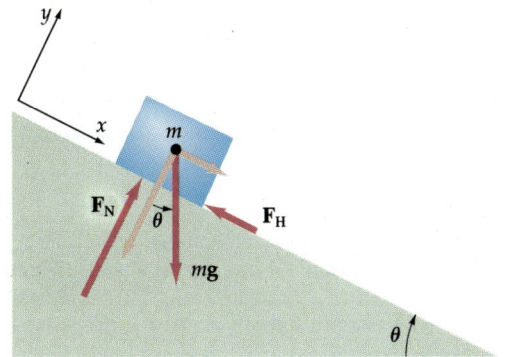

5.4 Kräfte, die auf einen Körper einwirken, der sich auf einer rauhen, schiefen Ebene befindet. Für Winkel, die kleiner sind als der kritische Winkel θ_k, gleicht die Reibungskraft die Komponente $mg \sin \theta$ aus, die entlang der Ebene abwärts wirkt. Für Winkel größer als θ_k gleitet der Körper die Ebene hinab. Der kritische Winkel hängt über $\tan \theta_k = \mu_H$ mit der Haftreibungszahl zusammen.

Die Gewichtskraft mg eliminieren wir aus diesen beiden Gleichungen, indem wir die erste Gleichung nach $mg = F_\text{N}/\cos\theta$ auflösen und in die zweite Gleichung einsetzen:

$$F_\text{H} = mg\,\sin\theta = \frac{F_\text{N}}{\cos\theta}\sin\theta = F_\text{N}\tan\theta\,.$$

Für den kritischen Winkel θ_k wird die Haftreibungskraft maximal, und wir können F_H durch $\mu_\text{H} F_\text{N}$ ersetzen. Damit ergibt sich

$$\mu_\text{H} = \tan\theta_\text{k}\,. \qquad 5.4$$

Damit ist die Haftreibungszahl gleich dem Tangens jenes Neigungswinkels, bei dem der Körper gerade zu gleiten beginnt.

Für Winkel größer als θ_k gleitet der Körper mit einer Beschleunigung a_x die schiefe Ebene hinunter. Jetzt ist die Reibungskraft gleich $\mu_\text{G} F_\text{N}$, und wir erhalten

$$F_x = mg\,\sin\theta - \mu_\text{G} F_\text{N} = ma_x\,.$$

Ersetzen wir F_N durch $mg\cos\theta$, so lautet die Beschleunigung:

$$a_x = g\,(\sin\theta - \mu_\text{G}\cos\theta)\,.$$

Durch Messung der Beschleunigung a_x können wir μ_G für die beiden Oberflächen bestimmen. In Tabelle 5.1 sind Näherungswerte der Reibungszahlen μ_H und μ_G für verschiedene Oberflächen zusammengestellt.

Tabelle 5.1 Näherungswerte einiger Reibungszahlen

Materialien	μ_H	μ_G
Stahl auf Stahl	0,7	0,6
Blech auf Stahl	0,5	0,4
Kupfer auf Gußeisen	1,1	0,3
Glas auf Glas	0,9	0,4
Teflon auf Teflon	0,04	0,04
Teflon auf Stahl	0,04	0,04
Gummi auf Beton (trocken)	1,0	0,8
Gummi auf Beton (naß)	0,3	0,25
Gewachster Ski auf Schnee (0 °C)	0,1	0,05

Übung

Die Haftreibungszahl zwischen einem Autoreifen und der Straße betrage an einem bestimmten Tag 0,7. Wie groß ist der steilste Neigungswinkel einer Straße, auf der man das Auto mit blockierten Rädern parken kann, ohne daß es den Berg hinunterrutscht? (Antwort: 35°)

Beispiel 5.1

Eine Kiste gleite einen horizontalen Fußboden entlang, wobei die Anfangsgeschwindigkeit 2,5 m/s betrage. Sie komme nach 1,4 m zum Stillstand. Bestimmen Sie die Gleitreibungszahl.

Die Gewichtskraft mg der Kiste wird durch die Normalkraft $F_\text{N} = mg$ des Fußbodens ausgeglichen. Die einzige horizontal an der Kiste angreifende Kraft ist die Gleitreibung, die entgegengesetzt zur Bewegungsrichtung wirkt. Wenn wir die Bewegungsrichtung positiv wählen, ergibt sich für die Reibungskraft

$$F_G = -\mu_G F_N = -\mu_G mg \,,$$

Damit gilt für die Beschleunigung

$$a = \frac{F_G}{m} = -\mu_G g \,.$$

Da die Beschleunigung konstant ist, können wir (2.15) verwenden, um die Beschleunigung durch die zurückgelegte Strecke und die Anfangsgeschwindigkeit auszudrücken. Wir erhalten

$$v^2 = v_0^2 + 2a\,\Delta x = 0$$
$$a = -\frac{v_0^2}{2\,\Delta x} = -\frac{(2{,}5\text{ m/s})^2}{2 \cdot 1{,}4\text{ m}} = -2{,}23\text{ m/s}^2 \,.$$

Die Gleitreibungszahl ergibt sich dann zu

$$\mu_G = -\frac{a}{g} = -\frac{-2{,}23\text{ m/s}^2}{9{,}81\text{ m/s}^2} = 0{,}228 \,.$$

Beispiel 5.2

Zwei Kinder werden auf einem Schlitten über eine schneebedeckte Wiese gezogen. Der Schlitten sei mit einem Seil verbunden, das einen Winkel von 40° mit der Horizontalen einschließt, wie in Abbildung 5.5 gezeigt. Die Masse der Kinder betrage zusammen 45 kg und die des Schlittens 5 kg. Die Reibungszahlen seien $\mu_H = 0{,}2$ und $\mu_G = 0{,}15$. Bestimmen Sie die Reibungskraft, die vom Schnee auf den Schlitten wirkt, und die Beschleunigung der Kinder auf dem Schlitten, wenn die Zugkraft im Seil a) 100 N und b) 140 N beträgt.

a) Die vertikalen und horizontalen Komponenten der Zugkraft im Seil sind

$$Z_y = Z \sin 40° = 100\text{ N} \cdot 0{,}643 = 64{,}3\text{ N}$$

5.5 Zu Beispiel 5.2. Ein Mann zieht zwei Kinder, die auf einem Schlitten sitzen. (© Jean-Claude Lejeune/Stock, Boston)

und

$$Z_x = Z \cos 40° = 100 \text{ N} \cdot 0{,}766 = 76{,}6 \text{ N} .$$

Die vertikalen Kräfte, die auf den Schlitten wirken, sind seine abwärts gerichtete Gewichtskraft, die Normalkraft, die vom Schnee nach oben wirkt, und die aufwärts gerichtete Komponente der Zugkraft im Seil. Da keine vertikale Beschleunigung auftritt, muß die entsprechende resultierende Kraft gleich null sein:

$$\sum F_y = F_N + Z_y - mg = 0 .$$

Die Normalkraft ist deshalb

$$F_N = mg - Z_y = 50 \text{ kg} \cdot 9{,}81 \text{ m/s}^2 - 64{,}3 \text{ N}$$
$$= 490 \text{ N} - 64{,}3 \text{ N} = 426 \text{ N} .$$

Für die maximale Haftreibungskraft gilt

$$F_{H,max} = \mu_H F_N = 0{,}2 \cdot 426 \text{ N} = 85{,}2 \text{ N} .$$

Da die eingesetzte horizontale Kraft $Z_x = 76{,}6$ N die maximale Haftreibungskraft nicht überschreitet, bleibt der Schlitten in Ruhe. Die Reibungskraft, die die horizontal nach rechts gerichtete Komponente der eingesetzten Kraft ausgleicht, beträgt daher ebenfalls 76,6 N und ist nach links gerichtet.

Es gibt zwei wichtige Anmerkungen zu diesem Beispiel: 1) Die Normalkraft ist nicht gleich der gesamten Gewichtskraft der Kinder und des Schlittens, weil die vertikale Komponente der Zugkraft dazu führt, daß der Schlitten vorne vom Schnee abhebt. 2) Die Haftreibungskraft ist kleiner als der maximal mögliche Wert von $\mu_H F_N$.

b) Wenn die Zugkraft auf 140 N erhöht wird, sind ihre horizontalen und vertikalen Komponenten

$$Z_y = 140 \text{ N} \cdot \sin 40° = 90{,}0 \text{ N}$$

und

$$Z_x = 140 \text{ N} \cdot \cos 40° = 107 \text{ N} .$$

Die Normalkraft ist dann

$$F_N = mg - Z_y = 490 \text{ N} - 90{,}0 \text{ N} = 400 \text{ N} ,$$

und für die maximale Haftreibungskraft folgt damit

$$F_{H,max} = \mu_H F_N = 0{,}2 \cdot 400 \text{ N} = 80{,}0 \text{ N} .$$

Da diese maximale Haftreibungskraft kleiner ist als die eingesetzte horizontale Kraft, wird der Schlitten über den Schnee gleiten. Die dann auf den Schlitten wirkende Reibungskraft kommt durch Gleitreibung zustande und hat den Wert

$$F_G = \mu_G F_N = 0{,}15 \cdot 400 \text{ N} = 60{,}0 \text{ N} .$$

Wenn wir in der Abbildung die Bewegungsrichtung nach rechts als positiv wählen, ist die Summe der horizontalen Kräfte

$$\sum F_x = Z_x - F_G = 107 \text{ N} - 60{,}0 \text{ N} = 47{,}0 \text{ N} ,$$

und für die Beschleunigung des Schlittens gilt

$$a_x = \frac{\sum F_x}{m} = \frac{47{,}0 \text{ N}}{50 \text{ kg}} = 0{,}940 \text{ m/s}^2 .$$

5.1 Reibung

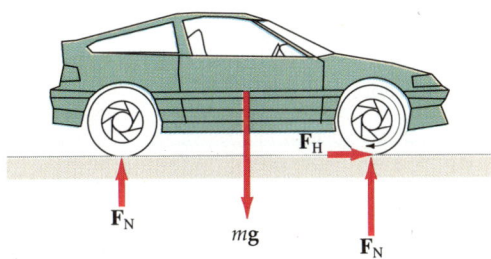

5.6 Kräfte, die auf einen Wagen wirken. Wenn der Motor die Vorderräder in Drehung versetzt (bei Vorderradantrieb), verhindert die Haftreibung F_H, daß die Räder auf der Straße durchdrehen – der Wagen bewegt sich vorwärts. Falls die Räder durchdrehen, schiebt die im Vergleich dazu kleinere Kraft der Gleitreibung den Wagen nach vorn. (Die Normalkräfte F_N sind für die Vorder- und Hinterreifen im allgemeinen nicht identisch.)

Wenn ein Wagen auf einer geraden Straße beschleunigt, dann hat die resultierende Kraft, die für die Beschleunigung verantwortlich ist, ihren Ursprung in der Reibung zwischen den Reifen und der Straße. Abbildung 5.6 zeigt die Kräfte, die auf den Wagen wirken, der gerade aus der Ruhe losfährt. Die Gewichtskraft des Wagens wird durch die Normalkraft ausgeglichen, die von der Straße auf die Reifen wirkt. Um den Wagen in Bewegung zu versetzen, überträgt der Motor ein Drehmoment auf die Antriebswelle, so daß sich die Räder drehen. (Wir werden das Drehmoment in Kapitel 8 diskutieren.) Wäre die Straße reibungsfrei, so würden sich zwar die Räder drehen, das Auto bliebe aber stehen. Während der Drehung würden sich die Reifenflächen, die gerade mit der Straße in Kontakt kommen, nach hinten bewegen. Wenn aber Reibung auftritt und das Drehmoment, das vom Motor übertragen wird, nicht zu groß ist, werden die Reifen aufgrund der Haftreibung nicht durchdrehen. Diese Reibungskraft, die von der Straße auf den Wagen übertragen wird, ist nach vorn gerichtet und liefert die für das Anfahren des Wagens benötigte Beschleunigung. Wenn die Reifen, ohne durchzudrehen, auf der Straße rollen, dann bewegt sich die Reifenfläche, die gerade die Straße berührt, relativ zur Radachse mit der Geschwindigkeit $-v$ nach hinten. Relativ zur Straße bewegt sich die Achse und damit der ganze Wagen entsprechend mit der Geschwindigkeit v nach vorn, die Reifenfläche bleibt im Bezugssystem Straße aber in Ruhe (Abbildung 5.7). Die Reibung zwischen den Reifen und der Straße ist daher Haftreibung. Wenn das Drehmoment des Motors zu groß wird, drehen die Reifen durch, und die Reifenfläche, die die Straße berührt, bewegt sich relativ zur Straße nach hinten. Die in diesem Fall auftretende beschleunigende Kraft kommt durch Gleitreibung zustande, die, wie wir bereits wissen, kleiner ist als die Haftreibung. Wenn wir also mit dem Wagen auf Schnee oder Eis anfahren wollen, so haben wir nach den Erkenntnissen aus diesem Beispiel eine größere Chance, von der Stelle zu kommen, wenn wir nur leicht auf das Gaspedal treten, da dann die Räder nicht durchdrehen. (Unsere Erfahrung aus dem Alltag hat damit eine physikalische Erklärung gefunden.)

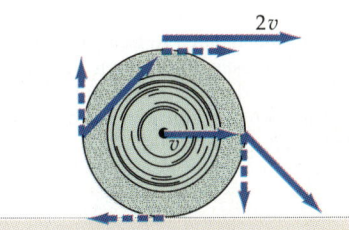

5.7 Wenn ein Reifen rollt, ohne durchzudrehen, dann besitzt jeder Punkt am Rande des Reifens eine Geschwindigkeit vom Betrag v relativ zum Reifenmittelpunkt, wobei v auch die Geschwindigkeit des Reifenmittelpunktes relativ zur Straße ist. Das Flächenstück des Reifens, das gerade die Straße berührt, ist relativ zur Straße in Ruhe. In dieser Zeichnung sind die gestrichelten Linien die Geschwindigkeitsvektoren relativ zum Reifenmittelpunkt und die durchgezogenen Linien die Geschwindigkeitsvektoren relativ zur Straße.

Wenn ein Wagen abgebremst wird, dann können die Kräfte, die von der Straße auf die Räder übertragen werden, entweder Haft- oder Gleitreibungskräfte sein, je nachdem, wie die Bremsen eingesetzt werden. Wenn man so stark bremst, daß die Räder blockieren, dann gleiten die Reifen über die Straße und werden nur durch Gleitreibung abgebremst. Betätigt man die Bremsen dagegen vorsichtig, so daß die Reifen nicht auf der Straße durchdrehen, dann wird die Bremskraft durch die größere Haftreibung hervorgerufen, und der Bremsweg ist kürzer (was wieder der Alltagserfahrung entspricht).

Falls die Reifen mit *konstanter Geschwindigkeit* über eine horizontale Straße rollen, ohne durchzudrehen, tritt weder Haft- noch Gleitreibung auf. Dennoch kann man beobachten, daß eine geringe Kraft notwendig ist, um die Drehung der Reifen mit konstanter Geschwindigkeit aufrechtzuerhalten – der Grund ist die sogenannte **Rollreibung**. Während der Reifen rollt, müssen sich die Berührungsflächen von Reifen und Straße ständig voneinander lösen. Zusätzlich wird jede Oberfläche leicht verformt, so daß der Reifen im Grunde bergauf rollt (Abbildung 5.8). Die **Rollreibungszahl** μ_R ist definiert als das Verhältnis jener Kraft, die zur Aufrechterhaltung der Rollbewegung eines Reifens mit konstanter Ge-

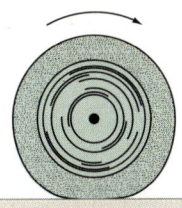

5.8 Rollreibung. Wenn ein Reifen auf einer horizontalen Ebene ruht, werden beide Oberflächen leicht deformiert. Während der Rollbewegung wird der Reifenmittelpunkt leicht nach oben angehoben, gerade so, als würde der Reifen bergauf rollen.

schwindigkeit benötigt wird, zur Normalkraft (die die Fläche auf den Reifen ausübt). Typische Werte für μ_R sind 0,01 bis 0,02 für Gummireifen auf Beton und 0,001 bis 0,002 für Stahlräder auf Stahlschienen.

Beispiel 5.3

Ein Wagen fahre mit 30 m/s eine horizontale Straße entlang. Die Reibungszahlen zwischen der Straße und den Reifen seien $\mu_H = 0{,}5$ und $\mu_G = 0{,}3$. Wie weit fährt der Wagen noch, wenn er so stark abgebremst wird, daß a) die Reifen sich gerade noch drehen und b) die Räder blockieren?

Abbildung 5.9 zeigt die Kräfte, die beim Bremsen des Wagens wirken. Da es keine vertikale Beschleunigung gibt, gleichen sich die Gewichtskraft des Wagens mg und die Normalkraft F_N, die von der Straße ausgeübt wird, gegenseitig aus:

$$\sum F_y = F_N - mg = 0,$$

also

$$F_N = mg.$$

5.9 Die Kraft, die einen Wagen abbremst, ist die Reibungskraft zwischen der Straße und den Reifen. Bei vorsichtigem Bremsen blockieren die Reifen nicht, und die Bremskraft entsteht durch Haftreibung. Wenn die Reifen blockieren, kann nur noch die kleinere Gleitreibung zum Abbremsen führen.

a) Da die Räder nicht blockieren, übt die Straße eine horizontale Haftreibungskraft aus. Zur Vereinfachung nehmen wir an, daß sich die Gewichtskraft des Wagens gleichmäßig auf alle vier Reifen verteilt und daß alle vier Reifen gebremst werden. Die gesamte Reibungskraft ist dann μ_H multipliziert mit der gesamten Normalkraft. Wenn wir die Bewegungsrichtung als positive Richtung wählen (in der Abbildung also nach rechts), erhalten wir mit dem zweiten Newtonschen Gesetz

$$\sum F_x = -\mu_H F_N = m a_x$$

$$a_x = -\frac{\mu_H F_N}{m} = -\frac{\mu_H m g}{m} = -\mu_H g$$

$$= -0{,}5 \cdot 9{,}81 \text{ m/s}^2 = -4{,}90 \text{ m/s}^2.$$

Da die Beschleunigung konstant ist, können wir (2.15) verwenden, um den Bremsweg zu bestimmen:

$$v^2 = v_0^2 + 2a\,\Delta x$$

$$0 = (30 \text{ m/s})^2 + 2\,(-4{,}90 \text{ m/s}^2)\,\Delta x$$

$$\Delta x = 91{,}8 \text{ m}.$$

b) Wenn die Räder blockieren, wird der Wagen durch Gleitreibung abgebremst. Mit einem ähnlichen Ansatz wie in a) erhalten wir für die Beschleunigung

$$a_x = -\mu_G g = -0{,}3 \cdot 9{,}81 \text{ m/s}^2 = -2{,}94 \text{ m/s}^2.$$

Der Bremsweg beträgt dann

$$\Delta x = \frac{-v_0^2}{2a} = \frac{-(30 \text{ m/s})^2}{2\,(-2{,}94 \text{ m/s}^2)} = 153 \text{ m}.$$

Übung

Wie groß muß die Haftreibungszahl zwischen der Straße und den Reifen eines Wagens mit Allradantrieb sein, wenn der Wagen in 8 s von null auf 25 m/s beschleunigen soll? (Antwort: 0,319)

Wenn ein Wagen auf einer horizontalen Straße durch eine Kurve fährt, dann wird die Zentripetalkraft von der Reibungskraft aufgebracht, die zwischen den Reifen und der Straße wirkt. Und zwar handelt es sich dabei um Haftreibung (zumindest solange der Wagen nicht seitlich rutscht).

Beispiel 5.4

Ein Wagen fahre auf einer horizontalen Straße im Kreis, wobei der Kreisradius 30 m betrage, die Haftreibungszahl sei $\mu_H = 0,6$. Wie schnell kann der Wagen fahren, ohne seitlich wegzurutschen?

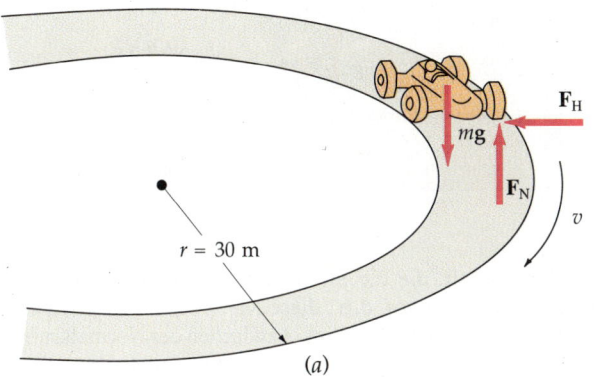

(a)   (b)

Abbildung 5.10 zeigt die Kräfte, die auf den Wagen wirken. Die Normalkraft F_N gleicht die abwärts gerichtete Gewichtskraft mg aus. Die einzige horizontal wirkende Kraft ist die Reibungskraft. Ihr maximaler Wert ist $F_{H,max} = \mu_H F_N = \mu_H mg$. In diesem Fall entspricht die Reibungskraft auch der Zentripetalkraft. Die maximale Geschwindigkeit des Wagens v_{max} tritt dann auf, wenn die Reibungskraft ihren maximalen Wert erreicht. Aus dem zweiten Newtonschen Gesetz ergibt sich

$$F_{H,max} = \mu_H mg = m \frac{v_{max}^2}{r}$$

oder

$$v_{max} = \sqrt{\mu_H g r} = \sqrt{0,6 \cdot 9,81 \text{ m/s}^2 \cdot 30 \text{ m}} = 13,3 \text{ m/s}.$$

5.10 a) Zu Beispiel 5.4. Ein Wagen fährt auf einer horizontalen Kreisbahn. Dabei gleicht die Normalkraft die Gewichtskraft aus, und die Reibungskraft liefert die Zentripetalbeschleunigung. b) Wenn ein Motorrad durch eine Kurve fährt, wird es seitlich gedreht („in die Kurve gelegt"), so daß die resultierende Kraft aus Normal- und Reibungskraft, die von der Straße ausgeübt wird, in der Ebene des Motorrades wirkt. (© Malraux Photography/The Image Bank)

Diese Geschwindigkeit entspricht etwa 47,8 km/h. Wenn der Wagen mit einer größeren Geschwindigkeit fährt, dann reicht die Haftreibungskraft nicht mehr aus, um ihm die nötige Beschleunigung für diese Kreisbahn zu verleihen. Er wird aus der Kurve nach außen getragen, das heißt, er neigt dazu, sich geradlinig zu bewegen.

Übung

Ein Wagen fahre mit 60 km/h durch eine Kurve, die einen Radius von 40 m besitzt. Was ist der kleinste Wert der Haftreibungszahl, für den der Wagen gerade noch nicht aus der Kurve getragen wird? (Antwort: 0,71)

5 Anwendungen der Newtonschen Axiome

Wenn die Kurve einer Straße nicht horizontal, sondern überhöht ist, dann besitzt die Normalkraft der Straße eine Komponente, die zum Kreismittelpunkt der Kurve zeigt und zur Zentripetalkraft beiträgt. Wenn bei gegebener Geschwindigkeit der Neigungswinkel den richtigen Wert besitzt, ist keine Reibung nötig, damit der Wagen die Kurve durchfahren kann.

Beispiel 5.5

Eine Kurve mit einem Radius von 30 m sei um den Winkel θ überhöht, wie in Abbildung 5.11 illustriert; die Straße sei außerdem reibungsfrei. Für welchen Wert von θ kann ein Wagen die Kurve mit 40 km/h durchfahren, ohne hinausgetragen zu werden?

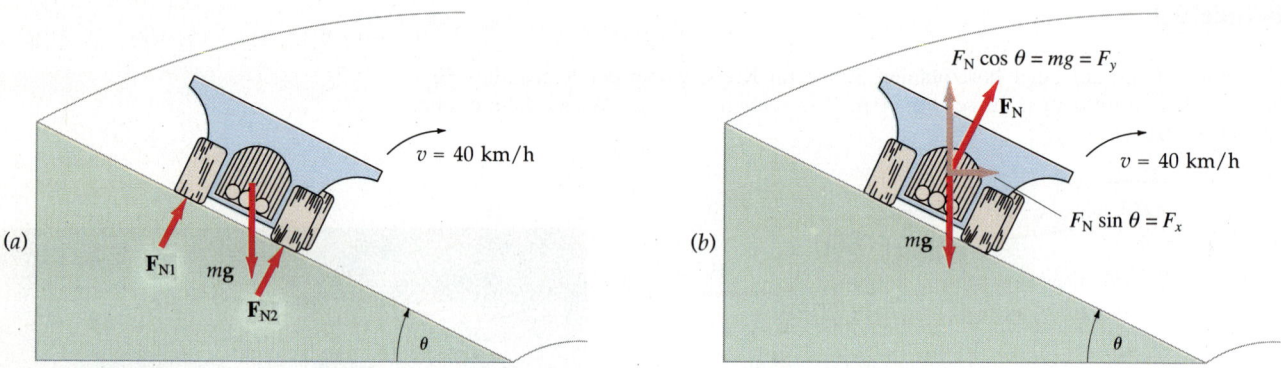

5.11 a) Zu Beispiel 5.5. Ein Wagen durchfährt eine überhöhte Kurve, wobei die Kräfte F_{N1} und F_{N2} von der Straße auf ihn ausgeübt werden. b) Kräftediagramm für den Wagen. Die Gesamtnormalkraft F_N hat eine Komponente $F_N \sin \theta$ in Richtung des Kurvenmittelpunktes. Diese Komponente trägt zur Zentripetalbeschleunigung des Wagens bei.

In diesem Beispiel hat die Normalkraft, die die Straße auf den Wagen ausübt, eine Komponente in Richtung des Kreismittelpunktes, d. h., diese Komponente wirkt als Zentripetalkraft. Wir entnehmen der Abbildung, daß der Winkel zwischen der Normalkraft F_N und der Vertikalen mit dem Neigungswinkel θ der Straße übereinstimmt. Die vertikale Komponente der Normalkraft $F_y = F_N \cos \theta$ muß die Gewichtskraft des Wagens ausgleichen:

$$F_y = F_N \cos \theta = mg \, .$$

Die Horizontalkomponente der Normalkraft $F_x = F_N \sin \theta$ liefert die Zentripetalkraft

$$F_x = F_N \sin \theta = \frac{mv^2}{r} \, .$$

Wenn wir diese Gleichung durch die erste dividieren, können wir m und F_N eliminieren und erhalten eine Gleichung, die den Neigungswinkel θ durch die Geschwindigkeit v und den Radius r angibt:

$$\frac{F_N \sin \theta}{F_N \cos \theta} = \tan \theta = \frac{v^2}{rg} \, .$$

Wir setzen die Größen $v = 40$ km/h $= 11{,}1$ m/s, $r = 30$ m und $g = 9{,}81$ m/s² ein und erhalten

$$\tan \theta = \frac{(11{,}1 \text{ m/s})^2}{30 \text{ m} \cdot 9{,}81 \text{ m/s}^2} = 0{,}419$$

$$\theta = 22{,}7° \, .$$

Frage

1. Jeder Gegenstand, der auf der Ladefläche eines Lastwagens liegt, wird zu rutschen anfangen, sobald die Beschleunigung des Lastwagens einen Grenzwert überschreitet. Wie verhält sich die kritische Beschleunigung, bei der ein leichter Gegenstand zu rutschen beginnt, zu jener, bei der ein viel schwererer Körper zu rutschen anfängt?

5.2 Strömungswiderstand

Wenn sich ein Körper durch eine Flüssigkeit wie Wasser oder ein Gas wie Luft bewegt, dann wirkt auf ihn ein Strömungswiderstand entgegengesetzt zu seiner Bewegungsrichtung. Dieser Strömungswiderstand hängt von der Form des Körpers, von den Eigenschaften des Fluids und von der Geschwindigkeit des Körpers relativ zum Fluid ab. (Mit Fluid bezeichnet man die Gesamtheit aller strömungsfähigen Medien, zu denen neben den Flüssigkeiten auch die Gase zählen.) Ähnlich wie die Reibungskraft ist auch der Strömungswiderstand ein sehr kompliziertes Phänomen. Anders jedoch als bei der gewöhnlichen Reibungskraft wächst der Strömungswiderstand mit der Geschwindigkeit des Körpers an. Für kleine Geschwindigkeiten ist die Widerstandskraft nahezu proportional zur Geschwindigkeit des Körpers; für größere Geschwindigkeiten nimmt sie eher quadratisch mit der Geschwindigkeit zu.

Wir betrachten einen Körper, der unter dem Einfluß der Gravitation, die wir als konstant ansehen, aus der Ruhe nach unten fällt und auf den ein Strömungswiderstand vom Betrag bv^n wirkt, wobei b und n Konstanten sind. Wir haben also eine konstante, abwärts gerichtete Kraft mg und eine aufwärts gerichtete Kraft bv^n (Abbildung 5.12). Wenn wir die Abwärtsrichtung positiv wählen, erhalten wir nach dem zweiten Newtonschen Gesetz

$$F = mg - bv^n = ma \ . \qquad 5.5$$

Bei $t = 0$ wird der Körper losgelassen, und die Geschwindigkeit ist gleich null. Damit hat der Strömungswiderstand in diesem Moment ebenfalls den Wert null, und die Beschleunigung nach unten ist g. Sobald die Geschwindigkeit des Körpers zunimmt, wächst auch der Strömungswiderstand, und die Beschleunigung wird kleiner als g. Schließlich wird die Widerstandskraft bv^n groß genug, um die Gravitationskraft mg auszugleichen, d.h. die Beschleunigung wird gleich null. Der Körper fällt von nun an mit einer konstanten Geschwindigkeit v_e, der **Endgeschwindigkeit**. Wir setzen $a = 0$ und erhalten mit (5.5)

$$bv_e^n = mg \ .$$

Für die Endgeschwindigkeit gilt damit

$$v_e = \left(\frac{mg}{b}\right)^{1/n} . \qquad 5.6$$

Je größer die Konstante b ist, um so kleiner wird die Endgeschwindigkeit. Die Konstante b hängt von der Form des Körpers ab.

Die Beziehung (5.6) spielt unter anderem eine wichtige Rolle, wenn es darum geht, die Viskosität (siehe Kapitel 11) von Flüssigkeiten zu bestimmen. In der

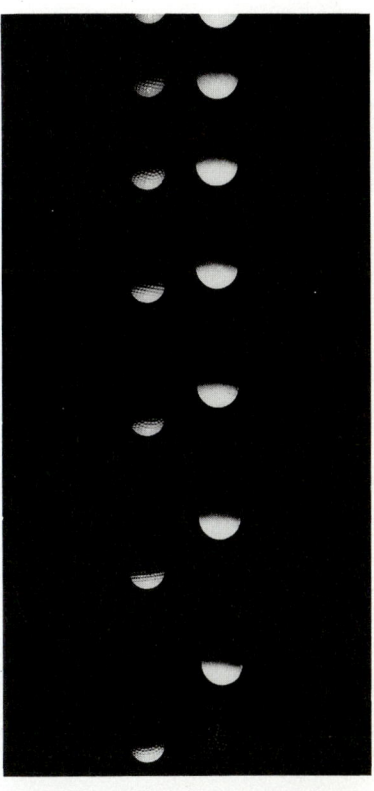

Ein Golfball (links) und eine Styroporkugel fallen durch die Luft. Für den schwereren Golfball ist der Luftwiderstand vernachlässigbar, und der Ball fällt nahezu mit konstanter Beschleunigung. Die Styroporkugel erreicht dagegen sehr schnell ihre Endgeschwindigkeit (Beschleunigung null), was an den fast gleich großen Abständen in der unteren Bildhälfte erkennbar ist. (© Fundamental Photographs)

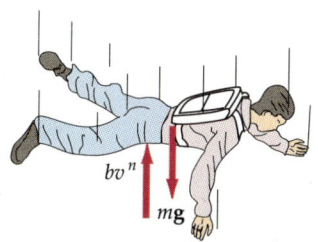

5.12 Kräftediagramm für einen Menschen, der unter Luftwiderstand nach unten fällt. Die aufwärts gerichtete Kraft aufgrund des Luftwiderstandes ist bv^n; sie hängt von der Geschwindigkeit v des Menschen ab. Wenn die Geschwindigkeit zunimmt, wächst auch die Widerstandskraft, bis sie dem Betrag der Gewichtskraft entspricht. Von diesem Punkt an fällt der Mensch mit einer konstanten Geschwindigkeit, der Endgeschwindigkeit, nach unten.

chemischen Industrie, wo diese Fragestellung große Bedeutung hat, werden häufig sogenannte Fallkugel-Viskosimeter eingesetzt, bei denen eine Metallkugel unter dem Einfluß der Schwerkraft durch eine Flüssigkeit fällt. Aus der mit hoher Genauigkeit meßbaren Endgeschwindigkeit kann man auf die Viskosität der Flüssigkeit schließen. Ein anderes wichtiges Anwendungsgebiet von Gleichung (5.6) ist die Aerodynamik, und hier beispielsweise der Automobilbau und das Fallschirmspringen. Bei Autos wird ein kleiner Wert für b angestrebt, um den Einfluß des Strömungswiderstandes der Luft (kurz: des **Luftwiderstandes**) zu verringern. Ein Fallschirm besitzt dagegen einen großen Wert für b, so daß die Endgeschwindigkeit klein ist.

Für einen Fallschirmspringer beträgt die Endgeschwindigkeit bei geschlossenem Fallschirm etwa 60 m/s = 216 km/h. Sobald der Fallschirm geöffnet wird, erhöht sich der Luftwiderstand auf einen Wert, der größer ist als die Gravitationskraft, und der Fallschirmspringer wird während des Fluges nach oben beschleunigt, d.h., die Geschwindigkeit des Fallschirmspringers in Abwärtsrichtung reduziert sich. Der Luftwiderstand nimmt damit ebenfalls ab, bis eine neue Endgeschwindigkeit von etwa 20 km/h erreicht ist.

Beispiel 5.6

Eine Fallschirmspringerin mit einer Masse von 64 kg erreiche (bei geschlossenem Fallschirm) eine Endgeschwindigkeit von 180 km/h, indem sie die Arme und Beine ausstreckt. a) Wie groß ist der auf sie wirkende aufwärts gerichtete Luftwiderstand? b) Wenn für den Luftwiderstand die Beziehung bv^2 gilt, welchen Wert hat b dann in diesem Fall?

a) Da die Fallschirmspringerin mit konstanter Geschwindigkeit fällt, muß ihre abwärts gerichtete Gewichtskraft mg durch den aufwärts gerichteten Luftwiderstand F_W ausgeglichen werden:

$$F_W = mg = 64 \cdot 9{,}81 \text{ N/kg} = 628 \text{ N}.$$

b) Mit der gegebenen Geschwindigkeit $v = 180$ km/h $= 50$ m/s erhält man

$$bv^2 = 628 \text{ N}$$

$$b = \frac{628 \text{ N}}{(50 \text{ m/s})^2} = 0{,}251 \text{ N} \cdot \text{s}^2/\text{m}^2 = 0{,}251 \text{ kg/m},$$

wobei wir 1 N = 1 kg m/s^2 benutzt haben.

Frage

2. Welchen Zusammenhang vermuten Sie zwischen dem Wert b des Luftwiderstandes und der Dichte der Luft?

5.3 Bewegungsprobleme im Fall von mehreren miteinander verbundenen Körpern

Bei vielen mechanischen Problemen sind mehrere Körper in Kontakt oder durch Federn und Seile miteinander verbunden. Solche Aufgaben kann man lösen, indem man jeden Körper getrennt behandelt. Für jeden Körper wird ein Kräfte-

5.3 Bewegungsprobleme im Fall von mehreren miteinander verbundenen Körpern

diagramm gezeichnet und das zweite Newtonsche Gesetz angewandt. Die Gleichungen, die sich daraus ergeben, werden dann für alle unbekannten Kräfte und Beschleunigungen gleichzeitig gelöst. Für ein System aus zwei Körpern muß nach dem dritten Newtonschen Gesetz die Kraft des ersten Körpers auf den zweiten vom Betrag gleich groß, aber entgegengesetzt gerichtet sein wie die Kraft des zweiten Körpers auf den ersten.

Beispiel 5.7

Ein Körper hänge an einem masselosen Seil, das über einen reibungsfreien Haken laufe. Das Seil sei am anderen Ende mit einem weiteren Körper verbunden, der sich auf einem reibungsfreien Tisch befindet. (Anmerkung: In manchen Demonstrationsversuchen wird das Seil durch ein Band ersetzt, das durch einen gekrümmten Kanal geführt wird, in dem mittels kleiner Löcher in der Kanalwand ein Luftkissen erzeugt wird. In anderen Experimenten nimmt eine Rolle die Stelle des „reibungsfreien" Hakens ein. Wenn die Rolle eine vernachlässigbare Masse besitzt, dann wirkt sie ebenso wie ein reibungsfreier Haken. Wir werden in Kapitel 8 sehen, wie wir eine Rolle behandeln, deren Masse nicht vernachlässigt werden kann.) Bestimmen Sie die Beschleunigungen der beiden Körper und die Zugkraft im Seil.

Abbildung 5.13 zeigt die wichtigsten Elemente dieser Aufgabe. Die Zugkräfte Z_1 und Z_2 haben denselben Betrag. Da wir das Seil als masselos angenommen haben und da der Haken reibungsfrei ist, wirken keine tangentialen Kräfte auf das Seil. Der Körper auf dem Tisch besitzt keine vertikale Beschleunigung, daher müssen sich die Normalkraft F_N und die Gewichtskraft $G_1 = m_1 g$ ausgleichen. Wenn a_1 die horizontale Beschleunigung von m_1 ist, ergibt das zweite Newtonsche Gesetz

$$Z = m_1 a_1 ,\qquad 5.7$$

wobei $Z = Z_1 = Z_2$ die Zugkraft im Seil ist. Die Beschleunigung des hängenden Körpers ist nach unten gerichtet. Auf ihn wirken seine Gewichtskraft $G_2 = m_2 g$ (nach unten) und die Zugkraft Z_2 (nach oben). Wenn wir die Abwärtsrichtung für die Beschleunigung a_2 dieses Körpers als positiv wählen, erhalten wir mit dem zweiten Newtonschen Gesetz

$$m_2 g - Z = m_2 a_2 .\qquad 5.8$$

Weil sich das Seil weder ausdehnt noch lose herunterhängt, müssen sich die beiden Körper betragsmäßig mit derselben Geschwindigkeit bewegen. Diese Randbedingung erlaubt es uns, die beiden Gleichungen (5.7) und (5.8) zu vereinfachen. Da die beiden Geschwindigkeiten vom Betrag her identisch sind, müssen auch die Beträge der Beschleunigungen a_1 und a_2 übereinstimmen (nicht aber ihre Richtungen): $a_1 = a_2 = a$. Damit erhalten wir

$$Z = m_1 a \qquad 5.9$$

$$m_2 g - Z = m_2 a .\qquad 5.10$$

5.13 a) Die beiden Körper aus Beispiel 5.7. b) Kräftediagramm für den Körper auf dem Tisch. c) Kräftediagramm für den herunterhängenden Körper.

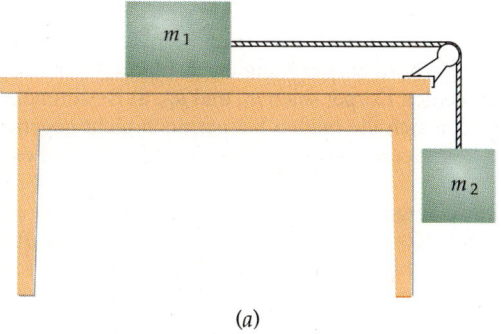

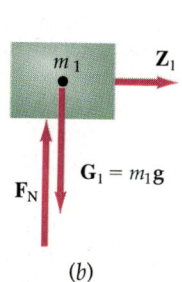

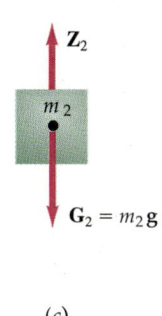

(a) (b) (c)

Dies ist ein Gleichungssystem mit zwei Gleichungen und den zwei Unbekannten Z und a. Es läßt sich lösen, indem wir den Ausdruck für Z aus (5.9) in (5.10) einsetzen. Wir könnten die beiden Gleichungen auch einfach addieren. Auf jeden Fall erhalten wir

$$m_2 g - m_1 a = m_2 a$$

oder

$$a = \frac{m_2}{m_1 + m_2} g \:. \qquad 5.11$$

Beachten Sie, daß dieses Ergebnis demjenigen für eine Masse $m = m_1 + m_2$ entspricht, auf die die Kraft $m_2 g$ wirkt. Der Ausdruck für a kann in (5.9) eingesetzt werden, so daß sich die Zugkraft Z ergibt zu:

$$Z = \frac{m_1 m_2}{m_1 + m_2} g \:. \qquad 5.12$$

Wenn der Körper auf dem Tisch sehr viel leichter ist als der hängende Körper, dann würden wir erwarten, daß letzterer mit der Gravitationsbeschleunigung g nach unten fällt und die Zugkraft Z nahezu null ist. Wenn wir in (5.11) und (5.12) $m_1 = 0$ einsetzen, erhalten wir tatsächlich $a = g$ und $Z = 0$. Wenn im anderen Extremfall m_1 sehr viel größer ist als m_2, erwarten wir praktisch keine Beschleunigung. Wenn also $m_1 \gg m_2$ gilt, sind die Nenner in (5.11) und (5.12) näherungsweise gleich m_1, und wir erhalten

$$a \approx \frac{m_2}{m_1} g \approx 0 \qquad \text{für } m_1 \gg m_2$$

und

$$Z \approx \frac{m_1 m_2}{m_1} g = m_2 g \qquad \text{für } m_1 \gg m_2 \:.$$

Übung

a) Bestimmen Sie die Beschleunigung der Körper in Beispiel 5.7, wenn deren Massen $m_1 = 2$ kg und $m_2 = 8$ kg sind. b) Bestimmen Sie die Beschleunigung, wenn die beiden Massen ausgetauscht werden. (Antwort: a) $a = 0,8\, g = 7,85$ m/s^2, b) $a = 0,2\, g = 1,96$ m/s^2)

Beispiel 5.8

Ein Körper der Masse m_1 liege auf einem zweiten Körper der Masse m_2, der sich wiederum auf einem reibungsfreien, horizontal angeordneten Tisch befinde, wie in Abbildung 5.14a angedeutet. Eine Kraft $\boldsymbol{F}$ wirke in horizontaler Richtung auf den unteren Körper. Die Haft- und Gleitreibungszahlen der beiden Körper seien μ_H und μ_G. a) Bestimmen Sie den maximalen Wert der Kraft F, für den sich die beiden Körper noch nicht gegeneinander bewegen. b) Bestimmen Sie die Beschleunigung für jeden Körper, falls F diesen Wert überschreitet.

a) Die Abbildungen 5.14b und c zeigen das Kräftediagramm für jeweils einen der Körper. Die Kräfte, die an dem oberen Körper angreifen, sind seine Gewichskraft $m_1 \boldsymbol{g}$, die nach unten (parallel zur y-Achse) gerichtet ist, die Normalkraft $\boldsymbol{F}_{N21}$, die vom unteren Block nach oben wirkt, sowie die Haftreibungskraft $\boldsymbol{F}_{H1}$, die ebenfalls vom unteren Block ausgeübt wird, aber horizontal nach rechts (parallel zur x-Achse) wirkt. Wieder haben wir

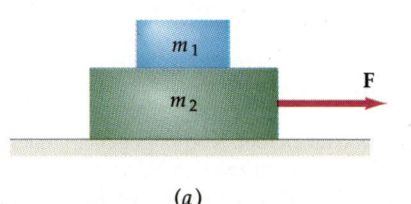
(a)

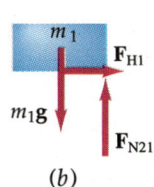
(b)

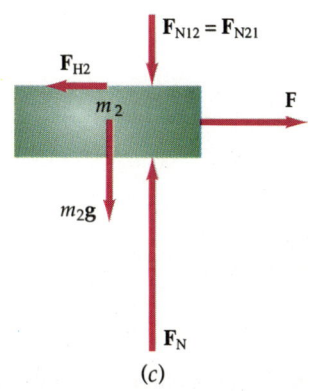
(c)

keine vertikale Beschleunigung, so daß sich die vertikalen Kräfte ausgleichen müssen. Für den oberen Körper gilt damit nach dem zweiten Newtonschen Gesetz

$$\sum F_y = F_{N21} - m_1 g = 0 \qquad 5.13\,\text{a}$$

und

$$\sum F_x = F_{H1} = m_1 a_1 \;. \qquad 5.13\,\text{b}$$

5.14 a) Zu Beispiel 5.8. Ein kleiner Körper der Masse m_1 liegt auf einem größeren Körper der Masse m_2. b) Kräftediagramm für den kleinen Körper. Die einzige horizontale Kraft ist die Reibungskraft, die vom großen Körper ausgeübt wird. c) Kräftediagramm für den großen Körper.

Die Kräfte, die am unteren Körper angreifen, sind seine nach unten gerichtete Gewichtskraft $m_2 g$, die in die gleiche Richtung ziehende Normalkraft $\mathbf{F}_{N12} = -\mathbf{F}_{N21}$, die vom oberen Körper ausgeübt wird, die aufwärts wirkende Normalkraft $\mathbf{F}_N$ des Tisches, die Haftreibungskraft $\mathbf{F}_{H2}$, die vom oberen Block ausgeht und nach links wirkt, und schließlich die eingesetzte Kraft $\mathbf{F}$, die nach rechts gerichtet ist. Wieder müssen sich alle vertikalen Kräfte aufheben. Für den unteren Körper erhalten wir daher mit dem zweiten Newtonschen Gesetz

$$\sum F_y = F_N - F_{N12} - m_2 g = 0 \qquad 5.14\,\text{a}$$

und

$$\sum F_x = F - F_{H2} = m_2 a_2 \;. \qquad 5.14\,\text{b}$$

Da F_{H2} die Gegenkraft zu F_{H1} bildet, sind sie dem Betrag nach gleich groß: $F_{H1} = F_{H2} = F_H$. Die beiden Körper bewegen sich gemeinsam, also besitzen sie dieselbe Beschleunigung $a = a_1 = a_2$. Wir können die Haftreibungskraft F_H eliminieren, indem wir (5.13b) und (5.14b) addieren:

$$F = (m_1 + m_2)\, a \;. \qquad 5.15$$

Je größer die eingesetzte Kraft F ist, um so größer wird auch die Beschleunigung a. Aber die Beschleunigung des oberen Körpers ist durch die maximale Haftreibungskraft zwischen den beiden Körpern begrenzt. Wenn wir (5.13b) nach a_1 auflösen, erhalten wir

$$a_1 = \frac{F_{H1}}{m_1} \leq \frac{\mu_H F_{N21}}{m_1} \;.$$

Aus 5.13a folgt aber $F_{N21} = m_1 g$. Damit gilt

$$a \leq \frac{\mu_H m_1 g}{m_1}$$

oder

$$a \leq \mu_H g \;.$$

Wenn a_1 sein Maximum $\mu_H g$ erreicht, dann besitzt F den maximalen Wert, bei dem die beiden Körper sich gerade noch nicht gegeneinander bewegen. Wenn wir a in (5.15) durch $\mu_H g$ ersetzen, ergibt sich

$$F_{max} = (m_1 + m_2) \mu_H g \,. \tag{5.16}$$

b) Überschreitet F diesen Wert, dann bewegen sich die beiden Körper gegeneinander, und ihre Beschleunigungen sind nicht mehr identisch. Nach dem zweiten Newtonschen Gesetz ist die horizontale Komponente der resultierenden Kraft auf den oberen Körper

$$F_G = m_1 a_1 \,.$$

Wir benutzen den Zusammenhang $F_G = \mu_G F_{N21} = \mu_G m_1 g$ und erhalten

$$\mu_G m_1 g = m_1 a_1$$

oder

$$a_1 = \mu_G g \,. \tag{5.17}$$

Auf ähnliche Weise folgt für die Horizontalkomponente der resultierenden Kraft auf den unteren Körper

$$F - F_G = m_2 a_2$$

$$F - \mu_G m_1 g = m_2 a_2$$

$$a_2 = \frac{F - \mu_G m_1 g}{m_2} \,. \tag{5.18}$$

Beachten Sie, daß wir in a) die Beschleunigung der beiden sich gemeinsam bewegenden Körper auch finden können, indem wir sie als einen einzelnen Körper der Masse $m_1 + m_2$ behandeln, an dem die resultierende Kraft F angreift. Die vertikalen Kräfte heben sich auf, und die horizontalen Reibungskräfte sind gleich groß und entgegengesetzt und treten nur innerhalb des Zweikörpersystems auf.

5.4 Scheinkräfte

Die Newtonschen Gesetze gelten nur in Inertialsystemen. Welches Ergebnis bekommt man, wenn man die Beschleunigung eines Körpers relativ zu einem Bezugssystem mißt, das seinerseits relativ zu einem Inertialsystem beschleunigt wird? In diesem Fall stimmt im beschleunigten Bezugssystem die resultierende Kraft, die auf den Körper wirkt, nicht mit dem Produkt aus Masse und gemessener Beschleunigung überein! In einigen Fällen ist der Körper relativ zum Nicht-Inertialsystem in Ruhe, obwohl ganz offensichtlich eine resultierende Kraft auf ihn wirkt. In anderen Fällen wirken keine Kräfte auf den Körper, aber er wird dennoch relativ zum Nicht-Inertialsystem beschleunigt. Wenn wir das zweite Newtonsche Gesetz $F = ma$ in einem beschleunigten Bezugssystem anwenden wollen, müssen wir fiktive Kräfte oder **Scheinkräfte** einführen, die von der Beschleunigung des Bezugssystems abhängen. Diese fiktiven Kräfte werden nicht wirklich übertragen. Sie dienen lediglich als Hilfsmittel, damit die Beziehung $F = ma$ auch für Beschleunigungen a gilt, die in Nicht-Inertialsystemen gemessen werden. Dem Beobachter im Nicht-Inertialsystem erscheinen diese Scheinkräfte allerdings genauso real wie alle anderen Kräfte auch.

5.4 Scheinkräfte

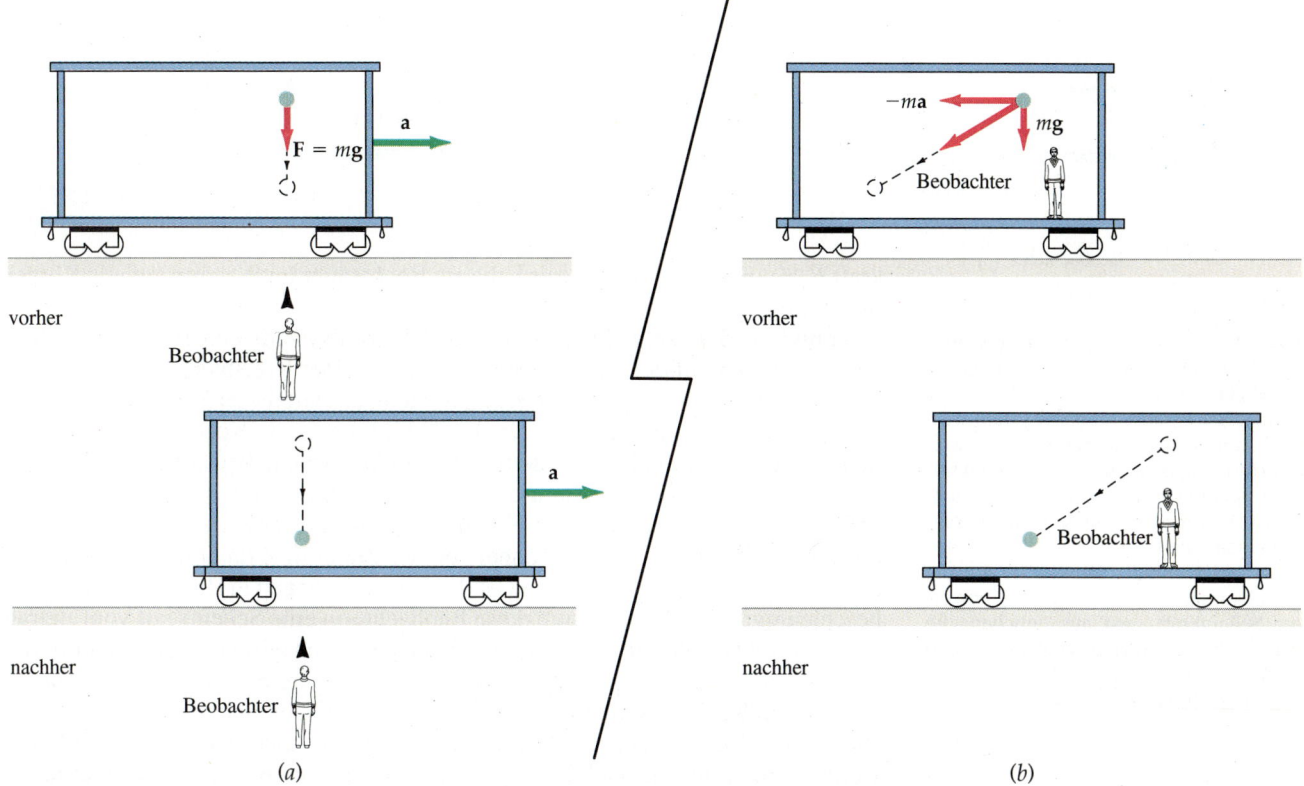

5.15 Ein Ball wird in einem Eisenbahnwaggon losgelassen, der aus der Ruheposition mit konstanter Beschleunigung a nach rechts fährt. a) Für einen ruhenden Beobachter neben den Schienen, der sich in einem Inertialsystem befindet, fällt der Ball geradlinig nach unten. b) Für einen Beobachter im beschleunigten Waggon bewegt sich der Ball zusätzlich nach hinten. Der Beobachter führt diese nach hinten gerichtete Beschleunigung auf eine Scheinkraft $-ma$ zurück.

Wir betrachten zunächst einen Eisenbahnwaggon, der sich auf horizontal angeordneten Schienen geradlinig mit konstanter Beschleunigung a relativ zur Umgebung bewegt. Dabei wollen wir die Umgebung (und damit die Schienen) als Inertialsystem ansehen, so daß ein mit dem Waggon verbundenes Bezugssystem ein Nicht-Inertialsystem bildet. Wenn wir im Waggon einen Körper fallenlassen, dann fällt er nicht geradlinig nach unten, sondern bewegt sich zum Ende des Waggons hin. Relativ zum Eisenbahnwaggon besitzt der Körper eine vertikale Beschleunigung g und eine horizontale Beschleunigung $-a$ (Abbildung 5.15). Wenn der Körper in diesem Waggon auf einen glatten (d. h. reibungsfreien) Tisch gelegt wird, so daß im Bezugssystem des Waggons keine resultierende Kraft auf ihn wirkt, dann wird er auf ähnliche Weise relativ zum Beobachter im Waggon nach hinten beschleunigt. Vom Standpunkt eines anderen Beobachters jedoch, der sich im Inertialsystem der Schienen befindet, wird der Körper nicht beschleunigt. Statt dessen sieht dieser Beobachter, wie sich durch die Beschleunigung des Waggons der Tisch unter dem Körper wegbewegt. Wir können nun das zweite Newtonsche Gesetz im Bezugssystem des Waggons nur dann anwenden, wenn wir die Scheinkraft $F_S = -ma$ einführen, die auf jeden Körper der Masse m wirkt.

Betrachten wir beispielsweise eine Lampe, die an einer Schnur von der Decke des Waggons herunterhängt. Der Waggon erfährt im Inertialsystem eine Beschleunigung a. Die Beschleunigung der Lampe und die Kräfte, die auf sie wirken, sind in Abbildung 5.16 sowohl für das Inertialsystem als auch für das Nicht-Inertialsystem eingezeichnet.

Für beide Beobachter gleicht die Vertikalkomponente der Zugkraft in der Schnur die Gewichtskraft der Lampe aus. Im Inertialsystem der Schienen wird die Lampe beschleunigt. Die resultierende Kraft für diese Beschleunigung ist die Horizontalkomponente der Zugkraft in der Schnur. Im Bezugssystem des Waggons ist die Lampe in Ruhe, sie erfährt also keine Beschleunigung. Dies läßt sich damit erklären, daß die Horizontalkomponente der Zugkraft durch die Schein-

5 Anwendungen der Newtonschen Axiome

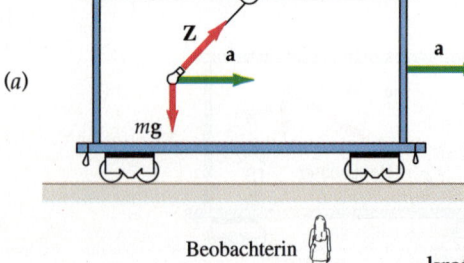
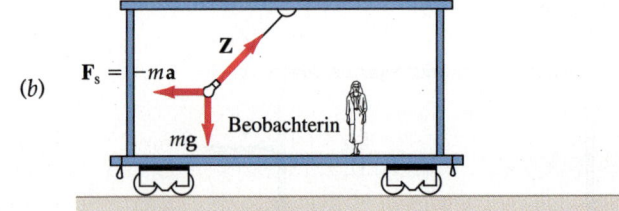

5.16 Eine Lampe hängt an einer Schnur von der Decke eines beschleunigten Eisenbahnwaggons herunter. a) Für einen Beobachter in einem Inertialsystem wird die Lampe nach rechts beschleunigt, weil die Horizontalkomponente der Zugkraft als resultierende Kraft nach rechts gerichtet ist. b) Im beschleunigten Bezugssystem bleibt die Lampe in Ruhe, wird also nicht beschleunigt. Die Zugkraft, die auch hier nach rechts wirkt, wird von einer Scheinkraft $-ma$ ausgeglichen, die man in diesem Bezugssystem einführen muß, damit das zweite Newtonsche Axiom weiterhin gilt.

kraft $F_S = -ma$ ausgeglichen wird, die ein Beobachter im Waggon auf alle Körper innerhalb des Waggons wirken sieht.

Abbildung 5.17 zeigt ein weiteres Nicht-Inertialsystem: eine rotierende Scheibe. Jeder Punkt auf der Scheibe bewegt sich auf einer Kreisbahn und besitzt eine Zentripetalbeschleunigung. Ein Bezugssystem, das mit dieser Scheibe verbunden ist, ist daher kein Inertialsystem. In der Abbildung ist ein Körper, der relativ zur Scheibe ruht, über ein Seil mit dem Mittelpunkt der Scheibe verbunden. Für eine Beobachterin im Inertialsystem dreht sich der Körper mit einer Geschwindigkeit v im Kreis, wird also zum Kreismittelpunkt hin beschleunigt. Die Zentripetalbeschleunigung v^2/r wird dabei von der Zugkraft Z im Seil verursacht. Für eine Beobachterin auf der Scheibe ist der Körper dagegen in Ruhe und wird nicht beschleunigt. Statt $F = ma$ muß diese Beobachterin eine Scheinkraft vom Betrag mv^2/r einführen, die auf den Körper radial nach außen wirkt und die Zugkraft der Schnur ausgleicht. Diese fiktive nach außen gerichtete Kraft, die sogenannte **Zentrifugalkraft**, erscheint der Beobachterin auf der Scheibe durchaus real. Wenn sie selber auf der Scheibe stehenbleiben und nicht nach außen gedrückt werden will, muß eine nach innen gerichtete Kraft vom Boden auf sie übertragen werden, die die nach außen gerichtete Zentrifugalkraft „ausgleicht". Man sollte sich aber merken, daß die Zentrifugalkraft eine Scheinkraft ist, die *nur in rotierenden Bezugssystemen* vorkommt.

Stellen Sie sich einen Satelliten nahe der Erdoberfläche vor, der von einem Inertialsystem aus beobachtet wird, das mit der Erde verbunden ist. (Wir vernachlässigen hier die Tatsache, daß die Erde aufgrund ihrer Eigendrehung genaugenommen kein Inertialsystem ist.) Es ist falsch zu behaupten, daß der Satellit nicht herunterfällt, weil die Gravitationskraft der Erde „durch die Zentrifugalkraft ausgeglichen wird". Scheinkräfte wie die Zentrifugalkraft treten nur in beschleunigten Bezugssystemen auf. Im Bezugssystem der Erde „fällt" der Satellit tatsächlich mit einer Beschleunigung v^2/r auf sie zu (siehe Kapitel 2). Diese Beschleunigung entsteht durch die Gravitationskraft und wird durch keine andere Kraft ausgeglichen. Ein Beobachter im Satelliten, der den Satelliten als ruhend betrachtet, kann das Gesetz $F = ma$ allerdings nur dann anwenden, wenn er eine nach außen gerichtete Zentrifugalkraft einführt, die die Gravitationskraft ausgleicht.

Damit in rotierenden Bezugssystemen $F = ma$ gültig ist, muß noch eine zweite Scheinkraft eingeführt werden, die von der Geschwindigkeit eines Teilchens

5.17 Ein Körper ist über ein Seil mit dem Mittelpunkt einer rotierenden Scheibe verbunden. a) Für eine Beobachterin in einem Inertialsystem neben der Scheibe bewegt sich der Körper auf einer Kreisbahn mit einer Zentripetalbeschleunigung, die von der Zugkraft Z im Seil aufgebracht wird. b) Für eine Beobachterin auf der Scheibe befindet sich der Körper in Ruhe, er wird also nicht beschleunigt. Damit das zweite Newtonsche Gesetz gilt, muß eine Scheinkraft mv^2/r eingeführt werden, die nach außen wirkt und die Zugkraft ausgleicht.

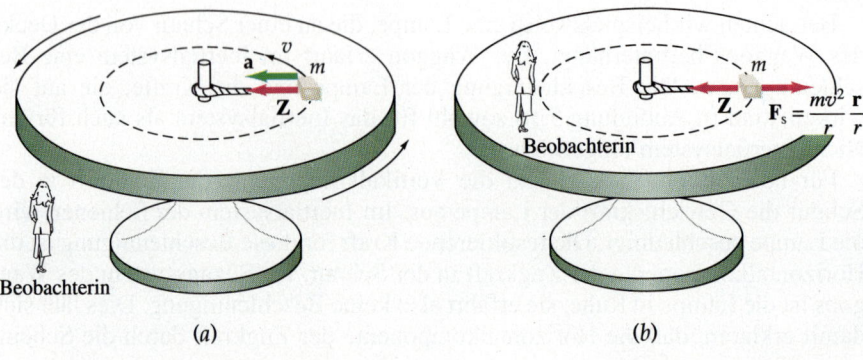

5.4 Scheinkräfte

abhängt. Diese Kraft, die sogenannte **Corioliskraft**, wirkt senkrecht zur Geschwindigkeitsrichtung des Teilchens (relativ zum rotierenden Bezugssystem) und führt zu einer seitlichen Ablenkung. Betrachten wir zwei Jungen, die auf einer rotierenden Scheibe stehen und sich einen Ball zuwerfen. Einer der Jungen befindet sich in der Mitte, der andere am Rand (Abbildung 5.18). Wenn der Ball nach außen geworfen wird, dann sieht ein Beobachter in einem Inertialsystem, wie der Ball geradlinig nach außen fliegt und den zweiten Jungen verpaßt, weil sich dieser nach links bewegt hat (Abbildung 5.18a). Die Flugbahn des Balles relativ zu der rotierenden Scheibe ist in Abbildung 5.18b gezeigt. Damit der Ball den zweiten Jungen erreicht, müßte er nach links geworfen werden, und zwar so weit nach links, daß die seitliche Ablenkung während des Fluges ausgeglichen würde.

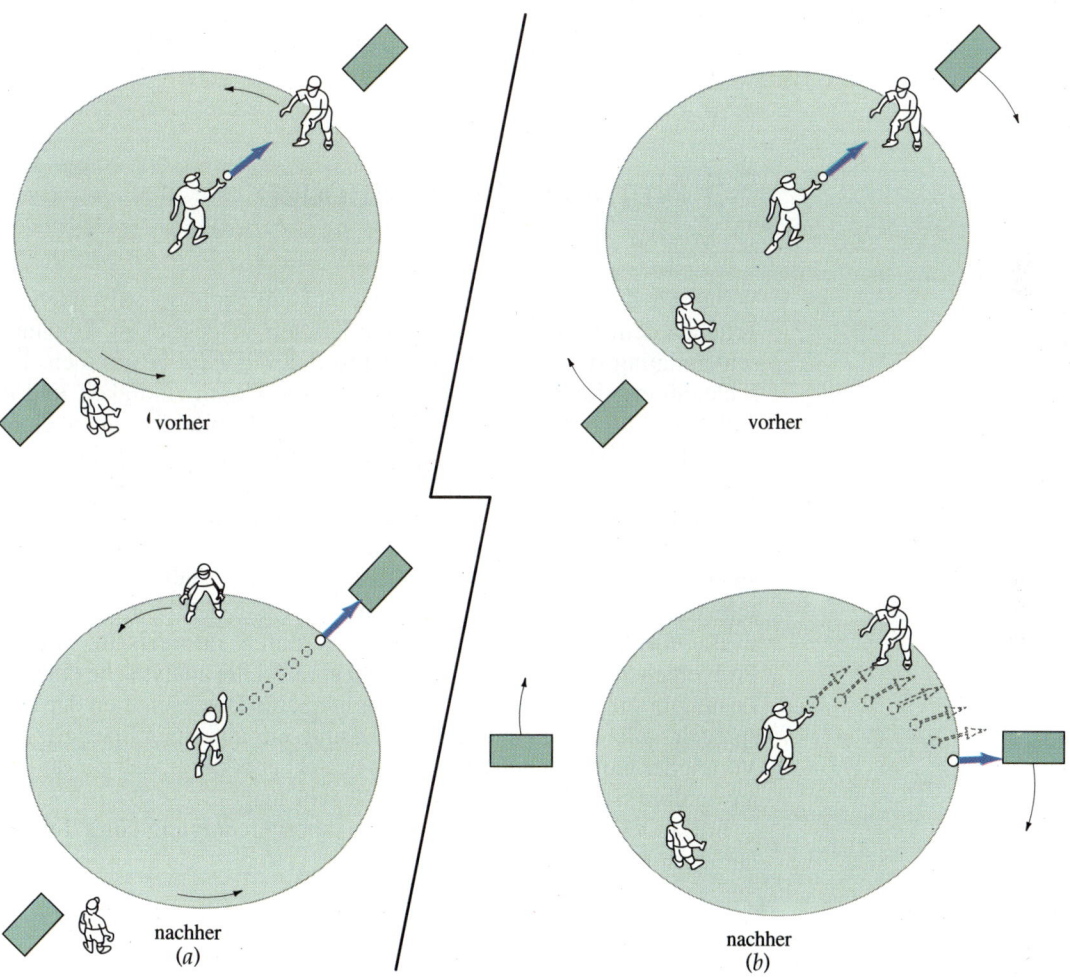

Die beiden Scheinkräfte in rotierenden Bezugssystemen – die Zentrifugalkraft und die Corioliskraft – treten aufgrund der Erddrehung in allen Bezugssystemen auf, die mit der Erde verbunden sind. Corioliskräfte sind vor allem für das Verständnis des Wetters von großer Bedeutung. Diese Kräfte sind beispielsweise dafür verantwortlich, daß sich die Zyklonen auf der Nordhalbkugel linksherum (gegen den Uhrzeigersinn) und auf der Südhalbkugel rechtsherum (im Uhrzeigersinn) drehen, wenn man sie von oben betrachtet (so wie wir es von Satellitenbildern her gewohnt sind).

5.18 Ein Junge steht in der Mitte einer rotierenden Scheibe und wirft seinem Freund am Rand der Scheibe einen Ball zu. a) In einem Inertialsystem bewegt sich der Ball geradlinig und verpaßt den zweiten Jungen, weil sich dieser mit der Scheibe weggedreht hat. b) Im Bezugssystem der rotierenden Scheibe ist der zweite Junge in Ruhe, und der Ball wird nach rechts abgelenkt. Die Scheinkraft, die den Ball von seiner geradlinigen Bahn abbringt, heißt Corioliskraft.

5 Anwendungen der Newtonschen Axiome

5.19 a) Wenn die Erde sich nicht drehen würde, dann liefen die Winde geradlinig in die Tiefdruckgebiete hinein. b) Da sich die Erde aber dreht, lenkt die Corioliskraft die Winde auf der Nordhalbkugel nach rechts ab, so daß sie ein Tiefdruckgebiet linksdrehend umströmen. Auf der Südhalbkugel erfolgt die Ablenkung nach links, und die Winde laufen rechtsdrehend um das Tiefdruckgebiet herum.

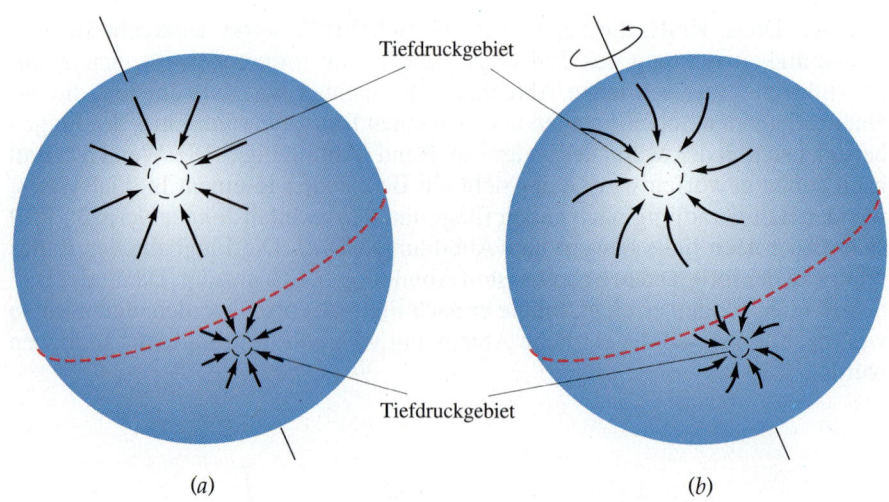

5.5 Numerische Methoden

Wenn wir die Newtonschen Gesetze auf ein Problem anwenden, bei dem ein Teilchen dem Einfluß von mehreren Kräften ausgesetzt ist, können wir die Beschleunigung des Teilchens mit Hilfe von $a = F/m$ bestimmen. Falls die Beschleunigung konstant ist, erhalten wir die Geschwindigkeit und den Ort des Teilchens durch Integration, so wie wir es in Kapitel 2 kennengelernt haben. In vielen Fällen ist die Beschleunigung des Teilchens jedoch nicht konstant, sondern hängt von seiner Geschwindigkeit oder seiner Position ab. Beispielsweise ist die Beschleunigung eines Teilchens unter dem Einfluß von Strömungswiderständen eine Funktion der Geschwindigkeit des Teilchens. In solchen Fällen kann eine analytische Bestimmung von Geschwindigkeit und Ort des Teilchens sehr schwierig oder sogar unmöglich sein. Trotzdem läßt sich zumindest näherungsweise ein Ergebnis finden, und zwar durch **numerische Integration**. Bei Problemen, die auch analytisch lösbar sind, ist die analytische einer numerischen Lösung immer vorzuziehen, da sie allgemeine Eigenschaften der Lösung widerspiegelt, während die numerische Lösung nur auf einen Spezialfall zutrifft. Der Vorteil der numerischen Integration besteht aber darin, daß sie auf jedes Problem anwendbar ist, wie komplex es auch sein mag.

In Kapitel 2 wurde die Durchschnittsbeschleunigung eines Teilchens in einer Dimension definiert als

$$\langle a \rangle = \frac{\Delta v}{\Delta t}$$

und die Durchschnittsgeschwindigkeit als

$$\langle v \rangle = \frac{\Delta x}{\Delta t}.$$

Die Geschwindigkeitsänderung im Zeitintervall Δt ist dann

$$\Delta v = \langle a \rangle \, \Delta t ,$$

und die Verschiebung in diesem Intervall beträgt

$$\Delta x = \langle v \rangle \, \Delta t \,.$$

Bei der numerischen Integration geht man nun von der Annahme aus, daß die Durchschnittswerte der Geschwindigkeit und der Beschleunigung durch die Werte zu einem bestimmten Zeitpunkt innerhalb des Zeitintervalls ersetzt werden können, wenn das Zeitintervall Δt sehr klein ist. Eine Methode, bei der man relativ schnell zu brauchbaren Ergebnissen gelangt, ist das **Euler-Verfahren** (manchmal auch Euler-Cauchy-Verfahren genannt), auf das wir etwas näher eingehen wollen. Hier werden $\langle a \rangle$ und $\langle v \rangle$ durch die Beschleunigungs- und Geschwindigkeitswerte am Anfang des Zeitintervalls ersetzt. (Andere Methoden der numerischen Integration sind genauer, dafür aber komplizierter. Beispielsweise erhöht sich die Genauigkeit, wenn man für $\langle a \rangle$ und $\langle v \rangle$ die Werte nimmt, die in der Mitte des Zeitintervalls auftreten.) Beschleunigung und Geschwindigkeit werden außerdem in diesem Zeitintervall als konstant angenommen. Wenn x_0, v_0 und a_0 die Anfangswerte für den Ort, die Geschwindigkeit und die Beschleunigung zur Zeit $t = t_0$ sind, dann ist die Geschwindigkeit zu einer etwas späteren Zeit $t_1 = t_0 + \Delta t$ näherungsweise gleich

$$v_1 = v_0 + a_0 \, \Delta t \,,$$

und für den Ort gilt näherungsweise

$$x_1 = x_0 + v_0 \, \Delta t \,.$$

Wir verwenden nun diese neuen Werte v_1 und x_1, um die Beschleunigung a_1 für das nächste Zeitintervall zu bestimmen. Mit der so gefundenen Beschleunigung a_1 berechnen wir dann die neuen Werte für v und x:

$$v_2 = v_1 + a_1 \, \Delta t$$

und

$$x_2 = x_1 + v_1 \, \Delta t \,.$$

Allgemein formuliert, wenn x_i, v_i und a_i die Werte für den Ort, die Geschwindigkeit und die Beschleunigung zu einem bestimmten Zeitpunkt t_i sind, dann lassen sich Geschwindigkeit und Ort zum Zeitpunkt $t_{i+1} = t_i + \Delta t$ näherungsweise bestimmen durch

$$v_{i+1} = v_i + a_i \, \Delta t \qquad \text{5.19a}$$

$$x_{i+1} = x_i + v_i \, \Delta t \,. \qquad \text{5.19b}$$

Euler-Verfahren

Numerische Formeln wie diese heißen **Rekursionsformeln**. In der Praxis bedeutet das Verfahren: Wenn wir bei einem Bewegungsproblem die Geschwindigkeit und den Ort zu einer bestimmten Zeit t berechnen wollen, zerlegen wir zunächst das Zeitintervall von t_0 bis t in eine große Zahl kleinerer Intervalle Δt und wenden dann die Gleichungen (5.19a) und (5.19b) an, wobei wir beim Zeitpunkt t_0 starten. Dies beinhaltet sehr viele einfache und eintönige Berechnungen, die man am besten von einem Computer durchführen läßt.

Um die Verwendung numerischer Verfahren zu veranschaulichen, betrachten wir ein Problem, bei dem ein Fallschirmspringer in einer gewissen Höhe aus der

Ruheposition heraus losspringt. Er fällt unter dem Einfluß der Gravitationskraft und eines Strömungswiderstandes, der dem Quadrat seiner Geschwindigkeit proportional ist. Wir wollen die Geschwindigkeit v und die Fallhöhe x als Funktion der Zeit bestimmen. Wir haben die Formel, die die Bewegung eines Körpers der Masse m unter diesen Umständen beschreibt, bereits in (5.5) kennengelernt, wobei wir nun $n = 2$ setzen:

$$F = mg - bv^2 = ma.$$

Die Beschleunigung ist daher

$$a = g - \left(\frac{b}{m}\right)v^2. \qquad 5.20$$

Es ist üblich, die Konstante b/m durch die Endgeschwindigkeit v_e auszudrücken. Wenn die Endgeschwindigkeit erreicht wird, ist $a = 0$, so daß wir mit (5.20) erhalten:

$$0 = g - \left(\frac{b}{m}\right)v_e^2$$

$$\frac{b}{m} = \frac{g}{v_e^2}.$$

Dies in Gleichung (5.20) eingesetzt liefert:

$$a = g\left(1 - \frac{v^2}{v_e^2}\right). \qquad 5.21$$

Um Gleichung (5.21) numerisch zu lösen, brauchen wir numerische Werte für g und v_e. Eine realistische Größe der Endgeschwindigkeit für einen Fallschirmspringer ist 60 m/s (vgl. Abschnitt 5.2). Wir verwenden außerdem $g = 9{,}81$ m/s^2 und erhalten

$$a = 9{,}81\left(1 - \frac{v^2}{3600}\right). \qquad 5.22$$

In dieser Gleichung haben wir die Einheiten ausnahmsweise (wegen der Übersichtlichkeit) nicht hingeschrieben. Da wir SI-Einheiten verwenden, muß man sich v in m/s und x in m angegeben denken. Wenn wir den Startpunkt bei $x_0 = 0$ wählen, dann sind die übrigen Anfangsbedingungen $v_0 = 0$ und $a_0 = g = 9{,}81$. Um die Geschwindigkeit v und die Position x nach einer bestimmten Zeit, beispielsweise $t = 20$ s, zu berechnen, teilen wir das Zeitintervall $0 < t < 20$ s in viele kleinere Zeitintervalle Δt ein, auf die wir die Gleichungen (5.19a) und (5.19b) anwenden. Dazu schreiben wir ein kleines Computerprogramm oder benutzen ein fertiges Kalkulationsprogramm. Abbildung 5.20 zeigt die v-t-Kurve sowie die x-t-Kurve, die mit Hilfe eines solchen Kalkulationsprogrammes unter Verwendung von $\Delta t = 0{,}5$ s berechnet wurden. Bei $t = 20$ s sind die berechneten Werte $v = 59{,}97$ m/s und $x = 957{,}5$ m.

Aber wie genau sind unsere Berechnungen? Wir können die Genauigkeit abschätzen, indem wir das Programm noch einmal laufen lassen, diesmal aber ein kleineres Zeitintervall benutzen. Wenn wir $\Delta t = 0{,}25$ s wählen, also die Hälfte des ursprünglichen Zeitintervalls, erhalten wir $v = 59{,}92$ m/s und $x = 952{,}0$ m bei $t = 20$ s. Die Differenz der v-Werte beträgt etwa 0,1% und die der x-Werte ungefähr 0,5%. Damit haben wir die Genauigkeit unserer ursprünglichen Berechnungen grob abgeschätzt.

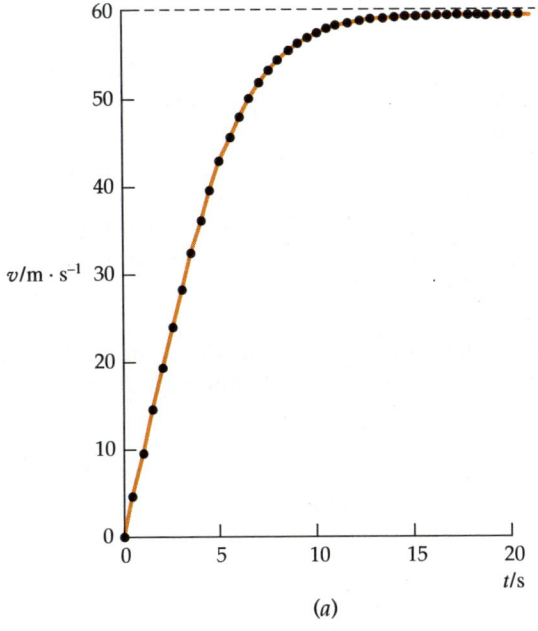
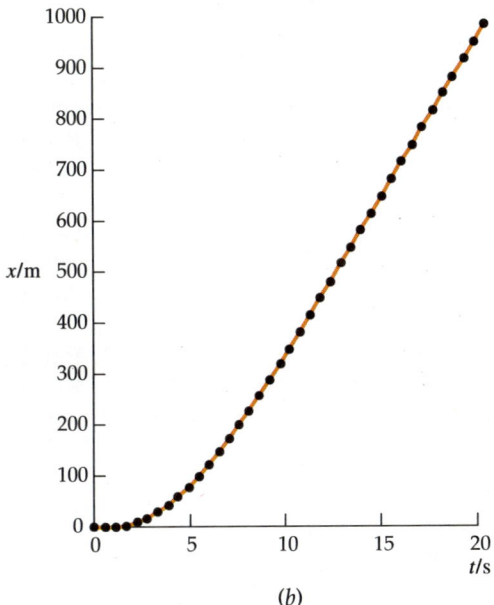

5.20 a) Das Geschwindigkeit-Zeit-Diagramm zur Bewegung eines Fallschirmspringers: Die v- und t-Werte wurden durch numerische Integration mit $\Delta t = 0{,}5$ s gewonnen. Die gestrichelte, horizontale Linie entspricht der Endgeschwindigkeit $v_e = 60$ m/s. b) Die zugehörige x-t-Kurve (ebenfalls für $\Delta t = 0{,}5$ s).

Da der Unterschied zwischen dem Wert von $\langle a \rangle$ in einem bestimmten Zeitintervall Δt und dem Wert von a_i am Anfang des Intervalls immer kleiner wird, je kleiner wir das Zeitintervall wählen, könnten wir vermuten, daß es besser wäre, ganz kleine Zeitintervalle zu verwenden, beispielsweise $\Delta t = 0{,}000\,000\,001$ s. Es gibt aber zwei Gründe, dies nicht zu tun. Je kleiner die Zeitintervalle werden, um so mehr Berechnungen müssen durchgeführt werden und um so länger dauert es, bis das Programm fertig ist. Zum zweiten kann der Computer jede Zahl nur mit einer begrenzten Genauigkeit verarbeiten, so daß jeder Rechenschritt mit einem kleinen Rundungsfehler verbunden ist. Diese Rundungsfehler können sich aufaddieren. Je größer die Zahl der Berechnungen ist, um so mehr machen sich die Rundungsfehler bemerkbar. Fassen wir zusammen: Wenn wir das Zeitintervall verkleinern, verbessert sich die Genauigkeit, weil a_i dem Durchschnittswert $\langle a \rangle$ im Zeitintervall Δt immer besser entspricht. Wenn das Zeitintervall aber über einen kritischen Wert hinaus verkleinert wird, wirken sich die Rundungsfehler spürbar negativ aus, und die Genauigkeit der Berechnungen nimmt wieder ab. Eine bewährte Faustregel ist, nicht mehr als etwa 10^4 bis 10^5 Zeitintervalle für eine numerische Integration zu verwenden.

Zusammenfassung

1. Wenn zwei Körper sich berühren, können sie Reibungskräfte aufeinander ausüben. Diese Kräfte wirken parallel zur Oberfläche der Körper und greifen an den Berührungspunkten an. Wenn sich die Körper relativ zueinander in Ruhe befinden, ist die Reibungskraft identisch mit der Haftreibung, die jeden Wert zwischen null und dem Maximum $\mu_H F_N$ annehmen kann, wobei F_N der Betrag der Normalkraft und μ_H die Haftreibungszahl ist. Wenn sich die Oberflächen der Körper relativ zueinander bewegen, besteht die Reibung aus Gleitreibung und hat den Betrag $\mu_G F_N$, wobei μ_G die Gleitreibungszahl ist. Die Gleitreibungszahl ist kleiner als die Haftreibungszahl.

2. Wenn sich ein Körper durch ein Gas wie Luft oder eine Flüssigkeit wie Wasser (allgemein: durch ein Fluid) bewegt, erfährt er einen Strömungswiderstand, der seiner Bewegung entgegenwirkt. Der Strömungswiderstand nimmt mit der Geschwindigkeit zu. Wenn ein Körper beispielsweise in Luft aus der Ruheposition heraus nach unten fällt, nimmt seine Geschwindigkeit so lange zu, bis der Strömungswiderstand (in diesem Fall der Luftwiderstand) betragsmäßig der Gravitationskraft entspricht. Danach fällt der Körper mit konstanter Geschwindigkeit, die als Endgeschwindigkeit bezeichnet wird. Die Endgeschwindigkeit hängt von der Form des Körpers und von dem Medium ab, durch das er fällt.

3. Bei der Anwendung der Newtonschen Gesetze auf Probleme mit mehreren Körpern sollte für jeden Körper zunächst ein Kräftediagramm gezeichnet werden. Auf jeden Körper kann man dann *F* = *ma* einzeln anwenden.

4. Die Newtonschen Gesetze gelten nicht in beschleunigten Bezugssystemen. Sie lassen sich aber trotzdem anwenden, wenn man fiktive Kräfte oder Scheinkräfte einführt, die von der Beschleunigung des Bezugssystems abhängen.

5. Wenn die Beschleunigung a eines Teilchens als Funktion seiner Geschwindigkeit **v** oder seines Ortes x bekannt ist und zusätzlich die Anfangswerte (also die Werte zum Zeitpunkt t_0) von Geschwindigkeit und Ort gegeben sind, dann können **v** und x für einen späteren Zeitpunkt t_1 durch numerische Integration berechnet werden. Üblicherweise wird dabei das gesamte Zeitintervall $t_1 - t_0$ zunächst in eine große Zahl k kleiner Zeitintervalle $\Delta t = (t_1 - t_0)/k$ zerlegt. Anschließend ersetzt man die Durchschnittswerte der Geschwindigkeit $\langle v \rangle$ und der Beschleunigung $\langle a \rangle$ durch die Werte zu einem bestimmten Zeitpunkt innerhalb eines dieser Zeitintervalle. Das Euler-Verfahren geht von der Annahme aus, daß die Geschwindigkeits- und Beschleunigungswerte zu Beginn eines Zeitintervalls für das gesamte Intervall konstant sind. Die Geschwindigkeit und der Ort am Ende des Zeitintervalls lauten dann (für den Fall der eindimensionalen Bewegung):

$$v_{i+1} = v_i + a_i \Delta t$$

und

$$x_{i+1} = x_i + v_i \Delta t \, ,$$

wobei x_i, v_i und a_i die Werte für den Ort, die Geschwindigkeit und die Beschleunigung zu Beginn des Intervalls sind. Die Genauigkeit eines Ergebnisses einer numerischen Integration kann abgeschätzt werden, indem man die Berechnungen mit einem kleineren Zeitintervall wiederholt.

Aufgaben

Stufe I

5.1 Reibung

1. Die Haftreibungszahl zwischen den Reifen eines Wagens und einer horizontalen Straße sei $\mu_H = 0{,}6$. Die resultierende Kraft, die auf den Wagen wirkt, sei gleich der Reibungskraft, die von der Straße ausgeübt wird. a) Wie groß ist dann die maximale Beschleunigung des Wagens? b) Bestimmen Sie den kürzestmöglichen Bremsweg aus einer Geschwindigkeit von 30 m/s.

2. Eine Kiste mit einer Gewichtskraft von 800 N liege auf einer schiefen Ebene, die einen Neigungswinkel von 30° zur Horizontalen aufweist. Eine Physikstudentin stellt fest, daß sie das Abrutschen der Kiste verhindern kann, wenn sie mit einer Kraft von mindestens 200 N parallel zur Ebene gegen die Kiste drückt. a) Wie groß ist die Haftreibungszahl zwischen Kiste und schiefer Ebene? b) Bei welcher parallel zur Ebene wirkenden Kraft beginnt die Kiste, nach oben zu rutschen?

3. Ein Gegenstand mit einer Masse von 5 kg werde durch eine horizontale Kraft von 100 N gegen eine vertikale Wand gedrückt und bleibe dabei in Ruhe. a) Welche Reibungskraft übt die Wand auf den Gegenstand aus? b) Welche horizontale Kraft wird mindestens benötigt, um ein Herunterfallen des Gegenstands zu verhindern, wenn die Reibungszahl zwischen Wand und Gegenstand $\mu_H = 0{,}40$ ist?

4. Eine Kiste mit einer Masse von 50 kg ruhe auf einem Fußboden und soll bewegt werden. Die Haftreibungszahl zwischen Kiste und Fußboden betrage 0,6. Ein Methode, die Kiste zu verschieben, besteht darin, unter einem Winkel θ zur Horizontalen die Kiste zu drücken. Bei einer anderen Methode wird die Kiste unter einem Winkel θ zur Horizontalen gezogen. a) Erklären Sie, warum eine der beiden Methoden besser ist als die andere. b) Berechnen Sie die Kraft, die zum Bewegen der Kiste bei $\theta = 30°$ bei jeder der beiden Methoden benötigt wird, und vergleichen Sie diese Ergebnisse mit denen für $\theta = 0°$.

5.2 Strömungswiderstand

5. Ein Tischtennisball besitzt eine Masse von 2,3 g und in Luft eine Endgeschwindigkeit von 9 m/s. Der Strömungswiderstand ist gegeben durch bv^2. Welchen Wert hat die Konstante b?

6. Newton konnte bereits zeigen, daß der Luftwiderstand eines fallenden Körpers mit kreisförmigem Querschnitt näherungsweise $\frac{1}{2}\varrho\pi r^2 v^2$ ist, wobei $\varrho = 1{,}2$ kg/m³ die Dichte der Luft ist. Bestimmen Sie die Endgeschwindigkeit (vor dem Öffnen des Fallschirms) eines Fallschirmspringers der Masse 56 kg unter der Voraussetzung, daß seine Querschnittsfläche der einer Kreisscheibe mit dem Radius 0,30 m entspricht.

5.3 Bewegungsprobleme im Fall von mehreren miteinander verbundenen Körpern

7. Zwei Körper seien durch eine praktisch masselose Schnur miteinander verbunden, wie in Abbildung 5.21 gezeigt. Die schiefe Ebene und die Rolle seien reibungsfrei. Bestimmen Sie die Beschleunigung der Körper und die Zugkraft in der Schnur a) für $\theta = 30°$ und $m_1 = m_2 = 5$ kg und b) allgemein in Abhängigkeit von θ, m_1 und m_2.

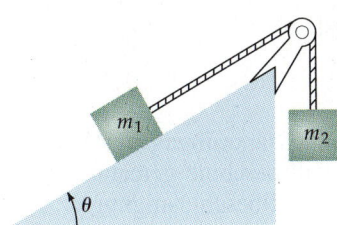

5.21 Zu Aufgabe 7.

8. Ein Quader mit der Masse 3 kg liege auf einer waagerechten Tischplatte und sei über ein leichtes Seil (das über eine Rolle läuft) mit einem 2-kg-Massestück verbunden (siehe Abbildung 5.22). a) Wie groß muß die Haftreibungszahl mindestens sein, damit der Quader ruht? b) Die Haftreibungszahl sei kleiner als in a) berechnet, und die Gleitreibungszahl zwischen Tisch und

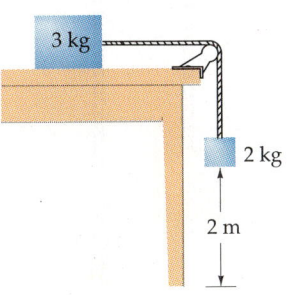

5.22 Zu Aufgabe 8.

Quader betrage 0,3. Der Quader werde nun losgelassen. Wie lange braucht das 2-kg-Massestück für den 2 m tiefen Fall auf den Boden?

9. Ein Körper der Masse m_1 sei an einer Schnur der Länge ℓ_1 befestigt, die mit dem anderen Ende in der Mitte eines reibungsfreien Tisches festgebunden ist (Abbildung 5.23). Der Körper bewege sich auf einer Kreisbahn. Ein zweiter Körper der Masse m_2 sei mit einer Schnur der Länge ℓ_2 am ersten Körper befestigt und bewege sich ebenfalls im Kreis. Bestimmen Sie die Zugkraft in beiden Schnüren in Abhängigkeit von der Periodendauer T.

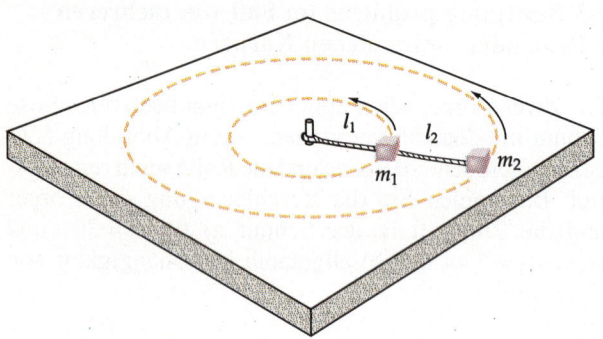

5.23 Zu Aufgabe 9.

10. Die Versuchsanordnung in Abbildung 5.24 wird Atwoodsche Fallmaschine genannt. Sie dient zur Bestimmung der Fallbeschleunigung g, wobei die Beschleunigung der beiden Körper gemessen wird. Zeigen Sie, daß bei masselosem Seil und reibungsfreier Rolle für die Beschleunigung a der Körper und für die Zugkraft Z im Seil gilt

$$a = \frac{m_1 - m_2}{m_1 + m_2} g \qquad \text{und} \qquad Z = \frac{2 m_1 m_2 g}{m_1 + m_2}.$$

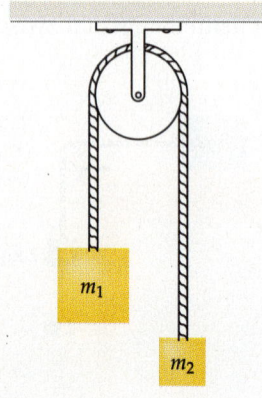

5.24 Zu Aufgaben 10 und 28.

5.4 Scheinkräfte

Die folgenden beiden Aufgaben beziehen sich auf einen Eisenbahnwaggon mit der Anfangsgeschwindigkeit $v_0 = 0$ und der Beschleunigung $\boldsymbol{a} = (5 \text{ m/s}^2)\,\boldsymbol{e}_x$ (siehe Abbildung 5.25). Beantworten Sie die Fragen sowohl im Bezugssystem des Waggons mit Hilfe von Scheinkräften als auch in einem Inertialsystem, wobei Sie nur wirkliche Kräfte betrachten.

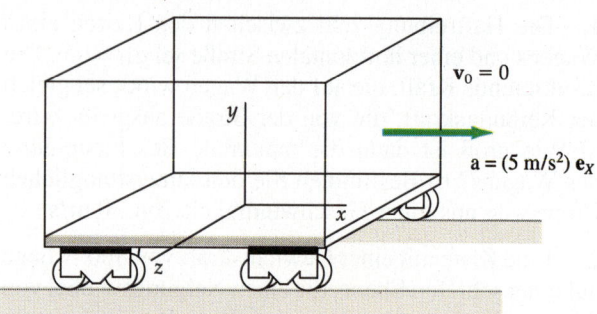

5.25 Zu Aufgaben 11 und 12.

11. Ein Körper mit einer Masse von 2 kg gleite über den rauhen Boden des Waggons. Die entsprechende Gleitreibungszahl sei 0,3. Die Anfangsgeschwindigkeit des Körpers betrage $(10 \text{ m/s})\,\boldsymbol{e}_x$ relativ zum Waggon. Beschreiben Sie die Bewegung des Körpers unter der Annahme, daß die Haftreibungszahl 0,6 beträgt.

12. Ein Körper der Masse 6 kg werde an eine praktisch masselose Feder mit einer Federkonstanten von 1000 N/m an die Decke des Waggons gehängt. Um wieviel wird die Feder dadurch gedehnt?

5.5 Numerische Methoden

13. Ein Körper falle unter dem Einfluß der Gravitation und eines Strömungswiderstands $F_W = -bv$. a) Zeigen Sie, daß für die Beschleunigung des Körpers gilt

$$a = g\left(1 - \frac{v}{v_e}\right),$$

wobei $v_e = mg/b$ die Endgeschwindigkeit ist. b) Lösen Sie diese Gleichung numerisch und tragen Sie für $v_e = 60$ m/s die Größen v und x gegen t auf.

Stufe II

14. Ein 800 kg schwerer Wagen rolle eine lange, um 6° geneigte Straße hinunter. Der Luftwiderstand bei der Bewegung des Wagens sei $F_W = 100$ N

+ (1,2 Ns²/m²) v^2. Welche Endgeschwindigkeit erreicht der Wagen?

15. Ein Körper mit einer Masse von 8 kg und ein Körper mit einer Masse von 10 kg seien über ein Seil miteinander verbunden und gleiten jeweils auf einer schiefen Ebene. Das Seil laufe über eine reibungsfreie Rolle, wie in Abbildung 5.26 wiedergegeben. a) Bestimmen Sie die Beschleunigung der Körper und die Zugkraft im Seil. b) Die beiden Körper werden nun durch zwei andere Körper mit den Massen m_1 und m_2 ersetzt, und zwar so, daß keine Beschleunigung auftritt. Welche Schlußfolgerung können Sie daraus über die Massen m_1 und m_2 ziehen?

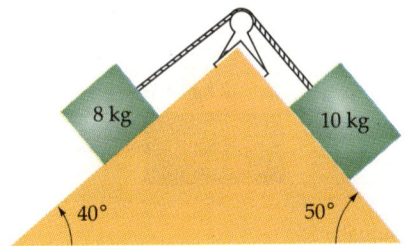

5.26 Zu Aufgabe 15.

16. Zwei Körper mit einer Masse von je 100 kg werden mit einer konstanten Beschleunigung von 1 m/s² über eine reibungsfreie, horizontale Fläche gezogen, wie in Abbildung 5.27 dargestellt. Jedes Seil habe eine Masse von 1 kg. Bestimmen Sie die Kraft F und die Zugkraft in den Seilen an den Punkten A, B und C.

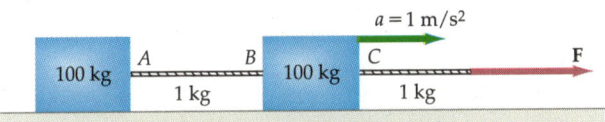

5.27 Zu Aufgabe 16.

17. Ein Körper befinde sich auf einer schiefen Ebene, deren Neigungswinkel verändert werden kann. Der Winkel werde, von 0° ausgehend, allmählich vergrößert. Bei 30° beginne der Körper, die Ebene hinunterzurutschen. Er gleite 3 m in 2 s. Berechnen Sie die Haft- und die Gleitreibungszahl zwischen dem Körper und der Ebene.

18. Auf Volksfesten ist häufig ein rotierender Zylinder aufgebaut (ein Rotor), in dem Personen mit dem Rücken zur Innenwand stehen können. Nun wird der Boden abgesenkt, aber die Personen fallen wegen der Reibung nicht nach unten. Mit wie vielen Umdrehungen pro Minute muß der Zylinder mindestens rotieren, wenn er einen Radius von 4 m hat und die Reibungszahl zwischen Person und Wand 0,4 beträgt?

19. Die Reibungszahl zwischen dem Körper A und dem Waggon in Abbildung 5.28 betrage 0,6. Der Körper habe eine Masse von 2 kg. a) Bestimmen Sie die kleinste Beschleunigung a, bei der der Körper nicht nach unten fällt. b) Wie groß ist die Reibungskraft in diesem Fall? c) Wenn die Beschleunigung über diesen kleinsten Wert ansteigt, wird dann auch die Reibungskraft größer als in Teil b)? Geben Sie eine Erklärung. d) Zeigen Sie, daß der Körper bei beliebiger Masse nicht nach unten fällt, wenn $a \geq g/\mu_H$ gilt, wobei μ_H die Haftreibungszahl ist.

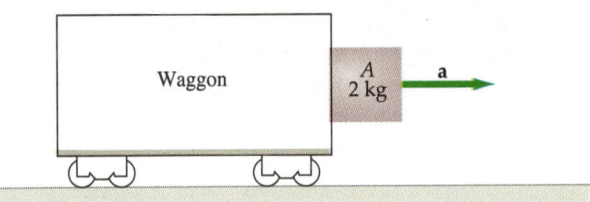

5.28 Zu Aufgabe 19.

20. Ein Körper der Masse m ruhe auf einem horizontalen Tisch und werde an einem masselosen Seil unter einem Winkel θ von der Kraft F gezogen, wie in Abbildung 5.28 gezeigt. Die Haftreibungszahl betrage 0,6. Die kleinste Kraft, die benötigt wird, um den Körper in Bewegung zu versetzen, hängt vom Winkel θ ab. a) Beschreiben Sie diese Abhängigkeit qualitativ. b) Berechnen Sie für die Winkel $\theta = 0°$, 10°, 20°, 30°, 40°, 50° und 60° die Kraft und tragen Sie sie gegen θ auf. Es sei $mg = 400$ N. Bei welchem Winkel wird die Kraft nach Ihrer Zeichnung am effizientesten eingesetzt, um den Körper zu bewegen?

5.29 Zu Aufgaben 20 und 27.

21. Ein Körper der Masse 60 kg gleite auf einem zweiten Körper der Masse 100 kg mit einer Beschleunigung von 3 m/s² entlang, während eine horizontale Kraft F von 320 N auf ihn wirkt (Abbildung 5.30). Der

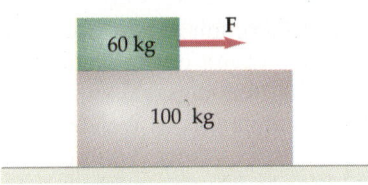

5.30 Zu Aufgabe 21.

schwerere Körper befinde sich seinerseits auf einer reibungsfreien, horizontalen Ebene. Jedoch wirke zwischen den beiden Körpern eine Reibungskraft. a) Bestimmen Sie die Gleitreibungszahl zwischen den Körpern. b) Bestimmen Sie die Beschleunigung des schwereren Körpers, solange sich der leichtere Körper noch auf ihm befindet.

22. Zwei Körper der Massen m_1 bzw. m_2 ruhen auf einem horizontalen, reibungsfreien Tisch, wie in Abbildung 5.31 wiedergegeben. Eine Kraft F wirke wie dargestellt auf den ersten Körper. a) Welche Beschleunigung erfahren die Körper, und welche Kontaktkraft F' wird von einem Körper auf den anderen ausgeübt, wenn $m_1 = 2$ kg, $m_2 = 4$ kg und $F' = 3$ N ist? b) Bestimmen Sie die Kontaktkraft für beliebige Werte der beiden Massen und zeigen Sie, daß für $m_2 = nm_1$ die Kontaktkraft $F' = nF/(n+1)$ ist.

5.31 Zu Aufgabe 22.

23. Zwei Bergsteiger an einem vereisten (reibungsfreien) Abhang seien durch ein 30 m langes Seil miteinander verbunden und, wie in Abbildung 5.32 zu sehen, in eine Notlage geraten. Der obere Kletterer, Paul (52 kg schwer), war einen Schritt zu weit gegangen, und sein Freund Wolfgang (74 kg schwer) hat seinen Eispickel verloren. Zur Zeit $t = 0$ sei ihre Geschwindigkeit gleich null. a) Bestimmen Sie die Zugkraft im Seil, während Paul fällt, und die Geschwindigkeit, mit der er am Boden auftrifft. b) Paul löst das Seil, nachdem er am Boden angekommen ist. Mit welcher Geschwindigkeit erreicht dann Wolfgang den Boden?

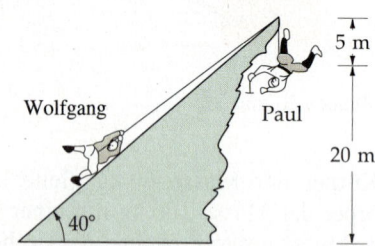

5.32 Zu Aufgabe 23.

24. Ein Wagen fahre mit einer Geschwindigkeit von 30 m/s eine Steigung mit einem Neigungswinkel von 15° hinauf. Die Haftreibungszahl zwischen den Reifen und der Straße betrage 0,7. a) Welche Mindeststrecke braucht der Wagen bei einer Vollbremsung bis zum Stillstand? b) Welche Mindeststrecke wäre nötig, wenn der Wagen den Berg hinunterführe?

Stufe III

25. Ein Block mit einer Masse von 4 kg ruhe auf einer reibungsfreien Fläche. Auf ihm liege ein 2-kg-Block (Abbildung 5.33). Zwischen den Blöcken sei die Haftreibungszahl $\mu_H = 0{,}3$, und die Gleitreibungszahl betrage 0,2. a) Welche Kraft F kann maximal aufgewandt werden, ohne daß der obere Block auf dem unteren verrutscht? b) Die Kraft F sei halb so groß wie der in a) ermittelte Wert. Berechnen Sie damit die Beschleunigung jedes Blocks und die Reibungskraft, die auf jeden Block wirkt. c) Die Kraft F sei doppelt so groß wie der in a) ermittelte Wert. Berechnen Sie damit die Beschleunigung jedes Blocks.

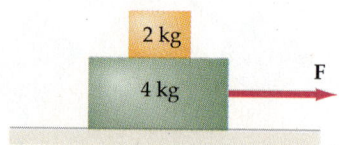

5.33 Zu Aufgabe 25.

26. In Abbildung 5.34 gleitet die Masse $m_2 = 10$ kg reibungsfrei auf einem Tisch. Zwischen m_2 und $m_1 = 5$ kg sei die Haftreibungszahl $\mu_H = 0{,}6$, und die Gleitreibungszahl betrage 0,4. a) Wie groß ist die maximale Beschleunigung von m_1? b) Wie groß darf m_3 höchstens sein, damit m_1 sich mit m_2 bewegt, ohne zu verrutschen? c) Berechnen Sie mit $m_3 = 30$ kg die Beschleunigung jedes Körpers und die Zugkraft im Seil.

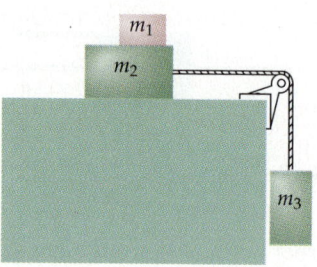

5.34 Zu Aufgabe 26.

27. Ein Körper der Masse m ruhe auf einem horizontalen Tisch. Die Haftreibungszahl sei μ_H. Auf den Körper wirke die Kraft F unter einem Winkel θ, wie in Abbildung 5.29 gezeigt. a) Bestimmen Sie die Kraft F, die benötigt wird, um den Körper zu bewegen, als Funktion des Winkels θ. b) Am Minimum dieser Funktion ist die Steigung $dF/d\theta$ gleich null. Zeigen Sie, daß hier $\tan \theta = \mu_H$ gilt. Vergleichen Sie dieses allgemeine Ergebnis mit dem aus Aufgabe 20.

28. Mit Hilfe der Atwoodschen Fallmaschine aus Abbildung 5.24 (Aufgabe 10) kann die Fallbeschleunigung g bestimmt werden, indem man die Zeit t mißt, die der schwerere Körper mit der Masse m_1 benötigt, um die Strecke ℓ nach unten zu fallen. a) Drücken Sie g durch die Größen m_1, m_2, ℓ und t aus. b) Zeigen Sie, daß die Ermittlung von g mit dem relativen Fehler $dg/g = -2dt/t$ behaftet ist, wobei dt der Fehler bei der Zeitmessung ist. Es sei $m_1 = 1$ kg und $\ell = 3$ m. Welchen Wert muß dann m_2 haben, damit g mit einer Genauigkeit von $\pm 5\%$ gemessen werden kann? Die verwendete Uhr sei auf $\pm 0{,}1$ s genau. Nehmen Sie an, die Fallzeit sei die einzige fehlerbehaftete Größe bei dieser Messung.

29. Ein Körper falle unter dem Einfluß der Gravitation und des Luftwiderstands $F_W = -bv$, wie in Aufgabe 13. a) Zeigen Sie, daß die Beschleunigung des Körpers ausgedrückt werden kann als

$$a = \frac{dv}{dt} = g - \frac{b}{m} v \,.$$

b) Zeigen Sie, daß sich durch Umstellen

$$\frac{dv}{g - (b/m)\, v} = dt$$

ergibt. c) Integrieren Sie diese Gleichung, um die exakte Lösung zu erhalten:

$$v = \frac{mg}{b} (1 - e^{-bt/m}) = v_e (1 - e^{-gt/v_e}) \,.$$

d) Tragen Sie v gegen t für $v_e = 60$ m/s auf und vergleichen Sie dies mit der numerischen Lösung aus Aufgabe 13.

30. Kleine, kugelförmige Teilchen erfahren nach dem Stokesschen Gesetz einen Viskositätswiderstand $F_V = 6\pi\eta rv$, wobei r der Radius der Teilchen, v ihre Geschwindigkeit und η die dynamische Viskosität des fluiden Mediums ist. a) Schätzen Sie die Endgeschwindigkeit in Luft eines kugelförmigen Staubteilchens ab. Es habe einen Radius von 10^{-5} m und eine Dichte von 2 g/cm^3. Nehmen Sie an, daß die Luft in Ruhe ist und daß $\eta = 1{,}8 \cdot 10^{-5}$ Ns/m^2 beträgt. b) Schätzen Sie ab, wie lange es dauert, bis ein solches Teilchen von einem 100 m hohen Schornstein heruntergefallen ist.

31. Abbildung 5.35 zeigt einen Körper der Masse 20 kg, der auf einem Körper der Masse 10 kg gleitet. Alle Oberflächen seien reibungsfrei. Bestimmen Sie die Beschleunigung der beiden Körper und die Zugkraft im Seil, das die beiden Körper verbindet.

32. Ein Block mit einer Masse von 20 kg, an dem eine Rolle angebracht ist, gleite reibungsfrei auf einem Tisch. Der Block sei über ein praktisch masseloses Seil mit einem 5-kg-Massestück verbunden (siehe Abbildung 5.36). Bestimmen Sie die Beschleunigung jedes Körpers und die Zugkraft im Seil.

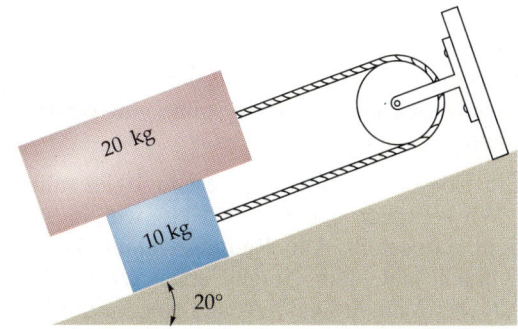

5.35 Zu Aufgabe 31.

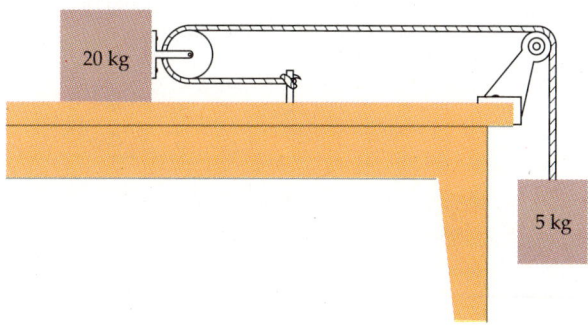

5.36 Zu Aufgabe 32.

33. Eine Raumstation habe zwei „Abteile", wie in Abbildung 5.37 gezeigt. Die Station rotiere mit B Umdrehungen pro Minute. a) Ein Körper der Masse m ruhe am Boden eines der beiden Abteile im Abstand r von der Drehachse. Welche Normalkraft übt der Boden auf diese Masse aus? b) Der Körper werde nun von der Decke dieses Raumes fallengelassen. Beschreiben Sie seine Bewegung relativ zum Abteil. Welche Kräfte (ein-

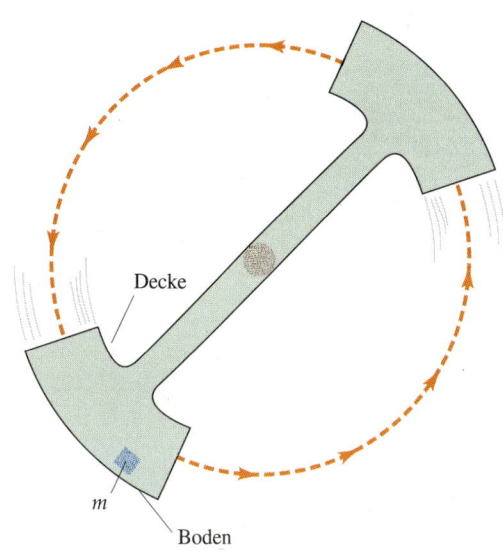

5.37 Zu Aufgabe 33.

schließlich Scheinkräften) wirken auf den Körper, während er fällt? c) Erklären Sie qualitativ, warum der Körper relativ zu einem Inertialsystem auf den Boden fällt, obwohl in einem Inertialsystem keine Kräfte auf ihn wirken.

34. Ein Körper mit einer Masse von 10 kg ruhe auf einem Winkelträger der Masse 5 kg, wie in Abbildung 5.38 dargestellt. Die Reibungszahlen zwischen dem Körper und dem Träger seien $\mu_H = 0{,}4$ und $\mu_G = 0{,}3$. Der Winkelträger liege auf einer reibungsfreien Fläche. a) Welche Kraft F kann maximal ausgeübt werden, ohne daß der Körper auf dem Träger zu gleiten beginnt? b) Bestimmen Sie die durch die Kraft F hervorgerufene Beschleunigung des Trägers.

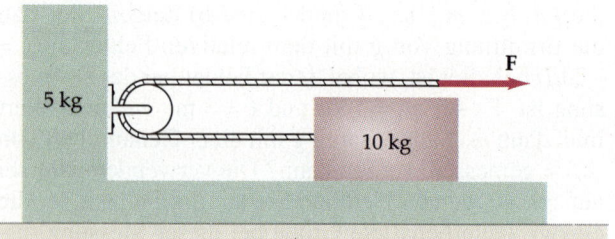

5.38 Zu Aufgabe 34.

Arbeit und Energie

6

Arbeit und Energie gehören zu den wichtigsten Begriffen in der Physik; auch im Alltag spielen sie eine große Rolle. In der Physik besitzt **Arbeit** eine eindeutige Definition, die von unserem alltäglichen Sprachgebrauch abweicht. Arbeit wird nur dann von einer Kraft an einem Körper verrichtet, wenn sich der Angriffspunkt der Kraft durch die Krafteinwirkung eine bestimmte Strecke fortbewegt. Eine Voraussetzung dafür ist, daß die Kraft eine Komponente in Richtung dieses Weges besitzt. Falls Sie also eine Kraft auf einen Schlitten ausüben und ihn dabei über den Schnee ziehen, dann verrichten Sie eine Arbeit. Falls sich der Schlitten jedoch nicht bewegt (weil er beispielsweise an einem Baum festgebunden ist), Sie aber mit derselben Kraft an ihm ziehen, dann wird am Schlitten keine Arbeit verrichtet, weil der Angriffspunkt der Kraft sich nicht bewegt.

Der Begriff der **Energie** ist eng mit dem Begriff der Arbeit verbunden und beschreibt die Fähigkeit, Arbeit zu verrichten. Wenn ein System Arbeit an einem anderen System ausführt, dann wird Energie zwischen den Systemen ausgetauscht. Beispielsweise geht ein Teil der Arbeit, die Sie beim Ziehen des Schlittens verrichten, in Bewegungsenergie des Schlittens über. Ein anderer Teil wird aufgrund der Reibung zwischen Schlitten und Schnee in Wärmeenergie umgewandelt. Gleichzeitig hat durch das Ziehen des Schlittens die innere chemische Energie Ihres Körpers abgenommen. Insgesamt wurde also innere chemische Energie Ihres Körpers in Bewegungsenergie des Schlittens plus Wärmeenergie umgewandelt. Eines der wichtigsten Prinzipien in den Naturwissenschaften ist die *Erhaltung der Energie*: Die Gesamtenergie eines Systems und seiner Umgebung ändert sich nicht. Wenn sich die Energie eines Systems verringert, dann gibt es immer eine entsprechende Energiezunahme in der Umgebung oder in einem anderen System.

Energie kann in den verschiedensten Formen auftreten. Die *kinetische Energie* ist mit der Bewegung eines Körpers verbunden. Die *potentielle Energie* ist gespeicherte Energie, die mit der räumlichen Anordnung der Bestandteile eines Systems zueinander zusammenhängt, beispielsweise mit dem Abstand zwischen einem Körper und der Erde. Die *Wärmeenergie* hängt mit der molekularen Bewegung innerhalb eines Systems zusammen und ist eng mit der Temperatur des Systems verknüpft.

In diesem Kapitel werden wir uns mit den Begriffen Arbeit, kinetische Energie und potentielle Energie beschäftigen und dabei erfahren, wie der Energieerhaltungssatz zur Lösung vielfältiger Probleme in der Mechanik eingesetzt werden kann. Wenn wir später die Thermodynamik (Kapitel 15 bis 17) behandeln, werden wir näher auf die Wärmeenergie eingehen, eine Energieform, die bei Temperaturunterschieden übertragen wird. Wir werden dann auch die innere Energie eines Systems genauer kennenlernen.

6.1 Arbeit und kinetische Energie: Bewegung in einer Dimension bei konstanter Kraft

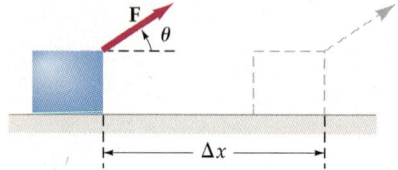

6.1 Eine konstante Kraft F wirkt auf einen Körper unter dem Winkel θ entlang der Strecke Δx. Die dabei verrichtete Arbeit ist $F \cos \theta \, \Delta x = F_x \, \Delta x$.

Wir definieren die Arbeit, die eine Kraft an einem Körper verrichtet, als das Produkt aus dieser Kraft und der Verschiebung des Angriffspunktes der Kraft. Wenn Kraft und Verschiebung in unterschiedliche Richtungen zeigen, dann verrichtet nur diejenige Kraftkomponente an dem Körper Arbeit, die in Richtung der Verschiebung wirkt. Zur Vereinfachung werden wir zunächst nur den Spezialfall eines Massenpunktes behandeln, der sich in *einer* Dimension unter dem Einfluß einer zeitlich konstanten Kraft bewegt. Da es sich um einen Massenpunkt handelt, entspricht die Verschiebung des Angriffspunktes der Kraft immer der Verschiebung des gesamten Massenpunktes. (Neben dem Begriff des Massenpunktes werden wir in diesem Kapitel gleichberechtigt den des Teilchens verwenden.)

Wenn θ der Winkel zwischen der Kraft F und der Verschiebung Δx ist, wie in Abbildung 6.1 gezeigt, dann beträgt die verrichtete Arbeit

Arbeit bei konstanter Kraft

$$W = F \cos \theta \, \Delta x = F_x \, \Delta x \,. \qquad 6.1$$

Die Arbeit ist eine skalare Größe, die einen positiven Wert annimmt, wenn F und Δx in dieselbe Richtung zeigen, und einen negativen, wenn sie entgegengesetzte Richtungen haben. Die Dimension der Arbeit ist Kraft mal Länge (oder „Kraft mal Weg"). Ihre SI-Einheit ist das **Joule** (J), das als Produkt aus Newton und Meter definiert ist:

$$1 \, \text{J} = 1 \, \text{N} \cdot \text{m} \,. \qquad 6.2$$

Übung

Eine Kraft von 12 N wirke auf einen Körper unter einem Winkel von $\theta = 20°$, wie in Abbildung 6.1 gezeigt. Welche Arbeit verrichtet diese Kraft, wenn der Körper eine Strecke von 3 m zurücklegt? (Antwort: 33,8 J)

Abbildung 6.2 zeigt einen Jungen, der mit einer Kraft F, die einen Winkel θ zur Horizontalen bildet, einen Schlitten über den Schnee zieht. Wir wollen der Einfachheit halber die Reibung vernachlässigen, so daß neben der Zugkraft F nur die Gewichtskraft mg und die vertikale Auflagekraft F_N auf den Schlitten wirken. Die von der Gewichtskraft verrichtete Arbeit ist gleich null, weil diese Kraft senkrecht zur Bewegungsrichtung steht. Dasselbe Argument gilt für die Auflagekraft F_N. Die einzige Kraft, die am Schlitten wirklich Arbeit verrichtet, ist die Horizontalkomponente $F \cos \theta$ der Kraft F. Wenn mehrere Kräfte auf einen Körper wirken, dann findet man die gesamte Arbeit, indem man die Arbeit, die die einzelnen Kräfte verrichten, aufaddiert. Für einen Massenpunkt kann man auch zuerst die Kräfte vektoriell addieren und dann die Arbeit der resultierenden Kraft

6.1 Arbeit und kinetische Energie: Bewegung in einer Dimension bei konstanter Kraft

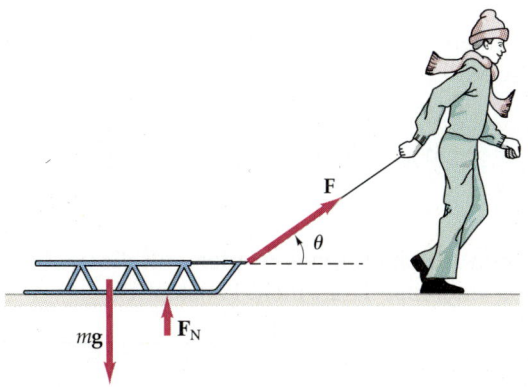

6.2 Ein Junge zieht einen Schlitten entlang einer Strecke Δx. Die Arbeit, die er dabei verrichtet, ist $F \cos\theta\, \Delta x$.

berechnen. Dies ist möglich, weil die Verschiebung des Angriffspunktes für jede Kraft mit der Verschiebung des Massenpunkts übereinstimmt. In unserem Beispiel muß die aufwärts gerichtete Kraft $F \sin\theta + F_N$ die Gewichtskraft mg ausgleichen, da der Schlitten vertikal nicht beschleunigt wird. Die resultierende Kraft auf den Schlitten entspricht damit der Horizontalkomponente $F \cos\theta$.

Es gibt einen wichtigen Zusammenhang zwischen der insgesamt an einem Massenpunkt verrichteten Arbeit und seiner Anfangs- und Endgeschwindigkeit. Wenn F_x die resultierende Kraft ist, die auf ihn wirkt, dann besagt das zweite Newtonsche Axiom:

$$F_x = ma_x.$$

Bei konstanter Kraft ist auch die Beschleunigung konstant, und wir können die von dem Massenpunkt zurückgelegte Strecke mit (2.15) durch seine Anfangs- und Endgeschwindigkeit angeben. Mit der Anfangsgeschwindigkeit v_a und der Endgeschwindigkeit v_e erhalten wir

$$v_e^2 = v_a^2 + 2a_x \Delta x. \qquad 6.3$$

Für die gesamte durch die resultierende Kraft an dem Massenpunkt verrichtete Arbeit gilt

$$W_{ges} = F_x \Delta x = ma_x \Delta x.$$

Ersetzen wir $a_x \Delta x$ gemäß (6.3) durch $\tfrac{1}{2}(v_e^2 - v_a^2)$, so erhalten wir

$$W_{ges} = \tfrac{1}{2} mv_e^2 - \tfrac{1}{2} mv_a^2. \qquad 6.4$$

Die Größe $\tfrac{1}{2} mv^2$ wird als **kinetische Energie** E_{kin} des Massenpunktes bezeichnet. Sie ist eine skalare Größe, die von der Masse und von der Geschwindigkeit des Massenpunktes abhängt:

$$E_{kin} = \tfrac{1}{2} mv^2. \qquad 6.5$$

Definition der kinetischen Energie

Die Größe auf der rechten Seite von (6.4) ist die Änderung der kinetischen Energie, also der Unterschied zwischen der kinetischen Energie $\tfrac{1}{2} mv_e^2$ am Ende des Zeitintervalls und der kinetischen Energie $\tfrac{1}{2} mv_a^2$ am Anfang des Zeitintervalls.

6 Arbeit und Energie

> Die gesamte an einem Massenpunkt verrichtete Arbeit entspricht der Änderung der kinetischen Energie des Massenpunktes:
>
> $$W_{\text{ges}} = \Delta E_{\text{kin}} = \frac{1}{2} m v_{\text{e}}^2 - \frac{1}{2} m v_{\text{a}}^2.$$ 6.6

Wie wir im nächsten Abschnitt sehen werden, gilt dieser Zusammenhang auch dann, wenn die resultierende Kraft nicht konstant ist.

Übung

Ein Mädchen mit einer Masse von 50 kg renne mit einer Geschwindigkeit von 3,5 m/s. Wie groß ist ihre kinetische Energie? (Antwort: 306 J)

Beispiel 6.1

Eine Kiste der Masse 4 kg werde aus der Ruheposition heraus von einer aufwärts gerichteten Kraft von 60 N eine Strecke von 3 m nach oben gezogen. Bestimmen Sie a) die von der eingesetzten Kraft verrichtete Arbeit, b) die von der Gravitation verrichtete Arbeit und c) die Endgeschwindigkeit der Kiste.

a) Die eingesetzte Kraft wirkt in Bewegungsrichtung ($\theta = 0°$), also ist die entsprechende Arbeit positiv:

$$W = F \cos 0° \, \Delta y = 60 \, \text{N} \cdot 1 \cdot 3 \, \text{m} = 180 \, \text{J}.$$

b) Die Gravitationskraft wirkt gegen die Bewegungsrichtung ($\theta = 180°$), damit ist die von der Gravitation verrichtete Arbeit negativ:

$$W_g = mg \cos 180° \, \Delta y = 4 \, \text{kg} \cdot 9{,}81 \, \text{N/kg} \cdot (-1) \cdot 3 \, \text{m} = -118 \, \text{J}.$$

Die gesamte an der Kiste verrichtete Arbeit ist daher $W_{\text{ges}} = 180 \, \text{J} - 118 \, \text{J} = 62 \, \text{J}$. Wir setzen $v_{\text{a}} = 0$ und erhalten mit (6.6)

$$W_{\text{ges}} = 62 \, \text{J} = \frac{1}{2} m v_{\text{e}}^2 - \frac{1}{2} m v_{\text{a}}^2 = \frac{1}{2} m v_{\text{e}}^2.$$

c) Die Endgeschwindigkeit der Kiste beträgt somit

$$v_{\text{e}} = \sqrt{\frac{2 W_{\text{ges}}}{m}} = \sqrt{\frac{2 \cdot 62 \, \text{J}}{4 \, \text{kg}}} = 5{,}57 \, \text{m/s}.$$

Beispiel 6.2

Angenommen, der Schlitten in Abbildung 6.2 habe eine Masse von 5 kg und der Junge übe eine Kraft von 12 N unter einem Winkel von 30° aus. Welche Arbeit hat der Junge dann nach einer Strecke von 3 m verrichtet? Wie groß ist die Endgeschwindigkeit des Schlittens, wenn er anfangs in Ruhe war und keine Reibungskräfte wirken?

Die Kräfte sind in der Abbildung eingezeichnet. Da sich der Schlitten in horizontaler Richtung bewegt, tragen die vertikal wirkenden Kräfte nicht zur Arbeit bei. Die einzige horizontal wirkende Kraft ist

$$F_x = 12 \, \text{N} \cdot \cos 30° = 10{,}4 \, \text{N}.$$

6.1 Arbeit und kinetische Energie: Bewegung in einer Dimension bei konstanter Kraft

Die gesamte am Schlitten verrichtete Arbeit ist das Produkt der Komponente von $\mathbf{F}$ in Bewegungsrichtung (10,4 N) und der zurückgelegten Strecke (3 m):

$$W_{ges} = F_x \Delta x = 10{,}4 \text{ N} \cdot 3 \text{ m} = 31{,}2 \text{ J}.$$

Dies entspricht auch der Änderung der kinetischen Energie. Der Schlitten ist zu Beginn in Ruhe und hat nach 3 m eine kinetische Energie von 31,2 J. Damit können wir seine Endgeschwindigkeit berechnen:

$$W_{ges} = \Delta E_{kin} = \frac{1}{2} m v_e^2 - \frac{1}{2} m v_a^2 = \frac{1}{2} m v_e^2 - 0$$

$$\frac{1}{2} m v_e^2 = E_{kin} = 31{,}2 \text{ J}$$

$$v_e = \sqrt{\frac{2 E_{kin}}{m}} = \sqrt{\frac{2 \cdot 31{,}2 \text{ J}}{5 \text{ kg}}} = 3{,}53 \text{ m/s}.$$

Die Endgeschwindigkeiten in den Beispielen 6.1 und 6.2 lassen sich auch ermitteln, indem man die Beschleunigung der Kiste oder des Schlittens bestimmt und dann die Gleichungen für die Bewegung bei konstanter Beschleunigung aus Kapitel 2 anwendet. Die Methode, die wir soeben kennengelernt haben, nämlich die gesamte verrichtete Arbeit mit der Änderung der kinetischen Energie gleichzusetzen, ist bei der Lösung mechanischer Probleme eine Alternative zur Anwendung der Newtonschen Gesetze. Wenn die Kräfte nicht konstant sind, dann führt das neue Verfahren sogar viel einfacher zum Ziel als die Newtonschen Gesetze.

Wir haben gesehen, daß Arbeit immer mit der Verschiebung eines Körpers oder der Änderung seiner kinetischen Energie verknüpft ist. Was geschieht aber, wenn wir, wie der Mann in Abbildung 6.3, ein Massestück in einer bestimmten Höhe h über dem Boden halten? Unserer alltäglichen Erfahrung gemäß könnten wir sagen, daß wir dabei Arbeit verrichten. Das steht allerdings im Widerspruch zur physikalischen Definition der Arbeit, die wir eingangs vorgenommen haben. Weshalb hier keine Arbeit verrichtet wird, ist offensichtlich: Wir können unsere eigene Anstrengung ausschalten, indem wir das Seil einfach an einen anderen Gegenstand festbinden, wobei das Massestück nun ohne unsere Hilfe gehalten wird. Unser persönliches Empfinden ist jedoch anders: Obwohl wir keine Arbeit verrichten, wenn wir einen Körper in einer bestimmten Position halten, werden

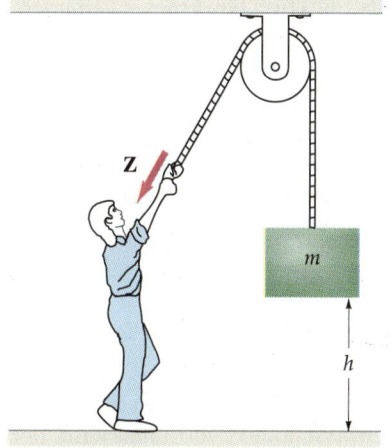
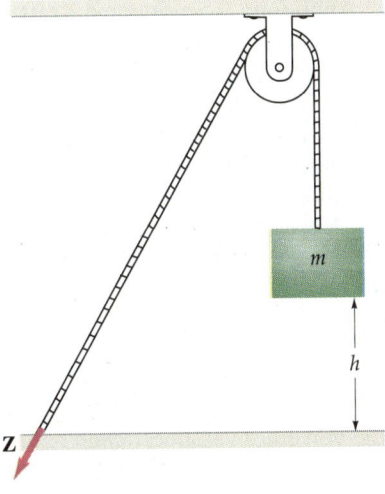

6.3 Wenn der Mann das Massestück in einer bestimmten Höhe hält, verrichtet er keine Arbeit. Dieselbe Aufgabe kann auch erledigt werden, indem er das Seil an einem anderen Gegenstand (beispielsweise einem Punkt am Boden) festbindet.

wir von dieser Tätigkeit müde. Während wir das Massestück halten, lösen Nervenimpulse ständig Kontraktionen der Muskelfasern in unserem Körper aus. Wenn sich die Muskeln zusammenziehen und entspannen, wird auf molekularer Ebene in unserem Körper tatsächlich Arbeit verrichtet. Dabei wird ein Teil der inneren, chemischen Energie in Wärmeenergie umgewandelt.

Fragen

1. Eine schwere Kiste soll von einem Tisch auf einen anderen Tisch derselben Höhe gebracht werden, der sich auf der gegenüberliegenden Seite des Raumes befindet. Ist dafür Arbeit erforderlich?
2. Um welchen Faktor ändert sich die kinetische Energie eines Wagens, wenn seine Geschwindigkeit verdoppelt wird?
3. Ein Körper bewegt sich mit konstanter Geschwindigkeit auf einer Kreisbahn. Verrichtet die beschleunigende Kraft Arbeit an ihm?
4. Ist es möglich, auf einen Körper eine Kraft auszuüben, die Arbeit verrichtet, aber die kinetische Energie des Körpers nicht verändert? Falls ja, geben Sie ein Beispiel an.

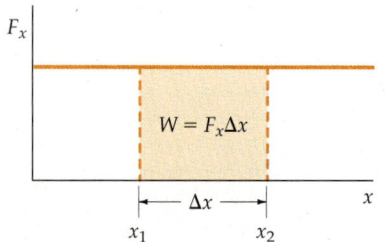

6.4 Die von einer konstanten Kraft verrichtete Arbeit kann durch die Fläche unter der Kraft-Weg-Kurve graphisch dargestellt werden.

6.2 Arbeit bei veränderlicher Kraft

Im vorigen Abschnitt haben wir die Arbeit, die eine konstante Kraft F_x verrichtet, als $W = F_x \Delta x$ definiert. In Abbildung 6.4 ist die konstante Kraft F_x als Funktion der Position x wiedergegeben. Die an einem Massenpunkt bei einer Verschiebung Δx verrichtete Arbeit wird durch die schattierte Fläche unter der Kraft-Weg-Kurve repräsentiert. Viele Kräfte, denen wir in der Natur begegnen, sind jedoch nicht konstant, sondern ortsabhängig. Wenn Sie beispielsweise eine Feder spannen, dann ist die Federkraft proportional zur Auslenkung der Feder. Auch die Gravitationskraft der Erde ist nicht konstant, sondern nimmt mit dem Quadrat des Abstandes zum Erdmittelpunkt ab. Die graphische Darstellung der Arbeit als Fläche unter der Kraft-Weg-Kurve können wir verwenden, um unsere Definition der Arbeit auf diese Fälle, bei denen die Kraft nicht konstant ist, zu erweitern.

Abbildung 6.5 zeigt eine Kraft F_x, die sich als Funktion des Ortes x verändert. Wir hatten in Kapitel 2 bereits gesehen, daß man die Fläche unter einer Kurve durch Integration erhält. Wir wollen hier kurz die wichtigsten Schritte wiederholen. Das Intervall von x_1 bis x_2 wird in viele kleine Intervalle Δx_i eingeteilt. Für jedes kleine Intervall ist die Kraft näherungsweise konstant, und wir können wie in Abbildung 6.4 einfach die Fläche des Rechtecks $F_{x_i} \Delta x_i$ berechnen. Die Summe aller Rechtecksflächen nähert sich immer mehr der tatsächlichen Fläche unter der Kurve, je kleiner Δx_i wird:

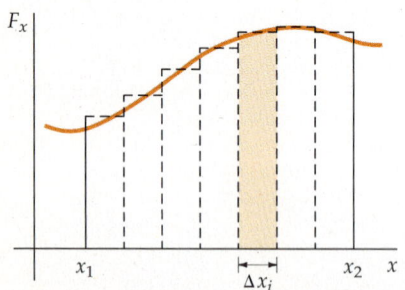

6.5 Eine veränderliche (ortsabhängige) Kraft kann durch eine Reihe konstanter Kräfte angenähert werden, die jeweils in einem kleinen Intervall wirken. Die Arbeit, die von einer dieser Kräfte verrichtet wird, entspricht der rechteckigen Fläche des zugehörigen Intervalls. Die gesamte Arbeit entspricht der Fläche unter der Kurve und kann durch Integration bestimmt werden, indem man die Intervallbreite immer weiter verkleinert.

$$W = \lim_{\Delta x_i \to 0} \sum_i F_{x_i} \Delta x_i . \qquad 6.7$$

Dieser Grenzwert wird als Integral von F_x über x bezeichnet. Damit ist die Arbeit, die von einer veränderlichen Kraft F_x an einem Massenpunkt verrichtet wird, der sich von x_1 nach x_2 bewegt, gleich

$$W = \int_{x_1}^{x_2} F_x \, dx \,.$$

6.8 *Arbeit bei veränderlicher Kraft*

Wir zeigen jetzt, daß die gesamte an einem Massenpunkt verrichtete Arbeit der Änderung der kinetischen Energie des Massenpunktes auch dann entspricht, wenn die resultierende Kraft ortsabhängig ist. Betrachten wir noch einmal Abbildung 6.5. Für jede rechteckige Fläche ist die Kraft konstant, so daß die Arbeit in diesem Intervall gleich der zugehörigen Änderung der kinetischen Energie ist. Wenn wir die Flächen über alle Intervalle hinweg zusammenrechnen, so addieren wir damit sämtliche intervallbezogene Änderungen der kinetischen Energie; als Ergebnis erhalten wir also die gesamte Änderung der kinetischen Energie im Intervall von x_1 bis x_2: $\Delta E_{\text{kin}} = \frac{1}{2} m v_2^2 - \frac{1}{2} m v_1^2$. Dieses Ergebnis ist identisch mit (6.6), wobei W_{ges} wie in (6.8) jetzt als Integral interpretiert wird.

Beispiel 6.3

Ein Körper der Masse 4 kg sei auf einem reibungsfreien Tisch mit einer horizontal liegenden Feder verbunden (Abbildung 6.6a), die dem Hookeschen Gesetz gehorcht und eine Kraft $F_x = -kx$ ausübt. Der Ort x werde von der Gleichgewichtslage aus gemessen, die Federkonstante sei $k = 400$ N/m. Die Feder werde bis $x_1 = -5$ cm gestaucht. Bestimmen Sie a) die Arbeit, die die Feder an dem Körper verrichtet, während dieser sich von $x_1 = -5$ cm bis zur Gleichgewichtslage $x_2 = 0$ bewegt, und b) die Geschwindigkeit des Körpers bei $x_2 = 0$.

a) In Abbildung 6.6b ist die Kraft gegen die Auslenkung der Feder aufgetragen. Die an dem Körper während seiner Bewegung von x_1 nach x_2 verrichtete Arbeit entspricht der schattierten Dreiecksfläche unter der Kraft-Weg-Kurve in diesen Grenzen. Die Grundseite des Dreiecks ist 5 cm = 0,05 m, seine Höhe entspricht der Kraft bei x_1, also

$$F_x = -kx = -(400 \text{ N/m})(-0{,}05 \text{ m}) = +20 \text{ N} \,.$$

Für die Arbeit gilt daher

$$W = \int_{-0{,}05\,\text{m}}^{0} F_x \, dx = \frac{1}{2} \cdot 0{,}05 \text{ m} \cdot 20 \text{ N} = 0{,}500 \text{ N} \cdot \text{m} = 0{,}500 \text{ J} \,.$$

6.6 a) Ein Körper ist mit einer Feder verbunden, die von ihrer Gleichgewichtslage (bei $x_2 = 0$) aus zusammengedrückt und danach losgelassen wird. b) Diagramm der Federkraft F_x gegen die Auslenkung x. Die Arbeit, die von der Feder verrichtet wird, während sich der Körper von x_1 nach x_2 bewegt, entspricht der schattierten Fläche.

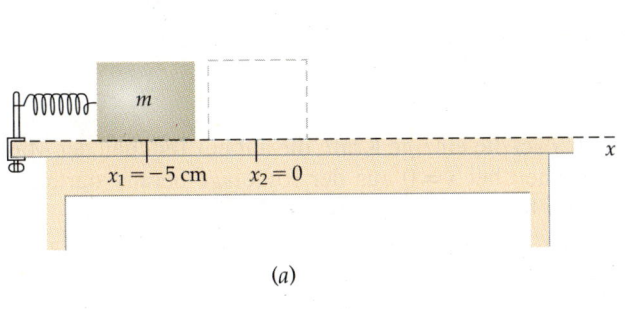

(a)

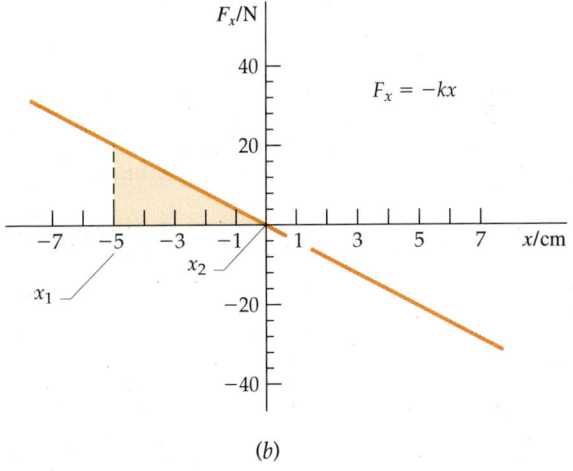

(b)

Die Arbeit ist positiv, weil die Kraft in Bewegungsrichtung wirkt. In der Abbildung können wir dies daran erkennen, daß sich die Fläche oberhalb der x-Achse befindet. Wir können die verrichtete Arbeit auch direkt durch Integration bestimmen:

$$W = \int_{x_1}^{0} F_x \, dx = \int_{x_1}^{0} -kx \, dx = -k \int_{x_1}^{0} x \, dx$$

$$= -\frac{1}{2} kx^2 \bigg|_{x_1}^{0} = \frac{1}{2} kx_1^2 = \frac{1}{2} \cdot 400 \text{ N/m} \cdot (0{,}05 \text{ m})^2 = 0{,}500 \text{ J}.$$

b) Die Geschwindigkeit des Körpers erhalten wir aus seiner kinetischen Energie, die ebenfalls 0,500 J beträgt:

$$E_{\text{kin}} = \frac{1}{2} mv^2 = 0{,}500 \text{ J}.$$

Die Geschwindigkeit ist somit:

$$v = \sqrt{\frac{2 E_{\text{kin}}}{m}} = \sqrt{\frac{2 \cdot 0{,}500 \text{ J}}{4 \text{ kg}}} = 0{,}50 \text{ m/s}.$$

Da die Kraft, die die Feder auf den Körper ausübt, dem Hookeschen Gesetz $F_x = -kx$ gehorcht – egal ob x positiv oder negativ ist –, können wir allgemein die Arbeit berechnen, die die Feder an dem Körper verrichtet, wenn dieser sich von einem beliebigen Anfangswert x_1 zur Gleichgewichtslage der Feder bei $x_2 = 0$ bewegt:

$$W = \int_{x_1}^{0} -kx \, dx = \frac{1}{2} kx_1^2.$$ 6.9

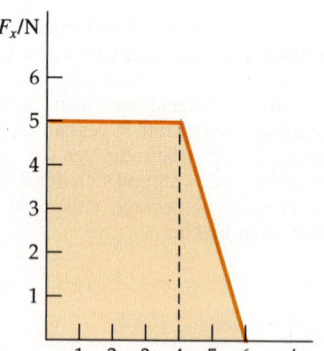

6.7 Die von der veränderlichen Kraft verrichtete Arbeit entspricht der schattierten Fläche.

Beispiel 6.4

Eine Kraft F_x ändere sich mit x, wie in Abbildung 6.7 gezeigt. Bestimmen Sie die Arbeit, die diese Kraft an einem Teilchen verrichtet, wenn sich das Teilchen von $x = 0$ bis $x = 6$ m bewegt.

Wir bestimmen wieder die verrichtete Arbeit, indem wir die Fläche unter der F_x-x-Kurve berechnen. Von 0 bis 4 m ist die Kraft konstant, und die Fläche entspricht der eines Rechtecks: $5 \text{ N} \cdot 4 \text{ m} = 20 \text{ J}$. Von 4 m bis 6 m fällt die Kraft gleichmäßig ab, und wir müssen in diesem Abschnitt eine Dreiecksfläche berechnen: $0{,}5 \cdot 5 \text{ N} \cdot 2 \text{ m} = 5 \text{ J}$. Die gesamte Fläche entspricht einer verrichteten Arbeit von $20 \text{ J} + 5 \text{ J} = 25 \text{ J}$.

Übung

Die Kraft aus Abbildung 6.7 sei die einzige Kraft, die auf ein Teilchen der Masse 3 kg wirkt. Wenn das Teilchen bei $x = 0$ aus der Ruhelage heraus startet, wie schnell bewegt es sich dann bei $x = 6$ m? (Antwort: 4,08 m/s)

6.3 Arbeit und Energie in drei Dimensionen

Wir hatten bereits die Arbeit als das Produkt aus der Verschiebung des Angriffspunktes einer Kraft und der Komponente dieser Kraft in Richtung der Verschiebung definiert. Die Komponente der Kraft in Richtung der Verschiebung ist deshalb wichtig, weil sie den Betrag der Geschwindigkeit des Massenpunktes verändert. Abbildung 6.8 zeigt einen Massenpunkt der Masse m, auf den eine Kraft F wirkt, während sich der Massenpunkt auf einer beliebigen Bahn im Raum bewegt. Die Kraft F schließt einen Winkel φ mit der Richtung der Verschiebung ein. Nach dem zweiten Newtonschen Gesetz hängt die Tangentialkomponente F_s der Kraft in diesem Punkt mit der Geschwindigkeitsänderung des Massenpunktes zusammen: $F_s = m\,dv/dt$. Die senkrechte Komponente $F_\perp = mv^2/r$ führt dagegen zu einer Zentripetalbeschleunigung, wobei r der Radius des Krümmungskreises der Bahn in diesem Punkt ist. Diese Kraftkomponente ändert nur die Richtung, nicht aber den Betrag der Geschwindigkeit. Mit anderen Worten: Die senkrechte Komponente trägt nicht zur Arbeit bei. Die von der Kraft F an dem Massenpunkt verrichtete Arbeit berechnet sich für eine kleine Verschiebung Δs also über die Tangentialkomponente F_s zu

$$\Delta W = F_s\,\Delta s\,.$$

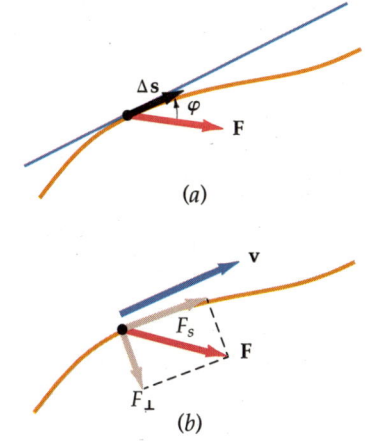

6.8 a) Ein Teilchen bewegt sich entlang einer beliebigen Bahn im Raum. b) Die senkrechte Kraftkomponente $F_\perp$ ändert die Bewegungsrichtung des Teilchens, aber nicht dessen Geschwindigkeit. Die tangentiale Kraftkomponente F_s führt zu einer Geschwindigkeitsänderung des Teilchens, ohne die Richtung zu beeinflussen. Nur diese Komponente verrichtet Arbeit.

Um die Arbeit zu bestimmen, die die Kraft an dem Massenpunkt verrichtet, während er sich entlang der Kurve von einem Punkt 1 zum Punkt 2 bewegt, müssen wir integrieren:

$$W = \int_{s_1}^{s_2} F_s\,ds\,.$$

Wie im Fall der eindimensionalen Bewegung können wir nun zeigen, daß die gesamte Arbeit der Zunahme an kinetischer Energie entspricht. Nach dem zweiten Newtonschen Gesetz gilt:

$$F_s = m\frac{dv}{dt}\,.$$

Betrachten wir die Geschwindigkeit als Funktion der Strecke s entlang der Kurve (man nennt s auch die Bogenlänge), dann liefert die Anwendung der Kettenregel der Differentialrechnung:

$$\frac{dv}{dt} = \frac{dv}{ds}\frac{ds}{dt} = v\frac{dv}{ds}\,,$$

wobei wir benutzt haben, daß ds/dt der Geschwindigkeit v entspricht. Die von der resultierenden Kraft verrichtete Arbeit ist daher

$$W_{\text{ges}} = \int_{s_1}^{s_2} F_s\,ds = \int_{s_1}^{s_2} m\frac{dv}{dt}\,ds = \int_{s_1}^{s_2} mv\frac{dv}{ds}\,ds = \int_{s_1}^{s_2} mv\,dv$$

oder

$$W_{\text{ges}} = \int_{s_1}^{s_2} F_s\,ds = \frac{1}{2}mv_2^2 - \frac{1}{2}mv_1^2\,. \qquad 6.10$$

6 Arbeit und Energie

Diese Gleichung sowie die entsprechende Gleichung für die eindimensionale Bewegung in (6.6) folgen direkt aus der Definition der Arbeit und aus dem zweiten Newtonschen Gesetz.

Das Skalarprodukt

Betrachten wir einen Massenpunkt, der sich unter Einwirkung der Kraft F auf einer Kurve im Raum bewegt. Bezeichnet man mit φ den Winkel zwischen der Kraft F und der kleinen Verschiebung ds entlang dieser Kurve, dann ist die Komponente der Kraft in Richtung von ds gleich $F_s = F \cos \varphi$. Die von der Kraft bei dieser kleinen Verschiebung verrichtete Arbeit ergibt sich zu

$$dW = F_s \, ds = (F \cos \varphi) \, ds \, .$$

Diese Art der Verknüpfung von zwei Vektoren – wie hier der Vektoren F und ds – und dem von ihnen eingeschlossenen Winkel spielt in der Physik eine wichtige Rolle und wird als **Skalarprodukt** der Vektoren bezeichnet. Das Skalarprodukt zweier beliebiger Vektoren A und B wird als $A \cdot B$ geschrieben und ist definiert als

$$A \cdot B = AB \cos \varphi \, , \qquad 6.11$$

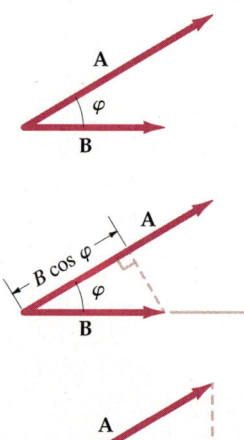

wobei φ der Winkel zwischen A und B ist. Das Skalarprodukt $A \cdot B$ kann als Produkt von A und $B \cos \varphi$ aufgefaßt werden oder umgekehrt als Produkt von B und $A \cos \varphi$. Dabei ist $B \cos \varphi$ die Komponente von B in Richtung von A bzw. $A \cos \varphi$ die Komponente von A in Richtung von B (Abbildung 6.9).

Wenn $A \cdot B = 0$, dann muß $A = 0$ oder $B = 0$ sein, oder A und B stehen senkrecht ($\perp$) zueinander. Im Falle $A \perp B$ ist das Skalarprodukt gleich null, weil $\cos 90° = 0$ ist. Wenn A und B parallel sind, dann ist $\cos \varphi = 1$, und das Skalarprodukt entspricht dem Produkt der Beträge der beiden Vektoren. Das Skalarprodukt eines Vektors mit sich selbst ist das Betragsquadrat des Vektors:

$$A \cdot A = A^2 \, .$$

Aus der Definiton (6.11) folgt sofort, daß für das Skalarprodukt das *Kommutativgesetz* gilt, also $A \cdot B = B \cdot A$. Außerdem ist das *Distributivgesetz* erfüllt:

$$(A + B) \cdot C = A \cdot C + B \cdot C \, .$$

6.9 Geometrische Veranschaulichung des Skalarproduktes $A \cdot B$. Wir können es uns als Produkt von A und $B \cos \varphi$ oder als Produkt von B und $A \cos \varphi$ vorstellen.

Häufig will man das Skalarprodukt durch die Komponenten der Vektoren ausdrücken. Wir betrachten das Skalarprodukt der Vektoren $A = A_x e_x + A_y e_y + A_z e_z$ und $B = B_x e_x + B_y e_y + B_z e_z$. Da die Einheitsvektoren e_x, e_y und e_z senkrecht aufeinander stehen, ist das Skalarprodukt von zwei verschiedenen Einheitsvektoren gleich null. Außerdem ist das Skalarprodukt eines der Einheitsvektoren mit sich selbst immer gleich 1. Damit erhalten wir für das Skalarprodukt $A \cdot B$

$$\begin{aligned} A \cdot B &= (A_x e_x + A_y e_y + A_z e_z) \cdot (B_x e_x + B_y e_y + B_z e_z) \\ &= A_x B_x + A_y B_y + A_z B_z \, . \end{aligned} \qquad 6.12$$

6.3 Arbeit und Energie in drei Dimensionen

Mit Hilfe des Skalarproduktes läßt sich die Arbeit dW, die eine Kraft F während einer kleinen Verschiebung ds verrichtet, schreiben als

$$dW = F \cos \varphi \, ds = \boldsymbol{F} \cdot d\boldsymbol{s}, \qquad 6.13$$

und die Arbeit, die an einem Massenpunkt verrichtet wird, der sich von einem Punkt 1 zum Punkt 2 bewegt, ist daher

$$W = \int_{s_1}^{s_2} \boldsymbol{F} \cdot d\boldsymbol{s}. \qquad 6.14$$

Allgemeine Definition der Arbeit

Wenn mehrere Kräfte $\boldsymbol{F}_i$ auf einen Massenpunkt wirken und ihn um die Strecke ds verschieben, dann ist die gesamte Arbeit

$$\Delta W_{\text{ges}} = \boldsymbol{F}_1 \cdot d\boldsymbol{s} + \boldsymbol{F}_2 \cdot d\boldsymbol{s} + \ldots = \sum_i (\boldsymbol{F}_i \cdot d\boldsymbol{s}) = \left(\sum_i \boldsymbol{F}_i\right) \cdot d\boldsymbol{s}$$

oder, mit der resultierenden Gesamtkraft $\boldsymbol{F}$,

$$\Delta W_{\text{ges}} = \boldsymbol{F} \cdot d\boldsymbol{s} \qquad 6.15$$

Mit der vorletzten Gleichung haben wir eine früher getroffene Aussage (Abschnitt 6.1) mathematisch belegt, daß nämlich die gesamte Arbeit, die mehrere Kräfte an einem Massenpunkt verrichten, auf zwei Weisen berechnet werden kann: einmal durch Aufsummieren aller Teilarbeiten,

$$\sum_i (\boldsymbol{F}_i \cdot d\boldsymbol{s}),$$

zum anderen, indem man zuerst die Kräfte vektoriell addiert und dann die Arbeit der resultierenden Kraft bestimmt:

$$\left(\sum_i \boldsymbol{F}_i\right) \cdot d\boldsymbol{s}.$$

Beispiel 6.5

Ein Massenpunkt erfahre eine Verschiebung $\Delta \boldsymbol{s} = 2 \text{ m } \boldsymbol{e}_x - 5 \text{ m } \boldsymbol{e}_y$ entlang einer Geraden. Während dieser Verschiebung wirke die Kraft $\boldsymbol{F} = 3 \text{ N } \boldsymbol{e}_x + 4 \text{ N } \boldsymbol{e}_y$ auf das Teilchen. Bestimmen Sie die von der Kraft $\boldsymbol{F}$ verrichtete Arbeit und die Komponente der Kraft in Richtung der Verschiebung.

Die von der Kraft $\boldsymbol{F}$ verrichtete Arbeit ist

$$W = \boldsymbol{F} \cdot \Delta \boldsymbol{s} = (3 \text{ N } \boldsymbol{e}_x + 4 \text{ N } \boldsymbol{e}_y) \cdot (2 \text{ m } \boldsymbol{e}_x - 5 \text{m } \boldsymbol{e}_y)$$
$$= 6 \text{ N} \cdot \text{m} - 20 \text{ N} \cdot \text{m} = -14 \text{ N} \cdot \text{m}.$$

Drückt man die verrichtete Arbeit durch die Beträge der Kraft und der Verschiebung aus, so gilt

$$W = \boldsymbol{F} \cdot \Delta \boldsymbol{s} = F \cos \varphi \, \Delta s.$$

6 Arbeit und Energie

Die Komponente der Kraft in Richtung der Verschiebung ist $F \cos \varphi$, was mit dem Quotienten aus der Arbeit und dem Betrag der Verschiebung übereinstimmt. Den Betrag von Δs erhalten wir aus

$$\Delta s \cdot \Delta s = (\Delta s)^2 = (2\,\mathrm{m}\,e_x - 5\mathrm{m}\,e_y) \cdot (2\,\mathrm{m}\,e_x - 5\mathrm{m}\,e_y)$$
$$= 4\,\mathrm{m}^2 + 25\,\mathrm{m}^2 = 29\,\mathrm{m}^2$$

zu $\Delta s = \sqrt{29}$ m. Die Komponente von F in Richtung der Verschiebung ist daher

$$F \cos \varphi = \frac{W}{\Delta s} = \frac{-14\,\mathrm{N} \cdot \mathrm{m}}{\sqrt{29}\,\mathrm{m}} = -2{,}60\,\mathrm{N}\,.$$

Diese Komponente ist negativ, genauso wie die verrichtete Arbeit.

Übung

Bestimmen Sie $A \cdot B$ für a) $A = 3\,\mathrm{m}\,e_x + 4\,\mathrm{m}\,e_y$ und $B = 5\,\mathrm{m}\,e_x + 8\,\mathrm{m}\,e_y$, b) $A = 2\,\mathrm{m/s}\,e_x + 6\,\mathrm{m/s}\,e_y$ und $B = 5\,\mathrm{m/s}\,e_x - 3\,\mathrm{m/s}\,e_y$. (Antworten: a) $47\,\mathrm{m}^2$, b) $-8\,\mathrm{m}^2/\mathrm{s}^2$)

Beispiel 6.6

Ein Skifahrer der Masse m fahre *ohne Reibung* einen Abhang hinunter, der einen konstanten Neigungswinkel θ besitzt, wie in Abbildung 6.10 skizziert. Der Skifahrer starte aus der Ruheposition in einer Höhe h. Welche Arbeit wird von allen beteiligten Kräften an dem Skifahrer verrichtet, und welche Geschwindigkeit besitzt er am Ende des Abhangs, wenn wir den Skifahrer idealisiert als Massenpunkt betrachten?

Aus Abbildung 6.10a ist zu ersehen, daß die Gravitationskraft mg und die Auflagekraft F_N des Schnees auf den Skifahrer einwirken. Da die Kraft F_N senkrecht zum Abhang und damit zur Bewegungsrichtung des Skifahrers steht, trägt sie nicht zur Arbeit bei. Nur die Komponente der Gewichtskraft mg in Bewegungsrichtung verrichtet Arbeit am Skifahrer. Diese Komponente ist wegen $\varphi = 90° - \theta$ (siehe Abbildung 6.10b) gleich $mg \cos \varphi = mg \cos(90° - \theta) = mg \sin \theta$. Bei einer Teilverschiebung Δs den Abhang hinunter verrichtet die Gewichtskraft also die Arbeit

$$\Delta W = mg \cdot \Delta s = (mg \cos \varphi)\,\Delta s = (mg \sin \theta)\,\Delta s\,.$$

Die auf die gesamte Strecke bezogene Arbeit ist

$$W = \sum \Delta W = \sum (mg \sin \theta)\,\Delta s\,.$$

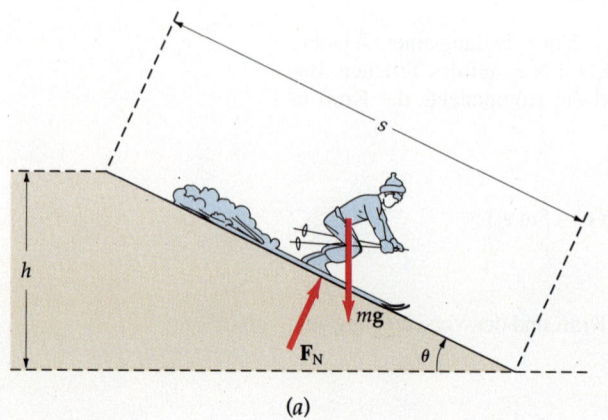
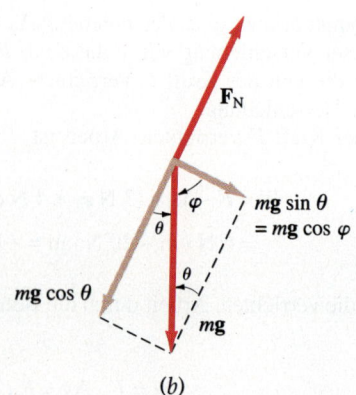

6.10 a) Ein Skifahrer fährt einen Abhang konstanter Neigung θ hinunter. b) Kräftediagramm für den Skifahrer. Die resultierende Kraft ist $mg \sin \theta$ und entspricht der Kraftkomponente in Richtung der Verschiebung Δs. Die auf der gesamten Strecke s verrichtete Arbeit ist unabhängig von θ.

Da die Erdanziehungskraft konstant ist, gilt: $\Sigma\,(mg\,\sin\,\theta)\,\Delta s = (mg\,\sin\,\theta)\,\Sigma\,\Delta s = (mg\,\sin\,\theta)\,s$. Wir sehen in Abbildung 6.10a, daß die gesamte Strecke s, die der Skifahrer den Abhang hinunterfährt, über $h = s\,\sin\,\theta$ mit der Anfangshöhe zusammenhängt. Die von der Gravitationskraft verrichtete Arbeit ist damit

$$W = (mg\,\sin\,\theta)\,s = mgh\,.$$

Da keine weitere Arbeit durch eine andere Kraft verrichtet wird, entspricht dies der Zunahme der kinetischen Energie des Skifahrers:

$$W_{\mathrm{ges}} = mgh = \Delta E_{\mathrm{kin}} = \frac{1}{2}mv^2 - 0\,.$$

Für die Geschwindigkeit des Skifahrers am Ende des Abhanges gilt damit

$$v = \sqrt{2gh}\,.$$

Das Ergebnis wäre übrigens dasselbe gewesen, wenn der Skifahrer die Höhe h im freien Fall zurückgelegt hätte. Wenn der Neigungswinkel statt θ einen anderen Wert θ' besäße, dann wäre der Skifahrer eine andere Strecke $s' = h/\sin\,\theta'$ hinuntergefahren. Gleichzeitig wäre die Komponente der Kraft in Bewegungsrichtung dann $mg\,\sin\,\theta'$, womit die verrichtete Arbeit wieder den Wert $(mg\,\sin\,\theta')\,s' = mgh$ besäße. Daher ist die von der Gravitationskraft verrichtete Arbeit mgh unabhängig vom Neigungswinkel des Hanges.

Das Ergebnis aus Beispiel 6.6 läßt sich verallgemeinern, so daß es auch im Fall eines sich beliebig ändernden Neigungswinkels gilt. Betrachten wir dazu eine Skifahrerin, die, wie in Abbildung 6.11 gezeigt, einen Hang hinunterfährt. Die kleine Verschiebung Δs zeigt tangential zum Hang. Die Arbeit, die die Gravitationskraft bei dieser Verschiebung verrichtet, ist $(mg\,\cos\,\varphi)\,\Delta s$, wobei φ der Winkel zwischen der Verschiebung und der abwärts gerichteten Gravitationskraft ist. Die Größe $\Delta s\,\cos\,\varphi$ entspricht genau dem Höhenunterschied Δh auf dem Weg Δs. Während die Skifahrerin den Hang hinunterfährt, ändert sich zwar ständig der Betrag des Winkels φ, aber bei jeder Verschiebung Δs ist die verrichtete Arbeit gleich $\Delta W = m\mathbf{g}\Delta\mathbf{s} = mg\,\cos\,\varphi\,\Delta s = mg\Delta h$. Für die gesamte Arbeit, die von der Gravitationskraft verrichtet wird, während die Skifahrerin den Hang der Höhe h hinunterfährt, erhalten wir also mgh. Wenn die Skier reibungsfrei auf dem Schnee gleiten, dann ist die Gewichtskraft die einzige Kraft, die zur Arbeit beiträgt. Damit läßt sich die Geschwindigkeit der Skifahrerin, nachdem sie einen Hang der Höhe h hinuntergefahren ist, bestimmen durch

$$\frac{1}{2}mv^2 - \frac{1}{2}mv_0^2 = mgh\,,$$

wobei v_0 die Anfangsgeschwindigkeit ist. Wenn zwischen den Skiern und dem Schnee Reibung auftritt, wird die Reibungskraft an der Skifahrerin eine negative

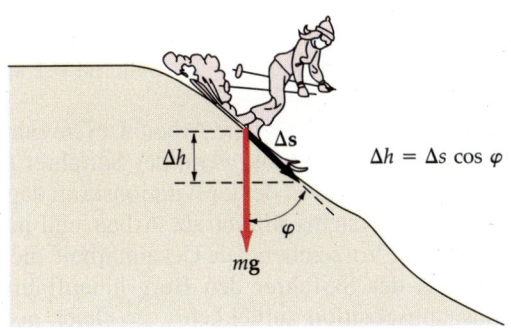

6.11 Eine Skifahrerin fährt einen Hang beliebiger Gestalt hinunter. Die Arbeit, die bei der Verschiebung Δs verrichtet wird, beträgt $mg\,\cos\,\varphi\,\Delta s = mg\Delta h$, wobei Δh die Vertikalkomponente der Verschiebung ist.

Arbeit verrichten, weil die Reibungskraft immer entgegengesetzt zur Bewegungsrichtung wirkt. Diese Reibungsarbeit hängt von der Länge und der Gestalt des Hanges sowie von der entsprechenden Gleitreibungszahl ab.

Frage

5. Stellen Sie sich eine resultierende Kraft vor, die auf einen Massenpunkt wirkt, aber keine Arbeit verrichtet. Kann sich das Teilchen geradlinig bewegen?

6.4 Die potentielle Energie

Bei einem System, das aus zwei oder mehreren Massenpunkten besteht, müssen wir aufpassen, wenn wir die Arbeit berechnen wollen, die eine Kraft an einem Teil des Systems verrichtet. Denn jetzt stimmt die Verschiebung des Angriffspunktes der Kraft nicht immer mit der Verschiebung des gesamten Systems überein. Verschiedene Teile des Systems können daher unterschiedliche Verschiebungen erfahren.

In vielen Fällen führt eine Arbeit, die *an einem System* verrichtet wird, nicht wie bei einem einzelnen Massenpunkt zu einer Änderung der kinetischen Energie, sondern wird als sogenannte **potentielle Energie** „gespeichert". Betrachten wir beispielsweise einen Skifahrer der Masse m, der mit dem Lift einen Berg der Höhe h so langsam hinauffährt, daß wir seine Geschwindigkeit vernachlässigen können. Die Maschine, die den Lift zieht, verrichtet am Skifahrer insgesamt eine Arbeit mgh, und zwar unabhängig vom Neigungswinkel des Berges. Die kinetische Energie des Skifahrers hat sich, wenn er oben angekommen ist, nicht geändert, da die Gravitationskraft eine Arbeit von $-mgh$ am Skifahrer verrichtet hat, so daß die Gesamtbilanz der Arbeit gleich null ist. Wir können Erde und Skifahrer als ein System aus zwei Teilchen betrachten (wobei wir den Lift außer acht lassen). Die Arbeit der Gravitationskraft am Skifahrer wird dann innerhalb des Systems verrichtet. Dagegen sehen wir die Arbeit mgh, die die Zugmaschine des Lifts *an diesem System* verrichtet, als äußere Arbeit an. Diese Arbeit wird als potentielle Energie mgh im System aus Erde und Skifahrer gespeichert. Wenn der Skifahrer später einen Abhang reibungsfrei hinunterfährt, wird die potentielle Energie während der Fahrt in kinetische Energie des Systems umgewandelt, was in diesem Fall der kinetischen Energie des Skifahrers entspricht, da die Bewegung der Erde vernachlässigbar ist. An diesem Beispiel wird das typische Merkmal der potentiellen Energie deutlich: Wir können sie als „gespeicherte" Arbeit ansehen, die gegen eine Kraft (hier die Gravitationskraft) verrichtet wurde und die sich in Form der kinetischen Energie wieder „zurückgewinnen" läßt (das macht gerade ihr „Potential" aus). Die potentielle Energie eines Systems erhöht sich, wenn an ihm *äußere Arbeit* verrichtet wird. Bei der Zurückgewinnung der gespeicherten Energie wird nur *innerhalb des Systems* Arbeit verrichtet und als kinetische Energie des Systems freigesetzt. Im Schema 6.1 sind diese Zusammenhänge dargestellt.

Beachten Sie, daß in unserem Beispiel die Arbeit der Gravitationskraft negativ ist und die potentielle Energie zunimmt, wenn der Skifahrer mit dem Lift hinauffährt. Bei der Abfahrt ist die Arbeit der Gravitationskraft dagegen positiv, und die potentielle Energie des Systems nimmt ab. Arbeit und potentielle Energie haben also entgegengesetzte Vorzeichen. Die Gesamtarbeit, die die Gravitationskraft verrichtet, während der Skifahrer den Berg hinauffährt und schließlich wieder zu seiner Ausgangsposition zurückkehrt, ist gleich null. Kräfte wie die

6.4 Die potentielle Energie

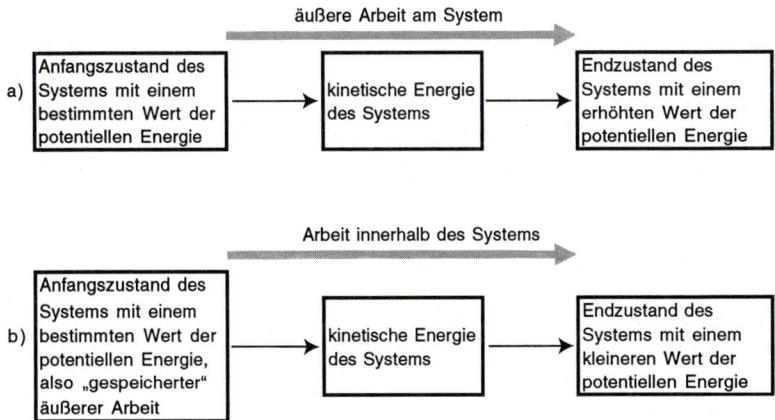

Schema 6.1 Potentielle Energie eines Systems, wenn a) äußere Arbeit am System bzw. b) Arbeit innerhalb des Systems verrichtet wird.

Gravitationskraft nennt man **konservative Kräfte**. Die Definition einer konservativen Kraft lautet allgemein:

> Eine Kraft heißt konservativ, wenn die gesamte Arbeit entlang einem beliebigen, geschlossenen Weg gleich null ist.

Diese Definition ist gleichwertig mit:

> Die Arbeit, die eine konservative Kraft an einem Massenpunkt verrichtet, ist unabhängig davon, auf welchem Weg sich der Massenpunkt von einem Ort zu einem anderen bewegt.

Dies wird in Abbildung 6.12 veranschaulicht. Dort sind drei mögliche Wege zwischen den Punkten 1 und 2 eingezeichnet. Nehmen wir an, die Arbeit, die eine konservative Kraft an einem Massenpunkt verrichtet, sei gleich W, und der Massenpunkt bewege sich dabei auf einem der Wege von 1 nach 2. Dann muß die Arbeit $-W$ betragen, wenn das Teilchen auf einem der übrigen Wege nach 1 zurückkehrt, da die gesamte Arbeit auf dieser Rundreise gleich null ist. Da die Arbeit, die von einer konservativen Kraft verrichtet wird, wegunabhängig ist, kann sie nur von den Endpunkten 1 und 2 abhängen. Wir haben als Beispiel

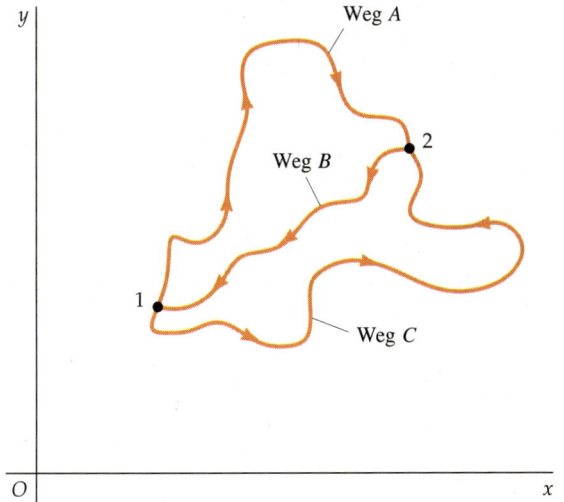

6.12 Drei verschiedene Wege verbinden die Punkte 1 und 2. Wenn die Arbeit, die eine konservative Kraft entlang dem Weg A verrichtet, gleich W ist, dann muß die Arbeit auf dem Rückweg B gleich $-W$ sein, weil die Gesamtarbeit auf dem geschlossenen Weg null ist. Die an einem Teilchen verrichtete Arbeit ist unabhängig vom Weg zwischen Anfangs- und Endpunkt.

6 Arbeit und Energie

bereits gesehen, daß die Arbeit, die die Gravitationskraft an einem Skifahrer verrichtet, der einen Berg hinunterfährt, den Wert mgh besitzt, also nur von der Höhe h, nicht aber vom Neigungswinkel des Berges abhängt.

Die potentielle Energie E_{pot} läßt sich nun über die Arbeit, die von einer konservativen Kraft verrichtet wird, definieren: Die Änderung der potentiellen Energie eines Systems entspricht vom Betrag her der Arbeit, die eine konservative Kraft im System verrichtet, ihr Vorzeichen ist dem dieser Arbeit entgegengesetzt:

$$W = \int \boldsymbol{F} \cdot d\boldsymbol{s} = -\Delta E_{\text{pot}}$$

oder

Definition der potentiellen Energie

$$\Delta E_{\text{pot}} = E_{\text{pot},2} - E_{\text{pot},1} = -W = -\int_{s_1}^{s_2} \boldsymbol{F} \cdot d\boldsymbol{s} \, . \qquad 6.16\,\text{a}$$

Für infinitesimale Verschiebungen gilt

$$dE_{\text{pot}} = -\boldsymbol{F} \cdot d\boldsymbol{s} \, . \qquad 6.16\,\text{b}$$

(Auf die Umkehrung dieser Gleichung, also wie man aus einem gegebenen Potential die zugehörige Kraft bestimmt, gehen wir im Abschnitt 6.5 ein.)

Die potentielle Energie eines Systems hängt von der Konfiguration des Systems ab, also davon, wie die Komponenten des Systems räumlich zueinander angeordnet sind. Für das System aus Erde und Skifahrer beispielsweise ist die potentielle Energie eine Funktion des Abstandes zwischen dem Skifahrer und dem Erdmittelpunkt. Beachten Sie, daß wir nur die *Änderung der potentiellen Energie* definiert haben, der absolute Wert von E_{pot} für eine bestimmte Konfiguration ist durch diese Definition nicht festgelegt. Weshalb wurde die Definition so und nicht anders gefaßt? Tatsächlich ist das, was sich in der Natur messen läßt, immer nur die Änderung einer potentiellen Energie. Anders ausgedrückt: Der Absolutwert von E_{pot} hat in der Physik keine Bedeutung! Wir haben allerdings die Freiheit, einen Bezugspunkt festzulegen, an dem die potentielle Energie den Wert null zugeordnet bekommt. Die Differenz der potentiellen Energien an einem beliebigen Meßpunkt und an diesem Bezugspunkt vereinfacht sich damit: Sie entspricht dem Wert der potentiellen Energie am Meßpunkt. Wenn wir beispielsweise die potentielle Energie des Systems aus Erde und Skifahrer am Fuße des Berges gleich null setzen, dann hat sie den Wert mgh, wenn sich der Skifahrer (der Masse m) oben auf dem Berg der Höhe h befindet. Wenn wir dagegen als Bezugspunkt der potentiellen Energie einen Punkt auf Meereshöhe wählen, dann beträgt ihr Wert an einem beliebigen anderen Punkt mgy, wobei y die Höhe dieses Punktes über der Meereshöhe angibt.

Wir können die potentielle Energie aufgrund der Gravitation nahe der Erdoberfläche auch mit Hilfe von (6.16 b) berechnen. Diese Energie wird häufig als **Lageenergie** bezeichnet. Mit $\boldsymbol{F} = -mg\,\boldsymbol{e}_y$ gilt

$$dE_{\text{pot}} = -\boldsymbol{F} \cdot d\boldsymbol{s} = -(-mg\,\boldsymbol{e}_y) \cdot (dx\,\boldsymbol{e}_x + dy\,\boldsymbol{e}_y + dz\,\boldsymbol{e}_z) = mg\,dy \, .$$

Durch Integration erhalten wir

Potentielle Energie aufgrund der Gravitation nahe der Erdoberfläche: die Lageenergie

$$E_{\text{pot}} = E_{\text{pot},0} + mgy \, , \qquad 6.17$$

wobei $E_{\text{pot},0}$ der Wert der potentiellen Energie bei $y = 0$ ist.

Beispiel 6.7

Eine Flasche der Masse 0,35 kg falle aus einem Regal, das sich 1,75 m über dem Boden befindet. Bestimmen Sie die potentielle Energie des Systems aus Flasche und Erde relativ zum Boden sowie die kinetische Energie, mit der die Flasche am Boden auftrifft.

Die potentielle Energie ist gleich null, wenn sich die Flasche am Boden befindet. In der Höhe $y = 1{,}75$ m über dem Boden hat sie den Wert

$$E_{\text{pot}} = mgy$$
$$= 0{,}350 \text{ kg} \cdot 9{,}81 \text{ N/kg} \cdot 1{,}75 \text{ m}$$
$$= 6{,}01 \text{ J}.$$

Während die Flasche fällt, verrichtet die Gravitationskraft Arbeit an ihr: $W = mgy = 6{,}01$ J. Die kinetische Energie, mit der die Flasche den Boden erreicht, entspricht daher genau diesem Wert. Die ursprüngliche potentielle Energie des Systems aus Flasche und Erde wird also vollständig in kinetische Energie der Flasche umgewandelt.

Die Federkraft ist ein weiteres Beispiel einer konservativen Kraft. Abbildung 6.13 zeigt ein System, das aus einer Feder und einem Körper besteht. Der Körper befindet sich bei $x = 0$ in Ruhe auf einem reibungsfreien Tisch, und gleichzeitig ist die Feder hier in ihrer Gleichgewichtslage. Wir üben nun eine Kraft auf den Körper aus und ziehen ihn langsam um eine Strecke x nach rechts. Da die Feder mit der Kraft $F_F = -kx$ auf den Körper einwirkt (Gleichung 4.5), müssen wir eine gleich große und entgegengesetzt gerichtete Kraft $F = +kx$ einsetzen, um den Körper nach rechts zu ziehen. Die von dieser Kraft verrichtete Arbeit ist

$$W = \int_0^x kx\, dx = \frac{1}{2} kx^2.$$

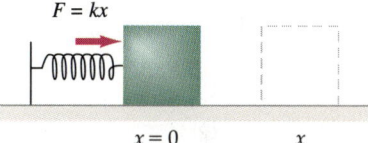

6.13 Ein Körper ist mit einer Feder verbunden. Damit sich die Feder dehnt, muß eine Kraft $F = +kx$ auf den Körper ausgeübt werden.

Die von der Feder ausgeübte Kraft wirkt entgegengesetzt zur Auslenkung, daher ist die entsprechende Arbeit negativ:

$$W_F = \int_0^x -kx\, dx = -\frac{1}{2} kx^2.$$

Da die gesamte Arbeit null ist, hat sich die kinetische Energie des Körpers am Ende des Zugvorgangs, verglichen mit der Ausgangslage, nicht verändert. Der Körper übt eine Gegenkraft F'_F auf die Feder aus:

$$F'_F = -F_F = +kx.$$

Die Verschiebung des Angriffspunktes dieser Kraft kommt der Verschiebung des Körpers gleich, so daß der Körper auch an der Feder eine Arbeit verrichtet, die denselben Betrag hat wie W:

$$W'_F = +\frac{1}{2} kx^2.$$

Wir können übrigens keine Verschiebung für die gesamte Feder angeben, weil verschiedene Teile der Feder unterschiedlich stark ausgelenkt werden. Die Wand, an der die Feder befestigt ist, übt ebenfalls eine Kraft auf die Feder aus. Die gesamte Arbeit, die am System aus Feder und Körper verrichtet wird, ist gleich

6 Arbeit und Energie

W. Diese Arbeit wird im System als potentielle Energie gespeichert. Wenn der Körper später losgelassen wird, verrichtet die Feder eine positive Arbeit am Körper, wobei die potentielle Energie in kinetische Energie umgewandelt wird. Die gesamte Arbeit, die die Feder am Körper verrichtet, während dieser um x nach rechts gezogen wird und sich wieder zurückbewegt, ist gleich null. Die Federkraft ist also eine konservative Kraft. Wir können ihre potentielle Energie mit Hilfe von (6.16b) berechnen:

$$dE_{pot} = -\boldsymbol{F} \cdot d\boldsymbol{s} = -F_x\, dx = -(-kx)\, dx = +kx\, dx.$$

Durch Integration erhalten wir

$$E_{pot} = \frac{1}{2} kx^2 + E_{pot,0},$$

wobei $E_{pot,0}$ die potentielle Energie bei $x = 0$ ist, wenn sich die Feder in ihrer Gleichgewichtslage befindet. Wir wählen $E_{pot,0} = 0$ und erhalten

Potentielle Energie einer Feder

$$E_{pot} = \frac{1}{2} kx^2. \qquad 6.18$$

Übung

Ein Körper der Masse 3 kg hänge vertikal an einer Feder, die eine Federkonstante von 600 N/m besitzt. a) Um welche Strecke wurde die Feder durch den Körper gedehnt, wenn sie sich nach der Dehnung in einer neuen Gleichgewichtslage befindet? b) Wieviel potentielle Energie ist im System aus Feder und Körper gespeichert? (Antworten: a) 4,9 cm, b) 0,72 J)

Obwohl die potentielle Energie nur für Systeme definiert ist, die aus mehreren Teilchen bestehen, können wir sie auch für Systeme angeben, in denen sich nur ein Teilchen bewegt. Man spricht dann manchmal nicht ganz korrekt (aber in vielen praktischen Fällen genau genug) von der potentiellen Energie dieses Teilchens. Beispielsweise ist im System aus Erde und Skifahrer die Bewegung der Erde vernachlässigbar. Da die Anordnung des Systems durch die Position des Skifahrers relativ zu einem gewählten Bezugspunkt angegeben wird, sprechen wir vereinfacht von der potentiellen Energie des Skifahrers, wenn wir die potentielle Energie des gesamten Systems meinen.

Nicht alle Kräfte sind konservativ. Ein Beispiel einer *nichtkonservativen Kraft* ist die Kraft, die wir beim Ziehen oder Schieben von Gegenständen einsetzen. Wir betrachten eine Kiste, die sich auf einem rauhen, horizontalen Tisch befindet. Stellen Sie sich vor, Sie bewegen die Kiste auf einem geschlossenen Weg, so daß sie am Ende wieder an ihrer ursprünglichen Stelle steht. Die Arbeit, die Sie dabei verrichtet haben, ist im allgemeinen nicht gleich null. Sie hängt davon ab, mit welcher Kraft Sie die Kiste über die rauhe Oberfläche bewegen, wie Sie also die Reibung überwinden. Da die durch eine solche Kraft verrichtete Arbeit nach einer Runde ungleich null ist, läßt sich für diese Kraft keine entsprechende potentielle Energie angeben. Die Arbeit, die durch die Reibungskraft an der Kiste verrichtet wird, ist ebenfalls ungleich null. Da die Reibungskraft immer der Bewegungsrichtung entgegengesetzt ist, hat die Reibungsarbeit einen negativen Wert. Die Reibungskraft ist also ebenso keine konservative Kraft, auch für sie läßt sich damit keine potentielle Energie angeben.

Frage

6. Hängt die Arbeit, die die Gravitationskraft an Ihnen verrichtet, während Sie einen Berg besteigen, davon ab, ob Sie einen kurzen, steilen oder einen langen, flachen Abstieg wählen? Wenn nicht, warum erscheint Ihnen dann der eine Anstieg einfacher als der andere?

6.5 Potentielle Energie und Gleichgewicht in einer Dimension

Für den Zusammenhang zwischen einer konservativen Kraft $\boldsymbol{F}$ und der zugehörigen potentiellen Energie E_{pot} gilt nach (6.16b):

$$\mathrm{d}E_{\text{pot}} = -\boldsymbol{F} \cdot \mathrm{d}\boldsymbol{s}\,.$$

Wir machen uns klar, daß sowohl $\boldsymbol{F}$ und $\boldsymbol{s}$ als auch E_{pot} vom Ort abhängen:

$$\boldsymbol{F} = \boldsymbol{F}(\boldsymbol{r}), \qquad \boldsymbol{s} = \boldsymbol{s}(\boldsymbol{r}), \qquad E_{\text{pot}} = E(\boldsymbol{r})\,,$$

wobei $\boldsymbol{r} = (x,y,z)$ der Ortsvektor ist. Die Ortsabhängigkeit der potentiellen Energie war gerade die Grundlage für ihre Definition. Die Kraft läßt sich nun aus der potentiellen Energie gewinnen, indem man den sogenannten **Gradienten**, die Ableitung der potentiellen Energie nach den drei Raumkoordinaten, bildet:

$$\boldsymbol{F} = -\operatorname{grad} E_{\text{pot}} = -\left(\frac{\partial E_{\text{pot}}}{\partial x}, \frac{\partial E_{\text{pot}}}{\partial y}, \frac{\partial E_{\text{pot}}}{\partial z}\right).$$

Gradientenbildung

Der Gradient ist wie die Kraft ein Vektor, die drei Komponenten in der Klammer auf der rechten Seite der Gleichung heißen partielle Ableitungen der potentiellen Energie nach dem Ort. Die Gradientenoperation ist – vereinfacht ausgedrückt – die Umkehrung der Integralbildung in (6.16a). Unter Gradientenoperator versteht man allgemein die Vorschrift $(\partial/\partial x, \partial/\partial y, \partial/\partial z)$; dieser Operator wird häufig auch als **Nabla-Operator** bezeichnet, er hat dann ein eigenes Zeichen: ∇.

Wir wollen im folgenden nur den eindimensionalen Fall betrachten, weil an ihm die Prinzipien der Begriffe, um die es in diesem Abschnitt geht, am besten veranschaulicht werden können.

Für den Zusammenhang zwischen einer konservativen Kraft $\boldsymbol{F} = F_x\,\boldsymbol{e}_x$ und der entsprechenden potentiellen Energie E_{pot} gilt dann:

$$\mathrm{d}E_{\text{pot}} = -F_x\,\mathrm{d}x\,.$$

Die Kraft ist somit die negative Ableitung der potentiellen Energie nach dem Ort x:

$$F_x = -\frac{\mathrm{d}E_{\text{pot}}}{\mathrm{d}x}\,. \qquad 6.19$$

Wir können uns diesen allgemeinen Zusammenhang am Beispiel des Systems aus Feder und Körper veranschaulichen, indem wir die Funktion $E_{\text{pot}} = \frac{1}{2} kx^2$ nach x ableiten:

$$F_x = -\frac{dE_{\text{pot}}}{dx} = -\frac{d}{dx}\left(\frac{1}{2} kx^2\right) = -kx.$$

In Abbildung 6.14 ist für ein System aus Feder und Körper die Funktion der potentiellen Energie $E_{\text{pot}} = \frac{1}{2} kx^2$ gegen die Auslenkung x des Systems aufgetragen. Die Ableitung dieser Funktion entspricht der Steigung der Tangente an diese Kurve. Die Kraft ist daher nach (6.19) gleich der negativen Steigung der Kurve. Wenn x positiv ist, so ist auch die Steigung positiv und deshalb die Kraft F_x negativ. Für negatives x dagegen ist die Steigung negativ und die Kraft F_x positiv. In jedem Fall bewirkt die Kraft eine Beschleunigung in Richtung der kleineren potentiellen Energie. In dem Punkt, in dem die Steigung der Kurve gleich null ist, hat die Kraft ebenfalls den Wert null. Wenn F_x die einzige wirkende Kraft ist, befindet sich der Körper an diesem Punkt in einer Gleichgewichtslage, das heißt, wenn der Körper einmal dorthin gelangt ist, bleibt er auch dort liegen.

6.14 Potentielle Energie E_{pot} eines Körpers an einer Feder, aufgetragen gegen die Auslenkung x. Die Kraft $F_x = -dE_{\text{pot}}/dx$ entspricht der negativen Steigung der Kurve. Sie ist gleich null am Minimum der Kurve, in diesem Fall bei $x = 0$. Für positive x-Werte wird die Kraft negativ, für negative x-Werte ist sie positiv. Ein Minimum der potentiellen Energie entspricht einem stabilen Gleichgewicht, da jede Auslenkung (egal ob sie positiv oder negativ ist) zu einer Kraft führt, die eine Beschleunigung in Richtung der Gleichgewichtslage bewirkt.

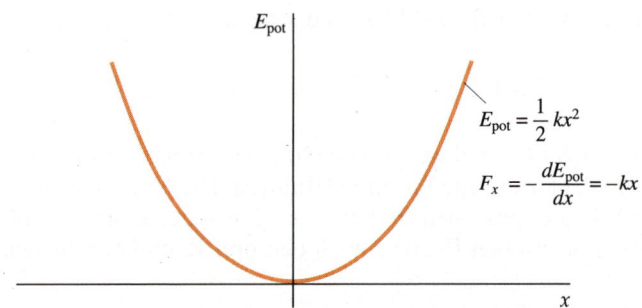

Gleichgewichtsbedingung

> Ein Teilchen befindet sich in einer Gleichgewichtslage, wenn die resultierende Kraft auf das Teilchen gleich null ist.

In unserem Beispiel geschieht dies bei $x = 0$, dem Punkt, an dem die Feder weder gedehnt noch gestaucht wird. Wenn x etwas größer ist als null, wird die Kraft $F_x = -dE_{\text{pot}}/dx$ negativ. Wenn der Körper also etwas nach rechts ausgelenkt wird, beschleunigt ihn die Feder zurück zur Gleichgewichtslage bei $x = 0$. Dasselbe gilt für kleine Auslenkungen nach links. Nun ist x negativ, aber die Kraft ist positiv, und der Körper wird nach rechts in Richtung $x = 0$ beschleunigt. Eine solche Gleichgewichtslage wird als **stabiles Gleichgewicht** bezeichnet.

> Bei einem stabilen Gleichgewicht führt eine kleine Auslenkung zu einer Rückstellkraft, die das Teilchen in Richtung der Gleichgewichtslage bewegt.

Abbildung 6.15 zeigt eine Kurve der potentiellen Energie, die bei $x = 0$ ein Maximum statt eines Minimums besitzt. Eine solche Kurve könnte die potentielle Energie eines Skifahrers repräsentieren, der sich auf einem Berg zwischen zwei Tälern befindet. Wenn x positiv ist, hat diese Kurve eine negative Steigung, und die Kraft F_x wird deshalb positiv. Für negative x-Werte ist die Steigung positiv, F_x also negativ. Wieder wirkt die Kraft in Richtung der kleiner werdenden potentiellen Energie.

6.5 Potentielle Energie und Gleichgewicht in einer Dimension

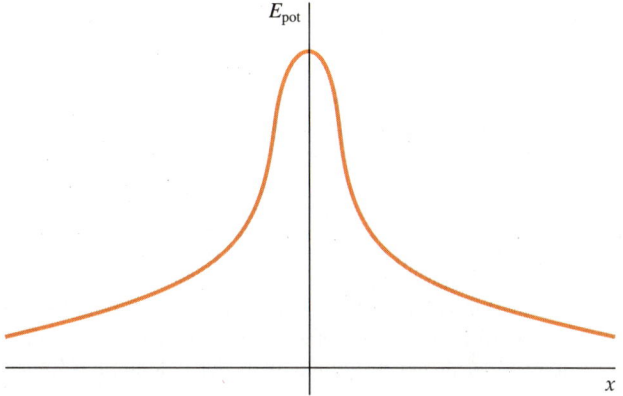

6.15 Für diese Kurve der potentiellen Energie ist bei $x = 0$ zwar $dE_{pot}/dx = -F_x = 0$, das Gleichgewicht ist jedoch labil, weil eine Verschiebung in irgendeiner Richtung zu einer Kraft führt, die eine Beschleunigung weg von der Gleichgewichtslage bewirkt.

Bei $x = 0$ ist $dE_{pot}/dx = -F_x = 0$, auch in diesem Fall befindet sich ein Teilchen dort in einer Gleichgewichtslage. Es handelt sich diesmal aber um ein **labiles** oder **instabiles Gleichgewicht**. Wenn das Teilchen eine kleine Verschiebung nach rechts erfährt, wird es durch die dann wirkende positive Kraft noch weiter von der Gleichgewichtslage weg nach rechts beschleunigt. Bei einer kleinen Verschiebung nach links erfolgt eine entsprechende Beschleunigung nach links.

> Bei einem labilen oder instabilen Gleichgewicht gibt es immer eine Bewegungsrichtung, in der eine kleine Auslenkung zu einer Kraft führt, die das Teilchen von der Gleichgewichtslage weg bewegt.

Die Stellen, an denen die potentielle Energie maximal oder minimal wird, sind Gleichgewichtslagen. Bei einem Minimum ist das Gleichgewicht stabil, bei einem Maximum ist es labil. Typisch für konservative Kräfte ist, daß die zugehörigen Kurven der potentiellen Energie immer ein Minimum besitzen.

> Eine konservative Kraft neigt immer dazu, ein Teilchen in Richtung der kleiner werdenden potentiellen Energie zu beschleunigen.

Jetzt verstehen wir auch das negative Vorzeichen in Gleichung (6.16): Es entspricht gerade dem Inhalt des Merksatzes.

Abbildung 6.16 zeigt eine Kurve der potentiellen Energie, die in einer Umgebung nahe $x = 0$ flach ist, also keine Steigung aufweist. Wenn ein Teilchen an die Stelle $x = 0$ gesetzt wird, erfährt es keine Kraft, so daß sich das Teilchen an diesem Punkt im Gleichgewicht befindet. Nachdem das Teilchen ein kleines Stück in einer Richtung verschoben wurde, wirkt immer noch keine Kraft. Dies ist ein Beispiel für ein **indifferentes Gleichgewicht**.

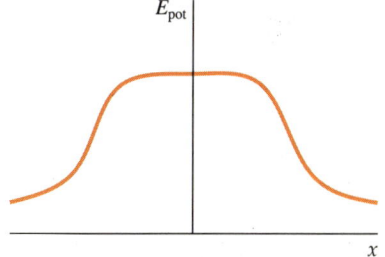

6.16 Bei dieser Kurve der potentiellen Energie E_{pot} ist in einer Umgebung um $x = 0$ die Kraft $F_x = -dE_{pot}/dx$ gleich null. Es handelt sich hier um ein indifferentes Gleichgewicht: Wenn ein Teilchen von $x = 0$ aus etwas verschoben wird, erfährt es keine Kraft und verbleibt so in einer Gleichgewichtslage.

> Bei einem indifferenten Gleichgewicht führt eine kleine Auslenkung nicht zu einer dann einwirkenden Kraft. Das Teilchen befindet sich somit weiterhin in einer Gleichgewichtslage.

Zum Schluß dieser Betrachtung von Gleichgewichten sei noch angemerkt, daß die Kurven der potentiellen Energie, E_{pot} in Abhängigkeit vom Ort, häufig verkürzt einfach „*Potentiale*" genannt werden.

6 Arbeit und Energie

Beispiel 6.8

Die Kraft zwischen den beiden Atomen eines zweiatomigen Moleküls kann näherungsweise durch folgende Funktion für die potentielle Energie beschrieben werden:

$$E_{\text{pot}} = E_{\text{pot},0}\left[\left(\frac{a}{x}\right)^{12} - 2\left(\frac{a}{x}\right)^{6}\right], \qquad 6.20$$

wobei $E_{\text{pot},0}$ und a Konstanten sind. (Dieses Potential wird auch als Lenard-Jones-Potential bezeichnet.) a) Bei welchem Wert von x ist die potentielle Energie gleich null? b) Bestimmen Sie die Kraft F_x. c) Für welchen Wert von x besitzt die potentielle Energie ein Minimum? Wie groß ist dieser minimale Wert der potentiellen Energie?

a) Wir setzen $E_{\text{pot}} = 0$ und lösen nach x auf:

$$E_{\text{pot},0}\left[\left(\frac{a}{x}\right)^{12} - 2\left(\frac{a}{x}\right)^{6}\right] = 0$$

$$\left(\frac{a}{x}\right)^{12} = 2\left(\frac{a}{x}\right)^{6}$$

$$\left(\frac{a}{x}\right)^{6} = 2$$

$$x = \frac{a}{2^{1/6}}.$$

b) Wir bestimmen die Kraft mit Hilfe von (6.19)

$$E_{\text{pot}} = E_{\text{pot},0}\left[\left(\frac{a}{x}\right)^{12} - 2\left(\frac{a}{x}\right)^{6}\right] = E_{\text{pot},0}\,(a^{12}x^{-12} - 2a^6 x^{-6})$$

$$F_x = -\frac{dE_{\text{pot}}}{dx} = -E_{\text{pot},0}\,[a^{12}(-12x^{-13}) - 2a^6(-6x^{-7})]$$

$$= \frac{12\,E_{\text{pot},0}}{a}\left[\left(\frac{a}{x}\right)^{13} - \left(\frac{a}{x}\right)^{7}\right].$$

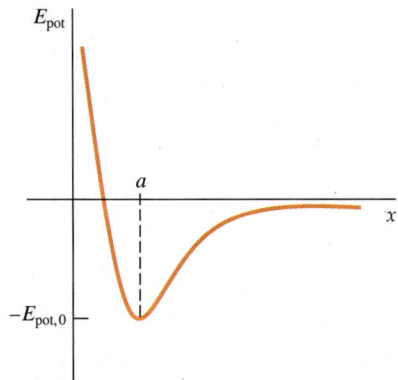

6.17 Potentielle Energie E_{pot} eines zweiatomigen Moleküls in Abhängigkeit vom Abstand x der beiden Atome. Die minimale potentielle Energie ist $-E_{\text{pot},0}$, wobei $E_{\text{pot},0}$ näherungsweise jener Energie entspricht, die zur Trennung der beiden Atome benötigt wird. (Die Gesamtenergie eines zweiatomigen Moleküls in seinem niedrigsten Energiezustand, dem Grundzustand, ist etwas größer als $-E_{\text{pot},0}$.)

c) An der Stelle, an der die potentielle Energie ein Minimum besitzt, ist die Kraft gleich null. Wir können der letzten Gleichung entnehmen, daß dies bei $x = a$ der Fall ist. Wenn wir $x = a$ in (6.20) einsetzen, erhalten wir $E_{\text{pot}} = -E_{\text{pot},0}$ für den minimalen Wert der potentiellen Energie. In Abbildung 6.17 ist E_{pot} gegen x aufgetragen. Die Energie $E_{\text{pot},0}$ entspricht in etwa jener Energie, die zur Trennung der beiden Atome benötigt wird. Diese Energie wird als Dissoziationsenergie bezeichnet.

6.6 Die Erhaltung der mechanischen Energie

Das negative Vorzeichen in der Definition der potentiellen Energie in (6.16) wurde eingeführt, damit die von einer konservativen Kraft an einem Teilchen verrichtete Arbeit der Abnahme der potentiellen Energie des Systems entspricht. Wir betrachten nun ein System, bei dem (in guter Näherung) nur an einem der Teilchen Arbeit verrichtet wird, wie beim System aus Erde und Skifahrer. Wenn allein eine konservative Kraft an dem Teilchen Arbeit verrichtet, dann ist diese Arbeit gleich der Abnahme der potentiellen Energie des Systems und damit gleich der Zunahme der kinetischen Energie des Teilchens (was der Zunahme der kinetischen Energie des Systems entspricht):

$$W_{ges} = \int \boldsymbol{F} \cdot d\boldsymbol{s} = -\Delta E_{pot} = +\Delta E_{kin} \,. \qquad 6.21$$

Also erhalten wir:

$$\Delta E_{kin} + \Delta E_{pot} = \Delta(E_{kin} + E_{pot}) = 0 \,. \qquad 6.22$$

Die Summe der kinetischen Energie und der potentiellen Energie des Systems wird als **mechanische Gesamtenergie** E bezeichnet:

$$E = E_{kin} + E_{pot} \,. \qquad 6.23$$

Wenn nur konservative Kräfte wirken, dann besagt (6.22), daß die Änderung der mechanischen Gesamtenergie gleich null ist. Damit bleibt die mechanische Gesamtenergie bei der Bewegung des Teilchens konstant:

$$E = E_{kin} + E_{pot} = \text{konstant} \,. \qquad 6.24$$

Erhaltung der mechanischen Energie

Dieser Zusammenhang wird als **Energieerhaltungssatz der Mechanik** bezeichnet und ist letztlich der Grund für die Bezeichnung „konservative Kraft".

Wir wollen nun unsere Diskussion auf Systeme ausweiten, in denen an mehr als einem Teilchen Arbeit verrichtet wird. Abbildung 6.18 zeigt ein System, das aus zwei Körpern der Masse m_1 und m_2 besteht, die auf einem reibungsfreien Tisch liegen und durch eine Feder von vernachlässigbarer Masse miteinander verbunden sind. Nun soll, wie in Abbildung 6.18b angedeutet, die Feder auseinandergezogen werden, indem auf jeden Körper eine äußere Kraft einwirkt. Die Arbeit, die diese Kräfte verrichten, um die Feder um eine Strecke x zu dehnen, wird im System als potentielle Energie $E_{pot} = \frac{1}{2}kx^2$ gespeichert.

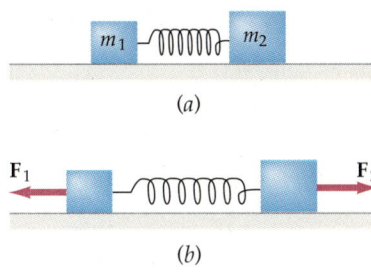

6.18 a) Ein System, das aus zwei Körpern besteht, die durch eine Feder miteinander verbunden sind. b) Die Arbeit, die die beiden Kräfte beim Auseinanderziehen der Feder verrichten, entspricht der Änderung der potentiellen Energie des Systems.

Wenn die Körper losgelassen werden, ist die konservative Federkraft die einzige Kraft, die auf die Körper wirkt. Die dabei an jedem Körper verrichtete Arbeit entspricht der Änderung der kinetischen Energie dieses Körpers und gleichzeitig auch der Änderung der kinetischen Energie des gesamten Systems. Diese Arbeit ist darüber hinaus identisch mit der (negativen) Änderung der potentiellen Energie des Systems. Das heißt, die Gleichungen (6.21) bis (6.24) lassen sich auf dieses System anwenden, wobei nun E_{kin} die gesamte kinetische Energie des Systems, E_{pot} die gesamte potentielle Energie des Systems und $E = E_{kin} + E_{pot}$ die mechanische Gesamtenergie des Systems bezeichnen.

Anwendungen des Energieerhaltungssatzes

Wir betrachten ein System, bei dem sich ein einzelner Körper der Masse m unter dem Einfluß einer konservativen Kraft in einer Richtung bewegt. Wir schreiben $\frac{1}{2}mv^2$ für die kinetische Energie und $E_{pot}(x)$ für die potentielle Energie und erhalten mit (6.24)

$$\frac{1}{2}mv^2 + E_{pot}(x) = E \,. \qquad 6.25\,a$$

6 Arbeit und Energie

Wenn die konstante Gesamtenergie E bekannt ist, läßt sich mit (6.25a) die Geschwindigkeit v als Funktion von x bestimmen:

$$v = \sqrt{\frac{2\,[E - E_{\text{pot}}(x)]}{m}}. \qquad 6.25\,\text{b}$$

Wenn wir uns bei der Behandlung eines Problems nicht für die Abhängigkeit von der Zeitvariablen t interessieren, ist es oft viel einfacher, (6.25) zu verwenden als das zweite Newtonsche Gesetz. Betrachten Sie beispielsweise die einfache Situation eines Skifahrers, der aus der Ruheposition heraus einen Berg der Höhe h hinunterfährt. Wenn wir die potentielle Energie des Systems aus Erde und Skifahrer am Fuße des Berges als null ansetzen, dann war die ursprüngliche potentielle Energie mgh. Dies entspricht der gesamten kinetischen Energie des Skifahrers nach der Abfahrt, da seine kinetische Energie am Anfang gleich null war. In einer beliebigen anderen Höhe y ist die potentielle Energie gleich mgy. Wir können nun die Geschwindigkeit v in einer beliebigen Höhe y durch den Energieerhaltungssatz der Mechanik bestimmen:

$$\frac{1}{2} m v^2 + mgy = E = mgh$$

$$v = \sqrt{2g\,(h-y)}.$$

Beispiel 6.9

Ein Pendel bestehe aus einem Körper der Masse m, der an einem Faden der Länge ℓ aufgehängt ist. Er werde zur Seite gezogen, so daß der Faden einen Winkel θ_0 mit der Vertikalen einschließt, und dann aus der Ruhe losgelassen. Bestimmen Sie die Geschwindigkeit v des Körpers am untersten Punkt der Schwingungsbewegung und die in diesem Moment im Faden wirkende Zugkraft.

Die beiden auf den Körper ausgeübten Kräfte (wenn wir den Luftwiderstand vernachlässigen) sind die konservative Gravitationskraft $m\mathbf{g}$ und die Zugkraft $\mathbf{Z}$, die senkrecht zur Bewegungsrichtung wirkt und daher keine Arbeit verrichtet. Die mechanische Energie des Systems aus Erde und Körper bleibt also erhalten.

Wir wählen den Nullpunkt der potentiellen Energie der Gravitationskraft am untersten Punkt der Bewegung. Am Anfang befindet sich der Körper in der Höhe h in Ruhe. Seine kinetische Energie ist gleich null, und die potentielle Energie des Systems beträgt mgh. Die Gesamtenergie ist anfangs also

$$E_{\text{a}} = E_{\text{kin,a}} + E_{\text{pot,a}} = 0 + mgh\,.$$

Während das Pendel nach unten schwingt, wird die potentielle Energie in kinetische Energie umgewandelt. Die Gesamtenergie am untersten Punkt beträgt daher

$$E_{\text{e}} = E_{\text{kin,e}} + E_{\text{pot,e}} = \frac{1}{2} m v^2 + 0 = \frac{1}{2} m v^2\,.$$

Nach dem Energieerhaltungssatz der Mechanik gilt

$$E_{\text{e}} = E_{\text{a}}$$
$$\frac{1}{2} m v^2 = mgh\,.$$

Um die Geschwindigkeit durch den Anfangswinkel θ_0 auszudrücken, müssen wir den Zusammenhang zwischen h und θ_0 finden. Nach Abbildung 6.19 hängt h folgendermaßen mit dem Winkel θ_0 und der Fadenlänge ℓ zusammen:

$$h = \ell - \ell \cos \theta_0 = \ell\,(1 - \cos \theta_0)\,.$$

6.6 Die Erhaltung der mechanischen Energie

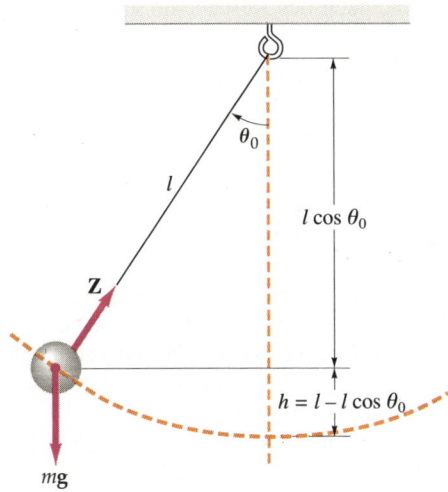

6.19 Fadenpendel aus Beispiel 6.9. Die Zugkraft im Faden steht senkrecht zur Bewegungsrichtung und verrichtet deshalb keine Arbeit. Die Geschwindigkeit des Körpers am untersten Punkt der Schwingungsbewegung läßt sich mit Hilfe des Energieerhaltungssatzes der Mechanik bestimmen: $\frac{1}{2}mv^2 = mgh$, wobei die Anfangshöhe h über $h = \ell - \ell \cos\theta_0$ mit dem Anfangswinkel θ_0 zusammenhängt.

Daraus folgt für die Geschwindigkeit des Körpers am untersten Punkt der Bewegung:

$$v^2 = 2gh = 2g\ell\,(1 - \cos\theta_0)\,.$$

Um die Zugkraft im Faden am untersten Punkt zu bestimmen, verwenden wir das zweite Newtonsche Gesetz. Am untersten Punkt greifen zwei Kräfte am Körper an: einmal seine nach unten wirkende Gewichtskraft $m\mathbf{g}$ und zum anderen die nach oben gerichtete Zugkraft $\mathbf{Z}$. Da sich der Körper mit einer Geschwindigkeit v auf einer Kreisbahn mit Radius ℓ bewegt, besitzt er eine Zentripetalbeschleunigung v^2/ℓ. Diese Beschleunigung zeigt in Richtung des Kreismittelpunktes, am untersten Punkt der Schwingungsbewegung also nach oben. Aus dem zweiten Newtonschen Gesetz ergibt sich

$$Z - mg = \frac{mv^2}{\ell} = 2mg\,(1 - \cos\theta_0)$$

$$Z = mg + 2mg\,(1 - \cos\theta_0)\,.$$

Die Gleichung besagt unter anderem, daß die Zugkraft dreimal so groß ist wie die Gewichtskraft des Körpers, wenn er bei $\theta_0 = 90°$ losgelassen wird.

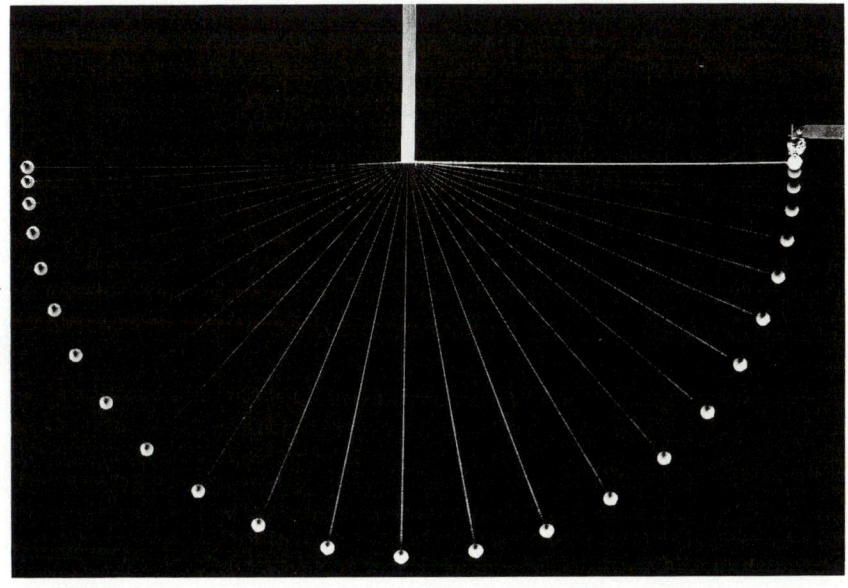

Mehrfachbelichtete Photographie eines Fadenpendels. Während sich der Körper nach unten bewegt, wird die Lageenergie in kinetische Energie umgewandelt, und die Geschwindigkeit nimmt zu, was in diesem Bild an dem wachsenden Abstand zwischen den aufgezeichneten Positionen zu erkennen ist. Die Geschwindigkeit nimmt ab, wenn sich der Körper nach oben bewegt, und die kinetische Energie wird dabei wieder in Lageenergie umgewandelt. (© Berenice Abbott/Photo Researchers)

6 Arbeit und Energie

Wir hätten die Geschwindigkeit des Körpers am untersten Punkt auch mit Hilfe der Newtonschen Gesetze bestimmen können. Der Lösungsweg ist jedoch schwierig und erfordert die Anwendung der Differentialrechnung, da die Tangentialbeschleunigung sich mit dem Winkel θ ändert und die Formeln für die Bewegung bei konstanter Beschleunigung nicht verwendet werden können.

Beispiel 6.10

Ein Körper der Masse 2 kg werde gegen eine Feder gedrückt, die eine Federkonstante von 500 N/m besitzt. Die Feder werde dabei um 20 cm gestaucht. Wie in Abbildung 6.20 gezeigt, werde der Körper dann losgelassen, und die Feder stoße den Körper zunächst eine horizontale, reibungsfreie Fläche entlang und anschließend eine reibungsfreie, schiefe Ebene hinauf. Deren Neigungswinkel betrage 45°. Welche Höhe wird der Körper erreichen, und welche Strecke hat er auf der schiefen Ebene zurückgelegt?

Nachdem der Körper losgelassen wurde, verrichten allein die Federkraft und die Gravitationskraft Arbeit. Da beide Kräfte konservativ sind, bleibt die Gesamtenergie im System aus Körper, Feder und Erde erhalten. In diesem Fall besteht die mechanische Gesamtenergie des Systems aus der kinetischen Energie $\frac{1}{2}mv^2$ des Körpers, der potentiellen Energie $\frac{1}{2}kx^2$ der Feder und der Lageenergie mgh. Wir wählen $h = 0$ auf der horizontalen Fläche. Die Anfangsenergie entspricht dann der potentiellen Energie der Feder:

$$E_a = \frac{1}{2}kx^2 = \frac{1}{2} \cdot 500 \text{ N/m} \cdot (0{,}20)^2 = 10 \text{ J} \ .$$

Wenn der Körper die Feder verläßt, ist seine kinetische Energie genau 10 J, da die potentielle Energie der zusammengedrückten Feder vollständig in kinetische Energie umgewandelt wurde. Während der Körper die schiefe Ebene hinaufgleitet, nimmt seine Geschwindigkeit ab, bis er bei der maximal erreichbaren Höhe h stehenbleibt. Nun besitzt der Körper keine kinetische Energie mehr, seine Energie liegt vollständig als Lageenergie vor:

$$E_e = mgh \ .$$

Wir setzen Anfangs- und Endenergie gleich und erhalten

$$mgh = 10 \text{ J}$$

$$h = \frac{10 \text{ J}}{mg} = \frac{10 \text{ J}}{2 \text{ kg} \cdot 9{,}81 \text{ N/kg}} = 0{,}51 \text{ m} \ .$$

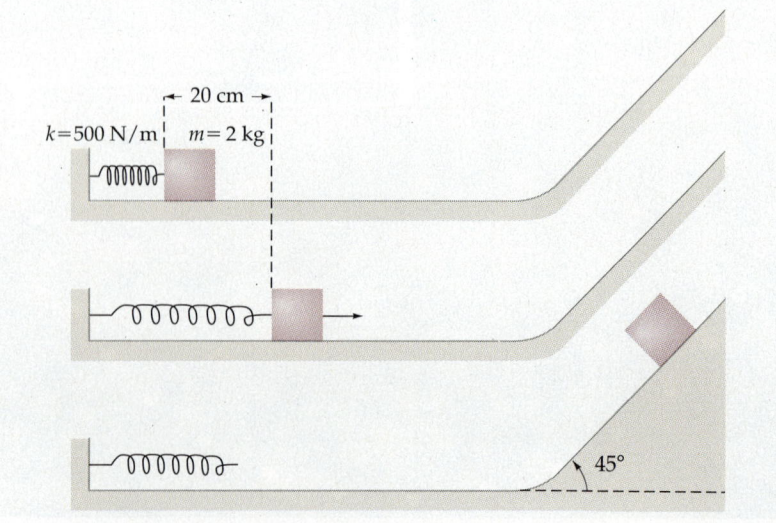

6.20 Ein Körper wird zunächst gegen eine Feder gedrückt und dann losgelassen. Die Feder stößt den Körper über die horizontale Fläche und dann die schiefe Ebene hinauf. In diesem Beispiel wird die ursprüngliche potentielle Energie der Feder zunächst in kinetische Energie und schließlich in Lageenergie umgewandelt.

Für die Strecke s, die der Körper die schiefe Ebene hinauf zurücklegt, ergibt sich

$$\frac{h}{s} = \sin 45° = 0{,}707$$

$$s = \frac{h}{\sin 45°} = \frac{0{,}51 \text{ m}}{0{,}707} = 0{,}721 \text{ m} .$$

Übung

Bestimmen Sie in Beispiel 6.10 die Geschwindigkeit, mit der der Körper die Feder verläßt. (Antwort: 3,16 m/s)

Beispiel 6.11

Eine Feder mit der Federkonstanten k hänge senkrecht nach unten. Ein Körper der Masse m werde an die ungedehnte Feder gehängt und falle von der Ruheposition aus nach unten. Bestimmen Sie die maximale Strecke, die der Körper durchfällt, bevor er sich wieder nach oben bewegt.

Wir haben es hier wieder mit zwei Arten der potentiellen Energie zu tun, dem Potential der Gravitationskraft und dem der Federkraft. Die Anfangs- und Endposition des Körpers sind in Abbildung 6.21 eingezeichnet. Wenn y die Strecke ist, die der Körper durchfällt, dann wählen wir den Nullpunkt der Lageenergie bei der Anfangsposition $y = 0$. Zu Anfang hat die potentielle Energie der Feder den Wert null, da die Feder in dieser Position nicht gedehnt ist. Da sich der Körper ursprünglich in Ruhe befindet, ist seine kinetische Energie gleich null. Damit ist auch die Gesamtenergie gleich null:

$$E_a = E_{\text{kin,a}} + E_{\text{pot,a}} = 0 .$$

Nachdem der Körper eine Strecke y gefallen ist, besitzt er eine kinetische Energie $\frac{1}{2} mv^2$. Die Lageenergie beträgt $-mgy$, und die potentielle Energie der Feder ist $\frac{1}{2} ky^2$. Die potentielle Energie des Systems ist daher

$$E_{\text{pot}} = -mgy + \frac{1}{2} ky^2 ,$$

und die Gesamtenergie lautet

$$E = E_{\text{kin}} + E_{\text{pot}} = \frac{1}{2} mv^2 - mgy + \frac{1}{2} ky^2 .$$

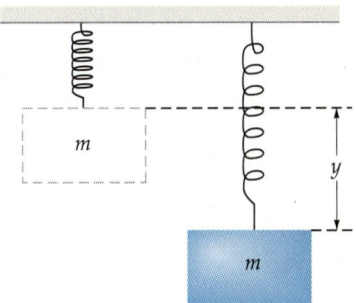

6.21 Ein Körper wird an eine ungedehnte Feder gehängt und fallengelassen. Die Lageenergie wandelt sich dabei in kinetische Energie des Körpers sowie in potentielle Energie der Feder um. Am untersten Punkt befindet sich der Körper in Ruhe, und der Verlust an Lageenergie wird durch den Gewinn an potentieller Energie der Feder aufgehoben.

Da diese Gesamtenergie erhalten bleibt, entspricht sie zu jedem Zeitpunkt der Anfangsenergie, also $E = E_a = 0$:

$$\frac{1}{2} mv^2 - mgy + \frac{1}{2} ky^2 = 0 . \qquad 6.26$$

Diese Gleichung liefert einen Zusammenhang zwischen der Geschwindigkeit v und der Fallhöhe y. Wenn der Körper fällt, nimmt seine Geschwindigkeit zunächst zu, erreicht dann einen bestimmten Maximalwert und nimmt anschließend ab, bis sie am untersten Punkt y_{max} wieder gleich null ist. Wir können y_{max} bestimmen, indem wir $v = 0$ in (6.26) einsetzen:

$$-mgy_{\text{max}} + \frac{1}{2} ky_{\text{max}}^2 = 0 .$$

Die beiden Lösungen dieser Gleichung sind $y_{\text{max}} = 0$, was der Anfangsbedingung entspricht, und

$$y_{\text{max}} = \frac{2mg}{k} .$$

6 Arbeit und Energie

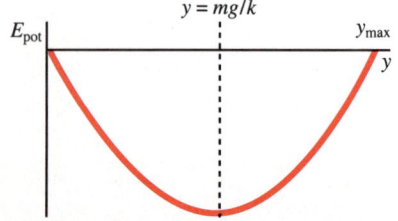

6.22 Potentielle Energie $E_{\text{pot}} = -mgy + \frac{1}{2}ky^2$ als Funktion der Fallhöhe y. Die potentielle Energie am Punkt $y = 0$ wurde als Nullpunkt gewählt. Da sich der Körper anfangs (also bei $y = 0$) in Ruhe befindet, ist auch die Gesamtenergie gleich null. Am Minimum der potentiellen Energie ist die kinetische Energie des Körpers maximal. Der Wert der Fallhöhe y an dieser Stelle ist $y = mg/k$, was aus der Bedingung $dE_{\text{pot}}/dy = 0$ folgt.

In Abbildung 6.22 ist die potentielle Energie $E_{\text{pot}} = -mgy + \frac{1}{2}ky^2$ gegen die Fallhöhe y aus Beispiel 6.11 aufgetragen. Die potentielle Energie ist anfangs gleich null, nimmt dann bis zu einem minimalen Wert ab, bei dem die kinetische Energie des Körpers maximal wird, und steigt anschließend wieder bis auf null an. In diesem Moment befindet sich der Körper in Ruhe am untersten Punkt seiner Schwingungsbewegung. Es ist aufschlußreich, den Wert von y zu bestimmen, für den die potentielle Energie minimal wird. An diesem Punkt ist die Steigung dE_{pot}/dy gleich null, und damit gilt auch für die resultierende Kraft $F_y = -dE_{\text{pot}}/dy = 0$. Wir können diese Fallhöhe also bestimmen, indem wir dE_{pot}/dy bilden und gleich null setzen. Die Ableitung dE_{pot}/dy ist

$$\frac{dE_{\text{pot}}}{dy} = \frac{d}{dy}\left(-mgy + \frac{1}{2}ky^2\right) = -mg + ky \,.$$

Für die resultierende auf den Körper wirkende Kraft erhalten wir daher

$$F_y = -\frac{dE_{\text{pot}}}{dy} = mg - ky \,.$$

Diese Kraft ist gleich null bei $y = mg/k$, was genau jenem Wert entspricht, bei dem die aufwärts gerichtete Federkraft die abwärts gerichtete Gewichtskraft des Körpers ausgleicht. Dies ist also die Gleichgewichtslage des Körpers, der an der Feder hängt.

Beispiel 6.12

Zwei Körper der Masse m_1 und m_2 seien über einen leichten Faden miteinander verbunden, der über einen reibungsfreien Haken läuft. Die Körper seien zu Anfang in Ruhe. Bestimmen Sie die Geschwindigkeit der beiden Körper, nachdem sich der schwerere der beiden um eine Strecke h nach unten bewegt hat.

Mit einem solchen Versuchsaufbau, der als *Atwoodsche Fallmaschine* bekannt ist, wurde im achtzehnten Jahrhundert die Gravitationsbeschleunigung g bestimmt. Wir werden sehen, daß die Beschleunigung a der Körper ein Bruchteil von g ist, wenn sich die Werte von m_1 und m_2 nicht zu sehr unterscheiden. Eine solch kleine Beschleunigung (also langsame Änderung der Geschwindigkeit) mit der Zeit konnte mit den recht groben Zeitmessern, die im achtzehnten Jahrhundert zur Verfügung standen, bestimmt werden, während damals eine direkte Messung von g schwierig, wenn nicht sogar unmöglich war. In seinem Experiment benutzte Atwood – wie auch in Abbildung 6.23 gezeigt – eine Rolle anstatt eines Hakens. Solange die Masse der Rolle vernachlässigt werden kann, entspricht dies dem Versuchsaufbau mit einem reibungsfreien Haken (siehe auch Beispiel 5.7).

Da die Rolle reibungsfrei ist, hat die Zugkraft überall im Faden den gleichen Wert. Wenn sich der Faden nicht dehnt, dann verrichtet diese Zugkraft keine Arbeit, da sich der leichtere Körper in Richtung der Zugkraft nach oben bewegt, während der schwerere Körper sich um dieselbe Strecke entgegen der Zugkraft nach unten bewegt. Die Gravitationskraft ist somit die einzige Kraft, die an dem System der beiden Körper Arbeit verrichtet. Daher bleibt die Gesamtenergie des Körpers erhalten.

Nehmen wir an, daß m_2 größer ist als m_1. Außerdem wählen wir die Anfangsposition der Körper als Nullpunkt der potentiellen Energie. Da die Körper an dieser Stelle in Ruhe sind, ist die Gesamtenergie gleich null:

$$E_a = 0 \,.$$

v sei die Geschwindigkeit des Körpers der Masse m_1, nachdem sich dieser um die Strecke h bewegt hat. Dann ist seine kinetische Energie gleich $\frac{1}{2}m_1v^2$. Da der verbindende Faden nicht gedehnt wird, hat sich der Körper mit der Masse m_2 ebenfalls um h bewegt und besitzt dieselbe Geschwindigkeit v. Seine kinetische Energie ist $\frac{1}{2}m_2v^2$. Da sich m_1 um

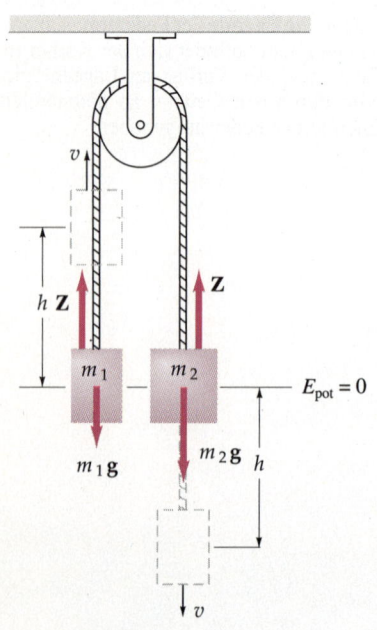

6.23 Atwoodsche Fallmaschine.

h nach oben und m_2 um h nach unten bewegt hat, ist die potentielle Energie des Systems nun $m_1gh - m_2gh$. Die Gesamtenergie E_e zu diesem Zeitpunkt beträgt somit

$$E_e = \frac{1}{2} m_1 v^2 + \frac{1}{2} m_2 v^2 + m_1 gh - m_2 gh \; .$$

Wir setzen die Anfangs- und Endenergie gleich und erhalten

$$\frac{1}{2} m_1 v^2 + \frac{1}{2} m_2 v^2 + m_1 gh - m_2 gh = 0$$

oder

$$\frac{1}{2} (m_1 + m_2) v^2 = (m_2 - m_1) gh \; . \qquad 6.27$$

Auf der linken Seite dieser Gleichung steht der Gewinn an kinetischer Energie und auf der rechten Seite der Verlust an potentieller Energie. Lösen wir nach v^2 auf, so erhalten wir

$$v^2 = \frac{2(m_2 - m_1)}{(m_1 + m_2)} gh \; . \qquad 6.28$$

Damit haben wir einen Zusammenhang zwischen der Geschwindigkeit der beiden Massen und der Strecke gefunden, die sie zurückgelegt haben. Wenn wir diese Gleichung mit jener für Bewegungen mit konstanter Beschleunigung, $v^2 = 2ah$, vergleichen, dann erkennen wir, daß in unserem Fall die Beschleunigung gegeben ist durch

$$a = \frac{(m_2 - m_1)}{(m_1 + m_2)} g \; .$$

Die Beschleunigung a wird im Laborexperiment gemessen, und der unbekannte Wert von g kann dann aus

$$g = \frac{(m_1 + m_2)}{(m_2 - m_1)} a$$

berechnet werden. Wir können dieses Problem natürlich auch lösen, indem wir das zweite Newtonsche Gesetz auf jeden der Körper anwenden und danach die Zugkraft Z aus den beiden resultierenden Gleichungen eliminieren.

Übung

Wie groß ist die Beschleunigung der beiden Körper in Beispiel 6.12, wenn die Massen $m_1 = 3$ kg und $m_2 = 5$ kg betragen? (Antwort: $a = 0{,}25\, g = 2{,}45$ m/s^2)

Wir haben gesehen, daß der Energieerhaltungssatz der Mechanik (6.24) als Alternative verwendet werden kann, wenn es darum geht, bestimmte Bewegungsprobleme zu lösen. Da diese Gleichung letztlich aus den Newtonschen Gesetzen abgeleitet wurde, läßt sich zu jedem Problem, das mit dem Energieerhaltungssatz gelöst werden kann, auch direkt durch Anwendung der Newtonschen Gesetze eine Lösung finden. Trotzdem ist der Energieerhaltungssatz ein äußerst hilfreiches Werkzeug, mit dem mechanische Probleme untersucht werden können.

6.7 Der verallgemeinerte Energiesatz der Mechanik

Wenn sowohl konservative Kräfte als auch nichtkonservative Kräfte Arbeit verrichten, bleibt die gesamte mechanische Energie eines Systems nicht erhalten. Wir betrachten zunächst wieder ein System, in dem nur an einem Teilchen Arbeit verrichtet wird. Wir nehmen an, daß eine nichtkonservative Kraft F_{nk} und zwei konservative Kräfte F_1 und F_2 auf das Teilchen wirken, so daß für die resultierende Kraft gilt:

$$F = F_{nk} + F_1 + F_2 \; .$$

(Wir können unsere Argumentation übrigens leicht auf eine beliebige Zahl von Kräften erweitern.) Nach dem Energiesatz entspricht die gesamte von diesen Kräften verrichtete Arbeit der Änderung der kinetischen Energie des Teilchens (und damit des Systems):

$$W_{ges} = \int F_{nk} \cdot ds + \int F_1 \cdot ds + \int F_2 \cdot ds = W_{nk} + W_1 + W_2 = \Delta E_{kin} , \qquad 6.29$$

wobei W_{nk} die von der nichtkonservativen Kraft verrichtete Arbeit ist, W_1 jene der Kraft F_1 und W_2 jene der Kraft F_2. Für die beiden konservativen Kräfte können wir in der üblichen Weise eine potentielle Energie $E_{pot,i}$ definieren (siehe Gleichung (6.16)):

$$W_i = -\Delta E_{pot,i} \; .$$

(6.29) kann dann geschrieben werden als

$$W_{nk} - \Delta E_{pot,1} - \Delta E_{pot,2} = \Delta E_{kin}$$

oder

Verallgemeinerter Energiesatz der Mechanik

$$W_{nk} = \Delta E_{pot,1} + \Delta E_{pot,2} + \Delta E_{kin} = \Delta E , \qquad 6.30$$

wobei

$$E = E_{pot,1} + E_{pot,2} + E_{kin}$$

die mechanische Gesamtenergie des Systems angibt. Gleichung (6.30) wird auch als **verallgemeinerter Energiesatz der Mechanik** bezeichnet:

> Die von einer nichtkonservativen Kraft an einem Teilchen verrichtete Arbeit entspricht der Änderung der mechanischen Gesamtenergie des Systems.

Diese abgewandelte Form des Energiesatzes ist für die meisten Anwendungen am besten geeignet, denn hier muß nur die durch nichtkonservative Kräfte verrichtete Arbeit explizit berechnet werden. Wenn diese Arbeit null ist, weil sich die nichtkonservativen Kräfte beispielsweise aufheben, dann bleibt die Gesamtenergie erhalten, das heißt, sie ändert sich zeitlich nicht.

6.7 Der verallgemeinerte Energiesatz der Mechanik

Reibungsarbeit

Wir haben den verallgemeinerten Energiesatz für ein Teilchen hergeleitet, aber die häufigste nichtkonservative Kraft ist die Gleitreibungskraft, die zwischen zwei Oberflächen wirkt. Wir wissen bereits, daß wir aufpassen müssen, wenn wir die Arbeit berechnen wollen, die eine Kraft an einem ausgedehnten Körper verrichtet, weil die Verschiebung des Angriffspunktes der Kraft nicht generell mit der Verschiebung des Körpers übereinstimmt. Stellen Sie sich ein System aus einem Körper und einem horizontalen Tisch vor, das eine Gleitreibungszahl μ_G besitzt. Wir nehmen an, daß der Körper mit einer Anfangsgeschwindigkeit v_a in horizontaler Richtung über den Tisch gleitet und nach einer Strecke Δx stehenbleibt. Die Anfangsenergie des Körpers ist seine kinetische Energie

$$E_{\text{kin,a}} = \frac{1}{2} m v_a^2.$$

Am Ende der Bewegung ist die mechanische Energie des Körpers gleich null. Die Arbeit, die von der Reibungskraft verrichtet wurde, ist jedoch nicht gleich $-F_G \Delta x$ (F_G ist die Gleitreibungskraft), da die Verschiebung des Angriffspunktes der Kraft nicht mit der Verschiebung des Körpers Δx übereinstimmt. Die Änderung der mechanischen Gesamtenergie ist andererseits aber tatsächlich gleich $-F_G \Delta x$. Wir sehen dies, indem wir das zweite Newtonsche Axiom auf den Körper anwenden,

$$-F_G = ma,$$

und dann beide Seiten mit Δx multiplizieren:

$$-F_G \Delta x = ma \Delta x = m\left(\frac{1}{2} v_e^2 - \frac{1}{2} v_a^2\right) = -\frac{1}{2} m v_a^2.$$

Dabei haben wir die Gleichung für Bewegungen bei konstanter Beschleunigung, $2a \Delta x = v_e^2 - v_a^2$, mit $v_e = 0$ verwendet. Man kann zeigen, daß $-F_G \Delta x$ der mechanischen Gesamtenergie entspricht, die durch Reibungskräfte in Wärmeenergie umgewandelt wird. Dies stimmt auch mit dem Ergebnis überein, das wir mit Hilfe des verallgemeinerten Energiesatzes gewonnen hätten, wenn $-F_G \Delta x$ die von der Reibungskraft an dem Körper verrichtete Arbeit wäre. Wir können daher die Formel des verallgemeinerten Energiesatzes bei Problemen verwenden, bei denen Gleitreibungskräfte auf ausgedehnte Körper wirken, wenn wir für die von der nichtkonservativen Kraft verrichtete Arbeit den Ausdruck $-F_G \Delta x$ ansetzen. (Das Produkt einer Kraft, die an irgendeiner Stelle eines ausgedehnten Körpers angreift, und der Verschiebung des *gesamten Körpers*, wie das Produkt $-F_G \Delta x$, wird auch als *Scheinarbeit* bezeichnet; wir werden darauf näher in Abschnitt 7.5 eingehen.)

Beispiel 6.13

Ein Schlitten der Masse 5 kg gleite mit einer Anfangsgeschwindigkeit von 4 m/s über eine Schneefläche. Wie weit wird der Schlitten sich noch bewegen, bevor er zur Ruhe kommt, wenn die Gleitreibungszahl zwischen Schlitten und Schnee 0,14 beträgt?

Die Anfangsenergie des Systems entspricht der kinetischen Energie des Schlittens:

$$E_a = E_{\text{kin,a}} = \frac{1}{2} m v^2 = \frac{1}{2} (5 \text{ kg}) (4 \text{ m/s})^2 = 40 \text{ J}.$$

6 Arbeit und Energie

Am Ende ist die mechanische Energie gleich null. Die Änderung der mechanischen Energie des Systems aus Schlitten und Schnee ist daher

$$\Delta E = E_e - E_a = -E_a = -40 \text{ J} .$$

Die Gleitreibungskraft ist die einzige nichtkonservative Kraft auf den Schlitten. Die Normalkraft, die vom Schnee auf den Schlitten ausgeübt wird, gleicht dessen Gewichtskraft aus:

$$F_N = mg = 5 \text{ kg} \cdot 9{,}81 \text{ N/kg} = 49{,}0 \text{ N} .$$

Der Betrag der Reibungskraft, die der Schlitten erfährt, ergibt sich zu:

$$F_G = \mu_G F_N = 0{,}14 \cdot 49{,}0 \text{ N} = 6{,}86 \text{ N} .$$

Wenn sich der Schlitten eine Strecke Δx bewegt, dann ist die „Reibungsarbeit" gleich

$$W_{nk} = F_G \Delta x = -6{,}86 \text{ N} \cdot \Delta x .$$

Wir setzen nun die gesamte von der nichtkonservativen Kraft verrichtete Arbeit der Änderung der mechanischen Energie des Systems gleich und erhalten

$$W_{nk} = \Delta E = -40 \text{ J}$$

$$-6{,}86 \text{ N} \cdot \Delta x = -40 \text{ J}$$

$$\Delta x = \frac{-40 \text{ J}}{-6{,}86 \text{ N}} = 5{,}83 \text{ m} .$$

Beispiel 6.14

Eine horizontale Kraft von 25 N wirke auf eine Kiste der Masse 4 kg, die sich anfangs auf einer rauhen Unterlage in Ruhe befunden hat. Die Gleitreibungszahl zwischen Unterlage und Kiste betrage 0,35. Bestimmen Sie die Geschwindigkeit der Kiste, nachdem sie durch die Kraft eine Strecke von 3 m weit geschoben wurde.

In diesem Beispiel haben wir es mit zwei nichtkonservativen Kräften zu tun – der eingesetzten Kraft und der Gleitreibungskraft. Die eingesetzte Kraft verrichtet folgende Arbeit an der Kiste:

$$W = F\Delta x = 25 \text{ N} \cdot 3 \text{ m} = 75 \text{ J} .$$

Da die Normalkraft, die die Unterlage auf die Kiste ausübt, die Gewichtskraft mg der Kiste ausgleicht, gilt für die Gleitreibungskraft

$$F_G = \mu_G F_N = \mu_G mg = 0{,}35 \cdot 4 \text{ kg} \cdot 9{,}81 \text{ N/kg} = 13{,}7 \text{ N} .$$

Die Arbeit, die von dieser Reibungskraft verrichtet wird, ist

$$W_G = -F_G \Delta x = -13{,}7 \text{ N} \cdot 3 \text{ m} = -41{,}1 \text{ J} .$$

Die gesamte von den nichtkonservativen Kräften verrichtete Arbeit beträgt daher

$$W_{nk} = W + W_G = 75 \text{ J} - 41{,}1 \text{ J} = 33{,}9 \text{ J} .$$

Wenn wir annehmen, daß die potentielle Energie der Kiste auf der Unterlage gleich null ist, dann entspricht die mechanische Gesamtenergie des Systems genau der kinetischen Energie der Kiste. Mit dem verallgemeinerten Energiesatz erhalten wir

$$W_{nk} = \Delta E = \Delta E_{kin} = \frac{1}{2} m v^2 = 33{,}9 \text{ J}$$

$$v = \sqrt{\frac{2 \cdot 33{,}9 \text{ J}}{m}} = \sqrt{\frac{2 \cdot 33{,}9 \text{ J}}{4 \text{ kg}}} = 4{,}12 \text{ m/s} .$$

Beispiel 6.15

Ein Kind mit einer Masse von 40 kg rutsche eine Rutschbahn herunter, die einen Neigungswinkel von 30° besitzt (Abbildung 6.24). Die Gleitreibungszahl zwischen dem Kind und der Rutschbahn sei $\mu_G = 0{,}2$. Angenommen, das Kind beginnt in einer Höhe von 4 m über dem Boden zu rutschen – wie schnell bewegt es sich dann, wenn es den Boden erreicht?

Die Kräfte, die auf das Kind wirken, sind die Gravitationskraft, die Normalkraft F_N und die Reibungskraft $F_G = \mu_G F_N$ der Rutschbahn. Da die Normalkraft $F_N = mg \cos 30°$ senkrecht zur Bewegungsrichtung steht, verrichtet sie keine Arbeit. Die von der nichtkonservativen Reibungskraft verrichtete Arbeit ist $F s$, wobei s die zurückgelegte Strecke auf der Rutschbahn ist. Da die Anfangshöhe $h = 4$ m beträgt und $\sin 30° = h/s = 0{,}5$ ist, ergibt sich für die Strecke $s = 8$ m. Die Reibungsarbeit ist daher gleich

$$W_G = -F_G s = -(\mu_G \, mg \cos 30°) \, s$$
$$= -0{,}2 \cdot 40 \text{ kg} \cdot 9{,}81 \text{ N/kg} \cdot 0{,}866 \cdot 8 \text{ m} = -544 \text{ J} .$$

Nach dem verallgemeinerten Energiesatz entspricht diese Arbeit von -544 J der Änderung der mechanischen Gesamtenergie des Systems aus Erde, Rutschbahn und Kind. Da die kinetische Energie $E_{\text{kin,a}}$ des Kindes anfangs den Wert null hat, ist die Anfangsenergie des Systems identisch mit seiner potentiellen Energie $E_{\text{pot,a}}$. Wenn wir den Nullpunkt der potentiellen Energie so wählen, daß er am Ende der Rutschbahn liegt, dann ergibt sich für die Anfangsenergie

$$E_a = E_{\text{pot,a}} = mgh = 40 \text{ kg} \cdot 9{,}81 \text{ N/kg} \cdot 4 \text{ m} = 1570 \text{ J} .$$

Aus dem verallgemeinerten Energiesatz folgt dann

$$W_{\text{nk}} = \Delta E = E_e - E_a = E_e - 1570 \text{ J} = -544 \text{ J} .$$

Für die Endenergie erhält man daher

$$E_e = 1570 \text{ J} - 544 \text{ J} = 1026 \text{ J} .$$

Diese Endenergie entspricht der kinetischen Energie des Kindes, $\frac{1}{2} mv^2$, am Ende der Rutschbahn:

$$E_e = E_{\text{kin,e}} = \frac{1}{2} mv^2 = 1026 \text{ J} .$$

Wir lösen nach v auf und erhalten

$$v = \sqrt{\frac{2 E_{\text{kin,e}}}{m}} = \sqrt{\frac{2 \cdot 1026 \text{ J}}{40 \text{ kg}}} = 7{,}16 \text{ m/s} .$$

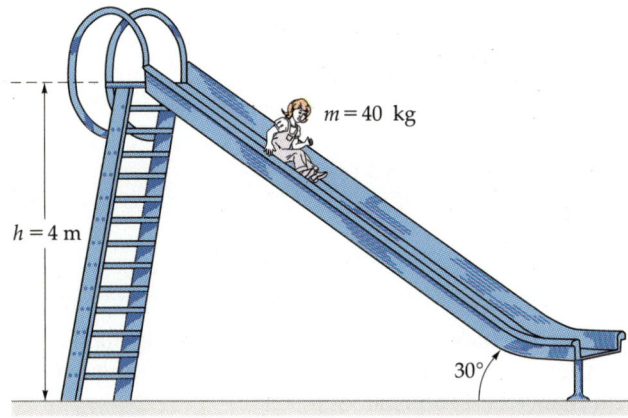

6.24 Ein Kind rutscht eine Rutschbahn hinunter. Aufgrund der Reibungskraft bleibt in diesem Fall die mechanische Energie nicht erhalten.

6 Arbeit und Energie

Die mechanische Gesamtenergie des Systems aus Erde, Rutschbahn und Kind wird von seinem Anfangswert 1570 J auf 1570 J − 544 J = 1026 J verringert, was mit der kinetischen Energie des Kindes am Ende der Rutschbahn übereinstimmt.

Beispiel 6.16

Ein Körper mit einer Masse von 4 kg sei an einer leichten Schnur aufgehängt, die über eine reibungsfreie, masselose Rolle läuft und mit einem zweiten Körper der Masse 6 kg verbunden ist. Der zweite Körper ruhe auf einem glatten Tisch (Abbildung 6.25). Die Gleitreibungszahl betrage $\mu_G = 0{,}2$. Der schwerere Körper werde auf dem Tisch gegen eine Feder gepreßt, die eine Federkonstante von 600 N/m besitze. Die Feder werde dabei um 30 cm zusammengedrückt. Bestimmen Sie die Geschwindigkeit der Körper, nachdem der schwerere Körper losgelassen wurde und der leichtere Körper eine Strecke von 40 cm nach unten gefallen ist.

Unser System besteht aus der Erde, dem Tisch, der Feder und den beiden Körpern $m_1 = 6$ kg und $m_2 = 4$ kg. Wir setzen die Lageenergie am Anfang gleich null. Die Anfangsenergie stimmt dann mit der potentiellen Energie der Feder überein:

$$E_a = \frac{1}{2} k x^2 = \frac{1}{2} \cdot 600 \text{ N/m} \cdot (0{,}30 \text{ m})^2 = 27 \text{ J}.$$

Die Arbeit, die die Reibungskraft verrichtet, während der schwerere Körper eine Strecke von $x_1 = 0{,}40$ m zurücklegt, ist

$$W_{nk} = \mu_G m_1 g x_1$$
$$= -0{,}2 \cdot 6 \text{ kg} \cdot 9{,}81 \text{ N/kg} \cdot 0{,}40 \text{ m} = -4{,}7 \text{ J}.$$

Mit dem verallgemeinerten Energiesatz ergibt sich dann

$$W_{nk} = E_e - E_a = -4{,}7 \text{ J}$$
$$E_e = E_a - 4{,}7 \text{ J} = 27 \text{ J} - 4{,}7 \text{ J} = 22{,}3 \text{ J}.$$

Nachdem der leichtere Körper eine Strecke y gefallen ist, bewegen sich die beiden Körper mit derselben Geschwindigkeit v, und für die Gesamtenergie des Systems gilt

$$E_e = \frac{1}{2}(m_1 + m_2) v^2 - m_2 g y.$$

Bei $y = 0{,}4$ m erhalten wir

$$E_e = \frac{1}{2}(6 \text{ kg} + 4 \text{ kg}) v^2 - (4 \text{ kg} \cdot 9{,}81 \text{ N/kg} \cdot 0{,}4 \text{ m})$$
$$= (5 \text{ kg}) v^2 - 15{,}7 \text{ J}.$$

Wir setzen dies gleich 22,3 J, lösen nach v auf und erhalten

$$E_e = (5 \text{ kg}) v^2 - 15{,}7 \text{ J}$$
$$= 22{,}3 \text{ J}$$
$$v = 2{,}76 \text{ m/s}.$$

Wie wir damit gesehen haben, läßt sich auch der verallgemeinerte Energiesatz aus (6.30) als Alternative zu den Newtonschen Gesetzen verwenden, wenn es darum geht, mechanische Probleme zu lösen.

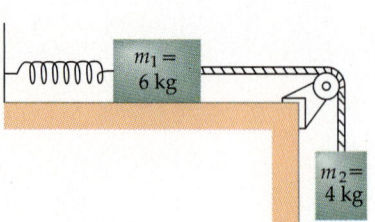

6.25 Von zwei Körpern, die über eine leichte Schnur miteinander verbunden sind, wird der schwerere gegen eine Feder gedrückt und dann losgelassen. Während sich die Körper bewegen, nimmt die potentielle Energie der Feder ab. Das gleiche gilt für die Lageenergie des leichteren Körpers. Die beiden Körper gewinnen zwar an kinetischer Energie, insgesamt geht aber mechanische Energie durch Reibung verloren.

6.8 Energieerhaltung

In der makroskopischen Welt sind nichtkonservative Kräfte bis zu einem gewissen Grade immer wirksam; am häufigsten treten Reibungskräfte auf. Auch die Kräfte, die zu einer Verformung von Gegenständen führen, gehören zu den nichtkonservativen Kräften. Wenn man beispielsweise eine Feder über ihre elastischen Grenzen hinaus dehnt, dann bleibt sie dauerhaft verformt, und die Arbeit, die zur Dehnung der Feder aufgebracht wurde, wird nicht wieder freigesetzt, wenn man sie losläßt. Ein Teil der Arbeit ist bei der Verformung in thermische Energie umgewandelt worden, die Feder hat sich also leicht erwärmt.

Da die mechanische Energie bei vielen Vorgängen in unserer Umwelt nicht erhalten bleibt, wurde die Bedeutung der Energie bis ins neunzehnte Jahrhundert hinein nicht erkannt. Die Situation änderte sich erst, als man entdeckte, daß das Verschwinden makroskopischer, mechanischer Energie immer mit einem Auftreten von Wärmeenergie verbunden ist, was sich gewöhnlich in einer Erhöhung der Temperatur bemerkbar macht. Heute wissen wir, daß sich diese Wärmeenergie auf mikroskopischer Ebene aus der kinetischen und potentiellen Energie der Moleküle eines Systems zusammensetzt.

Wenn wir ein System sorgfältig definieren – beispielsweise können mehrere Körper mit ihren lokalen Umgebungen ein solches System bilden –, so stellen wir fest, daß selbst dann, wenn wir die Wärmeenergie und die chemische Energie mit einbeziehen, die Gesamtenergie des Systems nicht immer konstant bleibt. Die Energie eines Systems verringert sich oft dadurch, daß irgendeine Art von „Strahlung" abgegeben wird, seien es beispielsweise Schallwellen bei einem Zusammenstoß von zwei Körpern, Wasserwellen eines Schiffes oder elektromagnetische Wellen, die von beschleunigten Ladungen in einer Radioantenne erzeugt werden. Die Energie eines Systems kann durch Absorption von Strahlungsenergie auch zunehmen. So absorbiert zum Beispiel die Erde Strahlungsenergie von der Sonne. Ganz allgemein gilt jedoch: *Die Zu- oder Abnahme der Energie eines Systems läßt sich immer durch das Auftreten oder Verschwinden von Energie gleich welcher Art an irgendeiner Stelle des Systems erklären.* Dieses experimentelle Ergebnis ist als **Energieerhaltungssatz** bekannt. Er ist einer der wichtigsten Sätze der gesamten Naturwissenschaften. Wir bezeichnen mit E_{sys} die Gesamtenergie eines Systems, mit E_{ein} die Energie, die in das System hineinfließt, und mit E_{aus} die Energie, die das System verläßt. Der Energieerhaltungssatz besagt dann:

$$E_{ein} - E_{aus} = \Delta E_{sys}.$$ 6.31   *Energieerhaltungssatz*

Eine übliche Methode, einem System Energie zuzuführen, besteht darin, Arbeit an ihm zu verrichten. Energie, die ein System aufnimmt, kann als Zunahme der mechanischen Energie oder als innere Energie des Systems auftreten. Energie kann auch durch Wärme in ein System hinein- oder aus dem System herausgelangen. Auf die innere Energie und die Wärme werden wir in Kapitel 16 ausführlich eingehen, wenn wir den ersten Hauptsatz der Thermodynamik untersuchen.

Beispiel 6.17

Ein Golfball der Masse m werde von der Ruhelage aus in einer Höhe h über dem Boden losgelassen. Er falle zu Boden. Bestimmen Sie die an dem Ball verrichtete Arbeit und diskutieren Sie die Anwendung des Energieerhaltungssatzes in dieser Situation.

Die Kräfte, die auf den Ball wirken, sind die Gravitationskraft und die Kontaktkraft, die der Boden ausübt. Die Arbeit der Gravitationskraft ist $+mgh$. Der Boden verrichtet keine Arbeit, da der Angriffspunkt der Kraft sich nicht bewegt. Die gesamte an dem Ball verrichtete Arbeit ist daher mgh. Bevor der Ball am Boden auftrifft, erscheint diese Energie als kinetische Energie des Balles, danach als Wärmeenergie innerhalb des Balles. Die Temperatur des Balles erhöht sich leicht, und die Energie wird schließlich an die Umgebung des Balles abgegeben.

Wenn wir ein System betrachten, das aus dem Ball und der Erde besteht, dann wird an diesem System als Ganzes keine Arbeit verrichtet, weil die von der Gravitationskraft verrichtete Arbeit für das System eine innere Arbeit darstellt. Die ursprüngliche potentielle Energie des Systems wird in Wärmeenergie des Balles umgewandelt. Beachten Sie, daß wir den Golfball *nicht* als ein Teilchen behandeln können, auf das sich der Energieerhaltungssatz der Mechanik anwenden läßt. Obwohl allein eine konservative Kraft Arbeit verrichtet, bleibt die mechanische Gesamtenergie des Balles nicht erhalten (im Unterschied zur Gesamtenergie des Systems Ball – Erde).

Es gibt Situationen, in denen ein Teil der inneren Energie eines Systems in mechanische Energie umgewandelt wird, ohne daß von außen Arbeit verrichtet würde. Betrachten Sie beispielsweise einen Wagen, der aus der Ruheposition heraus losfährt und auf einer horizontalen Straße so beschleunigt, daß die Räder nicht durchdrehen. Wir haben bereits gesehen, daß die Haftreibungskraft zwischen Straße und Reifen für die Beschleunigung des Wagens verantwortlich ist. Die Kraft verrichtet aber keine Arbeit, denn nach unserer Definition der Arbeit muß sich der Angriffspunkt der Kraft eine gewisse Strecke bewegen. Da die Straße und der Reifen momentan immer in Ruhe sind, wird keine Energie von der Straße auf den Reifen übertragen. Die Zunahme der kinetischen Energie des Wagens kommt aus der chemischen Energie des Benzins oder Dieselöls, das im Motor des Wagens verbrannt wird. Nach dem Energiesatz ändert sich die Gesamtenergie des Wagens nicht. Da seine mechanische Energie zunimmt, muß sich seine innere, chemische Energie in gleichem Maße verringern. Ein weiteres Beispiel ist das Wandern. Um vorwärts zu gehen, drücken Sie sich am Boden ab, und der Boden schiebt Sie durch die Haftreibungskraft nach vorn. Diese Kraft beschleunigt Sie, aber sie verrichtet keine Arbeit. Es gibt keine Verschiebung des Angriffspunktes der Kraft, und es wird keine Energie vom Boden auf Ihren Körper übertragen. Die kinetische Energie Ihres Körpers entsteht durch die Umwandlung der chemischen Energie, die Sie mit Ihrer Nahrung aufgenommen haben.

Beispiel 6.18

Ein Mann mit einer Masse m steige langsam eine Treppe der Höhe h hinauf. Bestimmen Sie die an dem Mann verrichtete Arbeit und diskutieren Sie die Anwendung des Energieerhaltungssatzes in dieser Situation.

Es wirken zwei Kräfte auf den Mann: einerseits die Gravitationskraft der Erde und andererseits die Kontaktkraft zwischen der Treppe und den Füßen des Mannes. Die Arbeit der Gravitationskraft ist $-mgh$. Sie hat ein negatives Vorzeichen, weil die Kraft entgegen der Bewegungsrichtung wirkt. Die Stufen verrichten keine Arbeit, weil sich der Angriffspunkt der Kraft nicht bewegt. Die gesamte an dem Mann verrichtete Arbeit beträgt daher $-mgh$. Da sie kleiner als null ist, schließen wir aus dem Energieerhaltungssatz, daß die innere Energie des Mannes sich um mgh verringert. (In Wirklichkeit können Wärmeverluste, die in diesem Fall zusätzlich auftreten, nicht vernachlässigt werden.)

An dem Gesamtsystem aus Mann und Erde wird keine Arbeit verrichtet, weil die Arbeit der Gravitationskraft für dieses System eine innere Arbeit ist. Die mechanische Energie des Systems wird mit der potentiellen Energie um den Wert mgh größer. Der Zunahme der mechanischen Energie entspricht eine Abnahme der inneren, chemischen Energie des Mannes. Auch hier wollen wir anmerken, daß wir den Mann nicht als Teilchen betrachten können. In unserem Beispiel erhöht sich die mechanische Gesamtenergie des Systems, obwohl an dem System keine Arbeit verrichtet wird.

6.9 Leistung

Die **Leistung** gibt an, wie schnell Energie von einem System auf ein anderes übertragen wird. Wir betrachten ein Teilchen, das eine Momentangeschwindigkeit v besitzt. In einem kurzen Zeitintervall dt erfährt das Teilchen eine Verschiebung $ds = v\,dt$. Eine Kraft F, die in diesem Zeitintervall auf das Teilchen wirkt, verrichtet die Arbeit

$$dW = F \cdot ds = F \cdot v\,dt .$$

Die pro Zeiteinheit verrichtete Arbeit entspricht der Leistung P:

$$P = \frac{dW}{dt} = F \cdot v . \qquad 6.32$$

Die SI-Einheit der Leistung, Joule pro Sekunde, heißt **Watt** (W):

$$1 \text{ J/s} = 1 \text{ W} . \qquad 6.33$$

Leistung sollte nicht mit Arbeit oder Energie verwechselt werden. Man sagt von einem Auto, es sei leistungsstark, wenn es die chemische Energie seines Benzins in einer kurzen Zeit in kinetische Energie umwandeln kann (oder in potentielle Energie, wenn der Wagen einen Berg hinauffährt). Sie können die chemische Energie eines Wagens erhöhen, indem Sie einen größeren Tank einbauen. Um allerdings die Leistung zu steigern, müssen Sie die Verbrennungs*rate* des Benzins im Motor erhöhen, indem Sie beispielsweise die Zahl oder das Volumen der Zylinder vergrößern. Wenn Sie Ihre Strom- oder Gasrechnung beim Energieversorgungsunternehmen begleichen, dann zahlen Sie die Energie und nicht die Leistung. Der Energieverbrauch wird dabei gewöhnlich in Kilowattstunden (kW · h) angegeben. Eine Kilowattstunde entspricht einer Energie von

$$1 \text{ kW} \cdot \text{h} = 10^3 \text{ W} \cdot 3600 \text{ s} = 3{,}6 \cdot 10^6 \text{ W} \cdot \text{s} = 3{,}6 \text{ MJ} . \qquad 6.34$$

Eine vor allem bei Fahrzeugen gebräuchliche Einheit der Leistung war früher die **Pferdestärke** (PS):

$$1 \text{ PS} = 75\,g \cdot \text{m} \cdot \text{kg/s} = 735 \text{ W} .$$

6 Arbeit und Energie

Beispiel 6.19

Ein kleiner Motor werde benutzt, um einen Lift anzutreiben, der eine Ladung Steine mit einer Gewichtskraft von 800 N in 20 s um 10 m nach oben heben soll. Welche Leistung muß der Motor mindestens besitzen?

Wenn die Steine langsam gehoben werden, so daß sie keine zusätzliche Beschleunigung erfahren, dann gleicht die nach oben gerichtete Kraft die Gravitationskraft von 800 N genau aus. Die Geschwindigkeit der Steine ist (10 m)/(20 s) = 0,5 m/s. Da die eingesetzte Kraft in Bewegungsrichtung wirkt, gilt für die Leistung

$$P = Fv = 800 \text{ N} \cdot 0{,}5 \text{ m/s} = 400 \text{ N} \cdot \text{m/s} = 400 \text{ J/s} = 400 \text{ W} .$$

Wenn keine mechanische Energie verlorengeht – beispielsweise durch Reibung –, muß der Motor mindestens eine Leistung von 400 W besitzen.

Beispiel 6.20

Ein Wagen der Masse 1000 kg fahre mit einer konstanten Geschwindigkeit von 100 km/h = 28 m/s einen Berg mit einer Steigung von 10% hinauf. (10% Steigung bedeutet, daß der Neigungswinkel θ des Anstiegs gegeben ist durch $\tan \theta = 0{,}1$. Während der Wagen horizontal 10 m zurücklegt, gewinnt er 1 m an Höhe.) Die gesamte Reibungskraft (Rollreibung plus Luftwiderstand), die auf den Wagen wirkt, betrage 700 N. Welche Leistung muß der Motor des Wagens dabei mindestens aufbringen, wenn wir von inneren Energieverlusten absehen?

Ein Teil der Leistung des Motors wird für die Erhöhung der potentiellen Energie eingesetzt, während der Wagen den Berg hinauffährt. Ein anderer Teil wird für die Überwindung der Reibung benötigt. Aus Abbildung 6.26 können wir den Zusammenhang zwischen der auf der Straße zurückgelegten Strecke s und der dabei gewonnenen Höhe h entnehmen: $h = s \sin \theta \approx s \tan \theta = s/10$. Wir können die Näherung $\tan \theta \approx \sin \theta$ verwenden, weil der Winkel klein ist. Die potentielle Energie des Wagens ist dann

$$E_{\text{pot}} = mgh = 0{,}1 \cdot mgs .$$

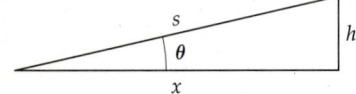

$\tan \theta = h/x \approx \sin \theta = h/s$

6.26 Zusammenhang zwischen der gewonnenen Höhe und der zurückgelegten Strecke für einen Wagen, der eine Steigung von 10% hinauffährt. Bei dieser Steigung gilt $\tan \theta = 0{,}1$, für die weitere Rechnung können wir $\tan \theta = \sin \theta$ setzen, da der Winkel klein ist.

Die Änderung der potentiellen Energie pro Zeiteinheit beträgt

$$\frac{dE_{\text{pot}}}{dt} = mg \frac{dh}{dt} = 0{,}1 \cdot mg \frac{ds}{dt} = 0{,}1 \cdot mgv ,$$

wobei $v = ds/dt$ die Geschwindigkeit des Wagens ist. Wenn wir die numerischen Werte von m und g einsetzen, erhalten wir

$$\frac{dE_{\text{pot}}}{dt} = 0{,}1 \cdot 1000 \text{ kg} \cdot 9{,}81 \text{ N/kg} \cdot 28 \text{ m/s} = 27{,}5 \text{ kW} .$$

Die Leistung, die zur Überwindung der Reibungskraft eingesetzt wird, ist

$$P_{\text{G}} = \boldsymbol{F}_{\text{G}} \cdot \boldsymbol{v} = -F_{\text{G}} v = -700 \text{ N} \cdot 28 \text{ m/s} = -19{,}6 \text{ kW} .$$

Die gesamte Leistung, die der Motor aufbringen muß, beträgt also 27,5 kW + 19,6 kW = 47,1 kW = 64,1 PS. In Wirklichkeit ist die benötigte Leistung deutlicher größer, da ein Wagen nur einen Wirkungsgrad von etwa 15% besitzt, das heißt, daß nur etwa 15% der Leistung, die der Motor des Wagens erzeugt, für den Antrieb des Wagens tatsächlich zur Verfügung stehen. Die restlichen 85% gehen durch Abgase, innere Reibung und Abwärme (weswegen eine effiziente Kühlung nötig ist) verloren.

Zusammenfassung

1. Die von einer konstanten Kraft verrichtete Arbeit ist das Produkt der Komponente der Kraft in Bewegungsrichtung und der Verschiebung des Angriffspunktes der Kraft:

$$W = F \cos \theta \, \Delta x = F_x \, \Delta x.$$

2. Die von einer veränderlichen Kraft verrichtete Arbeit entspricht der Fläche unter der Kraft-Weg-Kurve:

$$W = \int_{x_1}^{x_2} F_x \, dx.$$

3. Die kinetische Energie (oder Bewegungsenergie) eines Körpers hängt von seiner Masse und seiner Geschwindigkeit ab:

$$E_{\text{kin}} = \frac{1}{2} m v^2.$$

4. Die gesamte an einem Massenpunkt verrichtete Arbeit entspricht der Änderung der kinetischen Energie des Massenpunktes:

$$W_{\text{ges}} = \Delta E_{\text{kin}} = \frac{1}{2} m v_{\text{e}}^2 - \frac{1}{2} m v_{\text{a}}^2.$$

5. Die SI-Einheit von Arbeit und Energie ist das Joule (J):

$$1 \, \text{J} = 1 \, \text{N} \cdot \text{m}.$$

6. Das Skalarprodukt von zwei Vektoren ist definiert als

$$\boldsymbol{A} \cdot \boldsymbol{B} = AB \cos \varphi,$$

wobei φ der Winkel zwischen den Vektoren ist. Das Skalarprodukt läßt sich wie folgt in Komponentenschreibweise angeben:

$$\boldsymbol{A} \cdot \boldsymbol{B} = A_x B_x + A_y B_y + A_z B_z.$$

Die von einer Kraft $\boldsymbol{F}$ bei einer kleinen Verschiebung $d\boldsymbol{s}$ an einem Massenpunkt verrichtete Arbeit läßt sich schreiben als

$$dW = \boldsymbol{F} \cdot d\boldsymbol{s}.$$

Die Arbeit, die an einem Massenpunkt verrichtet wird, der sich von einem Ort 1 zum Ort 2 bewegt, ist

$$W = \int_{s_1}^{s_2} \boldsymbol{F} \cdot d\boldsymbol{s}.$$

7. Eine Kraft ist konservativ, wenn die gesamte Arbeit entlang einem geschlossenen Weg gleich null ist. Die von einer konservativen Kraft verrichtete

6 Arbeit und Energie

Arbeit hängt nicht davon ab, wie sich der Massenpunkt von einem Ort zu einem anderen bewegt.

8. Kennzeichen der potentiellen Energie eines Systems ist, daß sie mit der räumlichen Anordnung der Teilchen des Systems zueinander zusammenhängt. Die Änderung der potentiellen Energie eines Systems entspricht vom Betrag her der Arbeit, die von einer konservativen Kraft im System verrichtet wird, ihr Vorzeichen ist dem dieser Kraft entgegengesetzt:

$$dE_{\text{pot}} = -\boldsymbol{F} \cdot d\boldsymbol{s}$$

$$\Delta E_{\text{pot}} = E_{\text{pot},2} - E_{\text{pot},1} = -W = -\int_{s_1}^{s_2} \boldsymbol{F} \cdot d\boldsymbol{s} \ .$$

Andersherum ausgedrückt: Die von einer konservativen Kraft verrichtete Arbeit entspricht der Abnahme der potentiellen Energie des Systems. Der Absolutwert der potentiellen Energie hat keine Bedeutung. Nur Änderungen der potentiellen Energie lassen sich tatsächlich messen. Der Nullpunkt der potentiellen Energie kann beliebig festgelegt werden.

9. Die potentielle Energie eines Körpers der Masse m im Gravitationsfeld der Erde wird oft als Lageenergie bezeichnet. In der Höhe y über einem beliebig gewählten Bezugspunkt beträgt die Lageenergie

$$E_{\text{pot}} = mgy \ ,$$

wobei g die Erdbeschleunigung ist. Die potentielle Energie einer Feder, die eine Federkonstante k besitzt und um eine Strecke x aus ihrer Gleichgewichtslage ausgelenkt (gestaucht oder gestreckt) wird, ist

$$E_{\text{pot}} = \frac{1}{2} k x^2 \ .$$

10. In drei Dimensionen ist eine konservative Kraft gegeben als der Gradient der zugehörigen potentiellen Energie:

$$\boldsymbol{F} = -\text{grad } E_{\text{pot}} = -\left(\frac{\partial E_{\text{pot}}}{\partial x}, \frac{\partial E_{\text{pot}}}{\partial y}, \frac{\partial E_{\text{pot}}}{\partial z} \right) \ .$$

Die potentielle Energie ist eine skalare, die Kraft eine vektorielle Größe. In einer Dimension kann man die konservative Kraft als Ableitung der potentiellen Energie nach dem Ort x schreiben:

$$F_x = -\frac{dE_{\text{pot}}}{dx} \ .$$

An einem Minimum der Potentialkurve ist die Kraft gleich null, und das System befindet sich in einem stabilen Gleichgewicht. Bei einem Maximum hat die Kraft ebenfalls den Wert null, aber das System ist in einem labilen Gleichgewicht. Eine konservative Kraft neigt immer dazu, ein Teilchen in Richtung der geringeren potentiellen Energie zu beschleunigen.

11. Wenn nur konservative Kräfte auf einen Körper wirken, dann bleibt die Summe der kinetischen und potentiellen Energien des Körpers konstant:

$$E = E_{\text{kin}} + E_{\text{pot}} = \frac{1}{2} mv^2 + E_{\text{pot}} = \text{konstant}.$$

Dies ist der Energieerhaltungssatz der Mechanik.

12. Die von einer nichtkonservativen Kraft an einem Teilchen verrichtete Arbeit ist gleich der Änderung der mechanischen Gesamtenergie des Systems:

$$W_{\text{nk}} = \Delta(E_{\text{pot}} + E_{\text{kin}}) = \Delta E.$$

Dies ist der verallgemeinerte Energiesatz der Mechanik.
    Der Energieerhaltungssatz der Mechanik und der verallgemeinerte Energiesatz können alternativ zu den Newtonschen Gesetzen verwendet werden, um mechanische Aufgaben zu lösen, bei denen die Geschwindigkeit eines Teilchens als Funktion des Ortes bestimmt werden soll.

13. Die Gesamtenergie eines Systems kann neben der mechanischen Energie auch andere Energieformen wie Wärmeenergie oder chemische Energie umfassen. Die Energie eines Systems kann sich auf verschiedene Weisen ändern, durch Emission oder Absorption von Strahlung, durch Arbeit, die am System verrichtet wird, oder durch Wärmeübertragung. Die Zu- oder Abnahme der Energie eines Systems läßt sich immer durch das Auftreten oder Verschwinden von Energie gleich welcher Art an irgendeiner Stelle des Systems erklären. Dieses experimentelle Ergebnis ist der Inhalt des Energieerhaltungssatzes:

$$E_{\text{ein}} - E_{\text{aus}} = \Delta E_{\text{sys}}.$$

14. Leistung ist definiert als die Energie, die pro Zeiteinheit von einem System auf ein anderes übertragen wird. Wenn eine Kraft $\boldsymbol{F}$ auf ein Teilchen ausgeübt wird, das sich mit der Geschwindigkeit $\boldsymbol{v}$ bewegt, dann gilt für die Leistung

$$P = \frac{dW}{dt} = \boldsymbol{F} \cdot \boldsymbol{v}.$$

Die SI-Einheit der Leistung ist das Watt (W), das einem Joule pro Sekunde entspricht. Eine gebräuchliche Energieeinheit, die Kilowattstunde, ist daraus abgeleitet: $1 \text{ kW} \cdot \text{h} = 3{,}6 \text{ MJ}$.

Aufgaben

Stufe I

6.1 Arbeit und kinetische Energie: Bewegung in einer Dimension bei konstanter Kraft

1. Eine Kugel der Masse 10 g besitze eine Geschwindigkeit von 1,2 km/h. a) Wie groß ist ihre kinetische Energie in Joule? Welche kinetische Energie hat die Kugel, wenn ihre Geschwindigkeit b) halb oder c) doppelt so groß ist?

2. Eine Kiste mit einer Masse von 5 kg werde aus der Ruhe durch eine vertikale Kraft von 80 N um 4 m angehoben. Bestimmen Sie a) die von dieser Kraft verrichtete Arbeit, b) die von der Gravitationskraft verrichtete Arbeit und c) die kinetische Energie der Kiste am Ende.

6.2 Arbeit bei veränderlicher Kraft

3. Ein Paket mit einer Masse von 4 kg sei anfangs in Ruhe bei $x = 0$ m. Es werde einer einzelnen Kraft F_x ausgesetzt, deren Ortsabhängigkeit in Abbildung 6.27 gezeigt ist. Bestimmen Sie die von der Kraft verrichtete Arbeit, wenn sich das Paket a) von $x = 0$ m bis $x = 3$ m und b) von $x = 3$ m bis $x = 6$ m bewegt. Welche kinetische Energie hat das Paket bei c) $x = 3$ m und d) $x = 6$ m?

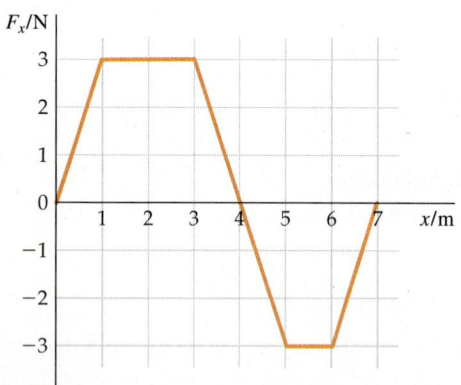

6.27 Zu Aufgabe 3.

6.3 Arbeit und Energie in drei Dimensionen

4. Ein Körper der Masse 6 kg gleite eine reibungsfreie, schiefe Ebene mit dem Neigungswinkel von 60° hinunter. a) Zählen Sie alle Kräfte auf, die auf den Körper wirken. Ermitteln Sie jeweils die Arbeit, die von jeder Kraft am Körper verrichtet wird, während dieser die schiefe Ebene 2 m weit hinuntergleitet. b) Wie groß ist die gesamte Arbeit, die am Körper verrichtet wird? Welche Geschwindigkeit hat der Körper nach dieser Strecke von 2 m, wenn er c) aus der Ruhe oder d) mit einer Anfangsgeschwindigkeit von 3 m/s startet?

5. Ein Körper mit einer Masse von 2 kg erfahre eine Verschiebung um $\Delta s = (3\text{ m})\,e_x + (3\text{ m})\,e_y - (2\text{ m})\,e_z$ entlang einer Geraden. Während dieser Verschiebung wirke auf ihn eine konstante Kraft $F = (2\text{ N})\,e_x - (1\text{ N})\,e_y + (1\text{ N})\,e_z$. a) Bestimmen Sie die Arbeit, die während der Verschiebung von dieser Kraft verrichtet wird. b) Bestimmen Sie die Komponente von F in der Bewegungsrichtung.

6. a) Zeigen Sie, daß für einen beliebigen Vektor $A = A_x e_x + A_y e_y + A_z e_z$ die x-Komponente von A gegeben ist durch $A \cdot e_x$. b) Bestimmen Sie den Einheitsvektor, der parallel zu A ist. c) Bestimmen Sie die Komponente des Vektors $2e_x + e_y + e_z$ in Richtung des Vektors $3e_x + 4e_y$.

6.4 Die potentielle Energie

7. Ein Buch der Masse 2 kg werde in einer Höhe von 20 m über der Erde festgehalten und zur Zeit $t = 0$ s losgelassen. a) Wie groß ist anfangs die potentielle Energie des Buches relativ zu der am Boden? b) Berechnen Sie mit Hilfe der Newtonschen Gesetze die Fallstrecke und die Geschwindigkeit des Buches bei $t = 1$ s. c) Bestimmen Sie die potentielle und die kinetische Energie des Buches bei $t = 1$ s. d) Welche kinetische Energie und welche Geschwindigkeit hat das Buch direkt vor dem Auftreffen am Boden?

8. Eine Feder habe eine Federkonstante von $k = 10^4$ N/m. Wie weit muß sie gedehnt werden, damit ihre potentielle Energie a) 50 J bzw. b) 100 J beträgt?

6.5 Potentielle Energie und Gleichgewicht in einer Dimension

9. Abbildung 6.28 zeigt die potentielle Energie E_{pot} als Funktion von x. a) Geben Sie für jeden der eingezeichneten Punkte an, ob die Kraft F_x positiv, negativ oder gleich null ist. b) An welchem Punkt hat die Kraft ihren größten Betrag? c) Bestimmen Sie alle Gleichgewichtslagen und stellen Sie jeweils fest, ob das betreffende Gleichgewicht stabil, labil oder indifferent ist.

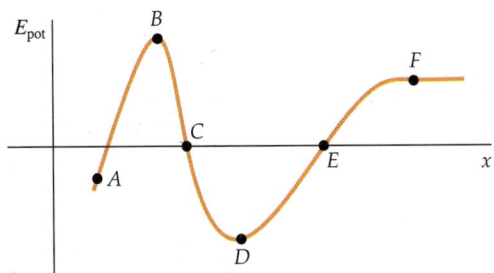

6.28 Zu Aufgabe 9.

10. Die Abstandsabhängigkeit einer potentiellen Energie sei gegeben durch $E_{pot} = C/x$, wobei C eine positive Konstante ist. a) Bestimmen Sie die Kraft F_x als Funktion von x. b) Wirkt diese Kraft in Richtung des Ursprungs oder von ihm weg? c) Nimmt die potentielle Energie mit wachsendem x zu oder ab? d) Beantworten Sie die Fragen b) und c) für negatives C.

6.6 Die Erhaltung der mechanischen Energie

11. Der 3 kg schwere Körper in Abbildung 6.29 werde aus der Ruhe in einer Höhe von 5 m auf der gekrümmten, reibungsfreien Rampe losgelassen. An deren Ende befinde sich eine Feder mit der Federkonstanten $k = 400$ N/m. Der Körper gleite die Rampe herunter und drücke die Feder um die Strecke x zusammen, bevor er seine Bewegungsrichtung umkehrt. a) Bestimmen Sie x. b) Was geschieht, nachdem der Körper erstmals kurzzeitig zur Ruhe kam?

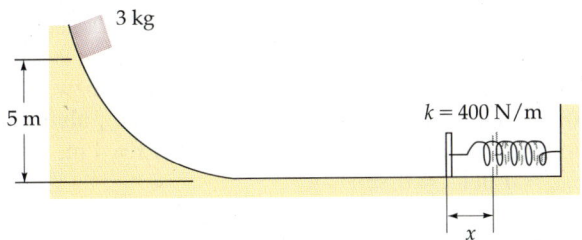

6.29 Zu Aufgabe 11.

12. Das System in Abbildung 6.30 ist in Ruhe, bevor die untere Schnur durchgeschnitten wird. Welche Geschwindigkeit haben die Körper, wenn sie sich auf gleicher Höhe befinden?

13. In Abbildung 6.31 sind die Körper anfangs in Ruhe. Setzen Sie für die gezeigte Anordnung $E_{pot} = 0$. a) Drücken Sie die mechanische Gesamtenergie des Systems als Funktion der Fallhöhe y des leichteren Körpers aus. b) Bestimmen Sie die Geschwindigkeit des leichteren Körpers, nachdem er aus der Ruhe 2 m tief gefallen ist. Die Reibung soll vernachlässigt werden.

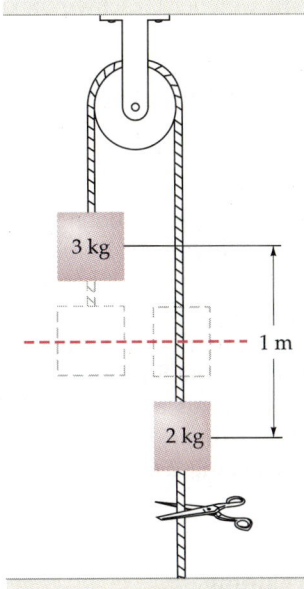

6.30 Zu Aufgabe 12.

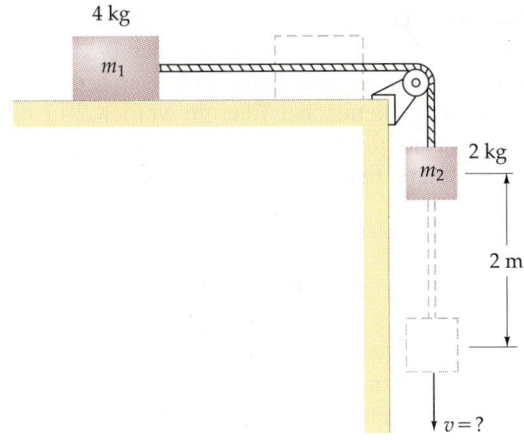

6.31 Zu Aufgaben 13 und 15.

6.7 Der verallgemeinerte Energiesatz der Mechanik

14. Der Körper der Masse 2 kg in Abbildung 6.32 gleite aus der Ruhe die reibungsfreie, gekrümmte Rampe aus einer Höhe von 3 m hinunter. Danach rutsche er 9 m weit über die rauhe, horizontale Fläche, bis er ste-

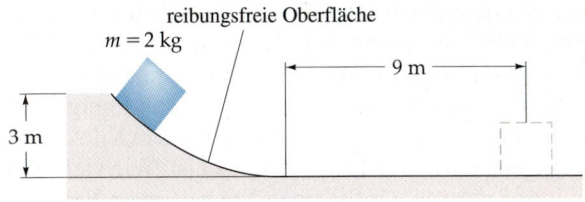

6.32 Zu Aufgabe 14.

henbleibt. a) Mit welcher Geschwindigkeit verläßt der Körper die Rampe? b) Wieviel Arbeit wird an ihm durch Reibung verrichtet? c) Bestimmen Sie die Reibungszahl zwischen dem Körper und der horizontalen Ebene.

15. Die Gleitreibungszahl zwischen dem schwereren Körper und dem Tisch in Abbildung 6.31 betrage 0,35. a) Bestimmen Sie die von der Reibung verrichtete Arbeit, während der leichtere Körper um eine Strecke y fällt. b) Zu Beginn sei $E = 0$. Berechnen Sie die mechanische Gesamtenergie E des Systems, nachdem der leichtere Körper um eine Strecke y gefallen ist. c) Verwenden Sie das Ergebnis aus b), um die Geschwindigkeit der beiden Körper zu bestimmen, wenn der leichtere Körper gerade 2 m tief gefallen ist.

6.8 Energieerhaltung

16. Ein Physikstudent mit einer Masse von 80 kg klettere einen 120 m hohen Berg hinauf. a) Um wieviel erhöht sich dabei seine potentielle Energie? b) Woher kommt diese Energie? c) Der Körper des Studenten habe einen Wirkungsgrad von 20%. Das bedeutet, von 100 J innerer, chemischer Energie werden 20 J in mechanische Energie und 80 J in Wärme umgewandelt. Wieviel innere Energie verbraucht der Student beim Anstieg?

6.9 Leistung

17. Eine konstante, horizontale Kraft $F = 3$ N ziehe eine Kiste auf einer rauhen, horizontalen Oberfläche mit konstanter Geschwindigkeit v. Dabei betrage die Leistung 5 W. a) Wie groß ist die Geschwindigkeit v? b) Welche Arbeit verrichtet die Kraft F in 3 Sekunden?

18. Pro Sekunde stürzen durchschnittlich $1,4 \cdot 10^6$ kg Wasser die Victoria-Fälle hinunter, die einen Höhenunterschied von etwa 100 m aufweisen. Welche Leistung könnte mit diesen Wasserfällen erzeugt werden, wenn sich die gesamte potentielle Energie des Wassers in elektrische Energie umwandeln ließe?

19. Die Stoffwechselvorgänge im menschlichen Körper wandeln chemische Energie in Arbeit und Wärme um, wobei insgesamt eine Leistung von etwa 100 W abgegeben wird. a) Wieviel chemische Energie verbrauchen wir etwa in 24 Stunden? b) Die Energie wird aus der Nahrung gewonnen und oft noch in Kilokalorien angegeben, wobei 1 kcal = 4,184 kJ ist. Wie viele Kilokalorien müssen wir für einen Tag bei einem Verbrauch von 100 W über die Nahrung aufnehmen?

Stufe II

20. An einer Pendelschnur der Länge ℓ sei eine Kugel der Masse m aufgehängt. Sie werde ausgelenkt und beim Winkel θ_1 losgelassen. Der Faden treffe auf einen Stift, der im Abstand x unter dem Drehpunkt angebracht ist (Abbildung 6.33; der Stift stehe senkrecht zur Zeichenebene). Damit verkürzt sich auf der rechten Seite die Länge des Pendels. Bestimmen Sie den maximalen Winkel θ_2 zwischen dem Faden und der Vertikalen, wenn die Kugel nach rechts ausgelenkt wird.

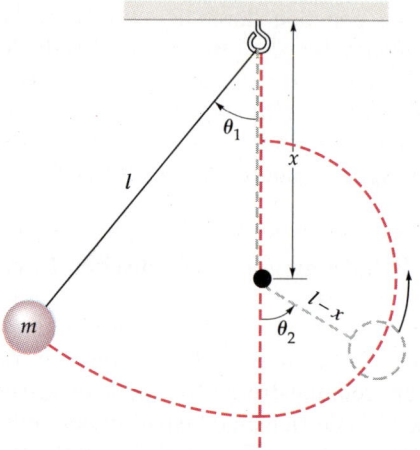

6.33 Zu Aufgabe 20.

21. Eine Kraft F_x, die auf ein Teilchen wirkt, ist in Abbildung 6.34 als Funktion von x aufgetragen. a) Bestimmen Sie aus der Abbildung die Arbeit, die von der Kraft verrichtet wird, wenn sich das Teilchen von $x = 0$ m zu den folgenden Positionen bewegt: $x = -4$ m, -3 m, -2 m, -1 m, 0 m, 1 m, 2 m, 3 m bzw. 4 m. b) Zeichnen Sie die potentielle Energie E_{pot} als Funktion von x im Bereich von $x = -4$ m bis $x = 4$ m, wobei $E_{pot} = 0$ bei $x = 0$ sei.

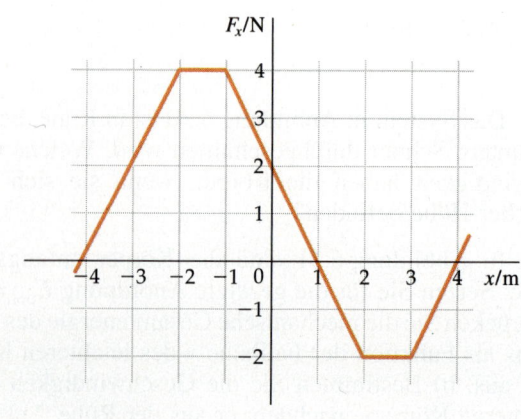

6.34 Zu Aufgabe 21.

22. Beantworten Sie die Fragen der vorigen Aufgabe für die Kraft F_x in Abbildung 6.35.

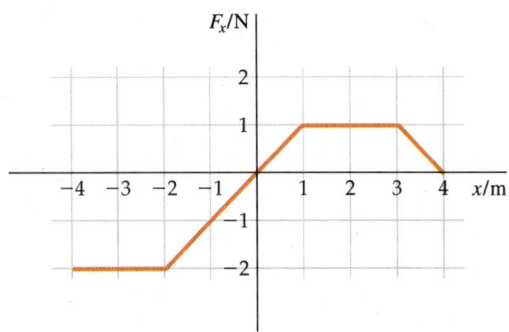

6.35 Zu Aufgabe 22.

23. Ein Körper der Masse 3 kg bewege sich mit 1,50 m/s in x-Richtung. Sobald er den Ursprung passiert, wirke auf ihn eine einzelne Kraft F_x, deren Abhängigkeit von x in Abbildung 6.36 gezeigt ist. a) Bestimmen Sie die Arbeit, die zwischen $x = 0$ m und $x = 2$ m am Körper verrichtet wird. b) Welche kinetische Energie hat der Körper bei $x = 2$ m? c) Welche Geschwindigkeit hat er bei $x = 2$ m? d) Bestimmen Sie die Arbeit, die zwischen $x = 0$ m und $x = 4$ m an ihm verrichtet wird. e) Welche Geschwindigkeit hat der Körper bei $x = 4$ m?

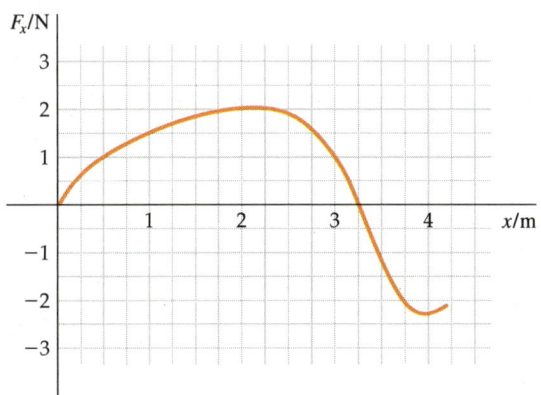

6.36 Zu Aufgabe 23.

24. Ein kleiner Körper sei an einem elastischen Band befestigt, das eine Kraft $F_x = -kx - ax^2$ ausübt, wenn es um die Strecke $x \, (>0)$ gedehnt wird; a und k sind Konstanten. Bestimmen Sie die Arbeit, die das Band am Körper verrichtet, wenn es von $x = 0$ bis $x = A$ gedehnt wird.

25. Ein Skispringer mit einer Masse von 70 kg starte aus der Ruhe vom Punkt A in Abbildung 6.37. Seine Geschwindigkeit sei 30 m/s bei B und 23 m/s bei C. Der Abstand zwischen B und C betrage 30 m. a) Welche Arbeit wird durch Reibung auf der Strecke von B nach C verrichtet? b) Bestimmen Sie die größte Höhe, die der Skispringer oberhalb von C erreicht.

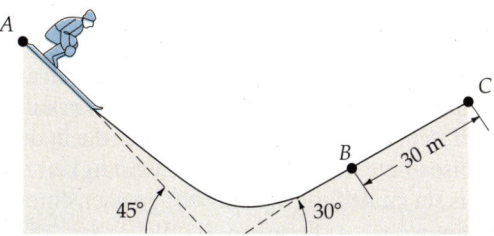

6.37 Zu Aufgabe 25.

26. Ein Körper der Masse 2 kg werde 4 m vor einer praktisch masselosen Feder auf einer reibungsfreien, schiefen Ebene losgelassen, wie in Abbildung 6.38 gezeigt. Die Federkonstante sei $k = 100$ N/m, und der Neigungswinkel der Ebene betrage 30°. a) Bestimmen Sie die maximale Stauchung der Feder. b) Die Ebene sei nicht reibungsfrei, sondern habe eine Gleitreibungszahl von 0,2 mit dem Körper. Wie groß ist dann die maximale Stauchung? c) Wie weit bewegt sich der Körper unter den in b) gegebenen Voraussetzungen wieder die Ebene hinauf, nachdem er die Feder verlassen hat?

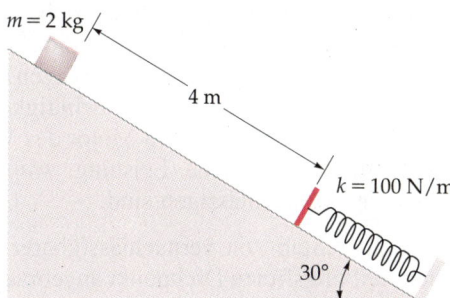

6.38 Zu Aufgabe 26.

27. Ein Bauarbeiter schleppe einen großen Eimer mit Sand mit konstanter Geschwindigkeit einen 40 m hohen Turm hinauf. Der Eimer habe eine Masse von 10 kg und enthalte anfangs 30 kg Sand, der aber gleichmäßig aus einem Loch herausrieselt. Daher sind am Ende nur noch 10 kg Sand im Eimer. a) Geben Sie die gemeinsame Masse von Eimer und Sand als Funktion der erreichten Höhe y an. b) Bestimmen Sie die Arbeit, die der Arbeiter am Eimer mit Inhalt verrichtet hat.

28. Ein Körper der Masse 2 kg werde mit einer Anfangsgeschwindigkeit von 3 m/s auf einer rauhen, schiefen Ebene nach oben katapultiert. Deren Neigungswinkel zur Horizontalen betrage 60°. Die Gleitreibungszahl sei 0,3. a) Zählen Sie alle Kräfte auf, die auf den Körper wirken, und bestimmen Sie die Arbeit, die von jeder Kraft verrichtet wird, während der Körper nach oben gleitet. b) Wie weit bewegt sich der Körper auf der Ebene nach oben? c) Bestimmen Sie die Arbeit, die jede Kraft verrichtet, während der Körper wieder nach unten gleitet. d) Mit welcher Geschwindigkeit erreicht der Körper wieder seine Anfangsposition?

29. Ein Kügelchen der Masse m bewege sich auf einer horizontalen Kreisbahn mit dem Radius r auf einem rauhen Tisch. Es hänge an einer Schnur, die in der Mitte des Kreises befestigt ist. Die Geschwindigkeit des Kügelchens sei zu Anfang v_0 und betrage nach einer vollen Umdrehung $\frac{1}{2} v_0$. a) Drücken Sie die Arbeit, die durch Reibung während einer Umdrehung verrichtet wird, in Abhängigkeit von m, v_0 und r aus. b) Welchen Wert hat die Gleitreibungszahl? c) Wie viele Umläufe wird das Kügelchen noch ausführen, bis es liegenbleibt?

30. Das Wasser aus einem Stausee fließe mit einem Durchsatz von $1{,}5 \cdot 10^6$ kg/min durch eine große Turbine. Die Turbine befinde sich 50 m unterhalb der Oberfläche des Wasserspeichers, und das Wasser verlasse die Turbine mit einer Geschwindigkeit von 5 m/s. a) Welche Leistung erzeugte die Turbine, wenn keine Energieverluste aufträten? b) Wie viele Einwohner könnten mit Energie versorgt werden, wenn jeder von ihnen pro Jahr $3 \cdot 10^{11}$ J verbraucht?

31. Ein Wagen der Masse 1500 kg fahre mit einer Geschwindigkeit von 24 m/s und befinde sich am Fuße eines Berges, der auf einer Strecke von 2 km einen Höhenunterschied von 120 m aufweist. Der Wagen komme oben auf dem Berg mit einer Geschwindigkeit von 10 m/s an. Bestimmen Sie die vom Motor des Wagens aufgebrachte durchschnittliche Leistung, wenn Reibungsverluste zu vernachlässigen sind.

32. Ein gerader Stab von vernachlässigbarer Masse sei an einem reibungsfreien Drehpunkt angebracht, wie in Abbildung 6.39 gezeigt. Die Massen m_1 und m_2 seien im Abstand ℓ_1 bzw. ℓ_2 vom Drehpunkt an dem Stab angehängt. a) Bestimmen Sie die potentielle Energie der beiden Massen als Funktion des Winkels θ zwischen dem Stab und der Horizontalen. b) Für welchen Winkel θ ist die potentielle Energie minimal? Stimmt die Behauptung, „das System neigt dazu, sich in Richtung minimaler potentieller Energie zu bewegen", mit Ihrem Ergebnis überein? c) Zeigen Sie, daß für $m_1 \ell_1 = m_2 \ell_2$ die potentielle Energie unabhängig vom Winkel θ ist. (Wenn diese Bedingung erfüllt ist, dann ist das System für jeden Winkel θ im Gleichgewicht. Diesen Sachverhalt nennt man *Hebelgesetz des Archimedes*.)

33. Eine Kraft $\boldsymbol{F} = (2x^2 \text{ N/m}^2)\boldsymbol{e}_x$ wirke auf ein Teilchen. Bestimmen Sie die an diesem verrichtete Arbeit, während es eine Gesamtstrecke von 5 m zurücklegt: a) parallel zur x-Achse vom Punkt $x = 2$ m, $y = 2$ m zum Punkt $x = 2$ m, $y = 7$ m und b) geradlinig von $x = 2$ m, $y = 2$ m nach $x = 5$ m, $y = 6$ m.

34. Zwei Körper mit gleicher Masse m_1 seien an den Enden einer sehr leichten Schnur befestigt, die über zwei reibungsfreie, masselose Rollen laufe, wie in Abbildung 6.40 gezeigt. Ein dritter Körper der Masse m_2 ist in der Mitte zwischen den Rollen (Abstand der Rollen voneinander: $2d$) an der Schnur befestigt. a) Bestimmen Sie die potentielle Energie des Systems als Funktion der Strecke y, die in der Abbildung eingezeichnet ist. b) Bestimmen Sie mit dieser Funktion die Strecke y_0, bei der sich das System im Gleichgewicht befindet. Überprüfen Sie die Antwort, indem Sie die wirkenden Kräfte untersuchen.

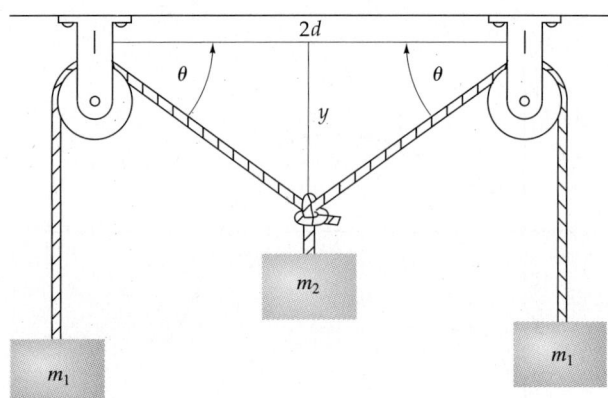

6.40 Zu Aufgabe 34.

35. Ein großes Kernkraftwerk erzeuge durch Kernspaltung eine Leistung von 3000 MW, wobei die Masse m nach Einsteins Gleichung $E = mc^2$ in Energie umgewandelt wird ($c = 3 \cdot 10^8$ m/s). a) Welche Masse wird in diesem Kraftwerk pro Jahr in Energie umgewandelt? b) In einem Kohlekraftwerk wird bei der Verbrennung von 1 kg Kohle eine Energie von 31 MJ frei. Wieviel Kohle würde pro Jahr für ein Kohlekraftwerk mit einer Leistung von 3000 MW benötigt?

36. Ein Seil liege aufgerollt am Boden. Seine Masse pro Längeneinheit sei λ. a) Ein Seilstück der Länge y sei

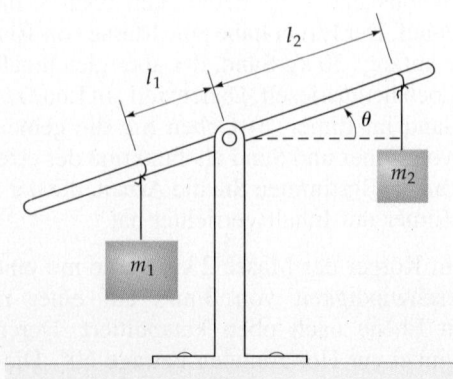

6.39 Zu Aufgabe 32.

bereits angehoben. Welche Kraft ist dann nötig, um es wie in Abbildung 6.41 senkrecht zu halten? b) Integrieren Sie $F\,dy$ von $y = 0$ bis $y = \ell$, um die gesamte Arbeit zu berechnen, die zum Hocheben eines Seilstücks der Länge ℓ benötigt wird. c) Welche potentielle Energie hat das Seil, wenn ein Stück der Länge ℓ angehoben ist?

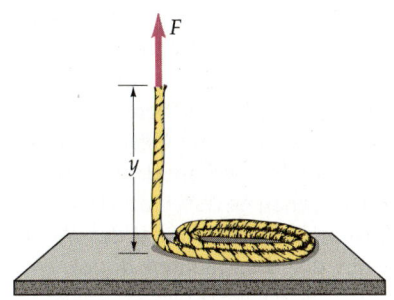

6.41 Zu Aufgabe 36.

Stufe III

37. Ein kleiner Körper der Masse m gleite eine schiefe Ebene herunter und durchlaufe einen Looping mit dem Radius R, wie in Abbildung 6.42 gezeigt. Der Körper starte vom Punkt P in einer Höhe h über dem tiefsten Punkt des Loopings. a) Welche kinetische Energie besitzt der Körper am höchsten Punkt des Loopings? b) Welche Beschleunigung erfährt der Körper am höchsten Punkt des Loopings, vorausgesetzt, er bleibt in Kontakt zur Bahn? c) Aus welcher Höhe h muß der Körper mindestens starten, damit er auch im höchsten Punkt des Loopings die Bahn nicht verläßt?

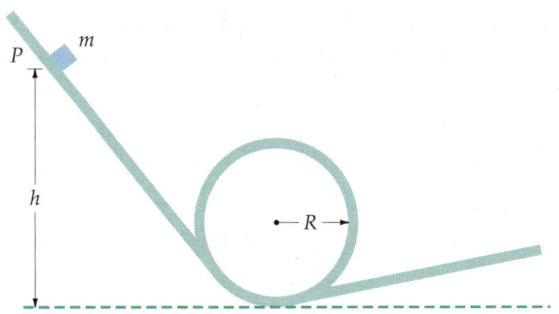

6.42 Zu Aufgabe 37.

38. Ein Pendel bestehe aus einer Masse m, die an einem praktisch masselosen Stab der Länge ℓ befestigt sei. Die Reibung am Drehpunkt des Stabes sei vernachlässigbar. Das Pendel werde angehoben, bis sich die Masse direkt über dem Drehpunkt befindet, und dann losgelassen. Berechnen Sie die Zugkraft, die der Stab auf die Masse ausübt: a) wenn sich die Masse am tiefsten Punkt befindet, b) wenn sich der Stab bei einem Winkel von 30° unterhalb der Horizontalen befindet, c) wenn sich der Stab bei einem Winkel von 30° oberhalb der Horizontalen befindet.

39. Ein Skifahrer starte aus der Ruhe in einer Höhe h über dem Mittelpunkt einer Kuppe mit dem Radius 4,0 m, wie in Abbildung 6.43 gezeigt. Die Reibung soll vernachlässigt werden. Bestimmen Sie die maximale Höhe h, bei der die Skier auch oben auf der Kuppe noch mit dem Schnee in Kontakt bleiben.

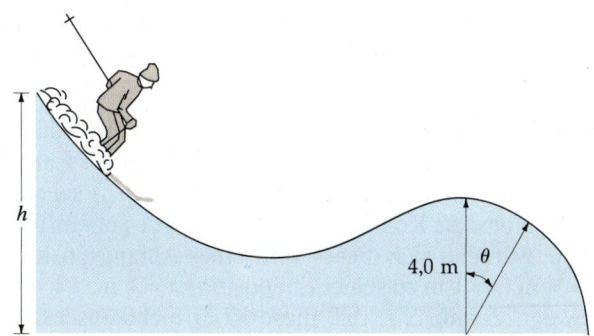

6.43 Zu Aufgaben 39 und 40.

40. Der Skifahrer aus der vorigen Aufgabe starte nun mit einer kleinen Anfangsgeschwindigkeit am höchsten Punkt der Kuppe (Abbildung 6.43). Vernachlässigen Sie auch hier die Reibung. a) Bestimmen Sie die Geschwindigkeit v als Funktion des Winkels θ. b) Bei welchem Winkel θ verlieren die Skier den Kontakt zum Abhang?

41. Ein Körper der Masse 5 kg werde gegen eine Feder mit einer Federkonstanten von 20 N/m gedrückt, so daß die Feder um 3 cm gestaucht wird. Der Körper werde losgelassen, die Feder entspanne sich und schiebe den Körper entlang einer rauhen, horizontalen Ebene. Die Reibungszahl zwischen dem Körper und der Fläche betrage 0,2. a) Bestimmen Sie die Arbeit, die die Feder am Körper verrichtet, während sie sich bis zu ihrer Gleichgewichtslänge ausdehnt. b) Bestimmen Sie die Arbeit, die durch Reibung am Körper verrichtet wird, während dieser die 3 cm bis zur Gleichgewichtslänge der Feder zurücklegt. c) Mit welcher Geschwindigkeit erreicht der Körper die Gleichgewichtslänge der Feder? d) Wie weit wird er auf der rauhen Oberfläche gleiten, wenn er keinen Kontakt mehr mit der Feder hat?

42. Die potentielle Energie eines Teilchens der Masse $m = 4$ kg werde beschrieben durch

$$E_{pot} = (3\ \text{N/m})\,x^2 - (1\ \text{N/m}^2)\,x^3 \qquad x \leq 3\ \text{m}$$
$$E_{pot} = 0 \qquad x \geq 3\ \text{m}.$$

6 Arbeit und Energie

a) Für welche Werte von x ist die Kraft F_x gleich null? b) Skizzieren Sie die Funktion $E_\text{pot}(x)$. c) Diskutieren Sie jeweils die Stabilität des Gleichgewichts bei den in a) ermittelten x-Werten. d) Die gesamte Energie des Teilchens betrage 12 J. Welche Geschwindigkeit hat es dann bei $x = 2$ m?

43. Eine Kraft werde beschrieben durch $F_x = Ax^{-3}$, wobei $A = 8$ N·m^3 ist. a) Nimmt bei positiven x-Werten die potentielle Energie, die aus dieser Kraft resultiert, mit steigendem x zu oder ab? Stellen Sie sich dazu vor, was mit einem Teilchen geschieht, wenn es an irgendeinem Punkt x aus der Ruhe losgelassen wird. b) Ermitteln Sie für die gegebene Kraft die Funktion $E_\text{pot}(x)$, für die E_pot gegen null geht, wenn x gegen unendlich geht. c) Tragen Sie (für $x < 1$ m) E_pot gegen x auf.

44. Eine Kraft in der x-y-Ebene sei gegeben durch $\boldsymbol{F} = A\,[(10\text{ N/m})\,a\boldsymbol{e}_x + (3\text{ N/m})\,x\boldsymbol{e}_y]$. Dabei sei $\boldsymbol{F}$ in N und x sowie die Konstante a in m angegeben. A sei eine dimensionslose Konstante. Die Kraft wirke auf ein Teilchen, während sich dieses von seiner Anfangsposition $x = 4$ m, $y = 1$ m zu seiner Endposition $x = 4$ m, $y = 4$ m bewegt. Zeigen Sie, daß diese Kraft nichtkonservativ ist, indem Sie die von ihr verrichtete Arbeit für wenigstens zwei verschiedene Wege berechnen.

45. Eine Kraft in der x-y-Ebene sei gegeben durch $\boldsymbol{F} = (F_0/r)\,[y\boldsymbol{e}_x - x\boldsymbol{e}_y]$. Dabei sei F_0 konstant; ferner sei $r = (x^2 + y^2)^{1/2}$. a) Zeigen Sie, daß der Betrag dieser Kraft gleich F_0 ist und daß ihre Richtung senkrecht auf $\boldsymbol{r} = x\boldsymbol{e}_x + y\boldsymbol{e}_y$ steht. b) Welche Arbeit wird von dieser Kraft an einem Teilchen verrichtet, das sich auf einer Kreisbahn um den Ursprung mit dem Radius 5 m bewegt?

46. Die potentielle Energie, die auf den Kernkräften zwischen zwei Protonen oder zwei Neutronen oder zwischen Proton und Neutron beruht, kann durch das sogenannte *Yukawa-Potential* beschrieben werden:

$$E_\text{pot} = -E_0 \left(\frac{a}{x}\right) e^{-x/a}.$$

E_0 und a sind Konstanten. a) Skizzieren Sie E_pot in Abhängigkeit von x. Setzen Sie dabei $E_0 = 4$ pJ und $a = 2{,}5$ fm. b) Ermitteln Sie die Funktion $F_x(x)$. c) Vergleichen Sie die Beträge der Kraft bei den Abständen $x = 2\,a$ und $x = a$. d) Vergleichen Sie die Beträge der Kraft bei den Abständen $x = 5\,a$ und $x = a$.

47. Die Masse eines Pendels der Länge ℓ werde so weit aus der Senkrechten ausgelenkt, daß der (masselose) Stab den Winkel θ_0 mit der Vertikalen bildet, und dann losgelassen. Die Geschwindigkeit, die die Masse am tiefsten Punkt hat, wurde in Beispiel 6.9 mit Hilfe des Energieerhaltungssatzes berechnet. Hier soll sie über das zweite Newtonsche Gesetz ermittelt werden. a) Zeigen Sie, daß die tangentiale Komponente der Beschleunigung gegeben ist durch $dv/dt = -g\sin\theta$. Darin ist v die Geschwindigkeit und θ der Winkel, den der Pendelstab mit der Senkrechten bildet. b) Zeigen Sie, daß gilt

$$v = \ell\,\frac{d\theta}{dt}.$$

c) Verwenden Sie diese Beziehung und die Kettenregel der Differentialrechnung und leiten Sie folgende Gleichung her:

$$\frac{dv}{dt} = \frac{dv}{d\theta}\frac{d\theta}{dt} = \frac{dv}{d\theta}\frac{v}{\ell}.$$

d) Kombinieren Sie die Ergebnisse von a) und c), und zeigen Sie, daß gilt:

$$v\,dv = -g\ell\sin\theta\,d\theta.$$

e) Integrieren Sie die linke Seite der Gleichung in d) von $v = 0$ bis zur Endgeschwindigkeit v und die rechte Seite von $\theta = \theta_0$ bis $\theta = 0$. Zeigen Sie, daß das Ergebnis gleichbedeutend ist mit $v = (2\,gh)^{1/2}$, wobei h die ursprüngliche Höhe der Pendelmasse über dem tiefsten Punkt ist.

7 Teilchensysteme und Impulserhaltung

Obwohl wir die Newtonschen Axiome für die Bewegung von Punktteilchen diskutiert haben, sind in unseren Beispielrechnungen und Aufgaben ausgedehnte Körper vorgekommen, z. B. Holzklötze, Bälle und sogar Autos. In diesem Kapitel werden wir diese Anwendungen begründen. Wir werden einen Körper als ein System von Punktteilchen betrachten und annehmen, daß die Newtonschen Axiome für jedes einzelne Teilchen gelten. Wir werden sehen, daß es für jedes System einen Punkt namens *Massenmittelpunkt* (oder *Schwerpunkt*) gibt, der sich so bewegt, als ob die gesamte Masse des Systems in diesem Punkt konzentriert wäre. Äußere Kräfte, die an diesem System angreifen, wirken so, als ob sie ausschließlich auf diesen Punkt wirken würden. Damit kann man sich die Bewegung irgendeines Objektes oder Teilchensystems, egal wie komplex es auch sein mag, als aus zwei Bewegungen zusammengesetzt denken: zum einen der Bewegung des Massenmittelpunktes (einer Art Gesamtbewegung des Systems), zum anderen der Bewegung der individuellen Teilchen des Systems relativ zum Massenmittelpunkt.

Wir werden außerdem eine wichtige neue Größe einführen, den *Impuls*, das Produkt aus der Masse eines Teilchens und seiner Geschwindigkeit. Der Impuls ist wichtig, weil der Gesamtimpuls eines Teilchensystems konstant bleibt, wenn die äußere Kraft, die auf das System wirkt, null ist. Wie die Energie ist auch der Impuls in einem abgeschlossenen System eine Erhaltungsgröße. Die Impulserhaltung ist sehr hilfreich, wenn man zum Beispiel Stöße zwischen Billardkugeln, Automobilen und subatomaren Teilchen in Kernreaktionen analysiert. Ebenso spielt der Satz von der Impulserhaltung bei der Untersuchung der Bewegung von düsengetriebenen Flugzeugen oder Raketen sowie beim Rückstoß eines Gewehrs eine wichtige Rolle.

7.1 Der Massenmittelpunkt

Betrachten wir zuerst ein einfaches System aus zwei Teilchen in einer Dimension. Seien x_1 und x_2 die Teilchenkoordinaten relativ zu einem willkürlich gewählten Ursprung. Die Koordinate x_S des Massenmittelpunkts (oder Schwerpunkts) wird definiert durch

$$m_{ges} x_S = m_1 x_1 + m_2 x_2 \,, \qquad 7.1$$

7 Teilchensysteme und Impulserhaltung

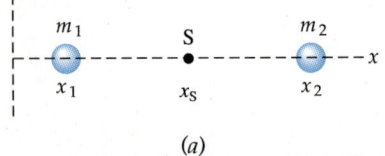
(a)

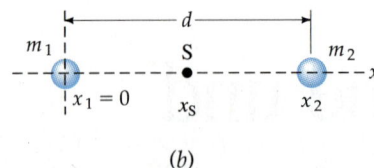
(b)

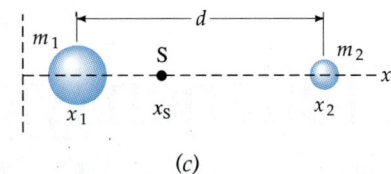
(c)

7.1 Der Massenmittelpunkt S eines Systems von zwei Teilchen. a) Wenn die Teilchen gleiche Massen haben, dann liegt der Massenmittelpunkt in der Mitte zwischen ihnen. b) Wählt man den Ursprung bei m_1, dann liegt der Massenmittelpunkt bei $x_S = m_2 d/(m_1 + m_2)$. c) Wenn die Teilchen ungleiche Massen haben, dann liegt der Massenmittelpunkt näher bei dem Teilchen mit der höheren Masse.

wobei $m_{ges} = m_1 + m_2$ die Gesamtmasse des Systems ist. Im Falle von nur zwei Teilchen liegt der Massenmittelpunkt irgendwo auf der Verbindungslinie zwischen den beiden Teilchen (Abbildung 7.1a). Dies kann man leicht sehen, wenn man den Ursprung so wählt, daß er mit einem der beiden Teilchen zusammenfällt. Der Ursprung falle beispielsweise mit m_1 zusammen (Abbildung 7.1b). Dann ist x_2 der Abstand d zwischen beiden Teilchen. Die Koordinate des Massenmittelpunkts für diese Wahl des Ursprungs erhält man dann aus Gleichung (7.1):

$$m_{ges} x_S = m_1 x_1 + m_2 x_2 = m_1 \cdot 0 + m_2 d$$

$$x_S = \frac{m_2}{m_{ges}} d = \frac{m_2}{m_1 + m_2} d \,. \qquad 7.2$$

Für Teilchen gleicher Masse liegt der Massenmittelpunkt auf der halben Strecke zwischen den beiden Teilchen, ansonsten liegt er näher beim Teilchen mit der größeren Masse (Abbildung 7.1c).

Wir können unseren Spezialfall mit zwei Teilchen in einer Dimension auf viele Teilchen in drei Dimensionen verallgemeinern. Wenn wir N Teilchen haben, ist die x-Koordinate x_S des Massenmittelpunktes definiert durch

$$m_{ges} x_S = m_1 x_1 + m_2 x_2 + m_3 x_3 + \ldots + m_N x_N = \sum_i m_i x_i \,. \qquad 7.3a$$

Auch hier ist $m_{ges} = \sum m_i$ die Gesamtmasse des Systems. Entsprechende Gleichungen definieren die y- und z-Koordinaten des Massenmittelpunktes:

$$m_{ges} y_S = \sum_i m_i y_i \qquad 7.3b$$

$$m_{ges} z_S = \sum_i m_i z_i \,. \qquad 7.3c$$

Gehen wir nun zur Vektorschreibweise über. Der Ortsvektor $\boldsymbol{r}_i$ des i-ten Teilchens sei durch $\boldsymbol{r}_i = x_i \boldsymbol{e}_x + y_i \boldsymbol{e}_y + z_i \boldsymbol{e}_z$ gegeben. Dann gilt für den Ortsvektor $\boldsymbol{r}_S$ des Massenmittelpunktes

Definition des Massenmittelpunktes für diskrete Systeme

$$m_{ges} \boldsymbol{r}_S = \sum_i m_i \boldsymbol{r}_i \qquad 7.4$$

mit $\boldsymbol{r}_S = x_S \boldsymbol{e}_x + y_S \boldsymbol{e}_y + z_S \boldsymbol{e}_z$.

Für ein Kontinuum wird die Summe in Gleichung (7.4) durch ein Integral ersetzt:

Definition des Massenmittelpunktes für kontinuierliche Systeme

$$m_{ges} \boldsymbol{r}_S = \int \boldsymbol{r} \, dm \,. \qquad 7.5$$

Hierbei ist dm ein Massenelement am Orte $\boldsymbol{r}$ (Abbildung 7.2).

7.1 Der Massenmittelpunkt

Werden zwei Punktmassen durch eine dünne Stange von vernachlässigbarer Masse verbunden und in ihrem gemeinsamen Massenmittelpunkt drehbar gelagert, dann befindet sich das System im Gleichgewicht (Abbildung 7.3a). Dies gilt, weil die potentielle Gravitationsenergie eines Teilchensystems die gleiche ist, wie wenn die Gesamtmasse in einem Punkt konzentriert wäre. Dies soll jetzt gezeigt werden. Betrachten wir ein beliebiges System, und sei y_i die Höhe des i-ten Teilchens über dem Boden. Dann ist die potentielle Energie des Systems

$$E_{\text{pot}} = \sum_i m_i g y_i = g \sum_i m_i y_i \,.$$

Aber es gilt auch

$$\sum_i m_i y_i = m_{\text{ges}} y_S \,.$$

Deshalb folgt

$$E_{\text{pot}} = m_{\text{ges}} g \, y_S \,. \qquad 7.6$$

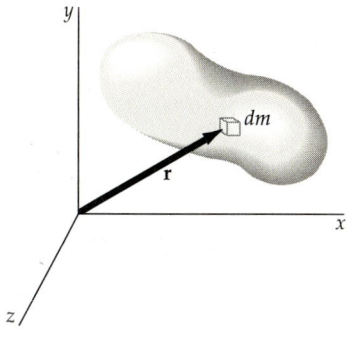

7.2 Massenelement dm am Ort $\mathbf{r}$; durch Integration über alle dm läßt sich der Massenmittelpunkt bestimmen.

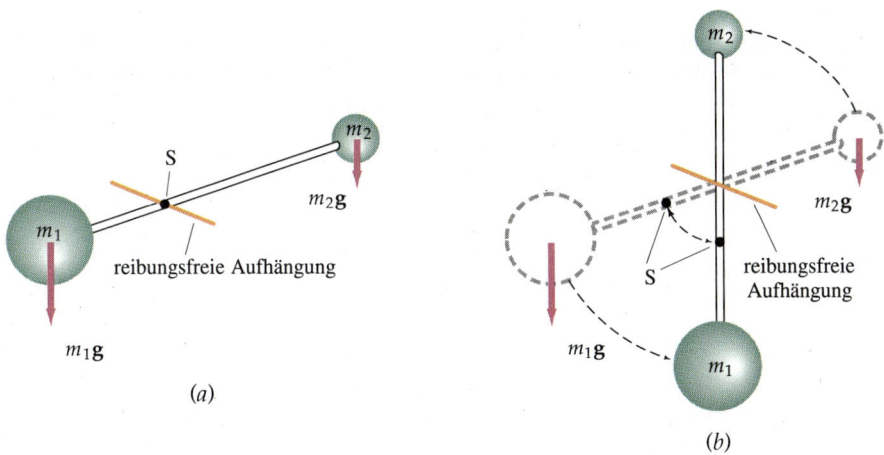

7.3 a) Zwei durch eine dünne Stange verbundene Massen befinden sich im Gleichgewicht, wenn man die Drehachse in den Massenmittelpunkt S legt. b) Befindet sich der Drehpunkt nicht im Massenmittelpunkt, dann ist die potentielle Energie des Systems am kleinsten, wenn der Massenmittelpunkt sich direkt unter dem Drehpunkt befindet.

Wenn wir versuchen, unsere zwei Teilchen an der Verbindungsstange in einem anderen Punkt als dem Massenmittelpunkt auszubalancieren, dann dreht sich das System, bis die potentielle Energie minimal ist. Der Massenmittelpunkt befindet sich dann am niedrigstmöglichen Punkt direkt unter dem Drehpunkt (Abbildung 7.3b). (Rufen Sie sich ins Gedächtnis zurück, daß eine konservative Kraft ein Teilchen in Richtung der kleineren potentiellen Energie beschleunigt, Abschnitt 6.5.)

Abbildung 7.4 zeigt eine einfache Methode, wie man den Massenmittelpunkt eines ebenen Körpers, zum Beispiel eines Brettes oder eines Stückes Blech, finden kann. Dazu hängen wir den Körper an einem beliebigen Punkt reibungsfrei auf. Der Körper ist im Gleichgewicht, wenn sein Massenmittelpunkt sich direkt unter der Lagerung befindet. Wenn wir nun eine vertikale Linie vom Aufhängepunkt nach unten ziehen, dann muß der Massenmittelpunkt irgendwo auf dieser Linie liegen. Anschließend hängen wir den Körper an einem anderen Punkt auf und zeichnen eine zweite vertikale Linie. Der Massenmittelpunkt liegt im Schnittpunkt der beiden Linien.

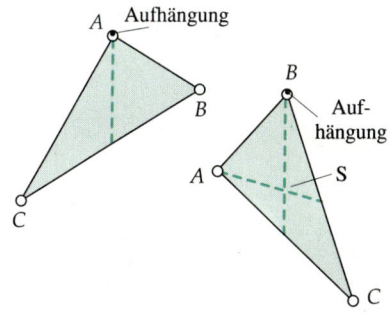

7.4 Der Massenmittelpunkt S eines unregelmäßig geformten Körpers liegt direkt unterhalb des willkürlich gewählten Punktes, an dem der Körper aufgehängt wird. Damit läßt sich der Massenmittelpunkt eines jeden Körpers bestimmen.

7 Teilchensysteme und Impulserhaltung

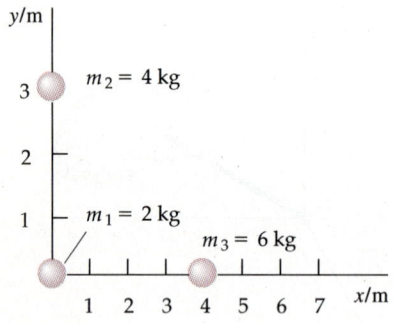

7.5 Das System von drei Teilchen aus Beispiel 7.1.

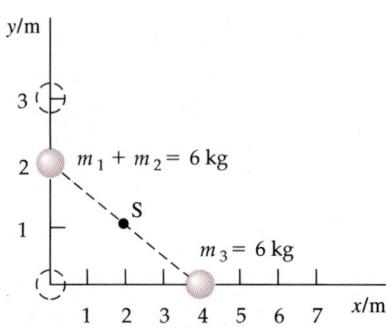

7.6 Dasselbe System wie in Abbildung 7.5, wobei hier die Teilchen m_1 und m_2 durch ein einzelnes Teilchen der Masse $m_1 + m_2$ am gemeinsamen Massenmittelpunkt ersetzt wurden. Das Drei-Teilchen-Problem wurde somit auf ein Zwei-Teilchen-Problem reduziert.

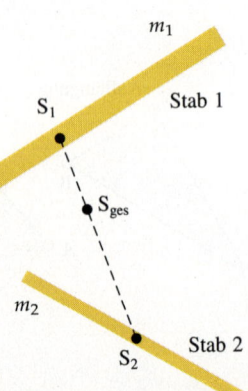

7.7 Den Massenmittelpunkt S eines Systems aus zwei homogenen Stäben findet man, indem man jeden Stab als ein Punktteilchen behandelt, das sich am eigenen Massenmittelpunkt befindet.

Beispiel 7.1

Bestimmen Sie den Massenmittelpunkt eines Systems aus drei Teilchen: $m_1 = 2$ kg im Ursprung, $m_2 = 4$ kg auf der y-Achse bei $y = 3$ m und $m_3 = 6$ kg auf der x-Achse bei $x = 4$ m (Abbildung 7.5).

Mit Gleichung (7.3a) ergibt sich

$$m_{\text{ges}} x_S = \sum_i m_i x_i = m_1 x_1 + m_2 x_2 + m_3 x_3,$$

wobei $m_{\text{ges}} = m_1 + m_2 + m_3 = 12$ kg. Dann ist

$$x_S = \frac{\sum_i m_i x_i}{m_{\text{ges}}} = \frac{2 \text{ kg} \cdot 0 + 4 \text{ kg} \cdot 0 + 6 \text{ kg} \cdot 4 \text{ m}}{12 \text{ kg}} = \frac{24 \text{ kg} \cdot \text{m}}{12 \text{ kg}} = 2 \text{ m}.$$

Ebenso ergibt sich aus Gleichung (7.3b)

$$y_S = \frac{\sum_i m_i y_i}{m_{\text{ges}}} = \frac{2 \text{ kg} \cdot 0 + 4 \text{ kg} \cdot 3 \text{ m} + 6 \text{ kg} \cdot 0}{12 \text{ kg}} = 1 \text{ m}.$$

Es gibt ein nützliches Verfahren, mit dem die Aufgabe in Beispiel 7.1 und andere komplexere Probleme gelöst werden können. Für die drei Massen aus Beispiel 7.1 nimmt Gleichung (7.4) folgende Form an:

$$m_{\text{ges}} \boldsymbol{r}_S = m_1 \boldsymbol{r}_1 + m_2 \boldsymbol{r}_2 + m_3 \boldsymbol{r}_3.$$

Die ersten beiden Terme auf der rechten Seite dieser Gleichung bezeichnen den Massenmittelpunkt $\boldsymbol{r}'_S$ der ersten beiden Teilchen:

$$m_1 \boldsymbol{r}_1 + m_2 \boldsymbol{r}_2 = (m_1 + m_2) \boldsymbol{r}'_S.$$

Der Massenmittelpunkt eines Dreiteilchensystems kann deshalb geschrieben werden als

$$m_{\text{ges}} \boldsymbol{r}_S = (m_1 + m_2) \boldsymbol{r}'_S + m_3 \boldsymbol{r}_3.$$

Wir können also den Massenmittelpunkt eines Mehrteilchensystems finden, indem wir zuerst den Massenmittelpunkt von zwei Teilchen bestimmen und diese dann durch ein einzelnes Teilchen mit der Gesamtmasse $m_1 + m_2$ in ihrem gemeinsamen Massenmittelpunkt ersetzen. Dies ist in Abbildung 7.6 gezeigt, wo die ersten beiden Teilchen aus Beispiel 7.1 durch eine einzelne Masse von 6 kg auf der y-Achse bei $y = 2$ m ersetzt wurden. Der Massenmittelpunkt dieses Systems aus nunmehr nur noch zwei Teilchen gleicher Masse liegt dann auf halber Strecke zwischen ihnen. Abbildung 7.7 zeigt, wie man mit diesem Verfahren auch den Massenmittelpunkt von zwei Stäben mit gleichmäßiger Massenverteilung bestimmen kann: Der Massenmittelpunkt jedes einzelnen Stabes liegt in der Mitte des Stabes, und er läßt sich durch Balancieren des Stabes finden. Wir können dann die Stäbe durch Punktmassen an den Punkten S_1 und S_2 ersetzen und finden ihren gemeinsamen Massenmittelpunkt auf die übliche Art.

Bei regelmäßig geformten Körpern kann man die Symmetrie ausnutzen, um den Massenmittelpunkt zu finden. Beispielsweise liegt der Massenmittelpunkt eines homogenen Zylinders oder einer homogenen Kugel in ihrem geometrischen Zentrum.

Als nächstes werden wir zeigen, wie man den Massenmittelpunkt mit Hilfe der Integration finden kann.

Beispiel 7.2

Bestimmen Sie den Massenmittelpunkt eines Stabes der Länge ℓ mit gleichmäßiger Verteilung der Masse m_{ges}.

Dieses einfache Beispiel, dessen Ergebnis wir aufgrund der vorliegenden Symmetrie sofort angeben können, zeigt, wie man die Integration aus Gleichung (7.5) ausführt. Zuerst legen wir ein Koordinatensystem fest. Die x-Achse verläuft parallel zum Stab; ein Ende des Stabes liegt im Ursprung (Abbildung 7.8). Die Masse des Stabes pro Einheitslänge bezeichnen wir mit λ. Da die Masse des Stabes gleichmäßig verteilt ist, gilt für die Massenbelegung λ (die Masse pro Längeneinheit): $\lambda = m_{ges}/\ell$. In der Abbildung ist ein Massenelement dm der Länge dx im Abstand x vom Ursprung eingezeichnet. Da die Gesamtmasse des Stabes m_{ges} beträgt, ist die Masse eines Elementes der Länge dx

$$dm = m_{ges}\frac{dx}{\ell} = \frac{m_{ges}}{\ell}\,dx = \lambda\,dx\,.$$

Gleichung (7.5) ergibt dann

$$m_{ges}x_S = \int x\,dm = \int_0^\ell x\lambda\,dx = \frac{\lambda x^2}{2}\bigg|_0^\ell = \frac{\lambda \ell^2}{2}\,.$$

Mit $\lambda = m_{ges}/\ell$ erhalten wir das erwartete Ergebnis

$$x_S = \frac{\lambda \ell^2}{2 m_{ges}} = \frac{m_{ges}}{\ell}\left(\frac{\ell^2}{2 m_{ges}}\right) = \frac{1}{2}\ell\,.$$

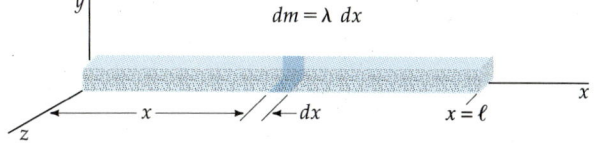

7.8 Berechnung des Massenmittelpunktes S eines Stabes mit homogener Massenverteilung durch Integration. Das Massenelement dm im Abstand x vom Ursprung wird als Punktteilchen behandelt.

Beispiel 7.3

Bestimmen Sie den Massenmittelpunkt eines halbierten Ringes.

Diese Rechnung ist sehr einfach, wenn wir den Ursprung so wählen, daß er auf der Symmetrieachse des Halbringes (der y-Achse) im Mittelpunkt des Krümmungsradius liegt (Abbildung 7.9). Dann ist wegen der Symmetrie $x_S = 0$, denn für jedes Massen-

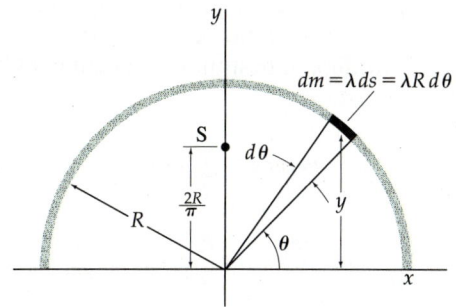

7.9 Geometrie zur Berechnung des Massenmittelpunktes S eines halbierten Ringes durch Integration. Der Massenmittelpunkt liegt auf der y-Achse.

7 Teilchensysteme und Impulserhaltung

element am Ort $+x$ gibt es ein gleiches Massenelement am Ort $-x$. y_S jedoch ist nicht gleich null, weil alle Massenelemente positive y-Koordinaten haben. In der Abbildung ist ein Massenelement der Länge $ds = R d\theta$ eingezeichnet. Da die gesamte Länge des Halbringes πR ist, beträgt die Massenbelegung $\lambda = m_{\text{ges}}/\pi R$ (m_{ges} ist die Gesamtmasse). Die Masse des ausgewählten Elementes ist deshalb

$$dm = \lambda\, ds = \lambda R\, d\theta .$$

Die y-Koordinate des Massenelementes hängt mit dem Winkel θ durch $y = R \sin \theta$ zusammen. Der Winkel θ variiert von 0 bis π. Daraus ergibt sich

$$m_{\text{ges}} y_S = \int y\, dm = \int y \lambda\, ds = \int y \lambda R\, d\theta$$

$$= \int_0^\pi (R \sin \theta) \lambda R\, d\theta = R^2 \lambda \int_0^\pi \sin \theta\, d\theta = 2 R^2 \lambda ,$$

weil

$$\int_0^\pi \sin \theta\, d\theta = -\cos \theta \Big|_0^\pi = 2 .$$

Mit $\lambda = m_{\text{ges}}/\pi R$ erhalten wir

$$m_{\text{ges}} y_S = 2 R^2 \frac{m_{\text{ges}}}{\pi R}$$

$$y_S = \frac{2R}{\pi} .$$

Der Massenmittelpunkt liegt in diesem Fall außerhalb des Körpers.

Abbildung 7.10 zeigt, wie man den Massenmittelpunkt eines halbierten Ringes findet, indem man ihn zuerst an einem Ende und dann an irgendeinem anderen Punkt aufhängt.

Frage

1. Nennen Sie ein Beispiel für ein dreidimensionales Objekt, bei dem sich im Massenmittelpunkt keine Masse befindet.

7.2 Bewegung des Massenmittelpunkts

Die Bewegung eines Körpers ist in der Regel ziemlich kompliziert: Man stelle sich zum Beispiel eine Münze vor, die in die Luft geworfen wird. Um deren Bahn zu beschreiben, sehen wir uns zuerst die Bewegung des Massenmittelpunkts an. Wir können seine Geschwindigkeit bestimmen, indem wir Gleichung (7.4) nach der Zeit differenzieren. Es ist

$$m_{\text{ges}} \boldsymbol{r}_S = \sum_i m_i \boldsymbol{r}_i$$

$$m_{\text{ges}} \frac{d\boldsymbol{r}_S}{dt} = m_1 \frac{d\boldsymbol{r}_1}{dt} + m_2 \frac{d\boldsymbol{r}_2}{dt} + \ldots = \sum_i m_i \frac{d\boldsymbol{r}_i}{dt}$$

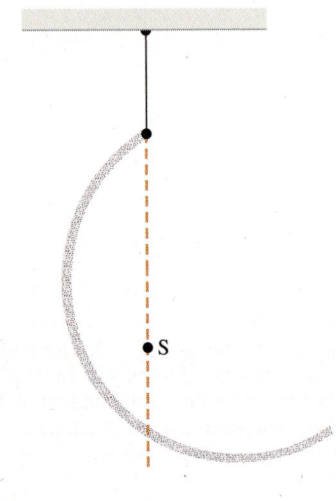

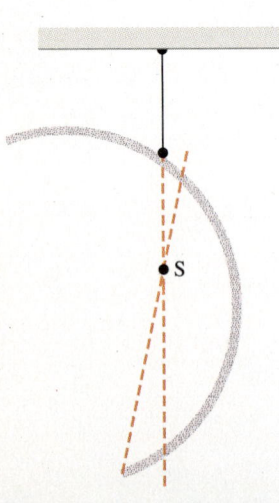

7.10 Den Massenmittelpunkt S eines halbierten Ringes findet man, indem man den Ring an zwei verschiedenen Punkten aufhängt.

oder

$$m_{ges}\mathbf{v}_S = m_1\mathbf{v}_1 + m_2\mathbf{v}_2 + \ldots = \sum_i m_i\mathbf{v}_i \, .\qquad 7.7$$

Wir differenzieren nochmals, um die Beschleunigung des Massenmittelpunktes zu erhalten:

$$m_{ges}\mathbf{a}_S = m_1\mathbf{a}_1 + m_2\mathbf{a}_2 + \ldots = \sum_i m_i\mathbf{a}_i \, .\qquad 7.8$$

Nach dem zweiten Newtonschen Axiom ist das Produkt aus der Masse eines einzelnen Teilchens und seiner Beschleunigung gleich der resultierenden Kraft, die an diesem Teilchen angreift. Wir können deshalb die Größe $m_i\mathbf{a}_i$ durch die resultierende Kraft $\mathbf{F}_i$ auf das i-te Teilchen ersetzen.

Die auf das i-te Teilchen eines Systems wirkenden Kräfte lassen sich in zwei Kategorien unterteilen: innere (*interne*) Kräfte, die durch Wechselwirkung mit anderen Teilchen im System hervorgerufen werden, und äußere (*externe*) Kräfte, die, wie ihr Name bereits sagt, von außen auf das System einwirken:

$$\mathbf{F}_i = m_i\mathbf{a}_i = \mathbf{F}_{i,\text{int}} + \mathbf{F}_{i,\text{ext}} \, .$$

Setzt man die Gleichung (7.8) ein, erhält man

$$m_{ges}\mathbf{a}_S = \sum_i \mathbf{F}_{i,\text{int}} + \sum_i \mathbf{F}_{i,\text{ext}} \, .\qquad 7.9$$

Nach dem dritten Newtonschen Axiom gibt es zu jeder internen Kraft auf ein Teilchen eine gleich große, aber entgegengesetzt gerichtete Kraft, die auf ein anderes Teilchen wirkt. Wenn zum Beispiel ein Teilchen der Masse m_1 eine Kraft auf ein Teilchen der Masse m_2 ausübt, dann übt das Teilchen der Masse m_2 eine gleich große, aber entgegengesetzt gerichtete Kraft auf das Teilchen der Masse m_1 aus. Die internen Kräfte treten daher stets als gleich große, aber entgegengesetzt gerichtete Paare auf. Wenn wir über alle Teilchen im System summieren, heben sich die internen Kräfte gegenseitig auf, und übrig bleiben nur noch die äußeren Kräfte $\mathbf{F}_{\text{ext}}$. Gleichung (7.9) wird dann zu

$$\mathbf{F}_{\text{ext}} = \sum_i \mathbf{F}_{i,\text{ext}} = m_{ges}\mathbf{a}_S \, .\qquad 7.10$$

Zweites Newtonsches Axiom für ein System von Teilchen

Nach dieser Gleichung ist die resultierende äußere Kraft auf das System gleich der Gesamtmasse m_{ges} des Systems mal der Beschleunigung des Massenmittelpunktes $\mathbf{a}_S$. Sie hat die gleiche Form wie das zweite Newtonsche Axiom für ein Teilchen der Masse m_{ges}, das sich im Massenmittelpunkt befindet und die Wirkung der resultierenden äußeren Kraft erfährt:

Der Massenmittelpunkt eines Systems bewegt sich unter dem Einfluß der resultierenden äußeren Kraft wie ein Teilchen mit der Masse $m_{ges} = \sum m_i$.

Dieses Theorem ist wichtig, weil es uns zeigt, wie man die Bewegung eines Punktes, nämlich des Massenmittelpunktes, für jedes beliebige System beschreiben kann – egal wie ausgedehnt dieses System auch ist. Der Massenmittelpunkt des Systems verhält sich wie ein einzelnes Teilchen, das nur äußeren Kräften unterliegt. Die individuellen Bewegungen der Teilchen des Systems dagegen sind im allgemeinen sehr viel komplexer. Die Bewegung beispielsweise eines durch eine Feder verbundenen Paares von Körpern zu beschreiben, das in die Luft geworfen wird – das ist ziemlich kompliziert. Die Körper steigen und fallen im Taumelflug, sie drehen sich, und sie schwingen entlang ihrer Verbindungslinie gegeneinander, aber der Massenmittelpunkt bewegt sich wie ein einzelnes Teilchen – er folgt einer einfachen parabolischen Bahnkurve.

Der Satz über die Bewegung des Massenmittelpunkts liefert die Rechtfertigung dafür, weshalb wir in den früheren Kapiteln große Objekte als Punktteilchen behandeln konnten. Alle Körper können wir uns aus vielen kleinen Teilchen zusammengesetzt denken, deren Bewegungen den Newtonschen Axiomen gehorchten. Egal wie kompliziert die Bewegung eines Objektes auch sein mag, der Massenmittelpunkt bewegt sich immer wie ein einfaches Teilchen. Für eine in die Luft geworfene Münze beispielsweise ist die einzige wirkende äußere Kraft die Gravitationskraft; deshalb bewegt sich der Massenmittelpunkt der Münze auf einer einfachen parabolischen Bahn. Beachten Sie, daß Gleichung (7.10) die komplizierte Bahn der Münze nicht vollständig beschreibt: Sie gilt nur für die Bewegung eines einzigen Punktes, nämlich des Massenmittelpunktes.

Abbildung 7.11 zeigt zwei Teilchen mit gleicher Masse m, die durch eine masselose Feder verbunden sind und auf einem reibungsfreien Tisch ruhen. Eine von außen angewandte Kraft F_{ang} wirke nur auf eines der beiden Teilchen. Die vertikale Kraft auf beide Teilchen, die durch die Gravitation entsteht, wird durch die Normalkomponente der Kraft kompensiert, die der Tisch ausübt. Die resultierende äußere Kraft, die auf das System wirkt, ist daher identisch mit der angewandten Kraft F_{ang}. Die Gesamtmasse des Systems beträgt $2m$. Der Massenmittelpunkt dieses Systems liegt in der Mitte der Verbindungslinie zwischen beiden Teilchen und erfährt eine Beschleunigung

$$a_S = \frac{F_{\text{ang}}}{2m}.$$

Sind die beiden Teilchen nicht durch eine Feder verbunden und wirkt die Kraft F_{ang} wieder auf eines der Teilchen (Abbildung 7.12), so erfährt der Massenmittelpunkt die gleiche Beschleunigung, wie wenn eine Verbindung existieren würde. Die einzelnen Massen jedoch bewegen sich ganz unterschiedlich. Wie wir daran sehen, gilt Gleichung (7.10) für jedes System, sogar wenn die Teile des Systems nicht miteinander wechselwirken. Sie hat selbst dann noch Gültigkeit, wenn die äußeren Kräfte nur auf Teile des Systems wirken.

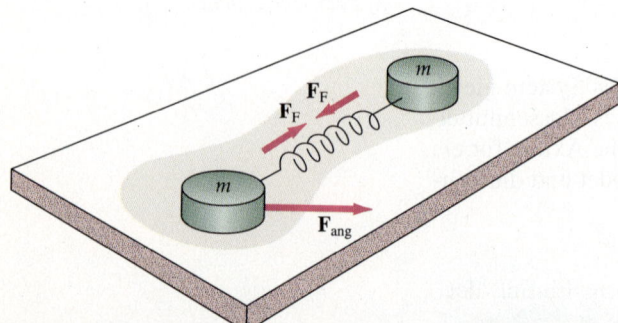

7.11 Zwei Teilchen gleicher Masse m sind durch eine Feder miteinander verbunden. Die Kräfte F_F durch die Feder sind interne Kräfte. Diese Kräfte heben sich auf, wenn man alle Kräfte, die auf das System wirken, aufaddiert. Die resultierende Kraft, die auf das Zwei-Teilchen-System wirkt, ist deshalb die von außen angreifende Kraft F_{ang}.

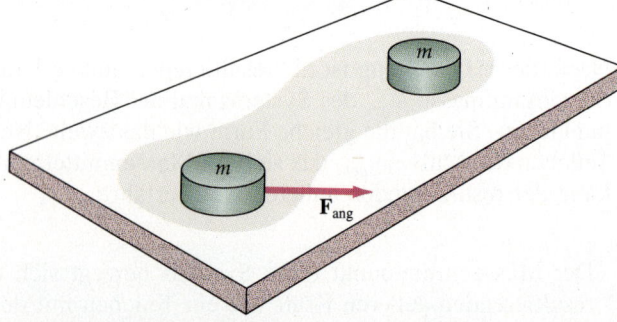

7.12 Die gleichen Teilchen wie in Abbildung 7.11, jedoch ohne Feder. Die resultierende Kraft auf das Zwei-Körper-System ist wieder die angewandte Kraft F_{ang}, obwohl die Kraft nur auf eines der Teilchen wirkt. Die Beschleunigung des Massenmittelpunktes des Systems ist $F_{\text{ang}}/2m$.

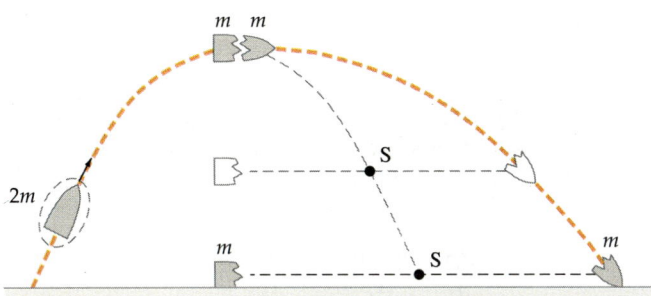

7.13 Ein Projektil zerbirst im höchsten Punkt seiner Bahn in zwei gleiche Teile, von denen sich eines weiterbewegt und das andere senkrecht zu Boden fällt. Der Massenmittelpunkt, der sich in der Mitte zwischen den beiden Bruchstücken befindet, setzt seine ursprüngliche parabolische Bahn fort.

Abbildung 7.13 zeigt ein Geschoß, das am höchsten Punkt seiner Bahn in zwei gleiche Teile zerbirst; eines der beiden Teile fällt danach senkrecht nach unten. Die einzige äußere Kraft auf das Geschoß, egal ob es aus einem oder zwei Stücken besteht, ist die Gravitation. Der Massenmittelpunkt behält seine parabolische Bahn bei, so als ob gar keine Explosion stattgefunden hätte.

Abbildung 7.14 zeigt einen Zylinder auf einem Tisch, der auf einem Blatt Papier liegt. Wenn das Blatt nach rechts gezogen wird, rollt der Zylinder auf dem Papier rückwärts. Wenn man die ursprüngliche Position des Zylinders auf dem Tisch markiert, dann bemerkt man, daß sich der Zylinder relativ zum Tisch nach rechts bewegt. (Das bedeutet, das Papier bewegt sich weiter nach rechts als der Zylinder, denn relativ zum Papier bewegt sich der Zylinder nach links.) Das muß so sein, da die resultierende äußere Kraft auf den Zylinder die Reibungskraft zwischen ihm und dem Papier ist, und diese Kraft zeigt nach rechts. Deshalb muß der Massenmittelpunkt des Zylinders nach rechts in Richtung der resultierenden Kraft F beschleunigt werden.

7.14 Ein Zylinder ruht auf einem Stück Papier auf einer Tischoberfläche. Wenn das Papier nach rechts gezogen wird, ist die resultierende Kraft auf den Zylinder die Reibung, die nach rechts wirkt. Der Zylinder rollt relativ zum Papier rückwärts, da die Beschleunigung des Papiers größer ist als seine eigene (a_S ist die Beschleunigung des Massenmittelpunkts des Zylinders).

Fragen

2. Baron Münchhausen soll sich selbst an seinem Schopf aus einem Sumpf gezogen haben. Diskutieren Sie diesen Vorgang unter dem Gesichtspunkt von internen und externen Kräften und der Bewegung des Massenmittelpunktes.

3. Wenn nur externe Kräfte eine Beschleunigung des Massenmittelpunktes eines Systems bewirken können, wie kann dann ein Fahrzeug durch seinen Motor beschleunigt werden?

7.3 Impulserhaltung

Der **Impuls** eines Teilchens ist definiert als das Produkt aus seiner Masse und seiner Geschwindigkeit:

$$\boxed{\boldsymbol{p} = m\boldsymbol{v}}.\qquad 7.11$$

Definition des Impulses

Der Impuls ist wie die Geschwindigkeit eine vektorielle Größe. Den Impuls eines Teilchens kann man sich vorstellen als das Maß für die Schwierigkeit, das Teilchen in den Ruhezustand zu überführen. Zum Beispiel hat ein schwerer Lastwagen, der sich mit einer bestimmten Geschwindigkeit bewegt, einen größeren

Impuls als ein leichtes Auto mit gleicher Geschwindigkeit. (Man benötigt eine größere Kraft als beim Auto, um den Lastwagen in einer vorgegebenen Zeit zu stoppen.) Manchmal wird die Größe $m\mathbf{v}$ als der *lineare Impuls* des Teilchens bezeichnet, um ihn vom *Drehimpuls* zu unterscheiden – auf letzteren gehen wir in Kapitel 8 ein. Das zweite Newtonsche Axiom kann als Funktion des Impulses geschrieben werden. Leiten wir Gleichung (7.11) nach der Zeit ab, so ergibt sich

$$\frac{d\mathbf{p}}{dt} = \frac{d(m\mathbf{v})}{dt} = m\frac{d\mathbf{v}}{dt} = m\mathbf{a}.$$

(Diese Form gilt nur für den Fall, daß die Masse sich nicht mit der Zeit ändert. Wir kommen in Abschnitt 7.9 darauf zurück, wenn wir den Strahlantrieb von Raketen behandeln.) Ersetzen wir die resultierende Kraft $\mathbf{F}$ durch $m\mathbf{a}$, ergibt sich

$$\mathbf{F} = \frac{d\mathbf{p}}{dt} \qquad 7.12$$

Die resultierende äußere Kraft, die auf ein Teilchen wirkt, ist also die zeitliche Änderung des linearen Impulses des Teilchens. Newtons ursprüngliche Formulierung seines zweiten Axioms hatte tatsächlich diese Form.

Das Konzept des Impulses ist deshalb besonders wichtig, weil damit eine weitere Erhaltungsgröße zur Beschreibung eines physikalischen Systems eingeführt wird. Wie wir gleich sehen werden, bleibt der Impuls eines Teilchensystems erhalten, ändert sich also zeitlich nicht, wenn auf das System keine äußeren Kräfte wirken. Betrachten wir zwei Teilchen, die aufeinander gleich große, aber entgegengesetzte Kräfte ausüben, auf die sonst aber keine Kräfte wirken. Wenn $\mathbf{F}_{12}$ die Kraft vom ersten auf das zweite und $\mathbf{F}_{21}$ die Kraft vom zweiten auf das erste Teilchen ist, dann gilt

$$\mathbf{F}_{21} = \frac{d\mathbf{p}_1}{dt}$$

und

$$\mathbf{F}_{12} = \frac{d\mathbf{p}_2}{dt}.$$

Addiert man diese beiden Gleichungen und beachtet das dritte Newtonsche Axiom ($\mathbf{F}_{12} = -\mathbf{F}_{21}$), so erhält man

$$0 = \frac{d\mathbf{p}_1}{dt} + \frac{d\mathbf{p}_2}{dt}$$

$$\frac{d(\mathbf{p}_1 + \mathbf{p}_2)}{dt} = 0$$

oder

$$\mathbf{p}_1 + \mathbf{p}_2 = \text{konstant}.$$

Dieses Ergebnis läßt sich auf Systeme mit vielen Teilchen übertragen. Der Gesamtimpuls $\mathbf{p}_{\text{ges}}$ des Systems ist die Summe der Impulse der einzelnen Teilchen:

$$\mathbf{p}_{\text{ges}} = \sum_i m_i \mathbf{v}_i = \sum_i \mathbf{p}_i.$$

7.3 Impulserhaltung

Gemäß Gleichung (7.7) ist der Gesamtimpuls des Systems gleich der Gesamtmasse des Systems m_{ges} multipliziert mit der Geschwindigkeit des Massenmittelpunkts:

$$\boldsymbol{p}_{\text{ges}} = \sum_i m_i \boldsymbol{v}_i = m_{\text{ges}} \boldsymbol{v}_S \,. \qquad 7.13 \quad \textit{Gesamtimpuls eines Systems}$$

Diese Gleichung nach der Zeit abgeleitet, liefert

$$\frac{\mathrm{d}\boldsymbol{p}_{\text{ges}}}{\mathrm{d}t} = m_{\text{ges}} \frac{\mathrm{d}\boldsymbol{v}_S}{\mathrm{d}t} = m_{\text{ges}} \boldsymbol{a}_S \,.$$

Nach Gleichung (7.10) ist aber das Produkt aus Masse und Beschleunigung des Massenmittelpunkts gleich der resultierenden äußeren Kraft auf das System. Daher gilt:

$$\sum_i \boldsymbol{F}_{i,\text{ext}} = \boldsymbol{F}_{\text{ext}} = \frac{\mathrm{d}\boldsymbol{p}_{\text{ges}}}{\mathrm{d}t} \,. \qquad 7.14$$

Wenn die resultierende äußere Kraft auf ein System null ist, dann ist die zeitliche Änderung des Gesamtimpulses ebenfalls null, der Gesamtimpuls des Systems ist also konstant:

$$\boldsymbol{p}_{\text{ges}} = m_{\text{ges}} \boldsymbol{v}_S = \sum_i m_i \boldsymbol{v}_i = \text{konstant} \,. \qquad 7.15 \quad \textit{Impulserhaltung}$$

Dieses Ergebnis ist bekannt als das **Gesetz der Impulserhaltung**.

> Wirkt auf ein System keine resultierende äußere Kraft, dann ist die Geschwindigkeit seines Massenmittelpunkts konstant, und der Gesamtimpuls des Systems bleibt erhalten (das heißt, er ist zeitlich konstant).

Dieses Gesetz ist in der gesamten Physik sehr wichtig. Es gilt beispielsweise für jedes von seiner Umgebung abgeschlossene System, denn auf ein solches wirken per Definition keine äußeren Kräfte. Es ist wesentlich vielseitiger anwendbar als das Gesetz von der Erhaltung der mechanischen Energie, weil innere Kräfte, die von Teilchen aufeinander ausgeübt werden, oft nicht konservativ sind. Deshalb können diese inneren Kräfte die Gesamtenergie des Systems verändern, nicht aber den Gesamtimpuls, da sie immer paarweise auftreten.

Besonders hilfreich ist der Satz von der Impulserhaltung, wenn man Teilchenstöße untersucht, wie wir das im Abschnitt 7.6 tun wollen.

Beispiel 7.4

Ein Mann mit einer Masse von 70 kg und ein Junge mit einer Masse von 35 kg stehen zusammen auf einer glatten Eisfläche, für die die Reibung vernachlässigbar sei. Wie weit sind die beiden nach 5 Sekunden voneinander entfernt, wenn sie sich voneinander abstoßen und der Mann sich mit 0,3 m/s relativ zum Eis bewegt (Abbildung 7.15)?

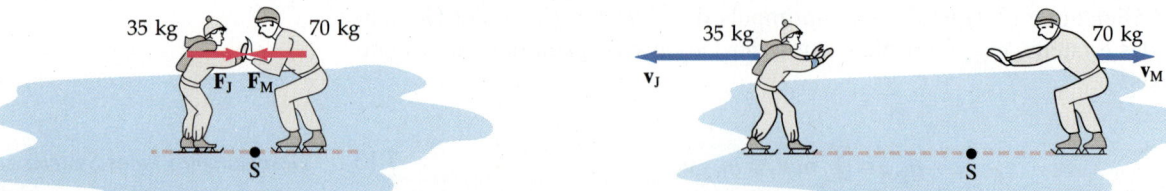

7.15 Die resultierende äußere Kraft, die auf das System Mann–Junge wirkt, ist null; deshalb bleibt der Gesamtimpuls des Systems erhalten, und zwar behält er den Wert null. Der Impuls des Mannes nach rechts ist dem Betrag nach gleich dem Impuls des Jungen nach links. Da die Masse des Mannes doppelt so groß ist wie die des Jungen, beträgt seine Geschwindigkeit nur die Hälfte derjenigen des Jungen.

Wir betrachten den Mann und den Jungen zusammen als ein System. Die Kraft, die von dem Mann auf den Jungen ausgeübt wird, ist genauso groß wie die Kraft, mit der der Junge auf den Mann einwirkt, aber entgegengesetzt gerichtet. Die Gravitationsbeschleunigung, die beide erfahren, wird ausgeglichen durch die Normalkomponente der Kraft, die vom Eis ausgeübt wird. Da es keine Reibung gibt, ist die resultierende Kraft und somit auch die Beschleunigung des Massenmittelpunkts gleich null. Da der Massenmittelpunkt anfangs in Ruhe ist, bleibt er auch in Ruhe. Da sich der Mann und der Junge ursprünglich in Ruhe befinden und die resultierende äußere Kraft null ist, bleibt der Gesamtimpuls null. Deshalb müssen beide nach dem Abstoßen gleich große und entgegengesetzte Impulse haben. Die Bewegung findet nur in einer Dimension statt, so daß wir den Vektorcharakter des Impulses dadurch berücksichtigen können, daß wir den Impuls nach rechts positiv, den Impuls nach links negativ rechnen. Wenn sich der Mann nach rechts bewegt, dann beträgt sein Impuls

$$p_M = m_M v_M = 70 \text{ kg} \cdot 0{,}3 \text{ m/s} = 21 \text{ kg} \cdot \text{m/s}\,.$$

Der Impuls des Jungen ist dann

$$p_J = m_J v_J = 35 \text{ kg} \cdot v_J\,.$$

Setzt man den Gesamtimpuls null, so ergibt sich

$$p_M + p_J = 21 \text{ kg} \cdot \text{m/s} + 35 \text{ kg} \cdot v_J = 0$$

$$v_J = -\frac{21 \text{ kg} \cdot \text{m/s}}{35 \text{ kg}} = -0{,}6 \text{ m/s}\,.$$

Der Mann hat die doppelte Masse des Jungen und bewegt sich in der einen Richtung mit 0,3 m/s, der Junge bewegt sich daher in die entgegengesetzte Richtung, und zwar mit der doppelten Geschwindigkeit des Mannes, also mit 0,6 m/s. Nach 5 Sekunden hat sich der Mann 1,5 Meter, der Junge 3 Meter weit vom Ausgangspunkt weg bewegt, so daß sie nun 4,5 Meter voneinander entfernt sind.

Beachten Sie, daß die mechanische Gesamtenergie in diesem System nicht erhalten bleibt: Die Kräfte, die der Mann und der Junge aufeinander ausüben, sind nicht konservativ. Wenn sich die beiden voneinander abstoßen, vergrößert sich die mechanische Energie des Systems, denn ursprünglich war die kinetische Energie null, und die potentielle Energie ändert sich während der Bewegung auf der Eisfläche nicht. Der Zuwachs der mechanischen Energie entsteht aus der körperlichen Anstrengung der beiden, also aus der Abnahme der inneren chemischen Energie des Jungen und des Mannes.

Übung

Bestimmen Sie die kinetische Energie, die das System aus dem Jungen und dem Mann in Beispiel 7.4 nach dem Abstoßen hat. (Antwort: 9,45 J)

Beispiel 7.5

Ein Geschoß der Masse 0,01 kg bewege sich horizontal mit einer Geschwindigkeit von 400 m/s und dringe in einen Holzklotz mit der Masse 0,39 kg ein, der auf einem reibungsfreien Tisch ruhe (Abbildung 7.16). Bestimmen Sie a) die Endgeschwindigkeit des Klotzes mit dem Geschoß und b) die mechanische Energie des Systems aus Geschoß und Klotz vor und nach dem Aufprall.

a) Da keine äußeren Kräfte auf das System wirken, bleibt die horizontale Impulskomponente erhalten. Der gesamte horizontale Impuls $p_{\text{ges,a}}$ am Anfang ist gleich dem Impuls des Geschosses allein:

$$p_{\text{ges,a}} = m_1 v_1 = 0{,}01 \text{ kg} \cdot 400 \text{ m/s} = 4 \text{ kg} \cdot \text{m/s} \ .$$

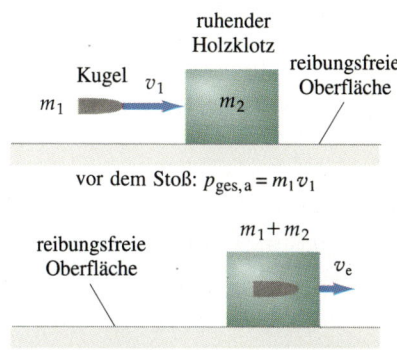

7.16 Ein Geschoß wird auf einen Holzklotz abgefeuert. Da keine resultierende äußere Kraft auf das System wirkt, sind der Impuls des Systems und die Geschwindigkeit des Massenmittelpunktes konstant.

Danach bewegen sich Geschoß und Klotz mit einer gemeinsamen Geschwindigkeit $v_{\text{ges,e}}$. Der Endimpuls $p_{\text{ges,e}}$ des Systems nach dem Aufprall beträgt also

$$p_{\text{ges,e}} = (m_1 + m_2) v_{\text{ges,e}} = 0{,}4 \text{ kg} \cdot v_{\text{ges,e}} \ .$$

Da der Gesamtimpuls erhalten bleibt, ist der Endimpuls gleich dem Anfangsimpuls:

$$0{,}4 \text{ kg} \cdot v_{\text{ges,e}} = 4 \text{ kg} \cdot \text{m/s}$$

$$v_{\text{ges,e}} = 10 \text{ m/s} \ .$$

Geschoß und Klotz bewegen sich gemeinsam mit dieser Endgeschwindigkeit. Daher muß auch der Massenmittelpunkt diese Geschwindigkeit haben.

Wir hätten die Geschwindigkeit des Massenmittelpunktes auch aus Gleichung (7.13) finden können:

$$p_{\text{ges,e}} = m_{\text{ges}} v_S = m_1 v_1 + m_2 v_2$$

$$= 0{,}01 \text{ kg} \cdot 400 \text{ m/s} + 0{,}39 \text{ kg} \cdot 0$$

$$= 4 \text{ kg} \cdot \text{m/s}$$

$$v_S = \frac{4 \text{ kg} \cdot \text{m/s}}{0{,}01 \text{ kg} + 0{,}39 \text{ kg}} = 10 \text{ m/s} \ .$$

b) Die anfängliche mechanische Energie des Systems ist die kinetische Energie $E_{\text{kin,a}}$ des Geschosses

$$E_a = E_{\text{kin,a}} = \frac{1}{2} m_1 v_1^2 = \frac{1}{2} \cdot 0{,}01 \text{ kg} \cdot (400 \text{ m/s})^2 = 800 \text{ J} \ .$$

Da sich die potentielle Energie des Systems nicht ändert, entspricht die mechanische Energie am Ende der kinetischen Energie $E_{\text{kin,e}}$ des Systems aus Geschoß und Klotz, die sich jetzt zusammen bewegen:

$$E_e = E_{\text{kin,e}} = \frac{1}{2} \cdot 0{,}4 \text{ kg} \cdot (10 \text{ m/s})^2 = 20 \text{ J} \ .$$

In diesem Fall geht der größte Teil der mechanischen Energie (nämlich 780 J von 800 J) verloren, weil die Kräfte zwischen Geschoß und Klotz nicht konservativ sind. Ein Teil der Energie wird in thermische Energie umgewandelt, ein Teil produziert dauerhafte Verformungen von Klotz und Geschoß, und ein kleiner Betrag geht in die Schallwellen über, die beim Aufprall des Geschosses auf den Klotz erzeugt werden. Der ganze Vorgang ist ein Beispiel für eine inelastische Kollision; wir gehen in Abschnitt 7.6 näher darauf ein.

Fragen

4. Gilt bei einem schwingenden Pendel der Impulserhaltungssatz? Begründen Sie Ihre Antwort.
5. Wie hängt der Rückstoß eines Gewehres oder einer Kanone mit der Impulserhaltung zusammen?
6. Ein Mann ist in der Mitte einer absolut reibungsfreien Eisbahn liegengeblieben. Wie kommt er an den Rand?
7. Ein Mädchen springt von einem Boot ans Ufer. Warum muß es mit mehr Energie abspringen, als wenn es an Land die gleiche Strecke springen würde?

7.4 Das Massenmittelpunktsystem als Bezugssystem

Wie wir gesehen haben, ist die Geschwindigkeit des Massenmittelpunkts konstant, wenn keine resultierende äußere Kraft auf ein System wirkt. Es ist oft praktisch, ein Koordinatensystem auszuwählen, in dem der Koordinatenursprung im Massenmittelpunkt des Systems liegt. Dann bewegt sich dieses Koordinatensystem relativ zum ursprünglichen mit einer konstanten Geschwindigkeit v_S. Das Bezugssystem, das mit dem Massenmittelpunkt verbunden ist, heißt **Massenmittelpunktsystem** oder **Schwerpunktsystem**. (Wir werden hier beide Begriffe gleichberechtigt nebeneinander verwenden, siehe jedoch Kapitel 10 wegen der Erörterung des Unterschiedes.) Relativ zu diesem System ist die Geschwindigkeit des Massenmittelpunktes null. Da der Gesamtimpuls eines Systems gleich der Gesamtmasse mal der Geschwindigkeit des Massenmittelpunktes ist, hat der Gesamtimpuls im Schwerpunktsystem den Betrag null; es heißt daher auch *Null-Impuls-Bezugssystem*.

Für die Analyse von Problemen ist es manchmal sinnvoll, von einem gegebenen Bezugssystem in das Schwerpunktsystem und wieder zurückzutransformieren. Das ist einfacher, als es zunächst klingen mag: Man geht vom ursprünglichen Bezugssystem in das Schwerpunktsystem über, indem man die Geschwindigkeit v_S des Massenmittelpunkts von der jeweiligen Teilchengeschwindigkeit im ursprünglichen System subtrahiert. Betrachten wir zum Beispiel ein einfaches Zwei-Körper-Problem in einem Bezugssystem, in dem sich ein Teilchen der Masse m_1 mit der Geschwindigkeit v_1 und ein zweites Teilchen der Masse m_2 mit der Geschwindigkeit v_2 bewegt (Abbildung 7.17). Im Schwerpunktsystem bezeichnen wir die Geschwindigkeiten mit u_1 und u_2, sie sind gegeben durch

$$u_1 = v_1 - v_S \qquad 7.16a$$

und

$$u_2 = v_2 - v_S . \qquad 7.16b$$

Die Geschwindigkeit des Massenmittelpunkts im ursprünglichen Bezugssystem beträgt

$$v_S = \frac{m_1 v_1 + m_2 v_2}{m_1 + m_2} .$$

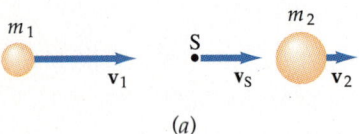

7.17 a) Zwei Teilchen bewegen sich in einem Bezugssystem, in dem der Massenmittelpunkt die Geschwindigkeit v_S hat. b) Im Schwerpunktsystem ist der Massenmittelpunkt in Ruhe, und die Teilchen haben gleich große und entgegengesetzt gerichtete Impulse. Die Geschwindigkeiten in beiden Bezugssystemen hängen über $u_1 = v_1 - v_S$ und $u_2 = v_2 - v_S$ zusammen.

Da der Gesamtimpuls im Schwerpunktsystem null ist, haben die beiden Teilchen in diesem System gleich große und entgegengesetzte Impulse.

Beispiel 7.6

Eine Kiste mit der Masse 2,5 kg bewege sich mit der Geschwindigkeit $\mathbf{v}_1 = 10$ m/s $\mathbf{e}_x$, eine andere Kiste der Masse 3,5 kg habe die Geschwindigkeit $\mathbf{v}_2 = -2$ m/s $\mathbf{e}_x$. Bestimmen Sie a) den Gesamtimpuls, b) die Geschwindigkeit des Massenmittelpunktes und c) die jeweilige Geschwindigkeit der Kisten im Schwerpunktsystem.

a) Der Gesamtimpuls ist

$$\mathbf{p}_{ges} = m_1\mathbf{v}_1 + m_2\mathbf{v}_2 = 2{,}5 \text{ kg} \cdot 10 \text{ m/s} \cdot \mathbf{e}_x + 3{,}5 \text{ kg} \cdot (-2 \text{ m/s} \cdot \mathbf{e}_x)$$
$$= (25 \text{ kg} \cdot \text{m/s} - 7 \text{ kg} \cdot \text{m/s})\mathbf{e}_x = 18 \text{ kg} \cdot \text{m/s} \cdot \mathbf{e}_x.$$

b) Die Geschwindigkeit des Massenmittelpunktes ist dann

$$\mathbf{v}_S = \frac{\mathbf{p}_{ges}}{m_{ges}} = \frac{m_1\mathbf{v}_1 + m_2\mathbf{v}_2}{m_1 + m_2} = \frac{18 \text{ kg} \cdot \text{m/s} \cdot \mathbf{e}_x}{2{,}5 \text{ kg} + 3{,}5 \text{ kg}} = 3 \text{ m/s} \cdot \mathbf{e}_x.$$

c) Die Geschwindigkeiten der Kisten im Schwerpunktsystem sind

$$\mathbf{u}_1 = \mathbf{v}_1 - \mathbf{v}_S = 10 \text{ m/s} \cdot \mathbf{e}_x - 3 \text{ m/s} \cdot \mathbf{e}_x = 7 \text{ m/s} \cdot \mathbf{e}_x$$

und

$$\mathbf{u}_2 = \mathbf{v}_2 - \mathbf{v}_S = -2 \text{ m/s} \cdot \mathbf{e}_x - 3 \text{ m/s} \cdot \mathbf{e}_x = -5 \text{ m/s} \cdot \mathbf{e}_x.$$

Als Probe berechnen wir den Gesamtimpuls im Schwerpunktsystem:

$$\mathbf{p}_{ges,S} = m_1\mathbf{u}_1 + m_2\mathbf{u}_2 = 2{,}5 \text{ kg} \cdot 7 \text{ m/s} \cdot \mathbf{e}_x + 3{,}5 \text{ kg} \cdot (-5 \text{ m/s} \cdot \mathbf{e}_x)$$
$$= 17{,}5 \text{ kg} \cdot \text{m/s} \cdot \mathbf{e}_x - 17{,}5 \text{ kg} \cdot \text{m/s} \cdot \mathbf{e}_x = 0.$$

In diesem Bezugssystem ist der Gesamtimpuls null.

Beispiel 7.7

Untersuchen Sie den Stoß aus Beispiel 7.5 im Schwerpunktsystem.

Die Geschwindigkeit des Massenmittelpunktes in Beispiel 7.5 wurde zu $v_S = 10$ m/s bestimmt. Die Geschwindigkeit der Kugel im Schwerpunktsystem ist daher

$$u_1 = v_1 - v_S = 400 \text{ m/s} - 10 \text{ m/s} = 390 \text{ m/s},$$

und die des Klotzes beträgt

$$u_2 = v_2 - v_S = 0 - 10 \text{ m/s} = 10 \text{ m/s}.$$

Im Schwerpunktsystem ist der Anfangsgesamtimpuls null:

$$p_{ges,a} = m_1 u_1 + m_2 u_2 = 0{,}01 \text{ kg} \cdot 390 \text{ m/s} + 0{,}39 \text{ kg} \cdot (-10 \text{ m/s})$$
$$= 3{,}90 \text{ kg} \cdot \text{m/s} - 3{,}90 \text{ kg} \cdot \text{m/s} = 0.$$

Nach der Kollision steckt die Kugel im Klotz. Da wir uns im Schwerpunktsystem befinden, ist der Gesamtimpuls null, deshalb sind die Geschwindigkeiten beider Teile des Systems ebenfalls null.

Die ursprüngliche kinetische Energie $E_{\text{kin},a}$ des Kugel-Klotz-Systems im Schwerpunktsystem ist

$$E_{\text{kin},a} = \frac{1}{2} m_1 u_1^2 + \frac{1}{2} m_2 u_2^2$$

$$= \frac{1}{2} \cdot 0{,}01 \text{ kg} \cdot (390 \text{ m/s})^2 + \frac{1}{2} \cdot 0{,}39 \text{ kg} \cdot (-10 \text{ m/s})^2$$

$$= 760{,}5 \text{ J} + 19{,}5 \text{ J} = 780 \text{ J}.$$

Nach dem Stoß ist die kinetische Energie im Schwerpunktsystem null, weil sich in diesem Bezugssystem beide Teile des Systems in Ruhe befinden. Die gesamte kinetische Energie des Anfangszustandes von 780 J geht im Schwerpunktsystem also verloren. Dieses Ergebnis hatten wir auch schon im ursprünglichen Bezugssystem errechnet, wo der Klotz anfangs in Ruhe war.

7.5 Kinetische Energie eines Systems von Teilchen

Obwohl nach dem zweien Newtonschen Axiom der gesamte (lineare) Impuls eines Teilchensystems konstant sein muß, wenn die resultierende äußere Kraft null ist, kann sich die gesamte mechanische Energie des Systems ändern. Wie wir in den Beispielen 7.4 und 7.5 gesehen haben, gibt es nichtkonservative innere Kräfte, die zwar den Gesamtimpuls nicht ändern können, aber doch die resultierende mechanische Energie des Systems beeinflussen. In Beispiel 7.4 nahm die mechanische Energie zu, während sie in Beispiel 7.5 kleiner wurde. Es gibt einen wichtigen Satz über die kinetische Energie eines Teilchensystems, mit dem wir die Energie eines komplexen Systems einfacher behandeln und uns Einsicht in Energieänderungen innerhalb eines Systems verschaffen können:

> Die kinetische Energie eines Teilchensystems läßt sich als Summe von zwei Termen beschreiben: 1. der kinetischen Energie $\frac{1}{2} m_{\text{ges}} v_S$, die mit der Massenmittelpunktsbewegung zusammenhängt, wobei m_{ges} die Gesamtmasse des Systems ist, und 2. der kinetischen Energie $\sum \frac{1}{2} m_i u_i^2$ der einzelnen Teilchen in ihrer Bewegung relativ zum Massenmittelpunkt, wobei u_i die Geschwindigkeit des i-ten Teilchens relativ zum Massenmittelpunkt ist.

Zum Beweis dieses Satzes sei zunächst noch einmal festgehalten, daß die kinetische Energie der Bewegung relativ zum Massenmittelpunkt der kinetischen Energie im Schwerpunktsystem entspricht.

Die kinetische Energie eines Teilchensystems ist die Summe der kinetischen Energien der einzelnen Teilchen:

$$E_{\text{kin}} = \sum_i \frac{1}{2} m_i v_i^2 = \sum_i \frac{1}{2} m_i (\mathbf{v}_i \cdot \mathbf{v}_i),$$

wobei $\mathbf{v}_i$ die Geschwindigkeit des i-ten Teilchens ist. Aus den Gleichungen (7.16a und b) wissen wir, daß sich die Geschwindigkeit des i-ten Teilchens schreiben läßt als Summe aus der Massenmittelpunktsbewegung $\mathbf{v}_S$ und der

Geschwindigkeit u_i des Teilchens relativ zum Massenmittelpunkt, die mit der Teilchengeschwindigkeit im Schwerpunktsystem identisch ist:

$$v_i = v_S + u_i .$$

Die kinetische Energie des Systems ist dann

$$E_{kin} = \sum_i \frac{1}{2} m_i (v_i \cdot v_i) = \sum_i \frac{1}{2} m_i (v_S + u_i) \cdot (v_S + u_i)$$

$$= \sum_i \frac{1}{2} m_i v_S^2 + \sum_i \frac{1}{2} m_i u_i^2 + v_S \cdot \sum_i m_i u_i .$$

Aus der letzten Summe haben wir v_S herausgezogen, da die Schwerpunktsgeschwindigkeit für alle Teilchen gleich ist: v_S bezieht sich auf das System, nicht auf ein einzelnes Teilchen. Die Größe $\sum m_i u_i$ ist der Impuls des Systems, bezogen auf den Massenmittelpunkt; dieser Gesamtimpuls hat den Wert null. Wir erhalten somit unser gewünschtes Ergebnis:

$$E_{kin} = \frac{1}{2} m_{ges} v_S^2 + E_{kin,rel} .$$

7.17 *Kinetische Energie eines Systems von Teilchen*

Hier ist $m_{ges} = \sum m_i$ die Gesamtmasse des Systems, und

$$E_{kin,rel} = \sum_i \frac{1}{2} m_i u_i^2$$

7.18

ist die kinetische Energie der Bewegung relativ zum Massenmittelpunkt, also die kinetische Energie, wie sie im Schwerpunktsystem gesehen wird. Diese Energie ist in jedem Bezugssystem die gleiche, da sie nur von der Teilchengeschwindigkeit relativ zum Massenmittelpunkt abhängt. Die Energie der Massenmittelpunktsbewegung dagegen hängt immer vom Bezugssystem ab. Sie beträgt $\frac{1}{2} m_{ges} v_S^2$ in jedem Bezugssystem, in dem sich der Massenmittelpunkt mit der Geschwindigkeit v_S bewegt. Im Schwerpunktsystem ist sie also null. Im Schwerpunktsystem besteht daher die gesamte kinetische Energie aus der Energie der Relativbewegung.

Wir werden in den folgenden Kapiteln reichlich Gelegenheit haben, Gleichung (7.17) anzuwenden. Die kinetische Energie eines rollenden Balles beispielsweise läßt sich als Summe von $\frac{1}{2} m_{ges} v_S^2$ und der Energie der Relativbewegung schreiben (in diesem Fall einer Rotationsenergie).

Wirken keine weiteren äußeren Kräfte auf das System, dann ist die Geschwindigkeit des Massenmittelpunkts konstant, und der erste Term in Gleichung (7.17) ändert sich nicht: In einem abgeschlossenen System kann nur die Relativenergie zu- oder abnehmen. Auf dieses Ergebnis werden wir zurückgreifen, wenn wir in Abschnitt 7.6 die Zusammenstöße von Teilchen untersuchen. In Stößen sind die äußeren Kräfte vernachlässigbar, und die Energie des Massenmittelpunktes bleibt konstant. Einen solchen Fall haben wir bereits in den Beispielen 7.5 und 7.7 kennengelernt, nämlich den einer Gewehrkugel, die in einen Klotz eindringt. Im Bezugssystem von Beispiel 7.5, in dem der Klotz ursprünglich in Ruhe ist, wurde eine Anfangsenergie von 800 J gefunden. Im Schwerpunktsystem von Beispiel 7.7 ergab sich eine Anfangsenergie von 780 J; diese gesamte mechanische Energie ging bei dem Aufprall verloren. Die Massenmittelpunktsenergie (im ursprünglichen System) von $\frac{1}{2} m_{\text{ges}} v_S^2 = \frac{1}{2} \cdot 0{,}4 \text{ kg} \cdot (10 \text{ m/s})^2 = 20 \text{ J}$ bleibt beim Stoß jedoch unverändert.

Virtuelle Arbeit

Die kinetische Energie aus der Bewegung des Massenmittelpunkts hängt mit der resultierenden äußeren Kraft auf das System und der Verschiebung des Massenmittelpunkts zusammen. Wir erhalten aus dem zweiten Newtonschen Axiom für ein System von Teilchen (Gleichung 7.10):

$$\boldsymbol{F} = m_{\text{ges}} \boldsymbol{a}_S = m_{\text{ges}} \frac{\mathrm{d}\boldsymbol{v}_S}{\mathrm{d}t}.$$

Wenn wir das skalare Produkt aus der resultierenden Kraft und der Verschiebung $\mathrm{d}\boldsymbol{r}_S$ des Massenmittelpunktes bilden, ergibt sich

$$\boldsymbol{F} \cdot \mathrm{d}\boldsymbol{r}_S = m_{\text{ges}} \frac{\mathrm{d}\boldsymbol{v}_S}{\mathrm{d}t} \cdot \mathrm{d}\boldsymbol{r}_S = m_{\text{ges}} \frac{\mathrm{d}\boldsymbol{r}_S}{\mathrm{d}t} \cdot \mathrm{d}\boldsymbol{v}_S = m_{\text{ges}} \boldsymbol{v}_S \cdot \mathrm{d}\boldsymbol{v}_S.$$

Integrieren wir nun über eine endliche Verschiebung, dann erhalten wir

$$\int \boldsymbol{F} \cdot \mathrm{d}\boldsymbol{r}_S = \int_{v_{S,1}}^{v_{S,2}} m_{\text{ges}} \boldsymbol{v}_S \cdot \mathrm{d}\boldsymbol{v}_S = \frac{1}{2} m_{\text{ges}} v_{S,2}^2 - \frac{1}{2} m_{\text{ges}} v_{S,1}^2. \qquad 7.19$$

Gleichung (7.19) sieht aus wie der Zusammenhang von Arbeit und Geschwindigkeit in Satz (6.10), aber die linke Seite stellt *nicht* die Arbeit dar, die am System verrichtet wurde, weil es sich bei $\mathrm{d}\boldsymbol{r}_S$ um die Verschiebung des Massenmittelpunkts handelt. Sie ist im allgemeinen nicht mit der Verschiebung des Punktes identisch, an der eine äußere, auf das System wirkende Kraft angreift. Außerdem beschreibt die rechte Seite von Gleichung (7.19) nicht die Änderung der Gesamtenergie des Systems, sondern nur die Änderung der Energie, die mit der Änderung der Geschwindigkeit des Massenmittelpunktes zusammenhängt. Die Größe $\int \boldsymbol{F} \cdot \mathrm{d}\boldsymbol{r}_S$ heißt **virtuelle Arbeit**. Wir können Gleichung (7.19) mit Hilfe eines einfachen Beispiels verstehen: Ein Auto wird aus der Ruhe heraus so beschleunigt, daß seine Räder nicht durchdrehen. Die resultierende Kraft, die auf das Auto wirkt, ist die Kraft der Haftreibung $\boldsymbol{F}_H$ in Fahrtrichtung. Wenn v_S die Geschwindigkeit des Massenmittelpunkts ist, nachdem das Auto eine Strecke Δx zurückgelegt hat, ergibt Gleichung (7.19)

$$F_H \Delta x = \Delta E_{\text{kin},S} = \frac{1}{2} m_{\text{ges}} v_S^2.$$

Das ist dasselbe Ergebnis, das wir auch mit dem zweiten Newtonschen Axiom für ein System von Teilchen (Gleichung 7.10) erhalten hätten. Die virtuelle Arbeit, die durch die Haftreibung am Auto verrichtet wird, hat allerdings nichts mit einem Energieübertrag zwischen der Straße und dem Fahrzeug zu tun. (Man stelle sich vor, die Straße würde wirklich Arbeit an dem Auto verrichten – alle Energieprobleme wären gelöst!) Δx ist die Strecke, um die der Massenmittelpunkt des Autos verschoben wurde, und nicht die Verschiebung des Punktes, an dem die Haftreibung angreift. Dieser Punkt bewegt sich nicht. Die mechanische Energie des Fahrzeuges nimmt nur deshalb zu, weil der Motor die innere chemische Energie des Treibstoffes umwandelt.

7.6 Stöße in einer Dimension

Bei einem Stoß bewegen sich zwei Körper aufeinander zu, wechselwirken und entfernen sich wieder voneinander. Vor dem Stoß, wenn sie nicht miteinander wechselwirken, bewegen sie sich mit konstanten Geschwindigkeiten. Nach dem Stoß bewegen sie sich mit konstanten, aber veränderten Geschwindigkeiten. Gewöhnlich wollen wir die Endgeschwindigkeiten der Körper bestimmen, wenn die Anfangsgeschwindigkeiten und die Parameter des Stoßes gegeben sind.

Ein Stoß kann kurz sein (zum Beispiel das Klicken von zwei Billardkugeln), oder er kann Jahrhunderte dauern (wenn beispielsweise zwei Sterne im All zusammenstoßen). Bei allen Stößen jedoch wechselwirken die Objekte nur während der Zeit des Stoßprozesses stark miteinander. Wenn es äußere Kräfte gibt, dann sind diese viel kleiner als die Stoßkräfte während der Wechselwirkung und können vernachlässigt werden. Billardkugeln beispielsweise werden durch Reibung mit dem Tisch leicht abgebremst, aber die Reibungskräfte sind vernachlässigbar im Vergleich zu den Kräften, die während ihres kurzen Stoßes auftreten.

Wenn die gesamte kinetische Energie von zwei Körpern vor und nach dem Stoß die gleiche ist, spricht man von einem **elastischen Stoß**. Ist die gesamte kinetische Energie nach dem Stoß verändert, so liegt ein **inelastischer Stoß** vor. Inelastische Stöße treten zwischen makroskopischen Systemen auf, wenn nichtkonservative Kräfte wirken, die die Gesamtenergie des Systems verändern. Ein Beispiel ist eine Kugel aus Knetgummi, die man auf den Boden fallen läßt. Zwischen mikroskopischen Systemen treten inelastische Stöße auf, wenn eines der beiden Systeme in einen Zustand mit veränderter innerer Energie übergeht. Ein Beispiel ist die Streuung eines Elektrons an einem Atom. Wenn die innere Energie des Atoms sich nicht ändert, dann ist die gesamte Energie des Systems aus Elektron und Atom dieselbe wie vor dem Stoß; es handelt sich also um einen elastischen Stoß. Nimmt das Atom jedoch Energie auf und geht dadurch in einen angeregten Zustand über, so ist die gesamte kinetische Energie von Atom und Elektron nach dem Stoß kleiner als davor. In diesem Fall ist der Stoß inelastisch.

In einem inelastischen Stoß ändert sich die kinetische Energie relativ zum Massenmittelpunkt. Die kinetische Energie $\frac{1}{2} m_{\text{ges}} v_S^2$ der Bewegung des Massenmittelpunktes bleibt jedoch konstant, weil sich die Geschwindigkeit des Massenmittelpunktes aufgrund der vernachässigbaren äußeren Kräfte nicht ändert. In einem Spezialfall geht die ganze kinetische Relativenergie verloren, und die stoßenden Körper bewegen sich mit der Geschwindigkeit des Massenmittelpunktes aufeinander zu. Ein solcher Stoß heißt **vollständig inelastischer Stoß**. Die Gewehrkugel aus Beispiel 7.5, die in einem Holzklotz steckenbleibt, ist ein typisches Beispiel dafür. In den meisten Stößen geht jedoch nur ein Teil von $E_{\text{kin,rel}}$ verloren; solche Stöße sind weder elastisch noch vollständig inelastisch.

In diesem Abschnitt betrachten wir Stöße in nur einer Dimension. Abbildung 7.18 zeigt einen Körper der Masse m_1, der sich mit einer Anfangsgeschwindigkeit v_{1a} auf einen zweiten Körper mit der Masse m_2 und der Anfangsgeschwindigkeit v_{2a} zubewegt. Wir nehmen an, daß v_{2a} kleiner ist als v_{1a}, so daß ein Stoß auch stattfindet. Seien v_{1e} und v_{2e} die Endgeschwindigkeiten der Körper nach dem Stoß. Die Geschwindigkeiten können positiv oder negativ sein, je

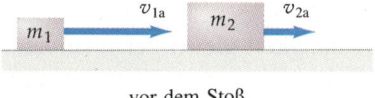
vor dem Stoß

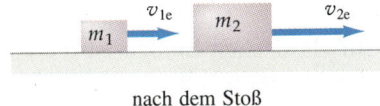
nach dem Stoß

7.18 Allgemeiner Fall eines Stoßes von zwei Körpern in einer Raumrichtung.

nachdem, ob sich die beiden Körper nach links oder nach rechts bewegen. Aus der Impulserhaltung ergibt sich

$$m_1 v_{1e} + m_2 v_{2e} = m_1 v_{1a} + m_2 v_{2a}\,. \qquad 7.20$$

Gleichung (7.20) liefert bei gegebenen Anfangsgeschwindigkeiten eine Beziehung zwischen den zwei unbekannten Geschwindigkeiten v_{1e} und v_{2e}. Sind die Anfangsgeschwindigkeiten jedoch nicht gegeben, brauchen wir eine zweite Relation; sie folgt aus Energiebetrachtungen.

Elastische Stöße

Bei elastischen Stößen sind die mechanischen Energien vor und nach dem Stoß gleich. Wenn sich die innere potentielle Energie des Systems dabei nicht ändert, dann sind auch die kinetische Anfangs- und Endenergie gleich:

$$\frac{1}{2} m_1 v_{1e}^2 + \frac{1}{2} m_2 v_{2e}^2 = \frac{1}{2} m_1 v_{1a}^2 + \frac{1}{2} m_2 v_{2a}^2\,. \qquad 7.21$$

Gleichungen (7.20) und (7.21) reichen aus, um die Endgeschwindigkeiten der beiden Körper aus ihren Anfangsgeschwindigkeiten zu bestimmen. Weil Gleichung (7.21) quadratisch ist, ergeben sich jedoch aufgrund der zwei möglichen Vorzeichen der Lösung Schwierigkeiten hinsichtlich der Eindeutigkeit. Sie lassen sich vermeiden, wenn man die beiden Gleichungen zu einer dritten, in den Geschwindigkeiten linearen Gleichung kombiniert. Umstellen von Gleichung (7.21) liefert:

$$m_2 (v_{2e}^2 - v_{2a}^2) = m_1 (v_{1a}^2 - v_{1e}^2)$$

oder

$$m_2 (v_{2e} - v_{2a})(v_{2e} + v_{2a}) = m_1 (v_{1a} - v_{1e})(v_{1a} + v_{1e})\,. \qquad 7.22$$

Ganz ähnlich kann man Gleichung (7.20) umstellen und erhält

$$m_2 (v_{2e} - v_{2a}) = m_1 (v_{1a} - v_{1e})\,. \qquad 7.23$$

Teilt man nun Gleichung (7.22) durch Gleichung (7.23), so ergibt sich

$$v_{2e} + v_{2a} = v_{1a} + v_{1e}\,.$$

Das läßt sich auch scheiben als

$$v_{2e} - v_{1e} = -(v_{2a} - v_{1a})\,. \qquad 7.24$$

Die relative Geschwindigkeit $v_2 - v_1$ ist die Geschwindigkeit des zweiten Körpers vom ersten aus gesehen. Wenn die Körper zusammenstoßen sollen, muß $v_{2a} - v_{1a}$ negativ sein (vorausgesetzt, der erste Körper ist links vom zweiten). Dann ist $-(v_{2a} - v_{1a})$ die Geschwindigkeit, mit der sie sich einander nähern. Nach dem Stoß bewegen sich die beiden Körper voneinander weg, $v_{2e} - v_{1e}$ muß daher positiv sein; dies ist die sogenannte *Rückstoßgeschwindigkeit*. Gleichung (7.24) beschreibt also das folgende wichtige Ergebnis:

> In elastischen Stößen ist die Rückstoßgeschwindigkeit gleich der relativen Geschwindigkeit, mit der sich die Körper vor dem Stoß angenähert haben.

7.6 Stöße in einer Dimension

Bei elastischen Stößen ist es fast immer am einfachsten, wenn man zur Bestimmung der Endgeschwindigkeiten die Gleichungen (7.20) und (7.24) verwendet. Dadurch vermeidet man die quadratischen Terme, die in der Energieerhaltungsgleichung (7.21) auftauchen. Man sollte sich aber noch einmal daran erinnern, daß Gleichung (7.24) unter Verwendung des Energieerhaltungsgesetzes hergeleitet wurde; sie gilt daher nur für elastische Stöße.

Beispiel 7.8

Ein Klotz von 4 kg, der sich mit 6 m/s nach rechts bewegt, stoße elastisch auf einen Klotz von 2 kg, der sich mit 3 m/s nach rechts bewegt (Abbildung 7.19). Bestimmen Sie die Geschwindigkeiten v_{1e} und v_{2e} beider Körper nach dem Stoß.

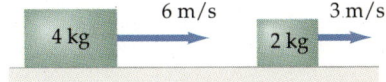

7.19 Stoß zwischen zwei Klötzen (zu Beispiel 7.8).

Gleichung (7.20) für die Erhaltung des Gesamtimpulses liefert

$$4 \text{ kg} \cdot v_1 + 2 \text{ kg} \cdot v_2 = 4 \text{ kg} \cdot 6 \text{ m/s} + 2 \text{ kg} \cdot 3 \text{ m/s} = 30 \text{ kg} \cdot \text{m/s}$$

oder

$$4 v_{1e} + 2 v_{2e} = 30 \text{ m/s} .$$

Vor dem Stoß bewegt sich Klotz 2 relativ zu Klotz 1 mit einer Geschwindigkeit von

$$v_{2a} - v_{1a} = 3 \text{ m/s} - 6 \text{ m/s} = -3 \text{ m/s} .$$

Er nähert sich also mit einer Geschwindigkeit von 3 m/s; dies muß deshalb auch die Rückstoßgeschwindigkeit sein. Gleichung (7.24) liefert dann

$$v_{2e} - v_{1e} = -(-3 \text{ m/s}) = +3 \text{ m/s} .$$

Wir kombinieren nun diese Gleichung mit den oben hergeleiteten Geschwindigkeiten $4 v_{1e} + 2 v_{2e} = 30 \text{ m/s}$ und lösen nach den Endgeschwindigkeiten auf:

$$v_{2e} = 7 \text{ m/s} \quad \text{und} \quad v_{1e} = 4 \text{ m/s} .$$

Um unsere Ergebnisse zu überprüfen, können wir die kinetische Anfangs- und Endenergie der beiden Klötze berechnen:

$$E_{\text{kin,a}} = \frac{1}{2} \cdot 4 \text{ kg} \cdot (6 \text{ m/s})^2 + \frac{1}{2} \cdot 2 \text{ kg} \cdot (3 \text{ m/s})^2 = 72 \text{ J} + 9 \text{ J} = 81 \text{ J}$$

$$E_{\text{kin,e}} = \frac{1}{2} \cdot 4 \text{ kg} \cdot (4 \text{ m/s})^2 + \frac{1}{2} \cdot 2 \text{ kg} \cdot (7 \text{ m/s})^2 = 32 \text{ J} + 49 \text{ J} = 81 \text{ J} .$$

Die Ergebnisse sind also verträglich mit der Energieerhaltung.

Im Schwerpunktsystem läßt sich ein elastischer Stoß besonders einfach beschreiben: Die Geschwindigkeiten beider Körper werden durch den Stoß einfach nur umgekehrt. Wir können dies zeigen, indem wir die kinetischen Anfangs- und Endenergien der beiden Körper als Funktionen ihrer Impulse darstellen. Seien u_{1a} und u_{2a} die Anfangsgeschwindigkeiten relativ zum Massenmittelpunktsystem. Der Anfangsimpuls des ersten Körpers ist

$$p_{1a} = m_1 u_{1a}$$

und der des zweiten

$$p_{2a} = m_2 u_{2a} .$$

Im Schwerpunktsystem ist der Gesamtimpuls null, die beiden Einzelimpulse sind also entgegengesetzt gleich:

$$p_{2a} = -p_{1a}\,. \qquad 7.25$$

Schreiben wir nun die kinetische Energie eines Körpers als Funktion seines Impulses:

$$E_{\text{kin}} = \frac{1}{2} m u^2 = \frac{(mu)^2}{2m}$$

oder

$$E_{\text{kin}} = \frac{p^2}{2m}\,. \qquad 7.26$$

Die anfängliche kinetische Energie des Systems aus den beiden Körpern ist daher

$$E_{\text{kin},a} = \frac{p_{1a}^2}{2m_1} + \frac{p_{2a}^2}{2m_2} = p_{1a}^2 \left(\frac{1}{2m_1} + \frac{1}{2m_2}\right)$$

(dabei haben wir $p_{2a}^2 = p_{1a}^2$ verwendet). Ganz analog gilt für die kinetische Endenergie als Funktion des Impulses

$$E_{\text{kin},e} = \frac{p_{1e}^2}{2m_1} + \frac{p_{2e}^2}{2m_2} = p_{1e}^2 \left(\frac{1}{2m_1} + \frac{1}{2m_2}\right),$$

wobei hier wieder ausgenutzt wurde, daß $p_{2e}^2 = p_{1e}^2$. Setzt man die kinetische Anfangs- und Endenergie gleich, erhält man

$$p_{1e}^2 = p_{1a}^2$$

oder

$$p_{1e} = \pm p_{1a}\,. \qquad 7.27\text{a}$$

Damit gilt auch

$$p_{2e} = \pm p_{2a}\,. \qquad 7.27\text{b}$$

Die positiven Vorzeichen in den Gleichungen (7.27a und b) entsprechen dem Fall, daß es gar keinen Stoß gibt, daß sich also die beiden Körper voneinander wegbewegen. Da zur Herleitung dieser Gleichungen nur die Gesetze der Impuls- und der Energieerhaltung benutzt wurden, überrascht es nicht, daß die Ergebnisse auch den Fall enthalten, in dem kein Stoß stattfindet. Stoßen die beiden Körper aber zusammen, so gilt

$$p_{1e} = -p_{1a} \quad \text{und} \quad p_{2e} = -p_{2a}\,. \qquad 7.28$$

Da die Geschwindigkeit jedes Körpers gleich dem Quotienten aus seinem Impuls und seiner Masse ist, folgt aus (7.28)

$$u_{1e} = -u_{1a} \quad \text{und} \quad u_{2e} = -u_{2a} \qquad 7.29$$

– also genau das Ergebnis, das wir zeigen wollten. Demnach dreht sich bei einem elastischen Stoß in einer Raumrichtung im Schwerpunktsystem nur die Richtung der Bewegung um, und jeder Körper besitzt nach dem Stoß die gleiche Geschwindigkeit und die gleiche Energie wie vor dem Stoß.

Beispiel 7.9

Bestimmen Sie die Endgeschwindigkeiten für den elastischen Stoß in Beispiel 7.8. Gehen Sie dazu in das Schwerpunktsystem über.

Zuerst bestimmen wir die Geschwindigkeit des Massenmittelpunkts im ursprünglichen Bezugssystem (Abbildung 7.20a):

$$m_{ges}v_S = m_1 v_1 + m_2 v_2$$
$$6\,\text{kg} \cdot v_S = 4\,\text{kg} \cdot 6\,\text{m/s} + 2\,\text{kg} \cdot 3\,\text{m/s} = 30\,\text{kg} \cdot \text{m/s}$$
$$v_S = 5\,\text{m/s}.$$

Nun transformieren wir ins Schwerpunktsystem (Abbildung 7.20b), indem wir die Geschwindigkeit des Massenmittelpunkts von den Geschwindigkeiten im ursprünglichen Bezugssystem abziehen. Es ist

$$u_{1a} = v_{1a} - v_S = 6\,\text{m/s} - 5\,\text{m/s} = 1\,\text{m/s}$$

und

$$u_{2a} = v_{2a} - v_S = 3\,\text{m/s} - 5\,\text{m/s} = -2\,\text{m/s}.$$

Die Abbildungen 7.20b und c zeigen den Stoß im Schwerpunktsystem. Da jeder Klotz durch den Stoß seine Bewegungsrichtung umkehrt, sind die Endgeschwindigkeiten in diesem System

$$u_{1e} = -u_{1a} = -(1\,\text{m/s}) = -1\,\text{m/s}$$

und

$$u_{2e} = -u_{2a} = -(-2\,\text{m/s}) = +2\,\text{m/s}.$$

Jetzt transformieren wir in das ursprüngliche Bezugssystem zurück, indem wir zu jeder Geschwindigkeit die Geschwindigkeit $v_S = 5\,\text{m/s}$ des Schwerpunkts dazuaddieren (Abbildung 7.20d):

$$v_{1e} = u_{1e} + v_S = -1\,\text{m/s} + 5\,\text{m/s} = 4\,\text{m/s}$$

und

$$v_{2e} = u_{2e} + v_S = 2\,\text{m/s} + 5\,\text{m/s} = 7\,\text{m/s}.$$

Das sind die gleichen Ergebnisse, wie wir sie bereits in Beispiel 7.8 gefunden haben.

Beispiel 7.10

Ein Körper der Masse m_1 bewege sich mit der Geschwindigkeit v_{1a} und stoße elastisch auf einen zweiten Körper der Masse m_2, der anfangs in Ruhe ist (Abbildung 7.21). Wie groß ist die Geschwindigkeit des zweiten Körpers nach dem Stoß?

Dieses Problem läßt sich im Schwerpunktsystem besonders einfach lösen. Wir ermitteln zuerst die Geschwindigkeit des Massenmittelpunkts im ruhenden Bezugssystem, indem wir den Gesamtimpuls gleich $m_1 v_{1a}$ setzen:

$$(m_1 + m_2)v_S = m_1 v_{1a}$$
$$v_S = \frac{m_1 v_{1a}}{m_1 + m_2}.$$

(a) Anfangsbedingungen

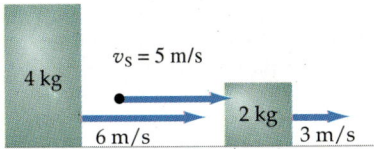

(b) 1. Schritt: Übergang ins Schwerpunktsystem, indem v_S abgezogen wird

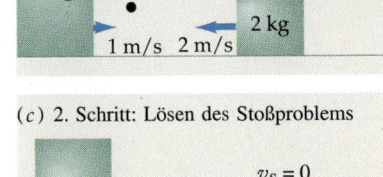

(c) 2. Schritt: Lösen des Stoßproblems

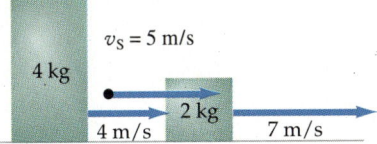

(d) 3. Schritt: Zurückgehen in das ursprüngliche Bezugssystem durch Addition von v_S

7.20 Bestimmung der Endgeschwindigkeit für den elastischen Stoß in Beispiel 7.8 und 7.9 durch Übergang in das Schwerpunktsystem. a) Im ursprünglichen System bewegt sich der Massenmittelpunkt mit der Geschwindigkeit 5 m/s nach rechts. b) Wir wechseln in das Schwerpunktsystem über, indem wir 5 m/s von der ursprünglichen Geschwindigkeit jedes Klotzes subtrahieren. Der Massenmittelpunkt befindet sich in diesem Bezugssystem in Ruhe, und die Klötze bewegen sich mit gleich großen und entgegengesetzt gerichteten Impulsen aufeinander zu. c) Bei einem elastischen Stoß drehen sich die Geschwindigkeiten der beiden Klötze um. d) Wir transformieren in das ursprüngliche Bezugssystem zurück, indem wir zur jeweiligen Geschwindigkeit der beiden Klötze die Geschwindigkeit des Massenmittelpunktes von 5 m/s dazuaddieren.

7.21 Elastischer Stoß zwischen einem Körper der Masse m_1 und der Geschwindigkeit v_{1a} und einem zweiten Körper der Masse m_2, der sich anfangs in Ruhe befindet (zu Beispiel 7.10).

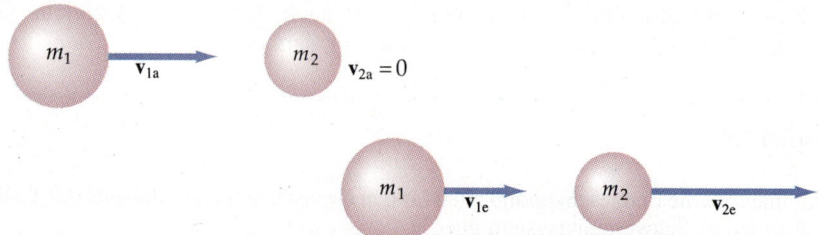

Um in das Schwerpunktsystem überzuwechseln, subtrahieren wir v_S von der jeweiligen Teilchengeschwindigkeit im ruhenden Bezugssystem. Da der zweite Körper ursprünglich in Ruhe war, beträgt seine Geschwindigkeit im Schwerpunktsystem

$$u_{2a} = -v_S .$$

Nach dem Stoß hat der zweite Körper die Geschwindigkeit

$$u_{2e} = +v_S .$$

Wir transformieren nun in das ursprüngliche Bezugssystem zurück, indem wir die Massenmittelpunktsgeschwindigkeit v_S zu den Geschwindigkeiten im Schwerpunktsystem dazuaddieren. Die Endgeschwindigkeit des ursprünglich ruhenden Objektes beträgt somit

$$v_{2e} = +2v_S = \frac{2m_1 v_{1a}}{m_1 + m_2} . \qquad 7.30$$

Wenn der erste Körper in Beispiel 7.10 wesentlich schwerer als der zweite, vor dem Stoß ruhende Körper ist, können wir m_2 gegen m_1 im Nenner von Gleichung (7.30) vernachlässigen. Dann ist die Endgeschwindigkeit des zweiten Objektes näherungsweise

$$v_{2e} \approx 2v_{1a} .$$

Wir können dies folgendermaßen verstehen: Der schwerere Körper wird durch einen Stoß mit einem ruhenden, wesentlich leichteren Körper nicht besonders beeinflußt: Eine Kanonenkugel beispielsweise wird durch einen Stoß mit einem ruhenden Fußball kaum abgebremst werden, und ein Golfschläger beschleunigt den Golfball, ohne selbst wesentlich langsamer zu werden. Vor dem Stoß ist die relative Geschwindigkeit, mit der sich die Körper nähern, v_{1a}. Nach dem Stoß muß die relative Geschwindigkeit des Rückstoßes v_{1a} betragen. In erster Näherung können wir die Geschwindigkeitsänderung des ersten Körpers vernachlässigen. Da er sich weiterhin mit einer Geschwindigkeit v_{1a} bewegt, muß die Geschwindigkeit des leichteren Körpers $2v_{1a}$ betragen.

Obwohl die mechanische Energie in elastischen Stößen erhalten bleibt, wird Energie von einem Objekt zu einem anderen übertragen. In Fällen wie in Beispiel 7.10, in dem ein Objekt ruht, ist der Energieübertrag auf das ursprünglich ruhende Objekt gleich seiner kinetischen Endenergie:

$$E_{\text{kin},2e} = \frac{1}{2} m_2 v_{2e}^2 = \frac{2 m_2 m_1^2 v_{1a}^2}{(m_1 + m_2)^2} = \frac{4 m_1 m_2}{(m_1 + m_2)^2} \left(\frac{1}{2} m_1 v_{1a}^2 \right) \qquad 7.31$$

Für v_{2e} haben wir Gleichung (7.30) angewendet.

Inelastische Stöße

Für vollständig inelastische Stöße zwischen zwei Körpern müssen sowohl deren Endgeschwindigkeiten als auch die Geschwindigkeit des Massenmittelpunkts gleich sein:

$$v_{1e} = v_{2e} = v_S.$$

Dieses Ergebnis liefert zusammen mit dem Impulserhaltungssatz

$$(m_1 + m_2)v_S = m_1 v_{1a} + m_2 v_{2a}. \qquad 7.32$$

Dies ist der gleiche Ausdruck wie Gleichung (7.13). Beispiel 7.5 mit der Kugel in einem Holzklotz ist ein typisches Beispiel für einen inelastischen Stoß. Für den Spezialfall von Stößen, bei dem einer der beiden Körper in Ruhe ist, lassen sich die Anfangs- und Endenergie wieder leicht miteinander verknüpfen, indem man wie in Gleichung (7.26) die kinetische Energie als Funktion des Impulses schreibt. Der einlaufende Körper habe die Masse m_1 und die Geschwindigkeit v_{1a}, der zweite, zunächst ruhende Körper die Masse m_2. Der Gesamtimpuls des Systems ist dann gleich dem Impuls des einlaufenden Körpers:

$$p = m_1 v_{1a}.$$

Die kinetische Energie vor dem Stoß beträgt

$$E_{\text{kin,a}} = \frac{p^2}{2m_1}. \qquad 7.33$$

Nach dem Stoß bewegen sich die beiden Körper wie ein einziger mit der Masse $m_1 + m_2$ und der Geschwindigkeit v_S. Da der Impuls erhalten bleibt, ist der Endimpuls gleich p. Die kinetische Energie läßt sich als Quotient aus dem Quadrat des Impulses und der doppelten Masse schreiben (wobei die Masse jetzt $m_1 + m_2$ ist). Für die kinetische Endenergie ergibt sich

$$E_{\text{kin,e}} = \frac{p^2}{2(m_1 + m_2)}. \qquad 7.34$$

Ein Vergleich der Gleichungen (7.33) und (7.34) macht deutlich, daß die kinetische Energie nach dem Stoß kleiner ist als vor dem Stoß. Das Verhältnis von Endenergie zu Anfangsenergie ist

$$\frac{E_{\text{kin,e}}}{E_{\text{kin,a}}} = \frac{m_1}{m_1 + m_2}. \qquad 7.35$$

Dieses Ergebnis gilt nur für einen vollständig inelastischen Stoß und den Fall, daß der Körper mit der Masse m_2 anfangs ruht.

Übung

Ein Auto mit 2000 kg Masse fahre mit 25 m/s (ca. 90 km/h) frontal auf ein stehendes Fahrzeug einer Masse von 1500 kg. Berechnen Sie für einen vollständig inelastischen Zusammenstoß a) die Geschwindigkeiten der beiden Fahrzeuge nach dem Stoß und b) das Verhältnis der kinetischen Energie nach dem Stoß zur kinetischen Energie zuvor. (Antworten: a) 14,3 m/s, b) 0,57)

7.22 Ein ballistisches Pendel. Die Höhe h hängt mit der Geschwindigkeit v_e des Systems aus Kugel und Klotz über die Energieerhaltung zusammen. Die Geschwindigkeit v_e kann aus der Impulserhaltung während des inelastischen Stoßes bestimmt werden.

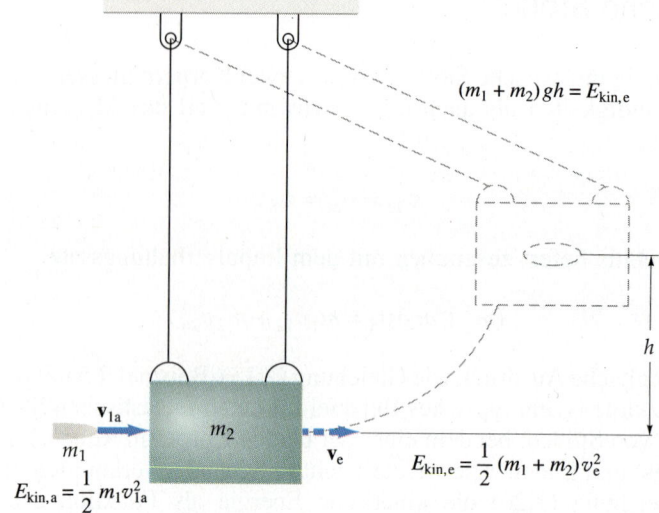

Abbildung 7.22 zeigt eine Gewehrkugel der Masse m_1, die mit der Anfangsgeschwindigkeit v_{1a} auf einem Klotz der Masse m_2 auftrifft. Der Klotz ist als Pendel aufgehängt. Nach dem Aufprall wird das System aus Kugel und Klotz bis zur Höhe h ausgelenkt. Eine solche Anordnung heißt **ballistisches Pendel**. Aus der Höhe h kann man die Anfangsgeschwindigkeit der Kugel bestimmen. Während des Stoßes bleibt der Impuls, nicht aber die mechanische Energie erhalten. Die kinetische Energie nach dem Stoß hängt mit der kinetischen Anfangsenergie der Kugel über Gleichung (7.35) zusammen, die wir aus der Energieerhaltung abgeleitet hatten:

$$E_{\text{kin},e} = \frac{m_1}{m_1 + m_2} E_{\text{kin},a} = \left(\frac{m_1}{m_1 + m_2}\right) \frac{1}{2} m_1 v_{1a}^2 \,.$$

Während des Stoßes bleibt die mechanische Energie erhalten und die kinetische Energie wird in potentielle Energie $(m_1 + m_2)gh$ umgewandelt, so daß am Ende gilt:

$$(m_1 + m_2)\,gh = E_{\text{kin},e} = \left(\frac{m_1}{m_1 + m_2}\right) \frac{1}{2} m_1 v_{1a}^2 \,.$$

Es ergibt sich also:

$$v_{1a} = \left(\frac{m_1 + m_2}{m_1}\right) \sqrt{2gh} \,. \qquad 7.36$$

Übung

Gegeben sei ein ballistisches Pendel mit einem Klotz von 2 kg und einer Kugel von 12 g Masse. Die Kugel bewege sich anfangs mit 240 m/s auf den Klotz zu. Berechnen Sie a) die kinetische Anfangsenergie der Kugel, b) die kinetische Energie des Systems nach dem Auftreffen der Kugel und c) die Höhe, in die das Pendel ausgelenkt wird. (Antworten: a) 346 J, b) 2,06 J, c) 10,4 cm)

Im allgemeinen finden wir weder rein elastische Stöße, bei denen sich die Geschwindigkeiten relativ zueinander umkehren, noch vollständig inelastische

Stöße, bei denen die Relativgeschwindigkeit nach dem Stoß null ist. Alle realen Stöße liegen irgendwo zwischen diesen beiden Extremen. Um dies etwas genauer ausdrücken zu können, definiert man eine Hilfsgröße als Maß für die Elastizität. Sie heißt **Stoßzahl** oder **Stoßkoeffizient** e und ist definiert als das Verhältnis von relativer Rückstoßgeschwindigkeit zur relativen Annäherungsgeschwindigkeit. Die relative Rückstoßgeschwindigkeit läßt sich damit für jeden Stoß schreiben als

$$v_{2e} - v_{1e} = -e(v_{2a} - v_{1a}). \qquad 7.37$$

Für einen elastischen Stoß ist $e = 1$, für einen vollständig inelastischen ist $e = 0$.

Beispiel 7.11

Die Stoßzahl für Stahl wird gemessen, indem man eine Stahlkugel auf eine starr mit dem Boden verbundene Stahlplatte fallen läßt. Wie groß ist die Stoßzahl, wenn die Kugel in einer Höhe h_a von 3 m losgelassen wird und sie danach wieder bis auf eine Höhe von 2,5 m springt?

Die Geschwindigkeit der Kugel beträgt beim Aufprall auf die Platte

$$v_a = \sqrt{2gh_a} = \sqrt{2 \cdot (9{,}81 \text{ m/s}^2) \cdot 3 \text{ m}} = 7{,}67 \text{ m/s}.$$

Um durch den Rückstoß die Höhe h_e von 2,5 m zu erreichen, muß die Kugel die Platte mit einer Geschwindigkeit v_e (nach oben) von

$$v_e = \sqrt{2gh_e} = \sqrt{2 \cdot (9{,}81 \text{ m/s}^2) \cdot 2{,}5 \text{ m}} = 7{,}00 \text{ m/s}$$

verlassen. (Da die Platte starr mit dem Boden verbunden ist, können wir ihre Rückstoßgeschwindigkeit vernachlässigen.) Die relative Geschwindigkeit vor dem Stoß beträgt also 7,67 m/s, danach 7,0 m/s. Die Stoßzahl ist daher

$$e = \frac{7{,}00 \text{ m/s}}{7{,}67 \text{ m/s}} = 0{,}913.$$

Fragen

8. Unter welchen Bedingungen wird bei einem Stoß die kinetische Endenergie gleich null?
9. Beschreiben Sie einen vollständig inelastischen Stoß, wie er vom Schwerpunktsystem aus gesehen wird.

7.7 Stöße in drei Dimensionen

Betrachtet man Stöße in drei Raumrichtungen, dann wird es wichtig, den Impulserhaltungssatz in vektorieller Form zu schreiben. Absolut inelastische Stöße stellen kein besonderes Problem dar. Den Gesamtimpuls am Anfang erhält man durch Addition der Impulsvektoren beider Körper vor dem Stoß. Da die Körper nach dem Stoß miteinander verbunden sind und ihr Endimpuls gleich dem An-

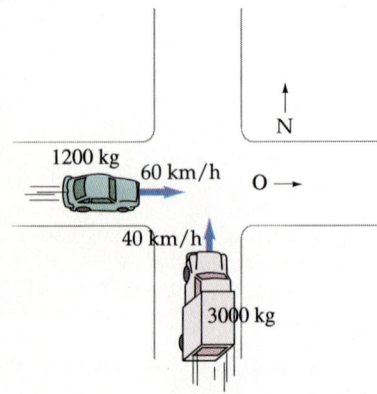

7.23 Ein vollständig inelastischer Zusammenstoß zwischen einem Lastwagen und einem Pkw. Die Trümmer bewegen sich nach der Kollision mit einer Geschwindigkeit, die in Betrag und Richtung durch die Impulserhaltung bestimmt ist, vom Ort der Kollision weg.

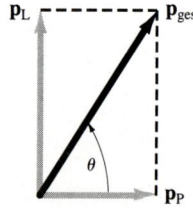

7.24 Vektordiagramm der Impulse für die Kollision in Abbildung 7.23. Der Gesamtimpuls bleibt vor und nach dem Zusammenstoß gleich. Man findet ihn durch vektorielle Addition der Anfangsimpulse von Pkw und Lkw.

fangsimpuls ist, bewegen sie sich mit der Geschwindigkeit v_S in Richtung des resultierenden Impulses. Die Geschwindigkeit v_S ist gegeben durch

$$v_S = \frac{p_{ges}}{m_1 + m_2}, \qquad 7.38$$

wobei p_{ges} der Gesamtimpuls des Systems ist.

Beispiel 7.12

Ein Auto mit einer Masse von 1200 kg fahre mit 60 km/h ostwärts in eine Kreuzung. Dort stoße es mit einem Lastwagen zusammen, der eine Masse von 3000 kg hat und mit 40 km/h aus Süden komme (Abbildung 7.23). Bestimmen Sie die Geschwindigkeit der Trümmer nach dem Zusammenstoß.

Wir legen unser Koordinatensystem so fest, daß sich das Auto anfangs in x-Richtung und der Lastwagen in y-Richtung bewegt. Der Impuls des Autos A vor der Kollision beträgt

$$p_A = 1200 \text{ kg} \cdot 60 \text{ km/h} \cdot e_x = 72\,000 \text{ kg} \cdot \text{km/h} \cdot e_x$$

und der des Lastwagens L

$$p_L = 3000 \text{ kg} \cdot 40 \text{ km/h} \cdot e_y = 120\,000 \text{ kg} \cdot \text{km/h} \cdot e_y.$$

Diese beiden Impulsvektoren sind in Abbildung 7.24 wiedergegeben. Der Gesamtimpuls beträgt

$$p_{ges} = p_A + p_L = 72\,000 \text{ kg} \cdot \text{km/h} \cdot e_x + 120\,000 \text{ kg} \cdot \text{km/h} \cdot e_y.$$

Die Unfalltrümmer haben eine Gesamtmasse von 4200 kg und bewegen sich mit der Schwerpunktsgeschwindigkeit v_S:

$$v_S = \frac{p_{ges}}{m_{ges}} = \frac{72\,000 \text{ kg} \cdot \text{km/h} \cdot e_x + 120\,000 \text{ kg} \cdot \text{km/h} \cdot e_y}{4200 \text{ kg}}$$

$$= 17{,}1 \text{ km/h} \cdot e_x + 28{,}6 \text{ km/h} \cdot e_y.$$

Ihren Betrag erhält man mit dem Satz von Pythagoras:

$$v_S^2 = (17{,}1 \text{ km/h})^2 + (28{,}6 \text{ km/h})^2 = 1{,}11 \cdot 10^3 \text{ (km/h)}^2$$

$$v_S = 33{,}3 \text{ km/h}.$$

Die Endgeschwindigkeit zeigt in dieselbe Richtung wie der Vektor des Gesamtimpulses. Den Winkel θ erhält man aus

$$\tan \theta = \frac{p_{ges,y}}{p_{ges,x}} = \frac{120\,000 \text{ kg} \cdot \text{km/h}}{72\,000 \text{ kg} \cdot \text{km/h}} = 1{,}67$$

$$\theta = 59°.$$

Abbildung 7.25 zeigt einen Körper der Masse m_1, der sich mit der Geschwindigkeit v_{1a} entlang der y-Achse auf einen ruhenden Körper der Masse m_2 zubewegt. Zur Analyse solcher Stöße von Teilchen verwendet man eine neue wichtige Größe, die man Stoßparameter b nennt. Sie ist definiert als seitlicher Versatz, also als eine Strecke, um die das eine Teilchen das andere verfehlen würde, wenn zwischen ihnen keine Wechselwirkung bestünde. Der Stoßparameter ist von fundamentaler Bedeutung, wenn man Stoß- und Streuprozesse

7.7 Stöße in drei Dimensionen

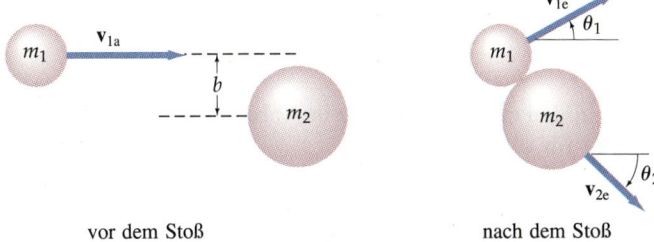

7.25 Nichtzentraler Stoß zwischen zwei Körpern. Der Abstand b ist der Stoßparameter.

vor dem Stoß · nach dem Stoß

beschreiben will, wie sie in der Atom-, Kern- und Elementarteilchenphysik auftreten. Ein historisch wichtiges Beispiel ist der Rutherfordsche Streuversuch, bei dem ein Teilchen an einem Atomkern „gestreut" wird. Wie in Abbildung 7.25 gezeigt, entfernt sich nach einem solchen Stoß der erste Körper mit der Geschwindigkeit $\boldsymbol{v}_{1e}$ unter dem Winkel θ_1 zur ursprünglichen Richtung, der zweite bewegt sich mit der Geschwindigkeit $\boldsymbol{v}_{2e}$ unter dem Winkel θ_2 zu $\boldsymbol{v}_{1a}$ fort. Aus der Impulserhaltung folgt

$$\boldsymbol{p}_{\text{ges}} = m_1 \boldsymbol{v}_{1a} = m_1 \boldsymbol{v}_{1e} + m_2 \boldsymbol{v}_{2e} \,. \qquad 7.39$$

Aus dieser Gleichung können wir sehen, daß der Vektor $\boldsymbol{v}_{2e}$ in der Ebene liegen muß, die durch $\boldsymbol{v}_{1a}$ und $\boldsymbol{v}_{1e}$ gebildet wird; in diese Ebene legen wir die y- und x-Achse. Wenn wir die Anfangsgeschwindigkeit $\boldsymbol{v}_{1a}$ kennen, dann haben wir vier Unbekannte zu bestimmen: die x- und die y-Komponente der beiden Endgeschwindigkeiten oder, völlig gleichwertig, die beiden Endgeschwindigkeiten v_{1e} und v_{2e} sowie die beiden Winkel θ_1 und θ_2, unter denen die Körper abgelenkt bzw. zurückgestoßen werden. Die x- und y-Komponenten des Impulses, die aus der Impulserhaltungsgleichung folgen, liefern uns zwei der benötigten Relationen:

$$p_{\text{ges},x} = m_1 v_{1a} = m_1 v_{1e} \cos\theta_1 + m_2 v_{2e} \cos\theta_2 \qquad 7.40$$

und

$$p_{\text{ges},y} = 0 = m_1 v_{1e} \sin\theta_1 - m_2 v_{2e} \sin\theta_2 \,. \qquad 7.41$$

Eine dritte Relation folgt aus der Energiebetrachtung: Wenn der Stoß elastisch ist, dann gilt

$$\frac{1}{2} m_1 v_{1a}^2 = \frac{1}{2} m_1 v_{1e}^2 + \frac{1}{2} m_2 v_{2e}^2 \,. \qquad 7.42$$

Um nach den vier Unbekannten auflösen zu können, brauchen wir eine weitere Beziehung. Sie hängt vom Stoßparameter b und der Art der Kräfte ab, die die beiden Körper aufeinander ausüben. Ist der Stoßparameter beispielsweise null, dann haben wir einen **zentralen Stoß**, der als eindimensionaler Stoß betrachtet werden kann. (Der Winkel θ_2 ist dann null, und θ_1 kann nur 0 oder 180° sein, je nach den relativen Massen der beiden Teilchen.) In der Praxis findet man die vierte Relation oft durch Messung der Ablenk- oder Rückstoßwinkel. Eine solche Messung kann dann Informationen über den Charakter der zwischen den Objekten wechselwirkenden Kräfte liefern.

Bis auf einen Spezialfall wollen wir hier nicht weiter auf die Diskussion von elastischen Stößen in drei Raumdimensionen eingehen. Der Spezialfall betrifft denjenigen des nichtzentralen, elastischen Stoßes zwischen zwei Körpern gleicher Masse, von denen einer anfangs ruht. Abbildung 7.26 zeigt die Geometrie eines solchen Stoßes. Wenn $\boldsymbol{v}_{1a}$ und $\boldsymbol{v}_{1e}$ die Anfangs- und die Endgeschwindigkeit des ersten und $\boldsymbol{v}_{2e}$ die Endgeschwindigkeit des zweiten Körpers ist, liefert die Impulserhaltung

$$m\boldsymbol{v}_{1a} = m\boldsymbol{v}_{1e} + m\boldsymbol{v}_{2e}$$

oder

$$v_{1a} = v_{1e} + v_{2e}.$$

Diese Vektoren bilden ein Dreieck, wie in Abbildung 7.26b dargestellt. Aus der Energieerhaltung für diesen Stoß folgt

$$\frac{1}{2}mv_{1a}^2 = \frac{1}{2}mv_{1e}^2 + \frac{1}{2}mv_{2e}^2$$

oder

$$v_{1e}^2 + v_{2e}^2 = v_{1a}^2. \qquad 7.43$$

Gleichung (7.43) ist der Satz von Pythagoras für ein rechtwinkliges Dreieck aus den Vektoren v_{1e}, v_{2e} und v_{1a}, wobei v_{1a} die Hypotenuse bildet. Das heißt aber, daß im betrachteten Spezialfall des nichtzentralen, elastischen Stoßes die Geschwindigkeitsvektoren v_{1e} und v_{2e} der beiden Körper nach dem Stoß rechtwinklig zueinander (Abbildung 7.26b) stehen.

7.26 a) Nichtzentraler elastischer Stoß von zwei Kugeln gleicher Masse, von denen eine anfangs ruht. Nach der Kollision bewegen sich die beiden Kugeln rechtwinklig voneinander weg. b) Die Geschwindigkeitsvektoren dieses Stoßes bilden ein rechtwinkliges Dreieck.

vor dem Stoß   (a)   nach dem Stoß

7.8 Kraftstoß und zeitliches Mittel einer Kraft

In den Überlegungen zu Stößen haben wir wenig über die Kräfte ausgesagt, die die Körper aufeinander ausüben, außer, daß sie in der Regel sehr groß sind und über ein kurzes Zeitintervall wirken. Abbildung 7.27 zeigt den zeitlichen Verlauf einer typischen Kraft, die von einem Körper auf einen anderen während eines Stoßes ausgeübt wird. Vor der Zeit t_a sind die beiden Körper voneinander getrennt, und die Kraft ist null. Kommen die beiden Körper miteinander in Kontakt, dann steigt die Kraft sehr steil an, fällt aber genauso steil auch wieder ab. Zum Zeitpunkt t_e, wenn die beiden Körper sich trennen, ist sie auf null zurückgegangen. Die Kontaktzeit $\Delta t = t_e - t_a$ ist gewöhnlich sehr kurz: In der Mechanik liegt sie in der Größenordnung von Millisekunden, bei Stößen zwischen atomaren Teilchen ist sie dagegen wesentlich kürzer. Der **Kraftstoß** Δp einer Kraft ist ein Vektor, der durch

7.27 Typischer zeitlicher Verlauf der Kraft, die ein Körper bei einem Stoß auf einen anderen ausübt. Die Kraft wird sehr groß, wirkt aber nur während einer kurzen Zeit. Die Fläche unter der Kurve heißt Kraftstoß. Der Kraftstoß auf einen Körper entspricht seiner Impulsänderung.

Definition des Kraftstoßes

$$\Delta p = \int_{t_a}^{t_e} F\, dt \qquad 7.44$$

definiert ist.

Die Fläche unter der Kraft-Zeit-Kurve in Abbildung 7.27 ist der Betrag des Kraftstoßes der wirkenden Kraft. Nehmen wir an, daß F die resultierende Kraft ist. Mit dem zweiten Newtonschen Axiom $F = dp/dt$ ist der Kraftstoß gleich der gesamten Änderung des Impulses während des Zeitintervalles Δt:

$$\Delta p = \int_{t_a}^{t_e} F \, dt = \int_{t_a}^{t_e} \frac{dp}{dt} \, dt = p_e - p_a . \qquad 7.45$$

Der Kraftstoß heißt deshalb auch **Impulsübertrag**. Aus Gleichung (7.45) sehen wir auch, daß seine Einheit Newton mal Sekunde oder Kilogramm mal Meter pro Sekunde ist.

Für eine beliebige Kraft F hängt der Kraftstoß von den Zeiten t_a und t_e ab, in Stoßprozessen jedoch sind die Kräfte, außer in einem sehr kurzen Zeitintervall, null, wie in Abbildung 7.27 dargestellt. Für diese Kräfte hängt der Kraftstoß nicht vom Zeitintervall ab, solange t_a irgendein Zeitpunkt vor dem Stoß und t_e irgendein Zeitpunkt danach ist. Genau für diese Art von Kraft ist das Konzept des Kraftstoßes sehr nützlich.

Das **zeitliche Mittel einer Kraft** während des Zeitintervalles $\Delta t = t_e - t_a$ ist definiert als

$$\langle F \rangle = \frac{1}{\Delta t} \int_{t_a}^{t_e} F \, dt . \qquad 7.46$$

7.46 *Definition des zeitlichen Mittels einer Kraft*

Die mittlere Kraft ist diejenige konstante Kraft, die den gleichen Kraftstoß liefert wie die tatsächliche, während des Zeitintervalls Δt wirkende Kraft. $\langle F \rangle$ ist in Abbildung 7.28 eingezeichnet. Es ist oft nützlich, für einen Stoß den Mittelwert einer Kraft zu berechnen, um ihn dann mit anderen Kräften vergleichen zu können, zum Beispiel mit Reibungs- oder Gravitationskräften. Er läßt sich sehr oft abschätzen, wenn man die Zeitdauer des Stoßes aus einer vernünftigen Abschätzung der Strecke bestimmt, die einer der Stoßpartner während des Stoßes zurücklegt.

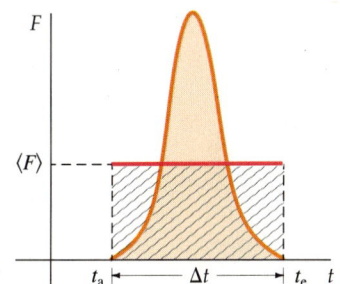

7.28 Die mittlere Kraft $\langle F \rangle$ verursacht die gleiche Impulsänderung wie die tatsächliche Kraft während des Zeitintervalls Δt. Die rechteckige Fläche $\langle F \rangle \Delta t$ ist genauso groß wie die Fläche unter der F-t-Kurve.

Beispiel 7.13

Ein Ei mit der Masse 50 g rolle von einem 1 m hohen Tisch und klatsche auf den Boden. a) Bestimmen Sie den Kraftstoß, den der Boden auf das Ei ausübt. b) Nehmen wir an, daß sich der Massenmittelpunkt des Eies nach dem ersten Kontakt mit dem Boden noch 2 cm bewegt (dies entspricht etwa der Hälfte des kleineren Durchmessers eines typischen Hühnereies). Schätzen Sie die Stoßzeit und das zeitliche Mittel der Kraft ab, die der Boden auf das Ei ausübt.

a) Wir können die Geschwindigkeit des Eies beim Aufschlag aus der Formel für konstante Beschleunigung $v^2 = 2gy$ berechnen, wobei g die Erdbeschleunigung und y die Fallhöhe des Eies ist. Mit $y = 1$ m ergibt sich

$$v^2 = 2gy = 2 \cdot (9{,}81 \text{ m/s}^2) \cdot 1 \text{ m} = 19{,}6 \text{ m}^2/\text{s}^2 .$$

Die Geschwindigkeit beträgt dann

$$v = \sqrt{19{,}6} \text{ m/s} \approx 4{,}4 \text{ m/s} .$$

Der Impuls des Eies, unmittelbar bevor es auf den Boden auftrifft, ist nach unten gerichtet und hat den Betrag

$$p_a = mv = 0{,}05 \text{ kg} \cdot 4{,}4 \text{ m/s}$$
$$= 0{,}22 \text{ kg} \cdot \text{m/s} \ .$$

Da der Impuls am Ende null ist, beträgt die gesamte Impulsänderung 0,22 kg m/s nach oben. Deshalb ist der Kraftstoß, den der Boden auf das Ei ausübt, 0,22 kg m/s = 0,22 N s.

b) Wenn wir $\frac{1}{2} \cdot 4{,}4$ m/s = 2,2 m/s als Durchschnittsgeschwindigkeit des Eies während des Stoßes annehmen, dann ist die Zeit für den Stoß zu

$$\Delta t = \frac{\Delta y}{\langle v \rangle} = \frac{0{,}02 \text{ m}}{2{,}2 \text{ m/s}} = 0{,}009 \text{ s} = 9 \text{ ms}$$

abgeschätzt. Die mittlere Kraft ist damit

$$\langle F \rangle = \frac{\Delta(mv)}{\Delta t} = \frac{0{,}05 \text{ kg} \cdot 4{,}4 \text{ m/s}}{0{,}009 \text{ s}} \approx 24 \text{ N} \ .$$

Dies entspricht etwa dem 50fachen des Gewichts eines Eies.

Beispiel 7.14

Schätzen Sie die Kraft ab, die vom Sicherheitsgurt auf einen 80 kg schweren Fahrer ausgeübt wird, wenn sein Fahrzeug mit 25 m/s (90 km/h) gegen eine Mauer fährt.

Wir nehmen an, daß sich der Massenmittelpunkt des Wagens noch 1 m bewegt, während die Front des Fahrzeuges zusammengeschoben wird. Dies ist auch die Strecke, die der Fahrer während des Aufpralls zurücklegt, wenn er angeschnallt ist. Wir nehmen zusätzlich an, daß die Verzögerung des Fahrzeuges beim Aufprall konstant ist. Dann beträgt die mittlere Geschwindigkeit des Autos während des Crashs die Hälfte der Anfangsgeschwindigkeit oder 12,5 m/s. Für die Dauer des Stoßes erhalten wir

$$\Delta t = \frac{1 \text{ m}}{12{,}5 \text{ m/s}} = 0{,}08 \text{ s} \ .$$

Die durchschnittliche Beschleunigung ist

$$\langle a \rangle = \frac{\Delta v}{\Delta t} = \frac{25 \text{ m/s}}{0{,}08 \text{ s}} = 312 \text{ m/s}^2 \ .$$

Diese Beschleunigung beträgt etwa 32 g, also das 32fache der Erdbeschleunigung. Die durchschnittliche Kraft, die der Sicherheitsgurt auf den Fahrer ausübt, ist damit

$$\langle F \rangle = m \langle a \rangle$$
$$= 80 \text{ kg} \cdot 312 \text{ m/s}^2 = 25\,000 \text{ N} \ .$$

Diese Kraft ist groß genug, um die Rippen des Fahrers zu brechen oder andere Verletzungen am Oberkörper zu verursachen, aber der Fahrer kann den Unfall überleben. Ohne den Gurt würde der Fahrer seine Bewegung mit 25 m/s bis zum Armaturenbrett oder der Windschutzscheibe fortsetzen. Seine Bewegung würde dann auf einer wesentlich kleineren Strecke als 1 m gestoppt, die Beschleunigung und die Kraft wären entsprechend größer.

7.8 Kraftstoß und zeitliches Mittel einer Kraft

Beispiel 7.15

Was sind vernünftige Größen für den Kraftstoß Δp, das zeitliche Mittel der Kraft $\langle F \rangle$ und die Stoßzeit Δt für den Schlagvorgang im System aus Golfschläger und Golfball? Ein normaler Golfball hat eine Masse $m = 45$ g und einen Radius von 2 cm. Eine typische Schlagweite R ist 160 m.

Vernachlässigt man den Luftwiderstand, dann hängt die Geschwindigkeit v_0 des Balles mit der Reichweite R folgendermaßen zusammen:

$$R = \frac{v_0^2}{g} \sin 2\theta_0 ,$$

wobei θ_0 der Abschlagwinkel ist. Mit $\theta_0 = 45°$ (was der maximalen Reichweite entspricht, vergleiche Abschnitt 3.7) erhalten wir:

$$v_0^2 = \frac{Rg}{\sin 2\theta_0} = \frac{160 \text{ m} \cdot 9{,}81 \text{ m/s}^2}{1} \approx 1600 \text{ m}^2/\text{s}^2$$

$$v_0 = 40 \text{ m/s} .$$

Der Betrag des Kraftstoßes ist also

$$\Delta p = \int F \, dt = \Delta p = mv_0 = 0{,}045 \text{ kg} \cdot 40 \text{ m/s}$$
$$= 1{,}8 \text{ kg} \cdot \text{m/s} = 1{,}8 \text{ N} \cdot \text{s} .$$

Eine vernünftige Abschätzung für die vom Ball zurückgelegte Strecke während des Kontaktes mit dem Schläger ist der Radius des Golfballes, also $\Delta x = 2$ cm. Da der Ball am Anfang ruht und eine Endgeschwindigkeit von 40 m/s erreicht, beträgt seine Durchschnittsgeschwindigkeit 20 m/s (bei konstanter Beschleunigung). Die Stoßzeit, das heißt die Zeit, in der der Ball bei einer Geschwindigkeit von 20 m/s eine Strecke von 2 cm zurücklegt, beträgt

$$\Delta t = \frac{\Delta x}{\langle v \rangle} = \frac{0{,}02 \text{ m}}{20 \text{ m/s}} = 0{,}001 \text{ s} .$$

Für das zeitliche Mittel der Kraft erhalten wir daher

$$\langle F \rangle = \frac{\Delta p}{\Delta t} = \frac{1{,}8 \text{ N} \cdot \text{s}}{0{,}001 \text{ s}} = 1800 \text{ N} .$$

Das zeitliche Mittel der Kraft, die der Schläger auf den Ball ausübt, ist mit 1800 N wesentlich größer als irgendeine andere Kraft, die auf den Ball wirkt. Das Gewicht des Balles beispielsweise beträgt nur ca. 0,44 N, und die Reibungskräfte auf den Ball (verursacht durch das Gras oder den Abschlagteller) sind sogar noch kleiner, vorausgesetzt, die Haftreibungszahl ist kleiner als 1.

Fragen

10. Warum können Reibung und Gravitationskräfte in Stoßproblemen gewöhnlich vernachlässigt werden?
11. Erklären Sie, warum ein Sicherheitsnetz einem Zirkusakrobaten das Leben retten kann.
12. Wie würden Sie die Stoßzeit für den Stoß zwischen einem Baseball und einem Baseballschläger abschätzen?
13. Warum kann ein Weinglas den Sturz auf einen Teppichboden unbeschadet überstehen, den auf einen Betonboden jedoch nicht?

7 Teilchensysteme und Impulserhaltung

7.9 Raketenantrieb

Der Raketen- oder Strahlantrieb ist eine interessante Anwendung des dritten Newtonschen Axioms und der Impulserhaltung. Tintenfische und Oktopoden zum Beispiel bewegen sich mit diesem Verfahren fort. Dazu stoßen sie mit großer Kraft Wasser aus ihrem Körper. Das austretende Wasser übt eine gleich große, aber entgegengesetzt gerichtete Kraft auf das Tier aus und bewegt es so vorwärts. Ein Düsenflugzeug oder eine Rakete erzeugt den Schub, indem Treibstoff verbrannt und das dadurch erzeugte Gas nach hinten ausgestoßen wird. Die Rakete übt eine Kraft auf den Gasstrahl aus, und nach dem dritten Newtonschen Axiom erfährt die Rakete vom Gasstrahl eine gleich große, aber entgegengesetzte Kraft, die die Rakete fortbewegt. Der durch den Gasausstoß verlorene Impuls ist gleich dem Impuls, den die Rakete dazugewinnt. Bevor man Raketen in den Weltraum geschickt hat, gab es ein weitverbreitetes Mißverständnis: Man meinte, daß Raketen Luft brauchen, von der sie sich abstoßen. Dies ist jedoch falsch. Die Rakete drückt gegen das von ihr ausgestoßene Gas, das wiederum gegen die Rakete drückt. Im leeren Raum, wo kein Luftwiderstand auftritt, ist der Strahlantrieb sogar noch effizienter.

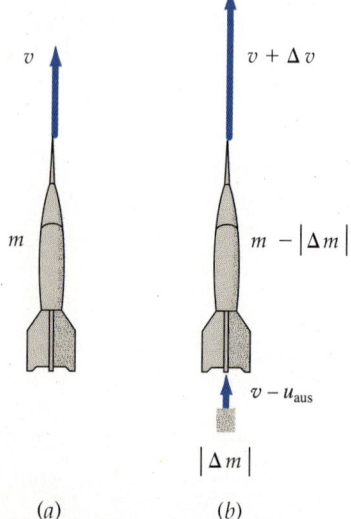

7.29 a) Eine Rakete bewegt sich mit der Anfangsgeschwindigkeit v. b) Nach einem Zeitintervall Δt hat die Rakete die Masse $m - |\Delta m|$ und bewegt sich mit einer Geschwindigkeit $v + \Delta v$. Die Rakete mit der Geschwindigkeit v stößt Gas mit einer Relativgeschwindigkeit u_{aus} aus, so daß sich das Gas mit der Geschwindigkeit $v - u_{\text{aus}}$ bewegt. Die Impulsänderung des Systems aus Rakete und Abgas ist gleich dem Kraftstoß $F_{\text{ext}} \Delta t$.

Wir werden in diesem Abschnitt eine Gleichung entwickeln, die die Raketenbewegung beschreibt. Die Beschreibung ist kompliziert, weil sich die Raketenmasse kontinuierlich ändert, wenn die verbrannten Gase ausgestoßen werden. Die einfachste Vorgehensweise besteht darin, die Impulsänderung des gesamten Systems während eines gewissen Zeitintervalls zu berechnen (wobei der Gasausstoß mit eingeschlossen ist) und dem Kraftstoß gleichzusetzen, der von äußeren Kräften auf das System ausgeübt wird. Sei F_{ext} die resultierende äußere Kraft, m die Masse der Rakete (einschließlich des unverbrannten Treibstoffs) und v die Geschwindigkeit der Rakete relativ zur Erde zum Zeitpunkt t (Abbildung 7.29 a). Zu einem späteren Zeitpunkt $t + \Delta t$ hat die Rakete Gas mit der Masse $|\Delta m|$ ausgestoßen (Abbildung 7.29 b). Wir verwenden den Absolutbetrag, da die Masse des ausgestoßenen Gases den gleichen Betrag hat wie die Massenänderung Δm der Rakete. Letztere ist jedoch negativ. Die Rakete hat daher zur Zeit $t + \Delta t$ eine Masse von $m - |\Delta m|$ und bewegt sich mit einer Geschwindigkeit $v + \Delta v$. Wenn das Gas mit einer Geschwindigkeit u_{aus} *relativ zur Rakete* ausgestoßen wird, dann beträgt die Gasgeschwindigkeit zur Zeit $t + \Delta t$ relativ zur Erde $v - u_{\text{aus}}$. Der Anfangsimpuls des Systems zur Zeit t ist

$$p_{\text{a}} = mv .$$

Der Impuls des Systems zum Zeitpunkt $t + \Delta t$ ist

$$\begin{aligned} p_{\text{e}} &= (m - |\Delta m|)(v + \Delta v) + |\Delta m|(v - u_{\text{aus}}) \\ &= mv + m\,\Delta v - v\,|\Delta m| - |\Delta m|\,\Delta v + v\,|\Delta m| - u_{\text{aus}}\,|\Delta m| \\ &\approx mv + m\,\Delta v - u_{\text{aus}}\,|\Delta m| . \end{aligned}$$

Hier haben wir den Term $|\Delta m|\,\Delta v$ weggelassen, da er ein Produkt aus zwei sehr kleinen Größen ist und daher im Vergleich zu den anderen Größen vernachlässigt werden kann, wenn Δt sehr klein ist. Wenn wir die Impulsänderung berechnen und gleich dem Kraftstoß setzen, dann erhalten wir

$$\Delta p = p_{\text{e}} - p_{\text{a}} = m\,\Delta v - u_{\text{aus}}\,|\Delta m| = F_{\text{ext}}\,\Delta t .$$

Wir teilen nun durch das Zeitintervall und bilden den Grenzwert für Δt gegen null. Der Term $\Delta v / \Delta t$ geht dann gegen die Ableitung dv/dt, also die Beschleunigung, und der Term $|\Delta m|/\Delta t$ geht gegen $|\mathrm{d}m/\mathrm{d}t|$, den Absolutbetrag der differentiellen Massenänderung der Rakete. Dies liefert uns die **Raketengleichung**:

$$m\frac{\mathrm{d}v}{\mathrm{d}t} = u_{\text{aus}}\left|\frac{\mathrm{d}m}{\mathrm{d}t}\right| + F_{\text{ext}}.\qquad 7.47\quad\textit{Raketengleichung}$$

Die Größe $u_{\text{aus}}|\mathrm{d}m/\mathrm{d}t|$ heißt die **Schubkraft** oder kürzer der **Schub** der Rakete:

$$F_{\text{Sch}} = u_{\text{aus}}\left|\frac{\mathrm{d}m}{\mathrm{d}t}\right|.\qquad 7.48$$

Wenn sich die Rakete noch nahe der Erdoberfläche bewegt, dann entspricht die äußere Kraft F_{ext} der Gewichtskraft der Rakete (wir vernachlässigen wieder den Luftwiderstand). Diese Kraft hat ein negatives Vorzeichen, da ihre Richtung der Richtung der Geschwindigkeit genau entgegengesetzt ist (vorausgesetzt, daß sich die Rakete von der Erde wegbewegt). Der Schub der Rakete muß deshalb größer sein als das Gewicht der Rakete, wenn die Rakete nach oben beschleunigt werden soll. Gleichung (7.47) wird mit der Substitution $F_{\text{ext}} = -mg$ und nach Division durch m zu

$$\frac{\mathrm{d}v}{\mathrm{d}t} = -g + \frac{u_{\text{aus}}}{m}\left|\frac{\mathrm{d}m}{\mathrm{d}t}\right|.\qquad 7.49$$

Um Gleichung (7.49) nach der Geschwindigkeit v auflösen zu können, müssen wir die Austrittsgeschwindigkeit u_{aus} der Gase relativ zur Rakete und die Verbrennungsgeschwindigkeit, d.h. die differentielle Massenänderung $|\mathrm{d}m/\mathrm{d}t|$, kennen. Die Lösung dieser Gleichung wird zudem dadurch verkompliziert, daß die Masse nicht konstant, sondern eine Funktion der Zeit ist. Wenn die Rakete den Treibstoff mit einer Rate $R = \mathrm{d}m/\mathrm{d}t$ verbrennt, dann beträgt die Masse der Rakete zu jedem Zeitpunkt $m = m_{\text{a}} - Rt$, wobei m_{a} die Anfangsmasse ist. Da $\mathrm{d}m/\mathrm{d}t$ negativ ist, schreiben wir $|\mathrm{d}m/\mathrm{d}t| = -\mathrm{d}m/\mathrm{d}t$. Gleichung (7.49) wird dann zu

$$\frac{\mathrm{d}v}{\mathrm{d}t} = -g - \frac{u_{\text{aus}}}{m}\frac{\mathrm{d}m}{\mathrm{d}t}$$

oder

$$\mathrm{d}v = -g\,\mathrm{d}t - u_{\text{aus}}\frac{\mathrm{d}m}{m}.$$

Nehmen wir an, daß g konstant ist (siehe Kapitel 10), und integrieren von $t = 0$ bis $t = t_{\text{v}}$, dem Zeitpunkt, an dem der Treibstoff vollständig verbrannt ist, dann erhalten wir

$$\int_{v_{\text{a}}}^{v_{\text{e}}}\mathrm{d}v = -\int_{0}^{t_{\text{v}}}g\,\mathrm{d}t - u_{\text{aus}}\int_{m_{\text{a}}}^{m_{\text{e}}}\frac{\mathrm{d}m}{m}$$

$$v_{\text{e}} - v_{\text{a}} = -gt_{\text{v}} - u_{\text{aus}}\ln\frac{m_{\text{e}}}{m_{\text{a}}},$$

7 Teilchensysteme und Impulserhaltung

wobei wir $\int (dm/m) = \ln m$ verwendet haben. Mit $-\ln (m_e/m_a) = \ln (m_a/m_e)$ erhalten wir

$$v_e - v_a = +u_{aus} \ln \frac{m_a}{m_e} - gt_v \,. \qquad 7.50$$

Gleichung (7.50) beschreibt die Änderung der Raketengeschwindigkeit in einem konstanten Gravitationsfeld als Funktion der Ausstoßgeschwindigkeit u_{aus}, der Zeit t_v, bis der Treibstoff verbrannt ist, und dem Verhältnis von Anfangs- zu Endmasse. Wenn sich eine Rakete im freien Raum bewegt, ohne daß äußere Kräfte auf sie wirken, ändert sich ihre Geschwindigkeit um

$$v_e - v_a = +u_{aus} \ln \frac{m_a}{m_e} \qquad \text{(keine äußeren Kräfte)} \,. \qquad 7.51$$

Die Masse der Rakete ohne Treibstoff heißt **Nutzlast**. Beträgt die Nutzlast nur 10 Prozent der gesamten Masse, bestehen also 90 Prozent der Anfangsmasse aus Treibstoff, dann ist das Massenverhältnis $m_a/m_e = 10$, wenn der gesamte Treibstoff verbraucht ist. Eine Rakete, die mit $v_a = 0$ bei Abwesenheit äußerer Kräfte startet, erreicht unter diesen Voraussetzungen eine Endgeschwindigkeit v_e von

$$v_e = u_{aus} \ln 10 = 2{,}3 \, u_{aus} \,.$$

Der Logarithmus in den Gleichungen (7.50) und (7.51) begrenzt die maximal erreichbare Endgeschwindigkeit. Wenn wir zum Beispiel die Masse des Treibstoffes so erhöhen, daß die Nutzlast nur noch 1 Prozent des Gesamtgewichtes ausmacht, beträgt die Endgeschwindigkeit bei Abwesenheit äußerer Kräfte $4{,}6 \, u_{aus}$, also gerade doppelt soviel wie bei einer Nutzlast von 10 Prozent.

Beispiel 7.16

Die Saturn-V-Rakete, die im Apollo-Programm verwendet wurde, hatte eine Anfangsmasse m_a von $2{,}85 \cdot 10^6$ kg, eine Nutzlast von 27 Prozent und bei einer Verbrennungsgeschwindigkeit $|dm/dt|$ von $13{,}84 \cdot 10^3$ kg/s einen Schub F_{Sch} von $34 \cdot 10^6$ N. Bestimmen Sie a) die Ausstoßgeschwindigkeit, b) die Verbrennungszeit t_v, c) die Beschleunigung beim Abheben, d) die Beschleunigung zum Zeitpunkt t_v, wenn der Treibstoff verbrannt ist, und e) die Endgeschwindigkeit der Rakete.

a) Die Ausstoßgeschwindigkeit erhält man aus Gleichung (7.48):

$$u_{aus} = \frac{F_{Sch}}{|dm/dt|} = \frac{34 \cdot 10^6 \, \text{N}}{13{,}84 \cdot 10^3 \, \text{kg/s}} = 2{,}46 \, \text{km/s} \,.$$

b) Da die Nutzlast 27 Prozent ausmacht, beträgt die Masse des zu verbrennenden Treibstoffes 73 Prozent der Anfangsmasse oder $m_T = 0{,}73 \cdot 2{,}85 \cdot 10^6$ kg $= 2{,}08 \cdot 10^6$ kg. Um diese Menge mit einer Rate von $13{,}84 \cdot 10^3$ kg/s zu verbrennen, braucht man die Zeit t_v

$$t_v = \frac{2{,}08 \cdot 10^6 \, \text{kg}}{13{,}84 \cdot 10^3 \, \text{kg/s}} = 150 \, \text{s} \,.$$

c) Die Anfangsbeschleunigung ist

$$\frac{dv}{dt} = -g + \frac{u_{aus}}{m_a} \left| \frac{dm}{dt} \right|$$

$$= -9{,}81 \, \text{m/s}^2 + \frac{2{,}46 \, \text{km/s}}{2{,}85 \cdot 10^6 \, \text{kg}} \cdot 13{,}84 \cdot 10^3 \, \text{kg/s}$$

$$= -9{,}81 \, \text{m/s}^2 + 11{,}95 \, \text{m/s}^2 = 2{,}14 \, \text{m/s}^2 \approx 0{,}21 \, g \,.$$

d) Wenn der gesamte Treibstoff verbrannt ist, beträgt die Masse der Rakete $m_e = 0{,}27 \cdot 2{,}85 \cdot 10^6$ kg $= 7{,}70 \cdot 10^5$ kg, und die Beschleunigung ist dann

$$\frac{dv}{dt} = -g + \frac{u_{aus}}{m_e} \left| \frac{dm}{dt} \right|$$

$$= -9{,}81 \text{ m/s}^2 + \frac{2{,}46 \text{ km/s}}{7{,}70 \cdot 10^5 \text{ kg}} \cdot 13{,}84 \cdot 10^3 \text{ kg}$$

$$= -9{,}81 \text{ m/s}^2 + 44{,}26 \text{ m/s}^2$$

$$= 34{,}4 \text{ m/s}^2 \approx 3{,}5\, g\,.$$

e) Die Endgeschwindigkeit der Rakete beträgt

$$v_e = +u_{aus} \ln \frac{m_a}{m_e} - g t_v$$

$$= 2{,}46 \text{ km/s} \cdot \ln \frac{m_a}{0{,}27\, m_a} - (9{,}81 \text{ m/s}^2 \cdot 150 \text{ s})$$

$$= 3{,}22 \text{ km/s} - 1{,}47 \text{ km/s}$$

$$= 1{,}75 \text{ km/s}\,.$$

Zusammenfassung

1. Die Lage des Massenmittelpunkts (oder Schwerpunkts) eines Teilchensystems ist definiert über

$$m_{ges} \boldsymbol{r}_S = m_1 \boldsymbol{r}_1 + m_2 \boldsymbol{r}_2 + \ldots = \sum_i m_i \boldsymbol{r}_i\,.$$

Hier bezeichnet m_{ges} die Gesamtmasse des Systems und $\boldsymbol{r}_S$ den Ortsvektor vom gewählten Ursprung zum Massenmittelpunkt.

2. Der Massenmittelpunkt eines Systems bewegt sich wie ein einzelnes Teilchen, in dem die Masse des gesamten Systems vereinigt ist und das der resultierenden äußeren Kraft auf das System unterliegt:

$$\boldsymbol{F}_{ext} = m_{ges} \boldsymbol{a}_S\,.$$

3. Der Impuls eines Teilchens ist definiert als das Produkt aus seiner Masse und seiner Geschwindigkeit:

$$\boldsymbol{p} = m\boldsymbol{v}\,.$$

Nach dem zweiten Newtonschen Axiom ist die resultierende Kraft auf ein System gleich der zeitlichen Änderung seines Impulses:

$$\boldsymbol{F} = \frac{d\boldsymbol{p}}{dt}\,.$$

7 Teilchensysteme und Impulserhaltung

Auch die kinetische Energie eines Teilchens läßt sich als Funktion seines Impulses schreiben:

$$E_{\text{kin}} = \frac{p^2}{2m}.$$

4. Das Produkt aus der Gesamtmasse eines Systems und der Geschwindigkeit seines Massenmittelpunktes ist gleich dem Gesamtimpuls des Systems:

$$\boldsymbol{p}_{\text{ges}} = \sum_i m_i \boldsymbol{v}_i = m_{\text{ges}} \boldsymbol{v}_{\text{S}}.$$

5. Wenn die resultierende äußere Kraft auf das System null ist, dann bleibt der Gesamtimpuls erhalten. Dies ist das Gesetz der Impulserhaltung.

6. Das Schwerpunktsystem ist das Bezugssystem, das sich mit dem Massenmittelpunkt mitbewegt. In diesem System ist der Gesamtimpuls null.

7. Die kinetische Energie eines Systems von Teilchen läßt sich als Summe von zwei kinetischen Energien schreiben: der Energie aufgrund der Bewegung des Massenmittelpunktes, $\frac{1}{2} m_{\text{ges}} v_{\text{S}}^2$, und der kinetischen Energie der Bewegung der Teilchen relativ zum Massenmittelpunkt, $E_{\text{kin,rel}} = \sum \frac{1}{2} m_i u_i^2$. Es gilt also:

$$E_{\text{kin}} = \frac{1}{2} m_{\text{ges}} v_{\text{S}}^2 + E_{\text{kin,rel}}.$$

8. Von einem elastischen Stoß spricht man dann, wenn die gesamte kinetische Energie der beiden Stoßpartner vor und nach dem Stoß gleich ist. Bei einem inelastischen Stoß ändert sich die kinetische Energie des Systems.

9. Bei einem vollständig inelastischen Stoß verbinden sich die beiden Körper und bewegen sich gemeinsam mit der Geschwindigkeit des Massenmittelpunktes.

10. Bei einem elastischen Stoß bewegen sich die Körper nach dem Stoß mit der gleichen Relativgeschwindigkeit voneinander fort, mit der sie sich vorher einander genähert haben.

11. Die Stoßzahl oder der Stoßkoeffizient e ist ein Maß für die Elastizität eines Stoßes. Sie ist definiert als Verhältnis der relativen Rückstoßgeschwindigkeit zur relativen Annäherungsgeschwindigkeit. Für einen elastischen Stoß ist $e = 1$, für einen absolut inelastischen Stoß ist $e = 0$.

12. Der Kraftstoß einer Kraft ist definiert als das Integral der Kraft über das Zeitintervall, in dem die Kraft wirkt. Der Kraftstoß der resultierenden Kraft ist gleich der gesamten Impulsänderung des Teilchens:

$$\int_{t_a}^{t_e} \boldsymbol{F} \, dt = \Delta \boldsymbol{p}.$$

Das zeitliche Mittel einer Kraft während des Intervalles $\Delta t = t_e - t_a$ ist

$$\langle \boldsymbol{F} \rangle = \frac{1}{\Delta t} \int_{t_a}^{t_e} \boldsymbol{F} \, dt.$$

13. Eine Rakete gewinnt ihren Schub aus der Verbrennung von Treibstoff und dem Ausstoß der Verbrennungsgase. Die Kraft, die der austretende Gasstrahl auf die Rakete ausübt, treibt die Rakete an. Ihre Bewegung genügt der Raketengleichung, die man aus den Newtonschen Axiomen erhält:

$$m\frac{dv}{dt} = u_{\text{aus}} \left| \frac{dm}{dt} \right| + F_{\text{ext}}.$$

In dieser Gleichung ist u_{aus} die Geschwindigkeit der Verbrennungsgase relativ zur Rakete. Wenn die äußere Gravitationskraft konstant ist, dann hängt die Endgeschwindigkeit der Rakete von der Ausstoßgeschwindigkeit des Gases und der Anfangs- und Endmasse der Rakete ab:

$$v_{\text{e}} = +u_{\text{aus}} \ln \frac{m_{\text{a}}}{m_{\text{e}}} - gt_{\text{v}}.$$

Hierbei ist t_{v} die Brennzeit.

Essay: Die Entdeckung des Neutrinos

Ralph A. Llewellyn
University of Central Florida

Die Idee der Energieerhaltung wurde erstmals 1847 von dem großen Physiker und Physiologen Hermann von Helmholtz formuliert, als er die Ergebnisse einer Reihe von aufwendigen Experimenten verallgemeinerte, die einige Jahre zuvor von James Joule durchgeführt worden waren. Joule hatte gezeigt, daß Energie weder erzeugt noch vernichtet wird, wenn man sie von einer Form in eine andere umwandelt. Er demonstrierte beispielsweise, daß die kinetische Energie eines Schaufelrades, das sich in Wasser bewegt, in thermische Energie des Wassers umgewandelt wird. Ebenso wird die mechanische Energie eines Kolbens bei der Kompression eines Gases in potentielle Energie des Gases umgewandelt. Daß sich die gesamte Energie eines abgeschlossenen Systems nicht ändert, wurde in den darauffolgenden Jahren in unzähligen Experimenten untersucht und bestätigt. Sogar Albert Einsteins Entdeckung der Äquivalenz von Masse und Energie, die durch die berühmte Gleichung $E = mc^2$ verkörpert wird, verstieß nicht gegen die Energieerhaltung. Zu den bis dahin bekannten Formen der Energieumwandlung fügte sie lediglich eine neue Form hinzu, nämlich die Umwandlung von Masse in Energie und umgekehrt.

Das Gesetz der Energieerhaltung basierte vollständig auf experimentellen Beobachtungen. Es gab keine fundamentale physikalische Theorie, die die Erhaltung der Gesamtenergie *voraussagte*; auch heute gibt es eine solche Theorie oder Gleichung nicht. Vor diesem Hintergrund entdeckte Henri Becquerel 1896 die Radioaktivität. Er hatte beobachtet, daß bestimmte Materialien (ursprünglich waren dies uranhaltige Salze) bis dahin unbekannte „Strahlen" emittierten. Diese seltsame Strahlung besteht, wie Becquerel, Rutherford und andere später zeigten, aus drei verschiedenen Typen, nämlich der sogenannten Alpha-, Beta- und Gammastrahlung; sie unterscheiden sich in ihrer Fähigkeit, Materie zu durchdringen. Es gibt noch eine Reihe weiterer Unterscheidungsmerkmale; heute weiß man, daß Alphastrahlen Heliumkerne, Betastrahlen Elektronen oder Positronen (Antielektronen) und Gammastrahlen dagegen hochenergetische elektromagnetische Strahlung sind. Ein allen gemeinsames Charakteristikum ist jedoch ihre sehr hohe Energie.

Nachdem Rutherford 1913 den Atomkern entdeckt und Niels Bohr im selben Jahr die Atomstruktur mit seinem Atommodell erklärt hatte, wurde rasch klar, daß die hohen Energien der radioaktiven Strahlung mit Vorgängen innerhalb des Kernes zusammenhängen müssen. Das Studium der Radioaktivität bot den Wissenschaftlern also die aufregende Möglichkeit, die innere Struktur der Kerne zu untersuchen. Präzise Messungen des Energiegleichgewichtes in Kernreaktionen mit Alpha-, Beta- und Gammastrahlung waren also vordringliche Experimente. Daten aus verwandten Experimenten, in denen die Energie der von Atomen emittierten elektromagnetischen Strahlung (Licht) untersucht wurde, hatten die Grundlage für Bohrs erfolgreiche Beschreibung der Atomstruktur gebildet.

Für einen gegebenen radioaktiven Zerfall, bei dem nur Gammastrahlung emittiert wird, stellte man fest, daß die Gammastrahlung immer die gleiche Energie besitzt (man sagt, sie sei „monoenergetisch"). Insbesondere ist die Energie des Gammastrahls (E_γ) genau gleich der Energie des Kerns vor der Emission (E_a) minus der Energie des Kernes nach der Emission (E_e):

$$E_\gamma = E_a - E_e\,.$$

Aus diesem Grund gilt die Energieerhaltung auch bei der Emission von Gammastrahlen durch einen Kern.

Dieses Ergebnis bewahrheitete sich bei beliebigen Kernzerfällen, auch beim Alphazerfall. Für einen bestimmten Kernzerfall sind die Alphastrahlen monoenergetisch, wobei die Energie E_α durch

$$E_\alpha = E_a - E_e$$

gegeben ist. Dies war wieder ein Beweis dafür, daß die Energie in Kernzerfällen erhalten bleibt.

Kernreaktionen, in denen Betastrahlen emittiert wurden, zeigten dagegen einen auffälligen Unterschied: Beim Zerfall eines Kernes von einem bestimmten Anfangszustand mit der Energie E_a in einen bestimmten Endzustand mit der Energie E_e traten keine monoenergetischen Betastrahlen auf, sondern ein kontinuierliches Spektrum mit Energien von null bis $E_{max} = E_a - E_e$. Als Energiebilanz für den Betazerfall formulierte man deshalb folgende Gleichung:

$$E_\beta \leq E_{max} = E_a - E_e\,.$$

Die Energiedifferenz zwischen dem Anfangs- und Endzustand des Kernes ($E_a - E_e$) war im allgemeinen *nicht* die Energie der Betastrahlung (E_β), die ihrerseits in einem großen Bereich variierte. Dies schien darauf hinzudeuten, daß die Energie beim Betazerfall nicht erhalten bleibt.

Dieses Phänomen bedeutete für die Physik ein gewaltiges Problem, das die theoretischen Grundlagen der Wissenschaft ernsthaft in Frage stellen konnte. Für uns ist es nach so langer Zeit schwierig, sich vorzustellen, wie stark dieses Problem an den Grundfesten der Physik rüttelte. Viele Physiker waren bereit, das Gesetz der Energieerhaltung – zumindest für Kernreaktionen – aufzugeben: Ein allgemeingültiges Gesetz, das auf experimentellen Beobachtungen fußt, muß aufgehoben werden, wenn nachfolgende Experimente es nicht bestätigen. Bemerkenswert war Niels Bohrs Vorschlag, das Energiegesetz in

$$E_{\text{Endsystem}} \leq E_{\text{Ausgangssystem}}$$

umzuschreiben. Diese Form würde die Energieerhaltung in allen Experimenten bewahren, einschließlich des Energieverlusts im Betazerfall (durch die „Kleinergleich"-Relation), und würde weiterhin die *Erzeugung* von Energie verbieten.

Daß dies keine gute Lösung des Problems sein konnte, machte Wolfgang Pauli klar. In einem Brief an Lise Meitner und Hans Geiger im Dezember 1930 schrieb Pauli, daß der Betazerfall nicht nur die Energieerhaltung, sondern auch die Impulserhaltung (Gleichung 7.15) und die Drehimpulserhaltung (die in Kapitel 8 diskutiert wird) zu verletzen scheine. Die Verletzung dieser Erhaltungssätze war nicht weniger schlimm – und die Einführung des Ungleich-Zeichens in das Energieerhaltungsgesetz konnte die Verletzung der Erhaltungssätze für den linearen Impuls und den Drehimpuls nicht beheben.

Im gleichen Brief schlug Pauli einen Weg aus dem Dilemma vor: Nach seiner Vorstellung sollte ein neues fundamentales Teilchen existieren und eines (oder mehrere) dieser neuen Teilchen beim Betazerfall gleichzeitig mit dem Elektron emittiert werden. Für die Eigenschaften dieses neuen Teilchens machte er eine Reihe von Vorhersagen: Zunächst brauche das Teilchen keine elektrische Ladung, denn die Ladungserhaltung im Betazerfall gelte auch ohne ein neues Teilchen. Weiterhin müsse es andere Materie sehr gut durchdringen, denn noch niemand habe das Teilchen je nachgewiesen. (Diese hohe Durchdringungsfähigkeit würde eine schwache Wechselwirkung mit Materie bedeuten; infolgedessen wäre das Teilchen in der Tat nur sehr schwer nachzuweisen.) Und schließlich müsse die Masse des Teilchens null (oder beinahe null) sein, weil Betastrahlung mit Energien knapp unterhalb der maximal möglichen Energie E_{max} in Betazerfällen gelegentlich schon gesehen worden war.

Das vorhergesagte neue Teilchen würde eine Energie tragen, die in jedem einzelnen Betazerfall gleich der Energiedifferenz $E_{\text{max}} - E_\beta$ wäre, und würde daher die Erhaltung der Energie gewährleisten. Sein physikalisches Verhalten würde sich auch mit der Erhaltung von linearem Impuls und Drehimpuls vertragen.

Um das Bahnbrechende an Paulis Vorschlag zu würdigen, sollte man bedenken, daß damals nur zwei fundamentale Teilchen bekannt waren, das Elektron und das Proton. Ihre Existenz wurde aus ihrem Verhalten in zahlreichen Experimenten gefolgert. Niemand hatte je zuvor ein neues Teilchen „*erfunden*". Pauli war sich bewußt, daß diese Lösung sehr unwahrscheinlich erschien. „Aber nur wer wagt, gewinnt", schrieb er, und in einem Brief an die „Lieben radioaktiven Damen und Herren" heißt es: „Also, liebe Radioaktive, prüfet und richtet!"

Pauli ging mit seinem Vorschlag für dieses seltsame neue Teilchen bei einem Treffen der American Physical Society im Juni 1931 an die Öffentlichkeit. Trotz seiner beträchtlichen Reputation als theoretischer Physiker war die Resonanz auf seinen Vorschlag nicht gerade überwältigend. Die meisten Physiker standen dem Vorschlag, ein neues, nicht nachweisbares Teilchen einzuführen, höchst skeptisch gegenüber. Daß Bohr recht habe, darüber konnte jedoch Konsens erzielt werden. Aus irgendeinem Grund blieb eben die Energie bei Kernreaktionen nicht erhalten.

1933 wurde Pauli durch James Chadwicks Entdeckung des Neutrons (eines ungeladenen Teilchens mit annähernd der Masse des Protons) ermutigt. Pauli argumentierte danach um so energischer dagegen, die Verletzung der Energieerhaltung im Betazerfall zu akzeptieren:

> „Die elektrische Ladung bleibt in diesem Prozeß erhalten, und ich verstehe nicht, warum die Ladungserhaltung fundamentaler sein sollte als die Erhaltung von Energie und Impuls. Wenn die Erhaltungssätze nicht gelten sollten, dann müßte man aus diesen Beziehungen schließen, daß ein Betazerfall immer mit einem Energieverlust einhergeht, aber nie mit einem Gewinn; dieser Schluß bedingt eine zeitliche Irreversibilität dieser Prozesse, die für mich überhaupt nicht akzeptabel ist." (Aus: Wolfgang Pauli, „Structures et Propriétés des Noyaux Atomiques", Proceedings of the Solvay Congress 1933, Paris, Gauthier-Villars, 1934, S. 324.)

Enrico Fermi fühlte sich sehr von Paulis Idee eines neuen Teilchens angezogen, das er *Neutrino* (italienisch soviel wie „das kleine Neutrale") nannte, um es von Chadwicks schwerem Neutron zu unterscheiden. Fermi entwickelte eine vollständig neue Theorie des Betazerfalles, die das Neutrino mit einschloß. Fermis Theorie war in der genauen Berechnung der experimentellen Beobachtungen des Betazerfalls außerordentlich erfolgreich. Sie lieferte jedoch alles andere als eine Garantie für die Existenz eines Teilchens mit genau den von Pauli vorgeschlagenen Eigenschaften. Eine Ausnahme bildete lediglich die Gewißheit in Fermis Theorie – zumindest wurde es damals so verstanden –, daß es völlig unmöglich sei, dieses Teilchen in irgendeinem Experiment nachzuweisen.

Die Zeit verging. Das Wissen über die fundamentalen Teilchen, aus denen das Atom besteht, die Kräfte, die zwischen ihnen wirken, und die Erhaltungssätze, die ihre Wechselwirkungen regeln, wurde wesentlich erweitert und verfeinert. Die Physiker begannen zu verstehen, daß das Neutrino eine weitaus wichtigere Rolle in der Teilchenphysik spielt, als Pauli selbst zunächst vermutet hatte. Infolgedessen wurde dem Nachweis der Existenz des Neutrinos und seiner vorhergesagten Eigenschaften eine große Bedeutung zugemessen. Diese Eigenschaften wurden sehr schnell in die Theorie der Kerne und der Teilchen eingebaut. Im Jahre 1949 unternahm Chalmers Sherwin Simultanmessungen des Impulses von Betateilchen und des emittierenden Kernes. Er zeigte, daß die gleichzeitig mit der Betastrahlung erfolgende Emission eines einzelnen masselosen Teilchens, das Paulis Neutrino entsprach, genau die Erhaltungssätze für Impuls und Energie erfüllte.

Die außerordentlich schwache Wechselwirkung von Neutrinos mit Materie zeigt sich beispielsweise darin, daß die typische Entfernung zwischen dem Entstehungsort eines Neutrinos und dem Ort seiner ersten Wechselwirkung mit Materie in der Größenordnung von 1000 Lichtjahren liegt. Dies macht den Nachweis von Neutrinos in *irgendeinem* Experiment sehr schwer. Für eine angemessene Chance, wenigstens einige Neutrinos nachzuweisen, muß also eine gewaltige Anzahl von ihnen durch eine wie auch immer aufgebaute Nachweisapparatur hindurchtreten.

Es dauerte immerhin 25 Jahre nach Paulis erster Vorhersage des Neutrinos, bis es mit großen Kernreaktoren eine genügend starke Quelle für die benötigte große Zahl von Neutrinos gab; damit wurden Nachweisexperimente erstmals vorstellbar. Schließlich gelang es Clyde Clowan und Frederick Reines 1956 mit Hilfe des sehr großen Neutrinoflusses eines Reaktors bei Savannah River (etwa 10^{15} Neutrinos pro Quadratzentimeter und Sekunde), die unverwechselbare „Signatur" einer Kernreaktion nachzuweisen, die nur durch Neutrinos entstanden sein konnte (tatsächlich waren es Antineutrinos, aber das ist eine andere Geschichte). Hiermit waren auch die letzten Zweifel an Paulis Vorschlag beseitigt.

Seit damals und bis heute ist die Untersuchung der grundlegenden Eigenschaften des Neutrinos ein aktuelles Forschungsgebiet für Experimentatoren und Theoretiker. Mittlerweile wissen wir, daß es drei verschiedene Neutrinoarten gibt, und wir glauben, daß die Neutrinos zu den ganz wenigen wirklich elementaren Teilchen gehören. Unter „elementar" verstehen wir dabei, daß sie ihrerseits nicht zerfallen. Experimente mit Neutrinos, einst als unmöglich betrachtet, werden heutzutage an allen größeren Teilchenbeschleunigern der Welt durchgeführt und ermöglichen uns wichtige Fortschritte bei der Suche nach einem tieferen Verständnis des physikalischen Universums. (In den Kapiteln 41 und 42 werden wir mehr darüber hören.) Die Neutrino-Astronomie ist ein interessantes Gebiet der aktiven Forschung, weil Neutrinos, vermöge ihrer schwachen Wechselwirkung mit Materie, die einzigen Teilchen sind, die aus dem Innern der dichtesten Sterne leicht austreten können. Sie liefern somit Informationen über die Entstehung der Sterne und die frühesten Momente des Universums. Neutrinos spielen in den Modellen der Kosmologie eine fundamentale Rolle – eine der zur Zeit brennendsten Fragen ist in diesem Zusammenhang die nach der Ruhemasse der Neutrinos (siehe auch Kapitel 42).

Und dies alles fing mit einem Brief von Wolfgang Pauli an: „Aber nur wer wagt, gewinnt!" – Allerdings!

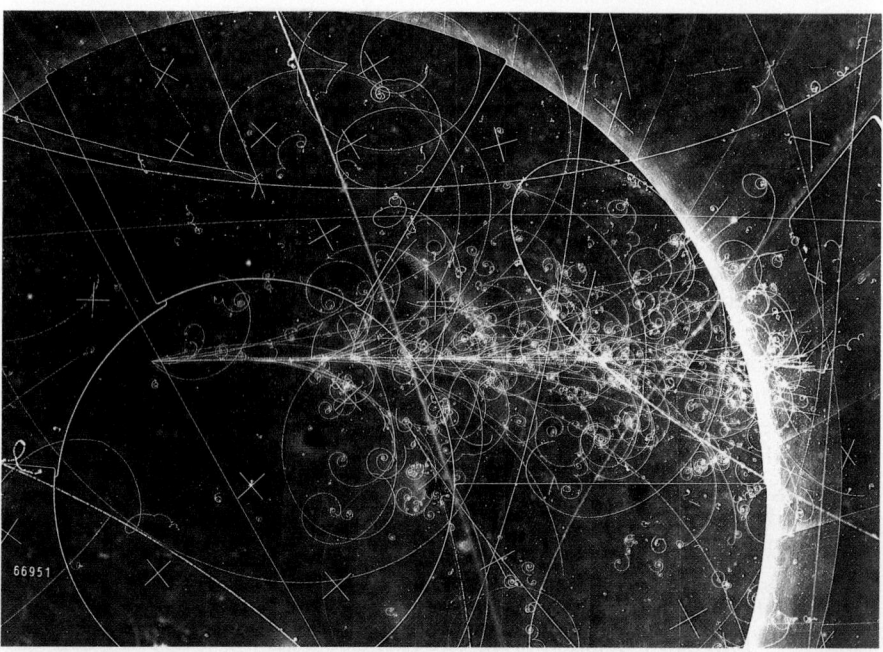

Die komplizierten Spuren eines Teilchenschauers, der emittiert wird, wenn ein Neutrino (das hier von unten eintritt) mit einem Proton reagiert. Das Foto entstand in der großen Blasenkammer am Europäischen Kernforschungszentrum CERN (© CERN).

Aufgaben

Stufe I

7.1 Der Massenmittelpunkt

1. Gegeben seien drei Körper gleicher Masse von jeweils 2 kg. Körper 1 befinde sich bei $x = 10$ cm, $y = 0$ cm, Körper 2 bei $x = 0$ cm, $y = 10$ cm und Körper 3 bei $x = 10$ cm, $y = 10$ cm. Bestimmen Sie den Massenmittelpunkt.

2. Berechnen Sie für eine Sperrholzplatte mit der Masse 20 kg und gleichförmiger Massenverteilung, wie in Abbildung 7.30 gezeigt, die x- und die y-Koordinate des Massenmittelpunktes.

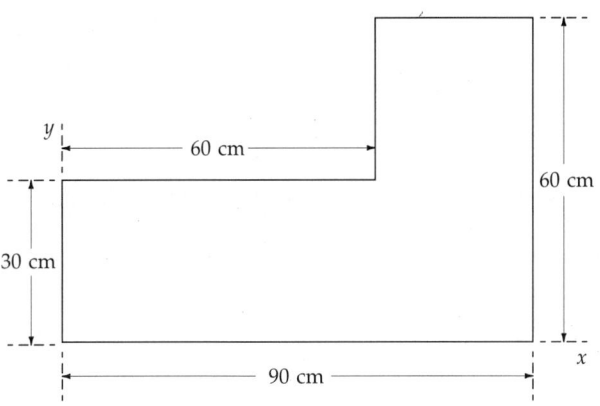

7.30 Zu Aufgabe 2.

3. Drei kleine Bälle A, B und C mit den Massen 300 g, 100 g und 100 g seien durch masselose Stäbe miteinander verbunden. Ihre Lagen sind in Abbildung 7.31 eingezeichnet. Wo liegt der Massenmittelpunkt?

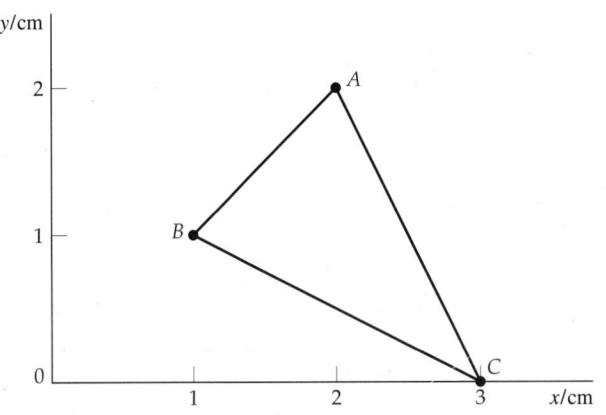

7.31 Zu Aufgaben 3 und 5.

7.2 Bewegung des Massenmittelpunkts

4. Ein Personenwagen der Masse 1500 kg fahre mit einer Geschwindigkeit von 20 m/s nach Westen, ein Lastwagen der Masse 3000 kg mit 16 m/s nach Osten. Bestimmen Sie die Geschwindigkeit des Massenmittelpunktes.

5. Eine Kraft $F = (12\text{ N})\,e_x$ wirke auf den 300-g-Ball in der Anordnung von Abbildung 7.31. Wie groß ist die Beschleunigung des Massenmittelpunktes?

7.3 Impulserhaltung

6. Ein offener Eisenbahnwaggon der Masse 20 000 kg rolle ohne Reibung mit 5 m/s, als es stark zu regnen beginnt. Wie groß ist seine Geschwindigkeit, nachdem sich in ihm 2000 kg Wasser gesammelt haben?

7. Zwei Massen von 5 kg und 10 kg ruhen auf einem reibungsfreien Tisch und seien durch eine komprimierte Feder miteinander verbunden. Nach dem Lösen der Feder bewege sich die kleinere Masse mit einer Geschwindigkeit von 8 m/s nach links. Bestimmen Sie die Geschwindigkeit der größeren Masse.

8. Der Waggon einer Modelleisenbahn mit der Masse 250 g bewege sich mit einer Geschwindigkeit von 0,5 m/s und kopple an einen zweiten, ruhenden Waggon an, der die Masse 400 g hat. Bestimmen Sie die Geschwindigkeit der beiden gekoppelten Waggons.

7.4 Das Massenmittelpunktsystem als Bezugssystem

7.5 Kinetische Energie eines Systems von Teilchen

9. a) Bestimmen Sie die gesamte kinetische Energie der beiden Modelleisenbahnwaggons aus Aufgabe 8, bevor sie koppeln. b) Bestimmen Sie die Anfangsgeschwindigkeiten der beiden Waggons relativ zum Massenmittelpunkt des Systems und verwenden Sie diese, um die kinetische Energie des Systems relativ zum Massenmittelpunkt vor dem Ankoppeln zu ermitteln. c) Bestimmen Sie die kinetische Energie des Massenmittelpunktes. d) Vergleichen Sie Ihre Ergebnisse für die Teile b) und c) mit denen für Teil a).

10. Beschreiben Sie, wie sich ein massiver Ball bewegen muß, damit seine gesamte kinetische Energie a) genau der Energie seiner Massenmittelpunktsbewegung bzw. b) der Energie der Bewegung relativ zu seinem Massenmittelpunkt entspricht.

11. Zwei gleiche Bowling-Kugeln bewegen sich mit derselben Geschwindigkeit. Eine Kugel rolle, die andere gleite auf der Bahn. Welche Kugel hat die höhere Energie?

12. Ein Block der Masse 3 kg bewege sich mit 5 m/s nach rechts, und ein zweiter Block der Masse 3 kg bewege sich mit 2 m/s nach links. Bestimmen Sie a) die gesamte kinetische Energie der beiden Blöcke in diesem Bezugssystem, b) die Geschwindigkeit des Massenmittelpunktes des Zwei-Körper-Systems, c) die Geschwindigkeiten der beiden Blöcke relativ zum Massenmittelpunkt und d) die kinetische Energie der Bewegung der beiden Blöcke im Massenmittelpunktsystem. e) Zeigen Sie, daß der in Teil a) ermittelte Wert um die kinetische Energie der Massenmittelpunktsbewegung größer ist als der Wert in Teil d).

7.6 Stöße in einer Dimension

13. Ein Klumpen Lehm der Masse 150 g werde mit 5 m/s horizontal an einen 1-kg-Block geworfen (und bleibe an ihm haften), der auf einer reibungsfreien Oberfläche ruhe. Wie groß ist danach die gemeinsame Geschwindigkeit von Lehm und Block?

14. Ein Auto der Masse 2000 kg, das sich mit 30 m/s nach rechts bewege, folge einem Auto gleicher Masse, das sich mit 10 m/s ebenfalls nach rechts bewege. a) Nehmen Sie an, die Autos stoßen zusammen und trennen sich danach nicht voneinander. Wie groß ist ihre Geschwindigkeit nach dem Stoß? b) Welcher Bruchteil der ursprünglichen kinetischen Energie geht bei diesem Stoß verloren, und wo verbleibt sie?

15. Bestimmen Sie die Endgeschwindigkeiten der beiden Blöcke von Aufgabe 12, wenn sie a) absolut inelastisch bzw. b) elastisch aufeinanderstoßen.

16. Ein schwerer Ball mit der Masse 5 kg treffe einen 85 kg schweren Mann im Rücken und pralle mit 2 m/s zurück. a) Die Anfangsgeschwindigkeit des Balles betrage 8 m/s, und der Mann sei anfangs in Ruhe. Wie groß ist die Geschwindigkeit, die der Ball dem Mann überträgt? b) Ist dies ein elastischer oder ein inelastischer Stoß?

17. Ein Ball erreiche nach jedem Aufprall 80 Prozent der Höhe, aus der er jeweils fällt. a) Welchen Bruchteil seiner mechanischen Energie verliert er bei jedem Aufprall? b) Wie groß ist der Stoßkoeffizient für das System Ball–Boden?

7.7 Stöße in drei Dimensionen

18. Beim Billard treffe die weiße Kugel mit 5 m/s auf die ruhende schwarze Kugel. Beide haben gleiche Massen. Nach dem elastischen Stoß bewege sich die schwarze Kugel unter einem Winkel von 30° gegen die Richtung der einlaufenden Kugel weg. a) Bestimmen Sie die Bewegungsrichtung der weißen Kugel nach dem Stoß. b) Bestimmen Sie die Geschwindigkeiten beider Kugeln.

19. In Abbildung 7.32 sind die Situationen vor und nach dem Stoß zweier Kugeln unterschiedlicher Massen gezeigt. a) Bestimmen Sie die Geschwindigkeit v_2 der größeren Kugel nach dem Stoß und den zugehörigen Winkel θ_2. Zeigen Sie, daß der Stoß elastisch ist.

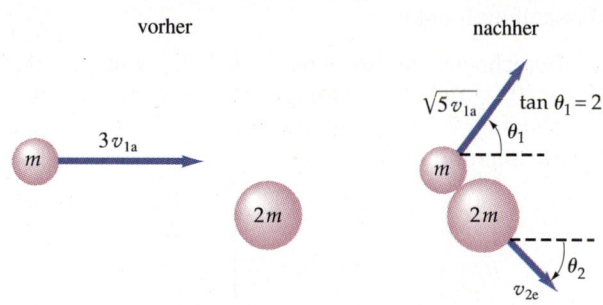

7.32 Zu Aufgabe 19.

7.8 Kraftstoß und zeitliches Mittel einer Kraft

20. Ein Fußball mit der Masse 0,43 kg verlasse mit der Anfangsgeschwindigkeit 25 m/s den Fuß eines Spielers. a) Wie groß ist der Kraftstoß, der vom Spieler auf den Ball übertragen wird? b) Der Ball sei 0,008 s lang mit dem Fuß des Spielers in Kontakt. Wie groß ist das zeitliche Mittel der Kraft, die auf den Fußball ausgeübt wird?

21. Wenn ein Baseball der Masse 0,15 kg geschlagen wird, ändere sich seine Geschwindigkeit von +20 m/s auf −20 m/s. a) Wie groß ist der Kraftstoß, den der Schläger auf den Ball ausübt? b) Der Baseball sei 1,3 ms lang mit dem Schläger in Kontakt. Wie groß ist das zeitliche Mittel der Kraft, die der Schläger auf den Ball ausübt?

22. Ein Handball der Masse 300 g treffe mit 5 m/s unter einem Winkel von 40° auf eine Wand und pralle mit gleicher Geschwindigkeit und unter demselben Winkel ab. Er habe 2 ms lang Kontakt mit der Wand. Wie groß ist das zeitliche Mittel der Kraft, die vom Ball auf die Wand ausgeübt wird?

7.9 Strahlantrieb

23. Eine Rakete verbrenne Treibstoff mit einer Geschwindigkeit von 200 kg/s und stoße das Gas mit der relativen Geschwindigkeit 6 km/s aus. Bestimmen Sie die Schubkraft der Rakete.

24. Die Nutzlast einer Rakete betrage 5 Prozent ihrer Gesamtmasse; der Rest sei Treibstoff. Die Rakete starte aus der Ruhe, ohne daß äußere Kräfte auf sie wirken. Wie groß ist ihre Endgeschwindigkeit, wenn sie das Gas mit 5 km/s ausstößt?

25. Eine Rakete bewege sich im kräftefreien Raum. Sie starte aus der Ruhe und habe eine Ausstoßgeschwindigkeit von 3 km/s. Bestimmen Sie die Endgeschwindigkeit, wenn die Nutzlast a) 20 Prozent, b) 10 Prozent und c) 1 Prozent beträgt.

Stufe II

26. Ein Kleinwagen mit 800 kg Masse sei hinter einem Lieferwagen mit 1600 kg Masse geparkt. Bei beiden Fahrzeugen seien die Handbremsen nicht angezogen und auch kein Gang eingelegt, so daß sie mit vernachlässigbarer Reibung rollen können. Ein Mann, der auf der Ladepritsche des Lastwagens sitzt, übe eine konstante Kraft auf den Kleinwagen aus, wie in Abbildung 7.33 gezeigt. Der Kleinwagen werde mit 1,2 m/s² beschleunigt. a) Wie groß ist die Beschleunigung des Lieferwagens? b) Wie groß sind die Kräfte auf den Lieferwagen und auf den Kleinwagen?

7.33 Zu Aufgabe 26.

27. Eine 16-g-Kugel werde in das 1,5-kg-Gewichtsstück eines ballistischen Pendels geschossen. Bei maximaler Auslenkung bilden die Halteschnüre einen Winkel von 60° mit der Vertikalen. Die Pendellänge betrage 2,3 m. Bestimmen Sie die Geschwindigkeit der Kugel.

28. Ein 3-kg-Körper, der sich mit 4 m/s bewegt, stoße mit einem ruhenden Körper der Masse 2 kg elastisch zusammen. Verwenden Sie das Prinzip der Impulserhaltun sowie die Tatsache, daß die Relativgeschwindigkeit des Rückstoßes gleich der relativen Annäherungsgeschwindigkeit ist, und ermitteln Sie die Geschwindigkeiten der Körper nach dem Stoß. Überprüfen Sie Ihre Antwort, indem Sie die kinetische Energie jedes Körpers vor und nach dem Stoß berechnen.

29. Eine 6-kg-Granate werde unter einem Winkel von 30° gegen die Horizontale abgeschossen und erhalte die Anfangsgeschwindigkeit 40 m/s. Am höchsten Punkt ihrer Flugbahn explodiere sie, wobei zwei Teile mit den Massen 2 kg und 4 kg entstehen. Die Bruchstücke bewegen sich unmittelbar nach der Explosion horizontal. Das 2-kg-Stück lande an der Abschußstelle. a) Wo landet das 4-kg-Stück? b) Berechnen Sie die kinetische Energie der Granate kurz vor der Explosion und die kinetische Gesamtenergie der Bruchstücke kurz nach der Explosion. Bestimmen Sie daraus die bei der Explosion freigesetzte Energie.

30. Eine 3-kg-Bombe gleite auf einer reibungsfreien Fläche mit der Geschwindigkeit 6 m/s in x-Richtung. Sie explodiere in zwei Teile mit 2 kg bzw. 1 kg Masse. Das 1-kg-Stück bewege sich mit 4 m/s entlang der horizontalen Fläche in y-Richtung. a) Bestimmen Sie die Geschwindigkeit des 2-kg-Stückes. b) Wie groß ist die Geschwindigkeit des Massenmittelpunktes nach der Explosion?

31. Ein 2-kg-Körper, der sich mit 3 m/s nach rechts bewegt, stoße mit einem 3-kg-Körper zusammen, der sich daraufhin mit 2 m/s nach links bewege. Die Stoßzahl betrage 0,4. Bestimmen Sie die Geschwindigkeiten der beiden Körper nach dem Stoß.

32. Ein 2-kg-Körper, der sich mit 6 m/s bewegt, stoße mit einem ruhenden 4-kg-Körper zusammen. Nach dem Stoß bewege sich der 2-kg-Körper mit 1 m/s rückwärts. Bestimmen Sie für diesen Stoß a) die Geschwindigkeit des 4-kg-Körpers nach dem Stoß, b) die kinetische Energie, die beim Stoß verlorengeht, und c) die Stoßzahl.

33. Das Verhältnis von Erd- zu Mondmasse ist $m_E/m_M = 81{,}3$. Der Erdradius beträgt etwa 6370 km und der Abstand Erde–Mond rund 384 000 km. a) Wo liegt der Erde-Mond-Massenmittelpunkt relativ zur Erdoberfläche? b) Welche äußeren Kräfte wirken auf das System Erde–Mond? c) In welche Richtung wirkt die Beschleunigung des Massenmittelpunktes dieses Systems? d) Nehmen Sie an, daß sich der Massenmittelpunkt dieses Systems auf einer kreisförmigen Bahn um die Sonne bewegt. Wie weit muß sich der Erdmittelpunkt in den 14 Tagen zwischen Neumond (wenn der Mond der Sonne am nächsten kommt) und Vollmond (wenn der Mond maximalen Abstand von der Sonne hat) in radialer Richtung bewegen (d. h. zur Sonne hin oder von ihr weg)?

34. Eine runde Scheibe mit dem Radius r habe einen runden Ausschnitt mit dem Radius $r/2$ (siehe Abbildung 7.34). Bestimmen Sie den Massenmittelpunkt der Scheibe. *Hinweis:* Den Ausschnitt kann man sich als Überlagerung von zwei Scheiben mit den Massen m und $-m$ vorstellen.

35. Berücksichtigen Sie den Hinweis in Aufgabe 34 und bestimmen Sie den Massenmittelpunkt einer massiven Kugel mit dem Radius r, die einen kugelförmigen Hohlraum mit dem Radius $r/2$ hat, wie in Abbildung 7.35 gezeigt.

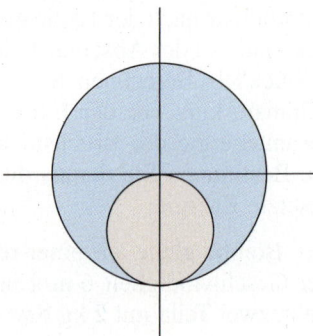

7.34 Zu Aufgabe 34.

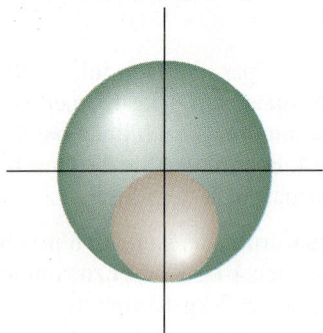

7.35 Zu Aufgabe 35.

36. Ein besonderer Baseball-Schläger mit der Länge ℓ habe eine Massenbelegung (Masse pro Längeneinheit), die gegeben ist durch $\lambda = \lambda_0 (1 + x^2/\ell^2)$. Bestimmen Sie die x-Koordinate des Massenmittelpunktes in Abhängigkeit von ℓ (siehe Abbildung 7.36).

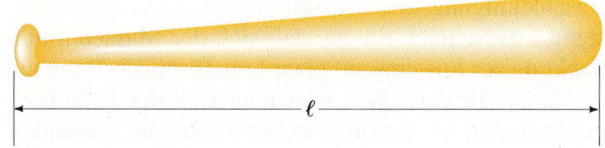

7.36 Zu Aufgabe 36.

37. Ein Mädchen mit 40 kg Masse steige mit zwei 5-kg-Steinen auf ihr 10-kg-Wägelchen. Die Steine werfe sie einzeln horizontal nach hinten vom Wägelchen hinunter, wobei sich die Steine mit 7 m/s relativ zu ihr fortbewegen. a) Wie groß ist ihre eigene Geschwindigkeit, nachdem sie den zweiten Stein abgeworfen hat? b) Wie schnell wäre sie, wenn sie beide Steine gleichzeitig mit 7 m/s abgeworfen hätte?

38. Mit einem Hammer der Masse 0,8 kg werde ein 30-g-Nagel in Holz geschlagen. Wenn der Hammer eine Stoßgeschwindigkeit von 0,5 m/s hat, dringe der Nagel pro Schlag 2 cm tiefer ins Holz. Wie groß ist a) die gemeinsame Geschwindigkeit von Hammer und Nagel kurz nach dem Stoß (der vollkommen inelastisch sei) und b) die Zeit, in der der Nagel in Bewegung ist? Nehmen Sie an, daß er seine Anfangsgeschwindigkeit in einer vernachlässigbar kurzen Zeitspanne erreicht, nach der gleichförmige Verzögerung eintritt. c) Wie groß ist die durchschnittliche Kraft, die das Holz dem Nagel beim Eindringen entgegensetzt?

39. Sie werfen einen 150-g-Ball 40 m hoch. a) Nehmen Sie eine realistische Strecke an, die der Ball in Ihrer Hand zurücklegt, und berechnen Sie das zeitliche Mittel der Kraft, die Ihre Hand beim Abwerfen auf den Ball ausübt. b) Darf die Gewichtskraft des Balles beim Abwerfen vernachlässigt werden?

40. Ein Auto mit 2000 kg Masse und 6 m Länge pralle mit 90 km/h auf eine Betonwand, die nicht im geringsten nachgibt. a) Schätzen Sie die Dauer des Aufpralls ab, wenn der Mittelpunkt des Autos den halben Weg zur Wand ($\frac{1}{4}$ der Wagenlänge) mit konstanter Verzögerung zurücklegt. b) Schätzen Sie das zeitliche Mittel der Kraft ab, die auf das Auto wirkt.

41. Ein Ball bewege sich mit 10 m/s und stoße elastisch sowie nichtzentral auf einen ruhenden Ball gleicher Masse. Der ankommende Ball werde um einen Winkel von 30° aus seiner Einfallsrichtung abgelenkt. Bestimmen Sie die Geschwindigkeiten der beiden Bälle nach dem Stoß.

42. Ein Proton mit der Masse m stoße zentral und elastisch mit einem ruhenden Kohlenstoffkern der Masse $12\,m$ zusammen. Die Geschwindigkeit des Protons betrage 300 m/s. Bestimmen Sie a) die Massenmittelpunktsgeschwindigkeit des Systems, b) die Geschwindigkeit des Protons nach dem Stoß im Massenmittelpunktsystem und c) die Geschwindigkeit des Protons nach dem Stoß im Laborsystem.

43. Ein Handball mit 300 g Masse werde mit 8 m/s gerade gegen eine Wand geworfen, von der er mit der gleichen Geschwindigkeit abpralle. a) Welchen Kraftstoß übt der Ball auf die Wand aus? b) Wie groß ist das zeitliche Mittel der Kraft, die der Ball auf die Wand ausübt, wenn er 0,003 s lang mit ihr in Kontakt ist? c) Eine Spielerin fange den Ball und bremse ihn vollständig ab. Dabei bewege sich ihre Hand um 0,5 m zurück. Welchen Kraftstoß erfährt die Spielerin dabei? d) Welche Durchschnittskraft wird vom Ball auf die Spielerin ausgeübt?

44. Ein 13-kg-Block ruhe auf einem ebenen Boden. Ein 400-g-Klumpen Kitt werde horizontal an den Block geworfen und bleibe an diesem hängen. Beide Körper bewegen sich dann 15 cm weit in horizontaler Richtung. Wie groß ist bei einer Gleitreibungszahl von 0,4 die Anfangsgeschwindigkeit des Kittklumpens?

45. Eine Kugel der Masse m_1 werde mit der Geschwindigkeit v auf das Gewicht eines ballistischen Pendels der Masse m_2 geschossen. Das Gewicht hänge an einem sehr leichten Stab der Länge ℓ, dessen oberes Ende drehbar gelagert sei. Die Kugel bleibe im Gewicht stecken. Welche Geschwindigkeit muß die Kugel mindestens haben, damit das Gewicht einen vollständigen Kreis beschreibt?

46. Eine Kugel der Masse m_1 werde mit der Geschwindigkeit v in den Pendelkörper eines ballistischen Pendels geschossen, der die Masse m_2 habe. Bestimmen Sie die maximale Höhe h, die der Pendelkörper erreicht, wenn die Kugel durch ihn hindurchgeht und mit der Geschwindigkeit $v/2$ wieder austritt.

47. Die Kraft, die auf ein Teilchen mit der Masse 5,0 kg wirkt, sei durch $F(t) = (3 \text{ N/s}^2)t^2$ gegeben (dabei werde t in s eingesetzt). Das Teilchen starte aus der Ruhe. Wie groß ist seine Geschwindigkeit nach 5 Sekunden?

48. Eine Rakete habe beim Start die Masse 30 000 kg. Davon seien 20 Prozent Nutzlast. Der Treibstoff werde mit einer Geschwindigkeit von 200 kg/s verbrannt und das Abgas mit der Relativgeschwindigkeit 1,8 km/s ausgestoßen. Die Bewegung der Rakete finde im konstanten Schwerefeld der Erde statt und sei nach oben gerichtet. Bestimmen Sie a) die Schubkraft der Rakete, b) die Zeit, bis der Treibstoff verbrannt ist, und c) ihre Endgeschwindigkeit.

49. Bestimmen Sie für Aufgabe 48 die Anfangsbeschleunigung und die Beschleunigung der Rakete, kurz bevor der Treibstoff verbraucht ist.

Stufe III

50. a) In einer großen Tropfsteinhöhle fallen pro Sekunde 10 Wassertropfen von je 10 mL aus einer Höhe von 5 m. Wie groß ist das zeitliche Mittel der Kraft, die auf den Höhlenboden ausgeübt wird? b) Vergleichen Sie diese Kraft mit der Gewichtskraft der Wassertropfen.

51. Ein beliebtes Picknick-Spiel ist das Eierwerfen. Zwei Personen werfen ein rohes Ei zwischen sich hin und her und entfernen sich dabei sukzessive voneinander. Es sei eine Kraft von 5 N nötig, um die Eierschale zu zerbrechen; ein Ei habe die Masse 50 g. Wie groß ist schätzungsweise die maximale Distanz, die das Ei unbeschadet übersteht? Setzen Sie für die nötigen Annahmen vernünftige Werte ein.

52. Ein Raumschiff, mit dem der Asteroidengürtel zwischen Mars und Jupiter abgebaut werden soll, habe die Form einer riesigen Schaufel. Seine Masse betrage 10^5 kg, und es bewege sich mit einer Anfangsgeschwindigkeit von 10^4 m/s. Dabei überhole es Asteroiden, die eine Geschwindigkeit von 100 m/s haben. Wie groß ist seine Geschwindigkeit nach einer Stunde, wenn pro Sekunde 100 kg Asteroiden eingesammelt werden?

53. Welche Schubkraft müßte das Raumschiff aus Aufgabe 52 haben, um sich mit konstanter Geschwindigkeit bewegen zu können? Ignorieren Sie den Massenverlust der Rakete durch das Ausstoßen von Treibstoff.

54. Bei dem Billard-Stoß in Abbildung 7.37 steht die Richtung der einlaufenden Kugel senkrecht auf der Verbindungslinie der beiden angespielten Kugeln, die sich berühren. Die einlaufende Kugel treffe diese beiden Kugeln gleichzeitig. Berücksichtigen Sie die Symmetrie des Problems sowie die Prinzipien der Energie- und der Impulserhaltung und bestimmen Sie die Endgeschwindigkeiten der drei Kugeln.

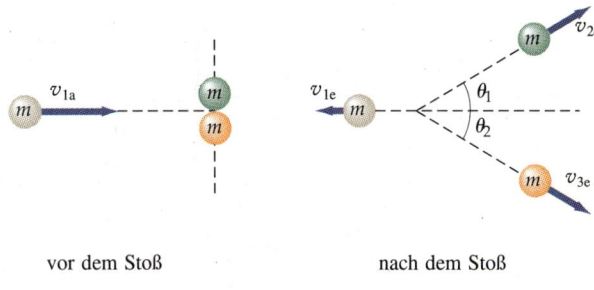

vor dem Stoß   nach dem Stoß

7.37 Zu Aufgabe 54.

55. Zeigen Sie, daß in einem eindimensionalen Zwei-Teilchen-Stoß der Verlust an Relativenergie mit der Stoßzahl e über

$$\frac{\Delta E_{\text{kin,rel}}}{E_{\text{kin,rel}}} = 1 - e^2$$

zusammenhängt.

56. Zeigen Sie, daß bei einem elastischen Stoß zwischen zwei Teilchen gleicher Masse, von denen eines anfangs ruht, die Energie $(\sin^2\theta)E_0$ auf das ursprünglich ruhende Teilchen übertragen wird. Dabei ist E_0 die Energie des einlaufenden Teilchens und θ der Winkel, um den es aus seiner Richtung abgelenkt wird.

57. Berechnen Sie den Massenmittelpunkt einer Scheibe mit gleichmäßiger Massenverteilung, die die Form eines Halbkreises hat. Wenden Sie das Verfahren der Integration an und wählen Sie den Koordinatenursprung im Mittelpunkt des Kreisbogens, wobei die y-Achse entlang dem Halbkreisdurchmesser verläuft.

58. Berechnen Sie mit Hilfe der Integration den Massenmittelpunkt des rechtwinkligen, gleichschenkligen Dreiecks in Abbildung 7.38.

7 Teilchensysteme und Impulserhaltung

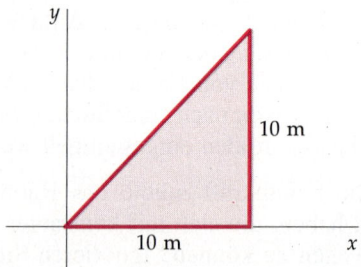

7.38 Zu Aufgabe 58.

59. Ein Strom von 100 Glaskügelchen mit jeweils der Masse 0,5 g trete pro Sekunde aus einem horizontalen Röhrchen aus. Die Kügelchen fallen 0,5 m tiefer auf die Schale einer Waage und prallen von ihr so ab, daß sie ihre ursprüngliche Höhe wieder erreichen (Abbil-

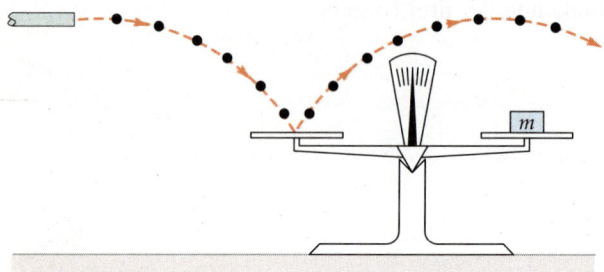

7.39 Zu Aufgabe 59.

dung 7.39). Wie groß muß die Masse in der anderen Waagschale sein, damit der Zeiger in der Mitte stehenbleibt?

60. Eine Rakete habe die Nutzlast 5000 kg und einen Treibstoffvorrat von 20 000 kg. Sie starte aus der Ruhe und verbrenne 200 kg Treibstoff pro Sekunde. Die Abgase werden mit 6 km/s ausgestoßen. Bestimmen Sie a) die Endgeschwindigkeit der Rakete im freien Raum, in dem keine Gravitation wirke, und b) die Geschwindigkeit nach dem Ausbrennen der Rakete, wenn sie sich gegen ein konstantes Gravitationsfeld g bewegt. c) Ist in Teil b) die Änderung der Erdbeschleunigung g mit der Höhe über der Erdoberfläche vernachlässigbar, wenn die Rakete von der Erdoberfläche aus startet?

61. Ein Teilchen mit der Anfangsgeschwindigkeit v_0 stoße mit einem ruhenden Teilchen zusammen und werde um den Winkel φ abgelenkt. Seine Geschwindigkeit nach dem Stoß sei v. Das zweite Teilchen werde gestreut, wobei seine Geschwindigkeit den Winkel θ mit der Anfangsrichtung des ersten Teilchens bildet. a) Zeigen Sie, daß gilt

$$\tan \theta = \frac{v \sin \varphi}{v_0 - v \cos \varphi}.$$

b) Müssen Sie einen elastischen oder einen inelastischen Stoß annehmen, um das Resultat von a) zu erhalten?

Drehbewegungen

8

In unserer Erfahrungswelt gibt es viele Beispiele für Drehbewegungen, angefangen beim Brummkreisel im Kinderzimmer bis hin zum Karussell auf dem Rummelplatz. Turmspringer und Kunstturner drehen sich bei ihren Überschlägen, Eisläufer bei ihren Pirouetten. Die Erde dreht sich um ihre Achse. Millionen Räder rollen täglich auf unseren Straßen. Moleküle und Atome können rotieren, ja sogar Elektronen benehmen sich in vieler Hinsicht so, als ob sie sich drehen.

In diesem Kapitel werden wir lernen, wie man Drehbewegungen (*Rotationen*) beschreibt. Zuerst werden wir die kinematischen Größen wie Drehung um einen Winkel, Winkelgeschwindigkeit und Winkelbeschleunigung kennenlernen. Diese Größen sind die analogen Größen zu Verschiebung, Geschwindigkeit und Beschleunigung, die wir bei der Beschreibung der linearen Bewegung (also der *Translation*) verwenden. Wir werden sehen, daß die Rotation eines starren Körpers mit konstanter Winkelbeschleunigung durch Gleichungen beschrieben wird, die den Gleichungen entsprechen, die wir bereits für die lineare Bewegung mit konstanter Beschleunigung verwendet haben. Wir werden dann die Dynamik der Drehbewegung studieren und eine Gesetzmäßigkeit kennenlernen, die dem zweiten Newtonschen Axiom der Translation analog ist. Darüber hinaus werden wir sehen, daß es zu den dynamischen Größen der linearen Bewegung – Kraft, Masse und Impuls – die entsprechenden Größen der Rotation gibt, nämlich Drehmoment, Trägheitsmoment und Drehimpuls.

8.1 Winkelgeschwindigkeit und Winkelbeschleunigung

Abbildung 8.1 zeigt eine Scheibe, die drehbar in ihrem Mittelpunkt gelagert ist. Die Drehachse steht senkrecht zur Scheibe. Wenn sich die Scheibe dreht, bewegen sich verschiedene Teile der Scheibe unterschiedlich schnell. Ein Randpunkt der Scheibe beispielsweise bewegt sich schneller als ein Punkt in der Nähe der Achse. Aus diesem Grund ist es sinnlos, von der Geschwindigkeit einer sich drehenden Scheibe zu sprechen. Wenn aber ein Punkt am Rand eine vollständige Umdrehung vollführt hat, dann hat sich auch jeder andere Punkt auf der Scheibe

8 Drehbewegungen

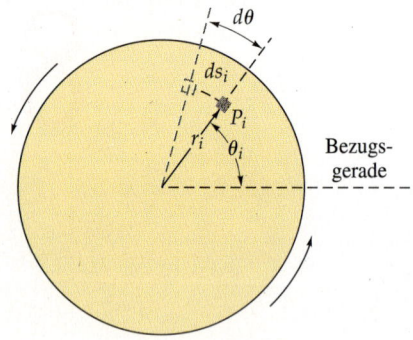

8.1 Eine Scheibe, die sich um eine feste Achse durch ihren Mittelpunkt dreht. Die Strecke ds_i, die das *i*-te Teilchen in einem bestimmten Zeitintervall zurücklegt, hängt vom Radius r_i ab; der Drehwinkel ist für alle Teilchen der Scheibe gleich.

einmal vollständig gedreht. Eine Linie zwischen der Drehachse und einem beliebigen Punkt auf der Scheibe bewegt sich in einer gegebenen Zeit um den gleichen Winkel, egal, in welchem Abstand sich der Punkt von der Drehachse befindet. Dieser Winkel ist deshalb charakteristisch für die ganze Scheibe. Eine ebenso charakteristische Größe ist die Geschwindigkeit, mit der der Winkel sich ändert.

Um eine Vorstellung von Winkelgeschwindigkeit und Winkelbeschleunigung zu entwickeln, betrachten wir die Scheibe als aus vielen kleinen Punktteilchen zusammengesetzt. Wenn sich die Scheibe dreht, bleiben die Abstände zwischen zwei beliebigen Teilchen unverändert. Ein solches System heißt **starrer Körper**.

Betrachten wir nun ein typisches Teilchen der Masse m_i auf der Scheibe. Wir können den Ort P_i des Teilchens auf der Scheibe durch Angabe seines Abstandes r_i und seines Winkels θ_i zwischen einer festen Bezugsgeraden und der Linie vom Drehpunkt zum Teilchen beschreiben (Abbildung 8.1). Während eines kurzen Zeitintervalles dt bewegt sich das Teilchen auf einem Kreisbogen um eine Strecke ds_i, die durch

$$ds_i = v_i\, dt \qquad 8.1$$

gegeben ist, wobei v_i die Geschwindigkeit (im bisherigen Sinne) des Teilchens ist. Während dieser Zeit überstreicht die radiale Linie zum Teilchen relativ zu der Bezugsgeraden einen Winkel dθ. Die Größe dieses Winkels in **Bogenmaß** ist definiert als Quotient aus Bogenlänge ds_i und Radius r_i (vgl. Abbildung 8.1):

$$d\theta = \frac{ds_i}{r_i}. \qquad 8.2$$

Obwohl der Abstand r_i von Teilchen zu Teilchen variiert, ist der Winkel dθ, der in einer gegebenen Zeit überstrichen wird, für alle Teilchen gleich. Er wird als **Drehwinkel** bezeichnet. Wenn die Scheibe eine vollständige Umdrehung macht, dann ist die Länge des Kreisbogens Δs_i gleich $2\pi r_i$, und für den Drehwinkel $\Delta \theta$, ausgedrückt in Bogenmaß, gilt:

$$\Delta \theta = \frac{2\pi r_i}{r_i} = 2\pi\,.$$

Das Bogenmaß ist eine dimensionslose Zahl, die Werte von 0 bis unendlich annehmen kann. So hat es durchaus Sinn, einen Winkel mit 1 oder 2,83 oder 1000 zu beziffern. Die vorstehende Gleichung verdeutlicht allerdings, daß es natürlicher ist und viele Rechnungen vereinfacht, wenn man Winkel nicht als absolute Zahlen, sondern als Vielfache von π (= 3,14...) angibt: Bezogen auf eine Ausgangslage, entspricht eine halbe Umdrehung einem Drehwinkel von π, eine vollständige Umdrehung einem Drehwinkel von 2π usw. Winkelangaben von größer als 2π drücken demnach aus, daß es sich bezüglich der Ausgangslage um mehr als eine Umdrehung handelt. Man sieht, daß die Bezeichnung „Umdrehung" ebenfalls verwendet werden kann, um Drehwinkel anzugeben. In der Tat wird insbesondere in der Technik häufig mit der Hilfseinheit U (für Umdrehung) gearbeitet. Eine weitere Hilfseinheit, mit der sich in Gleichungen die Zusammenhänge zwischen den einzelnen Größen oft besser hervorheben lassen, ist der Radiant (rad). Beide Hilfseinheiten, U und rad, sind dimensionslos und hängen wie folgt mit dem Bogenmaß zusammen:

$$2\pi = 2\pi\,\text{rad} = 1\,\text{U}\,.$$

Schließlich gibt es noch die Möglichkeit, Winkel auf der Basis der historisch entstandenen (willkürlichen) Einteilung des Vollkreises in 360° anzugeben; für die Beziehung zwischen Gradmaß und Bogenmaß gilt:

$$2\pi = 360°.$$

Die Geschwindigkeit $d\theta/dt$, mit der sich der Winkel ändert, ist für alle Teilchen auf der Scheibe gleich. Man nennt sie die **Winkelgeschwindigkeit** ω der Scheibe:

$$\omega = \frac{d\theta}{dt} = \dot{\theta}.$$ 8.3 *Winkelgeschwindigkeit*

Die Winkelgeschwindigkeit ω ist positiv für Drehungen im Gegenuhrzeigersinn (hier wird θ größer) und negativ für Drehungen im Uhrzeigersinn (hier nimmt θ ab). Im allgemeinen – insbesondere, wenn die Drehachse im Raum nicht fixiert ist – muß man die Winkelgeschwindigkeit als vektorielle Größe behandeln. Wir werden darauf näher in Abschnitt 8.7 eingehen. Bei Drehungen um eine raumfeste Achse – und diesen Fall betrachten wir hier ausschließlich – hat die Winkelgeschwindigkeit nur zwei mögliche Richtungen, die davon abhängen, ob die Drehung im Uhrzeigersinn oder entgegengesetzt dazu erfolgt. (Dies ist analog zur linearen Bewegung in einer Dimension. Hier kann die Geschwindigkeit sowohl positiv als auch negativ sein.) Die Einheit der Winkelgeschwindigkeit ist s^{-1} oder, wenn mit den Hilfseinheiten Radiant und Umdrehung gearbeitet wird, $rad \cdot s^{-1}$ bzw. $U \cdot s^{-1}$ (manchmal $U \cdot min^{-1}$). Die Dimension der Winkelgeschwindigkeit ist gleich einer reziproken Zeit (T^{-1}).

Die zeitliche Änderung der Winkelgeschwindigkeit heißt **Winkelbeschleunigung** α:

$$\alpha = \frac{d\omega}{dt} = \dot{\omega} = \frac{d^2\theta}{dt^2} = \ddot{\theta}.$$ 8.4 *Winkelbeschleunigung*

Die Einheit der Winkelbeschleunigung ist s^{-2} bzw. $rad \cdot s^{-2}$ oder $U \cdot s^{-2}$. Die Winkelbeschleunigung ist positiv, wenn die Winkelgeschwindigkeit ω wächst, und negativ, wenn ω abnimmt. Wir können die Tangentialgeschwindigkeit v_{it} eines Teilchens auf einer Scheibe mit der Winkelgeschwindigkeit ω der Scheibe verknüpfen, indem wir Gleichungen (8.2) und (8.3) verwenden:

$$v_{it} = \frac{ds_i}{dt} = \frac{r_i \, d\theta}{dt} = r_i \omega.$$ 8.5

Analog dazu läßt sich ein Zusammenhang zwischen der tangentialen Beschleunigung a_{it} eines Teilchens i auf der Scheibe mit der Winkelbeschleunigung α der Scheibe finden:

$$a_{it} = \frac{dv_i}{dt} = r_i \frac{d\omega}{dt} = r_i \alpha.$$ 8.6

Jedes Teilchen auf der Scheibe erfährt eine radiale Beschleunigung, die sogenannte **Zentripetalbeschleunigung**, die zum Mittelpunkt hin gerichtet ist. Sie hat den Betrag

$$a_{iz} = \frac{v_i^2}{r_i} = \frac{(r_i \omega)^2}{r_i} = r_i \omega^2.$$ 8.7

8 Drehbewegungen

Übung

Eine Schallplatte drehe sich mit der konstanten Winkelgeschwindigkeit von 3,49 rad/s. Ein Randpunkt der Platte sei 15 cm von der Drehachse entfernt. Wie oft dreht sich die Platte pro Minute? Bestimmen Sie die Tangentialgeschwindigkeit v_t, die Tangentialbeschleunigung a_t und die Zentripetalbeschleunigung a_z des Punktes. (Antworten: ω = 33,3 U/min. v_t = 52,4 cm/s, a_t = 0, a_z = 183 cm/s^2.)

Drehwinkel, Winkelgeschwindigkeit und Winkelbeschleunigung sind analog zu den bei der eindimensionalen Bewegung verwandten Größen. Dort verwendet man die Linearverschiebung Δx, die Lineargeschwindigkeit v und die Linearbeschleunigung a. Da die Größen der linearen Bewegung und der Drehbewegung ganz ähnlich definiert sind, ist vieles aus Kapitel 2 über die Bewegung in einer Dimension auf sich drehende starre Körper übertragbar. Zum Beispiel entsprechen den Gleichungen (2.12) bis (2.15) die Gleichungen für konstante Winkelbeschleunigung; dabei sind x durch θ, v durch ω und a durch α zu ersetzen. Daher gilt

$$\omega = \omega_0 + \alpha t \qquad 8.8$$

für die Drehbewegung analog zu

$$v = v_0 + at,$$

und

$$\theta = \theta_0 + \omega_0 t + \frac{1}{2}\alpha t^2 \qquad 8.9$$

entspricht der Gleichung

$$x = x_0 + v_0 t + \frac{1}{2}at^2.$$

Hierbei sind ω_0 und θ_0 die Anfangswerte von Winkelgeschwindigkeit und Position. Wir können wie bei den Beschleunigungsgleichungen für lineare Bewegungen die Zeit aus den Formeln eliminieren und erhalten eine Gleichung, die Drehwinkel, Winkelgeschwindigkeit und Winkelbeschleunigung miteinander verbindet:

$$\omega^2 = \omega_0^2 + 2\alpha(\theta - \theta_0). \qquad 8.10$$

Dies entspricht der folgenden, für Translationsbewegungen geltenden Gleichung:

$$v^2 = v_0^2 + 2a(x - x_0).$$

Beispiel 8.1

Eine Scheibe drehe sich mit konstanter Winkelbeschleunigung $\alpha = 2$ rad/s^2. Wie viele Umdrehungen führt die Scheibe in 10 Sekunden aus, wenn sie anfänglich in Ruhe war?

Dieses Problem ist analog zur Berechnung der linearen Strecke, die ein Teilchen bei konstanter Beschleunigung in einer gegebenen Zeit zurückgelegt hat. Gleichung (8.9) verbindet den Drehwinkel mit der Zeit. Da die Scheibe anfangs ruht, ist $\omega_0 = 0$. Daher gilt

$$\theta - \theta_0 = \omega_0 t + \frac{1}{2}\alpha t^2 = 0 + \frac{1}{2} \cdot (2 \text{ rad/s}^2)(10 \text{ s})^2 = 100 \text{ rad},$$

und für die Anzahl der Umdrehungen erhalten wir wegen 1 U = 2π rad

$$100 \text{ rad} \cdot \frac{1 \text{ U}}{2\pi \text{ rad}} = 15{,}9 \text{ U}.$$

Beispiel 8.2

Bestimmen Sie die Winkelgeschwindigkeit der Scheibe in Beispiel 8.1 nach 10 s.
Gleichung (8.8) liefert

$$\omega = \omega_0 \cdot \alpha t = 0 + (2 \text{ rad/s}^2) \cdot 10 \text{ s} = 20 \text{ rad/s}.$$

Als Test für dieses und das Ergebnis aus dem vorangegangenen Beispiel können wir die Winkelgeschwindigkeit ebenso aus Gleichung (8.10) bestimmen:

$$\omega^2 = 2\alpha(\theta - \theta_0) = 2 \cdot (2 \text{ rad/s}^2) \cdot 100 \text{ rad} = 400 \text{ rad}^2/\text{s}^2$$

oder

$$\omega = \sqrt{400 \text{ rad}^2/\text{s}^2} = 20 \text{ rad/s}.$$

8.2 Drehmoment und Trägheitsmoment

In Abbildung 8.2a greifen die Kräfte F_1 und F_2 am Rand einer Scheibe an, die flach auf einer ebenen Fläche liegt, und versetzen die Scheibe in Rotation. Dabei ist es wichtig, wo sich die Angriffspunkte befinden und wie die Wirkungslinien der Kräfte (siehe Abschnitt 9.3) verlaufen: Greifen die gleichen Kräfte so an der Scheibe an, daß ihre Wirkungslinien durch den Mittelpunkt der Scheibe gehen, dann bewirken sie keine Drehung (Abbildung 8.2b). Der senkrechte Abstand zwischen der Wirkungslinie einer Kraft und der Drehachse heißt der **Hebelarm** ℓ einer Kraft. Das Produkt aus Kraft und Hebelarm heißt **Drehmoment** M. Das Drehmoment bestimmt die Winkelgeschwindigkeit eines Objektes.

Abbildung 8.3a zeigt eine einzelne Kraft F_i, die auf das i-te Teilchen auf der Scheibe wirkt. Der Hebelarm dieser Kraft ist $\ell = r_i \sin \varphi$, wobei φ der Winkel zwischen der Kraft F_i und dem Ortsvektor r_i zum Angriffspunkt der Kraft ist. Das Drehmoment durch diese Kraft ist

$$M_i = F_i \ell = F_i r_i \sin \varphi. \qquad 8.11$$

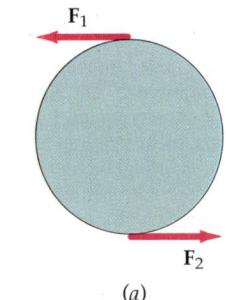

(a)

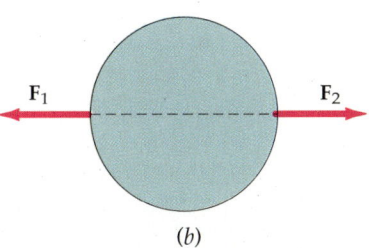

(b)

8.2 a) Die Kräfte F_1 und F_2 versetzen die Scheibe in eine Drehbewegung. b) Wenn zwei gleiche Kräfte an der Scheibe angreifen, ihre Wirkungslinien jedoch durch den Mittelpunkt der Scheibe gehen, dann können sie die Scheibe nicht in Drehung versetzen.

8 Drehbewegungen

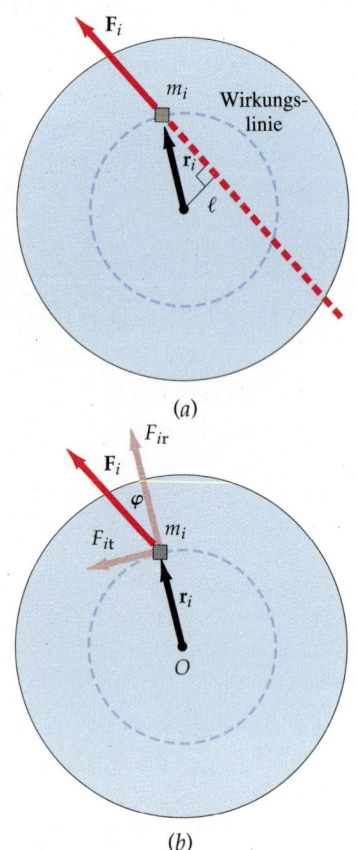

8.3 Eine Kraft F_i wirkt auf das i-te Teilchen einer Scheibe, die in ihrem Mittelpunkt drehbar gelagert ist. a) Der Hebelarm ℓ ist der senkrechte Abstand zwischen der Wirkungslinie der Kraft und der Drehachse. Die Drehachse zeigt hier in das Papier hinein. b) Die Kraft kann in eine radiale Komponente $F_{ir} = F_i \cos \varphi$ und eine dazu rechtwinklige Komponente $F_{it} = F_i \sin \varphi$ zerlegt werden. Die radiale Komponente hat keinen Einfluß auf die Bewegung der Scheibe.

Trägheitsmoment

In Abbildung 8.3b haben wir die Kraft F_i in zwei Komponenten zerlegt, eine radiale Komponente $F_{ir} = F_i \cos \varphi$ entlang dem Ortsvektor r_i und eine tangentiale Komponente $F_{it} = F_i \sin \varphi$ senkrecht dazu. Der radiale Anteil F_{ir} hat keine Auswirkung auf die Drehung der Scheibe. Das durch die Kraft F_i erzeugte Drehmoment kann also als Funktion von F_{it} geschrieben werden. Aus Gleichung (8.11) erhalten wir

$$M_i = F_i \ell = F_i r_i \sin \varphi = F_{it} r_i \,. \qquad 8.12$$

Wir werden jetzt zeigen, daß die Winkelbeschleunigung eines starren Körpers proportional zum resultierenden angreifenden Drehmoment ist. Nehmen wir an, daß F_i die resultierende äußere Kraft auf das i-te Teilchen ist. Die tangentiale Beschleunigung des i-ten Teilchens ist nach dem zweiten Newtonschen Axiom:

$$F_{it} = m_i a_{it} = m_i r_i \alpha \,. \qquad 8.13$$

Hier haben wir die Gleichung (8.6) $a_{it} = r_i \alpha$ benutzt, eine Beziehung zwischen der tangentialen Beschleunigung des i-ten Teilchens und der Winkelbeschleunigung des Objektes. Multiplizieren wir beide Seiten mit r_i, dann erhalten wir

$$r_i F_{it} = m_i r_i^2 \alpha \,. \qquad 8.14$$

Die linke Seite der Gleichung (8.14) ist das Drehmoment $M_i = r_i F_{it}$ um die Achse im Punkt O, das durch die Kraft F_i ausgeübt wird. Dies ergibt

$$M_i = m_i r_i^2 \alpha \,. \qquad 8.15$$

Summieren wir nun über alle Teilchen, dann erhalten wir

$$\sum_i M_i = \sum_i m_i r_i^2 \alpha \,. \qquad 8.16$$

Die Größe $\sum M_i$ ist das resultierende Drehmoment auf das Objekt; wir wollen es kurz als M bezeichnen. Bei einem starren Körper ist die Winkelbeschleunigung für alle Teilchen gleich und kann daher vor die Summe gezogen werden. Die Größe $\sum m_i r_i^2$ ist eine von der Drehachse abhängige Eigenschaft des Körpers und heißt **Trägheitsmoment** I:

$$I = \sum_i m_i r_i^2 \,. \qquad 8.17$$

In dieser Gleichung ist r_i der Abstand zwischen dem i-ten Teilchen und der Drehachse. Normalerweise ist diese Strecke nicht gleich dem Abstand des i-ten Teilchens zum Ursprung, aber für eine Scheibe mit dem Ursprung im Drehpunkt sind beide Abstände identisch. Das Trägheitsmoment ist ein Maß für den Widerstand, den ein Körper einer Änderung seiner Drehbewegung entgegensetzt. Das Trägheitsmoment hängt von der Massenverteilung des Körpers relativ zu seiner Drehachse ab. Das Trägheitsmoment beschreibt damit für Rotationsbewegungen eine Eigenschaft von Körpern, die in der Masse ihr Analogon bei der Translationsbewegung hat. Erinnern wir uns: Die Masse gibt den Widerstand gegen eine Änderung des linearen Bewegungszustandes an. Für ein Teilchensystem aus nur wenigen diskreten Teilchen können wir das Trägheitsmoment zu einer bestimmten Achse direkt aus Gleichung (8.17) ausrechnen. Für den allgemeineren Fall eines Körpers mit kontinuierlicher Massenverteilung, zum Bei-

Tabelle 8.1 Trägheitsmomente homogener Körper bezüglich verschiedener Drehachsen

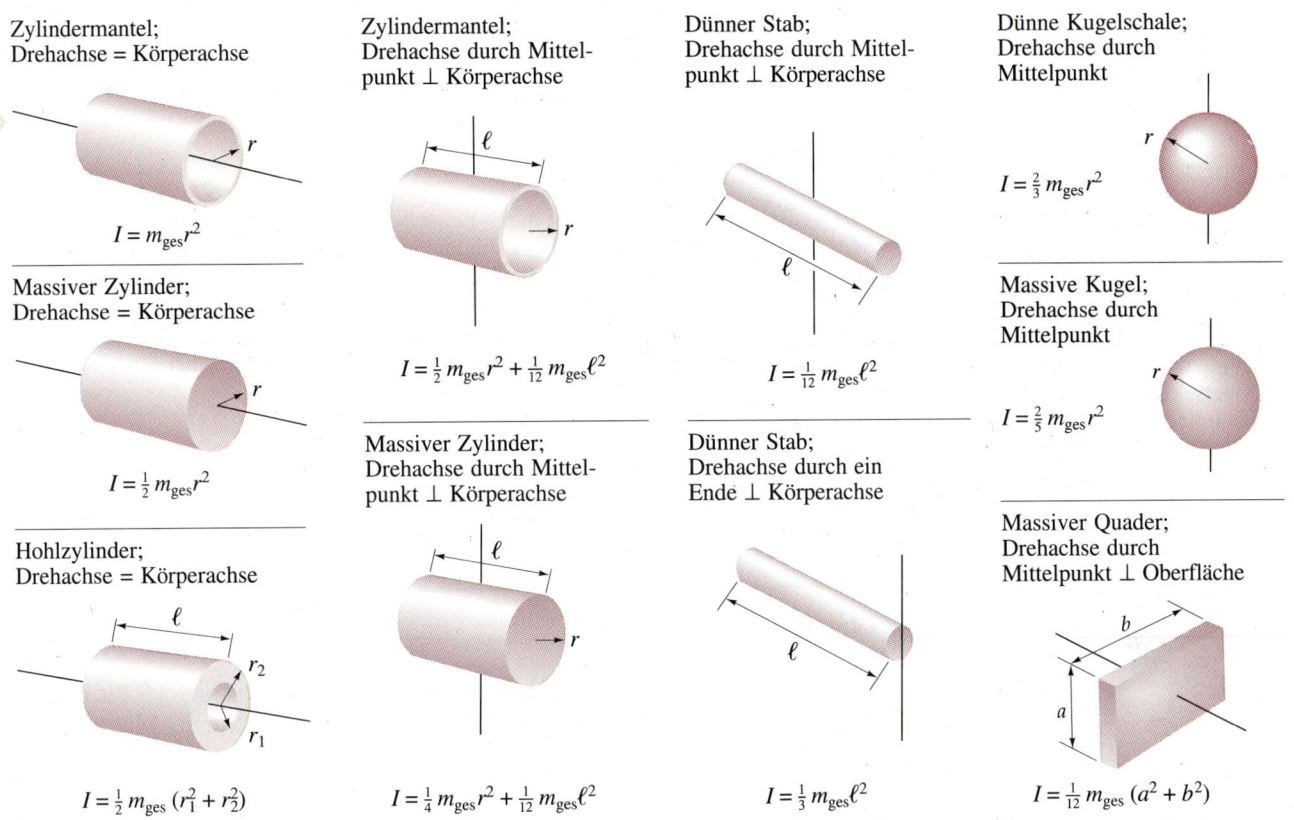

spiel eines Reifens, bestimmt man das Trägheitsmoment zu einer gegebenen Achse durch Integralrechnung. Wir werden solche Rechnungen in Abschnitt 8.4 durchführen. In Tabelle 8.1 sind die Trägheitsmomente von verschiedenen homogenen Körpern zusammengestellt.

Gleichung (8.16) lautet als Funktion des Trägheitsmomentes:

$$M = I\alpha.$$

8.18 *Zweites Newtonsches Gesetz für Drehungen*

Damit bildet Gleichung (8.18) das Analogon zum zweiten Newtonschen Axiom für die lineare Bewegung, das die Form hat:

$$F = ma.$$

Das resultierende Drehmoment entspricht der resultierenden Kraft, das Trägheitsmoment der Masse und die Winkelbeschleunigung der linearen Beschleunigung.

In Kapitel 7 haben wir gesehen, daß die resultierende Kraft auf ein System von Teilchen gleich der resultierenden *äußeren* Kraft ist, die auf das System wirkt. Nach dem dritten Newtonschen Axiom heben sich die Kräfte, die innerhalb des Systems von den Teilchen aufeinander ausgeübt werden, paarweise auf. Die Behandlung von inneren Drehmomenten, die Teilchen in einem System aufeinander ausüben, ist ein wenig komplizierter und wird auf Abschnitt 8.7 verschoben, wo wir uns mit den Vektoreigenschaften der Drehgrößen beschäftigen

8 Drehbewegungen

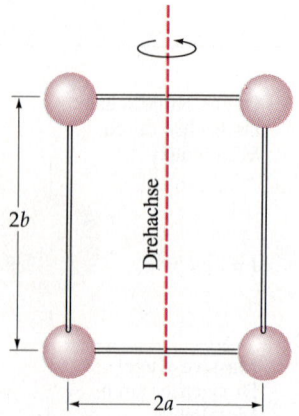

8.4 Vier Teilchen gleicher Masse sind durch masselose Stäbe verbunden und rotieren um eine Achse, die in der Figurenebene liegt und durch den Massenmittelpunkt geht (zu Beispiel 8.3).

werden. Damit kann man zeigen, daß sich die inneren Drehmomente zu null addieren, wenn die Kräfte zwischen den Teilchen entlang ihrer Verbindungslinie wirken. Nehmen wir an, daß diese Aussage für alle inneren Kräfte gilt; dann ist auch das resultierende Drehmoment auf ein System gleich dem resultierenden *äußeren* Drehmoment, das auf das System wirkt.

Beispiel 8.3

Vier Teilchen der Masse m seien durch masselose Stäbe zu einer Rechteckfigur mit den Seitenlängen $2a$ und $2b$ verbunden (Abbildung 8.4). Das System rotiere um eine Achse, die in der Figurenebene liegt und durch den Massenmittelpunkt geht. Bestimmen Sie das Trägheitsmoment um diese Achse.

Der Abstand Teilchen – Drehachse ist für alle Teilchen gleich a. Das Trägheitsmoment für jedes der Teilchen um diese Achse ist daher ma^2. Da es vier Teilchen sind, beträgt das gesamte Trägheitsmoment I:

$$I = 4ma^2.$$

Die Seitenlänge b spielt überhaupt keine Rolle, da sie den Abstand zwischen einem Massenpunkt und der Drehachse nicht beeinflußt.

Übung

Bestimmen Sie das Trägheitsmoment des Systems aus Beispiel 8.3 für Drehungen um eine zur ersten Achse parallele Achse, die durch zwei der Massenpunkte verläuft (Abbildung 8.5). (Antwort: $I = 8ma^2$)

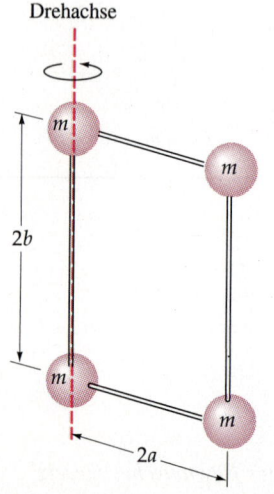

8.5 Das System aus Abbildung 8.4, das hier um eine Achse durch zwei der Teilchen rotiert.

Beispiel 8.3 und die Übung zeigen deutlich, daß das Trägheitsmoment von der Lage der Drehachse abhängt. Das Trägheitsmoment ist größer, wenn die Drehachse nicht durch den Massenmittelpunkt geht.

Beispiel 8.4

Ein Seil sei auf einer homogenen Scheibe aufgewickelt, die auf einer Achse durch ihren Mittelpunkt reibungsfrei gelagert ist. Die Masse m der Scheibe betrage 3 kg, ihr Radius r sei 25 cm. Das Seil werde mit einer Kraft F von 10 N gezogen (Abbildung 8.6). Wie groß ist die Winkelgeschwindigkeit der Scheibe nach 5 Sekunden, wenn sie sich anfangs in Ruhe befindet?

Das Trägheitsmoment einer homogenen Scheibe um ihre Achse beträgt (nach Tabelle 8.1)

$$I = \frac{1}{2}mr^2 = \frac{1}{2} \cdot 3 \text{ kg} \cdot (0{,}25 \text{ m})^2 = 9{,}38 \cdot 10^{-2} \text{ kg} \cdot \text{m}^2.$$

Da die Richtung des Seils beim Abrollen von der Scheibe immer tangential zur Scheibe steht, ist der Hebelarm der wirkenden Kraft gerade der Scheibenradius r. Das angewandte Drehmoment ist deshalb

$$M = rF = 10 \text{ N} \cdot 0{,}25 \text{ m} = 2{,}5 \text{ N} \cdot \text{m}.$$

Um die Winkelgeschwindigkeit zu finden, müssen wir die Winkelbeschleunigung aus dem zweiten Newtonschen Gesetz für die Drehbewegung bestimmen (Gleichung (8.18)):

$$\alpha = \frac{M}{I} = \frac{2{,}5 \text{ N} \cdot \text{m}}{0{,}0938 \text{ kg} \cdot \text{m}^2} = 26{,}7 \text{ rad/s}^2.$$

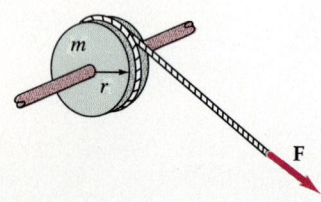

8.6 Ein Seil, das auf einer Scheibe aufgerollt ist (zu Beispiel 8.4).

Mit dieser konstanten Winkelbeschleunigung α erhalten wir ω aus Gleichung (8.8), indem wir $\omega_0 = 0$ setzen:

$$\omega = \omega_0 + \alpha t = 0 + (26{,}7 \text{ rad/s}^2) \cdot 5 \text{ s} = 133 \text{ rad/s} \,.$$

Beispiel 8.5

Eine Masse m hänge an einer leichten Schnur, die auf ein Rad mit dem Trägheitsmoment I und dem Radius r gewickelt ist (Abbildung 8.7). Das Radlager sei reibungsfrei, und die Schnur rutsche nicht auf dem Rad. Bestimmen Sie die Zugkraft in der Schnur und die Beschleunigung des Objektes.

Die einzige Kraft, die ein Drehmoment auf das Rad ausübt, ist die Zugkraft $\mathbf{Z}$ in der Schnur, die über den Hebelarm r am Rad angreift und eine Drehung im Uhrzeigersinn bewirkt. Setzen wir die Drehung im Uhrzeigersinn positiv, dann erhalten wir mit den Gleichungen (8.14)–(8.18)

$$Zr = I\alpha \,. \qquad 8.19$$

Auf das aufgehängte Objekt wirken zwei Kräfte: die nach oben gerichtete Zugkraft Z in der Schnur und die nach unten gerichtete Gravitationskraft mg. Betrachten wir die Abwärtsrichtung als positiv, so daß a und α das gleiche Vorzeichen haben, dann erhalten wir aus dem zweiten Newtonschen Axiom

$$mg - Z = ma \,. \qquad 8.20$$

In den beiden Gleichungen (8.19) und (8.20) sind drei Unbekannte, Z, a und α. Die Schnur liefert eine Zwangsbedingung, aus der man eine Beziehung für a und α erhält. Da die Schnur auf dem Rad nicht rutscht, ist ihre Geschwindigkeit gleich der Geschwindigkeit eines Punktes auf dem Rand des Rades. Somit ist ihre Beschleunigung gleich der tangentialen Beschleunigung eines Punktes auf dem Rand. Für die Beschleunigung gilt daher

$$a = r\alpha \,. \qquad 8.21$$

Setzt man a/r für α in Gleichung (8.19) ein, so ergibt sich

$$Zr = I\frac{a}{r}$$

oder

$$a = \frac{Zr^2}{I} \,. \qquad 8.22$$

Diesen Ausdruck für a setzen wir in Gleichung (8.20) ein und erhalten

$$mg - Z = m\frac{Zr^2}{I}$$

oder

$$Z\left(1 + \frac{mr^2}{I}\right) = mg$$

$$Z = \frac{I}{I + mr^2} mg \,.$$

Schließlich können wir diese Gleichung für Z dazu verwenden, nach (8.22) die Beschleunigung a zu bestimmen:

$$a = \frac{mr^2}{I + mr^2} g \,.$$

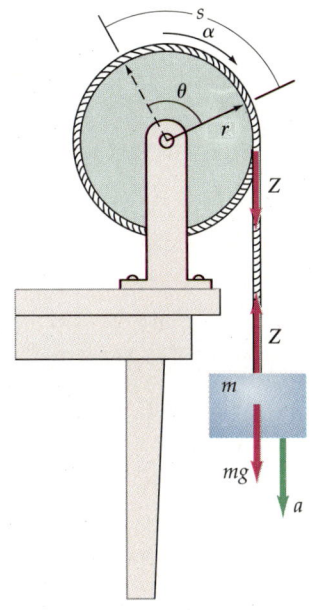

8.7 Ein Körper der Masse m hängt an einer Schnur, die auf einem drehbaren Rad aufgewickelt ist (Beispiel 8.5). Da die Schnur rutschfrei auf dem Rad läuft, ist die Beschleunigung des Körpers gleich der tangentialen Beschleunigung eines Randpunktes des Rades, $a = r\alpha$.

8 Drehbewegungen

Fragen

1. Kann sich ein Objekt drehen, ohne daß ein Drehmoment wirkt?
2. Kann ein starrer Körper mehr als ein Trägheitsmoment haben?
3. Muß sich die Winkelgeschwindigkeit immer vergrößern, wenn ein Drehmoment wirkt?
4. Kann man aus der Tatsache, daß die Winkelgeschwindigkeit eines Körpers zu einem bestimmten Zeitpunkt null ist, schließen, daß dann auch kein resultierendes Drehmoment auf den Körper wirkt?

8.3 Die kinetische Energie der Drehbewegung

Wenn sich ein rotierendes Objekt um einen kleinen Winkel $d\theta$ dreht, dann bewegt sich das i-te Teilchen um den Weg $ds_i = r_i d\theta$. Eine auf das i-te Teilchen wirkende Kraft F_i verrichtet die Arbeit

$$dW_i = F_{it}\, ds_i = F_{it} r_i\, d\theta = M_i\, d\theta .$$

Allgemein verrichtet ein Drehmoment M, das einen Körper um einen kleinen Winkel $d\theta$ verdreht, die Arbeit

$$dW = M\, d\theta .\qquad 8.23$$

Gleichung (8.23) entspricht der Gleichung $dW = F_s ds$ für die lineare Bewegung. Die zeitliche Rate, mit der das Drehmoment Arbeit verrichtet, ist die Leistung P des Drehmomentes

$$P = \frac{dW}{dt} = \dot{W} = M\frac{d\theta}{dt} = M\dot{\theta}$$

Die Archimedische Schraube ist ein Gerät, mit dem man Wasser anheben kann. Die Arbeit, die man durch Anwenden eines Drehmomentes an der Kurbel verrichtet, vergrößert die potentielle Energie des Wassers. (Bild: PAR/NYI Inc. Archives)

oder

$$P = M\omega.$$ 8.24 *Leistung*

Gleichung (8.24) ist das Analogon der Drehbewegung zur Gleichung $P = F_s v_s$ für die lineare Bewegung.

Die gesamte Arbeit, die an einem System geleistet wird, ist gleich der Änderung der kinetischen Energie des Systems (wenn sich während der Verrichtung der Arbeit die potentielle Energie des Systems nicht verändert und kein Energieverlust stattfindet). Die kinetische Energie eines Teilchens in einem Körper, der sich um eine Achse durch seinen Massenmittelpunkt dreht, ist gleich der kinetischen Energie $E_{\text{kin,rel}}$ relativ zu seinem Massenmittelpunkt (vgl. Kapitel 7). Die kinetische Energie des gesamten Körpers ist die Summe der kinetischen Energien der einzelnen Teilchen im Körper:

$$E_{\text{kin}} = \sum_i \frac{1}{2} m_i v_i^2 = \sum_i \frac{1}{2} m_i (r_i \omega)^2 = \frac{1}{2} \sum_i m_i r_i^2 \omega^2$$

oder

$$E_{\text{kin}} = \frac{1}{2} I \omega^2.$$ 8.25 *Kinetische Energie der Rotation*

Gleichung (8.25) entspricht der Gleichung $E_{\text{kin}} = \frac{1}{2} mv^2$ für die lineare Bewegung.

Beispiel 8.6

Eine homogene Scheibe mit der Masse 3 kg und einem Radius von 12 cm rotiere mit 480 Umdrehungen pro Minute um eine zu ihr senkrechte Achse, die durch ihren Mittelpunkt geht. Bestimmen Sie ihre kinetische Energie.

Aus Tabelle 8.1 findet man das Trägheitsmoment einer Scheibe zu:

$$I = \frac{1}{2} mr^2 = \frac{1}{2} \cdot 3 \text{ kg} \cdot (0{,}12 \text{ m})^2 = 0{,}0216 \text{ kg} \cdot \text{m}^2.$$

Die Winkelgeschwindigkeit ist

$$\omega = \frac{480 \text{ U}}{60 \text{ s}} = 8 \cdot 2\pi \cdot \text{s}^{-1} = 50{,}3 \text{ rad} \cdot \text{s}^{-1}.$$

Die kinetische Energie beträgt somit

$$E_{\text{kin}} = \frac{1}{2} I \omega^2 = \frac{1}{2} \cdot 0{,}0216 \text{ kg} \cdot \text{m}^2 \cdot (16\pi \text{ s}^{-1})^2 = 27{,}3 \text{ J}.$$

Beachten Sie, daß wir hier 1 kg·m²/s² = 1 J verwendet haben.

8 Drehbewegungen

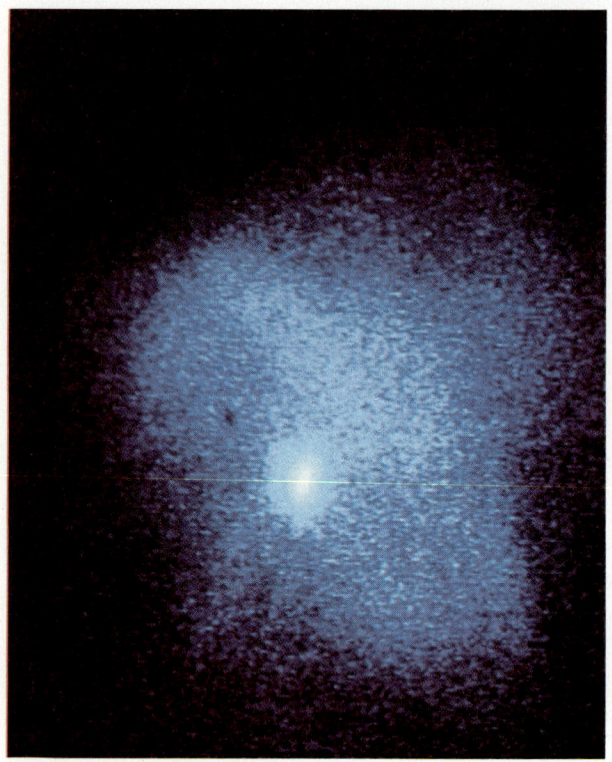
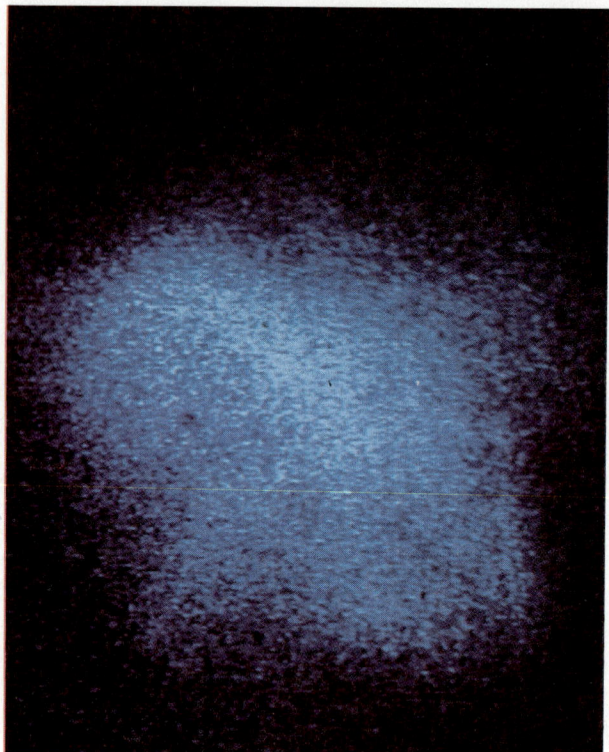

Der Krebs-Pulsar ist einer der am schnellsten rotierenden Neutronensterne, die man kennt; seine Rotationsgeschwindigkeit nimmt jedoch ab. Er erscheint als blinkendes Objekt (links: an, rechts: aus), ähnlich einem rotierenden Strahler, mit etwa 30 Umdrehungen pro Sekunde. Die Periodendauer vergrößert sich jedes Jahr um etwa 10^{-5} Sekunden. Der Verlust an Rotationsenergie, der etwa der Energieabgabe von 100000 Sonnen entspricht, tritt als Licht auf, das von Elektronen im Magnetfeld des Pulsars emittiert wird. (© David Malin, Anglo-Australian Telescope Board)

Beispiel 8.7

Ein Dieselmotor habe bei 1900 Umdrehungen pro Minute ein Drehmoment von 200 N·m. Bestimmen Sie die Leistung des Motors.

Bei 1900 Umdrehungen pro Minute beträgt die entsprechende Winkelgeschwindigkeit

$$\omega = \frac{1900 \, \text{U}}{60 \, \text{s}} = 31{,}67 \cdot 2\pi \cdot \text{s}^{-1} \approx 200 \, \text{rad} \cdot \text{s}^{-1} \, .$$

Die Motorleistung ist durch Gleichung (8.25) gegeben:

$$P = M\omega \approx 200 \, \text{N} \cdot \text{m} \cdot 200 \, \text{rad/s} = 40 \, \text{kW} \, (\triangleq 54 \, \text{PS}) \, .$$

Beachten Sie, daß wir hier die dimensionslose Einheit rad im Ergebnis weggelassen haben.

8.4 Berechnung von Trägheitsmomenten

Für Körper mit kontinuierlicher Massenverteilung kann die Summe in Gleichung (8.17) für das Trägheitsmoment durch ein Integral ersetzt werden:

$$I = \int r^2 \, dm \, . \qquad 8.26$$

Hier ist r der Abstand des Massenelementes dm von der Drehachse.

Beispiel 8.8

Bestimmen Sie das Trägheitsmoment eines Ringes mit der Masse m und dem Radius R bezüglich einer Achse durch den Mittelpunkt. Die Achse stehe senkrecht zur Ringebene (Abbildung 8.8).

In diesem Fall befindet sich die ganze Masse im Abstand $r = R$, das Trägheitsmoment ist daher einfach

$$I = \int r^2 \, dm = R^2 \int dm = m_{ges} \cdot R^2.$$

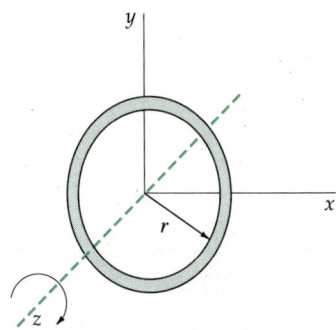

8.8 Ein Ring dreht sich um eine Achse, die durch seinen Mittelpunkt geht und senkrecht zur Ringebene liegt. Da sich die gesamte Masse des Rings im Abstand R vom Mittelpunkt befindet, beträgt sein Trägheitsmoment $m_{ges}R^2$.

Beispiel 8.9

Bestimmen Sie das Trägheitsmoment eines Quaders mit gleichmäßiger Dichte bezüglich einer Achse, die durch ein Ende geht. Die Drehachse stehe senkrecht zum Quader.

Das Massenelement dm ist in Abbildung 8.9 gezeigt. Sein Abstand zur Drehachse beträgt x. Da die Gesamtmasse m_{ges} gleichmäßig über die Länge ℓ verteilt ist, beträgt die Massenbelegung $\lambda = m_{ges}/\ell$. Deshalb gilt $dm = \lambda \, dx = (m_{ges}/\ell)dx$. Das Trägheitsmoment relativ zur y-Achse beträgt

$$I_y = \int_0^\ell x^2 \, dm = \int_0^\ell x^2 \frac{m_{ges}}{\ell} \, dx = \frac{m_{ges}}{\ell} \int_0^\ell x^2 \, dx$$

$$= \frac{m_{ges}}{\ell} \frac{1}{3} x^3 \Big|_0^\ell = \frac{m_{ges} \ell^3}{3\ell} = \frac{1}{3} m_{ges} \ell^2.$$

Das Trägheitsmoment um die z-Achse ist ebenfalls $\frac{1}{3} m_{ges} \ell^2$, das um die x-Achse ist null, wenn sich die ganze Masse auf der x-Achse befindet.

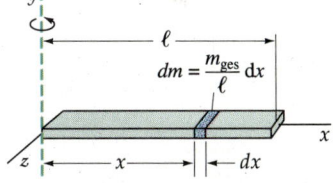

8.9 Zur Berechnung des Trägheitsmomentes eines homogenen Quaders mittels Integration. Die Drehachse steht senkrecht zum Quader und geht durch eines seiner Enden.

Beispiel 8.10

Bestimmen Sie das Trägheitsmoment einer homogenen Scheibe bezüglich einer Drehachse, die durch den Mittelpunkt geht und senkrecht zur Scheibe steht.

Wir erwarten, daß I kleiner als $m_{ges} R^2$ ist, da die Masse der Scheibe nicht wie bei einem Ring bei $r = R$ konzentriert ist (Beispiel 8.8), sondern gleichmäßig zwischen $r = 0$ und $r = R$ verteilt ist. Wir berechnen I, indem wir Massenelemente dm wie in Abbildung 8.10 verwenden. Jedes Massenelement ist hier ein Ring mit dem Radius r und der Dicke dr. Das Trägheitsmoment jedes Elementes ist $r^2 dm$. Die Fläche der gesamten Scheibe ist $A = \pi R^2$, die Fläche eines Massenelements also $dA = 2\pi r \, dr$. Somit beträgt die Masse eines Elements

$$dm = \frac{m_{ges}}{A} \, dA = \frac{m_{ges}}{A} 2\pi r \, dr,$$

und daher gilt

$$I = \int r^2 \, dm = \int_0^R r^2 \frac{m_{ges}}{A} 2\pi r \, dr = \frac{2\pi m_{ges}}{\pi R^2} \int_0^R r^3 \, dr = \frac{2 m_{ges}}{R^2} \frac{R^4}{4} = \frac{1}{2} m_{ges} R^2.$$

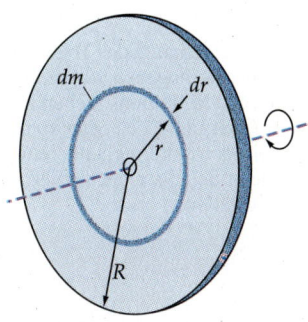

8.10 Zur Berechnung des Trägheitsmomentes einer homogenen Scheibe, die sich um eine Achse durch ihren Mittelpunkt dreht, die senkrecht zur Scheibe steht.

8 Drehbewegungen

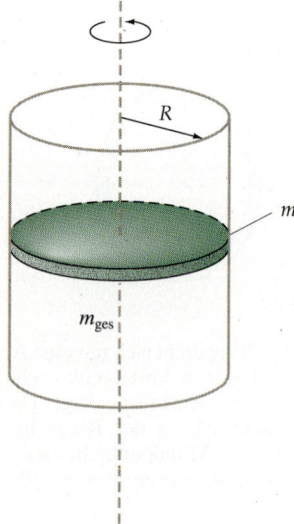

8.11 Einen Zylinder, der um seine Achse rotiert, kann man als Stapel aus mehreren Scheiben mit den Massen m_i betrachten. Da jede Scheibe das Trägheitsmoment $\frac{1}{2} m_i R^2$ hat, ist das Trägheitsmoment des Zylinders $\frac{1}{2} m_{ges} R^2$.

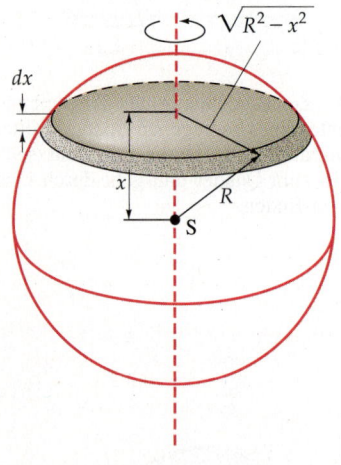

8.12 Zur Berechnung des Trägheitsmomentes einer homogenen Kugel, die um eine durch den Mittelpunkt gehende Achse rotiert (Beispiel 8.12). Man kann sich die Kugel als Anordnung übereinander geschichteter Scheiben mit variierendem Radius vorstellen.

Beispiel 8.11

Bestimmen Sie das Trägheitsmoment eines homogenen Zylinders für Drehungen um seine Längsachse (Abbildung 8.11).

Wir können den Zylinder als eine Anordnung übereinander geschichteter Scheiben mit den Massen m_i und den Trägheitsmomenten $\frac{1}{2} m_i R^2$ auffassen. Dann ergibt sich für das Trägheitsmoment des gesamten Zylinders

$$I = \sum_i \frac{1}{2} m_i R^2 = \frac{1}{2} R^2 \sum_i m_i = \frac{1}{2} m_{ges} R^2 \, ,$$

wobei $m_{ges} = \sum m_i$ die Masse des Zylinders ist.

Beispiel 8.12

Bestimmen Sie das Trägheitsmoment einer Kugel mit homogener Dichte. Drehachse sei eine Achse durch ihren Mittelpunkt.

Wir berechnen dieses Trägheitsmoment, indem wir die Kugel so behandeln, als ob sie aus Scheiben zusammengesetzt wäre (Abbildung 8.12). Wir betrachten eine Scheibe in der Höhe x über dem Mittelpunkt. Für den Radius der Scheibe gilt

$$r = \sqrt{R^2 - x^2} \, .$$

Das Volumen der Scheibe ist gleich Fläche mal Höhe, also $dV = \pi r^2 \, dx$. Wenn m_{ges} die Gesamtmasse und V das Volumen der Kugel sind, dann gilt, weil wir eine homogene Dichte ϱ vorausgesetzt haben, überall in der Kugel, also auch in jedem kleinen Volumenelement: $\varrho = m_{ges}/V$. Die Masse jeder Scheibe beträgt somit

$$dm = \frac{m_{ges}}{V} dV = \frac{m_{ges}}{V} \pi r^2 \, dx = \frac{m_{ges}}{V} \pi (R^2 - x^2) \, dx \, .$$

Das Trägheitsmoment einer Scheibe ist dann

$$dI = \frac{1}{2} r^2 \, dm = \frac{1}{2} (R^2 - x^2) \left[\frac{m_{ges}}{V} \pi (R^2 - x^2) \, dx \right]$$

$$= \frac{1}{2} \frac{m_{ges}}{V} \pi (R^2 - x^2)^2 \, dx \, .$$

Wenn wir x zwischen 0 und R variieren lassen, haben wir damit nur die obere Hälfte der Kugel berücksichtigt. Das gesamte Trägheitsmoment der Kugel ist daher gleich dem Doppelten des Integrals dI von $x = 0$ bis $x = R$:

$$I = 2 \int_0^R \frac{1}{2} \frac{m_{ges}}{V} \pi (R^2 - x^2)^2 \, dx \, .$$

Das Integral in dieser Gleichung kann ausgerechnet werden, indem man $(R^2 - x^2)^2 = R^4 - 2R^2 x^2 + x^4$ schreibt und Term für Term integriert. Das Ergebnis lautet

$$\int_0^R (R^2 - x^2)^2 \, dx = \frac{8R^5}{15} \, . \qquad 8.27$$

Für das Trägheitsmoment der Kugel erhalten wir also

$$I = \frac{\pi m_{ges}}{V} \frac{8R^5}{15} = \frac{2}{5} m_{ges} R^2 \, ,$$

wobei wir $V = \frac{4}{3} \pi R^3$ verwendet haben.

Übung

Leiten Sie (Gleichung (8.27)) ab, indem Sie den Integranden aufspalten und Term für Term integrieren.

Der Steinersche Satz

Die Berechnung des Trägheitsmomentes läßt sich in vielen Fällen durch die Verwendung von allgemeinen Sätzen vereinfachen, die eine Beziehung zwischen dem Trägheitsmoment bezüglich einer Achse und demjenigen bezüglich einer anderen Achse herstellen. Zu diesen Sätzen gehört der Steinersche Satz (im Englischen „Parallel-Axis Theorem"). Er verknüpft das Trägheitsmoment I_S für Drehungen um eine Achse durch den Massenmittelpunkt des Systems mit dem Trägheitsmoment I bezüglich einer beliebigen dazu parallelen Achse. Der Abstand beider Achsen sei h. Der Steinersche Satz besagt dann, daß

$$I = I_S + m_{ges} h^2$$

gilt, wobei m_{ges} die Gesamtmasse des Körpers ist. Beispiel 8.3 (im Abschnitt 8.2) und die anschließende Übung illustrieren einen Spezialfall dieses Satzes, für den $h = a$, $m_{ges} = 4m$ und $I_S = 4ma^2$ sind. Wir können den Steinerschen Satz mit dem Ergebnis aus Kapitel 7 beweisen, wonach die kinetische Energie eines Systems von Teilchen gleich der Summe der kinetischen Energien der Bewegung des Massenmittelpunktes und der Bewegung relativ zum Massenmittelpunkt ist:

$$E_{kin} = \frac{1}{2} m v_S^2 + E_{kin,rel} . \qquad 8.28$$

Betrachten wir einen starren Körper, der sich mit einer Winkelgeschwindigkeit ω um eine Achse dreht, die parallel zur Achse durch den Massenmittelpunkt verläuft und zu ihr den Abstand h hat (Abbildung 8.13). Wenn sich der Körper um einen Winkel $\Delta\theta$ um eine Achse dreht, dann dreht er sich um jede beliebige dazu parallele Achse ebenfalls um den Winkel $\Delta\theta$. Das bedeutet aber auch, daß die Winkelgeschwindigkeiten bezüglich zweier, zueinander paralleler Drehachsen gleich sind. Jede Drehbewegung kann damit auf eine Rotation um die Achse durch den Massenmittelpunkt zurückgeführt werden. Ist ω die Winkelgeschwindigkeit, dann gilt für die kinetische Energie der Bewegung relativ zum Massenmittelpunkt

$$E_{kin,rel} = \frac{1}{2} I_S \omega^2 .$$

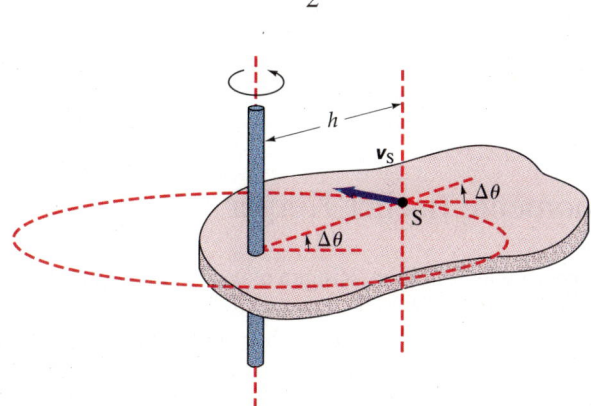

8.13 Zum Steinerschen Satz: Der Körper rotiert um eine Achse, die parallel zur Achse durch den Massenmittelpunkt steht und von dieser den Abstand h hat.

Die Geschwindigkeit des Massenmittelpunktes relativ zu einem beliebigen Punkt auf der Drehachse ist

$$v_S = h\omega \,.$$

Die kinetische Energie der Bewegung des Massenmittelpunktes ist daher

$$\frac{1}{2} m_{\text{ges}} v_S^2 = \frac{1}{2} m_{\text{ges}} (h\omega)^2 = \frac{1}{2} m_{\text{ges}} \omega^2 h^2 \,.$$

Wenn man die gesamte kinetische Energie des Körpers als $\frac{1}{2} I\omega^2$ schreibt, erhält man aus Gleichung (8.28)

$$E_{\text{kin}} = \frac{1}{2} I\omega^2 = \frac{1}{2} m_{\text{ges}} \omega^2 h^2 + \frac{1}{2} I_S \omega^2 = \frac{1}{2} (m_{\text{ges}} h^2 + I_S) \omega^2$$

und demnach

Steinerscher Satz

$$I = m_{\text{ges}} h^2 + I_S \,. \qquad 8.29$$

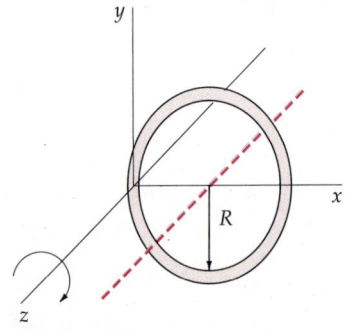

8.14 Ein Ring rotiert um eine Achse, die senkrecht auf der Ringebene steht und durch den Rand des Ringes geht (Beispiel 8.13). Das Trägheitsmoment ergibt sich mit Hilfe des Steinerschen Satzes zu $2m_{\text{ges}} R^2$.

Beispiel 8.13

Bestimmen Sie das Trägheitsmoment des Ringes aus Abbildung 8.14 bezüglich einer Achse, die senkrecht auf der Ringebene steht und durch den Rand des Ringes geht.

Diese Rechnung läßt sich leicht ausführen, wenn man den Steinerschen Satz mit $h = R$ anwendet; wir benutzen das Ergebnis aus Beispiel 8.8, wonach $I_S = m_{\text{ges}} R^2$:

$$I = I_S + m_{\text{ges}} h^2 = m_{\text{ges}} R^2 + m_{\text{ges}} R^2 = 2m_{\text{ges}} R^2 \,.$$

Beispiel 8.14

Bestimmen Sie das Trägheitsmoment eines homogenen Quaders. Die Rotationsachse sei die y'-Achse durch den Massenmittelpunkt (Abbildung 8.15).

In Beispiel 8.9 hatten wir das Trägheitsmoment für Rotationen um ein Ende eines homogenen Stabes zu $\frac{1}{3} m_{\text{ges}} \ell^2$ bestimmt. Da die Drehachse den Abstand $h = \frac{1}{2}\ell$ zum Massenmittelpunkt hat, ergibt sich mit dem Steinerschen Satz

$$I = I_S + m_{\text{ges}} \left(\frac{1}{2}\ell\right)^2 = \frac{1}{3} m_{\text{ges}} \ell^2$$

oder

$$I_S = \frac{1}{3} m_{\text{ges}} \ell^2 - \frac{1}{4} m_{\text{ges}} \ell^2 = \frac{1}{12} m_{\text{ges}} \ell^2 \,.$$

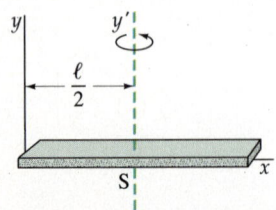

8.15 Ein homogener Quader dreht sich um eine Achse, die senkrecht zum Quader steht und durch seinen Mittelpunkt geht (Beispiel 8.14). Das Trägheitsmoment ergibt sich mit Hilfe des Steinerschen Satzes zu $\frac{1}{12} m_{\text{ges}} \ell^2$.

Trägheitsmomente flacher Körper

Bei flachen Körpern wie Scheiben, Ringen usw. unterscheidet man zwischen den Trägheitsmomenten bezüglich einer Drehachse in der Ebene des Körpers und dem Trägheitsmoment bezüglich einer Achse senkrecht zur Ebene des Körpers. Der Körper in Abbildung 8.16 hat beispielsweise das Trägheitsmoment I_z bezüglich einer Drehung um die z-Achse und die Trägheitsmomente I_x und I_y bei

Drehung um die *x*- oder die *y*-Achse. Für die Trägheitsmomente bezüglich dieser drei senkrecht aufeinander stehenden Achsen gilt die Beziehung

$$I_z = I_x + I_y.\qquad 8.30$$

Damit lassen sich Trägheitsmomente einfacher Körper leicht berechnen.

Zum Nachweis betrachten wir den Körper aus Abbildung 8.16, der in der *x-y*-Ebene liegt. Der Abstand eines Massenelementes d*m* von der *x*-Achse ist *y*. Das Trägheitsmoment für Drehungen um die *x*-Achse beträgt daher $I_x = \int y^2 \, dm$, und dasjenige bezüglich der *y*-Achse ist $I_y = \int x^2 \, dm$. Das Trägheitsmoment bezüglich der *z*-Achse ist

$$I_z = \int r^2 \, dm.$$

Da für jedes Element $r^2 = x^2 + y^2$ gilt, erhalten wir

$$I_z = \int r^2 \, dm = \int (x^2 + y^2) \, dm = \int x^2 \, dm + \int y^2 \, dm,$$

woraus sofort Gleichung (8.30) folgt.

8.16 Ein flaches Objekt in der *x-y*-Ebene. Das Trägheitsmoment bezüglich der *z*-Achse ist gleich der Summe der beiden Trägheitsmomente bezüglich der *x*- bzw. *y*-Achse.

Beispiel 8.15

Bestimmen Sie das Trägheitsmoment des Ringes aus Abbildung 8.17 für Drehungen um eine Achse, die durch den Mittelpunkt geht und in der Ringebene liegt.

Wir legen den Ring in die *x-y*-Ebene und wählen den Ursprung im Zentrum des Ringes. Aus der Symmetrie folgt $I_x = I_y$. Da wir im Beispiel 8.8 I_z bereits zu $m_{ges} R^2$ gefunden haben, gilt

$$I_z = I_y + I_x$$
$$= 2I_x = m_{ges} R^2.$$

Daher ist

$$I_x = I_y = \frac{1}{2} m_{ges} R^2.$$

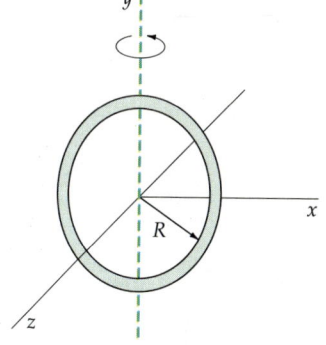

8.17 Ein Ring dreht sich um eine Achse, die durch seinen Mittelpunkt geht und in der Ringebene liegt (Beispiel 8.15). Das Trägheitsmoment beträgt $\frac{1}{2} m_{ges} R^2$.

Hauptträgheitsachsen und Trägheitsellipsoid

Betrachten wir einen beliebig geformten Körper, der sich um eine Achse a durch seinen Massenmittelpunkt dreht. Bezüglich dieser Achse hat er ein bestimmtes Trägheitsmoment I_a; bezüglich zweier dazu senkrecher Achsen b und c ergibt sich jeweils ein (im allgemeinen verschiedenes) Trägheitsmoment I_b und I_c. Wenn man alle möglichen Kombinationen von zueinander senkrechten Achsen durchspielt, so zeichnen sich zwei Achsen besonders aus, weil das Trägheitsmoment für Drehungen um diese Achsen maximal beziehungsweise minimal ist. Bezüglich der zu beiden Achsen senkrechten Achse nimmt das Trägheitsmoment einen Sattelwert an. Die drei Achsen heißen **Hauptträgheitsachsen** des Körpers. Bei homogenen geometrischen Körpern wie Zylindern oder Quadern sind die Hauptträgheitsachsen immer zugleich Symmetrieachsen des Körpers. Die Hauptträgheitsachsen sind die Achsen, um die ein Körper rotiert, wenn die Drehachsen nicht im Raum fixiert sind. Wir kommen bei der Diskussion des Vektorcharakters der Drehgrößen (Abschnitt 8.7) und des statischen und dynamischen Gleichgewichts (Abschnitt 8.8) darauf zurück.

8 Drehbewegungen

Wie kann man sich das veranschaulichen? Betrachten wir alle möglichen Drehachsen des Körpers durch den Massenmittelpunkt. Wenn wir nun in einem rechtwinkligen Koordinatensystem in Richtung jeder Drehachse einen Wert $\propto 1/\sqrt{I}$ auftragen, dann ergeben alle so definierten Punkte eine gekrümmte Oberfläche, das sogenannte **Trägheitsellipsoid**. (Daß man nicht das Trägheitsmoment I selbst, sondern die inverse Wurzel aufträgt, hängt mit der Geometrie der Ellipse und des Ellipsoids zusammen, auf die wir hier nicht eingehen wollen.)

Das Ellipsoid hat im allgemeinen drei verschieden große Achsen; der größten Ellipsoidachse entspricht das kleinste, der kleinsten Ellipsoidachse das größte Trägheitsmoment. (Man versetze in Gedanken das Ellipsoid nur einmal in Drehung!)

Frage

5. Durch welchen Punkt in einem Körper muß die Rotationsachse gehen, wenn das Trägheitsmoment minimal sein soll?

8.5 Der Drehimpuls

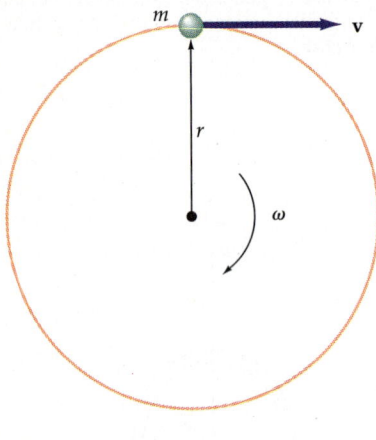

$v = r\omega$
$L = mvr = mr^2\omega$

8.18 Der Drehimpuls eines Teilchens, das sich auf einer Kreisbahn bewegt, ist $L = mvr = mr^2\omega$.

In Kapitel 7 hatten wir den linearen Impuls p eines Teilchens eingeführt und damit das zweite Newtonsche Axiom in folgende Form gebracht:

$$F = \frac{dp}{dt}. \qquad 8.31$$

Betrachten wir nun ein Teilchen, das sich auf einer Kreisbahn mit dem Radius r mit der Winkelgeschwindigkeit ω bewegt. (Abbildung 8.18). Dann ist sein **Drehimpuls** L relativ zum Kreismittelpunkt definiert als Produkt aus dem linearen Impuls mv und dem Radius r:

$$\begin{aligned}L &= mvr = m(r\omega)r \\ &= mr^2\omega = I\omega\,.\end{aligned} \qquad 8.32$$

Hier ist $I = mr^2$ das Trägheitsmoment des Teilchens für Drehungen um eine Achse durch den Mittelpunkt, die senkrecht zur Bewegungsebene steht. Wie wir im Abschnitt 8.7 über den Vektorcharakter der Drehgrößen noch mathematisch belegen werden, zeigen der Drehimpuls $\boldsymbol{L}$ und die Winkelgeschwindigkeit $\boldsymbol{\omega}$ in dieselbe Richtung. Für Drehungen gegen den Uhrzeigersinn setzt man L und ω gewöhnlich positiv an, für Drehungen im Uhrzeigersinn negativ.

Für beliebige Bewegungen ist der Drehimpuls eines Teilchens relativ zum Ursprung O definiert als

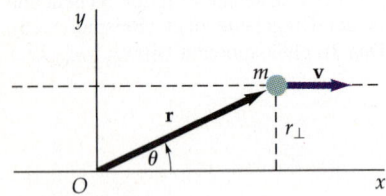

8.19 Ein Teilchen der Masse m bewegt sich mit der Geschwindigkeit v entlang einer Geraden, die den Abstand $r_\perp$ vom Ursprung O hat. Der Drehimpuls des Teilchens relativ zum Punkt O ist $L = mvr_\perp$.

Drehimpuls

$$L = mvr_\perp = mvr\sin\theta\,. \qquad 8.33$$

Hier sind v die Teilchengeschwindigkeit und $r_\perp = r\sin\theta$ die senkrechte Komponente des Ortsvektors (Abbildung 8.19). Beachten Sie, daß das Teilchen relativ zum Punkt O einen Drehimpuls besitzt, obwohl es sich nicht auf einer Kreisbahn bewegt. Den Gesamtdrehimpuls eines rotierenden Körpers erhält man durch Summation über die Drehimpulse aller Elemente des Körpers. Abbildung 8.20

zeigt eine rotierende Scheibe. Der Drehimpuls eines Teilchens der Masse m_i ist

$$L_i = m_i r_i^2 \omega \,.$$

Wenn wir über alle Scheibenelemente summieren, erhalten wir

$$L = \sum_i L_i = \sum_i m_i r_i^2 \omega$$

oder

$$L = I\omega \,. \qquad 8.34$$

Gleichung (8.34) entspricht der Gleichung $p = mv$ bei der linearen Bewegung. Sie gilt sowohl für Drehungen um eine raumfeste Achse als auch für Drehungen um eine Achse, die sich im Raum so bewegt, daß sie stets parallel zu sich selbst bleibt. Diese Art von Bewegung liegt beispielsweise vor, wenn ein Ball oder ein Zylinder auf einer ebenen Fläche rollt.

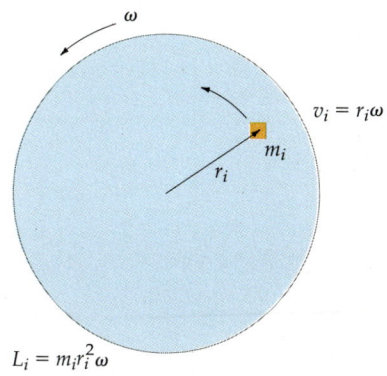

Drehimpuls eines rotierenden Körpers

$L_i = m_i r_i^2 \omega$

$L = \sum_i L_i = \sum_i m_i r_i^2 \omega = I\omega$

8.20 Der Drehimpuls einer Scheibe wird durch Summation der Drehimpulse der einzelnen Massenelemente m_i berechnet: $L = \sum L_i = \sum m_i r_i^2 \omega = I\omega$.

Beispiel 8.16

Ein Körper der Masse 2,4 kg bewege sich mit einer Geschwindigkeit von 3 m/s auf einer Kreisbahn mit dem Radius 1,5 m. a) Bestimmen Sie den Drehimpuls des Körpers relativ zum Kreismittelpunkt. b) Bestimmen Sie den Drehimpuls relativ zum Ursprung, wenn sich der gleiche Körper mit 3 m/s entlang der Geraden $y = 1{,}5$ m bewegt.

a) Aus Gleichung (8.32) erhalten wir

$$L = mvr = 2{,}4 \text{ kg} \cdot (3 \text{ m/s}) \cdot 1{,}5 \text{ m} = 10{,}8 \text{ kg} \cdot \text{m}^2/\text{s} \,.$$

Wir könnten den Drehimpuls ebenso mit Gleichung (8.34) berechnen: Das Trägheitsmoment des Körpers bezüglich einer Achse durch den Mittelpunkt und senkrecht zur Kreisebene ist $I = mr^2 = (2{,}4 \text{ kg}) \cdot (1{,}5 \text{ m})^2 = 5{,}40 \text{ kg} \cdot \text{m}^2$. Seine Winkelgeschwindigkeit ist $\omega = v/r = (3 \text{ m/s}) \cdot (1{,}5 \text{ m}) = 2 \text{ rad/s}$. Für den Drehimpuls ergibt sich damit

$$L = I\omega = 5{,}40 \text{ kg} \cdot \text{m}^2 \cdot 2 \text{ rad/s} = 10{,}8 \text{ kg} \cdot \text{m}^2/\text{s} \,.$$

b) Wenn sich der gleiche Körper entlang der Geraden $y = 1{,}5$ m bewegt, gilt $r_\perp = 1{,}5$ m.
Der Drehimpuls des Körpers ist dann nach Gleichung (8.33)

$$L = mvr_\perp = 2{,}4 \text{ kg} \cdot (3 \text{ m/s}) \cdot 1{,}5 \text{ m} = 10{,}8 \text{ kg} \cdot \text{m}^2/\text{s} \,.$$

Der Drehimpuls ist in beiden Fällen gleich, egal ob sich der Körper auf einer Kreisbahn mit 1,5 m Radius oder entlang einer Geraden mit einem senkrechten Abstand von 1,5 m zum Ursprung bewegt.

Das zweite Newtonsche Axiom kann für Rotationen in einer zu Gleichung (8.31) analogen Form geschrieben werden:

$$M = \frac{dL}{dt} = \frac{d(I\omega)}{dt}, \qquad 8.35$$

wobei M das resultierende äußere Drehmoment auf das System ist.*

---

* Das resultierende Drehmoment ist das resultierende *äußere* Drehmoment, denn die inneren Drehmomente ergänzen sich jeweils zu null. Wir zeigen das in Abschnitt 8.7

8 Drehbewegungen

> Das resultierende auf ein System ausgeübte Drehmoment ist gleich der Änderung des Drehimpulses des Systems.

Für einen starren Körper ist das Trägheitsmoment konstant, und Gleichung (8.35) wird zu

$$M = \frac{\mathrm{d}(I\omega)}{\mathrm{d}t} = I\frac{\mathrm{d}\omega}{\mathrm{d}t} = I\alpha \,.$$

Dies ist Gleichung (8.18). Im allgemeinen Fall eines beliebigen Systems von Teilchen *muß das Trägheitsmoment aber nicht immer konstant bleiben*. Gleichung (8.35) beschreibt genau diesen allgemeinen Fall, d.h. sie gilt auch, wenn das Trägheitsmoment nicht konstant ist.

Beispiel 8.17

Ein Gegenstand der Masse m hänge an einer Schnur, die um ein Rad mit Radius R und Trägheitsmoment I gewickelt ist (Beispiel 8.5, Abbildung 8.7). Verwenden Sie Gleichung (8.35), um die Winkelbeschleunigung des Rades zu bestimmen.

Sei v die Geschwindigkeit des Gegenstandes und ω die Winkelgeschwindigkeit des Rades zu einem bestimmten Zeitpunkt. Da die Schnur rutschfrei auf dem Rad läuft, hängen diese Größen über $v = R\omega$ zusammen. Der Drehimpuls L_G des Gegenstandes relativ zum Radmittelpunkt ist

$$L_\mathrm{G} = mvR = mR^2\omega \,,$$

und für den Drehimpuls L_R des Rades gilt

$$L_\mathrm{R} = I\omega \,.$$

Der Gesamtdrehimpuls des Systems ist daher

$$L = L_\mathrm{G} + L_\mathrm{R} = (I + mR^2)\omega \,.$$

Das einzige Drehmoment, das auf das System bezüglich des Radmittelpunkts wirkt, kommt durch die auf den Gegenstand wirkende Gravitationskraft mg zustande. Da der Hebelarm dieser Kraft relativ zum Mittelpunkt die Länge R hat, ist das Drehmoment

$$M = mgR \,.$$

Setzen wir das Drehmoment gleich der zeitlichen Änderung des Drehimpulses, so erhalten wir

$$mgR = \frac{\mathrm{d}L}{\mathrm{d}t} = \frac{\mathrm{d}}{\mathrm{d}t}[(I + mR^2)\omega]$$

$$= (I + mR^2)\frac{\mathrm{d}\omega}{\mathrm{d}t}$$

$$= (I + mR^2)\alpha \,.$$

Die Winkelbeschleunigung des Rades beträgt dann

$$\alpha = \frac{mgR}{I + mR^2} \,.$$

Dies stimmt mit dem in Beispiel 8.5 gefundenen Ergebnis für die lineare Beschleunigung $a = R\alpha$ überein.

8.5 Der Drehimpuls

Wenn kein resultierendes äußeres Drehmoment auf ein System wirkt, dann gilt

$$\frac{dL}{dt} = 0$$

oder

$$L = \text{konstant}. \qquad 8.36$$

Gleichung (8.36) ist eine Aussage über die **Drehimpulserhaltung**.

> Wenn das resultierende Drehmoment, das von außen auf ein System wirkt, gleich null ist, dann ist der Gesamtdrehimpuls des Systems konstant.

Drehimpulserhaltung

Hier liegt eine Analogie zum Gesetz der Impulserhaltung für den linearen Impuls vor, wonach der lineare Gesamtimpuls konstant ist, wenn die resultierende äußere Kraft, die auf das System wirkt, gleich null ist. Tabelle 8.2 stellt die in diesem Kapitel entwickelten Gleichungen für die Drehbewegung den analogen Gleichungen für die lineare Bewegung gegenüber.

Systeme, auf die keine äußeren Kräfte oder Drehmomente wirken, werden als **abgeschlossene Systeme** bezeichnet. In solchen Systemen sind drei Größen erhalten: Energie, Impuls und Drehimpuls. Das Gesetz der Erhaltung des Drehimpulses ist ein fundamentales Naturgesetz. Sogar auf der mikroskopischen Ebene der Atom- und Kernphysik, wo die Newtonschen Gesetze *nicht* gelten, bleibt der Drehimpuls eines abgeschlossenen Systems zeitlich konstant. Im täglichen Leben gibt es viele Beispiele für die Erhaltung des Drehimpulses.

Tabelle 8.2 Vergleich zwischen linearer Bewegung und Drehbewegung

lineare Bewegung		Drehbewegung	
Verschiebung	Δx	Drehwinkel	$\Delta \theta$
Geschwindigkeit	$v = \dfrac{dx}{dt} = \dot{x}$	Winkelgeschwindigkeit	$\omega = \dfrac{d\theta}{dt} = \dot{\theta}$
Beschleunigung	$a = \dfrac{dv}{dt} = \dot{v} = \dfrac{d^2 x}{dt^2} = \ddot{x}$	Winkelbeschleunigung	$\alpha = \dfrac{d\omega}{dt} = \dot{\omega} = \dfrac{d^2 \theta}{dt^2} = \ddot{\theta}$
Gleichungen für den Fall konstanter Beschleunigung	$v = v_0 + at$ $\Delta x = \langle v \rangle \Delta t$ $\langle v \rangle = \frac{1}{2}(v_0 + v)$ $x = x_0 + v_0 t + \frac{1}{2} a t^2$ $v^2 = v_0^2 + 2a\Delta x$	Gleichungen für den Fall konstanter Winkelbeschleunigung	$\omega = \omega_0 + \alpha t$ $\Delta \theta = \langle \omega \rangle \Delta t$ $\langle \omega \rangle = \frac{1}{2}(\omega_0 + \omega)$ $\theta = \theta_0 + \omega_0 t + \frac{1}{2} \alpha t^2$ $\omega^2 = \omega_0^2 + 2\alpha \Delta \theta$
Masse	m	Trägheitsmoment	I
Impuls	$p = mv$	Drehimpuls	$L = I\omega$
Kraft	F	Drehmoment	M
kinetische Energie	$E_{\text{kin}} = \frac{1}{2} m v^2$	kinetische Energie	$E_{\text{kin}} = \frac{1}{2} I \omega^2$
Leistung	$P = Fv$	Leistung	$P = M\omega$
zweites Newtonsches Axiom	$F = \dfrac{dp}{dt} = ma$	zweites Newtonsches Axiom	$M = \dfrac{dL}{dt} = I\alpha$

8 Drehbewegungen

Betrachten wir zum Beispiel eine Eisläuferin, die sich auf den Spitzen ihrer Kufen dreht. Da das vom Eis ausgeübte Drehmoment klein ist, bleibt ihr Drehimpuls näherungsweise konstant. Wenn sie die Arme an ihren Körper heranzieht, dann wird ihr Trägheitsmoment relativ zu einer vertikalen Achse durch ihren Körper verkleinert. Da ihr Drehimpuls $L = I\omega$ konstant bleiben muß, nimmt mit kleiner werdendem Trägheitsmoment I die Winkelgeschwindigkeit ω zu, das heißt, die Eisläuferin dreht sich schneller. Auch bei einem Kunstspringer kann man die Drehimpulserhaltung beobachten: Nach dem Absprung bewegt sich der Massenmittelpunkt des Springers auf einer parabolischen Bahn. Wenn sich der Springer beim Absprung nach vorne beugt, erhält er auch einen Drehimpuls durch die Kraft, die das Brett auf ihn ausübt (beugt er sich nicht nach vorne, geht die Wirkungslinie dieser Kraft durch den Massenmittelpunkt des Springers, und er erhält nach Gleichung (8.33) keinen Drehimpuls). Dieser Drehimpuls „reicht" gewöhnlich für eine halbe Drehung. Für einen Salto in der Luft zieht der Springer Arme und Beine an; damit verringert er sein Trägheitsmoment, und die Drehgeschwindigkeit erhöht sich.

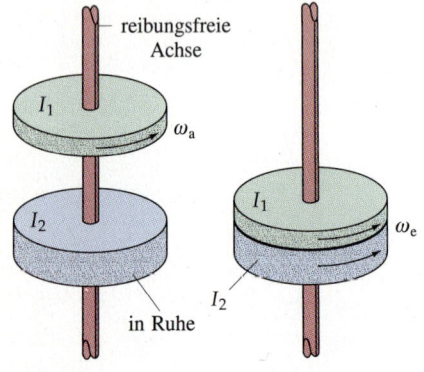

8.21 Inelastischer Drehstoß (Beispiel 8.18). Da die einzigen wirksamen Drehmomente innerhalb des Systems auftreten, bleibt hier der Drehimpuls erhalten.

Beispiel 8.18

Eine Scheibe mit dem Trägheitsmoment I_1 drehe sich mit einer Winkelgeschwindigkeit ω_a um eine reibungsfreie Welle und falle auf eine andere Scheibe mit dem Trägheitsmoment I_2. Diese befinde sich auf der gleichen Welle und sei anfangs in Ruhe (Abbildung 8.21). Aufgrund der Oberflächenreibung nehmen beide Scheiben kurze Zeit, nachdem sie in Kontakt kamen, die gleiche Winkelgeschwindigkeit ω_e an. (Dies ist das Prinzip einer Autokupplung.) Bestimmen Sie die gemeinsame Winkelgeschwindigkeit.

Beide Scheiben üben Drehmomente aufeinander aus, aber es wirkt kein äußeres Drehmoment auf das System aus den beiden Scheiben. Der Drehimpuls des Systems bleibt daher erhalten. Anfangs ist der Gesamtdrehimpuls L_a des Systems gleich dem Drehimpuls der ersten Scheibe

$$L_a = I_1\omega_a.$$

Wenn sich beide Scheiben zusammen drehen, dann beträgt der Gesamtdrehimpuls

$$L_e = I_1\omega_e + I_2\omega_e$$
$$= (I_1 + I_2)\omega_e.$$

Wenn wir den Drehimpuls am Ende gleich dem Drehimpuls am Anfang setzen, dann erhalten wir

$$(I_1 + I_2)\omega_e = I_1\omega_a.$$

Die gemeinsame Winkelgeschwindigkeit am Schluß ist

$$\omega_e = \frac{I_1}{I_1 + I_2}\omega_a.$$

In Beispiel 8.18 bleibt bei dem (inelastischen) Stoß zwischen den beiden Scheiben die kinetische Energie nicht erhalten. Man sieht das, wenn man die Energie als Funktion des Drehimpulses schreibt. Allgemein beträgt die kinetische Energie eines Systems mit dem Trägheitsmoment I, das sich mit der Winkelgeschwindigkeit ω dreht,

$$E_{kin} = \frac{1}{2}I\omega^2 = \frac{(I\omega)^2}{2I}.$$

$I\omega$ ist aber gerade der Drehimpuls L. Darum gilt für die kinetische Energie:

$$E_{\text{kin}} = \frac{L^2}{2I}.\qquad 8.37$$

Die anfängliche kinetische Energie aus Beispiel 8.18 ist

$$E_{\text{kin,a}} = \frac{L_a^2}{2I_1},$$

und die kinetische Endenergie beträgt

$$E_{\text{kin,e}} = \frac{L_e^2}{2(I_1+I_2)}.$$

Da der Drehimpuls erhalten bleibt ($L_a = L_e$), ist die kinetische Energie nach dem Stoß um den Faktor $I_1/(I_1+I_2)$ kleiner als davor. Diese Wechselwirkung zwischen den beiden Scheiben ist analog zum eindimensionalen inelastischen Stoß zwischen zwei Körpern.

Beispiel 8.19

Ein Karussell mit einem Radius von 2 m und einem Trägheitsmoment von 500 kg·m² drehe sich um eine reibungsfreie Achse, und zwar mit einer Winkelgeschwindigkeit von einer Umdrehung in 5 Sekunden. Ein Junge mit der Masse von 25 kg befinde sich anfangs im Zentrum des Karussells und laufe dann an den Rand und bleibe dort stehen. Bestimmen Sie die neue Winkelgeschwindigkeit des Karussells.

Es wirken keine externen Kräfte auf das System aus Karussell und Jungen, demnach bleibt der Drehimpuls des Systems konstant. Anfangs befindet sich der Junge in der Mitte des Karussells, wo er relativ zur Drehachse kein nennenswertes Trägheitsmoment und daher auch keinen Drehimpuls hat. Wenn sich der Junge am Rand aufhält, dann hat er einen Drehimpuls $I_J \omega_e$, wobei $I_J = mr^2$ das Trägheitsmoment des Jungen relativ zur Drehachse des Karussells und ω_e die End-Winkelgeschwindigkeit des gesamten Systems ist. Da die Masse des Jungen 25 kg und der Radius des Karussells 2 m ist, beträgt das Trägheitsmoment des Jungen am Rand des Karussells

$$I_J = 25 \text{ kg} \cdot (2 \text{ m})^2 = 100 \text{ kg·m}^2.$$

Seien I_K das Trägheitsmoment des Karussells und ω_a die Anfangs-Winkelgeschwindigkeit, dann erhalten wir mit Hilfe der Drehimpulserhaltung

$$L_a = L_e$$
$$I_K \omega_a = I_J \omega_e + I_K \omega_e = (I_J + I_K)\omega_e$$
$$\omega_e = \frac{I_K}{I_K + I_J}\omega_a = \frac{500 \text{ kg·m}^2}{(500+100)\text{ kg·m}^2}\omega_a = \frac{5}{6}\omega_a.$$

Das Karussell dreht sich anfangs einmal in 5 Sekunden; somit beträgt seine Anfangs-Winkelgeschwindigkeit $\frac{1}{5}$ U/s oder $0{,}4\pi$ rad/s. Für die End-Winkelgeschwindigkeit ergibt sich demnach

$$\omega_e = \frac{5}{6} \cdot \frac{1}{5} \text{ U/s} = \frac{1}{6} \text{ U/s}.$$

Nachdem der Junge den Rand erreicht hat, dreht sich das Karussell also etwas langsamer: Es benötigt für eine Umdrehung jetzt 6 Sekunden.

Wenn sich der Junge im Mittelpunkt des Karussells befindet, ist er in Ruhe. Entfernt er sich von diesem Punkt, dann fängt er an, sich auf einer Kreisbahn zu bewegen. Die Kraft, die den Jungen beschleunigt, ist die Reibungskraft, die das Karussell auf ihn ausübt. Diese Kraft besitzt eine tangential zum Kreis gerichtete Komponente, die ein Drehmoment auf den Jungen ausübt und somit seinen Drehimpuls vergrößert. Der Junge übt eine gleich große und entgegengesetzt gerichtete Reibungskraft auf das Karussell aus. Das mit dieser Kraft verknüpfte Drehmoment verringert die Winkelgeschwindigkeit des Karussells.

Die mechanische Anfangs- und Endenergie des Jungen läßt sich wie in Beispiel 8.18 berechnen. Da der Drehimpuls sich nicht ändert und das Trägheitsmoment am Ende größer ist als am Anfang, können wir aus Gleichung (8.37) ersehen, daß die gesamte kinetische Energie abnimmt. Eine detaillierte Analyse der Energieübertragung in diesem System ist jedoch sehr verwickelt. Wenn sich der Junge nach außen bewegt, nimmt seine tangentiale Geschwindigkeit zu. Bei jedem Schritt bedeutet das Aufsetzen eines Fußes einen inelastischen Stoß mit dem Karussell, wobei die Stöße während der Bewegung mit immer weiter außen liegenden und deshalb schnelleren Teilen des Karussells passieren. Bei jedem dieser inelastischen Stöße geht mechanische Energie verloren. Wenn sich der Junge umgekehrt nach innen bewegt, dann nimmt das Trägheitsmoment des Systems aus Junge und Karussell ab, so daß nach Gleichung (8.37) die Energie des Systems zunehmen muß. Diese Energie kommt aus der inneren chemischen Energie des Jungen.

Beispiel 8.20

Der Junge aus Beispiel 8.19 laufe entlang einem zum Rand des Karussells tangentialen Weg. Das Karussell ruhe anfangs. Der Junge springe mit einer Geschwindigkeit von 2,5 m/s auf das Karussell auf (Abbildung 8.22). Wie groß ist die Winkelgeschwindigkeit des Gesamtsystems?

Wir können nicht erwarten, daß die mechanische Energie des Systems erhalten bleibt, da der Junge einen inelastischen Stoß mit dem Rand des Karussells ausführt. Ebensowenig ist der lineare Impuls erhalten. Die Achse des Karussells erfährt beim Aufspringen des Jungen einen Kraftstoß, aber da sie reibungsfrei gelagert ist, kann sie kein Drehmoment ausüben. Deshalb bleibt der Drehimpuls relativ zur Achse erhalten. (Dieses Beispiel demonstriert, daß für die Drehimpulserhaltung keine Kreisbewegung nötig ist.) Der ursprüngliche Drehimpuls des Jungen relativ zur Karussellachse ist

$$L_a = mvR = 25 \text{ kg} \cdot (2{,}5 \text{ m/s}) \cdot 2 \text{ m}$$
$$= 125 \text{ kg} \cdot \text{m}^2/\text{s} .$$

Wenn sich der Junge auf dem Karussell befindet, dann ist der Drehimpuls des Gesamtsystems

$$L_e = (I_J + I_K)\omega_e$$
$$= (100 \text{ kg} \cdot \text{m}^2 + 500 \text{ kg} \cdot \text{m}^2)\omega_e .$$

Hier haben wir verwendet, daß $I_J = 100 \text{ kg} \cdot \text{m}^2$ und $I_K = 500 \text{ kg} \cdot \text{m}^2$ (aus Beispiel 8.19). Wenn wir Anfangs- und Enddrehimpuls gleichsetzen, gilt:

$$(600 \text{ kg} \cdot \text{m}^2)\omega_e = 125 \text{ kg} \cdot \text{m}^2/\text{s}$$

$$\omega_e = \frac{125 \text{ kg} \cdot \text{m}^2/\text{s}}{600 \text{ kg} \cdot \text{m}^2}$$

$$= 0{,}208 \text{ s}^{-1} = 0{,}208 \text{ rad} \cdot \text{s}^{-1} .$$

Beachten Sie, daß der Winkel im Ergebnis der Rechnung in Bogenmaß angegeben ist und die Winkelgeschwindigkeit die Einheit s^{-1} hat. Man sollte sich klar machen, daß $0{,}208 \text{ s}^{-1}$ nicht mit 0,208 Umdrehungen pro Sekunde identisch ist! Hier wird deutlich, welche Hilfe die Einheit rad leisten kann: Fügen wir sie der Zahl hinzu, so erkennt man sofort, daß „Winkel pro Sekunde" und nicht „Umdrehungen pro Sekunde" gemeint ist. Die Umrechnung auf Umdrehungen pro Sekunde ergibt: $0{,}208 \text{ rad} \cdot \text{s}^{-1} = 0{,}208/(2\pi)$ $\text{U} \cdot \text{s}^{-1} = 0{,}0331 \text{ U} \cdot \text{s}^{-1}$.

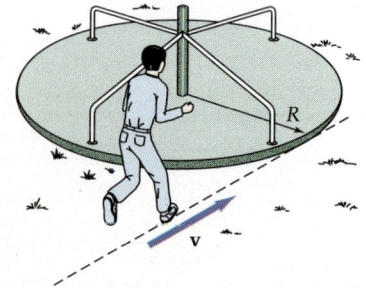

8.22 Ein Junge läuft in tangentialer Richtung auf ein Karussell zu und springt auf (Beispiel 8.20). Wenn die Achse reibungsfrei ist, dann bleibt der Drehimpuls erhalten.

Übung

Berechnen Sie die kinetische Anfangs- und Endenergie des Systems von Junge und Karussell aus Beispiel 8.20. (Antwort: $E_{\text{kin,a}} = 78{,}2$ J, $E_{\text{kin,e}} = 13{,}0$ J)

Fragen

6. Eine Frau sitzt mit gefalteten Armen auf einem sich drehenden Klavierhocker. Wie verändert sich ihre Winkelgeschwindigkeit, wenn sie die Arme ausstreckt?

7. Leistet das Karussell aus Beispiel 8.19 Arbeit an dem Jungen?

8. Ist es leichter, auf einem sich drehenden Karussell nach außen zu krabbeln als nach innen? Warum?

9. Eine Volksweisheit besagt, daß Katzen stets auf ihren Pfoten landen. Trifft das auch dann zu, wenn eine Katze anfangs mit nach oben gerichteten Pfoten fällt und wenn wir annehmen, daß der Drehimpulserhaltungssatz auch für diesen Fall gilt?

8.6 Rollende Körper

Abbildung 8.23 zeigt eine Kugel mit Radius R, die auf einer ebenen Fläche rollt. Rollt die Kugel reibungsfrei, dann sind ihre Translations- und Rotationsbewegungen auf einfache Weise miteinander verknüpft. Wenn sich die Kugel um den Winkel φ dreht, dann bewegt sich der Berührungspunkt zwischen Kugel und Fläche um eine Strecke

$$s = R\varphi .\qquad 8.38$$

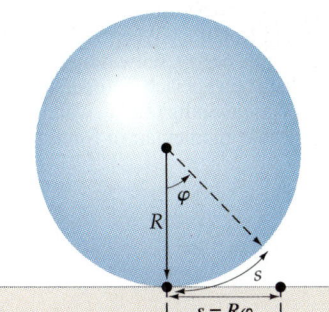

8.23 Wenn eine Kugel, ohne zu gleiten, rollt, dann bewegt sich der Massenmittelpunkt um die Strecke $s = R\varphi$, wobei φ der Winkel ist, um den sie sich während der Rollbewegung dreht.

Da der Massenmittelpunkt der Kugel direkt über dem Berührungspunkt liegt, bewegt er sich ebenfalls um die Strecke s. Die Geschwindigkeit v_S des Massenmittelpunkts und die Winkelgeschwindigkeit hängen daher über

$$v_S = \frac{ds}{dt} = R\frac{d\varphi}{dt}$$

oder

$$v_S = R\omega \qquad 8.39$$

Rollbedingung

zusammen. Gleichung (8.39) oder die äquivalente Gleichung (8.38) heißt **Rollbedingung**. Sie gilt, wann immer eine Kugel oder ein Zylinder rollt, und läßt sich auch als Funktion von linearer und Winkelbeschleunigung schreiben:

$$\frac{dv_S}{dt} = R\frac{d\omega}{dt}$$

oder

$$a_S = R\alpha .\qquad 8.40$$

8 Drehbewegungen

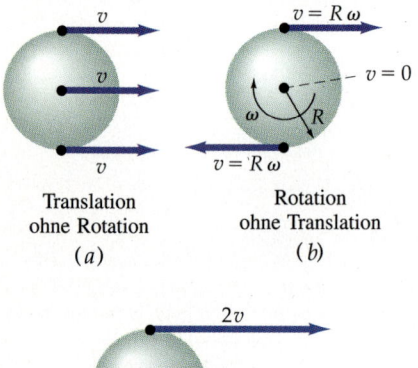

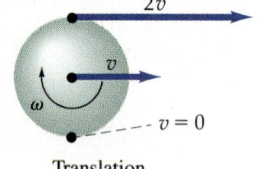

8.24 a) Translation ohne Rotation. Höchster und tiefster Punkt der Kugel bewegen sich mit der gleichen Geschwindigkeit. b) Rotation ohne Translation. Der höchste Punkt der Kugel bewegt sich mit der Geschwindigkeit $v = R\omega$ relativ zum ruhenden Mittelpunkt nach rechts. Der tiefste Punkt bewegt sich mit der gleichen Geschwindigkeit relativ zum Mittelpunkt nach links. c) Rollen ohne Gleiten ist eine Kombination von Translation und Rotation. Wenn sich der Mittelpunkt mit der Geschwindigkeit v bewegt, dann bewegt sich der oberste Punkt mit der Geschwindigkeit $2v$, während der tiefste Punkt momentan in Ruhe ist.

Wenn sich eine Kugel mit der Winkelgeschwindigkeit ω dreht, dann hat ein Randpunkt die Geschwindigkeit $R\omega$ relativ zum Kugelmittelpunkt. Da der Mittelpunkt der rollenden Kugel relativ zur Oberfläche ebenfalls die Geschwindigkeit $R\omega$ besitzt und da sich der Bodenkontaktpunkt relativ zum Kugelmittelpunkt mit der gleichen Geschwindigkeit rückwärts bewegt, ist der Kontaktpunkt relativ zur Oberfläche anfänglich in Ruhe (Abbildung 8.24). Übt der Boden eine Reibungskraft auf die Kugel aus, dann handelt es sich um Haftreibung, bei der keine Energie verlorengeht.

Beispiel 8.21

Eine homogene Kugel mit dem Radius 12 cm und einer Masse 30 kg rolle, ohne zu gleiten, auf einer horizontalen Fläche mit einer Geschwindigkeit von 2 m/s. Wieviel Arbeit muß aufgewendet werden, um die Kugel zu stoppen?

Die Arbeit zum Stoppen der Kugel ist gleich der kinetischen Anfangsenergie der Kugel. Sie besteht aus der kinetischen Translationsenergie des Massenmittelpunkts, $\frac{1}{2}mv^2$, und der kinetischen Rotationsenergie relativ zum Massenmittelpunkt, $\frac{1}{2}I_S\omega^2$. Für das Trägheitsmoment der Kugel verwenden wir $I_S = \frac{2}{5}mR^2$ (vergleiche Tabelle 8.1). Die Rollbedingung ist $v = R\omega$ (Gleichung 8.39). Für die kinetische Gesamtenergie erhalten wir damit

$$E_{\text{kin}} = \frac{1}{2}mv^2 + \frac{1}{2}I_S\omega^2 = \frac{1}{2}mv^2 + \frac{1}{2}\left(\frac{2}{5}mR^2\right)\left(\frac{v}{R}\right)^2$$
$$= \frac{1}{2}mv^2 + \frac{1}{5}mv^2 = \frac{7}{10}mv^2 = \frac{7}{10} \cdot 30 \text{ kg} \cdot (2 \text{ m/s})^2 = 84 \text{ J}.$$

Wir können diese Ansätze auf verschiedene interessante Probleme anwenden. Wir werden zunächst eine Bowling-Kugel betrachten, die so geworfen wird, daß sie keine Drehbewegung mitbekommt. Wenn die Kugel auf dem Boden gleitet, wirkt eine Reibungskraft der Bewegung entgegen (Abbildung 8.25). Diese Reibungskraft zwingt die Kugel zur Rotation und verringert ebenso die lineare Geschwindigkeit des Kugelschwerpunktes. Die Winkelgeschwindigkeit steigt an, und die lineare Geschwindigkeit nimmt ab, so lange, bis die Rollbedingung $v_S = R\omega$ gilt. Dann rollt die Kugel, ohne zu gleiten, und es treten keine Gleitreibungskräfte zwischen den Oberflächen mehr auf.

Beispiel 8.22

Eine Bowling-Kugel mit der Masse m und dem Radius R werde so geworfen, daß sie sich nach dem Auftreffen auf der Bahn, ohne zu rotieren, horizontal mit einer Geschwindigkeit $v_0 = 5$ m/s bewegt. Die Gleitreibungszahl der Reibung zwischen Kugel und Bahn sei $\mu_G = 0{,}3$. Bestimmen Sie a) die Zeit, während deren die Kugel rollt, bevor die Rollbedingung erfüllt wird, und b) die Strecke, die die Kugel durch Gleiten zurücklegt, bevor sie zur reinen Rollbewegung übergeht.

a) Wenn die Kugel gleitet, ist die resultierende Kraft, die die Kugel von außen erfährt, die Gleitreibungskraft $F_R = \mu_G mg$. Diese zeigt in die der Geschwindigkeit entgegengesetzte Richtung. Der Massenmittelpunkt erfährt die Beschleunigung $a = F_R/m = \mu_G g$. Solange die Kugel gleitet, gilt für ihre Geschwindigkeit zu jedem Zeitpunkt t

$$v = v_0 - at = v_0 - \mu_G gt.$$

Das resultierende Drehmoment der gleitenden Kugel relativ zu ihrem Massenmittelpunkt ist durch die Gleitreibung gegeben. Es beträgt

$$M = \mu_G mgR.$$

8.25 Eine Bowling-Kugel, die sich anfangs ohne Rotation bewegt. Die Reibungskraft F_R, die der Boden auf die Kugel ausübt, verringert die Geschwindigkeit des Massenmittelpunkts und vergrößert die Rotationsgeschwindigkeit so lange, bis die Rollbedingung $v = R\omega$ erreicht ist.

Aus Tabelle 8.1 entnehmen wir das Trägheitsmoment der Kugel zu $I = \frac{2}{5} mR^2$. Die Winkelbeschleunigung der Kugel ist demnach

$$\alpha = \frac{M}{I} = \frac{\mu_G mgR}{\frac{2}{5} mR^2} = \frac{5}{2} \left(\frac{\mu_G g}{R} \right).$$

Die Winkelgeschwindigkeit der Kugel beträgt während der Gleitphase zu jedem Zeitpunkt t

$$\omega = \alpha t = \frac{5}{2} \left(\frac{\mu_G g}{R} \right) t.$$

Zu einem Zeitpunkt $t = t_1$ wird die Rollbedingung $v = R\omega$ erfüllt, und die Kugel hört auf zu gleiten. Gleichsetzen von v und $R\omega$ zum Zeitpunkt $t = t_1$ ergibt

$$v = v_0 - \mu_G g t_1 = R\omega = \frac{5}{2} \mu_G g t_1$$

$$v_0 = \frac{5}{2} \mu_G g t_1 + \mu_G g t_1 = \frac{7}{2} \mu_G g t_1.$$

Durch Auflösen nach t_1 erhalten wir

$$t_1 = \frac{2 v_0}{7 \mu_G g} = \frac{2 \cdot 5 \text{ m/s}}{7 \cdot 0{,}3 \cdot 9{,}81 \text{ m/s}^2} = 0{,}485 \text{ s}.$$

b) Da die Beschleunigung des Kugelmittelpunkts konstant ist, entspricht die Durchschnittsgeschwindigkeit während des Gleitens dem Mittelwert von Anfangs- und Endgeschwindigkeit. Nach den obigen Gleichungen gilt zum Zeitpunkt $t = t_1$ für die Geschwindigkeit $v = \frac{5}{7} v_0$. Die Strecke s, die die Kugel in diesem Zeitintervall zurückgelegt hat, ist

$$s = \langle v \rangle t_1 = \frac{1}{2} (v_0 + v) t_1 = \frac{1}{2} \left(v_0 + \frac{5}{7} v_0 \right)$$

$$= \frac{1}{2} \cdot \frac{12}{7} \cdot (5 \text{ m/s}) \cdot 0{,}485 \text{ s} = 2{,}08 \text{ m}.$$

Als nächstes untersuchen wir die Frage, wo man beim Billardspielen eine Kugel mit dem Queue am besten anspielt. Wenn die Kugel mit einer horizontalen Kraft F derart gestoßen wird, daß deren Wirkungslinie durch den Massenmittelpunkt geht, dann bewegt sich die Kugel – ebenso wie die Bowling-Kugel aus dem vorigen Beispiel –, ohne sich zu drehen. Trifft man die Kugel an einem Punkt unterhalb ihres Massenmittelpunktes, dann bewegt sich die Kugel mit „Rückwärtsspin", d.h., die Drehrichtung ist der Gleitrichtung entgegengesetzt. Die Gleitreibung wird den Rückwärtsspin verlangsamen und schließlich eine Umkehrung des Drehsinns bewirken. Dieser „Vorwärtsspin" nimmt so lange zu, bis die Rollbedingung Gleichung (8.39) erfüllt ist. Wo sollte man also die Kugel anspielen, damit sie sofort rollt, ohne erst zu gleiten? Wir können diesen Punkt folgendermaßen bestimmen: Die anfängliche Linearbeschleunigung a sowie die anfängliche Winkelbeschleunigung α durch das Queue müssen die Rollbedingung erfüllen. Sei F die Kraft, die das Queue im Abstand x oberhalb des Kugelmittelpunkts ausübt (Abbildung 8.26). Da das Queue während einer sehr kurzen Zeit einen großen Impulsübertrag leistet, können wir die Reibung während dieser Zeit vernachlässigen. Nach dem zweiten Newtonschen Axiom für lineare Bewegung ergibt sich

$$F = ma = mR\alpha,\qquad 8.41$$

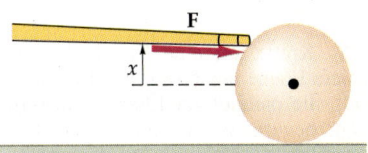

8.26 Das Queue trifft die Kugel so, daß die Wirkungslinie im Abstand x oberhalb des Kugelmittelpunkts verläuft. Wenn x geeignet gewählt ist, dann rollt die angespielte Kugel sofort, ohne zu gleiten.

wobei R der Radius der Kugel ist und wir die Rollbedingung $a = R\alpha$ eingesetzt haben. Das zweite Newtonsche Gesetz für Drehbewegungen liefert

$$M = Fx = I\alpha.\qquad 8.42$$

Wenn man Gleichung (8.42) durch Gleichung (8.41) teilt, lassen sich F und α eliminieren:

$$x = \frac{I}{mR}.$$

Mit $I = \tfrac{2}{5} mR^2$ als Trägheitsmoment der Kugel erhält man

$$x = \frac{2}{5} R.$$

Wenn man also die Kugel so trifft, daß die Wirkungslinie der Stoßkraft $\tfrac{2}{5} R$ über dem Kugelmittelpunkt liegt, dann fängt die Kugel an zu rollen, ohne zu gleiten. Setzt die Kraft höher an, dann bekommt die Kugel „Topspin", und die Reibungskraft wirkt in Bewegungsrichtung (Abbildung 8.27). Dies bewirkt, daß die lineare Geschwindigkeit zu- und die Rotationsgeschwindigkeit abnimmt, bis die Rollbedingung erfüllt ist.

Als letztes Problem betrachten wir Kugeln, Ringe und Zylinder, die eine schiefe Ebene hinabrollen. Unsere Überlegungen werden durch einen wichtigen Satz über den Drehimpuls eines Systems relativ zu seinem Massenmittelpunkt vereinfacht:

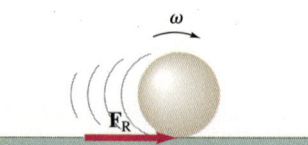

8.27 Eine angespielte Billardkugel mit „Topspin". Die Reibungskraft F_R vergrößert die Geschwindigkeit des Massenmittelpunkts und verringert die Winkelgeschwindigkeit so lange, bis die Rollbedingung erfüllt ist.

> Das resultierende Drehmoment relativ zum Massenmittelpunkt ist gleich der zeitlichen Änderung des Drehimpulses bezüglich des Massenmittelpunkts. Diese Änderung ist unabhängig von der Bewegung des Massenmittelpunkts.

$$M_S = \frac{dL}{dt}.\qquad 8.43$$

Dieser Ausdruck entspricht Gleichung (8.35); allerdings werden in (8.43) das Drehmoment und der Drehimpuls relativ zum Massenmittelpunkt und nicht zu einem beliebigen Punkt berechnet. Warum ist dieser Satz wichtig? Betrachten wir dazu eine Kugel, die eine schiefe Ebene herabrollt. Dabei wird ihr Massenmittelpunkt beschleunigt; wir können nicht unbedingt erwarten, daß das zweite Newtonsche Gesetz in einem solchen nichtinertialen Bezugssystem gilt. Gleichung (8.43) gilt wegen der besonderen Eigenschaften des Massenmittelpunkts. Einen Beweis dieses Satzes findet man in den meisten Mechanikbüchern mittleren Niveaus.

Abbildung 8.28 zeigt eine Kugel mit der Masse m und dem Radius R, die eine schiefe Ebene hinabrollt. (Unsere Überlegungen gelten auch für einen Zylinder oder einen Ring.) Die wirkenden Kräfte sind die Gewichtskraft mg, die Normalkraft F_N, die die Normalkomponente der Gewichtskraft ausgleicht, und die Reibungskraft F_R, die entlang der schiefen Ebene nach oben zeigt. Wenn die Kugel rollt, ohne zu gleiten, dann tritt Haftreibung auf. Wenn sie entlang der Ebene beschleunigt wird, dann muß die Winkelgeschwindigkeit zunehmen, damit sie rollen kann, ohne zu gleiten. Deshalb muß der Drehimpuls relativ zum Massenmittelpunkt zunehmen. Diese Zunahme ist durch das Drehmoment bedingt, das die Reibung ausübt. (Das Gewicht und die Normalkraft wirken beide

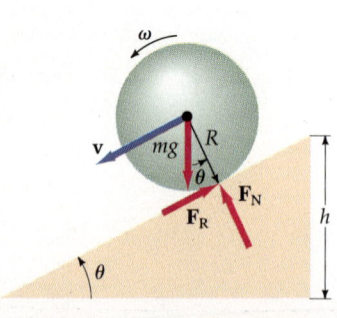

8.28 Kräfte auf eine Kugel, die eine schiefe Ebene hinabrollt. Die Reibungskraft, die parallel zur Ebene nach oben zeigt, bewirkt ein Drehmoment relativ zum Massenmittelpunkt der Kugel. Dadurch vergrößert sich die Winkelgeschwindigkeit kontinuierlich, während die Kugel, immer schneller werdend, nach unten rollt. Die Rollbedingung bleibt daher während der gesamten Bewegung erhalten.

durch den Schwerpunkt und üben deshalb kein Drehmoment aus.) Der Drehimpuls relativ zum Massenmittelpunkt ist

$$L_S = I_S \, \omega \,.$$

Hier ist $I_S = \frac{2}{5} mR^2$ das auf den Massenmittelpunkt bezogene Trägheitsmoment, das sich während der Bewegung nicht ändert. Das Drehmoment durch die Reibung beträgt $F_R \cdot R$. Setzen wir das Drehmoment gleich der Änderung des Drehimpulses, dann erhalten wir

$$M = F_R R = \frac{dL_S}{dt} = I_S \frac{d\omega}{dt}$$

oder

$$F_R R = I_S \, \alpha \,. \qquad 8.44$$

Der Massenmittelpunkt wird entlang der Neigung der schiefen Ebene linear nach unten beschleunigt. Die resultierende Kraft entlang der Neigung ist $mg \sin \theta - F_R$. Das zweite Newtonsche Axiom liefert dann

$$mg \sin \theta - F_R = ma_S \,. \qquad 8.45$$

Wir können (8.44) und (8.45) nach den Unbekannten α, a_S und F_R auflösen, wenn wir Gleichung (8.40) für die Rollbedingung verwenden. Einsetzen von a_S/r für α in (8.44) liefert

$$F_R R = I_S \frac{a_S}{R}$$

$$F_R = \frac{I_S}{R^2} a_S \,. \qquad 8.46$$

Gehen wir mit diesem Ergebnis in Gleichung (8.45), dann erhalten wir

$$mg \sin \theta - \frac{I_S}{R^2} a_S = ma_S$$

$$a_S = \frac{mg \sin \theta}{m + I_S/R^2} \,. \qquad 8.47$$

Eine Kugel hat das Trägheitsmoment $I_S = \frac{2}{5} mR^2$, für die Beschleunigung ergibt sich damit

$$a_S = \frac{mg \sin \theta}{m + \frac{2}{5} m} = \frac{5}{7} g \sin \theta \qquad \text{(Kugel)} \,. \qquad 8.48$$

Das Trägheitsmoment eines Zylinders beträgt $I_S = \frac{1}{2} mR^2$, die Beschleunigung ist daher

$$a_S = \frac{mg \sin \theta}{m + \frac{1}{2} m} = \frac{2}{3} g \sin \theta \qquad \text{(Zylinder)} \,. \qquad 8.49$$

Für einen Ring mit dem Trägheitsmoment $I_S = mR^2$ ergibt sich die Beschleunigung zu

$$a_S = \frac{1}{2} g \sin \theta \qquad \text{(Ring)} . \qquad 8.50$$

Beachten Sie, daß die durch die Gleichungen (8.48), (8.49) und (8.50) gegebenen Beschleunigungen unabhängig vom Radius des Körpers sind. Lassen wir eine Kugel, einen Zylinder und einen Ring eine schiefe Ebene hinabrollen, ohne daß sie gleiten, dann wird die Kugel als erstes ankommen, denn sie erfährt die größte Beschleunigung. Danach kommt der Zylinder an und zuletzt der Ring (Abbildung 8.29). Würde jedoch ein beliebiger Körper reibungsfrei die Ebene hinabgleiten (ohne zu rollen), dann würde er noch vor den rollenden Körpern ankommen.

Wir können diese Ergebnisse zusammen mit (8.46) verwenden, um die Reibungskraft zu bestimmen. Für einen Zylinder mit $I_S = \frac{1}{2} mR^2$ gilt beispielsweise

$$F_R = \frac{I_S}{R^2} a_S = \frac{\frac{1}{2} mR^2}{R^2} \left(\frac{2}{3} g \sin \theta \right)$$

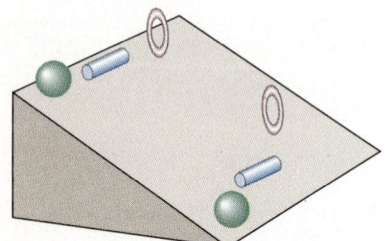

8.29 Eine Kugel, ein Zylinder und ein Ring werden zur gleichen Zeit am oberen Ende einer schiefen Ebene losgelassen. Die Kugel erreicht das untere Ende zuerst, danach kommt der Zylinder an und als letztes der Ring.

oder

$$F_R = \frac{1}{3} mg \sin \theta . \qquad 8.51$$

Beachten Sie, daß wir die Reibungskraft ohne Berücksichtigung der Haftreibungszahl gefunden haben. Da der Zylinder rollt, ohne zu gleiten, tritt als Reibung hier die Haftreibung auf, die gewöhnlich nicht gleich ihrem maximalen Wert $\mu_H F_N$ ist. μ_H ist die Haftreibungszahl. Allgemein gilt

$$F_R \leq \mu_H F_N = \mu_H mg \cos \theta .$$

Gleichung (8.51) für die Reibungskraft F_R eines rollenden, nichtgleitenden Zylinders liefert dann

$$F_R = \frac{1}{3} mg \sin \theta \leq \mu_H mg \cos \theta$$

oder

$$\tan \theta \leq 3\mu_H . \qquad 8.52$$

Diese Gleichung kann man auch so lesen, daß die Rollbewegung zu einer Gleitbewegung wird, wenn der Tangens des Neigungswinkels größer als $3\mu_H$ ist. Man nennt diesen Winkel auch **Haftreibungswinkel**.

Er ist identisch mit dem sogenannten **Böschungswinkel** bei Schüttgütern, d. h. dem Neigungswinkel (gegen die Horizontale) der Schüttfläche, die sich beim Eintreten des Gleichgewichtes bildet. Beim Überschreiten des Böschungswinkels gerät der Haufen ins Rutschen, bis wieder Gleichgewicht herrscht. Typische Werte sind 31° für Getreide, 34° für trockenen Sand, 35° für Kohle und 45° für Gips. Der für die Lawinensicherung so wichtige Böschungswinkel für Schnee läßt sich leider nicht angeben, da er stark von den äußeren Bedingungen abhängt.

Übung

Ein Zylinder bewege sich eine Ebene mit einem Neigungswinkel von 50° hinab. Wie groß muß die Haftreibungszahl mindestens sein, damit der Zylinder rollt, ohne zu gleiten? (Antwort: 0,40)

Übung

Bestimmen Sie a) die Reibungskraft eines Ringes, der eine schiefe Ebene hinabrollt, und b) den Maximalwert von $\tan \theta$, bei dem der Ring rollt, ohne zu gleiten. (Antworten: a) $F_R = \frac{1}{2} mg \sin \theta$, b) $\tan \theta \leq 2\mu_H$)

Die lineare Beschleunigung irgendeines Körpers, der eine schiefe Ebene hinabrollt, ist kleiner als $g \sin \theta$, weil die Reibungskraft entlang der Ebene nach oben zeigt. Wir erhalten die Geschwindigkeit des Körpers am unteren Ende der Ebene, wenn wir die Formeln für konstante Beschleunigung oder den Energieerhaltungssatz verwenden. (Da hier nur Haftreibung auftritt, geht keine Energie verloren.) Wir werden hier die Energieerhaltung verwenden. Am obersten Punkt der Ebene ist die gesamte Energie gleich der potentiellen Energie mgh. Unten setzt sich die gesamte Energie aus der kinetischen Translationsenergie des Massenmittelpunkts, $\frac{1}{2} mv^2$, sowie der kinetischen Energie der Rotation relativ zum Massenmittelpunkt, $\frac{1}{2} I_S \omega^2$, zusammen. Es gilt

$$\frac{1}{2} mv^2 + \frac{1}{2} I_S \omega^2 = mgh .$$

Um nach v oder ω aufzulösen, können wir die Rollbedingung verwenden. Einsetzen von $\omega = v/R$ liefert

$$\frac{1}{2} mv^2 + \frac{1}{2} I_S \left(\frac{v}{R}\right)^2 = mgh$$

$$v^2 = \frac{2mgh}{m + I_S/R^2} . \qquad 8.53$$

Für einen Zylinder mit $I_S = \frac{1}{2} mR^2$ erhalten wir beispielsweise

$$v^2 = \frac{2mgh}{m + \frac{1}{2} m} = \frac{4}{3} gh .$$

Beachten Sie: Die kinetische Energie hängt nicht vom Radius des Zylinders ab. v^2 ist kleiner als mgh; dies entspräche dem Quadrat der Geschwindigkeit für einen Körper, der die Ebene reibungsfrei hinuntergleiten würde.

8.7 Der Vektorcharakter der Drehgrößen und das Kreuzprodukt

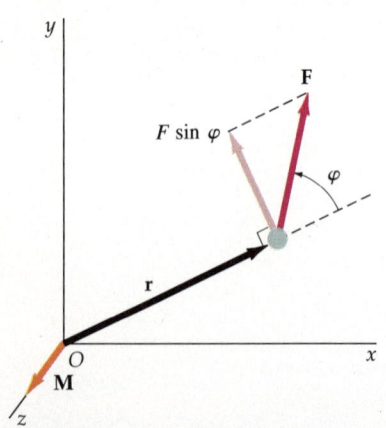

8.30 Eine Scheibe, die sich um eine Achse durch ihren Mittelpunkt und senkrecht zur Scheibenebene dreht. Alle Richtungen innerhalb der Scheibe sind äquivalent. Der Vektor der Winkelgeschwindigkeit liegt in der Drehachse, sein Vorzeichen ergibt sich aus der Rechte-Hand-Regel.

Die bei Rotationen auftretenden Drehgrößen Drehmoment, Winkelgeschwindigkeit und Drehimpuls sind im allgemeinen vektorielle Größen. Bis jetzt mußten wir uns in unseren Diskussionen nicht um den Vektorcharakter dieser Größen kümmern, weil wir nur Drehungen um im Raum feste Achsen betrachtet haben. (Bei rollenden Körpern bewegt sich die Drehachse zwar, aber sie verändert ihre Richtung bezüglich einer im Raum festen Achse nicht, sondern bleibt immer parallel zu ihr.) Diese Rotationsbewegungen ließen sich daher analog zu linearen Bewegungen in einer Dimension behandeln, und für die Angabe der Richtung von Geschwindigkeit oder Beschleunigung reichte es aus, mit unterschiedlichen Vorzeichen zu arbeiten. Wenn die Drehachse jedoch nicht raumfest ist, dann wird der Vektorcharakter der Drehgrößen wichtig.

Betrachten wir die rotierende Scheibe aus Abbildung 8.30. Da alle Richtungen, die in der Scheibenebene liegen, wegen der Symmetrie der Scheibe gleichwertig sind, beschreiben wir die „Richtung" der Rotation durch Angabe der

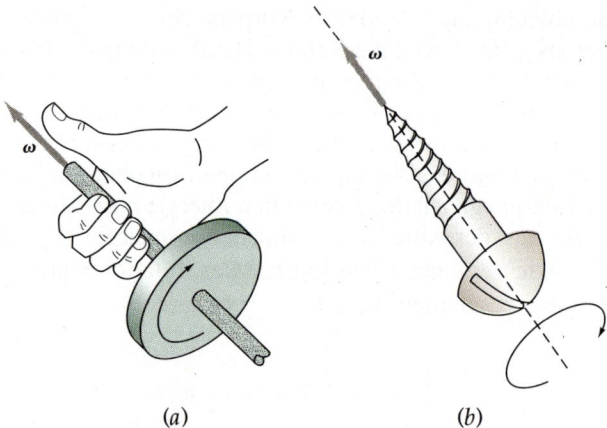

8.31 a) Rechte-Hand-Regel zur Bestimmung der Richtung der Winkelgeschwindigkeit ω. Wenn die Finger der rechten Hand in Drehrichtung zeigen, dann zeigt der Daumen in Richtung von ω. b) Die Richtung von ω stimmt auch mit der Vorschubrichtung einer gewöhnlichen Schraube mit Rechtsgewinde überein.

Drehachse. Dazu wählen wir den Vektor der Winkelgeschwindigkeit ω parallel zur Drehachse und setzen seine Richtung willkürlich über die „**Rechte-Hand-Regel**" fest (Abbildung 8.31 a): Wenn die Drehachse mit der rechten Hand derart umfaßt wird, daß die Finger in Drehrichtung zeigen, dann zeigt der gestreckte Daumen in Richtung von ω. Die Richtung von ω ist auch die Vorschubrichtung einer Schraube mit Rechtsgewinde (Abbildung 8.31 b). Deshalb zeigt ω bei Rotationen im Gegenuhrzeigersinn, wie in Abbildung 8.30, aus der Zeichenebene heraus und bei Drehungen im Uhrzeigersinn in die Zeichenebene hinein.

Abbildung 8.32 zeigt eine Kraft F, die auf ein Teilchen am Orte r wirkt, wobei r der Ortsvektor des Teilchens, bezogen auf den Ursprung O, ist. Das dadurch relativ zum Ursprung O ausgeübte Drehmoment ist ein Vektor der Größe $Fr\sin\varphi$, der senkrecht auf der Ebene steht, die von F und r aufgespannt wird. Hierbei gibt φ den Winkel zwischen F und r an. Dies entspricht der bisherigen Definition des Drehmomentes, allerdings ist jetzt dem Drehmoment eine Richtung zugeordnet. Wenn F und r wie in der Zeichnung in der x-y-Ebene liegen, dann zeigt das Drehmoment in z-Richtung. Das Drehmoment wird als **Vektorprodukt** (auch **Kreuzprodukt** genannt) von F und r geschrieben:

8.32 Das Drehmoment M, das durch eine Kraft F auf ein Teilchen am Ort r ausgeübt wird, steht sowohl auf F als auch auf r senkrecht und hat den Betrag $Fr\sin\varphi$.

$$M = r \times F.$$ 8.54

8.7 Der Vektorcharakter der Drehgrößen und das Kreuzprodukt

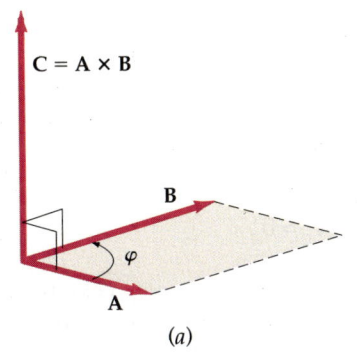
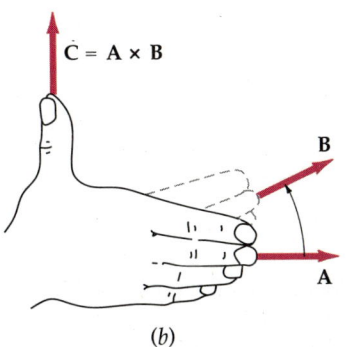

8.33 a) Das Vektorprodukt $A \times B$ ist ein Vektor C, der senkrecht auf A und B steht und den Betrag $AB \sin \varphi$ hat. Dieser Betrag entspricht gerade der Fläche des eingezeichneten Parallelogramms. b) Die Richtung von $A \times B$ ergibt sich aus der Rechte-Hand-Regel, wenn man A auf dem kürzesten Weg durch eine Drehung um den Winkel φ in B überführt.

Das Kreuzprodukt von zwei Vektoren A und B ist definiert als Vektor C, dessen Betrag gleich der Fläche des Parallelogramms ist, das die beiden Vektoren aufspannen (Abbildung 8.33a). Die Richtung von C bestimmt man wieder aus der Rechte-Hand-Regel: Man betrachtet dazu die Drehung, die A auf dem kürzesten Weg durch eine Drehung in B überführt (Abbildung 8.33b). Wenn φ der beschriebene Winkel und n ein Einheitsvektor in Richtung von C ist, dann ist das Kreuzprodukt von A und B

$$A \times B = (AB \sin \varphi) n \, . \qquad 8.55 \quad \textit{Kreuzprodukt}$$

Sind A und B parallel, dann ist $A \times B$ gleich null. Aus der Definition des Kreuzproduktes in Gleichung (8.55) folgt

$$A \times A = 0 \qquad 8.56$$

und

$$A \times B = -B \times A \, . \qquad 8.57$$

Beim Kreuzprodukt ist die Reihenfolge wesentlich, in der zwei Vektoren miteinander multipliziert werden. Im Gegensatz zur Multiplikation von gewöhnlichen Zahlen ändert sich das Vorzeichen, wenn man die Reihenfolge der Vektoren vertauscht. Das Kreuzprodukt ist also antikommutativ. Weitere Eigenschaften des Kreuzproduktes von zwei Vektoren sind:

1. Für das Kreuzprodukt gilt ein Distributivgesetz bezüglich der Addition:

$$\begin{aligned} A \times (B + C) \\ = A \times B + A \times C \, . \end{aligned} \qquad 8.58$$

2. Wenn A und B vektorwertige Funktionen einer beliebigen Variable wie t sind, dann gilt für die Ableitung des Kreuzproduktes $A \times B$ nach der Variablen t die gewöhnliche Produktregel:

$$\frac{d}{dt}(A \times B) = A \times \frac{dB}{dt} + \frac{dA}{dt} \times B \, . \qquad 8.59$$

Allerdings muß auch hier die Reihenfolge eingehalten werden, da beispielsweise $B \times dA/dt = -(dA/dt) \times B$ gilt.

8 Drehbewegungen

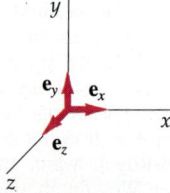

8.34 Die Einheitsvektoren e_x, e_y und e_z stehen paarweise senkrecht aufeinander und haben die Länge 1. Das Kreuzprodukt von e_x und e_y ist $e_x \times e_y = 1 \cdot 1 \cdot \sin 90°\, e_z = e_z$. Ebenso gilt für die Kreuzprodukte $e_y \times e_z = e_x$ und $e_z \times e_x = e_y$.

3. Die Kreuzprodukte der paarweise senkrecht aufeinanderstehenden Einheitsvektoren e_x, e_y und e_z sind:

$$e_x \times e_y = e_z \quad e_y \times e_z = e_x \quad e_z \times e_x = e_y\,.$$

Außerdem gilt:

$$e_x \times e_x = e_y \times e_y = e_z \times e_z = 0\,.$$

Mit diesen Ergebnissen können wir das Kreuzprodukt von zwei Vektoren als Funktion der Vektorkomponenten in einem rechtwinkligen Koordinatensystem ausdrücken:

$$\begin{aligned}
A \times B &= (A_x e_x + A_y e_y + A_z e_z) \times (B_x e_x + B_y e_y + B_z e_z) \\
&= A_x B_x e_x \times e_x + A_x B_y e_x \times e_y + A_x B_z e_x \times e_z + A_y B_x e_y \times e_x + A_y B_y e_y \times e_y \\
&\quad + A_y B_z e_y \times e_z + A_z B_x e_z \times e_x + A_z B_y e_z \times e_y + A_z B_z e_z \times e_z \\
&= 0 + A_x B_y e_z + A_x B_z (-e_y) + A_y B_x (-e_z) + 0 + A_y B_z e_x \\
&\quad + A_z B_x e_y + A_z B_y (-e_x) + 0
\end{aligned}$$

oder

$$A \times B = (A_y B_z - A_z B_y) e_x + (A_z B_x - A_x B_z) e_y + (A_x B_y - A_y B_x) e_z\,. \quad 8.60\,\text{a}$$

Dieses Ergebnis kann auch mit Hilfe einer Determinante geschrieben werden:

$$A \times B = \begin{vmatrix} e_x & e_y & e_z \\ A_x & A_y & A_z \\ B_x & B_y & B_z \end{vmatrix}\,. \quad 8.60\,\text{b}$$

4. Für den Spezialfall, daß A und B in der x-y-Ebene liegen, gilt $A_z = B_z = 0$, und $A \times B$ besitzt nur eine z-Komponente:

$$A \times B = (A_x B_y - A_y B_x) e_z \quad \text{(wenn } A \text{ und } B \text{ in der } x\text{-}y\text{-Ebene)}\,. \quad 8.61$$

Beispiel 8.23

Bestimmen Sie $A \times B$ für $A = 5\,e_x + 6\,e_y$ und $B = 3\,e_x - 2\,e_y$.
Wenn wir das Kreuzprodukt direkt berechnen, erhalten wir

$$\begin{aligned}
A \times B &= (5\,e_x + 6\,e_y) \times (3\,e_x - 2\,e_y) \\
&= 15(e_x \times e_x) - 10(e_x \times e_y) + 18(e_y \times e_x) - 12(e_y \times e_y) \\
&= 15 \cdot 0 - 10\,e_z + 18 \cdot -e_z - 12 \cdot 0 \\
&= -10\,e_z - 18\,e_z \\
&= -28\,e_z\,.
\end{aligned}$$

Da A und B in der x-y-Ebene liegen, können wir auch Gleichung (8.61) anwenden:

$$\begin{aligned}
A \times B &= (A_x B_y - A_y B_x) e_z \\
&= [5 \cdot (-2) - (6 \cdot 3)] e_z \\
&= -28\,e_z\,.
\end{aligned}$$

Auch der Drehimpuls eines Teilchens läßt sich als Kreuzprodukt schreiben. Abbildung 8.35 zeigt ein Teilchen der Masse *m*, das sich am Ort *r* (relativ zum Ursprung O) mit der Geschwindigkeit *v* bewegt. Der lineare Impuls des Teilchens ist *p* = *m***v**. Der Drehimpuls *L* des Teilchens relativ zum Ursprung O ist als Kreuzprodukt von *r* und *p* definiert:

$$L = r \times p.$$ 8.62 *Drehimpuls eines Teilchens*

Ebenso wie das Drehmoment ist auch der Drehimpuls relativ zu einem bestimmten Punkt im Raum definiert. Abbildung 8.36 zeigt ein Teilchen, das sich in der *x-y*-Ebene auf einer Kreisbahn bewegt; der Mittelpunkt der Kreisbahn liegt im Koordinatenursprung. Die Geschwindigkeit v des Teilchens und seine Winkelgeschwindigkeit ω hängen über $v = r\omega$ zusammen. Der Drehimpuls des Teilchens relativ zum Kreismittelpunkt ist

$$L = r \times p = r \times mv = (rmv \sin 90°)e_z = rmve_z = mr^2\omega e_z.$$

Der Drehimpuls zeigt in diesem Fall in die gleiche Richtung wie die Winkelgeschwindigkeit. Da das Trägheitsmoment eines einzelnen Teilchens für Rotationen um die *z*-Achse mr^2 ist, erhalten wir

$$L = mr^2\omega = I\omega.$$

Abbildung 8.37 zeigt ein Teilchen, das sich auf der gleichen Kreisbahn bewegt, jedoch einen anderen Drehimpuls *L'* besitzt. Dieser Drehimpuls ist auf einen Punkt bezogen, der zwar auf der *z*-Achse liegt, sich aber nicht in der Kreisebene der Bewegung befindet. In diesem Fall ist der Drehimpuls nicht parallel zur Winkelgeschwindigkeit ω, die in *z*-Richtung zeigt. In Abbildung 8.38 ist ein zweites Teilchen mit gleicher Masse hinzugefügt, das sich auf derselben Kreisbahn bewegt. Die Drehimpulsvektoren *L'₁* und *L'₂* sind auf den gleichen Punkt

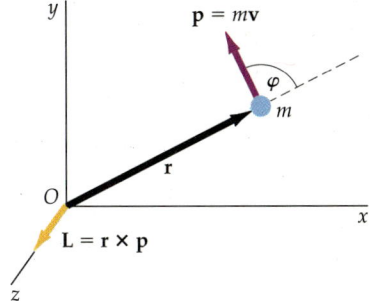

8.35 Ein Teilchen mit einem Impuls *p* am Ort *r* hat relativ zum Ursprung O einen Drehimpuls, der durch $L = r \times p$ gegeben ist. Liegen *r* und *p* so wie hier in der *x-y*-Ebene, dann verläuft *L* in Richtung der *z*-Achse.

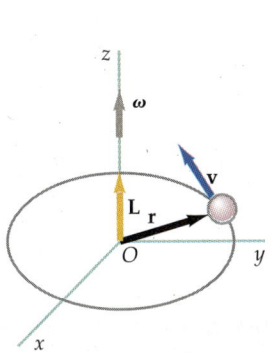

8.36 Ein Teilchen, das sich auf einer Kreisbahn bewegt, hat bezüglich des Kreismittelpunktes einen Drehimpuls $L = I\omega$ parallel zur Winkelgeschwindigkeit.

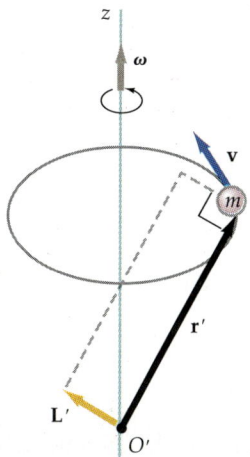

8.37 Der Drehimpuls *L'* eines Teilchens, das sich auf einer Kreisbahn bewegt, ist hier auf einen Punkt O' auf der *z*-Achse bezogen, der außerhalb der Kreisebene liegt. In diesem Fall ist *L'* nicht parallel zur Winkelgeschwindigkeit ω.

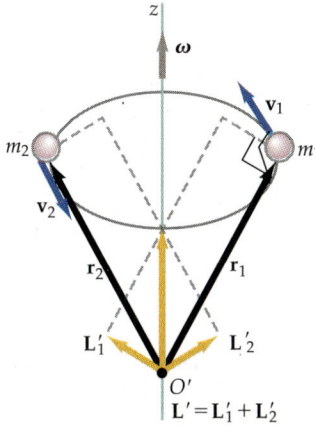

8.38 Drehimpulsvektoren eines Systems aus zwei Teilchen, die sich auf einer Kreisbahn bewegen. Der Bezugspunkt für die Drehimpulse liegt auf einer Achse, um die sich die Masse des Systems symmetrisch verteilt. Der Gesamtdrehimpuls *L'₁ + L'₂* ist parallel zur Winkelgeschwindigkeit ω.

8 Drehbewegungen

bezogen wie in Abbildung 8.37. Der Gesamtdrehimpuls $\boldsymbol{L}'_1 + \boldsymbol{L}'_2$ des Zwei-Körper-Systems ist wiederum parallel zur Winkelgeschwindigkeit $\boldsymbol{\omega}$. In diesem Fall verläuft die Drehachse, die z-Achse, durch den Massenmittelpunkt des Zwei-Körper-Systems, und die Massenverteilung ist symmetrisch zu dieser Achse. Eine solche Achse heißt **Symmetrieachse** oder **Hauptträgheitsachse** (vgl. Abschnitt 8.4). Für ein beliebiges Teilchensystem, das sich um eine Hauptträgheitsachse dreht, ist der Gesamtdrehimpuls (dieser ist die Summe der Drehimpulse der einzelnen Teilchen) parallel zur Winkelgeschwindigkeit. Für ihn gilt:

Drehimpuls eines Systems

$$\boldsymbol{L} = I\boldsymbol{\omega} . \qquad 8.63$$

Wir zeigen nun eine Folgerung aus dem zweiten Newtonschen Axiom: Die Änderung des Drehimpulses ist gleich dem wirkenden resultierenden Drehmoment. Wenn viele Kräfte auf ein Teilchen wirken, dann ist das resultierende Drehmoment auf das Teilchen gleich der Summe der Drehmomente aus den einzelnen Kräften relativ zum Ursprung O:

$$\boldsymbol{M} = (\boldsymbol{r} \times \boldsymbol{F}_1) + (\boldsymbol{r} \times \boldsymbol{F}_2) + \ldots = \boldsymbol{r} \times \boldsymbol{F} .$$

Nach dem zweiten Newtonschen Axiom ist die resultierende Kraft gleich der Änderung des linearen Impulses $\mathrm{d}\boldsymbol{p}/\mathrm{d}t$. Deshalb gilt

$$\boldsymbol{M} = \boldsymbol{r} \times \boldsymbol{F} = \boldsymbol{r} \times \frac{\mathrm{d}\boldsymbol{p}}{\mathrm{d}t} . \qquad 8.64$$

Die Änderung des Drehimpulses können wir mit Hilfe der Produktregel für Ableitungen berechnen:

$$\frac{\mathrm{d}\boldsymbol{L}}{\mathrm{d}t} = \frac{\mathrm{d}}{\mathrm{d}t}(\boldsymbol{r} \times \boldsymbol{p}) = \left(\frac{\mathrm{d}\boldsymbol{r}}{\mathrm{d}t} \times \boldsymbol{p}\right) + \left(\boldsymbol{r} \times \frac{\mathrm{d}\boldsymbol{p}}{\mathrm{d}t}\right) .$$

Der erste Term auf der rechen Seite ist null wegen

$$\frac{\mathrm{d}\boldsymbol{r}}{\mathrm{d}t} \times \boldsymbol{p} = \boldsymbol{v} \times m\boldsymbol{v} = 0 .$$

Daher gilt

$$\frac{\mathrm{d}\boldsymbol{L}}{\mathrm{d}t} = \boldsymbol{r} \times \frac{\mathrm{d}\boldsymbol{p}}{\mathrm{d}t} . \qquad 8.65$$

Ein Vergleich zwischen den Gleichungen (8.64) und (8.65) liefert

$$\boldsymbol{M} = \frac{\mathrm{d}\boldsymbol{L}}{\mathrm{d}t} . \qquad 8.66$$

Das resultierende Drehmoment ist die Summe aller einzelnen, auf das System wirkenden Drehmomente. Gleichung (8.66) läßt sich daher wie folgt auf ein Teilchensystem verallgemeinern:

$$\sum_i \boldsymbol{M}_i = \sum_i \frac{\mathrm{d}\boldsymbol{L}_i}{\mathrm{d}t} = \frac{\mathrm{d}}{\mathrm{d}t}\sum_i \boldsymbol{L}_i = \frac{\mathrm{d}\boldsymbol{L}}{\mathrm{d}t} .$$

In dieser Gleichung sind sowohl interne als auch externe Drehmomente eingeschlossen. Andererseits wissen wir, daß der Drehimpuls erhalten bleibt, wenn keine äußeren Drehmomente auf das System wirken. Daher muß die Summe der internen Drehmomente null sein. Es gilt also

$$M_{\text{ext}} = \frac{dL}{dt}.$$ 8.67 *Zweites Newtonsches Gesetz für Drehungen*

Das resultierende Drehmoment, das von außen auf ein System wirkt, ist gleich der Änderung des Drehimpulses des Systems.

Gleichung (8.67) ist das Analogon zu der für Translationsbewegungen geltenden Beziehung $F_{\text{ext}} = dp/dt$.

Der Drehimpulserhaltungssatz ist ein experimentelles Gesetz, das unabhängig von den Newtonschen Gesetzen gilt. Die Tatsache, daß sich die internen Drehmomente gegenseitig aufheben, wird durch das dritte Newtonsche Gesetz nahegelegt: Betrachten wir die beiden Teilchen aus Abbildung 8.39. Sei F_1 die Kraft, die Teilchen 2 auf Teilchen 1 ausübt, und F_2 die Kraft von Teilchen 1 auf Teilchen 2. Nach dem dritten Newtonschen Axiom gilt $F_2 = -F_1$. Die Summe der Drehmomente, die von diesen Kräften relativ zum Ursprung O ausgeübt wird, ist

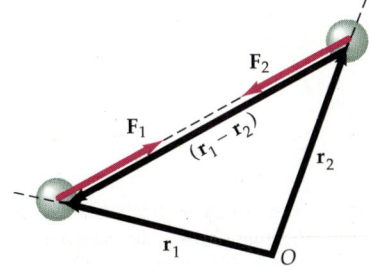

8.39 Die internen Kräfte F_1 und F_2 erzeugen kein Drehmoment relativ zum Punkt O, wenn sie entlang der Verbindungslinie der beiden Teilchen wirken.

$$M_1 + M_2 = (r_1 \times F_1) + (r_2 \times F_2) = (r_1 \times F_1) + (r_2 \times -F_1)$$
$$= (r_1 - r_2) \times F_1.$$

Der Vektor $r_1 - r_2$ verläuft entlang der Verbindungslinie der beiden Teilchen. Wenn die Richtung von F_1 parallel zur Verbindungslinie zwischen m_1 und m_2 ist, dann sind F_1 und $r_1 - r_2$ entweder parallel oder antiparallel, und es gilt

$$(r_1 - r_2) \times F_1 = 0.$$

Wenn dies auf alle internen Kräfte zutrifft, dann heben sich die internen Drehmomente gegenseitig auf.

Fragen

10. Welches ist der Winkel zwischen dem linearen Impuls p und dem Drehimpuls L eines Teilchens?
11. Ein Teilchen bewegt sich mit konstanter Geschwindigkeit entlang einer geraden Linie. Wie verändert sich sein Drehimpuls, bezogen auf irgendeinen Punkt, im Verlauf der Zeit?
12. Ein Teilchen, das sich mit konstanter Geschwindigkeit bewegt, hat relativ zu einem bestimmten Punkt den Drehimpuls null. Zeigen Sie, daß die Bahnkurve des Teilchens durch diesen Punkt geht.

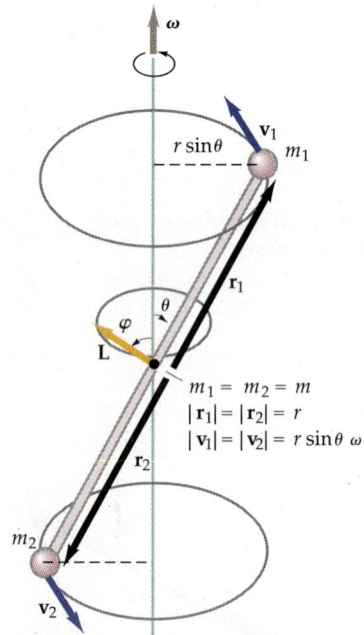

8.40 Zwei Teilchen gleicher Masse rotieren um eine Achse, die durch ihren gemeinsamen Massenmittelpunkt geht, die jedoch keine Symmetrieachse ist. Der Drehimpuls L steht senkrecht zur Verbindungslinie der beiden Objekte und schließt mit der Winkelgeschwindigkeit ω den Winkel φ ein. Da sich die Richtung von L beim Drehen ändert, müssen die Lager ein Drehmoment auf die Drehachse ausüben.

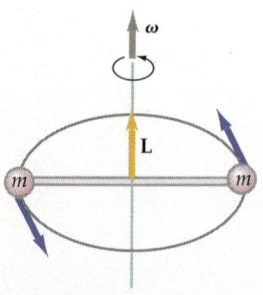

8.41 Diese Anordnung von zwei rotierenden Teilchen gleicher Masse ist dynamisch ausbalanciert. Die Drehachse ist hier eine Symmetrieachse, und L ist parallel zu ω. Während der Rotation bleibt L konstant.

8.8 Statisches und dynamisches Ungleichgewicht

Im letzten Abschnitt hatten wir die Drehgrößen Drehmoment, Winkelgeschwindigkeit und Drehimpuls als Vektoren eingeführt, um auch die Drehung von Körpern um nicht raumfeste Achsen untersuchen zu können.

Für unsere Untersuchungen nützlich ist das Konzept der **freien Achsen**: Dreht sich ein Körper um eine seiner Hauptträgheitsachsen (vergleiche Abschnitt 8.4 und Abschnitt 8.7), so bewirkt die Symmetrie der Massenverteilung um diese Achse, daß kein äußeres Drehmoment wirkt und sich daher Betrag und Richtung von Drehimpuls und Winkelgeschwindigkeit nicht ändern. Solche Drehachsen müssen also nicht im Raum fixiert werden, damit sich eine stabile Drehbewegung ergibt. Daher bezeichnet man diese Drehachsen auch als freie Achsen.

Untersuchen wir nun eine Drehung um eine andere als eine freie Achse. In diesem Fall ist der Drehimpuls nicht notwendigerweise parallel zur Winkelgeschwindigkeit. Abbildung 8.40 zeigt eine einfache Hantel aus zwei gleichen Massen, die durch einen leichten Stab miteinander verbunden sind. Das System rotiert um eine Achse, die schief durch den Stab geht und bei der es sich nicht um eine freie Achse handelt. Beide Massen bewegen sich mit der Geschwindigkeit $(r \sin \theta)\omega$ auf Kreisbahnen mit Radius $r \sin \theta$. Hier bezeichnet θ den Winkel zwischen Stab und Drehachse und ω die Winkelgeschwindigkeit. Der Drehimpuls der Masse 1 ist $\boldsymbol{L}_1 = \boldsymbol{r}_1 \times m\boldsymbol{v}_1$. Seine Richtung liegt in der Papierebene senkrecht zum Stab, sein Betrag ist $L_1 = (mr^2 \sin \theta)\omega$. Der Drehimpuls der Masse 2 ist $\boldsymbol{L}_2 = \boldsymbol{r}_2 \times m\boldsymbol{v}_2$. Da $\boldsymbol{r}_2 = -\boldsymbol{r}_1$ und $\boldsymbol{v}_2 = -\boldsymbol{v}_1$ gilt, folgt $\boldsymbol{L}_2 = \boldsymbol{L}_1$. Der Gesamtdrehimpuls des Systems ist deshalb $(2mr^2 \sin \theta)\omega$ und steht senkrecht zum Verbindungsstab (Abbildung 8.40) und nicht parallel zur Winkelgeschwindigkeit $\boldsymbol{\omega}$, die parallel zur Drehachse zeigt. Während die Hantel rotiert, dreht sich auch der Drehimpulsvektor, und zwar beschreibt seine Spitze einen Kreis, wie in der Abbildung zu sehen ist. Bei konstanter Winkelgeschwindigkeit ist der Betrag des Drehimpulses ebenfalls konstant, seine Richtung ändert sich jedoch. Daher wirkt auch in diesem Fall auf das System ein resultierendes Drehmoment. Dieses wird von den Lagern ausgeübt, die das System führen. Das System übt ein gleich großes, aber entgegengesetztes Drehmoment auf die Lager aus und verursacht Abrieb. Ein solches System befindet sich im **dynamischen Ungleichgewicht**. Die Drehimpulsänderung dL/dt ist proportional zu ω^2. Je größer die Winkelgeschwindigkeit, desto größer die Abnutzung der Lager. Beachten Sie, daß es hier kein *statisches* Ungleichgewicht gibt: Wenn wir die Hantel in ihrem Massenmittelpunkt aufhängen, dann befindet sie sich in jeder Orientierung im Gleichgewicht. Bei einem System mit unbekannter Massenverteilung (zum Beispiel einem Autoreifen) läßt sich das dynamische Ungleichgewicht durch statische Methoden weder bestimmen noch korrigieren.

Wir können das dynamische Ungleichgewicht unserer Hantel auf zwei Arten beseitigen: Entweder ändern wir den Winkel θ in 90° (Abbildung 8.41), oder wir fügen Ausgleichsmassen hinzu (Abbildung 8.42). Dann werden L und ω parallel, und es wird kein Drehmoment mehr benötigt, um die Winkelgeschwindigkeit in Betrag und Richtung konstant zu halten. In beiden Fällen haben wir die Massenverteilung so geändert, daß sich das System jetzt um eine freie Achse dreht.

Abbildung 8.43 zeigt eine Scheibe, die sich um einen Punkt dreht, der außerhalb des Scheibenmittelpunkts liegt: Die Drehachse verläuft in einem Abstand h parallel zur Symmetrieachse durch den Massenmittelpunkt. Der Drehimpuls relativ zu einem Punkt auf der Drehachse (in der Scheibenebene) ist die Summe aus dem Drehimpuls bezüglich der Symmetrieachse und dem Drehimpuls aufgrund der Bewegung des Massenmittelpunkts. Beide Drehimpulse sind parallel zur Drehachse und damit auch zur Winkelgeschwindigkeit $\boldsymbol{\omega}$. Wenn sich die Scheibe mit konstanter Winkelgeschwindigkeit dreht, dann ist der Drehimpuls konstant, und es wird kein äußeres Drehmoment zur Stabilisierung benötigt. Da sich aber der Massenmittelpunkt auf einer Kreisbahn mit dem Radius h bewegt, muß eine resultierende Kraft, die vom Massenmittelpunkt zur Achse zeigt, mit der Größe $mv_S^2/h = mh\omega^2$ auf die Scheibe wirken. Diese Kraft wird von den Lagern ausgeübt. Auch hier bewirkt die gleich große, aber entgegengesetzte Kraft eine Abnutzung der Lager, besonders dann, wenn ω groß ist. Dieses **statische Ungleichgewicht** kann gefunden und behoben werden, wenn man die Scheibe auf einer horizontalen Achse aufhängt und so ausbalanciert, daß die Drehachse durch den Massenmittelpunkt geht.

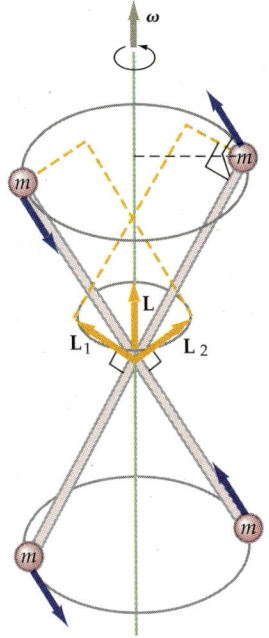

8.42 Diese Anordnung ist ebenfalls (wie diejenige in Abbildung 8.41) dynamisch ausbalanciert. Auch hier steht $\boldsymbol{L}$ parallel zu $\boldsymbol{\omega}$ und ändert sich während der Drehung nicht.

8.9 Kreiselbewegungen

Das besondere bei der Kreiselbewegung ist, daß sich hier die Richtung der Drehachse ändern kann; daher sind Kreiselbewegungen normalerweise sehr kompliziert.

Ein Kreisel im physikalischen Sinne ist ein Körper, der sich um eine freie Achse dreht, die in einem Punkt unterstützt wird. Wir betrachten hier nur (bezüglich ihrer Drehachse) **symmetrische Kreisel**.

Ist der Massenmittelpunkt des Kreisels gleichzeitig der Punkt, in dem die Drehachse unterstützt wird, spricht man von einem **kräftefreien Kreisel**, sonst von einem **schweren Kreisel**. Einen großen Demonstrationskreisel kann man aus dem Rad eines Fahrrades anfertigen, indem man den Rand des Rades beschwert, um das Trägheitsmoment zu erhöhen. Wenn Sie Zugang zu einem solchen Kreisel haben (in den meisten physikalischen Sammlungen findet sich einer), dann sollten Sie damit spielen, um seine verblüffenden Eigenschaften kennenzulernen. Wenn Sie ihn zum Beispiel mit horizontaler Achse in Drehung versetzen und horizontal an einem Ende der Achse dagegendrücken, dann wird sich die Achse – je nachdem, in welche Richtung Sie drücken – aufrichten oder nach unten neigen. Um dieses Verhalten zu verstehen, müssen wir den vektoriellen Charakter der Drehgrößen, den wir in Abschnitt 8.7 behandelt hatten, berücksichtigen.

Abbildung 8.44 zeigt einen Kreisel aus einem Speichenrad. Die Achse ist frei drehbar in einem Punkt gelagert, der den Abstand D vom Radmittelpunkt hat. Der Kreisel ist also ein schwerer Kreisel. Wir werden versuchen, mit dem zweiten Newtonschen Gesetz (Gleichung 8.67) für Drehbewegungen ein qualitatives Verständnis der komplizierten Bewegung dieses Systems zu erlangen:

$$\boldsymbol{M}_{\text{ext}} = \frac{d\boldsymbol{L}}{dt}.$$

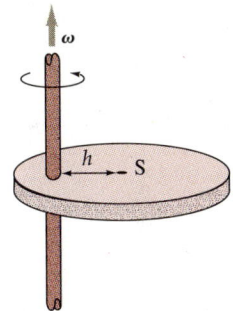

8.43 Dieses System ist dynamisch ausbalanciert, weil $\boldsymbol{L}$ parallel zu $\boldsymbol{\omega}$ ist; es befindet sich aber im statischen Ungleichgewicht. Bei der Drehung bewirken die Lager kein Drehmoment, aber sie müssen eine Kraft ausüben, um den Massenmittelpunkt zu beschleunigen.

Wir müssen uns nur an eines erinnern: Die *Änderung* des Drehimpulses des Rades zeigt in Richtung des resultierenden Drehmomentes oder, in anderen Worten: Der Kreisel versucht seine Drehachse so einzustellen, daß äußeres Drehmoment M und Winkelgeschwindigkeit ω in die gleiche Richtung zeigen.

Hält man die Radachse horizontal und läßt dann los, so fällt das Rad einfach herunter, wenn es sich vorher nicht gedreht hat. Das Drehmoment relativ zum Punkt O ist mgD in horizontaler Richtung, rechtwinklig zur in Abbildung 8.44 gezeigten Radachse. Wenn das Rad nach unten kippt, dann hat es einen Drehimpuls in Richtung des für die Kippbewegung verantwortlichen Drehmomentes. Dieser Drehimpuls kommt durch die Eigenbewegung des Rades (genauer: durch

8 Drehbewegungen

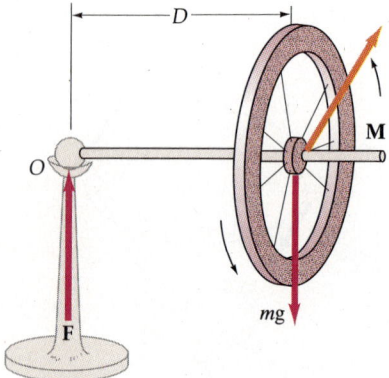

8.44 Kreisel aus dem Rad eines Fahrrades. Die Gravitationskraft *mg* übt bezüglich des Gelenks am Punkt O ein Drehmoment **M** aus, das senkrecht zur Achse steht. Dieses Drehmoment bewirkt eine Änderung des Drehimpulses in Richtung des Drehmomentes. Wenn sich das Rad nicht dreht und losgelassen wird, dann fällt es einfach hinunter. In diesem Fall führt die Änderung des Drehimpulses zu einem neuen Drehimpuls, der mit der Bewegung des Massenmittelpunkts des Rades zusammenhängt.

die Bewegung des Massenmittelpunkts) zustande. Da sich der Massenmittelpunkt des Rades nach unten bewegt, ist die nach oben gerichtete Kraft *F*, die durch das Gelenk am Punkt O ausgeübt wird, offensichtlich kleiner als *mg*.

Wir werden nun untersuchen, was passiert, wenn man das Rad vorher in Drehung versetzt, die Radachse horizontal festhält und dann losläßt. Das Rad hat nun aufgrund seiner Drehung einen großen Drehimpuls entlang seiner Achse (in der Abbildung nach rechts). Da es ganz einfach ist, den Drehimpuls sehr groß zu machen, können wir in erster Näherung den Beitrag der Bewegung des Massenmittelpunkts vernachlässigen. Wenn sich das Rad wie vorher neigen würde, so würde sich die Radachse nach unten bewegen, so daß auch der Drehimpuls eine abwärts gerichtete Komponente bekäme. Andererseits existiert aber kein Drehmoment nach unten: Das Drehmoment wirkt in horizontaler Richtung. Wie kommt das? In Abbildung 8.45 ist die Drehimpulskomponente entlang der Radachse eingezeichnet. Die Änderung des Drehimpulses d**L** in Richtung des Drehmomentes ist ebenfalls angegeben. Hält man die Achse des sich drehenden Rades horizontal fest und läßt los, dann dreht sich die Achse in einer horizontalen Ebene (hier in die Papierebene hinein). Wenn sich das Rad derart dreht, dann muß es sich so bewegen, daß die *Änderung* des Drehimpulses in Richtung des resultierenden Drehmomentes erfolgt. Diese überraschende Drehbewegung heißt **Präzession**.

Wir können die Winkelgeschwindigkeit der Präzession folgendermaßen berechnen. In einem kleinen Zeitintervall d*t* hat die Änderung des Drehimpulses den Betrag d*L*:

$$dL = M dt = mgD\, dt\,.$$

Gemäß Abbildung 8.45 ist der Winkel dφ, um den sich die Radachse bewegt,

$$d\varphi = \frac{dL}{L} = \frac{mgD\, dt}{L}\,.$$

Die Winkelgeschwindigkeit der Präzession beträgt somit

$$\omega_P = \frac{d\varphi}{dt} = \frac{mgD}{L}\,. \qquad 8.68$$

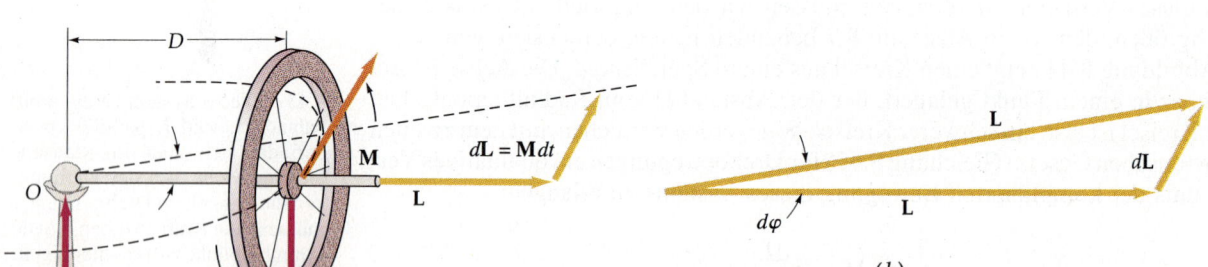

(a)

8.45 Wenn sich der Kreisel mit einem großen Anfangsdrehimpuls **L** um die gelagerte Achse dreht, dann ist die Änderung des Drehimpulses d**L** senkrecht zu **L**, und die Achse bewegt sich in Richtung des Drehmomentes. Diese Bewegung heißt Präzession.

(b)

Wenn also der Drehimpuls durch die Drehung des Rades sehr groß ist, dann ist die Präzession sehr langsam, oder, mit anderen Worten: Wenn das Rad sehr schnell rotiert, wird sich die Drehachse selbst sehr langsam im Raum drehen. Sie überstreicht dabei eine Kegelfläche mit der Spitze in O.

Wenn Sie dieses Experiment durchführen, werden Sie zusätzlich zur Präzession eine kleine Auf- und Abbewegung der Achse bemerken. Diese Bewegung heißt **Nutation**. Man kann sie vermeiden, wenn man der Drehachse des Kreisels beim Loslassen einen kleinen Stoß nach oben versetzt. Wir können die Nutation qualitativ verstehen, wenn wir die Richtungen des Drehimpulses des Rades und der darauf wirkenden Drehmomente betrachten. Selbst im Falle langsamer Präzession bleibt ein kleiner Drehimpuls aufgrund der Bewegung des Massenmittelpunkts des Rades übrig; er zeigt nach oben. Wenn die Achse einfach ohne einen kleinen Stoß losgelassen wird, dann gibt es weder eine Drehimpulskomponente nach oben noch eine nach unten. Deshalb wird sich die Radachse leicht nach unten neigen, damit der mit der Rotation verbundene Drehimpuls eine kleine, abwärts gerichtete Komponente erhält. Diese kompensiert dann gerade den nach oben gerichteten Drehimpuls, der von der Bewegung des Massenmittelpunkts des Rades herrührt. Eine detaillierte Analyse der Kreiselbewegung zeigt, daß die Achse – wenn man sie nicht anstößt – zuerst nach unten kippt, sich dann über die ursprüngliche Höhe hinausbewegt und dann auf und ab oszilliert.

Zusammenfassung

1. Während ein Teilchen eine Kreisbewegung vollführt, überstreicht die Verbindungslinie zwischen Kreismittelpunkt und Ort des Teilchens, bezogen auf die Ausgangsposition, einen Winkel, der Drehwinkel $d\theta$ genannt wird. Die zeitliche Änderung des Drehwinkels heißt Winkelgeschwindigkeit ω:

$$\omega = \frac{d\theta}{dt}.$$

Die Winkelbeschleunigung ist die Änderungsrate der Winkelgeschwindigkeit:

$$\alpha = \frac{d\omega}{dt} = \frac{d^2\theta}{dt^2}.$$

2. Die lineare Geschwindigkeit eines Teilchens im Abstand r von der Drehachse hängt mit der Winkelgeschwindigkeit über

$$v = r\omega$$

zusammen. Entsprechend ist die Tangentialbeschleunigung eines solchen Teilchens mit der Winkelbeschleunigung über

$$a_t = r\alpha$$

verknüpft. Für die Zentripetalbeschleunigung eines solchen Teilchens gilt

$$a_z = \frac{v^2}{r} = r\omega^2.$$

3. Die Bewegungsgleichungen für die Drehung eines starren Körpers mit konstanter Winkelbeschleunigung lauten

$$\omega = \omega_0 + \alpha t,$$

$$\theta = \theta_0 + \omega_0 t + \frac{1}{2}\alpha t^2$$

und
$$\omega^2 = \omega_0^2 + 2\alpha(\theta - \theta_0) \, .$$

Diese Gleichungen sind analog zu denjenigen für die eindimensionale Bewegung mit konstanter Beschleunigung.

4. Das Drehmoment, das eine Kraft auf einen Körper ausübt, ist definiert als das Produkt aus Kraft und Hebelarm. Das zweite Newtonsche Gesetz für Drehbewegungen eines starren Körpers um eine feste Achse lautet:

$$M = I\alpha \, .$$

Hierbei ist I das Trägheitsmoment eines Teilchensystems, das folgendermaßen definiert ist:

$$I = \sum_i m_i r_i^2 \, .$$

Für starre Körper (also Teilchensysteme mit kontinuierlicher Masseverteilung) gilt:

$$I = \int r^2 \, dm \, .$$

Das Trägheitsmoment spielt bei Drehbewegungen die gleiche Rolle wie die Masse bei Translationsbewegungen.

5. Die kinetische Energie eines rotierenden Körpers ist gegeben durch

$$E_{\mathrm{kin}} = \frac{1}{2} I \omega^2 \, ,$$

und für die Leistung gilt:

$$P = M\omega \, .$$

6. Der Drehimpuls eines Teilchensystems, bei dem sich alle Teilchen mit der gemeinsamen Winkelgeschwindigkeit ω bewegen, beträgt

$$L = I\omega \, .$$

7. Die verallgemeinerte Form des zweiten Newtonschen Gesetzes für Drehbewegungen lautet

$$M = \frac{dL}{dt} = \frac{d(I\omega)}{dt} \, .$$

8. In einem abgeschlossenen System ist das resultierende Drehmoment null, und der Drehimpuls des Systems ist eine Erhaltungsgröße.

9. Wenn eine Kugel oder ein Zylinder mit dem Radius R rollt, ohne zu gleiten, dann gilt für die Geschwindigkeit des Massenmittelpunkts und die Winkelgeschwindigkeit die Rollbedingung

$$v_S = R\omega \, .$$

Entsprechend gilt für die Beschleunigung:

$$a_S = R\alpha.$$

10. Das Vektor- oder Kreuzprodukt zweier Vektoren ist definiert als:

$$\mathbf{A} \times \mathbf{B} = (AB \sin \varphi)\mathbf{n},$$

wobei φ der Winkel zwischen den Vektoren und $\mathbf{n}$ ein Einheitsvektor senkrecht zu der von $\mathbf{A}$ und $\mathbf{B}$ aufgespannten Ebene ist. Die Richtung des Vektorprodukts findet man, indem man die Rechte-Hand-Regel anwendet.

11. Das Drehmoment, das durch die Kraft $\mathbf{F}$ auf einen Punkt P ausgeübt wird, ist

$$\mathbf{M} = \mathbf{r} \times \mathbf{F}.$$

Wenn ein Teilchen einen linearen Impuls $\mathbf{p} = m\mathbf{v}$ hat, dann gilt für den Drehimpuls bezogen auf einen Punkt P

$$\mathbf{L} = \mathbf{r} \times \mathbf{p},$$

wobei $\mathbf{r}$ der Vektor vom Punkt P zum Ort des Teilchens ist. Den Drehimpuls eines Teilchensystems, das sich um eine Symmetrieachse durch den Massenmittelpunkt dreht, kann man schreiben als

$$\mathbf{L} = I\boldsymbol{\omega}.$$

12. Wenn sich ein Körper um eine andere als eine Hauptträgheitsachse dreht, dann muß der Drehimpuls nicht parallel zur Winkelgeschwindigkeit sein. In diesem Fall befindet sich der Körper im dynamischen Ungleichgewicht, und die Richtung des Drehimpulses ändert sich sogar dann, wenn die Winkelgeschwindigkeit konstant bleibt.

13. Die komplizierte Bewegung eines Kreisels kann mit Hilfe der Richtungsabhängigkeit von Drehmoment und Drehimpuls verstanden werden. Wenn ein Kreisel einen großen Anfangsdrehimpuls hat und ein resultierendes Drehmoment rechtwinklig zum Drehimpuls angreift, dann bewegt sich das System derart, daß die Drehimpulsänderung in Richtung des Drehmomentes erfolgt. Diese Bewegung heißt Präzession.

Aufgaben

Stufe I

8.1 Winkelgeschwindigkeit und Winkelbeschleunigung

1. Ein Teilchen bewege sich mit konstanter Geschwindigkeit $v = 20$ m/s auf einer Kreisbahn mit dem Radius 100 m. a) Wie groß ist seine Winkelgeschwindigkeit um den Kreismittelpunkt? b) Wie viele Umdrehungen führt das Teilchen in 30 s aus?

2. Ein Rad starte aus der Ruhe mit der konstanten Winkelbeschleunigung 2 rad/s². Bestimmen Sie folgende Größen zum Zeitpunkt 5 s nach dem Start: a) die Winkelgeschwindigkeit des Rades, b) seinen gesamten Drehwinkel, c) die Gesamtzahl der ausgeführten Umdrehungen und d) die Geschwindigkeit und die Beschleunigung eines Punktes, der 0,3 m von der Drehachse entfernt ist.

3. Ein Plattenteller drehe sich mit $33\frac{1}{3}$ Umdrehungen pro Minute und werde dann abgeschaltet. Beim Auslaufen erfahre der Plattenteller eine konstante Verzögerung, durch die er nach 2 Minuten zur Ruhe kommt. a) Bestimmen Sie die Winkelbeschleunigung. b) Wie groß ist die durchschnittliche Winkelgeschwindigkeit des Plattentellers? c) Wie viele Umdrehungen führt der Plattenteller aus, bis er zum Stillstand kommt?

4. Eine Scheibe mit 10 cm Radius starte aus der Ruhe mit der konstanten Winkelbeschleunigung 10 rad/s². Wie groß sind zum Zeitpunkt $t = 5$ s: a) die Winkelgeschwindigkeit der Scheibe und b) die Tangentialbeschleunigung sowie die Zentripetalbeschleunigung eines Punktes am Rand der Scheibe?

5. Ein Riesenrad mit 12 m Radius benötige für einen vollen Umlauf 25 s. a) Wie groß ist seine Winkelgeschwindigkeit? b) Wie groß ist die Lineargeschwindigkeit eines Mitfahrers? c) Wie groß ist seine Zentripetalbeschleunigung?

6. Ein Radfahrer starte aus der Ruhe. Er trete so in die Pedale, daß die Räder seines Fahrrads eine konstante Winkelbeschleunigung erfahren. Nach 10 s haben die Räder 5 Umdrehungen ausgeführt. a) Wie groß ist ihre Winkelbeschleunigung? b) Wie groß ist ihre Winkelgeschwindigkeit nach 10 s? c) Der Radius der Räder betrage 36 cm, und die Räder rollen, ohne zu gleiten. Wie weit hat sich der Radfahrer nach 10 s fortbewegt?

8.2 Drehmoment und Trägheitsmoment

7. Ein Körper mit der Masse 0,5 kg falle unter dem Einfluß der Schwerkraft frei nach unten. a) Zum Zeitpunkt t_1 befinde er sich bei $y = 10$ m und $x = 2$ m. Wie groß ist das von der Gravitation auf ihn ausgeübte Drehmoment um den Ursprung? b) Etwas später befinde sich der Körper bei $y = 0$ m und $x = 2$ m. Wie groß ist das Drehmoment bezüglich des Ursprungs zu diesem Zeitpunkt?

8. Ein scheibenförmiger Schleifstein mit der Masse 2 kg und dem Radius 7 cm drehe sich mit 700 Umdrehungen pro Minute. Unmittelbar nach dem Abschalten des Antriebs will eine Frau ihre Sichel weiter schärfen. Sie halte die Sichel noch 10 s lang an die Schleifscheibe, bis diese zum Stillstand kommt. a) Bestimmen Sie die als konstant angenommene Winkelbeschleunigung der Schleifscheibe. b) Wie groß ist das Drehmoment, das von der Sichel auf die Scheibe ausgeübt wird? (Nehmen Sie an, daß keine anderen Drehmomente durch Reibung einwirken.)

9. Um ein Spielplatz-Karussell in Drehung zu versetzen, werde ein Seil herumgewickelt und 10 s lang mit einer Kraft von 200 N daran gezogen. In diesem Zeitintervall drehe sich das Karussell (Radius 2 m) einmal um seine Achse. a) Bestimmen Sie die als konstant an-genommene Winkelbeschleunigung des Karussells. b) Welches Drehmoment wird über das Seil auf das Karussell ausgeübt? c) Wie groß ist das Trägheitsmoment des Karussells?

8.3 Die kinetische Energie der Drehbewegung

10. Die Körper in Abbildung 8.46 seien miteinander durch einen sehr leichten Stab mit vernachlässigbarem Trägheitsmoment verbunden. Die Körper drehen sich mit der Winkelgeschwindigkeit 2 rad/s um die y-Achse. a) Bestimmen Sie die Geschwindigkeiten der einzelnen Körper und verwenden Sie diese zur Berechnung der kinetischen Energie des Systems nach der Gleichung $E_{kin} = \sum \frac{1}{2} m_i v_i^2$. b) Bestimmen Sie das Trägheitsmoment relativ zur y-Achse und berechnen Sie die kinetische Energie gemäß $\frac{1}{2} I \omega^2$.

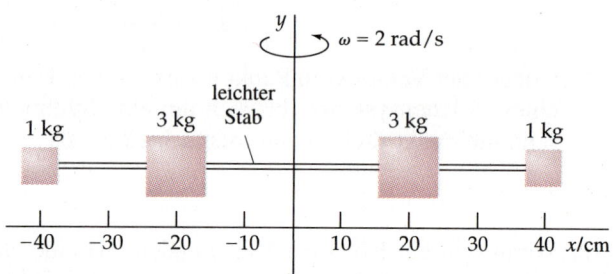

8.46 Zu Aufgabe 10.

11. Vier Massen an den Eckpunkten eines Quadrates seien durch masselose Stäbe miteinander verbunden (Abbildung 8.47). Die Massen betragen $m_1 = m_3 = 3$ kg und $m_2 = m_4 = 4$ kg. Die Seitenlänge des Quadrates sei $\ell = 2$ m. a) Bestimmen Sie das Trägheitsmoment des Systems relativ zu einer Achse, die senkrecht auf der Quadrat-Ebene steht und durch m_4 geht. b) Welche Arbeit ist nötig, um eine Winkelgeschwindigkeit von 2 rad/s um diese Achse zu erreichen?

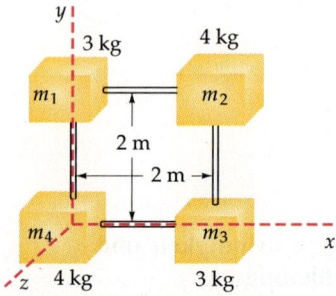

8.47 Zu Aufgaben 11 und 16.

12. Vier Körper mit einer Masse von je 2 kg befinden sich an den Ecken eines Rechtecks mit den Seitenlängen 2 m und 3 m (Abbildung 8.48). a) Bestimmen Sie das

Trägheitsmoment dieses Systems um eine Achse, die senkrecht auf der Rechteck-Ebene steht und durch eine dieser Massen geht. b) Das System rotiere um diese Achse mit der kinetischen Energie 184 J. Bestimmen Sie die Anzahl der Umdrehungen pro Minute.

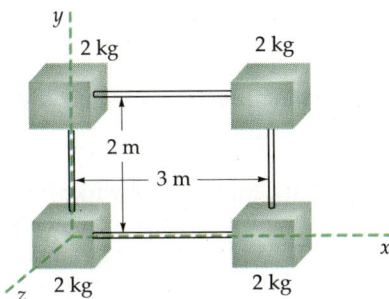

8.48 Zu Aufgaben 12 und 17.

13. Ein massiver Ball mit der Masse 1,2 kg und dem Durchmesser 16 cm rotiere mit 90 Umdrehungen pro Minute um seinen Durchmesser. a) Wie groß ist die kinetische Energie der Drehbewegung? b) Dem Ball werde eine zusätzliche Rotationsenergie von 2 J verliehen. Wie groß ist dann seine Winkelgeschwindigkeit?

14. Ein Motor habe bei 3500 Umdrehungen pro Minute ein Drehmoment von 500 N·m. Welche Leistung gibt er ab?

8.4 Berechnung von Trägheitsmomenten

15. Ein Tennisball habe eine Masse von 57 g und einen Durchmesser von 7 cm. Bestimmen Sie sein Trägheitsmoment relativ zu einer Achse durch den Mittelpunkt. Betrachten Sie den Ball als eine dünne Kugelschale.

16. a) Bestimmen Sie das Trägheitsmoment I_x für das Vier-Körper-System in Abbildung 8.47 relativ zur x-Achse, die durch m_3 und m_4 verläuft. b) Bestimmen Sie das Trägheitsmoment I_y relativ zur y-Achse, die durch m_1 und m_4 geht. c) Berechnen Sie mit Gleichung (8.30) das Trägheitsmoment I_z relativ zur z-Achse. Diese steht senkrecht auf der Ebene des Quadrates und geht durch m_4.

17. Verwenden Sie den Steinerschen Satz, um das Trägheitsmoment relativ zu einer Achse zu bestimmen, die parallel zur z-Achse verläuft und durch den Massenmittelpunkt des Systems in Abbildung 8.48 geht. b) x' und y' seien Achsen in der Figurenebene, die durch den Massenmittelpunkt gehen und parallel zu den Rechteckseiten verlaufen. Berechnen Sie $I_{x'}$ und $I_{y'}$. Überprüfen Sie damit sowie mit Hilfe von Gleichung (8.30) Ihre Ergebnisse von Teil a).

18. Verwenden Sie Gleichung (8.30), um das Trägheitsmoment einer Scheibe mit dem Radius R und der Masse m zu bestimmen. Die Drehachse liege in der Scheibenebene und gehe durch den Mittelpunkt (Abbildung 8.49).

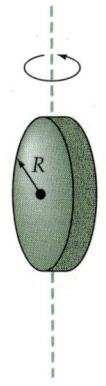

8.49 Zu Aufgabe 18.

19. Verwenden Sie den Steinerschen Satz, um das Trägheitsmoment einer massiven Kugel mit der Masse m und dem Radius R zu bestimmen, und zwar relativ zu einer tangential an der Kugeloberfläche liegenden Achse (Abbildung 8.50).

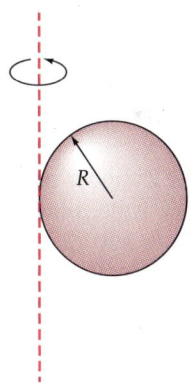

8.50 Zu Aufgabe 19.

8.5 Der Drehimpuls

20. Ein Körper der Masse 3 kg bewege sich mit der konstanten Geschwindigkeit 4 m/s auf einer Kreisbahn mit dem Radius 5 m. a) Wie groß ist der Drehimpuls relativ zum Kreismittelpunkt? b) Wie groß ist das Trägheitsmoment bezüglich einer Achse durch den Kreismittelpunkt und senkrecht zur Bewegungsebene? c) Wie groß ist die Winkelgeschwindigkeit des Körpers?

21. Ein Körper der Masse 3 kg bewege sich mit der konstanten Geschwindigkeit 4 m/s auf einer geradlinigen Bahn. a) Wie groß ist sein Drehimpuls bezüglich eines 5 m von der Bahn entfernten Punktes? b) Beschreiben Sie qualitativ, wie sich die Winkelgeschwindigkeit bezüglich dieses Punktes mit der Zeit ändert.

22. Ein Teilchen bewege sich auf einer Kreisbahn. a) Wie ändert sich sein Drehimpuls, wenn sein linearer Impuls p verdoppelt wird? b) Wie ändert sich der Drehimpuls, wenn der Radius der Kreisbahn verdoppelt wird, aber die Geschwindigkeit konstant bleibt?

23. Ein Planet bewege sich auf einer elliptischen Bahn um die Sonne, die sich in einem Brennpunkt der Ellipse befinde (Abbildung 8.51). a) Wie groß ist das Drehmoment auf den Planeten, das von der Gravitationsanziehung zwischen Sonne und Planet herrührt? b) Am Punkt A habe der Planet den Abstand r_1 von der Sonne sowie die Geschwindigkeit v_1 und bewege sich momentan senkrecht zur Verbindungslinie Sonne – Planet. Am Punkt B habe der Planet den Abstand r_2 von der Sonne sowie die Geschwindigkeit v_2 und bewege sich wiederum senkrecht zur Verbindungslinie Sonne – Planet. Wie groß ist das Verhältnis von v_1 zu v_2 als Funktion von r_1 und r_2?

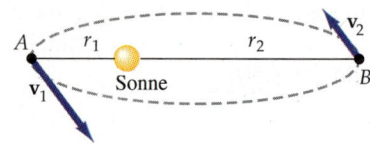

8.51 Zu Aufgabe 23.

8.6 Rollende Körper

24. Ein homogener Zylinder mit dem Radius 15 cm und der Masse 50 kg rolle, ohne zu gleiten, mit der Geschwindigkeit 6 m/s auf einer horizontalen Ebene. Wieviel Energie wird benötigt, um den Zylinder anzuhalten?

25. Bestimmen Sie für einen rollenden, jedoch nicht gleitenden Körper die Anteile der kinetischen Energie, die in der Translations- und der Rotationsbewegung stecken, wenn er a) eine homogene Kugel, b) ein homogener Zylinder bzw. c) ein Ring ist.

26. Ein Ring mit dem Radius 0,50 m und der Masse 0,8 kg rolle mit der Geschwindigkeit 20 m/s auf eine schiefe Ebene zu, die mit der Waagerechten den Winkel 30° einschließt. Wie weit rollt er die Ebene nach oben, wenn er nicht gleitet?

27. Ein Ball rolle, ohne zu gleiten, eine Ebene hinab, die mit der Waagerechten den Winkel θ einschließt. Bestimmen Sie in Abhängigkeit von der Reibungszahl a) die Beschleunigung des Balles, b) die Reibungskraft und c) den maximalen Neigungswinkel, bei dem der Ball gerade noch, ohne daß er zu gleiten beginnt, hinabrollt.

28. Ein Ball rolle, ohne zu gleiten, auf einer horizontalen Ebene. Zeigen Sie, daß die Reibungskraft, die auf den Ball wirkt, null sein muß. *Hinweis*: Betrachten Sie eine mögliche Richtung, in der die Reibungskraft wirkt, und untersuchen Sie, welche Effekte eine solche Kraft auf die Geschwindigkeit des Massenmittelpunkts und auf die Winkelgeschwindigkeit hätte.

8.7 Der Vektorcharakter der Drehgrößen und das Kreuzprodukt

29. Eine Kraft mit dem Betrag F wirke horizontal und in negativer x-Richtung auf den Rand einer Scheibe mit dem Radius R (siehe Abbildung 8.52). Geben Sie $\boldsymbol{F}$ und $\boldsymbol{r}$ als Funktion der Einheitsvektoren $\boldsymbol{e}_x$, $\boldsymbol{e}_y$ und $\boldsymbol{e}_z$ an und berechnen Sie das von dieser Kraft bewirkte Drehmoment, und zwar relativ zum Ursprung im Massenmittelpunkt der Scheibe.

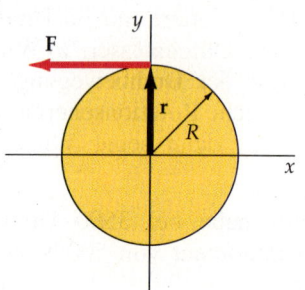

8.52 Zu Aufgabe 29.

30. Berechnen Sie das Drehmoment relativ zum Ursprung, wenn die Kraft $\boldsymbol{F} = -mg\,\boldsymbol{e}_y$ auf ein Teilchen am Ort $\boldsymbol{r} = x\,\boldsymbol{e}_x + y\,\boldsymbol{e}_y$ wirkt. Zeigen Sie, daß das Drehmoment unabhängig von der y-Koordinate ist.

31. Bestimmen Sie $\boldsymbol{A} \times \boldsymbol{B}$ für a) $\boldsymbol{A} = 6\,\boldsymbol{e}_x$ und $\boldsymbol{B} = \boldsymbol{e}_x + 6\,\boldsymbol{e}_y$, b) $\boldsymbol{A} = 6\,\boldsymbol{e}_x$ und $\boldsymbol{B} = 6\,\boldsymbol{e}_x + 6\,\boldsymbol{e}_z$ sowie c) $\boldsymbol{A} = 3\,\boldsymbol{e}_x + 3\,\boldsymbol{e}_y$ und $\boldsymbol{B} = -2\,\boldsymbol{e}_x + 2\,\boldsymbol{e}_y$.

32. Unter welchen Bedingungen ist der Betrag von $\boldsymbol{A} \times \boldsymbol{B}$ gleich $\boldsymbol{A} \cdot \boldsymbol{B}$?

33. Ein Körper der Masse 3 kg bewege sich mit der Geschwindigkeit $\boldsymbol{v} = (2\text{ m/s})\boldsymbol{e}_x$ entlang der Geraden $z = 0$ m, $y = 4{,}3$ m. a) Bestimmen Sie den Drehimpuls $\boldsymbol{L}$ relativ zum Ursprung, wenn sich der Körper am Ort $x = 12$ m, $y = 4{,}3$ m befindet. b) Eine Kraft $\boldsymbol{F} = (-3\text{ N})\boldsymbol{e}_x$ wirke auf den Körper. Bestimmen Sie das Drehmoment relativ zum Ursprung, das diese Kraft hervorruft.

8.8 Statisches und dynamisches Ungleichgewicht

34. Eine 3 cm dicke, homogene Scheibe mit dem Radius 30 cm und der Masse 5 kg drehe sich mit

$\omega = 10$ rad/s um eine Achse, die parallel zu ihrer Achse verläuft und 0,5 cm von dieser entfernt ist. a) Bestimmen Sie die durch diese Unwucht hervorgerufene Kraft auf die Lager. b) Wo muß ein Massestück von 100 g auf der Scheibe angebracht werden, um die Unwucht auszugleichen?

8.9 Kreiselbewegungen

35. Der Drehimpuls des Propellers eines kleinen Flugzeuges weise nach vorn. a) Wenn das Flugzeug abhebt, dann hebt sich die Nase, und das Flugzeug tendiert dazu, sich in eine Richtung zu drehen. In welche Richtung dreht es sich? Warum? b) Das Flugzeug fliege horizontal und drehe sich plötzlich nach rechts. Bewegt sich dann seine Nase nach oben oder nach unten? Warum?

36. Ein Rad von einem Fahrrad habe den Radius 30 cm und sei in der Mitte einer 60 cm langen Achse montiert. An Felge und Reifen greife zusammen eine Gewichtskraft von 36 N an. Das Rad drehe sich mit 10 Umdrehungen pro Sekunde, und die Achse werde dann in eine waagerechte Position gebracht, wobei ein Ende der Achse an einem Gelenk befestigt werde. a) Wie groß ist der Drehimpuls der Raddrehung? Behandeln Sie das Rad als einen Ring. b) Wie groß ist die Winkelgeschwindigkeit der Präzession? c) Wie lange dauert es, bis sich die Achse um 360° um das Gelenk gedreht hat? d) Wie groß ist der Drehimpuls der Bewegung des Massenmittelpunktes, d.h. der Präzession? In welche Richtung weist dieser Drehimpuls?

37. Eine homogene Scheibe mit der Masse 2 kg und dem Radius 6 cm sei in der Mitte einer 10 cm langen Achse montiert. Sie werde in Rotation versetzt, so daß sie sich mit 900 Umdrehungen pro Minute dreht. Die Achse werde dann in eine horizontale Richtung gebracht, wobei ein Ende auf einem Gelenk ruhe. Dem anderen Ende werde eine Anfangsgeschwindigkeit in horizontaler Richtung gegeben, so daß die Präzession ruhig, ohne Nutation, verläuft. a) Bestimmen Sie die Winkelgeschwindigkeit der Präzession. b) Wie groß ist die Geschwindigkeit des Massenmittelpunkts während der Präzession? c) Wie groß ist die Beschleunigung des Schwerpunktes, und welche Richtung hat sie? d) Wie groß sind die horizontalen und die vertikalen Komponenten der Kraft, die das Gelenk ausübt?

Stufe II

38. Ein Schwungrad sei ausgeführt als homogene Scheibe mit der Masse 100 kg und dem Radius 1,2 m. Es rotiere mit 1200 Umdrehungen pro Minute. a) In einem radialen Abstand von 0,5 m wirke eine konstante Kraft in tangentialer Richtung auf das Schwungrad. Welche Arbeit muß diese Kraft verrichten, um das Rad zu stoppen? b) Wie groß ist das Drehmoment dieser Kraft, wenn sie das Rad in 2 Minuten zum Stillstand bringt? Wie groß ist die Kraft? c) Wie viele Umdrehungen führt das Rad in diesen 2 Minuten aus?

39. Eine homogene Scheibe mit 0,12 m Radius und 5 kg Masse sei so gelagert, daß sie frei um ihre Achse rotieren kann. An einer Schnur, die um die Scheibe gewickelt ist, werde mit einer Kraft von 20 N gezogen (Abbildung 8.53). a) Wie groß ist das Drehmoment, das auf die Scheibe ausgeübt wird? b) Wie groß ist ihre Winkelbeschleunigung? Wenn die Scheibe aus der Ruhe startet, wie groß sind dann nach 3 Sekunden c) ihre Winkelgeschwindigkeit, d) ihre kinetische Energie, e) ihr Drehimpuls? f) Bestimmen Sie den gesamten Winkel θ, um den sich die Scheibe in 3 Sekunden dreht. Zeigen Sie, daß die vom Drehmoment M verrichtete Arbeit $M\theta$ gleich der kinetischen Energie ist.

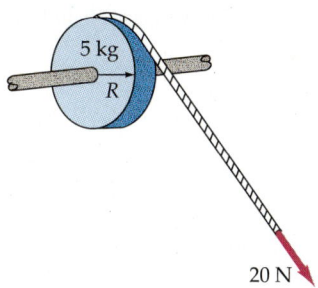

8.53 Zu Aufgabe 39.

40. Ein 2000-kg-Block werde mit einem Stahlseil angehoben, das über eine Rolle läuft und von einer motorgetriebenen Winde gezogen wird (Abbildung 8.54). Der Radius der Windentrommel betrage 30 cm, und das Trägheitsmoment der Rolle sei vernachlässigbar. a) Welche Kraft muß vom Seil auf den Block ausgeübt werden, damit er mit der konstanten Geschwindigkeit 8 m/s angehoben wird? b) Welches Drehmoment übt das Seil auf die Trommel aus? c) Wie groß ist die Winkelgeschwindigkeit der Trommel? d) Welche Leistung

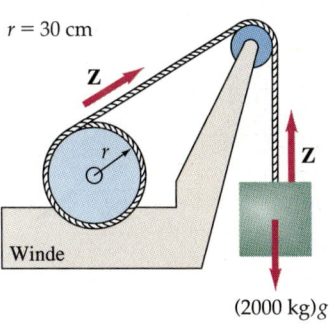

8.54 Zu Aufgabe 40.

muß vom Motor abgegeben werden, der die Trommel antreibt?

41. Ein homogener Zylinder mit 100 kg Masse und 0,3 m Radius sei so montiert, daß er sich ohne Reibung um seine feste Achse drehen kann. Angetrieben werde er über einen Riemen, der um seinen Mantel gewickelt sei und ein konstantes Drehmoment ausübe. Zum Zeitpunkt $t = 0$ s sei die Winkelgeschwindigkeit des Zylinders null, und zum Zeitpunkt $t = 30$ s betrage sie 600 Umdrehungen pro Minute. a) Wie groß ist der Drehimpuls nach 30 Sekunden? b) Wie groß ist die zeitliche Änderung des Drehimpulses? c) Welches Drehmoment wird auf den Zylinder ausgeübt? d) Welche Kraft wirkt auf den Zylindermantel?

42. Ein Teilchen bewege sich mit der konstanten Geschwindigkeit **v** entlang einer Geraden, die den Abstand b vom Ursprung O habe. Es sei dA die Fläche, die der Ortsvektor vom Ursprung zum Ort des Teilchens im Zeitintervall dt überstreicht (Abbildung 8.55). Zeigen Sie, daß dA/dt zeitlich konstant und gleich $\frac{1}{2} L/m$ ist. Darin ist L der Drehimpuls des Teilchens relativ zum Ursprung.

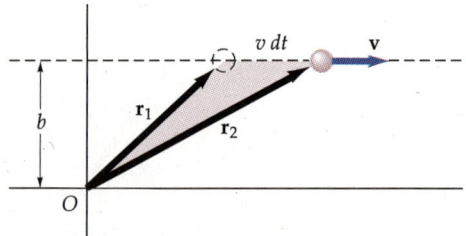

8.55 Zu Aufgabe 42.

43. a) Nehmen Sie an, die Ebene in Abbildung 8.56 sei reibungsfrei und die Schnur gehe durch den Schwerpunkt von m_2. Bestimmen Sie das gesamte Drehmoment, das relativ zum Mittelpunkt der Rolle auf das System (die beiden Massen m_1 und m_2 und die Rolle) wirkt. b) Stellen Sie einen Ausdruck auf für den gesamten Drehimpuls des Systems relativ zum Mittelpunkt der Rolle, wenn sich die beiden Massen mit der Geschwindigkeit v bewegen. Die Rolle habe das Trägheitsmoment I und den Radius r. c) Bestimmen Sie die Beschleunigung der Massen aus Ihren Ergebnissen von a) und b). Setzen Sie dazu das gesamte Drehmoment gleich der Rate, mit der sich der Drehimpuls des Systems ändert.

44. Bestimmen Sie die kinetische Energie der Erdrotation und vergleichen Sie diese mit der kinetischen Energie der Bewegung des Massenmittelpunkts der Erde. Betrachten Sie dabei die Erde als homogene Kugel mit der Masse $6,0 \cdot 10^{24}$ kg und dem Radius $6,4 \cdot 10^6$ m. Der Radius der Erdumlaufbahn beträgt $1,5 \cdot 10^{11}$ m.

45. Ein Körper der Masse 2 kg sei an einer 1,5 m langen Schnur befestigt und bewege sich auf einer horizontalen Kreisbahn als konisches Pendel (Abbildung 8.57). Der Winkel zwischen der Schnur und der Vertikalen betrage $\theta = 30°$. a) Zeigen Sie, daß der Drehimpuls der Masse relativ zum Aufhängungspunkt P sowohl eine horizontale Komponente in Richtung zum Kreismittelpunkt als auch eine vertikale Komponente hat. Bestimmen Sie beide Komponenten. b) Berechnen Sie den Betrag von d**L**/dt und zeigen Sie, daß er gleich dem Betrag des Drehmoments ist, das die Gravitation auf den Aufhängungspunkt ausübt.

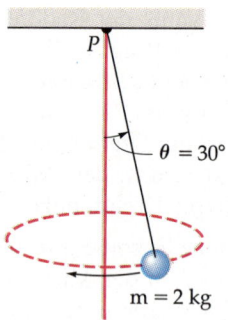

8.57 Zu Aufgabe 45.

46. Ein Rad sei auf einer nicht reibungsfreien Achse montiert und befinde sich anfangs in Ruhe. Ein konstantes äußeres Drehmoment von 50 N·m wirke 20 s lang auf das Rad ein. Nach Ablauf dieser Zeit rotiere das Rad mit 600 Umdrehungen pro Sekunde. Die äußere Kraft werde entfernt, und das Rad komme nach weiteren 120 s zur Ruhe. a) Wie groß ist das Trägheitsmoment des Rades? b) Wie groß ist das Drehmoment, das die als konstant betrachtete Reibung ausübt?

47. Ein typischer Automotor gibt pro Kilometer Fahrstrecke durchschnittlich etwa 2 MJ mechanische Energie ab. Es sei ein Auto entwickelt worden, das die in einem (im Vakuum laufenden) Schwungrad gespeicherte Energie nutzt. Berechnen Sie den Radius, den das Schwungrad mindestens haben müßte, damit das Auto 300 km weit fahren kann, ohne daß das Schwungrad neu angetrieben werden muß. Dabei sollen die Masse des

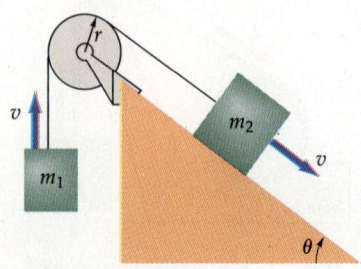

8.56 Zu Aufgabe 43.

Schwungrades 100 kg und die Winkelgeschwindigkeit 400 Umdrehungen pro Sekunde nicht überschreiten. (Betrachten Sie das Schwungrad als homogenen Zylinder.)

48. Das System in Abbildung 8.58 werde aus der Ruhe losgelassen. Der 30-kg-Block befinde sich 2 m hoch über dem Boden. Die Rolle sei eine homogene Scheibe mit 10 cm Radius und 5 kg Masse. Bestimmen Sie a) die Geschwindigkeit des 30-kg-Blockes, wenn er auf dem Boden auftrifft, b) die Winkelgeschwindigkeit der Rolle zu diesem Zeitpunkt, c) die Zugkräfte im Seil und d) die Zeit, nach der der 30-kg-Block auf dem Boden auftrifft. Nehmen Sie an, daß die Schnur nicht auf der Rolle gleitet.

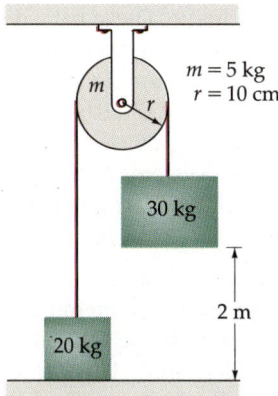

8.58 Zu Aufgabe 48.

49. Ein Meterstab sei an einem Ende so aufgehängt, daß er in einer vertikalen Ebene frei schwingen kann. Er werde ausgelenkt und dann aus der horizontalen Position losgelassen. a) Wie groß ist seine Winkelgeschwindigkeit, wenn er sich gerade in der vertikalen Position befindet? b) Welche Kraft (als Funktion der Masse m des Stabes) wirkt im gleichen Augenblick auf den Aufhängungspunkt?

50. Eine homogene Scheibe mit der Masse m_1 und dem Radius R sei so gelagert, daß sie sich frei um eine horizontale Achse drehen kann, die durch ihren Massenmittelpunkt verläuft und senkrecht auf der Scheibenebene steht. Ein kleines Gewichtsstück der Masse m_2 werde direkt über dem Lager am Scheibenrand angebracht. Diesem System werde ein kleiner Stoß versetzt, so daß es zu rotieren beginnt. a) Wie groß ist die Winkelgeschwindigkeit der Scheibe, wenn sich das Gewichtsstück am tiefsten Punkt befindet? b) Wie groß muß hier die Kraft zwischen Scheibe und Gewichtsstück sein, damit dieses auf der Scheibe bleibt?

51. Ein homogener Zylinder mit 100 kg Masse und 0,60 m Radius werde auf eine ebene Eisfläche gestellt. Zwei Schlittschuhläufer wickeln im gleichen Drehsinn Seile um den Zylinder, und jeder ziehe beim Wegfahren 5 s lang mit einer konstanten Kraft von 40 N bzw. 60 N an seinem Seil (Abbildung 8.59). Beschreiben Sie die Bewegung des Zylinders, d.h., ermitteln Sie als Funktion der Zeit: die Beschleunigung, die Geschwindigkeit und die Position des Zylinderschwerpunktes sowie die Winkelbeschleunigung und die Winkelgeschwindigkeit des Zylinders.

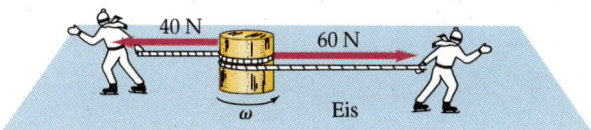

8.59 Zu Aufgabe 51.

52. Ein vertikal angebrachter Mühlstein in der Form einer Scheibe habe die (homogen verteilte) Masse 50 kg und dem Radius 40 cm. Der Mühlstein besitze einen Bügel mit dem Radius 60 cm, dessen Masse vernachlässigbar klein sei. An den Bügel werde ein Körper mit der Masse 20 kg angebracht, während er sich in horizontaler Position befindet. Bestimmen Sie a) die anfängliche Winkelbeschleunigung und b) die maximale Winkelgeschwindigkeit des Mühlsteins.

53. Eine homogene Kugel mit der Masse m_1 und dem Radius R kann frei um eine horizontale Achse durch ihren Mittelpunkt rotieren. Um die Kugel sei eine Schnur gewickelt, an der ein Körper der Masse m_2 hängt (Abbildung 8.60). Bestimmen Sie a) die Beschleunigung des Körpers und b) die Zugkraft in der Schnur.

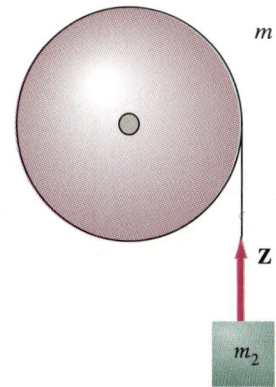

8.60 Zu Aufgabe 53.

54. Eine homogene, rechteckige Platte habe die Masse m und die Seitenlängen a und b. a) Zeigen Sie durch Integration, daß das Trägheitsmoment der Platte bezüglich einer Achse durch einen Eckpunkt und senkrecht zur Platte $\frac{1}{3} m (a^2 + b^2)$ ist. b) Wie groß ist das Trägheitsmoment um die Achse, die senkrecht auf der Platte steht und durch den Massenmittelpunkt geht?

55. Eine homogene Kugel mit dem Radius r rolle, ohne zu gleiten, entlang der in Abbildung 8.61 gezeigten Looping-Bahn. Die Kugel starte in der Höhe h aus der Ruhe. a) Wie groß muß h (als Funktion des Looping-Radius R) mindestens sein, damit die Kugel am höchsten Punkt des Loopings die Bahn nicht verläßt? b) Wie groß muß h mindestens sein, wenn die Kugel nicht rollt, sondern reibungsfrei gleitet?

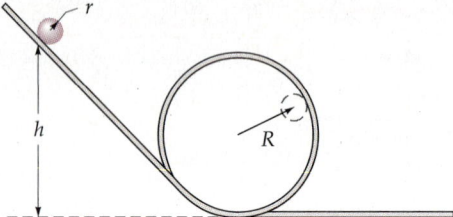

8.61 Zu Aufgabe 55.

56. Ein Teilchen bewege sich mit der Winkelgeschwindigkeit ω auf einer Kreisbahn mit dem Radius r. a) Zeigen Sie, daß seine Geschwindigkeit $\mathbf{v} = \boldsymbol{\omega} \times \mathbf{r}$ ist. b) Zeigen Sie, daß seine Zentripetalbeschleunigung $\mathbf{a}_z = \boldsymbol{\omega} \times \mathbf{v} = \boldsymbol{\omega} \times (\boldsymbol{\omega} \times \mathbf{r})$ ist.

57. Um einen homogenen Zylinder mit der Masse m und dem Radius R sei eine Schnur gewickelt. Sie werde festgehalten, während der Zylinder vertikal nach unten fällt; siehe Abbildung 8.62. a) Zeigen Sie, daß die Beschleunigung des Zylinders nach unten den Betrag $a = 2\,g/3$ hat. b) Bestimmen Sie die Zugkraft in der Schnur.

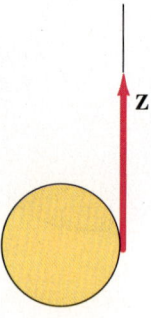

8.62 Zu Aufgabe 57.

58. Ein Auto werde durch die Energie eines einzigen Schwungrades mit dem Drehimpuls L angetrieben. Diskutieren Sie die Probleme, die bei unterschiedlichen Orientierungen und verschiedenen Richtungsänderungen des Fahrzeuges auftreten können. Was geschähe beispielsweise, wenn L vertikal nach oben wiese und das Auto über eine Bergkuppe oder durch eine Senke führe? Was geschähe, wenn L nach vorn oder auf eine Seite zeigte und der Fahrer nach links oder nach rechts abzubiegen versuchte? Betrachten Sie jeweils das durch die Straße auf das Fahrzeug ausgeübte Drehmoment.

59. Ein Mann stehe auf einer Plattform, die mit 2 Umdrehungen pro Sekunde reibungsfrei rotiere. Dabei habe er seine Arme ausgestreckt und halte schwere Massestücke in seinen Händen. Das Trägheitsmoment der Plattform mit dem Mann und den ausgestreckten Massestücken betrage $5\,\text{kg} \cdot \text{m}^2$. Wenn der Mann die Massestücke an seinen Körper heranzieht, dann sinkt das Trägheitsmoment auf $2\,\text{kg} \cdot \text{m}^2$. a) Wie groß ist die resultierende Winkelgeschwindigkeit der Plattform? b) Wie groß ist die Änderung der kinetischen Energie des Systems? c) Woher kommt der Anstieg der Energie?

60. Ein Mann mit der Masse m stehe am Rand einer rotierenden Drehscheibe. Diese habe den Radius R und das Trägheitsmoment I und drehe sich reibungsfrei. Die Winkelgeschwindigkeit um die Achse (im Mittelpunkt der Drehscheibe) betrage 8 rad/s. Der Mann laufe nun radial nach innen. Wie groß ist am Ende die Winkelgeschwindigkeit des Systems? Nehmen Sie an, daß $mR^2 = 3\,I$ gilt und daß das Trägheitsmoment des Mannes $I/10$ beträgt, wenn er in der Mitte steht.

61. Ein Jo-Jo mit der Masse 0,1 kg bestehe aus zwei massiven, homogenen Scheiben mit dem Radius 10 cm, die durch einen praktisch masselosen Stab mit dem Radius 1 cm verbunden sind. Um diesen Stab sei eine Schnur gewickelt. Ihr Ende werde festgehalten, wenn das Jo-Jo losgelassen wird. Dabei erfahre die Schnur die konstante Zugkraft Z. Bestimmen Sie die Beschleunigung des Jo-Jos und die Zugkraft in der Schnur.

62. Ein Schlagbaum besitze bei homogener Massenverteilung die Masse 150 kg und die Länge 5,0 m. Er sei mit dem Boden durch ein Scharnier verbunden und werde oben durch ein horizontales Seil gehalten (Abbildung 8.63). a) Wie groß ist die Zugkraft im Seil? b) Das

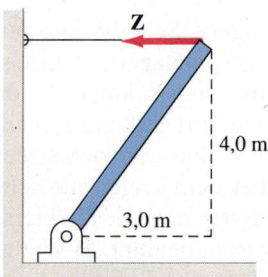

8.63 Zu Aufgabe 62.

Seil werde nun durchtrennt. Wie groß ist in diesem Moment die Winkelbeschleunigung des Schlagbaumes? c) Wie groß ist seine Winkelgeschwindigkeit, wenn er die horizontale Lage erreicht?

63. Die weiße (Anspiel-)Kugel beim Billard habe den Radius r und befinde sich in Ruhe. Sie werde mit einem horizontalen Queue angespielt, der ihr den Kraftstoß $\Delta p = \langle F \rangle \, \Delta t$ verleihe. Das Queue treffe die Kugel in der Höhe h über dem Tisch (Abbildung 8.64). Zeigen Sie, daß die anfängliche Winkelgeschwindigkeit ω_0 der Kugel mit der linearen Anfangsgeschwindigkeit v_0 ihres Massenmittelpunkts über $\omega_0 = 5\, v_0\, (h - r)/2r^2$ zusammenhängt.

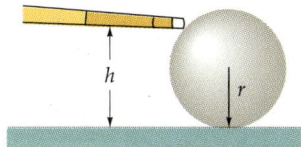

8.64 Zu Aufgabe 63.

64. Der Sonnenradius beträgt $6{,}96 \cdot 10^8$ m, und die Sonne rotiert mit einer Periode von 25,3 Tagen. Wie lang wäre ihre Rotationsperiode, wenn sie ohne Massenverlust zu einem Neutronenstern mit dem Radius 5 km kollabiert wäre?

65. Ein homogener Zylinder mit der Masse m_1 und dem Radius R sei reibungsfrei gelagert. Eine Schnur sei um den Zylinder gewickelt und mit der Masse m_2 verbunden, die sich auf der reibungsfreien schiefen Ebene mit der Neigung θ befinde (siehe Abbildung 8.65). Das System werde aus der Ruhe losgelassen, wenn sich die Masse m_2 in der Höhe h über dem unteren Ende der Ebene befindet. Bestimmen Sie a) die Beschleunigung von m_2, b) die Zugkraft der Schnur, c) die gesamte Energie, wenn sich m_2 in der Höhe h befindet, d) die Gesamtenergie, wenn m_2 am unteren Ende der Ebene ankommt und die Geschwindigkeit v hat, sowie e) diese Geschwindigkeit v. f) Berechnen Sie die Werte für die Extremfälle $\theta = 0°$, $\theta = 90°$ und $m_1 = 0$.

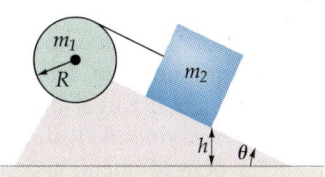

8.65 Zu Aufgabe 65.

66. Eine Atwoodsche Fallmaschine habe zwei Körper mit den Massen $m_1 = 500$ g und $m_2 = 510$ g, verbunden durch eine Schnur mit vernachlässigbarer Masse. Diese Schnur laufe über eine reibungsfreie Rolle, wie in Abbildung 8.66 gezeigt. Die Rolle sei eine homogene Scheibe mit der Masse 50 g und dem Radius 4 cm. Die Schnur gleite nicht auf der Rolle. a) Bestimmen Sie die Beschleunigung der Körper. b) Wie groß sind die Zugkräfte in beiden Teilen der Schnur? Um wieviel differieren sie? c) Wie wäre das Ergebnis, wenn die Bewegung der Rolle vernachlässigt würde?

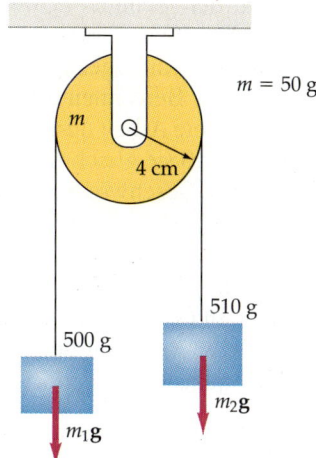

8.66 Zu Aufgabe 66.

67. Zwei Massestücke seien an Seilen befestigt, die über Räder mit einer gemeinsamen Achse laufen, wie in Abbildung 8.67 gezeigt. Das gesamte Trägheitsmoment der beiden Räder betrage 40 kg·m². Ihre Radien seien $R_1 = 1{,}2$ m und $R_2 = 0{,}4$ m. a) Es sei $m_1 = 24$ kg. Wie groß muß m_2 sein, damit sich das System im Gleichgewicht befindet? b) m_1 werde vorsichtig mit einem weiteren Massestück von 12 kg beschwert. Wie groß sind dann die Winkelbeschleunigung und die Zugkräfte in den Seilen?

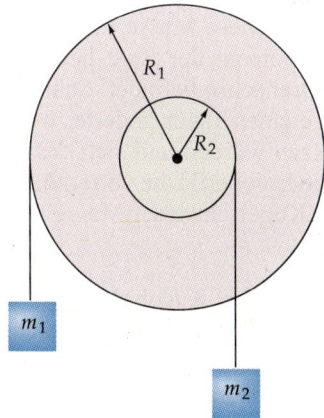

8.67 Zu Aufgabe 67.

Stufe III

68. Ein Körper der Masse m sei mit einer leichten Schnur verbunden, die reibungsfrei durch ein kleines Loch in einer Tischplatte geführt werde. Der Körper gleite mit der Geschwindigkeit v_0 auf einer Kreisbahn mit dem Radius r_0 um das Loch. Eine Person unter dem Tisch beginne nun, die Schnur langsam durch das Loch nach unten zu ziehen. a) Zeigen Sie, daß bei einer Bewegung des Körpers auf einer Bahn mit dem Radius r die Zugkraft Z in der Schnur L_0^2/mr^3 ist, wobei $L_0 = m v_0 r_0$ der anfängliche Drehimpuls ist. b) Die Schnur werde so lange heruntergezogen, bis der Bahnradius des Körpers r_e ist. Berechnen Sie unter Verwendung von a) die verrichtete Arbeit durch Integration von $Z \cdot dr$ und zeigen Sie, daß sie gleich $(L_0^2/2m)(r_e^{-2} - r_0^{-2})$ ist. c) Wie groß ist die Geschwindigkeit v_e, wenn der Radius der Kreisbahn r_e ist? Zeigen Sie, daß die in b) errechnete Arbeit gleich der Änderung der kinetischen Energie, also gleich $\frac{1}{2} m v_e^2 - \frac{1}{2} m v_0^2$, ist. d) Es sei $m = 0{,}5$ kg, $r_0 = 1$ m und $v_0 = 3$ m/s. Bei welchem Radius r_e reißt die Schnur, wenn sie höchstens mit einer Zugkraft von 200 N belastet werden kann?

69. a) Betrachten Sie die Erde als eine homogene Kugel mit dem Radius r und der Masse m. Zeigen Sie, daß die Periode T der Rotation der Erde um ihre eigene Achse mit ihrem Radius r über $T = (4\pi m/5L)r^2$ zusammenhängt. Hierbei ist L der Drehimpuls der Erde. c) Nehmen Sie an, daß sich der Radius r um einen kleinen Betrag Δr ändere, z.B. durch thermische Expansion. Zeigen Sie, daß die relative Änderung ΔT der Periode näherungsweise durch $\Delta T/T = 2 \Delta r/r$ gegeben ist. *Hinweis*: Verwenden Sie die Differentiale dr und dT, um die Änderung der Größen anzunähern. c) Um wie viele Kilometer müßte sich die Erde ausdehnen, damit sich ihre Periode um $\frac{1}{4}$ Tag pro Jahr verlängerte, so daß keine Schaltjahre mehr nötig wären?

70. Die Eiskappen an den Polen enthalten etwa $2{,}3 \cdot 10^{19}$ kg Eis. Diese Masse trägt so gut wie nichts zum Trägheitsmoment der Erde bei, da sie sich sehr nahe bei der Drehachse befindet. Schätzen Sie ab, wie sich die Länge eines Tages änderte, wenn die Polkappen abschmelzen würden und sich das Wasser gleichmäßig über die Erdoberfläche verteilte. (Das Trägheitsmoment einer Kugelschale der Masse m mit dem Radius r ist $\frac{2}{3} m r^2$.)

71. Zeigen Sie: Eine Kugelschale mit dem Radius R und der Masse m hat das Trägheitsmoment $\frac{2}{3} m R^2$. Dazu können Sie direkt integrieren. Einfacher ist aber die Berechnung der Zunahme des Trägheitsmoments einer massiven Kugel, deren Radius größer wird. Dazu müssen Sie zuerst zeigen, daß das Trägheitsmoment einer massiven Kugel mit dem Radius R und der Dichte ϱ gegeben ist durch $I = \frac{8}{15} \pi \varrho R^5$. Berechnen Sie dann, wie sich I mit R ändert. Verwenden Sie die Tatsache, daß für die Masse der Kugelschale $m = 4\pi R^2 \varrho \, dR$ gilt.

72. Abbildung 8.68 zeigt zwei homogene Kugeln, jeweils mit der Masse 500 g und dem Radius 5 cm. Beide sind mit einem homogenen Stab verbunden, der die Länge $\ell = 30$ cm und die Masse $m = 60$ g hat. a) Berechnen Sie das Trägheitsmoment dieses Systems um eine Achse senkrecht zum Stab durch dessen Mitte. Nehmen Sie dabei die Näherungen zu Hilfe, daß die beiden Kugeln als Punktmassen behandelt werden können, die sich 20 cm von der Drehachse entfernt befinden, und daß die Masse des Stabes praktisch vernachlässigbar ist. b) Berechnen Sie das Trägheitsmoment exakt und vergleichen Sie das Ergebnis mit dem von Teil a).

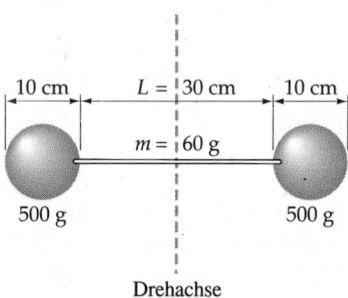

8.68 Zu Aufgabe 72.

73. Ein Hohlzylinder mit der Masse m habe den Außenradius R_2 und den Innenradius R_1. Zeigen Sie, daß das Trägheitsmoment um seine Achse $I = \frac{1}{2} m (R_2^2 + R_1^2)$ ist.

74. Eine Bowling-Kugel mit der Masse m und dem Radius R werde so geworfen, daß sie vom Moment der Bahnberührung an ohne Rotation horizontal mit der Geschwindigkeit v_0 gleitet. Während der Zeit t_1 gleite sie über die Strecke s_1, bis sie, ohne weiter zu gleiten, anfängt zu rollen. a) Bestimmen Sie s_1, t_1 und die Endgeschwindigkeit v_1, wenn μ_G die Gleitreibungszahl für die Reibung zwischen Bahn und Kugel ist. b) Berechnen Sie diese Größen für $v_0 = 8$ m/s und $\mu_G = 0{,}4$.

75. Eine homogene Kugel werde mit der Winkelgeschwindigkeit ω_0 in Rotation um eine horizontale Achse versetzt und dann auf den Boden gelegt. Die Gleitreibungszahl zwischen Kugel und Boden sei μ_G. Ermitteln Sie die Geschwindigkeit des Massenmittelpunktes der Kugel in dem Moment, in dem sie zu rollen beginnt, ohne zu gleiten.

76. Ein homogener Stab mit der Masse m und der Länge ℓ sei an einem Ende aufgehängt, so daß er sich reibungsfrei um die Aufhängung drehen kann (Abbildung 8.69). Er werde durch eine horizontale Kraft angestoßen, die im Abstand x unterhalb der Aufhängung den Kraftstoß $\Delta p = \langle F \rangle \Delta t$ überträgt. a) Zeigen Sie, daß die Anfangsgeschwindigkeit des Massenmittelpunkts durch $v_0 = 3 \Delta p\, x/(2\, m\ell)$ gegeben ist. b) Bestimmen Sie den Kraftstoß, der durch die Aufhängung vermittelt wird, und zeigen Sie, daß dieser für $x = 2\ell/3$ gleich null ist. Dieser Punkt wird *Stoßzentrum* des Stabes genannt.

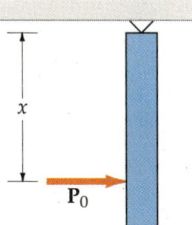

8.69 Zu Aufgabe 76.

77. Zwei schwere, homogene Scheiben seien durch einen kurzen Stab miteinander verbunden. Diese Hantel liege so auf einer schiefen Ebene, daß die Scheiben auf beiden Seiten überhängen. Jede Scheibe habe die Masse 20 kg und den Radius 30 cm. Der massive Verbindungsstab habe den Radius 2 cm und die Masse 1 kg. Die Ebene sei um 30° geneigt, und der Stab rolle, ohne zu gleiten, die Ebene hinab. Bestimmen Sie a) die Beschleunigung der Hantel entlang der Ebene und b) die Winkelbeschleunigung der Hantel. c) Sie starte aus der Ruhe. Wie groß ist dann ihre kinetische Energie der Translation, wenn sie 2 m weit gerollt ist? d) Wie groß ist die kinetische Energie der Rotation nach 2 Metern?

78. Ein schwerer, homogener Zylinder mit der Masse m und dem Radius R werde durch die Kraft **Z** beschleunigt; diese werde von einem Seil übertragen, das um einen leichten Zylinder (Radius r) gewickelt ist, der am großen Zylinder befestigt ist; siehe Abbildung 8.70. Die Haftreibungszahl sei so groß, daß der Zylinder rollt, ohne zu gleiten. a) Bestimmen Sie die Reibungskraft. b) Bestimmen Sie die Beschleunigung a des Zylindermittelpunktes. c) Kann man r so wählen, daß a größer als Z/m ist? d) Wie ist die Richtung der Reibungskraft unter den Bedingungen von Teil c)?

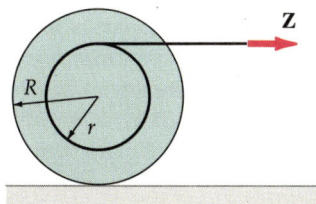

8.70 Zu Aufgabe 78.

79. Ein massiver, homogener Ball mit der Masse 20 g und dem Radius 5 cm ruhe auf einer horizontalen Fläche. Eine Kraft wirke kurzzeitig in horizontaler Richtung auf den Ball, und zwar liege der Angriffspunkt der Kraft 9 cm über der Unterlage. Die Kraft steige linear innerhalb von 10^{-4} Sekunden von null auf den Maximalwert 40 000 N an und gehe ebenso linear in der gleichen Zeit wieder auf null zurück. Wie groß ist a) die Geschwindigkeit und b) die Winkelgeschwindigkeit des Balles nach dem Stoß? c) Wie groß ist die Geschwindigkeit des Balles, wenn er anfängt zu rollen, ohne zu gleiten? d) Wie lange gleitet der Ball auf der Oberfläche? Setzen Sie $\mu_G = 0{,}5$.

80. Eine Billardkugel mit der Masse 0,3 kg und dem Radius 3 cm erfahre einen kurzen Stoß durch das Queue. Der Kraftstoß sei horizontal auf den Mittelpunkt der Kugel gerichtet. Die Anfangsgeschwindigkeit der Kugel betrage 4 m/s, und der Gleitreibungskoeffizient sei 0,6. a) Wie lange gleitet die Kugel, bis sie anfängt zu rollen? b) Wie weit gleitet sie? c) Wie groß ist die Geschwindigkeit, wenn das Rollen (ohne Gleiten) einsetzt?

81. Ein gleichförmiger Stab der Länge ℓ und der Masse m sei an einem Scharnier aufgehängt. Aus einer Position, in der er mit der Vertikalen den Winkel θ_0 einschließt, werde er losgelassen. Zeigen Sie: Wenn der Stab den Winkel θ mit der Vertikalen bildet, übt das Scharnier eine Kraft F_r entlang dem Stab und eine Kraft F_t senkrecht zu ihm aus, die gegeben sind durch

$$F_r = \frac{1}{2} mg(5 \cos \theta - 3 \cos \theta_0)$$

und

$$F_t = \frac{1}{4} mg \sin \theta \,.$$

82. Ein Rad mit dem Radius R rolle, ohne zu gleiten, mit der Geschwindigkeit v_R. a) Zeigen Sie, daß die x- und die y-Koordinate des Punktes P in Abbildung 8.71 durch $r_0 \cos \theta$ bzw. $R + r_0 \sin \theta$ gegeben sind. b) Zeigen Sie, daß die Gesamtgeschwindigkeit **v** des Punktes P die Komponenten $v_x = v_R + (r_0 v_R \sin \theta)/R$ und $v_y = -(r_0 v_R \cos \theta)/R$ hat. c) Zeigen Sie, daß **v** und **r** aufeinander senkrecht stehen. Berechnen Sie dazu ihr

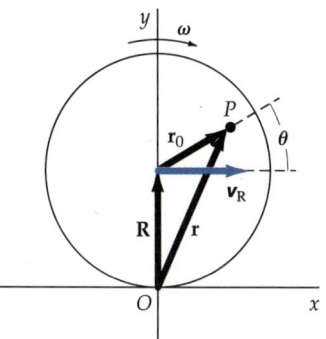

8.71 Zu Aufgabe 82.

Skalarprodukt. d) Zeigen Sie, daß $v = r\omega$ gilt, wobei $\omega = v_R/R$ die Winkelgeschwindigkeit des Rades ist. e) Diese Ergebnisse zeigen, daß im Falle des Rollens ohne Gleiten die Bewegung die gleiche ist, als wenn der rollende Körper momentan mit der Winkelgeschwindigkeit $\omega = v_R/R$ um den Kontaktpunkt rotieren würde. Berechnen Sie die kinetische Energie des Rades für eine reine Rotationsbewegung um den Punkt O. Zeigen Sie, daß das Ergebnis das gleiche ist, wenn Sie die kinetische Energie der Rotationsbewegung um den Massenmittelpunkt und die kinetische Energie der Translation des Massenmittelpunkts summieren.

83. Eine Bowling-Kugel mit dem Radius R erhalte die Anfangsgeschwindigkeit v_0 in Bahnrichtung und einen Vorwärtsdrall mit $\omega_0 = 3\, v_0/R$. Die Gleitreibungszahl sei μ_G. a) Bestimmen Sie die Geschwindigkeit der Kugel für den Zeitpunkt, an dem die Gleitbewegung aufhört und in eine reine Rollbewegung übergeht. b) Wie lange gleitet die Kugel, bis sie zu rollen beginnt? c) Welche Strecke legt sie gleitend auf der Bahn zurück?

84. Eine ruhende Billardkugel erhalte durch das Queue einen kurzen Stoß. Der Kraftstoß erfolge horizontal und treffe die Kugel $2R/3$ unterhalb ihres Mittelpunktes (Abbildung 8.72). Die Anfangsgeschwin-

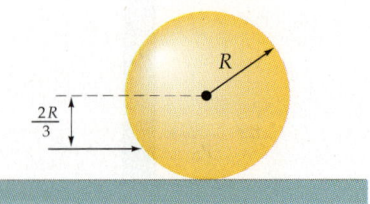

8.72 Zu Aufgabe 84.

digkeit der Kugel sei v_0. a) Wie groß ist die Anfangswinkelgeschwindigkeit ω_0? b) Bei welcher Geschwindigkeit beginnt die Kugel zu rollen? c) Wie groß ist die kinetische Energie der Kugel unmittelbar nach dem Stoß? d) Wie groß ist die Reibungsarbeit, die an der Kugel beim Gleiten verrichtet wird?

Statisches Gleichgewicht des starren Körpers

9

Wenn sich ein Körper in Ruhe befindet und in diesem Zustand bleibt, dann sagt man, er befinde sich im statischen Gleichgewicht. Die Untersuchung der Kräfte, die auf einen Körper im statischen Gleichgewicht wirken, ist aus mehreren Gründen wichtig. Insbesondere im Bereich der Ingenieurwissenschaften spielen solche Fragen eine große Rolle. Man muß beispielsweise die von den Seilen einer Hängebrücke ausgeübten Kräfte kennen, um die Seile so stark auslegen zu können, daß die Brücke hält. Entsprechend müssen Baukräne so geplant sein, daß sie nicht umstürzen, wenn sie ein Gewichtsstück anheben.

In diesem Kapitel werden wir zuerst die Bedingungen für statisches Gleichgewicht untersuchen. Wir werden dann den Schwerpunkt definieren und an einigen Beispielen sehen, wie man die Kräfte berechnet, die nötig sind, damit ein Körper im statischen Gleichgewicht ist. Am Schluß werden wir die Stabilität des Gleichgewichtes diskutieren.

9.1 Gleichgewichtsbedingungen

Ein wichtiges Ergebnis von Kapitel 4 war die notwendige Bedingung dafür, daß sich ein Körper in einem gleichförmigen Bewegungszustand befindet: Die resultierende Kraft, die auf das Teilchen wirkt, muß null sein (Erstes Newtonsches Axiom oder Trägheitsprinzip). Unter dieser Bedingung erfährt das Teilchen keine Beschleunigung, und wenn seine Geschwindigkeit anfangs null war, bleibt das Teilchen in Ruhe. Dies ist auch eine notwendige Bedingung dafür, daß sich ein starrer Körper im Gleichgewicht befindet, denn die Beschleunigung des Massenmittelpunkts ist gleich der resultierenden Kraft auf den Körper, geteilt durch seine Gesamtmasse. (Zur Definition des Massenmittelpunkts sei auf Kapitel 7 verwiesen.) Allerdings kann der Massenmittelpunkt eines Körpers in Ruhe sein, und doch kann sich der Körper bewegen: Er kann rotieren. Daher gibt es eine zweite notwendige Bedingung dafür, daß sich ein Körper im Gleichgewicht befindet: Das Drehmoment relativ zum Massenmittelpunkt des Körpers muß null sein. Wenn der Massenmittelpunkt eines Körpers in Ruhe ist und es keine Rotation um diesen Punkt gibt, dann kann überhaupt keine Rotation um irgendeinen Punkt stattfinden. Deshalb muß für statisches Gleichgewicht das resultierende Drehmoment, das auf einen Körper wirkt, relativ zu jedem Punkt null sein. Mit

9 Statisches Gleichgewicht des starren Körpers

Gleichgewichtsbedingungen

dieser Bedingung lassen sich häufig Aufgaben zur Mechanik des starren Körpers besonders einfach lösen, denn sie erlaubt uns, einen geeigneten Punkt zur Berechnung des Drehmomentes auszuwählen.

Die beiden für das statische Gleichgewicht notwendigen Bedingungen eines Körpers sind folglich:

1. Die resultierende äußere Kraft, die auf den Körper wirkt, muß null sein:

$$\boldsymbol{F} = 0 \,.\qquad 9.1$$

2. Das resultierende äußere Drehmoment bezüglich irgendeines Punktes muß null sein:

$$\boldsymbol{M} = 0 \,.\qquad 9.2$$

Wie wir in Kapitel 8 gesehen haben, können wir den Vektorcharakter der Drehbewegung um eine feste Achse beschreiben, indem wir ihr eine positive oder negative Richtung zuweisen. Dazu wählen wir die Rotation entweder im oder gegen den Uhrzeigersinn als positiv und die jeweils andere Richtung als negativ. Eine andere Formulierung unserer zweiten Bedingung lautet dann:

> Wenn statisches Gleichgewicht existieren soll, dann muß die Summe der Drehmomente, die Rotationen um irgendeine Achse im Uhrzeigersinn bewirken, gleich der Summe der Drehmomente sein, die Rotationen um dieselbe Achse im Gegenuhrzeigersinn bewirken. Dies gilt für jede beliebige Achse.

Wir werden ein Drehmoment, das Rotation im Uhrzeigersinn bewirkt, als Drehmoment im Uhrzeigersinn bezeichnen; analog sprechen wir von einem Drehmoment im Gegenuhrzeigersinn, wenn es eine Drehung gegen den Uhrzeigersinn verursacht.

Beispiel 9.1

Ein 3 m langes Brett mit vernachlässigbarer Masse ruhe mit seinen beiden Enden auf Waagen, wie in Abbildung 9.1a gezeigt. Ein kleines Massestück, das die Gewichtskraft 60 N erfährt, liege auf dem Brett. Der Abstand zum linken Ende betrage 2,5 m, zum rechten Ende 0,5 m. Bestimmen Sie die Anzeige der beiden Waagen.

Abbildung 9.1b zeigt das Kräftediagramm des Brettes. F_L ist die Kraft, die von der Waage auf das linke Ende des Brettes ausgeübt wird. Da das Brett eine gleich große, aber entgegengesetzt gerichtete Kraft auf die Waage ausübt, zeigt die linke Waage gerade F_L an. Entsprechend zeigt die rechte Waage F_R an. Wenn man die Richtung nach oben als positiv annimmt, dann erhalten wir mit unserer ersten Gleichgewichtsbedingung (die resultierende Kraft muß null sein):

$$F_L + F_R - 60\,\text{N} = 0\,.$$

Wir können eine zweite Beziehung zwischen F_L und F_R erhalten, wenn wir die Drehmomente berücksichtigen. Dazu betrachten wir den Punkt, an dem sich das Massestück befindet, als „Drehpunkt"; dann haben wir zwei Drehmomente: ein Drehmoment im Uhrzeigersinn mit der Größe $F_L \cdot 2{,}5$ m und eines im Gegenuhrzeigersinn mit der Größe $F_R \cdot 0{,}5$ m. Wenn wir das Drehmoment im Gegenuhrzeigersinn als positiv wählen, dann erhalten wir

$$0{,}5\,F_R - 2{,}5\,F_L = 0$$

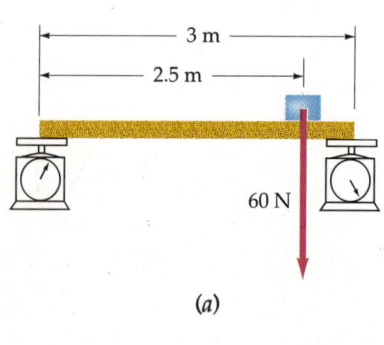

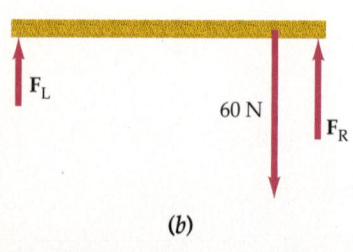

9.1 a) Ein Brett mit vernachlässigbarer Masse, das auf Waagen ruht, wie in Beispiel 9.1 beschrieben; nahe der rechten Waage befindet sich ein Massestück, das eine Gewichtskraft von 60 N erfährt. b) Kräftediagramm für diese Anordnung.

oder

$$F_R = 5\, F_L.$$

Wenn wir dieses Ergebnis in die vorige Gleichung einsetzen, so ergibt sich

$$F_L + 5\, F_L = 60\text{ N}$$

oder

$$F_L = 10\text{ N}$$

und

$$F_R = 60\text{ N} - F_L = 50\text{ N}.$$

Die Anzeigen lauten deshalb 10 N für die linke Waage und 50 N für die rechte; die Waage auf der rechten Seite erfährt wie erwartet die größere Gewichtskraft.

Obwohl an dieser Lösung nichts falsch ist, gibt es einen leichteren Weg, auf dem man es sich erspart, zwei Gleichungen für zwei Unbekannte zu lösen. Wenn wir das Drehmoment bezüglich eines Punktes berechnen, der auf der *Wirkungslinie* (siehe Abschnitt 9.3) einer der unbekannten Kräfte liegt, dann tritt diese unbekannte Kraft gar nicht in dieser Gleichung auf, weil ihr Hebelarm null ist. Betrachten wir zum Beispiel die Drehmomente relativ zur linken Waage. Die Gewichtskraft bewirkt ein Drehmoment im Uhrzeigersinn mit der Größe 60 N · 2,5 m = 150 N · m, und F_R bewirkt ein Drehmoment im Gegenuhrzeigersinn von der Größe F_R · 3 m. Setzen wir das resultierende Drehmoment gleich null, dann erhalten wir

$$F_R \cdot 3\text{ m} - 150\text{ N} \cdot \text{m} = 0$$

oder

$$F_R = 50\text{ N}.$$

Wir können dann F_L sofort aus $F_L = 60\text{ N} - 50\text{ N} = 10\text{ N}$ bestimmen. Alternativ dazu können wir das Drehmoment relativ zur rechten Waage berechnen. Wir haben dann (60 N · 0,5 m) − (F_L · 3 m) = 0, also $F_L = 10$ N. Immer wenn es für ein Problem zwei Lösungsmethoden gibt, ist es vernünftig, beide Methoden anzuwenden, um die Ergebnisse zu überprüfen.

Auch wenn mehrere unbekannte Kräfte vorliegen, können wir den Aufwand zur Lösung des Problems mit diesem Trick reduzieren: Wir müssen nur das Drehmoment relativ zu einem Punkt auf der Wirkungslinie einer der unbekannten Kräfte berechnen, so daß diese Kraft nicht in die Gleichung eingeht.

Frage

1. Wenn das resultierende Drehmoment bezüglich eines Punktes null ist, muß es dann relativ zu jedem anderen Punkt ebenfalls null sein? Begründen Sie Ihre Antwort.

9.2 Der Schwerpunkt

Wenn zwei oder mehrere parallele Kräfte auf einen Körper wirken, dann können sie durch eine einzelne äquivalente Kraft ersetzt werden; diese Ersatzkraft ist gleich der Summe der Kräfte und greift an einem solchen Punkt an, daß das von

9 Statisches Gleichgewicht des starren Körpers

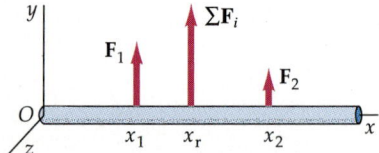

9.2 Die beiden parallelen Kräfte F_1 und F_2 können durch eine einzelne resultierende Kraft $\sum F_i$ ersetzt werden, die die gleiche Auswirkung hat. Der Punkt, an dem $\sum F_i$ angreift, ist so gewählt, daß das gleiche Drehmoment bezüglich jedes beliebigen Punktes erzeugt wird wie durch die ursprünglichen Kräfte.

ihr bewirkte Drehmoment gleich dem resultierenden Drehmoment der ursprünglichen Kräfte ist. Abbildung 9.2 zeigt die Kraft F_1, die an der Stelle x_1, und die Kraft F_2, die an der Stelle x_2 an einem Stab angreift. Die resultierende Kraft $F = \sum F_i = F_1 + F_2$ bewirkt das gleiche Drehmoment um den Ursprung O, wenn sie an der Stelle x_r angreift, die durch

$$x_r F = x_r \sum_i F_i = F_1 x_1 + F_2 x_2 \qquad 9.3$$

gegeben ist. Wir können mit diesem Ergebnis zeigen, daß sich die Gewichtskraft, die auf die verschiedenen Teile eines Körpers wirkt, durch eine einzige Kraft, die Gesamtgewichtskraft, ersetzen läßt; sie greift in einem Punkt an, den wir den Schwerpunkt nennen. In Abbildung 9.3 haben wir einen Körper in viele kleine Teile zerlegt. Wenn wir die Zerlegung fein genug machen, dann können wir die kleinen Teile als *Teilchen* betrachten. Die Gewichtskraft jedes einzelnen Teilchens ist G_i, und die Gesamtgewichtskraft des Körpers ist $G = \sum G_i$. Verallgemeinern wir Gleichung (9.3) auf den Fall einer großen Zahl von parallelen Kräften und verwenden dabei $\sum F_i = G$, dann erhalten wir für den Punkt x_S, an dem die resultierende Kraft angreift

$$x_S G = \sum_i G_i x_i \, . \qquad 9.4$$

Definition des Schwerpunkts

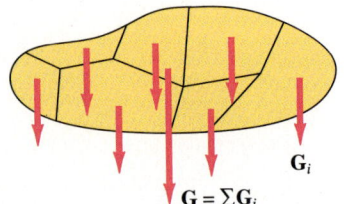

9.3 Die Gewichtskräfte aller Teile eines Körpers können durch die Gesamtgewichtskraft G des Körpers, die am Schwerpunkt angreift, ersetzt werden.

Gleichung (9.4) definiert die x-Koordinate des Schwerpunkts. Der **Schwerpunkt** (manchmal auch das **Gravitationszentrum** genannt) ist derjenige Punkt, an dem die gesamte Gewichtskraft eines Körpers so wirkt, daß das dadurch verursachte Drehmoment bezüglich eines beliebigen Punktes gleich dem Drehmoment ist, das die verschiedenen Teile, aus denen der Körper besteht, mit ihren jeweiligen Gewichtskräften verursachen.

Wenn die Erdbeschleunigung g (allgemein: die Gravitationsbeschleunigung) über den gesamten Körper hinweg konstant ist (und das ist fast immer der Fall), können wir $G_i = m_i g$ und $G = m_{ges} g$ schreiben (wobei m_{ges} die Gesamtmasse des Körpers ist) und den gemeinsamen Faktor g kürzen. Dann gilt

$$x_S m_{ges} g = \sum_i m_i g x_i$$

oder

$$m_{ges} x_S = \sum_i m_i x_i \, . \qquad 9.5$$

Dies ist dieselbe Gleichung wie (7.3a) für die x-Koordinate des Massenmittelpunkts. Man beachte aber, daß sich die ursprünglichen Ansätze für die Definition von Massenmittelpunkt und Schwerpunkt unterscheiden: Der *Massenmittelpunkt* ist über *Massen* definiert, die sich in bestimmten Abständen von ihm befinden. Für die Definition des *Schwerpunkts* dagegen verwendet man *Kräfte*, und die Erdbeschleunigung geht explizit ein. Nur wenn die Erdbeschleunigung über den gesamten Körper hinweg konstant bleibt, fallen Massenmittelpunkt und Schwerpunkt zusammen – aber das ist, wie gesagt, fast immer der Fall.

Wenn wir den Ursprung in den Schwerpunkt legen, gilt $x_S = 0$, und gemäß (9.4) können wir schreiben:

$$\sum_i G_i x_i = 0 \, .$$

Wir können uns deshalb den Schwerpunkt eines Körpers als den Punkt vorstellen, relativ zu dem die Gewichtskraft, die auf alle Teile wirkt, zum Drehmoment null führt. Die Methoden, die in Kapitel 7 zur Bestimmung des Massenmittelpunkts diskutiert wurden, lassen sich auch anwenden, um den Schwerpunkt zu finden. Wir können zum Beispiel den Schwerpunkt eines Stabes bestimmen, indem wir versuchen, ihn an verschiedenen Punkten auszubalancieren. Wenn der Stab ausbalanciert ist, dann ist der Unterstützungspunkt sein Schwerpunkt. Für einen homogenen Körper, zum Beispiel eine homogene Kugel oder einen homogenen Stab, liegt der Schwerpunkt auch im geometrischen Zentrum des Körpers. (Unter Homogenität verstehen wir hier, daß die Dichte des betrachteten Körpers an allen Punkten konstant ist.)

Frage

2. Angenommen, die Gravitationsbeschleunigung über einen (ausgedehnten) Körper hinweg sei nicht konstant. Welcher Punkt, der Massenmittelpunkt oder der Schwerpunkt, befindet sich dann im Drehpunkt, wenn der Körper ausbalanciert ist?

9.3 Einige Beispiele für statisches Gleichgewicht

In diesem Abschnitt werden wir verschiedene Beispiele betrachten, die mit dem statischen Gleichgewicht von ausgedehnten Körpern zu tun haben.

Beispiel 9.2

Bearbeiten Sie Beispiel 9.1 erneut. Das Brett soll nun eine homogen verteilte Masse besitzen, die eine Gewichtskraft von 20 N erfährt. (Die übrigen Annahmen seien die gleichen wie in Beispiel 9.1.)

Da das Brett eine homogene Massenverteilung besitzt, befindet sich der Schwerpunkt in der Mitte des Brettes. Abbildung 9.4 zeigt das Kräftediagramm. Zuerst betrachten wir das Drehmoment für Drehungen um das linke Brettende. Die Gewichtskraft von 60 N, die das auf dem Brett liegende Massestück erfährt, erzeugt ein Drehmoment im Uhrzeigersinn von 60 N · 2,5 m = 150 N·m. Die Gewichtskraft des Brettes erzeugt am linken Brettende ein zusätzliches Drehmoment im Uhrzeigersinn mit dem Betrag 20 N · 1,5 m = 30 N·m. Setzen wir das resultierende Drehmoment gleich null, dann erhalten wir

$$F_R \cdot 3\,\text{m} - 30\,\text{N·m} - 150\,\text{N·m} = 0$$

$$F_R = \frac{180\,\text{N·m}}{3\,\text{m}}$$

$$= 60\,\text{N}.$$

Da die gesamte Kraft, die nach unten gerichtet ist, 60 N + 20 N = 80 N beträgt, muß die von der linken Waage ausgeübte Kraft $F_L = 80\,\text{N} - 60\,\text{N} = 20\,\text{N}$ sein. Die zusätzliche Kraft von 20 N durch das Gewicht des Brettes ist also auf beide Waagen gleichmäßig aufgeteilt; dies war auch nicht anders zu erwarten, da sich der Schwerpunkt in der Mitte zwischen den beiden Waagen befindet.

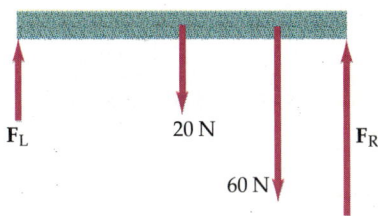

9.4 Kräftediagramm für ein homogenes Brett, das eine Gewichtskraft von 20 N erfährt (zu Beispiel 9.2).

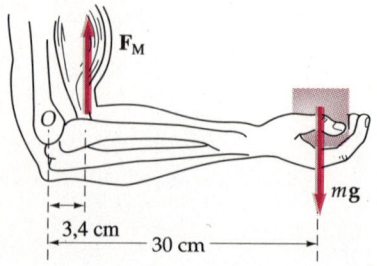

9.5 Eine Hand, die ein Massestück hält (zu Beispiel 9.3).

Beispiel 9.3

Ein Massestück mit der Gewichtskraft 60 N werde in der Hand gehalten; dabei bilde der Unterarm mit dem Oberarm einen rechten Winkel, wie in Abbildung 9.5 gezeigt. Der Bizepsmuskel übe eine Kraft F_M aus, die 3,4 cm vom Drehpunkt O im Ellenbogengelenk entfernt angreift. Wie groß ist die Kraft F_M, wenn der Abstand vom Drehpunkt zum Massestück 30 cm beträgt und wir die Massen von Arm und Hand vernachlässigen?

Das Drehmoment im Gegenuhrzeigersinn, das der Muskel bezüglich des Punktes O bewirkt, muß das Drehmoment im Uhrzeigersinn aufheben, das durch die Gewichtskraft des Massestücks verursacht wird. Wenn wir diese Drehmomente gleichsetzen, erhalten wir

$$F_M \cdot 3{,}4\text{ cm} = 60\text{ N} \cdot 30\text{ cm}$$

$$F_M = \frac{60\text{ N} \cdot 30\text{ cm}}{3{,}4\text{ cm}}$$

$$= 529\text{ N}\,.$$

Die Kraft, die der Muskel ausübt, ist also wesentlich größer als die Gewichtskraft von 60 N, da der Muskel nur an einem sehr kurzen Hebelarm für Drehungen um das Gelenk angreift.

Betrachten wir nochmals den Unterarm, die Hand und das Massestück in der Abbildung. Da es in diesem System weder zu einer Translation noch zu einer Rotation kommt, muß die resultierende vertikale Kraft null sein. Wir haben ausgerechnet, daß die nach oben gerichtete Muskelkraft 529 N betragen muß, damit ein Rotationsgleichgewicht um den Punkt O gewährleistet ist. Da die nach unten gerichtete Gewichtskraft nur 60 N beträgt, muß es eine zusätzliche Kraft der Größe 529 N − 60 N = 469 N geben. Ihre Wirkungslinie muß durch O gehen, sonst gäbe es ein zusätzliches Drehmoment um diesen Punkt. Diese Kraft wird vom Oberarm am Ellenbogengelenk ausgeübt.

Beispiel 9.4

Ein Schild mit der Masse 20 kg hänge am Ende einer Stange, die 2 m lang ist und eine Masse von 4 kg hat (Abbildung 9.6a). Ein Drahtseil sei vom Ende der Stange zu einem Punkt gespannt, der sich 1 m über dem Punkt O befindet. Bestimmen Sie die Zugkraft im Drahtseil und die von der Wand im Punkt O auf die Stange ausgeübte Kraft.

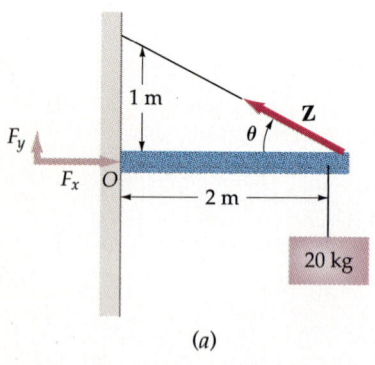

Abbildung 9.6b zeigt die Kräfte, die auf die Stange wirken. Da die Erdbeschleunigung $g = 9{,}81$ N/kg beträgt, ist die Gewichtskraft des Schildes 196 N und die der Stange 39,2 N. Die Kraft, die von der Wand ausgeübt wird, hat die Komponenten F_x und F_y. Auch die Zugkraft $\mathbf{Z}$ im Seil wurde in ihre x- und y-Komponenten zerlegt. Da wir die von der Wand ausgeübte Kraft nicht kennen, wählen wir den Punkt O, um die Drehmomente zu berechnen. Die Gewichtskräfte von Schild und Stange bewirken Drehmomente in Uhrzeigerrichtung um den Punkt O, und die y-Komponente der Seilspannung bewirkt ein Drehmoment im Gegenuhrzeigersinn um O. Gleichsetzen der beiden Drehmomente liefert

$$Z_y \cdot 2\text{ m} = 196\text{ N} \cdot 2\text{ m} + 39{,}2\text{ N} \cdot 1\text{ m} = 431\text{ N}\cdot\text{m}$$

$$Z_y = 215{,}5\text{ N}\,.$$

Die x-Komponente der Zugkraft kann mit Z_y und dem Winkel θ berechnet werden. Aus Abbildung 9.6b gewinnen wir

$$\frac{Z_y}{-Z_x} = \tan\theta\,,$$

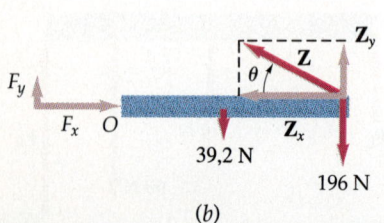

9.6 a) Ein Schild an einer Stange (zu Beispiel 9.4). b) Kräftediagramm für die auf die Stange wirkenden Kräfte.

und Abbildung 9.6a liefert

$$\tan\theta = \frac{1\,\text{m}}{2\,\text{m}} = \frac{1}{2}.$$

Daher gilt

$$Z_x = -2\,Z_y = -2 \cdot 215{,}5\,\text{N} = -431\,\text{N}.$$

(Z_x ist negativ, da die Kraft nach links zeigt.) Die Zugkraft beträgt somit

$$Z = \sqrt{Z_x^2 + Z_y^2} = \sqrt{(-431\,\text{N})^2 + (215{,}5\,\text{N})^2} = 482\,\text{N}.$$

Die Kraft, die von der Wand im Punkt O auf die Stange ausgeübt wird, erhält man aus der ersten Bedingung für ein Gleichgewicht (Kräftegleichgewicht). Das heißt, die horizontale Komponente F_x muß 431 N betragen, um die horizontale Komponente der Zugkraft auszugleichen. Wenn wir die nach oben gerichteten Kräfte den nach unten gerichteten gleichsetzen, dann erhalten wir

$$F_y + Z_y = 196\,\text{N} + 39{,}2\,\text{N} = 235\,\text{N}$$

$$F_y = 235\,\text{N} - Z_y = 235\,\text{N} - 215{,}5\,\text{N} = 19{,}5\,\text{N}.$$

Beispiel 9.5

Eine Leiter mit homogener Massenverteilung und einer Gewichtskraft von 60 N lehne an einer glatten, vertikalen Wand, die keinerlei Reibung ausübt (Abbildung 9.7a). Das untere Ende der Leiter sei 3 m von der Wand entfernt. Wie groß muß die Haftreibungszahl der Reibung zwischen Leiter und Boden mindestens sein, damit die Leiter nicht rutscht?

Die Kräfte, die auf die Leiter wirken, sind die nach unten gerichtete Gewichtskraft G, die am Schwerpunkt der Leiter angreift, die Kraft F_1, die in horizontaler Richtung von der Wand ausgeübt wird (da die Wand als reibungsfrei angenommen wird, übt sie nur eine Kraft in Normalenrichtung, also in horizontaler Richtung aus), und die vom Boden ausgeübte Kraft, die aus einer Normalkomponente F_N und einer horizontalen Haftreibungskraft F_H besteht. Aus der ersten Bedingung für statisches Gleichgewicht (Kräftegleichgewicht) erhalten wir

$$F_N = G = 60\,\text{N} \qquad \text{und} \qquad F_1 = F_H.$$

Da wir weder F_H noch F_1 kennen, müssen wir die zweite Bedingung für das statische Gleichgewicht (Drehmomentgleichgewicht) verwenden und die Drehmomente um einen geeigneten Punkt berechnen. Wir wählen den Berührungspunkt der Leiter mit dem Boden, also den Fußpunkt der Leiter, weil beide Kräfte, F_N und F_H, die hier angreifen, aufgrund dieser Wahl nicht in unserer Drehmomentgleichung auftauchen werden. Die Gewichtskraft von 60 N bewirkt relativ zum Fußpunkt ein Drehmoment im Uhrzeigersinn; der Hebelarm ist 1,5 m lang, das Drehmoment beträgt also 60 N · 1,5 m = 90 N·m. Die von der Wand ausgeübte Kraft F_1 verursacht bezüglich des Fußpunktes ein Drehmoment im Gegenuhrzeigersinn; es hat den Betrag F_1 mal dem Hebelarm 4 m. Die zweite Bedingung für statisches Gleichgewicht ergibt also

$$F_1 \cdot 4\,\text{m} - 60\,\text{N} \cdot 1{,}5\,\text{m} = 0$$

$$F_1 = 22{,}5\,\text{N}.$$

Dies ist gleich dem Betrag der Reibungskraft. Da die Reibungskraft F_H mit der Normalkraft F_N über

$$F_H \leq \mu_H F_N$$

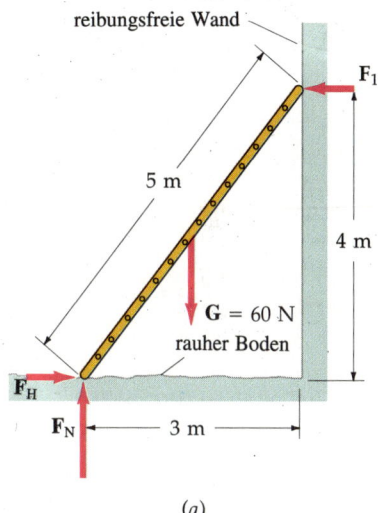

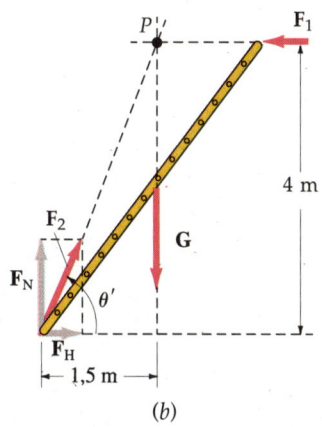

9.7 a) Eine Leiter, die auf rauhem Boden steht und gegen eine reibungsfreie Wand gelehnt ist (zu Beispiel 9.5). b) Kräftediagramm für die Leiter. Da die Leiter unter der Einwirkung von drei nichtparallelen Kräften F_2, G und F_1 im statischen Gleichgewicht ist, müssen sich die drei Wirkungslinien in einem Punkt P schneiden.

zusammenhängt, gilt

$$\mu_\mathrm{H} \geq \frac{F_\mathrm{H}}{F_\mathrm{N}} = \frac{22{,}5\text{ N}}{60\text{ N}} = 0{,}375\,,$$

wobei μ_H die Haftreibungszahl ist.

Es gibt noch einen anderen Weg, das Problem in Beispiel 9.5 zu lösen, und zwar, indem man das Konzept der **Wirkungslinien** (oder **Angriffslinien**) von Kräften anwendet. Sei $\boldsymbol{F}_2 = \boldsymbol{F}_\mathrm{H} + \boldsymbol{F}_\mathrm{N}$ die Kraft, die vom Boden auf die Leiter ausgeübt wird (Abbildung 9.7b). Das Verhältnis $F_\mathrm{H}/F_\mathrm{N}$ ist der Kotangens des Winkels θ' zwischen der Kraft $\boldsymbol{F}_2$ und der Horizontalen. Wir können diesen Winkel folgendermaßen bestimmen: Wenn wir die Wirkungslinien der Kräfte $\boldsymbol{G}$ und $\boldsymbol{F}_1$ verlängern (siehe Abbildung 9.7b), dann treffen sie sich im Punkt P. Das Drehmoment, das von diesen beiden Kräften relativ zu diesem Punkt ausgeübt wird, ist null, da wir von der Annahme ausgehen, daß die Leiter sich im statischen Gleichgewicht befindet. Da $\boldsymbol{F}_2$ die einzige weitere Kraft ist, muß sie auch ein Drehmoment null bezüglich des Punktes P verursachen, das heißt, auch ihre Wirkungslinie muß durch diesen Punkt gehen. Beachten Sie, daß diese Kraft $\boldsymbol{F}_2$ *nicht* entlang der Leiter wirkt. Dementsprechend ist die Kraft, die die Leiter auf den Boden ausübt, gleich $-\boldsymbol{F}_2$, und auch sie wirkt nicht entlang der Leiter. Dies ist der Unterschied zur Zugkraft in einem Seil, die immer in Richtung des Seiles verläuft. In der Abbildung erkennt man darüber hinaus: Wenn die Wirkungslinie von $\boldsymbol{F}_2$ durch den Punkt P geht, dann ist der Kotangens des Winkels θ' zwischen $\boldsymbol{F}_2$ und der Horizontalen gegeben durch

$$\cot\theta' = \frac{1{,}5\text{ m}}{4\text{ m}} = 0{,}375 = \frac{F_\mathrm{H}}{F_\mathrm{N}} \leq \mu_\mathrm{H}\,.$$

Wir halten fest:

> Wenn sich ein Körper unter der Wirkung von drei nichtparallelen Kräften im statischen Gleichgewicht befindet, dann müssen sich die Wirkungslinien dieser Kräfte in einem Punkt schneiden.

Beispiel 9.6

Eine Leiter der Länge ℓ mit vernachlässigbarer Masse lehne ohne Reibung an einer vertikalen Wand und bilde mit der Horizontalen den Winkel θ. Die Haftreibungszahl für die Reibung zwischen Boden und Leiter sei μ_H. Ein Mann mit der Gewichtskraft G steige auf die Leiter. Zeigen Sie, daß die maximale Strecke s, die er nach oben klettern kann, bevor die Leiter ins Rutschen gerät, durch $s = \mu_\mathrm{H} \cdot \ell \cdot \tan\theta$ gegeben ist.

Abbildung 9.8 zeigt den Mann auf der Leiter und die einwirkenden Kräfte. Die Gewichtskraft des Mannes bewirkt ein Drehmoment bezüglich des Fußpunktes der Leiter, und zwar im Uhrzeigersinn. Dieses Drehmoment wird durch die Kraft $\boldsymbol{F}_1$ ausgeglichen, die die Wand auf die Leiter ausübt. Wenn der Mann die Leiter weiter hinaufsteigt, dann nehmen beide Drehmomente zu, also muß auch die Kraft $\boldsymbol{F}_1$ größer werden. Die horizontale Kraft $\boldsymbol{F}_1$ wird von der Reibungskraft $\boldsymbol{F}_\mathrm{H}$ ausgeglichen, die durch $\mu_\mathrm{H} F_\mathrm{N}$ begrenzt ist. Aus diesem Grunde gibt es eine maximale Strecke s auf der Leiter, bei der gerade noch ein Gleichgewicht herrscht. In der Abbildung wurden die Wirkungslinien der Kraft $\boldsymbol{F}_1$ und der Gewichtskraft verlängert, so daß sie sich im Punkt P schneiden. Die Wirkungslinie der Kraft $\boldsymbol{F}_2 = \boldsymbol{F}_\mathrm{N} + \boldsymbol{F}_\mathrm{H}$, die vom Boden auf die Leiter wirkt, muß im Gleichgewicht ebenfalls durch den Punkt P gehen. In der Abbildung ist θ der Winkel zwischen der Leiter und der Horizontalen und θ' der Winkel, der von $\boldsymbol{F}_2$ und der Horizontalen eingeschlossen wird. Da

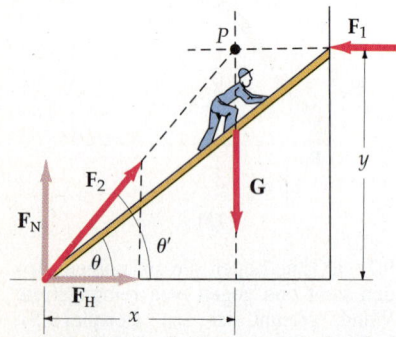

9.8 Ein Mann klettert auf einer Leiter von vernachlässigbarer Masse. Die Wirkungslinien der drei Kräfte, die auf die Leiter wirken, müssen sich im Punkt P schneiden.

die Reibung den Winkel begrenzt, gilt

$$F_H = \mu_H F_N$$

oder

$$\mu_H = \frac{F_H}{F_N} = \cot \theta'. \qquad 9.6$$

Wenn y die Höhe des oberen Leiterendes über der Erde und x die Distanz zwischen dem Fußpunkt der Leiter und der horizontalen Koordinate des Aufenthaltsortes des Mannes ist, dann erhalten wir aus der Geometrie der Abbildung

$$\tan \theta' = \frac{y}{x}, \qquad 9.7$$

$$\sin \theta = \frac{y}{\ell} \qquad 9.8$$

und

$$\cos \theta = \frac{x}{s}. \qquad 9.9$$

Wenn wir die Gleichungen (9.6) und (9.7) miteinander kombinieren, ergibt sich

$$x = \frac{y}{\tan \theta'} = y \cot \theta' = \mu_H y.$$

Einsetzen dieses Ergebnisses in (9.9) liefert für die Strecke s

$$s = \frac{x}{\cos \theta} = \frac{\mu_H y}{\cos \theta} = \frac{\mu_H \ell \sin \theta}{\cos \theta} = \mu_H \ell \tan \theta,$$

wobei wir hier $y = \ell \sin \theta$ aus (9.8) verwendet haben.

Fragen

4. Kann sich eine Leiter im statischen Gleichgewicht befinden, wenn sie ohne Reibung auf dem Boden steht und gegen eine Wand gelehnt ist?
5. Wenn sich ein Körper unter der Wirkung von drei Kräften im statischen Gleichgewicht befindet, müssen dann die Kräfte alle in der gleichen Ebene liegen?

9.4 Kräftepaare

Wir haben gesehen, daß wir einen Satz mehrerer paralleler Kräfte durch eine einzelne Kraft ersetzen können, die folgende Bedingungen erfüllen muß: Sie muß gleich der Summe der einzelnen Kräfte sein, und sie muß an einem ganz bestimmten Punkt angreifen, so daß sie bezüglich eines beliebigen anderen Punktes dasselbe Drehmoment verursacht wie die parallelen Kräfte. Dieses Konzept ist für den Fall von zwei parallelen Kräften bereits in Abbildung 9.2 illustriert worden. Das gleiche Verfahren haben wir angewendet, um die Gewichtskräfte, die auf die Teile eines Körpers wirken, durch eine einzelne Kraft zu ersetzen, die am Schwerpunkt des Körpers angreift. Zwei Kräfte allerdings, die zwar ihrem Betrag

9 Statisches Gleichgewicht des starren Körpers

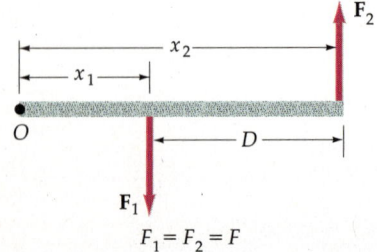

9.9 Zwei gleich große, aber entgegengesetzte Kräfte bilden ein Kräftepaar. Das Drehmoment, das von dem Kräftepaar erzeugt wird, besitzt relativ zu jedem Punkt im Raum den gleichen Wert FD.

nach gleich sind, aber in entgegengesetzte Richtungen zeigen und außerdem unterschiedliche Wirkungslinien haben, lassen sich nicht durch eine einzelne Kraft ersetzen. Einen Satz zweier solcher Kräfte bezeichnet man als **Kräftepaar**. Ein Kräftepaar verursacht eine Drehbewegung, obwohl die Summe der Kräfte gleich null ist. Betrachten wir das Kräftepaar in Abbildung 9.9. Es erzeugt ein Drehmoment M relativ zum Punkt O, nämlich

$$M = Fx_2 - Fx_1 = F(x_2 - x_1) = FD, \qquad 9.10$$

wobei F der Betrag der beiden einzelnen Kräfte und $D = x_2 - x_1$ der Abstand zwischen ihnen ist (vergleiche Abschnitt 8.2; insbesondere die dort gegebene Definition des Hebelarms). Dieses Ergebnis hängt nicht von der Wahl des Punktes O ab.

> Das Drehmoment, das von einem Kräftepaar erzeugt wird, ist bezüglich jedes Punktes im Raum gleich.

Zwei betragsmäßig ungleiche, antiparallele Kräfte (wie in Abbildung 9.10) können durch eine einzelne Kraft ersetzt werden, die gleich der resultierenden, am Schwerpunkt angreifenden Kraft ist, plus einem Kräftepaar, welches das gleiche Drehmoment bezüglich des Schwerpunkts verursacht wie die ursprünglichen Kräfte. Im allgemeinen kann jede beliebige Anzahl von Kräften durch eine einzige Kraft, nämlich die resultierende Kraft, plus einem Kräftepaar ersetzt werden. Da die resultierende Kraft eines Kräftepaares gleich null ist, läßt sich ein Kräftepaar nur von einem zweiten Kräftepaar ausgleichen, das ein gleich großes, aber entgegengesetztes Drehmoment bewirkt. Beispielsweise bilden die Kräfte F_N und G aus Abbildung 9.7b (zu Beispiel 9.5) ein Kräftepaar mit einem Drehmoment von $60\,\text{N} \cdot 1{,}5\,\text{m} = 90\,\text{N·m}$. Dieses Paar wird ausgeglichen durch das Kräftepaar F_H und F_1. Da der Abstand der Wirkungslinien der beiden Kräfte $D = 4\,\text{m}$ beträgt, muß ihr Betrag $(90\,\text{N·m})/(4\,\text{m}) = 22{,}5\,\text{N}$ sein, wie im Beispiel 9.5 gezeigt worden ist.

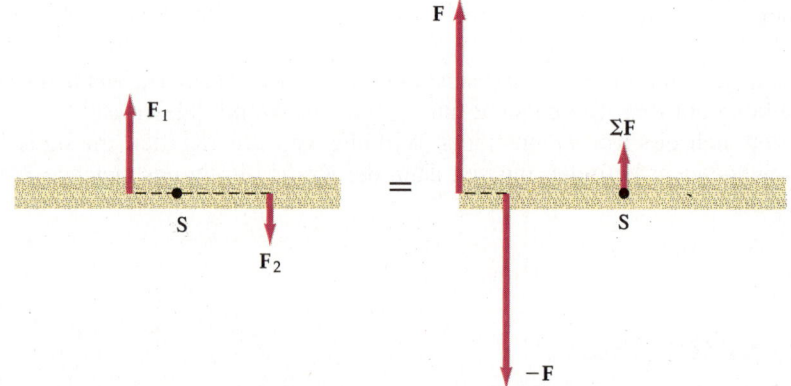

9.10 Zwei antiparallele Kräfte unterschiedlichen Betrages können ersetzt werden durch eine einzelne Kraft $\sum F_i$, die im Schwerpunkt S angreift, plus einem Kräftepaar, welches das gleiche Drehmoment bezüglich des Schwerpunkts verursacht wie die ursprünglichen Kräfte.

9.5 Stabilität des Gleichgewichtes

Man unterscheidet drei Arten des Gleichgewichts von starren Körpern: stabiles, instabiles und indifferentes Gleichgewicht. **Stabiles Gleichgewicht** liegt dann vor, wenn das Drehmoment oder die Kräfte, die nach einer kleinen Verschiebung oder Drehung des Körpers auf ihn wirken, ihn wieder in seine Gleichgewichts-

9.5 Stabilität des Gleichgewichtes

position zurückversetzen. Beispiele für stabiles Gleichgewicht werden in den Abbildungen 9.11 und 9.12 gezeigt. Wenn die Kiste aus Abbildung 9.11 durch Anheben leicht um eine Kante gedreht wird, dann resultiert aus der einwirkenden Gewichtskraft ein Drehmoment bezüglich der Drehachse, das die Kiste nach dem Loslassen in ihre ursprüngliche Position zurückbringt. Ebenso befindet sich die Murmel aus Abbildung 9.12 im stabilen Gleichgewicht. Sie ruht am Boden einer halbkugelförmigen Schüssel; wird sie leicht angestoßen, dann führt die tangentiale Komponente ihrer Gewichtskraft sie wieder in die Ausgangsposition zurück.

Instabiles Gleichgewicht, das in den Abbildungen 9.13 und 9.14 illustriert wird, liegt vor, wenn die Kräfte oder Drehmomente, die nach einer kleinen Verschiebung oder Drehung einwirken, den Körper weiter von seiner Gleichgewichtslage wegbewegen. Eine kleine Verkippung des schmalen Stabes in Abbildung 9.13 läßt ihn wegen des auftretenden Drehmoments umfallen. Genauso verhält es sich mit der Murmel, die auf der umgedrehten Schüssel ruht (Abbildung 9.14): Stößt man sie nur ganz leicht an, dann bewirkt die tangentiale Komponente ihrer Gewichtskraft, daß sie sich weiter von ihrer Gleichgewichtslage entfernt.

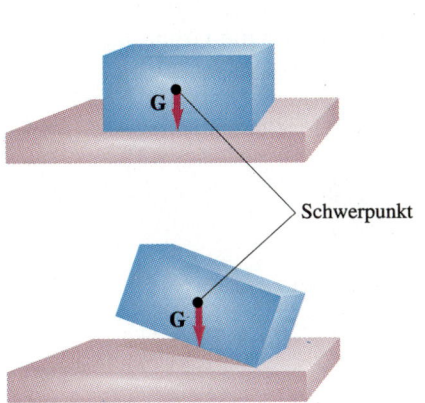

9.11 Ein Beispiel für stabiles Gleichgewicht. Wenn die Kiste an einer Seite angehoben wird, dann resultiert aus der einwirkenden Gewichtskraft ein Drehmoment relativ zur Drehachse, so daß die Kiste nach dem Loslassen in ihre Ursprungsposition zurückkehrt.

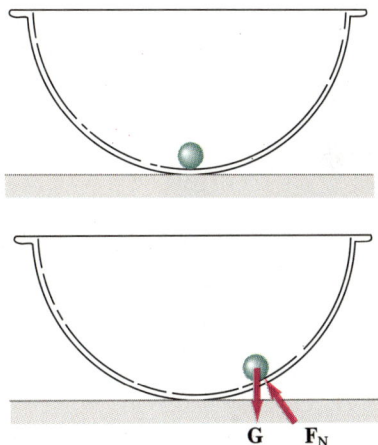

9.12 Ein weiteres Beispiel für stabiles Gleichgewicht. Wenn die Murmel leicht in irgendeine Richtung angestoßen wird, dann wirkt auf sie eine resultierende Kraft in Richtung ihrer Gleichgewichtslage.

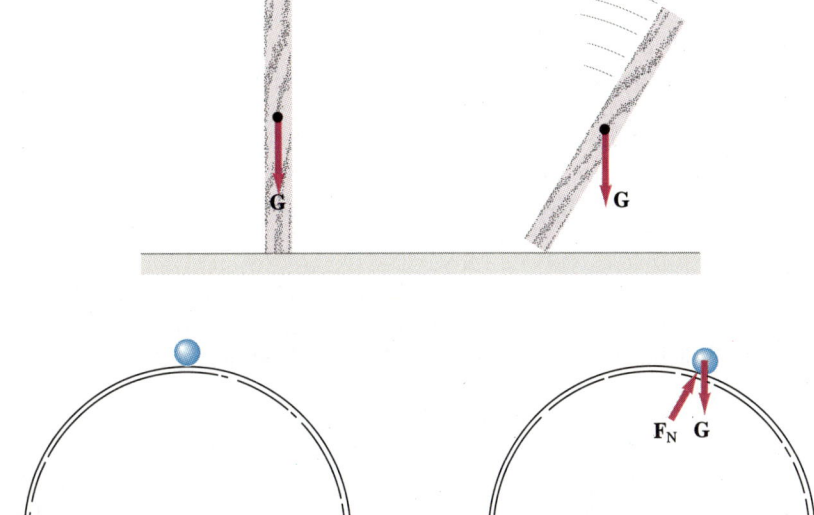

9.13 Ein Beispiel für instabiles Gleichgewicht. Wenn der Stab leicht gekippt wird, dann bewirkt das durch die Gewichtskraft erzeugte Drehmoment um die Drehachse, daß sich der Stab weiter von der Gleichgewichtslage wegbewegt: Er fällt um.

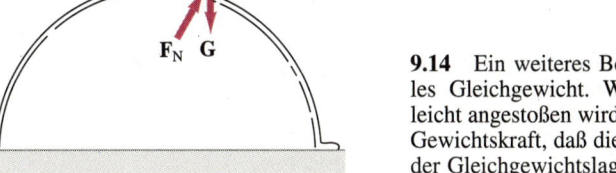

9.14 Ein weiteres Beispiel für instabiles Gleichgewicht. Wenn die Murmel leicht angestoßen wird, dann bewirkt die Gewichtskraft, daß die Murmel sich von der Gleichgewichtslage entfernt.

9 Statisches Gleichgewicht des starren Körpers

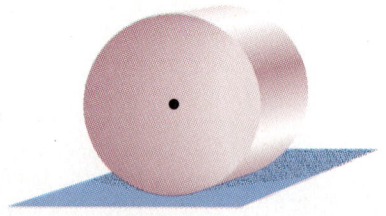

9.15 Ein Beispiel für indifferentes Gleichgewicht. Wenn der Zylinder leicht gedreht wird, dann befindet er sich anschließend wieder im Gleichgewicht. Hier wirken keine Drehmomente und keine Kräfte, die den Zylinder nach der „Störung" in seine frühere Lage zurückversetzen oder ihn weiter von dieser wegbewegen.

Der Zylinder, der auf einer horizontalen Oberfläche ruht (Abbildung 9.15), ist ein Beispiel für **indifferentes Gleichgewicht**. Hier tritt bei einer leichten Drehung des Zylinders keine Kraft und kein Drehmoment auf, die den Zylinder weiter von seiner ursprünglichen Lage weg- oder wieder zurückbewegen würde.

Wir fassen noch einmal zusammen: Wenn wir ein System leicht aus seiner Gleichgewichtslage herausbewegen, also eine kleine „Störung" einführen, und es, nachdem es sich selbst überlassen wurde, in die ursprüngliche Lage zurückkehrt, nennen wir das Gleichgewicht stabil; von einem instabilen Gleichgewicht sprechen wir, wenn das System sich weiter von der Ausgangslage wegbewegt, und von einem indifferenten, wenn nach einer kleinen Störung weder Kräfte noch Drehmomente wirken, die das System in irgendeine Richtung bewegen.

Da „leicht aus einer Lage herausbewegen" ein relativer Begriff ist, muß auch Stabilität als etwas Relatives betrachtet werden. Gleichgewicht kann mehr oder weniger stabil sein. Abbildung 9.16a zeigt einen Stab, der auf seiner Schmalseite steht; er ist aber deutlich breiter als der Stab in Abbildung 9.13. Wenn hier die Störung der Lage sehr klein ist (Abbildung 9.16b), dann bewegt sich der Stab wieder in seine Ausgangslage zurück; wenn die Störung jedoch so groß ist, daß der Schwerpunkt nicht mehr über der Grundfläche liegt (Abbildung 9.16c), dann fällt der Stab um. Wir können die Stabilität eines Systems erhöhen, indem wir entweder den Schwerpunkt tiefer legen oder die Grundfläche vergrößern. Ab-

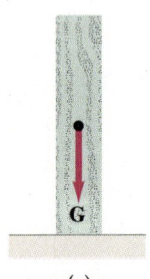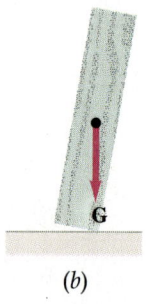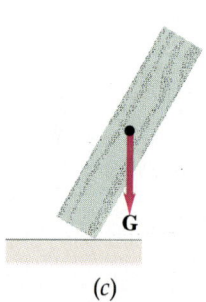

9.16 Die Stabilität eines Gleichgewichts ist eine relative Größe. Wenn der Stab in a) leicht gedreht wird, wie in b) gezeigt, dann kehrt er wieder in seine Ausgangsposition zurück, solange der Schwerpunkt noch über der Grundfläche liegt. c) Wenn die Auslenkung zu groß ist, dann befindet sich der Schwerpunkt nicht mehr über der Grundfläche, und der Stab fällt um.

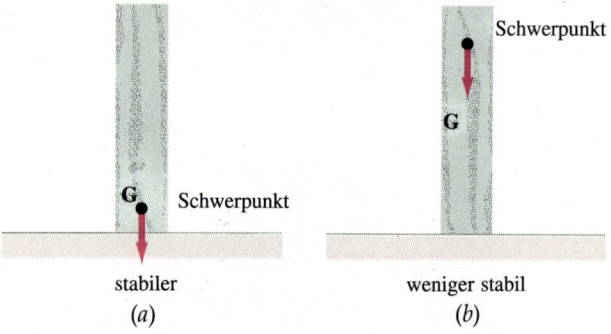

9.17 Wenn ein nicht homogener Stab auf seinem schweren Ende ruht, so daß sein Schwerpunkt tief liegt (a), dann ist sein Gleichgewicht stabiler, als wenn sein Schwerpunkt hoch liegt (b).

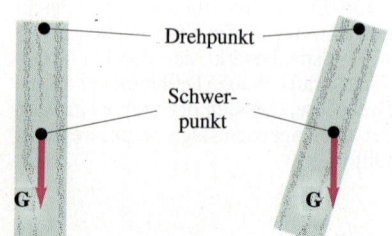

9.18 Wenn ein Stab so aufgehängt wird, daß sein Schwerpunkt unterhalb des Drehpunktes liegt, dann ist das Gleichgewicht stabil: egal wie weit der Stab aus dem Gleichgewicht ausgelenkt wird, er kehrt immer wieder in die Ausgangsposition zurück.

bildung 9.17 zum Beispiel zeigt einen nichthomogenen Stab, dessen Schwerpunkt nahe an einem Ende liegt. Wenn der Stab auf seinem schwereren Ende steht, so daß der Schwerpunkt tief liegt (Abbildung 9.17a), dann ist diese Lage wesentlich stabiler als im anderen Fall, in dem sein Schwerpunkt sehr hoch liegt. Im System in Abbildung 9.18 liegt der Schwerpunkt unterhalb des Aufhängungspunktes. Dieses System ist stabil gegen alle möglichen Drehungen, da das resultierende Drehmoment es immer in seine Gleichgewichtslage zurückbewegt.

Im aufrechten Stand oder Gang des Menschen ist ein instabiles Gleichgewicht realisiert: Der Schwerpunkt, etwa in Höhe des Bauchnabels, liegt relativ hoch, und die Grundfläche, die Füße, sind ziemlich klein. Das Gleichgewicht bleibt nur durch Korrekturen erhalten, die der ganze Muskelapparat ständig (zum größten Teil unbewußt) ausführt. Das ist der Grund, warum das Kleinkind stehen und laufen *lernen* muß und man bei einer Ohnmacht umfällt. Sicherer sind dagegen der Stand und der Gang eines Tieres auf vier Beinen, da der Schwerpunkt tiefer liegt und die Grundfläche im Verhältnis zur Körpergröße größer ist als beim Menschen.

Zusammenfassung

1. Die beiden notwendigen Bedingungen für statisches Gleichgewicht eines starren Körpers sind:
   1. Die resultierende Kraft, die auf den Körper wirkt, muß null sein:
   $$F = 0.$$
   2. Das resultierende Drehmoment relativ zu einem beliebigen Punkt muß null sein:
   $$M = 0.$$
   Eine andere Formulierung der zweiten Bedingung besagt, daß die Summe der Drehmomente, die Drehungen im Uhrzeigersinn bewirken, gleich der Summe der Drehmomente sein muß, die Drehungen im Gegenuhrzeigersinn verursachen.

2. Wenn zwei oder mehr parallele Kräfte auf einen Körper wirken, dann können sie durch eine einzelne Kraft ersetzt werden, die gleich der Summe der Kräfte ist und deren Angriffspunkt so liegt, daß das von ihr erzeugte Drehmoment bezüglich eines beliebigen Punktes gleich dem resultierenden Drehmoment der ursprünglichen Kräfte ist.

3. Die Gewichtskraft, die auf die verschiedenen Teile eines Körpers wirkt, kann durch eine einzelne Kraft, nämlich die Gesamtgewichtskraft G, ersetzt werden, die am Schwerpunkt angreift. Die x-Koordinate des Schwerpunkts, x_S, bezüglich irgendeines Ursprunges ist gegeben durch

$$x_S G = \sum_i G_i x_i.$$

   Wenn die Erdbeschleunigung über den gesamten Körper hinweg konstant ist, dann fallen Massenmittelpunkt und Schwerpunkt des Körpers zusammen.

4. Wenn ein Objekt sich im statischen Gleichgewicht befindet und dem Einfluß von drei nichtparallelen Kräften ausgesetzt ist, dann schneiden sich deren Wirkungslinien (Angriffslinien) in einem Punkt.

5. Zwei gleich große, aber entgegengesetzt gerichtete Kräfte mit verschiedenen Wirkungslinien bilden ein Kräftepaar. Das Drehmoment dieses Kräftepaares ist bezüglich aller Punkte im Raum gleich. Sein Betrag ist gleich dem Produkt aus dem Betrag der Kräfte und dem Abstand ihrer Wirkungslinien.

6. Man unterscheidet drei Arten von Gleichgewicht: stabiles, instabiles und indifferentes Gleichgewicht. Ein Körper kehrt ins Gleichgewicht zurück, wenn sich sein Schwerpunkt über der Grundfläche befindet. Die Stabilität des Gleichgewichts eines Körpers läßt sich erhöhen, indem man den Schwerpunkt tiefer legt oder die Grundfläche vergrößert.

9 Statisches Gleichgewicht des starren Körpers

Aufgaben

Stufe I

9.1 Gleichgewichtsbedingungen

1. Eine Wippe bestehe aus einem 4 m langen, in der Mitte gelagerten Brett. Ein Kind mit der Masse 28 kg sitze an einem Ende des Brettes. Wo muß ein anderes Kind mit der Masse 40 kg sitzen, damit die Wippe ausbalanciert ist?

2. Bettina möchte die Kraft ihrer Bizepsmuskulatur messen (Abbildung 9.19). Der Armriemen befinde sich 28 cm vom Drehpunkt des Ellbogengelenks entfernt, und ihr Bizepsmuskel sei 5 cm von diesem Drehpunkt entfernt mit dem Unterarmknochen verbunden. Wie groß ist die vom Bizeps ausgeübte Kraft, wenn die Federwaage (bei maximaler Muskelkraft) 18 N anzeigt?

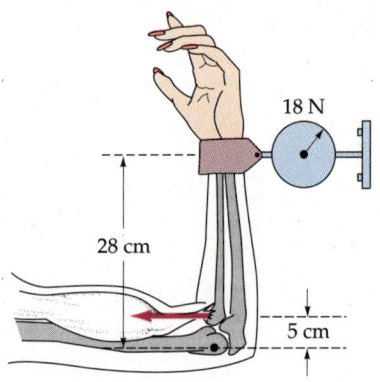

9.19 Zu Aufgabe 2.

3. Ein Brett mit der Gewichtskraft 90 N und der Länge 12 m liege auf zwei Böcken, die jeweils 1 m von den Brettenden entfernt seien. Ein Gegenstand mit 360 N Gewichtskraft werde 3 m von einem Ende entfernt auf das Brett gelegt (Abbildung 9.20). Bestimmen Sie die Kraft, die jeder Bock auf das Brett ausübt.

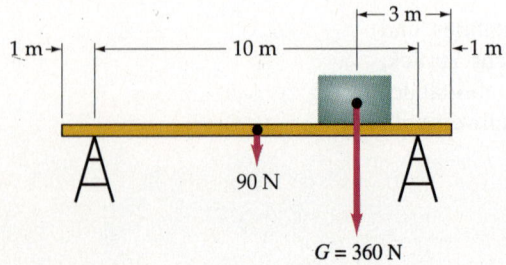

9.20 Zu Aufgabe 3.

4. Abbildung 9.21 zeigt ein Mobile mit vier Gewichtsstücken. Diese hängen an drei Stäben mit vernachlässigbarer Masse. Bestimmen Sie die drei unbekannten Gewichtskräfte so, daß das Mobile ausbalanciert ist. *Hinweis*: Bestimmen Sie G_1 zuerst.

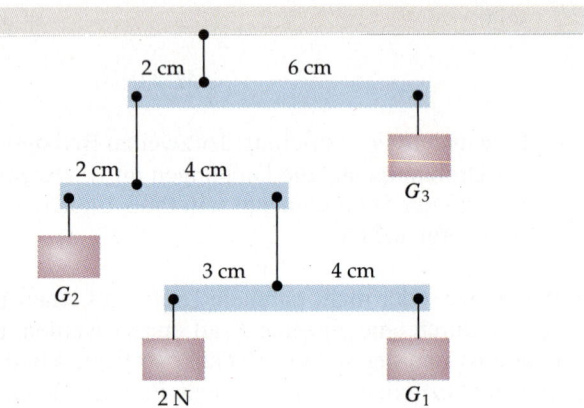

9.21 Zu Aufgabe 4.

5. Eine Krücke werde mit der Kraft F_K, die in ihre Richtung weist, gegen den Boden gedrückt (Abbildung 9.22). Diese Kraft wird durch die Normalkraft F_N und die Reibungskraft F_H ausgeglichen, die in der Abbildung ebenfalls eingezeichnet ist. a) Zeigen Sie, daß die Haftreibungszahl μ_H mit dem Winkel θ über

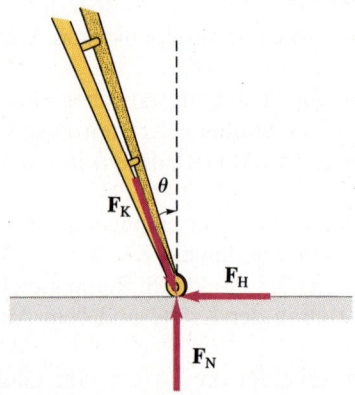

9.22 Zu Aufgabe 5.

$\mu_H = \tan \theta$ zusammenhängt, wenn die Reibungskraft ihren Maximalwert annimmt. b) Erklären Sie, wie sich diese Beziehung auf Ihren Fuß anwenden läßt, wenn Sie keine Krücke verwenden. c) Warum ist es sinnvoll, sich auf Eis mit kleinen Schritten vorwärtszubewegen?

9.2 Der Schwerpunkt

6. Zwei Kugeln mit dem Radius r ruhen auf einem horizontalen Tisch, wobei ihre Mittelpunkte $4\,r$ voneinander entfernt seien. Eine der beiden Kugeln habe eine doppelt so große Masse (und erfahre daher eine doppelt so hohe Gewichtskraft) wie die andere. Wo befindet sich der Schwerpunkt beider Kugeln?

7. Drei Drahtstücke mit homogener Massenverteilung seien gebogen, wie es Abbildung 9.23 zeigt. Bestimmen Sie jeweils den Schwerpunkt des Gebildes.

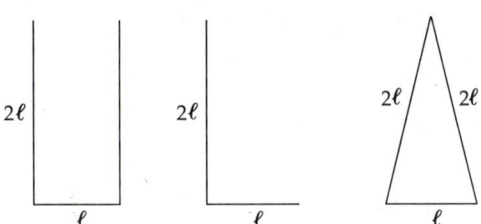

9.23 Zu Aufgabe 7.

8. Die Höhe des Schwerpunktes eines aufrecht stehenden Mannes soll durch Wiegen bestimmt werden. Dazu legt er sich auf ein Brett vernachlässigbarer Masse, das auf zwei Waagen ruht, wie in Abbildung 9.24 gezeigt. Der Mann sei 188 cm groß. Wo befindet sich (von den Füßen aus gemessen) sein Schwerpunkt, wenn die linke Waage 445 N und die rechte Waage 400 N anzeigt?

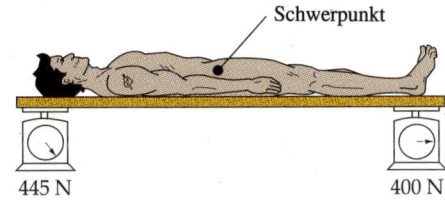

9.24 Zu Aufgabe 8.

9. Jeder der in Abbildung 9.25 gezeigten flachen Körper werde an dem mit × gekennzeichneten Punkt an einem Faden aufgehängt. Skizzieren Sie die Orientierungen der aufgehängten Körper.

9.3 Einige Beispiele für statisches Gleichgewicht

10. Ein homogener Block von 10 m Länge und 100 kg Masse ruhe horizontal auf zwei Stützen. Eine Stütze sei 2 m vom linken Ende, die andere 4 m vom rechten Ende entfernt. Bestimmen Sie die Kräfte, die die Stützen auf den Block ausüben.

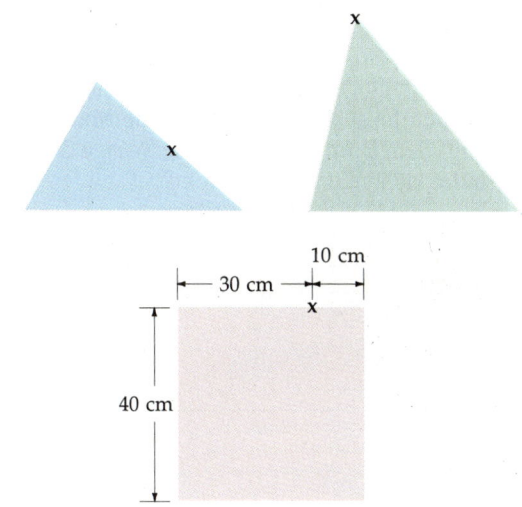

9.25 Zu Aufgabe 9.

11. Ein 10 m langer Balken mit der Masse 300 kg rage über eine Kante hinaus, wie in Abbildung 9.26 gezeigt. Der Balken sei nicht befestigt, sondern liege einfach auf. Ein Arbeiter mit 60 kg Masse habe den Balken so ausgelegt, daß er gerade bis an das überhängende Ende laufen kann. Wie weit steht der Balken über?

9.26 Zu Aufgabe 11.

12. Ein Mann will mit einer 1 m langen Stange eine schwere Kiste vom Boden anheben. Die Stange habe einen festen Ansatz, der 10 cm von einem Ende entfernt ist; siehe Abbildung 9.27. a) Wie groß ist die am unteren Ende der Stange auf die Kiste ausgeübte Kraft, wenn der Mann am oberen Ende eine Kraft von 600 N nach unten ausübt? b) Das Verhältnis der beiden Kräfte wird als mechanischer Vorteil des Hebels bezeichnet. Wie groß ist er hier?

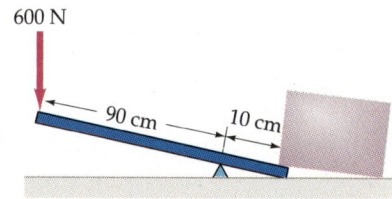

9.27 Zu Aufgabe 12.

13. Um den Schwerpunkt eines Mannes zu bestimmen, werde ein horizontales Brett an einem Ende drehbar gelagert und am anderen Ende auf eine Waage

9 Statisches Gleichgewicht des starren Körpers

gelegt. Der Mann lege sich, wie in Abbildung 9.28 gezeigt, horizontal so auf das Brett, daß sich sein Kopf direkt über dem Drehlager befindet. Die Waage sei von diesem 2 m entfernt. Der Mann habe die Masse 70 kg. Wenn er auf dem Brett liegt, zeige die Waage 250 N an. Wo befindet sich sein Schwerpunkt?

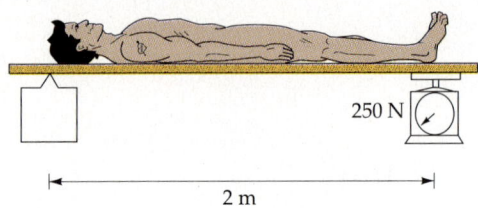

9.28 Zu Aufgabe 13.

9.4 Kräftepaare

14. Zwei Kräfte von jeweils 80 N wirken, wie in Abbildung 9.29 gezeigt, auf die gegenüberliegenden Ecken einer rechteckigen Platte. Bestimmen Sie das Drehmoment, das dieses Kräftepaar ausübt.

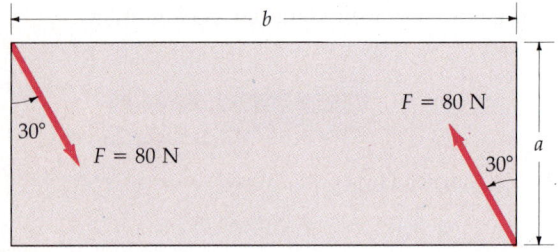

9.29 Zu Aufgaben 14 und 15.

15. Zerlegen Sie die beiden Kräfte in Aufgabe 14 in ihre horizontalen und ihre vertikalen Komponenten, so daß sie zwei Kräftepaare bilden. Die Summe der beiden Komponentenpaare ist gleich dem resultierenden Paar. Ermitteln Sie anhand dieses Ergebnisses den rechtwinkligen Abstand zwischen den Wirkungslinien der beiden Kräfte.

16. Ein homogener Würfel mit der Kantenlänge a und der Masse m ruhe auf einer horizontalen Oberfläche. Eine horizontale Kraft F greife an der Oberseite des Würfels an (Abbildung 9.30); sie reiche nicht aus, um den Würfel zu bewegen oder zu kippen. a) Zeigen Sie, daß diese Kraft und die von der Oberfläche ausgeübte Reibungskraft F_H ein Kräftepaar bilden, und bestimmen Sie das resultierende Drehmoment. b) Dieses Kräftepaar wird von dem Kräftepaar aus der Normalkraft (ausgeübt durch die Oberfläche) und der Gewichtskraft des Körpers ausgeglichen. Ermitteln Sie mit Hilfe dieser Tatsache den effektiven Angriffspunkt der Normalkraft, wenn $F = mg/3$ gilt. c) Bestimmen Sie den maximalen Betrag der Kraft F, bei dem der Würfel noch nicht kippt.

Stufe II

17. Ein 3 m langes Brett mit der Masse 5 kg sei an einem Ende an einem Scharnier befestigt. Eine Kraft F wirke vertikal auf das andere Ende des Brettes und hebe dabei eine Kiste mit der Masse 60 kg an, die sich 80 cm vom Scharnier entfernt befinde (Abbildung 9.31). a) Welche Kraft ist nötig, um das Brett in einem Winkel von $\theta = 30°$ zu halten? b) Bestimmen Sie die Kraft, die vom Scharnier bei diesem Winkel ausgeübt wird. c) Bestimmen Sie die Kraft F und die Kraft, die vom Scharnier ausgeübt wird, wenn F senkrecht zum Brett wirkt und dieses den Winkel $\theta = 30°$ mit der Horizontalen bildet.

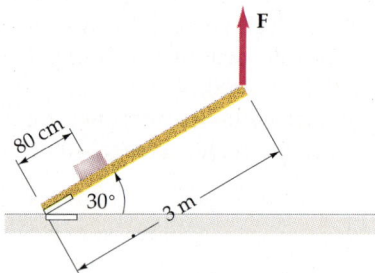

9.31 Zu Aufgabe 17.

18. Eine quadratische Platte sei aus vier kleineren Platten mit der Kantenlänge a zusammengesetzt, wie in Abbildung 9.32 gezeigt. An der ersten Platte greife

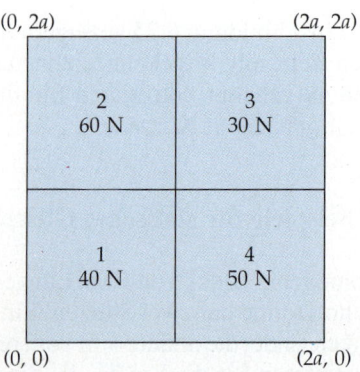

9.32 Zu Aufgabe 18.

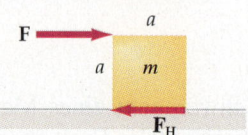

9.30 Zu Aufgabe 16.

die Gewichtskraft 40 N an, an der zweiten 60 N, an der dritten 30 N und an der vierten 50 N. Ermitteln Sie die Koordinaten des Schwerpunktes.

19. In einer homogenen rechteckigen Platte befinde sich ein kreisförmiger Ausschnitt mit dem Radius R; siehe Abbildung 9.33. Bestimmen Sie den Schwerpunkt der Platte. *Hinweis*: Integrieren Sie nicht, sondern überlagern Sie die rechteckige Platte mit einer kreisförmigen Scheibe negativer Masse.

9.33 Zu Aufgabe 19.

20. Ein Zylinder mit der Gewichtskraft G liege in einer reibungsfreien Rinne, die durch zwei Flächen mit den Neigungswinkeln 30° und 60° (gegen die Horizontale) gebildet werde; siehe Abbildung 9.34. Bestimmen Sie die von den Flanken auf den Zylinder ausgeübten Kräfte.

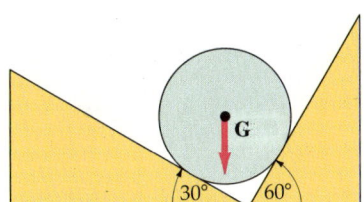

9.34 Zu Aufgabe 20.

21. Ein Körper mit der Gewichtskraft 80 N hänge an einem Drahtseil, das mit einer im Punkt A drehbaren Stütze verbunden sei (Abbildung 9.35). Die Stütze hänge ihrerseits an einem Drahtseil, das die Zugkraft Z_2 ausübe. Die Masse der Stütze sei vernachlässigbar. a) Bestimmen Sie die drei auf die Stütze wirkenden Kräfte. b) Zeigen Sie, daß die vertikale Komponente von Z_2 gleich 80 N sein muß. c) Bestimmen Sie die Kraft, die von der Stütze auf das Scharnier ausgeübt wird.

22. Bestimmen Sie in der Anordnung von Abbildung 9.36 die Kraft, die im Punkt A vom Scharnier auf die Stütze ausgeübt wird, wenn die Stütze a) masselos ist bzw. b) an ihr die Gewichtskraft 20 N angreift.

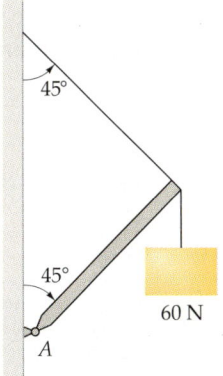

9.36 Zu Aufgabe 22.

23. Eine homogene Kiste mit den Maßen 1 m × 1 m × 2 m werde auf ein Brett mit einer rauhen Oberfläche gestellt, wie in Abbildung 9.37 gezeigt. Das Brett werde um den Winkel θ angehoben, der langsam erhöht werde. Die Reibungszahl sei groß genug, um die Kiste vor dem Rutschen zu bewahren, bevor sie kippt. Bestimmen Sie den größten Winkel, der erreicht werden kann, ohne daß die Kiste umkippt.

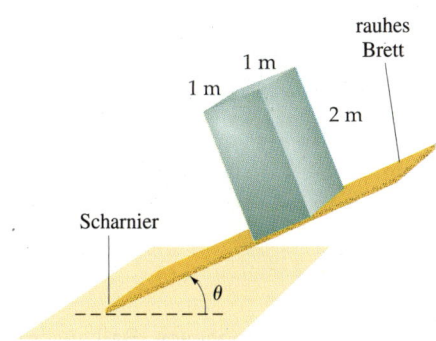

9.37 Zu Aufgabe 23.

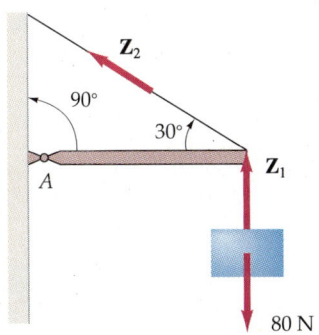

9.35 Zu Aufgabe 21.

24. Ein homogenes Türblatt mit den Maßen 2 m × 0,8 m und der Masse 18 kg sei an zwei Scharnieren aufgehängt, die jeweils 20 cm von der Unter- bzw. der Oberkante der Tür entfernt seien. Wie groß sind die horizontalen Komponenten der Kräfte, die von jedem Scharnier auf das Türblatt wirken, wenn jedes

Scharnier die Hälfte der Gewichtskraft trägt? Welche Richtung haben die Kräfte?

25. Ein Junge mit der Gewichtskraft 900 N sitze ganz oben auf einer Leiter, die eine vernachlässigbare Masse habe und auf einem reibungsfreien Boden stehe (Abbildung 9.38). Auf halber Höhe der Leiter befinde sich eine Strebe. Der Winkel zwischen den beiden Leiterschenkeln betrage 30°. a) Wie groß ist die Kraft, die vom Boden auf jeden der beiden Leiterschenkel ausgeübt wird? b) Bestimmen Sie die Zugkraft in der Strebe. c) Nehmen Sie an, die Strebe befände sich bei gleichem Winkel θ weiter unten. Wäre dann die Zugkraft in der Strebe größer oder kleiner?

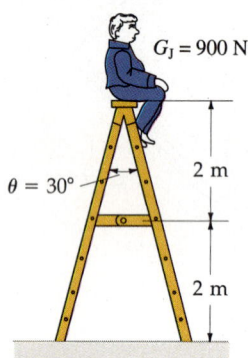

9.38 Zu Aufgabe 25.

26. Ein Rad mit der Masse m und dem Radius R ruhe auf einer horizontalen Oberfläche und berühre eine Stufe der Höhe h (es sei $h < R$; siehe Abbildung 9.39). Das Rad soll durch eine horizontale Kraft F, die auf die Achse wirkt, über den Absatz geschoben werden. Bestimmen Sie die dafür nötige Kraft.

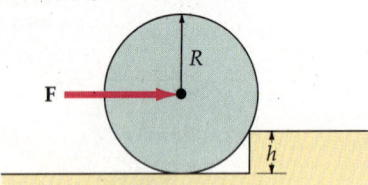

9.39 Zu Aufgabe 26.

27. Ein Ende eines homogenen Balkens mit 10 m Länge und 100 kg Masse sei über ein Scharnier drehbar an einer vertikalen Wand befestigt. Ein Drahtseil halte den Balken in horizontaler Position, wobei das Drahtseil 6 m von der Wand entfernt mit dem Balken verbunden sei (Abbildung 9.40). Am freien Ende des Balkens werde ein Körper der Masse 400 kg angehängt. a) Wie groß ist die Zugkraft im Seil? b) Wie groß ist die horizontale Kraft auf das Scharnier? c) Wie groß ist am Scharnier die vertikale Kraft auf den Balken?

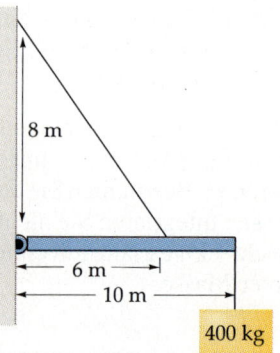

9.40 Zu Aufgaben 27 und 28.

28. Das Drahtseil aus Abbildung 9.40 bleibe 8 m über dem Scharnier an der Wand befestigt, aber seine Länge sei nun variabel, so daß es in verschiedenen Abständen x von der Wand am Balken angebracht werden kann. In welcher Entfernung von der Wand muß es befestigt werden, damit die Kraft auf das Scharnier keine vertikale Komponente hat?

29. Ein großer Quader stehe, wie in Abbildung 9.41 gezeigt, auf einer geneigten Ebene. Es sei $\mu_H = 0{,}4$. Beginnt der Block bei langsam zunehmendem Winkel θ zu gleiten, oder kippt er eher um?

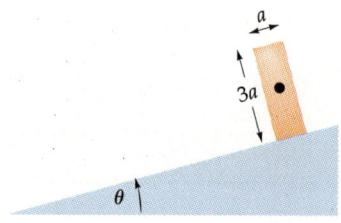

9.41 Zu Aufgabe 29.

30. Ein Zylinder mit der Masse m und dem Radius R rolle gegen eine Stufe der Höhe h. Wenn, wie in Abbildung 9.42 gezeigt, eine horizontale Kraft F oben am Zylinder angreift, so bleibe er in Ruhe. a) Wie groß ist die Normalkraft, die vom Boden auf den Zylinder ausgeübt wird? b) Bestimmen Sie die horizontale Kraft, die von der Stufenkante auf den Zylinder ausgeübt wird. c) Wie groß ist die vertikale Komponente der Kraft, die von der Kante auf den Zylinder wirkt?

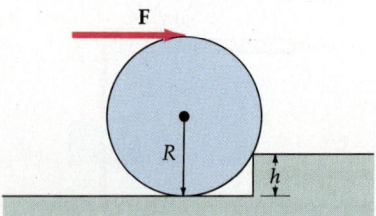

9.42 Zu Aufgaben 30 und 31.

31. Bestimmen Sie für den Zylinder in Aufgabe 30 die minimale horizontale Kraft F, die imstande ist, den Zylinder über die Stufe zu rollen, wenn dieser an der Kante nicht rutscht.

32. Ein kräftiger Mann halte mit einer Hand ein Ende eines 3 m langen Stabes mit der Masse 5 kg in horizontaler Richtung. a) Welche Gesamtkraft und b) welches Gesamtdrehmoment übt seine Hand auf den Stab aus? c) Beschreiben Sie die ausgeübte Kraft durch zwei Kräfte, die in entgegengesetzten Richtungen wirken und durch die Breite seiner Hand (10 cm) voneinander getrennt sind. In welche Richtungen wirken die beiden Kräfte, und wie groß sind ihre Beträge?

33. Ein Tor mit der Gewichtskraft 200 N sei an zwei Scharnieren drehbar gelagert, die an der Ober- und an der Unterkante sitzen. Zusätzlich werde das Tor durch ein Drahtseil gehalten, wie in Abbildung 9.43 gezeigt. a) Wie groß muß die Zugkraft im Seil sein, damit das obere Scharnier keine horizontale Kraftkomponente erfährt? b) Wie groß ist die horizontale Kraft auf das untere Scharnier? c) Welche vertikalen Kräfte wirken auf die Scharniere?

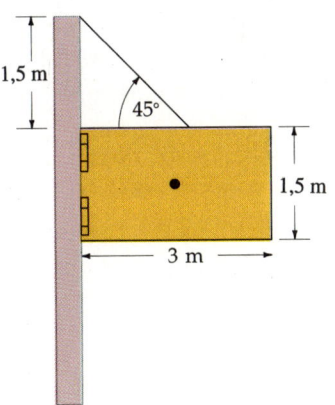

9.43 Zu Aufgabe 33.

34. Das Sprungbrett in Abbildung 9.44 besitze eine Masse von 30 kg. Bestimmen Sie Betrag und Richtung der Kräfte auf die Stützen, wenn ein Springer mit der Masse 70 kg am Ende des Sprungbrettes steht.

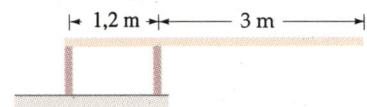

9.44 Zu Aufgabe 34.

35. Eine Leiter lehne an einer reibungsfreien Wand. Die Haftreibungszahl zwischen Leiter und Boden betrage 0,3. Bestimmen Sie den kleinsten Winkel gegen den Boden, bei dem die Leiter noch stehen bleibt.

36. Auf der Ladefläche eines Lastwagens stehe eine homogene, säulenförmige Kiste mit der Grundfläche 1 m × 1 m und der Höhe 3 m. Der Lastwagen befahre eine ebene Straße. Welche (Negativ-)Beschleunigung beim Bremsen bewirkt ein Umkippen der Kiste?

Stufe III

37. Ein homogener Baumstamm mit 4 m Länge, der Masse 100 kg und dem Radius 12 cm werde unter einem Winkel von 20° gegen die Waagerechte an einem Ende hochgehalten (Abbildung 9.45). Die Haftreibungszahl zwischen Stamm und Boden betrage 0,6. Der Stamm gleite gerade noch nicht nach rechts. Bestimmen Sie die Zugkraft im Seil und den Winkel θ, den dieses mit der vertikalen Wand bildet.

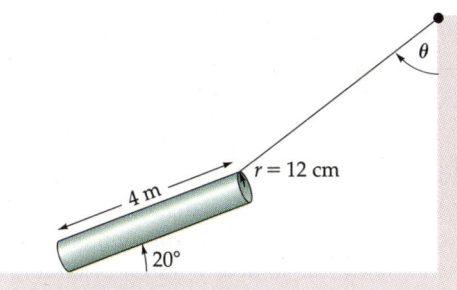

9.45 Zu Aufgabe 37.

38. Bestimmen Sie den Schwerpunkt eines homogenen Drahtes, der zu einem Halbkreis gebogen wurde (Abbildung 9.46). Verwenden Sie das in der Zeichnung gegebene Koordinatensystem.

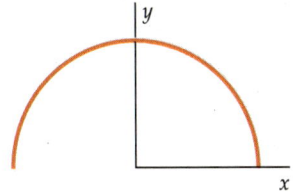

9.46 Zu Aufgabe 38.

39. Eine homogene Leiter der Länge ℓ mit der Masse 200 kg lehne an einer Wand. Die Haftreibungszahl betrage 0,4 zwischen Leiter und Wand bzw. 0,7 zwischen Leiter und Boden. Ein Feuerwehrmann mit 80 kg Masse habe 4/5 der Leiterhöhe erreicht, als die Leiter zu rutschen beginnt. Bestimmen Sie den Winkel θ zwischen Leiter und Boden.

40. Sechs identische Ziegelsteine seien derart (flach) übereinandergestapelt, daß sie einen Turm mit maximaler Neigung bilden. a) Geben Sie von oben nach unten den maximalen Überhang jedes einzelnen Ziegelsteins an. b) Wie groß ist der gesamte Überhang der sechs Ziegel?

41. Ein homogener, quaderförmiger Block stehe auf einer geneigten Ebene (Abbildung 9.47). Eine Schnur an seiner Oberseite verhindert, daß er kippt. Wie groß ist der maximale Winkel θ, bei dem der Block gerade noch nicht zu gleiten beginnt? Es sei $b/a = 4$ und $\mu_H = 0{,}8$.

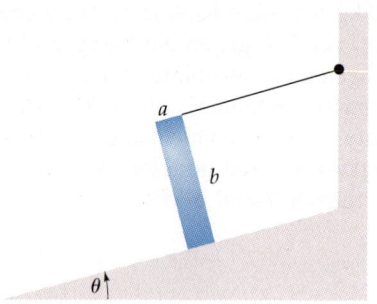

9.47 Zu Aufgabe 41.

42. Eine dünne Schiene mit 10 m Länge und 20 kg Masse werde auf einem Abhang von zwei Stützen gehalten. Eine Stütze sei 2 m vom unteren Ende der Schiene entfernt, die andere 6 m. Die Reibung verhindere das Hinuntergleiten der Schiene von den Stützen. Bestimmen Sie Betrag und Richtung der Kräfte, die von den Stützen auf die Schiene ausgeübt werden.

43. Eine Leiter lehne an einer großen, glatten Kugel (Radius R), die auf einer horizontalen Fläche fixiert sei. Die Leiter der Länge $5R/2$ bilde mit der Horizontalen einen Winkel von 60°. a) Welche Kraft übt die Kugel auf die Leiter aus? b) Bestimmen Sie die Reibungskraft, die die Leiter am Abrutschen hindert. c) Wie groß ist die Normalkraft, die die horizontale Fläche auf der Leiter ausübt?

44. Eine homogene Kugel mit dem Radius R und der Masse m werde auf einer schiefen Ebene mit dem Neigungswinkel θ durch eine horizontale Schnur festgehalten (Abbildung 9.48). Es sei $R = 20$ cm, $m = 3$ kg und $\theta = 30°$. Bestimmen Sie a) die Zugkraft in der Schnur, b) die Normalkraft, die die schiefe Ebene auf die Kugel ausübt, und c) die Reibungskraft, die auf die Kugel wirkt.

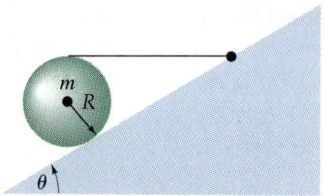

9.48 Zu Aufgabe 44.

Gravitation 10

Von den in Kapitel 4 diskutierten Fundamentalkräften zwischen den Elementarteilchen ist die Gravitation die schwächste. In den Wechselwirkungen zwischen Elementarteilchen ist sie vernachlässigbar. Außerdem ist es sehr schwierig, die zwischen Objekten des täglichen Lebens wirkende Gravitationskraft direkt zu beobachten, selbst wenn ihre Massen mehrere tausend Kilogramm betragen. Die Gravitation ist jedoch ganz wesentlich, wenn wir die Wechselwirkungen untersuchen, an denen sehr große Objekte beteiligt sind, zum Beispiel Planeten, Monde und Sterne. Im Alltag erfahren wir ständig die Gravitationskraft zwischen uns und der Erde, und wir wissen, daß alle Gegenstände durch diese Kraft an die Erde gebunden sind. Die Gravitationskraft ist es auch, die die Erde und die anderen Planeten im Sonnensystem hält. Sie spielt darüber hinaus eine entscheidende Rolle in der Entwicklung der Sterne und dem Verhalten der Galaxien. Gewissermaßen hält die Gravitation das Universum zusammen. In diesem Kapitel wollen wir die Gravitationskraft näher betrachten. Am Anfang stellen wir die von Kepler empirisch gefundenen Gesetze auf, dann diskutieren wir den Zusammenhang mit dem Newtonschen Gravitationsgesetz.

10.1 Die Keplerschen Gesetze

Der Nachthimmel mit seinen Myriaden von Sternen und den das Sonnenlicht reflektierenden Planeten hat die Menschheit schon immer fasziniert. Die sichtbaren Bewegungen der Sterne und Planeten relativ zur Erde wurden von den Astronomen seit vielen Jahrhunderten beobachtet und auf Karten festgehalten.

Der griechische Gelehrte Claudius Ptolemäus entwarf um 140 n. Chr. in Alexandria das nach ihm benannte Modell des Universums. Er setzte die Erde ins Zentrum, das von der Sonne und dem Mond auf einfachen Kreisbahnen umlaufen wird. Die anderen Planeten bewegen sich nach diesem Modell auf komplizierten Bahnen: Sie bestehen aus kleinen Kreisen, den sogenannten Epizyklen, die von größeren Kreisbahnen überlagert sind (Abbildung 10.1). Dieses etwas komplizierte Modell stimmte im wesentlichen mit den damals mit bloßem Auge wahrnehmbaren Beobachtungen überein und wurde allgemein über einen Zeitraum von 1400 Jahren hinweg akzeptiert. Zu Beginn des 16. Jahrhunderts entwickelte Nikolaus Kopernikus sein wesentlich einfacheres Modell: Er be-

10 Gravitation

trachtete die Sonne und die anderen Sterne als fest, während die Planeten, einschließlich der Erde, sich auf Kreisbahnen um die Sonne herum bewegen sollten. Die Theorie verbreitete sich in Fachkreisen sehr rasch, erschien als gedrucktes Werk aber erst 1543, dem Todesjahr von Kopernikus, unter dem Titel „De revolutionibus"; interessanterweise ist das Werk dem damaligen Papst

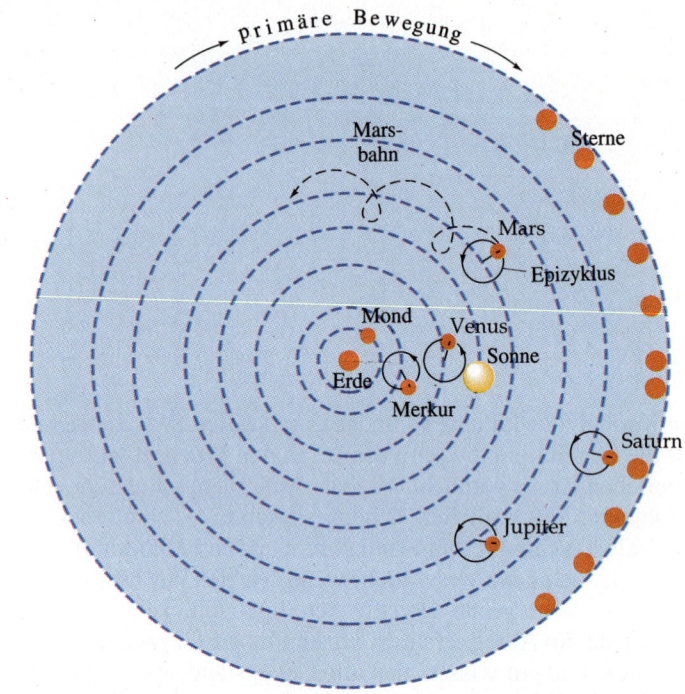

10.1 Das Ptolemäische Modell des Universums. Die primäre Bewegung der Sterne und der Planeten verläuft mit einer Periode von einem Tag im Uhrzeigersinn. Um die Bewegung der Planeten relativ zu den Sternen zu berücksichtigen, erhalten die Planeten eine kleinere Winkelgeschwindigkeit im Gegenuhrzeigersinn. Dieses Modell heißt geozentrisch, weil es die Erde in den Mittelpunkt des Universums setzt.

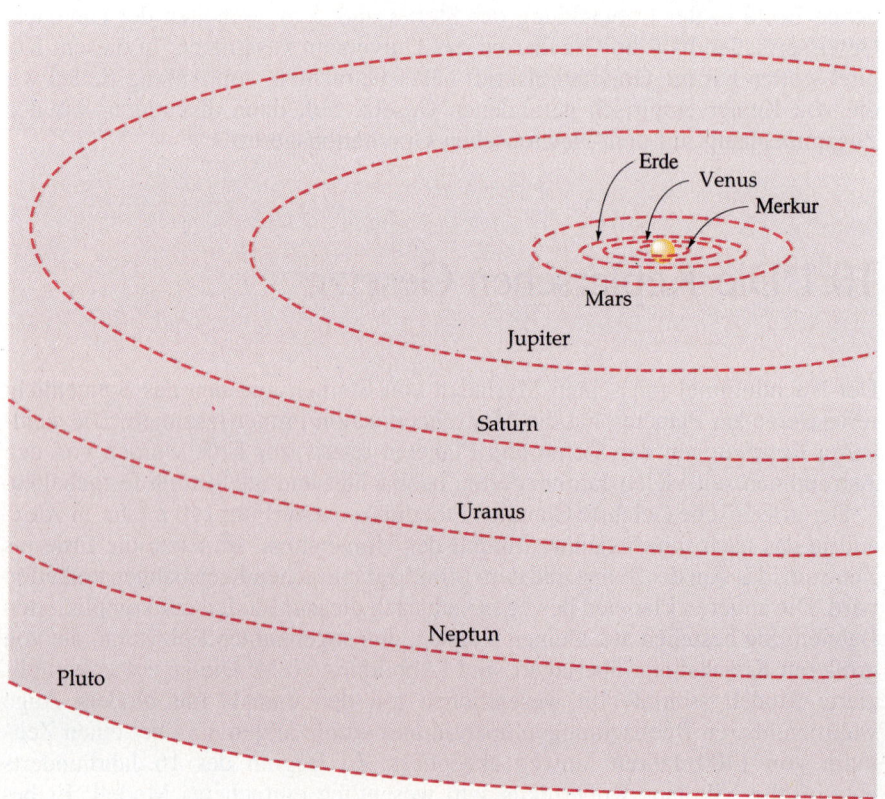

10.2 Umlaufbahnen der Planeten um die Sonne.

Paul III. gewidmet. Aus theologischen Gründen – schließlich war der Mensch, also auch die Erde, Krone und Mittelpunkt der Schöpfung! – wurde das Buch verboten. Der bekannteste Anhänger und Verbreiter der kopernikaischen Lehre vom heliozentrischen Weltbild war Galileo Galilei, gegen den aus diesem Grund 1633 in Rom das Inquisitionstribunal eröffnet wurde. Der Prozeß endete am 22. Juni 1633 mit dem berühmten, gegen die eigene Überzeugung geleisteten Widerruf der heliozentrischen Lehre durch Galilei. (Erst dieser Tage (1993) hat der Vatikan seine Vorwürfe gegen Galilei offiziell zurückgenommen und ihn damit im nachhinein rehabilitiert.)

Gegen Endes des 16. Jahrhunderts untersuchte der Astronom Tycho Brahe die Planetenbewegung und machte Beobachtungen, die wesentlich genauer waren als die bis dahin bekannten. Johannes Kepler fand unter Verwendung dieser Daten nach vielem Probieren heraus, daß die Planeten die Sonne nicht auf Kreisbahnen, sondern auf Ellipsenbahnen umlaufen (Abbildung 10.2). Er zeigte auch, daß sich die Planeten nicht mit konstanter Geschwindigkeit bewegen, sondern daß die Geschwindigkeit um so größer ist, je näher sich ein Planet bei der Sonne befindet. Schließlich entwickelte Kepler eine mathematische Beziehung zwischen der Umlaufdauer eines Planeten und seiner durchschnittlichen Distanz zur Sonne. Kepler drückte seine Ergebnisse in Form dreier empirischer Gesetze für die Planetenbewegung aus. Einige Jahrzehnte später lieferten diese Gesetze die Basis zu Newtons Entdeckung des Gravitationsgesetzes.

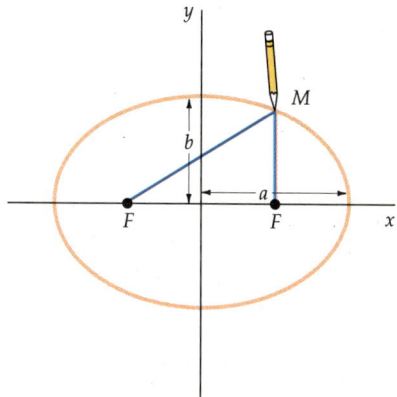

10.3 Eine Ellipse ist die Menge der Punkte, für die die Summe ihrer Distanzen zu den beiden Brennpunkten F konstant ist. Eine solche Figur läßt sich zeichnen, wenn man eine Schnur an den beiden Brennpunkten befestigt und mit ihrer Hilfe, in der Abbildung am Punkt M gezeigt, einen Stift führt. Der Abstand a wird die große Halbachse, b die kleine Halbachse der Ellipse genannt. Wenn die beiden Brennpunkte zusammenfallen (numerische Exzentrizität $\varepsilon = 0$), dann sind a und b gleich, und die Ellipse ist in einen Kreis übergegangen.

Die Keplerschen Gesetze

> Die drei Keplerschen Gesetze lauten:
> 1. Alle Planeten bewegen sich auf elliptischen Bahnen um die Sonne, wobei die Sonne in einem der Brennpunkte der Ellipse steht.
> 2. Die Verbindungslinie zwischen der Sonne und einem Planeten überstreicht in gleichen Zeiten gleiche Flächen.
> 3. Das Quadrat der Umlaufdauer eines Planeten ist proportional zur dritten Potenz seiner mittleren Entfernung zur Sonne.

Abbildung 10.3 zeigt eine **Ellipse**. Die mit dem Buchstaben F bezeichneten Punkte heißen die Brennpunkte. Der Abstand a ist die große Halbachse, b die kleine Halbachse. Eine Ellipse ist so definiert, daß die Summe der beiden Strecken von einem Brennpunkt zu einem beliebigen Punkt des Randes und von dort zum anderen Brennpunkt immer gleich ist. Demnach kann man eine Ellipse zeichnen, indem man die Enden eines Fadens an den Brennpunkten anheftet (beispielsweise mit Reißzwecken) und mit Hilfe dieses Fadens einen Stift führt, wie in Abbildung 10.3 gezeigt. Wenn man den Abstand der Brennpunkte verkleinert, wird die Ellipse einem Kreis immer ähnlicher. Und tatsächlich ist ein Kreis nichts anderes als der Spezialfall einer Ellipse, bei der die beiden Brennpunkte zusammenfallen. Abbildung 10.4 zeigt eine elliptische Planetenbahn mit der Sonne in einem der Brennpunkte der Ellipse. Der Punkt P, an dem der Abstand des Planeten von der Sonne am kleinsten ist, wird Perihel genannt, während der Punkt A, an dem der größte Abstand zur Sonne erreicht wird, Aphel heißt (vom griechischen *helios* „Sonne", *peri* „um ... herum" und *apo* „von ... weg"). Die Umlaufbahn der Erde ist annähernd kreisförmig; die Entfernung der

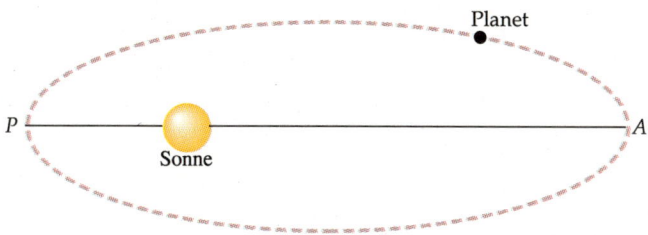

10.4 Eine elliptische Planetenbahn mit der Sonne in einem der Brennpunkte der Ellipse. Der Punkt P, an dem die Entfernung vom Planeten zur Sonne minimal ist, heißt Perihel, der Punkt A mit dem größten Abstand heißt Aphel. Die mittlere Entfernung zwischen Planet und Sonne ist gleich der großen Halbachse.

10.5 Wenn sich ein Planet näher an der Sonne befindet, dann bewegt er sich schneller, als wenn er weiter von ihr entfernt ist. Die Flächen, die dabei in einem gegebenen Zeitintervall überstrichen werden, sind gleich.

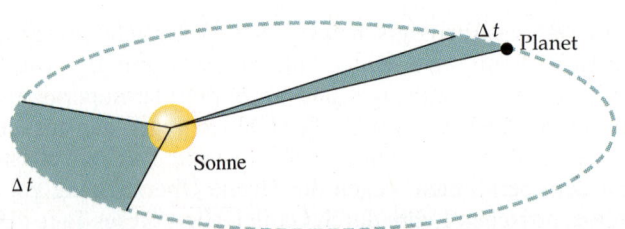

Erde zur Sonne beträgt im Perihel 147,1 Millionen Kilometer und im Aphel 152,1 Millionen Kilometer. Die Länge der großen Halbachse ist gerade das Mittel dieser beiden Distanzen, also für die Erde 149,6 Millionen Kilometer. Dies ist gleichzeitig die mittlere Entfernung zwischen Erde und Sonne. Man nennt sie auch Astronomische Einheit (AE). In Tabellenwerken wird meistens nur die mittlere Entfernung zum Zentralkörper (diese ist identisch mit der großen Halbachse a) und die sogenannte numerische Bahnexzentrizität ε angegeben. Letztere hängt folgendermaßen mit Aphel- und Perihelabstand, r_{max} und r_{min}, sowie der großen Halbachse a zusammen: $r_{max} = a(1+\varepsilon)$ und $r_{min} = a(1-\varepsilon)$. Aus den angegebenen Werten ergibt sich $\varepsilon = 0,0167$.

Abbildung 10.5 illustriert das zweite Keplersche Gesetz, den Flächensatz. Ein Planet bewegt sich in der Nähe der Sonne schneller, als wenn er weit von ihr entfernt ist. Der Flächensatz hängt mit der Erhaltung des Drehimpulses zusammen, wie wir im nächsten Abschnitt sehen werden.

Das dritte Keplersche Gesetz stellt eine Beziehung her zwischen der Umlaufdauer eines Planeten und seinem mittleren Abstand zur Sonne (also der großen Halbachse der elliptischen Planetenbahn). In algebraischer Form geschrieben: Wenn r der mittlere Abstand von einem Planeten zur Sonne und T die Umlaufdauer des Planeten ist, dann gilt:

$$T^2 = Cr^3 \,. \qquad 10.1$$

Die Konstante C ist für alle Planeten gleich groß. Wir werden im nächsten Abschnitt zeigen, daß dieses Gesetz (für den Spezialfall einer Kreisbahn) eine einfache Folgerung aus der Tatsache ist, daß die zwischen der Sonne und einem Planeten wirkende Kraft umgekehrt proportional zum Quadrat des Abstandes von der Sonne ist.

Beispiel 10.1

Der mittlere Abstand zwischen Jupiter und Sonne beträgt 5,20 astronomische Einheiten (AE), wobei 1 AE = $1,50 \cdot 10^{11}$ m = $1,5 \cdot 10^8$ km die mittlere Distanz zwischen Erde und Sonne ist. Wie groß ist die Umlaufdauer des Jupiters (in Jahren; Einheitenzeichen: a)?

Nach dem dritten Keplerschen Gesetz ist das Quadrat der Umlaufdauer proportional zur dritten Potenz des mittleren Abstandes von der Sonne. Wenn wir die Quadratwurzel aus beiden Seiten der Gleichung (10.1) ziehen, dann erhalten wir

$$T = \sqrt{C}\, r^{3/2} \,.$$

Wenn T_E und r_E die Umlaufdauer und die mittlere Distanz der Erde von der Sonne und T_J und r_J die gleichen Größen für den Jupiter sind, dann gilt

$$\frac{T_J}{T_E} = \frac{\sqrt{C}\, r_J^{3/2}}{\sqrt{C}\, r_E^{3/2}}$$

$$= \left(\frac{r_J}{r_E}\right)^{3/2} = \left(\frac{5,20\ \text{AE}}{1\ \text{AE}}\right)^{3/2}$$

$$T_J = (5,20)^{3/2}\, T_E = 11,9 \cdot 1\ \text{a} = 11,9\ \text{a} \,.$$

Übung

Die Umlaufdauer des Neptuns beträgt 164,8 Jahre. Wie groß ist sein mittlerer Abstand zur Sonne? (Antwort: 30,1 AE)

10.2 Das Newtonsche Gravitationsgesetz

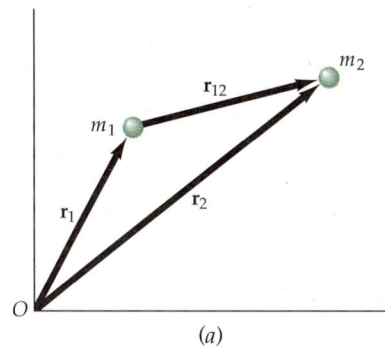

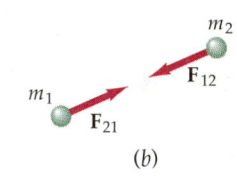

10.6 a) Ein Körper der Masse m_1 befindet sich am Ort r_1, ein zweiter Körper der Masse m_2 am Ort r_2. Der Vektor r_{12} zeigt von m_1 nach m_2. b) Die Kraft F_{12}, mit der m_1 auf m_2 wirkt, zeigt von m_2 nach m_1. Sie hängt umgekehrt quadratisch von der Distanz zwischen den beiden Körpern ab.

Die Keplerschen Gesetze waren ein wichtiger Schritt zum Verständnis der Planetenbewegung. Es handelte sich bei ihnen aber nur um empirisch aufgestellte Regeln, die aus den astronomischen Beobachtungen von Brahe hervorgingen. Erst Newton tat den riesigen Schritt nach vorne und schrieb die Beschleunigung eines Planeten auf seiner Bahn einer Kraft zu, die zwischen der Sonne und dem Planeten wirkt und umgekehrt proportional ist zum Quadrat des Abstandes von der Sonne. Schon andere vor Newton hatten eine solche Kraft postuliert, aber erst Newton konnte beweisen, daß diese Kraft genau die von Kepler beobachteten elliptischen Bahnen zur Folge hat. In Folge dieser Erkenntnis behauptete er kühn, daß diese Kraft zwischen allen Objekten im Universum wirke. (Vor Newton war es nicht einmal allgemein anerkannt, daß die physikalischen Gesetze, die auf der Erde beobachtet wurden, auch für die Himmelskörper galten.)

Nach dem **Newtonschen Gravitationsgesetz** übt jeder Körper eine anziehende Kraft auf jeden anderen Körper aus; diese Kraft ist proportional zu den Massen der beiden Körper und umgekehrt proportional zum Quadrat des Abstandes zwischen ihnen. Das Newtonsche Gravitationsgesetz kann als einfache Vektorgleichung geschrieben werden. Seien m_1 und m_2 zwei Punktmassen, die durch den Abstand r_{12} voneinander getrennt sind. Dieser Abstand ist der Betrag des Vektors r_{12}, der von der Masse m_1 zur Masse m_2 zeigt (Abbildung 10.6). Die Kraft F_{12}, mit der die Masse m_1 auf die Masse m_2 wirkt, ist demnach

$$F_{12} = -\frac{Gm_1m_2}{r_{12}^2} \cdot \frac{r_{12}}{r_{12}}$$ 10.2

Newtons Gravitationsgesetz

Hier ist r_{12}/r_{12} ein Einheitsvektor, der von m_1 nach m_2 zeigt, und G ist die (**universelle**) **Gravitationskonstante**, die den Wert

$$G = 6{,}67 \cdot 10^{-11} \text{ N} \cdot \text{m}^2/\text{kg}^2$$ 10.3

hat. Die Kraft F_{21}, die die Masse m_2 auf die Masse m_1 ausübt, ist nach Newtons drittem Gesetz genau so groß wie F_{12}, zeigt aber in die entgegengesetzte Richtung. Der Betrag der Gravitationskraft, die zwischen einem Körper der Masse m_1 und einem zweiten Körper der Masse m_2 im Abstand r wirkt, ist gegeben durch

$$F = \frac{Gm_1m_2}{r^2}.$$ 10.4

Newton veröffentlichte sein Gravitationsgesetz im Jahre 1686, aber es dauerte noch etwa ein Jahrhundert, bis Cavendish die Konstante G experimentell relativ genau bestimmen konnte; wir gehen in Abschnitt 10.3 näher darauf ein.

Wir können den in Gleichung (10.3) angegebenen Wert von G dazu verwenden, die durch die Gravitation bewirkte Anziehung zwischen zwei gewöhnlichen Körpern zu bestimmen.

Beispiel 10.2

Bestimmen Sie die Kraft zwischen zwei Kugeln, die beide die Masse 1 kg haben, wenn ihre Mittelpunkte 10 cm voneinander entfernt sind.

Wie wir in Abschnitt 10.7 sehen werden, läßt sich jede Kugel als Punktmasse behandeln. Der Betrag der Kraft, den jede Kugel auf die jeweils andere ausübt, ist

$$F = \frac{(6{,}67 \cdot 10^{-11}\,\text{N} \cdot \text{m}^2/\text{kg}^2) \cdot 1\,\text{kg} \cdot 1\,\text{kg}}{(0{,}1\,\text{m})^2}$$

$$= 6{,}67 \cdot 10^{-9}\,\text{N}.$$

Dieses Beispiel zeigt, daß die Gravitationskraft, die ein Objekt gewöhnlicher Größe auf ein anderes, entsprechendes Objekt ausübt, extrem klein ist: Die Gewichtskraft der Masse 1 kg beträgt 9,81 N, also mehr als eine Milliarde soviel wie die in Beispiel 10.2 berechnete Kraft. Daher können wir normalerweise die Gravitationskraft zwischen Objekten im Vergleich zu den anderen auf sie wirkenden Kräften vernachlässigen. Die Gravitationskraft macht sich erst dann bemerkbar, wenn mindestens eines der beiden Objekte eine sehr große Masse hat, zum Beispiel wenn ein gewöhnliches Objekt von der Erde angezogen wird oder wenn man alle anderen Kräfte sorgfältig ausschaltet, wie es Cavendish tat, als er G bestimmte.

Übung

Bestimmen Sie die Gravitationskraft zwischen einem Jungen von 65 kg und einem Mädchen von 50 kg, wenn der Abstand zwischen ihnen 0,5 m beträgt und die beiden als Punktmassen betrachtet werden. (Antwort: $8{,}67 \cdot 10^{-7}$ N)

Nach Newton können wir jeden massebehafteten Körper als Zentrum eines Kraftfeldes auffassen, in dem ein anderer massebehafteter Körper eine Anziehungskraft erfährt, die wie $1/r^2$ vom Abstand r der Körper abhängt. Man spricht auch von einem Kraftfeld vom Typ $1/r^2$ oder einem $1/r^2$-Kraftfeld (zum Feldbegriff siehe Kapitel 4).

Newton zeigte allgemein, daß es für die Bewegung eines Objektes (zum Beispiel eines Planeten oder Kometen) in einem Feld vom Typ $1/r^2$ (in dessen Zentrum sich beispielsweise die Sonne befindet) genau drei verschiedene Bahnformen gibt: Die Bahn muß entweder eine Ellipse, eine Parabel oder eine Hyperbel sein. Auf parabolischen und hyperbolischen Bahnen bewegen sich genau die Objekte (wenn es solche überhaupt gibt), die einmal an der Sonne vorbeifliegen und dann nie mehr wiederkehren. Diese Bahnen sind nicht geschlossen. Die einzigen geschlossenen Bahnen, die sich in einem Kraftfeld vom Typ $1/r^2$ ergeben können, sind Ellipsen. Deshalb ist das erste Keplersche Gesetz eine direkte Konsequenz von Newtons Gravitationsgesetz.

Das zweite Keplersche Gesetz, der Flächensatz, ergibt sich aus der Tatsache, daß die Kraft, die die Sonne auf einen Planeten ausübt, zur Sonne hin gerichtet ist. Eine solche Kraft heißt **Zentralkraft**, das entsprechende Kraftfeld heißt Zentralfeld. Da die Kraft auf einen Planeten entlang der Verbindungslinie von ihm zur Sonne wirkt, treten keine Drehmomente bezüglich der Sonne auf. Wir wissen aus unseren Überlegungen zum Drehimpuls, daß dieser erhalten bleibt, wenn

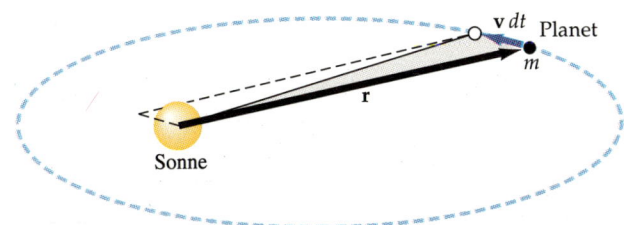

10.7 Die Fläche, die vom Ortsvektor eines Planeten im Zeitintervall dt überstrichen wird, ist gleich der halben Fläche des eingezeichneten Parallelogramms. Dessen Betrag ist gleich dem des Kreuzprodukts $|\mathbf{r} \times \mathbf{v}\,\mathrm{d}t|$. Die Fläche ist daher proportional zum Betrag der Winkelgeschwindigkeit des Planeten um die Sonne.

das resultierende Drehmoment auf ein Objekt null ist. Abbildung 10.7 zeigt einen Planeten, der die Sonne auf einer elliptischen Bahn umläuft. Im Zeitintervall dt bewegt sich der Planet um die Strecke $v\,\mathrm{d}t$ weiter, und sein Radiusvektor $\mathbf{r}$ überstreicht die in der Abbildung eingezeichnete Fläche; sie ist genau halb so groß wie das durch die Vektoren $\mathbf{r}$ und $\mathbf{v}\,\mathrm{d}t$ gebildete Parallelogramm mit der Fläche $|\mathbf{r} \times \mathbf{v}\,\mathrm{d}t|$. Deshalb ist die Fläche dA, die im Zeitintervall dt vom Radiusvektor überstrichen wird, gegeben durch

$$\mathrm{d}A = \frac{1}{2}|\mathbf{r} \times \mathbf{v}\,\mathrm{d}t| = \frac{1}{2m}|\mathbf{r} \times m\mathbf{v}\,\mathrm{d}t|$$

oder

$$\mathrm{d}A = \frac{1}{2m} L\,\mathrm{d}t. \qquad 10.5$$

Hier ist $\mathbf{L} = \mathbf{r} \times m\mathbf{v}$ der Drehimpuls des Planeten relativ zur Sonne. Die in einer gegebenen Zeit dt überstrichene Fläche ist daher proportional zum Betrag des Drehimpulses L. Da sich L während der Planetenbewegung nicht ändert, bleibt die in einem bestimmten Zeitintervall dt überstrichene Fläche für alle Teile der Planetenbahn gleich groß – und das ist genau das zweite Keplersche Gesetz.

Wir werden nun zeigen, daß das Newtonsche Gravitationsgesetz das dritte Keplersche Gesetz für den Spezialfall einer Kreisbahn einschließt. Wir betrachten einen Planeten, der sich mit der Geschwindigkeit v auf einer Kreisbahn mit Radius r um die Sonne bewegt. Da die Bahn des Planeten kreisförmig ist, wissen wir, daß er die Zentripetalbeschleunigung v^2/r besitzt. Diese Beschleunigung kommt nach dem Newtonschen Gravitationsgesetz durch die Anziehung zwischen der Sonne und dem Planeten zustande. Aus dem zweiten Newtonschen Bewegungsgesetz folgt

$$F = m_\mathrm{P}\, a$$

und somit

$$\frac{GM_\odot m_\mathrm{P}}{r^2} = m_\mathrm{P}\frac{v^2}{r}, \qquad 10.6$$

wobei $M_\odot$ die Sonnenmasse und m_P die des Planeten ist. Wenn wir nach v^2 auflösen, erhalten wir

$$v^2 = \frac{GM_\odot}{r}. \qquad 10.7$$

Wir können damit die Geschwindigkeit v des Planeten mit Hilfe seiner Umlaufdauer T ausdrücken. Da sich der Planet in der Zeit T um die Strecke $2\pi r$ bewegt, beträgt seine Geschwindigkeit

$$v = \frac{2\pi r}{T}. \qquad 10.8$$

10 Gravitation

Einsetzen dieser Gleichung für v in (10.7) liefert:

$$v^2 = \frac{4\pi^2 r^2}{T^2} = \frac{GM_\odot}{r}$$

oder

Drittes Keplersches Gesetz

$$T^2 = \frac{4\pi^2}{GM_\odot} r^3 \,. \qquad 10.9$$

Gleichung (10.9) ist genau das dritte Keplersche Gesetz. Für eine elliptische Bahn ersetzt man den Radius durch den mittleren Abstand des Planeten zur Sonne, also durch die große Halbachse der Ellipse. Gleichung (10.9) gilt ebenfalls für die Mondbahnen oder Bahnen von künstlichen Satelliten um einen beliebigen Planeten, wenn wir die Sonnenmasse $M_\odot$ durch die Masse des Planeten ersetzen. Die Gleichung zeigt noch etwas anderes: Da G bekannt ist, läßt sich die Masse eines Planeten bestimmen, indem man die Umlaufdauer T und den mittleren Bahnradius r der ihn umkreisenden Monde mißt.

Johannes Kepler (1571–1630). (Ausschnitt aus einem Stich von Jakob von Heyden, 1620/21)

Beispiel 10.3

Der Mars hat einen Mond mit einer Umlaufdauer von 460 min und einem mittleren Bahnradius von $9{,}4 \cdot 10^6$ m. Wie groß ist die Masse des Mars?

Wenn wir in Gleichung (10.9) $M_\odot$ durch die Masse des Mars M_M ersetzen und $r = 9{,}4 \cdot 10^6$ m, $T = 460 \cdot 60$ s und $G = 6{,}67 \cdot 10^{11}$ N·m²/kg² verwenden, dann erhalten wir

$$M_M = \frac{4\pi^2 r^3}{GT^2} = \frac{4\pi^2 \cdot (9{,}4 \cdot 10^6 \text{ m})^3}{(6{,}67 \cdot 10^{-11} \text{ N·m}^2/\text{kg}^2) \cdot (460 \cdot 60 \text{ s})^2} = 6{,}45 \cdot 10^{23} \text{ kg} \,.$$

Als weiteren Test für die Gültigkeit des $1/r^2$-Gesetzes für die Gravitationskraft verglich Newton die Beschleunigung des Mondes auf seiner Bahn mit der Beschleunigung von Objekten nahe der Erdoberfläche (wie zum Beispiel derjenigen des legendären Apfels). Er machte die kühne Annahme, daß die Kraft, aufgrund deren der Mond um die Erde kreist, den gleichen Ursprung hat wie die Kraft, die Objekte nahe der Erdoberfläche zur Erde hin beschleunigt, nämlich die Gravitationskraft der Erde. Er war der erste, der Erde und Mond als Punktteilchen betrachtete, deren gesamte Masse in ihrem Mittelpunkt konzentriert sei. Da die Entfernung zum Mond etwa das 60fache des Erdradius beträgt, sollte die Beschleunigung nahe der Erdoberfläche $60^2 = 3600$mal so groß sein wie die Beschleunigung des Mondes zur Erde hin. Die gesuchte Beschleunigung a_m ist die Zentripetalbeschleunigung des Mondes auf seiner Umlaufbahn. Sie läßt sich aus seinem Abstand r zum Erdmittelpunkt und seiner Umlaufdauer berechnen:

$$a_m = \frac{v^2}{r} = \frac{(2\pi r/T)^2}{r} = \frac{4\pi^2 r}{T^2} \,.$$

Für $r = 3{,}84 \cdot 10^8$ m und $T = 27{,}3$ d ist das Ergebnis $a_m = 2{,}72 \cdot 10^{-3}$ m/s². Wenn wir dieses Ergebnis mit $g = 9{,}81$ m/s², der Beschleunigung nahe der Erdoberfläche, vergleichen, ergibt sich tatsächlich

$$\frac{g}{a_m} = \frac{9{,}81 \text{ m/s}^2}{2{,}72 \cdot 10^{-3} \text{ m/s}^2} = 3607 \approx 60^2 \,.$$

Die Berechnungen stimmten nach Newton „ziemlich gut" überein: „Ich verglich dabei die Kraft, die nötig ist, um den Mond auf seiner Bahn zu halten, mit der Gravitationskraft auf der Erde und fand heraus, daß sie beide sich ziemlich gut entsprechen."

Der Ansatz, Erde und Mond als Punktteilchen zu betrachten, ist vernünftig, da der Mond weit von der Erde entfernt ist, verglichen mit den Radien von Erde und Mond. Eine solche Annahme ist jedoch fragwürdig, wenn sie der Berechnung der Kraft zugrundegelegt wird, die ein Objekt nahe der Erdoberfläche erfährt. Erst nach beträchtlichen Anstrengungen konnte Newton beweisen, daß die Kraft von einem kugelsymmetrischen Objekt auf eine Punktmasse – egal ob diese sich auf der Oberfläche oder jenseits davon befindet – die gleiche ist wie diejenige, die sich ergibt, wenn die gesamte Masse im Kugelmittelpunkt konzentriert wäre. Für den Beweis ist die Integralrechnung notwendig, die Newton extra entwickelte, um dieses Problem zu lösen. Der Beweis ist in Abschnitt 10.7 aufgeführt.

Die Kraft, die von der Erde auf irgendeine Masse m im Abstand r vom Erdmittelpunkt wirkt, ist zum Erdmittelpunkt gerichtet und hat den in (10.4) angegebenen Betrag (wir ersetzen m_1 durch die Erdmasse M_E und m_2 durch die Masse m):

$$F = \frac{GM_E m}{r^2} .\qquad\qquad 10.10$$

Wie in Abschnitt 4.3 erwähnt, ist die Stärke des **Gravitationsfeldes** gegeben durch die Kraft, die eine Masse in diesem Feld erfährt, dividiert durch die Masse. Das Gravitationsfeld auf der Erde für den Abstand r (wobei r größer als der Erdradius ist) zeigt in Richtung des Erdmittelpunkts und hat den Betrag

$$g(r) = \frac{F}{m} = \frac{GM_E}{r^2} .\qquad\qquad 10.11 \quad \textit{Gravitationsfeld auf der Erde}$$

Die Gravitationskraft, die auf ein Objekt wirkt, das sich in der Höhe h über der Erdoberfläche befindet, ist durch (10.10) gegeben (wobei $r = R_E + h$ ist). Auch die Gravitationskraft auf ein Objekt der Masse m sehr nahe der Erdoberfläche ergibt sich nach (10.10), jedoch ist hier $r = R_E$:

$$F = \frac{GM_E m}{R_E^2} .$$

Wenn dies die einzige auf das Objekt wirkende Kraft ist, dann befindet es sich im freien Fall und erfährt die Beschleunigung

$$a = \frac{F}{m} = \frac{GM_E}{R_E^2} = g .\qquad\qquad 10.12$$

Da die Erdbeschleunigung $g = 9{,}81$ m/s² leicht gemessen werden kann und der Erdradius bekannt ist, läßt sich mit (10.12) entweder die Konstante G oder die Erdmasse M_E bestimmen, je nachdem, welche Größe bekannt ist. Newton ging von einer Abschätzung der Erdmasse aus und gelangte so zu einem Näherungswert für G. Als Cavendish etwas mehr als ein Jahrhundert später G experimentell bestimmte, indem er die Kraft zwischen zwei Kugelpaaren mit definierter Masse und Entfernung voneinander bestimmte, nannte er sein Experiment „Das Wiegen der Erde".

10 Gravitation

Beispiel 10.4

Wie groß ist die Fallbeschleunigung eines Gegenstandes, der sich 200 km über der Erdoberfläche befindet?

Die Kraft auf den Gegenstand ist durch (10.10) gegeben, wobei $r = R_E + 200$ km. Die Beschleunigung beträgt dann

$$a = \frac{F}{m} = \frac{GM_E}{r^2}.$$

Anstatt die Werte von G und M_E in diese Gleichung einzusetzen, können wir (10.12) verwenden, um das Produkt GM_E als Funktion des Erdradius und der Gravitationsbeschleunigung g nahe der Erdoberfläche auszudrücken:

$$GM_E = gR_E^2. \qquad 10.13$$

Die Beschleunigung am Ort r ist dann

$$a = \frac{GM_E}{r^2} = \frac{gR_E^2}{r^2} = g\frac{R_E^2}{r^2}. \qquad 10.14$$

Mit $R_E = 6370$ km und $r = R_E + 200$ km $= 6570$ km erhalten wir

$$a = (9{,}81 \text{ m/s}^2) \cdot \left(\frac{6370 \text{ km}}{6570 \text{ km}}\right)^2$$

$$= 9{,}22 \text{ m/s}^2.$$

Übung

In welcher Höhe h über der Erdoberfläche ist die Erdbeschleunigung nur noch halb so groß wie auf Meereshöhe? (Antwort: $h = 2640$ km)

Beispiel 10.5

Ein Satellit bewegt sich auf einer Kreisbahn um die Erde. Bestimmen Sie die Umlaufdauer, a) wenn sich der Satellit direkt über der Erdoberfläche befindet, b) wenn der Satellit eine Höhe von 300 km hat (vernachlässigen Sie dabei den Luftwiderstand).

a) Wir können für Satelliten, die die Erde umkreisen, das dritte Keplersche Gesetz (10.9) anwenden, wenn wir die Sonnenmasse $M_\odot$ durch die Erdmasse M_E ersetzen. Wir haben dann

$$T^2 = \frac{4\pi^2}{GM_E} r^3.$$

Hier bietet es sich wieder an, GM_E durch gR_E^2 zu ersetzen (vergleiche (10.13)):

$$T^2 = \frac{4\pi^2}{gR_E^2} r^3.$$

Wenn sich der Satellit direkt über der Erdoberfläche befindet, ist $r = R_E$ und

$$T^2 = \frac{4\pi^2}{gR_E^2} R_E^3 = \frac{4\pi^2 R_E}{g}.$$

Somit ergibt sich

$$T = 2\pi \sqrt{\frac{R_E}{g}} = 2\pi \sqrt{\frac{6{,}37 \cdot 10^6 \text{ m}}{9{,}81 \text{ m/s}^2}} = 5{,}06 \cdot 10^3 \text{ s} = 84{,}4 \text{ min}.$$

b) Bei einer Höhe von 300 km über der Erdoberfläche ist $r = 6370$ km + 300 km = 6670 km = $6{,}67 \cdot 10^6$ m. Da T proportional zu $r^{3/2}$ ist, erhalten wir für T in dieser Höhe

$$T = (84{,}4 \text{ min}) \left(\frac{r}{R_E}\right)^{3/2}$$

$$= (84{,}4 \text{ min}) \cdot \left(\frac{6{,}67 \cdot 10^6 \text{ m}}{6{,}37 \cdot 10^6 \text{ m}}\right)^{3/2}$$

$$= 90{,}4 \text{ min}.$$

Übung

Bestimmen Sie den Radius der kreisförmigen Bahn eines Satelliten, der mit einer Umlaufdauer von einem Tag die Erde umkreist. (Wenn sich ein solcher Satellit über dem Äquator befindet und sich in Richtung der Erdrotation bewegt, dann scheint er von der Erde aus betrachtet stillzustehen. Die meisten Satelliten werden auf solch einer Bahn „geparkt"; man spricht daher von einer *geostationären Bahn*.) (Antwort: $r = 6{,}63 \, R_E = 4{,}22 \cdot 10^7$ m.)

Frage

1. Astronauten, die die Erde in einem Satelliten 300 km über der Erdoberfläche umkreisen, fühlen sich schwerelos. Warum? Ist die Erdanziehung bereits in dieser Höhe vernachlässigbar?

10.3 Messung der Gravitationskonstanten

Die Kenntnis der Gravitationskonstanen G ist nicht nur von grundsätzlichem Interesse, sondern hat auch praktische Anwendungen, zum Beispiel bei der Bestimmung der Dichteverteilung im Innern der Erde, des Mondes, anderer Planeten und entfernter Sterne. 1798 gelang Henry Cavendish die erste Messung von G. Abbildung 10.8a zeigt ein Schema der Apparatur, die er benutzte, um die Gravitationskraft zwischen zwei Kugelpaaren zu messen, bei denen die Kugeln die Massen m_1 bzw. m_2 haben. Die kleineren Kugeln (beide mit der Masse m_2) befinden sich an den Enden eines leichten Stabes, der an einem dünnen Draht (oder Faden) aufgehängt ist. Die großen Kugeln (Masse m_1) sind ebenfalls durch eine leichte Stange miteinander verbunden und werden so angeordnet, daß ihnen jeweils eine der kleinen Kugeln in einem kleinen Abstand gegenübersteht.

Betrachten wir zunächst nur das an dem dünnen Draht aufgehängte Paar der kleineren Kugeln. Um die beiden Kugeln um den Winkel θ aus ihrer Gleichgewichtsposition zu drehen, muß ein Drehmoment wirken, da der Draht verdrillt werden muß. Sorgfältige Messungen zeigen, daß das Drehmoment proportional zum Drehwinkel ist. Die Proportionalitätskonstante heißt Torsionskonstante.

10.8 a) Schema der Apparatur, die Cavendish zur Messung von G benutzte. Wegen der (anziehenden) Gravitationskraft zwischen den beiden Massen m_1 und m_2 wird der Torsionsdraht um einen sehr kleinen Winkel θ aus seiner Gleichgewichtsposition verdreht. b) Ansicht der Apparatur von oben. Um die schwierige direkte Messung des Winkels θ zu umgehen, werden im zweiten Teil des Experiments die großen Kugeln so gedreht, daß ihr Abstand von der Gleichgewichtsposition der Waage der gleiche ist wie auf der anderen Seite. Der Winkel, um den der Draht sich dann dreht, ist 2θ. Wenn man den Torsionsmodul des Drahtes kennt, läßt sich daraus die Kraft m_1 auf m_2 bestimmen und daraus wiederum die Gravitationskonstante G.

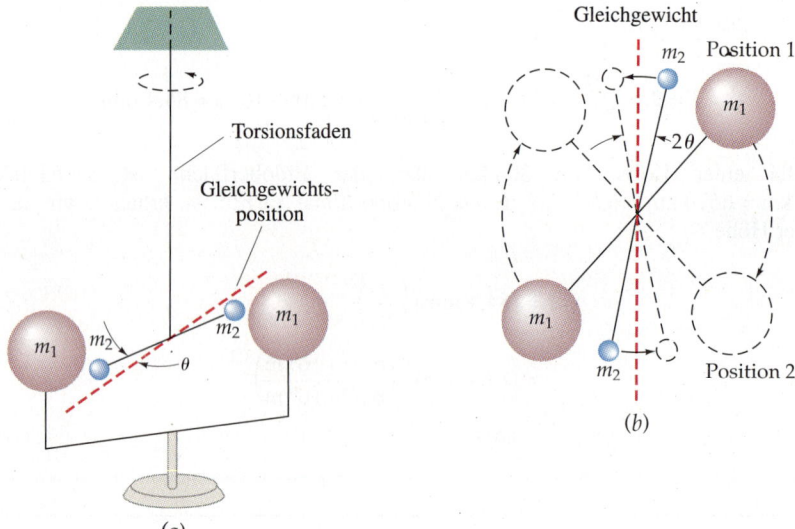

Man kann diese Konstante bestimmen, indem man die Anordnung Drehschwingungen ausführen läßt und die Schwingungsdauer mißt (vergleiche dazu Abschnitt 12.5). Eine solche Anordnung nennt man Torsions- oder Drehwaage. Sie wurde im 18. Jahrhundert von John Michell erfunden. Mit ihr lassen sich sehr kleine Drehmomente bestimmen. Charles Augustin de Coulomb benutzte 1785 eine ähnliche Vorrichtung, um die elektrische Anziehung zwischen geladenen Teilchen zu messen (siehe Kapitel 18).

Cavendish verwendete eine verfeinerte und besonders empfindliche Torsionswaage bei seiner Bestimmung von G. Im Cavendish-Experiment werden, wie gesagt, zwei große Kugeln mit gleichen Massen m_1 nahe an die kleinen Kugeln (beide mit Masse m_2) gebracht (Abbildung 10.8a) – eine solche Anordnung wird als Gravitationswaage bezeichnet. Durch die zwischen den beiden Kugelpaaren wirkende Gravitationskraft wird der Aufhängedraht verdrillt, und das Paar aus den kleinen Kugeln beginnt, Torsionsschwingungen auszuführen. Dann wartet man ab, bis die Waage im Gleichgewicht ist. Da die Apparatur sehr empfindlich und die Gravitationskraft sehr klein ist, kann dies einige Stunden dauern. Anstatt nun den Ablenkwinkel θ (gegenüber der ursprünglichen Position) direkt zu messen, ordnete Cavendish die großen Kugeln um 90° gedreht an (gestrichelte Linien in Abbildung 10.8b). Wenn dann die Gravitationswaage wieder im Gleichgewicht ist, hat sie sich gerade um den Winkel 2θ gedreht, entsprechend der Umkehrung des Drehmomentes. Bei bekannter Torsionskonstanten kann man die Kraft zwischen den Massen m_1 und m_2 aus der Messung dieses Winkels bestimmen. Mit den Werten der Massen und der Abstände zwischen ihnen läßt sich dann G berechnen. Cavendish erhielt einen Wert für G, der nur etwa um 1 Prozent vom gegenwärtig akzeptierten Wert abweicht (siehe Tabelle 10.1).

Cavendishs Messung von G wurde von anderen Experimentatoren mit verschiedenen Verbesserungen und Verfeinerungen wiederholt. In einer Variante dieses Experimentes wird die Torsionswaage als Oszillator verwendet und die Schwingungsdauer gemessen, die von der Anziehung der herangeführten Massen abhängt. (Wir werden Schwingungen in Kapitel 12 behandeln.) In einem anderen Versuch bewegt man die anziehenden Massen in Resonanz mit den Schwingungen der Waage hin und her und mißt deren Amplitude. In einem weiteren Verfahren wird G bestimmt, indem man den Einfluß einer großen anziehenden Masse auf eine hochempfindliche Analysenwaage mit zwei gleich langen Armen untersucht. Alle Messungen von G sind wegen der extrem geringen Stärke der Gravitationsanziehung sehr kompliziert. Daher erklärt sich, daß man G auch heute nur mit einer Genauigkeit bis zur vierten Stelle nach dem Komma kennt. Obwohl G eine der ersten universellen physikalischen Konstanten war, die jemals

Tabelle 10.1 Messungen von G

Experimentator	Jahr	Methode	G (10^{-11} N·m²/kg²)
Cavendish	1798	Torsionswaage, Ablenkung	6,754
Poynting	1891	Gewöhnliche Waage	6,698
Boys	1895	Torsionswaage, Ablenkung	6,658
von Eötvös	1896	Torsionswaage, Ablenkung	6,65
Heyl	1930	Torsionswaage, Periode	
		Gold	6,678
		Platin	6,664
		Glas	6,674
Zahradniček	1933	Torsionswaage, Resonanz	6,659
Heyl und Chrzanowski	1942	Torsionswaage, Periode	6,673
Luther und Towler	1982	Torsionswaage, Periode	6,6726

gemessen wurden, bleibt sie eine der am wenigsten exakt bestimmten Größen. Tabelle 10.1 führt einige der Ergebnisse der verschiedenen Messungen von G auf.

Der geringe Betrag von G bedeutet, daß die Gravitationskraft, die ein Gegenstand von normalem Ausmaß auf einen anderen Gegenstand ausübt, extrem klein ist; wir haben das bereits in Beispiel 10.2 gesehen. Gravitationskräfte lassen sich daher nur dann messen, wenn alle anderen Kräfte, die auf den Gegenstand wirken, sorgfältig so eingestellt werden, daß sie sich gegenseitig aufheben.

10.4 Schwere und träge Masse

Die Eigenschaft eines Gegenstandes, die dafür verantwortlich ist, daß die Gravitationskraft auf einen anderen Gegenstand wirkt, heißt **schwere Masse**. Die Eigenschaft eines Gegenstandes, die seinen Widerstand gegenüber einer Beschleunigung kennzeichnet, wird **träge Masse** genannt. Wir haben für beide Eigenschaften ein und dasselbe Symbol m verwendet, da träge und schwere Masse eines Objektes, wie Experimente zeigen, gleich sind. Das bedeutet, daß die Gravitationskraft, die ein Gegenstand ausübt, zu seiner *trägen* Masse proportional ist. Dies ist ein einzigartiges Kennzeichen der Gravitation, das sie von allen anderen fundamentalen Wechselwirkungen unterscheidet – ein Umstand, dem man daher beträchtliche Aufmerksamkeit widmet. Eine wichtige Folge der Proportionalität von Gravitationskraft und träger Masse besteht darin, daß alle Gegenstände nahe der Erdoberfläche mit der gleichen Beschleunigung fallen, wenn man den Luftwiderstand vernachlässigt. Diese Tatsache ist immer wieder überraschend, weil sie der Lebenswirklichkeit und dem Augenschein zu widersprechen scheint (das hängt aber nur mit dem Luftwiderstand zusammen), und hat im 16. Jahrhundert für beträchtliche Aufregung gesorgt. Die bekannte Geschichte von Galilei, der den Sachverhalt demonstrierte, indem er Gegenstände vom Schiefen Turm in Pisa fallen ließ, ist nur ein Beispiel dafür.

Wir könnten uns leicht vorstellen, daß schwere und träge Masse eines Gegenstandes nicht gleich sind. Schreiben wir m_s für die schwere Masse und m für die träge Masse, so gilt für die Kraft, die die Erde auf einen Gegenstand in Bodennähe ausübt,

$$F = \frac{GM_E m_s}{R_E^2}, \qquad 10.15$$

wobei M_E die schwere Masse der Erde ist. Die Fallbeschleunigung desselben Gegenstands nahe der Erdoberfläche wäre dann

$$a = \frac{F}{m} = \left(\frac{GM_E}{R_E^2}\right)\frac{m_s}{m}. \qquad 10.16$$

Wenn die Gewichtskraft nur eine weitere Eigenschaft der Materie wäre, wie beispielsweise Farbe oder Härte, dann sollte man für das Verhältnis m_s/m eine Abhängigkeit von der chemischen Zusammensetzung des Gegenstands, seiner Temperatur oder irgendeiner anderen physikalischen Größe erwarten. Die Fallbeschleunigung wäre für verschiedene Gegenstände unterschiedlich. Das Experiment zeigt jedoch, daß a für alle Gegenstände gleich ist. Damit hat auch das Verhältnis m_s/m für jeden Gegenstand denselben Wert. Also brauchen wir die Unterscheidung zwischen m_s und m nicht länger aufrechtzuerhalten und können $m_s = m$ setzen. (Damit sind gleichzeitig Betrag und Einheiten von G im Gravitationsgesetz festgelegt.) Wir dürfen bei unseren Überlegungen aber eines nicht vergessen: Die Äquivalenz von schwerer und träger Masse ist eine experimentelle Erkenntnis, die durch die experimentelle Genauigkeit begrenzt ist. Experimente zur Überprüfung dieser Äquivalenz wurden erstmals von Simon Stevin in den achtziger Jahren des 16. Jahrhunderts durchgeführt. Galilei machte dieses Gesetz bekannt, und schon seine Zeitgenossen verbesserten die Genauigkeit der Messungen von m_s/m deutlich.

Die genauesten der frühen Experimente zum Vergleich von schwerer und träger Masse stammen von Newton. Durch Experimente mit einfachen Pendeln anstelle fallender Körper war Newton in der Lage, eine Meßgenauigkeit von einem Promille zu erreichen. Dank immer ausgeklügelterer Experimente kann die Äquivalenz von schwerer und träger Masse heute bis auf einen relativen Fehler von 10^{-12} genau angegeben werden; sie ist damit eines der am besten gesicherten physikalischen Gesetze. Die Gleichheit von schwerer und träger Masse bildet die Grundlage für das Äquivalenzprinzip, auf dem Einsteins allgemeine Relativitätstheorie beruht. Wir werden uns mit dieser Theorie in Kapitel 34 befassen.

10.5 Verlassen von gebundenen Bahnen um die Erde

In den letzten Jahrzehnten wurde die Idee, die durch die Gravitationskraft verursachte Bindung an die Erde zu überwinden, von einer Vorstellung zur Wirklichkeit. Raumsonden wurden in die Weiten des Sonnensystems ausgesandt. Von manchen dieser Sonden erwartet man, daß sie die Sonne umkreisen, andere werden das Sonnensystem verlassen und in den Raum abdriften. In diesem Abschnitt werden wir die Bedingungen untersuchen, unter denen es möglich ist, gebundene Bahnen um die Erde (oder die Sonne) zu verlassen. Wir werden feststellen, daß es eine minimale Anfangsgeschwindigkeit gibt, die Fluchtgeschwindigkeit, die ein Körper besitzen muß, damit er die Bindung an die Erde überwinden kann. Diese Geschwindigkeit werden wir mit Hilfe von Newtons Gravitationsgesetz berechnen.

Machen wir zunächst einen ganz einfachen Ansatz: Nahe der Erdoberfläche ist die Gravitationskraft zwischen der Erde und einem Gegenstand der Masse m konstant gleich mg, unabhängig von der genauen Höhe des Gegenstandes über dem Boden. (Dies ist für den Alltag eine vernünftige Annahme; man vergleiche Beispiel 10.4: Dort hatten wir die Fallbeschleunigung für einen Körper 200 km über der Erdoberfläche berechnet. Der Unterschied zur „normalen" Erdbeschleunigung beträgt nur 6%.) In guter Näherung kann das Schwerefeld in der Nähe der Erdoberfläche als homogen angenommen werden. Wenn wir einen Gegenstand mit der Geschwindigkeit v_0 in einem homogenen Gravitationsfeld vertikal nach oben abschießen, dann wird der Gegenstand eine maximale Höhe h erreichen, die wir leicht aus der Energieerhaltung errechnen können. (Den Luftwiderstand kann man dabei vernachlässigen; er ist zwar für alle praktischen Berechnungen wichtig; die wesentlichen Ideen unserer Diskussion werden durch die Vernachlässigung aber nicht beeinflußt.) Wenn die potentielle Energie im Gravitationsfeld der Erde auf der Erdoberfläche gleich null gesetzt wird, dann ist die potentielle Anfangsenergie des Objektes ebenfalls null, und die kinetische Startenergie beträgt $\frac{1}{2} m v_0^2$. In der maximalen Höhe h ist die kinetische Energie null, und die potentielle Energie beträgt mgh. Die Energieerhaltung liefert

$$\frac{1}{2} m v_0^2 = mgh \qquad 10.17$$

oder

$$v_0^2 = 2gh\,. \qquad 10.18$$

Nach Gleichung (10.18) nimmt mit steigender Anfangsgeschwindigkeit die Maximalhöhe des Objektes zu. Die Gleichung besagt aber noch etwas: Zu *jeder* Anfangsgeschwindigkeit, egal wie groß sie auch sein mag, findet man eine maximale Höhe h. Es gibt also keine Anfangsgeschwindigkeit v_0, die groß genug wäre, damit ein Gegenstand die Bindung an die Erde überwinden könnte.

Nun weiß man aber spätestens seit den Flügen des Apollo-Programms – und jeder Start eines Space-Shuttles beweist es aufs neue –, daß es durchaus möglich ist, gebundene Bahnen um die Erde zu verlassen. Unser Fehler liegt also in dem verwendeten Ansatz. Er ist vernünftig für praxisbezogene Alltagsrechnungen, bei denen nur Höhen von maximal 10 km über dem Boden eine Rolle spielen. Bei der Raumfahrt geht es aber um wesentlich größere Entfernungen von der Erde. Wir müssen also die genaue Form des Newtonschen Gravitationsgesetzes berücksichtigen. Von dort wissen wir, daß das Schwerefeld der Erde nicht homogen ist, sondern wie $1/r^2$ abfällt, wobei r der Abstand zum Erdmittelpunkt ist. Der richtige Ausdruck für die potentielle Energie in einem solchen Schwerefeld läßt sich wieder mit dem Energieerhaltungssatz finden.

Wir werden als erstes zeigen, daß eine Zentralkraft **konservativ** ist, wenn ihr Betrag nur von der radialen Koordinate r abhängt. Als konservativ wird eine Kraft bezeichnet, wenn die von ihr an einem Teilchen geleistete Arbeit, durch die sich das Teilchen von einem Punkt P_1 zu einem Punkt P_2 bewegt, unabhängig vom zurückgelegten Weg ist; eine konservative Kraft hängt damit ausschließlich von der Anfangs- und der Endposition ab. Betrachten wir die allgemeine Zentralkraft

$$\boldsymbol{F} = F_r \frac{\boldsymbol{r}}{r},$$

wobei $\boldsymbol{r}/r$ ein Einheitsvektor in radialer Richtung ist und der Betrag F_r der Kraft nur von r abhängt. Wenn diese Kraft ein Teilchen um den Weg $d\boldsymbol{s}$ verschiebt, leistet sie an ihm eine Arbeit

$$dW = \boldsymbol{F} \cdot d\boldsymbol{s} = F_r \frac{\boldsymbol{r}}{r} \cdot d\boldsymbol{s} = F_r\, dr\,.$$

Allgemein besitzt die Verschiebung $d\boldsymbol{s}$ sowohl eine radiale Komponente $dr\,\boldsymbol{r}/r$ als auch eine, die senkrecht zu $\boldsymbol{r}/r$ steht. Da aber $\boldsymbol{F}$ nur eine radiale Komponente hat, gilt für das Skalarprodukt: $\boldsymbol{F} \cdot d\boldsymbol{s} = F_r\, dr$. Abbildung 10.9 zeigt zwei verschiedene Wege vom Anfangspunkt P_1 zum Endpunkt P_2 des Teilchens. Die von der Kraft $\boldsymbol{F}$ entlang des radialen Weges 1 geleistete Arbeit ist das Integral über $F_r\, dr$ von r_1 nach r_2. Weg 2 besteht aus radialen Anteilen und dazu senkrechten Kreisbogensegmenten. Entlang dieser Segmente wird keine Arbeit geleistet, da $\boldsymbol{F}$ und $d\boldsymbol{s}$ senkrecht zueinander stehen und deshalb das Skalarprodukt $\boldsymbol{F} \cdot d\boldsymbol{s} = 0$ ist. Für die gesamte Arbeit, die entlang der radialen Weganteile auf Weg 2 verrichtet wird, erhalten wir das gleiche Ergebnis wie die bei Weg 1, da F_r nur von r abhängt. Daher ist die geleistete Arbeit unabhängig vom Weg, die Kraft $\boldsymbol{F}$ ist also konservativ.

10 Gravitation

10.9 Ein Teilchen kann sich auf verschiedenen Wegen von einem Punkt P_1 zu einem Punkt P_2 bewegen. Befindet sich das Teilchen in einem Zentralfeld, so erfährt es eine Kraft F, die nur vom Radius r, also dem Abstand vom Zentrum abhängt. Die Arbeit, die diese Kraft an dem Teilchen verrichtet, ist unabhängig davon, welcher Weg von P_1 nach P_2 genommen wird – egal ob es sich um den radialen Weg 1 handelt oder um Weg 2, der sich aus radialen Anteilen und Bogenanteilen zusammensetzt. Die Arbeit, die entlang der Bogensegmente verrichtet wird, ist null, weil die Segmente ds senkrecht auf der Kraft F stehen.

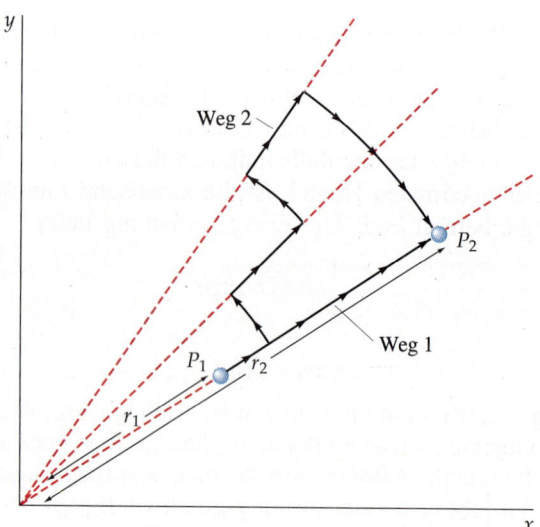

Um die Funktion $E_\text{pot}(r)$ der potentiellen Energie für das System aus einem Teilchen der Masse m und der Erde zu bestimmen, verwenden wir die allgemeine Definition der potentiellen Energie gemäß Gleichung (6.17):

$$\mathrm{d}E_\text{pot} = -\boldsymbol{F}\cdot\mathrm{d}\boldsymbol{s} = -\left(-\frac{GM_\text{E}m}{r^2}\cdot\frac{\boldsymbol{r}}{r}\right)\cdot\mathrm{d}\boldsymbol{s}\,.$$

Dabei ist $\boldsymbol{F}$ die von der Erde auf das Teilchen ausgeübte Kraft und d$\boldsymbol{s}$ irgendeine Verschiebung des Systems. Die potentielle Energie des Systems ändert sich unter einer solchen Verschiebung um

$$\mathrm{d}E_\text{pot} = -\boldsymbol{F}\cdot\mathrm{d}\boldsymbol{s} = -F_r\,\mathrm{d}r = -\left(-\frac{GM_\text{E}m}{r^2}\right)\mathrm{d}r = +\frac{GM_\text{E}m}{r^2}\,\mathrm{d}r\,. \qquad 10.19$$

Wenn das Teilchen von seiner Anfangsposition r_1 zu einer neuen Position r_2 verschoben wird, dann ändert sich seine potentielle Energie um

$$E_\text{pot}(r_2) - E_\text{pot}(r_1) = \int_{r_1}^{r_2}\mathrm{d}E_\text{pot} = \int_{r_1}^{r_2}\frac{GM_\text{E}m}{r^2}\,\mathrm{d}r$$

$$= -\frac{GM_\text{E}m}{r}\bigg|_{r_1}^{r_2} = \frac{GM_\text{E}m}{r_1} - \frac{GM_\text{E}m}{r_2}\,. \qquad 10.20$$

Wenn wir die potentielle Energie des Teilchens auf der Erdoberfläche ($r_1 = R_\text{E}$) gleich null setzen, dann erhalten wir

$$E_\text{pot}(r_2) - 0 = \frac{GM_\text{E}m}{R_\text{E}} - \frac{GM_\text{E}m}{r_2}\,.$$

An einem beliebigen Ort r ($r > R_\text{E}$) ist die Funktion der potentiellen Energie dann

Potentielle Energie eines Körpers der Masse m im Gravitationsfeld der Erde mit $E_{pot} = 0$ auf der Erdoberfläche

$$E_\text{pot}(r) = \frac{GM_\text{E}m}{R_\text{E}} - \frac{GM_\text{E}m}{r} \qquad E_\text{pot} = 0 \text{ für } r = R_\text{E}\,. \qquad 10.21$$

10.5 Verlassen von gebundenen Bahnen um die Erde

Wenn wir die potentielle Energie als Funktion des Abstandes $y = r - R_E$ von der Erdoberfläche schreiben, dann können wir sie mit mgy vergleichen, also der potentiellen Energie eines Objektes nahe der Erdoberfläche, wenn y der Abstand von der Erdoberfläche ist. Mit dem Hauptnenner $R_E r$ wird (10.21) zu

$$E_{pot}(r) = \frac{GM_E m}{R_E} - \frac{GM_E m}{r} = \frac{GM_E m}{R_E r}(r - R_E).$$

Setzen wir $y = r - R_E$ und $GM_E = gR_E^2$ (wegen Gleichung 10.13), so vereinfacht sich die Formel zu

$$E_{pot}(r) = \frac{GM_E m}{R_E r} y = m\left(\frac{GM_E}{R_E^2}\right) y \frac{R_E}{r} = mgy\frac{R_E}{r}. \qquad 10.22$$

Die potentielle Energie ist also mgy-mal so groß wie R_E/r. Nahe der Erdoberfläche sind r und R_E annähernd gleich, und die potentielle Energie ist näherungsweise mgy – zu demselben Ergebnis kamen wir unter der Annahme, daß die Gravitationskraft konstant ist. Abbildung 10.10 zeigt die potentielle Energie als Funktion von r. Die blaue durchgezogene Linie ist die potentielle Energie $mgy = mg(r - R_E)$ für den Fall einer konstanten Gravitationskraft, die rote Linie zeigt ihren tatsächlichen Verlauf. Man beachte, daß die potentielle Energie nicht unendlich groß wird, wenn r anwächst. Vielmehr wird der zweite Term in Gleichung (10.21) mit ansteigendem r immer kleiner, und die potentielle Energie erreicht einen maximalen Wert $E_{pot,max}$:

$$E_{pot,max} = \frac{GM_E m}{R_E} = mgR_E. \qquad 10.23$$

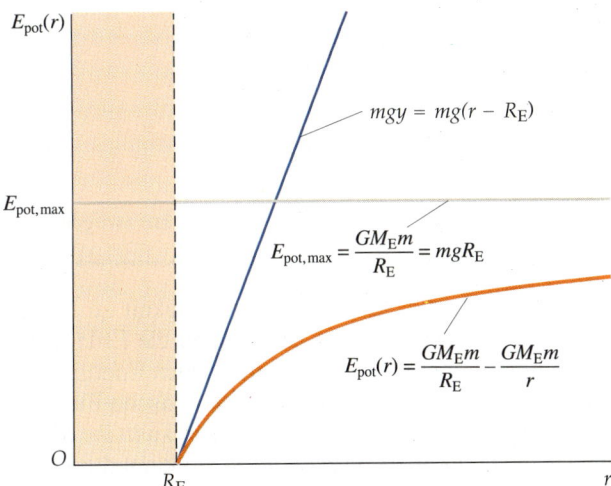

10.10 Potentielle Energie $E_{pot}(r)$ eines Körpers der Masse m im Gravitationsfeld der Erde, aufgetragen als Funktion von r. Wenn r nur wenig größer als der Erdradius R_E ist, dann ist $E_{pot}(r)$ annähernd gleich $mgy = mg(r - R_E)$, hier durch die durchgezogene blaue Linie dargestellt. Für große Werte von r nähert sich $E_{pot}(r)$ dem Wert $E_{pot,max}$ an.

Hier haben wir wieder $GM_E = gR_E^2$ verwendet. Dieses Ergebnis folgt auch aus Gleichung (10.22), wenn wir für sehr große Abstände $y \approx r$ setzen.

Beispiel 10.6

Ein Projektil werde mit einer Anfangsgeschwindigkeit von 8 km/s von der Erdoberfläche nach oben abgeschossen. Bestimmen Sie seine maximale Höhe, wobei der Luftwiderstand vernachlässigt werden kann.

Wir verwenden hier den Energieerhaltungssatz. Vor dem Abschuß ist die potentielle Energie des Projektiles auf der Erdoberfläche null, seine kinetische Energie beträgt $\frac{1}{2}mv_1^2$. In der Höhe $h = r - R_E$ ist die potentielle Energie durch Gleichung (10.21) gegeben. Wir wollen die Höhe ermitteln, für die die Endgeschwindigkeit $v_2 = 0$ ist. Die Energieerhaltung liefert

$$\frac{1}{2}mv_1^2 + E_{\text{pot},1} = \frac{1}{2}mv_2^2 + E_{\text{pot},2}$$

$$\frac{1}{2}mv_1^2 + 0 = 0 + \left(\frac{GM_E m}{R_E} - \frac{GM_E m}{r}\right).$$

Wenn wir diese Gleichung nach v_1^2 auflösen, erhalten wir

$$v_1^2 = \frac{2GM_E}{R_E} - \frac{2GM_E}{r} = \frac{2GM_E}{R_E}\left(1 - \frac{R_E}{r}\right).$$

Eine weitere Vereinfachung ergibt sich, wenn wir $GM_E = gR_E^2$ verwenden:

$$v_1^2 = 2gR_E\left(1 - \frac{R_E}{r}\right).$$

Auflösen nach R_E/r führt zu

$$1 - \frac{R_E}{r} = \frac{v_1^2}{2gR_E}$$

$$\frac{R_E}{r} = 1 - \frac{v_1^2}{2gR_E}$$

$$= 1 - \frac{(8000 \text{ m/s})^2}{2 \cdot (9{,}81 \text{ m/s}^2) \cdot 6{,}37 \cdot 10^6 \text{ m}}$$

$$= 1 - 0{,}512 = 0{,}488 \,.$$

Damit erhalten wir für r:

$$r = \frac{R_E}{0{,}488} = 2{,}05\, R_E \,.$$

Die maximale Höhe ist also $h = r - R_E = 1{,}05\, R_E = 6688$ km (wegen $R_E = 6370$ km).

Wir sind nun in der Lage, die Anfangsgeschwindigkeit zu berechnen, die ein Gegenstand besitzen muß, damit er die Bindung an die Erde überwinden kann. Wenn wir ein Objekt mit einer bestimmten kinetischen Energie nach oben schießen, dann nimmt mit zunehmender Höhe seine kinetische Energie ab und seine potentielle Energie zu. Aber die potentielle Energie kann ihr Maximum $E_{\text{pot,max}}$ aus Gleichung (10.23) nicht überschreiten. Deshalb kann die kinetische Energie höchstens um diesen Wert abnehmen. Wenn nun die anfängliche kinetische Energie größer als $E_{\text{pot,max}}$ ist, dann besitzt der Gegenstand auch dann noch eine kinetische Energie, wenn r sehr groß (oder sogar unendlich groß) wird. Mit anderen Worten: Wenn die anfängliche kinetische Energie des Gegenstandes über der maximalen potentiellen Energie liegt, so ist der Gegenstand in der Lage, die Bindung an die Erde zu überwinden. Die kritische Geschwindigkeit v_F, die dieser Grenzenergie entspricht, heißt **Fluchtgeschwindigkeit** oder **Entweichgeschwindigkeit**. Man erhält sie aus

$$\frac{1}{2}mv_F^2 = E_{\text{pot,max}} = \frac{GM_E m}{R_E} = mgR_E$$

oder

$$v_F = \sqrt{\frac{2GM_E}{R_E}} = \sqrt{2gR_E}\,.$$

10.24 *Fluchtgeschwindigkeit*

Mit $g = 9{,}81$ m/s² und $R_E = 6{,}37 \cdot 10^6$ m ergibt sich

$$v_F = \sqrt{2 \cdot (9{,}81 \text{ m/s}^2) \cdot 6{,}37 \cdot 10^6 \text{ m}} = 11{,}2 \text{ km/s}\,.$$

Die entspricht etwa 40 000 km/h.

Die Energie $E_{pot,max} = mgR_E$ heißt **Bindungsenergie**. Ist die kinetische Energie eines Objektes auf der Erdoberfläche kleiner als die Bindungsenergie, dann kann dieses Objekt die Erde nicht verlassen, sondern erreicht nur eine maximale Höhe h und fällt dann zur Erdoberfläche zurück. Wenn seine kinetische Anfangsenergie größer ist als die Bindungsenergie, dann wird sich das Objekt für immer von der Erde fortbewegen. Die Fluchtgeschwindigkeit ist diejenige Geschwindigkeit, bei der die kinetische Energie gerade der Bindungsenergie entspricht. Ein System aus der Erde und einem anderen Körper heißt gebunden oder ungebunden, je nachdem, ob die kinetische Energie des Körpers auf der Erdoberfläche größer oder kleiner als die Bindungsenergie ist.

Die Fluchtgeschwindigkeit eines Planeten oder eines Mondes ist keine Größe, die erst mit dem Raketenzeitalter wichtig geworden ist. So hat beispielsweise ihr Betrag im Vergleich zu den thermischen Geschwindigkeiten von Gasmolekülen wesentlichen Einfluß auf die Zusammensetzung der Atmosphäre, die dieser Planet oder dieser Mond besitzt. Die mittlere kinetische Energie von Gasmolekülen, $\langle \frac{1}{2}mv^2 \rangle$, ist proportional zur absoluten Temperatur des Gases (Kapitel 15). Die Durchschnittsgeschwindigkeit eines Gasmoleküls hängt somit von der Temperatur ab und ist umgekehrt proportional zur Wurzel aus der Molekülmasse. Auf der Erdoberfläche sind die Geschwindigkeiten der Sauerstoff- und Stickstoffmoleküle wesentlich kleiner als die Fluchtgeschwindigkeit (mit plausiblen Werten kommt man zu einer mittleren Geschwindigkeit von etwa 630 m/s). Daher können sich diese Gase in unserer Atmosphäre „halten". Von den leichteren Molekülen wie Wasserstoff und Helium jedoch bewegt sich bei der Durchschnittstemperatur der Atmosphäre von etwa 273 K ein beträchtlicher Anteil der Moleküle wesentlich schneller als mit der Fluchtgeschwindigkeit. Aus diesem Grund gibt es in unserer Atmosphäre kein Wasserstoff- und kein Heliumgas. Die Fluchtgeschwindigkeit auf der Mondoberfläche läßt sich aus (10.24) berechnen, wenn man die Mondmasse und den Mondradius anstelle von M_E und R_E verwendet. Sie beträgt 2,3 km/s und ist damit wesentlich kleiner als die Fluchtgeschwindigkeit der Erde. Das erklärt, weshalb sich auf dem Mond – selbst wenn man von einer sehr niedrigen Durchschnittstemperatur der Oberfläche ausgeht – kein Gas halten kann, so daß der Mond keine Atmosphäre besitzt.

Beispiel 10.7

Bestimmen Sie die Fluchtgeschwindigkeit auf der Merkuroberfläche. Die Masse des Merkur beträgt $3{,}31 \cdot 10^{23}$ kg, sein Radius $2{,}44 \cdot 10^6$ m.

Wir können (10.24) verwenden, wenn wir die Erdmasse M_E durch die Merkurmasse M_{Me} und den Erdradius durch den des Merkur (R_{Me}) ersetzen. Die Fluchtgeschwindigkeit v_F ist dann

$$v_F = \sqrt{\frac{2GM_{Me}}{R_{Me}}} = \sqrt{\frac{2 \cdot (6{,}67 \cdot 10^{-11} \text{ N}\cdot\text{m}^2/\text{kg}^2) \cdot 3{,}31 \cdot 10^{23} \text{ kg}}{2{,}44 \cdot 10^6 \text{ m}}}$$

$$= 4{,}25 \cdot 10^3 \text{ m/s} = 4{,}25 \text{ km/s}\,.$$

10 Gravitation

Fragen

2. Wie wirkt sich der Luftwiderstand auf die Fluchtgeschwindigkeit nahe der Erdoberfläche aus?
3. Wäre es prinzipiell möglich, daß die Erde das Sonnensystem verläßt?

10.6 Potentielle Energie, Gesamtenergie und Umlaufbahnen

Aufgang der Erde, gesehen am 31. Juli 1969 von Apollo 11 aus beim Umkreisen des Mondes. (Foto: N.A.S.A. 69-HC-905)

Die potentielle Gravitationsenergie haben wir in Gleichung (10.21) auf der Erdoberfläche gleich null gesetzt. Da nur Änderungen der potentiellen Energie wichtig sind, hätten wir die potentielle Energie auch für irgendeinen anderen Punkt gleich null setzen können. Unsere Wahl scheint zumindest für den Fall vernünftig, daß wir die Bewegung erdnaher Objekte untersuchen. Es gibt aber viele Situationen, in denen sie sich als ausgesprochen ungeschickt herausstellt. Wenn wir beispielsweise die potentielle Energie eines Systems aus einem Planeten und der Sonne berechnen wollen, dann gibt es keinen Grund, weshalb wir den Nullpunkt der potentiellen Energie auf die Erdoberfläche oder auch auf die Sonnenoberfläche legen sollten. Tatsächlich ist es fast immer praktischer, die potentielle Gravitationsenergie eines Systems aus zwei Körpern dann gleich null zu setzen, wenn der Abstand zwischen ihnen unendlich ist. Für ein allgemeines System aus den zwei Massen m und M berechnet man die Änderung der potentiellen Energie, die sich ergibt, wenn man die beiden Massen vom Abstand r_1 auf den Abstand r_2 bringt, mit Gleichung (10.20):

$$E_{\text{pot}}(r_2) - E_{\text{pot}}(r_1) = \frac{GMm}{r_1} - \frac{GMm}{r_2}.$$

Wenn wir r_2 gleich irgendeinem Abstand r und $r_1 = \infty$ setzen, dann erhalten wir

$$E_{\text{pot}}(r) - E_{\text{pot}}(\infty) = -\frac{GMm}{r}.$$

Wenn wir E_{pot} für $r \to \infty$ gleich null setzen, liefert dies

Potentielle Energie eines Körpers der Masse m im Gravitationsfeld der Erde mit $E_{pot} = 0$ für unendlichen Abstand

$$E_{\text{pot}}(r) = -\frac{GMm}{r} \qquad E_{\text{pot}} = 0 \text{ für } r \to \infty. \qquad 10.25$$

Durch diese Wahl des Nullpunkts hat die potentielle Energie immer einen negativen Wert, aber das ist kein Nachteil. Es ist, als ob man die potentielle Energie eines Körpers in einem Raum dann gleich null setzt, wenn er sich an der Decke befindet und nicht am Boden. Der Betrag der potentiellen Energie bezeichnet dann die Arbeit, die *frei* wird, wenn der Körper zu Boden fällt.

Abbildung 10.11 zeigt für eine Masse m und die Erdmasse M_E die potentielle Energie $E_{\text{pot}}(r)$ als Funktion von r, wenn $E_{\text{pot}} = 0$ für $r = \infty$ gewählt wird. Die Funktion beginnt beim negativen Wert $E_{\text{pot}} = -(GM_E m)/R_E = -mgR_E$ an der Erdoberfläche, nimmt mit wachsendem r zu und nähert sich null, wenn r gegen unendlich geht. Die potentielle Energie kann also wiederum höchstens um mgR_E wachsen, genauso wie in dem Fall, als E_{pot} auf der Erdoberfläche gleich null gewählt wurde. Die Fluchtbedingung ist demnach die gleiche wie vorher: Die kinetische Energie eines Gegenstandes auf der Erdoberfläche muß größer oder gleich mgR_E sein. Da die potentielle Energie auf der Erdoberfläche gleich $-mgR_E$ ist, muß also die Gesamtenergie des Gegenstandes, $E_{ges} = E_{kin} + E_{pot}$, größer oder gleich null sein.

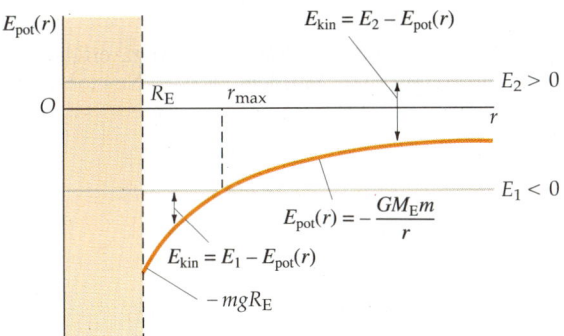

10.11 Potentielle Energie eines Körpers der Masse m im Gravitationsfeld der Erde, wie in Abbildung 10.10, jedoch mit dem Unterschied, daß jetzt $E_{pot}(r)$ für $r \to \infty$ gleich null gesetzt wurde. Bei dieser Wahl des Nullpunkts ist ein Körper gebunden, wenn seine Gesamtenergie E_{ges} kleiner als null ist, und ungebunden, wenn sie größer als null ist.

In Abbildung 10.11 sind zwei mögliche Werte für die Gesamtenergie E_{ges} eingezeichnet: die negative Energie E_1 und die positive Energie E_2. Eine negative Gesamtenergie bedeutet, daß die anfängliche kinetische Energie auf der Erdoberfläche kleiner als mgR_E ist. Aus der Abbildung können wir ersehen, daß sich im Falle negativer Gesamtenergie die Funktionen der Gesamtenergie und der potentiellen Energie in einem Punkt maximaler Distanz r_{max} schneiden: Das System ist gebunden. Wenn die Gesamtenergie dagegen positiv ist, dann gibt es keinen Schnittpunkt: Das System ist ungebunden. Die Bedingungen für gebundene und ungebundene Zustände lassen sich also in einfacher Form angeben:

für $E_{ges} < 0$ ist das System gebunden,
für $E_{ges} > 0$ ist das System ungebunden.

Die Bindungsenergie ist, wie wir gesehen haben, völlig unabhängig von der Wahl des Nullpunktes der potentiellen Energie.

Wenn wir das Gravitationspotential für unendlichen Abstand gleich null setzen, dann können wir die Form der Bahn eines Körpers der Masse m untersuchen, der sich im Gravitationsfeld der Sonne bewegt. Seine potentielle Energie im Abstand r von der Sonne beträgt

$$E_{pot}(r) = -\frac{GM_\odot m}{r}, \qquad 10.26$$

wobei $M_\odot$ die Sonnenmasse ist. Für die kinetische Energie des Körpers gilt: $E_{kin} = \frac{1}{2}mv^2$. Wenn die Gesamtenergie kleiner als null ist, hat die Bahn die Form einer Ellipse (oder eines Kreises), und der Körper ist an die Sonne gebunden. Wenn die Gesamtenergie positiv ist, dann liegt eine hyperbelförmige Bahn vor: Der Körper bewegt sich einmal an der Sonne vorbei, verschwindet und taucht nie wieder auf. Ist die Gesamtenergie gleich null, dann hat die Bahn die Form einer Parabel, und wiederum kann der Körper die Bindung an die Sonne überwinden. Wenn also die Gesamtenergie größer oder gleich null ist, dann ist der Körper nicht an das Gravitationsfeld der Sonne gebunden.

10 Gravitation

Beispiel 10.8

Zeigen Sie, daß die Gesamtenergie eines Satelliten auf einer Kreisbahn gleich der Hälfte seiner potentiellen Energie ist.

Die Gesamtenergie eines Satelliten auf einer beliebigen Bahn ist immer gleich der Summe seiner potentiellen und seiner kinetischen Energie. Im Abstand r vom Erdmittelpunkt gilt für die potentielle Energie des Satelliten

$$E_{\text{pot}} = -\frac{GM_{\text{E}}m}{r}.$$

Da er sich auf einer Kreisbahn mit dem Radius r bewegt, erfährt er eine Zentripetalbeschleunigung mit dem Betrag v^2/r. Mit dem zweiten Newtonschen Gesetz, $\boldsymbol{F} = m\boldsymbol{a}$, finden wir

$$\frac{GM_{\text{E}}m}{r^2} = \frac{mv^2}{r}.$$

Die kinetische Energie des Satelliten beträgt also

$$E_{\text{kin}} = \frac{1}{2}mv^2 = \frac{1}{2}\frac{GM_{\text{E}}m}{r}.$$

Aus diesem Grunde ist, bis auf das Vorzeichen, die kinetische Energie gerade halb so groß wie die potentielle Energie. Dieses Ergebnis gilt für jede beliebige Kreisbahn in einem Zentralkraftfeld mit inverser quadratischer Abstandsabhängigkeit. Die Gesamtenergie des Satelliten ist dann

$$E_{\text{ges}} = E_{\text{kin}} + E_{\text{pot}} = \frac{1}{2}\frac{GM_{\text{E}}m}{r} - \frac{GM_{\text{E}}m}{r} = -\frac{1}{2}\frac{GM_{\text{E}}m}{r} = \frac{1}{2}E_{\text{pot}}(r).$$

Im Energiediagramm in Abbildung 10.11 läge dann die Gesamtenergie eines Satelliten, der sich auf einer Kreisbahn bewegt, in der Mitte zwischen der potentiellen Energie $E_{\text{pot}}(r)$ und null. Die zusätzliche Energie, die ein Satellit mindestens braucht, um seine Gleichgewichtsbahn um die Erde zu verlassen, ist daher $\frac{1}{2}GM_{\text{E}}m/r$. Man muß also die kinetische Energie des umlaufenden Satelliten verdoppeln.

Beispiel 10.9

Ein Satellit der Masse 450 kg befinde sich in einer kreisförmigen Umlaufbahn in $6{,}83 \cdot 10^6$ m Höhe über der Erdoberfläche. Bestimmen Sie a) die potentielle Energie, b) die kinetische Energie und c) die Gesamtenergie des Satelliten.

a) Der Abstand des Satelliten vom Erdmittelpunkt beträgt

$$r = R_{\text{E}} + h = 6{,}37 \cdot 10^6 \text{ m} + 6{,}83 \cdot 10^6 \text{ m} = 13{,}2 \cdot 10^6 \text{ m}.$$

Nach (10.26) ist die potentielle Energie des Satelliten

$$E_{\text{pot}} = -\frac{GM_{\text{E}}m}{r}$$

$$= -\frac{(6{,}67 \cdot 10^{-11} \text{ N} \cdot \text{m}^2/\text{kg}^2) \cdot 5{,}98 \cdot 10^{24} \text{ kg} \cdot 450 \text{ kg}}{1{,}32 \cdot 10^7 \text{ m}} = -13{,}6 \text{ GJ}.$$

b) Im vorigen Beispiel haben wir festgestellt, daß für eine Kreisbahn die kinetische Energie gerade halb so groß wie potentielle Energie ist. Für kinetische Energie ergibt sich daher

$$E_{\text{kin}} = \frac{1}{2}\frac{GM_{\text{E}}m}{r} = -\frac{1}{2}E_{\text{pot}} = -\frac{1}{2}(-13{,}6 \text{ GJ}) = 6{,}80 \text{ GJ}.$$

c) Die Gesamtenergie ist gleich der Summe der kinetischen und der potentiellen Energie:

$$E_{ges} = E_{kin} + E_{pot} = 6{,}80\ \text{GJ} + (-13{,}6\ \text{GJ}) = -6{,}80\ \text{GJ}\ .$$

Die Gesamtenergie hat den gleichen Betrag wie die kinetische Energie, aber entgegengesetztes Vorzeichen.

Frage

4. Ein Körper (zum Beispiel ein kürzlich entdeckter Komet) tritt in das Sonnensystem ein und läuft einmal um die Sonne. Wie können wir feststellen, ob er nach vielen Jahren wieder auftaucht, oder ob er nie mehr wiederkehrt?

10.7 Das Gravitationsfeld einer Kugelschale und einer Vollkugel

Einer der Beweggründe Newtons zur Entwicklung der Integralrechnung war, zu beweisen, daß das Gravitationsfeld einer massiven Kugel endlicher Ausdehnung an einem beliebigen Punkt außerhalb der Kugel das gleiche ist, wie wenn die gesamte Masse der Kugel im Kugelmittelpunkt konzentriert wäre. Der Beweis sieht schwierig aus (ist es aber nicht), weil die Geometrie etwas verwickelt erscheint und der Gebrauch von Kugelkoordinaten ungewohnt sein mag. Bevor wir diesen Beweis liefern, wollen wir die wichtigsten Ergebnisse besprechen, die wir daraus ableiten können.

Abbildung 10.12 zeigt eine homogene Kugelschale der Masse M mit dem Radius R. Wir werden später zeigen, daß die Kraft, die diese Kugelschale auf eine Punktmasse m_0 im Abstand r von ihrem Zentrum ausübt, gegeben ist durch

$$\boldsymbol{F} = -\frac{GMm_0}{r^2} \cdot \frac{\boldsymbol{r}}{r} \qquad r > R$$

und

$$\boldsymbol{F} = 0 \qquad r < R\ .$$

In Worten: Wenn sich m_0 außerhalb der Kugelschale befindet, dann wirkt die Gravitationskraft der Kugelschale so, als ob die gesamte Masse der Kugelschale in ihrem Zentrum konzentriert wäre. Wenn sich m_0 dagegen innerhalb der Kugelschale befindet, dann übt die Kugelschale keine Kraft auf sie aus. Dieses überraschende Ergebnis kann man mit Hilfe von Abbildung 10.13 verstehen, die eine Punktmasse m_0 im Innern einer Hohlkugel zeigt. Die Massen m_1 und m_2 zweier sich gegenüberliegenden Kugelschalensegmente sind durch

$$m_2 = m_1\ (r_2^2/r_1^2)$$

miteinander verknüpft. Da die Kraft, die von der Masse jedes Segments ausgeübt wird, proportional zu $1/r^2$ ist, wird die Gravitationskraft der kleineren Masse auf der linken Seite genau durch die Gravitationskraft der größeren, aber weiter entfernt liegenden Masse auf der rechten Seite ausgeglichen.

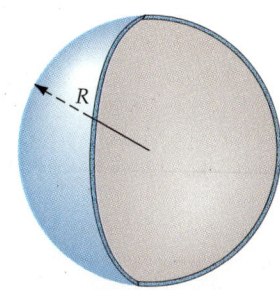

10.12 Eine homogene Kugelschale mit Masse M und Radius R (die Dicke der Kugelschale wird als verschwindend gering angenommen). Die Kraft, die von der Masse der Kugelschale auf eine Masse außerhalb ausgeübt wird, ist die gleiche, wie wenn die Kugelschalenmasse im Kugelmittelpunkt konzentriert wäre. Im Innern des von der Schale umgebenen Volumens dagegen wirkt keine Kraft, weil das Gravitationsfeld der Kugelschale hier überall null ist.

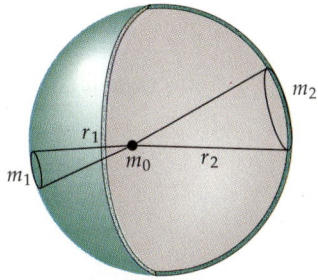

10.13 Eine Punktmasse m_0 innerhalb einer homogenen Kugelschale „spürt" keine resultierende Kraft. Die Anziehung des Kugelschalenelementes mit der Masse m_1 wird durch die Anziehung des Massenelementes mit der Masse m_2 ausgeglichen, das weiter entfernt, aber größer ist.

10 Gravitation

Das Gravitationsfeld **g** der Kugelschale ist der Quotient aus der Kraft, die auf m_0 wirkt, und m_0:

$$\mathbf{g} = \frac{\mathbf{F}}{m_0}.$$

Für die Gravitationsfeldstärke einer Kugelschale der Masse M mit Radius R gilt

$$\mathbf{g} = -\frac{GM}{r^2} \cdot \frac{\mathbf{r}}{r} \qquad r > R \qquad 10.27\,\text{a}$$

Gravitationsfeldstärke einer Kugelschale

$$\mathbf{g} = 0 \qquad r < R. \qquad 10.27\,\text{b}$$

> Die Gravitationsfeldstärke einer homogenen Kugelschale der Masse M an einem beliebigen Punkt außerhalb der Kugelschale ist dieselbe wie diejenige einer Masse M im Zentrum der Kugel. Innerhalb einer homogenen Kugelschale ist die Gravitationsfeldstärke null.

Wir werden nun diese Ergebnisse dazu verwenden, die Gravitationsfeldstärke einer Vollkugel mit Radius R zu bestimmen. Für einen Punkt außerhalb der Kugel mit einem Abstand r vom Kugelmittelpunkt ist das Problem sehr einfach. Wir stellen uns vor, die Kugel sei aus einer kontinuierlichen Menge von Kugelschalen zusammengesetzt. Da die Gravitationsfeldstärke jeder Kugelschale die gleiche ist, wie wenn ihre Masse im Zentrum konzentriert wäre, entspricht die Gravitationsfeldstärke der gesamten Kugel der in ihrem Mittelpunkt konzentrierten Gesamtmasse der Kugel:

$$g_r = -\frac{GM}{r^2} \qquad r > R. \qquad 10.28$$

Dieses Ergebnis gilt, ganz gleich, ob die Kugel eine konstante Dichte hat oder nicht, solange die Dichte nur vom Radius r (nicht aber vom Winkel) abhängt, also Kugelsymmetrie besteht.

Wir können auch die Gravitationsfeldstärke im Innern einer solchen Vollkugel bestimmen (Abbildung 10.14), also den Fall $r < R$ betrachten. (Eine mögliche Anwendung dafür wäre zum Beispiel die Messung der Gewichtskraft eines Körpers am Fuße eines tiefen Bergwerksschachtes.) Wie wir gesehen haben, ist die Gravitationsfeldstärke innerhalb einer Hohlkugel null. Daher übt die Masse einer Kugelschale mit einem Radius größer r keine Kraft auf Punkte aus, die sich im Abstand r oder kleiner r vom Kugelmittelpunkt befinden. Nur die Masse M' innerhalb einer Kugel vom Radius r trägt zur Gravitationsfeldstärke am Ort r bei. Diese Masse erzeugt ein Feld, das gleich dem einer Punktmasse M' im Zentrum der Kugel ist. Der Anteil der Masse innerhalb einer Kugel vom Radius r an der Gesamtmasse der Vollkugel mit Radius R ist gleich dem Verhältnis der betrachteten Radien r und R. Bei homogener Massenverteilung und einer Gesamtmasse M ist M' gegeben durch

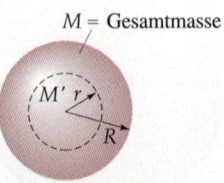

10.14 Eine Vollkugel der Masse M mit homogener Massenverteilung. Das Gravitationsfeld außerhalb der Kugel ist das gleiche, wie wenn die gesamte Masse der Kugel in ihrem Mittelpunkt konzentriert wäre. Innerhalb der Kugel an einem Ort mit dem Radius $r < R$ trägt nur die Masse M' der Teilkugel mit diesem Radius zum Gravitationsfeld bei.

$$M' = \frac{\frac{4}{3}\pi r^3}{\frac{4}{3}\pi R^3} M = \frac{r^3}{R^3} M. \qquad 10.29$$

10.7 Das Gravitationsfeld einer Kugelschale und einer Vollkugel

Die Gravitationsfeldstärke im Abstand r ist dann

$$g_r = -\frac{GM'}{r^2} = -\frac{(GMr^3)/R^3}{r^2}$$

oder

$$g_r = -\frac{GM}{R^3}r \qquad r < R. \qquad 10.30$$

Der Betrag des Feldes nimmt also mit steigendem Abstand r innerhalb der Kugel zu. Abbildung 10.15 zeigt den Verlauf der Gravitationsfeldstärke g_r als Funktion von r für eine Vollkugel mit konstanter Massendichte.

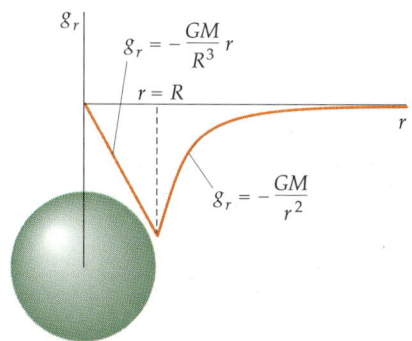

10.15 Die Gravitationsfeldstärke g_r als Funktion von r, und zwar für eine Vollkugel mit der Masse M. Der Betrag des Gravitationsfeldes nimmt innerhalb der Kugel mit r zu und außerhalb mit $1/r^2$ ab.

Die Ringe und einige Monde des Saturn. Wegen der $1/r^2$-Abhängigkeit ist das Schwerefeld des Saturns auf der dem Planeten zugewandten Seite eines Mondes (oder anderen Satelliten) wesentlich größer als auf der ihm abgewandten Seite, wenn die Bahn sehr nahe am Planeten vorbeiläuft. Diese Kraftdifferenz heißt **Gezeitenkraft** und ist groß genug, um größere Satelliten auseinanderbrechen zu lassen. Aus diesem Grund gibt es auch den Ring von kleinen Partikeln, die den Planeten in kleiner Entfernung umlaufen. Die beiden unterhalb des Planeten zu sehenden Monde bewegen sich in viel größerem Abstand, bei dem die Gezeitenkräfte viel kleiner sind. (Foto: N.A.S.A. 80-HC-627)

Herleitung der Gleichung für die Gravitationsfeldstärke einer Kugelschale

Wir werden die Gleichung für die Gravitationsfeldstärke einer Kugelschale in zwei Schritten herleiten. Zuerst berechnen wir die Feldstärke auf der Achse eines homogenen Ringes. Dann wenden wir unser Ergebnis auf eine Kugelschale an, die wir als aus koaxialen Ringen zusammengesetzt betrachten.

Abbildung 10.16 zeigt einen Ring der Gesamtmasse m mit dem Radius a und eine Punktmasse m_0, die im Abstand x vom Kreismittelpunkt auf der Achse sitzt. Auf dem Ring haben wir ein differentielles Massenelement dm ausgewählt, das klein genug ist, um als Punktteilchen betrachtet werden zu können. Dieses Element befindet sich im Abstand s von der Punktmasse auf der Achse. Die Verbindungslinie zwischen der Punktmasse und dem Massenelement bildet den Winkel α mit der Ringachse.

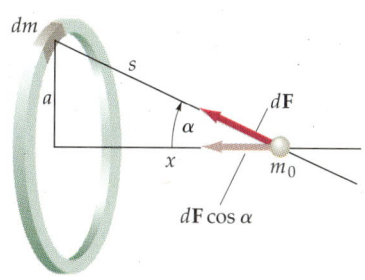

10.16 Ein homogener Ring mit der Gesamtmasse m und eine Punktmasse m_0 auf seiner Achse. Die Kraft, die das Element dm auf m_0 ausübt, ist zum Element hin gerichtet. Die Kraft, mit der die Gesamtmasse des Ringes auf m_0 wirkt, zeigt in Richtung der Ringachse.

323

10 Gravitation

Die Kraft, die vom Massenelement auf m_0 wirkt, zeigt in Richtung des Massenelementes und hat den Betrag dF, und zwar gilt mit Gleichung (10.10):

$$dF = \frac{G(dm)m_0}{s^2}.$$

Aus der Symmetrie der Anordnung läßt sich schließen, daß die resultierende Kraft entlang der Achse des Ringes verläuft, wenn wir über alle Massenelemente des Ringes integrieren. Alle Kräfte senkrecht zur Achse kompensieren sich gegenseitig. Die resultierende, auf m_0 wirkende Kraft liegt daher in der Symmetrieachse der Anordnung und zeigt in negative x-Richtung. Die x-Komponente dieser von dm ausgeübten Kraft beträgt

$$dF_x = -dF \cos \alpha = -\frac{G(dm)m_0}{s^2} \cos \alpha.$$

Die Gravitationsfeldstärke dg_x des Ringes am Ort der Punktmasse ist gleich dem Quotienten aus dieser Kraft und der Masse m_0:

$$dg_x = \frac{dF_x}{m_0} = -\frac{G\,dm}{s^2} \cos \alpha.$$

Das gesamte Gravitationsfeld erhalten wir durch Integration über alle Elemente des Ringes:

$$g_x = -\int \frac{G\,dm}{s^2} \cos \alpha.$$

Da s und α für alle Punkte auf dem Ring denselben Wert haben, sind sie bezüglich der Integration konstant. Daher gilt

$$g_x = -\frac{G}{s^2} \cos \alpha \int dm = -\frac{Gm}{s^2} \cos \alpha, \qquad 10.31$$

wobei $m = \int dm$ die Gesamtmasse des Ringes ist. Wir können dieses Ergebnis als Funktion des Abstandes x schreiben. Dazu verwenden wir

$$s^2 = x^2 + a^2$$

und

$$\cos \alpha = \frac{x}{s} = \frac{x}{\sqrt{x^2 + a^2}}.$$

Dann gilt

$$g_x = -\frac{Gmx}{(x^2 + a^2)^{3/2}}. \qquad 10.32$$

Mit diesem Ergebnis berechnen wir nun die Gravitationsfeldstärke an einem Punkt im Abstand r vom Mittelpunkt einer Kugelschale mit Radius R und Masse M. Zuerst werden wir den Fall betrachten, daß der Punkt außerhalb der Kugelschale liegt. Das Feld muß wegen der Symmetrie radial sein. Die Geometrie ist in Abbildung 10.17 gezeigt. Wir wählen als Massenelement den ein-

10.7 Das Gravitationsfeld einer Kugelschale und einer Vollkugel

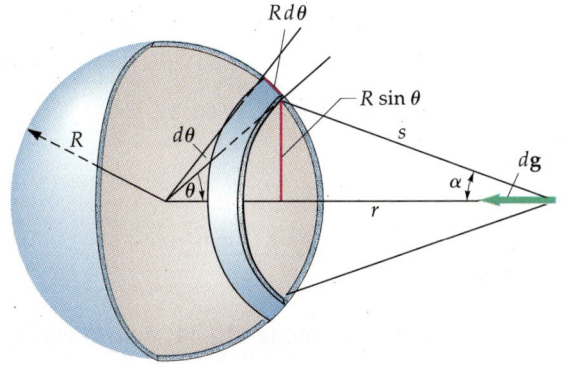

10.17 Eine homogene Kugelschale mit dem Radius R und der Gesamtmasse M. Der eingezeichnete Streifen kann als Ring der Breite $R\,d\theta$ mit dem Umfang $2\pi r \sin\theta\, d\theta$ betrachtet werden. Das Gravitationsfeld der Kugelschale erhält man durch Summation über alle Streifen auf der Kugelschale. Dazu führt man eine Integration über θ von $\theta = 0$ bis $\theta = 180°$ durch.

gezeichneten Streifen aus, den man als Ring betrachten kann. Der Streifenradius ist $R\sin\theta$, die Breite beträgt $R\,d\theta$. Wenn die gesamte Kugelschale die Oberfläche A hat, dann ist die Fläche dA des Streifens gleich dem Umfang $2\pi R\sin\theta$ mal der Breite $R\,d\theta$. Mit der Gesamtmasse M der Kugelschale ergibt sich die Masse des Streifens mit der Fläche dA zu

$$dM = M\frac{dA}{A} = M\frac{2\pi R^2 \sin\theta\, d\theta}{4\pi R^2}$$

oder

$$dM = \frac{M}{2}\sin\theta\, d\theta\,. \qquad 10.33$$

Hier haben wir für die Kugeloberfläche $A = 4\pi R^2$ verwendet. Mit Gleichung (10.31) erhalten wir dann für das Gravitationsfeld dg_R eines Ringes

$$dg_R = -\frac{G\, dM}{s^2}\cos\alpha$$

und schließlich mit Gleichung (10.33)

$$dg_R = -\frac{GM \sin\theta\, d\theta}{2s^2}\cos\alpha\,. \qquad 10.34$$

Bevor wir über die gesamte Kugeloberfläche integrieren, müssen wir zwei der drei abhängigen Variablen s, θ und α eliminieren. Es zeigt sich, daß es am leichtesten ist, wenn wir alles als Funktion von s schreiben, wobei s von $r - R$ bei $\theta = 0$ bis $r + R$ bei $\theta = 180°$ läuft. Mit dem Kosinussatz ergibt sich

$$s^2 = r^2 + R^2 - 2rR\cos\theta\,.$$

Differentiation nach θ liefert

$$2s\, ds = +2rR\sin\theta\, d\theta$$

oder

$$\sin\theta\, d\theta = \frac{s\, ds}{rR}\,.$$

10 Gravitation

Einen Ausdruck für $\cos \alpha$ erhalten wir, indem wir den Kosinussatz auf das gleiche Dreieck anwenden. Wir haben

$$R^2 = s^2 + r^2 - 2sr \cos \alpha$$

oder

$$\cos \alpha = \frac{s^2 + r^2 - R^2}{2sr}.$$

Setzen wir diese Ergebnisse in Gleichung (10.34) ein, so ergibt sich

$$dg_R = -\frac{GM}{2s^2} \frac{s\, ds}{rR} \frac{s^2 + r^2 - R^2}{2sr} = -\frac{GM}{4r^2R}\left(1 + \frac{r^2 - R^2}{s^2}\right) ds. \qquad 10.35$$

Das Feld der gesamten Kugelschale erhält man durch Integration über s von $r - R$ ($\theta = 0$) bis $r + R$ ($\theta = 180°$):

$$g_R = -\frac{GM}{4r^2R} \int_{r-R}^{r+R} \left(1 + \frac{r^2 - R^2}{s^2}\right) ds$$

$$= -\frac{GM}{4r^2R} \left[s - \frac{r^2 - R^2}{s}\right]_{r-R}^{r+R}.$$

Einsetzen der oberen und der unteren Grenze liefert für die Größe in den Klammern den Wert $4R$. Somit folgt

$$g_R = -\frac{GM}{r^2}.$$

Das entspricht betragsmäßig genau Gleichung (10.27a).

Wir bestimmen nun das Gravitationsfeld der Kugelschale für einen Punkt innerhalb des von der Kugelschale eingeschlossenen Volumens. Diese Berechnung ist völlig analog zu der für Punkte außerhalb der Kugelschale, nur daß jetzt die Grenzen anders sind: s variiert nun von $R - r$ bis $R + r$. Es gilt also

$$g_R = -\frac{GM}{4r^2R} \left[s - \frac{r^2 - R^2}{s}\right]_{R-r}^{R+r}.$$

Einsetzen der oberen und der unteren Grenze liefert den Wert null, damit ist

$$g_R = 0.$$

Dies entspricht der Gleichung (10.27b).

Frage

5. Erklären Sie, weshalb die Gravitationsfeldstärke mit r ansteigt, anstatt mit $1/r^2$ abzufallen, wenn man sich vom Zentrum einer Vollkugel mit homogener Massenverteilung wegbewegt.

Zusammenfassung

1. Die drei Keplerschen Gesetze lauten:
   - Erstes Keplersches Gesetz: Alle Planeten bewegen sich auf elliptischen Bahnen um die Sonne, wobei die Sonne in einem der Brennpunkte der Ellipse steht.
   - Zweites Keplersches Gesetz: Die Verbindungslinie zwischen der Sonne und irgendeinem Planeten überstreicht in gleichen Zeitabständen die gleiche Fläche.
   - Drittes Keplersches Gesetz: Die Quadrate der Umlaufzeiten der Planeten sind proportional zu den Kuben der mittleren Abstände der Planeten von der Sonne.

   Die Keplerschen Gesetze lassen sich aus Newtons Gravitationsgesetz ableiten. Das erste und das dritte Gesetz folgen aus der Tatsache, daß die Kraft, die die Sonne auf die Planeten ausübt, mit $1/r^2$ abnimmt, wobei r der Abstand zwischen ihnen ist. Das zweite Gesetz folgt daraus, daß die Kraft, mit der die Sonne auf einen Planeten wirkt, entlang der Verbindungslinie zeigt; der Drehimpuls des Systems bleibt daher erhalten. Die Keplerschen Gesetze gelten auch für beliebige Objekte, die in einem Kraftfeld vom Typ $1/r^2$ um ein anderes Objekt laufen; ein Beispiel ist ein Satellit, der einen Planeten umkreist.

2. Nach dem Newtonschen Gravitationsgesetz übt jeder Körper eine anziehende Kraft auf jeden anderen Körper aus; diese Kraft ist proportional zu den Massen der beiden Körper und umgekehrt proportional zum Quadrat des Abstandes zwischen ihnen. Die Gravitationskraft von einem Körper der Masse m_1 auf einen anderen Körper der Masse m_2 im Abstand r_{12} ist

   $$\boldsymbol{F}_{12} = -\frac{Gm_1 m_2}{r_{12}^2} \cdot \frac{\boldsymbol{r}_{12}}{r_{12}}.$$

   G ist dabei die Gravitationskonstante, die den Wert

   $$G = 6{,}67 \cdot 10^{-11}\,\mathrm{N \cdot m^2/kg^2}$$

   hat.

3. Die Gravitationskraft, die die Erde auf eine Masse m im Abstand r vom Erdmittelpunkt ausübt, zeigt in Richtung des Erdmittelpunkts und hat den Betrag

   $$F = \frac{GM_\mathrm{E} m}{r^2}.$$

   Der Quotient aus der Gravitationskraft und der Masse m, auf die diese Kraft wirkt, wird Gravitationsfeldstärke genannt. Das Gravitationsfeld der Erde hat die Stärke

   $$g(r) = \frac{GM_\mathrm{E}}{r^2}.$$

4. Alle Körper erfahren nahe der Erdoberfläche die gleiche Fallbeschleunigung. Das bedeutet, daß schwere und träge Masse eines Körpers gleich sind. Die Äquivalenz von schwerer und träger Masse wurde experimentell mit sehr großer Genauigkeit bestätigt.

5. Die potentielle Gravitationsenergie eines Körpers mit der Masse m im Abstand r vom Erdmittelpunkt ist gegeben durch

$$E_{\text{pot}}(r) = E_{\text{pot,max}} - \frac{GM_E m}{r} \qquad E_{\text{pot}} = 0 \text{ für } r = R_E \,.$$

Für diese Formel haben wir die potentielle Energie am Boden gleich null gesetzt. Die maximale potentielle Energie ist dann $E_{\text{pot,max}} = GM_E m/R_E = mgR_E$. Ein Körper kann die Bindung an die Erde nur überwinden, wenn seine kinetische Energie am Boden größer oder gleich $E_{\text{pot,max}}$ ist. Die entsprechende Geschwindigkeit heißt Fluchtgeschwindigkeit. Für die Erde liegt sie bei rund 11,2 km/s, wenn man den Luftwiderstand vernachlässigt.

6. Wenn die potentielle Gravitationsenergie für unendliche Entfernung zwischen zwei Körpern gleich null gesetzt wird, dann ist $E_{\text{pot}}(r)$ durch

$$E_{\text{pot}}(r) = -\frac{GMm}{r} \qquad E_{\text{pot}} = 0 \text{ für } r \to \infty$$

gegeben, und die Umlaufbahnen des einen Körpers im Gravitationsfeld des anderen können einfach klassifiziert werden. Ist die Gesamtenergie des umlaufenden Körpers kleiner als null, dann ist der Körper gebunden, und die Umlaufbahn hat die Form einer Ellipse. Wenn die Gesamtenergie größer oder gleich null ist, dann bewegt sich der Körper auf einer ungebundenen Bahn, die parabolisch (Gesamtenergie null) oder hyperbolisch (für positive Gesamtenergie) ist.

7. Das Gravitationsfeld einer homogenen Kugelschale ist außerhalb der Schale so, als ob die gesamte Masse der Kugelschale in ihrem Mittelpunkt konzentriert wäre. Das Feld innerhalb der Kugel ist null. Diese Ergebnisse erhält man direkt aus dem Newtonschen Gravitationsgesetz durch Integration. Das Gravitationsfeld einer homogenen Vollkugel mit der Masse M und dem Radius R ist an einem Punkt mit dem Abstand r vom Mittelpunkt gegeben durch

$$g_r = -\frac{GM}{r^2} \qquad r > R$$

$$g_r = -\frac{GM}{R^3} r \qquad r < R \,.$$

Essay: Isaac Newton (1642–1727)

A. P. French
Massachussetts Institute of Technology

Wenn wir uns einmal vorstellen, was Newton erreicht hat und in welcher kulturellen und wissenschaftlichen Umgebung ihm dies gelang, dann haben wir Grund genug, ihn als größten Wissenschaftler – und vielleicht als das größte Genie – aller Zeiten zu betrachten.

„Es irrt der Mensch, solang er strebt" – dies gilt natürlich auch für Newton, wenn es auch Bewunderer gab, die ihn gottähnlich machen wollten. Er tappte durchaus häufiger im dunkeln und stellte sich zuweilen auch ungeschickt an, was Wissenschaftler oft tun, wenn sie ein neues Problem angehen; und manchmal bog er die Dinge ein wenig in eine Richtung, wenn er versuchte, die Theorie mit der Beobachtung in Einklang zu bringen. Aber das Ausmaß und die Tragweite seiner Entdeckungen sind ohne Parallele.

Von seiner Herkunft her wäre das nie vorhersehbar gewesen. Er war ein eher ungeliebtes Kind, das auf dem Land aufwuchs. Aber er bewies praktische Geschicklichkeit, Experimentierfreude und Neugier, und als Schüler war er gut genug, um an der Cambridge University zugelassen zu werden. Dort zeigte sich erstaunlich schnell der wahre Newton. Dieser junge Mann, obwohl noch Student, verschlang geradezu alles, was ihm über die damals bekannte Mathematik in die Hände fiel, und lieferte recht bald seine ersten eigenen Originalbeiträge.

Etwa zur gleichen Zeit wandte er sich der Physik zu, indem er mit Untersuchungen zur Optik begann. Durch eine Reihe von gut vorbereiteten Experimenten machte er sich ein Bild von der Natur des Lichts und seinem Verhalten. Hier zeigte sich, zu welchen Leistungen er als Experimentator in der Lage war, aber auch der brillante und analytische Verstand, der dahintersteckte, wurde erkennbar.

Sein erster Forschungsgegenstand scheint die Farbwahrnehmung des Auges gewesen zu sein. Das Auge als bildgebendes Organ war damals schon gut verstanden, aber die Farbwahrnehmung war rätselhaft (und ist es noch heute). Bei einem seiner Experimente im Jahre 1664 drückte der 21jährige Newton mit den Fingerspitzen auf eine Seite seines Augapfels und beobachtete die farbigen Ringe, die um den Druckpunkt herum auftraten. Etwas später unternahm er ein wirklich haarsträubendes Experiment: Er führte eine Haarnadel zwischen Augapfel und Knochen in seine Augenhöhle ein und untersuchte das gleiche Phänomen näher an der Retina (Abbildung 1). In weiteren Versuchen blickte er direkt in die Sonne oder studierte die Farbeindrücke, die er erhielt, wenn er abwechselnd auf helle und dunkle Objekte schaute. Es ist ein Wunder, daß er nicht blind wurde oder sich ernsthafte Verletzungen zufügte.

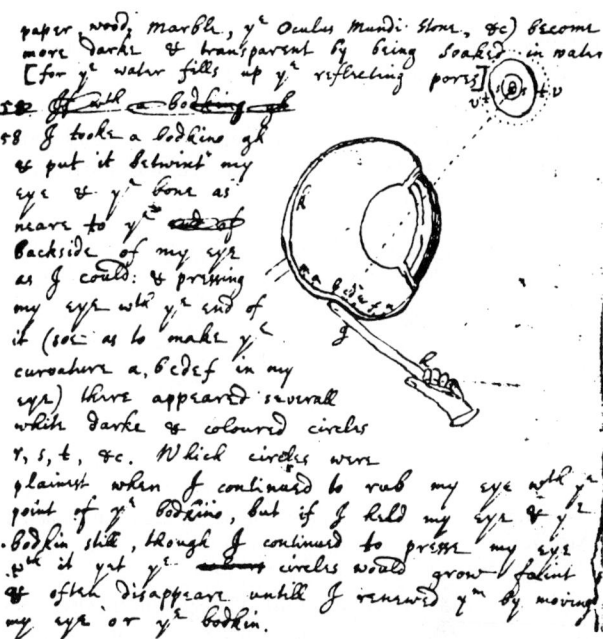

Abbildung 1. Newtons Experiment zur Farbwahrnehmung, in dem er Druck auf seinen Augapfel ausübte. (Mit freundlicher Genehmigung der Syndics of Cambridge University Library, aus Additional MS 3975, S. 15)

Danach konzentrierte er sich darauf, die Brechung des Lichtes durch Prismen zu untersuchen – besonders des weißen Lichtes von der Sonne (Abbildung 2). Damals glaubte man, daß Farben bei einer Modifikation des reinen weißen Lichtes durch die Materialien entstehen. Newton schloß aus seinen Versuchen, daß die verschiedenen Farben im weißen Licht bereits vorhanden waren; es mußte selbst zusammengesetzt sein, und das Prisma zerlegte es nur in seine Bestandteile. Auf alle möglichen Weisen versuchte er die Richtigkeit seiner Analysen zu zeigen. In einem sehr schönen Experiment

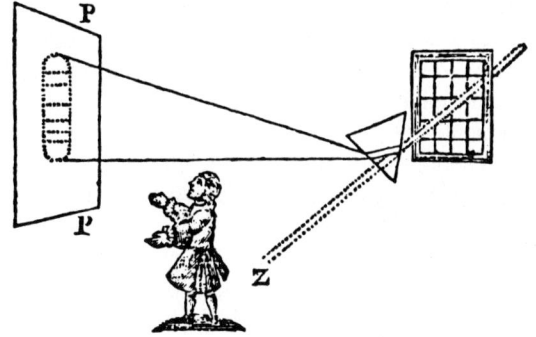

Abbildung 2. Eines der ersten Experimente von Newton, bei dem er ein ausgedehntes Spektrum erzeugte. (Aus Voltaire, *Die Elemente von Sir Isaac Newtons Philosophie*, 1738)

lenkte er Licht, das er durch ein Prisma geschickt hatte, auf ein zweites, dazu senkrechtes Prisma (Abbildung 3). Er fand keine weitere Zerlegung oder sonstige Veränderung des Lichtes. War das weiße Licht durch das erste Prisma einmal in seine verschiedenen Komponenten zerlegt, so wurden durch das zweite Prisma die verschiedenen Farben nur mit unterschiedlicher Intensität gebrochen; dabei entstand ein Spektrum entlang einer diagonalen Linie, anstatt daß eine rechteckige Fläche ausgeleuchtet wurde.

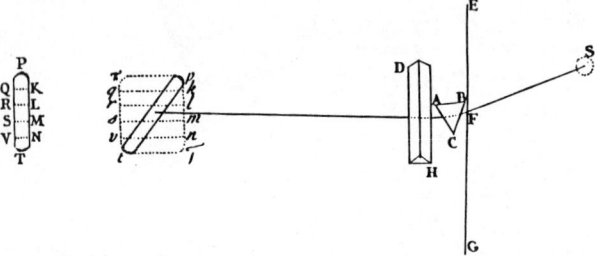

Abbildung 3. Newtons Experiment der gekreuzten Prismen. (Aus Newton, *Opticks*, 1704).

Für die Beharrlichkeit und Vielseitigkeit, mit der Newton ein einzelnes Problem in Angriff nahm, gab es in der damaligen Wissenschaft keinen Vorgänger und keine Parallele. Seine Arbeiten hatten eine ganz andere Qualität als das bloße Sammeln von präzise durchgeführten Beobachtungen. Noch heute kann seine Vorgehensweise als Vorbild für die Untersuchung von neuen Phänomenen dienen.

Im Jahre 1669, im Alter von 26 Jahren, wurde Newton zum Professor für Mathematik an die Universität Cambridge berufen. Zum Gegenstand seiner Antrittsvorlesung wählte er das Thema Optik; der letzte Abschnitt – wieder eine typisch Newtonsche Tour de force – war eine quantitative Erklärung des Regenbogens. Ein oder zwei Jahre später entwickelte und konstruierte er das erste Reflexionsteleskop. Den Metallspiegel dazu hatte er selbst geschliffen und poliert. Darüber hinaus bestand der Spiegel aus einer Metallegierung, die aus den chemischen (und alchemistischen) Untersuchungen hervorging, die Newton zur selben Zeit leitete. Seine Arbeiten sind in der *Opticks* beschrieben, die er in den siebziger Jahren des 17. Jahrhunderts vollendete, aber erst 1704 veröffentlichte. Im wesentlichen faßt er hier der Reihe nach seine Arbeiten auf diesem Gebiet zusammen; die *Opticks* ist in einem leichten Konversationsstil geschrieben und ausgezeichnet zu lesen.

Seine großartigsten Leistungen vollbrachte er jedoch im Bereich der Mechanik, die detailliert in seinem Meisterwerk *Mathematical Principles of Natural Philosophy* veröffentlicht sind, allgemein bekannt als *Principia*. Der Stil der *Principia* steht in krassem Gegensatz zur *Opticks*. Abgesehen davon, daß die ersten Ausgaben in klassischem Latein erschienen, ist die gesamte Präsentation sehr abstrakt und formal gehalten. Newton verwendet die reine Geometrie so virtuos, daß nur wenige Mathematiker heutzutage mithalten könnten, und stellt seine Argumente in Form von Axiomen, Sätzen, Lemmata und Korollaren im Rahmen der euklidischen Geometrie dar. Dies ist der allgemeine Charakter zumindest der ersten beiden Teile. Im dritten Teil, dem „System of the World", wendet Newton seine Theorie auf alle Himmelsphänomene an, die damals bekannt waren oder die man damals hätte kennen können. Es war eine beeindruckende Leistung.

Obwohl die *Principia* erst 1687 veröffentlicht wurden, reichen Newtons Überlegungen über die Bewegungen von Mond und Sternen über zwanzig Jahre zurück in die Zeit seines ersten Abschlusses an der Universität. Es besteht kein Grund, den wesentlichen Gehalt der Geschichte von Newton und dem Apfel zu bezweifeln. Im Jahr 1666, als Newton wegen der Pest Cambridge für einige Zeit verließ, bewegte ihn das Fallen eines Apfels zu der Spekulation, ob nicht der Mond ebenso wie der Apfel zur Erde fallen würde. Bereits damals war er so gebildet, daß ihm die Entdeckung Keplers aus dem Jahre 1619 bekannt war: Die Quadrate der Umlaufzeiten von Planeten sind proportional zu den Kuben der mittleren Entfernung der Planeten zur Sonne. Newton schloß daraus, um hier seine eigenen Worte zu zitieren (aufgeschrieben vor 1669), daß „das Streben, sich von der Sonne zu entfernen, reziprok zum Quadrat des Abstandes von der Sonne ist"; dies bedeutet ein inverses quadratisches Gesetz der „Zentrifugalkraft". Zweifellos ist hier der Keim von Newtons universeller Theorie der Gravitation bereits vorhanden; zu einem wirklichen Verständnis, begleitet durch das Herausarbeiten der vollständigen Theorie, gelangte er aber erst, als er von 1684–1686 alles in den *Principia* niederschrieb (hauptsächlich, weil ihn sein ergebener Bewunderer Sir Edmond Halley, der die Publikation der Arbeit aus eigener Tasche finanzierte, dazu drängte).

Newton hatte besondere Gründe, weshalb er die *Principia* in drei verschiedene Teile („Bücher") aufteilte. In Buch I, „Die Bewegung der Körper", entwickelt Newton die elementare Dynamik von Teilchen; es bildet die theoretische Grundlage für die Himmelsmechanik in Buch III. Buch II, „Die Bewegung der Körper in zähen Medien", hatte als Hauptergebnis und Hauptziel, die Descartessche Hypothese zu widerlegen. Nach dieser Hypothese kommen die Kreisbewegungen der Himmelskörper zustande, weil sie in riesigen Flüssigkeitswirbeln herumgeführt werden. Buch I beschäftigt sich also mit den allgemeinen Bewegungsgesetzen und Buch II mit der Flüssigkeitsmechanik. Hier löste Newton eine Reihe von wichtigen Problemen, zum Beispiel das des aerodynamischen Auftriebes, und berechnete den Wert der Schallgeschwindigkeit.

In Buch I begann Newton mit seinen Vorstellungen von Raum und Zeit. Obwohl er erkannte, daß Orte und Geschwindigkeiten nur relativ zu einem Bezugssystem gemessen werden können, glaubte er, daß der Raum selbst – und die Beschleunigung, die zentrale Größe in seinen Bewegungsgesetzen – absolut sein müßte. Und der Beweis? Man hänge einen Eimer voll Wasser an das Ende eines verdrillten Seiles und lasse ihn sich drehen (er führte das Experiment so durch). Anfangs dreht sich der Eimer, und das Wasser bleibt in Ruhe und die Wasseroberfläche glatt. Später nimmt das Wasser die Drehung auf, und die Oberfläche wird konkav. Wenn der Eimer plötzlich gestoppt wird, dreht sich das Wasser weiter; die Oberfläche bleibt konkav. Selbstverständlich ist der wichtige Sachverhalt nicht die Relativbewegung von Eimer und Wasser. Newton schloß, daß es auf die Rotation des Wassers (und die damit verbundene radiale Beschleunigung) in einem fundamentalen Bezugssystem ankommt, das eng mit dem durch die Fixsterne definierten Raum verbunden ist. (Die Ausbeulung der Erde durch ihre Eigenrotation läßt den gleichen Schluß zu.) Weitreichende Folgerungen daraus werden bis in die heutige Zeit hinein diskutiert.

Die Newtonschen Bewegungsgesetze selbst (Kapitel 4) basieren auf einigen sehr einfachen Experimenten: Beobachtungen von Stößen zwischen verschiedenen Objekten unterschiedlicher Größe. Daraus entwickelte Newton die quantitative Vorstellung des Impulses und die Rolle der Kraft bei der Änderung des Impulses eines Körpers. Außerdem konnte er eine der wichtigsten fundamentalen Beziehungen in der Physik experimentell nachweisen: die Gleichheit von träger und schwerer Masse. Dazu zeigte er, daß Pendel mit der gleichen Länge die gleiche Schwingungsdauer besitzen, unabhängig von Masse oder Zusammensetzung des Pendelkörpers. Dieses Ergebnis ist ein verfeinerter und präzisierter Nachweis der Tatsache, daß verschiedene Gegenstände unter dem Einfluß der Gravitation die gleiche Beschleunigung entlang einer schiefen Ebene beliebiger Neigung (freier Fall eingeschlossen) erfahren. Mit Newtons zweitem Gesetz folgt daraus, daß die Gewichtskraft proportional zur trägen Masse ist – jedenfalls, so Newton, mit einer Genauigkeit von 1 Promille.

Seine Arbeiten über Optik und elementare Mathematik (abgesehen von den Arbeiten in der reinen Mathematik und zur Entwicklung der Integralrechnung) würden schon ausreichen, Newton zu einem der größten Wissenschaftler aller Zeiten zu machen. Krönung seines Werkes jedoch ist sicher das dritte Buch der *Principia*, in dem er den Lauf des Universums als den einer prächtigen Maschine analysierte.

Newton begann seine Arbeit, was vielleicht überrascht, mit den Jupitermonden. Die Entdeckung der vier ersten Monde durch Galilei im Jahre 1610, der eines der ersten Teleskope dabei verwendet hatte, war eines der großen Ereignisse in der Geschichte der Astronomie – die ersten „Ergänzungen" zum Sonnensystem seit der Antike. Galilei selbst hatte über Monate hinweg Nacht für Nacht ihre Positionen aufgezeichnet. Als Ergebnis konnte er ihre Umlaufdauern mit bemerkenswerter Genauigkeit angeben. Die Daten zeigten klar, daß die Jupitermonde ebenso wie die Planeten, die sich um die Sonne bewegen, den Keplerschen Gesetzen gehorchen (Abschnitt 10.1). Für Newton war dies ein starker Hinweis darauf, daß ein universelles Gravitationsgesetz existierte, nach dem sich die Gravitationskraft umgekehrt proportional zum Quadrat des Abstandes änderte. Er fragte John Flamsteed, den ersten königlichen Astronomen (ein Mann, den Newton übrigens sehr geringschätzig behandelte), nach aktuellen Beobachtungen. Tatsächlich unterschieden sich Flamsteeds Beobachtungen nicht wesentlich von denen Galileis, der ein großartiger Beobachter gewesen sein muß. Im Jahre 1687 lieferte Giovanni Cassini ähnliche Daten für die fünf neu entdeckten Saturnmonde.

Aus all diesen Informationen und seinem grundlegenden Gravitationsgesetz konnte Newton die Massen von Erde, Sonne, Jupiter und Saturn miteinander vergleichen, denn jede Bewegung eines Körpers benötigt eine Kraft, die proportional zur sie anziehenden Masse ist. Dieser Umstand zeigt sich in der Umlaufdauer. Newton hatte sich also mit seinen Theorien Zugang zu Wissen über das Universum verschafft, das bis dahin keinem Menschen zu erlangen vergönnt war. Das war Entdeckung in großem Maßstab.

Eine andere großartige Leistung Newtons war die Anwendung seines universellen Gravitationsgesetzes auf die Kometenbewegung. Newton hatte im Jahre 1664, noch während seiner Studienzeit, seine ersten detaillierten Beobachtungen eines Kometen vorgenommen; sein Interesse an diesen Dinge hatte jedoch nachgelassen, bis im Dezember 1680 ein spektakulärer Komet sichtbar wurde, der sich von der Sonne zum Rand des Sonnensystems bewegte. Newton selbst kartografierte seine Bahn. Zur gleichen Zeit verfolgte John Flamsteed am königlichen Observatorium in Greenwich diesen Kometen. Flamsteed hatte auch einen weniger hellen Kometen gesehen, der sich einen Monat früher der Sonne genähert hatte. Er teilte Newton seine Hypothese mit, daß diese beiden Kometen ein und dasselbe Objekt seien. Newton weigerte sich zunächst standhaft, diesen Vorschlag zu akzeptieren; eine solche vollständige Umkehr der Bewegungsrichtung schien ihm damals unerklärlich. Aber diese Idee reifte in ihm, und als er beim Verfassen der *Principia* im Jahre 1685 das Kometenproblem in Angriff nahm, wählte er den Kometen aus den Jahre 1680/81 als wichtigsten Fall. Inzwischen, 1682, hatte auch sein Freund Halley den Kometen beobachtet, der mittlerweile dessen Namen trägt.

Kometen sind im allgemeinen so kleine Objekte, daß man sie nicht sehen kann, bis sie in das Innere des Sonnensystems eindringen, wo ihre Trajektorien die Form von Parabeln haben. Tatsächlich ist, wie Newton erkannte, die Bahn eines Kometen entweder hyperbolisch (dann nähert er sich der Sonne nur einmal auf minimale Distanz), oder sie ist eine sehr lange Ellipse, und der Komet kehrt regelmäßig wieder (wie der Halleysche Komet, mit einer Periode von 76 Jahren).

Eine andere von Newtons großartigen Berechnungen bezog sich direkt auf die Erde. Wieder mit Hilfe der inversen quadratischen Abhängigkeit der Gravitationsanziehung zeigte er, wie Mond und Sonne zusammenwirken müßten, um die Wassermassen der Ozeane so anzuziehen, daß zwei sich auf der Erdoberfläche gegenüberliegende „Ausbuchtungen" entstünden. Für einen gegebenen Punkt auf der sich drehenden Erde gäbe es dann jeden Tag zwei Maxima und zwei Minima des Meeresspiegels. Newton wußte, daß das tatsächliche Verhalten der Gezeiten wesentlich komplizierter ist, aber er konnte so beschreiben, wie sich die Effekte von Sonne und Mond zu verschiedenen Zeiten unterschiedlich überlagern, und damit erklären, warum die Höhe der Gezeiten über einen Monat hinweg variiert. Ein weitaus einfacheres Problem, das Newton löste, war das der Form der Erde. Er beschrieb die Erde als eine abgeplattete Kugel, deren äquatorialer Radius wegen der „Zentrifugalkraft" um etwa den dreihundertsten Teil größer ist als der polare Radius.

In all den Problemen, die er bis dahin beschrieben hatte, fühlte sich Newton auf ziemlich sicherem Boden; aber seine Rolle als Erforscher des Universums wäre unvollständig zusammengefaßt, ohne seine eher vagen Spekulationen zu erwähnen. Sie enthüllen einen Geist, der sich in alle Richtungen Gedanken machte, um Aufbau und Funktion des Universums zu verstehen. Newtons Neugierde in diesen Bereichen kannte keine Grenzen, und seine brillante wissenschaftliche Vorstellungskraft ist überall sichtbar.

Die *Principia* enthalten einige faszinierende Beispiele, in denen Newton sich unter anderem mit dem Alter der Erde und des Sonnensystems beschäftigt. In seiner Diskussion über die Erwärmung der Kometen durch die Sonne (was die Kometenschweife durch Verdampfung von Materie in Zusammenwirkung mit dem Sonnenwind erzeugt) schätzte Newton ab, wie lange die Erde hätte abkühlen müssen, wenn sie bei ihrer Entstehung eine rote, heiße Kugel gewesen sein sollte. Sein Ergebnis betrug 50 000 Jahre – wesentlich kürzer, als Baron William Kelvin auf der gleichen Grundlage zwei Jahrhunderte später berechnete, aber deutlich zu lang für Newtons Zeitgenossen: Sie glaubten eher Bischof Ussher, der die Schöpfung auf das Jahr 4004 v. Chr. datiert hatte.

Eine präzisere Vermutung betraf die Kontinuität der Planetenbewegungen. Astronomische Aufzeichnungen belegten, daß diese Bewegungen ungebremst seit Tausenden von Jahren stattfanden, also eindeutig keinen meßbaren Widerstand erfuhren. War der Raum einfach Leere? Newton war sich nicht sicher, aber jedenfalls konnte dort nicht „viel" Materie sein. Das stimmte gut mit seinen Überlegungen und Rechnungen zum Druck in der Erdatmosphäre überein. Er hatte das theoretische Gesetz über die exponentielle Abnahme des atmosphärischen Druckes und der Dichte mit der Höhe entdeckt. Beide Größen würden je 120 Kilometer Höhe um den Faktor eine Million abnehmen, berechnete Newton, und deshalb sollte im Raum zwischen den Planeten ein ziemlich perfektes Vakuum vorliegen. Und trotzdem ... wenn es kein vermittelndes Medium gab, wie konnte dann die Gravitationskraft übertragen werden? Diesem Gedanken verlieh Newton in seinem berühmten Brief an Richard Bentley (siehe Abschnitt 4.5) Ausdruck.

Am Ende seiner *Opticks* schrieb Newton in seinen *Queries* (Zweifel, Fragen) einige seiner letzten Spekulationen über die physikalische Welt nieder. Viele davon, jedoch nicht alle, beschäftigen sich mit Optik. Die vorletzte *Query* scheint Einstein vorwegzunehmen: „Lassen sich nicht dichte Körper und Licht gegenseitig ineinander umwandeln und empfangen nicht die Körper viel von ihrer Wirksamkeit durch die in ihrer Zusammensetzung eintretenden Lichtteilchen?" (Aus I. Newton, *Optik*, Vieweg, Wiesbaden 1983.) Dies hört sich an wie eine qualitative Beschreibung von $E = mc^2$! Nun, das war es sicher nicht, und das kann es auch nicht gewesen sein; hier ging es Newton um den Vergleich von Emission und Absorption von Licht mit verschiedenen anderen chemischen und biologischen Umwandlungen. Aber dies ist ein weiteres Beispiel für seine grenzenlose Fähigkeit, wissenschaftliche Phantasien zu entwickeln.

Bei der letzten *Query* handelt es sich um eine langatmige Diskussion, in der Newton eine Übersicht über alle in der Natur vorkommenden Kräfte liefert. Seine Überlegungen beginnen mit: „Besitzen nicht die kleinsten Partikeln der Körper gewisse Kräfte, durch welche sie in die Ferne hin nicht nur auf die Lichtstrahlen einwirken, um sie zu reflektieren, zu brechen und zu beugen, sondern auch gegenseitig aufeinander, wodurch sie einen großen Teil der Naturerscheinungen hervorbringen?" (Aus I. Newton, *Optik*, Vieweg, Wiesbaden 1983.) Er fährt dann fort und bespricht chemische Reaktionen, Phänomene im Zusammenhang mit der Oberflächenspannung und die Kohäsion von Festkörpern, und er spekuliert über die mögliche Rolle, die elektrische und magnetische Kräfte dabei spielen könnten. Er glaubte an die universelle Gleichheit der physikalischen Gesetze, wenn er sagte: „Und deshalb wird die Natur sehr bequem und sehr einfach sein; sie bewerkstelligt all die großen Bewegungen der Himmelskörper durch die Anziehung der Gravitation zwischen ihnen, und fast alle kleinen Teile werden durch andere anziehende und abstoßende Kräfte zwischen ihnen ihre Bewegungen ausführen." Es war eine große Vision, zu deren Verwirklichung er mehr als irgendeine andere Person beigetragen hat. Das Ziel ist drei Jahrhunderte später immer noch nicht vollständig erreicht, und die Vereinheitlichung der Naturkräfte bleibt das Traumziel der Physiker.

Aufgaben

Stufe I

10.1 Die Keplerschen Gesetze

1. Nehmen Sie an, es würde ein kleiner Planet mit einer Umlaufdauer von 5 Jahren entdeckt. Wie groß wäre sein mittlerer Abstand von der Sonne?

2. Der mittlere Radius der Umlaufbahn der Erde um die Sonne beträgt $1{,}496 \cdot 10^{11}$ m; der des Uranus beträgt $2{,}87 \cdot 10^{12}$ m. Wie groß ist die Umlaufdauer des Uranus?

3. Ein Planet bewege sich mit konstantem Drehimpuls um eine Sonne. Im Perihel habe er die Geschwindigkeit $5 \cdot 10^4$ m/s und sei $1{,}0 \cdot 10^{15}$ m von seiner Sonne entfernt. Im Aphel betrage sein Abstand von der Sonne $2{,}2 \cdot 10^{15}$ m. Wie groß ist dort seine Geschwindigkeit?

4. Ein Komet umkreise die Sonne mit konstantem Drehimpuls. Sein maximaler Abstand von der Sonne betrage 150 AE, und seine Geschwindigkeit sei dort $7 \cdot 10^3$ m/s. Wenn der Komet der Sonne am nächsten ist, betrage sein Abstand 0,4 AE. Wie groß ist dort seine Geschwindigkeit?

10.2 Das Newtonsche Gravitationsgesetz

5. Io, einer der Jupitermonde, hat einen mittleren Bahnradius von $4{,}22 \cdot 10^8$ m und eine Umlaufdauer von $1{,}53 \cdot 10^5$ s. a) Bestimmen Sie den mittleren Bahnradius von Callisto, einem der anderen Jupitermonde, dessen Umlaufdauer $1{,}44 \cdot 10^6$ s beträgt. b) Berechnen Sie mit dem bekannten Wert von G die Jupitermasse.

6. Einer der Uranusmonde ist Umbriel mit dem mittleren Bahnradius $2{,}67 \cdot 10^8$ m und der Umlaufdauer $3{,}58 \cdot 10^5$ s. a) Bestimmen Sie die Umlaufdauer des Uranusmondes Oberon, dessen mittlerer Bahnradius $5{,}86 \cdot 10^8$ m beträgt. b) Berechnen Sie mit dem bekannten Wert von G die Masse des Uranus.

7. Die Masse des Planeten Saturn beträgt $5{,}69 \cdot 10^{26}$ kg. a) Bestimmen Sie die Umlaufdauer seines Mondes Mimas, dessen mittlerer Bahnradius $1{,}86 \cdot 10^8$ m beträgt. b) Bestimmen Sie den mittleren Bahnradius seines Mondes Titan mit der Umlaufdauer $1{,}38 \cdot 10^6$ s.

8. Berechnen Sie die Masse der Erde aus der Umlaufdauer des Mondes ($T = 27{,}3$ Tage), seinem mittleren Bahnradius (384 000 km) und dem bekannten Wert von G.

9. Berechnen Sie die Sonnenmasse aus der Umlaufdauer der Erde (1 Jahr), ihrem mittleren Bahnradius ($1{,}496 \cdot 10^{11}$ m) und dem Wert von G.

10. Berechnen Sie die Masse der Erde aus den bekannten Werten von G, g und R_E.

11. Ein Körper werde $6{,}37 \cdot 10^6$ m über der Erdoberfläche fallengelassen. Wie groß ist seine Anfangsbeschleunigung?

12. Nehmen Sie an, Sie landen auf einem Planeten in einem anderen Sonnensystem, der zwar die gleiche Dichte wie die Erde habe, jedoch einen 10mal so großen Radius. Um welchen Faktor wäre auf diesem Planeten Ihre Gewichtskraft größer als auf der Erde?

10.3 Messung der Gravitationskonstanten

13. Die in einer Cavendish-Apparatur eingesetzten Massen seien $m_1 = 10$ kg und $m_2 = 10$ g. Der Mittelpunktsabstand der großen von den kleinen Kugeln betrage 5 cm, und der Verbindungsstab der beiden kleinen Kugeln sei 20 cm lang. a) Wie groß ist die anziehende Kraft zwischen den beiden Kugelpaaren? b) Welches Drehmoment muß von der Aufhängung ausgeübt werden, um diese Kräfte auszugleichen?

10.4 Schwere und träge Masse

14. Ein Körper mit einer Masse von exakt 1 kg erhalte durch eine bestimmte Kraft die Beschleunigung $2{,}6587$ m/s^2. Ein zweiter Körper unbekannter Masse erfahre durch die gleiche Kraft die Beschleunigung $1{,}1705$ m/s^2. a) Wie groß ist seine Masse? b) Wurde in Teil a) die schwere oder die träge Masse ermittelt?

15. Die Gewichtskraft eines Körpers mit einer Masse von exakt 1 kg werde zu 9,81 N gemessen. Im gleichen Laboratorium werde die Gewichtskraft eines zweiten Körpers zu 56,6 N bestimmt. a) Wie groß ist dessen Masse? b) Wurde in Teil a) die schwere oder die träge Masse ermittelt?

10.5 Verlassen von gebundenen Bahnen um die Erde

16. Die Masse des Planeten Saturn ist 95,2mal so groß wie die der Erde, und sein Radius ist 9,47mal größer als der Erdradius. Bestimmen Sie die Fluchtgeschwindigkeit von Körpern nahe der Saturnoberfläche.

10 Gravitation

17. Bestimmen Sie die Fluchtgeschwindigkeit einer Rakete, die den Mond verläßt. Die Gravitationsbeschleunigung beträgt auf dem Mond $\frac{1}{6}$ der Erdbeschleunigung, und der Mondradius ist das 0,273fache des Erdradius.

18. Nehmen Sie an, es gäbe irgendwo im Weltall eine zweite Erde, die jedoch keine Atmosphäre habe, sich nicht drehe und auch um keine Sonne kreise. Welche Anfangsgeschwindigkeit müßte eine Raumfähre haben, um sich vertikal 6370 km hoch über die Planetenoberfläche zu erheben?

10.6 Potentielle Energie, Gesamtenergie und Umlaufbahnen

19. a) Die potentielle Energie, die ein Körper im Einflußbereich der Erde hat, werde für unendliche Entfernung gleich null gesetzt. Wie groß ist dann die potentielle Energie eines Gegenstands mit der Masse 100 kg auf der Erdoberfläche? Der Erdradius beträgt $6,37 \cdot 10^6$ m. b) Bestimmen Sie die potentielle Energie des gleichen Gegenstands, wenn er sich im Abstand eines Erdradius über der Erdoberfläche befindet. c) Wie groß wäre die Fluchtgeschwindigkeit für einen aus dieser Höhe beschleunigten Körper?

20. Ein Satellit mit der Masse 300 kg bewege sich auf einer Kreisbahn in $5 \cdot 10^7$ m Höhe über der Erdoberfläche. Bestimmen Sie a) die auf den Satelliten wirkende Gewichtskraft, b) seine Geschwindigkeit und c) seine Umlaufdauer.

10.7 Das Gravitationsfeld einer Kugelschale und einer Vollkugel

21. Eine Kugelschale habe den Radius 2 m und die Masse 300 kg. Bestimmen Sie die Gravitationsfeldstärke im Abstand von a) 0,5 m, b) 1,9 m und c) 2,5 m vom Kugelmittelpunkt.

22. Eine Kugelschale habe den Radius 2 m und die Masse 300 kg. Ihr Mittelpunkt befinde sich im Koordinatenursprung. Eine andere Kugelschale mit dem Radius 1 m und der Masse 150 kg befinde sich innerhalb der größeren Kugelschale. Ihr Mittelpunkt liege auf der positiven x-Achse, 0,6 m vom Ursprung entfernt. Welche Anziehungskraft üben die beiden Kugelschalen aufeinander aus?

Stufe II

23. Eine Punktmasse m_0 befinde sich auf der Oberfläche einer großen Kugel mit dem Radius R und der Masse M. Welche Arbeit muß aufgewandt werden, um diese Punktmasse sehr weit von der Kugel zu entfernen?

24. Zwei konzentrische, homogene Kugelschalen haben die Massen M_1 und M_2 sowie die Radien a bzw. $2a$; siehe Abbildung 10.18. Wie groß ist die Gravitationskraft auf eine Punktmasse m, die sich a) im Abstand $3a$, b) im Abstand $1,9\,a$ bzw. c) im Abstand $0,9\,a$ vom Mittelpunkt der beiden Kugeln befindet?

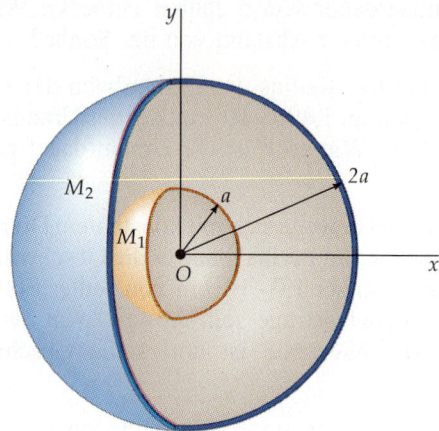

Abbildung 10.18 Zu Aufgabe 24.

25. Eine homogene Kugel mit dem Radius 100 m und der Dichte 2000 kg/m³ befinde sich im leeren Raum, weit entfernt von anderen massiven Körpern. Bestimmen Sie, als Funktion von r, das Gravitationspotential a) außerhalb und b) innerhalb der Kugel.

26. Ein Körper werde an der Erdoberfläche mit der doppelten Fluchtgeschwindigkeit abgeschossen. Wie groß ist seine Geschwindigkeit, wenn er sehr weit von der Erde entfernt ist? (Lassen Sie den Luftwiderstand außer acht.)

27. Eine Raumsonde soll radial nach außen gerichtet eine Geschwindigkeit von 50 km/s haben, wenn sie sehr weit von der Erde entfernt ist. Wie groß muß ihre Anfangsgeschwindigkeit auf der Erdoberfläche gewesen sein? (Lassen Sie den Luftwiderstand außer acht.)

28. Ein Körper werde $4 \cdot 10^6$ m über der Erdoberfläche fallen gelassen. Nehmen Sie an, es gäbe keinen Luftwiderstand. Wie groß wäre dann die Geschwindigkeit des Körpers beim Auftreffen auf der Erde?

29. Ein Körper werde auf der Erdoberfläche mit der Anfangsgeschwindigkeit 4 km/s nach oben abgeschossen. Welche maximale Höhe erreicht er? (Lassen Sie den Luftwiderstand außer acht.)

30. Zwei Planeten gleicher Masse bewegen sich um einen Stern mit wesentlich größerer Masse (Abbildung 10.19). Planet 1 mit der Masse m_1 bewege sich auf einer Kreisbahn mit dem Radius $r_1 = 10^{11}$ m. Seine Umlaufdauer betrage 2 Jahre. Planet 2 mit der Masse m_2 bewege sich auf einer elliptischen Bahn, wobei der kleinste Abstand vom Stern $r_1 = 10^{11}$ m betrage. a) Berechnen Sie die Umlaufdauer von Planet 2. Berücksichtigen Sie dabei die Tatsache, daß der mittlere Bahnradius einer elliptischen Bahn gleich der Länge der großen Halbachse ist. b) Wie groß ist die Masse des Sternes? c) Welcher Planet hat am Punkt P die höhere Geschwindigkeit? Welcher Planet hat die größere Gesamtenergie? d) Welche Geschwindigkeit besitzt Planet 2 am Punkt P im Vergleich zu der am Punkt A?

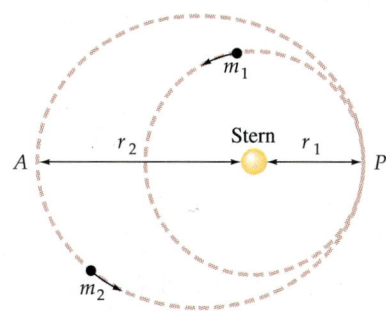

Abbildung 10.19 Zu Aufgabe 30.

31. Eine dicke Kugelschale mit der Masse M und konstanter Dichte habe den Innenradius R_1 und den Außenradius R_2. Bestimmen Sie die Gravitationsfeldstärke g_r als Funktion von r für $r = 0$ bis ∞.

32. Zwei Punktmassen m befinden sich an den Orten $y = +a$ und $y = -a$, wie in Abbildung 10.20 gezeigt. a) Ein drittes Teilchen der Masse m_0 befinde sich auf der x-Achse im Abstand x vom Ursprung. Zeigen Sie, daß die Kraft, die von den beiden Punktmassen auf dieses Teilchen ausgeübt wird, gegeben ist durch

$$\boldsymbol{F} = -\frac{2Gmm_0 x}{(x^2 + a^2)^{3/2}} \boldsymbol{e}_x.$$

b) Ermitteln Sie das durch die beiden Massen auf der y-Achse hervorgerufene Gravitationsfeld $\boldsymbol{g}$ auf der x-Achse. c) Zeigen Sie, daß die von den beiden auf der y-Achse befindlichen Massen hervorgerufene Gravitationsfeldstärke g_x annähernd $-2\,Gm/x^2$ ist, wenn x wesentlich größer als a ist. d) Zeigen Sie, daß $|g_x|$ an den Punkten $x = \pm a/\sqrt{2}$ maximal ist.

33. a) Skizzieren Sie die Ortsabhängigkeit der Gravitationsfeldstärke g_x für einen homogenen Ring mit der Masse m und dem Radius R, dessen Achse die x-Achse ist. b) An welchen Punkten hat der Betrag von g_x Maxima?

34. Fünf gleiche Massen M seien, wie in Abbildung 10.21 gezeigt, gleichmäßig auf einem Halbkreisbogen mit dem Radius R verteilt. Eine Masse m befinde sich im Zentrum des Kreisbogens. Es sei $M = 3$ kg, $m = 2$ kg und $R = 10$ cm. Wie groß ist die Kraft, die die fünf Massen auf m ausüben?

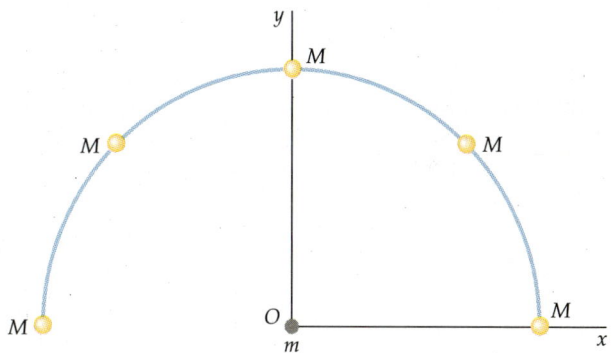

Abbildung 10.21 Zu Aufgabe 34.

35. a) Zeigen Sie, daß die Gravitationsfeldstärke eines Ringes mit homogener Massenverteilung im Mittelpunkt des Ringes null ist. b) Abbildung 10.22 zeigt einen Punkt P, der sich in der Ringebene befindet, jedoch nicht im Zentrum. Betrachten Sie zwei Segmente des Ringes mit den Längen s_1 und s_2 im Abstand r_1 bzw. r_2 vom Punkt P, wobei sich die Verbindungslinien der Enden der Ringsegmente in P schneiden. Wie groß ist das Verhältnis der Massen dieser Teile? Welcher Teil erzeugt am Punkt P die höhere Gravitationsfeldstärke? Welche Richtung hat das von den beiden Ringteilen hervorgerufene Feld am Punkt P? c) Welche Richtung

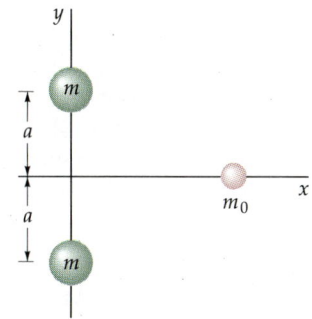

Abbildung 10.20 Zu Aufgabe 32.

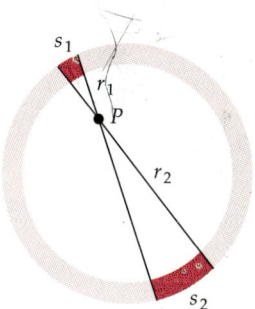

Abbildung 10.22 Zu Aufgabe 35.

hat das Gravitationsfeld des gesamten Ringes am Punkt P? d) Nehmen Sie an, die Gravitationsfeldstärke variiere anstatt mit $1/r^2$ mit $1/r$. Wie groß wäre dann die Feldstärke der beiden Ringsegmente am Punkt P? e) Wie würden sich Ihre Ergebnisse für die Teile b) und c) ändern, wenn sich der Punkt P innerhalb einer homogenen Kugelschale mit homogener Massenverteilung befände anstatt in einem ebenen Ring?

36. Mit einem supraleitenden Meßinstrument kann man Änderungen des Gravitationsfeldes in der Größenordnung von $\Delta g/g = 10^{-11}$ messen. a) Schätzen Sie die maximale Entfernung ab, in der ein solches Gerät eine Person der Masse 80 kg aufspüren könnte. Nehmen Sie dazu an, daß das Gravitationsmeßgerät stationär angebracht und die Masse der Person in ihrem Schwerpunkt konzentriert sei. b) Wie groß ist im Gravitationsfeld der Erde die kleinste vertikale Ortsänderung des Meßgerätes, die man mit ihm noch messen kann?

37. Eine Raumkapsel bewege sich auf einer geraden Bahn vom Mond zur Erde und passiere dabei einen Punkt, an dem die Gravitationsfelder von Erde und Mond einander gerade aufheben. Wie weit ist dieser Punkt vom Erdmittelpunkt entfernt?

Stufe III

38. Nehmen Sie an, die Erde sei eine Kugel mit homogener Massenverteilung. Es führe eine Bohrung mit einem kleinen Durchmesser von der Oberfläche bis zum Erdmittelpunkt. a) Welche Arbeit müßte aufgewandt werden, um einen kleinen Gegenstand der Masse m vom Erdmittelpunkt an die Erdoberfläche zu heben? b) Der Gegenstand falle an der Erdoberfläche in die Bohrung. Wie groß ist dann seine Geschwindigkeit beim Erreichen des Erdmittelpunktes?

39. Eine homogene Kugel der Masse M befinde sich in der Nähe eines dünnen, homogenen Stabes mit der Länge ℓ und der Masse m, wie in Abbildung 10.23 gezeigt. Bestimmen Sie die Anziehungskraft, die die Kugel auf den Stab ausübt.

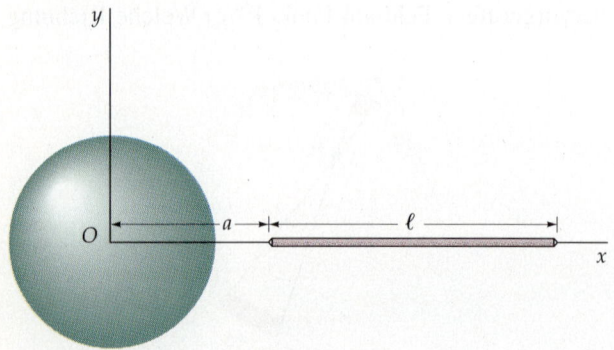

Abbildung 10.23 Zu Aufgabe 39.

40. Ein homogener Stab mit der Masse $M = 20$ kg und der Länge $\ell = 5$ m sei zu einem Halbkreis gebogen. Wie groß ist die Gravitationskraft, die er auf eine Punktmasse $m = 0{,}1$ kg im Zentrum des Halbkreises ausübt?

41. Eine Kugelschale habe den Radius R und die Masse M. a) Geben Sie die Ausdrücke für die Kraft an, die die Kugelschale auf eine Masse m_0 ausübt, die sich innerhalb bzw. außerhalb der Kugelschale befindet. b) Wie sieht die Funktion der potentiellen Energie $E_{\text{pot}}(r)$ für dieses System aus, wenn sich die Masse m_0 beim Abstand r (mit $r \geq R$) befindet und $E_{\text{pot}} = 0$ für $r = \infty$ ist? Berechnen Sie diese Funktion für $r = R$. c) Verwenden Sie die allgemeine Relation für $dE_{\text{pot}} = -\mathbf{F} \cdot d\mathbf{r} = -F_r \, dr$ und zeigen Sie, daß E_{pot} überall innerhalb der Kugelschale konstant ist. Berücksichtigen Sie die Tatsache, daß E_{pot} überall stetig ist (auch an der Stelle $r = R$), und bestimmen Sie den konstanten Wert von E_{pot} innerhalb der Kugelschale. d) Skizzieren Sie $E_{\text{pot}}(r)$ gegen r für alle möglichen Werte von r.

42. Ein homogener Stab der Länge ℓ mit der Masse M liege auf der x-Achse und habe seinen Mittelpunkt im Ursprung. Betrachten Sie ein Teilstück der Länge dx im Abstand x vom Ursprung. a) Zeigen Sie, daß dieses Element am Punkt $x_0 > \frac{1}{2}\ell$ auf der x-Achse ein Gravitationsfeld erzeugt, das gegeben ist durch

$$dg_x = -\frac{GM}{\ell(x_0 - x)^2} \, dx \, .$$

b) Integrieren Sie über die Länge des Stabes, um sein gesamtes Gravitationsfeld am Punkt x_0 zu erhalten. c) Bestimmen Sie die Kraft, die ein Körper der Masse m_0 am Ort x_0 im Gravitationsfeld des Stabes erfährt.

43. In dieser Aufgabe soll die potentielle Energie im Gravitationsfeld des Stabes von Aufgabe 42 bestimmt werden, und zwar für eine Punktmasse m_0 am Ort x_0 auf der x-Achse. a) Zeigen Sie, daß die potentielle Energie eines Stabelements dm und der Masse m_0 durch

$$dE_{\text{pot}} = -\frac{GM_0 \, dm}{x_0 - x} = -\frac{GMm_0}{\ell(x_0 - x)} \, dx$$

gegeben ist, wobei $E_{\text{pot}} = 0$ für $x_0 = \infty$ ist. b) Integrieren Sie Ihr Resultat von Teil a) über die Stablänge, um die potentielle Energie des Systems zu ermitteln. Formulieren Sie Ihr Ergebnis als Funktion $E_{\text{pot}}(x)$, indem Sie x_0 als allgemeinen Punkt x setzen. c) Berechnen Sie aus $F_x = -dE_{\text{pot}}/dx$ die Kraft auf m_0 an einem allgemeinen Punkt x und vergleichen Sie Ihr Ergebnis mit dem von Aufgabe 42 c).

44. Unsere Galaxie kann man sich vereinfacht als Scheibe mit dem Radius R, der Masse M und näherungsweise homogener Massenverteilung vorstellen. a) Auf der Scheibenachse befinde sich im Abstand x von der Scheibe ein Körper mit der Masse 1 kg. Bestimmen Sie die potentielle Energie dieses Körpers im Gravitationsfeld eines Ringelements in der Scheibe mit dem Radius r und der Dicke dr. b) Integrieren Sie Ihr Ergebnis von Teil a), um die potentielle Energie des 1-kg-Körpers im Gravitationsfeld der gesamten Scheibe zu erhalten. c) Bestimmen Sie aus $F_x = -dE_{pot}/dx$ und Ihrem Ergebnis von Teil b) die Gravitationsfeldstärke g_x auf der Scheibenachse.

45. Eine Kugel mit dem Radius R habe ihren Mittelpunkt im Ursprung. Sie besitze eine konstante Massendichte ϱ_0, bis auf einen kugelförmigen Hohlraum, der den Radius $r = \frac{1}{2}R$ hat und dessen Mittelpunkt bei $x = \frac{1}{2}R$ liegt (siehe Abbildung 10.24). Bestimmen Sie die Gravitationsfeldstärke für Punkte auf der x-Achse für $|x| > R$. (*Hinweis:* Der Hohlraum kann als Überlagerung einer Kugel der Masse $m = \frac{4}{3}\pi r^3 \varrho_0$ mit einer gleich großen Kugel der Masse $-m$ betrachtet werden.)

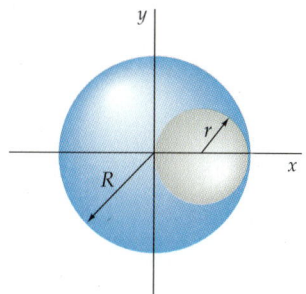

Abbildung 10.24 Zu Aufgabe 45.

46. Zeigen Sie für die Kugel mit dem Hohlraum von Aufgabe 45, daß das Gravitationsfeld innerhalb des Hohlraumes gleichförmig ist, und bestimmen Sie Betrag und Richtung der Feldstärke.

47. Durch einen kugelförmigen Planeten mit konstanter Massendichte ϱ_0 sei ein gerader, glatter Tunnel angelegt. Dieser verlaufe durch den Mittelpunkt des Planeten und stehe senkrecht auf der raumfesten Drehachse des Planeten. Der Planet drehe sich mit einer solchen Winkelgeschwindigkeit ω, daß Körper im Tunnel relativ zu diesem keine Beschleunigung erfahren. Bestimmen Sie ω.

48. Sonne und Mond üben Anziehungskräfte auf die Meere auf der Erde aus und verursachen so die Gezeiten. a) Zeigen Sie, daß das Verhältnis der Kräfte von Sonne und Mond gleich $M_\odot r_m^2 / M_m r_\odot^2$ ist. Darin sind $M_\odot$ und M_m die Massen von Sonne bzw. Mond, und $r_\odot$ sowie r_m sind ihre Abstände von der Erde. Berechnen Sie dieses Verhältnis. b) Obwohl die Sonne eine wesentlich größere Kraft auf die Meere ausübt als der Mond, hat dieser den größeren Einfluß auf die Gezeiten,

da die Kraftdifferenz zwischen den beiden Seiten der Erde entscheidend ist. Differenzieren Sie den Ausdruck

$$F = \frac{Gm_1 m_2}{r^2},$$

um die Änderung von F in Abhängigkeit von einer kleinen Änderung von r zu erhalten. Zeigen Sie, daß $dF/F = (-2\,dr)/r$. c) Während eines vollen Tages ändert sich infolge der Erdrotation der Abstand der Sonne bzw. des Mondes zu einem Meer maximal um einen Erddurchmesser. Zeigen Sie: Bei einer kleinen Abstandsänderung ist das Verhältnis der Änderung der Kraft der Sonne auf die Erde zur Änderung der Kraft des Mondes auf die Erde gegeben durch

$$\frac{\Delta F_\odot}{\Delta F_m} \approx \frac{M_\odot r_m^3}{M_m r_\odot^3}.$$

Berechnen Sie diesen Quotienten.

49. Die Erdkruste hat eine Dichte von ungefähr 3000 kg/m^3. Es sei ein kugelförmiges Endlager von Schwermetallen mit einer Dichte von 8000 kg/m^3 und einem Radius von 1000 m angelegt worden. Es habe seinen Mittelpunkt 2000 m unter der Erdoberfläche. Bestimmen Sie $\Delta g/g$ direkt über dem Endlager, wobei Δg der durch die Metallanhäufung bewirkte Anstieg der Gravitationsfeldstärke sei.

50. Eine Bleikugel mit dem Radius R habe zwei identische kugelförmige Hohlräume mit dem Radius $R/2$; siehe Abbildung 10.25. Die Masse der vollen Bleikugel, bevor also die Hohlräume erzeugt wurden, soll den Betrag M gehabt haben. a) Bestimmen Sie die Anziehungskraft, die eine kleine Kugel der Masse m an der eingezeichneten Position (im Abstand d) erfährt. c) Wie groß wäre die anziehende Kraft, wenn sich m auf der x-Achse direkt an der Oberfläche der Bleikugel befände?

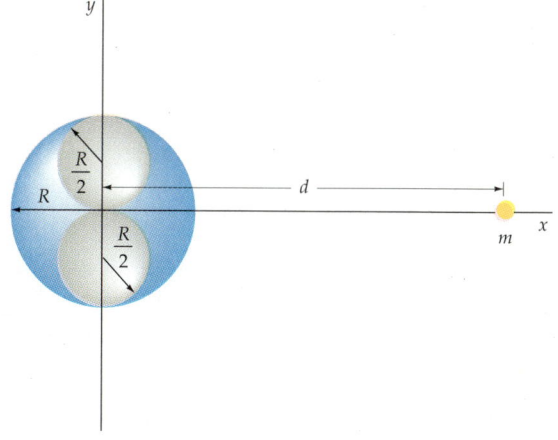

Abbildung 10.25 Zu Aufgabe 50.

11 Mechanik deformierbarer Körper

Die Zustände der Materie lassen sich in drei Kategorien einteilen. *Feste Körper* haben eine bestimmte Gestalt und ein bestimmtes Volumen (Raumerfüllung), die sich unter Einwirkung von Kräften verändern. Bei nicht zu großen Kräften bilden sich die Gestalt- und Volumenänderungen wieder zurück – Festkörper besitzen *Formelastizität*. *Flüssigkeiten* nehmen ein bestimmtes Volumen ein, sie haben aber keine bestimmte Form. Das Volumen einer Flüssigkeit kann durch Druck verändert werden. Fällt der Druck weg, so nimmt die Flüssigkeit wieder das Anfangsvolumen ein – Flüssigkeiten besitzen *Volumenelastizität*. *Gase* zeichnen sich dadurch aus, daß sie jeden ihnen zur Verfügung stehenden Raum ausfüllen, sie haben also weder Eigenvolumen noch Gestalt. Ihr Volumen ist viel stärker als bei Flüssigkeiten und Festkörpern veränderbar, Gase sind also *kompressibler*. Je nach Zusammenhang werden Gase und Flüssigkeiten oft als *Fluide* oder Flüssigkeiten und Festkörper als *kondensierte Materie* zusammengefaßt. Die Grenzen zwischen den verschiedenen Zuständen der Materie kann man nicht scharf ziehen. Obwohl man beispielsweise vom Fließen der Gletscher weiß, wird Eis als Festkörper betrachtet. Ebenso haben Glas und sogar Steine unter hohem Druck die Tendenz, während langer Zeiträume langsam zu fließen.

In diesem Kapitel werden wir einige der mechanischen Eigenschaften von Festkörpern und Fluiden in Ruhe und in Bewegung untersuchen.

11.1 Dichte

Eine wichtige Eigenschaft einer Substanz ist das Verhältnis von Masse zu Volumen, das man **Dichte** (manchmal auch *spezifische Masse*) nennt:

$$\text{Dichte} = \frac{\text{Masse}}{\text{Volumen}}.$$

Gewöhnlich verwendet man den griechischen Buchstaben ϱ für die Bezeichnung der Dichte:

$$\varrho = \frac{m}{V}.$$

11.1 *Dichte*

11 Mechanik deformierbarer Körper

Da das Gramm ursprünglich als Masse eines Kubikzentimeters Wasser definiert war, beträgt die Dichte von Wasser in cgs-Einheiten 1 g/cm³. Die Umrechnung in die SI-Einheiten (Kilogramm pro Kubikmeter) liefert für die Dichte von Wasser

$$\varrho = \frac{1\,\text{g}}{\text{cm}^3} \cdot \frac{1\,\text{kg}}{10^3\,\text{g}} \cdot \left(\frac{100\,\text{cm}}{1\,\text{m}}\right)^3 = 10^3\,\text{kg/m}^3 \,. \qquad 11.2$$

Die Dichte des Wassers verändert sich mit der Temperatur. Gleichung (11.2) gibt den Maximalwert an, der bei 4 °C angenommen wird. Eine gebräuchliche Volumeneinheit ist das **Liter** (L):

$$1\,\text{L} = 10^3\,\text{cm}^3 = 10^{-3}\,\text{m}^3 \,.$$

In diesen Einheiten beträgt die Dichte von Wasser 1,00 kg/L.

Wenn die Dichte eines Gegenstandes größer als die von Wasser ist, dann geht er im Wasser unter. Ist seine Dichte kleiner, dann schwimmt er. In Abschnitt 11.4 werden wir zeigen, daß für schwimmende Gegenstände der Bruchteil des Volumens, der in irgendeine Flüssigkeit eingetaucht ist, dem Verhältnis der Dichten des Gegenstandes und der Flüssigkeit entspricht. Eis hat beispielsweise bei einer Temperatur von 0 °C eine Dichte von etwa 0,92 g/cm³ und schwimmt daher in Wasser; dabei tauchen 92 Prozent seines Volumens in das Wasser ein. In Tabelle 11.1 sind die Dichten von einigen gebräuchlichen Materialien in SI-Einheiten aufgeführt. Das Verhältnis der Dichte einer Substanz zur Dichte von Wasser heißt **relative Dichte** der Substanz. Die relative Dichte hat keine Dimension. Man erhält sie, indem man die Dichte des vorliegenden Stoffes durch 10^3 kg/m³ dividiert. Beispielsweise ist die relative Dichte von Aluminium 2,7, und die von Eis beträgt 0,92. Die relativen Dichten von Materialien, die in Wasser untergehen, reichen von 1 bis 22,5 (für Osmium, dem Element mit der höchsten Dichte).

Obwohl sich die meisten Festkörper und Flüssigkeiten bei Erwärmung leicht ausdehnen und unter erhöhtem Außendruck etwas komprimieren lassen, sind diese Volumenänderungen relativ klein; man kann daher sagen, daß die Dichte der meisten Festkörper und Flüssigkeiten näherungsweise unabhängig von Temperatur und Druck ist. Andererseits hängt die Dichte eines Gases stark von Druck und Temperatur ab, so daß Druck und Temperatur bei der Dichteangabe eines Gases immer mit genannt werden müssen. In Tabelle 11.1 sind die Dichten unter sogenannten Standardbedingungen angegeben (Atmosphärendruck in Meereshöhe bei einer Temperatur von 0 °C). Beachten Sie, daß die Dichte der Gase wesentlich kleiner ist als die von Flüssigkeiten oder Festkörpern. Beispielsweise ist unter Standardbedingungen die Dichte von Wasser etwa 800mal so groß wie die von Luft.

Tabelle 11.1 Dichte von ausgewählten Substanzen. (Wenn nicht anders angegeben, bei t_C = 0 °C und p = 1 atm.)

Substanz	Dichte/kg·m⁻³
Aluminium	2,70 · 10³
Blei	11,3 · 10³
Eis	0,92 · 10³
Eisen	7,96 · 10³
Erde (durchschnittlich)	5,52 · 10³
Glas (gewöhnlich)	2,4–2,8 · 10³
Gold	19,3 · 10³
Holz (Eiche)	0,6–0,9 · 10³
Knochen	1,7–2,0 · 10³
Kupfer	8,93 · 10³
Zement	2,7–3,0 · 10³
Ziegelstein	1,4–2,2 · 10³
Alkohol (Ethanol)	0,806 · 10³
Benzin	0,68 · 10³
Meereswasser	1,025 · 10³
Quecksilber	13,6 · 10³
Wasser	1,00 · 10³
Dampf (100 °C)	0,6
Helium	0,1786
Luft	1,293
Wasserstoff	0,08994

Übung

Ein massiver Metallwürfel mit der Kantenlänge von 8 cm habe eine Masse von 4,08 kg. a) Wie groß ist die Dichte des Würfels? b) Der Würfel bestehe aus einem absolut reinen, elementaren Material, das in Tabelle 11.1 aufgeführt ist. Um welches Element handelt es sich? (Antworten: a) 7,97 g/cm³, b) Eisen)

In der Technik wird häufig mit dem Begriff der **Wichte** gearbeitet. Sie ist definiert als das Verhältnis der Gewichtskraft eines Körpers zu seinem Volumen. Die Wichte ist daher gleich dem Produkt aus der Dichte ϱ und der Erdbeschleunigung g:

$$\varrho g = \frac{F_G}{V} = \frac{mg}{V}.$$ 11.3

Die Wichte des Wassers beträgt

$$\varrho_W g = 10^3 \text{ kg} \cdot \text{m}^{-3} \cdot 9{,}81 \text{ m} \cdot \text{s}^{-2} = 9{,}81 \cdot 10^3 \text{ N} \cdot \text{m}^{-3}.$$ 11.4

Ein der Wichte äquivalenter Begriff ist das *spezifische Gewicht*. Allerdings sollte man diesen Begriff in der Physik möglichst nicht verwenden, in erster Linie wegen der unklaren Definition von „Gewicht" (vgl. Kapitel 4). Im Alltag meint man mit Gewicht meistens Masse und versteht dann unter spezifischem Gewicht nichts anderes als die Dichte.

Beispiel 11.1

Ein Bleibarren habe die Abmessungen $5 \times 10 \times 20 \text{ cm}^3$. Wieviel wiegt er?

Das Volumen des Barrens beträgt

$$V = 5 \text{ cm} \cdot 10 \text{ cm} \cdot 20 \text{ cm} = 1000 \text{ cm}^3 = 10^{-3} \text{ m}^3.$$

In Tabelle 11.1 findet man die Dichte von Blei mit $11{,}3 \cdot 10^3 \text{ kg/m}^3$. Die Masse des Barrens ist also

$$m = \varrho V = (11{,}3 \cdot 10^3 \text{ kg/m}^3) \cdot 10^{-3} \text{ m}^3 = 11{,}3 \text{ kg},$$

und seine Gewichtskraft beträgt

$$F_G = mg = 11{,}3 \text{ kg} \cdot 9{,}81 \text{ N/kg} = 111 \text{ N}.$$

Ein Goldbarren wäre noch 70% schwerer.

Beispiel 11.2

Ein 200-mL-Meßbecher werde mit Wasser der Temperatur 4 °C bis zum Rand gefüllt. Der Meßbecher werde auf 80 °C erhitzt, dabei laufen 6 g Wasser über. Wie groß ist die Dichte des Wassers bei 80 °C? (Gehen Sie von einer vernachlässigbaren Ausdehnung der Flasche aus.)

Da Wasser bei 4 °C eine Dichte von 1 g/cm^3 hat und $200 \text{ mL} = 200 \text{ cm}^3$, ist die Masse des Wassers, das sich ursprünglich in der Flasche befindet,

$$m = \varrho V = (1 \text{ g/cm}^3) \cdot 200 \text{ cm}^3 = 200 \text{ g}.$$

Da bei 80 °C aus dem Meßbecher 6 g Wasser überlaufen, beträgt die Masse des übriggebliebenen Wassers $200 \text{ g} - 6 \text{ g} = 194 \text{ g}$. Diese Wassermenge füllt die 200 mL Volumen vollständig aus, so daß die Dichte von Wasser bei 80 °C

$$\varrho = \frac{m}{V} = \frac{194 \text{ g}}{200 \text{ cm}^3} = 0{,}97 \text{ g/cm}^3$$

beträgt.

Frage

1. Wie groß ist schätzungsweise die relative Dichte Ihres Körpers?

11.2 Spannung und Dehnung

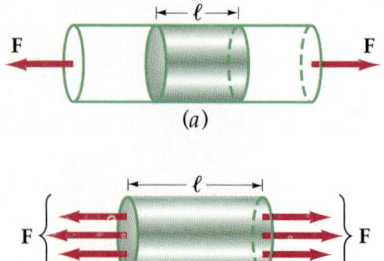

11.1 a) Metallstab, auf den eine Zugkraft F wirkt. b) Ein kleiner Abschnitt des Stabes. Die Größe Kraft pro Fläche heißt Spannung S.

Wenn sich ein Festkörper im thermischen Gleichgewicht befindet, aber Kräften ausgesetzt ist, die an ihm ziehen, ihn scheren oder komprimieren, dann ändert sich seine Form. Wenn der Körper seine ursprüngliche Form wieder annimmt, nachdem die Kräfte nicht mehr wirken, dann heißt er elastisch. Die meisten Objekte sind nur bis zu einer Grenze der Kräfte, der **elastischen Grenze**, elastisch. Wenn die Kräfte zu groß werden und die elastische Grenze überschritten wird, dann bleibt der Körper dauerhaft verformt.

Abbildung 11.1a zeigt einen Metallstab, der einer Zugbelastung F nach links und einer gleich großen Kraft F nach rechts ausgesetzt ist. In Abbildung 11.1b sieht man vergrößert ein kleines Element des Stabes mit der Länge ℓ. Da sich dieses Element im Gleichgewicht befindet, müssen die Kräfte, die benachbarte Elemente auf die rechte Seite ausüben, genauso groß sein wie die nach links gerichteten Kräfte. Wenn sich das Element nicht zu nahe am Ende der Stange befindet, dann verteilen sich diese Kräfte gleichmäßig über die Querschnittsfläche des Stabes. Das Verhältnis der Kraft F zur Querschnittsfläche A heißt **Zugspannung** oder kurz **Spannung** σ:

Spannung
$$\sigma = \frac{F}{A}.$$
11.5

Die Kräfte, die auf den Stab wirken, dehnen ihn. Der Bruchteil $\Delta\ell/\ell$, um den sich die Länge des Stabes ändert, heißt **relative Längenänderung** oder **Dehnung** ε:

Dehnung
$$\varepsilon = \frac{\Delta\ell}{\ell}.$$
11.6

11.2 Spannungs-Dehnungs-Diagramm eines typischen Metallstabes. Bis zum Punkt A ist die Dehnung proportional zur Spannung. Überschreitet man die Elastizitätsgrenze im Punkt B, bleibt der Stab dauerhaft gedehnt, auch wenn kein Zug mehr ausgeübt wird. Am Punkt C reißt der Stab.

Abbildung 11.2 zeigt den Zusammenhang von Spannung und Dehnung für einen typischen Metallstab. Bis zu einem bestimmten Punkt A, der Proportionalitätsgrenze, hängt die Dehnung linear von der Spannung ab. Dieses Verhalten heißt **Hookesches Gesetz**. Es gilt zum Beispiel in sehr guter Näherung für Federn, wenn man sie nur wenig ausdehnt. Dehnt man den Stab weiter (Abbildung 11.2), so folgt die Spannung nicht mehr linear. Alle Verformungen bilden sich jedoch zurück, solange man unter der Elastizitätsgrenze B bleibt. Bei weiterer Dehnung erreicht die Spannung ihren Maximalwert, die Festigkeitsgrenze. Wenn man die Dehnung noch weiter erhöht, sinkt die Spannung wieder. Man kann dies auf eine Umordnung auf molekularer Ebene zurückführen: Der Stab beginnt zu „fließen". Beim Erreichen der Reißdehnung im Punkt C reißt der Stab.

Das Verhältnis von Spannung zu Dehnung im Gültigkeitsbereich des Hookeschen Gesetzes ist eine Konstante, die man Dehnungsmodul, **Elastizitätsmodul** E oder kurz **E-Modul** nennt. (Im englischen Sprachraum ist die Bezeichnung Young's modulus gebräuchlich.) Es gilt also:

Elastizitätsmodul
$$E = \frac{\sigma}{\varepsilon} = \frac{F/A}{\Delta\ell/\ell}.$$
11.7

Die Einheit des E-Moduls ist Newton pro Quadratmeter. Näherungswerte sind in Tabelle 11.2 angegeben.

Tabelle 11.2 Der Elastizitätsmodul E und die Festigkeit verschiedener Materialien*

Material	E/ $GN \cdot m^{-2}$	Zugfestigkeit/ $MN \cdot m^{-2}$	Druckfestigkeit/ $MN \cdot m^{-2}$
Aluminium	70	90	
Beton	23	2	17
Blei	16	12	
Eisen (verarbeitet)	190	390	
Knochen			
Spannung	16	200	
Schub	9	–	270
Kupfer	110	230	
Messing	90	370	
Stahl	200	520	520

* Diese Werte sind repräsentativ. Die Werte für einzelne Proben können davon abweichen.

** $1\ GN = 10^3\ MN = 10^9\ N$.

Beispiel 11.3

Der Bizeps eines Mannes habe eine maximale Querschnittsfläche von $12\ cm^2 = 1{,}2 \cdot 10^{-3}\ m^2$. Wie groß ist die Spannung im Muskel, wenn er eine Kraft von 300 N ausübt?

Aus unserer Definition der Spannung wissen wir, daß

$$\sigma = \frac{F}{A} = \frac{300\ N}{1{,}2 \cdot 10^{-3}\ m^2} = 2{,}5 \cdot 10^5\ N/m^2\ .$$

Die maximale Spannung, die erreicht werden kann, ist für alle Muskeln annähernd gleich. Größere Kräfte können durch Muskeln mit größerem Querschnitt geleistet werden.

Beispiel 11.4

Eine Masse von 500 kg werde an ein 3 m langes Stahlseil mit einem Querschnitt von $0{,}15\ cm^2$ gehängt. Um wieviel Zentimeter dehnt sich das Seil?

Das Gewicht der Masse ist

$$mg = 500\ kg \cdot 9{,}81\ N/kg = 4{,}90 \cdot 10^3\ N\ .$$

Die Spannung im Seil beträgt also

$$\sigma = \frac{F}{A} = \frac{4{,}9 \cdot 10^3\ N}{0{,}15\ cm^2} = 3{,}27 \cdot 10^4\ N/cm^2 = 3{,}27 \cdot 10^8\ N/m^2\ .$$

Aus Tabelle 11.2 entnehmen wir den Elastizitätsmodul von Stahl zu $2{,}0 \cdot 10^{11}\ N/m^2$. Die relative Längenänderung ist dann

$$\frac{\Delta \ell}{\ell} = \frac{\sigma}{E} = \frac{3{,}27 \cdot 10^8\ N/m^2}{2{,}0 \cdot 10^{11}\ N/m^2} = 1{,}63 \cdot 10^{-3}\ .$$

Da das Seil 300 cm lang ist, dehnt es sich um

$$\Delta \ell = 1{,}63 \cdot 10^{-3}\ \ell = 1{,}63 \cdot 10^{-3} \cdot 300\ cm = 0{,}49\ cm\ .$$

Übung

Ein 1,5 m langer Draht habe einen Querschnitt von 2,4 mm². Dieser Draht hänge vertikal und dehne sich um 0,32 mm, wenn man eine Masse von 10 kg daran hängt. Bestimmen Sie a) die Spannung, b) die relative Längenänderung und c) den E-Modul des Drahtes. (Antworten: a) $4,09 \cdot 10^7$ N/m², b) $2,13 \cdot 10^{-4}$, c) $192 \cdot 10^9$ N/m²)

Wenn auf einen Stab Kräfte wirken, die ihn komprimieren, anstatt ihn zu dehnen, dann spricht man von **Druckspannung**. Bei vielen (nicht bei allen) Materialien ist der Elastizitätsmodul für Druckspannung genauso groß wie für Zugspannung; hierbei bezeichnet jedoch $\Delta \ell$ in Gleichung (11.7) die Längenabnahme oder Stauchung des Stabes. (Wichtige Materialien mit unterschiedlichen Elastizitätsmodulen für Druck- und Zugbelastung sind beispielsweise Knochen oder Beton.) Wenn die Druck- oder Zugbelastung zu groß ist, dann wird der Stab zerstört. Die zugehörige Spannung heißt **Zugfestigkeit** oder, im Falle von Druck, **Druckfestigkeit**. Näherungswerte für Zug- und Druckfestigkeit verschiedener Materialien sind ebenfalls in Tabelle 11.2 aufgeführt.

Eine Zugspannung bewirkt aber nicht nur eine Längenzunahme in Richtung der wirkenden Kraft: Gleichzeitig nimmt die Dicke d in dazu senkrechter Richtung um Δd ab. Diese sogenannte **Querkontraktion** kann man sehr gut beobachten, wenn man beispielsweise ein Einkochgummi langzieht. Nach dem Hookeschen Gesetz (das für Gummibänder allerdings nicht gilt) ist die Querkontraktion $\Delta d/d$ proportional zur Dehnung $\Delta \ell/\ell$. Die Proportionalitätskonstante heißt **Poissonsche Zahl** μ:

$$\mu = \frac{\Delta d/d}{\Delta \ell/\ell}.$$

Ein Stab mit quadratischem Querschnitt erfährt unter einer Zug- oder Druckspannung eine Volumenänderung ΔV:

$$\Delta V = (d - \Delta d)^2 \cdot (\ell + \Delta \ell) - d^2 \ell$$
$$= (d^2 - 2d\Delta d + \Delta d^2) \cdot (\ell + \Delta \ell) - d^2 \ell$$
$$\approx d^2 \Delta \ell - 2\Delta d \ell d$$

(hierbei haben wir Produkte von Δd und $\Delta \ell$ vernachlässigt). Die relative Volumenänderung beträgt

$$\frac{\Delta V}{V} = \frac{\Delta V}{d^2 \ell} = \frac{\Delta \ell}{\ell} - 2\frac{\Delta d}{d}$$
$$= \frac{\Delta \ell}{\ell} \left(1 - 2\frac{\Delta d}{d} \cdot \frac{\ell}{\Delta \ell}\right) = \frac{\Delta \ell}{\ell} (1 - 2\mu).$$

Da unter Einwirkung einer Zugspannung das Volumen nicht abnimmt, muß $\mu \leq 0,5$ gelten, damit $\Delta V/V \geq 0$ ist.

In Abbildung 11.3 wird eine Kraft F_S auf einen Buchdeckel mit der Fläche A ausgeübt. Im Unterschied zu den bisher behandelten Druck- und Zugkräften wirkt die Kraft hier in Richtung der Oberfläche, an der sie angreift. Eine solche

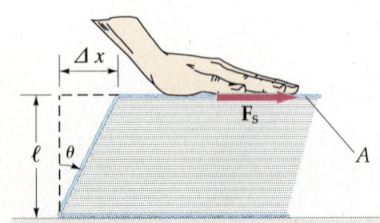

11.3 Läßt man die horizontale Kraft F_S langsam auf einen Buchdeckel wirken, so kommt es zu einer Scherspannung; sie ist definiert als Kraft pro Fläche. Das Verhältnis $\Delta x/\ell = \tan \theta$ ist die Scherung.

Kraft heißt **Scherkraft**. Das Verhältnis der Scherkraft F_S zur Fläche A heißt **Scherspannung** τ:

$$\tau = \frac{F_S}{A}. \qquad 11.8\,\text{a} \qquad \textit{Scherspannung}$$

Die Scherspannung bewirkt die in Abbildung 11.3 gezeigte Verformung. Das Verhältnis $\Delta x/\ell$ heißt **Scherung** γ:

$$\gamma = \frac{\Delta x}{\ell} = \tan\theta, \qquad 11.8\,\text{b} \qquad \textit{Scherung}$$

wobei θ der Scherwinkel ist (siehe Abbildung 11.3). Das Verhältnis von Scherspannung zur Scherung ist für kleine Scherwinkel konstant und heißt **Schubmodul** oder **Torsionsmodul** G:

$$G = \frac{\tau}{\gamma} = \frac{F_S/A}{\Delta x/\ell} = \frac{F_S/A}{\tan\theta}. \qquad 11.8\,\text{c} \qquad \textit{Schubmodul}$$

G ist ein Maß für die Formelastizität eines Körpers. Die Proportionalität von Scherspannung und Scherung für nicht zu große Spannungen ist das Hookesche Gesetz für Torsionsspannung. In einer Torsionswaage, wie sie zum Beispiel Cavendish zur Bestimmung der universellen Gravitationskonstante verwendete (Kapitel 10), ist das Drehmoment (das mit der Spannung zusammenhängt) proportional zum Drehwinkel (was für kleine Winkel gleich der Verformung ist). Näherungswerte des Schubmoduls sind für verschiedene Materialien in Tabelle 11.3 aufgeführt.

Tabelle 11.3 Näherungswerte für den Schubmodul G von verschiedenen Materialien

Material	$G/\text{GN}\cdot\text{m}^{-2}$
Aluminium	30
Blei	5,6
Eisen	70
Kupfer	42
Messing	36
Stahl	84
Wolfram	150

11.3 Druck in einer Flüssigkeit

Flüssigkeiten unterscheiden sich dadurch von Festkörpern, daß sie keine Scherspannung aufbauen können. Sie haben keine Formelastizität (ihr Schubmodul ist null) und können daher Behälter beliebiger Form ausfüllen. Wenn ein Körper in eine Flüssigkeit wie Wasser eingetaucht wird, dann bewirkt die Flüssigkeit eine Kraft, die an jeder Stelle senkrecht zur Oberfläche des Körpers steht. Wenn der Körper klein genug ist, so daß wir die Änderung der Eintauchtiefe in die Flüssigkeit nicht zu berücksichtigen brauchen, dann ist die von der Flüssigkeit auf den Körper ausgeübte Kraft pro Fläche an jeder Stelle gleich groß. Diese Kraft pro Fläche nennt man den **Druck** p der Flüssigkeit:

$$p = \frac{F}{A}. \qquad 11.9 \qquad \textit{Definition des Druckes}$$

In SI-Einheiten ist die Einheit des Druckes Newton pro Quadratmeter (N/m²) oder **Pascal** (Pa):

$$1\,\text{Pa} = 1\,\text{N/m}^2. \qquad 11.10$$

11 Mechanik deformierbarer Körper

Eine weitverbreitete Druckeinheit ist die Atmosphäre (atm). Eine Atmosphäre entspricht ungefähr dem Luftdruck auf Meereshöhe. Für die Umrechnung der Atmosphäre in Pascal gilt:

$$1 \text{ atm} = 101{,}325 \text{ kPa} \,. \qquad 11.11$$

Andere gebräuchliche Druckeinheiten werden später besprochen.

Der Druck einer Flüssigkeit auf einen Körper bewirkt eine Kompression des Körpers. Das Verhältnis von Druck zu relativer Volumenänderung ($\Delta V/V$) heißt **Kompressionsmodul** K:

Kompressionsmodul

$$K = -\frac{p}{\Delta V/V} \,. \qquad 11.12$$

Da alle Materialien ihr Volumen verkleinern, wenn sie einem äußeren Druck ausgesetzt sind, wurde in (11.12) ein Minuszeichen eingeführt, um K positiv zu machen. Der von einer Flüssigkeit ausgeübte Druck ist äquivalent zu einer Schubspannung, und die relative Volumenabnahme ($-\Delta V/V$) ist die Kompressionsverformung. Der Kehrwert des Kompressionsmoduls ist die **Kompressibilität** κ:

$$\kappa = \frac{1}{K} = -\frac{\Delta V/V}{p} \,. \qquad 11.13$$

Tabelle 11.4 Näherungswerte für den Kompressionsmodul K von verschiedenen Materialien

Material	K/GN·m^{-2}
Aluminium	70
Blei	7,7
Eisen	100
Kupfer	140
Messing	61
Quecksilber	27
Stahl	160
Wasser	2,0
Wolfram	200

Je schwieriger ein Material zu komprimieren ist, desto kleiner ist die zu einem bestimmten Druck gehörende relative Volumenänderung $\Delta V/V$ und damit auch die Kompressibilität κ. Das Konzept von Kompressionsmodul und Kompressibilität läßt sich sowohl auf Flüssigkeiten und Gase als auch auf Festkörper anwenden. Flüssigkeiten und Festkörper sind relativ inkompressibel; sie haben also kleine Werte für die Kompressibilität und große für den Kompressionsmodul. Diese Werte sind ziemlich unabhängig von Temperatur und Druck. Gase jedoch können relativ leicht komprimiert werden, und die Werte von K und κ hängen stark von Druck und Temperatur ab. Tabelle 11.4 führt typische Werte des Kompressionsmoduls für verschiedene Materialien auf.

Wie jeder Taucher weiß, nimmt der Druck in einem Gewässer mit der Tiefe zu. Ebenso nimmt der Luftdruck mit zunehmender Höhe ab. (Aus diesem Grund muß der Druck im Innenraum von Flugzeugen geregelt werden.) Für eine Flüssigkeit wie Wasser, deren Dichte überall gleich ist, nimmt der Druck linear mit der Tiefe zu. Dies können wir uns leicht veranschaulichen, wenn wir die Wassersäule der Höhe h mit der Grundfläche A betrachten, die in Abbildung 11.4 gezeigt wird. Der Druck auf die Grundfläche der Säule muß größer sein als der Druck an der Oberseite der Säule, da die Grundfläche das Gewicht der Säule tragen muß. Die Masse der Flüssigkeitssäule ist

$$m = \varrho V = \varrho A h \,,$$

und ihre Gewichtskraft beträgt

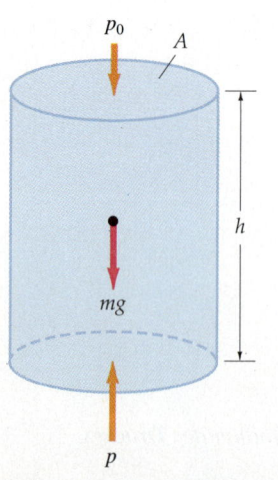

11.4 Wassersäule mit Höhe h und Querschnitt A. Der Druck p an der Unterseite muß größer sein als der Druck p_0 an der Oberfläche, damit die Gewichtskraft des Wassers ausgeglichen wird.

$$F_G = mg = \varrho A h g \,.$$

Wenn p_0 der Druck an der oberen Fläche der Säule und p der Druck am Fuße der Säule ist, dann ist die aus dieser Druckdifferenz resultierende, nach oben gerichtete Kraft gleich $pA - p_0 A$. Wenn wir diese Kraft gleich der nach unten gerichteten Gewichtskraft der Säule setzen, dann erhalten wir

$$pA - p_0 A = \varrho A h g$$

oder

$$p = p_0 + \varrho g h \qquad (\varrho \text{ konstant}).\qquad 11.14$$

Beispiel 11.5

Bestimmen Sie den Druck in einer Tiefe von 10 m unter der Wasseroberfläche, wenn der Druck an der Oberfläche 1 atm beträgt.

Mit Gleichung (11.14) und den Werten $p_0 = 1$ atm $= 101$ kPa, $\varrho = 10^3$ kg/m³ und $g = 9{,}81$ N/kg erhalten wir

$$p = 101 \text{ kPa} + (10^3 \text{ kg/m}^3)(9{,}81 \text{ N/kg}) \cdot 10 \text{ m}$$
$$= 101 \text{ kPa} + 9{,}81 \cdot 10^4 \text{ N/m}^2$$
$$= 101 \text{ kPa} + 98{,}1 \text{ kPa} = 199 \text{ kPa} = 1{,}97 \text{ atm}.$$

Der Druck in einer Tiefe von 10 m ist also etwa doppelt so groß wie an der Oberfläche.

Das Ergebnis, daß der Druck in einer Tiefe h um den Betrag $\varrho g h$ größer ist als an der Oberfläche, gilt für Flüssigkeiten in allen Gefäßen, völlig unabhängig von deren Form. Außerdem ist der Druck in einer bestimmten Tiefe an allen Punkten eines Gefäßes (also über den gesamten Querschnitt hinweg) gleich. Deshalb ist bei einer Vergrößerung von p, beispielsweise durch Hinunterdrücken der Oberfläche mit Hilfe eines Kolbens, der *Druckanstieg* überall gleich. Dies ist bekannt unter dem Namen **Pascalsches Prinzip**, benannt nach Blaise Pascal (1623–1662).

Wird auf eine in einem Gefäß eingeschlossene Flüssigkeit ein Druck ausgeübt, dann verteilt sich dieser Druck ungehindert auf jeden Punkt in der Flüssigkeit und auf die Wände des Behälters.

Das Pascalsche Prinzip

Eine gebräuchliche Anwendung des Pascalschen Prinzips ist der hydraulische Lift, der in Abbildung 11.5 dargestellt ist. Wenn die Kraft F_1 auf den kleineren Kolben wirkt, dann nimmt der Druck in der Flüssigkeit um F_1/A_1 zu. Die nach oben gerichtete Kraft, die die Flüssigkeit auf den größeren Kolben ausübt, ist gleich diesem Druck mal der Fläche A_2. Wenn wir diese Kraft F_2 nennen, dann gilt

$$F_2 = \frac{F_1}{A_1} A_2 = \frac{A_2}{A_1} F_1.$$

Wenn A_2 wesentlich größer als A_1 ist, dann kann man die kleine Kraft F_1 dazu verwenden, um eine viel größere Kraft F_2 auszuüben; damit läßt sich beispielsweise ein Massestück, das auf dem größeren Kolben liegt, anheben.

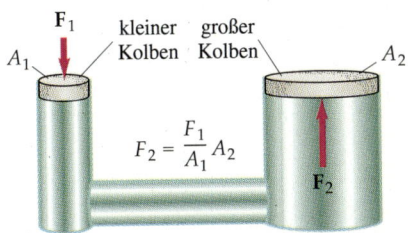

11.5 Ein hydraulischer Lift. Eine kleine Kraft F_1, ausgeübt auf den kleinen Kolben, führt zu einer Änderung des Drucks, die durch die Flüssigkeit an den großen Kolben weitergegeben wird. Da die Fläche des großen Kolbens wesentlich größer ist als die des kleinen, ist die Kraft F_2 auch wesentlich größer als F_1.

Beispiel 11.6

Der große Kolben eines Hydrauliklifts habe einen Radius r_1 von 20 cm. Welche Kraft muß man auf den kleinen Kolben mit dem Radius $r_2 = 2$ cm ausüben, um ein Auto mit der Masse 1500 kg anzuheben?

11 Mechanik deformierbarer Körper

11.6 Das hydrostatische Paradoxon. Der Wasserdruck am Boden ist unabhängig von der Form in allen Gefäßen gleich. Die Gewichtskraft der dunkler eingezeichneten Wassermengen wird vollständig durch entgegengesetzt wirkende Kräfte der Wände des Gefäßes kompensiert.

Die Gewichtskraft des Autos ist
$$mg = 1500 \text{ kg} \cdot 9{,}81 \text{ N/kg} = 1{,}47 \cdot 10^4 \text{ N} .$$
Die Kraft, die aufgewendet werden muß, ist dann
$$F_1 = \frac{A_1}{A_2} F_2 = \frac{\pi r_1^2}{\pi r_2^2} mg$$
$$= \frac{(2 \text{ cm})^2}{(20 \text{ cm})^2} \cdot 1{,}47 \cdot 10^4 \text{ N} = 147 \text{ N} .$$

Abbildung 11.6 zeigt Wasser in Behältern mit verschiedenen Formen. Auf den ersten Blick könnte man annehmen, daß der Druck im linken Behälter am größten und im rechten Behälter am kleinsten ist, was aber nicht zutrifft. Dieser Effekt ist als **hydrostatisches Paradoxon** bekannt. Der Druck hängt nur von der Wassertiefe ab, nicht von der Form des Behälters. Das heißt, daß der Druck bei gleichem Füllstand in allen Behältern gleich ist, was auch experimentell gezeigt werden kann. Obwohl das Wasser im mittleren Behälter mehr wiegt als in den beiden anderen, wird ein Teil der Gewichtskraft von der Normalkraft, die die Wände des größten Behälters ausüben, ausgeglichen, was einer nach oben gerichteten Kraftkomponente entspricht. Tatsächlich wird der Teil des Wassers, der in der Zeichnung mit einem dunklen Raster versehen ist, vollständig durch die Wände des Behälters getragen.

Wir können die Tatsache, daß die Druckdifferenz proportional zur Flüssigkeitstiefe ist, auch zur Messung von unbekannten Drücken nutzen. Abbildung 11.7 zeigt die einfachste Ausführung eines Manometers (Druckmessers), das offene Flüssigkeitsmanometer. Das obere Ende der Röhre ist zur Umgebung hin offen und erfährt daher den Atmosphärendruck p_{At}. Auf dem anderen Ende der Röhre liegt der Druck p, der gemessen werden soll. Die Differenz $p - p_{At}$ ist gleich $\varrho g h$, wobei ϱ der Dichte der Flüssigkeit in der Röhre entspricht. Die Differenz zwischen „absolutem" Druck p und Atmosphärendruck p_{At} heißt atmosphärische Druckdifferenz oder *Überdruck* p_e (der Index e kommt vom lateinischen excedere = überschreiten). Der Druck, den man an einem Autoreifen mißt, ist ebenfalls der Überdruck. Wenn der Reifen platt ist, dann ist der Überdruck null, und der absolute Druck im Reifen ist gleich dem Atmosphärendruck. Im Fall $p_e < p_{At}$ soll nach DIN nicht vom Unterdruck, sondern vom negativen Überdruck gesprochen werden. Den absoluten Druck erhält man aus dem Überdruck, indem man den Atmosphärendruck dazuaddiert:

$$p = p_e + p_{At} .\qquad\qquad 11.15$$

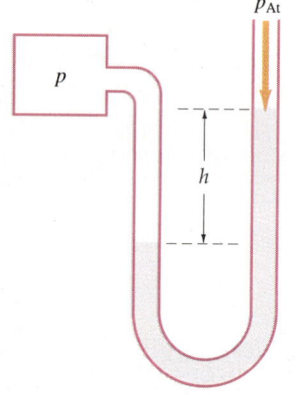

11.7 Offenes Flüssigkeitsmanometer, mit dem man unbekannte Drücke p mißt. Die Druckdifferenz $p - p_{At}$ ist gleich $\varrho g h$.

Abbildung 11.8 zeigt ein Quecksilbermanometer, mit dem man den Atmosphärendruck mißt. Das obere Ende der Röhre ist abgeschlossen und evakuiert, so daß der Druck dort (bis auf kleine Korrekturen) null ist. Man spricht daher hier auch von einem geschlossenen Flüssigkeitsmanometer. Das andere Ende ist zum Atmosphärendruck p_{At} hin offen. Der Druck p_{At} ist gegeben durch $p_{At} = \varrho g h$, wobei ϱ die Dichte des Quecksilbers ist.

Beispiel 11.7

Quecksilber hat bei 0 °C eine Dichte von $13{,}595 \cdot 10^3 \text{ kg/m}^3$. Wie hoch ist die Quecksilbersäule in einem U-Rohr-Barometer, wenn ein Druck von 1 atm = 101,325 kPa herrscht?

Es gilt
$$h = \frac{p}{\varrho g} = \frac{1{,}01325 \cdot 10^5 \text{ N/m}^2}{(13{,}595 \cdot 10^3 \text{ kg/m}^3) \cdot 9{,}81 \text{ N/kg}}$$
$$= 0{,}7597 \text{ m} \approx 760 \text{ mm} .$$

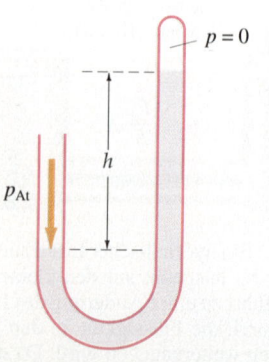

11.8 Ein geschlossenes Flüssigkeitsbarometer (U-Rohr-Barometer) zur Messung des Atmosphärendrucks p_{At}.

In der Praxis wird der Druck häufig immer noch in Millimeter Quecksilbersäule (mmHg) gemessen (was man auch nach dem italienischen Physiker Torricelli Torr nennt). Es gelten folgende Umrechnungen:

$$1 \text{ atm} = 760 \text{ mmHg} = 760 \text{ Torr} = 101{,}325 \text{ kPa} \qquad 11.16$$

$$1 \text{ mmHg} = 1 \text{ Torr} = 1{,}316 \cdot 10^{-3} \text{ atm} = 133{,}3 \text{ Pa}. \qquad 11.17$$

Eine andere gebräuchliche Einheit, wie sie manchmal noch auf Wetterkarten verwendet wird, ist das **bar**, das folgendermaßen definiert ist:

$$1 \text{ bar} = 10^3 \text{ mbar} = 100 \text{ kPa}. \qquad 11.18$$

Im Zuge der Umstellung auf das SI-System wird aber auch im Wetterbericht zunehmend die Einheit hPa (Hektopascal) verwendet. Man kommt damit auf dieselben Zahlenwerte wie bei der Einheit mbar.

Übung

Rechnen Sie einen Druck von 45 kPa in a) mmHg und b) Atmosphären um. (Antworten: a) 338 mmHg, b) 0,444 atm)

Bei Gasen, beispielsweise Luft, ist das Verhältnis zwischen Druck und Höhe komplizierter als bei Flüssigkeiten, da die Dichte eines Gases nicht konstant ist, sondern vom Druck abhängt. In guter Näherung ist sie proportional zum Druck. Der Druck in einer Luftsäule nimmt mit steigender Höhe in ähnlicher Weise ab, wie der Druck in einer Flüssigkeit kleiner wird, wenn man vom Boden nach oben steigt. Aber anders als beim Wasserdruck fällt der Luftdruck pro gegebenem Höhenunterschied nicht linear, sondern um einen gewissen Bruchteil (Abbildung 11.9). Einen solchen Verlauf nennt man exponentielle Abnahme. In einer Höhe von etwa 5,5 km beträgt der Luftdruck noch etwa die Hälfte des Druckes auf Meereshöhe. 5,5 km weiter oben, also in 11 km Höhe über dem Meeresspiegel (dies ist eine typische Flughöhe), ist der Druck nochmals halbiert, so daß wir nun nur noch ein Viertel des Druckes auf Meereshöhe haben und so weiter. Da die Dichte der Luft proportional zum Druck ist, nimmt sie ebenfalls mit der Höhe ab. Entsprechend steht beispielsweise auf einem Berg weniger Sauerstoff zur Verfügung als in normalen Höhen, was eine Belastung für den Organismus bedeutet. Bei Sportwettkämpfen in großen Höhen (Mexiko-Stadt, der Austragungsort der Olympischen Spiele 1968, liegt beispielsweise 2200 m hoch) müssen sich Athleten wochenlang vorher akklimatisieren. In Flugzeugen, die in sehr großen Höhen verkehren, muß der Druck in den Kabinen reguliert werden, damit die Passagiere Luft normaler Dichte atmen können.

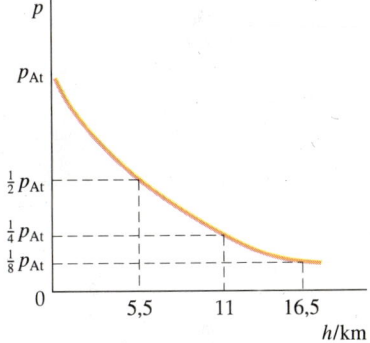

11.9 Änderung des Luftdrucks mit der Höhe über der Erdoberfläche. Alle 5,5 km wird der Druck um die Hälfte kleiner. Dies ist ein Beispiel für eine exponentielle Abnahme.

11.4 Auftrieb und Archimedisches Prinzip

Wenn ein schwerer Gegenstand an einer Feder aufgehängt und in Wasser getaucht wird, dann zeigt die Skala an der Federwaage eine geringere Gewichtskraft an, als wenn das Objekt in Luft gewogen würde (Abbildung 11.10a). Ursache dafür ist eine nach oben gerichtete Kraft, die einen Teil der Gewichtskraft kompensiert. Diese Kraft sehen wir noch besser beispielsweise bei einem Stück Korken, das wir ins Wasser eintauchen. Wenn der Korken vollständig eingetaucht ist, dann erfährt er vom Wasserdruck eine nach oben gerichtete Kraft, die größer ist als die Gewichtskraft, so daß der Korken nach oben beschleunigt wird. An der Oberfläche schwimmt der Korken, wobei ein Teil seines Volumens ins Wasser eingetaucht ist. Die Kraft, die eine Flüssigkeit auf ein darin eingetauchtes Objekt ausübt, heißt **Auftriebskraft** F_A. Diese Kraft hängt von der Dichte der Flüssigkeit und dem Volumen des Körpers ab, jedoch nicht von dessen Zusammensetzung oder Form. Der Betrag der Auftriebskraft ist gleich der Gewichtskraft der durch den Körper verdrängten Flüssigkeit.

> Ein Körper, der teilweise oder vollständig in eine Flüssigkeit eingetaucht ist, erfährt eine Auftriebskraft, deren Betrag gleich der Gewichtskraft der verdrängten Flüssigkeit ist.

Archimedisches Prinzip

Dieses Ergebnis ist als **Archimedisches Prinzip** bekannt.

Archimedes (287–212 v.Chr.) wurde die Aufgabe gestellt zu bestimmen, ob die Krone für König Hieron II. aus reinem Gold hergestellt war oder ob billigere Materialien, z. B. Silber, verwendet worden waren. Das Problem war, die Dichte der unregelmäßig geformten Krone zu bestimmen, ohne sie zu zerstören. Nach der Überlieferung kam Archimedes beim Baden auf die Lösung und rannte daraufhin nackt durch die Straßen von Syrakus, laut „Heureka" („Ich habe es gefunden") schreiend. Dieser Gedankenblitz ging den Newtonschen Gesetzen, aus denen das Archimedische Prinzip abgeleitet werden kann, um circa 1900 Jahre voraus. Archimedes hatte eine einfache und genaue Methode gefunden, um die Dichte der Krone zu bestimmen, die er dann mit der Dichte von Gold vergleichen konnte. Um den historischen Bezügen Genüge zu tun, verwenden wir in diesem Abschnitt ausnahmsweise den Begriff „*Gewicht*", den man sich aber eigentlich immer durch „Gewichtskraft" ersetzt denken muß. Das relative Gewicht eines Körpers ist sein Gewicht in Luft, dividiert durch das Gewicht des gleichen Volumens Wasser:

$$\text{relatives Gewicht} = \frac{\text{Gewicht des Gegenstandes in Luft}}{\text{Gewicht des gleichen Volumens Wasser}}.$$

Nach dem Archimedischen Prinzip ist aber das Gewicht einer gleichen Menge Wassers gleich der Auftriebskraft, die der eingetauchte Körper erfährt. Diese Kraft ist gleich seinem Gewichts*verlust*, wenn er in Wasser getaucht wird. Deshalb gilt

$$\text{relatives Gewicht} = \frac{\text{Gewicht des Gegenstandes in Luft}}{\text{Gewichtsverlust beim Eintauchen in Wasser}}. \quad 11.19$$

Das relative Gewicht der Krone des Hieron konnte damals bestimmt werden, indem man sie einfach in Luft wog, ein zweites Mal dann, als sie völlig in Wasser eingetaucht war. Man fand übrigens damals, daß der Goldschmied betrogen hatte.

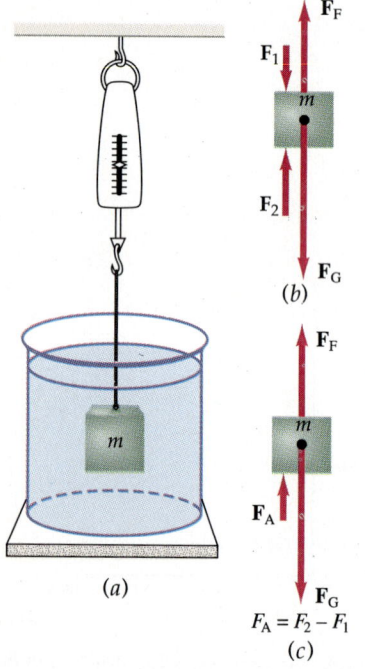

11.10 a) Beim Wiegen eines Gegenstandes, der in eine Flüssigkeit eingetaucht ist, zeigt die Waage eine geringere Gewichtskraft. b) Kräftediagramm, in dem Gewichtskraft F_G, Federkraft F_F sowie die Kräfte F_1 und F_2 eingezeichnet sind, die durch die umgebende Flüssigkeit ausgeübt werden. c) Die Auftriebskraft $F_A = F_2 - F_1$ ist die resultierende Kraft, die von der Flüssigkeit auf den Gegenstand ausgeübt wird. Sie zeigt nach oben, da der Druck an der Unterseite des Gegenstands größer ist als an der Oberseite.

Beispiel 11.8

Das relative Gewicht von Gold ist 19,3. Wenn eine Krone aus purem Gold in Luft 8 N wiegt, wie groß ist dann ihr Gewicht in Wasser?

Aus Gleichung (11.19) erhalten wir für den Gewichtsverlust in Wasser

$$\text{Gewichtsverlust} = \frac{\text{Gewicht in Luft}}{\text{relatives Gewicht}} = \frac{8\,\text{N}}{19,3} = 0{,}415\,\text{N}.$$

Die Krone wiegt daher in Wasser 8 N − 0,415 N = 7,59 N.

Wir können das Archimedische Prinzip aus den Newtonschen Gesetzen ableiten, wenn wir die Kräfte betrachten, die auf ein Volumenelement einer Flüssigkeit wirken, und beachten, daß im statischen Gleichgewicht die Kräfte null sein müssen. Abbildung 11.10b zeigt die vertikalen Kräfte auf einen eingetauchten Körper, während er gewogen wird. Diese sind die Gewichtskraft F_G nach unten, die Kraft der Federwaage F_F nach oben, die Kraft F_1, die nach unten wirkt, weil Flüssigkeit von oben auf das Objekt drückt, und die Kraft F_2, die nach oben wirkt, weil Flüssigkeit von unten auf das Objekt drückt. Da die Federwaage eine kleinere Gewichtskraft anzeigt, muß die Kraft F_2 größer sein als F_1. Die Differenz zwischen diesen beiden Kräften ist die Auftriebskraft $F_A = F_2 - F_1$. Sie tritt auf, weil der Druck an der Unterseite des Objektes größer ist als an der Oberseite.

In Abbildung 11.11 wurde die Federwaage weggelassen, und der eingetauchte Körper wurde durch ein gleiches Volumen Wasser ersetzt (gestrichelte Linien). Die Auftriebskraft $F_A = F_2 - F_1$ auf dieses Volumenelement Flüssigkeit ist die gleiche wie die Kraft auf den Körper in Abbildung 11.10, und zwar deswegen, weil die Flüssigkeit, die dieses Volumen umgibt, die gleiche ist. Weil das Flüssigkeitsvolumen sich im Gleichgewicht mit der Umgebung befindet, muß die resultierende Kraft, die darauf wirkt, null sein. Die nach oben wirkende Auftriebskraft ist daher gleich der nach unten gerichteten Gewichtskraft dieses Flüssigkeitsvolumens:

$$F_A = F_{G,F}. \qquad 11.20$$

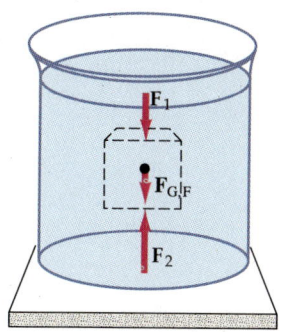

11.11 Ähnliches Experiment wie das in Abbildung 11.10 gezeigte, jedoch ist hier der eingetauchte Gegenstand durch ein gleich großes Wasservolumen ersetzt worden. Die Kräfte F_1 und F_2, die durch den Druck der Flüssigkeit ausgeübt werden, sind die gleichen wie in Abbildung 11.10. Die Auftriebskraft ist deshalb gleich der Gewichtskraft $F_{G,F}$ der verdrängten Flüssigkeit.

Man beachte, daß dieses Ergebnis nicht von der Form des eingetauchten Körpers abhängt. Wenn wir nämlich irgendeine unregelmäßig geformte Menge Flüssigkeit nehmen, dann muß es eine Auftriebskraft geben, die von der umgebenden Flüssigkeit auf das unregelmäßig geformte Volumen ausgeübt wird, und der Betrag dieser Kraft muß gleich der Gewichtskraft dieses Volumens sein. Hiermit haben wir das Archimedische Prinzip hergeleitet.

Aus dem Archimedischen Prinzip können wir folgern, daß ein Körper in einer Flüssigkeit schwimmt, wenn seine Dichte kleiner oder gleich der Dichte der Flüssigkeit ist. Wenn ϱ_F die Dichte einer Flüssigkeit ist, dann besitzt ein Volumen V der Flüssigkeit die Masse $\varrho_F V$ und hat das Gewicht

$$F_{G,F} = \varrho_F g V = F_A.$$

Das Gewicht des Körpers mit einer Dichte ϱ kann geschrieben werden als

$$F_G = \varrho g V.$$

Wenn die Dichte des Körpers größer als die der Flüssigkeit ist, dann ist sein Gewicht größer als die Auftriebskraft, und der Körper sinkt – es sei denn, er ist aufgehängt. Wenn ϱ kleiner als ϱ_F ist, dann ist die Auftriebskraft größer als das Gewicht, und der Körper erfährt eine Beschleunigung nach oben, es sei denn, er wird unten festgehalten. An der Oberfläche schwimmt er dann im Gleichgewicht, wobei ein Teil seines Volumens in die Flüssigkeit eintaucht. Hierbei ist das Gewicht der von dem Körper verdrängten Flüssigkeit gleich dem Gewicht des Körpers.

Beispiel 11.9

Ein Korken hat eine Dichte von 200 kg/m³. Bestimmen Sie den Volumenanteil des Korkens, der in Wasser eingetaucht ist, wenn er auf der Wasseroberfläche schwimmt.

Sei V das gesamte Volumen des Korkens und V^* der Teil, der in Wasser eingetaucht ist, wenn der Korken schwimmt. Das Gewicht des Korkens ist $\varrho g V$, die Auftriebskraft beträgt $\varrho_W g V^*$. Da sich der Korken im Gleichgewicht befindet, ist die Auftriebskraft gleich seiner Gewichtskraft:

$$F_A = F_G$$
$$\varrho_W g V^* = \varrho g V \,.$$

Für den Anteil des Korkens, der eingetaucht ist, erhalten wir

$$\frac{V^*}{V} = \frac{\varrho}{\varrho_W} = \frac{200 \text{ kg/m}^3}{1000 \text{ kg/m}^3} = \frac{1}{5} \,. \qquad 11.21$$

Beim Schwimmen des Korkens befinden sich also 80% des Volumens oberhalb der Wasseroberfläche.

Gleichung (11.21) gibt für einen beliebigen Körper in einer Flüssigkeit den Volumenanteil an, der in die Flüssigkeit eingetaucht ist, wenn wir ϱ_W durch ϱ_F ersetzen. Da die Dichte von Eis 920 kg/m³ und die Dichte von Meerwasser 1025 kg/m³ beträgt, ist der Anteil eines Eisberges, der in Meerwasser eingetaucht ist,

$$\frac{V^*}{V} = \frac{\varrho}{\varrho_F} = \frac{920 \text{ kg/m}^3}{1025 \text{ kg/m}^3} = 0{,}898 \,.$$

Damit ist klar, warum Eisberge für Schiffe so gefährlich sind: Nur etwa 10 Prozent eines Eisberges ragen aus dem Wasser.

Wenn ein in Wasser getauchter Körper gewogen wird (Abbildung 11.10a), dann ist das gemessene Gewicht F'_G, das eine Federwaage anzeigt, wegen der Auftriebskraft F_A kleiner als das wahre Gewicht F_G:

$$F'_G = F_G - F_A \,.$$

Wenn man diese Kräfte als Funktion des Volumens des Körpers sowie der Dichten des Körpers ϱ und der Flüssigkeit ϱ_F schreibt, dann gilt

$$F'_G = \varrho g V - \varrho_F g V = \varrho g V \left(1 - \frac{\varrho_F}{\varrho}\right)$$

oder

$$F'_G = F_G \left(1 - \frac{\varrho_F}{\varrho}\right). \qquad 11.22$$

Das gemessene Gewicht F'_G des eingetauchten Objektes ist also um den Faktor $(1 - \varrho/\varrho_F)$ kleiner als das tatsächliche Gewicht F_G.

Beispiel 11.10

Ein Block aus unbekanntem Material wiege in Luft 3 N und in Wasser 1,89 N (Abbildung 11.10a). a) Um welches Material handelt es sich dabei? b) Welche Korrektur muß für den Auftrieb in Luft gemacht werden, wenn der Block in Luft gewogen wird? (Die Dichte von Luft beträgt etwa 1,3 kg/m³.)

a) Wir bestimmen das Material des Blockes, indem wir seine Dichte berechnen. Nach Gleichung (11.19) ist das relative Gewicht eines Körpers gleich seinem Gewicht in Luft, dividiert durch den scheinbaren Gewichtsverlust des Objektes in Wasser. Er beträgt im vorliegenden Beispiel 3 N – 1,89 N = 1,11 N; also gilt

$$\text{relatives Gewicht} = \text{relative Dichte} = \frac{3 \text{ N}}{1{,}11 \text{ N}} = 2{,}70 \,.$$

Die Dichte dieses Materials ist daher das 2,7fache der Dichte von Wasser oder $2{,}70 \cdot 10^3$ kg/m³. Aus Tabelle 11.1 ersehen wir, daß der Block wahrscheinlich aus Aluminium besteht.

b) Die Korrektur für einen in Luft gewogenen Aluminiumblock erhält man aus Gleichung (11.22). Für Aluminium in Luft mit einer Dichte von 1,3 kg/m³ ergibt sich

$$\frac{\varrho_F}{\varrho} = \frac{1{,}3 \text{ kg/m}^3}{2{,}7 \cdot 10^3 \text{ kg/m}^3} = 4{,}8 \cdot 10^{-4}$$

und

$$1 - \frac{\varrho_F}{\varrho} = 1 - 0{,}00048 \ .$$

Der Unterschied zum unkorrigierten Gewicht beträgt nur 0,048 Prozent. Daher können wir den Auftrieb durch Luft normalerweise vernachlässigen.

Übung

Ein Stück Blei (relatives Gewicht von Blei: 11,3) wiege in Luft 80 N. Wieviel wiegt dieses Stück Blei in Wasser? (Antwort: 72,9 N)

Fragen

2. Wie können Sie in einem Swimmingpool Ihre mittlere Dichte abschätzen?
3. Warum kann man nur die Spitze eines Eisberges sehen?
4. Rauch steigt in einem Kamin gewöhnlich nach oben, aber an einem Tag mit sehr hoher Luftfeuchtigkeit kann er auch zum Boden sinken. Was können Sie daraus für das Verhältnis der Dichten von feuchter und trockener Luft schließen?
5. In welchem Wasser ist das Schwimmen leichter: in Salzwasser oder in Süßwasser? Warum?
6. Fische können ihr Volumen verändern, indem sie die Sauerstoff- und Stickstoffmenge (die sie aus ihrem Blut erhalten) in ihrer Schwimmblase variieren. Erklären Sie, wie ihnen das beim Schwimmen helfen kann.
7. Ein Körper habe eine Dichte, die nur geringfügig kleiner ist als diejenige von Wasser. Er schwimme also fast vollkommen in Wasser eingetaucht. Er sei jedoch leichter komprimierbar als Wasser. Was passiert, wenn man dem Körper einen leichten Stoß gibt, damit er völlig eintaucht?

11.5 Oberflächenspannung und Kapillarität

Eine Nadel oder andere leichte Gegenstände kann man auf einer Wasseroberfläche schwimmen lassen, wenn man sie vorsichtig auf ihr positioniert. Die Kraft, die eine Nadel schwimmen läßt, ist nicht die Auftriebskraft, sondern die **Oberflächenspannung**. Sie kommt durch anziehende Kräfte zustande, die die Moleküle aufeinander ausüben. Im Innern einer Flüssigkeit ist ein Molekül von allen Seiten durch andere Moleküle umgeben, und es erfährt durch die Wechselwirkung mit den anderen Molekülen mehr oder weniger isotrope (in allen Richtungen gleiche) Kräfte. Ein Molekül an der Oberfläche ist dagegen nur den Kräften ausgesetzt, die andere Moleküle „neben" oder „unter" ihm auf es ausüben, denn „über" ihm befinden sich keine weiteren Moleküle. Wenn ein Oberflächenmolekül leicht angehoben wird, dann werden die molekularen Bindungen zwischen ihm und den es umgebenden Molekülen im Flüssigkeitsvolumen gedehnt; es

11 Mechanik deformierbarer Körper

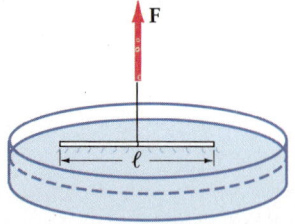

11.12 Eine Nadel der Länge ℓ liegt auf der Oberfläche einer Flüssigkeit und wird vorsichtig abgehoben. Die Oberflächenspannung bewirkt eine Kraft auf die Nadel, die dadurch zur Oberfläche zurückgezogen wird.

entsteht eine rückstellende Kraft, die versucht, das Molekül zurück an die Oberfläche zu ziehen. Wenn dagegen beispielsweise eine Nadel vorsichtig auf einer Wasseroberfläche abgelegt wird, dann werden die Moleküle an der Oberfläche leicht nach innen gedrückt, und die benachbarten Moleküle bewirken eine rückstellende Kraft, die nach oben zeigt und die die Nadel trägt. Die Wasseroberfläche ist also wie eine Membran gespannt. Die Kraft, die nötig ist, um die Oberfläche zu vergrößern, kann gemessen werden, wenn man die Nadel wie in Abbildung 11.12 anhebt, und zwar ist die Kraft proportional zur Länge der vergrößerten Oberfläche. Diese Länge ist doppelt so groß wie die Länge der Nadel, da auf beiden Seiten der Nadel der Oberflächenfilm abreißt. Wenn die Nadel die Masse m und die Länge ℓ hat, dann wird die Kraft F benötigt, um die Nadel von der Oberfläche abzuheben:

$$F = 2\gamma\ell + mg \ . \qquad 11.23$$

Dabei ist γ der **Koeffizient der Oberflächenspannung** oder einfach die **Oberflächenspannung**. Sie entspricht der Kraft, die der Wasserfilm ausübt, bezogen auf die Länge des Bereichs, in dem sich die Oberfläche vergrößert. Der Wert von γ für Wasser ist 0,073 N/m. Die Oberflächenspannung nimmt mit wachsender Temperatur ab und reagiert sehr empfindlich auf geringfügige Verunreinigungen, beispielsweise durch Tenside aus Spülmitteln. Wegen der Oberflächenspannung nehmen kleine Flüssigkeitstropfen Kugelform an. Wenn der Tropfen gebildet wird, zieht ihn die Oberflächenspannung zusammen, minimiert so die Oberfläche und macht den Tropfen kugelförmig. Dies kann man besonders gut bei Quecksilber beobachten ($\gamma = 0{,}465$ N/m).

(a) (b)

Die Entstehung eines Wassertropfens. a) Die nahezu kugelförmige Form des Tropfens ist eine Folge der Oberflächenspannung. b) Ein kugelförmiger Tropfen löst sich von der Flüssigkeitsoberfläche und bewegt sich nach oben, wenn vorher ein anderer Tropfen in die Flüssigkeit gefallen ist. (© Harold E. Edgerton/Palm Press, Inc.)

Übung

Ein Draht mit 12,0 cm Länge, der parallel zu einer Wasseroberfläche ausgerichtet ist, werde langsam aus der Flüssigkeit herausgezogen, ohne daß die Benetzung abreißt. Welche Kraft muß zusätzlich zur Gewichtskraft des Drahtes aufgewendet werden? (Antwort: 0,0175 N)

Die anziehenden Kräfte zwischen den Molekülen in einer Flüssigkeit heißen **Kohäsionskräfte**. Die Kraft zwischen einem Flüssigkeitsmolekül und einer anderen Substanz, wie zum Beispiel der Wand einer dünnen Röhre, heißt **Adhäsionskraft**. Wenn die Adhäsionskraft groß ist im Vergleich zur Kohäsionskraft, wie zum Beispiel bei Wasser und einer Glasfläche, dann sagt man, daß die

Flüssigkeit die Oberfläche der anderen Substanz benetzt. In diesem Fall ist die Oberfläche einer Flüssigkeitssäule in einer Röhre konkav nach oben gewölbt (Abbildung 11.13 a). Der Kontaktwinkel θ_K zwischen Wand und Oberfläche ist ein Maß für die relative Stärke der Kohäsions- und der Adhäsionskräfte. Für eine Flüssigkeit, die eine Oberfläche benetzt, ist der Kontaktwinkel θ_K kleiner als 90° (Abbildung 11.13 a). Wenn die Adhäsionskräfte klein sind im Vergleich zu den Kohäsionskräften (zum Beispiel im Falle von Quecksilber und Glas), dann kann die Flüssigkeit die Oberfläche nicht benetzen, und die Oberfläche ist konvex (Abbildung 11.13 b). In diesem Fall ist der Kontaktwinkel größer als 90°. Kohäsions- und Adhäsionskräfte sind theoretisch schwer zu berechnen; die Kontaktwinkel θ_K jedoch können leicht gemessen werden. Für Wasser und Glas beträgt der Kontaktwinkel annähernd 0°, für Quecksilber und Glas beträgt er ungefähr 140°.

Wenn die Oberfläche einer Flüssigkeit konkav nach oben gewölbt ist, dann hat die Oberflächenspannung an der Wand einer Röhre eine nach oben gerichtete Komponente (Abbildung 11.14). Die Flüssigkeit steigt so lange in der Röhre nach oben, bis die durch die Oberflächenspannung verursachte nach oben gerichtete Kraft durch die nach unten wirkende Gewichtskraft der Flüssigkeit ausgeglichen wird. Dieses Hochsteigen wird **Kapillarwirkung** oder einfach **Kapillarität** genannt, und die Röhre heißt Kapillare. In Abbildung 11.14 wird eine Kapillare mit Radius r gezeigt, in der die Flüssigkeit bis zu einer Höhe h angestiegen ist. An der Oberseite ist die Röhre offen, so daß dort Atmosphärendruck herrscht. Die Kraft, die die Flüssigkeit dort oben hält, ist die vertikale Komponente der Oberflächenspannung, $F \cos \theta_K$. Da die Länge der Kontaktoberfläche $2\pi r$ ist, hat diese vertikale Kraft den Betrag $\gamma 2\pi r \cos \theta_K$. Wenn man die leichte Krümmung der Oberfläche vernachlässigt (in der Abbildung ist sie stark vergrößert wiedergegeben), dann beträgt das Flüssigkeitsvolumen in der Röhre $\pi r^2 h$. Setzen wir nun die resultierende, nach oben gerichtete Kraft gleich der Gewichtskraft, dann erhalten wir

$$\gamma 2\pi r \cos \theta_K = \varrho (\pi r^2 h) g$$

oder

$$h = \frac{2\gamma \cos \theta_K}{\varrho r g}. \qquad 11.24$$

Die Kapillarität ist verantwortlich für das Aufsaugen von Tinte durch Löschpapier oder das Aufsteigen von Öl im Docht einer Lampe. Durch die Kapillarität wird auch Wasser im Boden in den kleinen Zwischenräumen zwischen den Erdteilchen festgehalten. Gäbe es keine Kapillarität, dann würde der ganze Regen direkt ins Grundwasser sickern und die oberen Erdschichten trocken lassen. Landwirtschaftlicher Anbau wäre dann nur in sumpfigen Gegenden möglich (wie zum Beispiel der Reisanbau).

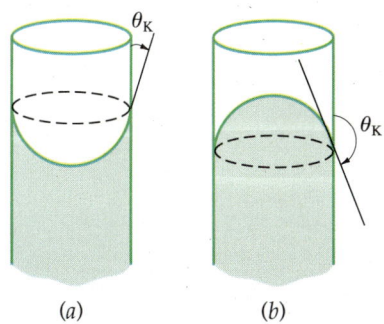

11.13 a) Die Oberfläche einer Flüssigkeit in einer engen Röhre für den Fall, daß die Adhäsionskräfte größer als die Kohäsionskräfte sind. Die Oberfläche ist konkav nach oben gekrümmt, und der Kontaktwinkel θ_K ist kleiner als 90°. b) Wenn die Kohäsionskräfte größer als die Adhäsionskräfte sind, dann ist die Oberfläche der Flüssigkeit konvex, und der Kontaktwinkel θ_K ist größer als 90°.

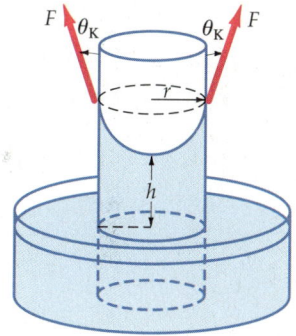

11.14 Eine Flüssigkeit, die in einer Kapillare nach oben steigt. Die nach oben wirkende Kraft, deren Ursache die Oberflächenspannung ist, trägt die Masse der Wassersäule.

Beispiel 11.11

Wie hoch steigt Wasser in einer Röhre von 0,1 mm Radius, wenn der Kontaktwinkel null ist?

Wenn wir für γ den Wert für Wasser von 0,073 N/m verwenden, dann gilt nach Gleichung (11.24)

$$h = \frac{2 \cdot (0{,}073 \text{ N/m}) \cdot \cos 0°}{(1000 \text{ kg/m}^3) \cdot 0{,}0001 \text{ m} \cdot 9{,}81 \text{ N/kg}} = 0{,}149 \text{ m} = 14{,}9 \text{ cm}.$$

Das ist für diese Anordnung der maximale Wert.

Beispiel 11.12

Die Oberflächenspannung von Quecksilber beträgt 0,465 N/m, und θ_K ist 140°. Eine Glaskapillare mit 3 mm Radius werde in einen Behälter mit Quecksilber hineingehalten. Bis zu welcher Höhe (relativ zur Höhe des Quecksilbers im Behälter) steigt das Quecksilber in der Kapillare an?

Aus Gleichung (11.24) erhalten wir

$$h = \frac{2 \cdot (0{,}465 \text{ N/m}) \cdot \cos 140°}{(13{,}6 \cdot 10^3 \text{ kg/m}^3) \cdot 3 \cdot 10^{-3} \text{ m} \cdot 9{,}81 \text{ N/kg}}$$

$$= -1{,}78 \cdot 10^{-3} \text{ m} = -1{,}78 \text{ mm}.$$

Das Quecksilber in der Kapillare wird um 1,78 mm unter die Oberfläche des umgebenden Quecksilbers gedrückt. Dieser Effekt heißt Kapillardepression.

Frage

8. Ein Wasserläufer, eine Wanzenart, läuft auf der Oberfläche eines Sees. Warum geht er nicht unter?

11.6 Fluiddynamik und Bernoulli-Gleichung

Die Strömung eines Fluids kann sehr kompliziert sein. Betrachten wir zum Beispiel den aufsteigenden Rauch einer Zigarette. Zuerst steigt der Rauch mit einer gleichmäßigen Strömung senkrecht auf, sehr bald jedoch setzen Turbulenzen ein, und der Rauch fängt an, unregelmäßig zu verwirbeln. Ein ähnlicher Effekt kann beim Aufsteigen von heißer Luft über einem Spiritusbrenner beobachtet werden

11.15 Wirbel bei turbulenter Strömung von heißer Luft über einem Spiritusbrenner an der Spitze eines Ventilatorflügels. (© Harold E. Edgerton/Palm Press, Inc.)

(Abbildung 11.15). Turbulente Strömung ist sehr schwierig zu behandeln, selbst wenn man nur eine qualitative Betrachtung versucht. Aus diesem Grund werden wir uns nur mit nichtturbulenten, stationären Strömungen befassen, wie beispielsweise dem gleichmäßigen Aufsteigen des Zigarettenrauchs, bevor er turbulent wird.

Zuerst werden wir eine Flüssigkeit betrachten, die ohne „Verbrauch" von mechanischer Energie fließt. Eine solche Flüssigkeit heißt nichtviskos. (Wir werden Viskosität im nächsten Abschnitt behandeln.) Wir nehmen an, daß die Flüssigkeit inkompressibel ist, was auf die meisten Flüssigkeiten in guter Näherung zutrifft. In einer inkompressiblen Flüssigkeit ist die Dichte innerhalb der Flüssigkeit konstant.

Abbildung 11.16 zeigt eine Flüssigkeit, die in einer Röhre veränderlichen Querschnittes fließt. Der dunkel gerasterte Bereich auf der linken Seite ist das Flüssigkeitsvolumen, das an der Fläche A_1 in einem bestimmten Zeitintervall Δt in die Röhre hineinfließt. Wenn die Strömungsgeschwindigkeit der Flüssigkeit an dieser Fläche v_1 ist, dann fließt im Zeitintervall Δt das Volumen ΔV mit

$$\Delta V = A_1 v_1 \Delta t$$

in die Röhre hinein. Da wir angenommen haben, daß es sich um eine inkompressible Flüssigkeit handelt, muß das gleiche Volumen an der Fläche A_2 auf der rechten Seite der Röhre herausfließen, wie es in der Abbildung 11.16 durch die dunkle Rasterung wiedergegeben ist. Wenn die Geschwindigkeit der Flüssigkeit an dieser Fläche v_2 ist, dann ist das Volumen $\Delta V = v_2 A_2 \Delta t$. Damit diese beiden Volumina gleich sind, muß gelten:

$$A_1 v_1 \Delta t = A_2 v_2 \Delta t$$
$$A_1 v_1 = A_2 v_2 \ . \qquad 11.25$$

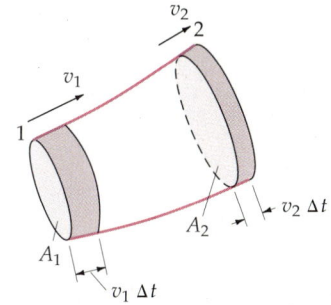

11.16 Eine inkompressible Flüssigkeit, die durch eine Röhre mit variablem Querschnitt fließt. Die schraffiert eingezeichneten Volumina sind gleich.

Die Größe Av heißt **Volumenstrom** $\dot{V}$. Die Dimension von $\dot{V}$ ist Volumen pro Zeit. Bei einer inkompressiblen Flüssigkeit ist der Volumenstrom durch jede Ebene der Flüssigkeit gleich groß:

$$\dot{V} = vA = \text{konstant} \ . \qquad 11.26$$

Kontinuitätsgleichung

Gleichung (11.26) heißt **Kontinuitätsgleichung**. Sie wird uns in ähnlicher Form im Teil 4 „Elektrizität und Magnetismus" noch einmal begegnen.

Beispiel 11.13

Blut fließt mit der Geschwindigkeit von 30 cm/s durch eine Aorta, wenn deren Radius 1,0 cm beträgt. Wie groß ist der Volumenstrom?

Aus Gleichung (11.26) erhalten wir

$$\dot{V} = vA = (0{,}30 \text{ m/s}) \, \pi \, (0{,}01 \text{ m})^2$$
$$= 9{,}42 \cdot 10^{-5} \text{ m}^3\text{/s} \ .$$

Es ist üblich, die Pumpleistung des Herzens in Liter pro Minute anzugeben. Mit $1 \text{ L} = 10^{-3} \text{ m}^3$ und $1 \text{ min} = 60 \text{ s}$ ergibt sich

$$\dot{V} = (9{,}42 \cdot 10^{-5} \text{ m}^3\text{/s}) \cdot \frac{1 \text{ L}}{10^{-3} \text{ m}^3} \cdot \frac{60 \text{ s}}{1 \text{ min}}$$
$$= 5{,}65 \text{ L/min} \ .$$

In einer Minute wird also etwa das gesamte Blutvolumen des Körpers umgewälzt.

11 Mechanik deformierbarer Körper

Beispiel 11.14

Blut fließe von einer großen Arterie mit 0,3 cm Radius, in der die Strömungsgeschwindigkeit 10 cm/s beträgt, in einen Bereich, wo der Radius (aufgrund von Ablagerungen durch Arteriosklerose) nur noch 0,2 cm beträgt. Wie groß ist die Strömungsgeschwindigkeit des Blutes im engeren Bereich?

Seien v_1 und v_2 Anfangs- und Endgeschwindigkeit sowie A_1 und A_2 die beiden Querschnitte zu Anfang und am Ende; dann liefert Gleichung (11.25)

$$v_2 = \frac{A_1}{A_2} v_1 = \frac{\pi(0{,}3 \text{ cm})^2}{\pi(0{,}2 \text{ cm})^2} \cdot 10 \text{ cm/s} = 22{,}5 \text{ cm/s} \;.$$

Übung

Wasser fließe mit einer Geschwindigkeit von 12 m/s in einer horizontalen Röhre. Wie groß ist die Strömungsgeschwindigkeit an einer Stelle, wo der Radius der Röhre doppelt so groß ist? (Antwort: 3 m/s)

Wir betrachten nun eine Flüssigkeit, die in einer Röhre fließt; dabei soll sich nicht nur der Querschnitt der Röhre, sondern auch ihre Höhe über dem Erdboden verändern (Abbildung 11.17). Wir wenden den Energieerhaltungssatz auf die Flüssigkeitsmenge an, die sich zwischen den Flächen 1 und 2 in Abbildung 11.17a befindet. Nach einer gewissen Zeit Δt hat sich die Flüssigkeitsmenge in der Röhre bewegt und befindet sich nun zwischen den Flächen 1' und 2' (Abbildung 11.17b). Die einzige Veränderung, die sich zwischen den beiden Abbildungen 11.17a und b ergeben hat, betrifft die dunkelgrün eingezeichneten Bereiche. Sei $\Delta m = \varrho \, \Delta V$ die Masse der Flüssigkeitsmenge. Im Resultat wird während des Zeitintervalls Δt die Masse Δm von y_1 nach y_2 angehoben, und die Geschwindigkeit steigt von v_1 auf v_2. Dabei ändert sich die potentielle Energie dieser Flüssigkeitsmenge um

$$\Delta E_\text{pot} = \Delta m \, g y_2 - \Delta m \, g y_1 = \varrho \Delta V \, g(y_2 - y_1)\,,$$

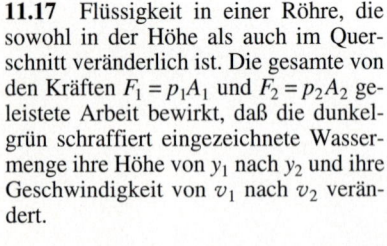

11.17 Flüssigkeit in einer Röhre, die sowohl in der Höhe als auch im Querschnitt veränderlich ist. Die gesamte von den Kräften $F_1 = p_1 A_1$ und $F_2 = p_2 A_2$ geleistete Arbeit bewirkt, daß die dunkelgrün schraffiert eingezeichnete Wassermenge ihre Höhe von y_1 nach y_2 und ihre Geschwindigkeit von v_1 nach v_2 verändert.

und die Änderung der kinetischen Energie beträgt

$$\Delta E_\text{kin} = \frac{1}{2}(\Delta m)v_2^2 - \frac{1}{2}(\Delta m)v_1^2 = \frac{1}{2}\varrho \, \Delta V \, (v_2^2 - v_1^2)\,.$$

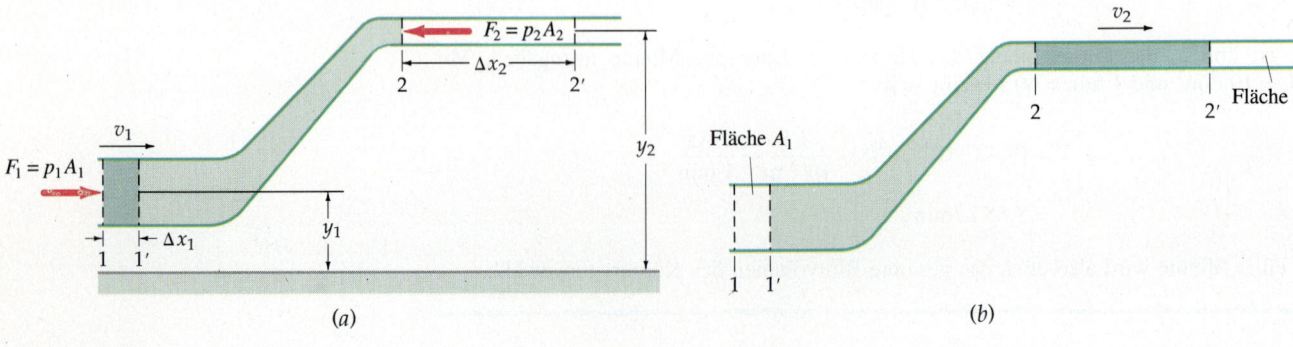

Weitere Flüssigkeit, die der betrachteten Flüssigkeitsmenge mit der Masse Δm in der Röhre nachfolgt, bewirkt eine Kraft nach rechts mit dem Betrag $F_1 = p_1 A_1$, wobei p_1 der Druck am Punkt 1 ist. Diese Kraft leistet die Arbeit

$$W_1 = F_1 \Delta x_1 = p_1 A_1 \Delta x_1 = p_1 \Delta V.$$

Zur gleichen Zeit bewirkt diejenige Flüssigkeit, die vor der Flüssigkeitsmenge mit der Masse Δm nach rechts geflossen ist, eine Kraft $F_2 = p_2 A_2$ nach links. Diese Kraft leistet negative Arbeit, da sie der Bewegung entgegengesetzt ist:

$$W_2 = -F_2 \Delta x_2 = -p_2 A_2 \Delta x_2 = -p_2 \Delta V.$$

Die gesamte Arbeit, die diese Kräfte leisten, ist

$$W_{ges} = p_1 \Delta V - p_2 \Delta V = (p_1 - p_2) \Delta V.$$

Der Energieerhaltungssatz liefert

$$W_{ges} = \Delta E_{pot} + \Delta E_{kin},$$

so daß gilt

$$(p_1 - p_2) \Delta V = \varrho \Delta V g (y_2 - y_1) + \frac{1}{2} \varrho \Delta V (v_2^2 - v_1^2).$$

Wenn wir durch ΔV teilen, dann erhalten wir

$$p_1 - p_2 = \varrho g y_2 - \varrho g y_1 + \frac{1}{2} \varrho v_2^2 - \frac{1}{2} \varrho v_1^2.$$

Wenn wir nun alle mit 1 indizierten Größen auf eine Seite und alle mit 2 indizierten auf die andere Seite schreiben, wird aus dieser Gleichung

$$p_1 + \varrho g y_1 + \frac{1}{2} \varrho v_1^2 = p_2 + \varrho g y_2 + \frac{1}{2} \varrho v_2^2. \qquad 11.27\,\text{a}$$

Dieses Ergebnis kann man auch folgendermaßen wiedergeben:

$$p + \varrho g y + \frac{1}{2} \varrho v^2 = \text{konstant}. \qquad 11.27\,\text{b} \qquad \textit{Bernoulli-Gleichung}$$

Dies bedeutet, daß diese Kombination von Größen für jeden Punkt entlang der Röhre den gleichen Wert hat. Gleichung (11.27) ist als **Bernoulli-Gleichung** für den gleichmäßigen, nichtviskosen Fluß einer inkompressiblen Flüssigkeit bekannt. Bis zu einem gewissen Grad läßt sich die Bernoulli-Gleichung auch auf kompressible Fluide wie Gase anwenden. Für stark viskose Flüssigkeiten muß die Bernoulli-Gleichung jedoch modifiziert werden (Abschnitt 11.7).

Eine besondere Anwendung der Bernoulli-Gleichung gilt für Flüssigkeiten in Ruhe. Dann ist nämlich $v_1 = v_2 = 0$, und wir erhalten:

$$p_1 - p_2 = \varrho g (y_2 - y_1) = \varrho g h,$$

wobei $h = y_2 - y_1$ der Höhenunterschied zwischen den beiden Flächen 2 und 1 ist. Dies entspricht der Gleichung (11.14). Wir betrachten nun einige Beispiele für die Anwendung der Bernoulli-Gleichung im nichtstatischen Fall.

11 Mechanik deformierbarer Körper

11.18 Ein Wassertank mit einem kleinen Loch nahe dem Boden. Das austretende Wasser ist genauso schnell, wie wenn es in freiem Fall die Strecke $h = y_a - y_b$ durchfallen hätte. Dieses Ergebnis ist als das Gesetz von Torricelli bekannt.

Beispiel 11.15

Ein großer Wassertank habe ein kleines Loch im Abstand h unterhalb der Wasseroberfläche (Abbildung 11.18). Mit welcher Geschwindigkeit strömt das Wasser aus der Öffnung heraus?

Wir wenden die Bernoulli-Gleichung auf die Flächen a und b der Zeichnung an. Da der Durchmesser des Loches im Tank wesentlich kleiner ist als der Durchmesser des Tanks, können wir die Geschwindigkeit des Wassers an der Oberfläche (Fläche a) vernachlässigen. Dann gilt wegen (11.27a)

$$p_a + \varrho g y_a = p_b + \frac{1}{2} \varrho v_b^2 + \varrho g y_b \, .$$

Da beide Flächen a und b zur umgebenden Atmosphäre hin offen sind, sind die Drücke p_a und p_b gleich dem Atmosphärendruck. Damit gilt

$$v_b^2 = 2g \, (y_a - y_b) = 2gh$$

und

$$v_b = \sqrt{2gh} \, .$$

In Beispiel 11.15 tritt das Wasser aus dem Loch mit der Ausflußgeschwindigkeit aus, die es beim freien Fall aus der Höhe h hätte. Dies ist als das **Gesetz von Torricelli** bekannt. Die Geschwindigkeit ist unabhängig davon, ob sich das Loch am Boden oder an der Seitenwand des Tanks befindet, wenn der Wasserspiegel zuvor die gleiche Höhe h hatte.

In Abbildung 11.19 fließt Wasser durch eine horizontale Röhre mit einer Verengung. Da beide Abschnitte der Röhre sich in der gleichen Höhe befinden, gilt in Gleichung (11.27a) $y_1 = y_2$. Damit wird die Bernoulli-Gleichung zu

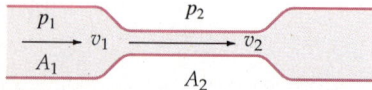

11.19 Verengung in einer Röhre, in der sich eine Flüssigkeit bewegt. Der Druck ist in der Verengung kleiner als im weiteren Teil der Röhre, aber die Flüssigkeit bewegt sich schneller.

$$p + \frac{1}{2} \varrho v^2 = \text{konstant} \, . \qquad 11.28$$

Wenn die Flüssigkeit in die Verengung fließt, wird die Querschnittsfläche A kleiner; also muß die Geschwindigkeit v zunehmen, da Av konstant bleibt. Wenn aber die Geschwindigkeit zunimmt, muß – entgegen der Intuition – nach Gleichung (11.28) der Druck abnehmen, wenn $p + \frac{1}{2} \varrho v^2$ konstant bleiben soll. Aus diesem Grund ist der Druck in der Verengung kleiner. Dies ist ein wichtiges Ergebnis, das sich in vielen Situationen anwenden läßt, in denen keine Höhenunterschiede berücksichtigt werden müssen.

Venturi-Effekt

Wenn die Strömungsgeschwindigkeit einer Flüssigkeit zunimmt, fällt der Druck.

Dieses Ergebnis wird oft als **Venturi-Effekt** bezeichnet.

Beispiel 11.16

Wasser bewege sich unter einem Druck von 200 kPa mit 4 m/s durch eine Röhre, die sich an einer Stelle auf die Hälfte des ursprünglichen Durchmessers verengt. Bestimmen Sie a) die Geschwindigkeit und b) den Druck des Wassers im verengten Teil der Röhre.

a) Da die Fläche der Röhre proportional zum Quadrat des Durchmessers ist, ist die Fläche des verengten Teiles der Röhre ein Viertel der ursprünglichen Fläche. Nach der

Kontinuitätsgleichung ist $dV/dt = vA$ = konstant. Damit ist die Geschwindigkeit im engeren Teil der Röhre 4mal so groß oder 16 m/s.

b) Um den Druck im verengten Teilstück der Röhre zu finden, verwenden wir Gleichung (11.28):

$$p_1 + \frac{1}{2}\varrho v_1^2 = p_2 + \frac{1}{2}\varrho v_2^2$$

$$200\text{ kPa} + 8000\text{ Pa} = p_2 + 128\,000\text{ Pa}$$

$$p_2 = 200\text{ kPa} + 8\text{ kPa} - 128\text{ kPa} = 80\text{ kPa}\,.$$

Beachten Sie, daß wir für $\frac{1}{2}\varrho v^2$ die Einheit Pascal erhalten, wenn wir für ϱ und v SI-Einheiten verwenden. Wir können dies nachprüfen, indem wir die Einheiten von ϱv^2 ausschreiben:

$$\frac{\text{kg}}{\text{m}^3} \cdot \frac{\text{m}^2}{\text{s}^2} = \frac{\text{kg} \cdot \text{m/s}^2}{\text{m}^2} = \frac{\text{N}}{\text{m}^2} = \text{Pa}\,.$$

Hier haben wir ausgenutzt, daß $1\text{ kg} \cdot \text{m/s}^2 = 1\text{ N}$.

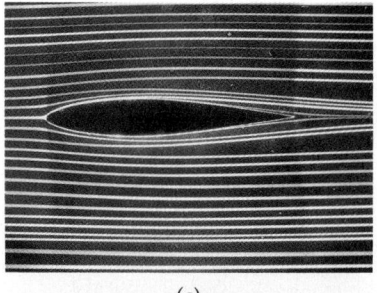

(a)

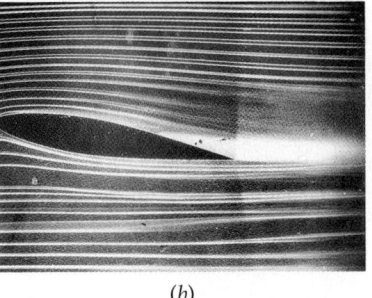

(b)

Luftstrom um eine Tragfläche herum. a) Bei horizontal stehender Tragfläche ist der Luftstrom homogen, und der Luftdruck oberhalb und unterhalb der Tragfläche ist gleich. b) Wir die Tragfläche leicht gegen den Luftstrom gedreht, erhöht sich der Luftdruck an der Unterseite der Tragfläche, während er an der Oberseite kleiner wird. Durch diese Druckdifferenz wird die Tragfläche angehoben. (Fotos: Office National d'Etudes et de Recherches Aérospatiales)

Mit dem Venturi-Effekt läßt sich das Abheben einer Tragfläche oder die Krümmung der Bahn eines Baseballs qualitativ verstehen. Eine Flugzeugtragfläche ist so gebaut, daß die Luft, die über der Tragfläche hinwegströmt, schneller ist als die Luft unter der Tragfläche. Dadurch ist der Luftdruck an der Oberseite der Tragfläche kleiner als an der Unterseite. Dieser Druckunterschied erzeugt eine resultierende Kraft nach oben. Abbildung 11.20 zeigt die Sicht von oben auf die Bewegung eines Baseballs, der von einem rechtshändigen Werfer geworfen wurde. Der Ball dreht sich und bewegt dabei die Luft um sich herum. Für Abbildung 11.20b wechseln wir die Perspektive, und zwar gehen wir in das Bezugssystem des Balles über, in dem er keine Translationsbewegung ausführt, sich aber dreht. In diesem Bezugssystem strömt die Luft am Ball vorbei. Aufgrund der Drehung des Balls ist die Strömungsgeschwindigkeit der Luft auf seiner linken Seite (im Bild oben) größer als auf der rechten, so daß nach Gleichung (11.28) der Druck auf der linken Seite kleiner ist als auf der rechten. Daher beschreibt der Ball eine Linkskurve.

In der Mitte des letzten Jahrhunderts hat G. Magnus diesen Effekt experimentell an Geschossen untersucht, die aus glatten Rohren abgefeuert wurden (daher heißt er auch Magnus-Effekt). Heute wird die Abweichung der Geschosse von der normalen Flugbahn dadurch unterdrückt (aber nicht ganz beseitigt), daß man gezogene Läufe verwendet. Sie geben dem Geschoß einen Drall in Längsrichtung, parallel zur Schußrichtung.

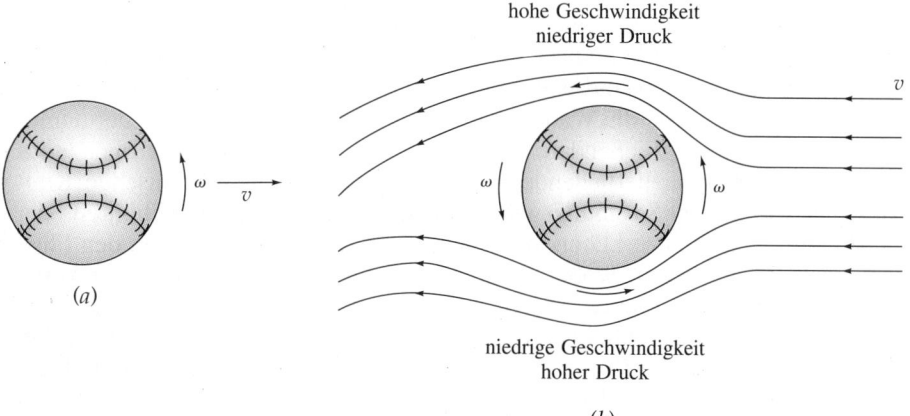

11.20 a) Aufsicht auf einen sich im Gegenuhrzeigersinn drehenden Baseball. Dieser Fall tritt dann auf, wenn der Werfer rechtshändig ist. b) Im Bezugssystem des Balles befindet sich der Ball in Ruhe, dreht sich jedoch, und die Luft bewegt sich an ihm vorbei. Wegen seiner rauhen Oberfläche führt der sich drehende Ball die Luft mit sich herum. Dadurch wird die Luftgeschwindigkeit auf der linken Seite größer und auf der rechten Seite kleiner. Der Druck nimmt somit auf der linken Seite ab und auf der rechten Seite zu. Deshalb beschreibt der Ball eine Linkskurve.

11 Mechanik deformierbarer Körper

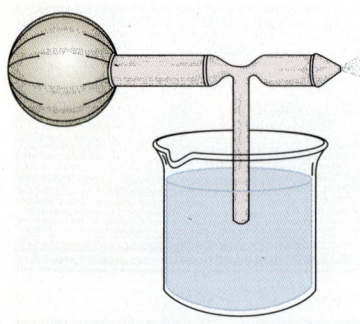

11.21 Ein Zerstäuber. Das Zusammendrücken des Balges auf der linken Seite preßt die Luft durch die Verengung. Da in der Verengung der Druck unterhalb des Atmosphärendruckes liegt, wird die unten im Behälter befindliche Flüssigkeit in den Luftstrom gedrückt; sie zerstäubt dann in feine Tröpfchen.

In den zwanziger Jahren ist auch versucht worden, diesen Effekt für den Antrieb von Schiffen auszunützen: Statt mit Masten waren die Versuchsschiffe mit senkrecht stehenden, hohen Zylindern ausgestattet, die je nach Windrichtung durch Maschinenkraft in Rechts- oder Linksdrehung versetzt wurden. Diese „Rotorschiffe" haben sich jedoch nicht durchsetzen können.

Abbildung 11.21 zeigt einen Zerstäuber. Wenn man den Balg zusammendrückt, strömt Luft durch die Verengung in der horizontalen Röhre, dadurch sinkt der Druck in diesem Teilstück unter den Atmosphärendruck. Wegen der daraus resultierenden Druckdifferenz wird die Flüssigkeit im Gefäß durch die vertikale Röhre nach oben gepreßt, gerät in den Luftstrom und tritt als feines Spray aus der Düse aus. Ein ähnlicher Effekt tritt im Vergaser eines Verbrennungsmotors auf.

Obwohl die Bernoulli-Gleichung sehr nützlich für die qualitative Beschreibung vieler Eigenschaften von Fluidströmungen ist, sind solche Beschreibungen oftmals sehr ungenau, wenn man sie mit den quantitativen Ergebnissen der Experimente vergleicht. Es trifft eben nicht zu, daß Gase, wie zum Beispiel Luft, inkompressibel sind, und Flüssigkeiten, wie Wasser, besitzen immer eine – möglicherweise jedoch sehr kleine – Viskosität, so daß Energie in Wärme umgewandelt wird und damit die mechanische Energie nicht erhalten bleibt. Zudem ist es oft schwierig, eine stationäre Strömung ohne Turbulenzen aufrechtzuerhalten. Die Untersuchung des Übergangs von stationärer zu turbulenter Strömung war auch ein Ansatzpunkt der modernen nichtlinearen Physik („Chaos-Forschung").

Fragen

9. In Abbildung 11.17 erfährt die Flüssigkeit eine Beschleunigung, wenn sie in die Verengung eintritt. Welche Kräfte wirken bei dieser Beschleunigung auf die Flüssigkeit?
10. In einem Warenhaus wird ein Ball durch den ausgestoßenen Luftstrom eines Staubsaugers in der Schwebe gehalten. Bläst der Luftstrom hierbei über oder unter dem Ball vorbei? Warum?

11.7 Viskose Strömung

Nach der Bernoulli-Gleichung ist der Druck einer Flüssigkeit, die durch eine lange, gerade, ebene Röhre mit konstantem Querschnitt fließt, entlang der Röhre konstant. In der Praxis beobachten wir jedoch, daß der Druck in Strömungsrichtung abfällt. Daraus können wir schließen, daß eine Druckdifferenz nötig ist, um eine Flüssigkeit durch eine horizontale Röhre zu bewegen. Man muß nämlich einen Strömungswiderstand überwinden. Er setzt sich aus zwei Teilen zusammen: Erstens „bremst" die Wandung der Röhre die Geschwindigkeit der unmittelbar daran entlangfließenden Flüssigkeitsschicht, zum anderen üben auch unterschiedlich schnell fließende Flüssigkeitsschichten eine bremsende Kraft aufeinander aus. Der Strömungswiderstand läßt sich also mit der **Zähigkeit** oder **Viskosität** des Fluids erklären, das heißt, den Kräften, die zwischen den Flüssigkeitsteilchen wirken, wobei es sich um nichts anderes als Reibungskräfte handelt (siehe auch Kapitel 5). Als Folge dieser Reibungskräfte ist die Strömungsgeschwindigkeit über den Durchmesser der Röhre hinweg nicht konstant: Sie ist in der Mitte der Röhre am größten und am kleinsten dort, wo die Flüssigkeit mit der Wand in Kontakt ist (Abbildung 11.22). Sei p_1 der Druck an Ebene 1 und p_2 der Druck an Ebene 2, die sich von Ebene 1 um die Strecke ℓ

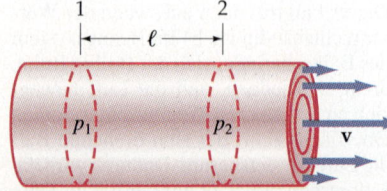

11.22 Wenn eine viskose Flüssigkeit durch eine Röhre strömt, dann ist die Geschwindigkeit in der Mitte der Röhre am größten. An der Röhrenwand ist die Flüssigkeit nahezu in Ruhe.

weiter stromabwärts befindet. Der Druckabfall $\Delta p = p_1 - p_2$ ist dann proportional zum Volumenstrom:

$$\Delta p = p_1 - p_2 = \dot{V} R, \qquad 11.29$$

wobei $\dot{V} = vA$ der Volumenstrom ist und die Konstante R den Strömungswiderstand darstellt, der von der Länge ℓ der Röhre, ihrem Radius r und der Viskosität der Flüssigkeit abhängt.

Beispiel 11.17

Wenn Blut von der Aorta aus durch die Hauptschlagadern, die kleineren Aorten, die Kapillaren und die Venen zum rechen Vorhof fließt, dann fällt der Überdruck von 100 Torr auf null ab. Wenn der Volumenstrom 0,8 L/s beträgt, wie groß ist dann der Gesamtfließwiderstand des Kreislaufsystems?

Aus Abschnitt 11.3 wissen wir, daß 100 Torr = 13,3 kPa = $1,33 \cdot 10^4$ N/m². Unter Verwendung von 1 L = 1000 cm³ = 10^{-3} m³ erhalten wir aus Gleichung (11.29)

$$R = \frac{\Delta p}{\dot{V}} = \frac{1,33 \cdot 10^4 \text{ N/m}^2}{8 \cdot 10^{-4} \text{ m}^3/\text{s}} = 1,66 \cdot 10^7 \text{ N} \cdot \text{s/m}^5.$$

Um den Viskositätskoeffizienten einer Flüssigkeit zu definieren, betrachten wir eine Flüssigkeit zwischen zwei parallelen Platten mit der Fläche A. Die Platten haben den Abstand z voneinander (Abbildung 11.23), und den Bereich zwischen ihnen denke man sich aus zahlreichen Flüssigkeitsschichten zusammengesetzt. Die obere Platte werde von einer Kraft **F** in horizontaler Richtung gezogen (oder geschoben) und erhalte dadurch eine Geschwindigkeit **v**; die untere Platte bleibe währenddessen in Ruhe. Damit die obere Platte ihre Geschwindigkeit beibehält, muß die Kraft **F** ständig an ihr ziehen, denn zwischen dieser Platte und der angrenzenden Flüssigkeitsschicht wirken Reibungskräfte, die die Bewegung zu hindern versuchen. (Man kann den Effekt auch als Scher-Effekt auffassen; siehe Abschnitt 11.1.) Liegt eine sogenannte **laminare Strömung** vor, dann ist die Geschwindigkeit der Flüssigkeit nahe der oberen Platte gleich v und nahe der unteren Platte gleich null; dazwischen ändert sich die Geschwindigkeit von Schicht zu Schicht linear mit dem Abstand von der oberen Platte. Es zeigt sich, daß die Kraft **F** direkt proportional zu v und A und umgekehrt proportional zum Plattenabstand z ist. Die Proportionalitätskonstante ist die **Viskosität** η:

$$F = \eta \frac{vA}{z}. \qquad 11.30$$

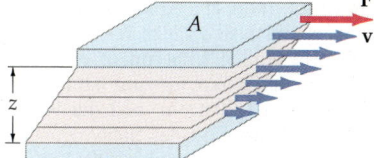

11.23 Zwei Platten mit gleicher Fläche, zwischen denen sich eine viskose Flüssigkeit befindet. Wenn die obere Platte relativ zur unteren bewegt wird, dann bewirkt jede Flüssigkeitsschicht eine Widerstandskraft auf die benachbarten Schichten. Die Kraft, die man benötigt, um die obere Platte zu bewegen, ist direkt proportional zur Geschwindigkeit v und zur Fläche A und umgekehrt proportional zum Abstand z zwischen den Platten.

Die SI-Einheit der Viskosität ist N·s/m² = Pa·s. In der älteren Literatur findet man für die Viskosität die cgs-Einheit Poise (nach dem französischen Physiker Poiseuille). Die Einheiten sind verknüpft durch

$$1 \text{ Pa} \cdot \text{s} = 10 \text{ Poise} = 10 \text{ P}. \qquad 11.31$$

Tabelle 11.5 führt die Viskositäten für verschiedene Flüssigkeiten bei unterschiedlichen Temperaturen auf. Allgemein steigt die Viskosität an, wenn die Temperatur abnimmt. Modernen Motorölen werden Polymere zugesetzt, die gerade ein umgekehrtes Verhalten zeigen. Dadurch bleibt die Viskosität eines solchen Öles mit „Additiv" über einen weiten Temperaturbereich konstant, was insbesondere in Klimaregionen mit starken jahreszeitlichen Temperaturänderungen von Vorteil ist.

Tabelle 11.5 Viskosität η für verschiedene Flüssigkeiten

Flüssigkeit	$t/$ °C	$\eta/$mPa·s
Blut	37	4,0
Glyzerin	0	10000
	20	1410
	60	81
Motoröl (SAE 10)	30	200
Wasser	0	1,8
	20	1,00
	60	0,65
Luft	20	0,018

11 Mechanik deformierbarer Körper

Für den Strömungswiderstand R einer gleichmäßigen Strömung in einer Röhre mit Radius r (Gleichung 11.29) kann man zeigen, daß

$$R = \frac{8\eta\ell}{\pi r^4}. \qquad 11.32$$

Die Gleichungen (11.29) und (11.32) können kombiniert werden, um den Druckabfall in einer Röhre mit der Länge ℓ zu berechnen:

Gesetz von Hagen-Poiseuille

$$\Delta p = \frac{8\eta\ell}{\pi r^4}\dot{V}. \qquad 11.33$$

Gleichung (11.33) ist als das **Gesetz von Hagen-Poiseuille** bekannt. Beachten Sie die inverse r^4-Abhängigkeit des Druckabfalls. Wenn der Radius der Röhre halbiert wird, dann nimmt der Druckabfall für einen gegebenen Volumenstrom um den Faktor 16 zu; mit anderen Worten: Man benötigt den 16fachen Druck, um Flüssigkeit mit dem gleichen Volumenstrom durch die Röhre zu pumpen. Wenn also beispielsweise der Durchmesser der Blutgefäße aus irgendeinem Grund reduziert ist, dann wird entweder die Blutströmung wesentlich reduziert, oder das Herz muß wesentlich mehr arbeiten, um pro Zeiteinheit das gleiche Volumen durchzupumpen. Für Wasser, das durch einen langen Gartenschlauch fließt, ist der Druckabfall fest; er ist gleich der Differenz zwischen dem Druck der Wasserquelle und dem Atmosphärendruck am offenen Ende. Der Volumenstrom ist dann proportional zur vierten Potenz des Radius. Deshalb nimmt bei einer Halbierung des Radius der Volumenstrom um den Faktor 16 ab.

Das Gesetz von Hagen-Poiseuille gilt nur für das laminare (das heißt nichtturbulente) Strömen von Flüssigkeiten mit konstanter (nicht von der Geschwindigkeit abhängiger) Viskosität. Ein Beispiel für ein solches Verhalten ist das Strömen von Blut. Diese komplexe Flüssigkeit besteht aus festen Bestandteilen mit verschiedenen Formen, die im Blutplasma suspendiert sind. Die roten Blutkörperchen zum Beispiel sind scheibenförmig; bei kleinen Geschwindigkeiten sind sie zufällig orientiert, bei hohen Geschwindigkeiten jedoch orientieren sie

Die turbulente Bewegung von Luft, die in einem Windkanal einen vibrierenden Zylinder mit nicht sehr glatter Oberfläche umströmt, führt zur Ablösung von Wirbeln, es bilden sich ganze Wirbelstraßen. Im vorliegenden Experiment oszillierte der Zylinder senkrecht zum laminar ankommenden Luftstrom, und die Wirbel lösten sich im Takt der Schwingungen. Die Reynolds-Zahl betrug 200. Um das Strömungsmuster sichtbar zu machen, wurden hinter dem Zylinder (in Strömungsrichtung) Aerosolpartikel in den Windkanal eingelassen. (Foto: Dr. Owen Griffin, U.S. Naval Research Laboratory)

sich, um das Fließen zu erleichtern. Aus diesem Grund nimmt die Viskosität von Blut ab, wenn die Strömungsgeschwindigkeit zunimmt, und das Gesetz von Hagen-Poiseuille ist strenggenommen nicht mehr gültig. Trotzdem ist es eine gute Näherung, die die Gesetzmäßigkeiten des Blutflusses qualitativ zu verstehen hilft.

Wenn die Strömungsgeschwindigkeit einer Flüssigkeit eine gewisse Grenze überschreitet, dann geht die laminare in eine turbulente Strömung über. Diese kritische Geschwindigkeit hängt von der Dichte und der Viskosität der Flüssigkeit sowie vom Radius der Röhre ab. Eine wichtige Kennzahl zur Charakterisierung von Flüssigkeitsströmen ist die **Reynolds-Zahl** Re, die durch

$$Re = \frac{2r\varrho v}{\eta} \qquad 11.34$$

definiert ist, wobei v die mittlere Strömungsgeschwindigkeit der Flüssigkeit ist. Experimente haben gezeigt, daß die Strömung von Flüssigkeiten mit einer Reynolds-Zahl von bis zu 2000 laminar und für Werte über 3000 turbulent ist. Für Werte zwischen diesen beiden Grenzen ist die Strömung instabil und kann von einem Typ in den anderen übergehen.

Beispiel 11.18

Berechnen Sie die Reynolds-Zahl für Blut, das mit einer Geschwindigkeit von 30 cm/s durch eine Aorta mit dem Radius von 1,0 cm fließt. Nehmen Sie an, daß das Blut eine Viskosität von 4 mPa·s und eine Dichte von 1060 kg/m³ hat.

Da die Reynolds-Zahl dimensionslos ist, können wir jeden beliebigen Einheitensatz verwenden, solange dieser in sich konsistent ist. Wenn wir in Gleichung (11.34) jede Größe in SI-Einheiten einsetzen, erhalten wir

$$Re = \frac{2r\varrho v}{\eta} = \frac{2 \cdot 0{,}01 \text{ m} \cdot (1060 \text{ kg/m}^3) \cdot 0{,}3 \text{ m/s}}{4 \cdot 10^{-3} \text{ Pa·s}} = 1590 \,.$$

Da die Reynolds-Zahl unterhalb von 2000 liegt, ist diese Strömung eher laminar als turbulent.

Zusammenfassung

1. Die Dichte einer Substanz ist das Verhältnis ihrer Masse zu ihrem Volumen:

$$\text{Dichte} = \frac{\text{Masse}}{\text{Volumen}}$$

$$\varrho = \frac{m}{V}\,.$$

Die relative Dichte einer Substanz ist gleich dem Verhältnis ihrer Dichte zu der von Wasser. Ein Gegenstand sinkt (bzw. schwimmt) in einer gegebenen Flüssigkeit, wenn seine Dichte größer (bzw. kleiner) als die der Flüssigkeit ist. Die Dichten der meisten Festkörper und Flüssigkeiten sind annähernd unabhängig von Temperatur und Druck, während die Dichten der meisten Gase stark von diesen Größen abhängen. Die Wichte ist gleich der Dichte mal der Erdbeschleunigung g. Die Wichte von Wasser beträgt 9,81 N/L.

2. Unter der mechanischen Spannung σ versteht man die Kraft pro Fläche, die auf einen Körper wirkt:

$$\sigma = \frac{F}{A}.$$

Die relative Längenänderung ε (auch Dehnung genannt) ist definiert als

$$\varepsilon = \frac{\Delta \ell}{\ell}.$$

Der Elastizitätsmodul E ist das Verhältnis von Spannung zu relativer Längenänderung:

$$E = \frac{\sigma}{\varepsilon} = \frac{F/A}{\Delta \ell/\ell}.$$

Der Schubmodul G ist das Verhältnis der Scherspannung τ und der durch diese Spannung bewirkten relativen Längenänderung, die als Scherung γ bezeichnet wird:

$$G = \frac{\tau}{\gamma} = \frac{F_S/A}{\Delta x/\ell}.$$

Das (negative) Verhältnis des Druckes zur relativen Volumenänderung eines Körpers heißt Kompressionsmodul K:

$$K = -\frac{p}{\Delta V/V}.$$

Der Kehrwert dieses Verhältnisses ist die Kompressibilität κ.

3. Der Druck einer Flüssigkeit ist die Kraft pro Fläche, die von der Flüssigkeit ausgeübt wird.

$$p = \frac{F}{A}.$$

Die SI-Einheit des Druckes ist das Pascal (Pa), dies entspricht Newton pro Quadratmeter:

$$1 \text{ Pa} = 1 \text{ N/m}^2.$$

Andere Druckeinheiten, wie zum Beispiel Atmosphäre, bar, Torr oder Millimeter Quecksilbersäule werden gelegentlich verwendet. Sie hängen über

$$1 \text{ atm} = 101{,}325 \text{ kPa} = 760 \text{ mmHg} = 760 \text{ Torr}$$

zusammen.
Der Überdruck ist die Differenz zwischen gemessenem Druck und Atmosphärendruck.

4. Nach dem Pascalschen Prinzip pflanzt sich der Druck, den man auf eine eingeschlossene Flüssigkeit anwendet, ungehindert an jeden Ort in der Flüssigkeit und an die Behälterwände fort.

5. In einer Flüssigkeit nimmt der Druck linear mit der Tiefe zu:

$$p = p_0 + \varrho g h \, .$$

In einem Gas nimmt der Druck exponentiell mit der Höhe ab.

6. Nach dem Archimedischen Prinzip erfährt ein Körper, der teilweise oder vollständig in eine Flüssigkeit eingetaucht ist, eine Auftriebskraft; sie entspricht der Gewichtskraft der verdrängten Flüssigkeit.

7. Die Oberflächenspannung von Flüssigkeiten bewirkt, daß leichte Gegenstände von einer Flüssigkeitsoberfläche getragen werden, selbst wenn ihre Dichte größer ist als die der Flüssigkeit. Dies kommt durch molekulare Kräfte an der Flüssigkeitsoberfläche zustande; diese Kräfte sind ebenso verantwortlich für das Aufsteigen von Flüssigkeiten in dünnen Röhren – ein Effekt, der als Kapillarität bekannt ist.

8. Für die stationäre Strömung einer inkompressiblen Flüssigkeit ist der Volumenstrom an jedem Punkt der Flüssigkeit konstant:

$$\dot{V} = vA = \text{konstant} \, .$$

Diese Gleichung heißt Kontinuitätsgleichung.

9. Die Bernoulli-Gleichung

$$p + \varrho g y + \frac{1}{2} \varrho v^2 = \text{konstant}$$

gilt für gleichmäßige, nichtviskose Strömung ohne Turbulenz; hier bleibt die mechanische Energie erhalten. Wenn wir Höhenänderungen Δy vernachlässigen können, wird der Druck in der Flüssigkeit mit zunehmender Strömungsgeschwindigkeit kleiner. Dieses Ergebnis ist als Venturi-Effekt bekannt. Es erklärt den Auftrieb an Flugzeugtragflächen qualitativ.

10. Bei viskoser Strömung durch eine Röhre ist der Druckabfall proportional zum Volumenstrom; die Proportionalitätskonstante ist der Strömungswiderstand R, der seinerseits umgekehrt proportional zur vierten Potenz des Röhrenradius ist:

$$\Delta p = \dot{V} R = \frac{8 \eta \ell}{\pi r^4} \dot{V} \, .$$

Dies ist das Gesetz von Hagen-Poiseuille.

Essay: Die Aerodynamik des Radfahrens

Robert G. Hunt
Johnson County Community College

Aerodynamik ist die systematische Untersuchung von Kräften, die von Luft oder anderen Gasen ausgeübt werden. In diesem Kapitel wurden Ihnen die elementaren Ideen des viskosen Fließens von Fluiden vorgestellt; ich möchte diese Ideen hier etwas ausweiten, um einige wichtige technische Aspekte des Radfahrens zu illustrieren.

Eines der Dinge, die das Radfahren attraktiv machen, ist die aerodynamische Wechselwirkung, das „Fühlen des Windes" beim Fahren. Ein anderer angenehmer Effekt ist die Leichtigkeit, mit der man ein Rad in Bewegung setzen und größere Distanzen mit geringem Kraftaufwand zurücklegen kann, da nur sehr geringe mechanische Reibung auftritt. Beide Faktoren wirken einander jedoch entgegen, denn der Luftwiderstand begrenzt die maximal erreichbare Geschwindigkeit.

Beim Fahren üben wir eine Kraft auf die Pedale aus, was eine Kraft nach vorne bewirkt, und wir werden beschleunigt. Diese Bewegung läßt sich durch die in den Kapiteln 2 bis 6 entwickelte Kinematik und Dynamik beschreiben, wenn die resultierende Kraft bestimmt werden kann. Das ist jedoch nicht einfach. Haben wir bisher primär konstante oder sich gleichmäßig ändernde Kräfte betrachtet, so sind die Kräfte, die beim Radfahren auftreten, viel komplizierter.

Ein Radfahrer, der auf ebener Straße anfahren will, muß relativ große Kräfte auf die Pedale ausüben; viele Leute stellen sich sogar in die Pedale. Die Beschleunigung des Fahrrads wird durch das zweite Newtonsche Gesetz $F = ma$ beschrieben. Solange wir mit Kraft in die Pedale treten, beschleunigt das Fahrrad; irgendwann aber wird eine „bequeme" Tretgeschwindigkeit erreicht. Sie liegt für die meisten Leute bei einer Umdrehung der Pedale pro Sekunde. Nach dem Erreichen dieser Tretgeschwindigkeit lassen wir die Kraft, die wir auf die Pedale ausüben, immer kleiner werden, bis wir schließlich mit konstanter Geschwindigkeit fahren; sie liegt bei entspanntem Fahren auf einem Rad mit Mehrgangschaltung typischerweise bei 4 bis 7 m/s (circa 14 bis 25 km/h).

Konstante Geschwindigkeit heißt, daß die Beschleunigung null ist; also ist auch die resultierende Kraft null. Die vorantreibende Kraft wird durch die bremsenden Kräfte ausgeglichen. Die beiden wichtigsten Kräfte, die die Bewegung behindern, sind die mechanische Reibung und der Luftwiderstand von Fahrrad und Fahrer. Mechanische Reibung schließt Reibung in den Lagern, in der Kette und den Rollwiderstand der Reifen mit ein. Dies macht typischerweise ein Drittel oder weniger von den bremsenden Kräften aus. Die wichtigste bremsende Kraft ist der Luftwiderstand.

Weiter vorne in diesem Kapitel haben wir die Strömung von Flüssigkeiten in Röhren oder Kapillaren kennengelernt. Beim Radfahren jedoch findet die viskose Strömung der Luft nicht in einem eingeschlossenen Behälter statt. Die Luft trifft hier direkt auf den Fahrer und das Rad, und für die Untersuchung des Luftwiderstandes benötigen wir einen neuen Zugang.

Luftwiderstand tritt aus zwei Gründen auf: Zum einen gibt es einen Druck, weil Luftmoleküle auf eine Oberfläche auftreffen und wieder abprallen. Dabei erfahren sie eine Impulsänderung und üben senkrecht zur Oberfläche eine Kraft aus. Eine weitere Kraft entsteht durch die Fließbewegung von Luftmolekülen an der Oberfläche entlang: durch Luftreibung; sie tritt auf, wenn Luftmoleküle auf eine rauhe Oberfläche stoßen und weil sie eine schwache chemische Anziehungskraft von den Molekülen der Oberfläche erfahren. Dies bewirkt Widerstandskräfte entlang der Oberfläche, an der die Luft vorbeiströmt.

Ob die Strömung von Fluiden laminar oder turbulent ist (siehe Abschnitt 11.7), hängt von vielen Faktoren ab, zum Beispiel von der Geschwindigkeit, der Glätte der Oberfläche, der Art des Oberflächenmaterials usw. Bei hinreichend kleinen Geschwindigkeiten liegt eine laminare Strömung vor, bei der die Widerstandskräfte relativ gering sind. Wenn die relative Geschwindigkeit zwischen Luft und Oberfläche zunimmt, dann wird die laminare Strömung instabil, und einzelne Luftschichten fangen an, sich zu lösen. Die Strömung wird schließlich turbulent, und es treten Luftwirbel auf (Abbildung 1). Turbulente Grenzschichten haben einen wesentlich grö-

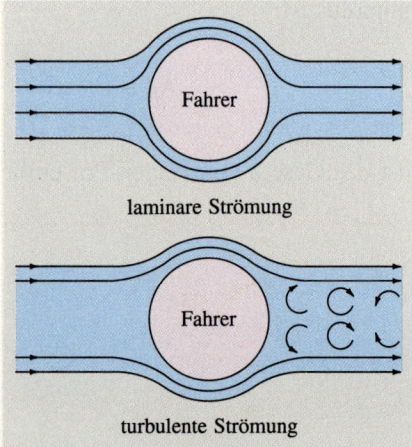

Abbildung 1 Die Luftströmung um einen Radfahrer. Der Fahrer, der sich nach links bewegt, ist hier durch einen Zylinder simuliert.

ßeren Luftwiderstand als laminare Schichten. Der größte Widerstand wird jedoch dadurch verursacht, daß die Strömungsgeschwindigkeit der Luft in der Übergangsregion zwischen laminarer und turbulenter Strömung instabil ist. Der Luftwiderstand kann im Übergangsbereich fünfmal größer sein als für rein turbulente Strömung.

Um einen niedrigen Luftwiderstand zu erreichen, versucht man, den Übergangsbereich zu vermeiden. Die Grenzen des Übergangsbereiches sind durch die Reynolds-Zahl (Abschnitt 11.7) definiert. Für unsere Untersuchung betrachten wir den Radfahrer als einen Stapel von verschiedenen Zylindern mit Kreisquerschnitt. Bei dieser Geometrie fängt der Übergangsbereich bei einer Reynolds-Zahl von etwa $4 \cdot 10^5$ an. Leider tritt dieser Wert beim Radfahren selbst mit sehr glatten Oberflächen schon bei Geschwindigkeiten von 4 bis 6 m/s auf, also einem Geschwindigkeitsbereich, in dem die meisten Fahrten stattfinden. Man sollte also sehr glatte Oberflächen, die laminare Strömung begünstigen, vermeiden – außer in einigen später zu diskutierenden Spezialfällen. Das erscheint auf den ersten Blick überraschend; aber erfahrene Fahrer berichten von einem bemerkenswerten Ansteigen des Luftwiderstandes, wenn sie sehr glatte Regenkleidung aus Kunststoff tragen. Eine Analogie kann man auch in der Formgebung von Golfbällen sehen. Sie sind absichtlich strukturiert, da eine rauhe Oberfläche turbulente Strömung um den Golfball garantiert. Dies ermöglicht dem Golfball, längere Strecken zurückzulegen, als es mit einer glatten Oberfläche möglich wäre.

Betrachten wir nun einige quantitative Aspekte des Luftwiderstandes für entspanntes Radfahren. Die Widerstandskräfte, die die Vorwärtsbewegung behindern, können durch

$$F_L = \frac{1}{2} c_w \varrho A v^2 \qquad (1)$$

beschrieben werden; dabei ist F_L die Luftwiderstandskraft, und c_w ist eine dimensionslose Zahl, der sogenannte **Luftwiderstandsbeiwert**; ϱ ist die Dichte von Luft, A die Projektion der Frontfläche (gewöhnlich die Querschnittsfläche, die senkrecht zur Fahrtrichtung steht) und v die relative Geschwindigkeit von Luft und Oberfläche, über die die Luft strömt. Diese Gleichung beinhaltet sowohl Effekte, die durch den Luftdruck, als auch solche, die durch Luftreibung zustande kommen.

Wie in vielen anderen praktischen Anwendungen der Physik ist diese Gleichung zur Bestimmung des Luftwiderstandes nur eine Abschätzung, nicht „die" Lösung. Der wichtigste Grund dafür ist, daß es für den Luftwiderstand kein einfaches Modell gibt. Beispielsweise kann man c_w für die meisten Objekte nicht berechnen; der Wert wird gewöhnlich aus experimentellen Daten bestimmt, oft zum Beispiel aus Messungen, die in Windkanälen stattfinden. Der c_w-Wert hängt auf komplizierte Weise von Form, Geschwindigkeit, Art des Materials sowie der Temperatur ab. Für einige Anwendungen, wie zum Beispiel Radfahren, ist c_w jedoch über den Bereich der interessierenden Geschwindigkeiten relativ konstant. Dies vereinfacht unsere Näherung.

In Gleichung (1) kann man sowohl ϱ als auch c_w für ein gegebenes Fahrrad und einen gegebenen Fahrer als konstant betrachten. Die beiden anderen Größen (A und v) sind wichtige Variablen, wobei die Geschwindigkeit wegen der quadratischen Abhängigkeit die dominierende Variable ist. Die Querschnittsfläche A umfaßt beides, Fahrer und Rad. Während die Fläche des Rades beim Fahren konstant bleibt, kann der Fahrer seine Haltung und damit seine der Luft Widerstand bietende Fläche verändern. Die Querschnittsfläche des Radfahrers ist mehrfach größer als die des Rades und bestimmt somit die gesamte Querschnittsfläche. Auch die Kleidung des Fahrers ist ein Faktor: Mit enganliegender Kleidung wird die Querschnittsfläche kleiner als mit weiter Kleidung.

Für eine gewöhnliche Fahrt an einem warmen Frühlingstag sind folgende Werte typisch:

$c_w = 0{,}90$ $\qquad \varrho = 1{,}3$ kg/m³
$A = 0{,}45$ m² $\qquad v = 4{,}0$ bis $7{,}0$ m/s

In Abbildung 2 sind Graphen eingezeichnet, die entsprechend Gleichung (1) mit den obigen Werten von c_w, A, ϱ und v ermittelt wurden. Der Luftwiderstand steigt von 4 N bei 4 m/s auf über 12 N bei 7 m/s an. Die Abbildung zeigt außerdem die Leistung, die zur Beibehaltung einer gegebenen Geschwindigkeit nötig ist, und zwar, wenn man ausschließlich den Luftwiderstand berücksichtigt. Die Leistung erhält man aus $P = \mathbf{F} \cdot \mathbf{v}$ (Gleichung 6.32). In der Situation, die wir hier betrachten, zeigen Kraft und Geschwindigkeit in dieselbe Richtung, so daß sich Gleichung (6.32) zu $P = Fv$ vereinfacht. Aus Gleichung (1) erhalten wir

$$P = \frac{1}{2} c_w \varrho A v^3 . \qquad (2)$$

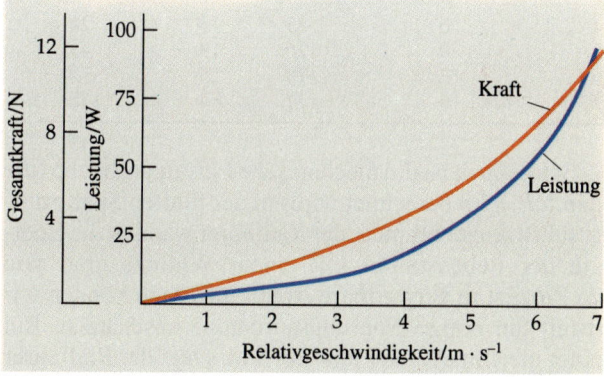

Abbildung 2 Kraft und Leistung, die aufgebracht werden müssen, um den Luftwiderstand bei verschiedenen Geschwindigkeiten zu überwinden.

Die Leistung, die benötigt wird, um die Bewegung aufrechtzuerhalten, hängt von der dritten Potenz der Geschwindigkeit ab; sie steigt dementsprechend mit größer werdender Geschwindigkeit sehr steil an.

Wir wollen nun die Ergebnisse aus Abbildung 2 zu drei physiologischen Parametern in Beziehung setzen. Dies ist 1. die durchschnittliche auf die Pedale ausgeübte Kraft, 2. die durchschnittliche Rate, mit der wir Energie abgeben (z. B. Leistungsabgabe), und 3. die dafür benötigte Energie, die wir durch die Nahrung aufnehmen.

Tabelle 1 enthält experimentelle Daten, die man mit einfachen 3- und 10-Gang-Fahrrädern ermittelt hat. Die Reibung durch die mechanischen Lager, die Kette und die Reifen wurde zum Luftwiderstand dazuaddiert, um die gesamte bremsende Kraft (Spalte 2) zu erhalten. Die Luftwiderstandskräfte (die aus Abbildung 2 bestimmt werden können) bewegen sich zwischen $\frac{2}{3}$ der gesamten Kraft bei 4 m/s und $\frac{3}{4}$ bei 7 m/s. Messungen haben ergeben, daß die durchschnittliche Kraft auf die Pedale (3. Spalte) gut 14mal so groß ist wie der gesamte Fahrwiderstand in Spalte 2, wenn das Fahrrad im höchsten Gang gefahren wird. Die durchschnittliche Kraft, mit der man in die Pedale treten muß, wird jetzt ins Verhältnis gesetzt zur Masse eines typischen Radfahrers (Körpermasse 68 kg entsprechend einer Gewichtskraft von 668 N). Um eine gegebene Geschwindigkeit beizubehalten, muß eine Kraft auf die Pedale ausgeübt werden, die zwischen 13 und 34 Prozent des Körpergewichtes liegt. Vergleichen Sie dies mit dem Kraftaufwand von 20 Prozent des Körpergewichtes, den viele Leute für gleichmäßiges Fahren für angenehm halten.

Tabelle 1 Abgeschätzte Kräfte und Leistungen für gemütliches Radfahren

Geschwindig- keit/ m·s^{-1}	Gesamtkraft, um Bewegung aufrechtzu- erhalten/ N	durchschnittliche Kraft auf die Pedale (in großem Gang)		Leistungs- abgabe/ W
		in Newton	in Prozent der Masse	
4	6	85	13	24
5	9	126	19	45
6	12	170	25	72
7	16	227	34	112

Schließlich ist die mechanische Leistungsabgabe (die durch $P = Fv$ berechnet wird) in der fünften Spalte aufgeführt. Angenommen, der Radfahrer wandelt die Energie der Lebensmittel mit einem Wirkungsgrad von 25 Prozent in verwertbare Arbeit um, dann können wir damit die nötige Nahrungsaufnahme abschätzen. Bei einer gleichmäßigen Fahrt mit 5 m/s legt der Radfahrer in einer Stunde 18 km zurück. Dazu braucht er nur Nahrung mit 150 Kalorien zu sich zu nehmen – das entspricht der Energie, die in zwei Scheiben trockenem Brot steckt. Dies illustriert die Effizienz der Fortbewegung mit einem Rad.

Untersuchen wir nun, wie Radfahrer (bewußt oder unbewußt) den aerodynamischen Widerstand beeinflussen können. Ein leicht zu verändernder Faktor ist die Frontfläche des Fahrers. Wenn der Fahrer seine Haltung verändert, so ändert sich seine Frontfläche. Die Größe der Frontfläche bewegt sich zwischen 0,3 und 0,6 m^2. Der kleinere Wert bezieht sich auf die geduckte Haltung eines Rennfahrers mit enganliegender Kleidung. Ein bequem sitzender Fahrer in Straßenkleidung hat eine Querschnittsfläche von 0,45 m^2 (das ist der oben in der Rechnung verwendete Wert). Für eine aufrechte oder gar stehende Haltung vergrößert sich die Fläche auf etwa 0,6 m^2. Allein durch Körperhaltung und Kleidung kann man also die Luftwiderstandskräfte um einen Faktor 2 verändern.

Eine weitere wichtige Variable ist die relative Geschwindigkeit von Luft und Oberfläche. In unserer Rechnung haben wir angenommen, daß die Luft stillsteht (was ziemlich selten vorkommt). Wenn der Wind von hinten bläst (was auch ziemlich selten vorkommt), dann bewirkt der Luftwiderstand eine Kraft nach vorne. Wenn Rückenwind mit der Geschwindigkeit des Radfahrers bläst, dann ist die relative Geschwindigkeit null, und es gibt keinen aerodynamischen Widerstand für den Radler. Gegenwind andererseits vergrößert den Luftwiderstand. Nehmen wir an, daß der Fahrer eine Fahrgeschwindigkeit von 7 m/s bei einer Geschwindigkeit des Gegenwindes von 7 m/s beibehalten will. Die relative Geschwindigkeit zwischen der Luft und der Oberfläche beträgt dann 14 m/s, was einer Widerstandskraft von 49 N (aus Gleichung 1) entspricht. Bei einer Geschwindigkeit von 7 m/s beträgt die mechanische Reibung 4 N; somit ist der gesamte Fahrwiderstand 53 N. Tabelle 2 faßt die Kräfte und die anderen zu erwartenden Effekte zusammen. Um eine Fahrgeschwindigkeit von 7 km/h beizubehalten, ist jetzt eine wesentlich größere Kraft nötig als bei Windstille: 753 N statt 227 N. Um diese größere Kraft aufbringen zu können, muß man mit dem ganzen Gewicht in die Pedale steigen. Zieht man zusätzlich an der Lenkerstange nach oben, dann läßt sich die Kraft auf die Pedale noch vergrößern. Der Lei-

Tabelle 2 Auswirkungen von Gegenwind mit einer Geschwindigkeit von 7 m/s auf das Radfahren

	Fahrgeschwindigkeit	
	7 m/s in großem Gang	3 m/s in mittlerem Gang
Relative Geschwindig- keit/m·s^{-1}	14	10
Luftwiderstand/N	49	25
gesamter Fahrwiderstand/N	53	27
Kraft auf die Pedale/N	753	189
Leistungsabgabe/W	371	81

stungsbedarf beträgt jetzt 371 W; das ist wesentlich mehr, als man über längere Zeit durchhalten kann (dieser Wert liegt bei ca. 100 W).

Ein Radfahrer wird im obigen Fall die Geschwindigkeit reduzieren und einen kleineren Gang wählen, um die für die Vorwärtsbewegung nötige Kraft zu verringern. Im allgemeinen wird die Fahrgeschwindigkeit um etwa die Hälfte der Windgeschwindigkeit reduziert, wenn man in einen niedrigeren Gang schaltet. Die zweite Spalte in Tabelle 2 zeigt, wie sich ein Herunterschalten und die Verlangsamung auf 3 m/s auswirken. Die Kräfte auf die Pedale werden auf einen weit komfortablen Wert von 189 N reduziert (entsprechend 28% des Körpergewichtes). Es ist eine mechanische Leistungsabgabe von 81 W nötig, die wesentlich leichter aufrechtzuerhalten ist. Radfahrer stellen sich auf veränderte aerodynamische Bedingungen ein, indem sie den Gang und die Geschwindigkeit wechseln.

Ein weiterer Faktor, der den Widerstand beeinflußt, ist die Luftdichte. Während sie an einem gegebenen Ort relativ konstant ist, ändert sie sich mit der Höhe (Abschnitt 11.3) und der Temperatur. In der Stadt Denver, die auf etwa 1600 m Höhe liegt, ist die Luftdichte um rund 10 Prozent geringer als auf Meereshöhe, was zu einem um 10 Prozent reduzierten Widerstand führt. In noch größeren Höhen kann die Abnahme des Widerstandes nochmals 10 Prozent betragen. Der Einfluß der Temperatur auf den Luftwiderstand ist weit geringer; aber warme Luft hat eine geringere Dichte als kalte Luft. Ein Temperaturanstieg von 5 °C bewirkt eine Reduktion des Widerstandes um 1,5 Prozent.

Den Luftwiderstand kann man auch durch Verkleinerung des c_w-Wertes herabsetzen (bei Autos die gängige Methode). Einige eigens mit diesem Ziel konstruierte Fahrräder haben einen c_w-Wert von 0,1 oder niedriger (zum Vergleich: Die besten Serienautos liegen bei $c_w = 0,29$). Dies wird durch eine Vollverkleidung in Stromlinienform erreicht, so daß während der Fahrt die laminare Strömung erhalten bleibt. Die Querschnittsfläche wird durch einen liegenden Fahrer minimiert. Diese Räder sind jedoch sehr teuer, nicht sehr bequem zu fahren und deshalb auch nicht weit verbreitet.

Aufgaben

Stufe I

11.1 Dichte

1. Ein sogenanntes Pyknometer (eine kleine Flasche mit exakt bekanntem Innenvolumen) dient zum Messen von Flüssigkeitsdichten. Hier werde ein Pyknometer der Masse 22,71 g verwendet. Füllt man es mit Wasser, so betrage seine Gesamtmasse 153,38 g. Mit Milch gefüllt, betrage sie 157,67 g. Bestimmen Sie die Dichte von Milch.

2. Ein 60-ml-Kolben sei bei 0 °C randvoll mit Quecksilber gefüllt. Wenn die Temperatur auf 80 °C ansteigt, laufen 1,47 g Quecksilber über. Wie groß ist die Dichte von Quecksilber bei 80 °C? Seine Dichte bei 0 °C beträgt $13\,645$ kg/m^3. Nehmen Sie an, das Flaschenvolumen bleibe beim Erwärmen konstant.

11.2 Spannung und Dehnung

3. Eine Kugel der Masse 50 kg werde an einem Stahldraht mit 5 m Länge und 2 mm Radius aufgehängt. Um wieviel dehnt sich der Draht?

4. Kupfer besitzt eine Reißspannung von etwa $3 \cdot 10^8$ N/m^2. a) Welche Last kann man maximal an einen Kupferdraht mit dem Durchmesser 0,42 mm hängen? b) Wie groß ist die relative Längenänderung des Drahtes, wenn die Hälfte der Maximallast an ihm hängt?

5. Der Fuß eines Läufers bewirke eine Scherung der 8 mm dicken Schuhsohle; siehe Abbildung 11.24. Es sei eine Kraft von 25 N auf eine Fläche von 15 cm^2 verteilt, und der Schubmodul der Sohle betrage $1,9 \cdot 10^5$ N/m^2. Wie groß ist der Scherwinkel θ?

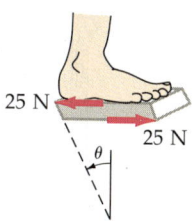

Abbildung 11.24 Zu Aufgabe 5.

11.3 Druck in einer Flüssigkeit

6. Auf die Wasseroberfläche eines Sees wirke der Atmosphärendruck $p_{At} = 101$ kPa. a) In welcher Tiefe ist der Druck gleich dem doppelten Atmosphärendruck?

11 Mechanik deformierbarer Körper

b) Der Druck an der Oberfläche eines Quecksilberbehälters sei p_{At}. In welcher Tiefe ist der Druck gleich $2p_{At}$?

7. Bestimmen Sie a) den absoluten Druck und b) den Überdruck am Boden eines Wasserbeckens mit 5 m Tiefe.

8. Die Platte eines Tisches habe die Abmessungen 80 cm × 80 cm. Wie groß ist die Kraft, die die Atmosphäre auf sie ausübt? Warum bricht der Tisch nicht zusammen?

9. Mit einer hydraulischen Hebebühne soll ein Auto mit der Masse 1500 kg angehoben werden. Der Zylinder an der Hebebühne habe den Radius 8 cm, und der Kolbenradius betrage 1 cm. Welche Kraft muß auf den Kolben ausgeübt werden, damit sich das Auto nach oben bewegt?

10. In der Aorta fließt Blut durch eine kreisförmige Öffnung mit etwa 0,9 cm Radius. Der Blutdruck betrage 120 Torr. Wie groß ist die vom Herzen ausgeübte Kraft?

11. Ein Fahrzeug verpasse eine Kurve und versinke 8 m tief in einem See. a) Die Fahrzeugtür habe die Fläche 0,5 m². Wie groß ist die vom Wasser von außen auf die Tür wirkende Kraft? b) Wie groß ist die von der Luft auf die Innenseite der Tür ausgeübte Kraft, wenn im Auto Atmosphärendruck herrscht? c) Was muß der Eingeschlossene tun, um die Tür öffnen zu können?

12. Welcher Druck ist nötig, um das Volumen von 1 L Wasser auf 0,99 L zu reduzieren?

13. Ein Fahrzeug mit der Masse 1500 kg stehe auf vier Reifen, in denen ein Überdruck von je 200 kPa herrscht. Wie groß ist die Kontaktfläche jedes einzelnen Reifens mit der Straße, wenn die gesamte Gewichtskraft gleichmäßig von allen vier Reifen getragen wird?

14. Aus einem Beutel fließe Blutplasma durch einen Schlauch in die Vene eines Patienten, dessen Blutdruck

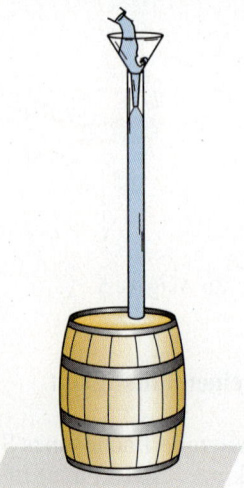

Abbildung 11.25 Zu Aufgabe 15.

12 Torr betrage. Die Dichte von Blutplasma ist 1,03 g/cm³ bei 37 °C. Wie hoch muß der Plasmabeutel über dem Patienten hängen, damit der Druck des Blutplasmas beim Eintritt in die Venen mindestens 12 Torr beträgt?

15. Im siebzehnten Jahrhundert führte Blaise Pascal das in Abbildung 11.25 gezeigte Experiment durch. In ein wassergefülltes Weinfaß wurde eine lange Röhre eingesetzt. In diese wurde so lange Wasser gefüllt, bis das Faß barst. Dies geschah beispielsweise bei einer Füllhöhe von 12 m. a) Wie groß war dabei die Kraft auf den Deckel mit dem Radius 20 cm? b) Welche Wassermenge befand sich dabei in der Röhre mit dem Innenradius 3 mm?

11.4 Auftrieb und Archimedisches Prinzip

16. Ein Stück Kupfer (Dichte 9,0 g/cm³) der Masse 500 g hänge an einer Federwaage in Wasser; siehe Abbildung 11.26. Welche Kraft zeigt die Federwaage an?

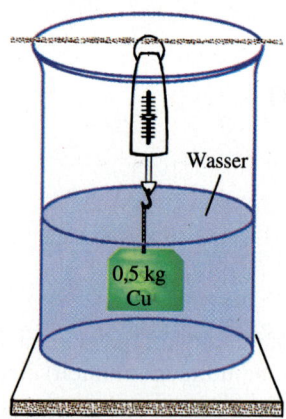

Abbildung 11.26 Zu Aufgabe 16.

17. Ein Block aus unbekanntem Material habe in Luft die Gewichtskraft 5 N; wenn er in Wasser eingetaucht ist, betrage sie 4,55 N. a) Wie groß ist die Dichte des Materials? b) Um welches Material handelt es sich vermutlich?

18. Ein Eisenblock mit der Masse 5 kg sei an einer Federwaage befestigt und werde in eine Flüssigkeit unbekannter Dichte eingetaucht. Die Skala an der Feder zeige 6,16 N an. Wie groß ist die Dichte der Flüssigkeit?

11.5 Oberflächenspannung und Kapillarität

19. Eine Kapillare mit dem Durchmesser 0,8 mm werde in Methanol eingetaucht, das daraufhin in der

Kapillare 15,0 mm hochsteige. Wie groß ist die Oberflächenspannung von Methanol (Dichte 0,79 g/cm³), wenn der Kontaktwinkel null ist?

11.6 Fluiddynamik und Bernoulli-Gleichung

20. In einer Aorta mit 9 mm Radius fließe Blut mit 30 cm/s. a) Berechnen Sie die Strömungsgeschwindigkeit in Litern pro Minute. b) Zwar ist die Querschnittsfläche eines Blutgefäßes (einer Kapillare) viel kleiner als die der Aorta, aber es gibt im menschlichen Körper sehr viele Blutgefäße, so daß deren gesamte Querschnittsfläche wesentlich größer ist. Nehmen Sie an, das ganze Blut aus der Aorta fließe in Kapillaren und die Strömungsgeschwindigkeit in diesen betrage 1,0 mm/s. Wie groß müßte dann ihre gesamte Querschnittsfläche sein?

21. Wasser fließe mit 0,65 m/s durch einen Schlauch mit dem Innendurchmesser 3 cm. Der Durchmesser einer Düse am Ende des Schlauches betrage 0,30 cm. a) Mit welcher Geschwindigkeit tritt das Wasser aus der Düse aus? b) Die Pumpe auf der einen Seite und die Düse auf der anderen Seite des Schlauches befinden sich auf gleicher Höhe, und der Druck auf die Düse sei gleich dem Atmosphärendruck. Wie groß ist dann der Druck an der Pumpe?

22. Wasser fließe mit 3 m/s in einer horizontalen Röhre unter einem Druck von 200 kPa. Die Röhre verjünge sich auf die Hälfte des ursprünglichen Durchmessers. Wie groß ist a) die Geschwindigkeit und b) der Druck an der Verengung? c) Wie unterscheiden sich die Strömungsgeschwindigkeiten (Volumen pro Zeit) in den beiden Abschnitten?

23. Der Druck in einem Abschnitt einer horizontalen Röhre mit dem Durchmesser 2 cm betrage 142 kPa. Durch die Röhre fließe Wasser mit einer Geschwindigkeit von 2,80 L/s. Wie groß muß der Durchmesser an einem verengten Teil der Röhre sein, damit der Druck dort 101 kPa beträgt?

24. Bei sehr heftigen Stürmen kann der Atmosphärendruck innerhalb eines Hauses das Dach abheben, da außerhalb der Druck stark vermindert ist. Berechnen Sie die Kraft auf ein quadratisches Dach mit 15 m Kantenlänge, wenn die Windgeschwindigkeit 30 m/s beträgt.

11.7 Viskose Strömung

25. Durch eine horizontale Röhre mit dem Innendurchmesser 1,2 mm und der Länge 25 cm fließe Wasser mit der Geschwindigkeit 0,30 mL/s. Bestimmen Sie die Druckdifferenz, die diesen Fluß bewirkt, wenn die Viskosität von Wasser 1,00 mPa·s beträgt.

26. Bestimmen Sie den Durchmesser einer Röhre, in der die Strömungsgeschwindigkeit bei gleicher Druckdifferenz wie in Aufgabe 25 doppelt so groß ist.

27. Blut brauche etwa 1,0 s, um durch eine 1 mm lange Kapillare des menschlichen Kreislaufsystems zu gelangen. Der Durchmesser der Kapillare betrage 7 μm, und der Druckabfall sei 2,60 kPa. Wie groß ist die Viskosität des Blutes?

Stufe II

28. Viele Leute glauben, daß sie unter Wasser atmen können, wenn sie das Ende eines flexiblen Schnorchelschlauches aus dem Wasser herausragen lassen (Abbildung 11.27). Der Wasserdruck wirkt jedoch der Ausdehnung des Brustkorbs entgegen. Nehmen Sie an, daß Sie gerade noch atmen können, wenn Sie auf dem Boden liegen und eine Kraft von 400 N auf Ihrem Brustkorb ruht. Wie weit unterhalb der Wasseroberfläche dürfte sich dann Ihr Brustkorb befinden, damit Sie immer noch atmen können? Ihr Brustkorb habe die Fläche 0,09 m².

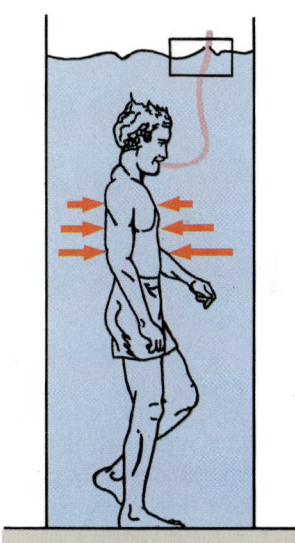

Abbildung 11.27 Zu Aufgabe 28.

29. Wenn der Wassergehalt des Bodens, z. B. bei Überschwemmungen, die Sättigungsgrenze erreicht, dann baut sich im Boden ein Druck auf, der etwa dem unter Wasser gleicht. Der Druck preßt dann Wasser durch Ritzen in den Betonwänden in den Keller. Wenn dies schnell genug geschieht, sind keine weiteren Schäden zu befürchten. Anderenfalls kann das Haus durch den nach oben gerichteten Druck auf den Kellerboden wie ein Schiff im Wasser treiben. Wie groß ist die auf einen 10 m × 10 m großen Kellerboden wirkende

11 Mechanik deformierbarer Körper

Kraft, wenn dieser sich 2 m unterhalb des Wasserspiegels befindet?

30. Abbildung 11.28 zeigt eine kleine Kugel, die infolge der Oberflächenspannung von der Wasseroberfläche getragen wird. Die von der Oberflächenspannung herrührende, nach oben gerichtete Kraft ist $F = 2\pi r \gamma \cos \theta_K$. Ein Insekt mit der Masse 0,002 g werde auf der Wasseroberfläche durch seine sechs Beine mit annähernd kugelförmigen Enden, von denen jedes den Radius $r = 0{,}02$ mm habe, getragen. a) Verwenden Sie die Beziehung

$$F_G = \frac{1}{6} mg = 2\pi \gamma \cos \theta_K,$$

in der F_G die Gewichtskraft des Insekts ist. Der Faktor $\frac{1}{6}$ bedeutet, daß sich die Gewichtskraft gleichmäßig auf die sechs Beine verteilt. Berechnen Sie den Winkel θ_K. b) Wäre die Masse des Insekts bei gleichem Radius der Füße größer, dann wäre der Winkel θ_K kleiner. Ab einer bestimmten Masse kann er sogar null werden, und das Insekt wird nicht mehr durch die an den sechs Füßen angreifende Oberflächenspannung getragen. Bestimmen Sie diese kritische Masse des Insekts.

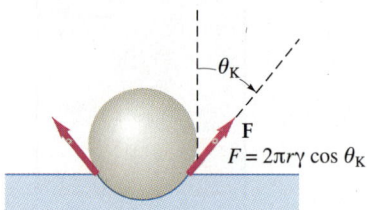

Abbildung 11.28 Zu Aufgaben 30 und 48.

31. Ein großer Wassertank werde über eine kleine Röhre im Abstand h unterhalb der Wasseroberfläche entleert, wie in Abbildung 11.29 gezeigt. Bestimmen Sie die Reichweite x des Wasserstrahles, der aus der Röhre austritt.

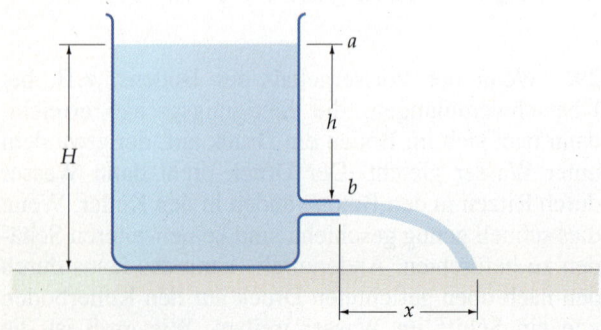

Abbildung 11.29 Zu Aufgaben 31 und 53.

32. Eine Kraft F wirke auf einen langen Draht mit der Länge ℓ und der Querschnittsfläche A. Zeigen Sie: Wenn der Draht als Feder betrachtet wird, dann ist die Federkonstante $k = A E / \ell$, und die im Draht gespeicherte Energie ist $E_{\text{pot}} = \frac{1}{2} F \Delta \ell$. Dabei ist E der Elastizitätsmodul und $\Delta \ell$ die Längenänderung des Drahtes.

33. Ein Manometer ist ein U-Rohr, in dem sich eine Flüssigkeit befindet. Die Höhendifferenz beider Flüssigkeitssäulen ist proportional zur Druckdifferenz zwischen den Schenkeln. Ein Manometer enthalte Öl der Dichte $\varrho = 900$ kg/m^3 und sei auf $\pm 0{,}05$ mm genau abzulesen. Wie groß ist die kleinste Druckdifferenz, die mit diesem Gerät gemessen werden kann?

34. Ein Floß mit einer Fläche von 3 m $\times$ 3 m bestehe aus Holz der Dichte 0,6 g/cm^3 und sei 11 cm dick. Wie viele Menschen mit einer Masse von je 70 kg können bei ruhigem Wasser darauf stehen, ohne nasse Füße zu bekommen?

35. Ein Körper hat einen neutralen Auftrieb, wenn seine Dichte gleich derjenigen der Flüssigkeit ist, in der er sich befindet. Dies bedeutet, daß der Körper weder schwimmt noch sinkt. Ein Taucher der Masse 85 kg habe die durchschnittliche Dichte 0,96 kg/L. Welche Masse müssen die Bleigewichte haben, damit er im Wasser neutralen Auftrieb erfährt?

36. Wenn Sie sich in Luft wiegen, dann zeigt die Waage wegen des von der Luft verursachten Auftriebs eine etwas zu geringe Gewichtskraft an. Schätzen Sie die Korrektur der Waagenskala ab, die nötig wäre, damit die wahre Gewichtskraft abzulesen ist.

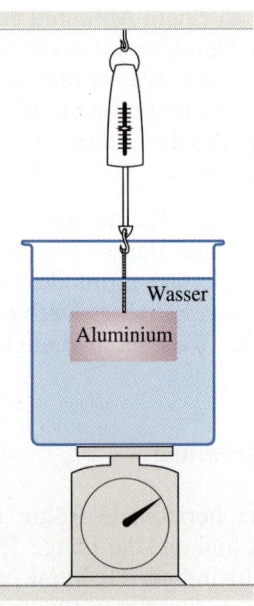

Abbildung 11.30 Zu Aufgabe 37.

37. Ein Becher der Masse 1 kg sei mit 2 kg Wasser gefüllt und stehe auf einer Waage. Ein Aluminiumblock mit der Masse 2 kg (und der Dichte 2,70 g/cm³) sei an einer Federwaage aufgehängt und tauche vollständig in das Wasser ein (Abbildung 11.30). Was zeigen die beiden Waagen an?

38. In Beispiel 11.6 wird auf einen kleinen Kolben eine Kraft von 147 N ausgeübt, um ein Fahrzeug mit der Gewichtskraft 14 700 N anzuheben. Zeigen Sie, daß dies das Prinzip der Erhaltung der mechanischen Energie nicht verletzt. Zeigen Sie dazu folgendes: Die Arbeit, die beim Anheben des Autos um die Höhe h am kleinen Kolben verrichtet wird, ist gleich der Arbeit, die der große Kolben am Auto verrichtet.

39. Ein großes Stück Kork erfahre in Luft die Gewichtskraft 0,285 N. Wenn es durch eine Federwaage unter der Wasseroberfläche gehalten wird (Abbildung 11.31), dann zeige die Waage 0,855 N an. Bestimmen Sie die Dichte von Kork.

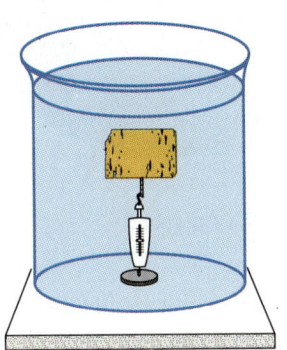

Abbildung 11.31 Zu Aufgabe 39.

40. Ein Gebäude soll mit Hilfe einer 400-kg-Stahlkugel abgerissen werden. Diese hänge am Ende eines 30 m langen Stahlseiles (5,0 mm Durchmesser) von einem hohen Kran herab. Wenn die Kugel in einem Bogen von einer Seite auf die andere geschwungen wird, bilde das Seil einen maximalen Winkel von 50° mit der Vertikalen. Bestimmen Sie die Länge, um die das Seil am untersten Punkt der Schwingung gedehnt wird.

41. Ein Feuerwehrmann halte einen gebogenen Schlauch; siehe Abbildung 11.32. Das Wasser trete in einem Strahl mit der Geschwindigkeit 30 m/s und dem Durchmesser 1,5 cm aus der Düse aus. a) Wieviel Wasser tritt pro Sekunde aus? b) Wie groß ist der horizontale Impuls des Wassers? c) Das Wasser hat im Schlauch, bevor es die Krümmung erreicht, einen nach oben gerichteten Impuls. Nach dem Passieren der Krümmung hat es einen Impuls nach rechts. Zeichnen Sie ein Diagramm mit den Vektoren vor und nach dem Passieren der Schlauchkrümmung, und ermitteln Sie die Impulsänderung des Wassers an der Krümmung pro Sekunde. Berechnen Sie daraus die Kraft, die das Wasser auf den Schlauch ausübt.

42. Ein Brunnen, der eine 12 m hohe Wassersäule in die Luft ausstoßen soll, habe in Bodenhöhe eine Düse mit dem Durchmesser 1 cm. Die Wasserpumpe befinde sich 3 m unter dem Boden. Die Zuleitung zur Düse habe den Durchmesser 2 cm. Bestimmen Sie den erforderlichen Pumpendruck. (Vernachlässigen Sie die Viskosität des Wassers.)

43. Ein rechteckiger Damm mit 30 m Breite halte auf einer Höhe von 25 m Wasser zurück. a) Bestimmen Sie (unter Vernachlässigung des Luftdrucks) die Gesamtkraft des Wassers, die auf einen schmalen Streifen der Höhe dy in der Tiefe y wirkt. b) Integrieren Sie Ihr Ergebnis von Teil a), um die gesamte horizontale Kraft zu bestimmen, die das Wasser auf den Damm ausübt. c) Warum ist es vernünftig, den Atmosphärendruck zu vernachlässigen?

44. Die E-Saite einer Violine stehe unter einer Zugkraft von 53 N. Ihr Durchmesser betrage 0,20 mm, und ihre Länge unter Spannung sei 35,0 cm. Bestimmen Sie a) die Länge der Saite, wenn sie keine Spannung erfährt, und b) die Arbeit, die nötig ist, um die Saite zu spannen. (Vgl. auch Aufgabe 32.)

Stufe III

45. Ein Schiff fahre von Meerwasser (Dichte 1,03 g/cm³) in Süßwasser und tauche deshalb etwas tiefer ein. Nachdem seine Ladung von 600 000 kg gelöscht wurde, steige es wieder auf seine ursprüngliche Höhe. Nehmen Sie an, daß die Seitenflächen des Schiffs senkrecht zur Wasseroberfläche stehen. Wie groß war die Gesamtmasse des Schiffes, bevor es entladen wurde?

46. Mit einem Aräometer (siehe Abbildung 11.33) kann man die Dichte von Flüssigkeiten bestimmen. Der Hohlraum ist mit Bleischrot gefüllt. Nach der Kalibrierung kann die Dichte direkt an der Säule abgelesen werden. Das Volumen des Hohlraums betrage 20 mL. Die Säule sei 15 cm lang und habe den Durchmesser 5,00 mm. Die Masse des Glaskörpers betrage 6,0 g. a) Wieviel Bleischrot muß eingefüllt sein, damit die kleinste noch meßbare Dichte 0,9 kg/L beträgt? b) Welche maximale Dichte ist damit zu messen?

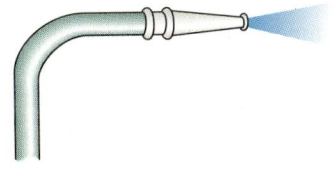

Abbildung 11.32 Zu Aufgabe 41.

11 Mechanik deformierbarer Körper

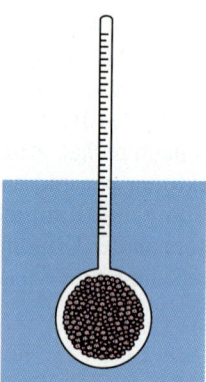

Abbildung 11.33 Zu Aufgabe 46.

47. Eine leere Dose mit einem kleinen Loch von 0,1 mm Durchmesser werde unter Wasser gedrückt. In welcher Tiefe beginnt das Wasser, durch das Loch in die Dose einzudringen? Die Oberflächenspannung des Wassers beträgt 0,073 N/m.

48. Eine kleine Kugel ruhe, wie in Abbildung 11.28 gezeigt, auf der Oberfläche einer Flüssigkeit. a) Zeigen Sie, daß der Winkel θ_K mit dem Kugelradius r, der Dichte ϱ der Kugel und der Oberflächenspannung γ der Flüssigkeit über

$$\cos\theta_K = \frac{2}{3}\frac{r^2\varrho g}{\gamma}$$

zusammenhängt. b) Bestimmen Sie den Radius der größten Kupferkugel, die auf Wasser liegen kann.

49. Das Volumen eines Kegels mit der Höhe h und dem Grundflächenradius r ist $V = \frac{1}{3}\pi r^2 h$. Ein kegelförmiges Gefäß mit $h = 25$ cm und $r = 15$ cm sei mit Wasser gefüllt. a) Bestimmen Sie Volumen und Gewichtskraft des Wassers im Gefäß. b) Bestimmen Sie die vom Wasser auf den Gefäßboden ausgeübte Kraft. Erklären Sie, warum diese Kraft größer sein kann als die Gewichtskraft des Wassers.

50. Das Wasser in dem zylindrischen Behälter in Abbildung 11.34 laufe durch die horizontale Kapillare, die einen Durchmesser von 0,50 mm habe, aus. Nach welcher Zeit ist das Wasser im Zylinder von 10,0 cm auf 5,0 cm Höhe gefallen? Die Viskosität des Wassers beträgt 1,00 mPa·s.

51. Ein kugelförmiger Ballon habe den Radius R und die Oberflächenspannung γ. Zeigen Sie, daß der Druck im Ballon $p = p_{At} + 2\gamma/R$ ist. Zeichnen Sie zuerst einen Umfang des Ballons, und betrachten Sie die Kräfte, die beispielsweise auf die rechte Hemisphäre des Ballons wirken (Abbildung 11.35). Die Kraft nach rechts entsteht durch den Druck gegen die kugelförmige Oberfläche des Ballons, während die Kraft nach links von der Oberflächenspannung auf dieser Linie herrührt.

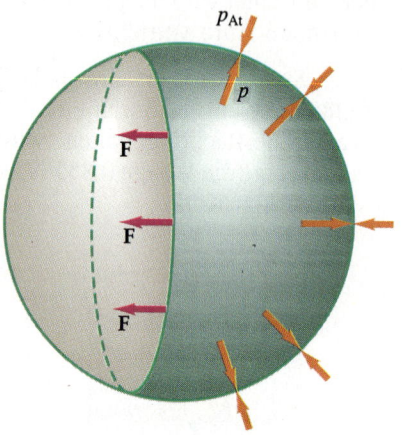

Abbildung 11.35 Zu Aufgabe 51.

52. Ein großes Faß mit der Höhe H und der Querschnittsfläche A_1 sei mit Bier gefüllt. Der Deckel sei offen, so daß an der Oberfläche Atmosphärendruck herrscht. Am Boden befinde sich ein Hahn mit der Querschnittsfläche A_2, die wesentlich kleiner als A_1 sei. a) Zeigen Sie: Wenn das Bier im Faß bis zur Höhe h steht, so ist die Geschwindigkeit des aus dem Hahn austretenden Bieres näherungsweise gleich $(2gh)^{1/2}$. b) Zeigen Sie, daß mit $A_2 \ll A_1$ die Geschwindigkeit, mit der sich die Höhe h ändert, näherungsweise durch

$$\frac{dh}{dt} = -\frac{A_2}{A_1}(2gh)^{1/2}$$

gegeben ist. c) Bestimmen Sie h als Funktion der Zeit, wenn $h = H$ zum Zeitpunkt $t = 0$ ist. d) Es sei $H = 2$ m, $A_1 = 0{,}8$ m² und $A_2 = (10^{-4})A_1$. Ermitteln Sie hierfür die zum vollständigen Entleeren des Fasses nötige Zeit.

53. a) Bestimmen Sie aus Abbildung 11.29 als Funktion von h und H die Entfernung x, in der das Wasser auf den Boden trifft. b) Zeigen Sie, daß es für h zwei Werte (symmetrisch zu $h = \frac{1}{2}H$) gibt, die den gleichen Wert für x liefern. c) Zeigen Sie, daß x für $h = \frac{1}{2}H$ maximal ist. Wie groß ist dieses Maximum von x?

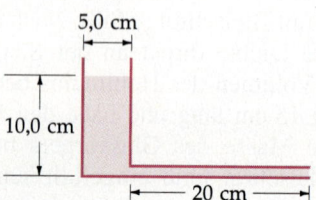

Abbildung 11.34 Zu Aufgabe 50.

Teil 2
Schwingungen und Wellen

Schwingungen 12

Schwingungen können dann entstehen, wenn ein System aus einer stabilen Gleichgewichtslage leicht ausgelenkt wird. Bemerkenswert an Schwingungen ist, daß ihre Bewegung periodisch verläuft, sich also wiederholt. Viele Schwingungsphänomene sind uns vertraut: das Auf und Ab kleiner Boote, das Hin und Her von Uhrenpendeln und das Schwingen von Saiten und Zungen bei Musikinstrumenten. Darüber hinaus gibt es Beispiele von Schwingungen, die uns nicht so geläufig sind: die Schwingungen von Luftmolekülen bei Schallwellen und die Schwingungen elektrischer Ströme in Radio- und Fernsehgeräten.

Wellen und Schwingungen sind eng miteinander verwandt. Beispielsweise werden Schallwellen von schwingenden Saiten (Violinsaiten), schwingenden Rohrblättern einer Oboe, schwingenden Trommelfellen oder Schwingungen der Stimmbänder erzeugt. In all diesen Beispielen regt das schwingende System die umgebenden Luftmoleküle ebenfalls zu Schwingungen an, die sich dann in der Luft (oder einem anderen Medium wie Wasser oder einem Festkörper) ausbreiten.

In diesem Kapitel werden wir die Grundlagen von Schwingungen untersuchen. Die Kapitel 13 und 14 behandeln darauf aufbauend mechanische Wellen, wie Schwingungen von Saiten und Schallwellen.

12.1 Harmonische Schwingungen

Eine häufige und wichtige Schwingungsform ist die harmonische Schwingung; ein solche Schwingungen ausführendes System wird oft als **harmonischer Oszillator** bezeichnet. Wird ein Gegenstand aus seiner Gleichgewichtslage ausgelenkt, so wirkt auf ihn eine rücktreibende Kraft (Rückstellkraft). Für kleine Auslenkungen ist die Rückstellkraft meist proportional zur Auslenkung. In diesem Falle stellt sich eine harmonische Schwingung ein.

Ein typisches System, das harmonische Schwingungen ausführt, ist ein Gegenstand an einer Feder, wie in Abbildung 12.1 gezeigt. In der Gleichgewichts- oder Ruhelage übt die Feder keine Kraft auf den Gegenstand aus. Wird der Gegenstand um den Betrag x aus seiner Ruhelage ausgelenkt, so erfährt er nach dem Hookeschen Gesetz (vgl. Abschnitt 4.5) durch die Feder die Kraft $-kx$:

$$F_x = -kx. \qquad 12.1$$

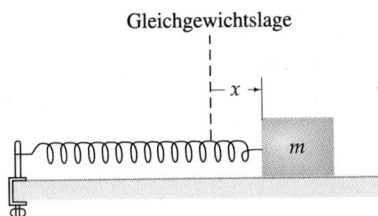

12.1 Ein an einer Feder befestigter Gegenstand gleitet reibungsfrei auf einem Tisch. Die Auslenkung x wird auf die Ruhelage bezogen gemessen. Sie kann positiv oder negativ sein, je nachdem ob die Feder gespannt oder gestaucht wird.

12 Schwingungen

Da die rücktreibende Kraft der Auslenkung entgegen gerichtet ist, muß im Hookeschen Gesetz ein Minuszeichen stehen. Bezeichnet man die Verschiebungen nach rechts als positive Auslenkungen x, so ist die Kraft negativ, also nach links gerichtet. Bei negativen Auslenkungen ist die rücktreibende Kraft nach rechts gerichtet und somit positiv. Aus Gleichung (12.1) und dem zweiten Newtonschen Gesetz erhalten wir:

$$F_x = -kx = ma = m\frac{d^2x}{dt^2}$$

oder

$$a = \frac{d^2x}{dt^2} = -\left(\frac{k}{m}\right)x. \qquad 12.2$$

Die Beschleunigung des Gegenstandes ist also proportional zur Auslenkung und dieser entgegengesetzt. Diese Eigenschaft ist charakteristisch für harmonische Schwingungen, und kann dazu verwendet werden, herauszufinden, ob ein gegebenes System harmonische Schwingungen ausführt oder nicht:

Bedingung für eine harmonische Schwingung

> Ist die Beschleunigung eines Gegenstandes proportional zu seiner Auslenkung und dieser entgegengesetzt, dann führt der Gegenstand eine einfache harmonische Schwingung aus.

Lenken wir einen Gegenstand aus seiner Gleichgewichtslage aus und lassen ihn los, schwingt er um die Gleichgewichtslage. Die Zeit, die der Gegenstand benötigt, um eine vollständige Schwingung durchzuführen, wird als **Periode** oder **Schwingungsdauer** T bezeichnet. Der Kehrwert der Schwingungsdauer ist die **Frequenz** ν, die Anzahl der Schwingungen pro Sekunde:

$$\nu = \frac{1}{T}. \qquad 12.3$$

Frequenzen werden in der Einheit **Hertz** (Hz) angegeben. 1 Hz ist der Kehrwert einer Sekunde (s^{-1}). Beträgt beispielsweise die Dauer einer vollständigen Schwingung 0,25 s, so ist die Schwingungsfrequenz 4 Hz.

Für einen schwingenden Gegenstand können wir die Auslenkung x als Funktion der Zeit experimentell bestimmen. Betrachten wir dazu einen an einer Feder aufgehängten Gegenstand, der senkrecht auf- und abschwingen kann.

An ihm ist – wie in der Abbildung 12.2 gezeigt – ein Stift befestigt, mit dem die Bewegung auf einem horizontal geführten Papierstreifen aufgezeichnet werden kann. Wir lenken den Gegenstand um die Strecke A aus, schalten den Schreiber ein, der den Papierstreifen mit gleichmäßiger Geschwindigkeit nach links zieht, und lassen den Gegenstand los. Die nun vom Schreiber aufgezeichnete Kurve hat einen sinusförmigen Verlauf, der gegeben ist durch:

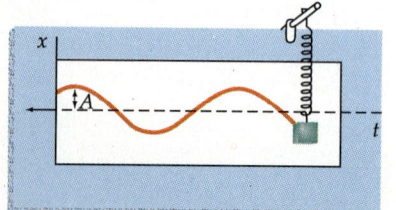

12.2 Ein Gegenstand, an dem ein Stift befestigt ist, schwingt an einer vertikal aufgehängten Feder. Führt man daran einen Papierstreifen gleichmäßig vorbei, so wird die Auslenkung x als Funktion der Zeit t aufgezeichnet. (Hier ist eine positive Auslenkung mit einer Stauchung der Feder verbunden.)

Definition der harmonischen Schwingung

$$x = A\cos(\omega t + \delta), \qquad 12.4$$

wobei A, ω und δ Konstanten sind. Bewegungen, deren Auslenkungen x der Gleichung (12.4) gehorchen, werden **harmonische Schwingungen** genannt. Für die weitere Betrachtung ist die folgende Identität hilfreich: $\cos(\omega t + \delta) = \sin(\omega t + \delta + \pi/2)$. Ob wir die Gleichung mit Hilfe von Sinus- oder Kosinusfunktionen schreiben, hängt nur von der Wahl des Startzeitpunktes $t = 0$ ab. Die größte Auslenkung aus der Gleichgewichtslage heißt **Amplitude** A. Das Argument der Kosinusfunktion wird als **Phase** der Schwingung und die Konstante δ als **Phasenkonstante** bezeichnet. Bei einem vollständigen Zyklus erhöht sich die Phase um 2π. Am Ende eines Umlaufes sind Lage und Geschwindigkeit dieselben wie zu Beginn des Umlaufes, denn $\cos(\omega t + \delta + 2\pi) = \cos(\omega t + \delta)$. Aus dieser Tatsache läßt sich die Schwingungsdauer bestimmen, da sich die Phase zur Zeit $t + T$ gerade um 2π von der Phase zur Zeit t unterscheidet:

$$\omega(t + T) + \delta = 2\pi + \omega t + \delta$$

oder

$$\omega T = 2\pi$$

und so

$$T = \frac{2\pi}{\omega}. \qquad 12.5$$

Aus der Gleichung (12.3) erhalten wir für die Frequenz

$$\nu = \frac{1}{T} = \frac{\omega}{2\pi}. \qquad 12.6$$

Frequenz, Schwingungsdauer und Kreisfrequenz

Die Konstante $\omega = 2\pi\nu$ heißt **Kreisfrequenz**. Sie wird in Bogenmaß (Einheit rad) durch Zeit (Einheit s) ausgedrückt und besitzt als Dimension den Kehrwert der Zeit, denn das Bogenmaß ist dimensionslos. (Zur Definition des Bogenmaßes und zur Verwendung der Einheit rad siehe Abschnitt 8.1.) Darin stimmt die Kreisfrequenz mit der Winkelgeschwindigkeit überein, die ebenfalls mit ω bezeichnet wird. Wenn wir die Gleichung (12.4) durch Einführen von Frequenz und Schwingungsdauer umschreiben, erhalten wir:

$$x = A\cos(2\pi\nu t + \delta) = A\cos\left(\frac{2\pi t}{T} + \delta\right). \qquad 12.7$$

Die Phasenkonstante hängt von der Wahl des Zeitpunktes $t = 0$ ab. Wählen wir den Zeitpunkt $t = 0$ so, daß die Auslenkung x den Wert der Amplitude annimmt, also $x = A$ (vgl. Abbildung 12.3a), dann ist die Phasenkonstante $\delta = 0$ und folglich $x = A\cos\omega t$. Wählen wir dagegen den Zeitpunkt $t = 0$ für den Nulldurchgang der Auslenkung (also für $x = 0$), erhalten wir eine Phasenkonstante $\delta = \pi/2$ im Falle abnehmender Auslenkung bzw. $\delta = 3\pi/2$, wenn die Auslenkung zunimmt. Nimmt die Auslenkung zum Zeitpunkt $t = 0$ wie in Abbildung 12.3b zu (exakt ausgedrückt: besitzt die Auslenkung bei $t = 0$ eine positive Steigung), so beträgt die Phasenkonstante $\delta = 3\pi/2$, und die Auslenkung ist

$$x = A\cos\left(\omega t + \frac{3\pi}{2}\right) = A\sin\omega t.$$

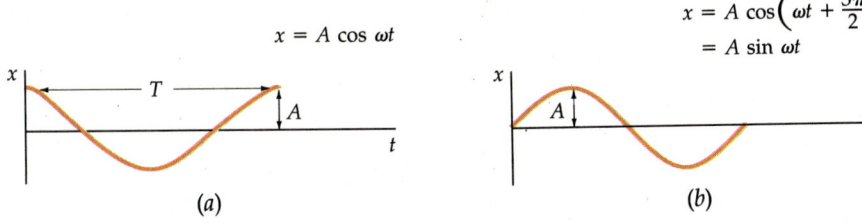

12.3 a) Auslenkung x gegen die Zeit t für $\delta = 0$. Bei $t = 0$ erreicht die Auslenkung ihren Maximalwert A, und die verschwindende (also gleich null werdende) Steigung weist darauf hin, daß der Gegenstand für einen Augenblick stillsteht. Die Zeit für eine vollständige Schwingung heißt Schwingungsdauer T. b) Auslenkung x gegen die Zeit t für $\delta = 3\pi/2$. Für $t = 0$ befindet sich das Teilchen bei $x = 0$ und bewegt sich in Richtung positiver Werte von x.

12 Schwingungen

Die allgemeine Beziehung zwischen der Ausgangsposition – dem Anfangswert der Auslenkung x_0 – und den Konstanten A und δ ergibt sich, indem man in Gleichung (12.4) $t = 0$ setzt:

$$x_0 = A \cos \delta . \qquad 12.8$$

Durch zweimaliges Differenzieren von x nach der Zeit können wir zeigen, daß x die Differentialgleichung (12.2) löst. Die erste Ableitung nach der Zeit liefert die Geschwindigkeit v:

$$v = \frac{dx}{dt} = -A\omega \sin(\omega t + \delta) = A\omega \cos\left(\omega t + \delta + \frac{\pi}{2}\right). \qquad 12.9$$

Geschwindigkeit und Auslenkung sind um $\pi/2\,\mathrm{rad} = 90°$ phasenverschoben. Nimmt $\cos(\omega t + \delta)$ die Werte $+1$ oder -1 an, weist $\sin(\omega t + \delta) = 0$ einen Nulldurchgang auf. Bei maximaler oder minimaler Auslenkung ist die Geschwindigkeit null. Entsprechend ist $\cos(\omega t + \delta) = 0$, wenn $\sin(\omega t + \delta)$ die Werte $+1$ oder -1 annimmt. Die Geschwindigkeit wird also maximal, wenn der Gegenstand durch die Gleichgewichtslage $x = 0$ geht. Wir können die Anfangsgeschwindigkeit v_0 mit den Konstanten A und δ in Beziehung bringen, indem wir in Gleichung (12.9) wieder $t = 0$ setzen:

$$v_0 = -A\omega \sin \delta . \qquad 12.10$$

Die Ableitung der Geschwindigkeit (Gleichung 12.9) nach der Zeit ergibt die Beschleunigung a:

$$a = \frac{dv}{dt} = \frac{d^2x}{dt^2} = -\omega^2 A \cos(\omega t + \delta) \qquad 12.11$$

oder

$$a = -\omega^2 x . \qquad 12.12$$

Ein Vergleich mit Gleichung (12.2) zeigt, daß der Ansatz $x = A \cos(\omega t + \delta)$ die Differentialgleichung $d^2x/dt^2 = -(k/m)\,x$ löst, wenn die Konstanten der harmonischen Schwingung (Masse m und Federkonstante k) mit der Kreisfrequenz ω in der Form

$$\omega^2 = \frac{k}{m} . \qquad 12.13$$

verknüpft sind. Schwingungsdauer und Frequenz einer an einer Feder schwingenden Masse hängen nur von der Masse m und der Federkonstanten k ab:

$$\nu = \frac{\omega}{2\pi} = \frac{1}{2\pi}\sqrt{\frac{k}{m}} \qquad 12.14$$

Schwingungsdauer und Frequenz einer harmonischen Schwingung

$$T = \frac{1}{\nu} = 2\pi\sqrt{\frac{m}{k}} . \qquad 12.15$$

Für eine steife Feder, also eine Feder mit großem k, ist die Frequenz ν demnach hoch. Eine große schwingende Masse hat eine niedrige Frequenz zur Folge.

Wir haben durch einfaches Einsetzen gezeigt, daß $x = A \cos(\omega t + \delta)$ die Differentialgleichung $d^2x/dt^2 = -(k/m)x$ löst. Die auf dem Papierstreifen aufgezeichnete Kurve führte uns zu dem richtigen Ansatz, mit dem wir die Differentialgleichung lösen konnten. Zwar gibt es mathematische Techniken, Differentialgleichungen direkt zu lösen, doch gelingt dies nur bei bestimmten Arten von Differentialgleichungen. Ein allgemeines Lösungsverfahren existiert nicht. Oft basieren die Lösungsansätze auf dem physikalischen Verständnis.

Für den Spezialfall $\delta = 0$ sind in Abbildung 12.4 die Auslenkung x, die Geschwindigkeit v und die Beschleunigung a in Abhängigkeit von der Zeit aufgetragen. Für $\delta = 0$ vereinfachen sich die Gleichungen (12.4), (12.9) und (12.11) zu:

$$x = A \cos \omega t \qquad 12.16a$$

$$v = -\omega A \sin \omega t \qquad 12.16b$$

$$a = -\omega^2 A \cos \omega t . \qquad 12.16c$$

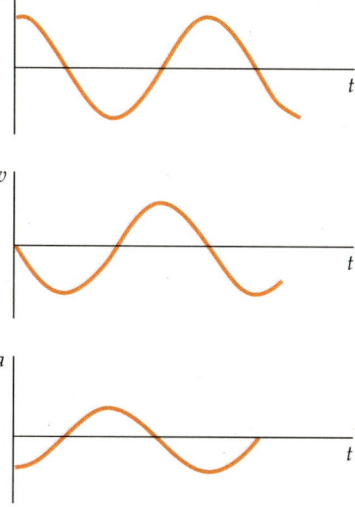

Anfangs, zur Zeit $t = 0$, ist die Auslenkung maximal, die Geschwindigkeit null und die Beschleunigung negativ, nämlich $-\omega^2 A$. Der Gegenstand wird in Richtung seiner Gleichgewichtslage beschleunigt; dabei wird seine Geschwindigkeit negativ. Der Gegenstand erreicht seine Gleichgewichtslage $x = 0$, wenn $\cos \omega t = 0$ wird. Die Beschleunigung verschwindet an diesem Punkt ebenfalls, wohingegen die Geschwindigkeit mit ωA ihren Maximalwert erreicht, denn für $\cos \omega t = 0$ ergibt sich $\sin \omega t = \pm 1$.

12.4 Die Auslenkung x, die Geschwindigkeit v und die Beschleunigung a als Funktionen der Zeit t mit $\delta = 0$.

Beispiel 12.1

Die Auslenkung eines Teilchens sei durch

$$x = 0{,}3 \text{ m} \cdot \cos\left(2 \text{ rad} \cdot \text{s}^{-1} \cdot t + \frac{\pi}{6}\right)$$

gegeben. Hier sei x in Metern und t in Sekunden ausgedrückt. a) Wie lauten Frequenz, Schwingungsdauer, Amplitude, Kreisfrequenz und Phasenkonstante der Schwingung? b) Wo befindet sich das Teilchen zur Zeit $t = 1$ s? c) Bestimmen Sie Geschwindigkeit und Beschleunigung für beliebige Zeiten t. d) Wie lauten die Anfangswerte für die Auslenkung und die Geschwindigkeit?

a) Vergleichen wir diese Gleichung mit Gleichung (12.4), dann finden wir die Kreisfrequenz zu $\omega = 2$ rad/s, die Amplitude zu $A = 0{,}3$ m und die Phasenkonstante zu $\delta = \pi/6$ rad. Die Frequenz ist folglich $\nu = \omega/2\pi = 0{,}318$ Hz und die Schwingungsdauer $T = 1/\nu = 3{,}14$ s.

b) Zur Zeit $t = 1$ s ist die Auslenkung des Teilchens

$$x = 0{,}3 \text{ m} \cdot \cos\left[2 \text{ rad} \cdot \text{s}^{-1} \cdot 1 \text{ s} + \frac{\pi}{6}\right] = -0{,}245 \text{ m} .$$

c) Für die Geschwindigkeit ergibt sich:

$$v = \frac{dx}{dt} = -0{,}3 \text{ m} \cdot \sin\left(2 \text{ rad} \cdot \text{s}^{-1} \cdot t + \frac{\pi}{6}\right) \frac{d(2 \text{ rad} \cdot \text{s}^{-1} \cdot t)}{dt}$$

$$= -0{,}6 \text{ m} \cdot \sin\left(2 \text{ rad} \cdot \text{s}^{-1} \cdot t + \frac{\pi}{6}\right).$$

Durch nochmaliges Differenzieren erhalten wir für die Beschleunigung:

$$a = \frac{dv}{dt} = \frac{d}{dt}\left[-0{,}6\,\text{m} \cdot \sin\left(2\,\text{rad}\cdot\text{s}^{-1}\cdot t + \frac{\pi}{6}\right)\right]$$

$$= -0{,}6\,\text{m} \cdot \cos\left(2\,\text{rad}\cdot\text{s}^{-1}\cdot t + \frac{\pi}{6}\right)\frac{d(2\,\text{rad}\cdot\text{s}^{-1}\cdot t)}{dt} = -1{,}2\,\text{m} \cdot \cos\left(2\,\text{rad}\cdot\text{s}^{-1}\cdot t + \frac{\pi}{6}\right).$$

d) Setzen wir $t = 0$ in die Ausdrücke für x und v ein, so finden wir die Anfangswerte für die Auslenkung und die Geschwindigkeit:

$$x_0 = 0{,}3\,\text{m} \cdot \cos\frac{\pi}{6} = 0{,}260\,\text{m}$$

und

$$v_0 = -0{,}6\,\text{m} \cdot \sin\frac{\pi}{6} = -0{,}300\,\text{m/s}.$$

Übung

Ein Gegenstand der Masse 0,8 kg sei an einer Feder mit der Federkonstanten $k = 400$ N/m befestigt. Bestimmen Sie Frequenz und Schwingungsdauer der Bewegung des Gegenstandes, wenn er aus seiner Gleichgewichtslage ausgelenkt wurde. (Antwort: $\nu = 3{,}56$ Hz; $T = 0{,}281$ s)

Beispiel 12.2

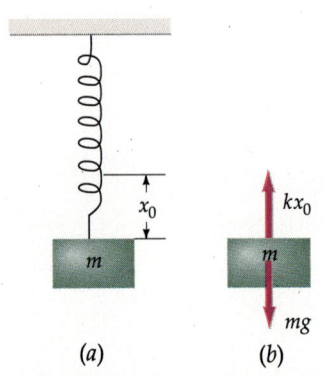

12.5 a) Der Gegenstand aus Beispiel 12.2 hängt an der Feder in der Ruhelage. b) Kräftediagramm für diesen Gegenstand. Im Gleichgewicht ist die Kraft kx_0, die durch die Feder ausgeübt wird, der nach unten gerichteten Gewichtskraft des Gegenstandes mg gleich.

Bei vertikaler Aufhängung lenke ein Gegenstand der Masse 2 kg eine Feder um 10 cm aus (Abbildung 12.5a). Wir bauen die Anordnung so um, daß derselbe Gegenstand an derselben Feder reibungsfrei in der Horizontalen gleiten kann (Abbildung 12.1). Der Gegenstand werde 5 cm aus seiner Gleichgewichtslage ausgelenkt und dann zur Zeit $t = 0$ losgelassen. Bestimmen Sie die Amplitude, die Kreisfrequenz, die Frequenz und die Schwingungsdauer.

Die Federkonstante läßt sich aus der ersten Anordnung bestimmen. Im Gleichgewicht wird die nach unten gerichtete Gewichtskraft mg durch die nach oben gerichtete Kraft kx_0 ausgeglichen, wobei x_0 die Auslenkung der Feder aus ihrem entspannten Zustand bedeutet (Abbildung 12.5). Unter Verwendung von $g = 9{,}81$ N/kg, $m = 2$ kg und $x_0 = 10$ cm $= 0{,}1$ m erhalten wir die Federkonstante:

$$k = \frac{mg}{x_0} = \frac{2\,\text{kg} \cdot 9{,}81\,\text{N/kg}}{0{,}1\,\text{m}} = 196\,\text{N/m}.$$

In der horizontalen Anordnung wird die Feder 5 cm aus der Gleichgewichtslage ausgelenkt und dann losgelassen. Da die Anfangsgeschwindigkeit $v_0 = 0$ ist, ergibt sich eine Phasenverschiebung von $\delta = 0$ (Gleichung 12.10), und die Auslenkung x ist nach Gleichung (12.16a) gleich $x = A \cos \omega t$. Aus der Anfangsauslenkung von 5 cm folgt für die Amplitude $A = 5$ cm.

Die Kreisfrequenz folgt aus Gleichung (12.13):

$$\omega = \sqrt{\frac{k}{m}}$$

$$= \sqrt{\frac{196\,\text{N/m}}{2\,\text{kg}}} = 9{,}90\,\text{rad/s}.$$

Damit ist die Frequenz

$$\nu = \frac{\omega}{2\pi} = \frac{9{,}90 \text{ rad/s}}{2\pi} = 1{,}58 \text{ Hz} .$$

Die Schwingungsdauer folgt als Kehrwert aus der Frequenz:

$$T = \frac{1}{\nu} = \frac{1}{1{,}58 \text{ Hz}} = 0{,}63 \text{ s} .$$

Beispiel 12.3

Wie groß ist die maximale Geschwindigkeit des an der Feder aufgehängten Gegenstandes in Beispiel 12.2, und wann wird sie erreicht?

Gleichung (12.16b) gibt die Geschwindigkeit des Gegenstandes zu beliebigen Zeiten an. Der Maximalwert der Geschwindigkeit wird für $\sin \omega t = 1$ (oder -1) erreicht. Der Betrag der Geschwindigkeit ist dann:

$$v_{\max} = \omega A = 9{,}90 \text{ rad} \cdot \text{s}^{-1} \cdot 5 \text{ cm} = 49{,}5 \text{ cm/s} .$$

Diese Maximalgeschwindigkeit wird nach einem Viertel der Schwingungsdauer erreicht, also genau dann, wenn der Gegenstand die Gleichgewichtslage passiert. Dies geschieht $(0{,}64 \text{ s})/4 = 0{,}16 \text{ s}$, nachdem der Gegenstand losgelassen wurde. Zu diesem Zeitpunkt ist $\sin \omega t = +1$ und die Geschwindigkeit negativ, der Gegenstand bewegt sich somit nach links.

Beispiel 12.4

Nun wird die Anordnung aus Beispiel 12.2 um eine weitere gleichartige Feder, an der die gleiche Masse hängt, ergänzt. Im Gegensatz zur ersten Feder werde sie aber um 10 cm gedehnt. Wenn die beiden Gegenstände gleichzeitig losgelassen werden, welcher geht dann zuerst durch den Punkt der Ruhelage?

Abbildung 12.6 skizziert die Ausgangsposition der Gegenstände. In Abbildung 12.7 ist die Auslenkung der beiden Gegenstände in Abhängigkeit von der Zeit aufgetragen. Sowohl die Federkonstanten als auch die Massen der beiden Vorrichtungen stimmen überein; sie unterscheiden sich nur in der Amplitude. Nun hängen aber gemäß Gleichung (12.15) die Frequenz und die Schwingungsdauer nur von k und m ab, nicht hingegen von der Amplitude. Deshalb stimmen die Frequenzen und Schwingungsdauern der beiden Bewegungen überein, und beide Gegenstände passieren gleichzeitig die Gleichgewichtslage. Zwar muß der zweite Gegenstand einen doppelten Weg zurücklegen, aber seine Anfangsbeschleunigung ist auch doppelt so groß.

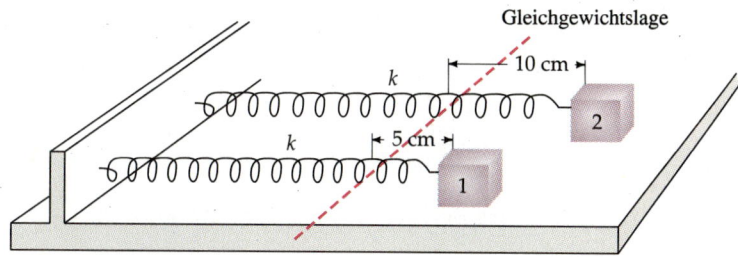

12.6 Zwei Gegenstände, die an gleichen Federn aufgehängt sind, werden gleichzeitig losgelassen. Sie erreichen zur selben Zeit die Ruhelage, da die Schwingungsdauer nicht von der Auslenkung abhängt. Die Schwingungsdauer hängt nur von der Masse der Gegenstände und den Federkonstanten der Federn ab.

12.7 Auslenkungen der Gegenstände aus Abbildung 12.6 in Abhängigkeit von der Zeit.

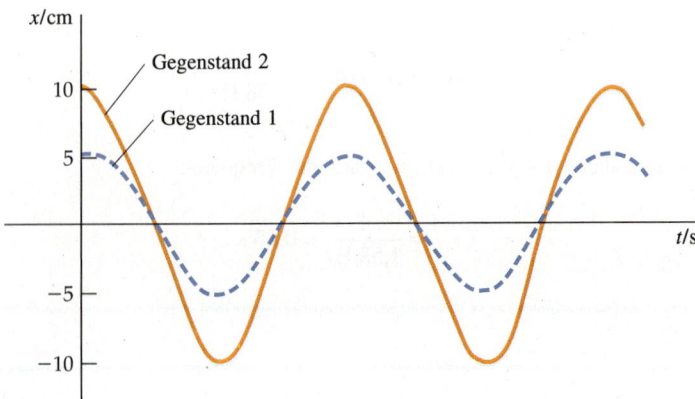

Beispiel 12.4 verdeutlicht eine sehr wichtige allgemeine Eigenschaft der harmonischen Schwingung:

> Bei der harmonischen Schwingung hängen Frequenz und Schwingungsdauer nicht von der Amplitude ab.

Die Tatsache, daß bei der harmonischen Schwingung die Frequenz unabhängig von der Amplitude ist, hat in vielen Bereichen wichtige Konsequenzen. Beispielsweise bedeutet dies in der Musik, daß ein auf einem Klavier angeschlagener Ton (der hier der Frequenz entspricht) nicht von seiner Lautstärke (also der Amplitude) abhängt. Die Tonhöhe ändert sich mit dem Verklingen des Tones nicht. Bei vielen Musikinstrumenten findet sich eine schwache Abhängigkeit der Frequenz von der Amplitude. Beispielsweise hängt die Tonhöhe einer Oboenzunge davon ab, wie stark hineingeblasen wird. Dies rührt daher, daß die Schwingung nicht genau einer harmonischen Schwingung entspricht. Diese Wirkung kann jedoch von einem geübten Musiker leicht ausgeglichen werden. Hätten Änderungen der Amplitude große Auswirkungen auf die Frequenz, dann könnte man Musikinstrumente nicht in der üblichen Weise spielen.

Beispiel 12.5

Nehmen Sie an, der Gegenstand aus Beispiel 12.2 starte bei $x_0 = 3$ cm mit einer Anfangsgeschwindigkeit von $v_0 = -25$ cm/s. Bestimmen Sie Amplitude und Phasenkonstante der Schwingung.

Die Gleichungen (12.8) und (12.10) verbinden Anfangsposition und -geschwindigkeit mit Amplitude und Phasenkonstante. Es gilt:

$$x_0 = A \cos \delta$$

und

$$v_0 = -\omega A \sin \delta \, .$$

Deshalb ist

$$\frac{v_0}{x_0} = \frac{-\omega A \sin \delta}{A \cos \delta} = -\omega \tan \delta \, .$$

Verwenden wir $\omega = 9{,}9$ rad/s aus Beispiel 12.2 und $x_0 = 3$ cm sowie $v_0 = -25$ cm/s, so erhalten wir:

$$\tan \delta = -\frac{v_0}{\omega x_0} = -\frac{-25 \text{ cm/s}}{9{,}90 \text{ rad}\cdot\text{s}^{-1} \cdot 3 \text{ cm}} = 0{,}842$$

$$\delta = 0{,}70 \text{ rad} .$$

Die Amplitude läßt sich dann zu

$$A = \frac{x_0}{\cos \delta} = \frac{3 \text{ cm}}{\cos 0{,}70} = 3{,}9 \text{ cm}$$

berechnen.

Fragen

1. Welchen Weg legt ein mit der Amplitude A schwingendes Teilchen in einer vollen Periode zurück?
2. Wie groß ist der Betrag der Beschleunigung bei einer Schwingung mit der Amplitude A und der Frequenz ν bei maximaler Geschwindigkeit bzw. maximaler Auslenkung?
3. Welche Vektorpaare können bei der einfachen harmonischen Schwingung in die gleiche Richtung zeigen: Beschleunigung und Auslenkung, Beschleunigung und Geschwindigkeit, Geschwindigkeit und Auslenkung?
4. Üblicherweise wird die Masse der Feder vernachlässigt, wenn ein Massestück an einer Feder betrachtet wird. Beschreiben Sie qualitativ die Auswirkungen, wenn die Masse der Feder nicht vernachlässigbar ist.

12.2 Harmonische Schwingung und Kreisbewegung

Es gibt eine einfache, aber wichtige mathematische Beziehung zwischen harmonischen Schwingungen und Kreisbewegungen mit konstanter Geschwindigkeit. Abbildung 12.8 zeigt die Bewegung eines Teilchens, das sich mit konstanter Geschwindigkeit v auf einer Kreisbahn mit Radius A bewegt. Seine konstante Winkelgeschwindigkeit ω steht mit seiner Geschwindigkeit v über $\omega = v/A$ in Beziehung. Es schließt mit der x-Achse den Winkel θ ein:

$$\theta = \omega t + \delta ,$$

wobei δ der eingeschlossene Winkel zur Zeit $t = 0$ ist. Aus der Abbildung ersehen wir, daß die x-Komponente des Teilchenortes

$$x = A \cos \theta = A \cos (\omega t + \delta)$$

ist (Definition des Kosinus); sie ist die Projektion des Teilchenortes auf die x-Achse und entspricht exakt Gleichung (12.4), der Definition der harmonischen Schwingung. Wir halten fest:

> Die Projektion einer Kreisbewegung eines Teilchens mit konstanter Winkelgeschwindigkeit auf eine Achse ist eine harmonische Schwingung.

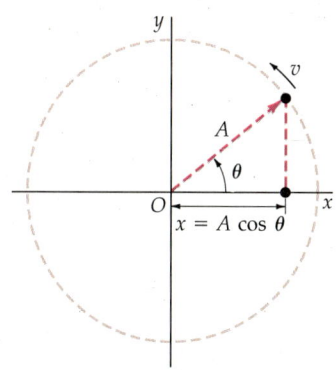

12.8 Ein Teilchen bewegt sich mit konstanter Geschwindigkeit v auf einer Kreisbahn mit Radius A. Der Winkel θ wächst mit der Zeit wie $\theta = \omega t + \delta$, wobei ω die Winkelgeschwindigkeit der Kreisbewegung ist. Die x-Komponente der Kreisbewegung beschreibt eine harmonische Schwingung.

12 Schwingungen

Eine Kreisbewegung und ihre Projektion, die harmonische Schwingung, haben beide die gleiche Frequenz und Periode. Der Zusammenhang zwischen Kreisbewegung und harmonischer Schwingung kann leicht durch ein Experiment wie in Abbildung 12.9 veranschaulicht werden.

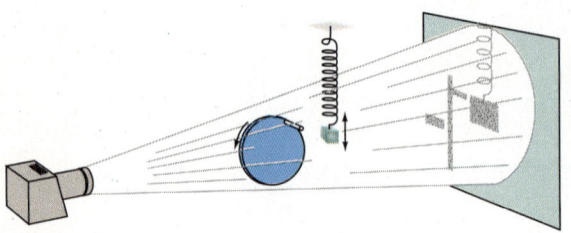

12.9 Der Schatten eines an einer drehbaren Scheibe befestigten Stabes und der Schatten eines Gegenstandes an einer schwingenden Feder werden auf einen Schirm projiziert. Stimmen die Periode der Drehbewegung der Scheibe und die Schwingungsdauer des Gegenstandes an der Feder überein, so bewegen sich ihre Schatten synchron.

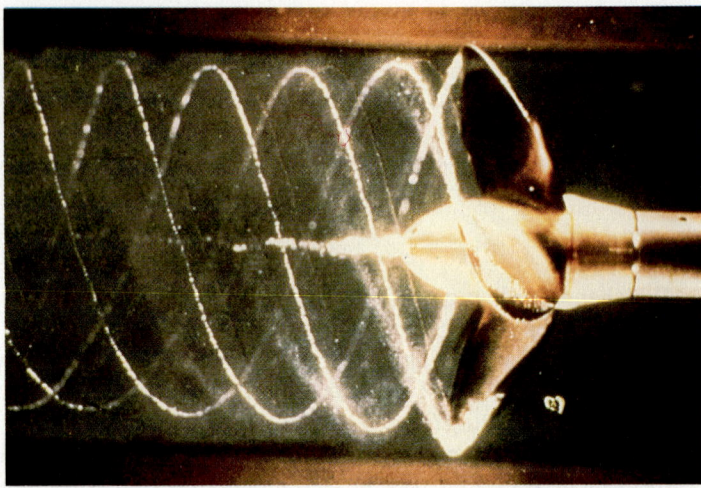

Sinusförmige Blasenmuster, die bei der Drehbewegung eines Turbinenblattes, das sich durch das Wasser bewegt, entstehen. (Foto: National Research Council, Canada)

Betrachten wir nun die Projektion der Kreisbewegung auf die y-Achse. Sie liefert (Definition des Sinus): $y = A \sin \theta = A \sin(\omega t + \delta) = A \cos(\omega t + \delta - \pi/2)$. Wieder erhalten wir eine harmonische Schwingung. Demnach kann – umgekehrt betrachtet – eine Kreisbewegung mit konstanter Geschwindigkeit als Überlagerung zweier senkrecht zueinander verlaufender harmonischer Schwingungen aufgefaßt werden, die gleiche Amplitude und Frequenz, aber eine Phasenverschiebung von $\pi/2$ haben.

12.3 Energiebilanz bei harmonischen Schwingungen

Bei einer harmonischen Schwingung wie dem an einer Feder schwingenden Gegenstand wandeln sich kinetische und potentielle Energie ineinander um. Die Gesamtenergie bleibt daher erhalten, wenn keine Reibung auftritt. Wird eine Feder mit der Federkonstanten k um die Länge x gedehnt, ist die potentielle Energie der Feder durch Gleichung (6.18) gegeben:

$$E_{\text{pot}} = \frac{1}{2} k x^2 . \qquad 12.17$$

Die kinetische Energie einer sich mit der Geschwindigkeit v bewegenden Masse m ist

$$E_{\text{kin}} = \frac{1}{2} m v^2 . \qquad 12.18$$

12.3 Energiebilanz bei harmonischen Schwingungen

Die Gesamtenergie ist die Summe aus potentieller und kinetischer Energie:

$$E_{ges} = E_{pot} + E_{kin} = \frac{1}{2} kx^2 + \frac{1}{2} mv^2 . \qquad 12.19$$

Wird die Auslenkung maximal ($x = A$), so ist die Geschwindigkeit null, und die Gesamtenergie ergibt sich zu:

$$E_{ges} = \frac{1}{2} kA^2 . \qquad 12.20$$

Gesamtenergie der harmonischen Schwingung

Diese Gleichung beinhaltet eine wichtige allgemeine Eigenschaft der harmonischen Schwingung:

> Die Gesamtenergie einer harmonischen Schwingung ist dem Quadrat der Amplitude proportional.

Beginnt die harmonische Schwingung mit einer maximalen Auslenkung, so besteht die Gesamtenergie ausschließlich aus potentieller Energie. Bewegt sich der Gegenstand auf seine Gleichgewichtslage zu, dann nimmt die potentielle Energie ab und die kinetische Energie zu. Wenn der Gegenstand die Gleichgewichtslage passiert, ist seine Geschwindigkeit maximal, und die potentielle Energie des Systems ist null. Die Gesamtenergie besteht dann nur noch aus kinetischer Energie. Bewegt sich der Gegenstand weiter, über die Gleichgewichtslage hinaus, nimmt die kinetische Energie ab, bis wiederum die maximale Auslenkung auf der anderen Seite und damit ein Umkehrpunkt erreicht ist: In diesem Moment ist der Gegenstand für einen Augenblick in Ruhe, die kinetische Energie ist somit wieder null und die potentielle Energie maximal. Zu jedem Zeitpunkt bleibt die Gesamtenergie jedoch erhalten.

In der Abbildung 12.10 ist die potentielle Energie als Funktion von der Auslenkung x gezeigt. Das Minimum dieser Parabel befindet sich am Ort der Gleichgewichtslage. Die Gesamtenergie E_{ges} ist konstant und im Diagramm daher eine Gerade, die parallel zur x-Achse verläuft.

Diese Gerade schneidet die Parabel, also die Kurve der potentiellen Energie, bei $x = A$ und $x = -A$. Die Bewegung ist auf das Intervall $-A \leq x \leq A$ beschränkt, da die Gesamtenergie größer oder gleich der potentiellen Energie sein muß. Die

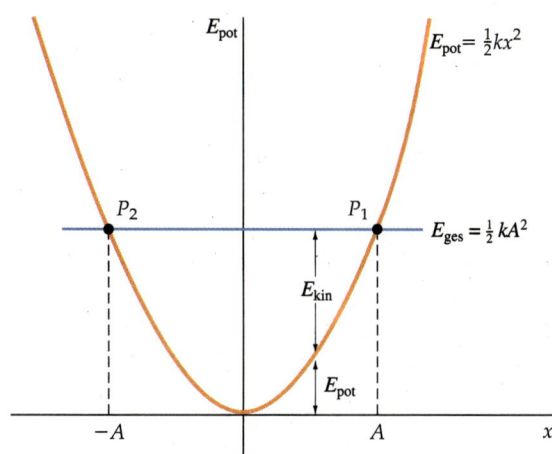

12.10 Potentielle Energie $E_{pot} = \frac{1}{2} kx^2$ eines Gegenstandes der Masse m an einer Feder mit der Federkonstanten k. Die waagerechte Linie ist die Gesamtenergie für eine gegebene Amplitude A: $E_{ges} = \frac{1}{2} kA^2$. Die kinetische Energie E_{kin} erhält man als senkrechten Abstand $E_{kin} = E_{ges} - E_{pot}$.

12 Schwingungen

kinetische Energie E_{kin} ergibt sich für jede Auslenkung x aus der Differenz der Kurven: $E_{kin} = E_{ges} - E_{pot}$.

Wir können zeigen, daß die Gesamtenergie der harmonischen Schwingung konstant ist, indem wir die Ausdrücke für x und v aus den Gleichungen (12.4) und (12.9) in die Gleichungen für die potentielle und die kinetische Energie (12.17) und (12.18) einsetzen:

$$E_{pot} = \frac{1}{2} k [A \cos(\omega t + \delta)]^2$$

oder

$$E_{pot} = \frac{1}{2} k A^2 \cos^2(\omega t + \delta) \qquad 12.21$$

und

$$E_{kin} = \frac{1}{2} m [-A\omega \sin(\omega t + \delta)]^2 .$$

Unter Verwendung von $\omega^2 = k/m$ aus Gleichung (12.13) kann die kinetische Energie in der Form

$$E_{kin} = \frac{1}{2} k A^2 \sin^2(\omega t + \delta) \qquad 12.22$$

geschrieben werden. Die Summe aus potentieller und kinetischer Energie liefert die Gesamtenergie:

$$E_{ges} = \frac{1}{2} k A^2 \cos^2(\omega t + \delta) + \frac{1}{2} k A^2 \sin^2(\omega t + \delta)$$

$$= \frac{1}{2} k A^2 [\cos^2(\omega t + \delta) + \sin^2(\omega t + \delta)]$$

$$= \frac{1}{2} k A^2 ,$$

wobei wir die trigonometrische Identität $\cos^2 \theta + \sin^2 \theta = 1$ verwendet haben.

Ausgedrückt durch die Gesamtenergie, erhalten wir für die potentielle Energie:

$$E_{pot} = E_{ges} \cos^2 \theta$$

und für die kinetische Energie:

$$E_{kin} = E_{ges} \sin^2 \theta ,$$

wobei $\theta = \omega t + \delta$. Abbildung 12.11a und b zeigen E_{pot} und E_{kin} als Funktionen von t für $\delta = 0$. Die Funktionen haben dieselbe Form, nur nimmt E_{pot} sein Maximum genau dann an, wenn E_{kin} minimal wird und umgekehrt. Ihre zeitlichen Mittelwerte über eine oder mehrere Perioden sind gleich. Wegen $E_{pot} + E_{kin} = E_{ges}$ sind die Mittelwerte gegeben durch

$$\langle E_{pot} \rangle = \langle E_{kin} \rangle = \frac{1}{2} E_{ges} . \qquad 12.23$$

12.3 Energiebilanz bei harmonischen Schwingungen

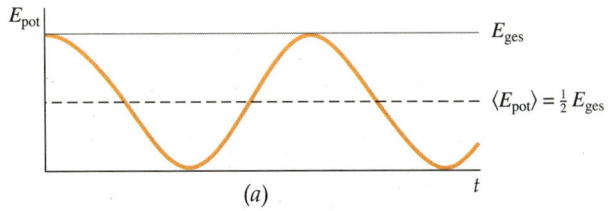
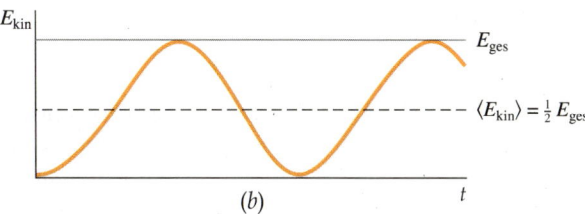

12.11 a) Potentielle Energie E_{pot} und b) kinetische Energie E_{kin} als Funktionen der Zeit t mit $\delta = 0$. Die beiden Funktionen haben gleiche Gestalt und gleiche Maximalwerte E_{ges}. Ihre zeitlichen Mittelwerte, hier durch eine gestrichelte Linie angedeutet, sind ebenfalls gleich und liegen beim halben Maximalwert.

Beispiel 12.6

Ein Gegenstand mit einer Masse von 3 kg schwinge an einer Feder mit einer Amplitude von 4 cm und einer Schwingungsdauer von 2 s. a) Wie groß ist die Gesamtenergie? b) Wie groß ist die Maximalgeschwindigkeit des Gegenstandes?

a) Die Gesamtenergie ist $\frac{1}{2} kA^2$. Die Federkonstante k hängt mit der Schwingungsdauer über

$$T = 2\pi \sqrt{\frac{m}{k}},$$

zusammen, weshalb gilt:

$$k = \frac{(2\pi)^2 m}{T^2} = \frac{4\pi^2 \cdot 3 \text{ kg}}{4 \text{ s}^2} = 29{,}6 \text{ N/m}.$$

Die Gesamtenergie beträgt somit

$$E_{ges} = \frac{1}{2} kA^2$$
$$= \frac{1}{2} (29{,}6 \text{ N/m}) (0{,}04 \text{ m})^2$$
$$= 2{,}37 \cdot 10^{-2} \text{ J}.$$

b) Über die Gesamtenergie finden wir die Maximalgeschwindigkeit. Wird die Geschwindigkeit maximal, dann ist die potentielle Energie null, und die Gesamtenergie besteht nur aus kinetischer Energie:

$$E_{ges} = \frac{1}{2} m v_{max}^2 = 2{,}37 \cdot 10^{-2} \text{ J}.$$

Daraus ergibt sich die Maximalgeschwindigkeit zu:

$$v_{max} = \sqrt{\frac{2 E_{ges}}{m}}$$
$$= \sqrt{\frac{2 \cdot 2{,}37 \cdot 10^{-2} \text{ J}}{3 \text{ kg}}} = 0{,}126 \text{ m/s}.$$

Wir hätten die Maximalgeschwindigkeit auch wie in Beispiel 12.3 aus Gleichung (12.16b) berechnen können:

$$v_{max} = \omega A (\sin \omega t)_{max} = \omega A.$$

Mit $\omega = 2\pi/T$ (Gleichung 12.6) erhalten wir

$$v_{max} = \frac{2\pi A}{T} = \frac{2 \cdot 3{,}14 \cdot 4 \text{ cm}}{2 \text{ s}}$$
$$= 12{,}6 \text{ cm/s} = 0{,}126 \text{ m/s}.$$

Übung

Ein Gegenstand mit einer Masse von 2 kg hängt an einer Feder mit der Federkonstante von 40 N/m. Er bewegt sich durch die Gleichgewichtslage mit einer Geschwindigkeit von 25 cm/s. a) Wie groß ist die Gesamtenergie des Gegenstandes? b) Wie groß ist die Amplitude? (Antworten: a) $E_{ges} = 0{,}0625$ J, b) $A = 5{,}59$ cm)

Frage

5. Wie ändert sich die Energie eines harmonischen Oszillators, wenn die Amplitude auf ein Drittel zurückgeht?

12.4 Massen an senkrecht aufgehängten Federn

Befindet sich ein Gegenstand an einer vertikal aufgehängten Feder, wie in Abbildung 12.12 gezeigt, dann sind zwei Kräfte wirksam, und zwar die Kraft $F_F = -ky$, die durch die Feder ausgeübt wird, und die nach unten gerichtete Gewichtskraft $G = mg$. Die Auslenkung y zeige hier nach unten und sei bei der entspannten Feder null. Das zweite Newtonsche Gesetz liefert die Bewegungsgleichung:

$$m\frac{d^2y}{dt^2} = -ky + mg \; . \qquad 12.24$$

Diese Gleichung unterscheidet sich von Gleichung (12.2) durch den konstanten Ausdruck mg. Um auf die uns vertraute Form zu kommen, führen wir eine Koordinatentransformation durch. Wir setzen: $y' = y - y_0$, wobei y_0 die Auslenkung der Feder durch die Gewichtskraft des Gegenstandes bezeichnet. Befindet

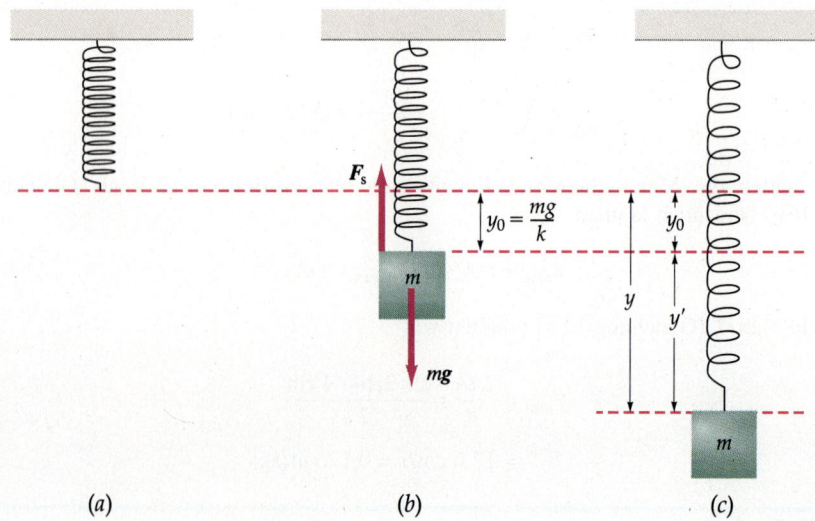

12.12 a) Eine entspannte Feder. b) Ein Gegenstand der Masse m dehnt die Feder um den Betrag $y_0 = mg/k$, wenn er sich in Ruhe befindet. c) Der Gegenstand schwingt um die Ruhelage $y = y_0$ mit der Auslenkung $y' = y - y_0$.

sich der Gegenstand bewegungslos in seiner neuen Gleichgewichtslage y_0, so reduziert sich Gleichung (12.24) auf:

$$0 = -ky_0 + mg$$

oder

$$y_0 = \frac{mg}{k}.\qquad 12.25$$

Da sich y' und y nur durch eine Konstante unterscheiden, gilt für die Ableitungen:

$$\frac{dy'}{dt} = \frac{dy}{dt}$$

und

$$\frac{d^2y'}{dt^2} = \frac{d^2y}{dt^2}.$$

Ersetzen wir in Gleichung (12.24) d^2y/dt^2 durch d^2y'/dt^2 und y durch $y' + y_0$, erhalten wir

$$m\frac{d^2y'}{dt^2} = -k(y' + y_0) + mg$$

$$= -ky' - ky_0 + mg.$$

Aus $ky_0 = mg$ folgt

$$m\frac{d^2y'}{dt^2} = -ky',\qquad 12.26$$

mit der bekannten Lösung

$$y' = A\cos(\omega t + \delta).$$

Die Gewichtskraft mg bewirkt also nur eine Verschiebung der Ruhelage von $y = 0$ nach $y' = 0$. Wird der Gegenstand aus dieser neuen Gleichgewichtslage um y' ausgelenkt, ist die rücktreibende Kraft $-ky'$ wirksam. Der Gegenstand schwingt dabei um die neue Gleichgewichtslage mit derselben Kreisfrequenz $\omega = \sqrt{k/m}$ wie im Fall der horizontalen Schwingung.

Nun untersuchen wir, ob die Wahl des Bezugspunktes einen Einfluß auf die potentielle Energie des schwingenden Systems (Feder + angehängter Gegenstand) hat. Für die potentielle Energie $E_{\text{pot,F}}$ der Feder können wir zwei Nullpunkte wählen: Entweder setzen wir $E_{\text{pot,F}} = 0$ bei der ursprünglichen Gleichgewichtslage der Feder (also bei $y = 0$), oder wir wählen $E_{\text{pot,F}} = 0$ bei der Gleichgewichtslage, die sich durch Anhängen des Gegenstandes ergeben hat (also bei $y = y_0$, $y' = 0$). Im ersten Falle ist die potentielle Energie der Feder als $\frac{1}{2}ky^2 = \frac{1}{2}k(y' + y_0)^2$ zu schreiben; in der Gleichgewichtslage ist sie $\frac{1}{2}ky_0^2$. Betrachten wir den zweiten Fall. Die potentielle Energie der Feder lautet dann

$$E_{\text{pot,F}} = \frac{1}{2}k(y' + y_0)^2 - \frac{1}{2}ky_0^2$$

$$= \frac{1}{2}ky'^2 + ky_0 y' + \frac{1}{2}ky_0^2 - \frac{1}{2}ky_0^2 = \frac{1}{2}ky'^2 + ky_0 y'.$$

Da aber $ky_0 = mg$ ist, folgt für die potentielle Energie der Feder, bezogen auf $E_{\text{pot,F}} = 0$ bei $y' = 0$:

$$E_{\text{pot,F}} = \frac{1}{2} ky'^2 + mgy' \qquad (E_{\text{pot,F}} = 0 \text{ für } y' = 0) .$$

Wird die Feder um die Länge y' gedehnt, ändert sich die Lage des Gegenstandes um $\Delta h = -y'$. Dadurch ändert sich die potentielle Energie des Gegenstandes um $mg\Delta h = -mgy'$. Wählen wir den Nullpunkt bei der neuen Gleichgewichtslage ($y = y_0$, $y' = 0$), so ergibt sich für die potentielle Energie des Gegenstandes bei der Auslenkung y'

$$E_{\text{pot,G}} = -mgy' \qquad (E_{\text{pot,G}} = 0 \text{ für } y' = 0) .$$

Für die gesamte potentielle Energie des Systems, bezogen auf $E_{\text{pot}} = 0$ bei $y' = 0$, erhält man

$$E_{\text{pot}} = E_{\text{pot,F}} + E_{\text{pot,G}}$$
$$= \left(\frac{1}{2} ky'^2 + mgy'\right) - mgy'$$

oder

Gesamte potentielle Energie eines Gegenstandes an einer senkrecht aufgehängten Feder

$$E_{\text{pot}} = \frac{1}{2} ky'^2 \qquad (E_{\text{pot}} = 0 \text{ für } y' = 0) . \qquad 12.27$$

Messen wir die Auslenkung von der neuen Gleichgewichtslage aus, müssen wir die Anziehungskraft der Erde nicht getrennt berücksichtigen.

Übung

Ein Gegenstand mit einer Masse von 4 kg hängt an einer Feder mit der Federkonstanten $k = 200$ N/m. a) Wo befindet sich die neue Gleichgewichtslage y_0? b) Wie groß ist die Gesamtenergie einschließlich der potentiellen Energie des Gegenstandes, wenn die Feder um zusätzliche 12 cm gedehnt wird? Nehmen Sie an, daß $E_{\text{pot}} = 0$ ist bei $y = y_0$. c) Wie groß ist die Schwingungsdauer? (Antworten: a) 19,6 cm, b) 1,44 J, c) 0,889 s)

12.5 Pendel

Das mathematische Pendel

Das Pendel ist ein vertrautes Beispiel für Schwingungsbewegungen. Es führt allerdings nur bei kleinen Auslenkungen harmonische Schwingungen um die Gleichgewichtslage aus. Abbildung 12.13 zeigt ein Fadenpendel oder auch mathematisches Pendel der Länge ℓ mit einer Kugel der Masse m. Ein mathematisches Pendel ist eine Idealisierung: Eine punktförmige Masse hängt an einem masselosen Faden. In der Praxis heißt das: Der Faden ist möglichst lang und dünn, der angehängte Gegenstand ist möglichst schwer und möglichst wenig ausgedehnt. Auf die Kugel wirken die Gewichtskraft *mg* und die Zugkraft **Z**. Schließt das Pendel den Winkel φ mit der Vertikalen ein, so wirkt die Zugkraft $\mathbf{Z} = -mg \cos \varphi$ entlang des Fadens und dazu senkrecht die Kraft $-mg \sin \varphi$, die in tangentialer Richtung die Kugel zur Gleichgewichtslage zurücktreibt. Sei s die vom tiefsten Punkt aus gemessene Bogenlänge. Sie berechnet sich aus dem Winkel φ über

$$s = \ell \varphi \,. \qquad 12.28$$

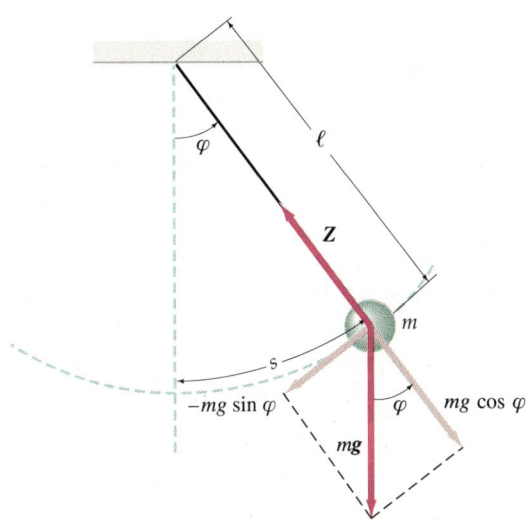

12.13 Mathematisches Pendel. Am Pendelkörper greifen die Gewichtskraft *mg* und die Zugkraft **Z** an. Die Tangentialkomponente der resultierenden Kraft ist $-mg \sin \varphi = -mg \sin(s/\ell)$. Für kleine Auslenkungen führt das Pendel harmonische Schwingungen aus.

Die Tangentialkomponente der Beschleunigung der Kugel ist d^2s/dt^2. Nach dem zweiten Newtonschen Gesetz, $F = m \cdot a$, gilt

$$-mg \sin \varphi = m \frac{d^2s}{dt^2}$$

oder

$$\frac{d^2s}{dt^2} = -g \sin \varphi = -g \sin \frac{s}{\ell} \,. \qquad 12.29$$

Ist s viel kleiner als ℓ, so ist auch der Winkel $\varphi = s/\ell$ klein, und wir können $\sin \varphi$ durch den Winkel φ selbst annähern. Setzen wir $\sin(s/\ell) \approx s/\ell$ in Gleichung (12.29) ein, erhalten wir

$$\frac{d^2s}{dt^2} = -\frac{g}{\ell} s \,. \qquad 12.30\text{a}$$

Für kleine Winkel, bei denen die Näherung $\sin \varphi \approx \varphi$ zutrifft, ist die rücktreibende Beschleunigung der Auslenkung proportional. Die Pendelbewegung ist somit für kleine Auslenkungen annähernd eine harmonische Schwingung. Gleichung (12.30a) läßt sich in folgender Form schreiben:

$$\frac{d^2s}{dt^2} = -\omega^2 s \,, \qquad 12.30\text{b}$$

12 Schwingungen

wobei

$$\omega^2 = \frac{g}{\ell}$$ 12.31

ist.

Die Lösung der Gleichung (12.30b) lautet $s = s_0 \cos(\omega t + \delta)$; hierbei ist s_0 die maximale Bogenlänge der Pendelbewegung. Die Periode der Schwingung ist

Schwingungsdauer des mathematischen Pendels

$$T = \frac{2\pi}{\omega} = 2\pi \sqrt{\frac{\ell}{g}}.$$ 12.32

Nach Gleichung (12.32) nimmt die Schwingungsdauer mit der Pendellänge zu. Man beachte, daß die Schwingungsdauer nicht von der Masse abhängt, da die rücktreibende Kraft zur Masse proportional ist. Deshalb ist die Beschleunigung $a = F/m$ unabhängig von der Masse. Außerdem sind Frequenz und Schwingungsdauer unabhängig von der Amplitude der Schwingung – ein charakteristisches Kennzeichen für harmonische Schwingungen.

Noch einfacher ist es, die Bewegung eines Pendels durch den Auslenkungswinkel φ zu beschreiben. Setzen wir in Gleichung (12.29) $s = \ell\varphi$ ein, erhalten wir

$$\frac{d^2(\ell\varphi)}{dt^2} = -g \sin \varphi$$

oder

$$\frac{d^2\varphi}{dt^2} = -\frac{g}{\ell} \sin \varphi,$$ 12.33

was sich für kleine Winkel vereinfacht zu:

$$\frac{d^2\varphi}{dt^2} = -\frac{g}{\ell} \varphi = -\omega^2 \varphi.$$ 12.34

Die Lösung der Gleichung (12.34) lautet:

$$\varphi = \varphi_0 \cos(\omega t + \delta),$$ 12.35

wobei $\varphi_0 = s_0/\ell$ der maximale Auslenkungswinkel ist. Die Gleichung (12.34) erfüllt somit das Kriterium für eine harmonische Schwingung. Der Betrag der Winkelbeschleunigung ist dem Auslenkungswinkel proportional, ihm aber entgegengesetzt.

Beispiel 12.7

Wie groß ist die Schwingungsdauer eines Pendels mit der Pendellänge 1 m?
Aus Gleichung (12.32) folgt sofort

$$T = 2\pi \sqrt{\frac{1\,\text{m}}{9{,}81\,\text{m/s}^2}} = 2{,}01\,\text{s}.$$

Die Gültigkeit dieses Ergebnisses kann man leicht experimentell zeigen.

Die Erdbeschleunigung läßt sich sehr leicht mit Hilfe eines mathematischen Pendels bestimmen. Dazu mißt man die Pendellänge mit einem Meterstab ab und bestimmt die Schwingungsdauer. (Normalerweise bestimmt man die Dauer von n Perioden und teilt diese dann durch n; dadurch wird der Fehler bei der Angabe der Schwingungsdauer reduziert.) Löst man Gleichung (12.32) nach g auf, erhält man die Erdbeschleunigung g:

$$g = \frac{4\pi^2 \ell}{T^2}.\qquad 12.36$$

Falls die Amplitude der Schwingung nicht klein ist, beobachtet man zwar immer noch eine periodische, aber keine harmonische Bewegung mehr. Insbesondere hängt die Schwingungsdauer in geringem Maß von der Amplitude ab. Gewöhnlich wird diese Abhängigkeit durch die Winkelamplitude φ_0 ausgedrückt. Für große Amplituden kann man die Periode als Reihenentwicklung angeben:

$$T = T_0 \left[1 + \frac{1}{2^2}\sin^2 \frac{1}{2}\varphi_0 + \frac{1}{2^2}\left(\frac{3}{4}\right)^2 \sin^4 \frac{1}{2}\varphi_0 + \ldots\right],\qquad 12.37$$

wobei $T_0 = 2\pi\sqrt{\ell/g}$ die Schwingungsdauer für kleine Amplituden ist.

Beispiel 12.8

Eine einfache Penduluhr werde so geeicht, daß sie bei einer Winkelamplitude von $\varphi_0 = 10°$ die Zeit exakt wiedergibt. Um wieviel geht die Uhr vor, wenn sich die Winkelamplitude der Uhr stark verringert?

Nach Gleichung (12.37) ist die ursprüngliche Schwingungsdauer ungefähr

$$T \approx T_0 \left(1 + \frac{1}{4}\sin^2 5°\right),$$

da für $\varphi_0 = 10°$ die Ungleichung $\sin^4 \frac{1}{2}\varphi_0 \ll \sin^2 \frac{1}{2}\varphi_0$ gilt. Für kleine Amplituden ist die Schwingungsdauer T_0. Wegen $T_0 < T$ ist die Frequenz höher, und die Uhr geht vor. Der Unterschied der beiden Schwingungsdauern beträgt:

$$T - T_0 = \frac{T_0}{4}\sin^2 5°$$

$$= \frac{T_0}{4}(0{,}0872)^2 \approx (2 \cdot 10^{-3})\, T_0.$$

Die prozentuale Änderung der Schwingungsdauer ist demnach

$$\frac{T - T_0}{T_0} \cdot 100\% = (2 \cdot 10^{-3}) \cdot 100\% = 0{,}2\%.$$

Sie ist zwar klein, aber nach heutigen Maßstäben doch zu groß. Die Zahl der Minuten pro Tag ist

$$\frac{24\text{ h}}{1\text{ d}} \cdot \frac{60\text{ min}}{1\text{ h}} = 1440\text{ min/d}.$$

Geht die Uhr um 0,2% vor, so beläuft sich der Fehler pro Tag auf 2,88 min. Die Uhr geht somit fast drei Minuten pro Tag vor. Aus diesem Grunde werden Penduluhren so gebaut, daß ihre Amplitude konstant bleibt.

12 Schwingungen

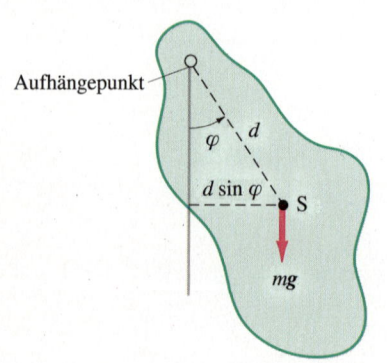

12.14 Physikalisches Pendel. Die Gewichtskraft m*g* übt ein Drehmoment $mgd \sin \varphi$ um den Aufhängepunkt aus und versucht, den Winkel φ zu verringern.

Das physikalische Pendel

Wird ein starrer ausgedehnter Körper nicht in seinem Schwerpunkt aufgehängt, kann er nach einer Auslenkung um seine Gleichgewichtslage schwingen. Ein derartiges System heißt **physikalisches Pendel**. Betrachten wir dazu das zweidimensionale Gebilde in Abbildung 12.14. Es ist in einem Punkt aufgehängt, der sich im Abstand d vom Schwerpunkt befindet, und es wurde um den Winkel φ ausgelenkt. Das Drehmoment $mgd \sin \varphi$ wirkt der Auslenkung entgegen. Winkelbeschleunigung α und Drehmoment M hängen über

$$M = I\alpha = I \frac{d^2\varphi}{dt^2}$$

zusammen, wobei I das Trägheitsmoment der Figur bezüglich des Aufhängepunktes ist. Setzen wir $-mgd \sin \varphi$ für das Drehmoment ein, erhalten wir

$$-mgd \sin \varphi = I \frac{d^2\varphi}{dt^2}$$

oder

$$\frac{d^2\varphi}{dt^2} = -\frac{mgd}{I} \sin \varphi .\qquad 12.38$$

Für ein mathematisches Pendel, bei dem $I = m\ell^2$ und $d = \ell$ ist, geht Gleichung (12.38) in die Gleichung (12.34) über. Wiederum erfolgt eine annähernd harmonische Schwingung für kleine Auslenkungen, denn dann gilt die Näherung $\sin \varphi \approx \varphi$. In diesem Fall erhalten wir

$$\frac{d^2\varphi}{dt^2} = -\frac{mgd}{I}\varphi = \omega^2 \varphi \qquad 12.39$$

mit $\omega^2 = mgd/I$. Die Schwingungsdauer ist damit

Schwingungsdauer des physikalischen Pendels

$$T = \frac{2\pi}{\omega} = 2\pi \sqrt{\frac{I}{mgd}}. \qquad 12.40$$

Auch beim physikalischen Pendel beschreibt Gleichung (12.37) die Schwingungsdauer für große Auslenkungen, wobei nun für T_0 die Schwingungsdauer genommen werden muß, die sich aus Gleichung (12.40) ergibt.

Über Gleichung (12.40) läßt sich das Trägheitsmoment eines flachen Gegenstandes bestimmen. Wie bereits früher (Kapitel 9) beschrieben, kann man den Schwerpunkt finden, indem man den Gegenstand an zwei verschiedenen Punkten aufhängt. Zur Messung des Trägheitsmomentes um einen Punkt hängen wir den Gegenstand einfach an diesem Punkt auf und messen die Schwingungsdauer. Das Trägheitsmoment ist dann

$$I = \frac{mgdT^2}{4\pi^2}. \qquad 12.41$$

Beispiel 12.9

Wie groß ist für kleine Auslenkungen die Schwingungsdauer eines homogenen Stabes der Länge ℓ, wenn er an einem Ende aufgehängt wird?

In Kapitel 8 haben wir gesehen, daß das Trägheitsmoment eines homogenen Stabes der Länge ℓ, der um eines seiner Enden rotiert, gleich $I = \frac{1}{3} m\ell^2$ ist. Der Abstand zwischen Aufhängpunkt und Schwerpunkt beträgt $d = \frac{1}{2}\ell$. Eingesetzt in Gleichung (12.40), ergibt sich

$$T = 2\pi \sqrt{\frac{\frac{1}{3} m\ell^2}{mg\,(\frac{1}{2}\ell)}} = 2\pi \sqrt{\frac{2\ell}{3g}}.$$

Übung

Wie groß ist für kleine Auslenkungen die Schwingungsdauer eines Meterstabes, der an einem Ende aufgehängt ist? (Antwort: 1,64 s)

Das Torsionspendel

Abbildung 12.15 zeigt ein Torsionspendel. Es besteht aus einem Gegenstand, der über einen Draht an einem festen Punkt aufgehängt ist. Wird der Draht um einen kleinen Winkel φ verdreht, so übt er ein rückstellendes Drehmoment aus, das diesem Winkel φ proportional ist:

$$M = -D\varphi. \qquad 12.42$$

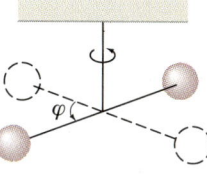

12.15 Torsionspendel. Wird der Draht um den Winkel φ verdreht, versucht ein rückstellendes Drehmoment $-D\varphi$, das Pendel in die Ruhelage zurückzubringen.

Die Proportionalitätskonstante D wird **Torsionskonstante** oder Winkelrichtgröße genannt. Man kann sie messen, indem man ein bekanntes Drehmoment ausübt, um den Draht zu verdrillen, und den resultierenden Winkel bestimmt.

Für das Trägheitsmoment I des Körpers, das Drehmoment M und die Winkelbeschleunigung gilt:

$$M = -D\varphi = I \frac{d^2\varphi}{dt^2}$$

oder

$$\frac{d^2\varphi}{dt^2} = -\frac{D}{I}\varphi = -\omega^2\varphi. \qquad 12.43$$

Gleichung (12.43) beschreibt eine harmonische Schwingung mit der Kreisfrequenz $\omega = \sqrt{D/I}$. Die Schwingungsdauer der Bewegung ist dabei

$$T = 2\pi \sqrt{\frac{I}{D}}. \qquad 12.44$$

Schwingungsdauer des Torsionspendels

Beachten Sie, daß eine Näherung für kleine Winkel nicht erforderlich ist. Solange das rücktreibende Drehmoment dem Torsionswinkel proportional ist, führt das Torsionspendel eine harmonische Schwingung aus. Für den Draht gilt diese Proportionalität bis zum Erreichen der Elastizitätsgrenze bei großen Scherspannungen. Die Unruh einer Uhr ist ebenso ein Beispiel für ein Torsionspendel wie die Drehwaage, mit der Cavendish die Gravitationskonstante bestimmte (Abschnitt 10.3).

Frage

6. In Pendeln verwendete Metallfedern und Drähte dehnen sich mit der Temperatur aus. Wie wirkt sich dies auf eine einfache Pendeluhr aus und wie auf ein Torsionspendel?

12.6 Bewegungen in der Nähe von Gleichgewichtspunkten

Wird ein Teilchen aus seiner stabilen Gleichgewichtslage ausgelenkt, dann führt es eine harmonische Schwingung aus, wenn die Auslenkung hinreichend klein war. Einige Beispiele, wie die verschiedenen Pendel, haben wir bereits kennengelernt.

Wenden wir uns nun der Abbildung 12.16a zu. Sie zeigt den Verlauf einer willkürlich vorgegebenen Kraft als Funktion des Ortes. An den Punkten x_1 und x_2 ist die Kraft null, dort sind die Gleichgewichtspunkte. Einer von ihnen, und zwar x_2, ist instabil, der andere dagegen stabil (wegen der Definition von „Stabilität" siehe Kapitel 6). Der stabile Gleichgewichtspunkt zeichnet sich dadurch aus, daß die Kraft das Teilchen – egal in welcher Richtung es ausgelenkt wurde – immer wieder zu diesem Punkt hin beschleunigt. Um den stabilen Gleichgewichtspunkt x_1 kann ein Teilchen also schwingen. Für kleine Auslenkungen um x_1 können wir dort die Kraftkurve durch eine Gerade annähern. In Abbildung 12.16b ist diese lineare Näherung der Kraftkurve nochmals für kleine Auslenkungen $\varepsilon = x - x_1$ aus der stabilen Gleichgewichtslage gezeigt. Die Kraftgleichung lautet somit

$$F_x = -k\varepsilon, \qquad 12.45$$

wobei k der Betrag der Steigung von F_x an der Stelle x_1 ist. Da die Kraft proportional zum Betrag der Auslenkung und dieser entgegen gerichtet ist, wird die Bewegung des Teilchens harmonisch erfolgen.

12.16 a) Darstellung einer beliebig gewählten Kraft F_x als Funktion von x. An den Gleichgewichtspunkten x_1 und x_2 verschwindet die Kraft. Der Gleichgewichtspunkt x_1 ist stabil, da für kleine Auslenkungen die Kraft in Richtung von x_1 zeigt. Der Gleichgewichtspunkt x_2 ist instabil, da bei kleinen Auslenkungen die Kraft von x_2 wegzeigt. b) In der Nähe von x_1 kann die Funktion der Kraft durch die Gerade $F_x = -k(x - x_1) = -k\varepsilon$ angenähert werden. Somit wird die Bewegung nahe des stabilen Gleichgewichtspunktes harmonisch verlaufen.

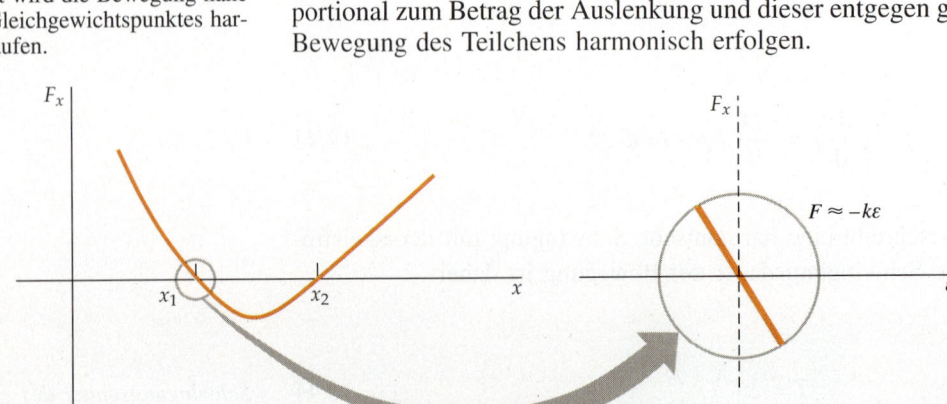

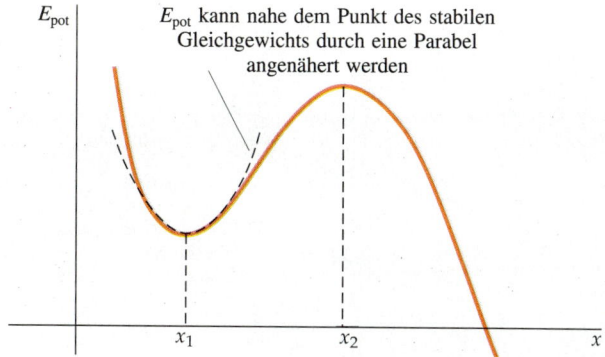

12.17 Darstellung der zur Kraft F_x aus Abbildung 12.16 gehörenden potentiellen Energie als Funktion des Ortes. Das Minimum bei x_1 zeigt einen stabilen Gleichgewichtspunkt an, dagegen weist das Maximum bei x_2 auf einen instabilen Gleichgewichtspunkt hin. In der Nähe von x_1 ist der Funktionsverlauf parabelförmig, wie man es bei harmonischen Schwingungen findet.

Wir können die Bewegung auch mit Hilfe der Potentialkurve E_{pot} untersuchen, wenn wir uns an den Zusammenhang zwischen Kraft und potentieller Energie erinnern (Kapitel 6). Abbildung 12.17 zeigt den Verlauf der potentiellen Energie E_{pot} als Funktion von x. In Kapitel 6 haben wir gezeigt, daß das Maximum bei x_2 ein instabiles Gleichgewicht ist, wohingegen x_1 einem stabilen Gleichgewichtspunkt entspricht. Für kleine Auslenkungen können wir den Verlauf der potentiellen Energie E_{pot} an der Stelle x_1 durch eine Parabel annähern. Die allgemeine Form einer Parabelgleichung lautet:

$$E_{\text{pot}} = A + B(x - x_1)^2$$

mit den Konstanten A und B. Nach Gleichung (6.19) ergibt sich die Kraft als negative Ableitung der potentiellen Energie E_{pot} nach dem Ort:

$$F_x = -\frac{dE_{\text{pot}}}{dx}.$$

Deshalb gilt

$$F_x = -2B(x - x_1).$$

Setzen wir $2B = k$, reduziert sich die Gleichung auf

$$F_x = -\frac{dE_{\text{pot}}}{dx} = -k(x - x_1) = -k\varepsilon,$$

und damit erhalten wir (12.45).

Frage

7. Nennen Sie einige bekannte Beispiele exakter oder näherungsweise harmonischer Schwingungen.

12.7 Gedämpfte Schwingungen

Bei physikalischen Schwingungen tritt immer in irgendeiner Form Reibung auf, die der Schwingung Energie entzieht. Wird ein schwingendes System (eine Feder oder ein Pendel) sich selbst überlassen, kommt es nach einiger Zeit zur Ruhe.

12 Schwingungen

Ein Ball springt in einen mit Wasser gefüllten Behälter. Die Bewegung wird durch das Wasser gedämpft, die Amplitude nimmt aufgrund der Reibung im Wasser bei jeder Schwingung stark ab. (© Nachlaß Harold E. Edgerton/Palm Press, Inc.)

Verringert sich die mechanische Energie der Schwingung mit der Zeit, dann spricht man von einer **gedämpften Schwingung**; das auf diese Weise schwingende System heißt **gedämpfter Oszillator**. Sind die Reibungskräfte klein, erfolgt die Schwingung zwar noch annähernd periodisch, aber die Amplitude wird mit der Zeit immer kleiner werden, wie in Abbildung 12.18 skizziert. Diese Abnahme der Amplitude ist gleichbedeutend mit einer Verringerung der Energie, da diese proportional zum Quadrat der Amplitude ist. Im Fall geringer Dämpfung, wie bei der in Abbildung 12.18 gezeigten Schwingung, nehmen Amplitude und Energie um einen festen Prozentsatz pro Zeiteinheit ab. Beispielsweise möge sich die Energie eines Pendels um 10 Prozent pro Minute verringern. Dann sinkt die Energie nach einer Minute auf 90 Prozent ab, nach 2 Minuten fällt sie auf 90 Prozent der verbliebenen 90 Prozent, also auf 81 Prozent usw. Die Energieabnahme pro Zeit ist also proportional zur noch vorhandenen Energie, was bedeutet, daß die Energieabnahme einem Exponentialverlauf folgt.

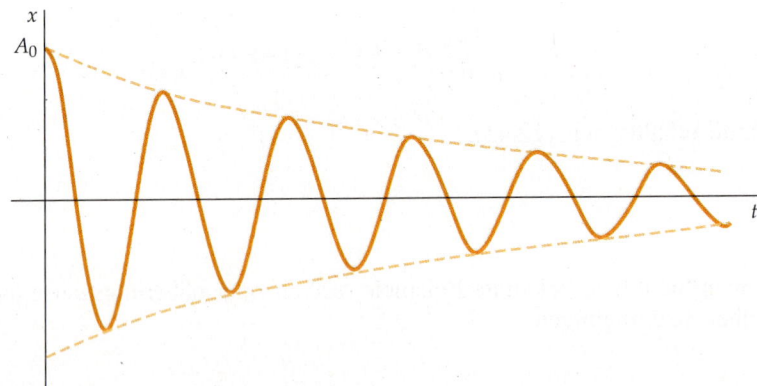

12.18 Auslenkung eines schwach gedämpften Oszillators gegen die Zeit. Die Bewegung verläuft in Form einer harmonischen Schwingung, deren Amplitude allmählich abnimmt.

Abbildung 12.19 zeigt eine Anordnung, bei der ein in eine Flüssigkeit eingetauchter Kolben zu einer gedämpften Schwingung des Körpers der Masse m führt. Die Dämpfung kann durch die Größe des Kolbens oder durch eine Änderung der Viskosität der Flüssigkeit variiert werden. Eine genaue Betrachtung der schwingungsdämpfenden Reibungskräfte ist bei diesem System ziemlich kompliziert. Glücklicherweise reicht aber hier – und das gilt auch für andere, ähnlich komplizierte Fälle – ein vereinfachter Ansatz für die Beschreibung der Reibungskräfte aus, um die experimentellen Ergebnisse in guter Näherung wiederzugeben. In vielen Fällen ist die Reibungskraft entgegengesetzt proportional zur Geschwindigkeit:

$$\boldsymbol{F}_D = -b\boldsymbol{v} .$$

Die Konstante b beschreibt das Maß der Dämpfung. Da die Reibungskraft der Bewegung entgegengesetzt ist, muß ihre verrichtete Arbeit stets negativ sein. Dadurch verringert sich die mechanische Energie des Systems. Wenden wir das zweite Newtonsche Gesetz auf eine Masse m an, die an einer Feder mit der Federkonstanten k aufgehängt ist und bei der die Reibungskraft gleich $-bv$ ist, dann erhalten wir:

$$F_x = ma_x$$

$$-kx - bv = m \frac{dv}{dt} . \qquad 12.46$$

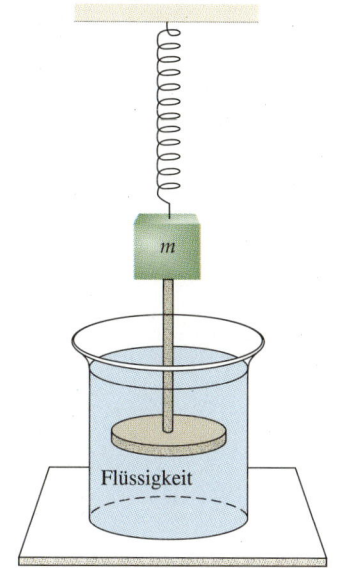

12.19 Gedämpfte Schwingung. Die Schwingung wird durch die Reibung eines in eine Flüssigkeit eingetauchten Kolbens gedämpft.

Auch ohne die Gleichung (12.46) im Detail zu lösen, kann man das qualitative Verhalten der gedämpften Schwingung verstehen. Bei einer schwach gedämpften Schwingung dürfen wir eine Kreisfrequenz ω' nahe der ungedämpften Kreisfrequenz $\omega_0 = \sqrt{k/m}$ erwarten und außerdem ein allmähliches Abnehmen der Amplitude. Bei der harmonischen Schwingung bleibt die Gesamtenergie erhalten: potentielle und kinetische Energie wandeln sich ineinander um, ihre Mittelwerte über eine volle Periode sind gleich. Die Gesamtenergie ist doppelt so groß wie der Mittelwert der kinetischen oder der potentiellen Energie (siehe 12.23):

$$E = \left\langle 2\left(\frac{1}{2}mv^2\right)\right\rangle = \langle mv^2 \rangle = m\langle v^2 \rangle . \qquad 12.47$$

Eine schwach gedämpfte Schwingung verliert nur sehr wenig Energie während einer Periode. Die momentane Abnahme der Gesamtenergie entspricht der Leistung, die die Reibungskraft dem System entzieht:

$$P = \frac{dE}{dt} = \boldsymbol{F}_D \cdot \boldsymbol{v} = -bv^2 . \qquad 12.48$$

Wegen der Energieabnahme ist das Vorzeichen negativ. Ersetzt man v^2 in Gleichung (12.48) durch den zeitlichen Mittelwert $\langle v^2 \rangle = E/m$ aus Gleichung (12.47), so erhält man:

$$\frac{dE}{dt} = -\frac{b}{m}E . \qquad 12.49$$

Gleichung (12.49) beschreibt eine **exponentielle Abnahme**. Sie ist proportional zur vorhandenen Energie, und daher ist die relative Abnahme $-dE/E = (b/m)\,dt$ für alle Zeiten gleich.

Gleichung (12.49) läßt sich direkt durch Separation der Variablen integrieren:

$$\frac{dE}{E} = -\frac{b}{m}\,dt . \qquad 12.50$$

Die Integration liefert:

$$\ln E = -\frac{b}{m}t + C$$

12 Schwingungen

mit der Integrationskonstanten C. Wendet man auf beiden Seiten die Exponentialfunktion an, ergibt sich

$$E = e^{-bt/m+C} = e^C e^{-bt/m} = E_0 e^{-bt/m},$$

wobei $E_0 = e^C$ eine weitere Konstante ist; sie steht für die Energie zur Zeit $t = 0$. Die Lösung von Gleichung (12.49) lautet somit:

$$E = E_0 e^{-(b/m)t} = E_0 e^{-t/\tau}. \qquad 12.51$$

Die hier im Exponenten auftretende **Zeitkonstante**

$$\tau = \frac{m}{b} \qquad 12.52$$

entspricht der Zeitspanne, innerhalb der die Energie auf den e-ten Teil des Ausgangswertes abgenommen hat. Bei schwacher Dämpfung ist b klein und τ groß, und die Schwingung verliert daher nur einen kleinen Bruchteil ihrer Energie während einer Periode. In diesem Fall lassen sich die Differentiale dE und dt aus Gleichung (12.50) durch die Differenzen ΔE und Δt ersetzen. Setzen wir für Δt die Schwingungsdauer T ein ($\Delta t = T$), erhalten wir als Energieverlust pro Periode

$$\frac{\Delta E}{E} = -\frac{b}{m}T. \qquad 12.53$$

Die Dämpfung einer Schwingung ist durch einen dimensionslosen **Gütefaktor** oder **Q-Faktor** gekennzeichnet. Sei E die Gesamtenergie und $|\Delta E|$ der Energieverlust pro Periode, so ist der Q-Faktor definiert durch

Definition des Q-Faktors

$$Q = 2\pi \frac{E}{|\Delta E|}. \qquad 12.54$$

Der Q-Faktor ist somit umgekehrt proportional zum relativen Energieverlust pro Periode:

$$\frac{|\Delta E|}{E} = \frac{2\pi}{Q}. \qquad 12.55$$

Mit Hilfe der Gleichungen (12.53) und (12.54) kann der Q-Faktor auch durch die Dämpfungskonstante b und die Zeitkonstante τ beschrieben werden:

$$Q = 2\pi \frac{E}{|\Delta E|} = 2\pi \frac{m}{bT} = 2\pi \frac{\tau}{T}. \qquad 12.56$$

Beispiel 12.10

Ein Pendel verliere 1 Prozent seiner Energie pro Schwingung. Wie groß ist der Q-Faktor?

1 Prozent Energieverlust bedeutet

$$\frac{|\Delta E|}{E} = \frac{1}{100}.$$

Der Q-Faktor ist daher

$$Q = 2\pi \frac{E}{|\Delta E|} = 2\pi \cdot 100 = 628 \, .$$

Da die Energie eines Oszillators proportional zum Quadrat seiner Amplitude ist, können wir aus (12.51) die Zeitabhängigkeit der Amplitude eines schwach gedämpften Oszillators berechnen. Sei A die Amplitude zur Zeit t und A_0 der Anfangswert der Amplitude. Dann gilt

$$\frac{E}{E_0} = \frac{A^2}{A_0^2} \, ,$$

und aus Gleichung (12.51) folgt:

$$\frac{A^2}{A_0^2} = e^{-(b/m)t}$$

oder

$$A = A_0 e^{-(b/2m)t} \, . \qquad 12.57$$

Die Amplitude nimmt somit exponentiell mit der Zeit ab. Die in Abbildung 12.18 gestrichelt eingezeichneten Kurven entsprechen $x = A$ und $x = -A$, wobei A durch (12.57) gegeben ist.

Die exakte Lösung der Gleichung (12.46) läßt sich mit den Standardmethoden zur Lösung von Differentialgleichungen herleiten. Im Fall schwacher Dämpfung kann sie in guter Näherung geschrieben werden als:

$$x = A_0 e^{-(b/2m)t} \cos(\omega' t + \delta) \, , \qquad 12.58$$

wobei A_0 die maximale Amplitude ist und die Kreisfrequenz ω' mit der Kreisfrequenz des ungedämpften Oszillators $\omega_0 = \sqrt{k/m}$ über

$$\omega' = \omega_0 \sqrt{1 - \left(\frac{b}{2m\omega_0}\right)^2} = \omega_0 \sqrt{1 - \frac{1}{4Q^2}} \qquad 12.59$$

in Beziehung steht. Unsere Vorüberlegungen waren also zutreffend: Im Falle schwacher Dämpfung ist die Frequenz fast die gleiche wie im ungedämpften Fall, die Amplitude nimmt aber exponentiell mit der Zeit ab. Gleichung (12.59) gibt uns die Möglichkeit, die Frequenz eines schwach gedämpften Oszillators mit der des ungedämpften Oszillators quantitativ zu vergleichen. Beispielsweise unterscheiden sich die Frequenzen ω' und ω_0 eines Oszillators mit $Q = 10$ nur um 0,1 Prozent.

Die Formel (12.58) löst die Gleichung (12.46) nur bei schwacher Dämpfung. Nimmt die Dämpfung allmählich zu, wird ein kritischer Wert erreicht, bei dem überhaupt keine Schwingung mehr auftritt. Dieser kritische Wert für die Dämpfung ist

$$b_k = 2m\omega_0 \, . \qquad 12.60$$

Erreicht oder überschreitet b diesen kritischen Wert, schwingt das System überhaupt nicht mehr, sondern kehrt nur noch in seine Ruhelage zurück. Je größer die Dämpfung, desto länger dauert seine Rückkehr in die Ruhelage. Ist $b = b_k$, bezeichnet man das System als **kritisch gedämpft**. Bei kritischer Dämpfung kehrt das System ohne Schwingungen am schnellsten in die Ruhelage zurück. Ist b größer als b_k, so ist das System **überdämpft**. In Abbildung 12.20 sind die Auslenkungen eines kritisch gedämpften und eines überdämpften Systems gegen die Zeit aufgetragen.

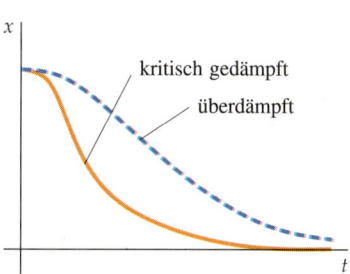

12.20 Abklingen der Auslenkung für einen kritisch gedämpften und einen überkritisch gedämpften Oszillator.

In vielen praktischen Anwendungen wird die kritische oder fast kritische Dämpfung verwendet, um ein System möglichst schnell ohne Schwingungen in seine Ruhelage zurückkehren zu lassen. Beispielsweise sollen die Stoßdämpfer in Fahrzeugen Schwingungen der gefederten Radaufhängung vermeiden. Jeder kann die Dämpfung seines Wagens selbst testen, indem er ihn vorne oder hinten nach unten drückt und dann losläßt. Kehrt das Fahrzeug ohne Schwingungen in seine Ruhelage zurück, liegt eine kritische oder überkritische Dämpfung vor. Normalerweise wird man ein oder zwei Schwingungen feststellen, was auf eine gerade noch unterkritische Dämpfung hinweist.

12.8 Erzwungene Schwingung und Resonanz

Wie wir gesehen haben, gibt eine gedämpfte Schwingung Energie ab, und ihre Amplitude verringert sich. Damit sie weiterhin schwingt, muß man ihr Energie zuführen. Eine derartige Schwingung nennt man angetriebene oder **erzwungene Schwingung**. Ein Beispiel ist die Schaukel, der man durch geeignete periodische Verlagerung des Körpers Energie zuführt. Wird mehr Energie aufgenommen als abgegeben, dann nimmt die Amplitude mit fortschreitender Zeit zu. Halten sich Energieaufnahme und Energieverlust die Waage, dann bleibt die Amplitude die gleiche.

Durch Auf- und Abbewegen des Aufhängepunktes einer Feder läßt sich die Schwingung einer an dieser Feder hängenden Masse antreiben (Abbildung 12.21). Ganz Ähnliches erreicht man durch Hin- und Herbewegen der Aufhängung eines (mathematischen) Pendels. (Sie sollten sich durch eigene einfache Experimente mit dem Verhalten von angetriebenen Oszillatoren vertraut machen.) Erfolgt die Bewegung des Aufhängepunktes einer Feder oder eines mathematischen Pendels selbst als harmonische Schwingung mit kleiner Amplitude und mit einer Kreisfrequenz ω, dann beginnt das System zu schwingen. Anfangs wird die Bewegung kompliziert sein, aber allmählich stellt sich ein eingeschwungener Zustand ein, bei dem das System mit derselben Frequenz wie der Antrieb schwingt und die Amplitude sich nicht mehr ändert. Demnach bleibt auch die Energie konstant. Die antreibende Kraft führt dem System im eingeschwungenen Zustand bei jeder Schwingung gleich viel Energie zu, wie durch die Dämpfung verlorengeht.

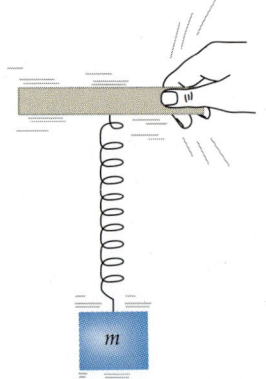

12.21 Erzwungene Schwingungen können bei einem Feder-Masse-System beobachtet werden, wenn der Aufhängepunkt der Feder auf- und abbewegt wird.

Bei dieser erzwungenen Schwingung hängt die Amplitude des Systems und damit auch seine Energie nicht nur von der Amplitude der antreibenden Kraft ab, sondern auch von deren Frequenz. Die **Eigenfrequenz** des Oszillators ist definiert als die Frequenz, die man beobachtet, wenn weder antreibende noch dämpfende Kräfte wirksam sind. (Die Eigenfrequenz einer Feder ist beispielsweise $\omega_0 = \sqrt{k/m}$.) Ist die antreibende Frequenz (die manchmal auch Zwangsfrequenz genannt wird) gleich der Eigenfrequenz des Oszillators, dann führt das System Schwingungen aus, deren Amplituden viel größer werden können als die der antreibenden Kraft. Diese Erscheinung nennt man **Resonanz**. Sind (im Falle vernachlässigbarer Dämpfung) antreibende Frequenz und Eigenfrequenz gleich, ist die Energieübertragung auf das schwingende System maximal. Die Eigenfrequenz wird deshalb auch als **Resonanzfrequenz** bezeichnet*.

---

* Bei der mathematischen Behandlung von Schwingungen ist es bequemer, die Kreisfrequenz ω statt der Frequenz $\nu = \omega/2\pi$ zu verwenden. Da ω und ν zueinander proportional sind, treffen die meisten Aussagen, die für die Kreisfrequenz gelten, auch für die Frequenz zu. Wenn beispielsweise die antreibende (Kreis-)Frequenz ω und die Eigen-(Kreis-)Frequenz ω_0 übereinstimmen, so gilt dies auch für die antreibende Frequenz $\nu = \omega/2\pi$ und die Eigenfrequenz $\nu_0 = \omega_0/2\pi$. Bei der Beschreibung werden wir gewöhnlich das Wort „Kreis" weglassen, wenn keine Verwirrungen zu befürchten sind.

Die Energie, die das System im Mittel pro Schwingungsperiode aufnimmt, ist gleich der mittleren Leistung des Antriebs. Die zugeführte Energie vergrößert die Schwingungsamplitude und geht durch Reibung verloren. Je nach Anregungsfrequenz, Anregungsamplitude und Reibung stellt sich schließlich ein Gleichgewicht ein. Abbildung 12.22 zeigt Kurven mittlerer Leistungsübertragung auf ein schwingungsfähiges System in Abhängigkeit von der antreibenden Frequenz für zwei verschiedene Dämpfungsfaktoren bei konstanter Erregeramplitude. Solche Kurven nennt man **Resonanzkurven**. Bei schwacher Dämpfung ist die Energieübertragung auf das System bei der Resonanzfrequenz wesentlich höher als fernab davon. Dementsprechend schmal ist die Spitze der Resonanzkurve. Bei starker Dämpfung nimmt das System zwar immer noch in der Nähe der Resonanzfrequenz die meiste Energie auf, doch sind die Unterschiede zu den anderen Frequenzen nicht so stark ausgeprägt, die Resonanzkurve ist wesentlich breiter. Bei vergleichsweiser schwacher Dämpfung entspricht das Verhältnis aus Resonanzfrequenz ω_0 und Breite der Resonanz $\Delta\omega$ gerade dem Q-Faktor (vergleiche Aufgabe 58):

$$Q = \frac{\omega_0}{\Delta\omega} = \frac{\nu_0}{\Delta\nu}. \qquad 12.61$$

Der Q-Faktor bei schwacher Dämpfung

Damit ist der Q-Faktor ein Maß für die Resonanzschärfe.

Bei der mathematischen Behandlung der erzwungenen Schwingung berücksichtigen wir zusätzlich zur rückstellenden Kraft und zur Dämpfung eine weitere Kraft, und zwar die äußere antreibende Kraft. Deren Verlauf sei kosinusförmig:

$$F_{\text{ext}} = F_0 \cos \omega t, \qquad 12.62$$

wobei ω die antreibende Kreisfrequenz ist, die im allgemeinen nicht mit der Eigenfrequenz des Systems ω_0 zusammenfällt.

Die Bewegungsgleichung einer an einer Feder mit der Federkonstanten k schwingenden Masse m, die einer Reibungskraft $-bv$ und der treibenden Kraft $F_0 \cos \omega t$ unterworfen ist, lautet:

$$\sum F = -kx - bv + F_0 \cos \omega t = m \frac{dv}{dt}$$

oder

$$m \frac{d^2 x}{dt^2} + b \frac{dx}{dt} + m\omega_0^2 x = F_0 \cos \omega t, \qquad 12.63$$

wobei wir $k = m\omega_0^2$ und $dv/dt = d^2x/dt^2$ gesetzt haben.

Wir werden nicht versuchen, Gleichung (12.63) zu lösen; wir beschränken uns auf eine Diskussion des qualitativen Verhaltens der Lösung. Die Lösung von (12.63) umfaßt einen **Einschwingvorgang** und als stationäre Lösung den **eingeschwungenen Zustand**. Der Einschwingvorgang wird ähnlich wie bei der gedämpften Schwingung (12.58) durch eine abklingende oder eventuell eine zunehmende Amplitude beschrieben. Dabei hängen die Konstanten von den Anfangsbedingungen ab. Wichtig ist, daß mit wachsender Zeit die relative Ab- bzw. Zunahme der Amplitude exponentiell kleiner wird. Übrig bleibt als stationäre Lösung der eingeschwungene Zustand, der nicht von den Anfangsbedingungen abhängt. Er kann in der Form

$$x = A \cos (\omega t - \delta) \qquad 12.64$$

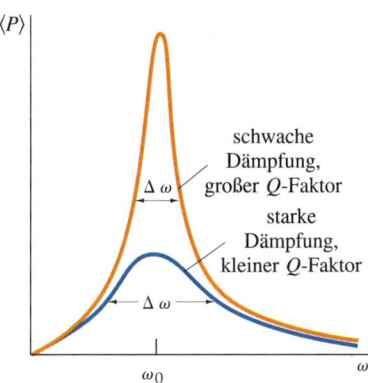

12.22 Die durch sinusförmigen Antrieb einem Oszillator zugeführte mittlere Leistung in Abhängigkeit von der anregenden Frequenz ω. Resonanz ist zu beobachten, wenn die (Kreis-)Frequenz der anregenden Kraft und die Eigenfrequenz des Systems ω_0 ungefähr übereinstimmen. Bei schwacher Dämpfung ist die Resonanz scharf.

geschrieben werden. Hierin ist ω die Kreisfrequenz der treibenden Kraft. Die Amplitude A und die Phasenverschiebung δ sind gegeben durch

$$A = \frac{F_0}{\sqrt{m^2(\omega_0^2 - \omega^2)^2 + b^2\omega^2}} \qquad 12.65$$

und

$$\tan \delta = \frac{b\omega}{m(\omega_0^2 - \omega^2)} \,. \qquad 12.66$$

Ein Vergleich von (12.64) und (12.62) zeigt, daß Auslenkung und treibende Kraft zwar die gleiche Frequenz besitzen, sich aber in ihrer Phase um δ unterscheiden. In Gleichung (12.64) wurde ein Minuszeichen verwendet, damit die Phasenverschiebung einen positiven Wert annimmt. Ist die treibende Frequenz ω viel kleiner als die Eigenfrequenz ω_0, so folgt aus Gleichung (12.66) $\delta \approx 0$. Ist $\omega = \omega_0$, wird $\delta = \frac{\pi}{2}$. Die Resonanzfrequenz, bei der die Amplitude A maximal wird, ist

$$\omega_R = \sqrt{\omega_0^2 - \frac{b^2}{2\,m^2}} \,.$$

Sie ist etwas kleiner als die Eigenfrequenz ω_0 und auch kleiner als die Eigenfrequenz ω' des gedämpften Systems (12.59).

Differenziert man die Gleichung (12.64) nach der Zeit, so erhält man die Geschwindigkeit des Gegenstandes im eingeschwungenen Zustand:

$$v = \frac{\mathrm{d}x}{\mathrm{d}t} = -A\omega \sin(\omega t - \delta) \,.$$

Im Resonanzfall sind Geschwindigkeit und treibende Kraft in Phase:

$$v = -A\omega \sin\left(\omega t - \frac{\pi}{2}\right) = +A\omega \cos \omega t \,.$$

Somit bewegt sich die Masse im Resonanzfall immer in Richtung der treibenden Kraft, wie es für maximale Energieübertragung zum Oszillator auch zu erwarten ist.

Resonanzerscheinungen sind uns aus dem Alltag vertraut: Beim Schaukeln ist die treibende Kraft zwar nicht harmonisch, aber periodisch. Das „Anschubsen" von außen erfolgt periodisch mit der Frequenz der Schaukel. Man beachte jedoch, daß die periodische Gewichtsverlagerung bei „Eigenantrieb" mit doppelter Frequenz erfolgt (parametrische Verstärkung). Soldaten überqueren eine Brücke

Ausgedehnte Gegenstände besitzen mehrere Eigenfrequenzen. Die Schwingungsmuster im Resonanzfall sind hier bei einer klassischen Gitarre durch Interferenzaufnahmen sichtbar gemacht. Die Frequenz und der Q-Faktor sind für die Resonanzfälle angegeben. (Foto: Königlich-Schwedische Musikakademie; mit freundlicher Genehmigung von Thomas D. Rossing, Northern Illinois University, DeKalb)

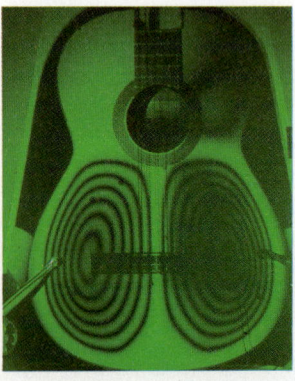
268 Hz (Q = 52)

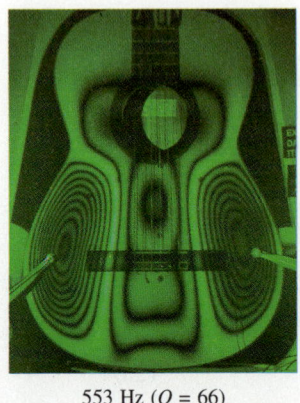
553 Hz (Q = 66)

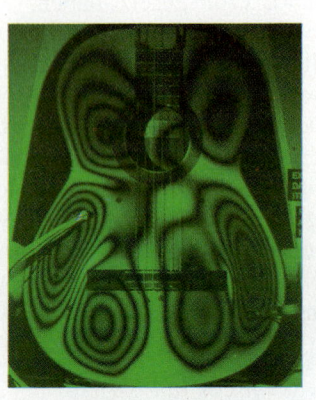
672 Hz (Q = 61)

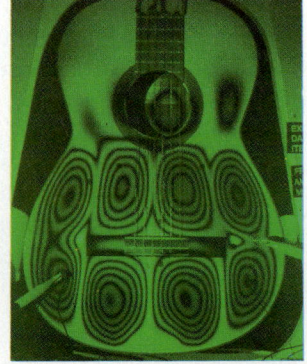
1010 Hz (Q = 80)

niemals im Gleichschritt, denn die Frequenz ihres Trittes könnte der Resonanzfrequenz der Brücke nahekommen (Einsturzgefahr!). Oftmals vibrieren Maschinen, deren rotierende Teile nicht ausgewuchtet sind. (Beobachten Sie einmal eine Waschmaschine im Schleudergang.) Ist eine derartige Maschine mit einem schwingungsfähigen Aufbau verbunden, so entspricht dies einem angetriebenen Oszillator. Kommt es zur Resonanz von Aufbau und antreibender Schwingung der Maschine, kann dies zu beträchtlichen Schäden oder zur Lärmbelästigung im ganzen Gebäude führen. Ingenieure verwenden viel Mühe darauf, rotierende Teile von Maschinen auszuwuchten, deren Schwingungen zu dämpfen und sie von den Bodenflächen der Gebäude, in denen sie aufgestellt sind, zu isolieren.

Ein Glas kann durch intensive Beschallung zerbersten, wenn die Frequenz der Schallwellen und eine Eigenfrequenz des Glases sehr genau übereinstimmen. Diesen physikalischen Effekt kann man mit Hilfe eines Lautsprechers und eines Verstärkers vorführen. Um die Dämpfung von guten Kristallgläsern zu vergleichen, können sie angestoßen und ihr Klang beobachtet werden. Je länger sie klingen, desto schwächer ist ihre Dämpfung. Es gibt zahlreiche Anekdoten, in denen Sänger durch hohe und laute Töne Glas zum Zerbersten bringen. Jedoch konnte keine dieser Behauptungen je dokumentiert werden. Die nahezu unüberwindliche Schwierigkeit liegt für einen Menschen darin, beim Singen in einem schmalen Frequenzband um die Resonanzfrequenz des Glases herum genügend Energie zu konzentrieren. Bei der Untersuchung der Töne eines Klaviers oder einer Geige in Kapitel 13 werden wir sehen, daß ihr Klangkörper nicht nur eine einzige Eigenfrequenz besitzt, sondern über ein Spektrum von Frequenzen verfügt, bei denen er in Resonanz geraten kann.

Frage

8. Geben Sie einige bekannte Systeme an, die man als getriebene Oszillatoren betrachten kann.

Zusammenfassung

1. Bei einer harmonischen Schwingung ist die Beschleunigung proportional dem Betrag der Auslenkung und dieser entgegen gerichtet. Sei x die Auslenkung, dann ist die Beschleunigung

$$a = -\omega^2 x,$$

wobei ω die Kreisfrequenz der Schwingung ist. Sie hängt mit der Frequenz ν zusammen über:

$$\nu = \frac{\omega}{2\pi}.$$

2. Die Schwingungsdauer ist der Kehrwert der Frequenz:

$$T = \frac{1}{\nu}.$$

Schwingungsdauer und Frequenz sind bei der harmonischen Schwingung unabhängig von der Amplitude. Die Schwingungsdauer einer Masse m an einer Feder mit der Federkonstanten k beträgt

$$T = 2\pi \sqrt{\frac{m}{k}}.$$

Die Schwingungsdauer des mathematischen Pendels mit der Pendellänge ℓ ist

$$T = 2\pi \sqrt{\frac{\ell}{g}}.$$

3. Die Auslenkung x bei einer harmonischen Schwingung mit Amplitude A und Kreisfrequenz ω lautet

$$x = A \cos(\omega t + \delta),$$

wobei die Phasenkonstante δ von der Wahl des Zeitpunktes $t = 0$ abhängt. Die Geschwindigkeit des Teilchens ist gegeben durch

$$v = -\omega A \sin(\omega t + \delta).$$

4. Bewegt sich ein Teilchen mit konstanter Geschwindigkeit auf einer Kreisbahn, lassen sich die x- und y-Komponenten seines Ortes durch harmonische Schwingungen beschreiben.

5. Die Gesamtenergie einer harmonischen Schwingung ist proportional zum Quadrat der Amplitude. Für eine Masse an einer Feder mit der Federkonstanten k ist sie gegeben durch

$$E_{ges} = \frac{1}{2} kA^2.$$

Die potentielle Energie ist

$$E_{pot} = E_{ges} \cos^2(\omega t + \delta)$$

und die kinetische Energie

$$E_{kin} = E_{ges} \sin^2(\omega t + \delta).$$

Die zeitlichen Mittelwerte von potentieller und kinetischer Energie entsprechen der halben Gesamtenergie.

6. Schwingungen realer Systeme werden durch Reibungs- und andere Kräfte, die dem System Energie entziehen, gedämpft. Überschreitet die Dämpfung einen bestimmten kritischen Wert, dann schwingt das System bei Anregung nicht mehr, sondern kehrt kriechend in seine Ruhelage zurück. Bei schwacher Dämpfung verläuft die Bewegung fast harmonisch, jedoch nehmen Amplitude und Energie exponentiell ab. Bei schwach gedämpften Schwingungen wird die Dämpfung durch den Q-Faktor beschrieben:

$$Q = 2\pi \frac{E}{|\Delta E|},$$

wobei E die Gesamtenergie und ΔE der Energieverlust pro Periode ist.

7. Wirkt auf ein schwach gedämpftes System eine in der Zeit sinusförmige antreibende Kraft, so schwingt das System mit der Frequenz der äußeren Kraft und einer von ihr abhängigen Amplitude. Ist diese Frequenz etwas kleiner als die Eigenfrequenz des Systems, dann wird die Amplitude maximal: Es liegt Resonanz vor. Der Q-Faktor beschreibt die Resonanzschärfe. Schwach gedämpfte Systeme besitzen einen hohen Q-Faktor und eine scharfe Spitze in der Resonanzkurve. Das Verhältnis aus Resonanzfrequenz und der Breite der Resonanzkurve ergibt den Q-Faktor des Systems:

$$Q = \frac{\omega_0}{\Delta \omega} = \frac{\nu_0}{\Delta \nu}.$$

Essay: Chaos – eine ordentliche Unordnung

James S. Walker
Washington State University, Pullman, Washington

Die Fähigkeit, die Zukunft eines physikalischen Systems vorhersagen zu können, ist in der Physik von zentraler Bedeutung. Bei geeigneten Anfangswerten kann man die Flugbahn eines Fußballs, die Umlaufbahn eines Satellien oder die Bewegung eines Uhrenpendels berechnen. Diese Art von Untersuchungen beherrschen die Physik so sehr, daß man manchmal geneigt ist, dem französischen Mathematiker Pierre Simon de Laplace zuzustimmen, der behauptete, bei gegebenen Anfangsbedingungen des Universums sei dessen Zukunft für alle Zeiten vorhersagbar. Doch selbst wenn wir die Anfangswerte jedes Teilchens des Universums bestimmen und speichern könnten und die Probleme aufgrund der quantenmechanischen Unbestimmtheit beiseite lassen, kommen wir immer noch an einem grundlegenden Phänomen nicht vorbei, welches verhindert, daß wir die Zukunft vorhersagen können – das Chaos.

Chaos ist gemäß vielen Lexika ein Zustand vollständiger Unordnung oder Verwirrung – also ein guter Ausgangspunkt dafür, die Zukunft zu verschleiern. In der Physik oder Mathematik versteht man unter Chaos etwas Ähnliches, der Begriff ist aber präziser gefaßt. Beispielsweise wiederholt sich die Bewegung eines chaotischen Systems niemals, sondern verändert sich stetig, so daß sein Verhalten ziemlich zufällig und ungeordnet erscheint. Gleichwohl sind chaotische Bewegungen weit davon entfernt, vollständig ungeordnet zu sein. Im Gegenteil, sie zeigen eine wohldefinierte Struktur, die leicht erfaßbar ist.

Ein weiteres Merkmal des Chaos ist die extreme Empfindlichkeit gegenüber einer Änderung der Anfangswerte. Stellen Sie sich vor, Sie sollten eine Stecknadel auf ihre Spitze stellen. Wenn sie genau senkrecht steht, ist sie im Gleichgewicht. Dieses Gleichgewicht ist jedoch instabil, und die kleinste Störung – der leiseste Lufthauch – wird sie in die eine oder andere Richtung umfallen lassen. Die senkrecht stehende Stecknadel ist ein Beispiel für Zustände, die extrem empfindlich gegenüber Änderungen der Anfangswerte sind. Wird hier auch nur der kleinste Luftstoß durch den Flügelschlag eines Schmetterlings im Zimmer vernachlässigt, dann ist es unmöglich vorherzusagen, in welche Richtung die Stecknadel fallen wird. Chaotische Systeme reagieren zu jedem Zeitpunkt ihrer Bewegung ebenso empfindlich auf Änderungen wie die auf der Spitze stehende Stecknadel. Daher führt schon die kleinste Unsicherheit bei der Messung der Anfangswerte eines chaotischen Systems zu enormen Unsicherheiten in der Voraussage seiner zeitlichen Entwicklung.

Die Chaosforschung ist das jüngste und sich am schnellsten entwickelnde Gebiet der heutigen Physik. Obwohl große Fortschritte erzielt wurden, warten noch viele Aspekte des Chaos auf ihre Entdeckung. Die Unvorhersagbarkeit des Wetters ist ein typisches Beispiel chaotischen Verhaltens, das mit dem Wärmehaushalt der Atmosphäre verbunden ist. Obwohl langfristige Wettervorhersagen nicht möglich sind, können allgemeine Merkmale des Wetters – nämlich das Klima – gut durch ein ihm zugrundeliegendes chaotisches System beschrieben werden. Von vielen mechanischen Systemen, angefangen bei so alltäglichen Dingen wie einem tropfenden Wasserhahn bis hin zu weiter abliegenden Beispielen wie der Taumelbewegung des Saturnmondes Hyperion, weiß man, daß sie chaotisch sind. Darüber hinaus findet sich chaotisches Verhalten bei der Populationsdynamik von Tieren oder in elektrischen Stromkreisen. Ja selbst in unserem eigenen Körper, bei Systemen wie unserem Herz oder unserem Gehirn, gibt es Hinweise auf chaotisches Verhalten.

Der Bender-Oszillator

Glücklicherweise kann man die grundlegenden Eigenschaften von Chaos – die Ordnung in der Unordnung und die Empfindlichkeit gegenüber den Anfangswerten – an sehr einfachen physikalischen Systemen aufzeigen. Betrachten wir beispielsweise den in Abbildung 1 dargestellten gedämpften harmonischen Oszillator, der durch eine äußere Kraft erregt wird. Hier wird die Feder mit der Federkonstanten k, an der eine Masse m hängt, senkrecht durch eine Kreisfrequenz ω erregt. Ein vorbeigeführter Papierstreifen zeichnet sowohl die erregende Kraft als auch die Auslenkung x der Masse auf. Die Bewegungsgleichung ist im wesentlichen durch die Gleichung (12.63) gegeben:

$$m\frac{d^2x}{dt^2} + b\frac{dx}{dt} + kx = F_0 \cos \omega t,$$

wobei b die Dämpfungskonstante und $F_0 \cos \omega t$ die antreibende Kraft ist. Dieses System wurde bereits in Abschnitt 12.8 untersucht. Wie üblich wurde dort angenommen, die Masse könne frei schwingen, was zur einfachen Lösung für die Auslenkung in Abhängigkeit von der Zeit führte:

$$x(t) = A \cos(\omega t - \delta),$$

wobei A die Amplitude und δ die Phasenverschiebung ist. Diese Lösung für $x(t)$ gehört offensichtlich zu einer periodischen und vorhersagbaren Bewegung.

Das einfache Verhalten des Systems ergibt sich aus der linearen Abhängigkeit der rücktreibenden Kraft kx von der Auslenkung x. Chaotisches Verhalten wird nur in nichtlinearen Systemen beobachtet. Enthielte die Rückstellkraft der Feder nichtlineare Terme wie zum Beispiel $k'x^2$, wäre chaotisches Verhalten möglich. Natürlich wird sich jede echte Feder bei genügend großen Auslenkungen nicht mehr linear, sondern nichtlinear verhalten. In der Physik konzentriert man sich oft ausschließlich auf die Untersuchung linearer Systeme, da deren Lösungen und Verhalten bekannt sind. Das ist in vielen Situationen sicher eine vernünftige Vorgehensweise, da die Lösungen für lineare Systeme gute Näherungen für schwach nichtlineare Systeme sind. Dies muß aber nicht immer der Fall sein, wie Robert May, ein Pionier der Chaosforschung, betonte: „Wir wären besser beraten, wenn nicht nur in der Forschung, sondern auch in der Tagespolitik und der Wirtschaft die Einsicht bestünde, daß einfache nichtlineare Systeme nicht unbedingt ein einfaches dynamisches Verhalten zeigen müssen."

Ein aufschlußreicher Weg, um bei dem erwähnten Feder-Masse-System eine Nichtlinearität zu erreichen, besteht darin, die Bewegungsfreiheit der Masse einzuschränken, wie in Abbildung 1 gezeigt. Dieses System möchte ich „Bender-Oszillator" nennen, zu Ehren meines Freundes und Kollegen Paul A. Bender, da er es war, der meine Aufmerksamkeit darauf lenkte. Wir wollen die Masse der Barriere als unendlich groß ansehen und annehmen, die Masse m führe einen idealen elastischen Stoß dagegen aus. Sie wird somit einfach mit derselben Geschwindigkeit in die Richtung reflektiert, aus der sie kam. Offensichtlich ist die Kraft, die auf die Masse einwirkt, keine lineare Funktion der Auslenkung mehr, da der reflektierende Block bewirkt, daß auf die Masse m ein scharfer Impuls übertragen wird.

Bei dieser einfachen Anordnung scheint die Einführung der Barriere von untergeordneter Bedeutung zu sein. Auch die in Abbildung 1 gezeigte Bewegung verläuft nach dem Einschwingvorgang periodisch. Jedoch existieren für bestimmte Frequenzbereiche von ω nichtperiodische Bewegungen der Masse m, die sich nie wiederholen. Kurz gesagt, bewirkt die Beschränkung der Bewegungsfreiheit bei diesem ansonsten einfachen System ein chaotisches Verhalten. Allen im folgenden angegebenen Ergebnissen liegen die Daten zugrunde: $m = 4$ kg, $b = 1$ N s/m und $F_0 = 1$ N. Die Eigenfrequenz ist damit $\omega_0 = 0{,}5$ rad$\cdot$s^{-1}.

Chaotische Schwingungen

Einen klaren Hinweis, daß dieses System chaotisch ist, liefert uns Abbildung 2a, in der die Amplituden der Schwingung gegen die Zwangsfrequenz ω aufgetragen sind. Darin zeigt die farbige Kurve das Ergebnis für den aus Kapitel 12 bekannten frei schwingenden Oszillator. Darüber hinaus sind die Ergebnisse für unseren Stoßoszillator eingezeichnet, wobei sich der reflektierende Block an der Stelle $x = 0$ befand. Die dargestellten Werte erhält man folgendermaßen: Man läßt das System zunächst über viele Perioden einschwingen, wie es Abbildung 1 zeigt. Sodann zeichnet man für die nächsten 100 Stöße die größten Auslenkungen x zwischen zwei Stößen ein. Das Ergebnis der Aufzeichnung ist eine Reihe von Spitzen, die durch Regionen verstreuter Punkte getrennt sind. Die glatte Linie stammt dabei von den periodischen Bewegungen – alle 100 Stöße lieferten die gleiche Höhe, wodurch für diese Frequenzen einfach 100 mal der gleiche Punkt gezeichnet wurde. Zwischen diesen glatten Spitzen finden sich chaotische Gebiete (oft auch Regime genannt), in denen jeder Stoß eine andere Höhe besitzt. Die 100 Amplitudenwerte werden dadurch wie Pfefferkörner über einen Amplitudenbereich verstreut.

Um das chaotische Verhalten noch deutlicher zu zeigen, ist das erste chaotische Regime bei $\omega = 1{,}5$ rad/s vergrößert in Abbildung 2b dargestellt. Abbildung 2c zeigt das chaotische Regime bei $\omega = 4{,}3$ rad/s. So kompliziert dieses Verhalten auch sein mag, es stammt doch von einem sehr einfachen System, bei dem nur die an einer Feder hängende Masse durch eine erzwungene Schwingung an einem Block reflektiert wird. Man beachte, daß die Amplituden im chaotischen Gebiet nicht einfach zufällig verteilt sind, sondern eine Struktur in Form einer Schattierung aufweisen. Außerdem kehren ab und zu „Fenster" periodischer Bewegungen zurück. Insbesondere kann man Abbildung 2b entnehmen, daß periodische Bewegungen für den Frequenzbereich oberhalb von 1,25 rad/s auftreten, denn hier liefert jeder

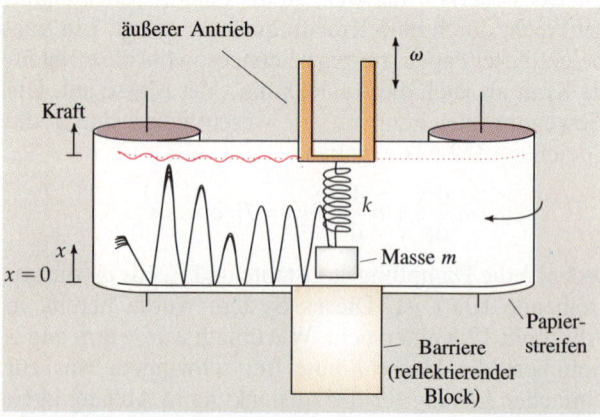

Abbildung 1 Eine erzwungene Schwingung bei einem gedämpften harmonischen Oszillator, dessen Auslenkung auf einem Papierstreifen aufgezeichnet wird. Beachten Sie, daß die Masse m nicht frei schwingen kann, sondern an einem unendlich schweren Block elastisch reflektiert wird. Eine Zwangsfrequenz von $\omega = 1$ rad/s erzeugt die gezeigte Spur der Auslenkung.

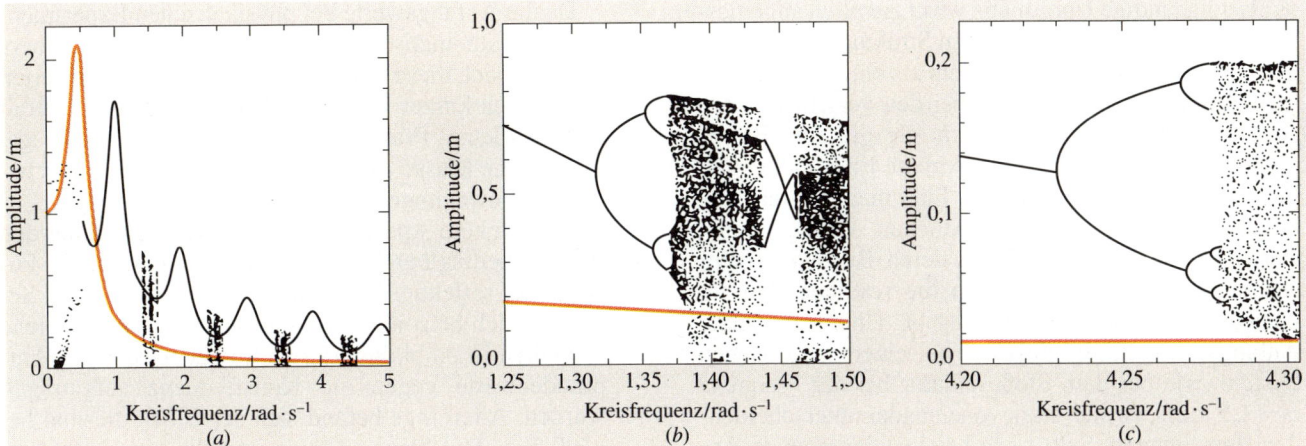

Abbildung 2 Amplituden des frei schwingenden Feder-Masse-Systems (gelbbraun dargestellt) und des Benderschen Stoßoszillators (schwarz eingezeichnet und punktiert) gegen die Frequenz ω aufgetragen. a) Über einen breiten Frequenzbereich zeigt der Stoßoszillator eine Reihe von Spitzen (verursacht durch periodische Bewegungen), unterbrochen durch Abschnitte verstreuter Punkte (bedingt durch chaotische Bewegung). Die Teilbilder b) und c) zeigen Vergrößerungen für $\omega \approx 1{,}5$ rad/s bzw. $\omega \approx 4{,}3$ rad/s. Man erkennt, wie die Bifurkationen auf dem Weg zum Chaos immer dichter aufeinanderfolgen.

Stoß denselben Wert für die Amplitude. Bei ca. 1,325 rad/s teilt sich die einfache Linie in zwei Linien auf. Diese sogenannte *Bifurkation* (Aufspaltung, Gabelung) bedeutet, daß die Amplitude nun abwechselnd entweder hoch und/oder niedrig ist. Eine derartige Bewegung ist in Abbildung 3a für $\omega = 1{,}325$ rad/s wiedergegeben. Beachten Sie, daß zwei Stöße ausgeführt werden, bevor sich die Bewegung wiederholt (beispielsweise hoch, dann tief). Die Bewegung ist damit immer noch periodisch, jedoch hat sich die Periode verdoppelt.

Eine weitere Periodenverdopplung findet sich bei 1,3625 rad/s, bei der die Oszillation der Masse m nun vier verschiedene Amplitudenwerte annimmt. Mit jeder Verdopplung der Periode dauert es länger, bis man sich wiederholende Muster beobachten kann, mit anderen Worten: Die Bewegung erscheint komplexer. Eine Vergrößerung der Frequenzskala zeigt tatsächlich eine unendliche Reihe von Periodenverdopplungen, wobei die Frequenzabstände immer enger werden. Es ist, als ob man voranschreite, die Schrittweite aber jeweils nur einen Bruchteil der vorhergehenden betrage, so daß man selbst mit unendlich vielen Schritten doch nur einen endlichen Weg zurücklegt. Bei einer Frequenz von ungefähr 1,37 rad/s ist eine unendliche Anzahl von „Frequenzschritten" (Periodenverdopplungen) erreicht, und die Periode ist nun unendlich lang – oder anders gesagt: Die Masse m springt dann chaotisch, sich niemals wiederholend, zu irgendwelchen Amplitudenwerten. Abbildung 3b zeigt ein Beispiel dieser chaotischen Bewegung für $\omega = 1{,}5$ rad/s.

Empfindlichkeit gegenüber den Anfangswerten

Ist das System erst einmal chaotisch, dann erscheinen die verstreuten Amplitudenwerte in Abbildung 2b und 2c sehr kompliziert, und die Lexikondefinition des Cha-

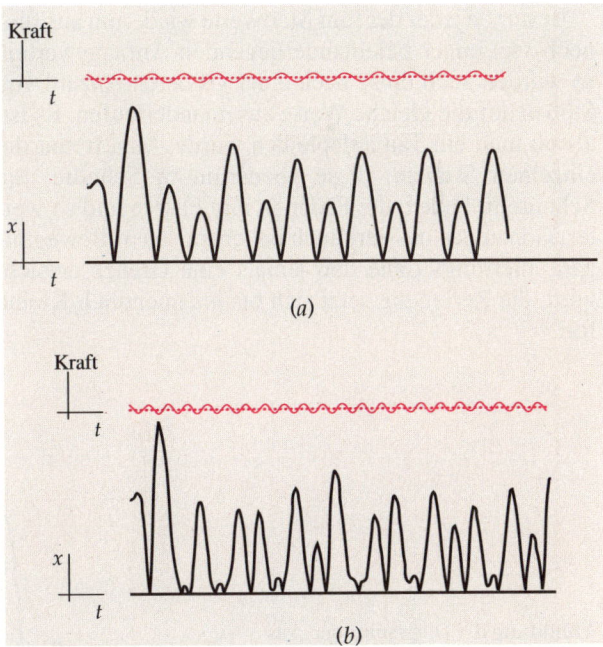

Abbildung 3 Auslenkung des Benderschen Stoßoszillators, aufgetragen gegen die Zeit: a) $\omega = 1{,}35$ rad/s. Hier wiederholt sich die Bewegung nach jedem zweiten Stoß, was auch zwei Perioden der Zwangsfrequenz entspricht. Vergleichen Sie mit Abbildung 1, bei der sich die Bewegung bei jeder Periode der Zwangsfrequenz wiederholt. b) $\omega = 1{,}5$ rad/s. Bei dieser Frequenz verhält sich das System chaotisch – seine Bewegung wiederholt sich nie.

os als vollständige Unordnung wirkt ziemlich angemessen. Zusätzlich zur komplizierten Struktur zeigen chaotische Bewegungen – ganz anders als einfache periodische Bewegungen, die selbst bei den verschiedensten Anfangswerten schließlich doch alle dieselbe Bewegungsform entwickeln – eine extreme Empfindlichkeit gegenüber den Anfangswerten. Läßt man mehrere Oszillatoren mit leicht unterschiedlichen Anfangswerten starten, so vereinheitlicht sich deren Bewegung sehr schnell, und sie bewegen sich die restliche Zeit im Gleichklang (wie in Abbildung 1). Unterschiedliche Anfangswerte führen dagegen bei einem chaotischen System, wie bei dem Stoßoszillator bei der Frequenz $\omega = 1{,}5$ rad/s, zu sich stark voneinander unterscheidenden Bewegungen. Selbst eng beieinanderliegende Anfangswerte der Amplitude werden sich schon nach wenigen Stößen über einen breiten Wertebereich verteilen.

Abbildung 4 zeigt beispielhaft diese Empfindlichkeit an fünf unterschiedlichen Anfangswerten, die allerdings so eng benachbart gewählt wurden, daß sie bei der in der Zeichnung gewählten Zeitskala nicht zu trennen sind. Sie können sich dafür auch fünf gleichartige Oszillatoren vorstellen, die gleichzeitig mit diesen leicht unterschiedlichen Anfangswerten starten. Trotz der Gleichartigkeit der Systeme und der Ähnlichkeit der Anfangswerte werden diese Oszillatoren mit jedem Stoß stärker auseinanderlaufen.

Bestünde jeder der fünf Startwerte wiederum aus fünf noch viel enger beieinanderliegenden Anfangswerten, so würden auch diese nach einer größeren Anzahl von Stößen auf die gleiche Weise auseinanderlaufen. Es ist, als ob man ein Tau aufspleißen würde. Man trennt die einzelnen Stränge, diese wiederum in Schnüre, die Schnüre in Fäden, die Fäden in ihre Fasern und so weiter. Genau das passiert auch bei chaotischen Bewegungen, allerdings ohne daß jemals eine Grenze erreicht wird; die Zerlegung setzt sich bis ins unendlich Kleine fort.

Da die Anfangswerte bei physikalischen Experimenten nie mathematisch exakt festgelegt werden können, verstärkt sich diese Unsicherheit in den Anfangswerten schon nach kurzer Zeit, so daß sich die Masse überall befinden kann. Praktisch gesehen ist damit die Frage: „Wo ist die Masse zur Zeit t?" sinnlos, wenn man chaotische Bewegungen betrachtet.

Eine weitere Art der Empfindlichkeit gegenüber den Anfangsbedingungen tritt in Erscheinung, wenn die Position des reflektierenden Blocks verschoben wird. Sehen Sie sich beispielsweise das phantastisch komplexe Verhalten in Abbildung 5a an, in der wieder die Amplitudenwerte gegen die Kreisfrequenz aufgetragen wurden. Allerdings befand sich der Block diesmal bei $x = 0{,}5$ m. Die blauen Linien und die einzelnen Entwicklungswege würden den Standardweg ins Chaos über Periodenverdopplung nahelegen. Aber im Bereich der Kreisfrequenz von 2,22 rad/s bis 2,55 rad/s ist eine neue Art der Bewegung mit drei Amplituden zu sehen (in Schwarz eingezeichnet). Jenseits 2,55 rad/s vollzieht jeder der drei Amplitudenzweige seine eigene Bifurkation, bis das System schließlich chaotisch wird.

Der Frequenzbereich, in dem beide Bewegungsformen existieren, verdient unser besonderes Interesse. In diesem Frequenzbereich hängt die sich durchsetzende Bewegungsform von den genauen Startwerten ab. Wird die Masse immer von einer Ruheposition aus fallengelassen, so hängt die endgültige Bewegungsform von der genauen Höhe und dem genauen Zeitpunkt des Starts ab. Grundsätzlich kann die Masse aus einer beliebigen Höhe und zu einer beliebigen Zeit t, bezogen auf die Phase der Zwangsfrequenz ($0 \leq t \leq T$, wobei T die Schwingungsdauer der Zwangsfrequenz ist), fallengelassen werden. Obgleich die Bewegungen eher periodisch als chaotisch sind, findet man dennoch eine extrem empfindliche Abhängigkeit der endgültigen Bewegung von den Startwerten. Dies ist aus Abbildung 5b ersichtlich, die der Kreisfrequenz $\omega = 2{,}4$ rad/s ent-

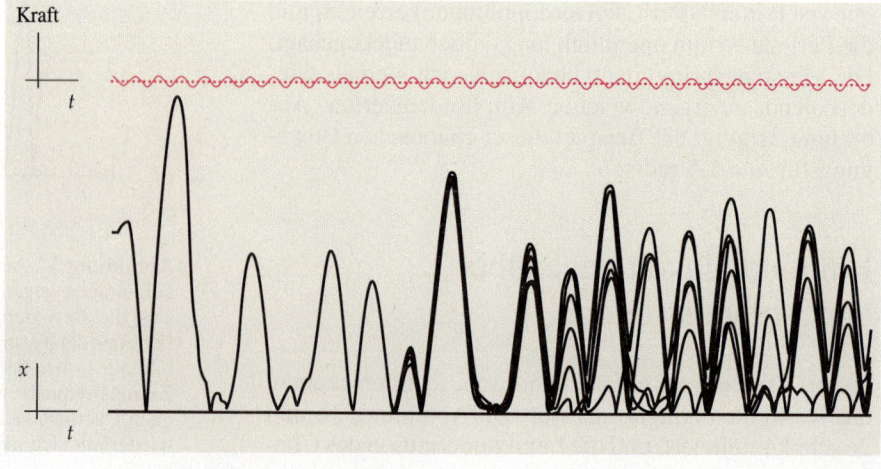

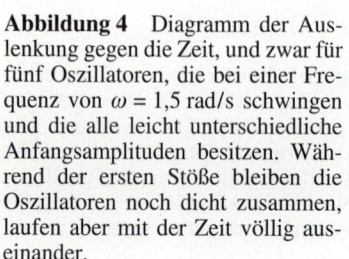

Abbildung 4 Diagramm der Auslenkung gegen die Zeit, und zwar für fünf Oszillatoren, die bei einer Frequenz von $\omega = 1{,}5$ rad/s schwingen und die alle leicht unterschiedliche Anfangsamplituden besitzen. Während der ersten Stöße bleiben die Oszillatoren noch dicht zusammen, laufen aber mit der Zeit völlig auseinander.

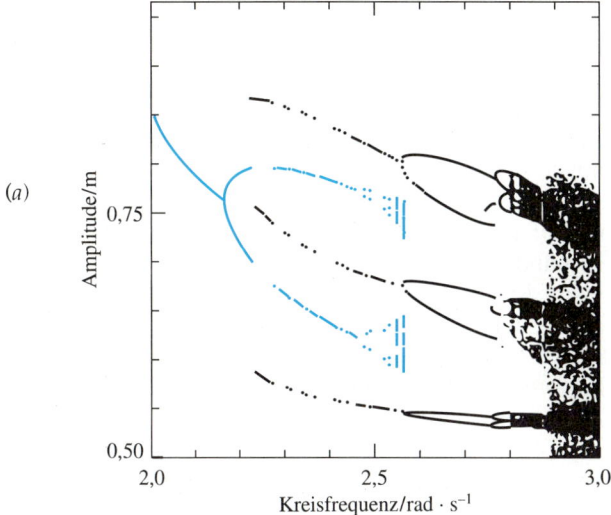

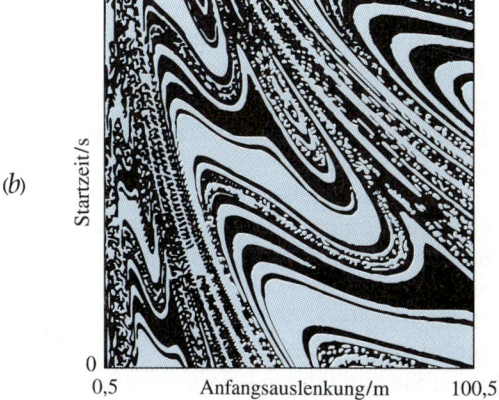

Abbildung 5 Eine andere Art der Empfindlichkeit gegenüber den Anfangswerten wird deutlich, wenn die reflektierenden Stöße bei $x = 0,5$ m ausgeführt werden. a) Trägt man die Amplitude gegen die Kreisfrequenz auf, können für eine Zwangsfrequenz zwei unterschiedliche Bewegungsarten existieren. Hier sind sie durch blaue bzw. schwarze Punkte gezeigt. b) Die Anfangswerte legen das Verhalten des Systems fest. Hier sind die Anfangswerte der Bewegung bei einer Frequenz $\omega = 2,4$ rad/s, entsprechend dem Teilbild a, in Blau bzw. Schwarz dargestellt.

spricht. Die blauen und schwarzen Gebiete stehen für Anfangswerte, die zu den Bewegungen gehören, die in Abbildung 5a blau bzw. schwarz eingezeichnet sind. Trotz der scheinbaren Einfachheit des Systems findet man wiederum eine unglaublich reiche und komplexe Struktur, die das Verhalten des Systems beschreibt.

Computer-Chaos

Der Bendersche Stoßoszillator kann leicht im Experiment aufgebaut werden; er läßt sich auch auf einem Personalcomputer simulieren. Falls Sie aber gerade nur einen Taschenrechner greifbar haben, können Sie auf der Stelle selbst das Chaos untersuchen, indem Sie die folgende einfache mathematische Vorschrift verwenden. Sie wird logistische Gleichung genannt: $x' = wx(1-x)$. Der Wertebereich von x ist auf das Intervall [0; 1] beschränkt, und w ist ein wählbarer Parameter. Wählen wir für $w = 2,9$ und für $x = 0,4$. Dann ergibt sich für $x' = 0,696$. Als nächstes wählen wir x' als Startwert und erhalten für $x'' = 0,614$ bei einer weiteren Iteration. Setzen wir diese Iteration fort, sehen wir sehr schnell, daß x ungefähr gegen den Wert 0,655 konvergiert. Selbst wenn Sie für x verschiedene Startwerte verwenden, werden Sie das feststellen.

Sehen Sie den Zusammenhang mit dem obigen Masse-Feder-System? Die x-Werte entsprechen gerade den maximalen Amplituden zwischen den Stößen, wie sie in Abbildung 2a, b und c gezeigt sind. Und was Sie bei Ihrer Iterationsfolge beobachtet haben, entspricht Abbildung 1, in der sich für unterschiedliche Startwerte der Höhe schon nach wenigen Stößen eine sich wiederholende Höhe einstellt.

Setzen Sie nun den Parameter $w = 3,3$. Nach wenigen Iterationen springt x zwischen einem hohen Wert von 0,824 und einem niedrigen Wert von 0,480 hin und her. Vergleichbar zu Abbildung 2b und 2c vollzog das System eine Periodenverdopplung, was der Bewegung in Abbildung 3a entspricht. Wird dieses Vorgehen für verschiedene Werte des Parameters w fortgesetzt und werden die stabilen Werte x gegen w aufgetragen, so erhält man Abbildung 6. Beachten Sie bitte die verblüffende Ähnlichkeit zur Abbildung 2c, die darauf hinweist, daß w und der Kreisfrequenz ω eine entsprechende Bedeutung in ihren Systemen zukommt. Wie im Masse-Feder-System, so wird auch hier der Abstand zwischen

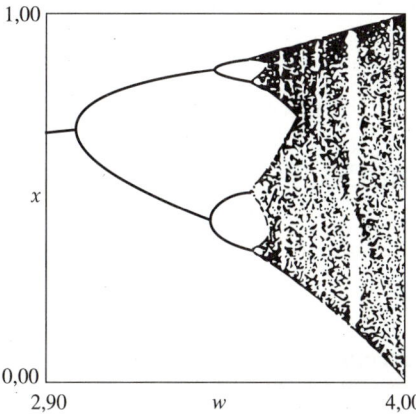

Abbildung 6 Ergebnisse der logistischen Gleichung $x' = wx(1-x)$. Zunächst wird diese nichtlineare Gleichung 200mal iteriert, bevor die folgenden 100 Punkte in die Zeichnung aufgenommen werden. Die Bifurkationen und Periodenverdopplungen ähneln denen des Benderschen Stoßoszillators aus Abbildung 2c.

Periodenverdopplungen immer kleiner. Noch erstaunlicher ist, daß sich das Verhältnis der Abstände aufeinanderfolgender Periodenverdopplungen sowohl beim Benderschen Stoßoszillator als auch bei der logistischen Gleichung genau der gleichen Zahl nähert. Das ist eine der vielen Gemeinsamkeiten, die sich bei vielen chaotischen Systemen wiederfinden. Obgleich die logistische Gleichung eine einfache mathematische Vorschrift darstellt und sich insbesondere nicht auf physikalische Systeme bezieht, eignet sie sich doch als brauchbares Modell für komplexes Verhalten, wie es in der Natur zu beobachten ist.

Wählen Sie nun für den Parameter w einen Wert über 3,56994571..., also in einem Bereich, bei dem Chaos einsetzt. Sie werden feststellen, daß sich die x-Werte nun nicht mehr wiederholen – Sie beobachten chaotisches Verhalten.

Nach dieser recht kurzen Einführung in einige ungewöhnliche und merkwürdige Aspekte geordneter Unordnung, die Chaos genannt wird, sollte klar sein, daß es nicht selbstverständlich ist, zukünftiges Verhalten physikalischer Systeme vorhersagen zu können. Daß sich mit dem Konzept des Chaos das Verhalten vieler Systeme beschreiben läßt, hat den Wissenschaftlern nicht nur eine neue Weltsicht beschert, sondern auch damit verbundene faszinierende, komplexe geometrische Formen, die eine großartige ästhetische Anziehungskraft ausüben. Der französische Chaosforscher D. Ruelle bemerkte dazu: „Diese Systeme von Kurven, diese Wolken von Punkten erinnern einmal an Galaxien oder Feuerwerke, ein andermal wirken sie ulkig und wie Blüten sprießend. Dort kann man noch eine ganze Welt von Formen erforschen und viel Harmonie entdecken." Und ich darf anmerken, daß diese Entdeckungen uns allen offenstehen.

Werden Flüssigkeiten gemischt, so erhält man oft ein chaotisches Muster. Zur Erzeugung des nebenstehenden Bildes wurde ein kleiner Tropfen eines fluoreszierenden Farbstoffes in einen Behälter mit Glyzerin gegeben. Dann wurde auf eine einfache und immer gleiche Art gerührt. Als Folge davon wird der Farbstoff immer wieder gestreckt und gestaucht, ähnlich einem Blätterteig. Das Ergebnis ist ein kompliziert gefaltetes Gebilde. Ein entsprechendes „Strecken und Falten" geschieht bei den Anfangswerten des Benderschen Stoßoszillators, wie man der Abbildung 5b entnimmt. (Foto: Julio M. Ottino, University of Massachusetts, Amherst)

Aufgaben

Stufe I

12.1 Harmonische Schwingungen

1. Ein Gegenstand mit einer Masse von 2 kg sei an einer horizontalen Feder mit der Federkonstanten $k = 5$ kN/m befestigt. Die Feder wird 10 cm aus ihrer Ruhelage ausgelenkt und losgelassen. Bestimmen Sie a) die Frequenz, b) die Schwingungsdauer und c) die Amplitude der Schwingung. d) Wie groß ist die höchste Geschwindigkeit? e) Wie groß ist die stärkste Beschleunigung? f) Wann erfolgt der erste Durchgang durch die Ruhelage? Wie groß ist dann die Beschleunigung?

2. Ein Gegenstand der Masse 3 kg schwinge an einer horizontalen Feder mit einer Amplitude von $A = 10$ cm und einer Frequenz von $\nu = 2$ Hz. a) Wie groß ist die Federkonstante? b) Wie groß ist die Schwingungsdauer? c) Wie groß ist die höchste Geschwindigkeit des Gegenstandes? d) Wie groß ist die stärkste Beschleunigung?

3. Ein Gegenstand schwinge an einer horizontalen Feder mit einer Schwingungsdauer von 4 s. Wie stark wird die Feder gedehnt, wenn der Gegenstand senkrecht an ihr aufgehängt wird und sich am Gleichgewichtspunkt befindet?

4. Ein Mensch der Masse 80 kg setze sich in ein Fahrzeug der Masse 2400 kg, woraufsich dieses durch die Federung um 2,5 cm senkt. Wie groß ist die Frequenz, mit der Insasse und Automobil schwingen, wenn die Dämpfung vernachlässigt wird?

5. Ein Gegenstand der Masse 5 kg schwinge an einer horizontalen Feder mit einer Amplitude von 4 cm. Die stärkste Beschleunigung betrage 24 m/s². Wie groß sind a) die Federkonstante k, b) die Frequenz und c) die Schwingungsdauer?

6. Ein Gegenstand schwinge mit einer Amplitude von 6 cm an einer horizontalen Feder mit der Federkonstanten 2 kN/m. Die höchste Geschwindigkeit betrage 2,2 m/s. Bestimmen Sie a) die Masse des Gegenstandes, b) die Frequenz der Schwingung und c) die Schwingungsdauer.

7. Die Position eines Körpers sei durch

$$x = 5 \text{ cm} \cdot \cos 4\pi t \cdot \text{s}^{-1}$$

gegeben, wobei t in Sekunden gemessen werde. Wie groß ist a) die Frequenz, b) die Periode und c) die Amplitude der Bewegung? d) Wann erreicht der Körper nach der Zeit $t = 0$ erstmals wieder die Ruhelage? In welche Richtung bewegt er sich dabei? e) Wie groß ist die höchste Geschwindigkeit des Körpers? f) Wie groß ist seine stärkste Beschleunigung?

8. Die Auslenkung eines Körpers folge der Gleichung $x = 0,4 \cos(3t + \pi/4)$, wobei x in Metern und t in Sekunden gemessen seien. a) Bestimmen Sie die Frequenz und die Schwingungsdauer. Wo befindet sich der Körper zur Zeit b) $t = 0$ und c) $t = 0,5$ s?

9. Ein Körper mit Masse m beginne bei $x = +25$ cm seine Schwingungsbewegung um die Gleichgewichtslage $x = 0$ mit einer Schwingungsdauer von 1,5 s. Schreiben Sie a) den Ort x, b) die Geschwindigkeit v und c) die Beschleunigung a als Funktionen der Zeit auf.

10. Bearbeiten Sie Aufgabe 9 für den Fall, daß die Anfangsgeschwindigkeit des Körpers $v_0 = +50$ cm/s beträgt.

12.2 Harmonische Schwingung und Kreisbewegung

11. Ein Körper bewege sich mit einer konstanten Geschwindigkeit von 80 cm/s auf einer Kreisbahn mit einem Radius von 40 cm. a) Bestimmen Sie die Frequenz und b) die Periode der Bewegung. c) Beschreiben Sie die x-Komponente des Körpers als Funktion der Zeit unter der Annahme, daß er zur Zeit $t = 0$ die x-Achse passiert.

12. Ein Körper bewege sich auf einer Kreisbahn mit einem Radius von 15 cm. Ein Umlauf dauere 3 s. a) Wie groß ist die Geschwindigkeit des Körpers? b) Wie groß ist die Winkelgeschwindigkeit? c) Beschreiben Sie die x-Komponente der Bewegung als Funktion der Zeit t, und zwar unter der Annahme, daß er zur Zeit $t = 0$ die x-Achse passiert.

12.3 Energiebilanz bei harmonischen Schwingungen

13. Wie groß ist die Gesamtenergie des Gegenstandes aus Aufgabe 1?

14. Ein Gegenstand der Masse 1,5 kg führe an einer Feder mit der Federkonstanten $k = 500$ N/m eine harmonische Schwingung aus. Die höchste Geschwindigkeit betrage dabei 70 cm/s. a) Wie groß ist die Gesamtenergie der Bewegung? b) Wie groß ist die Amplitude der Bewegung?

15. Ein Gegenstand der Masse 3 kg schwinge an einer Feder mit der Federkonstanten 2 kN/m und besitze die Gesamtenergie 0,9 J. a) Wie groß ist die Amplitude der Bewegung? b) Wie groß ist die höchste Geschwindigkeit?

16. Ein Gegenstand schwinge an einer Feder mit einer Amplitude von 4,5 cm und einer Gesamtenergie von 1,4 J. Wie groß ist die Federkonstante?

12.4 Massen an senkrecht aufgehängten Federn

17. Ein Gegenstand der Masse 2,5 kg hänge an einer Feder mit der Federkonstanten 600 N/m und schwinge mit einer Amplitude von 3 cm. Wie groß ist a) die Gesamtenergie des Systems, b) die potentielle Energie des Gegenstands und c) die potentielle Energie der Feder, wenn der Gegenstand seinen tiefsten Punkt erreicht hat? d) Bestimmen Sie das Maximum der kinetischen Energie. (In der Gleichgewichtslage sei $E_{\text{pot}} = 0$.)

18. Ein Gegenstand der Masse 1,5 kg dehne eine ungespannte Feder um 2,8 cm und schwinge daran mit einer Amplitude von 2,2 cm. a) Bestimmen Sie die Gesamtenergie des Systems. Wie groß ist b) die potentielle Energie des Gegenstands und c) die potentielle Energie der Feder, wenn der Gegenstand seinen tiefsten Punkt erreicht hat? d) Bestimmen Sie das Maximum der kinetischen Energie. (In der Gleichgewichtslage sei $E_{\text{pot}} = 0$.)

12.5 Pendel

19. Wie groß ist die Erdbeschleunigung g, wenn die Schwingungsdauer eines 70 cm langen Pendels 1,68 s beträgt?

20. Ein Pendel mit einem schweren Pendelkörper und einer Pendellänge von 34 m sei in einem zehnstöckigen Gebäude aufgehängt. Wie groß ist die Schwingungsdauer, wenn $g = 9{,}81$ m/s² ist?

21. Ein kleines Teilchen mit Masse m gleite reibungsfrei in einer kugelförmigen Schale mit Radius r. a) Zeigen Sie, daß die Bewegung die gleiche wäre, falls das Teilchen an einem Faden der Länge r aufgehängt wäre. b) Abbildung 12.23 zeigt ein Teilchen der Masse m_1, welches nur ein kleines Stück $s_1 (s_1 \ll r)$ aus der tiefsten Stelle der Schale ausgelenkt ist. Ein zweites Teilchen der Masse m_2 ist auf die andere Seite um $s_2 = 3 \cdot s_1$ ausgelenkt, wobei auch s_2 viel kleiner als der Radius der Schale sei. Wo treffen sich die Teilchen, wenn sie gleichzeitig losgelassen weren? Erklären Sie, warum?

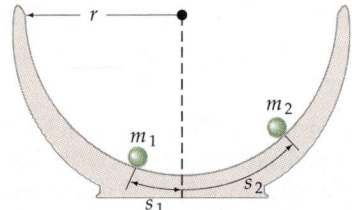

12.23 Zu Aufgabe 21.

22. Eine dünne Scheibe mit einem Radius von 20 cm und einer Masse von 5 kg sei an ihrem Rand an einer horizontalen Achse, die senkrecht zur Scheibe steht, aufgehängt. Die Scheibe werde ein wenig aus ihrer Ruhelage ausgelenkt und losgelassen. Bestimmen Sie die Schwingungsdauer der sich ergebenden harmonischen Schwingung.

23. Ein Reifen mit 50 cm Radius sei an einem dünnen waagerechten Stab aufgehängt und könne in der Ebene des Reifens schwingen. Wie groß ist die Schwingungsdauer für kleine Auslenkungen?

24. Eine ebene Figur der Masse 3 kg sei 10 cm entfernt von ihrem Schwerpunkt aufgehängt. Für Schwingungen mit kleinen Auslenkungen betrage die Schwingungsdauer 2,6 s. Bestimmen Sie das Trägheitsmoment der Figur für eine Achse senkrecht zur Figur durch den Aufhängepunkt.

12.7 Gedämpfte Schwingungen

25. Ein Gegenstand der Masse 2 kg schwinge anfangs mit einer Amplitude von 3 cm an einer Feder mit der Federkonstanten $k = 400$ N/m. Bestimmen Sie a) die Schwingungsdauer und b) die Gesamtenergie bei Schwingungsbeginn. c) Bestimmen Sie die Dämpfungskonstante b und den Q-Faktor, wenn die Energie um 1 Prozent pro Periode abnimmt.

26. Zeigen Sie, daß das Amplitudenverhältnis aufeinanderfolgender Schwingungen beim gedämpften Oszillator konstant ist.

27. Bei einem Oszillator mit einer Schwingungsdauer von 3 s nehme die Amplitude um 5 Prozent pro Periode ab. a) Um wieviel Prozent verringert sich die Energie pro Periode? b) Wie groß ist die Zeitkonstante? c) Wie groß ist der Q-Faktor?

12.8 Erzwungene Schwingung und Resonanz

28. Bestimmen Sie die Resonanzfrequenz für die drei in Abbildung 12.24 gezeigten Systeme.

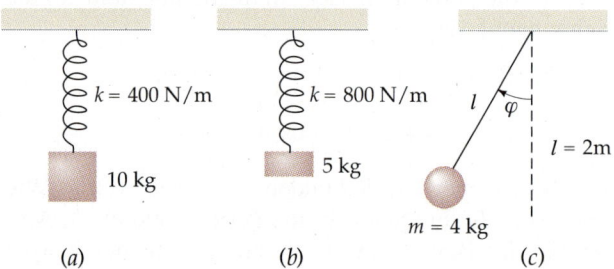

12.24 Zu Aufgabe 28.

29. Ein gedämpfter Oszillator verliere pro Periode 2 Prozent seiner Energie. a) Wie groß ist der Q-Faktor? b) Wie breit ist die Resonanzkurve $\Delta\omega$ bei der erzwungenen Schwingung, wenn die Resonanzfrequenz 300 Hz beträgt?

30. Ein Gegenstand der Masse 2 kg schwinge an einer Feder mit der Federkonstanten $k = 400$ N/m. Die Dämpfungskonstante sei $b = 2$ kg/s. Auf das System wirke eine sinusförmige antreibende Kraft, deren höchster Wert 10 N betrage und deren Kreisfrequenz $\omega = 10$ rad/s sei. a) Wie groß ist die Amplitude der Schwingung? b) Welche Resonanzfrequenz hat das System? c) Bestimmen Sie die Amplitude der Schwingung im Resonanzfall. d) Bestimmen Sie die Breite $\Delta\omega$ der Resonanzkurve.

Stufe II

31. Ein schwingendes Teilchen mit einer Schwingungsdauer von 8 s besitze zur Zeit $t = 0$ die Auslenkung $x = A = 10$ cm. a) Skizzieren Sie die Auslenkung x

als Funktion der Zeit t. b) Bestimmen Sie den zurückgelegten Weg des Teilchens in der ersten, zweiten, dritten und vierten Sekunde.

32. Ein Gegenstand der Masse m sei an einer vertikalen Feder mit der Federkonstanten 1800 N/m aufgehängt. Er werde 2,5 cm nach unten ausgelenkt und dann losgelassen, woraufhin er mit einer Frequenz von 5,5 Hz schwinge. a) Bestimmen Sie m. b) Wie stark dehnt die Masse m die entspannte Feder, wenn sie sich am Gleichgewichtspunkt befindet? c) Beschreiben Sie die Auslenkung x des Teilchens, seine Geschwindigkeit v und seine Beschleunigung a als Funktion der Zeit t.

33. Eine Feder sei senkrecht aufgehängt. Ein Gegenstand unbekannter Masse werde an das Ende der entspannten Feder gehängt und losgelassen. Er falle 3,42 cm nach unten, bevor er das erste Mal anhält. Bestimmen Sie die Schwingungsdauer. Verwenden Sie $g = 9,81$ m/s^2.

34. Ein Holzklotz schwinge reibungsfrei an einer horizontalen Feder mit einer Schwingungsdauer von 0,8 s. Ein zweiter Holzblock liege auf dem ersten. Die Haftreibungszahl zwischen den Holzklötzen betrage 0,25. a) Verrutscht der aufliegende Holzklotz, wenn die Amplitude der Schwingung 1 cm ist? b) Bestimmen Sie die größte Amplitude der Schwingung, bei der der aufliegende Holzklotz gerade noch nicht rutscht.

35. Ein Kind auf einer Schaukel schwinge mit einer Periode von 3 s. Zusammen mit der Schaukel habe es eine Masse von 35 kg. Das Kind werde von seinem geduldigen Vater so angeschaukelt, daß die Amplitude konstant bleibt. Am tiefsten Punkt betrage die Geschwindigkeit des Kindes 2 m/s. a) Wie groß ist die Gesamtenergie von Schaukel und Kind? b) Wieviel Energie geht der Schaukel bei einem Q-Faktor von $Q = 20$ pro Periode verloren? c) Wieviel Leistung muß der Vater beisteuern? Beachten Sie: Eine Schaukel wird gewöhnlich nicht sinusförmig angestoßen. Jedoch muß bei konstanter Amplitude der Energieverlust der Schaukel durch eine äußere Quelle ersetzt werden. Diese Energie kann durch Schaukelbewegungen des Kindes oder durch jemanden, der die Schaukel anstößt, zugeführt werden.

36. Ein gedämpfter Oszillator verliere pro Periode 2 Prozent seiner Energie. a) Nach wie vielen Perioden besitzt er nur noch die halbe Anfangsenergie? b) Wie groß ist der Q-Faktor? c) Wie breit ist die Resonanzkurve bei erzwungenen Schwingungen, wenn der Oszillator eine Eigenfrequenz von 100 Hz besitzt?

37. Der Q-Faktor eines Oszillators sei 20. a) Um welchen Anteil verringert sich die Energie pro Periode? b) Bestimmen Sie mit Hilfe von Gleichung (12.59) den prozentualen Unterschied zwischen ω' und ω_0. Hinweis: Verwenden Sie die Näherung $(1+x)^{1/2} \approx 1 + \frac{1}{2}x$ für kleine x.

38. Bei einem schaukelnden Kind verringere sich die Amplitude der Schwingung um den Faktor $1/e$ in acht Perioden, falls keine Energie zugeführt wird. Schätzen Sie den Q-Faktor des Systems.

39. Die in Schwingung geratene Erde besitze eine Schwingungsdauer von 54 min und einen Q-Faktor von ungefähr 400. Nach einem starken Erdbeben schwinge sie noch ca. 2 Monate nach. a) Bestimmen Sie den durch Dämpfungskräfte verursachten prozentualen Energieverlust der Schwingung pro Periode. b) Zeigen Sie, daß die Energie nach n Perioden noch $E_n = (0,984)^n E_0$ ist, wobei E_0 die Anfangsenergie ist. c) Wie groß ist die Energie eines Erdbebens nach 2 Tagen, wenn die Anfangsenergie E_0 war?

40. Ein Gegenstand der Masse m_1 gleite reibungsfrei auf einer horizontalen Oberfläche und schwinge dabei an einer Feder mit der Federkonstanten k. Seine Amplitude sei A. Zu dem Zeitpunkt, an dem die Feder ihre maximale Ausdehnung erreicht und der Gegenstand zur Ruhe kommt, werde ihm ein zweiter Gegenstand der Masse m_2 aufgesetzt. a) Wie groß muß die Haftreibungszahl μ_H mindestens sein, damit der aufgesetzte zweite Gegenstand nicht rutscht? b) Wie verändern sich Gesamtenergie E, Amplitude A, Kreisfrequenz ω und die Schwingungsdauer T durch das Aufsetzen der Masse m_2 auf die Masse m_1?

41. Ein Gegenstand der Masse 2 kg sei am oberen Ende einer am Boden verankerten Feder befestigt. Die entspannte Feder sei 8 cm lang, und die Gleichgewichtslage des Gegenstandes befinde sich 5 cm über dem Boden. Dem ruhenden Gegenstand werde in seiner Gleichgewichtslage durch einen kurzen Hammerschlag eine Anfangsgeschwindigkeit von 0,3 m/s nach unten verliehen. a) Wie stark kann der Gegenstand dadurch angehoben werden? b) Wann erreicht er erstmals seine größte Entfernung zum Boden? c) Entspannt sich die Feder dabei wieder? Welche Anfangsgeschwindigkeit muß dem Gegenstand mindestens verliehen werden, damit sich die Feder einmal entspannen kann?

42. Eine Spinne der Masse 0,36 g sitze inmitten ihres horizontal gespannten Netzes, das sich durch die nach unten wirkende Gewichtskraft um 3 mm absenkt. Schätzen Sie die Frequenz vertikaler Schwingungen dieses Systems.

43. Die Erdbeschleunigung hängt vom geographischen Ort ab, da sich die Erde dreht und nicht die Form einer idealen Kugel besitzt. Dies entdeckte man im siebzehnten Jahrhundert, als man feststellte, daß eine sehr genau gehende Penduluhr am Äquator um 90 s/d nachging. a) Zeigen Sie, daß eine kleine Änderung Δg in der

Erdbeschleunigung zu folgender Änderung der Schwingungsdauer des Pendels führt:

$$\frac{\Delta T}{T} \approx \frac{1}{2}\frac{\Delta g}{g}$$

(Verwenden Sie Differentiale, um ΔT und Δg anzunähern.) b) Wie groß muß die Änderung in g sein, damit sie eine Änderung der Schwingungsdauer bewirkt, die einen Gangunterschied von 90 s/d verursacht?

Stufe III

44. Eine Kugel der Masse 20 kg hänge an einem 1 mm starken Stahldraht von 3 m Länge. Wenn sie in vertikale Schwingungen versetzt wird, betrage ihre Frequenz 8,14 Hz. a) Wie groß ist die Federkonstante des Drahtes? b) Zeigen Sie, daß der Elastizitätsmodul E des Drahtes über $E = k\ell/A$ mit der Federkonstanten zusammenhängt (wobei ℓ = Länge, A = Querschnitt des Drahtes ist). c) Bestimmen Sie den Elastizitätsmodul des Drahtes.

45. Bei einer Pendeluhr habe sich die Amplitude so stark verringert, daß sie 5 min pro Tag vorgeht. Welche Winkelamplitude sollte die Pendeluhr haben, damit sie die richtige Zeit anzeigt?

46. Ein Gegenstand der Masse 2 kg, der an einer Feder mit der Federkonstanten $k = 600$ N/m befestigt ist, gleite reibungsfrei auf einer horizontalen Oberfläche. Ein zweiter 1 kg schwerer Gegenstand gleite ebenfalls reibungsfrei mit einer Geschwindigkeit von 6 m/s auf den ersten zu. a) Bestimmen Sie die Amplitude der Schwingung, wenn die Gegenstände einen idealen inelastischen Stoß ausführen und dabei zusammenbleiben. Wie groß ist die Schwingungsdauer? b) Bestimmen Sie Amplitude und Schwingungsdauer im Falle eines elastischen Stoßes. c) Beschreiben Sie die Auslenkung des an der Feder befestigten Gegenstandes für beide Stoßarten als Funktion der Zeit, unter der Annahme, der Stoß erfolge zur Zeit $t = 0$. Wie groß ist der Impulsübertrag auf den 2 kg schweren Gegenstand bei den Stößen?

47. Auf einem schwingenden Kolben, der gemäß $y = A\sin\omega t$ eine harmonische Bewegung ausführt, liege ein kleiner Block mit Masse m_1. a) Zeigen Sie, daß der Block für $\omega^2 A > g$ abheben wird. b) Bestimmen Sie, wann der Block abheben wird, wenn $\omega^2 A = 3\,g$ und $A = 15$ cm gegeben sind.

48. Ein an einer Feder befestigter schwerer Block schwinge mit einer Frequenz von 4 Hz und einer Amplitude von 7 cm. Wenn er seinen tiefsten Punkt erreicht hat, werde ein kleiner Kieselstein auf ihn gelegt, der aber keinen weiteren Einfluß auf die Schwingung habe. a) Bei welcher Auslenkung aus der Gleichgewichtslage des Blocks verliert der Kieselstein seinen Kontakt zum Block? b) Mit welcher Geschwindigkeit verläßt der Kieselstein den Block? c) Welche Höhe über der Gleichgewichtslage des Blocks erreicht der Kieselstein maximal?

49. Zeigen Sie, daß für die Anordnungen in den Abbildungen 12.25a und b die Gegenstände mit der Frequenz $\nu = (1/2\pi)\sqrt{k_{\text{eff}}/m}$ schwingen, wobei k_{eff} in a) durch $k_{\text{eff}} = k_1 + k_2$ und in b) durch $1/k_{\text{eff}} = 1/k_1 + 1/k_2$ gegeben ist. *Hinweis*: Bestimmen Sie die resultierende Kraft F, die auf den Gegenstand bei kleinen Auslenkungen einwirkt, und setzen Sie $F = -k_{\text{eff}}\,x$ an. Beachten Sie dabei, daß sich die Federn in b) unterschiedlich dehnen und die Summe ihrer Auslenkungen gerade x ergibt.

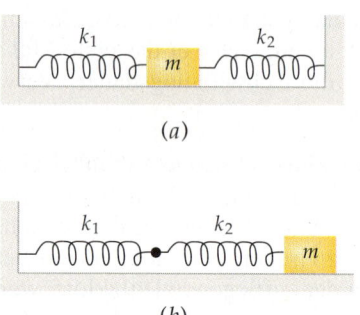

12.25 Zu Aufgabe 49.

50. Durch die Erde sei ein geradliniger Tunnel gebaut, wie in Abbildung 12.26 gezeigt. Seine Wände seien reibungsfrei. a) Die Anziehungskraft der Erde auf die Masse m in der Entfernung r ($r < R_E$) vom Erdmittelpunkt ist $F_r = -(GmM_E/R_E^3)\,r$, wobei M_E die Erdmasse und R_E der Erdradius ist. Zeigen Sie, daß die resultierende Kraft auf das Teilchen der Masse m bei einer Entfernung x von der Mitte des Tunnels durch $F_x = -(GmM_E/R_E^3)\,x$ gegeben ist und es deshalb eine harmonische Schwingung ausführt. b) Zeigen Sie, daß die Schwingungsdauer $T = 2\pi\sqrt{R_E/g}$ ist, und geben Sie

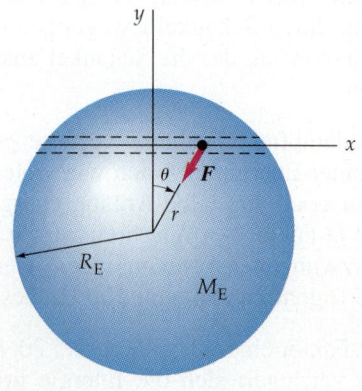

12.26 Zu Aufgabe 50.

diese in Minuten an. (Diese Periodendauer stimmt mit der eines erdnahen Satelliten überein. Außerdem ist sie unabhängig von der Tunnellänge.)

51. Ein mathematisches Pendel mit Pendellänge ℓ werde um den Winkel φ_0 ausgelenkt und losgelassen. a) Nehmen Sie eine harmonische Schwingung für das Pendel an und bestimmen Sie die Geschwindigkeit beim Passieren der Gleichgewichtslage $\varphi = 0$. b) Verwenden Sie den Energiesatz, um die Geschwindigkeit genau zu berechnen. c) Zeigen Sie die Übereinstimmung der Ergebnisse aus Teil a) und b) für kleine Winkel φ_0. d) Bestimmen Sie die unterschiedlichen Ergebnisse für $\varphi_0 = 0{,}2$ rad und $\ell = 1$ m.

52. Eine Kugel der Masse 3 kg erreiche bei ihrem Fall in der Luft eine Grenzgeschwindigkeit von 25 m/s. (Setzen Sie die Reibungskraft mit $-bv$ an.) Diese Kugel werde nun an einer Feder mit der Federkonstanten $k = 400$ N/m befestigt und schwinge mit einer Amplitude von 20 cm. a) Wie groß ist Q? b) Wann wird die Amplitude nur noch 10 cm betragen? c) Wieviel Energie wurde entzogen, wenn die Amplitude noch 10 cm beträgt?

53. Ein ebener Gegenstand mit dem Trägheitsmoment I (bezogen auf seinen Schwerpunkt) sei an einem Punkt P_1 aufgehängt und schwinge mit der Periode T (Abbildung 12.27). Es gebe einen weiteren Punkt P_2 auf der anderen Seite des Schwerpunktes, an dem aufgehängt der Gegenstand die gleiche Schwingungsdauer T besitzt. Zeigen Sie, daß gilt: $h_1 + h_2 = gT^2/4\pi^2$.

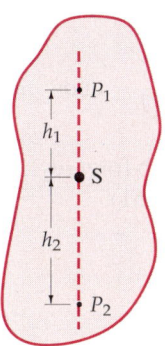

12.27 Zu Aufgabe 53.

54. Ein physikalisches Pendel bestehe aus einer Kugel mit Radius r und Masse m, die an einem Faden aufgehängt sei (Abbildung 12.28). Der Abstand vom Schwerpunkt zum Aufhängepunkt sei ℓ. Wenn r viel kleiner als ℓ ist, wird das Pendel oft als mathematisches Pendel mit Pendellänge ℓ behandelt. a) Zeigen Sie, daß die Schwingungsdauer für kleine Auslenkungen durch

$$T = T_0\sqrt{1 + \frac{2r^2}{5\ell^2}}$$

gegeben ist, wobei $T_0 = 2\pi\sqrt{\ell/g}$ die Schwingungsdauer des mathematischen Pendels der Länge ℓ ist. b) Zeigen Sie, daß für $r \ll \ell$ die Schwingungsdauer durch $T \approx T_0(1 + r^2/5\ell^2)$ angenähert werden kann. c) Bestimmen Sie den Fehler in der Schwingungsdauer, der durch diese Näherung entsteht, und zwar für den Fall $\ell = 1$ m und $r = 2$ cm. Wie groß muß der Radius der Kugel sein, damit der Fehler 1 Prozent beträgt?

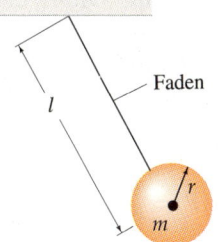

12.28 Zu Aufgabe 54.

55. Die Frequenz eines gedämpften Oszillators ω' habe sich gegenüber der Eigenfrequenz um 10 Prozent verringert. a) Um welchen Faktor verringert sich die Amplitude pro Periode? b) Um welchen Anteil verringert sich die Energie pro Periode?

56. Ein Block mit Masse m sei auf einem waagerechten Tisch mit einer Feder mit der Federkonstanten k verbunden, wie in Abbildung 12.29 gezeigt. Die Gleitreibungszahl für die Grenzfläche zwischen Block und Tisch betrage μ_k. Der Block werde durch Ziehen an der Feder um A ausgelenkt und dann losgelassen. a) Wenden Sie das zweite Newtonsche Gesetz an, um eine Gleichung für die Beschleunigung in der ersten Halbperiode zu ermitteln, während der sich der Block nach links bewegt. Zeigen Sie, daß die Gleichung auf die Form $d^2x'/dt^2 = -\omega^2 x'$ gebracht werden kann, wobei $x = 0$ die Ruhelage bezeichnet und $x' = x - x_0$ mit $x_0 = \mu_k mg/k = \mu_k g/\omega^2$ aus einer Koordinatentransformation hervorgeht. b) Wiederholen Sie den Teil a) für die zweite Halbperiode der Schwingung, während der sich der Block nach rechts bewegt, und zeigen Sie, daß sie die Gleichung $d^2x''/dt^2 = -\omega^2 x''$ erfüllt. Dabei ist $x'' = x + x_0$ und x_0 wie oben. c) Skizzieren Sie die erste Schwingung für $A = 10\,x_0$.

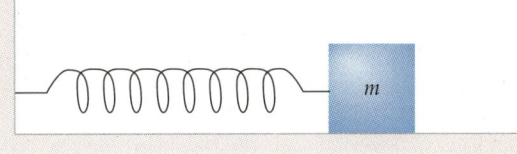

12.29 Zu Aufgabe 56.

57. In dieser Aufgabe sollen Sie einen Ausdruck für die durch eine antreibende Kraft zugeführte Durchschnittsleistung herleiten (Abbildung 12.22). a) Zeigen Sie, daß die momentan zugeführte Leistung einer treibenden Kraft durch

$$P = Fv = -A\omega F_0 \cos \omega t \sin (\omega t - \delta)$$

gegeben ist. b) Verwenden Sie das Additionstheorem, um sie auf die Form

$$P = A\omega F_0 \sin \delta \cos^2 \omega t - A\omega F_0 \cos \delta \cos \omega t \sin \omega t$$

zu bringen. c) Zeigen Sie, daß der zeitliche Mittelwert des zweiten Summanden aus b) verschwindet und deshalb folgt:

$$\langle P \rangle = \frac{1}{2} A\omega F_0 \sin \delta .$$

d) Nach Gleichung (12.66) für tan δ läßt sich ein rechtwinkliges Dreieck konstruieren, bei dem die dem Winkel δ gegenüberliegende Seite $b\omega$ und die anliegende Seite $m(\omega_0^2 - \omega^2)$ entspricht. Zeigen Sie anhand dieses Dreiecks, daß

$$\sin \delta = \frac{b\omega}{\sqrt{m^2 (\omega_0^2 - \omega^2)^2 + b^2 \omega^2}} = \frac{b\omega A}{F_0}$$

e) Ersetzen Sie ωA mit Hilfe des Ergebnisses von d) und zeigen Sie, daß die durchschnittliche Leistungsaufnahme in der Form

$$\langle P \rangle = \frac{1}{2} \frac{F_0^2}{b} \sin^2 \delta$$
$$= \frac{1}{2} \frac{b\omega^2 F_0^2}{m^2 (\omega_0^2 - \omega^2)^2 + b^2 \omega^2} \qquad 12.67$$

geschrieben werden kann.

58. In dieser Aufgabe sollten Sie die Ergebnisse aus Aufgabe 57 verwenden, um die Gleichung (12.61) herzuleiten, die die Breite der Resonanzkurve und den Q-Faktor im Falle scharfer Resonanz in Beziehung setzt. Bei schwacher Dämpfung ist im Resonanzfall der Nenner in Gleichung (12.65) gleich $b^2 \omega_0^2$, und $\langle P \rangle$ wird maximal. Bei scharfer Resonanz kann eine Veränderung von ω im Nenner von Gleichung (12.65) vernachlässigt werden. Daraus ergibt sich, daß die Leistungszufuhr den halben Maximalwert besitzt für Werte von ω, bei denen der Nenner zu $2b^2 \omega_0^2$ wird. a) Zeigen Sie, daß dann für ω gilt:

$$m^2 (\omega - \omega_0)^2 (\omega + \omega_0)^2 = b^2 \omega_0^2$$

b) Zeigen Sie mit Hilfe der Näherung $\omega + \omega_0 \approx 2\omega_0$, daß

$$\omega - \omega_0 \approx \pm \frac{b}{2m}$$

c) Zeigen Sie mit Hilfe von Gleichung (12.56), daß Q mit b und m durch

$$Q = \frac{m\omega_0}{b}$$

zusammenhängt.

d) Zeigen Sie durch Kombination der Ergebnisse aus b) und c), daß es zwei Werte für ω gibt, bei denen die Leistungszufuhr gerade die halbe Maximalleistung des Resonanzfalles annimmt und sie durch

$$\omega_1 = \omega_0 - \frac{\omega_0}{2Q} \quad \text{und} \quad \omega_2 = \omega_0 + \frac{\omega_0}{2Q}$$

gegeben sind. Deshalb folgt $\omega_2 - \omega_1 = \Delta\omega = \omega_0/Q$ und damit Gleichung (12.61).

Mechanische Wellen 13

Im vorangegangenen Kapitel haben wir die Bewegung eines Pendels oder auch einer Feder kennengelernt. Lenkt man ein Pendel aus seiner Ruhelage aus, wird es aufgrund der rücktreibenden Kraft um seine Gleichgewichtslage schwingen. Wir wissen, wie die Bewegung eines solchen einzelnen schwingenden Systems verläuft. Was passiert aber, wenn wir eine ganze Reihe von Pendeln miteinander verbinden und das erste Pendel aus seiner Gleichgewichtslage auslenken? Schon bald wird das zweite Pendel anfangen zu schwingen, dann das dritte usw., bis sich schließlich die Schwingung über die gesamte Reihe ausgebreitet hat. Eine solche Bewegung des Schwingungszustandes von einem Ort zu einem anderen ist eine Welle. Die Betonung liegt auf der Formulierung „des Schwingungs*zustandes*" – bei einer Wellenbewegung wird keine Masse transportiert. Die einzelnen schwingenden Teilchen bewegen sich ausschließlich um ihre Gleichgewichtslage, die Gesamtheit aller Teilchen führt aber durch ihre Wechselwirkung untereinander eine räumlich periodische Schwingung aus. Es kommt daher zu einem Energie- und Impulsübertrag, ohne daß sich die Teilchen im Mittel aus ihrer Gleichgewichtslage entfernen.

Wir beschäftigen uns in diesem Kapitel mit Wellen in elastischen oder deformierbaren Medien. Dazu gehören beispielsweise Wellen auf einer Saite, aber auch Schallwellen, die wir im Anschluß daran kennenlernen werden. Zupft man eine Violinsaite an, dann wandert die Auslenkung die Saite entlang. Durch die schwingende Saite entstehen gleichzeitig kleine Druckschwankungen in der Luft, die sich als Schallwellen fortpflanzen. In beiden Fällen breitet sich die anfängliche Auslenkung oder Störung durch die elastischen Eigenschaften des Mediums aus. Während die Wellenausbreitung bei elastischen oder mechanischen Wellen an ein Übertragungsmedium gebunden ist, werden bei elektromagnetischen Wellen wie Licht, Radiowellen oder Gammastrahlung Energie und Impuls durch elektrische und magnetische Felder vermittelt, die sich auch im Vakuum ausbreiten können. Lichtwellen und elektromagnetische Wellen entstehen durch oszillierende elektrische Ladungen in Atomen und Molekülen oder einer abstrahlenden Antenne. Auf sie werden wir noch detailliert in den Kapiteln 29 bis 33 eingehen.

Zunächst werden wir Wellen untersuchen, die sich entlang von Saiten, Seilen und Schraubenfedern fortpflanzen. Sie sind uns aus dem Alltagsleben vertraut und anschaulich klar. Wir werden Longitudinal- und Transversalwellen kennenlernen und feststellen, daß die Art der Welle vom Ausbreitungsmedium und von der anfänglichen Auslenkung abhängt. Wenn wir ein Seil oder eine Saite seitlich auslenken, werden die einzelnen Massenelemente senkrecht zur Ausbreitungs-

13 Mechanische Wellen

richtung der Welle schwingen. Spannen wir dagegen eine Feder und lassen sie dann los, bildet sich eine Longitudinalwelle aus. Bei ihr schwingen die einzelnen Massenelemente entlang der Ausbreitungsrichtung der Welle. Wir beschränken uns zunächst auf Wellen, die sich in einer einzigen Raumrichtung fortpflanzen. Im folgenden Kapitel werden wir dann bei der Behandlung von Schallwellen auch zwei- und dreidimensionale Wellenbewegungen kennenlernen. Die hier vorgestellten Ideen und Ergebnisse werden sich später als sehr hilfreich erweisen, wenn wir uns mit Licht oder allgemein mit elektromagnetischen Wellen beschäftigen.

13.1 Wellenberge

Betrachten wir zunächst ein Seil, das an einem Ende fest eingespannt ist, wie in Abbildung 13.1 gezeigt. Lenken wir es mit einem kurzen seitlichen Ruck aus, dann beobachten wir, wie sich seine Form mit fortschreitender Zeit auf charakteristische Weise ändert. Die anfängliche Auslenkung wandert als Wellenberg mit konstanter Geschwindigkeit das Seil entlang, die einzelnen Seilteilchen schwingen dabei senkrecht zur Ausbreitungsrichtung der Welle. Sie bleiben so lange in Ruhe, bis der Wellenberg sie erreicht, führen dann eine Schwingung um ihre Ruhelage aus und kehren anschließend in den Ruhezustand zurück. Die Geschwindigkeit, mit der sich die Welle ausbreitet, hängt von der Seilspannung und ihrer Massenbelegung (Masse pro Länge) ab. Gewöhnlich wird sich die Form eines Wellenberges mit der Zeit verändern. Beispielsweise kann es zu einer allmählichen Verbreiterung des Wellenberges kommen (wenn die Ausbreitungsgeschwindigkeit der Welle nicht für alle Frequenzen übereinstimmt, mit denen

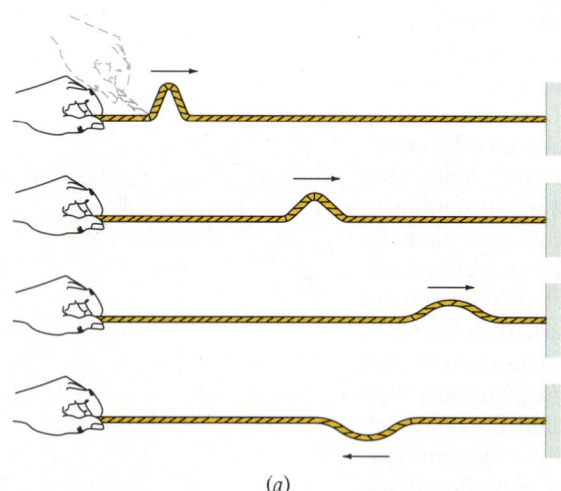

(a)

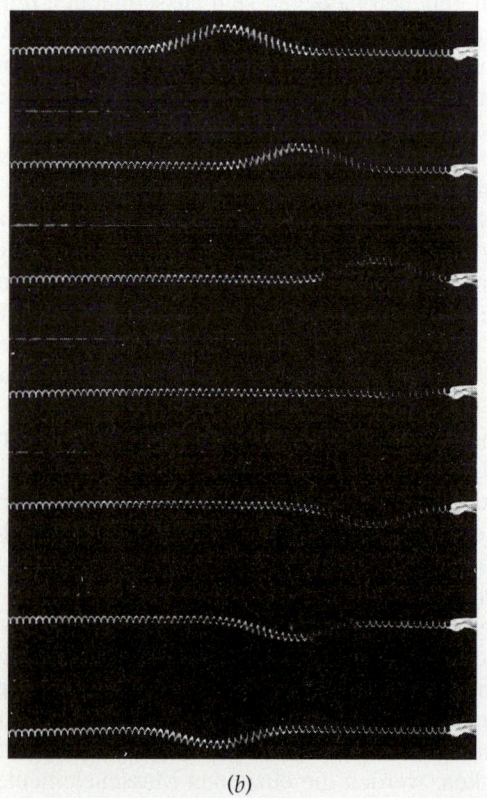

(b)

13.1 a) Ein Wellenberg bewegt sich auf einem gespannten Seil nach rechts. Sobald er den Befestigungspunkt des Seils erreicht, wird er reflektiert und dabei invertiert. b) Fotografie eines ähnlichen Wellenberges auf einer Feder (aus *PSSC Physics*, 2nd edition, 1965; D.C. Heath and Company, and Education Development Center, Inc., Newton, MA, USA).

die einzelnen Massenelemente schwingen). Dieser Effekt heißt **Dispersion**. In diesem Kapitel werden wir die Dispersion vernachlässigen und eine näherungsweise stabile Form des Wellenberges annehmen, was bei einem idealen elastischen Seil gerechtfertigt ist. Die Form des Wellenzuges kann sich auch auf andere Weise ändern, und zwar kann es zu einer Abnahme der Amplitude aufgrund von Energieverlusten kommen.

Wenden wir uns jetzt dem wandernden Wellenberg zu und fragen uns, was passiert, wenn er das Seilende erreicht. Ist das Seil fest eingespannt wie in Abbildung 13.1 zu sehen, dann wird der Wellenzug an der Befestigung reflektiert und bewegt sich zum Ausgangspunkt zurück. Seine Auslenkung zeigt jetzt aber in die umgekehrte Richtung, die Wellenform ist *invertiert*. Diesen Effekt kann man leicht verstehen: Wenn die Welle die Befestigung erreicht, übt sie auf diese eine aufwärtsgerichtete Kraft aus. Gleichzeitig erfährt das Seil an der Befestigung eine gleich große, aber entgegengesetzte Kraft, und es entsteht eine neue Welle, deren Auslenkung nach unten gerichtet und deren Laufrichtung der hereinkommenden Welle entgegengesetzt ist. D.h., die Welle wird invertiert und reflektiert. Die Inversion von Wellen läßt sich auch mit dem Begriff der Phase ausdrücken: Inversion bedeutet, daß die Phasen von einfallender und reflektierter Welle um 180° gegeneinander verschoben sind. Die Reflexion einer Welle am fest eingespannten Seilende ist also mit einem *Phasensprung* verbunden. Auf den Phasenbegriff gehen wir näher in den Abschnitten 13.5 und 13.6 ein.

Betrachten wir nun einen anderen Fall (Abbildung 13.2): Das Seil ist an einem glatten Ring befestigt, der sich vertikal ungehindert längs des Pfostens bewegen kann. Die Masse des Rings sei vernachlässigbar. Die Anordnung entspricht derjenigen mit einem losen Ende des Seils. Wenn der Wellenberg ankommt, übt er eine aufwärtsgerichtete Kraft auf den Ring aus und beschleunigt ihn nach oben. Da die Energie der Welle nirgendwohin entweichen kann, kommt es zur Reflexion. Der nach oben gerichteten Auslenkung wirkt nun aber keine Kraft entgegen, und die Auslenkung kann am Seilende maximal werden. Der reflektierte Wellenberg wird also nicht invertiert, er ist mit dem einfallenden in Phase.

Verbinden wir das Seil mit einem weiteren Seil anderer Massenbelegung, so wird ein Teil des Wellenberges weitergeleitet und ein anderer Teil reflektiert. Ist das zweite Seil schwerer als das erste, wird der reflektierte Teil des Wellenberges invertiert (Abbildung 13.3a und b); entsprechend kommt es zu keiner Inversion, wenn das zweite Seil leichter ist (Abbildung 13.3c und d). In beiden Fällen ändert sich die Auslenkungsrichtung des weiter voranschreitenden Wellenberges nicht.

Beachten Sie, daß nicht die einzelnen Massenelemente des Seils durch die Wellenbewegung transportiert werden, sondern nur die durch den Stoß hervorgerufene anfängliche Auslenkung des Seils. Tatsächlich bewegen sich die einzelnen Massenelemente des Seils senkrecht zu ihrer Ruhelage und damit senkrecht zur Ausbreitungsrichtung des Wellenberges (Abbildung 13.4). Wellen, bei denen die Auslenkung senkrecht zur Ausbreitungsrichtung erfolgt, nennt man **Transversal-** oder **Querwellen**. Wellen, bei denen die Auslenkung parallel zur Ausbreitungsrichtung verläuft, heißen **Longitudinal-** oder **Längswellen**. Ein aus dem Alltag bekanntes Beispiel für Longitudinalwellen sind die Schallwellen.

Longitudinalwellen können sich in allen Medien ausbreiten, die Volumenelastizität besitzen – also in festen, flüssigen und gasförmigen Stoffen. Es muß nur eine elastische Rückstellkraft wirksam sein, die der Volumenänderung entgegen gerichtet ist. Etwas komplizierter sind die Verhältnisse bei den Transversalwellen. Da bei ihnen die Auslenkung der Massenelemente senkrecht zur Wellenausbreitung erfolgt, müssen an den Massenelementen Schubkräfte angreifen, um sie wieder in ihre Ausgangslage zurückzutreiben. Elastische Transversalwellen breiten sich daher nur in festen Körpern aus.

Zwei weitere anschauliche Beispiele für Wellenbewegungen lassen sich mit einer Schraubenfeder demonstrieren: Wenn wir die Schraubenfeder plötzlich

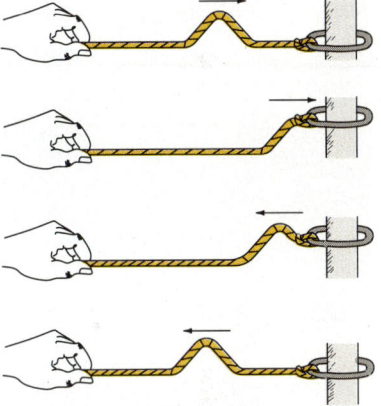

13.2 Die Wirkung eines losen Endes (eines Seils) kann man durch die Befestigung des Seils an einem reibungsfrei auf einem Pfosten gleitenden Ring annähern. Wellenberge werden am losen Ende ohne Inversion reflektiert.

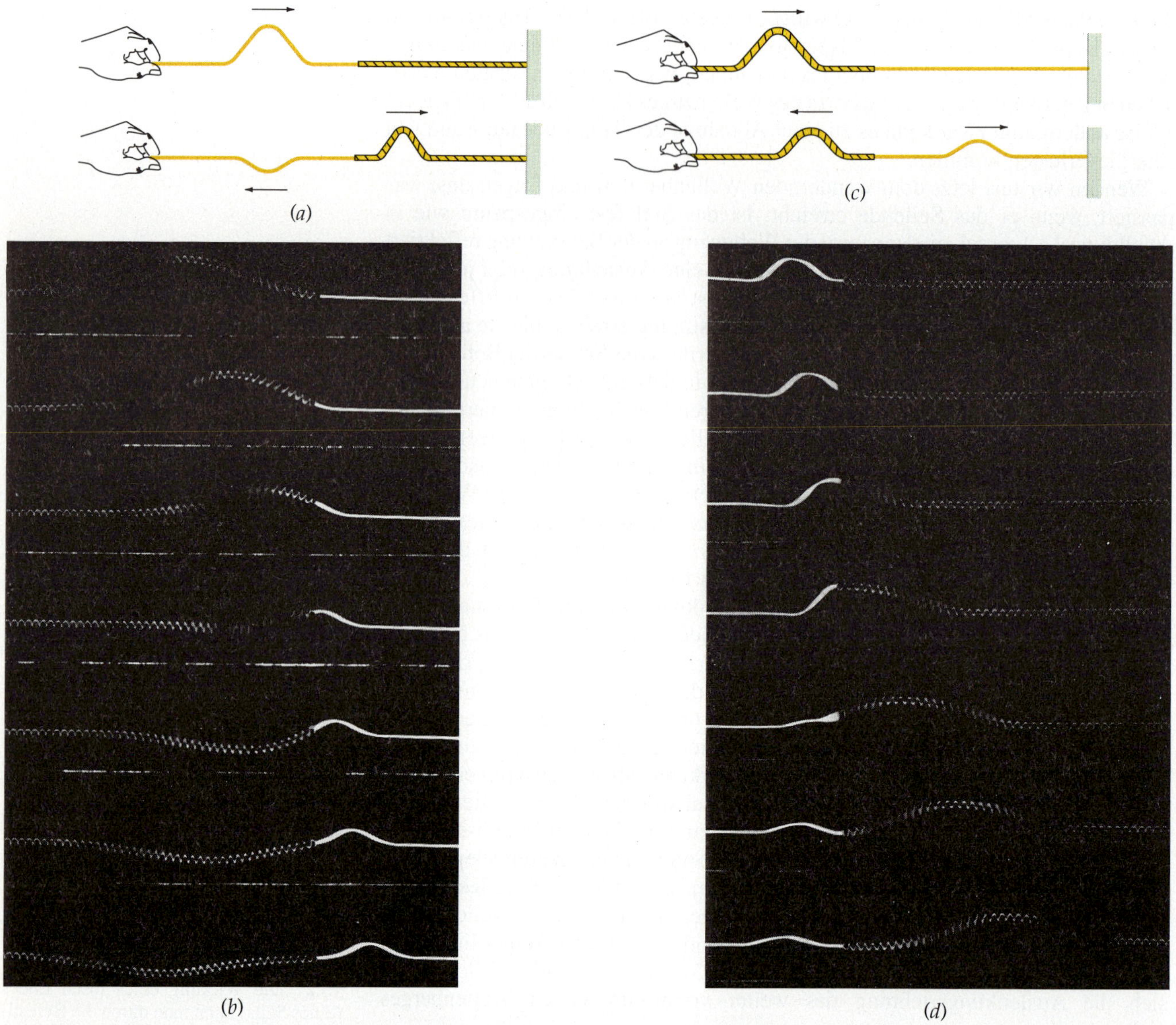

13 Mechanische Wellen

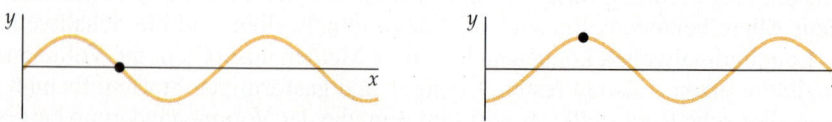

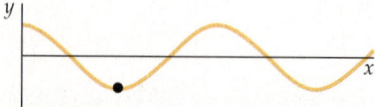

13.3 a) Ein Wellenberg bewegt sich auf einem leichten Seil entlang. Es ist mit einem schwereren verbunden, auf dem die Ausbreitungsgeschwindigkeit geringer ist. Der reflektierte Wellenberg ist im Gegensatz zum transmittierten invertiert. b) Fotografie eines ähnlichen Wellenbergs. Hier ist eine leichte mit einer schwereren Feder verbunden. c) Ein Wellenberg bewegt sich auf einem schweren Seil und geht dann auf ein leichteres über, bei dem die Ausbreitungsgeschwindigkeit größer ist. Bei diesem Übergang beobachtet man keine Inversion des reflektierten Wellenberges. d) Fotografie eines entsprechenden Wellenbergs, der von einer schweren Feder auf eine leichtere übergeht. (Teilabbildungen b und c: aus *PSSC Physics*, 2nd edition, 1965; D.C. Heath and Company, and Education Development Center, Inc., Newton, MA, USA)

13.4 Aufeinanderfolgende Abbildungen einer nach rechts wandernden Welle. Jedes Element des Seils führt dabei eine harmonische Schwingung aus.

stauchen, wie in Abbildung 13.5a gezeigt, bildet sich eine Longitudinalwelle aus. Lenken wir die Feder dagegen senkrecht aus, beobachten wir eine Transversalwelle wie die in Abbildung 13.5b.

Neben reinen Transversal- und Longitudinalwellen gibt es auch Mischformen, zu denen beispielsweise die Wellen gehören, die sich auf einer Wasseroberfläche

13.1 Wellenberge

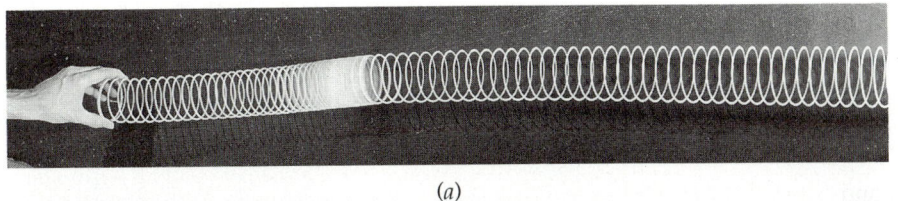

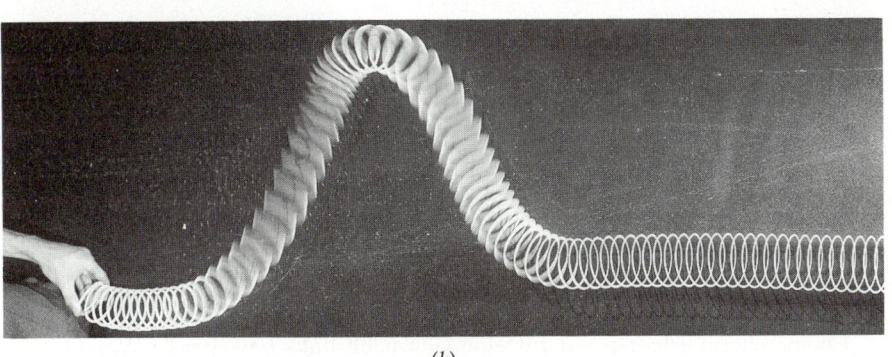

13.5 a) Ausbreitung einer longitudinalen Welle entlang einer Feder. Die Auslenkung erfolgt parallel zur Bewegungsrichtung. b) Transversalwellen auf derselben Feder. Hier ist die Auslenkung senkrecht zur Bewegungsrichtung der Welle. (Teilabbildungen a und b: © Berenice Abbott/Photo Researchers)

ausbilden. Abbildung 13.6 zeigt die Bewegung einzelner Teilchen (zur Veranschaulichung stelle man sich einen im Wasser schwimmenden Korken vor) in einer solchen Welle. Jedes Teilchen beschreibt eine kreisförmige Bahn, die sowohl transversale als auch longitudinale Anteile aufweist.

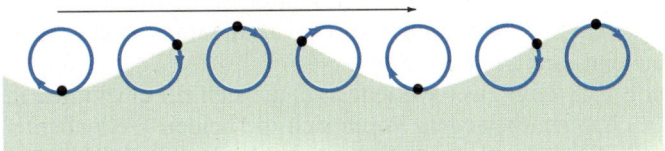

13.6 Oberflächenwellen auf Wasser. Die Wasserteilchen auf der Oberfläche bewegen sich auf Kreisbahnen, die Gesamtbewegung enthält sowohl longitudinale als auch transversale Komponenten.

Wir wollen uns nun mit der Frage beschäftigen, was passiert, wenn sich zwei Wellen überlagern. Abbildung 13.7 zeigt einen Wellenberg auf einem Seil zum Zeitpunkt $t = 0$. Die Form des Seils kann man zu diesem Zeitpunkt durch eine Funktion $y = y(x)$ beschreiben. Nach einiger Zeit ist der Wellenberg weitergewandert, die Form des Seils ist nun durch eine andere Funktion von x gegeben. Wir wollen die Dispersion vernachlässigen, d.h., wir nehmen an, daß sich die Form des Wellenberges nicht verändert (die Form des Seils ändert sich sehr wohl). Wir führen ein neues Koordinatensystem mit dem Ursprung O' ein, das sich mit dem Wellenberg mitbewegt. In diesem Bezugsystem ruht der Wellenberg, und die Form des Seils läßt sich hier unabhängig von der Zeit durch $y' = y'(x')$ angeben. Das zweite Koordinatensystem dient dazu, die Bewegung der Welle als Ganzes bezüglich des ursprünglichen Systems beschreiben zu kön-

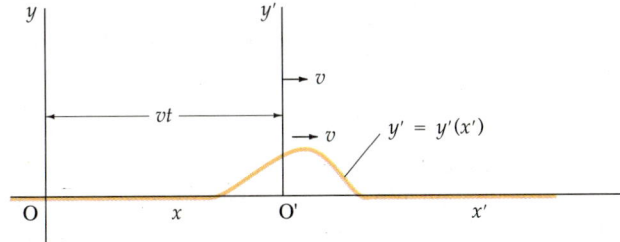

13.7 Ein Wellenberg bewegt sich bezüglich des Ursprungs O mit der Geschwindigkeit v längs der positiven x-Achse, ohne dabei seine Form zu verändern. Im mitbewegten Koordinatensystem mit Ursprung O' wird die Bewegung für beliebige Zeiten durch $y' = y'(x')$ beschrieben. Damit lautet sie im ursprünglichen, nicht bewegten Koordinatensystem $y = y(x - vt)$.

427

13 Mechanische Wellen

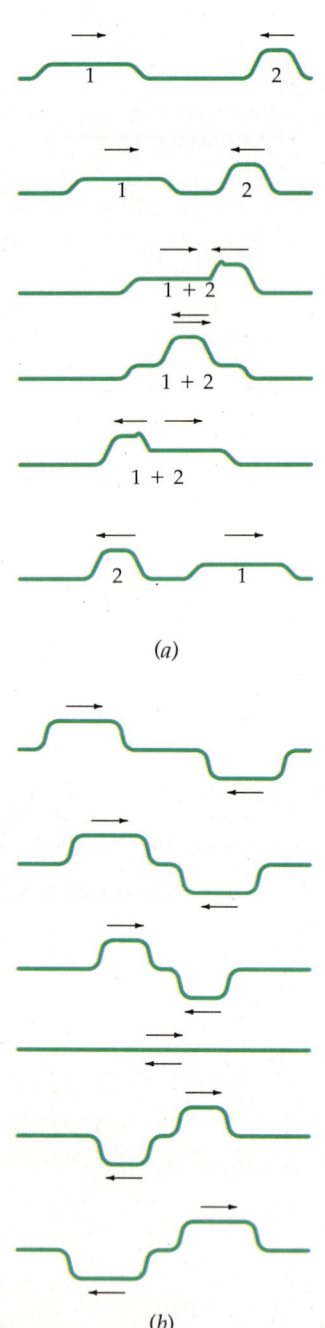

13.8 Zwei Wellenberge bewegen sich auf einem Seil in gegenläufiger Richtung aufeinander zu. Die resultierende Form der sich überlagernden Wellen ergibt sich einfach durch Addition der Auslenkungen der einzelnen Wellen. Sie gehorchen dem Superpositionsprinzip. a) Superposition von Wellenbergen mit gleichgerichteter Auslenkung. b) Superposition von Wellenbergen mit entgegengesetzter Auslenkung. Hier führt die Addition der Auslenkung sogar zur kurzzeitigen Auslöschung der Amplituden.

nen. Die Koordinaten der beiden Bezugssysteme sind durch die Transformationsgleichungen

$$y = y'$$

und

$$x = x' + vt$$

miteinander verknüpft. Deshalb kann die Form des Seils im ursprünglichen Koordinatensystem O durch

$$y = y(x - vt) \qquad \text{Welle bewegt sich nach rechts} \qquad 13.1$$

beschrieben werden.

Entsprechend erhalten wir für eine sich nach links bewegende Welle

$$y = y(x + vt) \qquad \text{Welle bewegt sich nach links.} \qquad 13.2$$

In beiden Gleichungen bezeichnet v die Ausbreitungsgeschwindigkeit der Wellen. Eine Funktion, die wie $y = y(x - vt)$ vom Ort (hier: x) und der Zeit (t) abhängt, wird **Wellenfunktion** genannt. Wie wir in Abschnitt 13.8 sehen werden, zeichnen sich Wellenfunktionen außerdem dadurch aus, daß sie die sogenannte Wellengleichung lösen. Für den Fall eindimensionaler Wellen, wie den Wellen auf einem Seil, beschreibt $y = y(x - vt)$ die transversale Auslenkung des Massenelementes am Ort x zur Zeit t.

Abbildung 13.8 zeigt zwei Wellenberge, die sich auf einem Seil in entgegengesetzten Richtungen bewegen. Wenn sich die beiden Wellenberge treffen, so ergibt sich die Form des Seils als Summe der Auslenkungen der einzelnen Wellenberge, wie es die Abbildung verdeutlicht. Außerdem ist zu sehen, daß sich die Wellenberge wieder trennen und weiterlaufen, ohne daß sich ihre Form geändert hat. Diese fundamentale Eigenschaft von Wellen – beim Zusammentreffen addieren sich die Auslenkungen, aber es kommt zu keiner gegenseitigen Störung – wird **Superpositionsprinzip** genannt. Ist $y_1(x - vt)$ die Wellenfunktion der nach rechts laufenden Welle und $y_2(x + vt)$ die der nach links laufenden Welle, so ist die Gesamtwellenfunktion mathematisch einfach die Summe der Einzelwellenfunktionen:

$$y(x,t) = y_1(x - vt) + y_2(x + vt). \qquad 13.3$$

Das Superpositionsprinzip gilt nur für Wellenberge, deren Auslenkung im Vergleich zu ihrer Länge klein ist. In Abschnitt 13.8 werden wir sehen, daß das Superpositionsprinzip eine Folge der Linearität der Wellengleichung für kleine Auslenkungen ist.

Trifft ein Wellenberg auf einen genau gleichen, aber umgekehrten Wellenberg wie in Abbildung 13.8 gezeigt, so wird die resultierende Auslenkung zum Zeitpunkt perfekter Überlappung gleich null sein. Obwohl wir dann keinen Wellenberg sehen, befindet sich das Seil keineswegs in Ruhe. Denn kurz darauf formen sich die Wellenberge wieder aus und folgen ihren ursprünglichen Bewegungsrichtungen. Superposition ist charakteristisch für Wellen und tritt nur bei ihnen auf. Bei Teilchenbewegungen gibt es dazu keine Entsprechung; Teilchen können sich auf diese Art nicht überlappen und summieren.

Fragen

1. Nennen Sie weitere in der Natur auftretende Wellenarten. Erläutern Sie bei jedem Beispiel die Art der Auslenkung.
2. Stellen Sie sich eine lange Autoschlange vor, die sich gleichmäßig bewegt und in der jedes Auto zu seinem Nachbarn den gleichen Sicherheitsabstand einhält. Plötzlich bremst ein Wagen ab, um den Zusammenstoß mit einem Hund zu vermeiden, dann beschleunigt er, bis der ursprüngliche Sicherheitsabstand zum vorausfahrenden Fahrzeug wieder erreicht ist. Erörtern Sie, wie sich der Sicherheitsabstand zwischen den Wagen in der Autoschlange fortpflanzt. In welcher Hinsicht handelt es sich hier um einen Wellenberg? Wird irgendeine Form von Energie transportiert? Wovon hängt die Ausbreitungsgeschwindigkeit ab?
3. Behindern sich zwei in entgegengesetzte Richtung laufende Wellen, wenn sie sich überlagern?

13.2 Ausbreitungsgeschwindigkeit von Wellen

Die Ausbreitungsgeschwindigkeit von Wellen wird nur von den Eigenschaften des Mediums bestimmt. Sie ist von der Geschwindigkeit der Quelle, die die Wellen erzeugt, unabhängig. So hängt beispielsweise die Geschwindigkeit einer Welle auf einer Saite nur von den Eigenschaften der Saite ab. Ganz ähnlich verhält es sich mit den Schallwellen, die von der Hupe eines Autos ausgehen. Auch hier hängt die Schallgeschwindigkeit nur von der Luft ab und nicht von der Geschwindigkeit des Autos. Die Ausbreitungsgeschwindigkeit von Wellenbergen auf einem Seil nimmt mit der Seilspannung zu. Verwendet man ein dickes und ein dünnes Seil mit gleicher Seilspannung, ist die Ausbreitungsgeschwindigkeit von Wellenbergen auf dem dicken Seil größer als auf dem dünnen. Die Ausbreitungsgeschwindigkeit v der Wellen auf Seilen und Saiten hängt somit einerseits von der Seilspannung σ – sie ist gleich der Kraft F pro Fläche A – und andererseits von der Massenbelegung μ (Masse pro Länge) bzw. der Massendichte ϱ (Masse pro Volumen) ab. Diese Zusammenhänge wollen wir jetzt aus den Newtonschen Gesetzen ableiten.

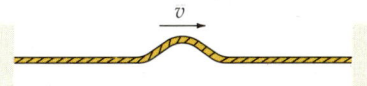

13.9 Wellenberg, der sich mit der Geschwindigkeit v auf einer Saite nach rechts bewegt. Bei kleinen Auslenkungen ändert sich die Saitenspannung nicht.

In Abbildung 13.9 ist ein Wellenberg zu sehen, der entlang einer Saite mit der Geschwindigkeit v nach rechts wandert. Verglichen mit der Saitenlänge soll der Wellenberg so klein sein, daß man in guter Näherung die Spannung entlang der ganzen Saite als konstant und gleich groß ansehen darf wie im Fall der ruhenden Saite. Üblicherweise betrachtet man den Wellenberg in einem mitbewegten Bezugssystem. In ihm steht der Wellenberg still, und die Saite bewegt sich mit der Geschwindigkeit v nach links. Abbildung 13.10 zeigt ein kleines Segment Δs der Saite, das man als zu einem Kreis mit Radius r gehörig ansehen kann. Dieses Segment (genauer: die Masse des Segments) bewegt sich folglich mit der Geschwindigkeit v auf einer Kreisbahn mit Radius r und erfährt deshalb die Zentripetalbeschleunigung v^2/r. Zum betrachteten Kreisausschnitt gehöre der Winkel θ.

$$\theta = \frac{\Delta s}{r}.$$

Auf das Segment wirkt an beiden Enden die Kraft F. Ihre Horizontalkomponenten sind entgegengesetzt gleich und heben sich somit auf. Die Vertikalkompo-

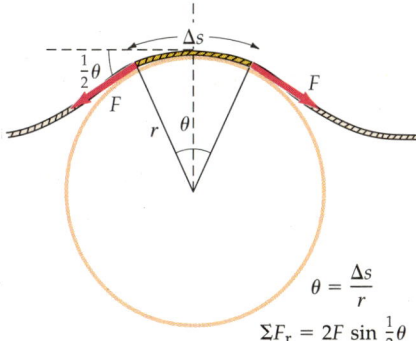

13.10 In einem Bezugssystem, in dem der Wellenberg aus Abbildung 13.9 ruht, bewegt sich die Saite mit der Geschwindigkeit v nach links. Ein kleines Segment der Saite, das die Länge Δs hat, bewegt sich auf einem Kreisbogen mit Radius r. Die Zentripetalbeschleunigung erhält man aus den Radialkomponenten der Kraft F.

nenten zeigen nach unten, zum Mittelpunkt des Kreisausschnittes hin. Ihre Summe liefert die Zentripetalbeschleunigung. Auf das Segment wirkt daher die resultierende radiale Kraft

$$\sum F_r = 2F \sin \frac{1}{2}\theta \approx 2F\left(\frac{1}{2}\theta\right) = F\theta.$$

Dabei haben wir den Winkel des Kreisausschnittes als klein angenommen, so daß die Näherung $\sin \frac{1}{2}\theta \approx \frac{1}{2}\theta$ gilt. Aus der Massenbelegung μ bzw. der Massendichte $\varrho = \mu/A$ der Saite erhält man für die Masse des Segments mit der Länge $\Delta s = r\theta$:

$$m = \mu \Delta s = \mu r \theta$$

bzw.

$$m = \varrho A \Delta s = \varrho A r \theta.$$

Nach dem Newtonschen Beschleunigungsgesetz ist die resultierende radiale Kraft gleich der Masse mal der Zentripetalbeschleunigung:

$$F\theta = \mu r \theta \frac{v^2}{r} = \varrho A r \theta \frac{v^2}{r}.$$

Kürzt man den gemeinsamen Faktor θ und löst die Gleichung nach v auf, so folgt

$$v = \sqrt{\frac{F}{\mu}} = \sqrt{\frac{\sigma}{\varrho}}.$$

Dabei haben wir außerdem die Beziehung $\sigma = F/A$ verwendet. Da die Geschwindigkeit von r und θ unabhängig ist, gilt die obige Gleichung für alle Segmente der Saite. Allerdings haben wir bei der Herleitung vorausgesetzt, daß der Winkel θ klein sein soll. Dies trifft zu, falls die Wellenberge im Vergleich zur Länge der Saite klein sind oder, anders gesagt, die Steigung der Tangente, die man an die Saite anlegen kann, in jedem Punkt klein ist.

In der vorstehenden Gleichung treten keine koordinatenabhängigen Größen mehr auf, so daß wir ohne Mühe die Transformation in das ursprüngliche Koordinatensystem vornehmen können: Wir erhalten dabei für die Geschwindigkeit des Wellenberges denselben Ausdruck wie für die Geschwindigkeit des Saitensegments, nämlich:

Ausbreitungsgeschwindigkeit von Wellen auf einer Saite

$$v = \sqrt{\frac{F}{\mu}} = \sqrt{\frac{\sigma}{\varrho}}.$$

13.4

Die Abhängigkeit der Ausbreitungsgeschwindigkeit von F/μ bzw. σ/ϱ verwundert nicht, da die Seilspannung im wesentlichen die beschleunigende Kraft auf ein Massenelement der Saite ist.

Beispiel 13.1

In Abbildung 13.11 wird die Spannung durch ein herabhängendes Gewichtsstück der Masse 3 kg erzeugt. Die Länge der Saite sei 2,5 m, und seine Masse betrage 50 g. Wie groß ist die Ausbreitungsgeschwindigkeit von Wellen auf der Saite?

Für die Kraft, die an der Saite zieht, gilt

$$F = mg = 3 \text{ kg} \cdot 9{,}81 \text{ N/kg} = 29{,}4 \text{ N},$$

die Massenbelegung ist

$$\mu = \frac{m}{L} = \frac{0{,}05 \text{ kg}}{2{,}5 \text{ m}} = 0{,}02 \text{ kg/m}.$$

Daraus ergibt sich eine Ausbreitungsgeschwindigkeit von

$$v = \sqrt{\frac{F}{\mu}} = \sqrt{\frac{29{,}4 \text{ N}}{0{,}02 \text{ kg/m}}} = 38{,}3 \text{ m/s}.$$

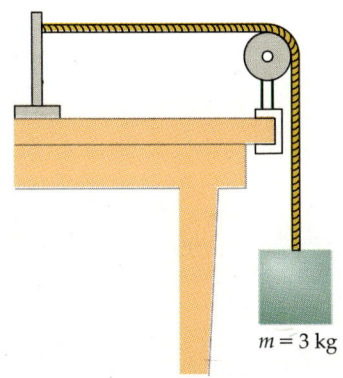

13.11 In diesem Beispiel wird die Saitenspannung durch die Gewichtskraft einer Masse m erzeugt.

Übung

Wie ändert sich die Ausbreitungsgeschwindigkeit, wenn die Masse aus Beispiel 13.1 auf 6 kg erhöht wird? (Antwort: 54,2 m/s)

Frage

4. Zwei Saiten seien zwischen zwei Pfosten gespannt. Die erste habe eine doppelt so große Masse wie die zweite. Wie müssen die Spannungen gewählt werden, damit Wellen auf ihnen die gleiche Ausbreitungsgeschwindigkeit besitzen?

13.3 Harmonische Wellen

Bewegt man das Ende einer Saite in Form einer harmonischen Schwingung auf und ab (indem man es beispielsweise an einer Stimmgabel befestigt), dann breitet sich längs der Saite eine sinusförmige Welle aus. Eine solche Welle bezeichnen wir als **harmonische Welle**. Zu jedem Zeitpunkt kann die Bewegung auf der Saite als Sinusfunktion beschrieben werden, wie in Abbildung 13.12 gezeigt. (Ob man eine Sinus- oder eine Kosinusfunktion ansetzt, hängt nur von der Wahl des Ursprungs des Koordinatensystems ab.) Den Abstand zwischen zwei aufeinanderfolgenden Wellenkämmen nennt man **Wellenlänge** λ. Die Form der Welle wiederholt sich im räumlichen Abstand einer Wellenlänge. Während sich die Welle ausbreitet, bewegt sich jeder Punkt der Saite in Form einer harmonischen Schwingung auf und ab, und zwar mit der Frequenz ν der antreibenden Kraft am Ende der Saite, also zum Beispiel einer Stimmgabel. Frequenz, Wellenlänge und Ausbreitungsgeschwindigkeit sind bei einer harmonischen Welle durch eine einfache Beziehung miteinander verknüpft. Während einer Schwingungsdauer

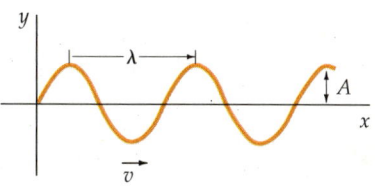

13.12 Harmonische Welle, betrachtet zu einem festen Zeitpunkt t. A ist die Amplitude und λ die Wellenlänge. Macht man von einer schwingenden Saite kurz hintereinander mehrere Aufnahmen, so erhält man ein ganz ähnliches Wellenbild.

$T = 1/\nu$ bewegt sich die Welle um die Strecke einer Wellenlänge weiter, woraus für die Ausbreitungsgeschwindigkeit folgt:

$$v = \frac{\lambda}{T} = \nu\lambda \ . \qquad 13.5$$

Da sich (13.5) einfach aus der Definition der Wellenlänge und der Frequenz ergibt, gilt sie für alle harmonischen Wellen. Gleichung (13.5) könnte so interpretiert werden, daß die Ausbreitungsgeschwindigkeit eine Funktion von Wellenlänge und Frequenz ist. Das ist jedoch – zumindest solange Dispersion außer acht gelassen werden kann – nicht der Fall. Vielmehr hängt die Ausbreitungsgeschwindigkeit nur von Eigenschaften des Mediums ab, in dem sich die Welle bewegt (d.h., v ist eine Materialkonstante), und die Frequenz der Welle ist durch die Frequenz der antreibenden Kraft vorgegeben (durch die sog. Erregerfrequenz). Als eigentlich abhängige Größe bleibt also die Wellenlänge übrig, und zwar gilt: $\lambda = v/\nu$ – je größer die Frequenz, desto kleiner ist demnach die Wellenlänge.

Die Auslenkung der Saite in Abbildung 13.12 wird durch die Sinusfunktion

$$y(x) = A \sin kx \qquad 13.6$$

beschrieben. Dabei ist A die **Amplitude** der Welle, und k heißt **Wellenzahl** oder Wellenvektor. Die Wellenzahl hängt mit der Wellenlänge zusammen. Bewegt man sich von einem beliebigen Punkt x_1 um eine Wellenlänge weiter bis zum Punkt $x_1 + \lambda$, dann ändert sich das Argument der Sinusfunktion gerade um 2π. Daraus folgt

$$k(x_1 + \lambda) = kx_1 + 2\pi$$
$$k\lambda = 2\pi$$

oder

$$k = \frac{2\pi}{\lambda} \ . \qquad 13.7$$

Zur Beschreibung einer sich mit der Geschwindigkeit v nach rechts bewegenden Welle verfahren wir wie in Abschnitt 13.1 und ersetzen in (13.6) die Variable x durch $x - vt$. Auf diese Weise erhält man für eine nach rechts wandernde Welle folgende Gleichung:

$$y(x,t) = A \sin k(x - vt) = A \sin(kx - kvt)$$

oder

Harmonische Welle

$$y(x,t) = A \sin(kx - \omega t) \ , \qquad 13.8$$

wobei

$$\omega = kv \qquad 13.9$$

die Kreisfrequenz ist, die mit der Frequenz ν und der Schwingungsdauer T über

$$\omega = 2\pi\nu = \frac{2\pi}{T} \qquad 13.10$$

zusammenhängt (vgl. auch Kapitel 12). Beachten Sie die Analogie der Gleichung (13.7) für die Wellenzahl und der Gleichung (13.10) für die Kreisfrequenz: Was die Kreisfrequenz für die Schwingung bedeutet – Zahl der Perioden (in der Einheit rad) pro Zeiteinheit –, das ist die Wellenzahl für die Welle, nämlich Zahl der Perioden (in der Einheit rad) pro Längeneinheit. Gemessen wird die Wellenzahl in m^{-1}. Aus (13.9) ergibt sich der folgende wichtige Zusammenhang zwischen Ausbreitungsgeschwindigkeit und Wellenzahl:

$$v = \frac{\omega}{k}.$$

Ersetzt man in Gleichung (13.9) $\omega = 2\pi\nu$ und verwendet $k = 2\pi/\lambda$, dann folgt

$$2\pi\nu = kv = \frac{2\pi}{\lambda}v$$

oder

$$v = \nu\lambda,$$

eine Gleichung, die mit (13.5) identisch ist. Gleichung (13.8) kann auch mit der Schwingungsdauer T und der Wellenlänge λ geschrieben werden. Mit $k = 2\pi/\lambda$ und $\omega = 2\pi/T$ ergibt sich

$$y(x,t) = A \sin\left[2\pi\left(\frac{x}{\lambda} - \frac{t}{T}\right)\right].$$

13.11 *Funktion der harmonischen Welle in Abhängigkeit von λ und T*

An dieser Darstellung der Gleichung erkennt man sofort: Ändert sich die Zeit t um eine Periodendauer T oder der Ort x um eine Wellenlänge λ, so ändert sich das Argument der Sinusfunktion um 2π, und $y(x,t)$ behält seinen Wert.

Beachten Sie, daß sich jedes Massenelement der Saite in Form einer harmonischen Schwingung mit der Kreisfrequenz ω auf- und abbewegt.

Beispiel 13.2

Die Gleichung für eine harmonische Welle sei gegeben durch

$$y(x,t) = 0{,}03 \sin(2{,}2x - 3{,}5t),$$

wobei x und y in Metern und t in Sekunden gemessen werden. Bestimmen Sie die Amplitude, die Wellenlänge, die Frequenz, die Periode und die Ausbreitungsgeschwindigkeit der Welle.

Der Vergleich mit (13.8) liefert für die Amplitude $A = 0{,}03$ m, die Wellenzahl $k = 2{,}2$ m^{-1} und die Kreisfrequenz $\omega = 3{,}5$ s^{-1}. Daraus ergibt sich eine Wellenlänge von $\lambda = 2\pi/k = 2{,}86$ m und eine Periode von $T = 2\pi/\omega = 1{,}8$ s. Die Ausbreitungsgeschwindigkeit ist demnach

$$v = \nu\lambda = \frac{\lambda}{T} = \frac{2{,}86 \text{ m}}{1{,}80 \text{ s}} = 1{,}59 \text{ m/s}.$$

$v = \omega/k$ liefert dasselbe Ergebnis.

13.4 Energieübertragung durch Wellen

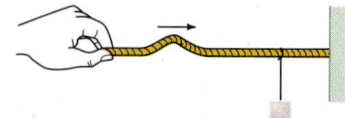

13.13 Bei einer Wellenbewegung wird Energie übertragen. Dies erkennt man deutlich an der Auf- und Abbewegung eines Gewichtsstücks, über das eine Welle hinwegläuft.

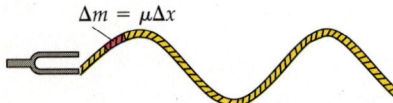

13.14 Die schwingende Stimmgabel erzeugt harmonische Wellen, die sich längs der Saite nach rechts bewegen. Dabei führt jedes Segment der Masse $\Delta m = \mu \cdot \Delta x$ eine harmonische Schwingung senkrecht zur Saite aus. Die Energie eines Massenelementes stimmt mit der einer harmonischen Schwingung überein, die durch $\frac{1}{2}kA^2 = \frac{1}{2}(\Delta m)\omega^2 A^2$ gegeben ist. Dabei bezeichnet A die Amplitude und $k = \Delta m \cdot \omega^2$ die effektive Federkonstante.

Wenn sich eine Welle entlang einer Saite bewegt, wird in Ausbreitungsrichtung Energie übertragen. Betrachten wir dazu eine gespannte Saite, an der ein Gewichtsstück hängt. Nach einem kurzen Auslenken beginnt ein Wellenberg auf der Saite entlangzuwandern, wie in Abbildung 13.13 gezeigt. Erreicht er das Gewichtsstück, dann wird dieses augenblicklich angehoben. Die Energie, die wir der Saite durch den kurzen Stoß zugeführt haben, wird also längs der Saite transportiert und von dem Gewichtsstück aufgenommen.

In Abbildung 13.14 wird durch eine schwingende Stimmgabel auf einer Saite eine harmonische Welle mit der Amplitude A und der Frequenz ν erzeugt. Jedes Element der Saite führt eine harmonische Schwingung mit der Amplitude A und der Kreisfrequenz ω aus. Die Gesamtenergie eines an einer Feder mit der Federkonstanten $k = m\omega^2$ schwingenden Massestücks beträgt nach Kapitel 12 gleich $\frac{1}{2}kA^2$. (Verwechseln Sie die Federkonstante k nicht mit der Wellenzahl!) Diesen Zusammenhang können wir auf ein senkrecht zur Saite schwingendes Segment anwenden. Besitzt es die Masse $\Delta m = \mu \Delta x$ (μ ist die Massenbelegung) und schwingt es mit der Amplitude A, so folgt für die Gesamtenergie dieses Massenelementes:

$$\Delta E = \frac{1}{2}(\Delta m)\omega^2 A^2 = \frac{1}{2}\mu\omega^2 A^2 \Delta x . \qquad 13.12$$

Abbildung 13.15a zeigt eine sich nach rechts bewegende harmonische Welle, die den Punkt P_1 zur Zeit t_1 erreicht. Die Energie ΔE jedes Saitensegments Δx links von P_1 ist durch (13.12) gegeben. Abbildung 13.15b zeigt die Welle nach der Zeit Δt, in der sie um $\Delta x = v\Delta t$ nach rechts gewandert ist. Die innerhalb dieser Zeitspanne Δt übertragene Energie ergibt sich zu

$$\Delta E = \frac{1}{2}\mu\omega^2 A^2 \Delta x = \frac{1}{2}\mu\omega^2 A^2 v \Delta t . \qquad 13.13$$

Für die übertragene Leistung erhalten wir daher:

Die durch eine harmonische Welle übertragene Leistung

$$P = \frac{dE}{dt} = \frac{1}{2}\mu\omega^2 A^2 v . \qquad 13.14$$

Die Leistung ist proportional zum Quadrat der Amplitude, zum Quadrat der Frequenz und zur Ausbreitungsgeschwindigkeit der Welle.

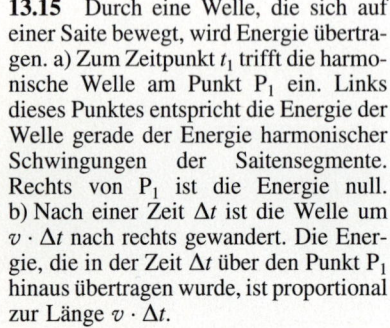

13.15 Durch eine Welle, die sich auf einer Saite bewegt, wird Energie übertragen. a) Zum Zeitpunkt t_1 trifft die harmonische Welle am Punkt P_1 ein. Links dieses Punktes entspricht die Energie der Welle gerade der Energie harmonischer Schwingungen der Saitensegmente. Rechts von P_1 ist die Energie null. b) Nach einer Zeit Δt ist die Welle um $v \cdot \Delta t$ nach rechts gewandert. Die Energie, die in der Zeit Δt über den Punkt P_1 hinaus übertragen wurde, ist proportional zur Länge $v \cdot \Delta t$.

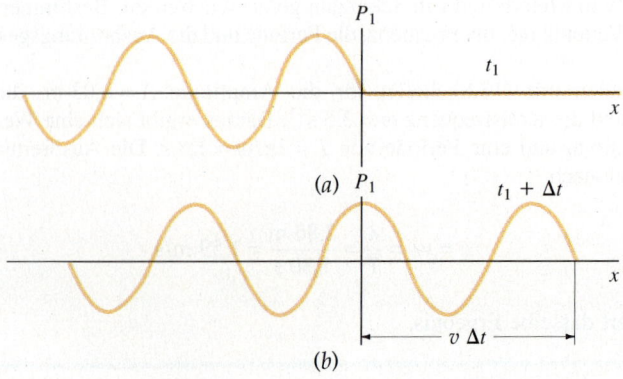

Beispiel 13.3

Auf einer 15 m langen und 80 g schweren Saite bewege sich eine Welle mit einer Wellenlänge von 35 cm und einer Amplitude von 1,2 cm. Die Saite sei mit einer Kraft von 12 N gespannt. a) Wie groß ist die Gesamtenergie der Welle auf der Saite? b) Bestimmen Sie die Leistung, die über einen festen Punkt der Saite übertragen wird.

a) Die Massenbelegung der Saite ist $\mu = m/\ell = 0{,}08 \text{ kg}/15 \text{ m} = 5{,}33 \cdot 10^{-3}$ kg/m. Die Ausbreitungsgeschwindigkeit der Welle ist damit

$$v = \sqrt{\frac{F}{\mu}} = \sqrt{\frac{12 \text{ N}}{5{,}33 \cdot 10^{-3} \text{ kg/m}}} = 47{,}4 \text{ m/s}.$$

Für die Kreisfrequenz der Welle finden wir

$$\omega = 2\pi\nu = 2\pi \frac{v}{\lambda} = 2\pi \frac{47{,}4 \text{ m/s}}{0{,}35 \text{ m}} = 851 \text{ rad} \cdot \text{s}^{-1}.$$

Nach (13.13) ergibt sich dann die Gesamtenergie der Wellen auf der Saite zu

$$\Delta E = \frac{1}{2}\mu\omega^2 A^2 \Delta x$$

$$= \frac{1}{2}(5{,}33 \cdot 10^{-3} \text{ kg/m}) \cdot (851 \text{ rad/s})^2 \cdot (0{,}012 \text{ m})^2 \cdot 15 \text{ m} = 4{,}17 \text{ J}.$$

b) Die Leistung, die durch die Saite übertragen wird, ist:

$$P = \frac{1}{2}\mu\omega^2 A^2 v$$

$$= \frac{1}{2}(5{,}33 \cdot 10^{-3} \text{ kg/m}) \cdot (851 \text{ rad} \cdot \text{s}^{-1})^2 \cdot (0{,}012 \text{ m})^2 \cdot 47{,}4 \text{ m/s} = 13{,}2 \text{ W}.$$

13.5 Superposition und Interferenz harmonischer Wellen

Die Überlagerung oder Superposition harmonischer Wellen wird als **Interferenz** bezeichnet. Sie hängt von den Phasen- oder Gangunterschieden der harmonischen Wellen ab. Die **Phase** einer Welle ist definiert als das Argument des zeitlich und räumlich harmonischen Anteils der Wellenfunktion. Lautet die Wellenfunktion beispielsweise

$$y_1 = A \sin(kx - \omega t), \qquad 13.15$$

so ist A die Amplitude und $\sin(kx - \omega t)$ der harmonische Anteil (ω ist die Kreisfrequenz, k die Wellenzahl). Die Phase, das Argument des harmonischen Anteils, ist somit $kx - \omega t$. Um die Begriffe Phasendifferenz und Gangunterschied sowie anschließend die Interferenz zu erläutern, gehen wir von dieser Beispiel-Wellenfunktion aus. Sie beschreibt eine sich nach rechts bewegende Welle, und sie ist so gewählt, daß sie den Wert null annimmt, wenn am Ort $x = 0$ der Zeitpunkt $t = 0$ betrachtet wird. (Diese Wahl ist bequem, aber nicht zwingend. Wir könnten ebensogut für $t = 0$ am Ort $x = 0$ ein Maximum der Auslenkung wählen. Dann würde man für y_1 schreiben: $y_1 = A \cos (kx - \omega t) = A \sin (kx - \omega t + \pi/2)$.) Eine zweite Welle mit der gleichen Amplitude, der gleichen Frequenz und der gleichen Wellenzahl soll ebenfalls nach rechts wandern. Allerdings soll sie beschrieben werden durch

$$y_2 = A \sin (kx - \omega t + \delta) \,. \qquad 13.16$$

Die Phase dieser Welle lautet $kx - \omega t + \delta$, wobei δ die sogenannte **Phasenkonstante** ist. An einem bestimmten Ort beträgt die **Differenz der Phasen** beider Wellen

$$(kx - \omega t_1) - (kx - \omega t_2 + \delta) = \omega(t_2 - t_1) - \delta = \omega \Delta t - \delta \,.$$

Die zweite Welle erreicht die gleiche Auslenkung wie die erste, wenn $\omega \Delta t - \delta = 0$, d.h. um die Zeit $\Delta t = \delta/\omega$ später. Betrachten wir dagegen einen bestimmten Zeitpunkt, so erhalten wir eine nur noch von der Ortskoordinate abhängige Phasendifferenz:

$$(kx_1 - \omega t) - (kx_2 - \omega t + \delta) = k(x_1 - x_2) - \delta = k\Delta x - \delta \quad (\text{für } x_1 > x_2) \,.$$

D.h., die zweite Welle ist hinter der ersten um $\Delta x = \delta/k = \lambda\delta/2\pi$ zurück. Diese Wegdifferenz wird auch als **Gangunterschied** bezeichnet. Unter Phasendifferenz im engeren Sinne versteht man die Differenz der Phasenkonstanten zweier Wellen. (In unserem Beispiel hat die erste Welle die Phasenkonstante $\delta_1 = 0$, so daß $\Delta \delta = \delta - \delta_1 = \delta$.) Zum Zeitpunkt $t = 0$ ergibt sich das in Abbildung 13.16 gezeigte Bild. Die aus der Überlagerung beider Wellen resultierende Welle berechnet sich als Summe zu

$$y_1 + y_2 = A \sin (kx - \omega t) + A \sin (kx - \omega t + \delta) \,. \qquad 13.17$$

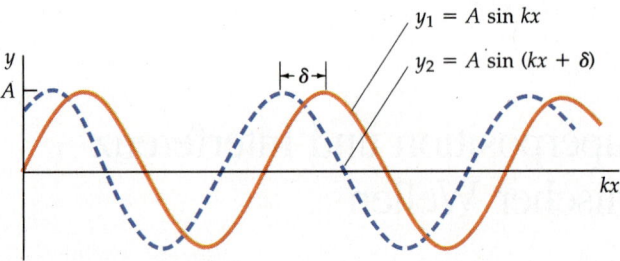

13.16 Die Auslenkung zweier identischer Wellen, die sich nur in der Phase, und zwar um die Konstante δ, unterscheiden. Amplitude, Wellenlänge und Frequenz stimmen überein.

Für $\delta = 0$ ist der Gangunterschied der beiden Wellen null, sie sind also in Phase. In diesem Fall besitzt die resultierende Welle die doppelte Amplitude:

$$y_1 + y_2 = 2A \sin (kx - \omega t) \qquad \text{für } \delta = 0 \,.$$

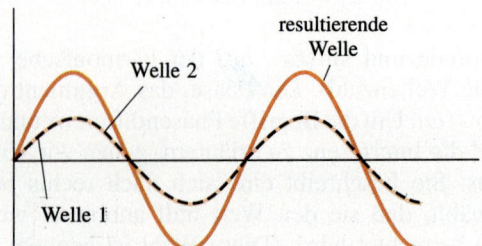

13.17 Konstruktive Interferenz. Sind zwei Wellen in Phase, so ist ihr Gangunterschied null, und sie addieren sich. Die Amplitude der resultierenden Welle ergibt sich als Summe der Amplituden der einzelnen Wellen. Für Wellen mit gleicher Amplitude, wie hier gezeigt, verdoppelt sich dadurch die Amplitude der resultierenden Welle.

Diese Art der Überlagerung nennt man **konstruktive Interferenz** (Abbildung 13.17). Für $\delta = \pi$ beträgt der Gangunterschied dagegen $\lambda/2$, und die Wellen sind nicht in Phase; es folgt:

$$y_1 + y_2 = A \sin (kx - \omega t) + A \sin (kx - \omega t + \pi)$$
$$= A \sin (kx - \omega t) - A \sin (kx - \omega t)$$

oder

$$y_1 + y_2 = 0 \qquad \text{für } \delta = \pi,$$

wobei wir

$$A \sin (kx - \omega t + \pi) = -A \sin (kx - \omega t)$$

verwendet haben.

Bei einer Phasendifferenz $\delta = \pi$ oder einem ungeradzahligen Vielfachen davon beträgt der Gangunterschied $\lambda/2$, $3\lambda/2$ usw., und die Wellen addieren sich zu null, da sie gleich große, aber entgegengesetzte Amplituden besitzen. Dann spricht man von **destruktiver Interferenz** (Abbildung 13.18).

Für die Betrachtung einer beliebigen Phasendifferenz δ können wir (13.17) mit Hilfe des Additionstheorems

$$\sin \theta_1 + \sin \theta_2 = 2 \cos \frac{1}{2} (\theta_1 - \theta_2) \sin \frac{1}{2} (\theta_1 + \theta_2) \qquad 13.18$$

umformen. In unserem Fall ist $\theta_1 = kx - \omega t$ und $\theta_2 = kx - \omega t + \delta$, so daß

$$\frac{1}{2} (\theta_1 - \theta_2) = -\frac{1}{2} \delta$$

und

$$\frac{1}{2} (\theta_1 + \theta_2) = kx - \omega t + \frac{1}{2} \delta$$

folgt. Somit lautet (13.17) in neuer Form:

$$y_1 + y_2 = 2A \cos \frac{1}{2} \delta \sin \left(kx - \omega t + \frac{1}{2} \delta \right), \qquad 13.19$$

wenn man $\cos (-\frac{1}{2} \delta) = \cos \frac{1}{2} \delta$ verwendet. Aus (13.19) ist ersichtlich, daß im allgemeinen eine Überlagerung zweier harmonischer Wellen wieder eine harmonische Welle gleicher Wellenzahl und gleicher Frequenz ergibt. Ihre Phase unterscheidet sich von beiden ursprünglichen Wellen, und die Amplitude ist $2A \cos \frac{1}{2} \delta$. Sind die ursprünglichen Wellen in Phase, so ist $\delta = 0$, und wegen $\cos 0 = 1$ beträgt die resultierende Amplitude $2A$. Ist der Phasenunterschied $\delta = \pi$, dann verschwindet wegen $\cos (\pi/2) = 0$ die resultierende Welle.

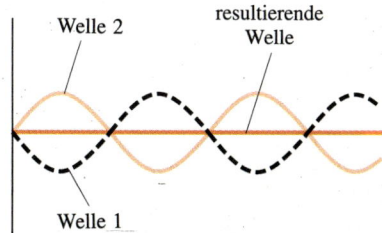

13.18 Destruktive Interferenz. Hat die Phasendifferenz zweier Wellen den Wert π, so beträgt der Gangunterschied $\lambda/2$, und die Amplitude der resultierenden Welle ergibt sich als Differenz der Einzelamplituden. Haben die ursprünglichen Wellen die gleiche Amplitude, so löschen sie sich bei der Interferenz vollständig aus, so wie es in der Abbildung zu sehen ist.

Übung

Zwei Wellen gleicher Frequenz, Wellenzahl und Amplitude bewegen sich in dieselbe Richtung. Wie groß ist die Amplitude der resultierenden Welle, falls die Wellen Amplituden von 4 cm und eine Phasendifferenz von $\pi/2$ aufweisen? (Antwort: 5,66 cm)

13.6 Stehende Wellen

Wenn sich Wellen nur in einem räumlich begrenzten Gebiet ausbreiten können – wie auf einer beidseitig eingespannten Klaviersaite –, treten an beiden Enden Reflexionen auf. Dadurch kommt es zu einer Überlagerung von Wellen – nämlich der einlaufenden und der reflektierten –, die sich in entgegengesetzten Richtungen bewegen. Abhängig von der Saitenlänge gibt es bestimmte Frequenzen, bei denen sich durch die Überlagerung der Wellen stationäre Schwingungsmuster ausbilden. Diese Muster heißen **stehende Wellen**.

Saite mit beidseitig fest eingespannten Enden

Lenkt man eine beidseitig eingespannte Saite an einer beliebigen Stelle in Form einer harmonischen Schwingung aus, so beobachtet man für bestimmte Frequenzen ein stehendes Wellenfeld, wie es Abbildung 13.19 zeigt. Diese Frequenzen nennt man **Resonanzfrequenzen** der Saite. Die tiefste derartige Frequenz heißt Grund- oder (erste) **Eigenfrequenz** ν_1. Zu ihr gehört die in Abbildung 13.19a gezeigte stehende Welle, die als **Grundschwingung**, **Fundamentale** oder **erste Harmonische** bezeichnet wird. Das Schwingungsmuster der nächsthöheren Frequenz ν_2 ist in Abbildung 13.19b zu sehen. Diese Schwingungsmode besitzt die doppelte Frequenz der Grundschwingung und wird zweite Grund- oder Eigenschwingung, zweite Harmonische oder erste Oberschwingung genannt. Die nächsthöhere Frequenz ν_3 ist dreimal so groß wie die Eigenfrequenz, sie erzeugt das Schwingungsmuster, das in Abbildung 13.19c wiedergegeben ist. Abbildung 13.19 können wir entnehmen, daß es bei jeder Oberwelle Punkte gibt, die nicht ausgelenkt werden, wie beispielsweise der Mittelpunkt in Abbildung 13.19b. Diese Punkte heißen Schwingungsknoten. Zwischen je zwei Knoten befindet sich ein Schwingungsbauch. Die beiden Enden der Saiten sind natürlich Schwingungsknoten, da die Saite dort fest eingespannt ist. Wenn ein Ende der Saite mit einer Stimmgabel verbunden ist, anstatt vollständig fixiert zu sein, so kann man diesen Punkt näherungsweise immer noch als Knoten anse-

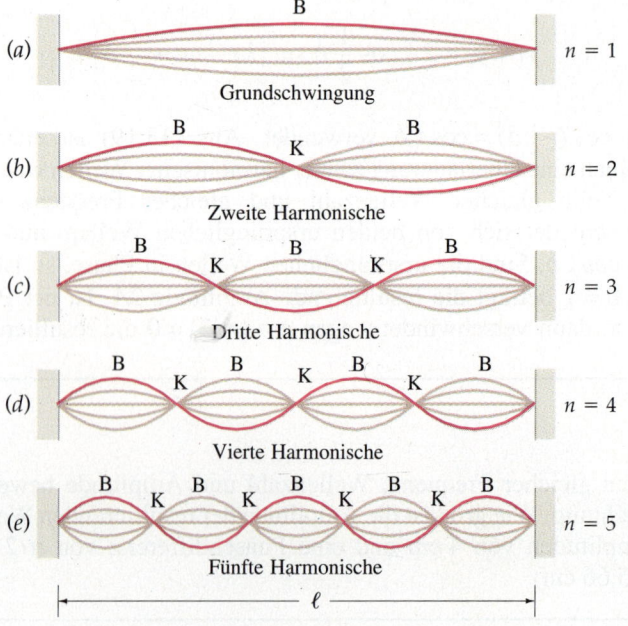

13.19 Stehende Wellen auf einer beidseitig fest eingespannten Saite. Die Bereiche, die mit B bezeichnet sind, nennt man Schwingungsbäuche; die Punkte, die mit K bezeichnet sind, heißen Schwingungsknoten. Die n-te Harmonische besitzt genau n Bäuche.

hen, da hier die Auslenkung, verglichen mit den Schwingungsbäuchen, klein ist. Als ein Ergebnis der Betrachtung der Beispiele in Abbildung 13.19 halten wir fest, daß die Grundschwingung oder Fundamentale einen einzigen Schwingungsbauch besitzt, die zweite Harmonische zwei und die n-te Harmonische genau n.

Wir wollen nun den Zusammenhang zwischen den Resonanzfrequenzen und der Ausbreitungsgeschwindigkeit der Wellen auf der Saite sowie der Saitenlänge herleiten. Abbildung 13.19 veranschaulicht, daß die Länge ℓ der Saite gerade der halben Wellenlänge der Grundschwingung entspricht, zwei Halbwellenlängen bei der zweiten Harmonischen, $\frac{3}{2}\lambda$ bei der dritten Harmonischen usw. Allgemein ergibt sich so für die n-te Eigenschwingung (also die $(n-1)$-te Oberschwingung):

$$\ell = n\frac{\lambda_n}{2} \qquad n = 1, 2, 3, \ldots$$

13.20 *Bedingung für stehende Wellen bei einer beidseitig eingespannten Saite*

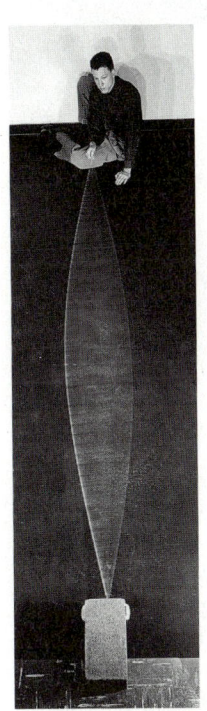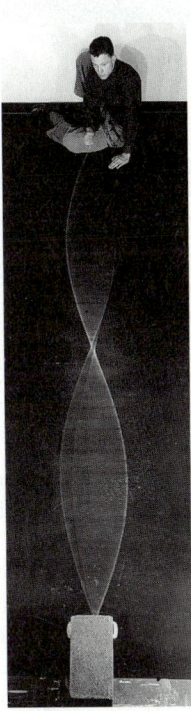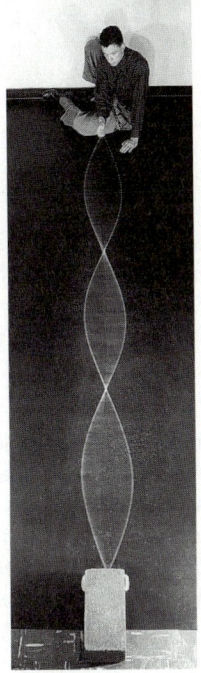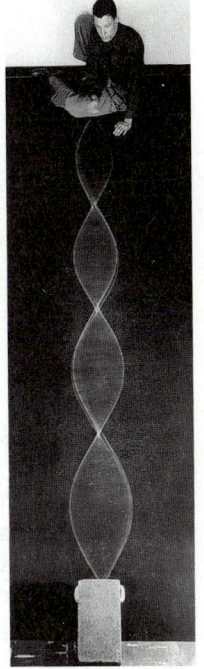

Fotografien der Grundwelle und dreier Oberwellen einer schwingenden Saite, die an beiden Enden fest eingespannt ist (aus *PSSC Physics*, 2nd edition, 1965; D.C. Heath and Company, and Education Development Center, Inc., Newton, MA, USA).

Aus dieser **Bedingung für stehende Wellen** können wir die Frequenzen der n-ten Eigenschwingung ableiten, da die Ausbreitungsgeschwindigkeit v gerade das Produkt aus der Frequenz ν und der Wellenlänge λ ist. Somit erhält man

$$\nu_n = \frac{v}{\lambda_n} = \frac{v}{(2\ell/n)}$$

oder

$$\nu_n = n\frac{v}{2\ell} = n\nu_1 \qquad n = 1, 2, 3, \ldots,$$

13.21 *Resonanzfrequenzen einer beidseitig eingespannten Saite*

13 Mechanische Wellen

Ein klassischer Steinway-Flügel. Durch Tastendruck schlagen kleine Hämmer die Saiten an, die dann anfangen zu schwingen. Die langen, mit Kupferdraht belegten Seiten (unten im Bild) schwingen mit tieferen Frequenzen als die kürzeren Saiten (oben im Bild). (© David Yost/mit freundlicher Genehmigung von Steinway & Sons)

wobei

$$\nu_1 = \frac{v}{2\ell}$$

die Grundfrequenz ist. Da die Ausbreitungsgeschwindigkeit $v = \sqrt{\sigma/\varrho}$ von der Saitenspannung σ und der Massendichte ϱ abhängt, folgt

$$\nu_1 = \frac{1}{2\ell}\sqrt{\frac{\sigma}{\varrho}}. \qquad 13.22$$

Am einfachsten kann man sich die Resonanzfrequenzen merken, wenn man sich die Abbildung 13.19 einprägt, sich an die Bedingung für stehende Wellen $\ell = n\lambda_n/2$ erinnert und dann $\nu = v/\lambda$ setzt.

Wir haben zwar den Begriff Resonanzfrequenz bereits verwendet, sind aber auf das eigentliche Phänomen der **Resonanz** im Zusammenhang mit Wellen noch nicht eingegangen. Resonanz kann es immer nur zwischen mindestens zwei schwingungsfähigen physikalischen Systemen geben. Allgemein kann man Resonanz definieren als das Mitschwingen eines solchen Systems (des sogenannten **Resonators**) bei Erregung durch eine äußere periodische Kraft (des zweiten Systems). Die Ausbildung stehender Wellen läßt sich am besten als Resonanzeffekt erklären. Betrachten wir beispielsweise als Resonator eine Saite der Länge ℓ, die an einem Ende mit einer Stimmgabel (dem Erregersystem) verbunden und am anderen Ende eingespannt ist. Die erste Welle, die von der Stimmgabel ausgeht, wandert die Saite entlang, bis sie nach der Länge ℓ am festen Ende reflektiert und dabei invertiert wird. Sie wandert zurück und wird an der Stimmgabel erneut reflektiert und invertiert. Ihr Weg beginnt wieder von vorne. Wenn die Zeit, die die Welle braucht, um die Entfernung 2ℓ zurückzulegen, genau der Schwingungsdauer der Stimmgabel entspricht, wird sich die erste zweimal reflektierte Welle mit einer zweiten von der Stimmgabel ausgehenden Welle konstruktiv überlagern. D. h., die Auslenkungen der einzelnen Wellen addieren sich, und die Amplitude der entstehenden Welle ist doppelt so groß wie die der ursprünglichen Wellen. Die Gesamtwelle beginnt erneut den beschriebenen Weg, und eine dritte, vierte und noch mehr Wellen überlagern sich mit ihr konstruktiv.

Die Amplitude wächst an, und die Saite nimmt dabei ständig Energie von der Stimmgabel auf. Nach mehreren Durchläufen wird sich ein Maximalwert der Amplitude einstellen, der weit höher liegt als die Amplitude der Stimmgabel. Eine weitere Energieaufnahme bleibt jedoch aus, da mit wachsender Amplitude auch die Verluste an mechanischer Energie zunehmen, beispielsweise durch die dann wirksam werdende nichtideale Elastizität der Saite. Der Amplitudenanstieg der Saite ist ein typisches Zeichen dafür, daß Stimmgabel und Saite in Resonanz sind.

Weitere Resonanzerscheinungen treten auf, wenn Wellen angeregt werden, die für die Strecke 2ℓ eine Zeit benötigen, die gerade dem Doppelten oder Dreifachen, allgemein dem n-fachen der Schwingungsdauer entspricht. Bei einer Ausbreitungsgeschwindigkeit v benötigt die Welle für das Zurücklegen der Entfernung 2ℓ gerade die Zeit $2\ell/v$. Daher läßt sich die Resonanzbedingung mit Hilfe der Periodendauer T schreiben als

$$\frac{2\ell}{v} = nT = \frac{n}{\nu}$$

oder

$$\nu = n\frac{v}{2\ell}.$$

Dieses Ergebnis ist identisch mit der Wahl von ℓ als ganzzahligem Vielfachen der halben Wellenlänge (siehe Gleichung 13.21).

Die Resonanzfrequenzen (13.21) werden, wie wir bereits wissen, auch Eigenfrequenzen der Saite genannt. Entspricht die Frequenz der Stimmgabel keiner dieser Eigenfrequenzen, so bilden sich auch keine stehenden Wellen aus. Denn nachdem die erste Welle die Strecke 2ℓ zurückgelegt hat und an der Stimmgabel reflektiert wurde, ist sie nicht in Phase mit der zweiten, von der Stimmgabel neu ausgehenden Welle (Abbildung 13.20). Die Amplitude der zusammengesetzten Welle hängt von der Phasendifferenz (oder dem Gangunterschied) der beiden Wellen ab. Entsprechend kann die Amplitude größer oder kleiner als die Amplitude der ursprünglichen, ersten Welle sein. Nachdem die zusammengesetzte Welle die Strecke 2ℓ auf der Saite zurückgelegt hat und reflektiert wurde, überlagert sich eine dritte, wiederum phasenverschobene neue Welle, die von der Stimmgabel ausgeht. Auch für diese Überlagerungen gilt, daß die Amplitude in einigen Fällen größer als die der ersten Welle sein wird, in anderen aber kleiner. Im Mittel wird die Amplitude ungefähr so groß bleiben wie die der ersten Welle, also die der Erregerwelle der Stimmgabel. Diese ist sehr klein im Vergleich zu der Amplitude, die sich im Resonanzfall ausbildet.

13.20 Die hier von der Stimmgabel erzeugten Wellen sind nicht in Resonanz mit den Eigenschwingungen der Saite. Die anfangs angeregte Welle (gestrichelt eingezeichnet) und diejenige, die von der Stimmgabel ausgeht, wenn die erste hier gerade zum zweiten Mal reflektiert wird (grau eingezeichnet), sind nicht in Phase und überlagern sich deswegen auch nicht konstruktiv. Die resultierende Welle besitzt daher eine ähnlich große Amplitude wie die ursprünglichen Wellen bzw. die Auslenkung der Stimmgabel.

Nur wenn die Frequenz der Stimmgabel mit einer der Eigenfrequenzen der Saite übereinstimmt, können sich die Wellen in Phase aufsummieren und eine große Amplitude aufbauen. Dieses Resonanzphänomen entspricht der Resonanz durch erzwungene Schwingungen, die wir beim harmonischen Oszillator in Abschnitt 12.8 kennengelernt haben. Dort ergab sich eine maximale Energieübertragung der antreibenden Kraft auf den harmonischen Oszillator, wenn die Erregerfrequenz ungefähr mit der Eigenfrequenz des Oszillators übereinstimmte. Beachten Sie aber den Unterschied zu Wellen: Die Saite besitzt nicht nur *eine* Eigenfrequenz, sondern eine ganze Reihe Eigenfrequenzen, die alle Vielfache der Grundfrequenz sind. Diese Reihe von Frequenzen wird auch **Obertonreihe** der

13 Mechanische Wellen

Windturbulenzen erzeugten bei der Hängebrücke von Tacoma Narrows stehende Wellen, die zum Einsturz der Brücke am 7. November 1940 führten – gerade vier Monate, nachdem sie für den Verkehr geöffnet worden war. (Fotos: University of Washington)

Saite genannt. Bei der Grundfrequenz ν_1 spricht man häufig vom Grundton, die zweite Eigenfrequenz wird vor allem in der Musik als erster Oberton $\nu_2 = 2 \cdot \nu_1$ bezeichnet. Dann folgt der zweite Oberton und so weiter. Jedes der zugehörigen Schwingungsmuster wird **Schwingungsmode** oder einfach **Mode** genannt.

Beispiel 13.4

Eine Saite, deren feste Enden 1 m auseinander liegen, werde so gespannt, daß ihre Grundfrequenz gerade 440 Hz entspricht. Mit welcher Geschwindigkeit breiten sich transversale Wellen auf der Saite aus?

Die Bedingung für stehende Wellen (Gleichung 13.20) liefert die Wellenlänge des Grundtons zu $\lambda = 2\ell = 2$ m. Somit beträgt die Ausbreitungsgeschwindigkeit

$$v = \lambda \nu = 2 \text{ m} \cdot 440 \text{ Hz} = 880 \text{ m/s} .$$

Übung

Auf einer gespannten Saite betrage die Ausbreitungsgeschwindigkeit von Transversalwellen 200 m/s. Bestimmen Sie den Grundton sowie den ersten und zweiten Oberton für den Fall, daß die Saite 5 m lang ist. (Antworten: $\nu_1 = 20$ Hz, $\nu_2 = 40$ Hz, $\nu_3 = 60$ Hz)

Beispiel 13.5

Eine 3 m lange Saite mit einer Massenbelegung von 0,0025 kg/m sei an beiden Enden fest eingespannt. Eine ihrer Eigenfrequenzen betrage 252 Hz, die nächsthöhere 336 Hz. Bestimmen Sie a) die Frequenz der Grundschwingung und b) die Kraft, mit der die Saite eingespannt ist.

a) Jede Resonanzfrequenz ist nach (13.21) ein ganzzahliges Vielfaches der Grundfrequenz. Das Verhältnis zweier benachbarter Resonanzfrequenzen muß somit ein Bruch aufeinanderfolgender ganzer Zahlen sein. Das Verhältnis der gegebenen Frequenzen ist $\frac{336}{252} = 1{,}33$, also 4 durch 3. Deshalb liegt bei 336 Hz der dritte Oberton und bei 252 Hz der zweite Oberton. Die Frequenz der Grundschwingung ist demnach

$$\nu_1 = \frac{1}{3} \nu_3 = \frac{252 \text{ Hz}}{3} = 84 \text{ Hz} .$$

13.6 Stehende Wellen

b) Bevor wir die Saitenspannung berechnen, bestimmen wir die Ausbreitungsgeschwindigkeit der Welle. Die Wellenlänge der Fundamentalen beträgt $\lambda = 2\ell = 6$ m und die Ausbreitungsgeschwindigkeit $v = \nu\lambda = 84$ Hz $\cdot$ 6 m $= 504$ m/s. Die Zugkraft in der Saite ergibt sich aus

$$v = \sqrt{\frac{F}{\mu}}$$

zu

$$F = \mu v^2 = (0{,}0025 \text{ kg/m}) \cdot (504 \text{ m/s})^2 = 635 \text{ N}.$$

Saite mit nur einem fest eingespannten Ende

Auch bei Saiten oder Seilen mit einem festen und einem losen Ende können sich stehende Wellen ausbilden (Abbildung 13.21). Die zugehörigen Schwingungsmuster sind in Abbildung 13.22 gezeigt. Beachten Sie, daß sich am losen Ende immer ein Schwingungsbauch befindet. Bei der Grundschwingung entspricht die Saitenlänge gerade $\lambda/4$. Bei der nächsthöheren Schwingungsmode gilt $\ell = \frac{3}{4}\lambda$. Die Bedingung für stehende Wellen läßt sich somit schreiben als

$$\ell = n\frac{\lambda}{4} \qquad n = 1, 3, 5, \ldots$$

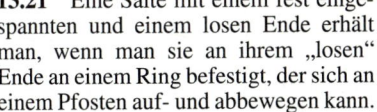

13.21 Eine Saite mit einem fest eingespannten und einem losen Ende erhält man, wenn man sie an ihrem „losen" Ende an einem Ring befestigt, der sich an einem Pfosten auf- und abbewegen kann. Da die Amplituden der Stimmgabel klein sind, kann das mit der Stimmgabel verbundene Ende als fest angesehen werden.

13.23 *Bedingung für stehende Wellen bei nur einem fest eingespannten Ende*

Für die Resonanzfrequenzen folgt daher

$$\nu_n = n\frac{v}{4\ell} = n\nu_1 \qquad n = 1, 3, 5, \ldots,$$

13.24 *Resonanzfrequenzen für eine Saite mit nur einem fest eingespannten Ende*

Grundschwingung

Dritte Harmonische

Fünfte Harmonische

Siebte Harmonische

Neunte Harmonische

13.22 Stehende Welle auf einer Saite mit nur einem fest eingespannten Ende.

wobei

$$\nu_1 = \frac{v}{4\ell} \qquad 13.25$$

die Grundfrequenz ist. Die Eigenfrequenzen dieses Systems gehorchen den Verhältnissen $1:3:5:7:\ldots$, das heißt, die geradzahligen Obertöne fehlen. Um die Resonanzfrequenzen nach (13.24) im Gedächtnis zu behalten, prägt man sich am besten Abbildung 13.22 ein und verwendet $\nu = v/\lambda$.

Wellenfunktionen stehender Wellen

Wir wollen in diesem Abschnitt die Bedingung für stehende Wellen, wie sie in Abbildung 13.19 und 13.22 gezeigt werden, sowie die Resonanzbedingungen herleiten, indem wir die resultierende Welle betrachten, die sich aus der Überlagerung einer nach links und einer nach rechts laufenden Welle ergibt. Die nach rechts laufende Welle werde durch y_R und die nach links laufende durch y_L beschrieben. Ihre Amplituden seien gleich. Wir haben also

$$y_R = A \sin(kx - \omega t)$$

und

$$y_L = A \sin(kx + \omega t),$$

wobei $k = 2\pi/\lambda$ die Wellenzahl und $\omega = 2\pi\nu$ die Kreisfrequenz ist. Die Summe der Wellenfunktionen der beiden Wellen ist

$$y(x,t) = y_R + y_L = A \sin(kx - \omega t) + A \sin(kx + \omega t).$$

Wir verwenden hier wieder das Additionstheorem für Winkelfunktionen $\sin\theta_1 + \sin\theta_2 = 2 \cdot \cos\tfrac{1}{2}(\theta_1 - \theta_2) \sin\tfrac{1}{2}(\theta_1 + \theta_2)$ und setzen $\theta_1 = kx + \omega t$ und $\theta_2 = kx - \omega t$, so daß folgt

$$\frac{1}{2}(\theta_1 + \theta_2) = kx$$

und

$$\frac{1}{2}(\theta_1 - \theta_2) = \omega t.$$

Man erhält

$$y(x,t) = 2A \cos\omega t \sin kx. \qquad 13.26$$

Ist die Saite an beiden Enden, also bei $x = 0$ und $x = \ell$, fest eingespannt, so ergibt sich folgende für alle Zeiten gültige **Randbedingung**:

$$y(x,t) = 0 \qquad \text{für } x = 0 \text{ und } x = \ell. \qquad 13.27$$

Die Randbedingung ist bei $x = 0$ immer erfüllt wegen $\sin kx = 0$ für $x = 0$. Dagegen legt die Randbedingung bei $x = \ell$ den Wellenzahlen eine Beschränkung auf, und zwar

$$\sin k\ell = 0. \qquad 13.28$$

Die passenden Werte k_n sind durch

$$k_n \ell = n\pi \qquad n = 1, 2, 3, \ldots \qquad 13.29$$

gegeben. In Wellenlängen ausgedrückt, lautet (13.29)

$$\frac{2\pi}{\lambda_n} \ell = n\pi$$

oder

$$n \frac{\lambda_n}{2} = \ell \, .$$

Dies entspricht genau der Bedingung für stehende Wellen, die wir bereits in (13.20) kennengelernt haben. Die Länge der Saite muß ein ganzzahliges Vielfaches der halben Wellenlänge sein. Die Wellenfunktion für die n-te Eigenschwingung kann daher geschrieben werden als

$$y_n(x,t) = A_n \cos \omega_n t \, \sin k_n x \, , \qquad 13.30$$

Wellenfunktionen stehender Wellen

wobei A_n die Amplitude, k_n die Wellenzahl nach (13.29) und $\omega_n = 2\pi \nu_n$ ist.

Die Randbedingungen für eine Saite, die an einem Ende fest und an dem anderen locker oder gar nicht eingespannt ist, lauten: a) $y = 0$ bei $x = 0$, was wieder automatisch erfüllt ist, b) bei $x = \ell$ muß dagegen ein Maximal- oder Minimalwert vorliegen, da sich dort ein Schwingungsbauch befindet. Dies führt auf

$$\sin k_n \ell = \pm 1$$

oder

$$k_n \ell = n \frac{\pi}{2} \qquad n = 1, 3, 5, \ldots$$

In Wellenlängen umgeschrieben lautet diese Bedingung $2\pi\ell/\lambda_n = n\pi/2$ oder

$$\ell = n \frac{\lambda_n}{4} \qquad n = 1, 3, 5, \ldots , \qquad 13.31$$

was genau (13.23) entspricht.

Beispiel 13.6

Eine Saite sei an einem Ende fest eingespannt und schwinge mit der zweiten Oberwelle. Ihre Wellenfunktion laute $y(x,t) = 0{,}015 \cos 189t \cdot \sin 0{,}262 x$, wobei y und x in Metern und t in Sekunden angegeben sind. a) Wie groß ist die Frequenz der Schwingung? b) Wie lang ist die Saite?

a) Aus der Kreisfrequenz $\omega = 189 \text{ rad} \cdot \text{s}^{-1}$ ergibt sich die Frequenz $\nu = \omega/2\pi = 189 \text{ rad} \cdot \text{s}^{-1}/6{,}28 = 30{,}1 \text{ Hz}$.

b) Saitenlänge und Wellenlänge des zweiten Obertones hängen gemäß (13.31) zusammen:

$$\ell = n\frac{\lambda_n}{4} = 3\left(\frac{\lambda_3}{4}\right).$$

Aus der Wellenzahl $k = 0{,}262 \text{ m}^{-1}$ ergibt sich die Wellenlänge zu $\lambda_3 = 2\pi/k = 6{,}28/0{,}262 \text{ m}^{-1} = 24$ m. Die Saitenlänge ist demnach

$$\ell = 3\left(\frac{\lambda_3}{4}\right) = 3\left(\frac{24 \text{ m}}{4}\right) = 18{,}0 \text{ m} .$$

13.7 Überlagerung stehender Wellen

Im allgemeinen wird sich die Bewegung eines schwingenden Systems, wie einer beidseitig eingespannten Saite, nicht mit einer einzigen Schwingung beschreiben lassen. Statt dessen wird man eine Überlagerung aus Grundschwingung und Oberwellen betrachten. Beispielsweise kann man die Bewegung der eingespannten Saite als Linearkombination von Eigenschwingungen mit der Wellenfunktion (13.30) auffassen:

$$y(x,t) = \sum_n A_n \cos(\omega_n t + \delta_n) \sin k_n x , \qquad 13.32$$

wobei k_n Gleichung (13.29) erfüllt und $\omega_n = k_n v$, A_n und δ_n Konstanten sind. Da die Energie einer Welle dem Quadrat der Amplitude proportional ist, gibt A_n^2 den Anteil der n-ten Eigenschwingung an der Gesamtenergie der Schwingung wieder. Die Konstanten A_n und δ_n hängen von der Anfangsauslenkung und -geschwindigkeit der Saite ab. Beispielsweise wird die Schwingung einer Klaviersaite durch den Schlag eines Hammers angeregt. Je nachdem, an welcher Stelle der Hammer die Saite anschlägt (und damit zum Schwingen bringt), wird der relative Wert jeder einzelnen Amplitude A_n, bezogen auf die übrigen, anders ausfallen. Umgekehrt ist durch jedes A_n der Energieanteil der zugehörigen Oberwelle an der Gesamtenergie vorgegeben. Eine Harfensaite wird dagegen angezupft. Wenn sie in der Mitte ausgelenkt und dann wie in Abbildung 13.23 losgelassen wird, ist die Ausgangsform der Saite symmetrisch um die Achse

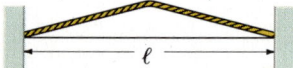

13.23 Eine in der Mitte ausgelenkte Saite. Ihre Schwingung läßt sich als Linearkombination stehender Wellen beschreiben.

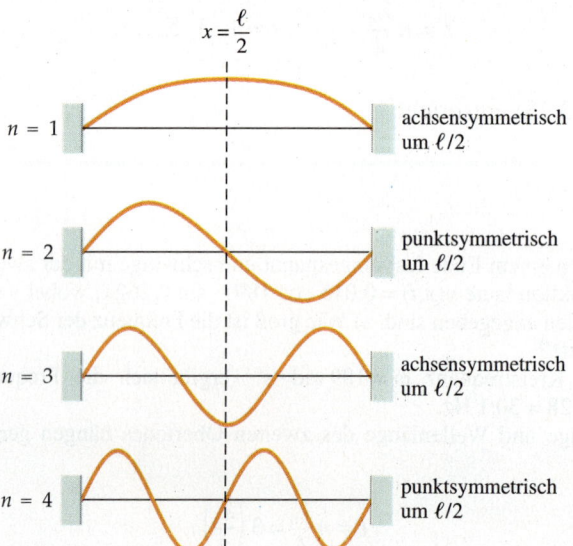

13.24 Die Grundschwingung und die ersten drei Oberwellen einer beidseitig eingespannten Saite. Die ungeraden Harmonischen liegen achsensymmetrisch und die geraden punktsymmetrisch zur Saitenmitte. Bei einer Saite, die in der Mitte angezupft wird, treten nur ungerade Harmonische auf.

13.7 Überlagerung stehender Wellen

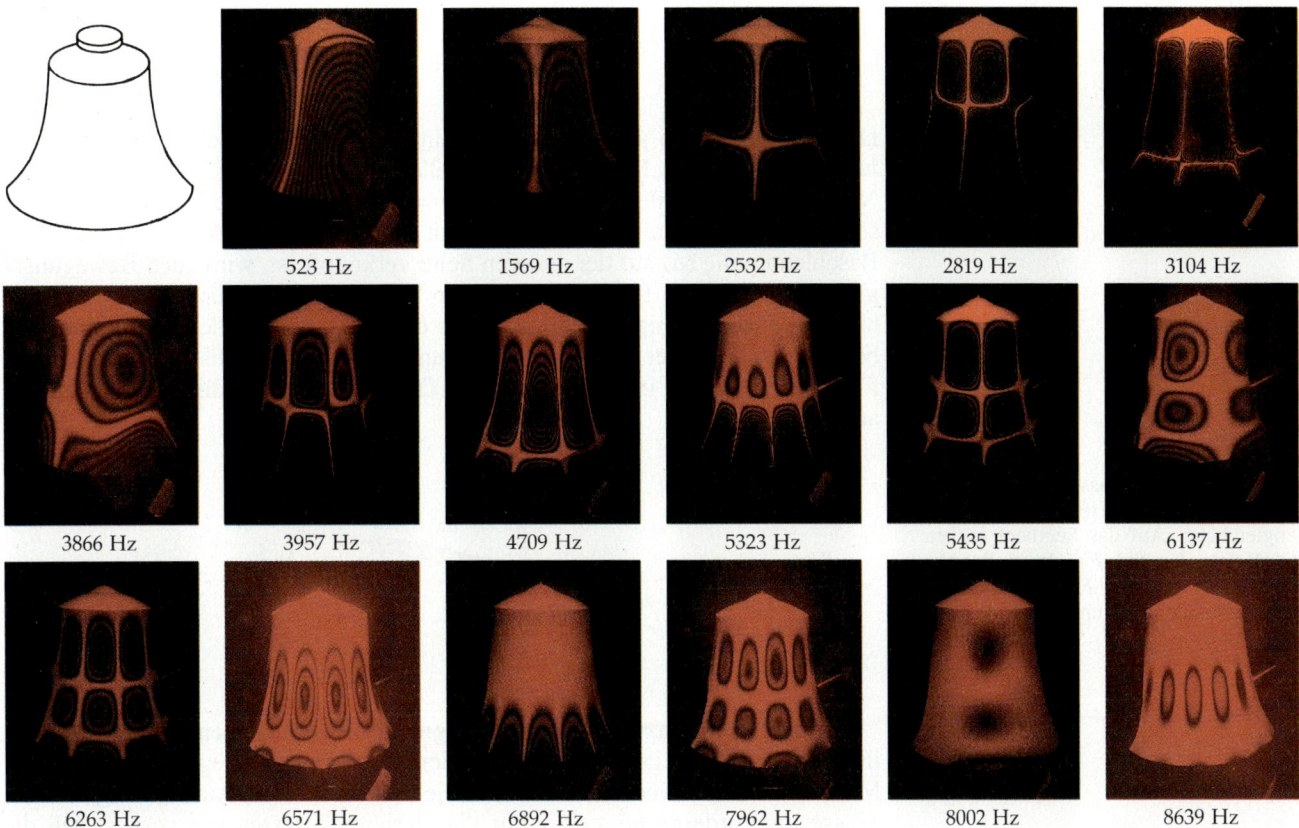

Diese holografischen Interferenzaufnahmen zeigen die stehenden Wellen oder Schwingungsmoden einer Tischglocke. Die „bullaugenähnlichen" Gebiete sind Schwingungsbäuche. (Fotos: Prof. Thomas D. Rossing, Northern Illinois University, DeKalb, USA)

$x = \frac{1}{2}\ell$ verteilt. Die Saite bewegt sich auch, nachdem sie losgelassen wurde, symmetrisch bezüglich dieser Achse. Es werden nur die ungeraden Harmonischen angeregt, da sie symmetrisch um die Achse $x = \frac{1}{2}\ell$ herum liegen. Die geraden Harmonischen liegen punktsymmetrisch zum Mittelpunkt der Saite und können sich daher bei dieser Art des Anzupfens nicht ausbilden. D.h., die Amplituden der geraden Harmonischen A_n sind null. (Sie nehmen natürlich einen von null verschiedenen Wert an, wenn die Saite an einer anderen Stelle angezupft wird.) Abbildung 13.24 zeigt den Verlauf der Eigenschwingungen bis zur 4. Harmonischen. Der größte Energieanteil steckt in der Grundwelle, kleine Energieanteile sind aber auch mit der dritten und anderen höheren ungeraden Schwingungsmoden verbunden. Abbildung 13.25 zeigt eine Überlagerung der ersten drei ungeraden Harmonischen, mit der die Ausgangsauslenkung der Saite näherungsweise beschrieben wird.

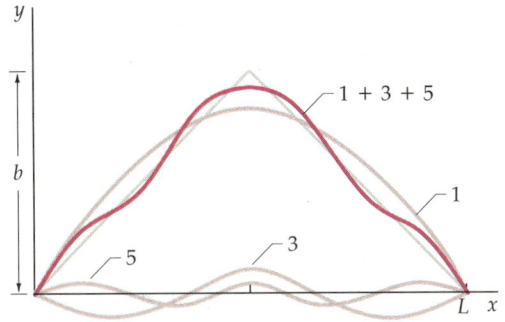

13.25 Beschreibung einer in der Mitte angezupften Saite (Abbildung 13.23 und Bildunterschrift zu Abbildung 13.24) durch die Überlagerung von Grundwelle und den ersten beiden ungeraden Harmonischen. Das Ergebnis ist die fett eingezeichnete Linie. Die Größe der Auslenkung ist in dieser Zeichnung übertrieben dargestellt, damit man die Amplituden der Oberwellen erkennen kann. Den größten Energiebetrag liefert die Grundschwingung. Aber auch die dritte, fünfte und weitere ungerade Harmonische steuern zur Auslenkung der Saite bei.

13.8 Wellengleichung

Die Wellenfunktion $y(x,t)$ ist Lösung einer Differentialgleichung, die als **Wellengleichung** bezeichnet wird. Die Wellengleichung läßt sich direkt aus dem Newtonschen Beschleunigungsgesetz, $F = ma$, ableiten. Eine Gleichung wie diese, bei der eine Kraft (F) auf der einen Seite mit einer Masse (m) und einer Beschleunigung (a) auf der anderen Seite verknüpft ist, wird auch Bewegungsgleichung genannt. Die Herleitung der Wellengleichung läuft einfach darauf hinaus, die Bewegungsgleichung für die entsprechende Welle aufzustellen. Ziel beim Aufstellen einer Bewegungsgleichung ist immer, analytische Ausdrücke für F und a zu finden, in denen nur noch Orts- und Zeitkoordinaten als Variable auftreten.

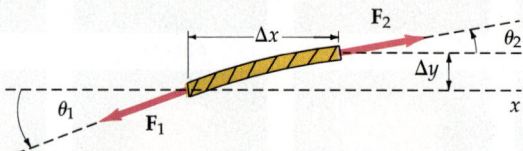

13.26 Segment (Massenelement) einer gespannten Saite zur Herleitung der Wellengleichung. Auf das Segment wirken die Kräfte F_1 und F_2, deren Beträge gleich sind: $F_1 = F_2 = F$. Die resultierende, in vertikaler Richtung wirkende Kraft ist $F \sin \theta_2 - F \sin \theta_1$.

Betrachten wir dazu ein einzelnes Segment (Massenelement) einer Saite, wie in Abbildung 13.26 gezeigt. (Im folgenden werden wir die Begriffe Segment und Massenelement abwechselnd benutzen, je nachdem, ob die Ausdehnung oder die Masse im Vordergrund steht.) Für die Herleitung setzen wir voraus, daß die Auslenkungen der Saite klein sind, denn dann ist auch der Winkel, den die ausgelenkte Saite mit der Horizontalen einschließt, klein. Das Segment der Länge Δx besitzt die Masse $\mu \cdot \Delta x$. Die Auslenkung des Massenelementes erfolgt in vertikaler Richtung. Seine Beschleunigung ist durch die zweite Ableitung von $y(x,t)$ nach der Zeit bei festem x-Wert gegeben. Die Ableitung einer Funktion von zwei Variablen nach einer dieser Variablen, bei konstant gehaltener zweiten, nennt man **partielle Ableitung**. Für die partielle Ableitung der Funktion y nach der Zeit t schreibt man $\partial y / \partial t$ und für die zweite Ableitung $\partial^2 y / \partial t^2$. Die resultierende Vertikalkomponente der beschleunigenden Kraft ist

$$\sum F = F \sin \theta_2 - F \sin \theta_1,$$

wobei θ_1 und θ_2 die in der Abbildung 13.26 eingezeichneten Winkel sind und F der Betrag der Kräfte F_1 und F_2 ist. Für kleine Winkel können wir $\sin \theta$ durch $\tan \theta$ annähern. Dadurch ergibt sich für die resultierende Vertikalkomponente der Kraft

$$\sum F = F (\sin \theta_2 - \sin \theta_1) \approx F (\tan \theta_2 - \tan \theta_1).$$

Der Tangens des Winkels, den die ausgelenkte Saite mit der Horizontalen einschließt, entspricht gerade der Steigung der Kurve. Nennen wir diese Steigung S, dann folgt

$$S = \tan \theta = \frac{\partial y}{\partial x}.$$

Also gilt

$$\sum F = F(S_2 - S_1) = F \Delta S.$$

Dabei sind S_1 und S_2 die leicht voneinander abweichenden Steigungen an den Enden des Segmentes. ΔS ist die Differenz der Steigungen. Setzen wir die resultierende Kraft gleich dem Produkt aus Masse $\mu \cdot \Delta x$ und Beschleunigung $\partial^2 y/\partial t^2$, so erhalten wir:

$$F \Delta S = \mu \Delta x \frac{\partial^2 y}{\partial t^2}$$

oder

$$F \frac{\Delta S}{\Delta x} = \mu \frac{\partial^2 y}{\partial t^2}. \qquad 13.33$$

Da wir ein sehr kleines Segment betrachten, können wir den Grenzübergang $\Delta x \to 0$ durchführen und mit $S = \partial y/\partial x$ sowie durch Anwendung der Kettenregel schreiben:

$$\lim_{\Delta x \to 0} \frac{\Delta S}{\Delta x} = \frac{\partial S}{\partial x} = \frac{\partial}{\partial x} \frac{\partial y}{\partial x} = \frac{\partial^2 y}{\partial x^2}.$$

Übertragen wir dieses Ergebnis auf Gleichung (13.33), so erhalten wir

$$\frac{\partial^2 y}{\partial x^2} = \frac{\mu}{F} \frac{\partial^2 y}{\partial t^2}. \qquad 13.34\text{a} \quad \textit{Wellengleichung}$$

Gleichung (13.34a) ist die Wellengleichung für eine gespannte Saite. Beachten Sie, daß diese Gleichung nur für kleine Winkel und daher nur für kleine Auslenkungen $y(x,t)$ der Saite gilt.

Funktionen, die die Wellengleichung lösen, werden **Wellenfunktionen** genannt. Wir wollen nun zeigen, daß die Wellengleichung durch jede Funktion mit den Argumenten $x - vt$ oder $x + vt$ gelöst wird. Dazu setzen wir $\xi = x - vt$ und betrachten die Funktion

$$y = y(x - vt) = y(\xi).$$

Mit y' bezeichnen wir hier die Ableitung der Funktion y nach ξ. Nach der Kettenregel gilt dann

$$\frac{\partial y}{\partial x} = \frac{\partial y}{\partial \xi} \frac{\partial \xi}{\partial x} = y' \frac{\partial \xi}{\partial x}$$

und

$$\frac{\partial y}{\partial t} = \frac{\partial y}{\partial \xi} \frac{\partial \xi}{\partial t} = y' \frac{\partial \xi}{\partial t}.$$

Wegen $\partial \xi/\partial x = 1$ und $\partial \xi/\partial t = -v$ folgt

$$\frac{\partial y}{\partial x} = y'$$

und

$$\frac{\partial y}{\partial t} = -vy'.$$

13 Mechanische Wellen

Bildet man die zweite Ableitung, erhält man

$$\frac{\partial^2 y}{\partial x^2} = y''$$

$$\frac{\partial^2 y}{\partial t^2} = -v\frac{\partial y'}{\partial t} = -v\frac{\partial y'}{\partial \xi}\frac{\partial \xi}{\partial t} = +v^2 y''.$$

Somit ist

Wellengleichung
$$\frac{\partial^2 y}{\partial x^2} = \frac{1}{v^2}\frac{\partial^2 y}{\partial t^2}. \qquad 13.34\,\text{b}$$

Das ist genau die Gleichung, die wir – ausgehend von ihren Lösungen – finden wollten.

Der Vergleich von Gleichung (13.34a) und (13.34b) liefert für die Ausbreitungsgeschwindigkeit

$$v = \sqrt{\frac{F}{\mu}}. \qquad 13.35$$

Zu diesem Resultat sind wir bereits in Abschnitt 13.2 durch eine etwas andere Verwendung der Newtonschen Gesetze gelangt (vgl. Gleichung 13.4).

Der Vollständigkeit halber sei erwähnt, daß die Lösungen der Wellengleichung noch allgemeiner ausgedrückt werden können, wenn man zur komplexen Schreibweise mit der imaginären Zahl $i = \sqrt{-1}$ übergeht. Eine mögliche Lösung wäre beispielsweise

$$y = A e^{-i(kx + \omega t)}.$$

Mit Hilfe der Eulerschen Formel, $e^{-i\varphi} = \cos \varphi - i \sin \varphi$, ergibt sich hieraus

$$y = A\,[\cos(kx + \omega t) - i \sin(kx + \omega t)].$$

Wir erkennen sofort, daß sowohl Realteil, $A \cos(kx + \omega t)$, als auch Imaginärteil, $-A \sin(kx + \omega t)$, dieser Gleichung den früher gefundenen Lösungen in Abschnitt 13.5 entsprechen.

Der Vorzug der komplexen Rechnung liegt darin, daß sie sich in bestimmten Fällen (wenn beispielsweise Dämpfung der Schwingungen mit berücksichtigt werden muß) viel einfacher durchführen läßt als die Rechnung mit trigonometrischen Funktionen (Additionstheoreme!).

Im Kapitel 36 werden wir in Zusammenhang mit der Wellengleichung der Quantenmechanik (der Schrödinger-Gleichung) noch einmal auf die komplexe Schreibweise zurückkommen.

Beispiel 13.7

Zeigen Sie durch explizite Berechnung der Ableitungen, daß $y = A \sin(kx - \omega t)$ Gleichung (13.34b) löst.

Bildet man die partiellen Ableitungen von y nach x, ergibt sich

$$\frac{\partial y}{\partial x} = \frac{\partial}{\partial x}[A \sin(kx - \omega t)] = A \cos(kx - \omega t)\frac{\partial(kx)}{\partial x}$$

$$= kA \cos(kx - \omega t).$$

Für die zweite Ableitung nach x erhalten wir

$$\frac{\partial^2 y}{\partial x^2} = -k^2 A \sin(kx - \omega t).$$

Entsprechend liefert die Ableitung nach der Zeit t

$$\frac{\partial y}{\partial t} = \frac{\partial}{\partial t}[A \sin(kx - \omega t)] = A \cos(kx - \omega t)\frac{\partial(-\omega t)}{\partial t}$$

$$= -\omega A \cos(kx - \omega t)$$

und

$$\frac{\partial^2 y}{\partial t^2} = -\omega^2 A \sin(kx - \omega t).$$

Gleichung (13.34b) ergibt somit

$$-k^2 A \sin(kx - \omega t) = \frac{1}{v^2}[-\omega^2 A \sin(kx - \omega t)],$$

was für $v = \omega/k$ erfüllt wird.

Eine wichtige Eigenschaft der Wellengleichung ist ihre Linearität, das heißt, die Funktion $y(x, t)$ und ihre Ableitungen treten nur in der ersten Potenz auf. Bei linearen Gleichungen stellt eine Linearkombination zweier Lösungen y_1 und y_2,

$$y_3 = C_1 y_1 + C_2 y_2, \qquad 13.36$$

wieder eine Lösung dar; dabei sind C_1 und C_2 beliebige Konstanten. Dies läßt sich durch Einsetzen von y_3 in die Wellengleichung zeigen. Dieses Ergebnis ist die mathematische Formulierung des Superpositionsprinzips. Die Linearkombination von Lösungen der Wellengleichung ist selbst wieder eine Lösung. Es sei noch einmal betont, daß das Superpositionsprinzip für elastische Wellen wie denen auf einer Saite nur im Fall kleiner Auslenkungen anwendbar ist, da nur dann die Beziehung $\sin\theta \approx \tan\theta$ gilt.

Übungen

1. Zeigen Sie, daß jede beliebige Funktion $y(x + vt)$ die Gleichung (13.34b) löst.
2. Zeigen Sie, daß die Funktion y_3 aus Gleichung (13.36) die Gleichung (13.34) erfüllt.

Zusammenfassung

1. Wellen sind räumlich und zeitlich periodische Bewegungen, bei denen Energie und Impuls, aber keine Masse von einem Ort zu einem anderen übertragen wird. Bei mechanischen Wellen breitet sich eine anfängliche Auslenkung oder Erregung aufgrund der elastischen Eigenschaften des Mediums aus. Bei

Transversalwellen erfolgt die Auslenkung senkrecht zur Bewegungsrichtung, bei Longitudinalwellen fallen Bewegungsrichtung der Wellen und Auslenkungsrichtung zusammen.

2. Die Ausbreitungsgeschwindigkeit von mechanischen Wellen hängt von der Dichte und den elastischen Eigenschaften des Mediums ab. Sie ist unabhängig von der Bewegung der Quelle. Die Ausbreitungsgeschwindigkeit einer Welle auf einer Saite hängt von der Saitenspannung σ (bzw. der entsprechenden Kraft F) und der Massendichte ϱ (bzw. der Massenbelegung μ) ab:

$$v = \sqrt{\frac{F}{\mu}}.$$

3. Treffen mehrere Wellen zusammen, so überlagern sie sich. Dabei addieren sich die Auslenkungen algebraisch. Das Superpositionsprinzip gilt für Wellen auf Saiten, wenn deren transversale Auslenkungen nicht zu groß sind.

4. Bei harmonischen Wellen verläuft die Auslenkung sowohl zeitlich als auch räumlich sinusförmig. Bei harmonischen Wellen auf einer Saite führt jedes Segment der Saite eine harmonische Schwingung senkrecht zur Ausbreitungsrichtung der Wellen aus. Den Abstand zweier Wellenkämme nennt man Wellenlänge λ. Für die Bewegung einer harmonischen Welle gilt

$$y(x,t) = A \sin(kx - \omega t).$$

Dabei ist A die Amplitude und k die Wellenzahl, die mit der Wellenlänge über

$$k = \frac{2\pi}{\lambda}$$

zusammenhängt. Die Kreisfrequenz ω ergibt sich aus der Frequenz ν, und zwar gilt:

$$\omega = 2\pi\nu.$$

Die Ausbreitungsgeschwindigkeit einer harmonischen Welle ist als Produkt aus Frequenz und Wellenlänge gegeben:

$$v = \nu\lambda = \frac{\omega}{k}.$$

5. Die durch eine harmonische Welle übertragene Leistung ist proportional zum Quadrat ihrer Amplitude und lautet

$$P = \frac{1}{2}\mu\omega^2 A^2 v.$$

6. Die Superposition (Überlagerung) von harmonischen Wellen wird als Interferenz bezeichnet. Sind Wellen in Phase oder unterscheiden sie sich in der Phase um Vielfache von 2π, so addieren sich ihre Amplituden, und man spricht von konstruktiver Interferenz. Unterscheiden sie sich in ihrer Phase aber um ein ungeradzahliges Vielfaches von π, so interferieren sie destruktiv, was zur völligen Auslöschung führen kann (wenn die Amplituden der ursprünglichen Wellen gleich groß sind).

Zusammenfassung

7. In einem räumlich begrenzten Gebiet können sich stehende Wellen ausbilden. Im Fall einer beidseitig fest eingespannten Saite werden die stehenden Wellen durch die Randbedingungen bestimmt, und zwar müssen sich dort jeweils Schwingungsknoten befinden. Zur Ausbildung von stehenden Wellen muß die Saitenlänge ganzzahligen Vielfachen der halben Wellenlänge entsprechen. Die Bedingung lautet dann

$$\ell = n\frac{\lambda_n}{2} \qquad n = 1, 2, 3, \ldots$$

Die möglichen Obertöne der Saite sind Vielfache der Grundfrequenz der Fundamentalwelle ν_1:

$$\nu_n = n\nu_1 \qquad n = 1, 2, 3, \ldots$$

Diese stehenden Wellen werden beschrieben durch Funktionen der Form

$$y_n(x,t) = A_n \cos \omega_n t \sin k_n x,$$

wobei $k_n = 2\pi/\lambda_n$ und $\omega_n = 2\pi\nu_n$ ist.

Eine schwingende Saite mit einem festen und einem losen Ende besitzt an ihrem festen Ende einen Schwingungsknoten und an ihrem losen Ende einen Schwingungsbauch. Die Bedingung für stehende Wellen lautet hier

$$\ell = n\frac{\lambda_n}{4} \qquad n = 1, 3, 5, \ldots$$

Als Eigenfrequenzen treten nur die ungeradzahligen Vielfachen der Grundfrequenz $\nu_1 = v/4\ell$ auf:

$$\nu_n = n\nu_1 \qquad n = 1, 3, 5, \ldots$$

8. Im allgemeinen führt ein schwingendes System wie eine beidseitig fest eingespannte Saite nicht nur eine einzige Schwingungsmode aus, sondern eine Linearkombination vieler Eigenschwingungen.

9. Wellen werden durch Gleichungen der Form

$$\frac{\partial^2 y}{\partial x^2} = \frac{1}{v^2}\frac{\partial^2 y}{\partial t^2},$$

sogenannten Wellengleichungen, beschrieben. Man erhält sie direkt aus dem zweiten Newtonschen Gesetz, indem man die Kräfte betrachtet, die auf ein einzelnes Massenelement wirken.

Aufgaben

Stufe I

13.1 Wellenberge

1. Zwei rechteckige Wellenberge bewegen sich auf einer Saite in entgegengesetzten Richtungen. In Abbildung 13.27 sind sie für den Zeitpunkt $t = 0$ gezeigt. Skizzieren Sie die resultierende Wellenform für die Zeitpunkte $t = 1\,\text{s}, 2\,\text{s}, 3\,\text{s}$.

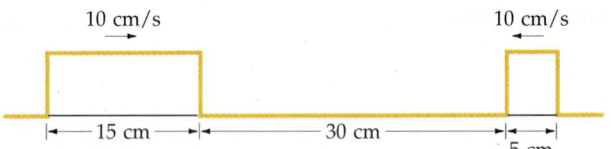

13.27 Zu Aufgaben 1 und 2.

2. Wie sieht die resultierende Wellenform aus, wenn in Aufgabe 1 der rechte Wellenberg invertiert ist?

3. Die folgenden Gleichungen beschreiben sich fortpflanzende Wellen:

a) $y_2(x,t) = A \cos k (x + 34t)$

b) $y_3(x,t) = A e^{-k(x - 20t)}$

c) $y_1(x,t) = \dfrac{B}{C + (x - 10t)^2}$,

wobei x in Metern und t in Sekunden gemessen werden. Die Konstanten A, B, C und k seien so gewählt, daß y die Auslenkung in Metern beschreibt. Geben Sie Ausbreitungsgeschwindigkeit und -richtung jeder Welle an.

13.2 Ausbreitungsgeschwindigkeit von Wellen

4. Ein Wellenberg bewege sich mit einer Geschwindigkeit von 20 m/s in positiver x-Richtung auf einer Saite. Wie ändert sich die Geschwindigkeit des Wellenberges, wenn a) die Länge der Saite bei konstanter Zugkraft und bei konstanter Massenbelegung verdoppelt wird, b) die Zugkraft bei gleicher Länge der Saite und unveränderter Massenbelegung verdoppelt wird, c) nur die Massenbelegung der Saite verdoppelt wird?

5. Eine Stahlsaite in einem Klavier sei 0,7 m lang und besitze eine Masse von 5 g. Die Zugkraft in der Saite betrage 500 N. a) Wie groß ist die Ausbreitungsgeschwindigkeit von Transversalwellen auf der Saite? b) Will man die Ausbreitungsgeschwindigkeit dieser Wellen auf die Hälfte senken, ohne die Zugkraft zu verändern, kann man Kupferdraht um die Stahlsaite wickeln. Wie groß muß die Masse des Kupferdrahtes sein?

6. Ene lange Glasröhre besitze eine halbkreisförmige Biegung mit dem Radius 8 cm. Eine Saite mit der Massenbelegung 0,04 kg/m werde mit einer Kraft von 20 N gespannt und durch die Röhre gezogen. a) Mit welcher Geschwindigkeit muß die Saite durch die Röhre gezogen werden, wenn sie die Seitenwände der Röhre nicht berühren soll? b) Wie groß ist unter diesen Bedingungen die Beschleunigung eines Saitensegmentes, wenn es durch den Halbkreis gezogen wird? Fertigen Sie eine Zeichnung an, aus der hervorgeht, welche Kräfte auf das Saitensegment in der Biegung einwirken.

7. Das Zugseil eines Skiliftes sei 400 m lang und 80 kg schwer. Wird es durch einen Schlag an einem Ende transversal ausgelenkt, so trifft der reflektierte Wellenberg 12 s später wieder ein. a) Wie groß ist die Ausbreitungsgeschwindigkeit der Welle? b) Wie groß ist die Zugkraft im Seil?

13.3 Harmonische Wellen

8. Gleichung (13.5) gilt für alle harmonischen Wellen, auch für elektromagnetische Wellen wie Licht oder Mikrowellen, die sich mit $3 \cdot 10^8$ m/s im Vakuum ausbreiten. a) Der Wellenlängenbereich sichtbaren Lichtes reicht von ca. $4 \cdot 10^{-7}$ bis $7 \cdot 10^{-7}$ m. Bestimmen Sie die zugehörigen Frequenzen. b) Welche Frequenz haben Mikrowellen mit einer Wellenlänge von 3 cm?

13.4 Energieübertragung durch Wellen

9. Ein 2 m langes Seil besitze eine Masse von 0,1 kg. Die Zugkraft im Seil betrage 60 N. Eine Energiequelle an einem Ende rege harmonische Wellen an, die mit einer Amplitude von 1 cm das Seil entlangwandern. Die Wellen werden am anderen Ende ohne Reflexionen von einem Absorber aufgenommen. Wie groß ist die Erregerfrequenz, also die Schwingungsfrequenz der Energiequelle, wenn die abgegebene Leistung 100 W beträgt?

13.5 Superposition und Interferenz harmonischer Wellen

10. Zwei Wellen bewegen sich in gleicher Richtung eine Saite entlang. Sie stimmen in der Frequenz von 100 Hz, der Wellenlänge von 2 cm und der 2 cm großen Amplitude überein. Wie groß ist die Amplitude der resultierenden Welle, wenn sich die Wellen in der Phase um $\pi/6$ (a) bzw. $\pi/3$ (b) unterscheiden?

11. Wie groß ist die Phasendifferenz der Wellen aus Aufgabe 10, wenn die resultierende Amplitude gerade gleich der ursprünglichen Amplitude (2 cm) der Wellen ist?

13.6 Stehende Wellen

12. Ein 1,4 m langer Stahldraht der Masse 5 g sei an beiden Enden mit einer Kraft von 968 N fest eingespannt. a) Mit welcher Geschwindigkeit breiten sich transversale Wellen auf dem Draht aus? b) Bestimmen Sie Wellenlänge und Frequenz der Grundschwingung. c) Bestimmen Sie die Frequenzen des ersten und zweiten Obertones.

13. Ein 4 m langes Seil besitze ein fest eingespanntes Ende und sei am anderen Ende mit einem leichten, frei beweglichen Seil verbunden. Die Ausbreitungsgeschwindigkeit von Wellen auf dem Seil betrage 20 m/s. Bestimmen Sie die Frequenz a) der Fundamentalen, b) des ersten Obertones und c) des zweiten Obertones.

14. Der Ton c besitzt bei modernen Instrumenten eine Frequenz von 261,63 Hz. Wie groß muß die Zugkraft (in N) in einer 80 cm langen Klaviersaite der Masse 7 g sein, die diesen Ton als Fundamentale besitzt?

15. Die 60 cm lange H-Saite einer Gitarre schwinge mit 247 Hz. a) Mit welcher Geschwindigkeit breiten sich transversale Wellen auf der Saite aus? b) Wie groß ist die Zugkraft in der Saite (in N), wenn die Massenbelegung 0,01 g/cm beträgt?

16. Die Wellenfunktion einer stehenden Welle auf einer Saite mit zwei fest eingespannten Enden sei $y(x,t) = 0,5 \sin 0,025x \cos 500t$, wobei y und x in Zentimetern und t in Sekunden gemessen werden. a) Bestimmen Sie die Ausbreitungsgeschwindigkeit und die Amplitude der beiden wandernden Wellen, die überlagert stehende Wellen erzeugen. b) Wie groß sind die Entfernungen benachbarter Knoten auf der Saite? c) Wie lang muß die Saite mindestens sein?

17. Die Schwingung einer 2,51 m langen Saite werde durch die Gleichung aus Aufgabe 16 beschrieben. a) Skizzieren Sie die Auslenkung der Saite zu den Zeiten $t = 0$, $t = \frac{1}{4}T$, $t = \frac{1}{2}T$ und $t = \frac{3}{4}T$, wobei T die Schwingungsdauer der Saite sei. b) Wie groß ist T (in s)? c) Was wird aus der Energie der Welle, wenn die Auslenkung zu einem Zeitpunkt t für alle x verschwindet, wenn also $y(x) = 0$?

18. 75 Hz, 125 Hz und 175 Hz seien drei aufeinanderfolgende Resonanzfrequenzen einer Saite. a) Rechnen Sie die Quotienten der Frequenzen für alle aufeinanderfolgenden Resonanzfrequenzpaare aus. b) Wie können Sie herausbekommen, ob die angegebenen Frequenzen zu einer Saite mit einem oder zwei fest eingespannten Enden gehören? c) Wie lautet die Frequenz der Grundschwingung? d) Welche Obertöne entsprechen den angegebenen Resonanzfrequenzen? e) Wie lang ist die Saite, wenn die Ausbreitungsgeschwindigkeit für Transversalwellen 400 m/s beträgt?

13.8 Wellengleichung

19. Zeigen Sie durch Einsetzen, daß folgende Funktionen die Wellengleichung lösen: a) $y(x,t) = (x+vt)^3$; b) $y(x,t) = Ae^{ik(x-vt)}$, mit den Konstanten A, k und der imaginären Zahl $i = \sqrt{-1}$; c) $y(x,t) = \ln(x-vt)$.

Stufe II

20. Die G-Saite einer Violine ist 30 cm lang. Wenn sie ohne Griff gespielt wird, schwingt sie mit einer Frequenz von 196 Hz. Als nächsthöhere Schwingungsmoden folgen die Violinnoten a (220 Hz), h (247 Hz), c (262 Hz) und d (294 Hz). Wie weit vom Saitenende entfernt muß jeweils der Finger gesetzt werden, damit jede dieser Noten gespielt werden kann?

21. Eine an einem Draht befestigte Stimmgabel schwinge senkrecht zum Draht und erzeuge so auf diesem Transversalwellen. Die Amplitude der Stimmgabelschwingung betrage 0,5 mm, die Frequenz 400 Hz. Die Kraft durch die Spannung im Draht sei 1 kN und die Massenbelegung des Drahtes 0,01 kg/m. Angenommen, es treten keine Reflexionen auf. a) Wie groß sind die Periode und die Frequenz der Wellen auf dem Draht? b) Wie groß ist die Ausbreitungsgeschwindigkeit der Wellen? c) Wie groß sind die Wellenlänge und die Wellenzahl? d) Wie lautet die Wellenfunktion? e) Berechnen Sie die maximale Geschwindigkeit und die maximale Beschleunigung an einer Stelle auf dem Draht. f) Wie groß muß die Energiezufuhr zur Stimmgabel pro Zeit sein, damit sich deren Amplitude nicht verringert?

22. Zwei Drähte unterschiedlicher Massenbelegung werden zusammengebunden und mit einer Kraft F gespannt. Die Ausbreitungsgeschwindigkeit sei im ersten Draht doppelt so hoch wie im zweiten. Eine harmonische Welle, die den ersten Draht entlangwandert, wird an der Verbindungsstelle der beiden Drähte teilweise reflektiert, teilweise geht sie auf den zweiten Draht über und wandert dort weiter (Transmission). Die Amplitude der reflektierten Welle sei halb so groß wie die der transmittierten. a) Wie groß ist der Energieanteil der Welle, der an der Verbindungsstelle reflektiert bzw. transmittiert wird (bezogen auf die ursprüngliche Energie)? b) Wie groß sind die Amplituden, wenn die ursprüngliche Welle die Amplitude A besaß?

23. Mit Hilfe transversaler harmonischer Wellen soll Leistung auf einer Saite transportiert werden. Die Ausbreitungsgeschwindigkeit der Wellen betrage 10 m/s bei einer Massenbelegung des Drahtes von 0,01 kg/m. Die Energiequelle schwinge mit einer Amplitude von 0,5 mm. a) Wie groß ist die Durchschnittsleistung, die bei 400 Hz über den Draht übertragen wird? b) Die Übertragungsleistung kann erhöht werden, wenn die Spannung im Draht, die Frequenz der Quelle oder die Amplitude der Wellen vergrößert wird. Wie müßte sich jede einzelne dieser Größen ändern, damit die Übertragungsleistung auf das 100fache ansteigt? c) Welche dieser Größen läßt sich am leichtesten ändern?

24. Eine 2 m lange Saite mit nur einem fest eingespannten Ende schwinge in der zweiten Oberwelle. Die größte Auslenkung auf der Saite von 3 cm werde bei einer Frequenz von 100 Hz erreicht. a) Bestimmen Sie die Wellenfunktion der Schwingung. b) Wie lautet die kinetische Energie eines Saitensegmentes der Länge dx an der Stelle x zur Zeit t? b) Zu welcher Zeit wird die kinetische Energie maximal? Welche Form besitzt die Saite dann? c) Berechnen Sie den Maximalwert der kinetischen Energie der Saite, indem Sie den Ausdruck aus Teil b über die gesamte Länge der Saite integrieren. d) Bestimmen Sie die potentielle Energie eines Saitensegmentes, und berechnen Sie wieder durch Integration über die gesamte Länge der Saite die potentielle Energie der Saite. *Hinweis:* Die Energie einer Masse m, die eine harmonische Schwingung mit der Kreisfrequenz ω ausführt, ist $\frac{1}{2}m\omega^2 y^2$, wobei y die Auslenkung beschreibt.

25. Die kinetische Energie eines Massenelementes Δm einer schwingenden Saite ist durch

$$\Delta E_{\text{kin}} = \frac{1}{2}\Delta m\left(\frac{\partial y}{\partial t}\right)^2 = \frac{1}{2}\mu\left(\frac{\partial y}{\partial t}\right)^2 \Delta x$$

gegeben. a) Bestimmen Sie die gesamte kinetische Energie der n-ten Schwingungsmode einer beidseitig eingespannten Saite der Länge ℓ. b) Geben Sie den Maximalwert der kinetischen Energie an. c) Wie lautet die zugehörige Wellenfunktion, wenn die kinetische Energie ihren Maximalwert annimmt? d) Zeigen Sie, daß der Maximalwert der kinetischen Energie der n-ten Schwingungsmode proportional zu $n^2 A_n^2$ ist.

26. a) Berechnen Sie die Ableitung der Ausbreitungsgeschwindigkeit nach der Kraft, dv/dF, und zeigen Sie, daß für die Differentiale dv und dF gilt: dv/v = $\frac{1}{2}$dF/F. b) Eine Welle bewege sich mit einer Geschwindigkeit von 300 m/s auf einer Saite, deren Zugkraft infolge der Saitenspannung 500 N beträgt. Wie muß sich die Zugkraft ändern, wenn die Geschwindigkeit auf 312 m/s anwachsen soll? Verwenden Sie zur Berechnung die Näherung aus Teil a.

27. a) Zeigen Sie, daß die Änderung der Kraft in einer beidseitig eingespannten Saite um dF zu einer Frequenzverschiebung der Fundamentalen dν führt und daß für die Beziehung zwischen beiden gilt: dν/ν = $\frac{1}{2}$dF/F. (Vergleichen Sie mit Aufgabe 26.) Trifft dies für alle Oberwellen zu? b) Berechnen Sie mit dem Ergebnis aus Teil a die prozentuale Änderung der Zugkraft in einer Klaviersaite, deren Grundfrequenz von 260 auf 262 Hz angehoben werden soll.

28. Für die Massenbelegung zweier verbundener Saiten gelte $\mu_1 = 3\mu_2$ bei gleicher Saitenspannung. Bei einer Frequenz von 120 Hz wandern Wellen der Wellenlänge 10 cm die erste Saite mit der Massenbelegung μ_1 entlang. a) Wie groß ist die Ausbreitungsgeschwindigkeit auf der ersten Saite? b) Wie groß ist die Ausbreitungsgeschwindigkeit auf der zweiten Saite? c) Welche Wellenlänge haben die Wellen auf der zweiten Saite?

29. Eine stehende Welle auf einem Seil ist gegeben durch:

$$y(x,t) = 0{,}02 \sin\frac{\pi x}{2} \cos 40\pi t$$

mit x und y in Metern und t in Sekunden. a) Schreiben Sie die Wellenfunktionen der beiden wandernden Wellen nieder, die überlagert die resultierende stehende Welle ergeben. b) Wie groß sind die Abstände der Knoten der stehenden Welle? c) Geben Sie die Geschwindigkeit eines Massenelementes an der Stelle $x = 1$ m an. d) Wie groß ist dessen Beschleunigung?

Stufe III

30. Gegeben seien zwei stehende Wellen auf einer Saite der Länge ℓ:

$$y_1(x,t) = A_1 \cos \omega_1 t \sin k_1 x$$
$$y_2(x,t) = A_2 \cos \omega_2 t \sin k_2 x ,$$

wobei $k_n = n\pi/L$ und $\omega_n = n\omega_1$. Ihre Überlagerung ergibt

$$y_r(x,t) = y_1(x,t) + y_2(x,t).$$

a) Bestimmen Sie die Geschwindigkeit eines Segmentes dx auf der Saite. b) Wie groß ist die kinetische Energie des Massenelementes? c) Bestimmen Sie die Gesamtenergie der resultierenden Welle durch Integration. Beachten Sie das Verschwinden des gemischten Produktes, wodurch die gesamte kinetische Energie proportional zu $(n_1A_1)^2 + (n_2A_2)^2$ wird.

31. Ein 2 m langer, beidseitig fest eingespannter Draht schwinge mit seiner Grundfrequenz. Die Zugkraft im Draht betrage 40 N, seine Masse 0,1 kg. In der Mitte des Drahtes sei die Amplitude 2 cm. a) Bestimmen Sie die maximale kinetische Energie des gesamten Drahtes. b) Wie groß ist die kinetische Energie, wenn die transversale Auslenkung des Drahtes gegeben ist durch $(0,02 \text{ m}) \cdot \sin(\pi x/2)$? c) An welcher Stelle x besitzt die kinetische Energie pro Länge ihren größten Wert? d) Wo erreicht die potentielle Energie pro Länge ihr Maximum?

32. Ein langes Seil mit einer Massenbelegung von 0,1 kg/m stehe unter einer konstanten Spannung, die eine Zugkraft von 10 N bewirkt. Ein Motor führe dem Seil an der Stelle $x = 0$ durch eine harmonische Auslenkung mit einer Frequenz von 5 Hz und einer Amplitude von 4 cm Energie zu. a) Wie groß ist die Ausbreitungsgeschwindigkeit der angeregten Wellen auf dem Seil? b) Wie groß ist deren Wellenlänge? c) Welchen Wert hat der größte transversale Impuls eines 1 mm langen Seilsegmentes? d) Geben Sie den Maximalwert der Kraft an, die auf dieses Segment einwirkt.

33. Ein 3 m langes, schweres Seil hänge frei beweglich von der Decke. a) Zeigen Sie, daß die Ausbreitungsgeschwindigkeit transversaler Wellen auf dem Seil nicht von dessen Masse und Länge abhängt, aber eine Funktion des Abstandes y zum unteren Ende des Seiles ist, und zwar gemäß $v = \sqrt{gy}$. b) Wie lange dauert es, bis ein Wellenberg vom unteren Ende des Seiles zum Aufhängepunkt und wieder zurückgewandert ist?

34. Zwei Saiten unterschiedlicher Massenbelegung seien an der Stelle $x = 0$ verbunden und stehen unter konstanter Spannung. An der Verbindungsstelle werde von links eine Welle y_{ein} eingespeist:

$$y_{ein} = A_{ein} \cos(k_1 x - \omega t).$$

Diese Welle werde teilweise reflektiert, teilweise transmittiert. Die transmittierte Welle

$$y_t = A_t \cos(k_2 x - \omega t)$$

bewege sich nach rechts in das Gebiet $x > 0$. Die reflektierte Welle

$$y_r = A_r \cos(k_1 x + \omega t)$$

bewege sich nach links, wo $x < 0$ gilt. Als Randbedingung soll an der Stelle $x = 0$ gelten, daß sowohl die Auslenkungen y als auch deren Ableitungen $\partial y/\partial x$ stetig ineinander übergehen. a) Bestimmen Sie die Amplituden der reflektierten und transmittierten Welle. b) Beweisen Sie, daß bei den Vorgängen an der Verbindungsstelle die mechanische Energie erhalten bleibt. c) Bestimmen Sie die Phasendifferenz der eingespeisten und der reflektierten Welle, wenn angenommen wird, daß der Draht im Bereich $x > 0$ eine größere Massenbelegung aufweist als der Draht im Gebiet $x < 0$.

35. Die Massenbelegung eines unter Spannung stehenden Drahtes mit nicht einheitlichem Querschnitt nehme längs des Drahtes so langsam ab, daß keine Reflexionen auftreten. Für $x \leq 0$ besitze der Draht eine gleichmäßige Massenbelegung. Dort werde eine Transversalwelle beschrieben durch $y(x,t) = 0,003 \cdot \cos(25x - 50t)$, wobei x und y in Metern und t in Sekunden gemessen werden. Ab $x = 0$ bis $x = 20$ m nehme die Massenbelegung μ_1 linear auf ein Viertel, also $\mu_1/4$, ab. Für $x \geq 20$ m bleibe die Massenbelegung wieder konstant bei $\mu_1/4$. a) Wie groß ist die Ausbreitungsgeschwindigkeit einer Welle für große x-Werte? b) Wie groß ist in diesem Bereich die Amplitude der Welle? c) Geben Sie die Wellenfunktion $y(x,t)$ für $x \geq 20$ m an.

Akustik 14

Unter einer Schallwelle versteht man die wellenförmige Fortpflanzung von Druck- oder Dichteschwankungen in elastischen Medien wie Gasen, Flüssigkeiten oder Festkörpern. Schallwellen breiten sich als *Longitudinalwellen* aus. Erzeugt werden sie beispielsweise mittels Stimmgabeln oder Violinsaiten, die durch ihre Schwingungen Störungen (Dichteschwankungen) des umgebenden Mediums verursachen. Die Störungen pflanzen sich durch Wechselwirkung der Moleküle im Medium fort. Die Moleküle schwingen dabei parallel zur Ausbreitungsrichtung der Welle. Wie bei den Saitenwellen wird nur die *Störung* weitergeleitet; die Moleküle selbst bleiben an ihrem Ort und schwingen um ihre Ruhelage.

Dichte und Druck sind in Gasen eng miteinander verbunden. Daher können Schallwellen in diesem Medium sowohl als Druckwellen wie auch als Dichtewellen betrachtet werden. Wie wir in Kapitel 13 gesehen haben, wird die transversale Auslenkung der Saite bei einer Saitenwelle durch eine Funktion $y(x \pm vt)$ beschrieben. Analog dazu gibt es bei Schallwellen Lösungen der Wellengleichung, die longitudinale Auslenkungen $s(x \pm vt)$ der Gasmoleküle aus deren Ruhelage beschreiben oder entsprechende Funktionen, die die Änderungen des Gasdruckes $p(x \pm vt)$ angeben.

Dieses Kapitel behandelt einige Eigenschaften von Schallwellen, beispielsweise Interferenz, Beugung, Reflexion und Brechung, die typisch für Wellen sind und die wir später bei der Behandlung der Optik wieder antreffen werden.

14.1 Ausbreitungsgeschwindigkeit von Schallwellen

Die Ausbreitungsgeschwindigkeit von Schallwellen hängt wie die Geschwindigkeit von Wellen auf einer Saite von den Eigenschaften des Mediums ab. Für Schallwellen in einer Flüssigkeit oder in einem Gas ist die Geschwindigkeit durch

$$v = \sqrt{\frac{K}{\varrho}} \qquad 14.1$$

14 Akustik

gegeben. Hierbei ist ϱ die Gleichgewichtsdichte des Mediums und K der Kompressionsmodul (Abschnitt 11.3). Gleichung (14.1) wird am Ende dieses Abschnitts aus den Newtonschen Gesetzen hergeleitet. Für Schallwellen in einem langen, massiven Stab ersetzt der Elastizitätsmodul E den Kompressionsmodul (Abschnitt 11.2):

$$v = \sqrt{\frac{E}{\varrho}}. \qquad 14.2$$

Der Vergleich zwischen (14.1) und (14.2) für die Geschwindigkeit der Schallwellen und (13.4) für die Geschwindigkeit der Wellen auf einer Saite macht deutlich, daß die Ausbreitungsgeschwindigkeit einer Welle im allgemeinen 1. von der Elastizität – Spannung der Saite, Kompressionsmodul, Elastizitätsmodul – und 2. der Trägheit – Massenbelegung, Dichte – des Mediums abhängt.

Bei Schallwellen in Gas ist der Kompressionsmodul proportional zum Druck. Dieser wiederum ist proportional zur Dichte ϱ und zur absoluten Temperatur T des Gases. Das Verhältnis K/ϱ hängt daher nicht von Volumen und Druck ab und ist proportional zur absoluten Temperatur T. In Kapitel 16 werden wir zeigen, daß für Schallwellen in Gas Gleichung (14.1) zu

Schallgeschwindigkeit in Gasen

$$v = \sqrt{\frac{\gamma RT}{M}} \qquad 14.3$$

äquivalent ist. Hier ist T die absolute, in Kelvin (K) gemessene Temperatur, die durch

$$T = t_\text{C} + 273 \qquad 14.4$$

mit der in Celsius gemessenen Temperatur t_C verknüpft ist. R ist die universelle Gaskonstante mit dem Wert

$$R = 8{,}314 \text{ J/(mol·K)}. \qquad 14.5$$

Die Konstante M ist die molare Masse des Gases, also die Masse von einem Mol des Gases. Die molare Masse von Luft ist

$$M = 29 \cdot 10^{-3} \text{ kg/mol}.$$

Die Konstante γ hängt von der Art des Gases ab. Sie beträgt bei Gasen aus zweiatomigen Molekülen, wie Luft, $\gamma = 1{,}4$. (γ ist der sogenannte Adiabatenexponent; näheres dazu siehe Kapitel 16.)

Beispiel 14.1

Berechnen Sie die Ausbreitungsgeschwindigkeit einer Schallwelle in Luft bei a) 0 °C und b) 20 °C.

a) Die 0 °C entsprechende absolute Temperatur ist

$$T = t_\text{C} + 273 = (0 + 273) \text{ K} = 273 \text{ K}.$$

Die Geschwindigkeit des Schalls bei 0 °C ist daher

$$v = \sqrt{\frac{\gamma RT}{M}} = \sqrt{\frac{1{,}4 \cdot 8{,}31 \text{ (J/mol·K)} \cdot 273 \text{ K}}{29{,}0 \cdot 10^{-3} \text{ kg/mol}}} = 331 \text{ m/s}.$$

b) Um die Ausbreitungsgeschwindigkeit bei 20 °C = 293 K zu bestimmen, nutzen wir aus, daß diese proportional zur Quadratwurzel der absoluten Temperatur ist. Ihr Wert v_{293} bei 293 K ergibt sich daher aus ihrem Wert v_{273} = 331 m/s bei 273 K durch

$$\frac{v_{293}}{v_{273}} = \frac{\sqrt{293}}{\sqrt{273}},$$

so daß

$$v = \sqrt{\frac{293}{273}} \cdot 331 \text{ m/s}$$

$$= 343 \text{ m/s}.$$

Übung

Für Helium ist $M = 4 \cdot 10^{-3}$ kg/mol und $\gamma = 1{,}67$. Berechnen Sie die Geschwindigkeit von Schallwellen in Helium bei 20 °C. (Antwort: 1,01 km/s)

Frage

1. Obwohl Festkörper viel höhere Dichten als Luft aufweisen, ist die Ausbreitungsgeschwindigkeit von Schallwellen in Festkörpern meist größer als in Luft. Warum?

Herleitung der Gleichung für die Geschwindigkeit von Schallwellen

Betrachten wir eine Flüssigkeit der Dichte ϱ und des Drucks p in einem langen Rohr (Abbildung 14.1). Als Quelle einer sich in der Flüssigkeit ausbreitenden longitudinalen Welle stellen wir uns einen Kolben der Fläche A vor. Wir bewegen ihn für eine kurze Zeit Δt nach rechts und bewirken damit, daß sich die Flüssigkeit an dieser Stelle verdichtet: Der Druck am linken Ende der Flüssigkeitssäule erhöht sich um Δp. Der Kolben stößt mit Molekülen der Flüssigkeit zusammen, die wiederum den Stoß an andere Moleküle weitergeben. Auf diese Weise pflanzt sich die Störung in Form einer Welle (aufgrund ihrer Erzeugungsart Druck- oder Stoßwelle genannt) entlang dem Rohr fort. Vereinfachend nehmen wir an, daß der Kolben mit einer konstanten Geschwindigkeit u während der Zeit Δt bewegt wird. Weiter gehen wir davon aus, daß u wesentlich kleiner als die Ausbreitungsgeschwindigkeit v der Welle ist. (Diese beiden Geschwindigkeiten sollten nicht verwechselt werden.) In der Zeit Δt bewegt sich der Kolben um $u \cdot \Delta t$ und die Welle um $v \cdot \Delta t$ nach rechts. Zusätzlich nehmen wir an, die Kolbenbewegung habe der gesamten Flüssigkeit zwischen Kolben und der „führenden Fläche" des Stoßes, die sich in einem Abstand $v \cdot \Delta t$ vom Ausgangsort des Kolbens befindet, die Geschwindigkeit u übertragen. Das heißt, nach dem Zeitintervall Δt befindet sich die Störung der Flüssigkeit höchstens eine Strecke $v \cdot \Delta t$ vor dem Kolben. Die Annahme, daß sich die gesamte Flüssigkeit dieses Gebietes mit der gleichen Geschwindigkeit u bewegt, impliziert eine rechteckförmige Gestalt der Welle. Wir können die Ausbreitungsgeschwindigkeit der Druckwelle berechnen, indem wir die Änderung des Impulses der Flüssigkeit

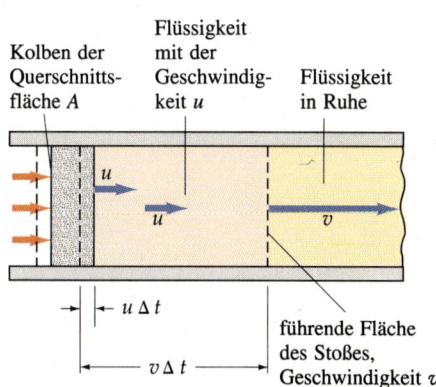

14.1 Wird der Kolben mit einer Geschwindigkeit u plötzlich (während eines Zeitintervalls Δt) nach rechts bewegt, so kommt es zu einer Kompression in der Flüssigkeit, und es entsteht eine longitudinale Schallwelle in Form eines Wellenpulses. In der Zeit Δt bewegt sich der Kolben um $u \cdot \Delta t$ und der Wellenpuls um $v \cdot \Delta t$ nach rechts. Setzt man eine rechteckige Wellenform an, so bewegt sich die gesamte schattiert eingezeichnete Zone mit der Geschwindigkeit u nach rechts.

mit der durch den Druck während der Zeit Δt wirkenden Kraft gleichsetzen. Mit A als Fläche des Kolbens gilt für den Kraftstoß:

$$\text{Kraftstoß} = F\,\Delta t = A\,\Delta p\,\Delta t\,.$$

(Es sei noch einmal ausdrücklich darauf hingewiesen, daß Δp in diesem Abschnitt eine Druckänderung und *keine* Impulsänderung bezeichnet.) Die Masse m der in Bewegung gesetzten Flüssigkeit ist das Produkt aus der Dichte ϱ und dem Volumen $Av\,\Delta t$. Damit können wir die Änderung des Impulses als das Produkt aus dieser Masse m und der Geschwindigkeit u auffassen:

$$\text{Impulsänderung} = \varrho\,(Av\,\Delta t)\,u\,.$$

Setzt man die Impulsänderung gleich dem Kraftstoß, so ergibt sich

$$A\,\Delta p\,\Delta t = \varrho\,(Av\,\Delta t)\,u$$

oder

$$\Delta p = \varrho v u\,. \qquad 14.6$$

Die Druckänderung ist mit der Abnahme des Flüssigkeitsvolumens durch den Kompressionsmodul (Gleichung 11.12) über

$$\Delta p = K\frac{-\Delta V}{V}$$

gegeben. Ursprünglich nimmt die betrachtete Flüssigkeit ein Volumen $V = Av\,\Delta t$ ein, und die durch den Kolben verursachte Änderung des Volumens ist $\Delta V = -Au\,\Delta t$. Daher gilt

$$\frac{-\Delta V}{V} = \frac{Au\,\Delta t}{Av\,\Delta t} = \frac{u}{v}$$

und

$$\Delta p = \frac{Ku}{v}\,. \qquad 14.7$$

Verwendet man die Ergebnisse für Δp aus (14.6), so ergibt sich

$$\frac{Ku}{v} = \varrho v u$$

oder

$$v = \sqrt{\frac{K}{\varrho}}\,,$$

was mit (14.1) übereinstimmt.

14.2 Harmonische Schallwellen

Harmonische Schallwellen lassen sich durch Quellen erzeugen, die harmonische Schwingungen ausführen. Das können beispielsweise Stimmgabeln oder Lautsprecher sein. Die schwingende Quelle regt die umgebenden Luftmoleküle zu harmonischen Schwingungen um ihre Ruhelage an. Diese Moleküle stoßen mit

Molekülen in ihrer Nachbarschaft zusammen und versetzen sie ebenfalls in Schwingung. So pflanzt sich die Schallwelle fort. Die Auslenkung $s(x,t)$ wird bei einer harmonischen Welle durch

$$s(x,t) = s_0 \sin(kx - \omega t) \qquad 14.8$$

beschrieben. Hierbei ist s_0 die maximale Auslenkung eines Gasmoleküls aus seiner Ruhelage, k die Wellenzahl,

$$k = \frac{2\pi}{\lambda}, \qquad 14.9$$

und ω die Kreisfrequenz:

$$\omega = 2\pi\nu = \frac{2\pi}{T}. \qquad 14.10$$

Die maximale Auslenkung s_0 wird als **Auslenkungsamplitude** oder **Bewegungsamplitude** bezeichnet. Wie bei allen harmonischen Wellen ist die Ausbreitungsgeschwindigkeit der Welle gleich dem Produkt aus Frequenz und Wellenlänge:

$$v = \nu\lambda = \frac{\omega}{k}. \qquad 14.11$$

Die durch (14.8) gegebene Auslenkung erfolgt parallel zur Ausbreitungsrichtung der Welle. Schallwellen sind somit Longitudinalwellen. Diese Art der Auslenkung führt zu Änderungen sowohl in der Dichte der Luft als auch im Luftdruck. Abbildung 14.2a zeigt die Auslenkung zu einem festen Zeitpunkt als Funktion des Ortes. An den Punkten x_1 und x_3 ist die Auslenkung zu diesem Zeitpunkt null.

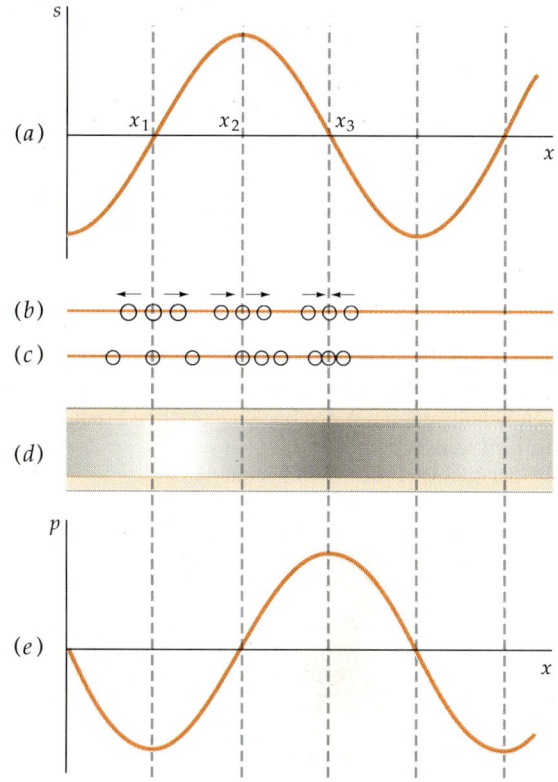

14.2 Bewegung von Luftmolekülen in einer harmonischen Schallwelle. a) Auslenkung der Luftmoleküle aus ihrer Gleichgewichtslage zu einem bestimmten Zeitpunkt als Funktion des Ortes. Die Moleküle an den Punkten x_1 und x_3 befinden sich in ihrer Ruhelage, und diejenigen am Punkt x_2 besitzen maximale Auslenkung. b) Einige repräsentative Moleküle an ihren Ruhelagen, bevor die Schallwelle sie auslenkt. Die Pfeile deuten die Richtung an, in der sie die Schallwelle auslenken wird. c) Positionen der Moleküle nahe den Punkten x_1, x_2 und x_3, nachdem die Schallwelle eingetroffen ist. d) Die Dichte der Luft zu diesem Zeitpunkt. Die Dichte hat am Punkt x_3 ein Maximum und ist am Punkt x_1 minimal, an beiden Punkten ist die Auslenkung der Moleküle null. e) Druckänderung in Abhängigkeit vom Ort. Druckverlauf und Auslenkung (Teilbild a) sind um 90° phasenverschoben.

Unmittelbar links des Punktes x_1 ist sie negativ. Das heißt, die Gasmoleküle bewegen sich nach links vom Punkt x_1 weg. Unmittelbar rechts des Punktes x_1 ist die Auslenkung positiv. Die Moleküle bewegen sich nach rechts, ebenfalls von x_1 weg. Ohne Schallwelle befinden sich die Moleküle an den Punkten x_1, x_2 und x_3 in Ruhe, wie es in Abbildung 14.2b durch gleichmäßig voneinander entfernte kleine Kreise angedeutet ist. Die Pfeile in dieser Abbildung geben die Richtung der Auslenkungen durch die Schallwelle an. Abbildung 14.2c zeigt die Orte der Moleküle an, nachdem sie ausgelenkt worden sind. Zu diesem Zeitpunkt hat die Dichte in x_1 ein Minimum, da sich die Gasmoleküle beidseits wegbewegt haben, und in x_3 ein Maximum, weil sich hier die Moleküle von beiden Seiten her auf den Punkt x_3 zubewegt haben. In x_2 ist die Gesamtauslenkung maximal, da die Auslenkungen der Moleküle sowohl links als auch rechts von x_2 positiv und gleich groß sind. Daher ändert sich die Dichte an diesem Punkt nicht. In einem Gas sind Druck und Dichte proportional zueinander. Deshalb besitzt die Druckänderung ihr Maximum dort, wo die Dichteänderung maximal ist. Abbildung 14.2e zeigt den Druckverlauf dieser Welle, der auch als Dichteverlauf aufgefaßt werden könnte. Aus den Abbildungen 14.2a und 14.2e ist ersichtlich, daß der Druck- oder Dichteverlauf um 90° gegenüber dem Verlauf der Auslenkung phasenverschoben ist. Ist die Auslenkung null, so sind Druck- und Dichteänderung minimal oder maximal. Zeigt die Auslenkung ein Minimum oder Maximum, so sind Druck- und Dichteänderung null. Am Ende dieses Abschnittes werden wir sehen, daß die durch (14.8) gegebene Auslenkungswelle eine durch

$$p = p_0 \sin(kx - \omega t - \pi/2) \qquad 14.12$$

beschriebene Druckwelle zur Folge hat. Hierbei steht p für die Druckschwankung, also die Änderung des Drucks im Vergleich zum Gleichgewichtsdruck des Gases. p_0 ist der maximale Wert der Druckschwankung, der auch **Druckamplitude** genannt wird. Wir werden ebenfalls sehen, daß die Druckamplitude p_0 mit der Auslenkungsamplitude s_0 durch

$$p_0 = \varrho \omega v s_0 \qquad 14.13$$

verknüpft ist. Dabei ist v die Ausbreitungsgeschwindigkeit der Schallwellen und ϱ die Gleichgewichtsdichte des Gases.

Während sich eine Schallwelle mit der Zeit ausbreitet, ändern sich an jedem Punkt im Raum, über den die Welle hinwegläuft, die Auslenkung der Luftmoleküle, die Dichte und der Druck sinusförmig mit der Frequenz ν, wobei diese Frequenz derjenigen der schwingenden Quelle entspricht.

Beispiel 14.2

Für den Menschen sind Schallwellen von 20 Hz bis zu 20000 Hz hörbar (bei Frequenzen über 15000 Hz haben viele Menschen allerdings eine verminderte Hörkraft). Welche Wellenlängen haben Schallwellen mit den beiden extremen Frequenzen bei einer Schallgeschwindigkeit in Luft von 340 m/s?

Die Wellenlänge der kleinsten hörbaren Frequenz ist

$$\lambda = \frac{v}{\nu} = \frac{340 \text{ m/s}}{20 \text{ Hz}} = 17 \text{ m}$$

und die der höchsten hörbaren Frequenz

$$\lambda = \frac{v}{\nu} = \frac{340 \text{ m/s}}{20 \text{ kHz}} = 1{,}7 \text{ cm} \, .$$

Übung

Wie groß ist die Frequenz einer Schallwelle mit einer Wellenlänge von 2 m in Luft? (Antwort: 170 Hz)

Herleitung der Gleichungen (14.12) und (14.13)

Bei Schallwellen in Gasen können wir einen Zusammenhang zwischen Druckschwankung und Auslenkung finden, indem wir berücksichtigen, daß bei einer gegebenen Menge an Gas die Auslenkung der Moleküle zu einer Volumenänderung führt und daß Druck- und Volumenänderungen über den Kompressionsmodul K miteinander in Verbindung stehen. Bezeichnet man mit p die Druckänderung, so folgt aus der Definition des Kompressionsmoduls (vgl. Kapitel 11):

$$p = -K \frac{\Delta V}{V}.$$

Mit $K = \varrho v^2$ aus (14.1) erhalten wir

$$p = -\varrho v^2 \frac{\Delta V}{V}. \qquad 14.14$$

Betrachten wir eine Gasmenge, die sich, wie in Abbildung 14.3 gezeigt, in einem Rohr anfangs zwischen den Punkten x_1 und x_2 befindet. Sie beansprucht das Volumen $V = A(x_2 - x_1) = A \Delta x$, wobei A die Querschnittsfläche des Rohres bezeichnet und $\Delta x = x_2 - x_1$ ist. Im allgemeinen führt eine Auslenkung einer Gasmenge zu einer Volumenänderung. In unserem Beispiel ist das der Fall, wenn die Auslenkungen an den Punkten x_1 und x_2 unterschiedlich sind. Ist die Auslenkung in x_2 größer als in x_1 (wie in Abbildung 14.3), dann vergrößert sich das Volumen. Bezeichnet $\Delta s = s_2 - s_1 = s(x_2,t_0) - s(x_1,t_0)$ die Differenz der Auslenkungen an den beiden Punkten, so beträgt die Volumenänderung

$$\Delta V = A \Delta s.$$

Setzen wir dies und $V = A \Delta x$ in (14.14) ein, so ergibt sich

$$p = -\varrho v^2 \frac{A \Delta s}{A \Delta x} = -\varrho v^2 \frac{\Delta s}{\Delta x}. \qquad 14.15$$

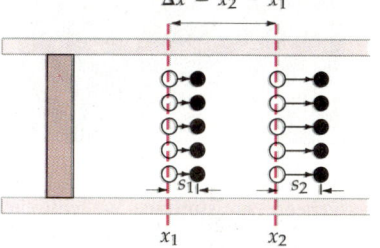

14.3 Volumenänderungen einer gegebenen Gasmenge aufgrund unterschiedlicher Auslenkungen an verschiedenen Orten. Ist A die Querschnittsfläche des Rohres, so ist $V = A \cdot \Delta x$ das Ausgangsvolumen und $\Delta V = A \cdot \Delta s$ die Volumenänderung.

Für $\Delta x \to 0$ geht $\Delta s/\Delta x$ in die Ableitung der Größe s nach x über, und zwar in die partielle Ableitung, weil s auch eine Funktion von t ist. (t wird bei diesem Grenzübergang konstant gehalten.) Wir ersetzen $\Delta s/\Delta x$ also durch $\partial s/\partial x$ und erhalten

$$p = -\varrho v^2 \frac{\partial s}{\partial x}.$$

Die partielle Ableitung $\partial s/\partial x$ läßt sich berechnen, wenn man mit s aus (14.8) arbeitet:

$$s(x,t) = s_0 \sin(kx - \omega t)$$

$$\frac{\partial s}{\partial x} = s_0 k \cos(kx - \omega t).$$

14 Akustik

Daher ist

$$p = -\varrho v^2 s_0 k \cos(kx - \omega t)$$
$$= +k\varrho v^2 s_0 \sin\left(kx - \omega t - \frac{\pi}{2}\right) \qquad 14.16$$
$$= p_0 \sin\left(kx - \omega t - \frac{\pi}{2}\right)$$

mit

$$p_0 = k\varrho v^2 s_0.$$

Wegen (14.11) ist $kv = \omega$, so daß gilt

$$p_0 = \varrho \omega v s_0. \qquad 14.17$$

Wie man leicht durch Vergleich feststellen kann, sind die Gleichungen (14.16) und (14.17) identisch mit den Gleichungen (14.12) und (14.13).

14.3 Wellen in drei Dimensionen: Intensität

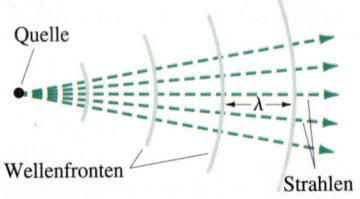

14.4 Von einer punktförmigen Quelle ausgehende kreisförmige Wellenfronten in einer Demonstrationswanne (aus *PSSC Physics*, 2nd edition, 1965; D.C. Heath and Company, and Education Development Center, Inc., Newton, MA, USA).

14.5 Die Bewegungsrichtung der Wellenfronten kann durch Strahlen wiedergegeben werden, die senkrecht zu ihnen verlaufen. Bei einer Punktquelle gehen die Strahlen radial von der Quelle aus.

Bisher haben wir eindimensionale Wellen behandelt, also Wellen, die sich entlang einer Geraden ausbreiten. Abbildung 14.4 zeigt zweidimensionale, kreisförmige Wellen auf einer Wasseroberfläche. Sie werden durch eine sich harmonisch auf- und abbewegende Punktquelle erzeugt. Die Wellenlänge ist hier der Abstand zwischen den aufeinanderfolgenden Wellenkämmen, die konzentrische Kreise bilden. Liegt die punktförmige Schallquelle im Innern des Mediums (im vorliegenden Fall des Wassers), so pflanzen sich die Wellen gleichförmig in drei Dimensionen fort. Wenn das Medium – und bei Wasser trifft das zu – in allen Richtungen die gleiche Beschaffenheit hat, also **isotrop** ist, liegen die von der Wellenbewegung erfaßten Teilchen mit gleicher Phase auf einer Kugelfläche (in zwei Dimensionen auf einer Kreislinie), die Welle ist daher eine **Kugelwelle**. Die Flächen gleicher Phase heißen Wellenflächen oder **Wellenfronten**.

Die Bewegung der Wellenfronten im Raum wird durch **Strahlen** angezeigt (in Abbildung 14.5 durch gestrichelte Pfeile veranschaulicht), die senkrecht auf den Wellenfronten stehen. Bei kreisförmigen oder sphärischen Wellen sind die Strahlen vom Erregungszentrum ausgehende radiale Linien.

Bei einer punktförmigen Schallquelle, die in alle Richtungen gleichmäßig ihre Energie abstrahlt, ist die Energie im Abstand r gleichförmig in einer Kugelschale mit einer Oberfläche $4\pi r^2$ verteilt. Sei P die von der Quelle abgestrahlte Leistung. Dann ist die Leistung pro Fläche im Abstand r von der Quelle $P/4\pi r^2$. Die mittlere Leistung, die senkrecht zur Ausbreitungsrichtung der Welle pro Fläche abgestrahlt wird, heißt **Intensität**:

$$I = \frac{\langle P \rangle}{A}. \qquad 14.18$$

Die Einheit der Intensität ist Watt pro Quadratmeter. Im Abstand r von einer Punktquelle beträgt die Intensität

Intensität einer Punktquelle

$$I = \frac{\langle P \rangle}{4\pi r^2}. \qquad 14.19$$

14.3 Wellen in drei Dimensionen: Intensität

Die Intensität einer dreidimensionalen Welle ist umgekehrt proportional zum Quadrat des Abstandes von der Punktquelle. Häufig wird die Intensität einer Schallwelle auch mit *Schallstärke* bezeichnet.

Zwischen der Intensität einer Welle und der Energie pro Volumeneinheit des Mediums, in dem sich die Welle ausbreitet, gilt eine einfache Beziehung. Betrachten wir eine Kugelwelle, die gerade den Radius r_1 erreicht hat (Abbildung 14.6). Das Volumen innerhalb der Kugel mit Radius r_1 enthält Energie, da die Teilchen hier harmonische Schwingungen ausführen. Das Gebiet außerhalb der Kugel enthält dagegen noch keine Energie. Nach einer kurzen Zeit Δt hat sich die Welle um eine kleine Strecke $\Delta r = v\,\Delta t$ fortbewegt. Vorausgesetzt, die Schallquelle im Innern des Mediums regt kontinuierlich Wellen an, dann hat sich die gesamte Energie des Mediums jetzt vergrößert, und zwar um die Energie in einer Kugelschale mit der Oberfläche A und der Dicke $v\,\Delta t$ und folglich des Volumens $\Delta V = Av\,\Delta t$. Die zusätzliche Energie ist also

$$\Delta E = \eta\,\Delta V = \eta Av\,\Delta t\,.$$

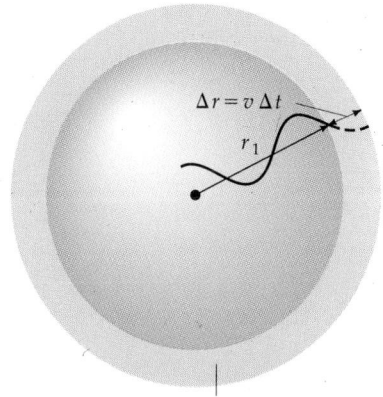

Volumen der Kugelschale $= Av\,\Delta t$

14.6 Zum gezeichneten Zeitpunkt hat die Kugelwelle gerade die Entfernung r_1 zurückgelegt. Die gesamte Energie ist in einer Kugel mit diesem Radius enthalten. In der Zeit Δt vergrößert sich der Radius der Kugel um $v\Delta t$, und dadurch erhöht sich das Volumen der Kugel um eine Kugelschale mit dem Volumen $Av\Delta t$. Die Energie, die über den Radius r_1 hinaus übertragen wird, ist $\eta Av\Delta t$, wobei η für die Energiedichte und A für die mittlere Oberfläche der Kugelschale steht.

Hierbei ist η die mittlere **Energiedichte** der Kugelschale. Der Energieanstieg in dieser Schale entspricht der an die Schale übertragenen Leistung. Da sich die Energiequelle im Mittelpunkt der Kugel befindet, ist die mittlere in die Kugelschale eingestrahlte Leistung

$$\langle P \rangle = \frac{\Delta E}{\Delta t} = \eta Av\,,$$

und für die Intensität der Wellen erhalten wir

$$I = \frac{\langle P \rangle}{A} = \eta v\,. \qquad 14.20$$

Die Intensität ergibt sich somit als Produkt der Ausbreitungsgeschwindigkeit v der Welle und der mittleren Energiedichte η. Dieses Ergebnis gilt für alle Wellenarten.

Die Energie einer Schallwelle in Luft läßt sich leicht durch die Schwingungsenergie der Luftmoleküle entlang der Ausbreitungsrichtung der Welle angeben. In Kapitel 12 wurde die Gesamtenergie E eines harmonischen Oszillators mit Masse m, Kreisfrequenz ω und Amplitude A zu $E = \tfrac{1}{2}m\omega^2 A^2$ bestimmt. Ersetzt man die Amplitude durch s_0 und drückt die Masse $\Delta m = \varrho\,\Delta V$ über die Dichte ϱ aus, so ergibt sich die Energie einer Schallwelle in einem Volumen ΔV als

$$\Delta E = \frac{1}{2}\varrho\omega^2 s_0^2\,\Delta V\,.$$

Die Energiedichte η ist daher

$$\eta = \frac{\Delta E}{\Delta V} = \frac{1}{2}\varrho\omega^2 s_0^2 \qquad 14.21$$

und die Intensität

$$I = \eta v = \frac{1}{2}\varrho\omega^2 s_0^2 v = \frac{1}{2}\frac{p_0^2}{\varrho v}\,. \qquad 14.22$$

Die Beziehung $s_0 = p_0/\varrho\omega v$ aus (14.13) verbindet die Auslenkungsamplitude s_0 mit der Druckamplitude p_0. Das Ergebnis, daß die Intensität einer Schallwelle proportional zum Quadrat ihrer Amplitude ist, gilt allgemein für harmonische Wellen.

14 Akustik

Das menschliche Ohr paßt sich einem weiten Bereich von Schallstärken an, wobei die Anpassungsfähigkeit von der Schallfrequenz abhängt. Seine größte Empfindlichkeit besitzt das menschliche Ohr in einem Frequenzbereich um 1 kHz herum. Bei diesen Frequenzen kann es Schallstärken von ungefähr 10^{-12} W/m^2 (allgemeine Hörschwelle) bis etwa 1 W/m^2 (verursacht sehr oft schon Schmerzen) registrieren. Die Druckänderungen dieser extremen Schallstärken sind $3 \cdot 10^{-5}$ Pa für die Hörschwelle und 30 Pa für die Schmerzschwelle. Diese kleinen Druckschwankungen werden dem normalen atmosphärischen Druck von 101 kPa überlagert.

Schallstärke (Intensität) und Lautstärke

Aufgrund des extrem großen vom Ohr wahrnehmbaren Intensitätsbereichs und der Tatsache, daß die Schallempfindlichkeit sich nicht linear, sondern logarithmisch mit der Intensität ändert, verwendet man zur Beschreibung der **Lautstärke** einer Schallwelle eine logarithmische Skala. Die Lautstärke β wird in *Dezibel* (dB) gemessen und ist folgendermaßen definiert:

Lautstärke in dB
$$\beta = 10 \log \frac{I}{I_0}, \quad\quad 14.23$$

wobei I die Schallstärke eines Tones und I_0 die Schallstärke einer Bezugsschallquelle ist, für die wir hier die Hörschwelle von

$$I_0 = 10^{-12} \text{ W/m}^2 \quad\quad 14.24$$

nehmen. Auf dieser Skala ist die Hörschwelle

$$\beta = 10 \log \frac{I_0}{I_0} = 0 \text{ dB},$$

und die Schmerzschwelle (1 W/m^2) ergibt sich zu

$$\beta = 10 \log \frac{1}{10^{-12}} = 10 \log 10^{12} = 120 \text{ dB}.$$

Schallstärken von 10^{-12} W/m^2 und 1 W/m^2 entsprechen also Lautstärken von 0 dB und 120 dB. Tabelle 14.1 führt relative Intensitäten und Lautstärken einiger bekannter Schallquellen auf.

An dieser Stelle sei erwähnt, daß die Einheit dB allgemein zur Angabe von Schallpegeln verwendet wird. Unter einem **Schallpegel** versteht man das Verhältnis einer *Schall-Feldgröße* oder *Schall-Energiegröße* zu einer gleichartigen Bezugsgröße. Schall-Feldgrößen sind beispielsweise die Auslenkung, die Schallgeschwindigkeit und der Schalldruck, zu den Schall-Energiegrößen gehören die Schallenergiedichte, die Schalleistung und die Schallintensität. Die Lautstärke als Verhältnis zweier Intensitäten kann daher auch als Schallintensitätspegel bezeichnet werden. Bezieht man die Lautstärke auf die Frequenz 1 kHz, so wird als Einheit häufig nicht das Dezibel, sondern das *Phon* benutzt.

Tabelle 14.1 Relative Intensitäten und Lautstärken einiger bekannter Schallquellen ($I_0 = 10^{-12}$ W/m²)

Schallquelle	I/I_0	dB	Beschreibung
	10^0	0	Hörschwelle
normales Atmen	10^1	10	kaum hörbar
raschelnde Blätter	10^2	20	
leises Flüstern (5 m entfernt)	10^3	30	sehr leise
Bibliothek	10^4	40	
ruhiges Büro	10^5	50	leise
normale Unterhaltung (1 m entfernt)	10^6	60	
betriebsamer Verkehr	10^7	70	
Bürolärm mit Maschinen; Fabrikdurchschnittswert	10^8	80	
Schwertransporter (15 m entfernt); Wasserfall	10^9	90	Dauerbelastung führt zu Hörschäden
alte Untergrundbahn	10^{10}	100	
Baulärm (3 m entfernt)	10^{11}	110	
Rockkonzert (2 m entfernt)	10^{12}	120	Schmerzgrenze
Abheben eines Düsenflugzeugs (60 m entfernt) Preßlufthammer; Maschinengewehrfeuer	10^{13}	130	
Abheben eines Düsenflugzeugs (in unmittelbarer Nähe)	10^{15}	150	
großes Raketentriebwerk (in unmittelbarer Nähe)	10^{18}	180	

Übung

Wie ist das Verhältnis der Schallintensitäten zwischen einem Ton von 90 dB und einem von 60 dB? (Antwort: 1000)

Beispiel 14.3

Ein Hund gibt beim Bellen etwa 1 mW Schalleistung ab. a) Wie groß ist die Lautstärke in einem Abstand von 5 m, wenn vorausgesetzt wird, daß die Leistung sich gleichmäßig in alle Richtungen verteilt? b) Welche Lautstärke kann man feststellen, wenn zwei gleich laut bellende Hunde jeweils eine Leistung von 1 mW „abstrahlen"?

a) Die Intensität in einem Abstand von 5 m ist durch die Leistung pro Fläche (Gleichung 14.19) gegeben:

$$I = \frac{P}{4\pi r^2} = \frac{10^{-3}\text{ W}}{4\pi \cdot (5\text{ m})^2} = 3{,}18 \cdot 10^{-6}\text{ W/m}^2 .$$

Die Lautstärke in diesem Abstand ist

$$\beta = 10 \log \frac{I}{I_0} = 10 \log \frac{3{,}18 \cdot 10^{-6}}{10^{-12}}$$

$$= 10 \log (3{,}18 \cdot 10^6)$$

$$= 10 (\log 3{,}18 + \log 10^6)$$

$$= 10 (0{,}50 + 6) = 65{,}0 \text{ dB} .$$

b) Zwei gleichzeitig bellende Hunde verdoppeln die Intensität:

$$I = 2 \cdot (3{,}18 \cdot 10^{-6}\text{ W/m}^2) = 6{,}36 \cdot 10^{-6}\text{ W/m}^2 .$$

Dann ist I/I_0

$$\frac{I}{I_0} = 6{,}36 \cdot 10^6,$$

und die Lautstärke beträgt

$$\beta = 10 \log (6{,}36 \cdot 10^6) = 68{,}0 \text{ dB}.$$

Dieses Beispiel verdeutlicht, daß die Lautstärke bei doppelter Intensität um 3 dB ansteigt.

Beispiel 14.4

Ein Schalldämpfer verringere die Lautstärke um 30 dB. Mit welchem Faktor hat dann die Intensität abgenommen?

Tabelle 14.1 verdeutlicht, daß die Senkung der Lautstärke um 10 dB eine um das 10fache verringerte Intensität voraussetzt. In unserem Fall hat die Intensität also um das $10^3 (= 1000)$fache abgenommen.

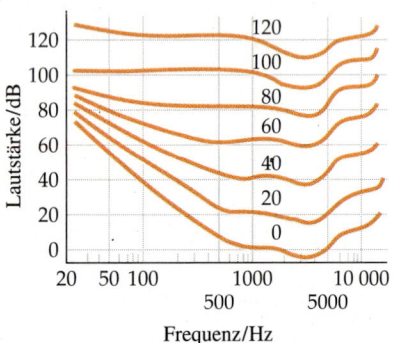

14.7 Kurven gleicher Lautstärke. Nur für ein Prozent der Bevölkerung liegt die unterste Kurve nicht unterhalb der Hörschwelle. Die zweitunterste Kurve gibt für ca. 50 Prozent der Bevölkerung den Verlauf der Hörschwelle wieder.

Die Lautstärkeempfindung hängt, wie wir bereits angemerkt haben, sowohl von der Intensität als auch der Frequenz eines Tones ab. Abbildung 14.7 zeigt in einem Diagramm, in dem die Lautstärke gegen die Frequenz aufgetragen ist, Kurven gleicher Lautstärke für das menschliche Ohr. (In der Abbildung ist die Frequenz logarithmisch aufgetragen, damit der große Frequenzbereich von 20 Hz bis 20 kHz wiedergegeben werden kann.) Die unterste Kurve entspricht der Hörschwelle eines sehr gut hörenden Menschen. An ihr erkennt man, daß die Hörschwelle für 1 kHz genau 0 dB beträgt, für 60 Hz aber bei 50 dB liegt. Bei ungefähr 1% der Bevölkerung liegt die Hörschwelle so niedrig. Die zweitunterste Kurve ist eine typische Hörschwellenkurve, sie trifft auf ungefähr 50% der Bevölkerung zu. Die oberste Kurve repräsentiert die Schmerzschwelle. Sie ändert sich nicht so stark mit der Frequenz wie die darunterliegenden Kurven. Beachten Sie, daß die größte Empfindlichkeit des menschlichen Ohres für alle Lautstärken bei einer Frequenz von 4 kHz zu finden ist.

14.4 Interferenz: Schwebungen

In Abschnitt 13.5 haben wir gesehen, daß bei Überlagerung zweier harmonischer Wellen gleicher Amplitude eine dritte harmonische Welle entsteht, deren Amplitude von der Phasendifferenz der beiden ursprünglichen Wellen abhängt. Befinden sich die beiden Wellen in Phase, so interferieren sie konstruktiv, und die Amplitude der resultierenden Welle ist doppelt so hoch wie die der ursprünglichen Wellen. Haben die beiden Wellen eine Phasendifferenz von 180°, ist die Interferenz destruktiv, und die Wellen heben sich auf. Bei einer Phasendifferenz δ ist der Druck der resultierenden Welle entsprechend (13.19):

$$p_1 + p_2 = 2p_0 \cos\left(\frac{1}{2}\delta\right) \sin\left(kx - \omega t + \frac{1}{2}\delta\right). \qquad 14.25$$

Ein häufiger Grund für eine Phasendifferenz liegt in den unterschiedlichen Entfernungen zweier Schallquellen zum Interferenzpunkt. Nehmen wir an, wir haben zwei Quellen, die harmonische Wellen gleicher Frequenz und Wellenlänge in gleicher Phase ausstrahlen. Verläßt ein positiver Wellenkamm die erste Quelle, so löst sich gleichzeitig ein zweiter positiver Wellenkamm von der zweiten Quelle ab. Beträgt der Abstand beider Schallquellen zum Interferenzpunkt ein ganzzahliges Vielfaches der Wellenlänge, wie in Abbildung 14.8, so überlagern sich die Wellen an diesem Punkt konstruktiv. Haben die Wellen gleiche Amplituden, so ist die Amplitude der resultierenden Welle doppelt so hoch wie die der ursprünglichen Wellen. Die Abbildung verdeutlicht, daß ein Weg- oder Gangunterschied von einer Wellenlänge oder von einem ganzzahligen Vielfachen einer Wellenlänge einem Wegunterschied von null gleichkommt. Beträgt der Wegunterschied eine halbe Wellenlänge oder ein ungeradzahliges Vielfaches einer halben Wellenlänge, wie in Abbildung 14.9 gezeigt, so trifft das Maximum der ersten Welle auf das Minimum der zweiten Welle, und die Interferenz ist destruktiv. Allgemein lassen sich die Lösungen der Wellengleichung in der Form

$$p_1 = p_0 \sin(kx_1 - \omega t)$$

und

$$p_2 = p_0 \sin(kx_2 - \omega t)$$

schreiben. Die Phasendifferenz dieser beiden Funktionen ist

$$\delta = (kx_2 - \omega t) - (kx_1 - \omega t) = k(x_2 - x_1) = k\Delta x.$$

Mit $k = 2\pi/\lambda$ ergibt sich

$$\delta = 2\pi \frac{\Delta x}{\lambda} = (360°) \frac{\Delta x}{\lambda}.$$
14.26 *Zusammenhang zwischen Wegunterschied und Phasendifferenz*

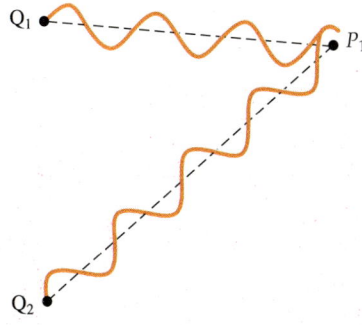

14.8 Wellen von den Quellen Q_1 und Q_2 treffen sich im Punkt P_1, der um eine Wellenlänge λ näher bei Q_1 liegt als bei Q_2. Im Punkt P_1 sind die Wellen in Phase und überlagern sich konstruktiv. Konstruktive Interferenz liegt an allen Punkten vor, die einen Wegunterschied zu den Quellen von null oder einem ganzzahligen Vielfachen der Wellenlänge aufweisen.

Beispiel 14.5

Zwei Schallquellen schwingen in Phase. An einem Punkt, der sich 5 m von der ersten und 5,17 m von der zweiten Quelle entfernt befindet, seien die Amplituden der Quellen jeweils p_0. Berechnen Sie die Amplitude der resultierenden Welle, wenn die Frequenz der Schallwellen a) 1000 Hz, b) 2000 Hz und c) 500 Hz ist. (Die Schallgeschwindigkeit sei 340 m/s.)

In allen Fällen ist der Wegunterschied $\Delta x = 5{,}17\,\text{m} - 5\,\text{m} = 0{,}17\,\text{m} = 17\,\text{cm}$.

a) Bei einer Frequenz von 1000 Hz ist die Wellenlänge

$$\lambda = \frac{v}{\nu} = \frac{340\,\text{m/s}}{1000\,\text{Hz}} = 0{,}34\,\text{m} = 34\,\text{cm} = 2\Delta x.$$

Da der Wegunterschied eine halbe Wellenlänge beträgt, ist die Phasendifferenz π und die resultierende Amplitude somit null.

b) Bei einer Frequenz von 2000 Hz ist die Wellenlänge

$$\lambda = \frac{340\,\text{m/s}}{2000\,\text{Hz}} = 17\,\text{cm} = \Delta x.$$

Der Wegunterschied entspricht einer Wellenlänge, und die resultierende Amplitude ist daher $2p_0$.

c) Bei einer Frequenz von 500 Hz ist die Wellenlänge

$$\lambda = \frac{340\,\text{m/s}}{500\,\text{Hz}} = 68\,\text{cm} = 4\Delta x.$$

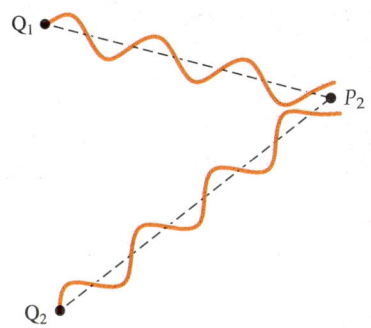

14.9 Wellen von den Quellen Q_1 und Q_2 treffen sich im Punkt P_2, der um eine halbe Wellenlänge näher bei Q_1 als bei Q_2 liegt. Die Quellen sind zwar in Phase, aber die Wellen treffen sich in P_2 mit einer Phasendifferenz von 180° und überlagern sich daher destruktiv. Besitzen die Wellen am Punkt P_2 gleiche Amplituden, löschen sie sich vollständig aus. Dann werden sie sich auch an jeder anderen Stelle auslöschen, an der der Wegunterschied $\lambda/2$ oder ein ungeradzahliges Vielfaches davon beträgt.

14 Akustik

Die Phasendifferenz beträgt dann

$$\delta = 2\pi \frac{\Delta x}{\lambda} = 2\pi \frac{\Delta x}{4\,\Delta x} = \frac{\pi}{2}.$$

Der Faktor $2p_0 \cos \frac{1}{2}\delta$ in (14.25) gibt die Amplitude der resultierenden Welle an. Für $\delta = \pi/2$ ist die Amplitude

$$2p_0 \cos \frac{1}{2}\left(\frac{\pi}{2}\right) = 2p_0 \cos\left(\frac{\pi}{4}\right) = 1{,}41\, p_0.$$

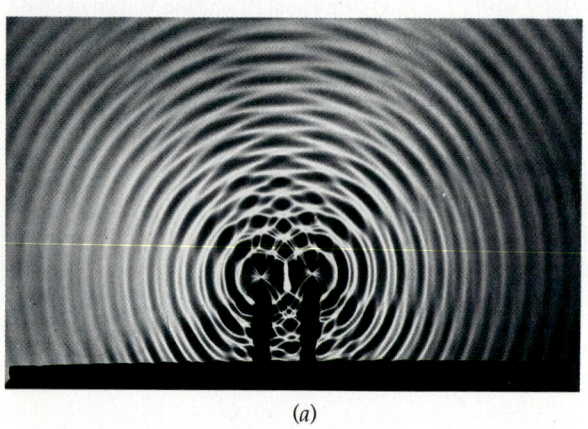

(a)

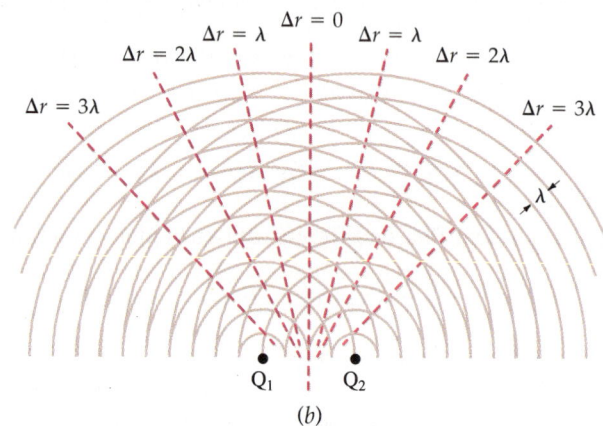

(b)

14.10 a) Interferenzmuster von Wellen zweier Punktquellen, die in Phase oszillieren, sichtbar gemacht in einer Demonstrationswanne. b) Geometrische Konstruktion des Interferenzmusters aus a. Die Wellen überlagern sich an den Schnittpunkten konstruktiv. Diese Punkte befinden sich überall dort, wo der Wegunterschied zweier von den Quellen emittierten Wellen ein ganzzahliges Vielfaches der Wellenlänge ist. (Teilbild a: © 1973 Berenice Abbott/Photo Researches)

Abbildung 14.10a zeigt ein Wellenmuster in einem Wassertank, das durch zwei Punktquellen erzeugt wurde, die sich in einem kleinen Abstand voneinander befinden. Jede Punktquelle erzeugt Kreiswellen der Wellenlänge λ. Ein ähnliches Muster erhalten wir, wenn wir in einem Schema äquidistante Kreise um die Quellen ziehen. Die Kreise repräsentieren die Wellenkämme zu einem festen Zeitpunkt (Abbildung 14.10b). An Punkten, an denen die Wellenkämme der verschiedenen Quellen überlappen, interferieren die Quellen konstruktiv. Hier sind die Wege von den beiden Quellen entweder gleich lang, oder sie unterscheiden sich um ein ganzzahliges Vielfaches der Wellenlänge voneinander. Die gestrichelten Linien (die nicht Strahlen entsprechen!) heben einige dieser Punkte hervor. Nimmt man an, die beiden Wellen besitzen gleiche Amplitude, so ist die Amplitude der resultierenden Welle an Punkten konstruktiver Interferenz doppelt so groß wie die ursprüngliche. Die Energie einer Welle ist proportional zum Quadrat der Amplitude. Daher ist die Energie der resultierenden Welle an Punkten konstruktiver Interferenz viermal so groß wie die einer ursprünglichen Welle. Zwischen je zwei Interferenzmaxima liegt ein Interferenzminimum, bei dem der Wegunterschied ein ungeradzahliges Vielfaches der halben Wellenlänge ist. Die Linien, an denen sich die Wellen komplett aufheben, heißen Knotenlinien. Für beliebige Punkte ist die Amplitude der resultierenden Welle $2p_0 \cos \frac{1}{2}\delta$. Dabei steht p_0 für die Druckamplituden der ursprünglichen Wellen, und δ hängt mit deren Wegunterschied über (14.26) zusammen.

Abbildung 14.11 zeigt die Intensität der resultierenden Welle als Funktion des Wegunterschiedes. An Punkten konstruktiver Interferenz ist die Intensität viermal so hoch wie die einer einzelnen ursprünglichen Welle, da sich die Amplituden beider Wellen überlagern und sich somit für die resultierende Welle eine doppelt so große Amplitude ergibt. An Punkten destruktiver Interferenz ist die Intensität null. Die mittlere Intensität ist als gestrichelte Linie eingezeichnet.

Gemäß der Energieerhaltung beträgt sie das Doppelte der mittleren Intensität einer einzelnen Welle. Durch die Interferenz der Wellen zweier Punktquellen wird die Energie im Raum neu verteilt.

Die Interferenz der Wellen zweier Schallquellen kann durch zwei Lautsprecher, die am selben Kanal eines Verstärkers angeschlossen und dadurch immer in Phase sind, vorgeführt werden. Bewegen wir uns im Raum, können wir die Punkte konstruktiver und destruktiver Interferenz hören. (Die Schallintensität wird an Punkten destruktiver Interferenz nicht ganz null sein, da die Schallwellen von den Wänden und Gegenständen im Raum reflektiert werden.)

Zwei Quellen müssen nicht in Phase Wellen aussenden, damit ein Interferenzmuster entsteht. Abbildung 14.12 zeigt einen Graphen, in dem für zwei Quellen mit einer Phasendifferenz von 180° die Intensität gegen den Wegunterschied aufgetragen ist. (Zwei in Phase befindliche Ausgänge eines Verstärkers können um 180° außer Phase gebracht werden, indem man die elektrischen Anschlüsse bei einem der Lautsprecher miteinander vertauscht.) Das Muster gleicht dem in Abbildung 14.11, allerdings sind Maxima und Minima vertauscht. An Punkten, die gleich weit von jeder Quelle entfernt sind oder an denen der Wegunterschied ein ganzzahliges Vielfaches einer Wellenlänge beträgt, ist die Interferenz jetzt destruktiv, da die Wellen um 180° außer Phase sind und sich gegenseitig aufheben (Abbildung 14.13). An Punkten, an denen der Wegunterschied ein ungeradzahliges Vielfaches der halben Wellenlänge ist, befinden sich die Wellen nun in Phase, da die auf die Quellen zurückzuführende Phasendifferenz von 180° durch die dem Wegunterschied entsprechende Phasendifferenz von 180° aufgehoben wird.

Unabhängig von der Größe der Phasendifferenz verschiedener Quellen werden so lange einander ähnliche Interferenzmuster erzeugt, wie die Phasendifferenz zeitlich konstant bleibt. Zwei Quellen mit konstanter Phasendifferenz heißen **kohärente Quellen**. Kohärente Quellen von Wasserwellen in einer Demonstrationswanne lassen sich leicht durch einen gemeinsamen Antrieb erzeugen. Durch zwei Lautsprecher, die an einer Signalquelle und einem Verstärker angeschlossen sind, erhält man kohärente Schallwellen. Quellen, deren Phasendifferenzen zeitlich nicht konstant, sondern zufällig verteilt variieren, heißen inkohärente Quellen. Beispiele für inkohärente Quellen sind Lautsprecher, die an unterschiedlichen Verstärkern angeschlossen sind, oder Violinen, die von unterschiedlichen Spielern gestrichen werden usw. Im allgemeinen sind auch verschiedene Lichtquellen, etwa zwei Kerzen, inkohärent. Bei inkohärenten Quellen schwankt die Interferenz an einem bestimmten Punkt sehr schnell zwischen dem konstruktiven und dem destruktiven Fall, so daß kein stationäres Muster entsteht. Die resultierende Intensität der von zwei oder mehreren inkohärenten Quellen ausgehenden Wellen ist einfach die Summe der von den einzelnen Quellen erzeugten Intensitäten.

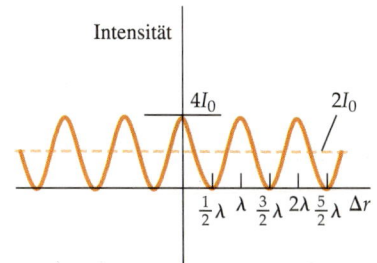

14.11 Verlauf der nach Interferenz resultierenden Intensität der Wellen zweier in Phase schwingender Quellen, gegen den Gangunterschied aufgetragen. Beträgt der Gangunterschied ein ganzzahliges Vielfaches der Wellenlänge, wächst die Intensität der resultierenden Welle auf das Vierfache der ursprünglichen Einzelintensitäten, also auf $4I_0$. Die gestrichelt eingezeichnete Linie zeigt die Durchschnittsintensität, die doppelt so hoch ist wie die einer einzelnen Quelle.

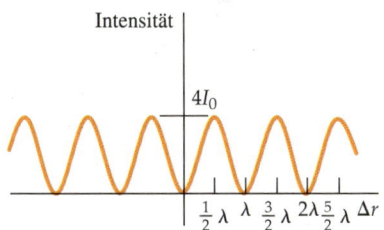

14.12 Verlauf der nach Interferenz resultierenden Intensität für zwei Quellen, die Wellen mit einer Phasendifferenz von 180° aussenden. Der Verlauf gleicht dem aus Abbildung 14.11, ist demgegenüber aber um eine halbe Wellenlänge verschoben.

Schwebungen

Die Interferenz zweier Wellen mit fast gleichen Frequenzen ist die Ursache für eine Erscheinung, die unter dem Namen **Schwebung** bekannt ist. Ein Beispiel sind die Schwebungen, die durch die Schallwellen zweier Stimmgabeln oder zweier Gitarrensaiten fast gleicher, aber nicht identischer Frequenz erzeugt werden. Der Ton wird abwechselnd lauter und leiser. Die Frequenz dieser periodischen Erscheinung heißt **Schwebungsfrequenz**.

Betrachten wir zwei Schallwellen mit den Kreisfrequenzen ω_1 und ω_2 und gleicher Druckamplitude p_0. Uns interessiert das zeitliche Verhalten der resultierenden Welle an irgendeinem Punkt im Raum. Mit anderen Worten: Wir konzentrieren uns auf die Zeitabhängigkeit des Schwingungsvorgangs, die Ortsabhängigkeit lassen wir außer acht. Jede der beiden Wellen verursacht im

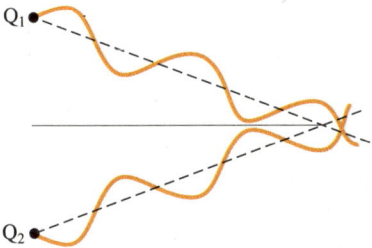

14.13 Schwingen die Quellen mit einer Phasendifferenz von 180°, so löschen sich die Wellen an gleich weit von den Quellen entfernten Punkten aus.

14 Akustik

Detektor, beispielsweise unserem Ohr, eine harmonische Schwingung des Druckes der Form

$$p_1 = p_0 \sin \omega_1 t$$

oder

$$p_2 = p_0 \sin \omega_2 t \,.$$

Zur Vereinfachung wählen wir hier Sinusfunktionen und nehmen an, daß die Wellen zur Zeit $t = 0$ in Phase sind. Benutzt man

$$\sin \theta_1 + \sin \theta_2 = 2 \cos \frac{1}{2}(\theta_1 - \theta_2) \sin \frac{1}{2}(\theta_1 + \theta_2)$$

für die Summe der beiden Sinusfunktionen, so ergibt sich für die resultierende Welle

$$p = p_0 \sin \omega_1 t + p_0 \sin \omega_2 t$$
$$= 2p_0 \cos \frac{1}{2}(\omega_1 - \omega_2) t \sin \frac{1}{2}(\omega_1 + \omega_2) t \,.$$

Die mittlere Kreisfrequenz ist $\langle \omega \rangle = \frac{1}{2}(\omega_1 + \omega_2)$, die Differenz der Kreisfrequenzen beträgt $\Delta \omega = \omega_1 - \omega_2$. Die resultierende Funktion lautet dann

$$p = 2p_0 \cos \left(\frac{1}{2} \Delta \omega \, t \right) \sin \langle \omega \rangle t$$
$$= 2p_0 \cos (\pi \Delta \nu \, t) \sin 2\pi \langle \nu \rangle t \,, \qquad 14.27$$

wobei $\Delta \nu = \Delta \omega / 2\pi$ und $\langle \nu \rangle = \langle \omega \rangle / 2\pi$.

Abbildung 14.14 zeigt die Druckänderung als Funktion der Zeit. Die Wellen befinden sich ursprünglich in Phase und addieren sich konstruktiv bei $t = 0$. Aufgrund der unterschiedlichen Frequenzen laufen die Wellen auseinander und geraten außer Phase. Zum Zeitpunkt $t = t_1$ beträgt die Phasendifferenz 180°, und die Wellen interferieren destruktiv. (Sie heben sich nur dann ganz auf, wenn die Druckamplituden der beiden Wellen gleich sind.) Nach einem weiteren Zeitintervall gleicher Größe, zur Zeit t_2, befinden sich beide Wellen wieder in Phase und interferieren konstruktiv. Je größer der Unterschied der Frequenzen der beiden Wellen, um so schneller kommen sie außer Phase und wieder in Phase.

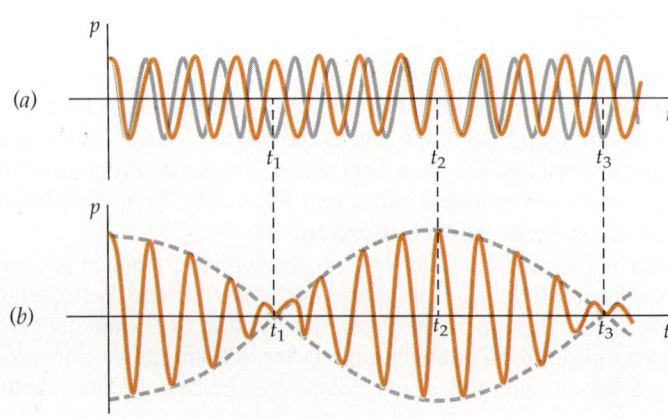

14.14 Schwebungen. a) Zwei Wellen mit beinahe gleicher Frequenz, die zum Zeitpunkt $t_0 = 0$ in Phase sind, löschen sich zum Zeitpunkt t_1 aus, da sie dann eine Phasendifferenz von 180° aufweisen. Zum Zeitpunkt t_2 sind sie wieder in Phase. b) Die resultierende Welle, die sich aus der Überlagerung der Wellen aus Teilbild a ergibt. Die Frequenz der resultierenden Welle hat ungefähr den gleichen Wert wie die der ursprünglichen Wellen, aber die Amplitude ist nun mit einer neuen Frequenz moduliert. Die Form der Amplitudenschwingung ist durch die gestrichelt eingezeichnete Einhüllende angedeutet. Die Amplitude ist zu den Zeitpunkten t_0 und t_2 maximal und verschwindet bei t_1 und t_3.

Mit dem Ohr hört man die mittlere Frequenz $\langle \nu \rangle = \frac{1}{2}(\nu_1 + \nu_2)$ der Amplitude $2p_0 \cos(2\pi \frac{1}{2} \Delta \nu\, t)$. Die Amplitude oszilliert daher mit der Frequenz $\frac{1}{2} \Delta \nu$. Da die Intensität zum Quadrat der Amplitude proportional ist, klingt der Ton immer dann laut, wenn die Amplitude maximal *oder* minimal ist. Intensitätsmaxima treten also mit der Frequenz $\frac{1}{2} \Delta \nu$ auf. Die Frequenz des Auftretens maximaler oder minimaler Amplitude ist somit gerade doppelt so hoch, also $\Delta \nu$. Die **Schwebungsfrequenz** ist folglich gerade gleich dem Frequenzunterschied der beiden Wellen:

$$\nu_{\text{Schwebung}} = \Delta \nu\,. \qquad 14.28$$

Je ähnlicher die Frequenzen der beiden sich überlagernden Wellen sind, desto länger dauert es, bis sie außer Phase und wieder in Phase kommen, desto kleiner ist also die Schwebungsfrequenz. Schlagen wir beispielsweise zwei Stimmgabeln mit den Frequenzen 241 Hz und 243 Hz gleichzeitig an, so hören wir einen pulsierenden Ton mit einer mittleren Frequenz von 242 Hz, der zweimal in einer Sekunde laut wird. Somit beträgt die Schwebungsfrequenz 2 Hz.

Die Schwebung wird häufig genutzt, um eine Klaviersaite zu stimmen. Dazu werden eine Stimmgabel bekannter Frequenz und die zu stimmende Klaviersaite gleichzeitig angeschlagen und die Saitenspannung solange verändert, bis die Schwebungsfrequenz $\Delta \nu = 0$ ist. Das Ohr kann bis zu 20 Schwebungen in der Sekunde wahrnehmen. Oberhalb dieser Frequenz ist die Änderung in der Lautstärke zu schnell, um noch gehört werden zu können. Schwebungen eignen sich besonders gut zur Bestimmung kleiner Frequenzunterschiede, wie sie beispielsweise auftreten, wenn ein Radarrichtstrahl von einem vorbeifahrenden Auto reflektiert wird. Durch den Doppler-Effekt ändert sich die Frequenz des reflektierten Strahls (Abschnitt 14.9), wobei die Größe der Frequenzänderung von der Geschwindigkeit des Wagens abhängt. Daher läßt sich umgekehrt die Geschwindigkeit aus der Frequenzänderung bestimmen, die ihrerseits durch Interferenz des reflektierten Strahls mit dem ursprünglichen Strahl über die damit erzeugte Schwebung gemessen werden kann.

Eine interessante Erscheinung, die in gewisser Weise mit Schwebungen zusammenhängt, sind die Moiré-Muster. Sie entstehen, wenn zwei geometrische Muster gleicher Struktur, beispielsweise zwei Streifenmuster aus parallelen Linien, so überlagert werden, daß sie nur wenig gegeneinander versetzt sind (Abbildung 14.15). Moiré-Muster treten auch auf, wenn man durch zwei parallele Zäune entlang einer Straße oder durch zwei Fensterscheiben blickt.

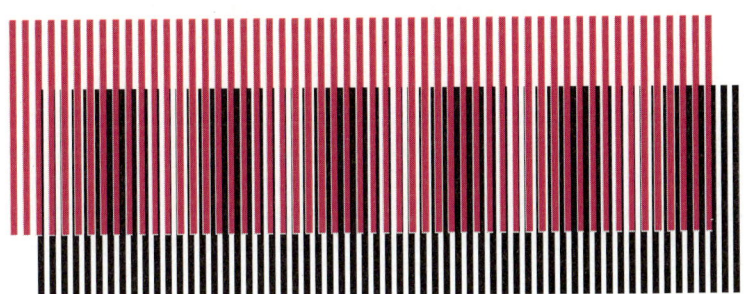

14.15 Zwei leicht gegeneinander versetzte Linienmuster gleicher Struktur zeigen bei ihrer Überlagerung den Moiré-Effekt.

Beispiel 14.6

Wird eine 440-Hz-Stimmgabel gleichzeitig mit dem Ton a auf einer Gitarre angeschlagen, so seien 3 Schwebungen pro Sekunde zu hören. Spannt man die Gitarrensaite etwas fester, um ihre Frequenz zu vergrößern, so erhöht sich die Schwebungsfrequenz auf 6 Schwebungen pro Sekunde. Bestimmen Sie die Frequenz der Gitarrensaite, nachdem sie etwas fester angezogen wurde.

Da anfangs 3 Schwebungen pro Sekunde zu hören waren, beträgt die ursprüngliche Frequenz der Gitarre entweder 443 Hz oder 437 Hz. Wären es 437 Hz gewesen, so hätte das leichte Anziehen der Saite eine Abnahme der Schwebungsfrequenz zur Folge, da sich dabei die Frequenz der Saite derjenigen der Stimmgabel nähert. Da aber die Schwebungsfrequenz auf 6 Schwebungen pro Sekunde zugenommen hat, muß die ursprüngliche Frequenz 443 Hz gewesen sein. Damit beträgt die neue Frequenz 446 Hz. Um die Saite auf 440 Hz zu stimmen, muß man sie etwas lockern.

Fragen

2. Werden Noten als Akkord gespielt, sind keine Schwebungen zu hören. Warum nicht?
3. Wie genau können Sie eine Klaviersaite mit einer Stimmgabel stimmen?

14.5 Stehende Schallwellen

Vieles von dem, was wir in Kapitel 13 über stehende Wellen auf einer Saite gesagt haben, kann für stehende Schallwellen übernommen werden. Betrachten wir das in Abbildung 14.16 abgebildete Rohr. Es ist mit Luft gefüllt und auf der rechten Seite geschlossen. Auf der linken Seite befindet sich ein beweglicher Kolben. Das rechte Ende bildet offenbar ein festes Ende für die Auslenkung der Moleküle durch Schallwellen, hier liegt also ein Bewegungsknoten vor, da sich die Moleküle nicht über die Begrenzung hinausbewegen können. Vibriert der Kolben auf der linken Seite mit einer Amplitude, die im Vergleich zur Amplitude der Schallwellen klein ist, dann kann auch das linke Ende annähernd als festes Ende betrachtet werden. (Die Näherung entspricht genau derjenigen, die wir bei der erzwungenen Schwingung einer Saite gemacht hatten.)

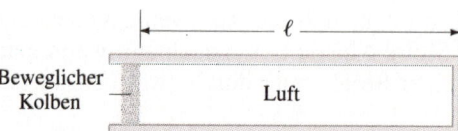

14.16 In einem Rohr eingeschlossene Luft. Ist die Amplitude der Kolbenbewegung klein, befinden sich an beiden geschlossenen Enden Bewegungsknoten. Die Randbedingungen für stehende Wellen entsprechen genau denen einer Saite mit zwei fest eingespannten Enden.

Die Bedingungen für stehende Wellen sind hier genau die gleichen wie für stehende Wellen einer Saite mit zwei festen Enden, und deshalb können alle Gleichungen übernommen werden. Die Rohrlänge muß einem ganzzahligen Vielfachen der halben Wellenlänge der stehenden Schallwellen entsprechen, und an den Enden des Rohres müssen sich Bewegungsknoten befinden. Somit gilt

$$\ell = n \frac{\lambda_n}{2} \qquad n = 1, 2, 3, \ldots \qquad 14.29$$

Daraus ergeben sich als mögliche Frequenzen

$$\nu_n = \frac{v}{\lambda_n} = \frac{v}{(2\ell/n)}$$

oder

$$\nu_n = n\frac{v}{2\ell} = n\nu_1 \qquad n = 1, 2, 3, \ldots,$$

14.30 *Eigenfrequenzen stehender Wellen in einem Rohr mit zwei geschlossenen, festen Enden*

wobei

$$\nu_1 = \frac{v}{2\ell}$$

die Grundfrequenz darstellt.

Wir hatten schon gesehen, daß man eine Schallwelle auch als wellenförmige Druckschwankung auffassen kann, da das Hin- und Herschwingen der Luftmoleküle Druckschwankungen verursacht. Diese Druckschwankungen verlaufen sinusförmig, falls die Auslenkung der Moleküle ebenfalls, wie bei einer harmonischen Welle, sinusförmig erfolgt. Jedoch sind Druckschwankung und Auslenkung um 90° zueinander phasenverschoben. Deshalb entsprechen bei stehenden Wellen den Bewegungsknoten Druckbäuche und umgekehrt.

Es gibt kein Musikinstrument, dem ein beidseitig geschlossenes Rohr zugrundeliegt, wohl aber elektrische Geräte – wie Antennen und Hohlraumresonatoren –, die diesen Bedingungen entsprechen. Wir werden darauf noch einmal in Kapitel 29 zurückkommen.

Beispiel 14.7

Bestimmen Sie für eine 1 m lange mit Luft gefüllte Röhre die Frequenzen und Wellenlängen der stehenden Schallwellen, die sich hier ausbilden können, wobei angenommen wird, daß die Schallgeschwindigkeit 340 m/s beträgt.

Die niedrigste mögliche Frequenz, die Grundfrequenz, besitzt auch die größte Wellenlänge:

$$\lambda_1 = 2\ell = 2 \text{ m}.$$

Somit ergibt sich für den Wert der Grundfrequenz:

$$\nu_1 = \frac{v}{\lambda_1} = \frac{340 \text{ m/s}}{2 \text{ m}} = 170 \text{ Hz}.$$

Die anderen Eigenfrequenzen sind

$$\nu_2 = 2\nu_1 = 2 \cdot 170 \text{ Hz} = 340 \text{ Hz}$$
$$\nu_3 = 3\nu_1 = 3 \cdot 170 \text{ Hz} = 510 \text{ Hz}$$
$$\nu_n = n\nu_1 = n \cdot 170 \text{ Hz}$$

mit den entsprechenden Wellenlängen

$$\lambda_2 = \frac{2\ell}{2} = 1 \text{ m}$$
$$\lambda_n = \frac{2\ell}{n} = \frac{2 \text{ m}}{n}.$$

Ist das linke Ende des Rohres aus Abbildung 14.16 offen, dann befindet sich dort ein Auslenkungsbauch. (Gleichzeitig liegt hier ein Druckknoten vor, da an dieser Stelle der Druck der umgebenden Atmosphäre herrscht.) Die Bedingungen für stehende Wellen sind für diesen Fall dieselben wie für eine Saite mit einem festen und einem losen Ende. Die Länge des Rohres muß ein ungeradzahliges Vielfaches von $\lambda/4$ sein. Das heißt, die Wellenlänge der Grundschwingung ist viermal so groß wie die Länge des Rohres, und es treten nur ungerade Harmonische auf. Folglich gilt:

$$\ell = n\frac{\lambda_n}{4} \qquad n = 1, 3, 5, \ldots \qquad 14.31$$

Die Eigenfrequenzen sind somit

Eigenfrequenzen stehender Wellen in einem Rohr mit einem offenen Ende

$$\nu_n = n\frac{v}{4\ell} = n\nu_1 \qquad n = 1, 3, 5, \ldots, \qquad 14.32$$

wobei v die Schallgeschwindigkeit und

$$\nu_1 = \frac{v}{4\ell} \qquad 14.33$$

die Grundfrequenz ist.

Übung

Bestimmen Sie die drei niedrigsten Eigenfrequenzen eines 1 m langen Rohres, das ein offenes und ein geschlossenes Ende besitzt. (Antwort: $\nu_1 = 85$ Hz, $\nu_3 = 3 \cdot \nu_1 = 255$ Hz, $\nu_5 = 5 \cdot \nu_1 = 425$ Hz)

Das Ergebnis, daß sich am offenen Ende eines einseitig geschlossenen Rohres ein Bewegungsbauch (bzw. ein Druckknoten) befindet, basiert auf der Annahme, Schallwellen in einem Rohr seien eindimensional. Die Annahme ist dann eine gute Näherung, wenn der Durchmesser des Rohres klein gegen die Wellenlänge der Schallwellen ist. Im realen Experiment befinden sich der Auslenkungsbauch und der Druckknoten jedoch etwas außerhalb des offenen Rohrendes, was auf die dreidimensionale Ausdehnung des Rohres zurückzuführen ist. Die effektive Rohrlänge ist somit also etwas größer als die tatsächliche Länge des Rohres ℓ. Sei $\Delta\ell$ der Korrekturwert für die gemessene Position des Auslenkungsbauches oder des Druckknotens, dann ergibt sich für die effektive Länge des Rohres

$$\ell_{\text{eff}} = \ell + \Delta\ell \, .$$

Der Korrekturwert $\Delta\ell$ ist von der Größenordnung des Rohrradius. Der Abstand zweier benachbarter Knoten oder Bäuche ist immer noch $\lambda/2$, jedoch beträgt der Abstand vom offenen Ende des Rohres bis zum ersten Bewegungsknoten aufgrund des Korrekturwertes etwas weniger als $\lambda/4$.

Abbildung 14.17 zeigt eine Vorrichtung zur Bestimmung der Schallgeschwindigkeit. Eine schmale, vertikale Röhre (in der Anordnung links) ist teilweise mit Wasser gefüllt. Über einen Schlauch besteht eine Verbindung zur rechten Röhre. Wird diese nach oben oder unten bewegt, ändert sich die Lage des Wasserspiegels in der linken Röhre und damit auch die Länge der Luftsäule über dem Wasser. Eine Stimmgabel sende Schallwellen der Frequenz ν_0 und der Wellenlänge

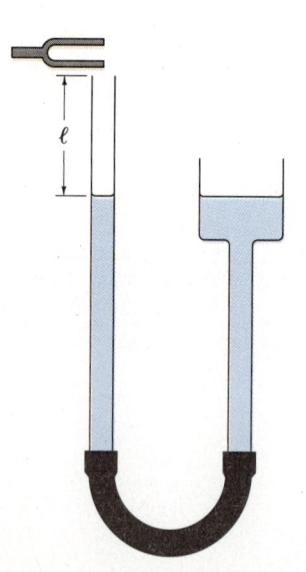

14.17 Vorrichtung zur Bestimmung der Schallgeschwindigkeit in Luft. Die Luftsäule in der linken Röhre, deren Länge ℓ über dem Wasserspiegel eingestellt werden kann, wird durch eine Stimmgabel zu Schwingungen angeregt. Resonanz tritt ein, wenn die Länge der Luftsäule $\frac{1}{4}\lambda$, $\frac{3}{4}\lambda$, $\frac{5}{4}\lambda$ und so weiter beträgt, wobei λ die Wellenlänge der Schallwelle ist.

$\lambda_0 = v/\nu_0$ über das offene Ende in die Röhre. Die Schallwellen werden am Wasserspiegel reflektiert. Bei geeigneter Höhe des Wasserspiegels bildet sich durch Resonanz eine stehende Welle, und die erhöhte Energie der Schallwellen kann deutlich gehört werden. Mit dem Korrekturwert $\Delta\ell$ und der Länge der Luftsäule ℓ_1 tritt der Resonanzfall ein, wenn

$$\ell_1 + \Delta\ell = \frac{1}{4}\lambda_0 \,.$$

Weitere Resonanzlängen wie ℓ_3, ℓ_5 finden sich für

$$\ell_3 + \Delta\ell = \frac{3}{4}\lambda_0$$

$$\ell_5 + \Delta\ell = \frac{5}{4}\lambda_0 \,.$$

Die Wellenlänge der Schallwelle läßt sich also als Differenz aufeinanderfolgender Resonanzlängen bestimmen. Beispielsweise erhält man

$$\ell_3 - \ell_1 = \frac{1}{2}\lambda_0 \,,$$

und für die Schallgeschwindigkeit ergibt sich damit

$$v = \nu_0 \lambda_0 = 2\nu_0 (\ell_3 - \ell_1) \,.$$

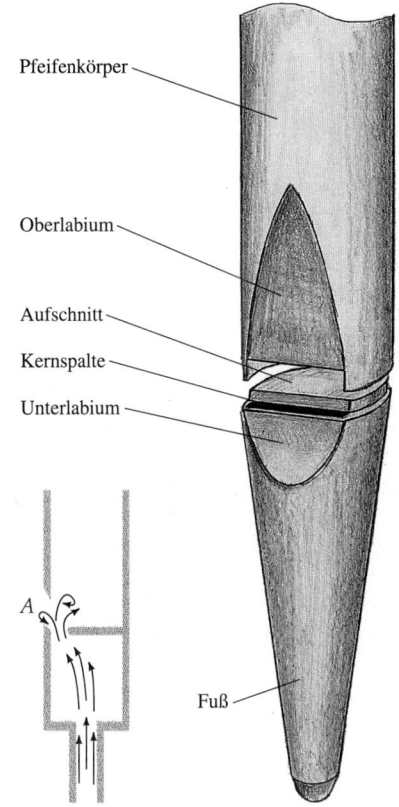

Beispiel 14.8

Eine Stimmgabel, die mit 500 Hz schwingt, werde, wie in Abbildung 14.17 gezeigt, über eine Röhre gehalten. Resonanzen werden beobachtet, wenn der Wasserspiegel 16 cm, 50,5 cm, 85 cm und 119,5 cm vom oberen Ende der Röhre entfernt ist. a) Wie groß ist die Schallgeschwindigkeit in Luft? b) Welchen Abstand hat der Druckknoten vom offenen Ende der Röhre?

a) Der Unterschied der Wasserstände aufeinanderfolgender Resonanzen beträgt 34,5 cm. Damit ist die Wellenlänge gerade doppelt so groß, also 69 cm = 0,69 m. Für die Schallgeschwindigkeit in Luft ergibt sich aus diesen Daten

$$v = \nu\lambda = 500 \text{ Hz} \cdot 0{,}690 \text{ m} = 345 \text{ m/s} \,.$$

b) Die Entfernung des Wasserspiegels vom offenen Ende der Röhre beträgt für die erste Resonanz 16 cm, und es ist $\lambda/4 = 69$ cm$/4 = 17{,}25$ cm. Somit ergibt sich ein Abstand des Druckknotens (oder des Auslenkungsbauches) vom offenen Ende der Röhre von

$$\Delta\ell = \frac{1}{2}\lambda - \ell = 17{,}25 \text{ cm} - 16{,}0 \text{ cm} = 1{,}25 \text{ cm} \,.$$

14.18 Labialpfeife einer Orgel. Links ist ein Schnitt durch eine Holzpfeife gezeigt, rechts eine Pfeife aus Metall (typischerweise eine Zinnlegierung). Zur Verdeutlichung des Aufbaus ist in der Zeichnung der Metallpfeife der konische Fuß vom Pfeifenkörper (das ist die zylindrische Röhre) getrennt. Bei der Holzpfeife hat der Pfeifenkörper einen rechteckigen Querschnitt. Das Prinzip der Klangerzeugung ist in beiden gleich: Von unten durchströmt Luft (orgelfachsprachlich „Wind") den Pfeifenfuß. Der Luftstrom wird durch eine schmale Öffnung – die Kernspalte – auf eine scharfe Kante (die Schneidekante des Oberlabiums) geleitet und verursacht dort periodische Luftwirbel, die wiederum stehende Wellen in der Luftsäule innerhalb des Pfeifenkörpers anregen (linkes Bild). Da die Luftsäule bei A (im „Aufschnitt") mit der Atmosphäre in Verbindung steht, befindet sich dort ein Druckknoten. Die Resonanzfrequenzen der Pfeife hängen von der Länge des Pfeifenkörpers ab und davon, ob die Pfeife an ihrem oberen Ende geschlossen (gedackt) oder offen ist.

Ein bekanntes Beispiel für die Anwendung stehender Schallwellen in Luftsäulen sind Orgelpfeifen. In einer solchen Pfeife vom sogenannten Lippentyp (Labialpfeife) wird ein Luftstrom an der scharfen Kante einer Öffnung gebrochen (Punkt A in Abbildung 14.18). Die komplizierte, aber periodische Verwirbelung der Luft nahe der Kante verursacht Schwingungen in der Luftsäule innerhalb des Pfeifenkörpers (der eigentlichen Röhre der Pfeife). Die Resonanzfrequenzen der Orgelpfeife hängen von ihrer Länge ab und davon, ob sie oben geschlossen (in der Fachsprache heißt sie dann gedackt) oder offen ist.

14 Akustik

Bei der gedackten Orgelpfeife befindet sich am geschlossenen Ende ein Bewegungsknoten und nahe der Öffnung (Punkt A in der Abbildung) ein Bewegungsbauch. Die Eigenfrequenzen sind also die eines Rohres mit einem festen und einem offenen Ende. Damit beträgt die Wellenlänge der Fundamentalschwingung ungefähr das Vierfache der Pfeifenlänge, und als Eigenfrequenzen treten nur die ungeraden Harmonischen auf. Musikinstrumente aus der Klarinettenfamilie sind von ihrer Konstruktion her offen-geschlossene Rohre mit ungeradzahligen Harmonischen für die tiefen Töne. In Abbildung 14.19 sind die Schwingungsmuster von Pfeifen wiedergegeben, die ein offenes und ein geschlossenes Ende besitzen.

In offenen Orgelpfeifen findet man an beiden Enden Bewegungsbäuche und folglich auch Druckknoten. Die Eigenfrequenz einer beidseitig offenen Pfeife ist dieselbe wie die der beidseitig geschlossenen Pfeife, abgesehen von den Korrekturwerten, die sich an den offenen Enden ergeben. Die Wellenlänge der Grundschwingung ist doppelt so groß wie die effektive Pfeifenlänge, und auch hier treten alle Harmonischen auf. Die zugehörigen Schwingungsmuster sind in Abbildung 14.20 zu sehen.

Wie im Fall der schwingenden Saite setzt sich die allgemeine Bewegung der Luft in einer Orgelpfeife aus einer Mischung von Harmonischen zusammen. Darüber hinaus sind die meisten Musikinstrumente sehr viel komplizierter als einfache zylindrische Röhren. Die konisch zulaufende Röhre, die das Grundelement von Oboen, englischen Hörnern und Saxophonen bildet, zeigt einen vollständigen Satz aus Harmonischen, und die Wellenlänge der Fundamentalen ist doppelt so groß wie die Länge der konischen Röhre. Blechblasinstrumente sind oft Mischformen aus Zylindern und Kegelstümpfen. Die Erkenntnis, daß sie trotzdem fast immer harmonische Obertöne besitzen, ist eher ein Triumph systematischen experimentellen Suchens als das Ergebnis mathematischer Berechnungen. Die Analyse dieser Instrumente ist außerordentlich kompliziert.

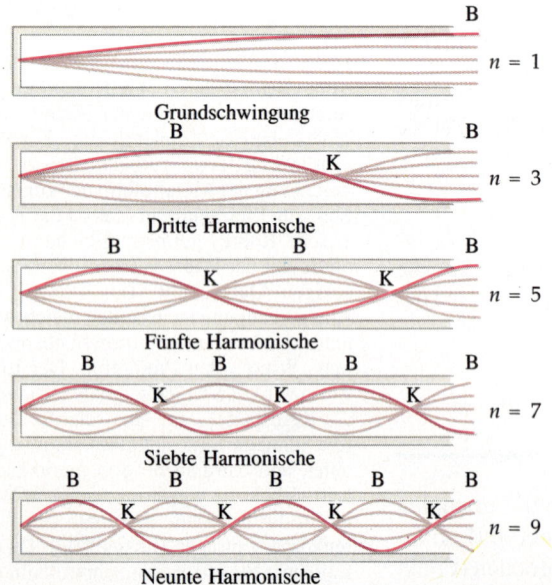

14.19 Stehende Wellen in einer Pfeife, die an einem Ende offen, am anderen geschlossen ist (gedackte Pfeife). Diese Abbildung zeigt den Verlauf der Bewegungswellen, die am geschlossenen Ende Knoten und am offenen Ende Bäuche besitzen. Wie bei einer Saite mit einem fest eingespannten und einem losen Ende treten auch hier nur die ungeradzahligen Harmonischen auf.

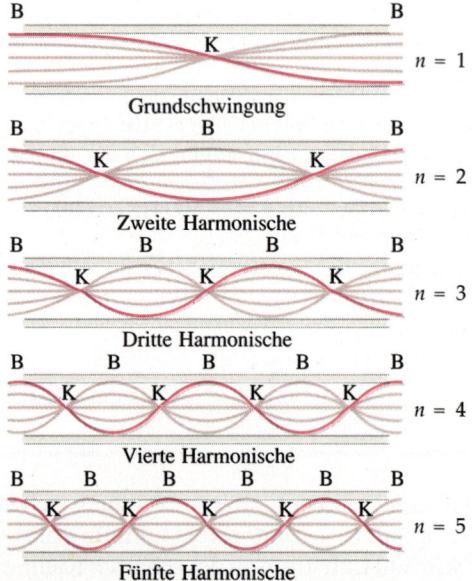

14.20 Stehende Wellen einer beidseits offenen Pfeife. An beiden Enden befinden sich Bewegungsbäuche. Wie bei einer Saite mit zwei fest eingespannten Enden sind auch hier alle Harmonischen vorhanden. (Eine „offene" Orgelpfeife hat also ein anderes Obertonspektrum als eine gedackte und klingt daher anders.)

Frage

4. Wie verändern sich die Frequenzen der Eigenschwingungen einer Orgelpfeife, wenn die Lufttemperatur zunimmt?

14.6 Harmonische Analyse und Synthese

Erzeugt man mit einer Oboe und einer Violine denselben Ton, beispielsweise den Kammerton a, so hört sich dies recht unterschiedlich an. Beide Töne besitzen die gleiche Tonhöhe. Unsere physiologische Wahrnehmung der Höhe oder Tiefe eines Tons hängt stark mit der Frequenz zusammen – je höher die Frequenz, desto höher die Tonhöhe. (In der physikalischen Akustik wird jeder Tonhöhe eindeutig eine bestimmte Frequenz zugeordnet.) Die **Klangfarbe** ist jedoch verschieden. Außer der für beide Instrumente gleichen Grundschwingung (440 Hz für den Kammerton a) werden nämlich instrumentabhängige Obertöne unterschiedlicher Intensität erzeugt. Träten sie nicht auf, dann klängen die auf beiden Instrumenten gespielten Töne absolut identisch.

An dieser Stelle wollen wir kurz auf die Begriffe Ton und Klang eingehen. Die in der Musik übliche Verwendung des Wortes Ton weicht im allgemeinen von der in der physikalischen Akustik gebräuchlichen ab. Der Musiker nennt das Schallergebnis, das einer einzelnen Note entspricht, Ton, während es sich nach der Terminologie der Akustik eher um einen Klang handelt. Physikalisch versteht man unter einem (reinen) *Ton* eine sinusförmige Schallschwingung im Hörbereich. *Klänge* sind Schallwellen (im Hörbereich), die sich aus Grund- und Obertönen zusammensetzen, sie sind somit meist nicht mehr sinusförmig, aber immer noch periodisch. Unter *Geräusch* schließlich versteht man Schallsignale, die auf nichtperiodischen Schwingungen beruhen.

In Abbildung 14.21 sind für eine Stimmgabel, eine Klarinette und ein Horn die jeweils verursachten Druckänderungen als Funktion der Zeit aufgetragen. Diese Muster werden **Wellenformen** genannt (obwohl man genauer eigentlich von Schwingungsformen sprechen müßte). Die Wellenform einer Stimmgabel ist der einer Sinusfunktion sehr ähnlich, die der Klarinette und des Horns jedoch eindeutig nicht. Wellenformen sind aus Harmonischen zusammengesetzt und können durch deren Anteile ausgedrückt oder in sie zerlegt werden. Eine solche Zerlegung oder Analyse heißt **harmonische Analyse**. (Sie wird auch nach dem französischen Mathematiker Fourier, der die Analyse periodischer Funktionen mathematisch entwickelte, **Fourier-Analyse** genannt.) Abbildung 14.22 zeigt für jede der Wellenformen in Abbildung 14.21 das Verhältnis der Intensitäten der Harmonischen. Aus einem solchen **Spektrum** lassen sich die Anteile der verschiedenen Harmonischen an der Wellenform ablesen. Die Wellenform der Stimmgabel enthält nur die Grundfrequenz. Das Spektrum der Klarinette besteht

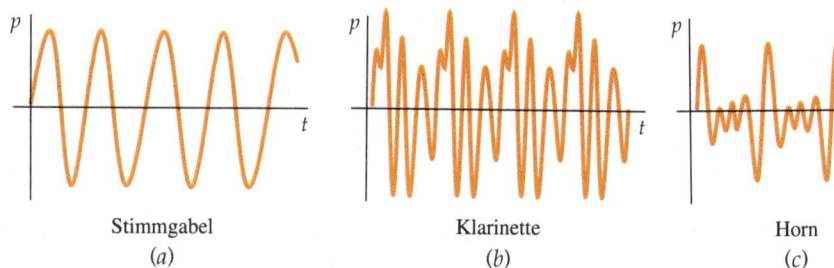

14.21 Wellenformen a) einer Stimmgabel, b) einer Klarinette und c) eines Horns, alle mit einer Grundschwingung von 440 Hz und ungefähr gleicher Intensität.

14.22 Intensitäten der Harmonischen der in Abbildung 14.21 gezeigten Wellenformen a) einer Stimmgabel, b) einer Klarinette und c) eines Horns.

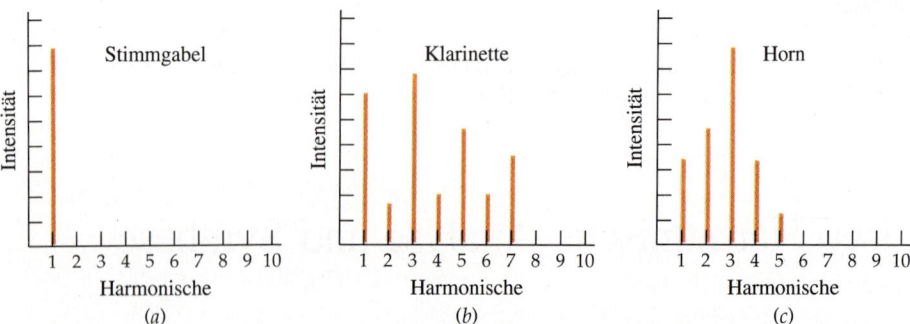

hauptsächlich aus der Grundfrequenz und der dritten, fünften und siebten Harmonischen. Die zweite, vierte und sechste Harmonische tragen wenig zur Wellenform bei. Beim Horn ist der Beitrag der zweiten und dritten Harmonischen sogar größer als jener der Grundfrequenz.

Obwohl das Spektrum eines Klangs (also die harmonische Analyse) wichtig ist, wenn man das Instrument erkennen will, mit dem der Klang erzeugt wurde, spielen für die Klangcharakterisierung auch andere Merkmale eine große Rolle, beispielsweise

- der Anschlag, das Anblasen, das Anstreichen usw. (die Art, wie ein Klang beginnt),
- das Vorhandensein oder Nichtvorhandensein von Vibratos und Tremolos (bebende und zitternde Änderungen in Frequenz und Lautstärke),
- die Geschwindigkeit, mit der sich die Harmonischen aufbauen,
- das Abfallen (die Rate, mit der der Klang wieder abnimmt),
- das Ausklingen (die Rate, mit der die Schallstärke nach einer gespielten Note abklingt).

Das Gegenstück zur harmonischen Analyse bildet die **harmonische Synthese**, bei der eine periodische Wellenform aus ihren harmonischen Anteilen zusammengesetzt wird. Abbildung 14.23 zeigt eine Rechteckwelle und ihre angenäherte Synthese durch drei Harmonische. Je mehr Harmonische in die Synthese eingehen, desto ähnlicher wird sie der Rechteckwelle. Das zur Synthese verwendete Spektrum der Rechteckwelle ist in Abbildung 14.24 zu sehen.

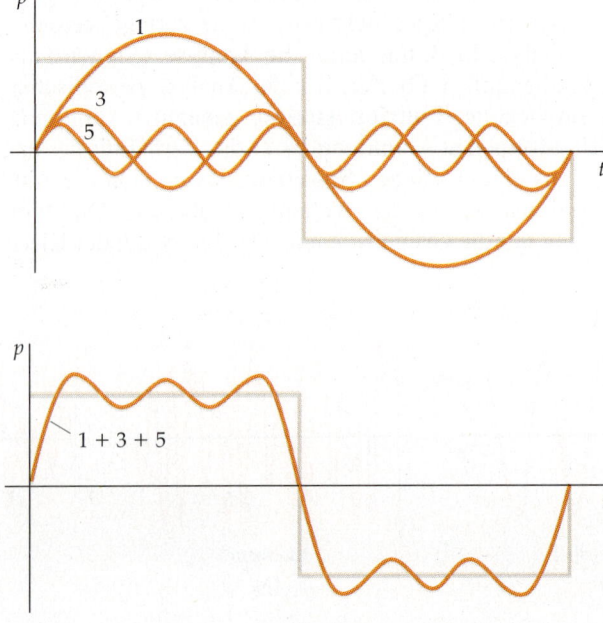

14.23 a) Eine Rechteckwelle und die ersten drei Harmonischen, die zur Synthese der Rechteckwelle verwendet wurden. b) Ergebnis der Synthese der Rechteckwelle aus den ersten drei Harmonischen.

Ein Synthesizer erzeugt eine Reihe harmonischer Wellen, deren Amplitudenverhältnis so angepaßt werden kann, daß durch ihre Kombination jede gewünschte Wellenform konstruierbar ist. Zusätzlich kann jeder Klang durch Parameter wie Anschlag, Abklingen, Vibrato und Tremolo feinjustiert werden. Mit einem modernen Synthesizer lassen sich die Klänge aller Instrumente eines Orchesters recht gut simulieren.

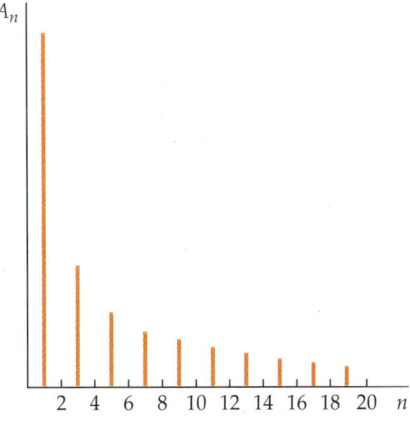

14.24 Amplituden A_n der Harmonischen, die zur Synthese der Reckteckwelle in Abbildung 14.23 benötigt werden. Je mehr Harmonische verwendet werden, desto besser ist die Annäherung des Reckteckverlaufs.

14.7 Wellenpakete und Dispersion

Die komplizierten Wellenformen des vorhergehenden Abschnittes sind periodisch. Die Periodizität führt dazu, daß sich das Spektrum in der harmonischen Analyse aus diskreten Frequenzen zusammensetzt. Aber auch nichtperiodische Funktionen, wie Wellenpulse, können durch die Überlagerung harmonischer (sinusförmiger) Wellenfunktionen dargestellt werden. Dazu ist allerdings ein *Kontinuum* an Frequenzen nötig.

Der entscheidende Unterschied zwischen einem Wellenberg und einer periodischen Welle mit einer einzigen Frequenz besteht darin, daß der Wellenberg einen Anfang und ein Ende besitzt, also begrenzt ist, wohingegen sich eine periodische Welle ständig wiederholt. Um ein Signal, wie einen Puls, mittels Wellen zu übertragen, wird nicht nur eine einzige harmonische Welle benötigt, sondern eine ganze Gruppe von Wellen mit unterschiedlichen Frequenzen. Eine solche Gruppe formt ein **Wellenpaket**. Zwischen der Dauer des Pulses Δt, der durch ein Wellenpaket aus harmonischen Wellen gegeben ist, und der Verteilung $\Delta\omega$ der zu diesen harmonischen Wellen gehörenden Frequenzen besteht eine wichtige Beziehung. Ist die Dauer Δt des Pulses sehr kurz, so ist die Breite $\Delta\omega$ des Frequenzbereichs (man spricht auch von der Bandbreite) sehr groß. Allgemein gilt:

$$\Delta\omega \, \Delta t \approx 1 \, . \qquad 14.34$$

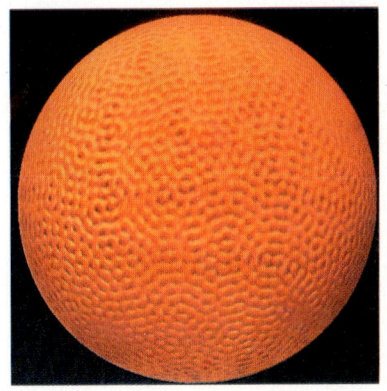

Stehende Schallwellen auf der Sonnenoberfläche. Die beobachteten Schwingungen der Sonnenoberfläche besitzen eine Schwingungsdauer von ungefähr 5 Minuten. Von den bekannten zehn Millionen Schwingungsmoden ist hier eine Linearkombination von ungefähr 100 Schwingungsmoden abgebildet. Die Auslenkungen der Oberfläche sind um das 1000fache überhöht wiedergegeben. Die Periodendauer jeder Schwingungsmode liefert Aufschlüsse über den Aufbau und die Dynamik des Sonneninneren. (Foto: Davis Hathaway/NASA, Wiedergabe mit freundlicher Genehmigung der National Optic Astronomy Observatories)

Der genaue Wert des Produktes hängt davon ab, wie die Größen $\Delta\omega$ und Δt definiert sind. Bei den gebräuchlichsten Definitionen liegen $\Delta\omega$ und $1/\Delta t$ in der gleichen Größenordnung. Qualitativ läßt sich die obige Beziehung über die in Abschnitt 14.4 besprochene Schwebung verstehen. Die Einhüllende entspricht dabei einem begrenzten Wellenberg oder Puls, da sie Anfang und Ende besitzt. Jedoch wiederholt sie sich bei der Schwebung ständig. Liegen die Frequenzen der Schwebung sehr eng beieinander, ist also $\Delta\omega$ sehr klein, so ist die Zeitdifferenz $\Delta t = t_3 - t_1$ (t_1 und t_3 sind Zeiten, bei denen die Wellen einen Gangunterschied von 180° aufweisen) sehr groß. Ist andererseits der Frequenzunterschied der beiden Wellen sehr groß, so werden sie sehr schnell außer Phase sein, d.h., Δt ist dann sehr klein.

Ein von einer Quelle während eines kurzen Zeitintervalls Δt ausgesendeter Wellenzug, der eine Ausbreitungsgeschwindigkeit v besitzt, hat räumlich gesehen eine sehr kleine Breite $\Delta x = v \, \Delta t$. Zur harmonischen Welle mit der Frequenz ω gehört eine Wellenzahl $k = \omega/v$. Einem Frequenzbereich $\Delta\omega$ entspricht somit umgekehrt ein Bereich von Wellenzahlen $\Delta k = \Delta\omega/v$. Ersetzt man $\Delta\omega$ in Gleichung (14.34) durch $v \, \Delta k$, so ergibt sich

$$v \, \Delta k \, \Delta t \approx 1$$

oder

$$\Delta k\, \Delta x \approx 1\ . \qquad 14.35$$

Auch hier hängt der genaue Wert des Produktes von den Definitionen der auftretenden Größen ab.

Die Beziehungen (14.34) und (14.35) beschreiben wichtige Merkmale von Wellenpaketen, die auf alle Arten von Wellen zutreffen. Da Information nicht durch eine einzige harmonische Welle übertragen werden kann, die – zeitlich gesehen – keinen Anfang und kein Ende besitzt, hängt die Ausbreitung eines Wellenpulses davon ab, wie sich die Wellen unterschiedlicher Frequenz, die ein Wellenpaket bilden, in einem Medium fortpflanzen.

Damit beispielsweise ein wanderndes Wellenpaket seine Form beibehält, müssen alle harmonischen Wellen, aus denen das Wellenpaket sich zusammensetzt, dieselbe Ausbreitungsgeschwindigkeit in einem Medium besitzen. Dies setzt voraus, daß die Ausbreitungsgeschwindigkeit nicht von der Wellenlänge oder der Frequenz der harmonischen Wellen abhängt. Ein Medium, bei dem dies zutrifft, nennt man **nichtdispersives Medium**. Luft ist für Schallwellen ein nichtdispersives Medium, dagegen unterliegen Schallwellen in Festkörpern und Flüssigkeiten der Dispersion, d. h., in diesen Medien ist die Ausbreitungsgeschwindigkeit der Wellen eine Funktion der Wellenlänge (oder Frequenz) (zum Begriff Dispersion siehe auch Kapitel 13).

Manchmal hängt die Ausbreitungsgeschwindigkeit in einem dispersiven Medium nur schwach von der Frequenz oder Wellenlänge ab. In einem solchen Fall wird sich das Wellenpaket ein beträchtliches Stück bewegen, bevor es nicht mehr wiederzuerkennen ist. Zu beachten ist, daß die Geschwindigkeit, mit der sich der Schwerpunkt des Wellenpaketes fortbewegt, nicht mit der (durchschnittlichen) Ausbreitungsgeschwindigkeit der einzelnen harmonischen Wellen übereinstimmt, aus denen sich das Wellenpaket zusammensetzt. Die durchschnittliche Ausbreitungsgeschwindigkeit der harmonischen Wellen wird als **Phasengeschwindigkeit** bezeichnet; die Geschwindigkeit, mit der sich das Wellenpaket fortbewegt, heißt **Gruppengeschwindigkeit**.

14.8 Reflexion, Brechung und Beugung

In einem homogenen Medium (beispielsweise Luft mit konstanter Dichte) breitet sich eine Welle geradlinig in Richtung der Strahlen aus. Weit entfernt von einer Punktquelle kann ein kleiner Ausschnitt der Wellenfront näherungsweise durch eine Ebene beschrieben werden, und die Strahlen kann man annähernd als parallel verlaufend betrachten. Wellen mit diesen Merkmalen heißen **ebene Wellen** (Abbildung 14.25). Das zweidimensionale Analogon einer ebenen Welle ist eine Linienwelle. Sie entspricht einem kleinen Ausschnitt aus einer kreisförmigen

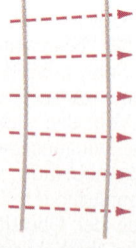

14.25 Ebene Wellen. Weit entfernt von einer Punktquelle sind die Wellenfronten annähernd parallel. Die Strahlen sind ebenfalls untereinander parallel und schneiden die Wellenfronten rechtwinklig.

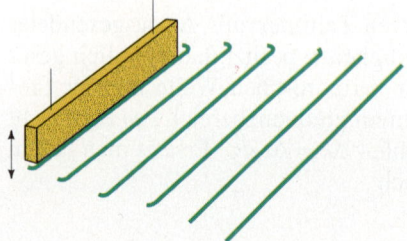

14.26 Linienwellen, die das zweidimensionale Analogon zu ebenen Wellen sind, können in einer Demonstrationswanne durch ein flaches auf- und abschwingendes Brett erzeugt werden. Die linienförmigen Wellenfronten sind parallel zueinander.

Wellenfront in großer Entfernung von einer Punktquelle. Derartige Wellen lassen sich in einer Demonstrationswanne mit einer Linienquelle, wie in Abbildung 14.26 gezeigt, erzeugen. Ebene Wellen (oder auch Linienwellen) breiten sich geradlinig in Richtung der Strahlen aus – ganz ähnlich wie ein Teilchenstrahl.

Fällt eine Welle auf eine Grenzfläche, die zwei Gebiete unterschiedlicher Wellenausbreitungsgeschwindigkeit voneinander trennt, so wird die Welle teilweise reflektiert und teilweise transmittiert (durchgelassen). Ein Beispiel ist eine Schallwelle in Luft, die auf eine Flüssigkeit oder auf einen Festkörper trifft. Der einfallende Strahl schließt dabei mit der Normalen der Oberfläche den gleichen Winkel ein wie der reflektierte Strahl. Der Winkel des transmittierten Strahls verkleinert oder vergrößert sich, je nachdem, ob die Ausbreitungsgeschwindigkeit in dem neuen Medium kleiner oder größer als die ursprüngliche ist (Abbildung 14.27). Das Abknicken des transmittierten Strahls heißt **Brechung**. Auf sie gehen wir in Kapitel 30 bei der Untersuchung des Lichtes näher ein.

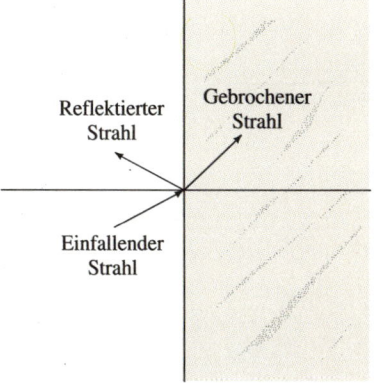

14.27 Eine Welle trifft auf die Grenzfläche zweier Medien, in denen sich die Wellen unterschiedlich schnell ausbreiten. Ein Teil der Welle wird reflektiert, ein anderer Teil transmittiert. Die Änderung der Ausbreitungsrichtung der Strahlen wird Brechung genannt.

Die Größe der reflektierten Schallenergie hängt von der Oberflächenbeschaffenheit ab. Glatte Mauern, Fußböden und Zimmerdecken sind gute Reflektoren. Dagegen absorbieren weniger starre und poröse Materialien wie Stofftapeten oder Polstermöbel einen großen Teil der Energie des einfallenden Schalls. Die Reflexion von Schallwellen spielt eine wichtige Rolle beim Entwurf von Hörsälen, Bibliotheken oder Konzertsälen. In Hörsälen mit vielen glatten, reflektierenden Oberflächen ist eine Rede nur schwer zu verstehen, da viele Echos zu verschiedenen Zeiten das Ohr des Hörers erreichen. Häufig wird absorbierendes Material an Wänden und an Decken befestigt, um solche Reflexionen zu reduzieren. In einem Konzertsaal befindet sich häufig eine reflektierende Muschel hinter dem Orchester, und reflektierende Platten hängen von der Decke, um den Schall in die Richtung der Hörer zu lenken.

Wird ein Teil einer Welle durch ein Hindernis abgeschnitten, so ist der weitere Wellenverlauf kompliziert. Der Teil der Wellenfront, der nicht behindert wird, bewegt sich nicht, wie man annehmen könnte, geradlinig in der Strahlrichtung weiter. Abbildung 14.28 zeigt ebene Wellen in einer Demonstrationswanne, die auf ein Hindernis mit einer kleinen Öffnung in der Mitte treffen. Die Wellen sind keineswegs auf den kleinen Winkelbereich eingeschränkt, den die Strahlen beim Passieren der Öffnung beschreiben. Statt dessen bilden sich hinter der Öffnung kreisförmige Wellen, gerade so, als ob die Öffnung eine neue punktförmige Quelle wäre.

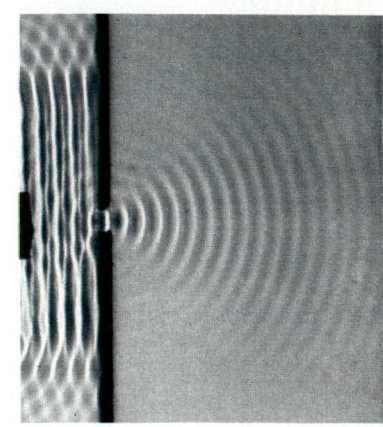

14.28 Ebene Wellen in einer Demonstrationswanne treffen auf ein Hindernis mit einer kleinen Öffnung. Rechts vom Hindernis breiten sich die Wellen konzentrisch um die Öffnung aus, gerade so, als ob sich an der Stelle der Öffnung eine Punktquelle befände. (Aus *PSSC Physics*, 2nd edition, 1965; D.C. Heath and Company, and Education Development Center, Inc., Newton, MA, USA)

Die Ausbreitung einer Welle unterscheidet sich also deutlich von der Ausbreitung eines Teilchenstrahls. In Abbildung 14.29a repräsentieren die Pfeile Teilchenstrahlen, die auf ein Hindernis mit einer kleinen Öffnung – auch Apertur genannt – stoßen. Diejenigen Teilchen, die durch die Öffnung gelangen, sind auf einen kleinen Winkelbereich begrenzt. In Abbildung 14.29b sind die Pfeile Strahlen, die die Ausbreitungsrichtung kreisförmiger Wellen beschreiben, die ebenfalls auf ein Hindernis treffen. Beim Passieren der kleinen Öffnung im

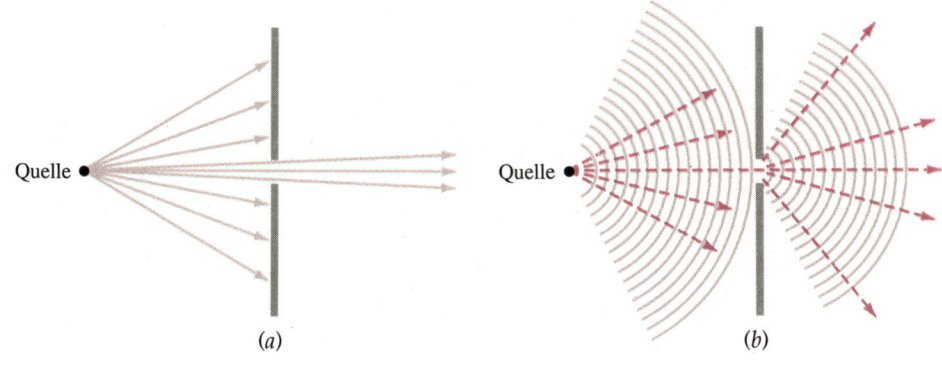

14.29 Wellen und Teilchenstrahlen breiten sich unterschiedlich aus, wenn sie auf eine kleine Öffnung in einem Hindernis treffen. a) Die durch die Öffnung kommenden Teilchenstrahlen sind auf einen kleinen Winkel beschränkt. b) Bei Wellen wirkt die Öffnung wie eine Punktquelle von Kreiswellen, die sich über einen viel größeren Winkel hinweg ausbreiten als die Teilchenstrahlen in Teilbild a.

14 Akustik

Hindernis werden die Strahlen abgelenkt. Diese Ablenkung der Strahlen, die immer dann auftritt, wenn die Wellenfront durch ein Hindernis begrenzt wird, heißt **Beugung** (oder Diffraktion).

In Abbildung 14.28 ist die Öffnung im Hindernis kleiner als die Wellenlänge. Sie kann daher als punktförmig angesehen werden. Abbildung 14.30 zeigt ebene Wellen, die auf ein Hindernis mit einer Öffnung treffen, die sehr viel größer ist als die Wellenlänge. Am Rand dieser Öffnung werden die Wellenfronten gestört, und die Wellen scheinen hier leicht gebeugt zu werden. Der größte Teil der Wellenfront allerdings setzt seinen Weg unverändert fort.

Strahlnäherung

> Ist eine Öffnung oder ein Hindernis im Vergleich zur Wellenlänge groß, so ist die Beugung von Wellenfronten vernachlässigbar, und die Wellen breiten sich geradlinig aus, ähnlich einem Strahl von Teilchen.

Das Ergebnis ist als **Strahlnäherung** bekannt. Da die Wellenlängen hörbarer Schallwellen einen Bereich von ein paar Zentimetern bis zu vielen Metern abdecken (Beispiel 14.2) und häufig groß im Vergleich zu Öffnungen und Hindernissen sind, ist die Beugung von Schallwellen an Ecken und Kanten eine bekannte Erscheinung. Die Wellenlängen von sichtbarem Licht umfassen einen Bereich von $4 \cdot 10^{-7}$ bis $7 \cdot 10^{-7}$ m. Da diese Wellenlängen sehr klein im Vergleich zur Größe gewöhnlicher Gegenstände und Öffnungen sind, wird die Beugung des Lichtes kaum bemerkt, und es scheint sich geradlinig auszubreiten.

Beugungseffekte sind der Grund dafür, daß der Möglichkeit, kleine Gegenstände mit Hilfe von reflektierten Wellen zu orten und zu identifizieren, eine Grenze gesetzt ist. Gegenstände oder Details, die kleiner sind als die zu ihrer Beobachtung benutzten Wellenlängen, können nicht durch Reflexion erkannt werden. Wird beispielsweise der Ort eines Gegenstandes mit einer beliebigen Wellenart festgestellt, so ist die Positionsunsicherheit von der gleichen Größen-

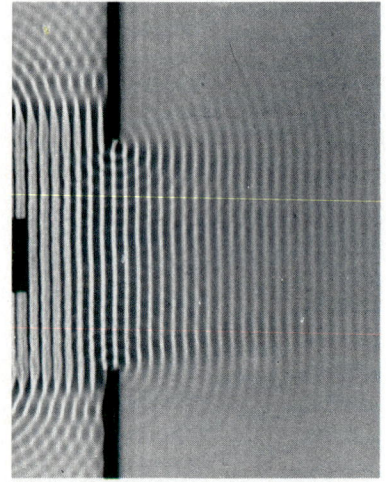

14.30 Ebene Wellen in einer Demonstrationswanne treffen auf eine Öffnung in einem Hindernis, die sehr viel größer als die Wellenlänge der Welle ist. Das Hindernis übt nur an den Kanten einen merklichen Einfluß auf die Wellenausbreitung aus. (Aus *PSSC Physics*, 2nd edition, 1965; D.C. Heath and Company, and Education Development Center, Inc., Newton, MA, USA)

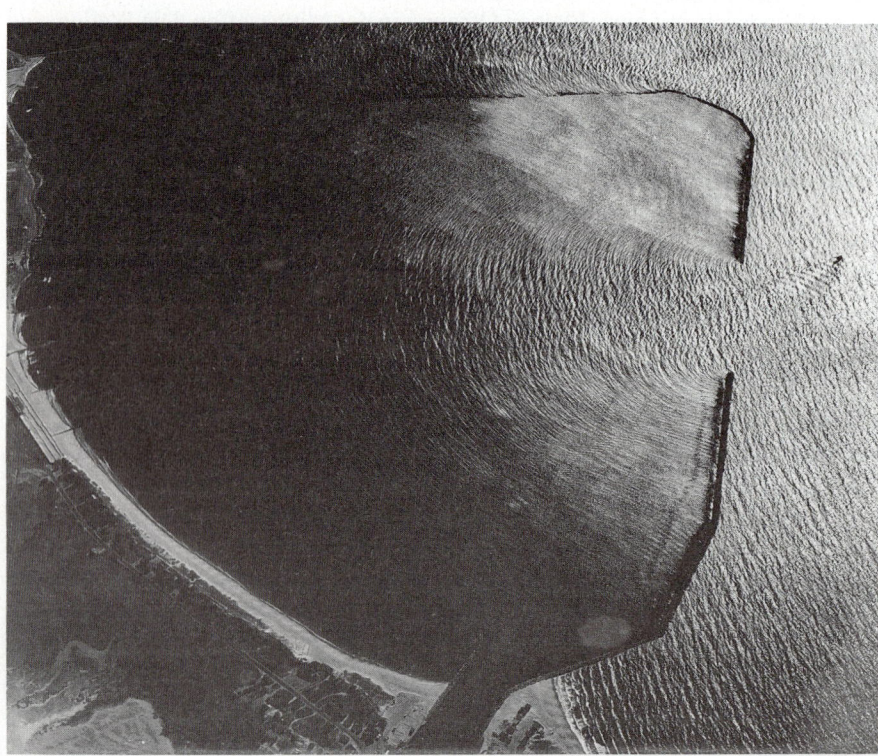

Wasserwellen auf der Meeresoberfläche treffen auf eine von Wellenbrechern umgebene Durchfahrt. Sie werden an dieser Apertur gebeugt. (Foto: Dr. John S. Shelton)

ordnung wie die eingesetzte Wellenlänge. Da die kleinste Wellenlänge hörbaren Schalls ungefähr 2 cm ist (dies entspricht einer Frequenz von 17 kHz), kann ein Gegenstand mit einer solchen Schallwelle nicht mit einer besseren Genauigkeit als ± 2 cm lokalisiert werden. Schallwellen mit Frequenzen über 20 000 Hz heißen **Ultraschall**. Mit einem Sonargerät (*so*und *n*avigation *a*nd *r*anging) können Schiffe mittels Ultraschall Unterseeboote und andere unter der Meeresoberfläche verborgene Objekte orten. In der Medizin setzt man Ultraschallwellen zur Diagnostik ein. Beispielsweise lassen sich durch ein „Sonogramm" – so heißt ein Bild, das mit Ultraschallwellen gewonnen wird – die Größe und etwaige Veränderungen an einem Fötus im Mutterleib bestimmen. Selbst Nierensteine können heute nichtinvasiv (ohne Operation) durch den Einsatz von Schallwellen zertrümmert werden. Wegen der sehr kleinen Wellenlänge von Ultraschallwellen sind damit sehr kleine Gegenstände erfaßbar. Fledermäuse senden Ultraschallwellen aus und erkennen an der Reflexion ihre Beute, beispielsweise Motten. Sie können Frequenzen von bis zu 120 000 Hz hören, was einer Wellenlänge von 2,8 mm entspricht. Die kleinste Wellenlänge des sichtbaren Lichts ist $4 \cdot 10^{-7}$ m. Dies ist sehr viel kleiner als die meisten Gegenstände, aber ungefähr 4000mal größer als der Durchmesser typischer Atome. Daher können Atome mit sichtbarem Licht nicht gesehen werden.

Frage

5. Sie haben bestimmt bemerkt, daß bei Musik, die um die Ecke aus einem anderen Zimmer kommt, die hohen Frequenzen stärker gedämpft sind als die tiefen. Wie kommt das?

14.9 Der Doppler-Effekt

Bewegen sich eine Quelle und ein Empfänger relativ zueinander, so stimmt die von der Quelle abgestrahlte Frequenz nicht mit der empfangenen überein. Bewegen sie sich aufeinander zu, ist die empfangene Frequenz höher als die der Quelle; bewegen sie sich voneinander weg, ist sie niedriger. Dies bezeichnet man als **Doppler-Effekt**. Ein bekanntes Beispiel ist die Änderung der Tonhöhe einer Autohupe, wenn sich das Auto entfernt oder annähert.

Die Frequenzverschiebung der Schallwelle ist leicht unterschiedlich, je nachdem, ob sich die Quelle oder der Empfänger relativ zum Medium bewegt. Bewegt sich die Quelle, so verändert sich auch die Wellenlänge. Um die veränderte Frequenz zu bestimmen, berechnet man zunächst die neue Wellenlänge λ' und setzt diese dann in $\nu' = v/\lambda'$ ein. Im anderen Fall, wenn sich der Empfänger bewegt und die Quelle in Ruhe bleibt, verändert sich die empfangene Frequenz einfach deshalb, weil beim Empfänger pro Zeiteinheit mehr (oder weniger) Wellen eintreffen.

Betrachten wir zunächst den Fall einer bewegten Quelle. Abbildung 14.31a zeigt Wellen in einer Demonstrationswanne, die von einer Quelle ausgehen, die sich nach rechts bewegt, und zwar mit einer Geschwindigkeit, die kleiner als die Ausbreitungsgeschwindigkeit der Wellen im Medium ist. Offenbar werden die Wellen, die der Quelle vorauseilen, zusammengeschoben: Die Wellenkämme liegen dichter beisammen, als dies bei einer ruhenden Quelle der Fall wäre. Im Gegensatz dazu sind die nach hinten laufenden Wellen weiter auseinandergezogen. Wir bestimmen die Wellenlänge der vorauseilenden Wellen λ_v und der nachlaufenden Wellen λ_n wie folgt. Die Frequenz der Quelle sei ν_0. In der Zeit Δt

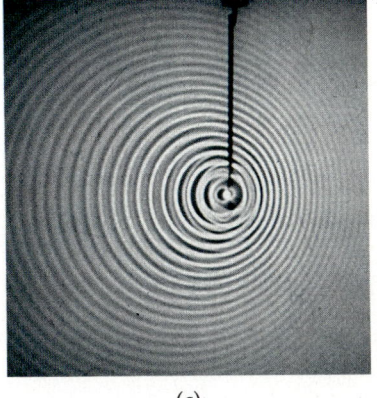

(a)

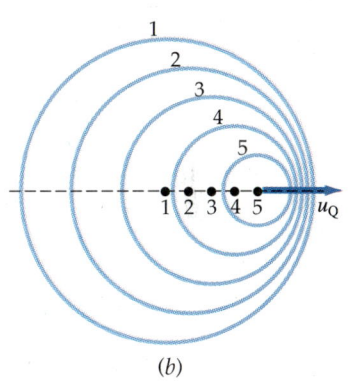

(b)

14.31 a) Wellen einer sich nach rechts bewegenden Punktquelle in einer Demonstrationswanne. Die Geschwindigkeit der Quelle ist kleiner als die Ausbreitungsgeschwindigkeit der Wellen. Vor der Quelle liegen die Wellenkämme enger beisammen und hinter der Quelle weiter auseinander als bei einer ruhenden Quelle. b) Nacheinander ausgesandte Wellenfronten einer sich mit der Geschwindigkeit u_Q nach rechts bewegenden Punktquelle. Die Zahlen an den Orten, an denen die Wellen ausgesandt wurden, stimmen mit den Zahlen, die die Wellenfronten bezeichnen, überein. (Teilbild a: aus *PSSC Physics*, 2nd edition, 1965; D.C. Heath and Company, and Education Development Center, Inc., Newton, MA, USA)

erzeugt die Quelle $N = \nu_0 \Delta t$ Wellen. Die erste Wellenfront bewegt sich während dieser Zeit um $v \cdot \Delta t$ weiter, die Quelle dagegen um die Strecke $u_Q \cdot \Delta t$, da sie die Geschwindigkeit u_Q relativ zum Medium besitzt (Abbildung 14.31 b). Da auf der Länge $(v - u_Q) \cdot \Delta t$ genau N Wellen zu finden sind, kann man die Wellenlänge der vorauseilenden Wellen einfach über die Division der Strecke durch N bestimmen:

$$\lambda_v = \frac{(v - u_Q) \Delta t}{N} = \frac{(v - u_Q) \Delta t}{\nu_0 \Delta t}$$

oder

$$\lambda_v = \frac{v - u_Q}{\nu_0} = \frac{v}{\nu_0}\left(1 - \frac{u_Q}{v}\right). \qquad 14.36$$

Bei den nachlaufenden Wellen enthält die Strecke $(v + u_Q) \cdot \Delta t$ ebenfalls N Wellen, woraus sich die Wellenlänge

$$\lambda_n = \frac{(v + u_Q) \Delta t}{\nu_0 \Delta t}$$

oder

$$\lambda_n = \frac{v + u_Q}{\nu_0} = \frac{v}{\nu_0}\left(1 + \frac{u_Q}{v}\right) \qquad 14.37$$

ergibt.

Die Ausbreitungsgeschwindigkeit der Wellen v hängt nur von den Eigenschaften des Mediums ab und nicht von der Bewegung der Quelle. Für eine sich auf den Empfänger zubewegende Quelle beträgt die Frequenz ν', mit der die Wellen einen relativ zum Medium ruhenden Punkt (den Empfänger) passieren:

$$\nu' = \frac{v}{\lambda_v} = \frac{\nu_0}{1 - u_Q/v} \qquad \text{Quelle nähert sich.} \qquad 14.38\,a$$

Für eine sich entfernende Quelle ist die Frequenz

$$\nu' = \frac{v}{\lambda_n} = \frac{\nu_0}{1 + u_Q/v} \qquad \text{Quelle entfernt sich.} \qquad 14.38\,b$$

Befindet sich die Quelle in Ruhe und bewegt sich der Empfänger durch das Medium, dann ändert sich die Wellenlänge nicht, wohl aber die Frequenz der vom Empfänger registrierten Wellen. Sie ist erhöht, wenn sich der Empfänger auf die Quelle zubewegt, und verringert, wenn er sich von ihr entfernt. Die Anzahl der Wellen, die einen ruhenden Empfänger in der Zeit Δt passieren, entspricht der Anzahl, die auf einer Strecke $v \Delta t$ zu finden sind; diese Anzahl ist durch $v \Delta t/\lambda$ gegeben (Abbildung 14.32). Bewegt sich der Empfänger mit der Geschwindig-

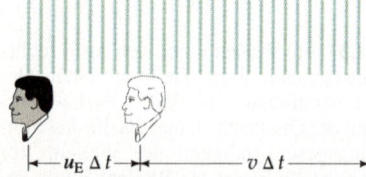

14.32 Die Anzahl von Wellenkämmen, die einen ruhenden Empfänger in der Zeit Δt passieren, ist gleich der Anzahl der Wellen auf der Strecke $v \cdot \Delta t$, wobei v die Ausbreitungsgeschwindigkeit der Wellen ist. Bewegt sich der Empfänger mit der Geschwindigkeit u_E auf die Quelle zu, erhöht sich die Zahl der an ihm vorbeilaufenden Wellen um die Anzahl der Wellenkämme auf der Strecke $u_E \cdot \Delta t$. Die Frequenz der empfangenen Wellen ist daher größer als vorher.

keit u_E auf die Quelle zu, so passiert er $u_E \Delta t/\lambda$ zusätzliche Wellenkämme. Daraus ergibt sich für die Anzahl der Wellen, die den Empfänger in der Zeit Δt treffen:

$$N = \frac{v \Delta t + u_E \Delta t}{\lambda} = \frac{v + u_E}{\lambda} \Delta t \;.$$

Die beobachtete Frequenz ergibt sich als Quotient aus dieser Anzahl und dem Zeitintervall Δt:

$$v' = \frac{N}{\Delta t} = \frac{v + u_E}{\lambda}$$

oder

$$v' = v_0 \left(1 + \frac{u_E}{v}\right) \qquad \text{Empfänger nähert sich.} \qquad 14.39\text{a}$$

Entfernt sich der Empfänger von der Quelle mit der Geschwindigkeit u_E, so folgt aus entsprechenden Überlegungen für die beobachtete Frequenz v':

$$v' = v_0 \left(1 - \frac{u_E}{v}\right) \qquad \text{Empfänger entfernt sich.} \qquad 14.39\text{b}$$

Bewegen sich schließlich sowohl die Quelle als auch der Empfänger, so ergibt sich aus der Kombination der Gleichungen (14.38) und (14.39):

$$v' = \frac{(1 \pm u_E/v)}{(1 \pm u_Q/v)} v_0 \;. \qquad 14.40$$

Für die richtige Wahl des Vorzeichens muß man sich nur merken, daß die beobachtete Frequenz größer wird, wenn sich Quelle und Empfänger annähern; und umgekehrt wird die Frequenz kleiner, wenn sich Quelle und Empfänger voneinander entfernen. Bewegt sich die Quelle relativ zum Medium auf den Empfänger zu und dieser sich zur Quelle hin, so ist im Nenner das Minuszeichen und im Zähler das Pluszeichen zu verwenden.

Allgemein kann die Frequenz v' immer in der Form

$$v' = \frac{v'}{\lambda} \qquad 14.41$$

geschrieben werden, wobei v' die relative auf den Empfänger bezogene Ausbreitungsgeschwindigkeit der Wellen ist. λ ist die Wellenlänge im Medium, das heißt der Abstand zweier aufeinanderfolgender Wellenkämme, wie ihn ein relativ zum Medium ruhender Beobachter mißt.

Bewegt sich das Medium (beispielsweise die Luft, wenn der Wind weht), so muß man die Ausbreitungsgeschwindigkeit v durch $v' = v \pm u_M$ ersetzen, wobei u_M die Geschwindigkeit des Mediums ist.

Beispiel 14.9

Die Frequenz einer Autohupe betrage 400 Hz. Wie groß ist die beobachtete Frequenz, wenn sich der Wagen mit einer Geschwindigkeit von 34 m/s bei Windstille auf einen ruhenden Empfänger zubewegt? Die Schallgeschwindigkeit betrage 340 m/s.

Aus Gleichung (14.36) folgt für die Wellenlänge vor dem Wagen

$$\lambda_v = \frac{v - u_Q}{\nu_0} = \frac{(340 - 34)\,\text{m/s}}{400\,\text{s}^{-1}} = \frac{306}{400}\,\text{m} = 0{,}765\,\text{m}\,.$$

Die beobachtete Frequenz ist somit

$$\nu' = \frac{v}{\lambda_v} = \frac{340\,\text{m/s}}{0{,}765\,\text{m}} = 444\,\text{Hz}\,.$$

Beachten Sie, daß sich die Frequenz um 11 Prozent gegenüber dem ursprünglichen Signal erhöht hat.

Beispiel 14.10

Die Autohupe eines stehenden Fahrzeuges besitze eine Frequenz von 400 Hz. Welche Frequenz wird beobachtet, wenn sich der Empfänger bei Windstille mit einer Geschwindigkeit von $u_E = 34$ m/s auf das Fahrzeug zubewegt?

Für einen bewegten Empfänger ändert sich die Wellenlänge nicht, sondern er registriert nur mehr Wellen pro Zeiteinheit. Die beobachtete Frequenz ist (Gleichung 14.39 a):

$$\nu' = \nu_0 \left(1 + \frac{u_E}{v}\right) = 400\,\text{Hz} \cdot \left(1 + \frac{34}{340}\right) = 400\,\text{Hz} \cdot 1{,}10 = 440\,\text{Hz}\,.$$

Die Frequenz erhöht sich in diesem Fall um 10 Prozent.

Übung

Ein sich mit 90 km/h auf einen ruhenden Beobachter zubewegender Zug pfeift mit einer Frequenz von 630 Hz. a) Wie groß ist die Wellenlänge vor dem Zug? b) Welche Frequenz hört der Beobachter? (Verwenden Sie für die Schallgeschwindigkeit 340 m/s.) (Antworten: a) $\lambda_v = 0{,}5$ m, b) $\nu' = 680$ Hz)

Eine bekannte Anwendung des Doppler-Effekts ist die Geschwindigkeitsüberwachung des Verkehrs durch die Polizei. Elektromagnetische Wellen werden von einem Radarsender emittiert und treffen auf ein sich fortbewegendes Fahrzeug. Das Fahrzeug reflektiert die Wellen und wirkt dabei als bewegter Empfänger und als bewegte Quelle. Der Doppler-Effekt tritt auch in Form der berühmten Rotverschiebung beim Licht ferner Galaxien auf (siehe auch Kapitel 34 und 42). Da sich diese Galaxien schnell von uns entfernen, ist ihr Licht zu den langwelligeren Bereichen, also ins Rote, verschoben. Die relative Fluchtgeschwindigkeit der Galaxien von uns fort kann über eine Messung dieser Rotverschiebung bestimmt werden.

In den Beispielen 14.9 und 14.10 sahen wir, daß der Betrag des Doppler-Effekts davon abhängt, ob sich, bezogen auf das Medium, der Empfänger oder der Sender bewegt. In Beispiel 14.9 bewegte sich die Quelle mit einer Geschwindigkeit von 34 m/s gegen die ruhende Luft, und die Frequenz der Schallwellen verschob sich von 400 Hz nach 444 Hz, was einen Unterschied von 11 Prozent bedeutet. In Beispiel 14.10 bewegte sich dagegen der Empfänger, und zwar mit derselben Geschwindigkeit. Dabei wurde die beobachtete Frequenz von 400 Hz nach 440 Hz verschoben, was einem Unterschied von 10 Prozent gleichkommt. Die Frequenzverschiebungen sind zwar ungefähr, aber nicht genau gleich.

Die Frequenz v' einer sich mit der Geschwindigkeit u auf einen Empfänger zubewegende Quelle ist nach (14.38a):

$$v' = \frac{v_0}{1 - u/v} = v_0 \left(1 - \frac{u}{v}\right)^{-1}, \qquad 14.42\,\text{a}$$

wobei wir der Einfachheit halber den Index Q weggelassen haben. Diese Gleichung können wir mit (14.39a) vergleichen, durch die die Frequenz eines sich bewegenden Empfängers beschrieben wird. Dazu entwickeln wir zunächst die rechte Seite von (14.42a) in eine binomische Reihe, allgemein formuliert als

$$(1 + x)^n = 1 + nx + \frac{n(n-1)}{2} x^2 + \ldots$$

Für Werte von x, die sehr viel kleiner als 1 sind, reichen zur Näherung die ersten Terme aus. Setzt man $x = -u/v$ und $n = -1$, ergibt sich

$$\left(1 - \frac{u}{v}\right)^{-1} = 1 + (-1)\left(-\frac{u}{v}\right) + \frac{(-1)(-2)}{2}\left(-\frac{u}{v}\right)^2 + \ldots$$

$$\approx 1 + \frac{u}{v} + \frac{u^2}{v^2}.$$

Somit folgt als Näherung für (14.42a):

$$v' \approx v_0 \left(1 + \frac{u}{v} + \frac{u^2}{v^2}\right). \qquad 14.42\,\text{b}$$

Bewegt sich andererseits der Empfänger mit der Geschwindigkeit u auf eine ruhende Quelle zu, so stellt er die Frequenz fest, die sich aus (14.39a) ergibt:

$$v' = v_0 \left(1 + \frac{u}{v}\right). \qquad 14.43$$

Ein Vergleich der Gleichungen (14.42b) und (14.43) macht deutlich, daß der *Unterschied* in der Frequenzverschiebung, den man zwischen den beiden Fällen feststellen kann, von zweiter Ordnung im Geschwindigkeitsverhältnis $(u/v)^2$ ist. Häufig kann dieser Unterschied vernachlässigt werden, da u meist sehr viel kleiner als v ist. Dann kann die Doppler-Verschiebung der Frequenz als

$$\frac{\Delta v}{v_0} = \pm \frac{u}{v}. \qquad 14.44$$

geschrieben werden, wobei $\Delta v = v' - v_0$ ist. Das Pluszeichen in (14.44) muß verwendet werden, wenn sich Quelle und Empfänger mit der Geschwindigkeit u aufeinander zubewegen, und das Minuszeichen, wenn sie sich voneinander entfernen.

Der kleine Unterschied in der Frequenzverschiebung, der beim Doppler-Effekt zwischen einer sich bewegenden Quelle und einem sich bewegenden Empfänger auftritt, ist von großem theoretischem Interesse, da er zeigt, daß diese beiden Situationen tatsächlich physikalisch unterschiedlich sind. Nicht nur die Relativgeschwindigkeit zwischen Quelle und Empfänger spielt eine große Rolle, sondern auch deren „absolute" Geschwindigkeit gegenüber dem Medium. Können wir durch den Doppler-Effekt verursachte Frequenzverschiebungen von der Größe $(u/v)^2$ messen, so können wir angeben, ob sich die Quelle oder der Empfänger bezüglich des Mediums bewegt.

Probleme treten auf, wenn wir den Doppler-Effekt bei Licht oder elektromagnetischen Wellen, die sich im Vakuum ausbreiten, untersuchen. Unsere Gleichungen für den Doppler-Effekt bei Schallwellen implizieren scheinbar, man könne eine absolute Bewegung relativ zum Vakuum feststellen, wenn sich die Frequenzverschiebung durch den Doppler-Effekt hinreichend genau messen ließe. Dies widerspricht dem Einsteinschen Relativitätsprinzip, nach dem es unmöglich ist, absolute Bewegungen zu messen (siehe Kapitel 34). Es stellt sich heraus, daß für Licht und andere elektromagnetische Wellen unsere Gleichungen für den Doppler-Effekt nur Näherungen sind. Mit den relativistischen Korrekturen ergeben sich für den Doppler-Effekt bei elektromagnetischen Wellen für eine bewegte Quelle und einen bewegten Empfänger dieselben Gleichungen. Hier ist nur noch die relative Geschwindigkeit von Quelle und Empfänger von Bedeutung.

In unseren Herleitungen des Doppler-Effekts haben wir immer vorausgesetzt, daß die Geschwindigkeit u der Quelle oder des Empfängers kleiner ist als die Ausbreitungsgeschwindigkeit v der Wellen. Bewegt sich der Empfänger auf eine Quelle mit einer Geschwindigkeit zu, die größer als die Ausbreitungsgeschwindigkeit der Wellen ist, so entsteht kein neues Problem. Die beobachtete Frequenz wird immer noch durch Gleichung (14.39a) beschrieben. Bewegt sich der Empfänger von der Quelle mit einer Geschwindigkeit weg, die größer als die Ausbreitungsgeschwindigkeit der Wellen ist, holen ihn die Wellen der Quelle nie ein. (Das gilt nicht für elektromagnetische Wellen im Vakuum, denn gemäß der speziellen Relativitätstheorie kann sich kein Beobachter schneller als mit Lichtgeschwindigkeit c im Vakuum bewegen.) Bewegt sich eine Schallquelle mit einer Geschwindigkeit, die größer als die Ausbreitungsgeschwindigkeit der Wellen ist, finden sich vor der Quelle keine Wellen. Hinter der Quelle überlagern sich die Wellen zu einer Stoßwelle, die als Knall beim Beobachter eintrifft. Die Stoßwelle hat eine konische Form und wird mit zunehmender Geschwindigkeit u immer spitzer. Mit Hilfe der Abbildung 14.33a kann man den Winkel des Stoßwellenkonus berechnen. Die Quelle bewege sich von der Position P_1 aus mit der Geschwindigkeit u nach rechts. Nach einer Zeit t ist die von P_1 ausgehende Welle die Strecke $v \cdot t$ gewandert. Die Quelle bewegt sich währenddessen um $u \cdot t$ nach rechts zum Punkt P_2. Die Tangente von P_2 an die Wellenfront der von P_1 ausgegangenen Welle schließt mit dem Weg der Quelle den Winkel θ ein, für den gilt:

$$\sin \theta = \frac{vt}{ut} = \frac{v}{u}. \qquad 14.45$$

Das Verhältnis der Geschwindigkeit der Quelle und der Ausbreitungsgeschwindigkeit der Wellen wird als **Machsche Zahl** bezeichnet:

$$\text{Machsche Zahl} = \frac{u}{v}. \qquad 14.46$$

Diese Gleichung gilt auch für die elektromagnetische Strahlung, die von geladenen Teilchen ausgeht, die sich mit einer Geschwindigkeit u durch ein Medium bewegen, die größer ist als die Lichtgeschwindigkeit v in diesem Medium. (Nur die Lichtgeschwindigkeit im *Vakuum* stellt eine absolute Grenze für die Aus-

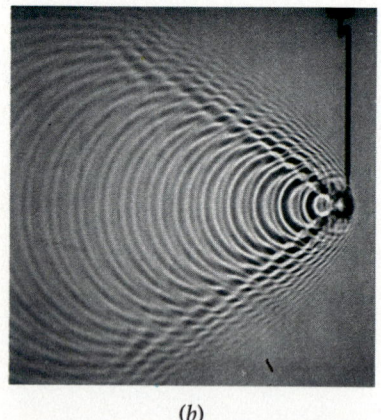

14.33 a) Eine Quelle bewegt sich von P_1 nach P_2 mit einer Geschwindigkeit u, die größer ist als die Ausbreitungsgeschwindigkeit v der Wellen. Die Einhüllende der Wellenfronten bildet einen Kegel mit der Quelle an der Spitze. Der Winkel θ des Kegels ist durch $\sin \theta = v/u$ gegeben. b) Wellen in einer Demonstrationswanne, deren Quelle sich mit einer größeren Geschwindigkeit bewegt als die Ausbreitungsgeschwindigkeit der Wellen (aus *PSSC Physics*, 2nd edition, 1965; D.C. Heath and Company, and Education Development Center, Inc., Newton, MA, USA).

breitungsgeschwindigkeit eines Teilchens dar.) Die so entstehende Čerenkov-Strahlung bildet ebenfalls den durch (14.45) gegebenen Winkel.

Frage

6. Nehmen Sie an, eine Quelle und ein Empfänger befänden sich relativ zueinander in Ruhe, aber das Medium bewege sich relativ zu beiden. Beobachtet man dann eine Frequenzverschiebung durch den Doppler-Effekt?

Zusammenfassung

1. Schallwellen sind Longitudinalwellen von Druck- oder Dichteschwankungen. In Flüssigkeit beträgt ihre Ausbreitungsgeschwindigkeit

$$v = \sqrt{\frac{K}{\varrho}},$$

wobei K der Kompressionsmodul und ϱ die Gleichgewichtsdichte der Flüssigkeit ist. Die Ausbreitungsgeschwindigkeit des Schalls in Gasen hängt von der absoluten Temperatur ab:

$$v = \sqrt{\frac{\gamma RT}{M}},$$

wobei die absolute Temperatur über

$$T = t_C + 273$$

mit der Celsius-Temperatur t_C verknüpft ist. Dabei sind $R = 8{,}314$ J/mol·K die universelle Gaskonstante, M die molare Masse und γ eine spezifische Konstante, deren Wert für Luft bei 1,4 liegt. In Festkörpern ist die Schallgeschwindigkeit eine Funktion des Elastizitätsmoduls E und der Dichte ϱ:

$$v = \sqrt{\frac{E}{\varrho}}.$$

2. Schallwellen kann man als Auslenkungs- (Bewegungs-) oder als Druckwellen beschreiben. Bei harmonischen Schallwellen hängt die Druckamplitude p_0 mit der Amplitude der Auslenkung s_0 durch

$$p_0 = \varrho \omega v s_0$$

zusammen, wobei ω die Kreisfrequenz, ϱ die Dichte des Mediums und v die Ausbreitungsgeschwindigkeit der Wellen ist. Hörbar sind für den Menschen Frequenzen zwischen 20 Hz und 20 kHz.

3. Die Intensität einer Welle ist definiert als Quotient aus Leistung und Querschnittsfläche. Die Intensität von Kugelwellen (die von einer Punktquelle

ausgehen) nimmt umgekehrt proportional mit dem Quadrat des Abstandes zur Quelle ab:

$$I = \frac{\langle P \rangle}{4\pi r^2}.$$

Bei harmonischen Wellen ist die Intensität zum Quadrat der Auslenkung proportional.

4. Die Lautstärke oder der Schall-Intensitätspegel wird auf einer logarithmischen Skala gemessen. Die Lautstärke β (in Dezibel ausgedrückt) ist mit der Intensität I durch

$$\beta = 10 \log \frac{I}{I_0}$$

verknüpft. I_0 beträgt 10^{-12} W/m² und bildet ungefähr die menschliche Hörschwelle. Auf der Lautstärkenskala liegt die Hörschwelle bei 0 dB und die Schmerzgrenze bei 120 dB.

5. Zwei Quellen, die in Phase sind oder einen konstanten Gangunterschied besitzen, heißen kohärent. Interferenz kann nur bei Wellen beobachtet werden, die von kohärenten Quellen ausgehen. Wellen von inkohärenten Quellen besitzen eine zufällige, statistisch wechselnde Phasenbeziehung, so daß sich die Wellen an einem festen Punkt einmal konstruktiv, einmal destruktiv überlagern und daher kein Interferenzmuster entstehen kann. Die übliche Ursache für eine Phasendifferenz zwischen zwei Wellen, die sich an einem Punkt im Raum überlagern, ist der Unterschied im Weg, den die beiden Wellen von der jeweiligen Quelle bis zu diesem Punkt zurückgelegt haben. Ein Weglängenunterschied von Δx erzeugt eine Phasendifferenz δ von

$$\delta = 2\pi \frac{\Delta x}{\lambda}.$$

6. Schwebungen sind das Ergebnis der Interferenz zweier Wellen, deren Frequenzen sich nur leicht voneinander unterscheiden. Die Frequenz der Schwebung entspricht gerade der Differenz der Frequenzen der ursprünglichen Wellen:

$$\nu_{\text{Schwebung}} = \Delta \nu.$$

7. Bei Wellen, die räumlich auf ein bestimmtes Gebiet begrenzt sind, können sich durch Reflexion und Überlagerung stehende Wellen ausbilden, so zum Beispiel bei Orgelpfeifen. Bei Pfeifen, die beidseits offen oder beidseits geschlossen sind, müssen als Bedingung für stehende Wellen Knoten (beidseits geschlossen) oder Bäuche (beidseits offen) an den Enden der Pfeife auftreten. Die Länge der Pfeife muß einem ganzzahligen Vielfachen der halben Wellenlänge entsprechen, woraus sich die Bedingung

$$n \frac{\lambda_n}{2} = \ell \qquad n = 1, 2, 3, \ldots$$

für stehende Wellen ergibt. Die Eigenfrequenzen lauten somit

$$\nu_n = n\nu_1 \qquad n = 1, 2, 3, \ldots,$$

wobei $\nu_1 = v/2\ell$ die Grundfrequenz ist. Ist die Pfeife an einem Ende offen und am anderen geschlossen, so bildet sich bei stehenden Wellen an einem Ende ein Knoten und am anderen Ende ein Bauch aus. Die Bedingung für stehende Wellen lautet in diesem Fall

$$n\frac{\lambda_n}{4} = \ell \qquad n = 1, 3, 5, \ldots$$

In diesem Fall treten nur ungerade Harmonische auf. Die Eigenfrequenzen sind somit ebenfalls die ungeraden Vielfachen der Grundfrequenz $\nu_1 = v/4\ell$:

$$\nu_n = n\nu_1 \qquad n = 1, 3, 5, \ldots$$

8. Töne sind sinusförmige Schallschwingungen im Hörbereich. Klänge setzen sich aus Grund- und Obertönen zusammen. Die Zerlegung eines bestimmten Klanges in seine Grundwelle und seine Oberwellen wird harmonische Analyse oder Fourier-Analyse des Klanges genannt. Bei der harmonischen Synthese oder Fourier-Synthese wird ein Klang aus einer geeigneten Mischung aus Harmonischen zusammengesetzt.

9. Information kann nur durch Wellen übertragen werden, die zeitlich betrachtet einen Anfang und ein Ende haben. Solche Wellenerscheinungen werden Wellenpulse genannt. Wellenpulse kann man sich als Pakete von harmonischen Wellen vorstellen (daher auch die häufig verwendete Bezeichnung „Wellenpaket"), deren Fourier-Analyse ein kontinuierliches Spektrum ergibt. Ist ein Wellenpuls zeitlich sehr kurz, so setzt er sich aus Wellen mit sehr vielen unterschiedlichen Frequenzen zusammen, und umgekehrt. Zwischen der Frequenzbandbreite $\Delta\omega$ und der Pulsdauer Δt gibt es die folgende Beziehung:

$$\Delta\omega\,\Delta t \approx 1\,.$$

Auf analoge Weise sind die Verteilung der Wellenzahlen Δk und die Länge des Wellenberges Δx miteinander verknüpft:

$$\Delta k\,\Delta x \approx 1\,.$$

10. Bei einem nichtdispersiven Medium hängt die Ausbreitungsgeschwindigkeit der Wellen nicht von deren Frequenz oder Wellenlänge ab, weswegen sich die Form eines Wellenpaketes, das sich in diesem Medium bewegt, nicht verändert. Die umgekehrte Aussage gilt für dispersive Medien. Bei einem dispersiven Medium sind die Geschwindigkeit des Wellenberges (Gruppengeschwindigkeit) und die durchschnittliche Geschwindigkeit der harmonischen Komponenten, die den Wellenberg aufbauen (Phasengeschwindigkeit), unterschiedlich.

11. Wellen können reflektiert, gebrochen und gebeugt werden. Durch Brechung ändert sich die Ausbreitungsrichtung einer Welle, wenn sie auf eine Grenzschicht von Medien mit unterschiedlicher Ausbreitungsgeschwindigkeit trifft. Unter Beugung von Wellen versteht man deren Ablenkung an Hindernissen und Kanten von Öffnungen. Sie tritt allgemein immer dann auf, wenn eine Wellenfront durch irgendein Hindernis begrenzt wird. Sind die Hindernisse oder Öffnungen im Vergleich zur Wellenlänge groß, so kann die Beugung vernachlässigt werden, und die Wellen pflanzen sich geradlinig fort, ähnlich wie bei einem Teilchenstrahl. Man spricht in diesem Zusammenhang auch von der Strahlennäherung. Aufgrund der Beugung lassen sich

Gegenstände mit Hilfe von Wellen nur mit einer Genauigkeit lokalisieren, die in der Größenordnung einer Wellenlänge liegt.

12. Bewegen sich eine Schallquelle (Geschwindigkeit u_Q) und ein Empfänger (Geschwindigkeit u_E) aufeinander zu, so erhöht sich die beobachtete Frequenz der Quelle. Entfernen sie sich voneinander, so sinkt die beobachtete Frequenz. Dieses Phänomen heißt Doppler-Effekt. Die beobachtete Frequenz ν' hängt mit der eigentlichen Frequenz der Quelle ν_0 über

$$\nu' = \frac{1 \pm u_E/v}{1 \pm u_Q/v} \nu_0$$

zusammen. Ist die Relativgeschwindigkeit u von Quelle oder Empfänger sehr viel kleiner als die Ausbreitungsgeschwindigkeit der Wellen v, so ist die Frequenzverschiebung durch eine bewegte Quelle nahezu gleich groß wie durch einen bewegten Empfänger:

$$\frac{\Delta \nu}{\nu_0} \approx \pm \frac{u}{v}.$$

Essay: Seismische Wellen

Jack L. Flinner
Mankato State University

Eine Fledermaus stürzt sich im Dunkel der Nacht auf einen Falter. Ein Minenräumboot sucht nach verborgenen Minen. Ein Arzt untersucht sorgfältig ein „gescanntes" Bild eines Fötus im Bauch der Mutter. In allen diesen Fällen werden Schallwellen ausgesendet, reflektiert, analysiert und interpretiert. Das Vorgehen ähnelt in gewisser Weise der Methode, die Entfernung einer auf der anderen Seite eines Tales liegenden Klippe zu schätzen, indem man für ein lautes „Hallo-o-o-o" die Zeit bis zum Auftreten des Echos bestimmt. Die Entfernung ergibt sich dann als Produkt aus der Schallgeschwindigkeit und der halben Zeit, die vom Ausruf bis zur Ankunft des Echos vergeht. Die Reflexion von Schallwellen an Hindernissen liefert informationsträchtige Muster. Neben der Entfernung kann auch die Form oder die Geschwindigkeit eines sich relativ zum Beobachter bewegenden Gegenstandes dem reflektierten Muster durch sorgfältige Analyse entnommen werden. Eine zutreffende Interpretation der so erhaltenen Information ist sowohl für die Fledermaus als auch für die Minenräumer lebenswichtig.

Der Mittelpunkt der Erde befindet sich ungefähr 6370 km unterhalb des Platzes, auf dem Sie gerade sitzen. Das tiefste je gebohrte Loch kam diesem Ziel lediglich 15 km näher. Unser Wissen über den Aufbau und die Zusammensetzung der Erde auf den restlichen 6355 km stammt hauptsächlich aus Untersuchungen mit seismischen Wellen. Seismische Wellen (oder Erdbebenwellen) sind sehr niederfrequente Wellen, die die Erde durchdringen. Beispielsweise können plötzliche Verschiebungen von Teilen der Erdkruste an Verwerfungsspalten seismische Wellen verursachen, die dann häufig allerdings solche Ausmaße annehmen, daß die Folgen für Menschen und Bauwerke katastrophal sind. Seismische Wellen können in der obersten Erdkruste auch durch Explosionen und andere künstliche Vorrichtungen erzeugt werden. Sie ermöglichen Geologen und Geophysikern, Erkenntnisse über das Erdinnere zu gewinnen, und sie helfen bei der Suche nach noch unbekannten Lagerstätten fossiler Bodenschätze.

Die Hunderttausende von Erdbeben, die jedes Jahr stattfinden (glücklicherweise sind die meisten zu schwach, um von uns wahrgenommen zu werden – siehe Tabelle 1), bieten reichlich Gelegenheit, seismische Wellen zu untersuchen. Das Gerät, mit dem seismische Wellen aufgezeichnet werden, ist als Seismograph bekannt. Wie Sie sich leicht vorstellen können, sind die Rechnungen, die man durchführen muß, um aus den

Tabelle 1 Stärken und Frequenzen von Erdbeben der gesamten Erde und die Folgeschäden (nach Skinner und Porter, *Physical Geology*, Wiley & Sons, Chichester, New York 1987)

Wert auf der Richerskala	Häufigkeit pro Jahr	Typische Auswirkungen der Erschütterungen in bewohnten Gebieten
< 3,4	800 000	nur mit Seismographen registrierbar
3,5 – 4,2	30 000	von wenigen Menschen wahrnehmbar
4,3 – 4,8	4 800	von vielen Menschen wahrnehmbar
4,9 – 5,4	1 400	jeder nimmt es wahr
5,5 – 6,1	500	kleine Gebäudeschäden
6,2 – 6,9	100	viele Gebäudeschäden
7,0 – 7,3	15	ernste Gebäudeschäden, verbogene Brücken, gebrochene Wände
7,4 – 7,9	4	schwere Gebäudeschäden, Gebäudeeinstürze
> 8,0	alle 5–10 Jahre einmal	Totalschaden, Bodenwellen sind sichtbar, Gegenstände werden in die Luft geschleudert

aufgezeichneten Daten die gewünschten Informationen zu extrahieren, nicht so leicht wie diejenigen beim Ruf über ein Tal hinweg. Wie bei allen Wellen hängt die Ausbreitungsgeschwindigkeit der seismischen Wellen vom Medium ab, in dem sie sich ausbreiten – insbesondere von dessen Festigkeit (beispielsweise dem Elastizitätsmodul) und dessen Dichte. Zusätzlich werden seismische Wellen an Grenzschichten zwischen zwei Medien unterschiedlicher Ausbreitungsgeschwindigkeit teils reflektiert und teils gebrochen. Weitere Komplikationen sind durch den Umstand bedingt, daß die Medien, durch die sich seismische Wellen ausbreiten, fest, flüssig oder gasförmig sein können. Die physikalischen Eigenschaften der Medien haben weitreichende Auswirkungen auf die Übertragungswege seismischer Wellen. Die Festigkeit und die Dichte der Materialien, aus denen die Erde aufgebaut ist, hängen von der Tiefe ab; sie sind von besonderer Bedeutung für die Genauigkeit der Untersuchungen. Weiterhin kann die Intensität der reflektierten (oder abgelenkten) Wellen außerordentlich klein sein, weshalb die Empfindlichkeit der Aufzeichnungsgeräte entsprechend hoch sein muß.

Es gibt vier Arten seismischer Wellen, die sich in zwei Kategorien einordnen lassen: Raumwellen (P steht für Primärwellen und S für Sekundärwellen) und Oberflächenwellen (Love- und Rayleigh-Wellen). Alle diese Wellenarten entstehen bei Erdbeben. Raumwellen haben ihren Ausgangspunkt im Zentrum des Erdbebens und durchqueren von dort aus die Erde (Abbildung 1).

14 Akustik

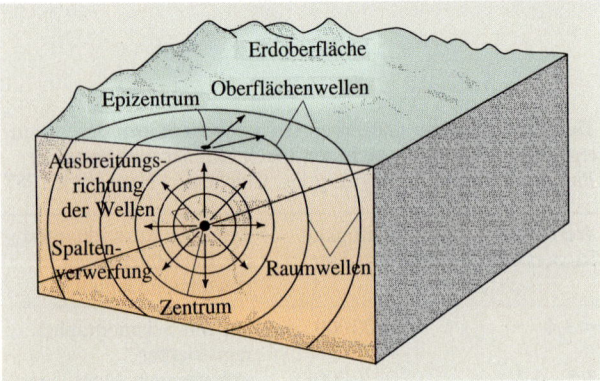

Abbildung 1 Raumwellen breiten sich radial vom unterirdischen Zentrum des Erdbebens aus. Das Epizentrum, das sich direkt über dem Erdbebenzentrum in der Erdkruste befindet, liegt im Mittelpunkt der von dort ausgehenden Oberflächenwellen.

P-Wellen sind wie Schallwellen Longitudinalwellen (vgl. Abbildung 13.5 im Haupttext). Ihre Ausbreitungsgeschwindigkeit beträgt bis zu 14 km/s, und sie durchdringen Festkörper, Flüssigkeiten und Gase. Da sie sich schneller ausbreiten als S-Wellen, kommen sie als erste bei einem Erdbebendetektor an (deshalb heißen sie Primärwellen). S-Wellen sind transversale Scherwellen, die sich mit Geschwindigkeiten von bis zu 3,5 km/s fortpflanzen (siehe Abbildung 13.5 im Haupttext). Sie können nur Festkörper durchdringen, da Flüssigkeiten und Gase keine Scherspannungen übertragen können. Love- und Rayleigh-Wellen sind an die Erdoberfläche gebunden. Love-Wellen sind Torsionswellen, die kurzfristige Spannungen auf der Erdoberfläche erzeugen. Dieses Phänomen kann man anschaulich mit einem kugelförmigen Luftballon nachvollziehen, indem man ihn an den Polen hält und diese kurzzeitig gegeneinander verdreht. Rayleigh-Wellen ähneln Meereswellen. Bei unserem Luftballonmodell lassen sich derartige Wel-

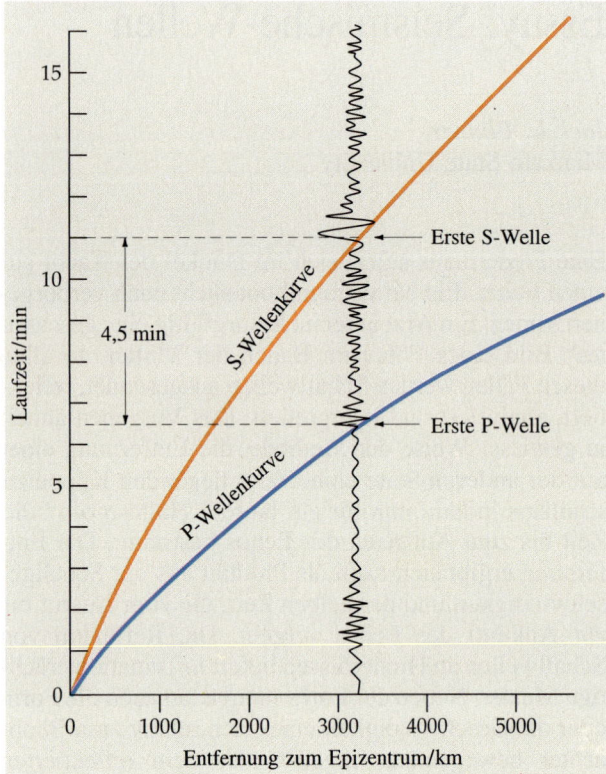

Abbildung 2 Aus einem Laufzeitdiagramm kann die Entfernung der Erdbebenstation zum Epizentrum eines Erdbebens abgelesen werden.

len erzeugen, indem man die Pole kurz gegeneinanderdrückt oder auseinanderzieht.

P- und S-Wellen pflanzen sich mit sehr unterschiedlichen Geschwindigkeiten fort. Aus den unterschiedlichen Zeiten, zu denen sie deshalb an den seismographischen Stationen eintreffen, kann das Epizentrum eines Erdbebens lokalisiert werden. Laufzeitdiagramme

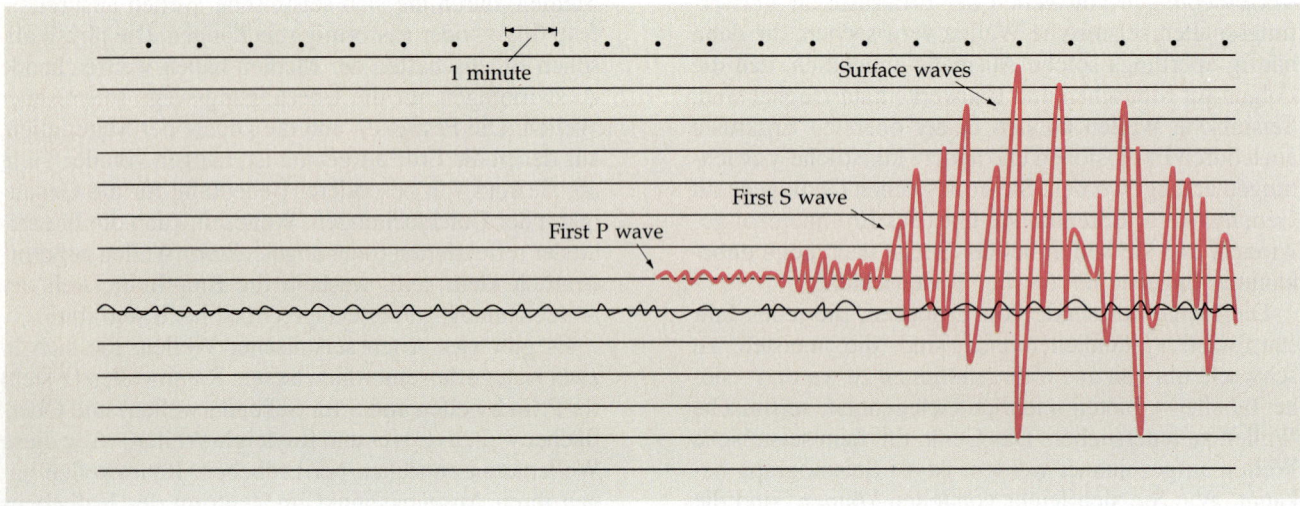

Abbildung 3 Typisches Seismogramm.

von P- und S-Wellen wurden zuerst mit Hilfe von Erdbeben erstellt, bei denen die Lagen der Epizentren durch physikalische Überlegungen relativ genau ermittelt werden konnten (Abbildung 2), und später mit Hilfe von Kernexplosionen, bei denen Zeitpunkt und Ort der Explosion genau bekannt waren. Den Seismogrammen von P- und S-Wellen läßt sich deren Laufzeitdifferenz leicht entnehmen (Abbildung 3). Diesen Zeitunterschied kann man einfach in ein Laufzeitdiagramm eintragen, aus dem sich dann die Entfernung der seismischen Station zum Epizentrum direkt ablesen läßt. Der genaue Ort des Epizentrums wird üblicherweise als Schnittpunkt der Entfernungen zu drei oder mehr Stationen bestimmt. Die Zusammenstellung von Seismographen zu ganzen Feldern und der Einsatz von Hochleistungsrechnern erlaubt es, Kernexplosionen und natürliche Erdbeben voneinander zu unterscheiden und die Orte von Epizentren mit sehr hoher Präzision zu ermitteln.

Die mittlere Dichte der Erde beträgt 5,5 g/cm^3. In der Erdkruste ist die Gesteinsdichte 3 g/cm^3, folglich müssen einige Teile der Erde wesentlich höhere Dichten aufweisen. Seismographische Aufzeichnungen aus der ganzen Welt haben es den Geologen ermöglicht, ein Modell vom Aufbau unserer Erde aufzustellen. Es zeigt nicht nur, daß die dichtesten Gesteinsarten im Mittelpunkt und die leichtesten Gesteinsarten auf der Oberfläche liegen, sondern auch, daß das Erdinnere in zwei Bereiche eingeteilt werden kann (Abbildung 4).

Seismische Wellen werden auch gezielt dazu eingesetzt, Karten der unterirdischen Gesteinsformationen geologischer Lagerstätten anzulegen, in der Absicht, mögliche Erdöl- oder Erdgasvorkommen zu finden. Dieser Einsatz seismischer Wellen (und die richtige Interpretation der Seismogramme) spielt eine bedeutende Rolle für die Energiewirtschaft unserer industriellen Gesellschaft. Seismische Wellen bieten häufig die einzige kostendeckende Möglichkeit zur Suche nach in der Erdkruste verborgenen Öl- und Erdgaslagern.

Den Einsatz künstlich erzeugter seismischer Wellen bei der Suche nach Ölvorkommen nennt man Reflexionsseismographie oder seismische Erderkundung, dieses Verfahren wird seit 1923 in den USA angewendet. Einfach ausgedrückt, werden bei der seismischen Erderkundung kleine künstliche Erdbeben erzeugt, bei denen seismische Wellen entstehen, deren Reflexions- und Beugungsmuster ausgewertet werden können.

Die Art, wie man Wellen erzeugt, hängt davon ab, ob die Untersuchung an Land oder unter Wasser stattfindet. Die Möglichkeiten umfassen Dynamitsprengungen in oberflächennahen Bohrlöchern, den Einsatz von großen hydraulischen Vibratoren/Schwingungserregern niedriger Intensität (besonders gut einsetzbar in bevölkerten und ökologisch empfindlichen Gebieten), das Fallenlassen von schweren Gewichten, den Boden mit einem Lufthammer zu erschüttern oder die Verwendung einer Anordnung von Luftgewehren. Jede dieser Methoden

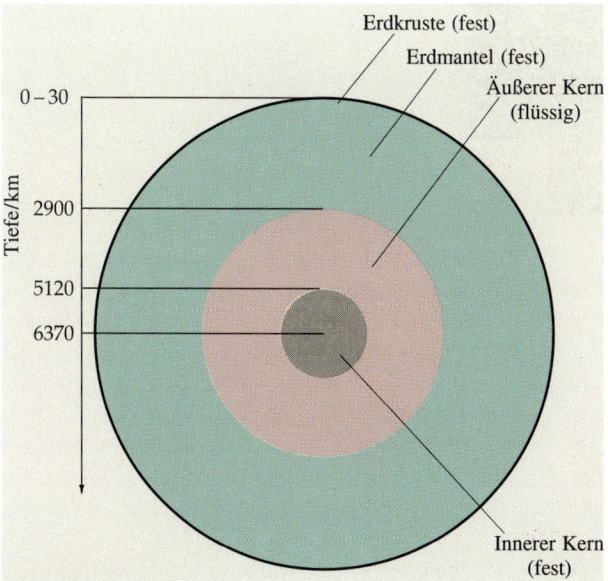

Abbildung 4 Dieses Modell vom Erdinneren haben Geologen aufgrund der Brechung und Transmission von seismischen Raumwellen (S und P) entworfen. Da die S-Wellen den äußeren Kern nicht durchdringen können, muß dieser flüssig sein. Transmissionsmuster, die von am äußeren Kern nicht zu stark gebrochenen P-Wellen stammen, weisen darauf hin, daß der innere Kern fest ist.

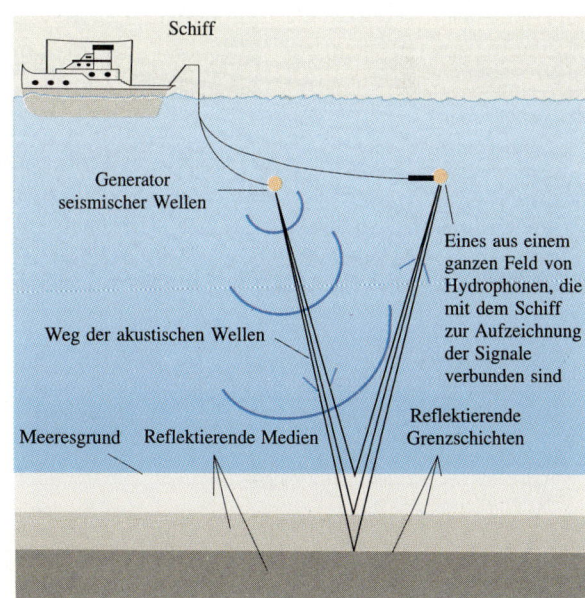

Abbildung 5 Für seismische Reflexionsuntersuchungen auf See werden Forschungsschiffe eingesetzt, die Generatoren für seismische Wellen und bis zu 5 km lange, mit Hydrophonen bestückte Kabel im Schlepptau hinter sich herziehen. Die Hydrophone dienen zur Aufnahme der seismischen Wellen, die von der Erdkruste reflektiert wurden.

erzeugt Wellen, die in die Erdkruste eindringen und an den Grenzschichten unterschiedlicher Gesteinsarten reflektiert werden. Die Ankunftszeiten der seismischen Wellen auf der Erdoberfläche werden mit Detektoren, sogenannten Geophonen, aufgenommen und die Laufzeiten, Amplituden und Frequenzen auf Rechnern gespeichert (Abbildung 5).

Die sehr schnellen und mit viel Speicherplatz ausgestatteten Rechner, über die man seit einigen Jahren verfügen kann, erlauben es, seismische Reflexionsprofile (Abbildung 6) zu speichern und daraus zweidimensionale Schnitte durch die Erdkruste zu erstellen. Darüber hinaus ermöglichen sie es, den Ort der Quelle der seismischen Wellen auf dem Rechner zu wählen, d.h. also, im Rechner Erdbeben zu simulieren und so eine ganze Reihe von Schnitten durch die Erdkruste zu betrachten, deren Ergebnis eine dreidimensionale Darstellung des Erdinnern ist. Die zweidimensionalen Profile weisen auf Diskontinuitäten der Dichte und der Festigkeit verschiedener Schichten der Erdkruste hin. Durch ihre Auswertung kann man sich bereits ein ziemlich gutes Bild von den geologischen Formationen machen und auf diese Weise auf das Vorhandensein möglicher Erdöl- oder Erdgasvorkommen schließen (Abbildung 7). Eine dreidimensionale Darstellung zeigt die verschiedenen Gesteinsschichten noch deutlicher und erlaubt es, ein interessantes Gebiet der Erdkruste sorgfältiger zu untersuchen. Ist beispielsweise erst einmal eine Gaslagerstätte gefunden, so kann man die Größe des Vorkommens ermitteln, indem man es im Rechner dreht und aus unterschiedlichen Richtungen betrachtet. Die von Geologen verwendeten Rechner und Programme sind heute so ausgereift, daß solche gedrehten Darstellungen schnell berechnet werden können. Mittels digitaler Signalverarbeitung ist es darüber hinaus möglich, den Effekt der Streuung von seismischen Wellen an den zu untersuchenden Strukturen rechnerisch zu vermindern. Dieses Verfahren wird Migration genannt und entspricht dem Scharfstellen einer Kamera- oder Mikroskoplinse. Durch diese Fokussierung lassen sich detailreichere geologische Formationen untersuchen. Die Methode gewinnt in dem Maße an Bedeutung, wie große Erdölfelder versiegen und die Erschließung kleinerer Lagerstätten immer wichtiger wird.

Rechner speichern auch Daten über die lokale Geologie, wie die Durchlässigkeit eines Gesteins für Wasser und Öl. Dies ist beispielsweise wichtig, wenn man den

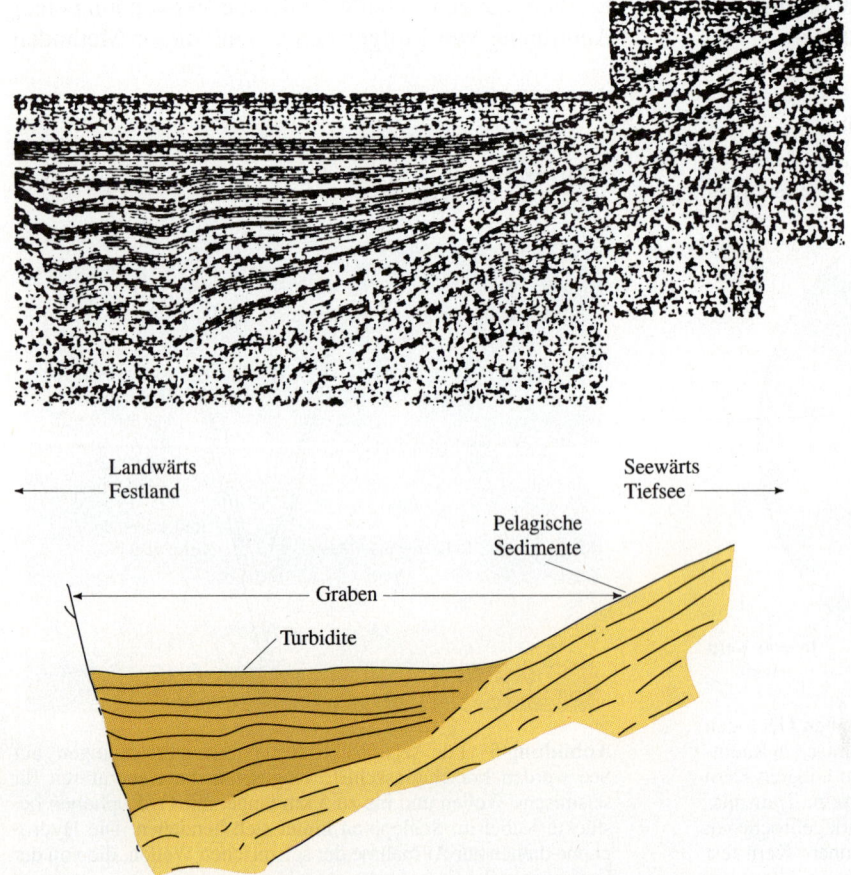

Abbildung 6 Ein seismisches Reflexionsprofil zusammen mit dem zugehörigen Modell der Gesteinsschichten, das sich aus der Auswertung des Profils ergab.

technischen Aufwand der Erdölförderung und die wahrscheinlichen Erschließungskosten neuer Fundstätten abschätzen will. Dank der Computer sind die Geologen in der Lage, riesige Datenmengen schnell und effektiv zu verarbeiten und gezielt nach Gesteinsformationen zu suchen, die die Merkmale von Lagerstätten aufweisen, noch bevor irgendwelche Mittel für teure Erderkundungsbohrungen ausgegeben werden.

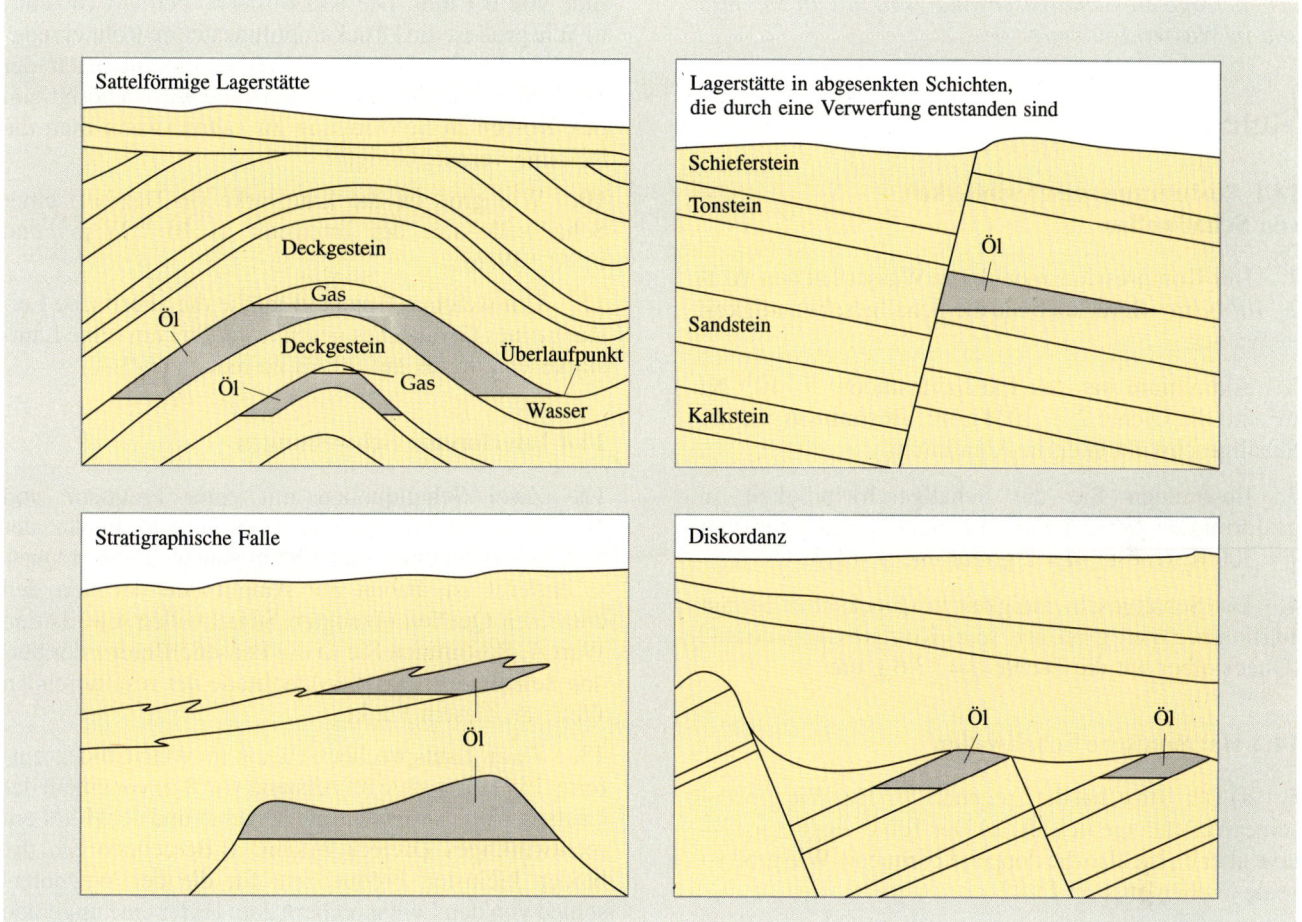

Abbildung 7 Einige Gesteinsformationen, die Kohlenwasserstoffe (wie Öl und Gas) einschließen können und deren schematische Wiedergabe in Form von zweidimensionalen Schnitten, die in verschiedenen Richtungen vorgenommen wurden (aus New Scientist/IPC Magazines Limited/World Press Network 1990).

14 Akustik

Aufgaben

Wenn bei den einzelnen Aufgaben nicht anders angegeben, betrage die Schallgeschwindigkeit in Luft 340 m/s und in Wasser 1500 m/s.

Stufe I

14.1 Ausbreitungsgeschwindigkeit von Schallwellen

1. Der Kompressionsmodul von Wasser hat den Wert $2 \cdot 10^9$ N/m². Berechnen Sie die Schallgeschwindigkeit in Wasser.

2. Aluminium hat den Elastizitätsmodul $7 \cdot 10^{10}$ N/m² und die Dichte $2{,}7 \cdot 10^3$ kg/m². Bestimmen Sie die Schallgeschwindigkeit in Aluminium.

3. Bestimmen Sie die Schallgeschwindigkeit in gasförmigem Wasserstoff bei einer Temperatur von $T = 300$ K. (Es sei $M = 2$ g/mol und $\gamma = 1{,}4$.)

4. Die Schallgeschwindigkeit in Quecksilber beträgt 1410 m/s. Wie groß ist sein Kompressionsmodul? (Quecksilber hat die Dichte $\varrho = 13{,}6$ g/cm³.)

14.2 Harmonische Schallwellen

5. a) Der Ton c' hat die Frequenz 262 Hz. Wie groß ist seine Wellenlänge in Luft? b) Der Ton c'' liegt eine Oktave über c', hat also die doppelte Frequenz. Wie groß ist seine Wellenlänge in Luft?

6. Wie groß ist die Auslenkungsamplitude einer Schallwelle mit einer Frequenz von 100 Hz, wenn ihre Druckamplitude $1{,}01 \cdot 10^{-4}$ bar beträgt?

7. a) Ein Ton von 500 Hz, der die Schmerzgrenze erreicht, hat die Druckamplitude 29 Pa. Berechnen Sie die Amplitude der Auslenkung. b) Bestimmen Sie die Amplitude der Auslenkung eines Tones mit derselben Druckamplitude, aber der Frequenz 1 kHz.

8. Eine laute Schallwelle mit einer Frequenz von 1 kHz habe eine Druckamplitude von ungefähr 10^{-4} bar. a) Zum Zeitpunkt $t = 0$ sei der Druck an einem bestimmten Punkt x_1 maximal. Wie groß ist dort die Auslenkung zu diesem Zeitpunkt? b) Wie groß ist die maximale Auslenkung? (Die Dichte der Luft sei 1,29 kg/m³.)

14.3 Wellen in drei Dimensionen: Intensität

9. Ein Kolben am Ende eines langen, mit Luft gefüllten Rohres schwinge bei Raumtemperatur und Normaldruck mit einer Frequenz von 500 Hz und einer Amplitude von 0,1 mm. Die Kolbenfläche betrage 100 cm². a) Wie groß ist die Druckamplitude der im Rohr erzeugten Schallwellen? b) Wie groß ist die Intensität der Wellen? c) Welche mittlere Leistung wird benötigt, um den Kolben in Schwingung zu halten (wenn man die Reibung vernachlässigt)?

10. Wie groß ist die Lautstärke (in Dezibel) einer Schallwelle mit der Intensität a) 10^{-10} W/m² und b) 10^{-2} W/m²?

11. Um welchen Bruchteil müßte die akustische Leistung eines Geräusches gesenkt werden, um seine Lautstärke von 90 dB auf 70 dB zu reduzieren?

14.4 Interferenz: Schwebungen

12. Zwei Schallquellen mit einer Frequenz von 100 Hz schwingen in Phase. An einem Punkt, der 5,00 m von der einen und 5,85 m von der anderen Quelle entfernt ist, haben die Amplituden der von den einzelnen Quellen erzeugten Schallwellen jeweils den Wert A. Bestimmen Sie a) die Phasendifferenz der beiden Schallwellen, b) die Amplitude der resultierenden Welle an diesem Punkt.

13. Zwei Lautsprecher seien 6 m voneinander entfernt. Ein Hörer sitze im Abstand von 8 m vor einem der Lautsprecher, wobei die Lautsprecher und der Hörer ein rechtwinkliges Dreieck bilden. a) Berechnen Sie die beiden kleinsten Frequenzen, für die der Wegunterschied von den Lautsprechern zum Hörer eine ungerade Anzahl halber Wellenlängen beträgt. b) Warum hört er diese Frequenzen, selbst wenn die Lautsprecher in Phase schwingen?

14. Zwei Geiger stehen zwei Schritte voneinander entfernt und spielen dieselben Noten. Gibt es Orte im Raum, an denen bestimmte Töne durch destruktive Interferenz nicht wahrgenommen werden können? Erklären Sie.

15. Zwei voneinander entfernte Lautsprecher strahlen Schallwellen mit derselben Frequenz ab, aber mit einem Phasenunterschied von 90° vom ersten zum zweiten Lautsprecher. Es sei r_1 der Abstand eines bestimmten Punktes vom ersten und r_2 der Abstand desselben Punktes vom zweiten Lautsprecher. Bestimmen Sie (in Bruchteilen der Wellenlänge) den kleinsten Wert von $r_2 - r_1$, bei dem die Amplitude an diesem Punkt a) maximal und b) minimal wird.

16. Die Frequenzen zweier Stimmgabeln seien 256 Hz bzw. 260 Hz. Wie groß ist die Schwebungsfrequenz, wenn beide gleichzeitig schwingen?

17. Zwei Stimmgabeln seien gleichzeitig angeschlagen worden, und die Schwebungsfrequenz betrage 4 Hz. Die erste Stimmgabel habe die Frequenz 500 Hz. a) Welche Frequenzen kann die zweite Stimmgabel haben? b) Bringt man ein Stück Wachs an der ersten Stimmgabel an, so verringert sich ihre Frequenz. Erklären Sie, wie man durch Messung der neuen Schwebungsfrequenz entscheiden kann, welche der in a) ermittelten Frequenzen der zweiten Stimmgabel die richtige ist.

14.5 Stehende Schallwellen

18. Der normale Hörbereich des Menschen liegt etwa zwischen 20 und 20000 Hz. Wie lang ist die größte Orgelpfeife, die ihren Grundton in diesem Bereich hat, wenn sie a) an einem Ende geschlossen bzw. b) an beiden Enden offen ist?

19. Die kürzesten Orgelpfeifen sind ungefähr 7,5 cm lang. a) Wie hoch ist die Grundfrequenz bei dieser Länge, wenn die Pfeife an beiden Enden offen ist? b) Welche Harmonische liegt gerade noch im hörbaren Bereich? (Siehe auch Aufgabe 18.)

20. Der Gehörgang im menschlichen Ohr ist etwa 2,5 cm lang und kann in grober Näherung als Rohr mit einem offenen und einem geschlossenen Ende angesehen werden. a) Berechnen Sie die Resonanzfrequenzen des Gehörganges. b) Welche Auswirkung könnten Resonanzerscheinungen im Gehörgang nahe der Hörschwelle haben?

14.7 Wellenpakete und Dispersion

21. Der Datentransfer in älteren Computern geschah über Kabelverbindungen, die kurze elektrische Rechteckimpulse mit einer Taktrate von 10^5 Pulsen pro Sekunde übertrugen. a) Wie groß durfte die maximale Dauer der Pulse sein, damit sie sich nicht überlappen? b) Welchen Frequenzbereich mußte die Empfangseinrichtung abdecken?

22. Eine Stimmgabel der Frequenz v_0 beginne zur Zeit $t = 0$ zu schwingen und werde nach einem Zeitintervall Δt angehalten. Die Schallwellenform zu einem späteren Zeitpunkt ist in Abbildung 14.34 als Funktion von x dargestellt. N sei die (ungefähre) Anzahl der Perioden dieser Wellenform. a) Wie hängen N, v_0 und Δt zusammen? b) Wie groß ist die Wellenlänge, ausgedrückt durch Δx und N, wenn Δx die räumliche Ausdehnung des Wellenpakets ist? c) Wie groß ist die Wellenzahl k, ausgedrückt durch N und Δx? d) Die Unsicherheit der Zahl N beträgt ungefähr ± 1 Perioden. Begründen Sie dies anhand von Abbildung 14.34. e) Zeigen Sie: Die auf die Unsicherheit von N zurückzuführende Unsicherheit der Wellenzahl ist $2\pi/\Delta x$.

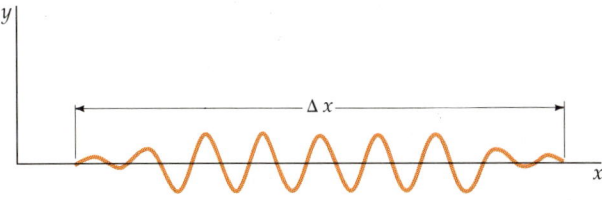

14.34 Zu Aufgabe 22.

14.8 Reflexion, Brechung und Beugung

23. Ist die Wellenlänge viel größer als der Durchmesser des Lautsprechers, so strahlt er wie eine Punktquelle in alle Richtungen ab. Ist die Wellenlänge dagegen viel kleiner als der Durchmesser des Lautsprechers, so verlaufen die Wellenfronten beinahe geradeaus vom Lautsprecher weg. Bestimmen Sie die Frequenz einer Schallwelle, deren Wellenlänge a) das Zehnfache und b) ein Zehntel des Durchmessers eines 30-cm-Lautsprechers beträgt. c) Berechnen Sie dasselbe für einen Lautsprecher mit einem Durchmesser von 6 cm.

14.9 Der Doppler-Effekt

24. In dieser Aufgabe wird eine Analogie zum Doppler-Effekt betrachtet. Ein Förderband bewege sich mit der Geschwindigkeit $v = 300$ m/min. Ein überaus fleißiger Bäcker setze 20 Kekse pro Minute auf das Band. Die Kekse werden am anderen Ende des Bandes von einem Krümelmonster verspeist. a) Welchen Abstand λ haben die Kekse voneinander, und mit welcher Frequenz v kann sie das Monster verspeisen, wenn Bäcker und Krümelmonster an ihrem Ort bleiben? b) Der Bäcker bewege sich mit der Geschwindigkeit 30 m/min auf das unbewegliche Monster zu, wobei er seine Produktionsgeschwindigkeit von 20 Keksen pro Minute beibehält. Bestimmen Sie nun den Abstand zwischen den Keksen und die Frequenz, mit der sie verspeist werden können. c) Wiederholen Sie Ihre Berechnungen für den unbeweglichen Bäcker und das sich mit 30 m/min auf ihn zubewegende Monster.

In den Aufgaben 25 und 26 habe die Schallquelle eine Frequenz von 200 Hz.

25. Die Schallquelle bewege sich mit einer Geschwindigkeit von 80 m/s bei Windstille auf einen stationären Hörer zu. a) Wie groß ist die Wellenlänge zwischen Quelle und Hörer? b) Welche Frequenz nimmt der Hörer wahr?

26. Wählen Sie für Aufgabe 25 ein Bezugssystem, in dem die Quelle ruht. In diesem bewege sich der Hörer mit einer Geschwindigkeit von 80 m/s auf die Quelle zu. Außerdem wehe ein Wind mit einer Geschwindigkeit von 80 m/s aus der Richtung des Hörers. a) Welche Schallgeschwindigkeit mißt der Hörer? b) Berechnen Sie die Wellenlänge des Schalls zwischen Quelle und Hörer. c) Bestimmen Sie die vom Hörer wahrgenommene Frequenz.

27. Eine Pfeife mit der Frequenz 500 Hz bewege sich auf einem Kreis mit dem Radius 1 m und führe 3 Umdrehungen pro Sekunde aus. Bestimmen Sie die maximale und die minimale Frequenz, die ein unbeweglicher Hörer in der Kreisebene im Abstand von 5 m vom Kreismittelpunkt wahrnimmt.

28. Meereswellen bewegen sich mit der Geschwindigkeit 8,9 m/s und der Wellenlänge 15 m in Richtung Strand. Ein Segler befinde sich in einem Boot, das vor der Küste ankert. a) Welche Frequenz haben für ihn Wellen? b) Er lichte den Anker und entferne sich mit einer Geschwindigkeit von 15 m/s vom Strand. Welche Wellenfrequenz beobachtet er nun?

29. Bei einem Boot, das sich mit 10 m/s auf einem ruhigen See bewege, schließe die Bugwelle mit der Bewegungsrichtung des Bootes einen Winkel von 20° ein. Wie groß ist die Geschwindigkeit der Bugwelle?

30. Ein Flugzeug fliege mit 2,5facher Schallgeschwindigkeit in einer Höhe von 5000 m. a) Welchen Winkel schließt die Stoßwelle mit der Flugbahn ein? (Die Schallgeschwindigkeit betrage in dieser Höhe ebenfalls 340 m/s.) b) Wo befindet sich das Flugzeug, wenn ein Beobachter auf der Erde die Stoßwelle wahrnimmt?

Stufe II

31. Zwei parallele Röhren desselben Durchmessers seien unter gleichem Druck und bei gleicher Temperatur mit Gas gefüllt. Die eine Röhre enthalte H_2, die andere O_2. a) Vergleichen Sie die Intensität von Schallwellen mit gleicher Amplitude der Auslenkung sowie gleicher Frequenz. b) Wenn die Wellen gleiche Frequenz und gleiche Druckamplitude haben, wie verhalten sich dann ihre Intensitäten? c) Wie verhalten sich in beiden Röhren Druckamplitude und Amplitude der Auslenkung von Wellen, die gleiche Frequenz und gleiche Intensität haben?

32. Um die Entfernung eines Blitzes zu schätzen, verwendet man oft die Faustregel „Beginne beim Blitz zu zählen und stoppe beim ersten Donner". Die Anzahl der gezählten Sekunden wird durch drei geteilt und ergibt den Abstand in km. Wie ist diese Regel begründet? Wie exakt ist die beschriebene Vorgehensweise? Wie groß ist die Schallgeschwindigkeit in km pro Sekunde? Ist es wichtig, bei dieser Berechnung die Lichtgeschwindigkeit ($3 \cdot 10^8$ m/s) zu berücksichtigen?

33. Mit einer gewöhnlichen Uhr, die Sekunden anzeigt, kann man die Schallgeschwindigkeit folgendermaßen bestimmen: Stellen Sie sich in einem bestimmten Abstand ℓ vor eine große, glatte Mauer und klatschen Sie rhythmisch in die Hände, so daß das Echo genau zur halben Zeit zwischen zwei Schlägen zu hören ist. Zeigen Sie, daß die Ausbreitungsgeschwindigkeit des Schalls durch $v = 4\ell N$ gegeben ist, wobei N die Anzahl der Schläge pro Sekunde ist. Geben Sie einen vernünftigen Wert für ℓ an, um dieses Experiment durchführen zu können. (Testen Sie die Methode und vergleichen Sie Ihr Ergebnis mit dem bekannten Wert der Schallgeschwindigkeit.)

34. Ein Mann lasse einen Stein von einer hohen Brücke fallen und höre den Aufschlag im Wasser genau 4 s später. a) Schätzen Sie den Abstand zum Wasser unter der Annahme, daß die Zeit vernachlässigbar ist, die der Schall vom Wasser bis zum Mann benötigt. b) Verbessern Sie Ihre Schätzung, indem Sie mit dem Ergebnis aus Teil a) die Zeit berechnen, die der Schall für diesen Abstand benötigt. Ziehen Sie diese Zeit von den 4 s ab und berechnen Sie erneut die Strecke, die der Stein fiel. c) Berechnen Sie den genauen Abstand und vergleichen Sie das Ergebnis mit den Schätzungen.

35. Die sogenannte Kundtsche Methode war ein frühes Verfahren, die Schallgeschwindigkeiten verschiedener Gase zu bestimmen: In ein horizontales, zylindrisches Glasrohr wird gleichmäßig ein leichtes Pulver gestreut. Eine Seite des Rohres ist durch einen Kolben verschlossen, der durch einen Oszillator mit bekannter Frequenz ν angetrieben wird. Auf der gegenüberliegenden Seite befindet sich ein Kolben, mit dem die Länge der Gassäule im Rohr eingestellt werden kann. Während der erste Kolben schwingt, wird der zweite langsam so lange bewegt, bis der Resonanzfall eintritt. Dann sammelt sich das Pulver in kleinen, gleichmäßig über den Röhrenboden verteilten Häufchen. a) Warum ordnet sich das Pulver so an? b) Leiten Sie eine Gleichung für die Schallgeschwindigkeit in einem Gas in Abhängigkeit von ν und dem Abstand der Pulverhäufchen her. c) Bestimmen Sie geeignete Werte für die Frequenz ν und den Abstand der Pulverhäufchen. d) Schlagen Sie geeignete Werte der Frequenz ν und der Länge ℓ der Röhre vor, mit denen die Schallgeschwindigkeit in Luft bzw. in Helium gemessen werden kann.

36. Drei aufeinanderfolgende Resonanzfrequenzen in einer Orgelpfeife seien 1310 Hz, 1834 Hz und 2358 Hz. a) Ist die Pfeife an einem Ende geschlossen oder an beiden Enden offen? b) Wie hoch ist ihre Grundfrequenz? c) Wie lang ist die Pfeife?

37. Um Stereolautsprecher richtig an den Verstärker anzuschließen, damit sie in Phase schwingen, sei folgende Anleitung gegeben: „Nachdem die Lautsprecher angeschlossen sind, spielen Sie eine in Mono aufgenommene Platte ab. Dabei sollten die Bässe aufgedreht und die Höhen heruntergedreht sein. Während Sie zuhören, verstellen Sie die Balance so, daß zuerst nur ein Lautsprecher, dann beide zusammen und danach nur der andere Lautsprecher angesteuert werden. Ist der Baß stärker, wenn beide Lautsprecher gemeinsam hörbar sind, so sind sie richtig angeschlossen. Ist er dagegen schwächer, so müssen Sie die Anschlüsse an einem Lautsprecher vertauschen." Erklären Sie, warum diese Anleitung richtig ist. Erklären Sie insbesondere, warum nur Monoaufnahmen geeignet sind und warum nur die Bässe verglichen werden.

38. Zwei identische Lautsprecher senden Schallwellen mit der Frequenz 680 Hz gleichmäßig in alle Richtungen aus. Die gesamte Schall-Ausgangsleistung jedes Lautsprechers betrage 1 mW. Ein Punkt P befinde sich 2 m vom ersten und 3 m vom zweiten Lautsprecher entfernt. a) Bestimmen Sie die hier wahrzunehmenden Intensitäten I_1 und I_2 von jedem Lautsprecher. b) Wie groß ist die Intensität im Punkt P, wenn die Lautsprecher in Phase und kohärent betrieben werden? c) Wie groß ist die Intensität bei P, wenn sie zwar kohärent, aber mit einem Phasenunterschied von 180° betrieben werden? d) Wie groß ist die Intensität bei P, wenn die Lautsprecher inkohärent betrieben werden?

39. Ein Radargerät strahle Mikrowellen mit der Frequenz 2 GHz ab. Die Wellen werden an einem sich direkt vom Gerät wegbewegenden Auto reflektiert. Es entstehe eine Schwebungsfrequenz von 293 Schwebungen pro Sekunde. Bestimmen Sie die Geschwindigkeit des Autos.

40. Eine Lautsprechermembran mit einem Durchmesser von 30 cm schwinge mit 1 kHz und einer Amplitude von 0,02 mm. Nehmen Sie an, daß die Luftmoleküle in ihrer Umgebung mit derselben Amplitude schwingen. Bestimmen Sie a) die Druckamplitude direkt vor der Membran, b) die Schallintensität und c) die abgestrahlte akustische Leistung.

41. Ein ruhendes Schiff sei mit einem Sonar bestückt, das Schallpulse mit einer Frequenz von 40 MHz aussendet. Die von einer Tauchglocke (direkt unter dem Schiff) reflektierten Pulse werden nach einer Zeitverzögerung von 80 ms und mit einer Frequenz von 39,958 MHz empfangen. Die Ausbreitungsgeschwindigkeit von Schallwellen im Meerwasser betrage 1,54 km/s. Bestimmen Sie a) die Tiefe der Tauchglocke und b) ihre Sinkgeschwindigkeit.

42. Ein Physikstudent gehe durch eine lange Halle und trage dabei eine mit 512 Hz schwingende Stimmgabel. Am Ende der Halle werden die Schallwellen reflektiert. Der Student höre vier Schwebungen pro Sekunde. Wie schnell bewegt er sich?

43. Die Schallintensität eines Lautsprechers bei einem Rockkonzert betrage bei einer Frequenz von 1 kHz in einem Abstand von 20 m noch 10^{-2} W/m². Nehmen Sie an, daß der Lautsprecher die gesamte Schallenergie gleichmäßig in die vordere Halbkugel abstrahle und daß keine Energie am Boden oder anderswo reflektiert werde. Daher ist die Intensität $I = P/2\pi r^2$. a) Wie groß ist die Lautstärke 20 m vor dem Lautsprecher? b) Wie groß ist die gesamte Schalleistung des Lautsprechers? c) In welchem Abstand erreicht die Lautstärke die Schmerzschwelle von 120 dB? d) Wie groß ist die Lautstärke in 30 m Abstand?

44. Läßt man eine Nadel der Masse 0,1 g aus 1 m Höhe fallen, so werde 0,05 Prozent ihrer Energie beim Aufschlag in einen 0,1 s dauernden Schallpuls verwandelt. a) In welchem Abstand ist der Aufschlag noch hörbar, wenn die Hörschwelle bei einer Schallintensität von 10 pW/m² liegt? b) Ihr Ergebnis aus a) ist aufgrund von Hintergrundgeräuschen in der Praxis viel zu hoch. Schätzen Sie erneut den Abstand, wobei Sie eine Lautstärke von mindestens 40 dB annehmen, bei dem die fallende Nadel zu hören sei. (In beiden Teilaufgaben sei die Intensität $P/4\pi r^2$.)

45. Normales menschliches Sprechen erzeugt in einem Abstand von 1 m eine Lautstärke von rund 65 dB. Schätzen Sie die beim Sprechen abgegebene Schalleistung.

46. Drei Rauschgeneratoren erzeugen, einzeln betrieben, Lautstärken von 70 dB, 73 dB und 80 dB. Gemeinsam betrieben, addieren sich die Intensitäten. Bei diesen inkohärenten Quellen trete keine Interferenz auf. a) Wie groß ist die Lautstärke in dB, wenn alle drei Quellen gleichzeitig betrieben werden? b) Ist es sinnvoll, die beiden leiseren Quellen abzuschirmen, um die Lautstärke zu senken?

47. In einem Artikel über Lärmbelastung werde behauptet, daß in den Großstädten der Schallpegel jährlich um etwa 1 dB zunehme. a) Um wieviel Prozent steigt dann die Schallintensität? Erscheint dieser behauptete Wert vernünftig? b) Nach wie vielen Jahren würde sich die Schallintensität bei diesem Anstieg verdoppeln?

Stufe III

48. Der Geräuschpegel in einem leeren Hörsaal betrage 40 dB. Wenn 100 Studenten eine Prüfung schreiben, so erhöhe das schwere Atmen und das Kratzen der Kugelschreiber den Pegel auf 60 dB (abgesehen vom gelegentlichen Stöhnen). Berechnen Sie den Geräuschpegel, wenn 50 Studenten den Saal verlassen haben. Nehmen Sie dabei an, daß jeder Student gleich viel zum Geräuschpegel beiträgt.

49. Zwei miteinander in Phase befindliche Punktquellen haben den Abstand d voneinander. Auf einer Geraden, die in einem Abstand D parallel zu jener durch die

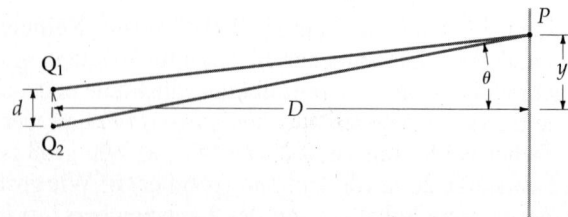

14.35 Zu Aufgaben 49–51.

beiden Quellen verläuft (Abbildung 14.35), werde ein Interferenzmuster beobachtet. a) Zeigen Sie, daß der Wegunterschied von den beiden Quellen zu einem Punkt auf dieser Geraden beim Winkel θ näherungsweise durch $\Delta x = d \sin \theta$ ausgedrückt werden kann. b) Zeigen Sie, daß die Entfernung y_m des m-ten Interferenzmaximums vom zentralen Hauptmaximum durch $y_m = mD\lambda/d$ angenähert werden kann.

50. Zwei Lautsprecher werden über einen Verstärker mit einer Frequenz von 600 Hz in Phase betrieben. Beide befinden sich auf der y-Achse: der erste bei $y = +1$ m, der zweite bei $y = -1$ m. Eine Hörerin befinde sich anfangs bei $y = 0$ m und bewege sich in großer Entfernung D von der y-Achse parallel zu dieser (vgl. Aufgabe 49). a) Bei welchem Winkel θ wird sie zuerst ein Minimum der Schallintensität hören? b) Bei welchem Winkel wird sie danach ein Maximum hören? c) Wie viele Maxima kann sie wahrscheinlich hören, wenn sie in derselben Richtung weiterläuft?

51. Zwei in Phase schwingende Schallquellen seien auf der y-Achse 2 m voneinander entfernt. An einem von der y-Achse weit entfernten Punkt werde konstruktive Interferenz zuerst in einem Winkel $\theta_1 = 0{,}140$ rad zur x-Achse und dann in einem Winkel $\theta_2 = 0{,}283$ rad gehört (siehe Abbildung 14.35). a) Welche Wellenlänge haben die Schallwellen? b) Wie hoch ist die Frequenz der Quellen? c) Bei welchen Winkeln ist ebenfalls konstruktive Interferenz zu hören? d) Bestimmen Sie den kleinsten Winkel, bei dem sich die Schallwellen ganz auslöschen.

52. Die Phasendifferenz δ_0 zweier Quellen sei proportional zur Zeit: $\delta_0 = Ct$; darin sei C eine Konstante. Die Amplituden A_0 der Wellen von jeder Quelle seien an einem Punkt P gleich A_0. a) Bestimmen Sie die Wellenfunktionen der beiden Wellen im Punkt P, wenn dieser den Abstand x_1 von der ersten und $x_1 + \Delta x$ von der zweiten Quelle hat. b) Berechnen Sie die resultierende Wellenfunktion und zeigen Sie, daß die Amplitude $2A_0 \cos \frac{1}{2}(\delta + \delta_0)$ ist. Der Wegunterschied erzeugt am Punkt P den Phasenunterschied δ. c) Tragen Sie für den Wegunterschied null die Intensität im Punkt P gegen die Zeit auf. (I_0 sei die von einer einzelnen Welle erzeugte Intensität.) Wie groß ist der zeitliche Mittelwert? d) Zeichnen Sie das gleiche Bild für einen Punkt, an dem der Wegunterschied $\lambda/2$ beträgt.

53. In dieser Aufgabe soll eine einfache Gleichung für die Schallgeschwindigkeit in Luft bei der Temperatur t_C (in °C gemessen) hergeleitet werden. Schreiben Sie zunächst Temperatur $T = T_0 + \Delta T$, wobei $T_0 = 273$ K gerade 0 °C entspricht. Daher ist $\Delta T = t_C$ gleich der Temperatur in °C. Die Schallgeschwindigkeit v ist eine Funktion von T. Als Näherung in erster Ordnung kann man schreiben

$$v(T) \approx v(T_0) + \left(\frac{dv}{dT}\right)_{T_0} \Delta T .$$

Darin ist $(dv/dT)_{T_0}$ die Ableitung von v bei $T = T_0$. Berechnen Sie diese Ableitung und zeigen Sie, daß das Ergebnis geschrieben werden kann als

$$v \approx (331 \text{ m/s}) \left(1 + \frac{t_C}{2T_0}\right) = (331 + 0{,}606\, t_C) \text{ m/s} .$$

54. Ein Physikstudent höre beim Lernen nebenher die Direktübertragung eines Fußballspiels im Radio. Er befinde sich 1,6 km südlich des Stadions. Im Radio vernimmt er eine Störung, die durch den elektromagnetischen Puls eines Blitzes ausgelöst wurde. Zwei Sekunden später hört er im Radio den Donner, der vom Mikrofon im Stadion aufgenommen wurde. Vier Sekunden nach der Störung im Radio hört er direkt den Donner. Wo blitzte es, bezogen auf das Stadion?

55. Ein Radioteleskop bestehe aus zwei Antennen, die 200 m voneinander entfernt aufgebaut sind. Beide seien auf dieselbe Frequenz, z. B. 20 MHz, eingestellt. Die Signale beider Antennen werden zu einem gemeinsamen Verstärker geleitet. Dabei wird jedoch ein Signal verzögert, um die Phasen gegeneinander zu verschieben. Auf diese Weise kann das Teleskop sozusagen in verschiedene Richtungen schauen. Ist die Phasenverzögerung null, so werden die Signale von vertikal auf die Antennen treffenden ebenen Wellen im Verstärker konstruktiv überlagert. Wie groß muß die Phasenverzögerung sein, damit sich Signale von Wellen, die im Winkel $\theta = 10°$ zur Vertikalen einfallen (und in der Ebene liegen, die durch die Vertikale und die Verbindungsgerade der Antennen aufgespannt wird) konstruktiv im Verstärker überlagern?

56. Eine Spiralfeder werde auf die Länge ℓ gedehnt. Sie habe die Kraftkonstante k und die Masse m. a) Zeigen Sie, daß die Geschwindigkeit der longitudinalen Kompressionswellen $v = \ell\sqrt{k/m}$ ist. b) Zeigen Sie, daß dies auch die Geschwindigkeit der transversalen Wellen auf der Feder ist, wenn ihre ursprüngliche Länge wesentlich kleiner als ℓ ist.

57. Ein Physikstudent lasse eine mit 440 Hz schwingende Stimmgabel in den Aufzugschacht eines hohen Gebäudes fallen. Wie weit ist die Stimmgabel gefallen, wenn er die Frequenz von 400 Hz hört?

Teil 3
Thermodynamik

Temperatur

15

Die **Thermodynamik** befaßt sich mit Temperatur, Wärme und Umwandlung von Energie. Darüber hinaus beantwortet sie die Frage, ob ein Vorgang spontan ablaufen wird, und ermöglicht eine Aussage über seine Richtung. Viele wissenschaftliche und technische Anwendungen basieren auf der Thermodynamik, aber auch alltägliche Phänomene wie das Wetter folgen thermodynamischen Gesetzmäßigkeiten. In diesem Kapitel wollen wir zunächst die Temperatur und einige thermische Eigenschaften von Materie betrachten.

Die **Temperatur** ist uns vertraut als Maß dafür, wie warm oder wie kalt ein Körper ist. Genauer gesagt, ist sie ein Maß für die mittlere kinetische Energie der Moleküle im betreffenden Körper. Definition und Festlegung der Temperatur sind keineswegs trivial. Es ist nicht ganz einfach, die Temperatur so zu definieren, daß verschiedenartige Thermometer beim Messen der Temperatur desselben Objekts den gleichen Wert anzeigen. Aber man kann anhand von Eigenschaften verdünnter Gase eine Temperaturskala definieren und Gasthermometer konstruieren, deren Anzeigen übereinstimmen. In Kapitel 17 werden wir sehen, daß wir mit Hilfe des Zweiten Hauptsatzes der Thermodynamik eine universelle Temperaturskala aufstellen können, die von den Eigenschaften irgendeiner Substanz unabhängig ist und die überdies mit derjenigen übereinstimmt, die auf den Eigenschaften der Gase beruht.

15.1 Temperaturskalen

Von Natur aus sind wir durch unseren Tastsinn mit einem „Thermometer" ausgestattet. Schon als Kind machen wir die Erfahrung, daß man einen Gegenstand erwärmen kann, indem man ihn in Kontakt mit einem heißeren Gegenstand bringt, also etwa einen Topf mit Wasser auf die Herdplatte stellt. Will man einen Körper abkühlen, dann bringt man ihn in Kontakt mit einem kälteren. So stellt man beispielsweise die Mineralwasserflasche in den Kühlschrank.

Wird ein Gegenstand erwärmt oder abgekühlt, dann ändern sich einige seiner physikalischen Eigenschaften, darunter das Volumen: Die meisten Körper dehnen sich bei steigender Temperatur aus. Das gilt auch für Gase, wenn man ihnen genügend Raum zum Ausdehnen bietet; hält man sie aber bei konstantem Volumen, dann steigt ihr Druck. Bei Metallen nimmt beim Erwärmen der elektrische

15 Temperatur

Widerstand zu. Eine physikalische Eigenschaft, die mit der Temperatur variiert und die sich zur Temperaturmessung heranziehen läßt, nennen wir eine **thermometrische Eigenschaft**. Ihre Änderung ist ein Indiz dafür, daß der Körper nun eine andere Temperatur hat.

Bringen wir einen heißen Kupferstab in engen Kontakt mit einem kalten Eisenstab, so wird der Kupferstab etwas kürzer werden (das zeigt an, daß er kälter wird), und der Eisenstab wird sich ein wenig ausdehnen (ein Zeichen für seine Erwärmung). Wir sprechen dann davon, daß beide Stäbe in **thermischem Kontakt** miteinander stehen. Nach einiger Zeit läßt sich keine Längenänderung mehr feststellen: Nun befinden sich beide Stäbe im **thermischen Gleichgewicht**.

Was passiert, wenn wir die beiden Stäbe nicht in direkten Kontakt miteinander bringen, sondern den heißen Kupferstab in einen kalten See legen? Der Stab kühlt sich ab, und das Wasser im See wird wärmer – allerdings in sehr geringem Ausmaß, denn die Wassermenge im See ist im Vergleich zum Kupferstab sehr groß. Auch hier endet der Prozeß, wenn Stab und Wasser in thermischem Gleichgewicht sind. Jetzt legen wir den kalten Eisenstab ebenfalls in den See, aber vom Kupferstab weit entfernt, so daß er mit diesem nicht in Kontakt kommt. Der Eisenstab wird wärmer, bis auch er mit dem Wasser in thermischem Gleichgewicht steht. Schließlich nehmen wir beide Stäbe heraus und halten sie eng zusammen. Dann werden sich beide in ihrer Länge nicht ändern, denn sie befinden sich in thermischem Gleichgewicht. Mit diesem Experiment, dessen Ergebnis keineswegs überraschend ist, haben wir eine ganz wichtige Tatsache gezeigt, die aber nicht rein logisch abgeleitet werden kann:

Nullter Hauptsatz der Thermodynamik

> Befinden sich zwei Körper in thermischem Gleichgewicht mit einem dritten, so stehen sie auch untereinander in thermischem Gleichgewicht.

Diese Aussage wird oft der **Nullte Hauptsatz der Thermodynamik** genannt (Abbildung 15.1). Mit seiner Hilfe kann man eine Temperaturskala definieren, indem man sagt, daß zwei in thermischem Gleichgewicht befindliche Körper die gleiche Temperatur haben.

Zur Konstruktion von Thermometern kann man im Prinzip jede temperaturabhängige Eigenschaft nutzen. Ein gewöhnliches Quecksilberthermometer besteht beispielsweise aus einem Glaskolben, an den eine enge Kapillare angesetzt ist. In dieser Anordnung befindet sich Quecksilber, das in der Kapillare hochsteigt, wenn der Kolben wärmer wird. Entscheidend ist dabei, daß sich Quecksilber stärker ausdehnt als Glas. Die Fixpunkte für zwei bestimmte Temperaturen können mit Hilfe von Eis und Wasser festgelegt werden. Dazu wird das Thermometer zunächst in Wasser gehängt, das beim Druck von einer Atmosphäre mit Eis im Gleichgewicht steht. (In dieser Mischung herrscht eine konstante Temperatur, und zwar aus folgendem Grund: Wenn Eis in Wasser gegeben wird, so schmilzt ein Teil des Eises, und das Wasser wird kälter, bis schließlich thermisches Gleichgewicht erreicht wird und kein Eis mehr schmilzt. Führt man der Mischung Wärme zu, dann schmilzt wieder etwas Eis, aber die Temperatur ändert sich nicht, solange noch Eis vorhanden ist.)

Ist das Thermometer zu Beginn wärmer als das Eiswasser, so wird nach dem Eintauchen die Quecksilbersäule kürzer, bis sich ihre Länge nach einer Weile nicht mehr ändert. Nun ist das Thermometer in thermischem Gleichgewicht mit dem Eiswasser. An der Kapillare wird in Höhe des Quecksilbermeniskus eine Markierung angebracht, die den sogenannten Eispunkt angibt, den **Gefrierpunkt des Wassers**. Danach wird das Thermometer (ebenfalls bei Atmosphärendruck) in siedendes Wasser getaucht. Man wartet auch hier ab, bis die Länge der Quecksilbersäule gleich bleibt, und markiert den **Siedepunkt des Wassers**.

Diese beiden Temperatur-Fixpunkte werden zur Definition der **Celsius-Skala** verwendet, bei der – nach einem Vorschlag des schwedischen Mathematikers und

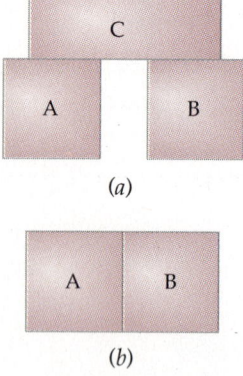

15.1 Der Nullte Hauptsatz der Thermodynamik. a) Die Systeme A und B befinden sich in thermischem Kontakt mit einem System C, haben aber keinen direkten Kontakt miteinander. Sind A und B in thermischem Gleichgewicht mit C, so sind sie es auch untereinander. Das kann man überprüfen, indem man die Systeme A und B zusammenbringt, wie in b) gezeigt.

Geodäten Celsius aus dem Jahre 1742 – das Temperaturintervall zwischen dem Gefrierpunkt (0 °C) und dem Siedepunkt des Wassers (100 °C) in 100 gleiche Teile unterteilt ist. Durch lineare Extrapolation kann die Gradeinteilung nach oben und unten über die genannten Werte hinaus erweitert werden. Mit einem solchen, uns vertrauten Thermometer läßt sich die Temperatur der verschiedensten Systeme oder Gegenstände messen, indem das Thermometer in thermisches Gleichgewicht mit dem Meßobjekt gebracht wird. Ist ℓ_t die Länge der Quecksilbersäule, so beträgt die Temperatur

$$t_C = \frac{\ell_t - \ell_0}{\ell_{100} - \ell_0} \cdot 100\,°C\,.\qquad 15.1$$

Dabei ist ℓ_0 die Länge der Quecksilbersäule bei 0 °C (Thermometer in Eiswasser), und ℓ_{100} die Länge bei 100 °C (Thermometer in siedendem Wasser).

In den angelsächsischen Ländern wird im Alltag häufig noch die **Fahrenheit-Skala** benutzt. Fahrenheit wählte als Nullpunkt die Temperatur einer Salmiak-Schnee-Mischung und ordnete seiner leicht erhöhten Körpertemperatur den Wert 100 °F zu. Die Umrechnungsformel zwischen Celsius- und Fahrenheit-Skala lautet

$$t_C = \frac{5}{9}\left(\frac{t_F}{°F} - 32\right)°C\,.\qquad 15.2$$

15.2 Ein Bimetallstreifen verbiegt sich, wenn er erwärmt oder abgekühlt wird, denn die beiden miteinander verbundenen Metallstreifen haben unterschiedliche thermische Ausdehnungskoeffizienten.

Umrechnung Fahrenheit – Celsius

Der Gefrierpunkt des Wassers liegt dann bei 32 °F, und der normale Siedepunkt des Wassers bei 212 °F.

Zum Aufstellen von Temperaturskalen können auch andere thermometrische Eigenschaften ausgenutzt werden. Abbildung 15.2 zeigt einen Bimetallstreifen; dieser besteht aus zwei Streifen aus unterschiedlichen Metallen, die fest miteinander verbunden sind (*bi* kommt vom lateinischen *bis* für „doppelt"). Ändert sich die Temperatur des Bimetallstreifens, dann krümmt er sich, weil sich die beiden Metalle bei Erwärmung unterschiedlich ausdehnen (siehe auch Abschnitt 15.3). Bimetallstreifen werden häufig in Thermostaten eingesetzt, in denen sie durch ihre Biegung bei bestimmten Temperaturen einen elektrischen Stromkreis öffnen oder schließen (Abbildung 15.3).

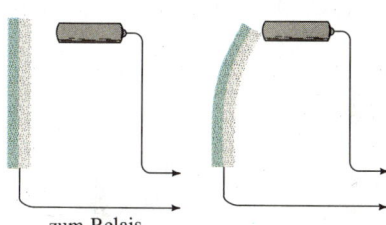

15.3 Ein Bimetallstreifen öffnet und schließt einen elektrischen Kontakt in einem Thermostaten.

Auch in Thermometern kann ein Bimetallstreifen eingesetzt werden. Seine Biegung wird auf einen Zeiger übertragen, der an einer entsprechenden Skala die aktuelle Temperatur anzeigt (Abbildung 15.4). Zur Kalibrierung wird im Prinzip ähnlich verfahren, wie oben beim Quecksilberthermometer beschrieben (unter Ausnutzung von Gefrier- und Siedepunkt des Wassers).

In Technik und Wissenschaft sind **Thermoelemente** inzwischen sehr verbreitet. Bei ihnen wird der Effekt ausgenutzt, daß sich an den Berührungsstellen zweier unterschiedlicher Metalle sogenannte Kontaktspannungen bilden. Hält man eine Kontaktstelle auf konstanter Temperatur, so ist die gemessene Differenz der Kontaktspannungen – die Differenz wird als Thermospannung bezeichnet – ein Maß für den Temperaturunterschied zur anderen Kontaktstelle. Auf Kontaktspannungen gehen wir noch einmal näher in Kapitel 39 (Festkörper) ein.

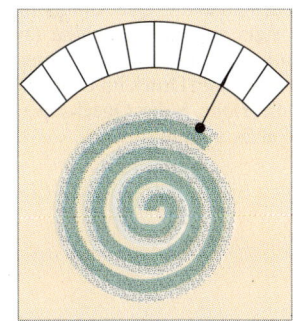

15.4 Ein Thermometer mit einem spiralig gewundenen Bimetallstreifen, der die Änderung seiner Krümmung auf den Zeiger überträgt. An der Skala kann die Temperatur abgelesen werden.

Fragen

1. Wie läßt sich feststellen, ob zwei Körper in thermischem Gleichgewicht miteinander stehen, wenn man sie nicht zusammenbringen kann?
2. Welcher Temperaturanstieg ist größer: der um 1 °C oder der um 1 °F?
3. Ein Gegenstand habe eine Temperatur von −2 °C, ein anderer von +20 °F. Welcher ist kälter?

15.2 Gasthermometer und die absolute Temperatur

Quecksilber- und Bimetall-Thermometer finden vielfältige Verwendung. Wurden sie – wie im vorigen Abschnitt beschrieben – mit Eis und siedendem Wasser kalibriert, so stimmen sie bei 0 °C und bei 100 °C überein. Für andere Temperaturen gilt das aber nur, wenn sich die Wärmeausdehnung von Quecksilber und Glas bzw. der beiden Metalle linear mit der Temperatur ändert, was jedoch in der Regel nicht der Fall ist. Zwischen 0 °C und 100 °C weichen die Anzeigen der verschiedenen Thermometer nur leicht voneinander ab; die Unterschiede sind für viele Zwecke akzeptabel. Sie werden jedoch um so größer, je weiter die Temperatur unter 0 °C bzw. über 100 °C liegt. Außerdem erstarrt das Quecksilber bei –39 °C und siedet bei 357 °C. Daher wirft die Messung anderer Temperaturen als 0 °C oder 100 °C nicht nur die Frage der Genauigkeit auf, sondern beispielsweise auch, welche Thermometerart für welchen Temperaturbereich geeignet ist.

Es gibt Thermometer, die auch dann recht gut übereinstimmende Werte liefern, wenn die Temperatur stark von der der Kalibrierungspunkte abweicht. Wir sprechen hier von **Gasthermometern**. Bei einer Version wird das Volumen konstant gehalten und der Druck als thermometrische Eigenschaft ausgenutzt. Wie in Abbildung 15.5 gezeigt, ist die Höhe h der Quecksilbersäule im Gefäß B_3 ein Maß für den Druck im Gefäß B_1. In Kapitel 11 wurde erläutert, daß eine Quecksilbersäule von 760 mm Höhe dem normalen Atmosphärendruck auf Meereshöhe entspricht. Man kalibriert das Thermometer, indem der Gasdruck beim Gefrierpunkt und beim Siedepunkt des Wassers ermittelt und dann das zugehörige Höhenintervall im Gefäß B_3 in 100 gleiche Teile unterteilt wird.

Im Gasthermometer mit konstantem Volumen herrsche der Druck P_0 bei 0 °C und der Druck P_{100} bei 100 °C. Der bei der Temperatur t_C gemessene Druck ist P_t, und es gilt

$$t_C = \frac{P_t - P_0}{P_{100} - P_0} \cdot 100 \,°C. \qquad 15.3$$

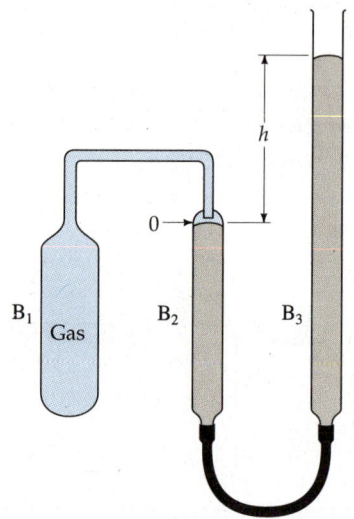

15.5 Ein Gasthermometer mit konstantem Volumen. Gefäß B_1 ist mit einem Gas gefüllt. In den durch einen beweglichen Schlauch verbundenen Gefäßen B_2 und B_3 befindet sich Quecksilber. Das Volumen im Gefäß B_1 wird durch Anheben oder Absenken des Gefäßes B_3 konstant gehalten, so daß das Quecksilber im Gefäß B_2 stets auf gleicher Höhe (an der Nullmarke) bleibt. Die Temperatur ist proportional zum Druck im Gefäß B_1, der durch die Höhe h der Quecksilbersäule im Gefäß B_3 angezeigt wird.

Abbildung 15.6 zeigt die Meßergebnisse bei der Ermittlung des Siedepunktes von Schwefel mit Hilfe von Gasthermometern konstanten Volumens, die mit verschiedenen Gasen gefüllt waren. Im Diagramm sind die Temperaturen als Funktion des Drucks P_{100} aufgetragen. Diese Druckwerte wurden durch unterschiedliche Füllmengen an Gas eingestellt. Ist weniger Gas eingefüllt, dann ist die Gasdichte geringer, und P_{100} ist kleiner. Wir erkennen in der Abbildung, daß die mit den Thermometern gemessenen Werte dann recht ähnlich (also beinahe unabhängig von der Art des Gases) werden, wenn die Gasdichte klein ist. Extrapoliert man auf die Gasdichte null, dann liefern Gasthermometer mit verschiedenen Gasen genau denselben Wert. Weil diese Art der Temperaturmessung demnach nicht von den Eigenschaften einer bestimmten Substanz abhängt, kann mit Hilfe von Gasthermometern geringer Gasdichte eine Temperaturskala definiert werden. Das wird durch theoretische Überlegungen gestützt, die wir später anstellen werden.

Betrachten wir nun eine Reihe von Temperaturmessungen, die mit einem Gasthermometer durchgeführt wurden, das eine kleine, fest eingestellte Gasmenge enthält. Nach (15.3) hängt der Gasdruck P_t linear von der Temperatur t_C ab. In Abbildung 15.7 ist der Druck gegen die Temperatur (bei konstantem Volumen im Gasthermometer) aufgetragen. Die extrapolierte Gerade schneidet die Abszisse stets bei –273,15 °C, unabhängig von der Art des Gases im Gasthermometer. Allerdings weicht der experimentell ermittelte Wert davon zuweilen ab, weil es

15.2 Gasthermometer und die absolute Temperatur

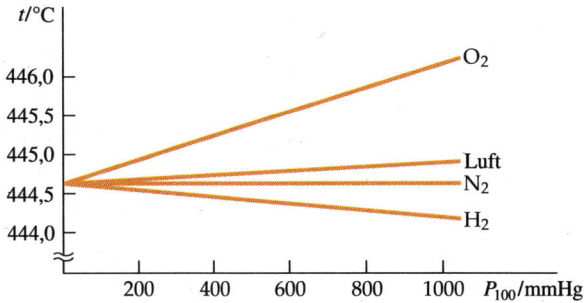

15.6 Der Siedepunkt von Schwefel, gemessen mit verschiedenen Gasthermometern konstanten Volumens. Der Gasdruck P_{100} bei 100 °C wurde durch Änderung der Füllmenge an Gas variiert. Wird die Gasmenge verringert, dann strebt der Meßwert bei allen Gasthermometern gegen 444,60 °C.

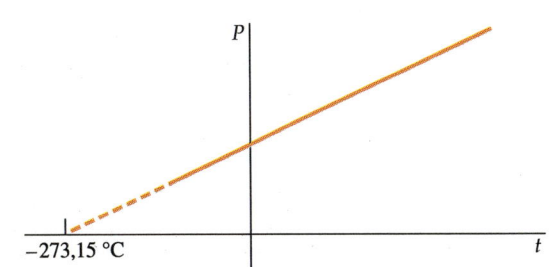

15.7 Druck-Temperatur-Diagramm für ein Gasthermometer konstanten Volumens. Bei Extrapolation auf den Druck Null schneidet die Gerade die Temperaturachse bei –273,15 °C.

schwierig ist, den Gefrierpunkt und den Siedepunkt des Wassers an verschiedenen Orten absolut präzise zu reproduzieren. Vor allem der Siedepunkt ändert sich mit dem äußeren Luftdruck, der seinerseits von der Höhenlage des Ortes und auch von der Wetterlage abhängt.

Um dieses Problem zu umgehen, wurde im Jahre 1954 vom Internationalen Komitee für Maß und Gewicht (Comité International des Poids et Mesures) eine Temperaturskala eingeführt, die nur auf einem einzigen Fixpunkt beruht. Ein Bezugspunkt, der wesentlich genauer reproduzierbar ist als der Schmelz- und Siedepunkt des Wassers, ist sein Tripelpunkt. Bei diesem stehen Wasserdampf, flüssiges Wasser und Eis miteinander im Gleichgewicht. Am **Tripelpunkt des Wassers** herrscht ein Druck von 6,105 mbar und eine Temperatur von exakt 0,01 °C. Auch die **Temperaturskala idealer Gase** bezieht sich auf diesen Referenzpunkt: Sie ist so definiert, daß die Temperatur des Tripelpunkts 273,16 K beträgt. Die Einheit K (Kelvin) ist ebenso groß wie die Einheit °C, und der Nullpunkt der **Kelvin-Skala** liegt bei –273,15 °C. Temperaturen in Kelvin werden mit T bezeichnet. Dann ist die Temperatur T in einem Gasthermometer konstanten Volumens proportional zum Druck P im Gasthermometer, wenn sich dieses in thermischem Gleichgewicht mit dem zu untersuchenden System befindet:

$$T = \frac{273{,}16\,\text{K}}{P_3} P\,. \qquad 15.4$$

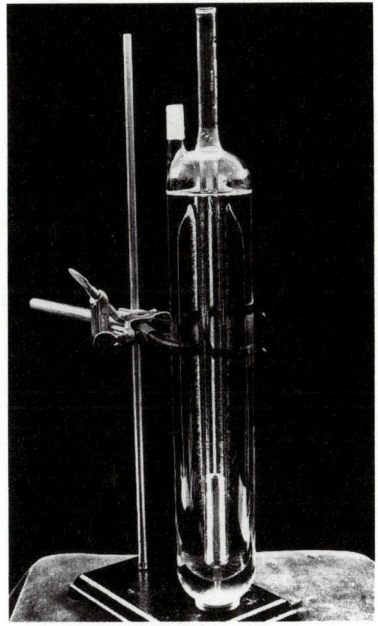

Wasser an seinem Tripelpunkt. Das Gefäß ist ein hohler Zylinder, dessen doppelte Wandung evakuiert ist. Er enthält Eis, Wasser und Wasserdampf (also feste, flüssige und gasförmige Phase des Wassers); die drei Phasen befinden sich im Gleichgewicht. Das Rohr in der Mitte enthält einen Aluminiumeinsatz, in den ein Thermometer gesteckt werden kann. Diese Anordnung wird im NIST (National Institute of Standards and Technology) aufbewahrt; sie befindet sich in einem Wasser-Eis-Bad, das eine Temperatur gerade unterhalb des Tripelpunktes des Wassers aufweist. (Foto: Dr. William Mangum, NIST)

Dabei ist P_3 der von der vorhandenen Gasmenge abhängige Druck im Gasthermometer, wenn es in Wasser bei dessen Tripelpunkt getaucht wird. Die Temperaturskala idealer Gase nach (15.4) hat den Vorteil, daß der Meßwert der Temperatur bei irgendeinem Zustand unabhängig von der Art des Gases ist. Mit anderen Worten: Diese Temperaturskala beruht auf den allgemeinen Eigenschaften der Gase, aber nicht auf denen eines bestimmten Gases. (Zum Begriff „ideales Gas" siehe Abschnitte 15.4 und 15.5.)

Die derzeit gültige Internationale Temperaturskala aus dem Jahre 1990 stützt sich nicht allein auf den experimentell leicht zu realisierenden Tripelpunkt des Wassers, sondern auf insgesamt 17 gut reproduzierbare Bezugspunkte. Diese sind in Tabelle 15.1 zusammengestellt.

Die tiefste mit einem Gasthermometer meßbare Temperatur liegt bei rund 1 K. Dafür muß Helium eingesetzt werden, weil es bis zu dieser Temperatur gasförmig bleibt, während alle anderen Gase schon bei deutlich höheren Temperaturen flüssig werden. Auch unterhalb des Siedepunktes kann man mit Hilfe der Dampfdruckkurve (siehe Abschnitt 15.7) Temperaturen messen.

15 Temperatur

Tabelle 15.1 Bezugspunkte der Internationalen Temperaturskala von 1990

Gleichgewichtszustand	T/K	$t_C/°C$
Dampfdruck des Heliums	3 bis 5	−270,15 bis −268,15
Tripelpunkt des Wasserstoffs	13,8033	−259,3467
Dampfdruck (32,9 kPa) des Wasserstoffs	≈ 17	−256,15
Dampfdruck (102,2 kPa) des Wasserstoffs	20,3	−252,85
Tripelpunkt des Neons	24,5561	−248,5939
Tripelpunkt des Sauerstoffs	54,3584	−218,7916
Tripelpunkt des Argons	83,8058	−189,3442
Tripelpunkt des Quecksilbers	234,3156	−38,8344
Tripelpunkt des Wassers	273,16	0,01
Schmelzpunkt des Galliums	302,9146	29,7646
Erstarrungspunkt des Indiums	429,7485	156,5985
Erstarrungspunkt des Zinns	505,078	231,928
Erstarrungspunkt des Zinks	692,677	419,527
Erstarrungspunkt des Aluminiums	933,473	660,323
Erstarrungspunkt des Silbers	1234,93	961,78
Erstarrungspunkt des Goldes	1337,33	1064,18
Erstarrungspunkt des Kupfers	1357,77	1084,62

In Kapitel 17 werden wir sehen, wie über den Zweiten Hauptsatz der Thermodynamik die **absolute Temperaturskala** (Kelvin-Skala) definiert wird, die von jeglichen Stoffeigenschaften unabhängig und ohne Einschränkung in allen Temperaturbereichen anwendbar ist. Dadurch lassen sich sogar Temperaturen von Millionstel K messen. Für den Temperaturbereich, in dem Gasthermometer eingesetzt werden können, ist die absolute Temperaturskala mit der nach Gleichung (15.4) definierten Skala identisch. Absolute Temperaturen (also Kelvin-Temperaturen) werden, wie bereits erwähnt, mit T bezeichnet. Temperaturdifferenzen in Celsius- und Kelvin-Skala sind gleich, die Umrechnung zwischen beiden Skalen besteht in einer einfachen Addition:

Umrechnung Grad Celsius – Kelvin

$$T = (t_C/°C + 273)\,\text{K}\,. \qquad 15.5$$

Für viele Zwecke reicht es aus, gerundet zu rechnen, das heißt, 0 °C gleich 273 K zu setzen. Während im Alltag die Celsius-Skala üblich ist, wird in der Wissenschaft weitgehend die Kelvin-Skala verwendet. Wir werden noch sehen, daß bei Verwendung der absoluten Temperatur viele Formeln ein sehr einfaches Aussehen haben und daß der absoluten Temperatur eine fundamentale Interpretation zugrunde liegt.

15.3 Thermische Ausdehnung

Wird ein Körper erwärmt, so dehnt er sich im allgemeinen aus. Betrachten wir einen Stab der Länge ℓ, der die Temperatur T hat. Ändert sich diese um ΔT, dann ist die Längenänderung $\Delta \ell$ proportional zu ΔT und zur ursprünglichen Länge ℓ:

$$\Delta \ell = \alpha\,\ell\,\Delta T\,. \qquad 15.6$$

Die Proportionalitätskonstante α heißt **Längenausdehnungskoeffizient** oder **linearer Ausdehnungskoeffizient**. Das ist der Quotient aus relativer Längenänderung und Temperaturdifferenz:

$$\alpha = \frac{\Delta\ell/\ell}{\Delta T}.\qquad 15.7$$

Seine Einheit ist reziproke Grad Celsius (1/ °C) oder reziproke Kelvin (1/K). Der Längenausdehnungskoeffizient von Flüssigkeiten oder Festkörpern hängt in der Regel nicht stark vom Druck ab, meist aber von der Temperatur. Gleichung (15.7) beschreibt den Mittelwert von α im Temperaturintervall ΔT. Sein Wert bei einer bestimmten Temperatur T wird durch Grenzübergang für $\Delta T \to 0$ erhalten:

$$\alpha = \lim_{\Delta T \to 0} \frac{\Delta\ell/\ell}{\Delta T} = \frac{1}{\ell}\frac{d\ell}{dT}.\qquad 15.8$$

In den meisten Fällen ist der nach (15.7) erhaltene Mittelwert von α auch für größere Temperaturintervalle hinreichend genau.

Der **Volumenausdehnungskoeffizient** γ (auch **kubischer Ausdehnungskoeffizient** genannt) ist analog definiert, nämlich als Quotient aus relativer Volumenänderung und Temperaturdifferenz (bei konstantem Druck):

$$\gamma = \lim_{\Delta T \to 0} \frac{\Delta V/V}{\Delta T} = \frac{1}{V}\frac{dV}{dT}.\qquad 15.9$$

Wie α hängt auch γ bei Flüssigkeiten und Festkörpern in der Regel kaum vom Druck ab, kann sich aber mit der Temperatur ändern. Die mittleren Ausdehnungskoeffizienten einiger Materialien sind in Tabelle 15.2 aufgeführt.

Für jedes Material ist der Volumenausdehnungskoeffizient γ dreimal so groß wie der Längenausdehnungskoeffizient α. Um das zu zeigen, stellen wir uns einen Kasten mit den Kantenlängen ℓ_1, ℓ_2 und ℓ_3 vor: Bei der Temperatur T ist sein Volumen

$$V = \ell_1 \ell_2 \ell_3.$$

Der Quotient aus Volumen- und Temperaturänderung lautet als vollständiges Differential

$$\frac{dV}{dT} = \ell_1 \ell_2 \frac{d\ell_3}{dT} + \ell_1 \ell_3 \frac{d\ell_2}{dT} + \ell_2 \ell_3 \frac{d\ell_1}{dT}.$$

Wir dividieren jede Seite durch das Volumen V und erhalten

$$\gamma = \frac{1}{V}\frac{dV}{dT} = \frac{1}{\ell_3}\frac{d\ell_3}{dT} + \frac{1}{\ell_2}\frac{d\ell_2}{dT} + \frac{1}{\ell_1}\frac{d\ell_1}{dT}.$$

Jeder Summand auf der rechten Seite ist gleich α, und es folgt

$$\gamma = 3\alpha.\qquad 15.10$$

Tabelle 15.2 Näherungswerte des Längenausdehnungskoeffizienten α und des Volumenausdehnungskoeffizienten γ einiger Materialien

Material	α/K^{-1}	
Aluminium	24	$\cdot 10^{-6}$
Eis	51	$\cdot 10^{-6}$
Glas		
Fensterglas	9	$\cdot 10^{-6}$
Pyrex	3,2	$\cdot 10^{-6}$
Invar-Legierung	1	$\cdot 10^{-6}$
Kohlenstoff		
Diamant	1,2	$\cdot 10^{-6}$
Graphit	7,9	$\cdot 10^{-6}$
Kupfer	17	$\cdot 10^{-6}$
Messing	19	$\cdot 10^{-6}$
Stahl	11	$\cdot 10^{-6}$
Material	γ/K^{-1}	
Aceton	1,5	$\cdot 10^{-3}$
Ethanol (Alkohol)	1,1	$\cdot 10^{-3}$
Luft	3,67	$\cdot 10^{-3}$
Quecksilber	0,18	$\cdot 10^{-3}$
Wasser (20 °C)	0,207	$\cdot 10^{-3}$

Die Größenzunahme irgendeines Teils eines Körpers ist proportional zur ursprünglichen Größe dieses Teils. Wird beispielsweise ein Stahllineal erwärmt, dann ist die Auswirkung ähnlich wie bei einer photographischen Vergrößerung: Die Linien werden, wie zuvor, gleiche Abstände voneinander haben, nur werden diese größer sein. Entsprechend wird ein Loch im Lineal einen größeren Durchmesser annehmen.

Die meisten Substanzen dehnen sich beim Erwärmen aus. Eine wichtige Ausnahme ist das Wasser, dessen Volumen zwischen 0 °C und 4 °C bei steigender Temperatur abnimmt (Abbildung 15.8). Diese Eigenschaft hat wichtige Auswirkungen auf das Leben im Wasser. Oberhalb von 4 °C nimmt bei Abkühlung die

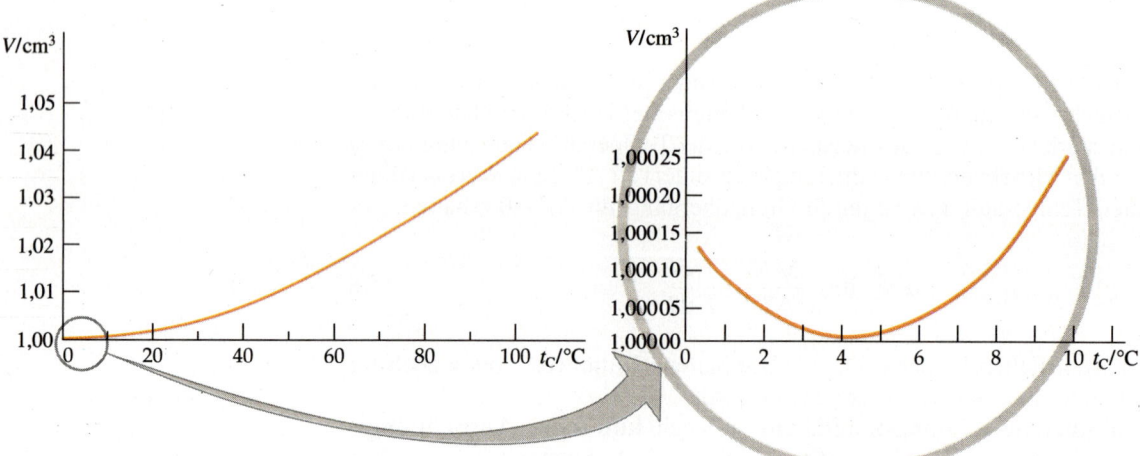

15.8 Temperaturabhängigkeit des Volumens von 1 g Wasser (bei Atmosphärendruck). Bei 4 °C ist das Volumen am geringsten und demnach die Dichte am höchsten. Die Dichteabnahme unterhalb von 4 °C nennt man die Anomalie des Wassers.

Dichte des Wassers zu, und es sinkt nach unten. Aber unterhalb von 4 °C wird die Dichte bei Abkühlung kleiner, und das Wasser steigt nach oben. Dadurch bildet sich bei Frost das Eis zuerst auf der Oberfläche eines Sees und bleibt dort, weil es eine geringere Dichte als die Flüssigkeit hat. So kann die Eisschicht als Isolierung für das Wasser darunter wirken. Die größte Dichte hat Wasser bei der Temperatur 4 °C, das sich deswegen am Boden des Gewässers ansammelt. Würde Wasser – wie die meisten Substanzen – beim Abkühlen dichter und hätte Eis eine höhere Dichte als Wasser, so würde das Eis absinken und stets neues Wasser an die Oberfläche steigen, dort gefrieren und ebenfalls sinken, bis der ganze See von unten her mit Eis gefüllt und alle Lebewesen erfroren wären.

Beispiel 15.1

Wie groß ist die Längenausdehnung einer 1000 m langen Stahlbrücke, wenn die Temperatur von 0 °C auf 30 °C steigt?

Der Tabelle 15.2 entnehmen wir, daß der Längenausdehnungskoeffizient von Stahl $11 \cdot 10^{-6}$ K^{-1} beträgt. Damit errechnet sich die Ausdehnung beim Temperaturanstieg um $\Delta T = 30\ °C = 30$ K zu

$$\Delta \ell = \alpha\, \ell\, \Delta T = 11 \cdot 10^{-6}\ \text{K}^{-1} \cdot 1000\ \text{m} \cdot 30\ \text{K}$$

$$= 0{,}33\ \text{m} = 33\ \text{cm}\,.$$

Brückenbauten werden mit Dehnungsfugen ausgeführt, die die thermische Ausdehnung ermöglichen. Andernfalls würde eine enorme Spannung auftreten. Die Spannung F/A können wir nach (11.7) berechnen, wobei wir den Elastizitätsmodul $E = 2 \cdot 10^{11}$ N/m^2 von Stahl einsetzen (siehe Tabelle 11.2):

$$E = \frac{\text{Spannung}}{\text{Verformung}} = \frac{F/A}{\Delta \ell / \ell}$$

$$\frac{F}{A} = E\, \frac{\Delta \ell}{\ell}$$

$$= 2 \cdot 10^{11}\ \text{N/m}^2 \cdot \frac{0{,}33\ \text{m}}{1000\ \text{m}} = 6{,}6 \cdot 10^7\ \text{N/m}^2\,.$$

Dieser Wert, ungefähr ein Drittel der Bruchspannung von Stahl bei Druckbeanspruchung, würde zu bleibenden Verformungen der Brücke führen.

Beispiel 15.2

Ein 1-L-Glaskolben wird bei 10 °C bis zum Rand mit Alkohol (Ethanol) gefüllt. Wieviel Alkohol wird überlaufen, wenn die Temperatur auf 30 °C ansteigt?

Es ist $\Delta T = 20\,°C = 20\,K$. Wir entnehmen die Ausdehnungskoeffizienten der Tabelle 15.2. Die Volumenänderung des Glasgefäßes ist

$$\Delta V_G = \gamma\, V\, \Delta T = 3\alpha V\, \Delta T$$
$$= 3 \cdot 9 \cdot 10^{-6}\,K^{-1} \cdot 1\,L \cdot 20\,K$$
$$= 5{,}4 \cdot 10^{-4}\,L = 0{,}54\,mL\,.$$

Die Volumenänderung des Alkohols beträgt entsprechend

$$\Delta V_A = \gamma\, V\, \Delta T = 1{,}1 \cdot 10^{-3}\,K^{-1} \cdot 1\,L \cdot 20\,K$$
$$= 2{,}2 \cdot 10^{-2}\,L = 22{,}0\,mL\,.$$

Daraus ergibt sich das überlaufende Alkoholvolumen zu $22{,}0\,mL - 0{,}54\,mL \approx 21{,}5\,mL$.

Beispiel 15.3

Ein Kupferstab wird auf 300 °C erwärmt und an den Enden fest eingespannt, so daß er sich weder ausdehnen noch zusammenziehen kann. Die Reißspannung von Kupfer beträgt 230 MN/m². Bei welcher Temperatur wird der Stab beim Abkühlen reißen?

Angenommen, $\Delta \ell$ ist die Längenänderung, die beim Abkühlen um ΔT aufträte, wenn sich der Stab zusammenziehen könnte. Dann setzen wir für unsere Betrachtung diese thermische Längenänderung einer mechanischen Längenänderung gleich, die zum Riß des Kupferstabes führen würde. Gemäß (11.7) für den Elastizitätsmodul E ist die durch die Zugspannung F/A verursachte Längenänderung

$$\Delta \ell = \ell\, \frac{F/A}{E}\,.$$

Setzen wir dies gleich der thermischen Längenänderung, so erhalten wir:

$$\Delta \ell = \ell\, \alpha\, \Delta T = \ell\, \frac{F/A}{E}\,.$$

In diese Gleichung setzen wir folgende Werte ein: $E = 110\,GN/m^2$ aus Tabelle 11.2 sowie $\alpha = 17 \cdot 10^{-6}\,K^{-1}$ aus Tabelle 15.2 und $F/A = 230\,MN/m^2$ als Reißspannung des Kupfers. Auflösen nach ΔT liefert damit

$$\Delta T = \frac{F/A}{\alpha\, E}$$
$$= \frac{230 \cdot 10^6\,N/m^2}{17 \cdot 10^{-6}\,K^{-1} \cdot 110 \cdot 10^9\,N/m^2}$$
$$= 123\,K = 123\,°C\,.$$

Die Anfangstemperatur beträgt 300 °C; der Stab reißt also bei

$$t_C = 300\,°C - 123\,°C = 177\,°C\,.$$

Frage

4. Könnte ein Quecksilberthermometer funktionieren, wenn Quecksilber und Glas den gleichen thermischen Ausdehnungskoeffizienten hätten?

15.4 Die Zustandsgleichung für ideale Gase

Komprimiert man ein Gas bei konstanter Temperatur, so steigt der Druck, während das Volumen abnimmt. Beim Expandieren (ebenfalls bei gleichbleibender Temperatur) sinkt der Druck während der Volumenzunahme. In guter Näherung ist der Druck umgekehrt proportional zum Volumen. Mit anderen Worten: Das Produkt aus Druck und Volumen ist bei unveränderter Temperatur konstant. Dieser Sachverhalt wurde 1662 erst von Robert Boyle und unabhängig davon 1676 von Edme Mariotte entdeckt. Das eben beschriebene Verhalten der Gase wird als **Gesetz von Boyle-Mariotte** bezeichnet:

$$PV = \text{konstant} \quad \text{bei konstanter Temperatur}.$$

Diese Beziehung gilt in guter Näherung für alle Gase bei geringer Dichte. Nach (15.4) ist andererseits die absolute Temperatur eines Gases bei geringer Dichte proportional zum Druck bei konstantem Volumen. Also ist wegen des Boyle-Mariotteschen Gesetzes die absolute Temperatur proportional zum Volumen eines Gases, wenn der Druck konstant ist. Diese Gesetzmäßigkeit wurde von Jacques Charles (1746–1823) und Joseph Louis Gay-Lussac (1778–1850) gefunden und ist bekannt als **Gesetz von Gay-Lussac**. Insgesamt ist das Produkt aus Druck und Volumen proportional zur absoluten Temperatur T:

$$PV = CT. \qquad 15.11$$

Darin ist C eine Proportionalitätskonstante, die von der vorliegenden Gasmenge abhängt.

Stellen wir uns zwei identische Behälter vor, die mit gleichen Mengen desselben Gases bei der gleichen Temperatur gefüllt sind. Jedes Gas habe ein Volumen, das Gleichung (15.11) gehorcht. Fügen wir beide Behälter zusammen, so erhalten wir das doppelte Gasvolumen bei gleichem Druck P und gleicher Temperatur T. Aus (15.11) folgt, daß C nun doppelt so groß sein muß. Somit ist C proportional zur Gasmenge, und wir schreiben

$$C = k_B N.$$

Hier ist N die Anzahl der Gasmoleküle, und k_B ist eine Konstante. Damit wird (15.11) zu

$$PV = N k_B T. \qquad 15.12$$

Die Größe k_B heißt **Boltzmann-Konstante**. Aus dem Experiment geht hervor, daß sie für alle Gase denselben Wert hat:

$$k_B = 1{,}381 \cdot 10^{-23} \text{ J/K}. \qquad 15.13$$

Oft ist es günstiger, die Gasmenge als Anzahl der Mole anzugeben. Ein **Mol** (das Einheitszeichen für diese SI-Einheit lautet mol) einer Substanz enthält so

15.4 Die Zustandsgleichung für ideale Gase

viele Teilchen, wie die **Avogadro-Zahl** N_A angibt. Das ist die Anzahl der Atome in genau 12 g des Kohlenstoff-Isotops ^{12}C. Der Wert der Avogadro-Zahl ist

$$N_A = 6{,}022 \cdot 10^{23} \, \text{mol}^{-1} \, .\qquad 15.14$$

Liegen n mol einer Substanz vor, dann enthält sie folgende Anzahl an Teilchen:

$$N = nN_A \, .\qquad 15.15$$

Gleichung (15.12) lautet damit

$$PV = nN_A k_B T = nRT \qquad 15.16$$

mit

$$R = k_B N_A \, .\qquad 15.17$$

Die Größe R ist die **Gaskonstante**. Sie hat für alle Gase den Wert

$$R = 8{,}314 \, \text{J} \cdot \text{mol}^{-1} \cdot \text{K}^{-1} = 0{,}08206 \, \text{L} \cdot \text{atm} \cdot \text{mol}^{-1} \cdot \text{K}^{-1} \, . \qquad 15.18$$

In Abbildung 15.9 ist für verschiedene Gase PV/nT gegen den Druck P aufgetragen (hier wurde der Gasdruck durch Ändern der Füllmenge variiert). Wir sehen, daß für reale Gase der Wert von PV/nT über einen relativ weiten Druckbereich einigermaßen konstant ist. Zwischen 0 und 5 atm beträgt selbst die größte Abweichung (für Sauerstoff) nur rund 1 Prozent. Man spricht von einem idealen Gas, wenn PV/nT für alle Drücke konstant ist. Dann gilt für den Zusammenhang von Druck, Temperatur und Volumen die **Zustandsgleichung für ideale Gase** (das ideale Gasgesetz)

$$PV = nRT \, . \qquad 15.19$$

Zustandsgleichung für ideale Gase

Die Masse eines Mols einer Substanz nennt man **molare Masse** M. Nach Definition ist sie für ^{12}C gleich 12 g/mol. (Auf der Innenseite des vorderen Buchdeckels finden Sie ein Periodensystem, dem Sie die molaren Massen der Elemente entnehmen können.) Die molare Masse einer Verbindung (etwa von CO_2) ist gleich der Summe der molaren Massen der Elemente, aus denen sie besteht. Mit $M = 16$ g/mol (genauer: 15,999 g/mol) ist für O_2 $M = 32$ g/mol, und für CO_2 folgt daraus $M = 12$ g/mol + 32 g/mol = 44 g/mol.

Die Masse von n Molen eines Gases ist

$$m = nM \, .$$

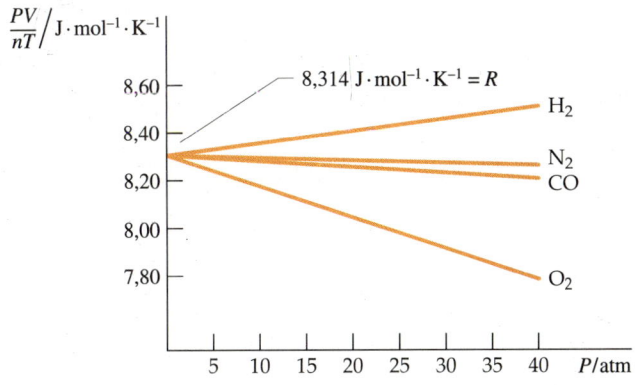

15.9 PV/nT in Abhängigkeit von Druck P für die Gase Wasserstoff, Stickstoff, Kohlenmonoxid und Sauerstoff. Bei kleiner werdender Gasdichte (und damit abnehmendem Druck) erreicht der Quotient PV/nT für alle Gase denselben Wert 8,314 J/(mol·K). Das ist die universelle Gaskonstante R. Bei niedrigem Druck (bis zu einigen bar) beschreibt die Zustandsgleichung für ideale Gase in guter Näherung das Verhalten realer Gase.

Für die Dichte ϱ eines idealen Gases gilt

$$\varrho = \frac{m}{V} = \frac{nM}{V}.$$

Mit $n/V = P/RT$ nach (15.9) folgt

$$\varrho = \frac{M}{RT} P.\qquad 15.20$$

Bei einer festen Temperatur ist also die Dichte eines idealen Gases proportional zum Druck.

In (15.19) werden P, V und T für eine gegebene Gasmenge n miteinander verknüpft. Eine solche Beziehung nennt man **Zustandsgleichung**. Der Zustand einer gegebenen Gasmenge wird durch zwei der drei genannten Variablen festgelegt. Kennt man beispielsweise P und V, dann ist die Temperatur T durch eine Funktion $T(P, V)$ bestimmt, bei idealen Gasen durch (15.19). Wie schon gesagt, ist der Begriff des idealen Gases eine Extrapolation des Verhaltens der realen Gase für kleine Dichten und Drücke; das geht auch aus Abbildung 15.9 hervor. An (15.19) müssen für höhere Dichten und Drücke Korrekturen angebracht werden, damit das reale Verhalten von Gasen beschrieben werden kann. Eine solche Zustandsgleichung wird in Abschnitt 15.6 behandelt.

In Abbildung 15.10 ist der Druck gegen das Volumen bei verschiedenen Temperaturen aufgetragen. Da jede Kurve für eine konstante Temperatur gilt, spricht man von **Isothermen** (vom griechischen isos für „gleich"). Bei den idealen Gasen sind dies Hyperbeln, da der Druck proportional zum reziproken Wert des Volumens ist.

Für eine gegebene Gasmenge ist gemäß der Zustandsgleichung für ideale Gase (Gleichung 15.19) die Größe PV/T eine Konstante. Betrachten wir also zwei verschiedene Zustände und bezeichnen wir den Anfangszustand mit 1 und den Endzustand mit 2, so gilt

$$\frac{P_2 V_2}{T_2} = \frac{P_1 V_1}{T_1}.\qquad 15.21$$

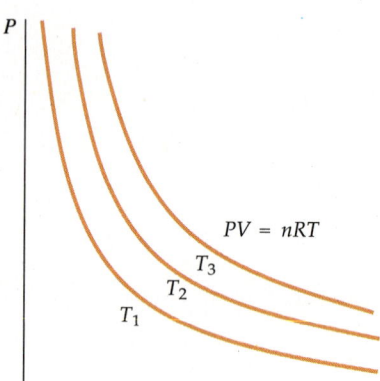

15.10 Die P-V-Isothermen idealer Gase sind Hyperbeln, die der Beziehung $PV = nRT$ folgen. Sie sind hier für drei verschiedene Temperaturen gezeichnet, wobei $T_3 > T_2 > T_1$.

Beispiel 15.4

Welches Volumen nimmt 1 mol eines Gases bei 0 °C und 1 atm ein?

Bei 0 °C ist die absolute Temperatur 273 K. Nach dem idealen Gasgesetz (15.19) ist

$$V = \frac{nRT}{P} = \frac{1\ \text{mol} \cdot 0{,}0821\ \text{L} \cdot \text{atm} \cdot \text{mol}^{-1} \cdot \text{K}^{-1} \cdot 273\ \text{K}}{1\ \text{atm}} = 22{,}4\ \text{L}.$$

Die Temperatur 0 °C = 273,15 K und der Druck 1 atm werden als sogenannte **Standardbedingungen** verwendet. (In letzter Zeit werden die Standardbedingungen häufig mit einem Druck von 1 bar definiert, weil das bar eine SI-Einheit ist; es gilt: 1 atm = 1,01325 bar.) Wie in Beispiel 15.4 berechnet, nimmt 1 mol eines idealen Gases bei (den erstgenannten) Standardbedingungen ein Volumen von 22,4 L ein.

Übung

Berechnen Sie a) die Anzahl n der Mole und b) die Anzahl N der Teilchen in 1 cm³ eines Gases unter Standardbedingungen. (Antworten: a) $n = 4{,}46 \cdot 10^{-5}$ mol; b) $N = 2{,}68 \cdot 10^{19}$ Teilchen)

Beispiel 15.5

Die molare Masse von atomarem Wasserstoff beträgt 1,008 g/mol. Berechnen Sie die Masse eines Wasserstoffatoms.

1 mol Wasserstoff enthält N_A Atome; somit ist die Masse eines Atoms

$$m = \frac{1,008 \text{ g/mol}}{6,022 \cdot 10^{23}/\text{mol}} = 1,67 \cdot 10^{-24} \text{ g}$$

Wir sehen hier, daß die Avogadro-Zahl etwa dem Reziprokwert der Masse (in Gramm) eines Wasserstoffatoms entspricht.

Beispiel 15.6

Eine bestimmte Gasmenge habe bei 30 °C ein Volumen von 2 L bei einem Druck von 1 atm. Sie werde auf 60 °C aufgeheizt und auf 1,5 L komprimiert. Wie hoch ist nun der Druck?

Nach Gleichung (15.21) ist

$$P_2 = \frac{T_2 V_1}{T_1 V_2} P_1 .$$

Beachten Sie: Es ist gleichgültig, in welchen Einheiten wir Druck und Volumen angeben. Aber es muß die *absolute* Temperatur eingesetzt werden. Mit den Temperaturen $T_1 = 273$ K + 30 K = 303 K und $T_2 = 273$ K + 60 K = 333 K erhalten wir

$$P_2 = \frac{333 \text{ K} \cdot 2 \text{ L}}{303 \text{ K} \cdot 1,5 \text{ L}} \cdot 1 \text{ atm} = 1,47 \text{ atm} .$$

Beispiel 15.7

100 g CO_2 nehmen bei einem Druck von 1 atm ein Volumen von 55 L ein. a) Berechnen Sie die Temperatur. b) Welcher Druck stellt sich ein, wenn das Volumen bei gleicher Temperatur auf 80 L erhöht wird?

a) Mit der Zustandsgleichung für ideale Gase (15.19) ermitteln wir zunächst die Anzahl n der Mole. Mit der molaren Masse 44 g/mol ist

$$n = \frac{m}{M} = \frac{100 \text{ g}}{44 \text{ g/mol}} = 2,27 \text{ mol} .$$

Die absolute Temperatur folgt damit zu

$$T = \frac{PV}{nR} = \frac{1 \text{ atm} \cdot 55 \text{ L}}{2,27 \text{ mol} \cdot 0,0821 \text{ L} \cdot \text{atm} \cdot \text{mol}^{-1} \cdot \text{K}^{-1}} = 295 \text{ K} .$$

b) Gemäß (15.21) errechnen wir mit $T_2 = T_1$:

$$P_2 V_2 = P_1 V_1$$

$$P_2 = \frac{V_1}{V_2} P_1 = \frac{55 \text{ L}}{80 \text{ L}} \cdot 1 \text{ atm} = 0,688 \text{ atm} .$$

15.5 Die molekulare Deutung der Temperatur: die kinetische Gastheorie

In den vorangegangenen Abschnitten haben wir das Verhalten der Gase mit Hilfe der **makroskopischen Variablen** P, V und T beschrieben. Wollte man den *mikroskopischen* Zustand eines Gases charakterisieren, so müßte man die Koordinaten und Geschwindigkeiten *aller* Teilchen angeben, was in Anbetracht der Teilchenzahl eine völlig unlösbare Aufgabe ist. In diesem Abschnitt werden wir sehen, wie man die makroskopische Beschreibung mit einfachen Mittelwerten mikroskopischer Größen verknüpft. Insbesondere werden wir feststellen, daß die absolute Temperatur eines Gases ein Maß für die mittlere kinetische Energie der Gasmoleküle ist. Dazu verwenden wir ein einfaches Modell, mit dem wir den Druck berechnen können, den ein Gas auf die Wände seines Behälters ausübt.

Nach der **kinetischen Gastheorie** rührt der Druck eines Gases von den Stößen seiner Teilchen auf die Behälterwände her. Diesen Druck errechnen wir aus der Impulsänderung pro Zeiteinheit bei den Stößen der Gasmoleküle auf die Wände. Nach dem zweiten Newtonschen Gesetz ist die zeitliche Änderung des Impulses gleich der Kraft, die die Wand beim Stoß auf die Moleküle ausübt:

$$F = \frac{dp}{dt} = \frac{d(mv)}{dt} \,.$$

Das dritte Newtonsche Gesetz besagt, daß diese Kraft F den gleichen Betrag wie die Kraft hat, die die Moleküle beim Stoß auf die Wand ausüben. Ferner ist die Kraft, die pro Flächeneinheit auf die Wand wirkt, gleich dem Druck.

Wir gehen nun von folgenden Annahmen aus:

1. Das Gas besteht aus einer großen Anzahl von Molekülen, die elastisch aufeinander und auf die Wände stoßen.
2. Die Moleküle haben im Mittel einen Abstand voneinander, der groß gegen ihren Durchmesser ist. Außerdem üben sie – außer bei den Stößen – aufeinander keinerlei Kräfte aus.
3. Für die Moleküle gibt es weder eine bevorzugte Position im Behälter noch eine bevorzugte Richtung ihrer Geschwindigkeit, wenn keine äußeren Kräfte wirksam sind. Die Gravitation können wir außer acht lassen, weil sich die Moleküle sehr schnell bewegen.

Der im Mittel große Molekülabstand ist gleichbedeutend mit einer geringen Gasdichte. Unter diesen Voraussetzungen läßt sich ein Gas, wie wir im vorigen Abschnitt gesehen haben, als ideales Gas beschreiben. Bei unserer weiteren Betrachtung werden wir die Stöße der Moleküle untereinander wegen der Impulserhaltung vernachlässigen. Nehmen wir nun an, N Gasteilchen befinden sich in einem quaderförmigen Behälter mit dem Volumen V. Jedes von ihnen habe die Masse m und bewege sich mit der Geschwindigkeit v. Wir wollen die Kraft berechnen, die die Gasteilchen auf die rechte Wand senkrecht zur x-Achse ausüben (Abbildung 15.11). Die Impulskomponente eines Moleküls in x-Richtung beträgt $+mv_x$, bevor es auf die Wand trifft, und $-mv_x$ danach. Die Impulsänderung durch den Stoß ist daher $2mv_x$.

Die Anzahl der Moleküle, die im Zeitintervall Δt auf die rechte Wand mit der Fläche A treffen, ist gleich der Anzahl der Moleküle, die höchstens den Abstand $v_x \Delta t$ von dieser Wand haben und sich nach rechts bewegen, also gleich der Anzahldichte N/V multipliziert mit dem Volumen $v_x \Delta t\, A$ sowie mit $\frac{1}{2}$, denn im Mittel bewegt sich eine Hälfte der Moleküle nach rechts und die andere nach

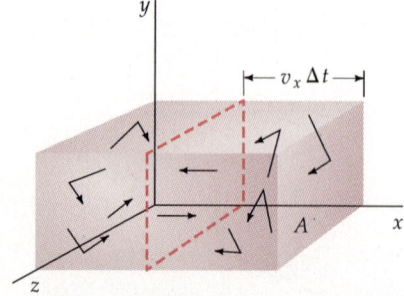

15.11 Gasmoleküle in einem quaderförmigen Behälter. Im Zeitintervall Δt treffen die Moleküle, die sich nach rechts bewegen und höchstens den Abstand $v_x \Delta t$ von der rechten Wand haben, auf diese auf. Die Anzahl der Moleküle innerhalb dieses Abstands ist proportional zu v_x und zur Anzahl der Moleküle pro Volumen.

links. Schließlich ist die gesamte Impulsänderung Δp der Gasmoleküle im Zeitintervall Δt gleich der eben berechneten Anzahl, multipliziert mit $2mv_x$ (der Impulsänderung eines Moleküls):

$$\Delta p = \frac{1}{2}\frac{N}{V}(v_x \Delta t\, A)\, 2\, mv_x = \frac{N}{V} mv_x^2 A\, \Delta t\, .$$

Die Kraft, die die Moleküle auf die Wand ausüben (und umgekehrt), ist gleich dieser Impulsänderung, dividiert durch die Zeitspanne Δt. Für den Druck, definiert als Kraft pro Fläche, gilt allgemein ausgedrückt:

$$P = \frac{F}{A} = \frac{1}{A}\frac{\Delta p}{\Delta t}\, .$$

Setzen wir hier Δp aus der vorangehenden Gleichung ein, so erhalten wir:

$$P = \frac{N}{V} mv_x^2 \qquad\qquad 15.22$$

und

$$PV = Nmv_x^2\, . \qquad\qquad 15.23$$

Nun müssen wir noch berücksichtigen, daß nicht alle Moleküle dieselbe Geschwindigkeit haben. Wir ersetzen v_x^2 durch den Mittelwert $\langle v_x^2 \rangle$ und drücken Gleichung (15.23) durch die mittlere kinetische Energie $\langle \tfrac{1}{2} mv_x^2 \rangle$ in Richtung der x-Achse aus:

$$PV = 2N \left\langle \frac{1}{2} mv_x^2 \right\rangle . \qquad\qquad 15.24$$

Aus dem Vergleich mit (15.12) für sehr geringe Gasdichten ergibt sich

$$PV = Nk_\mathrm{B} T = 2N \left\langle \frac{1}{2} mv_x^2 \right\rangle$$

und

$$\left\langle \frac{1}{2} mv_x^2 \right\rangle = \frac{1}{2} k_\mathrm{B} T\, . \qquad\qquad 15.25$$

Also ist die mittlere kinetische Energie in Richtung der x-Achse gleich $\tfrac{1}{2} k_\mathrm{B} T$. Natürlich ist die x-Richtung in keiner Weise bevorzugt, und es ist im Mittel

$$\langle v_x^2 \rangle = \langle v_y^2 \rangle = \langle v_z^2 \rangle$$

und

$$\langle v^2 \rangle = \langle v_x^2 \rangle + \langle v_y^2 \rangle + \langle v_z^2 \rangle = 3\, \langle v_x^2 \rangle\, .$$

Mit $\langle v_x^2 \rangle = \tfrac{1}{3} \langle v^2 \rangle$ und $\langle E_\mathrm{kin} \rangle$ für die mittlere kinetische Energie der Moleküle wird (15.25) zu

$$\langle E_\mathrm{kin} \rangle = \left\langle \frac{1}{2} mv^2 \right\rangle = \frac{3}{2} k_\mathrm{B} T\, . \qquad\qquad 15.26$$

15.26 *Mittlere kinetische Energie der Teilchen eines idealen Gases*

Die mittlere kinetische Energie der Moleküle beträgt $\frac{3}{2} k_B T$, ist also proportional zur absoluten Temperatur. Anders ausgedrückt: Die absolute Temperatur ist ein Maß für die mittlere kinetische Energie (der Translationsbewegung) der Moleküle. Mit dem Zusatz „Translationsbewegung" soll hier darauf hingewiesen werden, daß die Teilchen außerdem Rotations- und Schwingungsenergie besitzen können. Aber nur die Translationsenergie ist beim Berechnen des Drucks, den das Gas auf die Behälterwände ausübt, relevant. Die gesamte Translationsenergie von n mol eines Gases mit insgesamt N Molekülen ist

$$E_{\text{kin}} = N \left\langle \frac{1}{2} m v^2 \right\rangle = \frac{3}{2} N k_B T = \frac{3}{2} n R T \,. \qquad 15.27$$

Demnach beträgt die Translationsenergie eines Gases $\frac{3}{2} k_B T$ pro Molekül bzw. $\frac{3}{2} RT$ pro Mol.

Mit Hilfe dieser Ergebnisse können wir die Größenordnung der Molekülgeschwindigkeit in Gasen abschätzen. Der Mittelwert von v^2 ist nach (15.26)

$$\langle v^2 \rangle = \frac{3 k_B T}{m} = \frac{3 N_A k_B T}{N_A m} = \frac{3 R T}{M} \,.$$

Darin ist $M = N_A m$ die molare Masse. Die Quadratwurzel aus dem mittleren Geschwindigkeitsquadrat $\langle v^2 \rangle$ ist die **quadratisch gemittelte Geschwindigkeit**

$$v_{\text{rms}} = \sqrt{\langle v^2 \rangle} = \sqrt{\frac{3 k_B T}{m}} = \sqrt{\frac{3 R T}{M}} \,. \qquad 15.28$$

Der Index rms steht für *root mean square*. Beachten Sie, daß (15.28) der Formel (14.3) für die Schallgeschwindigkeit ähnelt:

$$v_{\text{Schall}} = \sqrt{\frac{\gamma R T}{M}} \,. \qquad 15.29$$

(Die Konstante γ hat beispielsweise für Luft den Wert 1,4.) Die Übereinstimmung beider Gleichungen ist nicht überraschend, denn eine Schallwelle in einem Gas besteht aus Druckänderungen, die sich durch Stöße zwischen den Gasmolekülen fortpflanzen.

Beispiel 15.8

Die molare Masse von gasförmigem Sauerstoff (O_2) beträgt 32 g/mol und die von Wasserstoff (H_2) rund 2 g/mol. Berechnen Sie die quadratisch gemittelte Geschwindigkeit a) der O_2-Moleküle und b) der H_2-Moleküle bei 300 K.

a) Damit die verwendeten Einheiten konsistent sind, setzen wir in (15.28) die molare Masse in kg/mol ein und erhalten für Sauerstoff

$$v_{\text{rms}} = \sqrt{\frac{3RT}{M}} = \sqrt{\frac{3 \cdot 8{,}31 \, \text{J} \cdot \text{mol}^{-1} \cdot \text{K}^{-1} \cdot 300 \, \text{K}}{32 \cdot 10^{-3} \, \text{kg} \cdot \text{mol}^{-1}}} = 483 \, \text{m/s} \,.$$

b) Die molare Masse von H_2 beträgt $\frac{1}{16}$ der des Sauerstoffs. Weil v_{rms} proportional zu $1/\sqrt{M}$ ist, ist v_{rms} für H_2 das vierfache des Wertes für O_2, also rund 1,93 km/s.

15.5 Die molekulare Deutung der Temperatur: die kinetische Gastheorie

Aus der Berechnung in Beispiel 15.8 geht hervor, daß die quadratisch gemittelte Geschwindigkeit der Sauerstoffmoleküle etwas höher ist als die Schallgeschwindigkeit in Luft, die bei 300 K und Atmosphärendruck 347 m/s beträgt.

Die Geschwindigkeitsverteilung von Molekülen

Wie schon angedeutet, haben in einem Gas nicht alle Moleküle dieselbe Geschwindigkeit. Zur Messung der Geschwindigkeitsverteilung läßt man das Gas aus einem Behälter durch ein kleines Loch in eine Vakuumkammer ausströmen, wie in Abbildung 15.12 gezeigt. Die Moleküle werden durch eine Reihe von Schlitzen (in der Abbildung nicht gezeigt) zu einem engen Strahl ausgeblendet, der auf einen Detektor gerichtet ist. Dieser zählt die Moleküle, die pro Zeiteinheit auf ihn auftreffen. Der größte Teil des Strahles wird durch einen rotierenden Zylinder abgefangen. Dieser weist auf seinem Mantel schraubenartig eingefräste Nuten auf (in der Zeichnung ist nur eine dargestellt), die jeweils Moleküle in einem kleinen Geschwindigkeitsintervall durchlassen, das durch die Winkelgeschwindigkeit der Zylinderrotation bestimmt wird. Ändert man die Umdrehungsgeschwindigkeit, so kann man nacheinander die Anzahlen der Moleküle mit verschiedenen Geschwindigkeiten ermitteln.

Abbildung 15.13 zeigt die Verteilung $f(v)$ der Molekülgeschwindigkeiten eines Gases bei zwei Temperaturen. Diese Verteilung wird **Maxwell-Boltzmann-Verteilung** genannt; sie ist wie folgt definiert: Ist N die Gesamtzahl aller Moleküle, dann ist die Anzahl dN der Moleküle mit Geschwindigkeiten zwischen v und $(v + dv)$ gegeben durch

$$dN = N f(v) \, dv .\qquad 15.30$$

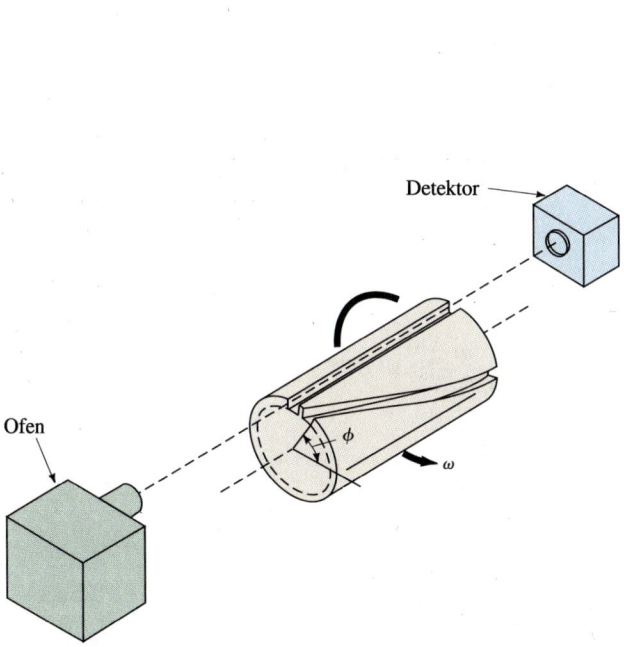

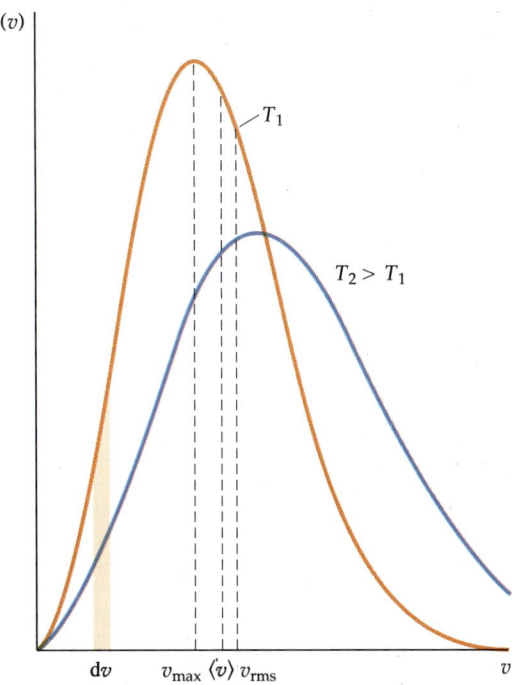

15.12 Schema einer Apparatur zur Ermittlung der Geschwindigkeitsverteilung von Gasmolekülen. Die aus der geheizten Quelle entweichenden Moleküle werden zu einem parallelen Strahl ausgerichtet. Wenn der Zylinder rotiert, so passieren – abhängig von der Winkelgeschwindigkeit ω des Zylinders – nur Moleküle in einem bestimmten Geschwindigkeitsbereich die spiralförmigen Nuten im Zylinder und erreichen den Detektor.

15.13 Die Verteilung der Molekülgeschwindigkeiten eines Gases bei zwei Temperaturen, wobei $T_2 > T_1$ ist. Die farbig hervorgehobene Fläche $f(v) \, dv$ ist gleich dem Anteil der Moleküle, deren Geschwindigkeiten im engen Intervall dv bei der Geschwindigkeit v liegen. Die mittlere Geschwindigkeit $\langle v \rangle$ und die quadratisch gemittelte Geschwindigkeit v_{rms} sind etwas größer als die wahrscheinlichste Geschwindigkeit v_{max}.

Der Anteil $dN/N = f(v)dv$ in einem bestimmten Bereich dv ist in Abbildung 15.13 für die Temperatur T_1 durch die farbige Fläche symbolisiert. Die Geschwindigkeit v_{max} beim Maximum der Verteilungskurve ist die wahrscheinlichste Geschwindigkeit der Gasmoleküle bei der betreffenden Temperatur. Die etwas größeren Geschwindigkeiten $\langle v \rangle$ und v_{rms} sind für T_1 ebenfalls eingezeichnet.

Die Maxwell-Boltzmann-Verteilung $f(v)$ kann mit den Methoden der statistischen Mechanik, auf die wir hier nicht eingehen können, ermittelt werden; sie lautet

$$f(v) = \frac{4}{\sqrt{\pi}} \left(\frac{m}{2k_B T}\right)^{3/2} v^2 \, e^{-mv^2/(2k_B T)} \,. \qquad 15.31$$

Sie hat ihr Maximum bei der Geschwindigkeit

$$v_{max} = \sqrt{\frac{2k_B T}{m}} \,. \qquad 15.32$$

Vergleichen wir das mit (15.28), so erkennen wir, daß die quadratisch gemittelte Geschwindigkeit v_{rms} um den Faktor $\sqrt{3/2}$ größer als die wahrscheinlichste Geschwindigkeit v_{max} ist.

Beispiel 15.9

Berechnen Sie den Mittelwert von v^2 mit Hilfe der Maxwell-Boltzmann-Verteilung (15.30).

Für die Bestimmung eines (arithmetischen) Mittelwertes werden üblicherweise alle vorhandenen Werte addiert und diese Summe durch die Anzahl der Werte dividiert. Hat man es allerdings mit einer großen Zahl von Werten zu tun und kommen viele Werte mehrfach vor, so vereinfacht es die Rechnung, wenn man vor der Summenbildung zunächst jeden möglichen Wert mit der Anzahl seines Auftretens multipliziert. Hier entspricht der „Anzahl des Auftretens" die Anzahl der Moleküle mit einer Geschwindigkeit zwischen v und $(v + dv)$; sie ist $N f(v) dv$. Wir multiplizieren dies mit v^2, dem „möglichen Wert". Danach integrieren („summieren") wir über alle möglichen Geschwindigkeiten und dividieren durch die Gesamtzahl N der Moleküle. Der Mittelwert von v^2 wird so zu

$$\langle v^2 \rangle = \frac{1}{N} \int_0^\infty v^2 \, N f(v) \, dv = \int_0^\infty v^2 f(v) \, dv \,.$$

Mit (15.31) für $f(v)$ folgt

$$\langle v^2 \rangle = \int_0^\infty v^2 \frac{4}{\sqrt{\pi}} \left(\frac{m}{2k_B T}\right)^{3/2} v^2 \, e^{-mv^2/(2k_B T)} \, dv$$

$$= \frac{4}{\sqrt{\pi}} \left(\frac{m}{2k_B T}\right)^{3/2} \int_0^\infty v^4 \, e^{-mv^2/(2k_B T)} \, dv \,.$$

Die Lösung des Integrals kann man in Tabellen finden. Sein Wert ist

$$\int_0^\infty v^4 \, e^{-mv^2/(2k_B T)} \, dv = \frac{3}{8} \sqrt{\pi} \left(\frac{2k_B T}{m}\right)^{5/2} \,.$$

Damit erhalten wir schließlich

$$\langle v^2 \rangle = \frac{4}{\sqrt{\pi}} \left(\frac{m}{2k_B T}\right)^{3/2} \frac{3}{8} \sqrt{\pi} \left(\frac{2k_B T}{m}\right)^{5/2} = \frac{3k_B T}{m} \,,$$

was identisch mit Gleichung (15.28) ist.

15.5 Die molekulare Deutung der Temperatur: die kinetische Gastheorie

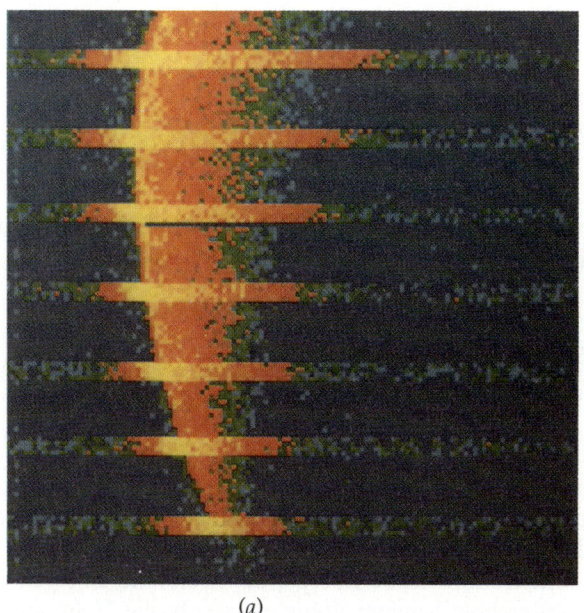
(a)

(b)

In Beispiel 15.8 errechneten wir die quadratisch gemittelte Geschwindigkeit v_{rms} der Wasserstoffmoleküle (bei 300 K) zu rund 1,93 km/s. Das ist ungefähr ein Sechstel der sogenannten Fluchtgeschwindigkeit, mit der ein Körper der Erdanziehung entfliehen kann (siehe Abschnitt 10.5). Der Abbildung 15.13 entnehmen wir, daß ein beträchtlicher Anteil der Gasmoleküle bei einer bestimmten Temperatur Geschwindigkeiten aufweist, die deutlich höher als v_{rms} sind. Also ist ein merklicher Anteil der Wasserstoffmoleküle schnell genug, um der Erdanziehung zu entkommen. Aus diesem Grunde befindet sich praktisch kein freier Wasserstoff in der Erdatmosphäre.

Die quadratisch gemittelte Geschwindigkeit der Sauerstoffmoleküle ist viermal geringer als die der Wasserstoffmoleküle, liegt also sehr weit unter der Fluchtgeschwindigkeit. Daher kann nur ein vernachlässigbar geringer Anteil des Sauerstoffs aus der Atmosphäre entweichen.

Wir können die Maxwell-Boltzmann-Verteilung (15.31) auch durch die Verteilung der kinetischen Energie E_{kin} ausdrücken. Mit der Energieverteilungsfunktion $f(E_{kin})$ ist die Anzahl der Moleküle mit kinetischen Energien zwischen E_{kin} und $(E_{kin} + dE_{kin})$

$$dN = N f(E_{kin}) \, dE_{kin} .$$

Diese Anzahl dN ist identisch mit derjenigen, die nach (15.30) für die entsprechende Geschwindigkeit berechnet wird. Die kinetische Energie ist $E_{kin} = \frac{1}{2} mv^2$, folglich ist $dE_{kin}/dv = mv$, also

$$dE_{kin} = mv \, dv$$

und

$$N f(v) \, dv = N f(E_{kin}) \, dE_{kin} .$$

Damit können wir schreiben:

$$f(v) \, dv = C \, v^2 \, e^{-mv^2/(2k_B T)} \, dv = C \, v \, e^{-E_{kin}/k_B T} v \, dv = C \left(\frac{2E_{kin}}{m}\right)^{1/2} e^{-E_{kin}/k_B T} \frac{dE_{kin}}{m} .$$

a) Die Atmosphäre der Venus besteht fast völlig aus Kohlendioxid. Doch ergab sich aus Messungen der Raumsonde Pioneer, daß eine Wolke atomaren Wasserstoffs die Venus umkreist. Das halbmondförmige Bild zeigt atomaren Sauerstoff, und die Streifen weisen auf atomaren Wasserstoff hin, der sich weit oberhalb der Atmosphäre befindet. Auf der Venus ist die Fluchtgeschwindigkeit mit 10,3 km/s etwas geringer als auf der Erde, und ihre Atmosphäre ist deutlich wärmer. Daher ist die gesamte Menge an Wasserstoff, die bei der Entstehung des Planeten vorhanden war, inzwischen aus seiner Atmosphäre entwichen. (Foto: NASA; 78-HC-575.) b) Der Planet Jupiter, aus einer Entfernung von rund 8 Millionen Kilometern aufgenommen. Weil auf ihm die Fluchtgeschwindigkeit etwa 60 km/s beträgt, ist kaum Wasserstoff aus seiner Atmosphäre entwichen. (Foto: NASA/Jet Propulsion Laboratory)

15 Temperatur

Darin ist $C = 4\sqrt{\pi}\,(m/2k_\text{B}T)^{3/2}$, gemäß (15.31). Die Energieverteilungsfunktion $f(E_\text{kin})$ lautet dann

$$f(E_\text{kin}) = \frac{4}{\sqrt{\pi}}\left(\frac{m}{2k_\text{B}T}\right)^{3/2}\left(\frac{2}{m}\right)^{1/2}\frac{1}{m}\,E_\text{kin}^{1/2}\,e^{-E_\text{kin}/k_\text{B}T}.$$

Wir vereinfachen und erhalten die übliche Schreibweise der **Maxwell-Boltzmann-Energieverteilung**, die proportional zu $\sqrt{E_\text{kin}}\,e^{-E_\text{kin}/k_\text{B}T}$ ist:

Maxwell-Boltzmann-Energieverteilung

$$f(E_\text{kin}) = \frac{2}{\sqrt{\pi}}\left(\frac{1}{k_\text{B}T}\right)^{3/2} E_\text{kin}^{1/2}\,e^{-E_\text{kin}/k_\text{B}T}. \qquad 15.33$$

Fragen

5. Um welchen Faktor muß die absolute Temperatur eines Gases ansteigen, damit v_rms sich verdoppelt?
6. Wie ändert sich die mittlere kinetische Energie der Moleküle eines Gases, wenn a) der Druck bei gleichbleibendem Volumen oder b) das Volumen bei konstantem Druck verdoppelt wird?
7. Warum ist nicht zu erwarten, daß alle Moleküle eines Gases dieselbe Geschwindigkeit haben?
8. Zwei unterschiedliche Gase haben dieselbe Temperatur. Wie verhalten sich die quadratisch gemittelten Geschwindigkeiten der Moleküle zueinander und wie die mittleren kinetischen Energien?
9. Ein Gas wird bei konstantem Volumen erwärmt. Erklären Sie anhand der molekularen Bewegung, warum dabei der Druck auf die Behälterwände ansteigt.
10. Ein Gas wird bei konstanter Temperatur komprimiert. Erklären Sie anhand der molekularen Bewegung, warum dabei der Druck auf die Behälterwände ansteigt.

15.6 Die Van-der-Waals-Gleichung

Die meisten Gase zeigen bei Atmosphärendruck ideales Verhalten. Von diesem weichen sie aber bei steigendem Druck oder fallender Temperatur immer stärker ab, weil die Gasdichte zunimmt und die Teilchen im Mittel nicht mehr sehr weit voneinander entfernt sind. Die **Van-der-Waals-Gleichung** ist eine Zustandsgleichung, die das Verhalten vieler realer Gase über weite Druckbereiche besser beschreibt als die Zustandsgleichung für ideale Gase, $PV = nRT$. Für n Mole eines Gases lautet sie

Die Van-der-Waals-Zustandsgleichung

$$\left(P + \frac{an^2}{V^2}\right)(V - bn) = nRT. \qquad 15.34$$

Die Konstante b rührt daher, daß die Gasmoleküle nicht punktförmig sind, sondern eine endliche Ausdehnung, also ein Eigenvolumen haben. Dadurch ist das für ihre Bewegung verfügbare Volumen kleiner als bei der idealen Beschreibung. Die Größe b ist gleich dem Volumen aller Moleküle eines Mols des betreffenden Gases.

Der Term an^2/V^2 berücksichtigt die gegenseitige Anziehung der Gasmoleküle. Kommt ein Molekül in die Nähe einer Behälterwand, so wird es durch die übrigen Moleküle mit einer Kraft zurückgezogen, die proportional zu n/V, der Anzahl der Teilchen pro Volumen, ist. Die Anzahl der Moleküle, die in einer bestimmten Zeit auf die Wand treffen, ist ebenfalls proportional zu n/V. Deswegen ist die Druckabnahme aufgrund der Anziehung proportional zu n^2/V^2. Die Konstante a hängt von der Art des Gases ab und ist klein für die Edelgase, deren Moleküle nur geringe Anziehungskräfte aufeinander ausüben. Mit zunehmendem Volumen bzw. abnehmender Dichte werden die Terme bn und an^2/V^2 kleiner, und die van-der-Waals-Gleichung geht schließlich in die Zustandsgleichung für ideale Gase (Gleichung 15.19) über.

In Abbildung 15.14 ist für verschiedene, jeweils konstante Temperaturen der Druck P gegen das Volumen V für ein reales Gas aufgetragen. Diese Isothermen gehorchen oberhalb der sogenannten kritischen Temperatur T_k (die von der Substanz abhängt) recht gut der Van-der-Waals-Gleichung. Daher können die Konstanten a und b aus den experimentellen Daten bestimmt werden. Beispielsweise ist für Stickstoff $a = 0{,}14$ Pa·m^6/mol^2 und $b = 39{,}1$ cm^3/mol. Dieses Volumen beträgt damit etwa 0,2 Prozent des Volumens von 22400 cm^3, das 1 mol Stickstoff unter Standardbedingungen einnimmt. Würde 1 mol Stickstoff (molare Masse 28 g/mol) auf 39,1 cm^3 komprimiert, so wäre die Dichte

$$\varrho = \frac{M}{V} = \frac{28 \text{ g}}{39{,}1 \text{ cm}^3} = 0{,}72 \text{ g/cm}^3 \ .$$

Das entspricht ungefähr der Dichte von flüssigem Stickstoff (0,80 g/cm^3). Weil die Konstante b das Volumen eines Mols (also von N_A Gasmolekülen) angibt, kann aus ihr das Volumen eines einzelnen Moleküls abgeschätzt werden. Für Stickstoff ist

$$V = \frac{b}{N_A} = \frac{39{,}1 \text{ cm}^3/\text{mol}}{6{,}02 \cdot 10^{23}/\text{mol}}$$
$$= 6{,}50 \cdot 10^{-23} \text{ cm}^3 \ .$$

Aus diesem Wert erhalten wir einen Näherungswert für den Moleküldurchmesser. Nehmen wir in einer groben Näherung an, jedes Molekül sei eine Kugel mit dem Durchmesser d und besetze einen Würfel der Kantenlänge d. Dann ist

$$d^3 = 6{,}50 \cdot 10^{-23} \text{ cm}^3$$

und

$$d = 4{,}0 \cdot 10^{-8} \text{ cm} \ .$$

Unterhalb der kritischen Temperatur T_k beschreibt die Van-der-Waals-Gleichung die Isothermen außerhalb des farbigen Bereichs in Abbildung 15.14, jedoch nicht den Verlauf der Kurven innerhalb dieses Bereichs. Betrachten wir ein Gas, das unterhalb von T_k zunächst ein großes Volumen bei geringem Druck habe. Nun komprimieren wir es bei konstanter Temperatur (Isotherme A in Abbildung 15.14). Zunächst nimmt der Druck zu. Ist die gestrichelte Kurve erreicht (Punkt B), dann steigt der Druck nicht mehr weiter, sondern das Gas beginnt sich bei konstantem Druck zu verflüssigen. Entlang der horizontalen Geraden BD stehen Gas und Flüssigkeit im Gleichgewicht. Erhöhen wir den Druck weiter, so wird immer mehr Gas flüssig, bis am Punkt D die gesamte Gasmenge verflüssigt ist. Versuchen wir jetzt eine weitere Kompression, so brauchen wir schon für sehr

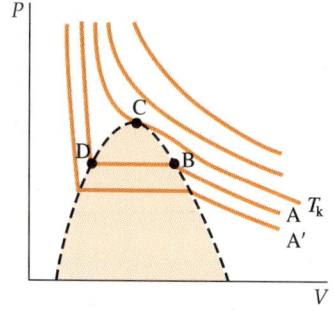

15.14 P-V-Isothermen einer realen Substanz. Diese ist oberhalb der kritischen Temperatur T_k bei allen Drücken gasförmig, und die Isothermen folgen der Van-der-Waals-Gleichung. Die waagerechten Kurvenstücke innerhalb des farbig hervorgehobenen Bereichs geben den Dampfdruck an; das ist der Druck, bei dem Gas und Flüssigkeit im Gleichgewicht miteinander stehen. Links von diesem Bereich ist die Substanz unterhalb der kritischen Temperatur flüssig und fast nicht kompressibel (das ist an der großen Steigung der Kurven abzulesen).

Tabelle 15.3 Der Dampfdruck von Wasser bei verschiedenen Temperaturen

$t/\,°C$	P/Torr	P/kPa
0	4,581	0,611
10	9,209	1,23
15	12,653	1,69
20	17,535	2,34
30	31,827	4,24
40	55,335	7,38
50	92,55	12,3
60	149	19,9
70	233,8	31,2
80	355	47,4
90	526	70,1
100	760	101,3
110	1074	143,3
120	1489	198,5
130	2026	270,1

kleine Volumenänderungen eine enorme Druckzunahme, denn eine Flüssigkeit ist nahezu inkompressibel.

Der konstante Druck, bei dem Gas und Flüssigkeit bei einer bestimmten Temperatur miteinander im Gleichgewicht stehen, wird **Dampfdruck** genannt. Wird bei Vorliegen des Flüssigkeit/Dampf-Gleichgewichts die Temperatur leicht erhöht (oder der Druck leicht erniedrigt), so siedet die Flüssigkeit. Führen wir die Kompression bei einer tieferen Temperatur durch, etwa bei der Isothermen A' in Abbildung 15.14, so ist der Dampfdruck geringer (der waagerechte Teil der Isothermen A' liegt tiefer als der der Isothermen A). Die Temperatur, bei der der Dampfdruck einer Flüssigkeit gleich 1 atm ist, heißt **normaler Siedepunkt** der betreffenden Substanz. Für Wasser liegt er bei 100 °C = 373 K. Im Gebirge siedet das Wasser bei niedrigerer Temperatur, weil hier der Atmosphärendruck geringer ist. Tabelle 15.3 zeigt, wie der Dampfdruck des Wassers von der Temperatur abhängt. Umgekehrt kann hier auch der Siedepunkt für verschiedene äußere Drücke entnommen werden.

Oberhalb seiner kritischen Temperatur T_k kann ein Gas nicht verflüssigt werden, auch nicht durch noch so hohen Druck. Für Wasser ist $T_k = 647\,\mathrm{K} = 374\,°\mathrm{C}$. Der Berührungspunkt der kritischen Isothermen mit der gestrichelten Kurve (Punkt C in Abbildung 15.14) heißt **kritischer Punkt**.

15.7 Phasendiagramme

Wir bringen ein wenig Wasser in ein evakuiertes Gefäß, dessen Volumen konstant gehalten wird. Zunächst wird etwas Wasser verdampfen, ein Teil der Wassermoleküle in den vorher leeren Raum gelangen. Einige dieser Wassermoleküle treffen wieder auf die Flüssigkeitsoberfläche und kondensieren. Zunächst wird die Verdampfungsgeschwindigkeit größer als die Kondensationsgeschwindigkeit sein, so daß die Dampfdichte steigt. Dadurch nimmt jedoch die Kondensationsgeschwindigkeit zu, und irgendwann werden beide Geschwindigkeiten gleich groß: Es stellt sich ein dynamisches Gleichgewicht zwischen Verdampfung und Kondensation ein, bei dem der Druck des gasförmigen Wassers gleich dem Dampfdruck des flüssigen Wassers ist. Beim Erwärmen verdampft mehr Flüssigkeit, so daß sich ein neues Gleichgewicht mit einem höheren Dampfdruck einstellt.

Stellt man den Druck einer Substanz in Abhängigkeit von der Temperatur bei konstantem Volumen graphisch dar, so erhält man ein **Phasendiagramm**. (Die verschiedenen physikalischen Zustände wie fest, flüssig und gasförmig werden auch als **Phasen** bezeichnet.) Abbildung 15.15 zeigt das Phasendiagramm für Wasser. Die Kurve OC beschreibt die Temperaturabhängigkeit des Dampfdrucks.

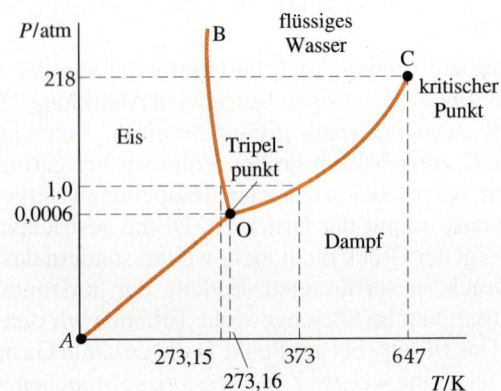

15.15 Das Phasendiagramm von Wasser. Druck und Temperatur sind nicht linear aufgetragen, sondern die Maßstäbe sind in der Nähe des Tripelpunktes zur Verdeutlichung gedehnt. Die drei Phasengrenzlinien sind: Dampfdruckkurve OC, Schmelzkurve OB und Sublimationskurve OA.

Beim Erwärmen steigt die Dichte des Dampfes und die der Flüssigkeit nimmt ab, bis beide am kritischen Punkt C gleich sind. Es handelt sich hierbei um denselben Punkt, der auch in Abbildung 15.14 an der Isothermen T_k markiert ist. Bei und oberhalb der kritischen Temperatur kann man ein Gas nicht mehr verflüssigen, es liegt eine einheitliche Phase vor. (Unterhalb von T_k nennt man die Gasphase meist Dampf, und oberhalb von T_k spricht man von einem Gas; doch besteht eigentlich kein Grund für diese Unterscheidung.) Die kritischen Temperaturen einiger Substanzen sind in Tabelle 15.4 aufgeführt.

Kühlen wir nun ab, so wird etwas Dampf kondensieren. Wir gehen also auf der Kurve OC zu tieferen Temperaturen, bis Punkt O erreicht ist. Hier beginnt das Wasser fest zu werden. Der Punkt O heißt **Tripelpunkt**, bei dem – wie schon erwähnt – alle drei Phasen (fest, flüssig und gasförmig) miteinander im Gleichgewicht stehen. Der Tripelpunkt ist (wie auch der kritische Punkt) für die betreffende Substanz charakteristisch. Für Wasser liegt er bei 273,16 K = 0,01 °C und 4,58 Torr = 6,105 mbar.

Bei Drücken unterhalb von dem des Tripelpunktes kann keine flüssige Phase existieren. Die Kurve OA in Abbildung 15.15 gibt alle P-T-Wertepaare an, bei denen Festkörper und Gas im Gleichgewicht koexistieren können. Den direkten Übergang vom festen in den gasförmigen Zustand nennt man **Sublimation**. Man kann sie beispielsweise beobachten, wenn an kalten, trockenen Tagen der Schnee, ohne zu schmelzen, „verschwindet".

Der Tripelpunkt von Kohlendioxid (CO_2) liegt bei 216,55 K und 3880 Torr = 5,1 atm (= 5,17 bar). Also kann flüssiges CO_2 nur bei Drücken oberhalb von 5,1 atm existieren. Bei Atmosphärendruck wird festes Kohlendioxid („Trockeneis") daher sublimieren.

Die Schmelzkurve OB in Abbildung 15.15 ist die Phasengrenzlinie zwischen festem und flüssigem Zustand. Sie hat beim Wasser eine negative Steigung, d.h., die Schmelztemperatur nimmt mit steigendem Druck ab, anders als bei den meisten anderen Substanzen. Man nennt dies die **Anomalie des Wassers** (vergleiche auch Abbildung 15.8). Sie ist eng verknüpft mit der in Abschnitt 15.3 erwähnten Dichteanomalie: Die Dichte von Eis ist kleiner als die von flüssigem Wasser. Diese ungewöhnliche Eigenschaft hängt mit der Anordnung der Wassermoleküle im Eis zusammen. Sie verhindert, daß sich Wassermoleküle in der festen Phase so nahe kommen können wie in der flüssigen Phase. Dicht oberhalb der Schmelztemperatur herrscht noch die Energie, die die Kristallstruktur bewirkt (die sogenannte Gitterenergie, siehe Kapitel 39) vor; erst ab 4 °C kommt die kinetische Energie der Wassermoleküle zum Tragen und bewirkt die thermische Ausdehnung des Wassers.

Beim **Sieden** verläuft die Verdampfung so schnell, daß sich auch Dampf- bzw. Gasblasen im Inneren der Flüssigkeit bilden. Das ist dann der Fall, wenn der Dampfdruck der Flüssigkeit den äußeren Druck ein wenig übersteigt (nämlich

Tabelle 15.4 Kritische Temperaturen T_k einiger Substanzen

Substanz	T_k/K
Argon	150,8
Chlor	417,2
Helium	5,3
Kohlendioxid	304,2
Neon	44,4
Sauerstoff	154,8
Schwefeldioxid	430,9
Stickstoffmonoxid	180,2
Wasser	647,4
Wasserstoff	33,3

Demonstration des kritischen Punktes. a) Unterhalb der kritischen Temperatur steht die Flüssigkeit im Gleichgewicht mit gesättigtem Dampf, und zwischen beiden Phasen ist eine deutliche Grenzfläche sichtbar. b) Am kritischen Punkt verschwindet die Grenzfläche zwischen Gas und Flüssigkeit. c) Beim Abkühlen des Gases bilden sich fluktuierende Teilchencluster mit zunehmender Größe. Schließlich erscheint wieder die Grenzfläche zwischen Gas und Flüssigkeit, wie in Bild a). (Mit freundlicher Genehmigung der Central Scientific Company)

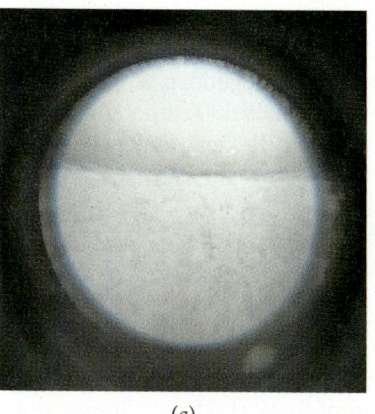
(a)

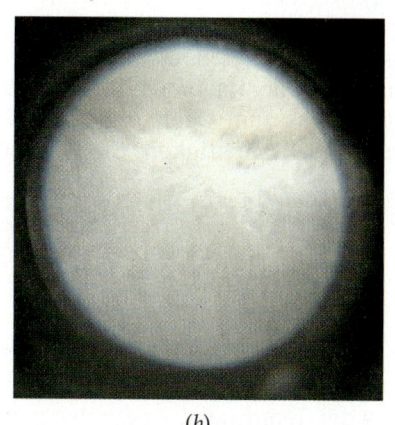
(b)

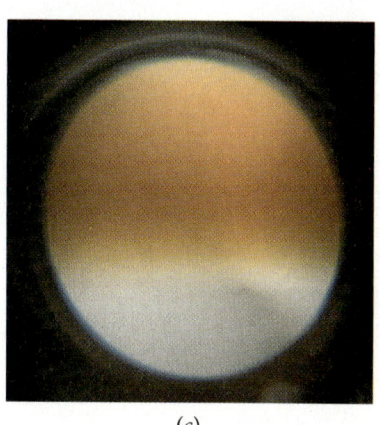
(c)

um den Druck der Flüssigkeit, die auf der entstehenden Dampfblase lastet). Erhöht man den äußeren Druck, so nimmt die Siedetemperatur zu. Das wird in den sogenannten Druck- oder Schnellkochtöpfen ausgenutzt, in denen beim Erhitzen ein höherer Druck entsteht, der zu einer merklich erhöhten Siedetemperatur führt.

Ein Molekül benötigt eine bestimmte Energie, um aus der Flüssigkeitsoberfläche in die Gasphase zu entweichen, denn es muß dazu die von den anderen Molekülen ausgeübten anziehenden Kräfte überwinden, die die Oberflächenspannung hervorrufen (siehe Kapitel 11). Weil nur die energiereichsten Moleküle in den Dampf gelangen, geht die Verdampfung mit einer Abkühlung der restlichen Flüssigkeit einher. Wird der Flüssigkeit beim Sieden laufend Energie zugeführt, dann bewirkt der Energieverlust infolge Verdampfung ein Gleichbleiben der Temperatur am Siedepunkt. Dieser Effekt wird beim Eichen von Thermometern ausgenutzt. Man kann eine Flüssigkeit auch ohne Wärmezufuhr verdampfen. Dazu braucht man nur den Druck zu vermindern, indem man das entstehende Gas abpumpt. Die zum Verdampfen nötige Energie wird der restlichen Flüssigkeit entzogen, die sich dabei abkühlt und sogar gefrieren kann. (Auf diesem Effekt beruht beispielsweise die Funktion von Gefriertrocknungsanlagen.)

Luftfeuchtigkeit

Luft enthält hauptsächlich Stickstoff (rund 78 Prozent) und Sauerstoff (rund 21 Prozent) sowie einige andere Gase, darunter Argon, Kohlendioxid und Wasserdampf. Zum Luftdruck tragen alle in ihr vorhandenen Gase bei. Allgemein heißt jeder Beitrag, den eine einzelne Komponente einer Gasmischung zum Gesamtdruck liefert, **Partialdruck** der Komponente. Bei idealen Gasen ist der Partialdruck eines Gases gleich dem Druck, den dieses ausüben würde, wenn es sich in gleicher Menge alleine (ohne andere Gase) im selben Volumen befände, das die Gasmischung einnimmt. Mit anderen Worten: Der Partialdruck wird durch das Vorhandensein anderer Gase nicht beeinflußt. Das ist die Aussage des **Gesetzes von Dalton**, das auch mit Hilfe der kinetischen Gastheorie (Abschnitt 15.5) begründet werden kann; denn die Anzahl der Zusammenstöße einer Molekülsorte mit den Gefäßwänden ist unabhängig davon, wie viele andere Moleküle zugegen sind. Dies gilt nur, wenn die Gasteilchen nicht untereinander in Wechselwirkung treten (außer wenn sie stoßen) – also für ideale Gase. Luft kann als ideales Gas betrachtet werden. Dann ist der Luftdruck gleich der Summe der Partialdrücke aller in ihr vorhandenen Gase.

Gelangt bei konstanter Temperatur etwas mehr Wasserdampf in ein bestimmtes Luftvolumen, so steigt der Wasserdampf-Partialdruck. Ist dieser gleich dem Dampfdruck des Wassers bei der betreffenden Temperatur, dann ist die Luft mit Wasserdampf gesättigt. Bei Temperaturen oberhalb von 0 °C wird nun flüssiges Wasser kondensieren, und unterhalb von 0 °C werden sich Eiskristalle in Form von Schnee oder Rauhreif bilden. Das Verhältnis des vorliegenden Wasserdampf-Partialdrucks zum Dampfdruck des Wassers bei derselben Temperatur ist die **relative Luftfeuchtigkeit**. Sie wird normalerweise in Prozent angegeben:

Relative Luftfeuchtigkeit

$$\text{relative Feuchtigkeit} = \frac{\text{Partialdruck}}{\text{Dampfdruck}} \cdot 100\,\%.\qquad 15.35$$

Die relative Luftfeuchtigkeit kann gesteigert werden durch Erhöhen der Wasserdampfmenge in der Luft (bei gleichbleibender Temperatur) oder durch Herabsetzen der Temperatur, wodurch der Wasserdampfdruck sinkt. Die Temperatur, bei der die Luft mit Wasserdampf gesättigt wird, also die relative Luftfeuchtigkeit 100 Prozent beträgt, heißt **Taupunkt**. Wird er unterschritten, so bildet sich Tau oder Rauhreif, zum Beispiel wenn sich die Erdoberfläche nachts infolge Abstrahlung (siehe Kapitel 16) abkühlt.

Beispiel 15.10

An einem Sommertag mit hoher Luftfeuchtigkeit und einer Temperatur von 20 °C wird der Taupunkt gemessen, indem ein Metallblock abgekühlt wird, bis sich Wasser auf ihm niederschlägt. Dies geschieht beispielsweise bei 15 °C. Wie hoch ist die relative Luftfeuchtigkeit?

Beim Taupunkt ist der Wasserdampf-Partialdruck in der Luft ebenso groß wie der Dampfdruck des Wassers. Aus Tabelle 15.3 entnehmen wir für 15 °C den Wert 1,69 kPa. Dieser ist also gleich dem vorliegenden Wasserdampf-Partialdruck in der Luft bei 20 °C. Bei dieser Temperatur beträgt der Dampfdruck des Wassers 2,34 kPa (siehe Tabelle 15.3), und gemäß Gleichung (15.35) ist die

$$\text{relative Luftfeuchtigkeit} = \frac{1{,}69\,\text{kPa}}{2{,}34\,\text{kPa}} \cdot 100\,\% = 72{,}2\,\% \,.$$

Fragen

11. Im Hochgebirge dauert das Garkochen von Speisen länger als auf Meereshöhe. Warum?
12. Worin liegt der Vorteil von Druckkochtöpfen?
13. Ein Topf mit Wasser wird auf dem Herd erhitzt. Kurz vor dem Sieden bilden sich am Boden kleine Dampfblasen, die jedoch beim Hochsteigen verschwinden. Wenn das Wasser siedet, werden die Dampfblasen beim Hochsteigen größer. Erklären Sie diesen Unterschied.

Zusammenfassung

1. Temperaturskalen können aufgrund der thermometrischen Eigenschaften von Substanzen definiert werden. Dazu wählt man zwei Fixpunkte, zwischen denen die thermometrische Eigenschaft der betrachteten Substanz sich linear mit der Temperatur ändert. Die Fixpunkte der Celsius-Skala sind der Schmelzpunkt (0 °C) und der Siedepunkt (100 °C) von Wasser.

2. Die Anzeigen verschiedener Thermometer stimmen nur an den Fixpunkten exakt überein. Dagegen liefern alle Gasthermometer dieselben Werte, solange die Gasdichte klein genug ist, das Gas sich ideal verhält. Die Temperaturskala idealer Gase ist definiert durch

$$T = \frac{273{,}16\,\text{K}}{P_3} P \,.$$

Darin ist P der Druck im Gasthermometer, wenn es sich bei der Temperatur T in thermischem Gleichgewicht mit dem Meßobjekt befindet, und P_3 ist der Druck beim Tripelpunkt des Wassers. Die absolute Temperaturskala (die Kelvin-Skala) stimmt mit der Temperaturskala idealer Gase in dem Temperaturbereich überein, in dem Gasthermometer einsetzbar sind. Die absolute Temperatur hängt mit der Celsius-Temperatur zusammen über

$$T = \left(\frac{t_C}{°C} + 273{,}15\right) \text{K}.$$

Ein ideales Gas besteht aus Molekülen, die a) klein sind im Vergleich zu ihrem mittleren Abstand, b) elastisch untereinander und auf die Gefäßwände stoßen und die c) abgesehen von den Stößen keine Wechselwirkungen untereinander ausüben.

3. Der Längenausdehnungskoeffizient α ist der Quotient aus relativer Längenänderung und Temperaturdifferenz:

$$\alpha = \frac{\Delta\ell/\ell}{\Delta T}.$$

Der Volumenausdehnungskoeffizient γ ist der Quotient aus relativer Volumenänderung und Temperaturdifferenz; er ist dreimal so groß wie α:

$$\gamma = \frac{\Delta V/V}{\Delta T} = 3\,\alpha.$$

4. Bei geringer Dichte gehorchen alle Gase der Zustandsgleichung für ideale Gase

$$PV = nRT.$$

Darin ist R die Gaskonstante

$$R = 8{,}13 \text{ J} \cdot \text{mol}^{-1} \cdot \text{K}^{-1}.$$

Sie ist gleich dem Produkt von Avogadro-Zahl N_A und Boltzmann-Konstante k_B:

$$R = k_B N_A.$$

Die Avogadro-Zahl ist

$$N_A = 6{,}022 \cdot 10^{23} \text{ mol}^{-1},$$

und die Boltzmann-Konstante hat den Wert

$$k_B = 1{,}381 \cdot 10^{-23} \text{ J/K}.$$

Für eine bestimmte Gasmenge, bei der zwei verschiedene Zustände betrachtet werden, ist folgende Form des idealen Gasgesetzes direkt anwendbar:

$$\frac{P_2 V_2}{T_2} = \frac{P_1 V_1}{T_1}.$$

5. Die absolute Temperatur T ist ein Maß für die mittlere Energie $\langle E_{kin} \rangle$ der Gasmoleküle. Für ein ideales Gas ist die mittlere kinetische Energie der Moleküle

$$\langle E_{kin} \rangle = \left\langle \frac{1}{2} m v^2 \right\rangle = \frac{3}{2} k_B T.$$

Die gesamte kinetische Energie von n Molen eines idealen Gases mit insgesamt N Molekülen ist

$$E_{kin} = N \left\langle \frac{1}{2} m v^2 \right\rangle = \frac{3}{2} N k_B T = \frac{3}{2} nRT.$$

Bei der absoluten Temperatur T ist die quadratisch gemittelte Geschwindigkeit v_{rms} der Gasmoleküle mit der Teilchenmasse m bzw. der molaren Masse M gegeben durch:

$$v_{\text{rms}} = \sqrt{\langle v^2 \rangle} = \sqrt{\frac{3k_B T}{m}} = \sqrt{\frac{3RT}{M}}.$$

6. Die Van-der-Waals-Gleichung beschreibt das Verhalten realer Gase über weite Bereiche von Druck und Temperatur:

$$\left(P + \frac{an^2}{V^2}\right)(V - bn) = nRT.$$

Sie berücksichtigt mit dem Term bn das Volumen der Moleküle und mit dem Term an^2/V^2 die anziehenden Kräfte, die sie aufeinander ausüben.

7. Der Dampfdruck ist der Druck, bei dem eine Flüssigkeit mit ihrem Dampf bei der jeweiligen Temperatur im Gleichgewicht steht. Die Flüssigkeit siedet bei derjenigen Temperatur, bei der der Dampfdruck den äußeren Druck erreicht.

8. Der Tripelpunkt ist das Wertepaar von Druck und Temperatur, bei dem feste, flüssige und gasförmige Phase einer Substanz miteinander im Gleichgewicht stehen. Bei Drücken unterhalb von dem des Tripelpunktes kann die flüssige Phase nicht existieren.

9. Die relative Luftfeuchtigkeit ist der Quotient aus dem Partialdruck des Wassers in der Luft und seinem Dampfdruck bei der betreffenden Temperatur.

Aufgaben

Stufe I

15.1 Temperaturskalen

1. Die Quecksilbersäule eines Thermometers sei 4 cm lang, wenn es sich in schmelzendem Eis befindet, und 24 cm lang in kochendem Wasser. a) Wie lang ist sie bei Raumtemperatur (22 °C)? b) Bei welcher Temperatur ist sie 25,4 cm lang?

15.2 Gasthermometer und die absolute Temperatur

2. Der Druck in einem Gasthermometer mit konstantem Volumen betrage 0,400 atm beim Gefrierpunkt und 0,546 atm beim Siedepunkt des Wassers. a) Bei welcher Temperatur beträgt sein Druck 0,100 atm? b) Wie hoch ist sein Druck bei 444,6 °C, dem Siedepunkt des Schwefels?

3. Ein Gasthermometer mit konstantem Volumen habe einen Druck von 50 Torr beim Tripelpunkt des Wassers. a) Wie hoch ist der Druck bei 300 K? b) Bei welcher Temperatur beträgt der Druck 678 Torr?

15.3 Thermische Ausdehnung

4. Eine freitragende 100 m lange Brücke bestehe aus Stahl. Wie stark unterscheiden sich ihre Längen im kalten Winter (–30 °C) und im heißen Sommer (40 °C)?

5. Um den Erdäquator werde bei 0 °C ein Stahlband gespannt. Wie groß ist bei 30 °C sein (überall als gleich angenommener) Abstand zur Erdoberfläche? Vernachlässigen Sie die thermische Ausdehnung der Erde.

15.4 Die Zustandsgleichung für ideale Gase

6. a) 1 mol eines Gases nehme bei 1 atm ein Volumen von 10 L ein. Wie hoch ist seine Temperatur in Kelvin? b) Der Behälter wird mit einem beweglichen Kolben verschlossen und so weit erwärmt, daß sich das Gas auf ein Volumen von 20 L ausdehnt. Wie hoch ist dann die Temperatur in Kelvin? c) Das Volumen wird bei 20 L konstant gehalten, und das Gas wird auf 350 K erwärmt. Wie hoch ist dann sein Druck?

7. Eine bestimmte Gasmenge werde bei konstantem Druck gehalten. Um welchen Faktor ändert sich ihr Volumen, wenn die Temperatur von 50 °C auf 100 °C erhöht wird?

8. Der geringste mit einer Öldiffusionspumpe erreichbare Druck liegt bei $1 \cdot 10^{-8}$ Torr. Wie viele Moleküle befinden sich bei 300 K in 1 cm³ eines Gases bei diesem Druck?

9. a) Wie viele Mole Luft befinden sich bei 1 atm und 300 K in einem Raum mit den Ausmaßen $6 \text{ m} \cdot 5 \text{ m} \cdot 3 \text{ m}$? b) Wie viele Mole Luft entweichen, wenn die Temperatur bei konstantem Druck um 5 K erhöht wird?

15.5 Die molekulare Deutung der Temperatur: die kinetische Gastheorie

10. a) Berechnen Sie die quadratisch gemittelte Geschwindigkeit v_{rms} der Argonatome, wenn sich 1 mol des Gases bei 10 atm in einem 1-L-Behälter befindet. (Die molare Masse von Argon ist $M = 40$ g/mol.) b) Wie groß ist bei gleichen Bedingungen v_{rms} von Heliumatomen ($M = 4$ g/mol)?

11. Wie groß ist die gesamte kinetische Energie der Moleküle in 1 L Sauerstoffgas bei 0 °C und einem Druck von 1 atm?

12. Berechnen Sie v_{rms} und die mittlere kinetische Energie eines Wasserstoffatoms bei einer Temperatur von 10^7 K. (Bei einer so hohen Temperatur, wie sie im Inneren von Sternen herrscht, ist der Wasserstoff vollständig ionisiert.)

15.6 Die Van-der-Waals-Gleichung

13. a) Berechnen Sie das Volumen von 1 mol Wasserdampf bei 100 °C und einem Druck von 1 atm; nehmen Sie an, der Dampf verhält sich wie ein ideales Gas. b) Bei welcher Temperatur nimmt der Dampf das in a) ermittelte Volumen ein, wenn er sich wie ein Van-der-Waals-Gas verhält, dessen Konstanten $a = 0{,}55$ Pa·m⁶/mol² und $b = 30$ cm³ sind?

14. Zeichnen Sie anhand der Werte in Tabelle 15.3 die Dampfdruckkurve von Wasser. Bestimmen Sie daraus seine Siedetemperatur: a) im Hochgebirge bei einem Atmosphärendruck von 70 kPa und b) in einem Behälter mit dem Druck 0,5 atm. c) Ermitteln Sie aus dem Diagramm den Druck, unter dem Wasser bei 115 °C siedet.

15.7 Phasendiagramme

15. Welche der in Tabelle 15.4 aufgeführten Gase können bei 20 °C nicht durch Druck verflüssigt werden?

16. Wie groß ist der Wasserdampf-Partialdruck bei 30 °C und einer relativen Luftfeuchtigkeit von 80 Prozent?

17. Wie hoch ist die relative Luftfeuchtigkeit, wenn bei 30 °C der Wasserdampf-Partialdruck 3,00 kPa beträgt?

Stufe II

18. Ein würfelförmiger Metallbehälter mit der inneren Kantenlänge 20 cm enthalte Luft bei einem Druck von 1 atm und einer Temperatur von 300 K. Bei konstantem Volumen wird er auf 400 K aufgeheizt. Wie groß ist dann die Gesamtkraft auf jede Wandfläche? (Die Ausdehnung des Metalls wird vernachlässigt.)

19. Die Fluchtgeschwindigkeit beträgt auf dem Mars 5,0 km/s, und die Temperatur auf seiner Oberfläche liegt bei etwa 0 °C. Berechnen Sie für diese Temperatur v_{rms} von a) H_2, b) O_2 und c) CO_2. d) Wenn v_{rms} größer als etwa ein Sechstel der Fluchtgeschwindigkeit ist, dann wird das betreffende Gas nicht in der Atmosphäre bleiben. Welche der genannten Gase werden sich unter dieser Voraussetzung in der Mars-Atmosphäre befinden?

20. Wiederholen Sie die Betrachtungen von Aufgabe 19 für den Planeten Jupiter; seine Fluchtgeschwindigkeit beträgt 60 km/s, und seine Temperatur liegt bei -150 °C.

21. a) Zeigen Sie, daß der Volumenausdehnungskoeffizient für ein ideales Gas $\gamma = 1/T$ ist. Gehen Sie dazu von der Definition des Volumenausdehnungskoeffizienten γ aus. b) Für Stickstoff (N_2) wurde experimentell $\gamma = 0{,}003673$ K^{-1} bei 0 °C ermittelt. Vergleichen Sie dies mit dem unter a) erhaltenen theoretischen Wert $1/T$, für dessen Berechnung angenommen wird, Stickstoff verhalte sich wie ein ideales Gas.

22. Eine Möglichkeit, den Abstand zweier Punkte temperaturunabhängig konstant zu halten, ist in Abbildung 15.16 gezeigt: Zwei unterschiedlich lange Stäbe aus verschiedenen Materialien sind an einem Ende fest miteinander verbunden. a) Zeigen Sie, daß ℓ nicht von der Temperatur abhängt, wenn ℓ_A und ℓ_B so gewählt werden, daß $\ell_A/\ell_B = \alpha_B/\alpha_A$ ist. b) Material A sei Mes-

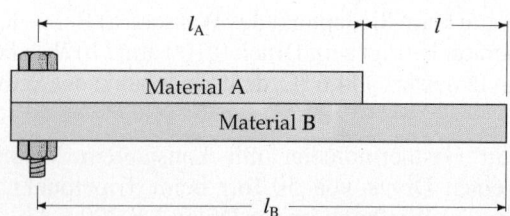

15.16 Zu Aufgabe 22.

sing, Material B sei Stahl, und es sei $\ell_A = 250$ cm bei 0 °C. Wie groß ist ℓ?

23. Beschreiben Sie anhand des Phasendiagramms in Abbildung 15.17 entlang jedes der Abschnitte AB, BC, CD und DE die Änderungen, die hinsichtlich a) Volumen und b) Phasen auftreten. c) Für welche Art von Substanzen wird der Abschnitt OH durch den Abschnitt OG ersetzt? d) Welche Bedeutung hat der Punkt F?

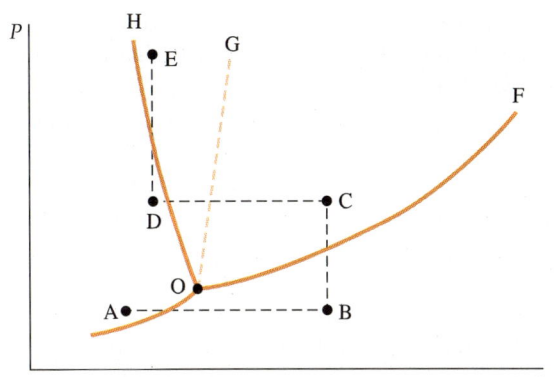

15.17 Zu Aufgabe 23.

24. Der 60-L-Tank eines Personenwagens wurde bei 10 °C randvoll gefüllt. Der Volumenausdehnungskoeffizient von Benzin ist $\gamma = 0{,}900 \cdot 10^{-3}$ K^{-1}. Berücksichtigen Sie die Ausdehnung des Tanks (aus Stahl). Wieviel Benzin läuft aus, wenn die Temperatur auf 25 °C steigt?

25. a) Definieren Sie einen Flächenausdehnungskoeffizienten. b) Berechnen Sie ihn für ein Quadrat sowie für einen Kreis und zeigen Sie, daß er doppelt so groß ist wie der Längenausdehnungskoeffizient.

26. Ein mit einem beweglichen Kolben verschlossener Behälter enthalte 1 mol eines Gases. Zu Anfang sei $P = 2$ atm und $T = 300$ K. Nehmen Sie an, daß sich das Gas nun bei konstanter Temperatur ausdehnen kann, bis $P = 1$ atm ist. Dann werde das Gas aufgeheizt und gleichzeitig komprimiert, bis wieder sein Anfangsvolumen erreicht ist. Es sei nun $P = 2{,}5$ atm. Wie hoch ist jetzt die Temperatur?

27. Aus dem Atemgerät eines Tauchers entweiche in 40 m Tiefe (bei einer Temperatur von 5 °C) eine Luftblase mit dem Volumen 15 cm^3 und steige nach oben. An der Oberfläche betrage die Temperatur 25 °C. Welches Volumen hat die Luftblase, kurz bevor sie die Wasseroberfläche erreicht? (*Hinweis:* Beachten Sie, daß sich auch der Druck ändert.)

28. In einem würfelförmigen Behälter mit der Kantenlänge 15 cm befinde sich Sauerstoffgas (O$_2$) bei 300 K. Vergleichen Sie die mittlere kinetische Energie eines Sauerstoffmoleküls mit der Änderung seiner potentiellen Energie, wenn es im Behälter von der oberen auf die untere Wand herunterfällt.

29. Betrachten Sie ein Ensemble von zehn Körpern. Die einzelnen Körper haben folgende Geschwindigkeiten:

Geschwindigkeit/m·s^{-1}	2	5	6	8
Anzahl	3	3	3	1

Berechnen Sie a) die mittlere und b) die quadratisch gemittelte Geschwindigkeit der Körper.

30. Zeigen Sie, daß die Funktion $f(v)$ nach (15.31) ihren Maximalwert bei $v = (2kT/m)^{1/2}$ hat. *Hinweis:* Setzen Sie $df/dv = 0$ und lösen Sie nach v auf.

31. Weil $f(v)\,dv$ den Anteil der Moleküle im Geschwindigkeitsintervall $(v, v + dv)$ angibt, muß das Integral von $f(v)\,dv$ über alle möglichen Geschwindigkeiten gleich 1 sein. Zeigen Sie mit Hilfe der Beziehung

$$\int_0^\infty v^2 e^{-av^2}\,dv = \frac{\sqrt{\pi}}{4} a^{-3/2},$$

daß

$$\int_0^\infty f(v)\,dv = 1$$

ist, wobei $f(v)$ durch (15.31) gegeben ist.

32. Gegeben sei das Integral

$$\int_0^\infty v^3 e^{-av^2}\,dv = \frac{a^{-2}}{2}.$$

Berechnen Sie mit Hilfe der Maxwell-Boltzmann-Verteilung (15.31) die mittlere Geschwindigkeit $\langle v \rangle$ der Gasmoleküle.

Stufe III

33. Am kritischen Punkt sind sowohl dP/dV als auch d^2P/dV^2 gleich null. Zeigen Sie, daß für ein Van-der-Waals-Gas das kritische Volumen pro Mol $V_k = 3b$ ist.

34. a) Zeigen Sie, daß für ein Van-der-Waals-Gas die kritische Temperatur $T_k = 8a/27Rb$ und der kritische Druck $P_k = a/27b^2$ ist. b) Formulieren Sie die Van-der-Waals-Gleichung mit den sogenannten reduzierten Größen $V_r = V/V_k$, $P_r = P/P_k$ und $T_r = T/T_k$.

15 Temperatur

35. Ein Thermistor ist ein Halbleiterbauelement, dessen elektrischer Widerstand mit steigender Temperatur abnimmt. Für die Temperaturabhängigkeit des elektrischen Widerstandes R gilt näherungsweise $R = R_0\, e^{B/T}$. Die Konstanten R_0 und B lassen sich experimentell ermitteln, indem man den Widerstand R an mindestens zwei Referenzpunkten mißt, etwa beim Gefrier- und beim Siedepunkt des Wassers. a) Berechnen Sie R_0 und B, wenn $R = 7360\,\Omega$ bei $0\,°C$ und $R = 153\,\Omega$ bei $100\,°C$ ist. b) Wie groß ist der Widerstand des Thermistors bei $37\,°C$? c) Wie groß ist die absolute Widerstandsänderung dR/dT bei $0\,°C$ und bei $100\,°C$? Bei welcher Temperatur ist der Thermistor am empfindlichsten?

36. Die Ganggeschwindigkeit einer alten Penduluhr wurde bei $20\,°C$ genau eingestellt. a) Geht sie an einem heißen Tag mit $30\,°C$ vor oder nach? b) Um wieviel geht sie dabei nach 24 Stunden falsch? Nehmen Sie an, das Pendel bestehe aus einem dünnen Messingstab mit einem Pendelkörper großer Masse am Ende.

37. Bei $20\,°C$ wird ein runder Stahlstab mit dem Radius $2{,}2$ cm und der Länge 60 cm horizontal zwischen zwei senkrechte Betonwände eingespannt. Dann wird er mit einer Lötlampe auf $60\,°C$ erwärmt. Welche Kraft übt er nun auf jede Wand aus?

38. Gegeben seien ein Stahlrohr mit dem Außendurchmesser $3{,}000$ cm und ein Messingrohr mit dem Innendurchmesser $2{,}997$ cm, jeweils bei Raumtemperatur ($20\,°C$). Auf welche Temperatur müssen die Enden gebracht werden, damit das Stahlrohr ein Stück weit in das Messingrohr hineingeschoben werden kann?

39. Auf der Sonnenoberfläche beträgt die Temperatur etwa 6000 K, und alle Substanzen sind gasförmig. Aus dem Spektrum des Sonnenlichts ermittelte man, daß die meisten auf der Erde vorkommenden Elemente vorhanden sind. a) Welche mittlere kinetische Energie haben die Atome auf der Sonnenoberfläche? b) In welchem Bereich liegen die Werte von v_{rms} für die Elemente von Wasserstoff ($M = 1$ g/mol) bis Uran ($M = 238$ g/mol)?

40. In Abschnitt 10.5 wurde die Fluchtgeschwindigkeit auf der Oberfläche eines Planeten mit dem Radius R zu $v_e = (2gR)^{1/2}$ berechnet; darin ist g die Erdbeschleunigung. Bei welcher Temperatur ist v_{rms} a) von O_2 und b) von H_2 gleich der Fluchtgeschwindigkeit auf der Erde? c) In der oberen Atmosphäre beträgt die Temperatur etwa 1000 K. Warum führt das dazu, daß praktisch kein Wasserstoff in der Erdatmosphäre vorhanden ist? d) Berechnen Sie die Temperaturen, für die v_{rms} von O_2 bzw. H_2 gleich der Fluchtgeschwindigkeit auf dem Mond sind, dessen Fallbeschleunigung etwa ein Sechstel von derjenigen auf der Erde beträgt (der Mondradius ist $R = 1738$ km). Warum hat der Mond keine Atmosphäre?

16 Wärme und der Erste Hauptsatz der Thermodynamik

Wärme ist die Energie, die von einem Körper auf einen anderen aufgrund einer Temperaturdifferenz übergeht. Im 17. Jahrhundert folgten Galilei, Newton und andere Wissenschaftler der im antiken Griechenland vertretenen Theorie, daß Wärme von der Bewegung kleinster Teilchen herrührt. Im darauffolgenden Jahrhundert entwickelte man Methoden, mit denen die von einem Körper aufgenommene oder abgegebene Wärme quantitativ erfaßt werden kann. Man stellte fest: Befinden sich zwei Körper in thermischem Kontakt, so ist die von einem Körper aufgenommene Wärmemenge gleich der vom anderen abgegebenen. Daraus entstand die Vorstellung von der Wärme als einem unsichtbaren, flüssigen „Wärmestoff", dem Caloricum, dessen Menge stets erhalten bleibt, wenn er auf einen anderen Körper übergeht.

Diese „Theorie des Wärmestoffs" konnte den Wärmefluß beschreiben. Sie mußte aber aufgegeben werden, als man herausfand, daß Wärme auch durch Reibung erzeugt werden kann, während an anderer Stelle *keine* Wärme abfließt.

Die ersten gründlichen Beobachtungen in dieser Richtung machte gegen Ende des 18. Jahrhunderts Benjamin Thompson (der spätere Graf Rumford), als er in einer bayerischen Waffenfabrik das Bohren von Kanonenrohren überwachte. Das zum Kühlen des Bohrers verwendete Wasser verdampfte wegen der starken Wärmeentwicklung und mußte ständig ersetzt werden. Nach der Wärmestoff-Theorie sollte das Metall bei der spanenden Verformung seine Fähigkeit verlieren, den Wärmestoff festzuhalten, und diesen an das Wasser abgeben. Aber auch wenn der Bohrer zu stumpf war, um Späne aus dem Metall abzulösen, wurden er und das Kühlwasser heiß, solange die Drehbewegung andauerte. Thompson folgerte daraus, daß die Wärme keine Substanz sein kann, deren Menge erhalten bleibt, sondern eine Art Bewegung sein muß, die vom Bohrer auf das Wasser übertragen wird. Er konnte zeigen, daß die übertragene Wärmemenge etwa proportional zur mechanischen Arbeit war, die das Bohrwerkzeug verrichtete.

Zwar war die Theorie des Wärmestoffs noch rund 40 Jahre nach Thompsons Arbeiten anerkannt, doch fand man immer häufiger Beispiele der Nicht-Erhaltung der Wärme. Erst um 1840 kam die mechanische Theorie der Wärme auf, nach der die Wärmeübertragung durch eine Temperaturdifferenz hervorgerufen wird. James Joule (1818–1889), nach dem die SI-Einheit der Energie benannt ist, führte erstmals recht genaue Messungen durch und bewies, daß das Auftreten oder Verschwinden einer bestimmten Wärmemenge stets mit dem Auftreten oder Verschwinden einer entsprechenden Menge mechanischer Energie verknüpft ist. Die Versuche von Joule und anderen machten deutlich, daß Wärme und mecha-

16 Wärme und der Erste Hauptsatz der Thermodynamik

nische Energie nicht unabhängig voneinander erhalten bleiben; vielmehr bewirkt das Verschwinden mechanischer Energie das Auftreten eines äquivalenten Betrages an Wärmeenergie. Erhalten bleibt stets die Summe aus mechanischer Energie und Wärmeenergie (wenn von anderen Formen der Energie, z.B. chemischer oder elektrischer, einmal abgesehen wird).

16.1 Wärmekapazität und spezifische Wärme

Wird einer Substanz Wärmeenergie zugeführt, dann steigt im allgemeinen die Temperatur. (Anders ist dies bei Phasenübergängen wie Schmelzen oder Verdampfen, die wir im nächsten Abschnitt behandeln werden.) Die für einen Temperaturanstieg ΔT nötige Wärmemenge Q ist proportional zu ΔT und zur Masse m der vorhandenen Substanzmenge:

$$Q = C\,\Delta T = mc\,\Delta T\,. \qquad 16.1$$

Darin ist C die **Wärmekapazität**, d.h. die Wärmemenge, die erforderlich ist, um die vorliegende Substanzmenge um 1 K oder 1 °C zu erwärmen. Die **spezifische Wärme** c ist die Wärmekapazität pro Masseneinheit der Substanz:

$$c = \frac{C}{m}\,. \qquad 16.2$$

Als Einheit wurde früher die **Kalorie** als die Wärmemenge definiert, durch die 1 g Wasser um 1 °C erwärmt wird. (Werden die Werte der Verbrennungsenergie von Nahrungsmitteln in „Kalorien" angegeben, so sind Kilokalorien gemeint; 1 kcal = 10^3 cal.) Heute wird die SI-Einheit **Joule** verwendet, und es ist

$$1\text{ cal} = 4{,}184\text{ J}\,. \qquad 16.3$$

Damit läßt sich für die spezifische Wärme von Wasser schreiben:

$$c_{\text{Wasser}} = 1\text{ cal}/(\text{g}\cdot°\text{C}) = 1\text{ kcal}/(\text{kg}\cdot°\text{C})$$
$$= 1\text{ kcal}/(\text{kg}\cdot\text{K}) = 4{,}184\text{ kJ}/(\text{kg}\cdot\text{K})\,.$$

Exakte Messungen zeigten, daß sie in geringem Maße temperaturabhängig ist. Zwischen 0 °C und 100 °C macht das aber nur rund 1 Prozent aus. Wir können diese Abweichungen hier vernachlässigen und mit 4,18 kJ/(kg·K) rechnen.

Die Wärmekapazität pro Mol der betreffenden Substanz heißt **molare Wärmekapazität** C_{m}. Sie ist gleich dem Produkt aus spezifischer Wärme c (Wärmekapazität pro Masseneinheit) und molarer Masse M:

$$C_{\text{m}} = Mc\,. \qquad 16.4$$

Damit ist die Wärmekapazität von n mol einer Substanz

$$C = nC_{\text{m}}\,. \qquad 16.5$$

In Tabelle 16.1 sind spezifische Wärme und molare Wärmekapazität einiger Flüssigkeiten und Feststoffe aufgeführt. (Beachten Sie, daß die molaren Wär-

Tabelle 16.1 Spezifische Wärme c_P und molare Wärmekapazität $C_{P,m}$ einiger Flüssigkeiten und Festkörper bei 20 °C und konstantem Druck (1 atm). (Der Index P steht für konstanten Druck.)

Substanz	$c_P/$ kJ·kg^{-1}·K^{-1}	$c_P/$ kcal·kg^{-1}·K^{-1}	$C_{P,m}/$ J·mol^{-1}·K^{-1}
Aluminium	0,900	0,215	24,3
Bismut	0,123	0,0294	25,7
Blei	0,128	0,0305	26,4
Eis (–10 °C)	2,05	0,49	36,9
Ethanol	2,4	0,58	111
Gold	0,126	0,0301	25,6
Kupfer	0,386	0,0923	24,5
Quecksilber	0,140	0,033	28,3
Silber	0,233	0,0558	24,9
Wasser	4,18	1,00	75,2
Wolfram	0,134	0,0321	24,8
Zink	0,387	0,0925	25,2

mekapazitäten aller Metalle in dieser Tabelle fast gleich sind; darauf kommen wir in Abschnitt 16.7 zurück.)

Beispiel 16.1

Welche Wärmemenge ist nötig, um 3 kg Kupfer um 20 °C zu erwärmen?
  Der Tabelle 16.1 entnehmen wir die spezifische Wärme von Kupfer zu 0,386 kJ/(kg·K) und erhalten mit Gleichung (16.1)

$$Q = mc\,\Delta T = 3\text{ kg} \cdot 0{,}386\text{ kJ/(kg}\cdot\text{K)} \cdot 20\text{ K} = 23{,}2\text{ kJ} \,.$$

Beachten Sie, daß wir $\Delta T = 20\,°\text{C} = 20\,\text{K}$ einsetzen.

Übung

Ein Körper der Masse 2 kg aus Aluminium habe anfangs eine Temperatur von 10 °C. Dann werden ihm 36 kJ Wärme zugeführt. Welche Temperatur hat er danach? (Antwort: 30 °C)

In Tabelle 16.1 fällt auf, daß die spezifische Wärme des Wassers deutlich höher ist als die der anderen genannten Substanzen. Beispielsweise ist sie über 10mal größer als die von Kupfer. Wegen seiner hohen spezifischen Wärme dient Wasser sehr häufig als Wärmespeicher, etwa in Solarkollektoren. Entsprechend ist es auch als Kühlmittel gut geeignet. Die enormen Wassermengen im Meer und in den großen Binnenseen mildern die Temperaturschwankungen der angrenzenden Gebiete, denn sie können ohne starke Temperaturänderung relativ große Wärmemengen speichern oder abgeben.

Die spezifische Wärme des Wassers ist – wie schon gesagt – über einen weiten Temperaturbereich praktisch konstant. Das ist die Grundlage der **Kalorimetrie**. Will man die Wärmekapazität eines Körpers ermitteln, dann erwärmt man ihn auf irgendeine gut zu messende Temperatur und gibt ihn in ein Wasserbad, dessen Füllmenge und Temperatur genau bekannt sind. Dann wartet man das thermische Gleichgewicht ab und mißt die Temperatur des Wasserbades mit dem Körper. Ist das Gefäß, das sogenannte **Kalorimeter**, von der Umgebung gut isoliert, dann entspricht die Wärmemenge, die der Körper abgab, derjenigen, die das Kalorimeter (also Wasser und Behälter) aufgenommen hat. Der Körper habe die

16 Wärme und der Erste Hauptsatz der Thermodynamik

Masse m und die spezifische Wärme c. Seine Anfangstemperatur sei T_1, und die nach Erreichen des thermischen Gleichgewichts gemessene Endtemperatur sei T_2. Dann ist die Wärmemenge, die der Körper abgegeben hat,

$$Q_{aus} = mc\,(T_1 - T_2)\;.$$

Die Anfangstemperatur des Kalorimeters ist T_{K1}, und seine Endtemperatur ist wegen des thermischen Gleichgewichts ebenfalls T_2. Daher ist die von ihm aufgenommene Wärmemenge

$$Q_{ein} = m_W c_W\,(T_2 - T_{K1}) + m_B c_B\,(T_2 - T_{K1})\;.$$

Hier ist m_W die Masse des Wassers und $c_W = 4{,}18$ kJ/(kg·K) seine spezifische Wärme. Der Behälter hat die Masse m_B und die spezifische Wärme c_B. Wir haben die Temperaturdifferenzen jeweils so aufgestellt, daß beide Wärmemengen positiv sind. Wie bereits begründet, ist $Q_{ein} = Q_{aus}$ und daher

$$mc\,(T_1 - T_2) = m_W c_W\,(T_2 - T_{K1}) + m_B c_B\,(T_2 - T_{K1})\;. \qquad 16.6$$

Hier treten nur Temperatur*differenzen* auf; deshalb können die Temperaturen in °C oder in K angegeben werden, ohne daß sich dadurch am Ergebnis etwas ändert.

Beispiel 16.2

600 g Bleischrot werden auf 100 °C erhitzt und in ein Aluminiumgefäß der Masse 200 g gegeben, in dem sich 500 g Wasser befinden; die Anfangstemperatur dieses Kalorimeters sei 17,3 °C. Die spezifische Wärme von Aluminium beträgt 0,900 kJ/(kg·K). Es wird nach dem Erreichen des thermischen Gleichgewichts eine Endtemperatur von 20,0 °C gemessen. Wie groß ist die spezifische Wärme von Blei?

Die Temperaturänderung des Kalorimeters ist 20 °C − 17,3 °C = 2,7 °C = 2,7 K. Das Wasser hat demnach die Wärmemenge

$$Q_W = m_W c_W\,\Delta T_W$$
$$= 0{,}5 \text{ kg} \cdot 4{,}18 \text{ kJ/(kg·K)} \cdot 2{,}7 \text{ K} = 5{,}64 \text{ kJ}$$

aufgenommen, und die vom Aluminiumbehälter aufgenommene Wärmemenge ist

$$Q_B = m_B c_B\,\Delta T_B$$
$$= 0{,}2 \text{ kg} \cdot 0{,}900 \text{ kJ/(kg·K)} \cdot 2{,}7 \text{ K} = 0{,}486 \text{ kJ}\;.$$

Die Temperaturänderung des Bleischrots beträgt 80,0 K; damit ist die von ihm abgegebene Wärmemenge

$$Q_{Pb} = m_{Pb} c_{Pb}\,\Delta T_{Pb}$$
$$= 0{,}6 \text{ kg} \cdot c_{Pb} \cdot 80{,}0 \text{ K} = 48{,}0 \text{ kg·K} \cdot c_{Pb}\;.$$

Die vom Bleischrot abgegebene Wärmemenge ist gleich der vom Wasser und vom Behälter aufgenommenen Wärmemenge:

$$Q_{Pb} = Q_W + Q_B\;.$$

Wir setzen die Werte ein und erhalten

$$48{,}0 \text{ kg·K} \cdot c_{Pb} = 5{,}64 \text{ kJ} + 0{,}468 \text{ kJ} = 6{,}13 \text{ kJ}\;.$$

Auflösen nach c_{Pb} ergibt

$$c_{Pb} = \frac{6{,}13 \text{ kJ}}{48{,}0 \text{ kg} \cdot \text{K}} = 0{,}128 \text{ kJ/(kg} \cdot \text{K)} .$$

Beachten Sie, daß die spezifische Wärme von Blei wesentlich geringer als die von Wasser ist.

Die spezifische Wärme einer Substanz hängt davon ab, ob sich diese bei der Erwärmung ausdehnt. Hält man das Volumen konstant, so dient die gesamte zugeführte Wärmemenge zur Temperaturerhöhung. Wenn sich die vorhandene Substanzmenge aber beim Erwärmen ausdehnen kann, wird ein Teil der Wärmemenge in mechanische Arbeit umgesetzt, die die Substanz bei der Volumenvergrößerung gegen den äußeren Druck verrichtet. Daher wird in diesem Falle für dieselbe Temperaturerhöhung eine größere Wärmemenge benötigt, und für alle Substanzen, die sich beim Erwärmen ausdehnen, ist die spezifische Wärme bei konstantem Druck (c_P) größer als die bei konstantem Volumen (c_V). Bei Flüssigkeiten und Festkörpern ist es schwierig, das Volumen beim Erwärmen konstant zu halten; allerdings ist die Volumenänderung und damit die Volumenarbeit (siehe Abschnitt 16.6) meist relativ gering, und die Differenz zwischen c_P und c_V kann vernachlässigt werden. In Tabelle 16.1 sind die Werte von c_P angegeben, da in vielen Experimenten bei konstantem Druck (nämlich Atmosphärendruck) gearbeitet wird.

Bei den Gasen ist die Situation anders. Sie dehnen sich beim Erwärmen unter konstantem Druck sehr stark aus und verrichten dabei eine beträchtliche Volumenarbeit. Andererseits kann ihr Volumen beim Erwärmen relativ leicht konstant gehalten werden. Mit anderen Worten: Bei Gasen ist die Differenz zwischen c_P und c_V sehr groß. Wir werden diese Differenz in Abschnitt 16.7 für verschiedene Gase berechnen.

Fragen

1. Eine Kartoffel wird in eine Aluminiumfolie eingeschlagen und auf dem Grill erhitzt. Dann wird sie heruntergenommen, und die Folie wird entfernt. Warum kühlt die Folie viel schneller ab als die Kartoffel?
2. Körper A habe die doppelte Masse und die doppelte spezifische Wärme wie Körper B. Beiden wird dieselbe Wärmemenge zugeführt. Wie groß ist die erreichte Temperaturdifferenz?

16.2 Phasenübergänge und latente Wärme

Wird einer Substanz bei konstantem Druck Wärme zugeführt, so steigt im allgemeinen ihre Temperatur. Manchmal kommt es aber trotz Wärmezufuhr zu keiner Temperaturerhöhung, nämlich wenn ein **Phasenübergang** stattfindet. Die wichtigsten Phasenübergänge sind **Schmelzen** (fest → flüssig), **Verdampfen** (flüssig → gasförmig) und **Sublimieren** (fest → gasförmig) sowie jeweils die Umkehrung dieser Vorgänge: **Gefrieren** (oder Erstarren; flüssig → fest) und **Kondensieren** (gasförmig → flüssig oder gasförmig → fest). Andere Arten von Phasenübergängen sind etwa die zwischen verschiedenen Kristallmodifikationen bei manchen Festkörpern.

Die Phasenübergänge lassen sich anhand der Theorie des molekularen Aufbaus der Substanzen erklären. Danach spiegelt eine Temperaturerhöhung einer Substanz nichts anderes wider als das Ansteigen der kinetischen Energie der Moleküle, aus denen die Substanz besteht. In einer Flüssigkeit sind die Moleküle viel enger zusammen als in einem Gas. Daher muß beim Verdampfen Arbeit gegen die Anziehungskräfte verrichtet werden, die die Moleküle in der Flüssigkeit aufeinander ausüben. Diese Arbeit dient also dazu, die Moleküle voneinander zu trennen, d.h., sie erhöht die potentielle Energie der Moleküle, nicht aber die kinetische. Deswegen ändert sich beim Übergang in den Gaszustand auch nicht die Temperatur, die – wie wir im letzten Kapitel gesehen haben – ein Maß für die mittlere kinetische Energie der Moleküle ist.

Bei jeder Substanz finden die Phasenübergänge bei ganz bestimmten Temperaturen statt. So siedet Wasser bei 100 °C, und es schmilzt bei 0 °C. Diese Werte gelten bei Atmosphärendruck, und man spricht vom normalen **Siedepunkt** und vom normalen **Schmelzpunkt** des Wassers.

Wie gesagt, erhöht sich während eines Phasenübergangs die Temperatur trotz Wärmezufuhr nicht. Die für die Umwandlung nötige Wärmemenge nennt man daher **latente Wärme** (latent = verborgen). Zum Schmelzen der Masse m einer bestimmten Substanz wird – ohne Temperaturänderung – beispielsweise die Wärmemenge

$$Q = mQ_S \qquad \text{16.7}$$

benötigt. Darin ist Q_S die (latente) **Schmelzwärme** der betreffenden Substanz. Für Wasser beträgt sie beim Druck von einer Atmosphäre 333,5 kJ/kg. Der Übergang von der Flüssigkeit zur Gasphase erfordert die Wärmemenge

$$Q = mQ_V . \qquad \text{16.8}$$

Hier ist Q_V die (latente) **Verdampfungswärme**. Ihr Wert für Wasser beim Druck von einer Atmosphäre ist 2,26 MJ/kg. In Tabelle 16.2 sind für einige Substanzen die Schmelz- und die Siedepunkte sowie die Schmelz- und die Verdampfungswärmen zusammengestellt.

Tabelle 16.2 Normale Schmelzpunkte und Siedepunkte sowie Schmelzwärmen Q_S und Verdampfungswärmen Q_V einiger Substanzen bei 1 atm. (Die Werte für Kohlendioxid beziehen sich auf die Sublimation, da flüssiges CO_2 bei Atmosphärendruck nicht existent ist.)

Substanz	Schmelzpunkt/ K	Q_S/ kJ·kg^{-1}	Siedepunkt/ K	Q_V/ kJ·kg^{-1}
Blei	600	24,7	2023	858
Brom	266	67,4	332	369
Ethanol	159	109	351	879
Gold	1336	62,8	3081	1701
Helium	–	–	4,2	21
Kohlendioxid	–	–	194,6	573
Kupfer	1356	205	2839	4726
Quecksilber	234	11,3	630	296
Sauerstoff	54,4	13,8	90,2	213
Schwefel	388	38,5	717,75	287
Silber	1234	105	2436	2323
Stickstoff	63	25,7	77,35	199
Wasser	273,15	333,5	373,15	2257
Zink	692	102	1184	1768

16.2 Phasenübergänge und latente Wärme

Beispiel 16.3

Einem Kilogramm Eis der Temperatur $-20\,°C$ wird so lange Wärme zugeführt, bis die gesamte Menge in Wasserdampf überführt ist. Wieviel Wärmeenergie wird benötigt?

Wir nehmen die Wärmekapazität von Eis als konstant an; nach Tabelle 16.1 ist $c = 2,05 \text{ kJ/(kg·K)}$. Dann ist zum Erwärmen des Eisblocks von $-20\,°C$ auf $0\,°C$ die Wärmemenge

$$Q_1 = mc\,\Delta T = 1 \text{ kg} \cdot 2{,}05 \text{ kJ/(kg·K)} \cdot 20 \text{ K} = 41 \text{ kJ}$$

erforderlich. Die latente Schmelzwärme von Eis beträgt 334 kJ/kg (siehe Tabelle 16.2). Damit ist die zum Schmelzen des Eisblocks nötige Wärmemenge

$$Q_2 = mQ_S = 1 \text{ kg} \cdot 334 \text{ kJ/kg} = 334 \text{ kJ} \,.$$

Zum Aufheizen des Wassers von $0\,°C$ auf $100\,°C$ wird die Wärmemenge

$$Q_3 = mc\,\Delta T = 1 \text{ kg} \cdot 4{,}18 \text{ kJ/(kg·K)} \cdot 100 \text{ K} = 418 \text{ kJ}$$

benötigt. Hier haben wir die spezifische Wärme des Wassers im betrachteten Temperaturbereich als konstant angenommen. Schließlich muß noch die Wärmemenge Q_4 aufgewandt werden, um 1 kg Wasser zu verdampfen:

$$Q_4 = mQ_V = 1 \text{ kg} \cdot 2{,}26 \cdot 10^3 \text{ kJ/kg} = 2{,}26 \text{ MJ} \,.$$

Die gesamte Wärmemenge, die nötig ist, um 1 kg Eis mit $-20\,°C$ in Wasserdampf der Temperatur $100\,°C$ zu überführen, berechnet sich zu

$$Q = Q_1 + Q_2 + Q_3 + Q_4$$
$$= 0{,}041 \text{ MJ} + 0{,}334 \text{ MJ} + 0{,}418 \text{ MJ} + 2{,}26 \text{ MJ}$$
$$= 3{,}05 \text{ MJ} \,.$$

Hier wird deutlich, daß der größte Anteil der zugeführten Wärmemenge für die Phasenübergänge aufzuwenden ist und nicht zur Temperaturerhöhung beiträgt.

Die Abbildung 16.1 zeigt den zeitlichen Temperaturverlauf für das Experiment in Beispiel 16.3, wobei eine konstante Wärmeleistung (1 kJ/s) zugeführt wird. Zwischen den Phasenübergängen steigt die Temperatur linear an, und während des Schmelzens und des Verdampfens bleibt sie jeweils konstant. Beachten Sie, daß das Schmelzen länger dauert als das Erwärmen von $-20\,°C$ auf $0\,°C$. Die entsprechenden Wärmemengen in Beispiel 16.1 sind $Q_1 = 41$ kJ und $Q_2 = 334$ kJ, und die Zeiten sind (wegen 1 kJ/s) 41 s bzw. 334 s. Flüssiges Wasser hat eine etwa doppelt so große spezifische Wärme wie Eis. Daher erwärmt sich das Wasser langsamer als das Eis. Der Siedepunkt wird 418 s nach dem Schmelzen erreicht ($Q_3 = 418$ kJ). Das Verdampfen dauert mit 2260 s am längsten, da $Q_4 = 2260$ kJ am größten ist.

Übung

Ein Stück Blei der Masse 830 g wurde exakt bis zu seinem Schmelzpunkt (600 K) erwärmt. Welche Wärmemenge muß nun zum Schmelzen zugeführt werden? (Antwort: 20,5 kJ)

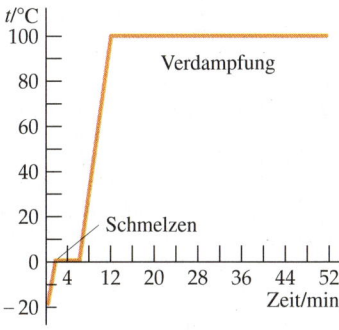

16.1 Der Temperaturverlauf bei dem Experiment in Beispiel 16.3. Dem 1-kg-Eisblock mit der Anfangstemperatur $-20\,°C$ wird gleichmäßig (mit 1 kJ/s) Wärme zugeführt. Bei $0\,°C$ schmilzt das Eis, und die Temperatur bleibt konstant, bis alles geschmolzen ist. Dann wird die Temperatur des Wassers bis auf $100\,°C$ erhöht, und hier bleibt die Temperatur während der Verdampfung ebenfalls konstant. Würde man, nachdem die gesamte Wassermenge verdampft ist, weiter Wärme zuführen, so würde sich die Temperatur des Dampfes erhöhen.

16.3 Wärmeübertragung

Wärmeenergie kann auf drei Arten übertragen werden, nämlich durch Wärmeleitung, Konvektion oder Wärmestrahlung. Bei der **Wärmeleitung** vollzieht sich der Energietransport durch Wechselwirkung zwischen Atomen oder Molekülen, die aber selbst nicht transportiert werden. Wird beispielsweise ein fester Stab an einem Ende erwärmt, dann schwingen die Atome hier stärker, also mit höherer Energie als die Atome am kalten Ende. Durch Stöße mit den jeweils benachbarten Atomen wird die Wärmeenergie allmählich durch den Stab geleitet, wobei jedes Atom an seinem Platz bleibt. Die Metalle leiten die Wärme sehr gut, weil die freien Elektronen in ihnen während ihrer Bewegung ständig mit den Atomen zusammenstoßen, deren thermische Energie aufnehmen, dadurch ihre eigene kinetische Energie erhöhen und sie dann durch Stöße mit anderen Atomen wieder abgeben. In Gasen wird die Wärme durch die Stöße der Gasmoleküle übertragen. Die Moleküle im wärmeren Teil des Gasvolumens haben eine höhere mittlere kinetische Energie als die im kälteren Teil und geben ihre Energie bei den Stößen teilweise an die langsameren Moleküle ab.

Bei der **Konvektion** ist die Wärmeübertragung mit einem Stofftransport verbunden. Wird die Luft in einem Zimmer an einem Heizkörper erwärmt, dann nimmt ihr Volumen zu und ihre Dichte ab; dadurch steigt sie auf und nimmt die aufgenommene Wärme mit nach oben.

Bei der **Wärmestrahlung** emittieren oder absorbieren die Körper Energie in Form von elektromagnetischer Strahlung, die sich im Raum mit Lichtgeschwindigkeit ausbreitet. Zur elektromagnetischen Strahlung gehören neben der Wärmestrahlung unter anderem auch sichtbares Licht, Radiowellen und Röntgenstrahlung. Jeder Körper emittiert und absorbiert Strahlung. Befindet er sich in thermischem Gleichgewicht mit seiner Umgebung, so vollziehen sich Emission und Absorption mit gleicher Geschwindigkeit. Hat er eine höhere Temperatur als seine Umgebung, so emittiert er mehr, als er absorbiert. Dadurch kühlt er sich ab und erwärmt die Umgebung.

Wärmeleitung und Konvektion

Abbildung 16.2 zeigt einen zylindrischen Stab mit der Querschnittsfläche A, dessen Enden auf unterschiedlichen Temperaturen gehalten werden. Nach einiger Zeit stellt sich ein stationärer Zustand ein, bei dem die Temperatur gleichmäßig zum kälteren Ende hin abnimmt, wenn der Stab überall gleichen Querschnitt hat. Die Änderung der Temperatur entlang dem Stab, also $\Delta T/\Delta x$, heißt **Temperaturgradient**. Durch den Querschnitt des Stabes fließt in der Zeit Δt die Wärmemenge ΔQ, und der **Wärmestrom** I (gemessen in W) ist

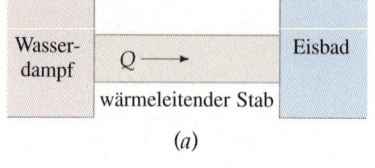

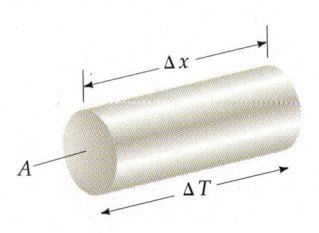

(b)

16.2 a) Die Enden eines runden, wärmeleitenden Stabes werden – beispielsweise mit Hilfe von Wasserdampf und Eis – auf unterschiedlichen Temperaturen gehalten. Es fließt Wärme vom heißen zum kalten Ende. b) Entlang dem Abschnitt Δx des Stabes ändert sich die Temperatur um ΔT.

Wärmeleitung

$$I = \frac{\Delta Q}{\Delta t} = \lambda A \frac{\Delta T}{\Delta x} \qquad 16.9$$

bzw. in differentieller Schreibweise

$$I = \frac{dQ}{dt} = \lambda A \frac{dT}{dx}.$$

Die Proportionalitätskonstante λ nennt man **Wärmeleitfähigkeit**. Sie wird meist in W/(m·K) angegeben und hängt vom Material ab, durch das die Wärme fließt. Einige Werte sind in Tabelle 16.3 aufgeführt.

Wir lösen (16.9) nach ΔT auf und erhalten

$$\Delta T = \frac{\Delta x}{\lambda A} I \qquad 16.10$$

oder

$$\Delta T = IR. \qquad 16.11$$

Darin ist R der **Wärmewiderstand** (mit der Einheit K/W),

$$R = \frac{\Delta x}{\lambda A}. \qquad 16.12$$

Wärmewiderstand

Die Gleichung (16.11) hat dieselbe Form wie (11.29) für den Strömungswiderstand; der Druckdifferenz ΔP und dem Volumenstrom $\dot V$ entsprechen hier die Temperaturdifferenz ΔT und der Wärmestrom I.

Tabelle 16.3 Wärmeleitfähigkeit λ einiger Materialien

Material	λ/W/(m·K)
Aluminium	237
Beton	0,19–1,3
Blei	353
Eis	0,592
Eisen	80,4
Glas	0,7–0,9
Gold	318
Holz (Eiche)	0,15
Holz (Kiefer)	0,11
Kupfer	401
Luft (27 °C)	0,026
Silber	429
Stahl	46
Wasser (27 °C)	0,609

Übung

Berechnen Sie den Wärmewiderstand einer 2 cm dicken Aluminiumplatte mit der Fläche 15 cm². (Antwort: 0,0563 K/W)

Praktische Bedeutung hat oft der Wärmefluß durch zwei oder mehrere unterschiedlich starke Schichten verschiedener Materialien, etwa bei Hauswänden. Betrachten wir die Verhältnisse anhand von Abbildung 16.3. Hier sei T_1 die höchste Temperatur, T_2 die an der Grenzfläche beider Schichten und T_3 die niedrigste. Hat sich ein stationärer Zustand eingestellt, dann muß der (nun konstante) Wärmestrom durch beide Schichten derselbe sein. Das folgt aus dem Prinzip der Energieerhaltung; denn die auf einer Seite hineinfließende Energie muß den gesamten Block auf der anderen Seite wieder verlassen. Mit den Wärmewiderständen R_1 und R_2 der beiden Schichten gilt

$$T_1 - T_2 = I R_1$$

und

$$T_2 - T_3 = I R_2.$$

Wir addieren beide Gleichungen und erhalten

$$\Delta T = T_1 - T_3 = (R_1 + R_2) I = R I. \qquad 16.13$$

Hier ist R der Wärmewiderstand der gesamten Schicht. Beide Wärmewiderstände sind sozusagen in Reihe geschaltet:

$$R = R_1 + R_2 + \ldots \qquad 16.14$$

Diese Beziehung (wir werden ihr bei der Reihenschaltung elektrischer Widerstände wieder begegnen) kann auf beliebig viele Schichten erweitert werden.

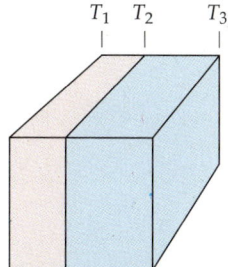

16.3 Der Wärmestrom durch zwei unterschiedlich gut wärmeleitende, aufeinanderliegende Schichten ist im stationären Zustand derselbe, und ihre Wärmewiderstände addieren sich.

Wärmewiderstände in Reihe

16 Wärme und der Erste Hauptsatz der Thermodynamik

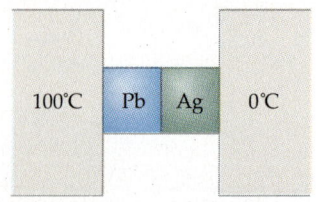

16.4 Die beiden wärmeleitenden Metallwürfel bilden zwei Wärmewiderstände in Reihe.

Beispiel 16.4

Abbildung 16.4 zeigt zwei aneinandergelegte Metallwürfel mit den Kantenlängen 2 cm, deren äußere Seitenflächen auf 100 °C bzw. auf 0 °C gehalten werden. Der eine Würfel besteht aus Blei, der andere aus Silber. Berechnen Sie a) den gesamten Wärmestrom durch beide Würfel und b) die Temperatur an der Grenzfläche zwischen beiden Würfeln.

a) Zunächst berechnen wir nach (16.12) den Wärmewiderstand R jedes Würfels. Die Wärmeleitfähigkeiten λ entnehmen wir der Tabelle 16.3. Für den Bleiwürfel gilt

$$R_{Pb} = \frac{\Delta x}{\lambda A} = \frac{0{,}02 \text{ m}}{353 \text{ W/(m·K)} \cdot (0{,}02 \text{ m})^2} = 0{,}142 \text{ K/W}$$

und für den Silberwürfel

$$R_{Ag} = \frac{0{,}02 \text{ m}}{429 \text{ W/(m·K)} \cdot (0{,}02 \text{ m})^2} = 0{,}117 \text{ K/W} \, .$$

Der gesamte Wärmewiderstand ist gemäß (16.14)

$$R = R_{Pb} + R_{Ag} = 0{,}142 \text{ K/W} + 0{,}117 \text{ K/W} = 0{,}259 \text{ K/W} \, .$$

Damit beträgt der gesamte Wärmestrom

$$I = \frac{\Delta T}{R} = \frac{100 \text{ K}}{0{,}259 \text{ K/W}} = 386 \text{ W} \, .$$

b) Die Temperaturdifferenz zwischen der Außenfläche mit 100 °C (= 373 K) und der Grenzfläche ist gemäß (16.11) gleich dem Wärmestrom multipliziert mit dem Wärmewiderstand des Bleiwürfels. Bezeichnen wir die Temperatur an der Grenzfläche mit T_{Gr}, so ergibt sich

$$373 \text{ K} - T_{Gr} = I R_{Pb} = 386 \text{ W} \cdot 0{,}142 \text{ K/W} = 54{,}8 \text{ K} \, .$$

Damit ist

$$T_{Gr} = 373 \text{ K} - 54{,}8 \text{ K} = 318{,}2 \text{ K} = 45{,}2 \text{ °C} \, .$$

Will man die Wärmemenge berechnen, die beispielsweise aus einem Haus pro Stunde durch Fenster, Wände, Türen, Kellerboden und Dach entweicht, dann muß man die einzelnen Wärmeströme durch diese Flächen ermitteln. Dabei kann man jeden Wärmestrom als unabhängig von den anderen ansehen; für alle besteht in grober Näherung dieselbe Temperaturdifferenz. Der gesamte Wärmestrom I ist gleich der Summe aller Wärmeströme durch die voneinander unabhängigen, parallelen Wege:

$$I = I_1 + I_2 + \ldots = \frac{\Delta T}{R_1} + \frac{\Delta T}{R_2} + \ldots$$

oder

$$I = \frac{\Delta T}{R_{Ers}} \, . \qquad 16.15$$

Darin ist der Ersatzwärmewiderstand (das ist der resultierende Wärmewiderstand bei parallelen Wärmeströmen) R_{Ers} gegeben durch

Parallele Wärmewiderstände

$$\frac{1}{R_{Ers}} = \frac{1}{R_1} + \frac{1}{R_2} + \ldots \qquad 16.16$$

16.3 Wärmeübertragung

Hier sieht man die Wirkung der unterschiedlichen Isolation des Autodaches: Über der Fahrerkabine ist es gut isoliert, und der Schnee bleibt trotz der höheren Innentemperatur liegen, während er über dem Laderaum weitgehend geschmolzen ist. Doch wirken die drei starken Querstreben offensichtlich auch etwas isolierend; daher blieben die drei Schneestreifen liegen. (Foto: A. Bartlett, University of Colorado, Boulder)

Auch für diese Gleichung gibt es ein Pendant, wenn wir elektrische Widerstände betrachten (Kapitel 22).

Die Wärmeleitfähigkeit von Gasen ist wesentlich geringer als die von Flüssigkeiten oder Festkörpern. Daher ist Luft ein recht gutes Isolationsmaterial. Das wird beispielsweise bei Doppelfenstern ausgenutzt. Haben jedoch Innen- und Außenfenster einen großen Abstand voneinander, so wird die isolierende Wirkung der Luft durch die **Konvektion** stark vermindert, weil die durch verschiedene Temperaturen hervorgerufenen Dichteunterschiede sich schnell ausgleichen. Solche Konvektionsströmungen, die in Flüssigkeiten ebenfalls auftreten, vermindern den effektiven Wärmewiderstand des betreffenden Mediums (Gas oder Flüssigkeit) beträchtlich. (Bei Doppelfenstern ist ein Abstand der Scheiben von 1 cm bis 2 cm optimal.)

Die isolierenden Eigenschaften der Luft (oder anderer Gase) kann man verbessern, indem man das Gesamtvolumen in kleinere Abschnitte unterteilt, zwischen denen keine Strömung möglich ist, so daß die Konvektion verhindert wird. Deswegen halten Deckbetten aus Daunen so warm; denn zwischen den feinen Federn kann die Luft nicht strömen und die Wärme abführen. Auch aufgeschäumte Kunststoffe, wie Styropor, haben aus dem gleichen Grund einen hohen Wärmewiderstand. Sie enthalten viele kleine Gasbläschen, die durch dünne und daher schlecht wärmeleitende Wände voneinander getrennt sind. Die Wärmeleitfähigkeit solcher Materialien gleicht der von Luft, die keiner Konvektion unterliegt.

Berühren Sie an einem kalten Tag die Innenseite der Fensterscheibe, so stellen Sie fest, daß sie deutlich kälter als die Luft im Zimmer ist. Das liegt daran, daß der Wärmewiderstand des Fensters hauptsächlich von den dünnen Luftschichten herrührt, die auf beiden Seiten der Glasscheibe haften. Die Dicke der Scheibe hat auf den gesamten Wärmewiderstand keinen großen Einfluß. Jede Luftschicht an einer Scheibenfläche trägt zum gesamten Wärmewiderstand des Fensters mit einem bestimmten Wert R_L bei, vorausgesetzt, man kann die Konvektion vernachlässigen. Das ist bei den äußeren Luftschichten nicht unbedingt der Fall. Eine Einfachscheibe hat zwei Luftschichten, die durch starke Luftbewegung (Heizung, Wind) abgebaut werden können, so daß sich der Wärmewiderstand des Fensters deutlich erniedrigt. Bei einem doppeltverglasten Fenster dagegen sind die beiden innenliegenden Luftschichten weitgehend vor Konvektion geschützt, der Wärmewiderstand kann praktisch nicht unter den Wert $2 R_L$ sinken. Dreifachverglaste Fenster haben 4 konvektionsfreie Luftschichten, also einen Wärmewiderstand von mindestens 4 R_L. Wie man sieht, tritt der größte Effekt, eine Steigerung von 0 auf 2 R_L, beim Auswechseln einfachverglaster gegen doppeltverglaste Fenster auf.

Der Wärmetransport durch Konvektion soll hier nicht näher behandelt werden. Man kann zeigen, daß die auf einen Körper durch Konvektion übertragene Wärmemenge etwa proportional zu seiner Oberfläche und zur Temperaturdifferenz gegenüber seiner Umgebung ist.

Strahlung

Neben Wärmeleitung und Konvektion kann ein Körper Wärmeenergie durch elektromagnetische Strahlung abgeben oder aufnehmen. Die abgestrahlte (emittierte) Leistung P_e ist proportional zur Oberfläche A und zur vierten Potenz der absoluten Temperatur. Dies ist die Aussage des **Stefan-Boltzmann-Gesetzes**, das 1879 von Josef Stefan empirisch gefunden und von Ludwig Boltzmann fünf Jahre später theoretisch begründet wurde. Es lautet

Stefan-Boltzmann-Gesetz
$$P_e = e\sigma A T^4 .\qquad 16.17$$

Die Größe e, der **Emissionsgrad**, liegt zwischen 0 und 1 und hängt von der Oberflächenbeschaffenheit des strahlenden Körpers ab. Der Faktor σ ist die **Stefan-Boltzmann-Konstante**

$$\sigma = 5{,}6703 \cdot 10^{-8}\,\mathrm{W\cdot m^{-2}\cdot K^{-4}} .\qquad 16.18$$

Fällt Strahlung auf einen undurchsichtigen Körper, so wird sie teilweise reflektiert und teilweise absorbiert. Farbige Körper reflektieren einen großen Teil des sichtbaren Lichts, während dunkle Körper den größten Teil absorbieren. Die absorbierte Strahlungsleistung ist

$$P_a = e\sigma A T_0^4 ,\qquad 16.19$$

wobei T_0 die Umgebungstemperatur ist.

Emittiert ein Körper mehr Strahlung, als er absorbiert, dann kühlt er dadurch ab, während die Umgebung infolge Strahlungsabsorption erwärmt wird – und umgekehrt. Befindet sich ein Körper in thermischem Gleichgewicht mit seiner Umgebung, dann haben beide die Temperatur $T = T_0$, und der Körper absorbiert Strahlung im gleichen Ausmaß, wie er emittiert. Die Nettostrahlungsleistung eines Körpers mit der Temperatur T ist bei der Umgebungstemperatur T_0

$$P_\text{Netto} = e\sigma A(T^4 - T_0^4) .\qquad 16.20$$

Einen Körper, der die gesamte auftreffende Strahlung absorbiert, nennt man **schwarzen Körper**. Er ist gleichzeitig ein idealer Strahler (mit dem Emissionsgrad 1). Seine Strahlungseigenschaften können theoretisch berechnet werden und spielen in der Physik eine große Rolle. Die beste experimentelle Realisierung eines schwarzen Körpers besteht in einem erhitzten Hohlraum, der eine kleine Öffnung hat, durch die die Strahlung austreten kann. Im Inneren befindet sich die elektromagnetische Strahlung mit den Wänden in thermischem Gleichgewicht. Die austretende Strahlung ist daher charakteristisch für die Temperatur des Hohlraums. Die Strahlung eines schwarzen Körpers nennt man deshalb auch *Hohlraumstrahlung*.

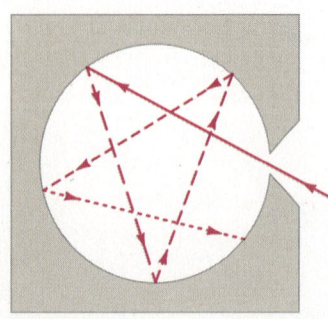

16.5 Die Strahlung, die durch ein kleines Loch aus einem erhitzten Hohlraum austritt, gleicht in guter Näherung der Strahlung eines schwarzen Körpers. Sie steht im Inneren mit den Wänden in thermischem Gleichgewicht, weil sie mehrfach absorbiert und wieder abgestrahlt wird, bevor sie austritt.

16.3 Wärmeübertragung

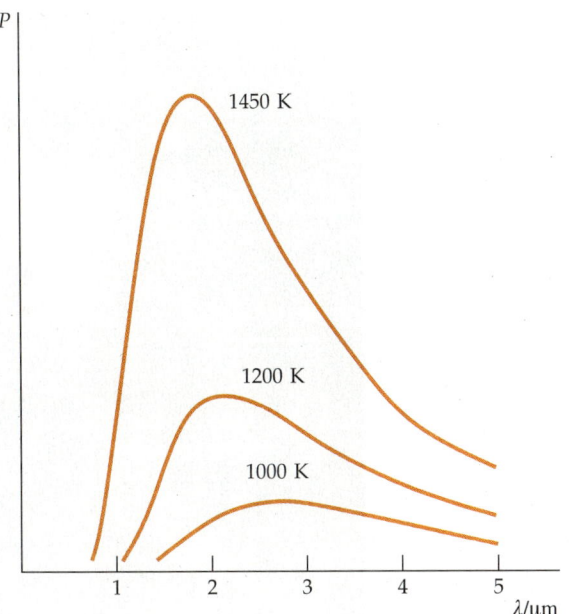

16.6 Die Strahlungsleistung eines schwarzen Körpers in Abhängigkeit von der Wellenlänge für drei verschiedene Temperaturen.

Bei einer Temperatur unterhalb von rund 600 °C ist die Strahlung des schwarzen Körpers nicht sichtbar, da sie fast ganz bei Wellenlängen über 800 nm liegt (sichtbares Licht erstreckt sich ungefähr von 400 nm bis 700 nm). Mit höherer Temperatur steigt die Strahlungsleistung gemäß Gleichung (16.17) stark an, und die Strahlung nimmt außerdem immer kleinere Wellenlängen an. Bei 700 °C sehen wir dunkle Rotglut, und mit zunehmender Temperatur erscheint helle Rotglut und schließlich Weißglut. Abbildung 16.6 zeigt die emittierte Strahlungsleistung (gegen die Wellenlänge aufgetragen) bei drei verschiedenen Temperaturen. Die Wellenlänge des Maximums ist umgekehrt proportional zur Temperatur:

$$\lambda_{\max} = \frac{2{,}898 \text{ mm} \cdot \text{K}}{T}.$$

16.21 *Wiensches Verschiebungsgesetz*

Dies ist das **Wiensche Verschiebungsgesetz**. Mit seiner Hilfe kann man die Temperatur von Sternen aus der Charakteristik der von ihnen ausgesandten Strahlung bestimmen. Auch die Temperaturen an verschiedenen Stellen der Oberfläche von heißen Körpern lassen sich mit dieser Gesetzmäßigkeit ermitteln. Man spricht hierbei von **Thermographie** (Aufnahme von Wärmebildern). Diese ist auch in der medizinischen Diagnostik nützlich, weil beispielsweise krebsbefallenes Gewebe oft etwas wärmer ist als gesundes.

Experimentelle und theoretische Arbeiten zur spektralen Verteilung der Strahlung eines schwarzen Körpers (siehe Abbildung 16.6) waren bei der Entwicklung der modernen Physik von außerordentlicher Bedeutung. Es zeigte sich, daß die tatsächliche Wellenlängenabhängigkeit stark von derjenigen abwich, die mit den Gesetzen der klassischen Physik berechnet wurde. Die Erklärung dieser Diskrepanz führte Max Planck 1900 zur Hypothese von der Quantisierung der Energie; dies werden wir in Kapitel 35 eingehend behandeln.

16 Wärme und der Erste Hauptsatz der Thermodynamik

Thermographie eines Jungen und seines Hundes. Je heller der Farbton ist, um so höher ist die Temperatur. Man erkennt deutlich die kalte Hundeschnauze. (© R.P. Clark, M. Goff, Science Photo Library/ Photo Researchers)

Beispiel 16.5

Die Temperatur der Sonnenoberfläche beträgt etwa 6000 K. Bei welcher Wellenlänge liegt das Maximum ihrer Strahlungsleistung, wenn wir sie als schwarzen Strahler ansehen?

Nach dem Wienschen Verschiebungsgesetz (16.21) ist

$$\lambda_{max} = \frac{2{,}898 \text{ mm} \cdot \text{K}}{6000 \text{ K}} = 483 \cdot 10^{-9} \text{ m} = 483 \text{ nm} .$$

Die Wellenlänge des Strahlungsmaximums liegt im sichtbaren Bereich des Spektrums. Die Strahlungscharakteristik der Sonne stimmt ungefähr mit der eines schwarzen Strahlers überein; unsere oben aufgestellte Voraussetzung war also nicht unberechtigt.

Beispiel 16.6

Berechnen Sie die Wellenlänge des Strahlungsmaximums eines schwarzen Körpers mit der Temperatur 300 K (Raumtemperatur).

Nach Gleichung (16.21) ist

$$\lambda_{max} = \frac{2{,}898 \text{ mm} \cdot \text{K}}{300 \text{ K}} = 9{,}66 \cdot 10^{-6} \text{ m} = 9660 \text{ nm} .$$

Die Wellenlänge des Strahlungsmaximums liegt im infraroten Bereich, weit entfernt vom sichtbaren, dessen Wellenlängen bis etwa 700 nm reichen. Also können sich auch Körper, die uns nicht schwarz erscheinen, im Infraroten wie schwarze Körper verhalten. Beispielsweise stellte man fest, daß die Haut des Menschen – unabhängig von seiner Hautfarbe – im Infraroten ebenfalls als schwarzer Strahler wirkt, also den Emissionsgrad 1 hat.

Beispiel 16.7

Berechnen Sie die von einer nackten Person in einem Raum mit 20 °C netto abgestrahlte Leistung. Die Hautfläche, die wie ein schwarzer Strahler wirke, sei 1,4 m² groß, und die Körperoberfläche habe die Temperatur 33 °C = 306 K. (Sie ist wegen des Wärmewiderstands der Haut etwas niedriger als die Körpertemperatur.)

Wir verwenden die Gleichungen (16.18) und (16.20); es ist $T = 306$ K und $T_0 = 293$ K. Damit wird

$$P_{\text{Netto}} = e\sigma A(T^4 - T_0^4)$$
$$= 1 \cdot 5{,}67 \cdot 10^{-8} \text{ W/(m}^2 \cdot \text{K}^4) \cdot 1{,}4 \text{ m}^2 \, [(306 \text{ K})^4 - (293 \text{ K})^4]$$
$$= 111 \text{ W} \, .$$

Das ist eine recht große Energieabgabe. Sie entspricht ungefähr dem Grundumsatz eines erwachsenen Menschen, der täglich mit der Nahrung rund 2500 kcal (10 MJ) zu sich nimmt (siehe auch Aufgabe 1). Den großen Energieverlust durch Abstrahlung vermindern wir mit unserer Kleidung, die wegen ihrer geringen Wärmeleitfähigkeit eine relativ große Temperaturdifferenz zur niedrigeren Außentemperatur aufrechterhält.

Weicht die absolute Temperatur eines Körpers nur wenig von der Umgebungstemperatur ab, dann ist die von ihm netto abgestrahlte Leistung etwa proportional zur Temperaturdifferenz. Um das zu zeigen, stellen wir den Temperaturterm in (16.20) mit Hilfe der binomischen Formeln um:

$$T^4 - T_0^4 =$$
$$(T^2 + T_0^2)(T^2 - T_0^2) = (T^2 + T_0^2)(T + T_0)(T - T_0) \, .$$

Ohne einen großen Fehler zu machen, dürfen wir wegen $T \approx T_0$ in den Summen T_0 durch T ersetzen. Damit folgt

$$T^4 - T_0^4 \approx (T^2 + T^2)(T + T)(T - T_0) = 4\,T^3\,\Delta T \, .$$

Wir hätten auch das Differential $\mathrm{d}T^4 = 4\,T^3\,\mathrm{d}T$ berechnen können. Dieser Zusammenhang, den man bei allen Mechanismen der Wärmeübertragung (Wärmeleitung, Konvektion und Strahlung) finden kann, ist auch als **Newtonsches Abkühlungsgesetz** bekannt:

> Die Abkühlungsgeschwindigkeit eines Körpers ist näherungsweise proportional zur Differenz der Temperaturen von Körper und Umgebung.

Newtonsches Abkühlungsgesetz

In vielen Fällen treten alle drei Mechanismen gleichzeitig auf, doch meist mit unterschiedlichen Anteilen. Ein Heizkörper aus Metall erwärmt das Zimmer durch Strahlung und durch Konvektion, wobei letztere dominiert, weil der Emissionsgrad von Metallen relativ klein ist. Dagegen hat bei einem Heizstrahler mit einer Quarzröhre die Strahlung den größten Anteil an der Heizleistung, denn das heiße Rohr besitzt ein hohes Emissionsvermögen. Ein anderes Beispiel: Kaffee in einer Porzellantasse kühlt sowohl durch Wärmeleitung und Verdampfung als auch durch Strahlung ab, weil die Keramik einen relativ hohen Emissionsgrad hat. Bei der Abkühlung einer Flüssigkeit in einem Metallbecher sind dagegen Wärmeleitung und Verdampfung vorherrschend.

16 Wärme und der Erste Hauptsatz der Thermodynamik

Fragen

3. In einem kühlen Zimmer fühlen sich eine Metall- und eine Marmor-Tischplatte viel kälter an als eine Holzplatte, obwohl sie dieselbe Temperatur haben. Warum?
4. Welche Wärmeübertragungsmechanismen sind bei der Erwärmung eines Raumes durch ein Kaminfeuer am wichtigsten?
5. Welcher Wärmeübertragungsmechanismus ist beim Energiefluß von der Sonne zur Erde entscheidend?
6. Glauben Sie, daß es Zufall ist, daß das Maximum der Strahlungsleistung der Sonne im sichtbaren Spektralbereich liegt? Wenn nicht – was ist der Grund?

16.4 Der Erste Hauptsatz der Thermodynamik

Der Erste Hauptsatz der Thermodynamik macht eine Aussage über die Energieerhaltung. Er entspricht den Ergebnissen zahlreicher Experimente über die von oder an einem System verrichtete Arbeit sowie die ihm zugeführte oder ihm entnommene Wärme und seine *innere Energie*. Wir können beispielsweise durch Zufuhr einer bestimmten Wärmemenge 1 g Wasser um 1 °C erwärmen. Wir können aber den Energieinhalt des Wassers (oder irgendeines anderen Systems) auch erhöhen, indem wir Arbeit an ihm verrichten, ohne ihm Wärme zuzuführen.

In Abbildung 16.7 ist das Prinzip der Apparatur dargestellt, mit der James Joule (1818–1889) seine berühmten Experimente durchführte. In diesen ermittelte er die Arbeit, die einer bestimmten Wärmemenge entspricht, weil sie die gleiche Temperaturerhöhung einer gegebenen Wassermenge bewirkt (Abbildung 16.7). Damit konnte er experimentell beweisen, daß mechanische Arbeit

James Prescott Joule (1818–1889).

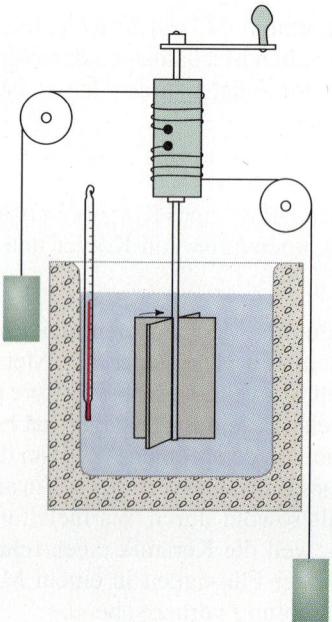

16.7 Schema der Apparatur von James Joule zur Bestimmung des mechanischen Wärmeäquivalents. Das Wasser ist gegen die Umgebung thermisch isoliert, so daß keine Wärme übertragen werden kann. Beim Herunterfallen der Massenstücke wird über die Seile die Walze gedreht, die mit dem Schaufelrad im Wasser fest verbunden ist. Vernachlässigt man die Reibungen der Seile und der Drehlager, dann ist die vom Schaufelrad auf das Wasser übertragene Arbeit gleich der Abnahme der potentiellen Energie der Massenstücke, die aus der Höhendifferenz und den Massen leicht zu berechnen ist.

und Wärme äquivalent sind. Die Experimente von Joule und viele spätere Messungen ergaben, daß die Zufuhr von 4,18 N·m an mechanischer Energie die Temperatur von 1 g Wasser um 1 °C erhöht. (Früher gab man die Wärmeenergie in Kalorien an und sprach vom „mechanischen Wärmeäquivalent": 1 cal = 4,18 N·m. Heute werden alle Energien in der SI-Einheit Joule = Newton · Meter angegeben.)

Man kann dem Wasser auch auf andere Art das Energieäquivalent mechanischer Arbeit zuführen, etwa indem man mit einem Generator mechanische Energie in elektrische umsetzt, mit der das Wasser erwärmt wird (Abbildung 16.8). Allgemein gilt, daß für eine bestimmte Temperaturerhöhung eines gegebenen Systems stets dieselbe Menge an mechanischer Arbeit aufgewendet werden muß – gleichgültig, in welcher Form man die Arbeit (Energie) dem System zuführt. Wegen der Energieerhaltung bewirkt die zugeführte Energie eine Erhöhung der inneren Energie U des Systems, die die kinetische und die potentielle Energie aller Moleküle des Systems beinhaltet. Die Änderung der inneren Energie zeigt sich meist in einer Temperaturänderung oder einem Phasenübergang des Systems.

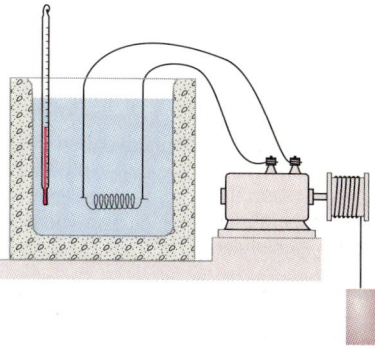

16.8 Die mechanische Arbeit des fallenden Massestücks wird hier in elektrische Arbeit umgewandelt, mit der das Wasser im thermisch isolierten Gefäß erwärmt wird.

Beispiel 16.8

Die innere Energie von Wasser in einem isolierten Gefäß kann auch erhöht werden, indem man dieses herunterfallen läßt, so daß es am Boden einen inelastischen Stoß erfährt. Aus welcher Höhe h muß ein Gefäß mit Wasser der Masse $m = 1$ kg herunterfallen, damit das Wasser um 1 °C erwärmt wird? (Vernachlässigen Sie die Masse und die Wärmekapazität des Behälters.)

Für einen Temperaturanstieg um 1 °C muß pro kg Wasser die innere Energie um 4,18 kJ zunehmen. Mit der Erdbeschleunigung $g = 9{,}81$ m/s^2 = 9,81 N/kg ist

$$mgh = m \cdot 4{,}18 \text{ kJ/kg}$$

und

$$h = \frac{4{,}18 \text{ kJ/kg}}{9{,}81 \text{ N/kg}} = 0{,}426 \text{ km} = 426 \text{ m} \; .$$

Beachten Sie, daß die errechnete Fallhöhe nicht von der Masse des Wassers abhängt, weil sowohl die Änderung der potentiellen Energie beim Fall als auch die pro °C nötige Energiezufuhr proportional zur Masse m sind. Interessant ist der ziemlich hohe Wert der Fallhöhe h. Das verdeutlicht die Schwierigkeit des oben beschriebenen Experimentes von Joule: Für eine merkliche Temperaturerhöhung des Wassers muß viel mechanische Energie aufgewandt werden.

Wir haben bisher gesehen, daß die innere Energie eines Systems sowohl durch Zufuhr von Wärme als auch Verrichtung von Arbeit verändert werden kann. Um zum Ersten Hauptsatz der Thermodynamik zu gelangen, nehmen wir an, wir wiederholten das Experiment von Joule (Abbildung 16.7), dieses Mal jedoch mit thermisch leitenden Behälterwänden. Dann zeigt sich, daß die Arbeit, die benötigt wird, um eine bestimmte Temperaturerhöhung des Systems zu erreichen, nicht konstant ist. Sie hängt vielmehr davon ab, wieviel Wärme das System infolge Wärmeleitung durch die Wände abgibt. Messen wir beide Energien, die mit der Umgebung ausgetauschte Wärme *und* die aufgewandte mechanische Arbeit, so genau wie möglich, so stellen wir fest, daß deren *Summe* bei derselben Temperaturdifferenz stets die gleiche ist. Mit anderen Worten: Die Summe der Arbeit, die am System verrichtet wurde, und der von ihm abgeführten Wärme ist gleich der Änderung der inneren Energie des Systems. Das ist die Aussage des Ersten Hauptsatzes der Thermodynamik.

16 Wärme und der Erste Hauptsatz der Thermodynamik

16.9 Die Vorzeichenkonvention beim Austausch von Wärme und Arbeit zwischen System und Umgebung. Dem System zugeführte Energien werden stets positiv gerechnet.

Erster Hauptsatz der Thermodynamik

Die dem System zugeführten Energien werden stets positiv gerechnet. Bei der Kompression eines Gases wird eine mechanische Arbeit W am System verrichtet, dessen innere Energie U sich dadurch erhöht. Expandiert das Gas gegen den Atmosphärendruck, so gibt es Arbeit an die Umgebung ab, und seine innere Energie wird geringer; die ausgetauschte Arbeit ist dann $-|W|$. Entsprechend wird eine dem System zugeführte Wärmemenge Q positiv gerechnet; siehe Abbildung 16.9. Der **Erste Hauptsatz der Thermodynamik** lautet damit

$$\Delta U = Q + W.$$

Die übliche Schreibweise ist

$$Q = \Delta U - W. \qquad 16.22$$

Die dem System netto zugeführte Wärme Q ist die Differenz der Änderung seiner inneren Energie und der von ihm verrichteten Arbeit W.

Das ist nichts anderes als eine Formulierung des Energieerhaltungssatzes. Wird dem System Wärme zugeführt, so kann seine innere Energie erhöht werden, oder das System kann Arbeit verrichten, oder beides.

Beispiel 16.9

Wir betrachten ein System mit 3 kg Wasser bei 80 °C. Durch Rühren (wie in Abbildung 16.7) werden ihm 25 000 N·m mechanische Arbeit zugeführt, während ihm 62,7 kJ Wärme entzogen werden. a) Wie groß ist die Änderung der inneren Energie des Systems? b) Welche Temperatur hat es am Ende?

a) Gemäß der oben angegebenen Vorzeichenkonvention ist $Q = -62{,}7$ kJ und $W = +25$ kJ. Wir setzen dies in (16.22) ein und erhalten

$$\Delta U = -62{,}7 \text{ kJ} + 25 \text{ kJ} = -37{,}7 \text{ kJ}.$$

Am negativen Vorzeichen erkennen wir, daß die innere Energie des Systems abnahm, da ihm insgesamt mehr Energie entzogen als zugeführt wurde.

b) Die spezifische Wärme von Wasser ist 4,18 kJ/(kg·K). Damit ist die Temperaturänderung

$$\Delta T = \frac{-37{,}7 \text{ kJ}}{4{,}18 \text{ kJ/(kg·K)} \cdot 3 \text{ kg}} = -3{,}01 \text{ K}.$$

Mit dieser Temperaturdifferenz errechnet sich die Endtemperatur zu

$$80 \text{ °C} - 3{,}01 \text{ °C} = 76{,}99 \text{ °C} \approx 77 \text{ °C}.$$

Die innere Energie U eines Systems ist eine sogenannte **Zustandsfunktion**; das heißt, sie ist nur vom jeweiligen Zustand des Systems abhängig und nicht davon, auf welchem Wege dieser erreicht wurde. Auch Druck P, Volumen V und Temperatur T sind Zustandsfunktionen. Nehmen wir eine bestimmte Menge eines idealen Gases. Anfangs habe das Gas den Druck P_1 und das Volumen V_1 bei der Temperatur T_1, und seine innere Energie sei U_1. Nun wird es verschiedenen Zustandsänderungen unterworfen, etwa zuerst erwärmt und dann komprimiert. Danach lassen wir es mechanische Arbeit verrichten und erwärmen es wiederum. Während dieser Schritte nimmt es unterschiedliche Wertekombinationen von P,

V, T und U an. Schließlich wird es auf den Ausgangszustand (P_1, V_1) zurückgeführt. Dann hat es wieder dieselbe Temperatur T_1 und dieselbe innere Energie U_1 wie zu Beginn.

Im Unterschied zur inneren Energie sind die ausgetauschte Arbeit und die umgesetzte Wärme *keine* Zustandsfunktionen. Man kann zwar sagen, ein System habe die innere Energie U, aber man kann ihm keinen bestimmten Inhalt an Arbeit oder Wärme zuschreiben; dies sind vielmehr die möglichen Formen der Energie, die das System mit der Umgebung austauschen kann, wobei sich seine innere Energie, also sein Zustand, ändert. In Beispiel 16.9 wurden dem System 62,7 kJ an Wärme entzogen und gleichzeitig 25 kJ an mechanischer Arbeit zugeführt. Der Zustand des Systems läßt sich nun nicht durch die Angabe der Wärmemenge oder der verrichteten Arbeit charakterisieren, sondern einzig und allein durch die Angabe der inneren Energie, die um 37,7 kJ geringer wurde. Dieselbe Änderung der inneren Energie hätte auch durch eine ganz andere Kombination von entzogener Wärme und verrichteter Arbeit erreicht werden können. Entscheidend für den Zustand eines Systems ist also stets die Änderung der inneren Energie, gleichgültig, in welcher Form Energie mit der Umgebung ausgetauscht wurde. Wichtig zu merken ist, daß Wärme nicht als solche im System enthalten ist, sondern die Form der Energie darstellt, die aufgrund einer Temperaturdifferenz vom System zur Umgebung und umgekehrt übergehen kann.

Der Erste Hauptsatz der Thermodynamik lautet in differentieller Schreibweise

$$dQ = dU - dW.$$ 16.23

Hier ist dU das Differential der Zustandsfunktion U, während weder dQ noch dW als Differentiale angesehen werden können, sondern nur eine infinitesimale Änderung von Q bzw. W symbolisieren.

Fragen

7. Beim Experiment von Joule (Abbildung 16.7) wurde mechanische Energie in Wärme umgewandelt. Nennen Sie Beispiele, bei denen eine Änderung der inneren Energie als mechanische Arbeit an die Umgebung abgegeben wird.
8. Kann ein System Wärme aufnehmen, ohne daß sich seine innere Energie ändert?

16.5 Die innere Energie eines idealen Gases

In Kapitel 15 haben wir gesehen, daß sich die kinetische Energie E_{kin} der Moleküle mit dem einfachen Teilchenmodell eines idealen Gases bei der Temperatur T berechnen zu

$$E_{kin} = \frac{3}{2} nRT,$$

wobei n die Anzahl der Mole des Gases und R die Gaskonstante ist. (Mit der kinetischen Energie meinen wir, wenn nichts anderes gesagt ist, die kinetische

Translationsenergie. Sie bezieht sich auf die Bewegung der Moleküle als ganze und ist beispielsweise von der kinetischen Energie der Schwingung ihrer Atome zu unterscheiden.) Wenn die Gasmoleküle keine Wechselwirkungen aufeinander ausüben, so liegt die gesamte innere Energie U der betreffenden Gasmenge als kinetische Energie der Moleküle vor und hängt nur von der Temperatur ab, nicht dagegen vom Volumen oder vom Druck. Dann ist die innere Energie

$$U = \frac{3}{2} nRT .$$
16.24

Wenn allerdings auch andere Energieformen als die kinetische eine Rolle spielen, dann hängt die innere Energie sehr wohl vom Volumen (bzw. vom Druck) ab. Das ist zum Beispiel bei realen Gasen mit hohen Dichten der Fall, wenn der mittlere Abstand der Moleküle relativ klein ist und diese aufeinander Anziehungskräfte ausüben. Dann muß Arbeit aufgewandt werden, um das Volumen zu erhöhen, und die innere Energie ändert sich nicht nur mit der Temperatur, sondern auch mit dem Volumen des Gases.

Dazu führte Joule ein interessantes Experiment durch (Abbildung 16.10). Der linke Behälter enthält ein Gas, und der rechte ist evakuiert. Beide Volumina sind von der Umgebung durch feste Wände thermisch isoliert, so daß das Gas weder Wärme noch Arbeit abgeben oder aufnehmen kann. Nach dem Öffnen des Hahnes strömt ein Teil des Gases in den leeren Behälter, bis in beiden derselbe Druck herrscht und sich das Gas wieder im Gleichgewicht befindet. Man spricht hier von einer *freien Expansion*, da sie gegen den Druck null erfolgt. Weil weder Arbeit noch Wärme mit der Umgebung ausgetauscht werden, sollte die innere Energie des Gases unverändert bleiben. In der Tat konnte Joule keine Temperaturänderung feststellen. Auch spätere Versuche bestätigten dies bei geringen Gasdichten; denn dabei verhalten sich die meisten Gase wie ein ideales Gas, dessen innere Energie nur von der Temperatur abhängt bzw. nur von der kinetischen Energie der Moleküle und nicht von deren mittlerem Abstand.

Führt man bei gleichem Versuchsaufbau das Experiment mit einem realen Gas durch, so sollte sich dessen innere Energie ändern. Grund: Die Moleküle eines realen Gases bei hoher Dichte üben Anziehungskräfte aufeinander aus, so daß

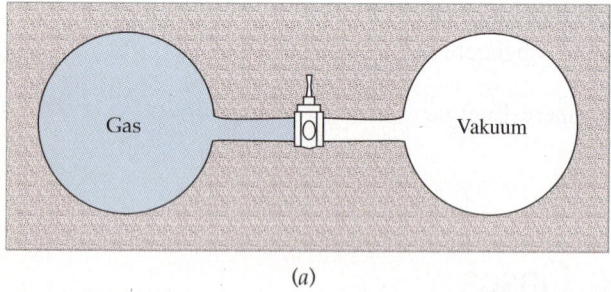

(a)

(b)

16.10 a) Die freie Expansion eines Gases in ein Vakuum. Nach dem Öffnen des Hahnes strömt das Gas in den leeren Behälter ein. Da hierbei weder Arbeit verrichtet noch Wärme ausgetauscht wird (die Behälter sind thermisch isoliert), bleibt seine innere Energie konstant. b) Der planetarische Nebel NGC 7293 (auch Helix-Nebel genannt). Die heißen Gase expandieren sehr kräftig, wenn der instabile Stern seine äußere Hülle abstößt, während sein Inneres zu einem Weißen Zwerg kollabiert. Das Gas wird durch die ultraviolette Strahlung des Sterns erwärmt – im Gegensatz zum Experiment a), bei dem das Gas von der Umgebung isoliert ist. (© D.F. Malin, Anglo-Australian Telescope Board)

sich durch die Expansion die potentielle Energie erhöht, weil der mittlere Abstand der Moleküle zunimmt. Wegen der Energieerhaltung muß in diesem Falle die kinetische Energie und damit die Temperatur des Gases abnehmen. Dies ist der sogenannte *Joule-Thomson-Effekt*.

16.6 Volumenarbeit und das *P-V*-Diagramm eines Gases

Im weiteren Verlauf dieses Kapitels befassen wir uns mit einigen Anwendungen des Ersten Hauptsatzes der Thermodynamik. Zunächst betrachten wir (in diesem Abschnitt) die Arbeit, die ein Gas unter verschiedenen Bedingungen verrichten kann. Wir beschränken uns dabei stets auf ein *ideales* Gas, da dessen Zustandsgleichung einfach ist und zudem ausreichend genau auch das Verhalten realer Gase bei nicht zu hohen Dichten wiedergibt. Die Gesetzmäßigkeiten, die die von einem Gas verrichtete Arbeit beschreiben, sind in der Technik sehr wichtig, etwa bei Wärmekraftmaschinen, die Wärme in mechanische Arbeit umsetzen. Diese besteht meist in der Bewegung eines Kolbens, die von der Expansion eines Gases hervorgerufen wird. So wird in einer Dampfmaschine Wasserdampf erzeugt, der beim Ausdehnen den Kolben im Zylinder nach außen treibt. Beim Verbrennungsmotor wird eine Benzin/Luft-Mischung zur Explosion gebracht, und die heißen, gasförmigen Reaktionsprodukte treiben durch ihren hohen Druck den Kolben nach außen. Die Wärmekraftmaschinen werden wir in Kapitel 17 im Zusammenhang mit dem Zweiten Hauptsatz der Thermodynamik eingehend besprechen.

Abbildung 16.11 zeigt ein Gas in einem Behälter, der mit einem reibungsfrei beweglichen Kolben verschlossen ist. Weil das Gasvolumen V über die Zustandsgleichung $PV = nRT$ mit dem Druck P und der Temperatur T verknüpft ist, müssen sich durch die Expansion P und/oder T ebenfalls ändern (n bleibt ja konstant). Drücken wir den Kolben sehr schnell hinein, so wird anfänglich der Druck dicht am Kolben höher sein als etwas weiter innen, und wir können die makroskopischen Variablen P, T und U erst dann für das gesamte Gasvolumen definieren, wenn sich die Gasmenge wieder in thermischem Gleichgewicht befindet. Bewegen wir den Kolben jedoch langsam, warten also nach jedem kleinsten Schub die Wiedereinstellung des Gleichgewichts ab, so befindet sich das Gas zu jedem Zeitpunkt praktisch im jeweiligen Gleichgewichtszustand. Solche Zustandsänderungen nennt man quasi-statisch oder **reversibel**; denn mit infinitesimaler Änderung einer Größe (etwa des äußeren Drucks auf den Kolben) in anderer Richtung kann der Prozeß umgekehrt werden. Reversible Prozesse, bei denen ein Gas eine Reihe von Gleichgewichtszuständen durchläuft, können in der Praxis näherungsweise realisiert werden.

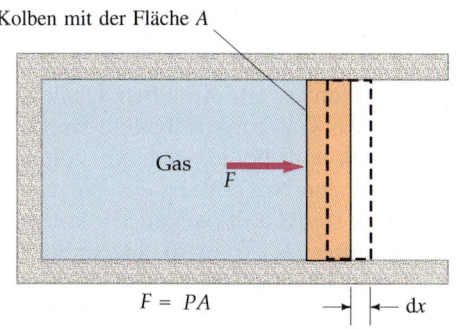

16.11 Eine bestimmte Gasmenge mit dem Druck P befindet sich in einem thermisch isolierten Zylinder, der mit einem reibungsfrei beweglichen, dicht schließenden Kolben der Fläche A verschlossen ist. Wird dieser um die Strecke dx bewegt, dann ändert sich das Volumen um $dV = A\,dx$, und die vom Gas verrichtete Arbeit hat den Betrag $P A\,dx = P\,dV$.

Zurück zur Diskussion von Abbildung 16.11. Wir beginnen mit recht hohem Druck P des Gases, das wir nun reversibel expandieren lassen. Es übt auf den Kolben der Fläche A die Kraft $F = PA$ aus. Der Druck ändert sich während der Ausdehnung, wenn die Temperatur konstant gehalten wird. Damit die Expansion reversibel abläuft, muß eine vom Betrag her gleich große Gegenkraft $-|PA|$ auf den Kolben wirken, die verhindert, daß er beschleunigt wird. Der Kolben verrichtet also Arbeit gegen diese Kraft. Wenn er sich um die infinitesimale Strecke dx bewegt, ist die Arbeit

$$dW = -|F|\, dx = -|PA|\, dx = -P\, dV\,. \qquad 16.25$$

Beachten Sie das negative Vorzeichen: Es wird Arbeit vom System *an der Umgebung* verrichtet. Bei einer Kompression wäre dV negativ, und die dabei *am System* verrichtete Arbeit würde positiv. Wollen wir die Arbeit berechnen, die das Gas bei einer Expansion von V_1 auf V_2 verrichtet, so müssen wir wissen, wie das Gasvolumen vom Druck abhängt.

Der Zustand einer gegebenen Gasmenge wird durch die Größen P und V festgelegt. Daher stellen wir ein P-V-Diagramm auf, in dem sich jeder Zustand darstellen läßt. Für ein ideales Gas gilt $PV = nRT$, und jedem Zustand entspricht eine bestimmte innere Energie U. Abbildung 16.12 zeigt das P-V-Diagramm für konstanten Druck P_0; die P-V-Kurve ist also eine waagerechte Gerade. Alle Punkte auf ihr repräsentieren Zustände mit gleichen Drücken, und die Volumenarbeit (die getönte Fläche unter der Kurve) ist bei dieser sogenannten **isobaren Expansion** $W = -P_0\,\Delta V$.

Im allgemeinen muß die Druckänderung während der Expansion berücksichtigt werden, und der Betrag der vom Gas verrichteten Arbeit W ist gleich der *Fläche unter der jeweiligen P-V-Kurve* zwischen Anfangs- und Endvolumen.

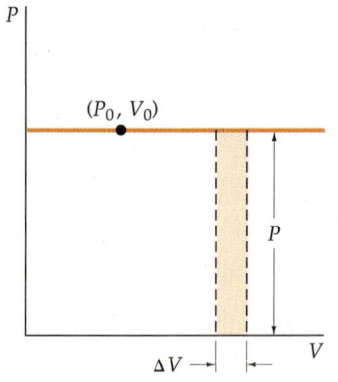

16.12 Das P-V-Diagramm für die isobare (bei konstantem Druck erfolgende) Expansion eines Gases. Die getönte Fläche gibt den Betrag der Volumenarbeit $P_0\,\Delta V$ an.

Vom Gas verrichtete Arbeit

$$W = -\int P\, dV\,. \qquad 16.26$$

Häufig wird der Druck in Atmosphären (atm) und das Volumen in Litern (L) angegeben. Dann ist folgender Umrechnungsfaktor zwischen Liter · Atmosphären und Joule hilfreich:

$$1\,\text{L}\cdot\text{atm} = 10^{-3}\,\text{m}^3 \cdot 101{,}3 \cdot 10^3\,\text{N/m}^2 = 101{,}3\,\text{J}\,. \qquad 16.27$$

Übung

Eine bestimmte Menge eines idealen Gases nehme bei 2 atm ein Volumen von 3 L ein. Sie wird bei konstantem Druck aufgeheizt, bis das Volumen 5 L beträgt. Welche Arbeit verrichtet das Gas dabei? (Antwort: 405,2 J)

In Abbildung 16.13 sind drei verschiedene Wege im P-V-Diagramm gezeigt, auf denen die Expansion vom Anfangszustand (P_1, V_1) zum Endzustand (P_2, V_2) erfolgen kann. Das Gas sei wiederum ein ideales, und die Temperaturen von Anfangs- und Endzustand seien jeweils dieselben. Dann ist $P_1 V_1 = P_2 V_2 = nRT$. In Abbildung 16.13a wird das Gas bei konstantem Druck erwärmt, bis das Volumen V_2 erreicht ist; danach wird bei konstantem Volumen abgekühlt, bis der Druck P_2 beträgt. Die Volumenarbeit entlang des Weges A hat im horizontalen Teil den Betrag $P_1(V_2 - V_1)$; sie ist null (wegen V = konstant) für den vertikalen Teil der Kurve. In Abbildung 16.13b wird zuerst bei konstantem Volumen abgekühlt (bis $P = P_2$ ist) und dann bei konstantem Druck erwärmt, bis $V = V_2$ ist. Die gesamte Volumenarbeit entlang des Weges B ist betragsmäßig gleich

16.6 Volumenarbeit und das P-V-Diagramm eines Gases

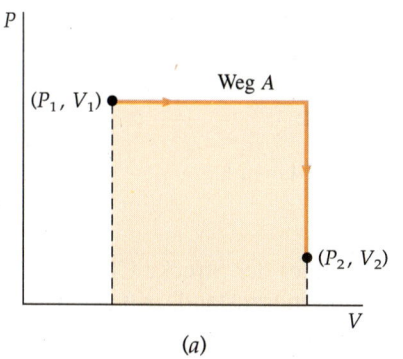
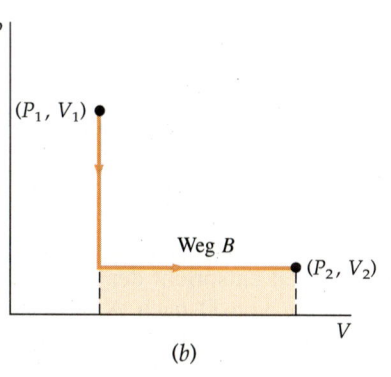
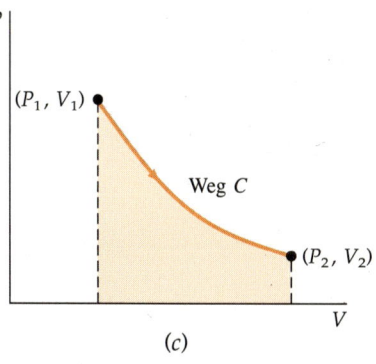

$P_2 (V_2 - V_1)$, und zwar im waagerechten Teil des Weges, denn im senkrechten Teil ist V konstant. Wir sehen an den Flächen sofort, daß die Volumenarbeit entlang des Weges B viel geringer ist als die entlang des Weges A.

Beim Weg C (Abbildung 16.13c) wird die Expansion bei konstanter Temperatur durchgeführt; wir nennen dies **isotherme Expansion**. Bei unveränderter Temperatur ist für das ideale Gas PV = konstant, und Druck sowie Volumen ändern sich gleichzeitig während des gesamten Expansionsvorgangs. Der Betrag der Volumenarbeit ist auch hier gleich der getönten Fläche unter der Kurve. Wir gehen aus von $P = nRT/V$. Damit ist

$$dW = -P\, dV = -\frac{nRT}{V} dV\,.$$

Die vom Gas bei der isothermen Expansion von V_1 auf V_2 verrichtete Volumenarbeit ist damit

$$W_{\text{isotherm}} = -\int_{V_1}^{V_2} P\, dV = -\int_{V_1}^{V_2} \frac{nRT}{V} dV\,.$$

Weil T konstant ist, können wir es vor das Integral ziehen:

$$W_{\text{isotherm}} = -nRT \int_{V_1}^{V_2} \frac{dV}{V} = -nRT \ln \frac{V_2}{V_1}\,. \qquad 16.28$$

16.13 P-V-Diagramme mit drei möglichen Wegen der Expansion eines idealen Gases vom Anfangszustand (P_1, V_1) zum Endzustand (P_2, V_2). Der Betrag der jeweiligen Volumenarbeit ist gleich der getönten Fläche.

In Abbildung 16.13 haben wir gesehen, daß die Volumenarbeiten bei den drei Expansionswegen sehr unterschiedlich sind. Weil das ideale Gas beim Anfangs- und Endzustand aller drei Wege dieselbe Temperatur hat, kann sich seine innere Energie insgesamt nicht geändert haben. Also muß eine der jeweils abgegebenen Volumenarbeit äquivalente Wärmemenge zugeführt worden sein. Wir sehen hier ganz deutlich, daß die mit der Umgebung ausgetauschten Mengen an Arbeit und Wärme vom Weg der Zustandsänderungen abhängen. Dies gilt jedoch nicht für die innere Energie, die eine Zustandsfunktion ist.

In Abbildung 16.14 wird eine bestimmte Menge eines idealen Gases einem zyklischen Prozeß vom Punkt A über B, C und D zurück zu A unterzogen. (Im nächsten Kapitel werden wir sehen, daß solche Kreisprozesse große Bedeutung für die Wärmekraftmaschinen haben.) Der Zyklus ist in der Bildlegende beschrieben. Wir wollen nun die vom Gas netto abgegebene Arbeit sowie die zugeführte Wärmemenge berechnen.

Bei der isobaren Expansion von A nach B verrichtet das Gas die Arbeit

$$W_{AB} = -P (V_B - V_A) = -2\,\text{atm} \cdot (2\,\text{L} - 1\,\text{L})$$
$$= -2\,\text{L}\cdot\text{atm} = -202{,}6\,\text{J}\,.$$

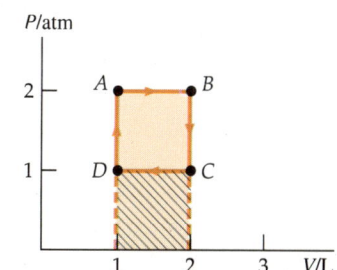

16.14 P-V-Diagramm für einen Kreisprozeß, der an einem idealen Gas durchgeführt wird. Der Zyklus beginnt bei A mit $V = 1$ L und $P = 2$ atm. Das Gas wird isobar (bei konstantem Druck) auf 2 L expandiert (B) und dann bei konstantem Volumen abgekühlt, bis $P = 1$ atm ist (C). Dann wird bei konstantem Druck auf 1 L komprimiert (D). Zum Schluß wird bei konstantem Volumen aufgeheizt, bis der Druck wieder 2 atm beträgt (A). Die netto verrichtete Volumenarbeit entspricht der nicht schraffierten farbigen Fläche. Sie ist gleich der Differenz der bei der Expansion von A nach B abgegebenen Arbeit und der bei der Kompression von C nach D zugeführten Arbeit.

Der Betrag dieser Arbeit entspricht in Abbildung 16.14 der gesamten farbigen Fläche unter der Strecke AB. Beim Abkühlen des Gases von B nach C ist das Volumen konstant, also wird keine Volumenarbeit verrichtet. Bei der Kompression von C nach D wird dem Gas Arbeit zugeführt:

$$W_{CD} = -P(V_D - V_C) = -1 \text{ atm} \cdot (1 \text{ L} - 2 \text{ L})$$
$$= 1 \text{ L} \cdot \text{atm} = 101{,}3 \text{ J} .$$

Diese Arbeit entspricht der schraffierten Fläche unter der Strecke CD. Bei der Erwärmung von D nach A, also zurück zum Anfangszustand, tritt wiederum keine Volumenarbeit auf, da V konstant ist. Die Gesamtbilanz der Arbeit ist

$$W = W_{AB} + W_{CD} = -202{,}6 \text{ J} + 101{,}3 \text{ J} = -101{,}3 \text{ J} .$$

Das entspricht der nicht schraffierten farbigen Fläche in Abbildung 16.14. Weil das (ideale) Gas den Anfangszustand wieder erreicht hat, haben seine Zustandsfunktionen P, V, T und U wieder ihre ursprünglichen Werte. Somit hat sich die innere Energie insgesamt nicht geändert, und es muß (nach dem Ersten Hauptsatz) während des Zyklus eine Wärmemenge zugeführt worden sein, die ebenso groß ist wie die abgegebene Arbeit (nämlich 101,3 J).

16.7 Wärmekapazitäten und der Gleichverteilungssatz

Die Wärmekapazität einer Substanz liefert Informationen über deren innere Energie, genauer: über ihre Temperaturabhängigkeit. Daraus kann man auf bestimmte molekulare Eigenschaften schließen. Bei denjenigen Substanzen, die sich beim Erwärmen ausdehnen, ist die Wärmekapazität bei konstantem Druck (C_P) größer als die bei konstantem Volumen (C_V), weil bei unverändertem äußerem Druck durch die Ausdehnung Volumenarbeit verrichtet wird. Diese spielt bei Flüssigkeiten und Festkörpern wegen der geringen Volumenänderung praktisch keine Rolle, so daß hier C_P und C_V nahezu gleich sind. Bei Gasen muß jedoch zwischen C_P und C_V unterschieden werden, weil sie bei der Wärmeausdehnung gegen den konstanten äußeren Druck eine beträchtliche Volumenarbeit verrichten.

Wird einem Gas bei konstantem Volumen Wärme zugeführt, so tritt keine Volumenarbeit auf, und es ist $dW = 0$. Daher ist die zugeführte Wärmemenge

$$dQ_V = C_V \, dT$$

nach dem Ersten Hauptsatz gleich der Erhöhung der inneren Energie

$$dQ_V = dU - dW = dU .$$

Es folgt

$$dU = C_V \, dT \qquad \qquad 16.29$$

und

$$C_V = \frac{dU}{dT} . \qquad \qquad 16.30$$

Die Wärmekapazität bei konstantem Volumen ist also gleich der Änderung der inneren Energie mit der Temperatur.

Wird dem Gas bei konstantem Druck Wärme zugeführt, dann dehnt es sich aus und verrichtet die Volumenarbeit $dW = -P dV$. (Sie trägt ein negatives Vorzeichen, weil Arbeit an die Umgebung abgegeben wird.) Daher kann nur ein Teil der zugeführten Wärmemenge dQ_P zur Erhöhung der inneren Energie dienen. Wie schon gesagt, ist die absolute Temperatur T eines Gases ein Maß für dessen innere Energie U. Somit muß bei konstantem Druck mehr Energie zugeführt werden, um dieselbe Temperaturerhöhung wie bei konstantem Volumen zu bewirken, d.h., C_P ist größer als C_V.

Wir wollen nun die Differenz der Wärmekapazitäten C_P und C_V für ein ideales Gas berechnen. Die Wärmekapazität bei konstantem Druck ist definiert durch

$$dQ_P = C_P\, dT .$$

Nach dem Ersten Hauptsatz ist

$$dQ_P = dU - dW = dU + P\, dV$$

und damit

$$C_P\, dT = dU + P\, dV .$$

(Den Term $dU + P\, dV = dH$ bezeichnet man auch als Änderung der **Enthalpie** H. Diese ist definiert als

$$H = U + PV .)$$

Mit (16.29) für dU folgt

$$C_P\, dT = C_V\, dT + P\, dV . \qquad 16.31$$

Für ein ideales Gas gilt $PV = nRT$. Damit wird

$$P\, dV = nR\, dT ,$$

und mit (16.31) folgt

$$C_P\, dT = C_V\, dT + nR\, dT .$$

Division durch dT ergibt schließlich

$$\boxed{C_P = C_V + nR .} \qquad 16.32$$

Die Wärmekapazitäten bei konstantem Druck bzw. bei konstantem Volumen unterscheiden sich bei n Molen eines idealen Gases also um nR.

Tabelle 16.4 enthält für einige Gase die gemessenen Werte der molaren Wärmekapazitäten C_P und C_V. Deren Differenz ist etwa gleich der Gaskonstanten R, wie es (16.32) fordert. Die molare Wärmekapazität bei konstantem Volumen, $C_{V,m}$, ist bei einatomigen Gasen gleich $\frac{3}{2}R$, bei zweiatomigen um R größer (somit gleich $\frac{5}{2}R$) und bei mehratomigen noch höher.

Um diese Werte zu verstehen, erinnern wir uns an das Teilchenmodell der Gase in Abschnitt 15.5. Nach (15.27) ist die gesamte kinetische Energie der Transla-

16 Wärme und der Erste Hauptsatz der Thermodynamik

Tabelle 16.4 Molare Wärmekapazitäten, in J/(mol·K), einiger Gase bei 25 °C

Gas	$C_{P,m}$	$C_{V,m}$	$C_{V,m}/R$	$C_{P,m} - C_{V,m}$	$(C_{P,m} - C_{V,m})/R$
einatomig					
He	20,79	12,52	1,51	8,27	0,99
Ne	20,79	12,68	1,52	8,11	0,98
Ar	20,79	12,45	1,50	8,34	1,00
Kr	20,79	12,45	1,50	8,34	1,00
Xe	20,79	12,52	1,51	8,27	0,99
zweiatomig					
N_2	29,12	20,80	2,50	8,32	1,00
H_2	28,82	20,44	2,46	8,38	1,01
O_2	29,37	20,98	2,52	8,39	1,01
CO	29,04	20,74	2,49	8,30	1,00
mehratomig					
CO_2	36,62	28,17	3,39	8,45	1,02
N_2O	36,90	28,39	3,41	8,51	1,02
H_2O	36,12	27,36	3,29	8,76	1,05

tionsbewegung von n mol Gas $E_{kin} = \frac{3}{2} nRT$. Wenn die innere Energie des Gases ausschließlich aus der kinetischen Energie der Translation der Teilchen besteht, so ist

$$U = \frac{3}{2} nRT \, . \qquad 16.33$$

Damit sind die Wärmekapazitäten

$$C_V = \frac{dU}{dT} = \frac{3}{2} nR \qquad 16.34$$

und

$$C_P = C_V + nR = \frac{5}{2} nR \, . \qquad 16.35$$

Die in Tabelle 16.4 zusammengestellten experimentellen Werte stimmen bei einatomigen Gasen gut mit den aus (16.34) und (16.35) erhaltenen überein. Sie sind aber bei den anderen Gasen höher, weil zwei- und mehratomige Moleküle außer der kinetischen Energie der Translationsbewegung auch noch über Rotations- und Schwingungsenergie verfügen. Das wollen wir nun im einzelnen betrachten.

Die mittlere kinetische Energie der Translation in x-Richtung beträgt nach Gleichung (15.25) pro Teilchen $\frac{1}{2} k_B T$ bzw. pro Mol $\frac{1}{2} RT$. Die x-Richtung ist willkürlich gewählt, und die kinetische Energie in y- und in z-Richtung ist im Mittel ebenso groß. Abbildung 16.15 zeigt ein Gas in einem Behälter, dessen Kolben (in x-Richtung) nach innen gedrückt wird. Stößt nun ein Gasmolekül elastisch auf den in Bewegung befindlichen Kolben, so wird seine kinetische Energie in x-Richtung zunehmen. Also steigt die mittlere kinetische Teilchenenergie in x-Richtung an. Nach kurzer Zeit wird dieser Überschuß durch die Stöße zwischen den Teilchen gleichmäßig auf alle Richtungen verteilt sein. Das Gas befindet sich nun wieder im Gleichgewicht, das heißt, die Wirkung der Kolbenbewegung (der Störung) ist ausgeglichen. Daß sich die kinetische Energie im Gleichgewicht zu gleichen Teilen auf alle drei Richtungen (x, y und z) verteilt, kann mit Hilfe der statistischen Thermodynamik begründet werden. Jede unabhängige Orts- oder Impulskoordinate, durch die man die Energie eines Teilchens beschreiben kann, bezeichnet man als **Freiheitsgrad**. Daher hat die Translationsbewegung drei Freiheitsgrade (für jede Raumrichtung einen). Die anderen für uns

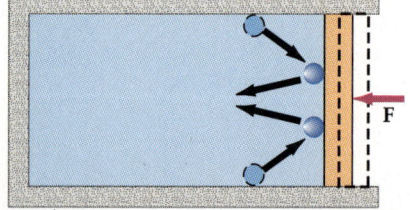

16.15 Bei der Kompression (in x-Richtung) wird der Betrag des Impulses der Gasmoleküle in dieser Richtung erhöht. Daher wird auch die mittlere kinetische Teilchenenergie $\frac{1}{2} mv_x^2$ größer. Durch die häufigen Stöße mit den anderen Gasmolekülen wird der Überschuß dieser kinetischen Energie gleichmäßig auf alle Richtungen verteilt, so daß die Mittelwerte von $\frac{1}{2} mv_x^2$ sowie $\frac{1}{2} mv_y^2$ und $\frac{1}{2} mv_z^2$ nach kurzer Zeit gleich groß sind.

wichtigen Freiheitsgrade sind die der Rotation und der Schwingung. Der **Gleichverteilungssatz** lautet

> Befindet sich eine Substanz im Gleichgewicht, so entfällt auf jeden einzelnen Freiheitsgrad eine mittlere Energie von $\frac{1}{2} k_B T$ pro Teilchen, also von $\frac{1}{2} RT$ pro Mol.

Gleichverteilungssatz

Der Tabelle 16.4 entnehmen wir, daß bei den zweiatomigen Gasen Sauerstoff, Stickstoff, Wasserstoff und Kohlenmonoxid die molare Wärmekapazität bei konstantem Volumen rund $\frac{5}{2} R$ beträgt. Die innere Energie eines Mols dieser Gase ist somit ungefähr

$$U = \frac{5}{2} nRT. \qquad 16.36$$

Demnach sollte jedes der genannten Gase fünf Freiheitsgrade besitzen. Um 1880 postulierte Rudolf Clausius, daß ihre Moleküle zweiatomig sind und deshalb um zwei Achsen rotieren können. Von daher stammen die beiden weiteren Freiheitsgrade (zusätzlich zur Translation). Abbildung 16.16 zeigt das Modell eines zweiatomigen Moleküls. Es ähnelt einer starren Hantel. Die erwähnten zwei zusätzlichen Freiheitsgrade sind die der Rotation um die beiden Achsen x' und y', die durch den Massenmittelpunkt des Moleküls gehen und senkrecht aufeinander und auf der Kernverbindungsachse stehen. Die gesamte kinetische Energie eines zweiatomigen Moleküls ist damit

$$E_{\text{kin}} = \frac{1}{2} mv_x^2 + \frac{1}{2} mv_y^2 + \frac{1}{2} mv_z^2 + \frac{1}{2} I_{x'} \omega_{x'}^2 + \frac{1}{2} I_{y'} \omega_{y'}^2.$$

Darin sind $I_{x'}$ und $I_{y'}$ die Trägheitsmomente um die Achsen x' und y'. Die Größen $\omega_{x'}$ und $\omega_{y'}$ sind die zugehörigen Winkelgeschwindigkeiten. Weil nach dem Gleichverteilungssatz jeder der fünf Freiheitsgrade $\frac{1}{2} RT$ pro Mol zur inneren Energie beiträgt – vgl. (16.36) –, ist die Wärmekapazität von n Molen eines zweiatomigen Gases bei konstantem Volumen

$$C_V = \frac{5}{2} nR. \qquad 16.37$$

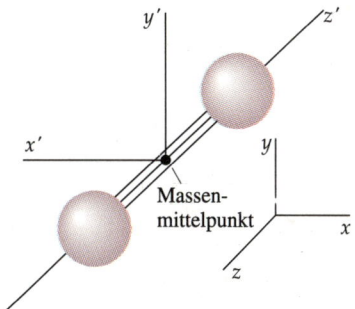

16.16 Das einfache Hantelmodell eines zweiatomigen Moleküls. Die Hantel wird als starr angenommen, kann also weder gedehnt noch gestaucht werden. Daher hat das Molekül zwei Rotationsfreiheitsgrade (um die Achsen x' und y') sowie drei Translations-Freiheitsgrade (entlang den Achsen x, y und z).

In Abschnitt 16.1 wurde erwähnt, daß die molaren Wärmekapazitäten der Metalle sehr ähnlich sind und bei 25 kJ/mol liegen (siehe Tabelle 16.1). Dies ist die **Regel von Dulong und Petit**. Die angegebenen Werte sind etwa gleich $3R$:

$$C_m \approx 3R = 24{,}9 \text{ J/(mol·K)}. \qquad 16.38$$

Versuchen wir, dies anhand des Gleichverteilungssatzes zu begründen. Dazu nehmen wir an, daß der Festkörper aus einer regelmäßigen Anordnung von N_A Atomen pro Mol besteht (Abbildung 16.17). Jedes Atom befindet sich an einem bestimmten Ort, in seiner sogenannten Gleichgewichtslage, um den herum es Schwingungen in den Richtungen x, y und z ausführen kann. Die gesamte Energie eines Atoms im Festkörper ist dann

$$E = \frac{1}{2} mv_x^2 + \frac{1}{2} mv_y^2 + \frac{1}{2} mv_z^2 + \frac{1}{2} kx^2 + \frac{1}{2} ky^2 + \frac{1}{2} kz^2.$$

Darin ist k die Federkonstante einer Bindung (einer hypothetischen „Feder" gemäß Abbildung 16.17). Jedes Atom hat demnach sechs Freiheitsgrade, und nach dem Gleichverteilungssatz ist die mittlere Energie eines Atoms gleich

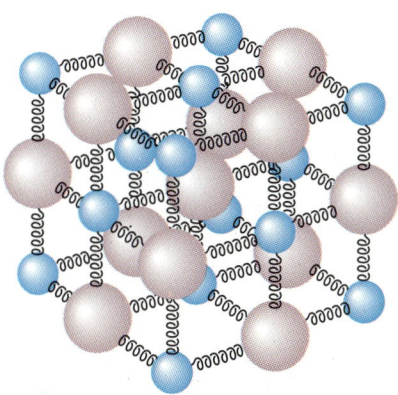

16.17 Modell eines Festkörpers aus N_A Atomen pro Mol, die um ihre Gleichgewichtslage oszillieren können. Das ist hier durch die Federn angedeutet. Die innere Energie des Festkörpers setzt sich aus den kinetischen und den potentiellen Schwingungsenergien zusammen.

16 Wärme und der Erste Hauptsatz der Thermodynamik

$\frac{1}{2} k_B T$ pro Freiheitsgrad. Somit ist die innere Energie von n Molen eines Festkörpers

$$U = 6 \cdot \frac{1}{2} nRT = 3nRT. \quad\quad 16.39$$

Daraus folgt seine molare Wärmekapazität zu $3R$, denn $C_m = \frac{1}{n} dU/dT$.

Obwohl sich mit Hilfe des Gleichverteilungssatzes die gemessenen Wärmekapazitäten vieler fester und gasförmiger Substanzen erklären lassen, gibt es doch deutliche Abweichungen. Wenn man ein zweiatomiges Molekül als Hantel mit zwei nicht punktförmigen Atomen auffaßt, dann sollte es einen dritten Freiheitsgrad der Rotation haben (den der Rotation um die Kernverbindungsachse). Außerdem ist ein solches Molekül nicht völlig starr, denn seine Bindungslänge ändert sich, wenn die Atome entlang der Kernverbindungsachse um den Gleichgewichtsabstand schwingen. Daraus sollten zwei weitere Freiheitsgrade folgen (der kinetischen und der potentiellen Schwingungsenergie). Aus den Daten in Tabelle 16.4 können wir jedoch folgern, daß zweiatomige Moleküle weder um die Kern-Kern-Achse rotieren noch bei Raumtemperatur in dieser Richtung schwingen. Weiterhin sollte nach dem Gleichverteilungssatz die Wärmekapazität der Gase nicht von der Temperatur abhängen; genaue Messungen zeigten jedoch, daß dies der Fall ist. Ebenso sollte die Wärmekapazität von Festkörpern konstant (bei allen Temperaturen) $3R$ betragen. In Wahrheit geht sie aber bei tiefen Temperaturen gegen Null.

Der Grund für die genannten Abweichungen liegt darin, daß die klassische Mechanik prinzipiell versagt, wenn sie auf Systeme mit atomaren Größenordnungen angewandt wird. Sie ist hier durch die Quantenmechanik (siehe Kapitel 36) zu ersetzen. Doch sollte man nicht übersehen, daß der Erfolg des Gleichverteilungssatzes (beim Erklären der gemessenen Wärmekapazitäten von Gasen und Festkörpern) im 19. Jahrhundert zu einem ersten Verständnis des molekularen Aufbaus der Materie führte. Andererseits spielten die erwähnten Abweichungen bei der Entwicklung der Quantenmechanik im 20. Jahrhundert eine große Rolle.

Beispiel 16.10

Kupfer hat die molare Masse 63,5 g/mol. Berechnen Sie mit Hilfe der Dulong-Petit-Regel seine spezifische Wärme.

Nach (16.38) ist die molare Wärmekapazität eines Festkörpers

$$C_m \approx 3R = 3 \cdot 8{,}31 \text{ J/(mol} \cdot \text{K)} = 24{,}9 \text{ J/(mol} \cdot \text{K)}.$$

Mit Gleichung (16.4) folgt daraus für die spezifische Wärme von Kupfer

$$c = \frac{C_m}{M} \approx \frac{24{,}9 \text{ J/(mol} \cdot \text{K)}}{63{,}5 \text{ g/mol}} = 0{,}392 \text{ J/(g} \cdot \text{K)} = 0{,}392 \text{ kJ/(kg} \cdot \text{K)}.$$

Das stimmt einigermaßen gut mit dem tatsächlichen Wert 0,386 kJ/(kg·K) überein (siehe Tabelle 16.1).

Übung

Die spezifische Wärme eines Metalls wurde zu 1,02 kJ/(kg·K) gemessen.
a) Berechnen Sie seine molare Masse mit Hilfe der Dulong-Petit-Regel.
b) Um welches Metall handelt es sich? (Antworten: a) $M = 24{,}4$ g/mol; b) es handelt sich um Magnesium mit $M = 24{,}31$ g/mol.)

Beispiel 16.11

Ein Mol gasförmiger Sauerstoff habe bei 20 °C einen Druck von 1 atm und werde auf 100 °C aufgeheizt. Nehmen Sie an, es verhält sich wie ein ideales Gas. Wieviel Wärme muß zugeführt werden, wenn a) das Volumen oder wenn b) der Druck beim Erwärmen konstant gehalten wird? c) Welche Arbeit verrichtet das Gas im Fall b)?

a) Mit $n = 1$ mol und $R = 8{,}31$ J/(K·mol) ist die Wärmekapazität von Sauerstoff bei konstantem Volumen

$$C_V = \frac{5}{2} nR = \frac{5}{2} \cdot 1 \text{ mol} \cdot 8{,}31 \text{ J/(K·mol)} = 20{,}8 \text{ J/K} .$$

Die Temperaturdifferenz beim Erwärmen von 20 °C auf 100 °C beträgt 80 °C = 80 K, und die aufzuwendende Wärmemenge ist

$$Q_V = C_V \Delta T = 20{,}8 \text{ J/(K·mol)} \cdot 80 \text{ K} = 1{,}66 \text{ kJ} .$$

Da das Volumen konstant gehalten wird, tritt keine Volumenarbeit auf, und die innere Energie U des einen Mols gasförmigen Sauerstoffs nimmt um 1,66 kJ zu.

b) Die zum Erwärmen um 80 °C bei konstantem Druck erforderliche Wärmemenge ist

$$Q_P = C_P \Delta T = \frac{7}{2} \cdot 1 \text{ mol} \cdot 8{,}31 \text{ J/(K·mol)} \cdot 80 \text{ K} = 2{,}33 \text{ kJ} .$$

Hier wurde die Beziehung $C_P = C_V + nR = \frac{7}{2} nR$ verwendet.

c) Die Änderung der inneren Energie beträgt bei a) und bei b) jeweils 1,66 kJ, weil Anfangs- und Endtemperatur dieselben sind. Daher ist die vom Gas im Fall b) verrichtete Arbeit

$$W = \Delta U - Q$$
$$= 1{,}66 \text{ kJ} - 2{,}33 \text{ kJ} = -0{,}67 \text{ kJ} .$$

Das können wir überprüfen, indem wir direkt die Arbeit berechnen, die das Gas verrichtet, wenn die Wärme bei konstantem Druck zugeführt wird. Bei den Standardbedingungen (1 atm und 0 °C = 273 K) hat ein Mol eines idealen Gases ein Volumen von 22,4 L. Das Volumen ist nach dem idealen Gasgesetz proportional zur absoluten Temperatur (bei konstantem Druck); daher ist das Anfangsvolumen V_1 bei 20 °C = 293 K

$$V_1 = 22{,}4 \text{ L} \cdot \frac{293 \text{ K}}{273 \text{ K}} = 24{,}0 \text{ L} .$$

Bei konstantem Druck wird auf 100 °C erwärmt, und das Endvolumen ist

$$V_2 = 22{,}4 \text{ L} \cdot \frac{373 \text{ K}}{273 \text{ K}} = 30{,}6 \text{ L} .$$

Damit ist die Volumenarbeit

$$W = -P \Delta V = 1 \text{ atm} \cdot (30{,}6 \text{ L} - 24{,}0 \text{ L})$$
$$= -6{,}6 \text{ L·atm} .$$

Wir rechnen in Joule um:

$$W = -6{,}6 \text{ L·atm} \cdot \frac{101{,}3 \text{ J}}{1 \text{ L·atm}} = -0{,}67 \text{ kJ} .$$

Dieser Wert stimmt mit dem oben angegebenen überein.

16 Wärme und der Erste Hauptsatz der Thermodynamik

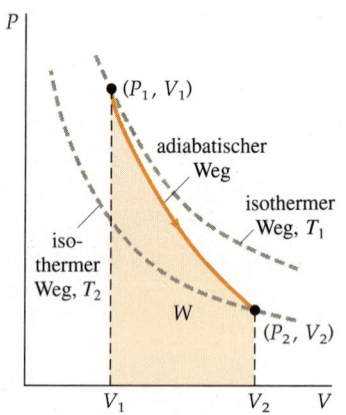

16.18 Das P-V-Diagramm für die adiabatische Expansion eines idealen Gases. Die gestrichelten Kurven sind die Isothermen ($PV = nRT$) der Anfangs- und der Endtemperatur. Die durchgezogene Kurve für die adiabetische Expansion verläuft steiler als die Isothermen, weil die Temperatur während dieses Vorgangs abnimmt.

16.8 Adiabatische Zustandsänderung

Einen Prozeß, bei dem das System mit der Umgebung keine Wärme austauscht, nennen wir **adiabatisch**. Wir betrachten nun die reversible Ausdehnung einer bestimmten Menge eines idealen Gases, das sich in einem thermisch isolierten Behälter befindet, der durch einen beweglichen Kolben verschlossen ist. Das Gas verrichtet Arbeit gegen den äußeren Druck, indem es den Kolben langsam nach außen bewegt (langsam, damit stets reversible Bedingungen herrschen, vgl. Abschnitt 16.6).

Weil das Gas weder Wärme aufnehmen noch abgeben kann, ist die bei der Expansion verrichtete Volumenarbeit gleich der Abnahme seiner inneren Energie. Die Änderungen von Druck und Volumen bei diesem Vorgang sind in Abbildung 16.18 dargestellt. Die P-V-Kurve der adiabatischen Expansion verläuft steiler als die der isothermen Expansion. Das bedeutet: Bei der adiabatischen Expansion nimmt der Druck stärker ab als bei der isothermen Expansion mit gleicher Volumenzunahme. Das ist auch zu erwarten, weil bei der adiabatischen Expansion (also ohne Wärmezufuhr) die Temperatur sinkt, was wiederum damit zusammenhängt, daß die Volumenarbeit hierbei allein auf Kosten der inneren Energie verrichtet werden muß.

Mit Hilfe der Zustandsgleichung idealer Gase und des Ersten Hauptsatzes können wir die Gleichung für die Kurve der adiabatischen Expansion (Abbildung 16.18) berechnen. Nach (16.29) ist $dU = C_V \, dT$, und wir erhalten

$$dQ = dU - dW = C_V \, dT + P \, dV = 0 \,. \qquad 16.40$$

Mit dem idealen Gasgesetz $PV = nRT$ wird daraus

$$C_V \, dT + nRT \frac{dV}{V} = 0 \,.$$

Dividieren durch $C_V T$ ergibt

$$\frac{dT}{T} + \frac{nR}{C_V} \frac{dV}{V} = 0 \,. \qquad 16.41$$

Es ist $C_P - C_V = nR$, und daher

$$\frac{nR}{C_V} = \frac{C_P - C_V}{C_V} = \frac{C_P}{C_V} - 1 = \gamma - 1 \,.$$

Die Größe γ, auch Adiabaten-Exponent genannt, ist der Quotient der Wärmekapazitäten

$$\gamma = \frac{C_P}{C_V} \,. \qquad 16.42$$

Damit wird (16.41) zu

$$\frac{dT}{T} + (\gamma - 1) \frac{dV}{V} = 0 \,.$$

Wir integrieren:

$$\ln T + (\gamma - 1) \ln V = \text{konstant} \,.$$

Nach den Regeln der Logarithmenrechnung wird daraus

$$\ln(TV^{\gamma-1}) = \text{konstant}$$

und

$$TV^{\gamma-1} = \text{konstant}. \qquad 16.43$$

Wir können T unter Ausnutzung von $PV = nRT$ ersetzen und erhalten

$$\frac{PV}{nR} V^{\gamma-1} = \text{konstant}$$

oder

$$\boxed{PV^{\gamma} = \text{konstant}.} \qquad 16.44 \qquad \textit{Adiabaten-Gleichung}$$

Diese Gleichung verknüpft Druck und Volumen bei der reversiblen adiabatischen Expansion oder Kompression. Bei letzterer verrichtet die Umgebung Arbeit am Gas, und die Volumenarbeit wird positiv, da dem Gas Arbeit zugeführt wird.

Wir können nun die adiabatische Kompressibilität eines idealen Gases berechnen, die mit der Ausbreitung von Schallwellen im Gas zusammenhängt. Wir differenzieren Gleichung (16.44):

$$P\gamma V^{\gamma-1}\, dV + V^{\gamma}\, dP = 0$$

$$dP = -\frac{\gamma P\, dV}{V}.$$

Die Kompressibilität κ ist der Quotient aus Druckänderung $-dP$ und relativer Volumenänderung dV/V. Damit ist sie bei adiabatischer Prozeßführung

$$\kappa_{\text{adiabatisch}} = -\frac{dP}{dV/V} = \gamma P. \qquad 16.45$$

Die vom Gas bei adiabatischer Expansion verrichtete Arbeit ist gleich der getönten Fläche unter der durchgezogenen Kurve in Abbildung 16.18 zwischen V_1 und V_2; diese Arbeit hängt von der Temperaturänderung ab. Mit $dQ = 0$ wird (16.40) zu

$$P\, dV = -C_V\, dT.$$

Damit ist die adiabatische Arbeit

$$W_{\text{adiabatisch}} = -\int P\, dV = \int C_V\, dT$$

oder

$$\boxed{W_{\text{adiabatisch}} = C_V\, \Delta T.} \qquad 16.46 \qquad \textit{Adiabatische Arbeit}$$

Darin haben wir C_V als konstant angenommen. Das ist für ein ideales Gas berechtigt, weil dessen innere Energie U proportional zur absoluten Temperatur ist und daher $C_V = dU/dT$ konstant ist. Der Gleichung (16.46) entnehmen wir, daß

16 Wärme und der Erste Hauptsatz der Thermodynamik

die vom Gas verrichtete Arbeit nur von der Änderung der absoluten Temperatur abhängt. Bei der reversiblen adiabatischen Expansion nimmt die innere Energie des Gases (und seine Temperatur) ab, und die adiabatische Arbeit $W_{\text{adiabatisch}}$ hat ein negatives Vorzeichen, da das Gas Arbeit an der Umgebung verrichtet. Bei einer reversiblen adiabatischen Kompression ist $V_2 < V_1$. Dann ist $W_{\text{adiabatisch}}$ positiv, und es wird Arbeit *am* Gas verrichtet, so daß dessen innere Energie (und Temperatur) zunimmt.

Wir können die adiabatische Volumenarbeit auch durch die Volumen- und Druckänderungen ausdrücken. Wir bezeichnen den Anfangszustand mit dem Index 1 und den Endzustand mit dem Index 2; damit ist

$$W_{\text{adiabatisch}} = C_V \Delta T = C_V (T_2 - T_1) \, .$$

Mit dem idealen Gasgesetz $PV = nRT$ sowie der Beziehung $nR = C_P - C_V$ wird daraus

$$W_{\text{adiabatisch}} = C_V \left(\frac{P_2 V_2}{nR} - \frac{P_1 V_1}{nR} \right) = \frac{C_V}{C_P - C_V} (P_2 V_2 - P_1 V_1) \, .$$

Wir dividieren Zähler und Nenner durch C_V und setzen $\gamma = C_P/C_V$ ein:

$$W_{\text{adiabatisch}} = \frac{P_2 V_2 - P_1 V_1}{\gamma - 1} \, . \qquad 16.47$$

Beispiel 16.12

Eine bestimmte Menge Luft expandiere reversibel und adiabatisch von $P_1 = 2$ atm und $V_1 = 2$ L bei 20 °C auf das doppelte Volumen. Für Luft ist $\gamma = 1{,}4$. Berechnen Sie a) den Enddruck P_2, b) die Endtemperatur T_2 und c) die vom Gas verrichtete Volumenarbeit.

a) Nach (16.44) bleibt PV^γ während der reversiblen adiabatischen Expansion konstant. Dann gilt

$$P_1 V_1^\gamma = P_2 V_2^\gamma \quad \text{oder} \quad P_2 = P_1 \left(\frac{V_1}{V_2} \right)^\gamma .$$

Wir setzen die gegebenen Werte ein:

$$P_2 = 2 \text{ atm} \cdot \left(\frac{2 \text{ L}}{4 \text{ L}} \right)^{1{,}4} = 0{,}758 \text{ atm} \, .$$

b) Die Temperaturänderung wird am besten nach (16.43) berechnet:

$$T_1 V_1^{\gamma - 1} = T_2 V_2^{\gamma - 1}$$

Daraus folgt

$$T_2 = T_1 \left(\frac{V_1}{V_2} \right)^{\gamma - 1} = 293 \text{ K} \cdot \left(\frac{2 \text{ L}}{4 \text{ L}} \right)^{0{,}4} = 222 \text{ K} = -51 \text{ °C} \, .$$

c) Die Volumenarbeit berechnen wir nach (16.47):

$$W_{\text{adiabatisch}} = \frac{P_2 V_2 - P_1 V_1}{\gamma - 1}$$

$$= \frac{0{,}758 \text{ atm} \cdot 4 \text{ L} - 2 \text{ atm} \cdot 2 \text{ L}}{1{,}4 - 1}$$

$$= -2{,}42 \text{ L} \cdot \text{atm} \, .$$

Die Umrechnung in Joule ergibt

$$W_{\text{adiabatisch}} = -2{,}42 \, \text{L} \cdot \text{atm} \cdot \frac{101{,}3 \, \text{J}}{1 \, \text{L} \cdot \text{atm}}$$
$$= -245 \, \text{J} \, .$$

Zusammenfassung

1. Wärme ist die Energie, die aufgrund einer Temperaturdifferenz von einem Körper auf einen anderen übergeht. Die Wärmekapazität ist die Wärmemenge, die zum Erwärmen der vorliegenden Substanzmenge um 1 °C bzw. um 1 K benötigt wird. Die spezifische Wärme ist die Wärmekapazität pro Masseneinheit der Substanz. Die spezifische Wärme von Wasser beträgt 4,184 kJ/(kg·K). Die Kalorie wurde definiert als die Wärmemenge, die nötig ist, um 1 g Wasser um 1 °C zu erwärmen; heute ist die SI-Einheit Joule gebräuchlich, und es ist 1 cal = 4,184 J.

2. Die zum Schmelzen einer Substanz an ihrem Schmelzpunkt nötige Wärmeenergie Q ist das Produkt aus ihrer Masse und der (latenten) Schmelzwärme Q_S:

$$Q = m Q_S \, .$$

Die zum Verdampfen einer Substanz an ihrem Siedepunkt nötige Wärmeenergie Q ist das Produkt aus ihrer Masse und der (latenten) Verdampfungswärme Q_V:

$$Q = m Q_V \, .$$

Während des Schmelzens und des Verdampfens bleibt die Temperatur konstant. Für Wasser ist $Q_S = 333{,}5$ kJ/kg und $Q_V = 2257$ kJ/kg. Die zum Schmelzen bzw. zum Verdampfen von 1 g Wasser aufzuwendenden Wärmemengen sind wesentlich größer als die Wärmemenge, die zum Erwärmen derselben Wassermenge um 1 °C nötig ist.

3. Wärme wird durch drei Mechanismen übertragen: Wärmeleitung, Konvektion und Wärmestrahlung.

4. Für die Geschwindigkeit der Wärmeübertragung durch Wärmeleitung gilt

$$I = \frac{\Delta Q}{\Delta t} = \lambda A \frac{\Delta T}{\Delta x} \, .$$

Die Größe I heißt Wärmestrom, und λ ist die Wärmeleitfähigkeit des jeweiligen Materials. Diese Gleichung kann auch in der Form

$$\Delta T = I R$$

geschrieben werden. Dabei ist

$$R = \frac{\Delta x}{\lambda A}$$

der Wärmewiderstand einer Schicht der Dicke Δx und der Fläche A des Materials mit der Wärmeleitfähigkeit λ.

Der gesamte Wärmewiderstand R mehrerer hintereinanderliegender Schichten ist

$$R = R_1 + R_2 + \ldots$$

Erfolgt die Wärmeleitung durch mehrere nebeneinanderliegende Flächen, so ist der Ersatzwärmewiderstand R_{Ers} gegeben durch

$$\frac{1}{R_{Ers}} = \frac{1}{R_1} + \frac{1}{R_2} + \ldots$$

5. Die von einem Körper der Temperatur T abgestrahlte Leistung ist

$$P = e\sigma A T^4.$$

Darin ist $\sigma = 5{,}6703 \cdot 10^{-8}$ W/(m$^2 \cdot$K) die Stefan-Boltzmann-Konstante, und e ist der Emissionsgrad dieses Körpers. Dieser Koeffizient liegt zwischen 0 und 1 und hängt von der Oberflächenbeschaffenheit ab. Körper, die die eingestrahlte Wärmeenergie gut absorbieren, haben auch einen hohen Emissionsgrad. Dieser ist 1 beim sogenannten schwarzen Strahler, der auch alle eingestrahlte Intensität absorbiert. Befindet sich ein Körper der Temperatur T in einer Umgebung mit der Temperatur T_0, so ist die von ihm abgestrahlte Nettoleistung

$$P_{Netto} = e\sigma A(T^4 - T_0^4).$$

Die von einem schwarzen Strahler abgegebene elektromagnetische Strahlung hat ihr Maximum bei der Wellenlänge λ_{max}, die nach dem Wienschen Verschiebungsgesetz umgekehrt proportional zur absoluten Temperatur T ist:

$$\lambda_{max} = \frac{2{,}898 \text{ mm} \cdot \text{K}}{T}.$$

6. Das Newtonsche Abkühlungsgesetz besagt: Ist die Temperaturdifferenz zwischen einem Körper und seiner Umgebung gering, so ist bei allen drei Wärmetransportmechanismen die Abkühlungsgeschwindigkeit etwa proportional zur Temperaturdifferenz.

7. Der Erste Hauptsatz der Thermodynamik macht eine Aussage über die Erhaltung der Energie. Er besagt, daß die Summe aus zu- oder abgeführter Wärmemenge Q und verrichteter oder zugeführter Arbeit W gleich der Änderung der inneren Energie des Systems ist:

$$\Delta U = W + Q,$$

bzw. in differentieller Schreibweise

$$dU = dW + dQ.$$

Dem System zugeführte Energien werden positiv und abgegebene Energien negativ gerechnet.

Die innere Energie U eines Systems ist eine Zustandsfunktion. Das bedeutet: U hängt nur vom augenblicklichen Zustand des Systems ab und nicht davon, *wie* dieser erreicht wurde. Zustandsfunktionen sind beispielsweise auch Volumen, Druck und Temperatur, nicht aber Wärme oder Arbeit.

8. Die innere Energie U eines idealen Gases hängt nur von seiner absoluten Temperatur T ab.

9. Bei einem *reversiblen* Prozeß vollziehen sich die Änderungen so langsam, daß das System eine Reihe von Gleichgewichtszuständen durchläuft. Jeder vom System einmal eingenommene Zustand läßt sich durch infinitesimale Änderung eines oder mehrerer Parameter in der umgekehrten Richtung wieder erreichen. Während eines *isobaren* Prozesses bleibt der Druck konstant, und während eines *isothermen* Prozesses ändert sich die Temperatur nicht. Bei einem *adiabatischen* Prozeß wird keine Wärme zwischen System und Umgebung übertragen.

Während der reversiblen adiabatischen Expansion eines idealen Gases gilt stets die Adiabaten-Gleichung:

$$PV^\gamma = \text{konstant} .$$

Darin ist γ der Quotient der Wärmekapazitäten bei konstantem Druck und bei konstantem Volumen,

$$\gamma = \frac{C_P}{C_V} .$$

10. Wird ein System reversibel expandiert, so verrichtet es die Volumenarbeit

$$W = -\int P \, dV .$$

Das negative Vorzeichen zeigt an, daß bei der Expansion Arbeit vom System abgegeben wird. Der Betrag der Volumenarbeit ist gleich der Fläche unter der Kurve bei der Auftragung von P gegen V. Ist P als Funktion von V bekannt, so kann die Volumenarbeit berechnet werden. Beispielsweise ist bei der isothermen Expansion eines idealen Gases

$$W_{\text{isotherm}} = -nRT \ln \frac{V_2}{V_1} .$$

Bei der adiabatischen Expansion eines idealen Gases ergibt sich die Volumenarbeit als

$$W_{\text{adiabatisch}} = C_V \Delta T = \frac{P_2 V_2 - P_1 V_1}{\gamma - 1} .$$

11. Die Wärmekapazität bei konstantem Volumen entspricht der Änderung der inneren Energie mit der Temperatur:

$$C_V = \frac{dU}{dT} .$$

Bei einem idealen Gas ist die Wärmekapazität bei konstantem Druck um nR größer als die bei konstantem Volumen:

$$C_P = C_V + nR .$$

Dieser Unterschied hat folgenden Grund: Wird einem Gas bei konstantem Druck Wärme zugeführt, so expandiert es und verrichtet dabei Volumenarbeit an der Umgebung. Daher steht ein Teil der zugeführten Energie nicht für die Temperaturerhöhung zur Verfügung, und es muß für dieselbe Temperaturdifferenz mehr Wärmeenergie aufgewandt werden als bei konstantem Volumen.

Die Wärmekapazitäten idealer Gase bei konstantem Volumen sind

$$C_V = \frac{3}{2} nR \quad \text{(einatomiges Gas)}$$

und

$$C_V = \frac{5}{2} nR \quad \text{(zweiatomiges Gas)}.$$

12. Der Gleichverteilungssatz besagt: Befindet sich ein System im Gleichgewicht, so entfällt auf jeden Freiheitsgrad die mittlere Energie $\frac{1}{2} k_B T$ pro Teilchen bzw. $\frac{1}{2} RT$ pro Mol. Einatomige Gase haben drei Freiheitsgrade, und zwar die der kinetischen Energie der Translationsbewegung in den drei Raumrichtungen. Zweiatomige Gase besitzen zwei weitere Freiheitsgrade, nämlich die der Rotation um die beiden Achsen, die senkrecht auf der Kernverbindungsachse stehen.

13. Die molare Wärmekapazität der meisten Festkörper beträgt $3R$ (Regel von Dulong und Petit). Dieser Wert entspricht dem Gleichverteilungssatz, wenn man den Festkörper als Verbund von N_A Atomen pro Mol annimmt, die um ihre Gleichgewichtslage schwingen können, und zwar jeweils in den drei Raumrichtungen; dies entspricht sechs Freiheitsgraden (je drei für die kinetische und die potentielle Energie der Schwingung).

Essay: Der Energiehaushalt der Erde und die globale Erwärmung

Jerrold H. Krenz,
University of Colorado

Seit Millionen von Jahren leben Menschen auf der Erde. Aber erst seit rund 100 Jahren beeinflussen wir das Klima – vor allem aufgrund der Industrialisierung und des gewaltigen Anstiegs der Bevölkerung. Die weltweit gemittelte Temperatur ist seit 1900 um ca. 0,5 K angestiegen; der Meeresspiegel hob sich, die Gletscher und die polaren Eiskappen zogen sich zurück, und der Dauerfrost in Alaska und Sibirien wurde weniger streng. Die Verbrennung fossiler Materialien und die zunehmende Abholzung von Wäldern erhöhen den CO_2-Gehalt der Erdatmosphäre. Dies fördert die globale Erwärmung infolge des „Treibhauseffekts", an dem auch andere gasförmige Substanzen beteiligt sind, die ständig freigesetzt oder erzeugt werden, darunter Stickstoffoxide, Fluorchlorkohlenwasserstoffe und Ozon.

Es ist noch nicht zweifelsfrei geklärt, inwieweit die derzeitigen Klima-Modelle beweisen, ob der weltweite Temperaturanstieg bereits stattgefunden hat. Jedoch besteht Einigkeit darüber, daß bei unveränderter industrieller Aktivität und gleichbleibend starkem Straßenverkehr die Temperatur in den nächsten 50 bis 100 Jahren beträchtlich ansteigen wird (um 1,5 K bis 5,5 K). Eine globale Erwärmung in dieser Größenordnung hätte tiefgreifende und lang anhaltende Auswirkungen auf Landwirtschaft und Tierwelt sowie auf uns Menschen.

Die Temperatur der Erde

Würde die Erde die Sonnenstrahlung lediglich absorbieren, so würde sie ständig wärmer werden. Sie strahlt jedoch auch Energie in den Weltraum ab. Es hat sich ein Gleichgewicht von Absorption und Emission eingestellt; wir sprechen hierbei vom Energiehaushalt der Erde. Eigentlich müßte man ihn Leistungshaushalt nennen, denn entscheidend ist die *Geschwindigkeit*, mit der die Energie absorbiert und emittiert wird.

Um die Prozesse zu verstehen, durch die die Erde erwärmt wird, müssen wir die Mechanismen betrachten, die die Temperatur der Erde (im Prinzip) konstant halten. Bei ihrem mittleren Abstand von der Sonne empfängt die Erde eine Strahlungsleistung von 1353 W/m². Dies ist die *Solarkonstante S*. Die Temperatur der Sonnenoberfläche beträgt etwa 6000 K; daher enthält das von ihr emittierte Spektrum relativ kurze Wellenlängen, und das Strahlungsmaximum liegt bei rund 500 nm. Das wurde experimentell festgestellt und entspricht auch dem Wienschen Verschiebungsgesetz, wenn man die Sonne als schwarzen Strahler ansieht (siehe Abschnitt 16.3).

Die von der Erde insgesamt absorbierte Sonnenstrahlung hängt von ihrem Querschnitt πR_E^2 ab (darin ist $R_E = 6{,}4 \cdot 10^6$ m der Erdradius). Aber nicht die gesamte Strahlung, die auf der „Sonnenseite" ankommt, wird absorbiert, sondern ein Anteil $r \approx 30\%$ wird reflektiert. Also ist die von der Erde absorbierte Leistung

$$P_a = (1 - r)\,\pi R_E^2 S. \tag{1}$$

Einen Teil dieser absorbierten Strahlung emittiert die Erde wieder in den Weltraum. Die Oberflächentemperatur T_E der Erde beträgt durchschnittlich rund $13\,°C$ (≈ 286 K), und die Strahlungstemperatur der Atmosphäre liegt im Mittel bei $-22\,°C$ (≈ 251 K). Dies wird durch einen mittleren Emissionsgrad $e \approx 0{,}6$ in der Strahlungsformel berücksichtigt. Die pro Quadratmeter der Erdoberfläche emittierte Leistung ist damit

$$P_e = e\sigma T_E^4. \tag{2}$$

Hierin ist σ die Stefan-Boltzmann-Konstante (Gleichung 16.18). Der größte Teil der Erdoberfläche ist mit Wasser bedeckt, dessen Temperatur sich zwischen Tag und Nacht kaum ändert. Weiterhin wird die Sonnenstrahlung nur von dem Teil der Erdoberfläche absorbiert, der der Sonne zugewandt ist. Dagegen emittiert die ganze Erdoberfläche Strahlung. Daher kann die Erde näherungsweise als kugelförmiger, strahlender Körper mit überall gleicher Oberflächentemperatur T_E angesehen werden, und die gesamte von der Erde abgegebene Strahlungsleistung ist

$$P_{ges} = 4\pi R_E^2\, e\sigma T_E^4. \tag{3}$$

Wegen des Gleichgewichts von Emission und Absorption gilt

$$(1-r)\,\pi R_E^2 S = 4\pi R_E^2\, e\sigma T_E^4. \tag{4}$$

Die Gleichung beschreibt, mit den eben erläuterten Näherungen hinsichtlich der Oberflächentemperatur, das Strahlungsenergiegleichgewicht der Erde. Wir dividieren durch die Oberfläche ($4\pi R_E^2$) und erhalten

$$(1-r)\,S/4 = e\sigma T_E^4. \tag{5}$$

Dies ist die pro Quadratmeter absorbierte und wieder emittierte Strahlungsleistung; sie beträgt etwa 237 W/m² (das entspricht vier 60-W-Glühbirnen auf einem Quadratmeter der Erdoberfläche).

16 Wärme und der Erste Hauptsatz der Thermodynamik

Tabelle 1 Mittlerer Beitrag einiger Energieformen, die einen geringeren Anteil als die Strahlung an dem Energiehaushalt der Erdoberfläche haben

Quelle	Beitrag (W/m²)
Radioaktiver Zerfall	0,06
Verbrennung von Treibstoffen	0,018
Gezeitenreibung	0,005

Andere Formen der Energieabgabe (siehe Tabelle 1) spielen eine wesentlich geringere Rolle. Wenn wir sie vernachlässigen, so können wir Gleichung (5) nach der Oberflächentemperatur T_E auflösen und erhalten

$$T_E = \left[\frac{(1-r)S}{4e\sigma}\right]^{1/4}.$$

Eine Abnahme des Reflexionsgrades r oder des Emissionsgrades e würde zu einer Erhöhung der mittleren Temperatur führen. Beide Größen hängen hauptsächlich von den Eigenschaften der Gase ab, die sich in der Atmosphäre befinden.

Einige Gase in der Atmosphäre absorbieren Wärmestrahlung

Die Erdatmosphäre ist für die ankommende Sonnenstrahlung ziemlich durchlässig, und ihre Hauptbestandteile (Stickstoff und Sauerstoff) lassen auch die langwellige Wärmestrahlung durch, die von der Erdoberfläche abgegeben wird. (Das trifft aber nicht für alle Gase zu.) Somit gelangt nahezu die gesamte eingestrahlte Energie bis zur Erdoberfläche. Diese emittiert längerwellige Wärmestrahlung, von der ein Teil durch die Atmosphäre absorbiert wird, was zur Erwärmung führt (Abbildung 1).

Der Begriff *Treibhauseffekt* für die Erwärmung der Erdatmosphäre ist inzwischen geläufig, ebenso die Bezeichnung *Treibhausgase* für die Substanzen, die diese Aufheizung infolge Absorption von Wärmestrahlung bewirken. Die beiden Wörter sind allerdings nicht ganz zutreffend gewählt, weil die Wirkungsweise eines Treibhauses auch auf einem anderen Mechanismus beruht, nämlich auf der Verminderung der Abkühlung durch Konvektion (siehe Abschnitt 16.3).

In der Atmosphäre sind es vor allem Wasserdampf und Kohlendioxid, die Wärmestrahlung absorbieren. Ohne diesen Vorgang wäre die Temperatur auf der Erde deutlich niedriger, und die meisten Lebensformen hätten sich nicht entwickeln können. Uns interessieren hier jedoch die nachteiligen Eigenschaften dieser Gase.

Die Effekte im Zusammenhang mit den Treibhausgasen sind sehr komplex. Wenn ihr Anteil an der Atmosphäre steigt und die Atmosphäre wärmer wird, verdampft das Meerwasser schneller. Dadurch wird der Anteil des Wasserdampfes in der Atmosphäre höher,

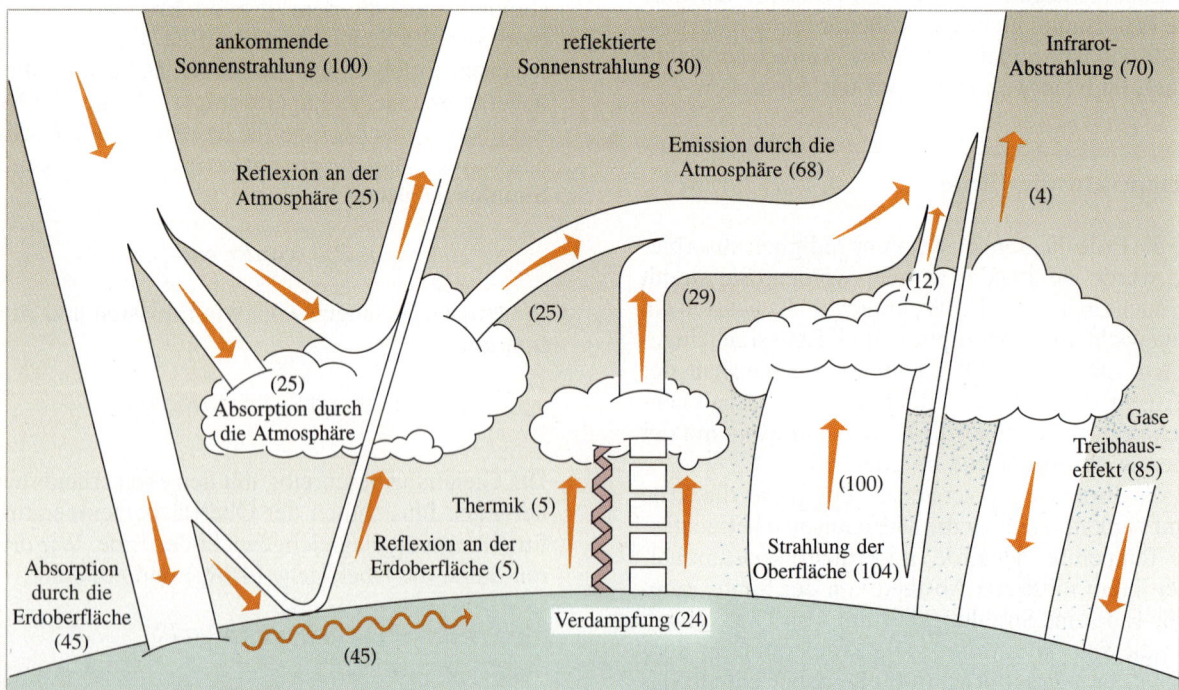

Abbildung 1 Der Energie- bzw. Leistungshaushalt der Erde, unter Berücksichtigung der Vorgänge in der Atmosphäre. Die angegebenen Werte sind Vielfache der über die gesamte Erdoberfläche gemittelten Solarkonstanten $S/4$; siehe Gleichung (5). Die Abbildung wurde entnommen aus Stephen H. Schneider, *The Greenhouse Effect: Science and Policy*, in *Science* **243**, 771–781. (Wiedergabe mit freundlicher Genehmigung der American Association for the Advancement of Science)

was wiederum zu einem stärkeren Temperaturanstieg führt. Es besteht also eine positive Rückkopplung (eine gegenseitige Verstärkung) beider Effekte. Durch den höheren Wasserdampfgehalt der Atmosphäre wird die Wolkendecke dichter. Deren genauer Einfluß ist noch nicht vollständig geklärt. Sie erhöht einerseits den Reflexionsgrad und bremst damit die globale Erwärmung; andererseits vermindert sie die Wärmeabstrahlung und fördert dadurch die Erwärmung. Außerdem treten jahreszeitliche Schwankungen auf.

Kohlendioxid

Der derzeitige Kohlendioxidgehalt der Atmosphäre wird vor allem durch zwei Faktoren beeinflußt: die Verbrennung meist fossiler Brennstoffe sowie die weltweite Abnahme der Vegetation. Seit 1958 werden in Mauna Loa (Hawaii) genaue Messungen des Kohlendioxidgehalts durchgeführt. In Abbildung 2 sind die jahreszeitlichen Schwankungen des CO_2-Gehalts zu erkennen, die vor allem von den Unterschieden der Vegetation und damit der Photosyntheseaktivität herrühren. Abgesehen davon ist ein kontinuierlicher Anstieg zu verzeichnen. Zur Zeit beträgt der CO_2-Anteil der Atmosphäre rund 350 Volumen-ppm (Millionstel Volumenanteile). Analysen von Lufteinschlüssen in Gletschern ergaben, daß um das Jahr 1750 der CO_2-Gehalt bei etwa 280 Volumen-ppm lag. Seit Beginn der Industrialisierung hat der Kohlendioxidgehalt also innerhalb von rund 240 Jahren um ein Viertel zugenommen.

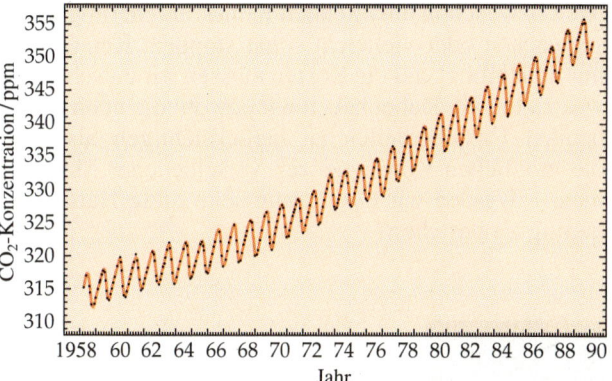

Abbildung 2 Die Kohlendioxidkonzentration der Atmosphäre in Volumen-ppm (Millionstel Volumenanteile), gemessen seit 1958 in Mauna Loa, Hawaii. (Mit freundlicher Genehmigung von John Chin)

Kohlendioxidemissionen sind vor allem eine Folge der Verbrennung des Kohlenstoffs der fossilen Energieträger, beispielsweise der Kohle:

$$C + O_2 \to CO_2 \, .$$

Bei der Verbrennung der Kohlenwasserstoffe von Erdöl und Erdgas entstehen außerdem (durch die Oxidation des Wasserstoffs) beträchtliche Mengen des zweiten wichtigen Treibhausgases Wasserdampf.

Pro Jahr gelangen weltweit rund $18 \cdot 10^{12}$ kg Kohlendioxid aus Verbrennungsvorgängen in die Atmosphäre. Der Verbrauch an fossilen Brennstoffen betrug beispielsweise im Jahre 1988 in den USA pro Kopf ungefähr 3,6 t Kohle, 2200 m³ Erdgas und 4000 L Benzin. Damit haben die USA (mit nur rund 5 Prozent der Weltbevölkerung) einen Anteil von etwa 33 Prozent am weltweiten Verbrauch fossiler Energieträger. Die große Mehrheit der Weltbevölkerung verbraucht zwar im Durchschnitt pro Kopf weniger Brennstoffe, versucht aber ihren Lebensstandard zu heben, und steigert dabei ihren Energieverbrauch. So erscheint insgesamt eine enorme Steigerung der Verbrennung fossiler Materialien (und damit des CO_2-Ausstoßes) als nahezu unausweichlich. Zwar können höhere Wirkungsgrade und die Ausnutzung alternativer Energiequellen den Anstieg etwas verlangsamen, aber für das Jahr 2010 wird ein CO_2-Gehalt von 450 bis 550 Volumen-ppm erwartet. Es gibt zwei natürliche CO_2-Senken (Prozesse, durch die CO_2 aus der Atmosphäre entfernt wird): Absorption im Meerwasser und Photosynthese der Pflanzen (hier sind besonders die tropischen Regenwälder und die Algen in den Meeren von Bedeutung). Da aber die Menge des im Meerwasser gelösten CO_2 zunimmt (irgendwann also Sättigung erreicht wird) und immer mehr Wälder abgeholzt werden oder dem Waldsterben zum Opfer fallen, wird die Kapazität der Erde insgesamt, CO_2 aus der Atmosphäre aufzunehmen, immer kleiner.

Andere Treibhausgase

Verschiedene Gase – darunter Methan, Ozon, Stickstoffoxide und Fluorchlorkohlenwasserstoffe – sind in der Atmosphäre nur in Spuren vorhanden; sie absorbieren ebenfalls die von der Erdoberfläche emittierte langwellige Wärmestrahlung und tragen damit zur Erwärmung bei. Die Konzentration des Methans ist 100mal geringer als die des Kohlendioxids, aber ein CH_4-Molekül kann 20mal mehr Strahlungsenergie absorbieren als ein CO_2-Molekül. Zudem nimmt die Methankonzentration pro Jahr um ein Prozent zu und hat sich in den letzten 250 Jahren verdoppelt. Auch hier kann sich eine selbstverstärkende positive Rückkopplung aufbauen, weil der globale Temperaturanstieg die Zersetzung organischer Substanzen (etwa in den Sümpfen) beschleunigt, wodurch wiederum mehr CH_4 an die Atmosphäre abgegeben wird.

Das Ozon O_3 entsteht bei photochemischen Reaktionen, die durch das Sonnenlicht ausgelöst werden und an denen auch Methan, Kohlenmonoxid und Stickstoffoxide beteiligt sind (die häufigsten Verunreinigungen der

Atmosphäre). Die Ozonkonzentration in der Troposphäre, der untersten Schicht der Atmosphäre, stieg durch die Luftverschmutzung um 10 Prozent an – ungeachtet der Abnahme in der Stratosphäre vor allem über den Erdpolen („Ozonloch"). Ähnlich stark (um 5 bis 10 Prozent) hat der Gehalt an Stickstoffoxiden zugenommen, vorwiegend durch Abholzung von Wäldern, intensiven Einsatz stickstoffhaltiger Düngemittel und Verbrennung von Biomasse. Dies sind Begleiterscheinungen der landwirtschaftlichen Nutzung weiterer Landflächen.

Fluorchlorkohlenwasserstoffe (FCKW) sind kein natürlicher Bestandteil der Atmosphäre. Sie dienen als Kältemittel in Klima- und Kühlanlagen, zum Schäumen von Kunststoffen und als Treibgase in Spraydosen. Genau wie Kohlendioxid absorbieren sie Wärmestrahlung; außerdem zerstören sie die Ozonschicht in der Stratosphäre. Herstellung und Verbrauch der FCKWs gehen in vielen Ländern derzeit stark zurück. Dennoch nimmt – wegen ihrer chemischen Stabilität – ihr Anteil in der Atmosphäre immer noch zu und wird etwa 0,001 Volumen-ppm erreichen.

Die globale Erwärmung

Die weltweit gemittelte Lufttemperatur ist seit 1900 um rund 0,5 K gestiegen (Abbildung 3). Die sechs bisher wärmsten Tage dieses Jahrhunderts traten alle nach 1980 auf. Allerdings sind weitere Daten nötig, damit detailliertere Aussagen über die Klimaveränderungen möglich sind – auch darüber, ob und inwieweit die Treibhausgase sie verursachen. Jedoch steht jetzt schon fest, daß deren ständig steigender Mengenanteil in der Atmosphäre am Temperaturanstieg zumindest mitwirkt. Würden wir mit Reaktionen und Änderungen warten, bis alle Einzelheiten geklärt sind, so würden die Schäden weiter zunehmen und könnten immer weniger gemildert oder behoben werden.

Die Auswirkung der globalen Erwärmung auf einzelne Gebiete ist nicht bekannt. Wahrscheinlich wird sich

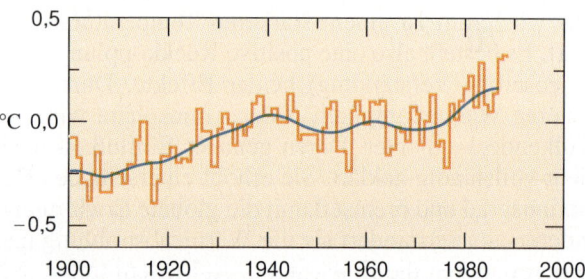

Abbildung 3 Die weltweit gemittelte Lufttemperatur, bezogen auf den zeitlichen Mittelwert von 1950 bis 1979. Seit Beginn des Jahrhunderts ist die Temperatur um 0,5 K angestiegen. Die Daten wurden an der Universität East Anglia und vom britischen Wetteramt ermittelt. (Aus: Richard A. Kerr, *1988 Ties for Warmest Year*, in *Science* **243**, 891; Wiedergabe mit freundlicher Genehmigung der American Association for the Advancement of Science.)

die Verteilung der Niederschläge drastisch ändern, mit dramatischen Auswirkungen auf Landwirtschaft, wirtschaftliche Verflechtungen und Lebensumstände. Weiterhin wird das Festlandeis teilweise schmelzen. Dadurch wird der Meeresspiegel ansteigen, und die tiefer liegenden Landstriche, in denen ein Großteil der Menschheit lebt, werden überflutet oder zumindest bedroht.

Während der Erdgeschichte gab es viele einschneidende Klimawechsel. Im Unterschied zu diesen sind die heutigen Veränderungen jedoch direkt auf das Verhalten der Menschheit zurückzuführen, also keine natürlichen Prozesse, auf die wir keinen Einfluß haben. Durch Veränderung unseres Verhaltens können wir die erwarteten bzw. schon ablaufenden Klimaveränderungen abschwächen oder vielleicht sogar stoppen. Keineswegs nur im Hinblick auf die Kosten müssen wir entscheiden, was zu tun ist. Dabei haben wir sowohl die noch bestehenden Unsicherheiten zu berücksichtigen als auch die möglichen Konsequenzen verschiedener Maßnahmen. – Werden wir klug genug sein, diese Herausforderung zu bestehen?

Sonnenuntergang über dem Amazonas-Becken, aufgenommen aus der Raumfähre Challenger. Es ist sehr gut zu erkennen, wie dünn die Atmosphäre im Vergleich zum Erddurchmesser ist. (Foto: NASA, 83-HC-227)

Aufgaben

Stufe I

16.1 Wärmekapazität und spezifische Wärme

1. Ein erwachsener Mensch hat einen Energieverbrauch von durchschnittlich 2500 kcal pro Tag. a) Wieviel Joule entspricht dies? b) Welche Leistung gibt die Person ab? Dabei soll angenommen werden, daß die Energie während der 24 Stunden eines Tages gleichmäßig abgegeben wird.

2. Ein Metallstück der Masse 100 g habe zu Beginn die Temperatur 100 °C. Es werde in einen Behälter der Masse 200 g aus dem gleichen Metall gegeben, der 500 g Wasser mit der Anfangstemperatur 20 °C enthält. Die Endtemperatur beträgt 21,4 °C. Wie hoch ist die spezifische Wärme des Metalls?

16.2 Phasenübergänge und latente Wärme

3. Ein Stück Eis der Masse 200 g habe eine Temperatur von 0 °C; es werde in 500 g Wasser der Temperatur 20 °C gegeben. Das gesamte System befinde sich in einem von der Umgebung isolierten Behälter mit vernachlässigbar geringer Wärmekapazität. a) Wie hoch ist die Temperatur nach Erreichen des thermischen Gleichgewichts? b) Wieviel Eis ist dann geschmolzen?

4. Wieviel Wärme muß abgeführt werden, damit 100 g Wasserdampf der Temperatur 150 °C zu Eis bei 0 °C gefroren werden? Die spezifische Wärme des Dampfes ist 2,01 kJ/(kg·K).

16.3 Wärmeübertragung

5. Ein 2 m langer, runder Kupferstab habe einen Durchmesser von 2 cm. Die beiden Enden werden auf einer Temperatur von 100 °C bzw. von 0 °C gehalten. Die Oberfläche des Stabes sei isoliert, so daß seitlich keine Wärme abfließen kann. Berechnen Sie a) den Wärmewiderstand R des Stabes, b) den Wärmestrom I, c) den Temperaturgradienten $\Delta T/\Delta x$ und d) die Temperatur in einer Entfernung von 25 cm vom heißen Ende.

6. Zwei Metallwürfel aus Kupfer (Cu) bzw. aus Aluminium (Al) mit der Kantenlänge 3 cm werden hintereinander angeordnet, wie in Abbildung 16.19 zu sehen. Berechnen Sie a) den Wärmewiderstand jedes einzelnen Würfels, b) den Wärmewiderstand R des Gesamtsystems aus beiden Würfeln, c) den gesamten Wärmestrom I durch beide Würfel und d) die Temperatur T_{Gr} an der Grenzfläche zwischen beiden Würfeln.

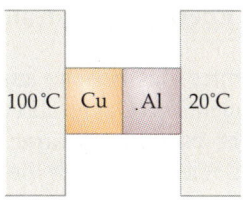

16.19 Zu Aufgabe 6.

7. Die gleichen Würfel wie in Aufgabe 6 werden parallel angeordnet, wie in Abbildung 16.20 gezeigt. Berechnen Sie a) den Wärmestrom durch jeden Würfel von links nach rechts, b) den gesamten Wärmestrom I durch beide Würfel und c) den Wärmewiderstand R_{Ers} des Gesamtsystems aus beiden Würfeln.

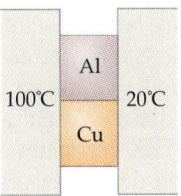

16.20 Zu Aufgabe 7.

8. Die Heizdrähte eines elektrischen 1-kW-Heizgerätes zeigen bei 900 °C helle Rotglut. Nehmen Sie an, die Leistung werde zu 100 Prozent als Strahlung abgegeben und die Drähte wirken wie schwarze Strahler. Die Raumtemperatur sei 20 °C. Wie groß ist unter diesen Voraussetzungen die effektive strahlende Oberfläche der Drähte?

9. Betrachten Sie den menschlichen Körper als schwarzen Strahler der Temperatur 33 °C (das ist etwa die Temperatur der Hautoberfläche) und berechnen Sie die Wellenlänge des Strahlungsmaximums (λ_{max}).

16.4 Der Erste Hauptsatz der Thermodynamik

10. Ein Bleigeschoß mit anfangs 30 °C fange gerade an zu schmelzen, wenn es inelastisch auf eine Platte aufschlägt. Nehmen Sie an, die gesamte kinetische Energie des Projektils gehe beim Aufprall in seine innere Energie über und bewirke dadurch die Temperaturerhöhung, die zum Schmelzen führt. Wie hoch war die Geschwindigkeit des Projektils?

16 Wärme und der Erste Hauptsatz der Thermodynamik

11. Eine Wärmemenge von 400 kcal werde einer bestimmten Gasmenge zugeführt, die bei ihrer Expansion 800 kJ Arbeit verrichtet. Um wieviel ändert sich die innere Energie des Gases?

16.5 Die innere Energie eines idealen Gases

12. Ein bestimmtes Gas bestehe aus Ionen, die sich gegenseitig abstoßen. Das Gas erfährt eine freie Expansion, während der es weder Wärme aufnimmt noch Arbeit verrichtet. Wie ändert sich die Temperatur?

16.6 Volumenarbeit und das P-V-Diagramm eines Gases

In den Aufgaben 13 bis 16 wird jeweils 1 mol eines idealen Gases betrachtet. Sein Anfangszustand sei $P_1 = 3$ atm, $V_1 = 1$ L und $U_1 = 456$ J. Der Endzustand sei $P_2 = 2$ atm, $V_2 = 3$ L und $U_2 = 912$ J. Alle Vorgänge laufen reversibel ab.

13. Das Gas kann bei konstantem Druck bis auf $V = 3$ L expandieren. Dann wird es bei konstantem Volumen abgekühlt, bis $P = 2$ atm ist. a) Erstellen Sie das P-V-Diagramm für diesen Vorgang und berechnen Sie die Arbeit, die das Gas verrichtet. b) Welche Wärmemenge wird während des Prozesses zugeführt?

14. Das Gas wird zunächst bei konstantem Volumen abgekühlt, bis $P = 2$ atm ist. Dann kann es bei konstantem Druck expandieren, bis $V = 3$ L ist. a) Erstellen Sie das P-V-Diagramm für diesen Vorgang und berechnen Sie die Arbeit, die das Gas verrichtet. b) Welche Wärmemenge wird während des Prozesses zugeführt?

15. Das Gas kann isotherm expandieren, bis $V = 3$ L und $P = 1$ atm ist. Dann wird es bei konstantem Volumen erwärmt, bis $P = 2$ atm ist. a) Erstellen Sie das P-V-Diagramm für diesen Vorgang und berechnen Sie die Arbeit, die das Gas verrichtet. b) Welche Wärmemenge wird während des Prozesses zugeführt?

16. Das Gas wird erwärmt und kann dabei expandieren, wobei sich im P-V-Diagramm eine Gerade vom Anfangs- zum Endzustand ergibt. a) Erstellen Sie das P-V-Diagramm für diesen Vorgang und berechnen Sie die Arbeit, die das Gas verrichtet. b) Welche Wärmemenge wird während des Prozesses zugeführt?

17. Ein Mol eines idealen Gases befinde sich zu Anfang bei 1 atm und 0 °C. Es wird isotherm und reversibel komprimiert, bis $P = 2$ atm ist. Berechnen Sie a) die zum Komprimieren erforderliche Arbeit und b) die Wärme, die vom Gas während der Kompression abgeführt wird.

16.7 Wärmekapazitäten und der Gleichverteilungssatz

18. Die Wärmekapazität bei konstantem Volumen C_V einer bestimmten Menge eines einatomigen Gases betrage 49,8 J/K. a) Wieviel Mole des Gases liegen vor? b) Wie groß ist die innere Energie dieser Gasmenge bei $T = 300$ K? c) Wie groß ist ihre Wärmekapazität bei konstantem Druck (C_P)?

19. Ein Mol eines idealen, zweiatomigen Gases werde bei konstantem Volumen von 300 K auf 600 K erwärmt. a) Berechnen Sie die Zunahme der inneren Energie, die verrichtete Arbeit und die zugeführte Wärme. b) Berechnen Sie dieselben Größen, wenn die Erwärmung von 300 K auf 600 K bei konstantem Druck stattfindet. Verwenden Sie zum Berechnen der verrichteten Arbeit Ihre Ergebnisse aus a) und den Ersten Hauptsatz. c) Berechnen Sie die in b) verrichtete Arbeit direkt nach $dW = -P\,dV$.

16.8 Adiabatische Zustandsänderung

20. Ein Mol eines idealen Gases (mit $\gamma = \frac{5}{3}$) expandiere adiabatisch und reversibel von 10 atm bei 0 °C auf einen Druck von 2 atm. Berechnen Sie a) Anfangs- und Endvolumen, b) die Endtemperatur und c) die vom Gas verrichtete Arbeit.

21. Ein ideales Gas mit der Anfangstemperatur 20 °C werde adiabatisch und reversibel auf die Hälfte des Anfangsvolumens komprimiert. Berechnen Sie die Endtemperatur a) mit $C_V = \frac{3}{2} nR$ und b) mit $C_V = \frac{5}{2} nR$.

Stufe II

22. Der Aluminiumbehälter eines Kalorimeters habe die Masse 200 g und enthalte 500 g Wasser mit 20 °C. Es werden 300 g Aluminiumschrot auf 100 °C erhitzt und in das Kalorimeter gegeben. a) Entnehmen Sie die spezifische Wärme von Aluminium der Tabelle 16.1 und berechnen Sie die Endtemperatur des Systems, wenn keine Wärme an die Umgebung abgegeben wird. b) Der durch Wärmeübergang zwischen Kalorimeter und Umgebung entstehende Fehler kann minimiert werden, wenn die Anfangstemperatur des Kalorimeters um $\frac{1}{2} \Delta T$ unter der Umgebungstemperatur liegt. Dabei ist ΔT die bei der Messung auftretende Temperaturdifferenz. (Die Endtemperatur liegt dann um $\frac{1}{2} \Delta T$ über der Raumtemperatur.) Wie ist im vorliegenden Fall die Anfangstemperatur zu wählen, wenn die Raumtemperatur 20 °C beträgt?

23. Bei sehr tiefen Temperaturen (in der Nähe des absoluten Nullpunkts) läßt sich die Temperaturabhängigkeit der spezifischen Wärme von Metallen mit der

Gleichung $c = aT + bT^3$ beschreiben. Für Kupfer ist $a = 0{,}0108$ J/(kg·K²) und $b = 7{,}62 \cdot 10^{-4}$ J/(kg·K⁴). a) Wie groß ist die spezifische Wärme von Kupfer bei 4 K? b) Wieviel Wärme muß zugeführt werden, um 1 kg Kupfer von 1 K auf 3 K zu erwärmen?

24. Ein Aluminiumstück mit der Masse 50 g habe anfangs die Temperatur 20 °C. Es wird in einen großen Behälter mit flüssigem Stickstoff ($T = 77$ K) gebracht. Wieviel Stickstoff verdampft? Nehmen Sie die spezifische Wärme von Aluminium als konstant an: $c = 0{,}90$ kJ/(kg·K).

25. Ein Stück Eis falle aus der Höhe h auf den Erdboden. a) Wie groß muß h mindestens sein, damit das Eis beim inelastischen Stoß auf den Boden schmilzt? Nehmen Sie an, die gesamte umgesetzte mechanische Energie diene zum Schmelzen des Eises. b) Ist es berechtigt, dabei die Änderung der Erdbeschleunigung g entlang der Fallhöhe zu vernachlässigen? c) Welche Auswirkung auf das Ergebnis hat es, wenn der Luftwiderstand beim Fall berücksichtigt wird?

26. Der Aluminium-Behälter eines Kalorimeters habe die Masse 200 g und enthalte 500 g Wasser mit 20 °C. Ein Stück Eis der Masse 100 g und der Temperatur −20 °C wird in das Kalorimeter gegeben. a) Berechnen Sie die Endtemperatur des gesamten Systems für den Fall, daß es keine Wärme mit der Umgebung austauscht. Die spezifische Wärme von Eis sei konstant gleich 2,0 kJ/(kg·K). b) Ein zweites Eisstück mit 200 g und −20 °C wird hinzugefügt. Wieviel Eis ist dann nach Einstellung des thermischen Gleichgewichts im Kalorimeter noch vorhanden? c) Wäre die Antwort auf die Frage b) anders, wenn beide Eisstücke gleichzeitig in das Kalorimeter gegeben würden?

27. Die Oberflächentemperatur der Wendel einer Glühlampe liegt bei etwa 1300 °C. Auf welchen Wert steigt sie, wenn die zugeführte elektrische Leistung verdoppelt wird? *Hinweis:* Zeigen Sie, daß die Temperatur der Umgebung vernachlässigt werden kann.

28. Ein Kochtopf mit einem Boden aus Kupfer enthalte 0,8 L siedendes Wasser. Nach 10 min sei alles Wasser verdampft. Nehmen Sie an, daß die Wärme von der Kochplatte ausschließlich durch den Boden fließe, der einen Durchmesser von 15 cm habe und 3,0 mm dick sei. Berechnen Sie die Temperatur an der Außenseite des Bodens, wenn noch Wasser im Topf ist.

29. Ein halbkugelförmiger Iglu mit dem Innenradius 2 m wurde aus festgestampftem Schnee errichtet. Im Inneren soll eine Temperatur von 20 °C aufrechterhalten werden, wenn die Außentemperatur −20 °C beträgt. Die Bewohner des Iglus geben eine Wärme von 38 MJ pro Tag ab. Wie dick muß die Wandung des Iglus sein, wenn die Wärmeleitfähigkeit des festen Schnees 0,209 W/(m·K) beträgt? Näherungsweise kann angenommen werden, daß innere und äußere Wandfläche des Iglus gleich groß sind.

30. Eine geschwärzte kupferne Kugel mit dem Radius 4,0 cm hänge im Vakuum. Die Temperatur der Wandung des Vakuumgefäßes betrage 20 °C und die der Kupferkugel zu Beginn 0 °C. Berechnen Sie die Geschwindigkeit, mit der sich die Temperatur der Kugel ändert, wenn die Wärme ausschließlich durch Strahlung übertragen wird.

31. Flüssiges Helium befinde sich bei seinem Siedepunkt (4,2 K) in einem kugelförmigen Behälter. Dieser sei durch Vakuum von der Umgebung getrennt, die bei 77 K (der Temperatur flüssigen Stickstoffs) gehalten werde. Der Behälter habe einen Durchmesser von 30 cm und sei außen geschwärzt, so daß er als schwarzer Strahler wirkt. Wieviel Helium verdampft pro Stunde?

32. Die Solarkonstante gibt die Leistung an, die pro Flächeneinheit (senkrecht zur Strahlungsrichtung) von der Erde bei ihrem mittleren Abstand von der Sonne empfangen wird. In der oberen Atmosphäre beträgt die Solarkonstante etwa 1,35 kW/m². Berechnen Sie die effektive Strahlungstemperatur der Sonne, wenn diese wie ein schwarzer Strahler wirkt. Der Sonnendurchmesser beträgt $6{,}96 \cdot 10^8$ m.

33. Ein Eisblock mit 20 kg habe eine Temperatur von 0 °C. Er gleite auf einer 5 m langen Ebene nach unten, die eine Neigung von 30° hat. Die Gleitreibungszahl zwischen Eis und Ebene sei 0,05. Wieviel Eis schmilzt beim Herabgleiten, wenn die gesamte umgesetzte mechanische Energie zum Schmelzen führt?

34. Wenn ein ideales Gas bei konstantem Volumen eine Temperaturänderung ΔT erfährt, so ändert sich seine innere Energie um $\Delta U = C_V \Delta T$. a) Erklären Sie, warum diese Formel bei einem idealen Gas für jede Temperaturänderung gilt, gleichgültig, welche Art von Prozeß abläuft. b) Zeigen Sie explizit, daß diese Formel auch für die Expansion eines idealen Gases bei konstantem Druck gilt. Berechnen Sie dabei zuerst die verrichtete Arbeit und zeigen Sie, daß sie als $W = -nR\Delta T$ geschrieben werden kann. Verwenden Sie dann die Relation $\Delta U = Q + W$ mit $Q = C_P \Delta T$.

35. Für eine bestimmte Menge eines Gases sei die Wärmekapazität bei konstantem Druck um 29,1 J/K größer als die bei konstanem Volumen. a) Wieviel mol des Gases liegen vor? b) Wie groß sind C_P und C_V für ein einatomiges Gas? c) Wie groß sind C_P und C_V, wenn das Gas aus zweiatomigen Molekülen besteht, die rotieren, aber nicht schwingen?

16 Wärme und der Erste Hauptsatz der Thermodynamik

36. Ein Mol eines einatomigen idealen Gases übe bei 273 K einen Druck von 1 atm aus. a) Wie groß ist seine innere Energie? Wie groß sind seine innere Energie und die von ihm verrichtete Arbeit, nachdem ihm 500 J Wärme zugeführt wurden: b) bei konstantem Druck, c) bei konstantem Volumen?

37. Ein halbes Mol Helium habe anfangs einen Druck von 5 atm und eine Temperatur von 500 K. Es wird reversibel und adiabatisch expandiert, bis $P = 1$ atm ist. Berechnen Sie a) die Endtemperatur, b) das Endvolumen, c) die vom Gas verrichtete Arbeit und d) die Änderung seiner inneren Energie.

38. Ein Mol N_2 ($C_V = \frac{5}{2} R$) habe bei Raumtemperatur (20 °C) einen Druck von 5 atm. Es kann reversibel und adiabatisch expandieren, bis $P = 1$ atm ist. Dann wird es bei konstantem Druck erwärmt, bis seine Temperatur wieder 20 °C beträgt. Während dieser Erwärmung expandiert es. Danach wird es bei konstantem Volumen erwärmt, bis $P = 5$ atm ist. Anschließend wird es bei konstantem Druck komprimiert, bis wieder der Anfangszustand erreicht ist. a) Erstellen Sie ein genaues P-V-Diagramm, aus dem alle Schritte hervorgehen. b) Bestimmen Sie aus dem Diagramm die vom Gas im gesamten Zyklus verrichtete Arbeit. c) Wieviel Wärme wird im gesamten Zyklus dem Gas zugeführt oder von ihm abgegeben? d) Überprüfen Sie die in b) graphisch bestimmte Arbeit durch Berechnung der in jedem Schritt auftretenden Arbeit.

39. Zwei Mole eines idealen einatomigen Gases haben zu Anfang $P_1 = 2$ atm und $V_1 = 2$ L. Dann werde folgender Zyklus durchlaufen, wobei jeder Schritt reversibel verläuft: isotherme Expansion bis auf $V_2 = 4$ L; Aufheizung bei konstantem Volumen, bis $P_3 = 2$ atm beträgt; Abkühlung bei konstantem Druck, bis wieder der Anfangszustand erreicht ist. a) Erstellen Sie das P-V-Diagramm für diesen Zyklus. b) Berechnen Sie für jeden Schritt die zugeführte Wärme und die verrichtete Arbeit. c) Ermitteln Sie die Temperaturen T_1, T_2 und T_3.

40. 500 J Wärme werden 2 mol eines idealen zweiatomigen Gases zugeführt. a) Berechnen Sie die Temperaturänderung, wenn der Druck konstant gehalten wird. b) Welche Arbeit wird vom Gas verrichtet? c) Berechnen Sie den Quotienten von End- und Anfangsvolumen, wenn die Anfangstemperatur 20 °C betragen hat.

41. Ein Stück Kupfer mit der Masse 100 g wird auf die Temperatur T erwärmt und dann in ein Kupferkalorimeter mit der Masse 150 g gebracht, das 200 g Wasser mit 16 °C enthält. Die Endtemperatur nach Erreichen des thermischen Gleichgewichts beträgt 38 °C. Durch Abwiegen wird festgestellt, daß 1,2 g Wasser verdampft sind. Wie hoch war die Temperatur T?

Stufe III

42. Auf einem kleinen Teich befinde sich eine 1 cm dicke Eisschicht. Die Lufttemperatur betrage −10 °C. a) Berechnen Sie die Geschwindigkeit (in cm/h), mit der die Eisschicht von unten her anwächst. (Eis hat die Dichte 0,917 g/cm³.) b) Wie lange dauert es, bis die Eisschicht 20 cm stark ist?

43. Eine Dampfleitung der Länge ℓ habe eine isolierende Beschichtung aus einem Material mit der Wärmeleitfähigkeit λ. Berechnen Sie den Wärmestrom durch die Isolationsschicht, die die Außentemperatur T_1 und die Innentemperatur T_2 sowie den Außenradius r_1 und den Innenradius r_2 hat.

44. Ein ideales Gas mit dem Anfangsdruck P_0 expandiere auf das doppelte Volumen. a) Wie hoch ist der Druck nach der Expansion? b) Das Gas wird dann reversibel und adiabatisch auf das Anfangsvolumen komprimiert. Der Druck beträgt nun $1{,}32 \cdot P_0$. Ist das Gas ein-, zwei- oder mehratomig? c) Wie ändert sich die kinetische Translationsenergie der Gasmoleküle bei den beschriebenen Schritten?

45. Kühlsole mit der Temperatur −16 °C ströme durch Kupferrohre mit der Wandstärke 1,5 mm und hält einen Kühlraum bei 0 °C. Der Durchmesser der Rohre sei groß gegen ihre Wandstärke. Auf welchen Bruchteil wird der Wärmestrom durch die Rohrwände verringert, wenn sie mit einer 5 mm dicken Eisschicht überzogen sind?

46. Ein Körper habe zu Beginn die Temperatur T_1 und kühle sich durch Konvektion und Strahlung in einem Raum der Temperatur T_0 ab. Es gelte das Newtonsche Abkühlungsgesetz

$$\frac{dQ}{dt} = hA\,(T - T_0)\,.$$

Darin ist A die Oberfläche des Körpers, und h ist der sogenannte Oberflächenkoeffizient der Wärmeübertragung. Zeigen Sie, daß die Temperatur T des Körpers mit der Masse m und der spezifischen Wärme c zu jedem Zeitpunkt t gegeben ist durch

$$T = T_0 + (T_1 - T_0)\,e^{-hAt/mc}\,.$$

47. Zeigen Sie, daß die Steigung der adiabatischen Kurve durch einen Punkt im P-V-Diagramm um den Faktor γ größer ist als die Steigung der isothermen Kurve durch denselben Punkt.

48. Zu Beginn haben n mol eines idealen Gases den Druck P_1, das Volumen V_1 und die Temperatur T_w. Dann wird isotherm bis auf P_2 und V_2 expandiert. Nun wird adiabatisch expandiert, bis die Werte P_3, V_3 und T_k erreicht sind. Danach wird isotherm bis P_4 und V_4 komprimiert. Das Volumen V_4 hängt mit dem Anfangsvolumen V_1 zusammen über

$$T_k V_4^{\gamma-1} = T_w V_1^{\gamma-1}.$$

Dann wird das Gas adiabatisch komprimiert, bis es wieder den Anfangszustand annimmt. Jeder Schritt soll reversibel ablaufen. a) Erstellen Sie das P-V-Diagramm für diesen sogenannten *Carnot-Kreisprozeß* (siehe Kapitel 17) eines idealen Gases. b) Zeigen Sie, daß für die während der isothermen Expansion bei der Temperatur T_w aufgenommene Wärme Q_w gilt:

$$Q_w = nRT_w \ln \frac{V_2}{V_1}.$$

c) Zeigen Sie, daß die vom Gas während der isothermen Kompression bei T_k abgegebene Wärme Q_k zu beschreiben ist durch

$$Q_k = nRT_k \ln \frac{V_3}{V_4}.$$

d) Bei einer adiabatischen Expansion ist $TV^{\gamma-1}$ konstant. Zeigen Sie mit Hilfe dieser Beziehung, daß $V_2/V_1 = V_3/V_4$ ist. e) Der Wirkungsgrad des Carnot-Kreisprozesses ist definiert als Quotient aus verrichteter Nettoarbeit und aufgenommener Wärme Q_w. Zeigen Sie mit Hilfe des Ersten Hauptsatzes, daß der Wirkungsgrad gleich $(1 - Q_k/Q_w)$ ist. f) Zeigen Sie mit Hilfe Ihrer bisherigen Ergebnisse in dieser Aufgabe, daß $Q_k/Q_w = T_k/T_w$ ist.

49. Nach dem Einstein-Modell gilt bei der Temperatur T für die molare Wärmekapazität bei konstantem Volumen eines kristallinen Festkörpers

$$C_{V,m} = 3R \left(\frac{\Theta_E}{T}\right)^2 \frac{e^{\Theta_E/T}}{(e^{\Theta_E/T} - 1)^2}.$$

Darin ist Θ_E eine charakteristische Temperatur, genannt Einstein-Temperatur. a) Zeigen Sie, daß die Dulong-Petit-Regel ($C_{V,m} \approx 3R$) mit dem Einstein-Modell übereinstimmt, wenn $T \gg \Theta_E$ ist. b) Für Diamant ist $\Theta_E \approx 1060$ K. Ermitteln Sie die Zunahme der inneren Energie eines Mols Diamant, das von 300 K auf 600 K erwärmt wird. Integrieren Sie dazu numerisch nach der Formel

$$\Delta U = \int C_{V,m} \, dT.$$

17 Die Verfügbarkeit der Energie

In den letzten Jahren ist uns immer stärker bewußt geworden, daß wir Energie sparen müssen. Der Erste Hauptsatz der Thermodynamik besagt aber, daß die Energie in einem abgeschlossenen System, so auch im gesamten Universum, erhalten bleibt. Daher kann weder Energie verbraucht noch erzeugt werden. Was bei jedem „Energieverbrauch" geschieht, ist lediglich eine Umwandlung der Energie von einer Form in eine andere. Was ist dann mit „Energiesparen" gemeint? Wir werden in diesem Kapitel sehen, daß der Erste Hauptsatz nicht die ganze Wahrheit beschreibt. Zwar geht keine Energie verloren, aber es gibt „wertvolle" und „weniger wertvolle" Energieformen. Aus dem Zweiten Hauptsatz folgt, daß eine bestimmte Energiemenge nicht immer beliebig nutzbar ist. So kann mechanische Arbeit ohne weiteres restlos in Wärme umgewandelt werden, ohne daß irgendwelche weiteren Vorgänge damit verknüpft sein müssen. Aber die nach dem Ersten Hauptsatz durchaus mögliche Umkehrung – die vollständige Umwandlung von Wärme oder innerer Energie in mechanische Arbeit – kann nicht ablaufen, ohne daß auch andere Prozesse beteiligt sind (wir werden gleich sehen, was damit gemeint ist). Dieser prinzipielle Unterschied zwischen Wärme und Arbeit hat damit zu tun, daß manche Prozesse **irreversibel** sind.

Mechanische Energie wird beispielsweise bei der Reibung in Wärme umgewandelt. So geht beim Herabgleiten eines Klotzes auf einer geneigten, rauhen Tischplatte seine kinetische Energie durch die Reibung in Wärme über, die zur Erhöhung der inneren Energie von Klotz und Tisch führt. Niemals aber können wir den (vom Ersten Hauptsatz durchaus zugelassenen) umgekehrten Prozeß beobachten, nämlich daß der Klotz hinaufgleitet und dabei sich und den Tisch abkühlt. Die Umwandlung von kinetischer Energie in Wärme ist demnach ein irreversibler Vorgang, d. h. ein Prozeß, der in der anderen Richtung nicht spontan ablaufen kann, weil dies dem Zweiten Hauptsatz der Thermodynamik widerspricht.

Irreversible Prozesse können von ganz unterschiedlicher Art sein, aber sie gehorchen alle dem Zweiten Hauptsatz. Nehmen Sie an, wir schütten in ein Gefäß eine Schicht weißen Sand und darauf eine Schicht schwarzen Sand. Nach kräftigem Schütteln werden sich beide Sandsorten vermischt haben. Es gibt aber keine Methode, sie wieder zu entmischen, außer etwa körnerweises Sortieren oder chemische Trennung, was jeweils einen gewissen Energieaufwand erfordert. Ein anderer irreversibler Prozeß ist die Wärmeleitung. Bringen wir einen heißen und einen kalten Körper zusammen, dann fließt Wärme vom heißen zum kalten Körper, bis beide nach einiger Zeit dieselbe Temperatur haben. Auch hier werden wir nie den spontanen Ablauf des Vorgangs in der anderen Richtung beobachten:

Haben beide Körper dieselbe Temperatur, wird keine Wärme von einem zum anderen fließen, so daß sich dieser erwärmen und der erste sich abkühlen würde. Der Zweite Hauptsatz sagt aus, daß Prozesse dieser Art in der Natur nicht vorkommen. Von den vielen möglichen Formulierungen dieses Gesetzes werden wir nun einige kennenlernen und zeigen, daß sie äquivalent sind.

17.1 Wärmekraftmaschinen und der Zweite Hauptsatz

Auf die mit dem Zweiten Hauptsatz zusammenhängenden Gesetzmäßigkeiten stieß man zuerst bei dem Versuch, die Effizienz der Dampfmaschine zu verbessern. Sie wurde Mitte des 18. Jahrhunderts erfunden und war die erste Wärmekraftmaschine, also eine Vorrichtung, mit der Wärme in mechanische Arbeit umgesetzt wird. Die ersten Dampfmaschinen dienten zum Abpumpen von Wasser aus den Kohleschächten der Bergwerke. Heute werden sie vor allem in Kraftwerken eingesetzt. Das Prinzip einer Dampfmaschine ist in Abbildung 17.1 dargestellt: Wasser wird unter hohem Druck (meist mehrere hundert bar) bis zum Sieden erhitzt; die Temperatur liegt meist bei etwa 500 °C. Der Dampf treibt einen Kolben nach außen, kühlt sich bei dieser Expansion ab und wird durch ein Ventil zum Kühler ausgelassen. Im Kühler kondensiert er schließlich zu Wasser, das in den Behälter zurückgepumpt wird.

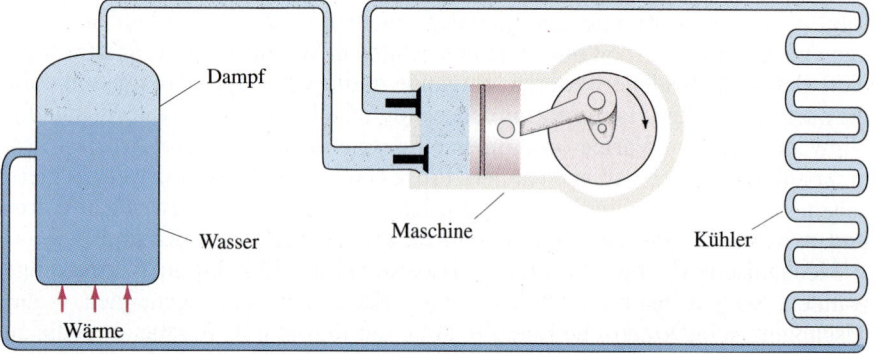

17.1 Das Prinzip der Dampfmaschine. Der unter hohem Druck erzeugte Dampf verrichtet Arbeit am Kolben und expandiert dabei. Nach dieser Expansion hat er eine geringere Temperatur. Das bei seiner Kondensation im Kühler entstandene Wasser wird in den Druckbehälter zurückgepumpt.

Abbildung 17.2 zeigt schematisch die Arbeitsschritte des Kreisprozesses, der in einer Wärmekraftmaschine abläuft. Zunächst wird das Gas im Zylinder (mit dem Anfangsdruck P_1) bei konstantem Volumen erwärmt, bis der Druck P_2 erreicht ist. Die hierfür zugeführte Wärmemenge ist Q_1. Dann wird der Kolben mit Hilfe des Massestücks G im Gleichgewicht gehalten. Nun wird die Wärme Q_2 zugeführt (b), und zwar (wegen des Massestücks) bei konstantem Druck, so daß das Gas expandiert. Dabei wird das Massestück um die Höhe h angehoben. Jetzt wird der Kolben fixiert (c), und es wird die Wärmemenge Q_3 abgeführt, bis wieder der Anfangsdruck P_1 erreicht ist. Schließlich wird das Massestück entfernt und das Gas bei konstantem Druck bis zum Anfangsvolumen V_1 komprimiert. Dabei wird die Wärmemenge Q_4 abgeführt. Das Gas befindet sich jetzt wieder im Anfangszustand mit dem ursprünglichen Wert der inneren Energie. Deshalb muß die Summe aus zu- und abgeführter Wärme gleich der verrichteten Arbeit W sein. Es ist $|W| = mgh$, denn die Arbeit besteht im Anheben des Massestücks der Masse m um die Höhe h. Betrachten wir nun die Energiebilanz. Aufgenommen wurde

17.1 Wärmekraftmaschinen und der Zweite Hauptsatz

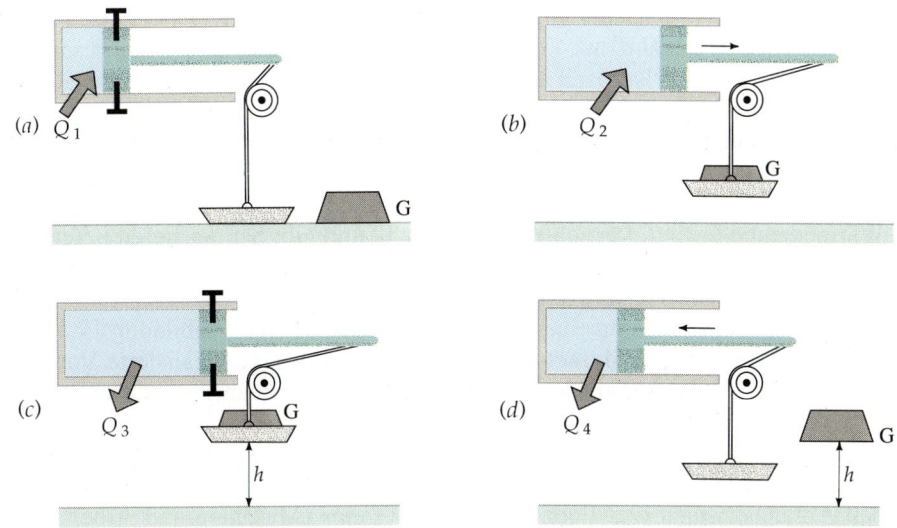

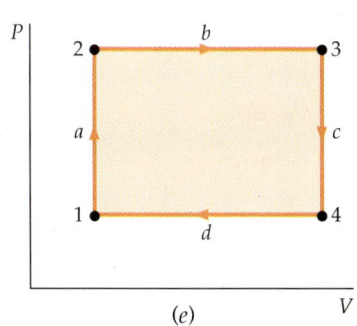

17.2 Der Kreisprozeß einer einfachen Wärmekraftmaschine. a) Bei konstantem Volumen (der Kolben wird festgehalten) wird das Gas erwärmt. Dabei steigt sein Druck von P_1 auf P_2. Dann wird ein Massestück G auf die Schale gelegt (b), so daß der Kolben im Gleichgewicht gehalten wird. Bei konstantem Druck wird weitere Wärme zugeführt, und das Gas expandiert bei konstantem Druck und hebt das Massestück an. c) Der Kolben wird fixiert, während das Gas auf die Anfangstemperatur abgekühlt wird. d) Das Massestück wird entfernt und das Gas bei konstantem Druck auf den Anfangszustand komprimiert. e) Das P-V-Diagramm des gesamten Prozesses. Im Schritt b) verrichtet das Gas Arbeit, und im Schritt d) wird Arbeit am Gas verrichtet. Die vom Gas netto abgegebene Arbeit entspricht der getönten Fläche.

$Q_{\text{ein}} = Q_1 + Q_2$, und abgegeben wurde $|Q_{\text{aus}}| = |Q_3| + |Q_4|$. Damit ist die abgegebene Menge an mechanischer Arbeit

$$|W| = mgh = Q_{\text{ein}} - |Q_{\text{aus}}|$$
$$= Q_1 + Q_2 - |Q_3| - |Q_4|.$$

In Abbildung 17.3 sehen Sie die Abläufe im Viertakt-Verbrennungsmotor. Er gehört zu den Wärmekraftmaschinen mit innerer Verbrennung – im Gegensatz zur Dampfmaschine, bei der die Wärmeerzeugung außerhalb des Arbeitsvolumens stattfindet.

Abbildung 17.4 zeigt schematisch das P-V-Diagramm des Kreisprozesses, der im Ottomotor abläuft. Durch die Verbrennung wird die Wärme Q_{w} zugeführt; dadurch steigen (von b nach c) Temperatur und Druck bei konstantem Volumen. Der Arbeitstakt besteht in der adiabatischen Expansion von c nach d. Während

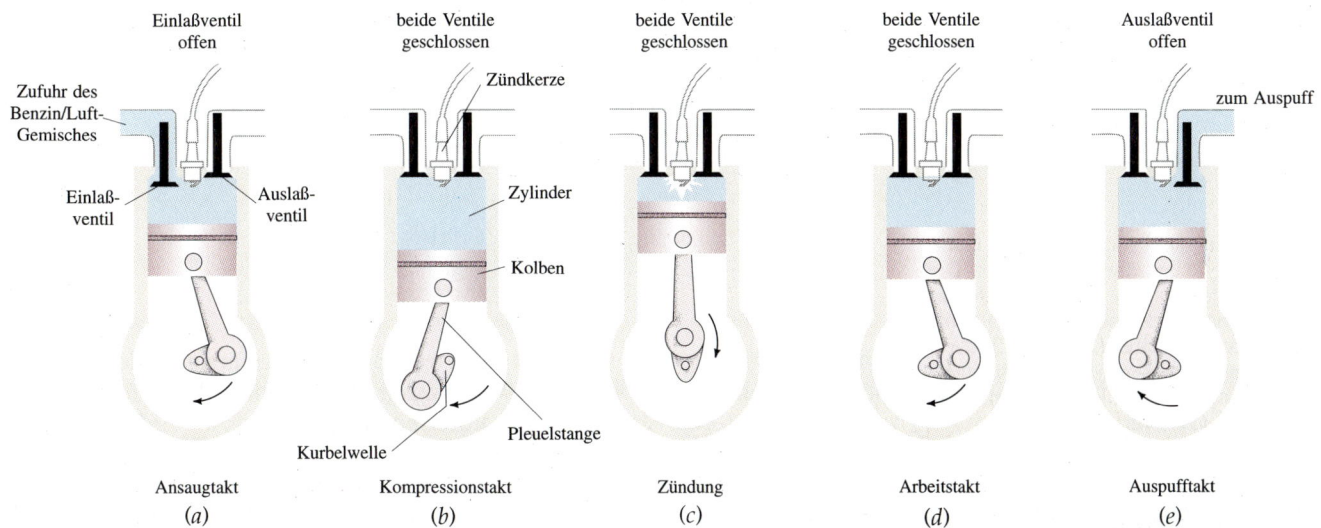

17.3 Die Funktionsweise des Viertakt-Ottomotors. a) Während des Ansaugtaktes gelangt das Benzin/Luft-Gemisch durch das Einlaßventil in den Zylinder, während sich der Kolben abwärts bewegt. b) Das Gas wird vor der Zündung bei c) komprimiert. d) Die heißen, gasförmigen Verbrennungsprodukte treiben den Kolben beim Arbeitstakt nach unten. e) Durch die Aufwärtsbewegung des Kolbens werden die Abgase durch das Auslaßventil aus dem Zylinder gedrückt.

587

17 Die Verfügbarkeit der Energie

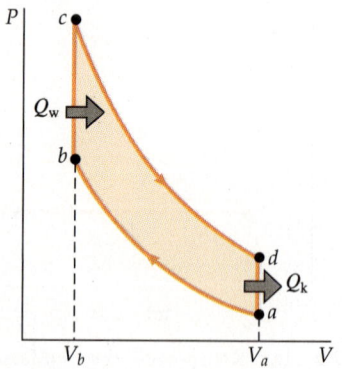

17.4 Das P-V-Diagramm für die Vorgänge im Ottomotor. Das Benzin/Luft-Gemisch tritt bei a ein und wird adiabatisch komprimiert bis b. Nach der Zündung heizt sich das Gas durch die Verbrennung auf, und bei konstantem Volumen erhöht sich sein Druck von b auf c. Dabei wird die Wärme Q_w zugeführt. Beim Arbeitstakt wird adiabatisch von c nach d expandiert. Während der Abkühlung bei konstantem Volumen (von d nach a) wird die Wärme $|Q_k|$ abgegeben. Dies entspricht dem Auspufftakt und dem Ansaugen neuen Gemisches.

der Abkühlung von d nach a wird die Wärme Q_k abgegeben. Weil bei a eine gleich große Menge an Benzin/Luft-Gemisch angesaugt wird, können wir den gesamten Ablauf als einen Kreisprozeß ansehen. Die vom System verrichtete Arbeit entspricht der getönten Fläche im Diagramm.

Jede **Wärmekraftmaschine** enthält eine sogenannte **Arbeitssubstanz**. Bei der Dampfmaschine ist diese Wasser und beim Verbrennungsmotor ein Benzindampf/Luft-Gemisch. Die Arbeitssubstanz nimmt bei der Temperatur T_w die Wärmemenge Q_w auf, verrichtet die Arbeit W und gibt bei der tieferen Temperatur T_k die Wärmemenge Q_k ab. Dann kehrt sie in den Anfangszustand zurück, so daß insgesamt ein Kreisprozeß abläuft.

Das allgemeine Schema einer Wärmekraftmaschine ist in Abbildung 17.5 dargestellt. Unter einem **Wärmereservoir** verstehen wir eine idealisierte Vorrichtung, deren Wärmekapazität so groß ist, daß sie beliebige Wärmemengen aufnehmen oder abgeben kann, ohne daß sich ihre Temperatur merklich ändert. In der Praxis können wir die umgebende Atmosphäre oder auch einen großen See als ein solches Reservoir ansehen. Entscheidend ist bei der Wärmekraftmaschine, daß Anfangszustand und Endzustand des Systems (Maschine und Arbeitssubstanz) gleich sind, daß also ein zyklischer Prozeß abläuft. Mit anderen Worten: Die innere Energie des Systems hat zu Beginn und am Ende denselben Wert. Dann ist nach dem Ersten Hauptsatz

$$\Delta U = Q + W = Q_k + Q_w + W = 0$$

oder

$$|W| = Q_w - |Q_k|.$$

Die von der Maschine verrichtete Arbeit ist gleich der dem wärmeren Reservoir entnommenen (also dem System zugeführten) Wärmemenge Q_w, verringert um die an das kältere Reservoir abgeführte Wärme Q_k. Dabei haben wir die Vorzeichenkonvention (siehe Kapitel 16) benutzt, nach der die vom System abgegebenen Energien negativ zu rechnen sind (hier also Q_k und W).

Wichtig ist bei allen Maschinen (die ja eine Energieform in eine andere umwandeln) ihre Effizienz, das heißt das Verhältnis von abgegebener zu aufgewandter Energiemenge. Daher sind wir am Betrag der umgesetzten Energien interessiert und schreiben

$$|W| = |Q_w| - |Q_k|. \qquad 17.1$$

Der **Wirkungsgrad einer Wärmekraftmaschine** ist definiert als Quotient aus verrichteter Arbeit und zugeführter Wärme:

$$\varepsilon = \frac{|W|}{|Q_w|} = \frac{|Q_w| - |Q_k|}{|Q_w|} = 1 - \frac{|Q_k|}{|Q_w|}. \qquad 17.2$$

Die nötige Wärme wird meist mit Hilfe von Brennstoffen erzeugt; deshalb versucht man, einen möglichst hohen Wirkungsgrad zu erzielen. Bei Dampfmaschinen ist $\varepsilon \approx 0{,}4$, und Verbrennungsmotoren können Werte von $\varepsilon \approx 0{,}5$ haben. Aus

Entwicklung und Ausbreitung der Flamme im Zylinder eines Ottomotors. Die schnelle Bildfolge wurde mit Hilfe der Schlierenmethode aufgenommen, wobei der Kontrast durch elektronische Bildverarbeitung verbessert wurde („Computer-Enhancing"). (Foto: R.F. Sawyer, University of California, Berkeley)

(17.2) geht hervor, daß ein möglichst geringer Anteil der Wärme an das Reservoir mit der tieferen Temperatur T_k abgegeben werden sollte. Ein Wirkungsgrad von 1 wäre nach dieser Gleichung nur zu erzielen, wenn $Q_k = 0$ ist. Dann würde die gesamte zugeführte Wärme Q_w in Arbeit umgewandelt und keine Wärme an das kältere Reservoir abgegeben.

Die heutigen Dampfmaschinen haben zwar einen wesentlich höheren Wirkungsgrad als die ersten Ausführungen, aber es ist prinzipiell unmöglich, eine Wärmekraftmaschine mit $\varepsilon = 1$ zu entwickeln. Das besagt der **Zweite Hauptsatz** der Thermodynamik in einer seiner möglichen Formulierungen, nämlich derjenigen für Wärmekraftmaschinen. Sie wird auch **Prinzip von Thomson** genannt und lautet:

> Es ist unmöglich, eine zyklisch arbeitende Wärmekraftmaschine zu konstruieren, die keinen anderen Effekt bewirkt, als Wärme aus einem Reservoir zu entnehmen und eine äquivalente Menge an Arbeit zu verrichten.

Zweiter Hauptsatz, Formulierung für Wärmekraftmaschinen

Ganz entscheidend ist hier der Begriff *zyklisch arbeitend*. Denn in einem nicht zyklischen Prozeß kann eine bestimmte Wärmemenge durchaus vollständig in Arbeit umgewandelt werden, beispielsweise durch isotherme Expansion eines idealen Gases. Aber danach hat das Gas nicht mehr denselben Zustand wie zu Beginn, und es muß Arbeit zugeführt werden, um wieder den Anfangszustand einzustellen. Dabei gibt das Gas Wärme ab.

Wir fassen zusammen: Wollen wir mit einer zyklisch arbeitenden Vorrichtung Wärme in Arbeit umsetzen, so muß ein kälteres Wärmereservoir einen Teil der dem wärmeren Reservoir entnommenen Energie aufnehmen. Wäre dies nicht so, dann könnte etwa ein Schiff aus dem Meer (einem Wärmereservoir mit gewaltiger Wärmekapazität) ständig Energie für seine Fortbewegung entnehmen. Das kann aber nur dann funktionieren, wenn gleichzeitig Energie an ein kälteres Reservoir abgegeben wird, was in der Praxis jedoch nicht der Fall ist.

Beispiel 17.1

Eine Wärmekraftmaschine nimmt eine Wärmemenge von 200 J aus einem heißen Reservoir auf, verrichtet die Arbeit W und gibt 160 J Wärme an ein kaltes Reservoir ab. Wie groß ist der Wirkungsgrad ε?

Nach dem Ersten Hauptsatz ist

$$|W| = |Q_w| - |Q_k| = 200\,\text{J} - 160\,\text{J} = 40\,\text{J},$$

und der Wirkungsgrad ist

$$\varepsilon = \frac{|W|}{|Q_w|} = \frac{40\,\text{J}}{200\,\text{J}} = 0{,}20.$$

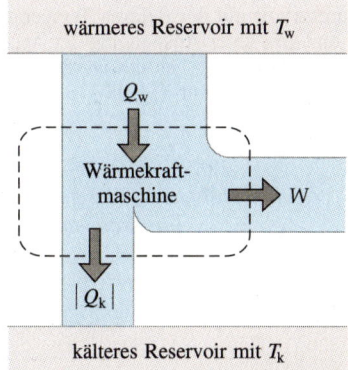

17.5 Das Prinzip der Wärmekraftmaschine. Sie entnimmt die Wärme Q_w einem Wärmereservoir mit der höheren Temperatur T_w, verrichtet die Arbeit W und gibt die Wärme $|Q_k|$ an ein kälteres Reservoir mit der Temperatur T_k ab.

Übung

Der Wirkungsgrad einer Wärmekraftmaschine beträgt 0,35. a) Wieviel Arbeit verrichtet sie bei einem zyklischen Prozeß, wenn sie 150 J Wärme aus einem heißen Reservoir entnimmt? b) Wieviel Wärme wird in jedem Zyklus an das kalte Reservoir abgegeben? (Antworten: a) 52,5 J; b) 97,5 J)

Fragen

1. Woher stammt die zugeführte Energie im Ottomotor und woher in der Dampfmaschine?
2. In welcher Weise beeinflußt die Reibung den Wirkungsgrad einer Wärmekraftmaschine?

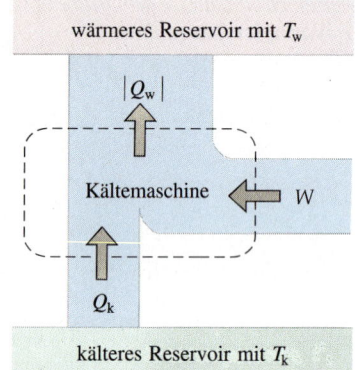

17.6 Das Prinzip der Kältemaschine. Sie entnimmt die Wärme Q_k einem Wärmereservoir mit der tieferen Temperatur T_k und gibt unter Ausnutzung der Arbeit W die Wärme $|Q_w|$ an das wärmere Reservoir (Temperatur T_w) ab.

17.2 Kältemaschinen und der Zweite Hauptsatz

Eine Kältemaschine bzw. eine Wärmepumpe ist im Prinzip eine Wärmekraftmaschine mit umgekehrter Arbeitsrichtung: Der Vorrichtung wird Arbeit zugeführt, und sie entnimmt Wärme aus dem kälteren Reservoir, um sie an das wärmere abzugeben (Abbildung 17.6). Da die Übertragung von Wärme vom kälteren auf das wärmere Reservoir entgegen der spontanen Richtung verläuft, muß stets Arbeit aufgewandt werden, und es gilt der **Zweite Hauptsatz** in der Formulierung für Kältemaschinen, auch **Prinzip von Clausius** genannt:

Zweiter Hauptsatz, Formulierung für Kältemaschinen

> Es ist unmöglich, eine zyklisch arbeitende Kältemaschine zu konstruieren, die keinen anderen Effekt bewirkt, als Wärme von einem kälteren Reservoir in ein wärmeres zu übertragen.

Wäre dieses Naturgesetz nicht gültig, dann würden Kühlschränke und Klimaanlagen keinerlei Energie benötigen. Der **Wirkungsgrad einer Kältemaschine** ist definiert als

$$c_L = \frac{Q_k}{W}.\qquad 17.3$$

Man nennt c_L meist **Leistungszahl**. Diese Bezeichnung ist vorzuziehen, denn c_L ist – im Gegensatz zum Wirkungsgrad – größer als 1. Je größer die Leistungszahl ist, desto effizienter arbeitet die Kältemaschine. In der Praxis liegt c_L oft bei etwa 5. Der Wert von c_L kann nach dem Zweiten Hauptsatz nicht unendlich groß werden (während der Wirkungsgrad ε einer Wärmekraftmaschine nicht eins sein kann).

Beispiel 17.2

Eine Kältemaschine habe die Leistungszahl $c_L = 5{,}5$. Wieviel Arbeit muß aufgewandt werden, um in ihr 1 L Wasser mit 10 °C gefrieren zu lassen?

Die Masse des Wassers beträgt 1 kg. Um seine Temperatur um 10 °C = 10 K abzusenken, muß die Wärme

$$Q_1 = mc\,\Delta T = 1\text{ kg} \cdot 4{,}18\text{ kJ/(kg}\cdot\text{K)} \cdot 10\text{ K} = 41{,}8\text{ kJ}$$

abgeführt werden. Die Schmelzwärme von Wasser ist $Q_S = 333{,}5$ kJ/kg. Damit ist zum Gefrieren des einen Kilogramms Wasser die Wärme $Q_2 = 333{,}5$ kJ abzuführen. Insgesamt muß also

$$Q_k = Q_1 + Q_2 = 41{,}8\text{ kJ} + 333{,}5\text{ kJ} = 375{,}3\text{ kJ} \approx 375\text{ kJ}$$

abgegeben werden. Nach (17.3) ist dafür die Arbeit

$$W = \frac{Q_k}{c_L} = \frac{375\text{ kJ}}{5{,}5} = 68{,}2\text{ kJ}$$

erforderlich.

Übung

Eine Kältemaschine habe die Leistungszahl 4,0. Wieviel Wärme wird an das wärmere Reservoir abgegeben, wenn dem kälteren Reservoir 200 kJ entnommen werden? (Antwort: 250 kJ)

Frage

3. An einem heißen Tag öffnet jemand seinen Kühlschrank, damit seine Küche kühler wird. Begründen Sie, warum dies das Gegenteil des Gewünschten bewirkt, nämlich die Küche heizt.

17.3 Die Gleichwertigkeit der Formulierungen des Zweiten Hauptsatzes

Die beiden im vorigen Abschnitt angegebenen Formulierungen des Zweiten Hauptsatzes scheinen sehr unterschiedlich zu sein. Sie sind jedoch *absolut gleichwertig*. Das bedeutet: Wenn eine richtig ist, so ist es zwangsläufig auch die andere. Oder umgekehrt: Ist eine Formulierung falsch, dann kann auch die andere nicht zutreffen. Das wollen wir nun zeigen. Dazu nehmen wir an, die Wärmekraftmaschinen-Formulierung (nach Thomson) sei falsch.

Die Kältemaschine in Abbildung 17.7 a überträgt Wärme vom kälteren Reservoir in das wärmere und nimmt dazu – gemäß dem Zweiten Hauptsatz in der Formulierung des Clausius-Prinzips – Arbeit aus der Umgebung auf. Mit den Zahlenwerten in der Abbildung ist ihre Leistungszahl $c_L = 2{,}0$. Wäre nun das Thomson-Prinzip nicht gültig, dann könnte die hypothetische Vorrichtung nach

17.7 a) Eine übliche Kältemaschine, die 100 J Wärme aus dem kälteren Reservoir mit T_k entnimmt und 50 J Arbeit aus der Umgebung ausnutzt, um 150 J Wärme an das wärmere Reservoir mit T_w abzugeben. b) Eine hypothetische Wärmekraftmaschine, die 50 J Wärme aus dem wärmeren Reservoir entnimmt und vollständig in Arbeit umsetzt, ohne gleichzeitig Wärme an das kältere Reservoir zu übertragen. Sie widerspricht damit der Wärmekraftmaschinen-Formulierung des Zweiten Hauptsatzes. c) Die Kombination der Maschinen a) und b) verletzt die Kältemaschinen-Formulierung des Zweiten Hauptsatzes, denn sie überträgt 100 J Wärme aus dem kälteren Reservoir in das wärmere, ohne irgendeinen anderen Effekt hervorzurufen.

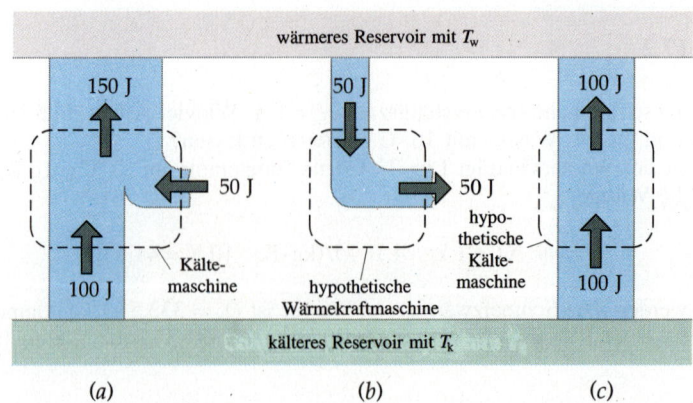

Abbildung 17.7 b Wärme vollständig in Arbeit umwandeln, ohne gleichzeitig auch Wärme an das kältere Reservoir abzugeben. Kombinieren wir beide Maschinen a) und b) miteinander (Abbildung 17.7 c), so erhalten wir eine hypothetische Kältemaschine, die Wärme vom kälteren Reservoir in das wärmere überträgt, ohne daß Arbeit aufzuwenden ist. Das widerspricht aber dem Prinzip von Clausius. Wir haben damit gezeigt, daß die Kältemaschinen-Formulierung des Zweiten Hauptsatzes (nach Clausius) falsch sein muß, wenn die Wärmekraftmaschinen-Formulierung (nach Thomson) nicht zutrifft. Die umgekehrte Beweisführung verläuft analog (siehe Aufgabe 4).

17.4 Der Carnot-Wirkungsgrad

Wir haben gesehen, daß aufgrund des Zweiten Hauptsatzes keine Wärmekraftmaschine den Wirkungsgrad 1 haben kann, weil immer Wärme an das kältere Reservoir abgeführt wird und diese Energie daher nicht mehr zur Verrichtung von Arbeit zur Verfügung steht. Wie groß ist nun der maximale Wirkungsgrad einer Wärmekraftmaschine? Diese Frage beantwortete der französische Ingenieur Sadi Carnot im Jahre 1824, noch bevor der Erste Hauptsatz der Thermodynamik aufgestellt war. Carnot bewies, daß alle Wärmekraftmaschinen mit *reversibler Prozeßführung* den gleichen Wirkungsgrad haben, wenn sie zwischen zwei Wärmereservoiren mit denselben oberen und unteren Temperaturen (T_w und T_k) arbeiten, und daß dies der maximale Wirkungsgrad ist. Das **Carnot-Prinzip** lautet:

Carnot-Prinzip Zwischen zwei gegebenen Wärmereservoiren hat die reversibel arbeitende Wärmekraftmaschine den höchstmöglichen Wirkungsgrad.

Betrachten wir nun den Unterschied zwischen reversiblen und nicht reversiblen Prozessen. Wir haben am Beispiel des herabgleitenden Klotzes bereits gesehen, daß die Umwandlung von Arbeit in Wärme infolge Reibung ein irreversibler Vorgang ist. Der umgekehrte Prozeß – die vollständige Umwandlung von Wärme in Arbeit ohne jeglichen anderen Effekt – ist nach der Thomson-Formulierung des Zweiten Hauptsatzes unmöglich. Ebenso ist die Wärmeleitung von einem heißen zu einem kalten Körper irreversibel. Die Umkehrung kann nur durch einen anderen Effekt, nämlich die Zufuhr von Arbeit, erzwungen werden (Zweiter Hauptsatz nach Clausius). Eine dritte Art eines irreversiblen Vorgangs finden wir bei Systemen, die Nichtgleichgewichtszustände durchlaufen, etwa bei turbulenten Gasströmungen oder gar bei Explosionen. Zu diesem Typ irreversibler Vorgänge zählt auch die freie Expansion eines Gases in ein Vakuum (vgl. Abbildung 16.10). Niemals werden wir den umgekehrten Prozeß beobachten, daß sich ein Gas spontan in einen Teil des verfügbaren Volumens zurückzieht (komprimiert). Wie wir in Abschnitt 16.6 gesehen haben, liegt Reversibilität vor, wenn der jeweilige Vorgang so langsam abläuft, daß sich das System stets in einem Gleichgewichtszustand befindet und daß durch geringfügige Änderung eines Parameters die Umkehrung des Vorgangs erreicht werden kann. Mit anderen Worten: Ein Prozeß ist dann reversibel, wenn das System alle Gleichgewichtszustände auch in umgekehrter Reihenfolge wieder durchlaufen kann.

Aus diesen Betrachtungen und dem, was wir über den Zweiten Hauptsatz gelernt haben, können wir nun einige Bedingungen für die **Reversibilität von Prozessen** zusammenfassen:

1. Es darf keine mechanische Energie aufgrund von Reibung, viskosen Kräften oder anderen dissipativen (nicht rückgängig zu machenden) Effekten in Wärme umgesetzt werden.
2. Es darf keine Wärmeleitung aufgrund einer endlichen Temperaturdifferenz vorliegen.
3. Der Prozeß (und alle Teilvorgänge) müssen quasistatisch ablaufen, so daß sich das System stets im Gleichgewichtszustand oder in infinitesimaler Abweichung davon befindet.

Bedingungen für Reversibilität

Jeder Prozeß, der auch nur eine dieser Bedingungen nicht erfüllt, ist irreversibel. Das ist bei den meisten natürlichen oder technischen Vorgängen der Fall. Bei ihnen kann reversible Durchführung bestenfalls annähernd erreicht werden. Jedoch ist der Begriff der Reversibilität für die theoretischen Betrachtungen äußerst wichtig.

Wir wollen nun das Carnot-Prinzip anhand eines Beispiels illustrieren und dabei zeigen, daß eine Wärmekraftmaschine den Zweiten Hauptsatz verletzt, wenn sie einen höheren Wirkungsgrad als eine reversibel arbeitende Maschine hat.

Die Wärmekraftmaschine in Abbildung 17.8 a soll reversibel arbeiten. Sie gibt $|W| = 40$ J Arbeit ab, entnimmt dem wärmeren Reservoir $Q_w = 100$ J und führt $|Q_k| = 60$ J an das kältere Reservoir ab. (Die Betragsstriche bei Q_w kann man weglassen, weil Q_w positiv ist.) Damit ist ihr Wirkungsgrad $\varepsilon = 1 - |Q_k|/Q_w = 1 - (60\,\text{J}/100\,\text{J}) = 0{,}40 = 40\%$. Die Kältemaschine in b) ist gerade die Umkehrung der Vorrichtung in a). Hier werden 60 J Wärme dem kälteren Reservoir und 40 J Arbeit der Umgebung entnommen, so daß 100 J Wärme an das wärmere Reservoir abgeführt werden. (Bei irreversibler Prozeßführung müßten mehr als 40 J Arbeit aufgebracht werden, um 60 J Wärme aus dem kälteren Reservoir entnehmen zu können.) Nehmen wir nun an, es existiere eine (nichtreversible)

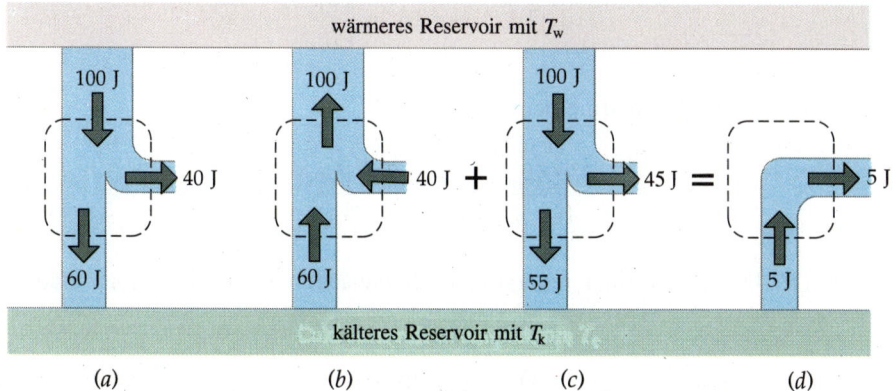

17.8 Zum Carnot-Prinzip. a) Eine reversibel arbeitende Wärmekraftmaschine mit $\varepsilon = \varepsilon_C = 0{,}40$. b) Dieselbe Maschine arbeitet in umgekehrter Richtung als Kältemaschine. c) Eine hypothetische Wärmekraftmaschine, die zwischen den gleichen Wärmereservoiren einen Wirkungsgrad von $\varepsilon = 0{,}45$ hat, der größer ist als derjenige der reversiblen Maschine in a). In d) sind die Maschinen b) und c) miteinander kombiniert; diese hypothetische Wärmekraftmaschine entnimmt dem kälteren Reservoir 5 J und wandelt sie – im Widerspruch zum Zweiten Hauptsatz – ohne jeden weiteren Effekt vollständig in Arbeit um.

17 Die Verfügbarkeit der Energie

Wärmekraftmaschine, die zwischen denselben Wärmereservoiren mit einem höheren Wirkungsgrad, beispielsweise 45%, wie in c) gezeigt, arbeitet. Ihre Kombination mit der Kältemaschine b) ergäbe dann eine hypothetische Maschine (d), die nichts anderes machte als Wärme (aus dem kälteren Reservoir) vollständig in Arbeit umzusetzen. Das ist aber, wie wir bereits wissen, nach dem Thomson-Prinzip nicht möglich. Daraus folgt, daß die zwischen den beiden gegebenen Wärmereservoiren *reversibel* arbeitende Wärmekraftmaschine den maximal möglichen Wirkungsgrad hat.

Wenn keine Wärmekraftmaschine einen höheren Wirkungsgrad als die reversibel arbeitende Maschine haben kann, dann müssen alle reversiblen Wärmekraftmaschinen, die zwischen denselben Wärmereservoiren arbeiten, denselben Wirkungsgrad besitzen. Man nennt ihn den **Carnot-Wirkungsgrad** ε_C. Er ist dadurch gekennzeichnet, daß er nicht von der Arbeitssubstanz, sondern ausschließlich von den Temperaturen der Reservoire abhängt.

Am Beispiel eines idealen Gases als Arbeitssubstanz läßt sich die Temperaturabhängigkeit des Carnot-Wirkungsgrades gut zeigen. Der reversibel durchgeführte Gesamtvorgang in Abbildung 17.9 heißt **Carnot-Kreisprozeß**. Die vier Schritte sind in der Abbildungslegende beschrieben. Das Gas verrichtet Arbeit an der Umgebung bei der isothermen Expansion von 1 nach 2 sowie bei der adiabatischen Expansion von 2 nach 3. Bei den Kompressionsschritten (von 3 nach 4 sowie von 4 nach 1) wird Arbeit am Gas verrichtet. Die vom Gas abgegebene Nettoarbeit entspricht der getönten Fläche im P-V-Diagramm.

Wir können den Wirkungsgrad des Carnot-Kreisprozesses als Funktion der Temperaturen der Reservoire berechnen. Dazu betrachten wir die umgesetzten Wärmemengen: Q_w wird dem wärmeren Reservoir entnommen, und $|Q_k|$ an das kältere Reservoir abgeführt. Bei der Expansion von 1 nach 2 wird Arbeit verrichtet. Wegen der isothermen Bedingung bleibt die innere Energie des Gases dabei unverändert, und es folgt

$$(Q_w)_{rev} = -W = \int_1^2 P\, dV = \int_1^2 \frac{nRT_w}{V} dV$$

$$(Q_w)_{rev} = nRT_w \ln \frac{V_2}{V_1}.$$

17.9 Beim Carnot-Kreisprozeß, hier für ein ideales Gas, werden alle Schritte reversibel durchgeführt. Während der isothermen Expansion von 1 nach 2 wird die Wärme Q_w bei der Temperatur T_w aufgenommen. Von 2 nach 3 wird adiabatisch expandiert, bis die Temperatur auf T_k gesunken ist. Dann wird von 3 nach 4 isotherm komprimiert, wobei $|Q_k|$ abgegeben wird. Schließlich wird von 4 nach 1 adiabatisch komprimiert, bis die Temperatur T_w erreicht ist.

Bei der isothermen Kompression von 3 nach 4 wird die Wärme $|Q_k|$ bei der Temperatur T_k an das kältere Reservoir abgegeben; auch hier ändert sich die innere Energie des Gases wegen der konstanten Temperatur nicht, und die abgeführte Wärmemenge ist ebenso groß wie die aufgenommene Volumenarbeit:

$$|(Q_k)_{rev}| = nRT_k \ln \frac{V_3}{V_4}.$$

Der Quotient beider Wärmemengen ist

$$\frac{|(Q_k)_{rev}|}{(Q_w)_{rev}} = \frac{T_k \ln(V_3/V_4)}{T_w \ln(V_2/V_1)}. \qquad 17.4$$

Nach (16.43) ist bei einer reversiblen adiabatischen Expansion eines idealen Gases

$$TV^{\gamma-1} = \text{konstant}.$$

Das wenden wir auf die Expansion von V_2 auf V_3 an:

$$T_w V_2^{\gamma-1} = T_k V_3^{\gamma-1}.$$

Ebenso gilt für die Expansion von V_4 auf V_1

$$T_w V_1^{\gamma-1} = T_k V_4^{\gamma-1}.$$

Durch Dividieren beider Gleichungen erhalten wir

$$\left(\frac{V_2}{V_1}\right)^{\gamma-1} = \left(\frac{V_3}{V_4}\right)^{\gamma-1}.$$

Daraus folgt $V_2/V_1 = V_3/V_4$ und $\ln(V_2/V_1) = \ln(V_3/V_4)$, und die logarithmischen Terme in (17.4) kürzen sich heraus:

$$\frac{|(Q_k)_{rev}|}{(Q_w)_{rev}} = \frac{T_k}{T_w}. \qquad 17.5$$

Bei dieser Herleitung wurde für jeden Schritt reversible Prozeßführung vorausgesetzt. Daher ist mit den hier umgesetzten Wärmemengen der Wirkungsgrad nach (17.2) gleich dem **Carnot-Wirkungsgrad**

$$\varepsilon_C = 1 - \frac{|(Q_k)_{rev}|}{(Q_w)_{rev}} = 1 - \frac{T_k}{T_w}. \qquad 17.6 \quad \textit{Carnot-Wirkungsgrad}$$

Dies gilt für jegliche zwischen zwei Reservoiren mit den Temperaturen T_k und T_w vollkommen reversibel arbeitende Wärmekraftmaschine. Darüber hinaus ist der in Gleichung (17.6) angegebene Carnot-Wirkungsgrad nach dem Zweiten Hauptsatz der maximale Wirkungsgrad, den Wärmekraftmaschinen bei diesen Temperaturen erreichen können (vgl. noch einmal Abbildung 17.8).

In Abschnitt 15.2 hatten wir die Temperaturskala idealer Gase kennengelernt, die durch die Eigenschaften der Gase bei geringen Dichten definiert ist. Dagegen hängt der Carnot-Wirkungsgrad allein von den Temperaturen beider Reservoire ab. Daher kann mit seiner Hilfe der Quotient der absoluten Temperaturen der Reservoire unabhängig von irgendwelchen Stoffeigenschaften angegeben werden:

$$\frac{T_k}{T_w} = 1 - \varepsilon_C = \frac{|(Q_k)_{rev}|}{(Q_w)_{rev}}. \qquad 17.7$$

Um mit Hilfe dieser Formel das Verhältnis zweier Temperaturen zu bestimmen, muß man beim betreffenden Kreisprozeß die während eines Zyklus aufgenommenen und abgegebenen Wärmemengen genau messen. Auf diese Weise ließen sich Temperaturen genauer als 0,001 K bestimmen.

Wird für die in (17.7) zugrunde gelegte Temperaturskala der Fixpunkt beim Tripelpunkt von Wasser (273,16 K) festgelegt, dann stimmt die hiermit definierte absolute Temperaturskala exakt mit derjenigen für ideale Gase überein.

17 Die Verfügbarkeit der Energie

Beispiel 17.3

Angenommen, eine Dampfmaschine arbeitet mit einem heißen Reservoir bei 100 °C und einem kalten Reservoir bei 0 °C. Wie groß könnte ihr Wirkungsgrad höchstens sein?
Nach (17.6) ist der Carnot-Wirkungsgrad

$$\varepsilon_C = 1 - \frac{T_k}{T_w}$$

$$= 1 - \frac{273 \text{ K}}{373 \text{ K}} = 0{,}268 \ .$$

Dieser Wert erscheint recht gering und ist doch das theoretisch erreichbare Maximum, das in der Praxis – bei diesen Reservoir-Temperaturen – deutlich unterschritten würde, und zwar infolge von Reibung, Wärmeableitung und anderen irreversiblen Prozessen. (Bei den realen Dampfmaschinen liegt die höhere Temperatur deutlich über 100 °C.)

Beispiel 17.3 macht deutlich, daß der Carnot-Wirkungsgrad nicht nur in der Theorie, sondern auch in der Praxis bei realen Maschinen eine wichtige Größe ist. Nehmen wir an, eine reale Maschine entnehme dem wärmeren Reservoir 100 J bei 373 K, verrichte 25 J Arbeit und führe 75 J dem kälteren Reservoir bei 273 K zu. Dann beträgt der Wirkungsgrad 0,25. Obwohl die Zahl relativ klein ist, stellt sie einen sehr guten Wert dar; denn der Carnot-Wirkungsgrad beträgt bei den genannten Reservoir-Temperaturen nur 0,268 (siehe Beispiel 17.3). Mit anderen Worten: Werden 100 J Wärme eingesetzt, könnten in keinem Falle mehr als 26,8 J Arbeit erhalten werden. Deswegen sind – wie gesagt – 25 J sehr viel. Das Verhältnis des tatsächlichen Wirkungsgrads einer Maschine zum Carnot-Wirkungsgrad heißt **relativer Wirkungsgrad** ε_r:

$$\varepsilon_r = \frac{\text{tatsächlicher Wirkungsgrad}}{\text{Carnot-Wirkungsgrad}} = \frac{\varepsilon}{\varepsilon_C} \ . \qquad 17.8$$

Für das eben durchgerechnete Beispiel ist $\varepsilon_r = 0{,}25/0{,}268 = 0{,}93$.

Beispiel 17.4

Eine Wärmekraftmaschine entnehme dem heißen Reservoir 200 J bei 373 K, verrichte 48 J Arbeit und gebe 152 J an das kalte Reservoir bei 273 K ab. Wieviel Energie wird pro Zyklus von der theoretisch möglichen Menge aufgrund von irreversiblen Teilprozessen nicht genutzt?
Der tatsächliche Wirkungsgrad ist $\varepsilon = 48 \text{ J}/200 \text{ J} = 0{,}24$. Wie in Beispiel 17.3 berechnet, ist bei den gegebenen Reservoir-Temperaturen $\varepsilon_C = 0{,}268$. Damit ist $\varepsilon_r = 0{,}24/0{,}268 = 0{,}90$. Das ist ein sehr hoher Wert. Bei absolut reversibler Prozeßführung, also mit dem Carnot-Wirkungsgrad, würde pro Zyklus die Arbeit $0{,}268 \cdot 200 \text{ J} = 53{,}6 \text{ J}$ abgegeben. Weil hier nur 48 J erzielt werden, beträgt der „Verlust" 5,6 J. Natürlich liegt kein wirklicher Verlust vor, denn die Gesamtenergie bleibt nach dem Ersten Hauptsatz stets erhalten. Die Energiedifferenz von 5,6 J wird in diesem Falle dem kalten Reservoir (und der Umgebung) zugeführt. Sie könnte nur in einer idealen, völlig reversiblen Maschine in nutzbare Arbeit umgewandelt werden.

Beispiel 17.5

Von einem heißen Reservoir (mit 373 K) werde auf ein kaltes (mit 273 K) eine Wärmemenge von 200 J übertragen. Wieviel theoretisch nutzbare Arbeit wird nicht abgegeben?

Im vorigen Beispiel haben wir errechnet, daß eine Carnot-Maschine bei den gegebenen Temperaturen 53,6 J an Arbeit abgeben würde, wenn 200 J Wärme dem heißen Reservoir entzogen werden. Damit verglichen, werden hier 53,6 J nicht genutzt (wären als Arbeit zu entnehmen), da die gesamten 200 J als Wärme an das kalte Reservoir übergehen.

Übung

Eine Wärmekraftmaschine arbeitet mit den Reservoirtemperaturen 500 K und 300 K. a) Wie hoch ist der Carnot-Wirkungsgrad? b) Dem heißen Reservoir werden pro Zyklus 200 kJ Wärme entnommen. Wieviel Arbeit könnte maximal verrichtet werden? (Antworten: a) 0,40; b) 80 kJ)

Übung

Eine reale Wärmekraftmaschine arbeite mit den Reservoirtemperaturen 500 K und 300 K. Pro Zyklus werden dem heißen Reservoir 500 kJ Wärme entnommen und 150 kJ Arbeit verrichtet. a) Wie groß ist der tatsächliche Wirkungsgrad? b) Wie hoch ist der relative Wirkungsgrad? (Antworten: a) 0,30; b) 0,75)

Fragen

4. Warum versucht man, Dampfmaschinen mit möglichst hoher Dampftemperatur zu betreiben?
5. Mancher glaubt, eine elektrische Heizung sei besonders effizient, weil die gesamte elektrische Energie in Heizungswärme umgesetzt wird, während bei einer Öl- oder Gasheizung Verluste durch Abwärme im Kamin auftreten. Zu bedenken ist allerdings, daß elektrischer Strom üblicherweise in Kraftwerken mit Hilfe von wasserdampfbetriebenen Generatoren erzeugt wird, die einen Wirkungsgrad von rund 40% haben. Diskutieren Sie vor diesem Hintergrund die Vor- und Nachteile beider Heizungsmethoden.

17.5 Wärmepumpen

Rund 20 Prozent unseres Energieverbrauchs wenden wir für die Heizung von Wohn- und Bürohäusern auf, oft durch Verbrennung fossiler Energieträger in der Heizungsanlage des jeweiligen Gebäudes. Dabei ist zwar die Energieausnutzung relativ gut, aber die Luftverunreinigung durch die Abgase ist hoch. Auf den ersten Blick scheint eine elektrische Heizung unproblematischer zu sein. Eine solche Einschätzung ist aber weit von der Wahrheit entfernt. Unser Strom wird teilweise in Kern- und in Wasserkraftwerken erzeugt, hauptsächlich aber in Kraftwerken, in denen fossile Brennstoffe verbrannt werden. Dabei werden ebenfalls beträchtliche Schadstoffmengen freigesetzt. Zudem wird eine erhebliche Abwärme in die

17 Die Verfügbarkeit der Energie

Umgebung (vor allem in Seen und Flüsse) abgegeben. Schließlich beträgt der Carnot-Wirkungsgrad eines mit Wasserdampf betriebenen Kraftwerks nur rund 0,5, und sein tatsächlicher Wirkungsgrad liegt bei 0,4. Eine Alternative zur Energiegewinnung durch Verbrennung (am Verbrauchsort oder im Kraftwerk) ist in Gegenden mit gemäßigtem Klima der Einsatz von Wärmepumpen.

Eine **Wärmepumpe** ist im Grunde nichts anderes als eine Kältemaschine. Doch sind wir bei der Wärmepumpe eher an der dem wärmeren Reservoir zugeführten Wärmemenge interessiert als an der dem kalten Reservoir entzogenen. Eine Wärmepumpe, die zum Heizen eines Hauses dient, entnimmt der Umgebung (dem Erdreich oder der Luft) Energie und führt sie dem wärmeren Inneren des Gebäudes zu. Auch hier ist der Wirkungsgrad bzw. die *Leistungszahl* nach Gleichung (17.3) definiert als

$$c_L = \frac{Q_k}{W}.$$ 17.9

Bei der Wärmepumpe wird die Wärmemenge $|Q_w|$ an das wärmere Reservoir abgegeben, und Q_k wird aus dem kälteren Reservoir aufgenommen. Daher gilt hier $W = |Q_w| - Q_k$ und somit

$$c_L = \frac{Q_k}{|Q_w| - Q_k} = \frac{Q_k/|Q_w|}{1 - Q_k/|Q_w|}.$$ 17.10

Auch hier wäre nach dem Carnot-Prinzip die theoretisch maximale Leistungszahl nur bei vollständig reversibler Prozeßführung zu erreichen. Analog zu (17.5) gilt für diesen Fall

$$\frac{Q_k}{|Q_w|} = \frac{T_k}{T_w}.$$

Das setzen wir in (17.10) ein und erhalten die maximale Leistungszahl

$$c_{L,max} = \frac{T_k/T_w}{1 - T_k/T_w} = \frac{T_k}{T_w - T_k}$$

oder

$$c_{L,max} = \frac{T_k}{\Delta T}.$$ 17.11

Hier ist ΔT die Differenz der Temperaturen von wärmerem und kälterem Reservoir. Wie auch bei den Wärmekraftmaschinen ist der Wirkungsgrad bzw. die Leistungszahl realer Maschinen infolge Reibung und anderer dissipativer Effekte deutlich kleiner als der theoretisch mögliche Wert.

Wir wollen nun die Arbeit W berechnen, die nötig ist, um eine bestimmte Wärmemenge $|Q_w|$ in das wärmere Reservoir zu übertragen. Mit $Q_k = |Q_w| - W$ und Gleichung (17.9) erhalten wir

$$c_L = \frac{Q_k}{W} = \frac{|Q_w| - W}{W}$$

$$c_L W = |Q_w| - W$$

und, wenn wir nach W auflösen,

$$W = \frac{|Q_w|}{1 + c_L}.$$ 17.12

Beispiel 17.6

Mit einer idealen, also vollständig reversibel arbeitenden Wärmepumpe werde der Heizkessel in einem Haus auf 40 °C gehalten, während die Außentemperatur −5 °C beträgt. Wieviel Energie benötigt die elektrisch betriebene Wärmepumpe, um der Heizung eine Wärmemenge von 1 kJ zuzuführen?

Es ist $T_k = -5\,°C = 268\,K$ und $\Delta T = 45\,K$. Nach Gleichung (17.11) ist die Leistungszahl, die nach dem Carnot-Prinzip maximal möglich ist,

$$c_{L,max} = \frac{T_k}{\Delta T} = \frac{268\,K}{45\,K} = 5{,}96\,.$$

Die aufzuwendende Arbeit ist mit $|Q_w| = 1\,kJ$ nach Gleichung (17.12)

$$W = \frac{|Q_w|}{1 + c_L} = \frac{1\,kJ}{1 + 5{,}96} = 0{,}144\,kJ\,.$$

Es sind also theoretisch nur 0,144 kJ nötig, um der Heizung 1 kJ zuzuführen.

Dem Beispiel 17.6 und der Gleichung (17.12) können wir entnehmen, daß theoretisch das $(1 + c_{L,max})$-fache der eingesetzten Energie in die Heizung gelangen kann. Eine *ideale* Wärmepumpe, die bei den im Beispiel genannten Temperaturen arbeitet und mit 1 kW betrieben wird, kann daher $1\,kW \cdot (1 + 5{,}96) = 6{,}96\,kW$ an die Heizung abgeben. Handelsübliche Wärmepumpen haben eine etwa 6mal geringere Leistungszahl. Deren Wert hängt stark von der Temperaturdifferenz der Reservoire ab.

17.6 Entropie und Unordnung

Wie wir gesehen haben, hängt der Zweite Hauptsatz mit dem Phänomen zusammen, daß bestimmte Prozesse irreversibel sind, also nur in einer Richtung ablaufen. Jedoch lassen sich viele irreversible Vorgänge nicht ohne weiteres durch eine der beiden Formulierungen des Zweiten Hauptsatzes beschreiben; dazu zählt die freie Expansion eines Gases oder auch das Zerspringen eines Glases, das auf den Fußboden fällt.

Alle irreversiblen Prozesse haben eines gemeinsam: Durch sie geht die Gesamtheit von System und Umgebung in einen Zustand höherer Unordnung über. Betrachten wir dazu ein einfaches Beispiel. Ein Behälter, der ein Gas der Masse

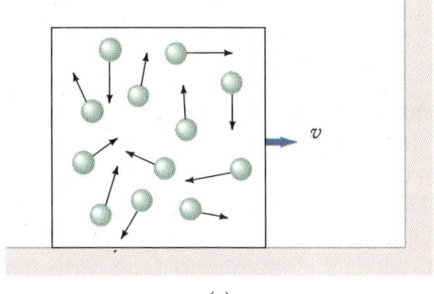

(a)

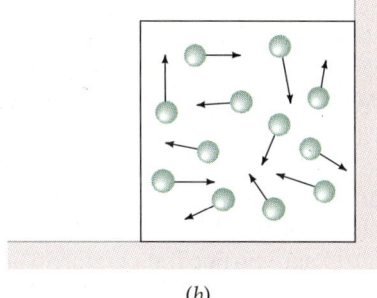

(b)

17.10 a) Ein gasgefüllter Behälter bewegt sich mit der Geschwindigkeit v reibungsfrei auf einer Unterlage nach rechts. Die kinetische Energie der Gasmoleküle, die mit der Behälterbewegung – und daher mit der Bewegung des Massenmittelpunktes der Gasmenge – zusammenhängt, ist „geordnete Energie"; denn alle Moleküle bewegen sich gleichzeitig in dieselbe Richtung. Diese Energie kann direkt in Arbeit umgesetzt werden. Dagegen ist die kinetische Energie der Bewegung der einzelnen Moleküle (relativ zum Massenmittelpunkt der gesamten Gasmenge) proportional zur absoluten Temperatur des Gases. Diese Molekülbewegung ist ungeordnet und kann nicht direkt in Arbeit umgewandelt werden. b) Wenn der Behälter inelastisch auf eine Wand stößt, behalten die Moleküle dieselbe Gesamtenergie wie zuvor. Jedoch wird die geordnete Geschwindigkeitskomponente jetzt auf die ungeordnete Bewegung der Moleküle verteilt, und die Temperatur des Gases ist höher.

17 Die Verfügbarkeit der Energie

m bei der Temperatur T enthält, bewege sich mit der Geschwindigkeit v reibungsfrei auf einer Unterlage (Abbildung 17.10). Die kinetische Energie des Gases hat zwei Komponenten. Die eine beträgt $\frac{1}{2}mv^2$ und entspricht der Bewegung des ganzen Behälters und damit des Massenmittelpunktes der Gasmenge. Diese Energie ist vollständig geordnet (alle Moleküle bewegen sich mit gleicher Geschwindigkeit in dieselbe Richtung) und kann direkt in Arbeit umgesetzt werden; beispielsweise könnte ein Massestück, das mit einem Seil über eine Rolle mit dem Behälter verbunden ist, angehoben werden. Die andere Energiekomponente ist die Wärmeenergie des Gases, die in der völlig regellosen, ungeordneten Bewegung aller Gasmoleküle besteht. Sie läßt sich nicht direkt als Arbeit nutzbar machen.

Nehmen wir an, der Behälter stoße inelastisch auf eine feste Wand. Vernachlässigen wir bei unserer Betrachtung den Behälter selbst, so geht bei diesem irreversiblen Prozeß die geordnete kinetische Energie $\frac{1}{2}mv^2$ der Gasmenge vollständig in Wärme über, also in ungeordnete Bewegung aller Gasmoleküle. Die innere Energie des Gases und damit seine Temperatur haben sich erhöht, denn die mittlere Geschwindigkeit der Gasmoleküle relativ zum (nun ruhenden) Massenmittelpunkt ist jetzt größer. Die Gesamtenergie des Gases bleibt unverändert, doch hat ihr ungeordneter Anteil auf 100% zugenommen. Wir stellen fest: Durch den irreversiblen Prozeß des inelastischen Stoßes hat das Gas einen Zustand geringerer Ordnung (also größerer Unordnung) angenommen und gleichzeitig seine Fähigkeit verloren, Arbeit zu verrichten.

Als Maß für die Ordnung (oder Unordnung) eines Systems benutzt man eine Größe, die als **Entropie** bezeichnet wird. Wie der Druck P, das Volumen V, die Temperatur T und die innere Energie U ist auch die Entropie S eine thermodynamische Zustandsfunktion. Analog zur inneren Energie interessiert vor allem die Änderung der Entropie ΔS durch die betrachteten Prozesse:

Entropieänderung
$$\Delta S = \int \frac{dQ_{\text{rev}}}{T}. \qquad 17.13$$

Hier ist dQ_{rev} die während eines reversiblen Prozesses vom System mit der Umgebung ausgetauschte Wärmemenge. Wird diese abgeführt, dann hat sie ein negatives Vorzeichen (vgl. Kapitel 16), und die Entropie des Systems nimmt ab.

Betrachten wir nun die Entropieänderungen eines idealen Gases bei irgendeinem reversibel durchgeführten Prozeß, in dem das Gas die Wärmemenge dQ aufnimmt. Nach dem Ersten Hauptsatz ist diese gleich der Änderung der inneren Energie, abzüglich der verrichteten Arbeit $dW = -P\,dV$, und es gilt

$$dQ = dU - dW = dU + P\,dV.$$

Mit $dU = C_V\,dT$ und dem idealen Gasgesetz $P = nRT/V$ folgt

$$dQ = C_V\,dT + nRT\frac{dV}{V}. \qquad 17.14$$

Weder W noch Q sind Zustandsfunktionen; deshalb hängen die aufgenommene Wärmemenge und der Betrag der verrichteten Arbeit davon ab, auf welche Weise die Zustandsänderung abläuft. Aus diesem Grunde müssen wir den Weg kennen, der im P-V-Diagramm durchlaufen wird. Dieselbe Erkenntnis ergibt sich aus der Tatsache, daß Gleichung (17.14) nicht integrierbar ist. Zwar hängt der Term $C_V = dU/dT$ nur von der Temperatur ab und läßt sich damit integrieren (daraus erhalten wir die Änderung ΔU der inneren Energie). Aber den zweiten Term in (17.14) können wir nur integrieren, wenn wir T als Funktion von V kennen. Wir dividieren (17.14) nun durch T und erhalten

$$\frac{dQ}{T} = C_V \frac{dT}{T} + nR \frac{dV}{V}. \qquad 17.15$$

Weil C_V nur von T abhängt, kann der erste Term immer noch integriert werden. Zusätzlich läßt sich jetzt jedoch auch der zweite Term integrieren. (In der Sprache der Mathematik wird der Faktor $1/T$ als „integrierender Faktor" bezeichnet.) Der Einfachheit halber wollen wir C_V als konstant annehmen. Damit ergibt die Integration

$$\Delta S = \int \frac{dQ}{T} = C_V \ln \frac{T_2}{T_1} + nR \ln \frac{V_2}{V_1}. \qquad 17.16$$

Die Größe dQ_{rev} in (17.13) bedeutet nicht, daß das System reversibel Wärme mit der Umgebung austauschen muß, damit sich seine Entropie ändert. Bei vielen Prozessen ändert sich die Entropie des Systems, obwohl kein Wärmeaustausch stattfindet. Die Gleichung (17.13) liefert lediglich ein Verfahren, nach dem wir die Entropiedifferenz zweier Zustände eines Systems berechnen können. Wie schon gesagt, ist die Entropie eine Zustandsfunktion; ihre Änderung hängt also nur vom Anfangs- und Endzustand des Systems ab. Wollen wir die Entropieänderung allerdings *berechnen*, so müssen wir zunächst einen (tatsächlichen oder hypothetischen) reversiblen Prozeß finden, der Anfangs- und Endzustand verbindet, dann die in diesem reversiblen Prozeß zugeführte oder abgegebene Wärmemenge bestimmen und schließlich Gleichung (17.13) anwenden. Das wollen wir nun an einigen einfachen Beispielen tun.

Zunächst betrachten wir eine Substanz, die bei konstantem Druck von T_1 auf T_2 erwärmt wird. Sie nimmt dabei die Wärmemenge dQ auf, und ihre Temperatur erhöht sich um dT. Es gilt

$$dQ = C_P \, dT.$$

Wie wir bereits gesehen haben, ist die Wärmeleitung zwischen zwei Systemen mit endlicher Temperaturdifferenz ein irreversibler Vorgang. Eine nahezu reversible Wärmeübertragung könnten wir realisieren, indem wir die Temperaturdifferenz zwischen T_1 und T_2 in sehr viele kleine Intervalle aufteilen und für jede Temperatur ein Wärmereservoir verwenden. Dann bringen wir die Substanz mit der Anfangstemperatur T_1 in Kontakt mit dem nächstwärmeren Reservoir (dessen Temperatur nur wenig höher als T_1 ist) und lassen sie eine geringe Wärmemenge aufnehmen. Weil annähernd isotherme Bedingungen vorliegen, verläuft die Wärmeübertragung fast reversibel. Danach bringen wir die Substanz in Kontakt mit dem wiederum nächstwärmeren Reservoir (dessen Temperatur nur wenig höher als die momentane Substanztemperatur ist). Nach einer großen Anzahl solcher Schritte ist die Endtemperatur T_2 erreicht. Wurde die Wärme jeweils reversibel aufgenommen, so ist

$$dS = \frac{dQ}{T} = C_P \frac{dT}{T}.$$

Wir integrieren von T_1 bis T_2 und erhalten die gesamte Entropieänderung der Substanz

$$\Delta S = C_P \int_{T_1}^{T_2} \frac{dT}{T} = C_P \ln \frac{T_2}{T_1}. \qquad 17.17$$

17 Die Verfügbarkeit der Energie

Weil die Entropie eine Zustandsfunktion ist, hängt ihre Änderung nicht von der Art des Prozesses ab. Sofern sich der Druck nicht ändert, liefert Gleichung (17.17) die Entropiedifferenz beim Erwärmen der Substanz, auch für den Fall, daß der Prozeß nicht reversibel ablief. Entsprechendes gilt für die Abkühlung, bei der ΔS negativ ist, weil $T_2 < T_1$ und daher $\ln(T_2/T_1) < 0$ ist.

Übung

Wie groß ist die Entropieänderung von 1 kg Wasser, das von 0 °C auf 100 °C aufgeheizt wird? (Antwort: $\Delta S = 1{,}31$ kJ/K)

Als nächstes betrachten wir die reversible isotherme Expansion eines idealen Gases bei der Temperatur T vom Anfangsvolumen V_1 auf das Endvolumen V_2. Gleichung (17.16) liefert für $T_2 = T_1$:

$$\Delta S = S_2 - S_1 = nR \ln \frac{V_2}{V_1}. \qquad 17.18$$

Die Entropieänderung des Gases ist positiv, weil V_2 größer als V_1 ist. Wie wir wissen, verrichtet das Gas bei der Expansion die Arbeit W und nimmt (da wegen der konstanten Temperatur die innere Energie unverändert bleibt) die Wärmemenge $|Q| = |-W|$ aus dem Reservoir mit der Temperatur T auf:

$$|Q| = |-W| = \int_1^2 P\,dV = nRT \int_{V_1}^{V_2} \frac{dV}{V} = nRT \ln \frac{V_2}{V_1}. \qquad 17.19$$

Damit ist die Entropieänderung des Gases (des Systems) $\Delta S = +|Q|/T$. Entsprechend ist die Entropieänderung des Reservoirs $\Delta S_R = -|Q|/T$. Die gesamte Entropieänderung von System und Reservoir ist null. Das ist ein sehr wichtiges, allgemeingültiges Resultat:

> Bei einem reversiblen Prozeß ist die Entropieänderung des Universums gleich null. Unter „Universum" verstehen wir die Gesamtheit von System und Umgebung.

Ein anderes Beispiel ist die freie Expansion eines idealen Gases in ein Vakuum (siehe Abschnitt 16.5). Dieser Vorgang geschehe bei der Temperatur T und führe vom Volumen V_1 zum Volumen V_2. Wie wir gesehen hatten, wird bei der freien Expansion weder Arbeit verrichtet noch Wärme übertragen. Weil der Prozeß nicht reversibel ist, können wir die Entropieänderung des Gases nicht durch Integration von dQ/T berechnen. Aber sein Anfangs- und sein Endzustand sind die gleichen wie bei der eben behandelten isothermen Expansion. Wiederum hilft uns die Tatsache, daß die Entropie eine Zustandsfunktion ist. Deshalb ist die Entropiedifferenz zwischen denselben Zuständen gleich. (Wie wir im Zusammenhang mit (17.16) gesehen hatten, läßt sich die Entropieänderung bei einem irreversiblen Prozeß sozusagen über den „Umweg" eines reversiblen Prozesses zwischen denselben Zuständen ermitteln.) Daher können wir die Entropieänderung bei der freien Expansion nach (17.18) berechnen:

$$\Delta S = S_2 - S_1 = nR \ln \frac{V_2}{V_1}. \qquad 17.20$$

Das Gas ist von der Umgebung isoliert, das heißt, es kann weder Materie noch Energie ausgetauscht werden. Somit ist die Entropieänderung ΔS des Gases gleich der Entropieänderung ΔS_U des Universums. Da $V_2 > V_1$, ist die Entropieänderung außerdem positiv. Das läßt sich in einem allgemeingültigen Prinzip zusammenfassen:

> Bei einem irreversiblen Prozeß nimmt die Entropie des Universums zu.

Wäre bei der freien Expansion das Endvolumen kleiner als das Anfangsvolumen, so würde die Entropie abnehmen, was aber nicht beobachtet wird: Das Gas zieht sich nicht von selbst auf einen kleineren Teil des verfügbaren Raumes zurück. Auch das entspricht einem wichtigen Prinzip:

> Es gibt keinen Prozeß, durch den die Entropie des Universums abnimmt.

Dieser Satz ist äquivalent zu den beiden Formulierungen des Zweiten Hauptsatzes, die wir zu Anfang dieses Kapitels kennengelernt haben.

Ein irreversibler Prozeß ist offensichtlich auch der inelastische Stoß eines Körpers, der aus der Höhe h auf den Boden fällt. Wir betrachten Körper, Boden und Atmosphäre als isoliertes System mit der überall gleichen Temperatur T, die sich durch den Prozeß nicht merklich ändern soll. Der Zustand des Systems ändert sich, da die potentielle Energie des Körpers um mgh abnimmt und seine innere Energie um die gleich große Wärmemenge Q bei konstanter Temperatur T zunimmt. Nach (17.13) beträgt die Entropieänderung

$$\Delta S = \frac{Q}{T} = \frac{mgh}{T}.$$

Dies ist gleichzeitig auch die Entropieänderung ΔS_U des Universums.

Bei dem hier beschriebenen Vorgang wird Energie „entwertet". Befindet sich der Körper noch in der Höhe h über dem Boden, so hat er die potentielle Energie mgh, die zum Verrichten von Arbeit (etwa beim Anheben eines anderen Körpers) genutzt werden kann. Nach dem inelastischen Stoß ist diese Energie nicht mehr als Arbeit verfügbar, denn sie liegt nun als ungeordnete Teilchenbewegung oder -schwingung vor. (Ein Teil wäre nutzbar, wenn wir ein kälteres Reservoir zur Verfügung hätten und mit der Arbeit mgh eine Wärmekraftmaschine betrieben.) Die nicht nutzbare, entwertete Energie ist

$$W_\text{n} = T\, \Delta S_\text{U}. \qquad 17.21$$

Dies ist wiederum ein allgemeines Prinzip:

> Durch jeden irreversiblen Prozeß wird eine bestimmte Energie entwertet, steht also nicht mehr zum Verrichten von Arbeit zur Verfügung. Diese Energie ist gleich dem Produkt aus der Entropieänderung des Universums und der absoluten Temperatur des kältesten vorhandenen Reservoirs.

Auch bei der vorhin besprochenen freien Expansion hat das System die Fähigkeit verloren, Arbeit zu verrichten. Hier wird die Entropie des Universums verringert um $nR \ln(V_2/V_1)$, die entwertete Energie beträgt somit $nRT \ln(V_2/V_1)$. Dies entspricht nach (17.19) der Arbeit, die vom Gas bei einer reversiblen, isothermen Expansion von V_1 auf V_2 hätte verrichtet werden können.

17 Die Verfügbarkeit der Energie

Zu guter Letzt schauen wir uns noch die Wärmeleitung an. Es werde die Wärmemenge Q von einem Reservoir der Temperatur T_w zu einem Reservoir mit T_k übertragen. Der Zustand eines Wärmereservoirs wird ausschließlich durch seine Temperatur und seine innere Energie bestimmt. Die Entropieänderung eines Wärmereservoirs aufgrund von Wärmeübertragung ist unabhängig davon, ob der Wärmeaustausch reversibel verläuft oder nicht. Wird dem wärmeren Reservoir bei der Temperatur T_w die Wärmemenge Q entnommen, dann ist seine Entropieänderung

$$\Delta S_w = -\frac{|Q|}{T_w}.$$

Dem kälteren Reservoir wird die gleiche Wärmemenge zugeführt, und seine Entropieänderung beträgt

$$\Delta S_k = +\frac{|Q|}{T_k}.$$

Die gesamte Entropieänderung des Universums ist damit

$$\Delta S_U = \frac{|Q|}{T_k} - \frac{|Q|}{T_w}.$$

Nach dem allgemeinen Prinzip, daß bei einem irreversiblen Prozeß die Entropieänderung des Universums, multipliziert mit der absoluten Temperatur des kälteren Reservoirs, gleich der entwerteten Energie ist, erhalten wir:

$$W_n = T_k \, \Delta S_U = |Q|\left(1 - \frac{T_k}{T_w}\right).$$

Dies ist genau die Arbeit, die eine Carnot-Maschine verrichten könnte, die zwischen Reservoiren der Temperaturen T_w und T_k arbeitet. Sie entnimmt dem wärmeren Reservoir die Wärmemenge $|Q|$ und verrichtet die Arbeit $|W| = \varepsilon_C |Q|$. Darin ist $\varepsilon_C = 1 - T_k/T_w$ (siehe Gleichung 17.6).

Beispiel 17.7

Eine Wärmekraftmaschine mit dem Carnot-Wirkungsgrad entnehme pro Zyklus dem wärmeren Reservoir 100 J Wärme bei 400 K, verrichte Arbeit und gebe Wärme bei 300 K an das kältere Reservoir ab. Berechnen Sie die Entropieänderung jedes Reservoirs und zeigen Sie, daß die Entropieänderung des Universums bei diesem reversiblen Prozeß null ist.

Der Carnot-Wirkungsgrad bei den gegebenen Temperaturen ist

$$\varepsilon_C = 1 - \frac{T_k}{T_w} = 1 - \frac{300 \text{ K}}{400 \text{ K}} = 0{,}25.$$

Daraus folgt, daß die Wärmekraftmaschine pro Zyklus 75 J an das kältere Reservoir abgibt. Die Entropieänderung des wärmeren Reservoirs, das die Wärmemenge Q_w abgibt, ist

$$\Delta S_{400} = -\frac{|Q_w|}{T_w} = -\frac{100 \text{ J}}{400 \text{ K}} = -0{,}250 \text{ J/K}.$$

Das kältere Reservoir nimmt die Wärmemenge Q_k auf, und seine Entropieänderung beträgt

$$\Delta S_{300} = \frac{|Q_k|}{T_k} = \frac{75 \text{ J}}{300 \text{ K}} = +0{,}250 \text{ J/K} .$$

Da ein Kreisprozeß vorliegt, muß die gesamte Entropieänderung in der Wärmekraftmaschine null sein, denn die Entropie ist eine Zustandsfunktion. Damit ist auch die Entropieänderung des Universums gleich null, weil sie gleich der Summe der Entropieänderungen beider Reservoire ist.

Beispiel 17.8

Eine reale Wärmekraftmaschine mit dem relativen Wirkungsgrad 0,60 entnimmt dem wärmeren Reservoir 100 J bei 400 K, verrichtet Arbeit und gibt Wärme bei 300 K an das kältere Reservoir ab. Berechnen Sie die Entropieänderung jedes Reservoirs pro Zyklus.

Der tatsächliche Wirkungsgrad ε ist nach (17.8)

$$\varepsilon = \varepsilon_r \varepsilon_C = 0{,}60 \cdot 0{,}25 = 0{,}15 .$$

Den Wert $\varepsilon_C = 0{,}25$ haben wir im vorigen Beispiel berechnet. Somit verrichtet die Wärmekraftmaschine pro Zyklus die Arbeit $|W| = \varepsilon |Q_w| = 0{,}15 \cdot 100 \text{ J} = 15 \text{ J}$ und gibt 85 J an das kältere Reservoir ab. Die Entropieänderungen sind

$$\Delta S_{400} = -\frac{100 \text{ J}}{400 \text{ K}} = -0{,}250 \text{ J/K}$$

im wärmeren Reservoir und

$$\Delta S_{300} = \frac{85 \text{ J}}{300 \text{ K}} = +0{,}283 \text{ J/K} .$$

im kälteren Reservoir.

Hier ist die Entropiezunahme des kälteren Reservoirs größer als die Entropieabnahme des wärmeren Reservoirs. Folglich ist die Entropieänderung des Universums pro Zyklus

$$\Delta S_U = \Delta S_{400} + \Delta S_{300}$$
$$= -0{,}250 \text{ J/K} + 0{,}283 \text{ J/K} = 0{,}033 \text{ J/K} .$$

Die Entropiezunahme des Universums entspricht der Tatsache, daß der Wirkungsgrad der Wärmekraftmaschine kleiner als der Carnot-Wirkungsgrad ist, weil der Gesamtprozeß nicht vollkommen reversibel verläuft. Nach dem im Zusammenhang mit Gleichung (17.20) aufgestellten Prinzip muß dabei die Entropie des Universums zunehmen.

17.7 Entropie und Wahrscheinlichkeit

Im vorigen Abschnitt haben wir gesehen, daß die Entropieänderung ein Maß dafür ist, wie sich der Ordnungsgrad eines Systems beim betrachteten Prozeß ändert. Bei einem irreversiblen Prozeß kann zwar die Entropie eines gegebenen (nicht isolierten) Systems abnehmen, aber die Entropie des Universums (System plus Umgebung) nimmt zwangsläufig zu. Wir können sagen, die Unordnung des Universums steigt unaufhaltsam an. In diesem Abschnitt werden wir sehen, daß die Entropie eines Zustands mit dem Begriff Wahrscheinlichkeit verknüpft ist. Die Quintessenz lautet:

> Ein Zustand hoher Ordnung hat eine geringe Wahrscheinlichkeit, ein Zustand niedriger Ordnung dagegen eine hohe Wahrscheinlichkeit. Bei einem irreversiblen Prozeß geht das Universum in einen Zustand höherer Wahrscheinlichkeit über.

Bei der freien Expansion eines idealen Gases vom Volumen V_1 auf das doppelte Volumen $2V_1$ erhöht sich die Entropie des Universums gemäß (17.20) um

$$\Delta S_U = nR \ln \frac{V_2}{V_1} = nR \ln 2 \ . \qquad 17.22$$

Wie schon bemerkt, wird bei diesem Prozeß Energie entwertet, die das Gas durch Aufnahme der Wärme Q in Arbeit W hätte umwandeln können. Die Fähigkeit, Arbeit zu verrichten, hat das Gas nach der Expansion nicht mehr, weil es nun ein größeres Volumen bei geringerem Druck einnimmt.

Warum ist dieser Prozeß irreversibel? Oder anders gesagt: Warum kann sich das Gas nicht von selbst auf das kleinere Anfangsvolumen zurückziehen? Das würde dem Ersten Hauptsatz nicht widersprechen, weil für diesen Vorgang keine Energie aufzubringen ist. Der Grund für die Irreversibilität liegt darin, daß eine solche Kompression extrem unwahrscheinlich ist. Nehmen wir an, die Gasmenge bestehe aus nur 10 Teilchen, die aufgrund ihrer völlig regellosen Bewegung über das ganze Behältervolumen verteilt sind. Für jedes Teilchen beträgt zu einem beliebigen Zeitpunkt die Wahrscheinlichkeit $\frac{1}{2}$, daß es sich beispielsweise in der linken Hälfte des Volumens befindet (und ebenfalls $\frac{1}{2}$, daß wir es in der rechten Hälfte antreffen). Somit ist die Wahrscheinlichkeit, daß sich 2 Teilchen gleichzeitig in der rechten Hälfte aufhalten, gleich $\frac{1}{2} \cdot \frac{1}{2} = \frac{1}{4}$. Für 3 Teilchen ist die Wahrscheinlichkeit, daß sie gleichzeitig in der rechten Volumenhälfte zu finden sind, nur $\frac{1}{2} \cdot \frac{1}{2} \cdot \frac{1}{2} = \frac{1}{8}$. Und bei 10 Teilchen beträgt sie lediglich $(\frac{1}{2})^{10} = \frac{1}{1024}$. Das bedeutet, bei durchschnittlich 1 von 1024 Momentaufnahmen wären alle 10 Teilchen in der rechten Hälfte des gesamten Volumens anzutreffen. Machten wir jede Sekunde eine Aufnahme, so könnte dieser Fall rund alle 17 Minuten eintreten. Dabei wäre die Entropie des Universums nach (17.22) um $nR \ln 2$ kleiner als bei gleichmäßiger Verteilung der Teilchen über das gesamte Volumen. Bei 10 Teilchen beträgt die Stoffmenge (Molzahl) n nur etwa 10^{-23}. Trotz dieser kleinen Wahrscheinlichkeit ist der Fall nicht ganz unmöglich. Aus diesem Grunde stellt der Zweite Hauptsatz (der fordert, daß die Entropie des Universums niemals abnehmen kann) eine Wahrscheinlichkeitsaussage dar.

Es mag vielleicht verwirren, daß der Zweite Hauptsatz besagt, Prozesse wie die Wärmeleitung von einem kalten zu einem heißen Körper oder die selbständige, freie Kompression eines Gases seien nur unwahrscheinlich, doch nicht absolut unmöglich. Aber nur bei so kleinen Teilchenzahlen wie im eben betrachteten Beispiel mit 10 Gasmolekülen ist die Wahrscheinlichkeit des nicht erwarteten Vorgangs überhaupt noch als vernünftige Zahl anzugeben. Die Thermodynamik befaßt sich jedoch mit realen, makroskopischen Systemen, deren Teilchenzahlen um viele Zehnerpotenzen höher liegen. Mit steigender Zahl der Gasmoleküle sinkt die Wahrscheinlichkeit, daß sich alle gleichzeitig in derselben Volumenhälfte aufhalten, drastisch. Schon bei 50 Teilchen beträgt sie nur noch $(\frac{1}{2})^{50} \approx 10^{-15}$, und bei einer Momentaufnahme pro Sekunde träte dieser Fall nur ungefähr alle 10^{15} Sekunden (etwa 36 Millionen Jahre) auf. Aber auch ein Ensemble von 50 Teilchen bildet bei weitem noch keine makroskopische Substanzmenge.

Die Wahrscheinlichkeit, daß sich alle Teilchen einer Gasmenge von beispielsweise 1 mol gleichzeitig in derselben Hälfte des verfügbaren Volumens aufhalten, ist so unvorstellbar klein, daß wir sie wirklich als null ansehen können. Mit anderen Worten: Die Wahrscheinlichkeit eines Prozesses, bei dem die Entropie des Universums abnimmt, ist null.

Die Wahrscheinlichkeit p, daß sich N Gasmoleküle spontan vom Volumen V_1 in ein kleineres Volumen V_2 zurückziehen, ist

$$p = \left(\frac{V_2}{V_1}\right)^N.$$

Logarithmieren ergibt

$$\ln p = N \ln \left(\frac{V_2}{V_1}\right) = n N_A \ln \left(\frac{V_2}{V_1}\right). \qquad 17.23$$

Darin ist n die Anzahl der Mole und N_A die Avogadro-Zahl ($6{,}022 \cdot 10^{23}$ mol^{-1}). Die Entropieänderung des Gases bei dieser Kompression ergibt sich zu

$$\Delta S = n R \ln \left(\frac{V_2}{V_1}\right). \qquad 17.24$$

Beachten Sie, daß ΔS negativ ist, weil V_2 kleiner als V_1 ist. Der Vergleich der beiden letzten Gleichungen liefert

$$\Delta S = \frac{R}{N_A} \ln p = k_B \ln p. \qquad 17.25$$

Hier ist k_B die Boltzmann-Konstante ($1{,}3807 \cdot 10^{-23}$ J/K).

17.8 Der Dritte Hauptsatz der Thermodynamik

Je niedriger die Temperatur T_k des kälteren Reservoirs ist, desto niedriger ist gemäß (17.11) die nach dem Carnot-Prinzip maximal mögliche Leistungszahl einer Wärmepumpe oder Kältemaschine:

$$c_{L,\max} = \frac{T_k}{T_w - T_k}.$$

Befindet sich beispielsweise das wärmere Reservoir bei 1 K und das kältere bei 10^{-3} K, so ist $c_{L,\max} = 10^{-3}$. Dann müssen 10^3 J aufgewandt werden, um dem kälteren Reservoir 1 J Wärme zu entziehen. Die Leistungszahl geht in jedem Falle gegen 0, wenn T_k gegen 0 K geht (außer für den sinnlosen Fall $T_w = 0$ K). Deshalb müßte man unendlich viel Arbeit aufbringen, um die Temperatur auf 0 K abzusenken. Anders ausgedrückt: Mit endlich vielen Schritten kann der absolute Nullpunkt niemals erreicht werden. Das liegt keineswegs an Isolationsproblemen oder anderen experimentellen Bedingungen, sondern ist ein weiteres allgemeines Prinzip, das als **Dritter Hauptsatz** der Thermodynamik bekannt ist:

17 Die Verfügbarkeit der Energie

Dritter Hauptsatz, Unerreichbarkeit des absoluten Nullpunkts

> Es ist unmöglich, durch irgendeine Prozedur, und sei sie noch so idealisiert, die Temperatur irgendeines Systems durch eine endliche Anzahl von Schritten auf den absoluten Nullpunkt zu senken.

Dies hängt damit zusammen, daß die Entropieänderung bei jeglichen Prozessen sowie die spezifischen Wärmen der Substanzen bei Annäherung an den absoluten Nullpunkt gegen null gehen. Daraus folgt – wie hier nicht gezeigt werden kann – das **Nernstsche Wärmetheorem**, eine andere Formulierung des Dritten Hauptsatzes. Es lautet in der Formulierung von Max Planck:

Dritter Hauptsatz, Nernstsches Wärmetheorem

> Am absoluten Nullpunkt der Temperatur ist die Entropie völlig geordneter Kristalle gleich null. Wenn man die Entropie jedes Elements in reinem, kristallinem Zustand bei $T = 0$ K gleich null setzt, dann hat jede Verbindung von Elementen (also jede Substanz) eine positive Entropie.

Damit können die absoluten Entropien der Substanz berechnet werden. Diese Werte ermöglichen außerdem Aussagen über die Durchführbarkeit chemischer Reaktionen.

Zusammenfassung

1. Eine Wärmekraftmaschine entnimmt dem wärmeren Reservoir die Wärmemenge Q_w bei der Temperatur T_w, verrichtet die Arbeit $|W|$ und gibt die Wärmemenge $|Q_k|$ an das kältere Reservoir bei der Temperatur T_k ab. Der Wirkungsgrad ist das Verhältnis von abgegebener Arbeit und zugeführter Wärmemenge,

$$\varepsilon = \frac{|W|}{Q_w} = 1 - \frac{|Q_k|}{Q_w}.$$

2. Einer Kältemaschine wird die Arbeit W zugeführt; sie entnimmt dem kälteren Reservoir die Wärmemenge Q_k und gibt die Wärmemenge $|Q_w| = Q_k + W$ an das wärmere Reservoir ab. Ihre Leistungszahl ist das Verhältnis der dem kälteren Reservoir entnommenen Wärme zur zugeführten Arbeit

$$c_L = \frac{Q_k}{W}.$$

3. Nach dem Zweiten Hauptsatz der Thermodynamik in der Formulierung von Thomson kann keine zyklisch arbeitende Wärmekraftmaschine Wärme aus einem Reservoir entnehmen und sie vollständig in Arbeit umsetzen, ohne daß gleichzeitig Wärme auf ein kälteres Reservoir übertragen wird.

   Nach dem Zweiten Hauptsatz in der Formulierung von Clausius kann keine zyklisch arbeitende Kältemaschine Wärme aus einem kälteren Reservoir in ein wärmeres Reservoir übertragen, ohne daß gleichzeitig Arbeit zugeführt werden muß.

   Beide Formulierungen des Zweiten Hauptsatzes sind gleichwertig.

4. Nach dem Carnot-Prinzip hat eine vollständig reversibel arbeitende Wärmekraftmaschine den größtmöglichen Wirkungsgrad. Arbeitet sie mit den Temperaturen T_w und T_k, so ist dieser Carnot-Wirkungsgrad

$$\varepsilon_C = 1 - \frac{T_k}{T_w}.$$

Bei vollständig reversibler Prozeßführung ist der Quotient aus aufgenommener und abgegebener Wärmemenge gleich dem Verhältnis der Reservoirtemperaturen:

$$\frac{|Q_k|}{Q_w} = \frac{T_k}{T_w}.$$

Der tatsächliche Wirkungsgrad ε einer realen Wärmekraftmaschine ist stets kleiner als der Carnot-Wirkungsgrad ε_C. Der relative Wirkungsgrad ist definiert als

$$\varepsilon_r = \frac{\varepsilon}{\varepsilon_C}.$$

5. Eine Wärmepumpe entnimmt Wärme aus einem kälteren Reservoir und führt sie einem wärmeren Reservoir zu, beispielsweise dem Inneren eines Hauses (wobei die Außenluft oder das Erdreich das kältere Reservoir bildet). Die maximale Leistungszahl einer Wärmepumpe ist nach dem Carnot-Prinzip

$$c_{L,max} = \frac{T_k}{\Delta T}.$$

Zum Abgeben der Wärmemenge $|Q_w|$ an das wärmere Reservoir ist die Arbeit W aufzuwenden:

$$W = \frac{|Q_w|}{1 + c_L}.$$

Dabei ist c_L die Leistungszahl der Wärmepumpe.

6. Bei jedem irreversiblen Prozeß geht das Universum in einen weniger geordneten Zustand über. Dieser hat eine höhere Wahrscheinlichkeit. Ein Maß für die Unordnung eines Systems ist dessen Entropie. Sie ist eine Zustandsfunktion. Die Entropieänderung ist definiert als

$$\Delta S = \int \frac{dQ_{rev}}{T}.$$

Darin ist dQ_{rev} die dem System zu- oder von ihm abgeführte Wärmemenge, und zwar bei einem Prozeß, der reversibel zwischen dem jeweils betrachteten Anfangs- und Endzustand abläuft.

7. Die Entropie eines gegebenen Systems kann zu- oder abnehmen; die Entropie des Universums oder irgendeines isolierten Systems allerdings kann niemals abnehmen. Bei einem reversiblen Prozeß bleibt die Entropie des Universums konstant; dagegen nimmt sie bei jedem irreversiblen Prozeß zu. Diese Aussagen sind äquivalent zu den in Punkt **3** aufgeführten beiden Formulierungen des Zweiten Hauptsatzes der Thermodynamik.

17 Die Verfügbarkeit der Energie

8. Bei einem irreversiblen Prozeß steigt die Entropie S_U des Universums, und die Wärmemenge

$$W_n = T \Delta S_U$$

wird entwertet, kann also nicht mehr in Arbeit umgewandelt werden.

9. Die Entropie hängt mit der Wahrscheinlichkeit des betreffenden Zustands des Systems zusammen. Ein Zustand höherer Ordnung tritt mit geringerer Wahrscheinlichkeit auf. Ein isoliertes System (ebenso das Universum) strebt einem Zustand geringerer Ordnung, höherer Wahrscheinlichkeit und höherer Entropie zu.

10. Der Dritte Hauptsatz der Thermodynamik besagt, daß der absolute Nullpunkt (0 K) prinzipiell unerreichbar ist. Eine andere Formulierung des Dritten Hauptsatzes ist das Nernstsche Wärmetheorem, nach dem jede ideal kristallisierte reine Substanz am absoluten Nullpunkt die Entropie null hat. Dies erlaubt die Berechnung absoluter Entropien der Substanzen und Aussagen über die Durchführbarkeit chemischer Reaktionen.

Aufgaben

Stufe I

17.1 Wärmekraftmaschinen und der Zweite Hauptsatz

1. Eine Wärmekraftmaschine nehme pro Zyklus 100 J Wärme auf und gebe 60 J ab. a) Wie hoch ist ihr Wirkungsgrad? b) Welche Leistung (in W) gibt die Maschine ab, wenn jeder Zyklus 0,5 s dauert?

2. Eine Wärmekraftmaschine mit dem Wirkungsgrad 0,30 gebe eine Leistung von 200 W ab. Sie führe pro Sekunde 10 Zyklen aus. a) Wieviel Arbeit verrichtet sie pro Zyklus? b) Wieviel Wärme wird jeweils aufgenommen und abgegeben?

17.2 Kältemaschinen und der Zweite Hauptsatz

3. Eine Kältemaschine nehme 5 kJ Wärme aus dem kälteren Reservoir auf und gebe 8 kJ an das wärmere Reservoir ab. a) Berechnen Sie die Leistungszahl. b) Die Kältemaschine arbeite reversibel und werde „in Gegenrichtung" als Wärmekraftmaschine zwischen denselben Reservoiren betrieben. Wie hoch ist dann ihr Wirkungsgrad?

17.3 Die Gleichwertigkeit der Formulierungen des Zweiten Hauptsatzes

4. Eine Wärmekraftmaschine mit dem Wirkungsgrad 0,30 entnehme 200 J aus dem wärmeren Reservoir. Zeigen Sie, daß diese Maschine in Kombination mit einer hypothetischen Kältemaschine die Wärmekraftmaschinen-Formulierung des Zweiten Hauptsatzes verletzt, wenn die Kältemaschinen-Formulierung falsch ist.

17.4 Der Carnot-Wirkungsgrad

5. Eine reversible Wärmekraftmaschine arbeite zwischen Reservoiren mit den Temperaturen T_w und T_k und habe den Wirkungsgrad 0,30. Sie gebe 140 J Wärme an das kältere Reservoir ab. Eine zweite Maschine, die zwischen den gleichen Reservoiren arbeitet, gebe ebenfalls 140 J Wärme an das kältere Reservoir ab. Nehmen Sie an, daß der Wirkungsgrad der zweiten Maschine größer als 0,30 ist. Zeigen Sie, daß die Kombination beider Maschinen die Wärmekraftmaschinen-Formulierung des Zweiten Hauptsatzes verletzt.

6. Eine reversibel arbeitende Kältemaschine nehme bei jedem Zyklus 50 J Arbeit auf, entziehe dem kälteren Reservoir 100 J Wärme und gebe 150 J Wärme an das wärmere Reservoir ab. Die Leistungszahl ist $c_L = Q_k/W = 100\,\text{J}/50\,\text{J} = 2$. a) Wie groß wäre der Wirkungsgrad, wenn die Vorrichtung als Wärmekraftmaschine zwischen denselben Reservoiren arbeitete? b) Zeigen Sie, daß bei den angegebenen Temperaturen der Reservoire keine Kältemaschine eine höhere Leistungszahl als 2 haben kann.

7. Welche Änderung wirkt sich auf den Carnot-Wirkungsgrad stärker aus: die Temperaturerhöhung des wärmeren Reservoirs um 5 K oder die Temperaturerniedrigung des kälteren Reservoirs um 5 K?

8. Ein Kühlschrank in einer Küche mit der Temperatur 20 °C habe die Innentemperatur 0 °C. a) Welche Leistungszahl könnte er maximal haben? b) Wie groß könnte die Leistungszahl höchstens sein, wenn (bei derselben Raumtemperatur) die Kühltemperatur -10 °C beträgt?

9. Eine Wärmekraftmaschine habe einen relativen Wirkungsgrad von 0,85. Bei jedem Zyklus entnehme sie dem wärmeren Reservoir mit 500 K eine Wärmemenge von 200 kJ und gebe Wärme an das kältere Reservoir (mit 200 K) ab. a) Wie groß ist der tatsächliche Wirkungsgrad? b) Wieviel Arbeit wird pro Zyklus verrichtet? c) Wieviel Wärme wird jeweils an das kältere Reservoir abgegeben?

17.5 Wärmepumpen

10. Eine Wärmepumpe führe der Heizung eines Hauses eine Leistung von 20 kW zu. Die Außentemperatur betrage -10 °C, und die Temperatur des Heizkessels liege bei 40 °C. a) Wie hoch ist die Leistungszahl, wenn die Maschine vollkommen reversibel arbeitet? b) Mit welcher Leistung muß sie mindestens betrieben werden?

11. Eine Kältemaschine werde mit 370 W betrieben. Wieviel Wärme könnte sie pro Minute aus dem Kühlraum mit der Temperatur 0 °C höchstens abführen, wenn die Raumtemperatur 20 °C beträgt?

17.6 Entropie und Unordnung

12. Zwei Mole eines idealen Gases werden bei $T = 400\,\text{K}$ isotherm und reversibel von 40 L auf 80 L expandiert. Berechnen Sie die Entropieänderung a) des Gases, b) des Universums.

13. Die Expansion von 2 mol eines idealen Gases von $V_1 = 40\,\text{L}$ auf $V_2 = 80\,\text{L}$ bei $T = 400\,\text{K}$ vollziehe sich nicht reversibel. a) Wie groß ist die Entropieänderung?
b) Was können Sie über die Entropieänderung des Universums bei diesem Vorgang sagen?

14. Ein System gehe von einem Zustand A in einen Zustand B über. Es nehme dabei aus einem Reservoir bei 300 K die Wärmemenge 200 J auf und gebe 100 J an ein Reservoir mit 200 K ab. Dabei verrichte es 50 J Arbeit. Der Gesamtvorgang läuft reversibel ab. Wie ändert sich a) die innere Energie, b) die Entropie des Systems, c) die Entropie des Universums? d) Wie groß sind die jeweiligen Änderungen, wenn das System irreversibel vom Zustand A in den Zustand B übergeht?

15. Ein System nehme 300 J aus einem Reservoir mit 300 K sowie 200 J aus einem Reservoir mit 400 K auf. Dann kehre es in den Anfangszustand zurück, verrichte dabei 100 J Arbeit und gebe 400 J Wärme an ein Reservoir mit der Temperatur T ab. a) Wie groß ist die Entropieänderung für den gesamten Zyklus? b) Wie groß ist T, wenn alle Vorgänge reversibel ablaufen?

16. Ein Stein mit der Masse 5 kg befinde sich 6 m über dem Erdboden in Ruhe. Dann falle er herunter und stoße inelastisch auf den Boden. Die Anfangstemperatur von Atmosphäre, Stein und Boden sei 300 K. Wie groß ist die Entropieänderung des Universums?

17. Eine Wärmemenge von 500 J wird durch Wärmeleitung aus einem Reservoir mit 400 K auf eines mit 300 K übertragen. Wie ändert sich die Entropie des Universums?

18. Ein Eisblock der Masse 200 g und der Temperatur 0 °C werde in einen großen See geworfen, dessen Temperatur geringfügig über 0 °C liege. Der Eisblock schmilzt. Wie groß ist die Entropieänderung a) des Eises, b) des Sees, c) des Universums (hier: das System Eis und See)?

19. Welcher Teil der Wärmemenge 500 J, die in Aufgabe 17 von einem Reservoir mit 400 K auf eines mit 300 K übertragen wird, könnte in Arbeit umgewandelt werden? (Das kältere Reservoir der Wärmekraftmaschine habe ebenfalls 300 K.)

Stufe II

20. a) Bei welchem Prozeß wird mehr Energie entwertet? 1) Ein Block habe eine kinetische Energie von 500 J und komme durch Reibung zur Ruhe; die Atmosphäre habe die Temperatur 300 K. 2) 1 kJ Wärme wird durch Wärmeleitung von einem Reservoir mit 400 K auf eines mit 300 K übertragen. (*Hinweis*: Welcher Anteil der Wärmemenge von 1 kJ könnte bei idealer Prozeßführung in Arbeit umgesetzt werden?) b) Wie groß ist jeweils die Entropieänderung des Universums?

17 Die Verfügbarkeit der Energie

21. Bei einer vollständig reversibel arbeitenden Maschine sei die Arbeitssubstanz 1 mol eines idealen Gases mit $C_V = \frac{3}{2}R$ und $C_P = \frac{5}{2}R$. Der Zyklus beginnt mit $P_1 = 1$ atm und $V_1 = 24{,}6$ L. Das Gas wird bei konstantem Volumen aufgeheizt, bis $P_2 = 2$ atm ist. Dann wird es bei konstantem Druck bis auf $V_2 = 49{,}2$ L expandiert. Bei beiden Schritten nimmt das Gas Wärme auf. Dann wird es bei konstantem Volumen abgekühlt, bis der Druck wieder 1 atm beträgt, und anschließend bei konstantem Druck komprimiert, bis wieder der Anfangszustand erreicht ist. Bei diesen beiden Schritten gibt das Gas Wärme ab. a) Erstellen Sie das P-V-Diagramm für den Zyklus. Bestimmen Sie für jeden Schritt die verrichtete Arbeit, die zugeführte Wärme und die Änderung der inneren Energie des Gases. b) Ermitteln Sie den Wirkungsgrad des Kreisprozesses.

22. Eine Maschine habe als Arbeitssubstanz 1 mol eines zweiatomigen idealen Gases und führe einen dreischrittigen Kreisprozeß aus: 1) adiabatische Expansion vom Volumen 10 L beim Anfangsdruck 2,64 atm auf 20 L bei 1 atm; 2) Kompression bei konstantem Druck auf das Anfangsvolumen 10 L; 3) Aufheizen bei konstantem Volumen, bis der Anfangsdruck 2,64 atm erreicht ist. Wie groß ist der Wirkungsgrad dieses Kreisprozesses?

23. Einer Dampfmaschine werde überhitzter Wasserdampf der Temperatur 270 °C zugeführt. Aus ihrem Arbeitszylinder gebe sie kondensierten Dampf mit 50 °C ab. Der Wirkungsgrad betrage 0,30. a) Wie groß ist dieser im Vergleich zum maximal möglichen Wirkungsgrad bei den angegebenen Temperaturen? b) Die Maschine liefere 200 kW an nutzbarer mechanischer Leistung. Wieviel Wärme gibt sie dann pro Stunde an die Umgebung ab?

24. Der Kreisprozeß in Abbildung 17.11 werde mit 1 mol eines idealen Gases durchgeführt, für das der Adiabaten-Exponent $\gamma = 1{,}4$ ist. Zu Anfang beträgt der Druck 1 atm und die Temperatur 0 °C. Das Gas wird bei konstantem Volumen auf $t_2 = 150$ °C aufgeheizt und anschließend adiabatisch expandiert, bis wieder $P = 1$ atm ist. Schließlich wird es bei konstantem Druck auf das Anfangsvolumen komprimiert. Bestimmen Sie a) die Temperatur t_3 nach der adiabatischen Expansion, b) die vom Gas bei jedem Schritt abgegebene oder aufgenommene Wärme, c) den Wirkungsgrad dieses Kreisprozesses und d) den Carnot-Wirkungsgrad eines Kreisprozesses zwischen der niedrigsten und der höchsten hier auftretenden Temperatur.

25. Ein Eisstück der Masse 100 g habe die Temperatur 0 °C und werde in einen isolierten Behälter mit 100 g Wasser bei 100 °C gegeben. a) Welche Temperatur hat das Wasser nach Erreichen des thermischen Gleichgewichts? Vernachlässigen Sie die Wärmekapazität des Behälters. b) Wie hoch ist die Entropieänderung des Universums bei diesem Vorgang?

26. Ein Kalorimeter mit vernachlässigbarer Wärmekapazität enthalte 150 g Wasser und 150 g Eis bei 0 °C. Wie groß ist die Änderung der Entropie des Universums, wenn 10 g Wasserdampf mit 100 °C und 1 atm in dieses Kalorimeter geleitet werden?

27. Bei einem Crash-Test stoße ein Personenwagen der Masse 1500 kg und der Geschwindigkeit 100 km/h inelastisch auf eine Betonwand. Wie groß ist bei einer Lufttemperatur von 20 °C die Entropieänderung des Universums?

28. Eine Wärmekraftmaschine arbeite mit Wärmereservoiren der Temperaturen 400 K und 200 K. Sie nehme 1000 J aus dem wärmeren Reservoir auf und verrichte pro Zyklus 200 J Arbeit. a) Wie groß ist ihr Wirkungsgrad? b) Berechnen Sie (pro Zyklus) die Entropieänderung der Maschine, jedes Reservoirs und des Universums. c) Wie groß wäre der maximale (Carnot-) Wirkungsgrad bei den genannten Reservoirtemperaturen? d) Wie groß wäre die pro Zyklus abgegebene Arbeit einer völlig reversibel arbeitenden Wärmekraftmaschine, die dem wärmeren Reservoir 1000 J Wärme entnimmt? e) Zeigen Sie, daß die Differenz der nach Carnot möglichen und der nach a) tatsächlich abgegebenen Arbeit gleich $T_k \Delta S_U$ beträgt, wobei ΔS_U die Entropieänderung des Universums ist.

29. Ein Mol eines idealen Gases habe anfangs $V_1 = 12{,}3$ L und $T_1 = 300$ K. Es könne auf $V_2 = 24{,}6$ L bei $T_2 = 300$ K frei expandieren. Dann werde es isotherm und reversibel auf den Anfangszustand komprimiert. a) Wie groß ist die Entropieänderung des Universums für den gesamten Prozeß? b) Wieviel Energie wird dabei entwertet? c) Zeigen Sie, daß diese Energie gleich $T\Delta S_U$ ist.

30. Das Innere eines Kühlschranks habe eine Temperatur von 5 °C und besitze zusammen mit dem Inhalt eine mittlere Wärmekapazität von 84 kJ/K. Das Kühlaggregat gibt Wärme an die Küche ab, deren Temperatur 25 °C betrage. Mit welcher Leistung muß der Motor des Kühlschranks mindestens betrieben werden,

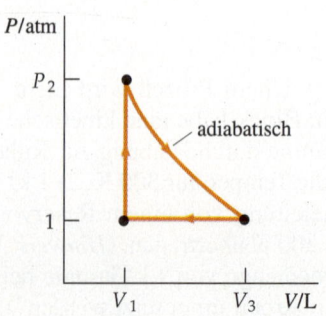

17.11 Zu Aufgabe 24.

damit die Temperatur im Inneren pro Minute um 1 °C absinkt?

31. Zeigen Sie, daß die nach dem Carnot-Prinzip maximale Leistungszahl $c_{L,max}$ einer Kältemaschine mit den Reservoirtemperaturen T_w und T_k anzugeben ist als $c_{L,max} = T_k/(\varepsilon_C T_w)$. Darin ist ε_C der Carnot-Wirkungsgrad einer Wärmekraftmaschine mit denselben Reservoiren.

Stufe III

32. Die Vorgänge in einem Benzinmotor (Ottomotor) können angenähert durch den Kreisprozeß in Abbildung 17.4 wiedergegeben werden. a) Berechnen Sie die aufgenommene und die abgegebene Wärmemenge und zeigen Sie, daß der Wirkungsgrad der Gleichung

$$\varepsilon = 1 - \frac{T_d - T_a}{T_c - T_b}$$

folgt, wobei $T_a, T_b, \ldots$ die Temperaturen der Zustände a, b, … sind. b) Bei der adiabatischen Expansion oder Kompression eines idealen Gases ist $TV^{\gamma-1}$ konstant. Zeigen Sie, daß damit

$$\varepsilon = 1 - \left(\frac{V_2}{V_1}\right)^{\gamma-1}$$

gilt, wobei $V_1 = V_a = V_d$ und $V_2 = V_b = V_c$ ist. c) Der Quotient V_1/V_2 heißt *Verdichtungsverhältnis*. Berechnen Sie mit $\gamma = 1{,}4$ den Wirkungsgrad dieses Kreisprozesses für ein Verdichtungsverhältnis von 8 (eine wesentlich höhere Kompression kann man wegen der dann auftretenden Frühzündungen nicht erreichen). d) Erklären Sie, warum der tatsächliche Wirkungsgrad eines Ottomotors viel geringer als der in c) berechnete ist.

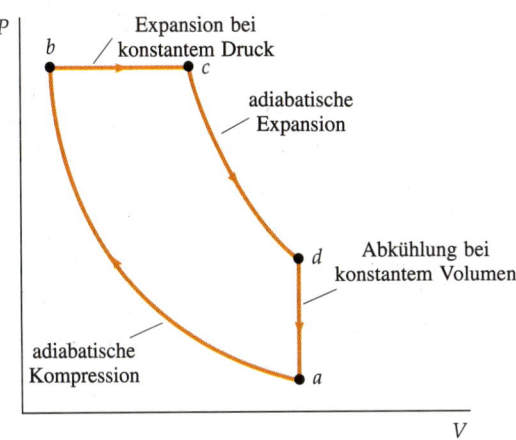

17.12 Das P-V-Diagramm für die Vorgänge im Dieselmotor (zu Aufgabe 33).

33. Der Kreisprozeß für die Vorgänge im Dieselmotor ist schematisch in Abbildung 17.12 wiedergegeben. Von a nach b wird adiabatisch komprimiert und von b nach c bei konstantem Druck expandiert. Der Prozeß c – d ist eine adiabatische Expansion, und von d nach a wird bei konstantem Volumen abgekühlt. Berechnen Sie den Wirkungsgrad dieses Kreisprozesses als Funktion der Volumina V_a, V_b, V_c und V_d.

34. Abbildung 17.13 zeigt den sogenannten *Stirling-Kreisprozeß*. Von a nach b wird isotherm komprimiert und von b nach c bei konstantem Volumen erwärmt. Der Prozeß c – d ist eine isotherme Expansion, und von d nach a wird bei konstantem Volumen abgekühlt. Berechnen Sie den Wirkungsgrad dieses Kreisprozesses als Funktion der Temperaturen T_w und T_k sowie der Volumina V_a und V_b.

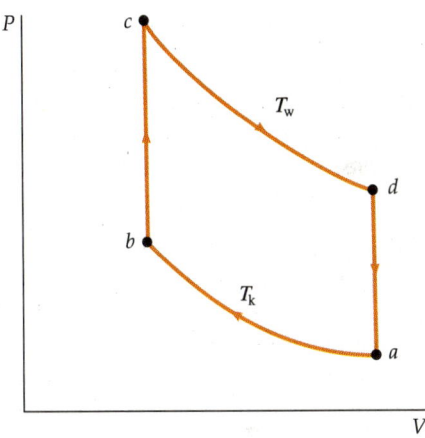

17.13 Der Stirling-Kreisprozeß (zu Aufgabe 34).

35. Wenn sich zwei adiabatische Kurven im P-V-Diagramm schneiden, so kann mit Hilfe einer Isothermen zwischen beiden Adiabaten ein Kreisprozeß konstruiert werden (siehe Abbildung 17.14). Zeigen Sie, daß ein solcher Zyklus den Zweiten Hauptsatz verletzen kann.

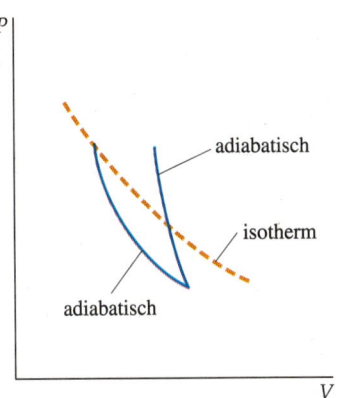

17.14 Zu Aufgabe 35.

17 Die Verfügbarkeit der Energie

36. Für ein ideales Gas ist $TV^{\gamma-1}$ konstant, wenn sich Volumen und Temperatur adiabatisch ändern. Zeigen Sie mit Hilfe der Gleichung für die Entropieänderung eines idealen Gases, daß diese null ist, wenn eine reversible adiabatische Expansion vom Anfangszustand (V_1, T_1) zum Endzustand (V_2, T_2) erfolgt.

37. Ein Mol eines idealen einatomigen Gases mit dem Anfangsvolumen $V_1 = 25$ L werde dem in Abbildung 17.15 dargestellten Zyklus unterzogen. Alle Schritte laufen reversibel ab. Berechnen Sie a) die Temperatur bei jedem der drei Zustände, b) die bei jedem Schritt übertragene Wärme, c) den Wirkungsgrad des Kreisprozesses.

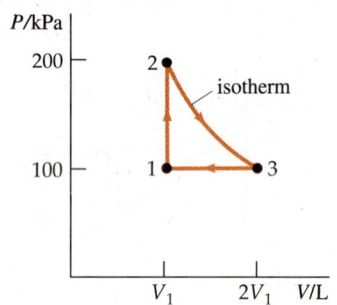

17.15 Zu Aufgabe 37.

38. Zwei Wärmekraftmaschinen seien „in Reihe geschaltet", wie es Abbildung 17.16 zeigt. Die Wärmeabgabe der ersten Maschine diene als Wärmezufuhr der zweiten. Die Wirkungsgrade seien ε_1 und ε_2. Zeigen Sie, daß der gesamte Wirkungsgrad gegeben ist durch

$$\varepsilon = \varepsilon_1 + (1 - \varepsilon_1)\,\varepsilon_2\,.$$

39. Nehmen Sie an, daß beide in Abbildung 17.16 gezeigten Wärmekraftmaschinen vollständig reversibel arbeiten. Maschine 1 habe die Temperaturen T_w und T_m, und Maschine 2 arbeite zwischen T_m und T_k. Dabei ist $T_w > T_m > T_k$. Zeigen Sie, daß für den Gesamtwirkungsgrad gilt:

$$\varepsilon = 1 - \frac{T_k}{T_w}\,.$$

Das bedeutet, daß zwei in Reihe geschaltete reversible Wärmekraftmaschinen wie eine einzige Wärmekraftmaschine wirken, die reversibel zwischen dem wärmsten und dem kältesten Reservoir arbeitet.

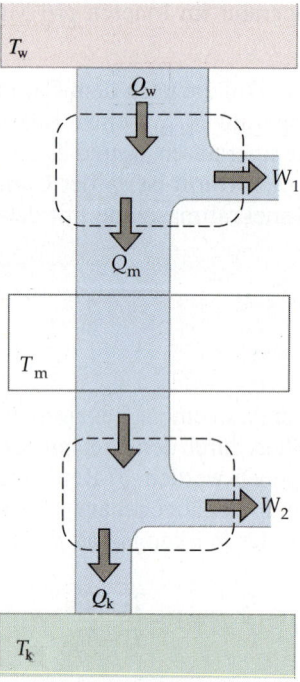

17.16 Zu den Aufgaben 38 und 39.

40. Ein ideales Gas mit $\gamma = 1{,}4$ wird dem in Abbildung 17.17 dargestellten Kreisprozeß unterzogen. Beim Zustand 1 ist $T = 200$ K. Bestimmen Sie a) die Temperaturen der anderen drei Zustände und b) den Wirkungsgrad des Kreisprozesses.

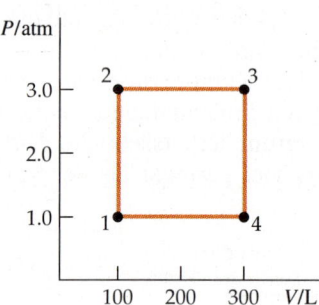

17.17 Zu Aufgabe 40.

41. Die Clausius-Zustandsgleichung von Gasen lautet $P(V - bn) = nRT$. Darin ist b eine Konstante. Zeigen Sie, daß der Carnot-Wirkungsgrad für ein Gas mit dieser Zustandsgleichung derselbe ist wie für ein ideales Gas, bei dem $PV = nRT$ gilt.

Teil 4
Elektrizität und Magnetismus

18 Das elektrische Feld I: Diskrete Ladungsverteilungen

Der Umgang mit Elektrizität ist heute so selbstverständlich, daß wir kaum darüber nachdenken. Vor 100 Jahren jedoch war die Lage noch anders – es gab kaum elektrisches Licht, keine Elektroboiler, keine elektrischen Motoren, weder Radio noch Fernsehen. Obwohl die Elektrizität erst im 20. Jahrhundert vielfältige praktische Anwendung fand, war sie doch schon im Altertum bekannt. Bereits den Griechen war aufgefallen, daß Bernstein nach Reibung Federn und Stroh anzieht. Das Wort Elektrizität stammt von *elektron*, dem griechischen Wort für Bernstein.

Unter **Elektrizität** versteht man heute allgemein die mit elektrischen Ladungen und elektrischen Strömen verknüpften Effekte und Phänomene. Neben der Elektrizität steht als ebenso wichtiges und großes Gebiet das des **Magnetismus**, und es war in erster Linie das Verdienst von J.C. Maxwell in der zweiten Hälfte des 19. Jahrhunderts, zu zeigen, daß elektrische und magnetische Erscheinungen denselben Ursprung haben und zum **Elektromagnetismus** zusammengefaßt werden können. Die Theorie des Elektromagnetismus wird **Elektrodynamik** genannt.

In den folgenden zwölf Kapiteln werden wir uns eingehend mit elektromagnetischen Erscheinungen und deren Gesetzmäßigkeiten befassen. Der breite Raum, den dieses Gebiet in einem Buch wie dem vorliegenden beansprucht, zeigt, welch grundlegende Bedeutung die Elektrodynamik für die gesamte Physik und die zahlreichen aus ihr hervorgegangenen technischen Anwendungen hat.

Außer der Gravitation haben alle Kräfte, denen wir im Alltag begegnen, einen einzigen Ursprung: den Elektromagnetismus. Durch elektromagnetische Kräfte

- bilden sich Moleküle,
- bleibt das Wasser in einem Glas, wenn man das Glas hochhebt,
- übt ein Gas Druck auf eine Behälterwand aus,
- bewegt sich ein Körper, wenn er mechanisch angestoßen wird,
- bleiben die Äste eines Baumes nach oben gerichtet, obwohl die Gravitation sie nach unten zieht,
- behalten Berge ihre Form und werden nicht aufgrund der Gravitation zu flachen Hügeln.

Dies sind nur einige Beispiele für die Vielfalt der elektromagnetischen Effekte in der Natur. Letztendlich sind elektromagnetische Kräfte verantwortlich für die gesamte Strukturbildung der Materie im Größenbereich von einigen Nanometern (Atome, Moleküle) bis zu einigen Metern (Mensch, direkte Umgebung des Menschen). Sie bestimmen damit die meisten physikalischen, sämtliche chemischen

18 Das elektrische Feld I: Diskrete Ladungsverteilungen

und den größten Teil der biologischen Erscheinungen. Lediglich in den Bereichen sehr kleiner und sehr großer Abmessungen spielen andere Kräfte (starke und schwache Wechselwirkung bzw. die Gravitation) eine wesentliche Rolle (siehe auch Abschnitt 4.5, „Kräfte in der Natur", sowie Teil 6, „Moderne Physik").

Neben der Newtonschen Mechanik und der Thermodynamik schuf die Elektrodynamik die Voraussetzungen dafür, daß zu Beginn des 20. Jahrhunderts die zwei wesentlichen modernen physikalischen Theorien, die Relativitätstheorie und die Quantenmechanik, entwickelt werden konnten. Darüber hinaus spielt die Elektrodynamik zur Erklärung zahlreicher Phänomene in der Optik eine wichtige Rolle, und sie bildet die Grundlage für die Elektrotechnik und Elektronik.

Die Einteilung der Elektrodynamik ist einerseits historisch bedingt und orientiert sich andererseits an den Gesetzmäßigkeiten, die Maxwell in seinen berühmten vier Gleichungen zusammenfaßte (Kapitel 29). Danach unterscheidet man:

- Elektrostatik: alle zeitlich nicht veränderlichen Phänomene, also Ladungen (Kapitel 18), Ladungsverteilungen (Kapitel 18, 19), elektrisches Feld (Kapitel 18, 19, 20), elektrisches Potential (Kapitel 20), elektrostatische Energie (Kapitel 21),
- elektrische Gleichströme, also Erscheinungen, bei denen sich nur die Ladungsverteilungen zeitlich ändern, nicht aber deren Felder (Kapitel 22, 23),
- Magnetostatik: Magnetfeld (Kapitel 24), Quellen des Magnetfeldes (Kapitel 25) (nach Maxwell sind hier auch die elektrischen Gleichströme einzuordnen),
- zeitlich veränderliche elektrische und magnetische Felder: magnetische Induktion (Kapitel 26), Magnetismus in Materie (Kapitel 27), Wechselströme (Kapitel 28) und elektromagnetische Wellen und Maxwell-Gleichungen (Kapitel 29).

Im vorliegenden Kapitel wird das Konzept der elektrischen Ladung vorgestellt. Wir werden uns hier der Reihe nach mit Leitern, Nichtleitern und der Auflademng von Leitern beschäftigen. Anschließend werden wir das Coulombsche Gesetz kennenlernen, das die Kraft zwischen elektrischen Ladungen beschreibt. Der Begriff des elektrischen Feldes wird eingeführt und dessen Stärke und Richtung durch Feldlinien veranschaulicht. Eine Diskussion über Punktladungen und elektrische Dipole in elektrischen Feldern schließt das Kapitel ab.

18.1 Elektrische Ladung

Die elektrische Ladung ist wie die Masse eine fundamentale Eigenschaft der Materie. Bis heute läßt sich die Frage nach der eigentlichen Natur der elektrischen Ladung nicht beantworten (das gleiche gilt auch für die Masse). Man kann lediglich beschreiben, wie sich geladene Materie verhält. Wenn man heute den Begriff der elektrischen Ladung als im direkten Sinn „selbstverständlich" auffaßt, so sollte man sich klarmachen, daß er das Ergebnis jahrhundertelanger Beobachtungs- und Experimentierarbeit ist und daß er, wie im folgenden deutlich werden wird, an die Grundfesten der modernen Physik rührt.

Die bereits den Griechen aufgefallene Erscheinung der elektrischen Anziehungskraft läßt sich in einem einfachen Experiment zeigen. Dazu reiben wir einen Plastikstab an einem Fell und hängen ihn an einem Faden frei schwingend auf. Nun reiben wir einen zweiten Plastikstab am Fell und halten ihn in die Nähe des ersten. Wir stellen fest, daß sich die beiden Stäbe gegenseitig abstoßen: Der frei hängende Stab bewegt sich von dem anderen weg (Abbildung 18.1). Denselben Abstoßungseffekt erhält man bei Glasstäben, wenn man sie an Seide reibt.

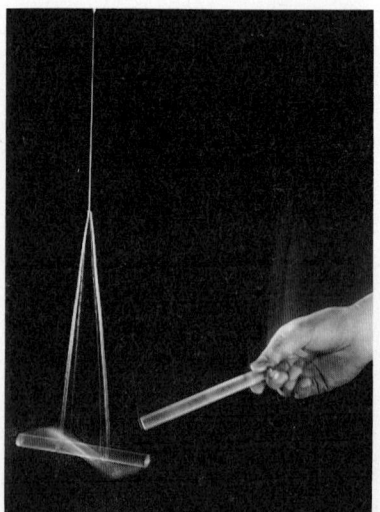

18.1 Zwei an Fell geriebene Plastikstäbe stoßen einander ab. (Aus *PSSC Physics*, 2nd edition, 1965, D.C. Heath and Company, and Education Development Center, Inc., Newton, MA, USA)

Wird jedoch ein an Fell geriebener Plastikstab in die Nähe eines an Seide geriebenen Glasstabes gebracht, so ziehen diese beiden Stäbe einander an.

Durch Reibung des Plastikstabes an Fell und des Glasstabes an Seide werden die Stäbe „elektrisch aufgeladen". Führt man derartige Experimente mit den verschiedensten Materialien durch, so stellt man fest, daß sich alle geladenen Gegenstände in zwei Gruppen einteilen lassen: in solche, die wie der an einem Fell geriebene Plastikstab geladen sind, und andere, deren Ladungsart derjenigen entspricht, die man durch Reibung eines Glasstabes an Seide erhält. Auf den amerikanischen Staatsmann und Wissenschaftler Benjamin Franklin geht ein Erklärungsversuch zurück, der zwar, wie sich später herausstellte, nicht richtig ist, der aber Auswirkungen auf die Begriffsbildung hatte: Franklin nahm an, daß jeder Gegenstand eine „normale" Menge an Elektrizität trägt. Beim Reiben zweier verschiedener Gegenstände aneinander sollte ein Teil dieser Elektrizität von einem Gegenstand auf den anderen übergehen, so daß der eine Gegenstand anschließend weniger und der andere im selben Maße mehr Elektrizität besitzt. Franklin nannte die beiden verschiedenen Ladungsmengen Plus (+) und Minus (−), wobei der an Seide geriebene Glasstab als positiv geladen gewählt wurde. Diese Bezeichnungsweise ist auch heute noch gültig, während sich Franklins Deutung von Ladungsüberschuß und Ladungsverminderung als falsch herausstellte. Unsere Experimente zeigen auf jeden Fall, daß sich gleich geladene Gegenstände abstoßen und verschieden geladene anziehen (Abbildung 18.2).

Heute wissen wir, daß ein Glasstab, wenn man ihn an Seide reibt, **Elektronen** an die Seide abgibt. Nach Franklins Klassifikation ist die Seide negativ geladen, und entsprechend sagt man, daß Elektronen negative Ladung besitzen. Der Glasstab besitzt durch die Abgabe von Elektronen aber nicht weniger Elektrizität, vielmehr ist auch er gleich stark geladen, allerdings definitionsgemäß positiv.

Wir wissen heute gleichfalls, daß Materie aus Atomen besteht, die elektrisch neutral sind. Jedes Atom enthält einen kleinen Kern aus Protonen und Neutronen sowie eine der Protonenzahl entsprechende Zahl von Elektronen, die den Kern in relativ großen Abständen umgeben. Die Anzahl der Protonen im Kern wird als Ordnungszahl Z des jeweiligen Elementes bezeichnet. Protonen sind positiv, Elektronen negativ geladen und Neutronen elektrisch neutral. Obwohl ein Proton ungefähr die 2000fache Masse eines Elektrons besitzt, haben beide exakt dieselbe Ladung, allerdings mit entgegengesetztem Vorzeichen. Die Ladung des Protons ist $+e$, die des Elektrons $-e$, wobei die Einheit e **Elementarladung** genannt wird. Wie zum ersten Mal Millikan 1909 in seinem berühmten Öltröpfchenversuch zeigen konnte, treten in der Natur alle Ladungsmengen als ganzzahlige Vielfache von e auf: $Q = \pm Ne$, wobei Q die Ladung und N eine natürliche Zahl ist. In der

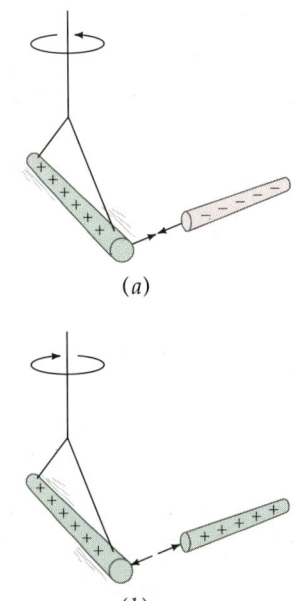

18.2 a) Ungleichnamig geladene Gegenstände ziehen sich an. b) Gleichnamig geladene Gegenstände stoßen sich ab.

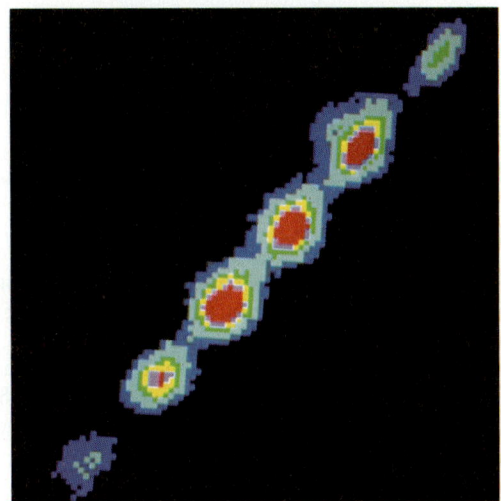

Quantisierte Ladung. Einzelne Quecksilberionen sind hier durch eine bestimmte Anordnung elektrischer Felder, die als Paulsche Ionenfalle bezeichnet wird, eingefangen worden. Auf dieser Falschfarbenfotographie halten sich die Ionen vorzugsweise an den rotgefärbten Stellen auf. Der Abstand benachbarter Ionen beträgt wenige Mikrometer. (Mit freundlicher Genehmigung des National Institute of Standards and Technology)

18 Das elektrische Feld I: Diskrete Ladungsverteilungen

aktuellen Theorie der Elementarteilchen (die seit etwa 1970 verwendet wird; siehe Kapitel 41) werden Ladungseinheiten von 1/3 e postuliert. Mit solchen „gebrochenen" Ladungen von ± 1/3 e oder auch ± 2/3 e sollen die sogenannten Quarks ausgestattet sein – Elementarteilchen, aus denen beispielsweise die Protonen und Neutronen aufgebaut sind. Die Wechselwirkung zwischen den Quarks soll so aussehen, daß Quarks immer nur in Zweier- oder Dreierkombinationen auftreten und niemals isoliert werden können. Das heißt aber, daß sich gebrochene Ladungen in der Natur nicht direkt beobachten lassen, denn die erlaubten Quark-Kombinationen resultieren immer in einer Ladung ± Ne oder 0. Wir können daher, zumindest für den Größenbereich von den Atomen bis zur makroskopischen Welt (Größenordnung Meter), als Ergebnis des Millikan-Versuches festhalten: **Ladungen** sind immer in Portionen der Größe ± e quantisiert. Allerdings kann man diesen Quantisierungseffekt nur schwierig beobachten, da man es meistens mit einer sehr großen Zahl von Ladungsträgern zu tun hat. So gehen beispielsweise beim Reiben eines Plastikstabes mit Fell 10^{10} Elektronen des Felles an den Stab über.

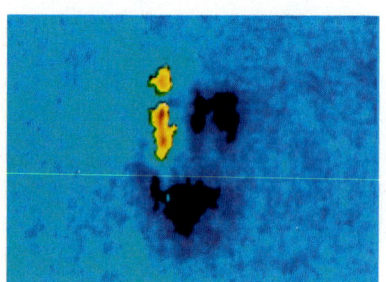

Eine durch Berührung mit einem Nickelstück aufgeladene 0,02 mm breite Kunststoffprobe. Obwohl die Kunststoffprobe insgesamt positiv aufgeladen wurde, finden sich sowohl Bereiche mit negativen Ladungen (dunkel wiedergegeben) als auch mit positiven Ladungen (gelb markiert). Dieses Bild entstand, indem man eine nur 10^{-7} m dünne, geladene Nadel über die Kunststoffprobe führte und die elektrostatische Kraft, die auf die Nadel wirkte, aufzeichnete. (Foto: IBM Corporation, Research Devision, Almaden Research Center)

Durch Austausch von Elektronen zwischen zwei Gegenständen wird der eine Gegenstand positiv und der andere im gleichen Maße negativ geladen. Bei diesem Vorgang wird keine Ladung erzeugt, sondern nur zwischen den beiden Gegenständen ausgetauscht: Die elektrische *Ladung bleibt erhalten*. Es handelt sich bei der **Ladungserhaltung** um ein fundamentales Naturgesetz, das in einer Hinsicht sogar noch fundamentaler ist als das Gesetz von der Erhaltung der Masse (siehe Kapitel 4, 6 und 34): Die Masse eines Körpers hängt von seinem Bewegungszustand ab, die Ladung nicht. Bei bestimmten Wechselwirkungen zwischen Elementarteilchen können geladene Teilchen (wie beispielsweise Elektronen) entstehen oder vernichtet werden. Aber auch dieser Prozeß widerspricht nicht der Ladungserhaltung, denn dabei entstehen oder verschwinden simultan immer gleich große Ladungsbeträge entgegengesetzten Vorzeichens. Das heißt, die Gesamtladung des Universums bleibt stets erhalten. Wird zum Beispiel ein Elektron der Ladung –e gebildet, so entsteht gleichzeitig ein positiv geladenes Teilchen, ein *Positron*, der Ladung +e. (Dieser Prozeß heißt *Paarbildung*. Näheres über Teilchen und Antiteilchen kann im Kapitel 41 nachgelesen werden.)

Die SI-Einheit ist das Coulomb (C), sie wird mit Hilfe des *Amperes* definiert. (Die genaue Definition des Amperes – über die Messung magnetischer Kräfte – erfolgt in Kapitel 25. Das Ampere (A) ist die Einheit der Stromstärke.) Ein **Coulomb** (C) ist die Ladungsmenge, die in 1 Sekunde durch die Querschnittsfläche eines Drahtes fließt, wenn die Stromstärke ein Ampere beträgt. Das Coulomb ist mit der Elementarladung über

Elementarladung $$e = 1{,}60 \cdot 10^{-19}\,\text{C}$$ 18.1

verknüpft. Ladungen von 10 nC (1 nC = 10^{-9} C) bis 0,1 μC (1 μC = 10^{-6} C) sind im Labor durch Reibung leicht erzeugbar.

Beispiel 18.1

Ein Kupferpfennig habe eine Masse von 3 g. Die Ordnungszahl von Kupfer ist $Z = 29$, und die molare Masse beträgt 63,5 g/mol. Wie groß ist die Gesamtladung aller Elektronen in dem Pfennigstück?

Zunächst berechnen wir die Anzahl der Atome in 3 g Kupfer. Ein Mol Kupfer enthält die Avogadro-Zahl an Atomen und hat eine Masse von 63,5 g. Somit enthalten 3 g Kupfer

$$N = 3\,\text{g} \cdot \frac{6{,}02 \cdot 10^{23}\,\text{mol}^{-1}}{63{,}5\,\text{g/mol}} = 2{,}84 \cdot 10^{22}\,\text{Atome.}$$

Jedes Kupferatom hat $Z = 29$ Elektronen, damit beträgt die Gesamtladung Q:

$$Q = 2{,}84 \cdot 10^{22} \cdot 29 \cdot (-1{,}60 \cdot 10^{-19}\,\text{C})$$
$$= -1{,}32 \cdot 10^{5}\,\text{C}\,.$$

18.2 Leiter, Nichtleiter und Influenz

Elektrische **Leiter** sind Stoffe, in denen sich ein Teil der Elektronen frei bewegen kann. Zu diesen Stoffen zählen die Metalle. Im Gegensatz zu den Leitern sind bei den **Nichtleitern** die Elektronen fest an die einzelnen Atome und deren nähere Umgebung gebunden. Beispiele für Nichtleiter sind Holz und Glas.

Bei einem einzelnen Kupferatom sind 29 Elektronen an den Atomkern gebunden. Zwischen dem positiv geladenen Kern und den negativ geladenen Elektronen besteht eine elektrische Anziehungskraft, die mit der Entfernung der Elektronen vom Kern abnimmt. Die Bindung der äußeren Elektronen an den Kern wird zusätzlich durch die Abstoßung zwischen ihnen und den inneren Elektronen geschwächt. Wenn sehr viele Kupferatome zusammen ein Stück Kupfermetall bilden, ändert sich die Bindung der äußeren Elektronen der Einzelatome durch die Wechselwirkung mit den benachbarten Atomen. Einige der äußeren Elektronen jedes Kupferatoms können sich im Metall frei bewegen, ähnlich den Gasmolekülen in einem Behälter. Man spricht daher auch von einem „freien Elektronengas" in Metallen. Die Anzahl freier Elektronen in Metallen ist stoffspezifisch, beträgt aber im allgemeinen etwa ein Elektron pro Atom. Ein Atom, bei dem eines seiner äußeren Elektronen fehlt, ist positiv geladen und wird *positives Ion* genannt. Typisch für Metalle wie Kupfer ist, daß sie eine *Kristallstruktur* besitzen. Ein Leiter ist normalerweise nach außen elektrisch neutral, da zu jedem positiven Ion mit Ladung $+e$ ein freies Elektron mit Ladung $-e$ vorhanden ist. Er kann aber durch Zugabe oder Entfernen von Elektronen geladen werden, man spricht dann auch von **elektrostatischer Aufladung**.

Abbildung 18.3 zeigt ein **Elektroskop**, mit dem gemessen werden kann, ob ein Gegenstand elektrostatisch aufgeladen ist. Das Kernstück dieses Gerätes bilden zwei Goldblättchen, die mit einem leitenden Stab verbunden sind, an dessen oberem Ende eine leitende Kugel sitzt. Diese leitenden Teile sind zum Gehäuse hin isoliert. Berührt man die Kugel mit einem geladenen Gegenstand, so wird die Ladung durch den Stab auf die Goldblättchen übertragen. Diese stoßen sich dann als gleich geladene Gegenstände gegenseitig ab und entfernen sich voneinander. Ist der Gegenstand negativ geladen, so leitet der Stab zusätzliche Elektronen in die Goldblättchen, ist er positiv geladen, dann entzieht der Stab den Goldblättchen die Elektronen.

In Abbildung 18.4 wird eine Anordnung gezeigt, bei der sich ein äußerer langer Metallstab in Kontakt mit der Kugel des Elektroskops befindet. Wird das andere Ende des Stabes mit einem geladenen Plastikstab berührt, so stoßen sich die Blättchen des Elektroskops ab, da Elektronen vom Plastikstab durch den verbindenden Metallstab in das Elektroskop geleitet werden. Wird der Metallstab durch einen Holzstab ersetzt, passiert dagegen nichts. Der Holzstab ist ein Nichtleiter oder Isolator.

Es gibt eine einfache und praktische Methode, einen Leiter elektrostatisch aufzuladen, und zwar indem man die Verschiebbarkeit der freien Elektronen und den Effekt der Anziehung entgegengesetzter Ladungen ausnutzt. Wir betrachten dazu zwei ungeladene Metallkugeln, die nebeneinanderliegen und sich berühren. Bringt man einen geladenen Stab in die Nähe einer der Kugeln, so fließen freie

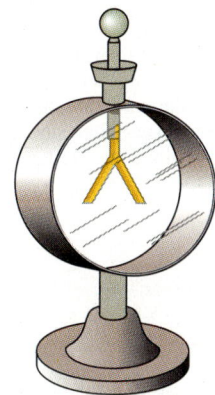

18.3 Ein Elektroskop. Die beiden Goldblättchen sind mit einem Metallstab verbunden, an dessen oberem Ende eine Metallkugel befestigt ist. Wird die Metallkugel geladen, verteilt sich die Ladung auch auf die Goldblättchen, und diese stoßen einander ab.

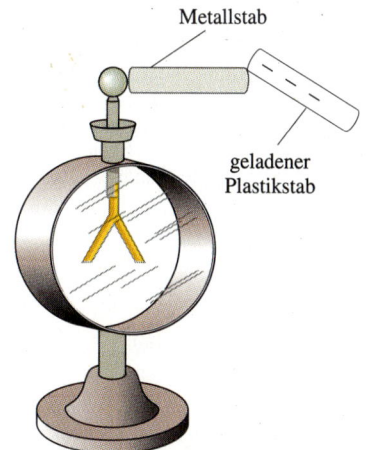

18.4 Ein Metallstab hat Kontakt mit der Metallkugel des Elektroskops. Berührt man ihn mit einem negativ geladenen Plastikstab, so leitet er die Ladung an die Kugel weiter, was an der gegenseitigen Abstoßung der Goldblättchen zu erkennen ist.

18 Das elektrische Feld I: Diskrete Ladungsverteilungen

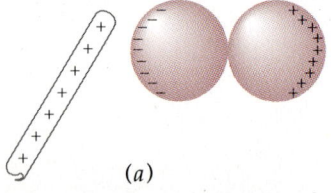
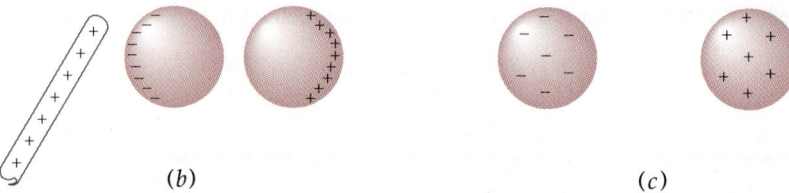

18.5 Aufladen durch Influenz. a) Zwei sich berührende Metallkugeln werden entgegengesetzt aufgeladen, wenn ein positiv geladener Plastikstab in die Nähe einer Kugel gebracht wird. Der Stab zieht Elektronen auf die linke Kugel, wodurch sich die rechte positiv auflädt. b) Trennt man die Kugeln, bevor man den Stab entfernt, so verbleiben beide mit gleich großen, entgegengesetzten Ladungen. c) Entfernt man den Stab und die Kugeln voneinander, so verteilen sich die Ladungen gleichmäßig über die Kugeloberflächen.

Elektronen von einer Kugel zur anderen (Abbildung 18.5). Ein positiv geladener Stab zieht Elektronen an und lädt die näher bei ihm liegende Kugel negativ auf, ein negativ geladener Stab stößt Elektronen ab und lädt die ihm zugewandte Kugel positiv auf. Bleibt der Stab in der Nähe der einen Kugel und entfernt man die andere, so läßt sich mit einem Elektroskop nachweisen, daß eine Kugel positiv, die andere in gleichem Maße negativ geladen ist. Diesen Effekt nennt man **elektrostatische Influenz** oder **Ladungstrennung durch Influenz**. Berührt eine geladene Kugel eine baugleiche, aber ungeladene Kugel, so verteilt sich die Ladung der ersten Kugel gleichmäßig auf beide. Trennt man die Kugeln, verbleiben sie mit je der Hälfte der ursprünglich auf eine Kugel konzentrierten Ladung.

Die Erde kann in den meisten Fällen als unendlich großer Leiter angesehen werden. Berührt ein Leiter die Erde, so nennt man ihn **geerdet**. Die Erdung wird in Schaltschemata durch ein den leitenden Draht abschließendes Symbol aus horizontalen Linien, die nach unten immer kürzer werden, wiedergegeben (Abbildung 18.6b). Wir können einen Leiter mit Hilfe der Erde durch elektrostatische Influenz aufladen. Abbildung 18.6a zeigt einen positiv geladenen Stab in der Nähe einer ungeladenen leitenden Kugel. Freie Elektronen bewegen sich zu der dem Stab zugewandten Seite der Kugel. Dadurch wird die dem Stab abgewandte Seite positv geladen. Durch Erdung fließen Elektronen aus der Erde in die Kugel und neutralisieren die positiv geladene Seite der Kugel (Abbildung 18.6b). Insgesamt ist die Kugel jetzt negativ geladen. Wenn wir die Erdung unterbrechen, ohne den geladenen Stab zu entfernen, so bleibt der Ladungszustand der Kugel (eine Seite negativ geladen, die andere elektrisch neutral) erhalten (Abbildung 18.6c). Wenn nun der geladene Stab entfernt wird, verteilen sich die Elektronen so auf der Kugel, daß sie nach außen als gleichmäßig negativ geladen erscheint (Abbildung 18.6d).

Frage

1. Können Nichtleiter genauso wie Leiter durch Influenz geladen werden?

18.6 a) Die freie Ladung einer leitenden Kugel wird durch die Nähe eines positiv geladenen Stabes polarisiert. b) Durch Erdung der positiv geladenen rechten Kugelseite fließen Elektronen nach und neutralisieren die rechte Kugelhälfte. c) Wird die Erdung noch vor Entfernen des geladenen Stabes unterbrochen, so verbleibt die Kugel negativ geladen. d) Die Ladung verteilt sich nach Entfernen des Stabes gleichmäßig über die Kugeloberfläche.

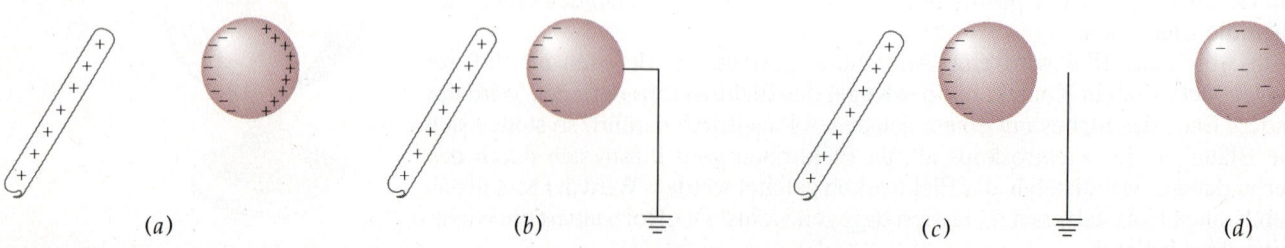

18.3 Das Coulombsche Gesetz

Um die Kraft zwischen ruhenden elektrischen Ladungen, also die **elektrostatische Anziehung** und **Abstoßung**, näher zu untersuchen, verwendete Charles Coulomb (1736–1806) eine Drehwaage. Im Grunde war Coulombs experimenteller Aufbau identisch mit dem Cavendish-Experiment (Kapitel 10), nur daß die von Cavendish verwendeten Massen bei Coulomb durch kleine elektrostatisch aufgeladene Kugeln ersetzt wurden. Die Gravitationskraft zwischen den Kugeln ist im Vergleich zu ihrer elektrostatischen Anziehungs- oder Abstoßungskraft vernachlässigbar (sie ist um viele Größenordnungen kleiner; siehe Beispiel 18.3). Der Abstand zwischen ihnen ist in diesem Versuch viel größer als ihr Durchmesser, so daß man in ausreichender Näherung von Punktladungen sprechen kann. Coulomb lud die Kugeln in seinen Experimenten durch elektrostatische Influenz auf und konnte mit dieser Methode die Größe der Ladungen variieren. Begann er beispielsweise mit der Ladung q_0 auf beiden Kugeln, so entlud er eine Kugel durch Erdung und erzeugte danach durch Kontakt der Kugeln auf jeder eine Ladung von $\frac{1}{2} q_0$. Die Ergebnisse der Experimente von Coulomb und anderer Forscher führten zum sogenannten **Coulombschen Gesetz**:

> Zwei Punktladungen q_1 und q_2, die sich im Abstand r voneinander befinden, üben eine Kraft aufeinander aus. Sie wirkt entlang der Verbindungslinie zwischen q_1 und q_2. Die Stärke der Kraft ist umgekehrt proportional zum Quadrat des Abstandes der Ladungen, zu r^{-2}, und proportional zu deren Produkt, zu $q_1 q_2$. Gleichnamige Ladungen stoßen sich ab, ungleichnamige ziehen sich an.

Abbildung 18.7 veranschaulicht die Kräfte zwischen Ladungen mit gleichem bzw. entgegengesetztem Vorzeichen.

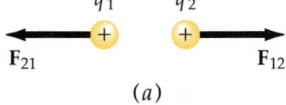
(a)

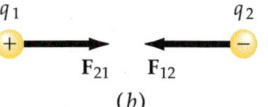
(b)

18.7 a) Gleichnamige Ladungen stoßen sich ab, b) ungleichnamige Ladungen ziehen sich an.

Das Coulombsche Gesetz läßt sich mathematisch am einfachsten und prägnantesten mit Hilfe der Vektorrechnung formulieren. Seien q_1 und q_2 zwei Punktladungen im Abstand r_{12}. Dieser Abstand wird in Abbildung 18.8 durch die Länge des Vektors $\mathbf{r}_{12}$, der von der positiven zur negativen Ladung, also von q_1 nach q_2 zeigt, repräsentiert. Die Kraft $\mathbf{F}_{12}$, die die Ladung q_1 auf die Ladung q_2 ausübt, ist dann

$$\mathbf{F}_{12} = \frac{1}{4\pi\varepsilon_0} \frac{q_1 q_2}{r_{12}^2} \cdot \frac{\mathbf{r}_{12}}{r_{12}},$$

18.2 *Das Coulombsche Gesetz*

wobei $\mathbf{r}_{12}/r_{12}$ der Einheitsvektor von q_1 in Richtung q_2 ist und der Proportionalitätsfaktor $1/(4\pi\varepsilon_0)$ den Wert

$$\frac{1}{4\pi\varepsilon_0} = 8{,}99 \cdot 10^9 \, \text{N} \cdot \text{m}^2/\text{C}^2 \qquad 18.3$$

besitzt. ε_0 wird **Influenzkonstante**, **Dielektrizitätskonstante des Vakuums** oder **elektrische Feldkonstante** genannt, sie hat den Wert $\varepsilon_0 =$

18 Das elektrische Feld I: Diskrete Ladungsverteilungen

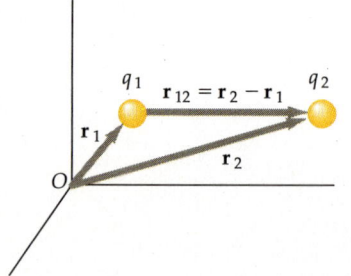

18.8 Ladung q_1 befindet sich im Punkt r_1, Ladung q_2 im Punkt r_2. Die Kraft, die q_1 auf q_2 ausübt, wirkt in Richtung $r_{12} = r_2 - r_1$, falls die Ladungen gleiches Vorzeichen besitzen, und in die entgegengesetzte Richtung, falls die Vorzeichen unterschiedlich sind.

$8{,}854 \cdot 10^{-12}\,\text{C}^2 \cdot \text{J}^{-1} \cdot \text{m}^{-1} = 8{,}854 \cdot 10^{-12}\,\text{C}^2 \cdot \text{N}^{-1} \cdot \text{m}^{-2}$. Diese Konstante wird uns im folgenden immer wieder begegnen. Der physikalische Hintergrund wird im Kapitel 21 (Kondensatoren) beschrieben. Für praktische Zwecke ist es hilfreich, sich die Zahlenwerte von $1/\varepsilon_0$, $1/2\varepsilon_0$, $1/2\pi\varepsilon_0$ und $1/4\pi\varepsilon_0$ zu merken:

$1/\varepsilon_0$	$1/2\varepsilon_0$	$1/2\pi\varepsilon_0$	$1/4\pi\varepsilon_0$	Einheit
$1{,}13 \cdot 10^{11}$	$5{,}65 \cdot 10^{10}$	$1{,}80 \cdot 10^{10}$	$8{,}99 \cdot 10^{9}$	N·m²/C²

Nach dem dritten Newtonschen Gesetz ist die Kraft F_{21}, die von q_2 auf q_1 ausgeübt wird, betragsmäßig gleich F_{12}, jedoch entgegengesetzt gerichtet. Allgemein ist der Betrag der Kraft, die eine Ladung q_1 auf eine zweite Ladung q_2 im Abstand r ausübt, gegeben durch

$$F = \frac{1}{4\pi\varepsilon_0} \cdot \frac{q_1 q_2}{r^2}. \qquad 18.4$$

Man beachte die Ähnlichkeit zwischen dem Coulombschen Gesetz und dem Newtonschen Gravitationsgesetz (siehe Abschnitt 10.2). Die Kräfte sind jeweils umgekehrt porportional zum Quadrat des Abstandes. Jedoch ist die Gravitationskraft immer anziehend. Die elektrostatische Kraft kann dagegen sowohl anziehend als auch abstoßend sein.

Beispiel 18.2

Zwei Ladungen von je $0{,}05\,\mu\text{C}$ wirken in einem Abstand von 10 cm aufeinander. a) Wie groß ist die Kraft zwischen beiden Ladungen? b) Aus wie vielen Elementarladungen besteht jede der betrachteten Ladungen?

a) Mit Hilfe des Coulombschen Gesetzes wird die Kraft wie folgt berechnet:

$$F = \frac{1}{4\pi\varepsilon_0} \frac{q_1 q_2}{r^2}$$

$$= \frac{(8{,}99 \cdot 10^9\,\text{N} \cdot \text{m}^2/\text{C}^2) \cdot 0{,}05 \cdot 10^{-6}\,\text{C} \cdot 0{,}05 \cdot 10^{-6}\,\text{C}}{(0{,}1\,\text{m})^2}$$

$$= 2{,}25 \cdot 10^{-3}\,\text{N}.$$

b) Für $0{,}05\,\mu\text{C}$ werden

$$q = Ne$$

$$N = \frac{q}{e} = \frac{0{,}05 \cdot 10^{-6}\,\text{C}}{1{,}6 \cdot 10^{-19}\,\text{C}} = 3{,}12 \cdot 10^{11}$$

Elementarladungen benötigt. Bei Ladungen dieser Größe wird die Quantisierung elektrischer Ladung nicht deutlich. Selbst die Ladung von einer Million Elektronen kann zu dieser Ladung addiert oder von ihr subtrahiert werden, ohne daß dies mit gewöhnlichen Instrumenten meßbar wäre.

Da sowohl die elektrostatische Anziehungskraft als auch die Gravitationskraft zwischen zwei Teilchen (allgemein: zwei beliebigen Gegenständen) umgekehrt proportional zum Quadrat des Teilchenabstandes sind, ist das Verhältnis der beiden Kräfte nicht vom Abstand abhängig. Dieses Verhältnis läßt sich leicht für Elementarteilchen wie Protonen und Elektronen berechnen.

Beispiel 18.3

Berechnen Sie das Verhältnis der elektrostatischen Kraft zur Gravitationskraft für zwei Protonen.

Jedes Proton hat die Ladung $+e$. Daher ist die elektrostatische Kraft F_e zwischen ihnen abstoßend und hat den Betrag

$$F_e = \frac{1}{4\pi\varepsilon_0}\frac{e^2}{r^2}.$$

Die Gravitationskraft F_g ist anziehend und beträgt

$$F_g = G\frac{m_P^2}{r^2},$$

wobei m_P die Masse des Protons ist. Das Verhältnis dieser beiden Kräfte hängt nicht vom Abstand r der beiden Protonen ab:

$$\frac{F_e}{F_g} = \frac{1}{4\pi\varepsilon_0}\frac{e^2}{Gm_P^2}.$$

Durch Einsetzen von $(1/4\pi\varepsilon_0) = 8{,}99 \cdot 10^9\,\text{N}\cdot\text{m}^2/\text{C}^2$, $e = 1{,}60 \cdot 10^{-19}\,\text{C}$, $G = 6{,}67 \cdot 10^{-11}\,\text{N}\cdot\text{m}^2/\text{kg}^2$ und $m_P = 1{,}67 \cdot 10^{-27}\,\text{kg}$ bekommt man

$$\frac{F_e}{F_g} = \frac{(8{,}99 \cdot 10^9\,\text{N}\cdot\text{m}^2/\text{C}^2) \cdot (1{,}60 \cdot 10^{-19}\,\text{C})^2}{(6{,}67 \cdot 10^{-11}\,\text{N}\cdot\text{m}^2/\text{kg}^2) \cdot (1{,}67 \cdot 10^{-27}\,\text{kg})^2} = 1{,}24 \cdot 10^{36}.$$

Übung

In einem Wasserstoffatom beträgt der mittlere Abstand des Elektrons zum Proton ungefähr $5{,}3 \cdot 10^{-11}$ m. Berechnen Sie die Größe der elektrostatischen Anziehungskraft, die das Proton auf das Elektron ausübt. (Antwort: $8{,}2 \cdot 10^{-8}$ N)

Aus Beispiel 18.3 wissen wir, daß die Gravitationskraft zwischen zwei Elementarteilchen im Vergleich zu ihrer elektrostatischen Kraft verschwindend gering ist, so daß sie in den meisten Fällen nicht berücksichtigt werden muß. Lediglich wenn ein Gegenstand elektrisch neutral ist, wie beispielsweise die Erde, bei der die Gesamtzahl der Protonen ungefähr der Gesamtzahl der Elektronen entspricht, kann die Gravitationskraft bei der Betrachtung der Wechselwirkung dieses Gegenstandes mit anderen wichtig werden. Sobald aber in zwei miteinander wechselwirkenden Gegenständen kein Gleichgewicht zwischen positiver und negativer Ladung besteht, beide also elektrisch geladen sind, wird die elektrostatische Kraft viel größer als die Gravitationskraft sein.

In einem System von Ladungen übt jede Ladung auf jede andere die durch Gleichung (18.2) beschriebene Kraft aus. Die resultierende Kraft, die eine Ladung q durch alle anderen Ladungen des Systems erfährt, ist die Vektorsumme der einzelnen auf q wirkenden Kräfte.

Beispiel 18.4

Drei Punktladungen liegen auf der x-Achse; $q_1 = 25$ nC liegt im Ursprung, $q_2 = -10$ nC liegt bei $x = 2$ m, und $q_0 = 20$ nC befindet sich bei $x = 3{,}5$ m (Abbildung 18.9). Berechnen Sie die gesamte auf q_0 einwirkende Kraft.

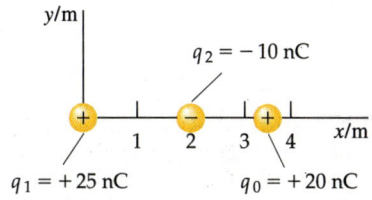

18.9 Punktladungen auf der x-Achse.

18 Das elektrische Feld I: Diskrete Ladungsverteilungen

Die Kraft, die q_1 auf q_0 ausübt, beträgt

$$F_{10} = \frac{1}{4\pi\varepsilon_0} \frac{q_1 q_0}{r_{10}^2} \cdot \frac{r_{10}}{r_{10}}$$

$$= \frac{(8{,}99 \cdot 10^9 \text{ N·m}^2/\text{C}^2) \cdot 25 \cdot 10^{-9} \text{ C} \cdot 20 \cdot 10^{-9} \text{ C}}{(3{,}5 \text{ m})^2} e_x$$

$$= 0{,}367 \ \mu\text{N} \, e_x,$$

wobei e_x der Einheitsvektor in x-Richtung ist, denn im gegebenen Koordinatensystem ist $r_{10}/r_{10} = e_x$. Die Kraft, die durch q_2 auf q_0 ausgeübt wird, beträgt

$$F_{20} = \frac{1}{4\pi\varepsilon_0} \frac{q_2 q_0}{r_{20}^2} \cdot \frac{r_{20}}{r_{20}}$$

$$= \frac{(8{,}99 \cdot 10^9 \text{ N·m}^2/\text{C}^2) \cdot -10 \cdot 10^{-9} \text{ C} \cdot 20 \cdot 10^{-9} \text{ C}}{(1{,}5 \text{ m})^2} e_x$$

$$= -7{,}99 \ \mu\text{N} \, e_x.$$

Die resultierende Kraft auf q_0 ist somit

$$F_{\text{ges}} = F_{10} + F_{20}$$

$$= 0{,}367 \ \mu\text{N} \, e_x - 0{,}799 \ \mu\text{N} \, e_x = -0{,}432 \ \mu\text{N} \, e_x.$$

Beachtenswert ist in Beispiel 18,4, daß die Ladung q_2, die zwischen q_1 und q_0 liegt, keinen Einfluß auf F_{10} hat. Ebenso hat q_1 keinen Einfluß auf F_{20}. Die Gesamtkraft, die ein Ladungssystem auf eine Ladung ausübt, läßt sich somit durch einfache Überlagerung der einzelnen Kräfte bestimmen. Dieses **Prinzip der Überlagerung elektrostatischer Kräfte** wurde in zahlreichen Experimenten bestätigt.

Beispiel 18.5

Die Ladung $q_1 = +25$ nC befinde sich im Ursprung, die Ladung $q_2 = -15$ nC sei auf der x-Achse bei $x = 2$ m, und die Ladung $q_0 = +20$ nC liege im Punkt $x = 2$ m und $y = 2$ m (Abbildung 18.10a). Gesucht ist die Kraft, die auf q_0 einwirkt.

Die Kraft, die q_2 auf q_0 ausübt, ist anziehend und zeigt deshalb in die negative y-Richtung.

$$F_{20} = \frac{1}{4\pi\varepsilon_0} \frac{q_2 q_0}{r_{20}^2} \cdot \frac{r_{20}}{r_{20}}$$

$$= \frac{(8{,}99 \cdot 10^9 \text{ N·m}^2/\text{C}^2) \cdot (-15 \cdot 10^{-9} \text{ C}) \cdot 20 \cdot 10^{-9} \text{ C}}{(2 \text{ m})^2} e_x$$

$$= -6{,}74 \cdot 10^{-7} \text{ N} \, e_x.$$

Der Abstand zwischen q_1 und q_0 ist $2\sqrt{2}$ m. Die Kraft, die q_1 auf q_0 ausübt, beträgt

$$F_{10} = \frac{1}{4\pi\varepsilon_0} \frac{q_1 q_0}{r_{20}^2} \cdot \frac{r_{10}}{r_{10}}$$

$$= \frac{(8{,}99 \cdot 10^9 \text{ N·m}^2/\text{C}^2) \cdot 25 \cdot 10^{-9} \text{ C} \cdot 20 \cdot 10^{-9} \text{ C}}{(2\sqrt{2} \text{ m})^2} \cdot \frac{r_{10}}{r_{10}}$$

$$= 5{,}62 \cdot 10^{-7} \text{ N} \cdot \frac{r_{10}}{r_{10}}.$$

18.10 a) Kräftediagramm für Beispiel 18.5. Die resultierende Kraft auf die Ladung q_0 ist die Vektorsumme der durch q_1 ausgeübten Kraft F_{10} und der durch q_2 ausgeübten Kraft F_{20}. b) Das Diagramm zeigt die Gesamtkraft aus Teil a) und ihre x- und y-Komponenten.

Durch Zerlegung der Kräftevektoren in ihre Komponenten findet man die Vektorsumme dieser beiden Kräfte. F_{10} bildet einen Winkel von 45° mit der x- und der y-Achse, das heißt, die x- und y-Komponenten von F_{10} sind gleich und betragen $F_{10}/\sqrt{2}$:

$$F_{10x} = F_{10y} = \frac{5{,}62 \cdot 10^{-7} \text{ N}}{\sqrt{2}} = 3{,}97 \cdot 10^{-7} \text{ N}.$$

Die x- und y-Komponenten der Gesamtkraft lauten somit

$$F_x = F_{10x} + F_{20x} = 3{,}97 \cdot 10^{-7} \text{ N} + 0 = 3{,}97 \cdot 10^{-7} \text{ N}$$
$$F_y = F_{10y} + F_{20y} = 3{,}97 \cdot 10^{-7} \text{ N} + (-6{,}74 \cdot 10^{-7} \text{ N})$$
$$= -2{,}77 \cdot 10^{-7} \text{ N}.$$

Die Größe der resultierenden Kraft ist

$$F_{\text{ges}} = \sqrt{F_x^2 + F_y^2} = \sqrt{(3{,}97 \cdot 10^{-7} \text{ N})^2 + (-2{,}77 \cdot 10^{-7} \text{ N})^2}$$
$$= 4{,}84 \cdot 10^{-7} \text{ N}.$$

Die Gesamtkraft zeigt nach rechts unten, wobei sie einen Winkel θ mit der x-Achse bildet (Abbildung 18.10b):

$$\tan \theta = \frac{F_y}{F_x} = \frac{-2{,}77}{3{,}97} = -0{,}698$$
$$\theta = -34{,}9°.$$

18.4 Das elektrische Feld

Die Kraft zwischen elektrischen Ladungen hängt wie die zwischen Massen explizit vom Abstand ab, und wir stehen wie bei der Gravitation vor der Frage, wie die elektrostatische Kraft über große Entfernungen hin vermittelt wird. (Zur Diskussion des Ätherbegriffs siehe Kapitel 34.) Um das Problem der Fernwirkung zu vermeiden, führt man auch hier das Feldkonzept ein. Eine Ladung erzeugt ein **elektrisches Feld** E im ganzen Raum, und dieses Feld übt die elektrostatische Kraft auf eine zweite Ladung an deren Ort aus.

Abbildung 18.11 zeigt ein System von Punktladungen q_1, q_2 und q_3, die beliebig im Raum angeordnet sind. Die Zugabe einer weiteren Ladung q_0 bewirkt im allgemeinen eine Änderung der Konfiguration des Systems, doch wollen wir hier q_0 so klein wählen, daß dieser Effekt vernachlässigbar ist. Solch eine kleine Ladung heißt **Probeladung**, da sie zur Prüfung des elektrischen Feldes eines Ladungssystems dienen soll, ohne dieses zu beeinflussen. Die resultierende auf q_0 einwirkende elektrostatische Kraft ist die Vektorsumme der Kräfte, die jede einzelne Ladung des Systems auf q_0 ausübt. Nach dem Coulombschen Gesetz ist jede dieser Kräfte proportional zu q_0, folglich trifft dies auch auf die resultierende Kraft zu. Das elektrische Feld E, das am Ort der Probeladung herrscht, ist definiert als die Gesamtkraft, die auf eine positive Probeladung wirkt, dividiert durch die Größe dieser Probeladung:

$$\boxed{E = \frac{F}{q_0} \quad (q_0 \text{ klein}).}$$

18.5

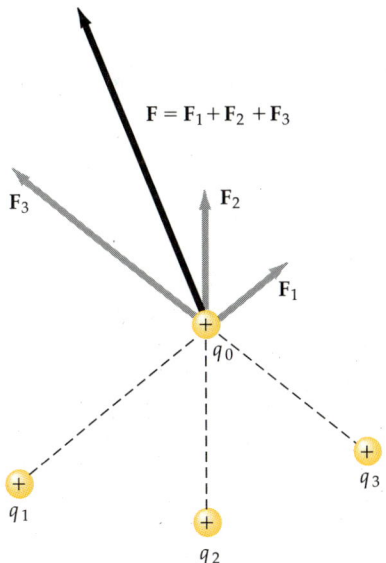

18.11 Die kleine Testladung q_0 erfährt durch das Ladungssystem q_1, q_2 und q_3 eine zu q_0 proportionale Kraft F. Das Verhältnis F/q_0 bestimmt das elektrische Feld E am Ort der Testladung.

Definition des elektrischen Feldes

18 Das elektrische Feld I: Diskrete Ladungsverteilungen

Diese Definition ähnelt der des Gravitationsfeldes der Erde im Abschnitt 4.3, das gegeben ist als Kraft dividiert durch Einheitsmasse. Anders ausgedrückt: Das Gravitationsfeld **g** der Erde beschreibt eine Eigenschaft des Raumes um die Erde herum, durch die eine Masse m in diesem Raum mit einer Kraft mg angezogen wird.

Die SI-Einheit des elektrischen Feldes ist Newton dividiert durch Coulomb (N/C = V/m). In Tabelle 18.1 sind Feldstärken einiger natürlich vorkommender elektrischer Felder zusammengestellt.

Tabelle 18.1 In der Natur und in unserer technischen Umgebung vorkommende elektrische Felder

	$E/\text{N} \cdot \text{C}^{-1}$
Stromleitungen von Wohnhäusern	10^{-2}
Radiowellen	10^{-1}
In der Atmosphäre	10^{2}
Sonnenlicht	10^{3}
Unter einer Gewitterwolke	10^{4}
In einem Blitz	10^{4}
In einer Röntgenröhre	10^{6}
Am Ort des Elektrons eines Wasserstoffatoms	$6 \cdot 10^{11}$
Auf der Oberfläche eines Urankernes	$2 \cdot 10^{21}$

Da die Probeladung eine skalare Größe ist, gelten für das elektrische Feld die gleichen Aussagen wie für die elektrostatische Kraft: Das elektrische Feld ist eine vektorielle Größe, und es genügt dem Superpositionsprinzip. Das elektrische Feld eines Ladungssystems kann durch vektorielle Summation der Felder der Einzelladungen berechnet werden.

Das elektrische Feld **E** eines Systems von Punktladungen beschreibt denjenigen Zustand des Raumes in der Umgebung des Systems, der durch diese Ladungen erzeugt wird. (Dieser Zustand unterscheidet sich beispielsweise wesentlich von dem, der durch die Massen dieses Teilchensystems hervorgerufen wird.) Mit Hilfe einer Probeladung q_0 ist **E** an allen Orten, außer an denen der Punktladungen selbst, bestimmbar. Das elektrische Feld **E** ist somit ein ortsabhängiger Vektor.

Die auf eine Probeladung q_0 ausgeübte Kraft hängt vom elektrischen Feld am Ort der Probeladung ab und ist gegeben durch

$$\boldsymbol{F} = q_0 \boldsymbol{E} .\qquad\qquad 18.6$$

Beispiel 18.6

Wie groß ist das elektrische Feld an einem Punkt, an dem eine Kraft von $2 \cdot 10^{-4}$ N in x-Richtung auf eine Probeladung von 5 nC wirkt?

Da die Kraft in x-Richtung wirkt, zeigt der Vektor des elektrischen Feldes ebenfalls in x-Richtung. Nach Definition (18.5) des elektrischen Feldes ist dann

$$\boldsymbol{E} = \frac{\boldsymbol{F}}{q_0} = \frac{2 \cdot 10^{-4}\,\text{N} \cdot \boldsymbol{e}_x}{5 \cdot 10^{-9}\,\text{C}} = 4 \cdot 10^4\,\text{N/C} \cdot \boldsymbol{e}_x .$$

Übung

Welche Kraft wirkt auf ein Elektron an der Stelle der Probeladung in Beispiel 18.6? (Antwort: $-6{,}4 \cdot 10^{-15}$ N $\boldsymbol{e}_x$)

18.4 Das elektrische Feld

Das elektrische Feld einer einzelnen Punktladung q_i am Punkt r_i läßt sich über das Coulombsche Gesetz berechnen. Auf eine kleine positive Probeladung q_0 am Punkt P, dessen Abstand zu q_1 gleich r_{i0} ist, wirkt eine Kraft

$$F_{i0} = \frac{1}{4\pi\varepsilon_0} \frac{q_i q_0}{r_{i0}^2} \cdot \frac{r_{i0}}{r_{i0}}.$$

Das durch q_i erzeugte elektrische Feld hat somit im Punkt P den Wert

$$E_i = \frac{1}{4\pi\varepsilon_0} \frac{q_i}{r_{i0}^2} \cdot \frac{r_{i0}}{r_{i0}}.$$ 18.7 *Das Coulombsche Gesetz für das elektrische Feld E einer Punktladung*

Der Punkt P, an dem sich die Probeladung befindet, wird **Aufpunkt** genannt. Gleichung (18.7) nennen wir fortan das Coulombsche Gesetz für das elektrische Feld einer Punktladung. Das resultierende elektrische Feld eines Systems von Punktladungen ergibt sich durch Summation der einzelnen Felder:

$$E = \sum_i E_i = \sum_i \frac{1}{4\pi\varepsilon_0} \frac{q_i}{r_{i0}^2} \cdot \frac{r_{i0}}{r_{i0}}.$$ 18.8 *Das durch ein System von Punktladungen erzeugte elektrische Feld*

Auf die Tatsache, daß Ladungen in Wirklichkeit nie streng punktförmig, sondern kontinuierlich über Räume (oder Flächen) verteilt sind, gehen wir im Kapitel 19 ein. Rein mathematisch bedeutet das (wie wir bereits aus anderen Zusammenhängen wissen) den Übergang von der Summation zur Integration.

Beispiel 18.7

Die Ladung $q_1 = +8$ nC befinde sich im Ursprung und $q_2 = +12$ nC auf der x-Achse bei $a = 4$ m (Abbildung 18.12). Bestimmen Sie das resultierende elektrische Feld a) im Punkt P_1 auf der x-Achse bei $x = 7$ m und b) im Punkt P_2 auf der x-Achse bei $x = 3$ m.

a) Der Punkt P_1 bei $x = 7$ m befindet sich rechts von den Punktladungen. Das elektrische Feld beider Ladungen zeigt in die positive x-Richtung. Der Abstand von q_1 zu P_1 beträgt 7 m, und der von q_2 zu P_1 ist 3 m. Das resultierende elektrische Feld im Punkt P_1 ist demnach

$$\begin{aligned} E &= \frac{1}{4\pi\varepsilon_0} \frac{q_1}{x^2} e_x + \frac{1}{4\pi\varepsilon_0} \frac{q_2}{(x-a)^2} e_x \\ &= \frac{(8{,}99 \cdot 10^9 \text{ N} \cdot \text{m}^2/\text{C}^2) \cdot 8 \cdot 10^{-9} \text{ C}}{(7 \text{ m})^2} e_x \\ &\quad + \frac{(8{,}99 \cdot 10^9 \text{ N} \cdot \text{m}^2/\text{C}^2) \cdot 12 \cdot 10^{-9} \text{ C}}{(3 \text{ m})^2} e_x \\ &= 1{,}47 \text{ N/C } e_x + 12{,}0 \text{ N/C } e_x = 13{,}5 \text{ N/C } e_x. \end{aligned}$$

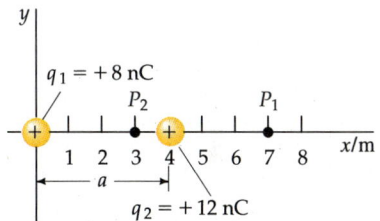

18.12 Zwei gleichnamige Punktladungen, die in einem Abstand a voneinander auf der x-Achse angeordnet sind. Im Punkt P_1 zeigt das resultierende elektrische Feld nach rechts und im Punkt P_2 nach links.

b) P_2 liegt zwischen den Ladungen. Eine positive Probeladung würde von beiden Punktladungen abgestoßen werden. Der Abstand zu q_1 beträgt 3 m, und der zu q_2 ist 1 m. Das resultierende elektrische Feld in Punkt P_2 ist demnach

$$\begin{aligned} E &= \frac{1}{4\pi\varepsilon_0} \frac{q_1}{x^2} e_x - \frac{1}{4\pi\varepsilon_0} \frac{q_2}{(x-a)^2} e_x \\ &= \frac{(8{,}99 \cdot 10^9 \text{ N} \cdot \text{m}^2/\text{C}^2) \cdot 8 \cdot 10^{-9} \text{ C}}{(3 \text{ m})^2} e_x \\ &\quad - \frac{(8{,}99 \cdot 10^9 \text{ N} \cdot \text{m}^2/\text{C}^2) \cdot 12 \cdot 10^{-9} \text{ C}}{(1 \text{ m})^2} e_x \\ &= 7{,}99 \text{ N/C } e_x - 108 \text{ N/C } e_x = -100 \text{ N/C } e_x. \end{aligned}$$

18 Das elektrische Feld I: Diskrete Ladungsverteilungen

Das elektrische Feld im Punkt P_2 zeigt in die negative x-Richtung, da der Betrag der nur einen Meter entfernten Ladung q_2 größer ist als die Kraftkomponente der Ladung q_1, deren Abstand drei Meter beträgt. Bewegen wir uns in Richtung q_1, so verkleinert sich der Betrag des Feldvektors. Es gibt einen Punkt auf der Verbindungslinie zwischen q_1 und q_2, an dem das elektrische Feld verschwindet. Hier kompensieren sich die abstoßenden Kräfte von q_1 und q_2. Rückt man die Probeladung über diesen Punkt hinaus näher an q_1 heran, so zeigt der resultierende Feldvektor des Systems in die positive x-Richtung.

Übung

Finden Sie denjenigen Punkt auf der x-Achse von Abbildung 18.12, bei dem das elektrische Feld den Wert null hat. (Antwort: $x = 1{,}8$ m)

Beispiel 18.8

Gegeben sei das Ladungssystem aus Beispiel 18.7. Wie groß ist das elektrische Feld im Punkt P_3 auf der y-Achse bei $y = 3$ m?

Abbildung 18.13a zeigt die von den Ladungen q_1 und q_2 im Punkt P_3 erzeugten Felder E_1 und E_2. E_1 zeigt in positive y-Richtung und hat den Betrag

$$E_1 = \frac{1}{4\pi\varepsilon_0}\frac{q_1}{x^2} = \frac{(8{,}99 \cdot 10^9 \text{ N}\cdot\text{m}^2/\text{C}^2) \cdot 8 \cdot 10^{-9} \text{ C}}{(3 \text{ m})^2} = 7{,}99 \text{ N/C}\,.$$

E_2 liegt auf der verlängerten Verbindungsgeraden vom Ort der Ladung q_2 zum Punkt P_3 und zeigt in Richtung dieser Geraden (also von q_2 weg). Der Abstand von q_2 zum Punkt P_3 beträgt 5 m (Satz des Pythagoras). Der Betrag des Feldes E_2 ist somit

$$E_2 = \frac{(8{,}99 \cdot 10^9 \text{ N}\cdot\text{m}^2/\text{C}^2) \cdot 12 \cdot 10^{-9} \text{ C}}{(5 \text{ m})^2} = 4{,}32 \text{ N/C}\,.$$

Die y-Komponente von E_2 ist $E_2 \cos\theta$ und die x-Komponente $-E_2 \sin\theta$. Dem rechtwinkligen Dreieck aus Abbildung 18.13a entnimmt man $\cos\theta = \frac{3}{5} = 0{,}6$ und $\sin\theta = \frac{4}{5} = 0{,}8$. Die x- und y-Komponenten von E_2 sind

$$E_{2x} = -E_2 \sin\theta = -4{,}32 \text{ N/C} \cdot 0{,}8 = -3{,}46 \text{ N/C}$$

und

$$E_{2y} = E_2 \cos\theta = 4{,}32 \text{ N/C} \cdot 0{,}6 = 2{,}59 \text{ N/C}\,.$$

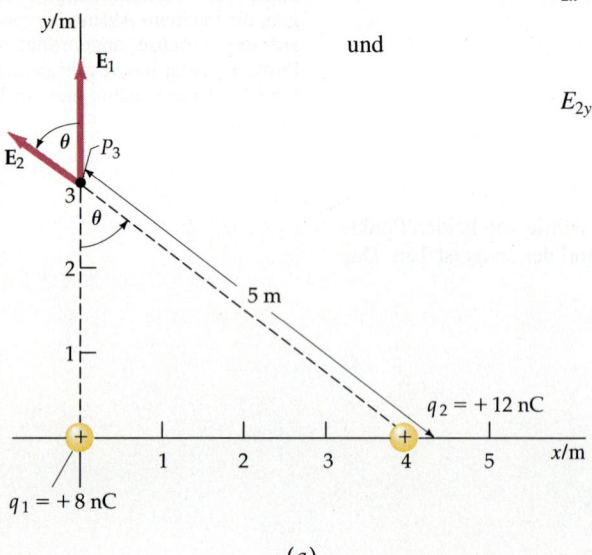
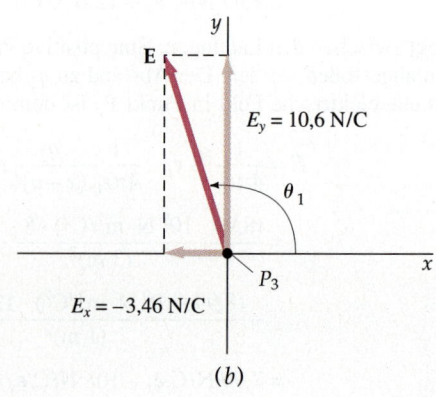

18.13 a) Das durch q_1 erzeugte elektrische Feld E_1 zeigt in die positive y-Richtung, und das durch q_2 erzeugte Feld E_2 schließt mit der y-Achse den Winkel θ ein. Das resultierende elektrische Feld ist die Vektorsumme $E = E_1 + E_2$. b) Das resultierende elektrische Feld und seine x- und y-Komponenten.

Mit diesen Ergebnissen erhält man die x- und y-Komponenten des resultierenden elektrischen Feldes E zu

$$E_x = E_{1x} + E_{2x} = 0 + (-3{,}46 \text{ N/C}) = -3{,}46 \text{ N/C}$$

und

$$E_y = E_{1y} + E_{2y} = 7{,}99 \text{ N/C} + 2{,}59 \text{ N/C} = 10{,}6 \text{ N/C} \,.$$

Der Betrag des gesamten elektrischen Feldes ist

$$E = \sqrt{E_x^2 + E_y^2} = \sqrt{(-3{,}46 \text{ N/C})^2 + (10{,}6 \text{ N/C})^2} = 11{,}2 \text{ N/C} \,.$$

Es beschreibt einen Winkel θ_1 mit der x-Achse (Abbildung 18.13b), der durch

$$\tan\theta_1 = \frac{E_y}{E_x} = \frac{10{,}6 \text{ N/C}}{-3{,}46 \text{ N/C}} = -3{,}06$$

$$\theta_1 = 108°$$

gegeben ist.

Beispiel 18.9

Eine Ladung $+q$ befinde sich bei $x = a$ und eine Ladung $-q$ bei $x = -a$ (Abbildung 18.14). Berechnen Sie das elektrische Feld eines Punktes P auf der x-Achse, der, verglichen mit dem Abstand der Ladungen voneinander, sehr weit entfernt liegt.

Der entfernt liegende Punkt P auf der x-Achse hat den Abstand $x - a$ von der positiven und den Abstand $x + a$ von der negativen Ladung. Das von den beiden Ladungen erzeugte elektrische Feld in P beträgt demnach

$$E = \frac{1}{4\pi\varepsilon_0} \frac{q}{(x-a)^2} e_x + \frac{1}{4\pi\varepsilon_0} \frac{(-q)}{(x+a)^2} e_x = \frac{1}{4\pi\varepsilon_0} q e_x \left[\frac{1}{(x-a)^2} - \frac{1}{(x+a)^2}\right] \,.$$

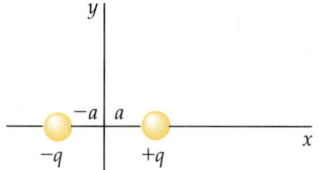

18.14 Zwei Punktladungen gleicher Größe, aber unterschiedlichen Vorzeichens befinden sich in einem Abstand $2a$ voneinander auf der x-Achse. Eine solche Ladungsverteilung heißt elektrischer Dipol.

Durch Erweitern erhält man

$$\frac{1}{(x-a)^2} - \frac{1}{(x+a)^2} = \frac{(x+a)^2 - (x-a)^2}{(x+a)^2 (x-a)^2} = \frac{4ax}{(x^2 - a^2)^2} \,.$$

Ist x sehr viel größer als a ($x \gg a$), kann a^2 im Nenner vernachlässigt werden, also:

$$\frac{4ax}{(x^2 - a^2)^2} \approx \frac{4ax}{x^4} = \frac{4a}{x^3} \,.$$

Damit besitzt das elektrische Feld in Punkt P den Näherungswert

$$E = \frac{1}{4\pi\varepsilon_0} \frac{4qa}{x^3} e_x \,.$$

Dieses Beispiel führt uns zum Begriff des Dipols.

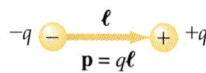

Ein System aus zwei gleich großen Ladungen q entgegengesetzten Vorzeichens und in kleinem Abstand ℓ voneinander heißt **elektrischer Dipol** und wird durch das **elektrische Dipolmoment p** gekennzeichnet. Das Dipolmoment ist ein Vektor, der von der negativen Ladung zur positiven Ladung zeigt (Abbildung 18.15)

18.15 Ein Dipol besteht aus zwei gleich großen, entgegengesetzten Ladungen, die durch den Abstand ℓ getrennt sind. Das Dipolmoment zeigt von der negativen Ladung in Richtung der positiven Ladung und beträgt $p = q\ell$.

18 Das elektrische Feld I: Diskrete Ladungsverteilungen

und dessen Größe durch das Produkt der Ladung q und des Betrages ℓ des Abstandsvektors $\boldsymbol{\ell}$ gegeben ist. Für das Dipolmoment gilt also:

Definition des elektrischen Dipolmomentes

$$\boldsymbol{p} = q\boldsymbol{\ell}.\qquad 18.9$$

Die in Beispiel 18.9 beschriebene Anordnung entspricht einem Dipol, bei dem der Abstandsvektor der beiden Ladungen voneinander $\boldsymbol{\ell} = 2a\boldsymbol{e}_x$ ist. Für das elektrische Dipolmoment ergibt sich demnach

$$\boldsymbol{p} = 2aq\boldsymbol{e}_x = p\boldsymbol{e}_x.$$

Das in Beispiel 18.9 hergeleitete Feld des Dipols läßt sich daher mit dem Dipolmoment $\boldsymbol{p} = p\boldsymbol{e}_x$ schreiben als

$$\boldsymbol{E} = \frac{1}{4\pi\varepsilon_0}\frac{2p}{x^3}\cdot\boldsymbol{e}_x.\qquad 18.10\text{a}$$

Entsprechend kann man für einen Aufpunkt, der auf der y-Achse (also senkrecht zur Dipolachse) liegt, zeigen, daß

$$\boldsymbol{E} = -\frac{1}{4\pi\varepsilon_0}\cdot\frac{p}{y^3}\cdot\boldsymbol{e}_x.\qquad 18.10\text{b}$$

Aus beiden Gleichungen geht hervor – und das wollen wir uns an dieser Stelle merken –, daß das elektrische Feld in großer Entfernung von einem Dipol proportional zur Stärke des Dipolmoments ist und mit der dritten Potenz des Abstandes zum Dipol abfällt.

Die allgemeine Gleichung für das Feld eines Dipols an einem beliebigen Punkt im Raum soll hier nicht hergeleitet werden, da die Herleitung über die Vektoraddition der Felder der beiden Einzelladungen viel Platz beansprucht und keine neuen physikalischen Erkenntnisse bringt. Im übrigen arbeitet man in der Elektrodynamik (ganz analog zur Mechanik) bei der Beschreibung komplizierter Felder lieber mit der skalaren Größe Potential als mit dem Feld selbst (das eine vektorielle Größe ist). Wir werden darauf näher im Kapitel 20 eingehen und dort das Problem des Dipolfeldes in einer der Aufgaben wieder aufgreifen.

18.5 Elektrische Feldlinien

Feldlinien liefern ein anschauliches Bild von einem elektrischen Feld. In jedem Punkt des Feldes liegt der Feldvektor $\boldsymbol{E}$ tangential zu einer Feldlinie; man kann auch sagen: Die Feldlinien folgen in allen Punkten des Raumes der Richtung des elektrischen Feldes. Elektrische Feldlinien werden manchmal auch Kraftlinien genannt, da sie die Richtung der Kraft anzeigen, die das Feld auf eine positive Probeladung ausübt.

Definitionsgemäß (Coulomb-Gesetz) zeigen die elektrischen Feldlinien von positiven Ladungen weg und zu negativen hin. In der Nähe einer einzelnen Ladung (Abbildung 18.16) und wenn zusätzlich angenommen werden kann, daß andere Ladungen sehr weit entfernt sind, verlaufen die Feldlinien geradlinig radial.

Abbildung 18.16 zeigt das elektrische Feld einer einzelnen, positiven Punktladung. Die Dichte der Feldlinien ist in der Nähe der Punktladung größer als in einem weiter entfernten Gebiet des Raumes. Die Frage drängt sich auf, ob und wie die Feldliniendichte mit der Feldstärke zusammenhängt. Zur Beantwortung der Frage stellen wir uns ein kugelförmiges Raumgebiet vor, in dessen Zentrum sich die einzelne Punktladung befindet und dessen Oberfläche, beispielsweise im Abstand r von der Ladung, von den Linien des elektrischen Feldes durchdrungen wird. Die Oberfläche A ist gegeben durch $4\pi r^2$. Ist N die Zahl der Feldlinien durch die gesamte Oberfläche, so beträgt die Feldliniendichte $N/A = N/(4\pi r^2)$. Die Feldliniendichte ist also proportional zu r^{-2}. Betrachten wir eine weiter außen liegende Oberfläche, so ist hier die Feldliniendichte kleiner als vorher, und zwar umgekehrt proportional zum Quadrat des größer gewordenen Abstandes. Dieselbe Abstandsabhängigkeit gilt aber, wie wir bereits wissen, für die elektrische Feldstärke einer Punktladung. Legen wir nun noch die Konvention fest, daß bei der Zeichnung des Feldlinienbildes die Zahl N der Feldlinien proportional zur Größe q der Ladung sein soll, dann repräsentiert das Feldlinienbild in der Tat das Coulombsche Gesetz, und wir können sagen: Die Dichte der Feldlinien ist ein Maß für die Stärke des Feldes.

Abbildung 18.17 zeigt die elektrischen Feldlinien zweier gleich großer positiver Punktladungen q, die in einem Abstand a voneinander angeordnet sind. Dieses Linienmuster können wir auch zeichnen, ohne vorher die Stärke des Feldes an den einzelnen Punkten gemessen zu haben. Wir wissen, daß die Feldstärke einer einzelnen Punktladung mit $1/r^2$ abnimmt, wobei r der Abstand von der Ladung ist. Sehr dicht bei der Ladung wird das zugehörige Feld nicht durch die andere Punktladung beeinflußt, d.h., die Feldlinien sind in diesem Gebiet kugelsymmetrisch um die Ladung verteilt. Da die beiden betrachteten Ladungen gleich groß sind, gehen von jeder gleich viele Linien aus. In sehr großer Entfernung sind die Details unserer Ladungsanordnung nicht mehr von Bedeutung. Beträgt zum Beispiel der Abstand a zwischen den beiden Ladungen einen Millimeter und sehen wir uns das Feld in einer Entfernung von 100 km an, so wirkt das System wie eine einzige Punktladung der Größe $2q$, und die Feldlinien verlaufen auch hier radial, sind also kugelsymmetrisch um das weit entfernte Zentrum verteilt. Aus Experimenten mit rein qualitativen Ergebnissen (Abbildung 18.17b) wissen wir, daß das elektrische Feld zwischen den beiden Ladungen schwächer ist, weshalb hier weniger Feldlinien um die Ladungen einzuzeichnen sind. Auf diese Weise haben wir ein Feldlinienbild konstruiert, das sonst nur durch Messung und Berechnung der Feldstärke an vielen einzelnen Punkten des Raumes hätte gewonnen werden können.

Diese Überlegungen lassen sich leicht auf ein beliebiges System von Punktladungen übertragen. Sehr nahe bei jeder einzelnen Punktladung sind die Einflüsse der anderen Ladungen des Systems vernachlässigbar, und wir zeichnen

(a)

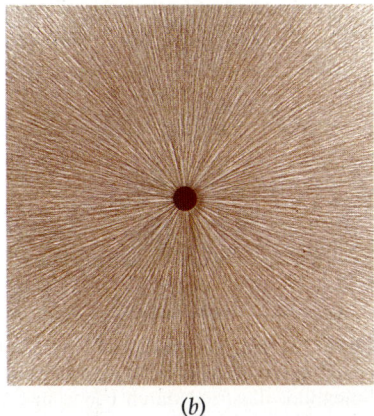

(b)

18.16 a) Die elektrischen Feldlinien einer einzelnen positiven Punktladung. Bei negativer Ladung würden die Pfeile nach innen zeigen. b) Sehr feine, in Öl suspendierte Fäden werden durch das elektrische Feld einer Punktladung an den mit der Ladung verbundenen Enden elektrisch polarisiert und richten sich entlang den Feldlinien aus. (Foto: Harold M. Waage)

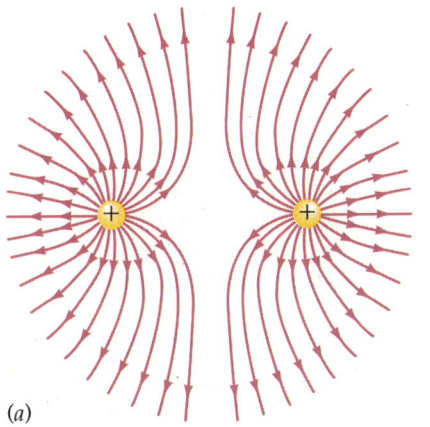

(a)

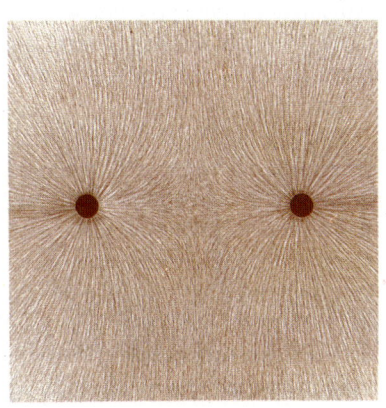

(b)

18.17 a) Die elektrischen Feldlinien eines Systems zweier positiver Punktladungen. Die Pfeile der Feldlinien zweier negativer Punktladungen würden in die entgegengesetzte Richtung weisen. b) Das Feldlinienbild, veranschaulicht durch Fäden in Öl. (Foto: Harold M. Waage)

18 Das elektrische Feld I: Diskrete Ladungsverteilungen

gleich verteilte, radial verlaufende Feldlinien, deren Richtung (zur Ladung hin oder von ihr weg) vom Vorzeichen der Ladung abhängt. In großer Entfernung ist die detaillierte Struktur des Systems unwichtig, und es wirkt hier wie eine einzige Punktladung, deren Größe der Gesamtladung des Systems entspricht. Für den späteren Gebrauch fassen wir die Regeln zum Zeichnen von Feldlinien wie folgt zusammen:

1. Elektrische Feldlinien beginnen bei positiven Ladungen und enden bei negativen Ladungen oder im Unendlichen.
2. Um eine einzelne Punktladung herum sind die Feldlinien kugelsymmetrisch verteilt.
3. Die Anzahl der Feldlinien, die von einer positiven Ladung ausgehen oder auf einer negativen enden, ist proportional zur Größe der Ladung.
4. An jedem Punkt des Raumes ist die Liniendichte proportional zur Stärke des Feldes an diesem Punkt.
5. In großer Entfernung wirkt ein System von Ladungen wie eine einzige Punktladung, deren Größe der Gesamtladung des Systems entspricht.
6. Feldlinien schneiden sich nicht.

Die sechste Regel folgt aus der Tatsache, daß der Vektor **E** an jedem Punkt des Raumes in genau *eine* Richtung zeigt (außer an einem Punkt, an dem sich eine Ladung befindet oder das Feld verschwindet). Diese Tatsache bildet gerade die Grundlage für das Feldkonzept (siehe Abschnitt 18.4 und Kapitel 4).

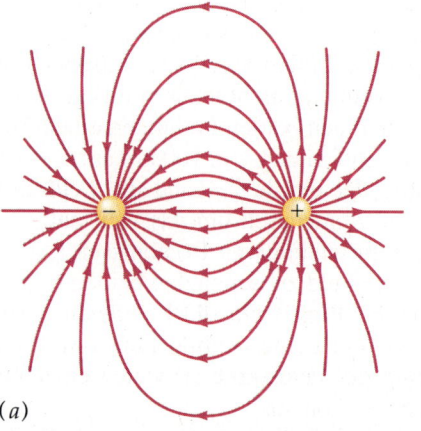 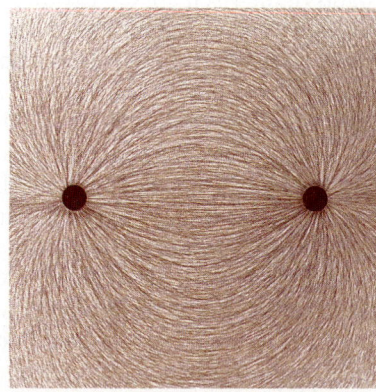

18.18 a) Die elektrischen Feldlinien eines elektrischen Dipols. b) Das Feldlinienbild, illustriert durch Fäden in Öl. (Foto: Harold M. Waage)

Abbildung 18.18 zeigt die Feldlinien eines elektrischen Dipols. In der Nähe der positiven Ladung zeigen die Feldlinien radial nach außen, in der Nähe der negativen Ladung radial nach innen. Da die Ladungen gleich groß sind, ist die Anzahl der Linien, die von der positiven Ladung ausgehen, gleich der Anzahl der Linien, die bei der negativen Ladung enden. An der hohen Dichte der Feldlinien zwischen den Ladungen erkennt man, daß hier das elektrische Feld stärker ist als außen.

Abbildung 18.19 zeigt die elektrischen Feldlinien einer negativen Ladung $-q$ im Abstand a von einer positiven Ladung $+2q$. Da die positive Ladung doppelt so groß ist wie die negative Ladung, gehen von ihr doppelt so viele Feldlinien aus, wie auf der negativen Ladung enden. Das heißt, die Hälfte der Linien, die bei der Ladung $+2q$ beginnen, verlassen das System, so daß es in großer Entfernung wie eine positive Punktladung der Größe $+q$ wirkt.

18.19 Die elektrischen Feldlinien zweier Punktladungen der Größen $+2q$ und $-q$. Weit entfernt wirkt dieses System wie eine einzige Punktladung der Größe $+q$.

Da das Gravitationsfeld eines Massenpunktes ebenfalls umgekehrt zum Quadrat des Abstandes vom Massenpunkt abfällt, kann auch hier das Konzept der Feldlinien zur Veranschaulichung des Feldes herangezogen werden. In der Nähe des Massenpunktes laufen die Gravitationsfeldlinien radial und gleichmäßig verteilt auf die Masse zu, so wie die elektrischen Feldlinien in der Nähe einer negativen Punktladung. Da die Gravitationskraft nur anziehend ist, gibt es aber keine Punkte im Raum, an denen Gravitationsfeldlinien beginnen. D.h., ein divergierendes Feld wie um eine positive elektrische Ladung herum existiert für die Gravitationskraft nicht.

18.6 Bewegungen von Punktladungen in elektrischen Feldern

Nach dem Coulombschen Gesetz wirkt auf ein Teilchen der Ladung q in einem elektrischen Feld E die Kraft qE. Wir haben bereits gesehen, daß die Gravitationskraft in den meisten praktischen Fällen im Vergleich zur elektrostatischen Kraft vernachlässigt werden kann. Unter der alleinigen Wirkung der elektrostatischen Kraft erfährt das Teilchen die Beschleunigung

$$a = \frac{q}{m} E ,$$

wobei m die Masse des Teilchens bezeichnet. Man beachte, daß die Geschwindigkeit von Elektronen in elektrischen Feldern oft so hoch ist, daß die Newtonschen Bewegungsgleichungen durch die spezielle Relativitätstheorie Einsteins modifiziert werden müssen. Auf diesen relativistischen Fall wollen wir hier allerdings nicht näher eingehen, sondern annehmen, daß immer die Newtonsche Mechanik gilt. Die Bahn eines geladenen Teilchens ist dann in einem homogenen elektrischen Feld durch eine Parabel gegeben, ähnlich wie die Bahn eines Projektils in einem homogenen Gravitationsfeld. J.J. Thomson benutzte 1897 ein homogenes elektrisches Feld, um die Existenz der Elektronen nachzuweisen und um ihr Masse-Ladungs-Verhältnis zu bestimmen. Geräte wie ein Oszilloskop oder die Bildröhre eines Fernsehers basieren auf der Ablenkung der Elektronenbewegung in elektrischen Feldern.

Wir werden nun einige Beispiele der Bewegung von Elektronen in konstanten elektrischen Feldern betrachten. Solche Aufgaben lassen sich mit Hilfe der Gleichung (2.13) aus Kapitel 2 und der Gleichung für die Wurfbewegung aus Kapitel 3 lösen.

Beispiel 18.10

Ein Elektron werde mit einer Anfangsgeschwindigkeit von $v_0 = (2 \cdot 10^6 \text{ m/s}) \, e_x$ in Richtung des homogenen elektrischen Feldes $E = (1000 \text{ N/C}) \, e_x$ geschossen (Abbildung 18.20). Wie weit bewegt sich das Elektron, bevor es vollständig abgebremst ist und ruht?

Durch die negative Ladung wird das Elektron abgebremst. Es ist eine Kraft der Größe $-eE$ wirksam, die dem elektrischen Feld entgegengerichtet ist. Wir benutzen die Gleichung (2.13), die die Beziehung von Bremsweg und Geschwindigkeit beschreibt:

$$v^2 = v_0^2 + 2a (x - x_0) .$$

Verwendet man $x_0 = 0$, $v = 0$, $v_0 = 2 \cdot 10^6$ m/s und setzt $a = -eE/m$ ein, so erhält man

$$x = \frac{mv_0^2}{2eE} = \frac{9{,}11 \cdot 10^{-31} \text{ kg} \cdot (2 \cdot 10^6 \text{ m/s})^2}{2 \cdot 1{,}6 \cdot 10^{-19} \text{ C} \cdot 1000 \text{ N/C}} = 1{,}14 \cdot 10^{-2} \text{ m} .$$

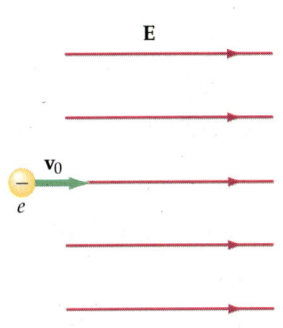

18.20 Ein Elektron wird in ein homogenes elektrisches Feld geschossen. Seine Anfangsgeschwindigkeit zeigt in die Richtung der Feldlinien.

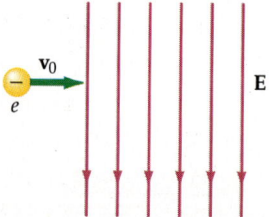

18.21 Ein Elektron wird in ein homogenes elektrisches Feld geschossen. Seine Anfangsgeschwindigkeit ist senkrecht zu den Feldlinien gerichtet.

Beispiel 18.11

Ein Elektron werde mit einer Anfangsgeschwindigkeit $v_0 = (10^6 \text{ m/s})e_x$ in ein senkrecht zur Elektronenbewegung gerichtetes, homogenes elektrisches Feld $E = (-2000 \text{ N/C})e_y$ geschossen (Abbildung 18.21). a) Vergleichen Sie die auf das Elektron wirkende Gravitationskraft mit der elektrostatischen Kraft. b) Wie weit wurde das Elektron abgelenkt, nachdem es sich 1 cm in x-Richtung bewegt hat?

a) Die elektrostatische Kraft auf das Elektron ist $-eE$ und die Gravitationskraft mg. Das elektrische Feld zeigt wie die Gravitationskraft nach unten, das heißt, die elektrostatische Kraft auf das negative Elektron wirkt nach oben. Das Verhältnis der beiden Größen ist durch

$$\frac{F_e}{F_g} = \frac{eE}{mg} = \frac{1{,}6 \cdot 10^{-19} \text{ C} \cdot 2000 \text{ N/C}}{9{,}1 \cdot 10^{-31} \text{ kg} \cdot 9{,}8 \text{ N/kg}} = 3{,}6 \cdot 10^{13}$$

gegeben. Wie in den meisten Fällen ist die elektrostatische Kraft wesentlich größer als die Gravitationskraft, daher kann man die Gravitationskräfte im allgemeinen vernachlässigen.

b) Die Zeit, die das Elektron braucht, um sich 1 cm in x-Richtung zu bewegen, beträgt

$$t = \frac{x}{v_0} = \frac{10^{-2} \text{ m}}{10^6 \text{ m/s}} = 10^{-8} \text{ s}.$$

In dieser Zeit wird es um

$$y = \frac{1}{2} at^2 = \frac{1}{2} \frac{eE}{m} t^2$$

durch das elektrische Feld in positive y-Richtung abgelenkt. Setzt man die Werte für e, m, E und t ein, so ergibt sich

$$y = 1{,}76 \cdot 10^{-2} \text{ m} = 1{,}76 \text{ cm}.$$

18.7 Elektrische Dipole in elektrischen Feldern

18.22 Schema der Ladungsverteilung eines Atoms oder eines nichtpolaren Moleküls. a) Ohne ein äußeres elektrisches Feld stimmen die Schwerpunkte positiver und negativer Ladung überein. b) In einem äußeren homogenen elektrischen Feld werden die Ladungsschwerpunkte getrennt und so ein Dipolmoment in Richtung der Feldlinien induziert.

Ein Atom besteht aus einem sehr kleinen positiven Kern und ist von einer negativ geladenen Elektronenwolke umgeben, deren Radius etwa 100 000mal größer als der Radius des Kernes ist. Wir können den Kern daher in guter Näherung als positive Punktladung betrachten. In manchen Atomen oder Molekülen hat die Elektronenwolke eine kugelsymmetrische Form, d.h., der Ladungsschwerpunkt liegt in der Mitte des Atoms oder Moleküls und stimmt mit dem Ort der positiven Ladung überein. Solche Atome oder Moleküle sind elektrisch neutral und heißen **nichtpolar** (Synonyme: unpolar, apolar). Bringt man ein nichtpolares Atom oder Molekül in ein äußeres elektrisches Feld, dann fallen die Ladungsschwerpunkte von positiver und negativer Ladung nicht mehr zusammen. Das Feld zieht den Kern in die eine Richtung und die Elektronenwolke in die entgegengesetzte Richtung. Positive und negative Ladungen werden so weit voneinander getrennt, bis sich ein Kräftegleichgewicht aufgrund der Anziehung zwischen Kern und Wolke herstellt (Abbildung 18.22). Die neuentstandene Ladungsverteilung wirkt wie ein elektrischer Dipol.

18.7 Elektrische Dipole in elektrischen Feldern

Das Dipolmoment eines nichtpolaren Atoms oder Moleküls in einem äußeren elektrischen Feld heißt **induziertes Dipolmoment**. Es zeigt in dieselbe Richtung wie das elektrische Feld. In einem homogenen elektrischen Feld wirkt auf einen Dipol keine Nettokraft, da die Kräfte auf die positive und die negative Ladung gleich sind und sich aufheben. (Ein elektrisches Feld wird als *homogen* bezeichnet, wenn die elektrische Feldstärke in jedem Punkt des betrachteten Raumbereichs den gleichen Betrag und die gleiche Richtung hat. Im Feldlinienbild heißt das: wenn die Feldliniendichte konstant ist und alle Feldlinien parallel verlaufen.) In einem inhomogenen elektrischen Feld ist dies anders. Abbildung 18.23 zeigt ein nichtpolares Molekül in einem durch eine positive Punktladung q erzeugten elektrischen Feld. Durch das induzierte Dipolmoment wird das Molekül im Feld ausgerichtet, so daß es wie das elektrische Feld in radiale Richtung zeigt. Das Feld nimmt mit der Entfernung von der Punktladung ab, es übt also eine stärkere Kraft auf die negative Ladung des Dipols aus als auf die weiter entfernt liegende positive Ladung. Somit ist eine resultierende anziehende Kraft auf den Dipol in Richtung der Punktladung q wirksam. Im Fall einer negativen Punktladung würde im Molekül ein entgegengesetzt gerichtetes Dipolmoment induziert werden, so daß der Dipol ebenfalls von der Punktladung angezogen würde. Ein Beispiel für die Kraft, die ein inhomogenes elektrisches Feld auf ein elektrisch neutrales Teilchen ausübt, ist die Kraft eines geladenen Kammes auf ungeladene Papierschnitzel. Ein weiteres Beispiel ist die Kraft, die einen elektrisch geladenen Ballon an einer Wand haften läßt. In diesem Fall induziert der Ballon als Punktladung ein Dipolmoment in den Wandmolekülen und wird dadurch angezogen.

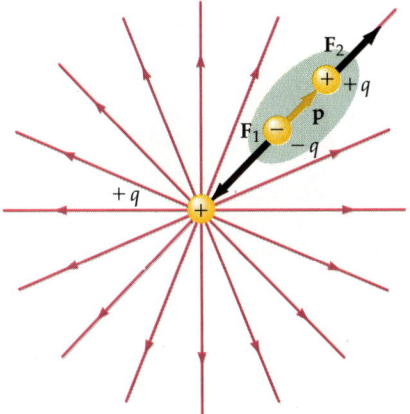

18.23 Ein nichtpolares Molekül im inhomogenen elektrischen Feld einer Punktladung. Das induzierte Dipolmoment *p* zeigt in Richtung der Feldlinien. Der Schwerpunkt der negativen Ladung liegt näher an der Punktladung als der der positiven. Daher resultiert eine Anziehungskraft zwischen Dipol und Punktladung.

Es gibt Moleküle, bei denen die Ladungsschwerpunkte von positiver und negativer Ladung auch in Abwesenheit eines äußeren elektrischen Feldes nicht zusammenfallen. Diese **polaren Moleküle** haben ein **permanentes elektrisches Dipolmoment**. In einem homogenen elektrischen Feld erfährt ein solches polares Molekül ebenfalls keine resultierende anziehende oder abstoßende Kraft. Jedoch existiert ein Drehmoment, das die Dipolachse an den Feldlinien ausrichtet. Abbildung 18.24 zeigt die auf ein Dipolmoment $p = q\ell$ einwirkenden Kräfte in einem homogenen elektrischen Feld *E*. Die Zeichnung läßt erkennen, daß das Drehmoment auf die negative Ladung $F_1 \ell \sin \theta = qE\ell \sin\theta = pE\sin\theta$ ist. Das Drehmoment ist in die Zeichenebene hinein gerichtet, so daß der Dipol in die Richtung des elektrischen Feldes *E* gedreht wird. Das Drehmoment *M* läßt sich bequem als Vektorprodukt (zur Definition des Vektorprodukts siehe Kapitel 8) zwischen dem Dipolmoment *p* und dem elektrischen Feld *E* schreiben:

$$M = p \times E \,. \qquad 18.11$$

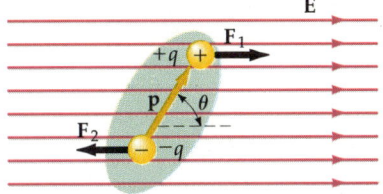

18.24 Ein permanenter Dipol wird in einem homogenen elektrischen Feld ausgerichtet. Auf die Ladungsschwerpunkte wirken gleich große, gegensinnige Kräfte, die so lange ein Drehmoment auf den Dipol ausüben, bis dessen Richtung mit der der Feldlinien übereinstimmt.

Damit können wir die potentielle Energie des Dipols in diesem Feld berechnen. Dreht sich der Dipol um einen Winkel $d\theta$, so verrichtet das elektrische Feld die Arbeit

$$dW = -M\,d\theta = -pE\sin\theta\,d\theta \,.$$

Das Minuszeichen bedeutet, daß das Drehmoment den Winkel θ verkleinert. Setzen wir die verrichtete Arbeit mit der Abnahme der potentiellen Energie gleich, so erhalten wir

$$dE_{\text{pot}} = -dW = +pE\sin\theta\,d\theta \,.$$

Integration ergibt

$$E_{\text{pot}} = -pE\cos\theta + E_{\text{pot},0} \,.$$

18 Das elektrische Feld I: Diskrete Ladungsverteilungen

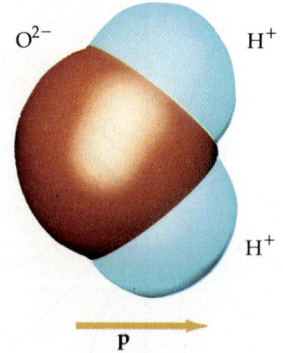

18.25 Ein Wassermolekül kann man sich aus einem Sauerstoffion der Ladung $-2e$ und zwei Wasserstoffionen mit den Ladungen $+e$ aufgebaut vorstellen. Dieses Molekül besitzt ein permanentes elektrisches Dipolment mit der angedeuteten Richtung. (Computererzeugtes Bild; Wiedergabe mit freundlicher Genehmigung von Tripos Association/Evans & Sutherland Computer Corporation)

Es ist üblich, als Nullpunkt der potentiellen Energie den Zustand zu wählen, bei dem der Dipol senkrecht zum Feld ausgerichtet ist. Dann ist $E_{\text{pot},0} = 0$, und für die potentielle Energie des Dipols erhalten wir

$$E_{\text{pot}} = -pE \cos \theta = -\boldsymbol{p} \cdot \boldsymbol{E}.\qquad 18.12$$

In einem inhomogenen elektrischen Feld erfährt ein polares Molekül eine resultierende Kraft, die es beschleunigt. Ein Beispiel für ein polares Molekül ist HCl, das aus einem Wasserstoffion der Ladung $+e$ und einem Chloridion der Ladung $-e$ besteht. Das Wassermolekül ist ein weiteres Beispiel für ein polares Molekül (Abbildung 18.25).

Der Durchmesser eines Atoms oder Moleküls liegt in der Größenordnung 10^{-10} m = 0,1 nm. Eine geeignete Einheit für das elektrische Dipolmoment ist die Elementarladung e multipliziert mit dem Abstand 1 nm. Beispielsweise hat dann das Dipolmoment von NaCl einen Wert von 0,2 e nm.

Beispiel 18.12

Ein Dipol mit dem Moment 0,02 e nm beschreibt einen Winkel von 20° mit den Feldlinien eines homogenen elektrischen Feldes der Stärke $3 \cdot 10^3$ N/C. Finden Sie die Größe a) des Drehmomentes, das auf den Dipol wirkt, und b) die potentielle Energie des Systems.

a) Die Größe des Drehmomentes beträgt

$$\begin{aligned} M &= |\boldsymbol{p} \times \boldsymbol{E}| = pE \sin \theta \\ &= 0{,}02 \cdot 1{,}60 \cdot 10^{-19} \text{ C} \cdot 10^{-9} \text{ m} \cdot (3 \cdot 10^3 \text{ N/C}) \cdot \sin 20° \\ &= 3{,}28 \cdot 10^{-27} \text{ N} \cdot \text{m}. \end{aligned}$$

b) Die potentielle Energie des Systems ist

$$\begin{aligned} E_{\text{pot}} &= -\boldsymbol{p} \cdot \boldsymbol{E} = -pE \cos \theta \\ &= -0{,}02 \cdot 1{,}60 \cdot 10^{-19} \text{ C} \cdot 10^{-9} \text{ m} \cdot (3 \cdot 10^3 \text{ N/C}) \cdot \cos 20° \\ &= -9{,}02 \cdot 10^{-27} \text{ J}. \end{aligned}$$

Frage

2. Eine kleine, nichtleitende und elektrisch neutrale Kugel hängt an einem Faden. Bringt man eine positive Ladung in die Nähe der Kugel, so wird diese angezogen. Warum? Und was würde geschehen, wenn man eine negative Ladung in die Nähe brächte?

Zusammenfassung

1. Es gibt positive und negative elektrische Ladungen. Ladung tritt in der Natur immer als ganzzahliges Vielfaches der Elementarladung e auf. Die Ladung eines Elektrons ist $-e$, die eines Protons $+e$. Gegenstände werden durch Ladungsaustausch, meist durch die Übertragung von Elektronen, elektrostatisch aufgeladen. Ladung bleibt immer erhalten. Sie kann beim Prozeß der elektrostatischen Aufladung nicht erzeugt oder zerstört, sondern lediglich umverteilt werden.

2. Die Kraft, die eine Ladung auf eine andere ausübt, wirkt entlang der Verbindungslinie der Ladungen. Die Kraft ist proportional zum Produkt der Ladungen und umgekehrt proportional zum Quadrat ihres Abstandes. Gleichnamige Ladungen stoßen sich ab, ungleichnamige ziehen sich an. Dies wird durch das Coulombsche Gesetz beschrieben:

$$F_{12} = \frac{1}{4\pi\varepsilon_0} \frac{q_1 q_2}{r_{12}^2} \cdot \frac{r_{12}}{r_{12}}.$$

Der Proportionalitätsfaktor $1/4\pi\varepsilon_0$ hat den Wert

$$\frac{1}{4\pi\varepsilon_0} = 8{,}99 \cdot 10^9 \, \text{N} \cdot \text{m}^2/\text{C}^2,$$

wobei $\varepsilon_0 = 8{,}854 \cdot 10^{-12} \, \text{C}^2 \cdot \text{N}^{-1} \cdot \text{m}^{-2}$ die elektrische Feldkonstante ist.

3. Jedes Ladungssystem erzeugt ein elektrisches Feld, das auf eine andere Ladungsverteilung an deren Ort gemäß dem Coulombschen Gesetz eine elektrostatische Kraft ausübt. Das elektrische Feld, das am Ort einer positiven Probeladung q_0 herrscht, ist definiert als die Gesamtkraft, die auf diese Probeladung wirkt, dividiert durch die Größe der Probeladung:

$$E = \frac{F}{q_0}.$$

4. Das elektrische Feld einer einzelnen positiven Punktladung q_i lautet im Abstand r_i (von der Punktladung) am Punkt P:

$$E_i = \frac{1}{4\pi\varepsilon_0} \frac{q_i}{r_{i0}^2} \cdot \frac{r_{i0}}{r_{i0}},$$

wobei r_{i0} den Abstand von q_i zum Aufpunkt P und r_{i0}/r_{i0} den Einheitsvektor von q_i in Richtung von P bezeichnet. Das elektrische Feld eines Ladungssystems ist die Vektorsumme der Felder der einzelnen Ladungen:

$$E = \sum_i E_i = \sum_i \frac{1}{4\pi\varepsilon_0} \frac{q_i}{r_{i0}^2} \cdot \frac{r_{i0}}{r_{i0}}.$$

5. Ein elektrisches Feld kann graphisch durch elektrische Feldlinien wiedergegeben werden, wobei die Feldlinien bei positiven Ladungen beginnen und bei negativen Ladungen enden. Die Dichte der Feldlinien ist ein Maß für die Stärke des Feldes.

6. Ein elektrischer Dipol ist ein System zweier gleichgroßer, aber entgegengesetzter Ladungen, die durch einen kleinen räumlichen Abstand ℓ getrennt sind. Das Dipolmoment p ist ein Vektor, der von der negativen zur positiven Ladung zeigt und dessen Größe durch die Multiplikation von Ladung und Abstand bestimmt wird:

$$p = q\ell.$$

Weit entfernt vom Dipol ist das elektrische Feld proportional zum Betrag des Dipolmoments und fällt mit der dritten Potenz der Entfernung ab.

18 Das elektrische Feld I: Diskrete Ladungsverteilungen

7. In einem homogenen elektrischen Feld ist zwar die gesamte, auf einen Dipol ausgeübte Kraft gleich null, aber es existiert ein Drehmoment M mit

$$M = p \times E,$$

das den Dipol parallel zu den Feldlinien auszurichten versucht. Die potentielle Energie eines Dipols in einem elektrischen Feld ist durch

$$E_{\text{pot}} = -p \cdot E$$

gegeben. Sie verschwindet, wenn Dipol und Feldlinien senkrecht zueinander stehen. In einem inhomogenen elektrischen Feld wirkt eine Gesamtkraft auf den Dipol.

8. Polare Moleküle, wie Wasser, besitzen ein permanentes Dipolmoment, da ihre positiven und negativen Ladungsschwerpunkte nicht zusammenfallen. Sie wirken wie einfache Dipole in einem elektrischen Feld. Nichtpolare Moleküle haben kein permanentes Dipolmoment. Aber durch äußere elektrische Felder können in ihnen Dipole induziert werden.

Aufgaben

Stufe I

18.1 Elektrische Ladung

1. Ein Kunststoffstab werde mit einem Wolltuch gerieben und erhalte dabei eine Ladung von $-0{,}8\ \mu\text{C}$. Wie viele Elektronen gehen vom Tuch auf den Stab über?

2. Ein Mol ist definiert als die Anzahl von Teilchen, die sich in 1 g des Kohlenstoff-Isotops ^{12}C befinden. Diese Anzahl bezeichnet man als Avogadro-Zahl; sie beträgt $N_A = 6{,}022 \cdot 10^{23}\ \text{mol}^{-1}$. Berechnen Sie (in Coulomb) die Ladung eines Mols Elektronen. (Diese Größe heißt Faraday-Konstante.)

18.2 Leiter, Nichtleiter und Influenz

3. Erklären Sie, wie man mit Hilfe eines positiv geladenen, nichtleitenden Stabes auf einer Metallkugel a) eine negative Ladung bzw. b) eine positive Ladung aufbringen kann. c) Kann mit nur einem geladenen Stab, ohne ihn neu aufzuladen, eine Kugel positiv und eine andere Kugel negativ aufgeladen werden?

4. Zwei ungeladene, leitende Kugeln befinden sich auf isolierenden Ständern auf einer großen, hölzernen Tischplatte. Die Oberflächen der Kugeln berühren sich. Ein positiv geladener Stab werde gegenüber der Kontaktstelle der beiden Kugeln in die Nähe einer Kugel gebracht. a) Beschreiben Sie die „influenzierten" Ladungen auf den beiden Kugeln und skizzieren Sie die Ladungsverteilung. b) Die Kugeln werden nun voneinander getrennt, und danach werde der Stab entfernt. Skizzieren Sie die jetzt vorliegende Ladungsverteilung auf den getrennten, weit voneinander entfernten Kugeln.

18.3 Das Coulombsche Gesetz

5. Zwei Ladungen der Größe $3\ \mu\text{C}$ befinden sich auf der y-Achse: eine im Ursprung, die zweite bei $y = 6$ m. Eine dritte Ladung $q_3 = 2\ \mu\text{C}$ befinde sich auf der x-Achse bei $x = 8$ m. Welche Kraft wirkt auf q_3?

6. Drei Ladungen der Größe $3\ \text{nC}$ befinden sich auf den Ecken eines Quadrates der Seitenlänge 5 cm. Die Ladungen auf zwei gegenüberliegenden Ecken seien positiv, die dritte sei negativ. Welche Kraft übt dieses System auf eine Ladung $q = +3\ \text{nC}$ auf der vierten Ecke des Quadrates aus?

7. Eine Ladung der Größe $5\ \mu\text{C}$ befinde sich auf der y-Achse bei $y = 3$ cm und eine zweite der Größe $-5\ \mu\text{C}$ bei $y = -3$ cm. Bestimmen Sie die Kraft, die auf eine Ladung der Größe $2\ \mu\text{C}$ auf der x-Achse bei $x = 8$ cm wirkt.

18.4 Das elektrische Feld

8. Zwei Ladungen von je +4 μC befinden sich auf der x-Achse: eine im Ursprung, die andere bei $x = 8$ m. Bestimmen Sie das elektrische Feld auf der x-Achse bei a) $x = -2$ m, b) $x = 2$ m, c) $x = 6$ m, d) $x = 10$ m. e) An welchem Punkt der x-Achse hat das elektrische Feld den Wert null? f) Tragen Sie E_x gegen x auf.

9. Zwei positive Ladungen der Größe $q_1 = q_2 = 6$ nC befinden sich auf der y-Achse bei $y_1 = +3$ cm und bei $y_2 = -3$ cm. a) Bestimmen Sie Stärke und Richtung des elektrischen Feldes auf der x-Achse bei $x = 4$ cm. b) Welche Kraft wirkt auf eine Probeladung $q_0 = 2$ nC auf der x-Achse bei $x = 4$ cm?

10. Die Kraft $8 \cdot 10^{-4}$ N wirke in positiver y-Richtung auf eine Probeladung $q_0 = 2$ nC im Ursprung. a) Berechnen Sie das elektrische Feld im Ursprung. b) Wie groß wäre die Kraft auf eine Probeladung von −4 nC im Ursprung? b) Wie groß ist eine Ladung auf der y-Achse bei $y = 3$ cm, die die angegebene Kraft hervorruft?

11. Ein Öltropfen habe die Masse $4 \cdot 10^{-14}$ kg und die Gesamtladung von $4,8 \cdot 10^{-19}$ C. Einen nach oben gerichtete elektrostatische Kraft gleiche die nach unten gerichtete Gravitationskraft aus, so daß der Öltropfen ruht. Wie stark ist das elektrische Feld, und in welche Richtung zeigt es?

12. Ein elektrisches Feld der Stärke 150 N/C weise nahe der Erdoberfläche nach unten. a) Vergleichen Sie die aus ihm resultierende nach oben gerichtete elektrostatische Kraft auf ein Elektron mit der nach unten gerichteten Gravitationskraft. b) Wie hoch müßte eine Kupfermünze der Masse 3 g geladen sein, damit die elektrostatische Kraft durch dieses Feld ihre Gewichtskraft an der Erdoberfläche ausgleicht?

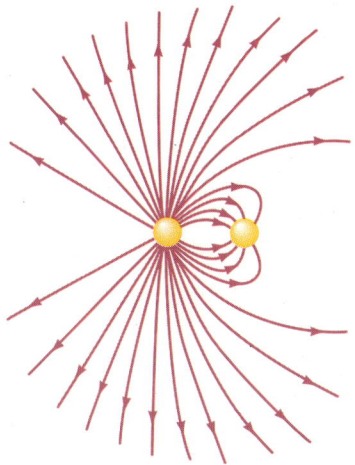

18.26 Feldlinien zu Aufgabe 13.

18.5 Elektrische Feldlinien

13. Abbildung 18.26 zeigt die elektrischen Feldlinien zweier Punktladungen. a) Wie groß ist das Verhältnis der Ladungsmengen zueinander? b) Welches Vorzeichen haben die Ladungen? c) Wo ist das elektrische Feld stark, und wo ist es schwach?

14. Drei gleich große positive Punktladungen bilden die Eckpunkte eines gleichseitigen Dreiecks. Zeichnen Sie die elektrischen Feldlinien in der Ebene des Dreiecks.

15. Zwei positiv geladene, leitende Kugeln seien so angeordnet, daß sie das in Abbildung 18.27 gezeigte elektrische Feld bilden. Wie ist das Verhältnis der Ladungsmengen beider Kugeln?

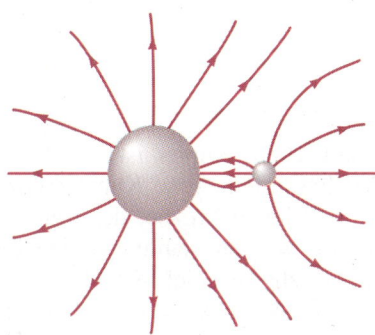

18.27 Feldlinien zu Aufgabe 15.

18.6 Bewegungen von Punktladungen in elektrischen Feldern

16. Um die Beschleunigung eines Elektrons oder eines anderen geladenen Teilchens in einem elektrischen Feld zu berechnen, benötigt man das Verhältnis der Ladung zur Masse des Teilchens. a) Berechnen Sie e/m für ein Elektron und für ein Proton. b) Bestimmen Sie Betrag und Richtung der Beschleunigung eines Elektrons bzw. eines Protons in einem homogenen elektrischen Feld der Stärke 100 N/C. c) Ein Elektron bzw. ein Proton werde im Ruhezustand einem elektrischen Feld der Stärke 100 N/C ausgesetzt. Bestimmen Sie die Zeit, die das Elektron bzw. das Proton benötigt, um eine Geschwindigkeit von $0,01\,c$ zu erreichen. d) Bestimmen Sie jeweils den dabei zurückgelegten Weg.

17. Ein Elektron habe die Anfangsgeschwindigkeit $2 \cdot 10^6$ m/s in x-Richtung und gelange in ein homogenes elektrisches Feld der Stärke $\boldsymbol{E} = (400\ \text{N/C})\,\boldsymbol{e}_y$, das in y-Richtung verlaufe. a) Berechnen Sie die Beschleunigung des Elektrons. b) Wie lange benötigt es, um sich 10 cm weit in x-Richtung zu bewegen? c) Wie weit und in welcher Richtung ist es bis dahin von seiner ursprünglichen Richtung abgelenkt worden?

18 Das elektrische Feld I: Diskrete Ladungsverteilungen

18. Ein Elektron bewege sich auf einer Kreisbahn um ein stationäres Proton. Die elektrostatische Anziehungskraft zwischen Elektron und Proton liefert die Zentripetalkraft. Das Elektron habe die kinetische Energie $2{,}18 \cdot 10^{-18}$ J. a) Wie groß ist seine Geschwindigkeit? b) Welchen Radius hat die Umlaufbahn des Elektrons?

18.7 Elektrische Dipole in elektrischen Feldern

19. Ein Dipol mit dem Dipolmoment $0{,}5 \, e \cdot 1$ nm befinde sich in einem homogenen elektrischen Feld der Stärke $4 \cdot 10^4$ N/C. Welchen Betrag hat das Drehmoment auf den Dipol, wenn er a) parallel, b) senkrecht und c) in einem Winkel von 30° zum elektrischen Feld liegt? d) Berechnen Sie jeweils die potentielle Energie des Dipols.

Stufe II

20. In metallischem Kupfer ist pro Atom etwa ein Elektron frei beweglich. Eine Kupfermünze habe die Masse 3 g. a) Wieviel Prozent der freien Elektronen müßten entfernt werden, damit sie eine Ladung von 15 µC erhält? (Siehe Beispiel 18.1.) b) Wie groß ist die Abstoßungskraft zwischen zwei derart geladenen Münzen, die 25 cm voneinander entfernt sind? Die Münzen können dabei als Punktladungen betrachtet werden.

21. Eine Punktladung von -5 µC befinde sich bei $x = 4$ m, $y = -2$ m und eine zweite von 12 µC bei $x = 1$ m, $y = 2$ m. a) Bestimmen Sie Betrag und Richtung des elektrischen Feldes bei $x = -1$ m, $y = 0$ m. b) Berechnen Sie jeweils Betrag und Richtung der Kraft auf ein Elektron am Punkt $x = -1$ m, $y = 0$ m.

22. Eine Punktladung von $-2{,}5$ µC befinde sich im Ursprung und eine zweite von 6 µC bei $x = 1$ m und $y = 0{,}5$ m. Berechnen Sie die Koordinaten für den Punkt, an dem sich ein Elektron unter der Wirkung dieser Ladungen im Gleichgewicht befände.

23. Ein Teilchen verlasse den Ursprung mit der Geschwindigkeit $3 \cdot 10^6$ m/s in einem Winkel von 35° zur x-Achse. Es bewege sich in einem homogenen elektrischen Feld $\boldsymbol{E} = E_y \boldsymbol{e}_y$. Bestimmen Sie E_y so, daß das Teilchen die x-Achse bei $x = 1{,}5$ cm schneidet, wenn es a) ein Elektron und b) ein Proton ist.

24. Ein Elektron starte in dem in Abbildung 18.28 gezeigten Punkt mit der Geschwindigkeit $v_0 = 5 \cdot 10^6$ m/s und in einem Winkel von 45° zur x-Achse. Das elektrische Feld zeige in die positive y-Richtung und habe die Stärke $3{,}5 \cdot 10^3$ N/C. An welcher Platte (der oberen oder der unteren) und an welchem Ort wird das Elektron auftreffen?

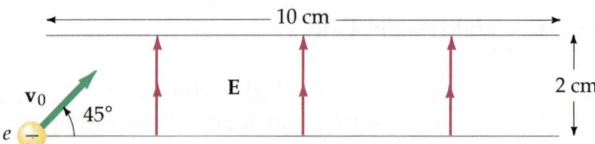

18.28 Zu Aufgabe 24. Elektron, das sich in einem homogenen elektrischen Feld bewegt.

25. Ein Elektron bewege sich mit der kinetischen Energie $2 \cdot 10^{-16}$ J längs der Achse einer Kathodenstrahlröhre nach rechts (Abbildung 18.29). Zwischen den Ablenkplatten wirke das elektrische Feld $\boldsymbol{E} = (2 \cdot 10^4 \text{ N/C}) \, \boldsymbol{e}_y$, und außerhalb sei $\boldsymbol{E} = \boldsymbol{0}$. a) Welchen Abstand von der Achse hat das Elektron am Ende der Platten? b) Welchen Winkel schließt dann die Bewegungsrichtung des Elektrons mit der Achse ein? c) In welcher Entfernung von der Achse trifft das Elektron auf den Leuchtschirm?

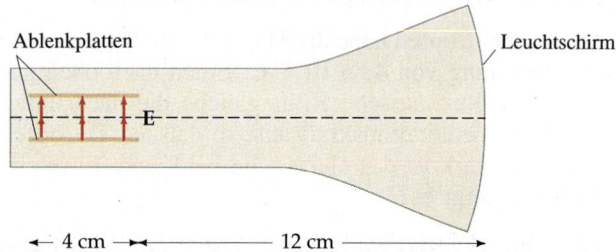

18.29 Zu Aufgabe 25. Ein Elektron in einer Kathodenstrahlröhre.

26. Vier Ladungen mit dem gleichen Betrag q befinden sich in den Ecken eines Quadrates der Seitenlänge ℓ, wie in Abbildung 18.30 gezeigt. a) Berechnen Sie Betrag und Richtung der Kraft, die auf die Ladung links unten wirkt. b) Zeigen Sie, daß das elektrische Feld in der Mitte einer Quadratseite längs dieser auf die negative Ladung weist und den Betrag

$$E = \frac{1}{4\pi\varepsilon_0} \frac{8q}{\ell^2} \left(1 - \frac{\sqrt{5}}{25}\right)$$

hat.

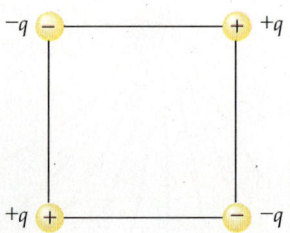

18.30 Zu Aufgabe 26.

27. Zwei Punktladungen q_1 und q_2 haben zusammen die Ladung 6 µC. Wenn sie 3 m voneinander entfernt sind, beträgt die Kraft zwischen ihnen 8 mN. Berechnen Sie q_1 und q_2, wenn die Ladungen a) einander abstoßen bzw. b) ungleichnamig sind.

28. Eine positive Ladung q soll in zwei positive Ladungen q_1 und q_2 aufgeteilt werden. Zeigen Sie, daß für einen gegebenen Abstand d die Kraft zwischen den Ladungen am größten ist, wenn $q_1 = q_2 = \frac{1}{2}q$ ist.

29. Zwei gleich große Ladungen q liegen auf der y-Achse bei $y = a$ bzw. bei $y = -a$. a) Zeigen Sie, daß das elektrische Feld auf der x-Achse entlang dieser verläuft und sein Betrag $E_x = 2\,(1/4\pi\varepsilon_0)\,qx\,(x^2 + a^2)^{-3/2}$ ist. b) Zeigen Sie, daß für $|x| \ll |a|$, also nahe beim Ursprung, $E_x \approx 2\,(1/4\pi\varepsilon_0)\,qx/a^3$ ist. c) Zeigen Sie, daß für $|a| \ll |x|$ $E_x = 2\,(1/4\pi\varepsilon_0)\,q/x^2$ gilt. Erklären Sie, warum Sie diese Resultate erwarten können, auch ohne sie explizit auszurechnen.

30. a) Zeigen Sie, daß das elektrische Feld der Ladungsverteilung von Aufgabe 29 sein Maximum an den Punkten $x = a/\sqrt{2}$ und $x = -a/\sqrt{2}$ hat. Berechnen Sie dazu dE_x/dx und setzen Sie diese Ableitung gleich null. b) Skizzieren Sie E_x als Funktion von x, indem Sie die Ergebnisse aus Teil a) dieser Aufgabe sowie aus Teil b) und c) der Aufgabe 29 verwenden.

31. Ein elektrischer Dipol bestehe aus einer positiven Ladung q auf der x-Achse im Punkt $x = a$ und aus einer negativen Ladung $-q$ auf der x-Achse im Punkt $x = -a$. Bestimmen Sie Stärke und Richtung des elektrischen Feldes in einem Punkt y auf der y-Achse und zeigen Sie, daß für $y \gg a$ das Feld ungefähr $\mathbf{E} = -(1/4\pi\varepsilon_0)\,(p/y^3)\,\mathbf{e}_x$ ist. Darin steht p für den Betrag des Dipolmoments.

32. Fünf gleiche Ladungen befinden sich äquidistant auf einem Halbkreis (Abbildung 18.31). Welche Kraft wirkt auf die Ladung q im Mittelpunkt des Halbkreises?

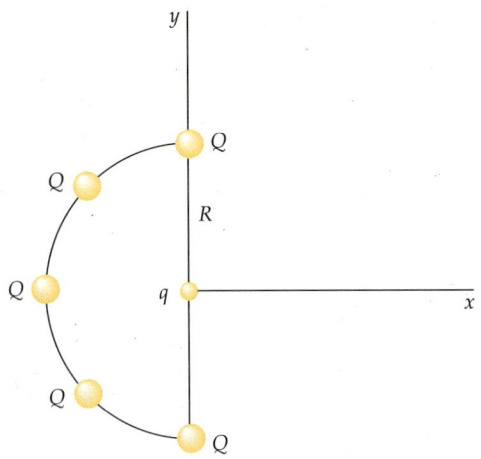

18.31 Zu Aufgabe 32.

33. Zwei kleine Kugeln der Masse m seien an einem Punkt durch zwei Fäden der Länge ℓ befestigt (Abbildung 18.32). Jede Kugel trage die Ladung q, und beide Fäden werden um den Winkel θ aus der Vertikalen ausgelenkt. a) Zeigen Sie, daß für die Ladung q gilt

$$q = 2\ell \sin\theta \sqrt{\frac{mg\tan\theta}{1/4\pi\varepsilon_0}}.$$

b) Bestimmen Sie q für $m = 10$ g, $\ell = 50$ cm und $\theta = 10°$.

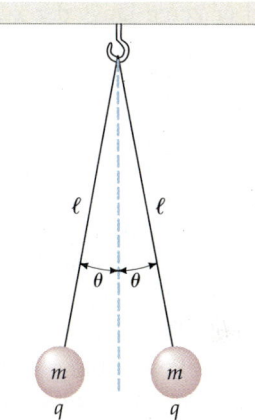

18.32 Zu Aufgabe 33.

34. Das Sauerstoffatom eines Wassermoleküls befinde sich im Ursprung; ein Wasserstoffatom liege bei $x = 0{,}077$ nm, $y = 0{,}058$ nm und das andere bei $x = -0{,}077$ nm, $y = 0{,}058$ nm. Welches Dipolmoment hätte das Wassermolekül, wenn die Wasserstoffatome ihre Elektronen ganz an das Sauerstoffmolekül abgäben, so daß es die Ladung $-2e$ besäße? Diese sehr grobe Beschreibung der chemischen Bindung im Wassermolekül liefert einen zu großen Wert für das Dipolmoment.

Stufe III

35. Bei der Ladungsverteilung in Aufgabe 29 hat das elektrische Feld im Ursprung den Wert null. Daher befände sich eine Probeladung q_0 dort im Gleichgewicht. a) Diskutieren Sie die Stabilität des Gleichgewichts für eine positive Probeladung bei geringer Abweichung vom Gleichgewichtspunkt in x-Richtung bzw. in y-Richtung. b) Wiederholen Sie Teil a) für eine negative Probeladung. c) Bestimmen Sie Größe und Vorzeichen der Ladung q_0, die im Ursprung eine verschwindende resultierende Kraft auf die drei Ladungen ausübte. d) Was geschieht, wenn eine der Ladungen etwas aus dem Gleichgewicht verschoben wird?

36. Zwei positive Punktladungen $+q$ befinden sich wie in Aufgabe 29 auf der y-Achse bei $y = +a$ bzw. bei $y = -a$. Ein Kügelchen der Masse m mit der negativen Ladung $-q$ bewege sich auf einem Faden auf der x-Achse. a) Zeigen Sie, daß bei kleinen Verschiebungen $x \ll a$ auf das Kügelchen eine zu x proportionale Rückstellkraft wirkt und daß dieses deshalb eine harmonische Schwingung ausführt. b) Berechnen Sie die Schwingungsdauer.

37. Ein elektrischer Dipol bestehe aus zwei Ladungen $+q$ und $-q$, die einen sehr kleinen Abstand $2a$ voneinander haben. Sein Mittelpunkt liege auf der x-Achse bei $x = x_1$, und er zeige längs der x-Achse in positive x-Richtung. Der Dipol befinde sich in einem inhomogenen elektrischen Feld, das ebenfalls in die x-Richtung zeigt und durch $E = Cx\boldsymbol{e}_x$ beschrieben wird. Darin ist C eine Konstante. a) Berechnen Sie die Kraft auf die positive und die Kraft auf die negative Ladung und zeigen Sie, daß die Gesamtkraft auf den Dipol $Cp\boldsymbol{e}_x$ ist, wobei p dessen Dipolmoment ist. b) Zeigen Sie, daß die Gesamtkraft auf einen Dipol mit dem Dipolmoment $\boldsymbol{p}$, das parallel zum elektrischen Feld in x-Richtung liegt, ungefähr $(dE_x/dx)\,p\boldsymbol{e}_x$ ist.

38. Eine positive Punktladung $+Q$ befinde sich im Ursprung, und ein Dipol mit dem Dipolmoment $\boldsymbol{p}$ weise im Abstand r in radiale Richtung (Abbildung 18.23). a) Zeigen Sie, daß die Kraft, die die Punktladung auf den Dipol ausübt, anziehend ist und daß ungefähr $2(1/4\pi\varepsilon_0)\,Qp/r^3$ gilt (siehe Aufgabe 37). b) Nehmen Sie nun an, daß der Mittelpunkt des Dipols im Ursprung liege und daß sich eine Punktladung Q im Abstand r auf der Verlängerung der Dipollinie befinde. Zeigen Sie mit Hilfe des Ergebnisses von a) und des dritten Newtonschen Gesetzes, daß der Betrag des elektrischen Feldes des Dipols im Abstand r auf der Dipollinie ungefähr mit $2(1/4\pi\varepsilon_0)\,p/r^3$ abfällt.

39. Ein Quadrupol bestehe aus zwei Dipolen, die sehr nahe beieinanderliegen, wie es Abbildung 18.33 zeigt. Die effektive Ladung im Ursprung betrage $-2q$, und die anderen Ladungen auf der y-Achse bei $y = a$ und bei $y = -a$ seien jeweils $+q$. a) Bestimmen Sie das elektrische Feld in einem Punkt $x \gg a$ auf der x-Achse. b) Bestimmen Sie das elektrische Feld in einem Punkt $y \gg a$ auf der y-Achse.

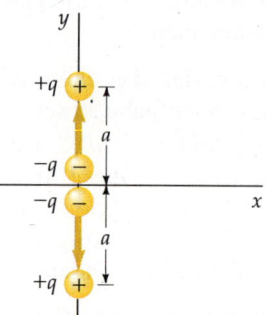

18.33 Zu Aufgabe 39.

19
Das elektrische Feld II: Kontinuierliche Ladungsverteilungen

Mikroskopisch betrachtet tritt die elektrische Ladung in der Natur immer als ganzzahliges Vielfaches der Elementarladung *e* auf, das heißt, sie ist in Einheiten von *e* quantisiert. Wir haben es in der Praxis allerdings häufig mit Fällen zu tun, bei denen eine große Anzahl von Ladungen so dicht beieinander sind, daß die Gesamtladung in einem bestimmten Raumgebiet als kontinuierlich verteilt angesehen werden kann. Es läßt sich also ein Volumenelement ΔV finden, das einerseits so groß ist, daß es Millionen einzelner Ladungen enthält, andererseits aber auch so klein, daß wir ΔV durch das Differential dV ersetzen können, ohne dabei einen nennenswerten Fehler in unsere Rechnungen einzuführen.

Das vorliegende Kapitel ist insgesamt etwas mathematischer, formaler gehalten als die meisten anderen Kapitel in diesem Buch. Das hängt damit zusammen, daß es sich bei Ladungsverteilungen nicht um eine neue, fundamentale physikalische Größe handelt – eine solche ist mit der Ladung an sich gegeben –, vielmehr geht es jetzt um den praktischen Umgang mit elektrischen Ladungen, das heißt um ihre Berechnung.

Im folgenden wollen wir unter

$$Q = \int_V dq \text{ die Gesamtladung eines Körpers}$$

und unter

$$V = \int_V dV \text{ sein Gesamtvolumen}$$

verstehen, wobei das V unter dem Integralzeichen heißt, daß über das gesamte Volumen V integriert werden soll. Dann können wir das Verhältnis von Ladung zu Volumen als sogenannte **Raumladungsdichte** ϱ definieren:

$$\varrho = \frac{dq}{dV}. \qquad 19.1$$

Manchmal ist die betrachtete Ladung in einer dünnen Schicht auf der Oberfläche eines Gegenstandes verteilt, wie beispielsweise auf den Platten eines Kondensators. In diesen Fällen ist es praktisch, mit einer flächenbezogenen Ladungs-

19 Das elektrische Feld II: Kontinuierliche Ladungsverteilungen

dichte zu arbeiten. Die (**Ober-**)**Flächenladungsdichte** σ ist definiert als Quotient aus Ladung und Fläche:

$$\sigma = \frac{dq}{dA}, \qquad 19.2$$

wobei

$$A = \int_S dA$$

die Gesamtfläche ist. Dabei bedeutet das S unter dem Integralzeichen, daß wieder über die gesamte Fläche integriert werden soll, wobei der Buchstabe S darauf hinweist, daß diese Fläche *beliebig geformt* sein kann, während jedes Teilstück dA eine ebene Fläche repräsentiert. Für die Integration über eine gesamte, *geschlossene* Fläche wird häufig ein besonderes Zeichen verwendet:

$$\oint_S .$$

Schließlich hat man es oft auch mit Ladungen zu tun, die sich entlang einer Linie verteilen (dünne leitende Drähte, leitende Polymere als „eindimensionale" Leiter). Für diese Fälle definiert man eine **Linienladungsdichte** λ als Quotient aus Ladung und Länge:

$$\lambda = \frac{dq}{d\ell}, \qquad 19.3$$

wobei

$$\ell = \int_\ell d\ell$$

die Gesamtlänge ist.

Nachfolgend werden wir zunächst sehen, wie sich mit dem Coulombschen Gesetz elektrische Felder berechnen lassen – wir werden es auf verschiedene Ladungsverteilungen anwenden. Danach werden wir uns mit dem sogenannten Gaußschen Gesetz beschäftigen, das eine Beziehung herstellt zwischen dem elektrischen Feld auf einer geschlossenen Oberfläche und der durch sie eingeschlossenen Ladung. Das Gaußsche Gesetz ist eines der wichtigsten Hilfsmittel der Elektrostatik. Wir werden es in erster Linie dazu verwenden, das elektrische Feld bestimmter symmetrischer Ladungsverteilungen zu berechnen.

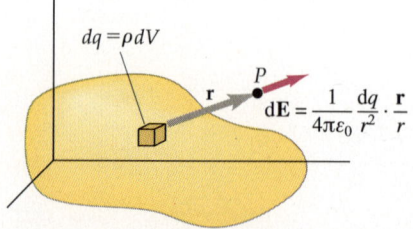

19.1 Ein Ladungselement dq erzeugt ein Feld $d\mathbf{E} = [(1/4\pi\varepsilon_0) \, dq/r^2] \, \mathbf{r}/r$ im Punkt P. Das von der Gesamtladung in P erzeugte Feld läßt sich durch Integration über die gesamte Ladungsverteilung bestimmen.

19.1 Berechnung des elektrischen Feldes mit Hilfe des Coulombschen Gesetzes

Das durch eine Ladungsverteilung erzeugte elektrische Feld läßt sich leicht mit Hilfe des Coulombschen Gesetzes berechnen. Abbildung 19.1 zeigt ein Ladungselement $dq = \varrho \, dV$, das klein genug sei, um als Punktladung aufgefaßt zu können. Das elektrische Feld dE am Punkt P wird durch das Coulombsche Gesetz beschrieben (vgl. Kapitel 18):

$$\mathrm{d}\boldsymbol{E} = \frac{1}{4\pi\varepsilon_0}\frac{\mathrm{d}q}{r^2}\cdot\frac{\boldsymbol{r}}{r}.$$

Hierbei ist r der Abstand des Ladungselementes vom Feldpunkt P, $\boldsymbol{r}/r$ der Einheitsvektor, der vom Ladungselement in Richtung P zeigt, und ε_0 ist die elektrische Feldkonstante (siehe Kapitel 18). Durch Integration über die gesamte Ladungsverteilung erhält man die Gesamtfeldstärke in P:

$$\boldsymbol{E} = \int_V \frac{1}{4\pi\varepsilon_0}\frac{\mathrm{d}q}{r^2}\cdot\frac{\boldsymbol{r}}{r}.$$

19.4 *Das elektrische Feld einer kontinuierlichen Ladungsverteilung*

Das elektrische Feld auf der Achse einer Linienladung endlicher Ausdehnung

Eine Ladung Q sei homogen auf der x-Achse von $x = 0$ bis $x = \ell$ verteilt (Abbildung 19.2). Die Linienladungsdichte dieser Ladungsverteilung ist dann $\lambda = Q/\ell$. Wir wollen das von ihr erzeugte elektrische Feld in einem Punkt P auf der x-Achse bei $x = x_0 > \ell$ berechnen und wählen hierzu ein Längenelement $\mathrm{d}x$ im Abstand x vom Ursprung. P befindet sich im Abstand $r = x_0 - x$ vom Ladungselement. Es erzeugt ein in die positive x-Richtung zeigendes elektrisches Feld der Größe

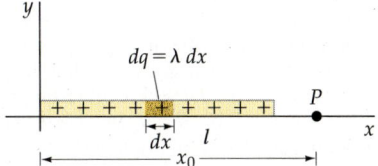

19.2 Anordnung zur Berechnung des elektrischen Feldes auf der Achse einer homogenen Linienladung mit Ladung Q, der Länge ℓ und damit der Linienladungsdichte $\lambda = Q/\ell$. Ein Element $\mathrm{d}q = \lambda\,\mathrm{d}x$ der Linienladung wird wie eine Punktladung behandelt. Das von ihm erzeugte elektrische Feld läßt sich mit Hilfe des Coulombschen Gesetzes berechnen. Das gesamte Feld findet man durch Integration von $x = 0$ bis $x = \ell$.

$$\mathrm{d}E_x = \frac{1}{4\pi\varepsilon_0}\frac{\mathrm{d}q}{(x_0-x)^2} = \frac{1}{4\pi\varepsilon_0}\frac{\lambda\,\mathrm{d}x}{(x_0-x)^2},$$

wobei wir $\mathrm{d}q = \lambda\,\mathrm{d}\ell = \lambda\,\mathrm{d}x$ eingesetzt haben. Integration entlang der x-Achse von $x = 0$ bis $x = \ell$ liefert das elektrische Feld der gesamten Ladungsverteilung in P:

$$E_x = \frac{1}{4\pi\varepsilon_0}\lambda\int_0^\ell \frac{\mathrm{d}x}{(x_0-x)^2} = \frac{1}{4\pi\varepsilon_0}\lambda\left[\frac{1}{x_0-x}\right]_0^\ell$$

$$= \frac{1}{4\pi\varepsilon_0}\lambda\left\{\frac{1}{x_0-\ell} - \frac{1}{x_0}\right\} = \frac{1}{4\pi\varepsilon_0}\lambda\left\{\frac{\ell}{x_0(x_0-\ell)}\right\}.$$

Durch Einsetzen von $\lambda = Q/\ell$ erhält man

$$E_x = \frac{1}{4\pi\varepsilon_0}\frac{Q}{x_0(x_0-\ell)}.$$

19.5

Ist ℓ sehr viel kleiner als x_0, so beträgt der Wert des Feldes näherungsweise $(1/4\pi\varepsilon_0)\,Q/x_0^2$. Das heißt, daß die Linienladung in genügend großer Entfernung wie eine Punktladung wirkt.

19 Das elektrische Feld II: Kontinuierliche Ladungsverteilungen

Das elektrische Feld auf der Mittelsenkrechten einer Linienladung endlicher Ausdehnung

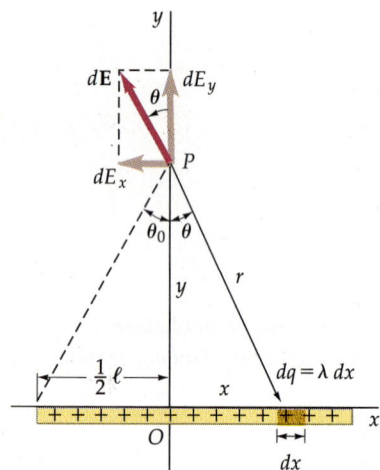

19.3 Anordnung zur Berechnung des elektrischen Feldes an einem Punkt auf der Mittelsenkrechten einer homogenen Linienladung endlicher Ausdehnung. Aufgrund der Symmetrie steht der Vektor des resultierenden elektrischen Feldes senkrecht zur Linienladung. Das gesamte elektrische Feld erhält man, indem man den Ausdruck für die senkrechte Komponente von $\theta = 0$ bis $\theta = \theta_0$ integriert und anschließend mit 2 multipliziert.

Wir wollen nun das elektrische Feld einer endlich ausgedehnten, homogenen Linienladungsverteilung an einem Punkt P berechnen, der auf der Senkrechten durch die Mitte der Ladungsverteilung liegt. In Abbildung 19.3 ist das Koordinatensystem so gewählt, daß der Ursprung mit der Mitte der Ladungsverteilung übereinstimmt und die Linienladung selbst auf der x-Achse liegt. P befindet sich somit auf der y-Achse. Neben dem Ladungselement $dq = \lambda\, dx$ ist auch das Feld $d\mathbf{E}$ eingezeichnet, das durch dieses Ladungselement am Punkt P erzeugt wird. Das Feld besitzt eine x- und eine y-Komponente. Aus Symmetriegründen existiert für jedes rechts des Ursprungs liegende Ladungselement ein entsprechendes Ladungselement links des Ursprungs. Dadurch heben sich die x-Komponenten des Feldes $d\mathbf{E}$ auf. Bei der Berechnung von $\mathbf{E}$ (Integration über die Feldelemente $d\mathbf{E}$) brauchen daher nur die y-Komponenten berücksichtigt zu werden.

Die Stärke des Feldes, das durch ein Ladungselement $dq = \lambda\, dx$ erzeugt wird, ist

$$|dE| = \frac{1}{4\pi\varepsilon_0} \frac{dq}{r^2} = \frac{1}{4\pi\varepsilon_0} \frac{\lambda\, dx}{r^2}.$$

Die senkrechte Komponente des Feldes (in diesem Fall die y-Komponente) ist

$$dE_y = \frac{1}{4\pi\varepsilon_0} \frac{\lambda\, dx}{r^2} \cos\theta. \qquad 19.6$$

Das Gesamtfeld E_y der Linienladung mit der Länge ℓ erhält man durch Integration entlang der Geraden von $x = -\tfrac{1}{2}\ell$ bis $x = +\tfrac{1}{2}\ell$. Wegen der Symmetrie der Ladungsverteilung genügt es, von $x = 0$ bis $x = \tfrac{1}{2}\ell$ zu integrieren und das Resultat zu verdoppeln:

$$E_y = \int_{x=-1/2\ell}^{x=+1/2\ell} dE_y = 2 \int_{x=0}^{x=1/2\ell} dE_y. \qquad 19.7$$

Ersetzt man die Variable x durch die Variable θ, so vereinfacht sich die Integration. Abbildung 19.3 zeigt, daß die Ortsvariablen x und y mit dem Winkel θ über

$$x = y \tan\theta \qquad 19.8$$

zusammenhängen, wobei y den Abstand von P zur Linienladung angibt. Wir erhalten:

$$\frac{dx}{d\theta} = y\, \frac{1}{\cos^2\theta} = y\left(\frac{r}{y}\right)^2.$$

Der Zuwachs dx steht somit durch

$$dx = \frac{r^2}{y} d\theta$$

mit dem Zuwachs dθ in Beziehung. Ersetzt man $r^2 \, d\theta/y$ durch die Gleichung (19.6), so ist

$$dE_y = \frac{1}{4\pi\varepsilon_0} \frac{\lambda}{y} \cos\theta \, d\theta \, . \qquad 19.9$$

Gleichung (19.8) ergibt $\theta = 0$ für $x = 0$ und $\theta = \theta_0$ für $x = \frac{1}{2}\ell$. Es gilt

$$\tan\theta_0 = \frac{\frac{1}{2}\ell}{y} \, .$$

Integration der Gleichung (19.9) von $\theta = 0$ bis $\theta = \theta_0$ und Verdoppelung des Ergebnisses ergibt die gesamte y-Komponente des Feldes:

$$E_y = 2 \int_{\theta=0}^{\theta=\theta_0} dE_y = \frac{1}{2\pi\varepsilon_0} \frac{\lambda}{y} \int_0^{\theta_0} \cos\theta \, d\theta$$

oder

$$E_y = \frac{1}{2\pi\varepsilon_0} \frac{\lambda}{y} \sin\theta_0 = \frac{1}{2\pi\varepsilon_0} \frac{\lambda}{y} \frac{\frac{1}{2}\ell}{\sqrt{(\frac{1}{2}\ell)^2 + y^2}} \, , \qquad 19.10$$

19.10 *Das elektrische Feld auf der Mittelsenkrechten einer Linienladung endlicher Ausdehnung*

wobei (Abbildung 19.3) $\sin\theta_0$ mit ℓ und y durch

$$\sin\theta_0 = \frac{\frac{1}{2}\ell}{\sqrt{(\frac{1}{2}\ell)^2 + y^2}}$$

verknüpft ist. Ist y sehr viel größer als ℓ, so ergibt sich als Näherung

$$\sin\theta_0 \approx \frac{\frac{1}{2}\ell}{y} \qquad y \gg \ell \, ,$$

und E_y beträgt dann angenähert

$$E_y \approx \frac{1}{4\pi\varepsilon_0} \frac{\lambda\ell}{y^2} = \frac{1}{4\pi\varepsilon_0} \frac{Q}{y^2} \, ,$$

wobei $Q = \lambda\ell$ die Gesamtladung ist. Wie erwartet, wirkt die endliche Linienladung in großer Entfernung wie eine Punktladung.

Das elektrische Feld in der Nähe einer unendlich ausgedehnten Linienladung

In vielen praktischen Fällen ist die Entfernung y eines Aufpunktes P von der das elektrische Feld erzeugenden Ladungsverteilung nicht so groß, daß die Ausdehnung ℓ der Ladungsverteilung bei der Berechnung des Feldes vernachlässigt werden kann. Im Grenzfall – und nur den wollen wir wegen seiner Einfachheit hier betrachten – ist y sehr viel kleiner als ℓ, und wir können von einer unendlich ausgedehnten Ladungsverteilung sprechen. Wegen $y \ll \ell$ beträgt der Winkel θ_0

19 Das elektrische Feld II: Kontinuierliche Ladungsverteilungen

in Abbildung 19.3 dann in guter Näherung 90°. Einsetzen dieses Wertes führt auf

Das elektrische Feld in einem Abstand y von einer unendlich ausgedehnten Linienladung

$$E_y = \frac{1}{2\pi\varepsilon_0}\frac{\lambda}{y}.\qquad 19.11$$

Die Feldstärke einer unendlich ausgedehnten Linienladung ist somit umgekehrt proportional zum Abstand.

Beispiel 19.1

Eine unendlich ausgedehnte Ladungsdichte $\lambda = 0{,}6\ \mu\text{C/m}$ liege entlang der z-Achse, und eine Punktladung $q = 8\ \mu\text{C}$ befinde sich auf der y-Achse bei $y = 3$ m (Abbildung 19.4). Berechnen Sie das elektrische Feld im Punkt P auf der x-Achse bei $x = 4$ m.

Das elektrische Feld in jedem Punkt des Raumes ist durch Überlagerung des elektrischen Feldes der Linienladung und des elektrischen Feldes der Punktladung gegeben. Das elektrische Feld der Linienladung im Aufpunkt P, der auf der x-Achse bei $x = 4$ m liegt, zeigt in die positive x-Richtung und ist durch

$$E_L = \frac{1}{2\pi\varepsilon_0}\frac{\lambda}{x}\boldsymbol{e}_x = \frac{(1{,}80\cdot 10^{10}\ \text{N}\cdot\text{m}^2/\text{C}^2)\cdot 0{,}6\cdot 10^{-6}\ \text{C/m}}{4\ \text{m}}\boldsymbol{e}_x$$
$$= 2{,}70\ \text{kN/C}\ \boldsymbol{e}_x$$

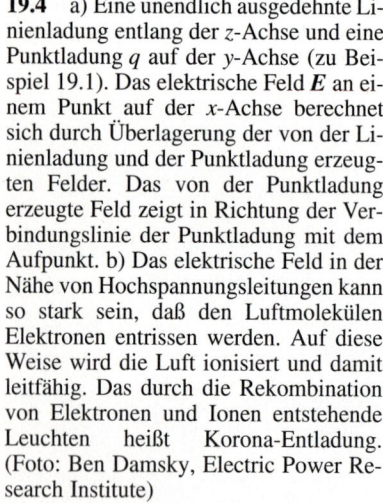

19.4 a) Eine unendlich ausgedehnte Linienladung entlang der z-Achse und eine Punktladung q auf der y-Achse (zu Beispiel 19.1). Das elektrische Feld $\boldsymbol{E}$ an einem Punkt auf der x-Achse berechnet sich durch Überlagerung der von der Linienladung und der Punktladung erzeugten Felder. Das von der Punktladung erzeugte Feld zeigt in Richtung der Verbindungslinie der Punktladung mit dem Aufpunkt. b) Das elektrische Feld in der Nähe von Hochspannungsleitungen kann so stark sein, daß den Luftmolekülen Elektronen entrissen werden. Auf diese Weise wird die Luft ionisiert und damit leitfähig. Das durch die Rekombination von Elektronen und Ionen entstehende Leuchten heißt Korona-Entladung. (Foto: Ben Damsky, Electric Power Research Institute)

gegeben. Die Punktladung ist 5 m von P entfernt. Das elektrische Feld der Punktladung lautet somit

$$E_P = \frac{1}{4\pi\varepsilon_0}\frac{q}{r^2}\frac{\boldsymbol{r}}{r} = \frac{(8{,}99\cdot 10^9\ \text{N}\cdot\text{m}^2/\text{C}^2)\cdot 8\cdot 10^{-6}\ \text{C}}{(5\ \text{m})^2} = 2{,}88\ \text{kN/C}\ \frac{\boldsymbol{r}}{r}.$$

Hierbei ist $\boldsymbol{r}/r$ der Einheitsvektor, der von q in Richtung P zeigt. Damit wir die Überlagerung beider Felder berechnen können, müssen wir zunächst die Komponenten von $\boldsymbol{E}_P$ in x- und y-Richtung bestimmen. $\boldsymbol{E}_P$ hat den Winkel θ zur x-Achse; die x- und y-Komponenten von $\boldsymbol{E}_P$ sind daher

$$E_{Px} = E_P\cos\theta = (2{,}88\ \text{kN/C})\cdot\frac{4}{5} = 2{,}30\ \text{kN/C}$$

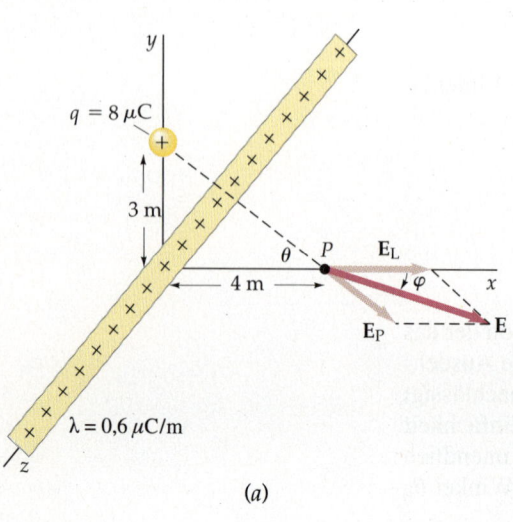

(a)

(b)

und

$$E_{Py} = -E_P \sin\theta = -(2{,}88 \text{ kN/C}) \cdot \frac{3}{5} = -1{,}73 \text{ kN/C}.$$

Für die x- und y-Komponente des resultierenden elektrischen Feldes im Punkt P erhalten wir also

$$E_x = E_{Lx} + E_{Px} = 2{,}70 \text{ kN/C} + 2{,}30 \text{ kN/C} = 5{,}00 \text{ kN/C}$$

und

$$E_y = E_{Ly} + E_{Py} = 0 + (-1{,}73 \text{ kN/C}) = -1{,}73 \text{ kN/C}.$$

Das gesamte elektrische Feld im Punkt P besitzt daher die Stärke

$$E = \sqrt{E_x^2 + E_y^2} = \sqrt{(5{,}00)^2 + (-1{,}73)^2} \text{ kN/C} = 5{,}29 \text{ kN/C}.$$

Es zeigt unter einem Winkel von

$$\varphi = \tan^{-1}\left(-\frac{1{,}73}{5{,}00}\right) = -19{,}0°$$

zur x-Achse nach unten (siehe Abbildung 19.4).

Das elektrische Feld auf der Achse einer Ringladung

Abbildung 19.5 zeigt eine homogene Ringladung mit Radius a und Gesamtladung Q. Wir wollen das elektrische Feld an einem Punkt P bestimmen, der auf der Achse des Ringes in einem Absatnd x vom Mittelpunkt des Ringes liege. Das durch das Ladungselement dq bewirkte Feld $d\mathbf{E}$ besitzt eine Komponente dE_x entlang der Achse des Ringes und eine senkrecht dazu stehende Komponente $dE_\perp$. Wegen der Rotationssymmetrie der Ladungsverteilung zeigt das Gesamtfeld des Ringes entlang der Ringachse, da die senkrechte Komponente jedes einzelnen Ladungselementes durch die senkrechte Komponente des direkt gegenüberliegenden Ladungselementes aufgehoben wird. Die Achsenkomponente des durch ein Ladungselement dq erzeugten Feldes ist durch

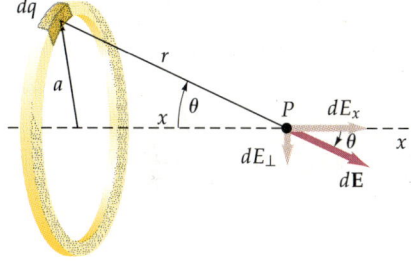

19.5 Ein Ladungsring mit Radius a. Das von dem gezeigten Ladungselement dq im Punkt P auf der x-Achse erzeugte elektrische Feld besitzt eine Komponente parallel und eine senkrecht zur x-Achse. Durch Summation über den gesamten Ring heben sich sämtliche senkrechten Komponenten gegeneinander auf. Das Gesamtfeld zeigt also entlang der x-Achse.

$$dE_x = \frac{1}{4\pi\varepsilon_0} \frac{dq}{r^2} \cos\theta = \frac{1}{4\pi\varepsilon_0} \frac{dq}{r^2} \frac{x}{r} = \frac{1}{4\pi\varepsilon_0} \frac{dq\, x}{(x^2+a^2)^{3/2}}$$

gegeben, wobei

$$r^2 = x^2 + a^2$$

und

$$\cos\theta = \frac{x}{r} = \frac{x}{\sqrt{x^2+a^2}}.$$

Das Feld des gesamten Ladungsringes ist

$$E_x = \int \frac{1}{4\pi\varepsilon_0} \frac{x \cdot dq}{(x^2+a^2)^{3/2}}.$$

Da sich x während der Integration über die Ladungselemente nicht ändert, kann es als Konstante vor das Integral geschrieben werden. Dann ist

$$E_x = \frac{1}{4\pi\varepsilon_0} \frac{x}{(x^2 + a^2)^{3/2}} \int dq$$

oder

Das elektrische Feld auf der Achse einer Ringladung

$$E_x = \frac{1}{4\pi\varepsilon_0} \frac{Qx}{(x^2 + a^2)^{3/2}} . \qquad 19.12$$

Eine einfache und sehr nützliche Methode, dieses Ergebnis zu überprüfen, besteht darin, die Variable x Extremwerte annehmen zu lassen. Für $x = 0$ ergibt sich $E_x = 0$, was auch zu erwarten ist, da für jedes Ladungselement auf dem Ring das Feld im Zentrum durch das Feld des gegenüberliegenden Elementes aufgehoben wird. Im Fall $x \gg a$ ist a^2 im Nenner von Gleichung (19.12) vernachlässigbar. Somit erhalten wir $E_x \approx (1/4\pi\varepsilon_0) Q/x^2$. Aus der Ferne betrachtet, wirkt also die Ringladung – ebenfalls erwartungsgemäß – wie eine Punktladung.

Das elektrische Feld auf der Achse einer homogen geladenen Scheibe

Abbildung 19.6 zeigt eine homogen geladene Scheibe mit Radius R und Gesamtladung Q. (Die Dicke der Scheibe soll hier keine Rolle spielen.) Wir wollen das elektrische Feld auf der Scheibenachse bestimmen, die in x-Richtung zeigen soll. Die Fläche der Scheibe ist πR^2 und die Flächenladungsdichte somit $\sigma = Q/\pi R^2$. Das elektrische Feld auf der Achse der Scheibe ist parallel zur x-Achse. Wir können das Feld bestimmen, indem wir annehmen, daß die Scheibe aus einer Vielzahl konzentrischer Ringladungen besteht. Ein Ring besitzt dann den Radius a und die Breite da (siehe Abbildung). Die Fläche des Ringes ist $dA = 2\pi a\, da$, und die Ladung beträgt $dq = \sigma\, dA = 2\pi\sigma a\, da$. Gleichung (19.12) beschreibt das Feld, das durch diesen Ring erzeugt wird, wenn wir Q durch $dq = 2\pi\sigma a\, da$ ersetzen. Das heißt,

$$dE_x = \frac{1}{2\varepsilon_0} \frac{x\sigma a\, da}{(x^2 + a^2)^{3/2}} .$$

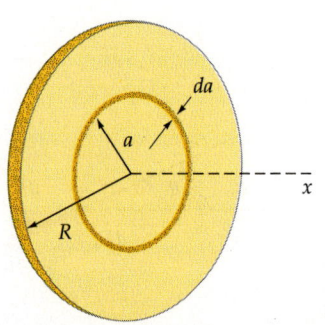

19.6 Eine homogen geladene Scheibe kann als eine Vielzahl aufeinanderliegender Ringladungen mit Radius a, Dicke da und Ladung $dq = \sigma dA = (Q/\pi R^2) 2\pi a\, da$ aufgefaßt werden.

Das gesamte Feld der Scheibe findet man durch Integration dieses Ausdrucks von $a = 0$ bis $a = R$:

$$E_x = \int_0^R \frac{1}{2\varepsilon_0} \frac{x\sigma a\, da}{(x^2 + a^2)^{3/2}} = \frac{1}{4\varepsilon_0} x\sigma \int_0^R (x^2 + a^2)^{-3/2}\, 2a\, da .$$

Das Integral ist von der Form $\int u^n\, du$, mit $u = x^2 + a^2$ und $n = -\frac{3}{2}$. Somit ergibt die Integration

$$E_x = \frac{1}{4\varepsilon_0} x\sigma \left[\frac{(x^2 + a^2)^{-1/2}}{-1/2}\right]_0^R$$

$$= -\frac{1}{2\varepsilon_0} x\sigma \left(\frac{1}{\sqrt{x^2 + R^2}} - \frac{1}{x}\right)$$

oder

$$E_x = \frac{1}{2\varepsilon_0} \sigma \left(1 - \frac{x}{\sqrt{x^2 + R^2}}\right).$$

19.13 *Das elektrische Feld auf der Achse einer Scheibenladung*

Befinden wir uns weit entfernt von der Scheibe, so erwarten wir, daß diese wie eine Punktladung aussieht. Für $x \gg R$ können wir den zweiten Term (19.13) in eine Reihe entwickeln: $(1 + \varepsilon)^n \approx 1 + n\varepsilon + \ldots$ für $\varepsilon \ll 1$, also:

$$\frac{x}{\sqrt{x^2 + R^2}} = \frac{x}{x(1 + R^2/x^2)^{1/2}} = \left(1 + \frac{R^2}{x^2}\right)^{-1/2} \approx 1 - \frac{R^2}{2x^2} + \ldots$$

Wenn wir die Reihenentwicklung nach dem zweiten Glied abbrechen, was wegen $x \gg R$ erlaubt ist, so erhalten wir für das elektrische Feld:

$$E_x \approx \frac{1}{2\varepsilon_0} \sigma \left(1 - 1 + \frac{R^2}{2x^2} + \ldots\right) = \frac{1}{4\varepsilon_0} \frac{R^2 \sigma}{x^2} = \frac{1}{4\pi\varepsilon_0} \frac{Q}{x^2},$$

wobei $Q = \sigma\pi R^2$ die Gesamtladung der Scheibe ist.

Das elektrische Feld einer unendlich ausgedehnten Ladungsebene

Analog zur Argumentation bei der Linienladung ist es für praktische Berechnungen wichtig, sich das Feld einer unendlich ausgedehnten Ladungsebene anzusehen. Man erhält es einfach aus Gleichung (19.13), indem man R gegen ∞ oder x gegen 0 streben läßt. Dann ist

$$E_x = \frac{1}{2\varepsilon_0} \sigma \qquad x > 0.$$

19.14a *Das elektrische Feld nahe einer unendlichen Ladungsebene*

Diese Gleichung zeigt, daß das durch eine unendlich große, ebene Ladungsverteilung erzeugte Feld homogen ist, also nicht vom Abstand x abhängt. Weshalb dann die Einschränkung $x > 0$? Nun, definitionsgemäß hat das Feld im Bereich $x > 0$ die Richtung der positiven x-Achse, im Nullpunkt ist es null, und auf der anderen Seite der Ebene zeigt das Feld in die negative x-Richtung, so daß gilt:

$$E_x = -\frac{1}{2\varepsilon_0} \sigma \qquad x < 0.$$

19.14b

Bewegen wir uns entlang der x-Achse, so wechselt das Feld beim Durchgang durch die Ebene seinen Wert von $-2\pi (1/4\pi\varepsilon_0)\, \sigma e_x$ zu $+2\pi (1/4\pi\varepsilon_0)\, \sigma e_x$.

Beispiel 19.2

Eine Scheibe mit Radius 5 cm besitze eine homogene Oberflächenladungsdichte von $4\,\mu C/m^2$. Berechnen Sie mit Hilfe von Näherungen das elektrische Feld auf der Scheibenachse in den Abständen a) 0,01 cm, b) 0,03 cm, c) 6 m und d) 6 cm.

a) Der Radius der Scheibe ist sehr viel größer als 0,01 cm. Daher können wir von einer Ladungsverteilung auf einer unendlich großen Ebene ausgehen und (19.14 a) verwenden. Das elektrische Feld beträgt dann

$$E_x = \frac{1}{2\varepsilon_0}\sigma$$
$$= (5{,}65 \cdot 10^{10}\,\text{N}\cdot\text{m}^2/\text{C}^2) \cdot 4 \cdot 10^{-6}\,\text{C}/\text{m}^2$$
$$= 226\,\text{kN/C}\,.$$

b) Wieder ist der Abstand 0,03 cm im Vergleich zum 5 cm großen Radius der Scheibe so klein, daß die Ladungsverteilung als unendlich ausgedehnt angenommen werden kann. Das elektrische Feld beträgt $(1/2\varepsilon_0)\,\sigma = 226$ kN/C.

c) Da der Radius der Scheibe sehr viel kleiner als 6 m ist, kann man die Ladungsverteilung als Punktladung $q = \sigma\pi r^2 = (4\,\mu\text{C}/\text{m}^2)\,\pi\,(0{,}05\,\text{m})^2 = 31{,}4$ nC ansehen. Das elektrische Feld in einem Abstand von 6 m ist somit

$$E_x = \frac{1}{4\pi\varepsilon_0}\frac{q}{x^2} = \frac{(8{,}99 \cdot 10^9\,\text{N}\cdot\text{m}^2/\text{C}^2) \cdot 31{,}4 \cdot 10^{-9}\,\text{C}}{(6\,\text{m})^2}$$
$$= 7{,}84\,\text{N/C}\,.$$

d) Da 6 cm weder sehr klein noch sehr groß im Verhältnis zum Radius ist, benutzen wir die exakte Gleichung (19.13) und erhalten:

$$E_x = \frac{1}{2\varepsilon_0}\sigma\left(1 - \frac{x}{\sqrt{(x^2 + R^2)}}\right)$$
$$= (226\,\text{kN/C}) \cdot \left(1 - \frac{6\,\text{cm}}{\sqrt{(6\,\text{cm})^2 + (5\,\text{cm})^2}}\right)$$
$$= (226\,\text{kN/C}) \cdot (1 - 0{,}768) = 52{,}4\,\text{kN/C}\,.$$

Übung

Berechnen Sie das elektrische Feld für die Teile a) und b) von Beispiel 19.2 auf vier gültige Stellen genau. Vergleichen Sie Ihre Ergebnisse mit den Ergebnissen der Näherungen. (Antwort: a) und b) $E_x = 225{,}9$ kN/C; das weicht von 226 kN/C ungefähr um 0,04% ab.)

19.2 Das Gaußsche Gesetz

Die anschauliche, aber rein qualitative Beschreibung des elektrischen Feldes durch Feldlinien, wie wir sie im Kapitel 18 kennengelernt haben, läßt sich in eine exakte mathematische Form bringen, die dann auch zur Berechnung des elektrischen Feldes dienen kann, also quantitative Ergebnisse liefert. Diese mathematische Formulierung ist als Gaußsches Gesetz bekannt. Es verknüpft das elektrische Feld auf einer geschlossenen Oberfläche – genauer: den Fluß des Feldes durch die Oberfläche – und die durch sie eingeschlossene Ladung miteinander. Insbesondere die von kugel- oder rotationssymmetrischen Ladungsverteilungen erzeugten elektrischen Felder lassen sich mit dem Gaußschen Gesetz auf einfache Weise berechnen. In diesem Abschnitt wird eine plausible Begründung für das Gaußsche Gesetz gegeben, und zwar, indem wir auf unser anschauliches Feldlinienbild aus Kapitel 18 zurückgreifen. Eine strenge mathematische Herleitung erfolgt in Abschnitt 19.5.

In Abbildung 19.7 umschließt eine Oberfläche beliebiger Form einen Dipol. Die Anzahl der von der positiven Ladung kommenden, die Oberfläche schneidenden und das Gebiet verlassenden elektrischen Feldlinien ist, wie sich leicht durch Abzählen überprüfen läßt, gleich der Anzahl der von außen eintretenden, zur negativen Ladung hinführenden Feldlinien. Das heißt, für einen Dipol ist die Differenz der Zahl der aus- und eintretenden Feldlinien gleich null, und zwar unabhängig von der Form der betrachteten Oberfläche. Was wäre aber, wenn wir das zu der Oberfläche gehörende Gebiet (den grauen Bereich in Abbildung 19.7) so verschieben würden, daß nur noch eine der beiden Ladungen umschlossen würde? Der Leser kann dieses Experiment leicht selber durchführen. Für diesen Fall stellen wir fest, daß die Differenz der Zahl der aus- und eintretenden Feldlinien nicht mehr null ist: Umschließt das Gebiet die positive Ladung, so ist die Differenz positiv, und umgekehrt. (Die Vorzeichen rühren von der Konvention her, daß Feldlinien immer von einer positiven Ladung weg und zu einer negativen hin zeigen.) Dieses Beispiel macht deutlich, wie wichtig die Lage des Gebietes innerhalb eines gegebenen elektrischen Feldes ist, d.h., ob die Oberfläche des Gebiets eine von null verschiedene Gesamtladung umschließt oder nicht. Die Form der Oberfläche scheint dagegen unwichtig zu sein. Diese Zusammenhänge werden auch durch ein anderes Beispiel veranschaulicht: In Abbildung 19.8 umschließt eine beliebig geformte Oberfläche die Ladungen $+2q$ und $-q$. Die Gesamtzahl der die Oberfläche von innen nach außen durchdringenden Feldlinien ist ungleich null, da die Ladungsverteilung eine von null verschiedene Gesamtladung (nämlich $+q$) hat. Würden wir weitere entsprechende „Oberflächen-Feldlinien-Experimente" durchführen und beim Zeichnen darauf achten, daß die Dichte der Feldlinien immer proportional zur Gesamtladung der jeweiligen Ladungsverteilung ist, so erhielten wir durch Abzählen der Feldlinien folgendes Ergebnis: Die Gesamtzahl der Feldlinien, die eine Oberfläche verlassen, ist proportional zur Gesamtladung des von der Oberfläche eingeschlossenen Ladungssystems. (Mit Gesamtzahl der die Oberfläche verlassenden Feldlinien ist die Nettozahl gemeint, also die Differenz der Zahl der aus- und eintretenden Feldlinien.) Dies ist die qualitative Aussage des Gaußschen Gesetzes.

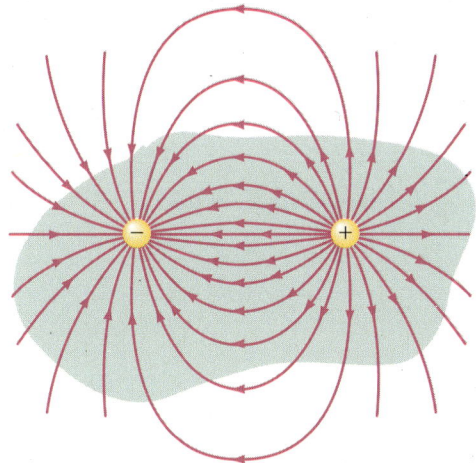

19.7 Eine Oberfläche beliebiger Gestalt umfaßt einen elektrischen Dipol. Solange die Oberfläche beide Ladungen umfaßt, ist die Anzahl der Feldlinien, die die Oberfläche verlassen, gleich der Anzahl der Feldlinien, die in die Oberfläche eintreten.

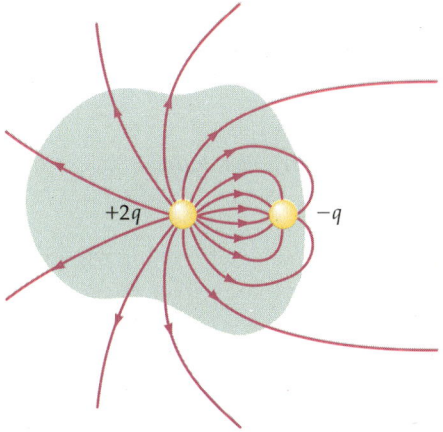

19.8 Eine Oberfläche beliebiger Gestalt umfaßt die Ladungen $+2q$ und $-q$. Einige der in $-q$ endenden Feldlinien verlassen das Innere der Oberfläche nicht, andere verlassen die Oberfläche, treten dann aber wieder in die Oberfläche ein. Die Gesamtanzahl der die Oberfläche verlassenden Feldlinien ist gleich der Anzahl von Feldlinien, die von einer einzigen Ladung der Größe der Gesamtladung ($+q = 2q - q$) erzeugt werden.

19 Das elektrische Feld II: Kontinuierliche Ladungsverteilungen

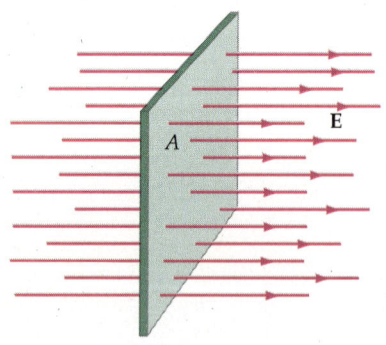

19.9 Elektrische Feldlinien eines homogenen Feldes durch die zur Feldrichtung senkrecht stehende Fläche A. Das Produkt EA ist der elektrische Fluß ϕ durch diese Fläche.

Die mathematische Größe, die die Anzahl elektrischer Feldlinien beschreibt, die eine Oberfläche verlassen, heißt elektrischer Fluß. Abbildung 19.9 zeigt eine senkrecht zu einem homogenen elektrischen Feld stehende Fläche A. Der **elektrische Fluß** ϕ durch diese Fläche wird durch das Produkt des Feldes E und der Fläche A definiert:

$$\phi = EA.$$

Die Einheit des elektrischen Flusses ist Newton mal Quadratmeter geteilt durch Coulomb ($N \cdot m^2/C$). Der elektrische Fluß ist wie das elektrische Feld proportional zur Anzahl der Feldlinien pro Flächeneinheit.

In Abbildung 19.10 steht die Fläche A_2 nicht senkrecht zum elektrischen Feld E. Die Anzahl der A_2 schneidenden Feldlinien ist gleich der Anzahl der Feldlinien, die A_1 schneiden. Beide Flächen stehen über

$$A_2 \cos \theta = A_1 \qquad 19.15$$

in Beziehung, wobei θ der Winkel zwischen E und der Flächennormalen n ist. Der Fluß durch eine zum Feld nicht senkrecht stehende Oberfläche wird definiert als

$$\phi = \mathbf{E} \cdot \mathbf{n} A = EA \cos \theta = E_n A.$$

Hierbei ist $E_n = \mathbf{E} \cdot \mathbf{n} = E \cos \theta$ die Komponente des elektrischen Feldvektors, die senkrecht zur Oberfläche steht.

Unsere Definition des elektrischen Flusses läßt sich so verallgemeinern, daß sie auch gekrümmte Flächen und inhomogene Ladungsverteilungen erfaßt. Hierzu teilen wir die Oberfläche in so kleine Flächenstücke, daß diese als eben angesehen werden können und die Änderung des Feldes über ein solches Flächenstück hinweg vernachlässigbar ist. Sei $\mathbf{n}_i$ der Normalenvektor, der senkrecht zum i-ten Flächenelement ΔA_i steht (Abbildung 19.11). (Bei gekrümmten Oberflächen haben die Einheitsvektoren verschiedener Flächenelemente verschiedene Richtungen.) Der Fluß des elektrischen Feldes durch dieses Element ist dann

$$\Delta \phi_i = \mathbf{E} \cdot \mathbf{n}_i \, \Delta A_i.$$

Der gesamte Fluß durch die Oberfläche ist die Summe der $\Delta \phi_i$ aller Flächenelemente. Zerlegen wir die Oberfläche in immer mehr Flächenelemente, so können wir im Grenzübergang die Summe durch ein Integral ersetzen und erhalten als allgemeine Definition des Flusses:

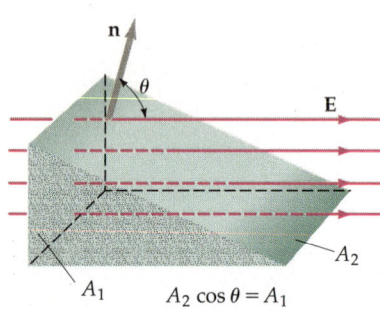

19.10 Elektrische Feldlinien eines homogenen elektrischen Feldes, das senkrecht zur Fläche A_1 steht, aber einen Winkel θ mit dem Normalenvektor n der Fläche A_2 bildet. Steht E nicht senkrecht auf der Fläche, so ist der Fluß $E_n A$, wobei $E_n = E \cos \theta$ diejenige Komponente von E ist, die senkrecht zur Fläche steht. Der Fluß durch A_2 ist derselbe wie der durch A_1.

Definition des elektrischen Flusses

$$\phi = \lim_{\Delta A_i \to 0} \sum_i \mathbf{E} \cdot \mathbf{n}_i \, \Delta A_i = \int \mathbf{E} \cdot \mathbf{n} \, dA. \qquad 19.16$$

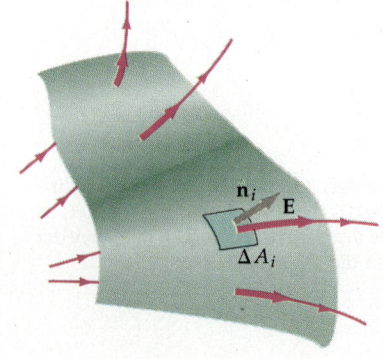

19.11 Ändert sich E in Stärke oder Richtung, so zerlegt man die Oberfläche in genügend kleine Flächenelemente ΔA_i. Der Fluß durch die gesamte Oberfläche ist dann die Summe von $\mathbf{E} \cdot \mathbf{n}_i \Delta A_i$ über alle Flächenelemente hinweg.

Häufig interessiert der *Fluß eines elektrischen Feldes durch eine geschlossene Oberfläche*. Die Flächennormale **n** zeigt definitionsgemäß an jedem Punkt der Oberfläche nach außen. An Punkten, an denen die elektrischen Feldlinien die Oberfläche verlassen, zeigt **E** ebenfalls nach außen, und ϕ ist dann gemäß (19.16) positiv; an Punkten, an denen elektrische Feldlinien in die Oberfläche eindringen, zeigt **E** nach innen, und ϕ ist negativ. Der Gesamtfluß ϕ_{ges} ist positiv oder negativ, je nachdem, ob E_{ges} nach außen oder nach innen zeigt. Der Gesamtfluß ist proportional zur Gesamtzahl der die Oberfläche verlassenden elektrischen Feldlinien. Das Integral über eine geschlossene Oberfläche wird mit dem Symbol $\oint$ bezeichnet. Der Gesamtfluß schreibt sich damit:

$$\phi_{\text{ges}} = \oint_S \boldsymbol{E} \cdot \boldsymbol{n} \, \mathrm{d}A = \oint_S E_n \, \mathrm{d}A \, . \qquad 19.17$$

Abbildung 19.12 zeigt eine Kugeloberfläche mit Radius R und einer Punktladung q im Mittelpunkt. Das elektrische Feld steht überall auf dieser Oberfläche senkrecht zur Oberfläche und besitzt die Stärke

$$E_n = \frac{1}{4\pi\varepsilon_0} \frac{q}{R^2} \, .$$

Der Gesamtfluß durch die Kugeloberfläche ist

$$\phi_{\text{ges}} = \oint_S E_n \, \mathrm{d}A = E_n \oint_S \mathrm{d}A \, .$$

E_n steht vor dem Integral, da es auf der ganzen Kugeloberfläche konstant ist. Das Integral von $\mathrm{d}A$ über die Oberfläche ergibt gerade den Wert der Oberfläche, also $4\pi R^2$. Benutzt man dies und ersetzt E_n durch $(1/4\pi\varepsilon_0)\,q/R^2$, erhält man

$$\phi_{\text{ges}} = \frac{1}{4\pi\varepsilon_0} \frac{q}{R^2} 4\pi R^2 = \frac{q}{\varepsilon_0} \, . \qquad 19.18$$

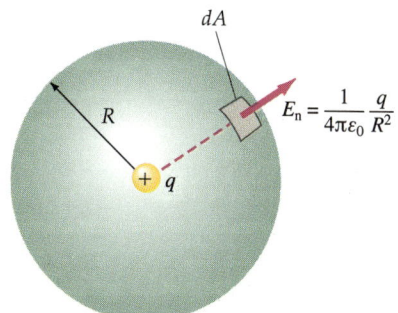

19.12 Eine Kugeloberfläche umfaßt eine Punktladung q. Durch diese Oberfläche tritt die gleiche Anzahl an elektrischen Feldlinien wie durch jede andere beliebige Oberfläche, die die Ladung umfaßt. Der Fluß durch eine Kugeloberfläche ist leicht zu berechnen. Er ist das Produkt von E_n und der Oberfläche $4\pi R^2$.

Das bedeutet, daß der Gesamtfluß durch eine Kugeloberfläche mit einer Punktladung im Zentrum unabhängig vom Radius der Kugel und gleich $(1/\varepsilon_0)$mal der Größe der Punktladung ist. Dies stimmt mit unserer vorhergehenden Überlegung überein, daß die Gesamtanzahl der die Oberfläche verlassenden Feldlinien proportional zur Gesamtladung innerhalb der Oberfläche ist. Diese Anzahl der Feldlinien ist dieselbe für alle die Ladung umschließenden Oberflächen, egal welche Form diese besitzen. Da die Anzahl der Feldlinien und der Fluß zueinander proportional sind, folgt, daß der Gesamtfluß durch jede beliebige die Punktladung q umgebende Oberfläche gleich q/ε_0 ist.

Wir können dieses Resultat auf Systeme mit mehr als einer Punktladung erweitern. Abbildung 19.13 zeigt eine zwei Punktladungen q_1 und q_2 umfassende Oberfläche. Außerhalb der Oberfläche liegt eine weitere Punktladung q_3. Da sich das elektrische Feld in jedem Punkt auf der Oberfläche als Summe der durch die einzelnen Punktladungen erzeugten Felder ergibt, ist der Gesamtfluß $\phi_{\text{ges}} = \oint \boldsymbol{E} \cdot \boldsymbol{n} \, \mathrm{d}A$ durch die Oberfläche gerade die Summe der durch die einzelnen Punktladungen erzeugten Flüsse. Der durch die außerhalb der Oberfläche liegende Ladung q_3 erzeugte Fluß beeinflußt den Gesamtfluß durch die Oberfläche nicht, da eine von q_3 herrührende Feldlinie in die Oberfläche an einem Punkt eindringt und sie an einem anderen Punkt wieder verläßt. Die Gesamtanzahl der Linien im Gesamtfluß, die von äußeren Ladungen stammen, ist also null. Der durch die Ladung q_1 erzeugte Fluß durch die Oberfläche beträgt q_1/ε_0, und

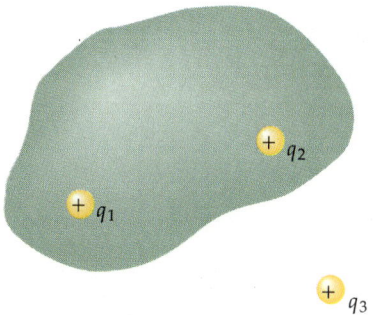

19.13 Eine Oberfläche umfaßt die Punktladungen q_1 und q_2, aber nicht die Punktladung q_3. Der Gesamtfluß durch diese Oberfläche ist $(q_1 + q_2)/\varepsilon_0$.

19 Das elektrische Feld II: Kontinuierliche Ladungsverteilungen

der durch q_2 erzeugte Fluß beträgt q_2/ε_0. Der Gesamtfluß durch die Oberfläche ist demnach $(1/\varepsilon_0)(q_1 + q_2)$. Dieser Wert kann positiv, negativ oder null sein, je nach Vorzeichen und Größe der Punktladungen des Systems.

> Der Gesamtfluß durch eine beliebige Oberfläche beträgt $1/\varepsilon_0$ multipliziert mit der Gesamtladung innerhalb der Oberfläche:

Das Gaußsche Gesetz
$$\phi_{\text{ges}} = \oint_S E_n \, dA = \frac{Q_{\text{innen}}}{\varepsilon_0}. \qquad 19.19$$

Die Gültigkeit des Gaußschen Gesetzes hängt mit der Tatsache zusammen, daß das elektrische Feld einer Punktladung umgekehrt zum Quadrat des Abstandes abnimmt. Dadurch kann einer Ladung eine feste Anzahl elektrischer Feldlinien zugeordnet und die Feldstärke mit der Liniendichte in Verbindung gebracht werden.

Das Gaußsche Gesetz gilt für beliebige Oberflächen und für beliebige Ladungsverteilungen. Bei hoch symmetrischen Ladungsverteilungen kann es zur Berechnung des elektrischen Feldes verwendet werden (Abschnitt 19.3). Die wahre Stärke des Gaußschen Gesetzes liegt allerdings darin, daß es zu einem grundlegenden Verständnis elektrischer Erscheinungen verhilft. Für elektrische Felder, die von statischen oder sich langsam bewegenden Ladungen erzeugt werden, sind das Gaußsche und das Coulombsche Gesetz äquivalent. Das Gaußsche Gesetz ist aber allgemeiner, da es sich auch auf elektrische Felder anwenden läßt, die von schnell bewegten oder beschleunigten Ladungen stammen.

Fragen

1. Wenn das elektrische Feld an jedem Punkt einer geschlossenen Oberfläche den Wert null hat, ist dann notwendigerweise auch der Gesamtfluß durch diese Oberfläche null? Wie groß ist dann die Ladung in dem von der Oberfläche umschlossenen Gebiet?
2. Ist mit dem Gesamtfluß durch eine geschlossene Oberfläche das gesamte elektrische Feld in jedem Punkt der Oberfläche null? Folgt daraus, daß die Gesamtladung innerhalb der Oberfläche null ist?
3. Ist das elektrische Feld E im Gaußschen Gesetz nur der Teil des Feldes, der von den Ladungen innerhalb einer Oberfläche erzeugt wird, oder ist es das gesamte, durch alle Ladungen des Systems (innerhalb und außerhalb der Oberfläche) erzeugte Feld?

19.3 Berechnung des elektrischen Feldes mit Hilfe des Gaußschen Gesetzes

Für einige sehr symmetrische Ladungsverteilungen, wie beispielsweise eine Kugel mit homogener Oberflächenladungsdichte oder eine unendlich ausgedehnte Linienladung, können wir mathematische Oberflächen finden, bei denen aufgrund der Symmetrie die elektrische Feldstärke konstant ist und das Feld senkrecht zur Oberfläche steht. Der elektrische Fluß durch eine solche Oberfläche läßt sich dann leicht berechnen, und wir können das Gaußsche Gesetz verwenden, um aus der von der Oberfläche umschlossenen Ladung das elektrische Feld zu bestimmen. Eine Oberfläche, bei der man das Gaußsche Gesetz zur Bestimmung des elektrischen Feldes anwenden kann, heißt **Gaußsche Oberfläche**. In diesem Abschnitt werden wir diese Methode zur Berechnung des elektrischen Feldes für einige symmetrische Ladungsverteilungen einsetzen.

Das elektrische Feld nahe einer Punktladung

Zunächst benutzen wir das Gaußsche Gesetz, um das elektrische Feld im Abstand r von der Punktladung q zu bestimmen. Die Punktladung liege im Ursprung. Aufgrund der Symmetrie muß das elektrische Feld $\boldsymbol{E}$ radial sein, und seine Stärke hängt nur vom Abstand zur Ladung ab. Wir wählen als Gaußsche Oberfläche eine Kugeloberfläche mit Radius r um die Ladung im Mittelpunkt. Der senkrechte (also radiale) Anteil des elektrischen Feldes, $E_n = \boldsymbol{E} \cdot \boldsymbol{n} = E_r$, besitzt überall auf der Oberfläche denselben Wert. Der Gesamtfluß durch diese Oberfläche ist somit

$$\phi_{\mathrm{ges}} = \oint \boldsymbol{E} \cdot \boldsymbol{n} \, \mathrm{d}A = \oint E_r \, \mathrm{d}A = E_r \oint \mathrm{d}A \, .$$

$\oint \mathrm{d}A = 4\pi r^2$ ist gerade die gesamte Oberfläche der Kugel. Da die Gesamtladung innerhalb der Oberfläche nur aus der Punktladung q besteht, ergibt sich aus dem Gaußschen Gesetz

$$E_r 4\pi r^2 = \frac{q}{\varepsilon_0}$$

und

$$E_r = \frac{1}{4\pi\varepsilon_0} \frac{q}{r^2} \, .$$

Wir haben auf diese Weise das Coulombsche Gesetz durch Anwendung des Gaußschen Gesetzes hergeleitet. Ursprünglich erhielten wir das Gaußsche Gesetz aus dem Coulombschen Gesetz, das heißt, dieses Beispiel belegt die ausgesprochene Äquivalenz beider Gesetze für statische Ladungsverteilungen.

Das elektrische Feld nahe einer unendlich ausgedehnten Ladungsebene

Wir wollen das elektrische Feld in der Nähe einer unendlich ausgedehnten Ladungsebene mit einer Oberflächenladungsdichte σ berechnen. Die Ladungsebene liege in der x-y-Ebene. Wegen der Symmetrie steht das elektrische Feld senkrecht zur Ebene. Seine Stärke hängt vom Abstand z zur Ebene ab. An Punkten, die gleich weit von der Ebene entfernt, aber auf unterschiedlichen Seiten der Ebene liegen, hat die Feldstärke denselben Betrag, aber entgegengesetzte Richtungen. Als Gaußsche Oberfläche wählen wir einen Zylinder, dessen Achse senkrecht zur Ebene steht und dessen Mittelpunkt auf der Ebene liegt (Abbildung 19.14). Die Grund- und die Deckfläche des Zylinders seien so gewählt, daß sie parallel zur Ebene liegen und beide die Fläche A haben. In diesem Fall ist $\boldsymbol{E}$ parallel zur Zylinderwand, und der Fluß durch diese gebogene Mantelfläche ist null. Der Fluß durch die Grund- bzw. Deckfläche des Zylinders beträgt je $E_n A$, so daß wir für

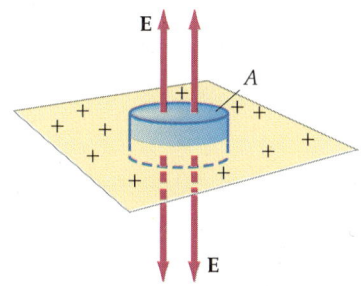

19.14 Die Gaußsche Oberfläche für die Berechnung des von einer unendlich ausgedehnten Ladungsebene erzeugten elektrischen Feldes. An der Grund- bzw. Deckfläche des Zylinders steht $\boldsymbol{E}$ senkrecht und ist über diese Flächen hinweg konstant. Der Fluß durch die Oberfläche ist $2E_n A$, wobei A die Fläche der Grund- bzw. Deckfläche bezeichnet.

19 Das elektrische Feld II: Kontinuierliche Ladungsverteilungen

den Gesamtfluß $2E_n A$ erhalten. Die Gesamtladung innerhalb der Oberfläche ist σA. Das Gaußsche Gesetz ergibt dann

$$\phi_{ges} = \oint E_n \, dA = \frac{1}{\varepsilon_0} Q_{innen}$$

$$2E_n A = \frac{1}{\varepsilon_0} \sigma A$$

oder

Das elektrische Feld nahe einer unendlich ausgedehnten Ladungsebene

$$E_n = \frac{\sigma}{2\varepsilon_0}.\qquad 19.20$$

Dieses Ergebnis stimmt mit dem überein, das wir durch Anwendung des Coulombschen Gesetzes auf eine Ladungsscheibe mit unendlichem Radius erhalten haben (Gleichung 19.14 a).

Beispiel 19.3

Eine unendlich große Ebene mit Oberflächenladungsdichte $\sigma = +4$ nC/m² liege in der y-z-Ebene, und eine zweite unendlich ausgedehnte Ebene mit Oberflächenladungsdichte $\sigma = -4$ nC/m² liege in einer Ebene parallel zur y-z-Ebene bei $x = 2$ m. Berechnen Sie das elektrische Feld a) bei $x = 1{,}8$ m und b) bei $x = 5$ m.

a) Die elektrische Feldstärke, die durch die beiden Ladungsverteilungen erzeugt wird, ist konstant und gleich

$$E_1 = E_2 = \frac{\sigma}{2\varepsilon_0} = \frac{4 \cdot 10^{-9}\,\text{C/m}^2}{2 \cdot 8{,}85 \cdot 10^{-12}\,\text{C}^2/\text{N} \cdot \text{m}^2} = 226\,\text{N/C}\,.$$

Die positive Ladung auf der y-z-Ebene erzeugt ein elektrisches Feld, das von der Ebene weg zeigt. Die negative Ladung auf der zur y-z-Ebene parallelen Ebene bei $x = 2$ m erzeugt ein elektrisches Feld, das zu dieser Ebene hin zeigt. Daher addieren sich die Beträ-

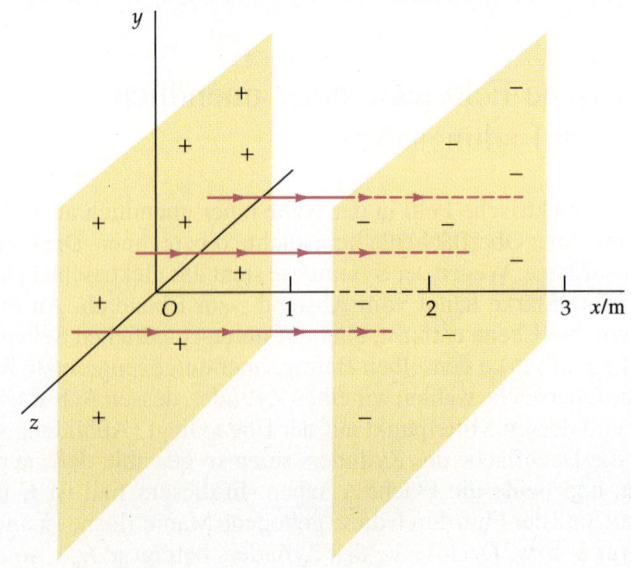

19.15 Zwei unendlich ausgedehnte, parallel zueinander angeordnete Ladungsebenen mit gleich großen, aber entgegengesetzten Oberflächenladungsdichten. Ihr Abstand beträgt 2 m. Das elektrische Feld ist nur im Raum zwischen den Ebenen von null verschieden. Die elektrischen Feldlinien beginnen auf der positiv geladenen und enden auf der negativ geladenen Ebene.

ge der Felder zwischen den Ebenen, rechts und links von der Gesamtanordnung erhalten wir dagegen die Differenzen der Feldbeträge. Das elektrische Feld bei $x = 1{,}8$ m ist deshalb

$$E_x = E_1 + E_2 = 226 \text{ N/C} + 226 \text{ N/C} = 452 \text{ N/C}.$$

b) Da der Punkt $x = 5$ m rechts der beiden Ebenen liegt, müssen die Beträge der beiden Felder voneinander subtrahiert werden, und das resultierende elektrische Feld ist null. Die elektrischen Feldlinien dieser Ladungsverteilung sind in Abbildung 19.15 gezeigt.

Das elektrische Feld nahe einer unendlich ausgedehnten Linienladung

Als nächstes betrachten wir das elektrische Feld in einem Abstand r von einer Ladungsverteilung auf einer sehr langen Linie (beispielsweise einem dünnen Draht) mit homogener Linienladungsdichte λ. In Abbildung 19.16 umgibt eine zylindrische Oberfläche mit der Länge ℓ und dem Radius r einen Teil dieses eindimensionalen Drahtes. Aus Symmetriegründen verlaufen die elektrischen Feldlinien radial und gleichmäßig vom Draht weg, falls die Ladung positiv ist. Das elektrische Feld steht senkrecht auf der zylindrischen Oberfläche und besitzt dort in jedem Punkt denselben Wert E_r. Der elektrische Fluß ist dann einfach das Produkt aus der elektrischen Feldstärke und der Fläche des Zylinders. Der Fluß durch die Grund- bzw. Deckfläche des Zylinders ist null, da dort $\mathbf{E} \cdot \mathbf{n} = 0$ gilt. Die Gesamtladung im Innern des Zylinders ist die Linienladungsdichte λ multipliziert mit der Länge ℓ. Nach dem Gaußschen Gesetz ergibt sich

$$\phi_{\text{ges}} = \oint E_n \, dA = \frac{1}{\varepsilon_0} Q_{\text{innen}}$$

$$\oint E_n \, dA = E_r \oint dA = \frac{\lambda \ell}{\varepsilon_0}.$$

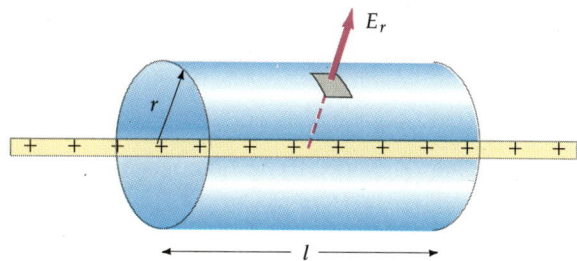

19.16 Eine sehr lange homogene Linienladung, die zum Teil von einer zylindrischen Oberfläche umschlossen wird. Der Fluß durch die Oberfläche ist E_r multipliziert mit der Fläche $2\pi r \ell$ der Oberfläche.

Die Fläche des Zylinders beträgt $2\pi r \ell$. Deshalb folgt

$$E_r 2\pi r \ell = \frac{\lambda \ell}{\varepsilon_0}$$

oder

$$E_r = \frac{1}{2\pi \varepsilon_0} \frac{\lambda}{r}.$$

19.21 *Das elektrische Feld im Abstand r von einer unendlich ausgedehnten Linienladung*

Dieses Ergebnis ist uns aus Gleichung (19.11) bereits bekannt. Dort haben wir es durch Anwendung des Coulombschen Gesetzes auf eine Linienladung erhalten.

Man beachte, daß sich das Gaußsche Gesetz nur dann anwenden läßt, wenn die Ladungsverteilung einen sehr hohen Grad an Symmetrie besitzt. In der vorangegangenen Berechnung setzten wir voraus, daß der Abstand des Aufpunkts klein gegen die Gesamtlänge der Linienladung ist, so daß E_n überall auf der zylindrischen Gaußschen Oberfläche konstant war. Dies entspricht der Annahme, für einen gegebenen Abstand r des Aufpunktes die Linienladung als unendlich lang anzusehen. Bei einer Linienladung endlicher Länge können wir kein konstantes Feld E_n auf der gesamten zylindrischen Oberfläche annehmen und daher auch nicht die Gaußsche Gleichung zur Berechnung des elektrischen Feldes verwenden.

Das elektrische Feld eines Zylindermantels homogener Flächenladungsdichte

Im folgenden berechnen wir das elektrische Feld innerhalb und außerhalb eines Zylindermantels mit Radius R und einer homogenen Flächenladungsdichte σ. Um das Feld innerhalb des Mantels zu berechnen, betrachten wir eine zylindrische Gaußsche Oberfläche der Länge ℓ mit einem Radius $r < R$, deren Achse mit der des Zylinders zusammenfällt (Abbildung 19.17). Aus Symmetriegründen steht das elektrische Feld überall senkrecht auf der Gaußschen Oberfläche und besitzt dort die Stärke E_r. Der Fluß von E durch die Gaußsche Oberfläche ist

$$\phi_{\text{ges}} = \oint E_n \, dA = E_r \oint dA = E_r 2\pi r \ell \,,$$

wobei $2\pi r \ell$ die Fläche der Gaußschen Oberfläche ist. Da die Gesamtladung innerhalb dieser Fläche null ist, ergibt das Gaußsche Gesetz

$$\phi_{\text{ges}} = E_r 2\pi r \ell = 0 \,.$$

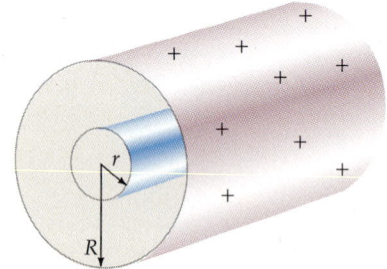

19.17 Ein Zylindermantel mit Radius R trägt eine homogene Oberflächenladungsdichte σ. Um das elektrische Feld innerhalb des Mantels zu berechnen, wählen wir eine konzentrische, zylinderförmige Gaußsche Oberfläche mit dem Radius $r < R$. Da keine Ladung innerhalb der Gaußschen Oberfläche existiert, ist der Gesamtfluß durch diese Oberfläche null.

Deshalb ist

Das elektrische Feld innerhalb einer Zylinderfläche mit homogener Ladungsdichte σ

$$E_r = 0 \qquad r < R \,. \qquad 19.22\text{a}$$

In Worten: Innerhalb einer Zylinderfläche homogener Ladungsdichte ist das elektrische Feld null.

Um das elektrische Feld außerhalb des Zylinders zu bestimmen, wählen wir eine zylindrische Gaußsche Oberfläche mit Radius $r > R$. Wieder steht das elektrische Feld aus Symmetriegründen senkrecht zur Gaußschen Oberfläche, und seine Stärke E_r ist auf ihr überall konstant. Der Fluß beträgt $E_r 2\pi r \ell$, aber in diesem Fall ist die Gesamtladung innerhalb der Gaußschen Oberfläche gleich $\sigma 2\pi R \ell$. Mit dem Gaußschen Gesetz erhalten wir

$$\phi_{\text{ges}} = E_r 2\pi r \ell = \frac{\sigma 2\pi R \ell}{\varepsilon_0} \,.$$

Daher gilt

$$E_r = \frac{\sigma R}{\varepsilon_0 r} \,.$$

19.3 Berechnung des elektrischen Feldes mit Hilfe des Gaußschen Gesetzes

Da die Länge ℓ des Mantels die Ladung $\sigma 2\pi R\ell$ trägt, ist die Ladung pro Längeneinheit $\lambda = \sigma 2\pi R$. Ersetzen wir in der vorangegangenen Gleichung σ durch $\lambda/2\pi R$, so ergibt sich

$$E_r = \frac{\sigma R}{\varepsilon_0 r} = \frac{1}{2\pi\varepsilon_0} \frac{\lambda}{r} \qquad r > R.$$

19.22 b *Das elektrische Feld außerhalb einer Zylinderfläche mit homogener Ladungsdichte*

Das entspricht Gleichung (19.21), dem elektrischen Feld in einem Abstand r von einer unendlich ausgedehnten Linienladung. Außerhalb des Zylindermantels stimmt also das elektrische Feld eines geladenen Zylindermantels mit dem einer Linienladung auf dessen Achse überein. Abbildung 19.18 zeigt ein Diagramm, das sich ergibt, wenn man die Feldstärke E_r dieser Ladungsverteilung gegen r aufträgt. Genau auf der Manteloberfläche des Zylinders, bei $r = R$, ist das elektrische Feld $E_r = \sigma/\varepsilon_0$. Da es innerhalb des Mantels den Wert null hat, ist es nicht stetig. Beim Wechsel von innen nach außen macht es einen Sprung der Größe σ/ε_0. Dieses Ergebnis erhielten wir bereits für eine unendlich ausgedehnte Ladungsebene. Dort ist das elektrische Feld $-\sigma/2\varepsilon_0$ auf der einen Seite der Ebene und $+\sigma/2\varepsilon_0$ auf der anderen Seite der Ebene. Am Ende dieses Abschnittes wird diese Beobachtung allgemeiner hergeleitet.

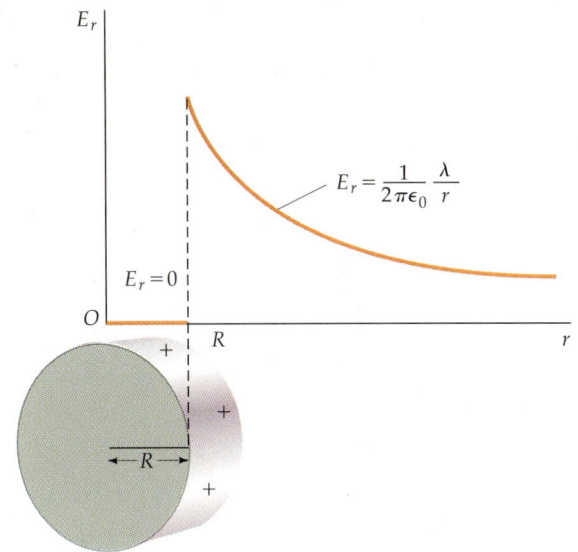

19.18 Diagramm des elektrischen Feldes E_r in Abhängigkeit von r für die Ladungsverteilung auf einem Zylindermantel. E_r ist bei $r = R$ unstetig. Dort existiert eine Oberflächenladungsdichte σ. Unmittelbar innerhalb des Mantels ist das Feld null, unmittelbar außerhalb hat es die Stärke σ/ε_0.

Das elektrische Feld eines Zylinders homogener Ladungsdichte

Abbildung 19.19 zeigt einen Zylinder homogener Ladungsdichte ϱ mit Radius R. Wie im Fall des Zylindermantels beträgt der Fluß durch eine zylindrische Gaußsche Oberfläche mit Radius r und Länge ℓ

$$\phi_{\text{ges}} = E_r 2\pi r\ell.$$

Die Ladung, die die Gaußsche Oberfläche mit $r > R$ umschließt, ergibt sich als Produkt der Ladungsdichte ϱ multipliziert mit dem Volumen $\pi R^2 \ell$ des Zylinders.

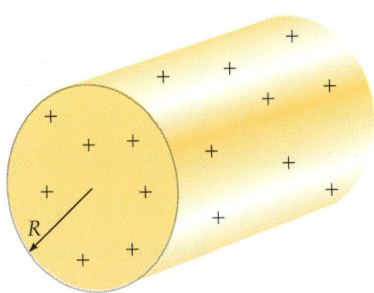

19.19. Ein Zylinder mit einer homogenen Raumladungsdichte ϱ.

19 Das elektrische Feld II: Kontinuierliche Ladungsverteilungen

Nach dem Gaußschen Gesetz gilt:

$$E_r 2\pi r \ell = \frac{\varrho \pi R^2 \ell}{\varepsilon_0}$$

$$E_r = \frac{\varrho R^2}{2\varepsilon_0 r}.$$

Wieder läßt sich die Ladung auf die Länge beziehen, und man erhält so die Ladung pro Längeneinheit $\lambda = (\varrho \pi R^2 \ell)/\ell = \varrho \pi R^2$ entlang dem Zylinder. Ersetzen wir ϱ in der vorigen Gleichung durch $\lambda/\pi R^2$, so ergibt sich

Das elektrische Feld außerhalb eines homogen geladenen Zylinders

$$E_r = \frac{\varrho R^2}{2\varepsilon_0 r} = \frac{1}{2\pi\varepsilon_0}\frac{\lambda}{r} \qquad r \geq R, \qquad 19.23\,\text{a}$$

was den Gleichungen (19.21) und (19.22b) entspricht. Das elektrische Feld außerhalb eines homogen geladenen Zylinders stimmt also mit dem Feld überein, das man für eine auf die Zylinderachse konzentrierte Ladung erhält.

Die Ladung innerhalb einer zylinderförmigen Gaußschen Oberfläche mit $r < R$ ist $\varrho V'$, wobei $V' = \pi r^2 \ell$ das durch die Oberfläche eingeschlossene Volumen bezeichnet. Das Gaußsche Gesetz ergibt für das elektrische Feld innerhalb des homogen geladenen Zylinders

$$\phi_{\text{ges}} = \frac{1}{\varepsilon_0} Q_{\text{innen}}$$

$$E_r 2\pi r \ell = \frac{1}{\varepsilon_0} \varrho V' = \frac{1}{\varepsilon_0} \varrho \pi r^2 \ell$$

oder

Das elektrische Feld innerhalb eines homogen geladenen Zylinders

$$E_r = \frac{\varrho}{2\varepsilon_0} r = \frac{\lambda}{2\pi\varepsilon_0 R^2} r \qquad r \leq R. \qquad 19.23\,\text{b}$$

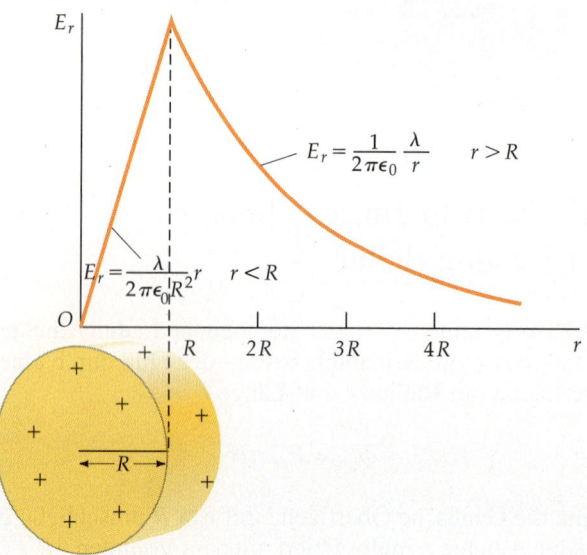

19.20 Diagramm des elektrischen Feldes E_r eines homogen geladenen Zylinders mit Radius R in Abhängigkeit vom Abstand r von der Zylinderachse. Das Feld E_r steigt für $0 < r < R$ proportional zu r an und fällt mit $1/r$ für $r > R$ ab. Das Feld ist bei $r = R$ stetig.

Das elektrische Feld innerhalb eines Zylinders homogener Ladungsdichte wächst folglich mit dem Radius an. Das wird in Abbildung 19.20 veranschaulicht: Hier ist die Feldstärke E_r eines homogen geladenen Zylinders gegen r aufgetragen. Beachten Sie, daß in diesem Fall E_r bei $r = R$ stetig ist.

Das elektrische Feld innerhalb und außerhalb einer Kugelschale

Wir wollen jetzt das elektrische Feld innerhalb und außerhalb einer homogen geladenen Kugelschale mit Radius R und Gesamtladung Q berechnen. Aufgrund der Symmetrie weist E radial nach außen, und die Feldstärke hängt nur vom Abstand r zum Mittelpunkt der Kugel ab. In Abbildung 19.21 haben wir eine kugelförmige Gaußsche Oberfläche mit dem Radius $r > R$ gewählt. Da E senkrecht zu dieser Oberfläche steht und die Feldstärke überall auf der Kugeloberfläche gleich ist, ergibt sich der Fluß durch diese Oberfläche zu

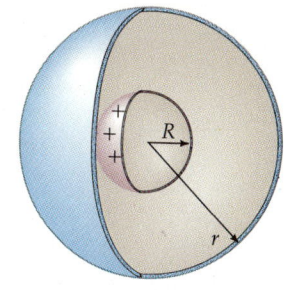

19.21 Kugelförmige Gaußsche Oberfläche mit Radius $r > R$ zur Berechnung des elektrischen Feldes außerhalb einer homogen geladenen Kugeloberfläche mit Radius R. Der Gesamtfluß durch die Gaußsche Oberfläche ist $E_r 4\pi r^2$, und die Gesamtladung innerhalb dieser Oberfläche ist die Gesamtladung Q der Kugelschale. Das Feld ist dasselbe, wie wenn die gesamte Ladung im Mittelpunkt der Kugelschale konzentriert wäre.

$$\phi_{\text{ges}} = \oint E_r \, dA = E_r 4\pi r^2 \,.$$

Die Gesamtladung innerhalb der Gaußschen Oberfläche ist die Gesamtladung Q der Kugeloberfläche. Nach dem Gaußschen Gesetz folgt daher

$$E_r 4\pi r^2 = \frac{Q}{\varepsilon_0}$$

oder

$$E_r = \frac{1}{4\pi\varepsilon_0} \frac{Q}{r^2} \qquad r > R \,. \qquad \text{19.24a}$$

Das elektrische Feld außerhalb einer homogen geladenen Kugelschale

Das elektrische Feld außerhalb einer homogen geladenen Kugeloberfläche entspricht also dem einer Punktladung im Mittelpunkt der Kugelschale.

Wählen wir die kugelförmige Gaußsche Oberfläche innerhalb der Kugeloberfläche, ist also $r < R$, so beträgt der Fluß wieder $E_r 4\pi r^2$. Da die Gaußsche Oberfläche jetzt keine Ladung umschließt, ergibt sich aus dem Gaußschen Gesetz

$$\phi_{\text{ges}} = E_r 4\pi r^2 = 0$$

und

$$E_r = 0 \qquad r < R \,. \qquad \text{19.24b}$$

Das elektrische Feld innerhalb einer homogen geladenen Kugelschale

Beachten Sie die Ähnlichkeit dieser Ergebnisse mit denjenigen, die wir bei der Berechnung des Gravitationsfeldes einer Kugelschale mit einer homogenen (Massen-)Dichte erhielten (Abschnitt 10.7). Die direkte Berechnung des Feldes durch Integration des Coulombschen Gesetzes liefert zwar das gleiche Ergebnis, ist jedoch viel schwieriger. In Abbildung 19.22 ist für diese Ladungsverteilung E_r gegen r aufgetragen, und man sieht, daß das elektrische Feld bei $r = R$ wieder nicht stetig ist. Auf der Innenseite der Kugelschale ist $E_r = 0$; auf der Außenseite der Kugelschale dagegen ist $E_r = Q/4\pi\varepsilon_0 R^2 = \sigma/\varepsilon_0$, da $\sigma = Q/4\pi R^2$.

19 Das elektrische Feld II: Kontinuierliche Ladungsverteilungen

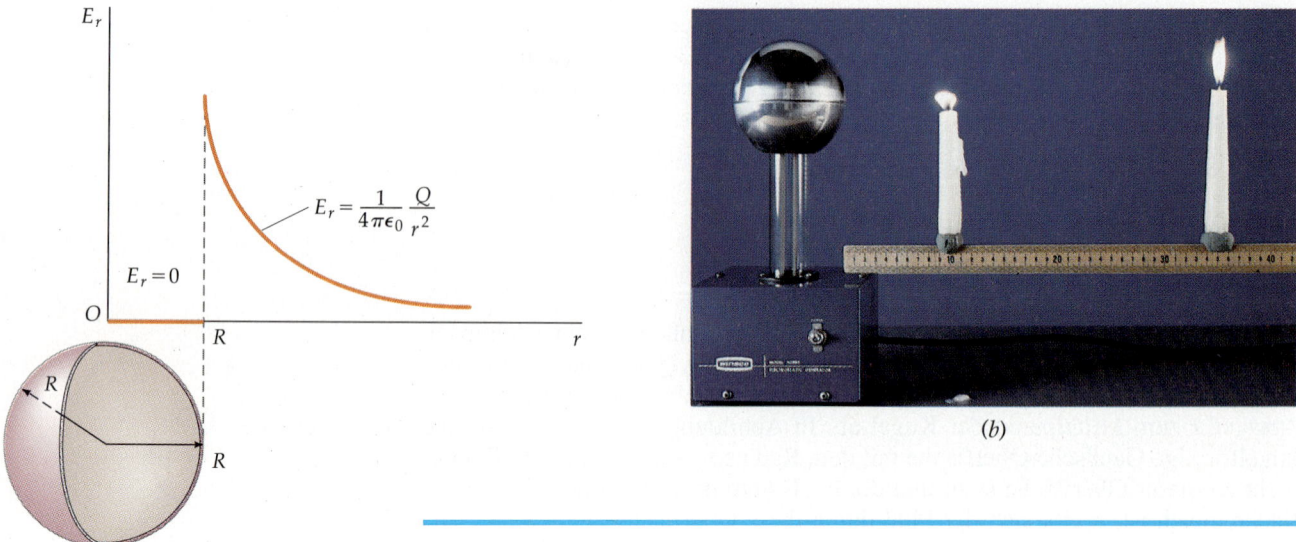

19.22 a) Diagramm des elektrischen Feldes E_r einer homogen geladenen Kugelschale in Abhängigkeit von r. Das elektrische Feld ist bei $r = R$ unstetig. Hier liegt die Oberflächenladungsdichte σ vor. Unmittelbar innerhalb der Kugelschale ist das Feld null, unmittelbar außerhalb hat es die Stärke σ/ε_0. b) Die Abnahme von E_r mit dem Abstand wird für eine geladene Kugelschale durch die Wirkung des Feldes auf die Flammen zweier Kerzen verdeutlicht. Die geladene Kugelschale trägt eine große negative Ladung und zieht die positiven Ionen der Kerzenflammen an. Die Flamme rechts wird aufgrund des größeren Abstandes nicht spürbar beeinflußt. (Foto: Runk/Schoeneberger/Grant Heilman Photography)

Beispiel 19.4

Eine Kugelschale mit Radius $R = 3$ m und dem Ursprung als Mittelpunkt besitze die Oberflächenladungsdichte $\sigma = 3$ nC/m^2. Eine Punktladung $q = 250$ nC befinde sich auf der y-Achse bei $y = 2$ m. Berechnen Sie das elektrische Feld auf der x-Achse bei a) $x = 2$ m und b) $x = 4$ m.

a) Der Punkt auf der x-Achse bei $x = 2$ m liegt innerhalb der Kugelschale, d. h., das Feld der Oberflächenladung der Kugelschale ist dort null. Das an diesem Punkt herrschende elektrische Feld wird ausschließlich durch die $r_1 = \sqrt{(2\,\text{m})^2 + (2\,\text{m})^2} = \sqrt{8}$ m entfernte Punktladung erzeugt. Dieses Feld schließt mit der x-Achse einen Winkel von $-45°$ ein, und die Feldstärke beträgt

$$E = \frac{1}{4\pi\varepsilon_0}\frac{q}{r_1^2} = \frac{(8{,}99 \cdot 10^9\,\text{N}\cdot\text{m}^2/\text{C}^2) \cdot 250 \cdot 10^{-9}\,\text{C}}{(\sqrt{8}\,\text{m})^2} = 281\,\text{N/C}.$$

b) Der Punkt $x = 4$ m befindet sich außerhalb der Kugelschale. Die Ladungsverteilung auf der Kugelschale kann also wie eine Punktladung der Größe $Q = \sigma 4\pi R^2 = (3\,\text{nC/m}^2)\,4\pi\,(3\,\text{m})^2 = 339$ nC im Ursprung behandelt werden. Ihr elektrisches Feld im Punkt $x = 4$ m zeigt in die x-Richtung, und seine Stärke ist

$$E_1 = E_{1x} = \frac{(8{,}99 \cdot 10^9\,\text{N}\cdot\text{m}^2/\text{C}^2) \cdot 339 \cdot 10^{-9}\,\text{C}}{(4\,\text{m})^2} = 190\,\text{N/C}.$$

Der Abstand der Punktladung q auf der y-Achse zum Aufpunkt bei $x = 4$ m beträgt $\sqrt{20}$ m. Die Stärke des bei $x = 4$ m von der Punktladung q erzeugten elektrischen Feldes ist

$$E_2 = \frac{(8{,}99 \cdot 10^9\,\text{N}\cdot\text{m}^2/\text{C}^2) \cdot 250 \cdot 10^{-9}\,\text{C}}{(\sqrt{20}\,\text{m})^2} = 112\,\text{N/C}.$$

Dieses Feld beschreibt einen Winkel θ mit der x-Achse, für den $\cos\theta = 4/\sqrt{20}$ und $\sin\theta = -2/\sqrt{20}$ gilt. Die x- und y-Komponenten dieses Feldes sind demnach

$$E_{2x} = E_2\cos\theta = (112\,\text{N/C}) \cdot \left(\frac{4}{\sqrt{20}}\right) = 100\,\text{N/C}$$

und

$$E_{2y} = E_2\sin\theta = (112\,\text{N/C}) \cdot \left(-\frac{2}{\sqrt{20}}\right) = -50\,\text{N/C}.$$

19.3 Berechnung des elektrischen Feldes mit Hilfe des Gaußschen Gesetzes

Die *x*- und *y*-Komponenten des gesamten elektrischen Feldes sind

$$E_x = E_{1x} + E_{2x} = 190 \text{ N/C} + 100 \text{ N/C} = 290 \text{ N/C}$$

und

$$E_y = E_{1y} + E_{2y} = 0 - 50 \text{ N/C} = -50 \text{ N/C}.$$

Die Stärke und Richtung des gesamten elektrischen Feldes wird durch $E = \sqrt{E_x^2 + E_y^2}$ und $\tan\theta' = E_y/E_x$ bestimmt.

Das elektrische Feld innerhalb und außerhalb einer homogen geladenen Kugel

Wir wollen nun das elektrische Feld innerhalb und außerhalb einer homogen geladenen Kugel mit Radius R, der Gesamtladung Q und der Raumladungsdichte $\varrho = Q/V$ berechnen, wobei $V = (4/3)\pi R^3$ das Volumen der Kugel ist. Wie im Fall der Kugelschale ist der Fluß durch eine Gaußsche Oberfläche mit Radius r über

$$\phi_{\text{ges}} = E_r 4\pi r^2$$

gegeben. Befindet sich die Gaußsche Oberfläche außerhalb der Kugel (Abbildung 19.23), so ist die Gesamtladung innerhalb der Oberfläche gleich Q, und das Gaußsche Gesetz führt zu

$$E_r = \frac{1}{4\pi\varepsilon_0}\frac{Q}{r^2} \qquad r \geq R. \qquad \text{19.25a}$$

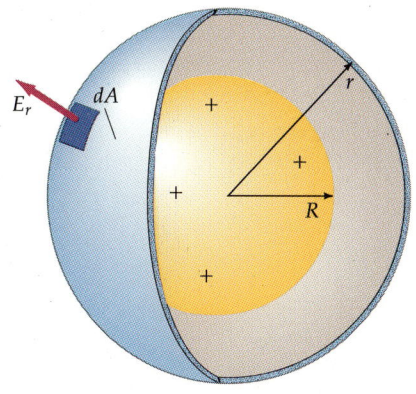

19.23 Zur Berechnung des elektrischen Feldes außerhalb einer homogen geladenen Kugel wählt man eine kugelförmige Gaußsche Oberfläche. Der Gesamtfluß durch diese Oberfläche ist $E_r 4\pi r^2$, und die Gesamtladung innerhalb der Oberfläche entspricht der Gesamtladung Q der Kugel. Das Feld ist dasselbe, wie wenn die gesamte Ladung im Mittelpunkt der Kugel konzentriert wäre.

Das elektrische Feld außerhalb einer homogen geladenen Kugel

Befindet sich die Gaußsche Oberfläche innerhalb der Kugel (Abbildung 19.24), so beträgt die Gesamtladung innerhalb der Oberfläche $\varrho V'$, wobei $V' = (4/3)\pi r^3$ das von der Gaußschen Oberfläche eingeschlossene Volumen bezeichnet:

$$Q_{\text{innen}} = \varrho V' = \frac{Q}{V}V' = \left(\frac{Q}{\frac{4}{3}\pi R^3}\right)\left(\frac{4}{3}\pi r^3\right) = Q\frac{r^3}{R^3}.$$

Für das elektrische Feld innerhalb der Kugel liefert das Gaußsche Gesetz

$$E_r 4\pi r^2 = \frac{1}{\varepsilon_0} Q \frac{r^3}{R^3}$$

oder

$$E_r = \frac{1}{4\pi\varepsilon_0}\frac{Q}{R^3}r \qquad r \leq R. \qquad \text{19.25b}$$

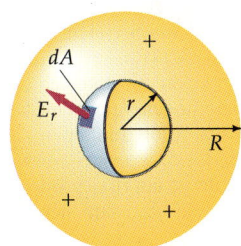

19.24 Für die Berechnung des elektrischen Feldes innerhalb einer homogen geladenen Kugel verwendet man eine kugelförmige Gaußsche Oberfläche. Der Fluß durch die Oberfläche ist $E_r 4\pi r^2$. Die gesamte Ladung innerhalb der Gaußschen Oberfläche beträgt $Q(r^3/R^3)$.

Das elektrische Feld innerhalb einer homogen geladenen Kugel

Die elektrische Feldstärke wächst also innerhalb einer homogen geladenen Kugel mit r an. In Abbildung 19.25 ist für diese Ladungsverteilung E_r gegen r aufge-

19.25 Diagramm des elektrischen Feldes E_r einer homogen geladenen Kugel mit Radius R in Abhängigkeit von r. Für $r < R$ wächst die Feldstärke linear mit r. Außerhalb der Kugel ist das Feld das einer Punktladung. Das Feld ist bei $r = R$ stetig.

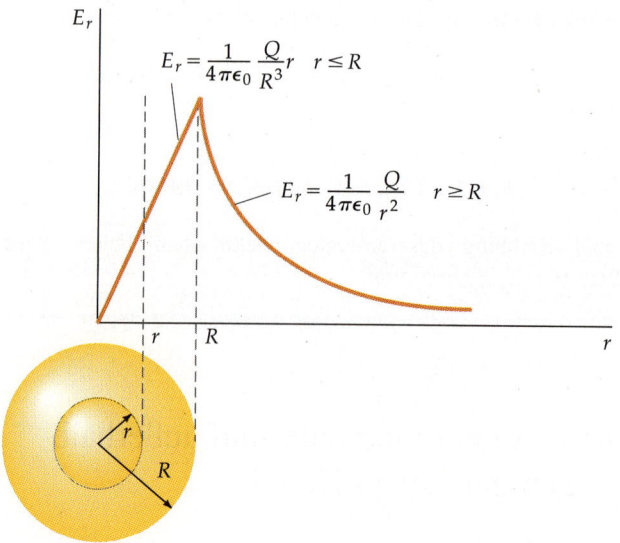

tragen. Beachten Sie, daß E_r bei $r = R$ stetig ist. Diese Feldverteilung kann man zur Beschreibung des elektrischen Feldes eines Atomkerns heranziehen, wenn man ihn als homogen geladene Kugel auffaßt.

Unstetigkeit der Normalkomponente des elektrischen Feldes

Die elektrischen Felder einer unendlich ausgedehnten Ladungsebene, eines homogen geladenen Zylindermantels und einer Kugelschale weisen Sprünge der Größe σ/ε_0 auf und sind damit unstetig. Wir zeigen nun, daß dies allgemein für die senkrecht zur Oberfläche stehende Komponente des elektrischen Feldes einer Oberflächenladungsdichte σ gilt. Abbildung 19.26 zeigt eine kleine, zylindrische Gaußsche Oberfläche mit Grund- und Deckfläche A auf einer beliebigen geladenen Fläche mit Flächenladungsdichte σ. Die senkrechte Komponente des elektrischen Feldes auf der einen Seite der Gaußschen Oberfläche sei E_{n2} und die auf der anderen Seite E_{n1} (siehe Abbildung). Ist die Länge des Zylinders im Vergleich zum Radius der Grund- bzw. Deckfläche sehr klein, so ist der Fluß $2\pi R\ell$ durch die Mantelfläche des Zylinders im Vergleich zum Fluß πR^2 durch die Grund- bzw. Deckfläche vernachlässigbar. Der Gesamtfluß durch die Gaußsche Oberfläche beträgt $E_{n2}A - E_{n1}A$, und die Ladung innerhalb der Oberfläche ist σA. Das Gaußsche Gesetz ergibt

$$E_{n2}A - E_{n1}A = \frac{\sigma A}{\varepsilon_0}$$

oder

19.26 Als Gaußsche Oberfläche dient hier eine Zylinderoberfläche mit A als Grund- und Deckfläche. Grund- und Deckfläche liegen auf unterschiedlichen Seiten der homogen geladenen Oberfläche. Der Gesamtfluß durch den Zylinder ist $(E_{n2} - E_{n1}) A$. Das elektrische Feld E_{n2} auf einer Seite ist um σ/ε_0 größer als das elektrische Feld E_{n1} auf der anderen Seite.

Unstetigkeit von E_n

$$E_{n2} - E_{n1} = \frac{\sigma}{\varepsilon_0}.$$

19.26

Es sei noch einmal daran erinnert, daß das elektrische Feld von dreidimensionalen Ladungsverteilungen (beispielsweise zylinder- oder kugelförmigen) sogar an den Punkten stetig bleibt, an denen die Ladungsverteilung selbst einen Sprung macht (in den Abbildungen 19.20 und 19.25 sind das die Punkte an der Stelle $r = R$, an denen die Ladungsverteilungen von einem endlichen Wert auf null abfallen). Unstetigkeiten im elektrischen Feld treten also nur bei zweidimensionalen Ladungsverteilungen auf.

Frage

4. Gleichung (19.10) beschreibt die senkrechte Komponente des elektrischen Feldes in der Mitte einer Linienladung endlicher Ausdehnung. Sie unterscheidet sich von den Gleichungen (19.11) und (19.21), die für das elektrische Feld in der Nähe einer unendlich ausgedehnten Linienladung gelten. Trotzdem liefert das Gaußsche Gesetz in beiden Fällen scheinbar das gleiche Ergebnis. Erläutern Sie dies.

19.4 Ladung und Feld auf den Oberflächen von leitenden Gegenständen

Ein elektrischer Leiter (wie ein Metalldraht) zeichnet sich dadurch aus, daß sich Ladungen in ihm frei bewegen können. (Eine ausführliche Beschreibung der elektrischen Leitung wird in den Kapiteln 22 und 39 gegeben.) In einem äußeren elektrischen Feld bewegen sich die freien Ladungen in einem Leiter so lange, bis sie so verteilt sind, daß das von ihnen erzeugte elektrische Feld das äußere elektrische Feld innerhalb des Leiters aufhebt. (Wenn wir hier von einem elektrischen Feld innerhalb eines Leiters sprechen, so meinen wir damit das makroskopische Feld, das durch äußere Quellen oder durch die freien Ladungen des Leiters selbst erzeugt wird. Auf atomarer Ebene existieren mikroskopische Felder innerhalb des Leiters, die dafür verantwortlich sind, daß die gebundenen Elektronen den Ionenrümpfen zugeordnet bleiben. Diese Felder ändern sich zeitlich und räumlich sehr stark. Ihr Mittelwert in einer im Vergleich zum Durchmesser eines Atoms großen Entfernung ist null, d.h., sie können bei der Untersuchung der elektrischen Leitung außer acht gelassen werden.) Der Leiter befindet sich dann im **elektrostatischen Gleichgewicht**. Betrachten wir eine Ladung q, die sich innerhalb eines Leiters frei bewegen kann. Herrscht innerhalb des Leiters ein elektrisches Feld E, so wirkt eine Kraft qE auf die Ladung, wodurch diese beschleunigt wird. Das elektrostatische Gleichgewicht in diesem Leiter stellt sich erst dann ein, wenn das innerhalb des Leiters herrschende elektrische Feld null ist. Wenn das Gleichgewicht erreicht ist, steht das elektrische Feld an der Oberfläche des Leiters senkrecht auf der Oberfläche – es hat keine tangentiale Komponente. Hätte E noch eine Tangentialkomponente, dann würde die freie Ladung sich so lange bewegen, bis diese Komponente null wäre.

Abbildung 19.27 zeigt eine leitende Platte in einem äußeren elektrischen Feld E_0. Ursprünglich sind die freien Elektronen gleichmäßig innerhalb der Platte verteilt. Da die Platte aus neutralen Atomen besteht, ist sie elektrisch neutral (es sei denn, sie wurde von außen aufgeladen). Zeigt das äußere elektrische Feld nach rechts, so wirkt eine Kraft $F = -eE_0$ auf jedes Elektron, und jedes freie Elektron wird sich nach links bewegen. Auf der Oberfläche des Leiters wirken außerdem atomare Kräfte, die die Elektronen an den Leiter binden. (Ist das äußere elektrische Feld sehr stark, können Elektronen die Oberfläche verlassen. Dieser Vorgang heißt **Feldemission**. Wir wollen hier annehmen, daß das äußere elektrische Feld noch nicht ausreicht, um die bindenden Kräfte auf der Oberfläche zu

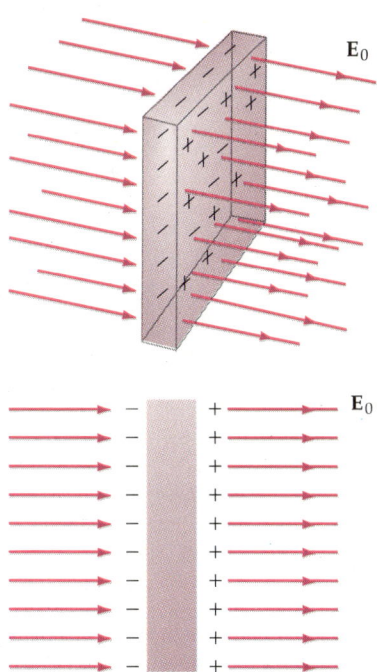

19.27 Zwei Ansichten einer leitenden Platte in einem äußeren elektrischen Feld E_0. Auf der rechten Seite wird eine positive Ladung influenziert und auf der linken eine gleich große negative. Daher ist das resultierende elektrische Feld innerhalb der Platte null. Die elektrischen Feldlinien enden auf der linken Seite und beginnen erneut auf der rechten Seite.

19 Das elektrische Feld II: Kontinuierliche Ladungsverteilungen

Elektrische Feldlinien, dargestellt durch feine Fäden in Öl, zwischen einem Zylinder und einer Platte, die gegensätzliche Ladungen tragen. Beachten Sie, daß die Feldlinien senkrecht auf der Leiterfläche stehen und daß innerhalb des Zylinders keine Feldlinien existieren. (Foto: Harold M. Waage)

überwinden.) Durch die Bewegung der Elektronen ergibt sich eine negative Oberflächenladungsdichte auf der linken Seite und eine gleich große positive Oberflächenladungsdichte auf der rechten Seite der Platte. Das Phänomen, das wir hier vor uns haben, ist das der *Influenz*, das uns bereits in Kapitel 18 begegnet ist. Jetzt können wir es mit den Mitteln des Feldkonzepts und des Gaußschen Gesetzes erklären. Zusammen erzeugen die beiden Oberflächenladungsdichten ein inneres elektrisches Feld, das dem äußeren Feld entgegengesetzt ist. Sobald sich das influenzierte und das äußere Feld aufheben, stellt sich überall im Leiter ein elektrostatisches Gleichgewicht ein, und es wirkt keine resultierende Kraft mehr auf die freien Elektronen. (Wir verwenden hier der Kürze halber den Begriff „influenziertes" Feld, wenn ein durch Influenz erzeugtes Feld gemeint ist.)

Freie Ladungen verhalten sich in einem Leiter, der sich in einem äußeren elektrischen Feld befindet, unabhängig von dessen Gestalt immer gleich. Wirkt ein äußeres elektrisches Feld, so bewegt sich jede freie Ladung, bis eine Gleichgewichtsverteilung entsteht und das resultierende elektrische Feld innerhalb des Leiters verschwindet. Die für das Erreichen des Gleichgewichts benötigte Zeit ist vom Leitermaterial abhängig. Für Kupfer und andere guter Leiter ist sie so klein, daß sich bei praktischen Anwendungen das elektrostatische Gleichgewicht augenblicklich einstellt.

Im folgenden verwenden wir das Gaußsche Gesetz, um für Leiter im elektrostatischen Gleichgewicht einige besonders wichtige Ergebnisse zu zeigen, nämlich:

1. Die elektrische Ladung eines Leiters, die als solche makroskopisch in Erscheinung tritt, befindet sich auf der Oberfläche des Leiters.
2. Das elektrische Feld unmittelbar über der Oberfläche eines Leiters steht senkrecht zur Oberfläche, und seine Stärke ist σ/ε_0. Hierbei ist σ die Oberflächenladungsdichte des Leiters.

Als ersten Schritt betrachten wir eine Gaußsche Oberfläche, die unmittelbar unterhalb der Oberfläche eines sich im elektrostatischen Gleichgewicht befindenden Leiters verläuft (Abbildung 19.28). Da das elektrische Feld überall innerhalb des Leiters null ist, gilt dies auch für das Feld in jedem Punkt auf dieser Gaußschen Oberfläche. Der Fluß durch die Gaußsche Oberfläche muß null sein, da in jedem Punkt dieser Fläche $E_n = 0$ gilt. Aus dem Gaußschen Gesetz folgt damit sofort, daß die Oberfläche keine Ladung einschließt. Die gesamte Ladung auf einem Leiter muß somit auf seiner Oberfläche liegen.

In Abbildung 19.29 ist eine dickwandige, leitende Kugelschale gezeigt. Sie umschließt einen Hohlraum, in dessen Zentrum sich eine positive Punktladung q befindet. Wählen wir eine Gaußsche Oberfläche innerhalb der leitenden Kugelschale, so hat E überall auf ihr den Wert null, und aus dem Gaußschen Gesetz folgt, daß diese Oberfläche eine Gesamtladung vom Wert null einschließen muß. Woher kommt das? Wichtig ist, daß die leitende Kugelschale eine endliche Dicke hat und daß die Gaußsche Oberfläche nur in dieser Kugelschale verläuft. Die Punktladung influenziert nun eine negative Ladung $-q$ auf der Innenfläche der leitenden Kugelschale. Alle von der Punktladung ausgehenden elektrischen Feldlinien enden bei dieser influenzierten negativen Ladung. War der Leiter ursprünglich nicht geladen, so wird jetzt auf der äußeren Oberfläche des Leiters eine gleich große positive Ladung $+q$ influenziert. In Abbildung 19.30 befindet sich die Punktladung nicht mehr im Mittelpunkt der Kugelschale. Die Feldlinien im Inneren verlaufen nun anders, und die influenzierte Oberflächenladungsdichte auf der Innenfläche des Leiters ist inhomogen. Trotzdem enden die Feldlinien immer noch auf dieser influenzierten negativen Ladung. Die positive Oberflächenladungsdichte auf der äußeren Oberfläche des Leiters ist unverändert, da sie durch die leitende Kugelschale gegenüber der Ladung im Inneren des Hohlraums abgeschirmt ist.

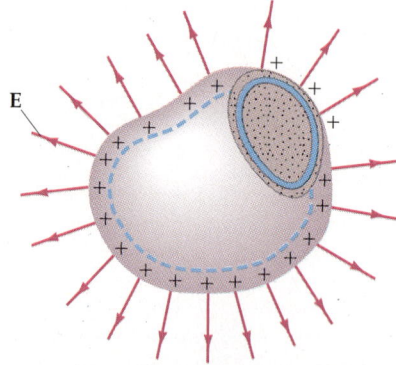

19.28 Eine Gaußsche Oberfläche (gestrichelte Linie) unmittelbar innerhalb der Oberfläche eines Leiters. Das elektrische Feld innerhalb eines Leiters ist null, wenn sich der Leiter im elektrostatischen Gleichgewicht befindet, was hier der Fall ist. Der Fluß durch diese Oberfläche ist daher null und damit auch die von ihr umschlossene Gesamtladung. Wenn der Leiter geladen ist, befindet sich die Ladung auf der Oberfläche. In der Abbildung trägt der Leiter eine positive Gesamtladung.

19.4 Ladung und Feld auf den Oberflächen von leitenden Gegenständen

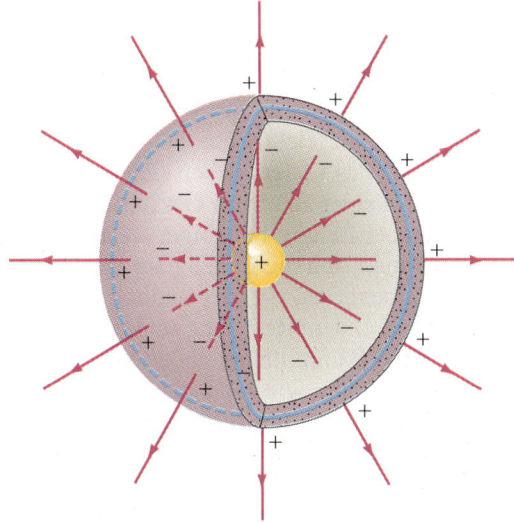

19.29 Eine leitende Kugelschale endlicher Dicke, die einen Hohlraum umschließt, in dessen Zentrum sich eine Punktladung q befindet. Die Gaußsche Oberfläche (blaue gestrichelte Linie) verläuft ganz innerhalb der leitenden Kugelschale. Da E innerhalb des Leiters null ist, gibt es keinen Fluß durch die Gaußsche Oberfläche. Durch Influenz entsteht eine Oberflächenladung $-q$ auf der Innenfläche der Kugelschale. Die elektrischen Feldlinien beginnen in der Punktladung und enden auf dieser Innenfläche. Da der Leiter ursprünglich elektrisch neutral ist, wird eine entgegengesetzte Ladung $+q$ auf der äußeren Oberfläche der Kugelschale influenziert. Die elektrischen Feldlinien beginnen in der Punktladung, enden auf der inneren Oberfläche und beginnen erneut auf der äußeren Oberfläche der Kugelschale.

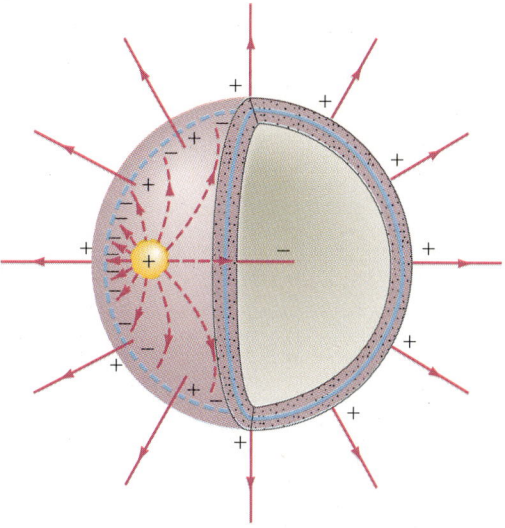

19.30 Der Leiter aus Abbildung 19.29 mit einer aus dem Mittelpunkt verschobenen Punktladung. Die Ladung auf der äußeren Oberfläche und die elektrischen Feldlinien außerhalb der Kugel werden durch diese Ladungsverschiebung nicht beeinflußt.

Zur Bestimmung des elektrischen Feldes unmittelbar außerhalb der Oberfläche eines Leiters betrachten wir einen so kleinen Ausschnitt der Kugeloberfläche, daß man ihn als eben und seine Oberflächenladungsdichte σ als konstant annehmen darf. Eine kleine Zylinderoberfläche dient hier als Gaußsche Oberfläche (Abbildung 19.31). Deck- und Grundfläche des Zylinders verlaufen parallel zum betrachteten Ausschnitt und befinden sich außerhalb bzw. innerhalb des Leiters. Im Gleichgewicht steht das elektrische Feld des Leiters senkrecht auf dessen Oberfläche. Wir können also E als senkrecht zur Deckfläche des Zylinders annehmen. Die Grundfläche des Zylinders befindet sich im feldfreien Inneren des Leiters ($E = 0$). Da E und die Mantelfläche des Zylinders parallel zueinander liegen, ist der Fluß durch die Mantelfläche null. Der Fluß durch die gesamte Zylinderoberfläche ist somit $E_n A$, wobei E_n das Feld und A die Deckfläche des Zylinders unmittelbar außerhalb der Oberfläche des Leiters ist. Die Gesamtladung innerhalb der Gaußschen Oberfläche ist σA. Das Gaußsche Gesetz liefert

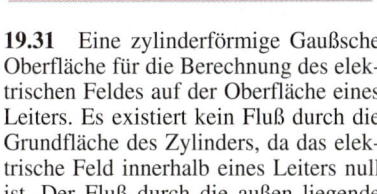

19.31 Eine zylinderförmige Gaußsche Oberfläche für die Berechnung des elektrischen Feldes auf der Oberfläche eines Leiters. Es existiert kein Fluß durch die Grundfläche des Zylinders, da das elektrische Feld innerhalb eines Leiters null ist. Der Fluß durch die außen liegende Deckfläche des Zylinders ist $E_n A$.

$$\phi_{\text{ges}} = \oint E_n \, dA = \frac{1}{\varepsilon_0} Q_{\text{innen}}$$

$$\oint E_n \, dA = E_n \oint dA = E_n A = \frac{1}{\varepsilon_0} \sigma A$$

oder

$$E_n = \frac{\sigma}{\varepsilon_0}.$$

19.27   *E_n unmittelbar außerhalb der Oberfläche eines Leiters*

19 Das elektrische Feld II: Kontinuierliche Ladungsverteilungen

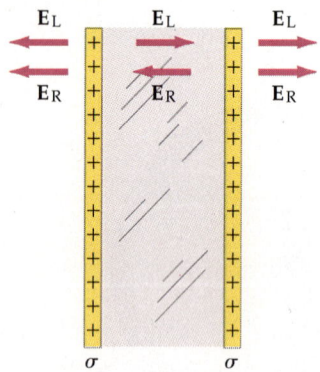

19.32 Eine leitende Platte mit einer homogenen Oberflächenladungsdichte σ. Die linke Fläche erzeugt das elektrische Feld E_L, die rechte das Feld E_R. Beide Felder besitzen die Stärke $\sigma/2\varepsilon_0$. Innerhalb des Leiters heben sie sich auf. Außerhalb des Leiters zeigen sie in die gleiche Richtung und addieren sich zu σ/ε_0.

Die Feldstärke ist somit doppelt so hoch wie bei einer unendlich ausgedehnten Ladungsebene. Wir können uns das klarmachen, wenn wir das Schema in Abbildung 19.32 betrachten, das eine große, leitende Platte zeigt, die auf beiden Seiten eine Oberflächenladungsdichte σ trägt. Sei E_L das von der linken und E_R das von der rechten Seite der Platte erzeugte elektrische Feld. Die Feldstärke beträgt dann jeweils $\sigma/2\varepsilon_0$, und innerhalb des Leiters heben sich die Felder auf. Außerhalb des Leiters addieren sich die Felder zu einem Gesamtfeld der Stärke $E = E_L + E_R = \sigma/\varepsilon_0$. Ähnlich kann man bei Leitern beliebiger Gestalt argumentieren (Abbildung 19.33). Dabei denkt man sich die Ladung auf der Oberfläche eines Leiters als aus zwei Teilen zusammengesetzt: 1) der Ladung in der unmittelbaren Nachbarschaft des Punktes P und 2) dem Rest der Ladung, den wir *ferne Ladung* nennen wollen. Da sich der Punkt P unmittelbar außerhalb der Oberfläche befindet, wirkt die Ladung in seiner Nähe wie die einer unendlich ausgedehnten Ladungsebene. Sie erzeugt die Feldstärke $\sigma/2\varepsilon_0$ in P und ein gleich starkes Feld unmittelbar innerhalb der leitenden Oberfläche. Beide Felder zeigen von der Oberfläche weg. Die ferne Ladung auf dem Leiter (oder an irgendeiner anderen Stelle) erzeugt ein Feld der Stärke $\sigma/2\varepsilon_0$ innerhalb des Leiters, das in Richtung der Oberfläche zeigt. Das Gesamtfeld innerhalb des Leiters verschwindet also. Das von der fernen Ladung erzeugte Feld hat die gleiche Stärke und Richtung in Punkten unmittelbar innerhalb und außerhalb der Oberfläche. Unmittelbar innerhalb der Oberfläche des Leiters hebt das Feld der fernen Ladung das der Ladung in unmittelbarer Nähe auf; aber unmittelbar außerhalb der Oberfläche zeigen die Felder in die gleiche Richtung und addieren sich zu einem Gesamtfeld der Stärke σ/ε_0.

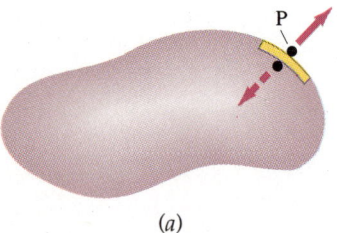
(a)

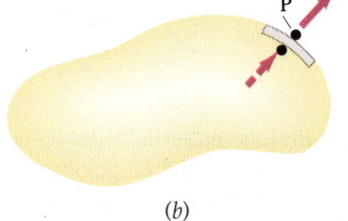
(b)

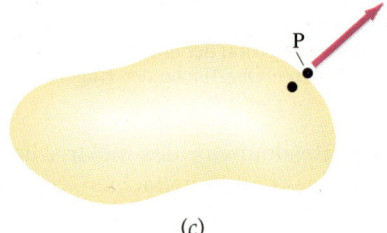
(c)

19.33 Ein Leiter beliebiger Gestalt trägt eine Ladung auf seiner Oberfläche. a) Die Ladung in der unmittelbaren Nähe des Punktes P, der sich sehr nahe der Oberfläche befindet, wirkt wie die einer unendlich ausgedehnten Ladungsebene. Sie erzeugt auf beiden Seiten der Oberfläche ein von ihr weg zeigendes elektrisches Feld der Stärke $\sigma/2\varepsilon_0$. b) Da das gesamte elektrische Feld innerhalb der Oberfläche null sein muß, erzeugt die restliche Ladung ein Feld gleicher Stärke. c) Innerhalb der Oberfläche heben sich die Felder aus den Teilen a) und b) auf, außerhalb, im Punkt P, addieren sie sich zu $E_n = \sigma/\varepsilon_0$.

Beispiel 19.5

Eine quadratische, leitende Platte mit vernachlässigbarer Dicke und einer Seitenlänge von 4 m befinde sich in einem äußeren homogenen elektrischen Feld $E = (450\ \text{kN/C})e_x$, das senkrecht zur Platte steht. a) Berechnen Sie die Oberflächenladungsdichte auf jeder Plattenseite. b) Die Platte wird mit einer Gesamtladung von 96 μC aufgeladen. Berechnen Sie die neue Oberflächenladungsdichte auf den Seiten und das elektrische Feld unmittelbar über der Platte, jedoch weit entfernt von ihren Rändern.

a) Unmittelbar über der rechten Plattenseite beträgt die Normalkomponente des elektrischen Feldes $E_n = 450$ kN/C. Somit ist die Ladungsdichte auf dieser Seite

$$\sigma_R = \varepsilon_0 E_n = (8{,}85 \cdot 10^{-12}\ \text{C}^2/\text{N} \cdot \text{m}^2)\,(450\ \text{kN/C})$$

$$= 3{,}98 \cdot 10^{-6}\ \text{C/m}^2$$

$$= 3{,}98\ \mu\text{C/m}^2\,.$$

Auf der linken Seite zeigt das elektrische Feld in Richtung der Platte, so daß $E_n = -450$ kN/C. Die Ladungsdichte dieser Seite ist

$$\sigma_L = \varepsilon_0 E_n$$

$$= (8{,}85 \cdot 10^{-12}\ \text{C}^2/\text{N} \cdot \text{m}^2)\,(-450\ \text{kN/C})$$

$$= -3{,}98\ \mu\text{C/m}^2\,.$$

b) Die Gesamtladung von 96 μC ist gleichmäßig auf den Seiten verteilt, so daß das elektrische Feld innerhalb der Platte null bleibt. Da jede Seite eine Fläche von 16 m² besitzt und eine Gesamtladung von (96 μC)/2 = 48 μC trägt, ist die zusätzliche Oberflächenladungsdichte auf jeder Seite $\sigma_a = 3\ \mu C/m^2$. Die Gesamtladungsdichte beträgt dort deshalb

$$\sigma_R = 3{,}98\ \mu C/m^2 + 3{,}0\ \mu C/m^2 = 6{,}98\ \mu C/m^2$$

und

$$\sigma_L = -3{,}98\ \mu C/m^2 + 3{,}0\ \mu C/m^2 = -0{,}98\ \mu C/m^2\ .$$

Die Stärke des gesamten elektrischen Feldes unmittelbar rechts der Platte ist

$$\begin{aligned}E_{nR} &= \sigma_R/\varepsilon_0 \\ &= (6{,}98\ \mu C/m^2)/(8{,}85 \cdot 10^{-12}\ C^2/N \cdot m^2) \\ &= 789\ kN/C\ .\end{aligned}$$

Da die Normale zur Platte auf der rechten Seite in die positive x-Richtung zeigt, ist das elektrische Feld unmittelbar über der Platte

$$\boldsymbol{E}_R = 789\ kN/C\ \boldsymbol{e}_x\ .$$

Unmittelbar links der Platte besitzt das elektrische Feld die Stärke

$$\begin{aligned}E_{nL} &= \sigma_R/\varepsilon_0 \\ &= (-0{,}98\ \mu C/m^2)/(8{,}85 \cdot 10^{-12}\ C^2/N \cdot m^2) \\ &= -111\ kN/m^2\ .\end{aligned}$$

Da die Normale zur Platte auf der linken Seite in die negative x-Richtung zeigt, weist das elektrische Feld auf dieser Seite nach rechts:

$$\boldsymbol{E}_L = 111\ kN/C\ \boldsymbol{e}_x\ .$$

Man kann Teil b) auch anders betrachten. Die Addition der positiven Oberflächenladungsdichte von 3 μC/m² auf beiden Seiten ist äquivalent zur Addition zweier Flächen positiver Ladung. Außerhalb der Platte erzeugen diese Flächen ein elektrisches Feld der Stärke

$$\begin{aligned}E &= \frac{1}{2}\sigma/\varepsilon_0 + \frac{1}{2}\sigma/\varepsilon_0 = \sigma/\varepsilon_0 \\ &= (3{,}0\ \mu C/m^2)/(8{,}85 \cdot 10^{-12}\ C^2/N \cdot m^2) \\ &= 339\ kN/C\ .\end{aligned}$$

Rechts der Platte addiert sich dieses zum ursprünglichen Feld, so daß

$$E_R = 450\ kN/C + 339\ kN/C = 789\ kN/C\ .$$

Links der Platte schwächt es das ursprüngliche ab:

$$E_L = 450\ kN/C - 339\ kN/C = 111\ kN/C\ .$$

Übung

Das elektrische Feld unmittelbar über der Oberfläche eines Leiters zeige vom Leiter weg und besitze die Stärke 2000 N/C. Wie groß ist die Oberflächenladungsdichte des Leiters? (Antwort: 17,7 nC/m²)

19.5 Mathematische Herleitung des Gaußschen Gesetzes

Das Gaußsche Gesetz kann mathematisch über das Konzept des **Raumwinkels** hergeleitet werden. Betrachten wir das Flächenelement ΔA auf einer Kugeloberfläche. Der von ΔA und dem Mittelpunkt der Kugel aufgespannte Raumwinkel $\Delta \Omega$ ist definiert durch

$$\Delta\Omega = \frac{\Delta A}{r^2},$$

wobei r der Radius der Kugel ist. Der gesamte Raumwinkel, den die Kugel einschließt, ist

$$\frac{4\pi r^2}{r^2} = 4\pi,$$

da die Gesamtfläche der Kugel $4\pi r^2$ beträgt. Ganz ähnlich verhält es sich mit dem gewöhnlichen ebenen Winkel, der als das Verhältnis eines Bogenlängenelementes eines Kreises Δs zum Radius des Kreises definiert ist:

$$\Delta\theta = \frac{\Delta s}{r}.$$

Der gesamte ebene Winkel eines Kreises beträgt 2π.

In Abbildung 19.34 steht das Flächenelement ΔA nicht senkrecht zu den vom Ursprungspunkt ausgehenden radialen Linien. Die Flächennormale $\mathbf{n}$ und der radiale Einheitsvektor $\mathbf{r}/r$ schließen den Winkel θ ein. In diesem Fall wird der Raumwinkel des Flächenelementes ΔA definiert durch

$$\Delta\Omega = \frac{\Delta A\, \mathbf{n} \cdot (\mathbf{r}/r)}{r^2} = \frac{\Delta A \cos\theta}{r^2}. \qquad 19.28$$

Abbildung 19.35 zeigt eine von einer beliebig geformten Oberfläche S umschlossene Punktladung q. Um den Fluß durch diese Oberfläche berechnen zu können,

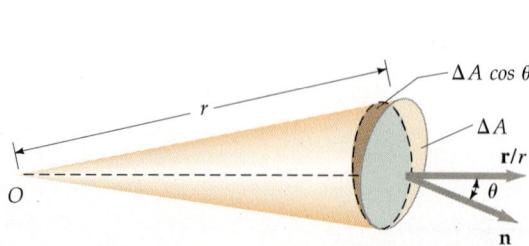

19.34 Ein Flächenelement ΔA, dessen Normale nicht parallel zu der Geraden verläuft, die von O aus durch den Mittelpunkt des Elementes geht. Der Raumwinkel, den dieses Flächenelement mit dem Ursprung O aufspannt, ist durch $(\Delta A \cos\theta)/r^2$ gegeben.

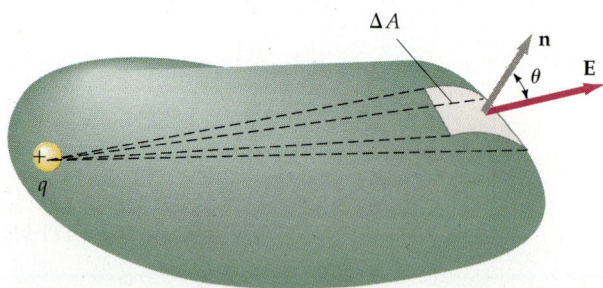

19.35 Eine Punktladung q wird von einer beliebig geformten Oberfläche S umschlossen. Der Fluß durch das Flächenelement ΔA ist proportional zum Raumwinkel, den die Punktladung und das Flächenelement aufspannen. Der Gesamtfluß durch die Oberfläche, den man durch Summation über alle Flächenelemente erhält, ist proportional zu dem gesamten Raumwinkel 4π, den die Oberfläche bezogen auf die Punktladung bildet. Er ist unabhängig von der Form der Oberfläche.

müssen wir erst $\boldsymbol{E} \cdot \boldsymbol{n}\,\Delta A$ für jedes Oberflächenelement bestimmen und dann über die gesamte Oberfläche summieren. Der Fluß durch das dargestellte Flächenelement ist

$$\Delta\phi = \boldsymbol{E} \cdot \boldsymbol{n}\,\Delta A = \frac{1}{4\pi\varepsilon_0}\frac{q}{r^2}(\boldsymbol{r}/r) \cdot \boldsymbol{n}\,\Delta A = \frac{1}{4\pi\varepsilon_0}\,q\,\Delta\Omega\,.$$

Der Raumwinkel $\Delta\Omega$ ist derselbe, den eine entsprechende Oberfläche einer Kugel mit beliebigem Radius aufspannen würde. Der gesamte Fluß durch die Oberfläche ist das Produkt aus $(1/4\pi\varepsilon_0)\,q$ und 4π, dem Raumwinkel der geschlossenen Oberfläche:

$$\phi_{\text{ges}} = \oint \boldsymbol{E} \cdot \boldsymbol{n}\,\mathrm{d}A = \frac{1}{4\pi\varepsilon_0}\,q \oint \mathrm{d}\Omega = \frac{q}{\varepsilon_0}\,.$$

Das ist aber gerade das Gaußsche Gesetz.

Zusammenfassung

1. Das elektrische Feld einer kontinuierlichen Ladungsverteilung kann direkt mit dem Coulombschen Gesetz berechnet werden:

$$\boldsymbol{E} = \int_V \frac{1}{4\pi\varepsilon_0}\frac{\mathrm{d}q}{r^2}\cdot\frac{\boldsymbol{r}}{r}\,.$$

Dabei steht $\mathrm{d}q = \varrho\,\mathrm{d}V$ für eine räumliche Ladungsverteilung in einem Volumen. Bei einer Ladungsverteilung auf einer Oberfläche geht die Integration über A, und es gilt $\mathrm{d}q = \sigma\,\mathrm{d}A$, entsprechend gilt bei einer Ladungsverteilung entlang einer Linie $\mathrm{d}q = \lambda\,\mathrm{d}\ell$.

2. Der elektrische Fluß ϕ eines konstanten elektrischen Feldes durch eine Fläche A ist das Produkt der Fläche A und der zur Fläche senkrecht stehenden Feldkomponente:

$$\phi = \boldsymbol{E} \cdot \boldsymbol{n}\,A = EA\cos\theta = E_{\mathrm{n}}A\,.$$

Für ein allgemeines, ortsabhängiges elektrisches Feld ist der Fluß durch ein Flächenelement $\mathrm{d}A$ gegeben durch

$$\mathrm{d}\phi = \boldsymbol{E} \cdot \boldsymbol{n}\,\mathrm{d}A = E\cos\theta\,\mathrm{d}A = E_{\mathrm{n}}\,\mathrm{d}A\,.$$

3. Der Gesamtfluß durch eine beliebig geformte geschlossene Oberfläche S ist $1/\varepsilon_0$ multipliziert mit der Gesamtladung innerhalb der Oberfläche. Dies ist das Gaußsche Gesetz:

$$\phi_{\text{ges}} = \oint_S E_{\mathrm{n}}\,\mathrm{d}A = \frac{Q_{\text{innen}}}{\varepsilon_0}\,.$$

Das Gaußsche Gesetz kann zur Berechnung des elektrischen Feldes hoch symmetrischer Ladungsverteilungen verwendet werden.

19 Das elektrische Feld II: Kontinuierliche Ladungsverteilungen

4. Das elektrische Feld einiger wichtiger Ladungsverteilungen:

$E_r = \dfrac{1}{2\pi\varepsilon_0} \dfrac{\lambda}{r} \sin\theta_0$ auf der Mittelsenkrechten einer endlich ausgedehnten Linienladung

$E_r = \dfrac{1}{2\pi\varepsilon_0} \dfrac{\lambda}{r}$ nahe einer unendlich ausgedehnten Linienladung

$E_x = \dfrac{1}{4\pi\varepsilon_0} \dfrac{Qx}{(x^2+a^2)^{3/2}}$ auf der Achse einer Ringladung

$E_x = \dfrac{\sigma}{2\varepsilon_0}\left(1 - \dfrac{x}{\sqrt{x^2+R^2}}\right)$ auf der Achse einer Scheibenladung

$E_n = \dfrac{\sigma}{2\varepsilon_0}$ nahe einer unendlich ausgedehnten Ladungsebene

$E_r = 0 \quad r < R$ innerhalb eines homogen geladenen Zylindermantels

$E_r = \dfrac{\sigma R}{\varepsilon_0 r} = \dfrac{1}{2\pi\varepsilon_0}\dfrac{\lambda}{r} \quad r > R$ außerhalb eines homogen geladenen Zylindermantels

$E_r = \dfrac{\varrho R^2}{2\varepsilon_0 r} = \dfrac{1}{2\pi\varepsilon_0}\dfrac{\lambda}{r} \quad r \geq R$ außerhalb eines homogen geladenen Zylinders

$E_r = \dfrac{\varrho}{2\varepsilon_0} r = \dfrac{\lambda}{2\pi\varepsilon_0 R^2} r \quad r \leq R$ innerhalb eines homogen geladenen Zylinders

$E_r = \dfrac{1}{4\pi\varepsilon_0}\dfrac{Q}{r^2} \quad r > R$ außerhalb einer homogen geladenen Kugelschale

$E_r = 0 \quad r < R$ innerhalb einer homogen geladenen Kugelschale

$E_r = \dfrac{1}{4\pi\varepsilon_0}\dfrac{Q}{r^2} \quad r \geq R$ außerhalb einer homogen geladenen Kugel

$E_r = \dfrac{1}{4\pi\varepsilon_0}\dfrac{Q}{R^3} r \quad r \leq R$ innerhalb einer homogen geladenen Kugel

5. Auf einer Oberfläche mit der Flächenladungsdichte σ ist die zur Oberfläche senkrecht stehende Feldkomponente unstetig. Sie macht einen Sprung σ/ε_0:

$$E_{n2} - E_{n1} = \dfrac{\sigma}{\varepsilon_0}.$$

6. Ein Leiter im elektrostatischen Gleichgewicht trägt die gesamte elektrische Ladung auf seiner Oberfläche. Das elektrische Feld unmittelbar außerhalb des Leiters steht senkrecht zur Oberfläche und besitzt die Stärke σ/ε_0, wobei σ die lokale Flächenladungsdichte in diesem Punkt des Leiters ist.

Aufgaben

Stufe I

19.1 Berechnung des elektrischen Feldes mit Hilfe des Coulombschen Gesetzes

1. Eine homogene Linienladung mit der linearen Ladungsdichte $\lambda = 3{,}5$ nC/m erstrecke sich von $x = 0$ m bis $x = 5$ m. a) Wie groß ist die Gesamtladung? Bestimmen Sie das elektrische Feld auf der x-Achse b) bei $x = 6$ m, c) bei $x = 9$ m und d) bei $x = 250$ m. e) Bestimmen Sie das Feld bei $x = 250$ m, wobei Sie die Gesamtladung als Punktladung im Ursprung annehmen, und vergleichen Sie das Näherungsergebnis mit dem exakten Ergebnis aus Teil d).

2. Zwei unendlich ausgedehnte, vertikal stehende Ladungsebenen haben den Abstand $d = 4$ m voneinander. Bestimmen Sie jeweils das elektrische Feld links der Ebenen, rechts der Ebenen und zwischen ihnen, wenn a) jede Ebene eine gleichmäßige Oberflächenladungsdichte $\sigma = +3$ μC/m² bzw. b) die linke Ebene die Oberflächenladungsdichte $\sigma = +3$ μC/m² und die rechte die Oberflächenladungsdichte $\sigma = -3$ μC/m² hat. Zeichnen Sie für beide Fälle die elektrischen Feldlinien.

3. Eine homogene Linienladung mit der linearen Ladungsdichte $\lambda = 4{,}5$ nC/m erstrecke sich von $x = -2{,}5$ cm bis $x = +2{,}5$ cm. a) Bestimmen Sie die Gesamtladung. Bestimmen Sie das elektrische Feld auf der y-Achse b) bei $y = 4$ cm, c) bei $y = 12$ cm und d) bei $y = 4{,}5$ m. e) Bestimmen Sie das elektrische Feld bei $y = 4{,}5$ m, wobei Sie die Ladung als Punktladung ansehen, und vergleichen Sie dieses Ergebnis mit dem aus Teil d).

4. Eine Scheibe mit dem Radius a und der gleichmäßigen Oberflächenladungsdichte σ befinde sich in der y-z-Ebene. Die Scheibenachse liege auf der x-Achse. Bestimmen Sie den Wert x, bei dem $E_x = \frac{1}{2} \sigma/2\varepsilon_0$ ist.

5. Ein Ring mit dem Radius a habe seinen Mittelpunkt im Ursprung und trage die Gesamtladung Q. Die Ringachse liege auf der x-Achse. Bestimmen Sie E_x a) bei $x = 0{,}2\, a$, b) bei $x = 0{,}5\, a$, c) bei $x = 0{,}7\, a$, d) bei $x = a$ und e) bei $x = 2\, a$. f) Verwenden Sie Ihre Ergebnisse, um E_x für positive und für negative Werte von x gegen x aufzutragen.

6. Betrachten Sie ein homogenes elektrisches Feld $E = (2 \text{ kN/C})\, e_x$. a) Wie groß ist der Fluß dieses Feldes durch ein Quadrat der Seitenlänge 10 cm, das parallel zur y-z-Ebene liegt? b) Wie groß ist der Fluß durch dasselbe Quadrat, wenn seine Normale einen Winkel von 30° mit der x-Achse einschließt?

7. Ein elektrisches Feld habe die Stärke $E = (200 \text{ N/C})\, e_x$ für $x > 0$ und $E = (-200 \text{ N/C})\, e_x$ für $x < 0$. Ein 20 m langer Zylinder mit dem Radius 5 cm habe seinen Mittelpunkt im Ursprung; seine Achse liege auf der x-Achse, so daß sich seine Enden bei $x = +10$ cm bzw. bei $x = -10$ cm befinden. a) Wie groß ist der Fluß durch jede Stirnfläche? b) Wie groß ist der Fluß durch die Zylinderfläche (ohne Stirnflächen)? c) Wie groß ist der resultierende Fluß durch die gesamte Zylinderoberfläche? d) Wie groß ist die Gesamtladung innerhalb des Zylinders?

8. Eine positive Punktladung q befinde sich im Mittelpunkt eines Würfels mit der Kantenlänge ℓ. Eine große Anzahl n elektrischer Feldlinien führe von der Ladung weg. Wie viele dieser Feldlinien durchdringen a) die Oberfläche des Würfels, b) die einzelnen Seitenflächen, wenn keine der Linien die Ecken oder Kanten des Würfels schneidet? c) Wie groß ist der resultierende Gesamtfluß durch die Oberfläche des Würfels? d) Bestimmen Sie mit Hilfe von Symmetriebetrachtungen den Fluß durch die einzelnen Seitenflächen des Würfels. e) Welche ihrer Antworten würde sich ändern, wenn die Ladung nicht im Mittelpunkt des Würfels läge?

19.2 Das Gaußsche Gesetz

9. Genaue Messungen des elektrischen Feldes an der Oberfläche einer geschlossenen Apparatur ergaben einen Gesamtfluß von 6 kN · m²/C durch die Oberfläche nach außen. a) Wie groß ist die Gesamtladung innerhalb der Apparatur? b) Der resultierende Fluß durch die Oberfläche nach außen sei null. Können Sie daraus schließen, daß sich im Inneren keine Ladung befindet? Begründen Sie Ihre Antwort.

10. Eine Punktladung $q = +2$ μC befinde sich im Mittelpunkt einer Kugel mit dem Radius 0,5 m. a) Wie groß ist die Oberfläche der Kugel? b) Bestimmen Sie die Größe des elektrischen Feldes an Punkten der Kugeloberfläche. c) Wie groß ist der Fluß des durch die Punktladung hervorgerufenen elektrischen Feldes durch die Kugeloberfläche? d) Würde sich die Antwort bei c) ändern, wenn sich die Ladung zwar innerhalb der Kugel, aber nicht in deren Mittelpunkt befände? e) Wie groß ist der Gesamtfluß durch die Oberfläche eines Würfels mit der Kantenänge 1 m, der die Kugel einschließt?

11. Da beim Newtonschen Gravitationsgesetz und beim Coulombschen Gesetz die Kraft umgekehrt proportional zum Quadrat des Abstandes ist, kann man eine

19 Das elektrische Feld II: Kontinuierliche Ladungsverteilungen

dem Gaußschen Gesetz entsprechende Gleichung für die Gravitation aufstellen. Das Gravitationsfeld g ist die Kraft pro Masseneinheit auf eine Probemasse m_0. Das Gravitationsfeld g einer Punktmasse m im Ursprung ist dann am Ort e_r durch

$$g = -\frac{Gm}{r^2} \cdot \frac{r}{r}$$

gegeben. Berechnen Sie den Fluß des Gravitationsfeldes durch eine Kugeloberfläche mit dem Radius r und dem Ursprung als Mittelpunkt. Zeigen Sie, daß das Analogon des Gaußschen Gesetzes für die Gravitation durch $\phi_{ges} = -4\pi G m_{innen}$ gegeben ist.

19.3 Berechnung des elektrischen Feldes mit Hilfe des Gaußschen Gesetzes

12. Eine Kugel mit dem Radius 6 cm trage die homogene Raumladungsdichte $\varrho = 450$ nC/m³. a) Wie groß ist die Gesamtladung der Kugel? Berechnen Sie das elektrische Feld bei b) $r = 2$ cm, c) $r = 5,9$ cm, d) $r = 6,1$ cm und e) $r = 10$ cm.

13. Ein 12 m langes Rohr mit dem Radius 6 cm trage die homogene Oberflächenladungsdichte $\sigma = 9$ nC/m². a) Wie groß ist die Gesamtladung des Rohres? Berechnen Sie das elektrische Feld bei b) $r = 2$ cm, c) $r = 5,9$ cm, d) $r = 6,1$ cm und e) $r = 10$ cm.

14. Auf einer Kugelschale mit dem Radius R_1 sei eine Gesamtladung q_1 gleichmäßig über die Oberfläche verteilt. Auf einer zweiten, größeren Kugelschale mit dem Radius R_2, die zur ersten konzentrisch liege, sei eine Ladung q_2 ebenfalls gleichmäßig über ihre Oberfläche verteilt. a) Verwenden Sie das Gaußsche Gesetz, um das elektrische Feld in den Bereichen $r < R_1$ und $R_1 < r < R_2$ sowie $r > R_2$ zu bestimmen. b) Wie müssen das Verhältnis der Ladungen q_1/q_2 und dessen Vorzeichen sein, damit das elektrische Feld für $r > R_2$ null ist? c) Zeichnen Sie die elektrischen Feldlinien für die Situation in Teil b).

15. Betrachten Sie zwei unendlich lange, konzentrische Zylindermäntel. Der innere Mantel habe den Radius R_1 und trage eine gleichmäßige Oberflächenladungsdichte σ_1. Der äußere Mantel mit dem Radius R_2 trage eine gleichmäßige Oberflächenladungsdichte σ_2. a) Verwenden Sie das Gaußsche Gesetz, um das elektrische Feld in den Bereichen $r < R_1$ und $R_1 < r < R_2$ sowie $r > R_2$ zu bestimmen. b) Wie müssen das Verhältnis der Oberflächenladungsdichten σ_2/σ_1 und dessen Vorzeichen sein, damit das elektrische Feld im Bereich $r > R_2$ null ist? c) Skizzieren Sie die elektrischen Feldlinien für Teil b).

16. Eine inhomogene Oberflächenladung liege in der y-z-Ebene. Im Ursprung sei die Oberflächenladungsdichte $\sigma = 3,1$ μC/m². Es gebe verschiedene andere Ladungsverteilungen im Raum. Unmittelbar rechts vom Ursprung beträgt die x-Komponente des elektrischen Feldes $E_x = 4,65 \cdot 10^5$ N/C. Wie groß ist E_x unmittelbar links vom Ursprung?

19.4 Ladung und Feld auf den Oberflächen von leitenden Gegenständen

17. Eine quadratische Platte aus nichtleitendem Material mit der Seitenlänge 20 cm befinde sich in der y-z-Ebene und trage die homogen verteilte Ladung 6 nC. a) Wie groß ist die Oberflächenladungsdichte σ? b) Welchen Betrag hat das elektrische Feld unmittelbar rechts bzw. links der Platte? c) Eine leitende quadratische Platte der Seitenlänge 20 cm und der Dicke 1 mm trage die gleiche Ladung. Wie groß ist hier die Oberflächenladungsdichte σ? Die Ladung verteile sich homogen über die großen quadratischen Flächen. d) Welchen Betrag hat das elektrische Feld unmittelbar rechts bzw. links der leitenden Platte?

18. Eine leitende Kugelschale mit der Gesamtladung null habe den inneren Radius a und den äußeren Radius b. Eine Punktladung q befinde sich im Mittelpunkt der Kugelschale. a) Verwenden Sie das Gaußsche Gesetz und die Eigenschaften eines Leiters im elektrostatischen Gleichgewicht, um das elektrische Feld in den Gebieten $r < a$ und $a < r < b$ sowie $b < r$ zu bestimmen. b) Zeichnen Sie die elektrischen Feldlinien für diese Situation. c) Berechnen Sie die Ladungsdichte auf der Innenfläche ($r = a$) und auf der Außenfläche ($r = b$) der Kugelschale.

Stufe II

19. Für das nach unten weisende elektrische Feld unmittelbar über der Erdoberfläche seien 150 N/C gemessen worden. Welcher Gesamtladung der Erde entspräche dieser Wert?

20. In einem bestimmten Gebiet der Erdatmosphäre sei das elektrische Feld über der Erdoberfläche gemessen worden. In einer Höhe von 250 m betrage es 150 N/C und in 400 m Höhe 170 N/C. Das Feld weist in beiden Fällen zur Erde. Berechnen Sie die Raumladungsdichte der Atmosphäre unter der Annahme, sie sei zwischen 250 m und 400 m homogen. (Man kann die Erdkrümmung vernachlässigen. Warum?)

21. Ein Atommodell habe als Kern eine positive Punktladung $+Ze$, umgeben von Elektronen in Form einer starren Kugel mit dem Radius R, deren Gesamtladung $-Ze$ homogen in der Kugel verteilt ist. Wo befindet sich der Kern, a) wenn kein äußeres elektrisches Feld anliegt, b) wenn ein äußeres elektrisches Feld angelegt ist? c) Wie groß ist das von dem Feld E_0 induzierte elektrische Dipolmoment bei diesem Atommodell?

22. Zeigen Sie, daß das Feld E_x auf der Achse einer Ringladung mit dem Radius a sein Maximum bei $x = +a/\sqrt{2}$ und sein Minimum bei $x = -a/\sqrt{2}$ hat. Zeichnen Sie E_x als Funktion von x für positive und negative Werte von x.

23. a) Eine Linienladung endlicher Ausdehnung mit homogener Linienladungsdichte λ reiche auf der x-Achse von $x = 0$ bis $x = a$. Zeigen Sie, daß die y-Komponente eines elektrischen Feldes an einem Punkt auf der y-Achse durch

$$E_y = \frac{\lambda}{4\pi\varepsilon_0 y}\sin\theta_1 = \frac{\lambda}{4\pi\varepsilon_0 y}\frac{a}{\sqrt{y^2 + a^2}}$$

gegeben ist. Hierbei ist θ_1 der Winkel, den der Aufpunkt mit den Enden der Linienladung einschließt. b) Zeigen Sie, daß bei der Ausdehnung der Linienladung von $x = -b$ bis $x = a$ die y-Komponente des elektrischen Feldes an einem Punkt auf der y-Achse durch

$$E_y = \frac{\lambda}{4\pi\varepsilon_0 y}(\sin\theta_1 + \sin\theta_2)$$

gegeben ist. Hierbei ist $\sin\theta_2 = b/\sqrt{y^2 + b^2}$.

24. Eine kleine Öffnung sei in die Wand einer dünnen, homogen geladenen Kugelschale mit der Oberflächenladungsdichte σ gebohrt worden. Berechnen Sie das elektrische Feld in der Nähe des Mittelpunktes der Öffnung.

25. Eine unendliche Ladungsebene mit der Oberflächenladungsdichte $\sigma_1 = 3\,\mu C/m^2$ liege parallel zur x-z-Ebene bei $y = -0{,}6$ m. Eine zweite unendliche Ladungsebene mit der Oberflächenladungsdichte $\sigma_2 = -2\,\mu C/m^2$ liege parallel zur y-z-Ebene bei $x = 1$ m. Eine Kugel mit 1 m Radius und dem Mittelpunkt in der x-y-Ebene auf der Schnittgeraden der beiden Ebenen habe die Oberflächenladungsdichte $\sigma_3 = -3\,\mu C/m^2$. Berechnen Sie Betrag und Richtung des elektrischen Feldes auf der x-Achse bei a) $x = 0{,}4$ m und b) $x = 2{,}5$ m.

26. Eine dicke, nichtleitende Kugelschale mit dem inneren Radius a und dem äußeren Radius b habe die homogene Raumladungsdichte ϱ. Berechnen Sie die Gesamtladung. Ermitteln Sie das elektrische Feld als Funktion des Radius.

27. Die unendlich ausgedehnte x-z-Ebene trage die homogene Oberflächenladungsdichte $\sigma_1 = 65\,nC/m^2$.

Eine zweite unendliche Ebene mit der homogenen Oberflächenladungsdichte $\sigma_2 = 45\,nC/m^2$ schneide die x-z-Ebene auf der x-Achse und schließe einen Winkel von 30° mit der x-z-Ebene ein (Abbildung 19.36). Berechnen Sie das elektrische Feld auf der x-y-Ebene bei a) $x = 6$ m, $y = 2$ m und bei b) $x = 6$ m, $y = 5$ m.

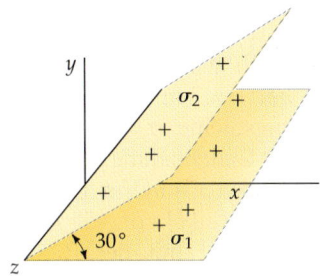

19.36 Zu Aufgabe 27. Zwei Ebenen mit homogenen Oberflächenladungsdichten schließen einen Winkel von 30° ein. Eine Ebene ist die x-z-Ebene.

28. Ein Ring mit dem Radius R trage eine homogene, positive Linienladungsdichte λ. Abbildung 19.37 zeigt einen Punkt P in der Ebene, aber nicht im Mittelpunkt des Ringes. Betrachten Sie die beiden Ringabschnitte mit den Längen s_1 und s_2 und den Abständen r_1 bzw. r_2 vom Punkt P. a) Wie ist das Verhältnis der Ladungen dieser Abschnitte? Welche der Ladungen erzeugt ein stärkeres Feld im Punkt P? b) In welche Richtung zeigen die beiden Felder im Punkt P? In welche Richtung weist dort das gesamte elektrische Feld? c) Angenommen, das von einer Punktladung erzeugte elektrische Feld ändere sich mit $1/r$ statt mit $1/r^2$. Wie wäre dann das in P von den Ringabschnitten hervorgerufene elektrische Feld? d) Wie würden sich die Ergebnisse bei a), b) und c) ändern, wenn sich P innerhalb einer homogen geladenen Kugelschale befände und s_1 sowie s_2 Flächenelemente wären?

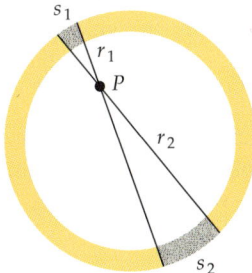

19.37 Zu Aufgabe 28.

29. Eine Scheibe mit dem Radius 30 cm trage die homogene Oberflächenladungsdichte σ. a) Vergleichen Sie die Näherung $E = \sigma/2\varepsilon_0$ mit dem exakten Ausdruck für das elektrische Feld auf der Achse der Scheibe, indem Sie den vernachlässigten Term in Prozenten von

$\sigma/2\varepsilon_0$ für die Abstände $x = 0{,}1$ cm, $x = 0{,}2$ cm und $x = 3$ cm berechnen. b) Bei welchem Abstand macht der vernachlässigte Term 1 Prozent von $\sigma/2\varepsilon_0$ aus?

30. Eine einseitig unendlich ausgedehnte Linienladung mit der homogenen Linienladungsdichte λ liege auf der positiven x-Achse, beginnend am Ursprung. Berechnen Sie E_x und E_y für einen Punkt auf der y-Achse.

31. Eine unendlich ausgedehnte Ebene liege parallel zur y-z-Ebene bei $x = 2$ m und trage die homogene Oberflächenladungsdichte $\sigma = 2\ \mu\text{C}/\text{m}^2$. Eine unendlich ausgedehnte Linienladung mit der homogenen Linienladungsdichte $\lambda = 4\ \mu\text{C}/\text{m}$ gehe durch den Ursprung unter einem Winkel von 45° zur x-Achse in der x-y-Ebene. Eine Kugel mit der Raumladungsdichte $\varrho = -6\ \mu\text{C}/\text{m}^3$ und dem Radius 0,8 m habe ihren Mittelpunkt auf der x-Achse bei $x = 1$ m. Berechnen Sie Betrag und Richtung des elektrischen Feldes in der x-y-Ebene bei $x = 1{,}5$ m, $y = 0{,}5$ m.

Stufe III

32. Eine nichtleitende, massive Kugel mit dem Radius R trage eine zum Abstand vom Mittelpunkt proportionale Raumladungsdichte: $\varrho = Ar$ für $r \leq R$. Darin ist A eine Konstante, und es ist $\varrho = 0$ für $r > R$. a) Berechnen Sie die Gesamtladung der Kugel, indem Sie die Ladungen von Kugelschalen der Dicke dr und des Volumens $4\pi r^2\, dr$ summieren. b) Berechnen Sie das elektrische Feld E_r innerhalb und außerhalb der Ladungsverteilung und tragen Sie E_r gegen r auf. c) Wiederholen Sie a) und b) mit $\varrho = B/r$ für $r \leq R$ und $\varrho = 0$ für $r > R$. d) Wiederholen Sie a) und b) mit $\varrho = C/r^2$ für $r \leq R$ und $\varrho = 0$ für $r > R$. (B und C sind ebenfalls Konstanten.)

33. Eine homogen geladene Kugel mit dem Radius R um den Ursprung trage die Ladung Q. Bestimmen Sie die Kraft auf eine homogen geladene Linie mit der Ladung q und den Enden bei $r = R$ und bei $r = R + d$. Die Linie habe radiale Richtung.

34. Zwei gleiche, homogene Linienladungen der Länge ℓ befinden sich, durch den Abstand d getrennt, auf der x-Achse, wie in Abbildung 19.38 dargestellt.

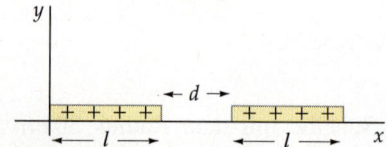

19.38 Zu Aufgabe 34.

a) Welche Kraft üben sie aufeinander aus? b) Zeigen Sie, daß die Kraft für $d \gg \ell$ in das erwartete Ergebnis $(1/4\pi\varepsilon_0)(\lambda\ell)^2/d^2$ übergeht.

35. Eine Linienladung mit der Linienladungsdichte λ habe die Form eines Quadrates mit der Seitenlänge ℓ. Das Quadrat habe seinen Mittelpunkt im Ursprung und liege in der y-z-Ebene. Berechnen Sie das elektrische Feld auf der x-Achse an einem beliebigen Punkt x. Vergleichen Sie das Ergebnis mit dem, das Sie für das elektrische Feld auf der Achse eines gleich stark geladenen Ringes mit dem Mittelpunkt im Ursprung und dem Radius $r = \ell/2$ erhalten würden. *Hinweis:* Verwenden Sie Gleichung (19.10) für das von jeder Quadratseite erzeugte Feld.

36. Eine nichtleitende Kugel mit dem Radius a und dem Mittelpunkt im Ursprung habe einen kugelförmigen Hohlraum mit dem Radius b und dem Mittelpunkt bei $x = b$, $y = 0$ und $z = 0$ (Abbildung 19.39). Die Kugel besitze die homogene Raumladungsdichte ϱ. Zeigen Sie, daß das elektrische Feld im Hohlraum homogen ist und durch $E_x = \varrho b/3\varepsilon_0$ sowie $E_y = E_z = 0$ beschrieben wird. *Hinweis:* Ersetzen Sie den Hohlraum durch Kugeln mit gleich großen positiven und negativen Ladungsdichten.

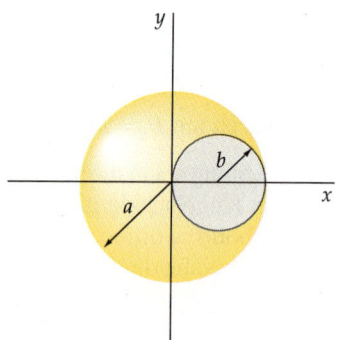

19.39 Zu Aufgabe 36.

37. Die elektrostatische Kraft auf eine Ladung in einem bestimmten Punkt ist das Produkt der Ladung und des von allen anderen Ladungen erzeugten elektrischen Feldes. Betrachten Sie eine kleine Ladung auf der Oberfläche eines Leiters: $\Delta q = \sigma \Delta A$. a) Zeigen Sie, daß die elektrostatische Kraft auf die Ladung gleich $\sigma^2 \Delta A\, 2\varepsilon_0$ ist. b) Erklären Sie, warum dies gerade die Hälfte von $\Delta q E$ ist, wobei $E = \sigma/\varepsilon_0$ das elektrische Feld unmittelbar außerhalb des Leiters an diesem Punkt ist. c) Die Kraft pro Flächeneinheit heißt elektrostatische Beanspruchung. Berechnen Sie diese, wenn sich eine Ladung von $2\ \mu\text{C}$ auf einer leitenden Kugel mit dem Radius 10 cm befindet.

Das elektrische Potential

20

Beim Studium der Mechanik hat sich das Konzept der potentiellen Energie als sehr hilfreich erwiesen. Heben wir einen Gegenstand der Masse m um die Höhe h an, so geht die dabei geleistete Arbeit in die potentielle Energie mgh des Systems Erde – Gegenstand über. Lassen wir den Gegenstand fallen, wandelt sich die potentielle in kinetische Energie um. Analog zur Gravitationskraft zwischen zwei Massen wirkt die elektrische Kraft zwischen zwei Ladungen entlang ihrer Verbindungslinie und ist umgekehrt proportional zum Quadrat ihres Abstandes. Elektrostatische Kraftfelder sind wie Gravitationskraftfelder konservativ. Daher existiert für die elektrostatische Kraft ein Potential. Die potentielle Energie eines Teilchens in einem elektrischen Feld ist proportional zur Ladung. Die potentielle Energie pro Ladungseinheit heißt elektrisches Potential, die Potentialdifferenz wird Spannung genannt. Die Einheit von Potential und Spannung ist das Volt. – In diesem Kapitel werden wir das elektrische Potential φ kennenlernen und zeigen, wie man es aus einer gegebenen Ladungsverteilung oder einem gegebenen Feld berechnen kann. Ein zentrales Thema dieses Kapitels ist die Verknüpfung zwischen Potential, elektrischem Feld E und elektrostatischer potentieller Energie. An diesem Thema werden wir etwas allgemeiner gültige Prinzipien erläutern und dabei einige weitere wichtige Begriffe und Methoden aus der Mathematik kennenlernen. Zum Schluß zeigen wir, daß das elektrische Potential innerhalb eines Leiters konstant ist, selbst wenn er sich in einem elektrostatischen Feld befindet.

20.1 Elektrisches Potential und Potentialdifferenz

Wirkt eine konservative Kraft F auf ein Teilchen, das um die Strecke $d\ell$ verschoben wird, so ist die dadurch hervorgerufene Änderung dE_{pot} der potentiellen Energie durch

$$dE_{pot} = -F \cdot d\ell$$

gegeben (Gleichung 6.17). Solange nicht gleichzeitig andere Kräfte auf das Teilchen ausgeübt werden, führt die durch eine konservative Kraft verrichtete Arbeit

20 Das elektrische Potential

20.1 a) Die Arbeit, die das Gravitationsfeld an einer Masse leistet, verringert die Lageenergie der Masse. b) Die Arbeit, die das elektrische Feld an einer positiven Ladung $+q$ verrichtet, senkt die elektrostatische potentielle Energie.

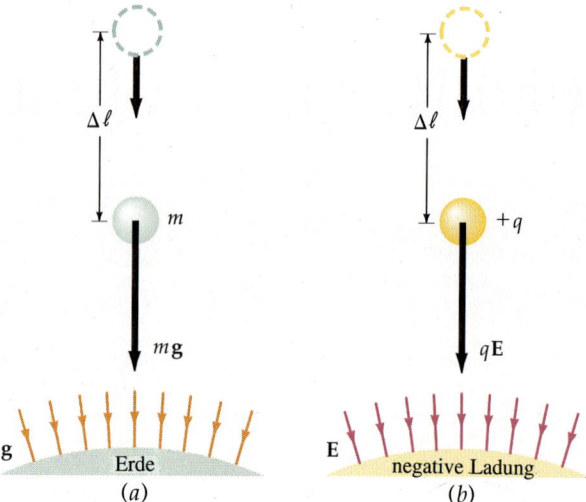

zu einer Verringerung der potentiellen Energie (Abbildung 20.1). Die Kraft, die ein elektrisches Feld E auf eine Punktladung q_0 (im folgenden auch Probeladung genannt) ausübt, ist

$$F = q_0 E.$$

Wird die Probeladung in einem elektrischen Feld E um $d\ell$ verschoben, so gilt für die Änderung der elektrostatischen potentiellen Energie:

$$dE_{\text{pot}} = -q_0 E \cdot d\ell.\qquad 20.1$$

Bewegt man eine Ladung vom Anfangspunkt a zum Endpunkt b, so ändert sich ihre elektrostatische potentielle Energie um

$$\Delta E_{\text{pot}} = E_{\text{pot},b} - E_{\text{pot},a} = \int_a^b dE_{\text{pot}} = -\int_a^b q_0 E \cdot d\ell.\qquad 20.2$$

Die Änderung ist also proportional zur Probeladung q_0. Die Änderung der potentiellen Energie pro Ladungseinheit heißt **Potentialdifferenz** $d\varphi$:

Definition der Potentialdifferenz

$$d\varphi = \frac{dE_{\text{pot}}}{q_0} = -E \cdot d\ell.\qquad 20.3\,\text{a}$$

Für eine endliche Verschiebung von einem Punkt a zu einem Punkt b beträgt die Änderung des Potentials

$$\Delta\varphi = \varphi_b - \varphi_a = \frac{\Delta E_{\text{pot}}}{q_0} = -\int_a^b E \cdot d\ell.\qquad 20.3\,\text{b}$$

20.1 Elektrisches Potential und Potentialdifferenz

> Die Potentialdifferenz $\varphi_b - \varphi_a$ ist die durch ein elektrisches Feld an einer positiven Probeladung verrichtete Arbeit pro Ladungseinheit, wenn die Probeladung sich vom Punkt a zum Punkt b bewegt. Potentialdifferenz und Arbeit haben entgegengesetzte Vorzeichen.

(20.3) definiert die Änderung der Funktion φ, die **elektrisches Potential** oder manchmal einfach **Potential** genannt wird. Wie bei der potentiellen Energie E_{pot} sind nur *Änderungen* des Potentials φ von Bedeutung. Wir können die elektrische (oder elektrostatische) potentielle Energie an einem beliebigen Punkt null setzen, wie wir das von der mechanischen potentiellen Energie her kennen. (Beispielsweise können wir im Ausdruck mgh die Höhe h so wählen, daß das Gravitationspotential direkt auf der Erdoberfläche den Wert null annimmt. Für zwei Punktmassen hatten wir gefunden, daß es am günstigsten ist, das Gravitationspotential den Wert null annehmen zu lassen, wenn der Abstand der Punktmassen voneinander unendlich ist.)

In der Technik (und im Alltag) ist es üblich, für die Potentialdifferenz den Begriff **Spannung** zu verwenden und ihm ein eigenes Zeichen, U, zu geben. Die Spannung zwischen den Punkten 1 und 2 in einem elektrischen Feld ist also

$$U_{12} = \varphi(1) - \varphi(2) = \Delta\varphi .\qquad 20.4$$

Wir werden im folgenden soweit möglich den Begriff Potentialdifferenz verwenden. Man sollte sich immer im klaren darüber sein, daß die Dimension von Potential und Spannung dieselbe ist, nämlich Energie pro Ladung. Dementsprechend haben beide die Einheit Joule durch Coulomb. Dieser Quotient hat eine eigene Bezeichnung, das Volt (V):

$$1\,\text{V} = 1\,\text{J/C} .\qquad 20.5\,\text{a}$$

Bei einer 12-V-Autobatterie ist das Potential des positiven Pols um 12 V höher als das des negativen Pols. Wird ein äußerer elektrischer Stromkreis an die Batterie angeschlossen und eine Ladung von einem Coulomb vom positiven Pol zum negativen Pol geleitet, so nimmt die potentielle Energie der Ladung um $Q\,\Delta\varphi = 1\,\text{C} \cdot 12\,\text{V} = 12\,\text{J}$ ab. Diese Energie tritt im Stromkreis oft als thermische Energie auf. Wie man aus (20.3) sieht, ist die Dimension des Potentials auch das Produkt einer elektrischen Feldstärke und einer Länge. Das heißt, die Einheit N/C des elektrischen Feldes entspricht der Einheit von Potential pro Länge, V/m:

$$1\,\text{N/C} = 1\,\text{V/m} .\qquad 20.5\,\text{b}$$

Diese Beziehung ist für praktische Umrechnungen von großem Nutzen.

Wird eine positive Probeladung q_0 in ein elektrisches Feld E gebracht und losgelassen, so erfährt sie eine Kraft in Richtung des Feldes und wird entlang der Feldlinien beschleunigt. Mit der Zunahme an kinetischer Energie vermindert sich die potentielle Energie. Die Ladung gelangt in ein Gebiet mit geringerer potentieller Energie, genauso wie ein massebehafteter Körper in ein Gebiet mit geringerer potentieller Gravitationsenergie fällt. Für eine positive Probeladung bedeutet eine geringere potentielle Energie auch ein geringeres elektrisches Potential. Demnach gilt, wie in Abbildung 20.2 veranschaulicht:

> Elektrische Feldlinien zeigen in Richtung abnehmenden elektrischen Potentials.

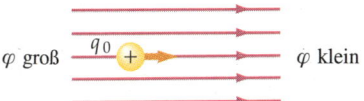

20.2 Elektrische Feldlinien zeigen in Richtung abnehmenden Potentials. Eine positive Ladung in einem elektrischen Feld wird entlang den Feldlinien beschleunigt. Dabei nimmt ihre Bewegungsenergie zu und ihre potentielle Energie ab.

20 Das elektrische Potential

Beispiel 20.1

Ein elektrisches Feld zeige in die positive x-Richtung und habe eine konstante Stärke von 10 N/C = 10 V/m. Berechnen Sie das Potential als Funktion von x unter der Annahme, daß $\varphi = 0$ bei $x = 0$ ist.

Der Vektor des elektrischen Feldes ist $\boldsymbol{E} = (10 \text{ N/C}) \, \boldsymbol{e}_x = (10 \text{ V/m}) \, \boldsymbol{e}_x$. Für die von einer Verschiebung $d\boldsymbol{\ell}$ verursachte Änderung des Potentials gilt nach (20.3 a):

$$d\varphi = -\boldsymbol{E} \cdot d\boldsymbol{\ell} = -(10 \text{ V/m}) \, \boldsymbol{e}_x \cdot (dx \, \boldsymbol{e}_x + dy \, \boldsymbol{e}_y + dz \, \boldsymbol{e}_z)$$
$$= -(10 \text{ V/m}) \, dx \, .$$

Durch Integration von x_1 nach x_2 erhalten wir die Potentialdifferenz $\varphi(x_2) - \varphi(x_1)$:

$$\varphi(x_2) - \varphi(x_1) = \int_{x_1}^{x_2} d\varphi = \int_{x_1}^{x_2} -(10 \text{ V/m}) \, dx$$
$$= -(10 \text{ V/m}) \cdot (x_2 - x_1) = (10 \text{ V/m}) \cdot (x_1 - x_2) \, .$$

Wir legen den Nullpunkt des Potentials an den Punkt $x_1 = 0$, also $\varphi(x_1 = 0) = 0$, und erhalten damit für das Potential bei x_2:

$$\varphi(x_2) - 0 = (10 \text{ V/m}) \cdot (0 - x_2)$$

oder

$$\varphi(x_2) = -(10 \text{ V/m}) \, x_2 \, .$$

An einem beliebigen Ort x beträgt das Potential

$$\varphi(x) = -(10 \text{ V/m}) \, x \, .$$

Das Potential ist null bei $x = 0$ und nimmt in x-Richtung mit 10 V/m ab.

Beispiel 20.2

Ein Proton mit der Masse $1{,}67 \cdot 10^{-27}$ kg und der Ladung $1{,}6 \cdot 10^{-19}$ C werde in ein homogenes elektrisches Feld $\boldsymbol{E} = (5 \text{ N/C}) \, \boldsymbol{e}_x = (5 \text{ V/m}) \, \boldsymbol{e}_x$ gebracht und losgelassen. Mit welcher Geschwindigkeit bewegt es sich, nachdem es 4 cm zurückgelegt hat?

Da sich das Proton entlang der elektrischen Feldlinie bewegt, verringert sich seine potentielle Energie zugunsten der kinetischen Energie. Nach (20.3) ist die Änderung des elektrischen Potentials für $\Delta x = 4$ cm $= 0{,}04$ m durch

$$d\varphi = -\boldsymbol{E} \cdot d\boldsymbol{\ell} = -(5{,}0 \text{ V/m} \, \boldsymbol{e}_x) \cdot (dx \, \boldsymbol{e}_x) = -(5{,}0 \text{ V/m}) \, dx$$
$$\Delta\varphi = -(5{,}0 \text{ V/m}) \cdot (0{,}04 \text{ m}) = -0{,}20 \text{ V}$$

gegeben. Die Änderung der potentiellen Energie des Protons ist das Produkt seiner Ladung und der Änderung seines Potentials (Gleichung 20.3):

$$\Delta E_{\text{pot}} = q \, \Delta\varphi = 1{,}6 \cdot 10^{-19} \text{ C} \cdot (-0{,}20 \text{ V}) = -3{,}2 \cdot 10^{-20} \text{ J} \, .$$

Wegen der Energieerhaltung gleicht der Verlust an potentieller Energie den Zuwachs an kinetischer Energie aus. Da das Proton aus der Ruhelage startet, ist der Zuwachs an kinetischer Energie gerade $\frac{1}{2}mv^2$. Hierbei ist v die Geschwindigkeit, nachdem das Proton 4 cm zurückgelegt hat. Daher erhalten wir

$$\Delta E_{kin} + \Delta E_{pot} = 0$$

$$\Delta E_{kin} = -\Delta E_{pot} = -(-3{,}2 \cdot 10^{-20}\text{ J})$$

$$\frac{1}{2}mv^2 = 3{,}2 \cdot 10^{-20}\text{ J}$$

$$v^2 = \frac{2 \cdot 3{,}2 \cdot 10^{-20}\text{ J}}{1{,}67 \cdot 10^{-27}\text{ kg}} = 3{,}83 \cdot 10^7\text{ J/kg}$$

$$v = \sqrt{3{,}83 \cdot 10^7\text{ J/kg}} = 6{,}19 \cdot 10^3\text{ m/s}\ .$$

In der Atom- oder Kernphysik wird mit Elementarteilchen wie Elektronen und Protonen gearbeitet, die Ladungen der Größe e tragen und durch Potentialdifferenzen von mehreren tausend oder Millionen Volt beschleunigt werden. Die Dimension der Energie ist elektrische Ladung multipliziert mit dem elektrischen Potential. Eine praktische Einheit für die Energie ist daher das Produkt aus der Elementarladung e und der Potentialdifferenz in Volt. Diese Einheit heißt **Elektronenvolt** (eV). Zur Umrechnung von Elektronenvolt in Joule gibt man die Elementarladung e in Coulomb an:

$$1\text{ eV} = 1{,}6 \cdot 10^{-19}\text{ C} \cdot\text{V} = 1{,}6 \cdot 10^{-19}\text{ J}\ . \qquad 20.6$$

Für Beispiel 20.2 beträgt dann die Änderung der potentiellen Energie des Protons, nachdem es 4 cm zurückgelegt hat:

$$\Delta E_{pot} = q\,\Delta\varphi = e(-0{,}20\text{ V}) = -0{,}20\text{ eV}\ .$$

Fragen

1. Nimmt der Betrag der elektrostatischen potentiellen Energie einer Probeladung zu oder ab, wenn sie sich ein kleines Stück in Richtung des elektrischen Feldes bewegt? Hängt die Änderung des Potentials vom Vorzeichen der Probeladung ab?
2. Eine positive Ladung wird in ein elektrisches Feld gebracht und losgelassen. In welche Richtung bewegt sie sich: in die mit größerem oder die mit kleinerem elektrischen Potential?

20.2 Das Potential eines Systems von Punktladungen

Das Potential in der Umgebung einer Punktladung q läßt sich aus dem durch die Punktladung erzeugten elektrischen Feld errechnen. Das elektrische Feld ist gegeben als

$$\boldsymbol{E} = \frac{1}{4\pi\varepsilon_0}\frac{q}{r^2}\frac{\boldsymbol{r}}{r}\ .$$

20 Das elektrische Potential

Wird eine sich im Abstand r befindliche Probeladung q_0 um $d\boldsymbol{\ell} = dr \cdot \boldsymbol{r}/r$ verschoben, so beträgt die Änderung der potentiellen Energie $dE_{\text{pot}} = -q_0 \boldsymbol{E} \cdot d\boldsymbol{\ell}$, und die Änderung des elektrischen Potentials ist

$$d\varphi = \frac{dE_{\text{pot}}}{q_0} = -\boldsymbol{E} \cdot d\boldsymbol{\ell} = -\frac{1}{4\pi\varepsilon_0}\frac{q}{r^2}\frac{\boldsymbol{r}}{r} \cdot dr\frac{\boldsymbol{r}}{r} = -\frac{1}{4\pi\varepsilon_0}\frac{q}{r^2} dr. \qquad 20.7$$

Integration ergibt

Potential einer Punktladung
$$\varphi = +\frac{1}{4\pi\varepsilon_0}\frac{q}{r} + \varphi_0. \qquad 20.8$$

Dabei ist φ_0 eine Integrationskonstante; sie macht deutlich, daß das Potential nur bis auf diese Konstante bestimmt werden kann.

Für die vollständige Bestimmung des Potentials ist es nötig, eine Randbedingung anzugeben, aus der sich ein Wert der Konstanten φ_0 herleitet. Üblicherweise besteht die Randbedingung darin, das Potential in unendlichem Abstand von der Punktladung ($r = \infty$) als null zu setzen. Das bedeutet, daß die Konstante φ_0 den Wert null hat. Damit erhalten wir für das Potential in einem Abstand r von der Punktladung

Potential einer Punktladung für die Randbedingung $\varphi = 0$ bei $r = \infty$
$$\varphi = \frac{1}{4\pi\varepsilon_0}\frac{q}{r} \qquad \varphi = 0 \text{ bei } r = \infty. \qquad 20.9$$

Das Potential ist, abhängig vom Vorzeichen der Punktladung q, positiv oder negativ.

Bringt man eine positive Probeladung q_0 in das Feld einer ebenfalls positiven Punktladung q und läßt die Probeladung an einem Punkt im Abstand r von der Punktladung q los, so beschleunigt sie nach außen in die Richtung des elektrischen Feldes. Die Arbeit, die das elektrische Feld bei der Bewegung der Testladung von r bis ∞ verrichtet, ist

$$W = \int_r^\infty q_0 \boldsymbol{E} \cdot d\boldsymbol{\ell} = q_0 \int_r^\infty E_r\, dr = q_0 \int_r^\infty \frac{1}{4\pi\varepsilon_0}\frac{q}{r^2} dr = \frac{1}{4\pi\varepsilon_0}\frac{qq_0}{r}.$$

Diese Arbeit ist die elektrostatische potentielle Energie eines Systems aus zwei Ladungen:

$$E_{\text{pot}} = \frac{1}{4\pi\varepsilon_0}\frac{qq_0}{r} = q_0\, \varphi.$$

Zur Herleitung dieser potentiellen Energie haben wir die Probeladung sich von r bis ∞ bewegen lassen. Man kann aber auch die umgekehrte Bewegungsrichtung betrachten. Das heißt, man kann die potentielle Energie als die von einer Kraft $\boldsymbol{F} = -q_0 \boldsymbol{E}$ zu verrichtende Arbeit ansehen, die nötig ist, um eine positive Probeladung q_0 aus unendlicher Entfernung zu einem Punkt im Abstand r von der Punktladung q zu bringen (Abbildung 20.3).

20.2 Das Potential eines Systems von Punktladungen

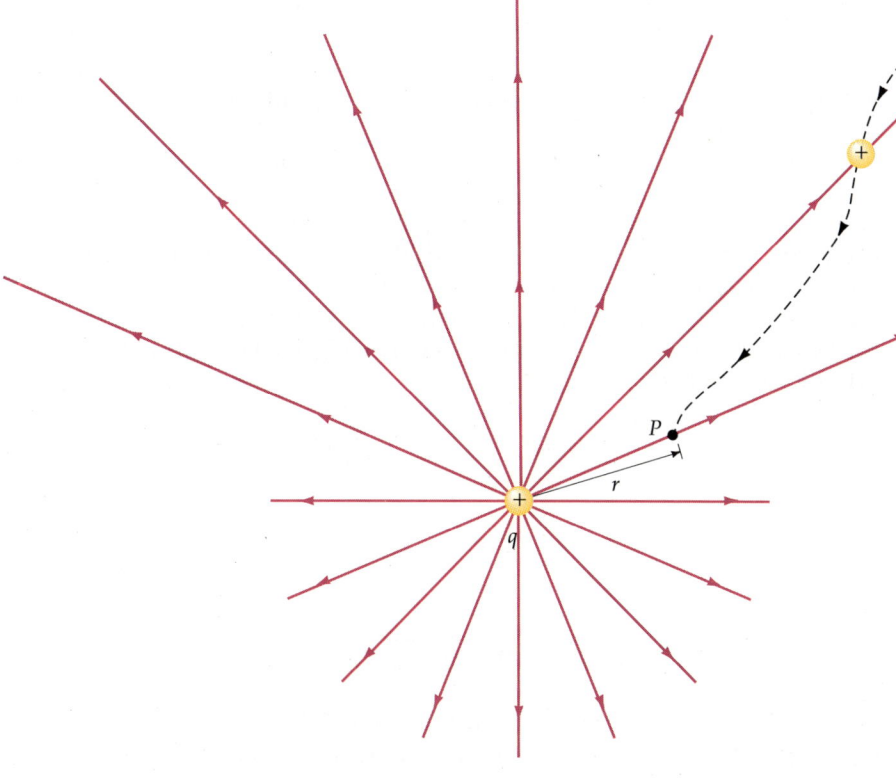

20.3 Um eine positive Probeladung q_0 aus unendlicher Entfernung zum Punkt P zu bewegen, muß die Arbeit

$$\frac{1}{4\pi\varepsilon_0}\frac{qq_0}{r}$$

verrichtet werden. Dabei ist r die Entfernung des Punktes P von der ebenfalls positiven Ladung q. Die Arbeit pro Ladungseinheit,

$$\frac{1}{4\pi\varepsilon_0}\frac{q}{r},$$

ist gleich dem elektrischen Potential am Punkt P, bezogen auf einen unendlich entfernten Punkt, bei dem das Potential den Wert null hat. Wird die Probeladung am Punkt P losgelassen, so verrichtet das elektrische Feld die Arbeit

$$\frac{1}{4\pi\varepsilon_0}\frac{qq_0}{r}$$

und treibt die Ladung unendlich weit weg.

Beispiel 20.3

a) Wie groß ist das elektrische Potential in einem Abstand $r = 0{,}529 \cdot 10^{-10}$ m von einem Proton? (Dies ist der mittlere Abstand zwischen Proton und Elektron in einem Wasserstoffatom.) b) Wie groß ist die potentielle Energie des Elektron-Proton-Systems bei diesem Abstand?

a) Die Ladung des Protons ist $q = 1{,}6 \cdot 10^{-19}$ C. Aus (20.9) ergibt sich

$$\varphi = \frac{1}{4\pi\varepsilon_0}\frac{q}{r} = \frac{(8{,}99 \cdot 10^9 \text{ N}\cdot\text{m}^2/\text{C}^2) \cdot 1{,}6 \cdot 10^{-19} \text{ C}}{0{,}529 \cdot 10^{-10} \text{ m}}$$

$$= 27{,}2 \text{ J/C} = 27{,}2 \text{ V}.$$

b) Die Ladung des Elektrons ist $-e = -1{,}6 \cdot 10^{-19}$ C. Die potentielle Energie von Elektron und Proton im Abstand $0{,}529 \cdot 10^{-10}$ m voneinander beträgt

$$E_{\text{pot}} = q\varphi = -e \cdot 27{,}2 \text{ V} = -27{,}2 \text{ eV}.$$

In SI-Einheiten ist die potentielle Energie

$$E_{\text{pot}} = q\varphi = -1{,}6 \cdot 10^{-19} \text{ C} \cdot 27{,}2 \text{ V} = -4{,}35 \cdot 10^{-18} \text{ J}.$$

In der Praxis hat man es nie mit idealen Punktladungen zu tun, sondern immer mit Ladungsverteilungen. Solange es sich um eine Ladungsverteilung endlicher Ausdehnung handelt, kann diese Ladungsverteilung aus sehr großer Entfernung näherungsweise als Punktladung aufgefaßt werden. Für zwei solche Ladungsverteilungen können wir daher, ebenso wie bei zwei Punktladungen, annehmen, daß die potentielle Energie null wird, wenn der Abstand der Ladungsverteilungen voneinander gegen unendlich geht. (Diese Überlegungen entsprechen denen, die wir im Kapitel 10 im Zusammenhang mit Massen im Gravitationsfeld angestellt haben.) Damit ist das Potential φ einer endlichen Ladungsverteilung näherungsweise durch (20.9) gegeben, wobei q in diesem Fall die Gesamtladung des Systems bezeichnet.

Wir betrachten jetzt den Fall einer diskreten Ladungsverteilung; auf kontinuierliche Ladungsverteilungen gehen wir im Abschnitt 20.4 ein. Um das Potential einer diskreten Ladungsverteilung an einem Punkt im Raum zu bestimmen, berechnen wir das durch jede einzelne Punktladung der Verteilung verursachte Potential und summieren dann auf. Dies ist nach dem Überlagerungsprinzip für elektrische Felder erlaubt. Ist $\boldsymbol{E}_i$ das durch eine Ladung q_i an einem Punkt erzeugte elektrische Feld, so ist das auf alle Ladungen an diesem Punkt zurückgehende Gesamtfeld

$$\boldsymbol{E} = \boldsymbol{E}_1 + \boldsymbol{E}_2 + \ldots = \sum_i \boldsymbol{E}_i.$$

Aus der Definition der Potentialdifferenz (Gleichung 20.3) folgt, wenn wir eine Verschiebung $d\boldsymbol{\ell}$ betrachten:

$$d\varphi = -\boldsymbol{E} \cdot d\boldsymbol{\ell} = -\boldsymbol{E}_1 \cdot d\boldsymbol{\ell} - \boldsymbol{E}_2 \cdot d\boldsymbol{\ell} - \ldots = d\varphi_1 + d\varphi_2 + \ldots$$

Besitzt die Ladungsverteilung eine endliche Ausdehnung, können wir das Potential im Unendlichen null setzen und (20.9) für das von jeder Punktladung verursachte Potential verwenden. Das von dem System der Punktladungen q_i erzeugte Potential ist dann durch

$$\varphi = \sum_i \frac{1}{4\pi\varepsilon_0} \frac{q_i}{r_{i0}} \qquad 20.10$$

gegeben. Hier wird über alle Ladungen summiert, wobei r_{i0} der Abstand der i-ten Ladung zu dem Punkt P ist, an dem das Potential bestimmt werden soll.

Beispiel 20.4

Zwei gleiche positive Punktladungen der Größe +5 nC befinden sich auf der x-Achse. Eine liege im Ursprung und die andere bei $x = 8$ cm (Abbildung 20.4). Berechnen Sie das Potential in a) Punkt P_1 auf der x-Achse bei $x = 4$ cm und b) Punkt P_2 auf der y-Achse bei $y = 6$ cm.

a) Punkt P_1 befindet sich 4 cm von jeder Ladung entfernt. Setzen wir in Gleichung (20.10) die Werte $q_1 = q_2 = 5$ nC und $r_{10} = r_{20} = 0{,}04$ m ein, so erhalten wir für das Potential an diesem Punkt:

$$\varphi = \sum_i \frac{1}{4\pi\varepsilon_0} \frac{q_i}{r_{i0}} = \frac{1}{4\pi\varepsilon_0} \frac{q_1}{r_{10}} + \frac{1}{4\pi\varepsilon_0} \frac{q_2}{r_{20}}$$

$$= 2 \cdot \frac{(8{,}99 \cdot 10^9 \text{ N} \cdot \text{m}^2/\text{C}^2) \cdot 5 \cdot 10^{-9} \text{ C}}{0{,}04 \text{ m}} = 2250 \text{ V}.$$

Beachten Sie, daß das elektrische Feld an diesem Punkt, der genau in der Mitte zwischen den beiden Ladungen liegt, den Wert null hat, wohingegen das Potential hier nicht null ist. Um eine Probeladung aus großer Entfernung bis zu diesem Punkt zu bringen, ist allerdings Arbeit nötig, denn das elektrische Feld ist ja nur im Punkt P_1 null.

20.2 Das Potential eines Systems von Punktladungen

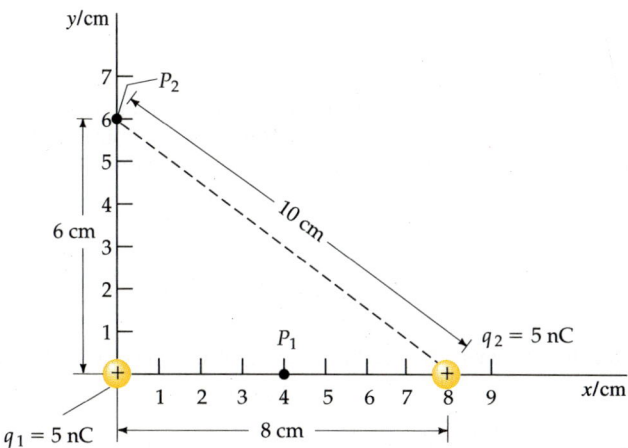

20.4 Zur Bestimmung des Potentials zweier positiver Punktladungen auf der x-Achse. Gesucht ist das Potential an den Punkten P_1 und P_2.

b) Punkt P_2 befindet sich in einem Abstand von 6 cm von der ersten Ladung und 10 cm von der zweiten Ladung. Daher ist das Potential an diesem Punkt

$$\varphi = \frac{(8{,}99 \cdot 10^9 \text{ N} \cdot \text{m}^2/\text{C}^2) \cdot 5 \cdot 10^{-9} \text{ C}}{0{,}06 \text{ m}}$$
$$+ \frac{(8{,}99 \cdot 10^9 \text{ N} \cdot \text{m}^2/\text{C}^2) \cdot 5 \cdot 10^{-9} \text{ C}}{0{,}10 \text{ m}}$$
$$= 749 \text{ V} + 450 \text{ V} \approx 1200 \text{ V}.$$

Beispiel 20.5

Eine Punktladung q_1 liege im Ursprung, eine zweite Punktladung q_2 auf der x-Achse bei $x = a$ (Abbildung 20.5). Berechnen Sie das Potential auf der gesamten x-Achse.

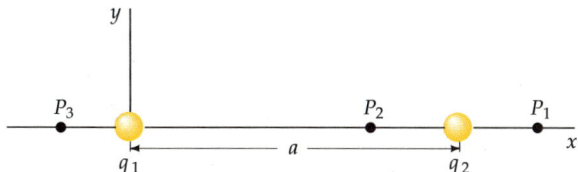

20.5 Zur Berechnung des Potentials zweier positiver Punktladungen auf der x-Achse. Gesucht ist das Potential für verschiedene Punkte auf der x-Achse.

Wir teilen die x-Achse in drei Bereiche: rechts der beiden Ladungen, $x > a$, zwischen den beiden Ladungen, $0 < x < a$, und links beider Ladungen, $x < 0$. In einem Punkt P_1 rechts beider Ladungen beträgt der Abstand zur ersten Punktladung x und zur zweiten $x - a$. Das Potential in diesem Bereich lautet daher

$$\varphi = \frac{1}{4\pi\varepsilon_0} \frac{q_1}{x} + \frac{1}{4\pi\varepsilon_0} \frac{q_2}{(x-a)} \qquad x > a.$$

An einem Punkt P_2 zwischen den Ladungen ist der Abstand zur ersten Punktladung x, der zu q_2 aber $a - x$. Daher ist das Potential auf der Achse zwischen den Ladungen

$$\varphi = \frac{1}{4\pi\varepsilon_0} \frac{q_1}{x} + \frac{1}{4\pi\varepsilon_0} \frac{q_2}{(a-x)} \qquad 0 < x < a.$$

An einem Punkt P_3 links beider Ladungen beträgt der Abstand zur ersten Punktladung $-x$ und der Abstand zur zweiten $a - x$. Das Potential in diesem Bereich ist somit

$$\varphi = \frac{1}{4\pi\varepsilon_0} \frac{q_1}{-x} + \frac{1}{4\pi\varepsilon_0} \frac{q_2}{(a-x)} \qquad x < 0.$$

20 Das elektrische Potential

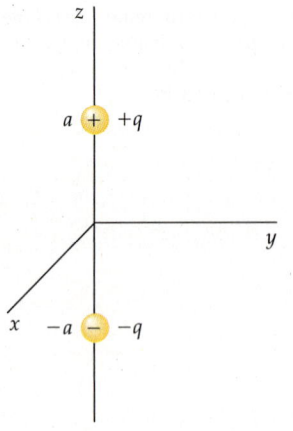

20.6 Zur Berechnung des Potentials eines elektrischen Dipols auf der z-Achse.

Beispiel 20.6

Ein elektrischer Dipol bestehe aus einer positiven Ladung $+q$ auf der z-Achse bei $z = +a$ und einer negativen Ladung $-q$ auf der z-Achse bei $z = -a$ (Abbildung 20.6). Berechnen Sie das Potential auf der z-Achse in großem Abstand vom Dipol.

Gleichung (20.10) ergibt

$$\varphi = \frac{1}{4\pi\varepsilon_0}\frac{q}{(z-a)} + \frac{1}{4\pi\varepsilon_0}\frac{(-q)}{(z+a)} = \frac{1}{2\pi\varepsilon_0}\frac{qa}{(z^2-a^2)}.$$

Für $z \gg a$ kann im Nenner a^2 im Vergleich zu z^2 vernachlässigt werden, und wir erhalten

$$\varphi \approx \frac{1}{2\pi\varepsilon_0}\frac{qa}{z^2} = \frac{1}{4\pi\varepsilon_0}\frac{p}{z^2} \qquad z \gg a, \qquad 20.11$$

wobei $p = 2qa$ das Dipolmoment bezeichnet.

20.3 Elektrostatische potentielle Energie

Für eine Punktladung q_1 ist das Potential in einem Abstand r_{12} durch

$$\varphi = \frac{1}{4\pi\varepsilon_0}\frac{q_1}{r_{12}}$$

gegeben. Um eine zweite Punktladung q_2 aus einer unendlichen Entfernung bis zum Abstand r_{12} zu bewegen, ist die Arbeit $W_2 = q_2\,\varphi = (1/4\pi\varepsilon_0)\,q_1 q_2/r_{12}$ zu verrichten. Für eine dritte Ladung q_3 muß Arbeit gegen das von q_1 und q_2 erzeugte Feld geleistet werden. Um sie in den Abstand r_{13} von q_1 und den Abstand r_{23} von q_2 zu bringen, ist eine Arbeit $W_3 = (1/4\pi\varepsilon_0)\,q_3 q_1/r_{13} + (1/4\pi\varepsilon_0)\,q_3 q_2/r_{23}$ nötig. Die gesamte Arbeit beträgt daher

$$W = \frac{1}{4\pi\varepsilon_0}\frac{q_1 q_2}{r_{12}} + \frac{1}{4\pi\varepsilon_0}\frac{q_1 q_3}{r_{13}} + \frac{1}{4\pi\varepsilon_0}\frac{q_2 q_3}{r_{23}}.$$

Diese Arbeit ist die **elektrostatische potentielle Energie** eines aus drei Punktladungen bestehenden Systems. Sie ist unabhängig von der Reihenfolge, in der die Ladungen in ihre Endpositionen gebracht wurden. Allgemein gilt:

> Die elektrostatische potentielle Energie eines Punktladungssystems endlicher Ausdehnung ist die Arbeit, die benötigt wird, um unendlich weit voneinander entfernte Ladungen in ihre Endpositionen zu bringen.

Beispiel 20.7

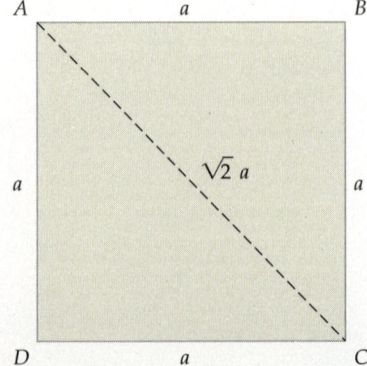

20.7 Eine positive Ladung q soll in jede Ecke dieses Quadrats mit Seitenlänge a gebracht werden.

Die Punkte A, B, C und D befinden sich an den Ecken eines Quadrates der Seitenlänge a (Abbildung 20.7). Wie groß ist die Arbeit, die verrichtet werden muß, um jeweils eine positive Ladung q in jede Ecke des Quadrates zu bringen?

Um die erste Ladung an den Punkt A zu setzen, ist keine Arbeit nötig (also $W_1 = 0$), da das Potential dort null ist, wenn alle anderen Ladungen unendlich weit entfernt sind. Die Arbeit

$$W_2 = \frac{1}{4\pi\varepsilon_0} \frac{qq}{a}$$

ist nötig, um eine zweite Ladung an den Punkt B zu bringen. Punkt C befindet sich in einem Abstand a von Punkt B und $\sqrt{2}\,a$ von Punkt A. Die an den Punkten A und B plazierten Ladungen erzeugen am Punkt C das Potential

$$\varphi_C = \frac{1}{4\pi\varepsilon_0} \frac{q}{a} + \frac{1}{4\pi\varepsilon_0} \frac{q}{\sqrt{2}\,a}.$$

Um eine dritte Ladung q an den Punkt C zu bringen, wird daher die Arbeit

$$W_3 = q\varphi_C = \frac{1}{4\pi\varepsilon_0} \frac{qq}{a} + \frac{1}{4\pi\varepsilon_0} \frac{qq}{\sqrt{2}\,a}$$

benötigt. Befinden sich alle anderen Ladungen schon an ihren Plätzen, so muß die Arbeit

$$W_4 = \frac{1}{4\pi\varepsilon_0} \frac{qq}{a} + \frac{1}{4\pi\varepsilon_0} \frac{qq}{a} + \frac{1}{4\pi\varepsilon_0} \frac{qq}{\sqrt{2}\,a}$$

verrichtet werden, um die vierte Ladung an den Punkt D zu bringen. Die gesamte Arbeit beträgt daher

$$W_{ges} = W_2 + W_3 + W_4 = \frac{1}{\pi\varepsilon_0} \frac{qq}{a} + \frac{1}{2\pi\varepsilon_0} \frac{qq}{\sqrt{2}\,a} = \frac{1}{4\pi\varepsilon_0} (4 + \sqrt{2}) \frac{qq}{a}.$$

Diese Arbeit entspricht der gesamten elektrostatischen Energie der gegebenen Ladungsverteilung.

20.4 Berechnung des elektrischen Potentials kontinuierlicher Ladungsverteilungen

In diesem Abschnitt werden wir das elektrische Potential φ für einige wichtige kontinuierliche Ladungsverteilungen berechnen. Das von einer kontinuierlichen Ladungsverteilung erzeugte Potential läßt sich mit Gleichung (20.3) bestimmen, wenn das elektrische Feld bekannt ist. Es kann auch mit Gleichung (20.10) ermittelt werden, indem man ein Ladungselement dq wie eine Punktladung behandelt und zusätzlich das Summenzeichen in (20.10) durch ein Integralzeichen ersetzt.

$$\varphi = \int \frac{1}{4\pi\varepsilon_0} \frac{dq}{r}.$$

20.12 *Potential einer kontinuierlichen Ladungsverteilung*

Wir werden (20.12) anwenden, um das elektrische Potential auf der Achse eines homogen geladenen Ringes und auf der Achse einer homogen geladenen Scheibe zu berechnen.

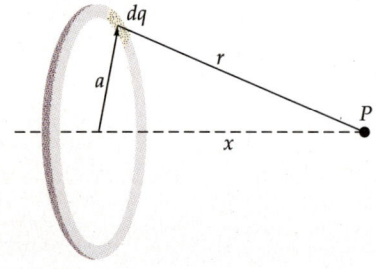

20.8 Skizze, anhand deren verdeutlicht werden kann, wie sich das elektrische Potential auf der Achse eines homogen geladenen Ringes mit Radius a berechnen läßt.

Potential auf der Achse eines geladenen Ringes

In Abbildung 20.8 ist ein homogen geladener Ring mit Radius a und Ladung q gezeigt. Der Abstand des Ladungslementes dq vom Aufpunkt P auf der Achse des Ringes beträgt $r = \sqrt{x^2 + a^2}$. Da dieser Abstand von P für alle Ladungselemente des Ringes gleich groß ist, kann man $1/r$ in (20.12) als Konstante vor das Integral ziehen. Das durch den Ring in P erzeugte Potential ist daher

$$\varphi = \int \frac{1}{4\pi\varepsilon_0} \frac{\mathrm{d}q}{r} = \int \frac{1}{4\pi\varepsilon_0} \frac{\mathrm{d}q}{\sqrt{x^2 + a^2}}$$
$$= \frac{1}{4\pi\varepsilon_0} \frac{1}{\sqrt{x^2 + a^2}} \int \mathrm{d}q = \frac{1}{4\pi\varepsilon_0} \frac{Q}{\sqrt{x^2 + a^2}}.$$

20.13

Beispiel 20.8

Ein Ring mit Radius 4 cm trage eine homogene Ladung von 8 nC. Ein kleines Teilchen der Masse $m = 6$ mg $= 6 \cdot 10^{-6}$ kg und der Ladung $q_0 = 5$ nC werde an die Stelle $x = 3$ cm gebracht und losgelassen. Berechnen Sie die Geschwindigkeit der Ladung in großer Entfernung vom Ring.

Die potentielle Energie der Ladung q_0 bei $x = 3$ cm ist

$$E_\mathrm{pot} = q_0\,\varphi = \frac{1}{4\pi\varepsilon_0} \frac{Qq_0}{\sqrt{x^2 + a^2}}$$
$$= \frac{(8{,}99 \cdot 10^9 \text{ N} \cdot \text{m}^2/\text{C}^2) \cdot 8 \cdot 10^{-9} \text{ C} \cdot 5 \cdot 10^{-9} \text{ C}}{\sqrt{(0{,}03 \text{ m})^2 + (0{,}04 \text{ m})^2}}$$
$$= 7{,}19 \cdot 10^{-6} \text{ J}.$$

Während sich das Teilchen entlang der x-Achse vom Ring entfernt, verliert es potentielle und gewinnt kinetische Energie. Weit entfernt vom Ring ist die potentielle Energie des Teilchens null, und seine kinetische Energie beträgt $7{,}19 \cdot 10^{-6}$ J. Seine Geschwindigkeit ist daher

$$\frac{1}{2} mv^2 = 7{,}19 \cdot 10^{-6} \text{ J}$$
$$v = \sqrt{\frac{2 \cdot 7{,}19 \cdot 10^{-6} \text{ J}}{6 \cdot 10^{-6} \text{ kg}}} = 1{,}55 \text{ m/s}.$$

Übung

Berechnen Sie die potentielle Energie des Teilchens aus Beispiel 20.8 bei $x = 9$ cm. (Antwort: $3{,}65 \cdot 10^{-6}$ J)

Potential auf der Achse einer homogen geladenen Scheibe

Wir wollen nun (20.13) verwenden, um in einem weiteren Beispiel das Potential auf der Achse einer homogen geladenen Scheibe zu berechnen. Die Scheibe habe den Radius R und trage eine Gesamtladung Q. Somit ist die Oberflächenladungs-

20.4 Berechnung des elektrischen Potentials kontinuierlicher Ladungsverteilungen

dichte der Scheibe $\sigma = Q/(\pi R^2)$. Wir nehmen die x-Achse als Scheibenachse und behandeln die Scheibe als eine Vielzahl konzentrisch angeordneter Ringladungen. Abbildung 20.9 zeigt einen Ring mit Radius a und Breite da. Die Fläche des Ringes ist $2\pi a\,\mathrm{d}a$, und seine Ladung beträgt $\mathrm{d}q = \sigma\,\mathrm{d}A = \sigma 2\pi a\,\mathrm{d}a$. Das durch dieses geladene Ringelement erzeugte Potential am Punkt P auf der x-Achse ist durch (20.13) gegeben:

$$\mathrm{d}\varphi = \frac{1}{4\pi\varepsilon_0}\frac{\mathrm{d}q}{(x^2+a^2)^{1/2}} = \frac{1}{2\varepsilon_0}\frac{\sigma a\,\mathrm{d}a}{(x^2+a^2)^{1/2}}.$$

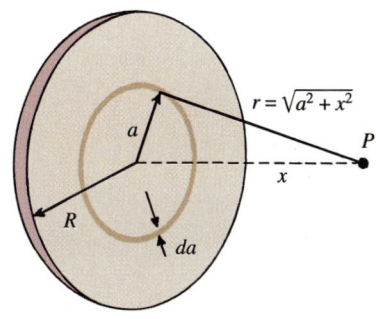

20.9 Zur Berechnung des elektrischen Potentials auf der Achse einer homogen geladenen Scheibe mit Radius R betrachtet man konzentrische Ringe mit Radius a und Dicke da. Jeder dieser Ringe trägt die Ladung $\mathrm{d}q = \sigma\,\mathrm{d}A = (Q/\pi R^2)\,2\pi a\,\mathrm{d}a$.

Durch Integration von $a = 0$ bis $a = R$ findet man für das gesamte Potential der Scheibe auf der x-Achse:

$$\varphi = \int_0^R \frac{1}{2\varepsilon_0}\frac{\sigma a\,\mathrm{d}a}{(x^2+a^2)^{1/2}} = \frac{\sigma}{4\varepsilon_0}\int_0^R (x^2+a^2)^{-1/2}\,2a\,\mathrm{d}a.$$

Dieses Integral ist von der Form $\int u^n\,\mathrm{d}u$ mit $u = x^2 + a^2$ und $n = -\tfrac{1}{2}$. Die Integration ergibt daher

$$\varphi = \frac{\sigma}{4\varepsilon_0}\frac{(x^2+a^2)^{+1/2}}{\tfrac{1}{2}}\bigg|_{a=0}^{a=R} = \frac{\sigma}{2\varepsilon_0}[(x^2+R^2)^{1/2} - x]. \qquad 20.14$$

Potential nahe einer unendlichen Ladungsebene

Lassen wir R sehr groß werden, dann stellt die obige Scheibe näherungsweise eine unendliche Ebene dar. Gemäß (20.14) wird dann mit R auch das Potential unendlich. Gleichung (20.12) können wir nicht auf unendlich große Ladungsverteilungen wie eine unendliche Ladungsebene oder eine unendlich ausgedehnte Linienladung anwenden, da hier das Potential im Unendlichen nicht als null gewählt werden kann. In diesen Fällen berechnen wir zunächst das elektrische Feld $\boldsymbol{E}$ entweder durch direkte Integration oder mit dem Gaußschen Gesetz und bestimmen dann das Potential aus seiner Definitionsgleichung (20.3). Für eine unendliche Ladungsebene, die in der y-z-Ebene liegt und die Oberflächenladungsdichte σ besitzt, ist das elektrische Feld für positive x durch

$$\boldsymbol{E} = \frac{\sigma}{2\varepsilon_0}\boldsymbol{e}_x$$

gegeben. Zur Berechnung des Potentials greifen wir auf (20.3) zurück. Angenommen, das Potential auf der Ladungsebene, also an der Stelle $x = 0$, sei gleich φ_0, so ergibt sich das Potential für ein beliebiges positives x zu

$$\varphi(x) - \varphi_0 = -\int_0^x \boldsymbol{E}\cdot\mathrm{d}\boldsymbol{\ell} = -\int_0^x \frac{\sigma}{2\varepsilon_0}\boldsymbol{e}_x\cdot\mathrm{d}x\,\boldsymbol{e}_x = -\frac{\sigma}{2\varepsilon_0}\int_0^x \mathrm{d}x = -\frac{\sigma}{2\varepsilon_0}x$$

oder

$$\varphi(x) = \varphi_0 - \frac{\sigma}{2\varepsilon_0}x \qquad x > 0. \qquad 20.15\mathrm{a}$$

Für positive x-Werte hat das Potential seinen maximalen Wert φ_0 bei $x = 0$ und nimmt linear mit dem Abstand zur Ebene ab. Da es für immer größer werdendes x gegen $-\infty$ geht, können wir das Potential bei $x = \infty$ nicht gleich null setzen. Allerdings können wir das Potential so wählen, daß es an jedem anderen Punkt, insbesondere bei $x = 0$, den Wert null annimmt. Dies wäre natürlich immer noch das Maximum des Potentials, weil alle Werte an anderen Stellen auf der x-Achse negativ wären. Für negative x-Werte zeigt das elektrische Feld in die negative x-Richtung und ist durch

$$\boldsymbol{E} = -\frac{\sigma}{2\varepsilon_0}\boldsymbol{e}_x$$

gegeben. Verwendet man diese Funktion für das elektrische Feld, um das Potential zu berechnen, so ergibt sich

$$\varphi(x) = \varphi_0 + \frac{\sigma}{2\varepsilon_0} x \qquad x < 0 . \qquad 20.15\,\text{b}$$

Da x in dieser Gleichung negativ ist, nimmt das Potential seinen maximalen Wert φ_0 ebenfalls bei $x = 0$ an und wird wieder linear mit dem Abstand zur Ladungsebene kleiner. In Abbildung 20.10 ist φ gegen x aufgetragen. Beachten Sie, daß diese Funktion bei $x = 0$ stetig ist, im Gegensatz zum elektrischen Feld E_x. In Kapitel 19 haben wir gesehen, daß das elektrische Feld dieser Ladungsverteilung bei $x = 0$ einen Sprung der Größe σ/ε_0 macht (σ ist die Oberflächenladungsdichte). Das Potential ist dagegen überall im Raum stetig. Das folgt aus seiner Definition: Betrachten wir zwei dicht zusammenliegende Punkte x_1 und x_2, und sei φ_1 das Potential bei x_1 sowie φ_2 dasjenige bei x_2. Die Potentialdifferenz ist dann

$$\Delta\varphi = \langle E_x\rangle \Delta x = \langle E_x\rangle (x_2 - x_1) .$$

Hierbei bezeichnet $\langle E_x\rangle$ den Mittelwert des elektrischen Feldes zwischen den Punkten. Bewegt sich x_2 in Richtung x_1, dann strebt die Potentialdifferenz $\Delta\varphi$ gegen null, solange $\langle E_x\rangle$ einen endlichen Wert hat. Anders ausgedrückt: Bewegt man eine Probeladung in einem endlichen elektrischen Feld um die Strecke Δx, so strebt die geleistete Arbeit für $\Delta x \to 0$ ebenfalls gegen null. Dies entspricht aber genau der Definition der Stetigkeit einer Funktion, wie sie in jedem Lehrbuch der höheren Mathematik nachgelesen werden kann.

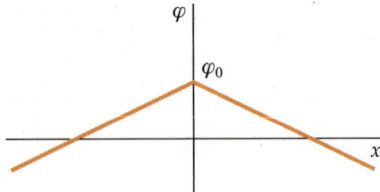

20.10 Das Potential φ einer unendlichen Ladungsebene, die in der y-z-Ebene liegt, aufgetragen gegen x. Das Potential ist im Gegensatz zum elektrischen Feld bei $x = 0$ stetig.

Beispiel 20.9

Eine unendliche Ladungsebene der Oberflächenladungsdichte σ liege parallel zur y-z-Ebene bei $x = -a$, und eine Punktladung q befinde sich im Ursprung (Abbildung 20.11). Berechnen Sie das Potential an einem Punkt P im Abstand r von der Punktladung für $x > -a$ (also rechts der Ladungsebene).

Das von der Ladungsebene erzeugte Potential φ_{Ebene} in einem Abstand x' von der unendlichen Ebene wird durch (20.15a) beschrieben, wenn man x' durch x ersetzt:

$$\varphi_{\text{Ebene}} = A - \frac{\sigma}{2\varepsilon_0} x' .$$

Hier haben wir $x' = x + a$ gesetzt, und A ist eine Konstante, die von der Wahl des Nullpunktes abhängt. Da wir das Potential bei $r = \infty$ nicht null wählen können, verwenden wir (20.8), um das von der im Ursprung lokalisierten Punktladung q erzeugte Potential zu berechnen:

$$\varphi_q = \frac{1}{4\pi\varepsilon_0}\frac{q}{r} + B .$$

20.4 Berechnung des elektrischen Potentials kontinuierlicher Ladungsverteilungen

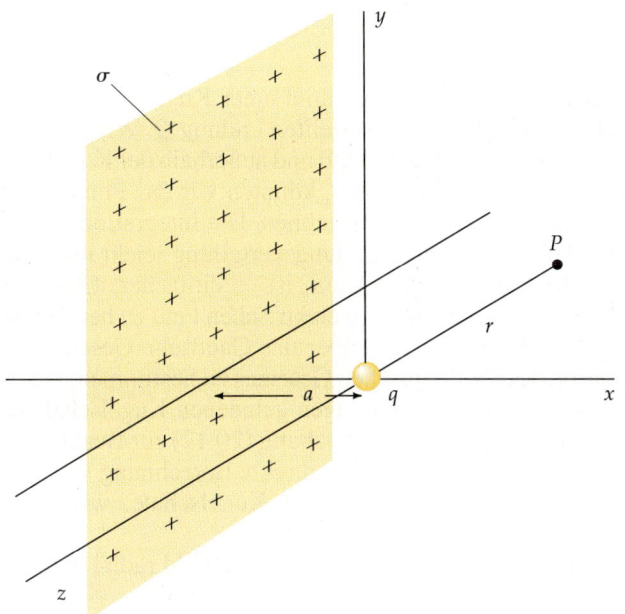

20.11 Zur Berechnung des Potentials einer Punktladung im Ursprung und einer unendlich ausgedehnten Ladungsebene bei $x = -a$.

B ist eine Konstante, die von der Wahl des Nullpunktes abhängt. Das Gesamtpotential, das sich aus demjenigen der unendlichen Ladungsebene und dem der Punktladung zusammensetzt, ist

$$\varphi = \varphi_{\text{Ebene}} + \varphi_q$$

$$= A - \frac{\sigma}{2\varepsilon_0} x' + \frac{1}{4\pi\varepsilon_0} \frac{q}{r} + B \qquad 20.16$$

$$= \frac{1}{4\pi\varepsilon_0} \frac{q}{r} - \frac{\sigma}{2\varepsilon_0} x' + C,$$

wobei $C = A + B$. Wir wählen nun das Potential so, daß sein Nullpunkt im Schnittpunkt der x-Achse mit der unendlichen Ladungsebene liegt. Die Koordinaten dieses Punktes sind $x = -a$, $y = 0$, $z = 0$, und hier gilt $x' = 0$ und $r = a$. Nach (20.16) ergibt sich dann

$$\varphi = + \frac{1}{4\pi\varepsilon_0} \frac{q}{a} + C = 0$$

$$C = -\frac{1}{4\pi\varepsilon_0} \frac{q}{a}.$$

Damit haben wir eine Gleichung für die Bestimmung der Konstanten C gefunden, und wir können das Potential an jedem beliebigen Punkt durch

$$\varphi = \frac{1}{4\pi\varepsilon_0} \frac{q}{r} - \frac{1}{4\pi\varepsilon_0} \frac{q}{a} - \frac{\sigma}{2\varepsilon_0} x' = \frac{1}{4\pi\varepsilon_0} \frac{q}{r} - \frac{1}{4\pi\varepsilon_0} \frac{q}{a} - \frac{\sigma}{2\varepsilon_0} (x + a)$$

angeben. In kartesischen Koordinaten gilt $r = (x^2 + y^2 + z^2)^{1/2}$; somit erhalten wir φ dann nach der Gleichung

$$\varphi = \frac{1}{4\pi\varepsilon_0} \frac{q}{(x^2 + y^2 + z^2)^{1/2}} - \frac{\sigma}{2\varepsilon_0} (x + a) - \frac{1}{4\pi\varepsilon_0} \frac{q}{a}.$$

Potential innerhalb und außerhalb einer Kugelschale

Als nächstes bestimmen wir das Potential einer Kugelschale mit Radius R und einer homogen auf der Oberfläche verteilten Ladung Q. Wir interessieren uns für das Potential an allen Punkten innerhalb und außerhalb der Kugelschale. Da diese Schale eine endliche Ausdehnung hat, könnten wir das Potential durch direkte Integration der Gleichung (20.12) berechnen. Die Integration ist aber schwierig. Da das elektrische Feld für diese Ladungsverteilung leicht mit Hilfe des Gaußschen Gesetzes bestimmt werden kann, ist es einfacher, Gleichung (20.3) zu verwenden und das Potential aus dem elektrischen Feld zu berechnen. Allerdings ist es wichtig, das elektrische Feld über das Gaußsche Gesetz und nicht durch direkte Integration des Coulombschen Gesetzes zu bestimmen. Der Weg über die direkte Integration ist bei einer homogen geladenen Kugelschale nämlich noch schwieriger als die Integration der Gleichung (20.12) zur Bestimmung von φ, da φ ein Skalar, E aber ein Vektor ist. (Die direkte Berechnung von E entspricht der Berechnung des Gravitationsfeldes einer Kugelschale, wie wir sie im Abschnitt 10.7 durchgeführt haben.)

Außerhalb der Kugelschale ist das elektrische Feld radial und entspricht dem einer Punktladung Q im Ursprung:

$$E = \frac{1}{4\pi\varepsilon_0} \frac{Q}{r^2} \frac{r}{r}.$$

Für die Änderung des Potentials durch eine Verschiebung $d\ell = dr \cdot r/r$ außerhalb der Kugelschale ergibt sich daher (zur Erinnerung: $r \cdot r = r^2$):

$$d\varphi = -E \cdot d\ell = -\frac{1}{4\pi\varepsilon_0} \frac{Q}{r^2} \frac{r}{r} \cdot dr \frac{r}{r} = -\frac{1}{4\pi\varepsilon_0} \frac{Q}{r^2} dr.$$

Dies ist mit Gleichung (20.7) identisch, die die Änderung des Potentials einer Punktladung im Ursprung beschreibt. Integration ergibt

$$\varphi = \frac{1}{4\pi\varepsilon_0} \frac{Q}{r} + \varphi_0,$$

wobei φ_0 das Potential bei $r = \infty$ ist. Setzen wir φ_0 gleich null, so erhalten wir

$$\varphi = \frac{1}{4\pi\varepsilon_0} \frac{Q}{r} \qquad r > R.$$

Innerhalb der Kugelschale ist das elektrische Feld null. Daher ist dort die Potentialänderung für jede Verschiebung ebenfalls null. Das bedeutet, daß das Potential in der Kugelschale überall konstant sein muß. Strebt r außerhalb der Kugelschale gegen R, so geht das Potential gegen $(1/4\pi\varepsilon_0) Q/R$. Also ist der konstante Wert von φ innerhalb der Kugelschale $(1/4\pi\varepsilon_0) Q/R$, da φ stetig ist. Unser Ergebnis lautet somit:

Potential einer Kugelschale

$$\varphi = \begin{cases} \dfrac{1}{4\pi\varepsilon_0} \dfrac{Q}{R} & r \leq R \\ \dfrac{1}{4\pi\varepsilon_0} \dfrac{Q}{r} & r \geq R. \end{cases} \qquad 20.17$$

20.4 Berechnung des elektrischen Potentials kontinuierlicher Ladungsverteilungen

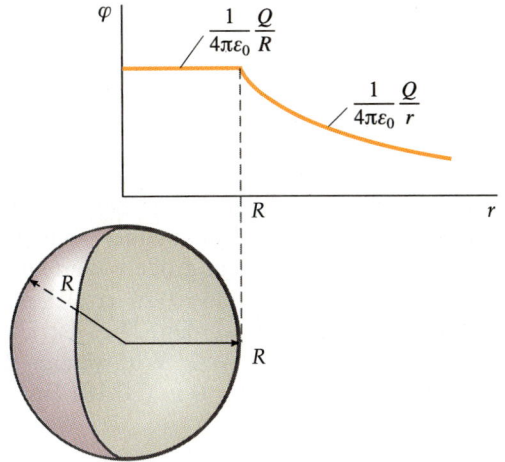

20.12 Das elektrische Potential einer homogen geladenen Kugelschale mit Radius R, aufgetragen gegen den Abstand r vom Mittelpunkt der Kugelschale. Innerhalb des von der Schale eingeschlossenen Volumens hat das Potential den konstanten Wert

$$\frac{1}{4\pi\varepsilon_0}\frac{Q}{R}.$$

Außerhalb der Schale entspricht es dem Potential einer Punktladung im Mittelpunkt der Kugel.

Die zugehörige Potentialkurve ist in Abbildung 20.12 wiedergegeben.

Häufig wird fälschlicherweise vermutet, daß das Potential innerhalb einer Kugelschale null sein müßte, da dort das elektrische Feld null ist. Ist ein elektrisches Feld *null*, so folgt daraus lediglich, daß sich das Potential *nicht ändert*. Betrachten wir eine Kugelschale mit einer kleinen Öffnung, so daß wir innerhalb und außerhalb der Schale eine kleine Probeladung plazieren können. Bewegen wir die Probeladung aus dem Unendlichen bis an den Rand der Kugelschale, so ist die dabei von uns verrichtete Arbeit $(1/4\pi\varepsilon_0)\,Q/R$. Innerhalb der Schale existiert kein elektrisches Feld. Daher ist keine zusätzliche Arbeit nötig, um die Probeladung in die Schale hineinzubringen. Das bedeutet: Die gesamte Arbeit, die aufgewendet werden muß, um eine Probeladung aus dem Unendlichen zu einem beliebigen Punkt innerhalb der Kugel zu bringen, ist gerade die Arbeit, die benötigt wird, um die Probeladung bis an den Rand der Kugelschale mit Radius R zu bringen, also $(1/4\pi\varepsilon_0)\,Q/R$. Das Potential ist daher überall innerhalb der Kugelschale konstant und beträgt $(1/4\pi\varepsilon_0)\,Q/R$.

Übung

Wie groß ist das Potential auf einer Kugelschale mit Radius 10 cm und einer Ladung von 5 μC? (Antwort: $5{,}39 \cdot 10^5$ V = 539 kV)

Potential in der Nähe einer Linienladung unendlicher Ausdehnung

Wir wollen nun das Potential einer unendlich ausgedehnten homogenen Linienladung berechnen. Die Ladung pro Längeneinheit sei λ. Da diese Ladungsverteilung unendlich ausgedehnt ist, können wir (20.12) nicht zur Berechnung des Potentials verwenden. In Kapitel 19 haben wir gesehen, daß das von einer solchen Linienladung erzeugte elektrische Feld von der Linie radial nach außen zeigt (wenn λ positiv ist) und durch $E_r = (1/2\pi\varepsilon_0)\,\lambda/r$ gegeben ist. Gleichung (20.3) liefert somit

$$\mathrm{d}\varphi = -\mathbf{E}\cdot\mathrm{d}\boldsymbol{\ell} = -E_r\,\mathrm{d}r = -\frac{1}{2\pi\varepsilon_0}\frac{\lambda}{r}\,\mathrm{d}r$$

697

20 Das elektrische Potential

für die Potentialänderung. Integration ergibt

$$\varphi = \varphi_0 - \frac{1}{2\pi\varepsilon_0} \lambda \ln r \,. \tag{20.18}$$

In Worten ausgedrückt: Für eine positive Linienladung zeigt das elektrische Feld von der Linie weg, und das Potential wird mit größer werdendem Abstand zur Linienladung immer kleiner (wobei hier mit „kleiner" gemeint ist, daß das Potential immer stärker negativ wird). Für sehr große r-Werte nimmt das Potential immer weiter ab, ohne jemals einen Endwert zu erreichen. Daher kann das Potential für $r = \infty$ nicht null gewählt werden. Dies ist aber auch für $r = 0$ ausgeschlossen wegen $\ln r \to \infty$ für $r \to 0$. Wir wählen daher φ an einer Stelle $r = a$ null. Setzen wir $r = a$ und $\varphi = 0$ in (20.18) ein, so können wir φ_0 bestimmen:

$$\varphi = 0 = \varphi_0 - \frac{1}{2\pi\varepsilon_0} \lambda \ln a$$

oder

$$\varphi_0 = \frac{1}{2\pi\varepsilon_0} \lambda \ln a \,.$$

Damit wird (20.18) zu

$$\varphi = \frac{1}{2\pi\varepsilon_0} \lambda \ln a - \frac{1}{2\pi\varepsilon_0} \lambda \ln r$$

oder

Potential einer Linienladung mit der Randbedingung $\varphi = 0$ bei $r = a$

$$\varphi = -\frac{1}{2\pi\varepsilon_0} \lambda \ln \frac{r}{a} \,. \tag{20.19}$$

Frage

3. Ist es bei der Berechnung von φ für eine Ringladung wichtig, daß Q homogen auf dem Ring verteilt ist? Wäre dies nicht der Fall, würden dann φ oder E_x anders aussehen?

20.5 Elektrisches Feld und Potential

In diesem Abschnitt sollen die wichtigsten Ergebnisse der bisherigen Betrachtung zusammengefaßt und noch etwas mehr theoretisches Hintergrundwissen vermittelt werden. Dazu wird es nötig sein, einige weitere mathematische Begriffe und Methoden einzuführen.

Die Richtung, in der das Potential kleiner wird, ist die Richtung, in die die elektrischen Feldlinien zeigen. Ist das Potential bekannt, so kann daraus das elektrische Feld berechnet werden. Betrachten wir eine kleine Verschiebung $d\boldsymbol{\ell}$ einer Probeladung in einem beliebigen elektrischen Feld. Die Änderung des Potentials ist

$$d\varphi = -\boldsymbol{E} \cdot d\boldsymbol{\ell} = -E_\ell \, d\ell \,, \tag{20.20}$$

wobei E_ℓ die zur Verschiebung parallele Komponente des elektrischen Feldes E bezeichnet. Dividieren wir (20.20) durch $d\ell$, so ergibt sich

$$E_\ell = -\frac{d\varphi}{d\ell}.\qquad 20.21$$

Erfolgt die Verschiebung $d\ell$ senkrecht zum elektrischen Feld, so ändert sich das Potential nicht. Die größte Veränderung von φ erhalten wir, wenn wir die Probeladung in Richtung des elektrischen Feldes oder dazu entgegengesetzt verschieben. Wie bereits im Kapitel 6 (Kraft und potentielle Energie) gezeigt, heißt ein Vektor, der die Richtung der größten Änderung einer skalaren Funktion anzeigt und der räumlichen Ableitung der Funktion in dieser Richtung entspricht, **Gradient** der Funktion. Das elektrische Feld E ist der negative Gradient des Potentials φ. Die Feldlinien zeigen in die Richtung der größten Abnahme des Potentials. In Vektorschreibweise wird der Gradient von φ als $\nabla \varphi$ geschrieben (vgl. Kapitel 6), d.h.

$$\boxed{E = -\operatorname{grad} \varphi = -\nabla \varphi.}\qquad 20.22$$

Abbildung 20.13 zeigt die durch eine Punktladung q im Ursprung erzeugten elektrischen Feldlinien. Um eine Probeladung senkrecht zu diesen Linien zu bewegen, muß keine Arbeit aufgebracht werden, und das Potential ändert sich nicht. Die Oberfläche, auf der das elektrische Potential konstant ist, heißt **Äquipotentialfläche**. Für das von der Punktladung im Ursprung erzeugte Potential $\varphi = (1/4\pi\varepsilon_0)\, q/r$ sind die Äquipotentialflächen Kugeloberflächen mit konstantem Radius r. Später in diesem Kapitel werden wir noch sehen, daß die Oberfläche eines jeden Leiters, der sich im elektrostatischen Gleichgewicht befindet, eine Äquipotentialfläche ist. Die elektrischen Feldlinien stehen immer senkrecht zu einer Äquipotentialfläche, bei einer Punktladung verlaufen sie also radial. Für eine Verschiebung längs der radialen elektrischen Feldlinien ist $d\ell = dr\, r/r$. Gleichung (20.20) lautet dann

$$d\varphi = -E \cdot d\ell = -E \cdot dr\, \frac{r}{r} = -E_r\, dr$$

oder

$$E_r = -\frac{d\varphi}{dr}.\qquad 20.23$$

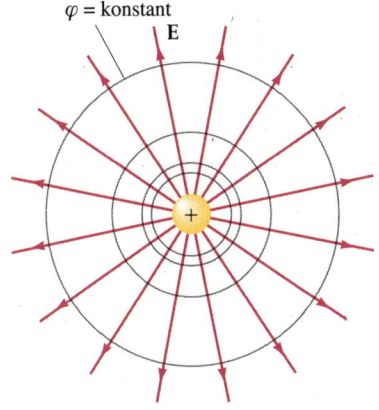

20.13 Äquipotentialflächen (als Linien dargestellt, da im Schnitt) und elektrische Feldlinien (rot) außerhalb einer Punktladung q. Die Feldlinien verlaufen radial, und die Äquipotentialflächen sind Kugeloberflächen. Die elektrischen Feldlinien stehen immer senkrecht auf den Äquipotentialflächen.

Für jede kugelsymmetrische Ladungsverteilung ändert sich das Potential nur mit r, und das elektrische Feld ist mit dem Potential durch

$$\boxed{E = -\nabla \varphi = -\frac{d\varphi}{dr}\, \frac{r}{r}}\qquad 20.24$$

verknüpft.

Betrachten wir beispielsweise ein durch eine unendliche Ladungsebene in der y-z-Ebene erzeugtes elektrisches Feld. Hier zeigen die Feldlinien in x-Richtung, und die Äquipotentialflächen liegen parallel zur y-z-Ebene. Das Potential φ hängt daher nur von x ab. Ein Verschiebungsvektor, der parallel zum elektrischen Feld zeigt, wird durch

$$d\ell = dx\, e_x\qquad 20.25$$

beschrieben. In diesem Fall wird Gleichung (20.21) zu

$$E_x = -\frac{d\varphi}{dx},$$

und das elektrische Feld ist

$$\boldsymbol{E} = -\frac{d\varphi}{dx}\boldsymbol{e}_x. \qquad 20.26$$

Im allgemeinen hängt die Potentialfunktion von allen drei Koordinaten x, y und z ab. Die Komponenten des Feldes sind dann durch die partiellen Ableitungen des Potentials nach x, y oder z gegeben:

$$E_x = -\frac{\partial \varphi}{\partial x} \qquad 20.27\,\mathrm{a}$$

$$E_y = -\frac{\partial \varphi}{\partial y}$$

$$E_z = -\frac{\partial \varphi}{\partial z}. \qquad 20.27\,\mathrm{b}$$

Gleichung (20.22) lautet also in kartesischen Koordinaten:

Elektrisches Feld als negativer Gradient des elektrischen Potentials

$$\boldsymbol{E} = -\nabla \varphi = -\left(\frac{\partial \varphi}{\partial x}\boldsymbol{e}_x + \frac{\partial \varphi}{\partial y}\boldsymbol{e}_y + \frac{\partial \varphi}{\partial z}\boldsymbol{e}_z\right). \qquad 20.28$$

Beispiel 20.10

Berechnen Sie das elektrische Feld für das durch $\varphi(x) = 100\text{ V} - (25\text{ V/m})\,x$ gegebene Potential.

Das Potential hängt nur von x ab. Das elektrische Feld wird mit Hilfe von (20.26) berechnet:

$$\boldsymbol{E} = -\frac{d\varphi}{dx}\boldsymbol{e}_x = +(25\text{ V/m})\,\boldsymbol{e}_x.$$

Dieses elektrische Feld ist homogen und zeigt in x-Richtung. Beachten Sie, daß sich die Konstante 100 V in der Gleichung für $\varphi(x)$ nicht auf das elektrische Feld auswirkt. Das elektrische Feld hängt nicht von der Wahl des Nullpunktes ab.

Übung

a) An welchem Punkt ist φ in Beispiel 20.10 null? b) Schreiben Sie das zum selben elektrischen Feld gehörende Potential auf, wenn die Randbedingung $\varphi = 0$ bei $x = 0$ lautet. (Antworten: a) $x = 4$ m, b) $\varphi = -(25\text{ V/m})\,x$)

Beispiel 20.11

Berechnen Sie das elektrische Feld des Dipols aus Beispiel 20.6. Das Potential auf der z-Achse weit entfernt vom Dipol war in diesem Beispiel

$$\varphi = \frac{1}{4\pi\varepsilon_0} \frac{p}{z^2},$$

wobei $p = 2qa$ den Betrag des Dipolmoments angibt. Das elektrische Feld an einem Punkt auf der z-Achse ist durch

$$\begin{aligned}\boldsymbol{E} &= -\frac{\mathrm{d}\varphi}{\mathrm{d}z}\boldsymbol{e}_z \\ &= -(-2)\frac{1}{4\pi\varepsilon_0}\frac{p}{z^3}\boldsymbol{e}_z = \frac{1}{2\pi\varepsilon_0}\frac{p}{z^3}\boldsymbol{e}_z\end{aligned}$$

gegeben. Dasselbe Ergebnis haben wir auch mit Hilfe des Coulombschen Gesetzes (Gleichung 18.10) erhalten.

Beispiel 20.12

Im vorhergehenden Abschnitt haben wir das Potential auf der Achse eines homogen geladenen Ringes und einer homogen geladenen Scheibe bestimmt. Verwenden Sie dieses Potential, um das elektrische Feld auf der Achse dieser Ladungsverteilungen zu berechnen.

Das Potential auf der Achse eines homogen geladenen Ringes der Gesamtladung Q ist durch (20.13) gegeben:

$$\varphi = \frac{1}{4\pi\varepsilon_0} \frac{Q}{\sqrt{x^2 + a^2}} = \frac{1}{4\pi\varepsilon_0} Q(x^2 + a^2)^{-1/2}.$$

Das elektrische Feld ist dann

$$\begin{aligned}\boldsymbol{E} &= -\frac{\mathrm{d}\varphi}{\mathrm{d}x}\boldsymbol{e}_x = -\left(-\frac{1}{2}\right)\frac{1}{4\pi\varepsilon_0} Q(x^2 + a^2)^{-3/2}(2x)\boldsymbol{e}_x \\ &= \frac{1}{4\pi\varepsilon_0}\frac{Qx}{(x^2 + a^2)^{3/2}}\boldsymbol{e}_x.\end{aligned}$$

Dieses Ergebnis entspricht der Gleichung (19.12), die wir direkt durch Anwendung des Coulombschen Gesetzes erhalten hatten.

Das Potential auf der Achse einer homogen geladenen Scheibe ist durch (20.14) gegeben:

$$\varphi = \frac{\sigma}{2\varepsilon_0}[(x^2 + R^2)^{1/2} - x].$$

Wieder findet man das elektrische Feld durch Gradientenbildung:

$$\boldsymbol{E} = -\frac{\mathrm{d}\varphi}{\mathrm{d}x}\boldsymbol{e}_x = \frac{\sigma}{2\varepsilon_0}\left(1 - \frac{x}{\sqrt{x^2 + R^2}}\right)\boldsymbol{e}_x.$$

Dies ist dieselbe Gleichung wie (19.13), die sich durch direkte Berechnung mit Hilfe des Coulombschen Gesetzes ergeben hatte.

20 Das elektrische Potential

Wir wollen an dieser Stelle, ausgehend von der Gradientenoperation, noch einige weitere wichtige Eigenschaften des elektrischen Feldes von Ladungsverteilungen beschreiben. Das elektrische Feld ist ein Vektor, das Potential eine skalare Größe. Wir erhalten das elektrische Feld, indem wir den Gradienten des Potentials bilden, also den Nabla-Operator (vgl. Kapitel 6) auf das Potential anwenden. Rein formal gesehen, führt die Gradientenbildung also einen Skalar in einen Vektor über. Man kann sich nun fragen, ob aus Symmetriegründen der Nabla-Operator nicht auch auf einen Vektor anwendbar ist und ob auf diese Weise nicht ebenfalls ein physikalisch sinnvolles Ergebnis erhalten wird. Tatsächlich haben Mathematiker und theoretische Physiker wie Hamilton, Weierstraß, Cayly, Gauß und andere im letzten Jahrhundert aus ähnlichen Überlegungen heraus eine solche Operation in die Vektoranalysis eingeführt und ihr den Namen Divergenz gegeben. Die **Divergenz** ist definiert als das Skalarprodukt des Nabla-Operators mit dem Vektor, auf den die Operation angewendet werden soll. Betrachten wir beispielsweise einen Vektor $\boldsymbol{a}$, so gilt

Definition der Divergenz

$$\operatorname{div} \boldsymbol{a} = \nabla \cdot \boldsymbol{a} = \left(\frac{\partial}{\partial x}, \frac{\partial}{\partial y}, \frac{\partial}{\partial z}\right) \cdot (a_x, a_y, a_z) = \frac{\partial a_x}{\partial x} + \frac{\partial a_y}{\partial y} + \frac{\partial a_z}{\partial z}. \qquad 20.29$$

Die Divergenz führt somit einen Vektor in eine skalare Größe über (genau umgekehrt wie der Gradient).

Wie läßt sich diese Erkenntnis nun auf elektrisches Feld und Potential anwenden? Zunächst rufen wir uns in Erinnerung, daß das elektrische Feld einer kontinuierlichen Ladungsverteilung durch (vgl. Kapitel 19)

$$\boldsymbol{E} = \frac{1}{4\pi\varepsilon_0} \int_V \frac{1}{r^2} \frac{\boldsymbol{r}}{r} \, \mathrm{d}q$$

gegeben ist. Den Ausdruck $\mathrm{d}q$ können wir durch $\varrho \, \mathrm{d}V$ ersetzen (weil $\varrho = \mathrm{d}q/\mathrm{d}V$), so daß

$$\boldsymbol{E} = \frac{1}{4\pi\varepsilon_0} \int_V \frac{\varrho}{r^2} \frac{\boldsymbol{r}}{r} \, \mathrm{d}V = \frac{1}{4\pi\varepsilon_0} \int_V \frac{\varrho}{r^3} \boldsymbol{r} \, \mathrm{d}V.$$

Das Volumen, das wir hier betrachten, ist gerade das Volumen einer Kugel mit dem Radius r, also $V = (4/3)\,\pi r^3$ bzw.

$$r^3 = \frac{3V}{4\pi}.$$

Außerdem besitzt ϱ eine endliche Ausdehnung und befindet sich im Zentrum des Volumens V. D.h., wir können ϱ hinsichtlich der Integration als konstant ansehen und vor das Integral ziehen:

$$\boldsymbol{E} = \frac{1}{4\pi\varepsilon_0} \frac{\varrho \int_V \mathrm{d}V}{(3V/4\pi)} \boldsymbol{r} = \frac{1}{4\pi\varepsilon_0} \frac{4\pi\varrho V}{3V} \boldsymbol{r} = \frac{1}{\varepsilon_0} \frac{\varrho}{3} \boldsymbol{r}, \qquad 20.30$$

wobei wir ausgenutzt haben, daß

$$\int_V dV = V.$$

Für die Divergenz des elektrischen Feldes einer kontinuierlichen Ladungsverteilung erhalten wir damit:

$$\begin{aligned}\text{div } \boldsymbol{E} = \nabla \cdot \boldsymbol{E} &= \nabla \cdot \frac{1}{\varepsilon_0}\frac{\varrho}{3}\boldsymbol{r} = \frac{1}{\varepsilon_0}\frac{\varrho}{3}\nabla \cdot \boldsymbol{r} \\ &= \frac{1}{\varepsilon_0}\frac{\varrho}{3}\left(\frac{\partial}{\partial x},\frac{\partial}{\partial y},\frac{\partial}{\partial z}\right)\cdot(x,y,z) = \frac{1}{\varepsilon_0}\frac{\varrho}{3}\left(\frac{\partial x}{\partial x}+\frac{\partial y}{\partial y}+\frac{\partial z}{\partial z}\right) \\ &= \frac{1}{\varepsilon_0}\frac{\varrho}{3}(1+1+1) = \frac{1}{\varepsilon_0}\frac{\varrho}{3}\cdot 3 = \frac{\varrho}{\varepsilon_0}.\end{aligned}$$

20.31 *Poisson-Gleichung*

Diese Gleichung wird auch **Poisson-Gleichung** genannt.

Die anschauliche Interpretation der Divergenz ist die einer Quelle, von der das Feld ausgeht. Ist die Divergenz eines Vektorfeldes null, so besitzt dieses Feld keine Quelle, ist sie dagegen ungleich null, so existiert eine Quelle. Im Fall des elektrischen Feldes ist die Größe „Raumladungsdichte ϱ dividiert durch ε_0" die Quelle, und $1/\varepsilon_0$ ist die Quellstärke der Einheitsladung. Wenn ϱ positiv ist, dann beginnen die Feldlinien an dieser Ladungsverteilung (sie gehen von dieser Quelle aus), ist ϱ negativ, so enden sie hier.

Aus der Poisson-Gleichung läßt sich eine Beziehung herleiten, die den direkten Zusammenhang zwischen dem Potential und der zugehörigen Ladungsverteilung zeigt: Da definitionsgemäß $\boldsymbol{E} = -\text{grad }\varphi$, folgt mit (20.31):

$$\begin{aligned}\text{div } \boldsymbol{E} = -\text{div grad } \varphi &= -\left(\frac{\partial^2\varphi}{\partial x^2}+\frac{\partial^2\varphi}{\partial y^2}+\frac{\partial^2\varphi}{\partial z^2}\right) \\ &= -\Delta\varphi = \frac{\varrho}{\varepsilon_0}.\end{aligned}$$

20.32

Dabei ist

$$\Delta = \text{ div grad} = \frac{\partial^2}{\partial x^2}+\frac{\partial^2}{\partial y^2}+\frac{\partial^2}{\partial z^2}$$

Definition des Laplace-Operators

der sogenannte **Laplace-Operator**. Formal betrachtet, ist die elektrische Feldstärke (bis auf einen Zahlenfaktor) die erste, die Ladungsverteilung die zweite Ableitung des Potentials.

Die Poisson-Gleichung läßt sich auch dazu verwenden, das Gaußsche Gesetz in etwas anderer Form zu schreiben. Nach (19.22) (siehe Abschnitt 19.2) lautet das Gaußsche Gesetz:

$$\phi = \oint_S \boldsymbol{E}\cdot\boldsymbol{n}\,dA = \frac{Q}{\varepsilon_0},$$

wobei Q die Summe der von der Oberfläche S eingeschlossenen Ladungen, $\boldsymbol{n}$ der Normalenvektor, ϕ der elektrische Fluß durch die Oberfläche und $\boldsymbol{E}$ das elektrische Feld ist. Für eine kontinuierliche Ladungsverteilung gilt

$$Q = \int_V \varrho \, dV,$$

wobei $\varrho = dq/dV$ die Raumladungsdichte und V das Volumen ist. Das Gaußsche Gesetz für eine kontinuierliche Ladungsverteilung lautet damit:

$$\phi = \oint_S \boldsymbol{E} \cdot \boldsymbol{n} \, dA = \int_V \frac{\varrho}{\varepsilon_0} \, dV.$$

Die Größe ϱ/ε_0 können wir gemäß der Poisson-Gleichung durch div $\boldsymbol{E}$ ersetzen:

Gaußscher Integralsatz
$$\phi = \oint_S \boldsymbol{E} \cdot \boldsymbol{n} \, dA = \int_V \text{div} \, \boldsymbol{E} \, dV. \qquad 20.33$$

In dieser Form zeigt sich besonders deutlich, daß das Gaußsche Gesetz eine Verknüpfung zwischen dem Fluß durch eine Oberfläche und der Quelle (der Divergenz) im zugehörigen Volumen herstellt. Rein formal wird hier ein Oberflächenintegral in ein Volumenintegral überführt. Diese mathematische Methode ist auch als **Gaußscher Integralsatz** bekannt. Sie hat für viele Berechnungsprobleme in der Elektrodynamik eine große Bedeutung.

Insgesamt haben wir gesehen, daß elektrisches Feld und Potential zwei verschiedene Beschreibungen derselben physikalischen Eigenschaften des Raumes in der Umgebung von Ladungsverteilungen sind. Welcher der beiden Beschreibungen man im Einzelfall den Vorzug gibt, hängt von den gegebenen Bedingungen, insbesondere der Geometrie der betrachteten Ladungsverteilung, und dem Schwierigkeitsgrad der durchzuführenden Rechnungen ab.

20.6 Äquipotentialflächen, Ladungsfluß und dielektrischer Durchschlag

In Abschnitt 20.4 haben wir gesehen, daß das elektrische Feld innerhalb eines Leiters, der sich im elektrostatischen Gleichgewicht befindet, den Wert null hat. Auf eine Probeladung wirkt hier also keine Kraft, und es muß keine Arbeit verrichtet werden, um die Probeladung im Innern des Leiters zu bewegen. Das elektrische Potential ist überall im Leiter konstant, das heißt, das Volumen des Leiters ist ein **Äquipotentialraum**. Eine Oberfläche mit konstantem Potential heißt **Äquipotentialfläche**. Die Oberfläche eines Leiters ist eine Äquipotentialfläche. Wird eine Probeladung parallel zu einer Äquipotentialfläche um $d\boldsymbol{\ell}$ verschoben, so ist $d\varphi = -\boldsymbol{E} \cdot d\boldsymbol{\ell} = 0$, was aber nichts anderes heißt, als daß die elektrischen Feldlinien senkrecht auf der Äquipotentialfläche stehen. Die Abbildungen 20.14 und 20.15 zeigen Schnitte durch die Äquipotentialflächen in der Nähe eines kugelförmigen bzw. nichtkugelförmigen Leiters. Beachten Sie, daß

20.14 Äquipotentialflächen (als Linien dargestellt, da im Schnitt) und elektrische Feldlinien (rot) außerhalb eines homogen geladenen, kugelförmigen Leiters. Die Äquipotentialflächen sind kugelförmig, und die Feldlinien verlaufen radial und stehen senkrecht auf den Äquipotentialflächen.

20.6 Äquipotentialflächen, Ladungsfluß und dielektrischer Durchschlag

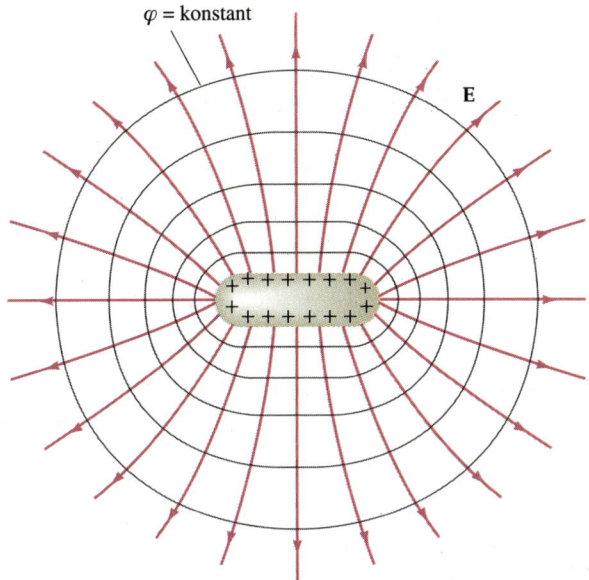

20.15 Äquipotentialflächen (als Linien dargestellt, da im Schnitt) und elektrische Feldlinien (rot) außerhalb eines nichtkugelförmigen Leiters. Die elektrischen Feldlinien stehen immer senkrecht auf den Äquipotentialflächen.

die Feldlinien überall senkrecht auf den Oberflächen stehen. Bewegen wir uns einen kleinen Abstand dℓ entlang einer Feldlinie, von einer Äquipotentialfläche zu einer anderen, so ändert sich das Potential gemäß d$\varphi = -\boldsymbol{E} \cdot \mathrm{d}\boldsymbol{\ell} = -E\,\mathrm{d}\ell$. Bei einem starken E-Feld liegen die Äquipotentialflächen, die sich um feste Potentialdifferenzen unterscheiden, eng beieinander.

Beispiel 20.13

Ein hohler, nicht geladener, kugelförmiger Leiter habe einen inneren Radius a und einen äußeren Radius b. Eine positive Punktladung $+q$ befinde sich im Mittelpunkt des Hohlraumes der Kugel. Berechnen Sie das Potential $\varphi(r)$ für den Fall, daß der Nullpunkt des Potentials im Unendlichen liegt ($\varphi = 0$ bei $r = \infty$).

In Kapitel 19 haben wir gesehen, daß die von der Punktladung erzeugten elektrischen Feldlinien auf der Innenfläche der Kugelschale bei $r = a$ auf einer durch Influenz hervorgerufenen Ladung $-q$ enden. Da die leitende Kugelschale keine Ladung trägt, erscheint auf der äußeren Oberfläche bei $r = b$ eine gleichmäßig verteilte, positive Ladung $+q$. Wir haben also drei Ladungen: eine Punktladung q im Mittelpunkt, eine Kugeloberfläche mit Gesamtladung $-q$ und Radius a und eine zweite Kugeloberfläche mit Gesamtladung $+q$ und Radius b. Außerhalb der Kugelschale entspricht das elektrische Feld $E_r = (1/4\pi\varepsilon_0) \cdot q/r^2$ dem einer Punktladung im Zentrum. Das elektrische Potential außerhalb der Kugelschale ist durch

$$\varphi = \frac{1}{4\pi\varepsilon_0}\frac{q}{r} \qquad r > b$$

gegeben. Da das elektrische Potential überall stetig sein muß, ist das Potential bei $r = b$ ebenfalls $(1/4\pi\varepsilon_0)\,q/b$. Denselben Wert hat das Potential überall innerhalb des leitenden Materials, da der Leiter einen Äquipotentialraum füllt. Das heißt,

$$\varphi = \frac{1}{4\pi\varepsilon_0}\frac{q}{b} \qquad a \leq r \leq b.$$

Innerhalb des Hohlraums ist das elektrische Feld wieder $E_r = (1/4\pi\varepsilon_0)\,q/r^2$. Das Potential für $r < a$ ist daher gegeben durch

$$\varphi = \frac{1}{4\pi\varepsilon_0}\frac{q}{r} + \varphi_0,$$

wobei φ_0 eine Konstante ist. Diese Konstante läßt sich jetzt aber nicht durch die Randbedingung $\varphi = 0$ bei $r = \infty$ bestimmen, weil r innerhalb des Hohlraums nicht gegen unendlich geht. Statt dessen legen wir φ_0 durch die Forderung fest, daß φ in $r = a$ stetig sein muß. Da überall im leitenden Material $\varphi = (1/4\pi\varepsilon_0)\, q/b$ gilt, muß φ genau diesen Wert auch bei $r = a$ annehmen. Wir erhalten also für $r = a$:

$$\varphi = \frac{1}{4\pi\varepsilon_0}\frac{q}{a} + \varphi_0 = \frac{1}{4\pi\varepsilon_0}\frac{q}{b}.$$

Daher ist φ_0 durch

$$\varphi_0 = \frac{1}{4\pi\varepsilon_0}\frac{q}{b} - \frac{1}{4\pi\varepsilon_0}\frac{q}{a}$$

gegeben. Das Potential innerhalb des Hohlraums lautet somit

$$\varphi = \frac{1}{4\pi\varepsilon_0}\frac{q}{r} + \frac{1}{4\pi\varepsilon_0}\frac{q}{b} - \frac{1}{4\pi\varepsilon_0}\frac{q}{a} \qquad r < a.$$

Abbildung 20.16 zeigt den Verlauf von φ in Abhängigkeit von r.

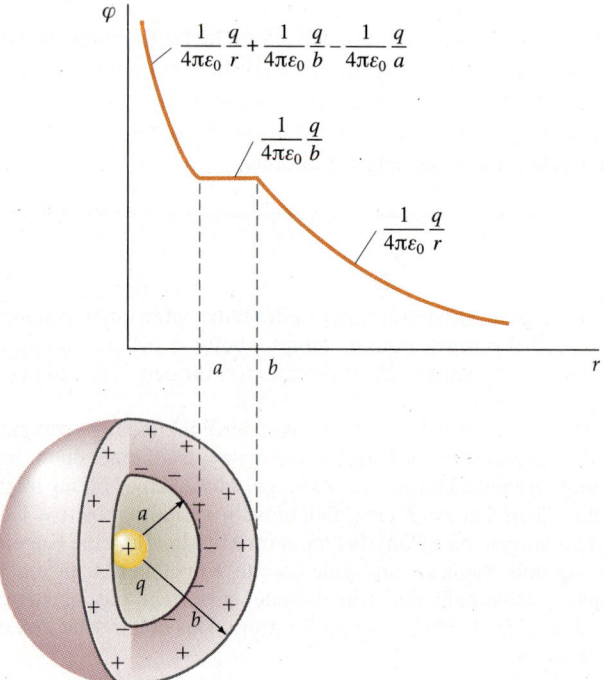

20.16 Das elektrische Potential φ einer Punktladung im Mittelpunkt eines ungeladenen, hohlen, kugelförmigen Leiters (Beispiel 20.13) als Funktion des Abstandes r vom Mittelpunkt der Kugelschale. Innerhalb des leitenden Materials ($a \leq r \leq b$) hat das Potential den konstanten Wert

$$\frac{1}{4\pi\varepsilon_0}\frac{q}{b}.$$

Außerhalb der Schale verhält es sich wie das durch eine Punktladung erzeugte Potential.

Im allgemeinen befinden sich zwei Leiter an verschiedenen Stellen des Raumes nicht auf demselben Potential. Die zwischen ihnen bestehende Potentialdifferenz hängt von ihren geometrischen Formen, dem gegenseitigen Abstand und ihren Gesamtladungen ab. Bringt man die Leiter zusammen, so verteilt sich die Ladung auf beide, bis sich ein elektrostatisches Gleichgewicht gebildet hat und das elektrische Feld innerhalb der Leiter verschwindet. Solange die Berührung besteht, können beide einzelnen Leiter als *ein* leitendes System mit einer einzigen Äquipotentialfläche betrachtet werden. Die Übertragung der Ladung von einem Leiter zu dem anderen Leiter heißt **Ladungsfluß**.

Betrachten wir einen kugelförmigen Leiter mit Radius R und der Ladung $+Q$. Die elektrischen Feldlinien außerhalb des Leiters zeigen radial nach außen, und das Potential des Leiters, bezogen auf einen unendlich weit entfernten Punkt, ist

20.6 Äquipotentialflächen, Ladungsfluß und dielektrischer Durchschlag

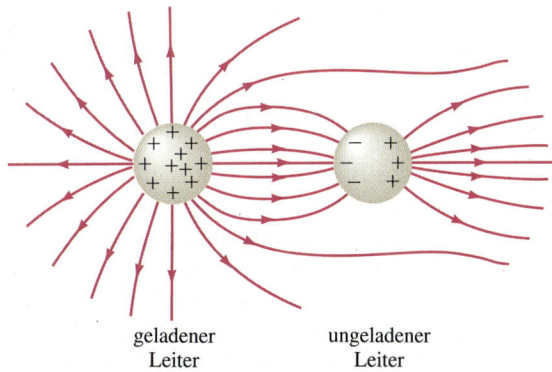

geladener Leiter   ungeladener Leiter

20.17 Die elektrischen Feldlinien eines geladenen kugelförmigen Leiters in der Nähe eines anderen, ungeladenen kugelförmigen Leiters. Einige der Feldlinien verlassen den geladenen Leiter und enden auf der durch Influenz hervorgerufenen, negativen Ladung des neutralen Leiters. Das Potential nimmt entlang elektrischer Feldlinien ab. Daher liegt der neutrale Leiter in einem Gebiet mit niedrigerem Potential.

$(1/4\pi\varepsilon_0)\,Q/R$. Nehmen wir einen zweiten, ungeladenen Leiter hinzu, so ändern sich die Feldlinien und das Potential. Die positive Ladung Q verursacht eine negative Aufladung der ihr zugewandten Seite und eine positive Aufladung der ihr abgewandten Seite des ungeladenen Leiters (Abbildung 20.17). Diese Ladungstrennung im ungeladenen Leiter stört die ursprünglich homogene Ladungsverteilung auf dem geladenen Leiter. Eine detaillierte Berechnung der Ladungsverteilung und des Potentials ist in diesem Fall schwierig, doch können wir in der Abbildung erkennen, daß einige den positiven Leiter verlassende Feldlinien auf der negativen Seite des ungeladenen Leiters enden. Die gleiche Anzahl an Feldlinien verläßt die abgewandte, positive Seite dieses Leiters. Da elektrische Feldlinien immer in Richtung des abnehmenden Potentials zeigen, muß sich der positiv geladene Leiter auf einem höheren Potential befinden als der ungeladene Leiter.

Bringen wir die beiden Leiter zusammen, fließen so lange positive Ladungen auf den ungeladenen Leiter, bis sich beide auf demselben Potential befinden. (Dies entspricht der in der Technik verwendeten Konvention für die Richtung des elektrischen Stromes. Tatsächlich fließen jedoch Elektronen vom ungeladenen Leiter auf den positiv geladenen Leiter.) Sind die Leiter identisch, wird die ursprüngliche Ladung halbiert: Nach der Trennung der beiden Leiter trägt dann jeder die Ladung $\frac{1}{2}Q$, und sie befinden sich beide auf demselben Potential. Coulomb verwendete diese Methode der Ladungsteilung. Er erhielt so verschiedene Ladungen mit bekannten Anteilen einer Ausgangsladung für die Experimente, mit denen er dann sein Gesetz über die Kraft zwischen zwei Punktladungen fand.

Abbildung 20.18 zeigt einen kleinen Leiter mit der Ladung q innerhalb des Hohlraums eines größeren Leiters. Im Gleichgewicht ist das elektrische Feld innerhalb beider Leiter null. Die q verlassenden Feldlinien enden immer auf der inneren Oberfläche des größeren Leiters. Dieses Phänomen hängt nicht davon ab, ob der größere Leiter auf seiner äußeren Oberfläche eine Ladung trägt oder nicht. Ebenso befindet sich der kleine Leiter innerhalb des Hohlraumes immer auf einem höheren Potential als der größere Leiter, da die elektrischen Feldlinien vom kleinen zum großen Leiter zeigen. Verbindet man die Leiter durch einen feinen Draht, so geht die *gesamte* ursprüngliche Ladung des kleineren Leiters auf den größeren über. Wird die Verbindung dann wieder unterbrochen, trägt der kleine Leiter keine Ladung mehr. Außerdem kann man feststellen, daß innerhalb des gesamten Volumens, das von der Oberfläche des größeren Leiters eingeschlossen wird, kein elektrisches Feld existiert. Die übertragene Ladung befindet sich jetzt auf der Außenseite dieser Oberfläche. Laden wir den kleineren Leiter in dem Hohlraum erneut positiv auf und wiederholen den oben beschriebenen Vorgang, sammelt sich immer mehr positive Ladung auf der äußeren Oberfläche des größeren Leiters an. Diese Methode wird im Van-de-Graaff-Generator genutzt, um große Potentialdifferenzen zu erzeugen. Der kleinere Leiter ist hier ein Band,

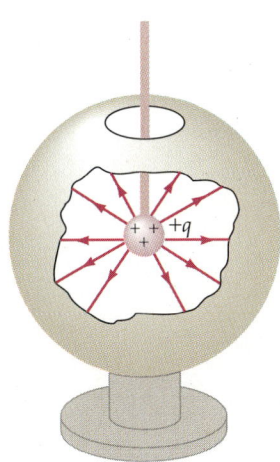

20.18 Ein kleiner Leiter mit positiver Ladung innerhalb eines größeren Leiters.

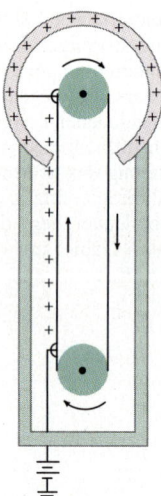

20.19 Schematischer Aufbau eines Van-de-Graaff-Generators. Das Band nimmt an seinem unteren Ende Ladungen auf und gibt sie am oberen Ende an einen Abnahmekamm ab, der mit der großen leitfähigen Kuppel verbunden ist.

auf das an seinem unteren Ende Ladungen „aufgesprüht" werden: Zwischen Band und Erde liegt eine Potentialdifferenz von mehreren kV, und über einen „Kamm" fließen die Ladungen auf das sich daran vorbeibewegende Band (Abbildung 20.19). Am oberen Ende des Bandes stellt ein Abnahmekamm die Verbindung zwischen dem Band und einer großen kugelförmigen, leitfähigen Kuppel her. Der Motor, der das Band bewegt, leistet Arbeit, um die Ladung auf die Kuppeloberfläche zu bringen, die sich sehr schnell auf einem hohen Potential befindet. Dadurch, daß fortwährend Ladungen nachgeliefert werden, lassen sich zwischen Kuppel und Erde Potentialdifferenzen von mehreren MV aufbauen.

Die auf diese Weise erreichbare Höhe des Potentials ist nur dadurch begrenzt, daß Luft in einem starken elektrischen Feld ionisiert und zu einem elektrischen Leiter wird. Dieses Phänomen heißt **dielektrischer Durchschlag**. Er tritt bei einer Feldstärke von $E_{max} \approx 3 \cdot 10^6$ V/m = 3 MV/m auf. Die Feldstärke, bei der ein dielektrischer Durchschlag in einem Material auftritt, heißt **dielektrische Stärke** des Materials. Die dielektrische Stärke der Luft ist also ungefähr 3 MV/m. Die Entladung durch leitende Luft, die durch einen dielektrischen Durchschlag erzeugt wurde, nennt man **Funken-** oder **Bogenentladung**. Der elektrische Schlag, den man beim Berühren einer Metalltürklinke erhält, nachdem man an einem sehr trockenen Tag über einen Teppich gelaufen ist, kann als typisches Beispiel für eine Funkenentladung gesehen werden. (Dies passiert eher an trockenen Tagen, weil feuchte Luft einige beim Laufen entstandene Ladung ableitet, noch bevor sich hohe Potentiale aufbauen können.) Ein Blitz ist ein weiteres bekanntes Beispiel für eine Funkenentladung.

Beispiel 20.14

Ein kugelförmiger Leiter habe einen Radius von 2 m. a) Welche Ladung kann maximal auf diesen Leiter gebracht werden, bevor es zu einem dielektrischen Durchschlag kommt? b) Wie hoch ist dann das Potential?

a) Das elektrische Feld unmittelbar außerhalb des Leiters mit der Oberflächenladung σ ist

$$E = \frac{\sigma}{\varepsilon_0}.$$

Setzt man dies mit der maximalen elektrischen Feldstärke in Luft gleich, so ergibt sich für die maximale Oberflächenladung σ_{max}

$$E_{max} = 3 \cdot 10^6 \text{ N/C} = \frac{\sigma_{max}}{\varepsilon_0}.$$

Die maximale Ladung auf der Kugeloberfläche ist dann

$$\begin{aligned} Q &= 4\pi R^2 \sigma_{max} \\ &= 4\pi R^2(\varepsilon_0 E_{max}) = 4\pi \cdot (2 \text{ m})^2 \cdot (8{,}85 \cdot 10^{-12} \text{ C}^2/\text{N}\cdot\text{m}^2) \cdot 3 \cdot 10^6 \text{ N/C} \\ &= 1{,}33 \cdot 10^{-3} \text{ C}. \end{aligned}$$

b) Das höchste Potential der Kugel mit dieser Ladung ist

$$\begin{aligned} \varphi_{max} &= \frac{1}{4\pi\varepsilon_0} \frac{Q}{R} = \frac{(8{,}99 \cdot 10^9 \text{ N}\cdot\text{m}^2/\text{C}^2) \cdot 1{,}33 \cdot 10^{-3} \text{ C}}{2 \text{ m}} \\ &= 5{,}98 \cdot 10^6 \text{ V}. \end{aligned}$$

Abbildung 20.20b zeigt einen nichtkugelförmigen, geladenen Leiter. Seine Oberfläche ist eine Äquipotentialfläche, aber die Oberflächenladungsdichte variiert von Punkt zu Punkt, so daß auch das elektrische Feld unmittelbar außerhalb der Oberfläche nicht überall gleich ist. In der Nähe eines Punktes, an dem der

20.6 Äquipotentialflächen, Ladungsfluß und dielektrischer Durchschlag

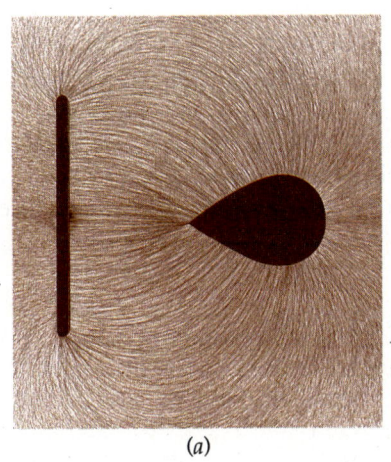

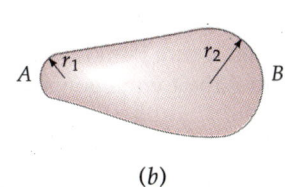

(b)

(a)

20.20 a) Die elektrischen Feldlinien in der Nähe eines nichtkugelförmigen Leiters und einer leitenden Platte, die gleiche, aber entgegengesetzte Ladungen tragen. Die Feldlinien werden durch kleine, in Öl getauchte Fäden sichtbar gemacht. Das elektrische Feld ist in der Nähe von Punkten mit kleinem Krümmungsradius am stärksten. Beispiele hierfür sind die Enden der Platte und das linke, spitze Ende des tropfenförmigen Leiters. (Foto: Harold M. Waage) b) Eine Ladung auf solch einem Leiter erzeugt ein stärkeres elektrisches Feld am Punkt A als beim Punkt B, da der Krümmungsradius bei A kleiner als bei B ist.

Krümmungsradius klein ist (Punkt A in der Abbildung), sind die Oberflächenladungsdichte und das elektrische Feld groß. Dagegen sind sie in der Nähe eines Punktes, an dem der Krümmungsradius groß ist (Punkt B in der Abbildung) klein. Dies kann man qualitativ verstehen, indem man sich die Enden des Leiters als Kugeln unterschiedlicher Radien vorstellt. Sei σ die Oberflächenladungsdichte. Das Potential einer Kugel mit Radius r ist

$$\varphi = \frac{1}{4\pi\varepsilon_0} \frac{q}{r}. \qquad 20.34$$

Eine Kugel besitzt eine Oberfläche von $4\pi r^2$, so daß sich die Ladung auf dieser Oberfläche über die Ladungsdichte σ zu

$$q = 4\pi r^2 \sigma$$

ergibt. Ersetzt man q in (20.34) durch diesen Ausdruck, so erhält man

$$\varphi = \frac{1}{4\pi\varepsilon_0} \frac{4\pi r^2 \sigma}{r} = \frac{r\sigma}{\varepsilon_0}.$$

Auflösen nach σ führt zu

$$\sigma = \frac{\varepsilon_0 \varphi}{r}. \qquad 20.35$$

Da sich beide „Kugeln" auf demselben Potential befinden, muß die mit dem kleineren Radius eine größere Oberflächenladungsdichte besitzen. Da weiterhin das elektrische Feld auf der Oberfläche eines Leiters proportional zur Oberflächenladungsdichte σ ist, nimmt es seinen größten Wert an denjenigen Punkten des Leiters an, an denen der Radius am kleinsten ist.

Für beliebig gestaltete Leiter hängt das Potential, bei dem es zu einem dielektrischen Durchschlag kommt, vom kleinsten Krümmungsradius an irgendeiner Stelle des Leiters ab. Hat ein Leiter Punkte mit sehr kleinem Radius, so tritt der dielektrische Durchschlag bereits bei relativ geringen Potentialen auf. Beim Van-de-Graaff-Generator wird die Ladung durch leitende „Kämme" in der Nähe der beiden Enden des Bandes übergeben (Abbildung 20.19). Die scharfen Kanten der Kämme sorgen dafür, daß es bereits zu (gewollten) Durchschlägen kommt, bevor sich eine hohe Potentialdifferenz zwischen dem Band und dem kugelförmigen Leiter aufbauen kann. Ebenso ziehen Blitzableiter auf dem Dach großer Gebäude die Ladung aus nahen Wolken, bevor deren Potential (bezogen auf die Erdoberfläche) sehr groß werden kann.

Zusammenfassung

1. Die Potentialdifferenz $\varphi_b - \varphi_a$ ist definiert als die von einem elektrischen Feld geleistete Arbeit pro Ladungseinheit, die nötig ist, um eine Probeladung vom Punkt a zum Punkt b zu bringen (wobei die Vorzeichen von Potentialdifferenz und Arbeit entgegengesetzt sind):

$$\Delta\varphi = \varphi_b - \varphi_a = -\int_a^b \boldsymbol{E} \cdot \mathrm{d}\boldsymbol{\ell}\,.$$

Für infinitesimale Verschiebungen wird dies in der Form

$$\mathrm{d}\varphi = -\boldsymbol{E} \cdot \mathrm{d}\boldsymbol{\ell}$$

geschrieben. Da nur die *Differenzen* von Potentialen wichtig sind, nicht aber deren Absolutwerte, können wir den Nullpunkt des Potentials frei wählen. Das Potential an einem beliebigen Punkt ergibt sich aus der potentiellen Energie einer Ladung dividiert durch diese Ladung:

$$\varphi = \frac{E_{\mathrm{pot}}}{q_0}\,.$$

In der Technik und im Alltag wird die Potentialdifferenz häufig als Spannung bezeichnet. Die SI-Einheit von Potential und Spannung ist das Volt (V):

$$1\,\mathrm{V} = 1\,\mathrm{J/C}\,.$$

Die Einheit der elektrischen Feldstärke lautet damit:

$$1\,\mathrm{N/C} = 1\,\mathrm{V/m}\,.$$

2. In der Atom- und Kernphysik ist die am häufigsten benutzte Einheit der Energie das Elektronenvolt (eV). Darunter versteht man die potentielle Energie eines Teilchens mit Ladung e an einem Punkt, an dem das Potential 1 V beträgt. Die Verknüpfung zur Einheit Joule ist:

$$1\,\mathrm{eV} = 1{,}6 \cdot 10^{-19}\,\mathrm{J}\,.$$

3. Das elektrische Potential im Abstand r von einer zentral angeordneten Punktladung q wird durch

$$\varphi = \frac{1}{4\pi\varepsilon_0}\frac{q}{r} + \varphi_0$$

beschrieben. Hierbei ist φ_0 das Potential in unendlichem Abstand von der Punktladung. Setzt man das Potential im Unendlichen null, so erhält man für das durch die Punktladung hervorgerufene Potential

$$\varphi = \frac{1}{4\pi\varepsilon_0}\frac{q}{r}\,.$$

Für ein System von Punktladungen ist das Potential durch

$$\varphi = \sum_i \frac{1}{4\pi\varepsilon_0}\frac{q_i}{r_{i0}}$$

gegeben. Hier wird über alle Ladungen summiert, und r_{i0} ist der Abstand der
i-ten Ladung vom Punkt P, an dem das Potential bestimmt werden soll.

4. Die elektrostatische potentielle Energie eines Punktladungssystems ist die
Arbeit, die benötigt wird, um die Ladungen aus unendlichem Abstand an ihre
Endposition zu bringen.

5. Bei einer kontinuierlichen Ladungsverteilung findet man das Potential durch
Integration über die Ladungsverteilung:

$$\varphi = \int_V \frac{1}{4\pi\varepsilon_0} \frac{dq}{r}.$$

Dieser Ausdruck kann nur verwendet werden, wenn sich die Ladungsverteilung innerhalb eines endlichen Volumens V befindet, so daß das Potential im Unendlichen null gesetzt werden kann.

6. Das elektrische Feld zeigt in die Richtung der größten Abnahme des Potentials. Die Komponente von E in Richtung einer Verschiebung $d\ell$ hängt mit dem Potential über

$$E_\ell = -\frac{d\varphi}{d\ell}$$

zusammen. Der Vektor, der in die Richtung der größten Änderung einer skalaren Funktion zeigt und dessen Größe gleich der Ableitung der Funktion in dieser Richtung ist, wird Gradient der Funktion genannt. Das elektrische Feld E ist der negative Gradient des Potentials φ. In Vektorschreibweise wird dieser Gradient als $\nabla\varphi$ geschrieben, wobei der Gradientenoperator ∇ oft auch als Nabla-Operator bezeichnet wird. Für das elektrische Feld gilt also:

$$E = -\nabla\varphi.$$

Bei einer kugelsymmetrischen Ladungsverteilung ändert sich das Potential nur mit r, und das elektrische Feld hängt mit dem Potential über

$$E = -\nabla\varphi = -\frac{d\varphi}{dr}\frac{r}{r}$$

zusammen. In kartesischen Koordinaten gilt:

$$E = -\nabla\varphi = -\left(\frac{\partial\varphi}{\partial x}e_x + \frac{\partial\varphi}{\partial y}e_y + \frac{\partial\varphi}{\partial z}e_z\right).$$

7. Durch Gradientenbildung wird ein Skalar in einen Vektor überführt. Das Skalarprodukt des Nabla-Operators mit einem Vektor heißt Divergenz. Die Divergenz macht aus einem Vektor eine skalare Größe:

$$\text{div } a = \nabla \cdot a = \left(\frac{\partial}{\partial x}, \frac{\partial}{\partial y}, \frac{\partial}{\partial z}\right) \cdot (a_x, a_y, a_z)$$

$$= \frac{\partial a_x}{\partial x} + \frac{\partial a_y}{\partial y} + \frac{\partial a_z}{\partial z}.$$

Die Divergenz des elektrischen Feldes einer kontinuierlichen Ladungsverteilung ϱ beträgt

$$\text{div } \boldsymbol{E} = \nabla \cdot \boldsymbol{E} = \frac{\varrho}{\varepsilon_0}.$$

Diese Gleichung wird auch Poisson-Gleichung genannt. Die anschauliche Interpretation der Divergenz ist die einer Quelle, von der das Feld ausgeht. Beim elektrischen Feld ist ϱ/ε_0 die Stärke der Quelle.

Für den Zusammenhang des Potentials und der Ladungsverteilung gilt:

$$\text{div } \boldsymbol{E} = -\text{div grad } \varphi = -\Delta\varphi = \frac{\varrho}{\varepsilon_0}.$$

Dabei ist

$$\Delta = \text{div grad} = \frac{\partial^2}{\partial x^2} + \frac{\partial^2}{\partial y^2} + \frac{\partial^2}{\partial z^2}$$

der sogenannte Laplace-Operator.

Mit Hilfe der Poisson-Gleichung läßt sich das Gaußsche Gesetz für kontinuierliche Ladungsverteilungen schreiben als

$$\phi = \oint_S \boldsymbol{E} \cdot \boldsymbol{n} \, \text{d}A = \int_V \text{div } \boldsymbol{E} \, \text{d}V.$$

Der durch diese Gleichung ausgedrückte Zusammenhang zwischen dem Oberflächenintegral auf der linken und dem Volumenintegral auf der rechten Seite der Gleichung ist als Gaußscher Integralsatz bekannt.

8. Auf einem Leiter beliebiger Form ist die Oberflächenladungsdichte σ in Punkten mit kleinstem Krümmungsradius am größten.

9. Ein Leiter kann nur bis zu einer maximalen Feldstärke aufgeladen werden. Danach tritt eine Entladung durch einen dielektrischen Durchschlag auf. In Luft beträgt diese kritische elektrische Feldstärke etwa $E_{\max} \approx 3 \cdot 10^6$ V/m = 3 MV/m. Die elektrische Feldstärke, bei der ein dielektrischer Durchschlag in einem Material eintritt, heißt Durchschlagsfestigkeit des Materials. Die resultierende Entladung durch leitende Luft heißt Funkenentladung.

Essay: Elektrostatik und Xerographie

Richard Zallen
Virginia Polytechnic Institute and State University

Es gibt viele wichtige und nützliche technische Anwendungen, die auf dem Einsatz von elektrostatischen Phänomenen basieren. So kann beispielsweise durch einen elektrostatischen Luftfilter (elektrostatischen Staubabscheider) die Belastung von Abluft durch Staub wirksam verhindert werden. Vor vielen Jahren ist durch ihn beispielsweise das Leben in der Nähe von Zementmühlen oder eisenverarbeitenden Fabriken wieder lebenswert geworden. Man ist darüber hinaus überzeugt, daß elektrostatische Luftfilter 99% der Asche und des Staubes ausfiltern, die bei der Stromerzeugung durch Kohle anfallen. Die Grundidee dieser sehr wirksamen Luftreinigungstechnik ist in Abbildung 1 skizziert. Die äußere Wand eines vertikalen metallischen Rohres ist geerdet, und der in der Mitte des Rohres verlaufende Draht liegt auf einem sehr hohen negativen Potential. Durch die konzentrische Anordnung entsteht ein inhomogenes elektrisches Feld, dessen Feldlinien radial nach innen zur negativen Drahtelektrode weisen. In der Nähe des Drahtes ist das Feld stark genug, um einen elektrischen Durchschlag in der Luft zu erzeugen. Dabei wird das ruhende Gasgemisch neutraler Moleküle zu einem turbulenten Plasma aus freien Elektronen und positiven Ionen. Die Elektronen dieser Korona-Entladung werden durch das elektrische Feld vom Draht abgestoßen und zur Rohrwand hin beschleunigt. Auf ihrem Weg dorthin reagieren sie mit Sauerstoffmolekülen zu negativen O_2^--Ionen. Dieser Ionenfluß trifft auf heiße, im Rohr aufsteigende Abgase. Im Gas enthaltene Teilchen werden durch die Ionen aufgeladen und durch das Feld zur äußeren Wand abgelenkt. Bestehen die Schadstoffe aus festen Partikeln, dann fallen sie aufgrund eines periodischen Rüttelvorgangs in einen Behälter hinunter; sind sie dagegen flüssig, dann strömt der Rückstand einfach die Wand entlang und wird unten aufgefangen.

Neben elektrostatischen Luftfiltern gibt es noch weitere Anwendungsbeispiele: Die elektrostatische Lackierung mit Sprühfarben oder die elektrostatische Trennung körniger Mischungen. Letztere nutzt man beispielsweise, um Mineralien von unerwünschten Gesteinsresten abzutrennen oder um Unkrautsamen von Weizen oder auch Nagetierausscheidungen von Reis zu trennen. Aber die uns hier interessierende Hauptanwen-

Abbildung 1 Schemaskizze der Korona-Entladung in einem elektrostatischen Abgasfilter.

Elektrostatische Abgasfilter sind in den grauen Gebäuden am Fuße der Schornsteine untergebracht. (Mit freundlicher Genehmigung der Ohio Edison Company)

dung ist die Xerographie, das Fotokopieren. Dies ist die am weitesten verbreitete elektrostatische Aufnahmetechnik bzw. elektrophotographische Methode. Es handelt sich um die bekannteste Anwendung der Elektrostatik überhaupt, wenn man sich vor Augen führt, wie viele Kopierer in Büros, Büchereien und Schulen stehen. Die Xerographie ist darüber hinaus ein schönes Beispiel für einen Prozeß, der eine ganze Reihe verschiedener elektrostatischer Effekte nutzt.

Das Fotokopierverfahren (Xerographie) wurde 1937 von Chester Carlson erfunden. Der Ausdruck Xerographie bedeutet „trockenes Schreiben" und wurde ein wenig später eingeführt, um den Unterschied zu naßchemischen Prozessen hervorzuheben. Carlsons innovative Idee fand anfangs keine Anerkennung, und ihre praktische Verwirklichung wurde erst möglich, als eine kleine Firma (in einer berühmten unternehmerischen Erfolgsgeschichte) ihre Zukunft aufs Spiel setzte, indem sie sich intensiv bemühte, das neue Verfahren weiterzuentwickeln.

In Abbildung 2 sind die vier wichtigsten Schritte des Fotokopierens wiedergegeben. Der Prozeß wurde aus Gründen der Übersichtlichkeit stark vereinfacht, viele Feinheiten bleiben unberücksichtigt. Die elektrostatische Abbildung findet auf einer großen, dünnen, durch ein metallisches Substrat geerdeten Platte aus einem lichtelektrischen Halbleiter statt. Dies ist ein Festkörper, der *im Dunkeln* ein Nichtleiter ist, dem Licht ausgesetzt aber elektrischen Strom leiten kann. Im Dunkeln wird die Oberfläche des Halbleiters gleichmäßig elektrostatisch aufgeladen. Dieser Ladevorgang geschieht (Abbildung 2a) durch eine positive Korona-Entladung um einen dünnen Draht, an dem eine Spannung von +5000 V liegt. Die Korona (eine Miniaturversion der Korona des Luftfilters aus Abbildung 1, die außerdem umgekehrtes Vorzeichen hat) wird über die nichtleitende Oberfläche der Halbleiterplatte geführt. Hierdurch werden positive Ionen auf die Platte gesprüht, wodurch sie sich auf ungefähr +1000 V auflädt. Da sich die Ladung im geerdeten Metallsubstrat der Platte bewegen kann, baut sich durch Influenz eine gleich große, entgegengesetzte Ladung an der Grenzschicht von Metall und Halbleiter auf. Im Dunkeln enthält der Halbleiter keine beweglichen Ladungen, und die große Potentialdifferenz über die nur 0,005 cm dikke Schicht bleibt bestehen.

Danach wird die Halbleiterplatte mit dem Bild des zu kopierenden Dokumentes belichtet. Abbildung 2b zeigt, was nun folgt. Dort, wo Licht auf die Platte fällt, werden Lichtquanten (Photonen) absorbiert und bewegliche Ladungspaare in Halbleitermaterial erzeugt. Jedes Paar besteht aus einer negativen Ladung (einem Elektron) und einer positiven Ladung (einem Loch; einem fehlenden Elektron). Die Erzeugung dieser frei beweglichen Ladungen hängt nicht nur vom verwendeten Halbleiter, der Wellenlänge und der einfal-

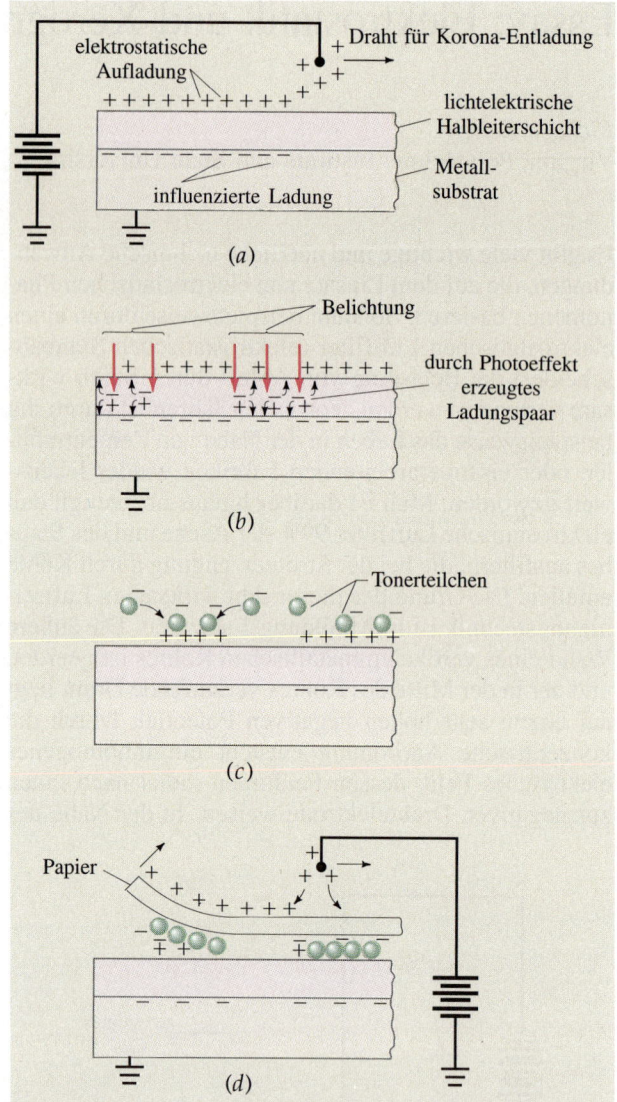

Abbildung 2 Schritte eines Fotokopierprozesses: a) Aufladen, b) Belichten, c) Entwicklung und d) Übertragung auf Papier.

lenden Lichtintensität ab, sondern auch vom angelegten elektrischen Feld. Bei einer hohen Feldstärke (1000 V/0,005 cm = $2 \cdot 10^5$ V/cm = $2 \cdot 10^7$ V/m) werden die Elektronen und Löcher in entgegengesetzte Richtungen abgelenkt. Die Elektronen wandern unter dem Einfluß des Feldes zur Oberfläche der Halbleiterplatte, wo sie positive Ladungen neutralisieren. Die Löcher wandern zur Grenzschicht und werden dort durch negative Ladung neutralisiert. Wo intensives Licht auf den Halbleiter fällt, wird der Ladungsvorgang vollständig rückgängig gemacht. An Orten mit schwachem Lichteinfall wird die Ladung teilweise reduziert, und ohne Licht bleibt die ursprüngliche elektrostatische Ladung erhalten. Die schwierige Aufgabe, ein optisches Bild in ein elektrostatisches Bild auf der Platte zu verwandeln, ist nun vollendet. Dieses latente Bild wird von einer Verteilung des elektrostatischen Potentials gebil-

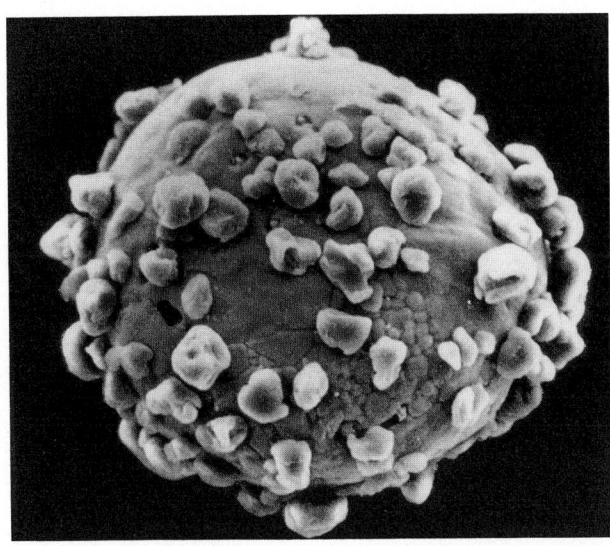

Tonerteilchen, die elektrostatisch an ein größeres Trägerteilchen gebunden sind. (Mit freundlicher Genehmigung der Xerox Corporation)

det, die genau dem Helldunkelmuster des Originalbildes entspricht.

Bei der Entwicklung des elektrostatischen Bildes kommen feine, geladene Pigmentteilchen mit der Platte in Berührung. Diese *Tonerteilchen* werden zu den Oberflächengebieten positiver Ladung gezogen (Abbildung 2c), und ein sichtbares Bild entsteht. Der Toner wird dann an ein positiv aufgeladenes Papierblatt weitergegeben (Abbildung 2d). Kurzes Erhitzen verbindet Papier und Toner miteinander – und eine dauerhafte Fotokopie ist fertig.

Um die Halbleiterplatte wiederverwenden zu können, werden die verbliebenen Tonerteilchen mechanisch von ihrer Oberfläche entfernt; das verbliebene elektrostatische Bild wird durch Belichtung entladen, also gelöscht. Der Halbleiter ist nun für einen neuen Zyklus, beginnend mit dem Ladevorgang, bereit. Bei Hochgeschwindigkeitskopierern hat die durch Lichtabsorption leitfähig werdende Schicht oft die Form einer Trommel, die sich ständig dreht. Um die Trommel herum befinden sich die verschiedenen Stationen, an denen die Schritte nach Abbildung 2 ablaufen können.

Aufgaben

Stufe I

20.1 Elektrisches Potential und Potentialdifferenz

1. Ein homogenes elektrisches Feld der Stärke 2 kN/C zeige in x-Richtung. Eine im Ursprung ruhende Punktladung $Q = 3\ \mu C$ werde losgelassen. a) Wie groß ist ihre kinetische Energie bei $x = 4$ m? b) Wie groß ist die Änderung ihrer potentiellen Energie zwischen $x = 0$ m und $x = 4$ m? c) Wie groß ist der Potentialunterschied $\varphi(4\ \text{m}) - \varphi(0\ \text{m})$? Bestimmen Sie das Potential $\varphi(x)$, wenn $\varphi(x)$ folgendermaßen gewählt wird: d) null bei $x = 0$ m, e) 4 kV bei $x = 0$ m bzw. f) null bei $x = 1$ m.

2. Eine unendlich ausgedehnte Ebene mit der Oberflächenladungsdichte $\sigma = +2{,}5\ \mu C/m^2$ liege in der y-z-Ebene. a) Wie stark ist das elektrische Feld in N/C und in V/m? In welche Richtung zeigt E bei positiven x-Werten? b) Wie groß ist die Potentialdifferenz $\varphi_b - \varphi_a$, wenn b bei $x = 20$ cm und a bei $x = 50$ cm liegt? c) Wieviel Arbeit muß verrichtet werden, um eine Testladung $q_0 = +1{,}5$ nC von a nach b zu verschieben?

3. Zwei parallele, leitende Platten tragen gleich große, aber entgegengesetzte Oberflächenladungsdichten, so daß das elektrische Feld zwischen ihnen homogen ist. Die Potentialdifferenz zwischen ihnen betrage 500 V, und sie seien 10 cm voneinander entfernt. Ein ruhendes Elektron werde auf der negativen Platte losgelassen. a) Wie stark ist das elektrische Feld zwischen den Platten? Hat die positive oder die negative Platte ein höheres Potential? b) Berechnen Sie die Arbeit, die das elektrische Feld verrichten muß, um das Elektron von der negativen Platte zur positiven Platte zu bewegen. Geben Sie das Ergebnis in Elektronenvolt und in Joule an. c) Wie ändert sich die potentielle Energie des Elektrons, wenn es sich von der negativen Platte zur positiven Platte bewegt? Mit welcher kinetischen Energie trifft es auf der positiven Platte auf?

20.2 Das Potential eines Systems von Punktladungen

4. Die Punkte A, B und C bilden die Ecken eines gleichseitigen Dreiecks der Seitenlänge 3 m. In A und B befinde sich jeweils eine positive Ladung von 2 μC. a) Wie groß ist das Potential am Punkt C? b) Welche Arbeit muß verrichtet werden, um eine positive Ladung von 5 μC aus dem Unendlichen zum Punkt C zu bringen? c) Beantworten Sie a) und b), wenn die Ladung in B durch eine negative Ladung der Größe −2 μC ersetzt ist.

5. Eine Kugel mit 60 cm Radius habe ihren Mittelpunkt im Ursprung. Ladungen von 3 µC seien in 60°-Intervallen auf dem Äquator der Kugel verteilt. a) Wie groß ist das elektrische Potential im Ursprung? b) Wie groß ist das elektrische Potential am Nordpol?

20.3 Elektrostatische potentielle Energie

6. Eine positive Ladung von 2 µC befinde sich im Ursprung. a) Wie groß ist das elektrische Potential φ an einem Punkt, der sich 4 m vom Ursprung entfernt befindet? φ sei null im Unendlichen. b) Welche Arbeit ist nötig, um eine Punktladung von 3 µC aus dem Unendlichen in den Abstand $r = 4$ m zu bringen, wenn sich die Punktladung von 2 µC fest im Ursprung befindet? c) Welche Arbeit ist nötig, um die Punktladung von 2 µC aus dem Unendlichen zum Ursprung zu bringen, wenn sich eine feste Punktladung von 3 µC im Abstand $r = 4$ m vom Ursprung befindet?

7. Drei Punktladungen q_1, q_2 und q_3 befinden sich an den Eckpunkten eines gleichseitigen Dreiecks der Seitenlänge 2,5 m. Berechnen Sie die elektrostatische potentielle Energie dieser Ladungsverteilung für a) $q_1 = q_2 = q_3 = 4{,}2$ µC und b) $q_1 = q_2 = 4{,}2$ µC, $q_3 = -4{,}2$ µC sowie c) $q_1 = q_2 = -4{,}2$ µC, $q_3 = 4{,}2$ µC.

20.4 Berechnung des elektrischen Potentials kontinuierlicher Ladungsverteilungen

8. a) Tragen Sie $\varphi(x)$ gegen x gemäß Gleichung (20.13) für den homogen geladenen Ring auf. b) Wo liegt das Maximum von $\varphi(x)$? c) Wie groß ist E_x in diesem Punkt?

9. Eine Ladung $q = 10^{-8}$ C sei gleichmäßig auf einer Kugelschale mit dem Radius 12 cm verteilt. Wie groß ist a) das elektrische Feld, b) das elektrische Potential unmittelbar außerhalb und unmittelbar innerhalb der Schale? c) Wie groß ist das elektrische Potential im Mittelpunkt der Schale? Wie groß ist das elektrische Feld an diesem Punkt?

10. Eine Scheibe mit dem Radius 6,25 cm trage die homogene Oberflächenladungsdichte $\sigma = 7{,}5$ nC/m². Berechnen Sie das Potential auf der Achse der Scheibe im Abstand a) 0,5 cm, b) 3 cm und c) 6,25 cm von der Scheibe.

11. Eine unendliche Linienladung mit der Linienladungsdichte $\lambda = 1{,}5$ µC/m befinde sich auf der z-Achse. Im Abstand 2,5 m von der Achse sei $\varphi = 0$. Berechnen Sie das Potential in den Abständen a) 2 m, b) 4 m und c) 12 m.

20.5 Elektrisches Feld und Potential

12. Die Ladung 3 µC befinde sich im Ursprung, und die Ladung -3 µC sei auf der x-Achse bei $x = 6$ m angeordnet. a) Berechnen Sie das Potential auf der x-Achse bei $x = 3$ m. b) Berechnen Sie das elektrische Feld am gleichen Punkt. c) Berechnen Sie das Potential auf der x-Achse bei $x = 3{,}01$ m sowie $-\Delta\varphi/\Delta x$. Hierbei sei $\Delta\varphi$ die Änderung des Potentials zwischen $x = 3$ m und $x = 3{,}01$ m sowie $\Delta x = 0{,}01$ m. Vergleichen Sie Ihr Ergebnis mit dem von Teil b).

13. Eine unendliche Ladungsebene habe die Oberflächenladungsdichte 3,5 µC/m². Wie groß ist der Abstand der Äquipotentialflächen voneinander, die eine Potentialdifferenz von 100 V aufweisen?

14. Eine Punktladung $q = +\frac{1}{9} \cdot 10^{-8}$ C befinde sich im Ursprung. Das Potential sei null im Unendlichen. Bestimmen Sie die Äquipotentialflächen in 20-V-Intervallen von 20 V bis 100 V. Fertigen Sie eine Skizze an. Sind die Flächen äquidistant?

20.6 Äquipotentialflächen, Ladungsfluß und dielektrischer Durchschlag

15. a) Bestimmen Sie die größtmögliche Gesamtladung, die ein kugelförmiger Leiter mit dem Radius 16 cm tragen kann, ohne daß ein dielektrischer Durchschlag in Luft erfolgt. b) Wie groß ist das Potential der Kugel, wenn sie maximal geladen ist?

16. Berechnen Sie die größtmögliche Oberflächenladungsdichte σ_{max}, die auf einem Leiter vorliegen kann, bevor ein dielektrischer Durchschlag in Luft erfolgt.

17. Eine leitende Kugel soll aufgeladen werden, so daß das Potential 10 000 V beträgt. Welches ist der kleinstmögliche Radius der Kugel, damit das elektrische Feld die Durchschlagsfestigkeit der Luft nicht überschreitet?

Stufe II

18. Die Potentialdifferenz zwischen Band und Metallkuppel in einem Van-de-Graaff-Generator betrage 1,25 MV. Er liefere 200 µC/s. Wie groß ist die Mindestleistung für den Antrieb des Bandes?

19. Eine homogen geladene Kugel habe auf ihrer Oberfläche ein Potential von 450 V. Im radialen Abstand von 20 cm von der Oberfläche betrage das Potential 150 V. Wie groß ist der Radius der Kugel, und wie groß ist ihre Ladung?

20. Ein elektrisches Feld sei durch $E_x = 2x^3$ kN/C gegeben. Berechnen Sie die Potentialdifferenz zwischen den Punkten $x = 1$ m und $x = 2$ m auf der x-Achse.

21. Betrachten Sie zwei unendliche, parallele Ladungsebenen: eine in der y-z-Ebene, die andere bei $x = a$. a) Berechnen Sie das Potential überall im Raum unter der Annahme, daß beide Ebenen die gleiche positive Ladungsdichte $+\sigma$ haben und daß $\varphi = 0$ bei $x = 0$ ist. b) Wiederholen Sie a) unter der Annahme, daß die Ladungsdichten gleich groß und entgegengesetzt sind. Die Ladung auf der y-z-Ebene sei positiv.

22. In einem Van-de-Graaff-Beschleuniger werden Protonen aus der Ruhelage mit einem Potential von 5 MV beschleunigt. Sie bewegen sich durch Vakuum auf ein Gebiet mit dem Potential null zu. a) Bestimmen Sie die Geschwindigkeit der 5-MeV-Protonen. b) Bestimmen Sie das beschleunigende elektrische Feld, wenn die Potentialänderung gleichförmig über eine Distanz von 2 m erfolgt.

23. Wenn ein Urankern (^{235}U) ein Neutron einfängt, spaltet er sich in zwei Kerne und gibt einige Neutronen ab, die wieder andere Urankerne spalten können. Nehmen Sie an, daß die bei der Spaltung entstandenen Kerne mit $+46e$ gleich geladen sind, daß sie sich in Ruhe befinden und daß sie voneinander den Abstand $2R \approx 1{,}3 \cdot 10^{-14}$ m haben, der doppelt so groß ist wie ihr Radius. a) Berechnen Sie mit $E_{pot} = (1/4\pi\varepsilon_0)\, q_1 q_2 / 2R$ die elektrostatische potentielle Energie der Spaltungsprodukte. Das ist etwa die bei der Spaltung freigesetzte Energie. b) Wie viele Spaltungen sind pro Sekunde notwendig, um eine Leistung von 1 MW in einem Reaktor zu erzeugen?

24. Ein radioaktiver ^{210}Po-Kern emittiert ein α-Teilchen mit der Ladung $+2e$ und der Energie 5,3 MeV. Nehmen Sie an, daß sich das α-Teilchen unmittelbar nach seiner Entstehung und seinem Austritt aus dem Kern in einer Entfernung R vom Mittelpunkt des Tochterkerns ^{206}Pb befindet, der die Ladung $+82e$ hat. Berechnen Sie R, indem Sie die elektrostatische potentielle Energie der beiden Teilchen bei diesem Abstand gleich 5,3 MeV setzen.

25. In einer Fernsehbildröhre werden Elektronen an der Kathode aus der Ruhe durch eine Potentialdifferenz von 30 000 V beschleunigt. Wie groß ist die Energie der Elektronen a) in Elektronenvolt und b) in Joule, wenn sie auf den Leuchtschirm treffen? c) Mit welcher Geschwindigkeit kommen sie dort an?

26. Zwei große, parallele, nichtleitende Ebenen tragen gleich große, aber entgegengesetzte Ladungsdichten σ. Die Ebenen haben die Fläche A und voneinander den Abstand d. a) Berechnen Sie die Potentialdifferenz zwischen den Ebenen. b) Eine ungeladene, leitende Scheibe der Dicke a und der Fläche A (wie die Ebenen) werde zwischen die beiden Ebenen gebracht. Berechnen Sie die Potentialdifferenz zwischen den Ebenen und zeichnen Sie die Feldlinien von E im Raum zwischen ihnen.

27. Zwei sehr lange, leitende, koaxiale, zylindrische Röhren tragen gleich große, aber entgegengesetzte Ladungen. Die innere Röhre habe den Radius a und die Ladung $+q$. Die äußere habe den Radius b und die Ladung $-q$. Die Länge der Röhren sei ℓ. Berechnen Sie die Potentialdifferenz zwischen ihnen.

28. Die Mittelpunkte zweier metallischer Kugeln mit dem Radius 10 cm befinden sich auf der x-Achse und seien 50 cm voneinander entfernt. Die Kugeln seien anfangs neutral. Dann werde die Ladung Q von der einen auf die andere Kugel übertragen. Dabei entstehe eine Potentialdifferenz von 100 V zwischen ihnen. Ein Proton befinde sich auf der Oberfläche der positiv geladenen Kugel in Ruhe, werde dann freigesetzt und bewege sich zur negativen Kugel. Mit welcher Geschwindigkeit trifft es dort auf?

29. Ein Stab der Länge ℓ trage eine homogen über die Länge verteilte Ladung Q. Er liege auf der x-Achse mit dem Mittelpunkt im Ursprung. a) Wie ist das elektrische Potential auf der x-Achse in Abhängigkeit vom Ort für $x > \ell/2$? b) Zeigen Sie, daß für $x \gg \ell/2$ das Ergebnis dem bei einer Punktladung Q gleicht.

30. Vier gleiche Ladungen Q befinden sich an den Ecken eines Quadrates mit der Seitenlänge ℓ. Die Ladungen werden nacheinander (im Uhrzeigersinn fortschreitend) losgelassen. Jede Ladung erreiche ihre Endgeschwindigkeit in großer Entfernung, bevor die nächste losgelassen wird. Welche kinetische Energie erreicht a) die zuerst, b) die als zweite, c) die als dritte und d) die als vierte losgelassene Ladung?

31. Zwei identische, ungeladene, metallische Kugeln seien durch einen Draht verbunden (Abbildung 20.21 a). Zwei ähnliche leitende Kugeln mit gleich großen, aber entgegengesetzten Ladungen werden in die Positionen gebracht, die Abbildung 20.12b zeigt. a) Zeichnen Sie die elektrischen Feldlinien zwischen den Kugeln 1 und 3 sowie die zwischen den Kugeln 2 und 4. b) Was kann man über die Potentiale φ_1, φ_2, φ_3 und φ_4 der Kugeln aussagen? c) Zeigen Sie, daß die

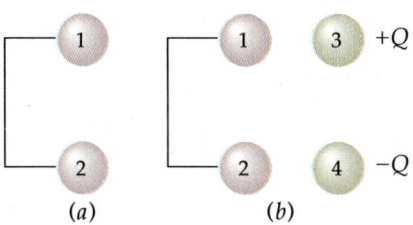

20.21 Zu Aufgabe 31.

Endladung auf jeder Kugel null sein muß, wenn man die Kugeln 3 und 4 mit einem Draht verbindet.

32. Drei große, leitende Platten liegen parallel übereinander, wobei die beiden äußeren durch einen Draht verbunden seien. Die mittlere Platte sei von den anderen isoliert und trage die Ladungsdichte σ_o auf der oberen und σ_u auf der unteren Oberfläche. Hierbei gelte $\sigma_o + \sigma_u = 12\ \mu C/m^2$. Die mittlere Platte befinde sich 1 mm von der oberen und 3 mm von der unteren Platte entfernt. Bestimmen Sie die Oberflächenladungsdichten σ_o und σ_u.

33. Zeigen Sie, daß das Potential auf der Achse einer Ladungsscheibe ungefähr $(1/4\pi\varepsilon_0)\ Q/x$ ist, wenn R sehr viel kleiner als x ist. Hierbei ist $Q = \sigma\pi r^2$ die Gesamtladung der Scheibe. *Hinweis:* Setzen Sie $(x^2 + R^2)^{1/2} = x(1 + R^2/x^2)^{1/2}$ und verwenden Sie die Binomialentwicklung.

34. Ein homogen geladener Ring mit dem Radius a und der Ladung Q befinde sich in der yz-Ebene. Seine Achse liege auf der x-Achse. Eine Punktladung Q' befinde sich auf der x-Achse bei $x = 2a$. a) Bestimmen Sie das durch die Gesamtladung $Q + Q'$ erzeugte Potential in jedem Punkt auf der x-Achse. b) Bestimmen Sie das elektrische Feld auf der x-Achse.

Stufe III

35. Ein Potential sei durch

$$\varphi(x,y,z) = \frac{1}{4\pi\varepsilon_0} \frac{Q}{\sqrt{(x-a)^2 + y^2 + z^2}}$$

gegeben. a) Berechnen Sie die Komponenten E_x, E_y und E_z des elektrischen Feldes, indem Sie diese Potentialfunktion differenzieren. b) Welche einfache Ladungsverteilung könnte für dieses Potential verantwortlich sein?

36. Das elektrische Potential an einem Ort im Raum sei durch

$$\varphi = (2\ V/m^2)\ x^2 + (1\ V/m^2)\ yz$$

gegeben. Bestimmen Sie das elektrische Feld am Punkt $x = 2$ m, $y = 1$ m, $z = 2$ m.

37. Eine Punktladung q_1 liege im Ursprung, eine zweite Punktladung q_2 befinde sich auf der x-Achse bei $x = a$, wie in Beispiel 20.5. a) Bestimmen Sie aus der in diesem Beispiel gegebenen Potentialfunktion das elektrische Feld in jedem Punkt auf der x-Achse. b) Bestimmen Sie allgemein das Potential auf der y-Achse. c) Verwenden Sie Ihr Ergebnis aus b), um die y-Komponente des elektrischen Feldes auf der y-Achse zu ermitteln. Vergleichen Sie die Ergebnisse mit denen, die sich direkt mit Hilfe des Coulombschen Gesetzes ergeben.

38. Betrachten Sie eine Kugel mit homogener Raumladungsdichte sowie dem Radius R und der Gesamtladung Q. (Dies sei ein Modell für ein Proton.) Der Mittelpunkt der Kugel befinde sich im Ursprung. Es sei $\varphi = 0$ bei $r = \infty$. Verwenden Sie die mit Hilfe des Gaußschen Gesetzes bestimmte radiale Komponente E_r des elektrischen Feldes und berechnen Sie das Potential $\varphi(r)$ für a) jeden Punkt außerhalb der Ladung $r \geq R$ und b) jeden Punkt innerhalb der Ladung $r \leq R$. (Zur Erinnerung: φ muß bei $r = R$ stetig sein.) c) Wie ist das Potential im Ursprung? d) Tragen Sie φ gegen r auf.

39. Nach dem Bohrschen Atommodell bewegt sich das Elektron des Wasserstoffatoms auf einer kreisförmigen Bahn mit dem Radius r um das Proton. a) Stellen Sie einen Ausdruck für die kinetische Energie des Elektrons als Funktion von r auf, indem Sie die auf das Elektron nach dem Coulomb-Gesetz einwirkende Kraft gleich ma setzen. Hierbei ist a die Zentripetalbeschleunigung. Zeigen Sie, daß bei jedem Abstand r die kinetische Energie halb so groß ist wie die potentielle Energie. b) Es sei $r = 0{,}529 \cdot 10^{-10}$ m der Radius der Elektronenbahn im Wasserstoffatom. Berechnen Sie $\frac{1}{2}mv^2$ sowie E_{pot} und die Gesamtenergie $E_{ges} = \frac{1}{2}mv^2 + E_{pot}$ in Elektronenvolt. Die Energie $|E_{ges}|$, die nötig ist, um das Elektron aus dem Wasserstoffatom zu entfernen, heißt **Ionisierungsenergie**.

40. a) Zeigen Sie für den Dipol aus Beispiel 20.6, daß das Potential an einem Punkt, der vom Ursprung den großen Abstand r hat und nicht auf einer Achse liegt, angenähert durch

$$\varphi = \frac{1}{2\pi\varepsilon_0} \frac{qa \cos \theta}{r^2} = \frac{1}{4\pi\varepsilon_0} \frac{p \cos \theta}{r^2} = \frac{1}{4\pi\varepsilon_0} \frac{pz}{r^3}$$

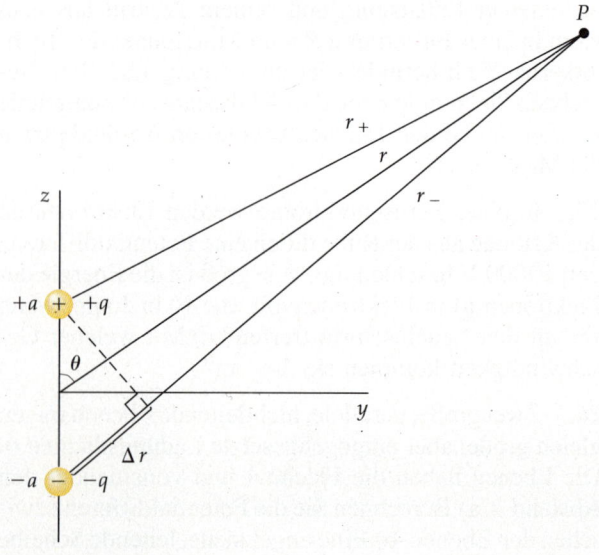

20.22 Zu Aufgabe 40.

gegeben ist (siehe Abbildung 20.22). *Hinweis:* Zeigen Sie, daß $r_+^{-1} - r_-^{-1} \approx \Delta r / r^2$ ist, mit $\Delta r = r_+ - r_- \approx 2a \cos\theta$. b) Bestimmen Sie die x-, y- und z-Komponenten des elektrischen Feldes an einem Punkt außerhalb der Achsen.

41. Betrachten Sie zwei konzentrische, metallische Kugelschalen der Radien a und b, wobei $b > a$ sei. Die äußere Schale habe die Ladung Q, und die innere sei geerdet. Das bedeutet: Die innere Schale hat das Potential null, und elektrische Feldlinien verlassen die äußere Schale und gehen ins Unendliche; ferner verlaufen andere elektrische Feldlinien von der äußeren Schale zur inneren. Bestimmen Sie die Ladung auf der inneren Kugelschale.

42. Drei konzentrische, leitende Kugelschalen haben die Radien a, b und c, wobei $a < b < c$ sei. Anfangs sei die innere Schale ungeladen, die mittlere habe die (positive) Ladung Q und die äußere die Ladung $-Q$. a) Bestimmen Sie das elektrische Potential der drei Schalen. b) Nun werde die innere Schale mit der äußeren durch einen Draht verbunden, der gegen die mittlere Schale isoliert ist. Wie groß sind dann das elektrische Potential und die Endladung auf jeder der drei Schalen?

43. Eine nichtleitende Kugelschale mit dem Radius R habe die Raumladungsdichte $\varrho = \varrho_0 r / R$. Hierbei sei ϱ_0 eine Konstante. a) Zeigen Sie, daß die Gesamtladung $Q = \pi R^3 \varrho_0$ ist. b) Zeigen Sie, daß innerhalb einer Kugel mit dem Radius $r < R$ die Gesamtladung $q = Qr^4/R^4$ ist. c) Benutzen Sie das Gaußsche Gesetz, um überall das elektrische Feld E_r zu bestimmen. d) Benutzen Sie $d\varphi = -E_r\, dr$, um überall das Potential φ zu bestimmen. Dabei sei $\varphi = 0$ bei $r = \infty$. (Zur Erinnerung: φ ist bei $r = R$ stetig.)

44. Ein Teilchen der Masse m mit der Ladung Q befinde sich auf der x-Achse bei $x = +a$, während sich ein zweites Teilchen gleicher Masse mit der Ladung $-Q$ auf der x-Achse bei $x = -a$ befinde. Beide werden zum Zeitpunkt $t = 0$ losgelassen. a) Bestimmen Sie die Geschwindigkeit des positiv geladenen Teilchens als Funktion seiner Position x. b) Integrieren Sie die Geschwindigkeitsgleichung, um den Zeitpunkt des Zusammenstoßes beider Teilchen zu bestimmen.

21 Kapazität, Dielektrika und elektrostatische Energie

In diesem Kapitel beschäftigen wir uns mit den Eigenschaften von **Kondensatoren**, elektrischen Bauelementen, die zur Speicherung elektrischer Ladung und Energie dienen. Die Ladung befindet sich auf zwei einander gegenüberliegenden, leitfähigen Platten, die voneinander isoliert sind. Es gibt zahllose Anwendungen für Kondensatoren. In Elektronenblitzgeräten beispielsweise speichert ein Kondensator elektrische Energie, die zur Zündung der Blitzröhre verwendet wird. Ein anderes Beispiel ist die Verwendung als Bauelement zur Glättung von gleichgerichtetem Wechselstrom in Netzgeräten und Netzteilen, die aus Wechselstrom Gleichstrom erzeugen.

Die Leydener Flasche, eine gewöhnliche Flasche, die außen und innen mit Goldfolie beschichtet ist, war der erste Kondensator, mit dem sich größere Ladungen speichern ließen. Sie wurde im 18. Jahrhundert in Leyden (Holland) entwickelt, als man versuchte, elektrische Ladung in einer wassergefüllten Flasche zu speichern. Im ersten Experiment hielt der Experimentator eine Flasche mit Wasser in der Hand und versuchte, Ladung über ein Kabel, das mit einem Stromgenerator verbunden war, in die Flasche zu leiten. Als er das Kabel mit der anderen Hand aus dem Wasser ziehen wollte, wurde er durch einen elektrischen Schlag bewußtlos. Nachfolgende Experimente zeigten, daß man, um einen Speichereffekt zu erzielen, die Flasche mit einer Metallfolie umwickeln konnte, statt sie in der Hand zu halten. Benjamin Franklin fand heraus, daß die Flaschenform keinen Einfluß auf die Funktion hatte, und verwendete folienbeschichtetes Fensterglas. Er schaltete mehrere auf diese Weise präparierte Fensterscheiben parallel und versuchte, mit der gespeicherten Ladung einen Truthahn zu töten. Statt dessen ging er selbst in die Knie, was ihn zu der Bemerkung veranlaßte: „Eigentlich hatte ich vor, ein Versuchstier zu töten; was jedoch passierte, war, daß ich beinahe einen Dummkopf umgebracht hätte." (Freie Übersetzung von: „I tried to kill a turkey but nearly succeeded in killing a goose.")

Im folgenden wird zunächst die wichtigste Eigenschaft von Kondensatoren, die Kapazität, beschrieben. Danach beschäftigen wir uns mit den Phänomenen und Effekten von Materie im elektrischen Feld, der Speicherung von Energie im elektrischen Feld und mit schaltungstechnischen Anwendungen von Kondensatoren.

21 Kapazität, Dielektrika und elektrostatische Energie

21.1 Der Plattenkondensator

Die einfachste Bauform für einen Kondensator ist der **Plattenkondensator**. Er besteht aus zwei großen, parallel zueinander angeordneten leitfähigen Platten. In der Serienfertigung ersetzt man die Platten durch zwei dünne Streifen einer Metallfolie und legt einen Isolator (z. B. Papier, Kunststoffolie) dazwischen. Um Platz zu sparen, wird dieser Sandwich anschließend aufgerollt. Schließt man die beiden Platten eines Kondensators an eine Spannungsquelle, beispielsweise eine Batterie, an (Abbildung 21.1), fließen so lange positive Ladungen auf die eine und negative auf die andere Platte, bis die Potentialdifferenz zwischen den Platten gleich der angelegten Spannung ist. (Spannungsquellen werden in Kapitel 22 erläutert.) Die Ladung, die der Kondensator speichert, ist also proportional zur angelegten Spannung. Sie ist natürlich auch von der genauen Bauform, bei einem Plattenkondensator beispielsweise von Plattengröße und -abstand, abhängig. Wir wollen die Ladung mit Q und die angelegte Spannung mit U bezeichnen. In Kapitel 20 haben wir die Spannung als Potentialdifferenz eingeführt: $U_{12} = \varphi(1) - \varphi(2)$, wobei φ das Potential (an den Punkten 1 und 2) ist. Solange die Bezugspunkte nicht näher spezifiziert sind, wird die Spannung mit dem Buchstaben U, ohne Indizes, bezeichnet. Der Quotient Q/U aus diesen beiden Größen heißt **Kapazität** C:

Definition der Kapazität

$$C = \frac{Q}{U}.$$

21.1

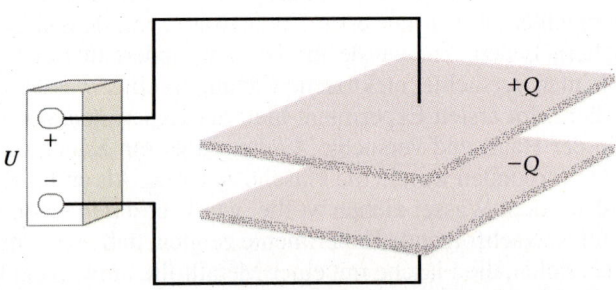

21.1 Aufbau eines Plattenkondensators. Legt man an die Platten eine Spannung an, so fließen so lange Ladungen auf die Platten, bis das elektrische Feld zwischen den Platten der angelegten Spannung entspricht. Die gespeicherte Ladung ist der angelegten Spannung proportional.

Die Kapazität eines Kondensators ist ein Maß dafür, wieviel Ladung bei vorgegebener Spannung im Kondensator gespeichert wird. Die SI-Einheit der Kapazität ist das **Farad** (F), benannt nach dem englischen Experimentator Michael Faraday:

$$1\,\text{F} = 1\,\text{C/V}.$$

21.2

Die Kapazität von Kondensatoren für normale Anwendungen liegt typischerweise zwischen einigen Pikofarad (1 pF = 10^{-12} F) und einigen hundert Mikrofarad (1 µF = 10^{-6} F).

Um die Kapazität eines Kondensators zu bestimmen, bringen wir zunächst auf die eine Kondensatorplatte eine Ladung $+Q$ und auf die andere die entsprechende Ladung $-Q$ auf. Dann berechnen wir das entstehende elektrische Feld und integrieren über dieses Feld von einer Platte bis zur anderen. Dies liefert uns die Potentialdifferenz zwischen den Platten, so daß wir die Kapazität mit der Beziehung $C = Q/U$ berechnen können.

Nehmen wir einmal an, ein Kondensator bestehe aus zwei Platten, von denen jede die Fläche A hat und die im Abstand s parallel zueinander angeordnet sind, wobei s klein gegen die Kantenlänge sein soll. Wir bringen auf die beiden Platten die Ladung $+Q$ und $-Q$ auf. Da der Plattenabstand klein im Verhältnis zur Kantenlängen der Platten ist, können wir davon ausgehen, daß das elektrische Feld in guter Näherung homogen ist, also überall zwischen den Platten gleiche Richtung und gleichen Betrag hat (von Randeffekten wollen wir absehen). Jede der beiden Platten erzeugt nach (19.23) ein Feld der Stärke $E = \sigma/\varepsilon_0$, wobei $\sigma = Q/A$ die Ladungsdichte auf jeder Platte und ε_0 die elektrische Feldkonstante ist. Wegen der Homogenität des Feldes vereinfacht sich die Integration, und zwar ist die Potentialdifferenz einfach das Produkt von E und s:

$$U = Es = \frac{\sigma}{\varepsilon_0} s = \frac{Qs}{\varepsilon_0 A}. \qquad 21.3$$

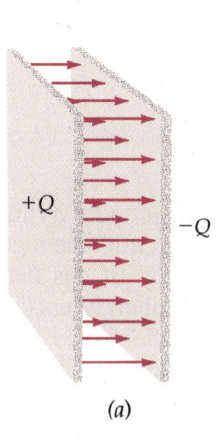

(a)

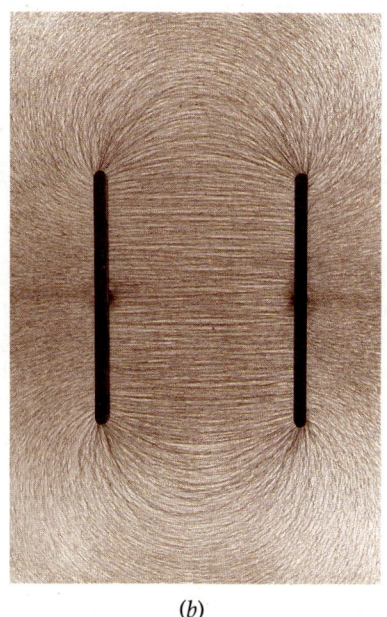

(b)

21.2 a) Der Feldlinienverlauf zeigt die Homogenität des elektrischen Feldes in einem Plattenkondensator. b) Elektrische Feldlinien in einem Plattenkondensator, sichtbar gemacht durch eine Suspension von Eisenfeilspänen in Öl. (Foto: Harold M. Waage)

Damit ergibt sich die Kapazität des Plattenkondensators zu:

$$C = \frac{Q}{U} = \frac{\varepsilon_0 A}{s}. \qquad 21.4$$

Kapazität des Plattenkondensators

Die Analyse der Dimensionen in (21.4) liefert F/m als SI-Einheit für die elektrische Feldkonstante ε_0. Messungen haben ergeben, daß gilt:

$$\varepsilon_0 = 8{,}85 \cdot 10^{-12} \text{ F/m} = 8{,}85 \text{ pF/m}. \qquad 21.5$$

Wir wollen jetzt anhand eines Beispiels versuchen, ein Gefühl für die Größenordnung der Einheit Farad zu bekommen.

21 Kapazität, Dielektrika und elektrostatische Energie

Beispiel 21.1

Die quadratischen Platten eines Plattenkondensators haben eine Kantenlänge von 10 cm und einen Abstand von 1 mm. a) Wie groß ist seine Kapazität? b) Welche Ladung fließt von einer Platte zur anderen, wenn man ihn auf 12 V auflädt?

a) Wir verwenden (21.4) und erhalten:

$$C = \frac{\varepsilon_0 A}{s} = \frac{(8{,}85 \text{ pF/m}) \cdot (0{,}1 \text{ m})^2}{0{,}001 \text{ m}} = 8{,}85 \cdot 10^{-11} \text{ F}$$
$$= 88{,}5 \text{ pF}.$$

b) Die Definition der Kapazität (21.1) liefert für die Ladung

$$Q = CU = 88{,}5 \cdot 10^{-12} \text{ F} \cdot 12 \text{ V} = 1{,}06 \cdot 10^{-9} \text{ C} = 1{,}06 \text{ nC}$$

auf jeder Platte.

21.2 Der Zylinderkondensator

Ein Zylinderkondensator besteht aus einem leitfähigen Draht oder Zylinder mit Außenradius a und einem zweiten, konzentrischen Zylinder mit einem größeren Innenradius b. Ein Beispiel für einen Zylinderkondensator ist das häufig als Antennenkabel benutzte Koaxialkabel. Die Kapazität des Kabels ist entscheidend für die Transmissionscharakteristik bei hohen Frequenzen. Sei ℓ die Länge eines Zylinderkondensators und $+Q$ die Ladungsmenge auf dem inneren, $-Q$ die Ladung auf dem äußeren Zylinder. In Kapitel 19 haben wir das Feld außerhalb eines zylindrischen geladenen Leiters der Ladung Q (Gleichung 19.22 b) berechnet:

$$E_r = \frac{1}{2\pi\varepsilon_0}\frac{\lambda}{r} = \frac{Q}{2\pi\varepsilon_0 \ell r}, \qquad 21.6$$

wobei $\lambda = Q/\ell$ die Linienladungsdichte bezeichnet. Das Feld, das durch die Ladung $-Q$ auf dem äußeren Zylinder erzeugt wird, ist im Inneren dieses Zylinders gleich null. Dies wurde in Kapitel 19 (Gleichung 19.22 a) mit Hilfe des Gaußschen Satzes gezeigt. Die Potentialdifferenz U zwischen den Zylindern ergibt sich aus (20.3 b). Sei φ_a das Potential des inneren Zylinders und φ_b das Potential des äußeren Zylinders. Dann ist

$$\varphi_b - \varphi_a = -\int_a^b E_r \, dr = -\frac{Q}{2\pi\varepsilon_0 \ell}\int_a^b \frac{dr}{r} = -\frac{Q}{2\pi\varepsilon_0 \ell}\ln\frac{b}{a}. \qquad 21.7$$

Das Feld ist direkt beim inneren Zylinder am größten, da sich hier die felderzeugende Ladungsverteilung befindet und die Feldlinien radial in Richtung zum äußeren Zylinder zeigen. Mit der berechneten Potentialdifferenz

$$U = \varphi_b - \varphi_a = \frac{Q \ln(b/a)}{2\pi\varepsilon_0 \ell}$$

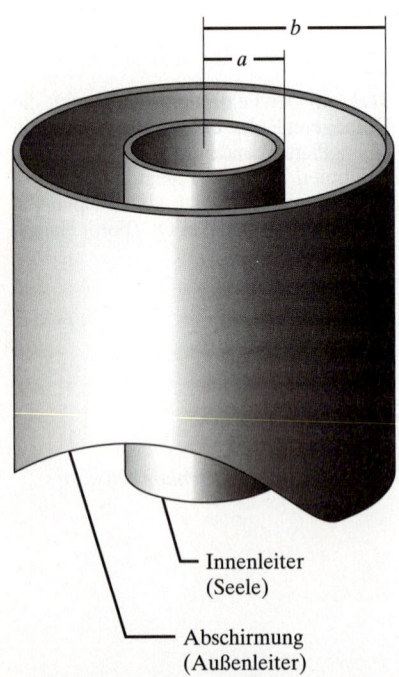

Koaxialkabel als Beispiel für einen Zylinderkondensator. In der Praxis dient der Außenleiter meist als Abschirmung; er besteht oft aus vielen dünnen Adern. Zwischen Innenleiter (der „Seele") und dem Außenleiter befindet sich ein Isolator.

ergibt sich die Kapazität zu

$$C = \frac{Q}{U} = \frac{2\pi\varepsilon_0 \ell}{\ln(b/a)}. \qquad 21.8$$

Die Kapazität ist folglich proportional zur Länge des Zylinderkondensators.

Beispiel 21.2

Ein Koaxialkabel bestehe aus einem Innenleiter mit Radius 0,5 mm und einer Abschirmung mit einem Radius von 1,5 mm. Wie groß ist die Kapazität pro Meter Kabellänge?

Aus (21.8) erhalten wir

$$\frac{C}{\ell} = \frac{2\pi\varepsilon_0}{\ln(b/a)} = \frac{2\pi \cdot 8{,}85 \text{ pF/m}}{\ln(1{,}5 \text{ mm}/0{,}5 \text{ mm})} = 50{,}6 \text{ pF/m}.$$

21.3 Dielektrika

Bringt man zwischen die Platten eines Kondensators einen Isolator, so wird das elektrische Feld im Kondensator geschwächt. Hierdurch wird der Quotient Q/U größer, weil die Ladung Q unverändert bleibt, und die Kapazität nimmt zu. Dieser Effekt wurde bereits im 18. Jahrhundert von Faraday entdeckt. Man bezeichnet einen Isolator auch als **Dielektrikum**. Daher heißt der konstante Faktor ε_r, um den sich die Kapazität erhöht, **Dielektrizitätszahl**. Die Schwächung des elektrischen Feldes rührt daher, daß das Feld des Kondensators im Dielektrikum ein entgegengesetzt gerichtetes Feld hervorruft. Besteht das Dielektrikum aus polaren Molekülen – also Molekülen mit einem permanenten Dipolmoment –, so sind diese Dipole normalerweise völlig zufällig orientiert (Abbildung 21.3). Das äußere elektrische Feld übt auf die Dipole ein Drehmoment aus, welches die Dipolachsen parallel zu den Feldlinien ausrichtet. Man spricht daher von **Orientierungspolarisation**. In welchem Maße sich die Dipole ausrichten, hängt von der Feldstärke und der Temperatur ab, da die thermische Bewegung einer festen Ausrichtung der Moleküle entgegenwirkt. Weisen die Moleküle kein permanentes Dipolmoment auf, so wird in ihnen durch das elektrische Feld des Kondensators ein Dipolmoment erzeugt, man sagt auch, es wird *induziert*. Dabei werden die elektrischen Ladungen der Teilchen, aus denen die Moleküle bestehen (Elektronen und Atomkerne), gegeneinander verschoben. Die Schwerpunkte der positiven und negativen Ladungen fallen dann nicht mehr zusammen – aus jedem ursprünglich unpolaren Molekül des Dielektrikums ist ein Dipol geworden. Diese Art der Polarisation von Molekülen heißt **Verschiebungspolarisation**. Untersucht man diese Effekte genauer, so stellt man fest, daß Verschiebungspolarisation in allen Materialien auftritt, daß also auch die Orientierung von polaren Molekülen durch Verschiebungspolarisation überlagert wird. Das erzeugte Dipolmoment p ist proportional zur Stärke des angreifenden äußeren Feldes:

$$\boldsymbol{p} = \alpha\, \boldsymbol{E}.$$

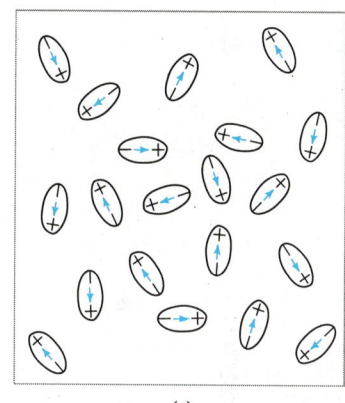

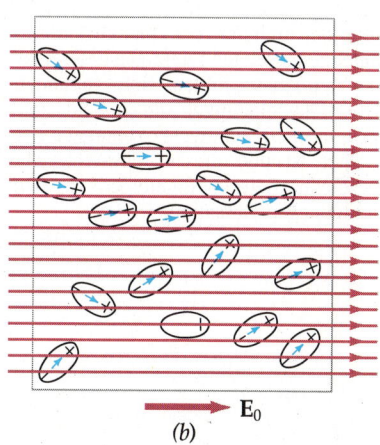

21.3 a) Ohne äußeres Feld sind die elektrischen Dipole eines polaren Dielektrikums zufällig orientiert. b) Unter dem Einfluß eines elektrischen Feldes richten sich die Dipole entlang den Feldlinien aus. Diese Form der Polarisation heißt Orientierungspolarisation.

21 Kapazität, Dielektrika und elektrostatische Energie

Dabei wird die Proportionalitätskonstante α *Polarisierbarkeit* genannt; sie ist eine für die Atome und Moleküle des jeweiligen Dielektrikums charakteristische Größe.

Wieso entsteht durch Polarisation im Dielektrikum ein dem äußeren Feld entgegen gerichtetes Feld? Wie aus Abbildung 21.4 zu ersehen ist, kompensieren sich alle induzierten Dipolmomente im Innern des Dielektrikums. An den Oberflächen des Dielektrikums jedoch, dicht bei den angrenzenden Kondensatorplatten, entstehen Ladungen entgegengesetzten Vorzeichens. Diese Oberflächenladungen erzeugen ein elektrisches Feld, das dem äußeren entgegen gerichtet ist und es dadurch schwächt. Die Schwächung wird in Abbildung 21.5 veranschaulicht.

Bezeichnet man das Feld im Kondensator ohne Dielektrikum mit E_0, so entsteht im Dielektrikum ein Feld der Stärke:

Elektrisches Feld im Dielektrikum

$$E = \frac{E_0}{\varepsilon_r},\qquad 21.9$$

wobei ε_r die Dielektrizitätszahl ist. Für einen Plattenkondensator mit Plattenabstand s ergibt sich damit für die Potentialdifferenz U:

$$U = Es = \frac{E_0 s}{\varepsilon_r} = \frac{U_0}{\varepsilon_r},$$

wobei $U_0 = E_0 s$ die Potentialdifferenz ohne Dielektrikum ist. Damit erhält man für die Kapazität im Dielektrikum:

$$C = \frac{Q}{U} = \frac{Q}{U_0/\varepsilon_r} = \varepsilon_r \frac{Q}{U_0}$$

oder

$$C = \varepsilon_r C_0,\qquad 21.10$$

wobei $C_0 = Q/U_0$ die Kapazität ohne Dielektrikum bezeichnet. Hat jede Platte des Kondensators die Fläche A, so ergibt sich für die Kapazität des Plattenkondensators mit Dielektrikum:

$$C = \frac{\varepsilon_r \varepsilon_0 A}{s} = \frac{\varepsilon A}{s}.\qquad 21.11$$

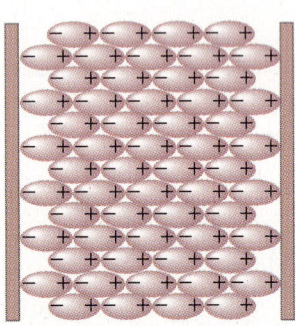

21.4 Bringt man ein nichtpolares Dielektrikum zwischen die Platten eines Kondensators, so wird es durch das elektrische Feld im Kondensator polarisiert. Dabei werden die Ladungsschwerpunkte aller Atome und Moleküle des Dielektrikums gegeneinander verschoben. Während sich im Innern des Dielektrikums die entgegengesetzten Ladungen untereinander aufheben, bilden sich gebundene Oberflächenladungen, die ein Feld erzeugen, das dem äußeren Feld entgegen gerichtet ist und dieses schwächt. Man bezeichnet dieses Phänomen als Verschiebungspolarisation.

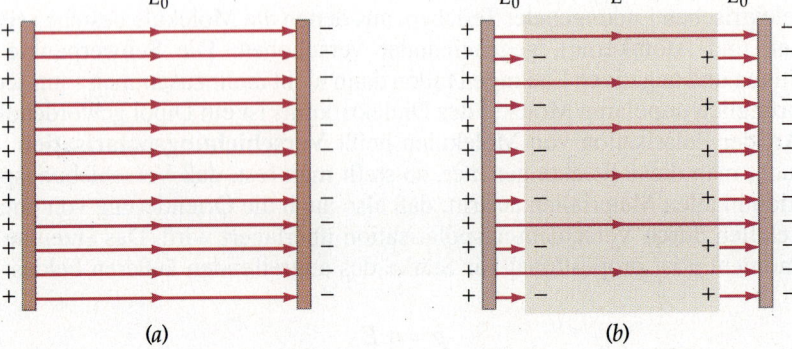

21.5 Elektrisches Feld in einem Kondensator, a) ohne Dielektrikum, b) mit Dielektrikum. Die Oberflächenladung auf dem Dielektrikum schwächt das äußere Feld.

Dabei haben wir $C_0 = \varepsilon_0 A/s$ gemäß (21.4) eingesetzt. Die Größe

$$\varepsilon = \varepsilon_r \varepsilon_0 \qquad 21.12$$

heißt **Dielektrizitätskonstante** oder **Permittivität** von Materie.

Die Ladungsdichten an den Endflächen des Dielektrikums entstehen, wie wir gesehen haben, aufgrund der Verschiebung der Ladungsschwerpunkte oberflächennaher Moleküle im Kondensatorfeld. Diese induzierten Ladungen kann man aber nicht aus dem Dielektrikum entfernen. Man spricht daher auch von **gebundenen Ladungen**. Sie sind nicht frei beweglich wie die Ladungen auf den Kondensatorplatten. Die Oberflächenladungen verschwinden, wenn man das äußere Feld abschaltet, sie sind jedoch genauso wie frei bewegliche Ladungen die Quelle eines elektrischen Feldes. Wir wollen jetzt untersuchen, wie die Oberflächenladungsdichte σ_g der gebundenen Ladungen im Dielektrikum mit der Dielektrizitätszahl ε_r und der Ladungsdichte der freien Ladungen σ_f auf den Kondensatorplatten zusammenhängt.

Wir betrachten dazu einen Isolator in einem Plattenkondensator (Abbildung 21.6). Macht man den Plattenabstand sehr klein, so entspricht das Feld im Innern des Dielektrikums, das von den gebundenen Oberflächenladungen ausgeht, dem Feld zweier unendlich ausgedehnter Platten mit Ladungsdichte $+\sigma_g$ und $-\sigma_g$. Damit ergibt sich nach (19.20) eine Feldstärke E_g:

$$E_g = \frac{\sigma_g}{\varepsilon_0}. \qquad 21.13$$

Dieses Feld ist dem äußeren Feld E_0, das durch die Dichte der frei beweglichen Ladungen auf den Platten entsteht, entgegen gerichtet. E_0 ist gegeben durch

$$E_0 = \frac{\sigma_f}{\varepsilon_0}. \qquad 21.14$$

Die resultierende Feldstärke ist daher die Differenz $E_0 - E_g$:

$$E = E_0 - E_g = \frac{E_0}{\varepsilon_r}$$

oder

$$E_g = E_0 \left(1 - \frac{1}{\varepsilon_r}\right) = \frac{\varepsilon_r - 1}{\varepsilon_r} E_0 = \frac{\chi_e}{\chi_e + 1} E_0.$$

Die Größe $\chi_e = \varepsilon_r - 1$, die wir hier lediglich der Vollständigkeit halber einführen, bezeichnet die sogenannte **dielektrische Suszeptibilität**. Sie ist eine Materialkonstante und als solche häufig in Tabellenwerken zu finden.

Mit (21.13) und (21.14) erhält man:

$$\sigma_g = \frac{\varepsilon_r - 1}{\varepsilon_r} \sigma_f = \frac{\chi_e}{\chi_e + 1} \sigma_f. \qquad 21.15$$

Die Dichte der gebundenen Ladungen ist immer kleiner als diejenige der freien Ladungen auf den Platten. Sie ist natürlich gleich null, wenn kein Dielektrikum vorhanden ist, denn im Vakuum ist $\chi_e = 0$. Im Zusammenhang mit den Maxwell-Gleichungen in Kapitel 29 werden wir auf diese Betrachtung von Dielektrika noch einmal zurückkommen.

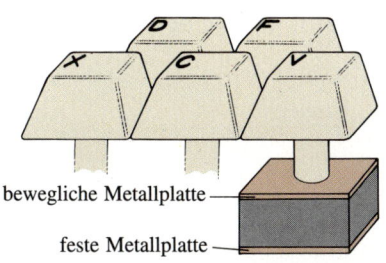

Bei Computertastaturen verwendet man häufig Kondensatoren als Schalter. Jede Taste ist mit einer kleinen Metallplatte verbunden, die als obere Platte eines Kondensators ausgeführt ist und deren Abstand zur unteren Platte variieren kann. Die Kapazitätsänderung beim Tastendruck bewirkt dann das Triggern eines elektrischen Schaltkreises.

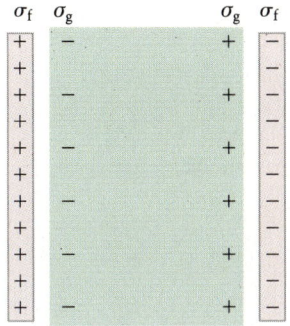

21.6 Ein Plattenkondensator mit einem Dielektrikum. Bei kleinem Plattenabstand kann man die Oberflächenladungen als unendlich große, ebene Ladungsverteilung ansehen. Das elektrische Feld, das die Ladungen auf den Kondensatorplatten erzeugen, zeigt nach rechts und hat die Feldstärke $E_0 = \sigma_f/\varepsilon_0$. Das induzierte Feld zeigt nach links und hat die Feldstärke $E_g = \sigma_g/\varepsilon_0$.

21 Kapazität, Dielektrika und elektrostatische Energie

Bisher haben wir stillschweigend angenommen, daß sich die Ladung auf den Platten nicht ändert, wenn man ein Dielektrikum in den Kondensator einführt. Das ist allerdings nur dann der Fall, wenn man den Kondensator nach dem Aufladen von der Spannungsquelle trennt. Ist die Verbindung dagegen nicht unterbrochen, so liefert die Spannungsquelle so lange Ladungsträger nach, bis die Schwächung der Feldstärke durch das Dielektrikum kompensiert ist und sich die ursprüngliche Potentialdifferenz wieder eingestellt hat. Die Gesamtladung auf den Platten beträgt dann $Q = \varepsilon_r Q_0$, und die Kapazität erhöht sich ebenfalls um den Faktor ε_r.

Übung

Der Kondensator aus Beispiel 21.1 wird mit einem Dielektrikum mit $\varepsilon_r = 2$ versehen. a) Wie groß ist die Kapazität mit Dielektrikum? b) Welche Ladung befindet sich auf den Platten, wenn der Kondensator mit einer 12-V-Batterie verbunden bleibt? (Antworten: a) 177 pF, b) 2,12 nC)

Übung

Der gleiche Kondensator wird vor dem Einführen des Dielektrikums von der Versorgungsspannung getrennt. Wie groß ist a) die Ladung, b) die Spannung, c) die Kapazität nach Einbringen des Dielektrikums? (Antworten: a) $Q = 1{,}06$ nC, b) $U = 6$ V, c) $C = 177$ pF)

Zusätzlich zur Kapazitätserhöhung erfüllt das Dielektrikum in einem Kondensator zwei weitere wichtige Funktionen. Es dient als mechanischer Abstandshalter, was insbesondere bei Kondensatoren mit sehr kleinem Plattenabstand und großer Plattenfläche wichtig ist, damit eine solche Anordnung genügend mechanische Stabilität erhält. Darüber hinaus erhöht ein Dielektrikum die Durchschlagsfestigkeit eines Kondensators, d.h., elektrische Kurzschlüsse zwischen den Platten werden verhindert. Wir haben bereits in Kapitel 20 gesehen, daß die Durchschlagsfestigkeit von Luft ungefähr 3 MV/m beträgt. Übersteigt die Feldstärke diesen Wert, so entsteht ein Lichtbogen, und die Luft wird schlagartig leitfähig, was einen nur mit Luft gefüllten Kondensator kurzschließen würde. Betrachten wir dagegen einen Kondensator, der aus zwei dünnen Metallfolien

Tabelle 21.1 Dielektrizitätszahlen und Durchschlagsfestigkeiten einiger Stoffe

Material	Dielektrizitätszahl ε_r	Durchschlagsfestigkeit/kV·mm^{-1}
Bakelit	4,9	24
Glas	5,6	14
Glimmer	5,4	10 – 100
Luft	1,00059	3
Neopren	6,9	12
Papier	3,7	16
Paraffin	2,1 – 2,5	10
Plexiglas	3,4	40
Polystyrol	2,55	24
Porzellan	7	5,7
Transformatorenöl	2,24	12
Wasser (20 °C)	80	

und einer Zwischenlage Papier besteht. Durch die höhere Dielektrizitätszahl steigt die Kapazität gegenüber einem Luftkondensator bereits um das 3,7fache. Durch die physikalische Trennung der Platten kann man den Abstand sehr klein machen, ohne Kurzschlüsse zu riskieren, und die Durchschlagsfestigkeit steigt auf 16 MV/m. Die Dielektrizitätszahlen und Durchschlagsfestigkeiten einiger typischer Dielektrika sind in Tabelle 21.1 zusammengestellt.

Beispiel 21.3

Wir betrachten einen Plattenkondensator mit quadratischen Platten der Kantenlänge 10 cm und einem gegenseitigen Abstand von 4 mm. Im Kondensator befinde sich ein 3 mm dickes Dielektrikum, das genauso groß ist wie die Platten. Die Dielektrizitätszahl des Dielektrikums sei $\varepsilon_r = 2$. Wie groß ist die Kapazität a) ohne und b) mit Dielektrikum?

a) Es handelt sich im Prinzip um den gleichen Kondensator wie in Beispiel 21.1 mit dem kleinen Unterschied, daß der Abstand jetzt 4 mm statt 1 mm beträgt. Die Kapazität ist umgekehrt proportional zum Abstand, daher ist die Kapazität $\frac{1}{4}$ der Kapazität aus Beispiel 21.1, also $C_0 = \frac{1}{4}(88,5 \text{ pF}) = 22,1 \text{ pF}$.

b) Die Kapazität mit Dielektrikum finden wir, indem wir zunächst annehmen, daß sich auf den Platten die Ladung $+Q$ bzw. $-Q$ befindet, und das elektrische Feld berechnen. Anschließend integrieren wir über das elektrische Feld und erhalten so die Potentialdifferenz.

Das Feld im Plattenzwischenraum ohne Dielektrikum ist gegeben durch $E_0 = Q/\varepsilon_0 A$, da hier keine gebundenen Ladungen als Quelle eines Feldes vorhanden sind. Im Dielektrikum ist die Feldstärke gegeben durch $E = E_0/\varepsilon_r$. Die Felder sind homogen, daher berechnet sich das Integral über das Feld als Produkt von Abstand und Feldstärke. Integriert man über den ganzen Kondensator (Plattenabstand $s = 4$ mm, Dicke des Dielektrikums $= \frac{3}{4}s$, Dicke des freien Raumes $= \frac{1}{4}s$), so erhält man

$$U = E_0 \left(\frac{1}{4}\right)s + \frac{E_0}{\varepsilon_r}\left(\frac{3}{4}s\right) = E_0 s \left(\frac{1}{4} + \frac{3}{4\varepsilon_r}\right) = U_0 \left(\frac{\varepsilon_r + 3}{4\varepsilon_r}\right),$$

wobei $E_0 s$ gleich U_0 der Potentialdifferenz ohne Dielektrikum ist. Mit $\varepsilon_r = 2$ ergibt sich

$$U = \frac{5}{8} U_0 .$$

Daraus resultiert als Wert für die Kapazität mit Dielektrikum:

$$C = \frac{Q}{U} = \frac{Q}{\frac{5}{8}U_0} = \frac{8}{5}\frac{Q}{U_0} = \frac{8}{5} C_0$$

$$= \frac{8}{5}(22,1 \text{ pF}) = 35,4 \text{ pF} .$$

21.4 Die Speicherung elektrischer Energie

Stellt man zwischen den Platten eines Kondensators, die sich auf unterschiedlichen Potentialen befinden, eine elektrisch leitende Verbindung her, so verteilen sich die Ladungen auf beiden Platten gleichmäßig – der Ladungsfluß findet solange statt, bis die Platten auf gleichem Potential liegen (vgl. auch Abschnitt 20.6), bis also die potentielle Energie dieses Systems ihr Minimum (null) erreicht hat. Die dabei freiwerdende Energie wird zum größten Teil in Wärme umgesetzt.

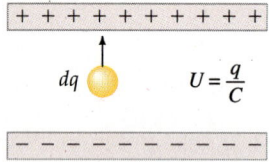

21.7 Bringt man eine kleine Ladung dq von der negativen auf die positive Platte, so erhöht sich ihre potentielle Energie um den Betrag d$W = U$dq, wobei U die Potentialdifferenz zwischen den Platten ist.

Entsprechend der Konvention für die Stromrichtung fließen während dieses Entladungsvorgangs positive Ladungen von der positiven zur negativen Platte. Umgekehrt bedeutet das Aufladen eines Kondensators nichts anderes, als eine Potentialdifferenz zwischen den Platten aufzubauen oder, falls bereits eine Potentialdifferenz besteht, diese zu erhöhen. Im Bild des Ladungsflusses heißt das, es müssen positive Ladungen von der einen Platte, die damit sofort zur negativen Platte wird, auf die andere Platte (also die positive) geleitet werden. Während beim Entladen Energie frei wird, muß dem System beim Aufladen Energie zugeführt werden, und zwar für den Fluß einer kleinen Ladung dq bei der Potentialdifferenz U die Energie d$q\,U$. Diese Energie wird in Form von elektrostatischer potentieller Energie im System gespeichert. Am Ende des Ladevorgangs ist die Ladung Q transportiert worden, und es hat sich die Potentialdifferenz $U = Q/C$ aufgebaut, wobei C die Kapazität des Kondensators ist.

Wir betrachten den Ladevorgang zu einem beliebigen Zeitpunkt und nehmen an, bis zu diesem Zeitpunkt habe sich die Potentialdifferenz $U = q/C$ aufgebaut. Wenn wir jetzt eine infinitesimal kleine Ladung dq zuführen (Abbildung 21.7), erhöht sich die potentielle Energie W um

$$dW = U\,dq = \frac{q}{C}\,dq.$$

(Wir passen uns hier der Konvention an, die potentielle Energie im Bereich der Elektrodynamik nicht mit E_{pot}, sondern mit W zu bezeichnen.) Der Gesamtbetrag an potentieller Energie W ergibt sich dann als Integral über W vom Anfang bis zum Ende des Ladevorgangs, d.h. von $q = 0$ bis $q = Q$ (Abbildung 21.8):

$$W = \int dW = \int_0^Q \frac{q}{C}\,dq = \frac{1}{2}\frac{Q^2}{C}.$$

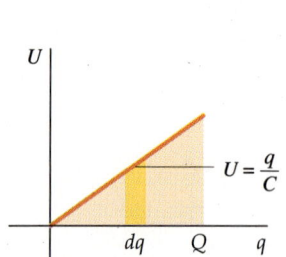

21.8 Die Arbeit, die man aufbringen muß, um einen Kondensator aufzuladen, ist das Integral über Udq von $q = 0$ bis $q = Q$. Es hat den Wert $\frac{1}{2}Q^2/C$.

Damit haben wir einen Ausdruck für die im Kondensator gespeicherte potentielle Energie erhalten. Mit $C = Q/U$ kann man hieraus eine Reihe gebräuchlicher Schreibweisen ableiten:

Energie im Kondensator

$$W = \frac{1}{2}\frac{Q^2}{C} = \frac{1}{2}QU = \frac{1}{2}CU^2.\qquad 21.16$$

Übung

Ein Kondensator der Kapazität 15 μF wird auf 60 V aufgeladen. Wieviel potentielle Energie wird dabei im Kondensator gespeichert? (Antwort: 0,0027 J)

Beispiel 21.4

Ein Kondensator der Kapazität 60 μF werde auf eine Spannung von 12 V aufgeladen. Dann werde er von der Batterie abgeklemmt, und der Plattenabstand werde von 2 mm auf 3,5 mm erhöht. a) Welche Ladung wurde auf die Platten gebracht? b) Wieviel Energie wurde hierfür aufgewendet? c) Um welchen Betrag erhöht sich die Energie im Kondensator, wenn der Plattenabstand vergrößert wird?

a) Die Definition der Kapazität (21.1) liefert sofort:

$$Q = CU = 60\ \mu\text{F} \cdot 12\ \text{V} = 720\ \mu\text{C}.$$

b) Einsetzen in (21.16) ergibt:

$$W = \frac{1}{2} QU = \frac{1}{2} \cdot 720 \, \mu\text{C} \cdot 12 \, \text{V} = 4320 \, \mu\text{J} \,.$$

Diesen Wert kann man auch erhalten, ohne zuerst die Ladung auszurechnen:

$$W = \frac{1}{2} CU^2 = \frac{1}{2} \cdot 60 \, \mu\text{F} \cdot (12 \, \text{V})^2 = 4320 \, \mu\text{J} \,.$$

c) Nachdem der Kondensator von der Spannungsquelle getrennt ist, bleibt die Ladung auf den Platten konstant. Das Auseinanderziehen der Platten erhöht die Spannung zwischen den Platten und verringert die Kapazität des Kondensators. Wir können also entweder die neue Spannung oder die Kapazität bestimmen und daraus dann nach $W = \frac{1}{2} QU$ oder $W = Q^2/2C$ den Betrag berechnen, auf den die gespeicherte Energie anwächst. Der Zusammenhang zwischen der Potentialdifferenz U, dem Abstand s der Platten und dem elektrischen Feld E lautet:

$$U = Es \,.$$

Die Feldstärke ändert sich nicht, da die Ladung gleich bleibt. Bei einem Abstand von 2,0 mm beträgt die Spannung 12 V, daher ergibt sich für den neuen Abstand von 3,5 mm eine Spannung von

$$U = 12 \, \text{V} \cdot \frac{3{,}5 \, \text{mm}}{2{,}0 \, \text{mm}} = 21 \, \text{V} \,.$$

Hieraus erhält man für die gespeicherte Energie:

$$W = \frac{1}{2} QU = \frac{1}{2} \cdot 720 \, \mu\text{C} \cdot 21 \, \text{V} = 7560 \, \mu\text{J} \,.$$

Die bei der Vergrößerung des Plattenabstandes zugeführte Energie beträgt daher: 7560 µJ − 4320 µJ = 3240 µJ.

Wir wollen den Aufgabenteil b) nochmals auf einem anderen Weg lösen. Da die Platten des Kondensators entgegengesetzt geladen sind, üben sie eine Anziehungskraft aufeinander aus. Will man den Plattenabstand vergrößern, so muß man gegen diese Kraft Arbeit verrichten. Nehmen wir nun an, die untere Platte sei fixiert und die obere Platte werde bewegt. Die Kraft, die auf die obere Platte wirkt, ist gleich der Ladung auf dieser Platte multipliziert mit der Feldstärke des elektrischen Feldes, das die untere Platte erzeugt. Da beide Platten gleich viel zum Feld beitragen, hat das Feld der unteren Platte genau die halbe Stärke des Gesamtfeldes. Diese ergibt sich bei einer Spannung von 12 V und einem Plattenabstand von 2 mm zu

$$E = \frac{U}{s} = \frac{12 \, \text{V}}{2 \, \text{mm}} = 6 \, \text{V/mm} = 6 \, \text{kV/m} \,.$$

Das von der unteren Platte erzeugte Feld ist dann

$$E' = \frac{1}{2} E = 3 \, \text{kV/m} \,.$$

Dies führt auf eine Kraft von

$$F = QE' = 720 \, \mu\text{C} \cdot 3 \, \text{kV/m} = 2{,}16 \, \text{N}$$

und damit auf eine Arbeit von

$$W = F \Delta s = 2{,}16 \, \text{N} \cdot 1{,}5 \, \text{mm} = 3{,}24 \cdot 10^{-3} \, \text{J} = 3240 \, \mu\text{J} \,,$$

was gerade dem bereits oben gefundenen Anstieg der gespeicherten Energie entspricht.

21 Kapazität, Dielektrika und elektrostatische Energie

Beim Aufladen eines Kondensators wird zwischen den Platten ein elektrisches Feld aufgebaut. Die Arbeit, die zum Laden des Kondensators nötig ist, steckt also in diesem elektrischen Feld, man spricht von der **elektrostatischen** (oder einfach der **elektrischen**) **Energie** des Feldes im Innern des Kondensators. Wir betrachten dies am Beispiel eines Kondensators, der mit einem Dielektrikum gefüllt ist. Es sei $+Q$ die Ladung auf einer Kondensatorplatte. Für die Potentialdifferenz gilt $U = Es$, wobei s der Plattenabstand und E die elektrische Feldstärke ist. Das elektrische Feld ist über

$$E = \frac{E_0}{\varepsilon_r} = \frac{\sigma}{\varepsilon_r \varepsilon_0} = \frac{Q}{\varepsilon A}$$

mit der Ladung Q verknüpft. Setzen wir $Q = \varepsilon A E$ und $U = Es$ in (21.16) ein, so ergibt sich für die potentielle Energie W:

$$W = \frac{1}{2} QU = \frac{1}{2} (\varepsilon A E)(Es)$$

$$= \frac{1}{2} \varepsilon E^2 (As).$$

Der Ausdruck As entspricht gerade dem Kondensatorvolumen. Damit erhält man für die Energie pro Volumen, die sogenannte **Energiedichte** w_{el}:

Energiedichte des elektrostatischen Feldes

$$w_{el} = \frac{\text{Energie}}{\text{Volumen}} = \frac{1}{2} \varepsilon E^2 . \qquad 21.17$$

Wir sehen, daß die Energiedichte des elektrischen Feldes proportional zum Quadrat der Feldstärke ist. Wir haben zwar diese Gleichung für den Plattenkondensator aufgestellt, sie gilt jedoch für jedes beliebige elektrische Feld. Wir wollen die Gültigkeit zunächst für das Feld eines geladenen kugelförmigen Leiters, der die Ladung Q und den Radius R hat, überprüfen. Hier ist das Feld weder homogen, noch handelt es sich bei diesem Leiter um einen Kondensator.

Zunächst berechnen wir, welche Arbeit notwendig ist, um eine Ladung aus großer Entfernung auf die Kugel zu bringen. Legen wir den Potentialnullpunkt wie üblich (und hier auch möglich) ins Unendliche, so ist das Potential der Kugel gegeben durch:

$$U = \frac{1}{4\pi\varepsilon_0} \frac{q}{R} .$$

Die Energie, die nötig ist, um zusätzlich eine kleine Ladung dq aus dem Unendlichen auf die Kugel zu bringen, beträgt daher

$$dW = U\, dq = \frac{1}{4\pi\varepsilon_0 R} q\, dq .$$

Daraus erhalten wir die gesamte potentielle Energie, indem wir über dW von $q = 0$ bis $q = Q$ integrieren:

$$W = \frac{1}{4\pi\varepsilon_0 R} \frac{Q^2}{2} = \frac{1}{2} QU . \qquad 21.18$$

Dieser Ausdruck beschreibt die elektrostatische Energie einer leitfähigen Kugel. Das gleiche Ergebnis erhalten wir unter Verwendung der Energiedichte (21.17), wenn wir für ε die Dielektrizitätskonstante des Vakuums, also ε_0, einsetzen. Das Feld eines kugelförmigen Leiters, der die Ladung Q trägt, verläuft radial und hat eine Feldstärke von

$$E_r = 0 \qquad r < R \text{ (innerhalb der Kugel)}$$

$$E_r = \frac{1}{4\pi\varepsilon_0} \frac{Q}{r^2} \qquad r > R \text{ (außerhalb der Kugel).}$$

Das elektrische Feld ist kugelsymmetrisch, daher ist es günstig, als Volumenelement eine Kugelschale fester Dicke zu wählen. Bei einem Radius von r und einer Schalendicke dr ergibt sich $dV = 4\pi r^2 \, dr$ (Abbildung 21.9). Die Energie in diesem Volumenelement ist

$$dW = w_{el} \, dV = \frac{1}{2}(\varepsilon_0 E^2) \, 4\pi r^2 \, dr$$

$$= \frac{1}{2}\varepsilon_0 \left(\frac{Q}{4\pi\varepsilon_0 r^2}\right)^2 (4\pi r^2 \, dr) = \frac{Q^2}{8\pi\varepsilon_0} \frac{dr}{r^2}.$$

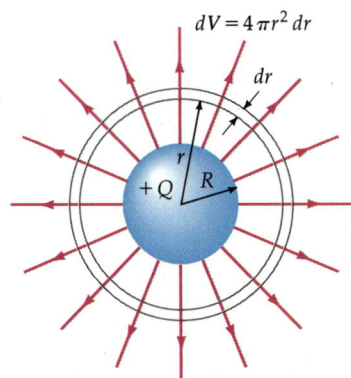

21.9 Geometrische Anordnung zur Berechnung der elektrostatischen Energie einer leitenden Kugel, die die Ladung Q trägt. Das Volumen des kugelförmigen Elements zwischen r und $r + dr$ beträgt $dV = 4\pi r^2 dr$. Die Energie des elektrischen Feldes in diesem Volumenelement hat den Wert $w_{el} dV$, wobei $w_{el} = \frac{1}{2}\varepsilon_0 E^2$ die elektrische Energiedichte ist.

Da das Integral im Bereich $r < R$ null ist, erhalten wir die gesamte Energie des elektrischen Feldes, indem wir von $r = R$ bis $r \to \infty$ integrieren:

$$W = \int_R^\infty \frac{Q^2}{8\pi\varepsilon_0} \frac{dr}{r^2} = \frac{1}{2}\frac{Q^2}{4\pi\varepsilon_0 R} = \frac{1}{2}QU. \qquad 21.19$$

Dies ist das gleiche Ergebnis wie (21.18).

Fragen

1. Die Spannung an einem Kondensator wird verdoppelt. Um welchen Wert ändert sich der Energieinhalt?
2. Von einem Kondensator wird die Hälfte der Ladung entfernt. Um welchen Betrag ändert sich sein Energieinhalt?

21.5 Zusammenschaltung von Kondensatoren

Häufig werden Kondensatoren miteinander verschaltet. In Abbildung 21.10 werden beispielsweise zwei **Kondensatoren in Parallelschaltung** gezeigt (in elektrischen Schaltbildern werden Kondensatoren durch ⊣⊢ dargestellt). Die oberen Platten der Kondensatoren sind durch einen Leiter miteinander verbunden und liegen daher auf gleichem Potential; dasselbe gilt für die unteren Platten. Die Punkte a und b seien mit einer Spannungsquelle verbunden, die dafür sorgt, daß die Spannung $U = \varphi_a - \varphi_b$ konstant bleibt. Wir sehen sofort, daß sich bei dieser Art der Zusammenschaltung die Flächen und damit die Kapazitäten addieren. Sind C_1 und C_2 die Kapazitäten der Einzelkondensatoren, so sind die Ladungen auf den Platten gegeben durch:

$$Q_1 = C_1 U$$

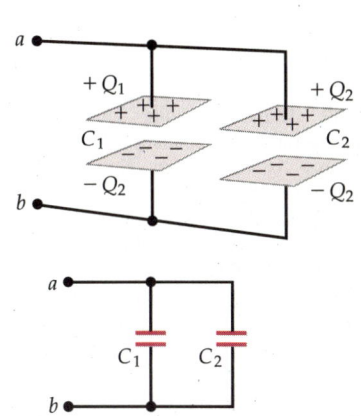

21.10 Zwei parallelgeschaltete Kondensatoren. Über beiden Kondensatoren liegt die gleiche Potentialdifferenz.

und

$$Q_2 = C_2 U.$$

Die gespeicherte Gesamtladung ist damit:

$$Q = Q_1 + Q_2 = C_1 U + C_2 U = (C_1 + C_2) U.$$

Als **Ersatzkapazität** bezeichnet man die Kapazität eines einzelnen Kondensators, der die Kombination mehrerer Kondensatoren eines Schaltkreises ersetzen und bei gegebener Potentialdifferenz dieselbe Ladung speichern kann. Die Ersatzkapazität für zwei parallelgeschaltete Kondensatoren ist gegeben durch

$$C_{\text{ers}} = \frac{Q}{U} = C_1 + C_2. \qquad 21.20$$

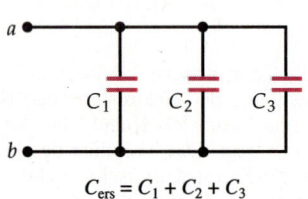

21.11 Parallelschaltung dreier Kondensatoren. Das Hinzufügen eines Kondensators erhöht die Kapazität der Schaltung.

Verallgemeinert bedeutet das, daß die Kapazität einer Parallelschaltung von Kapazitäten gleich der Summe der Einzelkapazitäten ist (siehe auch Abbildung 21.11):

Ersatzkapazität bei Parallelschaltung von Kondensatoren

$$C_{\text{ers}} = C_1 + C_2 + C_3 + \ldots \qquad 21.21$$

Bei der **Reihenschaltung** von Kondensatoren liegen die Verhältnisse anders. Betrachten wir beispielsweise die beiden in Reihe geschalteten Kondensatoren in Abbildung 21.12. Sind die Punkte a und b mit einer Spannungsquelle verbunden, so beträgt die Potentialdifferenz über die gesamte Anordnung hinweg wieder $U = \varphi_a - \varphi_b$, die Spannung zwischen den Platten des einen Kondensators muß nun aber nicht notwendigerweise mit der Spannung am anderen Kondensator übereinstimmen. Die Ladung $+Q$, die sich auf der oberen Platte des Kondensators C_1 befindet (hier beträgt das Potential φ_a), induziert auf der gegenüberliegenden unteren Platte eine gleich große Ladung $-Q$. Diese Ladung rührt von Elektronen her, die von der oberen Platte des zweiten Kondensators C_2 abgeflossen sind; auf der oberen Platte von C_2 befindet sich daher die Ladung $+Q$. Das Potential dieser beiden Platten ist φ_c. Auf der unteren Platte des Kondensators muß schließlich wegen des Influenzeffektes die entsprechende Ladung $-Q$ vorhanden sein. Für die Spannung am ersten Kondensator gilt:

$$U_1 = \varphi_a - \varphi_c = \frac{Q}{C_1}.$$

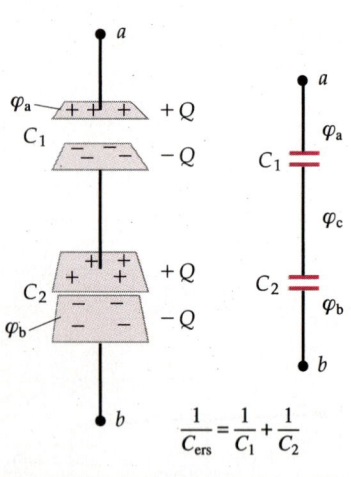

21.12 Reihenschaltung zweier Kondensatoren. Die positive und negative Ladung ist auf allen Kondensatoren gleich. Der Spannungsabfall über den in Serie geschalteten Kondensatoren ist die Summe der Spannungsabfälle über den einzelnen Kondensatoren.

Und für Kondensator C_2 erhalten wir

$$U_2 = \varphi_c - \varphi_b = \frac{Q}{C_2}.$$

Die Summe dieser Spannungen muß gerade wieder die Gesamtspannung U ergeben:

$$U = \varphi_a - \varphi_b = (\varphi_a - \varphi_c) + (\varphi_c - \varphi_b)$$
$$= U_1 + U_2 = \frac{Q}{C_1} + \frac{Q}{C_2}.$$

Daher ergibt sich

$$U = \frac{Q}{C_1} + \frac{Q}{C_2}$$
$$= Q\left(\frac{1}{C_1} + \frac{1}{C_2}\right).$$ 21.22

Die Ersatzkapazität von zwei in Reihe geschalteten Kondensatoren ist die Kapazität eines einzelnen Kondensators, der die anderen ersetzen kann und bei gleicher Ladung dieselbe Spannung liefert. Also gilt:

$$C_{\text{ers}} = \frac{Q}{U}.$$ 21.23

Aus dem Vergleich von (21.22) und (21.23) folgt

$$\frac{1}{C_{\text{ers}}} = \frac{1}{C_1} + \frac{1}{C_2}.$$ 21.24

Dies Ergebnis läßt sich verallgemeinern, so daß wir für drei oder mehr in Reihe geschaltete Kondensatoren erhalten:

$$\frac{1}{C_{\text{ers}}} = \frac{1}{C_1} + \frac{1}{C_2} + \frac{1}{C_3} + \dots$$ 21.25 *Ersatzkapazität bei Reihenschaltung von Kondensatoren*

Beachten Sie, daß die Serienschaltung von Kondensatoren zwar den Ausdruck $1/C_{\text{ers}}$ erhöht, gleichzeitig aber die Gesamtersatzkapazität C_{ers} erniedrigt.

Übung

Zwei Kondensatoren mit einer Kapazität von 20 µF und 30 µF werden a) parallel- und b) in Reihe geschaltet. Wie groß ist jeweils die entstehende Ersatzkapazität? (Antwort: a) 50 µF, b) 12 µF)

Die Ergebnisse der vorstehenden Übung zeigen, daß durch die Serienschaltung die Ersatzkapazität kleiner wird als die Kapazität der einzelnen Kondensatoren.

Für jeden Kondensator mit Materie im Plattenzwischenraum gibt es eine Maximalspannung, oberhalb der es zu einem elektrischen Durchschlag kommt. Nehmen wir an, wir hätten eine Spannungsversorgung, die 100 V liefert, und zwei Kondensatoren, die bei 60 V durchschlagen. Verbinden wir die Kondensatoren einzeln oder als parallel geschaltete Anordnung mit der Spannungsversorgung, so wird es zum Durchschlag kommen, weil in beiden Fällen an den Kondensatoren die volle Spannung von 100 V anliegt. Bei der Reihenschaltung dagegen teilt sich die Gesamtspannung auf beide Kondensatoren auf und beträgt bei $C_1 = C_2$ nur 50 V.

21 Kapazität, Dielektrika und elektrostatische Energie

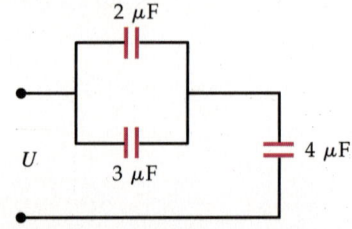

21.13 Zwei parallelgeschaltete Kondensatoren sind mit einem dritten in Reihe geschaltet.

Beispiel 21.5

Wie groß ist die Kapazität der Schaltung in Abbildung 21.13?

Der 2-µF- und der 3-µF-Kondensator sind parallelgeschaltet. Das ergibt eine Ersatzkapazität von

$$C_{\text{ers},1} = C_1 + C_2 = 2\,\mu\text{F} + 3\,\mu\text{F} = 5\,\mu\text{F}.$$

D.h., wir können nun die Reihenschaltung eines 5-µF- und eines 4-µF-Kondensators betrachten. Aus (21.25) ergibt sich

$$\frac{1}{C_{\text{ers},2}} = \frac{1}{C_1} + \frac{1}{C_2} = \frac{1}{5\,\mu\text{F}} + \frac{1}{4\,\mu\text{F}} = \frac{9}{20\,\mu\text{F}}.$$

Die Ersatzkapazität der gesamten Schaltung beträgt daher

$$C_{\text{ers},2} = \frac{20\,\mu\text{F}}{9} = 2{,}22\,\mu\text{F}.$$

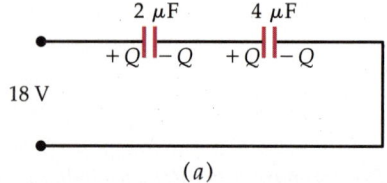

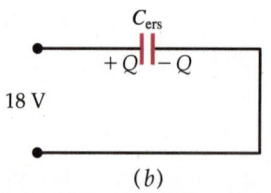

21.14 a) Zwei in Serie geschaltete Kondensatoren werden durch eine 18-V-Spannungsquelle versorgt. b) Die beiden in Serie geschalteten Kondensatoren werden durch die entsprechende Ersatzkapazität ersetzt.

Beispiel 21.6

Eine Reihenschaltung aus einem 2-µF- und einem 4-µF-Kondensator sei mit einer Spannungsquelle von 18 V verbunden (Abbildung 21.14). Wie groß sind die gespeicherten Ladungen und die Spannungen, die an jedem Kondensator anliegen?

Wir berechnen zunächst die Ersatzkapazität der Reihenschaltung:

$$\frac{1}{C_{\text{ers}}} = \frac{1}{C_1} + \frac{1}{C_2} = \frac{1}{2\,\mu\text{F}} + \frac{1}{4\,\mu\text{F}} = \frac{3}{4\,\mu\text{F}}$$

$$C_{\text{ers}} = \frac{4}{3}\,\mu\text{F}.$$

Daraus erhalten wir die gespeicherte Ladung zu

$$Q = C_{\text{ers}} U = \frac{4}{3}\,\mu\text{F} \cdot 18\,\text{V} = 24\,\mu\text{C}.$$

Dieser Wert stimmt mit der Ladung auf jeder Platte der ursprünglichen Kondensatoren überein, und wir erhalten für die Spannungen

$$U_1 = \frac{Q}{C_1} = \frac{24\,\mu\text{C}}{2\,\mu\text{F}} = 12\,\text{V}$$

und

$$U_2 = \frac{Q}{C_2} = \frac{24\,\mu\text{C}}{4\,\mu\text{F}} = 6\,\text{V}.$$

Selbstverständlich ist die Summe dieser beiden Spannungen wieder gleich 18 V.

21.5 Zusammenschaltung von Kondensatoren

Beispiel 21.7

Wir unterbrechen jetzt den Kontakt zwischen den Kondensatoren aus Beispiel 21.6 und der Spannungsquelle und trennen die Kondensatoren voneinander, ohne die gespeicherten Ladungen zu beeinflussen (Abbildung 21.15a). Anschließend werden die jeweils positiv und negativ geladenen Platten miteinander verbunden (Abbildung 21.15b), die Kondensatoren also parallelgeschaltet. Wie groß ist die resultierende Kondensatorspannung, und welche Ladung befindet sich auf den Kondensatoren?

Die beiden Kondensatoren sind parallelgeschaltet und mit einer Gesamtladung von +48 μC auf den positiven bzw. −48 μC auf den negativen Platten belegt. Für die Gesamtkapazität ergibt sich

$$C_\text{ers} = C_1 + C_2 = 2\,\mu\text{F} + 4\,\mu\text{F} = 6\,\mu\text{F}$$

und für die Kondensatorspannung

$$U = \frac{Q}{C_\text{ers}} = \frac{48\,\mu\text{C}}{6\,\mu\text{F}} = 8\,\text{V}\,.$$

Aus den Einzelkapazitäten erhalten wir dann die Ladung auf den beiden Kondensatoren:

$$Q_1 = C_1 U = 2\,\mu\text{F} \cdot 8\,\text{V} = 16\,\mu\text{C}$$

und

$$Q_2 = C_2 U = 4\,\mu\text{F} \cdot 8\,\text{V} = 32\,\mu\text{C}\,.$$

Für beide Kondensatoren zusammen ergibt sich wie erwartet 48 μC.

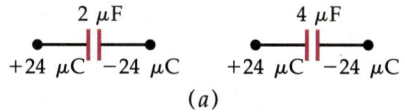
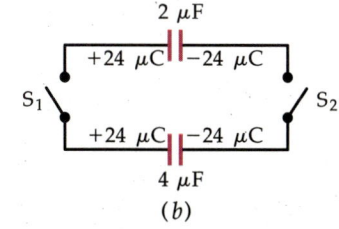

21.15 a) Die beiden Kondensatoren aus 21.14a sofort nach Trennung von der Spannungsquelle. b) Die Kondensatoren werden durch das Schließen von S_1 und S_2 wieder miteinander verbunden, jetzt jedoch jeweils die positiven und negativen Platten miteinander.

Beispiel 21.8

Zwei Plattenkondensatoren mit einer Kapazität von 2 μF werden parallelgeschaltet und mit einer Spannungsquelle von 12 V verbunden. Wie groß ist a) die auf jedem Kondensator gespeicherte Ladung und b) die in beiden zusammen gespeicherte Energie? Die Kondensatoren werden von der Spannung getrennt, und es wird ein Dielektrikum der Dielektrizitätszahl $\varepsilon_r = 3$ in einen der beiden Kondensatoren eingeführt. Wie groß ist jetzt c) die Spannung an den einzelnen Kondensatoren, d) die Ladung auf den einzelnen Kondensatoren und e) die gesamte in beiden gespeicherte Energie?

a) Die ursprüngliche Ladung auf jedem Kondensator beträgt

$$Q = CU = 2\,\mu\text{F} \cdot 12\,\text{V} = 24\,\mu\text{C}\,.$$

b) In jedem Kondensator ist die Energie

$$W = \frac{1}{2} QU = \frac{1}{2} \cdot 24\,\mu\text{C} \cdot 12\,\text{V} = 144\,\mu\text{J}$$

gespeichert, woraus sich eine Gesamtenergie von 288 μJ ergibt.

c) Nach dem Einschieben des Dielektrikums beträgt die neue Kapazität

$$C' = \varepsilon C = 3 \cdot 2\,\mu\text{F} = 6\,\mu\text{F}\,.$$

Die Kondensatoren sind parallelgeschaltet, daher erhält man für die Gesamtkapazität

$$C_\text{ers} = C_1 + C_2 = C' + C = 6\,\mu\text{F} + 2\,\mu\text{F} = 8\,\mu\text{F}\,.$$

Die Gesamtladung bleibt erhalten, da die Spannungsversorgung abgeklemmt ist, so daß wir aus der Gesamtkapazität die Potentialdifferenz ausrechnen können:

$$U = \frac{Q}{C_{ers}} = \frac{48 \, \mu C}{8 \, \mu F} = 6 \, V \, .$$

d) Das Einführen des Dielektrikums in einen der beiden Kondensatoren bewirkt eine Schwächung des Feldes und dadurch eine Erniedrigung der Potentialdifferenz. Es wird deshalb so lange Ladung von einem Kondensator zum anderen fließen, bis die Potentialdifferenz über beiden Kondensatoren gleich groß ist. Sei Q_1 die Ladung auf dem Kondensator mit dem Dielektrikum und Q_2 die Ladung auf dem anderen, dann gilt:

$$Q_1 = C_1 U = 6 \, \mu F \cdot 6 \, V = 36 \, \mu C$$

und

$$Q_2 = C_2 U = 2 \, \mu F \cdot 6 \, V = 12 \, \mu C \, .$$

Die Summe ist wie erwartet 48 μC.

e) Im Kondensator mit dem Dielektrikum ist die elektrische Energie

$$W_1 = \frac{1}{2} Q_1 U = \frac{1}{2} \cdot 36 \, \mu C \cdot 6 \, V = 108 \, \mu J$$

gespeichert. Für den anderen Kondensator ergibt sich

$$W_2 = \frac{1}{2} Q_2 U = \frac{1}{2} \cdot 12 \, \mu C \cdot 6 \, V = 36 \, \mu J \, .$$

Die Gesamtenergie ist also auf 144 μJ zurückgegangen. Dies ist gerade die Hälfte der ursprünglich in beiden Kondensatoren gespeicherten Gesamtenergie.

Beispiel 21.9

Wie ändern sich die Ergebnisse von Teil c) bis e) von Beispiel 21.8, wenn man die Spannungsquelle nicht abklemmt?

c) Da die 12-V-Batterie weiterhin mit den Kondensatoren verbunden ist, bleibt die Spannung bei 12 V.

d) Wird das Dielektrikum in den Kondensator eingeführt, so fließen zusätzliche Ladungen auf die Kondensatorplatten, um die Potentialdifferenz auf 12 V zu halten. Aus dieser Spannung und der neuen Kapazität können wir die Ladung berechnen:

$$Q_1 = C_1 U = 6 \, \mu F \cdot 12 \, V = 72 \, \mu C \, .$$

Im anderen Kondensator ändert sich die Ladung nicht.

e) Die Energie in dem Kondensator mit dem Dielektrikum beträgt:

$$W_1 = \frac{1}{2} Q_1 U = \frac{1}{2} \cdot 72 \, \mu C \cdot 12 \, V = 432 \, \mu J \, .$$

Bei jedem anderen Kondensator bleiben Ladung und Spannung unverändert, daher hat er den gleichen Energieinhalt wie im vorigen Beispiel.

$$W = \frac{1}{2} Q U = \frac{1}{2} \cdot 24 \, \mu C \cdot 12 \, V = 144 \, \mu J \, .$$

In diesem Fall beträgt die Gesamtenergie 432 μJ + 144 μJ = 576 μJ. Sie ist also größer geworden, was verständlich ist, weil die Spannungsquelle mehr Ladungen nachgeliefert hat.

Zusammenfassung

1. Kondensatoren dienen zur Speicherung elektrischer Ladung und Energie. Sie bestehen aus zwei Leiteroberflächen, die voneinander isoliert sind und die die gleiche negative bzw. positive Ladung Q tragen. Die Kapazität erhält man, wenn man diese Ladung Q durch die zwischen den Leitern liegende Spannung U teilt:

$$C = \frac{Q}{U}.$$

Die Kapazität hängt nur von der Bauform des Kondensators ab, nicht jedoch von der Spannung oder Potentialdifferenz.

2. Die Kapazität eines Plattenkondensators ist proportional zur Fläche einer der (gleich großen) Platten und umgekehrt proportional zum Plattenabstand:

$$C = \frac{\varepsilon_0 A}{s}.$$

Die Kapazität eines Zylinderkondensators ist gegeben durch:

$$C = \frac{2\pi\varepsilon_0 \ell}{\ln(b/a)},$$

wobei ℓ die Länge des Kondensators und a und b der Radius des inneren bzw. äußeren Leiters ist.

3. Einen Isolator, also ein elektrisch nicht leitendes Material, bezeichnet man als Dielektrikum. Führt man ein Dielektrikum in einen Kondensator ein, so wird die Ladungsverteilung der Atome und Moleküle des Dielektrikums im elektrischen Feld im Inneren des Kondensators verändert. Dieser Effekt heißt Polarisation, wobei zwei Formen unterschieden werden können: die Orientierungspolarisation, bei der die bereits vorhandenen polaren Moleküle sich in Feldrichtung drehen, und die Verschiebungspolarisation, bei der das äußere Feld eine Verschiebung der Ladungsschwerpunkte von Elektronen und Atomkern in jedem einzelnen Atom bewirkt. Durch die Polarisation baut sich im Dielektrikum ein Feld E auf, das sich dem äußeren Feld E_0 überlagert und dieses schwächt; für E gilt:

$$E = \frac{E_0}{\varepsilon_r},$$

wobei ε_r die Dielektrizitätszahl heißt. Die Abschwächung des Feldes führt zu einer Erhöhung der Kapazität um den Faktor ε_r:

$$C = \varepsilon_r C_0,$$

C_0 bezeichnet die Kapazität ohne Dielektrikum. Die Dielektrizitätskonstante oder Permittivität von Materie ist definiert als

$$\varepsilon = \varepsilon_r \cdot \varepsilon_0.$$

21 Kapazität, Dielektrika und elektrostatische Energie

Über die Kapazitätserhöhung hinaus erfüllen Dielektrika noch weitere Funktionen: Sie dienen als physikalische Abstandshalter und, besonders wichtig, erhöhen die Durchschlagsfestigkeit des Kondensators.

4. Die elektrische Energie in einem Kondensator mit der Ladung Q, der Potentialdifferenz U und der Kapazität C ist gegeben durch:

$$W = \frac{1}{2}\frac{Q^2}{C} = \frac{1}{2}QU = \frac{1}{2}CU^2.$$

Diese Energie ist im elektrischen Feld gespeichert. Die elektrische Energiedichte beträgt:

$$w_{el} = \frac{\text{Energie}}{\text{Volumen}} = \frac{1}{2}\varepsilon E^2.$$

5. Bei der Parallelschaltung von Kondensatoren addieren sich die Kapazitäten:

$$C_{ers} = C_1 + C_2 + C_3 + \ldots$$

Bei der Serienschaltung von Kondensatoren addieren sich die Kehrwerte der Einzelkapazitäten; für den Kehrwert der Ersatzkapazität gilt:

$$\frac{1}{C_{ers}} = \frac{1}{C_1} + \frac{1}{C_2} + \frac{1}{C_3} + \ldots$$

Aufgaben

Stufe I

21.1 Der Plattenkondensator

1. Welche Fläche müßten die Platten eines Plattenkondensators haben, damit er bei einem Plattenabstand von 0,15 mm eine Kapazität von 1 F hat?

2. Ein Plattenkondensator habe eine Kapazität von 2,0 µF bei einem Plattenabstand von 1,6 mm. a) Wie groß ist die Spannung, bei der noch keine Überschläge in der Luft zwischen den Platten zu befürchten sind? (Es sei $E_{max} = 3$ MV/m.) b) Welche Ladung läßt sich bei dieser maximalen Spannung auf den Platten speichern?

21.2 Der Zylinderkondensator

3. Ein Geiger-Zähler bestehe aus einem 12 cm langen Draht mit dem Radius 0,2 mm, der sich in einem leitenden Zylinder mit dem Innenradius 1,5 cm befindet. a) Wie groß ist die Kapazität dieses Aufbaus, wenn das Gas im Geiger-Zähler eine Dielektrizitätszahl von 1 hat? b) Wie groß ist die Linienladungsdichte auf dem Draht, wenn zwischen Draht und Zylinder eine Spannung von 1,2 kV liegt?

21.3 Dielektrika

4. Ein Plattenkondensator werde hergestellt, indem eine Polyethylenfolie ($\varepsilon_r = 2{,}3$) der Dicke 0,3 mm zwischen zwei 400 cm² große Stücke Aluminiumfolie gelegt wird. Wie groß ist seine Kapazität?

5. Wie groß ist die Dielektrizitätszahl eines Dielektrikums, bei dem die induzierte Ladungsdichte a) 80 Prozent, b) 20 Prozent bzw. c) 98 Prozent der freien Ladungsdichte auf den Kondensatorplatten beträgt?

6. Die Platten eines Kondensators tragen die Ladung $+Q$ bzw. $-Q$. Ohne Dielektrikum betrage die elektrische Feldstärke 0,25 MV/m. Mit einem bestimmten Dielektrikum reduziere sie sich auf 0,12 MV/m. a) Wie groß ist die Dielektrizitätszahl des Dielektrikums? b) Wie groß sind die Platten, wenn $Q = 10$ nC ist? c) Welche Oberflächenladungen werden auf jeder Seite des Dielektrikums induziert?

21.4 Die Speicherung elektrischer Energie

7. Welche Energie ist in einer isolierten Metallkugel gespeichert, wenn ihr Radius 10 cm beträgt und sie auf eine Spannung von 2 kV aufgeladen wird?

8. a) Wieviel elektrische Energie ist in einem Kondensator der Kapazität 3 µF gespeichert, wenn er auf 100 V aufgeladen ist? b) Wieviel Energie wird benötigt, um ihn von 100 V auf 200 V aufzuladen?

9. Wie groß ist die Energiedichte in einem elektrischen Feld, dessen Feldstärke der Durchschlagsfestigkeit von Luft entspricht (3 MV/m)?

10. Die Platten eines Kondensators haben eine Fläche von 2 m² und einen Abstand von 1,0 mm. Der Kondensator sei auf eine Spannung von 100 V aufgeladen. Wie groß ist a) die elektrische Feldstärke, b) die Energiedichte zwischen den Platten? c) Bestimmen Sie die gespeicherte Energie, indem Sie das Ergebnis von b) mit dem Volumen zwischen den Platten multiplizieren. d) Wie groß ist die Kapazität? e) Berechnen Sie die gespeicherte Energie als $W = \frac{1}{2}CU^2$ und vergleichen Sie das Ergebnis mit dem Resultat aus Teil c).

21.5 Zusammenschaltung von Kondensatoren

11. Ein 10-µF- und ein 20-µF-Kondensator seien in Serie geschaltet und mit einer 6-V-Batterie verbunden. a) Berechnen Sie die Ersatzkapazität. b) Welche Ladung befindet sich auf den Kondensatoren? c) Welche Spannung liegt an jedem Kondensator?

12. Zwei Kondensatoren mit einer Kapazität von 10 µF bzw. 20 µF seien parallelgeschaltet und mit einer 6-V-Batterie verbunden. a) Wie groß ist die Kapazität des Aufbaus? b) Wie groß ist die Potentialdifferenz über jedem Kondensator? c) Welche Ladung befindet sich auf den Kondensatoren?

13. Ein Kondensator mit einer Kapazität von 2 µF werde auf 12 V aufgeladen und anschließend von der Spannungsversorgung getrennt. a) Welche Ladung befindet sich auf den Platten? b) Ein zweiter, ungeladener Kondensator werde nun dem geladenen parallelgeschaltet, worauf die Spannung auf 4 V abfällt. Welche Kapazität hat der zweite Kondensator?

14. a) Wie viele 1,0-µF-Kondensatoren muß man parallelschalten, damit bei einer Spannung von 10 V über jedem Kondensator insgesamt die Ladung 1 mC gespeichert wird? b) Welche Spannung liegt über dem gesamten Aufbau? c) Die Kondensatoren aus Teil a) werden in Reihe geschaltet, und über jedem liege eine Spannung von 10 V. Welche Ladung ist dann auf jedem Kondensator gespeichert, und welche Spannung liegt über dem gesamten Aufbau?

15. Ein 1,0-µF- und ein 2,0-µF-Kondensator seien parallelgeschaltet. Ein 6,0-µF-Kondensator liege dazu in Reihe. Wie groß ist die Gesamtkapazität?

16. Drei Kondensatoren seien, wie in Abbildung 21.16 gezeigt, miteinander verbunden. Wie groß ist die Kapazität zwischen den Punkten a und c?

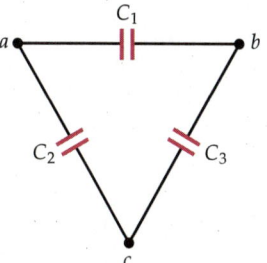

21.16 Zu Aufgabe 16.

Stufe II

17. Ein Plattenkondensator habe Platten mit einer Fläche von 600 cm² in einem Abstand von 4 mm. Er werde auf 100 V aufgeladen und dann von der Spannungsquelle getrennt. a) Bestimmen Sie die elektrische Feldstärke E_0, die Flächenladungsdichte σ und die elektrostatische potentielle Energie. Ein Dielektrikum mit der Dielektrizitätszahl $\varepsilon_r = 4$ werde in den Kondensator geschoben und fülle den Plattenzwischenraum völlig aus. Wie groß ist jetzt b) die elektrische Feldstärke E, c) die Potentialdifferenz U und d) die Flächenladungsdichte der gebundenen Ladungen?

18. Ein bestimmtes Dielektrikum habe die Dielektrizitätszahl $\varepsilon_r = 24$ und eine Durchschlagsfestigkeit von $4 \cdot 10^7$ V/m. Dieses Dielektrikum soll für einen 0,1-µF-Kondensator verwendet werden, der bis 2000 V spannungsfest sein muß. Wie ist dabei a) der Plattenabstand und b) die Plattenfläche zu wählen?

19. Ein Kondensator mit der Plattenfläche A (je Platte) und dem Plattenabstand d werde auf die Spannung U aufgeladen und dann von der Spannungsquelle getrennt. Anschließend werden die Platten auf den Abstand $2d$ auseinandergezogen. Drücken Sie a) die neue Kapazität, b) die neue Potentialdifferenz und c) die jetzt gespeicherte Energie durch A, d und U aus. d) Wieviel Arbeit war nötig, um die Platten auseinanderzuziehen?

21 Kapazität, Dielektrika und elektrostatische Energie

20. Bestimmen Sie für die Schaltung in Abbildung 21.17 a) die Gesamtkapazität zwischen den Anschlüssen, b) die Ladung auf jedem Kondensator und c) die gesamte gespeicherte Energie.

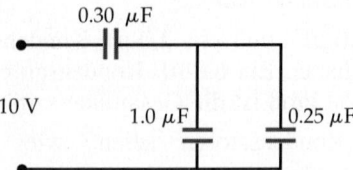

21.17 Zu Aufgabe 20.

21. Bestimmen Sie für die Schaltung in Abbildung 21.18 a) die Gesamtkapazität zwischen den Anschlüssen, b) die Ladung auf jedem Kondensator und c) die gesamte gespeicherte Energie.

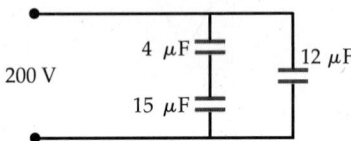

21.18 Zu Aufgabe 21.

22. a) Zeigen Sie, daß man die Kapazität zweier in Reihe geschalteter Kondensatoren als

$$C_{\text{ers}} = \frac{C_1 C_2}{C_1 + C_2}$$

schreiben kann. b) Verwenden Sie diesen Ausdruck, um zu zeigen, daß $C_{\text{ers}} < C_1$ und $C_{\text{ers}} < C_2$ ist. c) Zeigen Sie, daß für die Gesamtkapazität dreier in Serie geschalteter Kondensatoren gilt

$$C_{\text{ers}} = \frac{C_1 C_2 C_3}{C_1 C_2 + C_2 C_3 + C_1 C_3}.$$

23. Ein 20-pF-Kondensator werde auf 3,0 kV aufgeladen, dann von der Spannungsquelle getrennt und mit einem ungeladenen 50-pF-Kondensator verbunden a) Wie verteilen sich die Ladungen? b) Vergleichen Sie die elektrische potentielle Energie in beiden Kondensatoren vor dem Verbinden mit der nach dem Verbinden.

24. Drei identische Kondensatoren werden so verbunden, daß sich die maximal mögliche Gesamtkapazität von 15 µF ergibt. a) Wie groß sind die Einzelkapazitäten? b) Welche anderen Gesamtkapazitäten lassen sich erzeugen?

25. Zwei Kondensatoren, $C_1 = 4$ µF und $C_2 = 12$ µF, werden in Reihe geschaltet und mit einer 12-V-Batterie verbunden. Die Schaltung werde dann vorsichtig aufgetrennt. Dann werden die beiden positiven Kondensatorplatten und die beiden negativen Kondensatorplatten jeweils miteinander verbunden. a) Wie groß ist jetzt die Potentialdifferenz über den einzelnen Kondensatoren? b) Bestimmen Sie die in jedem Kondensator vorher und nachher gespeicherte Energie.

26. Lösen Sie vorherige Aufgabe mit der Änderung, daß die Kondensatoren zunächst parallelgeschaltet und danach jeweils die positive und die negative Kondensatorplatte miteinander verbunden werden.

27. Ein Plattenkondensator mit der Kapazität C_0 und dem Plattenabstand d werde mit zwei Dielektrika mit jeweils der Dicke $d/2$ und mit den Dielektrizitätszahlen ε_{r1} und ε_{r2} völlig gefüllt (Abbildung 21.19). Die freien Ladungen auf den Platten werden mit Q bezeichnet. Wie groß ist dann a) die elektrische Feldstärke in jedem Dielektrikum und b) die Potentialdifferenz zwischen den Platten? c) Zeigen Sie, daß die neue Kapazität durch

$$C = \frac{2\varepsilon_{r1}\varepsilon_{r2}}{\varepsilon_{r1} + \varepsilon_{r2}} C_0$$

gegeben ist. d) Zeigen Sie, daß man das System so beschreiben kann, als seien zwei Kondensatoren mit dem Plattenabstand $d/2$ und den entsprechenden Dielektrika in Reihe geschaltet.

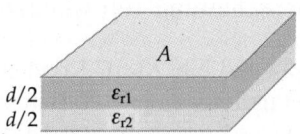

21.19 Zu Aufgabe 27.

28. Die Membran eines Axons einer Nervenzelle gleicht einem dünnwandigen Zylinder mit dem Radius $r = 10^{-5}$ m, der Länge $\ell = 0,1$ m und der Wandstärke $d = 10^{-8}$ m. Die Membran wirkt wie ein Plattenkondensator mit der Fläche $A = 2\pi r \ell$ und dem Abstand d. Die Dielektrizitätszahl beträgt etwa 3. a) Wie groß ist die Kapazität der Membran? Wie groß ist b) die gespeicherte Ladung und c) die elektrische Feldstärke, wenn über der Membran eine Potentialdifferenz von 70 mV liegt?

29. In einen Kondensator mit Platten der Fläche A und des Abstands d werde eine Metallplatte der Dicke s und der Fläche A eingebracht. a) Zeigen Sie, daß die Kapazität durch $C = \varepsilon_0 A/(d-s)$ gegeben ist – unabhängig davon, wo sich die Metallplatte befindet. b) Zeigen Sie, daß man sich diese Anordnung auch vorstellen kann als einen Kondensator mit dem Plattenabstand a in Reihe mit einem Kondensator mit dem Plattenabstand b, wobei $a + b + s = d$ ist.

30. a) Berechnen Sie für die Anordnung in Abbildung 21.20 mit $C_1 = 2$ μF, $C_2 = 6$ μF und $C_3 = 3,5$ μF die Ersatzkapazität. b) Die einzelnen Kondensatoren haben eine Durchschlagsfestigkeit $U_1 = 100$ V, $U_2 = 50$ V und $U_3 = 400$ V. Welche Spannung kann dann maximal zwischen den Punkten a und b angelegt werden, ohne daß Durchschläge auftreten?

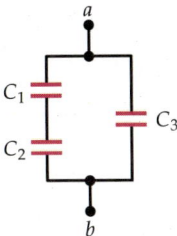

21.20 Zu Aufgabe 30.

31. In einen Plattenkondensator werden, wie in Abbildung 21.21 gezeigt, zwei gleich große Dielektrika eingebracht. Zeigen Sie a), daß man diese Anordnung auffassen kann als zwei parallelgeschaltete Kondensatoren der Fläche $A/2$, und b), daß die Kapazität sich um den Faktor $(\varepsilon_{r1} + \varepsilon_{r2})/2$ erhöht.

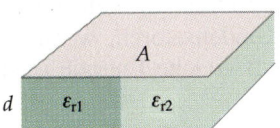

21.21 Zu Aufgabe 31.

32. Die „Leydener Flasche" war der erste Kondensator, mit dem experimentiert wurde. Es handelte sich um eine Glasflasche, die innen und außen mit einer Metallfolie überzogen war. Stellen Sie sich eine solche Leydener Flasche vor als einen 40 cm hohen Zylinder mit einer Wandstärke von 2,0 mm und einem Innendurchmesser von 8 cm. Feldverluste an den Rändern sollen vernachlässigt werden. a) Welche Kapazität hat dieser Aufbau, wenn das Glas die Dielektrizitätszahl 5,0 hat? b) Welche Ladung kann man speichern, wenn das Glas eine Durchschlagsfestigkeit von 15 MV/m hat?

33. Auf einen Plattenkondensator mit der Fläche A (je Platte) und dem Plattenabstand x werde die Ladung Q aufgebracht. Anschließend werde der Kondensator von der Spannungsquelle getrennt. a) Berechnen Sie die gespeicherte elektrische Energie als Funktion des Abstands x. b) Wie groß ist die Energiedifferenz dW,

wenn man die Platten um die Strecke dx auseinander-zieht? Verwenden Sie d$W = ($d$W/$d$x)$dx. c) Übt eine Platte auf die andere die Kraft F aus, so benötigt man die Energie d$W = F$dx, um eine Platte um dx zu bewegen. Zeigen Sie, daß gilt $F = Q^2/(2\varepsilon_0 A)$. d) Zeigen Sie, daß die Kraft aus Teil c) gleich $\frac{1}{2}EQ$ ist, wobei Q die Ladung auf einer Platte und E die zwischen den Platten herrschende Feldstärke ist. Woher kommt der Faktor $\frac{1}{2}$?

34. In einen Plattenkondensator mit rechteckigen Platten der Länge a und der Breite b werde ein Dielektrikum der Breite b bis zur Länge x eingeschoben, wie in Abbildung 21.22 gezeigt. a) Wie groß ist (unter Vernachlässigung von Randeffekten) die Kapazität als Funktion von x? b) Zeigen Sie, daß sich damit für $x = 0$ und $x = a$ die erwarteten Resultate ergeben.

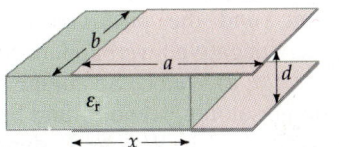

21.22 Zu Aufgabe 34.

35. Berechnen Sie die Ersatzkapazitäten der Schaltungen in Abbildung 21.23.

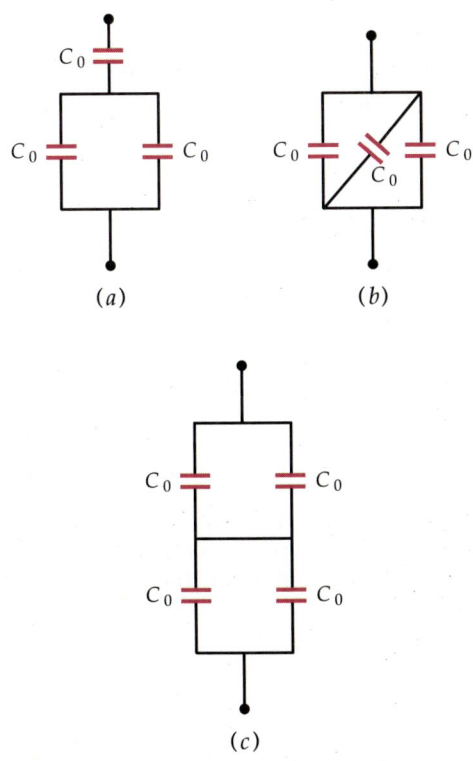

21.23 Zu Aufgabe 35.

36. Fünf identische Kondensatoren der Kapazität C_0 seien wie in Abbildung 21.24 verschaltet. a) Berechnen Sie die Ersatzkapazität zwichen a und b. b) Welchen Wert hat die Ersatzkapazität, wenn zwischen a und b ein Kondensator der Kapazität $10\,C_0$ eingesetzt ist?

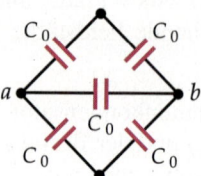

21.24 Zu Aufgabe 36.

37. Drei Kondensatoren $C_1 = 2\,\mu\text{F}$, $C_2 = 4\,\mu\text{F}$ und $C_3 = 6\,\mu\text{F}$ werden parallelgeschaltet und auf 200 V aufgeladen. Anschließend werden sie von der Spannungsquelle getrennt, und die positiven Platten werden jeweils mit den negativen verbunden, wie in Abbildung 21.25 gezeigt. a) Welche Spannung liegt über den einzelnen Kondensatoren, wenn S_1 und S_2 geschlossen sind und S_3 offen ist? b) Welche Ladungen befinden sich auf den Kondensatoren, nachdem S_3 geschlossen wurde? c) Welche Spannung liegt dann über jedem Kondensator?

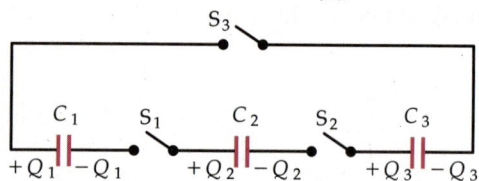

21.25 Zu Aufgabe 37.

38. In einem Plattenkondensator befinde sich eine Schicht Siliciumdioxid der Dicke $5 \cdot 10^{-6}$ m zwischen den beiden Platten. Die Dielektrizitätszahl von Siliciumdioxid beträgt 3,8, und die Durchschlagsfestigkeit ist $8 \cdot 10^6$ V/m. a) Welche Spannung kann man anlegen, ohne daß der Kondensator durchschlägt? b) Welche Fläche muß das Siliciumdioxid haben, damit die Kapazität 100 pF beträgt? c) Wie viele solcher Kondensatoren passen auf einen Quadratzentimeter?

39. Schätzen Sie ab, welche elektrische Energie in der Atmosphäre gespeichert ist, wenn man davon ausgeht, daß das elektrische Feld bis in 1000 m Höhe reicht und eine mittlere Feldstärke von 200 V/m hat. *Hinweis*: Behandeln Sie die Atmosphäre als rechteckige Schicht, deren Fläche derjenigen der Erdoberfläche entspricht. Warum ist das zulässig?

40. Zwei Plattenkondensatoren mit identischen Abmessungen seien parallelgeschaltet. Im Kondensator 2 befinde sich ein Dielektrikum. Die Kondensatoren werden auf 200 V aufgeladen und dann von der Spannungsquelle getrennt. a) Welche Ladung befindet sich auf den Kondensatoren? b) Welche elektrische Energie ist in ihnen insgesamt gespeichert? c) Wie groß ist die Energie, wenn das Dielektrikum aus Kondensator 2 entfernt wurde? d) Welche Spannung liegt dann über den Kondensatoren?

41. Welche Kapazität hat der Plattenkondensator in Abbildung 21.26?

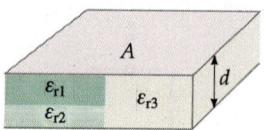

21.26 Zu Aufgabe 41.

Stufe III

42. Zwei identische Plattenkondensatoren haben die Kapazität 10 µF. In einen Kondensator werde ein Dielektrikum eingesetzt, so daß der Raum zwischen den Platten völlig ausgefüllt wird. Hierdurch steige seine Kapazität auf 35 µF. Jetzt werden die Kondensatoren parallelgeschaltet, auf 100 V aufgeladen und dann von der Spannungsquelle getrennt. a) Welche Energie ist im System gespeichert? b) Welche Ladungen befinden sich auf den Kondensatoren? c) Welche Ladungen befinden sich auf den Kondensatoren, wenn das Dielektrikum entfernt wird? d) Welche Energie ist dann im System gespeichert?

43. Ein Plattenkondensator mit der Fläche A und dem Plattenabstand d werde auf die Spannung U aufgeladen und dann von der Spannungsquelle getrennt. Eine Platte mit der Dielektrizitätszahl $\varepsilon_r = 2$, der Dicke d und der Grundfläche $\frac{1}{2}A$ werde jetzt in den Kondensator eingeschoben, wie in Abbildung 21.27 gezeigt. Es sei σ_1 die freie Ladungsdichte auf der Grenzfläche Leiter–Dielektrikum und σ_2 die freie Ladungsdichte auf der Grenzfläche Leiter–Luft. a) Weshalb muß das elektrische Feld im Dielektrikum und im freien Plattenzwischenraum den gleichen Wert haben? b) Zeigen Sie, daß $\sigma_1 = 2\sigma_2$ ist. c) Zeigen Sie, daß die neue Kapazität den Wert $3\varepsilon_0 A/2d$ und die neue Spannung den Wert $\frac{2}{3}U$ hat.

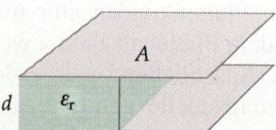

21.27 Zu Aufgabe 43.

44. Auf zwei identische 10-µF-Plattenkondensatoren werde jeweils die Ladung 100 µC aufgebracht. Dann werden sie von der Spannungsquelle getrennt. Nun werde die positive Platte des einen Kondensators mit der positiven Platte des anderen verbunden. Ebenso werden die negativen Platten miteinander verbunden. a) Welche Energie ist im System gespeichert? Jetzt werde ein Dielektrikum mit der Dielektrizitätszahl $\varepsilon_r = 3{,}2$ in einen Kondensator eingeführt, so daß es den Plattenzwischenraum komplett ausfüllt. b) Welche Ladung befindet sich danach auf jedem Kondensator? c) Welche Energie ist jetzt im System gespeichert?

45. Ein Kugelkondensator bestehe aus zwei dünnen, konzentrischen Kugelschalen mit den Radien R_1 und R_2. a) Zeigen Sie, daß seine Kapazität

$$C = 4\varepsilon_0 R_1 R_2/(R_2 - R_1)$$

ist. b) Zeigen Sie, daß dies für $R_1 \approx R_2$ in den Ausdruck für die Kapazität eines Plattenkondensators $C = \varepsilon_0 A/d$ übergeht, wobei $d = R_2 - R_1$ und A die Kugelfläche ist.

46. Ein Kondensator mit Platten der Fläche $1{,}0\ \text{m}^2$ habe einen Plattenabstand von 0,5 cm. Der Plattenabstand werde von einer Glasplatte völlig ausgefüllt. Die Dielektrizitätszahl von Glas beträgt 5,0. Der Kondensator werde auf 12,0 V aufgeladen und dann von der Spannungsquelle getrennt. Welche Arbeit muß man aufwenden, um die Glasplatte aus dem Kondensator herauszuziehen?

47. Ein Kugelkondensator habe eine Innenkugel mit dem Radius R_1, die mit der Ladung $+Q$ belegt ist, und eine konzentrische Außenkugel mit dem Radius R_2 mit der Ladung $-Q$. a) Berechnen Sie das elektrische Feld und die elektrische Energiedichte als Funktion der Ortskoordinate. b) Welche Energie ist in einer Kugelschale mit dem Radius r, der Dicke dr und dem Volumen $4\pi r^2 \text{d}r$ zwischen den leitenden Kugelschalen gespeichert? c) Integrieren Sie den in b) aufgestellten Ausdruck, um die Gesamtenergie zu berechnen, die im Kondensator gespeichert ist. Vergleichen Sie dieses Resultat mit demjenigen, das man mit $W = \tfrac{1}{2}QU$ erhält.

48. Ein Zylinderkondensator bestehe aus einem langen Draht mit dem Radius R_1 und der Länge ℓ, der mit der Ladung $+Q$ belegt ist, sowie einem konzentrischen äußeren Zylinder mit dem Radius R_2, der Länge ℓ und der Ladung $-Q$. a) Geben Sie die elektrische Feldstärke und die elektrische Energiedichte als Funktion der Ortskoordinate an. b) Welche Energie ist in einem zylindrischen Volumen mit dem Radius r, der Dicke dr und dem Volumen $2\pi r \ell \text{d}r$ zwischen den Leitern gespeichert? c) Integrieren Sie den in b) aufgestellten Ausdruck, um die Energie zu erhalten, die im gesamten Kondensator gespeichert ist. Vergleichen Sie das Ergebnis mit dem Resultat, das man $W = \tfrac{1}{2}CU^2$ erhält.

49. Eine Kugel mit dem Radius R sei homogen geladen. Die Ladungsdichte sei ϱ und damit die gesamte Ladungsmenge $Q = \tfrac{4}{3}\pi R^3 \varrho$. a) Wie ist die elektrische Energiedichte im Abstand r vom Kugelzentrum für $r < R$ und für $r > R$? b) Welche Energie ist in einer Kugelschale mit dem Volumen $4\pi r^2 \text{d}r$ gespeichert bei $r < R$ bzw. bei $r > R$? c) Berechnen Sie die gesamte elektrische Energie, indem Sie über den Ausdruck aus b) integrieren, und zeigen Sie, daß man das Ergebnis schreiben kann als $W = \tfrac{3}{5}(1/4\pi\varepsilon_0) Q^2/R$. Weshalb ist dieser Wert größer als derjenige für eine geladene Kugel mit dem Radius R, die die Ladung Q trägt?

50. Ein Kondensator bestehe aus zwei konzentrischen Zylindern mit den Radien a und b (es sei $b > a$) und der Länge $\ell \gg b$. Der innere Zylinder trägt die Ladung $+Q$ und der äußere die Ladung $-Q$. Der Zwischenraum sei mit einem Dielektrikum mit der Dielektrizitätszahl ε_r gefüllt. a) Welche Potentialdifferenz besteht zwischen den Zylindern? Welchen Wert hat die freie Ladungsdichte σ_f auf b) dem äußeren Zylinder und c) dem inneren Zylinder? Welchen Wert hat die gebundene Ladungsdichte σ_b auf d) der inneren Zylinderoberfläche des Dielektrikums und e) der äußeren? f) Wie groß ist die gespeicherte elektrische Energie? g) Welche mechanische Arbeit muß man aufwenden, um das Dielektrikum zu entfernen, wenn man von Reibung absieht?

51. Eine Metallkugel mit dem Radius R_1 trage die Ladung Q. Die Kugel befinde sich im Inneren einer ungeladenen, konzentrischen Kugelschale mit dem Innenradius R_1, dem Außenradius R_2 und der Dielektrizitätszahl ε_r. Das Systems befinde sich weit weg von anderen Körpern. a) Welchen Wert hat das elektrische Feld als Funktion der Ortskoordinate? b) Auf welchem Potential liegt die leitende Kugel, wenn der Potentialnullpunkt im Unendlichen liegt? c) Wie groß ist die gesamte elektrische Energie des Systems?

52. Ein Plattenkondensator enthalte ein veränderliches Dielektrikum. A sei die Plattenfläche und y_0 der Plattenabstand. Die Dielektrizitätszahl sei gegeben durch

$$\varepsilon_r = 1 + \frac{3}{y_0}y.$$

Die untere Platte befinde sich bei $y = 0$ und die obere bei $y = y_0$. a) Wie ist die Kapazität? b) Welche Ladungsdichte wird auf den Oberflächen des Dielektrikums induziert? c) Benutzen Sie den Satz von Gauß, um die Volumenladungsdichte $\varrho(y)$ im Dielektrikum zu berechnen. d) Integrieren Sie den Ausdruck für die Volumenladungsdichte aus c) über das Dielektrikum, und zeigen Sie, daß die gesamte induzierte gebundene Ladung unter Einschluß derjenigen an den Oberflächen gleich null ist.

53. Ein Kondensator habe rechteckige Platten der Länge a und der Breite b. Die obere Platte sei gegen die untere leicht geneigt, wie in Abbildung 21.28 gezeigt. Der Plattenabstand ändere sich von $s = y_0$ auf der linken Seite bis auf $s = 2y_0$ auf der rechten Seite, wobei y_0 wesentlich kleiner als a oder b sei. Berechnen Sie die Kapazität, indem Sie Streifen der Breite dx und der Länge b betrachten, um damit parallelgeschaltete differentielle Kondensatoren mit der Fläche $b\,dx$ und dem Abstand $s = y_0 + (y_0/a)x$ anzunähern.

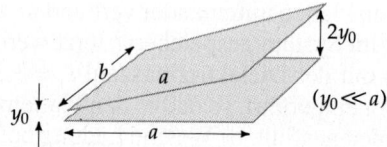

21.28 Zu Aufgabe 53.

Elektrischer Strom

22

Wenn wir Licht einschalten, verbinden wir die Glühbirne mit den Polen einer Spannungsquelle, zwischen denen eine Potentialdifferenz besteht. Durch diese Potentialdifferenz beginnt im Glühfaden die elektrische Ladung zu fließen – genau wie der Wasserdruck das Wasser in einem Gartenschlauch strömen läßt, sobald wir den Hahn aufdrehen. Jeder Fluß von elektrischer Ladung ist ein **elektrischer Strom**. Hierbei haben wir normalerweise das Bild von einem Draht vor Augen, in dem Ladungsträger fließen. Es gibt jedoch auch andere Beispiele, etwa den Elektronenstrahl in einer Fernsehröhre oder den Ionenstrahl in einem Teilchenbeschleuniger. In diesem Kapitel beschäftigen wir uns zunächst mit dem elektrischen Strom und der Bewegung von geladenen Teilchen. Nachdem wir den elektrischen Widerstand und das Ohmsche Gesetz kennengelernt haben, betrachten wir die Energie des elektrischen Stroms. Anschließend untersuchen wir die Parallel- und Serienschaltung von Widerständen und beschließen das Kapitel mit der kurzen Beschreibung eines klassischen mikroskopischen Modells für die elektrische Leitung in Metallen.

22.1 Strom und die Bewegung von Ladungen

Tritt eine bestimmte Menge elektrischer Ladungsträger in einem gegebenen Zeitintervall durch eine Querschnittsfläche, so sagt man, es fließt ein elektrischer Strom. Abbildung 22.1 zeigt ein stromführendes Leiterstück, in dem sich die Einzelladungen q mit der Durchschnittsgeschwindigkeit $\langle v \rangle$ bewegen. Sei dQ die gesamte Ladungsmenge, die in der Zeit dt durch die Fläche A tritt, dann ist die **Stromstärke** definiert als

$$I = \frac{dQ}{dt}.$$

22.1

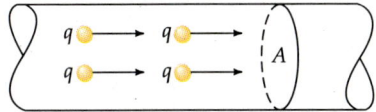

22.1 Ein Abschnitt eines stromdurchflossenen Leiters. Wenn im Zeitintervall Δt die Ladungsmenge ΔQ durch seinen Querschnitt A fließt, so beträgt die Stromstärke $I = \Delta Q / \Delta t$.

Elektrische Stromstärke

Sie wird im SI-System in **Ampere** (A) gemessen:

$$1\ \text{A} = 1\ \text{C/s}.$$

22.2

Man hat sich darauf geeinigt, als (positive) Stromrichtung die Flußrichtung der positiven Ladung anzusehen. Diese Konvention geht auf eine Zeit zurück, in der man noch nicht wußte, daß die negativ geladenen Elektronen für den Stromfluß in einem Draht verantwortlich sind. Ein Fluß von Elektronen in der einen Richtung ist dem Fluß positiver Ladungsträger in der Gegenrichtung äquivalent. Die Elektronen in einem Draht bewegen sich daher entgegen der Stromrichtung. Allerdings sind nicht immer Elektronen die Ursache für einen elektrischen Strom. In einem Protonenstrahl in einem Beschleuniger beispielsweise bilden die positiv geladenen Protonen den elektrischen Strom, und sie bewegen sich in Richtung des Stromes. In einem Elektrolyten wiederum wird der Strom durch mehrere Mechanismen erzeugt: durch positive Ionen, die sich im elektrischen Feld zwischen den Elektroden in Stromrichtung bewegen, und durch negative Ionen sowie Elektronen, deren Bewegung in der entgegengesetzten Richtung erfolgt. Ob der Strom durch positive oder negative Ladungsträger erzeugt wird, läßt sich äußerlich nicht unterscheiden. Wir können die Stromrichtung also immer als die Flußrichtung der positiven Ladungen ansehen und uns merken, daß z.B. in metallischen Leitern die Ladungsträger eigentlich die Elektronen sind.

Die wirkliche Bewegung der Elektronen in einem leitenden Draht ist sehr kompliziert. Wenn keine Spannung anliegt, im Innern des Drahtes also kein elektrisches Feld E wirkt, bewegen sich die Elektronen mit der für ihre thermische Energie typischen Geschwindigkeit statistisch in alle Richtungen. Die mittlere Geschwindigkeit ist daher null. Wird eine Spannung angelegt, so werden die Elektronen durch die Kraft $-eE$ beschleunigt. Sie bewegen sich ein kleines Stück gegen die Richtung des elektrischen Feldes, aber die erreichte kinetische Energie geht schnell durch Stöße mit den Ionen im Metallgitter wieder verloren. Anschließend werden sie sofort wieder beschleunigt und so fort. Im Mittel ergibt sich so eine kleine Driftgeschwindigkeit (oft auch als Wanderungsgeschwindigkeit bezeichnet) gegen die Richtung des elektrischen Feldes, die der statistischen thermischen Bewegung überlagert ist. Die Bewegung der Leitungselektronen in Metallen ist dem Strömen von Gasen, beispielsweise der Luft, sehr ähnlich. Bei Windstille bewegen sich die einzelnen Moleküle zwischen zwei Stößen (also während eines sehr kurzen Zeitraumes) mit großer Geschwindigkeit, ihre mittlere Geschwindigkeit ist jedoch gleich null. Kommt Wind auf, so überlagert sich dieser Bewegung eine kleine Driftgeschwindigkeit in Windrichtung. Ganz ähnlich überlagert sich der thermischen Bewegung der Elektronen in einem Leiter – diese erfolgt statistisch in alle Richtungen – eine kleine Driftgeschwindigkeit, sobald im Draht ein elektrisches Feld herrscht.

Wir betrachten jetzt einen Leiter der Querschnittsfläche A. Die Dichte der beweglichen Ladungsträger betrage n, und wir nehmen weiter an, daß sich jede einzelne Ladung q mit der Driftgeschwindigkeit v_d bewegt. Dann fließen in einem Zeitintervall Δt alle Ladungen, die sich in dem Volumen $A v_d \Delta t$ (in Abbildung 22.2 grau unterlegt) befinden, durch die Querschnittsfläche. Die Zahl der Ladungsträger in diesem Volumen ist $n A v_d \Delta t$, so daß sich für die Gesamtladung ergibt:

$$\Delta Q = q n A v_d \Delta t \, .$$

Die Stromstärke (manchmal kurz als „der Strom" bezeichnet) beträgt also

$$I = \frac{\Delta Q}{\Delta t} = nqAv_d \, .\qquad 22.3$$

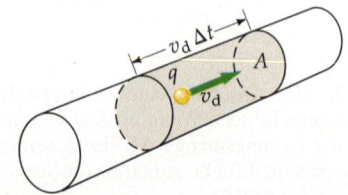

22.2 Im Zeitintervall Δt fließen alle Ladungen in dem grau unterlegten Volumen durch die Querschnittsfläche A. Beträgt die Dichte von einfach geladenen Ladungsträgern n, so ist die gesamte Ladung in diesem Volumen $\Delta Q = nqv_d A \Delta t$, wobei v_d die Driftgeschwindigkeit der Ladungsträger bezeichnet. Dies ergibt einen Gesamtstrom $I = \Delta Q/\Delta t = nqv_d A$.

Diese Gleichung liefert allgemein die Stromstärke für beliebige Ladungsträger, wenn wir für die Driftgeschwindigkeit die Teilchengeschwindigkeit einsetzen (mit „Teilchen" sind hier die Ladungsträger gemeint). Um eine Vorstellung von der Größenordnung der Driftgeschwindigkeit zu erhalten, setzen wir in die Gleichung typische Zahlenwerte ein.

Beispiel 22.1

Wie groß ist die Driftgeschwindigkeit der Elektronen in einem Kupferdraht mit Radius 0,815 mm, in dem ein Strom von einem Ampere fließt?

Wir gehen davon aus, daß im Kupferdraht ein Leitungselektron pro Atom vorliegt, was für Kupfer charakteristisch ist. Die Anzahl der Atome pro Volumenelement erhalten wir dann aus der Dichte ϱ, der Avogadrozahl N_A und der molaren Masse M:

$$n_a = \frac{\varrho N_A}{M}.$$

Die Dichte von Kupfer beträgt $\varrho = 8{,}93$ g/cm^3, die molare Masse ist $M = 63{,}5$ g/mol. Damit ist

$$n_a = \frac{(8{,}93 \text{ g/cm}^3) \cdot 6{,}02 \cdot 10^{23} \text{ Atome/Mol}}{63{,}5 \text{ g/Mol}}$$
$$= 8{,}47 \cdot 10^{22} \text{ Atome/cm}^3.$$

Dies liefert die Elektronendichte

$$n = 8{,}47 \cdot 10^{22} \text{ Elektronen/cm}^3 = 8{,}47 \cdot 10^{28} \text{ Elektronen/m}^3$$

und mit Gleichung (22.3) die Driftgeschwindigkeit (wobei $q = e$):

$$v_d = \frac{I}{Ane} = \frac{1 \text{ C/s}}{\pi(0{,}000815 \text{ m})^2 \cdot 8{,}47 \cdot 10^{28} \text{ m}^{-3} \cdot 1{,}6 \cdot 10^{-19} \text{ C}}$$
$$\approx 3{,}54 \cdot 10^{-5} \text{ m/s}.$$

Typische Driftgeschwindigkeiten liegen in der Größenordnung von 0,01 mm/s, sind also wirklich sehr klein.

Es mag auf den ersten Blick überraschend erscheinen, daß das Licht sofort angeht, wenn wir auf den Schalter drücken, obwohl die Elektronen selbst so langsam driften, daß sie Stunden brauchen, bis sie bei der Glühbirne ankommen. Ein Vergleich mit dem Fluß von Wasser in einem Gartenschlauch macht die Situation klarer. Wenn wir den Wasserhahn aufdrehen und der Schlauch noch leer ist, dauert es einige Sekunden, bis das Wasser vom Hahn bis zum Schlauchende geflossen ist. Ist der Schlauch jedoch bereits gefüllt, so fließt das Wasser praktisch sofort. Der Wasserdruck im Hahn drückt auf ein dort befindliches Wasserelement, dieses drückt auf das nächste und so fort. Die Druckwelle breitet sich im Wasser mit Schallgeschwindigkeit aus. Bei einem konstanten Fluß ändert sich die Dichte des Wassers nicht, und jedes Wasservolumenelement, das am Hahn in den Schlauch einfließt, schiebt ein entsprechendes vorne aus dem Schlauch heraus. Das Verhalten der Leitungselektronen in einem Draht ist sehr ähnlich. Wenn der Schalter betätigt wird, breitet sich im Draht ein elektrisches Feld nahezu mit Lichtgeschwindigkeit aus, so daß die Leitungselektronen praktisch augenblicklich ihre Driftgeschwindigkeit erreichen. Ladung, die am Ende eines bestimmten Bereichs des Drahtes austritt, wird durch die entsprechende Ladung am Beginn des Bereichs wieder aufgefüllt. Es ist die Ausbreitung dieser Störung entlang des Drahtes und nicht etwa schnell fließende Leitungselektronen, die zu einem fast sofortigen Fließen des Stromes durch den Glühdraht führt.

Ein 3-MeV-Elektronenstrahl mit einer Stromstärke von 1000 A trifft auf eine Leuchtplatte. Die Platte lädt sich dabei auf, und es entstehen wunderschöne Muster (sog. Lichtenberg-Figuren). Der Strahl ist 1 µs lang eingeschaltet. Beim Durchdringen der Luft ionisieren die Elektronen die Luftmoleküle, die bei der Rekombination bläulich leuchten. (Mit freundlicher Genehmigung der Sandia National Laboratories)

Beispiel 22.2

In einem Teilchenbeschleuniger fließe ein Protonenstrom der Stärke 0,5 mA. Der Strahl habe einen Durchmesser von 1,5 mm, die Protonenenergie betrage 5 MeV. a) Wie groß ist die Protonendichte? b) Nehmen Sie an, der Strahl treffe auf ein Zielobjekt, das in der Sprache der Kern- und Teilchenphysik Target heißt. Wie viele Protonen stoßen dann pro Sekunde mit dem Target zusammen?

a) Gleichung (22.3) ergibt

$$n = \frac{I}{qAv},$$

wobei die q die Protonenladung, v die Protonengeschwindigkeit und A die Querschnittsfläche des Strahls ist. Die Protonenenergie beträgt 5 MeV, und daher gilt:

$$E_{kin} = \frac{1}{2} mv^2 = 5 \text{ MeV} = 5 \cdot 10^6 \text{ eV} \cdot \frac{1{,}6 \cdot 10^{-19} \text{ J}}{1 \text{ eV}} = 8 \cdot 10^{-13} \text{ J}.$$

Setzen wir für die Protonenmasse $m = 1{,}67 \cdot 10^{-27}$ kg ein, so erhalten wir eine Geschwindigkeit von

$$v = \sqrt{\frac{2 E_{kin}}{m}} = \sqrt{\frac{2 \cdot 8 \cdot 10^{-13} \text{ J}}{1{,}67 \cdot 10^{-27} \text{ kg}}} = 3{,}10 \cdot 10^7 \text{ m/s}.$$

Damit wird die Protonendichte (die Zahl der Protonen pro Volumeneinheit) zu

$$n = \frac{I}{qAv}$$

$$= \frac{0{,}5 \cdot 10^{-3} \text{ A}}{(1{,}6 \cdot 10^{-19} \text{ C/Proton}) \pi (1{,}5 \cdot 10^{-3} \text{ m})^2 \cdot 3{,}10 \cdot 10^7 \text{ m/s}}$$

$$= 1{,}43 \cdot 10^{13} \text{ Protonen/m}^3.$$

b) Die Anzahl der auftreffenden Protonen im Zeitintervall Δt ist die Anzahl im Volumen $Av\Delta t$, also $nAv\,\Delta t$. Für $\Delta t = 1$ s ergibt sich somit

$$N = nAv\,\Delta t$$
$$= (1{,}43 \cdot 10^{13} \text{ Protonen/m}^3) \pi (1{,}5 \cdot 10^{-3} \text{ m})^2 (3{,}10 \cdot 10^7 \text{ m/s}) \cdot 1 \text{ s}$$
$$= 3{,}13 \cdot 10^{15} \text{ Protonen}.$$

Wir können dieses Resultat folgendermaßen überprüfen. Gleichung (22.3) liefert

$$nAv\,\Delta t = \frac{I\,\Delta t}{q} = \frac{Q}{q},$$

wobei $Q = I\,\Delta t$ die Gesamtladung ist, die auf das Target auftrifft. Die Stromstärke beträgt 0,5 mA. Daher trifft pro Sekunde eine Ladung von 0,5 mC auf das Target. Dies entspricht

$$N = \frac{Q}{q} = \frac{0{,}5 \cdot 10^{-3} \text{ C}}{1{,}6 \cdot 10^{-19} \text{ C/Proton}} = 3{,}13 \cdot 10^{15}$$

Protonen.

22.2 Widerstand und Ohmsches Gesetz

Bei unseren Betrachtungen zur Elektrostatik sind wir davon ausgegangen, daß das elektrische Feld im Inneren von Leitern verschwindet, denn sonst müßten sich die Ladungen hier bewegen. Bei unseren jetzigen Betrachtungen nehmen wir umgekehrt an, *daß* sich freie Ladungen im Leiter bewegen. Der Leiter befindet sich demnach nicht im elektrostatischen Gleichgewicht. Der Strom wird durch ein elektrisches Feld im Innern des Leiters hervorgerufen, das eine Kraft auf die Elektronen ausübt. Die Richtung des elektrischen Feldes stimmt per Definition mit der Richtung der Kraft überein, die es auf eine positive Ladung ausübt. Da der elektrische Strom mit dem Fluß positiver Ladungen identisch ist, haben Strom und elektrisches Feld also dieselbe Richtung. In Abbildung 22.3 ist ein Abschnitt eines Leiters der Länge $\Delta\ell$ und der Querschnittsfläche A gezeigt, durch den ein Strom I fließt. Das elektrische Feld verläuft vom höheren zum niedrigeren Potential. Der Abschnitt $\Delta\ell$ sei so klein gewählt, daß das *Feld* im Volumen $A\,\Delta\ell$ als *homogen* angenommen werden kann. Als Potentialdifferenz zwischen den Punkten a und b erhält man dann

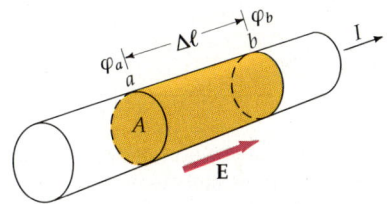

22.3 Abschnitt eines stromdurchflossenen Leiters. Die Potentialdifferenz ist über $\varphi_a - \varphi_b = E\Delta\ell$ mit dem elektrischen Feld verknüpft.

$$U = \varphi_a - \varphi_b = E\,\Delta\ell\ . \qquad 22.4$$

Für die meisten Materialien gilt:

> Die Stromstärke in einem kleinen Drahtstück ist zu der Potentialdifferenz zwischen den beiden Enden dieses Abschnitts proportional.

Dieses experimentelle Ergebnis ist als **Ohmsches Gesetz** bekannt. Die Proportionalitätskonstante heißt **Leitwert** G (ihre SI-Einheit ist das Siemens, S), so daß gilt:

$$I = GU\ .$$

Der Kehrwert des Leitwerts ist der **elektrische Widerstand** R:

$$I = \left(\frac{1}{R}\right) U$$

oder

$$R = \frac{1}{G} = \frac{U}{I}\ . \qquad 22.5$$

Definition des elektrischen Widerstands

In Gleichung (22.5) wird der Widerstand zwischen zwei Punkten ganz allgemein über den Spannungsabfall (d.h. die Potentialdifferenz) zwischen diesen Punkten definiert. Die SI-Einheit des Widerstands ist das **Ohm** (Ω):

$$1\,\Omega = 1\,\text{V/A}\ . \qquad 22.6$$

Der Widerstand eines Materials hängt von der Länge, dem Querschnitt, von der Zusammensetzung des Materials und von seiner Temperatur ab. Bei Materialien, die dem Ohmschen Gesetz gehorchen (das gilt beispielsweise für die meisten Metalle), hängt (bei konstanter Temperatur) der Widerstand nicht von der Stromstärke ab, man spricht auch von **ohmschen Widerständen**. Bei ihnen ist der Spannungsabfall zwischen den Enden eines Abschnitts proportional zum Strom:

$$U = IR \qquad R \text{ constant} . \qquad 22.7$$

Ohmsches Gesetz

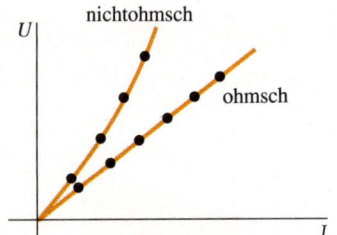

22.4 Spannungs-Strom-Diagramm für ohmsche und nichtohmsche Widerstände. Der Widerstand $R = U/I$ ist bei ohmschen Widerständen von der Stromstärke unabhängig, daher ist der Kurvenverlauf eine Gerade.

Für Materialien, die nicht dem Ohmschen Gesetz gehorchen – sogenannte **nichtohmsche Widerstände** –, sind Strom und Spannung nicht proportional zueinander. Dies bedeutet, daß ihr Widerstand von der Stromstärke abhängt. Diese Zusammenhänge zeigen sich auch, wenn man die Spannung gegen den Strom aufträgt (Abbildung 22.4). Bei ohmschen Widerständen verläuft eine solche Spannungs-Strom-Kurve linear, bei nichtohmschen (wie erwartet) nichtlinear. Das Ohmsche Gesetz ist kein fundamentales Naturgesetz wie beipielsweise die Newtonschen Gesetze oder die Gesetze der Thermodynamik, sondern beschreibt aufgrund empirischer Ergebnisse das Verhalten vieler Materialien.

Übung

Ein Strom der Stärke 1,5 A fließe durch einen Draht mit einem Widerstand von 3 Ω. Wie groß ist der Spannungsabfall über den Draht hinweg (also zwischen den Enden)? (Antwort: 4,5 V)

Der Widerstand eines leitfähigen Drahtes ist proportional zu seiner Länge und umgekehrt proportional zu seiner Querschnittsfläche:

$$R = \varrho \frac{\ell}{A} . \qquad 22.8$$

Die Konstante ϱ bezeichnet man als **spezifischen Widerstand**. Die Einheit des spezifischen Widerstands ist Ohm · Meter (Ω·m).

Beispiel 22.3

Ein Chrom-Nickel-Draht mit Radius 0,65 mm hat einen spezifischen Widerstand von 10^{-6} Ω · m. Wie lang muß der Draht sein, damit sein Widerstand 2 Ω beträgt?
Die Querschnittsfläche des Drahtes ergibt sich zu

$$A = \pi r^2 = 3{,}14 \cdot (6{,}5 \cdot 10^{-4} \text{ m})^2 = 1{,}33 \cdot 10^{-6} \text{ m}^3 ,$$

und mit (22.8) erhalten wir

$$\ell = \frac{RA}{\varrho} = \frac{2 \text{ Ω} \cdot 1{,}33 \cdot 10^{-6} \text{ m}^2}{10^{-6} \text{ Ω} \cdot \text{m}} = 2{,}66 \text{ m} .$$

Je nachdem, welche Eigenschaft man besonders betonen möchte, bezeichnet man einen Draht als Leiter oder als Widerstand. Es erweist sich daher als nützlich, auch dem Kehrwert des spezifischen Widerstands einen Namen zu geben. Man bezeichnet ihn als **Leitfähigkeit** σ:

$$\sigma = \frac{1}{\varrho} . \qquad 22.9$$

Für den Zusammenhang zwischen Leitwert G und Leitfähigkeit σ gilt (vgl. Gleichung 22.8):

$$G = \frac{1}{R} = \frac{1}{\varrho} \cdot \frac{A}{\ell} = \sigma \cdot \frac{A}{\ell}.$$

Wenn man in (22.8) die Leitfähigkeit einsetzt, ergibt sich:

$$R = \frac{\ell}{\sigma A}. \qquad 22.10$$

Die Gleichungen (22.7) und (22.10), die die elektrische Leitung und den elektrischen Widerstand beschreiben, sind von der gleichen Form wie die Gleichungen (16.11) und (16.12), die Wärmeleitung und Wärmewiderstand beschreiben. Was dort die Temperaturdifferenz, ist hier die Potentialdifferenz, und die Wärmeleitfähigkeit wird durch die elektrische Leitfähigkeit ersetzt. In der Tat wurde Ohm bei der Aufstellung seines Gesetzes von der Ähnlichkeit zwischen Wärmeleitung und elektrischer Leitung inspiriert.

Eine wesentliche Voraussetzung für die Aufstellung des Ohmschen Gesetzes war, daß das elektrische Feld im Innern des Leiters über ein gegebenes Volumen hinweg konstant ist. Trifft diese Annahme nicht zu, so gilt das Ohmsche Gesetz nur noch für sehr kleine Bereiche des Leiters. Betrachten wir einen solchen kleinen Bereich, der die Form eines Würfels der Kantenlänge a habe. Dann bezeichnet man den Strom durch die Fläche a^2, also die Größe $j = I_W/a^2$, als **Stromdichte**. (Der Index „W" am Symbol der Stromstärke steht für „Würfel".) Die Spannung zwischen den Enden des Würfels, in dem die Feldstärke E herrscht, beträgt nach (22.4) $U_W = aE$. Der Strom ist $I_W = GU_W = \sigma \cdot (a^2/a) \cdot aE = \sigma a^2 E$. Damit erhalten wir für die Stromdichte:

$$j = \frac{I_W}{a^2} = \frac{\sigma a^2 E}{a^2} = \sigma E.$$

Diese Gleichung gilt für jeden einzelnen kleinen Bereich im Leiter, jedoch kann das Feld in dem einen Bereich eine andere Größe und Richtung als in einem anderen Bereich haben. Um die Richtungsabhängigkeit zu berücksichtigen, müssen wir die Gleichung in vektorieller Form schreiben:

$$\boldsymbol{j} = \sigma \boldsymbol{E}. \qquad 22.11$$

Vektorielle Form des Ohmschen Gesetzes

Dies ist die allgemeingültige Form des Ohmschen Gesetzes. Für den Gesamtstrom I durch die Querschnittsfläche A des Leiters gilt:

$$I = \int_A \boldsymbol{j} \cdot \boldsymbol{n} \, \mathrm{d}A,$$

wobei $\boldsymbol{n}$ die Flächennormale (der Einheitsvektor senkrecht zur Fläche A) ist.

Der elektrische Widerstand eines Leiters ist von der Temperatur abhängig. Abbildung 22.5 zeigt als Beispiel den spezifischen Widerstand von Kupfer als Funktion der Temperatur. Er verläuft in sehr guter Näherung linear. (Die plötzliche Abweichung von der Linearität bei extrem tiefen Temperaturen ist nicht mehr wiedergegeben; sie wird im nächsten Abschnitt ausführlich diskutiert.) Der spezifische Widerstand der meisten Leiter ist tabelliert. Meistens wird ϱ_{20}, der Wert bei 20 °C, zusammen mit dem **Temperaturkoeffizienten des Widerstands** α angegeben. Der Temperaturkoeffizient ist die Steigung der Wider-

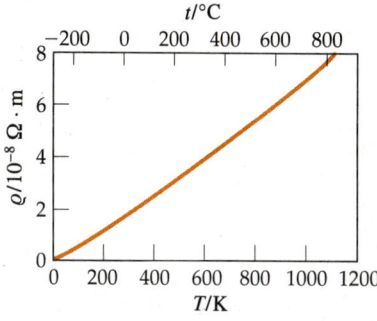

22.5 Spezifischer Widerstand ϱ von Kupfer als Funktion der Temperatur.

stands-Temperatur-Kurve. Er gestattet die einfache Berechnung des spezifischen Widerstands bei einer bestimmten Temperatur t_C in Celsius:

$$\varrho = \varrho_{20} [1 + \alpha (t_C - 20\ °C)] . \qquad 22.12$$

(Die Celsius- und die Kelvin-Skala sind, siehe Kapitel 15, nur gegeneinander verschoben, daher bleibt die Steigung für t_C und T die gleiche.) Tabelle 22.1 zeigt Werte für den spezifischen Widerstand und den Temperaturkoeffizienten verschiedener Materialien. Beachten Sie die enormen Unterschiede zwischen Leitern und Isolatoren.

Beispiel 22.4

Berechnen Sie den Quotienten ϱ/A eines Kupferdrahts mit dem Durchmesser d von 1,63 mm.

Aus Tabelle 22.1 entnehmen wir als spezifischen Widerstand für Kupfer

$$\varrho = 1{,}7 \cdot 10^{-8}\ \Omega \cdot m .$$

Die Querschnittsfläche beträgt

$$A = \frac{\pi d^2}{4} = \frac{\pi (0{,}00163\ m)^2}{4} = 2{,}1 \cdot 10^{-6}\ m^2 ,$$

und daher ist

$$\frac{\varrho}{A} = \frac{1{,}7 \cdot 10^{-8}\ \Omega \cdot m}{2{,}1 \cdot 10^{-6}\ m^2} = 8{,}1 \cdot 10^{-3}\ \Omega/m .$$

Typische Kupferdrähte haben also einen sehr niedrigen Widerstand.

Hochlastwiderstände, wie man sie im Labor verwendet, bestehen häufig aus einem Widerstandsdraht, der auf einen Isolator gewickelt wird. In der Informationstechnik, insbesondere bei elektronischen Schaltungen, werden häufig Kohleschicht- und Metallschichtwiderstände verwendet. Der Widerstandswert wird

Tabelle 22.1 Spezifische Widerstände und Temperaturkoeffizienten einiger Metalle und Isolatoren

Material	spezifischer Widerstand ϱ bei 20 °C/$\Omega \cdot m$	Temperaturkoeffizient α bei 20 °C/K^{-1}
Silber	$1{,}6 \cdot 10^{-8}$	$3{,}8 \cdot 10^{-3}$
Kupfer	$1{,}7 \cdot 10^{-8}$	$3{,}9 \cdot 10^{-3}$
Aluminium	$2{,}8 \cdot 10^{-8}$	$3{,}9 \cdot 10^{-3}$
Wolfram	$5{,}5 \cdot 10^{-8}$	$4{,}5 \cdot 10^{-3}$
Eisen	$10 \cdot 10^{-8}$	$5{,}0 \cdot 10^{-3}$
Blei	$22 \cdot 10^{-8}$	$4{,}3 \cdot 10^{-3}$
Quecksilber	$96 \cdot 10^{-8}$	$0{,}9 \cdot 10^{-3}$
Chrom-Nickel-Stahl	$100 \cdot 10^{-8}$	$0{,}4 \cdot 10^{-3}$
Kohlenstoff	$3500 \cdot 10^{-8}$	$-0{,}5 \cdot 10^{-3}$
Germanium	$0{,}45$	$-4{,}8 \cdot 10^{-2}$
Silicium	640	$-7{,}5 \cdot 10^{-2}$
Holz	$10^8 \ldots 10^{14}$	
Glas	$10^{10} \ldots 10^{14}$	
Hartgummi	$10^{13} \ldots 10^{16}$	
Bernstein	$5 \cdot 10^{14}$	
Schwefel	$1 \cdot 10^{15}$	

Tabelle 22.2 Internationale Farbcodes von Kohleschichtwiderständen. Die Zählung des Widerstandswertes beginnt mit dem Ring, der am nächsten zum Ende des Widerstandsbauelements liegt. Bedeutung: erster Farbring: 1. Ziffer des Wertes (in 10 Ω), zweiter Farbring: 2. Ziffer des Wertes (in Ω), dritter Farbring: Multiplikator, vierter Farbring: Toleranz

Farbe	erste Ziffer	zweite Ziffer	Multiplikator	Toleranz
schwarz	0	0	×1	–
braun	1	1	×10	–
rot	2	2	×100	±2%
orange	3	3	×1000	–
gelb	4	4	×10000	–
grün	5	5	×100000	–
blau	6	6	×1000000	–
violett	7	7	–	–
grau	8	8	–	–
weiß	9	9	–	–
gold	–	–	×0,1	±5%
silber	–	–	×0,01	±10%

auf diese Widerstände als Farbcode aufgedruckt. In Tabelle 22.2 sind für Kohleschichtwiderstände die international gebräuchlichen Farbcodes und ihre Bedeutung zusammengestellt.

Beispiel 22.5

Wie groß ist das elektrische Feld in einem Kupferdraht mit einem Durchmesser d von 1,63 mm, in dem ein Strom der Stärke 1 A fließt, wenn man annimmt, daß das elektrische Feld homogen ist?

In Beispiel 22.4 haben wir bereits den Widerstand des Kupferdrahts ausgerechnet. Den Spannungsabfall berechnen wir mit dem Ohmschen Gesetz:

$$U = IR = 1\,\text{A} \cdot 8{,}1 \cdot 10^{-3}\,\Omega = 8{,}1 \cdot 10^{-3}\,\text{V}\,.$$

Damit ergibt sich das elektrische Feld zu

$$E = \frac{U}{\Delta \ell} = \frac{8{,}1 \cdot 10^{-3}\,\text{V}}{1\,\text{m}} = 8{,}1 \cdot 10^{-3}\,\text{V/m}\,.$$

Dieses Ergebnis zeigt, daß die Feldstärke in einem Leiter sehr klein ist.

Beispiel 22.6

Um wieviel Prozent ändert sich der Widerstand eines Kupferdrahts, wenn man die Temperatur von 20 °C auf 30 °C erhöht?

Aus (22.12) erhalten wir die Widerstandsänderung:

$$\frac{\varrho - \varrho_{20}}{\varrho_{20}} = \alpha\,(t_C - 20\,°\text{C})\,.$$

Mit $\alpha = 3{,}9 \cdot 10^{-3}/\text{K}$ für Kupfer aus Tabelle 22.1 und einer Temperaturdifferenz von 10 K ergibt sich:

$$\frac{\varrho - \varrho_{20}}{\varrho_{20}} = (3{,}9 \cdot 10^{-3}/\text{K}) \cdot 10\,\text{K} = 3{,}9 \cdot 10^{-2}\,.$$

Dies entspricht einer Änderung um 3,9 Prozent.

Supraleitung

Im Jahre 1911 entdeckte der holländische Physiker H. Kamerlingh Onnes, daß Quecksilber unterhalb einer Temperatur T_c von 4,2 K seinen elektrischen Widerstand völlig verliert (seine Meßkurve ist in Abbildung 22.6 wiedergegeben). Diesen Effekt, die widerstandsfreie Leitung des elektrischen Stromes, bezeichnet man als **Supraleitung**. Die Temperatur, bei der dieses Phänomen auftritt, bezeichnet man als **kritische Temperatur** oder **Sprungtemperatur**. Neben Quecksilber zeigen auch viele andere Elemente Supraleitung. Typische Werte der Sprungtemperatur für reine Elemente reichen von 0,1 K für Hafnium bis 9,2 K für Niob. Auch viele metallische Verbindungen sind Supraleiter. Das 1973 entdeckte Nb_3Ge hat eine deutlich höhere Sprungtemperatur von 23,2 K, liegt aber noch deutlich unter der magischen Grenze von 77 K, der Temperatur, bei der flüssiger Stickstoff siedet. Flüssiger Stickstoff ist ein wesentlich preisgünstigeres Kühlmittel als flüssiges Helium, dessen Siedepunkt bei 4,2 K liegt. Erst 1986 entdeckten K.A. Müller und J.G. Bednorz die oxidische Yttrium-Barium-

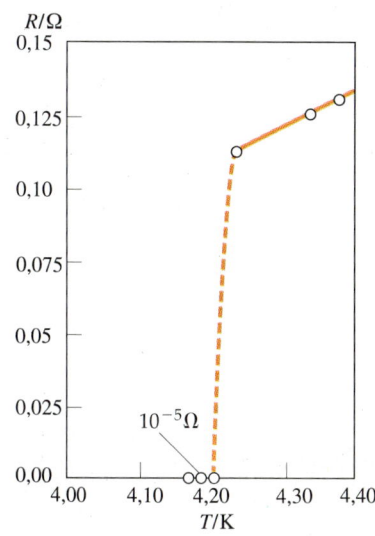

22.6 Verlauf des Widerstands von Quecksilber als Funktion der Temperatur, wie er von Kamerlingh Onnes gemessen wurde. Bei der Temperatur $T_c = 4{,}2$ K, der sogenannten Sprungtemperatur, fällt der Widerstand sprunghaft ab.

Kupfer-Verbindung YBa$_2$Cu$_3$O$_7$, die eine deutlich höhere Sprungtemperatur aufweist. Für diese bahnbrechende Entdeckung der Supraleitung in keramischen Materialien erhielten sie bereits im Jahr darauf, 1987, den Physik-Nobelpreis. Die anfängliche Euphorie über die Entdeckung wird etwas getrübt von der Tatsache, daß diese Keramik extrem spröde und daher mechanisch schwer zu bearbeiten ist. Die Suche nach Materialien mit noch höheren Sprungtemperaturen geht natürlich weiter. Wenn man den publizierten Messungen von Ende 1993 Glauben schenkt, dann liegt die Sprungtemperatur mittlerweile bei einem neuen Höchstwert von etwa 250 K.

Die Leitfähigkeit eines Supraleiters kann man nicht definieren, da sein Widerstand gleich null ist. In einem Supraleiter kann ein Strom fließen, auch wenn im Innern kein elektrisches Feld herrscht. Tatsächlich fließen elektrische Ströme in ringförmigen Supraleitern auch nach Jahren noch ohne meßbare Schwächung. Eine fundierte theoretische Beschreibung der Supraleiter ist nur mit Hilfe der Quantentheorie möglich. Einige Aspekte der Quantentheorie werden wir in späteren Kapiteln diskutieren. Die reinen metallischen Supraleiter werden hervorragend durch eine Theorie beschrieben, die von J. Bardeen, L. Cooper und J. Robert Schrieffer 1957 aufgestellt wurde. Sie erhielten für diese sogenannte BCS-Theorie der Supraleitung 1972 den Nobelpreis. Leider versagt die BCS-Theorie bei der Beschreibung der neuen keramischen Supraleiter. (In Kapitel 39 gehen wir etwas näher auf die BCS-Theorie ein.)

Fragen

1. Zwei Drähte a und b unterschiedlicher Länge haben den gleichen elektrischen Widerstand und bestehen aus dem gleichen Material. Draht a sei doppelt so dick wie Draht b. In welchem Verhältnis stehen die Drahtlängen?
2. In der Elektrostatik erhielten wir als Ergebnis, daß das Innere von Leitern feldfrei ist. Wieso können wir jetzt plötzlich das Feld im Innern von Leitern diskutieren?

22.3 Die Energie des elektrischen Stromes

Fließt in normalen Leitern ein elektrischer Strom, so wird ständig elektrische Energie in Wärmeenergie umgewandelt. Wie wir bereits gesehen haben, werden die Leitungselektronen durch das elektrische Feld beschleunigt und verlieren bereits nach kurzer Zeit die gewonnene kinetische Energie beim Stoß mit einem Gitterion. Dadurch wird das Ionengitter aufgeheizt und die mittlere Driftgeschwindigkeit der Leitungselektronen auf einen kleinen konstanten Wert begrenzt.

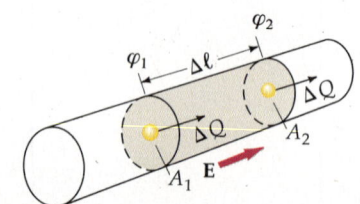

22.7 Im Zeitintervall Δt fließt die Ladung ΔQ durch die Fläche A_1, die auf dem hohen Potential φ_1 liegt. Währenddessen verläßt eine gleichgroße Ladung das Volumen durch die Fläche A_2, die auf dem niedrigeren Potential φ_2 liegt. Insgesamt entspricht dies einer gegebenen Ladung ΔQ, die in das Volumenelement auf dem Potential φ_1 einfließt und an der Stelle mit dem Potential φ_2 wieder herausfließt. Dadurch hat sie die potentielle Energie $\Delta W = \Delta Q (\varphi_2 - \varphi_1)$ im Leiterabschnitt verloren.

Wir betrachten jetzt einen Abschnitt eines Drahtes der Länge $\Delta \ell$ mit einer Querschnittsfläche A, wie in Abbildung 22.7 gezeigt. Im Zeitintervall Δt fließt die Ladung ΔQ durch die Fläche A_1 in den Abschnitt hinein. Ist φ_1 das Potential an dieser Stelle, dann hat die Ladung ΔQ die potentielle Energie $\Delta q \varphi_1$. Eine Ladung gleicher Größe tritt in dieser Zeit durch A_2 auf dem Potential φ_2 wieder aus. Deren potentielle Energie beträgt nur noch $\Delta Q \varphi_2$. In der Bilanz bedeutet dies, daß die Ladung ΔQ im Abschnitt $\Delta \ell$ die Potentialdifferenz $\varphi_1 - \varphi_2$ durchlaufen hat, was einer potentiellen Energie

$$\Delta W = \Delta Q (\varphi_2 - \varphi_1) = \Delta Q (-U)$$

entspricht.

Daraus erhalten wir für den Energieverlust im Zeitintervall Δt

$$-\Delta W = (\Delta Q)\, U\,,$$

und für die Geschwindigkeit, mit der die Energie abnimmt, ergibt sich:

$$-\frac{\Delta W}{\Delta t} = \frac{\Delta Q}{\Delta t} U = IU\,.$$

Darin ist der Ausdruck $\Delta Q/\Delta t$ die elektrische Stromstärke und der Energieverlust $-\Delta W$ im Zeitintervall Δt die **elektrische Leistung** P:

$$P = IU\,. \qquad 22.13 \qquad \textit{Elektrische Leistung}$$

Wird die Stromstärke in Ampere und die Spannung in Volt angegeben, so resultiert die elektrische Leistung in Watt. Letztendlich kann man diese Formel für die elektrische Leistung auch direkt aus den Definitionsgleichungen für Strom und Spannung entnehmen. Spannungsabfall ist Energieverlust pro Ladung, und Stromstärke ist Ladung pro Zeit. Das Produkt aus beiden ist daher Energieverlust pro Zeit und damit elektrische Leistung. Wir haben bereits gesehen, daß die elektrische Verlustenergie in Wärme umgewandelt wird. Mit der Definitionsgleichung für den Widerstand können wir (22.13) auf verschiedene Arten schreiben:

$$P = (IR)\, I = I^2 R \qquad 22.14$$

oder

$$P = \frac{U}{R} U = \frac{U^2}{R}\,. \qquad 22.15$$

Die Gleichungen (22.13), (22.14) und (22.15) besagen alle das gleiche, nur die Schreibweise ist unterschiedlich – je nach Problem erweist sich die eine oder andere als günstiger. Die Wärmeenergie, die durch elektrische Verluste in einem Leiter erzeugt wird, bezeichnet man als **Joulesche Wärme**.

Beispiel 22.7

Ein Strom von 3 A fließe durch einen 12-Ω-Widerstand. Wie groß sind die Verluste im Widerstand?

Gegeben sind der Strom und der Widerstand. Daher ist es am bequemsten, Gleichung (22.14) zu verwenden. Für die elektrische Leistung (die pro Zeiteinheit erzeugte Joulesche Wärme) ergibt sich

$$P = I^2 R = (3\text{ A})^2 \cdot 12\,\Omega = 108\text{ W}\,.$$

Übung

In einem Draht mit einem Widerstand von 5 Ω fließe 6 s lang ein Strom der Stärke 3 A. a) Welche elektrische Leistung wird im Draht absorbiert? b) Wieviel Wärme wird erzeugt? (Antworten: a) 45 W, b) 270 J)

22 Elektrischer Strom

Quellenspannung und Batterien

Damit in einem Leiter ein konstanter Strom fließen kann, muß er mit einer konstanten Spannung versorgt werden. Geräte, die eine elektrische Spannung zur Verfügung stellen, heißen **Spannungsquellen**. In einer Spannungsquelle wird chemische, mechanische oder eine andere Form der Energie in elektrische Energie umgewandelt. Beispiele sind die Batterie und der Generator. Wenn sich eine Ladung durch eine Spannungsquelle bewegt (wenn also ein Strom fließt), so leistet die Spannungsquelle Arbeit an dieser Ladung und hebt sie auf ein höheres elektrisches Potential. Die Potentialdifferenz in einer Spannungsquelle bezeichnet man als **Quellen-** oder **Leerlaufspannung**. Früher sprach man statt von Quellenspannung von Urspannung oder elektromotorischer Kraft (EMK). Die ursprüngliche Bedeutung der Urspannung war jedoch eine andere, und die EMK hat das entgegengesetzte Vorzeichen der Quellenspannung. Wir werden durchgängig den heute üblichen Begriff Quellenspannung verwenden. Die Quellenspannung wird mit U bezeichnet; falls Verwechslungen möglich sind, wird U_Q verwendet. Gibt eine Spannungsquelle unabhängig von der Stromstärke eine konstante Spannung, nämlich gerade die Quellenspannung, ab, so bezeichnet man sie als **ideale Spannungsquelle**.

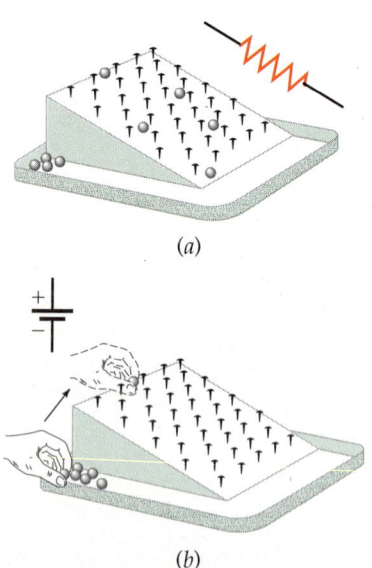

22.8 Eine einfache Schaltung, die aus einer idealen Batterie mit Quellenspannung U und einem Widerstand R besteht. Die Verbindungsdrähte werden als widerstandslos angenommen.

In Abbildung 22.8 sehen wir einen einfachen elektrischen Stromkreis, bei dem ein Widerstand mit einer Batterie verbunden ist. In Schaltbildern kennzeichnet man Spannungsquellen durch das Symbol ⊣⊢, wobei der längere senkrechte Strich zum Pluspol gehört. Für Widerstände steht das Symbol ⎓⎓⎓ oder ⎓▭⎓. Die Verbindungslinien sind die Verbindungsdrähte, deren Widerstand vernachlässigbar ist. Physikalisch relevant sind nur Potentialdifferenzen, daher können wir den Potentialnullpunkt frei wählen. Die Spannungsquelle, z. B. eine Batterie, liefert die Spannung U_Q zwischen den Punkten a und b. Da wir die Zuleitungen als verlustfrei annehmen, liegt die gleiche Spannung zwischen c und d. Durch den Widerstand fließt also der Strom $I = U_Q/R$. Die Stromrichtung ist von + nach −, d. h. hier im Uhrzeigersinn, was durch den Pfeil angedeutet wird. Im Innern der Spannungsquelle fließt die Ladung vom niedrigeren Potential zum höheren Potential. An einer Ladung ΔQ wird also die Arbeit $U_Q \Delta Q$ geleistet. Die Ladung fließt dann durch den Widerstand, wo die gewonnene Energie in Wärme umgewandelt wird. Die Leistungsabgabe der Batterie ist daher:

$$P = \frac{\Delta Q U_Q}{\Delta t} = UI \,. \qquad 22.16$$

In der Schaltung aus Abbildung 22.8 wird die gesamte von der Batterie abgegebene Leistung im Widerstand in Wärme umgewandelt.

Eine Spannungsquelle kann man sich vorstellen wie eine Pumpe, die Ladungen vom niedrigeren Potential zum höheren pumpt – genau wie eine Wasserpumpe das Wasser von dem Bereich mit geringerem Gravitationspotential in einen Bereich mit höherem Gravitationspotential pumpt. Ein einfaches mechanisches Analogon zu der Schaltung in Abbildung 22.8 zeigt die Abbildung 22.9. Murmeln starten auf einem geneigten Nagelbrett in einer Höhe h über dem Erdboden und werden durch das Schwerefeld der Erde beschleunigt. Die Nägel entsprechen den Ionen im Metallgitter. An sie geben die Murmeln durch Stoß ihre kinetische Energie ab. Durch eine Vielzahl von Stößen erreichen die Murmeln eine kleine konstante Driftgeschwindigkeit. Sind sie unten angekommen, werden sie von einem Kind aufgelesen und oben wieder eingeworfen. Hierbei leistet das Kind die Arbeit mgh, genau wie die Spannungsquelle an jeder Ladung die Arbeit $\Delta Q U_Q$ leistet.

22.9 Ein einfaches mechanisches Analogon zu der Schaltung aus 22.8. a) Wenn die Murmeln die schiefe Ebene hinunterrollen, wird potentielle Energie in kinetische Energie umgewandelt, die sich ihrerseits durch Stöße der Murmeln mit den Nägeln auf dem Brett in Wärmeenergie umwandelt. b) Ein Kind, das die unten angekommenen Murmeln wieder oben einwirft, wandelt chemische Energie in potentielle Energie um, und das Spiel beginnt von neuem.

In einer **realen Spannungsquelle** ist die abgegebene Spannung oder **Klemmenspannung** U nicht mehr gleich der Quellenspannung U_Q. Man kann sich eine Spannungsquelle als Serienschaltung aus einer idealen Spannungsquelle und einem sehr kleinen Widerstand vorstellen. Dieser Widerstand beschreibt den internen Widerstand der Spannungsquelle und heißt daher **Innenwiderstand** R_i. Je höher der Strom ist, den die Spannungsquelle liefert, desto größer ist der Spannungsabfall am Innenwiderstand, daher sinkt die Klemmenspannung linear mit zunehmender Stromstärke ab (Abbildung 22.10). Abbildung 22.11 zeigt eine einfache Schaltung aus einer Batterie und einem Widerstand. Den Widerstand der Zuleitungen können wir wieder vernachlässigen, nicht jedoch den Innenwiderstand der Batterie. Die Batterie symbolisieren wir daher durch ihr Ersatzschaltbild (Spannungsquelle und Innenwiderstand R_i). Wenn in der Schaltung ein Strom der Stärke I fließt, so gilt für die Potentiale am Punkt a und b:

$$\varphi_a = \varphi_b + U_Q - IR_i \,.$$

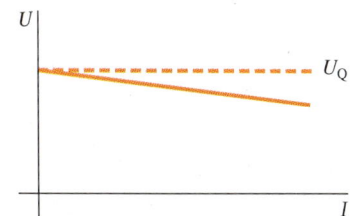

22.10 Klemmenspannung einer typischen Batterie als Funktion des abgegebenen Stromes. Bei einer idealen Batterie wäre die Klemmenspannung eine Konstante (gestrichelte Linie).

Für die Klemmenspannung ergibt sich

$$\varphi_a - \varphi_b = U = U_Q - IR_i \,. \qquad 22.17$$

Über dem äußeren Widerstand R fällt die Spannung IR ab. Dieser Spannungsabfall ist gleich der Klemmenspannung:

$$IR = U = U_Q - IR_i \,.$$

Lösen wir diesen Ausdruck nach der Quellenspannung auf, so erhalten wir

$$IR + IR_i = U_Q \,,$$

und für den Strom ergibt sich

$$I = \frac{U_Q}{R + R_i} \,. \qquad 22.18$$

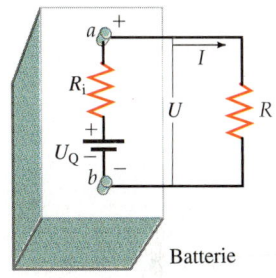

22.11 Schaltung aus einer realen Batterie und einem Widerstand R, der mit den Klemmen der Batterie verbunden ist. Die Batterie hat einen Innenwiderstand R_i; sie ist daher symbolisiert als Kombination aus einer idealen Spannungsquelle und einem Widerstand R_i.

Die Klemmenspannung einer Batterie ist kleiner als die Quellenspannung, da über dem Innenwiderstand Spannung abfällt (Gleichung 22.17). Gute Batterien wie beispielsweise Autoakkumulatoren haben Innenwiderstände in der Größenordnung von einigen hundertstel Ohm, der Spannungsabfall über diesem Innenwiderstand ist daher auch bei einem Strom von 50 A (Anlasser) verhältnismäßig klein. Ein hoher Innenwiderstand ist insofern ein Indiz für eine defekte Autobatterie. Dies ist der Grund, weshalb man „verdächtige" Starterbatterien immer unter einem hohen Laststrom testet. Sinkt unter diesen Bedingungen die Spannung deutlich unter 12 V, so ist die Batterie mit großer Wahrscheinlichkeit defekt.

Beispiel 22.8

Eine Batterie mit 6 V Leerlaufspannung und einem Innenwiderstand von 1 Ω versorge einen Widerstand von 11 Ω. Wie groß ist a) die Stromstärke, b) die Klemmenspannung, c) die Leistung, die die Batterie erzeugt, d) die Leistung, die an den Lastwiderstand abgegeben wird? (Der Innenwiderstand ist für diese Übungsaufgabe bewußt sehr hoch gewählt. In anderen Beispielen kann man ihn fast immer vernachlässigen.)

a) Aus (22.18) erhalten wir die Stromstärke:

$$I = \frac{U}{R + R_i} = \frac{6\text{ V}}{11\text{ Ω} + 1\text{ Ω}} = 0{,}5\text{ A} \,.$$

b) Die Klemmenspannung ergibt sich zu

$$\varphi_a - \varphi_b = U = U_Q - IR_i = 6\text{ V} - 0{,}5\text{ A} \cdot 1\text{ }\Omega = 5{,}5\text{ V}.$$

c) Die abgegebene elektrische Leistung beträgt

$$P = U_Q I = 6\text{ V} \cdot 0{,}5\text{ A} = 3\text{ W}.$$

d) An den externen Widerständen wird die Leistung

$$I^2 R = (0{,}5\text{ A})^2 \cdot 11\text{ }\Omega = 2{,}75\text{ W}$$

abgegeben. Diese Leistung wird als Joulesche Wärme frei. Ebenso wird der Verlust am Innenwiderstand als Wärmeenergie frei.

Beispiel 22.9

Wie groß muß der Lastwiderstand an einer Batterie gewählt werden, damit sie die maximal mögliche Leistung abgibt? Die Leistung, die an einen Lastwiderstand abgegeben wird, beträgt $I^2 R$, wobei wir I aus (22.18) erhalten. Daraus berechnen wir die Leistung:

$$P = I^2 R = \frac{U_Q^2}{(R_i + R)^2} R = U_Q^2 R (R_i + R)^{-2}.$$

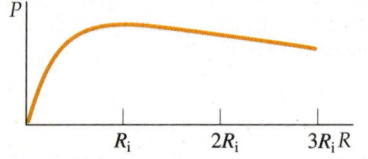

22.12 Abgegebene Leistung als Funktion des Lastwiderstands R für eine reale Batterie. Die abgegebene Leistung wird maximal, wenn der Lastwiderstand gleich dem Innenwiderstand R_i ist.

In Abbildung 22.12 ist die Leistung als Funktion des Lastwiderstands skizziert. Um das Maximum dieser Kurve zu bestimmen, müssen wir ihre erste Ableitung gleich null setzen:

$$\frac{dP}{dR} = U_Q^2 (R_i + R)^{-2} + U_Q^2 R(-2)(R_i + R)^{-3} = 0.$$

Multiplizieren wir beide Seiten mit $(R_i + R)^3 / U_Q^2$, so ergibt sich:

$$R_i + R = 2R$$

oder

$$R = R_i.$$

Die abgegebene Leistung wird maximal, wenn der Lastwiderstand genauso groß wie der Innenwiderstand ist. Man bezeichnet das allgemein als **Impedanzanpassung**. Dieses Ergebnis ist auch für viele wesentlich kompliziertere Schaltungen gültig. (Auf den Begriff Impedanz werden wir in Kapitel 28 eingehen.)

Die Ladungskapazität (oder das Fassungsvermögen) einer Batterie wird in der Regel in Amperestunden (Ah) angegeben. Ein Ampere ist ein Coulomb pro Stunde, somit entspricht eine Ah einer Ladung von

$$1\text{ A} \cdot \text{h} = 1\frac{\text{C}}{\text{s}} \cdot 3600\text{ s} = 3600\text{ C}.$$

22.4 Zusammenschaltung von Widerständen

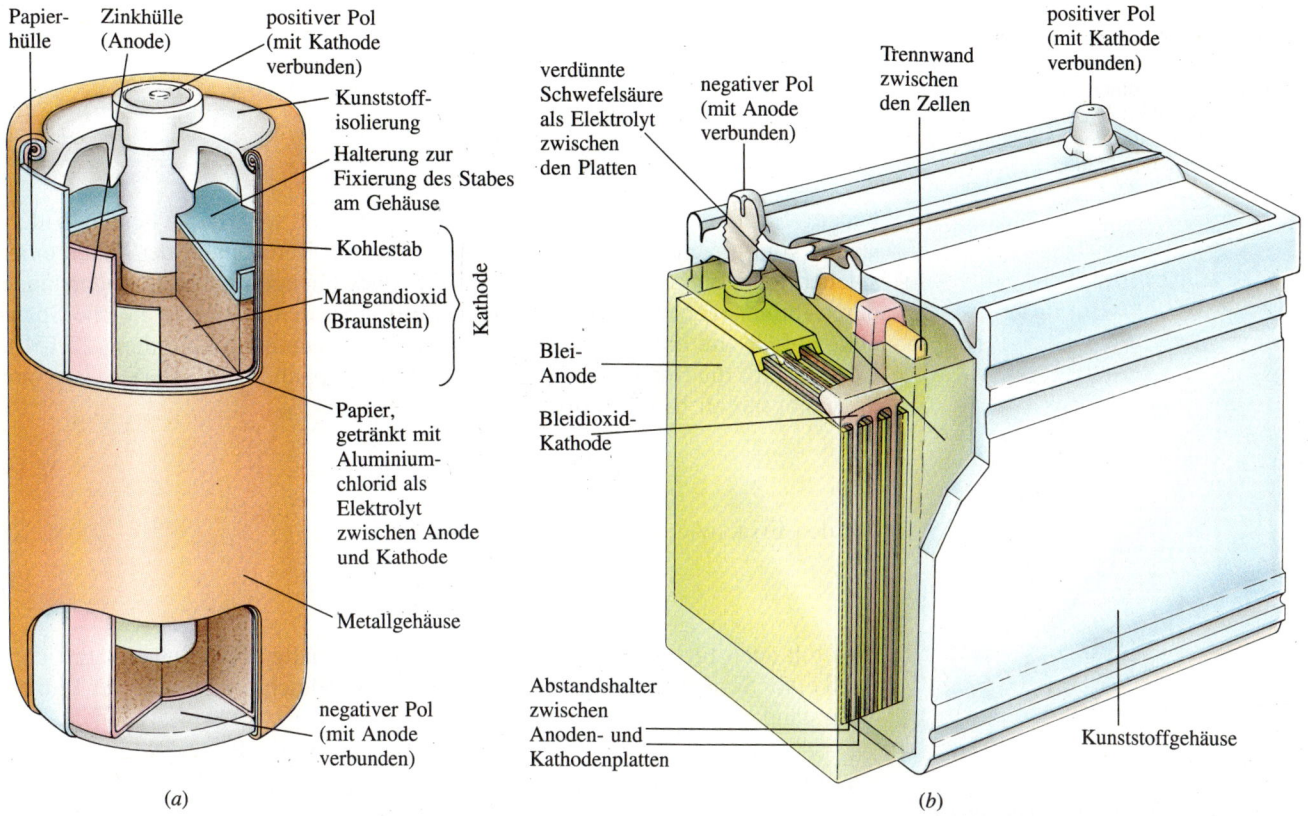

Aufbau zweier typischer Batterien. a) Trockenbatterie, die eine Quellenspannung von 1,5 V liefert. b) Aufladbare 12-V-Batterie, wie sie beispielsweise in Kraftfahrzeugen eingesetzt wird.

Fragen

3. Nennen Sie verschiedene Spannungsquellen! Welche Energieform wird dabei jeweils in elektrische Energie umgewandelt?
4. In einem einfachen Stromkreis (wie dem in Abbildung 22.11) fließt die Ladung in der Spannungsquelle vom Minuspol zum Pluspol. Außerhalb ist es gerade umgekehrt. Wie ist das zu erklären?
5. Wir haben in Abbildung 22.9 ein einfaches mechanisches Analogon zu einem elektrischen Stromkreis gezeigt. Skizzieren Sie ein weiteres, bei dem die Murmeln durch Wasser ersetzt sind!
6. Ein Skiläufer wird den Berg hinaufgezogen und fährt dann mit einer Geschwindigkeit hinunter, die aufgrund der Reibung konstant ist. Wieso ist dies ein Analogon zu einem elektrischen Stromkreis?

22.4 Zusammenschaltung von Widerständen

Reihenschaltung von Widerständen

Schaltet man zwei Widerstände so zusammen, daß sie vom *gleichen Strom* durchflossen werden, dann spricht man von einer Serien- oder Reihenschaltung. Ein Beispiel für die Reihenschaltung zweier Widerstände R_1 und R_2 sehen wir in Abbildung 22.13, wobei hier ein Strom konstanter Stärke durch die beiden Widerstände fließen soll. Da Ladung sich bei stationärem (zeitlich unverän-

22 Elektrischer Strom

22.13 a) Zwei in Reihe geschaltete Widerstände werden vom gleichen Strom durchflossen. b) Ersetzt man diese Widerstände durch einen einzigen Widerstand, der den Wert $R_{ers} = R_1 + R_2$ hat, so fällt über diesem die gleiche Spannung ab wie über der Kombination.

lichem) Strom nirgendwo anhäuft oder verschwindet, werden die beiden Widerstände vom gleichen Strom durchflossen. Bei der Berechnung der Daten einer solchen Schaltung ersetzt man häufig die zusammengeschalteten Widerstände durch ihren sogenannten **Ersatzwiderstand**, über dem dann die gleiche Spannung abfällt wie über den Einzelwiderständen zusammen (Abbildung 22.13b). Über R_1 fällt die Spannung IR_1 und über R_2 die Spannung IR_2 ab. Der gesamte Spannungsabfall beträgt also:

$$U = IR_1 + IR_2 = I(R_1 + R_2). \qquad 22.19$$

Für den Ersatzwiderstand ergibt sich daher

$$R_{ers} = R_1 + R_2.$$

Dies gilt auch für mehrere Widerstände, und wir halten fest: Der Ersatzwiderstand einer Serienschaltung von Widerständen ist gleich der Summe der Einzelwiderstände:

Serienschaltung von Widerständen

$$R_{ers} = R_1 + R_2 + R_3 + \ldots \qquad 22.20$$

Parallelschaltung von Widerständen

Schaltet man zwei Widerstände so zusammen, daß über ihnen die *gleiche Spannung* abfällt, so spricht man von einer Parallelschaltung. Betrachten wir den Strom, der in der Schaltung aus Abbildung 22.14 von Punkt a nach Punkt b fließt. Am Punkt a spaltet dieser Strom in zwei Teilströme auf, deren Summe wieder den Gesamtstrom ergibt, denn im Stromkreis gehen keine Ladungen verloren. Wir bekommen als Beziehung zwischen dem Gesamtstrom I und den Teilströmen I_1 und I_2:

$$I = I_1 + I_2. \qquad 22.21$$

Sei $U = \varphi_a - \varphi_b$ der Spannungsabfall über jedem der beiden Widerstände, so erhalten wir:

$$U = I_1 R_1 = I_2 R_2. \qquad 22.22$$

Wie vorher können wir den Ersatzwiderstand der Schaltung einführen, an dem der Strom den gleichen Spannungsabfall erzeugt wie an den Einzelwiderständen (Abb. 22.14b):

$$R_{ers} = \frac{U}{I}.$$

Lösen wir nach I auf und setzen die Einzelströme ein, so ergibt sich:

$$I = \frac{U}{R_{ers}} = I_1 + I_2. \qquad 22.23$$

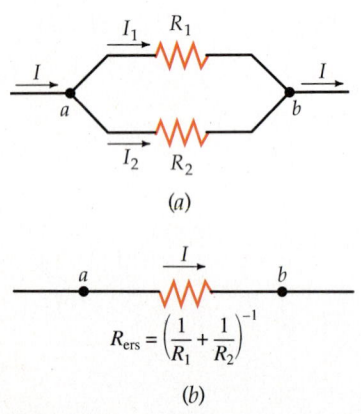

22.14 a) Sind zwei Widerstände so verbunden, daß über ihnen die gleiche Spannung abfällt, so spricht man von einer Parallelschaltung. b) Zwei parallelgeschaltete Widerstände kann man durch einen einzigen Widerstand R_{ers} ersetzen, für dessen Kehrwert gilt: $1/R_{ers} = 1/R_1 + 1/R_2$.

22.4 Zusammenschaltung von Widerständen

Unter Verwendung von (22.22) können wir das schreiben als:

$$I = \frac{U}{R_{ers}} = \frac{U}{R_1} + \frac{U}{R_2}.$$

Schließlich ergibt sich als Ausdruck für den Kehrwert des Ersatzwiderstands:

$$\frac{1}{R_{ers}} = \frac{1}{R_1} + \frac{1}{R_2}.$$

Verallgemeinern wir dieses Ergebnis auf beliebig viele Widerstände, so erhalten wir für den Ersatzwiderstand eine Parallelschaltung (Abbildung 22.15) von Widerständen:

$$\frac{1}{R_{ers}} = \frac{1}{R_1} + \frac{1}{R_2} + \frac{1}{R_3} + \ldots \qquad 22.24 \quad \text{Parallelschaltung von Widerständen}$$

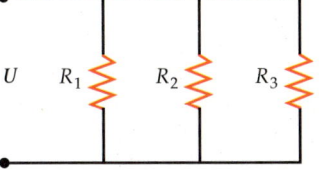

22.15 Drei parallelgeschaltete Widerstände.

Übung

Ein 2-Ω- und ein 4-Ω-Widerstand werden a) in Reihe und b) parallelgeschaltet. Wie groß ist jeweils der Ersatzwiderstand? (Antworten: a) 6 Ω, b) 1,33 Ω)

Beispiel 22.10

Ein 4-Ω- und ein 6-Ω-Widerstand werden parallelgeschaltet und an eine Spannungsquelle angeschlossen, die 12 V liefert (Abbildung 22.16). Wie groß ist a) der Ersatzwiderstand, b) die Gesamtstromstärke, c) die Stromstärke in jedem Widerstand, d) der Leistungsverlust an jedem Widerstand.

a) Wir berechnen den Ersatzwiderstand aus (22.24):

$$\frac{1}{R_{ers}} = \frac{1}{4\,\Omega} + \frac{1}{6\,\Omega} = \frac{3}{12\,\Omega} + \frac{2}{12\,\Omega} = \frac{5}{12\,\Omega}$$

oder

$$R_{ers} = \frac{12\,\Omega}{5} = 2{,}4\,\Omega.$$

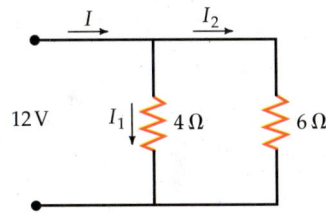

22.16 Zwei parallelgeschaltete Widerstände, an denen eine Potentialdifferenz von 12 V anliegt.

b) Für die Gesamtstromstärke ergibt sich daher:

$$I = \frac{U}{R_{ers}} = \frac{12\,\text{V}}{2{,}4\,\Omega} = 5\,\text{A}.$$

c) Die Stromstärke in den Einzelwiderständen erhalten wir aus dem Spannungsabfall über den Widerständen (22.22). Bezeichnen wir den Strom im 4-Ω-Widerstand mit I_1 und den im 6-Ω-Widerstand mit I_2, so ergibt sich

$$U = I_1 R_1 = I_1 \cdot 4\,\Omega = 12\,\text{V}$$

$$I_1 = \frac{12\,\text{V}}{4\,\Omega} = 3{,}0\,\text{A}$$

und

$$I_2 = \frac{12\,\text{V}}{6\,\Omega} = 2{,}0\,\text{A}.$$

d) Im 4-Ω-Widerstand wird die Leistung

$$P = I_1^2 R_1 = (3{,}0\ \text{A})^2 \cdot 4\ \Omega = 36\ \text{W}$$

und im 6-Ω-Widerstand die Leistung

$$P = (2{,}0\ \text{A})^2 \cdot 6\ \Omega = 24\ \text{W}$$

abgegeben (in Joulesche Wärme umgewandelt). Diese Leistung wird von der Spannungsquelle geliefert. Um 5 A bei einer Spannung von 12 V zu liefern, ist eine Leistung von

$$P = IU = 5{,}0\ \text{A} \cdot 12\ \text{V} = 60\ \text{W}$$

notwendig. Dies ist gerade die Summe der Leistungen in den beiden Widerständen.

Wir sehen am Beispiel 22.10, daß der Ersatzwiderstand einer Parallelschaltung von Widerständen kleiner ist als die beiden Einzelwiderstände. Dieses Ergebnis ist allgemein gültig. Nehmen wir an, wir hätten einen Widerstand R_1, durch den ein Strom I_1 fließt, so fällt über dem Widerstand die Spannung $U = I_1 R_1$ ab. Umgekehrt kann man sagen: Damit in diesem Widerstand der Strom I_1 fließt, muß eine Spannungsquelle die Spannung $U = I_1 R_1$ zur Verfügung stellen. Schalten wir jetzt einen zweiten Widerstand R_2 parallel, so fließt durch ihn der zusätzliche Strom $I_2 = U/R_2$, ohne den Strom durch den ersten Widerstand zu stören. Es fließt daher der Gesamtstrom $I = I_1 + I_2$ bei gleichbleibender Spannung U, d.h., der Gesamtwiderstand $R = U/I$ ist jetzt kleiner. Wir können außerdem festhalten, daß in einer Parallelschaltung von Widerständen das Verhältnis der Ströme umgekehrt gleich dem Verhältnis der Widerstände ist:

$$\frac{I_1}{I_2} = \frac{R_2}{R_1} \quad \text{für parallelgeschaltete Widerstände}. \qquad 22.25$$

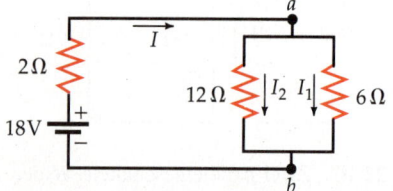

22.17 Ein 12-Ω- und ein 6-Ω-Widerstand sind parallelgeschaltet. Zu dieser Parallelschaltung liegt ein 2-Ω-Widerstand in Reihe.

Beispiel 22.11

Gegeben sei die in Abbildung 22.17 gezeigte Schaltung. Wie groß ist a) der Ersatzwiderstand, b) die Gesamtstromstärke in der Spannungsquelle und die Stromstärke in jedem Widerstand?

a) Der Ersatzwiderstand für die Parallelschaltung aus dem 6-Ω- und dem 12-Ω-Widerstand beträgt

$$\frac{1}{R_{\text{ers}}} = \frac{1}{6\ \Omega} + \frac{1}{12\ \Omega} = \frac{3}{12\ \Omega} = \frac{1}{4\ \Omega}$$

$$R_{\text{ers}} = 4\ \Omega .$$

b) In Abbildung 22.18 sind die beiden parallelgeschalteten Widerstände bereits durch den Widerstand R_{ers} ersetzt. Wir müssen jetzt die Serienschaltung des 2-Ω-Widerstands R und des Ersatzwiderstands R_{ers} von 4 Ω betrachten. Als Ersatzwiderstand für die gesamte Anordnung erhalten wir $R'_{\text{ers}} = R_{\text{ers}} + R = 6\ \Omega$. Daraus ergibt sich für die Stromstärke

$$I = \frac{U}{R'_{\text{ers}}} = \frac{18\ \text{V}}{6\ \Omega} = 3\ \text{A} .$$

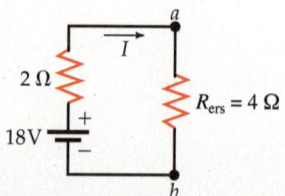

22.18 Wie Schaltung 22.17, wobei die beiden parallelgeschalteten Widerstände durch ihren Ersatzwiderstand ersetzt wurden.

Dies ist der Gesamtstrom, der von der Spannungsquelle geliefert wird. Der Spannungsabfall zwischen Punkt a und Punkt b beträgt $U = IR_{\text{ers}} = 3\ \text{A} \cdot 4\ \Omega = 12\ \text{V}$. Daraus erhalten wir schließlich die Stromstärke im 6-Ω-Widerstand zu

$$I_1 = \frac{12\ \text{V}}{6\ \Omega} = 2\ \text{A} ,$$

und diejenige im 12-Ω-Widerstand beträgt:

$$I_2 = \frac{12\text{ V}}{12\text{ Ω}} = 1\text{ A}.$$

Beispiel 22.12

Wie groß ist der Widerstand zwischen Punkt a und Punkt b in Abbildung 22.19?

Die vorliegende Schaltung erscheint zunächst etwas kompliziert. Wir werden sie jedoch Schritt für Schritt analysieren. Direkt parallelgeschaltet sind der 4-Ω- und der 12-Ω-Widerstand. Aus (22.24) erhalten wir sofort

$$\frac{1}{R_{\text{ers}}} = \frac{1}{4\text{ Ω}} + \frac{1}{12\text{ Ω}} = \frac{4}{12\text{ Ω}} = \frac{1}{3\text{ Ω}}$$

und daher

$$R_{\text{ers}} = 3\text{ Ω}.$$

In Abbildung 22.20 wurden die beiden parallelgeschalteten Widerstände durch ihren Ersatzwiderstand von 3 Ω ersetzt. Da dieser 3-Ω-Widerstand mit einem 5-Ω-Widerstand in Reihe liegt, hat deren Ersatzwiderstand einen Betrag von 8 Ω. Schließlich bleibt nur noch übrig, die Parallelschaltung dieses 8-Ω- und des 24-Ω-Widerstands im oberen Zweig zu betrachten (Abbildung 22.21), und wir erhalten als Gesamtwiderstand

$$\frac{1}{R_{\text{ers}}} = \frac{1}{24\text{ Ω}} + \frac{1}{8\text{ Ω}} = \frac{4}{24\text{ Ω}} = \frac{1}{6\text{ Ω}}$$

$$R_{\text{ers}} = 6\text{ Ω}.$$

Der Ersatzwiderstand zwischen Punkt a und Punkt b ist daher 6 Ω.

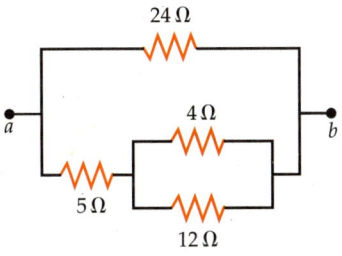

22.19 Schaltung zu Beispiel 22.12.

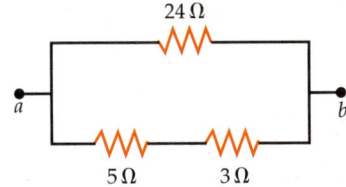

22.20 Wie Schaltung 22.19, wobei die parallelgeschalteten 4-Ω- und 12-Ω-Widerstände durch einen Widerstand von 3 Ω ersetzt wurden.

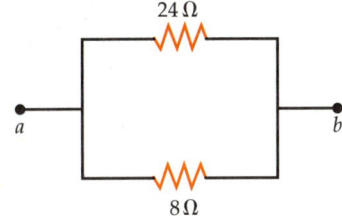

22.21 Wie 22.20, wobei jetzt die Serienschaltung aus einem 5-Ω- und einem 3-Ω-Widerstand durch einen Widerstand von 8 Ω ersetzt wurden. Die Schaltung besteht jetzt nur noch aus der Parallelschaltung eines 24-Ω- und eines 8-Ω-Widerstands.

Fragen

7. Wird in einem größeren oder in einem kleineren Widerstand mehr Wärme erzeugt, wenn sie mit der gleichen Spannungsquelle verbunden sind?
8. Zu Beginn der allgemeinen Einführung des elektrischen Stroms in den Haushalten achteten manche Leute sehr darauf, daß in jeder Fassung eine Birne steckte, damit der elektrische Strom nicht ausläuft. Warum war das nicht notwendig?

22.5 Ein mikroskopisches Modell der elektrischen Leitfähigkeit von Metallen

Das erste mikroskopische Modell zur Beschreibung der elektrischen Leitfähigkeit wurde im Jahre 1900 von Drude vorgeschlagen und dann 1909 von Hendrik A. Lorentz weiterentwickelt. Mit diesem **klassischen Modell der elektrischen Leitung** lassen sich das Ohmsche Gesetz herleiten und die elektrische Leitfähigkeit und der Widerstand auf die Bewegung freier Elektronen im leitenden Medium zurückführen. Es basiert auf der Vorstellung, daß ein Leiter ein dreidimensionales Ionengitter ist, in dem sich die Elektronen frei bewegen können. Herrscht kein elektrisches Feld im Innern des Leiters, dann verhalten sich die Elektronen genau wie Gasteilchen in einem Behälter. Die freien Elektronen sind mit den Gitterionen im thermodynamischen Gleichgewicht und tauschen unablässig durch Stöße Energie und Impuls mit ihnen aus. Unter diesen Voraussetzungen kann man die mittlere kinetische Energie der Elektronen aus dem Gleichverteilungssatz berechnen, und es ergibt sich das gleiche Resultat wie für ein ideales Gas. Man muß nur in (15.28) die Molekülmasse durch die Elektronenmasse m_e ersetzen. Bei 300 K erhält man für die effektive Elektronengeschwindigkeit v_{eff}, die etwas größer als die mittlere Elektronengeschwindigkeit $\langle v \rangle$ ist:

$$v_{\text{eff}} = \sqrt{\frac{3 k_B T}{m_e}}$$
$$= \sqrt{\frac{3\,(1{,}38 \cdot 10^{-23}\,\text{J/K}) \cdot 300\,\text{K}}{9{,}11 \cdot 10^{-31}\,\text{kg}}}$$
$$= 1{,}17 \cdot 10^5\,\text{m/s}\,.$$
22.26

Dieser Wert liegt um mehrere Größenordnungen über dem Wert, den wir in Beispiel 22.1 für die Driftgeschwindigkeit erhalten haben.

Gilt das Ohmsche Gesetz, so ist die Stromstärke in einem Leiterabschnitt proportional zum Spannungsabfall über diesem Abschnitt:

$$I = \frac{U}{R}\,.$$

Der Widerstand ist porportional zur Länge des Abschnitts und umgekehrt proportional zur Querschnittsfläche A:

$$R = \varrho\,\frac{\ell}{A}\,.$$

Bei einem homogenen elektrischen Feld gilt für die Spannung über einem Segment der Länge ℓ: $U = E\ell$. Setzen wir $\varrho\ell/A$ für R und $E\ell$ für U ein, so können wir das Ohmsche Gesetz umschreiben zu

$$I = \frac{E\ell}{\varrho\ell/A} = \frac{1}{\varrho}\,EA\,.$$
22.27

In der klassischen Theorie versucht man, ϱ durch Materialeigenschaften auszudrücken. Der Zusammenhang zwischen der Stromstärke in einem Leiter und der Elektronendichte n, der Driftgeschwindigkeit v_d, der Elektronenladung e sowie Querschnittsfläche A ist durch (22.3) gegeben:

$$I = neAv_d\,.$$

Ein elektrisches Feld übt auf ein Elektron die Kraft eE aus. Wäre dies die einzige wirkende Kraft, so würde das Elektron permanent mit eE/m_e beschleunigt (wobei m_e die Masse des Elektrons ist). Aus dem Ohmschen Gesetz sehen wir aber sofort, daß sich statt dessen ein Gleichgewicht einstellt, bei dem die mittlere Geschwindigkeit des Elektrons der Feldstärke proportional ist, denn sonst wäre die Stromstärke nicht proportional zu E und zu v_d. Im klassischen Modell erklärt man dies dadurch, daß das Elektron beschleunigt wird und nach sehr kurzer Zeit mit einem Gitterion zusammenstößt. Die Geschwindigkeiten vor dem Stoß und nach dem Stoß können nicht korreliert sein, weil die Driftgeschwindigkeit einen völlig anderen Betrag als die thermische Geschwindigkeit hat, nämlich viel kleiner als diese ist. Ist τ die mittlere Zeit zwischen zwei Stößen, dann erhalten wir als Driftgeschwindigkeit

$$v_\mathrm{d} = \frac{eE}{m_\mathrm{e}} \tau \;. \qquad 22.28$$

Einsetzen in (22.3) liefert:

$$I = neAv_\mathrm{d} = \frac{ne^2\tau}{m_\mathrm{e}} EA \;. \qquad 22.29$$

Mit $\varrho = EA/I$ aus (22.27) ergibt sich für den spezifischen Widerstand

$$\varrho = \frac{m_\mathrm{e}}{ne^2\tau} \;. \qquad 22.30$$

Die Wegstrecke, die ein Elektron zwischen zwei Stößen zurücklegt, bezeichnet man als **mittlere freie Weglänge** λ. Sie ergibt sich als Produkt aus der mittleren Geschwindigkeit und der Zeit zwischen zwei Strößen τ:

$$\lambda = \langle v \rangle \, \tau \;. \qquad 22.31$$

Mittlere freie Weglänge von Elektronen

Mit der mittleren freien Weglänge und der mittleren Geschwindigkeit erhalten wir für den spezifischen Widerstand:

$$\varrho = \frac{m_\mathrm{e}\langle v \rangle}{ne^2\lambda} \;. \qquad 22.32$$

Es besteht natürlich ein Zusammenhang zwischen der mittleren freien Weglänge und der Größe der Gitterionen. Wenn wir die Größe des Elektrons vernachlässigen und geradlinige Bahnen annehmen, dann wird es mit einem Ion kollidieren, wenn es ihm bis auf einen Abstand r, der gerade der Radius des Ions ist, nahe kommt. Im Zeitintervall t bewegt sich das Elektron die Strecke vt und kollidiert mit allen Ionen in dem zylindrischen Volumen $\pi r^2 vt$ (Abbildung 22.22). In diesem Volumen befinden sich $n\pi r^2 vt$ Ionen, wobei n die Ionendichte ist. Die gesamte Weglänge geteilt durch die Anzahl an Stößen ist die mittlere freie Weglänge:

$$\lambda = \frac{vt}{n\pi r^2 vt} = \frac{1}{n\pi r^2} \;. \qquad 22.33$$

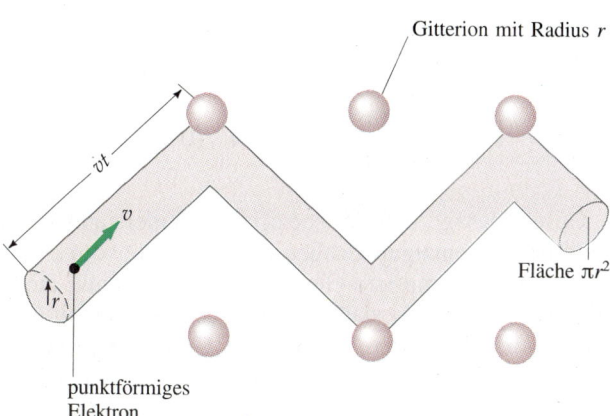

22.22 Modell für die Bewegung eines Elektrons in einem Kupfergitter. Das Elektron wird als Punktteilchen angesehen, das mit einem Gitterion zusammenstößt, wenn es ihm bis auf den Ionenradius r nahe kommt. Hat das Elektron die Geschwindigkeit v, so stößt es im Zeitraum t mit allen Ionen im zylindrischen Volumen $\pi r^2 vt$ zusammen.

Neben der mittleren freien Weglänge spielt der Begriff der **Beweglichkeit** der Elektronen eine wichtige Rolle bei der Erklärung der Leitfähigkeit. Das Ohmsche Gesetz verlangt, daß die Driftgeschwindigkeit v_d der Elektronen proportional zum elektrischen Feld E im Innern des Leiters ist:

$$v_d = \mu E \,. \qquad 22.34$$

Der Proportionalitätsfaktor μ wird Beweglichkeit genannt. Der Vergleich mit (22.28) zeigt, daß für μ gilt:

Beweglichkeit von Elektronen

$$\mu = \frac{e}{m_e} \tau \,.$$

Mit (22.30) und (22.9) ergibt sich zwischen der Beweglichkeit, dem spezifischen Widerstand und der Leitfähigkeit der Zusammenhang:

$$\sigma = \frac{1}{\varrho} = e n \mu \,. \qquad 22.35$$

Den Zusammenhang zur Stromdichte findet man, wenn man von der Formulierung $j = \sigma E$ des Ohmschen Gesetzes ausgeht. Damit erhält man:

$$j = e n \mu E \,.$$

Im Kupfer ist die Beweglichkeit von Elektronen ungefähr $43 \cdot 10^{-6}$ m^3/$\Omega \cdot$C.

Beispiel 22.13

Wie groß ist die mittlere freie Weglänge in Kupfer?

Die Ionendichte von Kupfer haben wir bereits in Beispiel 22.1 berechnet. Es ergab sich ein Wert von $8{,}47 \cdot 10^{22}$ Ionen/cm^3. Nehmen wir als Radius für ein Kupfer-Ion $r = 10^{-10}$ m an, so erhalten wir für die mittlere freie Weglänge

$$\lambda = \frac{1}{8{,}47 \cdot 10^{22}\,\text{cm}^{-3} \cdot \pi \cdot (10^{-8}\,\text{cm})^2} \approx 4 \cdot 10^{-8}\,\text{cm}$$
$$= 4 \cdot 10^{-10}\,\text{m} = 0{,}4\,\text{nm} \,.$$

Unter Verwendung dieses Resultats und einer mittleren Geschwindigkeit $\langle v \rangle \approx 10^5$ m/s aus (22.26) erhalten wir als Schätzwert für die Stoßzeit

$$\tau = \frac{\lambda}{\langle v \rangle} \approx \frac{4 \cdot 10^{-10}\,\text{m}}{10^5\,\text{m/s}} = 4 \cdot 10^{-15}\,\text{s} \,.$$

Das Ohmsche Gesetz besagt, daß der spezifische Widerstand unabhängig vom elektrischen Feld ist. Die einzigen Größen in (22.32), die vom elektrischen Feld abhängen könnten, sind die mittlere Geschwindigkeit $\langle v \rangle$ und die mittlere freie Weglänge λ. Wir haben gesehen, daß die Driftgeschwindigkeit um Größenordnungen kleiner ist als die mittlere thermische Geschwindigkeit. Aus diesem Grund hat das elektrische Feld keinen nennenswerten Effekt auf die Geschwindigkeit der Elektronen. Die mittlere freie Weglänge der Elektronen hängt von der

Größe der Gitterionen und der Ionendichte ab, aber sie ist unabhängig vom elektrischen Feld E. Das Modell sagt daher das Ohmsche Gesetz (mit dem spezifischen Widerstand gemäß Gleichung 22.32) richtig vorher.

Obwohl sich aus dem klassischen Modell das Ohmsche Gesetz herleiten läßt, versagt das Modell in einigen Punkten. Im Gegensatz zum bereits diskutierten linearen Widerstandsverlauf sagt die klassische Theorie voraus, daß der Widerstand proportional zur Wurzel aus der Temperatur ist, denn die einzige temperaturabhängige Größe in (22.32), die mittlere Geschwindigkeit, ist proportional zu $\sqrt{T}$. Als nächstes ist zu nennen, daß der vorhergesagte Widerstand um das sechsfache über dem wirklichen Wert liegt. Schließlich führen wir an, daß die klassische Theorie keinerlei Vorhersage darüber zuläßt, ob eine Substanz ein Isolator, ein Leiter oder ein Halbleiter ist.

In der quantenmechanischen Theorie der elektrischen Leitung, die wir in Kapitel 39 diskutieren werden, ist der Widerstand ebenfalls durch Gleichung (22.32) gegeben. Die mittlere Geschwindigkeit und die mittlere freie Weglänge werden jetzt aber als quantenmechanische Größen interpretiert. In der Quantentheorie ergibt sich dann keine Proportionalität zu $\sqrt{T}$, weil die Elektronen nicht der Maxwell-Boltzmann-Statistik gehorchen, sondern der sogenannten Fermi-Dirac-Statistik. Es stellt sich auch heraus, daß die mittlere Geschwindigkeit nahezu temperaturunabhängig ist.

Bei der quantenmechanischen Beschreibung der mittleren freien Weglänge spielt die Wellennatur des Elektrons eine entscheidende Rolle. Der Zusammenstoß mit einem Gitterion darf dann nicht mehr klassisch beschrieben werden, sondern man muß ihn als Streuung des Elektrons am Ionengitter auffassen. In perfekten, d.h. völlig störungsfreien und bewegungslosen Gittern erhält man sogar das Ergebnis, daß die mittlere freie Weglänge unendlich groß wird, da gar keine Streuung mehr stattfindet. Die mittlere freie Weglänge ist dann völlig unabhängig von der Größe der Gitterionen. Die in der Realität auftretenden Abweichungen von diesem Zusammenhang sind auf Fremdatome im Gitter und die thermische Schwingungsbewegung der Gitterionen zurückzuführen. Die effektive Fläche eines Gitterions, die ein Elektron „sieht", ist proportional zur Schwingungsamplitude des Gitterions. Diese ist proportional zur thermischen Energie, die ihrerseits linear mit der absoluten Temperatur steigt und fällt. Daher ist die mittlere freie Weglänge umgekehrt proportional zu T, und der spezifische Widerstand ist proportional zur Temperatur, wie es auch experimentell beobachtet wird. Die perfekte Periodizität des Gitters wird in realen Kristallen durch das Vorhandensein von Fremdatomen im Gitter gestört. Darauf ist zurückzuführen, daß der Widerstand normal verunreinigter Metalle bei sehr tiefen Temperaturen nicht völlig verschwindet.

Zusammenfassung

1. Elektrischer Strom wird hervorgerufen durch bewegte Ladungen. Die elektrische Stromstärke ist definiert als die Ladung, die pro Zeitintervall durch eine bestimmte Querschnittsfläche fließt. Die konventionelle Stromrichtung zeigt in Flußrichtung der positiven Ladungsträger. In einem Draht entsteht ein elektrischer Strom durch das Anlegen einer Spannung. Im Innern des Leiters herrscht dann ein elektrisches Feld, dessen Stärke der Spannung proportional ist. Bei den fließenden Ladungen stellt sich ein Gleichgewicht zwischen Beschleunigung durch das elektrische Feld und Zusammenstößen mit den Gitterionen ein. Die resultierende Driftgeschwindigkeit liegt typischerweise in der Größenordnung von einigen hundertstel Millimetern pro Sekunde.

2. Der elektrische Widerstand ist der Quotient aus Spannung und Stromstärke. In den meisten Metallen ist der Widerstand eine von der Stromstärke und Spannung unabhängige Konstante. Dies ist die Aussage des Ohmschen Gesetzes:

$$U = IR.$$

Materialien, die diesem Gesetz gehorchen, bezeichnet man als ohmsche Widerstände. Der reziproke Wert des Widerstandes heißt Leitwert G:

$$G = 1/R.$$

3. Der Widerstand eines Drahtes ist proportional zu seiner Länge und umgekehrt proportional zu seiner Querschnittsfläche:

$$R = \varrho \frac{\ell}{A},$$

wobei ϱ den spezifischen Widerstand des Materials bezeichnet. Der Kehrwert des spezifischen Widerstands heißt Leitfähigkeit σ:

$$\sigma = \frac{1}{\varrho}.$$

4. In allgemeiner, vektorieller Form lautet das Ohmsche Gesetz:

$$\boldsymbol{j} = \sigma \boldsymbol{E},$$

wobei $\boldsymbol{j}$ die Stromdichte, definiert als Strom pro Fläche, ist.

5. Die elektrische Leistung in einem elektrischen Bauteil ergibt sich als Produkt aus Spannungsabfall und Stromstärke:

$$P = IU.$$

Spannungsquellen versorgen elektrische Schaltungen mit Energie. Die Leistung, die eine Spannungsquelle aufbringt, ist das Produkt aus Quellenspannung und Stromstärke:

$$P = U_Q I.$$

Die Leistung, die in einem Widerstand in Wärme umgewandelt wird, beträgt:

$$P = IU = I^2 R = \frac{U^2}{R}.$$

Bei einer idealen Spannungsquelle ist die Klemmenspannung unabhängig von der Stromstärke genauso groß wie die Quellenspannung. Bei einer realen Spannungsquelle ist das nicht der Fall. Man kann sie als Serienschaltung einer idealen Spannungsquelle und eines kleinen Widerstands, des Innenwiderstands, auffassen.

6. Der Ersatzwiderstand einer Serienschaltung von Widerständen ist gleich der Summe der Einzelwiderstände:

$$R_{\text{ers}} = R_1 + R_2 + R_3 + \ldots \qquad \text{Widerstände in Reihe}.$$

Bei der Parallelschaltung von Widerständen ist der Kehrwert des Ersatzwiderstands gleich der Summe der Kehrwerte der Einzelwiderstände:

$$\frac{1}{R_{\text{ers}}} = \frac{1}{R_1} + \frac{1}{R_2} + \frac{1}{R_3} + \dots \qquad \text{Widerstände parallel}.$$

7. Im mikroskopischen Modell der elektrischen Leitung bewegen sich die Elektronen frei in einem Ionengitter. Sie werden abwechselnd durch das elektrische Feld beschleunigt und durch Stöße mit den Gitterionen abgebremst. Dadurch stellt sich eine kleine konstante Driftgeschwindigkeit v_d ein, die der elektrischen Feldstärke E proportional ist:

$$v_d = \mu E.$$

Der Proportionalitätsfaktor μ wird Beweglichkeit genannt.

Der Zusammenhang zwischen dem spezifischen Widerstand ϱ, der mittleren Geschwindigkeit $\langle v \rangle$ und der mittleren freien Weglänge λ lautet:

$$\varrho = \frac{m_e \langle v \rangle}{n e^2 \lambda}.$$

Leitfähigkeit σ, spezifischer Widerstand ϱ und Beweglichkeit sind wie folgt miteinander verknüpft:

$$\sigma = \frac{1}{\varrho} = e n \mu.$$

Dabei ist e die Elementarladung und n die Dichte der Ladungsträger (Elektronen) in einem gegebenen Volumen. Im klassischen Modell erhält man die mittlere Geschwindigkeit wie beim idealen Gas aus der Maxwell-Boltzmann-Verteilung. Sie ist daher proportional zur Wurzel aus der Temperatur T, und die mittlere freie Weglänge hängt von der Größe der Gitterionen ab. Das Modell sagt das Ohmsche Gesetz richtig vorher, versagt jedoch bei der Beschreibung der Temperaturabhängigkeit und der Vorhersage der realen Widerstandswerte. Die moderne Quantentheorie leitet die mittlere Geschwindigkeit aus der Fermi-Dirac-Statistik ab und sagt korrekterweise deren Unabhängigkeit von der Temperatur voraus. Die mittlere freie Weglänge erhält man, indem man die Wellennatur des Elektrons berücksichtigt und den Zusammenstoß mit den Gitterionen als Streuung in einem periodischen Gitter beschreibt. Die Quantentheorie sagt für ein perfekt periodisches Gitter eine unbegrenzte mittlere freie Weglänge voraus. In realen Gittern wird die Periodizität durch Fremdatome und die thermische Bewegung der Gitterionen gestört.

Essay: Reizleitung in Nervenzellen

Elizabeth Pflegl Nickles
The Albany College of Pharmacy

Während eines Gewitters im Jahre 1768 berührte Luigi Galvani mit einem Metallinstrument das Bein eines Frosches und stellte fest, daß das Bein daraufhin zuckte. Er schloß daraus, daß ein elektrischer Reiz durch die Froschnerven geleitet worden war und sich das Bein deshalb kontrahierte. In der Tat erfolgt die Reizleitung in Nerven durch elektrische Ströme – der Leitungsmechanismus ist jedoch von demjenigen in metallischen Leitern grundverschieden. Lange Zeit dachte man, daß eine Nervenreizung durch das Fließen von Ionen in den Nervenbahnen (also einen elektrischen Strom wie in einem Leiter) übertragen wird. Dies ist so jedoch nicht der Fall. Die Impulsübertragung erfolgt einerseits nämlich sehr viel langsamer, zum anderen ist sie ein Alles-oder-nichts-Effekt, d.h., sie variiert nicht kontinuierlich in der Stärke. Die kleinsten Bausteine unseres Nervensystems sind die Neuronen (Nervenzellen). Sie sind darauf spezialisiert, Informationen (Reize) zu übertragen. Sie bestehen aus einem Zellkörper und seinen Fortsätzen (Abbildung 1). Es gibt zwei Typen von Fortsätzen: die Dendriten, die Nervenimpulse empfangen, und das Axon, welches Information zu den anderen Neuronen überträgt. Empfangen die Dendriten einen Impuls, der über einem bestimmten Schwellenwert liegt, so wird ein Impuls im Zellkörper ausgelöst und breitet sich entlang des Axons aus. Das Axon ist ein (beim Menschen bis zu 1 m) langer, dünner Zellfortsatz, der von einer Membran zusammengehalten wird und mit Flüssigkeit, dem Axoplasma, gefüllt ist (Abbildung 2). Am Ende des Axons befinden sich knopfartige Erweiterungen, die sogenannten Synapsen. Erreicht ein Impuls die Synapsen, so wird dort ein Botenstoff, auch Neurotransmitter genannt, freigesetzt und überträgt die Information zur nächsten Nervenzelle.

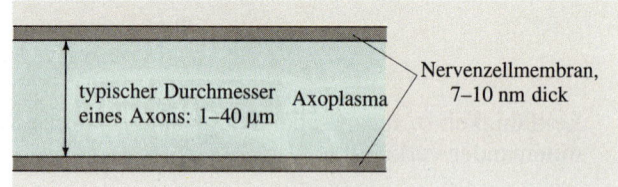

Abbildung 2 Längsschnitt durch ein Axon.

Wegen seiner kleinen Querschnittsfläche und dem hohen spezifischen Widerstand des Axoplasmas hat das Axon einen extrem hohen elektrischen Widerstand: Der Widerstand eines Stücks der Länge 1 cm beträgt beispielsweise $2{,}5 \cdot 10^8\ \Omega$ (das entspricht dem Widerstand von Holz; vgl. Tabelle 22.1). Damit wir verstehen können, wie in einem solchermaßen „ungeeigneten" Medium die Reizleitung funktioniert, müssen wir zunächst einiges über die Physiologie der Nervenzellen vor der Stimulation, d.h. im Ruhezustand, lernen.

Die Nervenzelle im Ruhezustand

In allen lebenden Zellen – also auch in Nervenzellen – sorgt die Zellmembran dafür, daß im Innern einer Zelle andere Bedingungen herrschen als im extrazellulären Bereich. Eine wichtige Voraussetzung für das Funktionieren einer Nervenzelle ist ein leichter Überschuß an negativen Ionen auf der Innenseite und ein leichter Überschuß an positiven Ionen auf der Außenseite der Zellmembran (Abbildung 3).

Solche elektrochemischen Gradienten spielen eine Schlüsselrolle bei der Weiterleitung von Impulsen. Die Konzentration von Kalium-Ionen (K^+) in der Zelle beträgt rund das 30fache der Konzentration im Außenraum, während die Konzentration von Natrium-Ionen (Na^+) außen rund 10fach größer ist als innen (Tabelle 1).

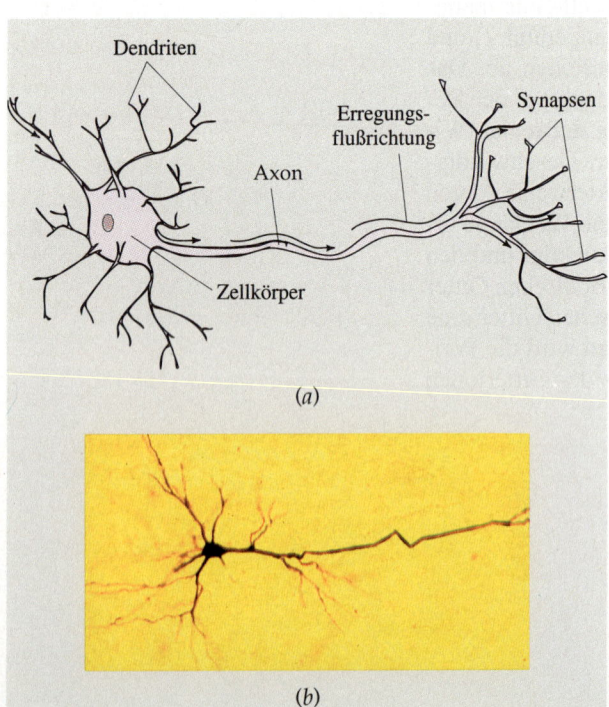

Abbildung 1 a) Aufbau einer Nervenzelle. b) Präparierte Nervenzelle aus dem Nervengewebe einer Katze. (© Carolina Biological Supply Company)

Essay: Reizleitung in Nervenzellen

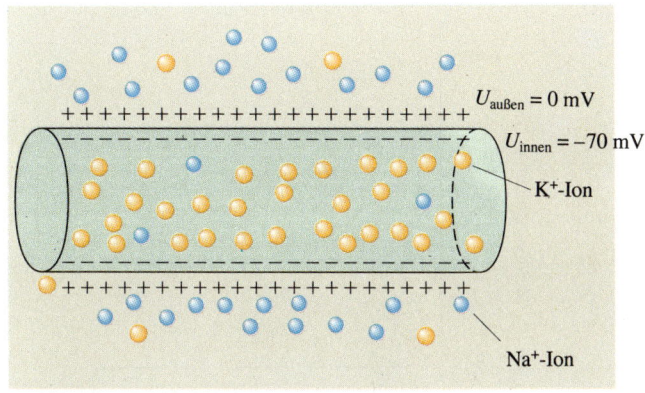

Abbildung 3 Ladungsverteilung entlang einer Nervenzellmembran im Ruhezustand.

Tabelle 1 Typische Ionenkonzentrationen innerhalb und außerhalb einer Nervenzelle im Ruhezustand

	Konzentration/mmol · L^{-1}	
	innen	außen
Na$^+$	15	145
K$^+$	150	5
Cl$^-$	9	120
andere	156	30

Auch Anionen, speziell Chlor-Ionen (Cl$^-$), sind in der Zelle nicht gleichmäßig verteilt. Um diese Konzentrationsgradienten aufrechterhalten zu können, nutzen die Zellen sowohl passive Diffusionsmechanismen als auch aktive Transportmechanismen. Speziell das Natrium-Kalium-Konzentrationsverhältnis wird durch einen „Ionenpumpe" eingestellt, die Na$^+$ nach außen und K$^+$ nach innen transportiert. Weiterhin gibt es spezialisierte Enzyme, die als spannungsabhängige Transportkanäle fungieren, durch die sich während einer Impulsübertragung K$^+$- und Na$^+$-Ionen bewegen können.

Im Ruhezustand der Zelle sind diese Kanäle geschlossen, die ungleiche Ionenkonzentration bleibt daher erhalten. Die Zellmembran ist im Ruhezustand undurchlässig für große Anionen (und andere große negativ geladene Teilchen wie beispielsweise Proteine). Es bildet sich daher sofort ein leichter Überschuß an negativen Ladungen im Innern der Zelle, und es stellt sich eine Potentialdifferenz (Abschnitt 20.1) von etwa 70 mV zwischen innen und außen ein. Wählen wir das Potential im Außenbereich als Potentialnullpunkt, so hat das Potential im Innern, das sogenannte *Ruhepotential*, den Wert −70 mV (Abbildung 3).

Im Prinzip bildet die Zellmembran im Ruhezustand einen Kondensator. Unter Zugrundelegung einer Membrandicke von 7 nm ergibt sich eine Feldstärke (Abschnitt 21.1) von

$$E = \frac{-dU}{d\ell} = \frac{-(-70 \cdot 10^{-3}\,\text{V})}{7{,}0 \cdot 10^{-9}\,\text{m}}$$

$$= 1{,}0 \cdot 10^7\,\text{V/m (nach innen)}.$$

Ein positives Ion wird also mit der Kraft:

$$F = qE = 1{,}6 \cdot 10^{-19}\,\text{C} \cdot 1{,}0 \cdot 10^7\,\text{V/m}$$

$$= 1{,}6 \cdot 10^{-12}\,\text{N}$$

nach innen gezogen. Diese Kraft wirkt dem Konzentrationsgradienten von K$^+$ entgegen, während sie den Effekt des Konzentrationsgradienten von Na$^+$ unterstützt.

Die stimulierte Nervenzelle

Man kann das Ruhepotential einer Nervenzelle durch physikalische und chemische Einflüsse stören. Liegt die Störung unterhalb einer bestimmten Schwelle, so stellt sich sehr schnell wieder das Ruhepotential von −70 mV ein. Der Effekt einer solchen unterhalb der Schwelle liegenden Reizung, mit s$_1$ bezeichnet, ist in Abbildung 4 links zu sehen. Ist der Reiz jedoch stark genug, um die Membran bis auf einen Wert von etwa −50 mV (dies ist das sogenannte *Schwellenpotential*) zu depolarisieren, dann öffnen sich die Na$^+$-Transportkanäle, und die Na$^+$-Ionen strömen in die Nervenzelle ein. Triebkräfte dafür sind – wie schon gezeigt – der Konzentrationsunterschied (Konzentrationsgradient) der Na$^+$-Ionen zwischen intrazellulärem und extrazellulärem Bereich sowie das elektrische Feld, das durch die unterschiedliche Ladungsverteilung zwischen Innen- und Außenseite der Nervenzellmembran hervorgerufen wurde.

Das Einströmen der Na$^+$-Ionen bewirkt einen elektrischen Strom (Transport von Ladungsträgern; $I =$

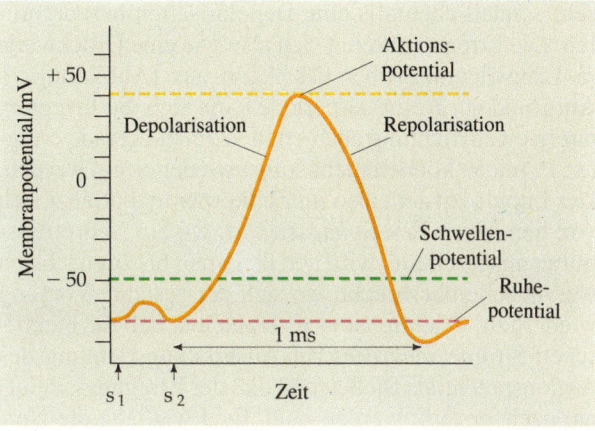

Abbildung 4 Aktionspotential mit eingezeichneten Anregungen: s$_1$ unterhalb der Reizschwelle und s$_2$ oberhalb der Reizschwelle.

$\Delta Q/\Delta t$, vgl. Gleichung 22.3). An der Stelle, an der die Membran gereizt wurde, kommt es (lokal) zu einer Polarisationsumkehr: Das Potential an der Innenseite der Membran steigt auf +40 mV, was einer Änderung – bezogen auf das Ruhepotential – um 110 mV entspricht. Der Wert, auf den das Membranpotential kurzfristig steigt (hier +40 mV), heißt *Aktionspotential*. Sobald die Polarisationsumkehr erreicht ist, schließen die Na$^+$-Transportkanäle wieder. Die K$^+$-Transportkanäle reagieren auf die Änderungen des Membranpotentials erst eine kurze Zeit nach Öffnung der Na$^+$-Kanäle. Die ebenfalls ungleich verteilten K$^+$-Ionen (in der Zelle ist ihre Konzentration höher als außen) beginnen zeitlich verzögert, nach außen zu strömen. Im Zusammenwirken mit den etwas langsamer arbeitenden Ionenpumpen stellt das Ausströmen der Kalium-Ionen das alte Ruhepotential wieder her. Es ist erreicht, wenn der Effekt des Na$^+$-Einstroms durch den K$^+$-Ausstrom vollständig kompensiert worden ist. Die Phase, während der das ursprüngliche Ruhepotential wieder hergestellt wird, heißt *Repolarisation*. Der gesamte Ablauf ist in Abbildung 4 als s_2-Puls (sein Aktionspotential ist größer als das Schwellenpotential) eingezeichnet.

Nach erfolgter Repolarisation bleiben die Na$^+$-Kanäle noch einige Millisekunden geschlossen. In dieser Zeitspanne ist dieser Bereich der Nervenzelle nicht erregbar. Man bezeichnet dies als *Refraktärperiode*.

Die Erregungsleitung

Wir haben bisher die Entstehung eines kurzen elektrischen Impulses als Antwort auf eine Erregung beschrieben. Wie wird dieser Impuls aber entlang des Axons weitergeleitet? Entsteht als Antwort auf einen Reiz lokal eine Depolarisation, so strömen durch passive Diffusion (aufgrund des Konzentrationsgradienten) Ionen in direkt benachbarte Regionen. Hierdurch wird dort sehr schnell ebenfalls eine Depolarisation hervorgerufen. Die Erregung breitet sich also wie eine Druckwelle in Längsrichtung über das Axon aus (Abbildung 5). Aufgrund der Refraktärperiode kann sich die Erregung nur in einer Richtung ausbreiten, denn die gerade erregten Bereiche können nicht sofort wieder erregt werden. Der Impuls entsteht also im Zellkörper und pflanzt sich von hier bis zu den Synapsen fort, wo ein Neurotransmitter ausgeschüttet wird und den Spalt bis zur nächsten Nervenzelle überbrückt, wo sich der gesamte Vorgang wiederholt. Wichtig ist es festzuhalten, daß die elektrischen Ströme *senkrecht* zur Ausbreitungsrichtung des Aktionspotentials fließen und daß der Erregungsimpuls nie nachverstärkt werden muß. Egal wie lang die Nervenzelle ist, er behält immer die gleiche Stärke.

Es gibt verschiedene Typen von Nervenzellen. Bei manchen ist das Axon von einer vielagigen Schicht

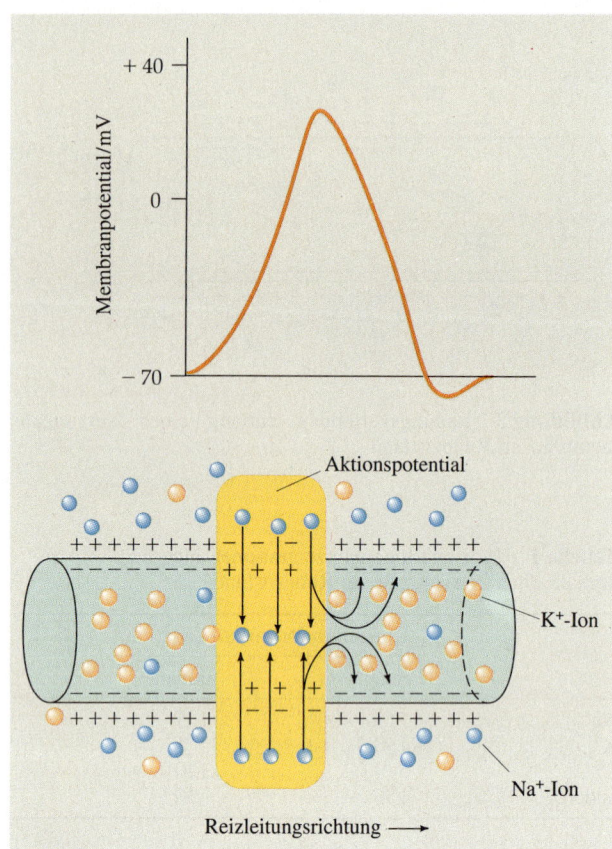

Abbildung 5 Fortpflanzung eines Aktionspotentials. Kurz vor dem Puls wird ein kleiner Abschnitt der Zellmembran leicht depolarisiert, so daß Ionen in die Membran hineinströmen. Erreicht die Depolarisation den Schwellenwert, so entsteht ein neues Aktionspotential in nächster Nähe. Nicht gezeigt sind die Ionen, die nach links fließen, da sie aufgrund der Refraktärperiode kein neues Aktionspotential triggern können.

umgeben, der sogenannten Myelinscheide, die dieses Axon von anderen trennt – daher die Bezeichnung „Scheide". Sie besteht aus speziellen Stützzellen, den Schwannschen Zellen, die das Axon umschließen (Abbildung 6). Alle ein bis zwei Millimeter hat die Myelinscheide eine kleine Unterbrechung von etwa 1 μm Breite, die Ranvierscher Schnürring genannt wird. Die Erregungsleitung in Nervenzellen mit Myelinscheide funktioniert anders als in unmyelinisierten Zellen. Die Myelinscheide ist ein guter Isolator. Daher ist die elektrische Aktivität bei myelinisierten Nervenzellen auf die Ranvierschen Schnürringe beschränkt, wo eine sehr hohe Dichte von spannungsabhängigen Transportkanälen vorhanden ist. Aktionspotentiale können nur an den Ranvierschen Schnürringen erzeugt werden und „springen" dann schnell von einem zum nächsten, da die Diffusion der Ionen durch das Axoplasma und die extrazelluläre Flüssigkeit sehr schnell erfolgt. Die Reizleitungsgeschwindigkeit in myelinisierten Nervenzellen erreicht Werte um 12 m/s.

Essay: Reizleitung in Nervenzellen

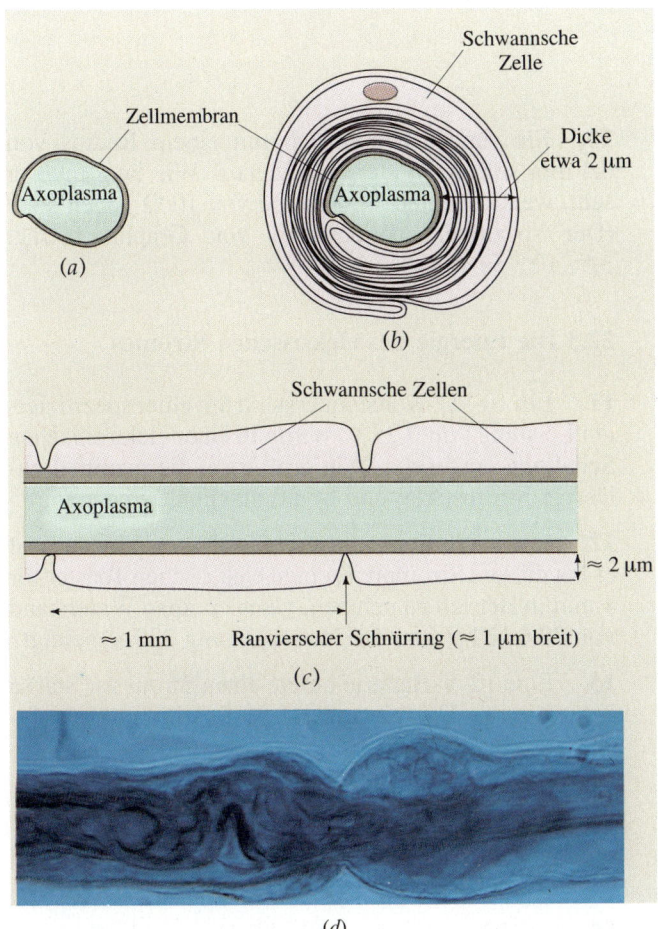

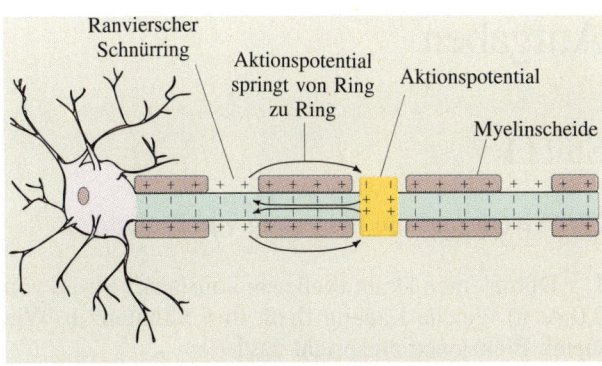

Abbildung 7 Ein Aktionspotential in einem myelinisierten Axon springt von Schnürring zu Schnürring. Dadurch wird die Reizleitung enorm beschleunigt. Dies ist ein großer Unterschied zur Reizleitung in einem normalen Axon.

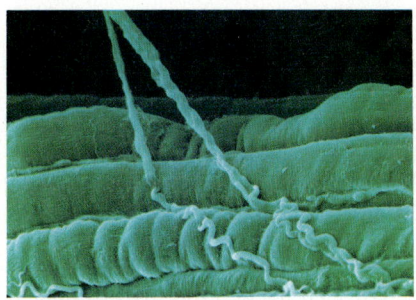

Abbildung 6 Transversalschnitt durch ein a) unmyelinisiertes Axon und b) ein Axon mit Myelinscheide. c) Längsschnitt durch ein Axon mit Myelinscheide. d) Diese Mikroaufnahme eines myelinisierten Axons zeigt die Dicke der Myelinscheide sowie einen Ranvierschen Schnürring in der Mitte des Bildes. (© Lennart Nilsson)

Diese elektronenmikroskopische Aufnahme zeigt einige Nervenzellen jeweils mit ihrem Axon, das von oben links kommt und den Kontakt zu den waagrechten Skelettmuskelfasern herstellt. Breitet sich ein elektrischer Impuls in einer solchen Faser aus, so wird Acetylcholin ausgeschüttet, ein Neurotransmitter, der die Muskelkontraktion auslöst. (© Lennart Nilsson)

Die Reizleitungsgeschwindigkeit hängt vom Widerstand des Axoplasmas und von der Membrankapazität ab. Da der Widerstand umgekehrt proportional zur Querschnittsfläche ist, erfolgt die Reizleitung in Nervenzellen mit dickerem Axon schneller. Wie wir beim Plattenkondensator gesehen haben (Abschnitt 21.1), ist die Kapazität umgekehrt proportional zum Plattenabstand. Nervenzellen mit myelinisiertem Axon haben daher eine niedrigere Membrankapazität als unmyelinisierte, also auch eine kleinere Ladung. Dies verkürzt die Zeitspanne zwischen Depolarisation und Repolarisation, da weniger Ladungen fließen müssen. Auch dies ist ein Grund für die höhere Reizleitungsgeschwindigkeit in myelinisierten Nervenzellen. Diese Zusammenhänge wurden durch eine Vielzahl von Messungen an verschiedenen Nervenzellen bestätigt.

Wir haben gesehen, daß die Impulsübertragung in Nervenzellen sich stark von der elektrischen Leitung in Metallen unterscheidet. Die physikalischen Grundbegriffe, die wir in diesem Kapitel gelernt haben, sind aber auch hier wichtig, um die zugrundeliegenden Prozesse zu verstehen.

Aufgaben

Stufe I

22.1 Strom und die Bewegung von Ladungen

1. Durch einen Draht fließe ein konstanter Strom von 2,0 A. a) Welche Ladung fließt in 5 Minuten? b) Wie vielen Elektronen entspricht das?

2. Durch einen Kupferdraht mit dem Durchmesser 2,6 mm fließe ein Strom der Stärke 20 A. Wenn ein freies Elektron pro Kupferatom vorliegt, wie groß ist dann die Driftgeschwindigkeit der Elektronen?

3. In einer Fluoreszenzröhre mit einem Durchmesser von 3,0 cm strömen pro Sekunde $2,0 \cdot 10^{18}$ Elektronen und $5 \cdot 10^{17}$ einfach geladene positive Ionen durch die Querschnittsfläche. Wie groß ist der Strom in der Röhre?

4. Ein Elektronenstrahl habe eine Elektronendichte von $5,0 \cdot 10^6$ Elektronen pro cm^3. Der Strahl sei zylindrisch mit einem Durchmesser von 1,0 mm, und die Elektronenenergie betrage 10,0 keV. a) Welche Geschwindigkeit haben die Elektronen? b) Welche Stromstärke hat der Elektronenstrahl?

5. Eine Ladung $+q$ bewege sich mit der Geschwindigkeit v auf einer Kreisbahn mit dem Radius r. a) Geben Sie die Umlauffrequenz in Abhängigkeit von v und r an. b) Zeigen Sie, daß der mittlere Strom gleich dem Produkt aus Ladung und Frequenz ist, und drücken Sie ihn durch v und r aus.

6. Ein Ring mit dem Radius R und der Linienladungsdichte λ rotiere mit der Winkelgeschwindigkeit ω um sein Zentrum. Stellen Sie einen Ausdruck für die Stromstärke auf.

22.2 Widerstand und Ohmsches Gesetz

7. Ein 10 m langer Draht mit einem Widerstand von 0,2 Ω werde von einem Strom der Stärke 5 A durchflossen. a) Wie groß ist der Spannungsabfall über dem Draht? b) Welche Stärke hat das elektrische Feld im Draht?

8. Wenn man an einen bestimmten Widerstand eine Spannung von 100 V legt, so fließt ein Strom von 3 A. a) Wie groß ist der Widerstand? b) Wie groß ist die Stromstärke bei 25 V?

9. Gegeben sei ein 50 cm langer Wolframstab mit einem quadratischen Querschnitt von 1,0 mm × 1,0 mm. Wie groß ist sein Widerstand a) bei 20 °C und b) bei 40 °C?

10. Ein runder Graphitstab mit einem Radius von 0,1 mm soll als Widerstand dienen. Wie lang muß er sein, wenn er einen Widerstand von 10 Ω haben soll? (Der spezifische Widerstand von Graphit beträgt $3,5 \cdot 10^{-5}$ Ω·m.)

22.3 Die Energie des elektrischen Stromes

11. Ein 10-kΩ-Kohlewiderstand mit einer spezifizierten Leistung von 0,25 W werde in einer elektronischen Schaltung eingesetzt. Wie groß ist a) die maximal zulässige Stromstärke und b) die maximale Spannung?

12. Eine kWh Strom koste 0,25 DM. a) Wie teuer ist es bei diesem Strompreis, einen elektrischen Toaster für 4 min in Betrieb zu nehmen, wenn er einen Widerstand von 22,0 Ω hat und die Netzspannung 230 V beträgt?

13. Eine 12-V-Batterie liefere einen Strom der Stärke 3 A. Welche Energie gibt sie im Zeitraum von 5 s ab?

14. Eine 12-V-Autobatterie liefere beim Anlassen einen Strom der Stärke 20 A. Hierbei sinke die Klemmenspannung auf 11,4 V. Wie hoch ist der Innenwiderstand der Batterie?

15. a) Welche Leistung gibt die Batterie in der vorigen Aufgabe ab, wenn sie einen Strom von 20 A liefert? b) Welcher Bruchteil der Leistung wird dabei an den Anlasser abgegeben? c) Um welchen Wert vermindert sich die chemische Energie der Batterie, wenn man den Anlasser für 3 min betätigt? d) Welche Wärmemenge wird dabei in der Batterie erzeugt?

16. Eine 12-V-Autobatterie habe einen Innenwiderstand von 0,4 Ω. a) Wie groß ist ihr Kurzschlußstrom? b) Auf welchen Wert sinkt die Klemmenspannung ab, wenn man den Anlasser betätigt? Dieser nehme einen Strom von 20 A auf.

22.4 Zusammenschaltung von Widerständen

17. a) Wie groß ist der Widerstand zwischen den Punkten a und b in Abbildung 22.23? b) Wenn zwi-

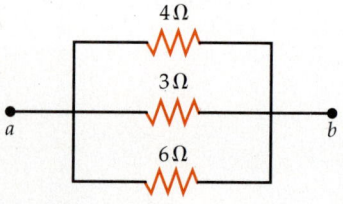

22.23 Zu Aufgabe 17.

Gleichstromkreise 23

In diesem Kapitel werden wir uns mit einfachen Gleichstromkreisen befassen, die aus Batterien, Widerständen und Kondensatoren bestehen. Ein Gleichstromkreis zeichnet sich dadurch aus, daß der Strom an jedem Punkt des Kreises in dieselbe Richtung fließt. Im Unterschied dazu ändert der Strom in einem Wechselstromkreis an allen Punkten ständig seine Richtung. Wechselstromkreise sind Gegenstand von Kapitel 28. Der Begriff Stromkreis bedeutet allgemein die Zusammenschaltung von mehreren Bauelementen, in denen elektrische Ströme fließen können. Die einen Gleichstromkreis charakterisierenden Größen sind Spannung U, Stromstärke I, Widerstand R und Kapazität C, und zwar ist man meistens an den Werten dieser Größen an verschiedenen Punkten des Stromkreises interessiert. Im vorliegenden Kapitel werden wir einige Regeln kennenlernen, die es uns gestatten, bei einem gegebenen Gleichstromkreis die Größen U, I, R und C auf einfache Weise zu bestimmen.

Eine wichtige Voraussetzung bei unseren Betrachtungen ist, daß im Gleichstromkreis thermisches Gleichgewicht herrscht. Denn nur dann gilt das Ohmsche Gesetz, d.h., nur dann liegt eine einfache lineare Verknüpfung zwischen Spannung und Stromstärke vor. Diese Voraussetzung ist erfüllt, wenn es an keiner Stelle des Stromkreises zu Schwankungen in der Konzentration von Ladungsträgern kommt. Wenn durch Umlegen eines Schalters ein Stromkreis geschlossen wird, breitet sich ein elektrisches Feld in den Bauelementen aus, und es läuft eine Vielzahl komplizierter Prozesse ab, bis sich ein Strom von Ladungsträgern ausgebildet hat. Da sich das elektrische Feld mit Lichtgeschwindigkeit im Stromkreis fortpflanzt, ist sehr schnell ein Gleichgewicht erreicht. Wie lange dieser Vorgang wirklich dauert, hängt von der Leitfähigkeit der Materialien der Bauelemente ab. Für die meisten praktischen Zwecke können wir davon ausgehen, daß sich das Gleichgewicht augenblicklich einstellt. Sobald dies der Fall ist, fließt im gesamten Stromkreis ein konstanter – oder stationärer – Strom. In Stromkreisen, die Kondensatoren enthalten, kann der Strom langsam ansteigen oder fallen – je nachdem, ob die Kondensatoren ge- oder entladen werden. Die Zeitkonstanten der Lade- bzw. Entladevorgänge sind jedoch groß im Vergleich zu der Zeit, in der im Stromkreis auf mikroskopischer Ebene ein Gleichgewicht erreicht wird. Man spricht daher bei Kondensatoren häufig von Quasigleichgewichten und dementsprechend von quasistationären Strömen.

23 Gleichstromkreise

23.1 Die Kirchhoffschen Regeln

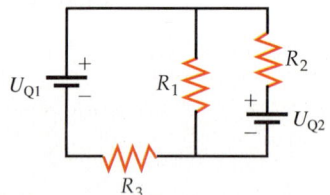

23.1 Beispiel für einen einfachen Stromkreis, den man nicht mehr allein durch das Einführen von Ersatzwiderständen analysieren kann. Über den Widerständen R_1 und R_2 fällt wegen der Spannungsquelle U_{Q2} nicht die gleiche Spannung ab; daher handelt es sich nicht um eine Parallelschaltung. Ebensowenig werden sie vom gleichen Strom durchflossen, sie sind also auch nicht in Reihe geschaltet.

In Kapitel 22 haben wir Methoden kennengelernt, wie man parallel- oder in Reihe geschaltete Widerstände durch ihre Ersatzwiderstände ersetzen kann. Diese Verfahren sind jedoch nur auf einfache Schaltungen anwendbar und reichen zur Untersuchung vieler anderer auch nicht unbedingt komplizierter Schaltungen nicht aus. Abbildung 23.1 zeigt beispielsweise eine Schaltung, bei der es auf den ersten Blick so aussieht, als seien die Widerstände R_1 und R_2 einfach parallelgeschaltet. Dies ist aber nicht der Fall, denn R_2 ist mit einer zusätzlichen Spannungsquelle (Quellenspannung U_{Q2}) verbunden, so daß der Spannungsabfall an diesem Widerstand sich von dem an R_1 unterscheidet. Genausowenig kann man von einer Reihenschaltung sprechen, denn die beiden Widerstände werden nicht vom gleichen Strom durchflossen.

In solchen Fällen erweisen sich die sogenannten **Kirchhoffschen Regeln** (oder Gesetze) als nützlich, die sich auf beliebige Stromkreise anwenden lassen, vorausgesetzt, das Fließen der Ladungsträger ist im Gleichgewicht (der Strom also stationär). Gleichstromkreise können aus zahlreichen Spannungsquellen, Widerständen und Kondensatoren aufgebaut sein, man spricht dann auch von **Stromnetzen**. In Stromnetzen gibt es Punkte, an denen drei oder mehr Leitungen zusammenstoßen. Solche Punkte werden *Knoten* oder *Verzweigungspunkte* genannt. Die erste Kirchhoffsche Regel heißt auch **Knotenregel**, sie lautet:

1. Kirchhoffsche Regel: Knotenregel

> Die Summe aller Ströme, die zu einem Knoten hinfließen, ist gleich der Summe der Ströme, die von diesem Knoten wegfließen.

Die Knotenregel resultiert aus der Ladungserhaltung: Im stationären Zustand kann es an keiner Stelle in einem elektrischen Netz zu einer Anhäufung von Ladungen kommen, so daß in dem Augenblick, in dem eine Ladung zu einem gegebenen Punkt des Netzes hinfließt, die gleiche Ladung von diesem Punkt abfließen muß. Abbildung 23.2 zeigt die Verbindungsstelle (also den Knoten) von drei Leitungsstücken – als Teile von Netzen auch *Zweige* genannt –, in denen die Ströme I_1, I_2 und I_3 fließen. Während eines Zeitintervalls Δt fließt die Ladung $I_1 \Delta t$ von links kommend zum Knoten hin. Gleichzeitig fließen die Ladungen $I_2 \Delta t$ und $I_3 \Delta t$ vom Knoten nach rechts weg. Da sich im Gleichgewicht in diesem Knoten keine Ladung ansammeln kann, folgt aus der Ladungserhaltung:

$$I_1 = I_2 + I_3.$$

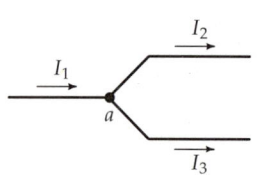

23.2 Gemäß der Kirchhoffschen Knotenregel ist der Strom I_1, der zum Punkt a hinfließt, gleich der Summe der Ströme $I_2 + I_3$, die von a wegfließen.

Das ist gerade die Aussage der Knotenregel, die in allgemeiner Form geschrieben werden kann als

$$\sum I_n = 0,$$ 23.1

wobei n eine beliebige natürliche Zahl sein kann.

Neben den Knoten spielen bei einem elektrischen Stromnetz noch die *Maschen* oder *Schleifen* eine große Rolle. Eine Masche besteht aus mehreren Zweigen, die elektrische Bauelemente wie Widerstände und Spannungsquellen enthalten und die so aneinandergereiht sind, daß sich ein geschlossenes Gebilde ergibt. In Abbildung 23.3 ist eine Masche wiedergegeben, die sich aus vier Zweigen zusammensetzt, die insgesamt zwei Batterien mit den Innenwiderständen R_{i1} und

R_{i2} sowie drei Lastwiderstände R_1, R_2, R_3 enthalten. Die zweite Kirchhoffsche Regel betrifft die Maschen – daher auch die Bezeichnung **Maschenregel** –, und sie lautet:

> Beim Durchlaufen einer Masche (also einer geschlossenen Schleife) in einem willkürlich festgelegten Umlaufsinn ist die Summe aller Spannungen gleich null.

2. Kirchhoffsche Regel: Maschenregel

Die Maschenregel ist Ausdruck der Energieerhaltung in elektrischen Stromkreisen. Befindet sich eine Ladung q an einem Punkt einer Masche, der das Potential φ hat, so besitzt die Ladung die potentielle Energie $q\varphi$. Bewegt sich die Ladung nun durch den Stromkreis, so wird ihre potentielle Energie beim Durchgang durch Stromquellen, Widerstände und andere Bauelemente steigen, fallen, wieder steigen usw. Wenn sie aber die Masche einmal ganz durchlaufen hat, also wieder am Ausgangspunkt ankommt, so wird ihre potentielle Energie wie zu Beginn $q\varphi$ betragen.

Eine andere Formulierung der Maschenregel, die der obigen äquivalent ist, lautet:

In einer Masche eines Stromnetzes ist die Summe der Quellenspannungen U_{Qm} gleich der Summe der Spannungsabfälle $I_n R_n$:

$$\sum_{\text{Masche}} U_{Qm} = \sum_{\text{Masche}} I_n R_n \,. \qquad 23.2$$

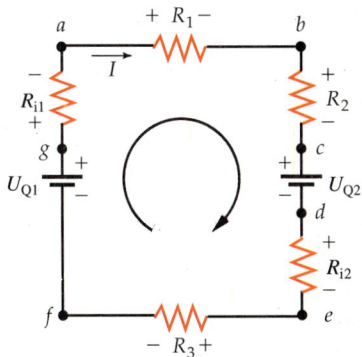

23.3 Schaltkreis zur Illustration der Kirchhoffschen Maschenregel. Der Pfeil in der Mitte zeigt den willkürlich gewählten Umlaufsinn bei der Anwendung der Maschenregel (hier: Uhrzeigersinn). Damit haben wir – ebenso willkürlich – auch eine Annahme über die Richtung des Stromes gemacht. Die Schaltung besteht aus zwei Batterien und drei Widerständen. Die Plus- und Minuszeichen an den Widerständen sollen uns daran erinnern, welche Seite eines jeden Widerstands bei der angenommenen Stromrichtung auf höherem bzw. niedrigerem Potential liegt.

(Auch hier können m und n wieder beliebige natürliche Zahlen sein.)

Als Beispiel betrachten wir die in Abbildung 23.3 gezeigte Masche, und zwar interessieren wir uns zunächst für den in diesem Stromkreis fließenden Strom I. In welcher Richtung der Strom fließt, hängt davon ab, welche der beiden Batterien die größere Spannung liefert. Für unsere Untersuchung des Stromkreises ist es aber nicht wichtig, daß wir im voraus die exakte Richtung des Stromes kennen. Wir können einfach eine Richtung des Stromflusses annehmen und auf der Grundlage dieser Annahme unsere Aufgabe lösen. Sollte die Annahme falsch gewesen sein, so wird die Stromstärke ein negatives Vorzeichen haben, und wir müßten dann daraus schließen, daß die tatsächliche der angenommenen Richtung entgegengesetzt ist. Gehen wir beispielsweise davon aus, der Strom in der Masche in Abbildung 23.3 fließe im Uhrzeigersinn (in der Abbildung durch einen Pfeil gekennzeichnet). Wir wollen die Maschenregel anwenden und beginnen im Punkt a. Die Seiten der Widerstände, die bei dieser Wahl der Stromrichtung höheres oder niedrigeres Potential haben, sind mit einem Plus- bzw. Minuszeichen gekennzeichnet. Die Anstiege und Abfälle des Potentials auf unserem Weg entlang der Masche sind in Tabelle 23.1 zusammengestellt. Beachten Sie, daß wir den Durchgang durch die Spannungsquelle zwischen den Punkte c und d willkürlich als Spannungsabfall und somit den Durchgang durch die andere Spannungsquelle (zwischen f und g) als Spannungsanstieg zählen. Wenn wir die Masche vollständig durchlaufen haben, ergibt sich:

$$-IR_1 - IR_2 - U_{Q2} - IR_{i2} - IR_3 + U_{Q1} - IR_{i1} = 0 \,. \qquad 23.3a$$

Lösen wir die Gleichung nach der Stromstärke I auf, so erhalten wir:

$$I = \frac{U_{Q1} - U_{Q2}}{R_1 + R_2 + R_3 + R_{i1} + R_{i2}} \,. \qquad 23.3b$$

Tabelle 23.1 Potentialdifferenzen zwischen verschiedenen Punkten in dem in Abbildung 23.3 wiedergegebenen Schaltkreis

a → b	Abnahme um IR_1
b → c	Abnahme um IR_2
c → d	Abnahme um U_{Q2}
d → e	Abnahme um IR_{i2}
e → f	Abnahme um IR_3
f → g	Zunahme um U_{Q1}
g → a	Abnahme um IR_{i1}

23 Gleichstromkreise

An dieser Gleichung erkennen wir sofort: Falls unsere Annahme zur Stromrichtung falsch war, U_{Q2} in Wirklichkeit also größer als U_{Q1} ist, so bekommt I ein negatives Vorzeichen. Wir wollen hier jedoch davon ausgehen, daß dem nicht so ist, daß somit $U_{Q1} > U_{Q2}$ gilt. Das bedeutet, in Batterie 2 fließt Ladung vom höheren zum tieferen Potential. Eine Ladung ΔQ gibt auf dem Weg vom Punkt c zum Punkt d also die Energie $U_{Q2}\Delta Q$ an die Batterie ab. Diese Energie wird in chemische Energie umgewandelt und in der Batterie gespeichert, mit anderen Worten: Die Batterie wird geladen.

Die Energiebilanz dieses Stromkreises können wir erhalten, indem wir (23.3a) umstellen und auf beiden Seiten mit I multiplizieren:

$$U_{Q1}I = U_{Q2}I + I^2R_1 + I^2R_2 + I^2R_3 + I^2R_{i2} + I^2R_{i1}. \qquad 23.4$$

Der Term $U_{Q1}I$ gibt die Energie an, die die Batterie 1 in den Stromkreis einspeist. Sie stammt von der inneren chemischen Energie der Batterie. Der Term $U_{Q2}I$ beschreibt die elektrische Energie, die in Batterie 2 in chemische umgewandelt wird. Der Term I^2R_1 bezeichnet die Joulesche Wärme, die im Widerstand R_1 entsteht, entsprechendes gilt für die übrigen Terme.

Beispiel 23.1

Für die Schaltung aus Abbildung 23.3 seien folgende Widerstands- und Spannungswerte gegeben: $U_{Q1} = 12$ V, $U_{Q2} = 4$ V, $R_{i1} = R_{i2} = 1\,\Omega$, $R_1 = R_2 = 5\,\Omega$, $R_3 = 4\,\Omega$, so wie in Abbildung 23.4 eingezeichnet. Welchen Wert hat das Potential an den Punkten a bis g, wenn das Potential bei f gleich null ist? Diskutieren Sie die Energiebilanz der Schaltung!

Die Untersuchung einer Schaltung wird üblicherweise dadurch vereinfacht, daß wir das Potential eines Punktes der Schaltung gleich null setzen und die Potentiale aller anderen Punkte darauf beziehen. Im vorliegenden Fall ist der Bezugspunkt der Punkt f. Die Tatsache, daß hier das Potential den Wert null hat, wird durch das Massesymbol ⏚ angedeutet. Man spricht statt von Masse auch von Erde, da man die Erde als einen sehr großen Leiter mit einem nahezu unerschöpflichen Ladungsvorrat betrachten kann, so daß ihr Potential immer konstant bleibt. In der Anwendung werden viele Stromkreise tatsächlich so geerdet, daß ein Bezugspunkt mit der Erde verbunden ist. Zusätzlich wird bei einer Schutzkontaktsteckdose der Schutzleiter separat geerdet, und bei elektrischen Geräten ist er fest mit dem Metallgehäuse verbunden. Dies sorgt dafür, daß auch bei einem Defekt das Gehäuse nicht auf einem gefährlichen Potential liegt.

Wir berechnen zunächst die Stromstärke der Schaltung. Aus (23.3b) erhalten wir:

$$I = \frac{12\,\text{V} - 4\,\text{V}}{5\,\Omega + 5\,\Omega + 4\,\Omega + 1\,\Omega + 1\,\Omega} = \frac{8\,\text{V}}{16\,\Omega} = 0{,}5\,\text{A}.$$

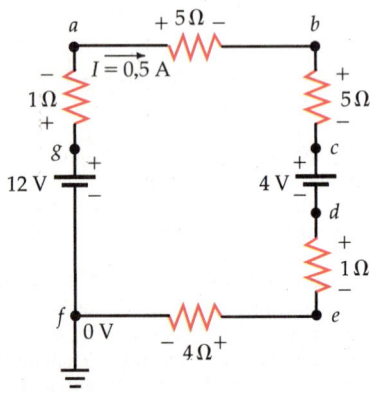

23.4 Die gleiche Schaltung wie in Abbildung 23.3, jetzt aber mit konkreten Werten. Das Potential am Punkt f wird zu null angenommen. Die drei waagerechten Linien (das Massesymbol) unterhalb des Punktes f zeigen an, daß dieser Punkt geerdet ist.

Als nächstes können wir die Potentiale der Punkte a bis g in bezug auf den Punkt f bestimmen. Die Batterie 1 erhält eine Spannung $U_{Q1} = 12$ V zwischen den Punkten g und f aufrecht. Über dem Innenwiderstand R_{i1} fällt die Spannung $IR_{i1} = 0{,}5\,\text{A} \cdot 1\,\Omega = 0{,}5\,\text{V}$ ab. Das Potential am Punkt a beträgt folglich $12\,\text{V} - 0{,}5\,\text{V} = 11{,}5\,\text{V}$. Genauso erhalten wir den Spannungsabfall über den beiden 5-Ω-Widerständen aus $IR_1 = 0{,}5\,\text{A} \cdot 5\,\Omega = 2{,}5\,\text{V}$. Daraus ergibt sich das Potential am Punkt b zu 9 V und am Punkt c zu 6,5 V. Der Spannungsabfall über der zweiten Batterie beträgt 4 V, so daß der Punkt d auf dem Potential 2,5 V liegt. Der Spannungsabfall am zweiten 1-Ω-Widerstand beträgt wieder 0,5 V, was an Punkt e ein Potential von 2 V liefert. Jetzt steht nur noch der 4-Ω-Widerstand aus. Hier ergibt sich ein Spannungsabfall von $IR_3 = 2$ V, was schließlich an Punkt f zu einem Potential von 0 V führt, ganz so, wie es nach der Maschenregel sein sollte. Abbildung 23.5 zeigt die Potentiale aller herausgegriffenen Punkte, wobei f den Start- und Endpunkt markiert.

Wie sieht die Leistungsbilanz dieses Stromkreises aus? Der Quellenspannung $U_{Q1} = 12$ V der ersten Batterie entspricht eine Leistung von

$$P_{U_{Q1}} = U_{Q1}I = 12\,\text{V} \cdot 0{,}5\,\text{A} = 6{,}0\,\text{W}.$$

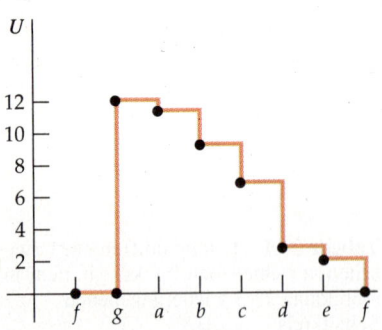

23.5 Potential an den gekennzeichneten Punkten der Schaltung aus Abbildung 23.4. Das Potential ist bei f gleich null und springt bei g auf 12 V. An jedem Widerstand R_n ($n = 1, 2, 3$) oder R_{in} ($n = 1, 2$) fällt die Spannung IR_n bzw. IR_{in} ab, so daß bei f wieder der Wert null erreicht wird.

Am Innenwiderstand dieser Batterie entsteht die Verlustleistung

$$P_{R_{i1}} = I^2 R_{i1} = (0,5\ \text{A})^2 \cdot 1\ \Omega = 0,25\ \text{W}\ .$$

Die von Batterie 1 abgegebene Leistung beträgt also 5,75 W. In den Lastwiderständen geht die elektrische Leistung

$$P_R = (0,5\ \text{A})^2\ (5\ \Omega + 5\ \Omega + 4\ \Omega) = 3,5\ \text{W}$$

verloren. In die zweite Batterie wird die Leistung $(\varphi_c - \varphi_e)\,I = (6,5\ \text{V} - 2\ \text{V}) \cdot 0,5\ \text{A} = 2,25$ W eingespeist (φ_c und φ_e sind die Potentiale an den Punkten c und e). Davon werden $I^2 R_{i2} = 0,25$ W am Innenwiderstand in Wärme umgesetzt und die restlichen 2 W als chemische Energie in der Batterie gespeichert.

An diesem Beispiel fällt auf, daß die Klemmenspannung der zweiten Batterie, also die Potentialdifferenz $\varphi_c - \varphi_e$, 4,5 V beträgt und damit größer als die Quellenspannung von 4 V ist. Das hängt damit zusammen, daß die Batterie geladen wird. Soll dieselbe 4-V-Batterie umgekehrt einen Strom der Stärke 0,5 A abgeben, so wird die Klemmenspannung nur 3,5 V betragen, denn der 1-Ω-Innenwiderstand verursacht einen Spannungsabfall von 0,5 V. Batterien geben also niemals so viel Leistung ab, wie man zum Laden hineingesteckt hat. Voraussetzung für das Aufladen einer Batterie ist, daß die chemischen Prozesse im Innern der Batterie umkehrbar sind und daß der Innenwiderstand, der ja wesentlich durch diese chemischen Prozesse bestimmt wird, möglichst klein ist. Vollständige Reversibilität ist bei realen Batterien nicht zu erreichen. Dem Idealfall sehr nahe kommen Autobatterien, deren Innenwiderstände typischerweise in der Größenordnung von hundertstel Ohm liegen. Andere Batterien, beispielsweise gewöhnliche Trockenbatterien, besitzen dagegen relativ hohe Innenwiderstände und können nicht wieder aufgeladen werden. Würde man es trotzdem versuchen, so würde die hineingesteckte elektrische Energie praktisch vollständig in Wärme umgewandelt, unter Umständen käme es zu einer Explosion der Batterie.

Beispiel 23.2

Mit einer guten Autobatterie soll bei einer „schwachen" Batterie Starthilfe geleistet werden. a) Wie müssen die Pole der Batterien miteinander verbunden werden? b) Die gute Batterie habe eine Quellenspannung (synonymer Begriff: Leerlaufspannung) von $U_{Q1} = 12$ V, während die schlechte nur $U_{Q2} = 11$ V hat. Die Innenwiderstände der Batterien betragen typischerweise $R_{i1} = R_{i2} = 0,01\ \Omega$. Den Widerstand der Starthilfekabel können wir kurz überschlagen: Typische Kabel bestehen aus Kupfer mit einem spezifischen Widerstand von $\varrho = 1,7 \cdot 10^{-8}\ \Omega \cdot \text{m}$, ihre Länge ist $\ell = 2$ m und ihr Durchmesser etwa 0,5 cm, woraus eine Querschnittsfläche von $A = 2 \cdot 10^{-5}\ \text{m}^2$ folgt. Somit erhalten wir für den Widerstand der beiden Kabel: $R_1 = R_2 = \varrho \ell / A = 1,7 \cdot 10^{-8}\ \Omega \cdot \text{m} \cdot 2\ \text{m}/(2 \cdot 10^{-5}\ \text{m}^2) = 1,7 \cdot 10^{-3}\ \Omega$. Wie groß wird die Stromstärke sein? c) Wie groß wird die Stromstärke sein, wenn die Batterien falsch verbunden werden?

a) Da die schwache Batterie wieder aufgeladen werden soll, verbinden wir zunächst die Pluspole und dann die Minuspole beider Batterien miteinander. In der schwachen Batterie fließt die Ladung nun vom Pluspol zum Minuspol (Abb. 23.6), wie es beim Aufladen nötig ist.
b) Es ergibt sich ein Ladestrom von

$$I = \frac{U_{Q1} - U_{Q2}}{R_1 + R_2 + R_{i1} + R_{i2}} = \frac{12\ \text{V} - 11\ \text{V}}{0,0434\ \Omega} = 23\ \text{A}\ .$$

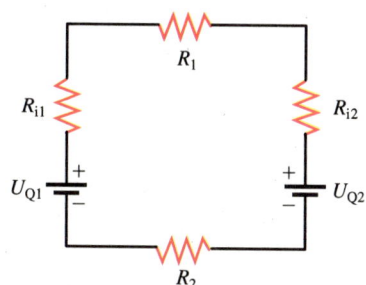

23.6 Zwei Batterien sind so miteinander verbunden, daß die eine Batterie die andere auflädt. Da die Summe aus den Innenwiderständen und den Widerständen der Verbindungskabel sehr klein ist, fließen auch bei nahezu gleicher Quellenspannung sehr große Ströme.

23 Gleichstromkreise

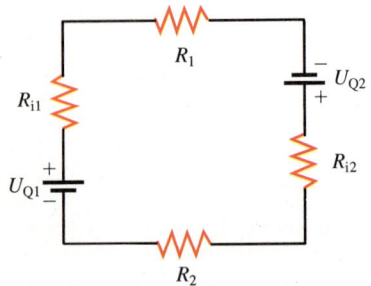

23.7 Mit dieser Schaltung ist das Aufladen der einen Batterie durch die andere nicht möglich. Da der Gesamtwiderstand der Schaltung in der Größenordnung von einigen hundertstel Ohm liegt, fließen so große Ströme, daß die Batterien explodieren könnten.

c) In Abbildung 23.7 sehen wir das Schaltbild für die falsch verbundenen Batterien. In diesem Fall fließt ein Strom der Stärke

$$I = \frac{U_{Q1} + U_{Q2}}{R_1 + R_2 + R_{i1} + R_{i2}} = \frac{12\text{ V} + 11\text{ V}}{0{,}0434\ \Omega} = 530\text{ A}\ .$$

Ein derart hoher Strom bringt die Batterien mit hoher Wahrscheinlichkeit nach kurzer Zeit zur Explosion, wobei die ätzende Batteriesäure (Schwefelsäure) in alle Richtungen spritzt.

Verzweigte Stromkreise

Wir wollen als nächstes Stromkreise betrachten, die aus mehr als einer Schleife bestehen. Zur Untersuchung solcher Stromkreise müssen wir neben der Maschenregel auch die Knotenregel anwenden, die eine Aussage über die Ströme an den Verzweigungsstellen liefert.

Beispiel 23.3

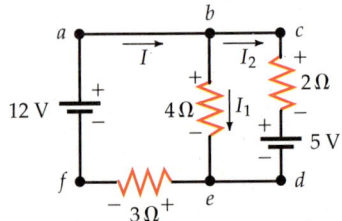

23.8 Schaltungsaufbau zu Beispiel 23.3. Die Richtung des Stroms von b nach e ist vor der genauen Analyse des Schaltkreises nicht bekannt. Das Plus- und Minuszeichen am 4-Ω-Widerstand markieren die Seite, die bei der angenommenen Stromrichtung auf höherem bzw. niedrigerem Potential liegt.

a) Welcher Strom fließt in den verschiedenen Teilen des Stromkreises aus Abbildung 23.8? b) Wie groß ist die Wärmeenergie, die in dem 4-Ω-Widerstand in einem Zeitraum von 3 s erzeugt wird?

a) Es handelt sich um den gleichen Stromkreis wie in Abbildung 23.1, wobei die einzelnen Bauelemente jetzt konkrete Werte besitzen: $U_{Q1} = 12$ V, $U_{Q2} = 5$ V, $R_1 = 4\ \Omega$, $R_2 = 2\ \Omega$ und $R_3 = 3\ \Omega$. Wir wählen die Stromrichtung des Stromes I durch die 12-V-Batterie so, wie sie in der Abbildung eingezeichnet ist. Dieser Strom verzweigt sich am Punkt b in die Ströme I_1 und I_2. Die eingezeichneten Stromrichtungen für diese Ströme sind zunächst einmal nur Vermutungen; um sie festzulegen, müßten wir beispielsweise die Potentiale an den Punkten b und e kennen. Falls der Strom in die Gegenrichtung fließt, so ergibt sich am Ende der Rechnung ein negatives Vorzeichen. Wenden wir die Knotenregel auf den Punkt b an, so erhalten wir

$$I = I_1 + I_2\ .$$

Für die Ströme am Punkt e ergibt sich mit der Knotenregel das gleiche Resultat, weil sich die Teilströme I_1 und I_2 hier zum Strom I vereinigen, der in Richtung des Punktes f fließt. In der Schaltung befinden sich drei Maschen, auf die sich die Kirchhoffsche Maschenregel anwenden läßt: die beiden inneren Maschen abef und bcde und die äußere Masche abcdef. Wir benötigen nur noch zwei weitere Gleichungen, um die drei unbekannten Ströme berechnen zu können. D.h., wir können zwei der Maschen herausgreifen (es ist egal, welche) und auf sie die Maschenregel anwenden, die dritte noch mögliche Gleichung brauchen wir nicht – sie liefert lediglich redundante Information. Ersetzen wir I durch $I_1 + I_2$ und wenden die Maschenregel auf die äußere Masche (abcdef) an, so erhalten wir

$$12\text{ V} - (2\ \Omega)I_2 - 5\text{ V} - (3\ \Omega)(I_1 + I_2) = 0\ .$$

Stellen wir die Gleichung so um, daß auf der linken Seite die Unbekannten I_1 und I_2 stehen und auf der rechten Seite nur Zahlen und Einheiten, so erhalten wir:

$$3I_1 + 5I_2 = 7\text{ A}\ . \qquad 23.5$$

Dabei haben wir ausgenutzt, daß 1 V/1 Ω = 1 A. Entsprechend ergibt sich nach Anwendung der Maschenregel auf die Masche abef

$$12\text{ V} - (4\ \Omega)I_1 - (3\ \Omega)(I_1 + I_2) = 0$$

oder

$$7I_1 + 3I_2 = 12 \text{ A} . \qquad 23.6$$

Wir eliminieren jetzt I_2 aus den Gleichungen, indem wir zunächst (23.5) mit drei und (23.6) mit fünf multiplizieren und dann die resultierenden Gleichungen

$$9I_1 + 15I_2 = 21 \text{ A} \qquad 23.5\text{a}$$

und

$$35I_1 + 15I_2 = 60 \text{ A} \qquad 23.6\text{a}$$

voneinander abziehen. Dies ergibt

$$26I_1 = 39 \text{ A}$$

oder

$$I_1 = \frac{39 \text{ A}}{26} = 1,5 \text{ A} .$$

Einsetzen in (23.5) liefert sofort

$$3 \cdot 1,5 \text{ A} - 5I_2 = 7 \text{ A}$$

$$I_2 = \frac{2,5 \text{ A}}{5} = 0,5 \text{ A} .$$

Die Gesamtstromstärke beträgt daher

$$I = I_1 + I_2 = 1,5 \text{ A} + 0,5 \text{ A} = 2,0 \text{ A} .$$

b) Durch den 4-Ω-Widerstand fließt gemäß des Ergebnisses in a) ein Strom der Stärke 1,5 A. Dies ergibt eine Leistung von

$$P = I_1^2 R = (1,5 \text{ A})^2 \cdot 4 \text{ Ω} = 9 \text{ W} ,$$

so daß in 3 s die elektrische Energie

$$W = Pt = 9 \text{ W} \cdot 3 \text{ s} = 27 \text{ J}$$

in Wärme umgewandelt wird.

In Beispiel 23.3 haben wir die prinzipielle Vorgehensweise bei der Untersuchung von verzweigten Stromkreisen kennengelernt: Anwenden von Maschen- und Knotenregel und Lösen der sich daraus ergebenden Gleichungen für die Teilströme. Was die Zahl von Teilströmen und zugehörigen Gleichungen angeht, so können wir allgemein festhalten: In einem Stromnetz ist die Summe aus der Zahl der Maschen und der Zahl der Knoten stets größer als die Zahl der zu errechnenden Teilströme, so daß mehr Gleichungen zur Verfügung stehen, als es unbekannte Variablen gibt. Durch Anwendung von Maschen- und Knotenregel läßt sich also die Aufgabe, die Teilströme zu bestimmen, immer lösen.

Die nächsthöhere Stufe an Komplexität wird bei Stromkreisen erreicht, wenn sie nicht nur aus mehreren Schleifen bestehen, sondern zusätzlich einige hintereinander- oder parallelgeschaltete Widerstände enthalten. Solche Stromkreise lassen sich allerdings sofort vereinfachen, indem man zu den entsprechenden Ersatzwiderständen (vgl. Kapitel 22) übergeht.

23 Gleichstromkreise

Unsere bisherigen Erkenntnisse zur Untersuchung verzweigter Stromkreise können zu dem folgenden Rezept zusammengefaßt werden:

1. Gehen Sie bei Stromkreisen mit mehreren hintereinander- oder parallelgeschalteten Widerständen dazu über, mit den Ersatzwiderständen zu arbeiten.
2. Wählen Sie eine bestimmte Stromrichtung für den gesamten Stromkreis und zeichnen Sie in einem Schaltplan in jedem Zweig die zugehörige Stromrichtung ein. Markieren Sie bei jedem Bauelement – sei es Spannungsquelle, Widerstand oder Kondensator – die Seite mit höherem Potential durch ein Pluszeichen und entsprechend die Seite mit niedrigerem Potential durch ein Minuszeichen.
3. Wenden Sie die Knotenregel auf jede Stromverzweigungsstelle an.
4. Wenden Sie die Maschenregel so oft an, wie es nötig ist, um alle Teilströme berechnen zu können (bei n inneren Schleifen also mindestens n-mal).
5. Lösen Sie die sich aus den Punkten 3 und 4 ergebenden Gleichungen und bestimmen Sie auf diese Weise alle Unbekannten.
6. Überprüfen Sie die Ergebnisse folgendermaßen: Weisen Sie einem Punkt des Stromkreises das Potential null zu. Bestimmen Sie die Potentiale an anderen Punkten des Stromkreises mit den berechneten Werten der Stromstärken.

Schaltungsanalyse durch Symmetriebetrachtungen

Es gibt komplizierte Schaltungen, die sich dadurch erheblich einfacher analysieren lassen, daß man in erster Linie die Knotenregel anwendet und Symmetriebetrachtungen anstellt und weniger mit der Maschenregel arbeitet. Sind zwei Punkte in einer Schaltung auf gleichem Potential, so kann man sie durch einen Draht verbinden, ohne dadurch die Ströme oder Potentiale im Stromkreis zu ändern. Häufig lassen sich solche Punkte allein durch Symmetriebetrachtungen finden. Indem man sich solcher Punkte und Verbindungslinien bedient, kann man das Schaltbild in vereinfachter Form neu zeichnen.

Als Beispiel schauen wir uns den Stromkreis in Abbildung 23.9 an. Wie groß ist der Strom in den einzelnen Schaltungsteilen, wenn wir eine Spannung U_{ab} zwischen den Punkten a und b anlegen? Diese Schaltung hat vier innere Stromkreise, daher wäre eine Analyse mittels der Maschenregel relativ kompliziert. Betrachten wir jedoch die Symmetrie der Schaltung, so sehen wir sofort, daß die Punkte c und d auf gleichem Potential liegen und aus diesem Grund kein Strom durch den 12-Ω-Widerstand fließt, der diese Punkte verbindet. Wir können die Schaltung daher neu zeichnen und dabei den 12-Ω-Widerstand weglassen und die Punkte c und d (per Draht) direkt miteinander verbinden. Abbildung 23.10 zeigt das auf diese Weise erhaltene neue Bild der Schaltung.

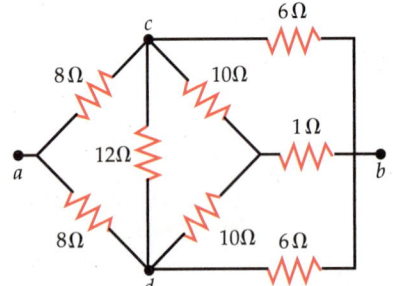

23.9 Ein komplexer, vielfach verzweigter Stromkreis. Die Schaltung läßt sich vereinfachen, wenn man berücksichtigt, daß aus Symmetriegründen das Potential an den Punkten c und d gleich ist. Daher fließt durch den 12-Ω-Widerstand kein Strom, und man kann ihn ohne Auswirkung auf den Rest der Schaltung durch einen Draht mit vernachlässigbarem Widerstand ersetzen. Das bedeutet, man kann die Punkte c und d letztlich zu einem einzigen Punkt cd zusammenlegen.

23.10 a) Vereinfachtes Schaltbild für die Schaltung aus Abbildung 23.9, wobei die Punkte c und d jetzt per Draht miteinander verbunden sind. Die beiden 8-Ω-Widerstände sind parallelgeschaltet, und es gibt drei zueinander parallele Wege von cd nach b. b) Alternativzeichnung, in der die Punkte c und d zu einem Punkt zusammengefaßt wurden.

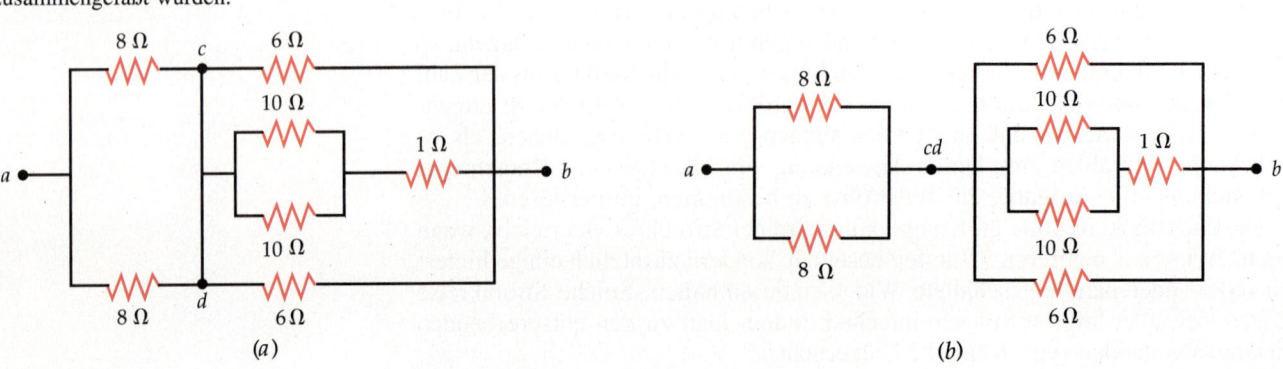

Im nächsten Schritt können wir mit den Methoden, die wir in Kapitel 22 kennengelernt haben, den Ersatzwiderstand R_{ers} der Widerstände zwischen a und b berechnen. Der Gesamtstrom zwischen a und b ergibt sich dann aus U_{ab}/R_{ers}, und die Teilströme in den einzelnen Zweigen erhalten wir durch Befolgen unseres oben vorgestellten Rezeptes.

Übung

a) Bestimmen Sie den Ersatzwiderstand der Widerstände zwischen den Punkten a und b der Schaltung in Abbildung 23.10. b) Berechnen Sie die Stromstärke in den 10-Ω-Widerständen, wenn $U_{ab} = 12$ V. (Antworten: a) $R_{ers} = 6$ Ω, b) $I_{10} = \frac{1}{3}$ A)

Abbildung 23.11 zeigt zwölf gleiche Widerstände, die die Kanten eines Würfels bilden. Wie groß ist der Ersatzwiderstand zwischen den Punkten a und g, d.h. zwischen zwei gegenüberliegenden Ecken? Auch diese Schaltung läßt sich ohne Symmetriebetrachtungen nur sehr schwer analysieren. Symmetriebetrachtungen ergeben aber sofort, daß die Punkte b, d und e alle auf dem gleichen Potential liegen, wenn wir zwischen a und g eine Spannung U_{ag} anlegen. Verbinden wir diese Punkte durch einen Draht miteinander, so sieht man sofort, daß drei Widerstände zwischen dem Punkt a und dem gemeinsamen Punkt bde parallelgeschaltet sind. Die gleiche Betrachtung gilt für die Punkte c, f und h und die Widerstände zwischen den Punkten cfh und g. Schließlich sind zwischen den gemeinsamen Punkten bde und cfh sechs Widerstände parallelgeschaltet, so daß sich das vereinfachte Schaltbild in Abbildung 23.12 ergibt. Der Ersatzwiderstand zwischen a und g beträgt somit

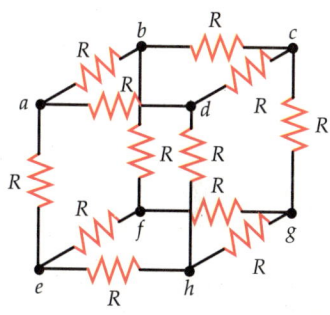

23.11 Zwölf gleiche Widerstände, die auf den Kanten eines Würfels angeordnet sind. Eine Vereinfachung ergibt sich hier daraus, daß aus Symmetriegründen die Punkte b, d und e auf gleichem Potential liegen, genau wie die Punkte c, f und h.

$$R_{ers} = \frac{1}{3}R + \frac{1}{6}R + \frac{1}{3}R = \frac{5}{6}R.$$

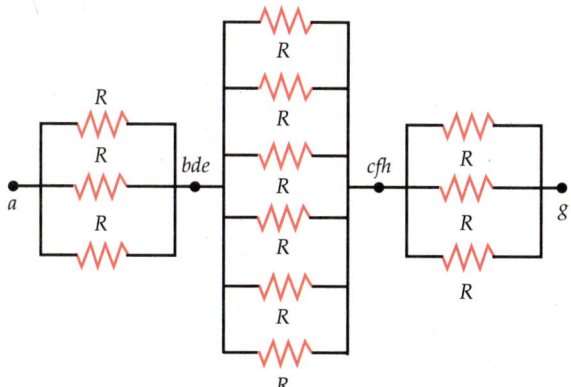

23.12 Vereinfachte Version der Schaltung aus Abbildung 23.11. Hier sind jetzt die Äquipotentialpunkte b, d und e sowie c, f und h zu je einem Punkt zusammengefaßt. Die sechs zueinander parallelen Wege zwischen bde und cfh entsprechen den sechs Würfelkanten bc, bf, dc, dh, ef und eh.

Ein alternativer Lösungsweg besteht darin, konsequent mit der Knotenregel zu arbeiten. Es sei I der Strom von a nach g und U_{ag} die zugehörige Potentialdifferenz. Aus Gründen der Symmetrie teilt sich der Strom am Punkt a in drei gleich große Anteile auf, so daß der Strom von a nach b $\frac{1}{3}I$ beträgt. Am Punkt b verzweigt sich der Strom wieder, diesmal in zwei gleich große Anteile, weil die Punkte f und c auf demselben Potential liegen. D.h., von b nach c fließt ein Strom der Stärke $\frac{1}{6}I$. Zusätzlich fließt aus Symmetriegründen ein weiterer Strom der

Stärke $\frac{1}{6}I$ von d nach c. Dann muß aber der Strom $\frac{1}{3}I$ von c in Richtung g abfließen. Der Potentialverlauf auf dem Weg von a über b und c nach g ist somit

$$U_{ag} = \frac{1}{3}IR + \frac{1}{6}IR + \frac{1}{3}IR = \frac{5}{6}IR = IR_{ers}.$$

Für den Ersatzwiderstand erhalten wir wieder

$$R_{ers} = \frac{5}{6}R.$$

23.2 RC-Kreise

Eine Schaltung, die einen Widerstand und einen Kondensator enthält, bezeichnet man als **RC-Kreis**. Meist sind in solchen Schaltungen die Ströme nicht konstant, sondern eine Funktion der Zeit. Ein Beispiel eines RC-Kreises ist der Stromkreis im Elektronenblitzgerät einer Kamera. Darin wird vor jeder Aufnahme ein Kondensator aufgeladen, wobei der Ladestrom von einer Batterie kommt, die mit dem Kondensator über einen Widerstand verbunden ist. Im Moment des Auslösens entlädt sich der Kondensator durch die Blitzröhre. Anschließend lädt die Batterie den Kondensator wieder auf und so fort. Mit Hilfe der Kirchhoffschen Regeln können wir Gleichungen für die Ladung Q und die Stromstärke I als Funktion der Zeit herleiten, und zwar sowohl für den Auflade- als auch für den Entladevorgang.

Das Entladen eines Kondensators

In Abbildung 23.13 sehen wir einen Kondensator, der von einer hier nicht gezeigten Batterie so aufgeladen wurde, daß seine obere und seine untere Platte die Ladung $+Q_0$ bzw. $-Q_0$ tragen. Der Kondensator ist mit einem Schalter S und einem Widerstand R verbunden. Der Schalter ist zunächst geöffnet, damit keine Ladung vom Kondensator abfließt. Die Spannung zwischen den Kondensatorplatten beträgt $U_0 = Q_0/C$, wobei C die Kapazität des Kondensators ist. Da durch den Schalter kein Strom fließt, fällt über dem Widerstand keine Spannung ab. Wenn wir zum Zeitpunkt $t = 0$ den Schalter schließen, liegt am Widerstand im ersten Moment die Spannung U_0 an, und es fließt ein Strom mit der Anfangsstärke

$$I_0 = \frac{U_0}{R} = \frac{Q_0}{RC} \qquad 23.7$$

von der positiven Platte durch den Widerstand zur negativen Platte des Kondensators. Die Ladung auf dem Kondensator nimmt jetzt kontinuierlich ab, und der während dieses Entladungsvorganges meßbare Strom entspricht der Ladung, die gerade von einer Platte zur anderen fließt. Ist Q die Ladung des Kondensators zu einem bestimmten Zeitpunkt, so beträgt der Strom in einem kleinen Zeitintervall dt

$$I = -\frac{dQ}{dt}. \qquad 23.8$$

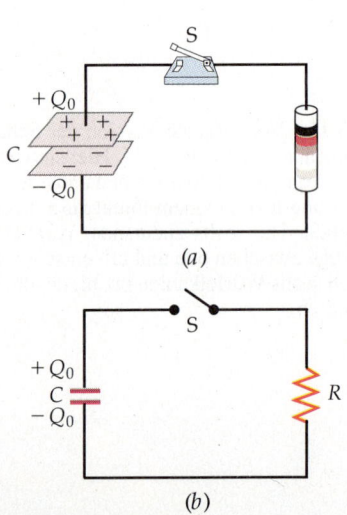

23.13 a) Reihenschaltung eines Kondensators, eines Schalters und eines Widerstands R. b) Schaltbild zu a).

23.2 RC-Kreise

Wenden wir die Maschenregel an und durchlaufen die Masche in Richtung des Stroms, so ergibt sich ein Potentialabfall IR über dem Widerstand und ein Potentialanstieg Q/C über dem Kondensator, und wir erhalten

$$\frac{Q}{C} - IR = 0 . \qquad 23.9$$

Q und I sind nicht konstant und genügen der Gleichung (23.8). Setzen wir dies in (23.9) ein, so ergibt sich

$$\frac{Q}{C} + R\frac{dQ}{dt} = 0$$

oder

$$\frac{dQ}{dt} = -\frac{1}{RC}Q . \qquad 23.10$$

Die Geschwindigkeit, mit der sich die Ladung ändert, ist also proportional zur vorhandenen Ladung. Wir lösen diese Gleichung, indem wir die Variablen separieren. Dazu multiplizieren wir die Gleichung mit dt/Q:

$$\frac{dQ}{Q} = -\frac{dt}{RC} . \qquad 23.11$$

Integration liefert

$$\ln Q = -\frac{t}{RC} + A .$$

A ist eine Integrationskonstante, deren Wert durch die Anfangsbedingungen festgelegt wird. Anwenden der Exponentialfunktion auf beide Seiten der Gleichung liefert schließlich

$$e^{\ln Q} = Q = e^{-t/RC + A} = e^A e^{-t/RC} = Q_0 e^{-t/RC} ,$$

wobei wir die Anfangsbedingung $Q = Q_0$ bei $t = 0$ verwendet haben, aus der sich

$$Q_0 = e^A e^0 = e^A$$

ergibt. Der Nenner im Exponenten, das Produkt RC, hat die Dimension einer Zeit und ist die für jeden RC-Stromkreis charakteristische **Zeitkonstante**, die üblicherweise mit dem Buchstaben τ bezeichnet wird:

$$\tau = RC . \qquad 23.12 \qquad \textit{Zeitkonstante eines RC-Kreises}$$

Sie gibt an, nach welcher Zeit die Ladung im Kondensator auf den e-ten Teil des Anfangswertes Q_0 abgefallen ist. Damit schreibt sich die Gleichung für die Ladung in Abhängigkeit von der Zeit:

$$Q(t) = Q_0 e^{-t/\tau} . \qquad 23.13$$

23 Gleichstromkreise

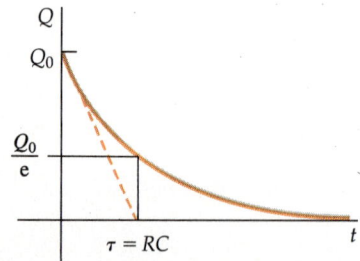

23.14 Ladung auf dem Kondensator aus Abbildung 23.13 als Funktion der Zeit, wenn zum Zeitpunkt $t = 0$ der Schalter geschlossen wird. Die Zeitkonstante $\tau = RC$ ist die Zeit, in der die anfänglich vorhandene Ladung auf den e-ten Teil abfällt.

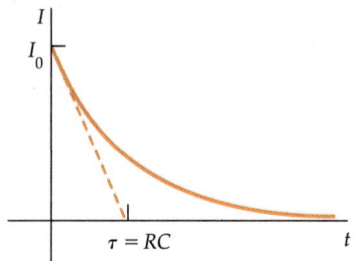

23.15 Stromstärke als Funktion der Zeit für den Kondensator aus Abbildung 23.13. Die Kurve hat den gleichen Verlauf wie die Ladungskurve in Abbildung 23.14.

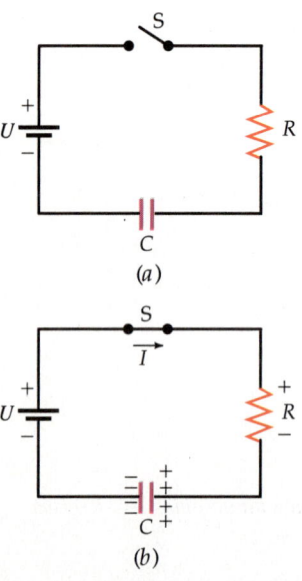

23.16 a) Schaltung, mit der ein Kondensator auf eine bestimmte Spannung aufgeladen werden kann. b) Wird der Schalter geschlossen, so fällt über dem Widerstand eine Spannung ab, und Ladung strömt auf die Kondensatorplatten.

Abbildung 23.14 zeigt die Ladung des Kondensators aus Abbildung 23.13 als Funktion der Zeit. Die gestrichelte Linie gibt die anfängliche Steigung dieser Funktion an. Würde der Ladungsabfall dieser Geradengleichung gehorchen, so wäre nach der Zeit τ keine Ladung mehr im Kondensator. Tatsächlich wird die Ladung aber nicht linear weniger, sondern die Abnahme ist proportional zur momentan vorhandenen Ladung, wie es durch (23.11) beschrieben wird. Diese Art des Abfallens heißt **exponentielle Abnahme**. Sie ist typisch für viele Phänomene in der Natur. In diesem Buch begegnet sie uns beispielsweise in Kapitel 12 (gedämpfte Schwingung) und im Kapitel 40 (radioaktiver Zerfall).

Die Stromstärke erhalten wir gemäß (23.8), indem wir (23.13) differenzieren:

$$I = -\frac{dQ}{dt} = \frac{Q_0}{\tau} e^{-t/\tau} = \frac{Q_0}{RC} e^{-t/\tau}$$

oder

$$I = \frac{U_0}{R} e^{-t/\tau} = I_0 e^{-t/\tau}.\qquad 23.14$$

$I_0 = Q_0/RC = U_0/R$ ist hier die Stromstärke bei Entladungsbeginn. Der Verlauf der Stromstärke als Funktion der Zeit ist in Abbildung 23.15 dargestellt. Sie fällt genau wie die Ladung im Zeitintervall τ auf das 1/e-fache des Anfangswertes ab.

Beispiel 23.4

Ein Kondensator der Kapazität 4 µF werde auf 24 V aufgeladen und anschließend über einen 200-Ω-Widerstand entladen. Wie groß ist a) die zu Beginn des Entladevorgangs im Kondensator vorhandene Ladung, b) die Anfangsstromstärke im 200-Ω-Widerstand, c) die Zeitkonstante und d) die Ladung im Kondensator nach 4 ms?

a) Die Anfangsladung beträgt $Q_0 = CU = 4$ µF $\cdot$ 24 V = 96 µC.
b) Für den Anfangsstrom erhalten wir $I_0 = U_0/R = 24$ V/200 Ω = 0,12 A.
c) Die Zeitkonstante ist $\tau = RC = 200$ Ω $\cdot$ 4 µF = 800 µs = 0,8 ms.
d) Zum Zeitpunkt $t = 4$ ms beträgt die Ladung im Kondensator $Q = Q_0 e^{-t/\tau} = 96$ µC $\cdot$ $e^{-(4\,\text{ms})/(0,8\,\text{ms})} = 96$ µC $\cdot e^{-5} = 0,647$ µC.

Übung

Wie groß ist die Stromstärke im 200-Ω-Widerstand zum Zeitpunkt $t = 4$ ms? (Antwort: 0,809 mA)

Das Laden eines Kondensators

In Abbildung 23.16a sehen wir eine Anordnung zum Laden eines Kondensators, von dem wir annehmen wollen, er sei anfangs ungeladen. Zum Zeitpunkt $t = 0$ wird der Schalter geschlossen, und sofort beginnen Ladungen durch den Widerstand auf die positive Platte des Kondensators zu fließen (Abbildung 23.16b). Befindet sich zu einem bestimmten Zeitpunkt die Ladung Q auf dem Kondensator und fließt im Stromkreis der Strom I, so ergibt sich nach der Kirchhoffschen Maschenregel:

$$U - U_R - U_C = 0$$

oder

$$U - IR - \frac{Q}{C} = 0 \,. \qquad 23.15$$

Die Stromstärke entspricht in diesem Stromkreis der Ladung, die pro Zeiteinheit auf den Kondensator fließt:

$$I = +\frac{dQ}{dt} \,.$$

Setzen wir dies in (23.15) ein, so erhalten wir

$$U = R\frac{dQ}{dt} + \frac{Q}{C} \,. \qquad 23.16$$

Zum Zeitpunkt $t = 0$ ist der Kondensator noch ungeladen, und der Strom $I_0 = U/R$ beginnt zu fließen. Dadurch steigt die Ladung an, und die Stromstärke nimmt ab. Wenn die Ladung ihren Maximalwert $Q_e = CU$ erreicht hat, ist die Stromstärke auf null abgefallen, was man direkt aus (23.15) entnehmen kann.

Gleichung (23.16) ist etwas schwieriger zu lösen als (23.10). Multiplizieren wir jeden Term mit C und stellen um, so erhalten wir

$$RC\frac{dQ}{dt} = CU - Q \,.$$

Jetzt können wir die Variablen trennen, indem wir beide Seiten mit dt/RC multiplizieren und durch $(CU - Q)$ teilen:

$$\frac{dQ}{CU - Q} = \frac{dt}{RC} \,. \qquad 23.17$$

Integration auf beiden Seiten liefert dann

$$-\ln(CU - Q) = t/RC + A \,, \qquad 23.18$$

wobei A eine willkürliche Integrationskonstante ist. Wenden wir auf beide Seiten die Exponentialfunktion an, dann erhalten wir

$$CU - Q = e^{-A}e^{-t/RC} = Be^{-t/RC}$$

oder

$$Q = CU - Be^{-t/RC} \,. \qquad 23.19$$

$B = e^{-A}$ ist eine weitere Konstante, deren Wert sich aus der Anfangsbedingung $Q = 0$ bei $t = 0$ ergibt:

$$0 = CU - B$$

oder

$$B = CU \,.$$

23 Gleichstromkreise

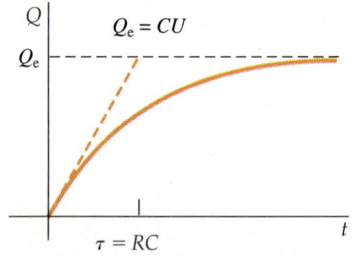

23.17 Ladung als Funktion der Zeit beim Laden eines Kondensators mit der Schaltung aus Abbildung 23.16. Der Schalter wird zum Zeitpunkt $t = 0$ geschlossen. Nach der Zeit $t = \tau = RC$ hat die Ladung 63 Prozent ihres Endwerts erreicht. Bei konstantem Ladestrom wäre der Kondensator zu diesem Zeitpunkt schon voll aufgeladen.

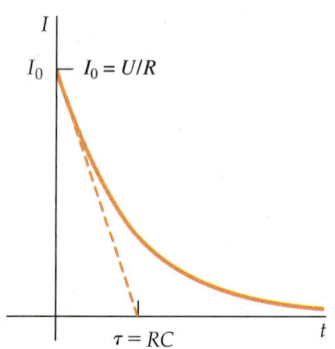

23.18 Strom als Funktion der Zeit beim Laden eines Kondensators mit der Schaltung aus Abbildung 23.16. Der Startwert des Ladestroms beträgt U/R und fällt exponentiell mit der Zeit ab.

Setzen wir dies in (23.19) ein, so erhalten wir für die Ladung Q

$$Q = CU(1 - e^{-t/RC}) = Q_e(1 - e^{-t/\tau}),\qquad 23.20$$

wobei Q_e die (asymptotisch erreichbare) Ladung am Ende des Ladevorganges ist. Die Stromstärke erhalten wir, indem wir (23.20) nach der Zeit ableiten:

$$I = \frac{dQ}{dt} = -CUe^{-t/RC}(-1/RC)$$

oder

$$I = \frac{U}{R} e^{-t/RC} = I_0\, e^{-t/\tau}.\qquad 23.21$$

In den Abbildungen 23.17 und 23.18 ist die Ladung bzw. die Stromstärke als Funktion der Zeit aufgetragen. Aus Abbildung 23.17 kann man entnehmen, daß der Kondensator nach der Zeitspanne τ voll aufgeladen wäre, wenn die Stromstärke während des Ladevorgangs konstant bliebe, denn dann gäbe die gestrichelte Gerade, die die Tangente der Kurve im Nullpunkt ist, den Verlauf $Q(t)$ wieder.

Beispiel 23.5

Ein Kondensator der Kapazität 2 μF werde von einer 6-V-Spannungsquelle mit vernachlässigbar kleinem Innenwiderstand über einen 100-Ω-Widerstand aufgeladen. Wie groß ist a) die Anfangsstromstärke, b) die Ladung im Kondensator am Ende des Ladevorgangs, c) die Zeit, die benötigt wird, um 90 Prozent des Endwerts der Ladung auf den Kondensator zu bringen?

a) Die Anfangsstromstärke ist gegeben durch

$$I_0 = U/R = 6\text{ V}/100\text{ }\Omega = 0{,}06\text{ A}.$$

b) Am Ende des Ladevorgangs beträgt die Ladung im Kondensator:

$$Q_e = UC = 6\text{ V} \cdot 2\text{ μF} = 12\text{ μC}.$$

c) Die Schaltung hat eine Zeitkonstante von $\tau = RC = (100\text{ }\Omega)(2\text{ μF}) = 200\text{ μs}$. Da wir wissen, daß die Ladung im Kondensator exponentiell mit der Zeit ansteigt, können wir im voraus schätzen, daß 90 Prozent des Endwertes der Ladung erreicht sein werden, wenn eine Zeit in der Größenordnung einiger Zeitkonstanten vergangen ist. Den genauen Wert erhalten wir aus (23.20), indem wir für Q den Wert $0{,}9\,UC$ einsetzen:

$$Q = 0{,}9\, UC = UC\,(1 - e^{-t/RC})$$
$$0{,}9 = 1 - e^{-t/RC}$$
$$e^{-t/RC} = 1 - 0{,}9 = 0{,}1$$
$$\ln e^{-t/RC} = -\frac{t}{RC} = \ln 0{,}1 = -2{,}3.$$

Daher ergibt sich

$$t = 2{,}3\, RC = 2{,}3 \cdot 200\text{ μs} = 460\text{ μs}.$$

Beispiel 23.6

Der in Abbildung 23.19a gezeigte Kondensator sei anfangs ungeladen. a) Wie groß ist der Strom in dem Augenblick, in dem der Schalter geschlossen wird (genauer: sehr kurze Zeit danach), und b) zu einem Zeitpunkt, lange nachdem der Schalter geschlossen wurde?

a) Da der Kondensator ungeladen ist, befinden sich die Punkte c und d direkt nach Schließen des Schalters noch auf demselben Potential. Es fließt also auch kein Strom durch den 8-Ω-Widerstand zwischen b und e. Wenden wir die Maschenregel auf die äußere Masche (abcdefa) an, so erhalten wir

$$12\,\text{V} - (4\,\Omega)\,I_0 = 0$$
$$I_0 = 3\,\text{A}.$$

b) Während der Kondensator geladen wird, teilt sich der Strom am Punkt b, und Ladungen fließen auf die obere Platte (gleichzeitig fließen Ladungen von der unteren Platte weg). Irgendwann, nach einem langen Zeitraum, wird der Kondensator praktisch vollständig geladen sein, und es fließt kein Strom mehr. Wenden wir für diesen Fall die Maschenregel auf die linke Masche (abefa) an, so erhalten wir

$$12\,\text{V} - (4\,\Omega)\,I_e - (8\,\Omega)\,I_e = 0$$
$$I_e = 1\,\text{A}.$$

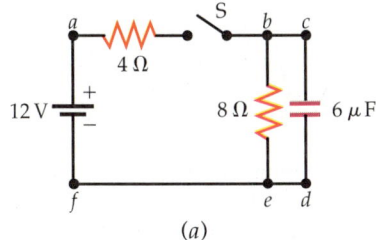
(a)

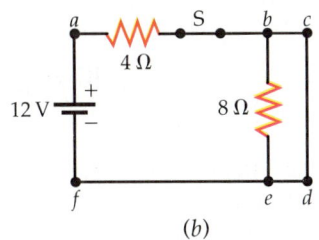
(b)

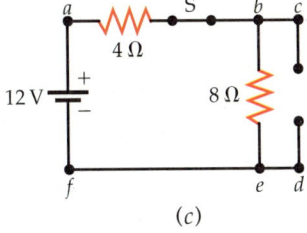
(c)

23.19 a) Parallelschaltung aus einem Kondensator und einem Widerstand, die von einer Spannungsquelle versorgt wird. Der Kondensator ist anfangs ungeladen. b) Sehr kurze Zeit nach Ladebeginn fällt über dem Kondensator noch keine Spannung ab. Man könnte ihn durch ein Drahtstück ersetzen. c) Zu einem Zeitpunkt lange nach Ladungsbeginn ist der Kondensator voll aufgeladen, und die gesamte Ladung, die am Punkt b eintritt, fließt durch den 8-Ω-Widerstand. Man könnte den Kondensator daher jetzt durch einen offenen Schalter ersetzen.

Im Moment nach dem Einschalten und sehr lange nach dem Einschalten sind die Verhältnisse also sehr einfach. Wenn der Kondensator ungeladen ist, wirkt er wie ein Kurzschluß zwischen den Punkten c und d, und wir können ihn im Schaltbild durch einen Draht ersetzen (Abbildung 23.19b). Ist er voll aufgeladen, so verhält er sich wie ein offener Schalter (Abbildung 23.19c).

Nachdem wir uns mit der Zeitabhängigkeit verschiedener Größen während des Ladevorgangs befaßt haben, kommen wir nun zur Untersuchung der Energiebilanz. Während des Ladevorgangs fließt die Ladung $Q_e = UC$ durch die Batterie. Die Batterie leistet also die Arbeit

$$W = Q_e U = U^2 C.$$

Wie wir aus Kapitel 21 wissen, wird diese Arbeit zur Hälfte als Energie des elektrischen Feldes im Kondensator gespeichert: Aus (21.16) ergibt sich

$$W_C = \frac{1}{2} Q_e U = \frac{1}{2} U^2 C.$$

Wir wollen jetzt zeigen, daß die andere Hälfte im Widerstand in Joulesche Wärme umgewandelt wird. Die elektrische Leistung im Widerstand beträgt

$$\frac{dW_R}{dt} = I^2 R \, .$$

Indem wir für die Stromstärke die Beziehung (23.21) einsetzen, erhalten wir:

$$\frac{dW_R}{dt} = \left(\frac{U}{R} e^{-t/RC}\right)^2 R = \frac{U^2}{R} e^{-2t/RC} \, .$$

Die gesamte Joulesche Wärme ergibt sich, wenn wir von $t = 0$ bis $t = \infty$ integrieren:

$$W_R = \int_0^\infty \frac{U^2}{R} e^{-2t/RC} \, dt \, .$$

Die Integration läßt sich ausführen, wenn wir die Substitution $x = 2t/RC$ vornehmen. Damit gilt

$$dt = \frac{RC}{2} dx \, ,$$

und es ergibt sich

$$W_R = \frac{U^2}{R} \frac{RC}{2} \int_0^\infty e^{-x} \, dx = \frac{1}{2} U^2 C \, ,$$

weil das Integral den Wert eins hat. In dieser Gleichung taucht der Widerstand R gar nicht mehr auf, das Resultat ist also allgemein gültig. Wir halten fest, daß beim Aufladen eines Kondensators grundsätzlich die Hälfte der geleisteten elektrischen Arbeit im Kondensator gespeichert und die andere Hälfte in Wärme umgewandelt wird. In letzterem Anteil ist der Verlust am Innenwiderstand der Batterie enthalten.

Beispiel 23.7

Wir betrachten nochmals den Entladevorgang des Kondensators aus Beispiel 23.4. a) Welche Energie ist anfangs im Kondensator gespeichert, b) welche Leistung wird zu Beginn des Entladevorgangs dem Widerstand zugeführt, und c) welche Energie ist zum Zeitpunkt $t = \tau = 0{,}8$ ms im Kondensator gespeichert?

a) In Beispiel 23.4 betrug die Ladung bei Beginn des Entladevorgangs 96 μC. Die Energie zu diesem Zeitpunkt ist daher

$$W_C = \frac{1}{2} \frac{Q^2}{C} = \frac{1}{2} \frac{(96 \, \mu C)^2}{4 \, \mu F} = 1{,}152 \, mJ \, .$$

Diesen Wert hätten wir genauso aus $W_C = \frac{1}{2} QU = \frac{1}{2} \cdot 96 \, \mu C \cdot 24 \, V = 1{,}152 \, mJ$ errechnen können.

b) Die Leistung, die zu diesem Zeitpunkt dem Widerstand zugeführt wird, beträgt

$$P_0 = I_0^2 R = (0{,}12 \, A)^2 \cdot 200 \, \Omega = 2{,}88 \, W \, ,$$

wobei wir $I_0 = 0{,}12$ A aus Beispiel 23.4 verwendet haben.

c) Die Ladung im Kondensator zum Zeitpunkt $t = \tau = 0{,}8$ ms beträgt

$$Q = Q_0 e^{-t/\tau} = 96 \, \mu C \cdot e^{-1} = 35{,}3 \, \mu C \,.$$

Daraus errechnet sich eine Energie von

$$W_C = \frac{1}{2} \frac{Q^2}{C} = \frac{1}{2} \frac{(35{,}3 \, \mu C)^2}{4 \, \mu F} = 0{,}156 \, mJ \,.$$

Beachten Sie, daß die Gleichung $W_C = \frac{1}{2} QU$ uns hier nichts nützt, weil wir die Spannung, die sich auch mit der Zeit ändert, noch nicht berechnet haben.

Beispiel 23.8

Zeigen Sie, daß die Abnahme der Energie, die im Kondensator aus Beispiel 23.7 gespeichert ist, genauso groß ist wie die Verlustwärme im Widerstand. In Beispiel 23.7 ergab sich für die Energie im Kondensator ein Wert von 1,152 mJ bei $t = 0$ und von 0,156 mJ bei $t = 1 \, \tau$. Die Energieabnahme beträgt folglich

$$-\Delta W_C = 1{,}152 \, mJ - 0{,}156 \, mJ = 0{,}996 \, mJ \,.$$

Für Verlustleistung im Widerstand gilt $P = I^2 R$, wobei I durch (23.14) gegeben ist. Da die Leistung eine Funktion der Zeit ist, müssen wir von $t = 0$ bis $t = 1 \, \tau$ integrieren, um die gesamte Verlustwärme zu erhalten. Es folgt

$$W_R = \int_0^\tau I^2 R \, dt = \int_0^\tau (I_0 e^{-t/\tau})^2 R \, dt$$

$$= I_0^2 R \int_0^\tau e^{-2t/\tau} \, dt = I_0^2 R \left(\frac{\tau}{-2}\right) e^{-2t/\tau} \bigg|_0^\tau$$

$$= I_0^2 R \left(\frac{\tau}{2}\right) (1 - e^{-2}) \,,$$

wobei wir

$$\int e^{ax} \, dx = \frac{1}{a} e^{ax}$$

aus einer Integraltafel übernommen haben. Setzen wir $I_0^2 R = 2{,}88$ W aus Beispiel 23.7 ein und $\tau = 0{,}8$ ms aus Beispiel 23.4, so ergibt sich

$$W = 2{,}88 \, W \cdot 0{,}4 \, ms \cdot (1 - e^{-2}) = 0{,}996 \, mJ \,,$$

was genau der Abnahme der gespeicherten Energie entspricht.

Frage

1. Ein Schwimmbecken wird mit Wasser gefüllt, das aus einem nahe gelegenen See gepumpt wird. Worin besteht bei diesem Beispiel die Analogie zum Laden eines Kondensators?

23 Gleichstromkreise

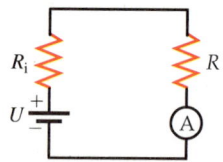

23.20 Zur Messung der Stromstärke in einem Widerstand wird ein Amperemeter —Ⓐ— mit dem Widerstand in Serie geschaltet, so daß es vom gleichen Strom durchflossen wird wie der Widerstand.

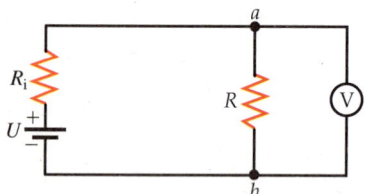

23.21 Zur Messung des Spannungsabfalls über einem Widerstand wird ein Voltmeter —Ⓥ— zu dem Widerstand parallelgeschaltet, so daß über ihm die gleiche Spannung abfällt.

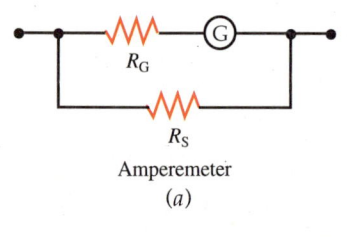

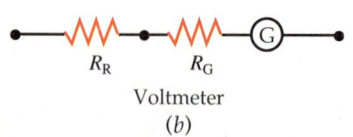

23.22 Ein Amperemeter besteht aus einem Galvanometer —Ⓖ— mit Innenwiderstand R_G und einem kleinen parallelgeschalteten Widerstand, dem sogenannten Shuntwiderstand R_S. b) Ein Voltmeter besteht aus einem Galvanometer, zu dem ein großer Widerstand R_R in Reihe geschaltet wird. In diesen Schaltbildern ist der Galvanometerwiderstand zwar neben dem Galvanometersymbol eingezeichnet, eigentlich handelt es sich aber um einen inneren, durch den Galvanometeraufbau bedingten Widerstand.

23.3 Amperemeter, Voltmeter und Ohmmeter

Eine wesentliche Voraussetzung dafür, daß die beschriebenen Methoden zur Bestimmung elektrischer Größen in Gleichstromkreisen angewendet werden können, besteht darin, daß zumindest die Werte einiger Größen an verschiedenen Punkten des betrachteten Stromkreises gemessen wurden. Daher ist es angebracht, sich etwas näher mit den Meßgeräten zu befassen. Die Meßgeräte für Strom, Spannung und Widerstand heißen **Amperemeter**, **Voltmeter** und **Ohmmeter**. Häufig sind diese drei zu einem sogenannten Multimeter zusammengefaßt, und man kann zwischen den einzelnen Funktionen umschalten.

Zur Messung der Stromstärke durch einen Widerstand in einer einfachen Schaltung schalten wir das Amperemeter zum Widerstand in Reihe, so daß es vom gleichen Strom wie der Widerstand durchflossen wird (Abbildung 23.20). Auch das Amperemeter hat einen gewissen Widerstand, so daß die Stromstärke etwas abfällt, sobald das Amperemeter im Stromkreis integriert ist. Im Idealfall sollte der Widerstand des Amperemeters so klein sein, daß die Änderung der Stromstärke vergleichsweise gering ist.

Der Spannungsabfall über einem Widerstand wird gemessen, indem man ein Voltmeter, wie in Abbildung 23.21 gezeigt, parallel zum Widerstand schaltet, so daß der Spannungsabfall über dem Voltmeter gleich dem Spannungsabfall über dem Widerstand ist. Das Voltmeter hat einen bestimmten Innenwiderstand, der für die Messung eine bedeutende Rolle spielt. Ist der Innenwiderstand kleiner als der parallel geschaltete Widerstand R des Stromkreises, der vermessen werden soll, so fließt beim Hinzuschalten des Voltmeters im gesamten Stromkreis ein etwas höherer Strom, und der Spannungsabfall über dem Widerstand R ändert sich. D.h., der gemessene Wert entspricht nicht dem tatsächlichen. Ein gutes Voltmeter hat daher einen hohen Innenwiderstand, damit die Verfälschung des Meßergebnisses möglichst klein bleibt.

Wie sind Volt- und Amperemeter aufgebaut? Zentraler Bestandteil vieler, heute noch gebräuchlicher Meßgeräte dieser Kategorie ist ein sogenanntes **Galvanometer**, das zur Messung sehr kleiner Ströme geeignet ist. Galvanometer sind so konstruiert, daß ihr Zeigerausschlag proportional zum durchfließenden Strom ist. Moderne Meßgeräte sind meist mit digitaler Anzeige ausgerüstet, das Meßprinzip muß sich aber nicht wesentlich von dem unterscheiden, das wir hier betrachten. Auf die elektronischen Volt- und Amperemeter, die vollständig in Digitaltechnik ausgeführt sind, gehen wir hier nicht ein.

Zwei Eigenschaften sind für die Charakterisierung eines Galvanometers wichtig: der Innenwiderstand R_G und der Strom I_G bei Vollausschlag. Typische Werte sind $R_G = 20\ \Omega$ und $I_G = 0{,}5$ mA. Bei Vollausschlag ergibt sich in einem solchen Galvanometer ein Spannungsabfall von

$$U = I_G R_G = 20\ \Omega \cdot 5{,}0 \cdot 10^{-4}\ \text{A} = 10^{-2}\ \text{V}\ .$$

Wollen wir auf der Grundlage eines Galvanometers ein Amperemeter bauen, so schalten wir einen kleinen Widerstand, den sogenannten Shunt- oder Querwiderstand, parallel zum Galvanometer. Sein Wert ist normalerweise wesentlich kleiner als der Widerstand des Galvanometers, so daß der Hauptteil des Stromes durch den Shuntwiderstand fließt und der Ersatzwiderstand des Amperemeters wesentlich kleiner als der Widerstand des Galvanometers ist; im Regelfall liegt er in der Größenordnung des Shuntwiderstands. Zum Bau eines Voltmeters schalten wir einen sehr großen Widerstand in Serie zum Galvanometer, so daß der Ersatzwiderstand wesentlich größer ist als der Widerstand des Galvanometers selbst. Die zugehörigen Prinzipschaltungen sind in Abbildung 23.22 gezeigt.

Hier ist der Widerstand R_G des Galvanometers separat eingezeichnet. Tatsächlich ist er jedoch eine innere Eigenschaft des Galvanometers. (Es handelt sich um den Widerstand der Spule des Galvanometers – auf Spulen gehen wir in Kapitel 28 ein.) Wie man die Widerstände für den Bau eines Amperemeters und eines Voltmeters geeignet wählt, wollen wir an einigen Beispielen zeigen.

Beispiel 23.9

Ein Galvanometer mit einem Widerstand von 20 Ω zeige bei einem Strom der Stärke $5 \cdot 10^{-4}$ A Vollausschlag. Wie baut man damit ein Amperemeter mit Vollausschlag bei 5 A?

Da der Gesamtstrom durch das Amperemeter 5 A betragen soll, wenn durch das Galvanometer ein Strom von lediglich $5 \cdot 10^{-4}$ A fließt, muß der Rest des Stromes durch den Shuntwiderstand fließen. Unsere Aufgabe besteht also darin, dessen Wert zu finden. Bezeichnen wir den Shuntwiderstand mit R_S und den Strom mit I_S, so ergibt sich

$$I_G R_G = I_S R_S$$

und

$$I_S + I_G = 5 \text{ A}$$

oder

$$I_S = 5 \text{ A} - I_G = (5 \text{ A}) - (5 \cdot 10^{-4} \text{ A}) \approx 5 \text{ A}.$$

Wir erhalten daraus für den Shuntwiderstand

$$R_S = \frac{I_G}{I_S} R_G = \frac{5 \cdot 10^{-4} \text{ A}}{5 \text{ A}} \cdot 20 \text{ Ω} = 2 \cdot 10^{-3} \text{ Ω}.$$

Der Shuntwiderstand ist, wie man sieht, erheblich kleiner als der Widerstand des Galvanometers, daher ist der Innenwiderstand des Amperemeters (also der Ersatzwiderstand der gesamten Schaltung) etwa gleich dem Shuntwiderstand.

Beispiel 23.10

Wir wollen als nächstes mit dem Galvanometer aus Beispiel 23.9 ein Voltmeter bauen, das bei 10 V Vollausschlag zeigt.

Bezeichnen wir den Widerstand, den wir zum Galvanometer in Reihe schalten, mit R_R, so müssen wir R_R so wählen, daß bei einem Strom I_G von $5 \cdot 10^{-4}$ A ein Spannungsabfall von 10 V auftritt. Es gilt also

$$I_G (R_R + R_G) = 10 \text{ V}$$

$$R_R + R_G = \frac{10 \text{ V}}{5 \cdot 10^{-4} \text{ A}} = 2 \cdot 10^4 \text{ Ω}$$

$$R_R = 2 \cdot 10^4 \text{ Ω} - R_G = (2 \cdot 10^4 \text{ Ω}) - 20 \text{ Ω}$$

$$= 19{,}980 \text{ Ω} \approx 20 \text{ kΩ}.$$

Beispiel 23.11

Mit der Schaltung aus Abbildung 23.23 wollen wir den Wert eines 100-Ω-Widerstands überprüfen. Der Innenwiderstand des Voltmeters betrage 2000 Ω und derjenige des Amperemeters 0,002 Ω. Welchen Fehler macht man, wenn man den Widerstand gemäß $R = U/I$ berechnet, wobei U die am Voltmeter abgelesene Spannung und I die am Amperemeter abgelesene Stromstärke ist?

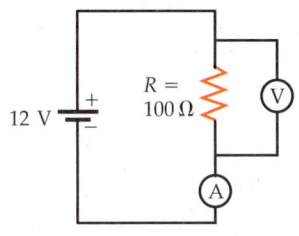

23.23 Schaltkreis zur Überprüfung des Wertes eines 100-Ω-Widerstands.

In der gezeigten Schaltung mißt das Voltmeter den Spannungsabfall über dem Widerstand. Das Amperemeter mißt den Gesamtstrom im Kreis, also auch den Anteil, der durch das Voltmeter fließt. Der Ersatzwiderstand R'_{ers} für die Parallelschaltung aus Voltmeter und Widerstand beträgt

$$R'_{\text{ers}} = \left(\frac{1}{100\,\Omega} + \frac{1}{2000\,\Omega}\right)^{-1} = 95{,}238\,\Omega\,,$$

und der Ersatzwiderstand des gesamten Kreises ist

$$R_{\text{ers}} = R_{\text{a}} + R'_{\text{ers}} = 0{,}002\,\Omega + 95{,}238\,\Omega = 95{,}240\,\Omega\,.$$

Für den Strom durch das Amperemeter ergibt sich damit:

$$I = \frac{12\,\text{V}}{R_{\text{ers}}} = \frac{12\,\text{V}}{95{,}240\,\Omega} = 0{,}126\,\text{A}\,.$$

Bezeichnen wir den Strom durch den 100-Ω-Widerstand mit I_1 und den Strom durch das Voltmeter mit I_2, so gilt $100 \cdot I_1 = 2000 \cdot I_2$ oder $I_2 = 0{,}05 \cdot I_1$. Damit erhalten wir für den Strom durch den 100-Ω-Widerstand:

$$I_1 = I - I_2 = I - 0{,}05\, I_1$$

oder

$$I_1 = \frac{I}{1{,}05} = \frac{0{,}126\,\text{A}}{1{,}05} = 0{,}120\,\text{A}\,.$$

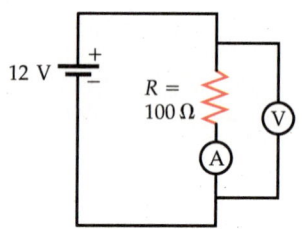

23.24 Verbesserte Version des Schaltkreises aus Abbildung 23.23.

Das Voltmeter mißt daher über dem Widerstand einen Spannungsabfall von $RI_1 = 100\,\Omega \cdot 0{,}12\,\text{A} = 12{,}0\,\text{V}$, was einen Widerstand von

$$R = \frac{U}{I} = \frac{12{,}0\,\text{V}}{0{,}126\,\text{A}} = 95{,}2\,\Omega$$

ergibt. Dieser Wert weicht vom tatsächlichen Wert um etwa 5 Prozent ab. Etwas anderes konnte nicht erwartet werden, weil der Innenwiderstand des Voltmeters nur zwanzigmal so groß ist wie der zu messende Widerstand, was zu einem Gesamtstrom führt, der etwa um ein Zwanzigstel größer als ohne zugeschaltetes Voltmeter ist. Eine günstigere Anordnung zur Messung des Widerstands R ist in Abbildung 23.24 gezeigt. Hier mißt das Amperemeter den Strom durch den Widerstand, während das Voltmeter den gesamten Spannungsabfall über Widerstand plus Amperemeter mißt. Da der Innenwiderstand des Amperemeters nur 0,002% des zu messenden Widerstandes beträgt, liegt der Meßfehler bei dieser Anordnung ebenfalls im Bereich 0,002%. Hätte der Widerstand R einen Wert von 0,1 Ω anstelle von 100 Ω, dann wäre die Anordnung aus Abbildung 23.23 die geeignetere.

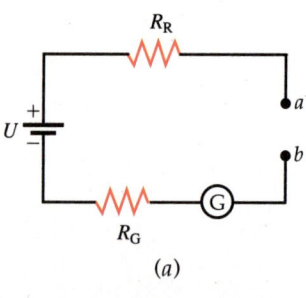

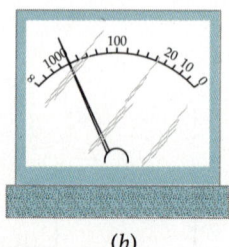

23.25 a) Ein Ohmmeter ist eine Reihenschaltung aus einer Spannungsquelle, einem Galvanometer und einem Widerstand, der so gewählt ist, daß sich beim Kurzschließen der Prüfklemmen (a, b) am Galvanometer Vollausschlag ergibt. b) Hier ist die Galvanometerskala so kalibriert, daß Widerstandswerte direkt in Ohm abgelesen werden können.

Ein Ohmmeter besteht im einfachsten Fall, wie in Abbildung 23.25 a gezeigt, aus einer Spannungsquelle, einem Widerstand und einem Galvanometer, die alle in Reihe geschaltet sind. Der Widerstand R_{R} wird so gewählt, daß das Galvanometer Vollausschlag zeigt (es fließt der Strom I_{G}), wenn die Klemmen a und b kurzgeschlossen werden, was nichts anderes bedeutet, als daß der Widerstand zwischen ihnen den Wert null hat. Haben die Klemmen keinen Kontakt, so ist der Widerstand unendlich, und es ergibt sich natürlich kein Ausschlag. Werden die Klemmen mit einem unbekannten Widerstand R verbunden, so fließt durch das Galvanometer ein Strom, der kleiner als I_{G} ist:

$$I = \frac{U}{R + R_{\text{R}} + R_{\text{G}}}\,.\qquad 23.22$$

Dieser Strom ist eine Funktion von R, und man muß nur die Skala des Galvanometers mit Hilfe bekannter Widerstände eichen, damit man R direkt ablesen kann (Abbildung 23.25 b). Es ergibt sich selbstverständlich keine lineare Skala, da der Zusammenhang in (23.22) nicht linear ist. Ein solches Ohmmeter ist, bedingt durch die Ablesegenauigkeit, kein Präzisionsinstrument, aber es ist nützlich, wenn es darum geht, die Größe eines Widerstands grob zu bestimmen.

Wir haben gesehen, daß ein Ohmmeter eine Spannungsquelle enthält; daher ist bei der Widerstandsmessung Vorsicht angebracht, wenn sich im Stromkreis empfindliche Bauteile befinden. Wir betrachten zur Illustration ein Ohmmeter, das aus einer 1,5-V-Batterie, einem Widerstand und einem Galvanometer wie in Beispiel 23.9 besteht. Der Widerstand ergibt sich aus

$$I_G (R_R + R_G) = 1{,}5 \text{ V}$$

zu

$$R_R = \frac{1{,}5 \text{ V}}{5 \cdot 10^{-4} \text{ A}} - R_G = 3000 \, \Omega - 20 \, \Omega = 2980 \, \Omega \,.$$

Nehmen wir an, wir wollten nun mit diesem Ohmmeter den Widerstand eines hochempfindlichen Laborgalvanometers mit einem Innenwiderstand von 20 Ω und einem Strom I_G bei Vollausschlag von 10^{-5} A messen. Da der Gesamtwiderstand der Anordnung jetzt 3020 Ω statt 3000 Ω beträgt, fließt ein Strom von etwas mehr als $5 \cdot 10^{-4}$ A (vgl. Beispiel 23.9), sobald die Klemmen unseres Ohmmeters mit dem Galvanometer verbunden sind. Dies ist das fünfzigfache des Werts, der im Laborgalvanometer zu einem Vollausschlag führt. Man wird wahrscheinlich einen leisen Knall hören und einige Rauchwölkchen bemerken. Als Ergebnis liegt dann ein etwas weniger empfindliches Galvanometer vor uns, und der Laborleiter wird voll des Lobes sein.

Fragen

2. Unter welchen Bedingungen kann es von Vorteil sein, ein Galvanometer zu verwenden, das weniger empfindlich ist, d.h., einen größeren Strom I_G für einen Vollausschlag benötigt als die bisher diskutierten?
3. Nachdem der in Reihe geschaltete Widerstand R_R sorgfältig ausgewählt wurde, so daß er auf die Spannungsquelle eines Ohmmeters abgestimmt ist, kann man jeden Widerstandswert zwischen null und unendlich messen. Weshalb haben Multimeter dann unterschiedliche Skalen für die Anzeige verschiedener Widerstandsbereiche?
4. Ein nicht allzu heller Student will mit dem Ohmmeter aus dem physikalischen Praktikum den Innenwiderstand seiner Autobatterie messen. Warum ist das keine besonders gute Idee?

Zusammenfassung

1. Die Kirchhoffschen Regeln lauten:

   Knotenregel: Die Summe aller Ströme, die zu einem Knoten hinfließen, ist gleich der Summe der Ströme, die von diesem Knoten wegfließen.
   Maschenregel: Beim Durchlaufen einer Masche (also einer geschlossenen Schleife) in einem willkürlich festgelegten Umlaufsinn ist die Summe aller Spannungen gleich null.

2. Stromkreise mit vielen Schleifen analysiert man gemäß folgendem Schema:

1. Arbeiten Sie bei Stromkreisen mit mehreren hintereinander- oder parallelgeschalteten Widerständen mit den Ersatzwiderständen.
2. Wählen Sie eine bestimmte Stromrichtung für den gesamten Stromkreis und zeichnen Sie in einem Schaltplan in jedem Zweig die zugehörige Stromrichtung ein. Markieren Sie bei jedem Bauelement (Spannungsquelle, Widerstand oder Kondensator) die Seite mit höherem Potential durch ein Pluszeichen und entsprechend die Seite mit niedrigerem Potential durch ein Minuszeichen.
3. Wenden Sie auf jede Stromverzweigungsstelle die Knotenregel an.
4. Wenden Sie die Maschenregel so oft an, wie es nötig ist, um alle Teilströme berechnen zu können (bei n inneren Schleifen also mindestens n-mal).
5. Lösen Sie die sich aus den Punkten 3 und 4 ergebenden Gleichungen, und bestimmen Sie auf diese Weise alle Unbekannten.
6. Überprüfen Sie die Ergebnisse dadurch, daß einem Punkt des Stromkreises das Potential null zugewiesen wird und die errechneten Werte der Stromstärken dazu verwendet werden, die Potentiale an anderen Punkten des Stromkreises zu bestimmen.

3. Komplizierte Schaltungen kann man häufig durch Symmetriebetrachtungen vereinfachen. Punkte, die auf gleichem Potential liegen, kann man in einem vereinfachten Schaltbild miteinander verbinden.

4. Wird ein Kondensator über einen Widerstand entladen, so nehmen die Ladung und der Entladestrom exponentiell mit der Zeit ab. Die Zeitkonstante $\tau = RC$ ist die Zeit, in der die Ladung auf den e-ten Teil ihres Anfangswertes abgefallen ist. Wird ein Kondensator über einen Widerstand aufgeladen, so nimmt der Ladestrom wieder exponentiell mit der Zeit ab, und nach der Zeitspanne $\tau = RC$ hat die Ladung auf dem Kondensator 63 Prozent ihres Endwerts erreicht.

5. Ein *Galvanometer* ist ein Gerät zur Messung kleiner Ströme, wobei der Zeigerausschlag des Galvanometers proportional zum hindurchfließenden Strom ist.
Ein *Amperemeter* ist auch zur Messung größerer Ströme geeignet. Es besteht aus einem Galvanometer und einem dazu parallel geschalteten Widerstand, dem sogenannten Shuntwiderstand. Zur Messung des Stroms durch einen Widerstand muß das Amperemeter in Reihe mit diesem Widerstand geschaltet werden. Da der Innenwiderstand des Amperemeters sehr klein ist, wird die Messung nur geringfügig verfälscht.
Ein *Voltmeter* dient zur Messung von Potentialdifferenzen. Es ist aus einem Galvanometer und einem dazu in Reihe geschalteten großen Widerstand aufgebaut. Den Spannungsabfall über einem Widerstand mißt man, indem man das Voltmeter zum Widerstand parallelschaltet. Aufgrund des hohen Innenwiderstandes des Voltmeters ist der Fehler bei der Spannungsmessung sehr klein.
Mit einem *Ohmmeter* werden Widerstände gemessen. Es besteht aus einer Spannungsquelle, einem Galvanometer und einem Widerstand, die alle in Reihe geschaltet sind.

Aufgaben

Stufe I

23.1 Die Kirchhoffschen Regeln

1. Eine 6-V-Batterie mit einem Innenwiderstand von 0,3 Ω werde mit einem veränderlichen Widerstand R verbunden. Welche Stromstärke und welche Leistung gibt die Batterie ab, wenn R a) 5 Ω und b) 10 Ω beträgt?

2. An einen variablen Widerstand R werde eine feste Spannung U angelegt. Beim Widerstand $R = R_1$ beträgt die Stromstärke 6 A. Erhöht man den Widerstand auf den Wert $R_2 = R_1 + 10$ Ω, so sinkt die Stromstärke auf 2,0 A. Bestimmen Sie a) R_1 und b) U.

3. Betrachten Sie die Schaltung in Abbildung 23.26. Ermitteln Sie a) die Stromstärke, b) die Leistung, die jede Batterie abgibt oder aufnimmt, und c) die Wärmeleistung, die jeder Widerstand abgibt. (Nehmen Sie an, daß der Innenwiderstand der Batterien vernachlässigbar ist.)

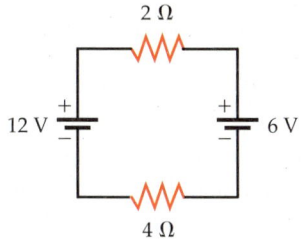

23.26 Zu Aufgabe 3.

4. Die Batterien und das Amperemeter in der Schaltung von Abbildung 23.27 haben vernachlässigbaren Innenwiderstand. a) Wie groß ist die Stromstärke im Amperemeter? b) Welche Energie gibt die 12-V-Batterie in 3 s ab? c) Welche Wärmemenge wird in diesem Zeitraum insgesamt erzeugt? d) Erklären Sie die Differenz der Ergebnisse von b) und c).

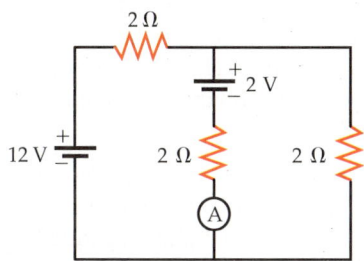

23.27 Zu Aufgabe 4.

5. Die Batterien in Abbildung 23.28 haben vernachlässigbaren Innenwiderstand. Wie groß ist a) die Stromstärke in jedem Widerstand, d) die Potentialdifferenz zwischen den Punkten a und b sowie c) die Leistung, die jede Batterie abgibt?

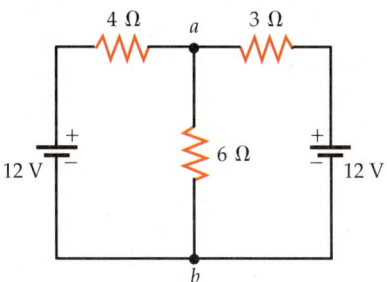

23.28 Zu Aufgabe 5.

6. Wiederholen Sie die vorige Aufgabe mit der Schaltung in Abbildung 23.29.

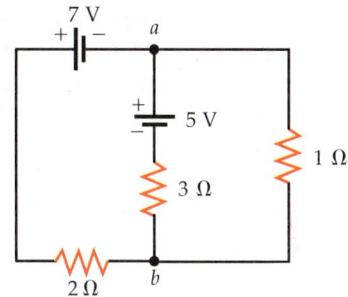

23.29 Zu Aufgabe 6.

23.2 RC-Kreise

7. Ein 6-μF-Kondensator werde auf 100 V aufgeladen und dann mit einem 500-Ω-Widerstand verbunden. a) Welche Ladung befindet sich anfänglich auf den Kondensatorplatten? b) Wie groß ist die Anfangsstromstärke beim Verbinden mit dem Widerstand? c) Wie groß ist die Zeitkonstante dieser Schaltung? d) Welche Ladung befindet sich nach 6 ms auf dem Kondensator?

8. a) Welche Energie ist im Kondensator in der vorigen Aufgabe nach dem Aufladen gespeichert? b) Zeigen Sie, daß sie gegeben ist durch $W = W_0 e^{-2t/\tau}$, wobei W_0 die Anfangsenergie und $\tau = RC$ die Zeitkonstante der Schaltung ist. c) Skizzieren Sie den Verlauf der Energie W im Kondensator als Funktion der Zeit t.

9. Ein ungeladener 1,6-µF-Kondensator werde mit einem 10-kΩ-Widerstand und einer 5-V-Spannungsquelle in Reihe geschaltet, deren Innenwiderstand vernachlässigbar sei. a) Welche Ladung befindet sich nach sehr langer Zeit auf dem Widerstand? b) Wie lange dauert es, bis der Kondensator zu 99 Prozent aufgeladen ist?

10. Ein 2-MΩ-Widerstand werde mit einer 6-V-Spannungsquelle und einem 1,5-µF-Kondensator in Reihe geschaltet. Der Kondensator sei anfangs ungeladen. Bestimmen Sie zum Zeitpunkt $t = \tau = RC$: a) die Ladung auf dem Kondensator, b) die Geschwindigkeit, mit der sich die Ladung ändert, c) die Stromstärke, d) die von der Spannungsquelle abgegebene elektrische Leistung, e) die im Widerstand entstandene Wärme und f) die Geschwindigkeit, mit der die im Kondensator gespeicherte elektrische Energie zunimmt.

23.3 Amperemeter, Voltmeter und Ohmmeter

11. Empfindliche Galvanometer messen Ströme bis herunter zu einem Pikoampere. Wie viele Elektronen pro Sekunde erzeugen einen so schwachen Strom?

12. Ein Galvanometer mit einem Widerstand von 90 Ω habe seinen Vollausschlag bei einer Stromstärke von 1,5 mA. Mit diesem Instrument werde ein Amperemeter gebaut, das bei 200 A Vollausschlag zeigt. a) Welcher Shuntwiderstand ist nötig? b) Welchen Innenwiderstand hat das Amperemeter? c) Wenn der Shuntwiderstand lediglich ein Kupferdraht mit 2,59 mm Durchmesser ist, wie lang muß er dann sein?

13. Das Galvanometer in der vorigen Aufgabe werde zum Bau eines Ohmmeters verwendet. Hierzu ergänzt man eine 1,5-V-Batterie, deren Innenwiderstand vernachlässigbar ist. a) Welchen Widerstand R_R muß man zum Galvanometer in Reihe schalten? b) Bei welchem zu messenden Widerstandswert schlägt das Instrument zur Hälfte aus? c) Bei welchem Widerstandswert schlägt es zu einem Zehntel aus?

14. Zeigen Sie, wie man das Ohmmeter in der vorigen Aufgabe eichen könnte, indem Sie die Skala durch eine gerade Strecke der Länge ℓ darstellen. Dabei soll das Ende der Skala ($x = \ell$) den Vollausschlag für $R = 0$ darstellen. Teilen Sie die Skala in 10 gleiche Teile und ermitteln Sie den Widerstandswert bei jedem Abschnitt.

15. Ein Galvanometer mit einem Widerstand von 110 Ω zeige Vollausschlag bei einem Strom der Stärke 0,13 mA. Es werde in dem Mehrbereichsvoltmeter in Abbildung 23.30 eingesetzt. Die Skalenendwerte sind an den Anschlüssen angegeben. Ermitteln Sie R_1, R_2 und R_3.

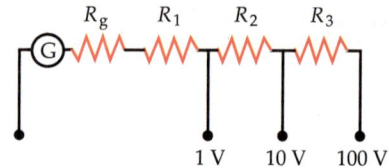

23.30 Zu Aufgabe 15.

16. Das Galvanometer in der vorigen Aufgabe werde in dem Mehrbereichsamperemeter in Abbildung 23.31 verwendet. Die Skalenendwerte sind an den Anschlüssen angegeben. Bestimmen Sie R_1, R_2 und R_3.

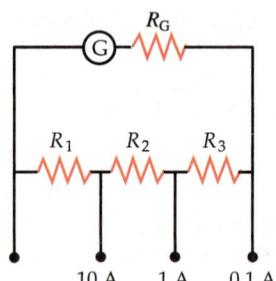

23.31 Zu Aufgabe 16.

Stufe II

17. Zwei identische Spannungsquellen mit der Quellenspannung U_Q und dem Innenwiderstand R_i seien mit einem Widerstand R verbunden, und zwar einmal in Reihe und einmal parallel. Bei welcher Schaltungsvariante ist die abgegebene Leistung größer: a) bei $R < R_i$ oder b) bei $R > R_i$?

18. Eine defekte Autobatterie mit einer Quellenspannung von 11,4 V und einem Innenwiderstand von 0,01 Ω werde mit einer 2,0-Ω-Last verbunden. Zur Unterstützung der schadhaften Batterie werde diese mit einer zweiten Batterie mit einer Quellenspannung von 12,6 V und einem Innenwiderstand von 0,01 Ω über ein Starthilfekabel verbunden. a) Zeichnen Sie ein Schaltbild der Anordnung. b) Wie groß sind die Stromstärken in den einzelnen Teilen der Schaltung? c) Welche Leistung gibt die zweite Batterie ab? Ermitteln Sie, wo diese Leistung bleibt. Nehmen Sie dabei an, daß Quellenspannungen und Innenwiderstände der Batterien konstant bleiben.

19. Wie groß ist in der Schaltung von Abbildung 23.32: a) die Stromstärke in jedem Widerstand, b) die Leistung, die die Spannungsquelle abgibt, und c) die Leistung, die in jedem Widerstand dissipiert wird?

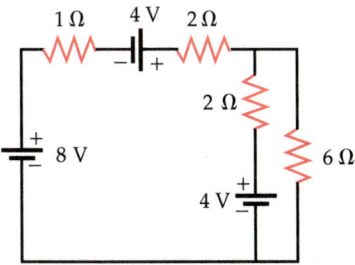

23.32 Zu Aufgabe 19.

20. Welche Potentialdifferenz herrscht zwischen den Punkten a und b in der Schaltung von Abbildung 23.33?

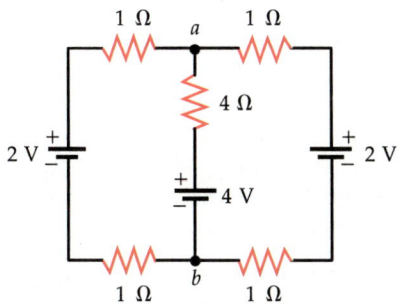

23.33 Zu Aufgabe 20.

21. Der Zwischenraum eines Plattenkondensators sei mit einem Dielektrikum mit der Dielektrizitätszahl ε_r und dem spezifischen Widerstand ϱ gefüllt. a) Zeigen Sie, daß die Zeitkonstante für die Abnahme der Ladungsmenge auf den Platten $\tau = \varepsilon_0 \varepsilon_r \varrho$ ist. b) Es werde Glimmer als Dielektrikum verwendet ($\varepsilon_r = 5{,}0$ und $\varrho = 9 \cdot 10^3 \, \Omega \cdot m$). Wie lange dauert es dann, bis die Ladung auf das $(1/e^2)$-fache (das sind etwa 14 Prozent des Anfangswertes) abgefallen ist?

22. Die Spannungsquelle in der Schaltung von Abbildung 23.34 habe einen Innenwiderstand von $0{,}01 \, \Omega$. a) Am Punkt a werde ein Amperemeter eingesetzt, dessen Innenwiderstand ebenfalls $0{,}01 \, \Omega$ beträgt. Welche Stromstärke zeigt es an? b) Welche prozentuale Änderung erfährt die Stromstärke durch das Einsetzen des Amperemeters? c) Das Amperemeter werde entfernt und ein Voltmeter mit dem Innenwiderstand $1 \, k\Omega$ an a und b angeschlossen. Was zeigt es an? d) Welche prozentuale Änderung erfährt der Spannungsabfall zwischen a und b durch das Anschließen des Voltmeters?

23. Sie haben zwei Batterien zur Verfügung. Eine habe die Quellenspannung $U_Q = 9{,}0 \, V$ und den Innenwiderstand $R_i = 0{,}8 \, \Omega$, und die andere habe $U_Q = 3{,}0 \, V$ und $R_i = 0{,}4 \, \Omega$. a) Wie müssen Sie die Batterien anschließen, damit der maximal mögliche Strom durch einen Widerstand R fließt? Berechnen Sie die Stromstärke für die Widerstandswerte b) $R = 0{,}2 \, \Omega$, c) $R = 0{,}6 \, \Omega$, d) $R = 1{,}0 \, \Omega$ und e) $R = 1{,}5 \, \Omega$.

24. In der Schaltung von Abbildung 23.35 zeige das Amperemeter den gleichen Wert an, unabhängig davon, ob beide Schalter offen oder beide geschlossen sind. Bestimmen Sie R.

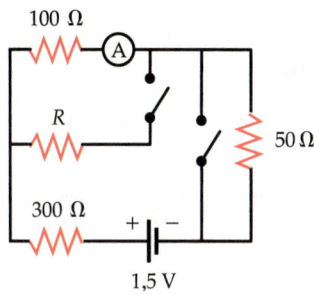

23.35 Zu Aufgabe 24.

25. a) Berechnen Sie die Stromstärken in jedem Teil der Schaltung in Abbildung 23.36. b) Verwenden Sie das Resultat aus Teil a), um die Potentiale an den markierten Punkten zu bestimmen, wobei das Potential am Punkt a gleich null gesetzt werde.

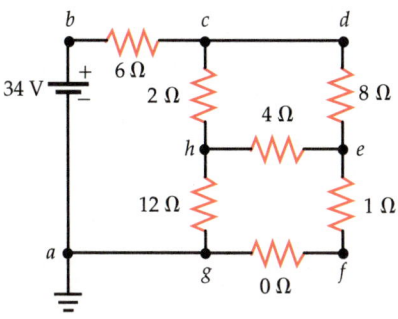

23.36 Zu Aufgabe 25.

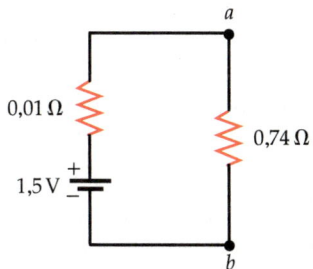

23.34 Zu Aufgabe 22.

26. a) Bestimmen Sie die Stromstärken in jedem Teil der Schaltung in Abbildung 23.37. b) Verwenden Sie das Resultat a), um die Potentiale an den markierten

Punkten zu bestimmen, wobei das Potential am Punkt a gleich null gesetzt werde.

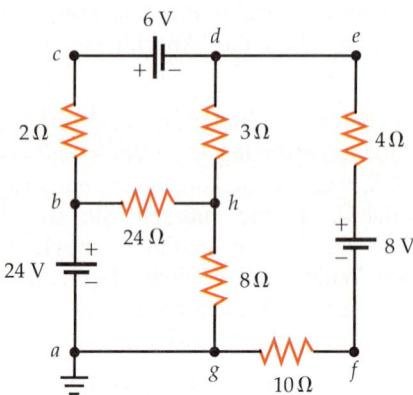

23.37 Zu Aufgabe 26.

27. a) Bestimmen Sie mit Hilfe von Symmetrieüberlegungen den Ersatzwiderstand der Schaltung in Abbildung 23.38. b) Wie groß ist die Stromstärke in jedem Widerstand, wenn $R = 10\ \Omega$ ist und zwischen a und b eine Spannung von 80 V angelegt wird?

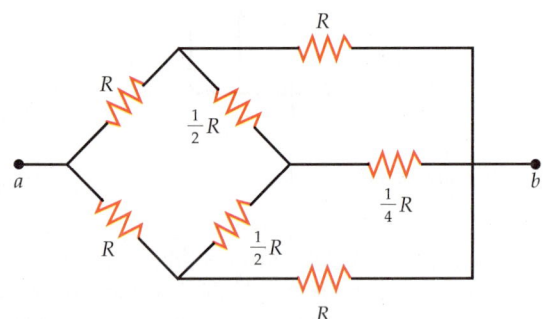

23.38 Zu Aufgabe 27.

28. Neun 10-Ω-Widerstände seien, wie in Abbildung 23.39 gezeigt, miteinander verbunden, und zwischen a und b sei eine Spannung von 20 V angelegt. a) Welchen Ersatzwiderstand hat die Schaltung? b) Wie groß ist die Stromstärke in jedem der Widerstände?

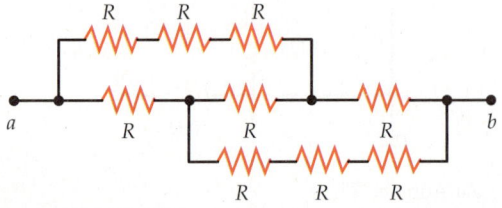

23.39 Zu Aufgabe 28.

29. Eine Parallelschaltung aus einem 8-Ω-Widerstand und einem unbekannten Widerstand R werde mit einem 16-Ω-Widerstand und einer Spannungsquelle in Reihe geschaltet. Danach werden alle drei Widerstände und die gleiche Batterie in Reihe geschaltet. In beiden Fällen sei die Stromstärke im 8-Ω-Widerstand die gleiche. Welchen Wert hat R?

30. Ein geschlossener Kasten habe zwei Anschlußklemmen a und b. Im Inneren des Kastens befinde sich eine nicht bekannte Spannungsquelle in Reihe mit einem Widerstand R. Legt man eine Potentialdifferenz von 21 V zwischen a und b an, so fließt ein Strom der Stärke 1 A bei a hinein und bei b heraus. Kehrt man die Spannung um, so fließt ein Strom der Stärke 2 A in Gegenrichtung. Welche Quellenspannung hat die Spannungsquelle, und wie groß ist der Widerstand R?

31. Ein Voltmeter habe einen Innenwiderstand von $10^5\ \Omega$. Eine 60-V-Spannungsquelle mit dem Innenwiderstand 10 Ω werde mit einer Reihenschaltung aus einem 68-kΩ- und einem 56-kΩ-Widerstand verbunden. Was zeigt das Voltmeter an, wenn man die Spannung a) über dem 68-kΩ-Widerstand, b) über dem 56-kΩ-Widerstand und c) über der Spannungsquelle mißt? d) Wie groß ist bei diesen Messungen jeweils der prozentuale Fehler?

32. Die Kondensatoren in der Schaltung von Abbildung 23.40 seien anfangs ungeladen. a) Wie groß ist die Stromstärke, sofort nachdem der Schalter S geschlossen wurde? b) Wie groß ist die Stromstärke nach langer Zeit? c) Welche Ladungen befinden sich zum Schluß in den Kondensatoren?

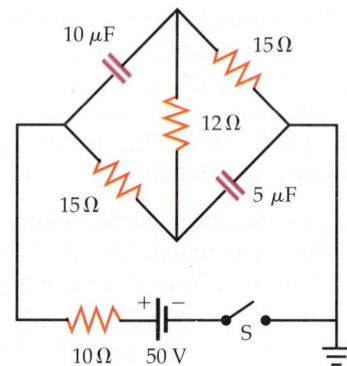

23.40 Zu Aufgabe 32.

33. Die Ladung auf dem 5-μF-Kondensator in der Schaltung von Abbildung 23.41 betrage im stationären Zustand 1000 μC. a) Welchen Strom liefert die Spannungsquelle? b) Bestimmen Sie R_1, R_2 und R_3.

34. Betrachten Sie die Schaltung in Abildung 23.42. Bestimmen Sie a) den Anfangsstrom, den die Spannungsquelle liefert, sofort nachdem der Schalter geschlossen wurde, b) die Stromstärke lange Zeit nach

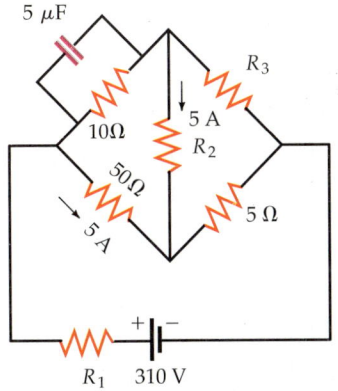

23.41 Zu Aufgabe 33.

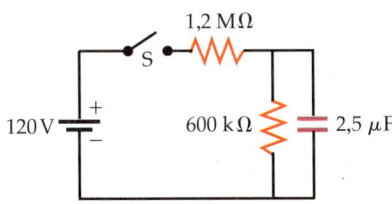

23.42 Zu Aufgabe 34.

dem Schließen des Schalters und c) die maximale Spannung über dem Kondensator.

35. a) Welche Spannung liegt über dem Kondensator der Schaltung in Abbildung 23.43? b) Bestimmen Sie den zeitlichen Verlauf der Kondensatorspannung nach dem Entfernen der Batterie. c) Wie lange dauert es, bis die Kondensatorspannung auf 1 V gefallen ist?

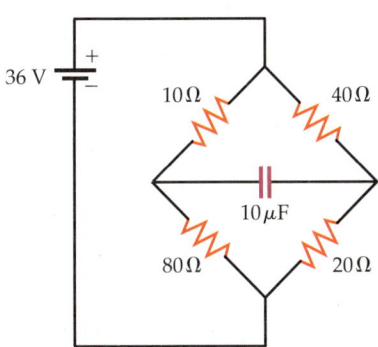

23.43 Zu Aufgaben 35 und 50.

36. Eine Schaltung, wie sie in Abbildung 23.44 gezeigt ist, bezeichnet man als *Wheatstonesche Brücke*. Mit ihrer Hilfe kann man einen unbekannten Widerstand R_x mit Hilfe dreier bekannter Widerstände R_1, R_2 und R_0 sehr präzise bestimmen. Die Widerstände R_1 und R_2 bestehen zusammen aus einem 1 m langen Draht. Der Punkt a ist ein verschiebbarer Kontakt, dessen Position das Verhältnis der Widerstände R_1 und R_2 beeinflußt. Der Widerstand R_1 ist proportional zum Abstand vom linken Ende (0 cm) des Widerstands bis zum Punkt a, und R_2 ist proportional zum Abstand von Punkt a bis zum rechten Ende (100 cm). Die Summe aus R_1 und R_2 ist konstant. Liegen die Punkte a und b auf gleichem Potential, so fließt kein Strom durch das Galvanometer, und die Brücke ist „abgeglichen". Der Widerstand R_0 habe den Wert $R_0 = 200\ \Omega$. Bestimmen Sie den unbekannten Widerstand R_x, wenn die Brücke a) bei 18 cm, b) bei 60 cm und c) bei 95 cm abgeglichen ist.

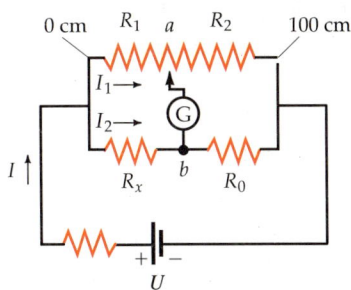

23.44 Zu Aufgabe 36.

37. Die Wheatstonesche Brücke aus der vorigen Aufgabe sei abgeglichen, wenn $R_0 = 200\ \Omega$ ist und der Kontakt a bei 98 cm steht. a) Welchen Wert hat der unbekannte Widerstand R_x? b) Welche Auswirkung hat ein Ablesefehler von 2 mm auf den ermittelten Widerstandswert? c) Wie müßte man R_0 verändern, damit der Kontakt a im abgeglichenen Zustand näher bei 50 cm liegt?

Stufe III

38. In Abbildung 23.45 ist ein Amperemeter gezeigt. Es besteht aus einem Galvanometer mit einem Innenwiderstand von 10 Ω, das mit einem 90-Ω-Widerstand verbunden ist. Die Strommeßbereiche werden eingestellt, indem die Verbindungen ab, ac, ad oder ae gesteckt werden. a) Wie muß man den 90-Ω-Widerstand aufteilen, damit zwischen den Meßbereichen jeweils ein Faktor 10 liegt? b) Welcher Galvanometerstrom I_G ergibt Vollausschlag, wenn die Meßbereiche 1 A, 100 mA, 10 mA und 1,0 mA betragen sollen?

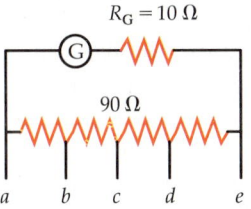

23.45 Zu Aufgabe 38.

23 Gleichstromkreise

39. In Abbildung 23.46 sind zwei Methoden gezeigt, wie man mit einem Voltmeter und einem Amperemeter den Wert eines unbekannten Widerstands R bestimmen kann. Nehmen Sie an, daß der Innenwiderstand der Spannungsquelle vernachlässigbar sei. Ferner sei der Innenwiderstand des Voltmeters tausendmal so groß wie der des Amperemeters: $R_V = 1000\,R_A$. Der Wert des Widerstands R berechnet sich dann zu $R_b = U/I$, wobei U und I die Werte sind, die das Voltmeter und das Amperemeter anzeigen. a) Welche der beiden Schaltungsmöglichkeiten ist günstiger, wenn R im Bereich zwischen $10\,R_A$ und $0{,}9\,R_V$ liegt? Warum? Es sei $R_A = 0{,}1\,\Omega$ und $R_V = 100\,\Omega$. Bestimmen Sie für beide Schaltungen R_b für b) $R = 0{,}5\,\Omega$, c) $R = 3\,\Omega$ und d) $R = 80\,\Omega$.

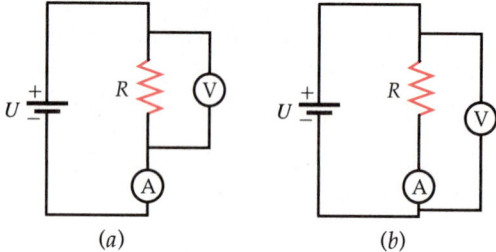

23.46 Zu Aufgaben 39 und 40.

40. a) Zeigen Sie, daß für den wahren Wert des Widerstands R bei der Schaltung von Abbildung 23.46a gilt: $1/R_b = 1/R + 1/R_V$, und daß bei der Schaltung 23.46b gilt: $R_b = R + R_A$ (vgl. vorige Aufgabe). Es sei $U = 1{,}5\,V$, $R_A = 0{,}01\,\Omega$ und $R_V = 10\,k\Omega$. Geben Sie den Bereich von R an, in dem der Meßfehler kleiner als 5 Prozent ist, und zwar b) bei Schaltung a und c) bei Schaltung b?

41. Bei der Schaltung in Abbildung 23.47 ist R_i der Innenwiderstand der Spannungsquelle, und R_A ist der Innenwiderstand des Amperemeters. a) Zeigen Sie, daß für die Anzeige des Amperemeters gilt

$$U\left(R_2 + R_A + R_i + \frac{R_2 + R_A}{R_1}R_i\right)^{-1}.$$

b) Zeigen Sie, daß bei Vertauschung von Amperemeter und Spannungsquelle das Amperemeter den Wert

$$U\left(R_2 + R_A + R_i + \frac{R_2 + R_i}{R_1}R_A\right)^{-1}$$

anzeigt. Wenn $R_A = R_i$ ist oder wenn beide vernachlässigbar sind, so zeigt das Amperemeter in beiden Fällen dasselbe an. (Wenn man R_A und R_i vernachlässigen kann, so ist diese Symmetrieeigenschaft manchmal nützlich, wenn man Schaltungen mit einer Spannungsquelle untersucht. Bei mehreren Spannungsquellen liegt diese Symmetrie nicht vor.)

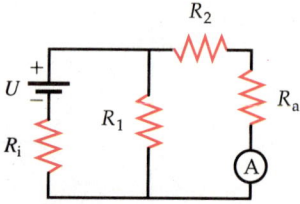

23.47 Zu Aufgabe 41.

42. Zwei Batterien mit den Quellenspannungen U_1 und U_2 und den Innenwiderständen R_{i1} und R_{i2} seien parallelgeschaltet. Zeigen Sie, daß der optimale Lastwiderstand R (für möglichst hohe Leistungsabgabe), den man hierzu parallelschalten muß, $R = R_{i1}R_{i2}/(R_{i1} + R_{i2})$ beträgt.

43. Abbildung 23.48 zeigt einen Ausschnitt aus einem unendlich ausgedehnten zweidimensionalen Widerstandsnetzwerk. Bestimmen Sie den Widerstand zwischen den Punkten a und b, wenn jeder Einzelwiderstand den Wert R hat.

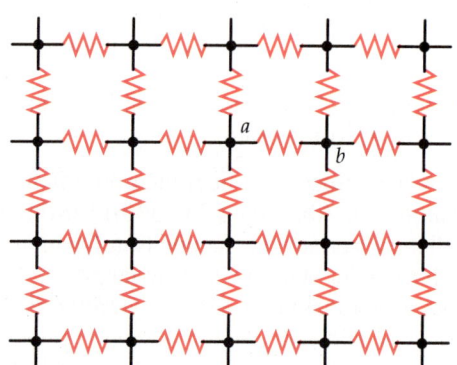

23.48 Zu Aufgabe 43.

44. Betrachten Sie ein unendlich ausgedehntes zweidimensionales, periodisches Dreiecksgitter von Widerständen. Jeder Einzelwiderstand habe den Wert R. Wie groß ist dann der Ersatzwiderstand für einen beliebigen Widerstand?

45. Betrachten Sie ein unendlich ausgedehntes dreidimensionales, periodisches, kubisches Widerstandsnetzwerk. Wie groß ist der Ersatzwiderstand für einen beliebigen Widerstand, wenn jeder Einzelwiderstand den Wert R hat?

46. Jeder der sechs Punkte a, b, c, d, e und f der Schaltung in Abbildung 23.49 ist mit jedem anderen Anschluß durch einen Draht verbunden, der den Widerstand R hat. Die Drähte seien isoliert und haben untereinander nur an den Enden Kontakt. Bestimmen Sie mit Hilfe von Symmetriebetrachtungen den Widerstand zwischen je zwei Anschlüssen.

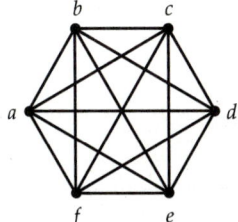

23.49 Zu Aufgabe 46.

47. a) Bestimmen Sie den Ersatzwiderstand zwischen den Punkten a und b für den Widerstandswürfel in Abbildung 23.11. b) Wie ändert sich dieser Wert, wenn man den Widerstand zwischen a und b entfernt?

48. Der Beginn einer unendlich ausgedehnten Kette von Widerständen ist in Abbildung 23.50 gezeigt. Bestimmen Sie den Ersatzwiderstand zwischen den Punkten a und b. Hinweis: Der Widerstand R_{ab} ist genauso groß wie $R_{a'b'}$, also wie der Ersatzwiderstand, wenn die Schaltung links von a'b' entfernt wird. (Die unendliche Kette behält dabei die gleiche Struktur.)

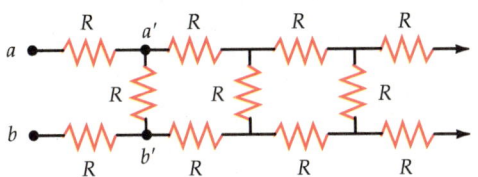

23.50 Zu Aufgabe 48.

49. In Abbildung 23.51 ist der Beginn einer unendlichen Kette von Widerständen gezeigt. Bestimmen Sie den Eingangswiderstand (vgl. vorige Aufgabe).

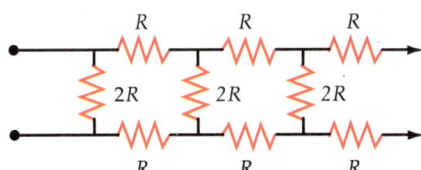

23.51 Zu Aufgabe 49.

50. In der Schaltung von Abbildung 23.43 werde der Kondensator durch einen 30-Ω-Widerstand ersetzt. Welche Ströme fließen dann durch die Widerstände?

51. Betrachten Sie die Schaltung in Abbildung 23.52. Bestimmen Sie a) die Stromstärke, unmittelbar nachdem der Schalter S geschlossen wurde, b) die Stromstärke lange Zeit danach und c) den Verlauf der Stromstärke durch den 600-Ω-Widerstand als Funktion der Zeit.

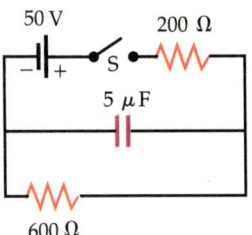

23.52 Zu Aufgabe 51.

52. In der Schaltung von Abbildung 23.53 sind die Kondensatoren C_1 und C_2 über den Widerstand R und zwei Schalter parallelgeschaltet. C_1 sei anfangs auf die Spannung U_0 aufgeladen, und C_2 sei ungeladen. Dann werden die Schalter geschlossen. a) Bestimmen Sie die Ladung auf den Kondensatoren, wenn sich ein stationärer Zustand eingestellt hat. b) Vergleichen Sie die im System am Anfang und im stationären Zustand gespeicherten Energien. c) Erklären Sie die Abnahme der in den Kondensatoren gespeicherten Energie.

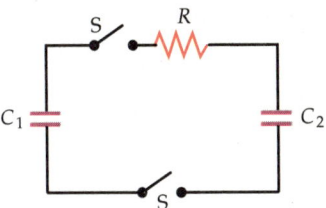

23.53 Zu Aufgabe 52.

53. In der Schaltung in Abbildung 23.54 seien die Kondensatoren anfangs ungeladen. Schalter S_2 werde geschlossen, anschließend auch Schalter S_1. Bestimmen Sie die Batteriestromstärke, a) unmittelbar nachdem S_1 geschlossen wurde, b) im stationären Zustand. Welche Spannung liegt dann c) an C_1 und d) an C_2? e) Nachdem sich das Gleichgewicht eingestellt hat, werde S_2 wieder geöffnet. Bestimmen Sie die Stromstärke im 150-Ω-Widerstand als Funktion der Zeit.

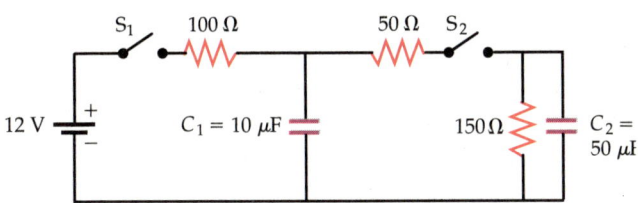

23.54 Zu Aufgabe 53.

54. Im RC-Kreis von Abbildung 23.55 sei der Kondensator anfangs ungeladen, und zum Zeitpunkt $t = 0$ werde der Schalter geschlossen. Bestimmen Sie jeweils als Funktion der Zeit: a) die Leistung, die die Spannungsquelle abgibt, b) die Leistung, die im Widerstand in Wärme umgewandelt wird, und c) den Energieinhalt des Kondensators. Zeichnen Sie die Ergebnisse aus a) bis c) in das gleiche Diagramm. d) Bestimmen Sie, als Funktion von Spannung U und Widerstand R, die maximale Änderung der im Kondensator gespeicherten Energie. Wann tritt das Maximum auf?

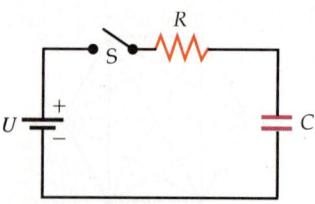

23.55 Zu Aufgabe 54.

Das Magnetfeld

24

Wann genau das Phänomen des Magnetismus entdeckt wurde, ist nicht bekannt. Bereits die Griechen kannten jedoch den natürlich vorkommenden Magnetstein oder Magnetit, der eine anziehende Wirkung auf Eisen ausübt. Das erste Mal erwähnt wird die Verwendung von Magneten in der Navigation bereits im 12. Jahrhundert. Die Wissenschaft vom Magnetismus wurde durch eine kurze Abhandlung von Pierre de Maricourt im Jahre 1269 begründet. Er hatte entdeckt, daß eine Nadel, die man auf einen oder in die Nähe eines kugelförmigen Magneten legt, sich entlang von Linien ausrichtet, die an sich gegenüberliegenden Punkten des Magneten zusammenlaufen. Diese Endpunkte nannte er Pole. In der Folgezeit befaßten sich viele Experimentatoren mit dem Magnetismus und erkannten, daß jeder Magnet zwei Pole, einen Nord- und einen Südpol, hat, an denen die magnetische Kraft am größten ist, und daß sich gleichnamige Pole abstoßen und ungleichnamige anziehen.

Im Jahre 1600 stellte William Gilbert fest, daß die Erde selbst ein natürlicher Magnet ist, dessen magnetische Pole in der Nähe der geographischen Pole liegen. Da der Nordpol einer Kompaßnadel nach Norden zeigt (diese Konvention gilt seit dem Mittelalter), muß es sich im Norden der Erde um einen magnetischen Südpol handeln (Abbildung 24.1). Die erste quantitative Untersuchung der magnetischen Kraftwirkung wurde von John Mitchell im Jahre 1750 mit einer Torsionswaage durchgeführt. Er beobachtete, daß die Kraft umgekehrt proportional zum Quadrat des Abstandes zwischen zwei Magneten ist. Dieses Ergebnis wurde wenige Jahre später (1784–1785) von Coulomb bestätigt.

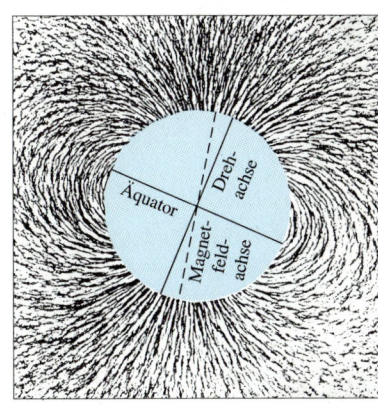

24.1 Modell des Erdmagnetfelds, illustriert durch Eisenfeilspäne in der Umgebung einer homogen magnetisierten Kugel. Der Feldlinienverlauf ähnelt dem eines Stabmagneten. (Bild: Fred Weiss)

Was die Abstandsabhängigkeit angeht, so ähneln sich magnetische und elektrische Kräfte zwar sehr, es gibt aber einen wesentlichen Unterschied zwischen elektrischer Ladung und magnetischen Polen: Im Gegensatz zu elektrischen Ladungen treten magnetische Pole nur paarweise auf. Teilt man einen Magneten in zwei Hälften, so entstehen an den Enden sofort wieder entgegengesetzte Pole. Magnetische Monopole, über deren Existenz immer wieder spekuliert wird, konnten auch in einer Vielzahl von Experimenten in jüngerer Zeit bisher nicht nachgewiesen werden. Der Zusammenhang zwischen elektrischen und magnetischen Kraftwirkungen war lange Zeit nicht bekannt, bis Hans Christian Oersted 1820 entdeckte, daß ein elektrischer Strom eine Kraftwirkung auf eine Kompaßnadel hat, wodurch diese ihre Orientierung ändert. Nachfolgende Experimente, unter anderem von André-Marie Ampère, ergaben, daß elektrische Ströme magnetische Kräfte aufeinander ausüben. Er schlug daraufhin ein Modell zur Erklärung des Magnetismus vor, das bis heute gültig ist und dessen Kernaussage lautet: Elektrische Ströme sind die alleinige Quelle der magnetischen Kräfte.

Ferner führte er den Magnetismus von Permanentmagneten auf molekulare Ringströme im Material zurück. Wir wissen heute, daß diese Annahme in der Tat stimmt und daß die molekularen Ringströme einerseits von der Bewegung der Elektronen um den Atomkern und andererseits vom Elektronenspin (einer rein quantenmechanischen Größe) herrühren. Die fundamentale magnetische Wechselwirkung besteht also in der Kraft, die eine bewegte Ladung auf eine andere bewegte Ladung ausübt. Genau wie beim elektrischen Feld gehen wir davon aus, daß diese Wechselwirkung durch ein Feld vermittelt wird, das sogenannte **Magnetfeld**. Da eine bewegte Ladung nichts anderes als einen elektrischen Strom repräsentiert, kann man sich die magnetische Wechselwirkung als Wechselwirkung zwischen elektrischen Strömen vorstellen. Zu Beginn der dreißiger Jahre des letzten Jahrhunderts konnten Michael Faraday und Joseph Henry unabhängig voneinander zeigen, daß ein elektrisches Feld, das sich zeitlich ändert, ein magnetisches Feld hervorruft. Drei Jahrzehnte später stellte James Clerk Maxwell eine vollständige Theorie der elektrischen und magnetischen Felder, die Elektrodynamik, auf. Im vorliegenden Kapitel wollen wir uns zunächst auf die Kräfte beschränken, die ein gegebenes magnetisches Feld auf bewegte Ladungen ausübt. Mit den Quellen des magnetischen Felds werden wir uns in Kapitel 25 befassen.

24.1 Die magnetische Kraftwirkung

Diejenige Größe im Bereich des Magnetismus, die analog der elektrischen Feldstärke E definiert ist, wird magnetische Induktion, magnetische Flußdichte oder einfach Magnetfeld genannt und mit dem Symbol B bezeichnet. Wir werden hier, falls nicht besondere Gründe es anders verlangen, vom *Magnetfeld B* sprechen. Diese Mehrfachbenennung ein und derselben Größe ist historisch bedingt, ebenso wie die Bezeichnung *magnetische Feldstärke H* für eine Größe, die mit B über die Beziehung

$$B = \mu H = \mu_r \mu_0 H \qquad 24.1$$

verknüpft ist. Dabei ist μ die **Permeabilität**, μ_0 die Permeabilität des Vakuums oder magnetische Feldkonstante und μ_r die Permeabilitätszahl. Für μ_r gilt nach obiger Gleichung

$$\mu_r = \frac{\mu}{\mu_0}. \qquad 24.2$$

μ_0 hat im SI-System den Wert

$$\mu_0 = 4\pi \cdot 10^{-7}\,\text{V} \cdot \text{s} \cdot \text{A}^{-1} \cdot \text{m}^{-1}.$$

μ_r ist für die meisten Materialien eine Konstante, lediglich bei den sogenannten Ferromagnetika ist μ_r variabel. Man schreibt es häufig als Funktion von H: $\mu_r = f(H)$. Darauf werden wir im Kapitel 27 näher eingehen.

Es sei hier noch einmal betont, daß ein Magnetfeld vollständig durch die (vektorielle) Größe B beschrieben wird. Der Betrag von B ist die Kenngröße für die Stärke des magnetischen Feldes. Um Verwechslungen mit dem historisch gewachsenen Begriff magnetische Feldstärke H zu vermeiden, werden wir – wie es heute immer mehr üblich wird – auf die Verwendung von H weitestgehend verzichten. Im Zusammenhang mit magnetischen Materialien (Kapitel 27) und den Maxwell-Gleichungen (Kapitel 29) werden wir allerdings noch einmal auf die Größe H zurückkommen.

Das Vorhandensein und die Stärke eines magnetischen Feldes **B** kann man durch die Kraftwirkung auf einen kleinen Probemagneten, beispielsweise eine Kompaßnadel, überprüfen. Sind keine weiteren magnetischen Felder vorhanden, so wird sich die Nadel in Richtung des Erdmagnetfelds ausrichten. Wenn dagegen ein zusätzliches Magnetfeld existiert, so wird sich die Nadel in Richtung der Überlagerung dieser beiden Felder orientieren. Aus Experimenten weiß man, daß auf eine Ladung, die sich in einem Magnetfeld bewegt, eine Kraft wirkt, die von der Größe und Richtung der Geschwindigkeit der Ladung abhängt. Wenn wir von einem Magnetfeld **B** und einer Ladung q ausgehen, so erhält man im einzelnen folgende experimentelle Resultate:

1. Die Kraft ist proportional zu q. Die Kraft auf eine negative Ladung $-q$ ist der Kraft auf die positive Ladung q entgegengerichtet, wenn beide Ladungen sich mit derselben Geschwindigkeit bewegen.
2. Die Kraft ist der Geschwindigkeit v der Ladung proportional.
3. Die Kraft wirkt senkrecht zum Magnetfeld und zur Geschwindigkeit der Ladung.
4. Die Kraft ist proportional zu $\sin \theta$, wobei θ den Winkel zwischen Geschwindigkeit **v** und Magnetfeld **B** bezeichnet.

All diese experimentellen Einzelergebnisse lassen sich in folgender Gleichung für die Kraft **F**, die ein Magnetfeld auf eine bewegte Ladung ausübt, zusammenfassen:

$$\boxed{\mathbf{F} = q\mathbf{v} \times \mathbf{B}}.$$ 24.3

Lorentz-Kraft: Kraft eines Magnetfeldes auf eine bewegte Ladung

Diese Kraft ist allgemein unter der Bezeichnung **Lorentz-Kraft** bekannt. Wie aus (24.3) hervorgeht, steht die Lorentz-Kraft **F** senkrecht auf der Ebene, die durch **B** und **v** aufgespannt wird. Zur Bestimmung der Richtung dieser Kraft gibt es eine einfache Merkregel, die sogenannte **Rechte-Hand-Regel**, die in Abbildung 24.2 erläutert wird. Beispiele für die Richtung von Kräften, die auf bewegte Ladungen wirken, wenn ein Magnetfeld **B** nicht parallel zur Bewegungsrich-

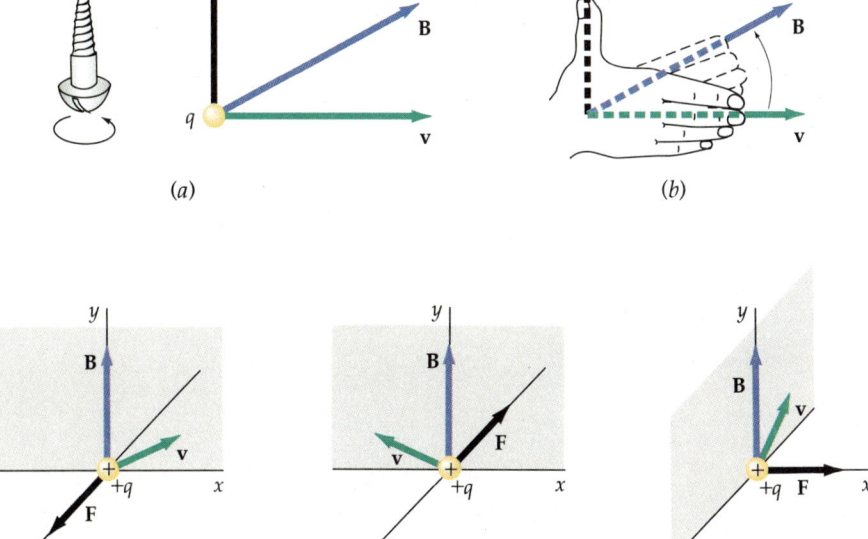

24.2 Die Richtung der Kraft, die ein Magnetfeld auf eine bewegte Ladung ausübt, kann man mit der Rechte-Hand-Regel bestimmen. a) Die Kraft steht senkrecht auf **v** und **B**. Sie zeigt in die Richtung, in die sich eine Rechtsschraube bewegt, wenn man sie in die Richtung dreht, die **v** unter dem kleinstmöglichen Drehwinkel in **B** überführt. b) Zeigen die Finger der rechten Hand in Richtung von **v**, so daß man sie in Richtung von **B** drehen kann, dann zeigt der abgespreizte Daumen in Richtung von **F**.

24.3 Richtung der Lorentz-Kraft auf geladene Teilchen, die sich mit unterschiedlichen Geschwindigkeiten **v** in einem Magnetfeld **B** bewegen. Die durch **v** und **B** aufgespannten Ebenen sind grau unterlegt.

tung verläuft, sind in Abbildung 24.3 zu sehen. Übrigens kann man umgekehrt die Richtung von **B** finden, indem man **F** und **v** mißt und dann Gleichung (24.3) anwendet.

Die SI-Einheit für das Magnetfeld **B** ist das **Tesla**. Bewegt sich eine Ladung von einem Coulomb mit einer Geschwindigkeit von einem Meter pro Sekunde senkrecht durch ein Magnetfeld von einem Tesla, so wirkt auf sie die Lorentz-Kraft von einem Newton:

$$1\,\text{T} = 1\,\frac{\text{N/C}}{\text{m/s}} = 1\,\frac{\text{N}}{\text{A} \cdot \text{m}}.$$

Felder um ein Tesla üben daher große Kräfte aus. Das Erdmagnetfeld hat die Größenordnung 10^{-4} Tesla, während die Felder kräftiger Permanentmagnete in der Größenordnung von einem halben bis einem Tesla liegen. Noch stärkere Felder werden von Hochleistungselektromagneten erzeugt. Sie liegen im Bereich von etwa zwei Tesla. Magnetfelder von mehr als zehn Tesla lassen sich nur äußerst schwierig erzeugen, weil sie so starke Kräfte auf die verwendeten Materialien ausüben, daß die Grenzen für deren mechanische Festigkeit erreicht werden. Eine weitverbreitete Einheit für das Magnetfeld, die sich vom CGS-System herleitet, ist das **Gauß** (G). Für die Umrechnung in Tesla gilt:

$$1\,\text{T} = 10^4\,\text{G}.$$

Die Kenntnis dieser Beziehung ist wichtig, da in der einschlägigen Literatur (in Zusammenhang mit dem Erdmagnetfeld) immer noch gerne mit der Einheit Gauß gearbeitet wird.

Beispiel 24.1

Im Zentrum der Vereinigten Staaten hat das Erdmagnetfeld eine Stärke von etwa 0,6 Gauß und ist nach unten und nordwärts gerichtet, wobei es einen Winkel von 70° mit der Horizontalen bildet. (Stärke und Richtung des Erdmagnetfeldes variieren von Ort zu Ort. In Mitteleuropa beträgt der Winkel zwischen Erdmagnetfeld und Horizontalen etwa 50°.) Ein Proton mit der Ladung $q = 1{,}6 \cdot 10^{-19}$ C bewege sich mit einer Geschwindigkeit von 10^7 m/s waagerecht nach Norden. Welche Kraft wirkt auf das Proton?

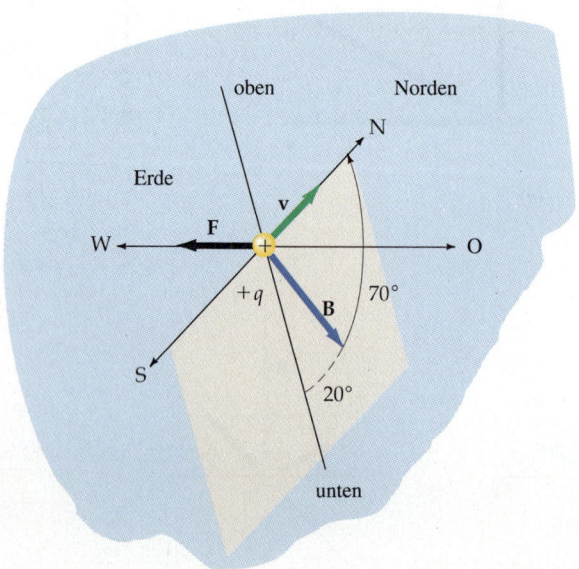

24.4 Illustration der Lorentz-Kraft, die auf ein Proton wirkt, das sich im Erdmagnetfeld in Richtung Norden bewegt. Das Erdmagnetfeld bildet unter den in Beispiel 24.1 gemachten Annahmen mit der Horizontalen einen Winkel von etwa 70°. Die Kraft wirkt in Richtung Westen.

Die Richtungen des Magnetfelds und der Geschwindigkeit sind in Abbildung 24.4 illustriert. Die Lorentz-Kraft steht senkrecht auf B und v, sie zeigt daher nach Westen. Für den Betrag der Kraft F können wir daraus ableiten:

$$F = qvB \sin \theta$$
$$= 1{,}6 \cdot 10^{-19}\,\text{C} \cdot 10^7\,\text{m/s} \cdot 0{,}6 \cdot 10^{-4}\,\text{T} \cdot 0{,}94 = 9{,}02 \cdot 10^{-17}\,\text{N}\,.$$

Es ist ganz lehrreich, dieses Beispiel jetzt noch einmal vektoriell zu betrachten. Die x-Richtung zeige nach Osten, y nach Norden und z nach oben (Abbildung 24.5). Der Geschwindigkeitsvektor hat dann nur eine nichtverschwindende Komponente in y-Richtung, das Magnetfeld hat die Komponenten $B_x = 0$, $B_y = B \cdot \cos 70° = 0{,}6 \cdot 10^{-4}\,\text{T} \cdot 0{,}342 = 2{,}05 \cdot 10^{-5}\,\text{T}$ und $B_z = -B \cdot \sin 70° = -0{,}6 \cdot 10^{-4}\,\text{T} \cdot 0{,}940 = -5{,}64 \cdot 10^{-5}\,\text{T}$.

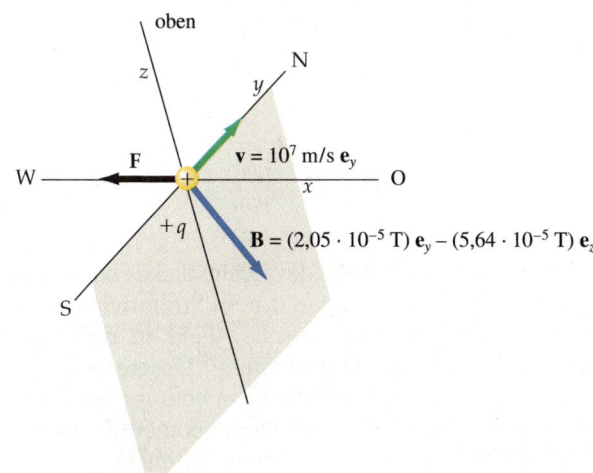

24.5 Koordinatensystem zu dem in Abbildung 24.4 gezeigten Fall. Die Geschwindigkeit v, das Magnetfeld B und die Kraft F lassen sich hier über die Einheitsvektoren e_x, e_y und e_z ausdrücken.

Wir erhalten also für das Magnetfeld B

$$B = 0\,e_x + 2{,}05 \cdot 10^{-5}\,\text{T}\,e_y - 5{,}64 \cdot 10^{-5}\,\text{T}\,e_z$$

und für die Lorentz-Kraft

$$F = q v \times B$$
$$= (1{,}6 \cdot 10^{-19}\,\text{C})(10^7\,\text{m/s}\,e_y) \times (0\,e_x + 2{,}05 \cdot 10^{-5}\,\text{T}\,e_y - 5{,}64 \cdot 10^{-5}\,\text{T}\,e_z)\,.$$

Da $e_y \times e_y = 0$ und $e_y \times e_z = e_x$, ergibt sich (vgl. auch Abschnitt 8.7):

$$F = (1{,}6 \cdot 10^{-19}\,\text{C})(10^7\,\text{m/s}\,e_y) \times (-5{,}64 \cdot 10^{-5}\,\text{T}\,e_z)$$
$$= -9{,}02 \cdot 10^{-17}\,\text{N}\,e_x\,.$$

Übung

Welche Kraft wirkt auf ein Proton, das sich mit der Geschwindigkeit $v = 4 \cdot 10^6$ m/s e_x in einem Magnetfeld mit $B = 2{,}0$ T e_z bewegt? (Antwort: $-1{,}28 \cdot 10^{-12}$ N e_y)

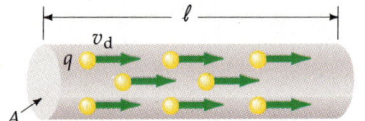

24.6 Leiterabschnitt der Länge ℓ, der von einem Strom der Stärke I durchflossen wird. Befindet sich der Leiter in einem Magnetfeld, so übt dieses auf jeden einzelnen bewegten Ladungsträger eine Kraft aus, was letztlich zu einer makroskopisch auf den Leiter wirkenden Kraft führt.

Die Kraft auf einen stromdurchflossenen Leiter setzt sich zusammen aus der Summe der Einzelkräfte auf die bewegten Ladungen, die den Strom bilden. In Abbildung 24.6 ist ein kurzer Abschnitt eines Drahtes der Länge ℓ und des Querschnitts A gezeigt, der vom Strom I durchflossen wird. Befindet sich der Draht in einem Magnetfeld B, so wirkt auf jeden einzelnen Ladungsträger q die Lorentz-Kraft $q\mathbf{v}_\mathrm{d} \times \mathbf{B}$, wenn er sich mit der Driftgeschwindigkeit $\mathbf{v}_\mathrm{d}$ bewegt. Die Anzahl an Ladungsträgern in dem Drahtstück ist gleich der Ladungsträgerdichte n multipliziert mit dem Volumen $A\ell$. Daraus resultiert eine Gesamtkraft

$$\mathbf{F} = (q\mathbf{v}_\mathrm{d} \times \mathbf{B}) n A \ell .$$

Aus (22.3) ergibt sich als Ausdruck für die Stromstärke:

$$I = n q v_\mathrm{d} A ,$$

und wir erhalten

Kraft eines Magnetfeldes auf einen stromdurchflossenen Leiterabschnitt

$$\mathbf{F} = I\boldsymbol{\ell} \times \mathbf{B} . \qquad 24.4$$

Hierbei ist $\boldsymbol{\ell}$ ein Vektor, der die Länge des Drahtstückes hat und in Richtung der Driftgeschwindigkeit der Ladungsträger, d. h. in Stromrichtung, zeigt. Für einen Strom in x-Richtung und ein magnetisches Feld in der x-y-Ebene (Abbildung 24.7) zeigt die Kraft somit in z-Richtung. Unsere bisherige Betrachtung beschränkte sich auf geradlinige Drahtstücke in homogenen Feldern. Es ist aber möglich, (24.4) auf beliebige Feld- und Drahtgeometrien zu verallgemeinern, indem man die Kraft $\mathrm{d}\mathbf{F}$ betrachtet, die auf ein infinitesimal kleines Drahtstück der Länge $\mathrm{d}\boldsymbol{\ell}$ wirkt:

Kraft eines Magnetfeldes auf ein Stromelement

$$\mathrm{d}\mathbf{F} = I \,\mathrm{d}\boldsymbol{\ell} \times \mathbf{B} , \qquad 24.5$$

wobei $\mathbf{B}$ das Magnetfeld am Ort des Drahtabschnitts ist. Die Größe $I\,\mathrm{d}\boldsymbol{\ell}$ wird **„Stromelement"** genannt. Die Gesamtkraft auf ein Drahtstück der Länge ℓ ergibt sich jetzt als Integral von null bis ℓ über alle Stromelemente, wobei für $\mathbf{B}$ der Wert in jedem Stromelement genommen wird. Wir sehen, daß (24.5) die Verallgemeinerung von (24.3) – der Betrachtung von Ladungen – auf den Fall von Strömen ist ($q\mathbf{v}$ wird ersetzt durch $I\,\mathrm{d}\boldsymbol{\ell}$).

Genau wie das elektrische Feld $\mathbf{E}$ durch elektrische Feldlinien illustriert werden kann, können wir das magnetische Feld $\mathbf{B}$ durch **magnetische Feldlinien** veranschaulichen. In beiden Fällen ist die Richtung des Feldes durch die Richtung der Feldlinien und seine Stärke durch ihre Dichte gegeben.

Man darf jedoch nicht übersehen, daß es auch wesentliche Unterschiede zwischen elektrischen und magnetischen Feldern gibt, von denen zwei besonders wichtig sind. Der erste betrifft die Richtung der Kraftwirkung. Die Kraft, die ein elektrisches Feld auf eine Ladung ausübt, wirkt längs der Feldlinien, während die Kraft eines Magnetfeldes nur auf eine bewegte Ladung wirkt, und zwar senkrecht zum Feld und zur Bewegungsrichtung. Der zweite Unterschied liegt darin, daß elektrische Feldlinien immer auf positiven Ladungen beginnen und auf negativen Ladungen enden, während es für magnetische Feldlinien keine Punkte im Raum gibt, an denen sie anfangen oder enden, denn es existieren keine magnetischen Monopole. Statt dessen bilden die magnetischen Feldlinien geschlossene Schleifen. In Abbildung 24.8 ist dies für einen Stabmagneten illustriert.

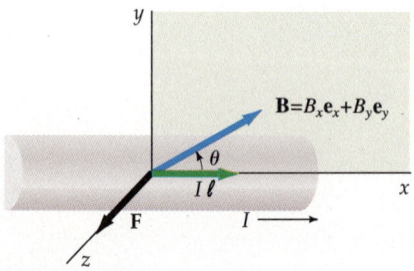

24.7 Kraft, die ein Magnetfeld auf einen stromdurchflossenen Leiterabschnitt ausübt. Der Strom I fließt in x-Richtung, das Magnetfeld $\mathbf{B}$ liegt in der x-y-Ebene und schließt mit der x-Achse den Winkel θ ein. Die Kraft $\mathbf{F}$ zeigt in z-Richtung und steht sowohl auf $\mathbf{B}$ als auch auf $I\boldsymbol{\ell}$ senkrecht. Sie hat den Betrag $I\ell B \sin\theta$.

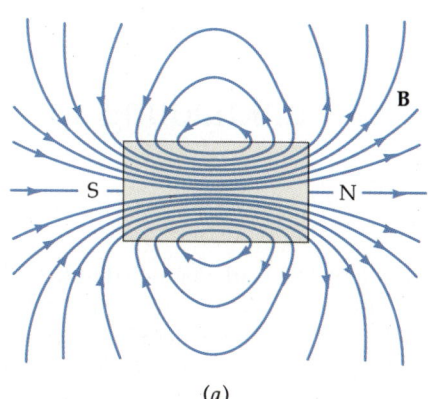

(a) (b)

24.8 a) Magnetfeldlinien innerhalb und außerhalb eines Stabmagneten. Die Feldlinien treten am Nordpol aus und beim Südpol wieder ein; sie haben keinen Anfang und kein Ende, denn sie sind in sich geschlossen. b) Feldlinien eines Stabmagneten, durch Eisenfeilspäne sichtbar gemacht. (© 1990 R. Megna/Fundamental Photographs)

Beispiel 24.2

Ein Drahtstück der Länge 3 mm werde in x-Richtung von einem Strom der Stärke 3 A durchflossen. Es befinde sich in einem Magnetfeld von 0,02 T, das in der x-y-Ebene verläuft und mit der x-Achse einen Winkel von 30° bildet (Abbildung 24.7). Welche Kraft wirkt auf das Drahtstück?

Magnetfeld- und Geschwindigkeitsvektor liegen in der x-y-Ebene, daher zeigt die Kraft in z-Richtung. Nach (24.4) gilt:

$$\begin{aligned}\boldsymbol{F} = I\boldsymbol{\ell} \times \boldsymbol{B} &= I\ell B \sin 30°\ \boldsymbol{e}_z \\ &= 3{,}0\ \text{A} \cdot 0{,}003\ \text{m} \cdot 0{,}02\ \text{T} \cdot \sin 30°\ \boldsymbol{e}_z \\ &= 9 \cdot 10^{-5}\ \text{N}\ \boldsymbol{e}_z\,.\end{aligned}$$

Um die Gesamtkraft auf einen längeren Draht zu erhalten, muß man die Kräfte, die auf alle kleinen Abschnitte dieser Größe wirken, aufsummieren.

Fragen

1. Eine Ladung q bewegt sich mit Geschwindigkeit $\boldsymbol{v}$ durch ein Magnetfeld $\boldsymbol{B}$, das auf die Ladung die Kraft $\boldsymbol{F}$ ausübt. Wie würde sich die Kraft ändern, a) wenn die Ladung umgekehrtes Vorzeichen hätte, b) wenn sie in die Gegenrichtung flöge und c) wenn das Magnetfeld umgekehrt gerichtet wäre?
2. Bei welchem Winkel zwischen Magnetfeld $\boldsymbol{B}$ und Geschwindigkeit $\boldsymbol{v}$ ist die Kraft am größten und wann am kleinsten?
3. Auf eine bewegte elektrische Ladung können sowohl magnetische als auch elektrische Kräfte wirken. Wie läßt sich feststellen, ob eine Kraft, die zu einer Bahnabweichung führt, magnetischen oder elektrischen Ursprungs ist?
4. Wie kann sich eine Ladung durch ein Magnetfeld bewegen, ohne daß das Feld eine Kraft auf sie ausübt?
5. Zeigen Sie, daß die Kraft auf ein Stromelement immer die gleiche Richtung hat, unabhängig davon, ob positive oder negative Ladungsträger oder eine Mischung aus beiden den Strom verursachen!

6. Ein stromdurchflossener Leiter befindet sich in einem Magnetfeld. In welchem Fall ist es möglich, daß das Feld keine Kraft auf ihn ausübt?
7. Worin ähneln und worin unterscheiden sich magnetische und elektrische Feldlinien?

24.2 Die Bewegung einer Punktladung in einem Magnetfeld

Ein wichtiges Merkmal der Kraft, die ein Magnetfeld auf eine sich durch das Feld bewegende Ladung ausübt, ist, daß sie nur senkrecht zur Bewegungsrichtung wirkt. Daher wird zwar die Richtung, nicht aber der Betrag der Geschwindigkeit eines geladenen Teilchens geändert. Das Magnetfeld leistet somit keine Arbeit an dem Teilchen und hat keinen Einfluß auf seine kinetische Energie.

Bewegt sich ein Teilchen genau senkrecht zu einem homogenen Magnetfeld (Abbildung 24.9), so führt die Richtung der Kraftwirkung dazu, daß das Teilchen im Magnetfeld eine Kreisbahn beschreibt. Den Radius dieser Bahn können wir berechnen, indem wir gemäß dem zweiten Newtonschen Gesetz die Beträge der Zentripetalkraft der Kreisbewegung, mv^2/r, und der Kraft des Magnetfeldes, qvB, gleichsetzen:

$$qvB = \frac{mv^2}{r}$$

oder

$$r = \frac{mv}{qB}. \qquad 24.6$$

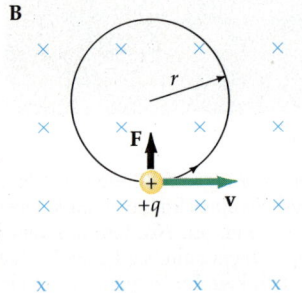

24.9 Ein geladenes Teilchen bewegt sich in einer Ebene senkrecht zu einem homogenen Magnetfeld. Das Magnetfeld zeigt in die Papierebene hinein, was durch die Kreuze angedeutet wird. (Ein entgegengesetzt gerichtetes Feld wird durch Punkte symbolisiert.) Die Kraft, die das Magnetfeld auf das Teilchen ausübt, steht immer senkrecht auf dem Geschwindigkeitsvektor des Teilchens, so daß sich das Teilchen auf einer Kreisbahn bewegt.

Die Zeit T, die das Teilchen für einen Umlauf benötigt, ist gemäß (3.23) mit der Bahngeschwindigkeit verknüpft:

$$T = \frac{2\pi r}{v}.$$

Setzen wir das in (24.6) ein, so erhalten wir:

$$T = \frac{2\pi \, (mv/qB)}{v} = \frac{2\pi m}{qB}, \qquad 24.7$$

und damit folgt für die Umlauffrequenz:

Zyklotronfrequenz
$$\nu = \frac{1}{T} = \frac{qB}{2\pi m}. \qquad 24.8$$

Bemerkenswert ist, daß diese Umlauffrequenz, die häufig auch **Zyklotronfrequenz** genannt wird, nicht vom Bahnradius abhängt. Zwei wichtige Anwendungen der Kreisbewegung geladener Teilchen im Magnetfeld werden wir später in diesem Kapitel noch diskutieren: das Massenspektrometer und das Zyklotron.

24.2 Die Bewegung einer Punktladung in einem Magnetfeld

Beispiel 24.3

Ein Proton der Masse $m = 1{,}67 \cdot 10^{-27}$ kg und Ladung $q = e = 1{,}6 \cdot 10^{-19}$ C bewege sich senkrecht zu einem Magnetfeld $B = 4000$ G auf einer Kreisbahn mit Radius $r = 21$ cm. a) Wie lange dauert ein Umlauf? b) Wie schnell fliegt das Proton?

a) Um die Umlaufzeit zu bestimmen, brauchen wir den Bahnradius nicht. Wir rechnen zunächst die Einheiten in SI-Einheiten um (4000 G = 0,4 T) und benutzen dann Gleichung (24.7):

$$T = \frac{2\pi m}{qB} = \frac{2\pi \cdot 1{,}67 \cdot 10^{-27} \text{ kg}}{1{,}6 \cdot 10^{-19} \text{ C} \cdot 0{,}4 \text{ T}}$$

$$= 1{,}64 \cdot 10^{-7} \text{ s} \ .$$

b) Die Geschwindigkeit erhalten wir mit (24.6) aus dem Bahnradius:

$$v = \frac{rqB}{m} = \frac{0{,}21 \text{ m} \cdot 1{,}6 \cdot 10^{-19} \text{ C} \cdot 0{,}4 \text{ T}}{1{,}67 \cdot 10^{-27} \text{ m}}$$

$$= 8{,}05 \cdot 10^{6} \text{ m/s} \ .$$

Dieses Ergebnis können wir überprüfen, da wir wissen, daß das Produkt aus Bahngeschwindigkeit und Umlaufdauer gleich dem Bahnumfang $2\pi r$ sein muß:

$$r = \frac{vT}{2\pi} = \frac{8{,}05 \cdot 10^{6} \text{ m/s} \cdot 1{,}64 \cdot 10^{-7} \text{ s}}{2\pi}$$

$$= 0{,}21 \text{ m} = 21 \text{ cm} \ .$$

Eine wichtige Schlußfolgerung aus (24.6) ist übrigens noch, daß der Bahnradius der Bahngeschwindigkeit proportional ist. Bei einer Verdoppelung der Geschwindigkeit wird der Radius doppelt so groß, während die Umlauffrequenz unverändert bleibt.

Wenn ein Teilchen nicht genau senkrecht in ein Magnetfeld B eintritt, so können wir den Geschwindigkeitsvektor zerlegen in einen Anteil $\mathbf{v}_\parallel$ parallel zum Magnetfeld und einen Anteil $\mathbf{v}_\perp$ senkrecht zum Magnetfeld. Der senkrechte Anteil führt zu einer Kreisbewegung (wie wir gerade gesehen haben), der zum Feld parallele Anteil wird dagegen durch das Magnetfeld nicht beeinflußt ($\mathbf{v}_\parallel \times \mathbf{B} = 0$). Die Überlagerung beider Bewegungen ergibt eine Helix, wie sie in Abbildung 24.10 zu sehen ist.

Die Bewegung geladener Teilchen in inhomogenen Feldern kann recht kompliziert sein. Abbildung 24.11 zeigt eine sogenannte **magnetische Flasche**, eine Magnetfeldkonfiguration, bei der das Feld an den Enden wesentlich stärker ist als im Zentrum. Eine genaue Untersuchung der Bewegung eines geladenen Teil-

24.10 a) Hat der Geschwindigkeitsvektor eines Teilchens neben einer zu einem Magnetfeld parallelen Komponente auch eine, die senkrecht zum Feld steht, so beschreibt das Teilchen eine helixförmige Bahn, wobei es die Feldlinien umkreist. b) Aufnahme der Bahnkurve eines Elektrons in einer Nebelkammer, in der ein Magnetfeld herrscht. Die Bahnkurve wird durch die Lichtstreuung an Wassertropfen sichtbar. Diese bilden sich entlang der Bahn des Elektrons, weil es in der übersättigten Wasserdampfatmosphäre der Kammer Moleküle ionisiert, die als Kondensationskeime für die Wassertropfen wirken. (Foto: C.E. Nielsen)

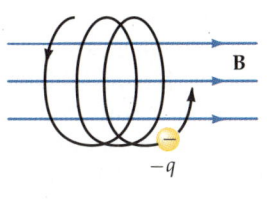

(a)

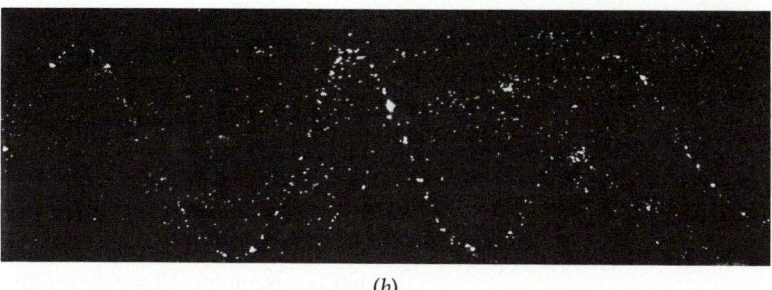

(b)

24 Das Magnetfeld

Links oben auf diesem Bild, das die Raumsonde Skylab-4 aufgenommen hat, ist eine Sonneneruption (Flare) zu sehen. Sie besteht aus geladenen Teilchen, die vom Magnetfeld der Sonne in einem begrenzten Raumgebiet eingeschlossen werden. (Foto: N.A.S.A., 74-HC-260)

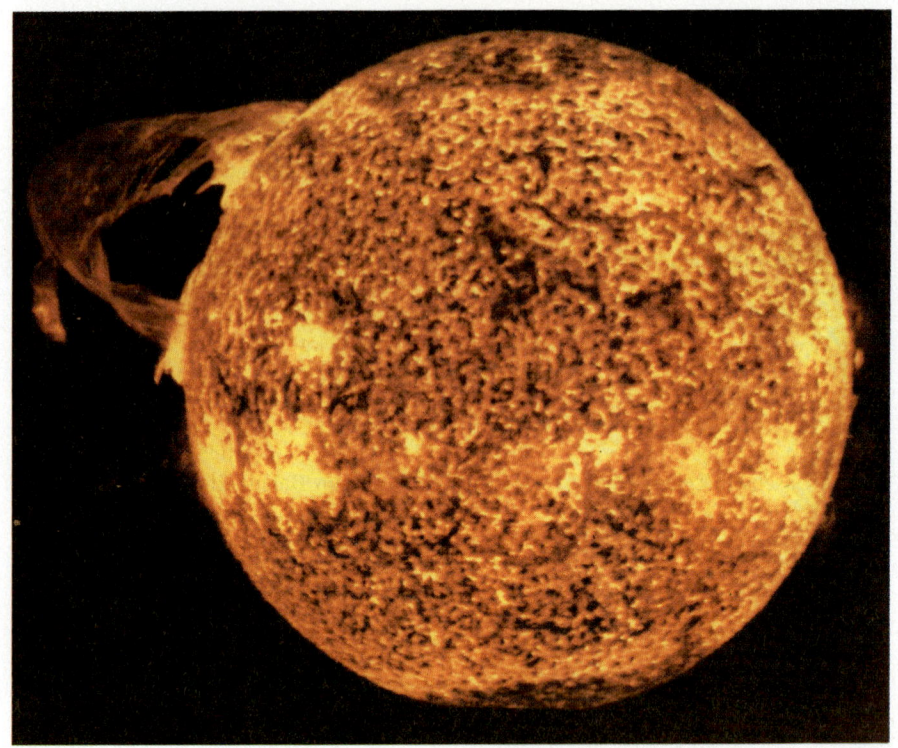

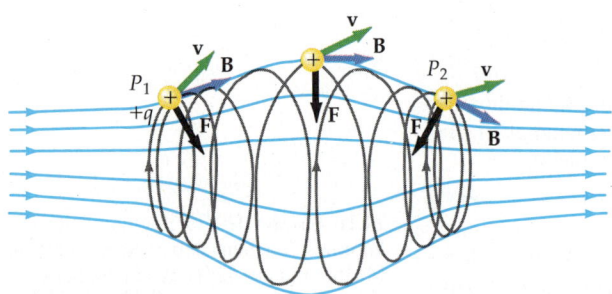

24.11 Magnetische Flasche. Bewegt sich ein geladenes Teilchen in einem inhomogenen Magnetfeld, das an den Enden stärker als in der Mitte ist, so ändert sich zum einen der Radius der helixförmigen Bahn, zum anderen wirkt beim Eindringen in Bereiche größerer Feldstärke eine rücktreibende Kraft F: Das Teilchen wird eingefangen.

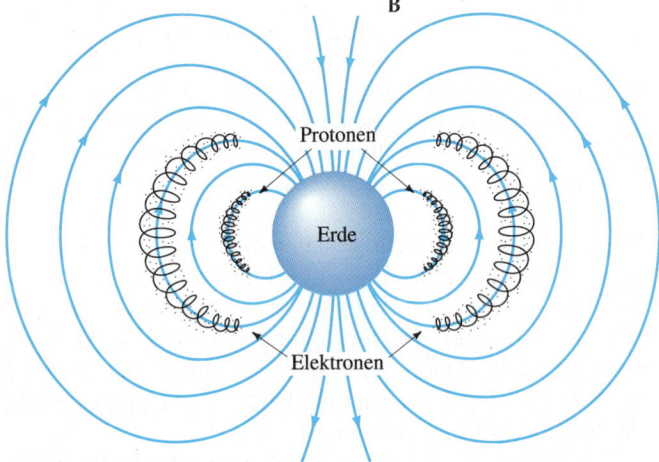

24.12 Van-Allen-Gürtel. Protonen (innerer Gürtel) und Elektronen (äußerer Gürtel) werden im Erdmagnetfeld gefangen und kreisen in helixförmigen Bahnen um die Magnetfeldlinien zwischen Nord- und Südpol.

chens in einem solchen Magnetfeld zeigt, daß das Teilchen eine spiralartige Bewegung um die Feldlinien herum ausführt und außerdem „gefangen" wird: Es oszilliert zwischen den Punkten P_1 und P_2 in der Zeichnung hin und her, d.h., es kann die magnetische Flasche nicht mehr verlassen. Solche Magnetfeldkonfigurationen verwendet man unter anderem bei Experimenten zur Kernfusion, um die sogenannten **Plasmen**, hochenergetische, dichte Wolken von geladenen Teilchen, einzuschließen (siehe auch Abschnitt 40.5). Ein ähnliches Phänomen ist die Oszillation von Ionen und Elektronen zwischen den magnetischen Polen der Erde in den sogenannten Van-Allen-Gürteln (Abbildung 24.12).

Das Geschwindigkeitsfilter

Bewegt sich ein geladenes Teilchen in einem Magnetfeld, dem ein elektrisches Feld überlagert ist, so wird es sowohl durch die magnetische als auch durch die elektrische Kraft abgelenkt. Sind Richtung und Stärke der Felder geeignet gewählt, so können sich die Kräfte gerade kompensieren. Da die elektrische Kraft parallel zu den Feldlinien wirkt und die magnetische senkrecht dazu, müssen beide Felder in dem Gebiet, durch welches das Teilchen sich bewegt, senkrecht zueinander stehen, damit die Kräfte sich gegenseitig aufheben (*Methode der gekreuzten Felder*). Eine solche Anordnung ist in Abbildung 24.13 zu sehen: In dem Gebiet zwischen den Platten eines Kondensators, der ein elektrisches Feld erzeugt, wirkt gleichzeitig ein dazu senkrechtes Magnetfeld, wobei der zugehörige Magnet aus Gründen der Übersichtlichkeit hier nicht wiedergegeben ist. Wenn nun ein positiv geladenes Teilchen der Ladung q von links kommend in diese Feldanordnung eintritt, so wirkt die elektrische Kraft Eq nach unten und die magnetische Kraft $q\mathbf{v} \times \mathbf{B}$ nach oben (bei negativer Ladung zeigen beide Kräfte in die entgegengesetzten Richtungen). Die Kräfte heben sich auf, wenn $qE = qvB$ oder

$$v = \frac{E}{B}.\qquad 24.9$$

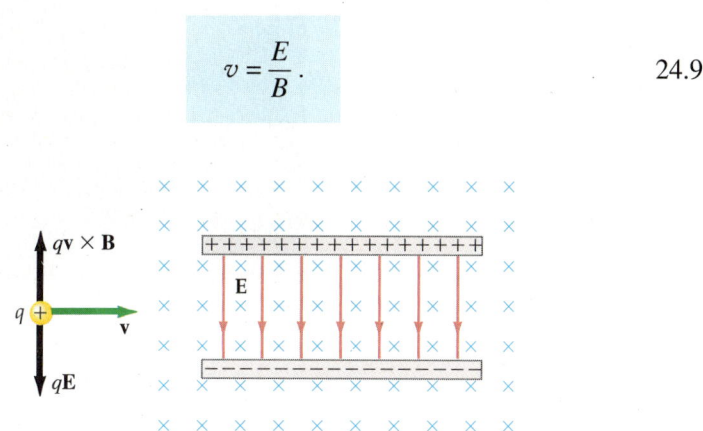

24.13 Gekreuztes magnetisches und elektrisches Feld. Bewegt sich ein positiv geladenes Teilchen nach rechts, so wirkt die Kraft qE nach unten, die Kraft qvB nach oben. Für ein Teilchen, das sich mit der Geschwindigkeit $v = E/B$ bewegt, heben sich die Kräfte gegenseitig auf.

Bei einer vorgegebenen Feldanordnung heben sich die Kräfte also nur auf, wenn die Teilchen die durch (24.9) gegebene Geschwindigkeit haben. Alle Teilchen dieser Geschwindigkeit, egal welche Masse oder Ladung sie besitzen, durchqueren dieses Gebiet ohne Ablenkung. Ein Teilchen mit größerer Geschwindigkeit wird in Richtung der magnetischen Kraft abgelenkt, eines mit kleinerer Geschwindigkeit in Richtung der elektrischen Kraft. Bringt man in Flugrichtung der Teilchen am Ende des Kondensators eine Blende mit einem kleinen Loch an, so werden nur die Teilchen, deren Geschwindigkeit Gleichung (24.9) erfüllt, die Blende passieren, die anderen werden hier reflektiert oder absorbiert. Die Anordnung wird aus diesem Grund **Geschwindigkeitsfilter** (manchmal auch Wiensches Geschwindigkeitsfilter) genannt.

Übung

Ein Proton bewege sich in x-Richtung durch ein Geschwindigkeitsfilter mit $\mathbf{E} = 2 \cdot 10^5$ N/C $\mathbf{e}_z$ und $\mathbf{B} = -3000$ G $\mathbf{e}_y$. a) Wie schnell muß das Proton fliegen, damit es nicht abgelenkt wird? b) In welche Richtung wird das Proton abgelenkt, wenn es doppelt so schnell fliegt? (Antworten: a) 667 km/s; b) in die negative z-Richtung)

24 Das Magnetfeld

Der *e/m*-Versuch von Thomson

Ein Beispiel für den Einsatz eines Geschwindigkeitsfilters ist der berühmte Versuch von Joseph J. Thomson aus dem Jahre 1897, in dem er zeigte, daß sich Kathodenstrahlen von elektrischen und magnetischen Feldern ablenken lassen, somit also aus geladenen Teilchen bestehen. Durch Messungen der Ablenkung als Funktion der Feldparameter konnte er zeigen, daß das Verhältnis von Ladung zu Masse, *e/m*, dieser Teilchen eine Konstante ist. Darüber hinaus erbrachte er den Nachweis, daß sich Teilchen mit genau diesem Ladung-Masse-Verhältnis unter Verwendung der unterschiedlichsten Kathodenmaterialien erzeugen lassen. Das bedeutet aber, daß diese Teilchen, die man heute Elektronen nennt, Grundbausteine der Materie sind.

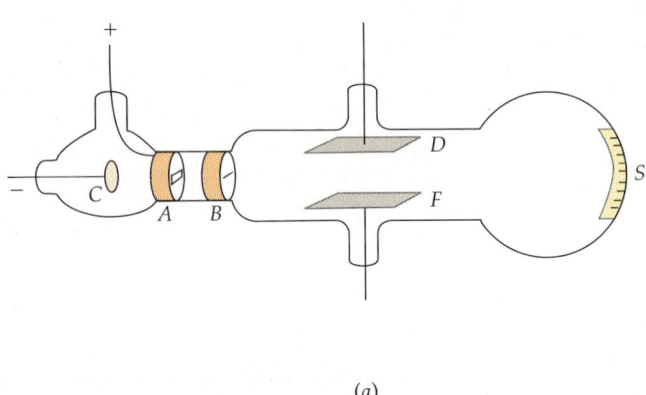

(a)

(b)

24.14 a) Skizze der Kathodenstrahlröhre, die Thomson verwendete, um das Verhältnis *e/m* zu bestimmen. Die Elektronen kommen von der Kathode C und passieren die Schlitze A und B, bevor sie auf den Leuchtschirm S treffen. Die Auftreffposition des Strahls kann durch ein elektrisches Feld zwischen den Platten D und F sowie durch ein Magnetfeld (hier nicht wiedergegeben) verändert werden. b) J.J. Thomson in seinem Labor (mit freundlicher Genehmigung des Cavendish Laboratory, University of Cambridge).

Abbildung 24.14 zeigt eine Schemazeichnung der Kathodenstrahlröhre, die Thomson benutzte. Elektronen werden von der Kathode C emittiert, die, relativ zu den Schlitzen A und B, auf negativem Potential liegt. Ein elektrisches Feld beschleunigt die Elektronen von C nach A, dann fliegen sie durch die Schlitze A und B in eine feldfreie Zone. Anschließend treten sie in das elektrische Feld zwischen den Kondensatorplatten D und F ein, das senkrecht zur Bewegungsrichtung steht. In diesem Feld werden die Elektronen beschleunigt und erhalten so eine vertikale Geschwindigkeitskomponente. Schließlich treffen sie auf den Leuchtschirm auf, und zwar an einem Punkt, der um die Strecke *y* weiter oben liegt als der Auftreffpunkt im feldfreien Fall. Die Ablenkung setzt sich zusammen aus der Ablenkung y_1, die am Ende des Kondensators vorliegt, und der Ablenkung y_2, die danach, also im feldfreien Gebiet, auftritt (Abbildung 24.15).

24.15 Die gesamte Ablenkung des Elektronenstrahls im *e/m*-Experiment setzt sich zusammen aus der Ablenkung y_1 im Ablenkkondensator und der weiteren Vertikalbewegung y_2 im feldfreien Raum zwischen Ablenkplatten und Leuchtschirm.

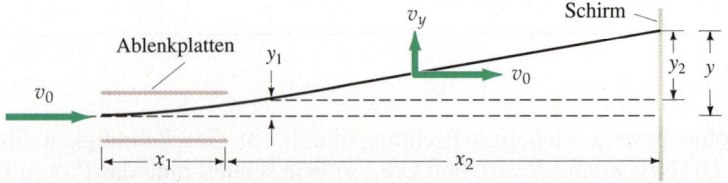

Haben die Ablenkplatten die Länge x_1 und beträgt die Elektronengeschwindigkeit v_0, so gilt für die Dauer des Fluges durch den Ablenkbereich $t_1 = x_1/v_0$.

Daher ergibt sich für die Vertikalgeschwindigkeit des Elektrons am Ende des Kondensators:

$$v_y = at_1 = \frac{eE}{m} t_1 = \frac{eE}{m} \frac{x_1}{v_0},$$

wobei E die elektrische Feldstärke zwischen den Platten und a die Beschleunigung ist. Die Ablenkung in diesem Gebiet beträgt also

$$y_1 = \frac{1}{2} at_1^2 = \frac{1}{2} \frac{eE}{m} \left(\frac{x_1}{v_0}\right)^2.$$

Zwischen Ablenkplatten und Schirm durchfliegt das Elektron die Strecke x_2 in einem feldfreien Raumgebiet, daher ist dort seine Geschwindigkeit konstant. Die Komponente in x-Richtung beträgt nach wie vor v_0. Bis zum Schirm braucht das Elektron die Zeit $t_2 = x_2/v_0$, und für die zusätzliche Ablenkung y_2 in senkrechter Richtung erhalten wir:

$$y_2 = v_y t_2 = \frac{eE}{m} \frac{x_1}{v_0} \frac{x_2}{v_0}.$$

Dies führt zu einer Gesamtablenkung in vertikaler Richtung von

$$y = y_1 + y_2 = \frac{1}{2} \frac{eE}{m} \left(\frac{x_1}{v_0}\right)^2 + \frac{eE}{m} \frac{x_1 x_2}{v_0^2}. \qquad 24.10$$

Man bestimmt die Anfangsgeschwindigkeit v_0, indem man ein Magnetfeld B zwischen den Platten wirken läßt (beispielsweise durch Einschalten eines Elektromagneten), das senkrecht zum elektrischen Feld und der Bewegungsrichtung der Elektronen orientiert ist. Die Stärke von B wird dann so lange einjustiert, bis der Strahl nicht mehr abgelenkt wird, und anschließend erhält man aus (24.9) die Geschwindigkeit sowie aus der gemessenen Ablenkung $y_1 + y_2$ und (24.10) das Verhältnis e/m.

Ein Elektronenstrahl bewegt sich in dieser Glaskugel von links nach rechts und wird dabei durch das homogene Feld eines Elektromagneten abgelenkt. In welcher Richtung verläuft das Magnetfeld? (Mit freundlicher Genehmigung der Central Scientific Company)

Beispiel 24.4

Elektronen fliegen, ohne abgelenkt zu werden, durch eine Anordnung, wie sie Thomson benutzte, wobei das elektrische Feld eine Stärke von 3000 V/m hat und das magnetische Feld 1,4 G beträgt. Die Ablenkplatten seien 4 cm lang, und das Ende der Platten sei 30 cm vom Leuchtschirm entfernt. Wie groß ist die Ablenkung am Schirm, wenn das Magnetfeld abgeschaltet wird? – Ladung und Masse des Elektrons betragen $e = 1,6 \cdot 10^{-19}$ C bzw. $m = 9,11 \cdot 10^{-31}$ kg.

Die Anfangsgeschwindigkeit des Elektrons erhalten wir aus Gleichung (24.9):

$$v_0 = \frac{E}{B} = \frac{3000 \text{ V/m}}{1,40 \cdot 10^{-4} \text{ T}} = 2,14 \cdot 10^7 \text{ m/s}.$$

Setzen wir diese Anfangsgeschwindigkeit zusammen mit den Werten für x_1 und x_2 in Gleichung (24.10) ein, so ergibt sich für die Ablenkung

$$\begin{aligned} y_1 + y_2 &= \frac{1}{2} \frac{1,6 \cdot 10^{-19} \text{ C} \cdot 3000 \text{ V/m}}{9,11 \cdot 10^{-31} \text{ kg}} \left(\frac{0,04 \text{ m}}{2,14 \cdot 10^7 \text{ m/s}}\right)^2 \\ &\quad + \frac{1,6 \cdot 10^{-19} \text{ C} \cdot 3000 \text{ V/m}}{9,11 \cdot 10^{-31} \text{ kg}} \frac{0,04 \text{ m} \cdot 0,30 \text{ m}}{(2,14 \cdot 10^7 \text{ m/s})^2} \\ &= 9,20 \cdot 10^{-4} \text{ m} + 1,38 \cdot 10^{-2} \text{ m} \\ &= 0,92 \text{ mm} + 13,8 \text{ mm} = 14,7 \text{ mm}. \end{aligned}$$

24 Das Magnetfeld

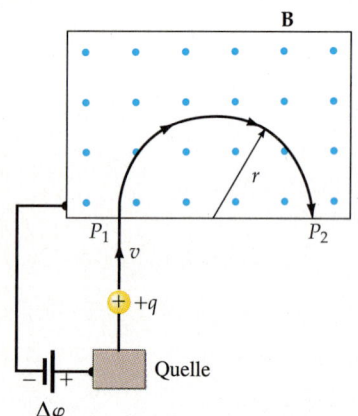

24.16 Skizze eines Massenspektrometers. Ionen treten aus einer Ionenquelle aus und durchlaufen die Potentialdifferenz $\Delta\varphi$, bevor sie in ein homogenes Magnetfeld eintreten. Das Magnetfeld zeigt aus der Papierebene heraus, was durch die Punkte symbolisiert wird. Die Ionen beschreiben im Magnetfeld eine kreisförmige Bahn und treffen am Punkt P_2 auf einer photographischen Platte auf. Bei gleicher kinetischer Energie ist der Bahnradius der Wurzel aus der Ionenmasse proportional.

Das Massenspektrometer

Das erste moderne **Massenspektrometer** ist der von F. W. Aston im Jahre 1919 gebaute Massenspektrograph. Ziel von Aston war es, damit die Massen verschiedener Isotope bestimmen und unterscheiden zu können. Ein wichtiger Anwendungsbereich solcher Massenbestimmungen ist die Ermittlung des natürlichen Isotopenverhältnisses. Natürliches Magnesium zum Beispiel liegt in Form von drei Isotopen vor: Es besteht zu 78,7 Prozent aus ^{24}Mg, zu 10,1 Prozent aus ^{25}Mg und zu 11,2 Prozent aus ^{26}Mg. Das Massenverhältnis der Isotope beträgt ungefähr 24:25:26.

Ein Massenspektrometer dient zunächst dazu, das Verhältnis q/m von Ionen bekannter Ladung zu finden, indem der Radius ihrer Flugbahn in einem homogenen magnetischen Feld gemessen wird. Nach Gleichung (24.6), $r = mv/qB$, hängt der Radius der Kreisbewegung eines Teilchens der Masse m und Ladung q von der Geschwindigkeit v des Teilchens und dem Magnetfeld B ab. In Abbildung 24.16 ist der Grundaufbau eines Massenspektrometers skizziert. Die Ionen werden von der Ionenquelle emittiert, durchlaufen ein bekanntes Potentialgefälle $\Delta\varphi$ und treten anschließend in ein homogenes Magnetfeld ein, das von einem Elektromagneten erzeugt wird. Sind die Ionen anfangs in Ruhe, so haben sie nach Durchlaufen des Potentialgefälles eine kinetische Energie, die dem Verlust von $q\Delta\varphi$ an potentieller Energie entspricht:

$$\frac{1}{2}mv^2 = q\,\Delta\varphi. \qquad 24.11$$

Im Magnet beschreiben die Ionen einen Halbkreis mit Radius r und treffen auf einer photographischen Platte am Punkt P_2 auf, der genau $2r$ vom Eintrittsspalt (P_1) entfernt ist. Aus den Gleichungen (24.6) und (24.11) läßt sich die Geschwindigkeit als eine der unbekannten Größen eliminieren, so daß man q/m in Abhängigkeit von den bekannten Größen $\Delta\varphi$, B und r erhält. Hierzu lösen wir (24.6) nach v auf, quadrieren die Gleichung,

$$v^2 = \frac{r^2 q^2 B^2}{m^2},$$

und setzen dieses Ergebnis in (24.11) ein:

$$\frac{1}{2}m\left(\frac{r^2 q^2 B^2}{m^2}\right) = q\,\Delta\varphi.$$

Auflösen nach m/q liefert schließlich

$$\frac{m}{q} = \frac{B^2 r^2}{2\,\Delta\varphi}. \qquad 24.12$$

Bei bekannter Ladung (sie läßt sich beispielsweise durch Untersuchung des Ionisationsprozesses in der Ionenquelle herausfinden) kann dann die Masse bestimmt werden. In Astons Originalaufbau betrug die Massenauflösung $\Delta m/m$ etwa 1 zu 10000. Bessere Auflösungen lassen sich dadurch erreichen, daß die Ionen auf dem Weg von der Quelle zum Magneten zuerst ein Geschwindigkeitsfilter durchlaufen, wodurch nur Teilchen in einem engen Geschwindigkeitsbereich überhaupt in das Magnetfeld eintreten.

24.2 Die Bewegung einer Punktladung in einem Magnetfeld

Beispiel 24.5

Ein ^{58}Ni-Ion der Ladung $+e$ und Masse $m = 9{,}62 \cdot 10^{-26}$ kg durchlaufe ein Potentialgefälle von 3 kV und werde anschließend in einem Magnetfeld von 0,12 T abgelenkt. a) Welchen Radius hat die Flugbahn? b) Welchen Radius hat die Flugbahn eines ^{60}Ni-Ions (das Massenverhältnis beträgt in guter Näherung 58/60)? Wie groß ist die Differenz der Radien?

a) Mit Gleichung (24.12) erhalten wir:

$$r^2 = \frac{2m\,\Delta\varphi}{qB^2} = \frac{2 \cdot 9{,}62 \cdot 10^{-26}\text{ kg} \cdot 3000\text{ V}}{(1{,}6 \cdot 10^{-19}\text{ C} \cdot 0{,}12\text{ T})^2} = 0{,}251\text{ m}^2$$

$$r = \sqrt{0{,}251\text{ m}^2} = 0{,}501\text{ m}\,.$$

b) In einem gegebenen Magnetfeld ist der Ablenkradius proportional zur Wurzel aus der Masse des Teilchens. Daher gilt für das Verhältnis der Radien, wenn r_1 den Ablenkradius des ^{58}Ni-Ions und r_2 denjenigen des ^{60}Ni-Ions bezeichnet:

$$\frac{r_2}{r_1} = \sqrt{\frac{m_2}{m_1}} = \sqrt{\frac{60}{58}} = 1{,}017\,.$$

Für den Radius der Bahn des ^{60}Ni-Ions erhält man daher

$$r_2 = 1{,}017\,r_1 = 1{,}017 \cdot 0{,}501\text{ m} = 0{,}510\text{ m}$$

und für die Differenz der Ablenkradien der beiden Isotope

$$r_2 - r_1 = 0{,}510\text{ m} - 0{,}501\text{ m} = 0{,}009\text{ m} = 9\text{ mm}\,.$$

Das Zyklotron

Das **Zyklotron** wurde im Jahre 1934 von E. O. Lawrence und M. S. Livingstone erfunden. Sie wollten ein Gerät entwickeln, mit dem sich Wasserstoff- und Deuteriumkerne auf hohe Geschwindigkeiten beschleunigen lassen. Mit solchen energiereichen Teilchen kann man dann Atomkerne beschießen und Kernreaktionen untersuchen. Hochenergetische Wasserstoff- und Deuteriumkerne werden darüber hinaus beispielsweise zur Erzeugung von radioaktiven Substanzen sowie für medizinische Zwecke verwendet.

Im Zyklotron nutzt man die Tatsache aus, daß die Umlaufzeit geladener Teilchen in einem Magnetfeld von der Geschwindigkeit der Teilchen unabhängig ist (vgl. Gleichung 24.7):

$$T = \frac{2\pi m}{qB}\,.$$

Abbildung 24.17 zeigt den Aufbau und die Funktionsweise eines Zyklotrons im Schema. Die Teilchen (Ionen) bewegen sich in zwei halbkreisförmigen Metallbehältern, die durch einen kleinen Zwischenraum voneinander getrennt sind und die wegen ihrer Gestalt, die an den Buchstaben D erinnert, „Ds" genannt werden. In der gesamten Anordnung herrscht Vakuum, damit die Teilchen, die sich durch die Ds bewegen, ihre kinetische Energie nicht in Stößen mit Luftmolekülen verlieren. Die Ds werden zusätzlich von einem homogenen, senkrecht verlaufenden Magnetfeld durchsetzt, das durch einen Elektromagneten erzeugt wird.

24.17 Schemazeichnung eines Zyklotrons, wobei hier der obere Teil des Magneten nicht mit eingezeichnet wurde. Geladene Teilchen, zum Beispiel Protonen, werden aus der Quelle S im Zentrum der Anordnung emittiert und dann durch die Potentialdifferenz in der Lücke zwischen den beiden Ds beschleunigt. Die Potentialdifferenz wird von einer Hochfrequenzwechselspannung erzeugt, deren Periode mit der Zyklotronperiode übereinstimmt. Letztere hängt nicht vom Bahnradius und damit nicht von der Teilchengeschwindigkeit ab. Die Teilchen werden so jedesmal bei Erreichen der Lücke weiter beschleunigt und bewegen sich auf Bahnen mit immer größer werdendem Radius, bis sie den maximal möglichen Bahnradius erreicht haben und das Zyklotron verlassen (Näheres siehe Text).

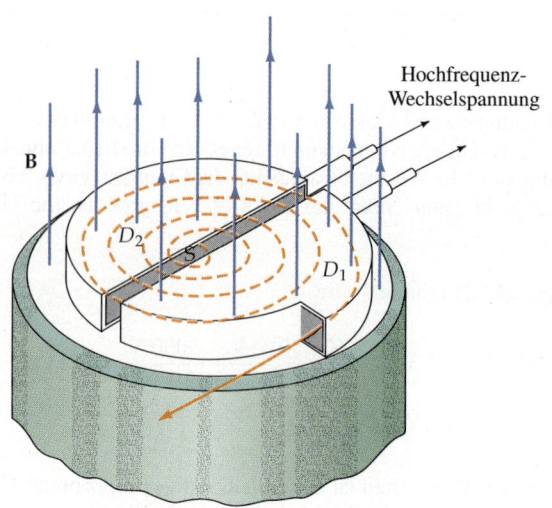

Zwischen den Ds (also über die Lücke hinweg) liegt ein Potentialgefälle $\Delta\varphi$, das mit der Periode T oszilliert, wobei $1/T$ gerade die Zyklotronfrequenz aus Gleichung (24.8) ist. Dieses Potentialgefälle erzeugt in der Lücke zwischen den Ds ein elektrisches Feld, während gleichzeitig das Innere der Ds durch die Abschirmung der Metallgehäuse frei von elektrischen Feldern ist. Nehmen wir nun an, ein geladenes Teilchen werde (gleichzeitig mit vielen anderen) von einer Ionenquelle S im Zentrum der Ds so emittiert, daß es mit kleiner Geschwindigkeit zunächst in D_1 eintritt. Es bewegt sich dann auf einer Halbkreisbahn in D_1 und erreicht die Lücke zwischen den Ds nach der Zeit $\frac{1}{2}T$. Das Potentialgefälle wird so eingestellt, daß D_1 in dem Moment auf höherem Potential liegt als D_2, in dem das Teilchen an der Lücke ankommt. Es wird dann durch das elektrische Feld über die Lücke hinweg beschleunigt, und seine kinetische Energie erhöht sich um einen Betrag, der der potentiellen Energie $q\,\Delta\varphi$ entspricht. Aufgrund seiner nun höheren kinetischen Energie bewegt sich das Teilchen in D_2 auf einem größeren Halbkreis und erreicht wieder nach der Zeit $\frac{1}{2}T$ die Lücke. In der Zwischenzeit hat sich das Potentialgefälle zwischen den Ds umgekehrt, so daß jetzt D_2 auf einem höheren Potential als D_1 liegt. Dadurch wird das Teilchen wieder über die Lücke hinweg beschleunigt, und seine kinetische Energie nimmt noch einmal um $q\,\Delta\varphi$ zu. Dieser Effekt tritt jedesmal ein, wenn das Teilchen die Lücke zwischen den Ds überquert, und der Radius der Halbkreisbahn wird größer und größer, bis das Teilchen an der Austrittsöffnung des Zyklotrons den Bereich des Magnetfeldes verläßt. In einem typischen Zyklotron vollführt jedes Teilchen 50 bis 100 Umdrehungen und tritt mit einer kinetischen Energie von einigen hundert MeV aus. Die Grenzgeschwindigkeit eines Zyklotrons, also die Geschwindigkeit, bei der das Teilchen das Zyklotron verläßt, kann man sofort aus dem Außenradius der Ds abschätzen, indem man (24.6) nach v auflöst:

$$r = \frac{mv}{qB}$$

$$v = \frac{qBr}{m}.$$

Dann erhält man für die kinetische Energie:

$$E_\text{kin} = \frac{1}{2}mv^2 = \frac{1}{2}\left(\frac{q^2B^2}{m}\right)r^2. \qquad 24.13$$

Beispiel 24.6

Wir betrachten ein Zyklotron, das zur Beschleunigung von Protonen eingesetzt wird. Es habe einen maximalen Radius von 0,5 m, und in ihm herrsche ein Magnetfeld von 1,5 T. a) Welchen Wert hat die Zyklotronfrequenz? b) Welche kinetische Energie können die Protonen maximal erreichen?

a) Die Zyklotronfrequenz erhalten wir aus Gleichung (24.8):

$$\nu = \frac{eB}{2\pi m} = \frac{1{,}6 \cdot 10^{-19}\,\text{C} \cdot 1{,}5\,\text{T}}{2\pi \cdot 1{,}67 \cdot 10^{-27}\,\text{kg}} = 2{,}29 \cdot 10^7\,\text{Hz} = 22{,}9\,\text{MHz}\,.$$

b) Die kinetische Energie ergibt sich aus Gleichung (24.13):

$$E_{\text{kin}} = \frac{1}{2} \cdot \frac{(1{,}6 \cdot 10^{-19}\,\text{C})^2 (1{,}5\,\text{T})^2}{1{,}67 \cdot 10^{-27}\,\text{kg}} \cdot (0{,}5\,\text{m})^2$$

$$= 4{,}31 \cdot 10^{-12}\,\text{J}\,.$$

Es ist üblich, die Energie von Elementarteilchen in eV (Elektronenvolt) anzugeben. Wegen $1\,\text{eV} = 1{,}6 \cdot 10^{-19}\,\text{J}$ lautet die kinetische Energie:

$$E_{\text{kin}} = 4{,}31 \cdot 10^{-12}\,\text{J}\,\frac{1\,\text{eV}}{1{,}6 \cdot 10^{-19}\,\text{J}} = 26{,}9\,\text{MeV}\,.$$

Fragen

8. Ist es möglich, aus der Bahn eines abgelenkten geladenen Teilchens darauf zu schließen, ob es von einem magnetischen oder elektrischen Feld abgelenkt wurde?
9. Ein Strahl positiv geladener Teilchen durchquert, ohne abgelenkt zu werden, von links nach rechts ein Geschwindigkeitsfilter, in dem das elektrische Feld nach oben gerichtet ist. Dann wird der Strahl umgekehrt (was mit speziellen Anordnungen von elektrostatischen und magnetischen Feldern möglich ist), so daß er von rechts nach links fliegt. Wird der Strahl jetzt abgelenkt? Wenn ja, in welche Richtung?

24.3 Das auf Leiterschleifen und Magnete ausgeübte Drehmoment

Abbildung 24.18 zeigt eine rechteckige Leiterschleife der Länge a und Breite b, die vom Strom I durchflossen wird und sich in einem homogenen Magnetfeld $\boldsymbol{B}$ befindet, das parallel zur Ebene der Leiterschleife verläuft. Die Kräfte, die auf jeden Abschnitt der Leiterschleife wirken, sind in der Abbildung eingezeichnet. Auf den vorderen und hinteren Abschnitt der Leiterschleife wirkt keine Kraft, da dort der Strom parallel oder antiparallel zum Magnetfeld fließt und somit $I\,d\boldsymbol{\ell} \times \boldsymbol{B}$ gleich null ist. Auf die seitlichen Abschnitte der Leiterschleife wirken die Kräfte

$$F_1 = F_2 = IaB\,.$$

24 Das Magnetfeld

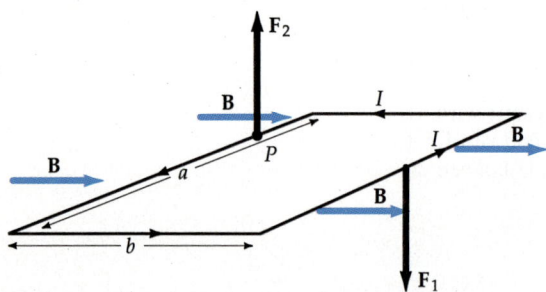

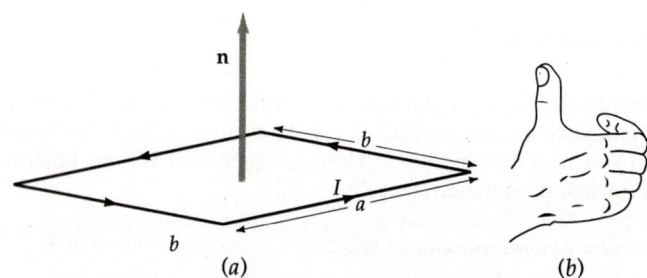

24.18 Kräfte, die auf eine stromdurchflossene, rechteckige Leiterschleife wirken, wenn diese sich in einem homogenen Magnetfeld B befindet, das parallel zur Schleifenebene liegt. Durch die Kräfte entsteht ein Drehmoment, das versucht, die Schleife so zu drehen, daß ihre Ebene senkrecht zum Magnetfeld steht.

24.19 a) Die Orientierung einer stromdurchflossenen Leiterschleife kann man durch einen Einheitsvektor, den Normalenvektor n, beschreiben, der senkrecht zur Schleifenebene steht. b) Rechte-Hand-Regel, mit der sich die Orientierung von n ermitteln läßt. Wenn die Finger der rechten Hand dem Verlauf der Leiterschleife folgen, wobei die Fingerspitzen in Stromrichtung zeigen, so gibt die Richtung des Daumens die Orientierung von n an.

Da diese Kräfte gleich groß und entgegengesetzt gerichtet sind, bilden sie ein Kräftepaar, das (vgl. beispielsweise Abschnitt 9.4) ein Drehmoment auf die Leiterschleife ausübt. Ein Kennzeichen des Drehmoments ist, daß es in jedem Punkt einer zum Magnetfeld senkrecht liegenden Seite der Leiterschleife denselben Betrag hat. Für einen beliebigen Punkt P gilt also:

$$M = F_1 b = IabB = IAB,$$

wobei $A = ab$ die Fläche der Leiterschleife ist. Man erhält das Drehmoment daher als Produkt aus Stromstärke, Schleifenfläche und Magnetfeld B. Dieses Drehmoment versucht die Leiterschleife so auszurichten, daß sie senkrecht zu den Feldlinien steht. Die Orientierung der Schleife läßt sich durch einen Vektor beschreiben, der einen rechten Winkel mit der Schleifenebene bildet, nämlich den Normalenvektor n. Die Richtung von n ist diejenige, die sich ergibt, wenn man die Rechte-Hand-Regel (vgl. Abschnitt 24.1) auf den in der Schleife zirkulierenden Strom anwendet (Abbildung 24.19). Das Drehmoment versucht, den Normalenvektor n in die Richtung von B zu drehen.

Abbildung 24.20 zeigt, welche Kräfte ein homogenes Magnetfeld auf eine Leiterschleife ausübt, deren Normalenvektor mit dem Magnetfeld einen Winkel θ bildet. Die angreifenden Kräfte F_1 und F_2 bilden wieder ein Kräftepaar (die Summe der Kräfte ist null), so daß ein Drehmoment resultiert. Die Kräfte F_3 und F_4 sind gleich groß und entgegengesetzt gerichtet; sie üben aber kein Drehmoment aus, sondern versuchen, die Schleife auseinanderzuziehen. Das Drehmoment an einem bestimmten Punkt ist das Produkt aus Kraft und Hebelarmlänge. Beispielsweise ist das Drehmoment am Punkt P gleich der Kraft $F_2 = IaB$ multipliziert mit dem Hebelarm $b \sin \theta$, also

24.20 Rechteckige, stromdurchflossene Leiterschleife, deren Normalenvektor n mit einem homogenen Magnetfeld B den Winkel θ einschließt. Auf die Schleife wirkt dann ein Drehmoment M, das den Betrag $IAB \sin \theta$ hat und das versucht, n in Richtung B zu drehen. Das Drehmoment läßt sich schreiben als $M = m_\mathrm{m} \times B$, wobei $m_\mathrm{m} = IAn$ das magnetische Moment der Schleife ist. (Näheres siehe Text.)

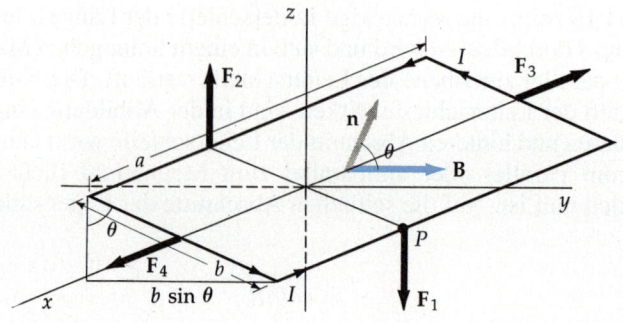

24.3 Das auf Leiterschleifen und Magnete ausgeübte Drehmoment

$$M = IaBb \sin \theta = IAB \sin \theta,$$

wobei wieder $A = ab$ gleich der Fläche der Schleife ist. Ersetzt man die Schleife durch eine Spule mit N Windungen, so gilt

$$M = NIAB \sin \theta.$$

Führen wir das sogenannte **magnetische Dipolmoment** (oder kürzer: das **magnetische Moment**) m_m ein, das definiert ist durch

$$\boxed{m_m = NIA\, n},\qquad 24.14$$

Magnetisches Dipolmoment einer Leiterschleife

so können wir das Drehmoment sehr einfach schreiben:

$$\boxed{M = m_m \times B}.\qquad 24.15$$

Drehmoment auf eine Leiterschleife

Die SI-Einheit des magnetischen Moments ist Ampere-mal-Meter-Quadrat $(A \cdot m^2)$. Wir haben (24.15) zwar für rechteckige Leiterschleifen abgeleitet, die Gleichung gilt jedoch für Leiterschleifen beliebiger Form. Das Drehmoment auf eine Leiterschleife oder Spule ist das Kreuzprodukt aus dem magnetischen Moment m_m und dem Magnetfeld B, wobei das magnetische Moment per Definition den Betrag NIA hat und senkrecht auf der Ebene der Leiterschleife steht (Abbildung 24.21). Vergleichen wir (24.15) mit (18.11), so sehen wir, daß sich eine Leiterschleife in einem Magnetfeld genauso verhält wie ein elektrischer Dipol in einem elektrischen Feld.

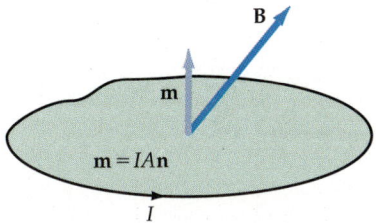

24.21 Für das magnetische Moment einer stromdurchflossenen Leiterschleife beliebiger Form gilt $m_m = IAn$. Befindet sich die Schleife in einem Magnetfeld B, so wirkt auf sie das Drehmoment $m_m \times B$.

Bringt man einen kleinen Permanentmagneten, zum Beispiel eine Kompaßnadel, in ein Magnetfeld B, so versucht sie sich so auszurichten, daß der Nordpol in Richtung des Magnetfelds zeigt. Auch ursprünglich unmagnetische Eisenfeilspäne zeigen diesen Effekt, d.h., sie werden in einem B-Feld magnetisiert. In Abbildung 24.22 sehen wir einen kleinen Stabmagneten, der mit dem Magnetfeld den Winkel θ einschließt. Auf den Nordpol dieses Magneten wirkt eine Kraft F_1 in Richtung von B, auf den Südpol eine gleich große, aber entgegengesetzte Kraft F_2. Sie üben ein Drehmoment aus, das versucht, den Magneten parallel zu den Feldlinien auszurichten, verursachen jedoch keine Translationsbewegung. Ein Stabmagnet verhält sich demnach im Magnetfeld genau wie eine Leiterschleife. Dies ist kein Zufall, denn die Ursache des magnetischen Moments des Stabmagneten sind mikroskopische Ringströme, die aus der Elektronenbewegung in den Atomen des Magneten resultieren.

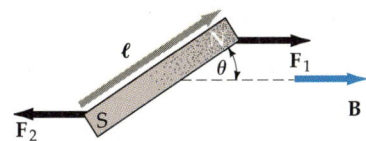

24.22 Auf einen kleinen Stabmagneten in einem homogenen Magnetfeld wirkt ein Drehmoment, das versucht, den Magneten in Feldrichtung zu drehen. Das magnetische Moment des Magneten zeigt in Richtung des Vektors ℓ, der vom Süd- zum Nordpol geht und dessen Betrag der Länge des Magneten entspricht.

Wir können die experimentell beobachteten Kräfte und Drehmomente, die auf den Stabmagneten wirken, dazu verwenden, die sogenannte Polstärke P und das magnetische Moment m_m des Magneten zu definieren. Die Kraft, die auf einen Pol (Nord- oder Südpol) in einem Magnetfeld B ausgeübt wird, beträgt:

$$\boxed{F = PB}.\qquad 24.16$$

Definition der magnetischen Polstärke

Die Polstärke ist für einen Nordpol positiv und für einen Südpol negativ. Das magnetische Moment m_m eines Magneten ist dann definiert als

$$m_m = |P|\,\ell,\qquad 24.17$$

wobei ℓ der Verbindungsvektor vom Südpol zum Nordpol ist (dessen Betrag also der Länge des Magneten entspricht). Das Drehmoment, das auf einen Stabmagneten in einem Magnetfeld ausgeübt wird, beträgt wieder $M = m_m \times B$, wie durch (24.15) gegeben. Wir haben die magnetische Polstärke zwar in Analogie zu den elektrischen Ladungen definiert, wir sollten uns aber immer im klaren darüber sein, daß magnetische Pole nur paarweise auftreten können. Anders ausgedrückt: *Die fundamentale Einheit des Magnetismus ist der magnetische Dipol.* Das magnetische Dipolmoment ist auch diejenige Größe, die experimentell am leichtesten zugänglich ist: Man bringt den Magneten in ein Magnetfeld bekannter Stärke und mißt das Drehmoment. Die Polstärke ergibt sich dann aus (24.17), indem man den Betrag des magnetischen Moments durch die Länge des Magneten dividiert.

Beispiel 24.7

Eine ringförmige Spule mit Radius 2 cm habe 10 Windungen und werde von einem Strom der Stärke 3 A durchflossen. Die Spulenachse bilde mit einem Magnetfeld von 8000 G einen Winkel von 30°. Bestimmen Sie das Drehmoment, das auf die Spule wirkt.
Das magnetische Moment der Spule hat den Betrag

$$m_m = NIA = 10 \cdot 3\,\text{A} \cdot \pi \cdot (0{,}02\,\text{m})^2 = 3{,}77 \cdot 10^{-2}\,\text{A} \cdot \text{m}^2\,.$$

Daraus ergibt sich für das Drehmoment

$$M = m_m B \sin \theta = 3{,}77 \cdot 10^{-2}\,\text{A} \cdot \text{m}^2 \cdot 0{,}8\,\text{T} \cdot \sin 30°$$
$$= 1{,}51 \cdot 10^{-2}\,\text{N} \cdot \text{m}\,,$$

wobei wir verwendet haben, daß 8000 G = 0,8 T und 1 T = 1 N · A^{-1} · m^{-1}.

Beispiel 24.8

Eine quadratische Spule mit einer Seitenlänge von 40 cm und 12 Windungen werde von einem Strom der Stärke 3 A durchflossen. Sie liege, wie in Abbildung 24.23 gezeigt, in der *x*-*y*-Ebene in einem homogenen Magnetfeld, das durch $B = 0{,}3\,\text{T} \cdot e_x + 0{,}4\,\text{T} \cdot e_z$ gegeben ist. Bestimmen Sie a) das magnetische Moment der Spule und b) das Drehmoment, das auf die Spule wirkt. c) Wie groß ist die Polstärke eines Stabmagneten der Länge 8 cm, der das gleiche magnetische Moment wie die Spule hat, und welche Orientierung hat er?

a) Aus Abbildung 24.23 geht hervor, daß das magnetische Moment der Spule in die positive *z*-Richtung zeigt. Es hat den Betrag $m_m = NIA = 12 \cdot 3\,\text{A} \cdot (0{,}4\,\text{m})^2 = 5{,}76\,\text{A} \cdot \text{m}^2$. In vektorieller Schreibweise erhalten wir

$$m_m = 5{,}76\,\text{A} \cdot \text{m}^2\, e_z\,.$$

b) Das Drehmoment, das auf die Spule wirkt, läßt sich aus (24.15) berechnen:

$$M = m_m \times B = (5{,}76\,\text{A} \cdot \text{m}^2\, e_z) \times (0{,}3\,\text{T}\, e_x + 0{,}4\,\text{T}\, e_z) = 1{,}73\,\text{N} \cdot \text{m}\, e_y\,,$$

wobei wir benutzt haben, daß $e_z \times e_z = 0$ und $e_z \times e_x = e_y$.
c) Soll ein Stabmagnet ein magnetisches Moment in positiver *z*-Richtung haben, so muß er parallel zur *z*-Achse liegen, wobei der Vektor ℓ (vom Süd- zum Nordpol) in positive *z*-Richtung zeigt. Mit ℓ = 8 cm und m_m = 5,76 A · m^2 ergibt sich eine Polstärke von

$$P = \frac{m_m}{\ell} = \frac{5{,}76\,\text{A} \cdot \text{m}^2}{0{,}08\,\text{m}} = 72\,\text{A} \cdot \text{m} = 72\,\text{N/T}\,.$$

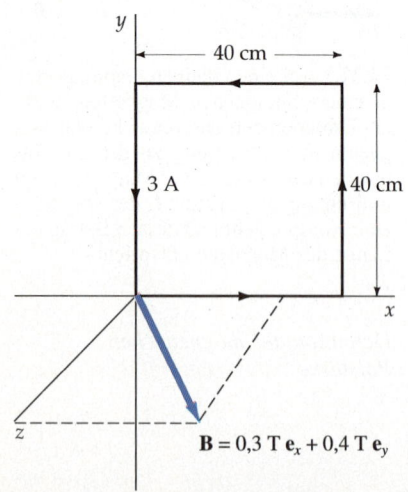

24.23 Quadratische Leiterschleife in der *x*-*y*-Ebene in einem Magnetfeld mit $B = 0{,}3\,\text{T}\, e_x + 0{,}4\,\text{T}\, e_z$ (zu Beispiel 24.8).

Frage

10. Das magnetische Moment einer stromdurchflossenen Leiterschleife stehe antiparallel zu einem homogenen Magnetfeld **B**. Wie groß ist das Drehmoment, das auf die Schleife wirkt? Handelt es sich bei dieser Konfiguration um ein stabiles oder ein instabiles Gleichgewicht?

24.4 Der Hall-Effekt

In Abschnitt 24.1 haben wir ausgerechnet, welche Kraft ein Magnetfeld auf einen stromdurchflossenen Leiter ausübt. Diese Kraft wirkt, mikroskopisch betrachtet, auf die Leitungselektronen des Leitermaterials, sie wird aber über die Kräfte, die die Elektronen an die Oberfläche des Leiters binden, auf den Leiter selbst übertragen. Die Elektronen im Leiter werden durch die magnetischen Kräfte in Richtung einer Seite des Leiters beschleunigt. Daraus resultiert eine Trennung der Ladungsträger (Elektronen, Ionenrümpfe) in einem stromdurchflossenen Leiter, die man als **Hall-Effekt** bezeichnet. Dieser Effekt erlaubt es, das Vorzeichen der Ladungsträger und ihre Dichte n zu bestimmen. Eine wichtige technische Anwendung des Hall-Effekts ist die Messung der Stärke magnetischer Felder.

In Abbildung 24.24 sehen wir zwei leitfähige Metallstreifen, die von einem Strom I von links nach rechts durchflossen werden. Die Streifen befinden sich in einem magnetischen Feld, das senkrecht zur Papierebene verläuft. Betrachten wir zunächst nur einen der beiden Streifen, und nehmen wir an, der Strom bestehe aus positiven Ladungsträgern. Auf diese wirkt dann die Kraft $q\mathbf{v}_d \times \mathbf{B}$ (wobei $\mathbf{v}_d$ die Driftgeschwindigkeit der Ladungsträger ist), die die Ladungsträger zum oberen Rand des Streifens beschleunigt (Abbildung 24.24 a). Dadurch entsteht am unteren Rand des Streifens ein Überschuß an negativen Ladungen. Diese Trennung von positiven und negativen Ladungen erzeugt im Streifen ein elektrisches Feld, das seinerseits auf die Ladungsträger eine Kraft ausübt, die derjenigen des externen Magnetfelds entgegenwirkt. Die Trennung der Ladungsträger nimmt so lange zu, bis die resultierende elektrische Kraft genau die magnetische Kraft kompensiert, bis also ein Gleichgewicht erreicht ist. In diesem Zustand ist der obere Rand des Streifens positiv geladen und befindet sich auf einem höheren elektrischen Potential als der negativ geladene untere Rand. Wird der Strom durch negative Ladungsträger hervorgerufen, so bewegen sich diese nach links (die Stromrichtung bleibt die gleiche) (Abbildung 24.24 b). Das Magnetfeld übt wieder eine nach oben gerichtete Kraft aus, weil sowohl Ladung als auch Bewegungsrichtung ihr Vorzeichen umgekehrt haben. Die Ladungsträger werden

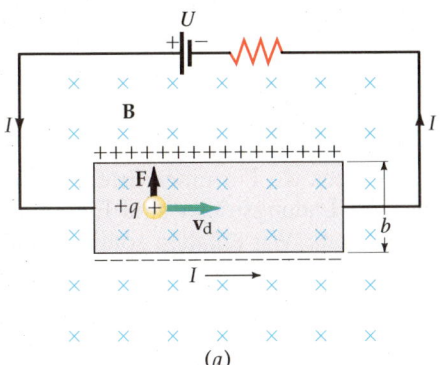
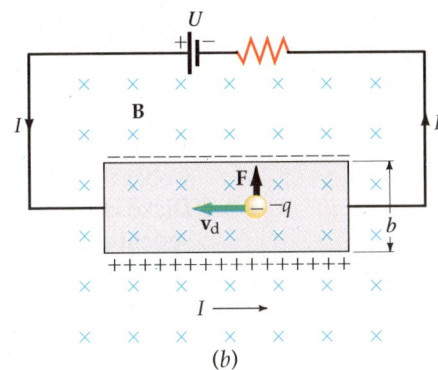

24.24 Der Hall-Effekt. Das Magnetfeld zeigt in die Papierebene hinein, was durch die Kreuze angezeigt wird. Sowohl auf positive Ladungsträger (a), die sich von links nach rechts bewegen, als auch auf negative Ladungsträger (b), die sich von rechts nach links bewegen, übt das Magnetfeld eine nach oben gerichtete Kraft aus. (Näheres siehe Text.)

(a)   (b)

also auch jetzt zum oberen Rand des Streifens hin beschleunigt. Im Gleichgewicht ist der obere Rand nun aber negativ geladen und der untere Rand positiv.

Wir können also aus der Messung des Vorzeichens der Potentialdifferenz zwischen oberem und unterem Rand des Streifens das Vorzeichen der Ladungsträger bestimmen. Bei einem normalen metallischen Leiter ergibt sich am oberen Rand des Streifens ein kleineres Potential als am unteren Rand, was bedeutet, daß der obere Rand einen negativen Ladungsüberschuß aufweist. Es waren Messungen dieser Art, die zu der Entdeckung führten, daß die elektrische Leitfähigkeit normaler metallischer Leiter auf negative Ladungen zurückzuführen ist. Demnach gibt nicht Abbildung 24.24 a, sondern 24.24 b das Phänomen des Ladungsträgerflusses in metallischen Leitern richtig wieder.

Verbindet man die obere und die untere Zone des Streifens über einen Draht mit Widerstand R miteinander, so werden Elektronen durch den Draht vom oberen Bereich in den unteren fließen. In dem Augenblick, in dem die Verbindung hergestellt wird, verringert sich also die Ladungstrennung im Streifen. Externes Magnetfeld und internes elektrisches Feld sind folglich für kurze Zeit nicht mehr im Gleichgewicht, und es strömen wieder Elektronen nach oben, so daß die Potentialdifferenz zwischen oberem und unterem Rand des Streifens letztlich konstant bleibt. Die ganze Anordnung wirkt also wie eine Spannungsquelle.

Die Potentialdifferenz zwischen oberem und unterem Rand des Streifens bezeichnet man als **Hall-Spannung**. Die Größe der Hall-Spannung läßt sich relativ leicht berechnen. Die Kraft, die das Magnetfeld auf die Ladungsträger im Streifen ausübt, hat den Betrag qv_dB. Diese magnetische Kraft (die Lorentz-Kraft) wird ausgeglichen durch die elektrische Kraft qE, wobei E das elektrische Feld ist, das durch die Ladungstrennung entsteht. Im Gleichgewicht gilt also: $E = v_dB$. Hat der Streifen die Breite b, so beträgt die Potentialdifferenz Eb, und es ergibt sich eine Hall-Spannung von

$$U_H = Eb = v_d Bb \,. \qquad 24.18$$

Übung

Ein Leiter der Breite $b = 2{,}0$ cm wird in ein magnetisches Feld von 8000 G gebracht. Wie groß ist die Hall-Spannung, wenn die Driftgeschwindigkeit $4 \cdot 10^{-5}$ m/s beträgt? (Antwort: 0,64 µV)

Da die Driftgeschwindigkeit von Ladungen in normalen Leitern sehr klein ist, folgt aus (24.18), daß die Hall-Spannung ebenfalls sehr klein ist (in der Größenordnung von µV), wenn der Streifen die üblichen Abmessungen hat (Breite im Zentimeter-, Dicke im Millimeterbereich) und das Magnetfeld in der Größenordnung von einem Tesla liegt. Aus der Hall-Spannung eines Metallstreifens bei gegebenen Abmessungen können wir die Ladungsträgerdichte n (Ladungen pro Volumen) im Streifen bestimmen. Gleichung (22.3) liefert für die Stromstärke:

$$I = nqv_d A \,,$$

wobei A der Querschnitt des Streifens ist. Für einen Streifen der Breite b und Dicke d ist die Fläche $A = bd$. Die Ladungsträger sind Elektronen, daher entspricht q der Ladung e eines Elektrons. Wir erhalten somit für die Ladungsträgerdichte:

$$n = \frac{I}{Aqv_d} = \frac{I}{bdev_d} \,. \qquad 24.19$$

Setzen wir $v_d b = U_H/B$ aus (24.18) ein, so erhalten wir:

$$n = \frac{IB}{edU_H}. \qquad 24.20$$

Gleichung (24.20) verknüpft Ladungsträgerdichte n und Hall-Spannung U_H miteinander. Löst man die Gleichung nach U_H auf, so erhält man:

$$U_H = \frac{IB}{ned} = A_H \frac{IB}{d}, \qquad 24.21$$

wobei

$$A_H = \frac{1}{ne} \qquad 24.22$$

die sogenannte **Hall-Konstante** (oder der **Hall-Koeffizient**) ist.

Die Hall-Konstante eines metallischen Leiters ist eine der wichtigsten Materialkenngrößen überhaupt. Ihr Zusammenhang mit anderen wichtigen Kenngrößen soll hier kurz beschrieben werden. Bei metallischen Leitern gilt (vgl. Kapitel 22) das Ohmsche Gesetz $j = \sigma E$ (wobei j die Stromdichte, σ die Leitfähigkeit und E das elektrische Feld ist). Die Leitfähigkeit ist proportional zur sogenannten **Elektronenbeweglichkeit** μ, und zwar sind σ und μ über die reziproke Hall-Konstante miteinander verknüpft:

$$\sigma = \frac{1}{A_H} \mu.$$

Anders ausgedrückt, ist die Hall-Konstante der Quotient aus Elektronenbeweglichkeit und Leitfähigkeit des Materials:

$$A_H = \frac{\mu}{\sigma}. \qquad 24.23$$

Aus der gemessenen Hall-Spannung eines Materials kann man also auf die Leitfähigkeit, die Elektronenbeweglichkeit, die Hall-Konstante oder die Ladungsträgerkonzentration zurückschließen (je nachdem, welche der Größen in einem gegebenen Fall bekannt sind).

Beispiel 24.9

Eine Silberplatte der Dicke 1 mm und Breite 1,5 cm werde von einem Strom der Stärke 1,25 A durchflossen und befinde sich in einem homogenen Magnetfeld von 1,25 T, das senkrecht zur Platte verläuft. Die Messung der Hall-Spannung liefere 0,334 μV. a) Wie groß ist die Ladungsträgerdichte in der Platte? b) Vergleichen Sie dieses Ergebnis mit der Anzahldichte der Silberatome (also der Anzahl von Silberatomen pro Volumeneinheit) in der Platte (Silber hat eine Dichte von 10,5 g/cm³ und eine molare Masse von 107,9 g/mol). c) Welchen Wert hat die Hall-Konstante von Silber?

a) Gleichung (24.20) liefert

$$n = \frac{2{,}5 \text{ A} \cdot 1{,}25 \text{ T}}{1{,}6 \cdot 10^{-19} \text{ C} \cdot 0{,}001 \text{ m} \cdot 3{,}34 \cdot 10^{-7} \text{ V}}$$

$$= 5{,}85 \cdot 10^{28} \text{ Elektronen/m}^3.$$

b) Die Anzahldichte der Silberatome erhält man aus

$$n_a = \frac{N_A \varrho}{M} = \frac{6{,}02 \cdot 10^{23} \text{ Atome/mol} \cdot 10{,}5 \text{ g/cm}^3}{107{,}9 \text{ g/mol}}$$

$$= 5{,}86 \cdot 10^{22} \text{ Atome/cm}^3 = 5{,}86 \cdot 10^{28} \text{ Atome/m}^3 \, .$$

Dieses Ergebnis zeigt, daß bei Silber praktisch jedes Atom ein Elektron als Leitungselektron an das Gitter abgibt – ein typisches Kennzeichen für einen guten Leiter.

c) Die Hall-Konstante erhalten wir, indem wir in (24.22) die Werte für die Ladungsträgerkonzentration und die Elementarladung ($e = 1{,}602 \cdot 10^{-19}$ C) einsetzen:

$$A_H = \frac{1}{5{,}85 \cdot 10^{28} \text{ m}^{-3} \cdot 1{,}602 \cdot 10^{-19} \text{ C}}$$

$$= 1{,}07 \cdot 10^{-10} \text{ m}^3 \cdot \text{C}^{-1} \, .$$

Die Hall-Spannung ist zwar üblicherweise sehr klein, sie bietet aber trotzdem einen bequemen Weg zur Messung von Magnetfeldern. Stellen wir (24.21) um und lösen nach B auf, so erhalten wir:

$$B = \frac{U_H d}{A_H I} \, . \qquad 24.24$$

Eicht man jetzt die Hall-Spannung eines Metallstreifens in einem bekannten Magnetfeld, so kann man anschließend die Stärke eines unbekannten Magnetfeldes bestimmen, indem man den Streifen in dieses Feld bringt, einen Strom durch ihn fließen läßt und die Hall-Spannung mißt.

Der Quanten-Hall-Effekt

Unseren bisherigen Betrachtungen zufolge hängt die Hall-Spannung linear vom Magnetfeld ab. Im Jahre 1980 stellte Klaus von Klitzing jedoch fest, daß diese Proportionalität für Halbleiter bei sehr tiefen Temperaturen und extrem starken Magnetfeldern nicht mehr gilt. Trägt man bei diesen Bedingungen die Hall-Spannung U_H als Funktion des Magnetfeldes B auf, so ist eine Reihe von Plateaus zu erkennen (Abbildung 24.25), nicht aber eine gerade Linie: Die Hall-Spannung ist quantisiert. Von Klitzing erhielt für die Entdeckung dieses **Quanten-Hall-Effekts** im Jahre 1985 den Nobelpreis. In der Theorie des Quanten-Hall-Effekts kann der Hall-Widerstand $R_H = U_H/I$ nur die Werte

$$R_H = \frac{U_H}{I} = \frac{R_K}{n} \qquad n = 1, 2, 3, \ldots \qquad 24.25$$

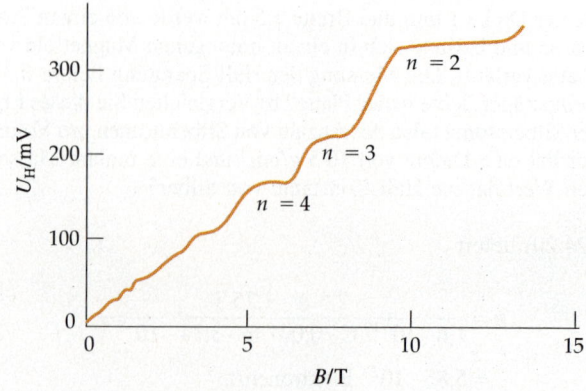

24.25 Die Hall-Spannung als Funktion des angelegten Magnetfelds zeigt einen stufenförmigen Verlauf. Dies bedeutet, daß die Hall-Spannung quantisiert ist. Die Messung wurde bei einer Temperatur von 1,39 K und einer konstanten Stromstärke von 25,52 µA durchgeführt.

annehmen, wobei n eine ganze Zahl ist und R_K, die sogenannte **Von-Klitzing-Konstante**, mit der Elementarladung e und der Planckschen Konstante h wie folgt verknüpft ist:

$$R_K = \frac{h}{e^2} = \frac{6{,}626 \cdot 10^{-34} \, \text{J} \cdot \text{s}}{(1{,}602 \cdot 10^{-19} \, \text{C})^2} = 25813 \, \Omega \, . \qquad 24.26$$

Da sich die Von-Klitzing-Konstante mit einer Genauigkeit von bis zu $1 \cdot 10^{-9}$ messen läßt, wird der Quanten-Hall-Effekt jetzt dazu verwendet, ein Widerstandsnormal zu definieren. Seit 1.1.1990 ist die Einheit Ohm so definiert, daß R_K exakt den Wert $25812{,}807 \, \Omega$ hat. Mitte der achtziger Jahre konnte experimentell nachgewiesen werden, daß n auch gebrochen rationale Werte annehmen kann. Eine Theorie dieses fraktionierten Quanten-Hall-Effektes ist aber noch nicht ausgearbeitet.

Zusammenfassung

1. Bewegte Ladungen wechselwirken miteinander durch magnetische Felder. Da elektrische Ströme nichts anderes als sich bewegende Ladungen sind, üben sie aufeinander magnetische Kräfte aus. Man kann sie beschreiben, indem man davon ausgeht, daß eine bewegte Ladung oder ein Strom ein magnetisches Feld erzeugt und dieses dann mit anderen bewegten Ladungen oder Strömen wechselwirkt. Magnetische Felder werden immer durch bewegte Ladungen verursacht.

2. Bewegt sich eine Ladung q mit der Geschwindigkeit $\mathbf{v}$ in einem Magnetfeld $\mathbf{B}$, so wirkt auf sie die sogenannte Lorentz-Kraft:

$$\mathbf{F} = q\mathbf{v} \times \mathbf{B} \, .$$

Die Kraft eines Magnetfeldes auf ein stromdurchflossenes Drahtstück ist gegeben durch

$$d\mathbf{F} = I \, d\boldsymbol{\ell} \times \mathbf{B} \, .$$

Dabei ist $\boldsymbol{\ell}$ ein Vektor, der die Länge des Drahtstückes hat und in Stromrichtung zeigt.
Die SI-Einheit des magnetischen Feldes $\mathbf{B}$ ist das Tesla (T). Eine ältere, aber nach wie vor gebräuchliche Einheit ist das Gauß, das man wie folgt in Tesla umrechnet:

$$1 \, \text{T} = 10^4 \, \text{G} \, .$$

3. Ein Teilchen der Ladung q und Masse m, das sich senkrecht zu einem Magnetfeld $\mathbf{B}$ bewegt, beschreibt eine Kreisbahn, deren Radius durch

$$r = \frac{mv}{qB}$$

gegeben ist. Die Umlaufzeit T ist unabhängig vom Bahnradius und der Teilchengeschwindigkeit. Die Umlauffrequenz $1/T$ wird als Zyklotronfrequenz bezeichnet:

$$\nu = \frac{1}{T} = \frac{qB}{2\pi m} \, .$$

4. Ein Geschwindigkeitsfilter besteht aus einem Magnetfeld und einem elektrischen Feld. Die Felder stehen aufeinander senkrecht (man spricht auch von gekreuzten Feldern), und ihre Kraftwirkung kompensiert sich für Teilchen mit der Geschwindigkeit $v = E/B$.

5. Das Verhältnis von Ladung zu Masse (q/m) eines Ions bekannter Geschwindigkeit kann man durch die Messung seines Bahnradius in einem bekannten Magnetfeld bestimmen (Massenspektrometrie).

6. Einer Leiterschleife in einem Magnetfeld läßt sich ein magnetisches (Dipol-)Moment $\boldsymbol{m}_\text{m}$ zuschreiben:

$$\boldsymbol{m}_\text{m} = NIA\,\boldsymbol{n}\,,$$

wobei N die Windungszahl, A die Schleifenfläche, I die Stromstärke und $\boldsymbol{n}$ der Normalenvektor der Fläche ist. Auf einen solchen Dipol wirkt in einem Magnetfeld ein Drehmoment

$$\boldsymbol{M} = \boldsymbol{m}_\text{m} \times \boldsymbol{B}\,,$$

welches versucht, das magnetische Moment der Leiterschleife parallel zum Feld auszurichten. Ein homogenes Magnetfeld übt zwar ein Drehmoment, aber keine resultierende Kraft auf eine Leiterschleife aus.

7. Auf einen Stabmagneten wirkt in einem Magnetfeld ebenfalls ein Drehmoment. Durch die Beziehung $\boldsymbol{M} = \boldsymbol{m}_\text{m} \times \boldsymbol{B}$ kann man das magnetische Moment des Stabmagneten über das experimentell bestimmte Drehmoment definieren. Die Polstärke P des Stabmagneten wird über die Kraft definiert, die auf jeden der Pole wirkt: $\boldsymbol{F} = P \cdot \boldsymbol{B}$. Die Polstärke des Nordpols ist positiv, die des Südpols negativ. Drückt man das magnetische Moment durch die Polstärke aus, so ergibt sich $\boldsymbol{m}_\text{m} = |P|\,\boldsymbol{\ell}$, wobei $\boldsymbol{\ell}$ der Verbindungsvektor zwischen Südpol und Nordpol ist.

8. Bringt man einen stromdurchflossenen Metallstreifen in ein Magnetfeld, so führt die Lorentz-Kraft zu einer Trennung der Ladungsträger. Dieser Effekt heißt Hall-Effekt. Die Trennung der Ladungsträger erzeugt eine meßbare Potentialdifferenz, die man als Hall-Spannung bezeichnet:

$$U_\text{H} = v_\text{d} B b = \frac{I}{nqd} B = A_\text{H} \frac{IB}{d}\,.$$

Hier ist v_d die Driftgeschwindigkeit der Ladungsträger, B das Magnetfeld, b die Breite des Leiters, d die Dicke des Leiters, n die Ladungsträgerdichte, q die Ladung und $A_\text{H} = 1/nq$ die sogenannte Hall-Konstante. Man kann mit Hilfe des Hall-Effekts das Vorzeichen der Ladungsträger in einem Leiter, ihre Dichte sowie die Leitfähigkeit und die Elektronenbeweglichkeit des Materials ermitteln. Bei sehr tiefen Temperaturen und hohen Magnetfeldstärken ist der Hall-Widerstand quantisiert und kann nur die Werte

$$R_\text{H} = \frac{U_\text{H}}{I} = \frac{R_\text{K}}{n}$$

annehmen, wobei n eine ganze Zahl ist und R_K die Von-Klitzing-Konstante, die den Wert

$$R_\text{K} = \frac{h}{e^2} \approx 25\,812{,}807\ \Omega$$

hat.

Aufgaben

Stufe I

24.1 Die magnetische Kraftwirkung

1. Ein Magnetfeld von 1,75 T habe positive z-Richtung. Bestimmen Sie die Kraft, die es auf ein Proton ausübt, das sich mit der Geschwindigkeit $4{,}46 \cdot 10^6$ m/s in positiver x-Richtung bewegt.

2. Eine Ladung $q = -2{,}64$ nC bewege sich mit der Geschwindigkeit $(2{,}75 \cdot 10^6$ m/s$)\, e_x$. Wie groß ist die Lorentz-Kraft, die ein Magnetfeld von a) $B = 0{,}48$ T e_y, b) $B = 0{,}65$ T $(e_x + e_y)$, c) $B = 0{,}75$ T e_x und schließlich d) $B = 0{,}65$ T $e_x + 0{,}65$ T e_z auf die Ladung ausübt.

3. Ein Elektron bewege sich mit der Geschwindigkeit $3{,}75 \cdot 10^6$ m/s in der x-y-Ebene unter einem Winkel von 60° zur x-Achse und 30° zur y-Achse. Ein Magnetfeld von 0,85 T habe positive y-Richtung. Berechnen Sie die Lorentz-Kraft, die auf das Elektron wirkt.

4. Ein stromdurchflossenes, gerades Drahtstück mit $I\,\ell = 2{,}5$ A $\cdot$ (3 cm e_x + 4 cm e_y) befinde sich in einem homogenen Magnetfeld $B = 1{,}5$ T e_x. Bestimmen Sie die Kraft auf den Draht.

5. Ein langer Draht, der parallel zur x-Achse liegt, werde von einem Strom der Stärke 8,5 A in positiver x-Richtung durchflossen und befinde sich in einem homogenen Magnetfeld $B = 1{,}65$ T e_y. Bestimmen Sie die Kraft pro Längeneinheit auf den Draht.

24.2 Die Bewegung einer Punktladung im Magnetfeld

6. Ein Alphateilchen (Ladung $+2e$) bewege sich auf einer Kreisbahn mit dem Radius 0,5 m in einem Magnetfeld von 1,0 T. Bestimmen Sie a) die Umlaufperiode, b) die Geschwindigkeit und c) die kinetische Energie (in eV) des Alphateilchens. Die Masse des Teilchens beträgt $6{,}65 \cdot 10^{-27}$ kg.

7. Ein Protonenstrahl bewege sich auf der x-Achse in positiver Richtung. Er passiere unabgelenkt mit einer Geschwindigkeit von 12,4 km/s einen Bereich gekreuzter magnetischer und elektrischer Felder (Geschwindigkeitsfilter). a) Das Magnetfeld habe den Betrag 0,85 T und verlaufe in positiver y-Richtung. Welche Stärke und Richtung muß dann das elektrische Feld haben? b) Würden Elektronen, die sich mit der gleichen Geschwindigkeit bewegen, in derselben Feldanordnung abgelenkt? Wenn ja, in welche Richtung?

8. Ein von der Sonne kommendes Elektron trete mit einer Geschwindigkeit von $1 \cdot 10^8$ m/s in das Erdmagnetfeld hoch über dem Äquator ein. Das Erdmagnetfeld beträgt dort $4 \cdot 10^{-7}$ T. Das Elektron bewegt sich nun auf einer Kreisbahn, wenn man von einer kleinen Drift in Richtung Nordpol absieht. a) Welchen Radius hat die Kreisbahn? b) Welchen Radius hätte sie über dem Nordpol, wo ein Magnetfeld von $2 \cdot 10^{-5}$ T herrscht?

9. Ein einfach geladenes ^{24}Mg-Ion (mit der Masse $3{,}983 \cdot 10^{-26}$ kg) durchlaufe eine Potentialdifferenz von 2,5 kV und werde anschließend durch ein Magnetfeld von 55,7 mT in einem Massenspektrometer abgelenkt. a) Bestimmen Sie den Krümmungsradius der Bahnkurve. b) Wie groß ist die Differenz der Krümmungsradien bei den Ionen von ^{26}Mg und ^{24}Mg? Setzen Sie deren Massenverhältnis gleich 26/24.

10. In einem Zyklotron zur Beschleunigung von Protonen, das einen Radius von 0,7 m habe, herrsche ein Magnetfeld von 1,4 T. a) Berechnen Sie die Zyklotronfrequenz. b) Welche Maximalenergie haben die Protonen beim Austritt aus dem Beschleuniger? c) Wie ändern sich die Ergebnisse, wenn statt dessen Deuteriumkerne (mit der gleichen Ladung wie Protonen) verwendet werden, deren Masse doppelt so groß ist wie die Protonenmasse?

24.3 Das auf Leiterschleifen und Magnete ausgeübte Drehmoment

11. Eine kleine Ringspule mit 20 Windungen befinde sich in einem homogenen Magnetfeld von 0,5 T, so daß die Normale der Spulenebene mit der Richtung von B einen Winkel von 60° bildet. Die Spule habe den Radius 4 cm und werde von einem Strom der Stärke 3 A durchflossen. a) Berechnen Sie das magnetische Moment der Spule. b) Welches Drehmoment wirkt auf die Spule?

12. Die SI-Einheit des magnetischen Moments einer Stromschleife ist A $\cdot$ m^2. Zeigen Sie damit, daß 1 T = 1 N/(A $\cdot$ m) ist.

13. Die Einheit der magnetischen Polstärke, die in (24.16) definiert wurde, ist N/T. Zeigen Sie, daß 1 N/T = 1 A $\cdot$ m ist.

14. Ein stromführender Leiter werde zu einem Quadrat gebogen, das die Seitenlänge $\ell = 6$ cm hat, und in die x-y-Ebene gelegt. Die Stromstärke im Leiter betrage $I = 2{,}5$ A. Welches Drehmoment wirkt auf die Leiterschleife in einem homogenen Magnetfeld von 0,3 T, das a) z-Richtung bzw. b) x-Richtung hat?

24 Das Magnetfeld

15. Ein kleiner Stabmagnet der Länge 8,5 cm mit einer Polstärke von 25 N/T liege längs der x-Achse in einem homogenen Magnetfeld mit $B = 1{,}5\,\text{T}\,e_x + 2{,}5\,\text{T}\,e_y + 1{,}6\,\text{T}\,e_z$. a) Berechnen Sie das magnetische Moment des Magneten und b) das Drehmoment, das auf ihn wirkt.

24.4 Der Hall-Effekt

16. Ein 2 cm breiter und 0,1 cm dicker Metallstreifen werde von einem Strom der Stärke 20 A durchflossen und befinde sich in einem homogenen Magnetfeld von 2 T (siehe Abbildung 24.26). Die gemessene Hall-Spannung betrage 4,27 µV. Berechnen Sie a) die Driftgeschwindigkeit der Elektronen und b) die Ladungsträgerdichte im Leiter.

17. a) Liegt Punkt a oder Punkt b des Metallstreifens in Abbildung 24.26 auf höherem Potential? b) Wie sind die Verhältnisse, wenn der Metallstreifen durch einen p-dotierten Halbleiter ersetzt wird (in dem die Ladungsträger positiv sind)?

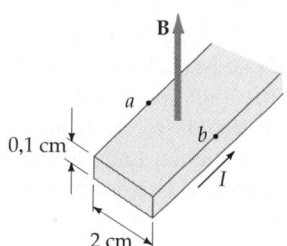

24.26 Zu Aufgaben 16 und 17.

18. Blut enthält geladene Teilchen (Ionen), so daß fließendes Blut eine Hall-Spannung über den Durchmesser einer Ader hervorrufen kann. Eine große Arterie mit einem Durchmesser von 0,85 cm und einer Fließgeschwindigkeit von 0,6 m/s befinde sich in einem Magnetfeld von 0,2 T. Welche Potentialdifferenz entsteht über dem Durchmesser?

Stufe II

19. Ein Lithiumstrahl mit ^{6}Li- und ^{7}Li-Ionen passiere ein Geschwindigkeitsfilter und trete danach in ein Massenspektrometer ein. Die Bahnkurve der ^{6}Li-Ionen habe einen Durchmesser von 15 cm. Welchen Durchmesser hat dann diejenige der ^{7}Li-Ionen?

20. Der Leiterabschnitt in Abbildung 24.27 werde von a nach b von einem Strom der Stärke 1,8 A durchflossen. Bestimmen Sie die gesamte Kraft auf den Draht in einem homogenen Magnetfeld mit $B = 1{,}2\,\text{T}\,e_z$, und zeigen Sie, daß dies die gleiche Kraft ist, die ein gerades Leiterstück zwischen a und b erfährt.

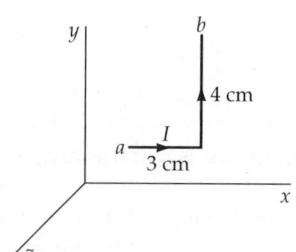

24.27 Zu Aufgabe 20.

21. Ein gerader, steifer, waagerecht angebrachter Draht der Länge 25 cm und der Masse 50 g werde durch leichte, flexible Leitungen mit einer Spannungsquelle verbunden. Ein Magnetfeld von 1,33 T sei horizontal und stehe senkrecht auf dem Draht. Bei welcher Stromstärke im Draht wird die Gewichtskraft durch die Magnetkraft kompensiert?

22. Die Platten eines Gerätes zur e/m-Bestimmung seien 6 cm lang und haben einen Abstand von 1,2 cm. Die Enden der Platten seien 30 cm vom Leuchtschirm entfernt, und die kinetische Energie der Elektronen betrage 2,8 keV. a) Wie stark wird der Strahl abgelenkt, wenn eine Spannung von 25 V an den Ablenkplatten liegt? b) Wie stark muß ein überlagertes Magnetfeld sein, damit der Strahl nicht abgelenkt wird?

23. Ein einfaches Teslameter zur Messung horizontaler Magnetfelder bestehe aus einem steifen, 50 cm langen Draht, der so an einem leitfähigen Drehlager hängt, daß sein unteres Ende in ein Quecksilberbad taucht. Der Draht habe eine Masse von 5 g, und der Strom fließe von oben nach unten. a) Welcher Auslenkungswinkel stellt sich im Gleichgewicht bei einem horizontalen Magnetfeld von 0,04 T und einer Stromstärke von 0,2 A ein? b) Wie groß ist die Empfindlichkeit des Aufbaus, wenn die Stromstärke 20 A beträgt und Auslenkungen um 0,5 mm aus der Vertikalen noch nachgewiesen werden können?

24. Eine rechteckige Spule mit 50 Windungen und den Seitenlängen 6 und 8 cm werde von einem Strom der Stärke 1,75 A durchflossen. Sie sei ausgerichtet wie in Abbildung 24.28 gezeigt und um die z-Achse drehbar gelagert. a) Welchen Winkel bildet der Normalenvektor der Spulenebene mit der x-Achse, wenn der Draht (wie dargestellt) in der x-y-Ebene einen Winkel von 37° mit der y-Achse bildet? b) Drücken Sie den Normalenvektor durch die Einheitsvektoren e_x und e_y aus. c) Berechnen Sie das magnetische Moment der Spule. d) Welches Drehmoment wirkt auf die Spule in einem homogenen Magnetfeld mit $B = 1{,}5\,\text{T}\,e_y$?

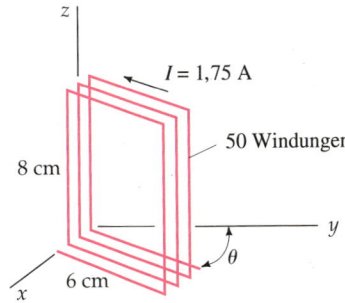

24.28 Zu Aufgabe 24.

25. Ein Teilchen der Ladung q und der Masse m bewege sich mit der Kreisfrequenz ω auf einer Kreisbahn mit dem Radius r. a) Zeigen Sie, daß die mittlere Stromstärke $I = q\omega/2\pi$ ist und daß das magnetische Moment den Betrag $m_m = \frac{1}{2}q\omega r^2$ hat. b) Zeigen Sie, daß der Drehimpuls den Betrag $L = mr^2\omega$ hat und daß zwischen Drehimpuls und magnetischem Moment die Beziehung $\boldsymbol{m}_m = (q/2m)\boldsymbol{L}$ besteht.

26. Ein Teilchen der Ladung q und der Masse m habe den Impuls $p = mv$ und die kinetische Energie $E_{kin} = \frac{1}{2}mv^2 = p^2/2m$. Es bewege sich auf einer Kreisbahn mit dem Radius r senkrecht zu einem homogenen Magnetfeld B. Zeigen Sie, daß a) $p = Bqr$ und b) $E_{kin} = B^2q^2r^2/2m$ gilt.

27. Wasserstoffkerne, Deuteriumkerne (Ladung $+e$) und Alphateilchen (Ladung $+2e$) treten mit der gleichen kinetischen Energie in ein homogenes Magnetfeld $\boldsymbol{B}$ ein, das senkrecht auf dem Geschwindigkeitsvektor stehe. Die Bahnradien werden mit r_p, r_d und r_α bezeichnet. Bestimmen Sie r_d/r_p und r_α/r_p, wobei $m_\alpha = 2m_d = 4m_p$ gilt.

28. Zeigen Sie, daß die Zyklotronfrequenzen von Deuteriumkernen und von Alphateilchen im gleichen Magnetfeld gleich groß sind und daß dieser Wert die Hälfte desjenigen für Protonen ist (vgl. vorige Aufgabe).

29. Beryllium hat die Dichte 1,83 g/cm³ und die molare Masse 9,01 g/mol. Ein Berylliumstab der Länge 1,4 mm und der Breite 1,2 cm werde von einem Strom der Stärke 3,75 A durchflossen und befinde sich in einem Magnetfeld von 1,88 T senkrecht zum Stab. Es werde eine Hall-Spannung von 0,13 μV gemessen. Berechnen Sie a) die Ladungsträgerdichte im Beryllium, b) die Anzahl der Atome pro cm³ im Beryllium und c) die Anzahl der freien Elektronen pro Gitterion.

30. Eine steife, ringförmige Leiterschleife mit dem Radius R und der Masse m liege in der x-y-Ebene auf einem rauhen, ebenen Tisch. Es herrsche das Magnetfeld $\boldsymbol{B} = B_x \boldsymbol{e}_x + B_y \boldsymbol{e}_y$. Bei welcher Stromstärke hebt eine Seite der Leiterschleife vom Tisch ab?

31. Ein Galvanometer mit beweglicher Spule bestehe aus einer Drahtspule, die mit einem dünnen, hochflexiblen Draht in einem radialen Magnetfeld aufgehängt sei. Wenn durch die Spule ein Strom I fließt, entsteht ein Drehmoment, das die Spule dreht. Wird dadurch der Draht verdrillt, so wirkt er einem weiteren Verdrillen mit dem Drehmoment $M = k\theta$ entgegen, wobei θ der Drehwinkel ist, um den der Draht bereits verdrillt wurde. Die Konstante k heißt Torsionskonstante. Zeigen Sie, daß für den Strom I in der Spule $I = k\theta/(NAB)$ gilt. Dabei ist N die Windungszahl der Spule, A ihre Querschnittsfläche und B das Magnetfeld.

32. Ein Draht der Länge ℓ werde zu einer ringförmigen Spule mit der Windungszahl N aufgewickelt. Zeigen Sie, daß bei einer Stromstärke I im Draht das magnetische Moment den Betrag $I\ell^2/(4\pi N)$ hat.

33. Eine Metallscheibe mit dem Radius 6 cm sei auf einer reibungsfrei gelagerten Achse montiert. Durch die Achse und die Scheibe kann ein Strom fließen, der am Rand der Scheibe über einen Schleifkontakt zugeführt wird. Parallel zur Scheibenachse verlaufe ein homogenes Magnetfeld $B = 1{,}25$ T. Bei einer Stromstärke von 3 A rotiere die Scheibe mit konstanter Kreisfrequenz. Berechnen Sie die Reibungskraft zwischen Scheibenrand und feststehendem Schleifkontakt.

34. Ein Teilchen mit der Masse m und der Ladung q trete in einen Bereich ein, in dem ein homogenes Magnetfeld B parallel zur x-Achse herrscht. Die Anfangsgeschwindigkeit des Teilchens sei $\boldsymbol{v}_0 = v_{0x}\boldsymbol{e}_x + v_{0y}\boldsymbol{e}_y$, so daß sich das Teilchen im Magnetfeld auf einer Spiralbahn bewegt. a) Zeigen Sie, daß der Radius der Bahn $r = mv_{0y}/qB$ ist. b) Zeigen Sie, daß das Teilchen die Zeit $t = 2\pi m/qB$ für einen Umlauf benötigt.

35. Ein leitfähiger Draht liege parallel zur y-Achse. Er bewege sich mit der Geschwindigkeit 20 m/s in positiver x-Richtung in einem Magnetfeld mit $\boldsymbol{B} = 0{,}5$ T $\boldsymbol{e}_z$. a) Wie groß ist die Kraft, die das Magnetfeld auf ein Elektron im Draht ausübt, und in welche Richtung zeigt sie? b) Diese Kraft führt zu einer Ladungsverschiebung im Draht, weil sich Elektronen zu einem Ende des Drahtes bewegen, bis das dadurch aufgebaute elektrische Feld die magnetische Kraftwirkung kompensiert. Bestimmen Sie Betrag und Richtung des elektrischen Feldes im Gleichgewicht. c) Wenn der Draht 2 m lang ist, welche Potentialdifferenz liegt dann über seiner Länge?

36. Bei dem Aufbau in Abbildung 24.29 gleite ein Metallstab der Masse m auf einem Paar horizontaler, leitfähiger Schienen, die voneinander den Abstand ℓ haben. Die Schienen seien mit einem Netzgerät verbunden, das einen konstanten Strom I abgibt. Weiterhin herrsche ein homogenes Magnetfeld B, wie in der Abbildung angedeutet. a) Zeigen Sie, daß die Geschwindigkeit des Stabes durch $v = (BI\ell/m)t$ gegeben ist, wenn man von der Reibung absieht und der Stab zum Zeitpunkt $t = 0$ startet. b) In welcher Richtung wird sich der Stab bewegen, wenn das Magnetfeld in die Papierebene hinein gerichtet ist? c) Wie stark muß das Magnetfeld mindestens sein, um den Stab in Bewegung zu versetzen, wenn man die Reibung berücksichtigt und der Haftreibungskoeffizient μ_H ist?

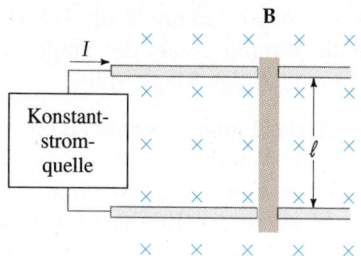

24.29 Zu Aufgaben 36 und 37.

37. Nehmen Sie an, daß die Schienen in Abbildung 24.29 den Winkel θ mit der Waagerechten bilden, und vernachlässigen Sie die Reibung. a) Wie stark muß das senkrechte Magnetfeld sein, damit der Stab nicht nach unten rutscht? b) Welche Beschleunigung wirkt auf den Stab, wenn das Magnetfeld den doppelten Betrag wie in Teil a) hat?

Stufe III

38. Ein starrer, gerader, waagerecht angebrachter Metalldraht der Länge 25 cm und der Masse 20 g sei an seinen Enden durch elektrische Kontakte unterstützt, kann sich jedoch frei nach oben bewegen. Ein homogenes, horizontales Magnetfeld von 0,4 T stehe senkrecht auf dem Draht. Jetzt werde ein Schalter geschlossen, der die Kontakte mit einer Spannungsquelle verbindet. Der Draht schnellt nun bis zur maximalen Höhe h nach oben. In der kurzen Zeitspanne, in der die Spannungsquelle mit dem Draht verbunden ist, gelange die Ladungsmenge 2 C in den Draht. Bestimmen Sie die Höhe h.

39. Eine kreisförmige Leiterschleife der Masse m werde vom Strom I durchflossen und befinde sich in einem homogenen Magnetfeld. Anfangs, im Gleichgewicht, seien die Vektoren des magnetischen Moments und des Magnetfeldes parallel. Dann werde die Schleife leicht um einen Durchmesser verdreht und wieder losgelassen. Berechnen Sie die Periodendauer der Drehung. (Nehmen Sie an, daß lediglich das Magnetfeld ein Drehmoment auf die Schleife hervorruft.)

40. Ein stromdurchflossener Leiter sei zu einem Halbkreis (mit dem Radius R) gebogen, der in der x-y-Ebene liege. Senkrecht auf dieser Ebene stehe das homogene Magnetfeld $\boldsymbol{B} = B\,\boldsymbol{e}_z$ (Abbildung 24.30). Zeigen Sie, daß auf die Schleife die Kraft $\boldsymbol{F} = 2IRB\,\boldsymbol{e}_y$ wirkt.

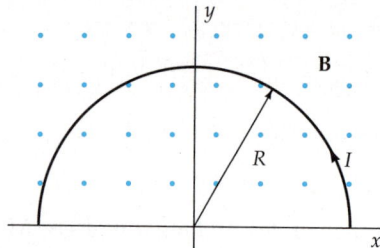

24.30 Zu Aufgabe 40.

41. Zeigen Sie, daß der Radius der Bahn eines geladenen Teilchens in einem Zyklotron proportional zur Quadratwurzel aus der Anzahl der schon vollendeten Umläufe ist.

42. Ein stromdurchflossener Draht sei zu einer beliebigen Form gebogen. Die Stromstärke sei I, und gleichzeitig herrsche das homogene Magnetfeld $\boldsymbol{B}$. Zeigen Sie, daß auf ein Drahtstück zwischen zwei Punkten a und b die Gesamtkraft $\boldsymbol{F} = I\boldsymbol{\ell} \times \boldsymbol{B}$ wirkt, wobei $\boldsymbol{\ell}$ der Verbindungsvektor von a nach b ist.

43. Wenn man aus einem Drahtstück gegebener Länge ℓ eine Spule mit N Windungen wickelt, so wird ihre Querschnittsfläche um so kleiner, je größer die Windungszahl ist. Zeigen Sie, daß bei bestimmter Länge ℓ und einer gegebenen Stromstärke I das maximale magnetische Moment mit einer einzigen Windung erreicht wird und daß es den Betrag $I\ell^2/4\pi$ hat. (Weshalb genügt es, runde Spulen zu betrachten?)

44. Ein nichtleitender Stab mit der Masse m, der Länge ℓ und der homogenen Längenladungsdichte λ rotiere mit der Kreisfrequenz ω um eine Achse, die durch das Stabende geht und senkrecht zum Stab steht. a) Betrachten Sie ein infinitesimales Längenelement dx des Stabes mit der Ladung $dq = \lambda\,dx$ im Abstand x vom Lager, und zeigen Sie, daß das magnetische Moment dieses Stückes $\frac{1}{2}\lambda\omega x^2 dx$ ist. b) Integrieren Sie den erhaltenen Ausdruck, um zu zeigen, daß das magnetische Moment des gesamten Stabes $m_m = \frac{1}{6}\lambda\omega\ell^3$ ist. c) Zeigen Sie, daß zwischen magnetischem Moment $\boldsymbol{m}_m$ und Drehimpuls $\boldsymbol{L}$ die Beziehung $\boldsymbol{m}_m = (q/2m)\boldsymbol{L}$ gilt, wobei q die gesamte Ladung auf dem Stab ist.

45. Eine nichtleitende Scheibe mit der Masse m, dem Radius R und der Oberflächenladungsdichte σ rotiere mit der Kreisfrequenz ω um ihre Achse. a) Betrachten Sie einen Ring mit dem Radius r und der Dicke dr. Zeigen Sie, daß die gesamte Stromstärke in diesem Ring

$dI = (\omega/2\pi)\, dq = \omega\sigma r\, dr$ ist. b) Zeigen Sie, daß das magnetische Moment des Ringes $dm_m = \pi\omega\sigma r^3\, dr$ ist. c) Integrieren Sie den in b) erhaltenen Ausdruck, um zu zeigen, daß das gesamte magnetische Moment der Scheibe $m_m = \frac{1}{4}\pi\omega\sigma R^4$ ist. d) Zeigen Sie, daß das magnetische Moment m_m und der Drehimpuls L durch die Relation $\boldsymbol{m}_m = (q/2m)\boldsymbol{L}$ verknüpft sind, wobei q die gesamte Ladung auf der Scheibe ist.

46. Ein kleiner Magnet mit dem magnetischen Moment $\boldsymbol{m}_m$ bilde mit dem homogenen Magnetfeld $\boldsymbol{B}$ den Winkel θ. a) Welche Arbeit muß durch ein äußeres Drehmoment aufgebracht werden, damit sich der Magnet um den kleinen Winkel $d\theta$ dreht? b) Zeigen Sie, daß die Arbeit $W = m_m B \cos\theta$ notwendig ist, um den Magneten so weit zu drehen, daß er senkrecht zum Magnetfeld steht. c) Zeigen Sie mit dem Resultat aus Teil b), daß die potentielle Energie des Magneten $E_{\text{pot}}(\theta) = -\boldsymbol{m}_m \cdot \boldsymbol{B}$ ist, wenn man sie für den senkrecht zum Feld stehenden Magneten gleich null setzt. d) Würde sich irgendein Teilergebnis dieser Aufgabe ändern, wenn man den Stabmagneten durch eine stromdurchflossene Spule mit dem magnetischen Moment $\boldsymbol{m}_m$ ersetzte?

47. Ein Strahl von Teilchen mit der Geschwindigkeit $\boldsymbol{v}$ gelange in einen Bereich, in dem ein homogenes Magnetfeld $\boldsymbol{B}$ herrscht, das mit der Geschwindigkeit den kleinen Winkel θ bildet. Zeigen Sie: Nachdem ein Teilchen die Distanz $2\pi(m/qB)v\cos\theta$ im Feld zurückgelegt hat, bewegt es sich in der gleichen Richtung, die es beim Eintritt in das Feld hatte.

48. Ein kleiner Stabmagnet habe das magnetische Moment $\boldsymbol{m}_m$, das mit der x-Achse den kleinen Winkel θ einschließe. Der Magnet befinde sich in einem inhomogenen Magnetfeld, das durch $\boldsymbol{B} = B_x(x)\,\boldsymbol{e}_x + B_y(y)\,\boldsymbol{e}_y$ gegeben sei. Zeigen Sie, daß für die Kraft, die auf den Magneten wirkt, gilt:

$$\boldsymbol{F} = m_x \frac{\partial B_x}{\partial x}\boldsymbol{e}_x + m_y \frac{\partial B_y}{\partial y}\boldsymbol{e}_y\,. \qquad 24.27$$

25

Die Quellen des magnetischen Feldes

Bis zum Beginn des letzten Jahrhunderts kannte man nur Permanentmagnete als Quellen des Magnetismus. Wie bereits in der Einleitung zu Kapitel 24 erwähnt, wissen wir heute, daß sich der Magnetismus in Materie, also auch der in Permanentmagneten, auf molekulare Ringströme zurückführen läßt. Historisch gesehen, war es ein langer Weg bis zu dieser Erkenntnis, deren Hauptschub sich allerdings in einer ganz besonderen Art und Weise innerhalb weniger Monate im Jahr 1820 vollzog. Mitte 1820 gab der dänische Physiker H.C. Oerstedt seine Entdeckung bekannt, daß eine Kompaßnadel in der Nähe eines stromdurchflossenen Drahtes ausgerichtet wird. Diese Mitteilung löste hauptsächlich bei den Physikern Frankreichs eine wahre Welle an Experimenten aus, die bis Ende 1820 zur Entdeckung von zwei weiteren grundlegenden Phänomenen führte. J. Biot und F. Savart veröffentlichten die Resultate ihrer Messungen zur Kraft auf einen Magneten in der Nähe eines langen, stromdurchflossenen Drahtes. Sie führten die Kraft auf das Magnetfeld zurück, das von jedem einzelnen Abschnitt des Drahtes erzeugt wird. Es ist das Verdienst von A.-M. Ampère, ebenfalls im Herbst 1820 entdeckt zu haben, daß ein stromdurchflossener Draht nicht nur die Quelle eines Magnetfeldes ist, sondern daß umgekehrt die einzelnen Stromelemente innerhalb des Drahtes auch von einem äußeren Magnetfeld beeinflußt werden können und daß zwei Ströme gegenseitig Kräfte aufeinander ausüben.

Wir beginnen damit, das Feld einer einzelnen bewegten Ladung und einzelner Stromelemente zu untersuchen. Danach berechnen wir die Magnetfelder, die von einfachen Anordnungen stromdurchflossener Leiter erzeugt werden, beispielsweise geraden Leitern, Leiterschleifen und Spulen. Die Diskussion des Ampèreschen Gesetzes, welches das Linienintegral des Magnetfelds einer Leiterschleife mit dem Gesamtstrom verknüpft, wird das Kapitel beschließen.

25.1 Das magnetische Feld einer bewegten Punktladung

Eine Punktladung q, die sich mit der Geschwindigkeit $\boldsymbol{v}$ bewegt, erzeugt im Raum ein Magnetfeld $\boldsymbol{B}$, das gegeben ist durch

$$\boldsymbol{B} = \frac{\mu_0}{4\pi} \frac{q\boldsymbol{v} \times \boldsymbol{r}/r}{r^2}. \qquad 25.1$$

25.1 Eine Punktladung q, die sich mit der Geschwindigkeit $\boldsymbol{v}$ bewegt, erzeugt ein Magnetfeld $\boldsymbol{B}$, das am Aufpunkt P die Richtung des Vektors $\boldsymbol{v} \times \boldsymbol{r}/r$ hat, wobei $\boldsymbol{r}/r$ ein Einheitsvektor ist, der von der Ladung zum Aufpunkt zeigt. (Das blaue Kreuz am Punkt P signalisiert, daß das Feld in die Papierebene hineingeht.)

$\boldsymbol{r}/r$ ist hier ein Einheitsvektor, der von der Ladung q zum Aufpunkt P zeigt (Abbildung 25.1), und μ_0 ist die magnetische Feldkonstante oder Permeabilität des Vakuums, die wir bereits in Kapitel 24 kennengelernt haben. Ihr Wert sei hier noch einmal wiederholt:

$$\mu_0 = 4\pi \cdot 10^{-7} \text{ T} \cdot \text{m/A} = 4\pi \cdot 10^{-7} \text{ N/A}^2. \qquad 25.2$$

Die Einheiten von μ_0 sind so zu wählen, daß sich B nach (25.1) in Tesla ergibt, wenn bei q, v und r mit SI-Einheiten gearbeitet wird (d.h. q in Coulomb, v in Meter pro Sekunde und r in Metern). Die magnetische Feldkonstante hat dann die Einheit $\text{N} \cdot \text{A}^{-2}$, da $1 \text{ T} = 1 \text{ N} \cdot \text{A}^{-1} \cdot \text{m}^{-1}$. Die Bedeutung des Faktors $1/4\pi$ in (25.1) wird klar werden, wenn wir uns mit dem sogenannten Ampèreschen Gesetz (Abschnitt 25.4) beschäftigen. Gleichung (25.1) für das Magnetfeld einer bewegten Punktladung ist das Analogon zum Coulombschen Gesetz (vgl. Abschnitt 18.4), welches das elektrische Feld einer Punktladung beschreibt:

$$\boldsymbol{E} = \frac{1}{4\pi\varepsilon_0} \frac{q}{r^2} \frac{\boldsymbol{r}}{r}.$$

Aus (25.1) kann man auf einige Eigenschaften des Magnetfelds einer bewegten Punktladung schließen, die wir im folgenden kurz beschreiben wollen:

1. Der Betrag von $\boldsymbol{B}$ ist der Ladung q und dem Betrag der Geschwindigkeit v proportional und ändert sich umgekehrt proportional zum Quadrat des Abstandes von der Ladung.
2. In Richtung der Bewegung hat das Magnetfeld den Betrag null. An anderen Punkten im Raum ist es proportional zu $\sin \theta$, wobei θ der Winkel zwischen dem Geschwindigkeitsvektor $\boldsymbol{v}$ und dem Vektor $\boldsymbol{r}$ von der Ladung zum Aufpunkt ist.
3. $\boldsymbol{B}$ steht senkrecht auf dem Geschwindigkeitsvektor $\boldsymbol{v}$ und auf dem Vektor $\boldsymbol{r}$. Seine Richtung erhält man durch die Rechte-Hand-Regel, indem man $\boldsymbol{v}$ auf dem kürzesten Weg in $\boldsymbol{r}$ hineindreht.

Beispiel 25.1

Eine Punktladung $q_1 = 4{,}5$ nC bewege sich mit einer Geschwindigkeit von $3{,}6 \cdot 10^7$ m/s parallel zur x-Achse entlang der Linie $y = 3$ m. Welchen Betrag hat das durch diese Ladung erzeugte Magnetfeld am Ursprung, wenn wir den Zeitpunkt betrachten, in dem die Ladung sich am Punkt $x = -4$ m, $y = 3$ m befindet (Abbildung 25.2)?

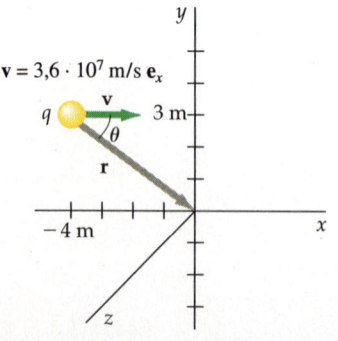

25.2 Ein geladenes Teilchen, das sich parallel zur x-Achse bewegt, erzeugt ein Magnetfeld. Im vorliegenden Fall soll das Magnetfeld am Ursprung bestimmt werden.

Die Geschwindigkeit der Ladung beträgt $\mathbf{v} = v\mathbf{e}_x = 3{,}6 \cdot 10^7$ m/s $\cdot \mathbf{e}_x$, und der Vektor von der Ladung zum Ursprung ist $\mathbf{r} = 4$ m $\mathbf{e}_x - 3$ m $\mathbf{e}_y$. Dann ist $r = \sqrt{(4 \text{ m})^2 + (3 \text{ m})^2} = 5$ m, und für den Einheitsvektor $\mathbf{r}/r$ erhält man:

$$\frac{\mathbf{r}}{r} = \frac{4 \text{ m } \mathbf{e}_x - 3 \text{ m } \mathbf{e}_y}{5 \text{ m}}$$

$$= 0{,}8 \, \mathbf{e}_x - 0{,}6 \, \mathbf{e}_y.$$

Damit ist

$$\mathbf{v} \times \frac{\mathbf{r}}{r} = (v \, \mathbf{e}_x) \times (0{,}8 \, \mathbf{e}_x - 0{,}6 \, \mathbf{e}_y)$$

$$= -0{,}6 \, v \, \mathbf{e}_z,$$

und (25.1) liefert

$$\mathbf{B} = \frac{\mu_0}{4\pi} \frac{q\mathbf{v} \times \dfrac{\mathbf{r}}{r}}{r^2}$$

$$= \frac{\mu_0}{4\pi} \frac{q \, (-0{,}6 \, v\mathbf{e}_z)}{r^2}$$

$$= -(10^{-7} \text{ T} \cdot \text{m/A}) \frac{4{,}5 \cdot 10^{-9} \text{ C} \cdot 0{,}6 \cdot 3{,}6 \cdot 10^7 \text{ m/s}}{(5 \text{ m})^2} \mathbf{e}_z$$

$$= -3{,}89 \cdot 10^{-10} \text{ T } \mathbf{e}_z.$$

Wie muß man dieses Ergebnis werten? Ist das Feld relativ stark oder eher schwach? Im Vergleich zum Erdmagnetfeld, das in der Größenordnung 10^{-4} T liegt, ist das oben berechnete Feld sehr klein. Wir können auch einen Vergleich zum elektrischen Feld anstellen, das diese Ladung erzeugt. Nach Gleichung (18.7) beträgt das elektrische Feld, das eine Ladung von 4,5 nC im Abstand von 5 m erzeugt:

$$E = \frac{1}{4\pi\varepsilon_0} \cdot \frac{q}{r^2}$$

$$= \frac{(8{,}99 \cdot 10^9 \text{ N} \cdot \text{m}^2/\text{C}^2) \cdot 4{,}5 \cdot 10^{-9} \text{ C}}{(5 \text{ m})^2}$$

$$= \frac{4{,}05 \text{ N} \cdot \text{m}^2/\text{C}}{25 \text{ m}^2} = 1{,}62 \text{ N/C}.$$

Das wiederum ist im Vergleich mit elektrischen Feldern in unserer Umgebung relativ groß (vgl. Tabelle 18.1). Ein und dieselbe Ladung erzeugt also (bei der angenommenen Geschwindigkeit) ein schwaches Magnetfeld, gleichzeitig aber ein relativ starkes elektrisches Feld.

Die Kraft eines Magnetfeldes und die Impulserhaltung

Die Kraft, die ein Magnetfeld einer bewegten Punktladung auf eine andere bewegte Punktladung ausübt, erhalten wir, indem wir (24.1), d.h. die Gleichung für die Kraft auf eine Ladung im Magnetfeld, und (25.1), die Beziehung für das von einer bewegten Ladung erzeugte Magnetfeld, miteinander kombinieren. Die

25 Die Quellen des magnetischen Feldes

Kraft F_{12}, die eine Ladung q_1, die sich mit der Geschwindigkeit v_1 bewegt, auf eine zweite Ladung q_2 mit Geschwindigkeit v_2 ausübt, ist gegeben durch

$$F_{12} = q_2 v_2 \times B_1 = q_2 v_2 \times \left(\frac{\mu_0}{4\pi} \frac{q_1 v_1 \times \dfrac{r_{12}}{r_{12}}}{r_{12}^2}\right), \qquad 25.3\,\text{a}$$

wobei B_1 das von q_1 erzeugte Magnetfeld am Ort der Ladung q_2 bezeichnet und r_{12} der Verbindungsvektor der beiden Ladungen in Richtung von q_2 ist. Eine ähnliche Formel erhält man für die Kraft, mit der die sich bewegende Ladung q_2 auf q_1 wirkt:

$$F_{21} = q_1 v_1 \times B_2 = q_1 v_1 \times \left(\frac{\mu_0}{4\pi} \frac{q_2 v_2 \times \dfrac{r_{21}}{r_{21}}}{r_{21}^2}\right). \qquad 25.3\,\text{b}$$

Bemerkenswert an diesen Beziehungen ist die Tatsache, daß die Kräfte, die die Ladungen aufeinander ausüben, nicht entgegengesetzt gleich sind, d.h. sie gehorchen nicht dem dritten Newtonschen Gesetz. Dies läßt sich sehr schön an dem in Abbildung 25.3 gezeigten Spezialfall veranschaulichen. Das Magnetfeld der Ladung q_1 am Ort der Ladung q_2 zeigt in die negative z-Richtung und die auf q_2 wirkende Kraft F_{12} in die negative x-Richtung. Umgekehrt jedoch ist das magnetische Feld der Ladung q_2 am Ort der Ladung q_1 null, da q_1 auf der Linie liegt, entlang der sich q_2 bewegt. Aus diesem Grund übt das Magnetfeld von q_2 keine Kraft auf q_1 aus. In der Summe ergibt sich also die Kraft F_{12}, die auf das aus beiden Ladungen bestehende System wirkt. Das System wird in Richtung dieser Kraft beschleunigt, und der Impuls bleibt anscheinend nicht erhalten. Diese scheinbare Verletzung des Gesetzes der Impulserhaltung rührt daher, daß wir bei der Betrachtung der Kräfte, die eine Ladung auf die andere ausübt, stillschweigend von Fernwirkungskräften ausgegangen sind und vernachlässigt haben, daß auch die elektrischen und magnetischen Felder bewegter Ladungen Impuls „tragen". Wir haben in Kapitel 21 gesehen, daß im elektrischen Feld Energie gespeichert ist, und wir werden später noch sehen, daß auch das magnetische Feld Träger von Energie ist. Eine genaue Untersuchung der elektrischen und magnetischen Felder beweglicher Ladungen zeigt weiterhin, daß man diesen Feldern auch einen Impuls zuschreiben muß. Wenn sich die Ladungen bewegen, so wird der Impuls, der durch die Beschleunigung des Ladungssystems entsteht, durch einen gleich großen entgegengesetzten Impuls der Felder aufgehoben. Der Gesamtimpuls des Systems bleibt also erhalten, wenn wir den Impuls der elektrischen und magnetischen Felder in unsere Betrachtung mit einbeziehen.

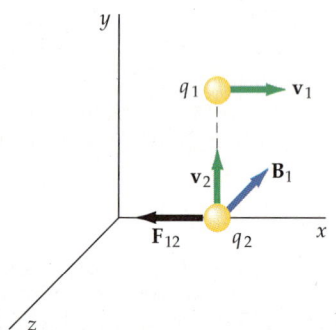

25.3 Die Kräfte, die bewegte Ladungen aufeinander ausüben, sind nicht gleich groß und entgegengesetzt gerichtet. Das Magnetfeld B_1, das durch die Ladung q_1 erzeugt wird, zeigt am Ort der Ladung q_2 in Richtung der negativen z-Achse. Die Kraft F_{12}, die dieses Feld auf q_2 ausübt, zeigt daher in die negative x-Richtung. Die Ladung q_2 erzeugt jedoch am Ort von q_1 kein Magnetfeld, daher wirkt auch keine Kraft.

Beispiel 25.2

Eine Punktladung q_1 befinde sich am Ort $R = x\,e_x + y\,e_y$ und bewege sich parallel zur x-Achse mit der Geschwindigkeit $v_1 = v_1\,e_x$. Eine zweite Punktladung q_2 befinde sich am Ursprung und bewege sich entlang der x-Achse mit der Geschwindigkeit $v_2 = v_2\,e_x$ (Abbildung 25.4a). Welche Kraft üben die beiden Ladungen über ihre Magnetfelder aufeinander aus?

Wir berechnen zuerst die Kraft, die auf q_1 ausgeübt wird. Der Vektor r_{21} von q_2 nach q_1 ist gerade R. Setzen wir $r_{21}/r_{21} = R/R$, so erhalten wir

$$\frac{v_2 \times \dfrac{r_{21}}{r_{21}}}{r_{21}^2} = \frac{v_2 \times R}{R^3} = \frac{v_2\,e_x \times (x\,e_x + y\,e_y)}{R^3} = \frac{y v_2}{R^3}\,e_z.$$

25.1 Das magnetische Feld einer bewegten Punktladung

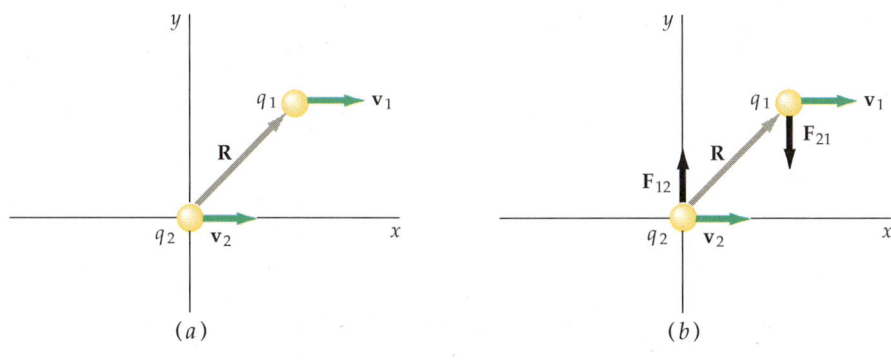

25.4 a) Zwei Ladungen, die sich parallel zueinander bewegen. b) Die Kräfte, die die Ladungen aufeinander ausüben, sind zwar gleich groß und entgegengesetzt gerichtet, sie wirken aber nicht längs der Verbindungslinie.

Das magnetische Feld der Ladung q_2 am Ort von q_1 ist damit

$$\boldsymbol{B}_2 = \frac{\mu_0}{4\pi} \frac{q_2 y v_2}{R^3} \boldsymbol{e}_z,$$

und auf q_1 wirkt die Kraft

$$\boldsymbol{F}_{21} = q_1 \boldsymbol{v}_1 \times \boldsymbol{B}_2 = q_1 (v_1 \boldsymbol{e}_x) \times \left(\frac{\mu_0}{4\pi} \frac{q_2 y v_2}{R^3} \boldsymbol{e}_z \right)$$

$$= -\frac{\mu_0}{4\pi} \frac{q_1 q_2 v_1 v_2 y}{R^3} \boldsymbol{e}_y.$$

Um die Kraft zu finden, die das Magnetfeld von q_1 auf q_2 ausübt, nutzen wir aus, daß $\boldsymbol{r}_{12}$, der Vektor von q_1 nach q_2, gerade $-\boldsymbol{R}$ ist und erhalten

$$\frac{\boldsymbol{v}_1 \times \frac{\boldsymbol{r}_{12}}{r_{12}}}{r_{12}^2} = \frac{\boldsymbol{v}_1 \times (-\boldsymbol{R})}{R^3} = \frac{v_1 \boldsymbol{e}_x \times (-x \boldsymbol{e}_x - y \boldsymbol{e}_y)}{R^3} = -\frac{y v_1}{R^3} \boldsymbol{e}_z.$$

Damit ergibt sich für die gesuchte Kraft

$$\boldsymbol{F}_{12} = q_2 \boldsymbol{v}_2 \times \boldsymbol{B}_1 = q_2 (v_2 \boldsymbol{e}_x) \times \left(-\frac{\mu_0}{4\pi} \frac{q_1 y v_1}{R^3} \boldsymbol{e}_z \right) = +\frac{\mu_0}{4\pi} \frac{q_1 q_2 v_1 v_2 y}{R^3} \boldsymbol{e}_y.$$

In diesem Fall sind die Kräfte gleich groß und entgegengesetzt gerichtet. Sie wirken jedoch nicht entlang der Verbindungslinie der Teilchen und üben daher ein Drehmoment auf das Zwei-Teilchen-System aus. Hierdurch wird auf den ersten Blick die Drehimpulserhaltung verletzt, aber das Problem löst sich, wenn man berücksichtigt, daß auch die elektrischen und magnetischen Felder einen Drehimpuls tragen.

(a)

(b)

Oersteds Experiment. a) Fließt kein Strom, so zeigt die Kompaßnadel nach Norden. b) Schaltet man den Strom ein, so zeigt die Nadel in Richtung des resultierenden Magnetfelds. Der Strom fließt von links unten nach rechts oben. Die Isolierung des Kabels wurde entfernt, um den Kontrast der Aufnahme zu erhöhen. (© 1990 R. Megna/Fundamental Photographs)

25 Die Quellen des magnetischen Feldes

25.2 Das magnetische Feld von Strömen: das Gesetz von Biot und Savart

Im vorigen Kapitel (Abschnitt 24.1) haben wir von der Kraft, die eine bewegte Ladung in einem Magnetfeld erfährt, den Schluß zu der Kraft gezogen, die auf ein Stromelement wirkt. Analog dazu können wir jetzt, da es um die Quellen des Magnetfeldes geht, das durch ein Stromelement $I\,d\boldsymbol{\ell}$ erzeugte Magnetfeld bestimmen, indem wir $q\boldsymbol{v}$ in (25.1) durch $I\,d\boldsymbol{\ell}$ ersetzen:

Biot-Savartsches Gesetz

$$d\boldsymbol{B} = \frac{\mu_0}{4\pi} \frac{I\,d\boldsymbol{\ell} \times \dfrac{\boldsymbol{r}}{r}}{r^2}.$$

25.4

Diese Gleichung ist als das **Biot-Savartsche Gesetz** bekannt. Es ist dem Coulombschen Gesetz für das elektrische Feld eines Ladungselements analog (vgl. Abschnitt 19.1). Die Quelle des magnetischen Feldes ist eine Ladung q, die sich mit der Geschwindigkeit $\boldsymbol{v}$ bewegt, oder ein Stromelement $I\,d\boldsymbol{\ell}$, genau wie ein Ladungselement dq die Quelle des elektrostatischen Feldes ist. Das magnetische Feld nimmt ebenso wie das elektrische Feld proportional zum Kehrwert des Quadrats des Abstands von der Quelle ab. Die Richtungen der Kräfte, die die Felder ausüben, sind jedoch unterschiedlich. Während das elektrische Feld (für eine positive Ladung) radial von der Punktladung zum Aufpunkt zeigt, also in Richtung des Verbindungsvektors $\boldsymbol{r}$, steht das Magnetfeld senkrecht zu $\boldsymbol{r}$ und zur Bewegungsrichtung der Ladung, die bei Leitern mit der Richtung eines Stromelements übereinstimmt. In Punkten, die auf der Verlängerungslinie des Stromelements liegen, ist das von diesem Stromelement herrührende magnetische Feld gleich null. Dies ist beispielsweise für den Punkt P_2 in Abbildung 25.5 der Fall. Das gesamte Magnetfeld, das vom Strom einer bestimmten Leiterkonfiguration erzeugt wird, kann man im Prinzip berechnen, indem man das Gesetz von Biot-Savart auf jedes einzelne Stromelement anwendet und anschließend über alle Stromelemente integriert. Dies ist jedoch für die meisten Anordnungen, von den ganz einfachen einmal abgesehen, sehr schwierig.

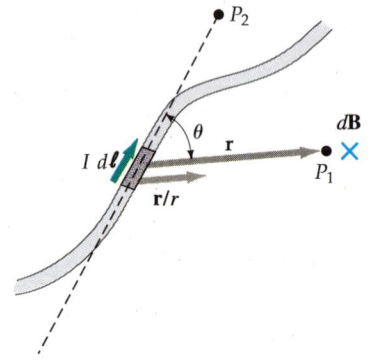

25.5 Das vom Stromelement $I\,d\boldsymbol{\ell}$ erzeugte Magnetfeld steht am Punkt P_1 senkrecht auf $\boldsymbol{r}/r$ und $I\,d\boldsymbol{\ell}$. Im Punkt P_2, der auf der durch $I\,d\boldsymbol{\ell}$ gegebenen Linie liegt, ist das von $I\,d\boldsymbol{\ell}$ herrührende Magnetfeld gleich null.

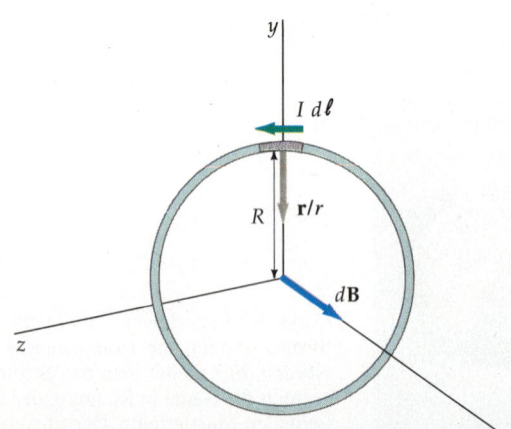

25.6 Stromelement zur Berechnung des Magnetfelds im Zentrum eines stromdurchflossenen Ringes. Die Magnetfelder, die von den Stromelementen erzeugt werden, zeigen alle in Richtung der Ringachse, die hier mit der x-Achse zusammenfällt.

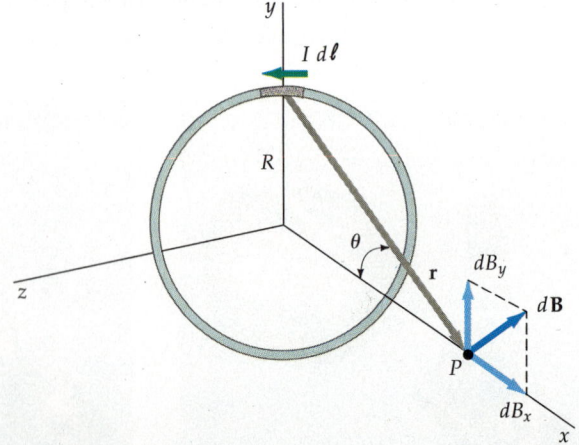

25.7 Geometrische Anordnung, mit der sich das Magnetfeld auf der Achse eines stromdurchflossenen Rings berechnen läßt.

Das Magnetfeld einer Leiterschleife

Das Feld im Zentrum einer kreisförmigen Leiterschleife kann man relativ leicht berechnen. In Abbildung 25.6 sehen wir ein Stromelement $I\,\mathrm{d}\ell$ einer solchen Leiterschleife mit Radius R, wobei der Einheitsvektor $\mathbf{r}/r$ von diesem Element zum Zentrum zeigt. Das von dem Stromelement erzeugte Magnetfeld hat im Zentrum der Leiterschleife folgende Eigenschaften: Es zeigt in Richtung der Achse der Schleife (wenn die Schleife in der y-z-Ebene liegt, also in Richtung der x-Achse) und hat den Betrag

$$\mathrm{d}B = \frac{\mu_0}{4\pi} \frac{I\,\mathrm{d}\ell\,\sin\theta}{R^2},$$

wobei θ der Winkel zwischen $I\,\mathrm{d}\ell$ und $\mathbf{r}$ ist, der für jedes Stromelement einer kreisförmigen Leiterschleife 90° beträgt, so daß $\sin\theta$ immer gleich eins ist. Die gesamte Feldstärke erhalten wir durch Integration über alle Stromelemente, also über die vollständige Umfangslinie:

$$B = \oint \mathrm{d}B = \frac{\mu_0}{4\pi} \frac{I}{R^2} \oint \mathrm{d}\ell.$$

Den Radius R konnten wir vor das Integral ziehen, weil er für alle Stromelemente derselbe ist. Das Linienintegral über $\mathrm{d}\ell$ erstreckt sich über den ganzen Kreis, es ist daher gerade gleich dem Umfang $2\pi R$. Für das Magnetfeld erhalten wir

$$B = \frac{\mu_0}{4\pi} \frac{I\,2\pi R}{R^2} = \frac{\mu_0 I}{2R} \qquad \text{(im Schleifenmittelpunkt)}. \qquad 25.5$$

Abbildung 25.7 zeigt die geometrischen Verhältnisse zur Berechnung des Magnetfelds einer kreisförmigen Leiterschleife auf ihrer Achse im Abstand x vom Mittelpunkt. Betrachten wir zunächst das Stromelement am obersten Punkt der Leiterschleife. $I\,\mathrm{d}\ell$ liegt hier, wie überall an der Kreislinie, tangential zur Leiterschleife und steht senkrecht auf dem Verbindungsvektor $\mathbf{r}$ vom Stromelement zum Aufpunkt P. Das magnetische Feld $\mathrm{d}\mathbf{B}$ dieses Stromelements steht, wie in der Abbildung zu sehen, senkrecht auf $\mathbf{r}$ und auf $I\,\mathrm{d}\ell$. Es hat den Betrag

$$|\mathrm{d}\mathbf{B}| = \frac{\mu_0}{4\pi} \frac{I\left|\mathrm{d}\boldsymbol{\ell} \times \dfrac{\mathbf{r}}{r}\right|}{r^2} = \frac{\mu_0}{4\pi} \frac{I\,\mathrm{d}\ell}{(x^2 + R^2)}.$$

Hier haben wir ausgenutzt, daß $r^2 = x^2 + R^2$ und daß $\mathrm{d}\boldsymbol{\ell}$ und $(\mathbf{r}/r)$ einen rechten Winkel miteinander bilden, so daß $|\mathrm{d}\boldsymbol{\ell} \times (\mathbf{r}/r)| = \mathrm{d}\ell$. Summieren wir über sämtliche Stromelemente der ringförmigen Leiterschleife, so addieren sich diejenigen Komponenten von $\mathbf{B}$, die senkrecht zur Schleifenachse stehen (also die Komponente $\mathrm{d}B_y$ in der Abbildung), zu null auf, und es bleiben nur die Komponenten parallel zur Achse (d.h. $\mathrm{d}B_x$) übrig. Es genügt daher, die x-Komponente zu berechnen. Aus der Abbildung entnehmen wir, daß

$$\mathrm{d}B_x = \mathrm{d}B\,\sin\theta = \mathrm{d}B \left(\frac{R}{\sqrt{x^2+R^2}}\right) = \frac{\mu_0}{4\pi}\frac{I\,\mathrm{d}\ell}{(x^2+R^2)}\frac{R}{\sqrt{x^2+R^2}}.$$

Um das Feld der gesamten Stromschleife zu erhalten, integrieren wir über die geschlossene Kreislinie:

$$B_x = \oint \mathrm{d}B_x = \oint \frac{\mu_0}{4\pi} \frac{IR}{(x^2+R^2)^{3/2}}\,\mathrm{d}\ell.$$

25 Die Quellen des magnetischen Feldes

Die Größen x und R können wir vor das Integral ziehen, da sie nicht von der Integrationsvariablen $d\ell$ abhängen. Daher erhalten wir

$$B_x = \frac{\mu_0 IR}{4\pi (x^2 + R^2)^{3/2}} \oint d\ell.$$

Das Linienintegral entlang der Kreislinie ergibt wieder gerade den Umfang $2\pi R$, so daß unser Ergebnis lautet:

Magnetisches Feld auf der Achse einer kreisförmigen Stromschleife

$$B_x = \frac{\mu_0}{4\pi} \frac{IR(2\pi R)}{(x^2+R^2)^{3/2}} = \frac{\mu_0}{4\pi} \frac{2\pi R^2 I}{(x^2+R^2)^{3/2}}. \qquad 25.6$$

In großem Abstand von der Stromschleife ist x sehr viel größer als R, und es gilt in guter Näherung $(x^2 + R^2)^{3/2} \approx (x^2)^{3/2} = x^3$. Setzen wir dies ein, so erhalten wir

$$B_x = \frac{\mu_0}{4\pi} \frac{2I\pi R^2}{x^3} \qquad \text{für } x \gg R.$$

Nach Gleichung (24.14) ist die Größe $I\pi R^2$ im Zähler nichts anderes als der Betrag m_m des magnetischen Moments der Stromschleife (Zahl der Windungen $N = 1$), die somit wie ein magnetischer Dipol wirkt. Für das Feld dieses Dipols können wir also schreiben:

Magnetisches Feld auf der Achse eines Dipols

$$B_x = \frac{\mu_0}{4\pi} \frac{2m_m}{x^3} \qquad \text{für großes } x. \qquad 25.7$$

Unübersehbar ist die große Ähnlichkeit dieses Ausdrucks mit der Beziehung (18.10), die das Feld auf der Achse eines elektrischen Dipols mit dem Dipolmoment p (in großem Abstand) beschreibt:

$$E_x = \frac{1}{4\pi\varepsilon_0} \frac{2p}{x^3} \qquad \text{für großes } x.$$

Unser Ergebnis, daß das Magnetfeld einer Stromschleife in großem Abstand dem Feld eines magnetischen Dipols entspricht, gilt übrigens für alle Punkte im Raum, egal ob sie sich auf der Achse der Schleife oder irgendwo anders befinden. Eine stromdurchflossene Leiterschleife verhält sich also in jeder Hinsicht wie ein magnetischer Dipol, was unter anderem bedeutet, daß sie in einem äußeren Magnetfeld $\boldsymbol{B}$ ein Drehmoment $\boldsymbol{M} = \boldsymbol{m}_m \times \boldsymbol{B}$ (siehe Gleichung 24.15) erfährt. Die Feldlinien einer solchen Leiterschleife sind in Abbildung 25.8 gezeigt.

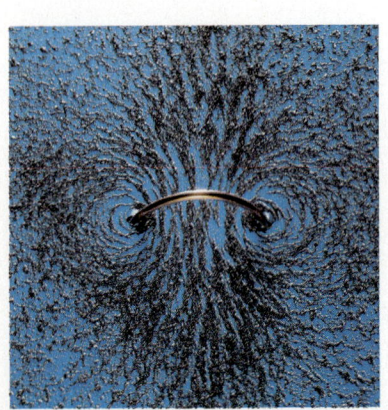

25.8 Die Magnetfeldlinien eines stromdurchflossenen Ringes sind hier durch Eisenfeilspäne sichtbar gemacht. (© 1990 R. Megna/Fundamental Photographs)

Beispiel 25.3

Eine kreisförmige Leiterschleife mit einem Radius von 5,0 cm und 12 Windungen liege in der y-z-Ebene. Sie werde von einem Strom von 4 A durchflossen, der so gerichtet sei, daß das magnetische Moment der Schleife in Richtung der x-Achse zeigt. Welchen Betrag hat das magnetische Feld auf der x-Achse bei a) $x = 15$ cm und b) $x = 3$ m?

a) Aus (25.6) erhalten wir das Feld für eine Schleife, die nur eine Windung hat. Für eine Schleife mit N Windungen müssen wir diesen Wert noch mit N multiplizieren. Mit $N = 12$ und $x = 15$ cm ergibt sich:

$$B_x = \frac{\mu_0}{4\pi} \frac{2\pi R^2 NI}{(x^2 + R^2)^{3/2}}$$

$$= (10^{-7}\,\text{T}\cdot\text{m/A}) \frac{2\pi \cdot (0{,}05\,\text{m})^2 \cdot 12 \cdot 4\,\text{A}}{[(0{,}15\,\text{m})^2 + (0{,}05\,\text{m})^2]^{3/2}}$$

$$= 1{,}91 \cdot 10^{-5}\,\text{T}\,.$$

b) Da jetzt der Abstand wesentlich größer als der Radius der Schleife ist, können wir (25.7) für das Feld in großer Entfernung von der Leiterschleife verwenden. Das magnetische Moment einer Schleife mit $N = 12$ Windungen beträgt

$$m_\text{m} = NIA = 12 \cdot 4\,\text{A} \cdot (0{,}05\,\text{m})^2$$

$$= 0{,}377\,\text{A}\cdot\text{m}^2\,.$$

Für das Magnetfeld bei $x = 3$ m erhalten wir daher

$$B_x = \frac{\mu_0}{4\pi} \frac{2m_\text{m}}{x^3} = (10^{-7}\,\text{T}\cdot\text{m/A}) \frac{2 \cdot (0{,}377\,\text{A}\cdot\text{m}^2)}{(3\,\text{m})^3} = 2{,}79 \cdot 10^{-9}\,\text{T}\,.$$

Beachten Sie, daß dieses Feld ungefähr in der gleichen Größenordnung liegt wie das Feld der einzelnen bewegten Punktladung, die wir in Beispiel 25.1 betrachtet haben.

Das Magnetfeld einer Spule

Wir wenden uns jetzt der Berechnung des magnetischen Feldes einer sogenannten **Zylinderspule** zu. (Wir werden hier, solange keine Verwechslungen mit anderen Spulentypen vorkommen können, immer einfach *Spule* schreiben.) Eine Spule ist ein fest zu einer Helix aufgewickelter Draht, wobei die Windungen sehr eng beieinanderliegen (Abbildung 25.9). Fließt ein Strom durch eine Spule, so entsteht in dem von den Leiterschleifen umschlossenen Gebiet ein sehr homogenes magnetisches Feld. Die Spule spielt daher die gleiche Rolle für die Magnetostatik wie der Plattenkondensator für die Elektrostatik: beide erzeugen im Innenbereich ein homogenes Feld. Das Magnetfeld einer Spule ist im wesentlichen das Feld von N hintereinander angeordneten kreisförmigen Leiterschleifen (Ringen). Abbildung 25.10 zeigt den Feldlinienverlauf, der entsteht, wenn man zwei stromdurchflossene Ringe hintereinander anordnet. Im Bereich zwischen den Ringen, nahe der Achse, zeigen die Felder der einzelnen Ringe in die gleiche Richtung, und ihre Beträge addieren sich auf, während sie sich fern von der Achse gegenseitig auslöschen. In Abbildung 25.11 ist das Feld einer dicht gewickelten Spule skizziert. Man sieht, daß die Feldlinien im Innern sehr eng beieinanderliegen und nahezu parallel zur Achse verlaufen (Zeichen für ein homogenes Feld), während sie im Außenbereich an einem Ende divergieren und am anderen konvergieren. Das Feld im Außenbereich einer langen Spule zeigt damit große Ähnlichkeit mit dem Feld eines Stabmagneten gleicher Bauform.

Wir werden das Magnetfeld nur für einen Punkt auf der Achse zwischen den Enden der Spule berechnen. Wir gehen von einer Spule der Länge ℓ mit N Windungen aus, die vom Strom I durchflossen werden. Als x-Achse wählen wir die Spulenachse, das linke Spulenende liege bei $x = -a$ und das rechte bei $x = +b$

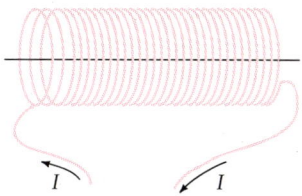

25.9 Eine eng gewickelte Spule kann man sich aus stromdurchflossenen Ringen zusammengesetzt denken, die vom gleichen Strom durchflossen werden. Das Magnetfeld im Innern ist homogen.

25 Die Quellen des magnetischen Feldes

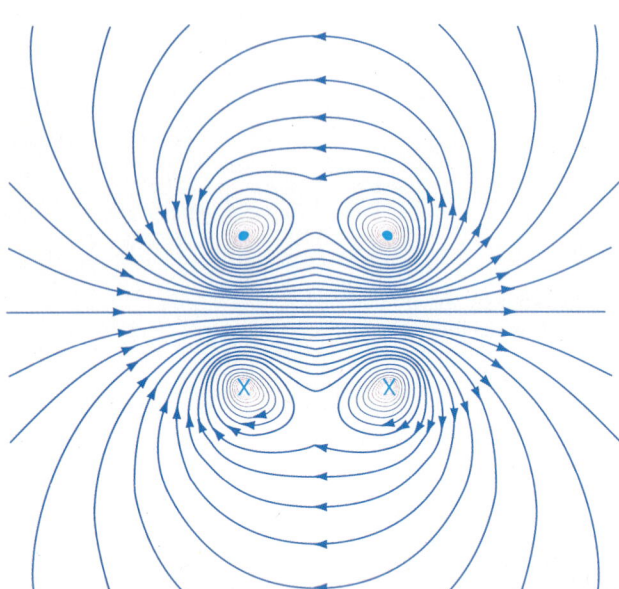

25.10 Magnetische Feldlinien von zwei Leiterschleifen, die vom gleichen Strom in der gleichen Richtung durchflossen werden. An den blauen Kreuzen fließt der Strom in die Papierebene hinein und an den blauen Punkten wieder heraus. Zwischen den Leiterschleifen überlagern sich die Magnetfelder konstruktiv, während sie sich außerhalb der Schleifen auslöschen.

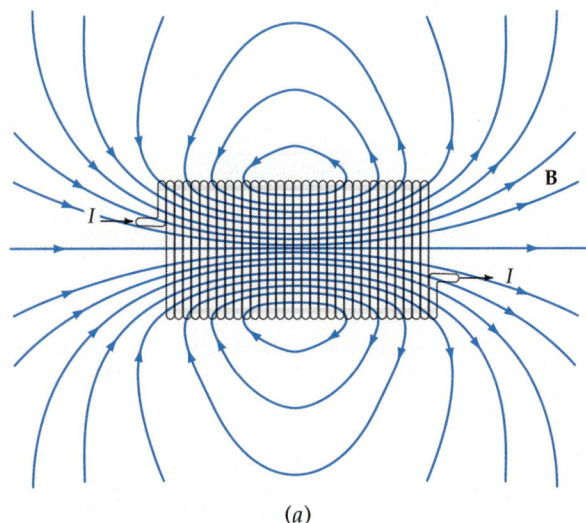
(a)

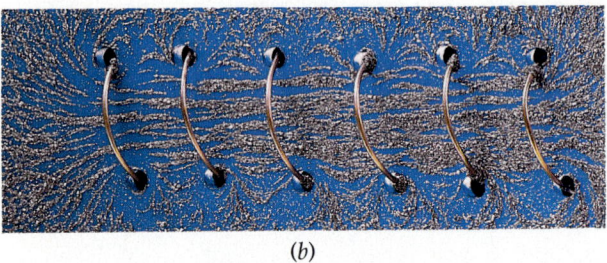
(b)

25.11 a) Magnetische Feldlinien einer langen (Zylinder-)Spule. Ein Stabmagnet gleicher Bauform würde die gleichen Feldlinien erzeugen (Abbildung 24.8). b) Magnetische Feldlinien einer Spule, die mit Hilfe von Eisenfeilspänen sichtbar gemacht wurden. (© 1990 R. Megna/Fundamental Photographs)

(Abbildung 25.12). Wir werden zunächst das Magnetfeld am Ursprung bestimmen. In der Abbildung sehen wir einen Abschnitt der Spule, der die Länge dx hat und sich im Abstand x vom Ursprung befindet. Sei $n = N/\ell$ die Windungszahldichte, dann gibt es in diesem Abschnitt $n\,\mathrm{d}x$ Windungen, die vom Strom I durchflossen werden. Dieser Abschnitt entspricht daher einer einzelnen kreisförmigen Leiterschleife, in der der Strom $\mathrm{d}i = nI\,\mathrm{d}x$ fließt. Um das Feld im Ursprung zu finden, bedienen wir uns eines Tricks, bei dem wir die Situation umkehren: Nehmen wir an, die Leiterschleife selbst befinde sich am Ursprung (also bei $x_0 = 0$) und werde vom Strom $nI\,\mathrm{d}x$ durchflossen. Dann lautet die Frage: Welches Magnetfeld herrscht am Punkt x auf der Achse der Schleife (die entlang der x-Achse verläuft)? Mit (25.6) erhalten wir, nachdem wir I durch $nI\,\mathrm{d}x$ ersetzt haben, für das Magnetfeld $\mathrm{d}B_x(x)$:

$$\mathrm{d}B_x = \frac{\mu_0}{4\pi} \frac{2\pi n I R^2 \,\mathrm{d}x}{(x^2 + R^2)^{3/2}}.$$

25.12 Geometrische Anordnung, mit der sich das Magnetfeld im Innern einer Spule auf der Achse berechnen läßt. Die Windungszahl auf dem Stück dx ist gleich $n\,\mathrm{d}x$, wobei $n = N/\ell$ die Windungszahldichte ist. Den Abschnitt dx kann man wie eine Leiterschleife behandeln, die vom Strom $\mathrm{d}i = nI\,\mathrm{d}x$ durchflossen wird.

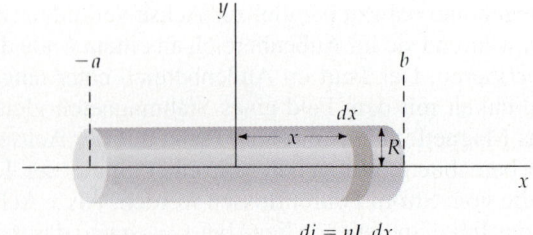

Der Ausdruck gilt nun umgekehrt auch für den Fall einer Schleife am Ort x, deren Feld im Ursprung gesucht wird ($dB_x(x_0)$). Das gesamte Magnetfeld erhalten wir, indem wir über diesen Ausdruck von $x = -a$ bis $x = b$ (siehe Abbildung 25.12) integrieren:

$$B_x = \frac{\mu_0}{4\pi} 2\pi n I R^2 \int_{-a}^{b} \frac{dx}{(x^2 + R^2)^{3/2}} . \qquad 25.8$$

Das Integral können wir einer Formelsammlung entnehmen, sein Wert ist

$$\int_{-a}^{b} \frac{dx}{(x^2 + R^2)^{3/2}} = \frac{x}{R^2 \sqrt{x^2 + R^2}} \Big|_{-a}^{b} = \frac{b}{R^2 \sqrt{b^2 + R^2}} + \frac{a}{R^2 \sqrt{a^2 + R^2}} .$$

Setzen wir dies in (25.8) ein, so ergibt sich

$$B = \frac{1}{2} \mu_0 n I \left(\frac{b}{\sqrt{b^2 + R^2}} + \frac{a}{\sqrt{a^2 + R^2}} \right) . \qquad 25.9$$

Sind a und b sehr viel größer als R, dann gehen die beiden Summanden in der Klammer gegen eins, und wir erhalten in dieser Näherung für das Magnetfeld im Innern der Spule (und zwar für einen Bereich, der um die Mitte zwischen den Enden herum liegt):

$$B = \mu_0 n I . \qquad 25.10$$

Magnetisches Feld im Innern einer langen Spule

Befindet sich der Ursprung an einem Ende der Spule, so sind entweder a oder b gleich null. Ist die Spule außerdem lang im Verhältnis zum Radius, so geht der Klammerausdruck in (25.9) gegen eins und $B \approx \frac{1}{2} \mu_0 n I$. Am Ende einer Spule beträgt das Magnetfeld also ungefähr die Hälfte des Wertes in der Spulenmitte. Der Feldverlauf in einer langen Spule ist in Abbildung 25.13 wiedergegeben (der Ursprung liegt in der Mitte der Spule). Der Kurve können wir entnehmen, daß unsere Annahme eines konstanten Feldverlaufs im Spuleninnern eine akzeptable Näherung ist.

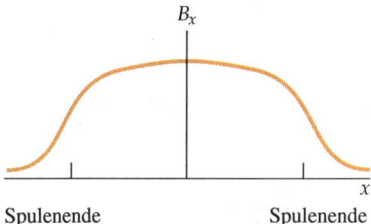

25.13 Verlauf des Magnetfelds im Innern einer Zylinderspule als Funktion der Position x. Zu den Spulenenden hin fällt das sonst konstante Feld ab.

Beispiel 25.4

Welches Magnetfeld herrscht im Innern einer Spule von 20 cm Länge mit Radius 1,4 cm und 600 Windungen, die von einem Strom der Stärke 4 A durchflossen wird?

Wir wollen das Magnetfeld in der Mitte der Spule mit (25.9) exakt berechnen. Bezogen auf die Spulenmitte haben die Konstanten a und b den Wert 10 cm, und wir erhalten für jeden Summanden in der Klammer in (25.9)

$$\frac{a}{\sqrt{a^2 + R^2}} = \frac{b}{\sqrt{b^2 + R^2}} = \frac{10 \text{ cm}}{\sqrt{(10 \text{ cm})^2 + (1,4 \text{ cm})^2}} = 0,990 .$$

Setzen wir dies ein, so ergibt sich für das Magnetfeld in der Mitte der Spule:

$$B = \frac{1}{2} \mu_0 n I \left(\frac{b}{\sqrt{b^2 + R^2}} + \frac{a}{\sqrt{a^2 + R^2}} \right)$$

$$= 0,5 \cdot (4\pi \cdot 10^{-7} \text{ T} \cdot \text{m/A}) (600 \text{ Windungen}/0,2 \text{ m}) \cdot 4 \text{ A} \cdot (0,990 + 0,990)$$

$$= 1,50 \cdot 10^{-2} \text{ T} .$$

Zwei Punkte wollen wir hier festhalten. Zum einen unterscheidet sich der exakte Wert von der Näherung (25.10) nur um ein Prozent (bei der Näherung wird 0,99 durch 1,00 ersetzt), zum anderen ist das Feld der betrachteten Spule sehr stark: Sein Betrag ist ungefähr einhundertmal größer als der des Erdmagnetfelds.

25 Die Quellen des magnetischen Feldes

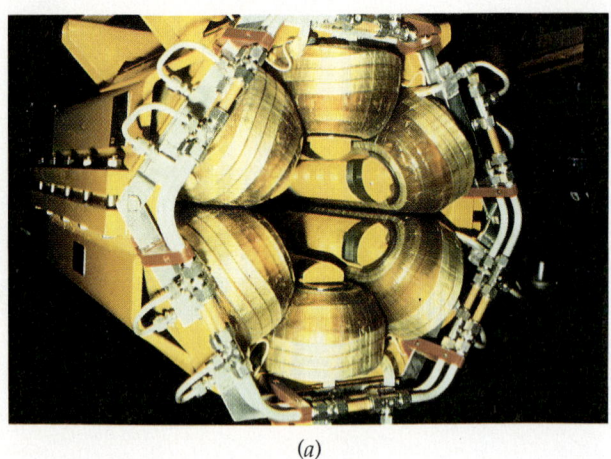

(a)

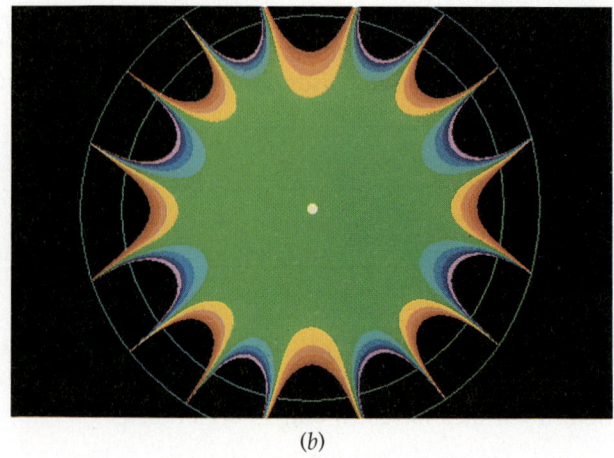

(b)

a) Ein magnetischer Sextupol zur Fokussierung eines Strahls geladener Teilchen (mit freundlicher Genehmigung von CERN); b) Computerberechnung der Feldverteilung in einem supraleitenden Magneten am Brookhaven National Laboratory. Die Höhenlinien geben die Bereiche gleicher Feldstärke an (mit freundlicher Genehmigung des Brookhaven National Laboratory).

Das Magnetfeld eines geraden, stromdurchflossenen Leiters

Wir wollen nun das Magnetfeld B betrachten, das ein gerader, stromdurchflossener Leiter (also ein Draht) erzeugt, und zwar fragen wir nach dem Betrag dieses Feldes an einem Aufpunkt P. Für das weitere Vorgehen ist es nützlich, das Koordinatensystem so zu wählen, wie in Abbildung 25.14 gezeigt: Die Leiterachse liegt auf der x-Achse, und die y-Achse geht durch den Punkt P (aufgrund der hohen Symmetrie des Problems ist jede Achse, die senkrecht auf der Leiterachse steht, unserer Wahl äquivalent). In der Abbildung ist ein typisches Stromelement $I\,d\boldsymbol{\ell}$ in einem Abstand x vom Ursprung eingezeichnet. Der Vektor $\boldsymbol{r}$ zeigt von diesem Element zum Punkt P. Das von diesem Stromelement erzeugte Magnetfeld hat am Punkt P die Richtung $I\,d\boldsymbol{\ell} \times \boldsymbol{r}$, es zeigt also aus der Papierebene heraus. Beachten Sie, daß die Felder aller Stromelemente des Leiters am Punkt P in dieselbe Richtung zeigen. Daher brauchen wir nur den Betrag des Gesamtfeldes zu berechnen. Das Feld, das ein einzelnes Stromelement erzeugt, hat nach (25.4) den Betrag

$$dB = \frac{\mu_0}{4\pi} \frac{I\,dx}{r^2} \sin \phi .$$

(Zur Erinnerung: Den Winkel ϕ, den die Vektoren $d\boldsymbol{\ell}$ und $\boldsymbol{r}$ miteinander bilden, erhalten wir, wenn wir die Vektoren so verschieben, daß ihre *Anfangspunkte* zusammenfallen.) Aus der Abbildung geht hervor, daß es bequemer ist, mit dem Winkel θ anstatt mit ϕ zu arbeiten ($\phi + (90° - \theta) = 180°$, also $\theta = \phi - 90°$), so daß

$$dB = \frac{\mu_0}{4\pi} \frac{I\,dx}{r^2} \cos \theta . \qquad 25.11$$

25.14 a) Geometrische Anordnung zur Berechnung des Magnetfelds eines geraden Leiterabschnitts, betrachtet am Aufpunkt P. Das gesamte Feld setzt sich aus den Beiträgen aller Leiterabschnitte zusammen und zeigt aus der Papierebene heraus. b) Das Resultat läßt sich als Funktion der Winkel θ_1 und θ_2 ausdrücken.

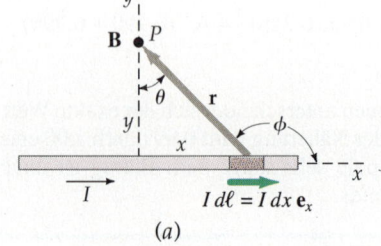

(a)

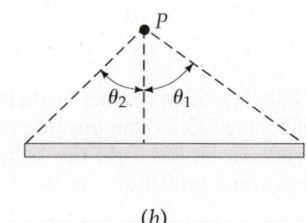

(b)

854

Die Größen x, y, r und θ hängen voneinander ab. Um die Integration durchführen zu können, drücken wir x und r durch y und θ aus. Aus

$$x = y \tan \theta$$

erhalten wir durch Differentation

$$dx = y \frac{1}{\cos^2 \theta} d\theta = y \frac{r^2}{y^2} d\theta = \frac{r^2}{y} d\theta ,$$

wobei wir $r/y = 1/\cos \theta$ verwendet haben. Einsetzen in (25.11) liefert

$$dB = \frac{\mu_0}{4\pi} \frac{I}{r^2} \frac{r^2 \, d\theta}{y} \cos \theta = \frac{\mu_0}{4\pi} \frac{I}{y} \cos \theta \, d\theta .$$

Die Rechnung vereinfacht sich, wenn wir die Integration in zwei Teilintegrationen zerlegen, die wir anschließend einfach addieren. Mit dem ersten Integral wollen wir die Feldbeiträge aller Stromelemente aufsummieren, die rechts von $x = 0$ liegen. Dazu integrieren wir von $\theta = 0$ bis $\theta = \theta_1$, wobei θ_1 gegeben ist als Winkel zwischen dem Lot, das von P auf die Achse des Leiters gefällt wird, und der Verbindungslinie von P und dem rechten Ende des Leiters (siehe Abbildung 25.14b). Für diesen Beitrag erhalten wir

$$B_1 = \int_0^{\theta_1} \frac{\mu_0}{4\pi} \frac{I}{y} \cos \theta \, d\theta$$

$$= \frac{\mu_0}{4\pi} \frac{I}{y} \int_0^{\theta_1} \cos \theta \, d\theta = \frac{\mu_0}{4\pi} \frac{I}{y} \sin \theta_1 .$$

Dabei haben wir I/y zusammen mit $\mu_0/4\pi$ vor das Integral ziehen können, weil sich der Abstand des Punktes vom Leiter nicht ändert, wenn wir uns den Leiter entlang bewegen.

Auf ähnliche Weise ergibt sich der Betrag der Stromelemente links von $x = 0$:

$$B_2 = \frac{\mu_0}{4\pi} \frac{I}{y} \sin \theta_2 .$$

Das gesamte Magnetfeld ist die Summe dieser zwei Beiträge:

$$B = \frac{\mu_0}{4\pi} \frac{I}{R} (\sin \theta_1 + \sin \theta_2) ,$$
25.12 *Magnetisches Feld eines geraden, stromdurchflossenen Leiterabschnittes*

wobei wir hier y durch R ersetzt haben, weil R als Symbol für einen Abstand gebräuchlicher ist. Mit länger werdendem Draht werden auch die Winkel θ_1 und θ_2 immer größer, bis sie im Grenzfall eines unendlich langen Drahtes den Wert 90° annehmen. Für seinen sehr langen Draht können wir mit der Näherung $\theta_1 = \theta_2 \approx 90°$ arbeiten, so daß aus (25.12) wird:

$$B = \frac{\mu_0 I}{2\pi R} = \frac{\mu_0}{4\pi} \frac{2I}{R} .$$
25.13 *Magnetisches Feld eines langen geraden, stromdurchflossenen Leiters*

25.15 a) Rechte-Hand-Regel zur Bestimmung der Richtung des Magnetfelds, das ein langer gerader, stromdurchflossener Leiter erzeugt. Zeigt der Daumen der rechten Hand in Stromrichtung, so geben die gekrümmten Finger die Richtung der konzentrisch um den Leiter verlaufenden Feldlinien an. b) Magnetische Feldlinien eines langen Leiters, die mit Eisenfeilspänen sichtbar gemacht wurden. (© 1990 R. Megna/Fundamental Photographs)

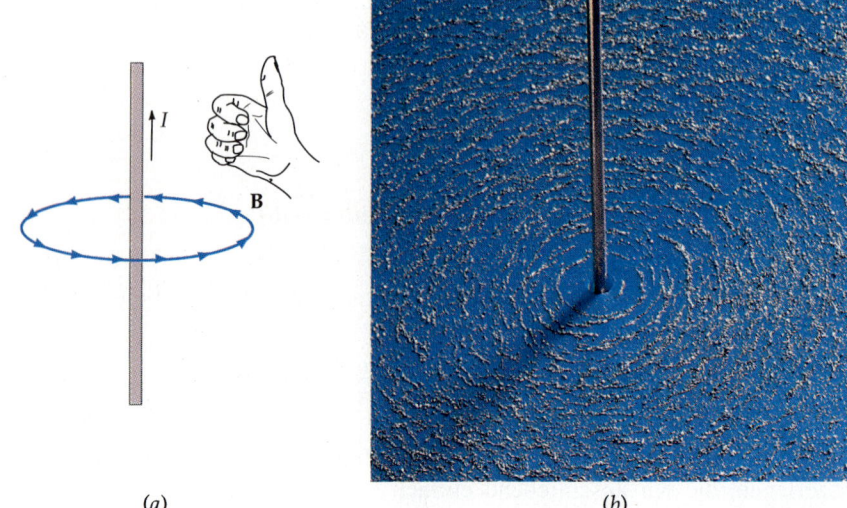

(a) (b)

Die Feldlinien des magnetischen Feldes eines langen geraden, stromdurchflossenen Drahtes sind an allen Punkten im Raum tangential zu einem Kreis mit Radius R, wenn R der Abstand des Aufpunkts senkrecht vom Draht ist. Ihre Richtung erhält man durch Anwendung der Rechte-Hand-Regel (Abbildung 25.15a). Wie in Abbildung 25.15b illustriert, umschließen die Feldlinien daher den Draht kreisförmig.

In ihren Experimenten kamen Biot und Savart 1820 übrigens genau zu dem Ergebnis, das durch (25.13) wiedergegeben wird. Durch theoretische Überlegungen konnten sie schließlich die allgemeingültige Beziehung (25.4) für das Magnetfeld eines beliebigen Stromelements herleiten, die heute als Biot-Savartsches Gesetz bekannt ist.

Beispiel 25.5

Welches Magnetfeld herrscht im Zentrum einer quadratischen Leiterschleife der Seitenlänge $\ell = 50$ cm, die vom Strom $I = 1{,}5$ A durchflossen wird (Abbildung 25.16)?

Der Zeichnung können wir entnehmen (Rechte-Hand-Regel!), daß jede Seite der Schleife ein magnetisches Feld erzeugt, das am Aufpunkt im Zentrum aus der Papierebene herauszeigt. Aus Symmetriegründen erhalten wir das gesamte Feld, wenn wir den Feldbeitrag einer Seite mit vier multiplizieren. Der Abstand von einer Seite zum Aufpunkt beträgt $R = \frac{1}{2}\ell$. Dies in (25.12) eingesetzt, liefert

$$B = 4\left(\frac{\mu_0}{4\pi}\right)\frac{I}{\frac{1}{2}\ell}(\sin 45° + \sin 45°) = (4 \cdot 10^{-7}\,\text{T}\cdot\text{m/A})\frac{1{,}5\,\text{A}}{0{,}25\,\text{m}}(2\sin 45°)$$

$$= 3{,}39 \cdot 10^{-6}\,\text{T}.$$

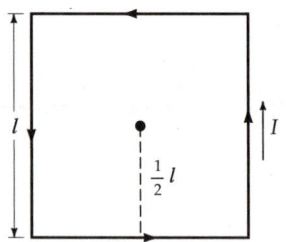

25.16 Quadratische Leiterschleife, die von einem Strom I durchflossen wird.

Beispiel 25.6

Wie groß ist das Magnetfeld im Abstand 20 cm von einem langen geraden Leiter, der vom Strom 5 A durchflossen wird?
Mit (25.13) erhalten wir

$$B = \frac{\mu_0}{4\pi}\frac{2I}{y} = (10^{-7}\,\text{T}\cdot\text{m/A})\frac{2\cdot 5\,\text{A}}{0{,}2\,\text{m}} = 5{,}00 \cdot 10^{-6}\,\text{T}.$$

25.2 Das magnetische Feld von Strömen: das Gesetz von Biot und Savart

Stromstärken von etwa 5 A (wie wir sie für dieses Beispiel angenommen haben) kommen in der Praxis recht häufig vor. Wie man sieht, ist das Magnetfeld um einen Draht, in dem ein Strom dieser Stärke fließt, sehr klein: Es beträgt nur etwa ein Prozent des Erdmagnetfeldes.

Beispiel 25.7

Ein langer gerader Draht werde von einem Strom der Stärke 1,7 A durchflossen. Stromrichtung sei die positive z-Richtung, der Draht liege parallel zur z-Achse entlang der Linie bei $x = -3$ cm. Ein zweiter langer gerader Draht führe ebenfalls einen Strom von 1,7 A in der gleichen Richtung und liege bei $x = +3$ cm (Abbildung 25.17a). Welches Magnetfeld herrscht auf der y-Achse bei $y = 6$ cm?

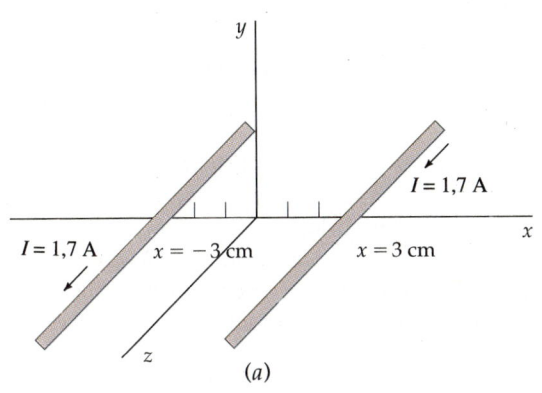

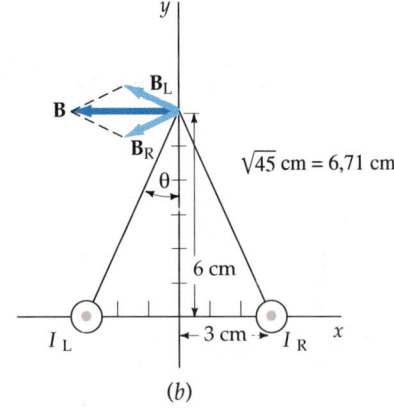

In Abbildung 25.17b ist die x-y-Ebene zusammen mit den Richtungen der Felder eingezeichnet. Der Strom im linken Leiter erzeugt das Feld B_L und der im rechten das Feld B_R. Da die Ströme gleich stark sind und beide den gleichen Abstand $R = \sqrt{(3\,\text{cm})^2 + (6\,\text{cm})^2} = 6{,}71$ cm vom Aufpunkt haben, sind auch die Magnetfelder in diesem Punkt gleich. Ihre Beträge ergeben sich zu

25.17 a) Zwei parallele Leiter, die vom gleichen Strom in der gleichen Richtung durchflossen werden; b) geometrische Anordnung zur Berechnung des resultierenden Magnetfelds.

$$B_R = B_L = \frac{\mu_0}{4\pi} \frac{2I}{R} = (10^{-7}\,\text{T}\cdot\text{m/A}) \frac{2 \cdot 1{,}7\,\text{A}}{0{,}0671\,\text{m}} = 5{,}07 \cdot 10^{-6}\,\text{T}\,.$$

Aus Abbildung 25.17b sehen wir, daß das resultierende Feld in die negative x-Richtung zeigt und den Betrag $2B_L \cos\theta$ hat, wobei $\cos\theta = 6\,\text{cm}/6{,}71\,\text{cm} = 0{,}894$. Für das resultierende Feld erhalten wir daher

$$\boldsymbol{B} = -2B_L \cos\theta\,\boldsymbol{e}_x = -2 \cdot 5{,}07 \cdot 10^{-6}\,\text{T} \cdot 0{,}894\,\boldsymbol{e}_x = -9{,}07 \cdot 10^{-6}\,\text{T}\,\boldsymbol{e}_x\,.$$

Beispiel 25.8

Ein unendlich langer Draht, der vom Strom 4,5 A durchflossen wird, sei an einer Stelle so geknickt, daß ein rechter Winkel entsteht (Abbildung 25.18). Welches Magnetfeld liegt am Punkt $x = 3$, $y = 2$ cm vor?

Wir halten zunächst fest, daß die Magnetfelder beider Teile des Drahtes am Aufpunkt in die positive z-Richtung zeigen (Rechte-Hand-Regel). Den Betrag des Magnetfelds, das der Strom in dem zur y-Achse parallelen Draht erzeugt, erhalten wir mit (25.12), indem wir $R = 3$ cm, $\theta_{1y} = 90°$ und $\theta_{2y} = \alpha = \arctan(2/3) = 33{,}7°$ einsetzen:

$$B_1 = \frac{\mu_0}{4\pi} \frac{I}{R} (\sin\theta_1 + \sin\theta_2)$$

$$= (10^{-7}\,\text{T}\cdot\text{m/A}) \frac{4{,}5\,\text{A}}{0{,}03\,\text{m}} (\sin 90° + \sin 33{,}7°) = 2{,}33 \cdot 10^{-5}\,\text{T}\,.$$

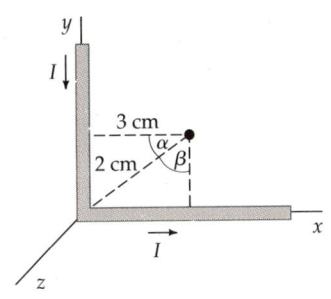

25.18 Stromdurchflossener Leiter mit Knick.

Entsprechend ergibt sich für das Magnetfeld des zur x-Achse parallelen Stroms mit $R = 2$ cm, $\theta_{1x} = \beta = 90° - 33{,}7° = 56{,}3°$ und $\theta_{2x} = 90°$:

$$B_2 = \frac{\mu_0}{4\pi} \frac{I}{R} (\sin \theta_1 + \sin \theta_2)$$

$$= (10^{-7} \text{ T} \cdot \text{m/A}) \frac{4{,}5 \text{ A}}{0{,}02 \text{ m}} (\sin 56{,}3° + \sin 90°) = 4{,}12 \cdot 10^{-5} \text{ T} .$$

Das Gesamtfeld ist dann

$$\boldsymbol{B} = (B_1 + B_2) \, \boldsymbol{e}_z = (2{,}33 \cdot 10^{-5} \text{ T} + 4{,}12 \cdot 10^{-5} \text{ T}) \, \boldsymbol{e}_z = 6{,}45 \cdot 10^{-5} \text{ T} \, \boldsymbol{e}_z .$$

25.3 Die Definition des Ampere

Um die Kraft zu bestimmen, die zwei stromdurchflossene Leiter aufeinander ausüben, gehen wir in zwei Schritten vor. Zunächst verwenden wir (25.13), um das Magnetfeld eines langen, stromdurchflossenen Leiters zu berechnen, und bestimmen anschließend mittels (25.4) die Kraft, die ein Magnetfeld auf einen kleinen Abschnitt eines stromdurchflossenen Leiters ausübt. Abbildung 25.19 zeigt zwei lange, parallele Leiter, die von Strömen in der gleichen Richtung

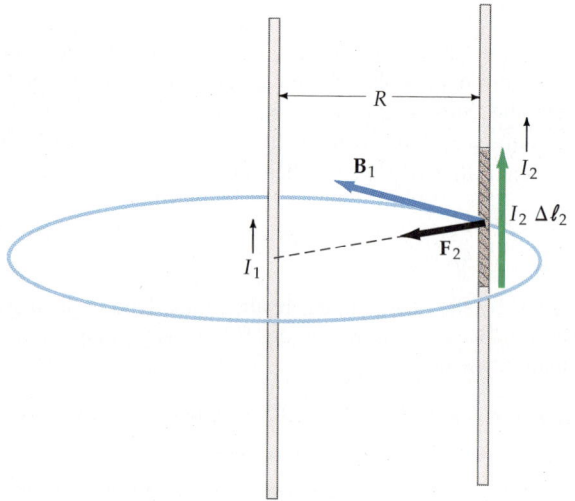

25.19 Zwei lange gerade Leiter, die von parallelen Strömen durchflossen werden. Das Magnetfeld $\boldsymbol{B}_1$, das der Strom I_1 erzeugt, steht senkrecht auf I_2. Die Kraft, die dieses Magnetfeld auf I_2 ausübt, zeigt in Richtung des ersten Leiters. Das Magnetfeld des Stromes I_2 übt auf I_1 eine gleich große, entgegengesetzt gerichtete Kraft aus, daher ziehen die Leiter einander an.

durchflossen werden. Betrachten wir zunächst die Kraft $\boldsymbol{F}_2$, die auf den Abschnitt $\Delta \boldsymbol{\ell}_2$ wirkt, in dem der Strom I_2 fließt. Das an diesem Abschnitt herrschende Magnetfeld $\boldsymbol{B}_1$, das vom Strom I_1 des ersten Leiters herrührt, steht senkrecht auf dem Stromelement $I_2 \, \Delta \boldsymbol{\ell}_2$ (vgl. Abbildung). Dies gilt ebenso für alle anderen Stromelemente des Leiters. Die Kraft, die das Magnetfeld $\boldsymbol{B}_1$ auf das Stromelement $I_2 \, \Delta \boldsymbol{\ell}_2$ ausübt, zeigt in Richtung des ersten Leiters. Entsprechend erfährt umgekehrt das Stromelement $I_1 \, \Delta \boldsymbol{\ell}_1$ eine Kraft $\boldsymbol{F}_1$, die in Richtung des zweiten Leiters zeigt. Aus diesem Grund ziehen sich zwei parallele Leiter, die in gleicher Richtung von Strömen durchflossen werden, gegenseitig an. Kehrt man die Stromrichtung in einem der beiden Leiter um, so stoßen sie sich ab. Dieser Effekt wurde von Ampère entdeckt, und zwar nur eine Woche, nachdem er in der Französischen Akademie der Wissenschaften von Oersteds Entdeckung gehört hatte, daß ein elektrischer Strom eine Kompaßnadel ablenkt. Die Kraft, die das Magnetfeld B_1 auf ein Stromelement $I_2 \Delta \ell_2$ ausübt, hat den Betrag

$$F_2 = |I_2 \Delta \ell_2 \times B_1|.$$

Da das Magnetfeld senkrecht auf dem Stromelement $I_2 \Delta \ell_2$ steht, ergibt sich

$$F_2 = I_2 \Delta \ell_2 B_1.$$

Wenn der Abstand R zwischen den Drähten im Vergleich zu ihrer Länge sehr klein ist, wird das Magnetfeld B_1 sehr gut durch (25.13), die Formel für das Feld eines unendlich langen, stromdurchflossenen Leiters, angenähert. Dann erhält man für den Betrag der Kraft, die auf das Stromelement $I_2 \Delta \ell_2$ wirkt:

$$F_2 = I_2 \Delta \ell_2 \frac{\mu_0 I_1}{2\pi R}$$

und schließlich für die Kraft pro Länge (wobei die Länge in der Einheit m genommen wird):

$$\frac{F_2}{\Delta \ell_2} = \frac{\mu_0}{2\pi} \frac{I_1 I_2}{R} = 2 \frac{\mu_0}{4\pi} \frac{I_1 I_2}{R}. \qquad 25.14$$

In Kapitel 18 haben wir die Einheit Coulomb mit Hilfe des Ampere definiert, jedoch die Definition des Ampere aufgeschoben. Mit den Kenntnissen, die wir im vorliegenden Kapitel gewonnen haben, sind wir jetzt in der Lage, die Einheit Ampere zu definieren:

> Wenn in zwei geradlinigen, parallelen, sehr langen Leitern, die einen Abstand von 1 m voneinander haben, Ströme gleicher Stärke fließen, dann ist der Strom in jedem der beiden Leiter genau 1 Ampere (1 A), wenn die Kraft pro Einheitslänge (1 m) zwischen den Leitern $2 \cdot 10^{-7}$ N/m beträgt.

Definition des Ampere

Durch diese Definition des Ampere hat die magnetische Feldkonstante μ_0 exakt den Wert $4\pi \cdot 10^{-7}$ N/A^2. Außerdem ermöglicht sie die Messung der Stromstärke (und damit auch der elektrischen Ladung) mit rein mechanischen Methoden. Bei der praktischen Durchführung muß man selbstverständlich einen wesentlich geringeren Abstand als einen Meter wählen, damit die Kraft exakt gemessen werden kann. Mit einer sogenannten **Stromwaage** ist es möglich, ein Amperemeter unter Verwendung der obigen Definition des Ampere zu eichen. Bei einer Stromwaage sind die beiden Leiter übereinander angeordnet, wobei der untere Leiter ein runder Metallstab ist und der obere Leiter die Vorderkante einer rechteckigen Platte bildet. Diese Platte ist auf einer Messerschneide gelagert, die parallel zu den Leitern verläuft. Die Platte kann, ohne daß nennenswerte Reibung auftritt, nach beiden Seiten (vorne und hinten) kippen. Zu Beginn der Eichung wird die Platte mit kleinen, aufbringbaren Massestücken so ausbalanciert, daß der Abstand der beiden Leiter, also der Vorderkante der Platte und des Metallstabes, voneinander sehr klein ist. Die Leiter sind in Reihe geschaltet, so daß durch beide exakt derselbe Strom fließt. Die Anordnung ist aber so gewählt, daß die Stromrichtungen entgegengesetzt sind. Dadurch stoßen sich die beiden Leiter, wenn eine Spannung angelegt wird, ab. Nehmen wir an, dieser Fall sei eingetreten, dann werden jetzt weitere Massestücke auf die Platte gelegt, bis der ursprüngliche Abstand der beiden Platten voneinander wiederhergestellt ist. Die Abstoßungskraft der beiden Leiter kann so über die gesamte Masse, die benötigt wird, um die Waage auszubalancieren, bestimmt werden.

Beispiel 25.9

Zwei gerade, 50 cm lange Stäbe mit einem gegenseitigen Abstand von 1,5 mm bilden eine Stromwaage, in der ein Strom von 15 A jeweils in entgegengesetzter Richtung fließt, Welche Masse muß man am oberen Stab anbringen, damit die abstoßende Kraft kompensiert wird?

Die Kraft, die das Magnetfeld des unteren Stabes der Länge ℓ auf den oberen ausübt, beträgt

$$F = \frac{\mu_0}{2\pi} \frac{I_1 I_2}{R} \ell$$

$$= (2 \cdot 10^{-7} \text{ N/A}^2) \frac{15 \text{ A} \cdot 15 \text{ A}}{0{,}0015 \text{ m}} (0{,}5 \text{ m}) = 1{,}5 \cdot 10^{-2} \text{ N}.$$

Daher wird die Stromwaage durch die Gewichtskraft $mg = 1{,}5 \cdot 10^{-2}$ N ins Gleichgewicht gebracht; die zugehörige Masse beträgt

$$m = \frac{1{,}5 \cdot 10^{-2} \text{ N}}{9{,}81 \text{ N/kg}} = 1{,}53 \cdot 10^{-3} \text{ kg} = 1{,}53 \text{ g}.$$

Anhand dieses Beispiels sehen wir, daß die Kraft, die zwei stromführende Leiter aufeinander ausüben, sehr klein ist, auch wenn die Stromstärke den hohen Wert von 15 A hat.

25.4 Das Ampèresche Gesetz

Bereits in Kapitel 24 haben wir als wesentlichen Punkt festgehalten, daß bis heute keine magnetischen Ladungen oder Monopole ähnlich den elektrischen Ladungen beobachtet wurden. Statt dessen sind die Quellen des Magnetfeldes elektrische Ströme. Die Magnetfelder, die durch Ströme erzeugt werden, beginnen oder enden nicht an irgendwelchen Punkten im Raum, sondern bilden geschlossene Schleifen, die den sie erzeugenden Strom umgeben.

Das Gaußsche Gesetz, das wir in Kapitel 19 kennengelernt haben, verknüpft die Ladung im Innern einer geschlossenen Oberfläche mit der Normalkomponente des elektrischen Feldes, wobei zur Berechnung des gesamten Feldes über die gesamte Oberfläche integriert wird. Für das Magnetfeld gibt es eine ähnliche Beziehung, die die Tangentialkomponente von **B**, integriert über eine geschlossene Kurve C, mit dem Strom verknüpft, der durch diese Kurve hindurchtritt. Diese Beziehung heißt **Ampèresches Gesetz**. Es lautet:

Ampèresches Gesetz

$$\oint_C \boldsymbol{B} \cdot \mathrm{d}\boldsymbol{\ell} = \mu_0 I_C \qquad \text{für eine beliebige geschlossene Kurve,} \qquad 25.15$$

wobei I_C der Strom ist, der durch die Fläche hindurchtritt, die durch die Kurve C begrenzt wird. Andere Bezeichnungen für das Ampèresche Gesetz sind *Ampèresches Verkettungsgesetz* oder *Durchflutungsgesetz*. Das Ampèresche Gesetz gilt, solange die Ströme „stetig" sind, also nicht an einem bestimmten Raumpunkt beginnen oder enden. Wie das Gesetz von Gauß bei elektrischen Feldern eignet sich das Ampèresche Gesetz insbesondere dann zur Bestimmung des

Magnetfeldes, wenn die Magnetfeldanordnung einen hohen Grad an Symmetrie aufweist. Ist die Symmetrie groß genug, so läßt sich das Linienintegral $\oint \boldsymbol{B} \cdot \mathrm{d}\boldsymbol{\ell}$ einfach als Produkt von B und einer Länge ℓ schreiben. Bei bekanntem I_C kann man dann B berechnen. Das Ampèresche Gesetz ist, wieder ähnlich wie das Gaußsche Gesetz, für die praktische Berechnung nutzlos, wenn die gegebene Anordnung wenig oder gar nicht symmetrisch ist. Die Analogie läßt sich fortsetzen: Auch das Ampèresche Gesetz hat große theoretische Bedeutung.

Wir wollen die Anwendung des Ampèreschen Gesetzes an einem sehr einfachen Fall vorführen: der Berechnung des Magnetfeldes eines unendlich langen geraden, stromdurchflossenen Leiters. In Abbildung 25.20 sehen wir eine kreisförmige Kurve, deren Symmetrieachse mit einem sehr langen Leiter zusammenfällt. Der Radius des Kreises sei r. Wenn wir hinreichend weit von den Enden des Leiters entfernt sind, schließen Symmetrieüberlegungen sofort aus, daß $\boldsymbol{B}$ eine Komponente parallel zum Leiter hat. Wir können dann folgern, daß das Magnetfeld tangential zum Kreis ist und an jedem Punkt der Kreislinie den gleichen Betrag hat. Das Ampèresche Gesetz ergibt dann:

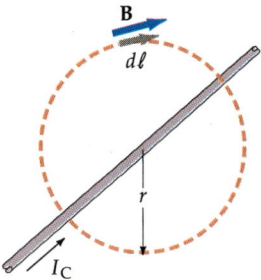

25.20 Geometrische Anordnung, mit der sich auf der Grundlage des Ampèreschen Gesetzes das Magnetfeld eines langen geraden, stromdurchflossenen Leiters berechnen läßt. Auf einem Kreis um den Leiter ist das Magnetfeld konstant und verläuft tangential zum Kreis.

$$\oint_C \boldsymbol{B} \cdot \mathrm{d}\boldsymbol{\ell} = B \oint_C \mathrm{d}\ell = \mu_0 I_C ,$$

wobei wir B vor das Integral ziehen durften, weil es auf der Kreislinie konstant ist. Das Integral $\mathrm{d}\ell$ entlang der geschlossenen Kreislinie ist der Kreisumfang $2\pi r$, und I_C ist die Stromstärke I im Leiter. Daraus ergibt sich

$$B(2\pi r) = \mu_0 I$$

$$B = \frac{\mu_0}{2\pi} \frac{I}{r} ,$$

was genau (25.13) entspricht.

Beispiel 25.10

Ein langer gerader Draht mit Radius a werde von einem Strom der Stärke I durchflossen, wobei die Stromdichte über den gesamten Querschnitt hinweg konstant sei (Abbildung 25.21). Bestimmen Sie das Magnetfeld innerhalb und außerhalb des Leiters.

Wegen der Symmetrie der Anordnung läßt sich hier das Ampèresche Gesetz zur Berechnung von $\boldsymbol{B}$ einsetzen. Wir wissen, daß $\boldsymbol{B}$ auf einem Kreis mit Radius r um den Leitermittelpunkt tangential zur Kreislinie ist und überall auf der Kreislinie denselben Betrag hat. Also gilt

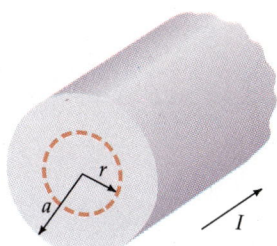

25.21 Ein langer Draht mit Radius a, der vom Strom I durchflossen wird. Die Stromdichte ist über den ganzen Querschnitt hinweg konstant. Wegen der Zylindersymmetrie kann man das Magnetfeld im Abstand r vom Zentrum berechnen, indem man das Ampèresche Gesetz auf einen Kreis mit Radius r anwendet.

$$\oint_C \boldsymbol{B} \cdot \mathrm{d}\boldsymbol{\ell} = B \oint_C \mathrm{d}\ell = B 2\pi r .$$

Der Strom durch die Kurve C hängt davon ab, ob r größer oder kleiner als der Drahtradius a ist. Für $r > a$ fließt der gesamte Strom I durch die von C begrenzte Fläche, und das Magnetfeld ist durch (25.13) gegeben. Im Innern des Drahtes haben wir es immer mit dem Fall $r < a$ zu tun. Für den Strom I_C durch einen Kreis mit einem solchen Radius erhalten wir (bezogen auf den Gesamtstrom I):

$$I_C = \frac{\pi r^2}{\pi a^2} I .$$

25 Die Quellen des magnetischen Feldes

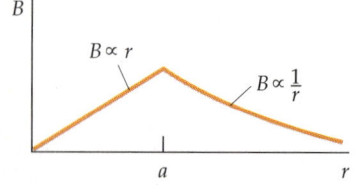

25.22 Magnetfeld eines stromdurchflossenen Leiters mit Radius a bei homogener Stromdichte als Funktion des Abstands r. Im Innern des Leiters nimmt das Magnetfeld linear mit r zu.

Mit dem Ampèreschen Gesetz ergibt sich dann

$$\oint_C \boldsymbol{B} \cdot \mathrm{d}\boldsymbol{\ell} = B \cdot 2\pi r = \mu_0 \frac{r^2}{a^2} I$$

$$B = \frac{\mu_0}{2\pi} \frac{I}{a^2} r \qquad r < a . \qquad 25.16$$

In Abbildung 25.22 ist der Verlauf des Feldes als Funktion von r graphisch dargestellt.

Als nächstes wollen wir das Ampèresche Gesetz verwenden, um das Magnetfeld einer dicht gewickelten **Toroid**- oder **Ringspule** zu berechnen, die aus Drahtschleifen besteht, die um eine Ringröhre gewickelt sind (Abbildung 25.23). Durch die N Windungen der Spule fließe der Strom I. Um B zu berechnen, ermitteln wir den Wert des Linienintegrals $\oint \boldsymbol{B} \cdot \mathrm{d}\boldsymbol{\ell}$ entlang eines geschlossenen Kreises mit Radius r, dessen Mittelpunkt das Zentrum der Ringröhre ist. Aus Symmetriegründen ist $\boldsymbol{B}$ an jedem Punkt der Kreislinie tangential zu diesem Kreis und an allen Punkten auf der Kreislinie konstant. Damit ergibt sich

$$\oint_C \boldsymbol{B} \cdot \mathrm{d}\boldsymbol{\ell} = B \cdot 2\pi r = \mu_0 I_C .$$

a und b sind der Innen- und Außenradius der Ringröhre, und der Gesamtstrom durch die Fläche, die vom Kreis mit dem Radius r umrandet wird, beträgt für den Fall $a < r < b$ gerade NI. Daraus erhält man mit dem Ampèreschen Gesetz

$$\oint_C \boldsymbol{B} \cdot \mathrm{d}\boldsymbol{\ell} = B \cdot 2\pi r = \mu_0 I_C = \mu_0 N I$$

a) Der Tokamak-Reaktor hat die Form eines Torus (Ringröhre) und erzeugt ein starkes Magnetfeld zur Speicherung geladener Teilchen. Er dient als Testreaktor für die kontrollierte Kernfusion. Die Spulen der abgebildeten Anordnung der Princeton-Universität bestehen aus mehr als 10 km wassergekühltem Kupferdraht. Wenn der Spitzenstrom von 73 000 A fließt, wird für 3 s ein Magnetfeld von 5,2 T erzeugt. b) Überprüfung des Tokamak von innen. (Mit freundlicher Genehmigung der Princeton University, Plasma Physics Laboratory)

(a) (b)

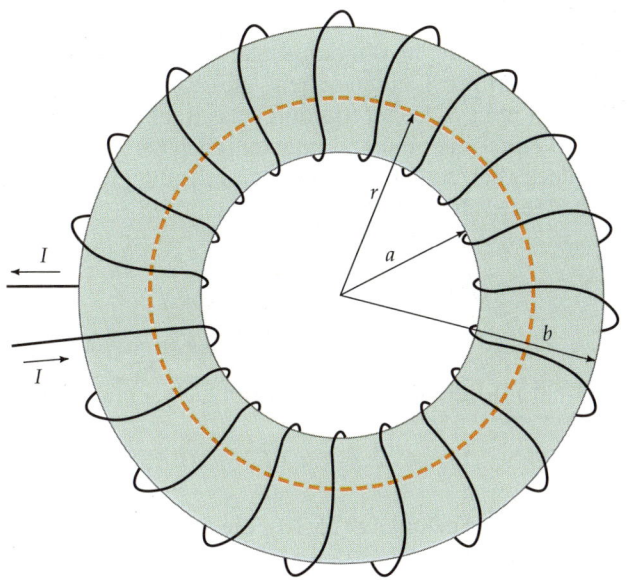

25.23 Eine Ringspule besteht aus Drahtwindungen, die um eine Ringröhre herumgewickelt wurden. Indem man das Ampèresche Gesetz auf einen Kreis mit Radius r anwendet, kann man das Magnetfeld im Abstand r berechnen.

oder

$$B = \frac{\mu_0 N I}{2\pi r} \qquad a < r < b .$$

25.17 *Magnetisches Feld im Innern einer dicht gewickelten Ringspule*

Wenn r kleiner als a ist, dann fließt offensichtlich durch die Fläche, die vom Kreis mit dem Radius r begrenzt wird, kein Strom. Für $r > b$ ist der Gesamtstrom ebenfalls gleich null, jetzt aber, weil es zu jedem Strom I, der in Abbildung 25.23 in die Papierebene hineingeht (an der Innenseite der Ringröhre), einen gleich großen Strom gibt, der (auf der Außenseite der Ringröhre) aus der Papierebene herauskommt. Das Magnetfeld ist also in beiden Fällen, wenn $r < a$ und wenn $r > b$, gleich null:

$$B = 0 \qquad r < a \text{ oder } r > b .$$

Das Magnetfeld im Innern der Ringspule ist nicht homogen, sondern nimmt mit steigendem r ab (Gleichung 25.17). Ist der Windungsdurchmesser $b - a$ sehr viel kleiner als der Radius der Ringröhre, so kann man die Krümmung des Torus vernachlässigen und ihn wie eine Zylinderspule behandeln.

Wir können das Ampèresche Gesetz auch verwenden, um einen Ausdruck für das Magnetfeld im Innern einer langen, dicht gewickelten Zylinderspule zu berechnen, wobei wir annehmen, daß das Magnetfeld im Innern homogen und im Außenraum gleich null ist. Als geschlossene Kurve C wählen wir das Rechteck mit den Seiten a und b, das in Abbildung 25.24 wiedergegeben ist. Der Strom, der

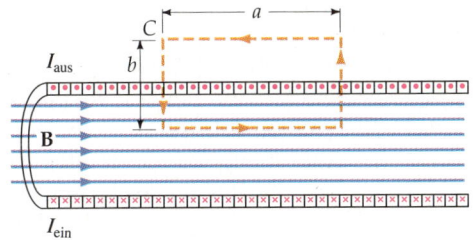

25.24 Das Magnetfeld im Innern einer Zylinderspule läßt sich berechnen, indem man das Ampèresche Gesetz auf die rechteckige Kurve C anwendet. Unter der Voraussetzung, daß B innerhalb der Spule homogen und außerhalb gleich null ist, ergibt sich das Linienintegral $\oint \boldsymbol{B} \cdot d\boldsymbol{\ell}$ entlang der Kurve C zu Ba.

durch diese geschlossene Kurve hindurchtritt, ist der Strom I in einer Windung, multipliziert mit der Anzahl der Windungen auf der Länge a. Ist die Windungszahldichte (Windungen pro Längeneinheit) gleich n, so ist na die Anzahl der Windungen auf der Länge a. Daher tritt durch das Rechteck ein Strom der Stärke $I_C = naI$ hindurch. Zum Linienintegral trägt lediglich der Weg entlang der langen Seite a des Rechtecks bei, so daß sich für das Linienintegral der Wert Ba ergibt. Das Ampèresche Gesetz liefert dann

$$\oint_C \boldsymbol{B} \cdot \mathrm{d}\boldsymbol{\ell} = Ba = \mu_0 I_C = \mu_0 naI.$$

Für das Magnetfeld im Innern der Spule ergibt sich schließlich

$$B = \mu_0 nI$$

in Übereinstimmung mit Gleichung (25.10), die mit Hilfe des Biot-Savartschen Gesetzes hergeleitet wurde.

Gültigkeitsgrenzen des Ampèreschen Gesetzes

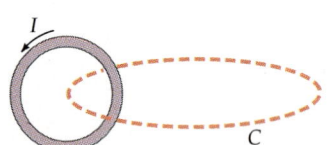

25.25 Für die eingezeichnete Kurve ist das Ampèresche Gesetz zwar gültig, es eignet sich aber nicht zur Berechnung des Magnetfelds, das die Leiterschleife erzeugt, denn $\boldsymbol{B}$ ist auf der Kurve weder konstant noch tangential zur Kurve gerichtet.

Als Beispiel für einen Fall, bei dem sich das Ampèresche Gesetz nicht zur Berechnung des Magnetfelds eignet, betrachten wir die Stromschleife in Abbildung 25.25. Das Feld auf der Achse einer solchen Schleife haben wir bereits mit dem Biot-Savartschen Gesetz berechnet. Nach dem Ampèreschen Gesetz ist das Linienintegral $\oint \boldsymbol{B} \cdot \mathrm{d}\boldsymbol{\ell}$ entlang einer Kurve wie der in der Abbildung eingezeichneten Kurve C das Produkt aus μ_0 und der Stromstärke I in der Schleife. Das Ampèresche Gesetz ist zwar für die gewählte Kurve gültig, aber das Magnetfeld $\boldsymbol{B}$ ist weder für alle Kurven, die den Strom umschließen können, konstant, noch verläuft es in allen Punkten auf einer solchen Kurve tangential. Die Anordnung ist also nicht symmetrisch genug, um eine Berechnung des Magnetfeldes mit dem Ampèreschen Gesetz zu erlauben.

In Abbildung 25.26 sehen wir einen endlichen Leiterabschnitt der Länge ℓ. Wir wollen das Magnetfeld an einem Punkt P berechnen, der gleich weit von den Enden des Abschnitts entfernt ist und zur Mitte des Leiterabschnitts den Abstand r hat. r sei gleichzeitig der Radius einer Kurve C, die durch den Punkt P geht (vgl. Abbildung 25.26). Die direkte Anwendung des Ampèreschen Gesetzes liefert

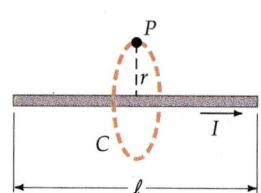

25.26 Wendet man das Ampèresche Gesetz an, um das Magnetfeld in der Mitte eines endlichen Leiterabschnitts zu berechnen, so erhält man ein falsches Resultat.

$$B = \frac{\mu_0}{2\pi} \frac{I}{r}.$$

Dieses Ergebnis ist das gleiche wie das für einen unendlich langen, stromdurchflossenen Leiter, was nicht verwundert, weil die gleiche Symmetrie vorliegt. Es stimmt jedoch nicht mit demjenigen überein, das wir mit dem Biot-Savartschen Gesetz erhalten, welches von der Länge des Leiterabschnitts abhängt und mit den experimentellen Beobachtungen in Einklang steht.

Wenn der Leiterabschnitt Teil eines geschlossenen Stromkreises ist, wie in Abbildung 25.27 gezeigt, so ist das Ampèresche Gesetz zwar gültig, es kann aber nicht zur Berechnung des Magnetfeldes am Punkt P verwendet werden, weil die Anordnung nicht hinreichend symmetrisch ist.

Abbildung 25.28 zeigt eine Anordnung, bei der an den Enden des Leiterabschnitts je eine leitende Kugel sitzt. Zu Beginn des Experiments trägt die Kugel am linken Ende die Ladung $+Q$ und diejenige am rechten Ende die Ladung $-Q$.

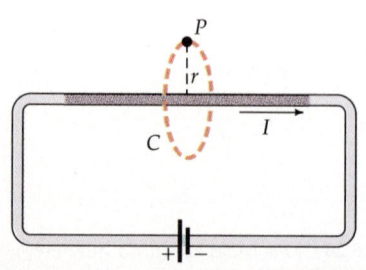

25.27 Ist der Leiterabschnitt aus Abbildung 25.26 Teil eines geschlossenen Stromkreises, so ist das Ampèresche Gesetz zwar gültig, aber die Symmetrie des Kreises reicht nicht aus, um das Magnetfeld am Punkt P zu finden.

Sobald die beiden Kugeln miteinander verbunden werden, fließt im Leiterabschnitt für sehr kurze Zeit der elektrische Strom $I = -\mathrm{d}Q/\mathrm{d}t$, und zwar so lange, bis die Kugeln entladen sind. In diesem Fall ist die Symmetrie, die für die Anwendung des Ampèreschen Gesetzes benötigt wird, in der Tat vorhanden: $\boldsymbol{B}$ verläuft tangential zur eingezeichneten Kurve C und ist auf der ganzen Kurve konstant. Allerdings gibt es ein Problem: Der Strom bildet keine geschlossene Schleife. Dieser Umstand führt dazu, daß sich das Ampèresche Gesetz trotz ausreichender Symmetrie nicht anwenden läßt. In Kapitel 29 werden wir sehen, wie Maxwell das Ampèresche Gesetz ergänzt hat, so daß es auch in solchen Fällen gilt. Diese verallgemeinerte Form des Ampèreschen Gesetzes liefert dann die gleichen Resultate wie das Gesetz von Biot und Savart.

Analog zur Vorgehensweise beim elektrischen Feld (vgl. Kapitel 20) wollen wir die Beschreibung der Quellen des Magnetfeldes mit einigen formalen, aber für das theoretische Gebäude der Elektrodynamik wichtigen Betrachtungen abschließen. In Kapitel 20 haben wir den Vektoroperator div (Divergenz) eingeführt, der das Skalarprodukt des Nabla-Operators und des Vektors ist, auf den die Operation angewandt werden soll: div $\boldsymbol{a} = \nabla \cdot \boldsymbol{a}$. Gehen wir in der Verwendung des Nabla-Operators einen Schritt weiter, so kommen wir zum Vektorprodukt dieses Operators mit einem Vektor $\boldsymbol{a}$. Diese neue Operation trägt den Namen **Rotation** (abgekürzt rot):

25.28 Sitzt an beiden Enden des Leiterabschnitts aus Abbildung 25.26 eine geladene Kugel und fließt, sobald die Kugeln miteinander verbunden sind, kurzzeitig ein Strom durch den Leiterabschnitt, so reicht die Symmetrie aus, um mit dem Ampèreschen Gesetz das Magnetfeld am Punkt P berechnen zu können. Trotzdem erhält man ein falsches Resultat, denn der Strom ist im Raum nicht stetig.

$$\mathrm{rot}\,\boldsymbol{a} = \nabla \times \boldsymbol{a} = \begin{vmatrix} \boldsymbol{e}_x & \boldsymbol{e}_y & \boldsymbol{e}_z \\ \frac{\partial}{\partial x} & \frac{\partial}{\partial y} & \frac{\partial}{\partial z} \\ a_x & a_y & a_z \end{vmatrix} = \boldsymbol{e}_x \begin{vmatrix} \frac{\partial}{\partial y} & \frac{\partial}{\partial z} \\ a_y & a_z \end{vmatrix} - \boldsymbol{e}_y \begin{vmatrix} \frac{\partial}{\partial x} & \frac{\partial}{\partial z} \\ a_x & a_z \end{vmatrix} + \boldsymbol{e}_z \begin{vmatrix} \frac{\partial}{\partial x} & \frac{\partial}{\partial y} \\ a_x & a_y \end{vmatrix}$$

$$= \boldsymbol{e}_x \left(\frac{\partial a_z}{\partial y} - \frac{\partial a_y}{\partial z} \right) - \boldsymbol{e}_y \left(\frac{\partial a_z}{\partial x} - \frac{\partial a_x}{\partial z} \right) + \boldsymbol{e}_z \left(\frac{\partial a_y}{\partial x} - \frac{\partial a_x}{\partial y} \right).$$

25.18 *Definition der Rotation*

Die Bezeichnung Rotation drückt aus, daß diese Operation etwas mit „Wirbeln" zu tun hat. Als ein typisches Merkmal des Magnetfeldes, das von einem stromdurchflossenen Leiter erzeugt wird, zeigt sich, daß die Vektoren des Feldes tangential zu einer geschlossenen Kurve verlaufen, die den Leiter umgibt (das ist gerade die Aussage des Ampèreschen Gesetzes). Mit anderen Worten: Das Magnetfeld bildet Wirbel um die Quelle herum, die es erzeugt. Das weist darauf hin, daß das Magnetfeld über den Vektoroperator Rotation mit seiner Quelle, dem elektrischen Strom, zusammenhängt.

Den Strom I im Biot-Savartschen Gesetz (25.4) kann man als einen Gesamtstrom auffassen, der die Summe aller eine Fläche A „durchflutenden" Stromdichten ist:

$$I = \int_A \boldsymbol{j} \cdot \boldsymbol{n}\,\mathrm{d}A,$$

wobei $\boldsymbol{n}$ der senkrecht auf der Fläche A stehende Normalenvektor ist. Setzt man dies in das Biot-Savartsche Gesetz (25.4) ein und bildet die Rotation des Magnetfeldes $\boldsymbol{B}$, so erhält man (die genaue Herleitung kann in Lehrbüchern zur theoretischen Physik nachgelesen werden):

$$\mathrm{rot}\,\boldsymbol{B} = \mu_0 \boldsymbol{j}.$$

25.19 *Differentielle Form des Ampèreschen Gesetzes*

25 Die Quellen des magnetischen Feldes

Diese Gleichung, die häufig als die differentielle Form des Ampèreschen Gesetzes bezeichnet wird, macht besonders deutlich, daß die Quelle des Magnetfeldes B eine Stromdichte ist.

Geht man in der Integralform des Ampèreschen Gesetzes (25.15) ebenfalls vom Strom zum Integral über die Stromdichten über, so schreibt sich das Gesetz:

$$\oint_C B \cdot d\ell = \int_A \mu_0 j \cdot n \, dA \, .$$

Der Vergleich mit (25.19) zeigt, daß man hier $\mu_0 j$ durch rot B ersetzen kann:

Stokesscher Integralsatz
$$\oint_C B \cdot d\ell = \int_A \text{rot } B \cdot n \, dA \, . \qquad 25.20$$

Rein formal gibt diese Gleichung eine Methode an, wie man ein Linienintegral in ein Integral über die von der Linie C eingeschlossene Fläche A überführen kann. Diese mathematische Methode ist als **Stokesscher Integralsatz** bekannt. Er hat in der Elektrodynamik eine ebenso große Bedeutung wie der Gaußsche Integralsatz, den wir in Kapitel 20 kennengelernt haben.

Zusammenfassung

1. Bewegt sich eine Ladung q mit der Geschwindigkeit v, so erzeugt sie ein Magnetfeld, das an einem Aufpunkt P im Abstand r durch die folgende Beziehung gegeben ist:

$$B = \frac{\mu_0}{4\pi} \frac{q v \times r/r}{r^2} \, .$$

Dabei ist r/r ein Einheitsvektor, der von der Ladung zum Aufpunkt zeigt, und μ_0 die sogenannte magnetische Feldkonstante. Sie hat den Betrag

$$\mu_0 = 4\pi \cdot 10^{-7} \, \text{T·m/A} = 4\pi \cdot 10^{-7} \, \text{N/A}^2 \, .$$

2. Für das Magnetfeld dB im Abstand r von einem Stromelement $I \, d\ell$ gilt:

$$dB = \frac{\mu_0}{4\pi} \frac{I \, d\ell \times r/r}{r^2} \, .$$

Diese Beziehung heißt Biot-Savartsches Gesetz. Das Magnetfeld bildet sowohl mit dem Stromelement als auch mit dem Verbindungsvektor r vom Stromelement zum Aufpunkt einen rechten Winkel.

3. Die Kraft, die zwei bewegte Ladungen durch ihre Magnetfelder aufeinander ausüben, verletzt scheinbar das dritte Newtonsche Gesetz (actio = reactio), was bedeutet, daß der Impuls in diesem Zweiteilchensystem nicht erhalten bleibt. Zieht man allerdings den Impuls der elektrischen und magnetischen

Felder in die Betrachtung mit ein, so bleibt der Gesamtimpuls des Systems aus den beiden Ladungen und diesen Feldern sehr wohl erhalten.

4. Das Magnetfeld auf der Achse eines ringförmigen, stromdurchflossenen Leiters (also eines Kreisstromes) ist gegeben durch

$$\boldsymbol{B} = \frac{\mu_0}{4\pi} \frac{2\pi R^2 I}{(x^2 + R^2)^{3/2}} \boldsymbol{e}_x,$$

wobei $\boldsymbol{e}_x$ ein Einheitsvektor in Richtung der Achse des Ringes ist. In großer Entfernung zum Ring geht das obige Magnetfeld in das Feld eines Dipols über:

$$\boldsymbol{B} = \frac{\mu_0}{4\pi} \frac{2\boldsymbol{m}_\mathrm{m}}{x^3},$$

wobei $\boldsymbol{m}_\mathrm{m}$ das magnetische Dipolmoment (oder einfach: das magnetische Moment) des Ringes ist. Das magnetische Moment ist das Produkt aus Stromstärke und Querschnittsfläche des Ringes und steht gemäß der Rechte-Hand-Regel senkrecht zum Ring.

5. Das Magnetfeld im Innern einer langen Spule, weit entfernt von ihren Enden, hat den Betrag

$$B = \mu_0 n I,$$

wobei n die Windungszahldichte (Zahl der Windungen pro Länge) der Spule ist.

6. Das Magnetfeld eines stromdurchflossenen Leiterstücks beträgt

$$B = \frac{\mu_0}{4\pi} \frac{I}{R} (\sin\theta_1 + \sin\theta_2),$$

wobei R der senkrechte Abstand des Aufpunktes zum Draht ist. θ_1 und θ_2 sind die Winkel zwischen dem vom Aufpunkt auf den Draht gefällten Lot und den Verbindungslinien zu den beiden Enden des Drahtes. Ist das Leiterstück sehr lang, so geht der obige Ausdruck über in

$$B = \frac{\mu_0}{4\pi} \frac{2I}{R}.$$

Die Richtung der Feldlinien wird durch die gekrümmten Finger der rechten Hand angegeben, wenn der Daumen in Richtung des Stromes zeigt.

7. Das Magnetfeld im Innern einer dicht gewickelten Ringspule hat den Betrag

$$B = \frac{\mu_0 N I}{2\pi r},$$

wobei r der Abstand vom Mittelpunkt der Ringröhre ist.

8. Ein Ampere ist definiert als die Stromstärke, bei der zwei parallele, vom gleichen Strom durchflossene Leiter im Abstand von einem Meter eine Kraft von $2 \cdot 10^{-7}$ N/m aufeinander ausüben.

9. Das Ampèresche Gesetz verknüpft das Integral der Tangentialkomponente des Magnetfelds entlang einer geschlossenen Kurve C mit dem gesamten Strom I_C, der durch die von dieser Kurve begrenzte Fläche hindurchtritt:

$$\oint_C \boldsymbol{B} \cdot \mathrm{d}\boldsymbol{\ell} = \mu_0 I_C, \qquad \text{für eine beliebige geschlossene Kurve } C.$$

Das Ampèresche Gesetz ist nur für geschlossene Stromkreise gültig. Es kann dann zur Berechnung des Magnetfelds verwendet werden, wenn die betrachtete Anordnung einen hohen Grad an Symmetrie aufweist, wie beispielsweise dicht gewickelte Ring- oder Zylinderspulen.

10. Die Rotation eines Vektors $\boldsymbol{a}$ ist definiert als das Vektorprodukt des Nabla-Operators mit $\boldsymbol{a}$:

$$\operatorname{rot} \boldsymbol{a} = \nabla \times \boldsymbol{a} = \begin{vmatrix} \boldsymbol{e}_x & \boldsymbol{e}_y & \boldsymbol{e}_z \\ \dfrac{\partial}{\partial x} & \dfrac{\partial}{\partial y} & \dfrac{\partial}{\partial z} \\ a_x & a_y & a_z \end{vmatrix} = \boldsymbol{e}_x \begin{vmatrix} \dfrac{\partial}{\partial y} & \dfrac{\partial}{\partial z} \\ a_y & a_z \end{vmatrix} - \boldsymbol{e}_y \begin{vmatrix} \dfrac{\partial}{\partial x} & \dfrac{\partial}{\partial z} \\ a_x & a_z \end{vmatrix} + \boldsymbol{e}_z \begin{vmatrix} \dfrac{\partial}{\partial x} & \dfrac{\partial}{\partial y} \\ a_x & a_y \end{vmatrix}$$

$$= \boldsymbol{e}_x \left(\frac{\partial a_z}{\partial y} - \frac{\partial a_y}{\partial z} \right) - \boldsymbol{e}_y \left(\frac{\partial a_z}{\partial x} - \frac{\partial a_x}{\partial z} \right) + \boldsymbol{e}_z \left(\frac{\partial a_y}{\partial x} - \frac{\partial a_x}{\partial y} \right).$$

11. Bildet man die Rotation des Magnetfeldes $\boldsymbol{B}$ eines stromdurchflossenen Leiters, so erhält man

$$\operatorname{rot} \boldsymbol{B} = \mu_0 \boldsymbol{j}.$$

Diese Gleichung, die häufig als die differentielle Form des Ampèreschen Gesetzes bezeichnet wird, macht besonders deutlich, daß die Quelle des Magnetfeldes $\boldsymbol{B}$ eine Stromdichte $\boldsymbol{j}$ ist.

Die Integralform des Ampèreschen Gesetzes kann man mit $\operatorname{rot} \boldsymbol{B} = \mu_0 \boldsymbol{j}$ umformen und erhält dann eine neue Beziehung:

$$\oint_C \boldsymbol{B} \cdot \mathrm{d}\boldsymbol{\ell} = \int_A \operatorname{rot} \boldsymbol{B} \cdot \boldsymbol{n} \,\mathrm{d}A.$$

Rein formal gibt diese Gleichung eine Methode an, wie man ein Linienintegral in ein Integral über die von der Linie eingeschlossene Fläche überführen kann. Diese mathematische Methode ist als Stokesscher Integralsatz bekannt.

Aufgaben

Stufe I

25.1 Das magnetische Feld einer bewegten Punktladung

1. Ein Teilchen mit der Ladung $q = 12\ \mu C$ befinde sich zu einem bestimmten Zeitpunkt bei $x = 0$ m, $y = 2$ m und habe die Geschwindigkeit $\mathbf{v} = 30$ m/s $\mathbf{e}_x$. Berechnen Sie das Magnetfeld a) am Ursprung, b) bei $x = 0$ m, $y = 1$ m, c) bei $x = 0$ m, $y = 3$ m und d) $x = 0$ m, $y = 4$ m.

2. Zwei gleiche Ladungen q befinden sich zum Zeitpunkt $t = 0$ an den Punkten $(0,0,0)$ bzw. $(0,b,0)$ und bewegen sich mit der Geschwindigkeit v in positiver x-Richtung (es sei $v \ll c$). Bestimmen Sie das Verhältnis der Beträge der aufeinander ausgeübten magnetischen und elektrischen Kräfte.

3. Ein Elektron umkreise ein Proton auf einer Kreisbahn mit dem Radius $5{,}29 \cdot 10^{-11}$ m. Wie stark ist das Magnetfeld, das das kreisende Elektron am Ort des Protons erzeugt?

25.2 Das magnetische Feld von Strömen: das Gesetz von Biot und Savart

4. Der Mittelpunkt eines kleinen Stromelements $I d\boldsymbol{\ell}$ mit $d\boldsymbol{\ell} = 2$ mm $\mathbf{e}_z$ und $I = 2$ A befinde sich im Ursprung. Bestimmen Sie das Magnetfeld $d\mathbf{B}$ an folgenden Punkten: a) auf der x-Achse bei $x = 3$ m, b) auf der x-Achse bei $x = -6$ m, c) auf der z-Achse bei $z = 3$ m und d) auf der y-Achse bei $y = 3$ m.

5. Eine stromdurchflossene, ringförmige Schleife mit dem Radius 10 cm erzeuge in ihrem Mittelpunkt ein Magnetfeld, das gerade so stark sei, daß es das Erdmagnetfeld am Äquator kompensiert. Dieses hat dort eine Stärke von 0,7 G und zeigt nach Norden. Berechnen Sie die notwendige Stromstärke, und skizzieren Sie die Anordnung.

6. Eine Spule mit der Länge 30 cm und dem Radius 1,2 cm habe 300 Windungen. Sie werde von einem Strom der Stärke 2,6 A durchflossen. Bestimmen Sie B auf der Spulenachse: a) im Zentrum, b) 10 cm vom Ende entfernt (innerhalb der Spule) und c) am Ende der Spule.

7. Eine ringförmige Drahtschleife mit dem Radius 3 cm werde von einem Strom der Stärke 2,6 A durchflossen. Berechnen Sie den Betrag von B auf der Achse der Schleife: a) im Zentrum sowie b) 1 cm, c) 2 cm und d) 35 cm vom Mittelpunkt entfernt.

8. Ein langer, gerader Draht werde von einem Strom der Stärke 10 A durchflossen. Bestimmen Sie den Betrag von B im Abstand a) 10 cm, b) 50 cm und c) 2 m von der Mitte des Drahtes.

Die Aufgaben 9 und 10 beziehen sich auf die Anordnung in Abbildung 25.29 mit zwei langen geraden Leitern, die in der x-y-Ebene parallel zur x-Achse angeordnet sind. Ein Leiter befinde sich bei $y = -6$ cm und der andere bei $y = +6$ cm. Die Stromstärke in jedem Leiter betrage 20 A.

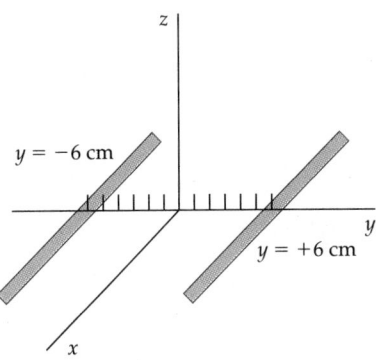

25.29 Zu Aufgaben 9 und 10.

9. Die Ströme in Abbildung 25.29 fließen in negativer x-Richtung. Bestimmen Sie B an folgenden Stellen auf der y-Achse: a) $y = -3$ cm, b) $y = 0$ cm, c) $y = +3$ cm und d) $y = +9$ cm.

10. Skizzieren Sie für die Anordnung in Abbildung 25.29 B_z als Funktion von y für Punkte, die auf der y-Achse liegen. Die Ströme fließen in negativer x-Richtung.

11. In einem wie in Abbildung 25.30 gebogenen Leiter betrage die Stromstärke 8,0 A. Bestimmen Sie das durch jedes einzelne Leitersegment am Punkt P erzeugte Feld $\mathbf{B}$. Summieren Sie über die Abschnitte, um das gesamte Feld $\mathbf{B}$ zu erhalten.

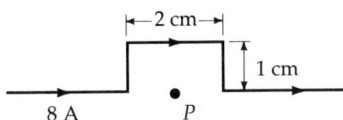

25.30 Zu Aufgabe 11.

12. Bestimmen Sie für die Anordnung von Abbildung 25.31 das Magnetfeld am Punkt P.

25 Die Quellen des magnetischen Feldes

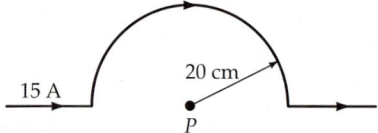

25.31 Zu Aufgabe 12.

13. Bestimmen Sie für die Anordnung von Abbildung 25.32 das Magnetfeld am Punkt P, der den gemeinsamen Mittelpunkt der beiden halbkreisförmigen Leiter bildet.

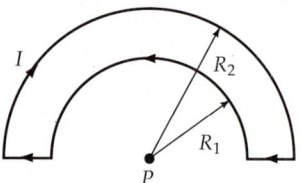

25.32 Zu Aufgabe 13.

25.3 Die Definition des Ampere

14. Zwei lange gerade, parallele Leiter im Abstand von 8,6 cm werden von gleichen Strömen durchflossen und stoßen sich mit 3,6 nN/m ab. a) Fließen die Ströme parallel oder antiparallel? b) Bestimmen Sie die Stromstärke I.

15. Eine Stromwaage sei so konstruiert, daß der 30 cm lange (drehbar gelagerte) obere Leiter im stromlosen Zustand 2 mm oberhalb des zweiten (parallel zu ihm fest angebrachten), ebenfalls 30 cm langen Leiters im Gleichgewicht ist. Werden die Leiter von gleich großen, entgegengesetzt gerichteten Strömen durchflossen, so seien sie in dieser Position im Gleichgewicht, wenn der obere mit einer Masse von 2,4 g belastet wird. Wie groß ist die Stromstärke I?

16. Drei lange gerade, parallele Leiter verlaufen senkrecht durch die Ecken eines gleichseitigen Dreiecks mit der Kantenlänge 10 cm, wie in Abbildung 25.33 gezeigt. Der Punkt bedeute, daß der Strom aus der Papierebene herausfließt, und ein Kreuz stehe für Hineinfließen. Berechnen Sie bei einer Stromstärke von 15,0 A: a) die Kraft pro Längeneinheit, die auf den obe-

ren Leiter wirkt, und b) das Magnetfeld B, das die unteren Drähte am Ort des oberen erzeugen. *Hinweis*: Es ist einfacher, zunächst mit Gleichung (25.14) die Kraft und daraus das Feld B zu bestimmen, als umgekehrt.

25.4 Das Ampèresche Gesetz

17. Ein langer gerader, dünnwandiger Zylinder mit dem Radius R werde vom Strom I durchflossen. Bestimmen Sie B innerhalb und außerhalb des Zylinders.

18. In Abbildung 25.34 fließe ein Strom in die Papierebene hinein, der andere heraus. Beide Stromstärken betragen 8 A, und jede eingezeichnete Kurve sei ein ringförmiger Weg. a) Bestimmen Sie das Wegintegral $\oint \boldsymbol{B} \cdot d\boldsymbol{\ell}$ für die Wege C_1 bis C_3. b) Gibt es einen Weg, mit dessen Hilfe man das Feld $\boldsymbol{B}$ ermitteln kann, das die beiden Ströme erzeugen? Wenn ja, welcher der drei Wege ist dies?

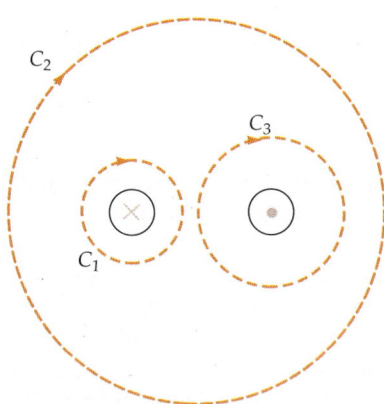

25.34 Zu Aufgabe 18.

19. Ein sehr langes Koaxialkabel bestehe aus einem Innenleiter (der sogenannten Seele) und einer konzentrischen zylindrischen Abschirmung mit dem Radius R. Die Seele sei an einem Ende mit der Abschirmung verbunden. Am anderen Ende seien Seele und Abschirmung mit den beiden Polen einer Spannungsquelle verbunden, so daß der Strom durch die Seele hin- und durch die Abschirmung zurückfließt. Das gesamte Kabel verlaufe gerade. Bestimmen Sie $\boldsymbol{B}$: a) im Raum zwischen Abschirmung und Seele, weit von den Enden entfernt, und b) außerhalb der Abschirmung.

20. Ein Draht mit dem Radius 0,5 cm werde von einem Strom der Stärke 100 A durchflossen, der über den Querschnitt gleichmäßig verteilt sei. Bestimmen Sie B: a) 0,1 cm von der Mitte des Drahtes entfernt, b) an der Drahtoberfläche und c) außerhalb des Leiters, 0,2 cm

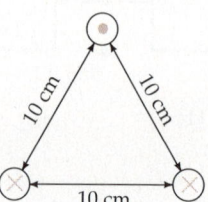

25.33 Zu Aufgabe 16.

von der Oberfläche entfernt. d) Skizzieren Sie B als Funktion des Abstands von der Drahtmitte.

21. Zeigen Sie, daß es Magnetfelder ohne Streufelder an den Rändern, wie es in Abbildung 25.35 skizziert ist, nicht geben kann; denn hierbei würde das Ampèresche Gesetz verletzt. Wenden Sie zum Beweis das Ampère-Gesetz auf den eingezeichneten rechteckförmigen Weg an.

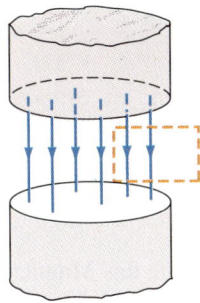

25.35 Zu Aufgabe 21.

22. Ein dicht gewickelter Torus mit dem Innenradius 1 cm und dem Außenradius 2 cm habe 1000 Windungen, die von einem Strom der Stärke 1,5 A durchflossen werden. Bestimmen Sie das Magnetfeld a) im Abstand 1,1 cm, b) im Abstand 1,5 cm vom Mittelpunkt.

Stufe II

23. Ein Draht der Länge ℓ sei zu einer ringförmigen Spule mit N Windungen gewickelt und werde vom Strom I durchflossen. Zeigen Sie, daß das Magnetfeld in der Mitte der Spule durch $B = \mu_0 \pi N^2 I / \ell$ gegeben ist.

24. Ein sehr langer, dünner Draht werde von einem Strom der Stärke 20 A durchflossen. Ein Elektron, das sich 1 cm von der Mitte des Drahtes entfernt befinde, bewege sich mit einer Geschwindigkeit von $5 \cdot 10^6$ m/s. Bestimmen Sie die Kraft auf das bewegte Elektron, wenn es sich a) direkt vom Draht weg, b) parallel zum Draht in Stromrichtung bzw. c) senkrecht zum Draht, tangential zu einem Kreis um diesen, bewegt.

25. Ein sehr langer Draht, der von einem Strom der Stärke I durchflossen wird, sei zu einem offenen Rechteck (siehe Abbildung 25.36) gebogen. Bestimmen Sie das Magnetfeld am Punkt P.

26. Eine Leiterschleife der Länge ℓ werde vom Strom I durchflossen. Vergleichen Sie die Magnetfelder am Schleifenmittelpunkt, wenn die Schleife a) ringförmig, b) quadratisch ist bzw. c) die Form eines gleichseitigen Dreiecks hat. Bei welcher Geometrie ist die Feldstärke am größten?

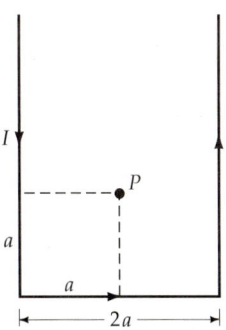

25.36 Zu Aufgabe 25.

27. Ein Starkstromkabel, das einen Strom von 50 A führe, verlaufe 2 m unter der Erdoberfläche, irgendwo am Äquator. Die genaue Lage und die Richtung seien unbekannt. Wie kann man mit einem Kompaß Lage und Richtung des Kabels bestimmen, wenn man sich am Äquator in unmittelbarer Nähe des Kabels befindet, wo das Erdmagnetfeld mit einer Stärke von 0,7 G nach Norden zeigt?

28. Vier lange gerade, parallel angeordnete Leiter werden vom Strom I durchflossen. Sie seien so angeordnet, daß sie in einer Ebene senkrecht zu ihnen die Ecken eines Quadrats mit der Kantenlänge a bilden. Bestimmen Sie die Kraft pro Länge, die auf einen der Leiter ausgeübt wird, wenn a) alle Ströme in die gleiche Richtung fließen und wenn b) die Ströme an gegenüberliegenden Ecken in die entgegengesetzte Richtung fließen.

29. Ein langer gerader Draht mit dem Radius 1,4 mm führe bei homogener Stromdichte den Strom I. Das Feld an der Oberfläche des Drahtes habe die Stärke $B = 2,46$ mT. Bestimmen Sie den Betrag der Feldstärke a) 2,1 mm und b) 0,6 mm von der Achse entfernt. c) Wie groß ist die Stromstärke I?

30. Ein Koaxialkabel bestehe aus einem massiven zylindrischen Innenleiter mit dem Radius 1 mm sowie einem Außenleiter mit dem Innenradius 2 mm und dem Außenradius 3 mm. Ein Strom von 18 A fließe durch den Innenleiter hin und durch den Außenleiter zurück. Die Stromdichte sei in den Leiterquerschnitten gleichförmig. Bestimmen Sie den Wert von $\oint \boldsymbol{B} \cdot d\boldsymbol{\ell}$ für einen geschlossenen, ringförmigen Weg (jeweils konzentrisch mit dem Innenleiter und in einer Ebene senkrecht dazu) bei einem Radius a) $r = 1,5$ mm, b) $r = 2,5$ mm und c) $r = 3,5$ mm.

31. Ein unendlich langer, isolierter Draht liege längs der x-Achse und führe den Strom I in positiver x-Richtung. Ein zweiter unendlich langer, isolierter Draht liege längs der y-Achse und führt den Strom $I/4$ in positiver y-Richtung. An welchen Stellen der x-y-Ebene ist das resultierende Magnetfeld null?

25 Die Quellen des magnetischen Feldes

32. Eine große, ringförmige Spule mit dem Radius 10 cm und 50 Windungen werde von einem Strom der Stärke 4 A durchflossen. In ihrem Zentrum befinde sich eine kleine Spule mit dem Radius 0,5 cm und 20 Windungen, die einen Strom von 1 A führe. Die beiden Spulenebenen stehen senkrecht aufeinander. Bestimmen Sie das Drehmoment, das die große Spule auf die kleine ausübt. (Das Magnetfeld der großen Spule sei im Bereich der kleinen Spule homogen.)

33. Man kann sehr preiswert ein Amperemeter herstellen, wenn man das Erdmagnetfeld ausnutzt. Eine ebene, ringförmige Spule mit N Windungen und dem Radius R werde so ausgerichtet, daß das Feld B_e, das im Zentrum der Spule erzeugt wird, entweder nach Osten oder nach Westen zeigt. Im Zentrum der Spule werde dann ein Kompaß angebracht. Wenn durch die Spule kein Strom fließt, so zeigt die Kompaßnadel nach Norden. Fließt jedoch ein Strom I durch die Spule, so zeigt die Kompaßnadel in Richtung des resultierenden Feldes B unter einem Winkel θ gegen Norden. Zeigen Sie, daß der Strom I mit dem Winkel θ und der Horizontalkomponenten B_e des Erdmagnetfelds durch

$$I = \frac{2RB_e}{\mu_0 N} \tan \theta$$

verknüpft ist. Die beschriebene Anordnung nennt man Tangentialgalvanometer.

34. Ein unendlich langer Draht sei gebogen, wie in Abbildung 25.37 gezeigt. Der ringförmige Teil besitze den Radius 10 cm, wobei der Mittelpunkt den Abstand r zum geraden Teil habe. Bestimmen Sie r so, daß das Magnetfeld im Mittelpunkt des ringförmigen Anteils verschwindet.

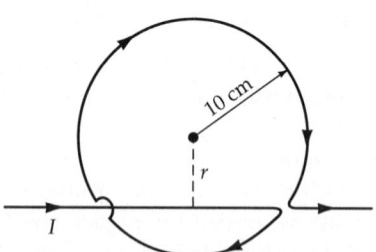

25.37 Zu Aufgabe 34.

35. Die Achse eines unendlich langen, nichtleitenden Zylinders mit dem Radius R sei die z-Achse. Fünf lange, stromdurchflossene Leiter liegen längs am Zylinder, und zwar in gleichmäßigen Abständen auf der oberen Hälfte seines Umfangs. Jeder Leiter führe den Strom I in positiver z-Richtung. Bestimmen Sie das Magnetfeld auf der z-Achse.

36. Drei sehr lange, parallele Drähte bilden drei Ecken eines Quadrats, wie in Abbildung 25.38 gezeigt. Bestimmen Sie das Magnetfeld B an der unbesetzten Ecke des Quadrats, wenn a) alle Ströme in die Papierebene hineinfließen, b) I_1 und I_3 hinein- und I_2 herausfließen und c) I_1 und I_2 hinein- und I_3 herausfließen.

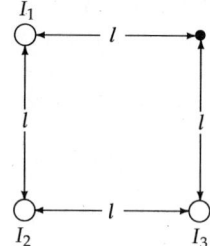

25.38 Zu Aufgabe 36.

37. a) Bestimmen Sie das Magnetfeld am Punkt P im Abstand R vom stromdurchflossenen Leiter in Abbildung 25.39. b) Verwenden Sie das Resultat aus a), um die Feldstärke am Mittelpunkt eines Polygons mit N Seiten zu ermitteln. Zeigen Sie, daß für große N die Lösung in diejenige für das Magnetfeld am Mittelpunkt eines Kreises übergeht, der von einem stromdurchflossenen Leiter gebildet wird.

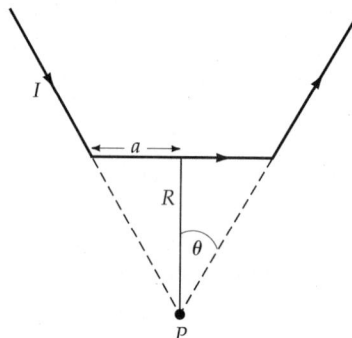

25.39 Zu Aufgabe 37.

38. Eine ringförmige Leiterschleife habe den Radius R und werde vom Strom I durchflossen. Der Mittelpunkt der Schleife liege im Ursprung, ihre Achse sei die x-Achse. Der Strom erzeuge ein Magnetfeld, das in die positive x-Richtung zeigt. a) Skizzieren Sie B_x als Funktion von x für Punkte auf der x-Achse, und zwar für positive und für negative x-Werte. Vergleichen Sie das Resultat mit dem Verlauf von E_x für einen geladenen Ring gleicher Größe. b) Eine zweite, identische Leiterschleife, die von einem Strom in derselben Richtung durchflossen werde, liege parallel zur y-z-Ebene und habe ihren Mittelpunkt bei $x = d$. Skizzieren Sie die auf der x-Achse entstehenden Magnetfelder, separat für jede Schleife, sowie das aus beiden Schleifen resultierende Feld. Zeigen Sie anhand der Kurven, daß dB_x/dx in der Mitte zwischen den Ringen null ist.

39. Zwei hintereinander geschaltete Spulen, die vom gleichen Strom durchflossen werden und bei denen der Abstand von Spulenmitte zu Spulenmitte gleich ihrem Radius ist, bezeichnet man als **Helmholtz-Spulen**. Eine solche Anordnung zeichnet sich dadurch aus, daß das entstehende Magnetfeld zwischen den Spulen sehr homogen ist. Es sei $R = 10$ cm, $I = 20$ A und $N = 300$ Windungen pro Spule. Eine Spule befinde sich in der y-z-Ebene mit dem Mittelpunkt am Ursprung und die andere in einer dazu parallelen Ebene bei $x = 10$ cm. a) Berechnen Sie das resultierende Magnetfeld B_x bei $x = 5$ cm, $x = 7$ cm, $x = 9$ cm und $x = 11$ cm. b) Skizzieren Sie B_x als Funktion von x. Verwenden Sie dabei das Ergebnis von a), und berücksichtigen Sie, daß B_x symmetrisch zum Mittelpunkt der Spulen ist.

40. Eine unendlich lange, dicke Zylinderschale mit dem Innenradius a und dem Außenradius b werde vom Strom I mit homogener Stromdichte durchflossen. Bestimmen Sie das entstehende Magnetfeld für a) $r < a$, b) $a < r < b$ und c) $r > b$.

41. Ein langer, gerader Draht werde von einem Strom der Stärke 20 A durchflossen, wie in Abbildung 25.40 gezeigt. Eine rechteckige Spule mit Seiten der Länge 5 cm bzw. 10 cm, deren längere Seiten parallel zum Leiter liegen, habe den Abstand 2 cm vom Draht und führe einen Strom der Stärke 5 A. a) Bestimmen Sie die Kraft, die das Magnetfeld des Drahtes auf jeden Abschnitt der rechteckigen Spule ausübt. b) Wie groß ist die Gesamtkraft auf die Spule?

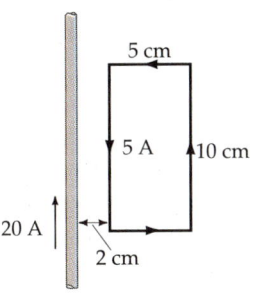

25.40 Zu Aufgabe 41.

42. In der x-z-Ebene liege eine unendlich ausgedehnte, flache Metallplatte, durch die ein Strom mit homogener Stromdichte in positiver z-Richtung fließe. Die Längenstromdichte (Stromdichte pro Länge) in x-Richtung sei λ. Abbildung 25.41 zeigt einen Punkt P über der Ebene (mit $y > 0$) und zwei Abschnitte des Stromes, die mit I_1 und I_2 bezeichnet sind. a) In welche Richtung weist das Magnetfeld $\boldsymbol{B}$, das durch diese beiden Stromanteile erzeugt wird, am Punkt P? b) In welche Richtung zeigt das Magnetfeld $\boldsymbol{B}$ am Punkt P, das durch den Strom in der gesamten Ebene erzeugt wird? c) Welche Richtung hat das Magnetfeld an einem Punkt unterhalb der Ebene ($y < 0$)? d) Wenden Sie das Ampèresche Gesetz auf die eingezeichnete rechteckige Kurve in Abbildung 25.41 b an, und zeigen Sie damit, daß das Magnetfeld im oberen Halbraum durch

$$\boldsymbol{B} = -\frac{1}{2}\mu_0 \lambda\, \boldsymbol{e}_x$$

gegeben ist.

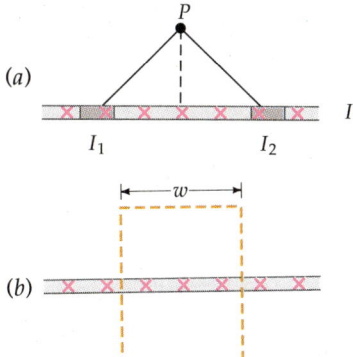

25.41 Zu Aufgabe 42.

Stufe III

43. Eine quadratische Leiterschleife mit der Kantenlänge ℓ liege in der y-z-Ebene, ihr Mittelpunkt befinde sich am Ursprung, und sie werde vom Strom I durchflossen. Bestimmen Sie das Magnetfeld $\boldsymbol{B}$ auf der x-Achse, und zeigen Sie, daß dieser Ausdruck für $x \gg \ell$ in

$$B \approx \frac{\mu_0}{4\pi}\frac{2m_\mathrm{m}}{x^3}$$

übergeht, wobei $m_\mathrm{m} = I\ell^2$ das magnetische Moment der Schleife ist.

44. Eine ringförmige Schleife, die vom Strom I durchflossen wird, liege in der y-z-Ebene; die Schleifenachse sei die x-Achse. a) Berechnen Sie das Linienintegral $\oint \boldsymbol{B} \cdot \mathrm{d}\boldsymbol{\ell}$ entlang der x-Achse von $x = -\ell$ bis $x = +\ell$. b) Zeigen Sie, daß für $\ell \to \infty$ das Linienintegral gegen $\mu_0 I$ geht. Dieses Ergebnis erzielt man auch mit dem Ampèreschen Gesetz, wenn man den Integrationsweg durch einen Halbkreis mit Radius ℓ schließt, für den $B \approx 0$ ist, wenn ℓ sehr groß ist.

45. Ein sehr langer gerader Leiter mit kreisförmigem Querschnitt und dem Radius R werde vom Strom I durchflossen. Im Innern des Leiters befinde sich eine zylindrische Bohrung mit dem Radius a, deren Achse parallel zur Leiterachse verläuft und von dieser den Abstand b hat (Abbildung 25.42). Die Leiterachse sei die z-Achse, und die Achse der Bohrung befinde sich bei

$x = b$. Bestimmen Sie das Magnetfeld ***B***: a) auf der x-Achse bei $x = 2R$ und b) auf der y-Achse bei $y = 2R$. *Hinweis*: Stellen Sie sich die Anordnung vor als Kombination eines Stromes mit homogener Stromdichte über dem Zylinderquerschnitt und mit einem Strom gleicher Stärke, aber entgegengesetzter Richtung in der Bohrung.

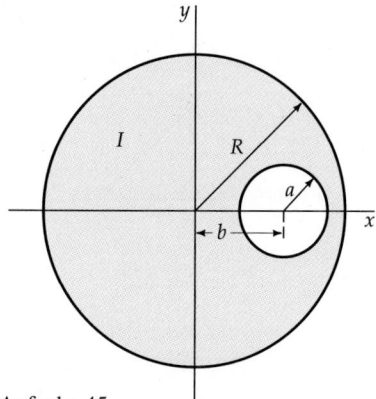

25.42 Zu Aufgabe 45.

46. Zeigen Sie für den Zylinder mit Bohrung aus der vorigen Aufgabe, daß das Magnetfeld im Innern der Bohrung homogen ist, und berechnen Sie seine Größe und Richtung.

47. Eine Scheibe mit dem Radius R sei homogen mit Ladung belegt. Die Ladungsdichte betrage σ, und die Scheibe rotiere mit der Kreisfrequenz ω. a) Betrachten Sie einen ringförmigen Streifen mit dem Radius r und der Breite dr, der die Ladung dq trägt. Zeigen Sie, daß dieser Streifen den Strom $dI = (\omega/2\pi)dq = \omega\sigma r dr$ erzeugt. b) Zeigen Sie mit dem Ergebnis von Teil a), daß das Magnetfeld am Scheibenzentrum den Wert $B = \frac{1}{2}\mu_0 \sigma \omega R$ hat. c) Verwenden Sie das Ergebnis aus Teil a), um das Magnetfeld an einem Punkt auf der Scheibenachse im Abstand x vom Mittelpunkt zu ermitteln.

48. Von zwei Helmholtz-Spulen (siehe Aufgabe 39) mit dem Radius R liege die eine in der y-z-Ebene und die andere parallel dazu bei $x = R$. Zeigen Sie, daß in der Mitte zwischen den Spulen, also bei $x = \frac{1}{2}R$, gilt: $dB_x/dx = 0$, $d^2B_x/dx^2 = 0$ und $d^3B_x/dx^3 = 0$. Daraus geht hervor, daß das Magnetfeld in der Nähe der Mitte nahezu den gleichen Wert hat wie direkt in der Mitte.

49. Eine Spule mit n Windungen pro Längeneinheit und dem Radius R werde von einem Strom der Stärke I durchflossen. Die x-Achse sei die Längsachse; ein Ende liege bei $x = -\frac{1}{2}\ell$ und das andere bei $x = +\frac{1}{2}\ell$, wobei ℓ die Länge der Spule ist. Zeigen Sie, daß das Magnetfeld B auf der Achse außerhalb der Spule durch

$$B = \frac{1}{2}\mu_0 nI (\cos\theta_1 - \cos\theta_2) \qquad 25.21$$

gegeben ist, wobei gilt:

$$\cos\theta_1 = \frac{x + \frac{1}{2}\ell}{[R^2 + (x + \frac{1}{2}\ell)^2]^{1/2}}$$

und

$$\cos\theta_2 = \frac{x - \frac{1}{2}\ell}{[R^2 + (x - \frac{1}{2}\ell)^2]^{1/2}}.$$

50. In der vorigen Aufgabe wurde eine Formel für das Magnetfeld auf der Achse einer langen Spule abgeleitet. Für $x \gg \ell$ und $\ell > R$ sind die Winkel θ_1 und θ_2 in der obigen Beziehung sehr klein, so daß $\cos\theta \approx 1 - \theta^2/2$ ist. a) Skizzieren Sie die Anordnung, und zeigen Sie, daß gilt:

$$\theta_1 \approx \frac{R}{x + \frac{1}{2}\ell}$$

und

$$\theta_2 \approx \frac{R}{x - \frac{1}{2}\ell}.$$

b) Zeigen Sie, daß das Magnetfeld an einem Punkt, der weit von den Spulenenden entfernt ist, durch

$$B = \frac{\mu_0}{4\pi}\left(\frac{P}{r_1^2} - \frac{P}{r_2^2}\right) \qquad 25.22$$

gegeben ist, wobei $r_1 = x - \frac{1}{2}\ell$ der Abstand zum nächsten Ende der Spule ist und $r_2 = x + \frac{1}{2}\ell$ der Abstand zum anderen Ende ist. Ferner ist $P = nI\pi R^2 = m_\mathrm{m}/\ell$ die magnetische Polstärke und $m_\mathrm{m} = NI\pi R^2$ das magnetische Moment der Spule.

51. In dieser Aufgabe soll Gleichung (25.22) noch auf einem anderen Weg abgeleitet werden. Betrachten Sie eine lange, eng gewickelte Spule der Länge ℓ mit dem Radius $R \ll \ell$, die längs der x-Achse liege und als Mittelpunkt den Ursprung habe. Die Spule habe N Windungen und werde von einem Strom der Stärke I durchflossen. a) Berechnen Sie das magnetische Moment eines Spulenstückes der Länge dx. b) Zeigen Sie, daß das Magnetfeld dB, das dieses Spulenstück in großem Abstand auf der x-Achse bei x_0 erzeugt, durch

$$dB = \frac{\mu_0}{2\pi} nIA \frac{dx}{x'^3}$$

gegeben ist. Darin ist $A = \pi R^2$, und $x' = x_0 - x$ ist der Abstand vom betrachteten Spulenstück. c) Integrieren Sie diesen Ausdruck von $x = -\frac{1}{2}\ell$ bis $x = +\frac{1}{2}\ell$, um Gleichung (25.22) zu erhalten.

Magnetische Induktion

26

Im letzten Kapitel haben wir gelernt, daß ein Strom, der durch einen Draht fließt, ein Magnetfeld erzeugt. In den dreißiger Jahren des vorigen Jahrhunderts entdeckten Michael Faraday in England und Joseph Henry in Amerika unabhängig voneinander, daß umgekehrt auch ein Magnetfeld einen Strom erzeugen kann, aber nur dann, wenn es sich zeitlich ändert. Bisweilen kann man beim Herausziehen eines Netzsteckers einen kleinen Funken beobachten. Bevor der Netzstecker herausgezogen wird, erzeugt der im Kabel fließende Strom ein Magnetfeld, das konzentrisch das Kabel umgibt. Beim Herausziehen des Netzsteckers wird dieser Strom abrupt unterbrochen. Das zusammenbrechende Magnetfeld erzeugt eine Spannung, die dem Zusammenbrechen des Stroms entgegenwirkt, was sich dann in Form des überspringenden Funkens bemerkbar macht. Ist das Magnetfeld auf null zurückgegangen, so wird selbstverständlich auch keine Spannung mehr erzeugt. Spannungen und Ströme, die durch die Veränderung von Magnetfeldern entstehen, bezeichnet man als **Induktionsspannungen** und **Induktionsströme**. Den Vorgang selbst nennt man **magnetische Induktion**. Im obigen Beispiel des Herausziehens eines Netzsteckers wird das zeitlich veränderliche Magnetfeld durch die Änderung elektrischer Ströme hervorgerufen. Genauso erzeugt aber auch ein Magnet, der bewegt wird, solch ein zeitlich veränderliches Magnetfeld. In einem einfachen Experiment zur Demonstration des Induktionsstroms kann man die Anschlüsse einer Spule mit einem Galvanometer verbinden und einen starken Magneten auf die Spule zu- oder von ihr wegbewegen. Das Galvanometer schlägt immer dann aus, wenn der Magnet gerade bewegt wird, was zeigt, daß die Bewegung des Magneten in der Spule einen elektrischen Strom induziert. Es ändert sich übrigens nichts am Versuch, wenn umgekehrt die Spule auf den Magneten zu- oder von ihm wegbewegt wird. Ebenso wird in der Spule ein elektrischer Strom induziert, wenn diese in einem konstanten Magnetfeld rotiert. Dies ist das Funktionsprinzip von Generatoren, die mechanische Energie in elektrische Energie umwandeln. Aus Wasserkraft gewinnt man elektrische Energie, indem das aufgestaute Wasser eines Flusses beim Fließen über die Schaufeln des Generators die Spulen zum Rotieren bringt. In einer Dampfturbine wird die Funktion des Wassers durch Dampf übernommen. Der Dampf kann durch die Energie aus Verbrennungsprozessen oder aus der Kernspaltung erzeugt werden, und sein Druck versetzt über Turbinen die Spulen in Rotation. Alle experimentellen Einzeltatsachen, die die Induktion betreffen, lassen sich im sogenannen Faradayschen Gesetz zusammenfassen, das eine Beziehung zwischen der Induktionsspannung und der Änderung des magnetischen Flusses herstellt.

26 Magnetische Induktion

26.1 Der magnetische Fluß

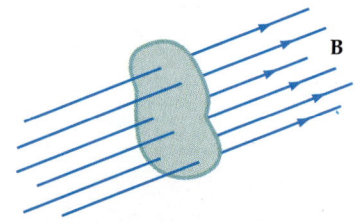

26.1 Wird die von einer Leiterschleife umschlossene Fläche A senkrecht vom Magnetfeld B durchsetzt, so beträgt der Fluß durch diese Fläche BA.

Der **magnetische Fluß** kann analog zum elektrischen Fluß behandelt werden, den wir in Abschnitt 19.2 kennengelernt haben. Er ist ein Maß für die Anzahl magnetischer Feldlinien, die eine Fläche durchsetzen. Das Magnetfeld in Abbildung 26.1 steht senkrecht zu der Fläche, die von einer Windung eines stromdurchflossenen Leiters umschlossen wird. In diesem einfachen Sonderfall ist der magnetische Fluß ϕ_m definiert als Produkt aus dem Magnetfeld B und der von der Leiterschleife umrandeten Fläche A, die von den Feldlinien durchsetzt wird:

$$\phi_m = BA \ .$$

Die Einheit des magnetischen Flusses ist die des Magnetfeldes mal der Fläche, also Tesla mal m², dies bezeichnet man auch als **Weber** (Wb):

$$1 \text{ Wb} = 1 \text{ T} \cdot \text{m}^2 \ . \qquad 26.1$$

Der Betrag des Magnetfeldes ist proportional zur Feldliniendichte, daher ist der magnetische Fluß durch eine bestimmte Fläche proportional zur Anzahl der Feldlinien, die sie durchsetzen.

Steht das Magnetfeld nicht senkrecht zur Fläche (Abbildung 26.2), so ist der magnetische Fluß definiert als

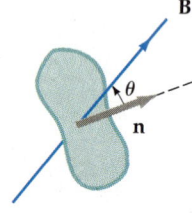

26.2 Bildet der Normalenvektor der umschlossenen Fläche A mit dem Magnetfeld B den Winkel θ, so beträgt der magnetische Fluß $BA \cos \theta$.

$$\phi_m = \boldsymbol{B} \cdot \boldsymbol{n}\, A = BA \cos \theta = B_n A \ , \qquad 26.2$$

wobei $B_n = \boldsymbol{B} \cdot \boldsymbol{n}$ die Komponente des Magnetfelds ist, die senkrecht auf der Fläche steht, also die Normalkomponente. Die bisherige Definition des magnetischen Flusses läßt sich auf beliebig geformte Flächen verallgemeinern, die von Magnetfeldern unterschiedlicher Richtung und Stärke durchsetzt werden. Hierzu teilen wir die Fläche in Flächenelemente auf, die so klein sind, daß man sie als eben betrachten kann. Man geht nun davon aus, daß sich innerhalb eines solchen Elementes das Magnetfeld nicht ändert. Wenn jetzt $\boldsymbol{n}_i$ der Normalenvektor des i-ten Flächenelements und ΔA_i die Fläche (Abbildung 26.3) dieses Elements sind, dann ist der Fluß durch dieses Element

$$\Delta \phi_{mi} = \boldsymbol{B} \cdot \boldsymbol{n}_i \, \Delta A_i \ .$$

Der Fluß durch die gesamte Fläche ergibt sich als Summe der $\Delta \phi_{mi}$ über alle Flächenelemente. Lassen wir die Fläche der Elemente gegen null gehen und ihre Anzahl gegen unendlich, so ist die Summation durch eine Integration zu ersetzen. Wir erhalten damit

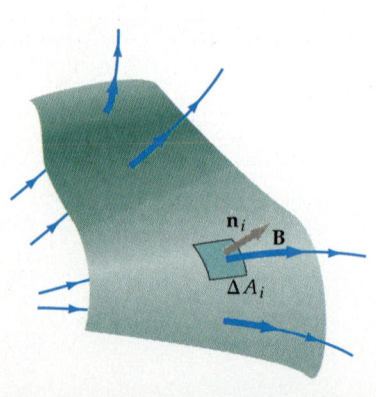

26.3 Ist B über einer größeren Fläche nicht konstant, so teilt man die Fläche in kleine Teilstücke ΔA_i auf. Der gesamte Fluß durch die Fläche ist dann $B_n \Delta A_i$ summiert über alle Flächenelemente.

$$\phi_m = \lim_{\Delta A_i \to 0} \sum_i \boldsymbol{B} \cdot \boldsymbol{n}_i \, \Delta A_i = \int_A \boldsymbol{B} \cdot \boldsymbol{n} \, dA \ .$$

Handelt es sich um eine Spule mit mehreren Windungen, so ist Gleichung (26.2) noch mit der Windungszahl N zu multiplizieren:

$$\phi_m = NBA \cos \theta \ . \qquad 26.3$$

Im allgemeinen Fall, wenn B nicht unbedingt über der Fläche konstant ist, ergibt sich:

$$\phi_m = \int_A N\boldsymbol{B} \cdot \boldsymbol{n} \, dA = \int_A NB_n dA \, .$$

26.4 *Definition des magnetischen Flusses*

Beispiel 26.1

Ein homogenes Magnetfeld von 2000 G bilde mit der Symmetrieachse einer Spule einen Winkel von 30°. Die Spule habe 300 Windungen und einen Radius von 4 cm. Wie groß ist der magnetische Fluß durch die Spule?

In SI-Einheiten hat das Magnetfeld den Betrag 0,2 T (wegen 1 G = 10^{-4} T). Die Fläche der Spule beträgt

$$A = \pi r^2 = 3{,}14 \cdot (0{,}04 \text{ m})^2 = 0{,}00502 \text{ m}^2 \, ,$$

und wir erhalten für den Fluß

$$\phi_m = NBA \cos\theta = 300 \cdot 0{,}2 \text{ T} \cdot 0{,}00502 \text{ m}^2 \cdot 0{,}866 = 0{,}26 \text{ Wb} \, .$$

Beispiel 26.2

Wie groß ist der magnetische Fluß durch eine Spule mit einer Länge von 40 cm, einem Radius von 2,5 cm, 600 Windungen und einer Stromstärke von 7,5 A?

Das Magnetfeld im Innern der Spule erhalten wir aus Gleichung (25.10):

$$B = \mu_0 n I = (4\pi \cdot 10^{-7} \text{ T} \cdot \text{m/A})(600 \text{ Windungen}/0{,}40 \text{ m}) \cdot 7{,}5 \text{ A}$$
$$= 1{,}41 \cdot 10^{-2} \text{ T} \, .$$

Da das Magnetfeld über der Spulenfläche konstant ist, ergibt sich für den magnetischen Fluß

$$\phi_m = NBA = 600 \cdot 1{,}41 \cdot 10^{-2} \text{ T} \cdot \pi \cdot (0{,}025 \text{ m})^2 = 1{,}66 \cdot 10^{-2} \text{ Wb} \, .$$

Hierbei ist interessant, daß der magnetische Fluß proportional zu N^2 ist, also dem Quadrat der Windungszahl der Spule. Das gilt wegen $\phi_m = NBA$ und weil B schon proportional zur Windungszahl N ist.

26.2 Induktionsspannung und Faradaysches Gesetz

Aus Experimenten von Faraday, Henry und anderen wissen wir, daß jede Änderung des magnetischen Flusses durch eine Leiterschleife eine Spannung in dieser Schleife induziert, deren Stärke proportional zur Änderung des Flusses ist. Wir messen häufig nur den Strom, der durch diese Induktionsspannung hervorgerufen wird. Die Spannung ist jedoch auch vorhanden, wenn gar kein Strom fließen kann, weil beispielsweise der Stromkreis nicht geschlossen ist. Die Span-

Michael Faraday (1791–1867), links, mit Thomas Henry Huxley, Charles Wheatstone, David Brewster und John Tyndall. (American Institute of Physics, AIP, Emilio Segrè Visual Archives, Zeleny Collection)

26 Magnetische Induktion

nung besteht auch nicht nur zwischen zwei speziellen Punkten, z.B. den Anschlüssen einer Batterie, sondern man muß sich die Induktionsspannung als im ganzen Stromkreis verteilt vorstellen.

Wir betrachten eine Leiterschleife im Magnetfeld, wie in Abbildung 26.4 gezeigt. Ändert sich der magnetische Fluß durch die Schleife, so wird in ihr eine Spannung induziert. Da die Spannung als Arbeit pro Ladung definiert ist, muß aufgrund der Induktionsspannung eine Kraft auf die Ladung wirken. Die Kraft pro Ladung ist aber gerade das elektrische Feld, welches in diesem Fall durch die Flußänderung hervorgerufen wird. Das Linienintegral über das elektrische Feld E längs eines geschlossenen Kreises ist gleich der Arbeit, die an der Einheitsladung geleistet wird, also gleich der Induktionsspannung:

Definition der Induktionsspannung

$$U = \oint_C \boldsymbol{E} \cdot \mathrm{d}\boldsymbol{\ell} \, . \qquad 26.5$$

Bisher haben wir elektrische Felder kennengelernt, die durch ruhende elektrische Ladungen erzeugt wurden. Das Linienintegral über ein solches elektrostatisches Feld entlang einer geschlossenen Kurve ist immer gleich null. Solche Felder nennt man auch konservativ (vgl. Kapitel 20). Im vorliegenden Fall ist dieses Linienintegral gleich der Induktionsspannung, die der Änderung des magnetischen Feldes entspricht. Das dadurch erzeugte elektrische Feld ist deshalb *nicht konservativ*:

Faradaysches Gesetz

$$U = \oint_C \boldsymbol{E} \cdot \mathrm{d}\boldsymbol{\ell} = -\frac{\mathrm{d}\phi_\mathrm{m}}{\mathrm{d}t} \, . \qquad 26.6$$

Dieses Resultat heißt Faradaysches Gesetz. Die Herkunft des Minuszeichens im Faradayschen Gesetz werden wir noch genauer diskutieren.

Übung

Zeigen Sie, daß ein Weber pro Sekunde gleich einem Volt ist.

Der magnetische Fluß durch eine Leiterschleife kann auf viele verschiedene Arten geändert werden. Man kann die Stromstärke erhöhen oder erniedrigen, Permanentmagnete auf die Schleife zu- oder von ihr wegbewegen, die Schleife selbst bewegen, ihre Orientierung zum Magnetfeld variieren oder in einem festen Magnetfeld die Schleifenfläche verändern. In jedem Fall wird eine Induktionsspannung durch die Veränderung des magnetischen Flusses hervorgerufen.

26.4 Ändert sich der magnetische Fluß, der eine Leiterschleife durchsetzt, wird in der Leiterschleife eine Spannung induziert. Die Spannung ist über die gesamte Schleife verteilt und entspricht einem nichtkonservativen elektrischen Feld E, das tangential zum Leiter steht. Nimmt der Fluß zu, so ist E so gerichtet wie in dieser Abbildung.

Beispiel 26.3

Ein homogenes Magnetfeld B stehe senkrecht zur Papierebene. Das Feld sei scharf begrenzt auf ein zylinderförmiges Gebiet mit Radius R, dessen Querschnitt in Abbildung 26.5 gezeigt wird; außerhalb des begrenzenden Kreises sei das Magnetfeld gleich null. Die Änderung des Magnetfelds B betrage $\mathrm{d}B/\mathrm{d}t$. Wie stark ist das elektrische Feld, das im Abstand r vom Mittelpunkt des Kreises in der Papierebene induziert wird?

Gemäß Gleichung (26.6) ist das Linienintegral über E längs einer geschlossenen Kurve gleich der negativen Änderung des magnetischen Flusses durch die umschlossene Fläche. Wir betrachten nun die Absolutbeträge und erhalten:

$$\oint_C \boldsymbol{E} \cdot \mathrm{d}\boldsymbol{\ell} = \frac{\mathrm{d}\phi_\mathrm{m}}{\mathrm{d}t}.$$

In Abbildung 26.5 haben wir einen Kreis mit Radius $r < R$ gewählt, um das Linienintegral $\oint \boldsymbol{E} \cdot \mathrm{d}\boldsymbol{\ell}$ zu berechnen. Wegen der Symmetrie der Anordnung verläuft E tangential zu dieser Kurve, und sein Wert ist auf dem Kreis konstant. Es ergibt sich

$$\oint_C \boldsymbol{E} \cdot \mathrm{d}\boldsymbol{\ell} = E\,(2\pi r).$$

Da B senkrecht auf der Kurve steht, erhalten wir für den Fluß

$$\phi_\mathrm{m} = BA = B\pi r^2$$

und für die Flußänderung:

$$\frac{\mathrm{d}\phi_\mathrm{m}}{\mathrm{d}t} = \pi r^2 \frac{\mathrm{d}B}{\mathrm{d}t}.$$

Setzen wir dies in (26.6) ein, so ergibt sich

$$2\pi r E = \pi r^2 \frac{\mathrm{d}B}{\mathrm{d}t}$$

oder

$$E = \frac{r}{2}\frac{\mathrm{d}B}{\mathrm{d}t} \qquad r < R.$$

Wählen wir einen Kreis mit $r > R$, so liefert das Linienintegral wieder den Wert $2\pi rE$. Das Magnetfeld ist dort aber gleich null, daher ergibt sich für den Fluß $\pi R^2 B$. Einsetzen in (26.6) führt dann zu

$$2\pi r E = \pi R^2 \frac{\mathrm{d}B}{\mathrm{d}t}$$

$$E = \frac{R^2}{2r}\frac{\mathrm{d}B}{\mathrm{d}t}.$$

Dieses Beispiel illustriert sehr gut die wesentliche Aussage des Faradayschen Gesetzes: Eine Magnetfeldänderung ruft ein elektrisches Feld hervor.

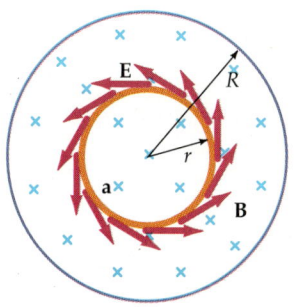

26.5 Zeichnung für Beispiel 26.3. Das Magnetfeld B zeigt in die Papierebene hinein und ist über der gezeigten ringförmigen Fläche mit Radius R konstant. Ändert sich B, so ändert sich auch der magnetische Fluß, und längs einer Kurve, die den Fluß umschließt, wird die Spannung $U = \oint \boldsymbol{E} \cdot \mathrm{d}\boldsymbol{\ell}$ induziert. Das induzierte elektrische Feld E im Abstand r ist tangential zum Kreis mit Radius r. Die eingezeichnete Richtung gilt, falls B zunimmt.

Beispiel 26.4

Eine Spule mit 80 Windungen habe einen Radius von 5,0 cm und einen Widerstand von 30 Ω. Mit welcher Geschwindigkeit muß sich ein senkrecht zur Spule stehendes Magnetfeld ändern, damit in der Spule ein Strom der Stärke 4,0 A induziert wird?

Die Induktionsspannung muß dem Spannungsabfall über dem Widerstand gleich sein:

$$U = IR = 4{,}0\ \mathrm{A} \cdot 30\ \Omega = 120\ \mathrm{V}.$$

26 Magnetische Induktion

Die Spulenebene steht senkrecht zum Magnetfeld, daher ergibt sich für den Fluß:

$$\phi_m = NBA = NB\pi r^2.$$

Gemäß dem Faradayschen Gesetz ist die Änderung dieses Flusses pro Zeiteinheit gleich der Induktionsspannung:

$$U = 120\text{ V} = \frac{d\phi_m}{dt} = N\pi r^2 \frac{dB}{dt}$$

$$\frac{dB}{dt} = \frac{120\text{ V}}{80 \cdot \pi \cdot (0{,}05\text{ m})^2} = 191\text{ T/s}.$$

Beispiel 26.5

Eine kleine Spule mit N Windungen stehe senkrecht zu einem homogenen Magnetfeld B, wie in Abbildung 26.6 gezeigt. Die Spule sei mit einem Integrierglied verbunden, das die Gesamtladung mißt, die während eines bestimmten Zeitraumes fließt. Welche Ladung fließt durch die Spule, wenn sie um 180° im Magnetfeld gedreht wird (Drehachse in der Papierebene)?

Die Spule wird vom magnetischen Fluß

$$\phi_m = NBA$$

durchsetzt, wobei A die Querschnittsfläche und N die Windungszahl der Spule ist. Wird die Spule um 180° gedreht, kehrt sich der Fluß um, so daß er sich insgesamt um $2NBA$ ändert. Während der Drehung wird durch den sich ändernden Fluß eine Spannung induziert, und in der Spule fließt ein Strom. Die Stromstärke beträgt

$$I = \frac{U}{R} = \frac{1}{R}\frac{d\phi_m}{dt},$$

wobei R der Gesamtwiderstand der Spule ist. Durch die Spule fließt insgesamt die Ladung:

$$Q = \int I\,dt = \frac{1}{R}\int d\phi_m$$

$$= \frac{\Delta\phi_m}{R} = \frac{2NBA}{R}.$$

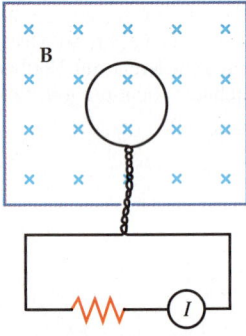

26.6 Experimenteller Aufbau zur Messung des Magnetfelds B mit Hilfe einer Umklappspule. Klappt man die Spule um 180° um, dann fließt durch das Integrierglied I eine Ladungsmenge, die zur Magnetfeldstärke B proportional ist.

Eine Spule wie diejenige aus Beispiel 26.5 (die manchmal auch Umklappspule genannt wird) wird zur Messung der Stärke von Magnetfeldern verwendet. Fließt bei einer 180°-Drehung der Spule die Ladung Q, so hat das Magnetfeld B die Stärke

$$B = \frac{RQ}{2NA}. \qquad 26.7$$

Übung

Eine Spule wie diejenige aus Beispiel 26.5 habe 40 Windungen, einen Radius von 3 cm und einen Widerstand von 16 Ω. Welche Ladung strömt durch die Spule, wenn man sie in einem Magnetfeld der Stärke 5000 G um 180° dreht? (Antwort: 7,07 mC)

26.3 Die Lenzsche Regel

Das Minuszeichen im Faradayschen Gesetz resultiert aus der Richtung der Induktionsspannung. Sie läßt sich aus einem physikalischen Prinzip herleiten, das unter dem Namen **Lenzsche Regel** bekannt ist:

> Die Induktionsspannung und der Strom, den sie hervorruft, sind stets so gerichtet, daß sie ihrer Ursache entgegenwirken.

Lenzsche Regel

Diese Formulierung ist absichtlich sehr allgemein gehalten, um verschiedene Sachverhalte einzuschließen. Wir wollen im folgenden anhand einiger Beispiele versuchen, die Anwendung zu illustrieren.

In Abbildung 26.7 sehen wir einen Stabmagneten, der sich auf einen leitenden Ring zubewegt, welcher den Widerstand R besitzt. Das Magnetfeld des Stabmagneten zeigt nach rechts aus dem Nordpol des Magneten heraus. Die Bewegung des Magneten auf den Ring zu erhöht den Fluß durch den Ring, weil das Magnetfeld in der Nähe des Nordpols stärker ist als in größerer Entfernung von ihm. Der Strom, der im Ring induziert wird, erzeugt selbst wieder ein Magnetfeld. Der induzierte Strom fließt in der gezeigten Richtung, so daß der entstehende magnetische Fluß dem magnetischen Fluß des Stabmagneten entgegenwirkt. Das induzierte Magnetfeld schwächt also den magnetischen Fluß durch den Ring. Würde man den Magneten vom Ring wegbewegen, so würde der Induktionsstrom in die Gegenrichtung fließen, so daß er diesmal der Flußabnahme, die durch das Wegbewegen entsteht, entgegenwirkt. Dabei ist es für das Experiment unerheblich, ob der Magnet oder der Ring bewegt wird. Entscheidend ist die Relativbewegung.

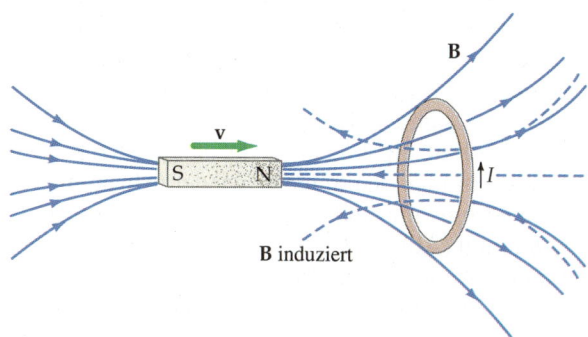

26.7 Bewegt sich der Stabmagnet auf den leitenden Ring zu, so fließt aufgrund der induzierten Spannung ein Strom in der eingezeichneten Richtung. Dieser Strom erzeugt seinerseits wieder ein Magnetfeld (gestrichelt gezeichnet), das der Flußzunahme im Ring entgegenwirkt, die durch die Bewegung des Magneten hervorgerufen wird.

In Abbildung 26.8 sehen wir das magnetische Moment m_m, das induziert wird, wenn der Stabmagnet wie in Abbildung 26.7 auf den Ring zubewegt wird. Der Ring wirkt wie ein kleiner Magnet mit Nordpol nach links und Südpol nach rechts. Da sich ungleichnamige Pole abstoßen, wirkt eine Kraft gegen die Bewegungsrichtung des Stabmagneten. Wir können nach dieser Betrachtung die Lenzsche Regel auch mit Hilfe der wirkenden Kräfte formulieren. Wird ein Stabmagnet auf den Ring zubewegt, so erzeugt der induzierte Strom ein magnetisches Moment, welches so gerichtet ist, daß die resultierende Kraftwirkung ihrer Ursache entgegenwirkt.

Die Lenzsche Regel folgt bereits aus dem Energieerhaltungssatz, was man sich leicht plausibel machen kann. Würde im obigen Beispiel ein Strom in der Gegenrichtung induziert, dann würde das jetzt in die andere Richtung zeigende magnetische Moment eine anziehende Kraft auf den Stabmagneten ausüben. Ein leichtes Anstoßen des Magneten in Richtung des Ringes würde nun ausreichen,

26.8 Das magnetische Moment m_m eines Rings (dargestellt durch den Stabmagneten mit den dickeren Linien), das durch den induzierten Strom entsteht, wirkt der Bewegung des Stabmagneten entgegen. In diesem Fall bewegt sich der Stabmagnet auf den Ring zu, also stößt das induzierte magnetische Moment ihn ab.

26 Magnetische Induktion

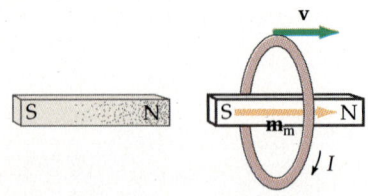

26.9 Bewegt sich der Stabmagnet vom Ring weg, erzeugt der induzierte Strom ein magnetisches Moment, das den Stabmagneten anzieht und wieder der Relativbewegung entgegenwirkt.

um den Magneten zum Ring hin zu beschleunigen. Dies würde den induzierten Strom erhöhen, was eine stärkere Beschleunigung zur Folge hätte und so fort. Der Magnet und der Ring würden sich immer schneller aufeinander zubewegen, und ohne irgendeine zusätzliche Energiequelle würde immer mehr Joulesche Wärme im Ring erzeugt. Damit wäre der Energiesatz verletzt.

Im Experiment aus Abbildung 26.9 ist der Stabmagnet in Ruhe, und der Ring bewegt sich von ihm weg. Der induzierte Strom und das entstehende magnetische Moment sind in der Abbildung eingezeichnet. In diesem Fall wirkt das resultierende magnetische Moment anziehend auf den Stabmagneten und damit ebenfalls gemäß der Lenzschen Regel seiner Ursache entgegen.

In Abbildung 26.10 sind zwei induktiv gekoppelte Schaltungen gezeigt. Die Kopplung wird dadurch erreicht, daß die beiden Spulen der Kreise 1 und 2 auf einen gemeinsamen Zylinder (dessen Material hier keine Rolle spielen soll) gewickelt sind und sich so nah beieinander befinden, daß durch die Änderung

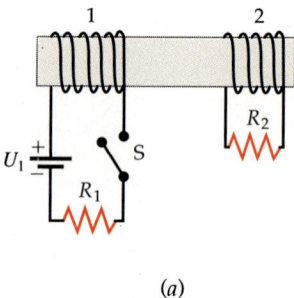 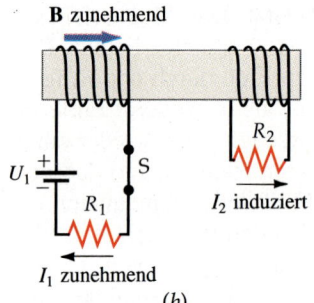 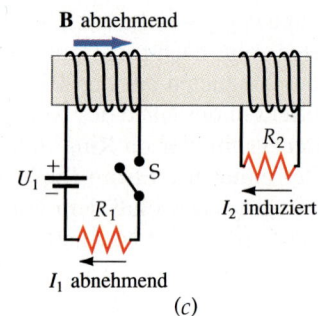

(a)   (b)   (c)

26.10 a) Zwei induktiv gekoppelte Stromkreise. b) Wird der Schalter geschlossen, so nimmt I_1 in der gezeigten Richtung zu. Die Flußänderung induziert in Kreis 2 den Strom I_2. Dieser Strom erzeugt ein Magnetfeld, das dem induzierenden Fluß entgegenwirkt. c) Sobald der Schalter geöffnet wird, nimmt I_1 ab und damit auch B. Der induzierte Strom I_2 versucht, den Fluß im Kreis aufrechtzuerhalten und wirkt damit der Flußänderung entgegen.

ihrer Magnetfelder im jeweils anderen Kreis eine Spannung induziert wird. Nehmen wir an, der Schalter S sei anfangs offen, so daß im Kreis 1 kein Strom fließt (Abbildung 26.10a). Wird der Schalter jetzt geschlossen (Abbildung 26.10b), so benötigt der Strom in Kreis 1 einige Zeit, bis er seinen Gleichgewichtswert U_1/R_1 erreicht. Während sich der Strom noch ändert, ändert sich auch der magnetische Fluß in Spule 2, und es wird hier ein Strom in der eingezeichneten Richtung induziert. Wenn die Stromstärke in Kreis 1 ihren Endwert erreicht hat, ändert sich der Strom und damit der Fluß nicht mehr, so daß auch in Kreis 2 kein Strom mehr induziert wird. Erst wenn man den Schalter wieder öffnet, wird in Kreis 2 wiederum so lange ein Strom (diesmal in der Gegenrichtung) induziert, wie der Strom in Kreis 1 abnimmt (Abbildung 26.10c). Wir wollen als wichtige Tatsache festhalten, daß nur eine Änderung des Flusses eine Induktionsspannung erzeugt. Die Größe der Induktionsspannung hängt nicht von der Größe des Flusses, sondern von der Geschwindigkeit ab, mit der er sich ändert. Ist nur ein großer, aber konstanter Fluß vorhanden, so wird keine Spannung induziert.

Im nächsten Beispiel betrachten wir die Schaltung aus Abbildung 26.11. Sobald in der Schaltung Strom fließt, erzeugt dieser Strom in der Spule einen magnetischen Fluß. Ändert sich der Spulenstrom, so ändert sich auch der magnetische Fluß, und es wird eine Spannung induziert, welche ihrer Ursache, nämlich der Stromänderung, entgegenwirkt. Da dieser Vorgang auf den eigenen Strom der Spule zurückzuführen ist, nennt man ihn **Selbstinduktion**. Dieser Effekt führt dazu, daß der Strom in einem Stromkreis nicht sprunghaft von null auf einen bestimmten Wert ansteigt, sondern sowohl für den Anstieg als auch für die Abnahme eine gewisse Zeit benötigt. Als einer der ersten Experimentatoren entdeckte Henry diesen Effekt, als er mit einer Schaltung wie der in Abbildung 26.11 gezeigten experimentierte. In einem solchen Aufbau treten schon bei relativ kleinen Strömen sehr große magnetische Flüsse auf. Als Henry den Stromkreis mit einem Schalter unterbrach, bemerkte er kleine Funken, die am Schalter überschlugen. Solche Funken entstehen durch die enorm schnelle Än-

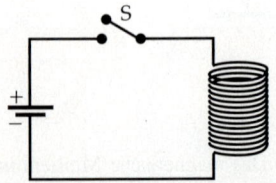

26.11 Eine Spule mit vielen Windungen erzeugt bei vorgegebenem Spulenstrom einen großen magnetischen Fluß. Ändert sich der Fluß, resultiert daraus eine große Induktionsspannung, die versucht, der Flußänderung entgegenzuwirken.

derung des Flusses, wenn man den Strom durch einen Schalter unterbricht. Die entstehende Induktionsspannung versucht, den Stromfluß aufrechtzuerhalten, und es bildet sich über dem Schalter eine große Potentialdifferenz. Das elektrische Feld zwischen den Kontakten des Schalters ist so groß genug, daß die Luftmoleküle ionisiert werden und ein elektrischer Überschlag stattfindet, den man als Funken sehen kann.

Frage

1. In Abbildung 26.12 a sehen wir eine rechteckige Leiterschleife, die sich in einem homogenen Magnetfeld befindet, das in die Papierebene hineinzeigt. Zeichnen Sie die Richtung des Stromes ein, der induziert wird, wenn man die Schleife in die Position von Abbildung 26.12 b dreht!

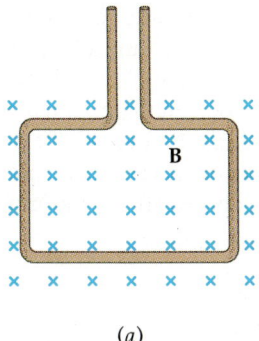
(a)

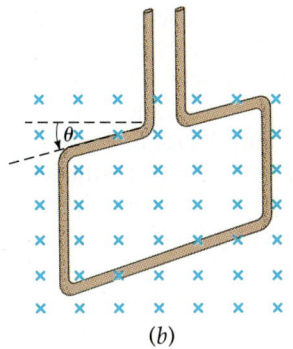
(b)

26.12 a) Eine rechteckige Leiterschleife. Die Schleifenebene steht senkrecht zum Magnetfeld B, das in die Papierebene hineinzeigt. b) Wird die Schleife gedreht, ändert sich der Fluß, der sie durchsetzt, daher wird eine Spannung induziert.

26.4 Induktionsspannung durch Bewegung

Abbildung 26.13 zeigt einen Metallstab, der auf Metallschienen gleitet. Die Schienen sind an einem Ende über einen Widerstand miteinander verbunden. Ein homogenes Magnetfeld B zeigt in die Papierebene hinein. Bewegt sich der Stab nach rechts, so nimmt die Fläche des Stromkreises und damit der magnetische Fluß zu. Dadurch entsteht eine Induktionsspannung. Wenn ℓ der Schienenabstand ist und x der Abstand des Stabes vom linken Schienenende zu einem bestimmten Zeitpunkt, dann ist die umschlossene Fläche gleich ℓx. Daraus ergibt sich der magnetische Fluß zu diesem Zeitpunkt zu

$$\phi_m = BA = B\ell x.$$

Bewegt sich der Stab um ein kleines Stück dx, so ändert sich die umschlossene Fläche um den Wert $dA = \ell\,dx$ und der Fluß um den Wert $d\phi_m = B\ell\,dx$. Der Fluß ändert sich also mit der Geschwindigkeit

$$\frac{d\phi_m}{dt} = B\ell\frac{dx}{dt} = B\ell v,$$

wobei $v = dx/dt$ die Geschwindigkeit ist, mit der sich der Stab bewegt. Diese Flußänderung induziert die Spannung

$$|U| = \frac{d\phi_m}{dt} = B\ell v.$$

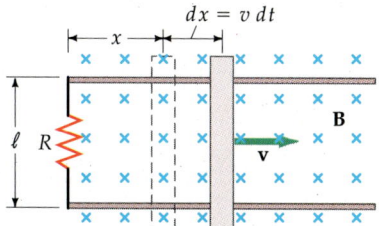

26.13 Ein Metallstab, der auf Metallschienen in einem Magnetfeld gleitet. Die Schienen sind auf einer Seite miteinander verbunden, dadurch entsteht eine geschlossene Leiterschleife. Bewegt sich der Stab nach rechts, nimmt die vom Magnetfeld durchsetzte Fläche und damit der magnetische Fluß zu. Dadurch wird in der Schleife eine Spannung der Größe $B\ell v$ induziert. Der durch die Spannung hervorgerufene Strom fließt gegen den Uhrzeigersinn. Der magnetische Fluß, den dieser Strom erzeugt, wirkt seiner Ursache entgegen, und das zugehörige Magnetfeld zeigt aus der Papierebene heraus.

26 Magnetische Induktion

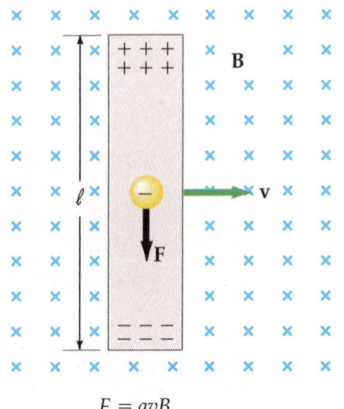

$F = qvB$

26.14 Ein Elektron in einem leitenden Stab, der sich in einem Magnetfeld bewegt, erfährt eine magnetische Kraft, die eine nach unten gerichtete Komponente hat. Durch diese Kraft werden Elektronen nach unten gedrückt, und es verbleibt unkompensierte positive Ladung am oberen Ende. Diese Ladungstrennung erzeugt ein elektrisches Feld der Stärke $E = vB$, so daß schließlich das obere Ende um $E\ell = vB\ell$ positiver ist als das untere.

Die induzierte Spannung ist natürlich auch hier so gerichtet, daß der Strom, den sie erzeugt, ihrer Ursache entgegenwirkt. Der induzierte Strom erzeugt daher ein Magnetfeld, das aus der Papierebene herauszeigt und so die Flußzunahme durch die Stabbewegung verlangsamt. Das Magnetfeld übt außerdem auf den Stab die Kraft $I\ell B$ aus. Die Anwendung der Rechte-Hand-Regel zeigt, daß diese Kraft nach links gerichtet ist und damit die Bewegung des Stabs hemmt. Wenn sich der Stab mit einer bestimmten Anfangsgeschwindigkeit v bewegt, so wird er nach und nach immer langsamer, bis er zur Ruhe kommt. Um eine gleichförmige Bewegung des Stabes aufrechtzuerhalten, müßte permanent eine äußere Kraft wirken. Dies nennt man auch **Induktionsspannung**, die **durch Bewegung** erzeugt wird. In dem Stab wird auch dann eine Spannung induziert, wenn der Stromkreis nicht geschlossen ist und daher kein Strom fließen kann.

Abbildung 26.14 zeigt ein herausgegriffenes Leitungselektron, das sich in einem Metallstab befindet. Dieser Stab werde in einem homogenen Magnetfeld bewegt, das in die Papierebene hineinzeigt. Weil das Elektron sich in horizontaler Richtung mit dem Stab nach rechts bewegt, erfährt es eine magnetische Kraftwirkung, die eine nach unten gerichtete Komponente mit dem Betrag qvB hat. Durch diese Kraftwirkung werden auch alle anderen Leitungselektronen im Stab nach unten gedrückt. Der entstehende Elektronenmangel am oberen Stabende ergibt eine positive Ladung und der Elektronenüberschuß am unteren Ende eine negative Ladung. Das dadurch entstehende elektrische Feld E übt die Kraft qE auf die Elektronen aus. Es fließen so lange Elektronen von oben nach unten, bis die Kraft des elektrischen Feldes die magnetische Kraft qBv kompensiert. Im Gleichgewicht gilt daher

$$E = vB \ .$$

Die Potentialdifferenz zwischen den Enden des Stabes,

$$\Delta\varphi = E\ell = vB\ell \ ,$$

ist gleich der durch die Bewegung induzierten Spannung:

Induktionsspannung durch Bewegung

$$\boxed{|U| = vB\ell \ .} \qquad 26.8$$

Die Induktionsspannung, die durch Bewegung erzeugt wird, ist ein Beispiel für die Anwendung des Faradayschen Gesetzes, das die Induktionsspannung mit Hilfe der auf die Elektronen wirkenden Einzelkräfte erklärt.

In Abbildung 26.15 sehen wir ein Elektron in einem Metallstab, der sich in einem Magnetfeld, das in die Papierebene hineinzeigt, nach rechts bewegt. Der Geschwindigkeitsvektor des Elektrons, $\mathbf{v}_e$, und der Stab bilden den Winkel θ. Die Geschwindigkeit hat eine nach unten gerichtete Komponente $v_d = v_e \cos\theta$,

26.15 Kräfte auf ein Elektron in dem leitenden Stab aus Abbildung 26.14. Die Elektronengeschwindigkeit $\mathbf{v}_e$ hat als Horizontalkomponente die Stabgeschwindigkeit v und als Vertikalkomponente die Driftgeschwindigkeit v_d. Die magnetische Kraft $\mathbf{F}_m$ steht senkrecht auf $\mathbf{v}_e$ und verrichtet keine Arbeit. Der Stab übt auf das Elektron eine horizontal gerichtete Kraft $\mathbf{F}_l$ aus, die den Betrag $F_m \cos\theta$ hat. Die resultierende Gesamtkraft hat eine Komponente in Bewegungsrichtung des Elektrons und verrichtet an ihm Arbeit. Die Arbeit pro Einheitsladung beträgt $B\ell v$.

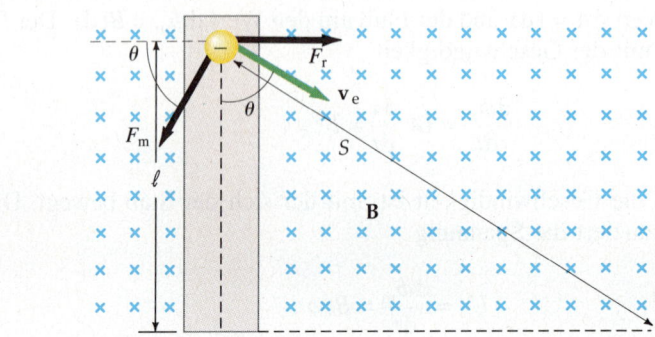

die Driftgeschwindigkeit des Elektrons im betrachteten Metall, und eine horizontale Komponente $v = v_e \sin\theta$, die gleich der Geschwindigkeit des Stabs ist. Die magnetische Kraft $\boldsymbol{F}_m = -e\boldsymbol{v}_e \times \boldsymbol{B}$ liegt in der Zeichenebene und steht auf $\boldsymbol{v}_e$ senkrecht. Sie hat den Betrag

$$F_m = ev_e B . \qquad 26.9$$

Würde auf das Elektron nur die Kraft $\boldsymbol{F}_m$ wirken, so würde es nach unten aus dem Stab herausgedrückt, während er sich nach rechts bewegt. Der Stab übt aber auf das Elektron eine horizontale Kraft F_r aus, die die Horizontalkomponente von $|\boldsymbol{F}_m| = F_m \cos\theta$ kompensiert:

$$F_r = F_m \cos\theta . \qquad 26.10$$

Die magnetische Kraft wirkt senkrecht zur Elektronenbewegung, daher leistet sie keine Arbeit am Elektron. Die einzige Arbeit, die am Elektron verrichtet wird, geht auf die Kraft F_r zurück. Bewegt sich das Elektron den Stab hinab, während der Stab nach rechts verschoben wird, so beschreibt das Elektron eine diagonale Bahn der Länge $S = \ell/\cos\theta$. Die Komponente der Kraft F_r in Bewegungsrichtung des Elektrons beträgt $F_r \sin\theta$. Bewegt sich das Elektron über die gesamte Stablänge, so wird an ihm folglich die Arbeit

$$W = F_r \sin\theta\, S = (F_m \cos\theta) \sin\theta\, S = F_m \sin\theta\, \ell$$

verrichtet, wobei $\ell = S\cos\theta$ die Stablänge ist. Setzen wir für F_m den Ausdruck $ev_e B$ ein, so erhalten wir

$$W = ev_e B \sin\theta\, \ell .$$

Aber $v_e \sin\theta$ ist gerade die Geschwindigkeit v des Stabes. Aus diesem Grund wird am Elektron die Arbeit

$$W = eBv\ell \qquad 26.11$$

verrichtet. Daraus ergibt sich für die Arbeit pro Einheitsladung $W/e = B\ell v$, was mit dem Resultat übereinstimmt, das mit Hilfe des Faradayschen Gesetzes gewonnnen wurde.

Die gleiche Kraft F_r, die der Stab auf das Elektron ausübt, setzt jedes Elektron dem Stab entgegen. Bei der Anordnung aus Abbildung 26.15 wirkt diese Kraft nach links. Hat der Stab die Querschnittsfläche A und beträgt die Anzahl freier Elektronen pro Volumen n, dann enthält der Stab $nA\ell$ Elektronen, und es wirkt auf den Stab die Gesamtkraft:

$$F = nA\ell F_r = nA\ell F_m \cos\theta = nA\ell e v_e B \cos\theta . \qquad 26.12$$

Aber $v_e \cos\theta = v_d$ ist gerade die Driftgeschwindigkeit der Elektronen, und $nAev_d = I$, wobei I der Gesamtstrom im Stab ist. Setzen wir I für $nAev_e \cos\theta$ ein, so erhalten wir schließlich

$$F = I\ell B . \qquad 26.13$$

Dies entspricht Gleichung (24.4), dem Ausdruck für die Kraft auf einen stromdurchflossenen Leiterabschnitt. Damit der Stab sich mit konstanter Geschwindigkeit v weiterbewegt, muß eine externe Kraft mit dem Betrag $F = I\ell B$ nach rechts wirken. Die Leistung, die diese Kraft erbringt, ist gleich dem Produkt aus Kraft und Geschwindigkeit:

$$P = Fv = I\ell Bv .$$

Setzen wir diese Leistung mit der Wärmeleistung im Widerstand I^2R gleich, so erhalten wir

$$IB\ell v = I^2R$$

oder

$$B\ell v = IR.$$

Wir sehen, daß die Induktionsspannung $U = B\ell v$ genauso groß ist wie der Spannungsabfall über dem Widerstand $\Delta U = IR$.

Übung

Ein 40 cm langer Stab bewege sich mit einer Geschwindigkeit von 12 m/s in einer Ebene senkrecht zu einem Magnetfeld der Stärke 3000 G. Die Bewegungsrichtung verlaufe senkrecht zur Stabachse. Bestimmen Sie die Induktionsspannung im Stab. (Antwort: 1,44 V)

Beispiel 26.6

In Abbildung 26.13 seien $B = 0{,}6$ T, $v = 8$ m/s, $\ell = 15$ cm und $R = 25$ Ω. Der Widerstand des Stabes und der Schienen sei vernachlässigbar. Bestimmen Sie a) die induzierte Spannung, b) den induzierten Strom, c) die Kraft, die nötig ist, um den Stab mit konstanter Geschwindigkeit zu bewegen, und d) die Leistung, die im Widerstand in Wärme umgewandelt wird.

a) Die Induktionsspannung erhalten wir aus (26.8):

$$U = Bv\ell = 0{,}6 \text{ T} \cdot (8 \text{ m/s}) \cdot 0{,}15 \text{ m} = 0{,}72 \text{ V}.$$

b) Der Gesamtwiderstand im Kreis beträgt 25 Ω, daher ergibt sich für die Stromstärke:

$$I = \frac{U}{R} = \frac{0{,}72 \text{ V}}{25 \text{ Ω}} = 28{,}8 \text{ mA}.$$

c) Die Kraft, die nötig ist, um den Stab mit konstanter Geschwindigkeit zu bewegen, ist genauso groß wie die Kraft, die das Magnetfeld auf den Stab ausübt, aber sie zeigt in die entgegengesetzte Richtung. Der Kraftvektor hat den Betrag:

$$F = IB\ell = 0{,}0288 \text{ A} \cdot 0{,}6 \text{ T} \cdot 0{,}15 \text{ m} = 2{,}59 \text{ mN}.$$

d) Die in Wärme umgewandelte Leistung am Widerstand beträgt

$$P = I^2R = (0{,}0288 \text{ A})^2 \cdot 25 \text{ Ω} = 20{,}7 \text{ mW}.$$

Wir können das Resultat aus d) überprüfen, indem wir die Leistung berechnen, die die Kraft aus Teil c) erbringt:

$$P = Fv = 2{,}59 \cdot 10^{-3} \text{ N} \cdot 8 \text{ m/s} = 2{,}07 \cdot 10^{-2} \text{ W} = 20{,}7 \text{ mW}.$$

Beispiel 26.7

Der Stab aus Abbildung 26.13 habe die Masse m. Zum Zeitpunkt $t = 0$ bewege sich der Stab mit der Anfangsgeschwindigkeit v_0, und die externe Kraft, die ihn auf konstanter Geschwindigkeit hält, wird abgeschaltet. Bestimmen Sie die Geschwindigkeit des Stabes als Funktion der Zeit!

Die induzierte Stromstärke ist nach dem Ohmschen Gesetz gleich U/R, wobei für U die Induktionsspannung $U = B\ell v$ einzusetzen ist. Daraus können wir dann die magnetische Kraft berechnen:

$$F = IB\ell = \frac{U}{R}B\ell$$

$$= \frac{B\ell v}{R}B\ell = \frac{B^2\ell^2 v}{R}.$$

Diese Kraft ist der Bewegungsrichtung entgegengesetzt. Wählen wir die anfängliche Bewegungsrichtung als positiv, dann ist die magnetische Kraft negativ, und mit dem zweiten Newtonschen Gesetz erhalten wir für den Stab

$$F = ma = m\frac{dv}{dt}$$

$$-\frac{B^2\ell^2 v}{R} = m\frac{dv}{dt}.$$

Trennung der Variablen und Integration liefert

$$\frac{dv}{v} = -\frac{B^2\ell^2}{mR}dt$$

$$\ln v = -\frac{B^2\ell^2}{mR}t + C,$$

wobei C eine beliebige Integrationskonstante ist. Das Endresultat lautet also

$$v = e^C e^{-(B^2\ell^2/mR)t} = v_0 e^{-(B^2\ell^2/mR)t},$$

wobei $v_0 = e^C$ die Anfangsgeschwindigkeit zur Zeit $t = 0$ ist.

26.5 Wirbelströme

In den bisher besprochenen Beispielen wurden die Induktionsströme in klar abgegrenzten Stromkreisen erzeugt. Eine Flußänderung erzeugt jedoch häufig Kreisströme im Innern von Metallstücken wie zum Beispiel dem Kern von Transformatoren (wir werden Transformatoren in Abschnitt 28.6 behandeln). Solche Kreisströme heißen Wirbelströme. Die Wärme, die von diesen Wirbelströmen erzeugt wird, stellt einen Energieverlust im Transformator dar.

Wir wollen einen leitenden Stab betrachten, der sich zwischen den Polschuhen eines Elektromagneten befindet, wie in Abbildung 26.16 wiedergegeben. Ändert sich das Magnetfeld B zwischen den Polen mit der Zeit (dies ist zum Beispiel dann der Fall, wenn die Magnetwicklungen von Wechselstrom durchflossen werden), dann ändert sich der Fluß durch jede geschlossene Schleife im Stab. So

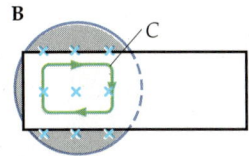

26.16 Wirbelströme. Ändert sich das Magnetfeld, das einen Metallstab durchsetzt, so wird längs jeder geschlossenen Kurve, beispielsweise der eingezeichneten Kurve C, eine Spannung induziert. Der durch die Induktionsspannung hervorgerufene Strom erzeugt einen magnetischen Fluß, der seiner Ursache entgegenwirkt.

26 Magnetische Induktion

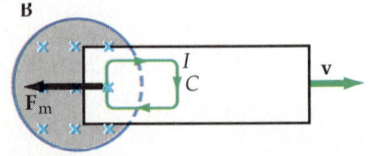

26.17 Demonstration von Wirbelströmen. Wird das Metallblech nach rechts gezogen, entsteht eine magnetische Kraft auf den induzierten Strom, die der Bewegung entgegenwirkt.

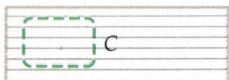

26.18 Man kann die Wirbelströme in einem Metallstab drastisch reduzieren, indem man ihn aus kleinen Metallstreifen herstellt, die durch eine dünne, nichtleitende Schicht voneinander isoliert sind. Der Widerstand der geschlossenen Schleife C wird so wesentlich größer.

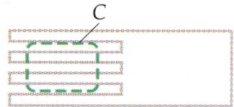

26.19 Schlitzt man das Metallblech aus Abbildung 26.16, so werden die Wirbelströme drastisch reduziert, weil der Strom nur über Umwege von einer Lamelle zur anderen fließen kann.

ist beispielsweise der Fluß durch die geschlossene Schleife C in der Abbildung das Produkt aus dem Magnetfeld B und der von der Schleife umschlossenen Fläche. Ändert sich B, so ändert sich der Fluß durch die Schleife, und in der Schleife wird eine Spannung induziert. Da sich die Schleife C in einem Leiter befindet, wird ein Strom fließen, dessen Stärke als Quotient aus Induktionsspannung und Widerstand des Leiters gegeben ist. Dasselbe gilt für alle anderen möglichen geschlossenen Schleifen im Metallstab.

Man kann das Vorhandensein von Wirbelströmen leicht zeigen, indem man ein Kupfer- oder Aluminiumblech von den Polen eines starken Magneten wegzieht, so wie in Abbildung 26.17 illustriert. Ein Teil der Fläche, die die Schleife C umschließt, befindet sich im Magnetfeld und der andere Teil außerhalb. Wird das Blech nach rechts weggezogen, so nimmt der Fluß durch die Schleife C ab (unter der Annahme, daß der Fluß in die Papierebene hinein positiv ist). Gemäß dem Faradayschen Gesetz und der Lenzschen Regel wird in der Schleife ein Strom im Uhrzeigersinn induziert. Zwischen den Polen fließt dieser Strom nach oben, so daß das Magnetfeld auf den Strom eine Kraft nach links ausübt und der Bewegung des Blechs damit entgegenwirkt. Man spürt diese Kraft ganz deutlich, wenn man versucht, das Blech schnell aus dem Magneten herauszuziehen.

In den meisten Fällen sind Wirbelströme unerwünscht, da durch sie Energie in Form von Joulescher Wärme verlorengeht, die dann auch noch abgeführt werden muß. Man kann dem entgegenwirken, indem man den elektrischen Widerstand des Materials erhöht. Eine häufig angewandte Methode, dies zu erreichen, zeigt die Abbildung 26.18. Hier wurde der Stab aus Abbildung 26.16 aus einem Stapel voneinander isolierter Bleche aufgebaut, was die Wirbelströme auf die einzelnen Bleche beschränkt. Hierdurch werden Stromschleifen unterbrochen, und der Leistungsverlust wird drastisch reduziert. Einen ähnlichen Effekt erzielt man, wenn man das Blech, wie in Abbildung 26.19 gezeigt, mit Schlitzen versieht, was ebenfalls die Wirbelströme unterbindet und somit die Bremskraft reduziert. In Abbildung 26.20 ist ein beliebtes Demonstrationsbeispiel einer magnetischen Bremse gezeigt. Sie besteht aus einem Metallblech, das wie ein Pendel gelagert ist und zwischen den Polen eines Elektromagneten hin- und herschwingen kann. Wird der Magnet eingeschaltet, so wird die Bewegung des Pendels zwischen den Polen rasch verlangsamt. Ist das Magnetfeld hinreichend stark, kann man sogar erreichen, daß das Blech sofort stoppt. Sägt man hingegen Schlitze in das Blech wie in Abbildung 26.20c, so wird die Dämpfung stark vermindert.

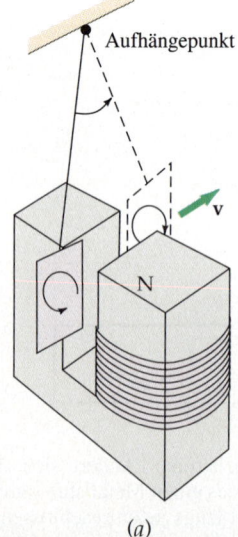
(a)

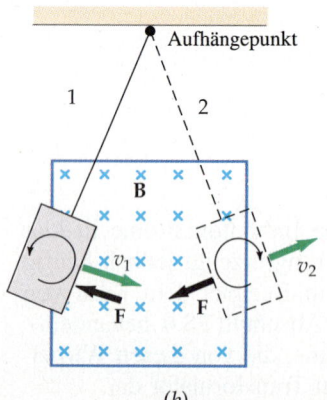
(b)

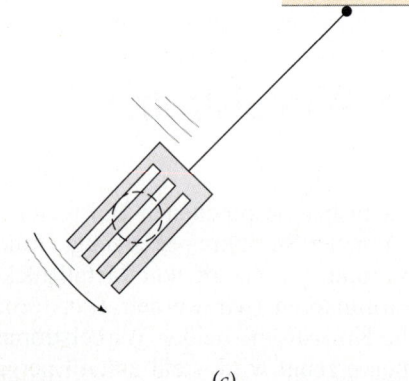
(c)

26.20 Schauversuch zur Demonstration einer Wirbelstrombremse. a) Ein Pendel, das an seinem Ende ein Metallblech trägt, wird weit ausgelenkt, losgelassen und schwingt dann zwischen den Polschuhen eines Elektromagneten hin und her. b) Zwischen den Polschuhen wird das Pendel durch die magnetischen Kräfte auf die induzierten Wirbelströme abgebremst. Ist das Magnetfeld hinreichend stark, stoppt das Pendel sofort. c) Schlitzt man das Blech, so werden die Wirbelströme drastisch reduziert, und das Pendel schwingt ohne nennenswerte Bremswirkung zwischen den Polschuhen hin und her.

In manchen Fällen erweisen sich Wirbelströme auch als nützlich. Beispielsweise kann man sie verwenden, um unerwünschte Oszillationen zu dämpfen, wie sie bei sehr empfindlichen Waagen auftreten. Eine Ablesung wird hier erschwert, weil die Anzeige lange um den Gleichgewichtspunkt herumschwankt. Aus diesem Grund verbindet man den Zeiger mit einem Metallstück, welches zwischen den Polen eines Magneten schwingt. Die entstehenden Wirbelströme dämpfen diese Schwingungen so stark, daß man die Waage schnell exakt ablesen kann. Eine andere wichtige Anwendung ist die Wirbelstrombremse in schnellen Zügen. Hierzu ist im Waggon ein großer Elektromagnet über den Schienen angebracht. Fließt jetzt ein Strom durch die Windungen des Magneten, werden durch die Bewegung des Magneten Wirbelströme in den Schienen induziert, die eine sehr starke Bremswirkung auf den Waggon haben.

Frage

2. Wird ein Stabmagnet in eine senkrecht stehende Metallröhre geworfen, erreicht er sehr schnell eine Grenzgeschwindigkeit. Dies ist nicht der Fall, wenn man statt dessen eine Papröhre verwendet. Weshalb?

26.6 Generatoren und Motoren

Der größte Teil der genutzten elektrischen Energie wird heute von elektrischen **Generatoren** erzeugt und als Wechselstrom zur Verfügung gestellt. Ein einfacher Wechselstromgenerator ist eine Spule, die wie in Abbildung 26.21 in einem homogenen Magnetfeld rotiert. Die Spulenenden sind mit Schleifringen verbunden, die sich mit der Spule drehen. Die elektrische Verbindung erfolgt durch Kohlestäbe, sogenannte Bürsten, die in ihren Halterungen fest montiert sind. Wenn die Linie, die senkrecht auf der Spulenfläche steht (also die Flächennormale), mit dem Magnetfeld **B** den Winkel θ bildet, beträgt der magnetische Fluß durch die Spule

$$\phi_m = NBA \cos \theta , \qquad 26.14$$

wobei N die Windungszahl und A die Spulenfläche ist. Wird die Spule im Magnetfeld gedreht, so ändert sich der magnetische Fluß, der sie durchsetzt, und in der Spule wird gemäß dem Faradayschen Gesetz eine Spannung induziert. Nennen wir den Startwinkel δ, so beträgt der Winkel zum Zeitpunkt t

$$\theta = \omega t + \delta ,$$

26.21 a) Ein Wechselstromgenerator. Rotiert eine Spule mit konstanter Kreisfrequenz ω in einem Magnetfeld **B**, wird eine sinusförmige Spannung induziert. In Kraftwerken verwendet man die Energie von herabfließendem Wasser oder von Dampf, um die Spule zu drehen und so elektrische Energie zu erzeugen. Die Induktionsspannung wird über Schleifringe an Bürsten abgegeben und kann dann einen externen Stromkreis versorgen. b) Die Normale der Spulenebene schließt mit dem Magnetfeld den Winkel θ ein, daher beträgt der magnetische Fluß $BA \cos \theta$.

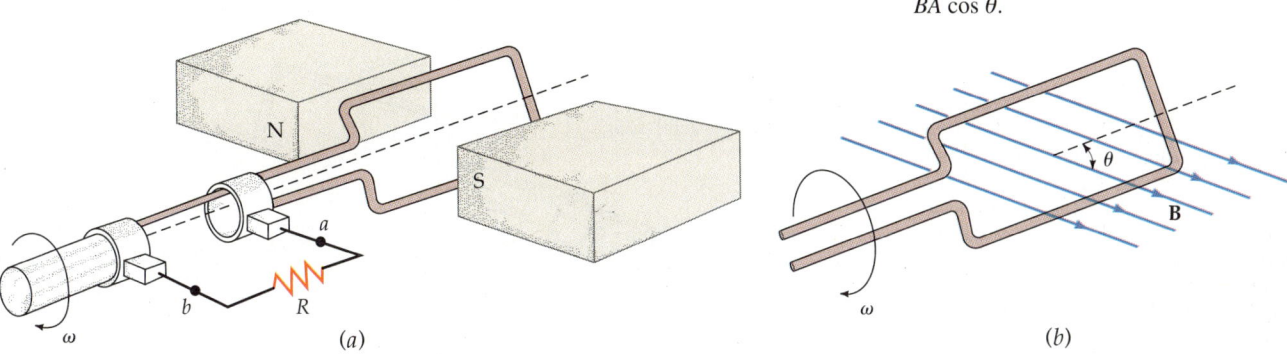

wobei ω die Winkelgeschwindigkeit der Rotation ist. Einsetzen in Gleichung (26.14) liefert:

$$\phi_m = NBA \cos(\omega t + \delta) = NBA \cos(2\pi \nu t + \delta),$$

und daraus ergibt sich die Induktionsspannung

$$U = -\frac{d\phi_m}{dt} = -NBA \frac{d}{dt} \cos(\omega t + \delta) = +NBA\omega \sin(\omega t + \delta), \qquad 26.15$$

was wir als

$$U = U_{max} \sin(\omega t + \delta) \qquad 26.16$$

schreiben können, wobei

$$U_{max} = NBA\omega \qquad 26.17$$

der Maximalwert der Induktionsspannung ist. Dies bedeutet, daß eine sinusförmige Wechselspannung entsteht, wenn wir eine Spule mit konstanter Frequenz in einem Magnetfeld rotieren lassen. In einem solchen Generator wird mechanische Energie in elektrische umgewandelt. Häufig wird die mechanische Energie von einer Dampfturbine oder einem Wasserfall geliefert. In der Praxis sieht ein solcher Generator natürlich komplizierter aus, das Grundprinzip ist jedoch immer das gleiche, und es wird fast immer sinusförmige Wechselspannung erzeugt.

Anstatt als Generator können wir die Spule im Magnetfeld auch als **Motor** benutzen. Hierzu müssen wir nur, wie in Abbildung 26.22 veranschaulicht, Wechselspannung an die Spule anlegen, statt sie mechanisch zu drehen (in Schaltbildern wird eine Wechselspannungsquelle mit $\ominus$ gekennzeichnet). In Kapitel 24 haben wir bereits gelernt, daß auf eine stromdurchflossene Schleife im Magnetfeld ein Drehmoment wirkt, das versucht, das magnetische Moment der Schleife parallel zum Magnetfeld B, die Schleife selber also senkrecht zum Magnetfeld zu stellen. Legen wir jetzt Gleichstrom an die Spule an, so wirkt ein entgegengesetztes Drehmoment, sobald sich die Spule über die Gleichgewichtsposition hinweggedreht hat. Dies würde dazu führen, daß die Spule nach einigen Schwingungen in dieser Gleichgewichtsposition zur Ruhe kommt. Wird jedoch in dem Moment, in dem die Spule die Gleichgewichtsposition erreicht, die Spannung umgepolt, so wirkt kein entgegengesetztes Drehmoment, und die Spule rotiert weiter. Während die Spule rotiert, wird in ihr eine Spannung induziert, die der Antriebsspannung entgegenwirkt. Beim Starten des Motors ist dies noch nicht der Fall. Deshalb ist in diesem Moment die Stromstärke extrem hoch. Sie ist letztlich nur durch den Gleichstromwiderstand des gesamten Kreises begrenzt. Sobald sich die Spule dreht, steigt die in ihr induzierte Spannung, und die Stromstärke nimmt ab.

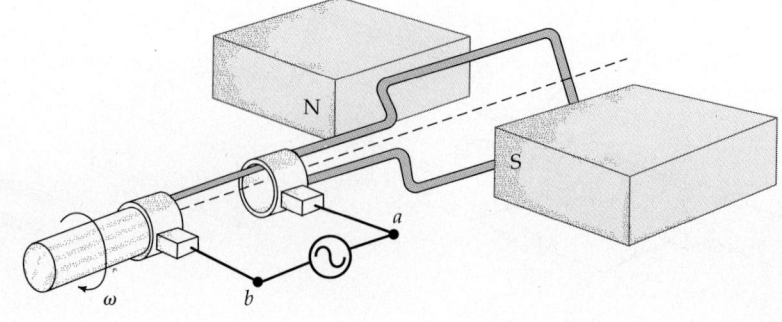

26.22 Legt man an die Generatorspule aus Abbildung 26.21 eine Wechselspannung an, so wird der Generator zum Motor. Wenn die Spule rotiert, wird eine Gegenspannung induziert, die den Spulenstrom begrenzt. (Mehr über Generatoren und Motoren finden Sie im Kapitel 28.)

Beispiel 26.8

Eine Spule mit 250 Windungen und einer Fläche von 3 cm² rotiere mit 60 Hz in einem Magnetfeld von 0,4 T. Wie groß ist U_{max}?

Aus Gleichung (26.17) ergibt sich

$$U_{max} = NBA\omega = NBA(2\pi\nu) = 250 \cdot 0,4 \text{ T} \cdot 3 \cdot 10^{-4} \text{ m}^2 \cdot 2\pi \cdot 60 \text{ Hz}$$
$$= 11,3 \text{ V}.$$

Beispiel 26.9

Die Wicklungen eines Gleichstrommotors haben einen Widerstand von 1,5 Ω. Läuft der Motor bei einer Spannung von 40 V mit voller Drehzahl, so fließt ein Strom von 2,0 A durch die Wicklungen. a) Wie groß ist die Induktionsspannung in der Spule, wenn der Motor mit voller Drehzahl läuft? b) Wie groß ist die Anfangsstromstärke I, wenn die Induktionsspannung U (noch) vernachlässigt werden kann?

a) Der Spannungsabfall über der Spule beträgt

$$U = IR = 2,0 \text{ A} \cdot 1,5 \text{ Ω} = 3 \text{ V}.$$

Über dem Motor fällt insgesamt die Spannung 40 V ab, daher muß die Induktionsspannung den Wert 40 V − 3 V = 37 V haben.

b) Beim Starten ist noch keine Induktionsspannung vorhanden. Die Spannung am Motor beträgt aber trotzdem 40 V, daher fließt ein Strom der Stärke

$$I = \frac{40 \text{ V}}{1,5 \text{ Ω}} = 26,7 \text{ A}.$$

Fragen

3. Hängt es von der Spulengröße oder der Spulenform ab, ob die Generatorspannung sinusförmig ist oder nicht?
4. Wie könnte man mit einem normalen Wechselstromgenerator eine nichtsinusförmige Wechselspannung erzeugen?
5. Woher kommt die Energie, die ein Generator als elektrische Energie abgibt?
6. Warum kommt es gelegentlich vor, daß ein Motor durchbrennt, wenn man ihn plötzlich sehr stark belastet?

26.7 Induktivität

Selbstinduktivität

Der magnetische Fluß durch einen Stromkreis entsteht durch den Strom, der in der Schaltung selbst fließt oder auch durch den Strom in anderen Schaltungen, die sich in der Nähe befinden (Permanentmagnete in der Nähe wollen wir ausschließen). Betrachten wir eine Spule, die vom Strom I durchflossen wird. Durch den Strom wird ein Magnetfeld erzeugt, das sich im Prinzip mit Hilfe des Biot-

Savartschen Gesetzes berechnen läßt. Da das magnetische Feld in der Umgebung der Spule proportional zu I ist, ist auch der magnetische Fluß durch die Spule proportional zu I:

Definition der Selbstinduktivität

$$\phi_m = L I .\qquad 26.18$$

Der Proportionalitätsfaktor L heißt **Selbstinduktivität** der Spule und ist von der Spulengeometrie abhängig. Die SI-Einheit der Induktivität ist das **Henry** (H). Aus Gleichung (26.18) läßt sich entnehmen, daß die Einheit für die Induktivität mit der Einheit für den Fluß verknüpft ist:

$$1\,H = 1\,\frac{Wb}{A} = 1\,\frac{T \cdot m^2}{A} .$$

Im Prinzip ließe sich die Selbstinduktivität jeder Schaltung ausrechnen, indem man bei einer bestimmten Stromstärke I den Fluß ϕ_m berechnet und dann die Beziehung $L = \phi_m/I$ verwendet. In den meisten Fällen ist diese Berechnung jedoch sehr schwierig. Eine Ausnahme bildet der Fall einer eng gewickelten Zylinderspule, für die sich die Selbstinduktivität direkt ausrechnen läßt. Das Magnetfeld im Innern einer solchen Spule ist gegeben durch Gleichung (25.10):

$$B = \mu_0 n I ,$$

wobei $n = N/\ell$ die Windungszahldichte ist. Hat die Spule die Querschnittsfläche A, so erhält man für den Fluß

$$\phi_m = NBA = n\ell BA = \mu_0 n^2 A \ell I .$$

Wie erwartet, ist der Fluß proportional zu I. Die Proportionalitätskonstante ist die Selbstinduktivität L, für die somit gilt:

Selbstinduktivität einer Zylinderspule

$$L = \frac{\phi_m}{I} = \mu_0 n^2 A \ell .\qquad 26.19$$

Die Selbstinduktivität ist proportional zum Quadrat der Windungszahldichte n und dem Volumen $A\ell$. Wie die Kapazität hängt die Induktivität nur von geometrischen Faktoren ab. Betrachten wir die Einheiten in Gleichung (26.19), so sehen wir, daß sich μ_0 in Henry pro Meter ausdrücken läßt:

$$\mu_0 = 4\pi \cdot 10^{-7}\,H/m .$$

Beispiel 26.10

Wie groß ist die Selbstinduktivität einer Spule mit 100 Windungen, der Länge 10 cm und einer Querschnittsfläche von 5 cm^2?

Wir verwenden SI-Einheiten und setzen die Größen in Gleichung (26.19) ein. Es ergibt sich mit $\ell = 0{,}1$ m, $A = 5 \cdot 10^{-4}$ m^2, $n = N/\ell = (100$ Windungen$)/(0{,}1$ m$) = 1000$ Windungen/m und $\mu_0 = 4\pi \cdot 10^{-7}$ H/m:

$$L = \mu_0 n^2 A \ell = (4\pi \cdot 10^{-7}\,H/m)(10^3\ \text{Windungen/m})^2 \cdot 5 \cdot 10^{-4}\,m^2 \cdot 0{,}1\,m$$

$$= 6{,}28 \cdot 10^{-5}\,H .$$

Ändert sich die Stromstärke in einem Stromkreis, so ändert sich auch der magnetische Fluß, und es entsteht eine Induktionsspannung. Da die Selbstinduktivität des Stromkreises eine Konstante ist, hängt die Flußänderung nur von der Geschwindigkeit ab, mit der die Stromstärke sich ändert:

$$\frac{d\phi_m}{dt} = \frac{d(LI)}{dt} = L\frac{dI}{dt}.$$

Es ergibt sich also mit dem Faradayschen Gesetz:

$$U = -\frac{d\phi_m}{dt} = -L\frac{dI}{dt}. \qquad 26.20$$

Die Selbstinduktionsspannung ist somit proportional zur zeitlichen Änderung des Stromes.

Übung

Mit welcher Geschwindigkeit muß sich der Strom in der Spule aus Beispiel 26.10 ändern, damit eine Spannung von 20 V induziert wird? (Antwort: $3{,}18 \cdot 10^5$ A/s)

Gegeninduktivität

Sind zwei oder mehrere Stromkreise nahe beieinander, wie in Abbildung 26.23 gezeigt, so hängt der magnetische Fluß durch einen Stromkreis nicht nur vom Strom in diesem Kreis, sondern auch vom Strom in den Nachbarkreisen ab. Der Strom in Kreis 1 auf der linken Seite in Abbildung 26.23 sei mit I_1 bezeichnet und der im Kreis 2 entsprechend mit I_2. Das Magnetfeld am Punkt P ist eine Überlagerung der Felder, die von I_1 und I_2 erzeugt werden. Beide Felder sind den zugehörigen Stromstärken proportional, so daß wir den Fluß ϕ_{m2} durch Kreis 2 als Summe zweier Anteile schreiben können, von denen einer proportional zu I_1 und einer proportional zu I_2 ist:

$$\phi_{m2} = L_2 I_2 + M_{12} I_1, \qquad 26.21\,a$$

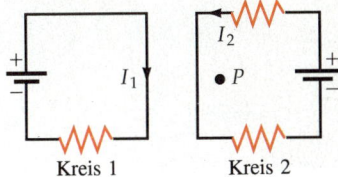

26.23 Zwei eng beieinanderliegende Stromkreise. Das Magnetfeld am Punkt P ist teilweise auf den Strom I_1 und teilweise auf den Strom I_2 zurückzuführen. Der Fluß, der die einzelnen Kreise durchsetzt, ist die Summe der beiden Anteile, die durch die beiden Ströme erzeugt werden.

Definition der Gegeninduktivität

wobei L_2 die Selbstinduktivität von Kreis 2 ist und M_{12} als Gegeninduktivität bezeichnet wird. Die Gegeninduktivität hängt von der geometrischen Anordnung ab. Sind beispielsweise die beiden Schaltungen weit voneinander entfernt, so wird der magnetische Fluß, der aufgrund von I_1 den Kreis 2 durchsetzt, sehr klein sein und damit auch die Gegeninduktivität. Für den anderen Kreis läßt sich eine zu (26.21a) äquivalente Beziehung ableiten:

$$\phi_{m1} = L_1 I_1 + M_{21} I_2, \qquad 26.21\,b$$

wobei L_1 die Selbstinduktivität des Kreises 1 und M_{21} die entsprechende Gegeninduktivität ist.

Abbildung 26.24 zeigt eine lange, eng gewickelte Spule im Innern einer ähnlichen Spule gleicher Länge, aber mit etwas größerem Radius. Für diesen Fall

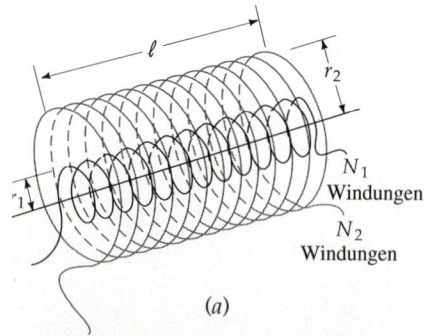

26.24 a) Eine lange, enge Spule befindet sich in einer zweiten Spule, die genauso lang wie die erste ist. Ein Strom in einer der beiden Spulen erzeugt einen magnetischen Fluß in der anderen. b) Teslatransformator zur Illustration des in a) skizzierten Aufbaus. Die Funktion eines Transformators werden wir in Kapitel 28 besprechen. In diesem Beispiel wird eine kleine Wechselspannung in der äußeren Spule in eine höhere Wechselspannung in der inneren Spule transformiert. Die Anordnung wirkt wie ein Hochfrequenzsender, dessen elektromagnetische Wellen (vgl. Kapitel 29) eine Glühbirne in der Nähe zum Leuchten bringen. (© M. Holford, Collection of the Science Museum, London)

können wir die Gegeninduktivität exakt berechnen. Sei ℓ die Länge der beiden Spulen, die innere Spule habe N_1 Windungen und den Radius r_1 und die äußere Spule den Radius r_2 und N_2 Windungen. Wir bestimmen zunächst die Gegeninduktivität M_{12}, indem wir den Fluß ϕ_{m2} berechnen, den ein Strom I_1 in der äußeren Spule erzeugt. Das Magnetfeld, das dieser Strom in der inneren Spule erzeugt, ist konstant und hat die Feldstärke

$$B_1 = \mu_0 n_1 I_1 . \qquad 26.22$$

Außerhalb der inneren Spule ist das Magnetfeld null. Daraus ergibt sich für den Fluß, den das Feld der inneren Spule in der äußeren erzeugt,

$$\phi_{m2} = N_2 B_1 (\pi r_1^2) = n_2 \ell B_1 (\pi r_1^2) = \mu_0 n_2 n_1 \ell (\pi r_1^2) I_1 .$$

Wichtig ist, daß die Fläche zur Berechnung des Flusses nicht die Fläche der äußeren Spule πr_2^2 ist, sondern die der inneren πr_1^2, da außerhalb der inneren Spule – wir gehen hier vom Idealfall aus – kein Magnetfeld vorhanden ist. Damit ergibt sich für die Gegeninduktivität M_{12}

$$M_{12} = \frac{\phi_{m2}}{I_1} = \mu_0 n_2 n_1 \ell \pi r_1^2 . \qquad 26.23$$

Auf gleichem Weg finden wir jetzt M_{21}, indem wir den Fluß berechnen, den ein Strom I_2 in der inneren Spule erzeugt. Fließt der Strom I_2 durch die äußere Spule, entsteht im Innern ein homogenes Magnetfeld B_2, dessen Stärke durch Gleichung (26.22) gegeben wird. Ersetzen der entsprechenden Größen liefert:

$$B_2 = \mu_0 n_2 I_2 .$$

Damit ergibt sich für den magnetischen Fluß durch die innere Spule:

$$\phi_{m1} = N_1 B_2 (\pi r_1^2) = n_1 \ell B_2 (\pi r_1^2) = \mu_0 n_1 n_2 \ell (\pi r_1^2) I_2 .$$

Hier wurde in der Berechnung wiederum die Fläche der inneren Spule eingesetzt, da im Innern der Spule überall ein homogenes Feld vorliegt. Schließlich ergibt sich für die Gegeninduktivität M_{21}

$$M_{21} = \frac{\phi_{m1}}{I_2} = \mu_0 n_1 n_2 \ell (\pi r_1^2) . \qquad 26.24$$

Der Vergleich von (26.23) und (26.24) zeigt, daß M_{12} und M_{21} gleich groß sind. Man kann darüber hinaus zeigen, daß die Beziehung (26.24) oder (26.23) nicht nur für unseren Spezialfall, sondern allgemein gilt. Wir können im weiteren also den Index weglassen und für die Gegeninduktivität nur M schreiben.

Frage

7. Wie würde sich die Selbstinduktivität einer Spule ändern, wenn man den Draht, aus dem sie gewickelt ist, auf einen Zylinder mit dem gleichen Durchmesser, aber doppelter Länge wickeln würde? Wie lautet das Ergebnis, wenn auf den gleichen Zylinder ein doppelt so langer Draht gewickelt wird?

26.8 LR-Kreise

Wie wir gesehen haben, verhindert die Selbstinduktivität eines Stromkreises, daß sich die Stromstärke sprunghaft ändert. Befindet sich jedoch eine Spule in einem Stromkreis, so können wir normalerweise die Selbstinduktivität des Kreises gegenüber der Induktivität der Spule vernachlässigen. Die Spule selbst wird häufig als Induktivität bezeichnet. Das Schaltzeichen für eine solche Induktivität ist ⎯⟋⟋⟋⎯ oder ⎯■⎯. Eine Schaltung, die einen Widerstand und eine Induktivität enthält, bezeichnet man als **LR-Kreis**. Da alle Stromkreise naturgemäß einen Widerstand und eine Selbstinduktivität aufweisen, kann man die folgende Analyse prinzipiell auf jede Schaltung anwenden. Weiterhin haben alle realen Schaltungen eine gewisse Kapazität. Wir werden solche Schaltungen aus Kapazität, Induktivität und Widerstand, sogenannte *LCR*-Kreise, jedoch erst in Kapitel 28 genauer studieren und vorerst die Kapazität vernachlässigen, um unsere Analyse zu vereinfachen.

In Abbildung 26.25 sehen wir eine Schaltung, die aus der Serienschaltung eines Widerstands R sowie einer Induktivität L besteht und die über einen Schalter S mit einer Spannungsquelle der Spannung U_0 verbunden ist. Wir wollen annehmen, der Widerstand der Induktivität L sei bereits im Widerstand R berücksichtigt und die Induktivität der restlichen Schaltung sei gegenüber L vernachlässigbar. Zu Beginn ist der Schalter geöffnet, und es fließt kein Strom in der Schaltung. Wird der Schalter geschlossen, so ist die Stromstärke anfangs noch null, aber sie ändert sich mit der Geschwindigkeit dI/dt, was eine Induktionsspannung $L\,\mathrm{d}I/\mathrm{d}t$ in der Spule erzeugt. Im Schaltbild sind Plus- und Minuszeichen eingezeichnet. Diese Polaritätswahl der Induktionsspannung gilt, wenn dI/dt positiv ist. Kurze Zeit nachdem der Schalter geschlossen wurde, fließt der Strom I durch die Schaltung, und über dem Widerstand fällt die Spannung IR ab. Wenden wir die Kirchhoffsche Maschenregel auf den Kreis an, so ergibt sich:

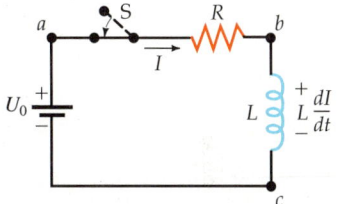

26.25 Ein typischer *LR*-Kreis. Sobald der Schalter geschlossen wird, nimmt die Stromstärke in der Schaltung zu, und es wird die Gegenspannung $L\mathrm{d}I/\mathrm{d}t$ in der Spule induziert. Der Spannungsabfall IR über dem Widerstand ist zusammen mit dem Spannungsabfall über der Spule gleich der Versorgungsspannung.

$$U_0 - IR - L\frac{\mathrm{d}I}{\mathrm{d}t} = 0 \,. \qquad 26.25$$

Viele Eigenschaften der Schaltung lassen sich auch ohne das Lösen dieser Gleichung bereits verstehen. Anfangs (sofort nachdem der Schalter geschlossen wurde) ist die Stromstärke $I(t)$ gleich null, und die Induktionsspannung $L\,\mathrm{d}I/\mathrm{d}t$ ist gleich der Batteriespannung U_0. Die Geschwindigkeit, mit der sich die Stromstärke am Anfang ändert, erhalten wir aus Gleichung (26.25):

$$\left(\frac{\mathrm{d}I}{\mathrm{d}t}\right)_0 = \frac{U_0}{L} \,. \qquad 26.26$$

Steigt die Stromstärke an, so wird der Spannungsabfall IR größer, und der Strom nimmt langsamer zu. Nach einer kurzen Zeit hat der Strom einen positiven Wert $I(t) > 0$ erreicht, und die Geschwindigkeit, mit der der Strom anwächst, beträgt

$$\frac{\mathrm{d}I}{\mathrm{d}t} = \frac{U_0}{L} - \frac{IR}{L} \,.$$

Zu diesem Zeitpunkt nimmt der Strom noch zu, die Änderungsgeschwindigkeit der Stromstärke nimmt jedoch ab. Den Endwert des Stroms erhalten wir, indem wir dI/dt gleich null setzen. Dies liefert

$$I_\mathrm{e} = \frac{U_0}{R} \,. \qquad 26.27$$

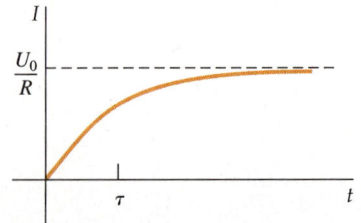

26.26 Stromstärke in einem *LR*-Kreis als Funktion der Zeit. Zum Zeitpunkt $t = \tau = L/R$ hat der Strom 63 Prozent des maximalen Werts U_0/R erreicht.

In Abbildung 26.26 sehen wir den Verlauf der Stromstärke in diesem Kreis als Funktion der Zeit. Der Verlauf ist demjenigen ähnlich, der beim Laden eines Kondensators in einem *RC*-Kreis auftritt (Abbildung 23.17).

Gleichung (26.25) hat die gleiche Form wie Gleichung (23.16), die das Aufladen eines Kondensators beschreibt. Sie kann auch auf die gleiche Art gelöst werden. Als Resultat ergibt sich

$$I = \frac{U_0}{R}(1 - e^{-Rt/L}) = \frac{U_0}{R}(1 - e^{-t/\tau}) = I_e(1 - e^{-t/\tau}),\qquad 26.28$$

wobei

$$\tau = \frac{L}{R} \qquad 26.29$$

die **Zeitkonstante** des *LR*-Kreises ist. Je größer die Induktivität und je geringer der Wert des Widerstands, desto längere Zeit benötigt der Strom, um seinen Endwert zu erreichen. Festzuhalten ist, daß das Produkt aus Zeitkonstante L/R und anfänglicher Steigung U_0/L gleich dem Endwert der Stromstärke $I_e = U_0/R$ ist. Nähme die Stromstärke konstant zu, so wäre der Maximalwert I_e bereits nach der Zeit $t = \tau$ erreicht. Da die Geschwindigkeit, mit der die Stromstärke ansteigt, jedoch permanent kleiner wird, beträgt die Stromstärke zum Zeitpunkt τ erst $I(\tau) = (1 - e)I_e = 0{,}63\,I_e$.

Beispiel 26.11

Eine Spule mit der Selbstinduktivität 5,0 mH und einem Widerstand von 15,0 Ω werde mit einer 12-V-Spannungsquelle mit vernachlässigbarem Innenwiderstand verbunden. a) Wie groß ist die maximale Stromstärke? b) Wie groß ist die Stromstärke nach 100 μs?

a) Der Maximalwert der Stromstärke beträgt

$$I_e = \frac{U_0}{R} = \frac{12\text{ V}}{15\text{ Ω}} = 0{,}800\text{ A}.$$

b) Die Zeitkonstante für diesen Kreis ist

$$\tau = \frac{L}{R} = \frac{5 \cdot 10^{-3}\text{ H}}{15\text{ Ω}} = 333\text{ μs},$$

und der Strom nach 100 μs ergibt sich aus Gleichung (26.28):

$$I = \frac{U_0}{R}(1 - e^{-t/\tau}) = 0{,}800\text{ A} \cdot (1 - e^{-100/333}) = 0{,}800\text{ A} \cdot (1 - 0{,}741)$$
$$= 0{,}207\text{ A}.$$

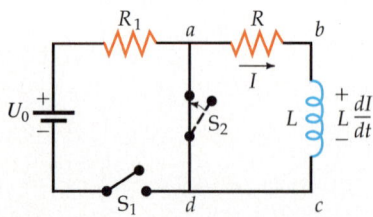

26.27 Dieser *LR*-Kreis verfügt über zwei Schalter, damit man die Spannungsquelle abkoppeln kann. Wenn die Stromstärke im Kreis bei geschlossenem Schalter S_1 ihren Maximalwert erreicht hat, wird S_1 geöffnet und S_2 geschlossen. Die Stromstärke nimmt daraufhin exponentiell ab.

Die Schaltung aus Abbildung 26.27 verfügt über einen zusätzlichen Schalter, der es erlaubt, die Spannungsquelle vom eigentlichen *LR*-Kreis abzukoppeln. Außerdem enthält sie den Schutzwiderstand R_1, der einen Kurzschluß vermeidet, wenn beide Schalter gleichzeitig geschlossen sind. Sind beide Schalter anfangs offen und wir schließen den Schalter S_1, so nimmt der Strom wie soeben besprochen zu (auch wenn der Gesamtwiderstand jetzt $R_1 + R$ beträgt und dementsprechend die Maximalstromstärke $U_0/(R_1 + R)$). Wir nehmen jetzt an, der Schalter sei bereits sehr lange geschlossen, so daß der Strom nahezu seinen Maximalwert I_0 erreicht hat. Jetzt schließen wir S_2 und öffnen S_1, damit die

Spannungsquelle vom Kreis getrennt ist. Wir nennen den Zeitpunkt, zu dem S_2 geschlossen wird, $t = 0$. Wir haben nun einen Kreis vor uns, der aus einem Widerstand und einer Spule (Schleife abcd) besteht und in dem der Strom I_0 fließt. Wenden wir auf diesen Kreis die Kirchhoffsche Maschenregel an, so erhalten wir

$$-IR - L\frac{dI}{dt} = 0$$

oder

$$\frac{dI}{dt} = -\frac{R}{L}I. \qquad 26.30$$

Um die Maschenregel anwenden zu können, haben wir eine Richtung für den Strom I angenommen und die positive Stromrichtung mit Plus- und Minuszeichen im Schaltbild angedeutet. Die Lösung der Gleichung gibt uns dann die korrekten Vorzeichen für den Strom. Dadurch wissen wir, ob unsere angenommene Stromrichtung die richtige war. Im vorliegenden Fall war die Richtung aus den Anfangsbedingungen bereits bekannt. Aus Gleichung (26.30) können wir dann sofort sehen, daß bei positivem I die zeitliche Änderung dI/dt negativ ist; die Stromstärke nimmt also ab. Ist dI/dt negativ, so ist die Induktionsspannung $-L\,dI/dt$ positiv und wirkt gemäß der Lenzschen Regel der Stromabnahme entgegen. Gleichung (26.30) hat die gleiche Form wie (23.10) für das Entladen eines Kondensators. Sie läßt sich direkt integrieren, und als Ergebnis erhalten wir für die Stromstärke

$$I = I_0 e^{-Rt/L} = I_0 e^{-t/\tau}, \qquad 26.31$$

wobei $\tau = L/R$ die Zeitkonstante ist. Abbildung 26.28 zeigt die Stromstärke als Funktion der Zeit.

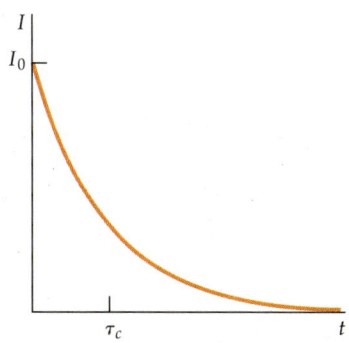

26.28 Stromstärke als Funktion der Zeit für die Schaltung aus Abbildung 26.27. Die Stromstärke nimmt als Funktion der Zeit exponentiell ab.

Übung

Welchen Wert hat die Zeitkonstante einer Schaltung, die aus einem Widerstand von 85 Ω und einer Induktivität der Größe 6 mH besteht? (Antwort: 70,6 µs)

Beispiel 26.12

Welche Wärmemenge wird im Widerstand in Abbildung 26.27 erzeugt, wenn die Stromstärke in der Spule von ihrem Anfangswert I_0 bis auf null zurückgeht?

Es entsteht die Leistung

$$P = \frac{dW}{dt} = I^2 R,$$

wobei I durch Gleichung (26.31) gegeben ist. Im Zeitintervall dt wird daher die Energie

$$dW = I^2 R\, dt$$

in Wärme umgesetzt. Die gesamte Wärmemenge erhalten wir durch Integration über den gesamten Zeitraum

$$W = \int_0^\infty I^2 R\, dt = \int_0^\infty I_0^2 e^{-2Rt/L} R\, dt = I_0^2 R \int_0^\infty e^{-2Rt/L}\, dt.$$

26 Magnetische Induktion

Das Integral läßt sich mit Hilfe der Substitution $x = 2Rt/L$ lösen, aus der wir

$$dt = \frac{L}{2R} dx$$

erhalten, womit sich

$$W = I_0^2 R \frac{L}{2R} \int_0^\infty e^{-x} dx = \frac{1}{2} L I_0^2$$

ergibt, da das hier auftretende Integral den Wert eins hat. Diese Energie war zu Beginn in der Spule gespeichert. Im nächsten Abschnitt werden wir sehen, daß die vorstehende Beziehung allgemein gilt: Die Energie, die in einer Spule bei der Stromstärke I gespeichert wird, hat immer den Betrag $\frac{1}{2} L I^2$.

26.9 Die Energie des Magnetfelds

In Abschnitt 21.4 haben wir das Aufladen eines Kondensators untersucht und erhielten für die gespeicherte Energie

$$W = \frac{1}{2} QU = \frac{1}{2} CU^2 = \frac{1}{2} \frac{Q^2}{C},$$

wobei Q die Ladung auf jeder Platte, U die Spannung zwischen den Platten und C die Kapazität des Kondensators waren. Wir haben außerdem gelernt, daß die gesamte Energie im elektrischen Feld zwischen den Platten gespeichert ist oder, ganz allgemein, daß die Energiedichte des elektrischen Feldes

$$w_e = \frac{1}{2} \varepsilon_0 E^2$$

beträgt.

Für das Magnetfeld läßt sich ein ganz ähnlicher Ausdruck ableiten. Um einen Strom durch eine Spule fließen zu lassen, benötigt man Energie. Dies sieht man, wenn man Gleichung (26.25) auf beiden Seiten mit I multipliziert und umstellt:

$$U_0 I = I^2 R + L I \frac{dI}{dt}. \qquad 26.32$$

Der Ausdruck $U_0 I$ ist die Batterieleistung. Der Ausdruck $I^2 R$ ist die Leistung, die in Form von Joulescher Wärme im Widerstand verlorengeht. Es bleibt der Term $LI\,dI/dt$, der die Leistung in der Spule angibt. Bezeichnen wir die Energie in der Spule mit W_m, so ergibt sich

$$\frac{dW_m}{dt} = L I \frac{dI}{dt}.$$

Die Gesamtenergie erhalten wir daraus durch Integration von $t = 0$, wenn $I = 0$ ist, bis $t \to \infty$, wenn I seinen Maximalwert erreicht hat:

$$W_\mathrm{m} = \int \mathrm{d}W_\mathrm{m} = \int_0^{I_\mathrm{e}} L\,I\,\mathrm{d}I = \frac{1}{2} L\,I_\mathrm{e}^2 .$$

Für die in einer Spule gespeicherte Energie gilt somit:

$$W_\mathrm{m} = \frac{1}{2} L\,I^2 .$$

26.33   *Energiegehalt einer Spule*

Dies ist konsistent mit unserem Ergebnis aus Beispiel 26.12, wonach in einem Widerstand die Wärme $\frac{1}{2} L\,I^2$ erzeugt wird, wenn der Strom vom Wert I auf den Wert null abfällt.

Übung

Welche Energie ist in der Spule aus Beispiel 26.11 gespeichert, wenn der Strom seinen Maximalwert erreicht hat? (Antwort: $1{,}6 \cdot 10^{-3}$ J)

Während sich in einer Spule ein Strom aufbaut, entsteht im Innern dieser Spule ein starkes Magnetfeld. Die Energie, die nötig ist, um den Stromfluß zu ermöglichen, steckt also im Magnetfeld, das in der Spule erzeugt wird. Im Spezialfall einer langen, dicht gewickelten Zylinderspule ist der Zusammenhang zwischen Magnetfeld B, Spulenstrom I und Windungszahldichte n gegeben durch

$$B = \mu_0 n I ,$$

und für die Selbstinduktivität gilt Gleichung (26.19):

$$L = \mu_0 n^2 A \ell ,$$

wobei A die Querschnittsfläche und ℓ die Spulenlänge ist. Ersetzen wir in Gleichung (26.33) I durch $B/\mu_0 n$ und L durch $\mu_0 n^2 A \ell$, so erhalten wir

$$W_\mathrm{m} = \frac{1}{2} L\,I^2 = \frac{1}{2} \mu_0 n^2 \ell A \left(\frac{B}{\mu_0 n}\right)^2 = \frac{B^2}{2\mu_0} \ell A .$$

Die Größe $A\ell$ ist das Volumen des Gebietes im Innern der Spule, in dem das Magnetfeld herrscht. Für die **Energiedichte w_m des Magnetfelds** ergibt sich:

$$w_\mathrm{m} = \frac{B^2}{2\mu_0} .$$

26.34   *Energiedichte des Magnetfelds*

Wir haben diese Gleichung zwar anhand des Spezialfalls einer langen, dicht gewickelten Spule hergeleitet, sie hat jedoch allgemeine Gültigkeit. Dies bedeutet, daß die Energiedichte jedes beliebigen Magnetfelds durch Gleichung (26.34) gegeben ist.

Beispiel 26.13

In einem bestimmten Raumbereich herrsche ein Magnetfeld von 200 G und gleichzeitig ein elektrisches Feld der Stärke $2,5 \cdot 10^6$ N/C. Wie groß ist a) die gesamte Energiedichte und b) die gesamte Energie in einem Würfel der Kantenlänge 12 cm?

a) Die elektrische Energiedichte ist gegeben durch

$$w_e = \frac{1}{2}\varepsilon_0 E^2 = 0,5 \cdot (8,85 \cdot 10^{-12} \text{ C}^2/\text{N}\cdot\text{m}^2)(2,5 \cdot 10^6 \text{ N/C})^2 = 27,7 \text{ J/m}^3$$

und die magnetische Energiedichte durch

$$w_m = \frac{B^2}{2\mu_0} = \frac{(0,02 \text{ T})^2}{2 \cdot 4\pi \cdot 10^{-7} \text{ N/A}^2} = 159 \text{ J/m}^3 \ .$$

Als gesamte Energiedichte erhalten wir daher

$$w = w_e + w_m = 27,7 \text{ J/m}^3 + 159 \text{ J/m}^3 = 187 \text{ J/m}^3 \ .$$

b) Ein Würfel der Kantenlänge 12 cm hat ein Volumen von

$$V = (0,12 \text{ m})^3 = 1,73 \cdot 10^{-3} \text{ m}^3 \ ,$$

und als Gesamtenergie in diesem Volumen ergibt sich schließlich

$$W = wV = (187 \text{ J/m}^3) \cdot 1,73 \cdot 10^{-3} \text{ m}^3 = 0,324 \text{ J} \ .$$

Zusammenfassung

1. Im Falle eines homogenen Magnetfelds ist der magnetische Fluß ϕ_m durch eine Spule das Produkt aus der Spulenfläche A und dem Anteil B_n des Magnetfelds, der senkrecht auf der Spulenebene steht. Allgemein gilt für eine Spule mit N Windungen

$$\phi_m = \int_A NB_n \, dA \ .$$

Die SI-Einheit des magnetischen Flusses ist das Weber:

$$1 \text{ Wb} = 1 \text{ T}\cdot\text{m}^2 \ .$$

2. Ändert sich der magnetische Fluß durch eine Leiterschleife, so wird eine Spannung U induziert. Die Größe dieser Induktionsspannung erhält man mit Hilfe des Faradayschen Gesetzes:

$$U = \oint_C \boldsymbol{E} \cdot d\boldsymbol{\ell} = -\frac{d\phi_m}{dt} \ .$$

Die Induktionsspannung entspricht einem nichtkonservativen elektrischen Feld $\boldsymbol{E}$, das tangential zum Leiter verläuft. Integriert wird über die gesamte Länge ℓ des Leiters, also über die geschlossene Kurve C.

Die Induktionsspannung und der daraus resultierende Induktionsstrom wirken ihrer Ursache entgegen. Diese Aussage heißt auch Lenzsche Regel.

3. In einem leitenden Draht oder Stab der Länge ℓ, der sich mit der Geschwindigkeit v senkrecht zu einem Magnetfeld B bewegt, wird durch die Bewegung eine Spannung induziert. Sie hat den Betrag

$$|U| = \frac{d\phi_m}{dt} = B\ell v \ .$$

4. Kreisströme, die in elektrischen Leitern aufgrund einer magnetischen Flußänderung erzeugt werden, bezeichnet man als Wirbelströme.

5. In einer Spule, die mit der Winkelgeschwindigkeit ω in einem Magnetfeld rotiert, entsteht eine Wechselspannung

$$U = U_{max} \sin(\omega t + \delta) \ ,$$

wobei $U_{max} = NBA\omega$ die Amplitude dieser Spannung ist.

6. Der magnetische Fluß durch einen Stromkreis ist proportional zur Stromstärke I:

$$\phi_m = L\,I \ ,$$

wobei man L die Selbstinduktivität des Kreises nennt. Sie hängt lediglich von der Geometrie ab. Die SI-Einheit der Induktivität ist das Henry (H):

$$1\,\text{H} = 1\,\text{Wb/A} = 1\,\text{T} \cdot \text{m}^2/\text{A} \ .$$

Die Selbstinduktivität einer langen, eng gewickelten Spule der Länge ℓ, Querschnittsfläche A und Windungszahldichte $n = N/\ell$ beträgt:

$$L = \frac{\phi_m}{I} = \mu_0 n^2 A \ell \ .$$

Befindet sich in der Nähe dieses Stromkreises ein weiterer Stromkreis, der vom Strom I_2 durchflossen wird, so kommt zum bereits vorhandenen Fluß der Anteil

$$\phi_m = M I_2$$

hinzu. Die Größe M heißt Gegeninduktivität und hängt nur von geometrischen Faktoren ab.

7. Ändert sich die Stromstärke in einem Stromkreis, so wird eine Spannung

$$U = -\frac{d\phi_m}{dt} = -L\frac{dI}{dt}$$

induziert.

8. In einem LR-Kreis, in dem ein Widerstand R, eine Induktivität L und eine Spannungsquelle der Spannung U_0 in Reihe geschaltet sind, benötigt der Strom nach dem Einschalten eine gewisse Zeit, um die maximale Stärke zu erreichen. Fließt anfangs kein Strom, so beträgt die Stromstärke zum Zeitpunkt t

$$I = \frac{U_0}{R}(1 - e^{-Rt/L}) = \frac{U_0}{R}(1 - e^{-t/\tau}) \ ,$$

wobei man $\tau = L/R$ die Zeitkonstante der Schaltung nennt.

9. In einer Spule, die vom Strom I durchflossen wird, ist die Energie

$$W_\mathrm{m} = \frac{1}{2} L I^2$$

gespeichert. Diese Energie steckt im Magnetfeld, das die Spule erzeugt. Im allgemeinen ist die Energiedichte des Magnetfelds durch

$$w_\mathrm{m} = \frac{B^2}{2\mu_0}$$

gegeben.

Essay: Das Polarlicht

Syun-Ichi Akasofu
Geophysical Institute, University of Alaska, Fairbanks

Am Nachthimmel im hohen Norden und weit im Süden zeichnet sich bisweilen ein prächtiges, ehrfurchtgebietendes Farbenspiel ab, das man Polarlicht oder Aurora nennt (Abbildung 1). Oft sieht diese Leuchterscheinung wie ein fahler, grünlich-weißer Bogen aus, tatsächlich ist sie jedoch ein langes, leuchtendes, wellenförmiges Band – ein Schleier oder Vorhang – aus leuchtenden Streifen und Strahlen in zahllosen Farben. Die Helligkeit der Aurora schwankt sehr stark. Ist sie sehr hell, erscheinen die Farben dramatisch und wunderschön. Das untere Ende des Aurorabandes liegt in einer Höhe von etwa 100 km, die Oberkante kann bis zu 1000 km hinaufreichen. Die Aurora ist nur in zwei ringförmigen Gebieten zu finden, die sich wie Gürtel zwischen dem 60. und 75. Breitengrad rund um die Erde erstrecken (Abbildung 2a, 2b), wobei jeder Gürtel zentriert über einem der magnetischen Pole der Erde angeordnet ist. Man bezeichnet diese Gürtel auch als Zonen der Polarlichter oder Auroraovale. Früher hielt man das

(a)

Abbildung 1 Das Polarlicht oder die Aurora borealis. (Foto: N. Braun, Geophysical Institute, University of Alaska, Fairbanks)

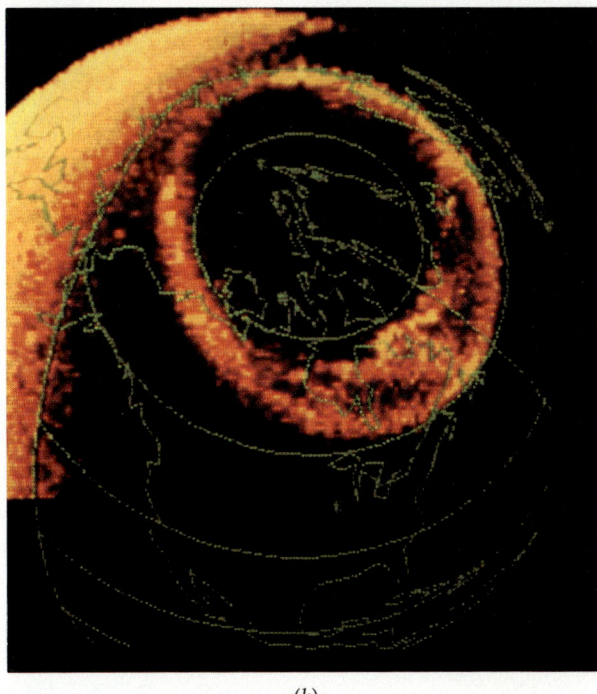

(b)

Abbildung 2 a) Das südliche Polarlicht, aufgenommen vom Astronauten Robert Overmyer mit einer 35-mm-Kamera. (Foto: N.A.S.A. 85-HC-148) b) Computerverstärktes Bild des nördlichen Polarlichts, aufgenommen von einem Satelliten in einem Abstand von drei Erdradien (mit freundlicher Genehmigung von L. Frank, University of Iowa).

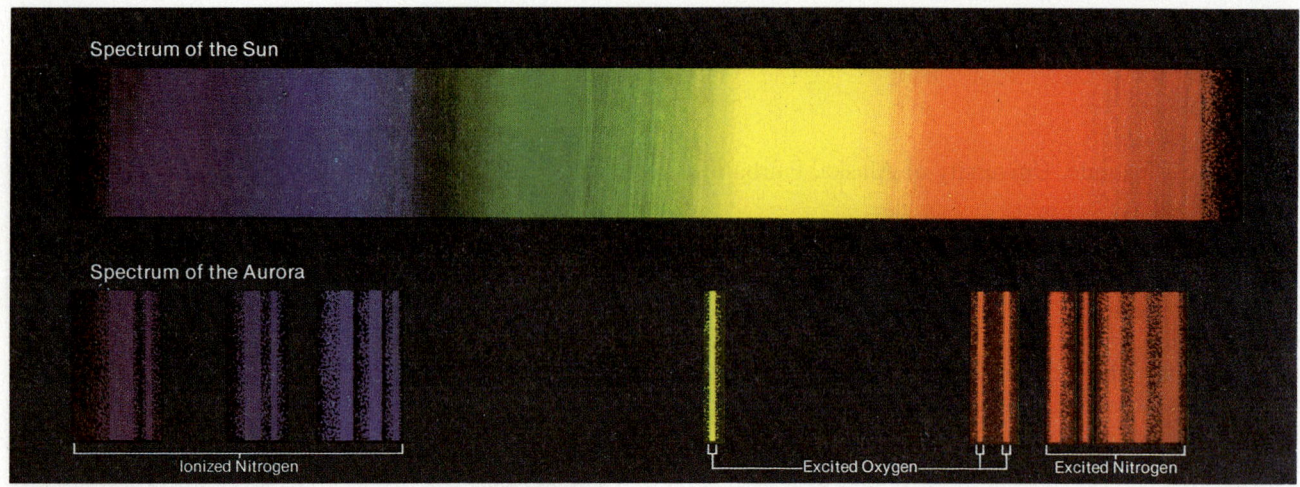

Abbildung 3 Vergleich der sichtbaren Spektren der Sonne und des Polarlichts (Ionized Nitrogen = ionisierter Stickstoff; Excited Oxygen = angeregter Sauerstoff; Excited Nitrogen = angeregter Stickstoff). (Foto: Syun-Ichi Akasofu)

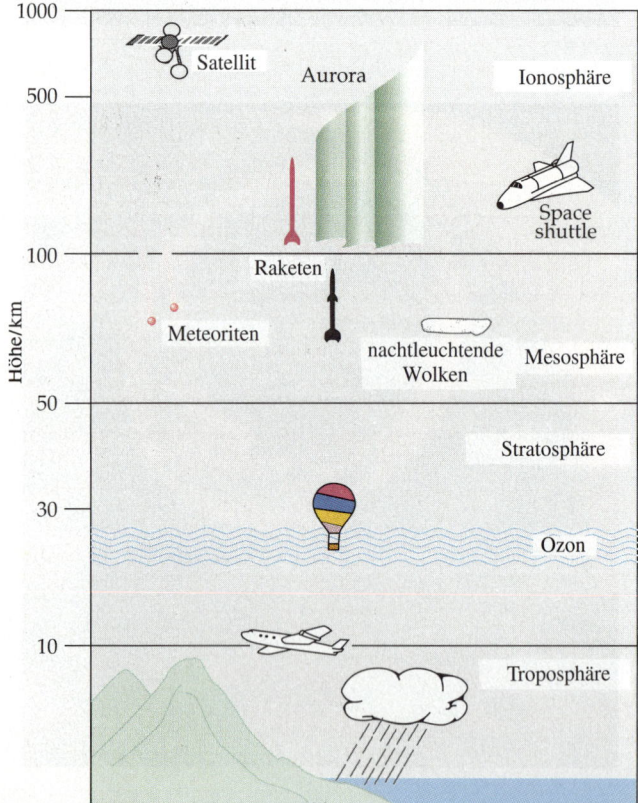

Abbildung 4 Schemazeichnung der Erdatmosphäre zur Illustration der Höhenschichtung. Polarlichter bilden sich sowohl innerhalb als auch oberhalb der Ionosphäre. Die Ionosphäre ist eine Atmosphärenschicht, die viele freie Elektronen und Ionen enthält, welche durch die Sonneneinstrahlung im UV- und Röntgenbereich entstanden sind.

Licht der Aurora für Sonnenlicht, welches an Eiskristallen in der Atmosphäre reflektiert wird, bis 1888 Anders Jonas Ångström zeigte, daß zwischen dem Licht der Aurora und dem Sonnenlicht wesentliche Unterschiede bestehen. Viele Wellenlängen, die im Sonnenspektrum vertreten sind, fehlen im Spektrum der Aurora völlig (Abbildung 3). Ein ähnliches Spektrum wie das der Aurora kann man erzeugen, indem man an zwei Elektroden in einer mit Neon gefüllten Vakuumröhre eine Hochspannung anlegt. Die Elektronen fließen von der negativen Elektrode zur positiven und stoßen dabei mit Neonatomen zusammen, die dadurch angeregt werden und infolgedessen Licht aussenden. Durch einen ganz ähnlichen Prozeß entsteht das Polarlicht. Hier emittieren Atome und Moleküle in der oberen Atmosphäre (Abbildung 4) Licht, wenn sie von schnellen Elektronen getroffen werden.

Für ein genaues Verständnis der Prozesse, die zu diesen Leuchterscheinungen führen, ist es hilfreich, sich an die Funktionsweise eines elektrischen Generators zu erinnern. In einem Generator wird bekanntlich dadurch elektrischer Strom erzeugt, daß sich eine Leiterschleife in einem Magnetfeld bewegt. Den Polarlichtern liegt ein ganz ähnlicher Mechanismus zugrunde: Ein Strom geladener Teilchen, der von der Sonne ausgeht (der sogenannte Sonnenwind), fungiert als Leiter im Magnetfeld der Erde (Abbildung 5).

Die äußere Schicht der Sonnenatmosphäre, die Korona, besteht aus einem Plasma, also einem Gas (zum größten Teil Wasserstoff), das so heiß ist, daß die elektrisch neutralen Atome in Protonen und Elektronen dissoziiert sind. Der Sonnenwind ist ein dünnes, heißes Plasma dieser geladenen Teilchen, welches mit Geschwindigkeiten zwischen 300 und 1000 km/s von der Sonne in alle Richtungen bis zu den Grenzen des Sonnensystems wegströmt. Magnetische Feldlinien verhalten sich im Sonnenwind wie elastische Saiten. Während

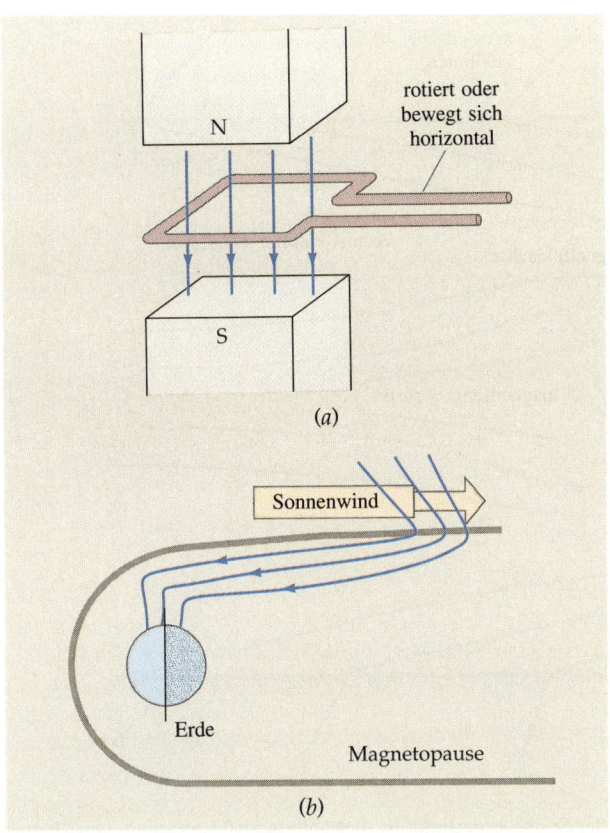

Abbildung 5 a) Schemazeichnung eines typischen Generators. b) Das Zusammenspiel des Sonnenwinds und des Erdmagnetfelds bildet einen natürlichen Generator.

der Sonnenwind sich von der Sonne wegbewegt, dehnt er die Magnetfeldlinien der Sonne nach außen. Beim Hinströmen zur Erde zwingt er die Feldlinien des Erdmagnetfelds in eine kometenartige Form, die man Magnetosphäre nennt (Abbildung 6). Die äußere Grenze dieses Gebildes heißt Magnetopause.

In einer Entfernung von etwa 10 Erdradien oberhalb der Erdoberfläche sind Erdmagnetfeld und (das ausgedehnte) Sonnenmagnetfeld ungefähr gleich stark ($30 \cdot 10^{-5}$ G). Ihre Feldlinien treffen an der Grenze der Magnetosphäre aufeinander und bilden ein „Verbundfeld" mit besonderer Form. Die Bewegung der geladenen Teilchen im Magnetfeld, so auch in diesem Verbundfeld, ist der Bewegung eines elektrischen Leiters in einem Magnetfeld äquivalent. Schaute man von der Erde aus, so sähe man die Protonen des Sonnenwinds nach links und die Elektronen nach rechts abgelenkt (durch die Lorentz-Kraft $e\mathbf{v} \times \mathbf{B}$). Sie bilden so den positiven und negativen Pol des Polarlichtgenerators (Abbildung 7a). Die Magnetosphäre ist mit dünnem Plasma gefüllt, so daß zwischen den Polen ein Strom fließen kann. Der Strom fließt vom positiven Pol weg, spiralförmig die Feldlinien entlang in die Ionosphäre (die elektrisch leitfähige Schicht der Atmosphäre), durch die Ionosphäre hindurch quer über die Polarregion und weiter spiralförmig die Magnetfeldlinien hinauf von der Ionosphäre zum negativen Pol. Das ist der primäre elektrische Entladungskreis. Auf der sogenannten „Morgenseite" der Magnetosphäre fließt Strom an den inneren Rand des Auroraovals als Teil des primären Entladungskreises und wird zum äußeren Rand des Ovals geleitet. Da der Bereich außerhalb dieses Ovals nicht besonders leitfähig ist, fließen einige Ströme wieder zurück nach außen, die Feldlinien entlang, und erzeugen einen parallelen, sekundären Kreis. Der entsprechende Prozeß findet auch auf der „Abendseite" statt (Abbildung 7b). Es gibt somit zwei Paare elektrischer Ströme (nach oben und nach unten), die spiralförmig längs der Feldlinien fließen, ein Paar auf der Abend- und eines auf der Morgenseite der Magnetosphäre. Der Strom nach oben wird durch Elektronen erzeugt, die nach unten fließen und dabei mit Atomen und Molekülen in der Atmosphäre kollidieren, welche ihrerseits Licht emittieren. Dies ist der Anteil des Entladungskreises, der das Polarlicht erzeugt (genau wie der Entladungsvorgang in der oben beschriebenen Neonröhre).

Weshalb aber haben die Leuchterscheinungen die Form eines Schleiers oder Vorhangs? Man nimmt an, daß die Elektronen in der oberen Atmosphäre in dünnen Schichten fließen, wobei der Grund hierfür jedoch noch unbekannt ist. Die untere Begrenzung dieses Schleiers ist durch die Eindringtiefe der Elektronen in die dichteren Teile der Atmosphäre gegeben. In einer Höhe von etwa 100 km haben die meisten Elektronen einen Großteil ihrer kinetischen Energie durch Stöße mit Atomen und Molekülen verloren, und nur wenige schaffen es, noch tiefer in die Lufthülle der Erde einzudringen.

Die starken Farbschwankungen der Aurora lassen sich auf zwei Faktoren zurückführen. Zum einen hängt die Farbe einer Gasentladung von der Gasart und der Energie der sie erzeugenden Elektronen ab, zum anderen ändert sich die chemische Zusammensetzung der Atmosphäre stark mit der Höhe. Zusammengenommen führt dies zur großen Farbvielfalt der Polarlichter. Den Hauptanteil der Ionosphäre bildet atomarer Sauerstoff, der entsteht, wenn ultraviolettes Sonnenlicht O_2-Moleküle spaltet. Die Anregung von atomarem Sauerstoff führt zu einer grünlich-weißen Leuchterscheinung (die häufigste Aurorafarbe). Höherenergetische Elektronen dringen weiter in die Atmosphäre ein und erzeugen beim Zusammenstoß mit Stickstoffmolekülen rosarote bis violette Leuchterscheinungen mit unregelmäßiger Begrenzung. Ionisierte Stickstoffmoleküle erzeugen ein blauviolettes Licht. Sichtbares Licht bildet nur einen geringen Bruchteil des emittierten Spektrums der Aurora, es gehören genauso Anteile im infraroten, ultravioletten und sogar im Bereich der Röntgenstrahlung dazu.

Zum Verständnis, warum sich die Leuchterscheinungen der Polarlichter häufig stark bewegen, kann die

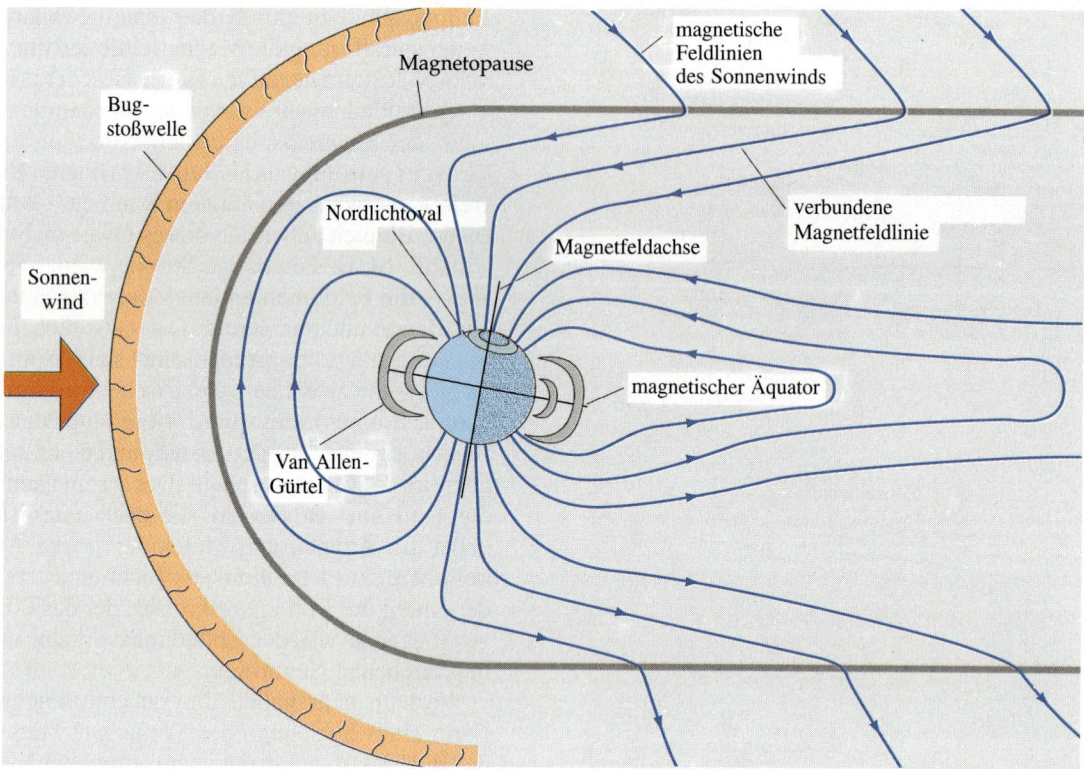

Abbildung 6 Die Magnetosphäre der Erde. Der Sonnenwind drückt das Erdmagnetfeld zur Form eines Kometenschweifes zusammen. In seinem Mittelpunkt befindet sich unsere Erde. Der Abstand zwischen der Erde und der Seite der Magnetosphäre, die der Sonne zugewandt ist, beträgt etwa 10 Erdradien. Die Magnetosphäre wird zu einem langen Schwanz ausgezogen (hier nicht dargestellt), der sich bis zu einem Abstand von mehr als 1000 Erdradien von der Sonne weg erstreckt (rechte Bildseite).

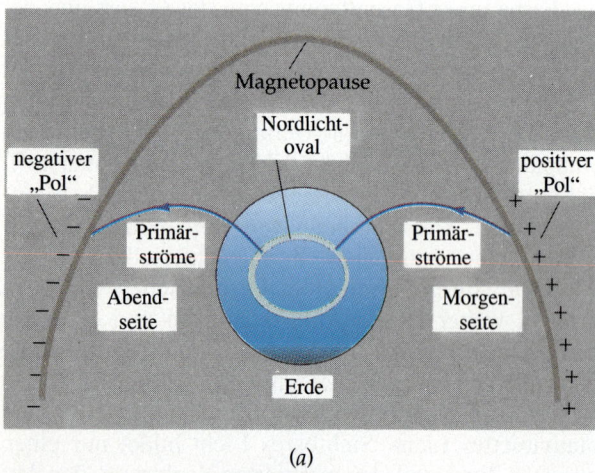

(a)

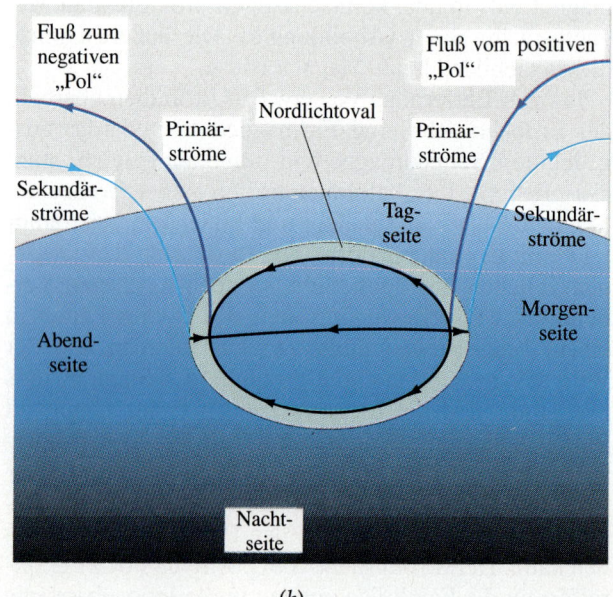

(b)

Abbildung 7 a) Aufsicht auf Erde und Magnetosphäre. Die positiven und negativen „Anschlüsse" (Morgen- bzw. Abendseite der Magnetosphäre) sind zusammen mit den primären Strömen abgebildet. b) Primärer und sekundärer Entladungskreis. Die Ströme über die Polkappen und längs des Polarlichtovals hängen von der Leitfähigkeit der Atmosphäre ab.

Analogie zur Kathodenstrahlröhre, wie man sie in Fernsehgeräten findet, dienen. Der Schirm entspricht hier der oberen Atmosphäre. Die Leuchtschicht auf der Rückseite des Schirms emittiert Licht, wenn sie vom Elektronenstrahl getroffen wird. Dieses Licht sehen wir von vorne als Bild. Ganz ähnlich fluoresziert die Ionosphäre, wenn sie von den Elektronen, die in den dünnen Aurorabändern fließen, getroffen wird. Diese Bänder können sich unter Umständen sehr abrupt bewegen, was zu einer Bewegung der Leuchterscheinung führt. Beim Polarlicht sind, genau wie bei der Kathodenstrahlröhre, Magnetfelder und elektrische Felder für die Ablenkung der Elektronen verantwortlich. Es sind also eher Änderungen des Magnetfelds als Bewegungen der Atmosphäre, die die Bewegung des Polarlichts verursachten.

Ein großes Kraftwerk erzeugt kontinuierlich etwa 1000 MW Leistung. Das Polarlicht erzeugt 1 bis 10 Millionen MW (1 bis 10 TW), was der Leistung von 1000 bis 10000 großen Kraftwerken entspricht. Diese Leistung schwankt bisweilen beträchtlich, da die Stärken des Sonnenwinds und des Magnetfelds der Sonne aufgrund der wechselnden Aktivität der Sonnenflecken starken Schwankungen unterworfen sind. Ein Sonnenfleck ist der Ort einer Eruption der Sonnenkorona. Von ihm gehen stürmische Sonnenwinde aus, die sich schnell in den Raum ausbreiten und die Erde bereits nach 40 Stunden erreichen. Durch die Wechselwirkung dieses stürmischen Sonnenwinds mit der Magnetosphäre kann die erzeugte Leistung gegenüber dem „üblichen" Wert um das Tausendfache erhöht werden. Dann dehnen sich die ringförmigen Leuchtgürtel bis zum Äquator hin aus, und man kann sie noch weit entfernt von den Polregionen sehen. Nach solchen Sonneneruptionen sind die Leuchterscheinungen wesentlich heller als sonst, und die obere Begrenzung des Polarlichtschleiers verschiebt sich in größere Höhen, so daß Teile der nördlichen Aurora sehr viel weiter südlich, beispielsweise von Mexiko oder Mitteleuropa aus, gesehen werden können.

Die durch den stürmischen Sonnenwind hervorgerufene Verstärkung der elektrischen Entladungsströme erzeugt starke Magnetfeldfluktuationen. Dann spricht man davon, daß sich magnetische Stürme bilden. Die elektrischen Ströme heizen die obere Atmosphäre auf, was dazu führt, daß tiefere, dichtere Schichten der Atmosphäre nach oben strömen und weiter oben die Dichte erhöhen. Dies kann überraschende Auswirkungen auf in dieser Höhe die Erde umkreisende Satelliten haben: Die Reibung zwischen Satelliten und Atmosphäre erhöht sich, was deren Flughöhe vermindert. Es sind Fälle bekannt, wo Satelliten durch einen magnetischen Sturm aus ihrer Umlaufbahn gebracht wurden.

Wir verstehen nun wichtige Abläufe, die die Polarlichter erzeugen, wenigstens zum Teil: die Herkunft der ringförmigen Auroragürtel um die geomagnetischen Pole, die Prozesse, die die gigantischen elektrischen Entladungen mit Energie versorgen, die Gründe für die Fluktuationen dieser Prozesse sowie die Beziehung zwischen der Aktivität der Polarlichter und der Sonnenaktivität, die sich neben anderen Vorgängen in den Eruptionen der Sonnenflecken zeigt. Es bleibt aber auch am Ende des 20. Jahrhunderts eine Herausforderung an die Wissenschaft, die elektrischen Entladungsprozesse genauer zu untersuchen, die diese beeindruckende Naturerscheinung – einen gewaltigen, natürlichen Generator – erst möglich machen.

Aufgaben

Stufe I

26.1 Der magnetische Fluß

1. Ein homogenes Magnetfeld der Stärke 2000 G verlaufe parallel zur x-Achse. Eine quadratische Spule mit einer Windung und der Kantenlänge 5 cm bilde mit der z-Achse den Winkel θ, wie in Abbildung 26.29 gezeigt. Bestimmen Sie den magnetischen Fluß durch die Spule für a) $\theta = 0$, b) $\theta = 30°$, c) $\theta = 60°$ und d) $\theta = 90°$.

2. Eine ringförmige Spule mit dem Radius 5 cm habe 25 Windungen und befinde sich am Äquator, wo das Erdmagnetfeld eine Stärke von 0,7 G in Richtung Norden hat. Berechnen Sie den magnetischen Fluß durch

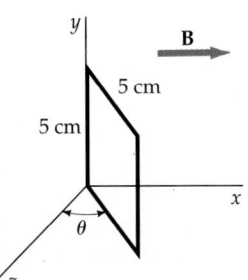

26.29 Zu Aufgabe 1.

die Spule, wenn ihre Ebene a) horizontal liegt, b) vertikal steht und die Achse nach Norden zeigt, c) vertikal steht und die Achse nach Osten zeigt und d) vertikal

26 Magnetische Induktion

steht und die Achse um 30° gegen Norden verdreht ist.

3. Berechnen Sie den magnetischen Fluß durch eine Spule mit der Länge 25 cm, dem Radius 1 cm und 400 Windungen, wenn sie von einem Strom der Stärke 3 A durchflossen wird.

4. Eine ringförmige Spule mit dem Radius 3 cm stehe senkrecht auf einem Magnetfeld der Stärke 400 G. a) Berechnen Sie den Fluß durch die Spule, wenn sie 75 Windungen hat. b) Wie viele Windungen muß die Spule haben, damit sich ein Fluß von 0,015 Wb ergibt?

26.2 Induktionsspannung und Faradaysches Gesetz

5. Ein homogenes Magnetfeld B stehe senkrecht auf einer ringförmigen Leiterschleife mit dem Radius 5 cm, dem Widerstand 0,4 Ω und vernachässigbarer Eigeninduktivität. Der Betrag von B ändere sich mit einer Geschwindigkeit von 40 mT/s. Bestimmen Sie a) die induzierte Spannung, b) den induzierten Strom und c) die erzeugte Joulesche Leistung.

6. Eine Spule mit einem Radius von 4 cm und 100 Windungen habe den Widerstand 25 Ω. Mit welcher Geschwindigkeit muß sich ein zur Spulenachse senkrechtes Magnetfeld ändern, damit ein Strom der Stärke 4 A in der Spule induziert wird?

7. Der Fluß durch eine Leiterschleife sei gegeben durch $\phi_{m2} = (1\,s^{-2} \cdot t^2 - 4\,s^{-1} \cdot t) \cdot 10^{-1}\,T\cdot m^2$, wobei t in Sekunden einzusetzen ist. a) Berechnen Sie die Induktionsspannung als Funktion der Zeit. b) Bestimmen Sie den Fluß und die Induktionsspannung bei $t=0\,s$, $t=2\,s$, $t=4\,s$ und $t=6\,s$.

8. a) Skizzieren Sie für die vorige Aufgabe den Fluß und die induzierte Spannung als Funktion der Zeit. b) Zu welchem Zeitpunkt ist der Fluß maximal? Welchen Wert hat dann die Induktionsspannung? c) Zu welchen Zeitpunkten ist der Fluß null? Welchen Wert hat dann jeweils die Induktionsspannung?

9. Eine ringförmige Spule mit 100 Windungen habe den Durchmesser 2 cm und den Widerstand 50 Ω. Die Ebene der Spule stehe senkrecht auf einem homogenen Magnetfeld der Stärke 1 T. Die Richtung dieses Feldes werde plötzlich umgekehrt. a) Bestimmen Sie die gesamte Ladung, die durch die Spule fließt. Die Richtungsumkehr dauere 0,1 s. Wie groß ist dann b) die mittlere Stromstärke in der Spule und c) die mittlere Induktionsspannung?

10. Die Ebene einer Spule mit 1000 Windungen, einer Querschnittsfläche von 300 cm² und einem Widerstand von 15 Ω stehe am Äquator senkrecht zum Erdmagnetfeld, das dort eine Feldstärke von 0,7 G hat. Welche Ladung fließt durch die Spule, wenn sie plötzlich um 180° gedreht wird?

11. Eine Spule der Länge 25 cm mit dem Radius 0,8 cm und 400 Windungen befinde sich in einem Magnetfeld der Stärke 600 G, das mit der Spulenachse einen Winkel von 50° bildet. a) Bestimmen Sie den magnetischen Fluß durch die Spule. b) Ermitteln Sie den Betrag der induzierten Spannung, wenn das Magnetfeld innerhalb von 1,4 s auf null reduziert wird.

26.3 Die Lenzsche Regel

12. Zwei Leiterschleifen seien, wie in Abbildung 26.30 gezeigt, parallel angeordnet. Blickt man von A in Richtung B, so fließe in Schleife A ein Strom gegen den Uhrzeigersinn. In welche Richtung fließt der induzierte Strom in B, wenn die Stromstärke in Schleife A a) zunimmt, b) abnimmt? Geben Sie jeweils auch an, ob die Schleifen einander anziehen oder abstoßen.

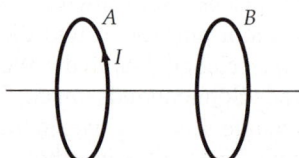

26.30 Zu Aufgabe 12.

13. Ein Stabmagnet bewege sich mit konstanter Geschwindigkeit längs der Achse eines Drahtringes, wie in Abbildung 26.31 dargestellt. a) Skizzieren Sie qualitativ den zeitlichen Verlauf des Flusses ϕ_m, der den Ring durchsetzt. Markieren Sie den Zeitpunkt t_1, zu dem der Magnet den Ring zur Hälfte passiert hat. b) Skizzieren Sie den Verlauf des Stromes im Ring als Funktion der Zeit. Wählen Sie als positive Stromrichtung die Richtung gegen den Uhrzeigersinn, wenn man von links schaut.

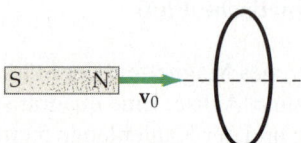

26.31 Zu Aufgabe 13.

14. In welche Richtung fließt der induzierte Strom im rechten Stromkreis in Abbildung 26.32, wenn der Widerstand im linken Kreis plötzlich a) erhöht bzw. b) erniedrigt wird?

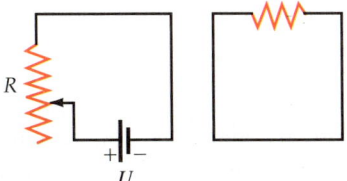

26.32 Zu Aufgabe 14.

15. Ein Stabmagnet sei am Ende einer Feder angebracht, so daß er längs der Achse eines Drahtringes eine harmonische Schwingung vollführt; siehe Abbildung 26.33. a) Skizzieren Sie qualitativ den Fluß durch den Ring als Funktion der Zeit. Markieren Sie den Zeitpunkt t_1, bei dem der Magnet den Ring zur Hälfte durchsetzt hat. b) Skizzieren Sie den Verlauf der Stromstärke als Funktion der Zeit, wobei die positive Stromrichtung von oben gesehen gegen den Uhrzeigersinn verlaufen sein soll.

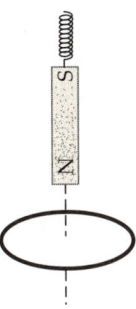

26.33 Zu Aufgabe 15.

26.4 Induktionsspannung durch Bewegung

16. Bei der Anordnung mit dem Stab in Abbildung 26.13 sei $B = 0{,}8$ T, $v = 10$ m/s, $\ell = 20$ cm und $R = 2\ \Omega$. Bestimmen Sie a) die Induktionsspannung, b) die Stromstärke und c) die Kraft, die notwendig ist, um den Stab bei vernachlässigbarer Reibung mit konstanter Geschwindigkeit zu bewegen! d) Welche Leistung wird durch die Kraft in Teil c) zugeführt? e) Welche Joulesche Leistung I^2R wird erzeugt?

17. Ein 30 cm langer Stab bewege sich mit einer Geschwindigkeit von 8 m/s in einer Ebene senkrecht zu einem Magnetfeld der Stärke 500 G. Die Bewegungsrichtung stehe senkrecht auf der Längsachse des Stabes. Bestimmen Sie a) die magnetische Kraft auf ein Elektron im Stab, b) das elektrische Feld E im Stab und c) die Potentialdifferenz zwischen den Stabenden.

26.6 Generatoren und Motoren

18. Eine Spule mit 200 Windungen habe eine Querschnittsfläche von 4 cm² und rotiere in einem Magnetfeld der Stärke 0,5 T. a) Bei welcher Drehfrequenz wird eine Spitzenspannung von 10 V induziert? b) Welche Spitzenspannung wird induziert, wenn die Spule mit 60 Hz rotiert?

26.7 Induktivität

19. Eine Spule mit einer Selbstinduktivität von 8 H werde von einem Strom der Stärke 3 A durchflossen, der sich mit einer Geschwindigkeit von 200 A/s ändere. Bestimmen Sie a) den magnetischen Fluß durch die Spule und b) die Induktionsspannung.

20. Eine Spule mit der Selbstinduktivität L werde von einem Strom I durchflossen, für den gelte: $I = I_0 \sin 2\pi\nu t$. Berechnen und skizzieren sie den magnetischen Fluß und die selbstinduzierte Spannung als Funktionen der Zeit.

21. Eine Spule der Länge 25 cm mit dem Radius 1 cm und 400 Windungen werde von einem Strom der Stärke 3 A durchflossen. a) Bestimmen Sie B auf der Spulenachse in der Mitte der Spule, b) den Fluß durch die Spule unter der Annahme, daß B homogen ist, c) die Selbstinduktivität der Spule und d) die Induktionsspannung, wenn sich der Strom mit der Geschwindigkeit 150 A/s ändert.

22. Zwei koaxial angeordnete Spulen mit den Radien 2 cm und 5 cm seien 25 cm lang und haben 300 bzw. 1000 Windungen. Bestimmen Sie die Gegeninduktivität.

26.8 LR-Kreise

23. Der Strom in einem LR-Kreis habe zum Zeitpunkt $t = 0$ s den Wert null und erreiche innerhalb von 4 s seinen halben Endwert. a) Welche Zeitkonstante hat der Kreis? b) Wie groß ist die Selbstinduktivität, wenn der Gesamtwiderstand 5 Ω beträgt?

24. Eine Spule mit dem Widerstand 8 Ω und der Selbstinduktivität 4 H werde plötzlich an eine konstante Spannung von 100 V angeschlossen. Zum Verbindungszeitpunkt $t = 0$ s sei die Stromstärke gleich null. Bestimmen Sie die Stromstärke I und ihre Änderungsgeschwindigkeit dI/dt zum Zeitpunkt a) $t = 0$ s, b) 0,1 s, c) 0,5 s und d) 1 s.

25. Das Wievielfache der Zeitkonstanten muß man warten, damit der Strom in einem LR-Kreis, der zum Zeitpunkt $t = 0$ s den Wert null hat, a) 90 Prozent, b) 99 Prozent und c) 99,9 Prozent des Endwertes erreicht?

26.9 Die Energie des Magnetfelds

26. In dem Stromkreis von Abbildung 26.25 sei $U_0 = 12$ V, $R = 3\ \Omega$ und $L = 0{,}6$ H. Zum Zeitpunkt

$t = 0$ s werde der Schalter geschlossen. Bestimmen Sie zum Zeitpunkt $t = 0{,}5$ s: a) die Leistung, die die Spannungsquelle abgibt, b) die Joulesche Leistung und c) die Geschwindigkeit, mit der Energie in der Spule gespeichert wird.

27. Eine Spule mit der Selbstinduktivität 2 H und dem Widerstand 12 Ω werde mit einer 24-V-Batterie verbunden, deren Innenwiderstand vernachlässigbar sei. a) Wie groß ist die Stromstärke nach langer Zeit? b) Welche Energie ist in der Spule gespeichert, wenn der stationäre Zustand erreicht ist?

28. Bestimmen Sie a) die magnetische Energie, b) die elektrische Energie und c) die Gesamtenergie in einem Volumen von 1 m³, in dem ein elektrisches Feld von 10^4 V/m und ein Magnetfeld von 1 T herrschen.

Stufe II

29. Eine ringförmige Spule mit 15 Windungen und dem Radius 4 cm befinde sich in einem homogenen Magnetfeld von 4000 G, das in die positive x-Richtung zeige. Bestimmen Sie den Fluß durch die Spule, wenn der Normalenvektor der Spulenebene gegeben ist durch a) $\boldsymbol{n} = \boldsymbol{e}_x$, b) $\boldsymbol{n} = \boldsymbol{e}_y$, c) $\boldsymbol{n} = (\boldsymbol{e}_x + \boldsymbol{e}_y)/\sqrt{2}$, d) $\boldsymbol{n} = \boldsymbol{e}_z$ und e) $\boldsymbol{n} = 0{,}6\,\boldsymbol{e}_x + 0{,}8\,\boldsymbol{e}_y$.

30. Ein homogenes Magnetfeld $\boldsymbol{B}$ stehe senkrecht auf der Basis einer Halbkugelschale mit dem Radius R. Berechnen Sie den magnetischen Fluß durch die Halbkugelfläche.

31. Ein elastischer, leitfähiger Ring dehne sich mit konstanter Geschwindigkeit aus, so daß für den Radius gilt $R = R_0 + vt$. Der Ring befinde sich in einem Bereich, in dem ein homogenes Magnetfeld herrscht, das auf dem Ring senkrecht steht. Welche Induktionsspannung wird im expandierenden Ring erzeugt? Vernachlässigen Sie mögliche Selbstinduktionseffekte.

32. Eine Spule mit n Windungen pro Längeneinheit und dem Radius R_1 werde von einem Strom der Stärke I durchflossen. a) Berechnen Sie den Fluß durch einen Ring mit dem Radius $R_2 > R_1$ und N Windungen, der die Spule in großem Abstand von ihren Enden umgibt. b) Ein kleiner Ring mit N Windungen und dem Radius R_3 befinde sich ganz im Innern der Spule in großem Abstand von ihren Enden, wobei seine Achse parallel zur Spulenachse verlaufe. Berechnen Sie den magnetischen Fluß durch den Ring.

33. Zeigen Sie: Durch eine Spule mit N Windungen und dem Widerstand R fließt stets die gesamte Ladung $Q = N(\phi_{m1} - \phi_{m2})$, wenn sich der Fluß durch eine Windung der Spule von ϕ_{m1} auf ϕ_{m2} ändert – unabhängig davon, wie dies geschieht.

34. Der Rotor in einem Wechselstromgenerator habe die Form eines Rechtecks mit den Kantenlängen a und b und besitze N Windungen. Er sei mit Schleifringen verbunden (Abbildung 26.34) und rotiere mit der Kreisfrequenz ω in einem homogenen Magnetfeld $\boldsymbol{B}$. a) Zeigen Sie, daß die Potentialdifferenz zwischen den beiden Schleifringen $U = Nab\omega \sin \omega t$ ist. b) Mit welcher Kreisfrequenz muß die Spule rotieren, wenn $a = 1$ cm, $b = 2$ cm, $N = 1000$ und $B = 2$ T ist, damit eine maximale Induktionsspannung von 110 V entsteht?

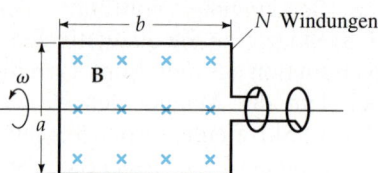

26.34 Zu Aufgabe 34.

35. Ein Gleichstrommotor habe den Spulenwiderstand 5,5 Ω und nehme einen Strom von 6 A auf, wenn er mit einer Versorgungsspannung von 120 V verbunden ist. a) Wie groß ist die Gegeninduktionsspannung? b) Wie stark ist der Strom, der anfangs fließt, bevor der Motor anläuft?

36. In Elektromotoren schaltet man bisweilen einen Widerstand in Reihe zum Rotor, um den Anfangsstrom zu begrenzen, wenn der Motor seine Nenndrehzahl noch nicht erreicht hat. Dieser Widerstand wird abgeschaltet, wenn der Motor mit normaler Drehzahl läuft. a) Ein Motor habe den Widerstand 0,75 Ω und nehme 8 A bei 220 V auf. Wie groß muß dann der Zusatzwiderstand bemessen sein, damit der Anfangsstrom 15 A nicht überschreitet? b) Wie groß ist die Gegeninduktionsspannung, wenn der Motor seine Nenndrehzahl erreicht hat und der Widerstand abgeschaltet ist?

37. Berechnen Sie die anfängliche Steigung dI/dt bei $t = 0$ mit der Beziehung (26.31) und zeigen Sie, daß der Strom bei konstanter Abnahme nach Ablauf einer Zeitkonstanten auf null abfallen würde.

38. Eine Spule mit der Induktivität L und ein Widerstand R seien mit einer Spannungsquelle in Reihe geschaltet, wie in Abbildung 26.27 gezeigt. Lange Zeit nachdem der Schalter S_1 geschlossen wurde, betrage die Stromstärke 2,5 A. Trennt man die Spannungsquelle von der Schaltung, indem man S_1 öffnet und S_2 schließt, so falle der Strom innerhalb von 45 ms auf 1,5 A ab. a) Wie groß ist die Zeitkonstante der Schaltung? b) Wie groß ist L, wenn $R = 0{,}4$ Ω ist?

39. Eine Spule mit der Induktivität 4 mH und dem Widerstand 150 Ω sei mit einer 12-V-Batterie verbunden, deren Innenwiderstand vernachlässigbar sei. Mit welcher Geschwindigkeit ändert sich die Stromstärke

a) am Anfang, b) nachdem die Stromstärke die Hälfte des Gleichgewichtswertes erreicht hat? c) Wie groß ist die Stromstärke im Gleichgewicht? d) Wie lange dauert es, bis die Stromstärke 99 Prozent des Endwertes erreicht hat?

40. Bei einer ebenen elektromagnetischen Welle, wie beispielsweise einer Lichtwelle, sind die Beträge des elektrischen und des magnetischen Feldes durch $E = cB$ verknüpft, wobei $c = 1/\sqrt{\varepsilon_0 \mu_0}$ die Lichtgeschwindigkeit im Vakuum ist. Zeigen Sie, daß in diesem Fall die elektrische und magnetische Energiedichte gleich sind.

41. Zwei Spulen seien so in Reihe geschaltet, daß sie jeweils nicht vom Magnetfeld der anderen durchdrungen werden. Zeigen Sie, daß dann die effektive Induktivität durch $L_{\text{ges}} = L_1 + L_2$ gegeben ist.

42. In der Schaltung von Abbildung 26.35 sei der Schalter S bereits so lange geschlossen, daß sich das Gleichgewicht eingestellt hat. Die Spule bestehe aus supraleitendem Draht, so daß ihr Widerstand vernachlässigbar ist. a) Bestimmen Sie den Strom aus der Spannungsquelle, den Strom durch den 100-Ω-Widerstand und den Strom durch die Spule. b) Bestimmen Sie die Anfangsspannung über der Spule, unmittelbar nachdem der Schalter geöffnet wurde. c) Bestimmen Sie die Spulenstromstärke als Funktion der Zeit nach dem Öffnen des Schalters.

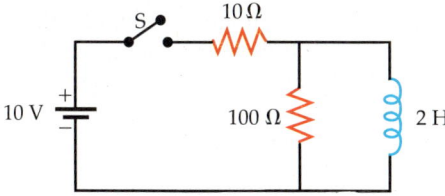

26.35 Zu Aufgabe 42.

43. Zwei Spulen seien so parallelgeschaltet, daß sie jeweils nicht vom Magnetfeld der anderen durchdrungen werden. Zeigen Sie, daß dann die effektive Induktivität gegeben ist durch

$$1/L_{\text{ges}} = 1/L_1 + 1/L_2 \, .$$

44. Bestimmen Sie für die Schaltung von Abbildung 26.36: a) die Geschwindigkeit, mit der sich die Ströme durch die Spule und durch den Widerstand ändern, nachdem der Schalter geschlossen wurde. b) Wie groß ist die Stromstärke im Gleichgewicht?

45. Bestimmen Sie für die Schaltung aus Abbildung 26.37 die Stromstärken I_1, I_2 und I_3: a) unmittelbar und b) lange nachdem der Schalter S geschlossen wur-

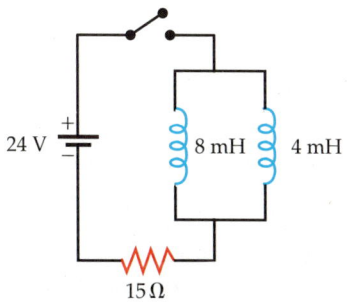

26.36 Zu Aufgabe 44.

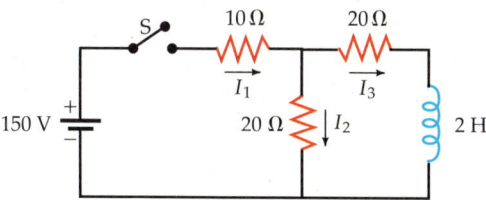

26.37 Zu Aufgabe 45.

de. Nach langer Zeit werde der Schalter wieder geöffnet. Bestimmen Sie wiederum diese Stromstärken c) unmittelbar, d) lange Zeit nach dem Öffnen des Schalters.

46. Eine Spule mit 2000 Windungen und der Querschnittsfläche 4 cm² sei 30 cm lang und werde von einem Strom der Stärke 4 A durchflossen. a) Berechnen Sie die in der Spule gespeicherte magnetische Energie $W_{\text{m}} = \frac{1}{2} L I^2$. b) Teilen Sie das Resultat aus Teil a) durch das Spulenvolumen, um die Energiedichte zu berechnen. c) Bestimmen Sie das Magnetfeld B in der Spule. d) Bestimmen Sie die magnetische Energiedichte aus $w_{\text{m}} = b^2/2\mu_0$ und vergleichen Sie das Ergebnis mit dem Resultat von Teil b).

47. Eine Kreisringspule mit dem mittleren Radius 25 cm und dem Spulenradius 2 cm sei aus einem supraleitenden Draht der Länge 100 m gewickelt und werde von einem Strom der Stärke 400 A durchflossen. a) Berechnen Sie die Windungszahl, b) das Magnetfeld am mittleren Radius und c) die magnetische Energiedichte sowie die gesamte in der Spule gespeicherte Energie. Dabei sei B über die Spulenquerschnittsfläche konstant.

48. Eine lange Spule mit n Windungen pro Längeneinheit werde von einem Strom der Stärke I durchflossen, wobei $I = I_0 \sin \omega$ ist. Die Querschnittsfläche der Spule sei kreisförmig und habe den Radius R. Berechnen Sie das induzierte elektrische Feld am Radius r, gemessen von der Spulenachse, a) für $r < R$ und b) $r > R$.

49. Ein homogenes Magnetfeld der Stärke 1,2 T weise in die z-Richtung. Ein leitender Stab der Länge 15 cm liege parallel zur y-Achse und oszilliere in x-Richtung, wobei die Auslenkung gegeben sei durch $x = (2\text{ cm}) \cos(120\text{ s}^{-1}\pi t)$. Berechnen Sie die Induktionsspannung im Stab.

50. Eine rechteckige Leiterschleife mit den Kantenlängen 10 cm und 5 cm und dem Widerstand 2,5 Ω werde mit der konstanten Geschwindigkeit $v = 2,4$ cm/s durch einen Bereich gezogen, in dem ein homogenes Magnetfeld der Stärke 1,7 T herrsche (Abbildung 26.38). Der Schleifenrand trete in das Magnetfeld zum Zeitpunkt $t = 0$ s ein. a) Berechnen und skizzieren Sie den magnetischen Fluß durch die Schleife als Funktion der Zeit. b) Bestimmen und skizzieren Sie jeweils als Funktion der Zeit die Induktionsspannung und die Stromstärke in der Schleife. Vernachlässigen Sie Selbstinduktionseffekte und betrachten Sie das Zeitintervall $0\text{ s} \leq t \leq 16\text{ s}$.

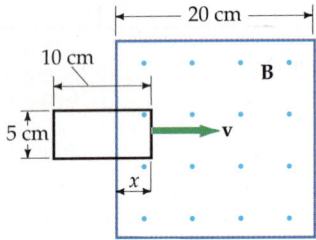

26.38 Zu Aufgabe 50.

51. Bestimmen Sie die gesamte Energie, die in Beispiel 26.7 im Widerstand dissipiert wird, und zeigen Sie, daß sie gleich $\frac{1}{2}mv_0^2$ ist.

52. Der Stab in Abbildung 26.39 habe den Widerstand R, und der Widerstand der Schienen sei vernachlässigbar. An die Punkte a und b werde eine Spannungsquelle mit vernachlässigbarem Innenwiderstand so angeschlossen, daß der Strom im Stab nach unten fließt. Zum Zeitpunkt $t = 0$ s sei der Stab in Ruhe. a) Bestimmen Sie die Kraft auf den Stab als Funktion der Geschwindigkeit v und formulieren Sie das zweite Newtonsche Gesetz für den Stab, wenn er die Geschwindigkeit v hat. b) Zeigen Sie, daß der Stab eine endliche Endgeschwindigkeit erreicht, und stellen Sie für diese eine Beziehung auf. c) Wie groß ist die Stromstärke, wenn der Stab seine Endgeschwindigkeit erreicht?

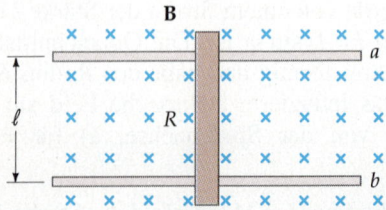

26.39 Zu Aufgaben 52 und 53.

53. Der Stab in Abbildung 26.39 habe den Widerstand R, und der Widerstand der Schienen sei vernachlässigbar. Zwischen die Punkte a und b werde ein Kondensator der Kapazität C mit der Ladung Q_0 geschaltet. Der Strom im Stab fließe daraufhin nach unten. Zum Zeitpunkt $t = 0$ s sei der Stab in Ruhe. a) Bestimmen Sie die Bewegungsgleichung für den Stab. b) Zeigen Sie, wie die Endgeschwindigkeit des Stabes von der am Ende vorliegenden Ladung auf dem Kondensator abhängt.

54. Ein leitfähiger Stab mit der Masse m und dem Widerstand R gleite reibungsfrei auf zwei parallelen Schienen mit dem Abstand ℓ, deren Widerstand vernachlässigbar sei und die gegen die Horizontale um den Winkel θ geneigt seien. Ein Magnetfeld der Stärke B weise senkrecht nach oben. a) Zeigen Sie, daß bei der Aufwärtsbewegung des Stabes auf den Schienen eine abbremsende Kraft wirkt, die durch

$$F = (B^2\ell^2 v \cos^2\theta)/R$$

gegeben ist.

b) Zeigen Sie, daß für die Endgeschwindigkeit des Stabes gilt:

$$v_t = (mgR\sin\theta)/(B^2\ell^2\cos^2\theta).$$

55. Ein einfaches Pendel bestehe aus einem Draht der Länge ℓ, an dem eine Metallkugel der Masse m hängt. Der Draht habe eine vernachlässigbare Masse und bewege sich in einem homogenen Magnetfeld der Stärke B. Das Pendel vollführe eine harmonische Schwingung mit der Winkelamplitude θ_0. Berechnen Sie die im Draht induzierte Spannung.

56. Ein Draht liege längs der x-Achse und werde vom Strom $I = 20$ A in positiver z-Richtung durchflossen. Eine kleine, leitfähige Kugel mit dem Radius $R = 2$ cm befinde sich anfänglich in Ruhe auf der y-Achse im Abstand $h = 45$ m über dem Draht. Zum Zeitpunkt $t = 0$ s werde die Kugel fallen gelassen. a) Welches elektrische Feld herrscht am Mittelpunkt der Kugel zum Zeitpunkt $t = 3$ s? (Nehmen Sie an, daß lediglich durch den Draht ein Magnetfeld erzeugt wird.) b) Wie groß ist die Spannung über dem Kugeldurchmesser zu diesem Zeitpunkt?

Stufe III

57. Ein langer, gerader Draht werde von einem Strom der Stärke I durchflossen. Eine rechteckige Schleife mit Seiten der Länge a und b liege mit den längeren Seiten parallel zum Draht. Die dem Draht am nächsten liegende Seite habe von ihm den Abstand d, wie in Abbildung 26.40 gezeigt. a) Berechnen Sie den magnetischen

Fluß durch die rechteckige Schleife. *Hinweis*: Berechnen Sie zunächst den Fluß durch einen Streifen der Fläche dA = bdx und integrieren Sie von $x = d$ bis $x = d + a$. b) Berechnen Sie den entsprechenden Wert für a = 5 cm, b = 10 cm, d = 2 cm und I = 20 A.

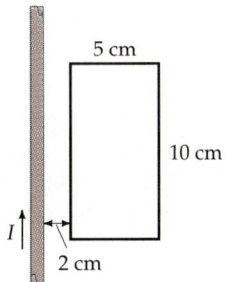

26.40 Zu Aufgaben 57 und 59.

58. Ein Stab der Länge ℓ liege senkrecht zu einem langen Draht, der vom Strom I durchflossen werde (Abbildung 26.41). Das Stabende, das dem Draht am nächsten liegt, habe von diesem den Abstand d. Der Stab bewege sich mit der Geschwindigkeit v in Stromrichtung. a) Zeigen Sie, daß die Potentialdifferenz zwischen den Stabenden durch

$$U = \frac{\mu_0 I}{2\pi} v \ln \frac{d+\ell}{d}$$

gegeben ist.

b) Benutzen Sie das Faradaysche Gesetz, um dieses Resultat herzuleiten. Betrachten Sie dazu den Fluß durch eine rechteckige Fläche $A = \ell vt$, die vom Stab überstrichen wird.

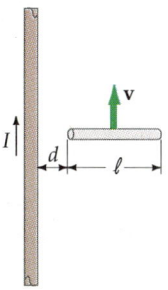

26.41 Zu Aufgabe 58.

59. Die Schleife in Aufgabe 57 bewege sich mit der konstanten Geschwindigkeit v vom Draht weg. Zum Zeitpunkt t = 0 s befinde sich die linke Längsseite der Schleife im Abstand d vom langen Draht. a) Berechnen Sie die Induktionsspannung in der Schleife, indem Sie die Induktionsspannung in jedem Abschnitt der Schleife berechnen, der zum Draht parallel liegt. Erklären Sie, warum man die Induktionsspannung in Abschnitten senkrecht zum Draht außer acht lassen kann. b) Berechnen Sie die Induktionsspannung in der Schleife, indem Sie zunächst den Fluß durch die Schleife als Funktion der Zeit berechnen und dann $U = -\mathrm{d}\phi_\mathrm{m}/\mathrm{d}t$ verwenden. Vergleichen Sie das Ergebnis mit dem aus Teil a).

60. Ein dünnwandiger Hohlleiter mit dem Radius a liege längs der z-Achse und werde vom Strom I in positiver z-Richtung durchflossen. Ein zweiter, identischer Leiter liege parallel zu ihm; seine Achse befinde sich bei $x = d$. Er werde vom Strom I in negativer z-Richtung durchflossen. a) Bestimmen Sie den magnetischen Fluß pro Längeneinheit durch die Fläche in der x-z-Ebene zwischen den Leitern. b) Bestimmen Sie die Eigeninduktivität pro Längeneinheit der Schleife, wenn man die weit entfernten Enden der Leiter miteinander verbindet, so daß sie eine Leiterschleife bilden.

61. Ein langer, zylindrischer Leiter mit dem Radius R werde mit homogener Stromdichte von einem Strom der Stärke I durchflossen. Bestimmen Sie den magnetischen Fluß pro Längeneinheit durch die Fläche, die in Abbildung 26.42 eingezeichnet ist.

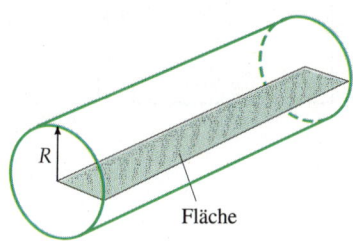

26.42 Zu Aufgabe 61.

62. Ein leitender Stab der Länge ℓ rotiere mit konstanter Kreisfrequenz um ein Ende in einer Ebene senkrecht zu einem Magnetfeld B (Abbildung 26.43). a) Zeigen Sie, daß die magnetische Kraft auf eine Ladung q, die sich im Abstand r vom Drehpunkt befindet, $Bqr\omega$ ist. b) Zeigen Sie, daß die Potentialdifferenz über den Stabenden $U = \frac{1}{2} B\omega \ell^2$ ist. c) Zeichnen Sie in der Ebene eine radial verlaufende Gerade, von der aus der Drehwinkel $\theta = \omega t$ gemessen werde. Zeigen Sie, daß die Fläche des Sektors zwischen dieser Geraden und dem Stab $A = \frac{1}{2} \ell^2 \theta$ ist. Berechnen Sie den Fluß durch diese Fläche und zeigen Sie, daß die Anwendung des

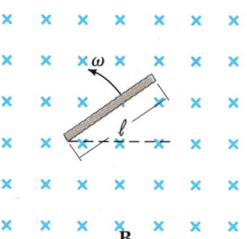

26.43 Zu Aufgabe 62.

Faradayschen Gesetzes auf diese Fläche $U = \frac{1}{2} B \omega \ell^2$ ergibt.

63. In der Schaltung von Abbildung 26.25 sei $U_0 = 12$ V, $R = 3\,\Omega$ und $L = 0{,}6$ H. Zum Zeitpunkt $t = 0$ werde der Schalter geschlossen. Bestimmen Sie für das Zeitintervall von $t = 0$ bis $t = \tau$ die Energie, die a) von der Batterie abgegeben, b) im Widerstand dissipiert bzw. c) in der Spule gespeichert wurde. *Hinweis:* Bestimmen Sie die Geschwindigkeiten, mit der sich diese Größen ändern, als Funktionen der Zeit, und integrieren Sie jeweils von $t = 0$ bis $t = \tau = L/R$.

64. Die Schaltung in Abbildung 26.44 habe einen Gesamtwiderstand von 300 Ω. Wenn der Schalter S im Kreis 1 geschlossen wird, so fließt im Kreis 2 die Gesamtladung $2 \cdot 10^{-4}$ C durch das Galvanometer. Nach langer Zeit betrage die Stromstärke im ersten Kreis 5 A. Berechnen Sie die Gegeninduktivität der beiden Spulen.

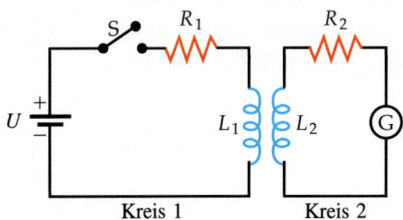

26.44 Zu Aufgabe 64.

65. Ein Koaxialkabel bestehe aus zwei sehr dünnwandigen Zylindern mit den Radien r_1 und r_2 (Abbildung 26.45). Der Strom I fließe im inneren Zylinder hin und im äußeren zurück. a) Verwenden Sie das Amperèsche Gesetz, um B zu berechnen. Zeigen Sie, daß $B = 0$ ist, außer zwischen den Leitern. b) Zeigen Sie, daß die magnetische Energiedichte zwischen den Zylindern

$$w_m = \frac{\mu_0 I^2}{8\pi^2 r^2}$$

ist. c) Berechnen Sie die magnetische Energie in einem Zylinderschalen-Volumenelement der Länge ℓ mit dem Volumen $dV = \ell 2\pi r\, dr$, und zeigen Sie durch Integration, daß die gesamte magnetische Energie im Volumen der Länge ℓ

$$W_m = \frac{\mu_0}{4\pi} I^2 \ell \ln \frac{r_2}{r_1}$$

ist. d) Verwenden Sie das Resultat von Teil c) und die Beziehung $W_m = \frac{1}{2} L I^2$, um zu zeigen, daß die Selbstinduktivität pro Längeneinheit

$$\frac{L}{\ell} = \frac{\mu_0}{2\pi} \ln \frac{r_2}{r_1}$$

ist.

66. Berechnen Sie für die Anordnung in Abbildung 26.45 den Fluß durch eine rechteckige Fläche mit Kanten der Längen ℓ und $r_2 - r_1$ zwischen den Leitern. Zeigen Sie, daß die Selbstinduktivität pro Längeneinheit aus $\phi_m = L\,I$ berechnet werden kann (vgl. Teil d) der vorigen Aufgabe).

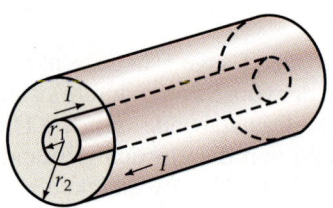

26.45 Zu Aufgaben 65 und 66.

67. Zeigen Sie, daß die Induktivität eines Toroids mit rechteckigem Querschnitt (siehe Abbildung 26.46) durch

$$L = \frac{\mu_0 N^2 h \ln(b/a)}{2\pi}$$

gegeben ist. Dabei ist N die Windungszahl, a der Innenradius, b der Außenradius und h die Höhe.

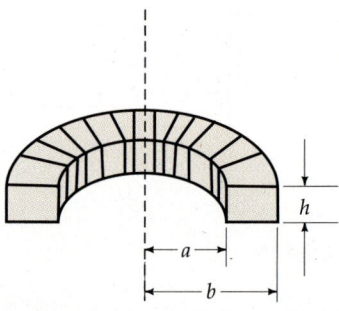

26.46 Zu Aufgabe 67.

Magnetismus in Materie 27

Als wir uns mit elektrischen Feldern in Kondensatoren beschäftigten, erhielten wir als wichtiges Ergebnis, daß diese Felder durch die Anwesenheit elektrischer Dipole beeinflußt werden und umgekehrt. Polare Moleküle zum Beispiel besitzen permanente elektrische Dipolmomente, die sich unter der Einwirkung eines äußeren elektrischen Feldes so zu drehen versuchen, daß sie antiparallel zum Feld stehen. In nichtpolaren Molekülen oder in Atomen werden durch das äußere elektrische Feld, ebenfalls in entgegengesetzter Feldrichtung, elektrische Dipolmomente induziert, d. h., die neuentstandene Ladungsverteilung wirkt wie ein elektrischer Dipol. In beiden Fällen wird das äußere elektrische Feld durch die sich antiparallel dazu ausrichtenden Dipolmomente geschwächt.

Beim Magnetismus treten ähnliche Effekte auf, die allerdings etwas komplizierter sind. Atome besitzen zum einen wegen der Bewegung der Elektronen um den Kern magnetische Dipolmomente. Zusätzlich hat jedes Elektron ein eigenes magnetisches Moment, das mit seinem Spin verbunden ist. Das resultierende magnetische Moment des Atoms hängt damit von der Anordnung seiner Elektronen ab. Anders als bei elektrischen Dipolen führt die Ausrichtung magnetischer Dipole in einem äußeren magnetischen Feld aber zu einer Verstärkung dieses Feldes. Besonders deutlich fällt dieser Unterschied auf, wenn man die elektrischen Feldlinien eines elektrischen Dipols mit den magnetischen Feldlinien eines magnetischen Dipols (beispielsweise einer kleinen, stromdurchflossenen, ringförmigen Leiterschleife) vergleicht, wie das in Abbildung 27.1 geschieht. Weit entfernt von den Dipolen sind die Feldlinien gleich; im Raum zwischen den Ladungen des elektrischen Dipols sind die elektrischen Feldlinien jedoch der Richtung des Dipolmoments entgegengesetzt, während die magnetischen Feldlinien innerhalb der Leiterschleife parallel zum magnetischen Dipolmoment verlaufen. Auf diese Weise werden in elektrisch polarisierten Materialien durch Dipole elektrische Felder erzeugt, die zu ihrem Dipolvektor *antiparallel* liegen, wohingegen in magnetisch polarisierten Materialien durch magnetische Dipole Magnetfelder erzeugt werden, die *parallel* zum magnetischen Dipolmoment verlaufen.

Je nach Verhalten ihrer Moleküle in einem äußeren Magnetfeld lassen sich alle Materialien in fünf Kategorien einteilen: in paramagnetische, diamagnetische, ferromagnetische, ferrimagnetische und antiferromagnetische Materie. Die ferri- und antiferromagnetischen Stoffe werden hier nur der Vollständigkeit halber erwähnt, aber nicht näher betrachtet. Paramagnetische und ferromagnetische Materialien bestehen aus Molekülen mit permanenten magnetischen Dipolmomenten. In paramagnetischen Materialien ist die Wechselwirkung der magnetischen

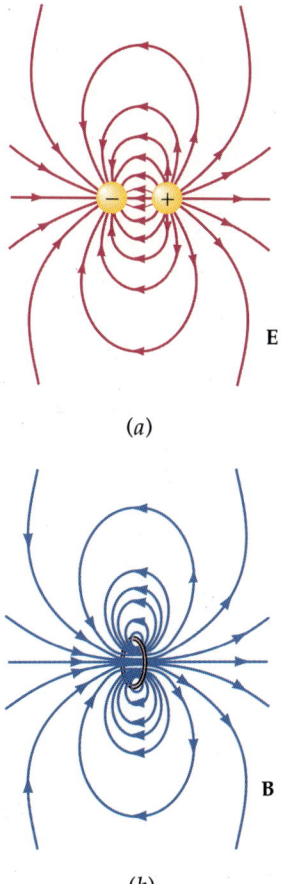

27.1 a) Elektrische Feldlinien eines elektrischen Dipols. b) Magnetische Feldlinien eines magnetischen Dipols. In ausreichender Entfernung von den Dipolen sind die Feldlinien gleich. Zwischen den beiden Ladungen von a) ist das elektrische Feld entgegengesetzt zum Dipolmoment gerichtet. Innerhalb des ringförmigen Leiters von b) verläuft das magnetische Feld parallel zum Dipolmoment.

Weißsche Bezirke auf der Oberfläche eines Fe-3%Si-Kristalls. Das Bild wurde mit einem Raster-Elektronen-Mikroskop bei gleichzeitiger Polarisationsanalyse aufgenommen. Die vier Farben entsprechen vier möglichen Orientierungen der Weißschen Bezirke. (Aus: R.J. Celotta, D.T. Pierce, „Polarized Electron Probes of Magnetic Surfaces", *Science* **234** (1986) 333)

Dipole untereinander aber so schwach ausgebildet, daß es keine Vorzugsrichtung gibt, sondern eher eine zufällige Verteilung der magnetischen Dipole. Durch Anlegen eines äußeren Magnetfeldes werden die Dipole teilweise in Feldrichtung orientiert, was zu einer Verstärkung des Feldes führt. Allerdings ist die Verstärkung bei einem äußeren Magnetfeld gewöhnlicher Stärke bei Zimmertemperatur sehr gering, weil der Einstellung der Momente im Feld deren thermische Bewegung entgegenwirkt. In ferromagnetischen Materialien wechselwirken die magnetischen Dipole sehr stark untereinander. Schon schwache äußere Magnetfelder werden enorm verstärkt. Die magnetischen Dipole sind oft auch ohne äußeres Magnetfeld über makroskopische Bereiche (die sogenannten Weißschen Bezirke) hinweg vollständig ausgerichtet, wie z.B. bei Permanentmagneten. Diamagnetismus wird in Materialien beobachtet, deren Moleküle kein permanentes magnetisches Moment besitzen. Durch ein äußeres Magnetfeld werden Dipole induziert, die sich entgegen der Feldrichtung orientieren, was zu einer Schwächung des Feldes führt. Tatsächlich tritt der Diamagnetismus in allen Materialien auf, aber weil er sehr schwach ist, wird er durch den Paramagnetismus oder den Ferromagnetismus überdeckt, wenn die einzelnen Moleküle des entsprechenden Materials schon ein permanentes magnetisches Dipolmoment besitzen.

27.1 Magnetisierung und magnetische Suszeptibilität

Bringt man Materie in ein starkes Magnetfeld, etwa in das einer stromdurchflossenen Spule, werden die magnetischen Dipolmomente (sowohl permanente als auch induzierte) im Innern des Materials ausgerichtet, und man sagt, das Material sei magnetisch. Diese **Magnetisierung M** wird durch das resultierende magnetische Moment pro Volumeneinheit definiert, und es ergibt sich:

27.1 Magnetisierung und magnetische Suszeptibilität

$$M = \frac{dm_m}{dV}.$$ 27.1

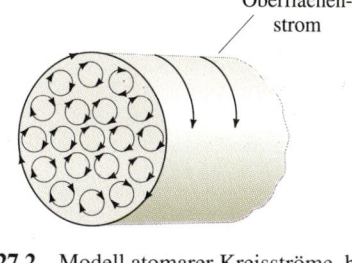

27.2 Modell atomarer Kreisströme, bei dem die magnetischen Momente parallel zur Zylinderachse orientiert sind. Innerhalb des Zylinders heben sich die Kreisströme auf. Dagegen fließt an seiner Oberfläche ein effektiver Kreisstrom, der dem Strom in den Wicklungen einer Zylinderspule entspricht.

Noch lange bevor man jegliches Verständnis für die atomare bzw. molekulare Struktur der Materie entwickelt hatte, führte Ampère die Magnetisierung auf mikroskopische Kreisströme innerhalb des magnetisierten Materials zurück. Vereinfacht gesagt, werden die Kreisströme durch die Elektronen auf ihrer „Bahn" um die Atomkerne verursacht; hier ist es ausreichend, wenn wir annehmen, daß dieser Bewegung geladener Teilchen geschlossene Kreisbahnen entsprechen. In Abbildung 27.2 sehen wir einen magnetisierten Zylinder mit atomaren Kreisströmen, deren magnetische Momente parallel zur Zylinderachse stehen. Setzen wir eine homogene Struktur des Zylinders voraus, dann ist der resultierende Strom im Innern des Körpers überall null, da die Kreisströme sich gegenseitig aufheben. Nur auf der Oberfläche fließt ein Strom, der rings um den Zylinder läuft (Abbildung 27.3). Dieser Oberflächenstrom wird **Ampèrescher Strom** genannt und entspricht dem Strom in den Wicklungen einer zylinderförmigen Spule. Abbildung 27.4 zeigt eine Kreisscheibe der Querschnittsfläche A, der Länge $d\ell$ und des Volumens $dV = A\, d\ell$. Der Ampèresche Strom auf der Oberfläche der Kreisscheibe sei di, dann gilt für das magnetische Dipolmoment dm_m dieser Kreisscheibe:

$$dm_m = A\, di.$$

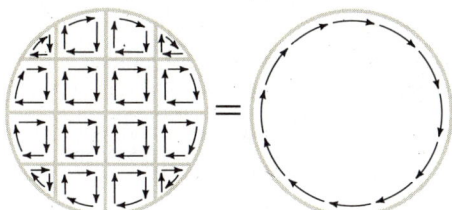

27.3 Im Innern eines homogenen, magnetisierten Materials heben sich benachbarte Kreisströme auf, und zwar unabhängig von der Form der Kurven, die die Ströme beschreiben.

Die Magnetisierung M der Kreisscheibe ergibt sich aus dem magnetischen Moment pro Volumeneinheit:

$$M = \frac{dm_m}{dV} = \frac{A\, di}{A\, d\ell} = \frac{di}{d\ell}.$$ 27.2

Der Betrag des Magnetisierungsvektors wiederum ergibt sich aus dem Verhältnis von Ampèreschem Strom zur Längeneinheit, die Einheit von M ist Ampere pro Meter.

Wie wir gerade gesehen haben, entspricht der Ampèresche Strom auf der Oberfläche eines Zylinders dem Strom in den Wicklungen einer zylinderförmigen Spule. Für eine solche Spule ist der Strom I pro Längeneinheit gleich $n \cdot I$, wobei n die Zahl der Windungen pro Längenenheit (also die Windungszahldichte) und I der Strom durch jede Windung ist. Zylinder und Spule können völlig gleich behandelt werden, wenn sie beide die gleiche Form besitzen. Gilt für die Magnetisierung $M = n \cdot I$, dann ist das Magnetfeld, das der Zylinder produziert, völlig identisch mit dem der Spule. Weit genug im Innern der Spule ist das magnetische Feld B:

$$B = \mu_0 n I.$$

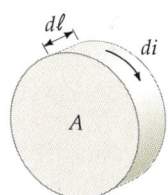

27.4 Erläuterung der Beziehung zwischen der Magnetisierung M und dem Oberflächenstrom di pro Längeneinheit $d\ell$.

Und wenn wir eine gleichmäßige Magnetisierung M des Zylinders voraussetzen, dann ergibt sich für das magnetische Feld B_m im Innern des Zylinders:

$$B_m = \mu_0 M.$$ 27.3

27 Magnetismus in Materie

Beispiel 27.1

Gegeben sei ein zylindrischer Stabmagnet mit einem Radius von 0,5 cm, einer Länge von 12 cm und einem magnetischen Dipolmoment von $m_m = 1{,}5 \text{ A}\cdot\text{m}^2$. a) Wie groß ist die Magnetisierung M, die als homogen innerhalb des Magneten vorausgesetzt wird? Wie groß ist das magnetische Feld b) im Zentrum und c) am Stabende des Magneten? d) Wie groß ist die Polstärke P des Magneten?

a) Das Volumen des Magneten ist $V = \pi r^2 \ell = \pi \cdot (0{,}005 \text{ m})^2 \cdot 0{,}12 \text{ m} = 9{,}42 \cdot 10^{-6} \text{ m}^3$. Die Magnetisierung ergibt sich aus dem magnetischen Moment pro Einheitsvolumen:

$$M = \frac{m_m}{V} = \frac{1{,}5 \text{ A}\cdot\text{m}^2}{9{,}42 \cdot 10^{-6} \text{ m}^3} = 1{,}59 \cdot 10^5 \text{ A/m}.$$

b) Das Magnetfeld innerhalb des zylindrischen Magneten ist identisch mit dem Magnetfeld innerhalb einer zylinderförmigen Spule, wobei $M = n \cdot I$ gilt. Wenn wir die Effekte an den Rändern vernachlässigen, erhalten wir für das Magnetfeld B im Innern des Magneten:

$$B = \mu_0 M$$
$$= (4\pi \cdot 10^{-7} \text{ T}\cdot\text{m/A}) \cdot 1{,}59 \cdot 10^5 \text{ A/m} = 0{,}200 \text{ T}.$$

c) In Kapitel 25 wurde gezeigt, daß das magnetische Feld am Ende einer zylinderförmigen Spule nur halb so groß ist wie im Zentrum. Damit gilt für das magnetische Feld am Ende des Zylinders:

$$B = \frac{1}{2} \mu_0 M = 0{,}100 \text{ T}.$$

d) Die magnetische Polstärke ergibt sich aus dem Quotient von Dipolmoment und Länge des Magneten und ist daher:

$$P = \frac{m_m}{\ell} = \frac{1{,}5 \text{ A}\cdot\text{m}^2}{0{,}12 \text{ m}} = 12{,}5 \text{ A}\cdot\text{m}.$$

Betrachten wir eine lange, zylinderförmige Spule mit N Windungen pro Längeneinheit und dem Strom I. Das magnetische Feld der Spule werden wir im folgenden als B_0 bezeichnen. Bringt man nun einen Zylinder eines beliebigen Materials in die Spule, wird das Zylindermaterial durch das B_0-Feld magnetisiert und besitzt die Magnetisierung M. Innerhalb der Spule ergibt sich das resultierende Magnetfeld, das sich aus dem Magnetfeld der Spule und dem Magnetfeld des magnetisierten Materials zusammensetzt, zu

$$\boxed{B = B_0 + \mu_0 M.} \qquad 27.4\text{a}$$

Für para- und ferromagnetische Materialien sind M und B_0 gleich gerichtet, für diamagnetische entgegengesetzt.

An dieser Stelle ist es sehr hilfreich, eine weitere Feldgröße einzuführen: die magnetische Feldstärke H. Sie ist uns bereits kurz in Abschnitt 24.1 begegnet. Diese vektorielle Größe ist durch $H = (B/\mu_0) - M$ definiert, womit sich Gleichung (27.4a) schreiben läßt als

$$B = \mu_0 (H + M). \qquad 27.4\text{b}$$

Die Einheit von H wie auch diejenige von M ist $A\cdot m^{-1}$. Zum besseren Verständnis der magnetischen Feldstärke stellen wir uns das Innere einer zylindrischen Spule vor, welche von einem Strom I durchflossen wird. Wenn im Innern der Spule Vakuum herrscht, ist die Magnetisierung $M = 0$, und $B = B_0 = \mu_0 H$. Wir wissen schon (Abschnitt 25.2), daß in einer Spule $B_0 = \mu_0 nI$ gilt, und daraus folgt dann $H = B/\mu_0 = \mu_0 nI/\mu_0$ oder

$$H = nI.$$

Die Gleichung besagt, daß die magnetische Feldstärke H durch den Strom I, der in den N Windungen der Spule fließt, erzeugt wird ($N = n \cdot \ell$, wenn ℓ die Länge der Spule ist). Wenn wir jetzt die Spule mit einem beliebigen Material füllen und den Strom I konstant halten, sehen wir, daß H innerhalb der Spule gleichbleibt. Quellen von H sind nämlich nur die Ströme, die durch den Spulendraht fließen. Man nennt sie auch freie Ströme. Im Gegensatz dazu ändert sich das Magnetfeld B, nachdem das Material in die Spule gebracht wurde, und zwar wegen des Terms $\mu_0 M$ in Gleichung (27.4), der die Magnetisierung des Materials ausdrückt. Die Quellen von B sind nicht nur die freien Ströme, wie das bei H der Fall ist, sondern alle Ströme, auch die sogenannten gebundenen Ströme. Dies sind zum Beispiel die Kreisströme in magnetisierter Materie. Man kann sie nicht mit dem Amperemeter messen wie die freien Ströme. Daher ist auch die Größe B diejenige, die ein Magnetfeld vollständig beschreibt, und nicht H. Es ist immer dann von Vorteil, mit beiden Größen zu arbeiten, wenn es darauf ankommt, zwischen dem materialabhängigen und dem materialunabhängigen Anteil des Magnetfeldes zu unterscheiden.

Bei paramagnetischen und diamagnetischen Materialien verhält die Magnetisierung M sich proportional zur Magnetfeldstärke H, und man kann schreiben:

$$\boxed{M = \chi_m H},\qquad 27.5$$

wobei die dimensionslose Proportionalitätskonstante χ_m **magnetische Suszeptibilität** genannt wird.

Für paramagnetische Materialien nimmt χ_m sehr kleine positive Werte an und hängt von der Temperatur ab. Für diamagnetische Materialien ergeben sich kleine negative Werte, und zwar unabhängig von der Temperatur. In Tabelle 27.1 sind für einige para- und diamagnetische Materialien Werte der magnetischen Suszeptibilität aufgeführt. Die Werte der magnetischen Suszeptibilität liegen für Festkörper in der Größenordnung von 10^{-5}.

Setzt man M aus Gleichung (27.5) in Gleichung (27.4b) ein, ergibt sich

$$B = \mu_0 (H + M) = \mu_0 (H + \chi_m H) = \mu_0 (1 + \chi_m) H$$

oder

$$\boxed{B = \mu H},\qquad 27.6$$

wobei die Konstante μ die sogenannte Permeabilität des Materials ist, die über

$$\mu = \mu_0 (1 + \chi_m)$$

mit der magnetischen Suszeptibilität zusammenhängt. Weil die magnetische Suszeptibilität χ_m für para- und diamagnetische Materialien sehr klein ist, weicht die Permeabilität μ dieser Materialien kaum von der Permeabilität des Vakuums, μ_0, ab. Auf ferromagnetische Substanzen trifft das nicht zu: μ ist hier sehr viel größer als μ_0. Gleichung (27.6) gilt bei ferromagnetischen Materialien nur sehr eingeschränkt, weil in diesem besonderen Fall μ keine Materialkonstante ist, sondern von der Vorgeschichte des Materials abhängt.

Tabelle 27.1 Magnetische Suszeptibilität verschiedener Materialien bei 20 °C.

Material	χ_m
Aluminium	$2{,}3 \cdot 10^{-5}$
Bismut	$-1{,}66 \cdot 10^{-5}$
Diamant	$-2{,}2 \cdot 10^{-5}$
Gold	$-3{,}6 \cdot 10^{-5}$
Kupfer	$-0{,}98 \cdot 10^{-5}$
Magnesium	$1{,}2 \cdot 10^{-5}$
Natrium	$-0{,}24 \cdot 10^{-5}$
Quecksilber	$-3{,}2 \cdot 10^{-5}$
Silber	$-2{,}6 \cdot 10^{-5}$
Titan	$7{,}06 \cdot 10^{-5}$
Wolfram	$6{,}8 \cdot 10^{-5}$
Kohlendioxid (1 atm)	$-2{,}3 \cdot 10^{-9}$
Sauerstoff (1 atm)	$2090 \cdot 10^{-9}$
Stickstoff (1 atm)	$-5{,}0 \cdot 10^{-9}$
Wasserstoff (1 atm)	$-9{,}9 \cdot 10^{-9}$

Frage

1. Wieso sind einige Werte von χ_m in Tabelle 27.1 positiv und andere negativ?

27 Magnetismus in Materie

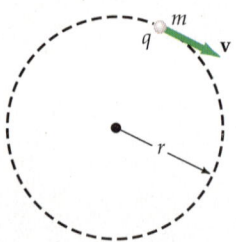

27.5 Ein Teilchen mit Ladung q und Masse m bewegt sich auf einer Kreisbahn mit Radius r. Der Drehimpulsvektor zeigt in die Papierebene und hat einen Betrag von mvr. Falls q positiv ist, zeigt auch der Vektor des magnetischen Moments in die Papierebene, und sein Betrag ist $\frac{1}{2}qvr$.

27.2 Atomare magnetische Momente

Die Magnetisierung eines para- bzw. ferromagnetischen Materials läßt sich auf die permanenten magnetischen Momente der einzelnen Atome des Materials zurückführen. Im allgemeinen ist das magnetische Moment eines Atoms mit dem Gesamtbahndrehimpuls seiner Elektronen verknüpft. Abbildung 27.5 zeigt ein Teilchen mit der Masse m und der Ladung q, das sich mit der Geschwindigkeit v auf einer Kreisbahn mit dem Radius r bewegt. Der Drehimpuls des Teilchens ist

$$L = mvr. \qquad 27.7$$

Der Betrag des magnetischen Moments ergibt sich aus dem Produkt des Stroms und der Kreisfläche:

$$m_m = IA = I\pi r^2.$$

Für eine Ladung, die sich auf einer Kreisbahn bewegt, berechnet sich der Strom aus dem Produkt dieser Ladung und ihrer Umlauffrequenz ν:

$$I = q\nu = \frac{q}{T},$$

wobei T die Periodendauer ist. Sie erhält man aus

$$T = \frac{2\pi r}{v}.$$

Der Strom ergibt sich zu

$$I = \frac{q}{T} = \frac{qv}{2\pi r},$$

und für das magnetische Moment erhält man

$$m_m = IA$$
$$= \frac{qv}{2\pi r}\pi r^2 = \frac{1}{2}qvr. \qquad 27.8$$

Mit $vr = L/m$ aus Gleichung (27.7) läßt sich das magnetische Moment schreiben als

$$m_m = \frac{q}{2m}L.$$

Ist die Ladung q positiv, zeigen der Drehimpuls und das magnetische Moment in die gleiche Richtung. Es ergibt sich

Magnetisches Moment und Bahndrehimpuls

$$\boxed{m_m = \frac{q}{2m}L.} \qquad 27.9$$

Gleichung (27.9) ist die klassische Beziehung zwischen magnetischem Moment und Drehimpuls. Sie gilt ebenfalls in der Quantentheorie für den Bahndrehimpuls eines Atoms, nicht aber für den Spin eines Elektrons. Der Elektronenspin erzeugt ein magnetisches Moment, das doppelt so groß wie das nach (27.9) vorhergesagte ist. Dieser Faktor zwei ergibt sich aus den Berechnungen der Quantentheorie und kann auf klassische Weise nicht erklärt werden.

In der Quantentheorie des Atoms treten alle Drehimpulse in quantisierter Form auf. Das bedeutet, sie können nur ganz bestimmte Werte annehmen. So muß der Bahndrehimpuls immer ein *ganzzahliges* Vielfaches und der Spindrehimpuls immer ein *halbzahliges* Vielfaches von $h/2\pi$ sein. Die fundamentale Größe h wird Plancksches Wirkungsquantum genannt (siehe auch Kapitel 35) und hat den Wert

$$h = 6{,}63 \cdot 10^{-34} \, \text{J} \cdot \text{s} \, .$$

Weil der Ausdruck $h/2\pi$ oft auftritt, schreibt man auch $\hbar$ dafür, und es gilt:

$$\hbar = \frac{h}{2\pi} = 1{,}05 \cdot 10^{-34} \, \text{J} \cdot \text{s} \, .$$

Das magnetische Moment eines Atoms ist demnach ebenfalls quantisiert. Gleichung (27.9) läßt sich folgendermaßen umschreiben:

$$\boldsymbol{m}_\text{m} = \frac{q\hbar}{2m} \frac{\boldsymbol{L}}{\hbar} \, .$$

Für ein Elektron mit $m = m_\text{e}$ und $q = -e$ ist das magnetische Moment

$$\boldsymbol{m}_\text{m} = -\frac{e\hbar}{2m_\text{e}} \frac{\boldsymbol{L}}{\hbar} = -\mu_\text{B} \frac{\boldsymbol{L}}{\hbar} \, , \qquad 27.10$$

wobei

$$\mu_\text{B} = \frac{e\hbar}{2m_\text{e}} = 9{,}27 \cdot 10^{-24} \, \text{A} \cdot \text{m}^2 = 9{,}27 \cdot 10^{-24} \, \text{J/T} \qquad 27.11 \qquad \textit{Bohrsches Magneton}$$

Bohrsches Magneton genannt wird. Obwohl die quantentheoretische Berechnung der magnetischen Momente von Atomen sehr kompliziert ist, ergibt sich für alle Atome (auch in Übereinstimmung mit dem Experiment), daß ihre magnetischen Momente in der Größenordnung von wenigen Bohrschen Magnetonen liegen (oder sie sind null, wenn eine abgeschlossene Schalenstruktur vorhanden ist).

Sind in einem Material alle magnetischen Momente der Atome bzw. Moleküle ausgerichtet, ergibt sich das magnetische Moment pro Volumeneinheit aus dem Produkt der Anzahldichte n der Moleküle (Anzahl der Moleküle pro Volumeneinheit) und dem magnetischen Moment m_m jedes Moleküls. Hieraus erhält man die sogenannte **Sättigungsmagnetisierung** M_s

$$M_\text{s} = n m_\text{m} \, . \qquad 27.12$$

Die Anzahldichte der Moleküle läßt sich aus der molaren Masse M, der Dichte ϱ des Materials und der Avogadro-Zahl N_A berechnen:

$$n = \frac{N_\text{A}(\text{Moleküle/mol})}{M(\text{kg/mol})} \, \varrho \, (\text{kg/m}^3) \, .$$

Beispiel 27.2

Man berechne die Sättigungsmagnetisierung und das magnetische Feld von Eisen unter der Annahme, daß das magnetische Moment jedes Eisenatoms gleich einem Bohrschen Magneton ist.

Die Dichte von Eisen beträgt $7{,}9 \cdot 10^3$ kg/m³, seine molare Masse ist $55{,}8 \cdot 10^{-3}$ kg/mol. Hieraus ergibt sich die Zahl der Eisenatome pro Volumeneinheit zu

$$n = \frac{6{,}02 \cdot 10^{23} /\text{mol}}{55{,}8 \cdot 10^{-3} \text{ kg/mol}} \cdot 7{,}9 \cdot 10^3 \text{ kg/m}^3$$

$$= 8{,}52 \cdot 10^{28} /\text{m}^3 \,.$$

Damit erhält man für die Sättigungsmagnetisierung

$$M_s = (8{,}52 \cdot 10^{28}/\text{m}^3) \cdot 9{,}27 \cdot 10^{-24} \text{ A} \cdot \text{m}^2$$

$$= 7{,}90 \cdot 10^5 \text{ A/m} \,.$$

Das von dieser Sättigungsmagnetisierung herrührende magnetische Feld im Innern eines langen Eisenzylinders ergibt sich nach (27.3) zu

$$B = \mu_0 M_s = (4\pi \cdot 10^{-7} \text{ T} \cdot \text{m/A}) \cdot 7{,}90 \cdot 10^5 \text{ A/m}$$

$$= 0{,}993 \text{ T} \approx 1 \text{ T} \,.$$

Das gemessene gesättigte Magnetfeld von gehärtetem Eisen beträgt etwa 2,16 T. Damit ist das magnetische Moment des einzelnen Eisenatoms etwas größer als zwei Bohrsche Magnetone. Dieses magnetische Moment ist hauptsächlich auf die zwei ungepaarten Elektronen, die in jedem Eisenatom vorhanden sind, zurückzuführen.

Fragen

2. Kann ein Teilchen einen Drehimpuls haben, aber gleichzeitig kein magnetisches Moment?
3. Kann ein Teilchen ein magnetisches Moment haben, aber gleichzeitig keinen Drehimpuls?
4. Durch eine kreisförmige Drahtschleife fließe ein Strom I. Ist in diesem Fall ein Drehimpuls mit dem magnetischen Moment der Schleife verbunden? Falls ja, warum wird nichts beobachtet?

27.3 Paramagnetismus

Paramagnetische Materialien besitzen eine sehr kleine positive magnetische Suszeptibilität χ_m. Die Atome in paramagnetischen Stoffen haben permanente magnetische Momente, die untereinander nur sehr schwach wechselwirken. Ohne äußeres magnetisches Feld sind sie zufällig in alle Raumrichtungen verteilt. Legt man ein äußeres Magnetfeld an, zeigen sie eine gewisse Tendenz, sich parallel zu den Feldlinien auszurichten. Dem wirkt aber ihre thermische Bewegung entgegen, so daß es von der Stärke des äußeren Magnetfeldes und der Temperatur abhängt, wie viele magnetische Momente sich im Feld ausrichten. In den stärksten im Labor erzeugbaren Feldern gelingt es, bei einer Temperatur von wenigen Kelvin fast alle magnetischen Momente eines paramagnetischen Stoffes auszurichten. Dann ist der Beitrag, den das Material zum Gesamtmagnetfeld leistet, sehr groß, wie in Beispiel 27.2 gezeigt wurde. Aber schon bei einer etwas höheren Temperatur ist der Anteil der im Feld orientierten magnetischen Momente vergleichsweise gering, und der Beitrag des Materials zum Magnetfeld ist somit sehr klein. Dies läßt sich quantitativ erfassen, indem man die potentielle Energie eines magnetischen Moments in einem äußeren Feld vergleicht mit der thermischen Energie eines Atoms desselben Materials. Die thermische Energie ist von der Größenordnung $k_B T$, wobei k_B die Boltzmann-Konstante und T die absolute Temperatur ist.

Wie wir in Kapitel 18 gesehen haben, ist die potentielle Energie eines elektrischen Dipols mit dem Dipolmoment $\boldsymbol{p}$ in einem elektrischen Feld $\boldsymbol{E}$ nach Gleichung (18.12) gegeben durch

$$E_{\text{pot}} = -pE \cos\theta = -\boldsymbol{p} \cdot \boldsymbol{E}.$$

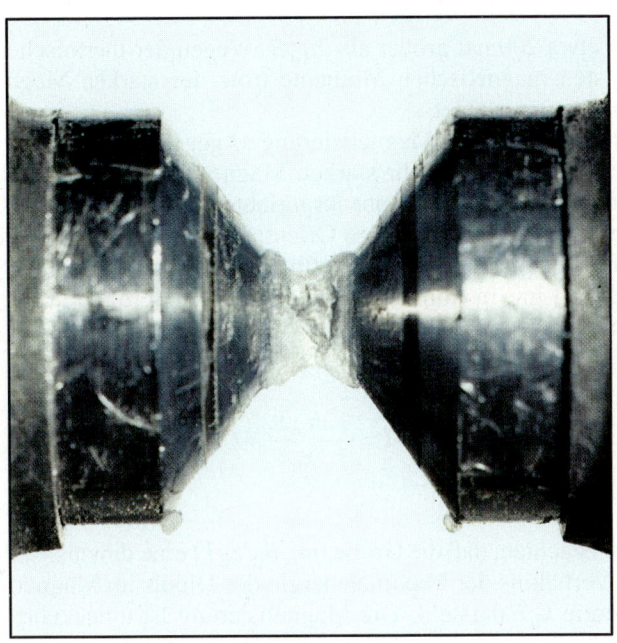

Flüssiger Sauerstoff, der paramagnetisch ist, wird durch das Feld eines Permanentmagneten angezogen. In einem homogenen magnetischen Feld erfährt ein magnetischer Dipol zwar ein Drehmoment, aber keine Gesamtkraft. In einem inhomogenen Feld wirkt auf einen Dipol eine Kraft, die vom Feldgradienten abhängt. Hier sammelt sich der flüssige Sauerstoff an den Rändern der Polschuhe, da dort der Feldgradient am größten ist. (Foto: J.F. Allen, St. Andrews University, Scotland)

Für die potentielle Energie eines magnetischen Dipols mit dem Moment $\boldsymbol{m}_m$ in einem äußeren magnetischen Feld $\boldsymbol{B}$ gilt eine ähnliche Gleichung:

$$E_{\text{pot}} = -m_m B \cos\theta = -\boldsymbol{m}_m \cdot \boldsymbol{B}. \qquad 27.13$$

Die potentielle Energie des Moments in paralleler ($\theta = 0$) Einstellung zum Feld ist kleiner als in antiparalleler ($\theta = 180°$), wobei die Differenzenergie $2m_m B$ beträgt (Abbildung 27.6). Für ein magnetisches Moment von der Größe eines Bohrschen Magnetons und eine typische Magnetfeldstärke von 1 T erhält man für die Differenzenergie

$$\Delta E_{\text{pot}} = 2\mu_B B = 2 \cdot (9{,}27 \cdot 10^{-24} \text{ J/T}) \cdot 1 \text{ T} = 1{,}85 \cdot 10^{-23} \text{ J}.$$

Bei Zimmertemperatur von ungefähr $T = 300$ K ist die thermische Energie $k_B T$

$$k_B T = (1{,}38 \cdot 10^{-23} \text{ J/K}) \cdot 300 \text{ K} = 4{,}14 \cdot 10^{-21} \text{ J}.$$

27 Magnetismus in Materie

27.6 a) Magnetisches Moment m_m und Magnetfeld B schließen den Winkel θ ein. b) Die potentielle Energie ist am kleinsten bei paralleler Ausrichtung, am größten bei antiparalleler; der Energieunterschied beträgt $2 m_m B$.

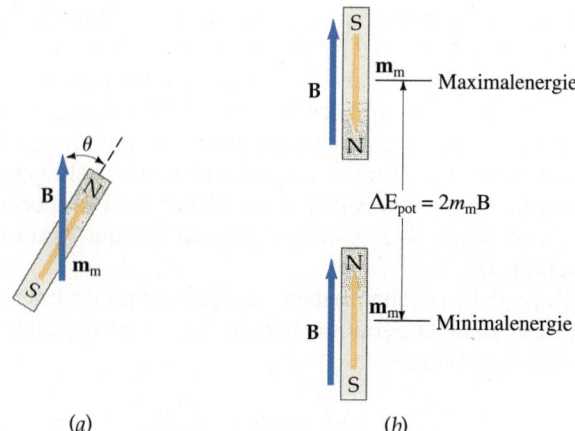

Sie ist damit etwa 200mal größer als $2 \mu_B B$. Wegen der thermischen Bewegung sind die meisten magnetischen Momente trotz des starken Magnetfeldes von 1 Tesla zufällig ausgerichtet.

In Abbildung 27.7 ist die Magnetisierung M gegen das angelegte äußere Magnetfeld B_0 aufgetragen. In sehr starken Magnetfeldern ($m_m B_0 > k_B T$) werden nahezu alle magnetischen Momente ausgerichtet, und es gilt $M \approx M_s$. Für $B_0 = 0$ und $M = 0$ ergibt sich eine zufällige Orientierung der Momente. In schwachen Feldern ist die Magnetisierung proportional zum angelegten Feld, wie die gestrichelte orange Linie in Abbildung 27.7 zeigt. In diesem Bereich ergibt sich die Magnetisierung zu

Curiesches Gesetz

$$M = \frac{1}{3} \frac{m_m B_0}{k_B T} M_s .$$

27.14

Hierbei ist zu beachten, daß die Größe $(m_m B_0 / k_B T)$ eine dimensionslose Zahl ist, weil sie das Verhältnis der Maximalenergie des Dipols im Magnetfeld zur thermischen Energie $k_B T$ darstellt. Die Magnetisierung ist umgekehrt proportional zur absoluten Temperatur. Dieser Zusammenhang wurde experimentell von Pierre Curie entdeckt und wird als **Curiesches Gesetz** bezeichnet.

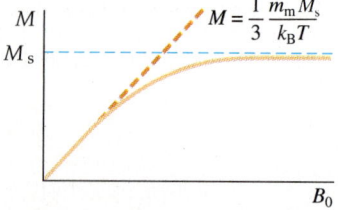

27.7 Magnetisierung M als Funktion des angelegten Magnetfeldes B_0. In sehr starken Feldern nähert sich die Magnetisierung der Sättigung M_s. Dies läßt sich allerdings nur bei sehr kleinen Temperaturen erreichen. In schwachen Feldern ist die Magnetisierung näherungsweise proportional zu B_0. Dieser Zusammenhang ist als Curiesches Gesetz bekannt.

Beispiel 27.3

In einem Material sei $m_m = \mu_B$, und es werde ein Magnetfeld von 1 T angelegt. Bei welcher Temperatur beträgt dann die Magnetisierung 1 % der Sättigungsmagnetisierung?

Nach dem Curieschen Gesetz gilt

$$M = \frac{1}{3} \frac{m_m B_0}{k_B T} M_s = 0{,}01\, M_s .$$

Damit ergibt sich

$$T = \frac{m_m B_0}{0{,}03\, k_B} = \frac{(9{,}27 \cdot 10^{-24}\, \text{J/T}) \cdot 1\, \text{T}}{0{,}03 \cdot 1{,}38 \cdot 10^{-23}\, \text{J/K}} = 22{,}4\, \text{K} .$$

Selbst bei einem stark angelegten Magnetfeld von 1 T ist die Magnetisierung kleiner als 1 % der Sättigungsmagnetisierung, wenn die Temperatur 22,4 K überschreitet.

27.4 Ferromagnetismus

Bei ferromagnetischen Materialien nimmt die magnetische Suszeptibilität χ_m sehr große, positive Werte an. Ferromagnetismus kommt in reinem Eisen, Cobalt, Nickel, in Legierungen dieser Metalle sowie in Gadolinium, Dysprosium, Erbium und in einigen wenigen Verbindungen vor. Schon mit schwachen Magnetfeldern läßt sich bei diesen Materialien ein hoher Grad an Ausrichtung der atomaren magnetischen Momente erreichen, und in einigen Fällen bleibt die Orientierung nach Abschalten des äußeren Feldes sogar erhalten. Da die Wechselwirkung der magnetischen Momente benachbarter Atome sehr stark ist, richten sich die Momente in kleinen Raumbereichen untereinander aus, auch ohne äußeres Feld. Diese Raumbereiche werden **magnetische Domänen**, **Weißsche Bezirke** oder **Weißsche Bereiche** genannt. Sie sind von mikroskopischer Größenordnung.

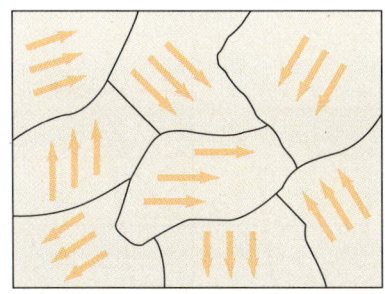

27.8 Schematische Zeichnung von Weißschen Bezirken. Innerhalb der Bezirke sind die magnetischen Momente ausgerichtet. Die Richtung ändert sich von Bezirk zu Bezirk, so daß sich ein resultierendes magnetisches Moment von null ergibt. Schon ein schwaches äußeres Magnetfeld erzeugt eine Gesamtorientierung der Weißschen Bezirke, und es entsteht ein von null verschiedenes magnetisches Moment, das parallel zum Feld gerichtet ist.

Innerhalb dieser Weißschen Bezirke sind alle magnetischen Momente ausgerichtet. Da sich die Richtung der Orientierung allerdings von Bezirk von Bezirk unterscheidet, ist das daraus resultierende magnetische Moment für die makroskopische Probe im Normalfall gleich null (Abbildung 27.8). Die sogenannte Austauschwechselwirkung, die diese Art der Orientierung erzeugt, wird durch die Quantentheorie vorhergesagt, kann aber nicht durch die klassische Physik erklärt werden. Oberhalb einer kritischen Temperatur, **Curie-Temperatur** genannt, wird die thermische Bewegung so stark, daß die Orientierung der magnetischen Momente verschwindet, und das Material wird paramagnetisch.

Wenn wir den ferromagnetischen Stoff in ein äußeres Magnetfeld bringen, verändern sich einerseits die Grenzen zwischen den Weißschen Bezirken, andererseits wird ihre Orientierungsrichtung geändert, sie werden „umgeklappt". Man kann dieses Umklappen als sogenanntes **Barkhausen-Rauschen** sogar mit einem einfachen Mikrofron hörbar machen. Nach dem Umklappen liegt eine große, meßbare Magnetisierung in Feldrichtung vor, wobei das im Material erzeugte Magnetfeld der Dipole sehr viel stärker ist als das äußere Magnetfeld.

Betrachten wir, was passiert, wenn ein langer Eisenstab in eine zylinderförmige Spule geschoben und bei zunehmendem Strom magnetisiert wird. Unter der Annahme, daß Stab und Spule lang genug sind, können wir die Effekte am Stabende vernachlässigen. Das Magnetfeld im Zentrum des Stabes ergibt sich nach (27.4b) zu

$$\boldsymbol{B} = \mu_0 (\boldsymbol{H} + \boldsymbol{M}), \qquad 27.15$$

wobei

$$H = nI$$

und $n = N/\ell$ die Windungszahldichte ist. In ferromagnetischen Materialien ist das induzierte Magnetfeld $\mu_0 M$ durch die magnetischen Momente häufig sehr viel größer (um einen Faktor von mehreren Tausend) als das angelegte Feld $B_0 = \mu_0 H$.

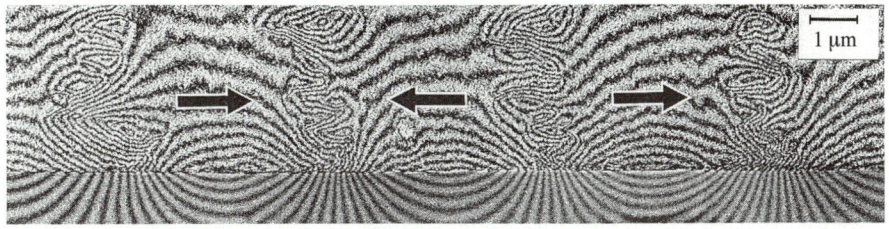

Magnetische Feldlinien auf einem bespielten Magnetband (Tonband) aus Cobalt. Die Pfeile zeigen die verschlüsselten magnetischen Bits an. (© Akira Tonomura, Hitachi Advanced Research Laboratory, Hatoyama, Japan)

27 Magnetismus in Materie

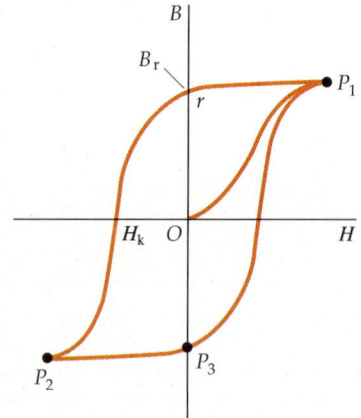

27.9 Magnetfeld B eines Eisenstabes als Funktion des angelegten Magnetfeldes H. Die äußere Kurve (von P_1 nach P_2 und von dort über P_3 wieder bis P_1) wird Hysteresekurve genannt. Das Feld B_r ist das sogenannte Remanenzfeld, H_k ist das Koerzitivfeld, das nötig ist, um einen Permanentmagneten wieder zu entmagnetisieren.

Abbildung 27.9 zeigt das Magnetfeld B eines Eisenstabes als Funktion der äußeren Magnetfeldstärke H. Mit größer werdendem Strom und damit zunehmendem H steigt B an, und zwar folgt es der Kurve von Punkt O bis P_1. Diese Kurve gilt für anfangs unmagnetisiertes Material und wird deshalb auch **Neukurve** genannt. Die Abflachung der Kurve in der Nähe von Punkt P_1 zeigt, daß sich die Magnetisierung M dem Sättigungswert M_s nähert, an dem alle magnetischen Momente ausgerichtet sind. Oberhalb der Sättigung nimmt B nur noch zu, weil das Magnetisierungsfeld H weiter ansteigt. Wenn H jetzt von Punkt P_1 aus wieder abnimmt, geht die Magnetisierung des Materials nicht im gleichen Maße zurück. Die Ausrichtung der Weißschen Bezirke bleibt nämlich teilweise erhalten, und selbst wenn das Feld H null geworden ist, bleibt ein Feld $B = B_r$ übrig, das von der restlichen Magnetisierung stammt. (An diesem Punkt ist der Eisenstab zu einem Permanentmagneten geworden.) Dieser Effekt wird Hysterese genannt, nach dem griechischen Wort *hysteros*, was später oder hinterher bedeutet. Die Kurve in Abbildung 27.9 nennt man deshalb auch **Hysteresekurve**, und das Magnetfeld B_r wird als **Remanenzfeld** bezeichnet.

Wird der Spulenstrom jetzt umgepolt und damit ein äußeres Magnetfeld H in entgegengesetzte Richtung erzeugt, kann man das Magnetfeld B wieder auf null bringen (Punkt H_k in Abbildung 27.9). Man nennt das dazu nötige äußere Magnetfeld das **Koerzitivfeld**. Bei weiterer Zunahme von H erreicht man Punkt P_2. Nun sind alle magnetischen Momente in Gegenrichtung orientiert. Schalten wir das Feld H ab, bleibt ebenfalls eine Magnetisierung M übrig, nur ist die der ersten entgegengesetzt gerichtet. Dies ist der Fall am Punkt P_3. Mit erneutem Umpolen der Spule, also Erzeugen des Feldes H in ursprünglicher Richtung, läßt sich die Hysteresekurve schließen. Wir sehen, daß die Magnetisierung M stark von der Vorgeschichte des Materials abhängt und nicht in einfacher Weise vom äußeren Magnetfeld H.

In der Neukurve in Abbildung 27.9 allerdings sind M und H gleichgerichtet, und M ist null, wenn H null ist. In diesem Bereich sind die Magnetisierung und die magnetische Feldstärke über die magnetische Suszeptibilität miteinander verknüpft:

$$\boldsymbol{M} = \chi_m \boldsymbol{H},$$

und B ergibt sich zu

$$\boldsymbol{B} = \mu_0 (\boldsymbol{H} + \boldsymbol{M}) = \mu_0 (\boldsymbol{H} + \chi_m \boldsymbol{H}) = \mu_0 (1 + \chi_m) \boldsymbol{H}. \qquad 27.16$$

Wir haben bereits in Abschnitt 27.1 gesehen, daß

$$\mu = (1 + \chi_m) \mu_0 \qquad 27.17$$

die **Permeabilität** des Materials ist. (Für para- und diamagnetische Materialien ist χ_m sehr viel kleiner als eins, und die Permeabilität μ und die magnetische Feldkonstante μ_0 sind nahezu gleich.) Die **relative Permeabilität** μ_r ist eine dimensionslose Zahl und wird definiert durch

$$\boxed{\mu_r = \frac{\mu}{\mu_0} = 1 + \chi_m = \frac{B}{B_0}.} \qquad 27.18$$

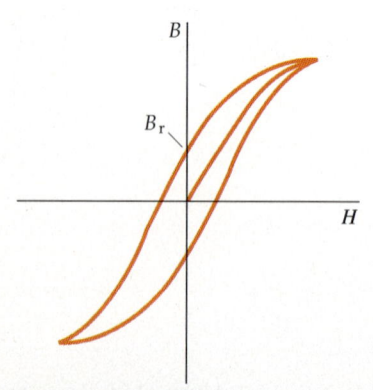

27.10 Hysteresekurve eines magnetisch weichen Materials. Das Remanenzfeld ist, verglichen mit dem magnetisch harten Material in Abbildung 27.9, sehr klein.

Die relative Permeabilität ist für ferromagnetische Materialien keine Konstante, denn B und $B_0 = \mu_0 H$ sind ja nicht linear verknüpft, wie wir in Abbildung 27.9 sehen konnten. Der Maximalwert für μ_r tritt auf bei einer Magnetisierung nur wenig unterhalb der Sättigungsmagnetisierung. In Tabelle 27.2 sind für einige

Tabelle 27.2 Maximale Werte von $\mu_0 M$ und μ_r für einige ferromagnetische Materialien.

Material	$\mu_0 M_s / \text{T}$	μ_r
Eisen (gehärtet)	2,16	5 500
Eisen-Silicium (96% Fe, 4% Si)	1,95	7 000
Permalloy (55% Fe, 45% Ni)	1,60	25 000
Mu-Metall (77% Ni, 16% Fe, 5% Cu, 2% Cr)	0,65	100 000

ferromagnetische Materialien die Sättigungsmagnetfelder $\mu_0 M_s$ und maximale Werte von μ_r aufgeführt. Beachten Sie, daß die maximalen Werte von μ_r die Größenordnung von 10^5 erreichen können.

Die Fläche, die von der Hysteresekurve umschlossen wird, ist proportional zur Energie, die als Wärme in dem irreversiblen Prozeß der Magnetisierung und Entmagnetisierung verlorengeht. Ist die umschlossene Fläche klein, tritt also nur ein geringer Energieverlust auf, wird das Material als **magnetisch weich** bezeichnet. Die Hysteresekurve eines solchen magnetisch weichen Materials, z.B. Weicheisen, zeigt Abbildung 27.10. Hier ist das Remanenzfeld B_r, verglichen mit demjenigen in Abbildung 27.9, viel kleiner. Magnetisch weiche Materialien werden häufig in Transformatoren eingesetzt, weil es hier darauf ankommt, die Wärmeverluste bei Änderungen des Magnetfeldes möglichst klein zu halten. Dagegen sind große Remanenzfelder B_r für Permanentmagneten oder für Magnetspeicher wie Festplatten von Computern wünschenswert. Derartige Materialien, beispielsweise die Legierung Alnico 5, werden als **magnetisch hart** bezeichnet.

Beispiel 27.4

Eine lange, zylindrische Spule mit 12 Windungen pro Zentimeter habe einen Kern aus gehärtetem Stahl. Mit einem Strom von 0,50 A ergebe sich ein Magnetfeld innerhalb des Eisenkerns von 1,36 T. Wie groß ist a) das angelegte Feld B_0, b) die relative Permeabilität μ_r und c) die Magnetisierung M?

a) Für das angelegte Feld B_0 erhalten wir

$$B_0 = \mu_0 n I = (4\pi \cdot 10^{-7} \text{ T}\cdot\text{m/A})(1200 \text{ Windungen/m}) \cdot 0{,}50 \text{ A}$$
$$= 7{,}54 \cdot 10^{-4} \text{ T} .$$

Beachten Sie, daß das gesamte magnetische Feld 1,36 T beträgt. Damit ist das angelegte Magnetfeld der Spule vernachlässigbar.

b) Die relative Permeabilität ergibt sich nach Gleichung (27.18) zu

$$\mu_r = \frac{B}{B_0} = \frac{1{,}36 \text{ T}}{7{,}54 \cdot 10^{-4} \text{ T}} = 1{,}80 \cdot 10^3 = 1800 .$$

Beachten Sie, daß dieser Wert kleiner ist als der Wert von μ_r in Tabelle 27.2. Für die Suszeptibilität χ_m gilt:

$$\chi_m = \mu_r - 1 \approx \mu_r = 1800 .$$

c) Die Magnetisierung berechnet sich nach Gleichung (27.3) oder aus $B = B_0 + \mu_0 M$ zu:

$$\mu_0 M = B - B_0 = 1{,}36 \text{ T} - 7{,}54 \cdot 10^{-4} \text{ T} \approx B = 1{,}36 \text{ T} .$$

Hieraus folgt

$$M = \frac{B}{\mu_0} = \frac{1{,}36 \text{ T}}{4\pi \cdot 10^{-7} \text{ T}\cdot\text{m/A}} = 1{,}08 \cdot 10^6 \text{ A/m} .$$

(a)

(b) $\vdash$10µm$\dashv$

a) Festplattenlaufwerk eines Rechners für die Magnetspeicherung von Daten (© Seagate Technologies). b) Magnetisches Muster einer Festplatte, 2400fach vergrößert. Die hellen und dunklen Bereiche entsprechen magnetischen Momenten mit gegensätzlicher Richtung. Der geglättete Bereich außerhalb des Musters entspricht einem gelöschten Bereich der Festplatte. (Foto: J. Mamin, IBM Corporation, Research Division, Almaden Research Center)

Fragen

5. In einem üblichen Demonstrationsversuch wird ein langer Eisenstab so in das Erdmagnetfeld gehalten, daß seine Achse parallel zum Feld verläuft. Danach wird er mit einem Hammer angeschlagen. Dadurch wird der Eisenstab zu einem Permanentmagneten. Der Eisenstab läßt sich entmagnetisieren, indem man seine Achse senkrecht zum Erdmagnetfeld ausrichtet und ihn dann wieder anschlägt. Was passiert in dem Eisenstab?
6. Ein Permanentmagnet verliert viel von seiner Magnetisierung, wenn er herunterfällt oder erschüttert wird. Warum?

27.5 Diamagnetismus

Diamagnetische Materialien besitzen sehr kleine, negative Werte für die magnetische Suszeptibilität χ_m. Der Diamagnetismus wurde im Jahre 1846 von Faraday entdeckt, der beobachtete, daß ein Stück Bismut von beiden Polen eines Magneten abgestoßen wurde. Faraday schloß daraus, daß das äußere Feld des Magneten im Bismut magnetische Momente induziert, die jedoch der Richtung dieses Feldes entgegengesetzt sind. Dieser Effekt läßt sich mit Hilfe der Lenzschen Regel qualitativ erklären. In Abbildung 27.11 bewegen sich zwei positive Ladungen auf Kreisbahnen mit gleicher Geschwindigkeit, aber entgegengesetzter Richtung. Damit sind ihre magnetischen Momente ebenfalls entgegengesetzt, und sie heben sich deshalb gegenseitig auf. Wenn nun ein äußeres Magnetfeld B, das in die Papierebene hineinzeigt, angelegt wird, wirkt der induzierte Strom in Übereinstimmung mit der Lenzschen Regel der Änderung des magnetischen Flusses entgegen. Unter der Annahme, daß der Radius der Kreisbahn sich nicht ändert, wird sich die Ladung auf der linken Seite schneller bewegen, um den Fluß aus der Papierebene heraus zu vergrößern. Die Ladung auf der rechten Seite hingegen wird ihre Bewegung verlangsamen, um den Fluß in die Papierebene zu verkleinern. In beiden Fällen ist die Änderung der magnetischen Momente der Richtung des äußeren, angelegten Feldes entgegengesetzt, d. h., die magnetischen Momente der Ladungen zeigen aus der Papierebene heraus. Weil die permanenten magnetischen Momente der beiden Ladungen gleich groß, aber entgegengesetzt gerichtet sind, summieren sie sich zu null. Es bleiben nur die induzierten magnetischen Momente übrig, die beide der Richtung des angelegten Magnetfeldes entgegenstehen.

Atome mit einer abgeschlossenen Schalenstruktur haben einen resultierenden Drehimpuls von null und besitzen daher kein permanentes magnetisches Moment. Materialien, die aus solchen Atomen aufgebaut sind, wie z. B. Bismut, sind

27.11 a) Eine positive Ladung, die sich gegen den Uhrzeigersinn auf einer Kreisbahn bewegt, hat ein aus der Papierebene herauszeigendes magnetisches Moment. Wenn man die Ladung in ein äußeres, in die Papierebene hineingerichtetes Magnetfeld bringt, erhöht sich die Geschwindigkeit der Ladung, die damit versucht, der Änderung des magnetischen Flusses entgegenzuwirken. Die Änderung des magnetischen Moments zeigt aus der Papierebene heraus. b) Eine positive Ladung, die sich im Uhrzeigersinn auf einer Kreisbahn bewegt, hat ein in die Papierebene hineinzeigendes magnetisches Moment. Durch das Hineinbringen in ein äußeres, in die Papierebene hineingerichtetes Magnetfeld verringert sich die Geschwindigkeit der Ladung, die damit wieder der Änderung des Flusses entgegenwirkt. Wie in a) zeigt die Änderung des magnetischen Moments aus der Papierebene heraus.

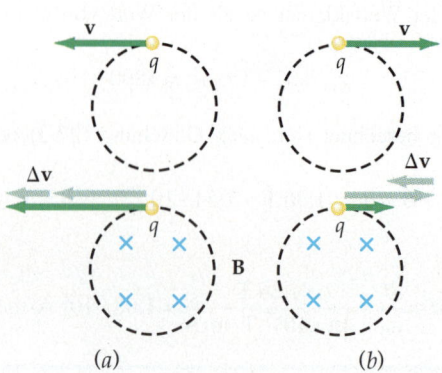

Diamagnete. Wie wir weiter unten sehen werden, liegen die magnetischen Momente, die sich in Diamagneten induzieren lassen, nur in der Größenordnung von 10^{-5} Bohrschen Magnetonen. Sie sind damit viel kleiner als die permanenten magnetischen Momente von para- oder ferromagnetischen Materialien, deren Atome nicht über voll besetzte äußere Schalen verfügen. Eigentlich sind alle Stoffe diamagnetisch, nur wird diese Eigenschaft eben bei manchen Materialien durch den weit stärkeren Paramagnetismus oder Ferromagnetismus verdeckt. Oberhalb einer genügend hohen Temperatur werden jedoch alle Materialien theoretisch zu Diamagneten, da dann die Ausrichtung der schon bestehenden magnetischen Momente durch die hohe thermische Bewegung verhindert wird.

Ein Supraleiter ist ein perfekter Diagmagnet. Die magnetische Suszeptibilität hat in diesem Fall den Wert von -1. Bringt man einen Supraleiter in ein äußeres Magnetfeld, werden auf seiner Oberfläche elektrische Ströme induziert, so daß innerhalb des Supraleiters das magnetische Feld null ist. Betrachten wir einen supraleitenden Stab innerhalb einer Spule mit der Windungszahldichte n (Windungen pro Längeneinheit). Das Magnetfeld der Spule ergibt sich aus $\mu_0 n I$. Auf der Oberfläche des Supraleiters wird ein Strom $-nI$ pro Längeneinheit induziert, dessen Magnetfeld so gerichtet ist, daß das Spulenfeld aufgehoben wird und das resultierende Feld innerhalb des supraleitenden Stabes null ist. Mit (27.6) folgt

$$\boldsymbol{B} = \mu_0 (1 + \chi_\mathrm{m}) \boldsymbol{H} = 0 \,.$$

Da μ_0 und H ungleich null sind, muß $(1 + \chi_\mathrm{m}) = 0$ sein, also

$$\chi_\mathrm{m} = -1 \,.$$

Größenabschätzung induzierter magnetischer Momente

Die Größe induzierter magnetischer Momente in diamagnetischen Materialien läßt sich abschätzen, indem man die Geschwindigkeitsänderung der Elektronen und die durch das äußere Feld verursachte Änderung der Zentripetalkraft miteinander in Beziehung setzt. Hierbei nehmen wir an, daß der Bahnradius konstant und die Geschwindigkeitsänderung klein gegenüber der eigentlichen Geschwindigkeit der Elektronen ist. Die Zentripetalkraft geht zurück auf die Anziehungskraft F zwischen Elektron und Kern. Setzen wir diese Kraft gleich mit $F = m \cdot a$, ergibt sich

$$F = \frac{m_\mathrm{e} v^2}{r} \,, \qquad 27.19$$

wobei m_e die Masse des Elektrons ist. Bei Anwesenheit eines äußeren Magnetfeldes wirkt zusätzlich die Lorentz-Kraft $q\boldsymbol{v} \times \boldsymbol{B}$ auf jedes Teilchen. Für das linke Teilchen in Abbildung 27.11 ist diese Kraft zum Kreismittelpunkt gerichtet (für ein positiv geladenes Teilchen). Die nach innen gerichtete Gesamtkraft erhöht sich, und das Teilchen wird schneller. Für das Teilchen auf der rechten Seite zeigt die Lorentz-Kraft nach außen. Damit wird die nach innen gerichtete Gesamtkraft erniedrigt, und das Teilchen bewegt sich langsamer.

Die Änderung der Gesamtkraft ist klein und läßt sich daher durch ein Differential annähern. Durch Differenzieren von Gleichung (27.19) erhält man

$$\mathrm{d}F = \frac{2 m_\mathrm{e} v}{r} \, \mathrm{d}v \approx \Delta F \,.$$

Gleichsetzen der Kraftänderung mit der Lorentz-Kraft qvB liefert

$$qvB = \frac{2 m_\mathrm{e} v}{r} \, \mathrm{d}v$$

und damit

$$dv = \frac{qrB}{2m_e}.$$

Diese Geschwindigkeitsänderung ist der Grund für eine kleine Änderung des magnetischen Moments des geladenen Teilchens. Das magnetische Moment berechnet sich nach Gleichung (27.8) aus

$$m_m = \frac{1}{2} qvr.$$

Hieraus folgt

$$\Delta m_m \approx dm_m = \frac{1}{2} qr\, dv = \frac{1}{2} qr \left(\frac{qrB}{2m_e}\right) = \frac{q^2 r^2}{4m_e} B. \qquad 27.20$$

Mit typischen Werten, nämlich $r = 10^{-10}$ m (Atomradius), $B = 1$ T (starkes Magnetfeld), Ladung q und Masse m_e des Elektrons, erhalten wir für die Größe des induzierten magnetischen Moments

$$\Delta m_m \approx \frac{(1{,}60 \cdot 10^{-19} \text{ C})^2 (10^{-10} \text{ m})^2}{4 \cdot 9{,}11 \cdot 10^{-31} \text{ kg}} \cdot 1\text{ T} \approx 7 \cdot 10^{-29} \text{ A} \cdot \text{m}^2 \approx 10^{-28} \text{ A} \cdot \text{m}^2.$$

Der Vergleich mit einem Bohrschen Magneton ($\mu_B = 9{,}27 \cdot 10^{-24}$ A·m² $\approx 10^{-23}$ A·m²) zeigt, daß das induzierte magnetische Moment um fünf Größenordnungen kleiner ist als das magnetische Moment eines Elektrons. Deshalb sind Materialien mit permanenten magnetischen Momenten von der Größenordnung eines Bohrschen Magnetons paramagnetisch (oder ferromagnetisch). Bei diesen Materialien ist das resultierende magnetische Moment, das in Richtung des angelegten Magnetfeldes zeigt, sehr viel größer als das induzierte magnetische Dipolmoment, das dem äußeren Feld entgegen gerichtet ist.

Frage

7. Warum hat ein schweres diamagnetisches Element eine größere Suszeptibilität als ein leichtes?

Zusammenfassung

1. Alle Materialien lassen sich gemäß ihres Verhaltens in Magnetfeldern in die drei Hauptkategorien para-, ferro- und diamagnetisch einteilen; daneben gibt es noch die Substanzklassen der ferri- und antiferromagnetischen Materialien.

2. Ein magnetisiertes Material wird durch seinen Magnetisierungsvektor $\boldsymbol{M}$ beschrieben, der definiert ist als das resultierende magnetische Dipolmoment pro Volumeneinheit des Materials:

$$\boldsymbol{M} = \frac{d\boldsymbol{m}_m}{dV}.$$

Das Magnetfeld eines homogen magnetisierten Zylinders entspricht dem Feld, das der Zylinder erzeugen würde, wenn auf seiner Oberfläche ein

Strom I pro Längeneinheit flösse, der die Magnetisierung M erzeugt. Dieser Oberflächenstrom wird Ampèrescher Strom genannt.

3. Betrachtet sei ein langer Zylinder aus magnetischem Material, der in einer zylindrischen Spule mit der Windungszahldichte n (Windungen pro Längeneinheit) steckt, durch die ein Strom I fließt. Aufgrund des Stromes in den Windungen und des magnetisierten Materials ergibt sich das resultierende Magnetfeld innerhalb der Spule (weit genug von ihren Enden entfernt) zu

$$\boldsymbol{B} = \boldsymbol{B}_0 + \mu_0 \boldsymbol{M} = \mu_0 (\boldsymbol{H} + \boldsymbol{M}),$$

wobei für das angelegte Feld gilt:

$$B_0 = \mu_0 H = \mu_0 n I.$$

Für para- und ferromagnetische Materialien zeigen die Magnetisierung $\boldsymbol{M}$ und die Feldstärke $\boldsymbol{H}$ des äußeren Magnetfeldes in die gleiche Richtung; für diamagnetische Stoffe sind $\boldsymbol{M}$ und $\boldsymbol{H}$ entgegengesetzt.

4. In para- und diamagnetischen Materialien ist die Magnetisierung M proportional zum magnetisierenden Feld H:

$$M = \chi_\mathrm{m} H,$$

wobei χ_m die magnetische Suszeptibilität ist. Für paramagnetische Materialien nimmt χ_m kleine, positive Werte an und ist abhängig von der Temperatur. Diamagnetische Materialien (außer Supraleiter) weisen ebenfalls kleine, negative Werte auf, allerdings ist χ_m hier unabhängig von der Temperatur. Für Supraleiter gilt $\chi_\mathrm{m} = -1$. Bei ferromagnetischen Materialien hängt die Magnetisierung nicht nur vom äußeren Feld H, sondern auch von der Vorgeschichte des Materials ab.

5. Das magnetische Moment eines Teilchens der Ladung q und der Masse m ist mit seinem Drehimpuls $\boldsymbol{L}$ verknüpft durch

$$\boldsymbol{m}_\mathrm{m} = \frac{q}{2m} \boldsymbol{L} = \frac{q\hbar}{2m} \frac{\boldsymbol{L}}{\hbar},$$

wobei

$$\hbar = \frac{h}{2\pi} = 1{,}05 \cdot 10^{-34}\,\mathrm{J \cdot s}$$

eine praktische Einheit ist, um den Drehimpuls von Elektronen und Atomen auszudrücken. Die fundamentale Konstante

$$h = 6{,}63 \cdot 10^{-34}\,\mathrm{J \cdot s}$$

wird Plancksches Wirkungsquantum genannt. Magnetische Momente von Elektronen und Atomen drückt man bequemerweise in Einheiten des Bohrschen Magnetons μ_B aus:

$$\mu_\mathrm{B} = \frac{e\hbar}{2m_\mathrm{e}} = 9{,}27 \cdot 10^{-24}\,\mathrm{A \cdot m^2} = 9{,}27 \cdot 10^{-24}\,\mathrm{J/T}.$$

Das magnetische Moment eines Elektrons ist ein Bohrsches Magneton, das magnetische Moment eines Atoms liegt in der Größenordnung einiger Bohrscher Magnetonen.

6. Paramagnetische Materialien besitzen permanente magnetische Momente, deren Orientierungen ohne äußeres magnetisches Feld zufällig in alle Richtungen verteilt sind. In einem äußeren Magnetfeld werden einige Dipole ausgerichtet. Der Grad der Ausrichtung ist klein, ausgenommen im Fall sehr starker Magnetfelder und sehr geringer Temperatur. Bei Zimmertemperatur wird die zufällige Orientierung durch die thermische Bewegung aufrechterhalten. Bei schwachen Feldern ist die Magnetisierung proportional zum äußeren Feld, und es gilt das Curiesche Gesetz

$$M = \frac{1}{3} \frac{m_\mathrm{m} B_0}{k_\mathrm{B} T} M_\mathrm{s} ,$$

wobei M_s die Sättigungsmagnetisierung und k_B die Boltzmann-Konstante ist.

7. Ferromagnetische Materialien weisen kleine Gebiete auf, Weißsche Bezirke genannt, in denen die magnetischen Momente bereits ausgerichtet sind. Im unmagnetisierten Zustand zeigen die magnetischen Momente benachbarter Weißscher Bezirke in unterschiedliche Richtungen, so daß sie sich im Mittel gegenseitig aufheben. Im magnetisierten Zustand sind diese Bereiche orientiert und erzeugen ein sehr starkes Magnetfeld zusätzlich zum äußeren Feld. Die Ausrichtung kann zum Teil bestehenbleiben, wenn das äußere Magnetfeld abgeschaltet wird – es entsteht ein Permanentmagnet.

8. Trägt man das Magnetfeld eines ferromagnetischen Materials gegen das magnetisierende Feld auf, so erhält man eine Hysteresekurve. Auf der sogenannten Neukurve zeigen $\boldsymbol{M}$ und $\boldsymbol{H}$ in dieselbe Richtung, und die magnetische Suszeptibilität χ_m läßt sich in diesem Bereich für ferromagnetische Materialien in ähnlicher Weise definieren wie für para- und diamagnetische Materialien. In einer zylindrischen Spule gibt sich das Magnetfeld innerhalb eines ferromagnetischen Materials zu

$$B = \mu_0 (H + M) = \mu_0 (H + \chi_\mathrm{m} H) = \mu_0 (1 + \chi_\mathrm{m}) H ,$$

oder

$$B = \mu H ,$$

wobei

$$\mu = (1 + \chi_\mathrm{m}) \mu_0$$

die Permeabilität des Materials ist. Die relative Permeabilität μ_r ist eine dimensionslose Größe, die als Verhältnis von Permeabilität zur magnetischen Feldkonstante definiert ist:

$$\mu_\mathrm{r} = \frac{\mu}{\mu_0} = 1 + \chi_\mathrm{m} = \frac{B}{B_0} .$$

Für ferromagnetische Materialien ist der maximale Wert von μ_r sehr viel größer als eins.

9. In diamagnetischen Materialien besitzen alle Atome abgeschlossene Elektronenschalen, so daß sich alle atomaren magnetischen Momente gegenseitig aufheben. Durch ein äußeres Feld werden kleine magnetische Momente induziert, die dem äußeren Feld entgegen gerichtet sind. Dieser Effekt ist temperaturunabhängig. Supraleiter sind diamagnetisch und haben eine Suszeptibilität von -1.

Aufgaben

Stufe I

27.1 Magnetisierung und magnetische Suszeptibilität

1. Durch eine eng gewickelte Spule mit 20 cm Länge und 400 Windungen fließe ein Strom von 4 A. Das axiale Magnetfeld stehe in z-Richtung. Berechnen Sie B und B_0 im Mittelpunkt der Spule (unter Vernachlässigung von Endeffekten), wenn a) kein Kern in der Spule ist und b) sich in ihr ein Eisenkern mit der Magnetisierung $M = 1{,}2 \cdot 10^6$ A/m befindet.

2. Welche der vier Gase in Tabelle 27.1 sind diamagnetisch, welche paramagnetisch?

3. Eine lange Spule sei um einen Wolframkern gewickelt und werde von einem Strom durchflossen. a) Der Kern werde entfernt, während der Strom konstant gehalten wird. Wird das Magnetfeld in der Spule stärker oder schwächer? Um wieviel Prozent? b) Wird die Selbstinduktivität der Spule größer oder kleiner? Um wieviel Prozent?

4. Eine Flüssigkeit werde in eine Spule gebracht, in der ein konstanter Strom fließt. Das Magnetfeld in der Spule nehme um 0,004% ab. Wie groß ist die magnetische Suszeptibilität der Flüssigkeit?

5. Durch eine lange Spule mit 50 Windungen pro cm fließe ein Strom von 10 A. Welche Stärke hat das Magnetfeld im Innern der Spule, wenn dort a) Vakuum herrscht oder sich dort b) Aluminium bzw. c) Silber befindet?

27.2 Atomare magnetische Momente

6. Nickel hat die Dichte 8,7 g/cm^3 und die molare Masse 58,7 g/mol. Seine Sättigungsmagnetisierung ist gegeben durch $\mu_0 M_s = 0{,}61$ T. Berechnen Sie das magnetische Moment eines Ni-Atoms als Vielfaches des Bohrschen Magnetons.

27.3 Paramagnetismus

7. Zeigen Sie mit Hilfe des Curieschen Gesetzes, daß für die magnetische Suszeptibilität eines paramagnetischen Stoffs gilt $\chi_m = m_m \mu_0 M_s / 3kT$.

8. Das magnetische Moment eines Aluminium-Atoms sei gleich einem Bohrschen Magneton. Die Dichte von Aluminium ist 2,7 g/cm^3, und seine molare Masse beträgt 27 g/mol. a) Berechnen Sie die Sättigungsmagnetisierung M_s und $\mu_0 M_s$. b) Verwenden Sie das Ergebnis von Aufgabe 7 und berechnen Sie χ_m bei $T = 300$ K. c) Erklären Sie, warum das Ergebnis von b) größer ist als der Wert in Tabelle 27.1.

27.4 Ferromagnetismus

9. Die Sättigungsmagnetisierung für gehärtetes Eisen wird bei $B_0 = 0{,}201$ T erreicht. Berechnen Sie die Permeabilität μ und die relative Permeabilität μ_r bei Sättigung (siehe Tabelle 27.2).

10. Für gehärtetes Eisen hat die relative Permeabilität μ_r einen maximalen Wert von ungefähr 5500 bei $B_0 = 1{,}57 \cdot 10^{-4}$ T. Berechnen Sie M und B beim Maximum von μ_r.

11. Das Koerzitivfeld ist der Wert des angelegten Magnetfeldes, an dem B wieder null ist (Punkt H_k in Abbildung 27.9). Für einen bestimmten permanenten Stabmagneten sei $B_0 = 5{,}53 \cdot 10^{-2}$ T. Der Stabmagnet soll entmagnetisiert werden, indem er in eine 15 cm lange Spule mit 600 Windungen gebracht wird. Welcher Strom muß mindestens durch die Spule fließen, damit der Stabmagnet entmagnetisiert wird?

12. Durch eine lange Spule mit 50 Windungen pro cm fließe ein Strom von 2 A. Die Spule habe einen Eisenkern, und der gemessene Wert von B betrage 1,72 T. a) Berechnen Sie (unter Vernachlässigung von Endeffekten) B_0, b) M und c) die relative Permeabilität μ_r.

Stufe II

13. Durch eine lange Spule mit 2000 Windungen pro Meter und einem Eisenkern fließe ein Stom von 20 mA. Bei diesem Strom sei die relative Permeabilität des Eisenkerns 1200. a) Wie stark ist das Magnetfeld innerhalb der Spule? b) Welcher Strom müßte ohne Eisenkern fließen, damit dasselbe Magnetfeld innerhalb der Spule erzeugt wird?

14. Das magnetische Dipolmoment eines Eisenatoms beträgt 2,219 μ_B. a) Alle atomaren magnetischen Dipolmomente eines Eisenstabes (Länge 20 cm, Querschnittsfläche 2 cm^2) seien ausgerichtet. Wie groß ist dann das Dipolmoment des Stabes? b) Welches Drehmoment muß aufgebracht werden, um den Eisenstab senkrecht zu einem Magnetfeld der Stärke 0,25 T zu halten?

15. Eine kleine, magnetische Scheibe mit dem Radius 1,4 cm und der Dicke 0,3 cm sei homogen magnetisiert. Das magnetische Moment der Scheibe betrage $1,5 \cdot 10^{-2}$ A·m². a) Wie groß ist die Magnetisierung M der Scheibe? b) Diese Magnetisierung resultiere aus der Ausrichtung von n Elektronen mit jeweils einem magnetischen Moment von $1\,\mu_B$. Wie groß ist dann n? c) Die Magnetisierung verlaufe entlang der Scheibenachse. Wie groß ist dann der Ampèresche Strom auf der Oberfläche?

16. Durch eine sehr lange Spule mit der Länge ℓ, der Querschnittsfläche A und N Windungen pro Längeneinheit fließe ein Strom I. Die Spule sei mit Eisen gefüllt, dessen relative Permeabilität μ_r ist. a) Wie groß ist die Selbstinduktion der Spule? b) Berechnen Sie die in der Spule gespeicherte magnetische Energie in Abhängigkeit vom Magnetfeld B; es ist $E_{pot} = \frac{1}{2}LI^2$. c) Zeigen Sie, daß die magnetische Energiedichte in der Spule $w_m = B^2/(2\mu_r\mu_0) = B^2/2\mu$ ist.

17. Das magnetische Moment der Erde beträgt etwa $9 \cdot 10^{22}$ A·m². a) Die Magnetisierung des Erdkerns betrage $1,5 \cdot 10^9$ A/m. Wie groß ist das Kernvolumen? b) Wie groß ist der Radius dieses als kugelförmig angenommenen Kernes?

18. Nach einem einfachen Modell des Paramagnetismus richtet ein Anteil ν der Moleküle seine magnetischen Momente in Richtung des äußeren Magnetfeldes aus, und der Rest der Moleküle ist zufällig orientiert und trägt daher nicht zum Magnetfeld bei. a) Verwenden Sie dieses Modell und das Gesetz von Curie, um zu zeigen, daß $\nu = m_m B/(3k_B T)$ ist. Darin ist T die absolute Temperatur und B das äußere Magnetfeld. b) Berechnen Sie ν für $T = 300$ K, $B = 1$ T und $m_m = 1\,\mu_B$.

19. Eine Spule soll bei Zimmertemperatur und Atmosphärendruck so mit einer Mischung von Sauerstoff und Stickstoff gefüllt werden, daß μ_r exakt 1 wird. Nehmen Sie an, daß die magnetischen Momente aller Gasmoleküle ausgerichtet sind und daß die Suszeptibilität eines Gases proportional zur Anzahldichte seiner Moleküle ist. Wie muß das Dichteverhältnis von Sauerstoff zu Stickstoff sein, daß $\mu_r = 1$ wird?

Tabelle 27.3 Zu Aufgabe 20.

$nI/$(A/m)	$B/$T
0	0
50	0,04
100	0,67
150	1,00
200	1,2
500	1,4
1000	1,6
10000	1,7

20. Ein Zylinder aus magnetischem Material werde in eine lange Spule mit der Windungszahldichte n (also N Windungen pro Längeneinheit) gebracht. Es fließe ein Strom I in der Spule. In Tabelle 27.3 sind die zugehörigen Werte des Magnetfelds B und von nI aufgeführt. Tragen Sie B gegen B_0 und μ_r gegen nI auf.

21. Durch einen Torus mit N Windungen fließe ein Strom I. Es sei $r < R$, wobei r der Querschnittsradius und R der Hauptradius ist (siehe Abbildung 27.12). Ist der Ring mit Material gefüllt, so wird er *Rowland-Ring* genannt. Berechnen Sie für einen solchen Ring $B_0 = \mu_0 H$ und B, wenn die Magnetisierung M überall parallel zu B_0 ist.

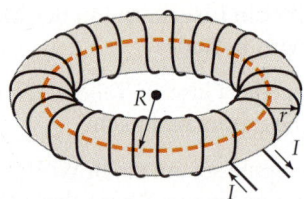

27.12 Zu Aufgabe 21.

22. Ein Torus ($R = 20$ cm, $r = 0,8$ cm) sei mit flüssigem Sauerstoff gefüllt, dessen Suszeptibilität $4 \cdot 10^{-3}$ ist. Der Torus habe 2000 Windungen, und es fließe ein Strom von 15 A. a) Wie groß ist die Magnetisierung M? b) Wie stark ist das Magnetfeld B? c) Wie groß ist die prozentuale Zunahme von B, die durch den flüssigen Sauerstoff hervorgerufen wird?

23. Der Torus von Aufgabe 22 sei mit Eisen gefüllt. Bei einem Strom von 10 A sei das Magnetfeld im Torus 1,8 T. a) Wie groß ist die Magnetisierung M? b) Berechnen Sie μ_r, μ und χ_m des Eisens.

24. Zwei lange, gerade Drähte mit einem gegenseitigen Abstand von 4 cm befinden sich in einem homogenen Isolator mit der relativen Permeabilität $\mu_r = 120$. Durch die Drähte fließen Ströme von 40 A in entgegengesetzter Richtung. a) Wie stark ist das Magnetfeld im Mittelpunkt der Fläche zwischen beiden Drähten? b) Wie groß ist die Kraft pro Längeneinheit auf die beiden Drähte?

25. Ein langer, schmaler Stabmagnet, dessen magnetisches Moment parallel zu seiner Längsachse verläuft, sei in der Mitte reibungsfrei gelagert und werde als Kompaßnadel verwendet. Wird er in ein Magnetfeld B gebracht, so richtet er sich parallel zu den Feldlinien aus. Nun werde er um einen kleinen Winkel θ ausgelenkt. Zeigen Sie, daß er mit der Frequenz $\nu = (1/2\pi) \cdot \sqrt{m_m B/I}$ um seine Ruhelage schwingt. Hierbei ist I das Trägheitsmoment bezüglich des Drehlagers.

26. Nehmen Sie an, daß der Stabmagnet von Aufgabe 25 ein homogen magnetisierter Eisenstab mit der Länge 8 cm und der Querschnittsfläche 3 mm² ist. Weiterhin betrage das magnetische Dipolmoment jedes Eisenatoms 2,2 μ_B, und alle Dipolmomente der Eisenatome seien ausgerichtet. Berechnen Sie die Frequenz der Schwingung (mit kleiner Amplitude) um die Ruhelage in einem Magnetfeld von 0,5 G.

27. Eine Kompaßnadel habe die Länge 3 cm, den Radius 0,85 mm und die Dichte 7,96 g/cm³. Sie kann horizontal frei rotieren, und die horizontale Komponente des Erdmagnetfelds betrage 0,6 G. Bei kleiner Auslenkung ergebe sich eine harmonische Schwingung um den Mittelpunkt mit der Frequenz 1,4 Hz. a) Wie groß ist das magnetische Dipolmoment der Nadel? b) Wie groß ist die Magnetisierung M? c) Wie groß ist der Ampèresche Strom auf der Oberfläche der Nadel? (Siehe Aufgabe 25.)

28. Ein langer, gerader Draht mit dem Radius 1,0 mm sei mit einem isolierenden ferromagnetischen Stoff überzogen. Die Beschichtung habe die Dicke 3,0 mm und die relative magnetische Permeabilität $\mu_r = 400$. Der beschichtete Draht befinde sich in Luft und sei selbst nicht magnetisch. Durch den Draht fließe ein Strom von 40 A. Berechnen Sie, als Funktion des Radius r, das Magnetfeld a) innerhalb des Drahtes, b) innerhalb des ferromagnetischen Stoffes und c) außerhalb des ferromagnetischen Stoffes. d) Wie müssen Richtung und Betrag der Ampèreschen Ströme auf den Oberflächen des ferromagnetischen Materials sein, um das beobachtete Magnetfeld zu erzeugen?

29. In Abschnitt 27.5 wurde die Geschwindigkeitsänderung eines Elektrons in einem Atom ermittelt, die durch ein Magnetfeld B hervorgerufen wird, dem das Atom ausgesetzt wird. Zeigen Sie, daß die Änderung der Kreisfrequenz $\Delta\omega = eB/2m$ ist. Die Präzessionsfrequenz wird *Larmor-Frequenz* genannt.

30. Ein Eisenstab mit der Länge 1,4 m und dem Durchmesser 2 cm habe die homogene Magnetisierung $M = 1{,}72 \cdot 10^6$ A/m, die entlang dem Stab ausgerichtet sei. Der Stab sei an einem dünnen Faden aufgehängt und befinde sich in der Mitte (koaxial) einer langen Spule in Ruhe. Durch die Spule werde kurzzeitig ein Strom geschickt, durch dessen Magnetfeld der Stab plötzlich entmagnetisiert werde. Wie groß ist die Winkelgeschwindigkeit des Stabes unter der Annahme, daß sein Drehimpuls erhalten bleibt? Nehmen Sie an, daß (27.9) gilt, wobei m die Masse des Elektrons und $q = -e$ dessen Ladung ist. Der Effekt, der diesem Experiment zugrundeliegt, ist als *Einstein-De-Haas-Effekt* bekannt.

31. Ein Stabmagnet mit dem Durchmesser 2 cm habe ein Magnetfeld von 0,1 T in seinem Mittelpunkt. Wenn der Magnet in der Mitte geteilt wird, so hält die magnetische Anziehung die beiden Teile zusammen. a) Zeigen Sie: Wenn die Teile um eine kleine Strecke dx auseinandergezogen werden, so ergibt sich eine zusätzliche magnetische Energie von d$E_{\text{pot}} = (B^2/2\mu_0) A\,\text{d}x$. Hierbei ist A die Querschnittsfläche des Magneten und B das Magnetfeld in der Lücke, von dem angenommen werde, daß es ebenso groß wie das Feld im Magneten ist. b) Schätzen Sie die Kraft ab, die benötigt wird, um beide Teile auseinanderzuziehen. Berechnen Sie dazu die Arbeit, die aufzuwenden ist, um die beiden Teile auf den Abstand dx zu bringen.

Stufe III

32. Das magnetische Moment m eines Protons ist parallel zu seinem Drehimpuls L. Das Proton befinde sich in einem homogenen Magnetfeld B, das mit m und L den Winkel θ einschließt. Zeigen Sie, daß der Vektor des magnetischen Moments eine Präzession um das Magnetfeld ausführt, und berechnen Sie die Kreisfrequenz der Präzession.

33. Zwei lange, leitende Streifen seien 20 m breit und 0,3 mm dick. Die Streifen befinden sich in parallelen Ebenen und seien durch einen ferromagnetischen Abstandshalter (Dicke 4 cm, relative Permeabilität $\mu_r = 400$) voneinander getrennt. Durch die Streifen fließt jeweils ein Strom von 4800 A. Die beiden Ströme haben entgegengesetzte Richtungen. Berechnen Sie für das Volumen zwischen den Streifen (weit entfernt von den Rändern) a) B_0, b) B und c) die magnetische Energie pro Volumeneinheit.

34. In unserer Herleitung des magnetischen Moments, das in einem Atom induziert wird, haben wir angenommen, daß sich der Radius der Elektronenbahn bei Anwesenheit eines äußeren Magnetfelds nicht verändert. a) Zeigen Sie, daß diese Annahme des konstanten Radius gerechtfertigt ist. Zeigen Sie dazu, daß sich die Geschwindigkeit des Elektrons um $\Delta v = qrB/2m$ ändert, wenn das äußere Magnetfeld eingeschaltet wird. b) Zeigen Sie mit Hilfe des Gesetzes von Faraday, daß sich das induzierte elektrische Feld zu $E = \frac{1}{2} r\,\text{d}B/\text{d}t$ ergibt (r sei konstant). c) Zeigen Sie mit dem zweiten Newtonschen Gesetz, daß die Änderung der Geschwindigkeit des Elektrons d$v = (qr/2m)\,\text{d}B$ ist. Integrieren Sie diesen Ausdruck, um Δv zu erhalten.

35. Gleichung (27.20) gibt das induzierte magnetische Moment eines einzelnen Elektrons an, dessen Bahnebene senkrecht auf B steht. Eine vernünftige Vereinfachung besagt: In einem Atom mit Z Elektronen steht im Durchschnitt jede dritte Elektronenbahn senkrecht auf B. Zeigen Sie, daß sich mit (27.20) die diamagnetische Suszeptibilität ergibt zu

$$\chi_m = \frac{-nZq^2r^2}{12m_e}\mu_0\,.$$

Darin ist n die Anzahl Atome pro Volumeneinheit. Schätzen Sie χ_m ab mit $n \approx 6 \cdot 10^{28}$ Atome/m³, $r \approx 5 \cdot 10^{-11}$ m und $Z \approx 50$.

Wechselstromkreise

28

Gegen Ende des neunzehnten Jahrhunderts wurde in den USA eine erbitterte Debatte darüber geführt, ob die elektrische Energie in Form von Wechsel- oder Gleichstrom zum Verbraucher geliefert werden solle. Thomas Edison war einer der Befürworter von Gleichstrom, während Nikola Tesla und George Westinghouse sich für die Verwendung von Wechselstrom einsetzten. Die Entscheidung fiel im Jahre 1893: Für die Beleuchtung der Weltausstellung in Chicago wurde Wechselstrom verwendet, und Westinghouse erhielt einen Vertrag, Fabriken und Haushalte mit Wechselstrom zu beliefern. Der Wechselstrom wurde in einem Wasserkraftwerk an den Niagarafällen erzeugt.

Wechselstrom hat gegenüber Gleichstrom den großen Vorteil, daß er sich fast verlustfrei transformieren läßt: Für den Transport über große Distanzen wird er auf sehr hohe Spannungen „hochgespannt", wodurch sich die Leistungsverluste durch die Joulesche Wärme in den Kabeln drastisch reduzieren. Für den Gebrauch in Haushalten wird er dann vor Ort wieder auf eine weniger gefährliche, niedrigere Spannung umgesetzt. Ein Transformator nutzt das Prinzip der magnetischen Induktion; seine Funktionsweise werden wir in Abschnitt 28.6 genauer kennenlernen.

Weltweit werden mehr als 99 Prozent der gegenwärtig verbrauchten elektrischen Energie in Form von Wechselstrom erzeugt. In Mitteleuropa werden die Haushalte mit einer sinusförmigen Wechselspannung mit einer Frequenz von 50 Hz versorgt; in den USA beträgt die „Netzfrequenz" 60 Hz. Aus dem Alltag kennen wir auch Wechselspannungen anderer, meist deutlich höherer Frequenz: Zur Musikwiedergabe müssen Wechselspannungssignale im Frequenzbereich zwischen 20 und 20000 Hz elektronisch verarbeitet werden, bei Rundfunk- und Fernsehempfängern bis weit in den MHz-Bereich hinein. In Personal-Computern liefert ein Taktgeber Spannungspulse mit einer Frequenz von etwa 200 MHz bei neueren Rechnern. In allen Bereichen naturwissenschaftlicher Forschung werden Wechselspannungen eingesetzt und analysiert: Meßsignale sind zeitabhängige Spannungen und Ströme, viele davon sind periodisch. – Die Deutsche Bahn setzt Wechselstrom der Frequenz $16\frac{2}{3}$ Hz für ihre Elektrolokomotiven ein.

Sinusförmige Wechselspannung läßt sich technisch recht einfach in einem Generator erzeugen, wie wir in Abschnitt 26.6 gesehen haben; Grundprinzip ist die magnetische Induktion.

Wird an einen Widerstand, eine Spule oder einen Kondensator eine sinusförmige Wechselspannung angelegt, so fließt im Stromkreis ein ebenfalls sinusförmiger Strom. Allerdings sind Strom und Spannung, wie wir in diesem Kapitel sehen werden, im allgemeinen nicht in Phase. Das eingehende Studium sinusförmiger Ströme ist deswegen wichtig, weil alle nichtsinusförmigen Wechselströme mit der Fourier-Analyse (Abschnitt 14.6) in sinusförmige Bestandteile zerlegt werden können. Als Wechselstrom bezeichnen wir allgemein einen Strom, dessen Richtung sich periodisch ändert. Ein solcher Wechselstrom kann einem Gleichstrom überlagert sein.

Als erstes wenden wir uns dem Verhalten von einfachen Wechselstromkreisen zu, die jeweils nur einen Widerstand, einen Kondensator oder eine Spule enthalten (Abschnitte 28.1 bis 28.3). Wir betrachten dann Schwingkreise, in denen sich ein Kondensator über eine Spule entlädt (Abschnitt 28.4). Anschließend wenden wir uns LCR-Schwingkreisen zu, die mittels einer Wechselspannung zu erzwungenen Schwingungen angeregt werden. Dabei werden wir dem Phänomen der Resonanz – in Analogie zu mechanischen schwingenden Systemen – begegnen (Abschnitt 28.5). Die Abschnitte 28.6 und 28.7 behandeln angewandte Aspekte: Wie läßt sich eine Wechselspannung in ihrer Amplitude ändern (transformieren)? Wie läßt sich ein Wechselstrom gleichrichten, und wie kann man ein schwaches Signal verstärken?

28.1 Wechselspannung an einem Widerstand

Bei unserer Diskussion von Gleichstromkreisen (Kapitel 23) haben wir die Kirchhoffschen Regeln kennengelernt. Wir haben gesehen, daß sie nur dann angewendet werden können, wenn im Stromkreis an keiner Stelle Schwankungen in der Konzentration von Ladungsträgern auftreten, wenn also thermisches Gleichgewicht herrscht. Der Zeitraum, in dem sich dieses Gleichgewicht einstellt, ist wesentlich kürzer als eine Periode (die Dauer einer Schwingung) $T = 2\pi/\omega$ der Wechselspannung. Daher können wir die Kirchhoffschen Regeln auch auf Wechselstromkreise anwenden.

Im folgenden gehen wir stets – wenn nicht ausdrücklich anders angegeben – von sinusförmiger Wechselspannung der Form

$$U \equiv U(t) = U_0 \sin(\omega t - \delta) \qquad 28.1$$

aus und wählen den Nullpunkt der Zeit t so, daß die Phasenkonstante der Spannung δ gleich $-\frac{\pi}{2}$ ist, daß also

$$\begin{aligned} U &= U_0 \sin\left(\omega t + \frac{\pi}{2}\right) \\ &= U_0 \cos \omega t \,. \end{aligned} \qquad 28.2$$

Die konstante Größe U_0 ist der periodisch, und zwar jeweils nach der Zeitspanne T, auftretende **Scheitelwert** (Maximalwert) der Spannung.

Die Schaltung in Abbildung 28.1 besteht aus einem ohmschen Widerstand R und einer Wechselspannungsquelle (einem Generator). Um die Kirchhoffschen Regeln anzuwenden, legen wir zunächst willkürlich für einen Zeitpunkt t eine Stromrichtung fest. Die Plus- und Minuszeichen symbolisieren dabei die Bereiche höheren bzw. niedrigeren Potentials der Spannungsquelle für die angenommene Stromrichtung. Das gleiche gilt für die Plus- und Minuszeichen am Widerstand. Der Strom fließt in Richtung der Klemme des Generators, die im

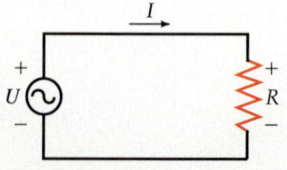

28.1 Eine einfache Schaltung, die aus Wechselstromgenerator und einem Widerstand R besteht.

betrachteten Moment negativ geladen ist. Der Spannungsabfall U_R über dem Widerstand ist durch

$$U_R = U_+ - U_- = IR \qquad 28.3$$

gegeben. Bezeichnen wir die von der Wechselspannungsquelle gelieferte Klemmenspannung mit U und wenden die Kirchhoffsche Maschenregel an, so erhalten wir

$$U - U_R = 0$$

bzw. mit der vom Generator gelieferten (zeitlich veränderlichen) Spannung

$$U_0 \cos \omega t - IR = 0 \;. \qquad 28.4$$

Somit fließt durch den Widerstand ein Strom

$$I = \frac{U_0}{R} \cos \omega t \;. \qquad 28.5$$

Der Strom erreicht immer dann sein Maximum I_0, seinen sogenannten *Scheitelwert*, wenn $\cos \omega t$ gleich eins bzw. ωt ein ganzzahliges Vielfaches von π ist:

$$I_0 = \frac{U_0}{R} \;. \qquad 28.6$$

Damit können wir (28.5) schreiben als

$$I = I_0 \cos \omega t \;. \qquad 28.7$$

Es ist wichtig festzuhalten, daß *der durch einen ohmschen Widerstand fließende Strom immer in Phase mit der Spannung* über dem Widerstand ist.

Die Leistung, die vom Generator geliefert und im Widerstand dissipiert (in Joulesche Wärmeleistung umgesetzt) wird, ist ebenfalls eine Funktion der Zeit:

$$\begin{aligned} P \equiv P(t) &= I^2 R = (I_0 R \cos \omega t)^2 R \\ &= I_0^2 R \cos^2 \omega t \;. \end{aligned} \qquad 28.8$$

Die Leistung variiert als Funktion der Zeit t zwischen null und ihrem Maximalwert $I_0^2 R$ (Abbildung 28.2). Gewöhnlich interessiert uns nicht der Momentanwert, sondern der **Mittelwert der Leistung** über eine oder mehrere Schwingungsperioden. Zur Bestimmung des Mittelwerts gehen wir von Gleichung (28.8) aus:

$$\langle P \rangle = \langle I_0^2 R \cos^2 \omega t \rangle = R I_0^2 \langle \cos^2 \omega t \rangle \;. \qquad 28.9$$

Der Mittelwert von $\cos^2 \omega t$ ist $\frac{1}{2}$. Wir erkennen dies sofort anhand der Beziehung $\cos^2 \omega t + \sin^2 \omega t = 1$, denn die Sinusfunktion ist eine um 90° verschobene Kosinusfunktion. Beide Funktionen, $\cos^2 \omega t$ und $\sin^2 \omega t$, haben den gleichen Mittelwert über eine oder mehrere Schwingungsperioden. Da ihre Summe eins ist, muß der Mittelwert jeder einzelnen der beiden Funktionen $\frac{1}{2}$ sein: $\langle \cos^2 \omega t \rangle = \langle \sin^2 \omega t \rangle = \frac{1}{2}$. Genausogut können wir natürlich die Definitionsgleichung des Mittelwerts anwenden:

$$\langle \cos^2 \omega t \rangle = \frac{1}{T} \int_0^T \cos^2 \omega t \, dt \;. \qquad 28.10$$

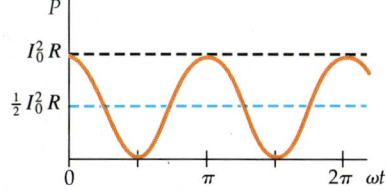

28.2 Die im Widerstand aus Abbildung 28.1 in Joulesche Wärmeleistung umgewandelte Leistung als Funktion der Zeit. Die Momentanleistung schwankt zwischen null und ihrem Maximalwert $I_0^2 R$. Die mittlere Leistung ist halb so groß wie die maximale Leistung.

Wegen der Periodizität des Kosinus können wir uns bei der Mittelwertsberechnung auf die Mittelung über *eine* Periode $T = 2\pi/\omega$ beschränken. Wir können das Integral berechnen oder in einer Integraltafel nachschlagen. Es ist

$$\int_0^T \cos^2 \omega t \, dt = \int_0^{\frac{2\pi}{\omega}} \cos^2 \omega t \, dt = \frac{\pi}{\omega} = \frac{T}{2}.$$

Damit wird der zeitliche Mittelwert der Leistung

$$\langle P \rangle = \frac{1}{2} I_0^2 R. \qquad 28.11$$

Diese Leistung wird im zeitlichen Mittel im ohmschen Widerstand in Joulesche Wärmeleistung umgewandelt.

Effektivwerte

Die meisten Amperemeter und Voltmeter messen statt des Scheitelwerts den sogenannten **Effektivwert** der Spannung oder der Stromstärke. Wir wollen zunächst diese Effektivwerte definieren.

Die **effektive Stromstärke** I_{eff} eines zeitlich veränderlichen Stromes I ist die quadratisch gemittelte Stromstärke (der „rms-Wert")

$$I_{\text{eff}} = \sqrt{\langle I^2 \rangle} = \sqrt{\frac{1}{t} \int_0^t I^2 \, dt}.$$

Diese Definition läßt sich auf alle zeitlich veränderlichen Ströme beliebiger Kurvenform anwenden. Ist der Strom eine periodische Funktion der Zeit, genügt es, über *eine* Periode $T = 2\pi/\omega$ quadratisch zu mitteln:

Formale Definition der effektiven Stromstärke

$$I_{\text{eff}} = \sqrt{\frac{1}{T} \int_0^T I^2 \, dt}. \qquad 28.12$$

Die Bezeichnung „Effektivwert" hat einen technischen Hintergrund. Ein Wechselstrom mit einem rms-Wert I_{eff} wandelt in einem ohmschen Widerstand im zeitlichen Mittel genau die gleiche Leistung in Joulesche Wärmeleistung um, die auch ein Gleichstrom der Stromstärke I_{eff} erzeugen würde. (In diesem Sinne sind diese beiden Ströme gleich „effektiv".) Dies führt unmittelbar zu einer zweiten (eher technischen) Definition des Effektivwerts der Stromstärke:

Technische Definition der effektiven Stromstärke

Erzeugt ein Wechselstrom I an einem ohmschen Widerstand (einem „ohmschen Verbraucher") eine bestimmte mittlere Leistung (Joulesche Wärme pro Zeiteinheit), so ist sein Effektivwert diejenige Stromstärke I_{eff}, die ein Gleichstrom haben müßte, um am selben Verbraucher die gleiche mittlere Leistung zu erbringen.

Fließt ein sinusförmiger Wechselstrom durch einen ohmschen Widerstand, so liefert die Definitionsgleichung (28.12) für die effektive Stromstärke

$$I_{\text{eff}} = \sqrt{\frac{1}{T}\int_0^T I_0^2 \cos^2 \omega t\, dt} = \sqrt{\frac{I_0^2}{T}\int_0^T \cos^2 \omega t\, dt}\,.$$

Setzen wir für das Integral Gleichung (28.10) ein, erhalten wir für den Efektivwert der Stromstärke

$$I_{\text{eff}} = \frac{I_0}{\sqrt{2}}\,. \qquad 28.13$$

Daß die formale Definition (Gleichung 28.12) und die technische Definition der effektiven Stromstärke äquivalent sind, zeigt der Vergleich von (28.11) mit der Leistung, die ein Gleichstrom der Stärke I_{eff} im Widerstand R in Wärmeleistung umsetzen würde:

$$\langle P\rangle = P_{\text{Gleichstrom}} = R I_{\text{eff}}^2 \qquad 28.14$$

Sezten wir (28.11) und (28.14) gleich und lösen nach der effektiven Stromstärke auf, so erhalten wir als Ergebnis Gleichung (28.13). Beide Definitionen des Effektivwerts sind also gleichwertig.

Völlig analog ist der **Effektivwert einer Wechselspannung** definiert:

$$U_{\text{eff}} = \sqrt{\langle U^2\rangle} = \sqrt{\frac{1}{T}\int_0^T U^2\, dt}\,. \qquad 28.15$$

Effektivwert der Spannung

Der Effektivwert einer Wechselspannung, die an einem ohmschen Verbraucher eine bestimmte mittlere Leistung erbringt, gibt diejenige Gleichspannung U_{eff} an, die am selben Verbraucher die gleiche mittlere Joulesche Wärmeleistung erzeugt.

Technische Definition der effektiven Spannung

Eine sinusförmige Wechselspannung hat den Effektivwert

$$U_{\text{eff}} = \frac{U_0}{\sqrt{2}}\,. \qquad 28.16$$

Dies läßt sich mit Hilfe der Gleichungen (28.14), (28.13) und des ohmschen Gesetzes zeigen. Mit den Effektivwerten von Strom und Spannung lautet das ohmsche Gesetz:

$$R = \frac{U_{\text{eff}}}{I_{\text{eff}}}\,. \qquad 28.17$$

Die Gleichungen (28.14) und (28.17) haben die gleiche Form wie entsprechende Gleichungen für Gleichstromkreise (Gleichungen 22.5 und 22.14). Bei sinusförmigem Wechselstrom können wir also die im zeitlichen Mittel in ohmschen Widerständen erzeugte Joulesche Wärmeleistung wie bei Gleichstrom berechnen – vorausgesetzt, wir verwenden die Effektivwerte von Spannung und Strom.

28 Wechselstromkreise

In Deutschland stellen die Elektrizitätswerke sinusförmige Wechselspannung mit einem Effektivwert von 230 V und einer Frequenz von 50 Hz zur Verfügung (die sogenannte *Netzspannung*). Die Steckdosen in unseren Wohnungen sind parallelgeschaltet. Die einzelnen Zimmer oder Wohnbereiche sind meist mit 10-A- oder 16-A-Sicherungen (I_{eff}) abgesichert. Im Falle einer 10-A-Sicherung kann dem Netz innerhalb des abgesicherten Wohnbereichs höchstens eine Leistung $\langle P \rangle = 230\,\text{V} \cdot 10\,\text{A} = 2{,}3\,\text{kW}$ entnommen werden. Bedenken Sie beim Anschluß von Geräten mit hoher Leistungsaufnahme, welch starke Ströme fließen. Ein 1500-W-Heizlüfter beispielsweise „zieht" bereits einen Strom $I_{\text{eff}} = 1000\,\text{W}/230\,\text{V} = 6{,}52\,\text{A}$.

Effektivwerte können auch für andere – nicht sinusförmige – Wechselspannungen angegeben werden. Betrachten wir dazu folgendes Beispiel.

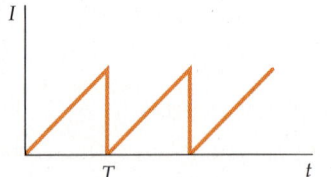

28.3 Wechselstrom mit sägezahnförmiger Schwingungsform.

Beispiel 28.1

Bisweilen benötigt man in elektrischen Schaltungen Wechselspannungen mit einer bestimmten Kurvenform. Ein Beispiel dafür kann man Abbildung 28.3 entnehmen. Sie zeigt eine sogenannte Sägezahnspannung. Die Stromstärke steigt dabei während eines Zeitintervalls der Länge T linear an ($I = I_0\, t/T$ für $0 < t < T$), geht anschließend sprunghaft auf null zurück und steigt wieder linear an usw. Berechnen Sie a) die mittlere Stromstärke und b) die effektive Stromstärke.

a) Den Mittelwert über eine Funktion in einem Zeitintervall T erhält man, indem man das Integral über die Funktion über das Zeitintervall T durch die Länge des Intervalls, also durch T, dividiert:

$$\langle I \rangle = \frac{1}{T} \int_0^T I\, dt = \frac{1}{T} \int_0^T (I_0/T)\, t\, dt = \frac{I_0}{T^2} \frac{T^2}{2} = \frac{1}{2} I_0\,.$$

Die mittlere Stromstärke ist – wie Sie wohl auch intuitiv erwartet haben – halb so groß wie der Scheitelwert des Stroms.

b) Der Mittelwert des Quadrats der Stromstärke beträgt

$$\langle I^2 \rangle = \frac{1}{T} \int_0^T I^2\, dt = \frac{1}{T} \int_0^1 (I_0/T)^2\, t^2\, dt = \frac{I_0^2}{T^3} \frac{T^3}{3} = \frac{1}{3} I_0^2\,.$$

Die effektive Stromstärke ist dann nach Gleichung (28.12) $I_{\text{eff}} = \sqrt{\langle I^2 \rangle} = I_0/\sqrt{3}$.

Fragen

1. Wie groß ist der mittlere Strom im Widerstand aus Abbildung 28.1?
2. Betrachten Sie die Schaltung aus Abbildung 28.1. Ist die Momentanleistung, die der Wechselstrom im Widerstand in Joulesche Wärmeleistung umsetzt, zu irgendeinem Zeitpunkt negativ?

28.2 Wechselströme in Spulen und Kondensatoren

Wechselstrom verhält sich in Schaltungen mit Kondensatoren und Spulen völlig anders als Gleichstrom. Beispielsweise fließt Gleichstrom in einem Stromkreis, in dem nur ein Kondensator geschaltet ist, nur so lange, bis der Kondensator völlig aufgeladen ist, während bei Wechselstrom kontinuierlich Ladung auf die Platten bzw. von den Platten fließt. Wir werden noch sehen, daß der Kondensator dem Wechselstrom bei sehr hoher Frequenz nahezu keinen Widerstand entgegensetzt. Im Gegensatz dazu hat eine Spule im Falle des Gleichstroms normalerweise einen äußerst kleinen Widerstand. Ändert sich jedoch der durch die Spule fließende Strom, so wird eine Gegenspannung induziert, die proportional zur zeitlichen Änderung der Stromstärke ist. Je höher die Frequenz des Wechselstroms, desto größer ist also die induzierte Gegenspannung in einer Spule. Eine Spule verhält sich genau umgekehrt wie ein Kondensator: Bei sehr niedrigen Frequenzen hat eine Spule einen verschwindend kleinen Widerstand, bei sehr hohen Frequenzen setzt eine Spule dem Wechselstrom aufgrund der induzierten Spannung einen sehr großen Widerstand entgegen. In der Fachsprache der Elektrotechnik heißt eine Spule „Induktivität" und ein Kondensator „Kapazität".

Induktivitäten

In Abbildung 28.4 sehen wir eine Spule, die an einen Wechselstromgenerator angeschlossen ist. Betrachten wir die Zeitspanne, in der die Spannung von null auf U_0 ansteigt. Steigt der Spulenstrom an, so wird infolge der Änderung des magnetischen Flusses die Spannung $L\,dI/dt$ induziert (Gleichung 26.20). Normalerweise ist der Spannungsabfall, den diese Induktionsspannung über der Spule erzeugt, wesentlich größer als derjenige, welcher durch den Gleichstromwiderstand der Spule erzeugt wird. Den Gleichstromwiderstand können wir also vernachlässigen. Die Plus- und Minuszeichen in der Abbildung zeigen die Richtung des Spannungsabfalls an, wenn bei der angenommenen Stromrichtung dI/dt positiv ist. In diesem Fall liegt der Punkt, an dem der Strom in die Spule hineinfließt, auf höherem Potential als derjenige, an dem er herausfließt. Es ergibt sich dann für den Spannungsabfall U_L über der Spule

$$U_L = U_+ - U_- = L\frac{dI}{dt}.\qquad 28.18$$

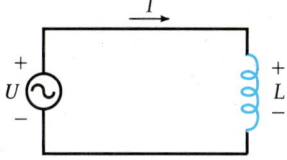

28.4 Ein Wechselstromkreis, in dem nur eine Spule mit der Induktivität L geschaltet ist. Der ohmsche Widerstand der Zuleitungen und der Spule sei vernachlässigbar.

Anwendung der Kirchhoffschen Maschenregel liefert

$$U - U_L = 0\,.$$

Erzeugt der Generator die Spannung $U_0 \cos \omega t$, so erhalten wir

$$U = L\frac{dI}{dt} = U_0 \cos \omega t \qquad 28.19$$

oder umgeformt:

$$dI = \frac{U_0}{L}\cos \omega t\, dt\,. \qquad 28.20$$

28 Wechselstromkreise

Integration beider Seiten der Gleichung ergibt den Strom:

$$I = \frac{U_0}{L}\int \cos\omega t\, dt = \frac{U_0}{\omega L}\sin\omega t + K\,. \qquad 28.21$$

Die Integrationskonstante K ist dabei die mittlere Stromstärke, denn der Mittelwert von $\sin\omega t$ über eine oder mehrere Perioden ist null. Hat der Strom keinen Gleichstromanteil, so wird

$$I = \frac{U_0}{\omega L}\sin\omega t = I_0 \sin\omega t\,. \qquad 28.22$$

Hierbei ist

$$I_0 = \frac{U_0}{\omega L} \qquad 28.23$$

der Scheitelwert des Stroms.

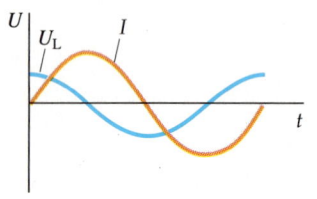

28.5 Spulenstrom und Spannung über der Spule als Funktion der Zeit für die Spule aus Abbildung 28.4. Die Spannung erreicht ihr Maximum eine viertel Periode (also π/2 bzw. 90°) vor dem Strom. Man sagt, die Spannung eilt dem Strom um 90° voraus.

In Abbildung 28.5 sind Strom und Spannung bei einer Spule als Funktion der Zeit aufgetragen. Die Spannung ist gleich der Generatorspannung. Sie ist mit dem Strom *nicht* in Phase. Aus der Abbildung erkennen wir, daß die Spannung ihr Maximum eine viertel Periode oder $90° = \pi/2$ früher als der Strom erreicht. Man sagt auch, *bei der Spule eilt die Spannung dem Strom um 90° voraus*. Die physikalische Ursache für dieses Verhalten ist folgende: Zu Beginn, wenn der Strom gerade von null anzusteigen beginnt, ändert er sich zeitlich besonders stark; daher ist die induzierte Gegenspannung maximal. Eine viertel Schwingungsperiode ($\pi/2$) später ist der Strom maximal, dann gilt $dI/dt = 0$; damit ist ebenfalls die induzierte Gegenspannung U_L gleich null. Verwenden wir die Beziehung $\sin\omega t = \cos(\omega t - \pi/2)$, können wir (28.22) umschreiben:

$$I = I_0 \cos(\omega t - \pi/2)\,.$$

Betrachten wir nun noch einmal Gleichung (28.23). Formal beschreibt sie einen Zusammenhang zwischen den Scheitelwerten von Strom und Spannung, wie wir ihn beim ohmschen Widerstand (Gleichung 28.4) gefunden haben: Der Zähler des Bruches, ωL, entspricht *formal* einem Widerstand X_L:

$$I_0 = \frac{U_0}{\omega L} = \frac{U_0}{X_L}\,. \qquad 28.24$$

Die Größe X_L heißt **induktiver Widerstand**. Physikalisch ist der induktive Widerstand gänzlich anderer Natur als der ohmsche Widerstand: Nicht die Dissipation der elektrischen Energie in Joulesche Wärme, sondern die Induktion einer Gegenspannung entsprechend der Lenzschen Regel setzt dem Strom einen Widerstand entgegen. Man spricht daher auch von einem **Blindwiderstand**. Ein Blindwiderstand ist im Gegensatz zu einem ohmschen Widerstand frequenzabhängig; bei der Spule nimmt er mit wachsender Frequenz zu. Die Einheit eines Blindwiderstands ist wie beim ohmschen Widerstand das Ohm. Aus (28.25) können wir entnehmen, daß Strom und Spannung bei einem Blindwiderstand formal den gleichen Gesetzmäßigkeiten unterliegen wie bei einem gewöhnlichen ohmschen Widerstand. Wir halten fest: Der Blindwiderstand der Spule – der induktive Widerstand – ist

Induktiver Widerstand, Blindwiderstand der Spule

$$X_L = \omega L\,. \qquad 28.25$$

Auch zwischen den Effektivwerten von Spannung und Strom läßt sich wegen $I_{eff} = I_0/\sqrt{2}$ und $U_{eff} = U_0/\sqrt{2}$ ein Zusammenhang formulieren, der formal dem Ohmschen Gesetz entspricht:

$$I_{eff} = \frac{U_{eff}}{\omega L} = \frac{U_{eff}}{X_L}. \qquad 28.26$$

Der Wechselspannungsgenerator gibt eine momentane Leistung

$$\begin{aligned}P(t) &= U(t) \cdot I(t) \\ &= (U_0 \cos \omega t) \cdot (I_0 \sin \omega t) \\ &= U_0 I_0 \cdot \cos \omega t \cdot \sin \omega t\end{aligned}$$

an die Spule ab. Der zeitliche Mittelwert der Leistung ist

$$\begin{aligned}\langle P(t)\rangle &= U_0 I_0 \langle\cos \omega t \cdot \sin \omega t\rangle \\ &= U_0 \cdot I_0 \cdot 0 = 0.\end{aligned}$$

Daß der Mittelwert $\langle\cos \omega t \cdot \sin \omega t\rangle$ gleich null ist, können wir uns folgendermaßen klarmachen: $\cos \omega t \cdot \sin \omega t$ hat zwei Nulldurchgänge pro Periode T und verläuft spiegelsymmetrisch zur t-Achse. Dementsprechend kompensieren sich die Flächen oberhalb und unterhalb der t-Achse. Ist der ohmsche Widerstand der Spule zu vernachlässigen, wird also im zeitlichen Mittel keine Leistung in der Spule dissipiert.

Beispiel 28.2

Eine Spule der Induktivität 40 mH werde mit einem Generator verbunden, der eine Scheitelspannung von 120 V erzeugt. Wie groß sind induktiver Widerstand und Scheitelwert des Stroms, wenn die Frequenz der Wechselspannung 60 Hz bzw. 2000 Hz beträgt?

Bei $\nu_1 = 60$ Hz ist der Blindwiderstand der Spule

$$\begin{aligned}X_{L1} &= \omega_1 L = 2\pi\nu_1 L \\ &= 2\pi \cdot 60 \text{ Hz} \cdot (40 \cdot 10^{-3} \text{ H}) = 15,1 \text{ }\Omega.\end{aligned}$$

Bei $\nu_2 = 2000$ Hz hat die Spule einen induktiven Widerstand

$$\begin{aligned}X_{L2} &= \omega_2 L = 2\pi\nu_2 L \\ &= 2\pi \cdot 2000 \text{ Hz} \cdot (40 \cdot 10^{-3} \text{ H}) = 503 \text{ }\Omega.\end{aligned}$$

Die Scheitelwerte der Ströme sind bei den beiden Frequenzen:

$$I_{1,0} = \frac{U_0}{X_{L1}} = \frac{120 \text{ V}}{15,1 \text{ }\Omega} = 7,95 \text{ A},$$

$$I_{2,0} = \frac{120 \text{ V}}{503 \text{ }\Omega} = 0,239 \text{ A}.$$

Kapazitäten

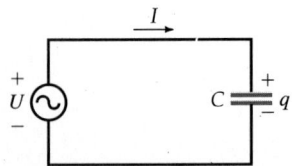

28.6 Ein Wechselstromkreis, in dem nur ein Kondensator der Kapazität C geschaltet ist. Der ohmsche Widerstand sei zu vernachlässigen.

Abbildung 28.6 zeigt einen Kondensator, der mit den Klemmen eines Generators verbunden ist. Um die Kirchhoffschen Regeln anwenden zu können, nehmen wir die eingezeichnete Stromrichtung an. Strom und Ladung sind verknüpft durch

$$I = \frac{dq}{dt}.$$

Entsprechend unserer Wahl der Stromrichtung ist die mit dem Pluszeichen gekennzeichnete Kondensatorplatte positiv geladen. Die andere Platte trägt negative Ladung, da von ihr entsprechend der gewählten Stromrichtung positive Ladungen abfließen. Über dem Kondensator fällt die Spannung (Gleichung 21.4)

$$U_C = U_+ - U_- = \frac{q}{C} \qquad 28.27$$

ab, wobei q die Ladung ist, die sich zum betrachteten Zeitpunkt t auf den Kondensatorplatten befindet. Wenden wir nun die Maschenregel an. Dabei setzen wir für den Spannungsabfall über dem Kondensator Gleichung (28.27) ein; vom Generator werde eine Wechselspannung $U = U_0 \cos \omega t$ geliefert. Die Kirchhoffsche Maschenregel lautet dann:

$$U - U_C = 0$$

$$U_0 \cos \omega t - \frac{q}{C} = 0$$

$$q = U_0 C \cos \omega t.$$

Damit können wir den Strom berechnen:

$$I = \frac{dq}{dt} = -\omega C U_0 \sin \omega t.$$

Er erreicht seinen Scheitelwert, wenn $\sin \omega t = -1$ ist, also wenn $\omega t = \tfrac{3}{2}\pi$:

$$I_0 = \omega C U_0. \qquad 28.28$$

Wenden wir jetzt noch die Beziehung

$$\sin \omega t = -\cos\left(\omega t + \frac{\pi}{2}\right)$$

an, können wir den Strom schreiben als

$$I = -\omega C U_0 \sin \omega t = -I_0 \sin \omega t$$
$$= I_0 \cos\left(\omega t + \frac{\pi}{2}\right). \qquad 28.29$$

Dies ist der Strom, der durch einen Kondensator fließt; wir setzen dabei voraus, daß der ohmsche Widerstand zu vernachlässigen ist, daß also nur die Kapazität dem Strom einen Widerstand entgegensetzt.

Ähnlich wie bei der Induktivität sind auch bei einer Kapazität Strom und Spannung nicht in Phase. In Abbildung 28.7 ist der Verlauf von Strom und Spannung als Funktion der Zeit aufgetragen. Es fällt auf, daß die Spannung ihren Maximalwert 90° = $\frac{\pi}{2}$ oder eine viertel Periode später als der Strom erreicht. Man sagt, *der Strom eilt beim Kondensator der Spannung um 90° voraus*. Auch dies läßt sich physikalisch verstehen. Bei $\omega t = 3\pi/2$ in Abbildung 28.7 ist der Strom maximal. Die Ladung nimmt am schnellsten zu, d.h., dq/dt und damit auch der Strom werden maximal, wenn die Ladung q auf den Kondensatorplatten gleich null ist; dann ist aber auch die Spannung $U_C = q/C$ gleich null. Mit zunehmender Ladung auf den Kondensatorplatten nimmt der Strom ab, bis die Ladung (und damit die Spannung) maximal und der Strom gleich null ist. Dann ändert der Strom sein Vorzeichen, und die Ladung fließt in Gegenrichtung. Der Zusammenhang zwischen Strom und Spannung läßt sich wieder in einer Form schreiben, wie wir sie bei einem ohmschen Widerstand (Gleichung 28.4) erhalten haben:

$$I_0 = \omega C U_0 = \frac{U_0}{\frac{1}{\omega C}} = \frac{U_0}{X_C}$$

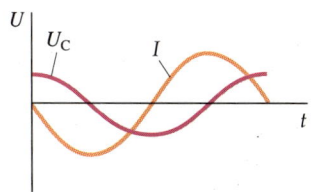

28.7 Kondensatorstrom und Spannung über dem Kondensator als Funktion der Zeit für den Kondensator aus Abbildung 28.6. Die Spannung erreicht ihr Maximum eine viertel Periode (also $\pi/2$ bzw. 90°) nach dem Strom. Man sagt, die Spannung eilt dem Strom um 90° nach (bzw. der Strom eilt der Spannung um 90° voraus).

bzw. für die Effektivwerte (= Scheitelwerte/$\sqrt{2}$):

$$I_\text{eff} = \frac{U_\text{eff}}{\frac{1}{\omega C}} = \frac{U_\text{eff}}{X_C}.$$

28.30

Die Größe $1/(\omega C)$, die im Nenner von Gleichung (28.30) steht, entspricht formal wieder einem Widerstand. Sie ist aber der Blindwiderstand des Kondensators, der als **kapazitiver Widerstand** X_C bezeichnet wird:

$$X_C = \frac{1}{\omega C}.$$

28.31 *Kapazitiver Widerstand, Blindwiderstand des Kondensators*

Wie der gewöhnliche ohmsche Gleichstromwiderstand und wie auch der induktive Widerstand hat er die Einheit Ohm. Der kapazitive Widerstand ist jedoch umgekehrt proportional zur Frequenz. Genau wie beim induktiven Widerstand gibt die Spannungsquelle auch im Falle des rein kapazitiven Widerstandes im zeitlichen Mittel keine Leistung ab:

$$\langle P(t) \rangle = \langle U(t) \cdot I(t) \rangle$$
$$= \langle (U_0 \cos \omega t) \cdot (-I_0 \sin \omega t) \rangle$$
$$= -U_0 I_0 \langle \cos \omega t \cdot \sin \omega t \rangle = 0.$$

In einer idealen Kapazität wird also keine Leistung in Joulesche Wärmeleistung umgewandelt.

Es mag auf den ersten Blick seltsam erscheinen, daß durch einen Kondensator ein Wechselstrom fließen kann, obwohl die Kondensatorplatten durch einen Isolator getrennt sind. Dies klärt sich bei einer genaueren Betrachtung des Sachverhalts. Erinnern wir uns an einen Kondensator im Gleichstromkreis (Abschnitt 23.2). Wird ein Kondensator mit einer Gleichspannungsquelle, beispielsweise einer Batterie, verbunden, so fließen Ladungsträger auf die Kondensatorplatten. Die Stromstärke nimmt exponentiell ab, bis die Kondensatorspannung gleich der Versorgungsspannung ist (im Prinzip dauert das unendlich lange). Wir betrachten jetzt einen ungeladenen Kondensator, den wir mit den Klemmen einer Batterie verbinden, die obere Platte mit dem positiven Pol, die untere mit dem negativen. Zunächst fließt positive Ladung vom Pluspol der Batterie zur oberen Platte hin und von der unteren weg (natürlich fließen in der Tat Elektronen; sie bewegen sich in die Gegenrichtung). Von außen wirkt dies genauso, als flösse die Ladung durch den Kondensator hindurch. Handelt es sich um eine Wechselspannungsquelle, so ändert sich jeweils nach einer halben Schwingungsperiode die Stromrichtung, wie in Abbildung 28.7 gezeigt. Bei jeder Halbwelle fließt die Ladung $\Delta q = 2CU$ in den Kondensator hinein bzw. aus ihm heraus. Erhöhen wir die Frequenz, so nimmt auch die Anzahl der Halbwellen pro Sekunde zu. Der Strom „durch" den Kondensator steigt somit proportional zur Frequenz an, so daß der Blindwiderstand des Kondensators umgekehrt proportional zur Frequenz ist: je höher die Frequenz, desto niedriger der kapazitive Widerstand.

Beispiel 28.3

Ein 20-μF-Kondensator werde mit einem Generator verbunden, der eine Scheitelspannung von 100 V liefert. Wie groß ist der kapazitive Widerstand und der Scheitelwert des Stroms bei den Frequenzen 60 Hz und 5000 Hz?

Bei $\nu_1 = 60$ Hz beträgt der kapazitive Widerstand

$$X_{C1} = \frac{1}{\omega_1 C} = \frac{1}{2\pi\nu_1 C}$$

$$= [2\pi \cdot 60 \text{ Hz} \cdot (20 \cdot 10^{-6} \text{ F})]^{-1}$$

$$= [2\pi \cdot 60 \text{ s}^{-1} \cdot (20 \cdot 10^{-6} \text{ A} \cdot \text{s} \cdot \text{V}^{-1})]^{-1} = 133 \text{ }\Omega$$

und bei $\nu_2 = 5000$ Hz

$$X_{C2} = \frac{1}{\omega_2 C} = \frac{1}{2\pi\nu_2 C}$$

$$= [2\pi \cdot 5000 \text{ Hz} \cdot (20 \cdot 10^{-6} \text{ F})]^{-1} = 1{,}59 \text{ }\Omega \; .$$

Der Scheitelwert des Stroms ist bei 60 Hz

$$I_{1,0} = \frac{U_0}{X_{C1}} = \frac{100 \text{ V}}{133 \text{ }\Omega} = 0{,}754 \text{ A}$$

bzw. bei 5000 Hz

$$I_{2,0} = \frac{100 \text{ V}}{1{,}59 \text{ }\Omega} = 62{,}8 \text{ A} \; .$$

Die in den Abbildungen 28.4 und 28.6 gezeigten Schaltungen enthalten jeweils nur eine Spule bzw. nur einen Kondensator sowie einen Wechselspannungsgenerator. Der Spannungsabfall ist daher jeweils gleich der Generatorspannung. In komplizierten Schaltungen, die neben der Spannungsquelle zwei oder mehr Bauteile enthalten, ist der Spannungsabfall über jedem einzelnen Bauteil nicht mehr gleich der Generatorspannung. In solchen Fällen ist es nützlich, die Gleichungen (28.26) und (28.30) für den Spannungsabfall umzuschreiben. Ist $U_{L,\text{eff}}$ der Effektivwert des Spannungsabfalls über einer Induktivität, so ist der Effektivwert des Stroms gegeben durch

$$I_{\text{eff}} = \frac{U_{\text{L,eff}}}{\omega L} = \frac{U_{\text{L,eff}}}{X_{\text{L}}}.\qquad 28.32$$

Die Spannung, die über der Spule abfällt, eilt dem Strom um 90° voraus. Genauso können wir für den Spannungsabfall über einem Kondensator schreiben:

$$I_{\text{eff}} = \frac{U_{\text{C,eff}}}{\dfrac{1}{\omega C}} = \frac{U_{\text{C,eff}}}{X_{\text{C}}}.\qquad 28.33$$

Der Spannungsabfall über dem Kondensator läuft dem Strom um 90° nach. Für die Scheitelwerte gelten die gleichen Zusammenhänge.

Fragen

3. Nimmt in einer Schaltung, die aus einem Wechselspannungsgenerator und einer Spule besteht, die Spule zu irgendeinem Zeitpunkt Energie vom Generator auf? Gibt es einen Zeitpunkt, zu dem sie an den Generator Energie abgibt? (Der ohmsche Widerstand der Spule und der Zuleitungen sei vernachlässigbar klein.)
4. Nimmt in einer Schaltung, die aus einem Generator und einem Kondensator besteht, der Kondensator zu irgendeinem Zeitpunkt Energie auf, und gibt er irgendwann Energie an den Generator ab? (Vernachlässigen Sie auch hier den ohmschen Widerstand.)

28.3 Zeigerdiagramme

Im letzten Abschnitt haben wir gesehen, daß Spannung und Strom bei einem ohmschen Widerstand immer in Phase sind, während bei einer Spule die Spannung dem Strom um 90° vorauseilt und beim Kondensator um 90° nachläuft. Diese Phasenbeziehung läßt sich durch Vektoren in einer x-y-Ebene veranschaulichen. Man nennt solche Vektoren Zeiger; die Darstellung im x-y-Diagramm heißt **Zeigerdiagramm**. In Abbildung 28.8 ist das Zeigerdiagramm für einen rein ohmschen Widerstand R gezeigt. Der Spannungsabfall U_R über dem ohmschen Widerstand ist durch einen Zeiger U_R veranschaulicht, der den Betrag $I_0 R$ hat und mit der x-Achse einen Winkel θ einschließt. Strom und Spannung sind beim ohmschen Widerstand in Phase – im Zeigerdiagramm hat der Zeiger des Stroms, I, dann die gleiche Richtung (er nimmt den gleichen Winkel θ zur x-Achse ein) wie U_R. Wie wir in Abschnitt 26.6 gesehen haben, läßt sich ein sinusförmiger Wechselstrom in einem Wechselstromkreis allgemein als

$$I = I(t) = I_0 \cos \theta = I_0 \cos(\omega t - \delta)\qquad 28.34$$

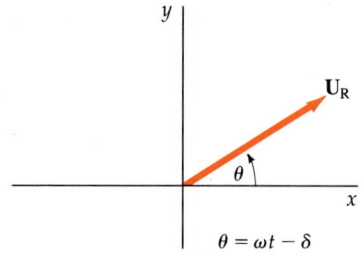

28.8 Die Spannung über einem Widerstand kann durch einen Vektor U_R dargestellt werden. Ein solcher Vektor heißt auch Zeiger und hat den Betrag $I_0 R$. Er schließt mit der x-Achse den Winkel $\theta = \omega t - \delta$ ein. Der Zeiger rotiert mit der Kreisfrequenz ω, seine x-Komponente ist gleich dem Momentanwert der Spannung $U_R = IR$.

schreiben, wobei ω die Kreisfrequenz und δ ein beliebiger konstanter Phasenwinkel ist. Der Spannungsabfall über dem Widerstand ist dann

$$U_R = U_R(t) = IR = I_0 R \cos(\omega t - \delta) \, . \tag{28.35}$$

Betrachten wir nun den Zeiger $\boldsymbol{U_R}$. Seine x-Komponente – also die Projektion von $\boldsymbol{U_R}$ auf die x-Achse – ist gerade $U_0 \cos \theta$ (Definition des Kosinus). Also gibt die x-Komponente des Zeigers $\boldsymbol{U_R}$ den Spannungsabfall über R für einen bestimmten Winkel $\theta = \omega t - \delta$ und damit zu einem bestimmten Zeitpunkt t an: Eine Projektion eines Zeigers auf die x-Achse ist ein Momentanwert der betreffenden Größe (Spannung oder Strom). So läßt sich in unserem Beispiel der Momentanwert des Stroms I als x-Komponente eines Zeigers $\boldsymbol{I}$ schreiben, der die gleiche Richtung wie $\boldsymbol{U_R}$ hat, denn Strom und Spannungsabfall sind beim ohmschen Widerstand in Phase. Die beiden Zeiger unterscheiden sich jedoch in ihrer Länge.

Werden mehrere Bauteile in Reihe geschaltet, addieren sich die einzelnen Spannungsabfälle zur angelegten Klemmenspannung; in Parallelschaltungen die einzelnen Ströme in den Zweigen zum Gesamtstrom. Bei Wechselstromkreisen kann das Berechnen sehr schnell schwierig werden, denn das algebraische Addieren von Sinus- bzw. Kosinusfunktionen ist mühsam. Hier zeigt sich der Vorteil des Zeigerdiagramms: Die Vektoraddition von Zeigern vereinfacht die Aufgabe wesentlich.

Bei der Anwendung des Zeigerdiagramms geht man wie folgt vor: Man schreibt Spannungen und Ströme zunächst in der Form $A \cos(\omega t - \delta)$ und faßt ihren Momentanwert jeweils als x-Komponente A_x eines Zeigers $\boldsymbol{A}$ auf, der mit der x-Achse den Winkel $(\omega t - \delta)$ einschließt. Anstatt zwei Spannungen oder Ströme gemäß $A \cos(\omega t - \delta_1) + B \cos(\omega t - \delta_2)$ algebraisch zu addieren, stellt man sie als Zeiger $\boldsymbol{A}$ und $\boldsymbol{B}$ dar und addiert die beiden Zeiger geometrisch: $\boldsymbol{C} = \boldsymbol{A} + \boldsymbol{B}$. Der Momentanwert der resultierenden Spannung bzw. der Stromstärke ist dann durch die x-Komponente $C_x = A_x + B_x$ des Zeigers $\boldsymbol{C}$ gegeben. In der geometrischen Darstellung sehen wir ohne Mühe die relativen Beträge und Phasen der Zeiger. Im Zeigerdiagramm wird ausgenutzt, daß eine Kosinusfunktion als Projektion einer Kreisbewegung auf die x-Achse dargestellt werden kann.

Wir wollen das Vorgehen anhand einer Reihenschaltung aus einer Induktivität L, einer Kapazität C und einem Widerstand R illustrieren. Alle Bauteile werden vom gleichen Strom durchflossen, dessen Scheitelwert wir durch einen Zeiger $\boldsymbol{I}$ darstellen. Die Spannung über der Spule wird durch einen Zeiger $\boldsymbol{U_L}$ repräsentiert, der den Betrag $I_0 X_L$ hat und dem Stromzeiger um 90° vorauseilt. Genauso läßt sich die Spannung über dem Kondensator durch einen Zeiger $\boldsymbol{U_C}$ darstellen, der den Betrag $I_0 X_C$ hat und dem Strom um 90° nacheilt. Diese Zeiger zeigt Abbildung 28.9. Die drei Zeiger rotieren mit der Kreisfrequenz ω gegen den Uhrzeigersinn, ihre relative Phase ändert sich jedoch nicht. Der Momentanwert des Spannungsabfalls über diesen drei Bauteilen ist zu jedem Zeitpunkt gleich der x-Komponente des entsprechenden Zeigers.

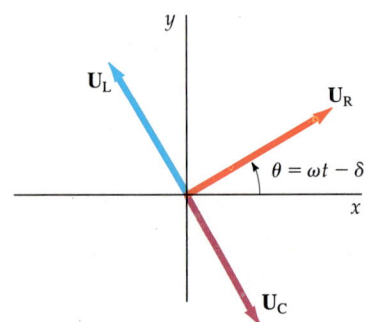

28.9 Zeigerdarstellung der Spannungen U_R, U_L und U_C. Jeder Vektor rotiert mit der Kreisfrequenz ω gegen den Uhrzeigersinn. Der Momentanwert der Spannung über jedem Bauteil ist jeweils durch die x-Komponente des entsprechenden Zeigers gegeben. Die Vektorsumme $\boldsymbol{U_R} + \boldsymbol{U_L} + \boldsymbol{U_C}$ ergibt den Zeiger der angelegten Generatorspannung. (Er ist hier nicht eingezeichnet. Wir kommen in Abschnitt 28.5 darauf zurück.)

28.4 *LC*- und *LCR*-Kreise ohne Wechselspannungsquelle

Gegenstand dieses Abschnitts sind einige einfache Schaltungen, die Induktivitäten (L), Kapazitäten (C) und Widerstände (R), jedoch keine Wechselspannungsquelle enthalten; *LCR*-Wechselstromkreise mit Generator wollen wir erst im nächsten Abschnitt betrachten. Zunächst untersuchen wir eine Schaltung, bestehend aus einer Induktivität und einer Kapazität, jedoch ohne ohmschen Widerstand, wie in Abbildung 28.10 abgebildet. Auf dem Kondensator befinde sich anfangs eine Ladung q_0, und der Schalter sei geöffnet. Wird zum Zeitpunkt $t = 0$ der Stromkreis durch den Schalter geschlossen, so beginnt Ladung durch die Spule zu fließen, der Kondensator entlädt sich über die Spule. In der Abbildung wurden Vorzeichen der Ladung und Stromrichtung so gewählt, daß

$$I = \frac{dq}{dt}.$$

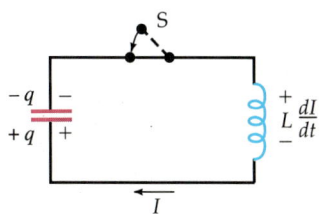

28.10 Ein *LC*-Kreis (ungedämpfter Schwingkreis). Wird der Stromkreis mit dem Schalter S geschlossen, so entlädt sich der ursprünglich geladene Kondensator über die Spule. Dabei wird in der Spule eine Gegenspannung induziert.

Wenden wir die Kirchhoffsche Maschenregel für das angenommene Vorzeichen der Ladung q und die Richtung des Stromes I an, so erhalten wir

$$L\frac{dI}{dt} + \frac{q}{C} = 0, \qquad 28.36$$

und wenn wir dq/dt durch I ersetzen:

$$L\frac{d^2q}{dt^2} + \frac{q}{C} = 0. \qquad 28.37$$

Diese Gleichung hat die gleiche Form wie diejenige, die die Beschleunigung einer Masse durch eine Feder beschreibt (Abschnitt 12.1, Gleichung 12.2), nämlich

$$m\frac{d^2x}{dt^2} + kx = 0. \qquad 28.38$$

Ein *LC*-Kreis zeigt also das gleiche Verhalten wie ein Massestück an einer Feder, wobei L der Masse m im mechanischen System entspricht, q der Ortskoordinate x und $1/C$ der Federkonstanten k. Weiterhin ist der Strom I der Geschwindigkeit v äquivalent, da $v = dx/dt$ und $I = dq/dt$. So wie in mechanischen Systemen die Masse eines Objekts seine Trägheit charakterisiert (je größer die Masse, desto schwieriger ist es, die Geschwindigkeit zu ändern), ist die Induktivität L so etwas wie die Trägheit eines Wechselstromkreises. Je größer die Induktivität, desto schwieriger ist es, den Strom I zu ändern. Teilen wir (28.37) durch L und sortieren um, so erhalten wir

$$\frac{d^2q}{dt^2} = -\frac{1}{LC}q. \qquad 28.39$$

Das mechanische Analogon lautet

$$\frac{d^2x}{dt^2} = -\frac{k}{m}x = -\omega^2 x, \qquad 28.40$$

wobei $\omega^2 = k/m$. In Kapitel 12 fanden wir als Lösung für (28.40) eine harmonische Schwingung, die durch eine Gleichung der Form

$$x = A \cos(\omega t - \delta)$$

beschrieben wird. Dabei bedeutet $\omega = \sqrt{(k/m)}$ die Kreisfrequenz, A die Amplitude und δ eine nur von den Anfangsbedingungen abhängige Phasenkonstante. Ersetzen wir $1/LC$ durch ω^2, so hat (28.39) die gleiche Form wie (28.40):

$$\frac{d^2q}{dt^2} = -\omega^2 q \qquad 28.41$$

mit

$$\omega = \frac{1}{\sqrt{LC}}.\qquad 28.42$$

Die Lösung der Differentialgleichung (28.41) lautet

$$q = A \cos(\omega t - \delta).$$

Den Strom erhalten wir, indem wir diesen Ausdruck nach der Zeit t differenzieren:

$$I = \frac{dq}{dt} = -\omega A \sin(\omega t - \delta).$$

Mit den Anfangsbedingungen, zum Zeitpunkt $t = 0$ befinde sich eine Ladung q_0 auf den Kondensatorplatten, und es fließe bei $t = 0$ kein Strom – also $q(t = 0) = q_0$ und $I(t = 0) = 0$ – ist die Phasenkonstante $\delta = 0$ und $A = q_0$. Wir erhalten somit als Lösung

$$q = q_0 \cos \omega t \qquad 28.43$$

und damit für den (zeitabhängigen) Strom

$$I = -\omega q_0 \sin \omega t = -I_0 \sin \omega t, \qquad 28.44$$

wobei $I_0 = \omega q_0$. Abbildung 28.11 zeigt die Ladung q und den Strom I als Funktion der Zeit t. Die Ladung oszilliert zwischen den Werten $+q_0$ und $-q_0$ mit der Kreisfrequenz $\omega = \sqrt{1/(LC)}$. Mit der gleichen Frequenz oszilliert die Stromstärke zwischen den Werten $+\omega q_0$ und $-\omega q_0$ und ist zusätzlich um 90° gegenüber der Ladung phasenverschoben. Immer wenn der Strom sein Maximum erreicht, ist die Ladung gleich null und umgekehrt.

Bei der Untersuchung mechanischer Schwingungen (beispielsweise des Systems Masse – Feder) fanden wir, daß die Gesamtenergie konstant ist und daß sich potentielle und kinetische Energie unablässig ineinander umwandeln. Ganz genauso liegen in unserem LC-Kreis zwei Energieformen vor: elektrostatische potentielle Energie (des Kondensators) und die Energie des Magnetfeldes der Spule (wir nennen sie hier kurz „magnetische Energie"). Im Kondensator wird die Energie (siehe Gleichung 21.16)

$$W_e = \frac{1}{2} q U_C = \frac{1}{2} \frac{q^2}{C}$$

gespeichert. Setzen wir $q_0 \cos \omega t$ für q ein, ergibt sich für die elektrostatische potentielle Energie

$$W_e = \frac{q_0^2}{2C} \cos^2 \omega t. \qquad 28.45$$

Sie schwankt zwischen ihrem Maximalwert $q_0^2/(2C)$ und null. Für die magnetische Energie, die in einer Spule gespeichert ist, fanden wir in Kapitel 26 (Gleichung 26.33)

$$W_m = \frac{1}{2} L I^2. \qquad 28.46$$

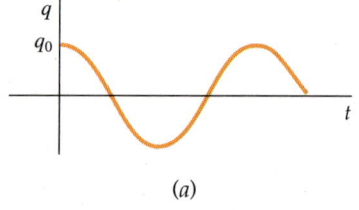

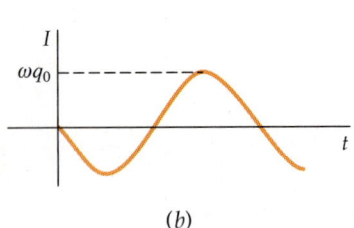

28.11 a) Ladung q und b) Strom I als Funktion der Zeit t für den LC-Kreis aus Abbildung 28.10.

28.4 LC- und LCR-Kreise ohne Wechselspannungsquelle

Setzen wir den Strom aus (28.29) hier ein, so erhalten wir

$$W_m = \frac{1}{2} L I_0^2 \sin^2 \omega t = \frac{1}{2} L \omega^2 q_0^2 \sin^2 \omega t = \frac{q_0^2}{2C} \sin^2 \omega t, \qquad 28.47$$

wobei wir $\omega^2 = 1/(LC)$ verwendet haben. Die magnetische Energie schwankt zwischen ihrem Maximum $q_0^2/(2C)$ und null. Die Summe von elektrischer und magnetischer Energie ist die zeitlich konstante Gesamtenergie W_{ges}:

$$W_{ges} = W_e + W_m = \frac{q_0^2}{2C} \cos^2 \omega t + \frac{q_0^2}{2C} \sin^2 \omega t = \frac{q_0^2}{2C}.$$

Sie entspricht der ursprünglich im Kondensator gespeicherten Energie, bevor der Stromkreis in Abbildung 28.10 geschlossen wurde. – Ein solcher Stromkreis wird häufig **Schwingkreis** genannt. Die Strom-Zeit-Kurve hat die Form einer harmonischen Schwingung, man spricht von einer **ungedämpften elektrischen Schwingung**.

Beispiel 28.4

Ein Kondensator der Kapazität 2 µF werde auf 20 V aufgeladen und dann mit einer Spule der Induktivität 6 µH verbunden. a) Berechnen Sie die Frequenz dieses Schwingkreises und b) den Scheitelwert des Stroms.

a) Die Frequenz ν hängt nur von der Kapazität C und der Induktivität L ab:

$$\nu = \frac{\omega}{2\pi} = \frac{1}{2\pi\sqrt{LC}}$$

$$= \frac{1}{2\pi\sqrt{(6 \cdot 10^{-6}\,\text{H}) \cdot (2 \cdot 10^{-6}\,\text{F})}} = 4{,}59 \cdot 10^4 \,\text{Hz}.$$

b) Nach (28.44) ergibt sich der Scheitelwert des Stroms aus dem Maximalwert der (zeitlich veränderlichen) Ladung q, wobei die Kreisfrequenz durch (28.42) gegeben ist:

$$I_0 = \omega q_0 = \frac{q_0}{\sqrt{LC}}.$$

Als Anfangsladung $q_0 = q(t=0)$ folgt aus den gegebenen Größen

$$q_0 = CU_0 = 2\,\mu\text{F} \cdot 20\,\text{V} = 40\,\mu\text{C}.$$

Setzt man diesen Wert für q_0 ein, erhält man für den Scheitelwert des Stroms

$$I_0 = \frac{40\,\mu\text{C}}{\sqrt{6\,\mu\text{H} \cdot 2\,\mu\text{F}}} = 11{,}5\,\text{A}.$$

Übung

Ein 5-µF-Kondensator wird aufgeladen und dann über eine Spule entladen. Welche Induktivität muß die Spule haben, damit sich eine Schwingungsfrequenz von 8 kHz ergibt? (Antwort: $L = 79{,}2\,\mu\text{H}$)

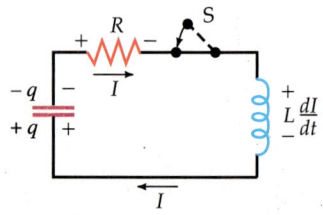

28.12 Ein *LCR*-Kreis (gedämpfter Schwingkreis).

In Abbildung 28.12 ist zusätzlich zum Kondensator und der Spule noch ein Widerstand in Reihe geschaltet. Wir gehen wieder davon aus, daß der Kondensator anfangs die Ladung q_0 trägt und daß der Stromkreis mit dem Schalter zum Zeitpunkt $t = 0$ geschlossen wird. Dann fällt über dem Widerstand eine Spannung IR ab, und die Kirchhoffsche Maschenregel liefert

$$L\frac{dI}{dt} + \frac{q}{C} + IR = 0 \qquad 28.48$$

oder mit $I = dq/dt$

$$L\frac{d^2q}{dt^2} + \frac{q}{C} + R\frac{dq}{dt} = 0 \, . \qquad 28.49$$

Die Gleichung (28.49) ist der Bewegungsgleichung für einen gedämpften harmonischen Oszillator formal äquivalent (Abschnitt 12.7, Gleichung 12.46):

$$m\frac{d^2x}{dt^2} + kx + b\frac{dx}{dt} = 0 \, .$$

Der erste Term in Gleichung (28.48), $L\,dI/dt = L\,d^2q/dt^2$, entspricht im mechanischen Analogon der Beschleunigung, denn $m\,dv/dt = m\,d^2x/dt^2$. Der zweite Term, q/C, ist der Rückstellkraft kx analog, und der dritte Term $IR = R\,dq/dt$ findet im Dämpfungsglied $bv = b\,dx/dt$ seine Entsprechung. Im mechanischen Fall wird die Energie in Form von Wärme dissipiert. Beim *LCR*-Kreis entspricht das Produkt aus ohmschem Widerstand und Stromstärke dem Dämpfungsglied, und in ihm wird elektrische und magnetische Energie als Joulesche Wärme umgewandelt. Ein *LCR*-Kreis ist daher ein **gedämpfter Schwingkreis**.

Ist der Widerstand R klein, so stellt sich eine Schwingungsfrequenz ein, die der Resonanzfrequenz des ungedämpften Falls, $1/\sqrt{LC}$, sehr nahe kommt. Die Schwingung ist jedoch gedämpft. Dies bedeutet, daß mit jeder Schwingungsperiode Ladung und Strom abnehmen. Qualitativ können wir uns das mit einer Betrachtung der Energie plausibel machen. Wenn wir (28.48) mit I multiplizieren, so erhalten wir

$$IL\frac{dI}{dt} + I\frac{q}{C} + I^2R = 0 \, . \qquad 28.50$$

Der erste Term in dieser Gleichung ist das Produkt aus Strom und Spannungsabfall über der Spule. Dies ist die Geschwindigkeit, mit der Energie aus der Spule entnommen oder in sie hineingebracht wird. Ob $d(\frac{1}{2}LI^2)/dt$ positiv oder negativ ist, hängt davon ab, ob I und dI/dt gleiches oder unterschiedliches Vorzeichen haben. Analog ist der zweite Term, das Produkt aus Strom und Spannungsabfall über dem Kondensator, die Geschwindigkeit, mit der sich die elektrostatische

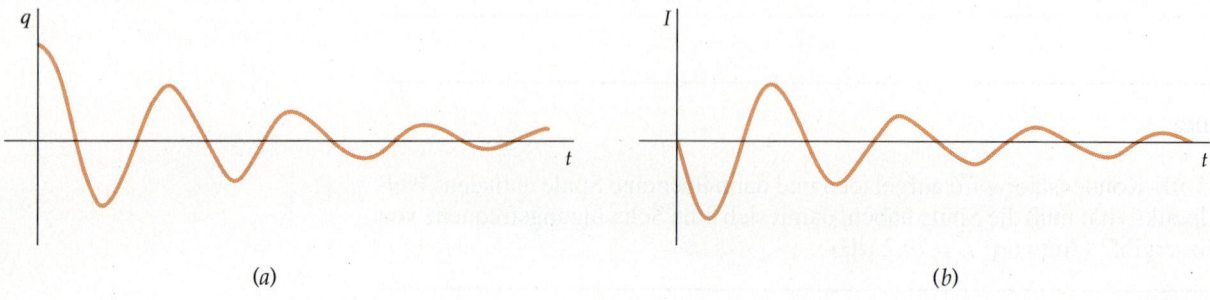

28.13 a) Ladung q und b) Strom I als Funktion der Zeit t für den *LCR*-Kreis aus Abbildung 28.12. Der Widerstand R ist hier so klein, daß die Schwingung nur leicht gedämpft wird.

potentielle Energie ändert. Auch sie kann wieder positiv oder negativ sein. Der letzte Term I^2R ist die Geschwindigkeit, mit der im Widerstand Energie in Form von Joulescher Wärme dissipiert wird. Dieser Ausdruck ist immer positiv. Die Summe aus elektrostatischer potentieller und magnetischer Energie kann also nicht konstant sein, da im Widerstand beständig Energie in Joulesche Wärme umgewandelt wird. In Abbildung 28.13 ist der Verlauf von q und I als Funktion der Zeit dargestellt, wenn ein kleiner ohmscher Widerstand im LCR-Kreis geschaltet ist. Vergrößern wir den Widerstand R, so werden die Oszillationen immer stärker gedämpft. Bei einem kritischen Wert tritt keine Schwingung mehr auf (aperiodischer Grenzfall); wird R noch größer, spricht man von einer überdämpften Schwingung. In Abbildung 28.14 sehen wir den Verlauf der Ladung q als Funktion der Zeit für diesen Fall (R ist größer als der kritische Wert).

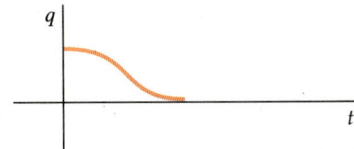

28.14 a) Ladung q als Funktion der Zeit t für den LCR-Kreis aus Abbildung 28.12. Hier ist Widerstand R so groß, daß gar keine Schwingung mehr auftritt; die Schwingung ist überdämpft. Beim mechanischen Analogon spricht man vom Kriechfall.

Frage

5. Es ist einfach, LC-Kreise herzustellen, die Frequenzen in der Größenordnung von einigen tausend Hertz haben. Wesentlich schwieriger ist es, extrem kleine Frequenzen zu erreichen. Weshalb?

28.5 LCR-Kreise mit Wechselspannungsquelle – erzwungene Schwingungen

In diesem Abschnitt betrachten wir Schwingkreise, in denen die Energieverluste, zu denen es in ohmschen Widerständen infolge der Erzeugung Joulescher Wärme kommt, durch eine Wechselspannungsquelle ausgeglichen werden. Diese liefert kontinuierlich eine sinusförmige Spannung der Frequenz $\nu = \omega/2\pi$. Physikalisch bedeutet das, daß ein solcher LCR-Kreis **erzwungene Schwingungen** ausführt. Wir werden daher – wie bei erzwungenen mechanischen Schwingungen (Abschnitt 12.8) – dem Phänomen der **Resonanz** begegnen. Die Bauteile (ohmscher) Widerstand, Kondensator und Spule können in Reihe oder parallelgeschaltet sein. Wir betrachten zunächst den Reihenschwingkreis. An dieser wichtigen Schaltung können wir viele Eigenschaften von Wechselstromkreisen beobachten.

Der Reihenschwingkreis

In Abbildung 28.15 ist ein Reihenschwingkreis mit einem Wechselspannungsgenerator gezeigt. Nehmen wir an, der Generator liefere eine Wechselspannung der Form $U = U_0 \cos \omega t$, dann erhalten wir mit der Kirchhoffschen Maschenregel

$$U_0 \cos \omega t - L \frac{dI}{dt} - \frac{q}{C} - IR = 0 \,.$$

Wenn wir berücksichtigen, daß $I = dq/dt$ ist, ergibt sich

$$L \frac{d^2 q}{dt^2} + R \frac{dq}{dt} + \frac{q}{C} = U_0 \cos \omega t \,. \qquad 28.51$$

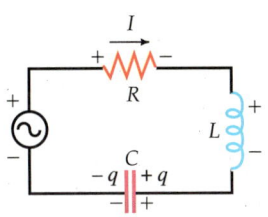

28.15 Reihenschwingkreis mit einem Wechselspannungsgenerator, der im LCR-Kreis Schwingungen mit der Erregerfrequenz erzwingt.

28 Wechselstromkreise

Eine Bewegungsgleichung dieses Typs haben wir bei der Untersuchung erzwungener harmonischer Schwingungen mechanischer Systeme gesehen (Abschnitt 12.8, Gleichung 12.63):

$$m \frac{d^2x}{dt^2} + b \frac{dx}{dt} + m \omega_0^2 x = F_0 \cos \omega t .$$

In dieser Gleichung haben wir die Kraftkonstante der rücktreibenden Kraft (das ist die linear von x abhängige Kraft, der dritte Term auf der linken Seite der Bewegungsgleichung) als $m\omega_0^2$ geschrieben. Analog können wir in Gleichung (28.51) die Kapazität mit Gleichung (28.42) ausdrücken:

$$\frac{1}{C} = L\omega_0^2 .$$

In beiden Fällen haben wir damit die Eigenkreisfrequenz ω_0 bzw. die Eigenfrequenz

$$\nu_0 = \frac{\omega_0}{2\pi}$$

des Oszillators eingeführt. Bei einer erzwungenen Schwingung schwingt das System nicht mit seiner Eigenkreisfrequenz ω_0, sondern mit der Kreisfrequenz ω des Erregers, beim betrachteten *LCR*-Kreis also mit der Kreisfrequenz der angelegten Wechselspannung.

Wir wollen hier die Differentialgleichung (28.51) nicht lösen, sondern lediglich ihre Lösung qualitativ diskutieren. Der im Schwingkreis fließende Strom hat zwei Anteile: einen kurz andauernden Nichtgleichgewichtsanteil und einen Gleichgewichtsanteil (die stationäre Lösung von (28.51)). Ersterer rührt vom Einschaltvorgang her; er hängt von den Anfangsbedingungen (wie anfängliche Phase der Wechselspannungsquelle und anfängliche Ladung des Kondensators) ab. Dieser Nichtgleichgewichtsstrom klingt exponentiell mit der Zeit ab und ist nur während des *Einschwingvorganges* von Bedeutung. Nach der Einschwingzeit überwiegt der zweite Anteil, der Gleichgewichtsstrom. Er ist von den Anfangsbedingungen unabhängig. Im folgenden vernachlässigen wir den Einschwingvorgang und betrachten nur den Gleichgewichtsstrom. Wir erhalten ihn als Lösung von (28.51):

$$I = I_0 \cos(\omega t - \delta) , \qquad 28.52$$

wobei die Phasenverschiebung δ zwischen Spannung und Strom durch

$$\tan \delta = \frac{X_L - X_C}{R} \qquad 28.53$$

gegeben ist. Der Scheitelwert des Stroms ist

$$I_0 = \frac{U_0}{\sqrt{R^2 + (X_L - X_C)^2}} = \frac{U_0}{Z} . \qquad 28.54$$

Im Nenner tritt eine Größe auf, die formal ein Widerstand ist. Es handelt sich hier um den **Scheinwiderstand** des Schwingkreises, die sogenannte **Impedanz** Z:

Impedanz des Reihenschwingkreises

$$Z = \sqrt{R^2 + (X_L - X_C)^2} . \qquad 28.55$$

Die Größe $X_L - X_C$, also die Differenz zwischen induktivem und kapazitivem Blindwiderstand, heißt **Gesamtblindwiderstand** oder **Reaktanz**. Mit (28.54) und (28.52) können wir den Strom – er ist natürlich eine Funktion der Zeit – schreiben als

$$I = \frac{U_0}{Z} \cos(\omega t - \delta).\qquad 28.56$$

Diese Gleichung läßt sich auch mittels eines Zeigerdiagramms ableiten, wie wir es in Abschnitt 28.3 diskutiert haben. In Abbildung 28.16 sind Zeiger abgebildet, die den Spannungsabfall über dem Widerstand, dem Kondensator und der Spule darstellen. (Beachten Sie die Phasenverschiebung zwischen den einzelnen Spannungsabfällen.) Die x-Komponente dieser Zeiger entspricht jeweils dem Momentanwert. Die Summe dieser Spannungsabfälle ist gleich der Summe der einzelnen Momentanspannungen und muß gemäß der Kirchhoffschen Maschenregel gleich der momentanen Generatorspannung sein. Beträgt die angelegte Generatorspannung $U_0 \cos \omega t$ und ist sie durch einen Zeiger U der Länge U_0 gegeben, so gilt:

$$\boldsymbol{U} = \boldsymbol{U}_R + \boldsymbol{U}_L + \boldsymbol{U}_C,\qquad 28.57$$

oder, durch die Beträge ausgedrückt:

$$U_0 = |\boldsymbol{U}_R + \boldsymbol{U}_L + \boldsymbol{U}_C| = \sqrt{U_{R,0}^2 + (U_{L,0} - U_{C,0})^2}.$$

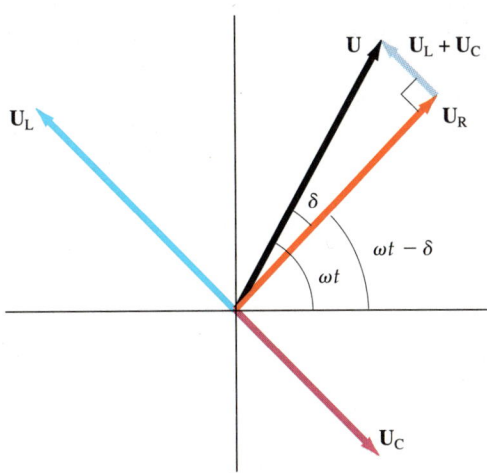

28.16 Zeigerdiagramm für die Spannungen in einem *LCR*-Kreis, die über den einzelnen Bauteilen abfallen. Die Spannung über dem Widerstand ist mit dem Strom in Phase, während die Spannung über der Induktivität U_L dem Strom um 90° vorauseilt und die Spannung über der Kapazität U_C ihm um 90° nachläuft. Die Summe der Vektoren, die die einzelnen Spannungen darstellen, ergibt einen Vektor U, der die angelegte Spannung darstellt (in der Zeichnung schwarz). Dieser Vektor schließt mit dem Zeiger der Spannung U_R (in der Zeichnung rot) den Winkel δ ein. Da die über einem rein ohmschen Widerstand abfallende Spannung mit dem Strom I in Phase ist, gibt δ die Phasenverschiebung zwischen der angelegten Spannung und dem Strom an. Im dargestellten Fall ist U_L größer als U_C, daher eilt der Strom der angelegten Spannung um δ nach.

Dabei sind aber $U_R = I_0 R$, $U_L = I_0 R_L$ und $U_C = I_0 R_C$. Somit ergibt sich Gleichung (28.54):

$$U_0 = I_0 \sqrt{R^2 + (X_L - X_C)^2} = I_0 Z.$$

Der Zeiger U bildet mit U_R den Winkel δ, wie in Abbildung 28.16 gezeigt. Aus der Abbildung können wir auch entnehmen (Definition des Tangens), daß

$$\tan \delta = \frac{|\boldsymbol{U}_L + \boldsymbol{U}_C|}{|\boldsymbol{U}_R|} = \frac{I_0 X_L - I_0 X_C}{I_0 R} = \frac{X_L - X_C}{R}$$

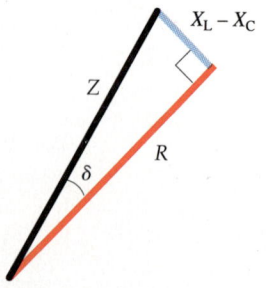

28.17 Widerstandszeiger zur Veranschaulichung des Zusammenhanges zwischen ohmschem Widerstand, Reaktanz und Impedanz. Der Winkel zwischen Impedanz- und Widerstandsvektor ist gleich der Phasenverschiebung δ zwischen angelegter Spannung und Strom. Das gezeigte rechtwinklige Dreieck entspricht dem Zeigerdreieck der Spannungen U, $U_L + U_C$ und U_R aus Abbildung 28.16.

mit (28.53) übereinstimmt. Da U mit der x-Achse den Winkel ωt einschließt, bildet die x-Achse mit U_R den Winkel $\omega t - \delta$. Diese Spannung – sie ist der Spannungsabfall über dem ohmschen Widerstand – ist mit dem Strom in Phase. Der Strom kann daher als

$$I = I_0 \cos(\omega t - \delta) = \frac{U_0}{Z} \cos(\omega t - \delta)$$

geschrieben werden. Das ist aber gerade (28.56). Die Beziehung zwischen der Impedanz Z, dem ohmschen Widerstand R und dem gesamten Blindwiderstand $X_L - X_C$ kann man sich leicht mit Hilfe des Dreiecks in Abbildung 28.17 veranschaulichen.

Resonanz

Die Beziehungen (28.55) und (28.56) sehen kompliziert aus, wir können aus ihnen jedoch einige grundlegende Eigenschaften von Schaltungen wie dem Reihenschwingkreis aus Abbildung 28.15 lernen. Sowohl der induktive als auch der kapazitive Blindwiderstand hängen von der Kreisfrequenz der angelegten Generatorspannung ab. Das gilt dann natürlich auch für die Impedanz der Schaltung und den Scheitelwert des Stroms. Bei sehr kleinen Frequenzen ist $X_C = (\omega C)^{-1}$ wesentlich größer als $X_L = \omega L$, daher ist in diesem Fall die Impedanz groß und der Scheitelwert des Stroms klein. Die Phasenverschiebung δ ist negativ. Dies bedeutet, daß der Strom der Spannung vorauseilt. Wenn wir ω erhöhen, steigt der induktive Blindwiderstand an, und der kapazitive wird kleiner. Sind X_L und X_C gleich groß, so erreicht die Impedanz ihr Minimum. Sie ist dann gleich R, und der Scheitelwert des Stroms, I_0, wird maximal. Außerdem wird die Phasenverschiebung δ gleich null, Strom und Spannung sind also in Phase. Erhöhen wir ω weiter, so wird X_L größer als X_C. Die Impedanz steigt wieder an, und der Scheitelstrom nimmt wieder ab. Die Phasenverschiebung wird dann positiv. Dies bedeutet, daß der Strom der Spannung nacheilt. Die Kreisfrequenz $\omega = \omega_0$, bei der der induktive Widerstand X_L und der kapazitive Widerstand gleich sind, erhalten wir aus

$$X_L = X_C$$
$$\omega_0 L = \frac{1}{\omega_0 C}.$$

Also ist

$$\omega_0 = \frac{1}{\sqrt{LC}} = 2\pi \nu_0.$$

Die Frequenz ν_0 bezeichnet man als **Eigenfrequenz** des Schwingkreises, die im idealisierten Fall von vernachlässigbarer Dämpfung ($R = 0$) mit der **Resonanzfrequenz** des Schwingkreises übereinstimmt. Für $R > 0$ weichen Eigenfrequenz und Resonanzfrequenz geringfügig voneinander ab (vgl. auch Kapitel 12). Ist die Generatorfrequenz gleich der Resonanzfrequenz, so ist die Impedanz minimal und der Scheitelstrom maximal. Man sagt, der Schwingkreis sei in **Resonanz**, und spricht auch von einem *Resonanzkreis*. Im Resonanzfall sind Generatorspannung und Strom in Phase. Die Resonanzerscheinung beim elektrischen Schwingkreis ist analog zum mechanischen Fall der erzwungenen Schwingung, wenn Erreger- und Resonanzfrequenz übereinstimmen.

Wir haben bereits festgestellt, daß weder eine Spule noch ein Kondensator Energie dissipieren; in einem elektrischen Schwingkreis wird Energie nur im

28.5 LCR-Kreise mit Wechselspannungsquelle – erzwungene Schwingungen

ohmschen Widerstand in Joulesche Wärme umgewandelt. Die Energie, die im Widerstand im zeitlichen Mittel in Wärme umgesetzt wird, ist gleich der Energie, die der Generator im zeitlichen Mittel an den Schwingkreis abgibt. Die Momentanleistung, die an den Widerstand abgegeben wird, beträgt

$$P = I^2 R = [I_0 \cos(\omega t - \delta)]^2 R \,.$$

Mitteln wir über eine oder mehrere Schwingungsperioden und verwenden, daß $\langle \cos^2(\omega t - \delta) \rangle = \tfrac{1}{2}$, so erhalten wir für die mittlere Leistung

$$\langle P \rangle = \frac{1}{2} I_0^2 R \,,$$

was der Beziehung (28.11) entspricht. Setzen wir $I_0 R = U_R$ ein, so können wir die mittlere Leistung schreiben als

$$\langle P \rangle = \frac{1}{2} I_0 U_R \,.$$

Dem in Abbildung 28.16 vorgestellten Zeigerdiagramm können wir entnehmen, daß $U_R = U_0 \cos \delta$ ist. Wir erhalten daher für die mittlere Leistung

$$\langle P \rangle = \frac{1}{2} I_0 U_0 \cos \delta \,.$$

Schreiben wir dies mit den Effektivwerten, $I_{\text{eff}} = I_0/\sqrt{2}$ und $U_{\text{eff}} = U_0/\sqrt{2}$, dann ergibt sich schließlich für die mittlere Leistung, die der Widerstand der Wechselspannungsquelle entnimmt und die im ohmschen Widerstand dissipiert wird,

$$\langle P \rangle = I_{\text{eff}} U_{\text{eff}} \cos \delta \,. \qquad 28.58$$

Die Größe $\cos \delta$ bezeichnet man auch als **Leistungsfaktor** des Schwingkreises, da sie ein Maß für die vom Schwingkreis real aufgenommene Leistung, die sogenannte **Wirkleistung**, ist. Im Resonanzfall ist δ gleich null und damit der Leistungsfaktor gleich eins. Die Leistung kann als Funktion der Kreisfrequenz ausgedrückt werden. Aus dem Dreieck in Abbildung 28.17 entnehmen wir (Definition des Kosinus)

$$\cos \delta = \frac{R}{Z} \,. \qquad 28.59$$

Verwenden wir außerdem $I_{\text{eff}} = U_{\text{eff}}/Z$, so ergibt sich für die mittlere Leistung

$$\langle P \rangle = U_{\text{eff}}^2 \frac{R}{Z^2} \,.$$

Aus der Definition der Impedanz, Gleichung (28.55), erhalten wir

$$\begin{aligned} Z^2 &= (X_L - X_C)^2 + R^2 = \left(\omega L - \frac{1}{\omega C}\right)^2 + R^2 \\ &= \frac{L^2}{\omega^2}\left(\omega^2 - \frac{1}{LC}\right)^2 + R^2 \\ &= \frac{L^2}{\omega^2}(\omega^2 - \omega_0^2)^2 + R^2 \,, \end{aligned}$$

28 Wechselstromkreise

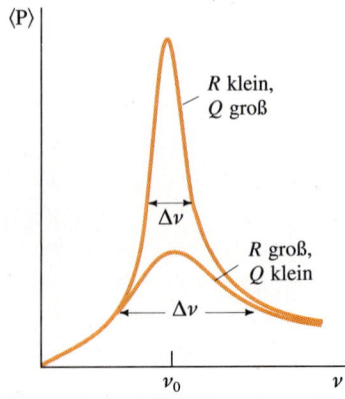

28.18 Verlauf der mittleren Leistung als Funktion der Zeit in einem Reihen-LCR-Kreis. Die aufgenommene Leistung ist maximal, wenn die Frequenz der Wechselspannungsquelle, ν, mit der Resonanzfrequenz $\nu_0 \approx 1/(2\pi\sqrt{LC})$ des Schwingkreises übereinstimmt. Ist der ohmsche Widerstand des Schwingkreises klein, so ist der Q-Faktor (die Güte) groß und die Resonanz sehr scharf. Die Bandbreite $\Delta\nu$ ist der Abstand zwischen den Punkten, an denen die Kurve den halben Maximalwert erreicht.

wobei wir verwendet haben, daß $\omega_0^2 = 1/(LC)$. Mit diesem Ausdruck für Z^2 folgt für die mittlere Leistung, die der Schwingkreis aufnimmt, als Funktion von ω

$$\langle P \rangle = \frac{U_{\text{eff}}^2 R \omega^2}{L^2 (\omega^2 - \omega_0^2)^2 + \omega^2 R^2}. \qquad 28.60$$

In Abbildung 28.18 ist die mittlere Leistung – sie wird vom Generator geliefert – als Funktion für zwei Schwingkreise mit unterschiedlichem Widerstand R aufgetragen. Diese sogenannten *Resonanzkurven* sind äquivalent zu den Leistungs-Frequenz-Kurven, die wir bei der Behandlung erzwungener Schwingungen (Abschnitt 12.8) gesehen haben. Die mittlere Leistung ist maximal, wenn die Generatorfrequenz gleich der Resonanzfrequenz des Schwingkreises ist. Ist der Widerstand sehr klein, so ist die Resonanzkurve sehr schmal; wird der Widerstand größer, so ist die Kurve breiter. Diese **Bandbreite** $\Delta\nu$ kann man verwenden, um die Resonanz eines Schwingkreises zu charakterisieren. Sie ist die Differenz zwischen den Frequenzwerten, bei denen die mittlere Leistung auf die Hälfte ihres Maximalwerts absinkt. Ist diese Breite sehr viel kleiner als die Resonanzfrequenz, so spricht man von einer „scharfen Resonanz"; die Resonanzkurve hat dann ein sehr schmales und hohes Maximum. Analog zu Kapitel 12 können wir hier die *Güte* des Schwingkreises einführen. In Abschnitt 12.7 haben wir dazu den Gütefaktor (Q-Faktor) eingeführt. Bei mechanischen Systemen ist er definiert als $Q = 2\pi E/|\Delta E|$ (Gleichung 12.54), wobei E die Gesamtenergie des schwingenden Systems und ΔE der Energieverlust pro Schwingungsperiode ist. Wir sahen, daß $Q = 2\pi m/bT$, wobei m für die Masse, b für die Dämpfungskonstante und T für die Schwingungsperiode stehen. Wegen $\omega_0 = 2\pi/T$ ist der Gütefaktor eines mechanischen gedämpften Oszillators, der erzwungene Schwingungen ausführt, gegeben durch

$$Q = \frac{\omega_0 m}{b}. \qquad 28.61$$

Der **Gütefaktor** (die Güte, der Q-Faktor) eines elektrischen Schwingkreises kann auf ähnliche Weise definiert werden. Die Induktivität L des Schwingkreises entspricht der Masse m im mechanischen System, und der ohmsche Widerstand R ist der Dämpfungskonstanten b äquivalent. Daher können wir für den Gütefaktor schreiben:

$$Q = \frac{2\pi W_{\text{ges}}}{|\Delta W|} = \frac{\omega_0 L}{R}. \qquad 28.62$$

Dabei ist W_{ges} die Summe von elektrischer und magnetischer Energie des Schwingkreises (vgl. Abschnitt 28.4) und ΔW die Energie, die im Widerstand in Wärme umgewandelt wird (Verlustenergie). Ist die Resonanz hinreichend scharf (dies bedeutet, daß Q größer als zwei oder drei ist), so wird der Gütefaktor näherungsweise

Q-Faktor eines LCR-Schwingkreises

$$Q = \frac{\omega_0}{\Delta\omega} = \frac{\nu_0}{\Delta\nu}. \qquad 28.63$$

Resonanzkreise sind ein wichtiger Bestandteil von Rundfunkempfängern. Häufig wird die Resonanzfrequenz mit Hilfe eines regelbaren Kondensators (eines Drehkondensators) abgestimmt. Der Resonanzfall tritt dann ein, wenn die Eigenfrequenz des Schwingkreises mit einer Senderfrequenz übereinstimmt, die mit der Antenne empfangen wird. Im Resonanzfall ist die Stromstärke im Antennenkreis relativ hoch. Damit Sender mit benachbarten Frequenzen nicht empfangen werden (nicht stören), muß der verwendete Resonanzkreis einen hinreichend guten Gütefaktor haben. Das Signal der Sender, auf die der Resonanzkreis nicht abgestimmt ist, ist dann gegenüber dem Signal des „gewünschten" Senders zu vernachlässigen.

Das „Herausfiltern" einer Frequenz beziehungsweise eines Frequenzbereiches ist eine wichtige Anwendung von Reihenresonanzkreisen: Ein Reihenresonanzkreis ist ein **Bandpaß**, er läßt je nach Gütefaktor ein mehr oder weniger breites Frequenz„band" passieren.

Beispiel 28.5

Ein Reihenschwingkreis, bestehend aus einer Spule mit einer Induktivität $L = 2$ H, einem Kondensator mit einer Kapazität $C = 2$ µF und einem Widerstand mit $R = 20$ Ω werde von einem Generator variabler Frequenz gespeist, der eine Wechselspannung mit einem Scheitelwert von 100 V liefert. Welchen Wert hat a) die Resonanzfrequenz? Wie groß ist b) der Scheitelwert I_0 des Stroms und c) die Phasenverschiebung δ, wenn am Generator eine Frequenz von 60 Hz eingestellt wird?

a) Die Resonanzfrequenz beträgt

$$\nu_0 = \frac{\omega_0}{2\pi} = \frac{1}{2\pi\sqrt{LC}} = \frac{1}{2\pi\sqrt{2\text{ H} \cdot (2 \cdot 10^{-6}\text{ F})}} = 79{,}6 \text{ Hz} .$$

b) Die Generatorfrequenz von 60 Hz liegt weit unterhalb der Resonanzfrequenz. Der kapazitive und induktive Blindwiderstand betragen

$$X_C = \frac{1}{\omega C} = \frac{1}{2\pi \cdot 60 \text{ Hz} \cdot (2 \cdot 10^{-6}\text{ F})} = 1326 \text{ Ω}$$

und

$$X_L = \omega L = 2\pi \cdot 60 \text{ Hz} \cdot 2 \text{ H} = 754 \text{ Ω} .$$

Der gesamte Blindwiderstand (die Reaktanz) beträgt $X_L - X_C = 754$ Ω $- 1326$ Ω $= -572$ Ω. Der Betrag der Reaktanz ist bedeutend größer als der ohmsche Widerstand R. Dieses Resultat ist fern von der Resonanz immer gültig. Die Impedanz des Schwingkreises ist

$$Z = \sqrt{R^2 + (X_L - X_C)^2} = \sqrt{(20 \text{ Ω})^2 + (-572 \text{ Ω})^2} = 572 \text{ Ω} ,$$

da $(20$ Ω$)^2$ gegenüber $(572$ Ω$)^2$ zu vernachlässigen ist. Mit der Impedanz von 572 Ω und der gegebenen Spannung $U_0 = 100$ V läßt sich der Spitzenwert des Stroms mit Gleichung (28.54) zu

$$I_0 = \frac{U_0}{Z} = \frac{100 \text{ V}}{572 \text{ Ω}} = 0{,}175 \text{ A}$$

berechnen. Dies ist sehr klein, verglichen mit dem Scheitelwert des Stroms im Resonanzfall; er hat die Stärke $(100$ V$)/(20$ Ω$) = 5$ A.

c) Die Phasenverschiebung δ kann mit Gleichung (28.53) berechnet werden:

$$\tan \delta = \frac{X_L - X_C}{R} = \frac{-572 \text{ Ω}}{20 \text{ Ω}} = -28{,}6$$

$$\delta = -88° .$$

Aus (28.56) oder aus Abbildung 28.16 können wir entnehmen, daß eine negative Phasenverschiebung bedeutet, daß der Strom der Spannung vorauseilt.

Beispiel 28.6

Welche mittlere Leistung gibt der Generator aus dem vorigen Beispiel ab?

Wir haben bereits die Scheitelwerte von Spannung und Strom in Beispiel 28.5 berechnet. Deshalb ist es am einfachsten, die mittlere Leistung $\langle P \rangle$ durch diese Größen auszudrücken. (Dabei verwenden wir, daß die Scheitelwerte das $(1/\sqrt{2})$-fache der Effektivwerte sind.) Die mittlere Leistung ist:

$$\langle P \rangle = U_{\text{eff}} I_{\text{eff}} \cos \delta = \frac{1}{2} U_0 I_0 \cos \delta$$

$$= \frac{1}{2} \cdot 100 \text{ V} \cdot 0{,}175 \text{ A} \cdot \cos(-88°) = 0{,}306 \text{ W} .$$

Diese Leistung wird als Joulesche Wärme im Widerstand umgesetzt. Wir hätten sie genauso mittels

$$\langle P \rangle = I_{\text{eff}}^2 R = \frac{1}{2} I_0^2 R = \frac{1}{2} \cdot (0{,}175 \text{ A})^2 \cdot 20 \text{ }\Omega = 0{,}306 \text{ W}$$

berechnen können.

Beispiel 28.7

a) Welchen Q-Wert und b) welche Bandbreite hat der Schwingkreis aus Beispiel 28.5?

a) In Beispiel 28.5 haben wir bereits die Resonanzfrequenz berechnet; wir erhielten als Resultat $\nu_0 = 79{,}6$ Hz. Gleichung (28.62) ergibt dann für die Güte Q des Schwingkreises den Wert

$$Q = \frac{\omega_0 L}{R} = \frac{2\pi \cdot 79{,}6 \text{ Hz} \cdot 2 \text{ H}}{20 \text{ }\Omega} = 50 .$$

b) Die Bandbreite (die Breite der Resonanz) kann mit (28.63) berechnet werden, denn der Gütefaktor ist deutlich größer als 3:

$$\Delta \nu = \frac{\nu_0}{Q} = \frac{79{,}6 \text{ Hz}}{50} = 1{,}6 \text{ Hz} .$$

Diese Resonanz ist sehr scharf: Bei einer Resonanzfrequenz von 79,6 Hz beträgt die Bandbreite lediglich 1,6 Hz, ist also deutlich kleiner als die Resonanzfrequenz.

Beispiel 28.8

Betrachten Sie wieder den Resonanzkreis von Beispiel 28.5. Wie groß sind die Scheitelwerte der Spannungen, die über dem Widerstand, der Spule und der Kapazität im Resonanzfall abfallen?

Im Resonanzfall ist die Impedanz Z lediglich so groß wie der Widerstand R, also $Z = R = 20$ Ω. Der Scheitelwert der Spannung beträgt 100 V. Der Scheitelwert des Stroms ist dann mit (28.54)

$$I_0 = \frac{U_0}{Z} = \frac{100 \text{ V}}{20 \text{ }\Omega} = 5 \text{ A} .$$

Dies ergibt einen Spannungsabfall über dem Widerstand von

$$U_{R,0} = I_0 R = 5 \text{ A} \cdot 20 \text{ }\Omega = 100 \text{ V} .$$

Die Resonanzfrequenz haben wir bereits in Beispiel 28.5 berechnet. Wir erhielten $\nu_0 = 79{,}6$ Hz. Damit ergibt sich im Resonanzfall für den induktiven bzw. den kapazitiven Blindwiderstand

$$X_L = \omega_0 L = 2\pi \cdot 79{,}6 \text{ Hz} \cdot 2 \text{ H} = 1000 \text{ }\Omega$$

und

$$X_C = \frac{1}{\omega_0 C} = \frac{1}{2\pi \cdot 79{,}6 \text{ Hz} \cdot 2 \cdot 10^{-6} \text{ F}} = 1000 \text{ }\Omega\;.$$

Die Blindwiderstände sind im Resonanzfall natürlich gleich, wie wir nicht anders erwartet haben – denn wir berechneten die Resonanzfrequenz, indem wir beide Blindwiderstände gleichsetzten. Über der Spule fällt die Spannung

$$U_{R,0} = I_0 X_L = 5 \text{ A} \cdot 1000 \text{ }\Omega = 5000 \text{ V}$$

ab und über dem Kondensator die Spannung

$$U_{C,0} = I_0 X_C = 5 \text{ A} \cdot 1000 \text{ }\Omega = 5000 \text{ V}\;.$$

In Abbildung 28.19 sehen wir das zugehörige Zeigerdiagramm. Der Scheitelwert der Spannung, die über dem Widerstand abfällt, beträgt 100 V und ist gleich der Generatorspannung. Über dem Kondensator und der Spule erreicht die Spannung jeweils 5000 V. Diese Spannungen sind gegenseitig um 180° phasenverschoben: Im Resonanzfall ist die Spannung über der Spule gleich dem negativen Wert der Spannung über dem Kondensator, sie addieren sich daher zu null. Dies erklärt, daß die Spannung, die über dem Widerstand abfällt, im Resonanzfall gleich der Generatorspannung ist.

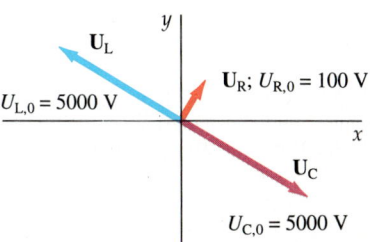

28.19 Zeigerdiagramm zu Beispiel 28.8. In einem Serien-*LCR*-Schwingkreis sind die Spannungen über der Induktivität und der Kapazität immer um 180° gegeneinander phasenverschoben. Im Resonanzfall sind die Beträge ihrer Zeiger gleich groß, ihre Vektorsumme ist null, und der gesamte Spannungsabfall über den drei Bauteilen ist gleich der Spannung U_R, die über dem Widerstand R abfällt. In diesem Beispiel fällt über dem Widerstand eine Spannung mit einem Scheitelwert von 100 V ab; die Scheitelwerte der über der Spule und dem Kondensator abfallenden Spannungen sind jeweils 5000 V.

Beispiel 28.9

Ein Widerstand R und ein Kondensator der Kapazität C seien mit einem Generator in Serie geschaltet, der die Spannung $U_\text{ein} = U_0 \cos \omega t$ erzeugt, wie in Abbildung 28.20 gezeigt. Welchen Wert hat die Spannung, die über dem Kondensator als Funktion der Kreisfrequenz ω abfällt und als U_aus an den Punkten a und b (dem „Ausgang" der Schaltung) abgegriffen werden kann?

Dieser Schwingkreis ist einfacher als die bisher diskutierten, da er keine Spule enthält. In Abbildung 28.21 sehen wir das zugehörige Zeigerdiagramm, das die Spannungsabfälle über dem Widerstand und dem Kondensator darstellt. Die Impedanz der Schaltung beträgt

$$Z = \sqrt{R^2 + X_C^2}\;,$$

wobei $X_C = 1/(\omega C)$. Als effektive Stromstärke ergibt sich dann

$$I_\text{eff} = \frac{U_\text{ein,eff}}{Z} = \frac{U_\text{ein,eff}}{\sqrt{R^2 + X_C^2}}\;.$$

Die effektive Spannung, die über dem Kondensator abfällt, ist dann

$$U_\text{aus,eff} = I_\text{eff} X_C = \frac{X_C \, U_\text{ein,eff}}{\sqrt{R^2 + X_C^2}}$$

$$= \frac{\frac{1}{\omega C} U_\text{ein,eff}}{\sqrt{R^2 + \left(\frac{1}{\omega C}\right)^2}} = \frac{U_\text{ein,eff}}{\sqrt{\omega^2 C^2 R^2 + 1}}\;.$$

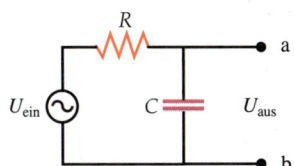

28.20 Schaltung zu Beispiel 28.9.

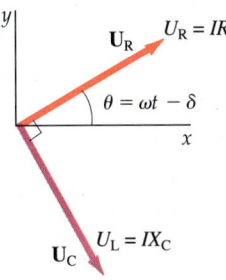

28.21 Zeigerdiagramm der Spannungen, die über dem Widerstand und über dem Kondensator aus Abbildung 28.20 abfallen. Die über dem Kondensator abfallende Spannung ist hier gleich der Spannung am Ausgang der Schaltung.

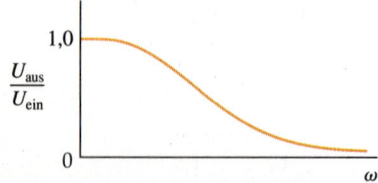

28.22 Verlauf des Quotienten aus Eingangs- und Ausgangsspannung für das Tiefpaßfilter aus Beispiel 28.9.

In Abbildung 28.22 ist das Verhältnis der Effektivwerte von Eingangs- und Ausgangsspannung als Funktion der Kreisfrequenz ω aufgetragen. Eine solche Schaltung bezeichnet man als **RC-Tiefpaßfilter**, da sie Wechselströme niedriger Frequenzen durchläßt, während hochfrequente Wechselströme stark gedämpft werden. (Würde man den Kondensator durch eine Spule ersetzen, erhielte man ein *RL-Hochpaßfilter*.) Filter dieser Art werden beispielsweise in Lautsprechern eingesetzt, um tiefe Frequenzen dem Tieftonlautsprecher und hohe Frequenzen dem Hochtöner zuzuführen. Sie heißen dann „Frequenzweiche".

Der Parallelschwingkreis

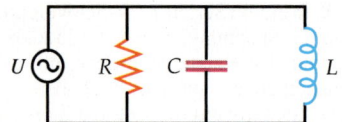

28.23 Ein Parallelschwingkreis (Parallel-*LCR*-Kreis) mit Wechselspannungsquelle.

In Abbildung 28.23 sehen wir einen Widerstand R, einen Kondensator der Kapazität C und eine Spule der Induktivität L, die alle parallelgeschaltet und mit einem Generator verbunden sind. Der Generator liefert eine sinusförmige Wechselspannung U. Der Gesamtstrom I spaltet sich in drei Teilströme auf, den Strom I_R durch den Widerstand, den Strom I_C durch den Kondensator und den Strom I_L durch die Spule. Über jedem der drei Bauteile liegt die gleiche Spannung. Der Strom durch den Widerstand ist in Phase mit der Spannung und hat den Betrag U/R. In der Spule läuft die Spannung dem Strom um 90° voraus und hat den Betrag U/X_L. Dagegen läuft der Strom im Kondensator der Spannung um 90° voraus und hat den Betrag U/X_C. Das zugehörige Zeigerdiagramm sehen wir in Abbildung 28.24. Der Gesamtstrom I ist die x-Komponente der Vektorsumme der Einzelströme, wie wir der Abbildung entnehmen. Demnach erhalten wir für den Gesamtstrom

$$I = \sqrt{I_R^2 + (I_L - I_C)^2} = \sqrt{\left(\frac{U}{R}\right)^2 + \left(\frac{U}{X_L} - \frac{U}{X_C}\right)^2} = \frac{U}{Z}. \qquad 28.64$$

Im Parallelschwingkreis ist die Impedanz Z mit dem ohmschen Widerstand sowie dem kapazitiven und dem induktiven Blindwiderstand durch

$$\frac{1}{Z} = \sqrt{\left(\frac{1}{R}\right)^2 + \left(\frac{1}{X_L} - \frac{1}{X_C}\right)^2} \qquad 28.65$$

verknüpft.

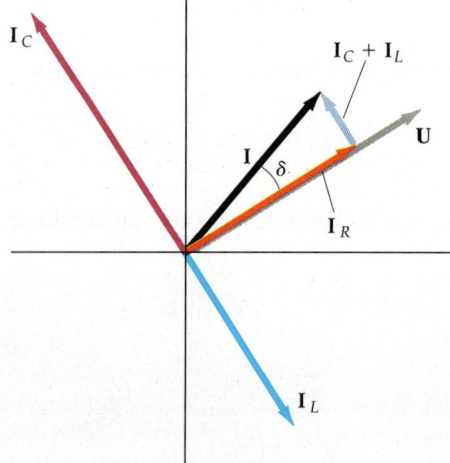

28.24 Zeigerdiagramm für Ströme und Spannungen im Parallelschwingkreis aus Abbildung 28.23. An jedem Bauteil liegt die gleiche Spannung. Der Strom im Widerstand ist mit der Spannung in Phase. Der Kondensatorstrom eilt der Generatorspannung um 90° voraus, während der Spulenstrom ihr um 90° nacheilt. Die Phasenverschiebung δ zwischen Gesamtstrom und Spannung hängt vom Verhältnis der Ströme ab, das wiederum durch die Größe der Blindwiderstände bestimmt wird.

Im Resonanzfall ist die Generatorfrequenz gleich der Resonanzfrequenz des Schwingkreises, $\omega_0 = 1/\sqrt{(LC)}$, und der induktive und kapazitive Blindwiderstand sind gleich. Aus (28.65) sehen wir sofort, daß dann $1/Z$ sein Minimum $1/R$ erreicht, so daß die Impedanz maximal und der Gesamtstrom minimal ist. Dies kann man leicht verstehen, wenn man sich vor Augen hält, daß bei der Resonanz $X_C = X_L$ ist und die Ströme in Spule und Kondensator gleich groß, aber um 180° phasenverschoben sind, so daß der Gesamtstrom lediglich gleich dem Strom ist, der durch den Widerstand fließt. Im Gegensatz zum Reihenresonanzkreis wirkt ein Parallelresonanzkreis also als **Bandsperre**: Er läßt ein bestimmtes Frequenzband *nicht* passieren.

Fragen

6. Hängt der Leistungsfaktor von der Frequenz ab?
7. Haben Rundfunkempfänger, die einen Abstimmkreis mit einem extrem hohen Q-Faktor enthalten, irgendwelche Nachteile?
8. Welchen Leistungsfaktor hat eine Schaltung mit kapazitiven und induktiven Bauteilen, jedoch ohne ohmsche Widerstände?

28.6 Der Transformator

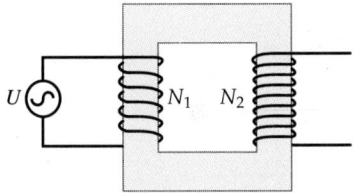

28.25 Transformator mit einer Primär- und einer Sekundärspule und gemeinsamem Eisenkern. Die Primärspule hat N_1 Windungen, die Sekundärspule N_2 Windungen.

In der Praxis stehen wir häufig vor dem Problem, daß eine Wechselspannungsquelle eine Spannung liefert, die für die Geräte oder die Schaltung, die wir anschließen wollen, nicht geeignet ist. In solchen Fällen benötigt man einen Transformator. Ein **Transformator** kann Wechselspannungen praktisch ohne Leistungsverlust von einer gegebenen Eingangsspannung auf eine gewünschte Ausgangsspannung umsetzen. Der Transformator nutzt hierzu die Tatsache aus, daß ein von Wechselstrom durchflossener Kreis, in dem eine Spule geschaltet ist, in einem dicht benachbarten Kreis, der ebenfalls einen induktiven Widerstand enthält, eine Wechselspannung induziert. In Abbildung 28.25 sehen wir einen einfachen Transformator, realisiert durch zwei Spulen unterschiedlicher Windungszahlen, die auf einen gemeinsamen Eisenkern gewickelt sind. Die Spule, die von der zu transformierenden Spannung versorgt wird, bezeichnet man als **Primärspule**, die andere als **Sekundärspule**. Beide Wicklungen können als Primär- und Sekundärspule fungieren. Der Eisenkern hat folgende Funktion: Er verstärkt das Magnetfeld bei gegebenem Strom und führt das Magnetfeld zur Sekundärwicklung, damit möglichst der gesamte magnetische Fluß, den eine der beiden Spulen erzeugt, die andere durchsetzt. Zur Vermeidung von Wirbelstromverlusten besteht der Eisenkern aus voneinander isolierten und verklebten Eisenblechen. Weitere Ursachen für Verluste sind die Erwärmung der Spulen durch ihren ohmschen Widerstand sowie die Hysterese des Kerns. Wir wollen diese Verluste vernachlässigen und von einem idealen Transformator mit 100 Prozent Wirkungsgrad ausgehen. (Reale Transformatoren haben Wirkungsgrade von etwa 90 bis 95 Prozent.)

Wir wollen uns zunächst einen Transformator vorstellen, dessen Primärspule mit N_1 Windungen von der Eingangs- oder Primärspannung U_1 versorgt wird und dessen Sekundärspule mit N_2 Windungen offen ist. Aufgrund des Eisenkerns werden beide Spulen von einem großen magnetischen Fluß durchsetzt, auch wenn der **Magnetisierungsstrom** I_m sehr klein ist. Den ohmschen Widerstand der Spulen können wir gegenüber ihrem induktiven Widerstand vernachlässigen. Dies vorausgesetzt, kann die Primärspule als ein rein induktiver Widerstand (oder

In Schaltkreisen wird ein Transformator durch eines dieser beiden Symbole dargestellt.

– im Sprachgebrauch der Elektrotechnik – als eine rein induktive Last) betrachtet werden, wie wir in Abschnitt 28.2 gesehen haben. Strom und Spannung in der Spule sind um 90° phasenverschoben, und es wird im zeitlichen Mittel keine Generatorleistung in der Spule dissipiert. Bezeichnen wir den magnetischen Fluß durch eine Windung der Primärwicklung mit ϕ_m, so fällt über der Primärspule mit N_1 Windungen die Spannung

$$U_{L1} = N_1 \frac{d\phi_m}{dt}$$

ab. (Der Spannungsabfall über einem induktiven Widerstand hat den Betrag der nach dem Faradayschen Gesetz (26.6) induzierten Spannung.) Wenden wir auf den Stromkreis mit der Primärspule die Kirchhoffsche Maschenregel an, so erhalten wir

$$U_1 - U_{L1} = U_1 - N_1 \frac{d\phi_m}{dt} = 0$$

oder

$$U_1 = N_1 \frac{d\phi_m}{dt}. \qquad 28.66$$

Wegen des geschlossenen Eisenkerns durchsetzt praktisch (von geringen Streuverlusten sei abgesehen) der gesamte magnetische Fluß die Sekundärspule. Also ist der gesamte magnetische Fluß in der Sekundärspule $N_2\phi_m$, so daß in ihr die Spannung

$$U_2 = -N_2 \frac{d\phi_m}{dt} \qquad 28.67$$

induziert wird. Diese Spannung wird als *Sekundärspannung* bezeichnet. Sie kann am Ausgang des Transformators abgegriffen werden.

Vergleichen wir (28.66) und (28.67), so sehen wir, daß

$$U_2 = -\frac{N_2}{N_1} U_1. \qquad 28.68$$

Wir merken uns, daß sich die Spannungen an beiden Spulen des Transformators genauso verhalten wie die Windungszahlen. Das Verhältnis der Windungszahlen N_2/N_1 wird auch *Übersetzungsfaktor* genannt. Das negative Vorzeichen spiegelt die Phasenverschiebung von $180° = \pi$ zwischen U_1 und U_2 wider. Ist N_2 größer als N_1, so ist die Spannung, die an der Sekundärspule abgegriffen werden kann, größer als die an der Primärspule liegende Spannung. Man kann so durch entsprechende Wahl der Windungszahlen eine Wechselspannung auf jeden gewünschten Wert transformieren (soweit dem nicht technische Grenzen, etwa Isolationsprobleme, entgegenstehen). So weit unsere Betrachtungen zum offenen („im Leerlauf" betriebenen) Transformator.

Wir wollen als nächstes die Sekundärspule mit einem Widerstand R, dem sogenannten **Lastwiderstand** (einer ohmschen Last), verbinden. Der resultierende Strom I_2 in der Sekundärspule ist mit der Spannung U_2 in Phase. Durch diesen Strom entsteht in jeder Windung der Sekundärspule ein zusätzlicher magnetischer Fluß ϕ'_m, der proportional zu $N_2 I_2$ ist, der jedoch dem ursprünglichen, durch den Magnetisierungsstrom I_m bewirkten magnetischen Fluß entgegengerichtet ist. Da Primär- und Sekundärspule vom gleichen magnetischen Fluß durchsetzt werden, ist der Fluß auch in der Primärspule um ϕ'_m vermindert. Nun ist jedoch die Spannung U_1 an der Primärwicklung durch die angelegte Eingangsspannung vorgegeben; in Gleichung (28.66) sind daher U_1 und folglich auch $d\phi_m/dt$ fest. (Die zeitliche Änderung des magnetischen Flusses ist mit oder ohne Belastung des Transformators gleich.) Somit muß in der Primärspule ein zusätzlicher Strom I_1 fließen, um den ursprünglichen Fluß aufrechtzuerhalten. Der magnetische Fluß, den dieser Strom I_1 in jeder Windung der Primärspule erzeugt, ist proportional zu $N_1 I_1$. Da er gleich $-\phi'_m$ ist, hängt der zusätzliche Strom I_1 mit I_2 über

$$N_1 I_1 = -N_2 I_2 \qquad 28.69$$

zusammen.

Beide Ströme sind um 180° phasenverschoben und erzeugen entgegengesetzte magnetische Flüsse. Da I_2 mit U_2 in Phase ist, ist der zusätzliche Strom I_1 in Phase mit der Primärspannung. Die Eingangsleistung des Generators beträgt $U_{1,\text{eff}} I_{1,\text{eff}}$ und die Ausgangsleistung $U_{2,\text{eff}} I_{2,\text{eff}}$. (Der Magnetisierungsstrom trägt nicht zur Leistung bei, da er gegenüber der Primärspannung um 90° außer Phase ist.) Vernachlässigt man Verluste, so gilt für die Effektivwerte

$$U_{1,\text{eff}} I_{1,\text{eff}} = U_{2,\text{eff}} I_{2,\text{eff}} \,. \qquad 28.70$$

Normalerweise ist der zusätzliche Strom I_1 wesentlich größer als der ursprüngliche Magnetisierungsstrom I_m, der durch die Primärspule des unbelasteten Transformators fließt. Man kann dies leicht experimentell zeigen, indem man eine Glühbirne mit der Primärwicklung in Serie schaltet. Die Birne brennt wesentlich heller, wenn man die Sekundärwicklung mit einem ohmschen Widerstand belastet. Kann man I_m gegenüber I_1 vernachlässigen, so genügen die Gesamtströme im Primär- und Sekundärkreis der Beziehung (28.69).

Beispiel 28.10

Eine Türklingel „ziehe" bei einer Spannung von 6 V einen Strom von 0,4 A. Sie sei mit einem Transformator verbunden, dessen Primärwicklung 2000 Windungen hat und an das ortsübliche Stromnetz (230 V Wechselspannung) angeschlossen ist. a) Wie viele Windungen sollte die Sekundärwicklung haben? b) Welcher Strom fließt in der Primärwicklung?

a) Wir rechnen mit den Effektivwerten von Strom und Spannung. Bei einer Eingangsspannung von 230 V und einer Ausgangsspannung von 6 V liefert (28.68) für die Anzahl der Windungen der Sekundärwicklung, N_2:

$$N_2 = N_1 \frac{U_{2,\text{eff}}}{U_{1,\text{eff}}} = 2000 \cdot \frac{6 \text{ V}}{230 \text{ V}} = 52 \,.$$

b) Nehmen wir einen Wirkungsgrad von 100 Prozent an, sind die zeitlich gemittelten Leistungen im Primär- und Sekundärkreis gleich: $\langle P_1 \rangle = \langle P_2 \rangle$. Folglich ist

$$U_{1,\text{eff}} I_{1,\text{eff}} = U_{2,\text{eff}} I_{2,\text{eff}} \,.$$

Somit ist der Strom im Primärkreis

$$I_{1,\text{eff}} = \frac{U_{2,\text{eff}} I_{2,\text{eff}}}{U_{1,\text{eff}}} = \frac{6 \text{ V} \cdot 0{,}4 \text{ A}}{230 \text{ V}} = 0{,}01 \text{ A} \,.$$

Ein wichtiger Anwendungsbereich für Transformatoren ist der Transport von elektrischer Energie. Die Leistungsverluste bei der Übertragung von Wechselstrom betragen $I_{\text{eff}}^2 R$. Sie werden also um so kleiner, je größer die Transportspannung ist. Sehr hohe Spannungen wären jedoch für private Haushalte viel zu gefährlich. Daher versorgt man elektrische Maschinen im Haushalt mit einer relativ niedrigen Spannung (in Deutschland ist $U_{\text{eff}} = 230$ V). Betrachten wir zur Veranschaulichung folgendes Beispiel. In einer Stadt mit 50 000 Einwohnern verbraucht jeder Bürger im Durchschnitt 1,2 kW elektrische Leistung. Bei 230 V fließt pro Person im Durchschnitt ein Strom der Stärke

$$I_{\text{eff}} = \frac{1200 \text{ W}}{230 \text{ V}} = 5,2 \text{ A}.$$

Insgesamt ergäbe dies für 50 000 Personen einen Strom von 260 000 A. Um diese enorme Stromstärke vom Kraftwerk bis zu den Verbrauchern zu transportieren, bräuchte man sehr dicke Kabel (in Wirklichkeit müßten es massive Kupferzylinder sein), und der Leistungsverlust gemäß $I_{\text{eff}}^2 R$ wäre beträchtlich. Statt die Energie nun bei einer so geringen Spannung zu übertragen, werden die in den Kraftwerksgeneratoren erzeugten Wechselspannungen auf bis zu 380 kV herauftransformiert („hochgespannt"). In unserem Beispiel wird in einer mit 380 000 V gespeisten Überlandleitung zur 50 000-Einwohner-Stadt nur noch ein Strom

$$I_{\text{eff}} = \frac{230 \text{ V}}{380\,000 \text{ V}} \cdot 5 \text{ A} \cdot 50\,000 \approx 150 \text{ A}$$

fließen. Das „Heruntertransformieren" dieser Spannungen auf Werte um 10 000 V erfolgt in Stadtnähe in kleinen Umspannwerken. Diese Spannung wird dann lokal in der Nähe der Verbraucher in Trafostationen auf die übliche Netzspannung (in Europa meist 220 bis 240 V, in den USA 120 V) heruntergespannt. Die enorme Bedeutung von Wechselstrom und seine weite Verbreitung ist auf das einfache Hoch- und Heruntertransformieren zurückzuführen – also auf die Möglichkeit, die Amplitude der Wechselspannung mit einfachen Mitteln und ohne merklichen Leistungsverlust zu ändern.

Beispiel 28.11

Eine Hochspannungsleitung habe einen Widerstand von 0,02 Ω/km. (Etwaige kapazitive und induktive Widerstände vernachlässigen wir.) Welcher Leistungsverlust entsteht, wenn 200 kW elektrischer Leistung in eine 10 km entfernte Stadt übertragen werden bei einer Spannung von a) 230 V und b) 4,4 kV (Effektivwerte)?

a) Der Gesamtwiderstand der 10 km langen Leitung ist $R = 0{,}02$ Ω/km $\cdot$ 10 km $= 0{,}2$ Ω. Für 200 kW elektrische Leistung fließt nach Gleichung (28.13) bei 230 V ein Strom der Stärke von

$$I_{\text{eff}} = \frac{\langle P \rangle}{U_{\text{eff}}} = \frac{200\,000 \text{ W}}{230 \text{ V}} = 870 \text{ A}.$$

Daraus ergibt sich mit Gleichung (28.14) eine Verlustleistung von

$$\langle P_R \rangle = I_{\text{eff}}^2 \cdot R = (870 \text{ A})^2 \cdot 0{,}20 \text{ Ω} = 151 \text{ kW}.$$

Dies bedeutet, daß ein Anteil von 151/200, also etwa 76%, der Leistung als Joulesche Wärmeleistung in der Leitung verlorengehen.

b) Bei einer Übertragungsspannung von 4,4 kV wird der Effektivwert des Stroms

$$I_{\text{eff}} = \frac{200 \text{ kW}}{4{,}4 \text{ kV}} = 45{,}5 \text{ A}\,.$$

In diesem Fall wird nur eine Leistung

$$\langle P_R \rangle = (45{,}5 \text{ A})^2 \cdot 0{,}20 \text{ }\Omega = 414 \text{ W}$$

in Joulesche Wärmeleistung umgewandelt. Diesen Verlust kann man vernachlässigen.

28.7 Gleichrichtung und Verstärkung

Über das öffentliche Stromnetz ist Wechselstrom praktisch überall erhältlich. Es gibt jedoch viele Geräte, die Gleichstrom benötigen, wie zum Beispiel Taschenrechner oder Computer, tragbare Radiogeräte, Kassettenrecorder und Hifi-Anlagen. Die tragbaren Geräte werden häufig mit Batterien versorgt und verfügen zusätzlich über ein sogenanntes Netzteil, welches aus Wechselspannung Gleichspannung erzeugt, um im stationären Betrieb die Batterien zu schonen; in stationären Geräten sind Netzteile eingebaut. Solche Netzteile bestehen aus einem Transformator, der die Netzspannung auf Werte um typischerweise 9 V heruntertransformiert, und einer Schaltung, die aus Wechselspannung Gleichspannung erzeugt. Eine solche Schaltung bezeichnet man als **Gleichrichter**. Das wesentliche Bauteil in einem solchen Gleichrichter ist eine sogenannte **Diode**. Die ersten Dioden wurden im Jahre 1904 von John Fleming entwickelt. Es handelte sich um Vakuumröhren mit zwei wichtigen Elementen, einer Kathode, die Elektronen emittiert, und einer Anode, die die emittierten Elektronen auffängt. Die wichtigste Eigenschaft einer Diode besteht darin, daß sie den elektrischen Strom nur in einer Richtung leitet. Heutzutage werden nahezu ausschließlich Halbleiterdioden eingesetzt, die wir in Kapitel 39 genauer diskutieren werden. In einem Schaltbild werden Halbleiterdioden durch das Symbol ─▷├─ gekennzeichnet. Der Pfeil symbolisiert die Richtung, in der elektrischer Strom durch die Diode fließen kann. (Sie ist der Flußrichtung der Elektronen entgegengesetzt.) Abbildung 28.26 zeigt schematisch eine Röhrendiode (**Vakuumdiode**). Die Kathode wird durch einen separaten Heizkreis (die Kathodenheizung) beheizt und emittiert Elektronen, sobald sie genügend aufgeheizt ist. Ihr liegt der Prozeß der **Glühemission** zugrunde; er wurde 1883 von Thomas Edison entdeckt. Liegt die Anode auf höherem Potential als die Kathode, so zieht sie die von der Kathode emittierten Elektronen an, und es fließt ein Strom, der sogenannte Anodenstrom. Im umgekehrten Fall werden die Elektronen abgestoßen,

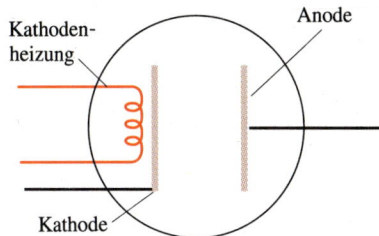

28.26 Röhrendiode. Die geheizte Kathode emittiert Elektronen, die zur Anode beschleunigt werden, sofern die Anode auf höherem Potential als die Kathode liegt. Die Elektroden befinden sich in einem evakuierten Glaskolben (der Druck liegt unterhalb 10^{-3} Pa). – Die thermische Emission (Glühemission) wurde von O. W. Richardson untersucht, der für diese Arbeiten im Jahre 1928 mit dem Physik-Nobelpreis ausgezeichnet wurde. Die Kathode wird extern geheizt; Elektronen aus dem „Elektronengas" des Kathodenmetalls erhalten genügend thermische Energie, um die Austrittsarbeit aufzubringen, und können so die Kathode verlassen.

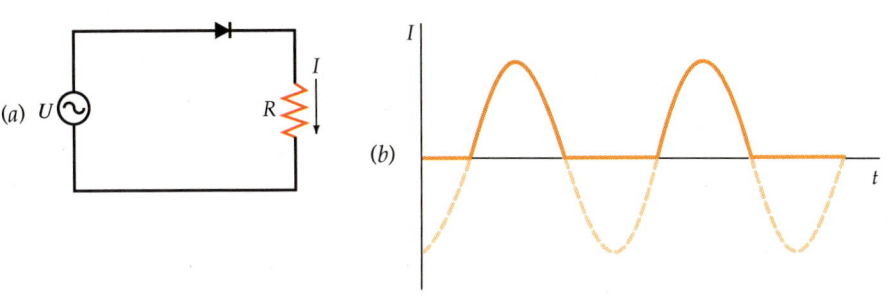

28.27 a) Eine Halbleiterdiode und ein Widerstand sind in Reihe geschaltet und mit einem Wechselspannungsgenerator verbunden. b) Verlauf der Stromstärke als Funktion der Zeit für die Schaltung aus Teil a). Die Diode läßt Strom nur in *einer* Richtung passieren; bei Wechselspannung fließt dementsprechend nur während einer Halbwelle Strom, die andere Halbwelle wird von der Diode „abgeschnitten" (in der Zeichnung gestrichelt).

28 Wechselstromkreise

28.28 Vollwellengleichrichter. Liegt Punkt a auf höherem Potential als Punkt c, so kann der Strom I_1 durch die Diode 1 fließen. Eine Halbwelle später liegt Punkt b auf höherem Potential als Punkt c, und der Strom I_2 fließt durch die Diode 2.

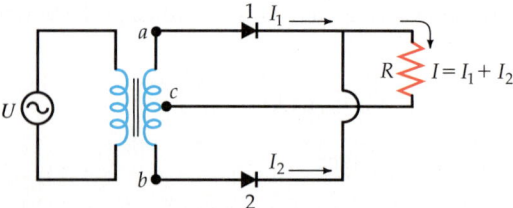

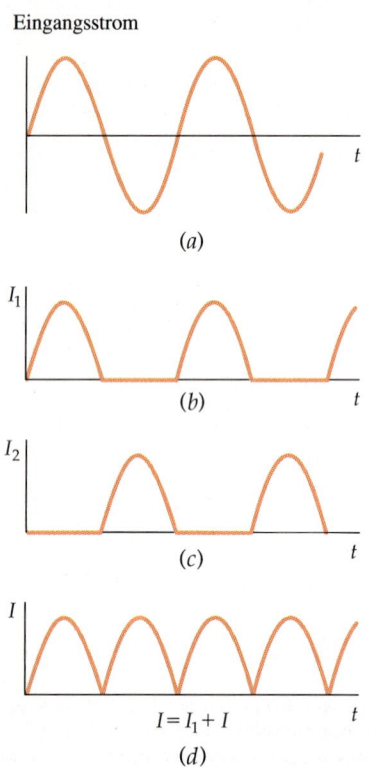

28.29 a) Eingangsstrom für den Transformator in Schaltbild 28.28, b) Strom I_1 durch Diode 1, c) Strom I_2 durch Diode 2 und d) Gesamtstrom $I = I_1 + I_2$ durch den Widerstand R, jeweils als Funktion der Zeit t.

und die Röhre leitet den elektrischen Strom nicht, sie sperrt. Das physikalische Prinzip einer Halbleiterdiode ist anders (Kapitel 39), ihre Wirkung jedoch gleich. In Abbildung 28.27a sehen wir eine einfache Reihenschaltung aus einem Wechselspannungsgenerator, einer Diode und einem Widerstand. Der durch den Widerstand fließende Strom als Funktion der Zeit ist in Abbildung 28.27b gezeigt. Man spricht hier von einem *Halbwellengleichrichter*, da der Strom im Widerstand nur jeweils für die Hälfte einer vollen Schwingungsperiode der Spannung fließt. In Abbildung 28.28 ist ein *Vollwellengleichrichter* dargestellt. In einer solchen Schaltung ist je eine Diode mit jeweils einem ihrer Anschlüsse mit Klemme a bzw. Klemme b eines Transformators verbunden. An ihrem anderen Anschluß sind die Dioden miteinander verbunden, eine der Dioden zusätzlich noch über einen Widerstand mit dem Mittelabgriff c des Transformators. Liegt Punkt a auf höherem Potential als Punkt c, so leitet Diode 1 den Strom I_1 zum Widerstand. Eine Halbwelle später liegt Punkt b auf höherem Potential als Punkt c, und Diode 2 leitet den Strom I_2 zum Widerstand. Der Verlauf des gesamten Stroms durch den Widerstand, $I = I_1 + I_2$, ist in Abbildung 28.29d abgebildet. Der Strom I ist gleichgerichtet, schwankt aber in regelmäßiger Weise. Die unerwünschten Schwankungen der gleichgerichteten Spannung bezeichnet man als **Welligkeit**; man spricht auch vom **pulsierendem Gleichstrom**. In Abbildung 28.30a wurde zwischen dem einfachen Gleichrichter und dem Lastwiderstand R_L ein Tiefpaßfilter eingefügt, welches aus einem Widerstand R_F und einem Kondensator C besteht. Der Widerstand R_F muß wesentlich kleiner als R_L sein, damit der Gleichspannungsabfall über dem Filter vernachlässigbar bleibt gegenüber dem Abfall über der Last. Die Kapazität C wird sehr groß gewählt, so daß die Zeitkonstante des Filters $R_F C$ wesentlich größer ist als die Schwingungsperiode der gleichzurichtenden Spannung. Aus diesem Grund ändert sich die Kondensatorladung und damit die Spannung während einer Schwingungsperiode nur sehr wenig. Der Spannungsverlauf für Eingangs- und Ausgangssignal des Filters ist in Abbildung 28.30b dargestellt: Der pulsierende Gleichstrom ist deutlich geglättet.

Im Jahre 1907 entdeckte Lee de Forest, daß man den Anodenstrom einer Vakuumröhre stark mit einer dritten Elektrode, die sich zwischen Anode und

28.30 a) Vollwellengleichrichter aus Abbildung 28.28 mit einem zusätzlichen Tiefpaßfilter, um das Pulsieren der gleichgerichteten Spannung zu vermindern, b) Eingangsspannung (gestrichelt) und Ausgangsspannung (durchgezogene Linie) des Tiefpaßfilters. (Die Eingangsspannung liegt zwischen den Punkten c und d, die Ausgangsspannung kann als U_{R_L} über dem Widerstand R_L abgegriffen werden.)

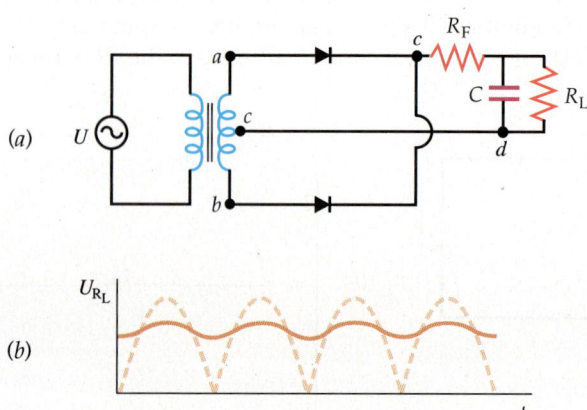

Kathode befindet, beeinflussen kann. Diese Elektrode besteht aus einem dünnen Metallnetz und heißt **Gitter**. Schon sehr geringe Änderungen der Spannung zwischen Kathode und Gitter beeinflussen den Anodenstrom merklich. Eine so aufgebaute Vakuumröhre (Abbildung 28.31) bezeichnet man als **Triode**. Wie bei der Vakuumdiode wird auch die Kathode der Triode beheizt und emittiert Elektronen, die dann von der Anode, welche sich auf höherem Potential als die Kathode befindet (typische Potentialdifferenz etwa 100 bis 200 V), aufgefangen werden. Das Gitter befindet sich nahe an der Kathode. Daher hat das Gitterpotential einen sehr großen Einfluß auf den Anodenstrom. Liegt das Gitter auf Kathodenpotential, so wird der Anodenstrom nahezu nicht beeinflußt. Ist das Gitterpotential jedoch kleiner (stärker negativ) als das Kathodenpotential, so werden die Elektronen, die die Kathode emittiert, vom Gitter abgestoßen, und der Anodenstrom wird stark vermindert. Ist das Gitterpotential größer als das Kathodenpotential (ist es also zu positiven Werten hin verschoben), so wird der Anodenstrom erhöht. In Abbildung 28.32 sehen wir, wie man eine Triode als **Verstärker** einsetzen kann. Das Eingangssignal, eine sinusförmige Spannung kleiner Amplitude, wird zwischen Gitter und Kathode angelegt. Das Ausgangssignal ist erheblich größer als das Eingangssignal, da kleine Änderungen der Gitterspannung große Änderungen des Anodenstroms hervorrufen. Heutzutage sind Trioden in Verstärkern nahezu völlig durch Transistoren, welche wir in Kapitel 39 diskutieren werden, ersetzt. Verstärkerröhren werden heute noch zur Erzeugung hoher Leistungen bei Sendern (Senderöhren bei Rundfunk- und Fernsehsendern, Klystrons bei Mikrowellensendern) eingesetzt. Aufgabe eines Verstärkers ist, ein elektrisches Signal in seiner Stärke (Leistung, Strom, Spannung) zu vergrößern, ohne dabei die Schwingungsform des Signals zu verändern.

28.31 Eine Triode ist eine Vakuumröhre mit drei Elektroden. Zwischen Kathode und Anode liegt – näher zur Kathode – eine dritte Elektrode, das Gitter. Mit dem Gitter läßt sich der Anodenstrom steuern. Befindet sich das Gitter gegenüber der Kathode auf niedrigerem Potential, so stößt es die Elektronen, die von der Glühkathode emittiert werden, ab. Dadurch erreichen nur wenige Elektronen die Anode, der Anodenstrom wird kleiner. Ist – umgekehrt – das Gitterpotential höher als das Kathodenpotential (wenn also das Gitter gegenüber der Kathode positiv geladen ist), beschleunigt es die emittierten Elektronen zur Anode, und der Anodenstrom wird größer.

Frage

9. Weshalb ist die effektive Stromstärke in einem Halbwellengleichrichter halb so groß wie in einem Vollwellengleichrichter?

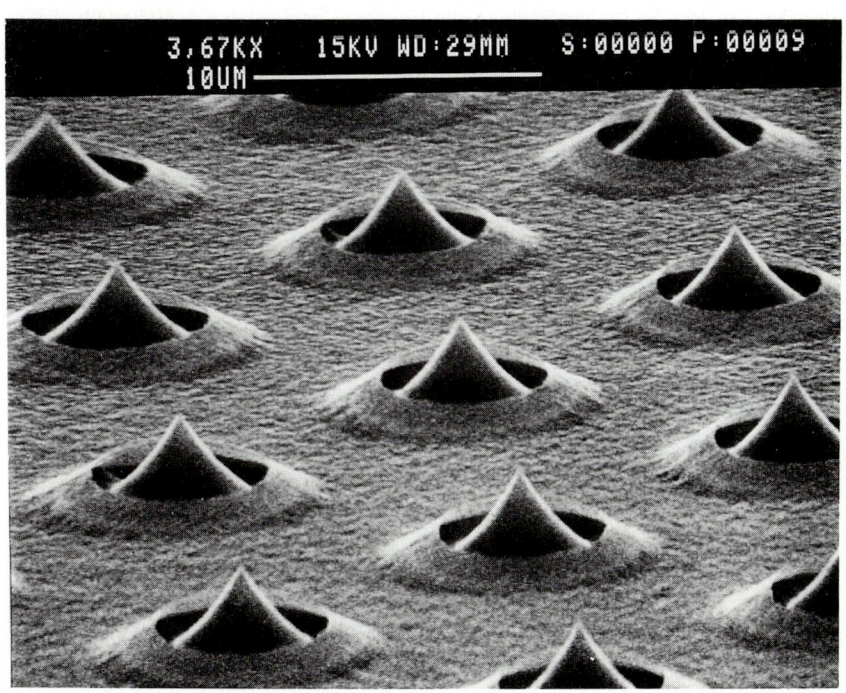

In Industrie-Forschungslabors wird an der Herstellung und Anwendung von miniaturisierten Vakuumröhren gearbeitet. Solche Röhren könnten eines Tages die großen Kathodenstrahlröhren der Fernsehbildschirme ersetzen und den Bau flacher Fernsehgeräte ermöglichen. Abgebildet ist eine Anordnung von Siliciumkegeln, die jeweils von einer Steuerelektrode (Gate) aus Chrom umgeben sind, auf einer Siliciumoberfläche. Diese Anordnung ersetzt die gittergesteuerte Glühkathode herkömmlicher Vakuumröhren. Die Kegel sind 4 μm hoch und jeweils 16 μm voneinander entfernt. Der Gate-Durchmesser beträgt 5 μ. Die Emission von Elektronen aus den Siliciumspitzen erfolgt hier nicht durch thermische Anregung, sondern durch ein starkes elektrisches Feld, das von den Gates erzeugt wird (Feldemission). Im Gegensatz zu Transistoren sind Mikrovakuumröhren unempfindlich gegen Hitze und Strahlung. Ein weiterer Vorteil gegenüber Transistoren gleicher Größe resultiert aus der Tatsache, daß die Elektronen in Mikrovakuumröhren nicht durch Stöße abgebremst werden: Mikrovakuumröhren reagieren daher extrem schnell. (Abdruck mit freundlicher Genehmigung von Heinz H. Busta, Amoco Technology Company)

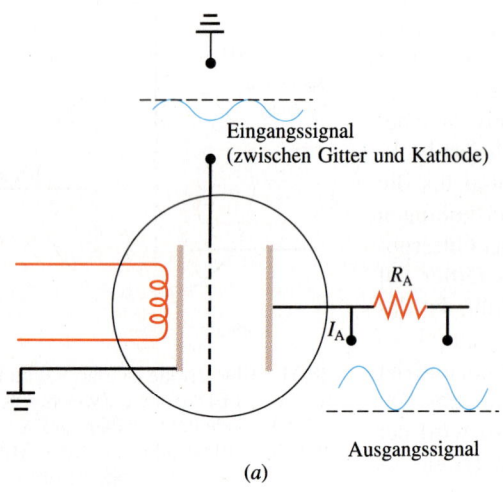

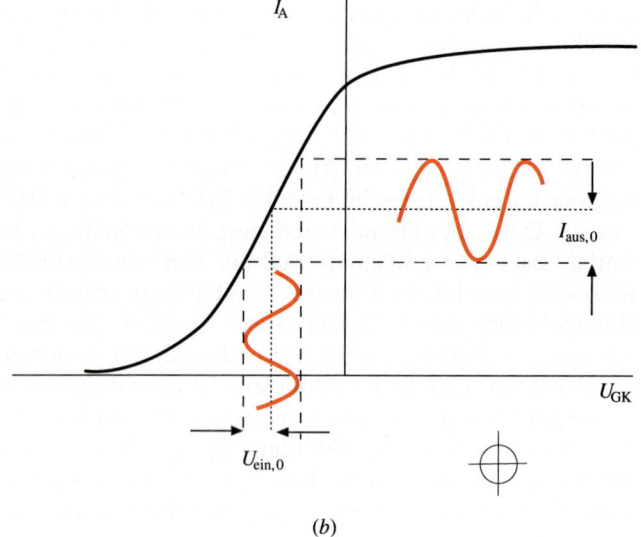

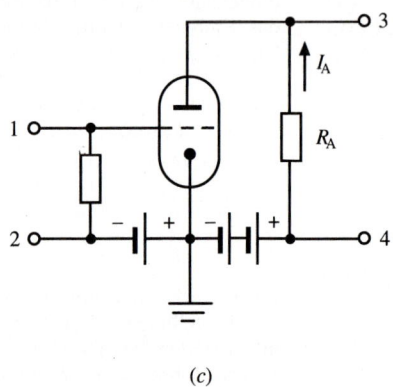

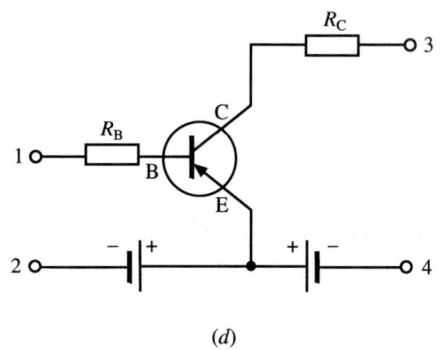

28.32 a) Eine Triode als Verstärker. Ein schwaches (in der Zeichnung sinusförmiges) Signal wird zwischen Gitter und Kathode angelegt. Der Anodenstrom I_A hat die gleiche Form wie das Eingangssignal, ist jedoch diesem gegenüber um 180° phasenverschoben (also in der Phase invertiert). Über R_A kann eine deutlich verstärkte Spannung als Ausgangssignal (hier eine sinusförmige Wechselspannung unveränderter Frequenz) abgegriffen werden. Damit die Form des Signals erhalten bleibt, muß die Potentialdifferenz zwischen Kathode und Gitter, die „Gitterspannung" U_{GK}, geschickt gewählt werden. Dies sieht man anhand der Anodenstrom-Gitterspannungs-Kennlinie $I_A = f(U_{GK})$ in b): Für eine eingestellte Potentialdifferenz zwischen Anode und Kathode (U_{AK}) hat die Kennlinie einen S-förmigen Verlauf mit einem praktisch linearen Bereich in der Umgebung ihres Wendepunkts. Gitterspannung und Eingangssignal werden so eingestellt, daß man in diesem linearen Bereich der Kennlinie bleibt. Wird der Verstärker „übersteuert" (ist also in unserer Zeichnung $U_{ein,0}$ zu groß) oder ist U_{GK} falsch vorgewählt, wird das Signal verzerrt. (Rockgitarristen nutzen öfters diesen Verzerrungseffekt am Verstärker bewußt aus.) (Ist Ihnen aufgefallen, daß die Gitterspannung die Überlagerung einer Gleichspannung mit einer Wechselspannung ist?) c) Eine einfache Vakuumtrioden-Verstärkerschaltung. Das Eingangssignal wird zwischen den Punkten 1 und 2 angelegt, das Ausgangssignal wird zwischen 3 und 4 abgegriffen. d) Schaltbild der am häufigsten verwendten Transistor-Verstärkergrundschaltung, der sogenannten Emitterschaltung. Die Anschlüsse am Transistor heißen Basis (B), Kollektor (C) und Emitter (E). Die Schaltung entspricht der Röhrenschaltung aus c).

Zusammenfassung

1. Der Effektivwert eines Wechselstroms ist diejenige Stromstärke, die ein Gleichstrom haben müßte, um an einem ohmschen Widerstand die gleiche mittlere Leistung zu erbringen wie der Wechselstrom. Der Effektivwert des Stroms ist die quadratisch gemittelte Stromstärke

$$I_{\text{eff}} = \sqrt{\langle I^2 \rangle} = \sqrt{\frac{1}{T} \int I^2 \, dt} \, .$$

   Für sinusförmige Wechselströme der Form $I = I_0 \cos \omega t$ ist die effektive Stromstärke

$$I_{\text{eff}} = \frac{I_0}{\sqrt{2}} \, .$$

   Hierbei steht I_0 für den Scheitelwert (das Maximum) des Stroms. Die mittlere Leistung, die in einem ohmschen Widerstand dissipiert wird, ist

$$\langle P \rangle = \frac{1}{2} U_0 I_0 = U_{\text{eff}} I_{\text{eff}} = I_{\text{eff}}^2 R \, .$$

   Dabei bedeutet U_0 den Effektivwert der über dem Widerstand R abfallenden Spannung, $U_{\text{eff}} = U_0/\sqrt{2}$.

2. Bei einer Spule der Induktivität L sind Strom und über der Spule abfallende Spannung um $90° = \pi/2$ phasenverschoben, die Spannung eilt dem Strom um 90° voraus. Ihre Effektivwerte sind verknüpft durch

$$I_{\text{eff}} = \frac{U_{\text{L,eff}}}{X_{\text{L}}} \, ,$$

   wobei X_{L} der induktive Blindwiderstand ist:

$$X_{\text{L}} = \omega L \, .$$

   Bei einem Kondensator der Kapazität C eilt der Strom der Spannung um $90° = \pi/2$ voraus. Es gilt:

$$I = \frac{U_{\text{C}}}{X_{\text{C}}} \, ,$$

   wobei X_{C} der kapazitive Blindwiderstand ist:

$$X_{\text{C}} = \frac{1}{\omega C} \, .$$

   Sowohl in einer Spule als auch in einem Kondensator wird im zeitlichen Mittel keine Leistung dissipiert. – Blindwiderstände werden in Ohm angegeben.

3. Ein graphisches Hilfsmittel zur Ermittlung von Wechselspannungen und -strömen sowie ihren Phasenverschiebungen bietet das Zeigerdiagramm. Zur Darstellung des Stroms und der über den einzelnen Bauteilen der Schaltung (Widerstände, Spulen, Kondensatoren) abfallenden Spannungen verwendet man analog zu Vektoren sog. Zeiger, die mit der Kreisfrequenz ω des Wechselstroms gegen den Uhrzeigersinn rotieren. – Der Strom wird durch einen Zeiger I dargestellt. Die Spannung über dem ohmschen Widerstand (U_{R}) ist

mit dem Strom I in Phase. Dementsprechend zeigen die Zeiger U_R und I in die gleiche Richtung, während der Zeiger U_L, der die Spannung über der Spule repräsentiert, im Winkel von 90° gegen den Uhrzeigersinn eingezeichnet wird (denn die Spannung eilt dem Strom um 90° voraus). Der Zeiger U_C für die über dem Kondensator abfallende Spannung bildet ebenfalls mit I einen rechten Winkel, ist aber im Uhrzeigersinn gegenüber dem Zeiger I gedreht (die am Kondensator abfallende Spannung läuft dem Strom nach). Die Länge der Zeiger repräsentiert die jeweiligen Scheitelwerte; die x-Komponente der Zeiger gibt die Momentanwerte der Spannungen beziehungsweise des Stroms zu dem betrachteten Zeitpunkt an.

4. Entlädt sich ein Kondensator über einer Spule, so oszillieren Ladung und Spannung des Kondensators mit der Kreisfrequenz

$$\omega_0 = 2\pi\nu_0 = \frac{1}{\sqrt{LC}}.$$

Die Frequenz ν_0 ist die Eigenfrequenz dieses LC-Schwingkreises. Der Strom hat die gleiche Frequenz, eilt der Spannung um $\pi/2 = 90°$ voraus. Die elektrostatische potentielle Energie des Kondensators wird in die Energie des Magnetfeldes der Spule umgewandelt und umgekehrt, die Gesamtenergie bleibt konstant. Ein solcher LC-Kreis kann als ein ungedämpfter harmonischer Oszillator beschrieben werden. Ist die Schaltung nicht widerstandslos, so werden die Schwingungen gedämpft, da im Widerstand Energie in Joulesche Wärme umgewandelt wird.

5. Ist ein LCR-Reihenschwingkreis mit den Klemmen einer Wechselspannungsquelle verbunden, wird dem System eine Schwingung mit der Kreisfrequenz ω der erregenden Wechselspannung $U = U_0 \cos \omega t$ aufgezwungen. Der Strom

$$I = \frac{U_0}{Z} \cos(\omega t - \delta)$$

ist gegenüber der erregenden Spannung um δ phasenverschoben. Für δ gilt:

$$\tan \delta = \frac{X_L - X_C}{R}.$$

Die Größe Z ist die Impedanz des Kreises,

$$Z = \sqrt{R^2 + (X_L - X_C)^2}.$$

Die mittlere Leistung, die ein solcher Schwingkreis in Joulesche Wärmeleistung umwandelt, ist frequenzabhängig. Sie beträgt

$$\langle P \rangle = U_{eff} I_{eff} \cos \delta,$$

wobei $\cos \delta$ als Leistungsfaktor bezeichnet wird. Ist die Erregerfrequenz gleich der Resonanzfrequenz, kommt es zur Resonanz. Die Resonanzfrequenz liegt dicht bei der Eigenfrequenz

$$\nu_0 = \frac{1}{2\pi\sqrt{LC}}.$$

Bei der Resonanzfrequenz ist die Phasenverschiebung δ gleich null, der Leistungsfaktor gleich eins, induktiver und kapazitiver Widerstand gleich groß und daher die Impedanz Z gleich dem ohmschen Widerstand R.

6. Die Breite der Resonanz wird durch den Gütefaktor Q charakterisiert. Q ist definiert durch

$$Q = \frac{\omega_0 L}{R}.$$

Ist die Resonanz hinreichend schmal, so kann man näherungsweise schreiben:

$$Q = \frac{\omega_0}{\Delta \omega} = \frac{\nu_0}{\Delta \nu},$$

wobei $\Delta \nu$ als Bandbreite bezeichnet wird.

7. Ein Transformator dient der nahezu verlustfreien Umsetzung von Wechselströmen vorgegebener Spannung auf jeden gewünschten Spannungswert. Hat die Primärentwicklung N_1 Windungen und die Sekundärwicklung N_2 Windungen, so genügen Primär- und Sekundärspannung der Beziehung

$$U_2 = -\frac{N_2}{N_1} U_1.$$

8. Eine Diode läßt elektrischen Strom nur in einer Richtung passieren. Man kann Dioden verwenden, um aus Wechselspannung Gleichspannung zu erzeugen. Dies wird als Gleichrichtung bezeichnet.

9. In einer Triode hat eine geringe Änderung der Gitterspannung große Änderungen des Anodenstroms zur Folge. Man kann dies ausnutzen, um elektrische Signale zu verstärken.

Essay: Elektromotoren

John Dentler
United States Naval Academy

Die Entwicklung von Elektromotoren hat die moderne Gesellschaft revolutioniert. Anfang dieses Jahrhunderts waren Fabriken mit einer oder zwei Dampfmaschinen ausgerüstet, die über große Riemen und Laufrollen die Maschinen antrieben. Autos mußten mit Kurbeln von Hand gestartet werden, für Kühlschränke brauchte man große Eisblöcke als Kühlelemente, und Nähmaschinen wurden mit dem Fuß angetrieben. Dies sind nur einige Beispiele für Aufgaben, die heute von Elektromotoren übernommen werden.

Die Vielfalt der verschiedenen Anwendungen erfordert unterschiedlich konstruierte Motoren: Der Antrieb für elektrische Uhren soll möglichst gute Gleichlaufeigenschaften haben, während Anlassermotoren im Stillstand ein enormes Drehmoment aufbringen müssen, ein Haarfön soll leicht sein und verschiedene Geschwindigkeitsstufen haben. Bei der Konstruktion von Motoren für solch unterschiedliche Anwendungen orientieren sich Ingenieure an den physikalischen Grundlagen, die Aufbau und Eigenschaften von elektrischen Maschinen bestimmen. Wir wollen die physikalischen Grundlagen im folgenden diskutieren. Dabei werden wir sehen, wie sich ein Motor unter den spezifischen Belastungen bei einer bestimmten Anwendung verhält.

Wir wollen mit dem einfachsten Motor beginnen, dem **Linearmotor**. Seine physikalischen Grundlagen sind bereits in Abschnitt 26.4 behandelt worden. Abbildung 1 ähnelt sehr den Abbildungen 26.13 und 26.15. Wir haben hier eine Gleichspannungsquelle (eine Batterie) hinzugefügt, die eine Spannung U_Q liefert. In der Zeichnung liegt ihr Pluspol oben – wie bei der Induktionsspannung, die im bewegten Metallstab erzeugt wird. In der Realität haben Metallschienen und -stab sowie Induktivität und Spannungsquelle jeweils einen bestimmten inneren ohmschen Widerstand. Der Ein-

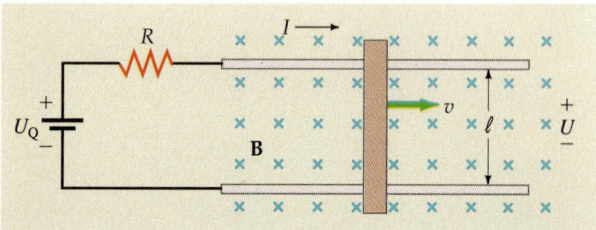

Abbildung 1 Ein einfacher elektrischer Motor, der aus der Anordnung in Abbildung 26.13 und 26.15 durch Hinzufügen einer Gleichspannungsquelle entsteht. Das Magnetfeld B zeigt in die Zeichenebene.

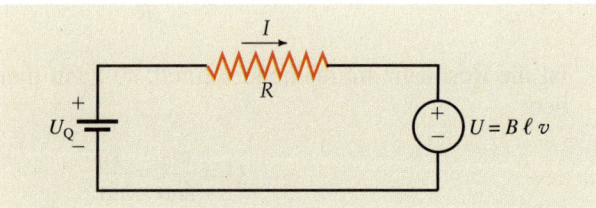

Abbildung 2 Ersatzschaltbild für den Linearmotor aus Abbildung 1.

fachheit halber wollen wir diese Einzelwiderstände zu einem einzigen Widerstand R zusammenfassen. Den Stab kann man als ideale Spannungsquelle ansehen, die die Induktionsspannung $U = B\ell v$ erzeugt, wenn er sich mit der Geschwindigkeit v über die Metallschienen bewegt. Das zugehörige Ersatzschaltbild ist in Abbildung 2 dargestellt. Wenden wir auf diese Schaltung die Kirchhoffsche Maschenregel an, so erhalten wir

$$U_Q - IR - U = 0. \quad (1)$$

Setzen wir für die induzierte Spannung $U = B\ell v$ ein, so lautet Gleichung (1):

$$U_Q - IR - B\ell v = 0. \quad (2)$$

Damit wird der in dieser Anordnung fließende Strom

$$I = -\frac{B\ell}{R}v + \frac{U_Q}{R}. \quad (3)$$

Die Stromstärke ist also proportional zur Geschwindigkeit, wenn U_Q, B, ℓ und R konstant sind. Ist die Geschwindigkeit v klein, so ist die Induktionsspannung klein, und der (positive) Strom fließt im Metallstab abwärts (diese Stromrichtung ist in Abbildung 1 eingezeichnet). Mit steigender Geschwindigkeit nimmt die Induktionsspannung zu. Ist die Geschwindigkeit, mit der der Metallstab über die Schienen gleitet, gleich $U_Q/(BL)$, so ist die Stromstärke gleich null. Dann wird auch die auf ihn wirkende Lorentz-Kraft $F = IB\ell$ gleich null; die Geschwindigkeit, bei der der Strom verschwindet, ist also die theoretische Endgeschwindigkeit (Gleichgewichtsgeschwindigkeit) des Stabes: Wären bei der Anordnung aus Abbildung 1 die Schienen völlig reibungsfrei und das Magnetfeld genügend ausgedehnt, so würde der Stab so lange durch die Lorentz-Kraft beschleunigt, bis er diese Endgeschwindigkeit erreicht. Wird der Stab durch eine äußere Kraft nach rechts beschleunigt, so lädt er die Batterie auf, so wie die Lichtmaschine im Auto die Starterbatterie auflädt. Wird der Stab durch eine nach links gerichtete äußere Kraft abgebremst, so gibt die Batterie so viel Strom ab, bis die

Kraft kompensiert ist, und die Geschwindigkeit im Kräftegleichgewicht wird niedriger sein als $UB\ell$.

Für einen Entwicklungsingenieur ist es interessant zu wissen, wie ein Motor auf „Lastveränderungen" reagiert, wie er beispielsweise seine Drehzahl ändert. Für den Linearmotor ist die Last eine externe Kraft, die auf den Stab wirkt und der Motorkraft entgegengerichtet ist. Im Kräftegleichgewicht wird die Last gerade durch die Lorentz-Kraft $F = IB\ell$, die auf den Metallstab wirkt, kompensiert. Dies ist bei der Gleichgewichtsgeschwindigkeit v der Fall. Lösen wir Gleichung (3) nach v auf, so sehen wir, daß die Geschwindigkeit v linear vom Strom I abhängt:

$$v = -\frac{R}{B\ell} I + \frac{U_Q}{B\ell}. \qquad (4)$$

Ersetzen wir den Strom durch $F/B\ell$, so erhalten wir

$$v = -\frac{R}{(B\ell)^2} F + \frac{U_Q}{B\ell}. \qquad (5)$$

Diese Gleichung beschreibt den Zusammenhang zwischen der Motorlast und der Geschwindigkeit, eine *Geschwindigkeits-Kraft-Kennlinie* des Motors. Sie wird zweckmäßigerweise zusammen mit der Geschwindigkeits-Kraft-Kurve der Last graphisch aufgetragen (Abbildung 3). Kennlinie 1 zeigt den durch Gleichung (5) beschriebenen linearen Zusammenhang für typische Werte der Batteriespannung U_Q und des magnetischen Feldes B. Die Gerade 2 zeigt, wie sich eine höhere Spannung bemerkbar macht, während bei Kennlinie 3 die Stärke des magnetischen Feldes erniedrigt wurde. Die Gerade mit der positiven Steigung, Linie 4 in Abbildung 3, repräsentiert eine Last, wie sie etwa für Reibungskräfte typisch ist: Die Kraft steigt linear mit der Geschwindigkeit an. Schneidet die Lastkurve die Geschwindigkeits-Kraft-Kennlinie des Motors, sind Lorentz-Kraft und Last im Gleichgewicht. Der Schnittpunkt heißt *Arbeitspunkt* (oder *Betriebspunkt*). Die Arbeitsgeschwindigkeit v des Linearmotors aus Abbildung 1 kann also eingestellt werden, indem man entweder die Versorgungsspannung oder das magnetische Feld variiert. Linearmotoren findet man beispielsweise in einigen CD-Spielern als Antrieb für die ausfahrbare Schublade.

Für die meisten Anwendungen ist jedoch ein Linearmotor nicht geeignet; man verwendet zweckmäßigerweise **Rotationsmotoren**. In Abbildung 4 sehen wir die wichtigsten Teile eines einfachen **Gleichstrom-Rotationsmotors**. Auf den ersten Blick erscheinen die beiden Motorentypen sehr unterschiedlich, ihr Funktionsprinzip ist jedoch ähnlich. Wie beim Linearmotor ist das Herzstück des Rotationsmotors ein stromdurchflossener Leiter, der mit einem externen Magnetfeld, dem

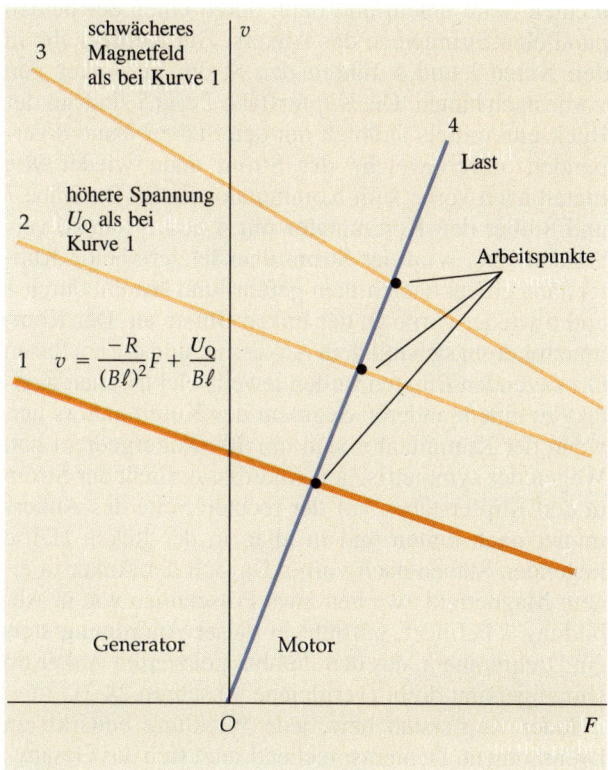

Abbildung 3 Geschwindigkeits-Kraft-Kennlinie des Linearmotors aus Abbildung 1 im Vergleich mit dem Verlauf der Geschwindigkeits-Kraft-Kurve einer typischen Last. Die Last nimmt hier proportional mit der Geschwindigkeit zu. (Es könnte sich also um eine Reibungskraft handeln.)

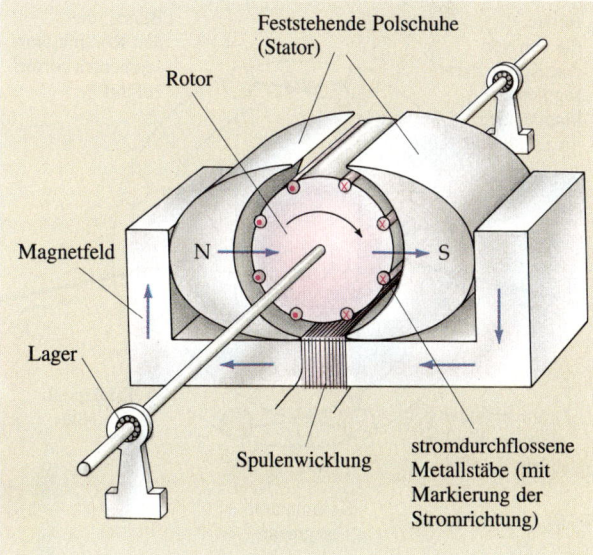

Abbildung 4 Ein einfacher elektrischer Rotationsmotor. (Die Stromrichtung ist durch rote Kreuze und Punkte angegeben. Ein Kreuz symbolisiert einen in die Zeichenebene hineinfließenden Strom, ein Punkt einen aus der Zeichenebene herausfließenden Strom.)

Statorfeld, wechselwirkt. Dieses Statorfeld wird bei dem Motor in Abbildung 4 durch eine Spule erzeugt, die im Bild unten zu sehen ist. Der magnetische Fluß durch diese Spule wird durch den Eisenkern weitergeleitet und erzeugt im Stator (den festen Polschuhen) links vom sogenannten *Rotor* einen Nordpol und rechts vom Rotor einen Südpol. Der Rotor (auch *Anker* oder *Läufer* genannt) ist auf Vorder- und Rückseite des Motors drehbar gelagert. Er besteht aus einem Eisenzylinder, in den in Richtung der Drehachse Nuten eingefräst sind (in Abbildung 4 sind es acht Nuten). In jeder Nut befindet sich ein Kupferstab, der in seiner Funktion dem Metallstab des Linearmotors entspricht: Fließt durch diese Leiter ein Strom in der (durch rote Punkte oder Kreuze) gezeigten Richtung – also in der Umgebung des Südpols von vorne nach hinten, in der Umgebung des Nordpols umgekehrt –, so wirkt ein Drehmoment im Uhrzeigersinn (auf der Südpolseite nach unten, am Nordpol nach oben), welches versucht, den Rotor zu drehen. Dieses Drehmoment entspricht der Kraft beim Linearmotor.

Damit der Motor sich weiterdreht und nicht nach einem Bruchteil einer Umdrehung stehenbleibt, muß sich permanent die Stromrichtung in den Kupferstäben ändern. Hierzu dienen die sogenannten *Kommutatoren* (Stromwender), auf die die Spannung mit zwei *Bürsten* übertragen wird. In Abbildung 5 sehen wir, wie die einzelnen Teile elektrisch verbunden werden müssen. Abbildung 6 zeigt einen Anlassermotor aus einem PKW, in dem die Kommutator-Bürsten-Anordnung gut zu erkennen ist. Man sieht deutlich den Rotor mit einer Vielzahl von Nuten, denen eine ebenso große Zahl von Kommutatorsegmenten gegenübersteht. Abbildung 7 zeigt einen Motor für ein Modell-Auto. Er hat einen Anker mit drei Nuten, in denen anstelle von Kupferstäben sehr viele Drahtwindungen gewickelt sind. Dementsprechend ist auch der Kommutator dreigeteilt; von den drei Segmenten sind zwei im Vordergrund zu sehen.

Betrachten wir noch einmal Abbildung 5. Der Kommutator besteht hier aus vier Segmenten, die aus der Motorwelle herausragen, und zwei Bürsten, die den Strom von den äußeren Anschlüssen (also von der Batterie) zu den Kommutatorsegmenten leiten. Jedes Segment ist mit zwei Kupferstäben verbunden, die in den Nuten des Läufers liegen. Die Kupferstäbe wiederum sind untereinander auf der Rückseite der rotierenden Einheit über Drähte und auf der Vorderseite durch den Kommutator nach einem bestimmten Muster (wir werden es gleich besprechen) elektrisch verbunden. Diese Anschlußweise führt zu zwei parallelen Stromwegen zwischen den Bürsten, so daß alle Kupferstäbe ständig genutzt werden und zum Drehmoment beitragen.

Konkret heißt das bei dem Kommutator aus Abbildung 5: Der Strom fließt durch die Bürste auf der rechten Seite hinein und dann durch einen der beiden parallelen Stromwege des Ankers. Die Kupferstäbe in den Nuten 2 und 5 führen den Strom im Anker von vorne nach hinten. Die Kupferstäbe 2 und 5 sind auf der Rückseite mittels Drähten mit den Stäben 7 und 8 verbunden, durch welche der Strom dann wieder von hinten nach vorne zum Kommutator fließt. Da Stäbe 7 und 8 über den Kommutator mit 4 und 3 leitend verbunden sind, wird der Strom über letztere beide Kupferstäbe erneut nach hinten geführt und kommt durch 1 und 6 wieder vorne an der linken Bürste an. Der Kommutator dreht sich mit dem Anker mit, und die am festen Ort sitzenden Bürsten stellen jeweils elektrischen Kontakt zu einem anderen Segment des Kommutators her, wenn der Kommutator sich um 90° weitergedreht hat. Wegen der symmetrischen Anordnung fließt der Strom in den Kupferstäben auf der rechten Seite des Ankers immer nach hinten und in allen in der linken Hälfte liegenden Stäben nach vorne. Da sich der Anker in einem Magnetfeld zwichen zwei Polschuhen wie in Abbildung 4 befindet, entsteht in dieser Anordnung stets ein Drehmoment, das den drehbar gelagerten Anker im Uhrzeigersinn dreht (vergleiche Abschnitt 24.3).

Jeder Kupferstab bzw. jede Wicklung bewirkt ein Drehmoment. Dementsprechend setzt sich das Gesamtdrehmoment des Motors aus den Einzeldrehmomenten der leitenden Stäbe bzw. Wicklungen zusammen. Zu jedem Zeitpunkt wird durch vier Leiter auf der linken und vier auf der rechten Seite (Abbildung 5) ein Drehmoment erzeugt, so daß das Drehmoment des Motors

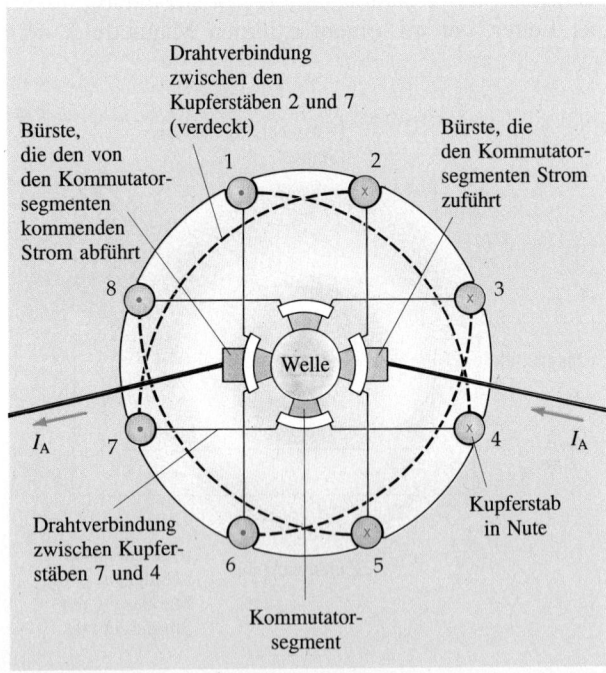

Abbildung 5 Eine typische Kommutator-Bürsten-Einheit für den in Abbildung 4 gezeigten Rotationsmotor. Ein Kommutator ist, allgemein ausgedrückt, ein Umschalter. In der gezeichneten Ausführung schaltet er die Richtung des Rotorstroms immer so, daß die Rotation im Uhrzeigersinn aufrechterhalten wird.

Essay: Elektromotoren

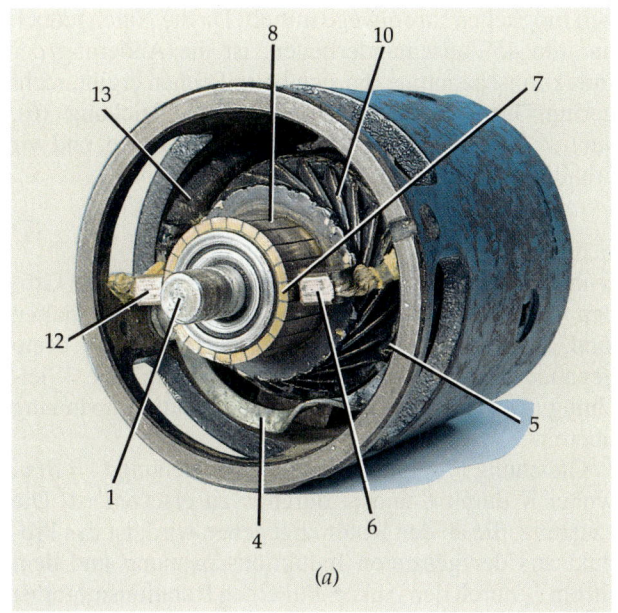

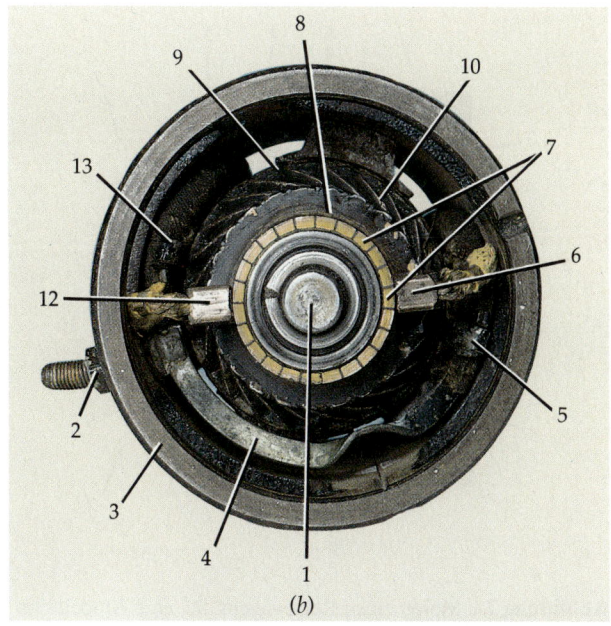

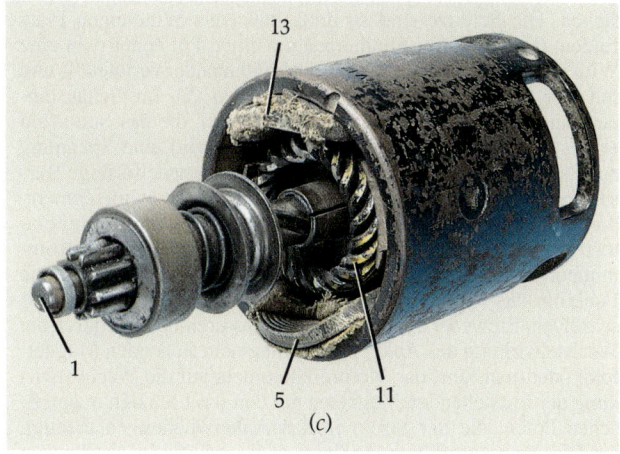

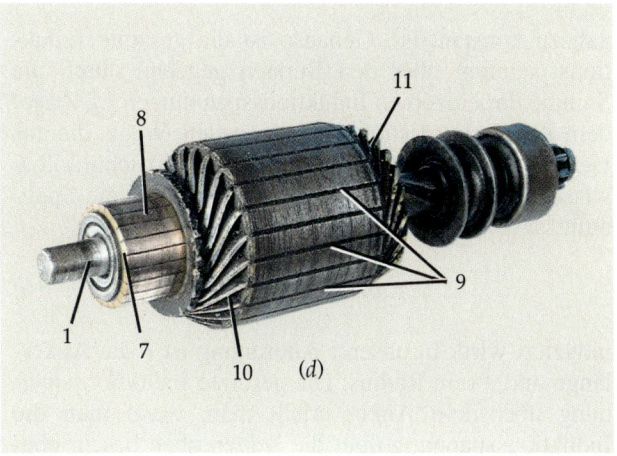

Abbildung 6 Verschiedene Ansichten eines PKW-Anlassermotors. Die Welle (1) läuft in Lagern, die normalerweise in den Gehäusedeckeln (hier entfernt) integriert sind. Der Batteriestrom tritt, vom Pluspol kommend, durch eine Schraube (2) an der Seite in den Elektromotor ein. Schraube und Gehäuse (3) sind gegeneinander isoliert. Im Innern wird der Strom durch einen breiten Metallstreifen (4) weitergeführt. (Der Streifen ist gebogen, um Längenänderungen durch Erwärmung und Abkühlung aufnehmen zu können.) Auf der rechten Seite ist der Streifen aufgewickelt und bildet so den rechten Pol (5) des Statorfelds. Der Leiter endet in einer weichen Metallbürste (6). Normalerweise wird die Bürste durch eine Feder fest an den Kommutator (7) angepreßt. Aus Gründen der Übersichtlichkeit wurde die Feder entfernt. Der Strom fließt durch eines der 23 Kommutatorsegmente (8) zum Anker. Im Anker (Abbildung 6d) befinden sich 23 Nuten (9), von denen jede mit einem Leiterpaar (einer der Leiter ist nahe an der Achse und in der Abbildung verdeckt, während der andere, der sich am Rand befindet, sichtbar ist) verbunden ist, so daß der Anker insgesamt 46 Leiter (10) hat. In diesem Motor dreht sich der Anker. Die Leiter sind auf der Rückseite so miteinander verbunden (11), daß 23 parallele Strompfade zwischen den Bürsten entstehen. Der Strom fließt von einem Kommutatorsegment auf der linken Seite zur Bürste (12) und dann in den gewickelten Metallstreifen, der die linke Seite des Statorpols (13) bildet. Von dort fließt der Strom durch eine feste Verbindung zwischen der linken Statorseite und dem Gehäuse des Anlassermotors über die Karosserie zur „Masse" und damit zum Minuspol der Batterie ab. Diese feste Verbindung befindet sich tief im Motorinnern und ist deshalb nicht sichtbar. Der magnetische Fluß im Motor geht von der rechten Statorseite aus, durchdringt den Anker und den linken Statorpol; der Flußkreis wird durch das Motorgehäuse geschlossen.

28 Wechselstromkreise

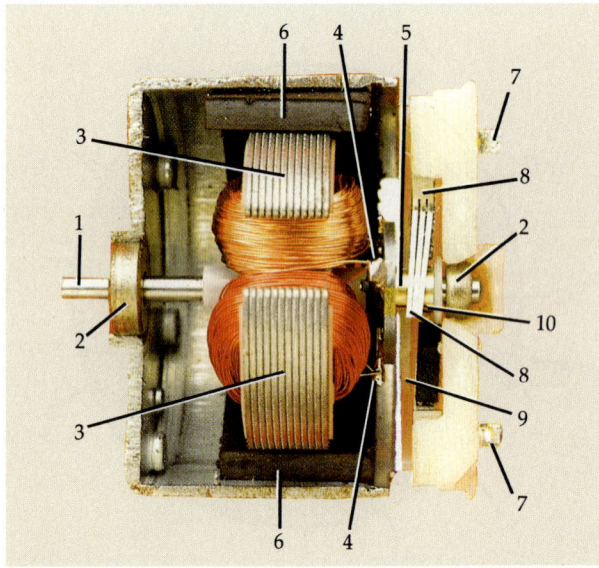

Abbildung 7 Motor eines Rennwagens für eine Modellrennbahn, bei dem die obere Gehäusehälfte entfernt wurde. Die Achse (1) läuft in Lagern (2), die sich auf der rechten und linken Seite befinden. Der Anker besteht aus zwölf dünnen Plättchen (3) aus leicht magnetisierbarem Material, die miteinander verklebt sind. Die Plättchen sind so geformt, daß drei Nuten und drei Pole entstehen. Die Schlitze sind so groß, daß viele Windungen Platz finden. Die gesamten Windungen um einen Pol nennt man eine Wicklung. Die Wicklungsenden sind miteinander verlötet (4) und mit den Kommutatorsegmenten verbunden (5). Im Gehäuseinnern sind Permanentmagnete angebracht (6), die das Statorfeld erzeugen. An die äußeren Anschlüsse (7) wird eine Spannung angelegt. Der Strom fließt durch die obere haarnadelförmige Bürste (8). Von dort fließt er weiter zum oberen Kommutatorsegment, durch die Verbindungsleitungen und über das untere Kommutatorsegment (9) zurück zur Spannungsquelle. Die einzelnen Kommutatorsegmente sind gegeneinander isoliert (10). Man kann die Funktion des Motors durch zwei unterschiedliche Ansätze beschreiben: Entweder erklärt man das Motordrehmoment durch die Wechselwirkung des Ankerstroms mit einem stehenden Magnetfeld, oder man führt das Motordrehmoment auf die Wechselwirkung der feststehenden Magneten mit den wechselnden magnetischen Polen, die der Strom in den Ankerwicklungen erzeugt, zurück. Eine sorgfältige Analyse zeigt, daß beide Ansätze im Grunde gleich sind.

nahezu konstant ist. Genauso ist die gesamte Induktionsspannung über den Bürsten gegeben durch die Summe der einzelnen Induktionsspannungen U_i. Zu jedem Zeitpunkt existieren zwei parallele Wege, die aus vier parallelen Leitern bestehen. Aus Abschnitt 26.6 wissen wir, daß in einem einzelnen Leiter eine Spannung

$$U_i = B\ell r\omega \sin(\omega t + \delta) \qquad (6)$$

induziert wird. In unserer Anordnung ist ℓ die Ankerlänge und r sein Radius. Die gesamte Induktionsspannung über dem Anker erhält man, wenn man die Induktionsspannung über die beiden oben beschriebenen möglichen Stromwege mittelt. Da die Nuten jedoch nur um 45° auseinanderliegen, ist die Änderung der Induktionsspannung, die sich beim Drehen ergibt, recht gering. Der zeitabhängige Term in Gleichung (6), $\sin(\omega t + \delta)$, kann daher vernachlässigt werden, und wir erhalten für die gesamte Induktionsspannung

$$U = BK\omega, \qquad (7)$$

wobei in der sogenannten Motorkonstanten K die Größen r, ℓ und die Mittelung und Summation enthalten sind. Je mehr Nuten und Leiter der Rotor hat, desto genauer stimmt die Induktionsspannung, die Gleichung (7) liefert, mit der wahren Induktionsspannung überein.

Gleichung (7) ähnelt formal der Beziehung $U = B\ell v$, wobei K durch ℓ und ω durch v zu ersetzen ist. Die Leistung, die an den Rotor abgegeben wird, ist das Produkt aus der gesamten Induktionsspannung und dem Strom I_A durch den Anker. Für einen Rotationsmotor ist die Last immer ein Drehmoment, das an der Drehachse angreift und der Drehrichtung des Motors entgegenwirkt. Die mechanische Leistung P, die an die Last abgegeben wird, ist das Produkt aus Drehmoment und Kreisfrequenz ω. Im Gleichgewicht haben Motordrehmoment und Lastdrehmoment den gleichen Betrag, aber entgegengesetzte Richtungen. Dann gilt

$$P = UI_A = \omega M. \qquad (8)$$

Ersetzen wir die Induktionsspannung durch $BK\omega$ (Gleichung 7), so erhalten wir

$$P = BKI_A\omega = \omega M, \qquad (9)$$

also

$$BKI_A = M. \qquad (10)$$

Genau wie beim Linearmotor (Abbildung 2) können wir jetzt eine einfache Ersatzschaltung für den Gleichstrom-Rotationsmotor entwickeln. Hierzu ersetzen wir den Anker durch eine einfache Spannungsquelle mit einem externen Widerstand R_A. Die Ankerwicklungen bzw. die Anordnung der Kupferstäbe können auf zwei prinzipiell unterschiedliche Arten mit den magnetfelderzeugenden Statorwicklungen verbunden werden, nämlich in einer Parallel- oder einer Reihenschaltung. Dadurch entstehen Motoren mit unterschiedlichen Eigenschaften, die wir im folgenden diskutieren wollen.

Der Nebenschlußmotor

Beim Nebenschlußmotor sind, wie in Abbildung 8 gezeigt, die Rotor- und Statorwicklungen parallelgeschaltet. Mit einem veränderlichen Widerstand läßt sich das

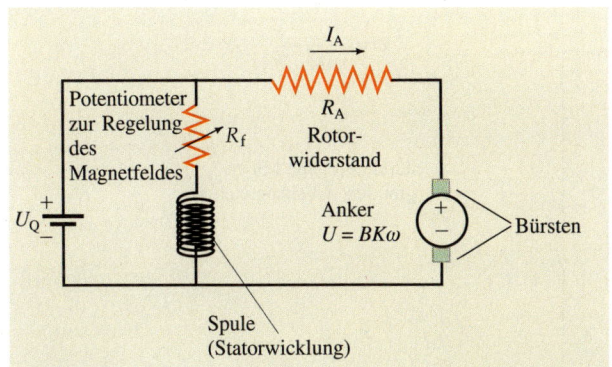

Abbildung 8 Ersatzschaltung für einen typischen Gleichstrom-Nebenschlußmotor. R_f ist ein regelbarer Widerstand (Potentiometer).

Statorfeld und dadurch die Motordrehzahl regeln. Wenden wir die Kirchhoffsche Maschenregel auf diese Schaltung an, so erhalten wir

$$U_Q - I_A R_A - BK\omega = 0 \,. \qquad (11)$$

Durch Umstellen können wir die Motorkreisfrequenz ω als Funktion des Ankerstromes I_A ausdrücken:

$$\omega = -\frac{R_A}{BK} I_A + \frac{U_Q}{BK}\,. \qquad (12)$$

Setzen wir M/BK für die Stromstärke aus Beziehung (10) ein, so ergibt sich für die Kreisfrequenz

$$\omega = -\frac{R_A M}{(BK)^2} + \frac{U_Q}{BK}\,. \qquad (13)$$

Gleichung (13) beschreibt einen linearen Zusammenhang zwischen Kreisfrequenz (Winkelgeschwindigkeit) und Motorlast und damit auch zwischen Drehzahl und Motorlast. Die Drehgeschwindigkeit läßt sich durch Ändern der Versorgungsspannung U_Q oder – in der Praxis eher gebräuchlich – durch Ändern des Stroms in der Statorspule steuern, wozu der regelbare Widerstand R_f dient.

Bei großen Strömen I_A im Anker erreicht die Magnetisierung des Ankerkerns ihr Maximum, und die Selbstinduktivität des Ankers gewinnt an Bedeutung: Aufgrund der induzierten Gegenspannung fällt eine merkliche Spannung über dem Anker ab. Dadurch wird der Zusammenhang zwischen Last und Drehzahl nichtlinear. Bei normaler Motorbelastung werden die Verhältnisse jedoch durch Gleichung (12) sehr genau beschrieben. Die Motorcharakteristik läßt sich in Analogie zum Linearmotor durch eine *Winkelgeschwindigkeits-Drehmoment-Kennlinie* darstellen (Abbildung 9). Der nichtlineare Verlauf im rechten Teil der Kurve resultiert aus der Sättigung des Ankerkerns.

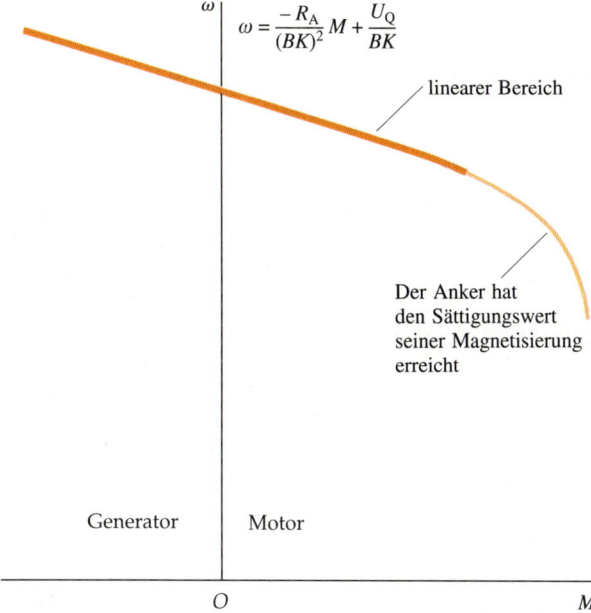

Abbildung 9 Die Winkelgeschwindigkeits-Drehmoment-Kennlinie eines Nebenschluß-Gleichstrommotors. Der Verlauf des Drehmoments als Funktion der Winkelgeschwindigkeit ω zeigt den Effekt der Ankersättigung bei einem typischen Nebenschlußmotor.

Der Hauptschlußmotor

Beim Reihen- oder Hauptschlußmotor, wie er in Abbildung 10 dargestellt ist, sind die Stator- und die Rotorwicklungen in Serie geschaltet, so daß die Stärke des magnetischen Feldes vom Ankerstrom abhängt. Ist der Ankerstrom I_A klein und das Feld nicht in Sättigung, so läßt sich das Produkt aus der Feldstärke B und der Motorkonstanten K als lineare Funktion des Ankerstroms schreiben:

$$BK = kI_A \,,$$

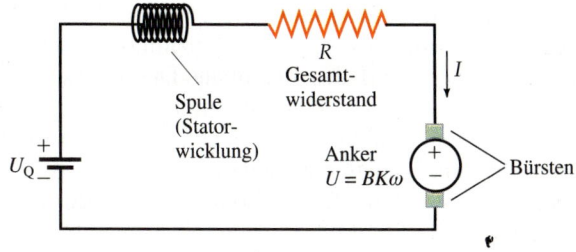

Abbildung 10 Ersatzschaltung für einen typischen Gleichstrom-Hauptschlußmotor.

wobei k eine beliebige Konstante ist. Ersetzt man in den Gleichungen (7), (9) und (10) jeweils BK durch kI_A, so erhält man für die Induktionsspannung im Anker

$$U = kI_A\omega ,$$

für die Leistung des Motors

$$P = kI_A^2\omega$$

und für das Drehmoment

$$M = kI_A^2 .$$

Die Kirchhoffsche Maschenregel liefert

$$U_Q - I_A R - kI_A\omega = 0 ,$$

wobei R für den ohmschen Gesamtwiderstand von Spule und Anker steht. Daraus resultiert als Beziehung zwischen Winkelgeschwindigkeit ω und Strom I_A:

$$\omega = \frac{U_Q}{kI_A} - \frac{R}{k} .$$

Ersetzen wir I_A durch $\sqrt{(M/k)}$, so erhalten wir eine Gleichung für das Drehmoment als Funktion der Winkelgeschwindigkeit. Hieraus ergibt sich der Drehmomentverlauf des Hauptschlußmotors:

$$\omega = \frac{U_Q}{\sqrt{kM}} - \frac{R}{k} .$$

In Abbildung 11 sehen wir die Kennlinie für den Hauptschlußmotor. Vergleichen wir sein Verhalten mit dem des Nebenschlußmotors, so erkennen wir einige wichtige Unterschiede. Bei kleinem Drehmoment läuft der Hauptschlußmotor sehr schnell, ohne Last wird die Drehzahl nur durch den Luft- und Reibungswiderstand des Motors begrenzt, während der Nebenschlußmotor so geregelt wird, daß er ungefähr mit der Winkelgeschwindigkeit U_Q/BK läuft. Bei hohem Drehmoment nimmt die Geschwindigkeit des Nebenschlußmotors ab, und der Motor bleibt irgendwann stehen, während der Hauptschlußmotor bei kleinsten Drehzahlen bzw. aus dem Stillstand heraus sein maximales Drehmoment entwickelt. Aus diesem Grund ist ein Hauptschlußmotor ideal, um beispielsweise einen Benzinmotor anzulassen, denn hier wird das maximale Drehmoment bei $\omega = 0$ gebraucht. Der Nebenschlußmotor ist dagegen für Anwendungen geeignet, bei denen eine bestimmte Drehzahl sehr genau eingehalten werden muß, beispielsweise als Motor für ein Tonbandgerät oder einen Plattenspieler.

Alle Motoren, die wir bisher besprochen haben, arbeiten mit Gleichstrom. Die normale Form, in der

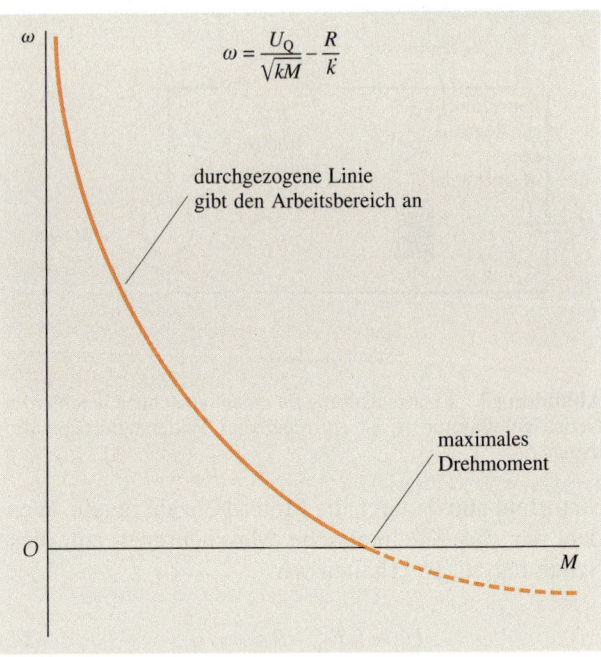

Abbildung 11 Winkelgeschwindigkeits-Drehmoment-Kennlinie eines typischen Gleichstrom-Hauptstrommotors.

elektrischer Strom von den Elektrizitätswerken an die Verbraucher geliefert wird, ist jedoch Wechselstrom. Glücklicherweise sind nur geringe Modifikationen notwendig, um die Prinzipien der Konstruktion von Gleichstrommotoren auf Wechselstrommotoren zu übertragen.

Das Drehmoment eines Hauptschlußmotors ist proportional zu I^2 und damit unabhängig von der Stromrichtung. Dies liegt daran, daß der Strom sowohl zur Versorgung der Stator- wie der Rotorwicklungen verwendet wird. Aus einer flüchtigen Betrachtung könnte man nun schließen, daß sich jeder Hauptschlußmotor auch mit Wechselstrom betreiben ließe. Wir haben jedoch bei der Besprechung des Hauptschlußmotors die Analyse vereinfacht, indem wir Induktionseffekte vernachlässigt haben. Dies ist bei einem Motor, der mit Wechselstrom versorgt wird, nicht zulässig. Die Induktivität hat im wesentlichen zwei Effekte. Sie begrenzt einerseits die maximale Stromstärke bei einer bestimmten Versorgungsspannung und ändert andererseits die Phasenbeziehung zwischen Strom und Spannung.

Ein Gleichstrom-Nebenschlußmotor hat typischerweise Statorwicklungen mit einem hohen Widerstand und Ankerwicklungen mit hoher Induktivität. Versorgt man einen solchen Motor mit Wechselstrom, so entsteht eine Phasenverschiebung zwischen dem Statorfeld und dem Ankerstrom, so daß das Drehmoment drastisch reduziert wird.

Ein Hauptschlußmotor, wie zum Beispiel der Anlassermotor aus Abbildung 6, ist normalerweise sehr gedrängt und möglichst raumsparend aufgebaut, um bei kleinsten Abmessungen ein möglichst großes Drehmoment zu liefern. Ein solcher Aufbau führt aber zu einer enorm hohen Induktivität, so daß der durch den Motor fließende Strom durch die Impedanz begrenzt wird. Ein Hauptschlußmotor, der für Wechselstrombetrieb ausgelegt ist, muß eine sehr geringe Induktivität haben. Dies erreicht man, indem man die Eisenmenge in den Polschuhen und im Anker gering hält. Man nennt einen solchen Motor dann einen **Universalmotor**. Aufgrund seines Aufbaus ist er relativ leicht und entwickelt nur ein geringes Drehmoment. Er eignet sich zum Antrieb relativ kleiner Lasten. So sind beispielsweise die Motoren in Staubsauger, Mixer, Haarfön und Nähmaschine Universalmotoren. Die Winkelgeschwindigkeits-Drehmoment-Kennlinie unterscheidet sich für einen solchen Motor, wenn er mit Wechselstrom betrieben wird, kaum von derjenigen für Gleichstrom, wie sie in Abbildung 11 skizziert ist. Können Sie anhand dieser Kurve erklären, warum ein Staubsaugermotor seine Drehzahl erhöht, wenn man die Saugdüse blockiert? (*Tip*: Die Last für den Staubsaugermotor ist die Luftmasse, die er ansaugt. Wenn der Luftstrom abnimmt, wird auch die Last reduziert.)

Der meistverbreitete Wechselstrommotor-Typ ist der **Induktionsmotor** (*Wechselstrom-Asynchronmotor*). Ein solcher Motor hat einen Rotor ähnlich wie derjenige in Abbildung 4. Im Gegensatz zum Rotor des Gleichstrommotors sind jedoch Kommutator und Verbindungsdrähte durch Kurzschlußplatten auf Vorder- und Rückseite ersetzt, die sämtliche Leiter in den Nuten miteinander verbinden. Dies vereinfacht natürlich entscheidend die Herstellung. Es stellt sich jetzt aber das Problem, einen solchen Rotor zum Rotieren zu bringen. Die Lösung besteht darin, das (feststehende) Statorfeld zu einem (sich bewegenden) Drehfeld zu machen. In diesem Fall entsteht zwischen dem sich drehenden Statorfeld und dem Rotor eine Relativgeschwindigkeit, und über dem kurzgeschlossenen Rotor wird eine Induktionsspannung induziert. Als Folge fließt in den Kupferleitern, die sich in den Nuten des Rotors befinden, ein Strom. Auf die zugehörigen Leiterschleifen übt das Drehfeld des Stators ein Drehmoment aus. Erinnern wir uns kurz an den Linearmotor: Der Metallstab versucht so schnell zu gleiten, bis die im Stab induzierte Spannung gleich der Versorgungsspannung ist. Der Induktionsmotor verhält sich in dieser Hinsicht ähnlich, jedoch ist die Versorgungsspannung des Rotors gleich null. Um die Induktionsspannung nahe null zu halten, versucht der Rotor, möglichst genauso schnell zu rotieren wie das sich drehende Magnetfeld. Will man einen solchen Motor mit gewöhnlicher Wechselspannung betreiben, so benötigt man ein Verfahren, das ein Drehfeld erzeugt. Eine mögliche Methode wollen wir jetzt anhand des weitverbreiteten Wechselstrom-Asynchronmotors studieren (Abbildung 12). Der Motor ist identisch mit demjenigen aus Abbildung 4 bis auf die

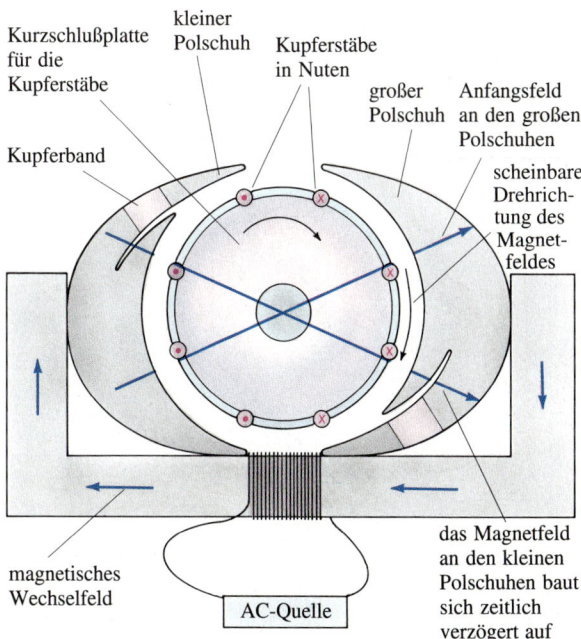

Abbildung 12 Ein Induktionsmotor (Wechselstrom-Asynchronmotor). Die Wechselspannungsquelle ist hier als AC-Quelle bezeichnet.

Tatsache, daß der Rotor an den Enden kurzgeschlossen ist und die Polschuhe, wie in Abbildung 12 gezeigt, an diagonal gegenüberliegenden Enden geteilt sind, wobei um die kleineren Abschnitte ein Kupferband gelegt wird. Durch diese Konstruktion baut sich das Magnetfeld in den großen Teilen der Polschuhe schnell auf, während es in den kleineren, mit dem Kupferband umwickelten Abschnitten aufgrund der Induktivität des Kupferbandes zeitlich verzögert ansteigt. Dies führt dazu, daß sich das Statorfeld zu drehen scheint.

Man kann sich das folgendermaßen plausibel machen: Das durch den äußeren Eisenkern gelieferte magnetische Wechselfeld induziert in den beiden Kupferbändern (sie wirken wie eine Leiterschleife) eine Spannung; der in ihnen fließende Strom baut ein zusätzliches Magnetfeld auf, das gegenüber dem ursprünglichen phasenverschoben ist und sich mit diesem überlagert. Erreicht das ursprüngliche Magnetfeld (in den großen Abschnitten der Polschuhe) sein Maximum, dann wird es wegen der Phasenverschiebung im umwickelten Teil dort erst mit zeitlicher Verzögerung maximal. Dann hat aber das Magnetfeld in den nicht-umwickelten Hauptteilen der Polschuhe schon wieder abgenommen. Die in den Nuten des Rotors liegenden Leiterstäbe „spüren" also ein resultierendes Magnetfeld, das in der gezeigten Anordnung (Abbildung 12) im Uhrzeigersinn zu wandern scheint.

Der Drehmomentverlauf eines typischen Induktionsmotors ist als Winkelgeschwindigkeits-Drehmoment-Kennlinie in Abbildung 13 dargestellt. Normalerweise

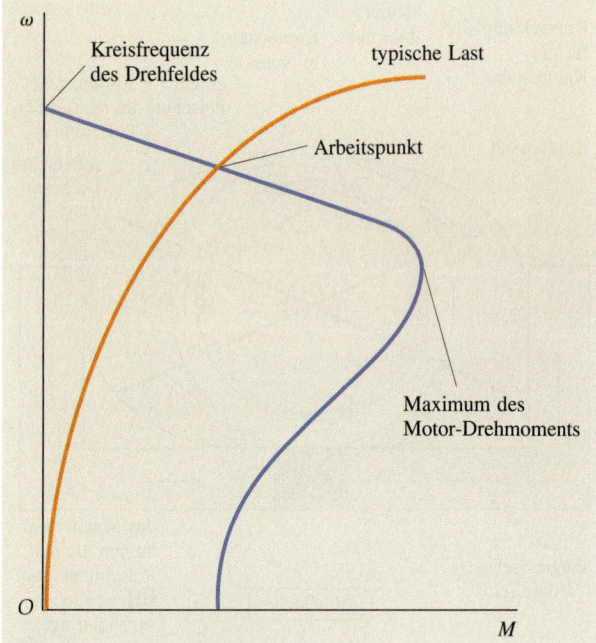

Abbildung 13 Winkelgeschwindigkeits-Drehmoment-Kennlinie (blau) eines typischen Induktionsmotors. Der Drehmomentverlauf der eingezeichneten Last (orange-braun) ist typisch für eine Turbomolekularpumpe.

liegt der Arbeitspunkt bei einer Frequenz ($\omega/2\pi$) in der Nähe derjenigen der anliegenden Wechselspannung; bei einer Netzfrequenz von 50 Hz dreht sich der Rotor meist mit etwas weniger als 50 Umdrehungen pro Sekunde. Der Rotor hat einen ohmschen und einen induktiven Widerstand. Der induktive Widerstand ist proportional zur Frequenz der durch Induktion in den Kupferleitern des Rotors erzeugten Strömen. Diese wiederum sind proportional zur Differenz aus den Rotationsfrequenzen des Drehfeldes und des Rotors. Bei zu großen Unterschieden in den Drehzahlen kann jedoch das Drehfeld der Rotation nicht mehr folgen, und in den Kupferleitern des Rotors wird daher mit zunehmender Rotordrehzahl eine abnehmende Spannung induziert, so daß auch das antreibende Drehmoment kleiner wird. Aber auch bei zu kleinen Winkelgeschwindigkeitsunterschieden geraten Drehfeld und Rotor „außer Takt". Dementsprechend hat der Induktionsmotor bei einer bestimmten Winkelgeschwindigkeitsdifferenz ein Maximum des Drehmoments. – Trägt man in das Winkelgeschwindigkeits-Drehmoment-Diagramm auch die Kurve der anzutreibenden Last ein, so gibt der Schnittpunkt der Motorkennlinie mit der Lastkurve den Arbeitspunkt des Motors an.

Motoren wie der hier beschriebene Wechselstrom-Asynchronmotor werden vornehmlich für den Betrieb an kleinen Lasten eingesetzt. Für Motoren in Kühlschränken und Klimaanlagen setzt man noch kompliziertere Verfahren ein, um ein Drehfeld zu erzeugen. Unabhängig von den Details der Ausführung ist jedoch das Funktionsprinzip aller Induktionsmotoren gleich.

Egal ob Motoren mit Gleichstrom, Wechselstrom oder Drehstrom betrieben werden, basiert ihre Funktion immer auf den gleichen physikalischen Prinzipien, die wir in Kapitel 26 bis 28 besprochen haben. Für die Entwicklung von zukünftigen Motoren wird es nötig sein, diese Grundlagen mit anderen Prinzipen, wie zum Beispiel Supraleitung, zu kombinieren, denn die Entwicklung und Verbesserung von Motoren für Züge, Elektroautos oder Satelliten ist noch längst nicht abgeschlossen und stellt nach wie vor eine Herausforderung für den Ingenieur dar.

Aufgaben

In Deutschland beträgt die Netzspannung seit wenigen Jahren 230 V, in den meisten Anleitungen zu elektrischen Geräten werden aber immer noch 220 V als Betriebsspannung genannt. Auch in den nachfolgenden Aufgaben rechnen wir durchgehend mit den gewohnten 220 V.

Stufe I

28.1 Wechselspannung an einem Widerstand

1. Eine 100-W-Birne sei an eine 220-V-Steckdose angeschlossen. Bestimmen Sie a) I_{eff}, b) I_0 und c) die Maximalleistung.

2. Ein 3-Ω-Widerstand sei an einen Generator angeschlossen, der bei einer Frequenz von 60 Hz eine Spannung von 12 V liefert. a) Berechnen Sie die Kreisfrequenz ω des Stromes. b) Bestimmen Sie I_0 und I_{eff}. Wie groß ist c) die maximale, d) die minimale und e) die mittlere Leistung im Widerstand?

3. Eine Sicherung sei ausgelegt für einen effektiven Strom von 15 A bei einer Spannung von 220 V. a) Wie groß ist die maximale Stromstärke, bei der die Sicherung noch nicht durchbrennt? b) Wie groß ist die mittlere Leistung, die der Stromkreis liefern kann?

28.2 Wechselströme in Spulen und Kondensatoren

4. Wie groß ist der Blindwiderstand einer Spule mit der Induktivität 1 mH bei einer Frequenz von a) 60 Hz, b) 600 Hz und c) 6 kHz?

5. Bei welcher Frequenz ist der Blindwiderstand eines 10-µF-Kondensators gleich demjenigen einer Spule mit einer Kapazität von 1 mH?

6. Skizzieren Sie die Frequenzabhängigkeit des Blindwiderstands einer Spule mit $L = 3$ mH.

7. Wie groß ist der Blindwiderstand eines Kondensators der Kapazität 1 nF bei einer Frequenz von a) 60 Hz, b) 6 kHz bzw. c) 6 MHz?

8. Skizzieren Sie die Frequenzabhängigkeit des Blindwiderstands eines Kondensators mit der Kapazität $C = 100$ µF.

9. An einen Kondensator der Kapaztät $C = 20$ µF werde eine Spannung mit dem Scheitelwert 10 V und der Frequenz 20 Hz angelegt. Bestimmen Sie a) I_0 und b) I_{eff}.

28.3 Zeigerdiagramme

10. Zeichnen Sie ein Zeigerdiagramm für einen Reihen-LCR-Schwingkreis für den Fall $U_L < U_C$. Zeigen Sie anhand des Diagramms, daß die Spannung dem Strom um den Winkel δ nacheilt, wobei gilt

$$\tan \delta = \frac{U_C - U_L}{U_R}.$$

28.4 LC- und LCR-Kreise ohne Wechselspannungsquelle

11. Zeigen Sie anhand der Definitionen der Einheiten Henry und Farad, daß $1/\sqrt{LC}$ die Einheit s^{-1} hat.

12. Wie groß ist die Schwingungsperiode eines LC-Schwingkreises, der aus einer 2-mH-Spule und einem 20-µF-Kondensator besteht?

13. Ein LC-Kreis bestehe aus einer Kapazität C_1 und einer Induktivität L_1. Ein zweiter Kreis bestehe aus $C_2 = \frac{1}{2} C_1$ und $L_2 = 2 L_1$ und ein dritter aus $C_3 = 2 C_1$ und $L_3 = \frac{1}{2} L_1$. a) Zeigen Sie, daß alle drei Kreise mit der gleichen Frequenz schwingen. b) In welchem der drei Kreise ist die Amplitude der Stromstärke am größten, wenn der Kondensator jeweils auf die gleiche Spannung aufgeladen wird?

14. Ein 5-µF-Kondensator werde auf 30 V aufgeladen und dann mit einer Spule der Induktivität 10 mH verbunden. Berechnen Sie a) die Energie, die in dem Kreis gespeichert wird, b) die Eigenfrequenz des Kreises und c) den Scheitelwert der Stromstärke.

28.5 LCR-Kreise mit Wechselspannungsquelle – erzwungene Schwingungen

15. Ein Generator gebe eine Scheitelspannung von 100 V bei variabler Kreisfrequenz ω ab und erzwinge Schwingungen in einem Reihenschwingkreis mit $L = 10$ mH, $C = 2$ µF und $R = 5$ Ω. Bestimmen Sie a) die Resonanzkreisfrequenz ω_0 des Kreises und b) I_{eff} im Resonanzfall. Bestimmen Sie bei der Kreisfrequenz $\omega = 8000$ rad/s: c) X_C und X_L, d) Z und I_{eff} sowie e) die Phasenverschiebung δ.

16. Ein Reihenschwingkreis in einem Rundfunkempfänger werde mit einem veränderlichen Kondensator abgestimmt. Der Abstimmbereich erstrecke sich von 500 kHz bis 1600 kHz. Zwischen welchen Kapazitäten muß sich der Kondensator einstellen lassen, wenn die Induktivität der Spule 1 µH beträgt.

17. Die Trägerfrequenzen im UKW-Bereich haben einen Abstand von 0,2 MHz. Dies bedeutet, daß die Resonanzbreite im Empfänger, wenn er auf eine bestimme Radiostation abgestimmt ist, deutlich unter 0,2 MHz liegen muß. Berechnen Sie die Kreisgüte Q im Empfänger, wenn $\nu_0 = 100{,}1$ MHz und $\Delta\nu = 0{,}05$ MHz ist.

18. a) Berechnen Sie den Leistungsfaktor für den Kreis von Beispiel 28.5 bei einer Kreisfrequenz $\omega = 400$ rad/s. b) Bei welcher Frequenz ist der Leistungsfaktor gleich 0,5?

19. Bestimmen Sie a) den Q-Faktor und b) die Resonanzbreite für den Kreis von Aufgabe 15. c) Wie groß ist der Leistungsfaktor, wenn $\omega = 8000$ rad/s ist?

20. Ein Wechselstromgenerator mit der Scheitelspannung 20 V sei mit einem Kondensator der Kapazität 20 μF und einem 80-Ω-Widerstand in Reihe geschaltet. Im Kreis sei keine Induktivität vorhanden. Berechnen Sie a) den Leistungsfaktor, b) die effektive Stromstärke und c) die mittlere Leistung bei einer Generatorfrequenz von 400 rad/s.

21. Eine (reale) Spule kann man auffassen als Reihenschaltung aus einem Widerstand und einer Induktivität. Betrachten Sie eine Spule mit $R = 100$ Ω und $L = 0{,}4$ H, die an eine effektive Spannung von 120 V bei einer Frequenz von 60 Hz angeschlossen ist. Bestimmen Sie a) den Leistungsfaktor, b) die effektive Stromstärke und c) die mittlere abgegebene Leistung.

28.6 Der Transformator

22. Ein Transformator habe 400 Primär- und 8 Sekundärwindungen. a) Setzt er die Spannung herauf oder herunter? b) Welche Leerlaufspannung liegt an der Sekundärwicklung an, wenn man die Primärwicklung mit 220 V verbindet? c) Wie groß ist der Sekundärstrom bei einem Primärstrom von 0,1 A, wenn man Verluste vernachlässigt?

23. Eine kleine Trafostation in einem Wohngebiet werde mit Wechselstrom von 2000 V versorgt. Die Spannung werde mit einem Transformator herabgesetzt, der 400 Sekundärwindungen hat. Bestimmen Sie die Anzahl der Primärwindungen, wenn die abgegebene Spannung 240 V betragen soll.

28.7 Gleichrichtung und Verstärkung

24. Ein Halbwellengleichrichter gebe einen Strom mit dem Scheitelwert der Stromstärke von 3,5 A an eine Schaltung ab. a) Berechnen Sie die effektive Stromstärke. b) Berechnen Sie die effektive Stromstärke für einen Vollwellengleichrichter, der maximal 3,5 A abgibt.

25. Skizzieren Sie die Stromstärke als Funktion der Zeit, wenn vor den Lastwiderstand in Abbildung 28.27 ein Tiefpaßfilter wie in Abbildung 28.30a eingefügt ist.

Stufe II

26. a) Berechnen Sie für eine Rechteckspannung wie in Abbildung 28.33 mit $U_0 = 12$ V die effektive Spannung. b) Berechnen Sie den Effektivwert der Spannung, nachdem sie einen Halbwellengleichrichter durchlaufen hat.

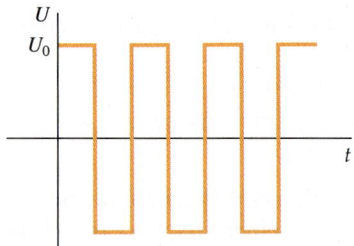

28.33 Zu Aufgabe 26.

27. Ein gepulster Gleichstrom mit der Periode $T = 1$ s habe jeweils in den ersten 0,1 s der Periode die Stromstärke 15 A und in den restlichen 0,9 s die Stromstärke null. a) Berechnen Sie den Effektivwert des Stromes. b) Die Strompulse werden bei einer Spannung von 100 V abgegeben. Wie groß ist dann die mittlere Leistung?

28. An einem RC-Kreis sei eine effektive Spannung von 100 V angelegt. Über dem Kondensator liege eine Spannung von 80 V. Berechnen Sie die Spannung über dem Widerstand.

29. Zeigen Sie, daß die Beziehung $\langle P \rangle = U_{\text{eff}}^2 R Z^2$ für Schaltungen gilt, die außer der Spannungsquelle lediglich a) einen Widerstand, b) einen Kondensator bzw. c) eine Induktivität enthalten.

30. Skizzieren Sie die Impedanz Z als Funktion der Kreisfrequenz ω für a) einen LR-Kreis, b) einen Serien-RC-Kreis und c) einen Serien-LRC-Kreis.

31. Betrachten Sie einen Kondensator in einem LC-Reihenschwingkreis, bei dem die Ladung des Kondensators als Funktion der Zeit durch die Gleichung $q = (15\ \mu C) \cos[1250(\text{rad/s}) \cdot t + \pi/4]$ gegeben ist. a) Berechnen Sie die Stromstärke als Funktion der Zeit. b) Berechnen Sie C, wenn $L = 28$ mH. c) Stellen Sie Ausdrücke auf für die elektrische Energie W_e, die magnetische Energie W_m und die Gesamtenergie W_{ges}.

32. Eine reale Spule habe den Gleichstromwiderstand 80 Ω und die Impedanz 200 Ω bei einer Frequenz von 1 kHz. Wie groß ist die Induktivität der Spule? Bei dieser Frequenz kann man die Kapazität des Wicklungsdrahtes vernachlässigen.

33. Zwei Wechselstrom-Spannungsquellen seien mit einem Widerstand $R = 25\,\Omega$ in Reihe geschaltet. Die Klemmenspannungen betragen $U_1 = 5\,\text{V} \cdot \cos(\omega t - \alpha)$ und $U_2 = 5\,\text{V} \cdot \cos(\omega t + \alpha)$, wobei $\alpha = \pi/6$ ist. Bestimmen Sie die Stromstärke im Widerstand, indem Sie a) die Additionstheoreme für den Kosinus und b) ein Zeigerdiagramm benutzen. c) Wie lautet das Ergebnis, wenn $\alpha = \pi/4$ ist und die Amplitude von U_2 auf 7 V erhöht wird?

34. Betrachten Sie die Schaltung in Abbildung 28.34 und bestimmen Sie a) den Leistungsverlust in der Spule, b) den Widerstand R und c) die Induktivität L der Spule.

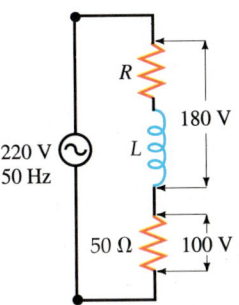

28.34 Zu Aufgabe 34.

35. Eine Spule nehme einen Strom der Stärke 15 A auf, wenn man sie mit einer Spannungsquelle mit 220 V und 50 Hz verbindet. Schaltet man sie in Reihe mit einem 4-Ω-Widerstand und verbindet diesen Aufbau mit einer 100-V-Batterie, so fließt nach einiger Zeit (im Gleichgewicht) ein Strom der Stärke 10 A. a) Welchen Widerstand, b) welche Induktivität hat die Spule?

36. Eine Spule sei mit einem Wechselstromgenerator verbunden, der bei einer Frequenz von 60 Hz eine Spannung von 100 V liefert. Bei diesen Betriebsbedingungen hat die Spule die Impedanz $10\,\Omega$ und den Blindwiderstand $8\,\Omega$. a) Berechnen Sie den Spulenstrom. b) Berechnen Sie die Phasenverschiebung zwischen Strom und angelegter Spannung. c) Welche Kapazität muß in Reihe geschaltet werden, damit Strom und Spannung in Phase sind? c) Wie groß ist dann die Spannung über dem Kondensator?

37. Eine Induktivität von 0,25 H und ein Kondensator der Kapazität C seien mit einem Wechselstromgenerator verbunden, der mit der Frequenz 60 Hz arbeitet. Mit Hilfe eines Wechselstromvoltmeters werden die Spannungen über dem Kondensator und über der Induktivität separat gemessen. Die gemessenen Effektivwerte seien 75 V über dem Kondensator und 50 V über der Spule. a) Berechnen Sie die Kapazität C und die effektive Stromstärke in der Schaltung. b) Welche Spannung würde man über Induktivität und Kondensator gemeinsam messen?

38. Zeigen Sie, daß man Gleichung (28.54) auch als

$$I_0 = \frac{\omega U_0}{\sqrt{L^2(\omega^2 - \omega_0^2)^2 + \omega^2 R^2}}$$

schreiben kann.

39. a) Zeigen Sie, daß man Gleichung (28.53) auch als

$$\tan\delta = L(\omega^2 - \omega_0^2)/\omega R$$

schreiben kann. Bestimmen Sie für δ einen Näherungswert b) bei sehr niedrigen und c) bei sehr hohen Frequenzen.

40. a) Zeigen Sie, daß sich bei einem induktivitätsfreien RC-Kreis der Leistungsfaktor als

$$\cos\delta = \frac{RC\omega}{\sqrt{1 + (RC\omega)^2}}$$

schreiben läßt. b) Skizzieren Sie ihn als Funktion der Kreisfrequenz ω.

41. Die Schaltung von Abbildung 28.35 enthält einen Generator, der bei einer Frequenz von 50 Hz eine effektive Spannung von 220 V erzeugt. Berechnen Sie den Effektivwert der Spannung zwischen den Punkten a) A und B, b) B und C, c) C und D, d) A und C sowie e) B und D.

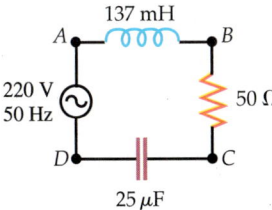

28.35 Zu Aufgabe 41.

42. Ein Generator mit variabler Frequenz sei mit einem Reihen-LCR-Schwingkreis verbunden, wobei $R = 1\,\text{k}\Omega$, $L = 50\,\text{mH}$ und $C = 2,5\,\mu\text{F}$ ist. a) Berechnen Sie die Resonanzfrequenz des Kreises. b) Wie ist sein Gütefaktor? c) Bei welchen Frequenzen ist die mittlere vom Generator abgegebene Leistung halb so groß wie der Scheitelwert?

43. Ein Serien-LCR-Schwingkreis werde mit einer Frequenz von 500 Hz betrieben. Eine Messung mit einem Oszilloskop ergebe eine Phasenverschiebung zwischen angelegter Spannung und Strom von $\delta = 75°$. Berechnen Sie die Kapazität des Schwingkreises, wenn der Gesamtwiderstand 35 Ω und die Induktivität 0,15 H ist.

44. Ein Serienschwingkreis mit $R = 400$ Ω, $L = 0{,}35$ H und $C = 5$ µF werde mit einem Generator mit variabler Frequenz ν betrieben. a) Berechnen Sie die Resonanzfrequenz ν_0. Berechnen Sie ν und ν/ν_0 bei einer Phasenverschiebung von b) 60° und c) −60°.

45. Es soll ein Reihenschwingkreis mit einem Gütefaktor von 10 bei einer Resonanzfrequenz von 33 kHz gebaut werden. Es stehe eine Spule mit der Induktivität 45 mH zur Verfügung. Welche Werte für Widerstand und Kondensator sind zu wählen?

46. Die Generatorspannung in Abbildung 28.36 sei $U = 100$ V · cos ωt. a) Wie groß sind in jedem Zweig der Schaltung die Amplitude des Stromes und der Phasenwinkel zwischen Strom und Spannung? b) Berechnen Sie die Kreisfrequenz ω, bei der die Generatorstromstärke gleich null ist. c) Wie groß sind bei diesem Resonanzfall die Stromstärke in der Spule und im Kondensator? d) Zeichnen Sie ein Zeigerdiagramm, aus dem die Beziehung zwischen angelegter Spannung, Generatorstrom, Kondensatorstrom und Spulenstrom hervorgeht. Hierbei sei der induktive Blindwiderstand größer als der kapazitive.

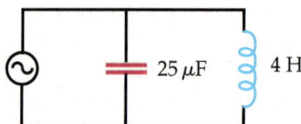

28.36 Zu Aufgabe 46.

47. Die Schaltung in Abbildung 28.37 nennt man Hochpaßfilter, da hohe Frequenzen verlustarm transmittiert werden, während tiefe unterdrückt werden. a) Zeigen Sie, daß bei einer Eingangsspannung $U_{ein} = U_0 \cos \omega t$ die Ausgangsspannung durch

$$U_{aus} = \frac{U_0}{\sqrt{(1/\omega RC)^2 + 1}}$$

gegeben ist. b) Bei welcher Kreisfrequenz hat die Ausgangsspannung den halben Wert der Eingangsspannung? c) Zeichnen Sie U_{aus}/U_0 als Funktion von ω.

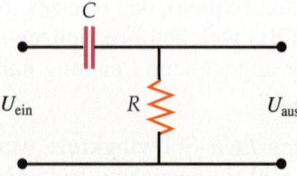

28.37 Zu Aufgabe 47.

48. Abbildung 28.38 zeigt eine Schaltung, die aus zwei Kondensatoren, einer 24-V-Batterie und einer Wechselstromquelle besteht. Die Wechselspannung sei (20 V) cos [120 π(rad/s) · t]. a) Bestimmen Sie die Ladung auf jedem Kondensator als Funktion der Zeit. Vernachlässigen Sie Einschalteffekte. b) Welchen Wert hat die Stromstärke im Gleichgewicht? Wie groß ist c) die maximale und d) die minimale im Kondensator gespeicherte Energie?

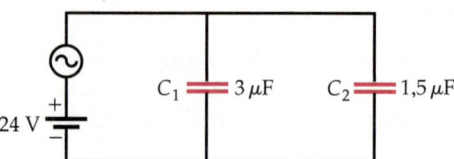

28.38 Zu Aufgabe 48.

49. Ein einziges Kabel übertrage gleichzeitig die zwei Signale $U_1 = 10$ V · cos [100 π(rad/s) · t] und $U_2 = 10$ V · cos [10000 π (rad/s) · t]. Eine Serieninduktivität von 1 H und ein Nebenschlußwiderstand von 1 kΩ seien, wie in Abbildung 28.39 gezeigt, in die Leitung eingesetzt. a) Bestimmen Sie die Signalspannung, die am Leitungsende ankommt. b) In welchem Verhältnis stehen die Amplituden des Hoch- und des Niederfrequenz-Signals am Leitungsende zueinander?

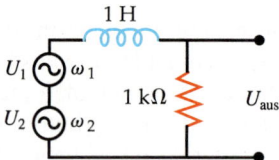

28.39 Zu Aufgabe 49.

50. Eine Induktivität mit nicht zu vernachlässigendem Widerstand sei an eine Spannungsquelle mit 120 V und 60 Hz angeschlossen. Die mittlere aufgenommene Leistung betrage 60 W bei einer effektiven Stromstärke von 1,5 A. Bestimmen Sie a) den Leistungsfaktor, b) den Spulenwiderstand und c) die Induktivität. d) Eilt der Strom der Spannung voraus oder nach? Bestimmen Sie die Phasenverschiebung.

51. Bei einem Serienschwingkreis mit $X_C = 16$ Ω und $X_L = 4$ Ω bei einer bestimmten Frequenz betrage die Resonanzfrequenz $\omega_0 = 10^4$ rad/s. a) Bestimmen Sie L und C. Bestimmen Sie für $R = 5$ Ω und $U_0 = 26$ V b) den Gütefaktor und c) die Scheitelstromstärke.

52. Ein Serien-LCR-Schwingkreis mit einem Widerstand von 60 Ω und einer Kapazität von 8 µF sei an einen Wechselstromgenerator mit der Scheitelspannung 200 V angeschlossen. Die Induktivität des Kreises lasse sich zwischen 8 H und 40 H variieren, indem in die Spule ein Eisenkern eingeführt wird. Die Kreisfrequenz des Generators betrage 2500 rad/s. Bestimmen Sie a) die Scheitelstromstärke und b) den Induktivitätsbereich, den man noch gefahrlos nutzen kann, wenn die Spannung am Kondensator 150 V nicht überschreiten soll.

53. Ein Reihen-*LCR*-Schwingkreis ziehe einen Strom von 11 A, wenn er mit 120 V bei 60 Hz versorgt wird. Der Strom eile der Spannung um 45° voraus. a) Berechnen Sie die Leistung, die an den Kreis abgegeben wird. b) Wie groß ist der Widerstand? c) Wie groß die Kapazität C, wenn die Induktivität $L = 0{,}05$ H ist? d) Welche Kapazität oder Induktivität muß man ergänzen, damit der Leistungsfaktor den Wert 1 annimmt?

Stufe III

54. Betrachten Sie die Schaltung in Abbildung 28.40. Wie ist in jedem Zweig a) die Impedanz und b) die Amplitude des Stromes sowie dessen Phasenbeziehung zur angelegten Spannung? c) Fertigen Sie ein Zeigerdiagramm für den Strom an und verwenden Sie es, um die Gesamtstromstärke und die Phasenbeziehung zwischen Gesamtstrom und Versorgungsspannung zu ermitteln.

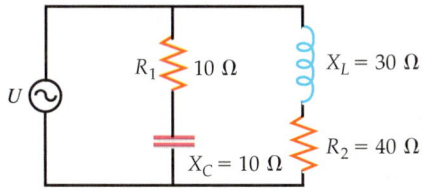

28.40 Zu Aufgabe 54.

55. a) Zeigen Sie, daß man Gleichung (28.53) auch als

$$\tan \delta = \frac{q\,(\omega^2 - \omega_0^2)}{\omega \omega_0}$$

schreiben kann. b) Zeigen Sie, daß nahe bei der Resonanz

$$\tan \delta \approx \frac{2q(\omega - \omega_0)}{\omega}$$

gilt. c) Skizzieren Sie δ als Funktion von $x = \omega/\omega_0$, und zwar für einen Kreis mit hohem sowie für einen Kreis mit niedrigem Gütefaktor.

56. Zeigen Sie durch direktes Einsetzen, daß die Stromstärke gemäß Gleichung (28.52) unter Verwendung von δ aus (28.53) und I_0 aus (28.54) der Gleichung (28.51) genügt. *Hinweis*: Verwenden Sie die Additionstheoreme der trigonometrischen Funktionen Sinus und Kosinus und schreiben Sie die Gleichung in der Form

$$A \sin \omega t + B \cos \omega t = 0\,.$$

Da diese Gleichung zu jedem Zeitpunkt gelten muß, ist $A = 0$ und $B = 0$.

57. Ein elektrisches Gerät nehme einen Strom von 10 A auf und setze im Mittel 720 W um, wenn man es mit 220 V Netzspannung (mit 50 Hz) betreibt. a) Berechnen Sie die Impedanz des Gerätes. b) Welcher Serienschaltung aus Widerstand und Blindwiderstand ist dieses Gerät äquivalent? c) Der Strom eile der Spannung voraus. Ist der Blindwiderstand dann induktiv oder kapazitiv?

58. Ein Wechselstromgenerator sei mit einem Kondensator und einer Spule in Serie geschaltet. Der Widerstand des Kreises sei vernachlässigbar. a) Zeigen Sie, daß die Ladung auf dem Kondensator der Gleichung

$$L \frac{\mathrm{d}^2 q}{\mathrm{d}t^2} + \frac{q}{C} = U_0 \cos \omega t$$

genügt. b) Zeigen Sie durch direktes Einsetzen, daß diese Gleichung durch $q = q_0 \cos \omega t$ erfüllt wird, wenn gilt:

$$q_0 = \frac{U_0}{L(\omega^2 - \omega_0^2)}\,.$$

c) Zeigen Sie, daß man in diesem Kreis die Stromstärke als $I = I_0 \cos(\omega t - \delta)$ schreiben kann, wobei

$$I_0 = \frac{\omega U_0}{L\,|\,\omega^2 - \omega_0^2\,|} = \frac{U_0}{|\,X_L - X_C\,|}$$

ist. Ferner ist $\delta = -90°$ für $\omega < \omega_0$ und $\delta = 90°$ für $\omega > \omega_0$.

59. Eine Methode, die Induktivität einer Spule zu messen, ist folgende: Man verbindet die Spule in Serie mit einer bekannten Kapazität, einem bekannten Widerstand und einem durchstimmbaren Frequenzgenerator, in dessen Zuleitung ein Wechselstrom-Amperemeter geschaltet wird. Dann variiert man bei konstanter Spannung die Frequenz so lange, bis die Stromstärke maximal ist. a) Wie groß ist L, wenn bei $C = 10$ μF, $U_0 = 10$ V, $R = 100$ Ω und $\omega = 5000$ rad/s der Strom maximal ist? b) Wie groß ist I_0?

60. Ein Widerstand und eine Spule seien parallelgeschaltet und mit einer sinusförmigen Wechselspannung $U = U_0 \cos \omega t$ verbunden, wie in Abbildung 28.41 gezeigt. Zeigen Sie, daß a) die Stromstärke im Widerstand durch $I_R = (U_0/R) \cos \omega t$, b) die Spulenstromstärke

durch $I_L = (U_0/X_L) \cos(\omega t - 90°)$ gegeben ist und daß
c) $I = I_R + I_L = I_0 \cos(\omega t - \delta)$ ist, wobei gilt: $\tan \delta = R/X_L$ und $I_0 = U_0/Z$ mit $Z^{-2} = R^{-2} + X_L^{-2}$.

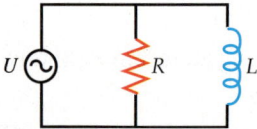

28.41 Zu Aufgabe 60.

61. Ein Widerstand und ein Kondensator seien parallelgeschaltet und mit einer Wechselspannungsquelle verbunden, die eine sinusförmige Spannung liefert, wie in Abbildung 28.42 gezeigt. Zeigen Sie, daß die Stromstärke a) im Widerstand durch $I_R = (U_0/R) \cos \omega t$ gegeben ist und daß sie b) im Kondensatorzweig durch $I_C = (U_0/X_C) \cos(\omega t + 90°)$ gegeben ist. c) Zeigen Sie, daß der Gesamtstrom $I = I_R + I_C = I_0 \cos(\omega t + \delta)$ ist, wobei gilt: $\tan \delta = R/X_C$ und $I_0 = U_0/Z$ mit $Z^{-2} = R^{-2} + X_C^{-2}$.

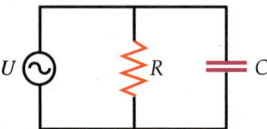

28.42 Zu Aufgabe 61.

62. Abbildung 28.18 zeigt die mittlere Leistung als Funktion der Generatorfrequenz für einen LCR-Kreis mit Generator. Die mittlere Leistung ist durch (28.60) gegeben, wobei $\omega = 2\pi\nu$ ist. Zeigen Sie, daß bei einer scharfen Resonanz die Halbwertsbreite $\Delta \nu \approx R/2\pi L = \Delta \omega / 2\pi$ ist, so daß hier folgt: $Q \approx \omega_0/\Delta\omega = \nu_0/\Delta\nu$ (Gleichung 28.63). *Hinweis*: Im Resonanzfall ist der Nenner auf der rechten Seite von (28.60) gleich $\omega^2 R^2$. Die Leistung ist auf die Hälfte ihres Maximalwertes abgefallen, wenn der Nenner den doppelten Wert wie nahe bei der Resonanz hat. Dies ist der Fall, wenn $L^2(\omega^2 - \omega_0^2)^2 = \omega^2 R^2 \approx \omega_0^2 R^2$ ist. ω_1 und ω_2 seien die Lösungen dieser Gleichung. Für eine sehr scharfe Resonanz ist dann $\omega_1 \approx \omega_0$ und $\omega_2 \approx \omega_0$. Unter Verwendung von $\omega + \omega_0 \approx 2\omega_0$ ergibt sich daraus $\Delta\omega = \omega_2 - \omega_1 \approx R/L$.

63. Häufig verwendet man Transformatoren zur Impedanzanpassung. So wird beispielsweise die Ausgangsimpedanz eines (einfachen) Stereoverstärkers an die Impedanz der Lautsprecher angepaßt. In (28.70) können die Ströme I_1 und I_2 mit der Impedanz Z im Sekundärkreis verknüpft werden, da $I_2 = U_2/Z$ ist. Zeigen Sie mit den Gleichungen (28.68) und (28.69), daß

$$I_1 = \frac{U}{(N_1/N_2)^2 Z}$$

und daher $Z_\text{eff} = (N_1/N_2)^2 Z$ ist.

64. Zeigen Sie durch direktes Einsetzen, daß (28.49) durch

$$q = q_0 e^{-Rt/2L} \cos(\omega' t)$$

erfüllt wird, wobei

$$\omega' = \sqrt{(1/LC) - (R/2L)^2}$$

ist. Ferner ist q_0 die Ladung auf dem Kondensator zum Zeitpunkt $t = 0$.

65. a) Berechnen Sie die Stromstärke $I = dq/dt$ aus der Lösung der Gleichung (28.49), die in Aufgabe 64 angegeben ist. Zeigen Sie damit, daß

$$I = -I_0 \left(\sin \omega' t + \frac{R}{2L\omega'} \cos \omega' t \right) e^{-Rt/2L}$$

gilt, wobei $I_0 = \omega' q_0$ ist. b) Zeigen Sie, daß man dies als

$$I = -\frac{I_0}{\cos \delta} (\cos \delta \sin \omega' t + \sin \delta \cos \omega' t) e^{-Rt/2L}$$

$$= -\frac{I_0}{\cos \delta} \sin(\omega' t + \delta) e^{-Rt/2L}$$

schreiben kann, wobei $\tan \delta = R/2L\omega'$ ist. Wenn $R/2L\omega'$ klein ist, so ist $\cos \delta \approx 1$, und es folgt:

$$I \approx I_0 \sin(\omega' t + \delta) e^{-Rt/2L}.$$

29 Maxwellsche Gleichungen und elektromagnetische Wellen

Um 1860 entdeckte der schottische Physiker James Clerk Maxwell, daß sich die aus Experimenten abgeleiteten Gesetze der Elektrizität und des Magnetismus, die wir in den vorangehenden Kapiteln behandelt haben, in einer knappen mathematischen Formulierung niederschreiben lassen. In dieser Formulierung werden die beiden Gaußschen Gesetze für das elektrische und das magnetische Feld sowie das Faradaysche Gesetz und das Ampèresche Gesetz heute zusammenfassend als die Maxwellschen Gleichungen bezeichnet. Das Ampèresche Gesetz enthielt noch eine Inkonsistenz, die Maxwell durch die Einführung des nach ihm benannten Verschiebungsstroms beheben konnte.

Die Maxwellschen Gleichungen beschreiben die Dynamik elektrischer und magnetischer Felder E und B, indem sie diese mit ihren Quellen, den elektrischen Ladungen und Strömen sowie sich ändernden Feldern, in Beziehung setzen. Sie besitzen für die klassische Elektrodynamik eine ähnliche Bedeutung wie die Newtonschen Axiome für die klassische Mechanik. Im Prinzip lassen sich alle elektromagnetischen Phänomene auf der Grundlage der Maxwellschen Gleichungen verstehen. Für die meisten Aufgaben ist die Lösung der Maxwellschen Gleichungen jedoch schwierig.

Eine wesentliche Schlußfolgerung aus den Maxwellschen Gleichungen, die Existenz von elektromagnetischen Wellen, läßt sich dagegen mit vergleichsweise einfachen Mitteln nachvollziehen. Schon Maxwell selbst konnte zeigen, daß sich nach Einführung des Verschiebungsstromes durch eine geschickte Kombination der Maxwellschen Gleichungen Wellengleichungen für die elektrischen und magnetischen Felder E und B herleiten lassen. Die entsprechenden elektromagnetischen Wellen werden durch beschleunigte Ladungen, z. B. durch Wechselstrom in einer Antenne, erzeugt. Im Labor konnten derartige Wellen zuerst von Heinrich Hertz im Jahre 1887 beobachtet werden. Maxwell konnte darüber hinaus zeigen, daß die Ausbreitungsgeschwindigkeit der elektromagnetischen Wellen im Vakuum durch

$$c = \frac{1}{\sqrt{\mu_0 \varepsilon_0}} \qquad 29.1$$

gegeben ist, wobei ε_0 die elektrische und μ_0 die magnetische Feldkonstante ist. Durch Einsetzen der Werte von ε_0 und μ_0 erhält man für die Geschwindigkeit der elektromagnetischen Wellen den Wert $3 \cdot 10^8$ m/s. Dieser Wert entspricht genau dem gemessenen Wert der Lichtgeschwindigkeit. Aufgrund dieser Übereinstimmung vermutete Maxwell richtig, daß das Licht eine elektromagnetische Welle ist.

Wir gehen in diesem Kapitel zunächst auf Maxwells Verallgemeinerung des Ampèreschen Gesetzes ein. Durch die Einführung des Verschiebungsstroms besitzt das Gesetz nicht nur für geschlossene Ströme, sondern auch im Fall unterbrochener Ströme (beispielsweise in Kondensatoren) Gültigkeit. Wir werden uns anschließend näher mit den verschiedenen Formulierungen der Maxwellschen Gleichungen befassen und die Wellengleichungen für die elektrischen und magnetischen Felder herleiten. Danach werden wir zeigen, daß die Lösungen dieser Wellengleichungen Wellen darstellen, die sich mit der Geschwindigkeit $c = 1/\sqrt{\mu_0 \varepsilon_0}$ im Vakuum ausbreiten. Am Schluß werden die Begriffe der Energie und des Impulses einer elektromagnetischen Welle erklärt und das elektromagnetische Spektrum besprochen.

29.1 Der Maxwellsche Verschiebungsstrom

Wie wir im Kapitel 25 gesehen haben, stellt das Ampèresche Gesetz (25.15) einen Zusammenhang her zwischen dem Linienintegral des Magnetfeldes B entlang einer beliebigen geschlossenen Kurve C und dem Strom, der durch eine beliebige von C umschlossene Fläche fließt:

$$\oint_C \boldsymbol{B} \cdot \mathrm{d}\boldsymbol{\ell} = \mu_0 I \qquad \text{für jede geschlossene Kurve } C\,. \qquad 29.2$$

Das Ampèresche Gesetz gilt allerdings nur für nicht unterbrochene Ströme. Wir zeigen dies anhand eines in Abbildung 29.1 wiedergegebenen Beispiels, dem Aufladevorgang an einem Plattenkondensator. Das Ampèresche Gesetz sagt aus, daß das Linienintegral des Magnetfeldes über die in der Abbildung wiedergegebene Kurve C gleich dem Produkt aus μ_0 und dem Strom ist, der durch eine von C umrandete Fläche fließt. Es wird jedoch keine Aussage darüber getroffen, welche Form diese Fläche haben muß, sie ist insbesondere nicht notwendigerweise eben. In der Abbildung sind zwei verschiedene Flächen S_1 und S_2, die beide von C umrandet sind, eingezeichnet. Es existiert nun ganz offensichtlich eine

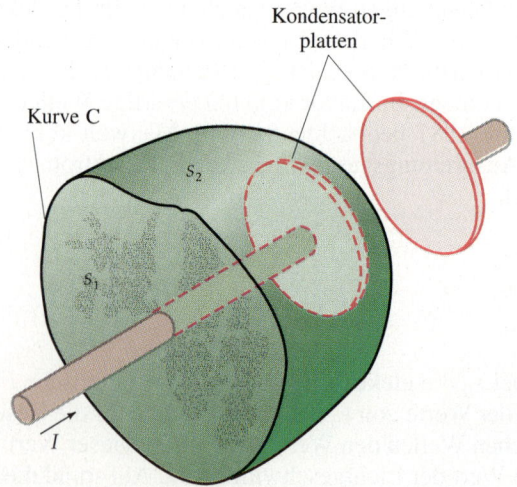

29.1 Die beiden Oberflächen S_1 und S_2 werden von der gleichen Kurve C umschlossen. Der Strom I fließt durch die Fläche S_1, nicht aber durch S_2. In diesem Fall gilt das Ampèresche Gesetz in der Formulierung von (29.2) nicht, da der Strom unterbrochen ist und auf der einen Platte des Plattenkondensators endet.

Mehrdeutigkeit für den Wert des Linienintegrals. Die Fläche S_1 wird vom Ladestrom I durchflossen, die Fläche S_2 dagegen nicht, da der Ladestrom nur bis zur Kondensatorplatte fließt. Für das Linienintegral ergibt sich demnach im ersten Fall der Wert $\mu_0 I$, im zweiten Fall nimmt es den Wert null an.

Maxwell erkannte dieses Problem und fand eine mögliche Verallgemeinerung des Ampèreschen Gesetzes. Den Strom I ersetzte er durch die Summe aus dem Leitungsstrom I und einem weiteren Term I_v, der durch

$$I_v = \varepsilon_0 \frac{d\phi_e}{dt} \qquad 29.3$$

definiert ist und heute als **Maxwellscher Verschiebungsstrom** bezeichnet wird. Darin ist ϕ_e der Fluß des elektrischen Feldes durch dieselbe von C umrandete Fläche, die bei der Berücksichtigung des Leitungsstroms zugrunde gelegt wird. Die verallgemeinerte Form des Ampèreschen Gesetzes lautet demnach:

$$\oint_C \boldsymbol{B} \cdot d\boldsymbol{\ell} = \mu_0 (I + I_v) = \mu_0 I + \mu_0 \varepsilon_0 \frac{d\phi_e}{dt}. \qquad 29.4$$

Wir werden den zusätzlichen Term nun anhand unseres Beispiels erläutern, wobei wir die Summe $I + I_v$ im folgenden als verallgemeinerten Strom bezeichnen. Um die Mehrdeutigkeit zu beheben, muß durch jede beliebige von C umrandete Fläche derselbe verallgemeinerte Strom fließen. Für das von den Flächen S_1 und S_2 umschlossene Volumen darf also kein in dieses Volumen hineinfließender Nettostrom existieren. Falls es einen Netto-Leitungsstrom I in das Volumen hinein gibt, muß ein gleich großer Netto-Verschiebungsstrom I_v aus dem Volumen herausfließen. In unserem Beispiel fließt ein solcher Netto-Leitungsstrom in das Volumen hinein, womit die Ladung Q innerhalb des Volumens anwächst:

$$I = \frac{dQ}{dt}.$$

Der Fluß des elektrischen Feldes aus dem Volumen heraus ergibt sich durch das Gaußsche Gesetz:

$$\phi_{e,\text{netto}} = \oint_S E_n \, dA = \frac{1}{\varepsilon_0} Q_{\text{innerhalb}}.$$

Die Zunahme der Ladung ist somit proportional der Zunahme des Flusses aus dem Volumen heraus:

$$\varepsilon_0 \frac{d\phi_{e,\text{netto}}}{dt} = \frac{dQ}{dt} = I_v.$$

Der Leitungsstrom in das Volumen hinein ist somit tatsächlich gleich dem Verschiebungsstrom aus dem Volumen heraus. Der generalisierte Strom ist demnach nicht unterbrochen.

Interessant ist der Vergleich von (29.4) mit dem Faradayschen Induktionsgesetz (26.6):

$$U_{\text{ind}} = \oint_C \boldsymbol{E} \cdot d\boldsymbol{\ell} = -\frac{d\phi_m}{dt}, \qquad 29.5$$

wobei U_{ind} die induzierte Spannung im Stromkreis und ϕ_m der magnetische Fluß durch den Stromkreis ist. Ein sich ändernder magnetischer Fluß erzeugt ein elektrisches Feld. Dessen Linienintegral entlang einer Kurve ist proportional der Änderung des magnetischen Flusses durch die von der Kurve umschlossenen Fläche. Maxwells Verallgemeinerung des Ampèreschen Gesetzes zeigt, daß umgekehrt ein sich ändernder elektrischer Fluß ein Magnetfeld erzeugt, dessen Linienintegral entlang einer Kurve proportional zur Änderung des elektrischen Flusses ist. Ein sich änderndes Magnetfeld erzeugt also ein elektrisches Feld (Faradaysches Induktionsgesetz), und ein sich änderndes elektrisches Feld erzeugt ein Magnetfeld (verallgemeinerte Form des Ampèreschen Gesetzes). Man beachte jedoch, daß es kein magnetisches Analogon zum Leitungsstrom I gibt.

Beispiel 29.1

Ein Plattenkondensator mit kreisförmigen Platten mit Radius R werde mit einem Strom der Stärke $I = dQ/dt = 2,5$ A geladen. Berechnen Sie den Verschiebungsstrom zwischen den Platten.

Der Abstand der beiden Platten sei so klein, daß das elektrische Feld zwischen ihnen als homogen angenommen werden kann. Die Stärke des elektrischen Feldes beträgt $E = \sigma/\varepsilon_0$, wobei σ die Flächenladungsdichte einer Platte ist. Wir betrachten eine Ebene, die zwischen den Platten liegt und parallel zu ihnen angeordnet ist. Der Vektor E des elektrischen Feldes steht senkrecht auf den Platten und damit auf der Ebene. Zwischen den Platten ist E homogen und außerhalb null. Der elektrische Fluß durch die Ebene ist gegeben durch

$$\phi_e = \pi R^2 E = (\pi R^2)(\sigma/\varepsilon_0) = Q/\varepsilon_0,$$

wobei $Q = \pi R^2 \sigma$ die Gesamtladung einer Platte ist. Der Verschiebungsstrom ergibt sich zu

$$I_v = \varepsilon_0 d\phi_e/dt = dQ/dt = 2,5 \text{ A}.$$

Beispiel 29.2

Die runden Platten aus Beispiel 29.1 haben einen Radius $R = 3,0$ cm. Berechnen Sie das Magnetfeld an einem Punkt zwischen den Platten, der sich im Abstand $r = 2$ cm von der Achse der Platten entfernt befindet. Der Leitungsstrom betrage 2,5 A.

Das Magnetfeld B läßt sich mit der verallgemeinerten Formulierung des Ampèreschen Gesetzes (29.4) berechnen. In Abbildung 29.2 ist die kreisförmige Kurve C mit Radius $r = 2$ cm eingezeichnet. Entlang dieser Kurve wird das Linienintegral $\oint_C B \cdot d\ell$ berechnet. Aus Symmetriegründen liegt B tangential zu diesem Weg und hat an jedem Punkt des Kreises den gleichen Wert. Demnach gilt:

$$\oint_C B \cdot d\ell = B(2\pi r).$$

Der elektrische Fluß durch die von der Kurve C umschlossenen Fläche ist

$$\phi_e = \pi r^2 E = (\pi r^2)\frac{\sigma}{\varepsilon_0}$$

$$= (\pi r^2)\frac{Q}{\pi R^2 \varepsilon_0} = \frac{r^2 Q}{R^2 \varepsilon_0},$$

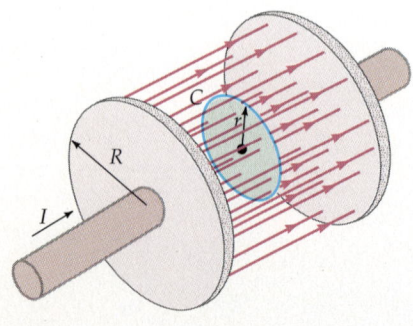

29.2 Zur Berechnung des Verschiebungsstroms in Beispiel 29.2.

wobei $\sigma = Q/\pi R^2$ ist. Zwischen den Platten des Kondensators gibt es keinen Leitungsstrom. Damit ist der verallgemeinerte Strom gleich dem Verschiebungsstrom

$$I_v = \varepsilon_0 \frac{d\phi_e}{dt} = \frac{r^2}{R^2}\frac{dQ}{dt},$$

und es folgt:

$$\oint_C \mathbf{B} \cdot d\boldsymbol{\ell} = \mu_0(I + I_v) = \mu_0 I_v = \mu_0 \varepsilon_0 \frac{d\phi_e}{dt}$$

$$B(2\pi r) = \mu_0 \frac{r^2}{R^2}\frac{dQ}{dt}$$

$$B = \frac{\mu_0}{2\pi}\frac{r}{R^2}\frac{dQ}{dt} = (2 \cdot 10^{-7}\,\text{T·m/A})\frac{0{,}02\,\text{m}}{(0{,}03\,\text{m})^2}(2{,}5\,\text{A}) = 1{,}11 \cdot 10^{-5}\,\text{T}.$$

29.2 Die Maxwellschen Gleichungen

In diesem Abschnitt stellen wir die Maxwellschen Gleichungen zunächst noch einmal in der von uns bisher verwendeten Integralform zusammen und erläutern ihren physikalischen Inhalt. Anschließend leiten wir eine differentielle Form der Maxwellschen Gleichungen ab, die zur Integralform völlig äquivalent ist, sich in praktischen Anwendungen jedoch oft einfacher handhaben läßt. In der Integralform lauten die Maxwellschen Gleichungen:

$$\oint_S E_n\,dA = \frac{1}{\varepsilon_0}Q_{\text{innen}} \qquad \text{29.6a}$$

$$\oint_S B_n\,dA = 0 \qquad \text{29.6b}$$

$$\oint_C \mathbf{E} \cdot d\boldsymbol{\ell} = -\frac{d}{dt}\int_S B_n\,dA \qquad \text{29.6c}$$

$$\oint_C \mathbf{B} \cdot d\boldsymbol{\ell} = \mu_0 I + \mu_0 \varepsilon_0 \frac{d}{dt}\int_S E_n\,dA. \qquad \text{29.6d}$$

Gleichung (29.6a) ist das Gaußsche Gesetz. Wie im Kapitel 19 beschrieben, folgt aus dieser Relation, daß das elektrische Feld einer Punktladung an irgendeinem Raumpunkt umgekehrt proportional zum Quadrat des Abstandes von der Ladung ist. Das Gaußsche Gesetz beschreibt die Divergenz elektrischer Feldlinien von positiven Ladungen und deren Konvergenz bei negativen Ladungen. Die experimentelle Grundlage des Gaußschen Gesetzes ist das Gesetz von Coulomb.

Gleichung (29.6b) wird manchmal als das Gaußsche Gesetz des Magnetismus bezeichnet. Es besagt, daß der Fluß des magnetischen Feldes B durch eine geschlossene Oberfläche gleich null ist. Dies ist gleichbedeutend mit der Feststellung, daß die magnetischen Feldlinien nicht von einem Raumpunkt ausgehen bzw. in einen Raumpunkt münden. Es gibt demnach keine isolierten magnetischen Pole.

Gleichung (29.6c) wird als das Faradaysche Induktionsgesetz bezeichnet. Es besagt, daß das Linienintegral des elektrischen Feldes entlang einer beliebigen geschlossenen Kurve C gleich der (negativen) Änderung des magnetischen Flusses durch eine beliebige von der Kurve umrandeten Fläche S ist. (Da diese Fläche nicht geschlossen ist, muß der magnetische Fluß durch S nicht notwendigerweise gleich null sein.) Das Induktionsgesetz setzt das elektrische Feld E mit der zeitlichen Änderung des magnetischen Feldes B in Beziehung.

Gleichung (29.6d) ist das Ampèresche Gesetz in verallgemeinerter Formulierung. Das Linienintegral über das Magnetfeld B entlang einer beliebigen geschlossenen Kurve C ist gleich der Summe aus dem Leitungsstrom und der Änderung des elektrischen Flusses durch eine beliebige von der Kurve eingeschlossenen Fläche S. Das Ampèresche Gesetz stellt eine Relation zwischen dem Magnetfeld B und der zeitlichen Änderung des elektrischen Feldes E her.

Zur Herleitung der differentiellen Form der Maxwellschen Gleichungen benötigen wir zwei zentrale Sätze aus der Vektoranalysis, die wir bereits in den Kapiteln 20 und 25 kennengelernt haben. Es handelt sich zum einen um den Satz von Gauß, der das Integral eines beliebigen Vektorfeldes a über eine stets geschlossene Oberfläche A mit einem Integral über das von A eingeschlossene Volumen V in Relation setzt (siehe Kapitel 20); S ist eine beliebige, nicht notwendigerweise geschlossene Fläche:

$$\oint_S a \cdot dA = \int_V \nabla \cdot a \, dV .$$

Darin ist der Vektor dA das Produkt aus dem Normalenvektor n und der Fläche S, $dA = n \, dS$, und $\nabla \cdot a$ die schon im Abschnitt 20.5 definierte Divergenz des Vektorfeldes a,

$$\nabla \cdot a = \frac{\partial a_x}{\partial x} + \frac{\partial a_y}{\partial y} + \frac{\partial a_z}{\partial z} .$$

Der zweite von uns benötigte Satz ist der Satz von Stokes, der einen Zusammenhang zwischen dem Linienintegral eines Vektorfeldes a über eine geschlossene Kurve C mit einem Flächenintegral über eine beliebige von C umrandete Fläche A herstellt (siehe Kapitel 25):

$$\oint_C a \cdot d\ell = \int_A \nabla \times a \cdot dA .$$

$\nabla \times a$ bezeichnet darin die im Abschnitt 25.4 definierte Rotation des Vektorfeldes a. Wir betrachten nun zunächst das Gaußsche Gesetz (29.6a). Schreiben wir die auf der rechten Seite von (29.6a) auftretende Ladung Q_{innen} als Volumenintegral über die Ladungsdichte ϱ, so erhalten wir

$$Q_{\text{innen}} = \int_V \varrho \, dV .$$

Wenden wir andererseits den Gaußschen Satz auf die linke Seite von (29.6a) an, so folgt

$$\oint_S E \cdot dA = \int_V \nabla \cdot E \, dV = \frac{1}{\varepsilon_0} Q_{\text{innen}}$$

und damit

$$\int_V \nabla \cdot \boldsymbol{E}\, dV = \frac{1}{\varepsilon_0} \int_V \varrho\, dV .$$

In dieser Gleichung wird auf beiden Seiten über dasselbe Volumen V integriert. Da das Integrationsvolumen jedoch frei wählbar ist, müssen auch die Integranden gleich sein:

$$\nabla \cdot \boldsymbol{E} = \frac{\varrho}{\varepsilon_0} . \qquad 29.7\,\text{a}$$

Dies ist gerade die gesuchte differentielle Form des Gaußschen Gesetzes, die identisch ist mit der ersten Maxwellschen Gleichung. Sie stellt eine Beziehung zwischen der Divergenz des elektrischen Feldes und der Ladungsdichte an einem bestimmten Raumpunkt dar. Die Herleitung der differentiellen Form der zweiten Maxwellschen Gleichung erfolgt völlig analog. In diesem Fall ergibt sich

$$\nabla \cdot \boldsymbol{B} = 0 . \qquad 29.7\,\text{b}$$

Die Divergenz des magnetischen Feldes ist an jedem Raumpunkt gleich null.

Wir wenden uns nun der dritten Maxwellschen Gleichung (26.6c) zu, die wir in der Form

$$\oint_C \boldsymbol{E} \cdot d\boldsymbol{\ell} = -\frac{d}{dt} \int_S \boldsymbol{B} \cdot d\boldsymbol{A}$$

schreiben. Wenden wir auf der linken Seite den Satz von Stokes für die Fläche S an, so folgt:

$$\oint_C \boldsymbol{E} \cdot d\boldsymbol{\ell} = \int_S \nabla \times \boldsymbol{E} \cdot d\boldsymbol{A}$$

und damit, falls die Fläche S nicht zeitabhängig ist:

$$\int_S (\nabla \times \boldsymbol{E}) \cdot d\boldsymbol{A} = -\int_S \frac{\partial \boldsymbol{B}}{\partial t} \cdot d\boldsymbol{A} .$$

Wieder wird auf beiden Seiten über dieselbe, allerdings beliebige Fläche integriert. Auch in diesem Fall sind die Integranden gleich, es ergibt sich die differentielle Form der dritten Maxwellschen Gleichung:

$$\nabla \times \boldsymbol{E} = -\frac{\partial \boldsymbol{B}}{\partial t} , \qquad 29.7\,\text{c}$$

die die Relation zwischen der Rotation des elektrischen Feldes und der zeitlichen Änderung des Magnetfeldes an einem Raumpunkt beschreibt.

Die Behandlung der vierten Maxwellschen Gleichung erfolgt wiederum analog. In integraler Form lautet sie allgemein

$$\oint_C \boldsymbol{B} \cdot d\boldsymbol{\ell} = \mu_0 \int_S \boldsymbol{j} \cdot d\boldsymbol{A} + \mu_0 \varepsilon_0 \frac{d}{dt} \int_S \boldsymbol{E} \cdot d\boldsymbol{A} ,$$

wobei wir gegenüber (29.6d) den Leitungsstrom I als Flächenintegral über die Stromdichte j geschrieben und die Definition des elektrischen Flusses benutzt haben. Wenden wir auf der linken Seite wieder den Satz von Stokes an,

$$\oint_C \boldsymbol{B} \cdot \mathrm{d}\boldsymbol{\ell} = \int_S \nabla \times \boldsymbol{B} \cdot \mathrm{d}\boldsymbol{A},$$

so folgt, wieder für eine zeitlich konstante Fläche S:

$$\int_S \nabla \times \boldsymbol{B} \cdot \mathrm{d}\boldsymbol{A} = \mu_0 \int_S \boldsymbol{j} \cdot \mathrm{d}\boldsymbol{A} + \mu_0 \varepsilon_0 \int_S \frac{\partial \boldsymbol{E}}{\partial t} \cdot \mathrm{d}\boldsymbol{A}.$$

Die differentielle Form der vierten Maxwellschen Gleichung ergibt sich damit als

$$\nabla \times \boldsymbol{B} = \mu_0 \boldsymbol{j} + \mu_0 \varepsilon_0 \frac{\partial \boldsymbol{E}}{\partial t}. \qquad 29.7\,\mathrm{d}$$

An der differentiellen Darstellung der Maxwellschen Gleichungen läßt sich ihr physikalischer Inhalt sehr anschaulich ablesen. Die Gleichungen (29.7a) und (29.7b) drücken aus, daß die Quellen des elektrischen Feldes Ladungen sind, während das magnetische Feld quellenfrei ist. Der wesentliche Inhalt der beiden Gleichungen (29.7c) und (29.7d) besteht andererseits darin, daß ein zeitlich veränderliches elektrisches Feld ein magnetisches (Wirbel-)Feld erzeugt, ein zeitlich veränderliches magnetisches Feld umgekehrt ein elektrisches (Wirbel-)Feld.

29.3 Die Wellengleichung für elektromagnetische Wellen

In Abschnitt 13.8 haben wir gezeigt, daß die Wellenfunktionen für harmonische Wellen auf einer Saite einer partiellen Differentialgleichung, der sog. Wellengleichung, genügen:

$$\frac{\partial^2 y(x,t)}{\partial x^2} = \frac{1}{v^2} \frac{\partial^2 y(x,t)}{\partial t^2}. \qquad 29.8$$

Hier gibt die Wellenfunktion $y(x,t)$ die Auslenkung der Saite an einem bestimmten Ort x zu einer Zeit t an. Wir müssen partielle Ableitungen verwenden, da die Wellenfunktion sowohl vom Ort x als auch von der Zeit t abhängt. Die Größe v ist die Ausbreitungsgeschwindigkeit der Wellen. Sie ist abhängig vom jeweiligen Medium und, falls Dispersion auftritt, von der Frequenz. Wie wir gesehen haben, läßt sich die Wellengleichung für Wellen auf einer Saite ableiten, indem man die Newtonschen Axiome auf die Bewegung einer unter Spannung stehenden Saite anwendet. Hierbei ergibt sich für die Ausbreitungsgeschwindigkeit $\sqrt{\sigma/\varrho}$, wo-

29.3 Die Wellengleichung für elektromagnetische Wellen

bei σ die Spannung und ϱ die Massendichte ist. Die Lösungen von (29.8) sind harmonische Wellenfunktionen der Form

$$y(x,t) = y_0 \sin(kx - \omega t),$$

wobei $k = 2\pi/\lambda$ die Wellenzahl und $\omega = 2\pi\nu$ die Kreisfrequenz ist.

In diesem Abschnitt werden wir, von der differentiellen Formulierung der Maxwellschen Gleichungen ausgehend, zunächst eine allgemeine Form der Wellengleichungen für das elektrische und magnetische Feld ableiten. Lösungen dieser Wellengleichungen, die sich, wie wir sehen werden, mit Lichtgeschwindigkeit im Raum ausbreiten, werden als elektromagnetische Wellen bezeichnet. Wir nehmen von vornherein die Einschränkung auf einen quellenfreien Raum vor, vernachlässigen also Ladungen und Ströme und betrachten die Felder nur im Vakuum. Nach der Herleitung der allgemeinen Wellengleichung behandeln wir den Spezialfall ebener Wellen. Auf die Erzeugung elektromagnetischer Wellen durch bewegte Ladungen gehen wir in Abschnitt 29.5 ein.

Die Maxwellschen Gleichungen (29.7) nehmen im Vakuum die Form

$$\nabla \cdot \mathbf{E} = 0 \qquad \qquad 29.9\,\text{a}$$

$$\nabla \cdot \mathbf{B} = 0 \qquad \qquad 29.9\,\text{b}$$

$$\nabla \times \mathbf{E} = -\frac{\partial \mathbf{B}}{\partial t} \qquad \qquad 29.9\,\text{c}$$

$$\nabla \times \mathbf{B} = +\mu_0 \varepsilon_0 \frac{\partial \mathbf{E}}{\partial t} \qquad \qquad 29.9\,\text{d}$$

an. Wir bilden nun zunächst die Rotation der beiden Gleichungen (29.9c) und (29.9d):

$$\nabla \times (\nabla \times \mathbf{E}) = -\frac{\partial}{\partial t}(\nabla \times \mathbf{B}) \qquad \qquad 29.10\,\text{a}$$

$$\nabla \times (\nabla \times \mathbf{B}) = +\mu_0 \varepsilon_0 \frac{\partial}{\partial t}(\nabla \times \mathbf{E}) \qquad \qquad 29.10\,\text{b}$$

Links: Magnetfeldröhren (Magnetrons) werden in Richtantennen für Radarstrahlen verwendet und, wie die im Bild gezeigte Röhre, um Mikrowellenherde zu speisen. Der zentrale horizontale Zylinder ist die Kathode, die geheizt wird und dann Elektronen emittiert. (Die dünnen Bleche, die mit dem Zylinder verbunden sind, dienen zur Wärmeabfuhr.) Die beiden scheibenförmigen Magnete an jeder Seite erzeugen ein axiales Magnetfeld. Die emittierten Elektronen werden beschleunigt und erzeugen oszillierende elektrische Felder und diese wiederum oszillierende Magnetfelder. Die Anode ist so gebaut, daß elektromagnetische Schwingungen bei Mikrowellenfrequenzen ohne großen Energieverlust aufrechterhalten werden können. Die Magnetfeldröhre arbeitet hier als Hohlraumresonator für stehende elektromagnetische Wellen mit Wellenlängen von einigen Zentimetern. Die Mikrowelle verläßt die Röhre auf der rechten Seite, ganz ähnlich wie eine akustische Welle etwa eine Klarinette verläßt. (Foto: A. Steyn-Ross, University of Waikato, Neuseeland)
Rechts: Ein Strahl sichtbaren Lichtes, das von Elektronen emittiert wird, die in einem Synchrotron beschleunigt werden. Elektronen, die ununterbrochen in einer gewöhnlichen Radioantenne oszillieren, strahlen sinusförmige elektromagnetische Felder ab. In einem Synchrotron bewegen sich Elektronenpakete in einem Ring mit Geschwindigkeiten nahe der Lichtgeschwindigkeit. Die Strahlung wird hier in Bewegungsrichtung der Elektronen emittiert und ist weitgehend in schmalen Pulsen komprimiert. (Mit freundlicher Genehmigung des Brookhaven National Laboratory)

29 Maxwellsche Gleichungen und elektromagnetische Wellen

und setzen (29.9d) auf der rechten Seite von (29.10a) und (29.9c) auf der rechten Seite von (29.10b) ein. Für die Ausdrücke auf der linken Seite von (29.10a) und (29.10b) benutzen wir die für ein beliebiges Vektorfeld a geltende Beziehung

$$\nabla \times (\nabla \times a) = \nabla (\nabla \cdot a) - \Delta a ,$$

worin Δ der im Abschnitt 20.5 definierte Laplace-Operator ist. Unter Berücksichtigung der Maxwellschen Gleichungen (29.9a) und (29.9b) folgt dann aus (29.10a) und (29.10b)

$$\Delta E = \varepsilon_0 \mu_0 \frac{\partial^2}{\partial t^2} E \qquad \text{29.11a}$$

und

$$\Delta B = \varepsilon_0 \mu_0 \frac{\partial^2}{\partial t^2} B . \qquad \text{29.11b}$$

Es handelt sich bei diesen Gleichungen um die allgemeine Form der Wellengleichungen für das elektrische bzw. magnetische Feld im Vakuum. Wenn wir uns auf Änderungen in einer Dimension beschränken und den Laplace-Operator durch den Operator $\partial^2/\partial x^2$ ersetzen, lassen sich daraus die uns bekannten Wellengleichungen

$$\frac{\partial^2 E}{\partial x^2} = \frac{1}{c^2} \frac{\partial^2 E}{\partial t^2} \qquad \text{29.12a}$$

$$\frac{\partial^2 B}{\partial x^2} = \frac{1}{c^2} \frac{\partial^2 B}{\partial t^2} \qquad \text{29.12b}$$

gewinnen. Es handelt sich hierbei um den Spezialfall der Wellengleichungen für eine sog. **ebene elektromagnetische Welle**, deren Feldgrößen sich nur in einer räumlichen Richtung, in unserem Fall der x-Richtung, ändern und in den dazu senkrechten Richtungen konstant sind. Die Raumrichtung, in der sich die Feldgrößen verändern, ist offensichtlich mit der Ausbreitungsrichtung der ebenen elektromagnetischen Welle identisch. Man kann aus den Wellengleichungen (29.12a) und (29.12b) auch eine Beziehung für die Ausbreitungsgeschwindigkeit v ableiten und erhält $v = 1/\sqrt{\varepsilon_0 \mu_0} = c$, d.h. die Ausbreitungsgeschwindigkeit entspricht gerade der Lichtgeschwindigkeit.

Im folgenden untersuchen wir die Eigenschaften ebener elektromagnetischer Wellen eingehender. Unser Ausgangspunkt ist eine mögliche Lösung der Wellengleichung (29.12a), die Wellenfunktion für harmonische Wellen,

$$E_y = E_{y0} \sin (kx - \omega t) , \qquad \text{29.13}$$

wobei $\omega/k = c$ gilt. Aus der dritten Maxwellschen Gleichung (29.9c) folgt für die zeitliche Ableitung der z-Komponente des Magnetfeldes B unter Verwendung der Definition der Rotation:

$$\frac{\partial B_z}{\partial t} = -\frac{\partial E_y}{\partial x} = -k E_{y0} \cos (kx - \omega t) .$$

Die Lösung dieser Gleichung lautet:

$$B_z = \frac{k}{\omega} E_{y0} \sin(kx - \omega t)$$
$$= B_{z0} \sin(kx - \omega t),\qquad 29.14$$

wobei

$$B_{z0} = \frac{k}{\omega} E_{y0} = \frac{E_{y0}}{c}.$$

Bei der Integration haben wir die auftretende Integrationskonstante gleich null gesetzt, da ein konstanes Magnetfeld keinen Beitrag zu der elektromagnetischen Welle liefert. Man beachte jedoch, daß (29.14) auch mit einer zusätzlich auftretenden Integrationskonstanten noch eine Lösung der Wellengleichung (29.12b) darstellt.

Besitzt das elektrische Feld nur eine Komponente in y-Richtung, so folgt aus der dritten Maxwellschen Gleichung für den Fall einer ebenen Welle, daß nur die z-Komponente des Magnetfeldes zeitabhängig ist und somit zur Wellenausbreitung beitragen kann. In der von uns betrachteten ebenen elektromagnetischen Welle stehen das elektrische und das magnetische Feld demnach senkrecht aufeinander und besitzen dieselbe Phase. Für den Betrag der Felder gilt die Gleichung

$$E = cB.\qquad 29.15$$

Wie in Abbildung 29.3 gezeigt, stehen die beiden Felder außerdem senkrecht zur Ausbreitungsrichtung. Eine elektromagnetische Welle, bei der das elektrische bzw. magnetische Feld jeweils nur in einer Raumrichtung eine nicht verschwindende Komponente besitzt, wird als **linear polarisierte Welle** bezeichnet.

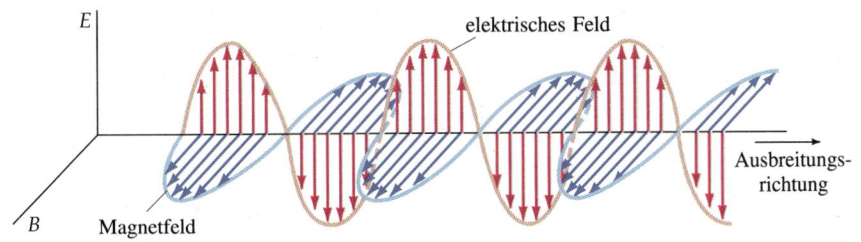

29.3 Die Vektoren des elektrischen und magnetischen Feldes einer ebenen, elektromagnetischen Welle. Die Vektoren schwingen in Phase und stehen sowohl aufeinander als auch auf der Ausbreitungsrichtung der Welle senkrecht.

Beispiel 29.3

Das elektrische Feld einer elektromagnetischen Welle sei gegeben durch $\mathbf{E}(x,t) = E_0 \sin(kx - \omega t)\,\mathbf{e}_y + E_0 \cos(kx - \omega t)\,\mathbf{e}_z$. a) Berechnen Sie das dazugehörige Magnetfeld. b) Berechnen Sie $\mathbf{E} \cdot \mathbf{B}$ und $\mathbf{E} \times \mathbf{B}$.

a) Aus der dritten Maxwellschen Gleichung (29.9c) ergibt sich unter Verwendung der Definition der Rotation die folgende Gleichung für B_y:

$$\frac{\partial B_y}{\partial t} = \frac{\partial E_z}{\partial x} = \frac{\partial}{\partial x}[E_0 \cos(kx - \omega t)] = -kE_0 \sin(kx - \omega t).$$

Unter Vernachlässigung der Integrationskonstanten erhält man

$$B_y = [kE_0 \cos (kx - \omega t)] (-1/\omega) = -B_0 \cos (kx - \omega t) \,,$$

wobei $B_0 = kE_0/\omega = E_0/c$ ist. Zur Berechnung von B_z läßt sich ebenfalls die dritte Maxwellsche Gleichung (29.9c) heranziehen. Es gilt:

$$\frac{\partial B_z}{\partial t} = -\frac{\partial E_y}{\partial x} = -\frac{\partial}{\partial x} [E_0 \sin (kx - \omega t)] = -kE_0 \cos (kx - \omega t)$$

und damit

$$B_z = [-kE_0 \sin (kx - \omega t)] (-1/\omega) = B_0 \sin (kx - \omega t) \,,$$

wobei $B_0 = kE_0/\omega = E_0/c$. Das magnetische Feld ist somit gegeben durch

$$\boldsymbol{B}(x,t) = -B_0 \cos (kx - \omega t) \, \boldsymbol{e}_y + B_0 \sin (kx - \omega t) \, \boldsymbol{e}_z \,.$$

Eine derartige elektromagnetische Welle wird als **zirkular polarisiert** bezeichnet. Der Betrag von $\boldsymbol{E}$ und $\boldsymbol{B}$ ist konstant, was sich durch Berechnung von $\boldsymbol{E} \cdot \boldsymbol{E}$ oder $\boldsymbol{B} \cdot \boldsymbol{B}$ zeigen läßt. Als Beispiel: $\boldsymbol{E} \cdot \boldsymbol{E} = E_x^2 + E_y^2 + E_z^2 = E_0^2$. An einem festen Punkt x rotieren beide Vektoren in einem Kreis in der Ebene senkrecht zur x-Achse mit der Kreisfrequenz ω.

b) Die Berechnung von $\boldsymbol{E} \cdot \boldsymbol{B}$ ergibt ($\theta = kx - \omega t$):

$$\begin{aligned}
\boldsymbol{E} \cdot \boldsymbol{B} &= (E_0 \sin \theta \, \boldsymbol{e}_y + E_0 \cos \theta \, \boldsymbol{e}_z) \cdot (-B_0 \cos \theta \, \boldsymbol{e}_y + B_0 \sin \theta \, \boldsymbol{e}_z) \\
&= -E_0 B_0 \sin \theta \cos \theta \, \boldsymbol{e}_y \cdot \boldsymbol{e}_y + E_0 B_0 \sin^2 \theta \, \boldsymbol{e}_y \cdot \boldsymbol{e}_z \\
&\quad - E_0 B_0 \cos^2 \theta \, \boldsymbol{e}_z \cdot \boldsymbol{e}_y + E_0 B_0 \cos \theta \sin \theta \, \boldsymbol{e}_z \cdot \boldsymbol{e}_z \\
&= -E_0 B_0 \sin \theta \cos \theta + 0 - 0 + E_0 B_0 \cos \theta \sin \theta = 0 \,.
\end{aligned}$$

Das elektrische und magnetische Feld stehen sowohl senkrecht aufeinander als auch senkrecht auf der Ausbreitungsrichtung. Die Berechnung von $\boldsymbol{E} \times \boldsymbol{B}$ mit $\boldsymbol{e}_y \times \boldsymbol{e}_y = \boldsymbol{e}_z \times \boldsymbol{e}_z = 0$, $\boldsymbol{e}_y \times \boldsymbol{e}_z = \boldsymbol{e}_x$ und $\boldsymbol{e}_z \times \boldsymbol{e}_y = -\boldsymbol{e}_x$ ergibt:

$$\begin{aligned}
\boldsymbol{E} \times \boldsymbol{B} &= (E_0 \sin \theta \, \boldsymbol{e}_y + E_0 \cos \theta \, \boldsymbol{e}_z) \times (-B_0 \cos \theta \, \boldsymbol{e}_y + B_0 \sin \theta \, \boldsymbol{e}_z) \\
&= E_0 B_0 \sin^2 \theta \, \boldsymbol{e}_y \times \boldsymbol{e}_z + (-E_0 B_0 \cos^2 \theta \, \boldsymbol{e}_z \times \boldsymbol{e}_y) \\
&= E_0 B_0 \sin^2 \theta \, \boldsymbol{e}_x + E_0 B_0 \cos^2 \theta \, \boldsymbol{e}_x = E_0 B_0 \, \boldsymbol{e}_x \,.
\end{aligned}$$

Man beachte, daß der Vektor $\boldsymbol{E} \times \boldsymbol{B}$ in die Ausbreitungsrichtung der Welle zeigt.

29.4 Energie und Impuls einer elektromagnetischen Welle

Die Intensität einer Welle (definiert als die mittlere Energie pro Zeit- und Flächeneinheit) ergibt sich aus dem Produkt der mittleren Energiedichte (der Energie pro Volumeneinheit) und der Geschwindigkeit der Welle. Die Energiedichte des elektrischen Feldes beträgt (siehe Gleichung 21.17)

$$w_{\text{el}} = \frac{1}{2} \varepsilon_0 E^2 \,,$$

29.4 Energie und Impuls einer elektromagnetischen Welle

die des magnetischen Feldes (siehe Gleichung 26.34)

$$w_m = \frac{B^2}{2\mu_0}.$$

Im Vakuum gilt für eine elektromagnetische Welle $E = cB$, woraus für die Energiedichte des magnetischen Feldes

$$w_m = \frac{B^2}{2\mu_0} = \frac{(E/c)^2}{2\mu_0} = \frac{E^2}{2\mu_0 c^2} = \frac{1}{2}\varepsilon_0 E^2$$

folgt. Die elektrische und magnetische Energiedichte sind demnach gleich, und die Gesamtenergiedichte ergibt sich aus der Summe beider:

$$w = w_{el} + w_m = \frac{1}{2}\varepsilon_0 E^2 + \frac{1}{2}\varepsilon_0 E^2 = \varepsilon_0 E^2 = \frac{B^2}{\mu_0} = \frac{EB}{\mu_0 c}. \qquad 29.16$$

Energiedichte einer elektromagnetischen Welle

Im Abschnitt 14.3 haben wir gesehen, daß die Intensität einer Welle (die mittlere übertragene Leistung pro Flächeneinheit) gleich dem Produkt der mittleren Energiedichte und der Ausbreitungsgeschwindigkeit ist. Die momentane Intensität ist die Momentanleistung pro Flächeneinheit und damit gleich der momentanen Energiedichte mal der Wellengeschwindigkeit. Für eine elektromagnetische Welle im Vakuum ergibt sich die momentane Intensität zu:

$$I_{\text{momentan}} = wc = c\varepsilon_0 E^2 = c\frac{B^2}{\mu_0} = \frac{EB}{\mu_0}. \qquad 29.17$$

Gleichung (29.17) kann zu folgender Gleichung verallgemeinert werden:

$$\mathbf{S} = \frac{\mathbf{E} \times \mathbf{B}}{\mu_0}. \qquad 29.18$$

Der Vektor $\mathbf{S}$ wird nach seinem Entdecker Sir John Poynting als **Poynting-Vektor** bezeichnet. Stehen $\mathbf{E}$ und $\mathbf{B}$ in einer elektromagnetischen Welle senkrecht aufeinander, so gibt der Betrag von $\mathbf{S}$ die momentane Leistung und die Richtung von $\mathbf{S}$ die Ausbreitungsrichtung der Welle an.

In einer harmonischen, ebenen Welle mit Kreisfrequenz ω und Wellenzahl k sind die momentanen, elektrischen und magnetischen Felder durch

$$E = E_0 \sin(kx - \omega t) \qquad \text{und} \qquad B = B_0 \sin(kx - \omega t)$$

gegeben. Werden diese Ausdrücke für E und B in (29.17) eingesetzt, so erhält man für die momentane Energiedichte

$$w = \frac{EB}{\mu_0 c} = \frac{E_0 B_0 \sin^2(kx - \omega t)}{\mu_0 c}.$$

Bei der Mittelung einer sinus-quadratischen Funktion über Zeit oder Raum ergibt sich ein Faktor $\frac{1}{2}$. Die mittlere Energiedichte ist demnach durch

$$\langle w \rangle = \frac{1}{2}\frac{E_0 B_0}{\mu_0 c} = \frac{E_{\text{eff}} B_{\text{eff}}}{\mu_0 c} \qquad 29.19$$

gegeben, wobei wir $E_{\text{eff}} = E_0/\sqrt{2}$ und $B_{\text{eff}} = B_0/\sqrt{2}$ verwendet haben. Die Intensität der elektromagnetischen Welle ergibt sich damit zu:

Intensität einer elektromagnetischen Welle

$$I = \langle w \rangle c = \frac{1}{2}\frac{E_0 B_0}{\mu_0} = \frac{E_{\text{eff}} B_{\text{eff}}}{\mu_0} = \langle |S| \rangle .$$ (29.20)

Wir werden nun anhand eines einfachen Beispiels zeigen, daß eine elektromagnetische Welle auch einen Impuls trägt. Wir berechnen dazu den Energie- und Impulsübertrag der Welle auf ein freies, geladenes Teilchen. In Abbildung 29.4a ist eine elektromagnetische Welle dargestellt, die sich in Richtung positiver x-Achse ausbreitet und auf eine ruhende Ladung trifft. Das elektrische Feld der Welle schwinge in y-Richtung, das magnetische in z-Richtung. Der Einfachheit halber vernachlässigen wir die Zeitabhängigkeit des E- und B-Feldes. Das Teilchen erfährt eine Kraft qE in y-Richtung und wird durch das elektrische Feld beschleunigt. Die Geschwindigkeit in y-Richtung berechnet sich zu

$$v_y = at = \frac{qE}{m} t .$$

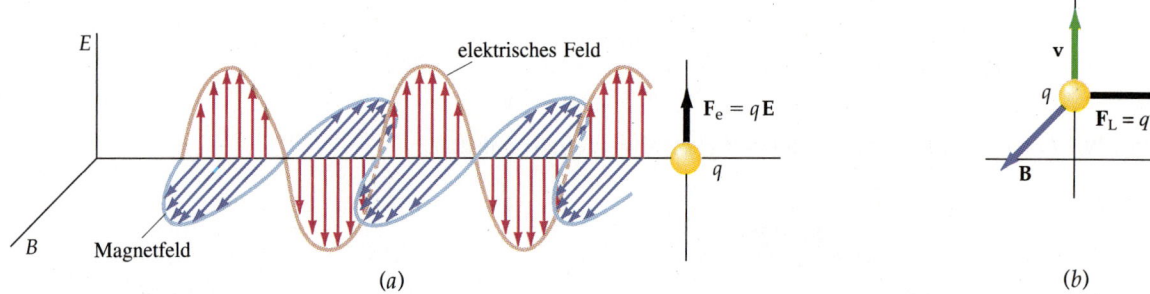

29.4 Eine elektromagnetische Welle breitet sich entlang der x-Achse aus und trifft auf eine Punktladung. a) Die elektrische Kraft $F_e = qE$ beschleunigt die Ladung in positiver y-Richtung. b) Hat die Ladung die Geschwindigkeit v erlangt, wird sie durch die Lorentz-Kraft $F_L = qv \times B$ in Ausbreitungsrichtung der Welle beschleunigt.

Nach einer kurzen Zeit t_1 hat das Teilchen die Geschwindigkeit

$$v_y = at_1 = \frac{qE}{m} t_1$$

erreicht. Die zugehörige kinetische Energie W_{kin} zum Zeitpunkt t_1 ist demnach

$$W_{\text{kin}} = \frac{1}{2} m v_y^2 = \frac{1}{2} \frac{m q^2 E^2 t_1^2}{m^2} = \frac{1}{2} \frac{q^2 E^2}{m} t_1^2 .$$ (29.21)

Bewegt sich die Ladung in y-Richtung, so erfährt sie eine Lorentz-Kraft $qv \times B$ in positiver x-Richtung. Die Lorentz-Kraft $F_{L,x}$ berechnet sich zu einem beliebigen Zeitpunkt t aus

$$F_{L,x} = q v_y B = \frac{q^2 E B}{m} t .$$

29.4 Energie und Impuls einer elektromagnetischen Welle

Der auf das Teilchen wirkende Kraftstoß ist gleich dem Impuls p_x, der von der Welle auf das Teilchen übertragen wird:

$$p_x = \int_0^{t_1} F_{L,x}\, dt$$

$$= \int_0^{t_1} \frac{q^2 EB}{m} t\, dt = \frac{1}{2} \frac{q^2 EB}{m} t_1^2.$$

Unter Verwendung von $B = E/c$ folgt:

$$p_x = \frac{1}{c}\left(\frac{1}{2} \frac{q^2 E^2}{m} t_1^2\right). \qquad 29.22$$

Ein Vergleich von (29.21) und (29.22) zeigt, daß der Impuls, den die Ladung in Ausbreitungsrichtung der Welle erhält, $1/c$-mal der übertragenen Energie W ist. Im allgemeinen gilt:

> Der Betrag des Impulses einer elektromagnetischen Welle ist gleich $1/c$-mal der Energie W der Welle.

$$p = \frac{W}{c}. \qquad 29.23 \qquad \textit{Impuls und Energie einer elektromagnetischen Welle}$$

Die Intensität einer Welle ergibt sich aus der Energie pro Zeit- und Flächeneinheit. Die Intensität der Welle, geteilt durch c, ist nach (29.23) der Impuls pro Zeit- und Flächeneinheit. Ein Impuls pro Zeiteinheit entspricht aber einer Kraft, und eine Kraft pro Flächeneinheit ergibt einen Druck. Die durch c dividierte Intensität stellt demnach einen Druck dar, der als **Strahlungsdruck** P_s bezeichnet wird:

$$P_s = \frac{I}{c}. \qquad 29.24$$

Unter Verwendung von (29.20) und (29.15) berechnet sich der Strahlungsdruck zu:

$$P_s = \frac{I}{c} = \frac{E_0 B_0}{2\mu_0 c} = \frac{E_{\text{eff}} B_{\text{eff}}}{\mu_0 c} = \frac{E_0^2}{2\mu_0 c^2} = \frac{B_0^2}{2\mu_0}. \qquad 29.25 \qquad \textit{Strahlungsdruck}$$

Wir betrachten eine elektromagnetische Welle, die senkrecht auf eine Oberfläche trifft. Falls die Oberfläche Energie absorbiert, wird nach (29.23) Impuls übertragen, und der auf die Oberfläche ausgeübte Druck entspricht dem Strahlungsdruck. Falls die Welle reflektiert wird, ist der Impulsübertrag doppelt so groß wie der Energieübertrag, unabhängig von der Art der Oberfläche, weil der Impuls der Welle nun in die umgekehrte Richtung zeigt. Der Druck, der durch die Welle auf die Oberfläche ausgeübt wird, ist daher doppelt so groß wie der Strahlungsdruck.

a) Eine durchsichtige Glaskugel mit einem Durchmesser von 25 μm (hier als sternförmiges Objekt sichtbar) wird durch den Strahlungsdruck eines nach oben gerichteten 250-mW-Laserstrahls in der Schwebe gehalten. (Mit freundlicher Genehmigung der AT & T Archives) b) Photographie des Kometen Mrkos, aufgenommen im August 1957. Der Schweif wird durch den Strahlungsdruck und den Sonnenwind (korpuskulare Strahlung der Sonne) von der Sonne weggedrückt und in zwei Teile gespalten. Die Aufspaltung ergibt sich, weil leichtere Teilchen im Schweif einfacher abgelenkt werden als schwerere Teilchen.

(a)

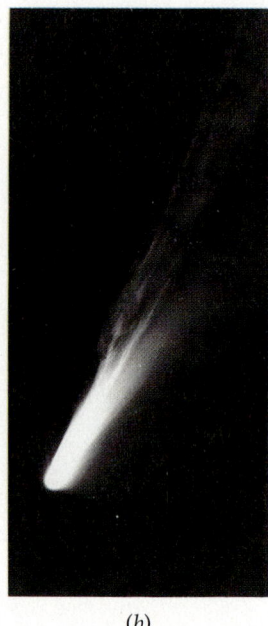

(b)

Beispiel 29.4

Eine 100-W-Glühbirne emittiere kugelförmig elektromagnetische Wellen gleichmäßig in alle Raumrichtungen. Man berechne die Intensität, den Strahlungsdruck und das elektrische und magnetische Feld in einem Abstand von 3 m von der Lampe, unter der Annahme, daß 50 W durch die elektromagnetische Strahlung abfließen.

Bei einem Abstand r von der Lampe wird die Energie gleichmäßig auf eine Fläche von $4\pi r^2$ verteilt. Für die Intensität gilt

$$I = \frac{50\ \text{W}}{4\pi r^2}$$

und damit im Abstand von $r = 3$ m

$$I = \frac{50\ \text{W}}{4\pi\ (3\ \text{m})^2} = 0{,}442\ \text{W/m}^2\ .$$

Der Strahlungsdruck berechnet sich dementsprechend zu

$$P_\text{s} = \frac{I}{c} = \frac{0{,}442\ \text{W/m}^2}{3\cdot 10^8\ \text{m/s}} = 1{,}47\cdot 10^{-9}\ \text{Pa}\ .$$

Verglichen mit dem Atmosphärendruck in der Größenordnung von 10^5 Pa, ist dieser Strahlungsdruck sehr klein.

Der maximale Wert des magnetischen Feldes ergibt sich aus (29.25) zu

$$\begin{aligned}B_0 &= (2\mu_0 P_\text{s})^{1/2}\\ &= (2\cdot 4\pi\cdot 10^{-7}\ \text{V}\cdot\text{s}\cdot\text{A}^{-1}\cdot\text{m}^{-1}\cdot 1{,}47\cdot 10^{-9}\ \text{Pa})^{1/2}\\ &= 6{,}08\cdot 10^{-8}\ \text{T}\ .\end{aligned}$$

Man erhält für den maximalen Wert des elektrischen Feldes somit

$$E_0 = cB_0 = 18{,}2\ \text{V/m}\ .$$

Das elektrische und das magnetische Feld sind von der Form $E = E_0 \sin(kx - \omega t)$ und $B = B_0 \sin(kx - \omega t)$ mit $E_0 = 18{,}2$ V/m und $B_0 = 6{,}08\cdot 10^{-8}$ T.

29.5 Das elektromagnetische Spektrum

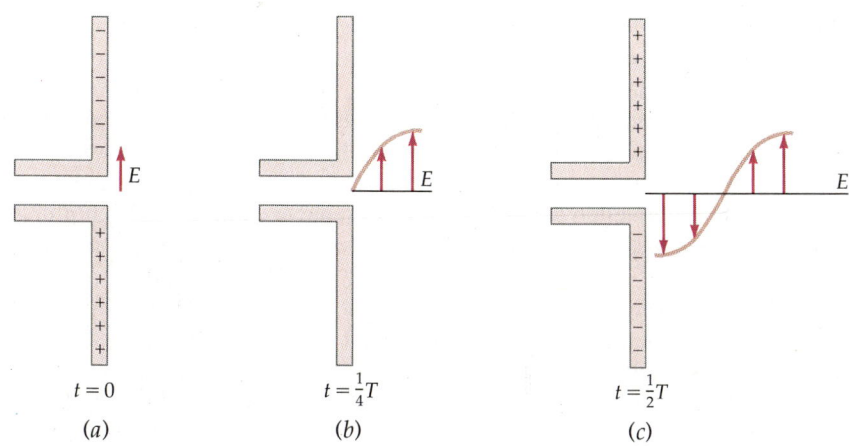

29.5 Eine elektrische Dipolantenne wird mit Wechselstrom gespeist. Das durch die Ladung entstehende elektrische Feld entfernt sich mit Lichtgeschwindigkeit von der Antenne. Das sich ebenfalls ausbreitende magnetische Feld (nicht eingezeichnet) steht senkrecht auf der Papierebene. (Näheres siehe Text.)

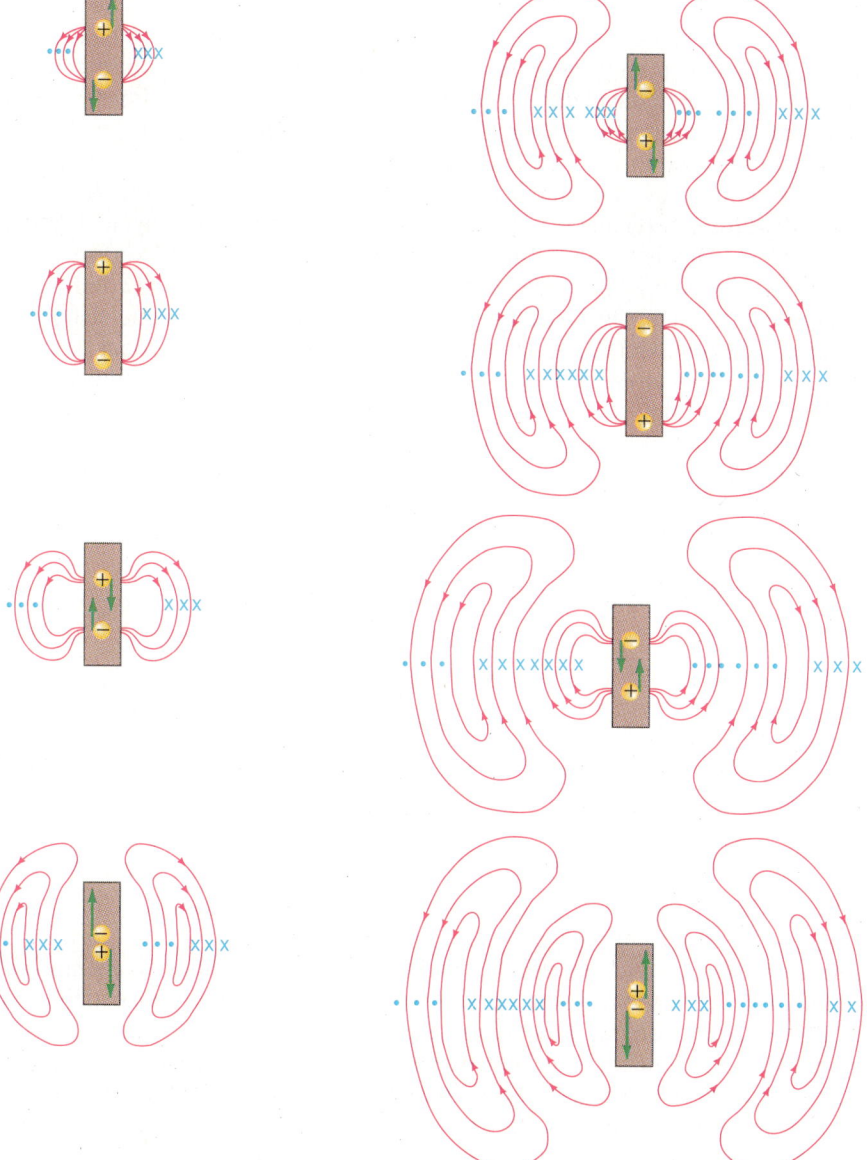

29.6 Durch einen oszillierenden elektrischen Dipol erzeugte elektrische und magnetische Felder, hier durch ihre, sich vom Dipol ablösenden Feldlinien veranschaulicht.

1009

Elektromagnetische Wellen entstehen, wenn geladene Teilchen beschleunigt werden. Wenn elektrische Ladungen oszillieren, werden elektromagnetische Wellen abgestrahlt, deren Frequenz der Oszillationsfrequenz entspricht. Radiowellen (amplitudenmodulierte (AM-)Radiowellen mit Frequenzen von 550 bis 1600 kHz, frequenzmodulierte (FM-)Radiowellen mit Frequenzen von 88 bis 108 MHz) werden durch makroskopische Ströme, die in Radioantennen oszillieren, erzeugt. Lichtwellen dagegen besitzen Frequenzen in der Größenordnung von 10^{14} Hz und entstehen durch Elektronenübergänge in atomaren oder molekularen Systemen.

Abbildung 29.5 zeigt eine schematische Skizze einer elektrischen Dipolantenne aus zwei gebogenen Leitungsstangen, die mit Wechselstrom gespeist werden. Zur Zeit $t = 0$ (Abbildung 29.5a) sind die Stangenenden elektrisch geladen, wodurch nahe den Stangen ein zu diesen paralleles elektrisches Feld erzeugt wird. Aufgrund des in den Stangen fließenden Stromes entsteht außerdem ein (in der Abbildung nicht eingezeichnetes) die Stangen umkreisendes magnetisches Feld. Die Felder entfernen sich von den Stangen mit Lichtgeschwindigkeit. Zur Zeit $t = \frac{1}{4}T$ sind die Stangen ungeladen, und das elektrische Feld verschwindet (Abbildung 29.5b). Zur Zeit $t = \frac{1}{2}T$ sind die Stangen wieder geladen (Abbildung 29.5c), jedoch andersherum gepolt als in Abbildung 29.5a. Die elektrischen und magnetischen Felder in der Nähe der Stangen unterscheiden sich deutlich von denen im großen Abstand von der Antenne. Weit entfernt von der Antenne oszillieren die elektrischen und magnetischen Felder in Phase und stehen nicht nur aufeinander senkrecht, sondern auch senkrecht auf der Ausbreitungsrichtung, wie in Abbildung 29.4 gezeigt.

Die Strahlung einer Dipolantenne (siehe Abbildung 29.6) wird als **elektrische Dipolstrahlung** bezeichnet. Viele elektromagnetische Wellen zeigen Charakteristika dieser Dipolstrahlung. Eine wesentliche Eigenschaft der Dipolstrahlung, auf die wir im Kapitel 30 zurückkommen werden, ist die Winkelverteilung der Intensität (Abbildung 29.7). Entlang der Antennenachse ist diese gleich null und senkrecht dazu maximal. Die Intensität der Strahlung ist proportional zu $\sin^2 \theta$, wobei θ der Winkel zwischen der Antennenachse (y-Achse in Abbildung 29.7) und der Beobachtungsrichtung ist. Elektromagnetische Wellen mit Radio- oder Fernsehfrequenzen können mit einer Dipolantenne empfangen werden, die parallel zum elektrischen Feld ausgerichtet ist, so daß in der Antenne ein Wechsel-

29.7 Polarkoordinaten-Darstellung der Intensität der elektromagnetischen Strahlung einer elektrischen Dipolantenne, hier aufgetragen gegen den Winkel θ. Die Intensität $I(\theta)$ ist proportional zur Länge des Pfeils. Die Intensität ist senkrecht ($\theta = 90°$) zur Antennenachse maximal und parallel ($\theta = 0°$ und $\theta = 180°$) zur Antennenachse null.

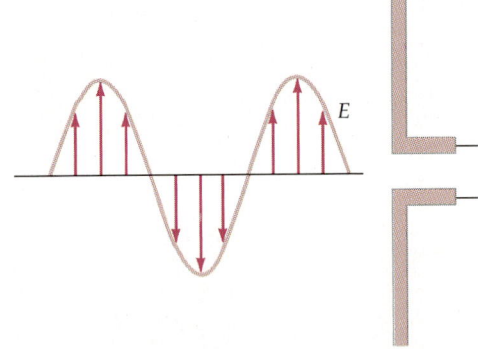

strom induziert wird (Abbildung 29.8). Eine Ringantenne läßt sich ebenfalls als Empfänger verwenden, wenn sie senkrecht zum Magnetfeld ausgerichtet ist, damit der sich ändernde hindurchtretende magnetische Fluß durch den Ring einen Wechselstrom im Ring induzieren kann (Abbildung 29.9). – Elektromagnetische Wellen mit Frequenzen im Bereich des sichtbaren Lichts werden durch die Augen wahrgenommen oder schwärzen photographische Filme. Beide „Detektoren" reagieren hauptsächlich auf das elektrische Feld.

29.8 Eine elektrische Dipolantenne für den Empfang elektromagnetischer Strahlung. Das alternierende elektrische Feld der Strahlung erzeugt einen Wechselstrom in der Antenne.

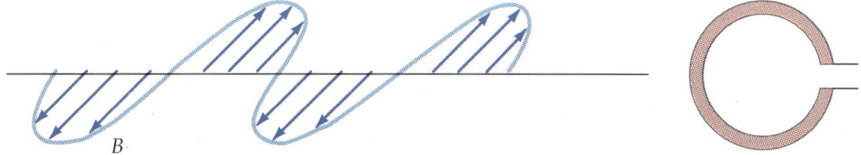

29.9 Eine Ringantenne für den Empfang elektromagnetischer Strahlung. Das alternierende magnetische Feld der Strahlung und damit der sich ändernde magnetische Fluß durch den Ring induzieren einen Wechselstrom im Ring.

Zusammenfassung

1. Das Ampèresche Gesetz läßt sich auf unterbrochene Ströme verallgemeinern, indem der Leitungsstrom I durch $I + I_v$ ersetzt wird. Darin ist I_v der Maxwellsche Verschiebungsstrom, der durch

$$I_v = \varepsilon_0 \frac{d\phi_e}{dt}$$

definiert ist.

2. Die Gesetze der Elektrizität und des Magnetismus lassen sich in den Maxwellschen Gleichungen zusammenfassen. In ihrer integralen Form lauten sie:

$$\oint_S E_n \, dA = \frac{1}{\varepsilon_0} Q_{innen} \qquad \text{Gaußsches Gesetz}$$

$$\oint_S B_n \, dA = 0 \qquad \text{Gaußsches Gesetz für Magnetismus} \\ \text{(magnetischer Monopol existiert nicht)}$$

$$\oint_C \boldsymbol{E} \cdot d\boldsymbol{\ell} = -\frac{d}{dt} \int_S B_n \, dA \qquad \text{Faradaysches Induktionsgesetz}$$

$$\oint_C \boldsymbol{B} \cdot d\boldsymbol{\ell} = \mu_0 I + \mu_0 \varepsilon_0 \frac{d}{dt} \int_S E_n \, dA \qquad \text{Ampèresches Gesetz}.$$

3. Die Maxwellschen Gleichungen können alternativ dazu auch in einer differentiellen Form geschrieben werden:

$$\nabla \cdot \boldsymbol{E} = \frac{\varrho}{\varepsilon}$$

$$\nabla \cdot \boldsymbol{B} = 0$$

$$\nabla \times \boldsymbol{E} = -\frac{\partial \boldsymbol{B}}{\partial t}$$

$$\nabla \times \boldsymbol{B} = \mu_0 \boldsymbol{j} + \mu_0 \varepsilon_0 \frac{\partial \boldsymbol{E}}{\partial t}.$$

4. Aus den Maxwellschen Gleichungen für den quellenfreien Raum lassen sich Wellengleichungen der Form

$$\frac{\partial^2 \boldsymbol{E}}{\partial x^2} = \frac{1}{c^2} \frac{\partial^2 \boldsymbol{E}}{\partial t^2}$$

ableiten, wobei
$$c = \frac{1}{\sqrt{\mu_0 \varepsilon_0}}$$
die Ausbreitungsgeschwindigkeit der Welle ist. Aus der Tatsache, daß diese Geschwindigkeit mit der Lichtgeschwindigkeit übereinstimmt, schloß Maxwell folgerichtig, daß das Licht eine elektromagnetische Welle ist.

5. In einer elektromagnetischen Welle stehen die **E**- und **B**-Feldvektoren sowohl aufeinander als auch auf der Ausbreitungsgeschwindigkeit der Welle senkrecht. Es gilt:
$$E = cB.$$

6. Elektromagnetische Wellen tragen Energie und Impuls. Die mittlere Energiedichte einer elektromagnetischen Welle ist
$$\langle w \rangle = \frac{1}{2} \frac{E_0 B_0}{\mu_0 c} = \frac{E_{\text{eff}} B_{\text{eff}}}{\mu_0 c}.$$

Die Intensität der Welle ist gegeben durch
$$I = \langle w \rangle c = \frac{1}{2} \frac{E_0 B_0}{\mu_0} = \frac{1}{2} \frac{E_0^2}{\mu_0 c} = \frac{1}{2} \frac{c B_0^2}{\mu_0} = \langle |S| \rangle,$$

wobei **S** der Poynting-Vektor ist; er gibt die Richtung des Energieflusses an:
$$S = \frac{E \times B}{\mu_0}.$$

7. Der Impuls einer elektromagnetischen Welle ist gegeben durch ihre Energie W, dividiert durch die Lichtgeschwindigkeit c:
$$p = \frac{W}{c}.$$

Der Strahlungsdruck einer elektromagnetischen Welle ist definiert als:
$$P_s = \frac{I}{c}.$$

Trifft eine Welle senkrecht auf eine Oberfläche und wird vollständig absorbiert, entspricht der auf die Oberfläche ausgeübte Druck dem Strahlungsdruck der Welle. Trifft die Welle senkrecht auf und wird reflektiert, so ist der Druck zweimal so groß wie der Strahlungsdruck.

8. Elektromagnetische Wellen treten in Form von Radiowellen, Mikrowellen, Infrarotstrahlung, Licht, Röntgenstrahlung oder auch Gammastrahlung auf. Die verschiedenen Strahlungsarten unterscheiden sich nur durch ihre Frequenz bzw. ihre Wellenlänge, die über
$$\nu = \frac{c}{\lambda}$$
zusammenhängen.

9. Elektromagnetische Wellen werden durch beschleunigte Ladungen erzeugt. Oszillierende Ladungen in einer elektrischen Dipolantenne strahlen elektromagnetische Wellen ab, deren Intensität senkrecht zur Antenne maximal und entlang der Antennenachse null ist.

Essay: James Clerk Maxwell (1831–1879)

C.W.F. Everitt
Stanford University

Im Jahre 1877 gab ein junger schottischer Student an der Universität Cambridge, Donald MacAlister, der später ein ausgezeichneter Mediziner und Staatsmann wurde, eine treffliche Beschreibung von James Clerk Maxwell in einem Brief an seine Eltern: „Er ist einer unserer besten Männer und in seiner Art und Weise ein vollkommener alter schottischer Gutsherr." Maxwell war wohlhabend, ein ausgezeichneter Schwimmer und Reiter und Eigentümer von 2000 Morgen Land im Südwesten von Schottland. Er war der bedeutendste mathematische Physiker seit Newton: Er entwickelte die elektromagnetische Theorie des Lichts und sagte die Existenz von Radiowellen voraus, er schrieb die erste bedeutende Arbeit über die Theorie der Steuerung und Regelung sowie einen grundlegenden Artikel über die statistische Mechanik, eine Disziplin, die er zusammen mit Ludwig Boltzmann entwickelte. Er führte mit Hilfe seiner Frau brillante Experimente zum Thema Farbwahrnehmungen durch und schoß die erste Farbphotographie. In den letzten zwei Jahren vor seinem Tod (er starb 1879 mit 48 Jahren an Krebs) legte er den Grundstein für ein neues Gebiet, das allerdings erst im 20. Jahrhundert ausgearbeitet werden konnte: die Dynamik stark verdünnter Gase.

Maxwells Studium zog sich außergewöhnlich in die Länge. Er verbrachte drei Jahre an der Universität Edinburgh und weitere dreieinviertel Jahre an der Universität Cambridge. Maxwell wurde in Edinburgh von zwei einflußreichen und gegensätzlichen Männern, James David Forbes und Sir William Hamilton, beeinflußt. Forbes war Experimentalphysiker und Erfinder des Seismometers. Außerdem schrieb er wichtige Arbeiten auf den Gebieten der Polarisation von Infrarotstrahlung und der Bewegung von Gletschern. Er gab Maxwell die Erlaubnis, in seinem Labor zu arbeiten, und mit seiner Hilfe begannen die Experimente zur Farbwahrnehmung. Hamilton vermittelte Maxwell ein Bild der Philosophie.

Im Jahre 1850 ging Maxwell nach Cambridge. Seine mathematische Begabung war offensichtlich, und wie viele andere kluge Studenten vor und nach ihm arbeitete er hart, ohne es allerdings zuzugeben. Sein Tutor war William Hopkins, der Begründer der modernen Geophysik und der unbestritten größte Lehrer, den Cambridge je hervorgebracht hat. Maxwell wurde ebenfalls von G.G. Stokes, dem mathematischen Physiker und Nachfolger auf Newtons Lehrstuhl, und William Whewell beeinflußt.

Maxwells elektromagnetische Theorie des Lichts ist in der Arbeit von zwei Männern, Michael Faraday und William Thomson, verwurzelt. Faradays Entwicklung des Elektromotors und seine Untersuchungen über elektromagnetische Induktion, Elektrochemie, Dielektrizität und Diamagnetismus machen ihn mit Maxwells Worten zum „Kern jeder Elektrizität seit 1830". Seine theoretischen Beiträge bestanden beispielsweise in der Entwicklung der Idee von magnetischen und elektrischen Feldlinien, insbesondere der geometrischen Beziehungen, denen der Elektromagnetismus unterliegt, und darüber hinaus der Idee, daß statt der Kräfte Feldlinien verantwortlich sind für die gegenseitige Anziehung und Abstoßung stromführender Elemente (Abbildung 1). Thomson stellte die Beziehung zwischen den Feldlinien und existierenden Theorien in Elektrostatik und Magnetostatik her. Er entwickelte eine große Zahl von raffinierten analytischen Techniken, um elektrische Probleme zu lösen. Maxwell führte eine Reihe neuer Konzepte ein: das Vektorpotential, die Energiedichte, den Verschiebungsstrom und den Differentialoperator rot (Rotation) in den Feldgleichungen. Im Jahre 1861 machte er die bedeutende Entdeckung, daß das Licht eine elektromagnetische Welle darstellt.

Im ersten Teil seines Artikels „On Faraday's Lines of Force" (1855–1856) entwickelte Maxwell eine Analogie zwischen den elektrischen und magnetischen Feldlinien und den Stromlinien einer bewegten, inkompressiblen Flüssigkeit. Mit dieser Analogie konnte Maxwell viele Beobachtungen Faradays erklären, und er leitete

James Clerk Maxwell (1831–1879) (American Institute of Physics, AIP, Emilio Segrè Visual Archives)

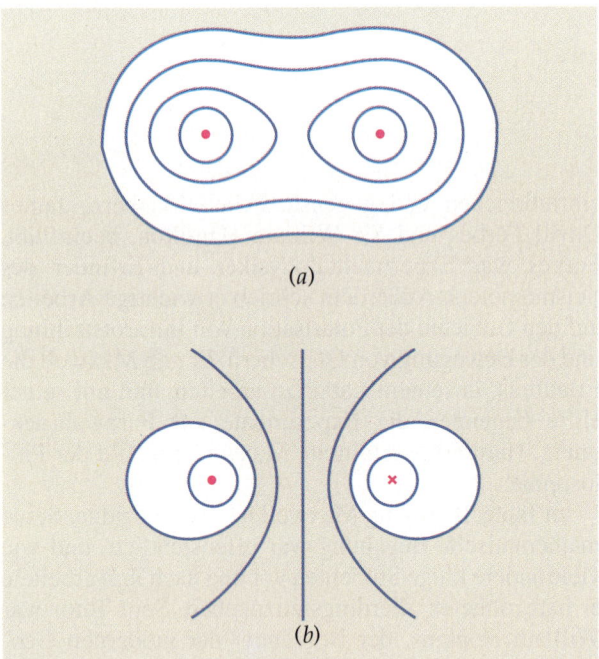

Abbildung 1 Faradays Erklärung der Kräfte, die zwei stromführende Drähte aufeinander ausüben. Die beiden Zeichnungen zeigen die Feldlinien, die beobachtet werden, wenn ein Strom in den parallelen Drähten fließt. Faraday nahm an, daß die Feldlinien dazu neigen, sich zu verkürzen und sich gegenseitig seitwärts abzustoßen. a) Fließen die Drahtströme in der gleichen Richtung, ziehen die Feldlinien die Drähte aufeinander zu. b) Fließen die Drahtströme in entgegengesetzter Richtung, drücken die Feldlinien die Drähte auseinander.

seinen Artikel mit einer Erörterung der Bedeutung von Analogien in der Physik ein. Danach beschrieb Maxwell den Elektromagnetismus. Er formulierte einen Satz von Gleichungen, in denen die elektrischen und magnetischen Felder in Beziehung mit den sie erzeugenden Ladungen und Strömen gesetzt werden und schuf damit die Grundlage für die später nach ihm benannten Maxwellschen Gleichungen (siehe Abschnitt 29.2). Die Gleichungen beschreiben die elektromagnetischen Phänomene mit großer Genauigkeit. Der zentrale Punkt dieser Gleichungen war nach Maxwells eigener Auffassung der Stokessche Satz.

Allerdings wurden die neuen Ideen von anderen Physikern weitgehend ignoriert, und so arbeitete Maxwell auch auf anderen Gebieten. Erst sechs Jahre später erschien ein neuer Artikel „On Physical Lines of Force", der in vier Teilen in den Jahren 1861–1862 veröffentlicht wurde. In der Zeit seit seiner ersten Veröffentlichung hatte Maxwell auch auf den Gebieten der Farbwahrnehmung, der Theorie der Saturnringe und der kinetischen Gastheorie gearbeitet. Er verließ Cambridge, wurde Professor am Marischal College in Aberdeen und heiratete dort die Tochter des Direktors. Nach der Vereinigung der beiden Universitäten in Aberdeen wurde Maxwells Lehrstuhl abgeschafft, er verließ Aberdeen und ging ans Kings College, London.

Der Artikel „On Physical Lines of Force" enthält Maxwells außergewöhnliches Molekülwirbelmodell des elektromagnetischen Feldes. In diesem Modell ist der ganze Raum von einem stofflichen Medium erfüllt, der aus winzigen molekularen Wirbeln, die um eine zu den Feldlinien parallelen Achse rotieren, besteht. Je enger die Feldlinien beieinanderliegen, desto schneller drehen sich die Wirbel. In einem solchen Medium neigen die Feldlinien dazu, sich zu verkürzen und sich gegenseitig abzustoßen, genau wie die richtigen Kräfte zwischen Strömen und Magneten. Es blieb allerdings die Frage offen, warum die Wirbel sich drehen. Um dieses Problem zu lösen, hatte Maxwell eine raffinierte, wenn auch sonderbare Idee. Er setzte voraus, daß in den Wirbeln ein durch winzige Teilchen verursachter elektrischer Strom existiert und daß ähnliche Teilchen den Raum zwischen den molekularen Wirbeln anfüllen (Abbildung 2).

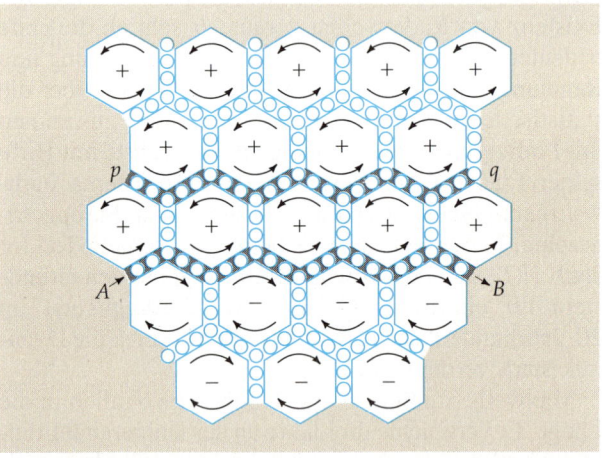

Abbildung 2 Maxwells Wirbelmodell des Magnetfeldes. Die rotierenden Wirbel repräsentieren die Magnetfeldlinien. Sie bilden Maschen zusammen mit kleinen Teilchen, die wie Zahnräder wirken. Im freien Raum werden die Teilchen festgehalten, sie können lediglich kleine elastische Auslenkungen (Verschiebungsstrom) vollführen. Dagegen können sie sich in einem Leitungsdraht frei bewegen. Durch ihre Bewegung entsteht ein elektrischer Strom, der die Wirbel in Drehung versetzt, wodurch ein Magnetfeld um den Draht entsteht. Die Teilchenkette zwischen A und B repräsentiert einen Strom durch einen Draht, die Teilchenkette zwischen p und q einen induzierten Strom in einem benachbarten Draht. (Nachzeichnung von „The Scientific Papers von James Clerk Maxwell", Nr. I, Abbildung 2 nach Seite 488)

Weiterhin setzte Maxwell voraus, daß das Medium elastisch ist. Auf diese Weise ergeben sich in Maxwells Modell magnetische Felder aus Rotationen innerhalb des Mediums und elektrische Felder aus seiner elastischen Verzerrung. Jeder elastische Stoff überträgt jedoch Wellen. In Maxwells Medium ergab sich die

Wellengeschwindigkeit aus dem Verhältnis von elektrischer zu magnetischer Kraft. Maxwell verwendete die Zahlen für die Konstanten ε_0 und μ_0, die Kohlrausch und Weber als Ergebnis eines Experiments im Jahre 1856 erhalten hatten und setzte sie in die Gleichungen, die aus seinem Modell folgten, ein. Nach genaueren Berechnungen kam er zu dem erstaunlichen Ergebnis, daß die Ausbreitungsgeschwindigkeit gleich der Lichtgeschwindigkeit ist (siehe Abschnitt 29.3).

Nach dieser großen Entdeckung verwarf Maxwell kurzerhand sein mechanisches Modell. Er formulierte ein System von elektromagnetischen Gleichungen, aus denen er ableitete, daß Wellen von elektrischen und magnetischen Kräften sich durch den Raum mit Lichtgeschwindigkeit ausbreiten. Dies ist der Grund, warum seine Theorie – im Gegensatz zu den älteren mechanischen Äthertheorien – als elektromagnetische Theorie des Lichtes bezeichnet wird. Die Theorie wurde in zwei Artikeln in den Jahren 1865 und 1868 und in ihrer allgemeinsten Formulierung in der großartigen Abhandlung *Treatise on Electricity and Magnetism* im Jahre 1873 veröffentlicht. Die Arbeit war von solcher Tragweite, daß Robert Andrews Millikan, der Erfinder des berühmten Öltröpfchen-Versuchs zur Messung der Ladung eines Elektrons, sie in einem Atemzug mit Newtons *Principia* nannte: „Der eine erschafft unsere moderne mechanische, der andere unsere moderne elektrische Welt."

Gleichfalls grundlegend waren Maxwells Beiträge zur statistischen Physik und zur Molekülphysik. Im Jahr 1859 erschien ein Artikel über die kinetische Theorie der Gase, in dem Maxwell die Geschwindigkeitsverteilung einführte und den Gleichverteilungssatz der Energie aufstellte (Abschnitt 16.7). Weiterhin konnte Maxwell zusammen mit seiner Frau experimentell bestätigen, daß die Viskosität eines Gases weitgehend vom Druck unabhängig ist. Ein anderes Ergebnis ist die Maxwellsche Abschätzung der mittleren freien Weglänge von Gasmolekülen, mit der es Loschmidt 1865 gelang, die erste vernünftige Berechnung des Durchmessers von Molekülen zu erhalten. Weiterhin entwickelte Maxwell die allgemeine Theorie der Transportphänomene, aus der die Boltzmann-Gleichung hergeleitet wird, das Konzept der Scharmittelung sowie die Theorie der Dynamik stark verdünnter Gase. Er war außerdem Erfinder eines „sehr kleinen, aber lebenden Etwas", des Maxwellschen Dämons.

Der Maxwellsche Dämon – die erstmalige Verwendung dieser Bezeichnung wird Kelvin zugeschrieben – ist eines der ersten Beispiele eines Gedankenexperiments in der Physik. Maxwell stellte sich zwei Gasbehälter A und B vor, die durch eine Wand getrennt sind. In der Wand befindet sich eine Falltür, die durch ein winziges Etwas mit scharfem Auge bewacht wird, so daß es die Geschwindigkeiten einzelner Gasmoleküle unterscheiden kann. Der Dämon läßt in der einen Richtung nur die schnellen Moleküle von A, in der anderen Richtung nur die langsamen Moleküle von B passieren, um auf diese Weise die Temperatur in B zu erhöhen und in A zu vermindern, ohne dabei Arbeit zu verrichten. Dadurch wurde natürlich der zweite Hauptsatz der Thermodynamik verletzt. Maxwell kam es darauf an zu zeigen, daß der zweite Hauptsatz der Thermodynamik ein statistisches und nicht ein dynamisches Gesetz ist.

Die Arbeiten von Maxwell und Boltzmann auf dem Gebiet der statistischen Mechanik beinhalten grundlegende Folgerungen für die moderne Physik. Allerdings: so brillant die erzielten Erfolge auch waren, es gab auch Fehlschläge. Der Gleichverteilungssatz über die spezifischen Wärmen von Gasen ließ sich nicht in Übereinstimmung mit dem Experiment bringen, und einige der Boltzmannschen Theoreme waren zu allgemein angelegt und hatten den Anspruch, „zuviel beweisen zu wollen", da sie nicht nur auf Gase, sondern auch auf Festkörper und Flüssigkeiten hätten angewendet werden sollen. Alle diese Fragen blieben zunächst unbeantwortet, bis Planck völlig unerwartet im Jahre 1900 seine Quantenhypothese veröffentlichte.

Aufgaben

Stufe I

29.1 Der Maxwellsche Verschiebungsstrom

1. Ein Plattenkondensator habe parallele und kreisförmige Platten mit dem Radius 2,3 cm. Der Plattenabstand betrage 1,1 mm, und das Dielektrikum sei Luft. Nun fließe Ladung auf die untere Platte und von der oberen ab, wobei der Strom 5 A beträgt. a) Berechnen Sie die zeitliche Änderung des elektrischen Feldes zwischen den Platten. b) Berechnen Sie den Verschiebungsstrom zwischen den Platten, und zeigen Sie, daß er 5 A beträgt.

2. In einem Volumenbereich ändere sich das elektrische Feld gemäß

$$E = (0{,}05 \text{ N/C}) \sin [2000 \text{ (rad/s)} \, t],$$

wobei die Zeit t in Sekunden angegeben ist. Berechnen Sie den maximalen Verschiebungsstrom durch eine Fläche von 1 m² senkrecht zu E.

29.3 Die Wellengleichung für elektromagnetische Wellen

3. Zeigen Sie durch Einsetzen, daß

$$E_y = E_0 \sin(kx - \omega t) = E_0 \sin k\,(x - ct)$$

mit $c = \omega/k$ die Wellengleichung (29.8) löst.

4. Verwenden Sie die bekannten Werte von μ_0 und ε_0 in SI-Einheiten, und berechnen Sie

$$c = \frac{1}{\sqrt{\mu_0 \varepsilon_0}}.$$

Zeigen Sie, daß sich näherungsweise $3 \cdot 10^8$ m/s ergibt.

29.4 Energie und Impuls einer elektromagnetischen Welle

5. Die Intensität einer elektromagnetischen Welle betrage 100 W/m². Berechnen Sie a) den Strahlungsdruck P_s, b) E_{eff} und c) B_{eff}.

6. Die Amplitude einer elektromagnetischen Welle betrage $E_0 = 400$ V/m. Berechnen Sie a) E_{eff}, b) B_{eff}, c) die Intensität I und d) den Strahlungsdruck P_s.

7. Zeigen Sie, daß a) die Einheit des Poynting-Vektors W/m² und b) die Einheit des Strahlungsdrucks N/m² ist, wenn W/m² die Einheit der Intensität I ist.

8. a) Eine elektromagnetische Welle der Intensität 200 W/m² treffe senkrecht auf eine rechteckige, schwarze Karte (mit den Seitenlängen 20 cm und 30 cm), die alle Strahlung absorbiere. Berechnen Sie die Kraft, die von der Strahlung auf die Karte ausgeübt wird. b) Berechnen Sie die Kraft, die von der Strahlung auf die Karte ausgeübt wird, wenn die Strahlung von der Karte vollständig reflektiert wird.

9. Berechnen Sie die Kraft, die von der Strahlung auf die reflektierende Karte von Aufgabe 8b) ausgeübt wird, wenn die Strahlung unter einem Winkel von 30° zur Normalen einfällt.

10. Der Effektivwert des elektrischen Feldes einer elektromagnetischen Welle betrage $E_{\text{eff}} = 400$ V/m. Berechnen Sie a) B_{eff}, b) die mittlere Energiedichte und c) die Intensität.

11. Zeigen Sie, daß die Einheiten von $E = cB$ konsistent sind.

12. Der Effektivwert des magnetischen Feldes einer elektromagnetischen Welle sei $B_{\text{eff}} = 0{,}245\ \mu\text{T}$. Berechnen Sie a) E_{eff}, b) die mittlere Energiedichte und c) die Intensität.

29.5 Das elektromagnetische Spektrum

13. Berechnen Sie die Wellenlänge a) einer AM-Radiowelle mit einer Frequenz von 1000 kHz und b) einer FM-Radiowelle von 100 MHz.

14. Wie hoch ist die Frequenz einer Mikrowelle mit der Wellenlänge 3 cm?

15. Wie hoch ist die Frequenz von Röntgenstrahlung mit der Wellenlänge 0,1 nm?

Stufe II

16. Zu Aufgabe 1: Zeigen Sie, daß im Abstand r von der Plattenachse das Magnetfeld zwischen den Platten gegeben ist durch $B = (1{,}89 \cdot 10^{-3} \text{ T/m})r$, wenn r kleiner ist als der Plattenradius.

17. a) Zeigen Sie, daß sich der Verschiebungsstrom bei einem Plattenkondensator mit parallelen Platten ergibt zu $I_v = C\, dU/dt$, wobei C die Kapazität des Kondensators und U die angelegte Spannung ist. b) Der Kondensator habe die Kapazität von $C = 5$ nF und sei mit einer Spannungsquelle $U = U_0 \cos \omega t$ verbunden, für die $U_0 = 3$ V und $\omega = 500\,\pi$ ist. Berechnen Sie den Verschiebungsstrom zwischen den Platten als Funktion der Zeit, unter Vernachlässigung des Leitungswiderstands.

18. Ein Plattenkondensator mit der Plattenfläche $0{,}5$ m^2 werde mit einem Strom von 10 A geladen. a) Wie groß ist der Verschiebungsstrom zwischen den Platten? b) Wie groß ist für diesen Strom dE/dt zwischen den Platten? c) Wie groß ist das Linienintegral von $\boldsymbol{B} \cdot \mathrm{d}\boldsymbol{\ell}$ auf einem Kreis mit dem Radius 10 cm, der zwischen den Platten und parallel zu ihnen liegt?

19. Die Intensität der elektrischen Dipolstrahlung ist proportional zu $(\sin^2 \theta)/r^2$, wobei θ der Winkel zwischen dem elektrischen Dipolmoment p und dem Ortsvektor r ist. Ein elektrischer Dipol liege entlang der z-Achse. Es sei I die Intensität der Dipolstrahlung im Abstand $r = 10$ m bei einem Winkel von $\theta = 90°$. Berechnen Sie die Intensität als Vielfaches von I für a) $r = 30$ m, $\theta = 90°$, b) $r = 10$ m, $\theta = 45°$ und c) $r = 20$ m, $\theta = 30°$.

20. a) Für die in Aufgabe 19 beschriebene Situation: Für welchen Winkel ist die Intensität beim Abstand $r = 5$ m gleich der Intensität I? b) Für welchen Abstand ist die Intensität bei einem Winkel von $\theta = 45°$ gleich der Intensität I?

21. Eine AM-Radiostation sende eine isotrope, sinusförmige Welle mit einer durchschnittlichen Leistung von 50 kW aus. Wie groß sind die Amplituden $E_{\max}$ und $B_{\max}$ im Abstand von a) 500 m, b) 5 km und c) 50 km?

22. Die Intensität des Sonnenlichtes, das die obere Atmosphäre trifft, wird Solarkonstante genannt und beträgt $1{,}35$ kW/m^2. a) Berechnen Sie E_{eff} und B_{eff} in der oberen Atmosphäre der Erde. b) Berechnen Sie die mittlere Ausgangsleistung der Sonne. c) Berechnen Sie die Intensität und den Strahlungsdruck auf der Sonnenoberfläche.

23. Auf der Erdoberfläche beträgt der mittlere solare Fluß $0{,}75$ kW/m^2. Eine Familie möchte ein Umwandlungssystem für Sonnenenergie bauen, um ihr Haus zu heizen. Das System arbeite mit dem Wirkungsgrad $0{,}3$, und die Familie benötige ein Maximum von 25 kW. Wie groß muß die Fläche der perfekt absorbierenden Sonnenkollektoren sein?

24. Anstatt eine bestimmte Leistung mit 750 kV über eine 1000-A-Leitung zu transportieren, überlegt man, sie über eine elektromagnetische Welle abzustrahlen. Die Intensität des Strahles sei homogen, und er habe eine Querschnittsfläche von 50 m^2. Wie groß müßten die Effektivwerte von elektrischem und magnetischem Feld sein?

25. Ein Laser habe die mittlere Ausgangsleistung $0{,}9$ mW und den Strahldurchmesser $1{,}2$ mm. Welche Kraft übt der Laserstrahl a) auf eine vollständig absorbierende schwarze Oberfläche und b) auf eine vollständig reflektierende Oberfläche aus?

26. Ein Laserstrahl habe den Durchmesser $1{,}0$ mm und die mittlere Leistung $1{,}5$ mW. Berechnen Sie a) die Intensität des Strahles, b) E_{eff}, c) B_{eff} und d) den Strahlungsdruck.

27. Ein Laserpuls habe eine Energie von 20 J und einen Strahlradius von 2 mm. Die Pulsdauer betrage 10 ns, und die Energiedichte sei während des Pulses konstant. a) Wie lang (räumlich) ist der Puls? b) Wie hoch ist die Energiedichte innerhalb des Pulses? c) Berechnen Sie die elektrische und die magnetische Amplitude des Laserpulses.

28. Eine elektromagnetische Welle habe die Frequenz 100 MHz und breite sich im Vakuum aus. Das magnetische Feld sei

$$\boldsymbol{B}(z,t) = (10^{-8}\,\mathrm{T}) \cos(kz - \omega t)\,\boldsymbol{e}_x.$$

Berechnen Sie a) die Frequenz, die Wellenlänge und die Ausbreitungsrichtung der Welle, b) den elektrischen Feldvektor $\boldsymbol{E}(z,t)$ sowie c) den Poynting-Vektor und die Intensität der Welle.

29. Das elektrische Feld einer elektromagnetischen Welle schwinge in Richtung der y-Achse, und der Poynting-Vektor sei gegeben durch

$$\boldsymbol{S}(x,t) = (100\,\mathrm{W/m^2}) \cos^2 [10\,\mathrm{m^{-1}}\,x - (3 \cdot 10^9)\,\mathrm{s^{-1}}\,t]\,\boldsymbol{e}_x,$$

wobei x in Metern und t in Sekunden angegeben seien. a) In welcher Richtung breitet sich die Welle aus? b) Berechnen Sie Wellenlänge und Frequenz. c) Berechnen Sie das elektrische und magnetische Feld.

30. Ein gepulster Laser sende einen 1000-MW-Puls von 200 ns Dauer auf ein kleines Objekt mit der Masse 10 mg, das an einem 4 cm langen, dünnen Faden aufgehängt sei. Nehmen Sie an, daß die Strahlung komplett absorbiert wird und keine anderen Effekte auftreten. Wie groß ist der maximale Auslenkwinkel des Pendels?

31. Ein sehr langer Draht mit dem Radius 4 mm werde auf 1000 K erwärmt. Seine Oberfläche wirke wie ein idealer schwarzer Körper. a) Wie groß ist die Gesamtleistung, die pro Längeneinheit abgestrahlt wird? Berechnen Sie b) den Betrag des Poynting-Vektors $\boldsymbol{S}$, c) E_{eff} und d) B_{eff} in einem Abstand von 25 cm vom Draht.

32. Eine schwarze Kugel mit dem Radius R sei $2 \cdot 10^{11}$ m von der Sonne entfernt. Ihre effektive Fläche für die Absorption der Sonnenenergie ist πR^2; dagegen beträgt die zur Abstrahlung fähige Fläche $4\pi R^2$. Die Ausgangsleistung der Sonne sei $3{,}83 \cdot 10^{26}$ W. Wie hoch ist die Temperatur der Kugel?

33. a) Die Erde sei ein idealer schwarzer Körper mit einer unendlich großen thermischen Leitfähigkeit. Die Atmosphäre werde außer acht gelassen. Wie hoch ist die Temperatur der Erde? b) Wenn 40% der einfallenden Sonnenenergie (siehe Aufgabe 32) reflektiert werden, wie groß ist dann die Temperatur der Erde?

34. Die elektrischen Felder zweier harmonischer Wellen mit den Kreisfrequenzen ω_1 und ω_2 seien gegeben durch

$$\boldsymbol{E}_1 = E_{10} \cos(k_1 x - \omega_1 t)\, \boldsymbol{e}_y$$

und

$$\boldsymbol{E}_2 = E_{20} \cos(k_2 x - \omega_2 t + \delta)\, \boldsymbol{e}_y.$$

Berechnen Sie a) den momentanen Poynting-Vektor für die resultierende Wellenbewegung und b) den zeitlichen Mittelwert des Poynting-Vektors. Es sei $\boldsymbol{E}_2 = E_{20} \cos(k_2 x + \omega t + \delta)\, \boldsymbol{e}_y$. Berechnen Sie c) den momentanen Poynting-Vektor für die resultierende Wellenbewegung und d) den zeitlichen Mittelwert des Poynting-Vektors.

35. Eine rechteckige Karte mit den Seitenlängen 10 cm und 15 cm sowie der Masse 2 g sei perfekt reflektierend. Die Karte hänge vertikal und lasse sich um eine horizontale Kante drehen. Die Karte werde von einem homogenen Lichtstrahl beleuchtet und werde dadurch um einen Winkel von 1° zur Vertikalen ausgelenkt. Berechnen Sie die Intensität des Lichtstrahls.

36. En wertvoller, 0,08 kg schwerer Diamant und ein 105 kg schwerer Raumfahrer haben einen Abstand von 95 m. Beide Körper seien anfangs in Ruhe. Der Raumfahrer habe einen 1,5-kW-Laser, den er als Photonenrakete benutzen kann, um sich auf den Diamanten zuzubewegen. Wieviel Zeit benötigt der Raumfahrer, um den Edelstein mit Hilfe des Photonenantriebs zu erreichen?

37. Eine kreisförmige Drahtschleife läßt sich als Empfänger für elektromagnetische Wellen benutzen. Ein 100-MHz-Sender strahle eine Leistung von 50 kW isotrop ab. Berechnen Sie die in einer Drahtschleife (mit dem Radius 30 cm) induzierte effektive Spannung. Der Abstand zwischen Sender und Drahtschleife betrage 10^5 m.

38. Nehmen Sie an, eine Empfangsstation kann Signale, die schwächer als 10^{-14} W/m² sind, aufnehmen. Die Antenne bestehe aus einer Spule (Radius 1 cm) mit 2000 Windungen, die um einen Eisenkern (Permeabilität 200) gewickelt seien. Die Frequenz der Strahlung betrage 140 kHz. a) Wie groß ist die Amplitude des magnetischen Feldes in der Strahlung? b) Wie hoch ist die in der Antenne induzierte Spannung? c) Wie hoch ist die in einem 2 m langen Draht induzierte Spannung, der in Richtung des elektrischen Feldes orientiert ist?

39. Das elektrische Feld einer Sendeanlage werde in einiger Entfernung zum Sender beschrieben durch

$$E = (10^{-4} \text{ N/C}) \cos(10^6 \text{ s}^{-1}\, t),$$

wobei t in Sekunden angegeben ist. Welche Spannung wird a) in einem 50 cm langen Draht induziert, der in Richtung des elektrischen Felds steht, und b) in einer Kreisschleife (Radius 20 cm)?

40. Auf den runden und parallelen Platten eines Kondensators befinde sich die Ladung Q_0. Der Raum zwischen den Platten sei mit einem Dielektrikum mit der Dielektrizitätskonstanten ε und dem spezifischen Widerstand ϱ gefüllt. Das Dielektrikum sei an einigen Stellen defekt – der Kondensator weise ein Leck auf. a) Berechnen Sie den Leitungsstrom zwischen den Platten als Funktion der Zeit. b) Berechnen Sie den Verschiebungsstrom zwischen den Platten als Funktion der Zeit. Wie groß ist der gesamte (Leitungs- und Verschiebungs-)Strom? c) Berechnen Sie das magnetische Feld als Funktion der Zeit, das zwischen den Platten durch den Leckstrom und d) durch den Verschiebungsstrom erzeugt wird. e) Wie stark ist das gesamte Magnetfeld zwischen den Platten, während der Kondensator entladen wird?

41. Der Kondensator von Aufgabe 40 sei geladen, und die Spannung zwischen den Platten als Funktion der Zeit verhalte sich wie $V(t) = (10^{-2} \text{ V/s})\, t$. Berechnen Sie a) den Leitungsstrom als Funktion der Zeit und b) den Verschiebungsstrom. c) Nach welcher Zeit sind Verschiebungs- und Leitungsstrom gleich?

42. Zwischen den Platten eines Kondensators befinde sich ein Material mit dem spezifischen Widerstand $\varrho = 10^4$ Ω · m und Dielektrizitätskonstanten $\varepsilon = 2{,}5$. Die parallelen Platten mit dem Radius 20 cm seien rund und haben einen Abstand von 1 mm. Die Spannung zwischen den Platten sei gegeben durch $U_0 \cos \omega t$, mit $U_0 = 40$ V und $\omega = 120\pi$ rad/s. a) Wie groß ist die Verschiebungsstromdichte? b) Wie groß ist der Leitungsstrom zwischen den Platten? c) Bei welcher Kreisfrequenz ist der Gesamtstrom um 45° außer Phase mit der angelegten Spannung?

43. Die runden Platten (mit dem Radius R) eines Kondensators seien in der Plattenmitte durch einen dünnen Widerstandsdraht verbunden. An die Platten werde die Spannung $U_0 \sin \omega t$ angelegt. a) Welcher Strom fließt durch den Kondensator? b) Berechnen Sie das Magnetfeld zwischen den Platten als Funktion des Abstands von der Mittellinie. c) Wie groß ist die Phasenverschiebung zwischen Strom und angelegter Spannung?

44. Die Normalkomponente des Magnetfelds B ist beim Durchgang durch eine Oberfläche stetig. Zeigen Sie das mit Hilfe des Gaußschen Satzes für B ($\oint B_n \, dA = 0$).

Stufe III

In den beiden folgenden Aufgaben werden keine Wellen behandelt. Es wird jedoch der Poynting-Vektor verwendet, um den Fluß der elektromagnetischen Energie zu beschreiben.

45. Durch einen langen, zylindrischen Leiter mit der Länge ℓ, dem Radius a und dem spezifischen Widerstand ϱ fließe ein stationärer Strom I, der homogen auf die Querschnittsfläche des Leiters verteilt sei. a) Setzen Sie mit Hilfe des Ohmschen Gesetzes das elektrische Feld E im Leiter mit den Größen I, ϱ und a in Beziehung. b) Berechnen Sie das Magnetfeld außerhalb des Leiters. c) Berechnen Sie mit den Ergebnissen von a) und b) den Poynting-Vektor $S = E \times B/\mu_0$ an der Stelle $r = a$ (an der Oberfläche des Leiters). In welche Richtung zeigt S? d) Berechnen Sie den Fluß $\oint S_n \, dA$ durch die Oberfläche in den Leiter, und zeigen Sie, daß man für den Energiefluß I^2R erhält, wobei R der Widerstand ist. (S_n ist in diesem Fall die senkrecht auf der Leiteroberfläche stehende, nach innen gerichtete Komponente von S.)

46. Durch eine lange Spule mit n Windungen pro Längeneinheit fließe ein allmählich anwachsender Strom. Der Spulenradius sei r, und der Strom verhalte sich gemäß $I(t) = at$. a) Berechnen Sie das induzierte elektrische Feld im Abstand $r < R$ von der Spulenachse. b) Ermitteln Sie Betrag und Richtung des Poynting-Vektors S an der zylindrischen Oberfläche (bei $r = R$). c) Berechnen Sie den Fluß $\oint S_n \, dA$ in die Spule hinein, und zeigen Sie, daß der Fluß gleich der Anstiegsgeschwindigkeit der magnetischen Energie in der Spule ist. (S_n ist in diesem Fall die senkrecht zur Spulenoberfläche stehende, nach innen gerichtete Komponente von S.)

47. Infolge des Strahlungsdrucks der Sonne werden kleine Teilchen von ihr „weggeweht". Die Teilchen seien kugelförmig mit dem Radius r; ihre Dichte betrage 1 g/cm³, und sie absorbieren Strahlung mit der Querschnittsfläche πr^2. Der Abstand zur Sonne sei R, und deren Ausgangsleistung betrage $3,83 \cdot 10^{26}$ W. Bestimmen Sie den Radius r der Teilchen, bei dem sich die Abstoßung durch den Strahlungsdruck und die gravitative Anziehung durch die Sonne die Waage halten.

48. In dieser Aufgabe soll gezeigt werden, daß die allgemeine Formulierung des Ampèreschen Gesetzes (29.4) und das Gesetz von Biot-Savart zum gleichen Ergebnis führen, wenn beide auf den vorliegenden Fall angewendet werden können. In Abbildung 29.10 befinden sich zwei Ladungen $+Q$ und $-Q$ auf der x-Achse bei $x = -a$ und bei $x = +a$. Entlang ihrer Verbindungslinie fließe ein Strom $I = -dQ/dt$. Der Punkt P befindet sich auf der y-Achse bei $y = R$. a) Zeigen Sie unter Verwendung von Gleichung (25.12), die sich aus dem Gesetz von Biot-Savart herleiten läßt, daß sich die Stärke des Magnetfelds B im Punkt P ergibt zu

$$B = \frac{\mu I a}{2\pi R} \frac{1}{\sqrt{R^2 + a^2}}.$$

b) Ein kreisförmiger Streifen (Mittelpunkt im Ursprung) mit dem Radius r und der Breite dr liege in der y-z-Ebene. Zeigen Sie, daß der Fluß des elektrischen Feldes durch diesen Streifen durch

$$E_x \, dA = (Q/\varepsilon_0) \, a \, (r^2 + a^2)^{-3/2} \, r \, dr$$

gegeben ist. c) Berechnen Sie mit dem Ergebnis von b) den gesamten Fluß ϕ_e durch eine kreisförmige Fläche mit dem Radius R. Es ergibt sich

$$\varepsilon_0 \phi_e = Q(1 - a/\sqrt{a^2 + R^2}).$$

d) Berechnen Sie den Verschiebungsstrom I_v, und zeigen Sie, daß gilt:

$$I + I_v = I \frac{a}{\sqrt{a^2 + R^2}}.$$

e) Berechnen Sie Aufgabe a) mit Hilfe von Gleichung (29.4) und zeigen Sie, daß man dasselbe Ergebnis für B erhält.

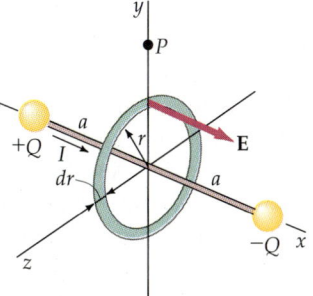

29.10 Zu Aufgabe 48.

49. a) Zeigen Sie mit Hilfe von Argumenten, wie sie ähnlich im Text angeführt sind, daß für eine ebene Welle, in der E und B unabhängig von y und z sind, gilt:

$$\frac{\partial E_z}{\partial x} = \frac{\partial B_y}{\partial t}$$

und

$$\frac{\partial B_y}{\partial x} = \mu_0 \varepsilon_0 \frac{\partial E_z}{\partial t}.$$

b) Zeigen Sie, daß E_z und B_y ebenfalls die Wellengleichung erfüllen.

50. Einige Autoren von Science-fiction-Romanen beschreiben Sonnensegel, mit denen interstellare Raumschiffe anzutreiben seien. Man stelle sich ein gigantisches Segel vor, das an einem Raumschiff angebracht ist, um den Strahlungsdruck der Sonne aufzufangen. a) Zeigen Sie, daß die Beschleunigung des Raumschiffs gegeben ist durch

$$a = \frac{P_s A}{4\pi r^2 \, mc}.$$

Darin ist P_s die Ausgangsleistung der Sonne ($3{,}8 \cdot 10^{26}$ W), A die Fläche des Segels, m die Gesamtmasse des Raumschiffs, r der Abstand von der Sonne und c die Lichtgeschwindigkeit. b) Zeigen Sie, daß die Geschwindigkeit des Raumschiffs im Abstand r von der Sonne

$$v^2 = v_0^2 + \left(\frac{P_s A}{2\pi mc}\right)\left(\frac{1}{r_0} - \frac{1}{r}\right)$$

ist, wobei v_0 die Anfangsgeschwindigkeit am Ort r_0 ist. c) Vergleichen Sie die Beschleunigungen aufgrund des Strahlungsdrucks und der Gravitation. Setzen Sie sinnvolle Werte für A und m ein, und entscheiden Sie, ob ein solches System funktionieren könnte.

51. Ein Radiometer (siehe Abbildung 29.11) besteht aus einem sich schnell drehenden ausbalancierten Flügelrad in einem evakuierten Glaskolben. Die Flügel sind auf der einen Seite weiß und auf der anderen Seite schwarz. Die Masse eines Flügels betrage 2 g und seine Fläche 1 cm². Jeder Arm des Flügelrades sei 2 cm lang. a) Eine 100-W-Glühbirne erzeuge 50 W elektromagnetische Energie und habe den Abstand 50 cm vom Radiometer. Berechnen Sie die maximale Winkelbeschleunigung des Flügelrades. (Schätzen Sie das

29.11 Ein Radiometer (siehe Aufgabe 51). (Mit freundlicher Genehmigung der Central Scientific Company)

Trägheitsmoment des Flügelrades unter der Annahme, daß sich die gesamte Masse eines Flügels am Ende des Flügelarmes befindet.) b) Wie lange dauert es, bis das Flügelrad durch die maximale Winkelbeschleunigung aus der Ruhe bis auf 10 Umdrehungen/min kommt? c) Ist der Strahlungsdruck für die schnelle Bewegung des Radiometers verantwortlich? (Licht, das von der weißen Seite reflektiert wird, überträgt auf einen Flügel doppelt soviel Impuls wie das Licht, das von der schwarzen Seite absorbiert wird. Damit müßte sich das Radiometer in Abbildung 29.13 entgegen dem Uhrzeigersinn drehen. In der Praxis dreht es sich jedoch gerade andersherum! Der Grund hierfür liegt darin, daß der Glaskolben noch eine geringe Gasmenge enthält. Das Gas vor der schwarzen Seite wird stärker erwärmt als das vor der weißen Seite, so daß die Gasmoleküle, die auf die schwarze Seite eines Flügels treffen, eine höhere Energie haben als die an der weißen Seite. Wäre der Restgasdruck im Kolben gering genug, so wäre der Drehsinn umgekehrt.)

Teil 5
Optik

Licht

30

Die Frage nach der Natur des Lichtes und seinen Eigenschaften hat die Menschheit schon seit ihrer Frühzeit beschäftigt. In der Antike gab es mehrere Ansichten über die von der Beleuchtung abhängige Wechselwirkung des betrachteten Gegenstandes mit dem betrachtenden Auge. Eine weit verbreitete Auffassung war die von den sogenannten Sehstrahlen, die ihren Ursprung im Auge haben sollten und die, von dort ausgehend, die Gegenstände abtasteten. Nach einer anderen Meinung ging die Wirkung in Form eines Strahles von Lichtatomen (Demokrit) oder einer „Erregung des Durchsichtigen" (Aristoteles) vom Gegenstand aus. Allen Ansichten gemeinsam aber war die Vorstellung von der geradlinigen Ausbreitung des Lichtes. Die Frage, ob das Licht aus einem Teilchenstrahl oder einer Art Wellenbewegung besteht, war seit dem ausgehenden 17. Jahrhundert Gegenstand heftiger Kontroversen. Der einflußreichste Befürworter der **Teilchentheorie des Lichts** war Isaac Newton. Er konnte die Gesetze der Reflexion und der Brechung mit ihr in Einklang bringen. Allerdings mußte er bei der Herleitung des Reflexionsgesetzes annehmen, daß sich das Licht in Wasser oder in Glas schneller als in Luft ausbreitet; dies stellte sich später als falsch heraus. Die Hauptbefürworter der **Wellentheorie des Lichts** waren Christian Huygens und Robert Hooke. Huygens konnte mit der von ihm erarbeiteten Theorie der Wellenausbreitung die Reflexion und die Brechung erklären. Dabei nahm er an, daß sich das Licht in transparenten Medien wie Wasser oder Glas deutlich langsamer als in Luft ausbreitet. Newton erkannte zwar, daß die Wellentheorie die Farben erklärt, die an dünnen Schichten entstehen. Trotzdem verwarf er diese Theorie wegen der offenkundig geradlinigen Ausbreitung des Lichts. Beugungseffekte, also die Ablenkung eines Lichtstrahls an einem Hindernis, waren seinerzeit noch nicht beobachtet worden. Newtons großes Ansehen führte dazu, daß seine Ablehnung der Wellentheorie des Lichts von vielen Wissenschaftlern übernommen und auch von den nachfolgenden Wissenschaftlergenerationen nicht in Frage gestellt wurde. Selbst als die Beugung des Lichts nachgewiesen war, versuchte man, sie als Streuung von Lichtteilchen an den Kanten des Hindernisses zu erklären.

Newtons Teilchentheorie des Lichts wurde über 100 Jahre lang akzeptiert. Doch im Jahre 1801 erhielt die Wellentheorie neuen Auftrieb, und zwar durch die Arbeiten von Thomas Young. Er war einer der ersten, die die Interferenz als Wellenphänomen beschrieben, das bei Lichtwellen wie auch bei akustischen Wellen auftritt. Youngs Beobachtungen von Lichtinterferenzen waren ein eindeutiger Hinweis auf die Wellennatur des Lichts. Jedoch konnte sich Young mehr als ein Jahrzehnt lang mit seiner Ansicht nicht durchsetzen. Den vielleicht größten Beitrag zur allgemeinen Akzeptanz der Wellentheorie des Lichts lieferte der französische Physiker Augustin Fresnel (1788–1827), der umfassende Experimente zur Interferenz und zur Beugung durchführte. Zudem erarbeitete er die mathematische Formulierung der Wellentheorie. Er zeigte, daß die beobachtete geradlinige Lichtausbreitung auf den sehr kurzen Wellenlängen des sichtbaren Lichts beruht. Im Jahre 1850 wies Jean Foucault experimentell nach, daß die Lichtgeschwindigkeit in Wasser kleiner ist als in Luft. Damit war Newtons Teilchentheorie widerlegt. Im Jahre 1860 veröffentlichte James Clerk Maxwell seine Theorie des Elektromagnetismus. Sie sagte die Existenz elektromagnetischer Wellen voraus, deren Ausbreitungsgeschwindigkeit im Vakuum $3 \cdot 10^8$ m/s betragen, also gleich der Lichtgeschwindigkeit sein sollte. Maxwells Theorie wurde von Heinrich Hertz im Jahre 1887 durch Versuche bestätigt. In der zweiten Hälfte des 19. Jahrhunderts wurden die Maxwellschen Gleichungen auch von Kirchhoff und anderen verwendet, um die Interferenz und die Beugung von Licht und anderen elektromagnetischen Wellen zu erklären. Damit erhielten die empirischen Methoden von Huygens eine weitere theoretische Fundierung.

Zwar beschreibt die Wellentheorie die Ausbreitung des Lichts und anderer elektromagnetischer Wellen korrekt, aber sie erklärt nicht deren Wechselwirkung mit Materie, darunter den photoelektrischen Effekt (siehe Kapitel 35). Dieser kann nur mit Hilfe des Teilchenmodells des Lichts erklärt werden, wie Einstein zu Anfang dieses Jahrhunderts zeigte. Nun mußte dem Licht doch Teilchencharakter zugesprochen werden. **Die Lichtteilchen** werden **Photonen** genannt. Die Energie E eines Photons hängt mit der Frequenz ν der Lichtwelle über die berühmte Einsteinsche Beziehung $E = h\nu$ zusammen; dabei ist h das *Plancksche Wirkungsquantum*. Ein umfassenderes Verständnis der Natur des Lichts wurde erst nach 1920 entwickelt, als die Experimente von C. J. Davisson, L. Germer und G. P. Thompson zeigten, daß Elektronen (und andere „Teilchen") ebenfalls eine *duale* Natur besitzen, d. h., sowohl Welleneigenschaften (das Auftreten von Interferenz und Beugung) als auch Teilcheneigenschaften aufweisen. (Der Welle-Teilchen-Dualismus des Lichtes und auch der Elektronen wird in Kapitel 35 erörtert.)

Die Entwicklung der Quantentheorie der Atome und Moleküle durch Rutherford, Bohr, Schrödinger und andere führte seit Beginn unseres Jahrhunderts zum Verständnis der Emission und Absorption von Licht durch Materie. Heute wissen wir, daß das von Atomen emittierte oder absorbierte Licht auf die Energieänderungen der äußeren Elektronen der Atome zurückzuführen ist. Da diese Energieänderungen gequantelt sind, besitzen die emittierten oder absorbierten Photonen diskrete Energiewerte. Mit anderen Worten: Es werden nur diejenigen Lichtwellen emittiert oder absorbiert, die bestimmte Werte der Frequenz bzw. der Wellenlänge haben, ähnlich wie bei stehenden akustischen Wellen. Die spektrale Zerlegung des von angeregten Atomen emittierten Lichtes zeigt einen Satz von Linien mit verschiedenen Farben bzw. Wellenlängen, deren Verteilung und Intensitäten für das betrachtete Element charakteristisch sind.

Die technische Entwicklung in den letzten Jahrzehnten belebte das Interesse an theoretischer und angewandter Optik erneut. Die heute verfügbaren Hochleistungsrechner ermöglichen enorme Verbesserungen bei Entwurf und Bau komplexer optischer Systeme. Optische Fasern ersetzen mehr und mehr die konventionellen Kabel für die schnelle Übermittlung von Daten. Mit Hilfe des 1960 erfundenen Lasers konnte schließlich eine Reihe zuvor unbekannter optischer Effekte entdeckt werden. Zudem hielt die Lasertechnik Einzug in viele alltägliche Anwendungen, vom Etikettenlesen im Supermarkt über chirurgische Eingriffe und den Einsatz in Druckern sowie das Abtasten von CDs bis hin zur Holographie.

In diesem Kapitel werden wir zunächst einige frühe Messungen der Lichtgeschwindigkeit erörtern und uns dann den grundlegenden Phänomenen Reflexion, Brechung, Dispersion und Polarisation zuwenden. Hierfür sind nur Grundkenntnisse der geometrischen Strahlenoptik nötig. Interferenz- und Beugungseffekte werden hier noch außer acht gelassen. Wie schon in Kapitel 14 besprochen, ist diese Näherung zulässig, wenn die Wellenlänge klein gegenüber den Öffnungen oder Hindernissen im Strahlengang ist. In vielen praktischen Fällen trifft dies zu; denn die Wellenlängen des sichtbaren Lichts liegen zwischen etwa 400 nm (1 nm = 10^{-9} m) bei blauem und 700 nm bei rotem Licht.

30.1 Die Lichtgeschwindigkeit

Einer der ersten, die versuchten, die Lichtgeschwindigkeit zu messen, war zu Beginn des 17. Jahrhunderts Galileo Galilei. Er postierte sich auf einem Berggipfel, und ein Mitarbeiter stellte sich auf einen anderen, etwa 1 km entfernt. Jeder hatte eine abgedeckte Laterne bei sich. Galilei wollte die Laufzeit des Lichtes für den Weg zum anderen Gipfel und zurück bestimmen. Er deckte seine Laterne auf, und sobald sein Assistent das sah, hatte auch er seine Laterne zu öffnen. Nun versuchte Galilei, die Zeitdifferenz zwischen den beiden Laternenöffnungen zu messen. Er wiederholte den Versuch mehrmals, auch mit deutlich größeren Entfernungen, kam aber zu keinem sinnvollen Ergebnis. Natürlich ist das Verfahren im Prinzip richtig; jedoch ist die Lichtgeschwindigkeit viel zu hoch und damit das zu messende Zeitintervall um etliche Größenordnungen zu klein. Galilei erhielt mit seiner Methode denn auch keinen brauchbaren Wert.

Den ersten vernünftigen Wert der Lichtgeschwindigkeit konnte Ole Römer im Jahre 1675 aus astronomischen Messungen ableiten, und zwar aus der Umlaufdauer (Periode) des Jupitermondes Io. Sie wird ermittelt als die Zeitspanne zwischen zwei aufeinanderfolgenden Verfinsterungen (wenn sich Io, von der Erde aus gesehen, hinter Jupiter befindet). Die Periode beträgt rund 42,5 h. Sie nimmt zu, wenn sich die Erde entlang des Weges ABC (Abbildung 30.1) von Jupiter wegbewegt, und sie wird kürzer, wenn sich die Erde auf ihrer Bahn durch die Punkte CDA Jupiter nähert. Ole Römer führte diese Unterschiede darauf zurück, daß die Lichtgeschwindigkeit endlich sein muß: Während der Zeit zwischen zwei Verfinsterungen des Jupitermondes ändert sich der Abstand zwischen Erde und Jupiter, so daß die Wegstrecke für das Licht kürzer oder länger wird. Römer erdachte folgende Methode, um den kumulativen Effekt dieser Differenz zu messen: Da sich Jupiter wesentlich langsamer als die Erde bewegt, kann man seine Bewegung vernachlässigen. Befindet sich die Erde am Punkt A, dann ist die Änderung ihres Abstands von Jupiter während eines Umlaufs von Io vernachlässigbar. Dessen Periode wird nun bestimmt, indem mehrfach die Zeitspanne zwischen aufeinanderfolgenden Verfinsterungen gemessen wird. Mit diesem Mittelwert wird dann die Anzahl der Verfinsterungen in sechs Monaten berechnet und daraus der Zeitpunkt ermittelt, zu dem die Verfinsterung ein halbes Jahr später einsetzen sollte, wenn sich die Erde am Punkt C befindet. Nun tritt die erwartete Verfinsterung aber um 16,6 min später ein als vorausberechnet. Diese Verzögerung ist gleich der Zeitspanne, die das Licht benötigt, um einen Erdbahndurchmesser zu durchlaufen.

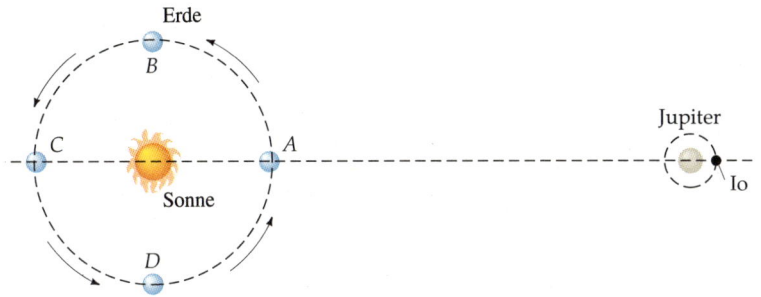

30.1 Die Messung der Lichtgeschwindigkeit nach Ole Römer. Die Zeit zwischen aufeinanderfolgenden Verfinsterungen des Jupitermondes Io wird größer, wenn sich die Erde entlang ABC bewegt, und kleiner, wenn sie sich entlang CDA bewegt. Dieser Unterschied ist darauf zurückzuführen, daß sich in der Zeit zwischen zwei Verfinsterungen der Abstand zwischen Erde und Jupiter verändert und der Weg des Lichts entsprechend größer oder kleiner wird. (Der Weg, den Jupiter in einem Erdenjahr zurücklegt, ist vernachlässigbar.)

30 Licht

Beispiel 30.1

Der mittlere Durchmesser der Erdbahn beträgt rund $3,00 \cdot 10^{11}$ m. Wenn das Licht 16,6 min (=996 s) benötigt, um diese Strecke zurückzulegen, wie groß ist dann die Lichtgeschwindigkeit?

Die gemessene Lichtgeschwindigkeit ist

$$c = \frac{\Delta x}{\Delta t} = \frac{3,00 \cdot 10^{11} \text{ m}}{996 \text{ s}} = 3,01 \cdot 10^8 \text{ m/s} .$$

Römer erhielt einen deutlich kleineren Wert, weil er mit $\Delta t = 22$ min rechnete.

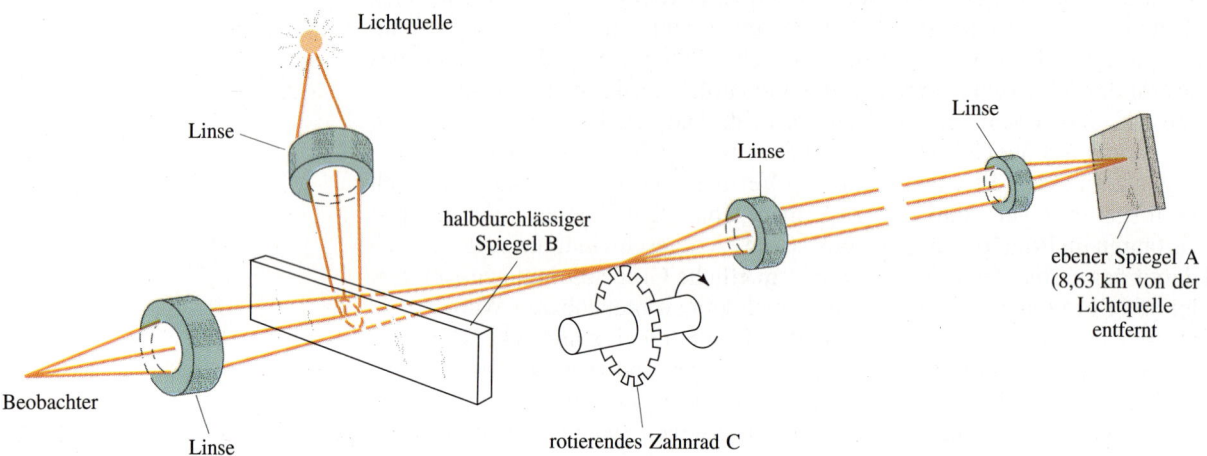

30.2 Die Messung der Lichtgeschwindigkeit nach Fizeau. Das von der Lichtquelle emittierte Licht wird am halbdurchlässigen Spiegel B reflektiert und gelangt durch eine Lücke im Zahnrad auf den Spiegel A. Bei einer bestimmten Winkelgeschwindigkeit des Zahnrades kann das vom Spiegel A reflektierte Licht das Zahnrad passieren, und der Beobachter sieht ein Bild der Lichtquelle.

Die erste nichtastronomische Messung der Lichtgeschwindigkeit führte der französische Physiker Armand Fizeau im Jahre 1849 durch. Abbildung 30.2 zeigt den Aufbau des damaligen Experiments. Das aus der Lichtquelle austretende Licht wurde durch einen halbdurchlässigen Spiegel in den Strahlengang eingespielt und an einem ebenen Spiegel (8,63 km entfernt) reflektiert. Danach gelangte es zum Beobachter. Durch das Linsensystem wurde das Licht auf das Zahnrad fokussiert. Dieses wurde in Drehung versetzt, wobei sich die Umdrehungsgeschwindigkeit einstellen ließ. Bei langsamer Rotation sah der Beobachter kein Licht, weil das reflektierte Licht durch die Zähne des Rades abgedeckt wurde. Dann wurde die Rotation beschleunigt. Bei einer bestimmten Drehgeschwindig-

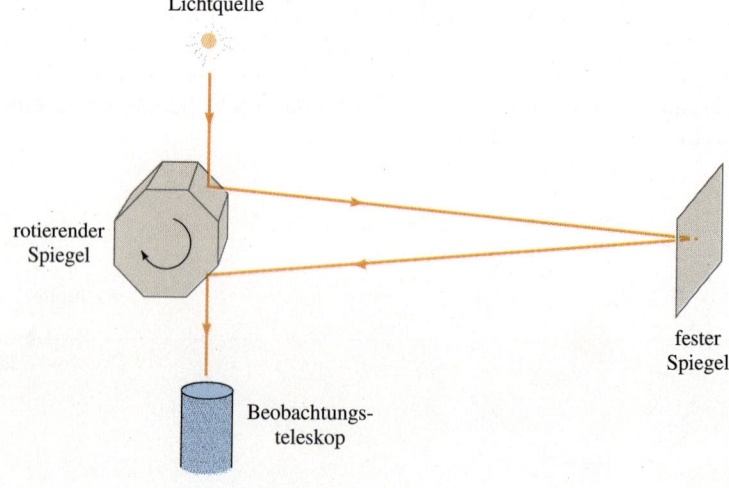

30.3 Die Messung der Lichtgeschwindigkeit nach Foucault (stark vereinfachte Darstellung). Dreht sich der achteckige Spiegel in der Zeit, die das Licht für den Weg zum festen Spiegel und zurück benötigt, um $\frac{1}{8} \cdot 360° = 45°$, dann steht eine Seite des Spiegels in der richtigen Position, um das Licht in das Teleskop zu reflektieren.

keit gelangte das reflektierte Licht plötzlich zum Beobachter, weil es nun die Zahnradlücken passieren konnte.

Die Fizeau-Methode wurde von Leon Foucault verbessert, der das Zahnrad durch einen rotierenden achtseitigen Spiegel ersetzte. Abbildung 30.3 zeigt das Schema der Anordnung. Das Licht trifft auf eine Seite des rotierenden Spiegels und wird in Richtung zum festen Spiegel reflektiert. Von dort gelangt es wieder auf den rotierenden Spiegel und von diesem – falls eine bestimmte Bedingung erfüllt ist – in ein Beobachtungsteleskop. Die Bedingung lautet, daß der rotierende Spiegel während der Zeit, die das Licht von hier bis zum festen Spiegel und zurück benötigt, eine achtel Umdrehung (oder $n/8$ Umdrehungen, wobei n eine ganze Zahl ist) vollführt hat. Foucault bestimmte die Lichtgeschwindigkeit in Luft und in Wasser. Es zeigte sich, daß sie in Wasser kleiner als in Luft ist. Der amerikanische Physiker A.A. Michelson führte zwischen 1880 und 1930 mit vergleichbaren Methoden mehrere genaue Messungen der Lichtgeschwindigkeit durch.

Ein anderes Verfahren, die Lichtgeschwindigkeit zu ermitteln, besteht darin, die elektrische Feldkonstante ε_0 zu bestimmen. Die Lichtgeschwindigkeit c ist gegeben durch (vgl. Kapitel 29)

$$c = \frac{1}{\sqrt{\varepsilon_0 \mu_0}}\,.$$

Die elektrische Feldkonstante ε_0 erhält man aus Messungen der Kapazität von Kondensatoren, und die magnetische Feldkonstante μ_0 wird über die Definition der Stromstärkeneinheit Ampere festgelegt, aus der sich wiederum die Ladungseinheit Coulomb und damit auch die Einheit der Kapazität, das Farad, ergibt.

1983 beschloß die 17. Generalversammlung für Maße und Gewicht, den derzeit genauesten Wert der Lichtgeschwindigkeit im Vakuum,

$$c = 299\,792\,458 \text{ m/s},$$

als exakt zu definieren. (Auf dieser Basis ist dann die Einheit Meter neu definiert worden; vgl. Kapitel 1). Für die meisten praktischen Berechnungen ist der Wert $c = 3 \cdot 10^8$ m/s genau genug. Nicht nur das Licht, sondern alle elektromagnetischen Wellen, beispielsweise auch Radiowellen und Mikrowellen, breiten sich mit Lichtgeschwindigkeit aus.

Beispiel 30.2

In Fizeaus Experiment hatte das Zahnrad 720 Zähne, und das Licht wurde in dem Augenblick beobachtet, als die Umdrehungsgeschwindigkeit den Wert 25,3 U/s erreichte. Der Abstand zwischen Zahnrad und Spiegel betrug 8,63 km. Welchen Wert erhielt Fizeau für die Lichtgeschwindigkeit?

Der gesamte Weg (Zahnrad – Spiegel – Zahnrad), den das Licht zurücklegte, betrug $2 \cdot 8{,}63$ km $= 17{,}3$ km. Das reflektierte Licht gelangte zum Beobachter, weil es gerade die nächste Lücke im Zahnrad passiert hatte. Das Zahnrad hatte also in der Zeit, in der das Licht „unterwegs" war, genau 1/720 Umdrehung ausgeführt. Weil 25,3 Umdrehungen 1 s dauern, ist die Zeit für 1/720 Umdrehung

$$\Delta t = \frac{1 \text{ s}}{25{,}3 \text{ U}} \left(\frac{1}{720} \text{ U}\right) = 5{,}49 \cdot 10^{-5} \text{ s}\,.$$

Hiermit ergibt sich die Lichtgeschwindigkeit zu

$$c = \frac{\Delta x}{\Delta t} = \frac{17{,}3 \cdot 10^3 \text{ m}}{5{,}49 \cdot 10^{-5} \text{ s}} = 3{,}15 \cdot 10^8 \text{ m/s}\,.$$

Dieser Wert liegt nur um 5% über dem heute gültigen Wert.

Beispiel 30.3

Die Kommunikation der Astronauten, die auf dem Mond landeten, mit der Kontrollstation auf der Erde verlief natürlich über Funk, also mit Hilfe elektromagnetischer Wellen. Der mittlere Abstand Erde – Mond beträgt $3{,}84 \cdot 10^8$ m. Wie lange braucht ein Signal vom Mond bis zur Erde?

Die Laufzeit ist

$$\Delta t = \frac{\Delta x}{c} = \frac{3{,}84 \cdot 10^8 \text{ m}}{3 \cdot 10^8 \text{ m/s}} = 1{,}28 \text{ s}.$$

Beispiel 30.4

Der Abstand Sonne – Erde beträgt im Mittel etwa $1{,}50 \cdot 10^{11}$ m. Nach welcher Zeit erreicht das Sonnenlicht die Erde?

Es ergibt sich eine Zeit von

$$\Delta t = \frac{\Delta x}{c} = \frac{1{,}50 \cdot 10^{11} \text{ m}}{3 \cdot 10^8 \text{ m/s}} = 500 \text{ s} = 8{,}33 \text{ min}.$$

Astronomische Entfernungen werden oft als Vielfache der Strecke angegeben, die das Licht in einer bestimmten Zeit zurücklegt. Beispielsweise kann der Abstand Erde – Sonne zu 8,33 Lichtminuten angegeben werden. Üblicher ist die Einheit *Lichtjahr*. Das ist die Entfernung, die das Licht in einem Jahr zurücklegt. Der Umrechnungsfaktor zwischen Lichtjahr und Meter läßt sich leicht berechnen. Wir ermitteln zunächst die Anzahl der Sekunden in einem Jahr (1 a):

$$1 \text{ a} = 1 \text{ a} \cdot \frac{365{,}24 \text{ d}}{1 \text{ a}} \cdot \frac{24 \text{ h}}{1 \text{ d}} \cdot \frac{3600 \text{ s}}{1 \text{ h}} = 3{,}156 \cdot 10^7 \text{ s}.$$

Damit hat ein Lichtjahr (Abkürzung ly oder Lj) die Länge

$$1 \text{ Lj} = (2{,}998 \cdot 10^8 \text{ m/s}) \cdot 3{,}156 \cdot 10^7 \text{ s} = 9{,}46 \cdot 10^{15} \text{ m}.$$

Frage

1. Schätzen Sie die Zeit ab, die das Licht benötigt, um die Entfernung in Galileis Experiment zurückzulegen. Warum konnte seine Messung der Lichtgeschwindigkeit nicht gelingen?

30.2 Die Ausbreitung des Lichts: das Huygenssche Prinzip

Abbildung 30.4 zeigt einen Ausschnitt aus einer kugelförmigen Wellenfront, die von einer Punktquelle ausgeht. Eine Fläche, deren Punkte in gleicher Phase schwingen, bezeichnet man als Wellenfront. Zur Zeit t sei der Radius einer Wellenfront r. Dann ist er zur Zeit $t + \Delta t$ gleich $r + c\Delta t$, wobei c die Ausbreitungs-

30.2 Die Ausbreitung des Lichts: das Huygenssche Prinzip

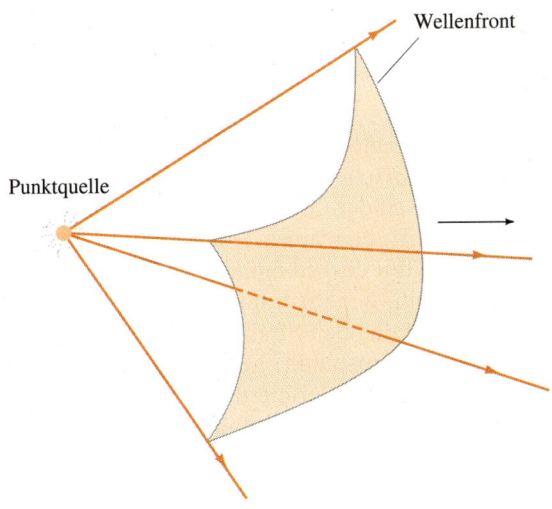

30.4 Kugelförmige Wellenfront, die von einer Punktquelle ausgeht.

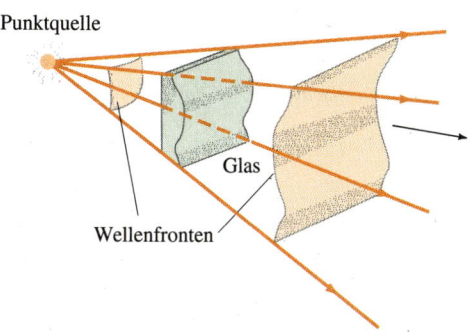

30.5 Die Wellenfront aus einer Punktquelle vor und nach dem Durchgang durch ein unregelmäßig geformtes Stück Glas.

geschwindigkeit der Welle ist. Trifft ein Teil der Welle jedoch auf ein Hindernis oder durchquert er ein anderes Medium (wie in Abbildung 30.5), so ist die Bestimmung der Wellenfront zur Zeit $t + \Delta t$ wesentlich komplizierter. Die Ausbreitung von Wellen läßt sich mit einer geometrischen Methode beschreiben, die Christian Huygens im Jahre 1678 entwickelte. Wir nennen sie heute **Huygenssches Prinzip**:

> Jeder Punkt einer bestehenden Wellenfront ist Ausgangspunkt einer neuen kugelförmigen Elementarwelle, die die gleiche Ausbreitungsgeschwindigkeit und Frequenz wie die ursprüngliche Wellenfront hat. Die Einhüllende aller Elementarwellen ergibt die Wellenfront zu einem späteren Zeitpunkt.

Abbildung 30.6 zeigt die Anwendung des Huygensschen Prinzips auf die Ausbreitung einer ebenen und einer kugelförmigen Welle. Da jeder Punkt der Wellenfront Ausgangspunkt einer neuen Elementarwelle ist, gibt es natürlich auch Wellen, die in die entgegengesetzte Richtung laufen. Huygens selbst ignorierte diese zurücklaufenden Wellen allerdings.

Das Huygenssche Prinzip wurde später von Fresnel modifiziert: Die neue Wellenfront kann aus der vorigen durch Überlagerung der Elementarwellen bestimmt werden, und zwar unter Berücksichtigung ihrer relativen Intensitäten und Phasen. Fresnel bewies später, daß dieses Prinzip, das heute als Huygens-Fresnel-Prinzip bekannt ist, eine Konsequenz der Wellengleichung ist, und stellte die exakte mathematische Beschreibung auf. Weiterhin zeigte er, wie die Intensität der Elementarwellen von ihrer Phase abhängt und daß die Intensität der rücklaufenden Wellen gleich null ist.

In diesem Kapitel wenden wir das Huygenssche Prinzip an, um die Gesetze der Reflexion und der Brechung herzuleiten, und in Kapitel 33 werden wir mit Hilfe des Huygens-Fresnel-Prinzips das Beugungsmuster eines Einzelspalts berechnen. Wenn im nachfolgenden mit dem Begriff „Strahlen" gearbeitet wird, so heißt das nicht, daß wir vom Wellen- ins Teilchenbild des Lichtes wechseln. Mit *Strahlen* sind hier vielmehr (vgl. Abschnitt 14.3) Linien gemeint, die senkrecht auf den Wellenfronten stehen und in Richtung der Wellenausbreitung zeigen.

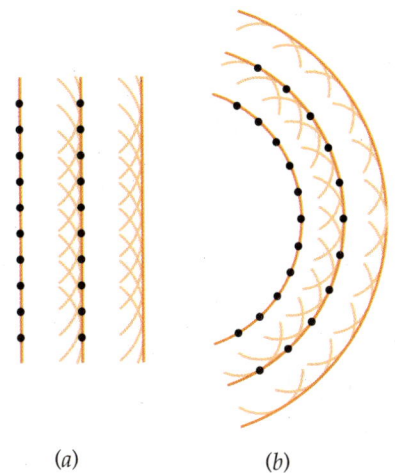

(a)   (b)

30.6 Die Huygenssche Konstruktion für die Ausbreitung a) einer ebenen und b) einer kugelförmigen Welle nach rechts.

30 Licht

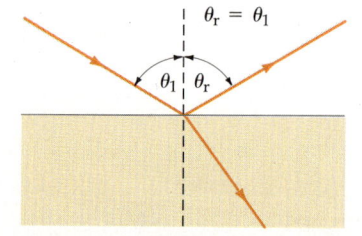

30.7 Der Reflexionswinkel θ_r ist gleich dem Einfallswinkel θ_1.

30.3 Reflexion

Treffen Wellen irgendeiner Art auf eine ebene Fläche (etwa einen Spiegel), dann entstehen neue Wellen, die sich von der Fläche wegbewegen. Dieses Phänomen wird **Reflexion** genannt. Sie tritt immer an der Grenzfläche zwischen zwei verschiedenen Medien auf. Abbildung 30.7 zeigt einen Lichtstrahl, der auf eine glatte Luft/Glas-Grenzfläche trifft. Ein Teil der ankommenden Energie wird reflektiert, und ein Teil tritt in das Glas ein, wird also transmittiert („durchgelassen"). Der Winkel θ_1 zwischen dem einfallenden Strahl und der Normalen (der Senkrechten auf der Grenzfläche am Einfallspunkt) heißt **Einfallswinkel**. Die durch den einfallenden Strahl und die Normale definierte Ebene ist die **Einfallsebene**. Der reflektierte Strahl liegt ebenfalls in der Einfallsebene und bildet mit der Flächennormalen den Reflexionswinkel θ_r, der gleich dem Einfallswinkel ist:

Reflexionsgesetz
$$\theta_r = \theta_1 \, . \qquad (30.1)$$

Dieses **Reflexionsgesetz** gilt für alle Arten von Wellen.

Der Anteil der Energie, der an der Grenzfläche (hier Luft/Glas) reflektiert wird, hängt in komplizierter Weise vom Einfallswinkel, von der Orientierung des elektrischen Feldes der Welle und von den Lichtgeschwindigkeiten in den Medien (hier Luft und Glas) ab. Die Lichtgeschwindigkeit in einem Medium, beispielsweise Glas, Wasser oder Luft, wird durch seine **Brechzahl** charakterisiert. Diese ist definiert als Verhältnis der Lichtgeschwindigkeit im Vakuum (c) und derjenigen im betreffenden Medium (c_m):

Brechzahl
$$n = \frac{c}{c_m} \, . \qquad (30.2)$$

Für den Spezialfall des senkrechten Einfalls ($\theta_1 = \theta_r = 0°$) ist die Intensität des reflektierten Strahls

$$I = \left(\frac{n_1 - n_2}{n_1 + n_2}\right)^2 I_0 \, . \qquad (30.3)$$

Darin ist I_0 die einfallende Intensität, und n_1 sowie n_2 sind die Brechzahlen der beiden Medien. Für den typischen Fall der Reflexion an einer Luft/Glas-Grenzfläche ergibt sich aus Gleichung (30.3) mit $n_1 = 1$ und $n_2 = 1{,}5$ für die Intensität des reflektierten $I = I_0/25$. Es werden also nur 4% der einfallenden Energie reflektiert, und der Rest wird transmittiert.

Abbildung 30.8 zeigt ein enges Strahlenbündel, das von einer Punktquelle P ausgeht und an einer glatten Oberfläche reflektiert wird. Nach der Reflexion laufen die Strahlen so auseinander, als kämen sie vom Punkt P' hinter der Oberfläche. Dieser Punkt P' wird als **Bild** des Punktes P bezeichnet. Das Auge kann hierbei nicht unterscheiden, ob die Strahlen von P oder von P' ausgehen. (Die Entstehung von Bildern durch reflektierende oder brechende Oberflächen werden wir im nächsten Kapitel näher untersuchen.) Die Reflexion an einer glatten Oberfläche wird als **reguläre Reflexion** oder Spiegelreflexion bezeichnet, im Unterschied zur **Streuung** oder **diffusen Reflexion**, die in Abbildung 30.9 veranschaulicht ist. Wegen der rauhen Oberfläche fallen hier reflektierte Strahlen von vielen verschiedenen Punkten mit unterschiedlichen Winkeln ins Auge, so

30.3 Reflexion

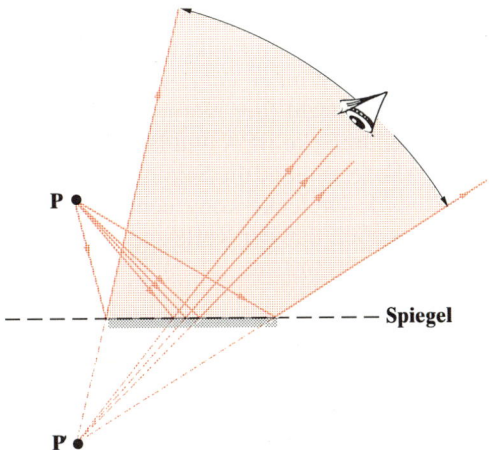

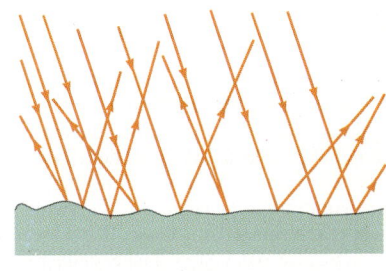

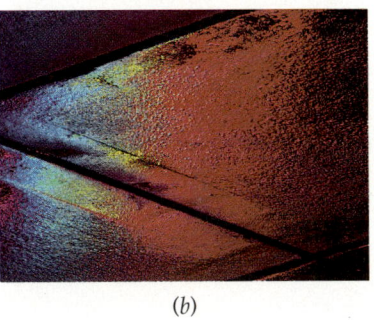

30.8 Die von einer Punktquelle P ausgehenden Strahlen werden an einem Spiegel reflektiert. Es scheint, als kämen die Strahlen von dem Bildpunkt P′ hinter dem Spiegel. Das Bild läßt sich überall im farbig getönten Bereich beobachten.

30.9 Diffuse Reflexion an einer rauhen Oberfläche.

daß sich kein Bild ergibt. Die Reflexion des Lichts an dieser Buchseite ist ebenfalls eine diffuse Reflexion, desgleichen die Reflexion des Scheinwerferlichts eines Autos an der Straßenoberfläche. Ein Autofahrer kann in der Nacht die von den Scheinwerfern seines eigenen Autos angestrahlte Straße nur deswegen sehen, weil aufgrund der diffusen Reflexion ein Teil des Lichts zu ihm zurückgeworfen wird.

Der physikalische Mechanismus der Lichtreflexion läßt sich als Absorption und Abstrahlung des Lichts durch die Atome des reflektierenden Mediums erklären. Trifft Licht auf eine Glasoberfläche, so absorbieren die Atome im Glas das Licht und strahlen es mit der gleichen Frequenz in alle Richtungen ab. Die Einhüllende aller von den Atomen ausgehenden Elementarwellen ergibt – wie wir gleich sehen werden – die neue Wellenfront.

Das Reflexionsgesetz läßt sich aus dem Huygensschen Prinzip herleiten. Abbildung 30.10 zeigt eine ebene Wellenfront AA′, die zuerst im Punkt A auf einen Spiegel trifft. Der Winkel ϕ_1 zwischen einfallender Wellenfront und Spiegel ist gleich dem Einfallswinkel θ_1, d.h. dem Winkel zwischen der Normalen auf der Oberfläche und der Normalen auf der einfallenden Wellenfront. Nach dem Huygensschen Prinzip ist jeder Punkt einer gegebenen (primären) Wellenfront als Punktquelle einer sekundären Elementarwelle anzusehen. Die Position der Wellenfront nach der Zeit t können wir dadurch ermitteln, daß wir Elementarwellen mit dem Radius ct konstruieren, deren Mittelpunkte auf der Wellenfront AA′ liegen. Elementarwellen, die den Spiegel noch nicht getroffen haben, bilden die neue Wellenfront BB′, während Elementarwellen, die den Spiegel trafen, reflektiert werden und die neue Wellenfront BB″ liefern. Nach demselben Schema ergeben sich die Wellenfronten C″CC′ aus den Wellenfronten B″BB′.

Abbildung 30.11 ist eine Detailvergrößerung von Abbildung 30.10 und zeigt den Teil AP der ursprünglichen Wellenfront AA′, der während der Zeit t auf den Spiegel trifft. Innerhalb dieser Zeitspanne erreicht die von Punkt P ausgehende

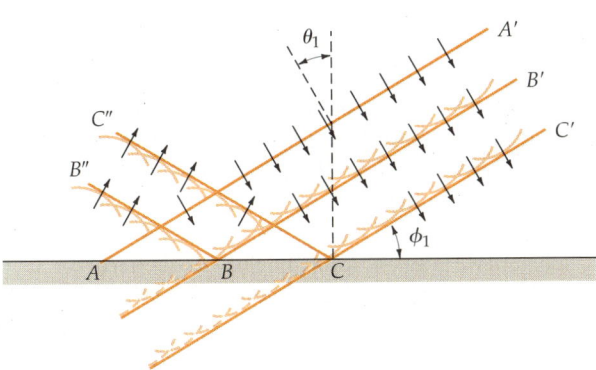

30.10 Ebene Wellen werden an einem ebenen Spiegel reflektiert. Der Winkel θ_1 zwischen dem einfallenden Strahl und der Spiegelnormalen wird als Einfallswinkel bezeichnet. Er ist gleich dem Winkel ϕ_1 zwischen eintreffender Wellenfront und Spiegel.

30 Licht

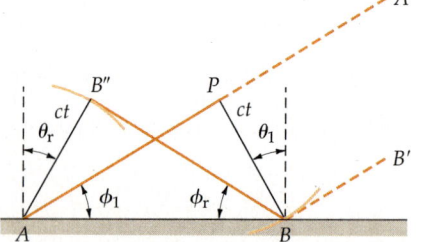

30.11 Geometrische Darstellung des Huygensschen Prinzips für die Herleitung des Reflexionsgesetzes. Die einfallende Wellenfront AP trifft den Spiegel zuerst im Punkt A. In der Zeit t erreicht die vom Punkt P ausgehende Elementarwelle den Spiegel im Punkt B, während gleichzeitig die von A ausgehende Elementarwelle am Punkt B″ ankommt.

Elementarwelle den Spiegel im Punkt B, und die reflektierte, vom Punkt A ausgehende Elementarwelle erreicht den Punkt B″. Die reflektierte Wellenfront BB″ bildet mit dem Spiegel den Winkel ϕ_r, der gleich dem Reflexionswinkel θ_r zwischen dem reflektierten Strahl (der Normalen auf der Wellenfront) und der Spiegelnormalen ist. Die Dreiecke BPA und BB″A sind rechtwinklig. Sie haben die gemeinsame Seite AB; ferner sind die Seiten AB″ und BP gleich; sie haben die Länge ct. Daher sind beide Dreiecke kongruent, so daß die Winkel ϕ_1 und ϕ_r gleich sind. Das bedeutet aber, daß der Reflexionswinkel θ_r gleich dem Einfallswinkel θ_1 ist.

Frage

2. Das in der Nacht von den Scheinwerfern eines Autos ausgesandte Licht wird von der Straße teilweise zurück zum Fahrer reflektiert. Welche Auswirkung auf das zum Fahrer reflektierte Licht hat eine dünne Wasserschicht auf der Straße? Wie wirkt sich die Wasserschicht auf die Reflexion des Scheinwerferlichts eines entgegenkommenden Wagens aus?

30.4 Brechung

Wenn ein Lichtstrahl auf die Grenzfläche zweier verschiedener Medien (etwa Luft und Glas) trifft, dann wird ein Teil der Lichtenergie reflektiert, und der andere Teil geht durch die Grenzfläche in das zweite Medium über, wobei sich nach Eintritt in das zweite Medium die Ausbreitungsrichtung des Strahls ändert. Die Richtungsänderung des Strahls wird **Brechung** genannt.

Wie wir im nächsten Absatz sehen werden, läßt sich der Effekt der Brechung im wesentlichen damit erklären, daß das Licht in jedem Medium eine andere Ausbreitungsgeschwindigkeit hat. Was ist der Grund dafür? Die Ausbreitung von Licht im Vakuum ergibt sich aus den Maxwellschen Gleichungen für den materiefreien Raum (Kapitel 29). In Materie – wir betrachten hier nur elektrisch nichtleitende Medien, wie zum Beispiel Silicatglas – müssen zur Erklärung der Ausbreitung zusätzlich Streuprozesse berücksichtigt werden. Eine Lichtwelle wird von den Atomen des Mediums absorbiert und wieder abgestrahlt – dieser Vorgang passiert ständig, während das Licht sich durch das Medium bewegt. Vergleicht man zwei Teilstrahlen eines ursprünglichen Lichtbündels, von denen der eine nur durch Vakuum geht und der andere eine Teilstrecke durch ein Medium zurücklegt, so kommt letzterer mit einer Phasenverzögerung beim Beobachter an – er hat in einer bestimmten Zeit einen kleineren Weg zurückgelegt als der Strahl, der ausschließlich durch Vakuum ging. Das bedeutet letztlich: Die Ausbreitungsgeschwindigkeit der durch das Medium gehenden Welle ist kleiner als diejenige der Welle im Vakuum. Daher ist die Brechzahl des zweiten Mediums (beispielsweise Glas) größer als 1; denn die Brechzahl ist definiert als das Verhältnis der Lichtgeschwindigkeit im Vakuum zu der im Medium. Folglich ist die Brechzahl aller Substanzen größer als 1; bei Luft liegt sie nur sehr wenig über 1. Die Lichtgeschwindigkeit im Glas beträgt etwa zwei Drittel der Lichtgeschwindigkeit im Vakuum. Die Brechzahl von Glas ist deshalb ungefähr $n = c/c_m = 3/2$. Hat eine Substanz eine höhere Brechzahl als eine andere, so nennt man sie *optisch dichter*. (Der strenge Beweis dieser Zusammenhänge ist mathematisch sehr aufwendig; er kann in Spezialbüchern zur Optik unter dem Stichwort „Ewald-Oseen-Theorem" nachgelesen werden.)

Die Frequenz des Lichts bleibt beim Durchgang von einem Medium in ein anderes erhalten (die Atome absorbieren und strahlen das Licht mit der gleichen

Frequenz ab). Aber die Ausbreitungsgeschwindigkeit der durchgehenden Welle ändert sich und damit auch ihre Wellenlänge. Gelangt eine Lichtwelle mit der Wellenlänge λ und der Frequenz ν vom Vakuum in ein Medium mit der Brechzahl n, so ist seine Wellenlänge λ' im Medium

$$\lambda' = \frac{c_m}{\nu} = \frac{c/n}{\nu} = \frac{\lambda}{n}. \qquad 30.4$$

Übung

Das Licht einer Natriumdampflampe hat im Vakuum die Wellenlänge 589 nm. Berechnen Sie die Wellenlänge dieses Lichts a) in Wasser ($n = 1{,}33$) und b) in Glas ($n = 1{,}50$). (Antworten: a) 443 nm, b) 393 nm)

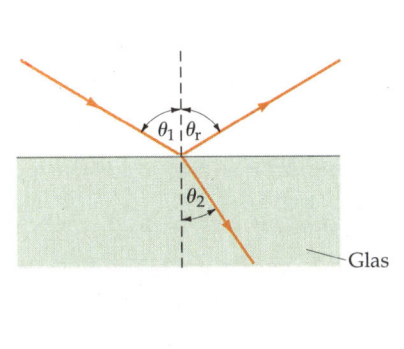

(a)

(b)

30.12 a) Einfallender, reflektierter und gebrochener Lichtstrahl an einer Luft/Glas-Grenzfläche. Der Brechungswinkel θ_2 ist hier kleiner als der Einfallswinkel θ_1. b) Reflexion und Brechung eines Lichtstrahls, der auf eine dicke Glasplatte trifft. Der gebrochene Strahl wird an der unteren Glas/Luft-Grenzfläche teilweise reflektiert und teilweise gebrochen. (© 1990 R. Megna/Fundamental Photographs)

In Abbildung 30.12a trifft ein Lichtstrahl eine ebene, glatte Luft/Glas-Grenzfläche. Der in das Glas eintretende Strahl heißt gebrochener Strahl, und der Winkel θ_2 wird **Brechungswinkel** genannt. Der eintretende Strahl wird zur Normalen hin gebrochen, d. h., der Brechungswinkel θ_2 ist kleiner als der Einfallswinkel θ_1, weil Glas optisch dichter als Luft ist. Verläuft der Strahlengang in umgekehrter Richtung, also von Glas in Luft, dann wird der austretende Strahl von der Normalen weg gebrochen, und der Brechungswinkel ist größer als der Einfallswinkel, weil Luft optisch dünner als Glas ist (Abbildung 30.12b und Abbildung 30.13). Mit Hilfe des Huygensschen Prinzips lassen sich der Einfallswinkel θ_1 und der Brechungswinkel θ_2 sowie die Brechzahlen n_1 und n_2 der beiden Medien zueinander in Beziehung setzen. Abbildung 30.14 zeigt eine ebene Welle, die auf eine Luft/Glas-Grenzfläche trifft. Unter Anwendung des Huygensschen Prinzips bestimmen wir nun die Richtung der Wellenfront des eintretenden Strahls. Die Strecke AP ist ein Teil der Wellenfront in Luft (Medium 1). Sie trifft unter dem Einfallswinkel θ_1 auf die Glasoberfläche. In der Zeit t legt die vom Punkt P ausgehende Elementarwelle den Weg $c_1 t$ zurück und erreicht dabei den Punkt B. Während dieser Zeit legt die vom Punkt A ausgehende Elementarwelle den Weg $c_2 t$ im Glas (Medium 2) zurück. Die neue Wellenfront BB' verläuft nicht parallel zur ursprünglichen Wellenfront AP, weil die Geschwindigkeiten c_1 und c_2 unterschiedlich sind. Aus dem rechtwinkligen Dreieck BPA ergibt sich

$$\sin \phi_1 = \frac{c_1 t}{\overline{\text{AB}}}$$

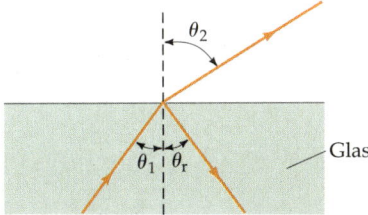

30.13 Brechung eines Lichtstrahls von einem optisch dichteren in ein optisch dünneres Medium. Der Brechungswinkel θ_2 ist hier größer als der Einfallswinkel θ_1. Der austretende Lichtstrahl wird von der Normalen weg gebrochen.

30 Licht

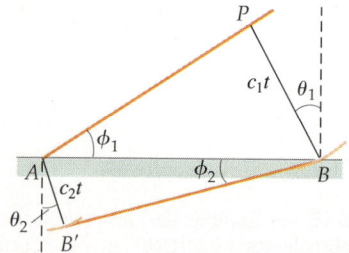

30.14 Anwendung des Huygensschen Prinzips auf die Brechung einer ebenen Welle an der Grenzfläche zweier Medien. Die Lichtgeschwindigkeiten c_1 und c_2 in den Medien sind unterschiedlich, wobei hier gilt: $c_2 < c_1$. In diesem Fall ist der Brechungswinkel θ_2 kleiner als der Einfallswinkel θ_1.

und daraus

$$\overline{AB} = \frac{c_1 t}{\sin \phi_1} = \frac{c_1 t}{\sin \theta_1}.$$

Dabei wurde die Gleichheit der Winkel ϕ_1 und θ_1 ausgenutzt. Entsprechend ergibt sich aus dem rechtwinkligen Dreieck AB′B

$$\sin \phi_2 = \frac{c_2 t}{\overline{AB}}$$

und daraus

$$\overline{AB} = \frac{c_2 t}{\sin \phi_2} = \frac{c_2 t}{\sin \theta_2}.$$

Hier gilt $\phi_2 = \theta_2$. Gleichsetzen der beiden Ausdrücke für AB liefert

$$\frac{\sin \theta_1}{c_1} = \frac{\sin \theta_2}{c_2}. \qquad 30.5$$

Durch Einsetzen von $c_1 = c/n_1$ und $c_2 = c/n_2$ und Multiplizieren mit c erhalten wir

Brechungsgesetz von Snellius

$$n_1 \sin \theta_1 = n_2 \sin \theta_2. \qquad 30.6$$

Dieser Zusammenhang – **das Brechungsgesetz** – wurde im Jahre 1621 auf experimentellem Wege von dem holländischen Physiker Willebrod Snellius entdeckt. Daher sprechen wir heute auch vom **Gesetz von Snellius**. Unabhängig von Snellius wurde dieselbe Gesetzmäßigkeit einige Jahre später von dem Franzosen René Descartes gefunden. Das Brechungsgesetz (30.6) gilt für alle Arten von Wellen, die die Grenzfläche zwischen zwei Medien passieren. Abbildung 30.15 zeigt die Brechung ebener Wasserwellen. An der Grenzlinie ändert sich die Ausbreitungsgeschwindigkeit der Wellen, weil sie in ein Gebiet mit anderer Wassertiefe eintreten.

30.15 Die Brechung ebener Wasserwellen. An der Grenzlinie ändert sich die Ausbreitungsgeschwindigkeit der Wellen, weil sich die Wassertiefe ändert. Man beachte, daß an der Grenzlinie auch Reflexion auftritt. (Aus *PSSC Physics*, 2nd edition, 1965; D. C. Heath and Company, and Education Development Center, Inc., Newton, MA, USA)

Beispiel 30.5

Ein Lichtstrahl falle unter einem Winkel von 45° auf die Grenzfläche zwischen Luft und Wasser. Die Brechzahl der Luft ist 1,00 und die des Wasser 1,33. Wie groß ist der Brechungswinkel?

Aus (30.6) ergibt sich

$$1{,}00 \cdot \sin 45° = 1{,}33 \cdot \sin \theta_2$$

und daraus

$$\sin \theta_2 = \frac{1{,}00 \cdot \sin 45°}{1{,}33} = \frac{1{,}00 \cdot 0{,}707}{1{,}33} = 0{,}53.$$

Der Brechungswinkel θ_2 beträgt also 32°.

In Abbildung 30.16 ist eine punktförmige Lichtquelle (Punktquelle) im Glas gezeigt. Die von ihr ausgehenden Lichtstrahlen treffen unter verschiedenen Winkeln auf die Grenzfläche zwischen Glas und Luft. Alle austretenden Strahlen werden von der Normalen weg gebrochen. Mit zunehmendem Einfallswinkel

30.4 Brechung

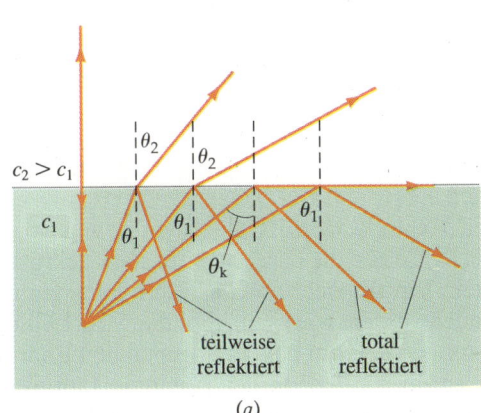
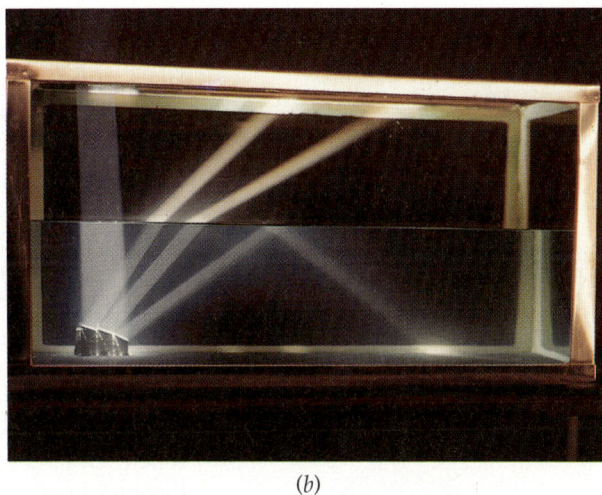

30.16 a) Totalreflexion. Ein Lichtstrahl, der von Glas oder Wasser in Luft austritt, wird von der Normalen weg gebrochen. Ein Teil des Lichts wird in das dichtere Medium reflektiert. Bei Zunahme des Einfallswinkels wird auch der Brechungswinkel größer, bis ein kritischer Einfallswinkel θ_k erreicht ist, für den der Brechungswinkel gleich 90° ist. Für noch größere Einfallswinkel als θ_k gibt es keine gebrochenen Strahlen, und das gesamte Licht wird reflektiert. b) Brechung und Totalreflexion von Lichtstrahlen an einer Wasser/Luft-Grenzfläche. (© 1987 K. Kay/Fundamental Photographs)

wird auch der Brechungswinkel größer, bis ein kritischer Einfallswinkel θ_k erreicht wird, für den der Brechungswinkel gleich 90° ist. Für einen Lichtstrahl, dessen Einfallswinkel größer als dieser kritische Winkel θ_k ist, tritt keine Brechung auf, sondern ausschließlich Reflexion in das dichtere Medium zurück. Dieses Phänomen wird als **Totalreflexion** bezeichnet. Nach Gleichung (30.6) gilt mit $\theta_2 = 90°$ für den kritischen Winkel

$$\sin \theta_k = \frac{n_2}{n_1}.$$ 30.7 *Kritischer Winkel der Totalreflexion*

Totalreflexion kann nur dann auftreten, wenn Licht aus einem Medium mit der Brechzahl n_1 in ein anderes mit *kleinerer* Brechzahl $n_2 < n_1$ übergeht. Dies geht auch aus (30.7) hervor, da der Sinus eines Winkels nicht größer als 1 sein kann.

Beispiel 30.6

Eine bestimmte Glassorte habe die Brechzahl 1,50. Wie groß ist der kritische Winkel der Totalreflexion für den Übergang von diesem Glas in Luft (deren Brechzahl sei 1,00)?

Aus (30.7) ergibt sich

$$\sin \theta_k = \frac{1,00}{1,50} = 0,667.$$

Damit beträgt der kritische Winkel θ_k der Totalreflexion 42°.

Abbildung 30.17a zeigt einen Lichtstrahl, der senkrecht durch eine der beiden Kathetenseiten eines gleichschenkligen, rechtwinkligen Glasprismas in dieses eintritt. Die Brechzahl des Prismenglases sei 1,50, so daß der kritische Winkel der Totalreflexion 42° beträgt (siehe Beispiel 30.6). Bei einem Einfallswinkel des Lichtstrahls auf die Glas/Luft-Grenzfläche von 45° wird der Strahl daher

30 Licht

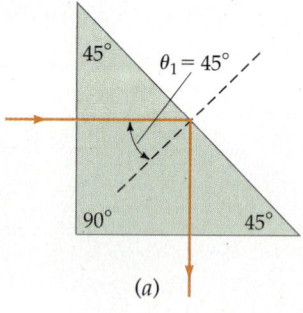

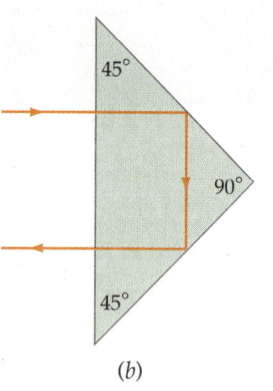

30.17 a) Ein Lichtstrahl tritt senkrecht durch eine der Kathetenseiten eines Prismas ein, dessen Grundfläche ein gleichschenkliges, rechtwinkliges Dreieck ist. Der Strahl wird innerhalb des Prismas an der Glas/Luft-Grenzfläche total reflektiert und verläßt das Prisma senkrecht auf der anderen Kathetenseite. b) Fällt ein Lichtstrahl senkrecht durch die Hypotenuse in das Prisma ein, dann wird er zweimal total reflektiert und verläßt das Prisma in der Gegenrichtung.

30.18 a) Das Licht innerhalb des Lichtleiters fällt jeweils unter einem größeren Winkel (gegen die Normale auf der Grenzfläche) als dem kritischen Winkel der Totalreflexion auf die Wände, so daß kein Licht durch Brechung aus der Glasfaser austritt. b) Diese Laserstrahlen werden an den Innenseiten des gezeigten, kurzen Glasstabs dreimal total reflektiert, bevor sie ihn wieder verlassen. (© 1987 K. Kay/Fundamental Photographs)

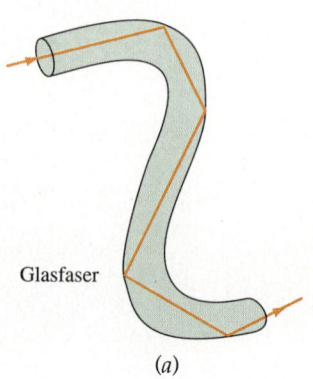

total reflektiert und verläßt das Prisma senkrecht zur anderen Kathetenseite. In Abbildung 30.17 b fällt ein Lichtstrahl senkrecht zur Hypothenusenfläche des Prismas ein, wird zweimal total reflektiert und verläßt das Prisma in der Gegenrichtung. In vielen optischen Instrumenten dienen Prismen dazu, die Lichtstrahlen verlustfrei abzulenken. In Doppelfernrohren sind pro Objektiv zwei Prismen eingesetzt, die das von der Linse invertierte Bild wieder umkehren. Diamant hat eine sehr hohe Brechzahl ($n \approx 2{,}4$), so daß nahezu alles Licht, das in einen Diamanten eintritt, total reflektiert wird. Deswegen ist das Funkeln echter Diamanten in Glas nicht zu erzielen.

Eine neuere Anwendung der Totalreflexion ist die Übertragung von Licht durch Glasfasern (Abbildung 30.18). Wenn die Faser nicht zu stark gekrümmt ist, kann kein Licht seitlich austreten. Ein Bündel von Glasfasern kann zum Übertragen von Abbildungen verwendet werden, wie es in Abbildung 30.19 illustriert ist. Dies wird z. B. in der Medizin genutzt, um bei der sogenannten Endoskopie innere Organe ohne Operation zu überprüfen. In der Kommunikationstechnik dienen Glasfasern zum Übertragen von Daten. Geschieht die Übertragung durch modulierte elektromagnetische Wellen, so ist die Übertragungsrate (die Menge der Daten pro Zeit) stark von der Frequenz der Trägerwelle abhängig. In den Glasfasern dienen Lichtwellen als Informationsträger; sie haben Frequenzen in der Größenordnung von 10^8 Hz. Dadurch sind wesentlich höhere Datenübertragungsraten erzielbar als etwa mit Rundfunkwellen, deren Frequenz nur in der Größenordnung von 10^6 Hz liegt. In einer Glasfaser, die nicht dicker als Menschenhaar ist, kann eine Informationsfülle übertragen werden, die 25 000 simultanen Telefongesprächen entspricht.

Wenn sich der Brechungsindex eines Mediums räumlich ändert, dann führt das zu einer Krümmung des Lichtweges der durchgehenden Lichtstrahlen infolge der Brechung. Ein interessantes Beispiel hierfür ist die Luftspiegelung (Fata Morgana). An heißen Tagen ist die Luft am Erdboden wärmer als die Luft darüber und hat deshalb eine geringere Dichte. Infolgedessen ist die Lichtgeschwindigkeit in der weniger dichten, unteren Schicht etwas höher als in der Umgebung. Dadurch wird ein Lichtstrahl beim Übergang in die wärmere Luft gebrochen. Abbildung 30.20 a zeigt Lichtstrahlen, die sich in Luft mit überall gleicher Temperatur ausbreiten. Die Wellenfronten sind kugelförmig, und die Strahlen verlaufen radial und geradlinig. In Abbildung 30.20 b ist die Luft nahe am Boden wärmer.

30.4 Brechung

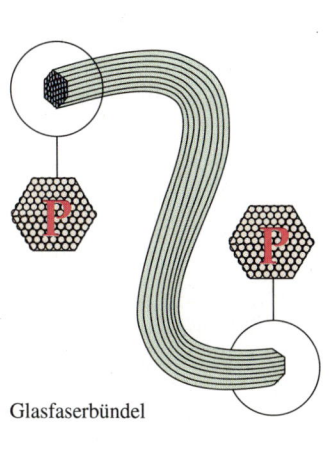 

30.19 a) Das vom Gegenstand ausgehende Licht wird durch ein Glasfaserbündel übertragen und bildet auf der anderen Seite des Leiters ein Bild des Gegenstands. b) Ein Bild, das durch ein Faserbündel übermittelt wird. (© 1983 C. Falco/Photo Researchers)

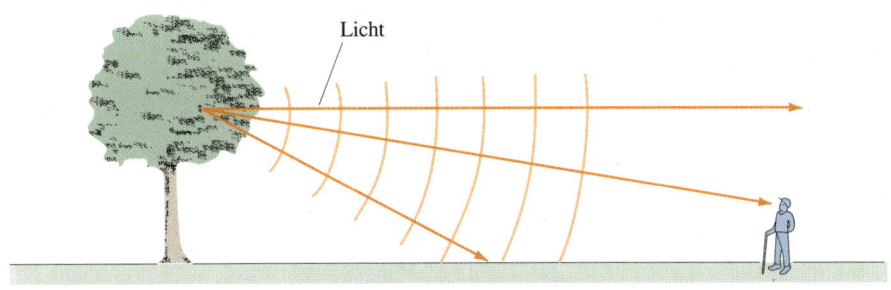

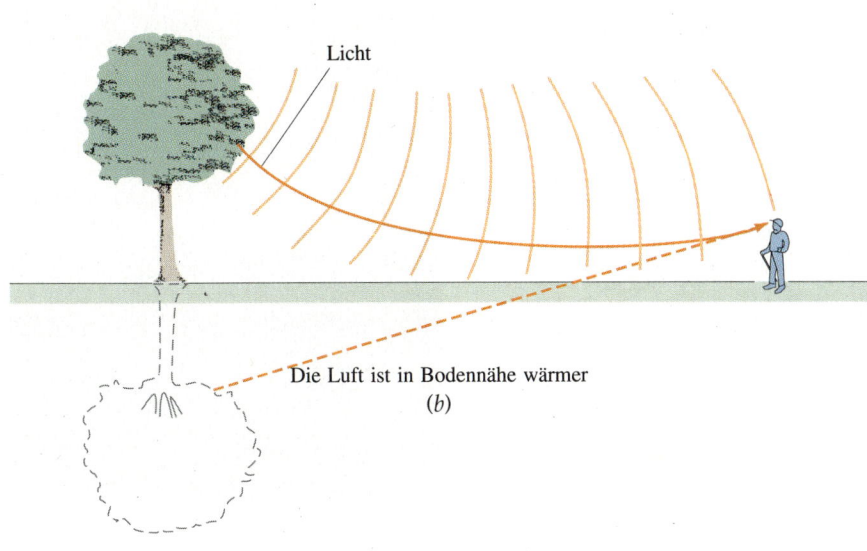 

30.20 Eine Luftspiegelung: a) Wenn die Luft überall gleiche Temperatur hat, dann breiten sich die vom Baum reflektierten Lichtstrahlen geradlinig aus, und die Wellenfronten bleiben kugelförmig. b) Ist die Luft am Boden wärmer, dann bleiben die Wellenfronten nicht mehr kugelförmig, und die Lichtstrahlen (die Normalen auf den Wellenfronten) werden zu einer gekrümmten Linie gebrochen. Der Beobachter sieht den Baum so, als würden die Lichtstrahlen durch eine Wasserfläche am Boden reflektiert. c) Luftspiegelung auf einer heißen Straße. (© Robert Greenler)

30 Licht

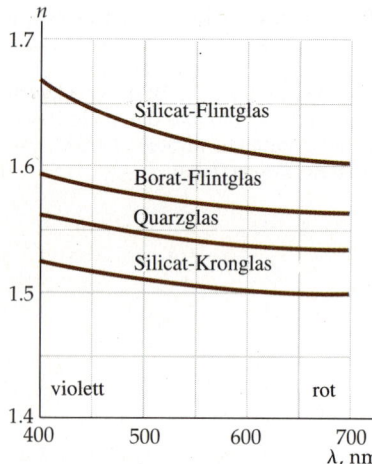

30.21 Die Brechzahl einiger Glassorten in Abhängigkeit der Lichtwellenlänge.

Dort breiten sich die Wellenfronten schneller aus, so daß die Lichtstrahlen gebrochen werden. Der Beobachter sieht, wie in Abbildung 30.20 c gezeigt, ein Bild, als würde das Licht am Boden von einer Wasserfläche reflektiert. An heißen Tagen sieht man auf der Straße oft scheinbar nasse Flecken, die beim Näherkommen verschwinden. Auch dies beruht auf der Lichtbrechung an einer heißeren Luftschicht (Abbildung 30.20 c).

Dispersion

In Tabelle 30.1 sind die Brechzahlen einiger durchsichtiger Substanzen aufgeführt, bezogen auf das Natriumlicht mit der Wellenlänge 589 nm. Die Brechzahl einer jeden Substanz ist geringfügig von der Wellenlänge bzw. von der Frequenz des Lichts abhängig. Diesen Effekt nennt man **Dispersion**. Er wurde allgemein für Wellen bereits in Abschnitt 14.7 beschrieben. Wie in Abbildung 30.21 zu erkennen ist, nimmt die Brechzahl der Gläser mit zunehmender Wellenlänge leicht ab. Trifft weißes Licht auf ein Glasprisma, so wird es in seine Farbkomponenten zerlegt (dispergiert), wobei der längerwellige Anteil (rot) weniger stark gebrochen wird als der kürzerwellige (violette) Anteil (siehe Abbildung 30.22).

Tabelle 30.1 Brechzahlen einiger Substanzen, bezogen auf gelbes Natriumlicht ($\lambda = 589$ nm).

Substanz	Brechzahl n	Substanz	Brechzahl n
Festkörper		Flüssigkeiten bei 20 °C	
Diamant (C)	2,417	Benzol	1,501
Eis (H_2O)	1,309	Ethanol (C_2H_5OH)	1,36
Flußspat (CaF_2)	1,434	Glyzerin	1,473
Kochsalz (NaCl)	1,544	Leinöl	1,486
Quarz (SiO_2)	1,544	Methanol (CH_3OH)	1,329
Zirkon ($ZrSiO_4$)	1,923	Schwefelkohlenstoff (CS_2)	1,628
Gläser (typische Werte)		Terpentinöl	1,472
Borat-Flintglas	1,565	Tetrachlorkohlenstoff (CCl_4)	1,460
Quarzglas	1,458	Toluol	1,496
Silicat-Flintglas	1,612	Wasser (H_2O)	1,333
Silicat-Kronglas	1,503	Zedernholzöl	1,505

30.22 a) Weißes Licht wird durch ein Glasprisma spektral zerlegt. Die Brechzahl sinkt mit zunehmender Wellenlänge. Damit wird das längerwellige rote Licht schwächer gebrochen als das kürzerwellige violette Licht. b) Die Lichtdispersion an einem Glasprisma. (© P. Silverman/Fundamental Photographs)

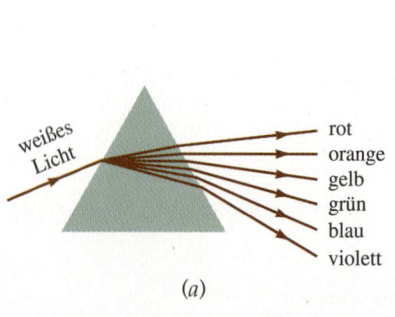

(a)

(b)

Der Regenbogen

Der Regenbogen entsteht durch Reflexion und Dispersion des Sonnenlichts an Wassertröpfchen, die in der Luft schweben. Abbildung 30.23 zeigt die Konstruktion von R. Descartes, mit deren Hilfe das Zustandekommen eines Regenbogens erklärt werden kann. Das parallele Sonnenlicht trifft auf einen kugelförmigen Wassertropfen. Die Lichtstrahlen werden beim Eintritt in das Wasser gebrochen, an der Rückseite des Tropfens reflektiert und beim Austritt erneut gebrochen. Strahl 1 verläuft entlang der Linie des Durchmessers und wird in sich selbst reflektiert. Strahl 2 trifft etwas oberhalb vom Strahl 1 auf den Tropfen und verläßt ihn unter einem kleinen Winkel zur waagerechten Linie des Durchmessers. Mit zunehmendem Abstand der Strahlen vom Strahl 1 wird ihr Austrittswinkel aus dem Tropfen größer. Hier ist der Austrittswinkel beim Strahl 7 am größten. Für Strahlen, die weiter oberhalb von Strahl 7 eintreffen, werden die Austrittswinkel wieder kleiner. Damit ein Regenbogen sichtbar wird, muß das gestreute Licht intensiv genug sein. Alle Strahlen, die in einem kleinen Bereich um den Strahl 7, also den mit der maximalen Ablenkung, herum auf den Wassertropfen fallen, werden ungefähr im gleichen Winkel reflektiert (in der Abbildung sind das die Strahlen 6 bis 11). Je weiter entfernt vom Strahl 7 ein einfallender Strahl auf die Oberfläche des Wassertropfens trifft, um so größer wird der Unterschied im Austrittswinkel (verglichen mit demjenigen des Strahls 7). Wie in der Abbildung angedeutet, kommt es also zu einer Häufung von Strahlen mit einem Austritts-

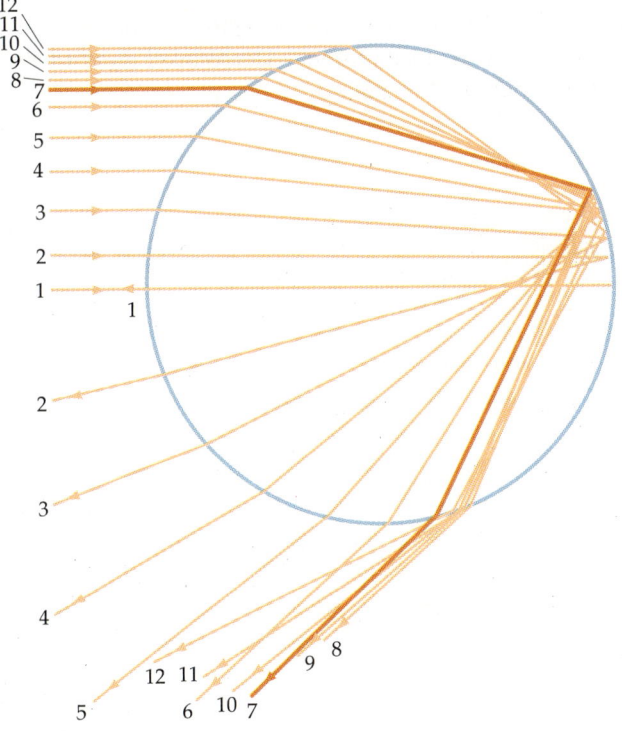

30.23 Die Konstruktion von Descartes zur Erklärung des Regenbogens. Das parallele Sonnenlicht dringt in einen kugelförmigen Wassertropfen ein. Beim Übergang in das Wasser wird das Licht gebrochen; an der Rückseite des Tropfens wird es reflektiert und beim Austritt aus dem Wasser wieder gebrochen. Der Mittelstrahl 1 wird in sich selbst reflektiert. Mit zunehmendem Abstand der einfallenden Strahlen vom Strahl 1 nimmt der Winkel zwischen austretendem Strahl und Strahl 1 zu. Der maximale Austrittswinkel wird bei Strahl 7 erreicht. Bei Strahlen, die oberhalb vom Strahl 7 einfallen, wird der Austrittswinkel wieder kleiner. Durch die Häufung der Strahlen, die mit einem ähnlichen Winkel wie Strahl 7 aus dem Wassertropfen austreten, wird der Regenbogen sichtbar.

winkel ähnlich dem maximalen Winkel; das heißt, um den maximalen Winkel herum ist die Intensität so groß, daß der Regenbogen gesehen werden kann. Descartes zeigte, daß der maximale Winkel 42° beträgt. Ein Regenbogen ist daher – wie in Abbildung 30.24 gezeigt – in einem **Beobachtungswinkel** (einem Raumwinkel mit der Öffnung) von 42° zum Sonnenlicht sichtbar, das dabei von hinten kommt.

30 Licht

30.24 Ein Regenbogen läßt sich unter einem Winkel von 42° zum Sonnenlicht beobachten, das dabei von hinten kommen muß. Dies entspricht der Konstruktion von Descartes in Abbildung 30.23.

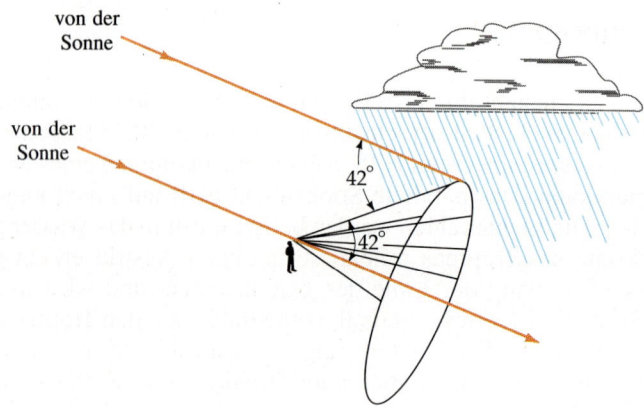

Der Beobachtungswinkel von 42° läßt sich mit den Gesetzen der Reflexion und der Brechung berechnen. In Abbildung 30.25 trifft ein Lichtstrahl im Punkt A auf einen Wassertropfen. Der Brechungswinkel θ_2 und der Einfallswinkel θ_1 sind durch das Snelliussche Gesetz miteinander verknüpft:

$$n_{\text{Luft}} \sin \theta_1 = n_{\text{Wasser}} \sin \theta_2 \,. \qquad 30.8$$

Der gebrochene Strahl trifft im Punkt B auf die Rückseite des Wassertropfens, und zwar unter dem Winkel θ_2 zur Normalen OB. Er wird unter dem gleichen Winkel reflektiert. Beim Austritt aus dem Tropfen im Punkt C wird der Strahl wieder gebrochen. Der Punkt P ist der Schnittpunkt der Verlängerungen des einfallenden und des austretenden Strahls. Der Winkel ϕ_A wird als **Ablenkwinkel** des Strahls bezeichnet. Für ihn gilt

$$\phi_A + 2\beta = \pi \,. \qquad 30.9$$

Der Winkel 2β ist der Beobachtungswinkel des Regenbogens. Aus dieser Definition folgt, daß der Ablenkwinkel um so kleiner ist, je größer der Beobachtungswinkel ist, und umgekehrt. Nun leiten wir die Beziehung zwischen dem Ablenkwinkel ϕ_A und dem Einfallswinkel θ_1 her. Aus dem Dreieck AOB in Abbildung 30.25 ergibt sich

$$2\theta_2 + \alpha = \pi \,. \qquad 30.10$$

Im Dreieck AOP ist

$$\theta_1 + \beta + \alpha = \pi \,. \qquad 30.11$$

30.25 Ein Lichtstrahl trifft auf einen kugelförmigen Wassertropfen. Der Strahl wird beim Eintritt in den Wassertropfen am Punkt A gebrochen, an der Innenseite des Tropfens am Punkt B reflektiert und beim Verlassen am Punkt C wieder gebrochen. Die Verlängerung des einfallenden Strahls schneidet die Verlängerung des aus dem Tropfen kommenden Strahls im Punkt P. Der Winkel ϕ_A heißt Ablenkwinkel des Strahls.

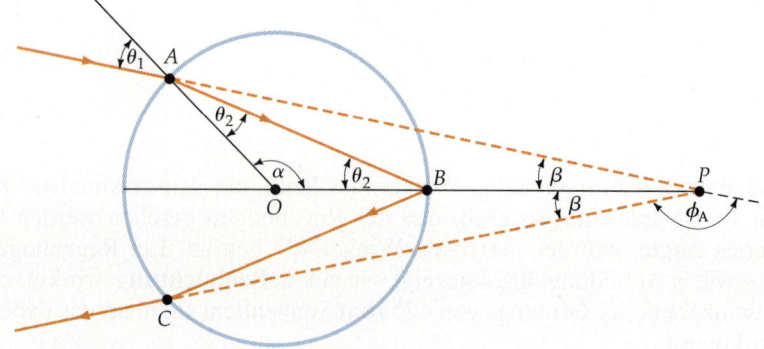

Eliminieren von α aus (30.10) und aus (30.11) sowie Auflösen nach β ergibt

$$\beta = \pi - \theta_1 - \alpha = \pi - \theta_1 - (\pi - 2\theta_2) = 2\theta_2 - \theta_1 \,.$$

Dieser Ausdruck für β wird in (30.9) eingesetzt, und es folgt

$$\phi_A = \pi - 2\beta = \pi - 4\theta_2 + 2\theta_1 \,. \qquad 30.12$$

Der Winkel θ_2 läßt sich mit dem Gesetz von Snellius (30.8) eliminieren. Dies ergibt die gewünschte Beziehung zwischen dem Ablenkwinkel ϕ_A und dem Einfallswinkel θ_1:

$$\phi_A = \pi + 2\theta_1 - 4\arcsin\left(\frac{n_{\text{Luft}} \sin \theta_1}{n_{\text{Wasser}}}\right). \qquad 30.13$$

In Abbildung 30.26 ist ϕ_A gegen θ_1 aufgetragen, und man sieht, daß der Ablenkwinkel ϕ_A ein Minimum von etwa 138° hat. Dieser Winkel heißt **Winkel der minimalen Ablenkung**. Der zugehörige Einfallswinkel liegt bei $\theta_1 = 60°$. Für Einfallswinkel, die etwas größer oder etwas kleiner als 60° sind, ist der Ablenkwinkel ϕ_A näherungsweise derselbe. Deshalb kommt es zu einer Konzentration des im Wassertropfen gebrochenen und reflektierten Lichts vor allem in der Nähe des minimalen Ablenkwinkels, und der Beobachtungswinkel des Regenbogens ist

$$2\beta = \pi - \phi_{A,\min} = 180° - 138° = 42° \,.$$

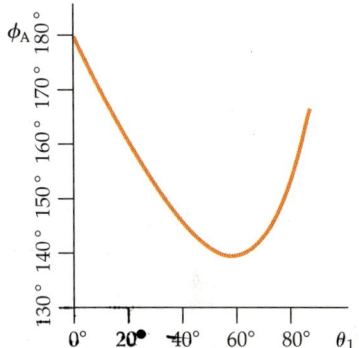

30.26 Der Ablenkwinkel ϕ_A in Abhängigkeit vom Einfallswinkel θ_1. Für $\theta_1 = 60°$ hat ϕ_A ein Minimum. Hier ist $d\phi_A/d\theta_1 = 0$. Für Einfallswinkel, die etwas größer oder etwas kleiner als 60° sind, ist der Ablenkwinkel näherungsweise gleich.

Die Farbtrennung im Regenbogen rührt von der Tatsache her, daß die Brechzahl des Wassers etwas von der Wellenlänge abhängt. Damit ändern sich auch der minimale Ablenkwinkel und der Beobachtungswinkel mit der Wellenlänge (Abbildung 30.27). Erst Lichtstrahlen von vielen verschiedenen Wassertropfen erzeugen den sichtbaren Regenbogen. Die bei einem bestimmten Beobachtungswinkel erscheinende Farbe entspricht dem zur jeweiligen Wellenlänge gehörigen minimalen Ablenkwinkel, unter dem der betreffende Strahl aus dem Tropfen in Richtung des Beobachters austritt. Für rotes Licht ist n_{Wasser} kleiner als für violettes Licht; also ist das Argument des arcsin in Gleichung (30.13) für rotes Licht größer als für violettes. Damit ist der Ablenkwinkel ϕ_A kleiner und β größer, so daß der rote Teil des Regenbogens den größeren Beobachtungswinkel hat.

Trifft im Wassertropfen ein Lichtstrahl die Grenzfläche zwischen Wasser und Luft, so wird ein Teil des Lichts gebrochen und verläßt den Wassertropfen, ein anderer Teil wird hingegen noch einmal reflektiert. Durch die zweimalige Reflexion innerhalb eines Wassertropfens entsteht der sekundäre Regenbogen

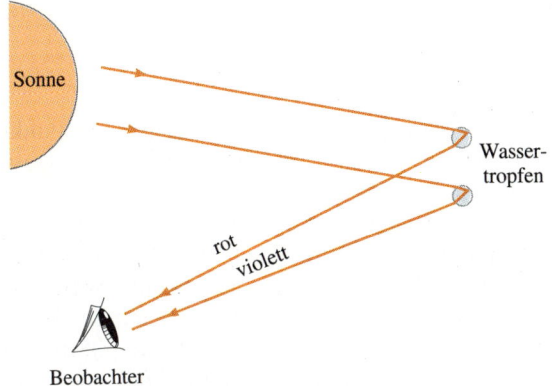

30.27 Der Regenbogen hat für unterschiedliche Wellenlängen andere Beobachtungswinkel.

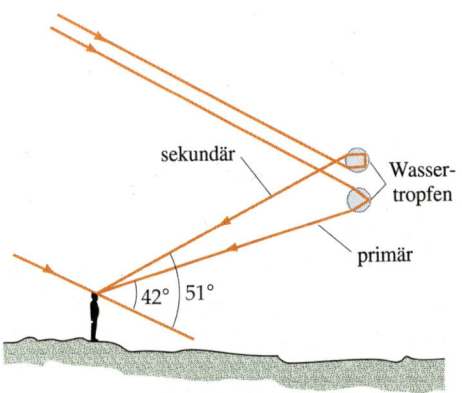

30.28 Der sekundäre Regenbogen entsteht durch Licht, das innerhalb eines Wassertropfens zweimal reflektiert wird.

30 Licht

(Abbildung 30.28). Dieser hat den Beobachtungswinkel von 51°, und seine Farbreihenfolge ist umgekehrt gegenüber der des primären Regenbogens. Sein äußerer Streifen ist der blau-violette. Da jedoch an der Wasser/Luft-Grenzfläche nur ein kleiner Teil des Lichts zweimal reflektiert wird, ist der sekundäre Regenbogen sehr viel schwächer als der primäre.

30.5 Das Fermatsche Prinzip

Wie wir gesehen haben, läßt sich die Ausbreitung des Lichts und anderer Wellen durch das Huygenssche Prinzip beschreiben. Eine andere Möglichkeit hierfür bietet das **Fermatsche Prinzip**, das im 17. Jahrhundert von dem französischen Mathematiker Pierre de Fermat aufgestellt wurde:

Fermatsches Prinzip

> Der Weg, den das Licht beschreibt, wenn es sich von einem Punkt zu einem anderen bewegt, ist stets so, daß die Zeit, die das Licht für das Zurücklegen des Weges benötigt, minimal ist.

Diese Fassung des Fermatschen Prinzips umfaßt jedoch nicht alle möglichen Fälle. Die für einen Weg benötigte Zeit ist nicht immer ein Minimum, sondern kann auch ein Maximum sein. Die allgemeinere Formulierung des Fermatschen Prinzips lautet daher:

Allgemeine Formulierung des Fermatschen Prinzips

> Der Weg, den das Licht beschreibt, wenn es sich von einem Punkt zu einem anderen bewegt, ist stets so, daß die Zeit, die das Licht für das Zurücklegen des Weges benötigt, gegenüber kleinen Änderungen des Weges invariant ist.

Wenn die Zeit t in Abhängigkeit von der Wegstrecke x ausgedrückt wird, so bedeutet das verallgemeinerte Fermat-Prinzip: $dt/dx = 0$. Demnach hat $t(x)$ ein Extremum, das entweder ein Minimum oder ein Maximum sein kann, oder auch einen Wendepunkt mit waagerechter Tangente. Das Fermatsche Prinzip ist ein typisches Beispiel für die sogenannten Extremalprinzipien, die in der theoretischen Physik eine große Rolle spielen.

In diesem Abschnitt werden wir mit Hilfe des Fermatschen Prinzips die Gesetze der Reflexion und der Brechung herleiten.

Reflexion

Der Lichtstrahl in Abbildung 30.29 geht vom Punkt A aus, trifft in einem Punkt P auf einen ebenen Spiegel und gelangt von dort zum Punkt B. Die Frage ist, welchen Weg schlägt der Lichtstrahl ein, d.h., wo liegt P? Das Fermatsche Prinzip besagt hier: Der Punkt P ist derjenige, bei dem die Zeit minimal ist, die das Licht für den Weg von A nach B benötigt. Da das Licht das Medium (z.B. die Luft) nicht verläßt, ist die Zeit dann minimal, wenn die gesamte Wegstrecke $\overline{AP} + \overline{PB}$ minimal ist. Diese Strecke ist in Abbildung 30.29 gleich der Strecke $\overline{A'PB}$, weil A' das Spiegelbild von A an der Grenzfläche ist. (Dann gilt in jedem Falle $\overline{AP} = \overline{A'P}$.) Offensichtlich ist die Strecke $\overline{A'PB}$ dann minimal, wenn diese drei Punkte auf einer Geraden liegen. Das ist aber genau dann der Fall, wenn der Einfallswinkel gleich dem Reflexionswinkel ist.

30.29 Die Herleitung des Reflexionsgesetzes aus dem Fermatschen Prinzip. Die für den Lichtweg von A nach B benötigte Zeit ist minimal, wenn das Licht die Spiegeloberfläche im Punkt P trifft, bei dem Einfalls- und Reflexionswinkel gleich sind.

Brechung

Die Herleitung des Snelliusschen Brechungsgesetzes aus dem Fermatschen Prinzip ist etwas komplizierter als die Herleitung des Reflexionsgesetzes. In Abbildung 30.30 sind mögliche Lichtwege vom Punkt A in Luft zum Punkt B in Glas eingezeichnet. Der Punkt P_1 liegt auf der Geraden zwischen A und B. Für diesen Weg wird aber nicht die kürzeste Zeit benötigt, denn die Lichtgeschwindigkeit ist in Glas kleiner als in Luft. Verschiebt man den Punkt P_1 etwas nach rechts, dann wird der gesamte Weg länger. Dabei wird aber die Strecke im Glas kürzer als beim Weg durch den Punkt P_1. Aus der Abbildung ist jedoch nicht ersichtlich, für welchen Weg die benötigte Zeit minimal ist.

Mit Hilfe von Abbildung 30.31 läßt sich der Weg, d.h. der Ort von P_{min}, berechnen, für den die Laufzeit des Lichtstrahls minimal ist. Die im Medium 1 mit der Brechzahl n_1 zurückgelegte Strecke sei ℓ_1, und die im Medium 2 mit der Brechzahl n_2 zurückgelegte Strecke sei ℓ_2. Die Zeit, die das Licht für den gesamten Weg AB benötigt, ergibt sich zu

$$t = \frac{\ell_1}{c_1} + \frac{\ell_2}{c_2} = \frac{\ell_1}{c/n_1} + \frac{\ell_2}{c/n_2} = \frac{n_1 \ell_1}{c} + \frac{n_2 \ell_2}{c}. \qquad 30.14$$

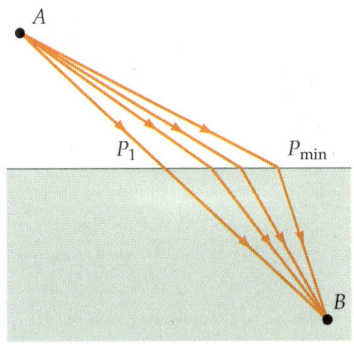

30.30 Die Anordnung zur Herleitung des Snelliusschen Brechungsgesetzes aus dem Fermatschen Prinzip. Die für den Lichtweg von A nach B benötigte Zeit ist minimal, wenn das Licht die Grenzfläche zwischen Luft und Glas im Punkt P_{min} trifft.

Die Aufgabe besteht nun darin, die x-Koordinate des Punktes P_{min} zu ermitteln, bei der die Zeit t minimal ist. Die in den beiden Medien zurückgelegten Strecken ℓ_1 und ℓ_2 hängen von x folgendermaßen ab:

$$\ell_1^2 = a^2 + x^2 \quad \text{und} \quad \ell_2^2 = b^2 + (d-x)^2. \qquad 30.15$$

In Abbildung 30.32 ist die Zeit t als Funktion von x aufgetragen. Im Minimum gilt $dt/dx = 0$. Also leiten wir (30.14) nach x ab:

$$\frac{dt}{dx} = \frac{1}{c}\left(n_1 \frac{d\ell_1}{dx} + n_2 \frac{d\ell_2}{dx}\right).$$

Aus $dt/dx = 0$ folgt dann

$$n_1 \frac{d\ell_1}{dx} + n_2 \frac{d\ell_2}{dx} = 0. \qquad 30.16$$

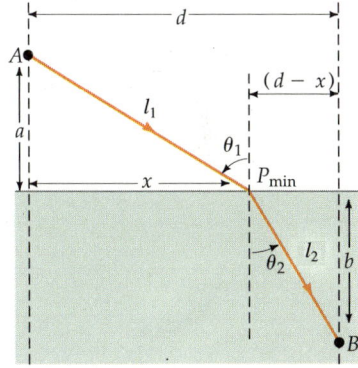

30.31 Zur Berechnung der minimalen Zeit, die ein Lichtstrahl für den Weg zwischen den Punkten A und B in zwei unterschiedlichen Medien benötigt.

Die einzelnen Ableitungen berechnen wir aus (30.15). Für den Term mit ℓ_1 erhalten wir dabei

$$\frac{d\ell_1}{dx} = \frac{x}{\ell_1}.$$

Nun ist $x/\ell_1 = \sin\theta_1$, wobei θ_1 der Einfallswinkel ist. Damit gilt

$$\frac{d\ell_1}{dx} = \sin\theta_1.$$

Für ℓ_2 ergibt sich entsprechend

$$\frac{d\ell_2}{dx} = -\frac{d-x}{\ell_2} = -\sin\theta_2,$$

wobei θ_2 der Brechungswinkel ist. Einsetzen der Ableitungen in (30.16) liefert

$$n_1 \sin\theta_1 = n_2 \sin\theta_2.$$

Dies ist exakt das Brechungsgesetz von Snellius.

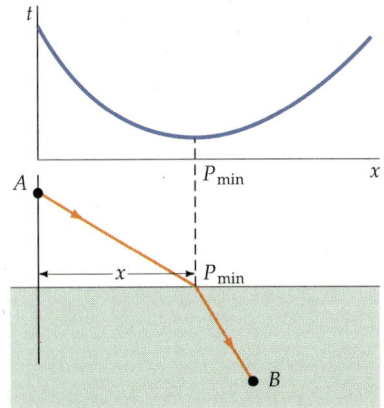

30.32 Die Zeit t, die ein Lichtstrahl für den Weg vom Punkt A zum Punkt B benötigt, als Funktion des Parameters x, der entlang der brechenden Fläche gemessen wird. Die Zeit ist bei dem Punkt P_{min} minimal, bei dem der Einfalls- und der Brechungswinkel das Snelliussche Brechungsgesetz erfüllen.

30.6 Polarisation

Bei jeder transversalen Welle steht die Schwingungsebene senkrecht auf der Ausbreitungsrichtung. Pflanzt sich eine Welle beispielsweise in der Längsrichtung einer Saite fort, so stehen die Auslenkungen senkrecht auf der Saite. Bei einer Lichtwelle, die sich entlang der z-Achse ausbreitet, stehen elektrisches und magnetisches Feld sowohl auf der z-Achse als auch aufeinander senkrecht. Eine Welle nennt man **linear polarisiert**, wenn ihre Auslenkungen nur eine Richtung senkrecht zur Ausbreitungsrichtung annehmen. Ein einfaches Beispiel der Polarisierung läßt sich bei mechanischen Wellen auf einer Saite leicht zeigen: Bewegt man ein Ende der Saite in vertikaler Richtung auf und ab, so wird sie in Schwingung geraten, wobei die Auslenkungen nur nach oben und nach unten, also in vertikaler Richtung verlaufen. Die auf der Saite entlanglaufende Welle ist damit linear polarisiert. Bewegt man das Ende der Saite mit konstanter Winkelgeschwindigkeit auf einem Kreis, dann ist die entstehende Welle **zirkular polarisiert**. In diesem Fall bewegen sich alle Segmente der Saite auf einem Kreis. Eine unpolarisierte Welle läßt sich erzeugen, indem man ein Saitenende in unregelmäßiger Weise horizontal und vertikal bewegt.

Die meisten Wellen, die durch eine einzige Quelle erzeugt werden, sind polarisiert, so etwa die Wellen auf einer Saite, die durch die regelmäßigen Schwingungen eines Saitenendes verursacht werden. Elektromagnetische Wellen, die von einem einzigen Atom oder von einer einzelnen Antenne emittiert werden, sind ebenfalls polarisiert. Dagegen sind Wellen, die durch Überlagerung der aus vielen Quellen stammenden Primärwellen entstehen, gewöhnlich unpolarisiert. Beispielsweise ist das Licht einer Glühbirne vollständig unpolarisiert, denn es rührt von den Schwingungen vieler Atome her, die voneinander weitgehend unabhängig sind.

Es gibt vier Effekte, mit deren Hilfe man aus unpolarisiertem Licht polarisiertes erzeugen kann: Absorption, Streuung, Reflexion und Doppelbrechung.

Polarisation durch Absorption

Verschiedene natürlich vorkommende Kristalle haben eine besondere Eigenschaft: Bricht man diese Kristalle in geeigneter Weise auseinander, so lassen die Bruchstücke das Licht entweder durch oder sie absorbieren es; was jeweils geschieht, hängt von der Polarisation des Lichts ab. Mit Hilfe dieser sogenannten *dichromatischen* oder *dichroitischen Kristalle* kann man linear polarisiertes Licht herstellen. Denselben Effekt erzielte 1938 E. H. Land durch eine einfache, kommerziell herstellbare polarisierende Folie, die aus langkettigen, ausgerichteten Kohlenwasserstoffmolekülen bestand. Die Ausrichtung wurde durch das Dehnen des Materials in eine bestimmte Richtung während des Herstellungsprozesses erreicht. Diese Folie wird bei optischen Frequenzen leitend, wenn sie in eine iodhaltige Lösung getaucht wird. Fällt auf die Molekülketten Licht, dessen Vektor des elektrischen Feldes E parallel zu den Ketten schwingt, dann werden elektrische Ströme entlang der Ketten induziert, und die Lichtenergie wird absorbiert. Schwingt E aber senkrecht zu den Ketten, so wird das Licht durchgelassen. Die Richtung senkrecht zu den Ketten wird daher **Transmissionsachse** genannt. Wir wollen hier zur Vereinfachung annehmen, daß das Licht vollständig transmittiert (durchgelassen) wird, wenn sein elektrisches Feld parallel zur Transmissionsachse schwingt, und daß es vollständig absorbiert wird, wenn sein elektrisches Feld senkrecht zur Transmissionsachse schwingt.

Betrachten wir einen unpolarisierten Lichtstrahl, der sich in z-Richtung ausbreitet und auf eine Polarisationsfolie trifft, deren Transmissionsachse in y-Richtung steht. Im Mittel schwingt die eine Hälfte der Vektoren des elektri-

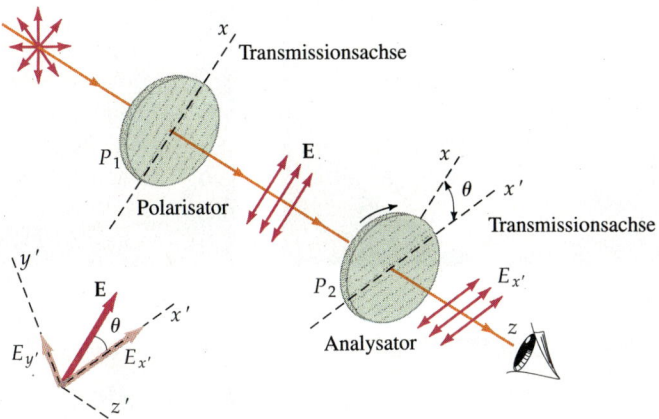

30.33 Zwei Polarisationsfolien, deren Transmissionsachsen miteinander den Winkel θ bilden. Nur die Komponente $E \cos \theta$ des elektrischen Feldes wird von der zweiten Folie durchgelassen. Wird die Intensität zwischen den Folien mit I_0 bezeichnet, dann ergibt sich die Intensität des Lichts nach dem Durchgang durch beide Folien zu $I_0 \cos^2 \theta$, wobei I_0 halb so groß wie die ursprüngliche, auf die erste Folie eingestrahlte Intensität ist.

schen Feldes in x-Richtung und die andere in y-Richtung. Deshalb wird nur der Teil des Lichts durchgelassen, dessen elektrisches Feld in y-Richtung, also parallel zur Transmissionsachse, schwingt. Das aus der Folie austretende Licht ist somit linear polarisiert. In Abbildung 30.33 befindet sich eine zweite polarisierende Folie im Strahlengang, deren Transmissionsachse den Winkel θ mit der ersten polarisierenden Schicht bildet. Das elektrische Feld zwischen den Folien sei E. Dann ist $E \cos \theta$ seine Komponente in Richtung der zweiten Transmissionsachse. Da die Intensität des Lichts proportional zu E^2 ist, ist die von beiden Folien durchgelassene Intensität

$$I = I_0 \cos^2 \theta \,. \qquad 30.17$$

Darin ist I_0 die auf die zweite Folie auftreffende Intensität, die halb so groß wie die ursprüngliche, auf die erste Folie auftreffende Intensität ist.

Wenn, wie in Abbildung 30.33, zwei Polarisationsfolien hintereinander in den Lichtweg gebracht werden, dann wird die erste als **Polarisator** und die zweite als **Analysator** bezeichnet. Stehen die beiden Transmissionsachsen aufeinander senkrecht, dann gelangt kein Licht durch die Anordnung. Gleichung (30.17) heißt auch **Gesetz von Malus**, nach seinem Entdecker E.L. Malus (1775–1812). Es läßt sich auf jede Anrodnung von zwei polarisierenden Vorrichtungen anwenden, deren Transmissionsachsen den Winkel θ einschließen.

Die Polarisation von elektromagnetischen Wellen läßt sich gut an Mikrowellen demonstrieren; deren Wellenlänge liegt in der Größenordnung von Zentimetern. In einem typischen Mikrowellengenerator werden von einer Dipolantenne polarisierte Wellen abgestrahlt. In Abbildung 30.34 steht die (nicht zu sehende) Dipolantenne vertikal; daher schwingt der elektrische Feldvektor der abgestrahlten Welle ebenfalls in vertikaler Richtung. Ein Absorber läßt sich hier durch einen Schirm aus geraden, parallelen metallischen Drähten realisieren. Stehen die Drähte vertikal, wie in Abbildung 30.34a, dann werden durch das elektrische Feld Ströme in den Drähten erzeugt, und die Energie wird absorbiert. Verlaufen die Drähte horizontal, also senkrecht zu E (siehe Abbildung 30.34b), dann werden keine Ströme induziert, und die Welle wird durchgelassen. Die Transmissionsachse des Drahtschirms steht also senkrecht auf den Drähten.

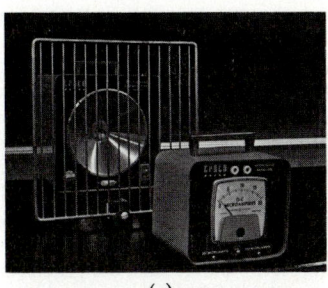

(a)

(b)

30.34 Versuch zur Polarisation von Mikrowellen. Die Dipolantenne ist vertikal ausgerichtet, und damit schwingt das elektrische Feld der Mikrowellen ebenfalls in vertikaler Richtung. a) Stehen die Metalldrähte des Absorbers in vertikaler Richtung, dann werden in den Drähten Ströme erzeugt, und die Energie wird absorbiert. Das ist an der Nullanzeige des Detektors zu erkennen. b) Stehen die Metalldrähte horizontal, so werden keine Ströme in den Drähten erzeugt, und die Mikrowelle wird transmittiert. Das ist am Ausschlag des Anzeigeinstruments abzulesen. Die Transmissionsachse des Drahtschirms und die Drähte stehen also senkrecht aufeinander. (Fotos: Larry Langrill)

30 Licht

Wenn die Transmissionsachsen zweier Polarisationsfilter senkrecht aufeinanderstehen, so wird kein Licht durchgelassen. Man sagt dann, die Polarisatoren sind gekreuzt. Es gibt jedoch Materialien, die doppelbrechend sind oder es unter Spannung werden. Diese Substanzen drehen die Polarisationsrichtung so, daß Licht einer bestimmten Wellenlänge durch beide Polarisatoren transmittiert wird. Betrachtet man ein doppelbrechendes Material, das sich zwischen zwei gekreuzten Polarisatoren befindet, erhält man Informationen über seine innere Struktur. a) Dünnschliff eines Quarzkorns, das am Rande eines Meteorkraters gefunden wurde. Die Schichtstruktur, sichtbar an den parallelen sogenannten Stoßlinien, wurde durch die Druckwelle beim Einschlag des Meteors erzeugt. b) Ein Quarzkorn, wie es häufig in Vulkangestein gefunden wird. Hier treten keine Stoßlinien auf. c) Dünnschliff eines Eiskerns aus dem antarktischen Eisfeld; er enthält Blasen von eingeschlossenem CO_2, das hier bernsteinfarben erscheint. Diese Probe wurde in einer Tiefe von 194 m entnommen. Dies bedeutet, daß diese Luft vor rund 1600 Jahren eingeschlossen wurde. d) Diese Probe stammt aus einer Tiefe von 56 m, entsprechend einem Alter der eingeschlossenen Luft von ca. 450 Jahren. Solche Eiskernuntersuchungen haben die weniger zuverlässigen Kohlenstoffanalysen von Jahresringen von Bäumen ersetzt. Damit kann der gegenwärtige Anteil des CO_2 in der Atmosphäre mit dem der jüngeren Vergangenheit verglichen werden. (Teilbilder a, b: G. A. Izett, U.S. Geological Survey, Denver, Colorado; Teilbilder c, d: A. J. Gow, Cold Regions Research and Engineering Laboratory, Hanover, New Hampshire)

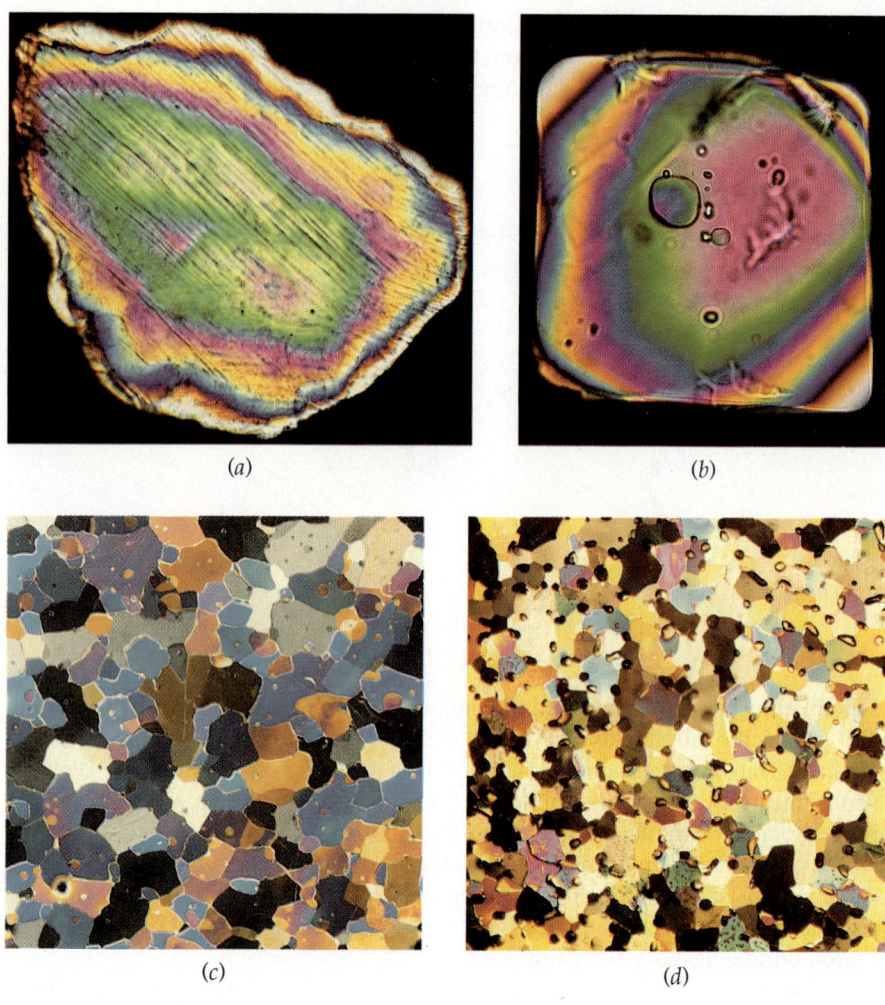

(a) (b) (c) (d)

Beispiel 30.7

Unpolarisiertes Licht falle mit einer Intensität von 3,0 W/m² auf zwei polarisierende Schichten, deren Transmissionsachsen einen Winkel von 60° einschließen. Wie groß ist die Intensität des Lichts nach dem Durchgang durch beide Schichten?

Nach dem Durchgang durch die erste Schicht hat das Licht noch die Hälfte der Anfangsintensität, also 1,5 W/m². Bezeichnen wir diese Intensität mit I_0, dann ist die von beiden Schichten durchgelassene Intensität

$$I = I_0 \cos^2 \theta = (1,5 \text{ W/m}^2) \cos^2 60°$$
$$= (1,5 \text{ W/m}^2) (0,500)^2$$
$$= 0,375 \text{ W/m}^2 .$$

Polarisation durch Streuung

Das Phänomen der Absorption und der Wiederabstrahlung wird als **Streuung** bezeichnet. Sie läßt sich an einem Lichtstrahl beobachten, der einen Behälter mit Wasser passiert, dem beispielsweise ein paar Tropfen Milch hinzugefügt wurden. Die Milchpartikel absorbieren das Licht und strahlen es wieder ab; dadurch wird der Lichtstrahl sichtbar. Ebenso können einzelne Lichtstrahlen (von einem Laser oder von der Sonne in einem teilweise abgedunkelten Zimmer) in der Luft mit Hilfe von Rauch sichtbar gemacht werden, weil das Licht an den in der Luft schwebenden Rauchpartikeln gestreut wird. Auch die blaue Farbe des Himmels abseits von der Richtung zur Sonne beruht auf Streueffekten, und zwar auf der Streuung des Sonnenlichts an den Luftmolekülen. Weil kürzerwelliges Licht stärker gestreut wird als längerwelliges, herrscht im sichtbaren Bereich die blaue Farbe vor.

Wir können die Polarisation durch Streuung verstehen, indem wir uns ein absorbierenden Molekül als eine elektrische Dipolantenne vorstellen. Diese strahlt elektromagnetische Wellen mit maximaler Intensität senkrecht zur Antennenachse ab. Dabei verläuft der Vektor des elektrischen Feldes parallel zu dieser Achse. Dagegen strahlt die Antenne in Richtung ihrer Achse praktisch keine Energie ab. Abbildung 30.35 zeigt einen Lichtstrahl, der sich entlang der z-Achse ausbreitet und im Ursprung des willkürlich gewählten Koordinatensystems auf das Streuzentrum trifft. Das elektrische Feld dieses unpolarisierten Lichtstrahls hat sowohl x- als auch y-Komponenten. Diese erzeugen Oszillationen des Streuzentrums in diesen beiden Richtungen, aber nicht in z-Richtung. Durch die Oszillation in x-Richtung wird eine linear polarisierte Lichtwelle erzeugt, die sich in y-Richtung ausbreitet und deren Vektor des elektrischen Feldes in x-Richtung verläuft. Entsprechendes gilt für den umgekehrten Fall der Oszillation des Streuzentrums in y-Richtung. Mit Hilfe eines Polarisationsfilters läßt sich die lineare Polarisation der beiden in x- und y-Richtung laufenden Teilstrahlen überprüfen.

30.35 Polarisation durch Streuung. Ein unpolarisierter Lichtstrahl breitet sich in z-Richtung aus und trifft im Ursprung auf ein Streuzentrum. Das Licht, das in x-Richtung gestreut wird, ist in y-Richtung polarisiert; entsprechend ist das in y-Richtung gestreute Licht in x-Richtung polarisiert.

Polarisation durch Reflexion

Wenn unpolarisiertes Licht an der Grenzfläche zwischen zwei durchsichtigen Medien reflektiert wird, dann ist das reflektierte Licht teilweise polarisiert. Das Ausmaß der Polarisation hängt ab vom Einfallswinkel und von den Brechzahlen der beiden Medien. Hat der Einfallswinkel gerade einen solchen Wert, daß der reflektierte und der gebrochene Strahl aufeinander senkrecht stehen, so ist der reflektierte Strahl vollständig polarisiert. Diese Gesetzmäßigkeit entdeckte, auf experimentellem Wege, David Brewster im Jahre 1812.

Abbildung 30.36 zeigt einen unter dem sogenannten **Polarisationswinkel** θ_p einfallenden Lichtstrahl. Der Polarisationswinkel ist der Winkel, bei dem reflektierter und gebrochener Strahl aufeinander senkrecht stehen. In diesem Falle ist – wie gesagt – der reflektierte Strahl vollständig polarisiert. Das elektrische Feld des einfallenden Strahls läßt sich in zwei Komponenten zerlegen, z.B. parallel und senkrecht zur Einfallsebene. Das reflektierte Licht ist dann senkrecht zur Einfallsebene vollständig polarisiert. Mit dem Brechungsgesetz von Snellius ergibt sich

$$n_1 \sin \theta_p = n_2 \sin \theta_2 \, .$$

Hierbei ist der Einfallswinkel θ_1 durch den Polarisationswinkel θ_p ersetzt. Weil der Einfallswinkel θ_1 gleich dem Reflexionswinkel θ_2 ist, folgt aus Abbildung 30.36

$$\theta_2 = 90° - \theta_p$$

und daraus

$$n_1 \sin \theta_p = n_2 \sin (90° - \theta_p)$$
$$= n_2 \cos \theta_p$$

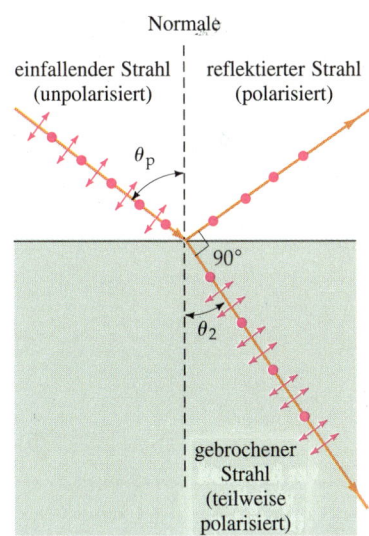

30.36 Polarisation durch Reflexion. Der einfallende Lichtstrahl ist unpolarisiert. Das elektrische Feld läßt sich in Komponenten parallel zur Einfallsebene (Pfeile) und senkrecht dazu (Punkte) zerlegen. Fällt der Strahl unter dem Polarisationswinkel ein, dann ist der reflektierte Strahl vollständig polarisiert, wobei das elektrische Feld senkrecht auf der Einfallsebene steht.

30 Licht

sowie

Gesetz von Brewster
$$\tan \theta_p = \frac{n_2}{n_1}.$$
30.18

Diese Beziehung ist das **Gesetz von Brewster**. Während das reflektierte Licht vollständig polarisiert wird, wenn der Lichtstrahl unter dem Polarisationswinkel θ_p auf die Grenzfläche fällt, ist das in das optisch dichtere Medium eintretende Licht nur teilweise polarisiert – anders als bei der Reflexion gibt es für die Brechung keinen Winkel, bei dem der Lichtstrahl ein Maximum der Polarisation annimmt. Daß der gebrochene Strahl überhaupt polarisiert ist, liegt daran, daß die in das Medium eindringende Welle bevorzugt parallel zur Einfallsebene schwingt. Das läßt sich am besten an einem Extrembeispiel verdeutlichen: Ist bereits das einfallende Licht polarisiert, und zwar so, daß sein Vektor des elektrischen Feldes **E** in der Einfallsebene liegt, dann wird kein Licht reflektiert, wenn der Einfallswinkel gleich dem Polarisationswinkel θ_p ist. Dieser Umstand läßt sich anhand von Abbildung 30.37 qualitativ erklären. Die Moleküle im dichteren Medium (Glas) oszillieren parallel zum elektrischen Feld des gebrochenen Strahls. Entlang der Oszillationsrichtung kann aber keine Energie abgestrahlt (d.h. hier reflektiert) werden (siehe Poynting-Vektor; Kapitel 29).

Wegen der Polarisation von reflektiertem Licht schützen Sonnenbrillen mit Gläsern aus polarisierendem Material besonders gut vor zu grellem Licht. Wenn Licht von einer horizontalen Fläche reflektiert wird, etwa einem See oder einem Schneefeld, so steht die Einfallsebene vertikal und das elektrische Feld des reflektierten Lichts hauptsächlich horizontal. Polarisierende Sonnengläser mit einer vertikalen Transmissionsachse absorbieren daher einen großen Teil des reflektierten Lichts. Ob eine Sonnenbrille polarisiert, läßt sich leicht feststellen: Man beobachtet durch sie einen reflektierten Lichtstrahl und dreht sie dann um 90°. Wird nun wesentlich mehr Licht durchgelassen, dann wirkt sie polarisierend.

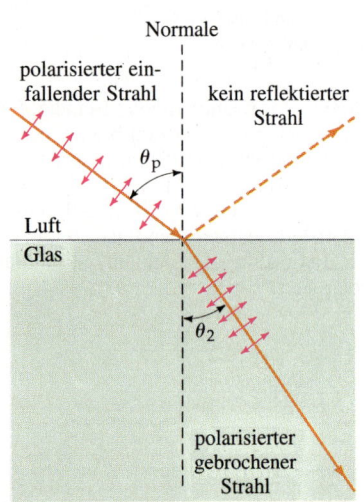

30.37 Polarisiertes Licht fällt unter dem Polarisationswinkel θ_p auf die Grenzfläche zwischen Luft und Glas. Ist das Licht so polarisiert, daß das elektrische Feld in der Einfallsebene liegt, so gibt es keinen reflektierten Strahl.

Polarisation durch Doppelbrechung

Ein kompliziertes Phänomen ist die sogenannte **Doppelbrechung**. Sie tritt im Kalkspat (Calcit, $CaCO_3$) und anderen nichtkubischen Kristallen auf, ebenso in manchen Kunststoffen wie Zellophan, wenn sie unter mechanischer Spannung stehen. Transparente Materialien, in denen die Lichtgeschwindigkeit in allen Richtungen gleich ist, werden optisch **isotrop** genannt. Doppelbrechende Materialien sind aufgrund ihres atomaren Aufbaus, also ihrer Gitterstruktur, optisch **anisotrop**: In ihnen breitet sich das Licht in verschiedenen Richtungen mit unterschiedlichen Geschwindigkeiten aus. Beim Eintritt eines Lichtstrahls in ein solches Medium wird der Strahl in zwei Teilstrahlen aufgespalten, und zwar in den *ordentlichen Strahl* (o-Strahl) und den *außerordentlichen Strahl* (ao-Strahl), die in aufeinander senkrecht stehenden Ebenen polarisiert sind. Ihre Ausbreitungsrichtungen hängen von der relativen Orientierung des Materials zum einfallenden Licht ab.

In einem doppelbrechenden Material gibt es eine bestimmte Richtung, in der sich beide Strahlen mit der gleichen Geschwindigkeit ausbreiten. Diese Richtung ist die **optische Achse** des Materials. Tritt das Licht entlang der optischen Achse in einen solchen Kristall ein, so geschieht nichts Ungewöhnliches. Trifft es jedoch unter einem von Null verschiedenen Winkel zur optischen Achse auf den Kristall auf (Abbildung 30.38), dann laufen die Strahlen in verschiedene Rich-

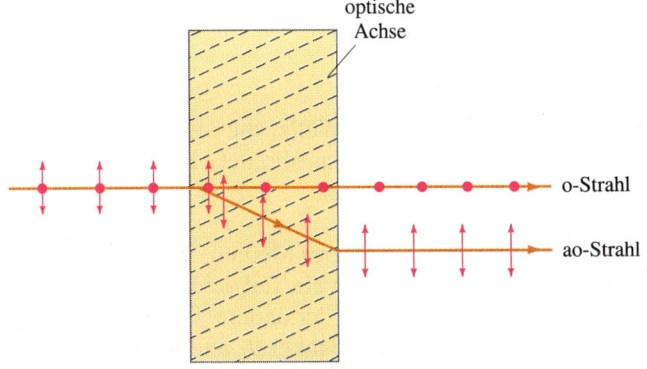

30.38 Ein Lichtstrahl trifft auf ein doppelbrechendes Material, wie z. B. Kalkspat, und wird in zwei Teilstrahlen aufgespalten: in den ordentlichen Strahl (o-Strahl) und in den außerordentlichen Strahl (ao-Strahl). Die Polarisationsrichtungen der beiden Strahlen stehen aufeinander senkrecht. Wenn der Kristall gedreht wird, dann rotiert der außerordentliche Strahl im Raum.

tungen und treten getrennt aus. Wenn der Kristall gedreht wird, rotiert der außerordentliche Strahl im Raum (siehe Abbildung 30.38).

Wenn Licht senkrecht auf die Oberfläche eines doppelbrechenden Kristalls und dabei senkrecht zur optischen Achse auftrifft, dann breiten sich die beiden Strahlen in der gleichen Richtung aus, aber ihre Geschwindigkeiten sind unterschiedlich. Daher verlassen sie den Kristall mit einer Phasendifferenz, die von dessen Plattendicke und von der Wellenlänge des einfallenden Lichts abhängt. Bei einem sogenannten $\frac{\lambda}{4}$-Plättchen ist die Dicke gerade so gewählt, daß die beiden Strahlen nach dem Durchgang eine Phasendifferenz von 90° aufweisen, bei einem $\frac{\lambda}{2}$-Plättchen haben sie eine Phasendifferenz von 180°.

Wir betrachten nun den Fall, daß das einfallende Licht linear polarisiert ist und sein Vektor des elektrischen Feldes mit der optischen Achse des Kristalls einen Winkel von 45° bildet (Abbildung 30.39). Der ordentliche und der außerordentliche Strahl sind zu Beginn miteinander in Phase und haben gleiche Amplituden. Nach dem Durchgang durch ein $\frac{\lambda}{4}$-Plättchen sind sie um 90° gegeneinander phasenverschoben. Damit sind die x- und die y-Komponente des elektrischen Feldes $E_x = E_0 \sin \omega t$ und $E_y = E_0 \sin(\omega t + 90°) = E_0 \cos \omega t$; die z-Komponente ist null. Der Vektor des elektrischen Feldes rotiert auf einem Kreis, d. h., die Welle ist zirkular polarisiert.

Beim Durchgang durch ein $\frac{\lambda}{2}$-Plättchen erhalten die beiden Strahlen eine Phasendifferenz von 180°. In diesem Fall ist das resultierende elektrische Feld linear polarisiert; die Komponenten von **E** sind dann $E_x = E_0 \sin \omega t$ und $E_y = E_0 \sin(\omega t + 180°) = -E_0 \sin \omega t$. Die Polarisationsrichtung ist um 90° gegenüber der des einfallenden Lichts gedreht (Abbildung 30.40).

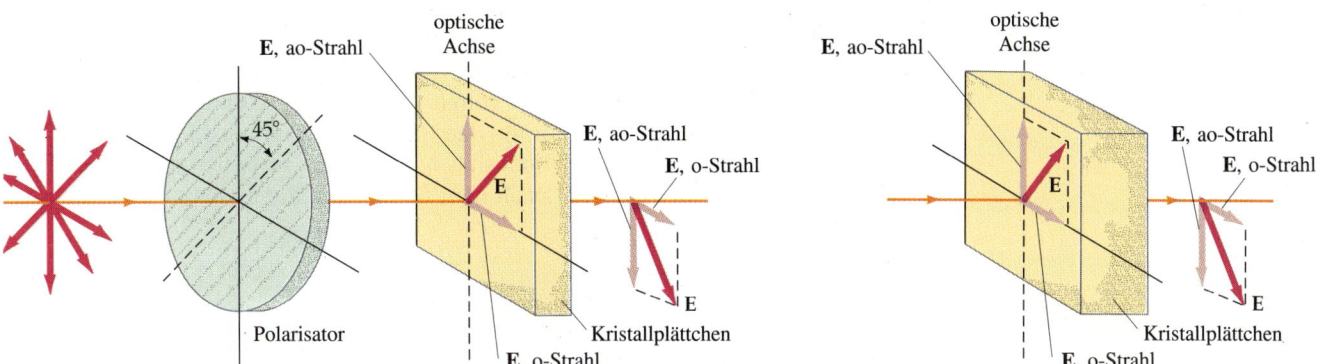

30.39 Das aus dem Polarisator austretende polarisierte Licht trifft auf einen doppelbrechenden Kristall. Das elektrische Feld bildet mit der optischen Achse einen Winkel von 45°, und die optische Achse steht senkrecht auf dem Lichtstrahl. Der ordentliche und der außerordentliche Strahl breiten sich in der gleichen Richtung mit verschiedenen Geschwindigkeiten aus.

30.40 Wenn der doppelbrechende Kristall in Abbildung 30.39 ein $\frac{\lambda}{2}$-Plättchen ist, dann ist die Polarisationsrichtung des austretenden Lichts gegenüber der des einfallenden Lichts um 90° gedreht.

Zusammenfassung

1. Licht ist eine elektromagnetische Welle, die sich im Vakuum mit der Geschwindigkeit $c = 299\,792\,458$ m/s ausbreitet. In Materie ist die Lichtgeschwindigkeit kleiner als im Vakuum.

2. Trifft Licht auf die Grenzfläche zweier Medien, in denen die Lichtgeschwindigkeiten verschieden sind, dann tritt ein Teil des Lichts in das andere Medium ein und wird dabei gebrochen, und der andere Teil wird reflektiert. Das Reflexionsgesetz besagt, daß Einfallswinkel θ_1 und Reflexionswinkel θ_r gleich sind: $\theta_r = \theta_1$. Der Brechungswinkel θ_2 ist abhängig vom Einfallswinkel θ_1 und von den Brechzahlen n_1 und n_2 der beiden Medien. Das Brechungsgesetz von Snellius lautet

$$n_1 \sin \theta_1 = n_2 \sin \theta_2 \,.$$

   Die Brechzahl eines Mediums ist gleich dem Quotienten aus der Vakuumlichtgeschwindigkeit c und der Lichtgeschwindigkeit c_m in diesem Medium:

$$n = \frac{c}{c_m} \,.$$

3. Wenn sich Licht in einem Medium mit der Brechzahl n_1 ausbreitet und auf die Grenzfläche zu einem zweiten Medium mit kleinerer Brechzahl $n_2 < n_1$ trifft, so wird der Lichtstrahl total reflektiert, wenn der Einfallswinkel θ_1 größer ist als der kritische Winkel θ_k der Totalreflexion. Dieser ist gegeben durch

$$\sin \theta_k = \frac{n_2}{n_1} \,.$$

4. Als Dispersion bezeichnet man das Phänomen, daß die Brechzahl eines Mediums von der Wellenlänge des Lichts abhängt. Durch die Dispersion wird weißes Licht, das durch ein Prisma hindurchgeht, spektral zerlegt. In ähnlicher Weise erzeugen Reflexion und Brechung des Sonnenlichts in Wassertröpfchen einen Regenbogen.

5. Licht ist wie alle elektromagnetischen Wellen eine Transversalwelle und kann daher polarisiert werden. Bilden die Transmissionsachsen zweier Polarisatoren einen Winkel θ, so wird das vom ersten Polarisator durchgelassene Licht durch den zweiten Polarisator um den Faktor $\cos^2 \theta$ geschwächt. Dies ist das Gesetz von Malus. Mit der Intensität I_0 des Lichts zwischen den beiden Polarisatoren ist die Intensität nach dem Durchgang durch den zweiten Polarisator gegeben durch

$$I = I_0 \cos^2 \theta \,.$$

6. Es gibt vier Effekte, mit denen man aus unpolarisiertem Licht polarisiertes Licht erzeugen kann: Absorption, Streuung, Reflexion und Doppelbrechung.

Essay: Jenseits des (sichtbaren) Regenbogens*

Robert Greenler
University of Wisconsin, Milwaukee

Manchmal ist das wissenschaftliche Interesse auf sehr persönliche Erfahrungen zurückzuführen. Schon als ich ein kleiner Junge war, begeisterte mich die Schönheit des Regenbogens. Erst viel später verstand ich seine Entstehung.

Die letzten drei Jahrzehnte beschäftigte ich mich mit der Struktur von Molekülen, die auf der Oberfläche von Festkörpern adsorbiert werden. Das Verständnis dieses Vorgangs ist wichtig für eine ganze Reihe von Phänomenen, darunter die Funktion von Katalysatoren, die elektrischen Eigenschaften winziger integrierter Schaltkreise, die Erzaufbereitung oder auch die Prozesse, die in einem Fusionsreaktor ablaufen.

Es scheint so, als habe mein Interesse für die aufgeführten Phänomene mit dem Regenbogen nichts zu tun. Ich entwickelte jedoch eine Methode, um mit Hilfe von Infrarotstrahlen die Struktur von Molekülen zu untersuchen, die auf Metalloberflächen adsorbiert sind. So ist die genaue Kenntnis der Beschaffenheit von Infrarotstrahlung für meine wissenschaftliche Arbeit wichtig. Eines Tages stieß ich auf die Frage: Gibt es einen infraroten Regenbogen am Himmel?

Damit ein infraroter Regenbogen entstehen kann, müssen einige Bedingungen erfüllt sein. *Erstens* muß die Lichtquelle infrarotes Licht emittieren. (Die Sonne emittiert über das gesamte elektromagnetische Spektrum, von der Röntgenstrahlung bis zu Radiowellen; siehe Abschnitt 29.5.) *Zweitens* muß die Infrarotstrahlung die Erdatmosphäre durchdringen. (Der Wasserdampf und das Kohlendioxid in der Atmosphäre absorbieren infrarote Strahlung bestimmter Frequenzen, lassen aber einen Teil ungehindert durch. Nähere Erläuterungen finden Sie in dem Essay über die globale Erwärmung am Schluß des Kapitels 16.) Der Regenbogen entsteht durch Lichtstrahlen, die in Wassertröpfchen gebrochen und reflektiert werden, bevor sie ihn wieder verlassen (siehe Abbildung 30.25). Die *dritte* Forderung ist, daß infrarotes Licht vom Wasser nicht absorbiert wird. Das ist eine wichtige, durchaus nicht triviale Bedingung. Aus der Tatsache, daß Wasser im sichtbaren Spektralbereich durchsichtig ist, läßt sich nicht ohne weiteres schließen, daß dies auch für infrarotes Licht gilt. Tatsächlich absorbiert Wasser in einem weiten Bereich des infraroten Spektrums. Messungen der spektralen Durchlässigkeit des Wassers zeigten jedoch, daß es im Bereich des sichtbaren Lichts bis zu einer Wellenlänge von 1300 nm (im Infraroten) ziemlich durchlässig ist. *Viertens* muß die nach allen geschilderten Vorgängen aus den Wassertröpfchen austretende Infrarotstrahlung die Luft durchdringen und zum Beobachtungsort gelangen.

Die Suche

Aufgrund der genannten Bedingungen können wir durchaus vermuten, daß es einen infraroten Regenbogen am Himmel gibt; er sollte in einem Streifen auf der roten Seite außerhalb des sichtbaren Regenbogens liegen.

Um diesen unsichtbaren Regenbogen aufzuspüren, verwendete ich einen infrarotempfindlichen Film. Abbildung 1 zeigt seine Empfindlichkeitskurve sowie die Empfindlichkeit des menschlichen Auges (400 nm – 700 nm). Allerdings ist es problematisch, mit diesem Film Infrarotaufnahmen zu machen, da er im gesamten Bereich des sichtbaren Spektrums empfindlich ist (am meisten sogar für blaues Licht). Zudem kann man bei Schwarzweißaufnahmen nicht entscheiden, welcher Anteil von sichtbaren und welcher vom infraroten Licht stammt. Dieses Problem löste ich mit einem Filter, dessen Empfindlichkeitskurve ebenfalls in Abbildung 1 wiedergegeben ist. Das Filtermaterial ist für sichtbares Licht undurchlässig, dagegen zunehmend durchlässig für Licht mit Wellenlängen über 800 nm. Damit ergibt die Kombination von Film und Filter einen

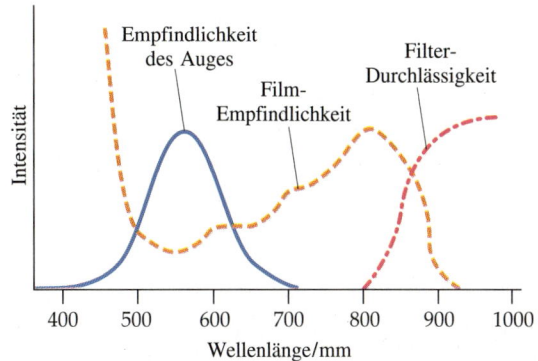

Abbildung 1 Die Empfindlichkeit des Infrarotfilms (Eastman Kodak Infrarotfilm IR 135) erstreckt sich vom sichtbaren Licht bis ins nahe Infrarot. Der Filter (Eastman Kodak 87C Infrarotfilter) ist undurchlässig für sichtbares Licht und durchlässig für Wellenlängen größer als 800 nm. Die Kombination von Film und Filter ergibt einen Empfindlichkeitsbereich von 800 nm bis 930 nm, deutlich außerhalb des sichtbaren Spektrums.

---

* Dieser Aufsatz ist die überarbeitete Fassung eines Artikels, der im November 1988 zum ersten Mal in der Zeitschrift *Optic News* erschien, herausgegeben von der *Optical Society of America*.

schmalen Empfindlichkeitsbereich zwischen 800 nm und 930 nm.

Das Auffinden

Jeder, der schon versuchte, Regenbögen zu photographieren, weiß, daß sie anscheinend nur dann auftreten, wenn man keinen Photoapparat bei sich hat; bis man ihn geholt hat, ist der Bogen üblicherweise verschwunden. Deswegen setzte ich im Garten einen Rasensprenger ein, stellte also meine Regenbögen selbst her. Abbildung 2 zeigt eine meiner ersten Aufnahmen. Im Sprühnebel erscheint der (hier infrarote) primäre Regenbogen. Außerhalb von diesem ist ein zweiter, sehr viel schwächerer Regenbogen zu sehen, der sogenannte sekundäre Regenbogen. Dieser entsteht durch zweimalige Reflexion der Strahlung in den Wassertröpfchen (siehe Abbildung 30.28).

Abbildung 2 Dieser infrarote Regenbogen entstand im Sprühnebel eines Rasensprengers. Der sekundäre, schwächere Regenbogen ist links vom Infrarotbogen zu sehen (im Druck schlecht zu erkennen). Die Schlieren rechts vom primären Bogen beruhen auf Interferenzeffekten. (Foto: Robert Greenler)

Die Infrarotaufnahme enthüllt noch mehr: Auf der rechten Seite des hellen Infrarotbogens befindet sich ein helles Band (oder auch zwei Bänder). Diese Streifen, die manchmal auch innerhalb der sichtbaren Regenbögen auftreten, heißen überzählige Bögen. Sie entstehen durch Interferenz der Lichtwellen (siehe Kapitel 33).

Die genaue Untersuchung des Originalnegativs von Abbildung 2 ergab ein weiteres Merkmal, das allerdings hier im Abdruck nicht zu sehen ist: Außerhalb des zweiten Regenbogens weist es schwache Schlieren auf, die wohl durch einen ähnlichen Prozeß entstehen wie die überzähligen Regenbögen. Ich habe diese Schlieren niemals in Verbindung mit einem sichtbaren Regenbogen oder auf einer Photographie gesehen, doch auf dem Originalnegativ sind sie zu erkennen. Sie werden auch sichtbar, wenn man das Dia auf eine Leinwand projiziert. Angesichts der Tatsache, daß dies meine ersten Versuche waren, liegt hier eine durchaus interessante Sammlung von Effekten vor.

Andere Effekte in Infrarotaufnahmen

Einige weitere Merkmale dieser Infrarotaufnahmen sind ebenfalls bemerkenswert. Die auf den Bildern dunkel erscheinenden Gegenstände absorbieren die Infrarotstrahlung, und an den hell erscheinenden Objekten wird die Strahlung gestreut oder reflektiert. Um Infrarotaufnahmen richtig zu deuten, muß man zwischen reflektierter (oder gestreuter) und emittierter Strahlung unterscheiden. Betrachtet man eine Landschaft, so erkennt man die darin enthaltenen Gegenstände (etwa Bäume oder Gras) an dem Licht, das an ihnen gestreut wird.

Jeder Körper strahlt elektromagnetische Wellen ab, wobei die Intensitätsverteilung von der Temperatur des Körpers abhängt (siehe Abschnitt 16.3). Diese Temperaturstrahlung umfaßt einen großen Wellenlängenbereich und hat erst bei sehr hohen Temperaturen ein Maximum im sichtbaren Bereich. Mit abnehmender Temperatur verschiebt sich das Maximum zum Roten, dann ins Infrarote und bei stärkerer Abkühlung schließlich so weit ins Infrarote, daß die gesamte emittierte Strahlung für das menschliche Auge nicht mehr sichtbar ist. Hat ein Gegenstand beispielsweise die Temperatur des menschlichen Körpers, so liegt das Maximum der von ihm emittierten Strahlung bei ungefähr 10 000 nm, also weit entfernt vom sichtbaren Spektralbereich.

Wenn man jedoch ein Bild der 10 000-nm-Strahlung aufnimmt (mit einer elektronischen Kamera), so erscheinen Körper, die etwas wärmer als ihre Umgebung sind, aufgrund ihrer intensiveren Wärmestrahlung sehr hell. Mit Hilfe von Infrarotbildern (Thermographien) läßt sich beispielsweise die Wärmeabgabe von Gebäuden nachweisen; die gleiche Methode dient auch zum Aufspüren von Krankheitsherden im menschlichen Körper (da sie meist eine höhere Temperatur als das umgebende Gewebe haben). Solche Bilder geben, wie gesagt, die Strahlung im fernen Infrarot wieder. Damit unterscheiden sie sich grundsätzlich von den hier gezeigten Bildern, die mit Filmen aufgenommen wurden, die im nahen Infrarot empfindlich sind. Meine Aufnahmen mit den Regenbögen zeigen also nur die Infrarotstrahlung der Sonne, die u. a. von den Blättern der Pflanzen oder von den Wassertröpfchen reflektiert bzw. gebeugt wird.

Interessant an den Infrarotaufnahmen ist auch die Dunkelheit des klaren Himmels abseits von der Sonnenrichtung. Im sichtbaren Bereich sehen wir hier das Himmelsblau (siehe Abschnitt 30.6). Es rührt von der Streuung kurzwelliger Strahlung an mikroskopisch kleinen Streuzentren her. Man kann sagen, daß der Himmel am Tage im roten Spektralbereich weitgehend dunkel ist, so daß praktisch nur das blaue Licht übrigbleibt. Aus demselben Grund ist er wegen der noch größeren Wellenlänge des Infrarots (im Vergleich zum Rot) auf Infrarotaufnahmen völlig dunkel.

Nach den ersten Aufnahmen am Rasensprenger wartete ich auf Gelegenheiten, Infrarotregenbögen in der Natur aufzunehmen. Die Abbildungen 3 und 4 zeigen natürliche Infrarotregenbögen, die ebenfalls mit der schon beschriebenen Kombination von Infrarotfilm und Filter aufgenommen wurden.

Abbildung 3 Ein natürlicher infraroter Regenbogen. Auf der Aufnahme sind die Wolken innerhalb des Bogens heller als außerhalb; dieses Merkmal haben die infraroten mit den sichtbaren Regenbögen gemeinsam. (Foto: Robert Greenler)

Abbildung 4 Aufnahme eines unsichtbaren (infraroten) Regenbogens. Es sind der primäre und der sekundäre Bogen zu sehen sowie eine Serie von Interferenzen (überzähliger Regenbögen) innerhalb des primären Bogens. (Foto: Robert Greenler)

Aufgaben

Stufe I

30.1 Lichtgeschwindigkeit

1. Der Abstand Erde – Mond werde mit Hilfe eines Laserstrahls vermessen, der von einem Reflektor auf dem Mond zur Erde zurückgeworfen wird. Aus der Laufzeit für den Weg hin und zurück wird der Abstand bestimmt. Die Unsicherheit Δx des gemessenen Abstands ergibt sich aus der Unsicherheit Δt bei der Laufzeitbestimmung, und es gilt $\Delta x = c\Delta t$. Die Laufzeit lasse sich auf $\pm 1{,}0$ ns genau bestimmen. Berechnen Sie die daraus resultierende Unsicherheit im Abstand.

30.3 Reflexion

2. Berechnen Sie den Teil der Lichtenergie, der bei senkrechtem Einfall auf eine Luft/Wasser-Grenzfläche reflektiert wird (die Brechzahl von Wasser beträgt 1,33).

3. Licht falle senkrecht auf eine Glasscheibe, deren Brechzahl 1,5 beträgt. Reflexionen ergeben sich auf beiden Seiten der Scheibe. Wieviel Prozent der einfallenden Lichtenergie geht durch die Scheibe hindurch?

30.4 Brechung

4. Die Brechzahl von Wasser ist 1,33. Berechnen Sie den Brechungswinkel eines Lichtstrahls, der eine Wasserfläche unter dem Winkel a) 20°, b) 30°, c) 45° bzw. d) 60° zur Normalen trifft.

5. Wie groß ist der kritische Winkel der Totalreflexion für Licht, das sich in Wasser ($n = 1{,}33$) ausbreitet und auf die Grenzfläche zwischen Wasser und Luft trifft?

30 Licht

6. Berechnen Sie die Lichtgeschwindigkeit in Wasser ($n = 1{,}33$) und in Glas ($n = 1{,}5$).

7. Ein Strahl monochromatischen roten Lichts mit der Wellenlänge 700 nm in Luft breite sich in Wasser aus. a) Wie groß ist hier die Wellenlänge? b) Nimmt ein Mensch unter Wasser die gleiche Farbe wahr oder eine andere?

8. Eine Glasscheibe mit der Brechzahl 1,5 befinde sich in Wasser mit der Brechzahl 1,33. Ein Lichtstrahl treffe hier auf die Scheibe. Berechnen Sie für den Einfallswinkel a) 60°, b) 45° und c) 30° den Brechungswinkel.

9. Auf einer Glasscheibe ($n = 1{,}50$) befinde sich eine Wasserschicht ($n = 1{,}33$). Licht, das sich im Glas ausbreitet, treffe auf die Grenzfläche zwischen Glas und Wasser. Berechnen Sie den kritischen Winkel der Totalreflexion.

10. Die Brechzahl von Flintglas für Licht der Wellenlänge 400 nm beträgt 1,66, und für Licht der Wellenlänge 700 nm ist sie 1,61. Berechnen Sie die Brechungswinkel für Licht dieser Wellenlängen, das auf Flintglas im Winkel von 45° trifft.

30.5 Fermatsches Prinzip

11. Ein Schwimmer erleide am Punkt S in Abbildung 30.41 einen Krampf, während er im ruhigen See schwimmt. Ein Rettungsschwimmer höre am Punkt L die Hilfeschreie. Nehmen Sie an, er kann mit einer Geschwindigkeit von 9 m/s laufen und mit 3 m/s schwimmen. Da er einiges von Physik versteht, wählt er den Weg, der ihn am schnellsten zu dem Schwimmer bringt. Welchen Weg in Abbildung 30.41 wählt er?

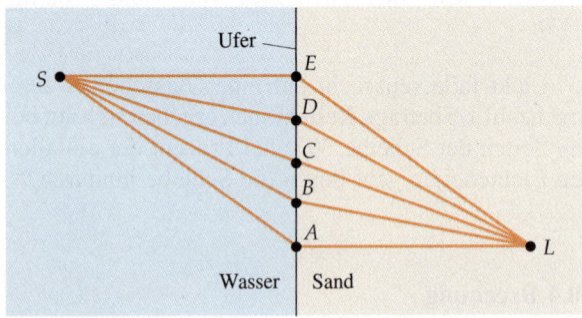

30.41 Zu Aufgabe 11.

30.6 Polarisation

12. Die Transmissionsachsen zweier Polarisationsfolien seien gekreuzt, so daß kein Licht durchdringt. Eine dritte Folie werde so zwischen die ersten beiden gestellt, daß ihre Transmissionsachse mit der ersten einen Winkel θ bildet. Unpolarisiertes Licht der Intensität I_0 treffe auf die erste Folie. Berechnen Sie die Intensität des Lichts nach Durchgang durch alle drei Folien a) für $\theta = 45°$ und b) für $\theta = 30°$.

13. Der Polarisationswinkel einer bestimmten Substanz sei 60°. a) Wie groß ist der Brechungswinkel für Licht, das unter diesem Winkel einfällt? b) Wie groß ist die Brechzahl dieser Substanz?

14. Der kritische Winkel der Totalreflexion für eine bestimmte Substanz sei 45°. Wie groß ist ihr Polarisationswinkel?

Stufe II

15. Eine Münze liege in 4 m Tiefe auf dem Boden eines Schwimmbeckens. Ein Lichtstrahl werde von ihr reflektiert, trete aus dem Wasser unter einem Winkel von 20° zur Wasseroberfläche aus und gelange in das Auge eines Beobachters. Zeichnen Sie den Strahlengang von der Münze bis zum Auge. Verlängern Sie den aus dem Wasser austretenden Strahl rückwärts, bis er den Boden des Beckens schneidet. Wie tief erscheint dieses dem Beobachter?

16. Zwei reiche Studenten beschließen, Galileos Experiment zur Messung der Lichtgeschwindigkeit zu verbessern. Ein Student in London telefoniere mit dem anderen in New York. Die Telefonverbindung verlaufe über einen Nachrichtensatelliten, der sich $37{,}9 \cdot 10^6$ m über der Erdoberfläche befinde. Vernachlässigt man die Entfernung London – New York, so entspricht der vom Funksignal zurückgelegte Weg der doppelten Höhe des Satelliten. Der erste Student klatscht in die Hände, und wenn der andere das hört, klatscht er ebenfalls in die Hände. Der erste Student mißt nun die Zeit zwischen seinem Klatschen und dem von ihm gehörten Klatschen. Berechnen Sie den Zeitunterschied unter Vernachlässigung der Reaktionszeit der Studenten. Glauben Sie, daß das Experiment gelingen kann? (Wir sehen hier davon ab, daß Zeitverzögerungen in den elektronischen Schaltkreisen, die im vorliegenden Fall größer sind als die Laufzeit des Funksignals, dieses Experiment undurchführbar machen.)

17. Eine Punktquelle sei 5 m unterhalb der Oberfläche eines großen Wasserbehälters angebracht. Berechnen Sie die Fläche des größten Kreises auf der Wasseroberfläche, durch den das direkt von der Punktquelle kommende Licht austreten kann.

18. Vom Boden eines 3 m tiefen Schwimmbeckens schaue ein Schwimmer nach oben und sehe einen Lichtkreis. Die Brechzahl von Wasser ist 1,33. Berechnen Sie den Radius des Kreises.

19. Zeigen Sie: Dreht sich ein Spiegel um den Winkel θ, dann dreht sich ein an ihm reflektierter Lichtstrahl um den Winkel 2θ.

20. Ein Lichtstrahl treffe senkrecht auf die längste Seite eines gleichschenklig-rechtwinkligen Prismas. Wie groß ist die Lichtgeschwindigkeit im Prisma, wenn in ihm bei dem gegebenen Einfallswinkel gerade keine Totalreflexion auftreten kann?

21. Zeigen Sie: Die von einer Glasscheibe mit der Brechzahl n durchgelassene Intensität berechnet sich bei senkrechtem Einfall näherungsweise zu:

$$I_T = I_0 \left[\frac{4n}{(n+1)^2} \right]^2.$$

22. Licht durchlaufe symmetrisch ein Prisma mit dem Spitzenwinkel α (Abbildung 30.42). a) Zeigen Sie, daß für den Ablenkungswinkel δ gilt

$$\sin \frac{\alpha + \delta}{2} = n \sin \frac{\alpha}{2}.$$

b) Die Brechzahl für rotes Licht sei 1,48 und für violettes Licht 1,52. Dies sind die Grenzen des sichtbaren Spektrums. Welche Winkeltrennung ergibt sich für das sichtbare Licht bei einem Prisma mit dem Spitzenwinkel 60°?

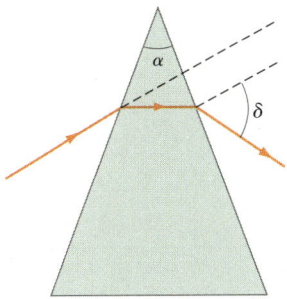

30.42 Zu Aufgabe 22.

23. Ein Lichtstrahl treffe auf eine ebene Fläche aus Silicat-Flintglas unter einem Einfallswinkel von 45°. Die Abhängigkeit der Brechzahl von der Wellenlänge ist in Abbildung 30.21 gezeigt. Um wieviel kleiner ist der Brechungswinkel für violettes Licht (400 nm) als der für rotes Licht (700 nm)?

24. Berechnen Sie unter Zuhilfenahme der Abbildung 30.21 den kritischen Winkel der Totalreflexion für Licht, das sich in Silicat-Flintglas ausbreitet und auf die Grenzfläche Glas/Luft trifft, a) für violettes Licht (400 nm) und b) für rotes Licht (700 nm).

25. a) Ein durchsichtiges Medium habe eine ebene Grenzfläche zum Vakuum. Zeigen Sie, daß der Polarisationswinkel und der kritische Winkel der Totalreflexion der Beziehung $\tan \theta_p = \sin \theta_k$ genügen. b) Welcher Winkel ist der größere?

26. Ein Lichtstrahl falle, unter einem Winkel von 58,0° zur Normalen, aus Luft auf ein durchsichtiges Material. Reflektierter und gebrochener Strahl stehen senkrecht aufeinander. a) Wie groß ist die Brechzahl des Materials? b) Wie groß ist sein kritischer Winkel der Totalreflexion?

27. Die Transmissionsachsen zweier Polarisationsfolien seien gekreuzt. Eine dritte Folie werde so zwischen die beiden gestellt, daß ihre Transmissionsachse einen Winkel θ mit der Achse der ersten Folie bildet (vgl. Aufgabe 12). Zeigen Sie, daß die von allen drei Folien durchgelassene Intensität für $\theta = 45°$ maximal ist.

28. Die mittlere Folie in Aufgabe 27 werde mit einer Kreisfrequenz ω um eine Achse parallel zum Lichtstrahl gedreht. Berechnen Sie die von allen drei Folien durchgelassene Intensität als Funktion der Zeit. Nehmen Sie hierbei an, daß für $t = 0$ auch $\theta = 0$ ist.

29. Gegeben sei ein Stapel von $N + 1$ idealen Polarisationsfolien, wobei jede Folie um den Winkel $\pi/2N$ rad gegen die vorhergehende Folie verdreht ist. Eine ebene, linear polarisierte Welle der Intensität I_0 falle senkrecht auf diesen Stapel. Die einfallende Welle wird entlang der Transmissionsachse der ersten Folie und damit senkrecht zur Polarisationsachse der letzten Folie polarisiert. a) Wie groß ist die transmittierte Intensität durch den gesamten Stapel, b) durch drei Folien ($N = 2$) und c) durch 101 Folien? d) Wie ist jeweils die Polarisationsrichtung des transmittierten Strahls?

30. Eine Punktquelle werde auf dem Boden eines Stahltanks angebracht und mit einer undurchsichtigen, kreisförmigen Scheibe mit dem Radius 6,0 cm abgedeckt. In den Tank werde dann langsam eine durchsichtige Flüssigkeit gefüllt, so daß die Scheibe auf der Oberfläche senkrecht über der Punktquelle schwimmt. Ein Beobachter sehe kein Licht über der Flüssigkeitsoberfläche, bis die Flüssigkeit 5 cm hoch steht. Wie groß ist die Brechzahl der Flüssigkeit?

31. Ein Lichtstrahl, der sich in dichtem Flintglas mit der Brechzahl 1,655 ausbreite, treffe auf die Grenzfläche zum äußeren Medium. An der Oberfläche sei eine unbekannte Flüssigkeit kondensiert. Die Totalreflexion für den Glas/Flüssigkeits-Übergang ergibt sich für einen Einfallswinkel von 53,7°. a) Wie groß ist die Brechzahl der unbekannten Flüssigkeit? b) Falls die Flüssigkeit entfernt wird, wie groß ist dann der Einfallswinkel, bei dem Totalreflexion auftritt? c) Berechnen Sie mit dem Einfallswinkel von b) den Brechungswinkel. Entkommt der Strahl dem Flüssigkeitsfilm? Nehmen Sie an, daß die Grenzfläche zwischen Glas und Flüssigkeit absolut eben ist.

32. Die Brechzahl von rotem Licht in Wasser sei 1,3318 und von blauem Licht 1,3435. Berechnen Sie die Winkeltrennung dieser Farben im primären Regenbogen. (Verwenden Sie die in Aufgabe 40 gegebene Gleichung.)

33. In Abbildung 30.43 breitet sich ein Lichtstrahl in einem Medium (etwa Luft) mit der Brechzahl n_1 aus. Er trifft unter einem Einfallswinkel θ_1 auf eine Flüssigkeitsschicht (etwa Wasser) mit der Brechzahl n_2, durchquert diese und tritt in Glas mit der Brechzahl n_3 ein. Es sei θ_3 der Brechungswinkel im Glas. Zeigen Sie, daß gilt $n_1 \sin \theta_1 = n_3 \sin \theta_3$ bzw. daß das zweite Medium außer acht gelassen werden kann, wenn der Brechungswinkel im dritten Medium ermittelt wird.

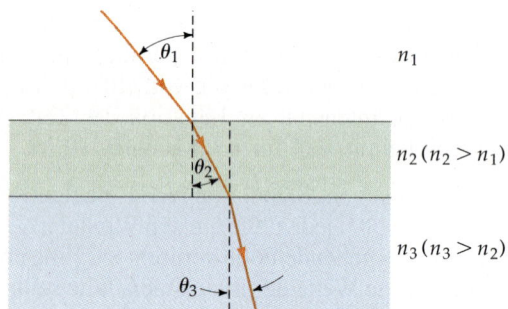

30.43 Zu Aufgabe 33.

34. Ein Lichtstrahl treffe auf einen Glasquader ($n = 1,5$), der fast vollständig in Wasser ($n = 1,33$) eingetaucht ist (Abbildung 30.44). a) Berechnen Sie den Winkel θ, für den sich am Punkt P Totalreflexion ergibt. b) Falls das Wasser entfernt wird, ergibt sich dann auch mit dem in a) berechneten Winkel θ am Punkt P Totalreflexion? (Geben Sie eine Erklärung.)

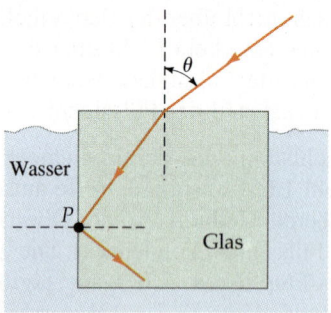

30.44 Zu Aufgabe 34.

35. Licht der Wellenlänge λ in Luft treffe so auf eine Scheibe aus Kalkspat (Calcit), daß sich der ordentliche und der außerordentliche Strahl in die gleiche Richtung ausbreiten (Abbildung 30.45). Zeigen Sie, daß sich die Phasendifferenz der beiden Strahlen nach Durchlaufen der Schichtdicke t ergibt zu

$$\delta = \frac{2\pi}{\lambda}(n_o - n_{ao})t.$$

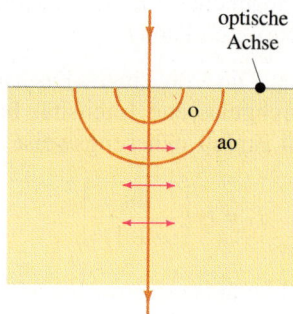

30.45 Zu Aufgabe 35.

36. Licht treffe unter einem Winkel θ_1 auf eine transparente Substanz (Abbildung 30.46). Die Scheibe habe die Dicke t und die Brechzahl n. Zeigen Sie, daß gilt

$$n = \frac{\sin \theta_1}{\sin [\arctan(d/t)]}.$$

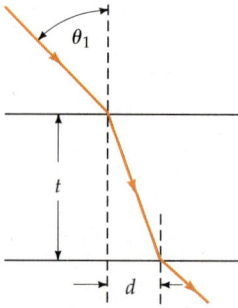

30.46 Zu Aufgabe 36.

37. Von einer stationären Wolke in einer Höhe von 10 000 m falle Regen auf einen im Kreis laufenden Jogger. Die Geschwindigkeit des Joggers sei konstant und betrage 4 m/s. Die Endgeschwindigkeit des Regens sei 9 m/s. a) Welchen Winkel scheint der Regen mit der Vertikalen des Joggers zu bilden? b) Welche Bewegung führt die Wolke aus der Sicht des Läufers aus? c) Ein Stern bewege sich von der Erde aus gesehen auf einer Kreisbahn mit dem scheinbaren Winkeldurchmesser 41,2″. Wie ist dieser Winkel verknüpft mit der Bahngeschwindigkeit der Erde und mit der Geschwindigkeit der Photonen, die von diesem entfernten Stern kommen? d) Welche Lichtgeschwindigkeit ergibt sich mit dieser Methode?

38. Bei dieser Aufgabe liegt ein Analogon zur Brechung vor. Eine Musikkapelle marschiere mit einer konstanten Geschwindigkeit c_1 auf einem Fußballfeld. Etwa in der Mitte treffe sie auf Schlammboden. Dieser sei durch eine scharfe Grenzlinie, die unter einem Winkel von 30° zur Mittellinie verläuft, vom übrigen Feld abgegrenzt (Abbildung 30.47). Im Schlamm verringere sich die Marschgeschwindigkeit auf $c_2 = \frac{1}{2} c_1$. Geben Sie die ursprüngliche Richtung durch einen Strahl und die Endrichtung durch einen zweiten Strahl an. Berechnen Sie die Winkel zwischen den Strahlen und der Senkrechten auf der Grenzlinie. Wird die Marschrichtung zur Senkrechten hin oder von ihr weg gebrochen?

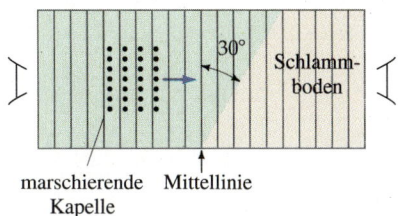

30.47 Zu Aufgabe 38.

Stufe III

39. Licht falle senkrecht auf eine Seite eines Glasprismas mit der Brechzahl n (Abbildung 30.48). Das Licht werde an der rechten Seite total reflektiert. a) Wie groß ist der minimale Wert, den n haben kann? b) Wenn das Prisma in eine Flüssigkeit mit der Brechzahl 1,15 eingetaucht wird, ergibt sich noch Totalreflexion; wird es dagegen in Wasser mit der Brechzahl 1,33 eingetaucht, so verschwindet die Totalreflexion. Geben Sie die Grenzen der möglichen Werte von n an.

40. Gleichung (30.13) beschreibt die Abhängigkeit des Ablenkwinkels ϕ_A eines Lichtstrahls, der auf einen kugelförmigen Wassertropfen trifft, vom Einfallswinkel θ_1 und der Brechzahl des Wassers. a) Nehmen Sie an, daß $n_{Luft} = 1$ ist, und differenzieren Sie ϕ_A nach θ_1. [*Hinweis:* Für $y = \arcsin x$ ist $dy/dx = (1 - x^2)^{-1/2}$.] b) Setzen Sie $d\phi_A/d\theta_1 = 0$ und zeigen Sie, daß der Einfallswinkel θ_{1m} für minimale Ablenkung gegeben ist durch

$$\cos \theta_{1m} = \sqrt{\frac{n^2 - 1}{3}}.$$

Berechnen Sie θ_{1m} für Wasser mit der Brechzahl 1,33.

41. Untersuchen Sie, wie ein dünner Wasserfilm auf einer Glasfläche den kritischen Winkel der Totalreflexion beeinflußt. Die Brechzahlen seien für Glas 1,5 und für Wasser 1,33. a) Wie groß ist der kritische Winkel der Totalreflexion für die Glas/Wasser-Grenzfläche? Gibt es einen Bereich von Einfallswinkeln, die größer sind als θ_k für den Glas/Luft-Übergang und für die das Licht aus dem Glas und dem Wasser austreten und in die Luft eintreten kann?

42. Ein Laserstrahl treffe unter dem Einfallswinkel 40° auf eine Glasplatte der Dicke 3 cm; das Glas habe die Brechzahl 1,5. Ober- und Unterseite der Platte seien parallel und erzeugen reflektierte Strahlen mit etwa der gleichen Intensität. Wie groß ist der senkrechte Abstand d zwischen zwei benachbarten Strahlen?

43. a) Zeigen Sie, daß ein durch eine Glasscheibe gehender Lichtstrahl unter einem Winkel, der gleich dem Einfallswinkel ist, aber seitlich versetzt gegenüber dem einfallenden Strahl, aus der Scheibe austritt. b) Berechnen Sie diese Verschiebung, gemessen senkrecht zum einfallenden Strahl, für den Einfallswinkel 60° bei Glas mit der Brechzahl 1,5 und der Scheibendicke 10 cm.

44. Eine isotrop strahlende Punktquelle sei unterhalb der Oberfläche eines großen Behälters mit einer Flüssigkeit der Brechzahl n angebracht. Welcher Anteil der Lichtenergie verläßt den Behälter direkt durch die Oberfläche?

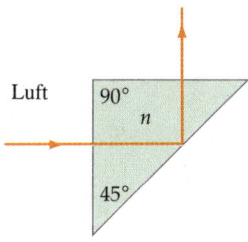

30.48 Zu Aufgabe 39.

Geometrische Optik

31

Die Lichtwellenlänge ist, verglichen mit den meisten Hindernissen und Öffnungen im Lichtweg, sehr klein. Deswegen kann die Beugung (die Ablenkung der Lichtstrahlen an den Kanten der Gegenstände) oft vernachlässigt werden, und die Ausbreitung des Lichts läßt sich durch die geradlinige Fortpflanzung von Lichtstrahlen beschreiben. Die **geometrische Optik** befaßt sich mit der Untersuchung der Phänomene, die im Rahmen dieser Näherung zu erklären sind. In diesem Kapitel wird mit Hilfe des Reflexions- und des Brechungsgesetzes die Erzeugung von Bildern durch Spiegel und Linsen behandelt.

31.1 Ebene Spiegel

Abbildung 31.1 zeigt ein *Bündel* von Lichtstrahlen, das von der Punktquelle P ausgeht und an dem ebenen Spiegel reflektiert wird. Nach der Reflexion laufen die Strahlen so auseinander, als kämen sie vom Punkt P′ hinter dem Spiegel her, der vom Spiegel den gleichen Abstand hat wie der Punkt P. Das, was der Beobachter im Spiegel sieht, ist das **Bild** des Gegenstandes, und zwar spricht man hier von einem **virtuellen Bild**, weil keine wirklichen Strahlen von ihm ausgehen. Ein weiteres Kennzeichen eines virtuellen Bildes ist, daß der Beobachter die reflektierten Strahlen nicht von solchen unterscheiden kann, die bei Abwesenheit des Spiegels von einer Punktquelle am Ort des Bildes ausgingen. Der Punkt P′, der auch **Bildpunkt** genannt wird, liegt auf einer Geraden, die senkrecht zur

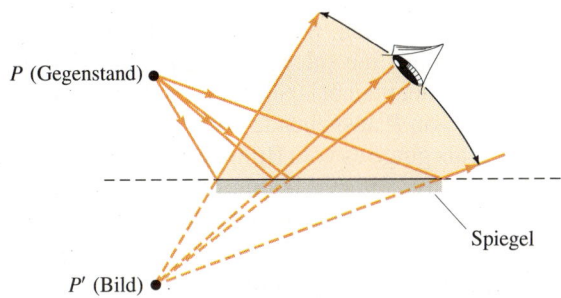

31.1 Bilderzeugung beim ebenen Spiegel. Die vom Punkt P ausgehenden Strahlen treffen den Spiegel und werden reflektiert. Ein Teil von ihnen trifft das Auge. Es scheint so, als kämen sie vom Punkt P′ hinter dem Spiegel. Das Bild kann überall im farbig getönten Bereich beobachtet werden.

31 Geometrische Optik

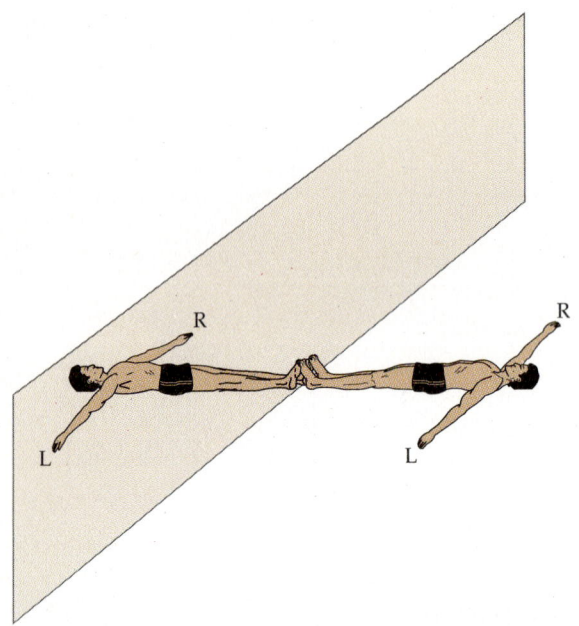

31.2 Ein Mensch liegt vor einem Spiegel und berührt ihn mit den Füßen. Durch den Spiegel wird die rechte und linke Seite nicht vertauscht, so daß das Bild seitenverkehrt ist: Das Spiegelbild einer rechten Hand ist eine linke Hand.

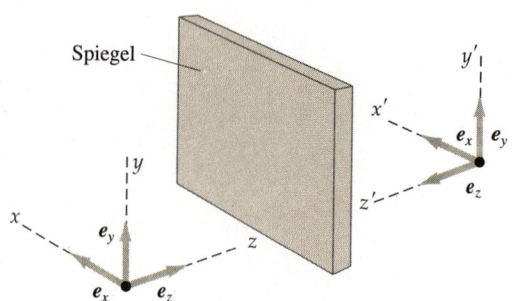

31.3 Abbildung eines rechtwinkligen Koordinatensystems durch einen ebenen Spiegel. Die zum Spiegel parallelen Pfeile entlang der x- und der y-Achse zeigen im Bild in die gleiche Richtung wie im Original und verlaufen ebenfalls parallel zum Spiegel. Nur die Richtung des senkrecht zum Spiegel verlaufenden Pfeils entlang der z-Achse wird im Spiegelbild umgekehrt. Der Spiegel wandelt ein rechtshändiges Koordinatensystem mit $e_x \times e_y = e_z$ (dabei sind e_x, e_y und e_z die Einheitsvektoren entlang der x-, y- und z-Achse) in ein linkshändiges Koordinatensystem mit $e_x \times e_y = -e_z$ um.

Spiegelebene verläuft und durch den Gegenstandspunkt P geht. Das virtuelle Bild läßt sich mit dem Auge im gesamten farbig getönten Bereich beobachten. Auf reelle Bilder gehen wir in Abschnitt 31.2 ein.

In Abbildung 31.2 liegt ein Mensch vor einem Spiegel und berührt ihn mit seinen Füßen. Der Spiegel vertauscht links und rechts nicht, so daß ein *seitenverkehrtes Bild* entsteht. Abbildung 31.3 zeigt ein rechtwinkliges Koordinatensystem, dessen x- und y-Achse parallel zur Spiegelebene verlaufen und dessen z-Achse senkrecht auf der Spiegelebene steht. Die Bilder der Pfeile entlang der x- und der y-Achse verlaufen parallel zu den zugehörigen Gegenstandspfeilen. Nur das Bild des in z-Richtung liegenden Pfeils zeigt in die dem Gegenstandspfeil entgegengesetzte Richtung. Die Reflexion an einem ebenen Spiegel wandelt also ein rechtshändiges Koordinatensystem in ein linkshändiges um.

In Abbildung 31.4 steht ein Pfeil der Höhe G im Abstand g vor einem ebenen Spiegel, parallel zu dessen Ebene. Das Bild des Pfeils läßt sich anhand zweier Strahlen konstruieren: Der eine Strahl verläuft senkrecht zum Spiegel auf diesen zu, trifft ihn im Punkt A und wird in sich selbst reflektiert. Der andere Strahl trifft unter dem Winkel θ zur Normalen auf den Spiegel und wird unter dem gleichen Winkel reflektiert. Der Schnittpunkt der Verlängerungen der beiden reflektierten Strahlen hinter dem Spiegel definiert das Bild der Pfeilspitze. Das Bild des Pfeils hat daher den gleichen Abstand zum Spiegel wie der Gegenstand; es ist ebenso groß wie dieser und steht aufrecht.

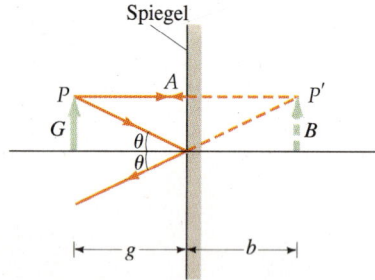

31.4 Konstruktion der Abbildung eines Pfeils an einem ebenen Spiegel. Nähere Erläuterung im Text.

Mehrfachabbildungen entstehen, wenn Licht auf zwei (oder mehr) gegeneinander geneigte Flächen fällt. Eine solche als *Winkelspiegel* bezeichnete Anordnung (Abbildung 31.5) findet man beispielsweise in Bekleidungsgeschäften oder bei Frisierspiegeln. Das von P ausgehende und vom Spiegel 1 reflektierte Licht trifft auf den Spiegel 2, als ginge es vom Bildpunkt P′₁ aus. Der Bildpunkt P′₁ wirkt also wie ein Gegenstand für die Abbildung durch Spiegel 2. Das Bild von P′₁ entsteht im Punkt P″₁,₂, und zwar immer dann, wenn der Punkt P′₁ vor der Ebene von Spiegel 2 liegt. Das Bild im Punkt P′₂ entsteht durch Strahlen, die vom Gegenstand P ausgehen und direkt am Spiegel 2 reflektiert werden. Da der Punkt

31.1 Ebene Spiegel

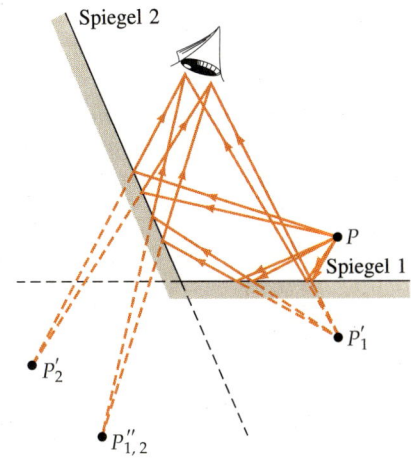

31.5 Mehrfachbilder, die durch zwei ebene Spiegel erzeugt werden. P_1' ist das Bild des Gegenstands P im Spiegel 1 und P_2' das Bild des Gegenstands P im Spiegel 2. Der Punkt $P_{1,2}''$ ist das Bild von P_1' im zweiten Spiegel; es entsteht, indem die Lichtstrahlen vom Gegenstand P zuerst am Spiegel 1 und dann am Spiegel 2 reflektiert werden. Der Punkt P_2' hat kein Bild im Spiegel 1, weil der Punkt P_2' hinter dessen Ebene liegt.

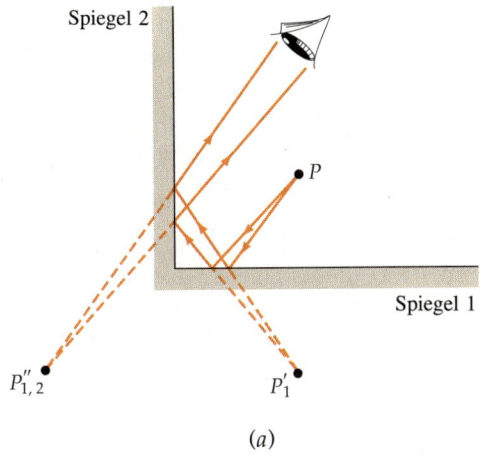

(a)

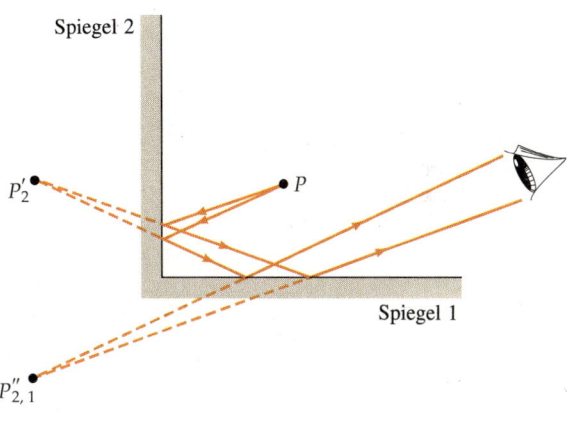

(b)

P_2' hinter der Ebene des ersten Spiegels liegt, kann er nicht als Gegenstand einer weiteren Abbildung durch Spiegel 1 wirken. Die Anzahl der Mehrfachbilder, die von zwei Spiegeln erzeugt werden, hängt ab vom Winkel zwischen beiden Spiegeln und von der Lage des Gegenstands und des Bildes relativ zu ihnen.

In Abbildung 31.6 schließen die beiden Spiegel einen rechten Winkel ein. Die durch Zweifachreflexionen entstehenden Bildpunkte $P_{1,2}''$ und $P_{2,1}''$ sind identisch, wie der Vergleich der Teilabbildungen a und b zeigt. In Abbildung 31.7 trifft ein Lichtstrahl ebenfalls auf zwei senkrecht aufeinanderstehende Spiegel. Der zweite Spiegel reflektiert den Strahl parallel zur ursprünglichen Richtung, unabhängig vom Einfallswinkel. Dieses Prinzip wird in vielen optischen Instrumenten ausgenutzt, z. B. in Ferngläsern, bei denen rechtwinklige Prismen das Bild umkehren. Wenn Sie vor zwei vertikal angebrachten Spiegeln stehen, die einen rechten Winkel einschließen, so sehen Sie sich genau so, wie eine Person Sie sieht, die Ihnen direkt gegenübersteht. Das liegt daran, daß die Richtungsumkehr (vgl. Abbildung 31.3) zweimal auftritt, und zwar an jedem Spiegel einmal; dadurch wird sie insgesamt aufgehoben.

Wenn ein dritter Spiegel zugefügt wird, der auf den beiden anderen ebenfalls senkrecht steht (so daß die drei Spiegel die Innenseiten eines Quaders bilden), so wird jeder aus einer beliebigen Richtung auf irgendeinen der Spiegel treffende Strahl exakt in sich selbst reflektiert. Eine solche Anordnung (allerdings mit totalreflektierenden Prismen) wurde auf dem Mond angebracht, und zwar mit dem Ziel, durch die Messung der Laufzeit eines Laserstrahls die Entfernung zwischen Erde und Mond zu bestimmen.

31.6 Zwei Spiegel stehen senkrecht aufeinander. a) Die von P ausgehenden Strahlen treffen zuerst Spiegel 1 und dann Spiegel 2. Das Bild von P_1' im Spiegel 2 ist $P_{1,2}''$. b) Die Strahlen treffen zuerst Spiegel 2 und danach Spiegel 1. Das Bild von P_2' im Spiegel 1 ist $P_{2,1}''$. Da beide Spiegel senkrecht aufeinanderstehen, fallen die beiden Punkte $P_{1,2}''$ und $P_{2,1}''$ zusammen.

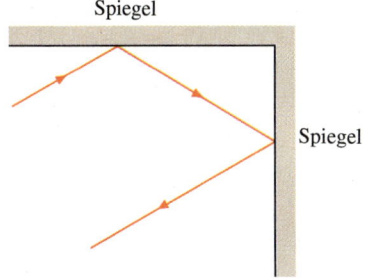

31.7 Ein Lichtstrahl, der auf eine von zwei senkrecht aufeinander stehenden Spiegelebenen trifft, wird vom zweiten Spiegel parallel zur ursprünglichen Richtung reflektiert, und zwar unabhängig vom Einfallswinkel.

Fragen

1. Läßt sich ein virtuelles Bild photographieren?
2. Nehmen Sie an, jede Achse des Koordinatensystems in Abbildung 31.3 werde mit einer anderen Farbe gekennzeichnet. Dann werden das Koordinatensystem und sein Spiegelbild photographiert. Kann man entscheiden, ob eine der Aufnahmen das Spiegelbild zeigt, oder wirken die Aufnahmen wie Wiedergaben des ursprünglichen Koordinatensystems unter verschiedenen Winkeln?

31.2 Sphärische Spiegel

Abbildung 31.8 zeigt ein Strahlenbündel, das vom Punkt P auf der Achse eines Hohlspiegels (Konkavspiegels) ausgeht. Die Lichtstrahlen werden vom Spiegel reflektiert und schneiden sich im Punkt P'. Von hier breiten sie sich so aus, als ob sich in P' ein Gegenstand befände. Das Bild P' wird **reelles Bild** genannt, weil von hier tatsächlich Lichtstrahlen ausgehen. Das Bild läßt sich am Punkt P' betrachten, etwa, indem man eine Mattscheibe in den Strahlengang schiebt oder indem man es auf einem photographischen Film aufnimmt. Dagegen kann man ein virtuelles Bild (wie z. B. das an einem ebenen Spiegel, siehe Abbildung 31.1) am betreffenden Punkt nicht betrachten oder aufnehmen, weil am Ort des visuellen Bildes keine Lichtstrahlen existieren. Trotz dieses Unterschieds zwischen reellem und virtuellem Bild kann ein Beobachter nicht entscheiden, ob die sein Auge erreichenden Lichtstrahlen von einem reellen Bildpunkt kommen oder von einem virtuellen Bildpunkt auszugehen scheinen.

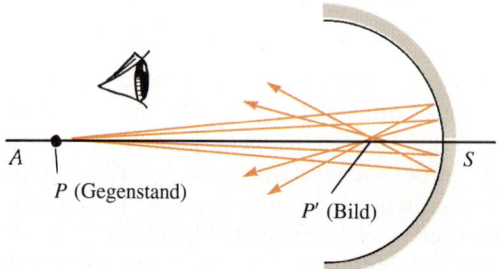

31.8 Die von einem Punktgegenstand ausgehenden Lichtstrahlen bilden auf der Achse AS eines Hohlspiegels (Konkavspiegels) den Bildpunkt P'. Wenn die Strahlen den Spiegel in der Nähe der Achse treffen, entsteht ein scharfes Bild.

Aus Abbildung 31.9 geht hervor, daß bei einem sphärischen (kugelförmigen) Spiegel nur **achsennahe Strahlen** nach der Reflexion durch den Bildpunkt P' verlaufen. Die ankommenden Strahlen, die den Spiegel weiter entfernt von der Achse AS treffen, schneiden nach der Reflexion die Achse in verschiedenen Punkten in der Nähe des Bildpunktes. Dadurch wird der Bildpunkt unscharf. Diesen Effekt nennt man **sphärische Aberration**. Durch Ausblenden der achsenfernen Strahlen wird der Bildpunkt schärfer. Allerdings verringert sich dabei die Helligkeit des Bildes, weil weniger Licht zum Bildpunkt reflektiert wird.

Die **Bildweite** b ist die Strecke vom Scheitelpunkt S des Spiegels bis zum Bildpunkt P'. Sie läßt sich mit der **Gegenstandsweite** g (der Strecke von S bis zum Gegenstandspunkt P) und dem Krümmungsradius r des Spiegels verknüpfen. Abbildung 31.10 zeigt einen vom Gegenstandspunkt P ausgehenden Strahl, der am Spiegel reflektiert wird und durch den Bildpunkt P' verläuft. Der Punkt C ist der Krümmungsmittelpunkt des Spiegels. Der unter dem Winkel θ zur Nor-

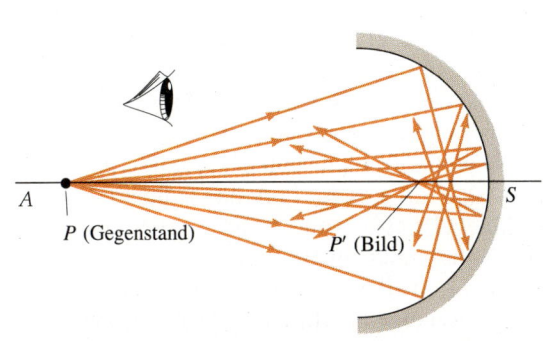

31.9 Sphärische Aberration: Strahlen, die nicht achsennah sind, werden beim sphärischen Hohlspiegel nicht in den Bildpunkt P' reflektiert. Aufgrund dieser Strahlen wird das Bild unscharf.

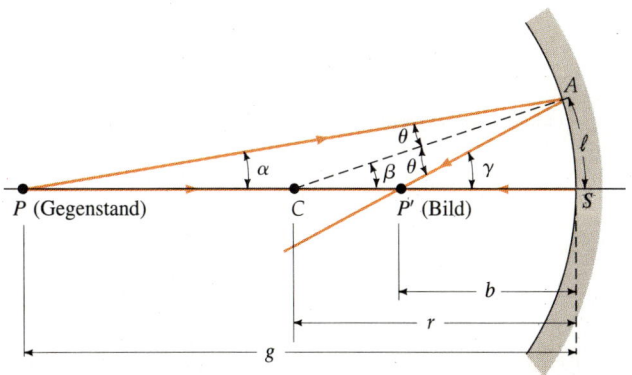

31.10 Zur Berechnung der Bildweite b aus der Gegenstandsweite g und dem Krümmungsradius r des sphärischen Hohlspiegels.

malen CA einfallende Strahl PA wird im Punkt A unter dem gleichen Winkel reflektiert, so daß er nach P' gelangt. Der Winkel β ist ein Außenwinkel des Dreiecks APC. Für ihn gilt daher

$$\beta = \alpha + \theta \,. \qquad 31.1$$

Der Winkel γ ist ein Außenwinkel am Dreieck APP', so daß gilt

$$\gamma = \alpha + 2\theta \,. \qquad 31.2$$

Aus (31.1) und (31.2) läßt sich θ eliminieren. Daraus folgt

$$2\beta = \alpha + \gamma \,. \qquad 31.3$$

Für kleine Winkel gelten mit der Bogenlänge ℓ folgende Näherungen: $\alpha \approx \ell/g$ und $\beta \approx \ell/r$ sowie $\gamma \approx \ell/b$. Damit ergibt sich

$$\frac{1}{g} + \frac{1}{b} = \frac{2}{r} \,. \qquad 31.4$$

Die bei der Herleitung dieser Gleichung angesetzten Näherungen bedeuten nichts anderes, als daß die durch den einfallenden und den reflektierten Strahl *mit der Achse* gebildeten Winkel α und γ klein sein müssen. Mit anderen Worten: Gleichung (31.4) gilt nur für achsennahe Strahlen.

Wenn die Gegenstandsweite viel größer als der Krümmungsradius des Spiegels ist, dann ist der Term $1/g$ in (31.4) viel kleiner als $2/r$ und kann deshalb vernachlässigt werden. Daher ergibt sich für $g = \infty$ die Bildweite zu $b = \frac{1}{2} r$. Dieser Abstand wird **Brennweite** f des sphärischen Spiegels genannt:

$$f = \frac{1}{2} r \,. \qquad 31.5 \quad \textit{Brennweite sphärischer Spiegel}$$

Damit wird Gleichung (31.4) zu

$$\frac{1}{g} + \frac{1}{b} = \frac{1}{f} \,. \qquad 31.6 \quad \textit{Abbildungsgleichung für sphärische Spiegel}$$

31 Geometrische Optik

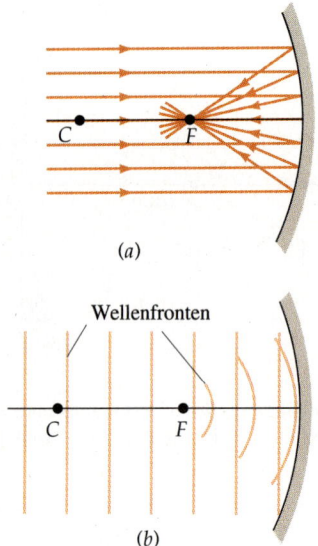

31.11 a) Achsenparallele Strahlen werden durch den Hohlspiegel in den Brennpunkt F reflektiert, der vom Spiegel den Abstand $r/2$ hat. b) Die einlaufenden Wellenfronten sind ebene Wellen; durch die Reflexion am Konkavspiegel werden sie zu Kugelwellen, deren Mittelpunkt im Brennpunkt liegt.

Dies ist die Abbildungsgleichung für sphärische Spiegel. Der Brennpunkt F ist der Bildpunkt, in den achsenparallel einfallende Strahlen nach der Reflexion am Spiegel fokussiert werden (Abbildung 31.11 a). (Nach wie vor gilt, daß die eintreffenden Strahlen achsennah sein müssen.) Parallelität der Strahlen ist dann gegeben, wenn ein Gegenstand sehr weit vom Spiegel entfernt ist. Dann sind die ankommenden Wellenfronten näherungsweise Ebenen, und die Strahlen, die definitionsgemäß senkrecht auf den Wellenfronten stehen, verlaufen parallel (Abbildung 31.11 b). Beachten Sie, daß in diesem Fall die äußeren Enden der Wellenfronten zuerst auf den Spiegel treffen, und zwar so, daß kugelförmige Wellenfronten entstehen, deren Mittelpunkt im Brennpunkt liegt.

In Abbildung 31.12 treffen ebene Wellenfronten auf einen Konvexspiegel (Wölbspiegel). In diesem Fall treffen zuerst die Mitten der Wellenfronten auf den Spiegel, und die reflektierten Wellen scheinen vom Brennpunkt F auszugehen, der beim Konvexspiegel *hinter* dem Spiegel liegt.

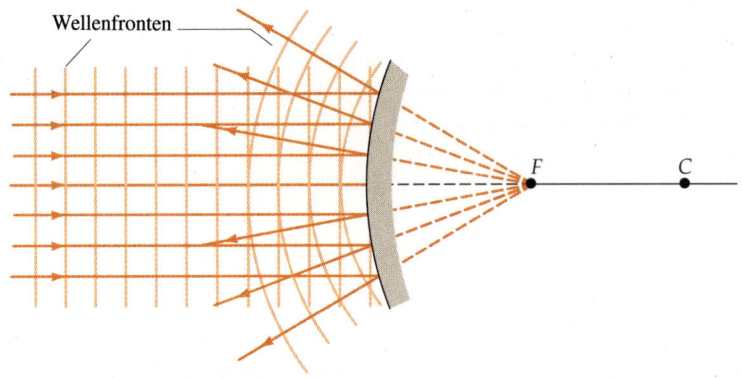

31.12 Reflexion von ebenen Wellen an einem Konvexspiegel (Wölbspiegel). Die auslaufenden Wellenfronten sind kugelförmig, als würden sie vom Brennpunkt F (hinter dem Spiegel) ausgehen. Die Strahlen stehen, wie stets, senkrecht auf den Wellenfronten und breiten sich radial vom Punkt F aus.

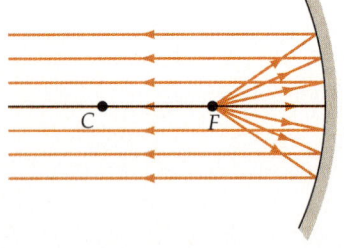

31.13 Zur Umkehrbarkeit des Lichtweges. Die Strahlen, die vom Brennpunkt eines Hohlspiegels ausgehen, werden als achsenparallele Strahlen reflektiert. Die Strahlen laufen hier in umgekehrter Richtung wie diejenigen in Abbildung 31.11 a.

In Abbildung 31.13 befindet sich eine Punktquelle im Brennpunkt F eines Hohlspiegels. Die von ihm ausgehenden Strahlen werden parallel zur Achse reflektiert. Gegenüber Abbildung 31.11 sind hier die Richtungen aller Strahlen umgekehrt. Man spricht hier von der **Umkehrbarkeit des Lichtweges**. Dabei gilt das Reflexionsgesetz in gleicher Weise: Die reflektierten Strahlen verlaufen nun entlang den zuvor einfallenden Strahlen, jedoch in der Gegenrichtung. Die Umkehrbarkeit des Lichtweges ist auch bei gebrochenen Strahlen gegeben, die wir später in diesem Kapitel noch betrachten werden. Entsteht durch eine reflektierende oder brechende Oberfläche ein reelles Bild eines Gegenstands, so können wir aufgrund der Umkehrbarkeit des Lichtweges dieses Bild durch einen Gegenstand ersetzen und erhalten ein neues Bild am Ort des ursprünglichen Gegenstands.

Beispiel 31.1

Ein Gegenstand sei 12 cm von einem sphärischen Hohlspiegel mit dem Krümmungsradius $r = 6$ cm entfernt. Berechnen Sie die Brennweite f des Spiegels und die Bildweite b.

Aus (31.5) ergibt sich die Brennweite zu $f = \frac{1}{2} r = \frac{1}{2} \cdot 6$ cm $= 3$ cm. Mit $g = 12$ cm und $f = 3$ cm erhalten wir aus Gleichung (31.6) zunächst $1/b = 1/(3 \text{ cm}) - 1/(12 \text{ cm}) = 4/(12 \text{ cm}) - 1/(12 \text{ cm}) = 3/(12 \text{ cm})$ und daraus die Bildweite $b = 4$ cm.

Die Bildkonstruktion beim Hohlspiegel

Das von einem Hohlspiegel erzeugte Bild läßt sich mit Hilfe von nur drei Strahlen leicht konstruieren, die zu den sogenannten **Hauptstrahlen** gehören. Die Hauptstrahlen sind:

1. Der **achsenparallele Strahl** verläuft nach der Reflexion durch den Brennpunkt.
2. Der **Brennpunktsstrahl** verläuft durch den Brennpunkt und wird achsenparallel reflektiert.
3. Der **radiale Strahl** verläuft durch den Krümmungsmittelpunkt des Spiegels und wird in sich selbst reflektiert.
4. Der **zentrale Strahl** ist auf den Scheitelpunkt des Spiegels gerichtet und wird unter dem gleichen Winkel zur Achse reflektiert.

Die Hauptstrahlen am Konkav- oder Konvexspiegel

Abbildung 31.14 zeigt die Konstruktion des Bildes, das ein Hohlspiegel von einer Figur erzeugt. Zur Ermittlung des Bildpunktes für den Scheitel der Figur werden nur die ersten drei der hier aufgeführten Hauptstrahlen verwendet. Der Ort eines Bildpunktes wird schon durch den Schnittpunkt zweier Strahlen festgelegt. Ein dritter Strahl kann, wie hier, zur Überprüfung herangezogen werden. Welche der vier Hauptstrahlen verwendet werden, spielt keine Rolle. Der Bildpunkt für den Fuß der Figur ergibt sich hier aus dem Zentralstrahl, wobei die Bildweite (die Entfernung vom Scheitelpunkt des Spiegels) durch den zuvor konstruierten Bildpunkt des Scheitels der Figur gegeben ist.

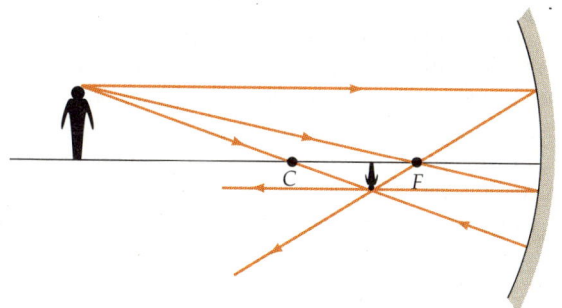

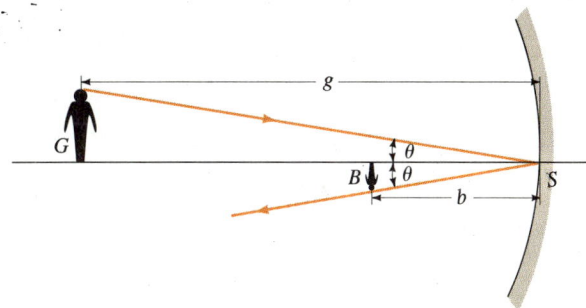

31.14 Konstruktion des Bildes am Hohlspiegel durch drei Hauptstrahlen. Der Bildpunkt für den Fuß der Figur liegt auf dem zugehörigen zentralen Strahl bei derselben Bildweite.

31.15 Zur Berechnung der Lateralvergrößerung des sphärischen Hohlspiegels.

In Abbildung 31.14 ist das Bild umgekehrt und kleiner als der Gegenstand. Das Verhältnis der Bildgröße B zur Gegenstandsgröße G wird **Abbildungsmaßstab** oder **Lateralvergrößerung** genannt. (Wir verwenden im folgenden den Begriff Abbildungsmaßstab.) In Abbildung 31.15 ist der zentrale Strahl vom Scheitel der Figur zum Scheitelpunkt S des Spiegels eingezeichnet. Der Strahl trifft den Spiegel in diesem Punkt unter dem Winkel θ zur Achse. Der reflektierte, zum Scheitel des Bildes laufende Strahl schließt (aufgrund des Reflexionsgesetzes) mit der Achse den gleichen Winkel θ ein. Daher liegen zwei ähnliche (rechtwinklige) Dreiecke vor. Eines wird von einfallendem Strahl, Achse und Gegenstand gebildet, das andere von reflektiertem Strahl, Achse und Bild. Wegen der Ähnlichkeit der Dreiecke ist der Quotient B/G – also der Abbildungsmaßstab – gleich dem Streckenverhältnis b/g.

Wenn der Krümmungsradius sehr groß ist und die Strahlen achsennah verlaufen, kann das Bild auf sehr einfache Weise angenähert konstruiert werden, wie in Abbildung 31.16 angedeutet. Hierbei wird der Spiegel durch eine Ebene ersetzt, und es wird für jeden erforderlichen Bildpunkt der achsenparallele und der

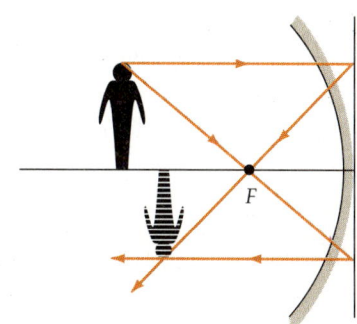

31.16 Die näherungsweise Konstruktion des Bildes am Hohlspiegel läßt sich dadurch vereinfachen, daß man die gekrümmte Spiegelfläche durch eine ebene Fläche ersetzt.

31 Geometrische Optik

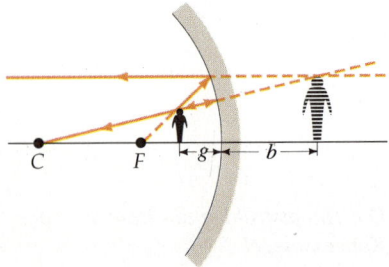

31.17 Das Bild eines Gegenstands, der sich zwischen Hohlspiegel und Brennpunkt befindet, liegt hinter dem Spiegel. Der Bildpunkt wird hier konstruiert durch den Schnittpunkt der Verlängerungen des in sich selbst reflektierten radialen Strahls und des achsenparallel reflektierten Brennpunktsstrahls. Das entstehende Bild ist aufrecht, virtuell und vergrößert.

Vorzeichenkonvention für die Reflexion an Konkav- oder Konvexspiegeln

Brennpunktsstrahl an der Ebene reflektiert, die als Näherung für den Hohlspiegel dient.

Befindet sich, wie in Abbildung 31.17, der Gegenstand zwischen dem Hohlspiegel und dessen Brennpunkt, dann existiert kein Schnittpunkt der reflektierten Strahlen, sondern diese scheinen von einem Bildpunkt hinter dem Spiegel auszugehen. Das Bild ist virtuell, aufrecht und vergrößert. (Ein Anwendungsbeispiel dafür sind Kosmetik- und Rasierspiegel.) Da der Gegenstand zwischen Spiegel und Brennpunkt steht, ist g kleiner als $\frac{1}{2}r$, so daß nach (31.4) die Bildweite b negativ wird. Trotzdem lassen sich die Gleichungen (31.4), (31.5) und (31.6) auf diesen Fall anwenden, ebenso auf Konvexspiegel (Wölbspiegel), wenn die Vorzeichen entsprechend gewählt werden. Bei einem Konkavspiegel können reelle Bilder nur vor dem Spiegel entstehen (wo sich auch der Gegenstand befindet; vgl. Abbildung 31.16). Dagegen treten bei Konvexspiegeln nur virtuelle Bilder auf, die sich stets hinter dem Spiegel befinden, wo keine Lichtstrahlen existieren. Die Vorzeichenkonvention ist folgende (analog für G und B):

g	+	Gegenstand vor dem Spiegel (realer Gegenstand)
	–	Gegenstand hinter dem Spiegel (virtueller Gegenstand)
b	+	Bild vor dem Spiegel (reelles Bild)
	–	Bild hinter dem Spiegel (virtuelles Bild)
r, f	+	Krümmungsmittelpunkt vor dem Spiegel (Konkavspiegel)
	–	Krümmungsmittelpunkt hinter dem Spiegel (Konvexspiegel)

In der vorstehenden Tabelle taucht der Ausdruck „virtueller Gegenstand" auf, was widersprüchlich klingt; zudem kann sich kein Gegenstand *hinter* dem Spiegel befinden. Von einem virtuellen Gegenstand spricht man beispielsweise, wenn vor dem Spiegel eine Linse steht und die Strahlen von der Linse zu dem von ihr entworfenen Bild durch den Spiegel unterbrochen werden. Dann kann dieses Bild nicht wirklich entstehen; jedoch ist der Abstand zum nur virtuell entstandenen Bild hinter dem Spiegel als Gegenstandsweite für die Abbildung durch diesen anzusehen. Das von der Linse entworfene Bild wirkt also wie ein (virtueller) Gegenstand für die Abbildung durch den Spiegel. In Abschnitt 31.4 werden wir bei den Linsen Beispiele solcher Fälle betrachten.

Mit der eben vorgestellten Vorzeichenkonvention lassen sich, wie gesagt, die Gleichungen (31.4) bis (31.6) auf alle möglichen Anordnungen bei allen Arten von Spiegeln anwenden. Der Abbildungsmaßstab (die Lateralvergrößerung) ist somit gegeben durch

Abbildungsmaßstab
$$V = \frac{B}{G} = -\frac{b}{g}. \qquad 31.7$$

Wenn sowohl die Gegenstandsweite g als auch die Bildweite b positiv sind, dann ist der Abbildungsmaßstab negativ, d.h., das Bild ist umgekehrt, wie etwa in Abbildung 31.15.

Übung

Ein Hohlspiegel habe eine Brennweite von 4 cm. Berechnen Sie seinen Krümmungsradius r. Wie groß ist die Bildweite b, wenn der Gegenstand 2 cm vom Spiegel entfernt steht? Konstruieren Sie das Bild. Ist es aufrecht oder umgekehrt? (Antwort: $r = 8$ cm; $b = -4$ cm; aufrecht)

Bei ebenen Spiegeln (siehe Abschnitt 31.1) ist der Krümmungsradius unendlich. Damit ist gemäß (31.5) auch die Brennweite unendlich. Aus (31.6) ergibt sich damit $b = -g$. Das bedeutet, das Bild befindet sich ebensoweit hinter dem Spiegel wie der Gegenstand vor ihm. Nach (31.7) ist der Abbildungsmaßstab $V = +1$. Das Bild steht also aufrecht und hat dieselbe Größe wie der Gegenstand.

Konvexspiegel (Wölbspiegel)

Abbildung 31.18 zeigt die Bildkonstruktion bei einem Konvexspiegel, vor dem sich im Abstand g ein Gegenstand befindet. Der Bildpunkt für den Scheitel der Figur ist der Schnittpunkt der Verlängerung des zentralen Strahls mit der Verlängerung des als Brennpunktsstrahl reflektierten (achsenparallel einfallenden) Strahls; damit ist auch die Größe des Bildes gegeben, da sich die Füße der Figur auf der Achse befinden. Das Bild liegt hinter dem Spiegel und ist deshalb virtuell. Es steht aufrecht und ist kleiner als der Gegenstand. Konvexspiegel erzeugen stets verkleinerte, aufrechte und virtuelle Bilder. Ein Anwendungsbeispiel sind Überwachungsspiegel in Supermärkten.

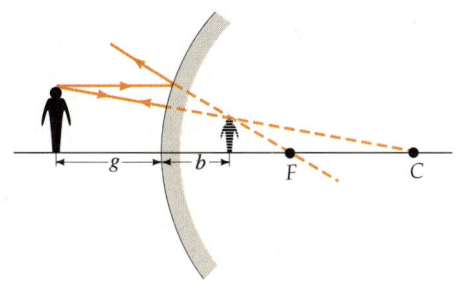

31.18 Die Bildkonstruktion an einem Wölbspiegel. Der achsenparallele Strahl wird so reflektiert, als käme er vom Brennpunkt hinter dem Spiegel. Der radiale Strahl (d. h. der Strahl, der vom Gegenstand in Richtung zum Krümmungsmittelpunkt verläuft) wird in sich selbst reflektiert. Der Ort des Bildpunktes wird durch den Schnittpunkt der Verlängerungen des radialen und des achsenparallel reflektierten Brennpunktsstrahls festgelegt.

Beispiel 31.2

Ein Gegenstand sei 2 cm hoch und befinde sich 10 cm vor einem Konvexspiegel mit dem Krümmungsradius 10 cm. Berechnen Sie die Bildweite und die Bildgröße.

Da der Krümmungsmittelpunkt bei einem Konvexspiegel hinter dem Spiegel liegt, sind der Radius und die Brennweite negativ: $f = \frac{1}{2}r = \frac{1}{2}(-10\text{ cm}) = -5\text{ cm}$. Mit Gleichung (31.6) ergibt sich die Bildweite $b = -3{,}33$ cm. Da sie negativ ist, liegt das Bild hinter dem Spiegel, ist also virtuell. Nach (31.7) ist der Abbildungsmaßstab $V = -b/g = +\frac{1}{3}$. Das Bild steht also aufrecht und ist dreimal kleiner als der Gegenstand. Mit der Gegenstandsgröße $G = 2$ cm ergibt sich die Bildgröße zu $B = \frac{2}{3}$ cm. Die Bildkonstruktion ist der in Abbildung 31.18 gezeigten ähnlich.

Übung

Berechnen Sie Bildweite b und Abbildungsmaßstab V, wenn ein Gegenstand 5 cm vor dem Spiegel von Beispiel 31.2 steht. Konstruieren Sie das Bild. (Antwort: $b = -2{,}5$ cm; $V = +0{,}5$)

Fragen

3. Unter welchen Bedingungen erzeugt ein Hohlspiegel a) ein aufrechtes Bild, b) ein virtuelles Bild, c) ein Bild, das kleiner als der Gegenstand ist, und d) ein Bild, das größer als der Gegenstand ist?

4. Beantworten Sie die Fragen unter Punkt 3 für einen Konvexspiegel.
5. Konvexspiegel werden häufig als Rückspiegel bei Kraftfahrzeugen verwendet, weil sie einen größeren Sichtbereich bieten als ebene Spiegel. Bei einem solchen Rückspiegel muß der Fahrer aber beachten, daß die Gegenstände (die Fahrzeuge hinter ihm) in Wahrheit näher sind, als sie im Spiegel erscheinen. Aus der Bildkonstruktion von Abbildung 31.18 geht jedoch hervor, daß die Bildweiten für entfernte Gegenstände viel kleiner sind als die Gegenstandsweiten. Warum erscheinen die Gegenstände trotzdem weiter entfernt?

31.3 Durch Brechung erzeugte Bilder

Die Erzeugung eines Bildpunktes durch eine kugelförmige Oberfläche, die zwei Medien mit verschiedenen Brechzahlen n_1 und n_2 trennt, ist in Abbildung 31.19 gezeigt. Es sei $n_2 > n_1$; d.h., die Ausbreitungsgeschwindigkeit der Lichtwellen sei im zweiten Medium kleiner als im ersten. Auch hier dürfen nur achsennahe Strahlen herangezogen werden, damit sich ein hinreichend scharfer Bildpunkt ergibt. Mit dem Snelliusschen Brechungsgesetz und der Näherung für kleine Winkel werden wir nun die Abhängigkeit der Bildweite von der Gegenstandsweite, dem Krümmungsradius der brechenden Fläche sowie den Brechzahlen herleiten. Die geometrischen Zusammenhänge sind in Abbildung 31.20 gezeigt. Das Snelliussche Brechungsgesetz lautet

$$n_1 \sin \theta_1 = n_2 \sin \theta_2.$$

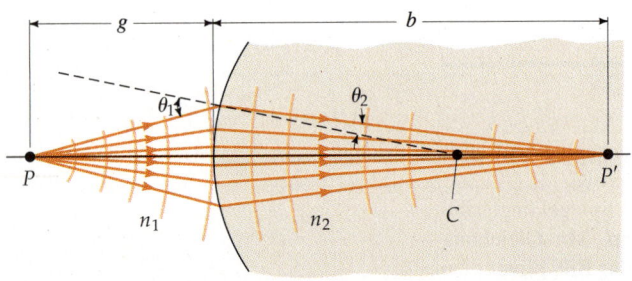

31.19 Das Bild wird hier durch die Brechung an einer kugelförmigen Oberfläche erzeugt, die zwei Medien mit verschiedenen Brechzahlen n_1 und n_2 trennt. Die Ausbreitungsgeschwindigkeit im zweiten Medium ist kleiner, d.h., dessen Brechzahl ist größer.

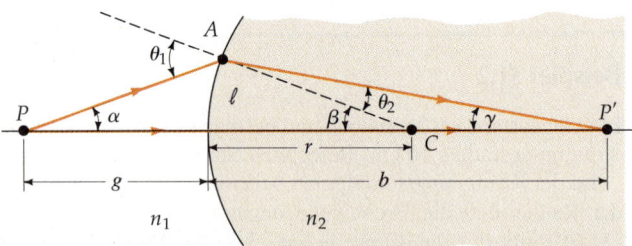

31.20 Die geometrischen Zusammenhänge bei der Bilderzeugung an einer kugelförmigen brechenden Oberfläche. Das Snelliussche Gesetz wird auf den im Punkt A einfallenden Strahl angewandt. Außerdem wird die Näherung für kleine Winkel angesetzt; nähere Erläuterung im Text.

Für kleine Winkel gilt $\sin \theta \approx \theta$, und es ergibt sich

$$n_1 \theta_1 = n_2 \theta_2. \qquad 31.8$$

Der Winkel β ist ein Außenwinkel am Dreieck P'AC; daher ist (wiederum näherungsweise)

$$\beta = \theta_2 + \gamma = \frac{n_1}{n_2} \theta_1 + \gamma, \qquad 31.9$$

und θ_1 ist ein Außenwinkel am Dreieck PCA:

$$\theta_1 = \alpha + \beta. \qquad 31.10$$

Aus (31.9) und (31.10) läßt sich θ_1 eliminieren, und es folgt

$$n_1 \alpha + n_2 \gamma = (n_2 - n_1) \beta. \qquad 31.11$$

Wenn die Winkel klein sind, können wir mit der Bogenlänge ℓ schreiben: $\alpha \approx \ell/g$ und $\beta \approx \ell/r$ sowie $\gamma \approx \ell/b$. Daraus ergibt sich schließlich die gewünschte Beziehung

$$\frac{n_1}{g} + \frac{n_2}{b} = \frac{n_2 - n_1}{r}. \qquad 31.12$$

Bei der Brechung werden reelle Bilder (vom Gegenstand aus gesehen) hinter der brechenden Oberfläche erzeugt; diese Seite bezeichnen wir als die *Transmissionsseite*. Virtuelle Bilder treten dagegen vor der brechenden Fläche auf, also auf der Seite, auf der die Strahlen einfallen, die vom Gegenstand ausgehen. Die Vorzeichenkonvention für die Beschreibung der Bilderzeugung durch Brechung ist folgende:

g	+	reeller Gegenstand vor der brechenden Fläche (Einfallsseite)
	–	virtueller Gegenstand hinter der brechenden Fläche (Transmissionsseite)
b	+	reelles Bild hinter der brechenden Fläche (Transmissionsseite)
	–	virtuelles Bild vor der brechenden Fläche (Einfallsseite)
r, f	+	Krümmungsmittelpunkt auf der Transmissionsseite
	–	Krümmungsmittelpunkt auf der Einfallsseite

Vorzeichenkonvention für die Brechung

Vergleichen wir diese Festlegungen mit denjenigen für die Reflexion, so können wir folgendermaßen zusammenfassen: Die Bildweite b ist positiv, und das Bild ist reell, wenn es sich auf derjenigen Seite der reflektierenden bzw. brechenden Fläche befindet, auf der sich der reflektierte bzw. gebrochene Lichtstrahl wirklich ausbreitet. Diese Seite liegt bei der Reflexion vor dem Spiegel, bei der Brechung jedoch hinter der brechenden Fläche. Entsprechend sind der Krümmungsradius r und die Brennweite f positiv, wenn sich der Krümmungsmittelpunkt auf derjenigen Seite befindet, die vom reflektierten bzw. gebrochenen Lichtstrahl wirklich erreicht wird.

In Abbildung 31.21 sind die geometrischen Größen eingezeichnet, die wir benötigen, um einen Ausdruck für den Abbildungsmaßstab bei einer brechenden Fläche von der Form einer Kugeloberfläche aufzustellen. Der von links eintreffende Strahl wird im optisch dichteren Medium zur Normalen hin gebrochen, d.h., θ_2 ist kleiner als θ_1. Diese beiden Winkel sind durch das Snelliussche Brechungsgesetz mit den Brechzahlen verknüpft: $n_1 \sin \theta_1 = n_2 \sin \theta_2$. Wie wir der Abbildung entnehmen, hängen diese Winkel auch mit der Gegenstandsgröße G und der Gegenstandsweite g bzw. mit der Bildgröße B und der Bildweite b zusammen:

$$\tan \theta_1 = \frac{G}{g}$$

und

$$\tan \theta_2 = -\frac{B}{b}.$$

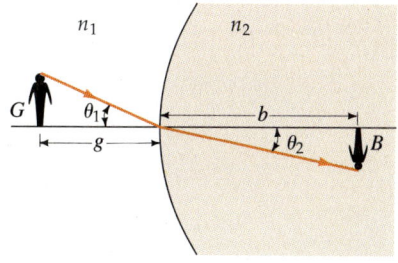

31.21 Zur Berechnung des Abbildungsmaßstabes bei der Brechung an einer sphärischen Fläche.

31 Geometrische Optik

Da wir nur achsennahe Strahlen betrachten, sind die auftretenden Winkel klein, und es gilt $\sin\theta \approx \tan\theta$. Mit dieser Näherung können wir für das Snelliussche Brechungsgesetz schreiben:

$$n_1 \frac{G}{g} = n_2 \frac{-B}{b}.$$

Daraus folgt der Abbildungsmaßstab zu

$$V = \frac{B}{G} = -\frac{n_1 b}{n_2 g}. \qquad 31.13$$

Beispiel 31.3

Ein Fisch schwimme in einem kugelförmigen, mit Wasser gefüllten Gefäß mit dem Radius 15 cm. Wasser hat die Brechzahl 1,33. Der Fisch sehe eine Katze, deren Nase 10 cm von der Gefäßwand entfernt ist. Wo befindet sich für den Fisch das Bild der Nase der Katze, und wie groß ist der Abbildungsmaßstab? Vernachlässigen Sie alle Effekte an der dünnen Glaswandung des Gefäßes.

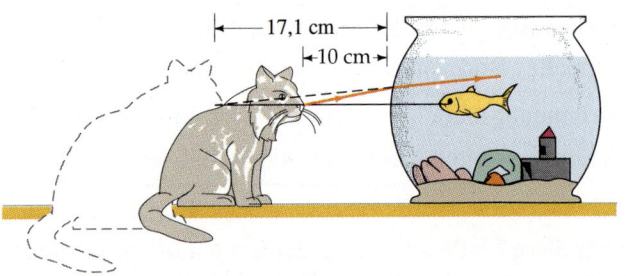

31.22 Durch die Brechung an der sphärischen Grenzfläche Wasser/Luft erscheint für den Fisch die Katze weiter entfernt und etwas größer (die Effekte an der Glaswandung werden hier außer acht gelassen).

Die Gegenstandsweite, also der Abstand zwischen Katze und Gefäßwand, ist $g = 10$ cm. Die Brechzahlen sind $n_1 = 1$ und $n_2 = 1{,}33$. Der Krümmungsradius beträgt $r = +15$ cm. Einsetzen in (31.12) und Auflösen nach der Bildweite ergibt $b = -17{,}1$ cm. Die negative Bildweite bedeutet, daß das Bild virtuell ist, sich also auf derselben Seite der brechenden Fläche befindet wie der Gegenstand; siehe Abbildung 31.22. Mit (31.13) berechnen wir den Abbildungsmaßstab zu $V = 1{,}29$. Für den Fisch erscheint die Katze demnach weiter entfernt und größer, als sie tatsächlich ist.

Die *scheinbare Tiefe* eines Gegenstands unter Wasser bei Betrachtung senkrecht von oben läßt sich mit Hilfe von Gleichung (31.12) berechnen. Die brechende Fläche (die Wasseroberfläche) sei eben. Dann ist der Krümmungsradius unendlich, und Bildweite b und Gegenstandsweite g sind miteinander verknüpft durch

$$\frac{n_1}{g} + \frac{n_2}{b} = 0.$$

Darin ist n_1 die Brechzahl des ersten Mediums (Wasser), n_2 die Brechzahl des zweiten Mediums (Luft). Die scheinbare Tiefe ergibt sich damit zu

$$b = -\frac{n_2}{n_1} g. \qquad 31.14$$

Das negative Vorzeichen zeigt an, daß das Bild virtuell ist. Es befindet sich daher auf der gleichen Seite der brechenden Fläche wie der Gegenstand (siehe Abbildung 31.23). Der Abbildungsmaßstab ist

$$V = -\frac{n_1 b}{n_2 g} = +1 \; .$$

Für Luft mit der Brechzahl $n_2 = 1$ geht aus (31.14) hervor, daß die scheinbare Tiefe gleich der wirklichen Tiefe dividiert durch die Brechzahl des Wassers ist.

Beispiel 31.4

Berechnen Sie die scheinbare Tiefe eines Fisches, der sich 1 m unterhalb der Wasseroberfläche aufhält. Das Wasser habe die Brechzahl $\frac{4}{3}$.

Mit $n_1 = \frac{4}{3}$ und $n_2 = 1$ sowie $g = 1$ m ergibt sich nach (31.14) die Bildweite $b = -0{,}75$ m. Die scheinbare Tiefe beträgt also $\frac{3}{4}$ der wirklichen Tiefe. Beachten Sie, daß dieses Ergebnis nur für den Fall gilt, daß man den Fisch direkt von oben betrachtet und somit die Strahlen achsennah sind.

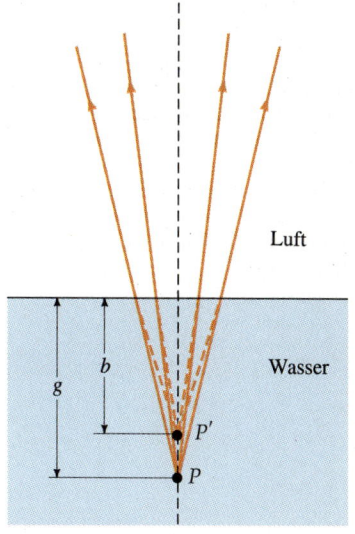

31.23 Die scheinbare Tiefe b eines Gegenstands unter Wasser (direkt von oben betrachtet) ist kleiner als die tatsächliche Gegenstandstiefe g. Die scheinbare Tiefe entspricht der wirklichen Tiefe, dividiert durch die Brechzahl des Wassers.

Fragen

6. Ein Fisch werde unter einem bestimmten Winkel zur Wasseroberfläche betrachtet. Ist seine scheinbare Tiefe größer oder kleiner als $\frac{3}{4}$ der wirklichen Tiefe? (*Hinweis:* Zeichnen Sie Strahlen vom Fisch zum Auge des Beobachters mit großen Winkeln gegen die Wasseroberfläche.)
7. Ein Taucher, der sich unterhalb der Wasseroberfläche befindet, beobachte einen Vogel auf einem Ast. Erscheint der Vogel für den Taucher näher oder weiter entfernt von der Wasseroberfläche, als er es tatsächlich ist?

31.4 Dünne Linsen

Die wichtigste Anwendung der Gleichung (31.12) ist die Berechnung des Ortes von Bildern, die durch eine Linse (oder durch mehrere Linsen) erzeugt werden. Hierbei wird die Brechung an jeder Oberfläche der Linse getrennt betrachtet, um eine Beziehung zwischen der Bildweite und der Gegenstandsweite, den Krümmungsradien der beiden Oberflächen sowie der Brechzahl des Linsenmaterials herzuleiten.

Wir betrachten eine sehr dünne Linse aus einem Material mit der Brechzahl n. Sie soll beiderseits von Luft mit der Brechzahl 1 umgeben sein. Die Krümmungsradien der beiden Linsenoberflächen seien r_1 und r_2. Ein Gegenstand befinde sich im Abstand g vor der ersten Oberfläche; damit ist auch sein Abstand von der Mittelebene der Linse gleich g, da wir die Linse als sehr dünn annehmen. Die **Mittelebene** einer dünnen Linse ist die Ebene, die senkrecht auf der Hauptachse steht und durch den Mittelpunkt der Linse geht. Die Bildweite b aufgrund der Brechung an der ersten Oberfläche läßt sich mit (31.12) berechnen:

$$\frac{1}{g} + \frac{n}{b_1} = \frac{n-1}{r_1} \; . \qquad 31.15$$

31.24 Brechung tritt an beiden Oberflächen einer Linse auf. Die Brechung an der ersten Fläche führt zu einem virtuellen Bild bei P'_1. Die Strahlen treffen also die zweite Fläche, als kämen sie direkt von P'_1. Bildweiten auf der Einfallsseite der Fläche sind negativ, während Gegenstandsweiten auf dieser Seite positiv sind. Die Gegenstandsweite für die Abbildung durch die zweite Fläche der Linse ist daher $g_2 = -b_1$.

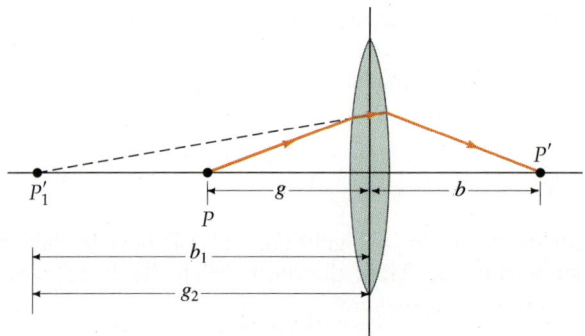

Dieses Bild entsteht jedoch nicht, weil das Licht an der zweiten Oberfläche ebenfalls gebrochen wird. Abbildung 31.24 zeigt den Fall, daß die Bildweite b_1 der ersten Oberfläche negativ ist. Das bedeutet, daß dieses virtuelle Bild sich auf der linken Seite der Linse, also der Gegenstandsseite, befindet. Die Strahlen, die an der ersten Oberfläche gebrochen werden, laufen im Glas so auseinander, als gingen sie vom Bildpunkt P'_1 aus. Sie treffen daher auf die zweite Oberfläche unter einem Winkel auf, den Strahlen hätten, die von einem Gegenstand bei P'_1 kämen. Das durch die erste Fläche entworfene Bild wird so zum **virtuellen Gegenstand** für die Abbildung durch die zweite Fläche. Da wir die Dicke der Linse vernachlässigen können, ist der Betrag der Gegenstandsweite des virtuellen Gegenstandes praktisch gleich dem Betrag von b_1. Da aber Gegenstandsweiten auf der Vorderseite der brechenden Fläche positiv sind und Bildweiten negativ, ist die Gegenstandsweite für die Abbildung durch die zweite Fläche $g_2 = -b_1$. (Wäre b_1 positiv, dann würden die Strahlen beim Auftreffen auf die zweite Fläche zusammenlaufen, d.h. der durch die zweite Fläche abzubildende Gegenstand befände sich auf deren rechter Seite.) Für die Abbildung durch die zweite Fläche setzen wir $n_1 = n$ und $n_2 = 1$ sowie $g = -b_1$ in (31.12) ein. Die Bildweite hierfür ist gleich der Bildweite b des von der Linse schließlich erzeugten sogenannten *Endbildes*:

$$\frac{n}{-b_1} + \frac{1}{b} = \frac{1-n}{r_2}. \qquad 31.16$$

Wir addieren die Gleichungen (31.15) und (31.16), um die Bildweite b_1 für die erste Fläche zu eliminieren; dies ergibt

$$\frac{1}{g} + \frac{1}{b} = (n-1)\left(\frac{1}{r_1} - \frac{1}{r_2}\right). \qquad 31.17$$

In dieser Gleichung ist die Bildweite b mit der Gegenstandsweite g, den beiden Krümmungsradien r_1 und r_2 sowie mit der Brechzahl n des Linsenmaterials verknüpft. Wie bei den sphärischen Spiegeln ist die Brennweite auch bei dünnen Linsen definiert als die Bildweite für einen unendlich weit entfernten Gegenstand. Wir setzen also $g = \infty$ und ersetzen die Bildweite b durch die Brennweite f. Daraus folgt

$$\boxed{\frac{1}{f} = (n-1)\left(\frac{1}{r_1} - \frac{1}{r_2}\right).} \qquad 31.18$$

Diese wichtige Beziehung beschreibt die Abhängigkeit der reziproken Brennweite einer dünnen Linse von ihren Eigenschaften (Krümmungsradien und Brechzahl des Linsenmaterials). Die reziproke Brennweite (genauer: die auf Luft bezogene reziproke Brennweite) eines optischen Systems, beispielsweise einer Linse, wird häufig als *Brechkraft* (oder *Brechwert*) bezeichnet. Die rechten Seiten der Gleichungen (31.17) und (31.18) sind identisch. Daraus ergibt sich direkt die **Abbildungsgleichung** (oder **Linsengleichung**) für dünne Linsen:

$$\frac{1}{g} + \frac{1}{b} = \frac{1}{f}.$$ 31.19

Abbildungsgleichung für dünne Linsen

Beachten Sie, daß diese Gleichung genau der Abbildungsgleichung (31.6) für sphärische Spiegel entspricht. Jedoch unterscheidet sich die Vorzeichenkonvention für die Brechung von derjenigen für die Reflexion. Bei Linsen ist die Bildweite b positiv, wenn das Bild auf der Transmissionsseite liegt, d.h. auf der dem Gegenstand abgewandten Seite der Linse. Die Vorzeichenfestlegung für r in (31.18) ist dieselbe wie bei der Brechung an einer einzelnen Oberfläche: Der Radius ist positiv, wenn der Krümmungsmittelpunkt auf der Transmissionsseite liegt, und negativ, wenn er sich auf der Einfallsseite befindet.

In Abbildung 31.25 a sind ebene Wellenfronten gezeigt, die auf eine Linse treffen, deren brechende Flächen beide konvex sind. Eine solche Linse heißt **bikonvex**. Der mittlere (also achsennahe) Teil der Wellenfronten trifft zuerst auf die Linse. Da die Ausbreitungsgeschwindigkeit der Welle im Glas der Linse kleiner ist als in der umgebenden Luft und da die äußeren Teile der Wellenfronten kleinere Strecken in der Linse zurücklegen müssen, bleibt der mittlere Teil der Wellenfronten hinter den äußeren Teilen zurück, und es resultieren auf der Transmissionsseite kugelförmige Wellenfronten, deren Mittelpunkt im Brennpunkt F′ liegt (siehe Abbildung 31.25 c). Weil die Strahlen hinter der Linse zusammenlaufen, spricht man hier von einer **Sammellinse**. Gebräuchlich ist auch der Name *positive Linse*, denn ihre mit (31.18) berechnete Brennweite ist positiv. Jede

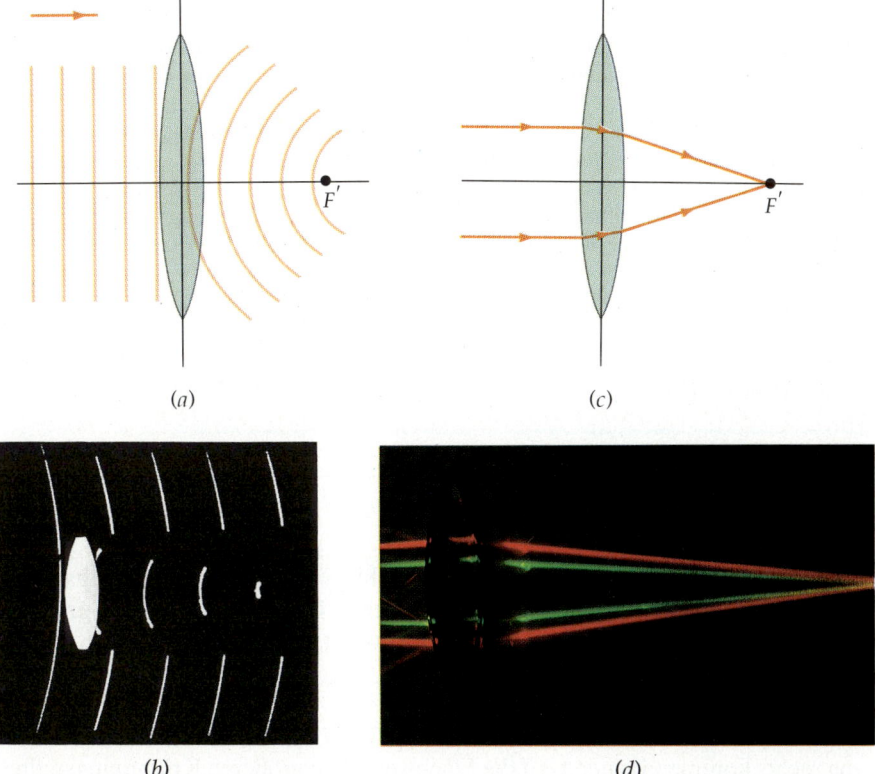

31.25 a) Wellenfronten einer ebenen Welle beim Durchgang durch eine Sammellinse. Der mittlere (achsennahe) Teil der Wellenfronten wird gegenüber dem äußeren Teil verzögert, so daß sich auf der Transmissionsseite eine kugelförmige Welle ergibt, deren Mittelpunkt im Brennpunkt F′ liegt. b) Aufnahme realer Wellenfronten, die eine Linse durchqueren. Solche Bilder gelingen mit gepulsten Lasern und der Ausnutzung der Holographietechnik (siehe auch Kapitel 33). c) Die Lichtstrahlen einer ebenen Welle treffen auf eine Sammellinse. Nach der Brechung an beiden Oberflächen schneiden sie sich im Brennpunkt F′ (Foto: Nils Abramson). d) Lichtstrahlen, die durch eine Sammellinse fokussiert werden (© 1974 Fundamental Photographs).

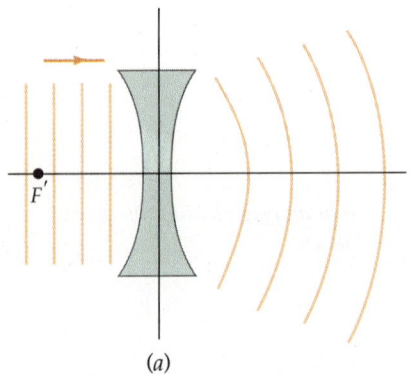
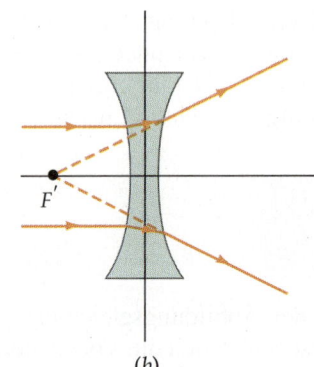
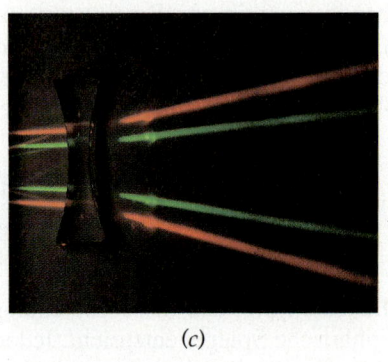

(a) (b) (c)

31.26 a) Wellenfronten einer ebenen Welle beim Durchgang durch eine Zerstreuungslinse. Hier wird der äußere Teil der Wellenfronten gegenüber dem mittleren Teil verzögert, und es entstehen auf der Transmissionsseite kugelförmige Wellenfronten, deren Mittelpunkt im Brennpunkt F' liegt. b) Lichtstrahlen einer ebenen Welle, die auf eine Zerstreuungslinse treffen, werden an jeder Oberfläche nach außen gebrochen und divergieren so, als gingen sie vom Brennpunkt F' aus. c) Lichtstrahlen, die eine Zerstreuungslinse durchlaufen (© Fundamental Photographs).

Linse, die in der Mitte dicker ist als am Rand, ist eine Sammellinse, wenn die Brechzahl in der gesamten Linse konstant und größer ist als die des umgebenden Mediums.

In Abbildung 31.26 sind die Wellenfronten und der Verlauf der zugehörigen Lichtstrahlen für eine ebene Welle gezeigt, die auf eine Linse trifft, deren brechende Flächen beide konkav sind; eine solche Linse heißt **bikonkav**. In diesem Fall bleibt der äußere Teil der Wellenfronten hinter dem mittleren Teil zurück. Die auf der Transmissionsseite resultierende kugelförmige Welle scheint vom Brennpunkt auf der Einfallsseite auszugehen. Da die Lichtstrahlen auf der Transmissionsseite auseinanderlaufen, handelt es sich bei dieser Linse um eine sogenannte **Zerstreuungslinse**. Ihre Brennweite ist negativ; deshalb nennt man sie auch *negative Linse*. Jede Linse, die in der Mitte dünner ist als am Rand, ist eine Zerstreuungslinse, wenn wieder die Brechzahl des Linsenmaterials über die Linse hinweg konstant und größer ist als die des umgebenden Mediums.

Beispiel 31.5

Eine Bikonvexlinse aus Glas mit der Brechzahl $n = 1{,}5$ habe die Krümmungsradien $r_1 = +10$ cm und $r_2 = -15$ cm (siehe Abbildung 31.27). Berechnen Sie die Brennweite der Linse.

Wir nehmen an, daß das Licht auf die Fläche mit dem Krümmungsradius r_1 fällt, also auf die linke, stärker gekrümmte Fläche. Der Krümmungsmittelpunkt C_1 der ersten Fläche liegt auf der Transmissionsseite der Linse, und der zugehörige Krümmungsradius ist $r_1 = +10$ cm. Der Krümmungsmittelpunkt C_2 der zweiten Fläche liegt auf der Einfallsseite, und der zugehörige Krümmungsradius ist $r_2 = -15$ cm. Einsetzen in (31.18) ergibt

$$\frac{1}{f} = (1{,}5 - 1)\left(\frac{1}{+10\text{ cm}} - \frac{1}{-15\text{ cm}}\right).$$

Daraus folgt $f = 12$ cm.

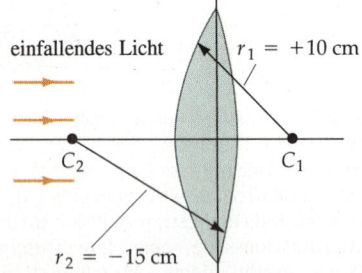

31.27 Diese Sammellinse hat verschiedene Krümmungsradien: $r_1 = +10$ cm und $r_2 = -15$ cm. Der Krümmungsmittelpunkt C_1 der ersten (der linken) Fläche liegt auf der Transmissionsseite der Linse, so daß r_1 positiv ist. Der Krümmungsmittelpunkt C_2 der zweiten Fläche liegt auf der Einfallsseite; damit ist r_2 negativ. Beide Flächen brechen das Licht zur Achse hin, so daß die Brennweite der Linse positiv ist.

Übung

Eine Sammellinse aus Glas mit der Brechzahl $n = 1{,}6$ habe Krümmungsradien, die betragsmäßig gleich sind. Die Brennweite der Linse sei 15 cm. Wie groß sind die Krümmungsradien beider Flächen? (Antwort: $r_1 = 18$ cm, $r_2 = -18$ cm)

Kehrt man die Strahlrichtung in Abbildung 31.27 um, dann fällt das Licht (nun von rechts kommend) zuerst auf die Fläche mit dem größeren Krümmungsradius.

Dieser ist positiv anzusetzen ($r_1 = +15$ cm; siehe Abbildung 31.28), weil der Krümmungsmittelpunkt dieser Fläche jetzt auf der Transmissionsseite der Linse liegt. Dagegen ist der Radius der zweiten Fläche negativ ($r_2 = -10$ cm), weil der Krümmungsmittelpunkt nun auf der Einfallsseite der Linse liegt. Für die Brennweite der Linse erhalten wir aber mit Gleichung (31.18) den gleichen Wert wie zuvor: $f = 12$ cm. Die Brennweite einer Linse hängt also nicht davon ab, von welcher Seite das Licht einfällt. Auf jeder Seite einer Linse befindet sich ein Brennpunkt, und zwar im Abstand der Brennweite, von der Linsenmitte aus gerechnet. Wegen der Umkehrbarkeit des Lichtweges verlassen Lichtstrahlen, die von einem Brennpunkt ausgehen, die Linse als achsenparallele Strahlen (Abbildung 31.29). Dieser Brennpunkt wird **erster Brennpunkt** F genannt. Der Brennpunkt, auf den achsenparallel einfallendes Licht fokussiert wird, heißt **zweiter Brennpunkt** F'. Bei einer Sammellinse liegt der erste Brennpunkt F auf der Einfallsseite und der zweite (F') auf der Transmissionsseite. Trifft paralleles Licht unter einem kleinen Winkel zur Achse auf eine Sammellinse (Abbildung 31.30), so wird es auf einen Punkt in der sogenannten **Brennebene** fokussiert; diese Ebene verläuft parallel zur Mittelebene der Linse und hat von dieser den Abstand f (=Brennweite).

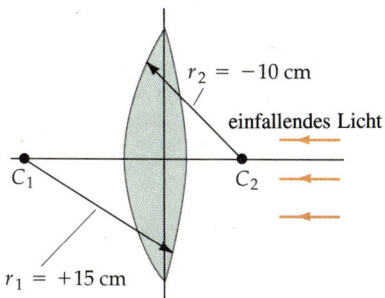

31.28 Auf die Linse von Abbildung 31.27 fällt das Licht hier von der anderen Seite ein. Die Reihenfolge der Oberflächen und die Vorzeichen der Krümmungsradien werden vertauscht; die Brennweite bleibt jedoch unverändert.

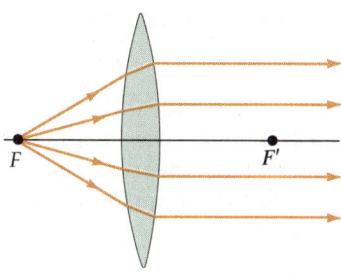

31.29 Lichtstrahlen, die vom Brennpunkt einer Sammellinse ausgehen, verlaufen hinter der Linse parallel zur Achse. Ein Brennpunkt F, von dem Strahlen ausgehen, wird als erster Brennpunkt F bezeichnet. Den Punkt, auf den achsenparalleles Licht durch eine Sammellinse fokussiert wird, nennt man zweiten Brennpunkt F'.

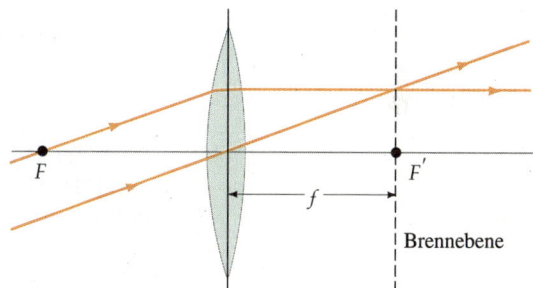

31.30 Hier treffen parallele Lichtstrahlen unter einem Winkel gegen die Achse auf eine Sammellinse. Die austretenden Strahlen werden auf einen Punkt in der Brennebene fokussiert; diese befindet sich im Abstand der Brennweite von der Mittelebene der Linse.

Beispiel 31.6

Eine Bikonkavlinse aus Glas mit der Brechzahl $n = 1,5$ habe die Krümmungsradien $r_1 = -15$ cm und $r_2 = +10$ cm (siehe Abbildung 31.31). Berechnen Sie die Brennweite der Linse.

Einsetzen der Werte in (31.18) und Auflösen nach der Brennweite ergibt $f = -12$ cm. Unabhängig davon, auf welche Seite das Licht zuerst auftrifft, erhält man dasselbe Resultat.

Die Bildkonstruktion bei Linsen

Wie bei der Abbildung durch sphärische Spiegel lassen sich auch die von Linsen erzeugten Bilder durch eine einfache geometrische Konstruktion ermitteln. Abbildung 31.32 zeigt das Prinzip bei einer Sammellinse. Man verwendet für die Konstruktion mindestens zwei der drei sogenannten **Hauptstrahlen**. Bei dünnen Linsen kann man zur Vereinfachung annehmen, daß die Strahlen nur einmal

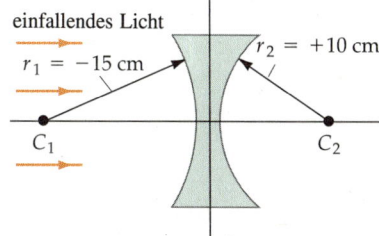

31.31 Eine Zerstreuungslinse mit den Krümmungsradien 15 cm und 10 cm. Der Krümmungsmittelpunkt C_1 der ersten Fläche liegt auf der Einfallsseite, und der Krümmungsmittelpunkt C_2 der zweiten Fläche liegt auf der Transmissionsseite der Linse. Deshalb ist r_1 negativ und r_2 positiv. Beide Flächen tragen zur negativen Brennweite der Linse bei.

31 Geometrische Optik

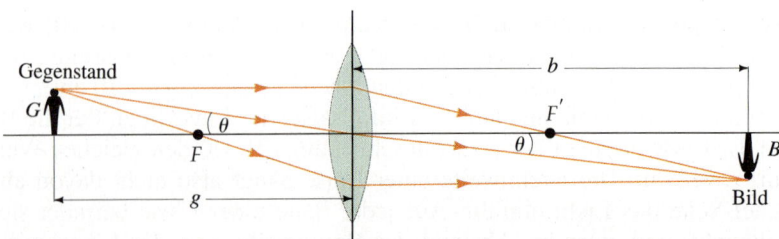

31.32 Konstruktion des Bildes an einer dünnen Sammellinse. Der Einfachheit halber kann angenommen werden, daß die Lichtstrahlen an der Mittelebene der Linse gebrochen werden. Der Strahl durch den Mittelpunkt der Linse wird nicht abgelenkt.

gebrochen werden, und zwar an der senkrecht auf der Achse stehenden, durch die Linsenmitte gehenden Ebene, der Mittelebene. Jeder Bildpunkt wird dann folgendermaßen konstruiert:

Die Hauptstrahlen bei einer Sammellinse

1. Der **achsenparallele Strahl** wird so gebrochen, daß er durch den zweiten Brennpunkt der Linse verläuft.
2. Der **zentrale Strahl** verläuft durch den Mittelpunkt der Linse und wird nicht abgelenkt. (Bei dickeren Linsen, auf die wir später eingehen, muß berücksichtigt werden, daß dieser Strahl wie an einer planparallelen Platte seitlich versetzt wird; dieser Effekt ist jedoch bei dünnen Linsen vernachlässigbar.)
3. Der **Brennpunktsstrahl** verläuft durch den ersten Brennpunkt und verläßt die Linse parallel zur Achse.

Diese drei von einem Gegenstandspunkt ausgehenden Strahlen schneiden sich nach der Brechung im entsprechenden Bildpunkt, wie in Abbildung 31.32 gezeigt. Im vorliegenden Fall ist das Bild reell und umgekehrt. Aus der Abbildung entnehmen wir $\tan \theta = G/g = -B/b$. Der Abbildungsmaßstab ist demnach

$$V = \frac{B}{G} = -\frac{b}{g}.$$

Dies ist die gleiche Beziehung, die wir bereits bei Konvex- oder Konkavspiegeln gefunden hatten (siehe Gleichung 31.7). Auch bei Linsen bedeutet ein negativer Abbildungsmaßstab, daß das Bild umgekehrt ist.

Für die drei Hauptstrahlen bei einer Zerstreuungslinse gilt folgendes:

Die Hauptstrahlen bei einer Zerstreuungslinse

1. Der **achsenparallele Strahl** verläßt die Linse so, als ginge er vom zweiten Brennpunkt F′ aus.
2. Der **zentrale Strahl** verläuft durch den Mittelpunkt der Linse und wird nicht abgelenkt.
3. Der **Brennpunktsstrahl** ist auf den ersten Brennpunkt F (auf der Transmissionsseite) gerichtet und verläßt die Linse parallel zur Achse.

Die Konstruktion eines Bildes bei der Zerstreuungslinse ist in Abbildung 31.33 gezeigt.

31.33 Konstruktion des Bildes an einer dünnen Zerstreuungslinse. Der achsenparallele Strahl wird so gebrochen, als ginge er vom zweiten Brennpunkt F′ aus. Der Strahl, der auf den ersten Brennpunkt F gerichtet ist, verläßt die Linse parallel zur Achse. Der Mittelpunktsstrahl wird nicht abgelenkt. Die drei austretenden Strahlen scheinen vom Bildpunkt auszugehen.

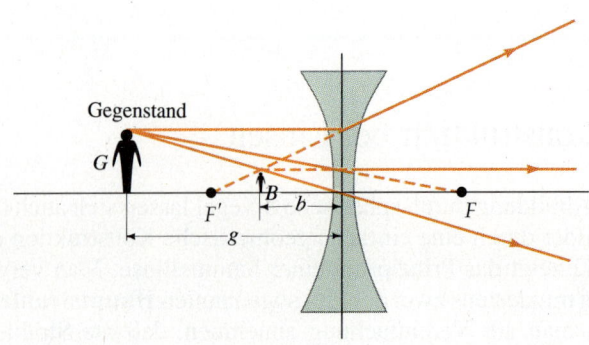

1076

31.4 Dünne Linsen

Beispiel 31.7

Ein 1,2 cm hoher Gegenstand stehe 4 cm vor der Sammellinse von Beispiel 31.5. Berechnen Sie die Bildweite. Entscheiden Sie, ob das Bild reell oder virtuell ist, und berechnen Sie die Gegenstandsgröße.

Die Brennweite der Sammellinse von Beispiel 31.5 beträgt $f = 12$ cm. Abbildung 31.34 zeigt die Bildkonstruktion für die Gegenstandsweite 4 cm. Der achsenparallele Strahl geht nach der Brechung durch den zweiten Brennpunkt, und der zentrale Strahl wird nicht abgelenkt. Die Strahlen auf der Transmissionsseite der Linse laufen auseinander. Der Bildpunkt befindet sich daher im Schnittpunkt der rückwärtigen Verlängerungen der genannten Strahlen. Diese zwei Strahlen reichen aus, um den Ort des Blickpunktes festzulegen. Das Bild ist – wie aus Abbildung 31.34 hervorgeht – virtuell, aufrecht und vergrößert. Es liegt auf der gleichen Seite wie der Gegenstand und ist etwas weiter als dieser von der Linse entfernt.

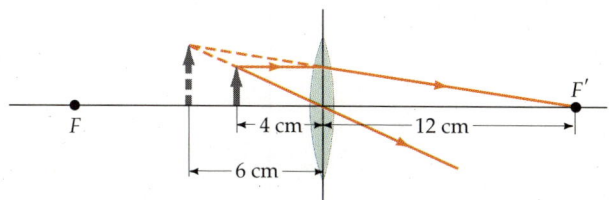

31.34 Bildkonstruktion zu Beispiel 31.7. Befindet sich der Gegenstand zwischen dem ersten Brennpunkt und der Sammellinse, dann ist das Bild virtuell und steht aufrecht.

Mit Gleichung (31.19) läßt sich die Bildweite berechnen. Einsetzen der Werte und Auflösen nach der Bildweite ergibt $b = -6$ cm. Sie ist negativ; das bedeutet, daß sich das Bild auf der Einfallsseite der Linse befindet, also virtuell ist. Der Abbildungsmaßstab ist $V = -b/g = +1,5$. Das Bild ist also 1,5mal größer als der Gegenstand und steht aufrecht. Da der Gegenstand 1,2 cm hoch ist, beträgt die Bildgröße 1,8 cm.

Übung

Ein Gegenstand stehe 15 cm vor einer Sammellinse mit der Brennweite 10 cm. Berechnen Sie die Bildweite und den Abbildungsmaßstab. Konstruieren Sie das Bild. Ist es reell oder virtuell? Ist es aufrecht oder umgekehrt? (Antwort: $b = 30$ cm; $V = -2$; reell und umgekehrt)

Übung

Beantworten Sie die Fragen der vorigen Übung für einen Gegenstand, der 5 cm vor einer Bikonvexlinse mit der Brennweite 10 cm steht. (Antwort: $b = -10$ cm; $V = 2$; virtuell und aufrecht)

Dicke Linsen

Für die Bildkonstruktion bei dünnen Linsen können die Brechungen an beiden Oberflächen durch eine einzige Brechung an der Mittelebene der Linse ersetzt werden, wie z.B. in Abbildung 31.32. Ist die Linse aber so dick, daß diese Näherung nicht zulässig ist, dann muß man anstelle der Mittelebene mit zwei sogenannten **Hauptebenen** arbeiten, auf die sich Brennweite, Gegenstandsweite und Bildweite beziehen. Abbildung 31.35 zeigt die entsprechenden Größen sowie die Konstruktion eines Bildpunktes mit Hilfe der Hauptebenen.

Die Brennweiten auf beiden Seiten einer dicken Linse sind unterschiedlich, wenn die Krümmungsradien der Flächen verschiedene Beträge haben. Man kann die Hauptebenen einer dicken Linse experimentell bestimmen, indem man paralleles Licht nacheinander auf beide Seiten auftreffen läßt und den jeweiligen Brennpunkt ermittelt. Der Schnittpunkt der rückwärtigen Verlängerung des austretenden Strahls mit der Verlängerung des ankommenden parallelen Strahls liegt auf der betreffenden Hauptebene.

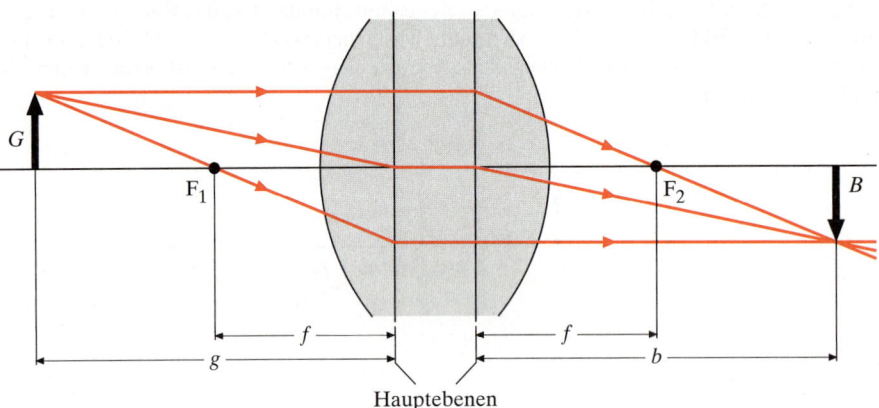

31.35 Bildkonstruktion bei einer dicken Sammellinse. Der *achsenparallele Strahl* wird bis zur zweiten Hauptebene durchgezogen und verläuft von dort zum Brennpunkt F'. Der *zentrale Strahl* wird bis zur ersten Hauptebene durchgezogen und dann bei der zweiten Hauptebene im gleichen Winkel zur Achse weitergeführt. (Dies entspricht der seitlichen Parallelverschiebung eines Lichtstrahls an einer planparallelen Platte, auf die er schräg auftrifft.) Der *Brennpunktsstrahl* verläuft hinter der ersten Hauptebene achsenparallel. – Bei der hier gezeigten symmetrischen Bikonvexlinse sind die Brennweiten auf beiden Seiten gleich: $f_1 = f_2 = f$. Das beschriebene Verfahren zur Bildkonstruktion läßt sich genauso auf unsymmetrische dicke Linsen ($f_1 \neq f_2$) anwenden.

Die Lage der Hauptebenen relativ zu den Scheiteln der Linse kann man aus den Brechzahlen von Linsenmaterial und Umgebung sowie den Krümmungsradien der Linse berechnen; dies soll hier allerdings nicht gezeigt werden. Bei einer symmetrischen Bikonvexlinse (deren Krümmungsradien also denselben Betrag haben), die beiderseits von Luft (mit der Brechzahl 1) umgeben ist, hat jede Hauptebene vom nächstgelegenen Scheitel der Linse den Abstand $d/(2n)$. Darin ist d die Dicke der Linse in der Mitte und n die Brechzahl des Linsenmaterials. Die Hauptebenen einer Glaslinse mit $n = 1{,}5$ teilen also die Linsendicke in drei gleich lange Abschnitte. Dieser Wert ist für viele näherungsweisen Konstruktionen ausreichend.

Für eine symmetrische, dicke Bikonvexlinse wie in Abbildung 31.35 gilt die Linsengleichung (31.19) unverändert, wobei aber – wie schon angedeutet – Brennweite, Gegenstandsweite und Bildweite jeweils bis zur nächstgelegenen Hauptebene zu messen sind. Auch bei einem System aus mehreren Linsen, die sich dicht beieinander auf derselben Achse befinden, können die Hauptebenen zur Bildkonstruktion herangezogen werden. Stehen die Linsen weiter auseinander, so kann man das endgültige Bild schrittweise nach der Methode konstruieren, die im folgenden gezeigt wird.

Mehrere Linsen

Befinden sich zwei (oder mehrere) Linsen hintereinander auf derselben Achse, dann läßt sich das von ihnen erzeugte Bild folgendermaßen konstruieren: Man ermittelt zunächst – ohne Beachtung der anderen Linsen – das von der ersten Linse entworfene Bild. Dann bestimmt man die Gegenstandsweite für die Abbildung durch die zweite Linse. Der Gegenstand, den diese abbildet, ist das eben erwähnte von der ersten Linse herrührende Bild. Dabei spielt es keine Rolle, ob das erste Bild virtuell oder reell ist, und auch nicht, ob es überhaupt erzeugt wird.

Beispiel 31.8

Eine zweite Linse mit der Brennweite +6 cm werde im Abstand 12 cm auf der rechten Seite der Linse von Beispiel 31.7 angebracht (auf der Achse der ersten Linse). Wo befindet sich das Endbild, das von diesem Linsensystem erzeugt wird?

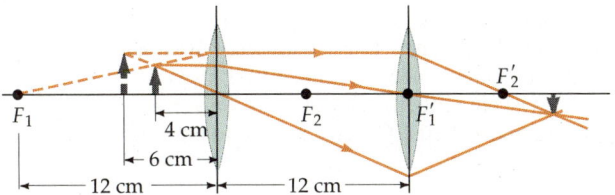

31.36 Bildkonstruktion zu Beispiel 31.8. Das Bild der ersten Linse wird als Gegenstand für die Abbildung durch die zweite Linse angesehen. Der vom Linsensystem erzeugte Bildpunkt wird hier u.a. durch nur einen Strahl vom ersten Bild zur zweiten Linse festgelegt, und zwar durch den achsenparallelen Strahl. Der Mittelpunktsstrahl durch die zweite Linse entsteht hier direkt aus dem achsenparallelen Strahl vom Gegenstandspunkt, da sich die zweite Linse im Brennpunkt F_1' der ersten befindet.

Abbildung 31.36 zeigt die Bildkonstruktion für diesen Fall. Die Strahlen, mit denen das erste Bild konstruiert wird, sind nicht notwendigerweise Hauptstrahlen der zweiten Linse. Daher müssen wir u.U. zusätzliche Strahlen einzeichnen, die vom Bild der ersten Linse (oder vom Gegenstand) ausgehen und Hauptstrahlen der zweiten Linse sind. Zur Wahl stehen dabei: der achsenparallele Strahl, der Strahl durch den ersten Brennpunkt der zweiten Linse und der Strahl durch den Mittelpunkt der zweiten Linse. Im vorliegenden Fall sind zwei Hauptstrahlen der ersten Linse auch Hauptstrahlen der zweiten Linse. Der vom Gegenstand aus achsenparallel auf die erste Linse fallende Strahl wird nach der Brechung zum Mittelpunktsstrahl der zweiten Linse, weil sich diese im Brennpunkt F_1' der ersten Linse befindet. Der Brennpunktsstrahl der ersten Linse verläßt diese achsenparallel und wird deshalb durch die zweite Linse so gebrochen, daß er durch deren Brennpunkt F_2' verläuft. (In der Abbildung ist auch der vom ersten Bild ausgehende Strahl durch den Mittelpunkt der ersten Linse eingezeichnet. Er wird an der Mittelebene der zweiten Linse so gebrochen, daß er genau durch den Bildpunkt verläuft, der bereits durch den Schnittpunkt der anderen beiden Strahlen konstruiert wurde. An diesem Strahl ist übrigens zu erkennen, daß bei der Konstruktion die Linien, die die Strahlen symbolisieren, nicht unbedingt durch die Linse gehen müssen.) Aus der Abbildung geht hervor, daß das von beiden Linsen erzeugte Endbild reell und umgekehrt ist. Es befindet sich außerhalb der Brennweite der zweiten Linse. Den Ort des Endbildes können wir berechnen, indem wir das virtuelle Bild der ersten Linse (6 cm links von dieser) als Gegenstand für die Abbildung durch die zweite Linse ansehen. Die Gegenstandsweite beträgt hier also 18 cm. Wir setzen $g_2 = 18$ cm und $f_2 = 6$ cm in Gleichung (31.19) ein:

$$\frac{1}{18\,\text{cm}} + \frac{1}{b_2} = \frac{1}{6\,\text{cm}}.$$

Damit ist die Bildweite $b_2 = 9$ cm.

Beispiel 31.9

Zwei Linsen mit jeweils der Brennweite 10 cm haben voneinander den Abstand 15 cm; sie befinden sich auf derselben Achse. Wo liegt das Bild eines Gegenstands, der 15 cm vor einer der beiden Linsen steht?

In Abbildung 31.37 ist die Bildkonstruktion gezeigt. Die Bildweite $b_1 = 30$ cm ergibt sich mit $g_1 = 15$ cm und $f_1 = 10$ cm aus der Gleichung (31.19) für dünne Linsen. Also befindet sich das von der ersten Linse erzeugte Bild (im folgenden erstes Bild genannt) auf der rechten Seite der zweiten Linse. Es wird so konstruiert, wie z.B. in Abbildung 31.32 erläutert. Dieses erste Bild entsteht jedoch nicht wirklich, da die Lichtstrahlen die zweite Linse treffen, bevor sie den Ort des ersten Bildes erreichen können. Das Endbild können wir anhand des ersten Bildes konstruieren, indem wir Hauptstrahlen an der zweiten Linse zeichnen, die auf das erste Bild (ganz rechts) zulaufen. Diese Strahlen müssen nicht unbedingt Hauptstrahlen der ersten Linse sein. Jeder Strahl, der vom Gegenstand ausgeht, ist nach der Brechung in der ersten Linse auf den zugehörigen Punkt im ersten Bild

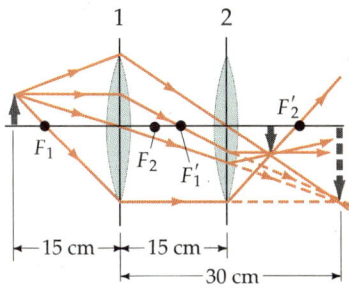

31.37 Bildkonstruktion zu Beispiel 31.9. Der Ort des von der ersten Linse erzeugten Bildes liegt auf der Transmissionsseite der zweiten Linse. Dieses Bild entsteht allerdings nicht, da die Strahlen durch die zweite Linse gebrochen werden, bevor sie das erste Bild formen können. Trotzdem wirkt dieses Bild als virtueller Gegenstand für die Abbildung durch die zweite Linse. Das Endbild wird dadurch gefunden, daß die Hauptstrahlen der zweiten Linse zum ersten Bild gezeichnet werden, hier der Mittelpunktsstrahl und der achsenparallele Strahl.

gerichtet, wird dann aber in der zweiten Linse gebrochen. Wir wählen erstens den Strahl, der die erste Linse achsenparallel verläßt (der unterste Strahl in der Abbildung). Er verläuft nach der Brechung in der zweiten Linse durch deren Brennpunkt. Zweitens wählen wir den Strahl, der durch den Mittelpunkt der zweiten Linse verläuft. Dieser (der oberste Strahl in der Abbildung) passiert die zweite Linse ungebrochen. Damit ist der Bildpunkt der Pfeilspitze im Endbild definiert. (In der Abbildung sind für die erste Linse auch der achsenparallel einfallende Strahl und der Mittelpunktsstrahl eingezeichnet, mit denen der Bildpunkt des ersten Bildes konstruiert wurde; die Verlängerungen zum ersten Bildpunkt sind hinter der zweiten Linse gestrichelt gezeichnet.) Aus der Abbildung geht hervor, daß das Endbild zwischen der zweiten Linse und deren Brennpunkt entsteht. Der Ort des Endbildes läßt sich berechnen, indem das erste Bild als Gegenstand für die zweite Linse angesehen wird. Dies ist ein virtueller Gegenstand, weil er sich auf der Transmissionsseite der zweiten Linse befindet. Seine Gegenstandsweite ist $g_2 = -15$ cm. Mit (31.19) folgt daraus

$$\frac{1}{-15 \text{ cm}} + \frac{1}{b_2} = \frac{1}{f_2} = \frac{1}{10 \text{ cm}}.$$

Die Bildweite bezüglich der zweiten Linse beträgt daher $b_2 = +6$ cm.

Beispiel 31.10

Zwei dünne Linsen mit den Brennweiten f_1 und f_2 werden auf derselben Achse dicht hintereinandergestellt. Zeigen Sie, daß die Brennweite f dieses Linsensystems gegeben ist durch

$$\frac{1}{f} = \frac{1}{f_1} + \frac{1}{f_2}. \qquad 31.20$$

Die Gegenstandsweite für die Abbildung durch die erste Linse sei g. Dies ist auch die Gegenstandsweite für die Abbildung durch das Linsensystem. Die Bildweite bezüglich der ersten Linse sei b_1. Aus der Linsengleichung (31.19) ergibt sich damit bei der ersten Linse

$$\frac{1}{g} + \frac{1}{b_1} = \frac{1}{f_1}.$$

Da die dünnen Linsen dicht beieinanderstehen, ist die Gegenstandsweite bezüglich der zweiten Linse praktisch gleich der negativen Bildweite bezüglich der ersten Linse: $g_2 = -b_1$. Für die Bildweite b des Endbildes gilt dann

$$\frac{1}{-b_1} + \frac{1}{b} = \frac{1}{f_2}.$$

Die Bildweite b_1 für die Abbildung durch die erste Linse läßt sich aus diesen beiden Gleichungen durch Addition eliminieren. Daraus folgt

$$\frac{1}{g} + \frac{1}{b} = \frac{1}{f_1} + \frac{1}{f_2} = \frac{1}{f}.$$

Beispiel 31.10 liefert ein wichtiges Ergebnis. Befinden sich zwei Linsen direkt hintereinander auf derselben Achse, so ist die reziproke Brennweite dieser Kombination gleich der Summe der reziproken Brennweiten beider Linsen. Den Kehrwert der Brennweite bezeichnet man, wie bereits in Zusammenhang mit Gleichung (31.19) erwähnt, als **Brechkraft**:

$$D = \frac{1}{f}. \qquad 31.21$$

Die Einheit der Brechkraft D ist die **Dioptrie** (dpt). Sie ist definiert durch: 1 dpt = 1 m^{-1}. Je kürzer die Brennweite ist, desto höher ist die Brechkraft. Beispielsweise hat eine Linse mit der Brennweite 25 cm = 0,25 m eine Brechkraft von 4,0 dpt. Dagegen hat eine Linse mit der Brennweite 10 cm = 0,10 m die Brechkraft 10 dpt. Da die Brennweite einer Zerstreungslinse negativ ist, ist auch ihre Brechkraft negativ.

Beispiel 31.11

Eine Linse habe die Brechkraft $D = -2,5$ dpt. Wie groß ist ihre Brennweite?
 Auflösen von (31.21) nach der Brennweite ergibt:

$$f = \frac{1}{D} = \frac{1}{-2,5 \text{ dpt}} = -0,40 \text{ m} = -40 \text{ cm} \, .$$

Das Ergebnis von Beispiel 31.10 läßt sich auch durch die Brechkräfte ausdrücken. Da sich die reziproken Brennweiten beider Linsen addieren, ist die Brechkraft der Linsenkombination gleich der *Summe der Einzelbrechkräfte* der nahe beieinanderstehenden Linsen:

$$D = D_1 + D_2 \, . \qquad 31.22$$

Fragen

8. Unter welchen Bedingungen ist die Brennweite einer dünnen Linse positiv? Wann ist sie negativ?
9. Die Brennweite einer einfachen Linse hat für verschiedenfarbiges Licht (d.h. für unterschiedliche Lichtwellenlängen) andere Werte. Warum?

31.5 Abbildungsfehler

Bei der Herleitung der Abbildungsgleichungen für Spiegel und dünne Linsen wurde stets vorausgesetzt, daß die auf die kugelförmigen Flächen auftreffenden Strahlen achsennah sind. Ist diese Bedingung in der Realität nicht erfüllt, so treten bestimmte Abbildungsfehler auf.

Die **sphärische Aberration** ist in Abbildung 31.38 gezeigt: Achsenferne Strahlen werden hinter der Linse nicht in einem einzigen Brennpunkt fokussiert, sondern um so näher bei der Linse, je weiter der einfallende Strahl von der Achse entfernt ist. Dieser Abbildungsfehler tritt auch bei sphärischen Spiegeln auf

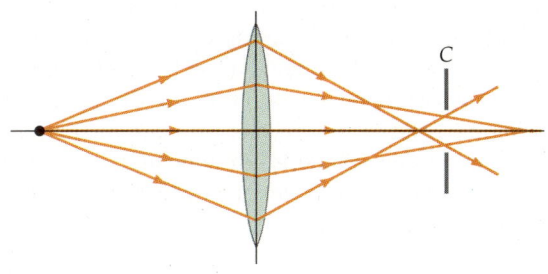

31.38 Die sphärische Aberration: Strahlen, die von einem Punktgegenstand ausgehen, werden nicht in einen Punkt fokussiert. Das Bild ist daher eher eine Kreisscheibe als ein Punkt. Der Durchmesser dieses sogenannten Unschärfe- oder Abweichungskreises ist hier bei C am kleinsten. Der Einfluß der sphärischen Aberration auf die Bildgebung kann dadurch verringert werden, daß man die Randstrahlen ausblendet, so daß der Durchmesser des Unschärfekreises kleiner wird.

(siehe Abbildung 31.9). Er rührt nicht von mangelnder Genauigkeit bei der Herstellung des Spiegels bzw. der Linse oder etwa von Materialfehlern her, sondern beruht allein darauf, daß die Reflexions- und Brechungsgesetze, die eigentlich nur für ebene Flächen gelten, auf sphärische Flächen angewendet wurden. Dieses Verfahren liefert nur bei kleinen Winkeln und achsennahen Strahlen brauchbare Ergebnisse. Bei größeren Winkeln oder achsenfernen Strahlen gehorchen die tatsächlichen Reflexions- bzw. Brechungswinkel nicht mehr den mit der Kleinwinkelnäherung hergeleiteten einfachen Abbildungsgleichungen.

Der Einfluß der sphärischen Aberration auf die Bildgebung läßt sich bei Spiegeln oder Linsen durch Ausblenden der achsenfernen Strahlen verringern. Allerdings muß dabei eine geringere Bildhelligkeit in Kauf genommen werden, da zu jedem Bildpunkt weniger Strahlen beitragen. Bei Linsen ist man im allgemeinen auf diese Korrekturmethoden angewiesen, weil nur kugelförmige Oberflächen exakt und kostengünstig herzustellen sind. Dagegen kann in bestimmten Anwendungsfällen bei *Hohlspiegeln* die sphärische Aberration ganz vermieden werden, indem man eine parabolische Spiegelform verwendet. Bei Parabolspiegeln (Abbildung 31.39) tritt dieser Abbildungsfehler überhaupt nicht auf, weil hier alle parallelen Strahlen exakt im Brennpunkt fokussiert werden, unabhängig davon, welchen Abstand von der Achse sie haben. Solche Spiegel werden beispielsweise in hochwertigen astronomischen Teleskopen verwendet, bei denen es darauf ankommt, eine große Helligkeit bei gleichzeitig guter Schärfe des Bildes zu erhalten. Auch bei Suchscheinwerfern nutzt man die Abbildungseigenschaft der Parabolspiegel aus: Im Brennpunkt wird eine kleine Lichtquelle angebracht, so daß ein paralleles Lichtbündel resultiert.

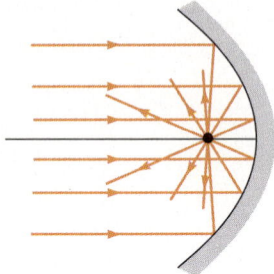

31.39 Ein parabolischer Spiegel fokussiert alle einfallenden parallelen Strahlen auf einen einzigen Punkt, ohne jede sphärische Aberration.

Ein weiterer Abbildungsfehler tritt nicht bei Spiegeln, sondern nur bei Linsen auf: die **chromatische Aberration** (der Farbfehler). Auch sie hat prinzipielle Gründe und beruht nicht auf Fertigungs- oder Materialmängeln. Sie rührt daher, daß die Brechzahl aller transparenten Materialien von der Wellenlänge des Lichtes (also von dessen Farbe) abhängt. Diese sogenannte **Dispersion** wurde in den Kapiteln 14 und 30 erläutert. Sie führt dazu, daß die Brennweite für blaues Licht kleiner ist als für rotes; diese Abhängigkeit geht auch aus Gleichung (31.18) hervor. Somit ergibt sich bei der Abbildung durch eine Linse für jede Farbe ein anderer Brennpunkt, und die Abbildung eines mehrfarbigen Gegenstands wird unscharf.

Die Auswirkung der chromatischen Aberration kann dadurch verringert werden, daß man beispielsweise eine Sammellinse mit einer Zerstreuungslinse geringerer Brechkraft kombiniert, deren Glas eine stärkere Dispersion hat. Die Korrektur ist allerdings um so schwieriger zu realisieren, je größer der genutzte Durchmesser der Linsenkombination ist, weil die eintreffenden Strahlen dann weiter von der Achse entfernt sind. Aus diesem Grunde sind hochwertige Kamera-Objektive mit großer Blendenöffnung aufwendig in der Herstellung und entsprechend teuer; sie bestehen meist aus einem System von sechs Linsen. In leistungsfähigen Teleskopen werden fast ausschließlich Spiegel anstelle von Linsen eingesetzt, weil die chromatische Aberration bei der Reflexion nicht auftritt.

Schließlich gibt es bei Spiegeln und bei Linsen noch einen weiteren prinzipiellen Abbildungsfehler, den **Astigmatismus schiefer Bündel**: Fallen parallele Strahlen unter einem Winkel zur Achse ein, so werden sie bei der idealen Abbildung in einen Punkt in der Brennebene fokussiert (siehe Abbildung 31.30). Je größer der Winkel zwischen Strahlen und Achse ist, desto weiter ist der tatsächliche Brennpunkt von der Brennebene entfernt. Die Brennebene ist in Wirklichkeit also eine gekrümmte Fläche, so daß das Bild auf einem Schirm oder einem photographischen Film zu den Rändern hin zunehmend unscharf wird. Dieser Abbildungsfehler kann nur durch Ausblenden der Strahlen behoben werden, die gegen die Achse zu stark geneigt sind.

Zusammenfassung

1. Bei der Abbildung eines Gegenstands durch einen sphärischen Spiegel oder eine Linse sind Gegenstandsweite g, Bildweite b und Brennweite f folgendermaßen miteinander verknüpft:

$$\frac{1}{g} + \frac{1}{b} = \frac{1}{f}.$$

Die Brennweite f ist die Bildweite für einen unendlich weit entfernten Gegenstand ($g = \infty$). Bei einem sphärischen Spiegel ist die Brennweite gleich dem halben Krümmungsradius. Die Brennweite f einer dünnen Linse, die beiderseits von Luft umgeben ist, ist mit der Brechzahl n des Linsenmaterials und den Krümmungsradien r_1 und r_2 ihrer kugelförmigen brechenden Flächen verknüpft durch

$$\frac{1}{f} = (n-1)\left(\frac{1}{r_1} - \frac{1}{r_2}\right).$$

In den beiden vorstehenden Gleichungen sind die Größen g, b, f, r_1 und r_2 positiv anzusetzen, wenn der Gegenstand, das Bild bzw. der Krümmungsmittelpunkt auf der „reellen Seite" liegt. Diese Seite ist beim Spiegel die Einfallsseite, aber bei der Linse für Gegenstände die Einfallsseite und für Bilder und Krümmungsmittelpunkte die Transmissionsseite. Ist b positiv, dann ist das Bild reell, so daß tatsächlich Lichtstrahlen vom jeweiligen Bildpunkt ausgehen. Ein reelles Bild läßt sich auf einem Schirm betrachten oder photographisch aufnehmen. Ist b negativ, dann ist das Bild virtuell, so daß kein Licht vom Bildpunkt ausgeht. In diesem Fall kann man das Bild weder auf einem Schirm betrachten noch in der Bildebene photographieren.

2. Der Abbildungsmaßstab (die Lateralvergrößerung) ist definiert als

$$V = \frac{B}{G} = -\frac{b}{g}.$$

Darin ist G die Gegenstandsgröße und B die Bildgröße. Eine negative Vergrößerung bedeutet, daß das Bild umgekehrt ist (gegenüber der Richtung des Gegenstands).

3. Bei einem ebenen Spiegel sind r und f unendlich, so daß $b = -g$ ist. Das Bild ist also virtuell, aufrecht und von derselben Größe wie der Gegenstand.

4. Bildpunkte, die von sphärischen Spiegeln oder von Linsen erzeugt werden, lassen sich nach einem einfachen Verfahren konstruieren: Es werden mindestens zwei *Hauptstrahlen* gezeichnet, die vom betreffenden Gegenstandspunkt ausgehen und sich im zugehörigen Bildpunkt schneiden oder von diesem auszugehen scheinen.
Bei sphärischen Spiegeln gibt es vier Hauptstrahlen: den achsenparallelen Strahl (der nach der Reflexion durch den Brennpunkt verläuft), den Brennpunktsstrahl (der achsenparallel reflektiert wird), den in sich selbst reflektierten radialen Strahl (durch den Krümmungsmittelpunkt des Spiegels) und den zentralen Strahl, der auf den Scheitelpunkt des Spiegels gerichtet ist und im gleichen Winkel zur Achse reflektiert wird.
Bei Linsen gibt es drei Hauptstrahlen: den achsenparallelen Strahl (der nach der Brechung durch den Brennpunkt verläuft), den Brennpunktsstrahl (der

achsenparallel gebrochen wird) und den zentralen Strahl (der durch den Mittelpunkt der Linse geht und nicht gebrochen wird).

5. Eine positive Linse oder Sammellinse ist in der Mitte dicker als am Rand. (Diese Aussage gilt nur, wenn die Brechzahl über die ganze Linse hinweg konstant ist und das umgebende Medium eine kleinere Brechzahl als das Linsenmaterial hat.) Fällt paralleles Licht auf eine Sammellinse, dann wird es auf den zweiten Brennpunkt fokussiert, der sich auf der Transmissionsseite der Linse befindet. Eine negative Linse oder Zerstreuungslinse ist am Rand dicker als in der Mitte. (Auch diese Aussage ist nur unter den obengenannten Voraussetzungen gültig). Fällt paralleles Licht auf eine Zerstreuungslinse, dann scheint es vom zweiten Brennpunkt auszugehen, der sich auf der Einfallsseite der Linse befindet.

6. Die Brechkraft D einer Linse ist gleich der reziproken Brennweite: $D = 1/f$. Die Einheit der Brechkraft D ist die Dioptrie (dpt). Es ist 1 dpt = 1 m^{-1}. Die Brechkräfte von hintereinander auf derselben Achse angeordneten Linsen addieren sich.

7. Die Bildweite b bei der Brechung an einer einzigen sphärischen Oberfläche mit dem Radius r ist mit der Gegenstandsweite g folgendermaßen verknüpft:

$$\frac{n_1}{g} + \frac{n_2}{b} = \frac{n_2 - n_1}{r}.$$

Darin ist n_1 die Brechzahl des Mediums auf der Einfallsseite und n_2 die Brechzahl des Mediums auf der Transmissionsseite. Bei dieser Brechung ist der Abbildungsmaßstab

$$V = -\frac{n_1 b}{n_2 g}.$$

8. Ist eine Linse so dick, daß die einfache Konstruktion mit den in der Linse einmal gebrochenen Hauptstrahlen nicht zulässig ist, dann muß man mit zwei Hauptebenen arbeiten, an denen die Brechung der Hauptstrahlen formal vorgenommen wird.

9. Es gibt bei Linsen und Spiegeln prinzipielle Abbildungsfehler, die nicht auf Herstellungs- oder Materialfehler zurückzuführen sind, sondern die allein davon herrühren, daß die Reflexions- und Brechungsgesetze, die eigentlich nur für ebene Flächen gelten, auf sphärische Flächen angewendet wurden. Dieses Verfahren liefert nur bei kleinen Winkeln und achsennahen Strahlen brauchbare Ergebnisse. Bei der *sphärischen Aberration* werden achsenferne Strahlen näher an der Linse fokussiert, als es der mit den einfachen Abbildungsgleichungen berechneten Brennweite entspricht. Dieser Abbildungsfehler kann durch Ausblenden achsenferner Strahlen vermindert werden. Dabei wird allerdings auch die Helligkeit des Bildes herabgesetzt. Parabolspiegel zeigen keine sphärische Aberration. Die *chromatische Aberration* tritt nur bei Linsen, nicht aber bei Spiegeln auf. Sie entsteht durch die Dispersion, d.h. die Abhängigkeit der Brechzahl von der Wellenlänge, und kann vermindert werden, indem Linsen aus Materialien mit verschieden starker Dispersion kombiniert werden. Unter *Astigmatismus schiefer Bündel* versteht man den Effekt, daß parallele Strahlen, die unter größeren Winkeln zur Achse auf eine Linse fallen, nicht auf eine ebene, sondern auf eine gekrümmte Fläche fokussiert werden. Dieser Abbildungsfehler kann nur durch Ausblenden vermindert werden.

Aufgaben

Verwenden Sie für die Brechzahl von Wasser den Wert 1,33, wenn nichts anderes angegeben ist.

Stufe I

31.1 Ebene Spiegel

1. Das Bild eines Punktes P werde wie in Abbildung 31.40 von einem Auge betrachtet. Zeichnen Sie das Strahlenbündel ein, das nach der Reflexion am Spiegel in das Auge gelangt. Zeichnen Sie außerdem den Bereich an, in dem das Auge das Bild sehen kann.

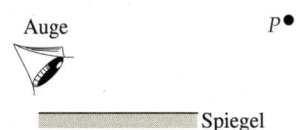

31.40 Zu Aufgabe 1.

2. Wenn sich zwei ebene Spiegel gegenüberstehen, so ergeben sich viele Bilder, weil jedes Bild des einen Spiegels als Gegenstand für die Abbildung im anderen Spiegel dient. Ein Punktgegenstand befinde sich zwischen parallelen Spiegeln, die einen Abstand von 30 cm haben. Der Gegenstand stehe 10 cm vor dem linken Spiegel und 20 cm vor dem rechten Spiegel. a) Ermitteln Sie den Abstand des linken Spiegels von den ersten vier Bildern, die in ihm zu sehen sind. b) Ermitteln Sie auch für den rechten Spiegel die Abstände der ersten vier Bilder von ihm.

3. Eine 1,62 m große Person möchte ihr gesamtes Bild in einem ebenen Spiegel sehen. a) Wie hoch muß der Spiegel mindestens sein? b) Wie hoch muß er über dem Boden stehen? Der Scheitel der Person befinde sich 15 cm oberhalb der Augenhöhe. Fertigen Sie eine Skizze an.

4. a) Zwei ebene Spiegel bilden einen Winkel von 60°. Skizzieren Sie alle Bilder eines Punktgegenstands, der auf der Winkelhalbierenden liegt. b) Wiederholen Sie a) für einen Winkel von 120° zwischen den Spiegeln.

31.2 Sphärische Spiegel

5. Ein konkaver, sphärischer Spiegel habe einen Krümmungsradius von 40 cm. Konstruieren Sie jeweils das Bild eines Gegenstands, der a) 100 cm, b) 40 cm, c) 20 cm bzw. d) 10 cm vom Spiegel entfernt ist. Geben Sie jeweils an, ob das Bild reell oder virtuell ist, ferner, ob es aufrecht oder auf dem Kopf steht, sowie, ob es vergrößert, verkleinert oder von gleicher Größe wie der Gegenstand ist.

6. Berechnen Sie mit der Abbildungsgleichung den Ort der Bilder für die verschiedenen Gegenstandsweiten in Aufgabe 5, und beschreiben Sie die Bilder nach den dort genannten Kriterien.

7. Wiederholen Sie Aufgabe 5 für einen konvexen, sphärischen Spiegel mit gleichem Krümmungsradius.

8. Wiederholen Sie Aufgabe 6 für den konvexen Spiegel aus Aufgabe 7.

9. Ein konvexer Spiegel kann kein reelles Bild eines realen Gegenstands erzeugen – unabhängig davon, wo der Gegenstand steht. Beweisen Sie diesen Sachverhalt, indem Sie zeigen, daß b negativ ist, wenn g positiv ist.

10. Konvexe Spiegel werden in Kaufhäusern verwendet, um einen guten Überblick bei einer vernünftigen Spiegelgröße zu bieten. Der Spiegel in Abbildung 31.41 erlaube der Verkäuferin, den gesamten Verkaufsraum zu überblicken. Der Krümmungsradius des Spiegels betrage 1,2 m. a) Wenn der Kunde 10 m vor dem Spiegel steht, wie weit ist das Bild von der Spiegeloberfläche entfernt? b) Liegt das Bild vor oder hinter dem Spiegel? c) Der Kunde sei 2 m groß. Wie groß ist dann sein Bild?

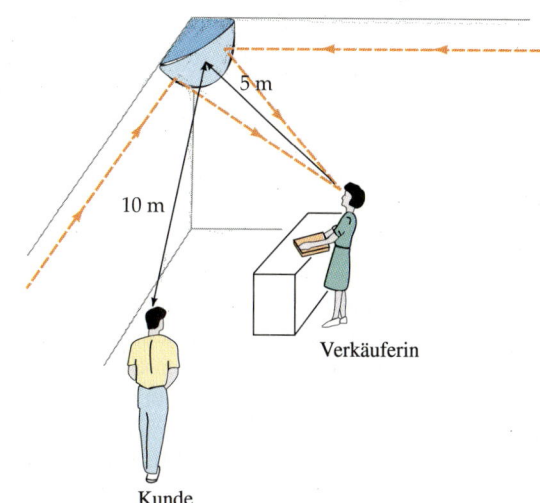

31.41 Zu Aufgabe 10.

11. In einem Teleskop sei ein konkaver sphärischer Spiegel mit dem Krümmungsradius 8 m eingesetzt.

Berechnen Sie die Bildweite und den Durchmesser des Mondabbildes, das durch den Spiegel erzeugt wird. (Monddurchmesser: $3,5 \cdot 10^6$ m, Entfernung Erde – Mond: $3,8 \cdot 10^8$ m.)

12. Ein Zahnarzt möchte einen kleinen Spiegel haben, der ein aufrecht stehendes Bild mit der Vergrößerung 5,5 erzeugt, wenn sich der Spiegel 2,1 cm vor einem Zahn befindet. a) Wie groß muß der Krümmungsradius des Spiegels sein? b) Muß der Spiegel konkav oder konvex sein?

31.3 Durch Brechung erzeugte Bilder

13. Die Schrift auf einem alten Dokument sei durch eine dicke Glasplatte mit der Brechzahl 1,5 und der Dicke 2 cm geschützt. In welchem Abstand unterhalb der Oberfläche erscheint die Schrift, wenn sie direkt von oben betrachtet wird?

14. Ein Ende eines sehr langen Glasstabes sei als konvexe Halbkugel mit dem Radius 5 cm geformt. Die Brechzahl des Glases sei 1,5. Ein Punktgegenstand befinde sich in Luft auf der Stabachse a) 20 cm, b) 5 cm bzw. c) sehr weit entfernt vor der Halbkugel. Ermitteln Sie jeweils den Ort des Bildes, und geben Sie an, ob es reell oder virtuell ist. Zeichnen Sie Diagramme zu den Strahlengängen.

15. In welchem Abstand vom Stab in Aufgabe 14 muß sich der Gegenstand befinden, damit die Lichtstrahlen im Stab parallel sind? Zeichnen Sie den Strahlengang.

16. Wiederholen Sie Aufgabe 14 für eine konkave Halbkugel mit dem Krümmungsradius –5 cm.

17. Wiederholen Sie Aufgabe 14; der Glasstab und der Gegenstand befinden sich unter Wasser.

18. Wiederholen Sie Aufgabe 14 für eine konkave Halbkugel mit dem Krümmungsradius –5 cm. Glasstab und Gegenstand befinden sich unter Wasser.

31.4 Dünne Linsen

19. Die im folgenden erwähnten dünnen Linsen seien aus Glas mit der Brechzahl 1,5. Zeichnen Sie jeweils eine Skizze der Linse und berechnen Sie ihre Brennweite. a) Bikonvex mit $r_1 = 10$ cm und $r_2 = -21$ cm; b) plan-konvex mit $r_1 = \infty$ und $r_2 = -10$ cm; c) bikonkav mit $r_1 = -10$ cm und $r_2 = +10$ cm; d) plan-konkav mit $r_1 = \infty$ und $r_2 = +20$ cm.

20. Eine dünne Linse bestehe aus Glas mit der Brechzahl 1,6 und habe gleiche Krümmungsradien. Berechnen Sie den Krümmungsradius der beiden Oberflächen, und zeichnen Sie ein Bild der Linse, wenn ihre Brennweite in Luft a) +5 cm bzw. b) –5 cm beträgt.

21. Die Krümmungsradien einer bikonkaven Linse mit der Brechzahl 1,45 seien 30 cm und 25 cm. Ein Gegenstand befinde sich 80 cm vor der linken Seite der Linse. Berechnen Sie a) die Brennweite, b) den Ort des Bildes und c) den Abbildungsmaßstab. d) Ist das Bild reell oder virtuell, aufrecht oder umgekehrt?

22. Eine Sammellinse aus Polystyrol (Brechzahl 1,59) habe die Brennweite 50 cm. Eine Oberfläche sei konvex mit dem Krümmungsradius 50 cm. Berechnen Sie den Krümmungsradius der zweiten Oberfläche. Ist diese konvex oder konkav?

23. Zeigen Sie, daß eine Zerstreuungslinse niemals ein reelles Bild eines realen Gegenstands erzeugen kann. (*Hinweis*: Zeigen Sie, daß b immer negativ ist.)

24. Ein 3,0 cm hoher Gegenstand befinde sich 20 cm vor einer dünnen Linse mit der Brechkraft 20 dpt. Fertigen Sie eine exakte Zeichnung an, um den Ort und die Größe des Bildes zu ermitteln. Überprüfen Sie Ihr Ergebnis mit Hilfe der Linsengleichung.

25. Mit einer dünnen Sammellinse der Brennweite 10 cm werde ein Bild eines kleinen Gegenstands erzeugt, das doppelt so groß ist wie der Gegenstand. Berechnen Sie Gegenstands- und Bildweiten, wenn das Bild a) aufrecht bzw. b) auf dem Kopf steht. Fertigen Sie jeweils eine Skizze an.

26. Zwei Sammellinsen mit jeweils 10 cm Brennweite haben einen Abstand von 35 cm. Ein Gegenstand stehe 20 cm vor der ersten Linse auf der linken Seite. a) Fertigen Sie eine Abbildungsskizze an, und überprüfen Sie den hiermit ermittelten Ort des Bildes mit Hilfe der Linsengleichung. b) Ist das Bild reell oder virtuell? Ist es aufrecht, oder steht es auf dem Kopf? c) Wie groß ist der Abbildungsmaßstab?

27. Wiederholen Sie Aufgabe 26; die zweite Linse sei nun eine Zerstreuungslinse mit der Brennweite –15 cm.

31.5 Abbildungsfehler

28. Eine bikonvexe Linse mit den Krümmungsradien $r_1 = +10$ cm und $r_2 = -10$ cm bestehe aus Glas. Dieses habe für blaues Licht die Brechzahl von 1,53 und für rotes Licht die Brechzahl 1,47. Berechnen Sie die Brennweite der Linse für a) rotes Licht und b) blaues Licht.

Stufe II

29. Ein konkaver, sphärischer Spiegel habe den Krümmungsradius 6,0 cm. Ein Punktgegenstand befinde sich auf der Spiegelachse 9 cm vor dem Spiegel.

Fertigen Sie eine genaue Zeichnung an, in die Sie die vom Gegenstand ausgehenden Strahlen eintragen, die mit der Achse folgende Winkel bilden: 5°, 10°, 30° und 60°. Wie groß ist mit diesen Strahlen die Ausdehnung des Bildes entlang der Achse?

30. Ein Konkavspiegel habe den Krümmungsradius 6,0 cm. Fertigen Sie eine Skizze an, in die Sie achsenparallele Strahlen im Abstand von 0,5 cm, 1,0 cm, 2,0 cm und 4,0 cm oberhalb der Achse eintragen, und ermitteln Sie die Punkte, an denen die reflektierten Strahlen die Achse schneiden. a) Über welchen Bereich Δx der Achse erstrecken sich die Schnittpunkte? b) Um wieviel Prozent läßt sich diese Ausdehnung verringern, wenn die Strahlen ausgeblendet werden, die weiter als 2,0 cm von der Achse entfernt sind?

31. a) Die Brennweite einer dünnen Linse in Luft sei f. Zeigen Sie, daß sich die Brennweite f' in Wasser ergibt zu

$$f' = \frac{n_w (n-1)}{n_w - n} f,$$

wobei n_w und n die Brechzahlen von Wasser bzw. Linsenmaterial sind. b) Berechnen Sie die Brennweite in Luft und in Wasser für eine bikonkave Linse der Brechzahl 1,5 mit den Krümmungsradien 30 cm und 35 cm.

32. a) Berechnen Sie die Brennweite einer dicken bikonvexen Linse mit der Brechzahl 1,5 und den Krümmungsradien +20 cm und −20 cm. Die Linse sei 4 cm dick. b) Berechnen Sie die Brennweite dieser Linse unter Wasser.

33. a) Damit man mit einer dünnen Sammellinse mit der Brennweite f den Abbildungsmaßstab V erhält, muß die Gegenstandsweite

$$g = \frac{V+1}{V} f$$

sein. Leiten Sie diese Beziehung her. b) Ein Kameraobjektiv mit 50 mm Brennweite werde benutzt, um ein Photo einer 1,75 m großen Person zu machen. Wie weit entfernt muß sie von der Kamera sein, damit das Bild 24 mm groß wird?

34. Im Rückspiegel Ihres stehenden Autos sehen Sie einen Jogger. Der Spiegel sei konvex mit dem Krümmungsradius 2 m. Der Jogger befinde sich 5 m vor dem Spiegel und nähere sich mit der Geschwindigkeit 3,5 m/s. Wie groß scheint seine Geschwindigkeit zu sein, wenn er durch den Spiegel betrachtet wird?

35. Von einem entfernten Gegenstand falle paralleles Licht auf den großen, sphärischen Spiegel (Krümmungsradius $r = 5$ m) in Abbildung 31.42 und werde von dem kleinen Spiegel reflektiert, der 2 m vor dem großen Spiegel steht. Der kleine Spiegel sei (anders als in der Zeichnung) nicht eben, sondern leicht sphärisch. Das Licht werde auf den Scheitelpunkt des großen Spiegels fokussiert. a) Wie groß ist der Krümmungsradius des kleinen Spiegels. b) Ist er konvex oder konkav?

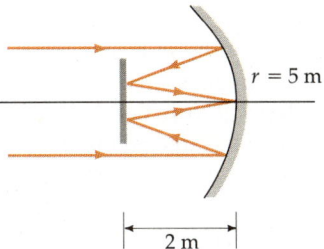

31.42 Zu Aufgabe 35.

36. Ein kleiner Gegenstand befinde sich 20 cm vor einer dünnen Sammellinse der Brennweite 10 cm. Auf der rechten Seite der Linse, an ihrem zweiten Brennpunkt, befinde sich ein ebener Spiegel (siehe Abbildung 31.43). Der Spiegel sei so geneigt, daß die von ihm reflektierten Strahlen die Linse nicht mehr treffen. a) Berechnen Sie den Ort des Endbildes. b) Ist das Bild reell oder virtuell? c) Skizzieren Sie den Strahlengang und konstruieren Sie das Bild.

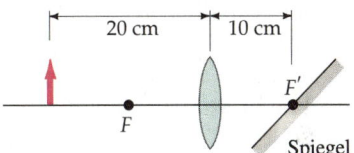

31.43 Zu Aufgabe 36.

37. Ein Gegenstand befinde sich 15 cm vor einer Sammellinse mit der Brennweite 15 cm. Eine zweite Sammellinse mit ebenfalls 15 cm Brennweite sei 20 cm von der ersten Linse entfernt. Berechnen Sie die Lage des Endbildes, und fertigen Sie eine Zeichnung an.

38. Wiederholen Sie Aufgabe 37; die zweite Linse habe nun die Brennweite −15 cm.

39. Im 17. Jahrhundert benutzte Antonie van Leeuwenhoek, einer der Pioniere der Mikroskopie, einfache sphärische Linsen für seine Instrumente. Die ersten Linsen waren Wassertropfen; später verwendete er Glas. Mit seinen primitiven Vorrichtungen gelangen ihm eindrucksvolle Entdeckungen. Berechnen Sie die Brennweite einer Linse, die aus einer Glaskugel mit dem Radius 2,0 mm und der Brechzahl 1,50 besteht. (*Hinweis*: Verwenden Sie die Gleichung für die Brechung an einer einzigen sphärischen Oberfläche, um für die erste

31 Geometrische Optik

Oberfläche die Bildweite für einen Gegenstand im Unendlichen zu berechnen. Verwenden Sie dann diese Bildweite als Gegenstandsweite für die zweite Oberfläche.)

Stufe III

40. Ein Gegenstand befinde sich auf der linken Seite 15 cm vor einer dünnen, konvexen Linse mit der Brennweite 10 cm. Rechts von der Linse stehe in 25 cm Entfernung ein Konkavspiegel mit dem Krümmungsradius 10 cm. a) Berechnen Sie den Ort des Endbildes, das durch das System Linse – Spiegel erzeugt wird. b) Ist das Bild reell oder virtuell; steht es aufrecht oder auf dem Kopf? c) Zeigen Sie anhand einer Skizze, an welcher Stelle Ihr Auge sein müßte, um das Bild zu sehen.

41. Eine helle Lichtquelle befinde sich 30 cm vor einer Linse. Es ergebe sich ein aufrecht stehendes Bild, 7,5 cm von der Linse entfernt. Zusätzlich erscheine ein wenig intensives, umgekehrtes Bild im Abstand von 6 cm zur Linse. Dieses Bild entsteht durch die Reflexion der Lichtstrahlen an der Vorderseite der Linse. Wenn die Linse umgedreht wird, erscheint das schwächere, umgekehrte Bild 10 cm vor der Linse. Berechnen Sie die Brechzahl des Materials der Linse.

42. In einem horizontal angebrachten Konkavspiegel mit dem Krümmungsradius 50 cm befinde sich Wasser mit der Brechzahl 1,33. Die maximale Tiefe betrage 1 cm. In welcher Höhe über dem Spiegel muß ein Gegenstand angebracht werden, damit das Bild an der gleichen Stelle wie der Gegenstand erscheint?

43. Eine Linse habe eine konkave Seite mit dem Krümmungsradius 17 cm und eine konvexe Seite mit dem Krümmungsradius 8 cm. Ihre Brennweite in Luft sei 27,5 cm. Wenn die Linse in eine Flüssigkeit mit unbekannter Brechzahl gestellt wird, beträgt ihre Brennweite 109 cm. Wie groß ist die Brechzahl der Flüssigkeit?

44. Das Glas einer Kugel mit dem Radius 10 cm habe die Brechzahl 1,5. Die abgewandte Hälfte der Kugel sei versilbert, so daß sie als Konkavspiegel wirkt (siehe Abbildung 31.44). Berechnen Sie den Ort des Endbildes für einen Gegenstand, der im Abstand a) 30 cm und b) 20 cm links vor der Kugel steht.

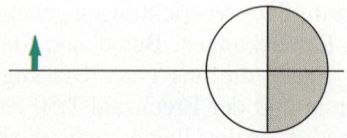

31.44 Zu Aufgabe 44.

45. Newton formulierte die Linsengleichung für dünne Linsen, wobei er Bild- und Gegenstandsweite relativ zu den Brennpunkten angab. Mit $g' = g - f$ und $b' = b - f$ lautet die Linsengleichung $g' \cdot b' = f^2$, und der Abbildungsmaßstab ist $V = -b'/f = -f/g'$. Leiten Sie die beiden Gleichungen her. Fertigen Sie eine Skizze an und tragen Sie die Abstände g' und b' ein.

46. Ein Gegenstand befinde sich 2,4 m vor einem Schirm. Eine Linse werde so zwischen Gegenstand und Schirm gestellt, daß auf ihm ein reelles Bild des Gegenstands entsteht. Wenn die Linse nun 1,2 m näher an den Schirm gestellt wird, so erscheint ein anderes reelles Bild des Gegenstands auf dem Schirm. a) An welcher Stelle stand die Linse zuerst? b) Wie groß ist ihre Brennweite?

47. Ein Gegenstand befinde sich 17,5 cm links vor einer Linse mit der Brennweite 8,5 cm. Eine zweite Linse mit der Brennweite −30 cm stehe 5 cm rechts von der ersten Linse. a) Berechnen Sie den Abstand zwischen Gegenstand und Endbild. b) Wie groß ist die Gesamtvergrößerung? c) Ist das Endbild reell oder virtuell, steht es aufrecht oder auf dem Kopf?

48. a) Zeigen Sie, daß eine kleine Änderung dn in der Brechzahl eines Linsenmaterials eine kleine Änderung df in der Brennweite erzeugt, die näherungsweise gegeben ist durch

$$\frac{df}{f} = \frac{-dn}{n-1}.$$

b) Berechnen Sie mit Hilfe dieses Ergebnisses die Brennweite einer dünnen Linse für blaues Licht ($n = 1{,}53$), wenn 20 cm die Brennweite für rotes Licht ($n = 1{,}47$) ist.

49. Der Abbildungsmaßstab eines sphärischen Spiegels oder einer dünnen Linse ist $V = -b/g$. Zeigen Sie, daß sich für Gegenstände mit kleiner horizontaler Ausdehnung die longitudinale Vergrößerung näherungsweise zu $-V^2$ ergibt. (*Hinweis*: Zeigen Sie, daß gilt $db/dg = b^2/g^2$.)

50. Eine dünne, bikonvexe Linse mit der Brechzahl n_L habe die Krümmungsradien r_1 und r_2. Die Oberfläche mit dem Radius r_1 stehe in Kontakt mit einer Flüssigkeit der Brechzahl n_1, und die Oberfläche mit dem Radius r_2 sei in Kontakt mit einer Flüssigkeit der Brechzahl n_2. Zeigen Sie, daß sich die Linsengleichung für diesen Fall zu

$$\frac{n_1}{g} + \frac{n_2}{b} = \frac{n_2}{f}$$

ergibt, wobei die Brennweite gegeben ist durch

$$\frac{1}{f} = \frac{n_L - n_1}{n_2 r_1} - \frac{n_L - n_2}{n_2 r_2}.$$

Optische Instrumente

32

In diesem Kapitel wird anhand der Gesetzmäßigkeiten der Abbildung mit Spiegeln und Linsen die Funktion der wichtigsten optischen Instrumente erläutert: Lupe, Kamera, Mikroskop und Teleskop. Zunächst wird aber das wichtigste optische „Instrument" besprochen, das menschliche Auge. Viele moderne optische Instrumente sind zwar recht komplex aufgebaut, ihre Funktionsweise beruht jedoch in den meisten Fällen auf den einfachen Prinzipien der geometrischen Optik. Geräte wie das Mikroskop und das Teleskop haben sozusagen unseren Gesichtskreis erweitert und neue Erkenntnisse über kleinste Strukturen wie auch über die Weiten des Weltalls ermöglicht.

32.1 Das Auge

Abbildung 32.1 zeigt eine Schnittzeichnung des menschlichen Auges. Das Licht tritt durch die in ihrem Durchmesser veränderliche *Pupille* in das Auge ein, so daß parallel eintreffende Lichtstrahlen durch das System *Hornhaut–Linse* auf die *Netzhaut* fokussiert werden. Die Netzhaut auf der inneren Rückseite des Augapfels ist eine dünne Schicht aus lichtempfindlichen Nervenzellen, den *Stäbchen* und den *Zäpfchen*. Letztere reagieren auf die verschiedenen Farben, während die Stäbchen auch auf weniger helles Licht ansprechen, aber keine Farbunterscheidung ermöglichen. Deswegen erkennen wir bei geringer Beleuchtung keine Farben, sondern nur Grautöne. Die Stäbchen und die Zäpfchen empfangen den jeweiligen Bildpunkt und übermitteln den Sinnesreiz über den *Sehnerv* zum Gehirn. Die Form der Augenlinse läßt sich durch den *Ziliarmuskel* etwas verändern. Der Muskel ist entspannt, wenn das Auge auf einen weit entfernten Gegenstand gerichtet ist; dann hat das System Hornhaut–Linse seine maximale Brennweite von etwa 2,5 cm (dies ist der Abstand zwischen Hornhaut und Netzhaut). Befindet sich der Gegenstand näher beim Auge, dann vergrößert der Ziliarmuskel die Krümmung der Linse, so daß deren Brennweite kleiner wird und die Strahlen vom Gegenstand wieder auf die Netzhaut fokussiert werden. Diesen Vorgang der Brennweitenänderung nennt man **Akkommodation**. Wenn sich der Gegenstand zu nahe beim Auge befindet, kann die Linse die Lichtstrahlen nicht mehr auf die Netzhaut fokussieren, und das Bild erscheint unscharf. Der minimale Abstand, bei dem ein Gegenstand noch scharf wahrgenommen wird, heißt

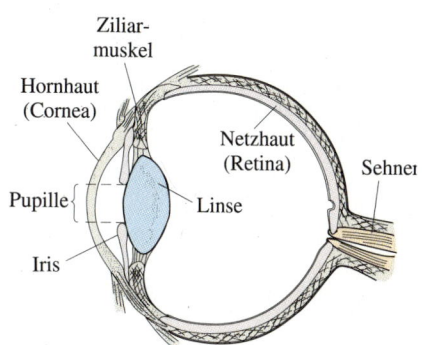

32.1 Schnittbild des menschlichen Auges. Die in das Auge eintretende Lichtmenge wird durch die Iris gesteuert, die die Größe der Pupille verändert. Die Linsendicke bzw. -krümmung wird durch den Ziliarmuskel beeinflußt.

Nahpunkt. Der Abstand zwischen Nahpunkt und Auge, die sogenannte **deutliche Sehweite**, ist von Mensch zu Mensch verschieden und ändert sich auch mit dem Alter. Bei Kindern kann der Nahpunkt etwa 10 cm vor dem Auge liegen, während er im Alter von 60 Jahren beispielsweise 200 cm betragen kann. Diese Zunahme der deutlichen Sehweite liegt an der im höheren Alter abnehmenden Elastizität der Linse, die dann keine starke Krümmung (kleine Brennweite) mehr erreicht. Als Standardwert für den Abstand des Nahpunkts vom Auge gilt eine Entfernung von 25 cm.

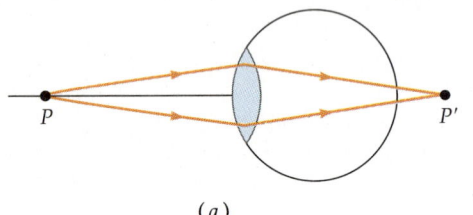

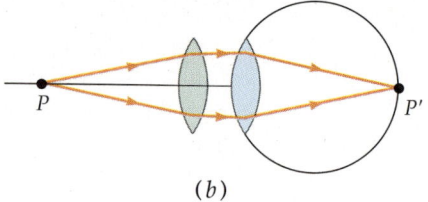

32.2 a) Ein weitsichtiges Auge kann die Lichtstrahlen von einem nahen Gegenstand P nur hinter der Netzhaut im Bildpunkt P' fokussieren. b) Mit einer Sammellinse läßt sich dieser Sehfehler beheben. Diese Linse sorgt dafür, daß das scharfe Bild auf der Netzhaut entsteht. Diese und die folgenden Abbildungen sind vereinfachend so angelegt, als entstünde das Bild auf der Netzhaut nur aufgrund der Brechung in der Augenlinse. Tatsächlich entspricht das gesamte System Hornhaut–Augenlinse eher einer kugelförmigen brechenden Oberfläche als einer dünnen Linse.

Ein Auge ist **weitsichtig**, wenn nur weiter entfernte Gegenstände scharf gesehen werden, während das Licht von nahen Gegenständen durch die Linse *hinter* der Netzhaut fokussiert wird, so daß das Bild unscharf erscheint. Die Weitsichtigkeit läßt sich durch eine Sammellinse korrigieren (Abbildung 32.2). Die zuvor beschriebene Abnahme der Linsenelastizität führt zur Weitsichtigkeit; entsteht sie erst mit zunehmendem Alter des betreffenden Menschen, so spricht man von Altersweitsichtigkeit. Ein Auge ist **kurzsichtig**, wenn nur nahe Gegenstände scharf gesehen werden, weiter entfernte dagegen verschwommen. Das von letzteren ausgehende Licht wird bei der Kurzsichtigkeit durch die Augenlinse *vor* der Netzhaut fokussiert, so daß das Bild unscharf wird. Die Kurzsichtigkeit läßt sich durch eine Zerstreuungslinse korrigieren (Abbildung 32.3).

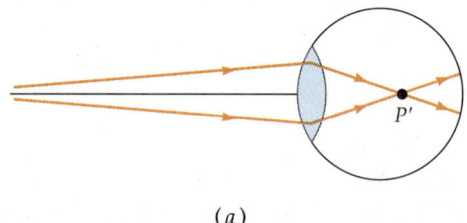

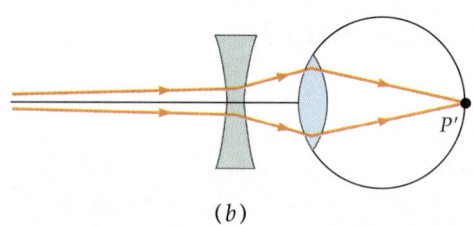

32.3 a) Ein kurzsichtiges Auge fokussiert die von einem weit entfernten Gegenstand einfallenden Lichtstrahlen im Bildpunkt P' vor der Netzhaut. b) Mit einer Zerstreuungslinse läßt sich dieser Sehfehler korrigieren.

Ein anderer Sehfehler ist der **Astigmatismus**. Er liegt vor, wenn die Hornhaut (Cornea) nicht exakt kugelförmig ist, sondern unterschiedlich starke Krümmungen aufweist. Das führt dazu, daß das Bild eines Punktgegenstands als kurze Linie wahrgenommen wird. Der Astigmatismus läßt sich mit Brillengläsern korrigieren, deren Form eher zylindrisch als sphärisch ist.

Beispiel 32.1

Um wieviel muß sich die Brennweite des Systems Hornhaut–Linse ändern, damit ein Gegenstand, der aus dem Unendlichen zum Nahpunkt bei 25 cm bewegt wird, ständig scharf wahrgenommen wird? Der Abstand zwischen Augenlinse und Netzhaut betrage 2,5 cm.

Befindet sich der Gegenstand im Unendlichen, so sind die einfallenden Strahlen parallel und werden von Hornhaut und Linse auf die Netzhaut fokussiert, so daß die Brennweite des Systems Hornhaut–Linse gleich dem Abstand zwischen Augenlinse und Netzhaut ist, also 2,5 cm beträgt. Befindet sich der Gegenstand 25 cm vor dem Auge, dann muß sich die

Brennweite des Systems so ändern, daß die Bildweite 2,5 cm beträgt. Die Brennweite läßt sich mit Hilfe der Linsengleichung (31.19) berechnen, wenn wir die gegebenen Werte einsetzen: Mit der Gegenstandsweite $g = 25$ cm und der Bildweite $b = 2,5$ cm erhalten wir $f = 2,27$ cm. Die Brennweite verringert sich also durch die Akkomodation um 0,23 cm. Wir können das Ergebnis auch durch die Brechkraft ausdrücken: Das System Hornhaut–Linse hat hier bei der Einstellung auf weit entfernte Gegenstände gemäß (31.21) die Brechkraft 40 dpt und bei der Einstellung auf den Nahpunkt die Brechkraft 44 dpt.

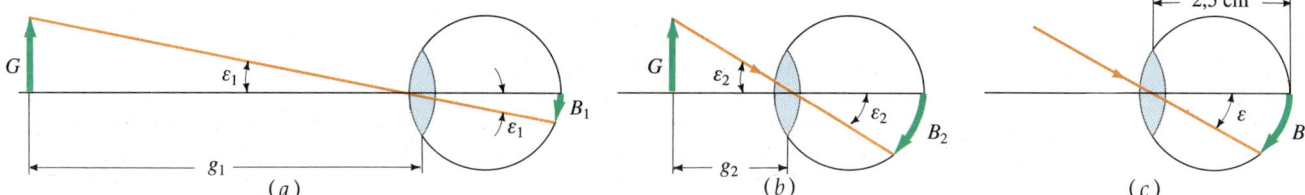

32.4 a) Ein entfernter Gegenstand der Größe G erscheint klein, weil das Bild auf der Netzhaut klein ist. b) Wenn der gleiche Gegenstand näher am Auge steht, erscheint er größer, weil das Bild auf der Netzhaut größer ist. Die Bildgröße auf der Netzhaut ist proportional zum Sehwinkel ε und umgekehrt proportional zur Gegenstandsweite g. c) Der Sehwinkel ergibt sich aus $\varepsilon = B/(2,5$ cm$)$, da der Abstand Hornhaut–Augenlinse (bzw. Netzhaut) 2,5 cm beträgt.

Die Größe, in der uns ein Gegenstand erscheint, ist durch die Größe seines Bildes auf der Netzhaut bestimmt. In den Abbildungen 32.4a und b wird gezeigt, daß das Bild auf der Netzhaut um so größer ist, je näher der Gegenstand herangerückt wird. Weil der Abstand zwischen Linse und Netzhaut konstant ist, können wir die Bildgröße auch durch den **Sehwinkel** angeben. Aus Abbildung 32.4c geht hervor, daß der Sehwinkel ε mit der Bildgröße B durch

$$\varepsilon = \frac{B}{2,5 \text{ cm}} \qquad 32.1$$

verknüpft ist. Die Bildgröße ist also proportional zum Sehwinkel ε, unter dem der Gegenstand erscheint. Aus Abbildung 32.4 ergibt sich, daß der Sehwinkel ε mit der Gegenstandsgröße G und der Gegenstandsweite g folgendermaßen zusammenhängt:

$$\tan \varepsilon = \frac{G}{g}.$$

Für einen kleinen Sehwinkel ε gilt näherungsweise $\tan \varepsilon \approx \varepsilon$ und damit

$$\varepsilon \approx \frac{G}{g}. \qquad 32.2$$

Aus der Kombination der Gleichungen (32.1) und (32.2) ergibt sich

$$B = (2,5 \text{ cm}) \, \varepsilon \approx (2,5 \text{ cm}) \frac{G}{g}. \qquad 32.3$$

Damit ist die Größe des Bildes auf der Netzhaut proportional zur Gegenstandsgröße und umgekehrt proportional zum Abstand zwischen Gegenstand und Auge.

Beispiel 32.2

Nehmen Sie an, daß der Nahpunkt Ihres Auges 75 cm vor dem Auge liege. Welche Brechkraft muß Ihre Lesebrille haben, damit der Nahpunkt auf einen Abstand von 25 cm heranrückt?

Wenn Ihr Nahpunkt 75 cm vor dem Auge liegt, so sind Sie weitsichtig. Um ein Buch zu lesen, müßten Sie es 75 cm weit vom Auge entfernt halten, um die Schrift klar zu erkennen. Das auf der Netzhaut entstehende Bild der Schrift ist bei diesem Abstand aber zu klein. Verwenden Sie nun eine Lesebrille, d.h., setzen Sie eine Sammellinse vor jedes Auge, dann können Sie das Buch näher heranführen, so daß das Bild auf der Netzhaut größer wird. Sie benötigen dabei Brillengläser, die dann, wenn sich das Buch 25 cm vor Ihren Augen befindet, ein Bild der Buchseite in einem Abstand von 75 cm vor Ihren Augen entwerfen (d.h. an Ihrem Nahpunkt). Das nunmehr große und scharfe Bild, das Sie betrachten, ist ein virtuelles Bild, das von der Sammellinse erzeugt wird, weil der Gegenstand (das Buch) zwischen Linse und Brennpunkt gehalten wird. Diese Anordnung von Gegenstand und Linse ist, wie wir im Kapitel 31 gesehen haben, eine notwendige Bedingung dafür, daß eine Sammellinse ein virtuelles, aufrechtes und vergrößertes Bild erzeugt. Also erwarten wir, daß die Brennweite Ihrer Brillengläser größer als 25 cm sein wird.

Abbildung 32.5 zeigt die Bildkonstruktion für einen Gegenstand, der innerhalb der Brennweite vor einer Sammellinse steht. Das Bild ist virtuell und aufrecht, und die Bildweite beträgt $b = -75$ cm. Mit $g = 25$ cm erhalten wir damit aus der Linsengleichung für dünne Linsen die Brennweite $f = 37{,}5$ cm. Hieraus ergibt sich gemäß (31.21) die Brechkraft Ihrer Lesebrille zu 2,67 dpt.

32.5 Bildkonstruktion zu Beispiel 32.2. Wenn der Gegenstand zwischen Sammellinse und erstem Brennpunkt steht, ist das Bild virtuell, aufrecht und vergrößert. In diesem Beispiel beträgt die Bildweite 75 cm und die Gegenstandsweite 25 cm. Die Brennweite der Linse wird mit diesen Werten aus der Linsengleichung (31.19) für dünne Linsen berechnet.

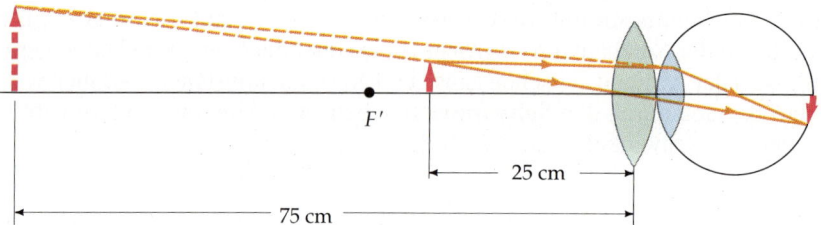

Diese Aufgabe können wir auch auf eine andere Art lösen. Nach Gleichung (31.22) in Abschnitt 31.4 ist die Brechkraft des Systems aus zwei dicht beieinanderstehenden Linsen gleich der Summe ihrer Einzelbrechkräfte. Ohne Lesebrille entsteht, wie hier vorausgesetzt, das Bild eines 0,75 m entfernten Gegenstands im Auge bei der Bildweite 2,5 cm = 0,025 m; dies ist der Abstand zwischen Linse und Netzhaut. Die Brennweite f_A der Augenlinse läßt sich mit der Linsengleichung (31.19) berechnen:

$$\frac{1}{0{,}75 \text{ m}} + \frac{1}{0{,}025 \text{ m}} = \frac{1}{f_A}.$$

Die maximal einstellbare Brechkraft D_A der Augenlinse ergibt sich somit zu

$$D_A = \frac{1}{f_A} = 1{,}33 \text{ m}^{-1} + 40{,}00 \text{ m}^{-1} = 41{,}33 \text{ dpt}.$$

Mit Lesebrille ist die Bildweite für die Kombination Brillenglas–Augenlinse gleich 2,5 cm (Abstand Augenlinse–Netzhaut), wenn sich der Gegenstand von 25 cm vor der Lesebrille befindet. Mit der Brennweite f_K der Kombination Brillenglas–Augenlinse gilt für deren Brechkraft D_K

$$\frac{1}{0{,}25 \text{ m}} + \frac{1}{0{,}025 \text{ m}} = \frac{1}{f_K} = D_K$$

oder

$$D_K = 4{,}00 \text{ m}^{-1} + 40 \text{ m}^{-1} = 44{,}0 \text{ dpt}.$$

Die Brechkraft D_K der Kombination ist nach (31.22) gleich der Summe der Brechkräfte D_A der Augenlinse und D_B des Brillenglases:

$$D_K = D_A + D_B.$$

Damit ergibt sich die Brechkraft D_B des Brillenglases zu

$$D_B = D_K - D_A = 44{,}0 \text{ dpt} - 41{,}33 \text{ dpt} = 2{,}67 \text{ dpt} .$$

Dieses Ergebnis stimmt mit unserer ersten Berechnung überein. Wir haben bei beiden Methoden angenommen, daß die zwei Linsen (Brillenglas und Augenlinse) eng beieinanderstehen. Nur für einen solchen Fall trifft ja Gleichung (31.22) zu. Außer bei Kontaktlinsen ist die Korrekturlinse (Brille) aber einige cm vom Auge entfernt, so daß für die Brennweite bzw. Brechkraft des Brillenglases ein etwas anderer Wert resultiert.

Frage

1. Einem Patienten wird vom Augenarzt eine Brille mit der Brechkraft -2 dpt verschrieben. Ist der Patient kurz- oder weitsichtig?

32.2 Die Lupe

Wie wir anhand des Beispiels 32.2 gesehen haben, läßt sich die scheinbare Größe eines Gegenstands durch die Verwendung einer Sammellinse vergrößern. Blickt man durch diese Linse, dann kann der Gegenstand näher vor das Auge gebracht und trotzdem scharf gesehen werden, wobei das Bild auf der Netzhaut zum einen durch das Heranrücken des Gegenstands und zum anderen durch den Vergrößerungseffekt der Sammellinse größer wird. Eine Sammellinse, die man in dieser Weise verwendet, heißt **Lupe**. In Abbildung 32.6a steht ein kleiner Gegenstand

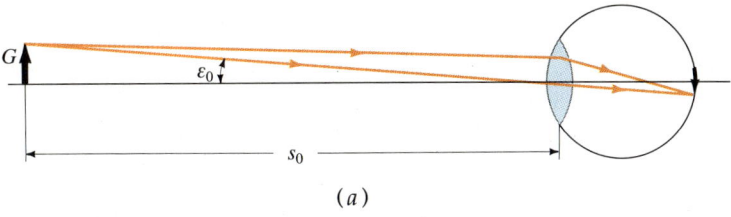
(a)

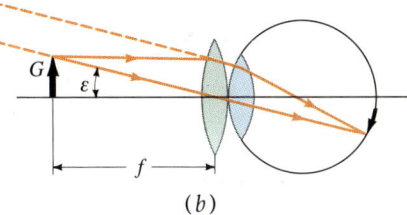
(b)

der Größe G am Nahpunkt (Abschnitt 32.1). Dessen Entfernung vom Auge, die *deutliche Sehweite*, bezeichnen wir mit s_0. Die Bildgröße auf der Netzhaut ist, wie zuvor erläutert, proportional zum Sehwinkel ε_0; dieser ergibt sich hier näherungsweise zu

$$\varepsilon_0 = \frac{G}{s_0} .$$

In Abbildung 32.6b ist eine Sammellinse mit der Brennweite f (die kleiner als s_0 ist) vor dem Auge angebracht. Der Gegenstand befindet sich im Brennpunkt der Linse. Die von ihm ausgehenden Lichtstrahlen verlassen die Linse also parallel zueinander; daher liegt das virtuelle Bild im Unendlichen. Die auf die Augenlinse treffenden parallelen Strahlen werden durch das entspannte Auge auf die Netzhaut fokussiert. Steht die Sammellinse in Kontakt mit der Augenlinse, dann ergibt sich der Sehwinkel ε näherungsweise zu

$$\varepsilon = \frac{G}{f} .$$

32.6 a) Ein Gegenstand steht am Nahpunkt, also im Abstand s_0 vor dem Auge. b) Befindet sich der Gegenstand am Brennpunkt der Sammellinse, so verlassen die Strahlen diese Linse parallel und treffen danach auf die Augenlinse. Das Bild läßt sich deshalb mit entspanntem Auge, wie ein Gegenstand im Unendlichen, betrachten. (Man sagt auch, das Auge sei „auf unendlich akkommodiert".) Wenn die Brennweite f kleiner als die Entfernung zum Nahpunkt ist, erlaubt es die Sammellinse, den Gegenstand näher an das Auge heranzuführen. Dadurch vergrößert sich der Sehwinkel ε und damit auch die Bildgröße auf der Netzhaut.

Das Verhältnis $\varepsilon/\varepsilon_0$ der beiden Sehwinkel wird **Vergrößerung** oder **Winkelvergrößerung** genannt. Die Vergrößerung v_L einer Lupe ist definiert als

Vergrößerung der Lupe

$$v_L = \frac{\varepsilon}{\varepsilon_0} = \frac{s_0}{f}$$ 32.4

oder, in Worten:

$$\text{Vergrößerung} = \frac{\text{Sehwinkel mit Instrument}}{\text{Sehwinkel im Abstand des Nahpunkts ohne Instrument}}.$$

Man sollte sich immer über den Unterschied zwischen Abbildungsmaßstab und Vergrößerung im klaren sein: Der Abbildungsmaßstab $V = -b/g = B/G$ ist unabhängig vom Standort des Betrachters, V ergibt sich allein aus den Eigenschaften des Instruments (z.B. der Brennweite einer Lupe) und dem Abstand des Gegenstands vom Instrument. Die Vergrößerung v_L dagegen ist definiert über den Abstand, den ein Gegenstand vom Auge zu haben scheint. Während der Abbildungsmaßstab sich zwangsläufig aus der Gleichung $V = -b/g$ ergibt, muß der Betrag der Vergrößerung nach einer Übereinkunft festgelegt werden. Diese Übereinkunft lautet, daß $v_L = 1$, wenn sich ein Gegenstand am Nahpunkt des Auges, der auf einen Abstand von 25 cm festgelegt wird, befindet.

Beispiel 32.3

Eine Person, deren Nahpunkt 25 cm vor dem Auge liege, benutze eine Linse mit der Brechkraft 40 dpt als Lupe. Welche Vergrößerung erreicht sie damit?

Die Brennweite der Linse mit 40 dpt ist $f = 0{,}025$ m $= 2{,}5$ cm. Mit $s_0 = 25$ cm und $f = 2{,}5$ cm erhalten wir nach Gleichung (32.4) die Vergrößerung $v_L = 10$. Damit erscheint der Gegenstand dem Betrachter unter einem 10mal größeren Sehwinkel als ohne Lupe.

Das von der Lupe entworfene Bild läßt sich vergrößern, indem der Gegenstand näher an die Lupe herangeschoben wird. Befindet sich der Gegenstand innerhalb der Brennweite der Lupe, so ist das Bild virtuell und aufrecht (siehe Abbildung 32.5). Wird der Gegenstand nun immer dichter an die Lupe herangeschoben, so nähert sich das von ihr entworfene Bild dem Auge und erscheint daher unter einem immer größeren Sehwinkel. Die maximale Vergrößerung wird erzielt, wenn sich das Bild am Nahpunkt des Auges befindet; dies ist in Beispiel 32.2 der Fall. Wie man zeigen kann (siehe Aufgabe 20), ist die Vergrößerung dann um 1 größer, als wenn sich das virtuelle Bild im Unendlichen befindet. In Beispiel 32.2 wird das Buch im Nahpunkt plaziert, und die Vergrößerung der Brillengläser ist gleich 75 cm/25 cm = 3, weil der Sehwinkel (bei gleicher Gegenstandsgröße) proportional zur Entfernung ist. Wenn der Gegenstand am Brennpunkt der Lupe (Brillenglas) plaziert wird (37,5 cm vor der Linse), so kann das im Unendlichen liegende Bild mit entspanntem Auge betrachtet werden, und die Vergrößerung beträgt nur noch 2 (anstatt 3). In der Praxis wiegt die höhere Vergrößerung aber den Vorteil des andernfalls im Unendlichen entspannt zu betrachtenden Bildes nicht auf. Daher werden wir für die Vergrößerung einer Lupe Gleichung (32.4) verwenden, obwohl sie um 1 größer sein kann, wenn das virtuelle Bild direkt am Nahpunkt liegt.

In Mikroskopen und Teleskopen dienen Lupen als *Okulare*, durch die das von anderen Linsen oder Linsensystemen erzeugte Bild betrachtet wird. Um die Abbildungsfehler (siehe Abschnitt 31.5) auszugleichen, verwendet man als Okulare häufig Linsensysteme mit kurzer, positiver Brennweite anstelle einfacher Sammellinsen. Zum Verständnis des Prinzips reicht es aber aus, wenn wir im folgenden die Okulare und auch die Objektive der optischen Instrumente als einfache Sammellinsen ansehen.

32.3 Die Kamera

Die wesentlichen Bestandteile einer Kamera sind eine Sammellinse (fast immer ein Linsensystem) als Objektiv, eine veränderliche Öffnung (Blende) des Objektivs, ein Verschluß mit variabler Belichtungszeit und ein lichtdichter Kasten, an dessen innerer Rückseite der Film angebracht bzw. geführt wird (Abbildung 32.7). Im Gegensatz zum Auge (mit variabler Brennweite der Linse) ist bei den meisten Kameraobjektiven die Brennweite konstant; beim Normalobjektiv einer Kleinbildkamera beträgt sie 50 mm. Durch Verändern des Abstands zwischen Objektiv und Film lassen sich die von verschieden weit entfernten Gegenständen eintreffenden Lichtstrahlen auf die Filmebene fokussieren.

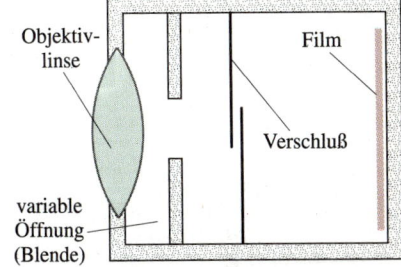

32.7 Schematische Darstellung einer Kamera. Das Objektiv mit positiver Brennweite fokussiert das einfallende Licht auf den Film. Die variable Öffnung (Blende) bestimmt die für die Abbildung ausgenutzte Linsenfläche und damit die in die Kamera pro Zeiteinheit eintretende Lichtmenge. Die Verschlußzeit (Belichtungszeit) ist einstellbar.

Beispiel 32.4

Die Brennweite eines Kameraobjektivs betrage 50 mm. Wie weit muß es (ausgehend von der Einstellung auf unendliche Entfernung) in seiner Führung verschoben werden, damit ein 2 m vor dem Objektiv stehender Gegenstand scharf abgebildet wird?

Befindet sich der Gegenstand sehr weit von der Kamera entfernt, dann entsteht das Bild in der Brennebene des Objektivs, also 50 mm von ihm entfernt. Für die Gegenstandsweite $g = 2$ m ist die Bildweite b durch die Linsengleichung (31.19) gegeben:

$$\frac{1}{2\,\text{m}} + \frac{1}{b} = \frac{1}{f} = \frac{1}{50\,\text{mm}}$$

$$\frac{1}{b} = \frac{1}{50\,\text{mm}} - \frac{1}{2000\,\text{mm}}$$

$$= \frac{40}{2000\,\text{mm}} - \frac{1}{2000\,\text{mm}}$$

$$b = \frac{2000\,\text{mm}}{39} = 51{,}3\,\text{mm}\,.$$

Das Objektiv muß also um 1,3 mm vom Film wegbewegt werden.

Die auf den Film treffende Lichtmenge läßt sich durch zwei Einstellungen beeinflussen: erstens durch die Wahl der Zeitspanne, während der der Verschluß offen ist, und zweitens durch die Wahl der Fläche der Objektivöffnung (Blende). Für jeden photographischen Film gibt es eine optimale Lichtmenge pro Flächeneinheit des Films, bei der man ein korrekt belichtetes Bild erhält. Unter- und überbelichtete Photos weisen einen zu geringen Kontrast auf. Die Lichtempfindlichkeit eines Films wird als sogenannte ASA-Zahl angegeben; früher war in Deutschland eher der DIN-Wert gebräuchlich. Je höher die ASA-Zahl ist, desto empfindlicher ist der Film, d.h., desto geringer ist die für eine korrekte Belichtung erforderliche Lichtmenge pro Flächeneinheit des Films. Für die meisten normalen Aufnahmen (im Freien oder mit Blitzlicht) sind Filme mit 50 ASA (entsprechend 18 DIN) oder 100 ASA (entsprechend 21 DIN) geeignet. Die ASA-Zahl ist proportional zur Empfindlichkeit: Wenn beispielsweise eine bestimmte Aufnahme mit einem 100-ASA-Film bei einer Belichtungszeit von $\frac{1}{250}$ s korrekt belichtet ist, so muß bei Verwendung eines 50-ASA-Films die Belichtungszeit auf $\frac{1}{125}$ s verdoppelt werden. Eine Verdoppelung der Lichtempfindlichkeit entspricht bei den DIN-Werten einer additiven Erhöhung um 3 (logarithmische Skala).

Die an der Kamera einzustellende Belichtungszeit (die Öffnungszeit des Kameraverschlusses) liegt meist zwischen einigen Sekunden und $\frac{1}{1000}$ Sekunde. Für Aufnahmen ohne Stativ sollte die Belichtungszeit beim Normalobjektiv ($f = 50$ mm) nicht länger als etwa $\frac{1}{60}$ s sein, um ein Verwackeln zu vermeiden. Nach einer Faustregel ist die maximale Belichtungszeit (in s) ohne Stativ ungefähr umgekehrt proportional zur Brennweite (in mm); so sollte man mit einem Teleobjektiv der Brennweite 250 mm keine längere Zeit als $\frac{1}{250}$ s einstellen.

Die maximale Öffnung der Blende ist natürlich durch den Durchmesser der Linse bzw. des Objektivs begrenzt. Entscheidend für die sogenannte Lichtstärke einer Linse oder eines Objektivs ist das **Öffnungsverhältnis** (oft auch *relative Öffnung* genannt). Es ist definiert als der Quotient aus Durchmesser d der Lichteintrittsöffnung und Brennweite f der Linse. In der Photographie wird fast nur das reziproke Öffnungsverhältnis, die sogenannte **Blende** oder **Blendenzahl**, angegeben. Sie ist also gleich dem Verhältnis der Brennweite f zum Durchmesser d der Öffnung:

Blendenzahl
$$\text{Blendenzahl} = \frac{f}{d}. \qquad (32.5)$$

Meist ist auf dem Objektiv das maximale Öffnungsverhältnis angegeben, beispielsweise 1:2,8. Das bedeutet, die an diesem Objektiv kleinste einstellbare Blendenzahl beträgt 2,8. Damit ergibt sich der maximale Öffnungsdurchmesser bei der Brennweite $f = 50$ mm zu

$$d = \frac{f}{\text{Blendenzahl}} = \frac{50 \text{ mm}}{2{,}8} = 17{,}9 \text{ mm}.$$

Objektive mit hohem Öffnungsverhältnis (kleiner Blendenzahl) sind in der Herstellung recht teuer, weil die Korrektur der verschiedenen Abbildungsfehler (siehe Abschnitt 31.5) um so schwieriger ist, je größer das Öffnungsverhältnis ist. Die Blendenzahlen sind bei kommerziell erhältlichen Kameras gewöhnlich in folgenden Stufen einstellbar: 22, 16, 11, 8, 5,6, 4, 2,8, 2,0, 1,4 und 1,0. Die kleinste angegebene Blendenzahl entspricht – wie gesagt – dem größten nutzbaren Objektivdurchmesser. Je nach Güte des Objektivs kann die Reihe beispielsweise auch bei 2,0 oder 1,4 enden. Jede Blendenzahl in der Reihe unterscheidet sich von den benachbarten um den Faktor $\sqrt{2} \approx 1{,}4$. Das hat folgenden praktischen Grund: Die auf den Film gelangende Lichtmenge ist proportional zur Öffnungsfläche und damit proportional zum Quadrat des Durchmessers der Lichteintrittsöffnung; dieser wiederum ist bei konstanter Brennweite nach (32.5) umgekehrt proportional zur Blendenzahl. Betrachten wir ein Beispiel: Bei einer bestimmten Blendenzahl k ist die Öffnungsfläche $A = \pi d^2 = \pi f^2/k^2$. Mit der Blendenzahl 2 ist die Fläche beispielsweise $A_1 = \pi f^2/2^2 = \pi f^2/4$. Bei der nächstniederen Blende 1,4 ist die Öffnungsfläche $A_2 = \pi f^2/(1{,}4)^2 = \pi f^2/2$, und der Quotient beider Flächen ist $A_1/A_2 = 2/4 = 2$. Also entspricht eine Verringerung der Blendenzahl um eine Stufe einer Verdoppelung der Lichtmenge, die auf den Film gelangt, wenn alle anderen Parameter (Brennweite, Beleuchtungsverhältnisse, Belichtungszeit, Filmempfindlichkeit) gleichbleiben. Somit kann beispielsweise die Blendenzahl um eine Stufe erhöht werden, wenn gleichzeitig die Belichtungszeit verdoppelt wird. Dabei ist aber ein anderer Effekt zu beachten: Mit zunehmendem Öffnungsverhältnis (abnehmender Blendenzahl) wird der Entfernungsbereich kleiner, in dem die Gegenstände scharf abgebildet werden. Diesen Bereich nennt man *Schärfentiefe*. Man kann auch sagen: Je kleiner die Blendenzahl (d.h. je größer das Öffnungsverhältnis) ist, desto genauer muß die Entfernung eingestellt werden – es sei denn, man möchte bestimmte Effekte erzielen, etwa einen unscharfen Hintergrund hinter einem einzelnen Gegenstand.

Übung

Wie groß ist die Blendenzahl bei einem Objektiv, dessen Brennweite 50 mm und dessen maximal nutzbarer Durchmesser 8,93 mm beträgt? (Antwort: 5,6)

Beispiel 32.5

Mit einem bestimmten Film sei bei Blende 11 eine Belichtungszeit von $\frac{1}{250}$ s einzustellen, damit bei den gegebenen Lichtverhältnissen eine korrekte Belichtung resultiert. Welche Belichtungszeit muß bei gleicher Beleuchtung für Blende 5,6 gewählt werden?

Die Quadrate der Blendenzahlen verhalten sich wie $11^2/5,6^2 = 121/31,4 = 3,85 \approx 4$. Also ist bei Blende 5,6 die Lichteintrittsfläche ungefähr 4mal größer als bei Blende 11. Damit die gleiche Lichtmenge in die Kamera gelangt, muß die Belichtungszeit $\frac{1}{4}$ der vorigen betragen, und es ist $\frac{1}{1000}$ s einzustellen.

Das Normalobjektiv einer Kleinbildkamera hat die Brennweite 50 mm; sie ist etwas größer als die Diagonale des Bildes (24 mm × 36 mm), und es ergibt sich ein ähnliches Blickfeld wie beim normalen Sehen, mit einem Blickwinkel von etwas über 45°. Für größere Blickwinkel verwendet man Weitwinkelobjektive, die kleinere Brennweiten haben, beispielsweise 38 mm oder 24 mm. Wenn die Gegenstandsweite g viel größer als die Brennweite f des Objektivs ist (gewöhnlich ist das bei der Kamera der Fall), so ist die Bildweite b ungefähr gleich der Brennweite. Weil der Abbildungsmaßstab als $V = -b/g = B/G$ definiert ist, ist die Bildgröße B dann näherungsweise proportional zur Brennweite. Wird ein Gegenstand aus einer bestimmten Entfernung mit einem Weitwinkelobjektiv aufgenommen, so ist sein Bild auf dem Film kleiner als auf der Aufnahme mit einem Normalobjektiv. Entsprechend ist das Bild des Gegenstands größer, wenn er mit einem Teleobjektiv aufgenommen wurde. Dieses hat eine längere Brennweite als das Normalobjektiv und bietet ein engeres Blickfeld, aber eine höhere Vergrößerung. Beispielsweise erreicht ein Teleobjektiv mit der Brennweite 200 mm eine etwa 4mal höhere Vergrößerung als das Normalobjektiv mit der Brennweite 50 mm.

Fragen

2. Welche Vorteile bieten kurze Belichtungszeiten?
3. Warum ist ein Objektiv, an dem Blende 1 eingestellt werden kann, sehr viel teurer als – bei gleicher Brennweite – eines, dessen kleinste Blendenzahl 2,8 beträgt?

32.4 Das Mikroskop

Das Mikroskop (siehe Abbildung 32.8) dient dazu, sehr kleine Gegenstände in geringem Abstand zu betrachten. In der einfachsten Ausführung besteht ein Mikroskop aus zwei Sammellinsen. Die Linse nahe dem Gegenstand nennt man **Objektiv**. Es erzeugt vom Gegenstand ein reelles, vergrößertes und umgekehrtes Bild. Die andere Linse (in die der Betrachter blickt) ist das **Okular**. Dieses wird wie eine Lupe verwendet, wobei sich das vom Objektiv erzeugte Bild in ihrem Brennpunkt befindet. Daher verlassen die Lichtstrahlen das Okular parallel, d. h., das von ihm entworfene Bild liegt im Unendlichen und kann mit entspanntem Auge betrachtet werden. Wie in Abschnitt 32.2 besprochen, besteht die Funktion der Lupe (hier des Okulars) darin, daß der Gegenstand (hier das vom Objektiv erzeugte Bild) näher an das Auge herangeführt werden kann, als der Nahpunkt liegt. Da eine Lupe ein virtuelles, aufrechtes Bild entwirft, steht das von der Kombination Objektiv/Okular erzeugte Endbild auf dem Kopf.

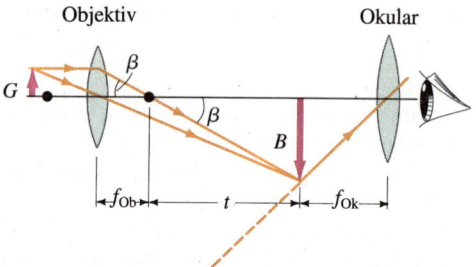

32.8 Schema eines aus zwei Sammellinsen bestehenden Mikroskops. Die Brennweite des Objektivs ist f_{Ob}, und die des Okulars ist f_{Ok}. Das vom Objektiv entworfene reelle Bild des Gegenstands wird durch das Okular betrachtet, das hier wie eine Lupe wirkt. Das Endbild der beiden Linsen entsteht im Unendlichen.

Den Abstand zwischen dem zweiten Brennpunkt des Objektivs und dem ersten Brennpunkt des Okulars bezeichnet man als **Tubuslänge** t. Sie liegt meist bei 16 cm. Der Gegenstand wird etwas außerhalb der Brennweite des Objektivs plaziert. Daher entsteht ein vergrößertes, umgekehrtes Bild hinter dem zweiten Brennpunkt des Objektivs. Dieses Bild hat vom Objektiv her den Abstand $f_{Ob} + t$, wobei f_{Ob} dessen Brennweite ist. Aus Abbildung 32.8 ergibt sich $\tan\beta = G/f_{Ob} = -B/t$. Der Abbildungsmaßstab des Objektivs ist daher

$$V_{Ob} = \frac{B}{G} = -\frac{t}{f_{Ob}}. \qquad 32.6$$

Die Winkelvergrößerung des Okulars ist

$$v_{Ok} = \frac{s_0}{f_{Ok}}.$$

Dabei ist s_0 der Abstand vom Nahpunkt zum Auge des Betrachers, und f_{Ok} ist die Brennweite des Okulars. Die Gesamtvergrößerung v_M dieses Mikroskops ist das Produkt des Abbildungsmaßstabs V_{Ob} des Objektivs und der Vergrößerung v_{Ok} des Okulars:

Vergrößerung des Mikroskops

$$v_M = V_{Ob}\, v_{Ok} = -\frac{t}{f_{Ob}} \frac{s_0}{f_{Ok}}. \qquad 32.7$$

Beispiel 32.6

Bei einem einfachen Mikroskop aus zwei Linsen habe das Objektiv die Brennweite $f_{Ob} = 1{,}2$ cm, und die Brennweite des Okulars sei $f_{Ok} = 2{,}0$ cm. Die Linsen seien 20 cm voneinander entfernt. a) Berechnen Sie die Vergrößerung des Mikroskops, wenn die deutliche Sehweite des Betrachters $s_0 = 25$ cm beträgt. b) Wo muß sich der Gegenstand befinden, damit das Endbild im Unendlichen entsteht?

a) Die Tubuslänge des Mikroskops (also der Abstand zwischen zweitem Brennpunkt des Objektivs und erstem Brennpunkt des Okulars) ergibt sich zu $t = 20$ cm $- 2$ cm $- 1{,}2$ cm $= 16{,}8$ cm. Damit ist nach Gleichung (32.7) die Vergrößerung

$$v_M = -\frac{16{,}8 \text{ cm}}{1{,}2 \text{ cm}} \cdot \frac{25 \text{ cm}}{2 \text{ cm}} = -175 \, .$$

Das negative Vorzeichen zeigt an, daß das Bild auf dem Kopf steht.
b) Die Gegenstandsweite (den Abstand zwischen Gegenstand und Objektiv) berechnen wir mit Gleichung (31.19) für dünne Linsen. Gemäß Abbildung 32.8 ergibt sich zunächst die Bildweite des reellen, vom Objektiv erzeugten Bildes zu $b = f_{Ob} + t = 1{,}2$ cm $+ 16{,}8$ cm $= 18$ cm. Damit ist die Gegenstandsweite g gegeben durch

$$\frac{1}{g} + \frac{1}{b} = \frac{1}{f_{Ob}} \, .$$

Einsetzen der Werte führt zu

$$\frac{1}{g} + \frac{1}{18 \text{ cm}} = \frac{1}{1{,}2 \text{ cm}} \, .$$

Daraus erhalten wir die Gegenstandsweite $g = 1{,}29$ cm. Der Gegenstand muß also 1,29 cm vor dem Objektiv plaziert werden, d.h. 0,09 cm vor dessen erstem Brennpunkt.

32.5 Das Teleskop

Mit Hilfe eines Teleskops werden Gegenstände betrachtet, die weit entfernt (und häufig groß) sind. Die Wirkung des Teleskops besteht darin, daß es das Bild näher heranbringt, also den Sehwinkel vergrößert, so daß der Gegenstand näher erscheint. Ein astronomisches Teleskop, wie es in Abbildung 32.9 im Schema gezeigt wird, besteht – ganz ähnlich wie ein Mikroskop – im Prinzip aus zwei Sammellinsen (zumindest wenn es sich um ein Linsenteleskop, auch Refraktor genannt, handelt). Das Objektiv erzeugt ein reelles, umgekehrtes Bild, und das Okular dient als Lupe zum Betrachten dieses Bildes. Wenn der Gegenstand sehr weit entfernt ist, entsteht das Bild am zweiten Brennpunkt des Objektivs, und die Bildweite ist gleich der Objektivbrennweite f_{Ob}. Die Gegenstandsweite ist sehr

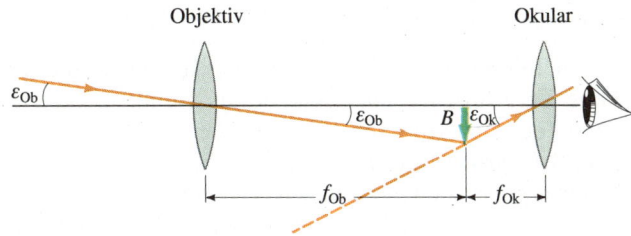

32.9 Schematische Darstellung eines astronomischen Teleskops. Das Objektiv erzeugt ein reelles Bild des weit entfernten Gegenstand an seinem zweiten Brennpunkt. Dieser fällt zusammen mit dem ersten Brennpunkt des Okulars, das als Lupe dient, mit der das Bild betrachtet wird.

viel größer als die Objektivbrennweite; daher ist das entstehende Bild sehr viel kleiner als der Gegenstand. Der Zweck des Objektivs ist es nur, den Gegenstand so abzubilden, daß das nun nahe beim Betrachter liegende Bild mit dem Okular betrachtet werden kann. Dabei ist die gesamte Anordnung so ausgelegt, daß sich das am zweiten Brennpunkt des Objektivs entstehende Bild gleichzeitig am ersten Brennpunkt des Okulars befindet. Die beiden Linsen haben also den Abstand $f_{Ob} + f_{Ok}$ voneinander, wobei f_{Ok} die Okularbrennweite ist. Die Vergrößerung des Teleskops ist gleich der Winkelvergrößerung $\varepsilon_{Ok}/\varepsilon_{Ob}$. Dabei ist ε_{Ok} der Sehwinkel, unter dem das Endbild bei der Betrachtung durch das Okular erscheint, und $\varepsilon_{Ob} = \varepsilon_0$ ist der Sehwinkel, unter dem der Gegenstand erscheint, wenn er mit dem bloßen Auge betrachtet wird. (Der Abstand eines weit entfernten Gegenstands, beispielsweise des Mondes, vom Objektiv ist praktisch der gleiche wie vom Auge des Betrachters.) Aus Abbildung 32.9 ergibt sich

$$\tan \varepsilon_{Ob} = -\frac{B}{f_{Ob}} \approx \varepsilon_{Ob} \, .$$

Hier haben wir, wie für kleine Winkel zulässig, $\tan \varepsilon \approx \varepsilon$ gesetzt. Das negative Vorzeichen drückt aus, daß das vom Objektiv erzeugte Bild umgekehrt ist. Für den Winkel ε_{Ok}, unter dem das Endbild durch das Okular in Abbildung 32.9 erscheint, gilt

$$\tan \varepsilon_{Ok} = \frac{B}{f_{Ok}} \approx \varepsilon_{Ok} \, .$$

Da wir B als negativ annehmen (umgekehrtes Bild), ist auch ε_{Ok} negativ. Für die Vergrößerung des Teleskops erhalten wir

Vergrößerung des Teleskops

$$v_T = \frac{\varepsilon_{Ok}}{\varepsilon_{Ob}} = -\frac{f_{Ob}}{f_{Ok}} \, .$$

32.8

Aus dieser Gleichung geht hervor, daß man eine hohe Vergrößerung erzielt, wenn das Objektiv eine große und das Okular eine kleine Brennweite hat.

Beispiel 32.7

Das weltweit größte Linsenteleskop (Refraktor) gehört zum Yerkes-Observatorium bei Williams Bay, Wisconsin/USA, das von der Universität Chicago betrieben wird. Das Objektiv hat einen Durchmesser von 102 cm und eine Brennweite f_{Ob} = 19,5 m. Die Brennweite des Okulars beträgt f_{Ok} = 10 cm. Welche Vergrößerung erreicht dieses Teleskop?

Mit Gleichung (32.8) erhalten wir

$$v_T = -\frac{f_{Ob}}{f_{Ok}} = -\frac{19{,}5 \text{ m}}{0{,}10 \text{ m}} = -195 \, .$$

Beim Einsatz von Teleskopen in der Astronomie ist weniger die (problemlos zu erzielende) hohe Vergrößerung entscheidend als vielmehr die Lichtstärke, die vom Durchmesser des Objektivs abhängt. Je größer dieser ist, desto heller ist das endgültige Bild. Sehr große Linsen ohne Fehler herzustellen, ist allerdings sehr schwierig. Zudem ergeben sich mechanische Probleme, weil Linsen nur am Rand unterstützt werden können, so daß sich große, schwere Linsen bei schräger Auf-

32.5 Das Teleskop

Galileo Galilei war vor rund 400 Jahren einer der ersten, die systematisch mit Hilfe optischer Instrumente astronomische Beobachtungen durchführten. In unserem Jahrhundert begannen die Astronomen, auch andere Bereiche des elektromagnetischen Spektrums zu nutzen. Zu nennen sind hier die Radioastronomie (seit etwa 1940), die satellitenunterstützte Röntgenastronomie (seit etwa 1960) und neuerdings die Ultraviolett-, die Infrarot- und die Gammastrahlenastronomie. a) Galileis Teleskop, mit dem er Mondgebirge, Sonnenflecken, Saturnringe und einige Jupitermonde entdeckte (Foto: Scala/Art Resource). b) Kupferstich eines Spiegelteleskops, das um 1780 gebaut wurde. Der bedeutende Astronom Friedrich Herschel beobachtete damit als erster andere Galaxien außerhalb der unseren (© Royal Astronomical Society Library). c) Aufgrund der Schwierigkeiten, große Linsen fehlerfrei herzustellen, wurden Linsenteleskope (Refraktoren), wie der 91,4-cm-Refraktor am Lick-Observatorium, mehr und mehr von lichtstarken Spiegelteleskopen verdrängt (© Lick Observatory, University of California, Regents). d) Der große Astronom Edwin Hubble, der die Expansion des Universums entdeckte, sitzt hier im 5,08-m-Hale-Spiegelteleskop, das groß genug ist, den Beobachter selbst aufzunehmen (Foto: California Institute of Technology). e) Der 10-m-Spiegel im Whipple-Observatorium in Südarizona ist der größte Spiegel, der bisher für die Gammastrahlenastronomie hergestellt wurde. Er ist aus einzelnen Spiegelsegmenten wabenförmig zusammengesetzt. Hochenergetische Gammastrahlung, deren Herkunft noch unbekannt ist, trifft auf die obere Atmosphäre und erzeugt einen Teilchenschauer, darunter energiereiche Elektronen. Diese emittieren die sogenannte Tscherenkov-Strahlung, die auf der Erde nachgewiesen werden kann. Nach einer Hypothese wird hochenergetische Gammastrahlung emittiert, wenn Materie in Richtung auf ultradichte, rotierende Sterne (Pulsare) beschleunigt wird (© 1980 Garry Ladd).

32 Optische Instrumente

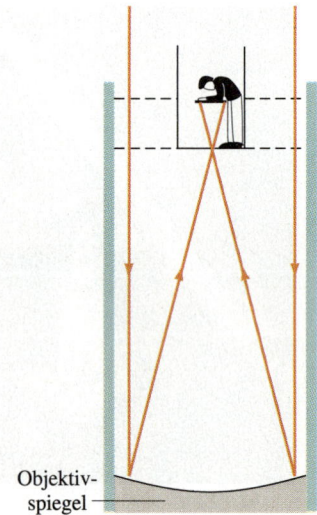

32.10 Beim Spiegelteleskop dient ein Konkavspiegel als Objektiv. Damit die Beobachtungskammer keinen zu großen Anteil vom eintreffenden Licht abdeckt, läßt sich die hier gezeigte Anordnung nur bei Teleskopen mit sehr großem Objektivspiegel verwenden.

hängung leicht verziehen. Deswegen werden astronomische Teleskope fast stets als Spiegelteleskope ausgeführt. Als Objektiv dient hier (statt einer Sammellinse) ein Konkavspiegel. Diese Konstruktion hat einige Vorteile: Erstens weist ein Spiegel keine chromatische Aberration auf, und zweitens ist die mechanische Lagerung sehr viel einfacher, weil ein Spiegel wesentlich leichter ist als eine Linse mit gleicher Brennweite. Außerdem läßt sich ein Spiegel auf seiner gesamten Rückseite unterstützen, so daß er in viele Richtungen geschwenkt werden kann, ohne daß mechanische Spannungen auftreten.

Ein Problem beim Spiegelteleskop ist die Tatsache, daß das vom Objektivspiegel erzeugte Bild im Bereich der eintreffenden Strahlen betrachtet werden muß (Abbildung 32.10). Bei sehr großen Spiegelteleskopen, wie dem auf dem Mount Palomar, Kalifornien (mit einem Spiegeldurchmesser von 5,1 m), hält sich der Betrachter in einer Kammer nahe dem Brennpunkt des Spiegels auf. Damit so wenig Licht wie möglich ausgeblendet wird, ist die Beobachtungskammer sehr klein und bietet kaum Platz für Zusatzinstrumente, wie z.B. Spektrometer. Bei Teleskopen mit geringeren Spiegeldurchmessern ist eine solche Anordnung gar nicht realisierbar; hier wird ein zweiter Spiegel angebracht, wie in Abbildung 32.11 gezeigt: Der Objektivspiegel reflektiert das Licht auf den kleinen Spiegel, der es seinerseits durch eine Öffnung in der Mitte des Objektivspiegels zur Beobachtungseinrichtung reflektiert. Bei einer solchen Anordnung ist der Platz für die Beobachtungskammer nicht durch die Spiegelgröße beschränkt.

Die Tatsache, daß das Endbild eines einfachen Teleskops auf dem Kopf steht, ist bei astronomischen Beobachtungen von Sternen, Planeten usw. kein Nachteil, wohl aber beim Beobachten von Gegenständen auf der Erde. Deshalb sind in Ferngläsern in jeder Hälfte zwischen Objektiv und Okular zwei gleichschenklige, rechtwinklige Prismen eingesetzt, die eine zweite Bildumkehr bewirken, so daß das Endbild aufrecht steht. Abbildung 32.12a zeigt ein solches Prisma. Der Lichtstrahl tritt durch die hier horizontal liegende Hypotenuse in das Prisma ein und wird an jeder Kathetenseite einmal totalreflektiert (siehe auch die Abbil-

32.11 Ein Spiegelteleskop mit zweitem Spiegel. Dieser zusätzliche, kleine Spiegel reflektiert die Lichtstrahlen durch ein kleines Loch in der Mitte des Objektivspiegels. Diese Anordnung hat gegenüber derjenigen von Abbildung 32.10 den Vorteil, daß der Platz für die Betrachtungseinrichtungen hinter dem Teleskop liegt und daher nicht beschränkt ist.

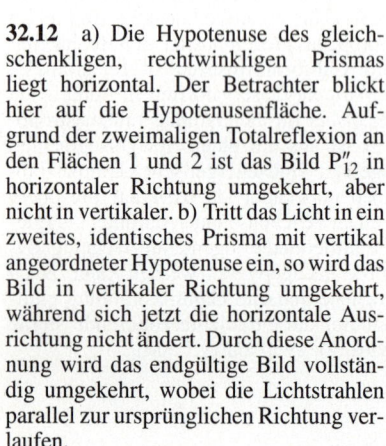

32.12 a) Die Hypotenuse des gleichschenkligen, rechtwinkligen Prismas liegt horizontal. Der Betrachter blickt hier auf die Hypotenusenfläche. Aufgrund der zweimaligen Totalreflexion an den Flächen 1 und 2 ist das Bild P''_{12} in horizontaler Richtung umgekehrt, aber nicht in vertikaler. b) Tritt das Licht in ein zweites, identisches Prisma mit vertikal angeordneter Hypotenuse ein, so wird das Bild in vertikaler Richtung umgekehrt, während sich jetzt die horizontale Ausrichtung nicht ändert. Durch diese Anordnung wird das endgültige Bild vollständig umgekehrt, wobei die Lichtstrahlen parallel zur ursprünglichen Richtung verlaufen.

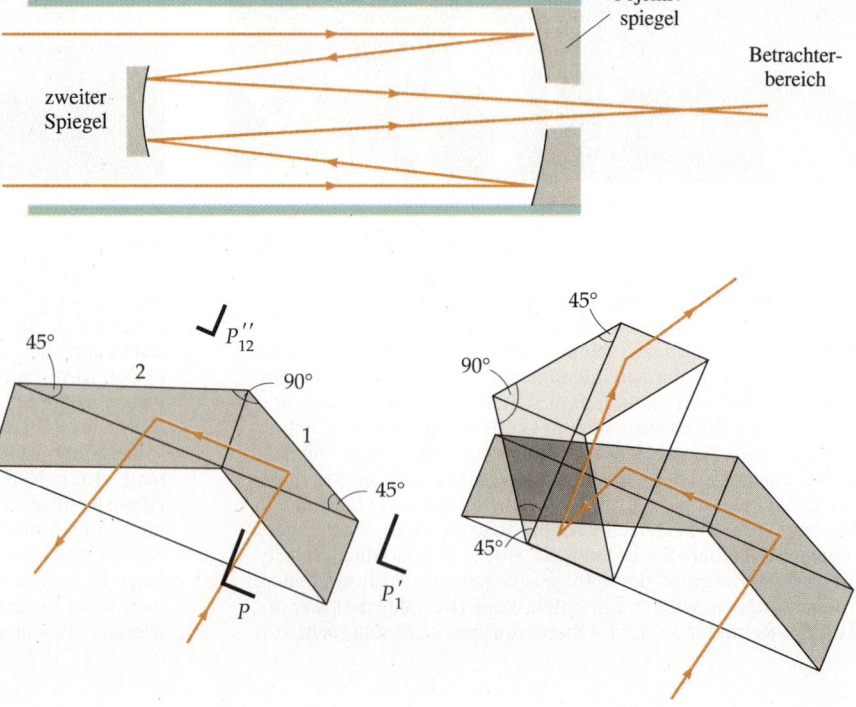

Das Weltraumteleskop „Hubble" a) während und b) nach seiner Aussetzung aus dem Frachtraum des „Space Shuttles" mit Hilfe eines mechanischen Arms, der in beiden Bildern unten zu erkennen ist. Die Umlaufbahn des Teleskops liegt in einer Höhe von etwa 615 km, weit über allen atmosphärischen Turbulenzen. Diese beschränken das Auflösungsvermögen erdgebundener Teleskope bei optischen Wellenlängen. Erst nachträglich wurde festgestellt, daß der Hauptspiegel des Teleskops eine sphärische Aberration aufweist. Ende des Jahres 1993 konnte durch Anbringen einer Zusatzoptik teilweise Abhilfe geschaffen werden (Teilbilder a und b: N.A.S.A. 531-76-026 bzw. N.A.S.A. 531-76-0390).

c) Falschfarben-Aufnahme von „30 Doradus", einem Sternhaufen in der Großen Magellanschen Wolke. Das Bild wurde mit einem 2,2-m-Teleskop auf der Erde aufgenommen. d) Der gleiche Ausschnitt in einer Aufnahme, die das „Hubble"-Teleskop geliefert hat, mit sechsfach höherer Auflösung. e) Die rechnerunterstützte Version der „Hubble"-Aufnahme. Die von der sphärischen Aberration herrührenden Unschärfen wurden durch Computersimulation beseitigt. Ein derartiges Verfahren läßt sich nur auf helle Quellen anwenden. Ob das „Hubble"-Teleskop Aufnahmen von dunklen, sehr weit entfernten Galaxien liefern kann, ist derzeit (Anfang 1994) noch nicht klar (Teilbilder c, d und e: N.A.S.A. 90-HC-508).

dungen 30.17 und 31.7). Der Lichtstrahl verläßt das Prisma parallel zum einfallenden Strahl, jedoch in der Gegenrichtung. In diesem Prisma werden die horizontalen Komponenten der Bilder umgekehrt, nicht aber die vertikalen. In Abbildung 32.12b wird der aus dem ersten Prisma austretende Lichtstrahl in ein zweites Prisma geführt, das vertikal steht. Auch in diesem wird der Lichtstrahl zweimal totalreflektiert; er verläßt das zweite Prisma parallel zur ursprünglichen Richtung, wobei hier die vertikalen Komponenten der Bilder umgekehrt werden, nicht aber die horizontalen. Durch diese Anordnung erreicht man insgesamt, daß das in das erste Prisma gelangende Bild vollständig umgekehrt wird, wobei jeder Lichtstrahl letztlich parallel zu seiner ursprünglichen Richtung verläuft. Weil die Lichtstrahlen beide Prismen passieren, ist der Lichtweg deutlich länger als bei geradlinigem Verlauf ohne Umlenkungen. Der längere Lichtweg hat den Vorteil, daß eine Objektivlinse mit großer Brennweite eingesetzt werden kann, ohne daß das Fernrohr unhandlich (zu lang) wird.

Zusammenfassung

1. Die Hornhaut und die Linse des Auges fokussieren das Licht auf die Netzhaut. Dort befinden sich spezielle Sinneszellen (die Stäbchen und die Zäpfchen), die die Licht- und Farbreize aufnehmen und über den Sehnerv an das Gehirn weiterleiten. Wenn der Ziliarmuskel, der die Krümmung der Linse steuert, entspannt ist, beträgt die Brennweite des Systems Hornhaut–Linse etwa 2,5 cm; das ist der Abstand zwischen Linse und Netzhaut. Bei dieser Einstellung werden weit entfernte Gegenstände scharf gesehen. Wird ein Gegenstand näher an das Auge herangeführt, so erhöht der Ziliarmuskel die Linsenkrümmung, so daß die Brennweite kleiner wird und wiederum ein scharfes Bild auf der Netzhaut entsteht. Der dem Auge am nächsten gelegene Punkt, dessen Bild die Linse noch auf die Netzhaut fokussieren kann, wird *Nahpunkt* genannt. Sein Abstand vom Auge, die *deutliche Sehweite* s_0, beträgt normalerweise rund 25 cm, mit individuellen Abweichungen. Sie wird wegen der abnehmenden Elastizität der Augenlinse mit dem Alter länger und kann einige Meter betragen. Die scheinbare Größe, in der ein Gegenstand wahrgenommen wird, ist gegeben durch die Größe seines Bildes auf der Netzhaut. Dieses ist um so größer, je näher sich der Gegenstand vor dem Auge befindet.

2. Eine Lupe ist eine Sammellinse, deren Brennweite kleiner ist als der Abstand des Nahpunkts vom Auge. Die Vergrößerung (oder Winkelvergrößerung) v_L der Lupe ist gegeben als Quotient aus Sehwinkel ε mit Lupe und Sehwinkel ε_0 im Abstand des Nahpunkts ohne Lupe:

$$v_L = \frac{\varepsilon}{\varepsilon_0}.$$

Dieser Quotient ist gleich dem Verhältnis des Nahpunktabstands s_0 zur Brennweite f der Linse, so daß man schreiben kann:

$$v_L = \frac{s_0}{f}.$$

3. Eine Kamera besteht im Prinzip aus Objektiv (Sammellinse), variabler Blendenöffnung, Verschluß und einem lichtdichten Behälter, an dessen Rückwand der Film angebracht bzw. geführt wird. Wenn die Brennweite des Objektivs

nicht veränderlich ist, geschieht das Scharfstellen durch Verschieben des Objektivs relativ zur Filmebene. Die *Blendenzahl* (oder einfach *Blende*) ist das Verhältnis der Objektivbrennweite f zum nutzbaren Durchmesser d der Objektivöffnung:

$$\text{Blendenzahl} = \frac{f}{d}.$$

Das Normalobjektiv einer Kleinbildkamera hat die Brennweite 50 mm; sie ist etwas größer als die Bilddiagonale. Teleobjektive haben eine größere Brennweite, so daß sie, im Vergleich zu Normalobjektiven, vom selben Gegenstand in gleicher Entfernung ein größeres Bild auf dem Film erzeugen; jedoch ist der Bildausschnitt kleiner. Das Umgekehrte gilt für Weitwinkelobjektive.

4. Ein Mikroskop dient zum Betrachten sehr kleiner Gegenstände in geringem Abstand. In seiner einfachsten Ausführung besteht es aus zwei Sammellinsen, die als Objektiv bzw. als Okular wirken. Der zu betrachtende Gegenstand wird etwas außerhalb der Brennweite des Objektivs plaziert. Dadurch entsteht ein vergrößertes, reelles und umgekehrtes Bild des Gegenstands, und zwar am Brennpunkt des Okulars. Das Okular wirkt wie eine Lupe, durch die das vom Objektiv entworfene Bild betrachtet wird. Die Vergrößerung v_M des Mikroskops ist das Produkt aus dem Abbildungsmaßstab V_{Ob} des Objektivs und der Winkelvergrößerung v_{Ok} des Okulars:

$$v_M = V_{Ob}\, v_{Ok} = -\frac{t}{f_{Ob}} \frac{s_0}{f_{Ok}}.$$

Darin ist t die Tubuslänge, also der Abstand zwischen zweitem Brennpunkt des Objektivs und erstem Brennpunkt des Okulars.

5. Ein Teleskop dient zum Betrachten weit entfernter, meist großer Gegenstände. Das Objektiv erzeugt ein reelles, umgekehrtes Bild, das sehr viel kleiner ist als der Gegenstand, jedoch sehr viel näher beim Betrachter liegt. Das Okular wirkt wie eine Lupe, durch die dieses Bild betrachtet wird. Bei einem Spiegelteleskop dient statt einer Sammellinse ein Konkavspiegel als Objektiv. Die Vergrößerung des Teleskops ist das negative Verhältnis der Objektivbrennweite f_{Ob} zur Okularbrennweite f_{Ok}:

$$v_T = -\frac{f_{Ob}}{f_{Ok}}.$$

Ein wichtiges Merkmal astronomischer Teleskope ist ihre Lichtstärke, die proportional zur nutzbaren Objektivfläche ist.

Aufgaben

Stufe I

32.1 Das Auge

In den nachfolgenden Aufgaben betrage im Auge der Abstand des Systems Hornhaut–Linse von der Netzhaut 2,5 cm. Zusätzlich gelte die Annahme, daß die Korrekturlinse in Kontakt mit dem Auge steht, solange nichts anderes angegeben ist.

1. Das menschliche Auge werde durch eine Kamera mit einer Linse der festen Brennweite $f = 2,5$ cm nachempfunden. Die Linse soll sich zur „Netzhaut" (der Kamerarückwand) hin- und von ihr wegbewegen können. Wie weit ist die Linse näherungsweise zu verschieben, damit das Bild eines Gegenstands, der sich 25 cm vor diesem Auge befindet, auf die Netzhaut fokussiert wird? *Hinweis*: Berechnen Sie dazu den Abstand des Bildes von der Netzhaut für den 25 cm vom Auge entfernten Gegenstand.

2. Berechnen Sie die Änderung der Brennweite des Auges, wenn ein Gegenstand ursprünglich 3 m vor dem Auge steht und sich danach bis auf 30 cm nähert.

3. Eine weitsichtige Person arbeite an einem Rechnerbildschirm, der sich 45 cm vor ihren Augen befindet. Der Nahpunkt liege bei 80 cm. a) Berechnen Sie die Brennweite der Gläser einer Lesebrille, die ein Bild des Schirmes im Abstand von 80 cm erzeugen. b) Wie groß ist die Brechkraft der Brillengläser?

4. Eine weitsichtige Person benötige Brillengläser mit der Brechkraft 1,75 dpt, um ein Buch im Abstand von 25 cm bequem lesen zu können. Wie weit ist der Nahpunkt ohne Brille entfernt?

5. Eine kurzsichtige Person kann Gegenstände, die weiter als 225 cm von ihrem Auge entfernt sind, nicht scharf fokussieren. Welche Brechkraft müssen die Brillengläser haben, damit diese Gegenstände deutlich gesehen werden?

6. Die Brechzahl der Augenlinse gleicht etwa derjenigen des sie umgebenden Materials. Dagegen ändert sich die Brechzahl beim Übergang von der Luft ($n = 1,0$) zur Hornhaut ($n \approx 1,4$) sehr stark. Nehmen Sie an, die Hornhaut sei eine homogene Kugel mit der Brechzahl 1,4. Berechnen Sie den Radius der Kugel, so daß parallele Lichtstrahlen auf die Netzhaut fokussiert werden. Erwarten Sie, daß das Ergebnis größer oder kleiner als der tatsächliche Radius der Hornhaut ausfällt?

7. Damit zwei Punktgegenstände, die sehr nahe beieinanderstehen, getrennt wahrzunehmen sind, müssen ihre Bilder auf der Netzhaut auf zwei nicht benachbarte Zäpfchen fallen. Es muß also mindestens ein nichtaktiviertes Zäpfchen zwischen den Bildern liegen. Die Zäpfchen sind etwa 1 μm voneinander entfernt. a) Wie groß ist der kleinste Winkel, unter dem die beiden Punkte noch getrennt wahrnehmbar sind? (Siehe Abbildung 32.13.) b) Wie nahe können die beiden Punkte bei einem Abstand von 20 m vom Auge beieinanderstehen, damit sie noch getrennt wahrnehmbar sind?

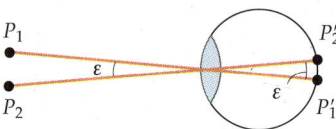

32.13 Zu Aufgabe 7. Die beiden Punkte werden getrennt wahrgenommen, wenn ihre Bilder auf der Netzhaut auf zwei verschiedene, nicht benachbarte Zäpfchen fallen.

32.2 Die Lupe

8. Der Nahpunkt einer Person liege bei 30 cm. Sie benutze eine Lupe mit der Brechkraft 20 dpt. Welche Vergrößerung erreicht sie, wenn das Endbild im Unendlichen liegt?

9. Eine Linse mit der Brennweite 6 cm werde von zwei Personen als Lupe benutzt. Der Nahpunkt der einen Person liege bei 25 cm, der der anderen bei 40 cm. a) Wie groß ist jeweils die effektive Vergrößerung der Lupe? b) Vergleichen Sie die Größen der Bilder auf der Netzhaut, wenn jede Person den gleichen Gegenstand mit der Lupe betrachtet.

32.3 Die Kamera

10. Ein Objektiv habe einen nutzbaren Durchmesser von 2,5 cm. Wie groß ist die Blendenzahl, wenn die Brennweite 50 mm beträgt?

11. Ein Teleobjektiv habe die Brennweite 200 mm. Wie weit muß es bewegt werden, wenn es zuerst auf einen Gegenstand im Unendlichen scharf gestellt wird und danach auf einen Gegenstand im Abstand von 30 m?

12. Ein Weitwinkel-Objektiv habe die Brennweite 28 mm. Wie weit muß es bewegt werden, wenn es zuerst auf einen Gegenstand im Unendlichen scharf gestellt wird und danach auf einen Gegenstand im Abstand von 5 m?

13. Eine Kamera erzeuge ein korrekt belichtetes Bild bei der Blendenzahl 16 und einer Belichtungszeit von $\frac{1}{30}$ s. Welche Verschlußzeit muß für die folgenden Blendenzahlen jeweils gewählt werden: a) 11, b) 8, c) 5,6, d) 4 und e) 2,8?

14. Bei bestimmten Lichtbedingungen sei für einen bestimmten Film die Blendenzahl 8 bei der Belichtungszeit $\frac{1}{250}$ s empfohlen. a) Sie wollen mit einer Belichtungszeit von $\frac{1}{1000}$ s einen Kolibri aufnehmen. Welche Blendenzahl müssen Sie einstellen? b) Wenn Sie für ein anderes Bild die Blendenzahl 22 wählen, welche Verschlußzeit müssen Sie dann einstellen?

32.4 Das Mikroskop

15. Das Objektiv eines Mikroskops habe die Brennweite 0,5 cm. Es erzeuge ein Bild im Abstand von 16 cm von seinem zweiten Brennpunkt. Welche Vergrößerung ergibt sich im Auge eines Betrachters, dessen Nahpunkt bei 25 cm liegt, wenn die Brennweite des Okulars 3 cm beträgt?

16. Ein einfaches, selbstgebautes Mikroskop bestehe aus zwei Sammellinsen (jede mit der Brechkraft 20 dpt), die an den Enden einer 30 cm langen Röhre befestigt sind. a) Wie groß ist die Tubuslänge dieses Mikroskops? b) Wie groß ist der Abbildungsmaßstab des Objektivs? c) Welche Vergrößerung erreicht das Mikroskop? d) Wie weit muß sich der Gegenstand vor dem Objektiv befinden, damit er im Auge des Betrachters scharf abgebildet wird?

32.5 Das Teleskop

17. Ein einfaches Teleskop bestehe aus einem Objektiv mit der Brennweite 100 cm und einem Okular mit der Brennweite 5 cm. Mit ihm werde der Mond betrachtet, der unter einem Winkel von etwa 0,009 rad erscheint. a) Wie groß ist der Durchmesser des Bildes, das vom Objektiv erzeugt wird? b) Unter welchem Winkel erscheint das Endbild im Unendlichen? c) Welche Vergrößerung erreicht das Teleskop?

18. Das Objektiv des Linsenteleskops im Yerkes-Observatorium hat eine Brennweite von 19,5 m. Es werde auf den Mond gerichtet, der unter einem Sehwinkel von etwa 0,009 rad erscheint. Wie groß ist der Durchmesser des Mondbildes, das vom Objektiv erzeugt wird?

19. Das Spiegelteleskop auf dem Mount Palomar hat einen Spiegeldurchmesser von 5,1 m und eine Brennweite von 1,68 m. a) Um welchen Faktor ist seine Lichtstärke größer als die des Linsenteleskops (Refraktors) des Yerkes-Observatoriums (Aufgabe 18), die einen Durchmesser von 1,02 m hat? b) Die Brennweite des Okulars betrage 1,25 cm. Welche Vergrößerung erreicht dieses Teleskop?

Stufe II

20. a) Zeigen Sie: Wenn das Endbild einer einfachen Lupe am Nahpunkt des Auges und nicht im Unendlichen liegt, so ist die Winkelvergrößerung

$$v_L = \frac{s_0}{f} + 1 \, .$$

b) Berechnen Sie die Vergrößerung einer 20-dpt-Linse für eine Person, deren Nahpunkt bei 30 cm liegt. Das Bild entstehe am Nahpunkt. Skizzieren Sie den Strahlenverlauf.

21. Ein Botaniker untersuche ein Blatt mit einer Sammellinse der Brechkraft 12 dpt, die er als Lupe benutzt. Wie groß ist die Winkelvergrößerung, wenn das Bild a) im Unendlichen liegt bzw. b) bei 25 cm entsteht?

22. Zeigen Sie, daß Lateral- und Winkelvergrößerung gleich sind, wenn man mit einer einfachen Lupe ein Bild am Nahpunkt betrachtet.

23. Mit einer Kamera mit auswechselbaren Objektiven soll ein Adler mit einer Flügelspannweite von 2 m aufgenommen werden. Der Adler sei 30 m entfernt. Welche Brennweite ist zu wählen, damit die Flügel die gesamte Breite des Bildes (36 mm) einnehmen?

24. Ein astronomisches Teleskop erreiche eine siebenfache Vergrößerung. Die beiden Linsen haben einen Abstand von 32 cm. Berechnen Sie die Brennweite jeder Linse.

25. Der Nahpunkt einer Person liege bei 80 cm. Mit einer Lesebrille kann sie ein Buch lesen, das sich 25 cm vor ihren Augen befindet. Die Brillengläser seien 2 cm von den Augen entfernt. Wie groß ist die Brechkraft der Gläser?

26. Der Nachteil eines astronomischen Teleskops bei der Anwendung auf der Erde besteht darin, daß es ein umgekehrtes Bild erzeugt. Ein Galilei-Teleskop hat als Objektiv eine Sammellinse und als Okular eine Zerstreuungslinse. Das vom Objektiv erzeugte Bild entsteht im Brennpunkt des Okulars. Das Endbild befindet sich im Unendlichen; es ist virtuell und aufrecht. a) Zeigen Sie, daß die Vergrößerung $v_T = -f_{Ob}/f_{Ok}$ ist, wobei f_{Ob} die Brennweite des Objektivs und f_{Ok} die (negative) Brennweite des Okulars ist (das von einer Zerstreuungslinse gebildet wird). b) Zeichnen Sie den Strahlengang in diesem Teleskop und zeigen Sie, daß das Endbild tatsächlich im Unendlichen liegt, virtuell ist und aufrecht steht.

27. Ein Galilei-Teleskop (siehe Aufgabe 26) sei so konstruiert, daß das Endbild am Nahpunkt des Auges entsteht; dieser liege bei 25 cm. Die Brennweite des Objektivs betrage 100 cm und die des Okulars −5 cm. a) Der Gegenstand befinde sich 30 m vor dem Objektiv. Wie groß ist die Bildweite? b) Wie groß ist die Gegenstandsweite für das Okular, für die das Endbild am Nahpunkt entsteht? c) Welchen Abstand haben die Linsen? d) Der Gegenstand sei 1,5 m hoch. Wie groß ist das Endbild? e) Wie hoch ist die Winkelvergrößerung?

28. Das Objektiv eines Mikroskops habe die Brechkraft 45 dpt, diejenige des Okulars betrage 80 dpt. Die Linsen seien 28 cm voneinander entfernt. Nehmen Sie an, daß das Endbild 25 cm vor dem Auge entsteht. Wie hoch ist die Vergrößerung?

Stufe III

29. Im Alter von 45 Jahren erhalte eine Person eine Lesebrille mit 2,1 dpt. Damit kann sie die Zeitung im Abstand von 25 cm lesen. Mit 55 Jahren stelle sie fest, daß sie die Zeitung 40 cm weit weg hält, um sie mit der Brille scharf zu sehen. a) Wo lag der Nahpunkt mit 45 Jahren? b) Wo liegt der Nahpunkt mit 55 Jahren? c) Welche Brechkraft muß die Lesebrille nun haben, damit der Leseabstand wieder 25 cm beträgt? (Nehmen Sie an, daß sich die Brillengläser 2,2 cm vor den Augen befinden.)

30. Wenn Sie in das falsche Ende eines Teleskops blicken (also in das Objektiv), so sehen sie den Gegenstand weit entfernt und verkleinert. Um welchen Faktor wird dabei der Sehwinkel des Gegenstands bei einem Linsenteleskop mit einem Objektiv der Brennweite 2,25 m und einem Okular der Brennweite 1,5 cm verringert?

31. Ein alternder Physikprofessor entdecke, daß er Gegenstände nur im Abstand zwischen 0,75 m und 2,5 m scharf sehen kann. Er entscheide sich für eine Zweistärkenbrille. Der obere Teil der Gläser erlaube es ihm, Gegenstände in der Ferne scharf zu sehen, und mit dem unteren Teil sehe er Gegenstände im Abstand von 25 cm scharf. Nehmen Sie an, daß der Abstand Auge–Brille 2 cm beträgt. Berechnen Sie die Brechkraft a) für den oberen und b) für den unteren Teil der Brillengläser. c) Gibt es einen Bereich, in dem er Gegenstände weder mit dem unteren noch mit dem oberen Teil der Brille scharf sehen kann? Wenn ja, geben Sie den Bereich an. d) Gibt es einen Bereich, in dem er Gegenstände weder mit noch ohne Brille scharf sehen kann? Wenn ja, geben Sie den Bereich an.

32. Ein Mikroskop erreiche eine Vergrößerung von -600; das Okular habe die Winkelvergrößerung 15. Das Objektiv sei 22 cm vom Okular entfernt. Berechnen Sie ohne irgendwelche Näherungen a) die Brennweite des Okulars, b) den Ort des Gegenstands, an dem er von einem normal entspannten Auge scharf gesehen wird, und c) die Brennweite des Objektivs.

33. Ein Jäger, der sich in den Bergen verirrte, versuche, ein Teleskop aus zwei Linsen zu bauen. Die Brechkraft der einen Linse betrage 2,0 dpt, die der anderen sei 6,5 dpt. Als Tubus verwende er eine Röhre aus zusammengerollten Karten. a) Welche maximale Vergrößerung läßt sich mit dieser Anordnung erreichen? b) Wie lang muß der Tubus sein? c) Welche Linse wird als Okular benutzt? Warum?

Interferenz und Beugung 33

Anders als bei Teilchenstrahlen treten bei Wellen Interferenz und Beugung auf. Die Interferenz ist die Überlagerung zweier oder mehrerer kohärenter Wellen, die an einem Raumpunkt zusammentreffen, und unter Beugung versteht man die Abweichung der Wellenausbreitung von der geometrischen Strahlrichtung an einem Hindernis oder einer Öffnung im Strahlengang. Das resultierende Beugungsmuster läßt sich berechnen, wenn man nach dem Huygensschen Prinzip jeden Punkt der ursprünglichen Wellenfront als Punktquelle einer neuen Elementarwelle ansieht. Die Umhüllende der Elementarwellen ergibt die neue Wellenfront.

In Kapitel 14 wurde die Interferenz der von zwei Punktquellen ausgehenden Schallwellen erörtert, ebenso die Beugung des Schalls. Für jegliche Art von Wellen (beispielsweise Schall oder auch Licht oder andere elektromagnetische Wellen) gelten dieselben Gesetzmäßigkeiten, wie sie in den Kapiteln 12 bis 14 sowie 29 behandelt wurden. Im vorliegenden Kapitel werden wir die Interferenz und die Beugung von elektromagnetischen Wellen besprechen und anhand des Huygensschen Prinzips erklären.

33.1 Phasendifferenz und Kohärenz

Addiert man zwei harmonische Wellen mit gleicher Frequenz bzw. Wellenlänge, aber unterschiedlicher Phase, dann resultiert eine harmonische Welle, deren Amplitude von der Phasendifferenz abhängt. Beträgt diese Phasendifferenz 0 oder ein ganzzahliges Vielfaches von 360° (im Bogenmaß 2π), so sagt man, die Wellen sind *in Phase*; sie verstärken sich also, d. h., sie interferieren *konstruktiv*, und die resultierende Amplitude ist gleich der Summe der beiden Einzelamplituden. Dann ist die Intensität maximal; denn sie ist proportional zum Quadrat der Amplitude. Addieren sich zwei Wellen gleicher Amplitude, dann hat die resultierende Welle die vierfache Intensität. Beträgt die Phasendifferenz der beiden Einzelwellen 180° (bzw. π) oder ein ungeradzahliges Vielfaches davon, so sind sie *in Gegenphase* und interferieren *destruktiv*. In diesem Fall ergibt sich die resultierende Amplitude aus der Differenz der einzelnen Amplituden, und die Intensität ist minimal. Sie ist null (d. h., die Wellen löschen einander völlig aus), wenn ihre Einzelamplituden gleich sind.

33 Interferenz und Beugung

Eine Phasendifferenz zweier Wellen ergibt sich häufig durch einen Unterschied in der Länge des Weges, den die beiden Einzelwellen zurücklegen – man spricht vom Weg- oder **Gangunterschied** der beiden Wellen. Ein Gangunterschied von einer Wellenlänge bzw. einem ganzzahligen Vielfachen davon erzeugt eine Phasendifferenz von 360° (bzw. 2π); sie entspricht der Phasendifferenz null. Ein Gangunterschied von einer halben Wellenlänge oder einem ungeradzahligen Vielfachen davon bewirkt die Phasendifferenz 180° bzw. π. Der Zusammenhang zwischen dem Gangunterschied Δr und der Phasendifferenz δ ist (vgl. Abschnitt 13.5) allgemein gegeben durch

$$\delta = \frac{\Delta r}{\lambda} 2\pi = \frac{\Delta r}{\lambda} 360° \,. \tag{33.1}$$

Eine Phasendifferenz von 180° bzw. π kann beispielsweise auch durch die Reflexion einer Lichtwelle an der Grenzfläche zu einem optisch dichteren Medium entstehen. Man nennt dies einen **Phasensprung**. Wenn also eine Lichtwelle, die sich in Luft ausbreitet, auf die Grenzfläche zu einem Medium trifft, in dem die Lichtgeschwindigkeit kleiner ist (etwa Glas oder Wasser), dann ist die reflektierte Welle gegenüber der einfallenden um 180° bzw. π phasenverschoben. Wenn sich die Lichtwelle in Glas oder Wasser ausbreitet und auf die Grenzfläche zur Luft trifft, so erfolgt bei der Reflexion zurück in das optisch dichtere Medium keine Phasenänderung.

Wie in Kapitel 14 gezeigt, läßt sich Interferenz von zwei Wellen nur dann beobachten, wenn diese **kohärent** sind, d.h., wenn ihre Phasendifferenz zeitlich konstant ist. Das von einer Glühlampe emittierte Licht ist das Ergebnis der voneinander unabhängigen Emissionen durch sehr viele Atome. Daher sind die Lichtwellen, die von zwei gleichzeitig betriebenen Lampen ausgehen, nicht kohärent; vielmehr ändern sich ihre Phasenbeziehungen vollkommen zufällig und sehr schnell. In der Praxis wird die Kohärenz von Lichtwellen meist dadurch erreicht, daß die von einer einzigen (Punkt-)Quelle ausgehenden Wellen aufgeteilt werden. Die Aufteilung kann durch Reflexion an dünnen Schichten erfolgen (siehe Abschnitt 33.2) oder durch Reflexion und Transmission an einem halbdurchlässigen Spiegel, wie etwa im Michelson-Interferometer (siehe Abschnitt 33.3), oder durch die Beugung einer ebenen Lichtwelle an zwei engen Spalten in einem undurchsichtigen Hindernis (siehe Abschnitt 33.4). Zwei kohärente Quellen lassen sich beispielsweise auch durch eine einzige Punktquelle und ihr Spiegelbild in einem ebenen Spiegel realisieren (*Lloydscher Spiegel*). Heutzutage sind die Laser die wichtigsten Quellen kohärenter Lichtwellen. In einem Laser wird die Besetzungsinversion durch stimulierte Emission in Licht umgewandelt (siehe Kapitel 37). Alle Lichtwellen sind dabei in Phase; daher ist die austretende Strahlung kohärent und sehr scharf gebündelt.

Beispiel 33.1

a) Wie groß ist der minimale Gangunterschied, der eine Phasendifferenz von 180° für Licht der Wellenlänge 800 nm erzeugt? b) Welche Phasendifferenz erzeugt der in a) berechnete Gangunterschied bei Licht der Wellenlänge 700 nm?

a) Wir verwenden Gleichung (33.1):

$$\delta = \frac{\Delta r}{\lambda} 360° = 180°$$

$$\Delta r = \frac{1}{2}\lambda = \frac{1}{2} \cdot 800 \text{ nm} = 400 \text{ nm} \,.$$

b) Mit der Wellenlänge $\lambda = 700$ nm und dem Gangunterschied $\Delta r = 400$ nm ist die Phasendifferenz

$$\delta = \frac{\Delta r}{\lambda} 360° = \frac{400 \text{ nm}}{700 \text{ nm}} 360° = 206° = 3{,}59 \text{ rad} .$$

33.2 Interferenz an dünnen Schichten

Wohl jeder hat schon die schillernden Strukturen bemerkt, die an einer Seifenblase oder an einem Ölfilm auf der Straße auftreten. Sie entstehen durch Interferenz der Lichtstrahlen, die an der Vorderseite und an der Rückseite der Schicht reflektiert werden. Die verschiedenen Farben kommen dadurch zustande, daß sich bei unterschiedlicher Dicke der Schicht jeweils Strahlen mit anderen Wellenlängen, d.h. anderen Farben, (teilweise) auslöschen bzw. verstärken. Dies wird im folgenden näher erklärt.

Zuvor eine Bemerkung zum Begriff „Strahl". Es sei noch einmal hervorgehoben, daß wir, wie in Kapitel 30 bei der Besprechung des Huygensschen Prinzips definiert, einen Lichtstrahl als Normale auf der Wellenfront auffassen. Die im vorliegenden Kapitel zu behandelnden Effekte (Interferenz und Beugung) beruhen voll und ganz auf der Wellennatur des Lichts. Dennoch werden in den meisten Abbildungen Lichtstrahlen gezeigt, weil die Darstellung der Wellenfronten zu unübersichtlich wäre. Wir werden auch bei der Beschreibung der Phänomene weiterhin von Strahlen sprechen, müssen uns dabei aber stets die gerade erwähnte Definition vor Augen halten.

Wir betrachten einen dünnen Wasserfilm, etwa einen kleinen Teil einer Seifenblase. Die Schicht sei überall gleich dick und werde unter kleinen Winkeln zur Normalen betrachtet (Abbildung 33.1). Ein Teil des Lichts wird an der oberen Luft-Wasser-Grenzfläche reflektiert. Da die Lichtgeschwindigkeit im Wasser kleiner als in Luft ist, erleidet der in die Luft reflektierte Strahl (1) einen Phasensprung von 180°. Das in die Wasserschicht eintretende Licht wird an der unteren Wasser-Luft-Grenzfläche teilweise reflektiert; hierbei tritt keine Phasenänderung auf. Beim Passieren der oberen Wasser-Luft-Grenzfläche wird dieser Strahl gebrochen, so daß er parallel zum oben direkt in die Luft reflektierten Strahl aus dem Wasser austritt. Diese beiden Strahlen können mit einer Linse (beispielsweise auch mit der Linse im Auge) auf einen Punkt fokussiert werden. Somit überlagern sich die beiden Strahlen 1 und 2 im Punkt P.

Fällt der ursprüngliche Lichtstrahl nahezu senkrecht auf die Wasserschicht, so ist der Gangunterschied beider Strahlen näherungsweise $2d$, also etwa gleich der doppelten Schichtdicke d. Beim Zustandekommen des gesamten Gangunterschieds wirken drei Effekte zusammen: *Erstens* ist der Weg des Strahls, der die Wasserschicht passiert, im Wasser etwas länger als die doppelte Schichtdicke, wie sich aus der Geometrie ergibt. *Zweitens* gilt nach (30.4) für die Wellenlänge λ' im Wasser $\lambda' = \lambda/n$, wobei n die Brechzahl des Wassers und λ die Wellenlänge des Lichts in Vakuum (bzw. in Luft) ist. Für den optischen Gangunterschied beider Strahlen ist entscheidend, daß die Wellenlänge des Lichts im Wasser anders als in der Luft ist. Daher ist der Gangunterschied nicht identisch mit der geometrischen Differenz der zurückgelegten Strecken, sondern er beträgt (wie eine genauere Berechnung zeigt) $2d\sqrt{n^2 - \sin^2\theta_1}$. Darin ist θ_1 der Einfallswinkel, d.h. der Winkel des einfallenden Strahls zur Normalen auf der Wasseroberfläche. Wir betrachten im folgenden der Einfachheit halber den senkrechten Einfall ($\theta_1 = 90°$), so daß der Gangunterschied beider Strahlen praktisch gleich

Interferenzfarben an einem dünnen Seifenfilm. Die an der Vorderseite reflektierten Strahlen erfahren bei der Reflexion einen Phasensprung von 180° und interferieren mit den an der Rückseite (ohne Phasensprung) reflektierten Strahlen. Im oberen, sehr dünnen Teil des Films erfolgt dadurch gegenseitige Auslöschung, und die Schicht erscheint schwarz. An anderen Stellen der Schicht verstärken sich die Strahlen oder löschen einander aus, abhängig von der Wellenlänge (Farbe) und von der Filmdicke. (© 1990 R. Megna/Fundamental Photographs)

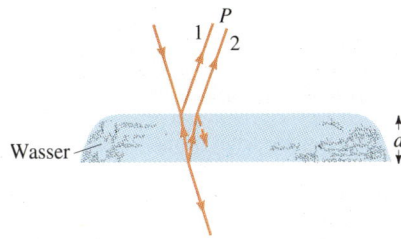

33.1 Die Lichtstrahlen 1 und 2, die an der Vorderseite und an der Rückseite einer dünnen Schicht reflektiert wurden, sind kohärent, weil sie von ein und derselben Quelle (dem einfallenden Strahl) stammen. Die reflektierten Strahlen verlaufen parallel und interferieren am Ort der Beobachtung, z.B. im Auge.

$2nd$ ist. Er entspricht der Phasendifferenz $(2nd/\lambda)2\pi$. Schließlich kommt *drittens* noch der Phasensprung von 180° bei der direkten Reflexion an der (oberen) Luft-Wasser-Grenzfläche hinzu. Er entspricht der Phasendifferenz π bzw. einer halben Wellenlänge.

Somit ist der gesamte Gangunterschied der beiden Strahlen 1 und 2 in Abbildung 33.1 bei senkrechtem Einfall gleich $\Delta r = 2nd + \lambda/2$. Am Punkt P ergibt sich destruktive Interferenz, wenn der gesamte Gangunterschied ein ungeradzahliges Vielfaches der halben Wellenlänge ist. Konstruktive Interferenz tritt dagegen auf, wenn der gesamte Gangunterschied gleich einem ganzzahligen Vielfachen der Wellenlänge ist. Die Interferenzbedingungen lauten daher

Interferenzbedingungen (bei senkrechtem Einfall) mit einem Phasensprung von 180°

$$2nd = m\lambda \qquad m = 0, 1, 2, 3, \ldots \qquad \text{(destruktiv)} \qquad 33.2\,\text{a}$$

$$2nd = \left(m + \frac{1}{2}\right)\lambda \qquad m = 0, 1, 2, 3, \ldots \qquad \text{(konstruktiv)}. \qquad 33.2\,\text{b}$$

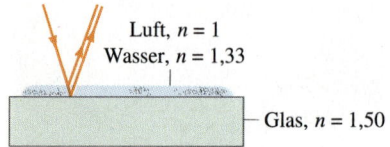

33.2 Die Lichtstrahlen, die von einem auf einer Glasfläche liegenden dünnen Wasserfilm reflektiert werden, erfahren beide einen Phasensprung von 180°.

Wenn sich eine dünne Wasserschicht auf einer Glasfläche befindet, wie in Abbildung 33.2, so erfährt auch der an der (unteren) Wasser-Glas-Grenzfläche reflektierte Strahl einen Phasensprung von 180°, weil die Brechzahl von Glas ($n = 1,5$) größer als die von Wasser ($n = 1,33$) ist. Deshalb tritt bei *beiden* Reflexionen (an der Luft-Wasser-Grenzfläche und an der Wasser-Glas-Grenzfläche) ein Phasensprung von 180° auf. Beide Phasensprünge heben sich in ihrer Wirkung gegenseitig auf, und der Gangunterschied ist bei senkrechtem Einfall $\Delta r = 2nd$. Daher lauten die Interferenzbedingungen für diesen Fall

Interferenzbedingungen (bei senkrechtem Einfall) mit zwei Phasensprüngen von 180°

$$2nd = \left(m + \frac{1}{2}\right)\lambda \qquad m = 0, 1, 2, 3, \ldots \qquad \text{(destruktiv)} \qquad 33.3\,\text{a}$$

$$2nd = m\lambda \qquad m = 0, 1, 2, 3, \ldots \qquad \text{(konstruktiv)} \qquad 33.3\,\text{b}$$

Bestrahlt man eine ungleichmäßige, dünne Schicht eines Materials der Brechzahl $n_{\text{Material}} > 1$ mit monochromatischem Licht (also Licht einer einzigen Wellenlänge), dann sind in der optisch dünneren Umgebung ($n_{\text{Umgebung}} < n_{\text{Material}}$) helle und dunkle Zonen oder Streifen zu beobachten. Im Abstand von einem hellen zum nächsten dunklen Streifen ändert sich die Dicke der Schicht so, daß der Gangunterschied der an der oberen und an der unteren Grenzfläche reflektierten Strahlen gerade $\lambda/2$ beträgt. Die in Abbildung 33.3 gezeigten sogenannten **Newtonschen Ringe** entstehen bei der Reflexion von monochromatischem Licht an einer ebenen Glasplatte, auf der eine plankonvexe Linse liegt (siehe Abbildung 33.39 zu Aufgabe 40). Dieses Interferenzmuster resultiert daraus, daß das Licht an den Grenzflächen reflektiert wird, die eine nach außen hin dicker werdende Luftschicht zwischen Linse und Glasplatte begrenzen. Die Mitte des Interferenzmusters (der Kontaktpunkt beider Glasflächen) ist dunkel, weil das Licht bei der Reflexion an der Oberfläche der ebenen Glasplatte einen Phasensprung von 180° erfährt. Der hier reflektierte Strahl interferiert mit dem an der Unterkante der Linse reflektierten Strahl, so daß sich vollständige Auslöschung ergibt. Der erste helle Ring erscheint bei dem Radius, bei dem der Wegunterschied beider Strahlen gleich $\lambda/2$ ist und damit einer Phasendifferenz von 180° entspricht. Hier ist – zusammen mit dem Phasensprung von 180° bei der unteren Reflexion – die gesamte Phasendifferenz gleich 360°; diese entspricht natürlich

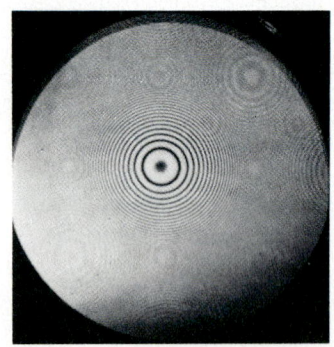

33.3 Newtonsche Ringe treten auf, wenn monochromatisches Licht an einer ebenen und an einer kugelförmigen Glasfläche reflektiert wird, die so aufeinanderliegen, daß sich eine nach außen hin höher werdende Luftschicht ergibt (siehe Abbildung 33.39). In der Mitte ist die Dicke der Luftschicht vernachlässigbar, und die interferierenden Strahlen löschen sich wegen des Phasensprungs des an der unteren Glasfläche reflektierten Strahls aus. (Mit freundlicher Genehmigung von Bausch & Lomb)

der Phasendifferenz 0. Der zweite dunkle Ring liegt bei dem Radius, bei dem der Wegunterschied gleich λ ist, so daß (wie in der Mitte) wegen des einen Phasensprungs Auslöschung eintritt.

Beispiel 33.2

Ein enger, keilförmiger Luftspalt entsteht beispielsweise, wenn man zwei Glasplatten aufeinanderlegt und an einer Kante einen dünnen Papierstreifen dazwischenschiebt (Abbildung 33.4). Die Glasplatten werden mit Licht der Wellenlänge 500 nm bestrahlt, und es lassen sich im reflektierten Licht Interferenzstreifen beobachten. Das Licht falle hier senkrecht auf die obere Glasplatte. Die Platten schließen miteinander den Winkel $\theta = 3 \cdot 10^{-4}$ rad ein. Wie viele Interferenzstreifen pro Zentimeter treten auf?

Wegen des Phasensprungs von 180° bei der Reflexion an der unteren Platte ist der erste Streifen nahe beim Kontaktpunkt dunkel; denn hier ist der Gangunterschied zwischen beiden reflektierten Strahlen gleich null. Den horizontalen Abstand vom Kontaktpunkt zum m-ten dunklen Streifen bezeichnen wir mit x und den Plattenabstand an dieser Stelle mit d, wie in der Abbildung angegeben. Wenn der Winkel θ klein ist, gilt näherungsweise

$$\theta = \frac{d}{x}.$$

Aus (33.2a) ergibt sich

$$m = \frac{2nd}{\lambda} = \frac{2d}{\lambda}.$$

Hierbei ist die Brechzahl $n = 1$, da die dünne Schicht aus Luft besteht. Mit $d = x\theta$ folgt daraus

$$m = \frac{2x\theta}{\lambda}$$

und

$$\frac{m}{x} = \frac{2\theta}{\lambda} = \frac{2 \cdot 3 \cdot 10^{-4}}{5 \cdot 10^{-5}\,\text{cm}} = 12\,\text{cm}^{-1}.$$

Es lassen sich also 12 dunkle Streifen pro Zentimeter beobachten. Weil sich die Streifen einfach abzählen lassen, kann man auf diese Weise den Winkel θ ermitteln. Wird er vergrößert, dann rücken die Streifen enger zusammen, d.h., der Abstand x zu einem bestimmten dunklen Streifen wird kleiner.

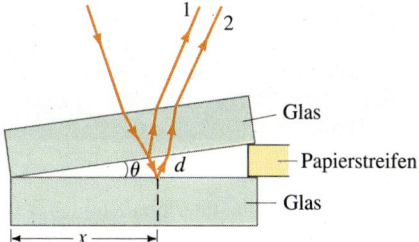

33.4 Monochromatisches Licht fällt etwa senkrecht auf eine keilförmige Luftschicht zwischen zwei schräg übereinanderliegenden Glasplatten. Der Gangunterschied $2d$ ist proportional zu x. Betrachtet man die Anordnung von oben, so sieht man abwechselnd helle und dunkle Interferenzstreifen.

Abbildung 33.5a zeigt das Interferenzmuster, das bei einer Anordnung nach Abbildung 33.4 entsteht. Je ebener die Oberflächen der Glasplatten sind und je gleichmäßiger deren Dicke ist, desto exakter verlaufen die Interferenzstreifen geradlinig. Besonders hochwertige, sogenannte *planparallele* Platten werden als Referenz bei der Überprüfung von Glasplatten eingesetzt. In Abbildung 33.5b ist das Interferenzmuster an einer ähnlichen keilförmigen Luftschicht zwischen gewöhnlichen Glasplatten wiedergegeben. Wie an den Krümmungen der Interferenzstreifen zu erkennen ist, sind diese Glasplatten nicht planparallel.

Die destruktive Interferenz an dünnen Schichten nutzt man zur Herstellung *reflexmindernder Beschichtungen* aus, beispielsweise auf Linsen für Brillengläser, Kameras oder andere optische Geräte. Für die reflexmindernde Schicht verwendet man ein Material mit einer Brechzahl, die zwischen der Brechzahl der Luft und derjenigen des Glases liegt; geeignet ist z.B. Kryolith (Na_3AlF_6) mit $n = 1{,}33$. Die Intensitäten der an der vorderen und an der hinteren Grenzfläche der Schicht reflektierten Strahlen sind dann annähernd gleich. Da beide Reflexionen

33 Interferenz und Beugung

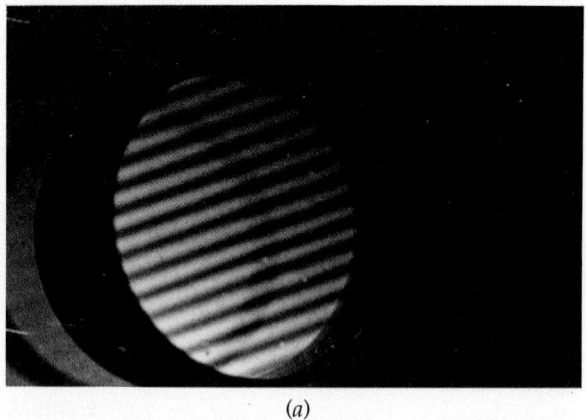
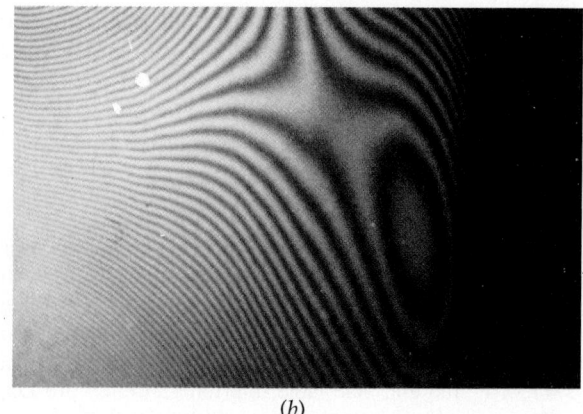

33.5 a) Gerade Interferenzstreifen an einer keilförmigen Luftschicht, aufgenommen mit einer Anordnung wie in Abbildung 33.4. Die Geradheit der Streifen zeigt an, daß beide Glasoberflächen sehr eben sind. b) Interferenzmuster an einer keilförmigen Luftschicht zwischen normalen Glasplatten. (Mit freundlicher Genehmigung von Patrick Wiggins)

an einer Grenzfläche zu einem optisch dichteren Medium stattfinden, tritt bei beiden ein Phasensprung von 180° auf; somit ist die Phasendifferenz zwischen den beiden reflektierten Strahlen nur vom optischen Gangunterschied in der Schicht abhängig. Deshalb wird deren Dicke zu $\lambda/(4n)$ gewählt, wobei λ etwa in der Mitte des sichtbaren Spektralbereichs liegt. Dann ergibt sich eine Phasendifferenz von 180° aufgrund eines Gangunterschieds, der etwa gleich der doppelten Schichtdicke ist, also gleich $\lambda/(2n)$. Daher löschen zwei reflektierte Strahlen sichtbaren Lichts einander weitgehend aus.

Fragen

1. Warum muß eine Schicht dünn sein, damit man Farbinterferenzen an ihr beobachten kann?
2. Wenn der Winkel θ zwischen den Glasplatten in Abbildung 33.3 zu groß ist, lassen sich keine Interferenzstreifen beobachten. Warum?
3. Der Abstand zwischen aufeinanderfolgenden Newtonschen Ringen nimmt mit steigendem Durchmesser der Ringe stark ab. Erklären Sie diesen Sachverhalt qualitativ.

33.3 Das Michelson-Interferometer

Interferometer sind optische Geräte, mit denen man aufgrund von Lichtinterferenzen kleine Abstände, Brechzahlunterschiede, Winkel oder Wellenlängendifferenzen sehr genau messen kann. Abbildung 33.6 zeigt schematisch den Aufbau des sogenannten Michelson-Interferometers, das folgendermaßen funktioniert: Das Licht aus einer diffusen Quelle trifft auf die Glasplatte A, die einseitig dünn versilbert ist und als halbdurchlässiger Spiegel (Strahlteiler) wirkt. Ein Teil des Lichts (2) wird an A reflektiert, läuft auf den Spiegel S_2 zu, wird an diesem reflektiert und gelangt am Punkt O in das Auge des Betrachters. Der von A durchgelassene Strahl (1) durchläuft die Kompensatorplatte B. Diese hat die gleiche Dicke wie die Platte A, damit beide Teilstrahlen gleich dicke Glasschichten passieren. Der Strahl (1) läuft zum Spiegel S_1, wird dort reflektiert, gelangt zur Platte A und von dieser zum Auge am Punkt O. Der Spiegel S_1 ist fest, während sich der Abstand des Spiegels S_2 von A mit Hilfe einer Mikrometerschraube fein justieren läßt. Die beiden Strahlen (1) und (2) überlagern sich nach ihren Reflexionen im Punkt O und erzeugen dabei ein Interferenzmuster. Dessen

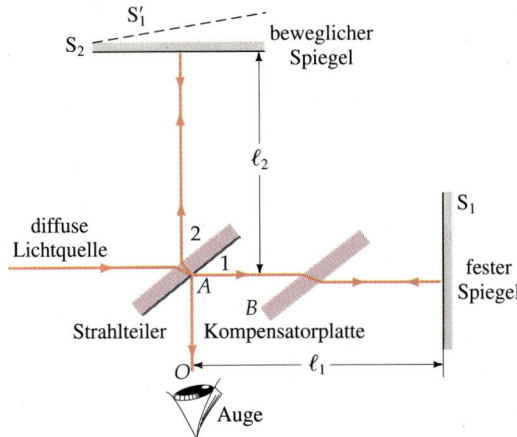

33.6 Schematische Abbildung des Michelson-Interferometers. Die gestrichelte Linie S_1' ist das virtuelle Bild des Spiegels S_1 in dem halbdurchlässigen Spiegel A. Die beobachteten Interferenzstreifen entstehen durch die keilförmige Luftschicht zwischen S_1' und S_2. Wenn S_2 bewegt wird, verändert sich das vom Auge am Punkt O beobachtete Interferenzmuster.

Aussehen hängt von der relativen Orientierung der beiden Spiegel ab. In S_2 entsteht das Bild S_1' des Spiegels S_1. Stehen die Ebenen beider Spiegel exakt senkrecht aufeinander und sind die Spiegel genau gleich weit von der Platte A entfernt, dann ist das Bild S_1' deckungsgleich mit S_2. Stehen dagegen die Spiegelebenen nicht genau senkrecht aufeinander, schließt das Bild S_1' mit dem Spiegel S_2 einen kleinen Winkel ein und bildet mit diesem sozusagen einen „Luftkeil". Das im Punkt O erscheinende Interferenzmuster ist das gleiche wie das an einer dünnen, keilförmigen Luftschicht (siehe Abbildung 33.4). Wenn nun der Spiegel S_2 entlang der Strahlrichtung verschoben wird, so verändert sich das Interferenzmuster. Bewegt sich S_2 beispielsweise um $\frac{1}{4}\lambda$ auf die Platte A zu, dann wird der „Luftkeil" an jeder Stelle um $\frac{1}{4}\lambda$ dicker. Weil das Licht den Keil in beiden Richtungen passiert, entsteht im Keil insgesamt ein Gangunterschied von $\frac{1}{2}\lambda$, und im Interferenzmuster wird aus einem dunklen Streifen ein heller (und umgekehrt). Wenn man die Strecke kennt, um die der Spiegel S_2 verschoben wurde, kann man die Wellenlänge des Lichts bestimmen. A. A. Michelson konstruierte um 1880 ein solches Interferometer und ermittelte mit ihm die Wellenlänge einer bestimmten Spektrallinie des Edelgases Krypton (genauer: des Kryptonisotops mit der Atommasse 86 u). In den 70er Jahren unseres Jahrhunderts wurde die SI-Einheit Meter als ein bestimmtes Vielfaches dieser Wellenlänge definiert. Seit 1983 ist die Basis für die SI-Einheit Meter jedoch die Lichtgeschwindigkeit im Vakuum.

Mit dem Michelson-Interferometer kann man beispielsweise auch die Brechzahl der Luft messen, die etwa 1,0003 beträgt, also sehr nahe bei 1 liegt. Dazu wird in den Strahlengang hinter der Platte A ein luftgefüllter Behälter gebracht, der sich evakuieren läßt. Mit der Brechzahl n der Luft ist die Wellenlänge des Lichts in Luft $\lambda' = \lambda/n$, wobei λ die Wellenlänge im Vakuum ist. Wird der Behälter evakuiert, dann wird die Lichtwellenlänge im Behälter größer, d. h., in der (konstanten) Behälterlänge befinden sich nun weniger Wellenberge, und das Interferenzmuster verschiebt sich. Aus dem Ausmaß der Verschiebung läßt sich die Brechzahl der Luft bestimmen (siehe Aufgabe 4).

Michelson benutzte sein Interferometer im Jahre 1887 auch gemeinsam mit Edward W. Morley für das berühmte Experiment zur Überprüfung der Ätherhypothese. Dieses Experiment wird im nächsten Kapitel detailliert beschrieben.

Beispiel 33.3

Eine dünne Schicht aus einem Material mit der Brechzahl 1,33 habe die Dicke 12 μm und werde in den Strahlengang des Michelson-Interferometers gebracht. Das verwendete Licht habe in Luft die Wellenlänge 589 nm. Um wie viele Streifen verschiebt sich das Interferenzmuster?

Die Anzahl N_S der Wellenberge innerhalb der Schicht ist gleich der doppelten Dicke $(2d)$, dividiert durch die Wellenlänge $\lambda' = \lambda/n$. Daraus folgt

$$N_S = \frac{2d}{\lambda'} = \frac{2nd}{\lambda} = \frac{2 \cdot 1{,}33 \cdot 12 \cdot 10^{-6}\,\text{m}}{589 \cdot 10^{-9}\,\text{m}} = 54{,}2\,.$$

Die Anzahl N_L der Wellenberge in der gleichen Strecke in Luft ist

$$N_L = \frac{2d}{\lambda} = \frac{2 \cdot 12 \cdot 10^{-6}\,\text{m}}{589 \cdot 10^{-9}\,\text{m}} = 40{,}8\,.$$

Die Differenz der Anzahlen der Wellenberge ist $54{,}2 - 40{,}8 = 13{,}4$. Das Interferenzmuster verschiebt sich also um 13,4 Streifen.

33.4 Das Interferenzmuster an einem Doppelspalt

33.7 Ebene Wasserwellen in einer Wanne stoßen auf ein Hindernis mit kleiner Öffnung. Hinter dieser entstehen konzentrische Wellenfronten, als befände sich in der kleinen Öffnung eine Punktquelle. (Aus *PSSC Physics*, 2nd ed., 1965, D.C. Heath & Co., and Education Development Center, Newton, MA, U.S.A.)

Wie schon bemerkt, kann die Interferenz von Lichtwellen nur dann beobachtet werden, wenn die Quellen kohärent schwingen, d.h., wenn sie in Phase sind oder die Phasendifferenz zeitlich konstant ist. Die als Lichtquellen üblichen Glühlampen liefern kein kohärentes Licht, weil die Strahlung von vielen angeregten Atomen herrührt, deren Emissionsvorgänge voneinander unabhängig sind. Die in den vorigen Abschnitten erläuterten Interferenzen an dünnen Schichten treten nur deshalb auf, weil ein und derselbe Lichtstrahl (somit von der gleichen Quelle emittiert) durch die Reflexion an verschiedenen Grenzflächen in zwei Strahlen geteilt wird.

Mit seinem berühmten Doppelspalt-Experiment konnte Thomas Young im Jahre 1801 die Wellennatur des Lichts beweisen. Er realisierte zwei kohärente Lichtquellen, indem er mit einer einzigen Lichtquelle zwei parallele Spalte beleuchtete. Nehmen wir im folgenden zunächst sehr enge Spalte an. (Der allgemeine Fall wird in Abschnitt 33.8 behandelt.) Trifft eine Welle auf ein Hindernis mit einer sehr kleinen Öffnung (siehe Kapitel 14), so wirkt diese wie eine Punktquelle für Wellen (Abbildung 33.7). Beim *Youngschen Experiment* kann jeder Spalt deshalb als linienförmige Quelle angesehen werden (siehe Abbildung 33.8a), d.h. als Aneinanderreihung vieler Punktquellen in seiner Längsrichtung. Das Interferenzmuster wird auf einem von den Spalten weit entfernten Schirm beobachtet. Die Spaltmitten haben voneinander den Abstand d (siehe Abbildung 33.8b). Wenn der Abstand ℓ zwischen Spalten und Schirm groß gegen d ist, kommen die von den Spalten ausgehenden Strahlen nahezu parallel am Schirm an, und ihr Gangunterschied ist dann näherungsweise $d\sin\theta$ (siehe Abbildung 33.8c). Für einen gegebenen Winkel θ ergeben sich am Schirm Interferenzmaxima, wenn gilt

Interferenzmaxima am Doppelspalt

$$d\sin\theta = m\lambda \qquad m = 0, 1, 2, \ldots \qquad (33.4)$$

Die Interferenzminima entstehen bei

Interferenzminima am Doppelspalt

$$d\sin\theta = \left(m + \frac{1}{2}\right)\lambda \qquad m = 0, 1, 2, \ldots \qquad (33.5)$$

33.4 Das Interferenzmuster an einem Doppelspalt

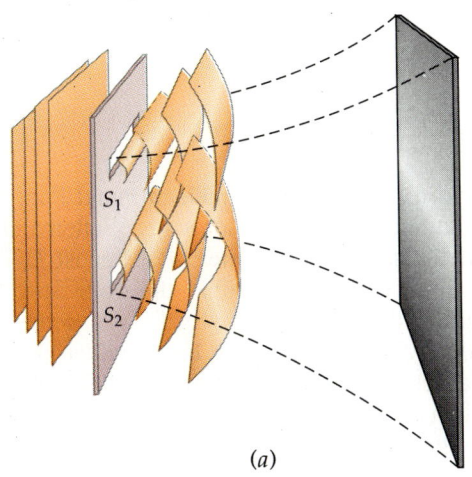

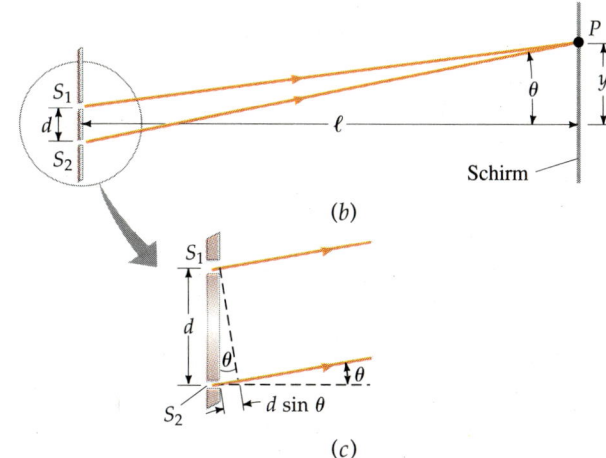

(a) (b) (c)

33.8 a) Zwei mit demselben Licht von hinten beleuchtete Spalte wirken beim *Youngschen Versuch* wie kohärente Lichtquellen, so daß sich eine Interferenz ergibt. Von den beiden Spalten gehen zylindrische Wellen aus und erzeugen auf einem weit entfernten Schirm ein Interferenzmuster. b) Das Prinzip der Anordnung. c) Wenn der Abstand ℓ des Schirms von den Spalten groß ist gegen den Spaltabstand d, dann sind die von den beiden Spalten ausgehenden Strahlen annähernd parallel und haben den Wegunterschied $d \sin \theta$.

An einem Punkt P auf dem Schirm ist gemäß (33.1) die Phasendifferenz δ zwischen beiden Wellen gleich $2\pi/\lambda$, multipliziert mit dem Wegunterschied $d \sin \theta$:

$$\delta = \frac{2\pi}{\lambda} d \sin \theta . \qquad 33.6$$

Der m-te helle Streifen hat auf dem Schirm von der Achse den Abstand y_m. Wie aus Abbildung 33.8b hervorgeht, ist y_m mit dem zugehörigen Winkel θ verknüpft durch

$$\tan \theta = \frac{y_m}{\ell} .$$

Dabei ist ℓ der Abstand zwischen Spalten und Schirm. Für kleine Winkel θ ist

$$\sin \theta \approx \tan \theta = \frac{y_m}{\ell} .$$

Daraus folgt

$$d \sin \theta \approx d \frac{y_m}{\ell} .$$

Dies setzen wir in Gleichung (33.4) ein und erhalten

$$d \frac{y_m}{\ell} \approx m \lambda .$$

Weil der Winkel θ klein ist, ergibt sich der Abstand des m-ten hellen Streifens von der Mitte auf dem Schirm zu

$$y_m \approx m \frac{\lambda \ell}{d} . \qquad 33.7$$

33 Interferenz und Beugung

Hieraus geht hervor, daß die Streifen auf dem Schirm äquidistant sind. Der Abstand zweier aufeinanderfolgender heller Streifen ist

$$\Delta y = \frac{\lambda \ell}{d}.$$

Um die Lichtintensität auf dem Schirm an einem allgemeinen Punkt P zu berechnen, müssen wir die Wellenfunktionen zweier harmonischer Wellen addieren, deren Phasen sich unterscheiden (vgl. hierzu Kapitel 14). Hier ist E_1 das elektrische Feld am Punkt P, das von der Welle herrührt, die vom Spalt S_1 ausgeht. Entsprechend ist E_2 am Punkt P das Feld der vom Spalt S_2 ausgehenden Welle. Bei kleinem Winkel θ können wir annehmen, daß beide Felder parallel zueinander sind. Es genügt also, ihre Beträge zu betrachten. Beide Felder schwingen mit derselben Frequenz und haben die gleiche Amplitude; denn sie stammen aus einer einzigen Lichtquelle, die die beiden Spalte beleuchtet. Für ihre Phasendifferenz δ gilt Gleichung (33.6). Wir können für die beiden elektrischen Felder schreiben

$$E_1 = A_0 \sin \omega t \quad \text{und} \quad E_2 = A_0 \sin(\omega t + \delta).$$

Die am Punkt P resultierende Wellenfunktion ist daher

$$E = E_1 + E_2 = A_0 \sin \omega t + A_0 \sin(\omega t + \delta).$$

Mit der trigonometrischen Umformung

$$\sin \alpha + \sin \beta = 2 \cos \tfrac{1}{2}(\alpha - \beta) \sin \tfrac{1}{2}(\alpha + \beta) \qquad 33.9$$

ist die resultierende Wellenfunktion

$$E = 2A_0 \cos \tfrac{1}{2} \delta \, \sin\left(\omega t + \tfrac{1}{2} \delta\right). \qquad 33.10$$

Die Amplitude der resultierenden Welle beträgt also $2A_0 \cos \tfrac{1}{2} \delta$. Ihr maximaler Wert $2A_0$ wird erreicht, wenn die Wellen in Phase sind, d.h., wenn die Phasendifferenz δ null oder ein ganzzahliges Vielfaches von 2π ist. Die Amplitude ist null, wenn die Wellen in Gegenphase schwingen; dann ist δ ein ungeradzahliges Vielfaches von π.

Die Intensität I ist proportional zum Quadrat der Amplitude. Deshalb ist sie am Punkt P auf dem Schirm bei der Phasendifferenz δ gegeben durch

$$I = 4I_0 \cos^2 \tfrac{1}{2} \delta. \qquad 33.11$$

Darin ist I_0 die Lichtintensität auf dem Schirm, die von der Welle von einem einzelnen Spalt herrührt. Die Abhängigkeit des Phasenwinkels δ von der Position y_m auf dem Schirm ermitteln wir nach Gleichung (33.6). Für kleine Winkel gilt $d \sin \theta \approx y_m d/\ell$, so daß folgt

$$\delta = \frac{2\pi}{\lambda} d \sin \theta \approx \frac{2\pi}{\lambda} \frac{y_m d}{\ell}. \qquad 33.12$$

In Abbildung 33.9 ist die Intensität als Funktion von $\sin \theta$ aufgetragen, wobei angenommen wird, daß die von den einzelnen Spalten ausgehende Intensität unabhängig von θ ist. (Das beobachtete Muster gleicht dem in Abbildung 33.18a.) Für kleine Winkel θ gleicht diese Auftragung der Intensität derjenigen gegen y, weil dann $y = \ell \tan \theta \approx \ell \sin \theta$ ist. Die Intensität I_0 entspricht, wie bei

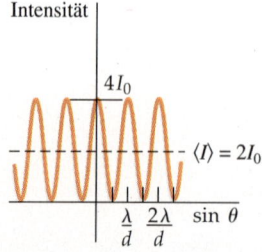

33.9 Die Intensität bei der Interferenz am Doppelspalt als Funktion von $\sin \theta$. Die maximale Intensität beträgt $4I_0$, wobei I_0 die Intensität der von einem Spalt herrührenden Welle ist. Die gestrichelte Linie gibt die mittlere Intensität $2I_0$ an. Für kleine Winkel θ kann die Intensität auch als Funktion von y aufgetragen werden, weil dann $y = \ell \tan \theta \approx \ell \sin \theta$ ist.

Gleichung (33.11), derjenigen von jedem einzelnen Spalt. Die gestrichelte Linie gibt den Mittelwert der Intensität an, der über viele Interferenzmaxima und -minima hinweg zu $2I_0$ berechnet wurde. Dieser Wert entspricht der Intensität, die man am Schirm messen kann, wenn die beiden Wellen unabhängig voneinander (inkohärent) sind, sich also kein Interferenzmuster bildet; ihre Phasendifferenz variiert dann in völlig zufälliger Weise.

Beispiel 33.4

Zwei enge Spalte haben voneinander den Abstand 1,5 mm und werden mit Licht der Wellenlänge 589 nm (aus einer Natriumdampflampe) beleuchtet. Auf einem Schirm in 3 m Entfernung werden Interferenzstreifen beobachtet. Berechnen Sie den Abstand der Streifen.

Für den Abstand y_m von der Schirmmitte zum m-ten hellen Streifen gilt Gleichung (33.7). Wir setzen $\ell = 3$ m und $d = 1,5$ mm sowie $\lambda = 589$ nm ein und lösen nach y_m/m auf:

$$\frac{y_m}{m} = \lambda \frac{\ell}{d} = \frac{589 \cdot 10^{-9} \text{ m} \cdot 3 \text{ m}}{0,0015 \text{ m}} = 1,18 \cdot 10^{-3} \text{ m} = 1,18 \text{ mm}.$$

Benachbarte helle Streifen sind also 1,18 mm voneinander entfernt.

Abbildung 33.10 zeigt eine weitere Möglichkeit, zwei kohärente Punktquellen zu realisieren. Diese Anordnung heißt **Lloydscher Spiegel**. Ein einzelner Spalt befindet sich im Abstand $\frac{1}{2}d$ über einer Spiegelfläche. Licht, das den Schirm direkt trifft, interferiert dort mit dem Licht, das vom Spiegel reflektiert wurde. Dieses reflektierte Licht verhält sich so, als käme es vom virtuellen Bild des Spalts, das vom Spiegel erzeugt wird. Daher sind beide Lichtquellen kohärent. Wegen des Phasensprungs bei der Reflexion am Spiegel unterscheiden sich ihre Phasen um 180°. Das Interferenzmuster ist daher das Negativ desjenigen von Abbildung 33.9, d.h., Maxima und Minima sind vertauscht. Der Streifen, der gleich weit von beiden Quellen entfernt ist, also unmittelbar über dem Spiegel liegt, ist dunkel. (Er entspricht dem hellen mittleren Streifen beim Doppelspalt-Experiment.) Konstruktive Interferenz ergibt sich hier an den Punkten auf dem Schirm, für die der Wegunterschied eine halbe Wellenlänge (oder ein ungeradzahliges Vielfaches davon) beträgt, weil der Phasensprung um 180° einem Gangunterschied von einer weiteren halben Wellenlänge entspricht.

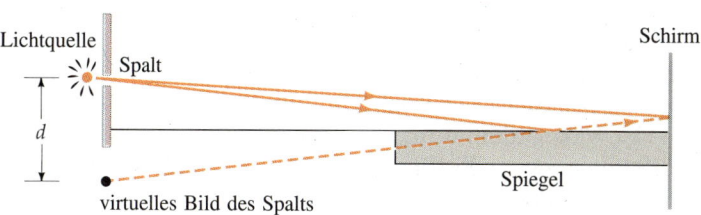

33.10 Diese Anordnung wird *Lloydscher Spiegel* genannt. Mit ihr erhält man ebenfalls ein Doppelspalt-Interferenzmuster. Die beiden Quellen (der Spalt und sein Bild) sind kohärent und schwingen wegen der Reflexion am Spiegel in Gegenphase. Daher ist der mittlere Interferenzstreifen dunkel; er ist von beiden Quellen gleich weit entfernt.

Übung

Eine punktförmige Lichtquelle ($\lambda = 589$ nm) sei 0,4 mm oberhalb eines Spiegels angebracht. Die Interferenzstreifen werden auf einem Schirm in 6 m Entfernung beobachtet. Welchen Abstand haben benachbarte helle Streifen auf dem Schirm? (Antwort: 4,42 mm)

Frage

4. Was geschieht mit der Energie von Lichtwellen, wenn sie destruktiv interferieren?

33.5 Vektoraddition von harmonischen Wellen

Wie wir gesehen haben, ergeben zwei (oder mehrere) kohärente Lichtquellen ein Interferenzmuster. Auch bei der Beugung an einem einzelnen Spalt entsteht ein (etwas anders geartetes) Interferenzmuster. Will man die jeweils resultierende Intensitätsverteilung am Schirm berechnen, so muß man die einzelnen harmonischen Wellen gleicher Frequenz und verschiedener Phase addieren. Hierfür gibt es ein einfaches Verfahren, das auf der geometrischen Interpretation harmonischer Wellenfunktionen gleicher Frequenz beruht. Mit Hilfe der sogenannten **Zeigerdiagramme** lassen sich zwei oder mehrere harmonische Wellenfunktionen addieren, ohne daß trigonometrische Umformungen wie etwa (33.9) anzusetzen sind. Die Methode ist auch dann anwendbar, wenn die Wellen unterschiedliche Amplituden haben. Ihre Grundlage ist die Tatsache, daß die y- (oder x-)Komponente der Resultierenden zweier Vektoren gleich der Summe der y- (oder x-)Komponenten beider Einzelvektoren ist.

Es seien die Wellenfunktionen zweier Wellen an irgendeinem Punkt gegeben durch

$$E_1 = A_1 \sin \omega t \quad \text{und} \quad E_2 = A_2 \sin(\omega t + \delta).$$

Hier wurde die Zeitachse so gewählt, daß $E_1 = 0$ bei $t = 0$ ist. Zur Vereinfachung setzen wir $\omega t = \alpha$. Die Aufgabe besteht nun darin, die Summe

$$E_1 + E_2 = A_1 \sin \alpha + A_2 \sin(\alpha + \delta)$$

zu berechnen. Betrachten wir einen Vektor in der x-y-Ebene. Er habe den Betrag A_1 und bilde mit der x-Achse den Winkel α (siehe Abbildung 33.11). Die y-Komponente dieses Vektors ist $A_1 \sin \alpha$ und damit gleich der Wellenfunktion E_1. Der Vektor rotiert als Funktion der Zeit t in der x-y-Ebene mit der Kreisfrequenz ω. Man spricht daher von einem **Zeiger**. Solche Zeigerdiagramme wie das in Abbildung 33.11 haben wir schon in Abschnitt 28.3 bei der Beschreibung der Wechselströme verwendet. Die Wellenfunktion E_2 ist die y-Komponente eines Zeigers, der mit der x-Achse den Winkel $\alpha + \delta$ bildet und den Betrag A_2 hat. Nach den Regeln der Vektoraddition ist die y-Komponente des Summenvektors A' gleich der Summe der y-Komponenten der Einzelvektoren (siehe Abbildung 33.11). Die y-Komponente des Summenvektors ist $A' \sin(\alpha + \delta')$. Dies ist eine harmonische Wellenfunktion, die sich als Summe aus den beiden ursprünglichen Wellenfunktionen ergibt:

$$A_1 \sin \alpha + A_2 \sin(\alpha + \delta) = A' \sin(\alpha + \delta'). \qquad 33.13$$

Hierin ist A' die Amplitude der resultierenden Welle, und δ' ist deren Phase in bezug zur ersten Welle. Alle Zeiger rotieren als Funktion der Zeit in der x-y-Ebene, d. h., bei fester Phasenbeziehung ändert sich α zeitlich. Dabei behalten die drei Zeiger ihre relative Position bei, denn sie rotieren mit der gleichen Kreisfrequenz ω.

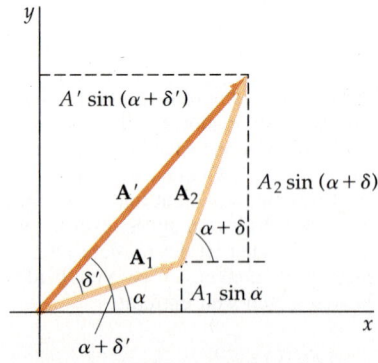

33.11 Das Zeigerdiagramm zu Gleichung (33.13). Die Wellenfunktion $A_1 \sin \alpha$ ist die y-Komponente des Vektors A_1, der den Winkel α mit der x-Achse bildet. Die Wellenfunktion $A_2 \sin(\alpha + \delta)$ ist die y-Komponente des Vektors A_2, der den Winkel $(\alpha + \delta)$ mit der x-Achse bildet. Die y-Komponente des Summenvektors $A' = A_1 + A_2$ ist $A' \sin(\alpha + \delta')$.

Beispiel 33.5

Verwenden Sie ein Zeigerdiagramm, um zwei Wellen mit der gleichen Amplitude zu überlagern, und leiten Sie damit Gleichung (33.10) her.

In Abbildung 33.12 ist ein Zeigerdiagramm mit zwei Wellen gleicher Amplitude A_0 und mit der resultierenden Welle wiedergegeben, die die Amplitude A' hat. Die drei Zeiger bilden ein gleichschenkliges Dreieck, dessen gleiche Winkel wir mit δ' bezeichnen. Die Summe $2\delta'$ dieser beiden Winkel ist gleich dem Außenwinkel δ, und es folgt

$$\delta' = \frac{1}{2}\delta .$$

Die resultierende Amplitude A' erhalten wir aus Abbildung 33.12 b. Hier ist die Höhe (und gleichzeitig Seitenhalbierende) auf der längsten Seite eingezeichnet. Dadurch entstehen zwei rechtwinklige Dreiecke, in denen gilt:

$$\cos \frac{1}{2}\delta = \frac{\frac{1}{2}A'}{A_0} .$$

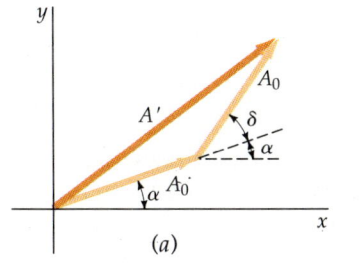
(a)

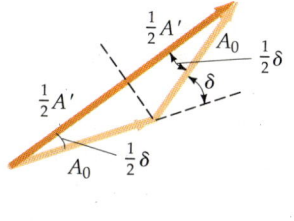
(b)

33.12 Die Addition zweier Wellen mit gleicher Amplitude A_0 und der Phasendifferenz δ mit Hilfe eines Zeigerdiagramms. a) Die Position der Zeiger zu einer bestimmten Zeit ist $\alpha = \omega t$. b) Skizze zur Berechnung der Amplitude A' der resultierenden Welle.

Damit ist die Amplitude $A' = 2A_0 \cos \frac{1}{2}\delta$, und die resultierende Welle ist

$$A' \sin(\alpha + \delta') = 2A_0 \cos \frac{1}{2}\delta \sin\left(\alpha + \frac{1}{2}\delta\right) .$$

Das stimmt mit Gleichung (33.10) überein, wenn $\alpha = \omega t$ gesetzt wird.

Beispiel 33.6

Berechnen Sie die Summe der beiden (in willkürlichen Einheiten gegebenen) Wellen

$$E_1 = 4 \sin(\omega t) \quad \text{und} \quad E_2 = 3 \sin(\omega t + 90°) .$$

In Abbildung 33.13 ist das entsprechende Zeigerdiagramm dargestellt. Die beiden Zeiger E_1 und E_2 schließen einen Winkel von 90° ein. Der resultierende Zeiger hat daher nach dem Satz von Pythagoras den Betrag 5 und bildet mit dem ersten Zeiger einen Winkel von 37°. Damit ist die Summe der beiden Wellen

$$E_1 + E_2 = 5 \sin(\omega t + 37°) .$$

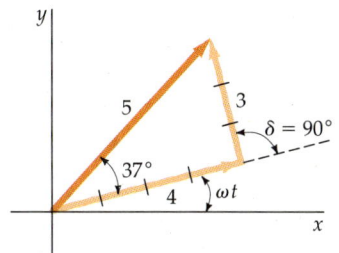

33.13 Das Zeigerdiagramm für die Addition der beiden Wellen von Beispiel 33.6.

33 Interferenz und Beugung

33.6 Interferenzmuster bei drei oder mehr äquidistanten Quellen

Wenn drei oder mehr äquidistante Quellen vorliegen, die alle in Phase schwingen, so ergibt sich auf einem weit entfernten Schirm ein Interferenzmuster, das dem von zwei Quellen ähnelt, aber in einigen Merkmalen von diesem abweicht. Die Interferenzmaxima treten auf dem Schirm immer an denselben Positionen auf, unabhängig von der Anzahl der Quellen. Je mehr Quellen aber strahlen, desto höher ist die Intensität der Maxima und desto schärfer (schmaler) sind sie ausgeprägt. Auch hier verwenden wir Zeigerdiagramme, um die Intensitätsverteilung der Interferenzmuster zu berechnen. Wir sind aber hauptsächlich an den Positionen derjenigen Interferenzminima und -maxima interessiert, die durch vollständige konstruktive Interferenz bzw. durch möglichst weitgehende Auslöschung *aller Wellen* zustande kommen.

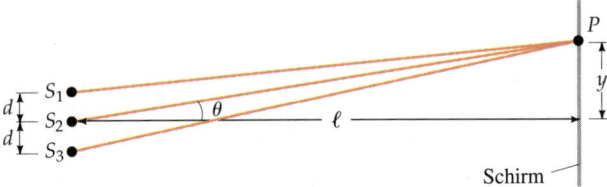

33.14 Zur Berechnung des Interferenzmusters, das bei drei äquidistanten Quellen (die in Phase sind) auf einem weit entfernten Schirm entsteht.

In Abbildung 33.14 sind drei äquidistante Quellen bzw. enge Spalte im jeweiligen Abstand d angeordnet. Weil der Schirm sehr weit entfernt ist, treffen die Strahlen am Punkt P annähernd parallel ein. Der Gangunterschied zwischen erstem und zweitem Strahl beträgt daher (wie bei zwei Quellen; vgl. Abbildung 33.8c) $d \sin \theta$, und der Gangunterschied zwischen erstem und drittem Strahl ist $2d \sin \theta$. Die am Punkt P eintreffende Welle ist die Summe der drei Wellen, die von den Quellen ausgehen. Die Phase der ersten Welle im Punkt P sei $\alpha = \omega t$. Wir müssen nun folgende drei Wellen gleicher Amplitude addieren:

$$E_1 = A_0 \sin \alpha$$
$$E_2 = A_0 \sin (\alpha + \delta) \qquad\qquad 33.14$$
$$E_3 = A_0 \sin (\alpha + 2\delta).$$

Dabei ist – wie bei zwei Quellen – die Phasendifferenz

$$\delta = \frac{2\pi}{\lambda} d \sin \theta \approx \frac{2\pi}{\lambda} \frac{yd}{\ell}. \qquad\qquad 33.15$$

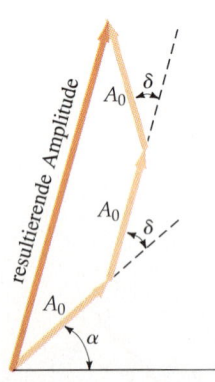

33.15 Das Zeigerdiagramm für die Bestimmung der resultierenden Amplitude von drei Wellen mit gleicher Amplitude A_0. Die Wellen haben eine Phasendifferenz δ bzw. 2δ aufgrund des Gangunterschieds $d \sin \theta$ bzw. $2d \sin \theta$. Der Winkel $\alpha = \omega t$ variiert mit der Zeit, beeinflußt jedoch nicht die Bestimmung der resultierenden Amplitude.

Es ist am einfachsten, das auf dem Schirm entstehende Muster nicht in Abhängigkeit vom Winkel θ zu berechnen, sondern in Abhängigkeit von der Phasendifferenz δ zwischen erstem und zweitem oder zwischen zweitem und drittem Strahl. Wenn die resultierende Amplitude der drei addierten Wellen im Punkt P als Funktion von δ bekannt ist, läßt sich mit Hilfe von Gleichung (33.15) die Phasendifferenz δ in den räumlichen Winkel θ umrechnen.

Für $\theta = 0$ ist die Phasendifferenz δ ebenfalls null; d.h., alle Wellen sind in Phase. Dann ist die Amplitude der resultierenden Welle dreimal so groß wie die einer einzelnen Welle. Da die Intensität proportional zum Quadrat der Amplitude ist, ergibt sich für $\delta = 0$ am Schirm eine neunmal größere Intensität als von einer einzelnen Quelle. Wenn die Phasendifferenz δ, bei null beginnend, größer wird, so nimmt die resultierende Intensität ab. Damit ist $\theta = 0$ die Lage eines Intensitätsmaximums, und zwar des zentralen Maximums, im Interferenzmuster.

In Abbildung 33.15 ist das Zeigerdiagramm für drei Wellen gleicher Amplitude wiedergegeben, die eine Phasendifferenz von $30° = \pi/6$ aufweisen. Dies entspricht einem Punkt P auf dem Schirm, für den $\sin\theta = \lambda\delta/(2\pi d) = \lambda/(12d)$ gilt. Wie aus der Abbildung hervorgeht, ist die resultierende Amplitude bei diesem Winkel deutlich kleiner als die dreifache Amplitude einer einzelnen Welle. Wenn die Phasendifferenz δ weiter zunimmt, wird die resultierende Amplitude ebenfalls kleiner, bis sie bei $\delta = 120°$ den Wert null erreicht. Bei dieser Phasendifferenz bilden die Zeiger ein gleichseitiges Dreieck (siehe Abbildung 33.16). Das erste Interferenzminimum ergibt sich somit bei einer kleineren Phasendifferenz δ (und daher bei einem kleineren Winkel θ), als wenn nur zwei Quellen vorliegen (hier liegt das erste Minimum bei $\delta = 180°$). Wächst δ bei drei Quellen über $120°$ hinaus, so vergrößert sich die resultierende Amplitude und erreicht ein **Nebenmaximum** nahe $\delta = 180°$. Bei diesem Phasenwinkel ist die Amplitude gleich der von einer einzigen Quelle erzeugten; denn die Wellen der ersten beiden Quellen löschen einander aus, und nur die Welle der dritten Quelle bleibt übrig. Die Intensität des Nebenmaximums beträgt daher 1/9 derjenigen des Maximums bei $\theta = 0$. Nimmt δ über $180°$ hinaus weiter zu, dann vermindert sich die resultierende Amplitude und wird bei $\delta = 240°$ schließlich null. Wächst δ noch weiter an, so steigt die resultierende Amplitude wieder und erreicht für $\delta = 360°$ erneut die dreifache Amplitude einer einzigen Welle. Hier sind alle drei Wellen wieder in Phase, und es liegt das erste **Hauptmaximum** vor. Die Hauptmaxima haben auf dem Schirm die gleichen Positionen wie bei zwei Quellen, wobei gilt

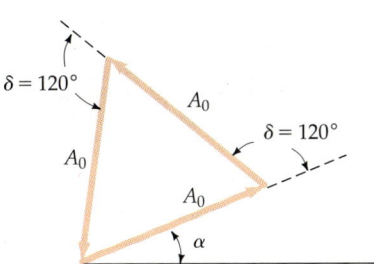

33.16. Die resultierende Amplitude für die Wellen von drei Quellen wird null, wenn $\delta = 120°$ ist. Dieses Interferenzminimum entsteht bei einem kleineren Winkel θ als das erste Minimum für zwei Quellen, das bei $\delta = 180°$ auftritt.

$$d\sin\theta = m\lambda \qquad m = 0, 1, 2, \ldots \qquad 33.16$$

Hauptmaxima der Interferenz

Diese Maxima sind intensiver und schmaler als bei nur zwei Quellen. Sie erscheinen an den Orten auf dem Schirm, für die der Gangunterschied der Wellen von benachbarten Quellen null (beim zentralen Maximum) oder ein ganzzahliges Vielfaches der Wellenlänge ist.

Diese Ergebnisse lassen sich auf mehr als drei Quellen verallgemeinern. Wenn man beispielsweise vier Quellen äquidistant anordnet und dafür sorgt, daß sie in Phase schwingen, dann sind die Hauptmaxima noch intensiver und schärfer ausgebildet, als es bei zwei oder drei Quellen der Fall ist. Ihre Position auf dem Schirm (bzw. der Winkel θ) ist wiederum durch Gleichung (33.16) gegeben. Für $\theta = 0$ ist die Intensität am Schirm 16mal so groß wie bei einer einzelnen Quelle. Das erste Interferenzminimum erscheint bei $\delta = 90°$, wie aus dem Zeigerdiagramm in Abbildung 33.17 hervorgeht. Das erste Nebenmaximum tritt etwa bei $\delta = 120°$ auf, weil hier die Wellen dreier Quellen einander auslöschen und nur die Welle der vierten Quelle übrigbleibt. Die Intensität des ersten Nebenmaximums beträgt etwa 1/16 der Intensität des zentralen Maximums bei $\theta = 0$. Weiterhin existieren ein Minimum bei $\delta = 180°$, ein weiteres Nebenmaximum nahe $\delta = 240°$ und ein anderes Minimum bei $\delta = 270°$. Darauf folgt das nächste Hauptmaximum bei $\delta = 360°$.

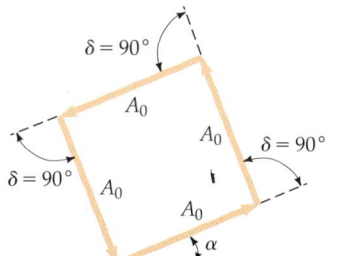

33.17 Das Zeigerdiagramm für das erste Minimum der resultierenden Welle bei vier äquidistanten Quellen, die in Phase sind. Die resultierende Amplitude wird null, wenn die Phasendifferenz der Wellen von benachbarten Quellen $90°$ beträgt.

Die Abbildungen 33.18a bis c zeigen die Intensitätsmuster für zwei, drei bzw. vier äquidistante Quellen. In Abbildung 33.18d ist die Intensitätsverteilung am Schirm gegen $\sin\theta$ aufgetragen, und zwar in Vielfachen der Intensität I_0 aus einer einzigen Quelle. Wie man sieht, werden mit steigender Anzahl der Quellen also die Hauptmaxima immer schmaler und intensiver, d.h., die Energie ist immer stärker in ihnen konzentriert. Die Lage der Hauptmaxima auf dem Schirm ist durch Gleichung (33.16) gegeben. Bei N Quellen beträgt die Intensität der Hauptmaxima das N^2-fache der Intensität aus einer einzelnen Quelle. Das erste

33 Interferenz und Beugung

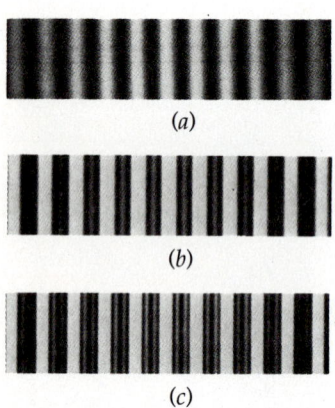

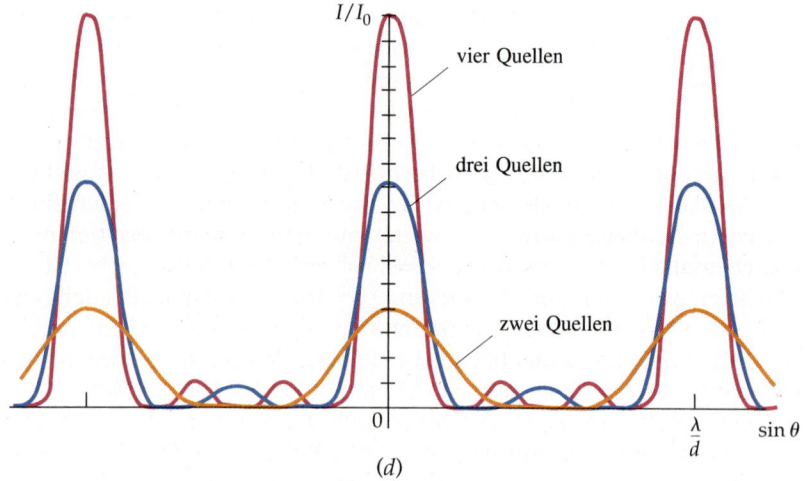

33.18 Das Intensitätsmuster auf dem Schirm bei a) zwei, b) drei und c) vier äquidistanten, kohärenten Quellen gleicher Amplitude. Bei drei Quellen entsteht zwischen zwei benachbarten Hauptmaxima jeweils ein Nebenmaximum; bei vier Quellen dagegen entstehen zwei Nebenmaxima. d) Die Intensität am Schirm als Funktion von $\sin\theta$ bei zwei, drei bzw. vier äquidistanten, kohärenten Quellen mit gleicher Amplitude. (Teilbilder a, b und c: aus M. Cagnet, M. Françon, J. C. Thierr: *Atlas optischer Erscheinungen*, Springer-Verlag, Berlin-Heidelberg-New York 1962)

Minimum tritt bei der Phasendifferenz $\delta = 360°/N$ auf. Die N Zeiger bilden dabei ein geschlossenes, regelmäßiges Vieleck mit N Seiten. Weiterhin existieren zwischen benachbarten Hauptmaxima jeweils $N-2$ Nebenmaxima, die im Vergleich zu den Hauptmaxima sehr schwach sind. Mit steigender Anzahl der Quellen werden nicht nur die Hauptmaxima schmaler und intensiver, sondern die Intensität der Nebenmaxima wird, verglichen mit derjenigen der Hauptmaxima, immer geringer.

Beispiel 33.7

Vier äquidistante, kohärente Lichtquellen mit der Wellenlänge 500 nm seien jeweils $d = 0{,}1$ mm voneinander entfernt. Das Interferenzmuster werde auf einem Schirm im Abstand von 1,4 m betrachtet. Berechnen Sie die Lage der Hauptmaxima und vergleichen Sie deren Breite mit derjenigen der Hauptmaxima bei zwei Quellen mit gleichem Abstand.

Nach Gleichung (33.16) entstehen die Hauptmaxima bei den Winkeln θ, für die gilt

$$\sin\theta = m\frac{\lambda}{d} = m\frac{5\cdot 10^{-7}\,\text{m}}{1\cdot 10^{-4}\,\text{m}} = (5\cdot 10^{-3})\,m\,.$$

Dabei ist $m = 0, 1, 2, 3, \ldots$ Weil θ klein ist, gilt die Näherung $\sin\theta \approx \tan\theta \approx \theta$. Der Abstand y der Hauptmaxima auf dem Schirm vom zentralen Maximum hängt mit dem Winkel θ zusammen über

$$y = \ell \tan\theta \approx \ell\theta\,.$$

Die Lage des m-ten Hauptmaximums ergibt sich deshalb zu

$$y_m = \ell\theta_m = m \cdot 1{,}4\,\text{m} \cdot 5\cdot 10^{-3} = m \cdot 7{,}0\,\text{mm}\,.$$

Der Abstand benachbarter Hauptmaxima auf dem Schirm beträgt also 7,0 mm. Das erste Minimum entsteht bei der Phasendifferenz $\delta = 90° = \pi/2$ zweier benachbarter Quellen. Das entspricht einem Wegunterschied von $\lambda/4$. Wegen $d\sin\theta = \lambda/4$ liegt dieses Minimum bei einem Winkel θ, für den gilt:

$$\sin\theta = \frac{\lambda}{4d} = \frac{5\cdot 10^{-7}\,\text{m}}{4\cdot 10^{-4}\,\text{m}} = 1{,}25\cdot 10^{-3}\,.$$

Der Abstand y dieses Minimums von der Mitte des Schirms ist damit näherungsweise

$$y = \ell\theta = 1{,}4 \text{ m} \cdot 1{,}25 \cdot 10^{-3} = 1{,}75 \text{ mm}.$$

Die ersten Minima beiderseits des zentralen Maximums (bei $\theta = 0$) sind von diesem daher $2y = 3{,}5$ mm entfernt. Dieser Abstand ist ein Maß für die Breite des zentralen Maximums und auch der anderen Hauptmaxima. Wenn nur zwei Quellen im gleichen Abstand vorliegen, befinden sich die Hauptmaxima an denselben Positionen, aber das erste Minimum liegt bei einem Winkel θ, der dem Gangunterschied $\lambda/2$ entspricht. Die Maxima sind hier demnach doppelt so breit wie bei vier Quellen (siehe Abbildung 33.18).

Frage

5. Wie viele Nebenmaxima entstehen zwischen benachbarten Hauptmaxima bei fünf äquidistanten Quellen? Warum sind diese Nebenmaxima so schwierig zu erkennen?

33.7 Beugungsmuster an einem Einzelspalt

Qualitative Betrachtung

Wir haben gesehen, daß es zu Interferenzerscheinungen kommt, wenn sich kohärentes Licht von zwei oder mehr Lichtquellen (beispielsweise Spalten, die von hinten beleuchtet werden) überlagert. Ein ähnliches Phänomen, das wie die Interferenz auf die Wellennatur des Lichtes zurückzuführen ist, tritt bereits auf, wenn nur ein einzelner Gegenstand (z. B. ein Spalt) in den Lichtweg gebracht wird: die sogenannte **Beugung**. Voraussetzung für die Beugung ist, daß die Abmessungen des Gegenstandes in der Größenordnung der Wellenlänge des einfallenden Lichtes liegen.

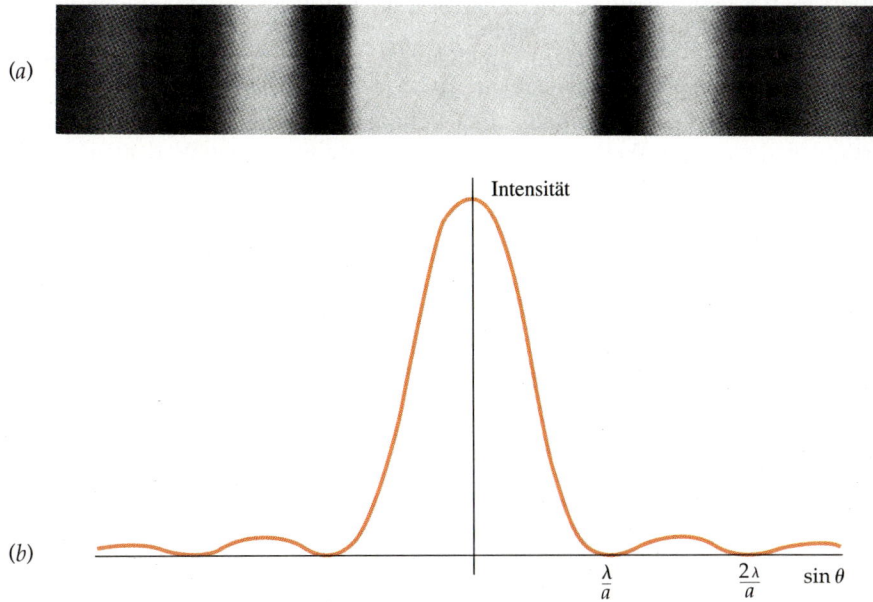

33.19 a) Das Beugungsmuster an einem Einfachspalt, wie es auf einem weit entfernten Schirm beobachtet wird. (Aus M. Cagnet, M. Françon, J. C. Thierr: *Atlas optischer Erscheinungen*, Springer-Verlag, Berlin-Heidelberg-New York 1962.) b) Die Intensität als Funktion von $\sin\theta$ für das Beugungsmuster von a).

33 Interferenz und Beugung

Bei der Besprechung der Interferenzmuster, die an zwei oder mehreren Spalten entstehen, haben wir angenommen, daß die Spalte sehr eng sind und damit als linienförmige Quellen von zylindrischen Wellen angesehen werden können (vgl. Abbildung 33.8a). In den zweidimensionalen Abbildungen haben wir sie als Punktquellen kreisförmiger Wellenfronten dargestellt. Dabei wurde vorausgesetzt, daß die Intensität einer Welle, die von einem Spalt ausgeht und in einem Punkt P auf den Schirm trifft, vom Winkel θ (zwischen dem Strahl und der Normalen auf dem Schirm) unabhängig ist. Das gilt aber nicht, wenn der Spalt eine endliche Breite hat. Betrachten wir einen Spalt der Breite a. In Abbildung 33.19a ist das auf dem Schirm entstehende Intensitätsmuster wiedergegeben. In der Vorwärtsrichtung ($\sin \theta = 0$) ist die Intensität maximal; sie nimmt mit zunehmendem Winkel ab und erreicht den Wert null bei einem bestimmten Winkel, der von der Spaltbreite a und der Wellenlänge λ abhängt. Der Hauptteil der Lichtintensität ist im breiten **zentralen Beugungsmaximum** konzentriert, doch existieren auf jeder Seite sehr viel schwächere Nebenmaxima. Die erste Nullstelle der Intensität liegt bei einem Winkel θ, für den gilt

$$\sin \theta = \lambda/a \,. \qquad 33.17$$

Demnach ist bei gegebener Wellenlänge die Breite des zentralen Maximums umgekehrt proportional zur Spaltbreite a. Das bedeutet: Mit zunehmender Spaltbreite wird das zentrale Maximum schmaler (und umgekehrt). Wenn a sehr klein ist, dann gibt es am Schirm keine Punkte mit der Intensität null, d.h., der Spalt wirkt als Linienquelle (bzw. als Punktquelle) und strahlt Lichtenergie in alle Richtungen ab, wie in Abbildung 33.8a. Aus Gleichung (33.17) folgt durch Multiplikation mit der Spaltbreite a

$$a \sin \theta = \lambda \,. \qquad 33.18$$

Die Größe $a \sin \theta$ ist der Gangunterschied zwischen zwei Lichtstrahlen, die von der oberen bzw. von der unteren Kante des Spalts ausgehen. Das erste Beugungsminimum ergibt sich gerade dann, wenn diese beiden Strahlen in Phase sind, also wenn der Gangunterschied zwischen ihnen eine Wellenlänge beträgt. Das ist folgendermaßen zu erklären: Wir betrachten nach dem Huygensschen Prinzip jeden Punkt der Wellenfront, also jeden Punkt in der Spaltebene, als Punktquelle einer Elementarwelle. Abbildung 33.20 zeigt einen Einfachspalt der Breite a. Wir nehmen an, daß sich 32 Punktquellen in der Spaltbreite befinden. Nun teilen wir den Spalt in zwei Hälften auf. Der obere Teil enthält 16 Punktquellen (Nr. 1 bis 16), der untere Teil ebenfalls (Nr. 17 bis 32). Wenn – wie oben vorausgesetzt – der Gangunterschied zwischen dem Strahl von der oberen und von der unteren Kante des Spalts eine Wellenlänge beträgt, dann ist der Gangunterschied zwischen Welle 1 und Welle 17 gleich einer halben Wellenlänge, und es gilt $(a/2) \sin \theta = \lambda/2$. Diese beiden Wellen schwingen also in Gegenphase und löschen einander aus. Das gleiche gilt für die Wellen 2 und 18 sowie 3 und 19 usw. Damit löschen sich jeweils die Wellen von Quellenpaaren aus, die am Spalt um die Strecke $a/2$ voneinander entfernt sind, so daß beim zugehörigen Winkel θ die auf den Schirm treffende Intensität insgesamt null ist. Die gleiche Argumentation gilt für die nächste Nullstelle der Intensität, bei der $a \sin \theta = 2\lambda$ ist (vgl. Abbildung 33.19). Hierfür wird der Spalt in vier Viertel aufgeteilt, und für die Viertel 1 und 2 sowie 3 und 4 wird dieselbe Überlegung angestellt wie eben für die beiden Hälften der Spaltbreite. Der allgemeine Ausdruck für die Nullstellen im Beugungsmuster an einem Einfachspalt lautet

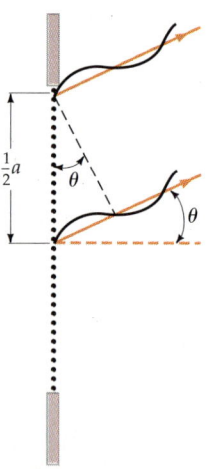

33.20 Hier wird der Einfachspalt durch eine große Zahl von Punktquellen repräsentiert, die Wellen gleicher Amplitude emittieren. Am ersten Beugungsminimum löschen sich die Wellen derjenigen Quellenpaare aus, die voneinander den Abstand von $a/2$ haben, denn die Phasendifferenz zwischen diesen Wellen beträgt 180°.

Nullstellen der Intensität im Beugungsmuster an einem Einfachspalt

$$a \sin \theta = m\lambda \qquad m = 1, 2, 3, \ldots \qquad 33.19$$

Gewöhnlich ist die Lage der ersten Nullstelle der Intensität interessant, da fast die gesamte Lichtenergie im zentralen Beugungsmaximum enthalten ist, das ja von den ersten beiden Nullstellen begrenzt wird.

Abbildung 33.21 zeigt, wie der Abstand y zwischen dem zentralen Maximum und dem ersten Beugungsminimum mit dem Winkel θ und dem Abstand ℓ zwischen Spalt und Schirm verknüpft ist. Dabei gilt

$$\tan \theta = \frac{y}{\ell}.$$

Da der Winkel θ sehr klein ist, gilt $\tan \theta \approx \sin \theta$. Mit (33.17) folgt

$$\sin \theta = \frac{\lambda}{a} \approx \frac{y}{\ell}$$

und daraus

$$y = \frac{\ell \lambda}{a}. \qquad 33.20$$

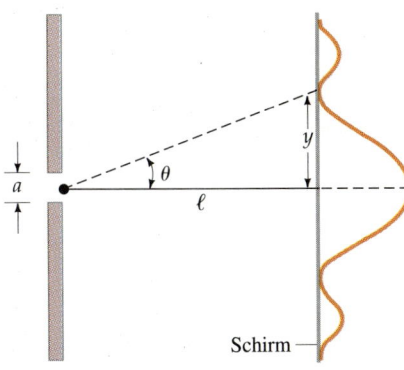

33.21 Der Abstand y zwischen zentralem Maximum und erstem Beugungsminimum ist mit dem Winkel θ und dem Abstand ℓ zwischen Spalt und Schirm verknüpft, wobei gilt $\tan \theta = y/\ell$. Wenn θ klein ist, gilt $\tan \theta \approx \sin \theta$. Damit ist $y = \ell \tan \theta \approx \ell \sin \theta = \ell \lambda / a$.

Beispiel 33.8

Ein Laserstrahl mit der Wellenlänge 700 nm treffe auf einen vertikalen Spalt der Breite 0,2 mm, der 6 m von einem Schirm entfernt sei. Berechnen Sie die Breite des zentralen Beugungsmaximums auf dem Schirm. Diese Breite sei gleich dem Abstand zwischen den ersten beiden Minima links bzw. rechts vom zentralen Maximum.

Die Breite ist gemäß Abbildung 33.21 gleich $2y$. Mit (33.20) erhalten wir

$$y = \frac{\ell \lambda}{a} = \frac{6 \text{ m} \cdot 700 \cdot 10^{-9} \text{ m}}{0{,}0002 \text{ m}} = 2{,}1 \cdot 10^{-2} \text{ m} = 2{,}1 \text{ cm}.$$

Damit ist die Breite des zentralen Maximums $2y = 4{,}2$ cm.

Die Berechnung der Intensitätsverteilung

Mit Hilfe von Zeigerdiagrammen werden wir nun die Intensitätsverteilung im Beugungsmuster von Abbildung 33.19 ermitteln. Der Einfachspalt der Breite a sei in N gleiche Intervalle aufgeteilt, und in der Mitte eines jeden Intervalls nehmen wir eine Punktquelle an (Abbildung 33.22). Der Abstand zweier benachbarter Quellen sei d. Dann ist $d = a/N$. Die von den Punktquellen ausgehenden Strahlen verlaufen annähernd parallel zueinander und treffen in großer Entfernung auf einen Schirm. Dann ist der Gangunterschied der Strahlen von zwei benachbarten Quellen $d \sin \theta$, und ihre Phasendifferenz ist

$$\delta = \frac{2\pi}{\lambda} d \sin \theta.$$

Wenn A_0 die Amplitude einer einzelnen Punktquelle ist, dann ergibt sich die resultierende Amplitude des zentralen Maximums in Vorwärtsrichtung (also für $\theta = 0$) zu $A_{\max} = NA_0$ (siehe Abbildung 33.23). Mit einem Zeigerdiagramm läßt sich die jeweils resultierende Amplitude bei einem beliebigen Winkel θ ermitteln. Wie wir bei der Addition von zwei, drei bzw. vier Wellen gesehen haben

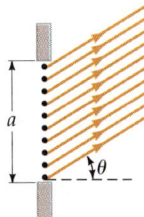

33.22 Für die Berechnung des Beugungsmusters an einem Einfachspalt der Breite a wird dieser als Reihe von vielen Punktquellen betrachtet, die in Phase schwingen und jeweils den Abstand d voneinander haben. Die Strahlen dieser Quellen verlaufen annähernd parallel zu einem Punkt am weit entfernten Schirm. Der Gangunterschied der Strahlen von zwei benachbarten Quellen ist $d \sin \theta$.

33 Interferenz und Beugung

33.23 Ein Einfachspalt wird hier durch N Quellen dargestellt, die jeweils eine Welle (Elementarwelle) mit der Amplitude A_0 des elektrischen Feldes emittieren. Bei $\theta = 0$ sind alle N Wellen in Phase, und die resultierende Amplitude ist $A_{max} = NA_0$.

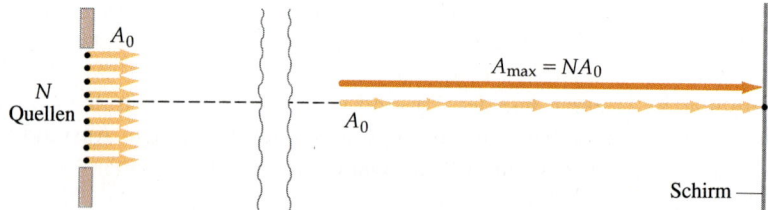

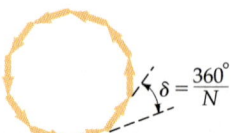

33.24 Das Zeigerdiagramm für die Berechnung des ersten Minimums im Beugungsmuster an einem Einfachspalt. Wenn sich die Wellen der N Punktquellen total auslöschen, bilden die Zeiger ein geschlossenes Vieleck. Die Phasendifferenz zwischen zwei benachbarten Quellen beträgt dabei $\delta = 360°/N$. Wenn die Anzahl N der Quellen groß genug ist, sind die Wellen der ersten und der letzten Quelle annähernd in Phase.

(Abbildungen 33.16 und 33.17), wird die Intensität null, wenn die Zeiger ein geschlossenes Vieleck bilden. Im vorliegenden Fall hat es N Seiten (siehe Abbildung 33.24). Am ersten Minimum sind die beiden Wellen (Elementarwellen) von der obersten Punktquelle und von derjenigen unmittelbar unterhalb der Spaltmitte in Gegenphase. Folglich unterscheiden sich die Phasen der beiden Wellen von der obersten und von der untersten Quelle um nahezu 360°. (Die Phasendifferenz beträgt exakt $360° - 360°/N$.) Bei einer großen Anzahl N von Quellen resultiert totale Auslöschung, wenn die Wellen von der obersten und der untersten Quelle um 360° phasenverschoben sind. Dies entspricht einem Gangunterschied von einer Wellenlänge, in Übereinstimmung mit Gleichung (33.18).

Die Phasendifferenz der Wellen von benachbarten Quellen sei δ. Dann unterscheiden sich die Phasen der Wellen aufeinanderfolgender Quellen von der Phase der ersten Welle um $\delta, 2\delta, \ldots, (N-1)\delta$. In Abbildung 33.25 ist das Zeigerdiagramm für die Addition dieser N Wellen dargestellt. Wenn N sehr groß und δ sehr klein ist, ergibt das Zeigerdiagramm annähernd einen Kreisbogen, und die resultierende Amplitude A ist die Sehne über diesem Kreisbogen, der den Radius r habe. Wir entnehmen der Abbildung 33.25

$$\sin \tfrac{1}{2}\phi = \frac{A/2}{r},$$

wobei ϕ der überstrichene Winkel und damit auch die Phasendifferenz zwischen der obersten und der untersten Welle ist. Es folgt

$$A = 2r \sin \tfrac{1}{2}\phi. \qquad 33.21$$

Da die Länge des Kreisbogens $A_{max} \approx NA_0$ ist, erhalten wir für ϕ:

$$\phi = \frac{A_{max}}{r}. \qquad 33.22$$

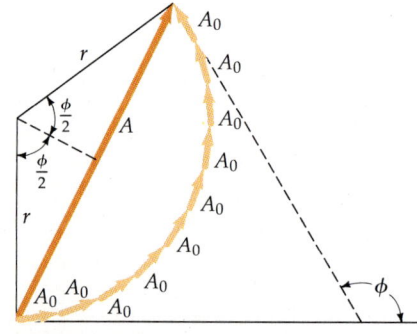

33.25 Das Zeigerdiagramm für die Berechnung der resultierenden Amplitude von N Quellen in Abhängigkeit von der Phasendifferenz ϕ zwischen der ersten Punktquelle im Spalt (unmittelbar unter der oberen Kante) und der letzten Punktquelle (unmittelbar über der unteren Kante des Spalts). Wenn N sehr groß ist, ergibt sich die resultierende Amplitude A als Sehne des Kreisbogens mit der Länge $NA_0 = A_{max}$.

Auflösen nach r und Einsetzen in (33.21) ergibt

$$A = \frac{2A_{max}}{\phi} \sin \tfrac{1}{2}\phi = A_{max} \frac{\sin \tfrac{1}{2}\phi}{\tfrac{1}{2}\phi}.$$

Die Amplitude in der Mitte des zentralen Maximums (bei $\theta = 0$) ist A_{max}. Also ist das Verhältnis der Intensität an irgendeinem Punkt zu derjenigen in der Mitte des zentralen Maximums

$$\frac{I}{I_0} = \frac{A^2}{A_{max}^2} = \left(\frac{\sin \tfrac{1}{2}\phi}{\tfrac{1}{2}\phi}\right)^2.$$

Daher ist

$$I = I_0 \left(\frac{\sin \frac{1}{2}\phi}{\frac{1}{2}\phi} \right)^2 .$$

33.23 *Intensitätsverteilung im Beugungsmuster an einem Einfachspalt*

Die Phasendifferenz ϕ zwischen der obersten und der untersten Welle beträgt $2\pi/\lambda$, multipliziert mit dem Gangunterschied $a \sin \theta$ zwischen diesen beiden Elementarwellen:

$$\phi = \frac{2\pi}{\lambda} a \sin \theta .$$

33.24

Die Gleichungen (33.23) und (33.24) beschreiben die Intensitätsverteilung von Abbildung 33.19. Das erste Minimum liegt bei dem Winkel θ, für den gilt $a \sin \theta = \lambda$. Hier haben die Welle von der obersten Quelle und diejenige von der untersten Quelle im Spalt den Gangunterschied λ, sie sind also in Phase. Beim zweiten Minimum ist $a \sin \theta = 2\lambda$. Hier haben die beiden Wellen den Gangunterschied 2λ.

Ein Nebenmaximum entsteht annähernd in der Mitte zwischen dem ersten und dem zweiten Minimum, also etwa bei $a \sin \theta \approx \frac{3}{2} \lambda$. In Abbildung 33.26 ist das Zeigerdiagramm für die Bestimmung der Intensität dieses Maximums wiedergegeben. Die Phasendifferenz zwischen der ersten und der letzten Quelle beträgt etwa 360° + 180°, d.h., die Zeiger bilden eineinhalb Kreise. Die resultierende Amplitude A entspricht dabei dem Durchmesser eines Kreises, dessen Umfang U zwei Drittel der Gesamtlänge A_{max} beträgt: $U = \frac{2}{3} A_{max}$. Folglich ergibt sich für den Durchmesser und damit für die Amplitude

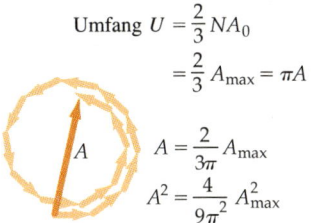

33.26 Das Zeigerdiagramm für die Berechnung des ersten Nebenmaximums im Beugungsmuster am Einfachspalt. Dieses Nebenmaximum erscheint etwa in der Mitte zwischen dem ersten und dem zweiten Minimum, wobei die N Zeiger eineinhalb Kreise bilden.

$$A = \frac{U}{\pi} = \frac{\frac{2}{3} A_{max}}{\pi} = \frac{2}{3\pi} A_{max} .$$

Das Amplitudenquadrat ist daher

$$A^2 = \frac{4}{9\pi^2} A_{max}^2 ,$$

und für die Intensität am betreffenden Punkt auf dem Schirm gilt

$$I = \frac{4}{9\pi^2} I_0 = \frac{1}{22{,}2} I_0 .$$

33.25

Frage

6. Wie verändert sich das Beugungsmuster an einem Einfachspalt, wenn dessen Breite kontinuierlich verringert wird?

33.8 Interferenz- und Beugungsmuster beim Doppelspalt

Liegen zwei oder mehrere Spalte vor, so ergibt sich auf einem weit entfernten Schirm ein Beugungsmuster, das als Kombination von Einzelspalt-Beugungsmuster und Mehrfachspalt-Interferenzmuster zu beschreiben ist. Abbildung 33.27 zeigt die Intensitätsverteilung bei einem Doppelspalt, dessen Spaltenabstand d zehnmal so groß wie die Breite a jedes Einzelspalts ist. Das Bild entspricht dem beim Doppelspalt mit sehr engen Spalten (Abbildung 33.9), ist jedoch mit dem Einzelspalt-Beugungsmuster (Abbildung 33.19) moduliert. Das bedeutet, die von jedem einzelnen Spalt herrührende Intensität am Schirm nimmt mit zunehmendem Winkel ab. Wir können die Intensitätsverteilung beim Doppelspalt mit Hilfe von Gleichung (33.11) berechnen, wenn wir die Intensität I_0 von jedem einzelnen Spalt durch die Intensität I nach Gleichung (33.23) beim Einzelspalt ersetzen. Die Intensitätsverteilung bei der Beugung am Doppelspalt ist damit

Intensitätsverteilung des Interferenz- und Beugungsmusters beim Doppelspalt

$$I = 4I_0 \left(\frac{\sin \frac{1}{2}\phi}{\frac{1}{2}\phi} \right)^2 \cos^2 \frac{1}{2}\delta \, . \qquad 33.26$$

Darin ist ϕ die Phasendifferenz zwischen den Strahlen von der oberen und denen von der unteren Kante jedes einzelnen Spalts. Sie hängt von der Spaltbreite a ab:

$$\phi = \frac{2\pi}{\lambda} a \sin \theta \, .$$

Die Größe δ ist die Phasendifferenz der Strahlen, die von den Mittelpunkten beider Spalte herkommen. Sie hängt vom gegenseitigen Abstand d der Spalte ab:

$$\delta = \frac{2\pi}{\lambda} d \sin \theta \, .$$

In Gleichung (33.26) ist I_0 die Intensität, die von einem einzigen Spalt für $\theta = 0$ herrührt. Beachten Sie, daß das zentrale Beugungsmaximum von Abbildung

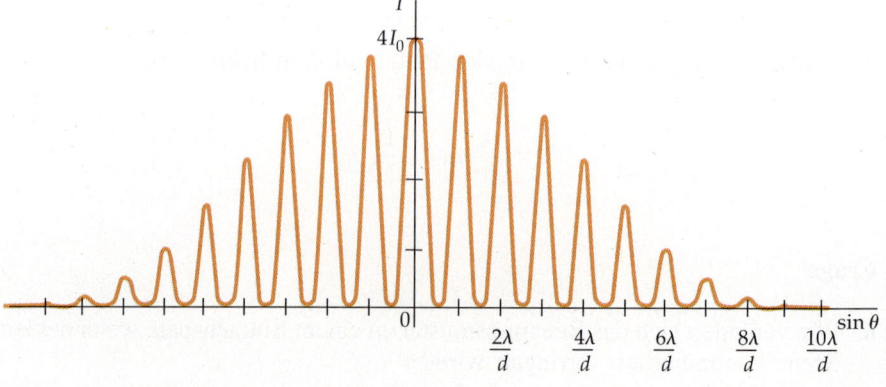

33.27 Die Intensitätsverteilung bei der Beugung am Doppelspalt. Der Abstand d der Spalte ist hier 10mal größer als die Breite a jedes einzelnen Spalts. Die gesamte Kurve gibt das zentrale Beugungsmaximum wieder, in dem sich mehrere Interferenzmaxima und -minima befinden. Das zehnte Interferenzmaximum auf jeder Seite des zentralen Maximums fehlt hier, weil es gerade in das erste Beugungsminimum bei $10\lambda/d = \lambda/a$ fällt (vgl. Abbildung 33.19).

33.27 insgesamt 19 Interferenzmaxima enthält, nämlich das zentrale Interferenzmaximum und neun Interferenzmaxima auf jeder Seite. Das zehnte Interferenzmaximum auf jeder Seite liegt bei einem Winkel θ, für den $\sin\theta = 10\,\lambda/d = \lambda/a$ gilt. Wegen $d = 10\,a$ liegt aber an dieser Stelle das erste Beugungsminimum, so daß dieses Interferenzmaximum nicht erscheint: An diesen Punkten wären zwar die von beiden Spalten ausgehenden Wellen in Phase, aber für jeden einzelnen Spalt tritt bei $\sin\theta = \lambda/a$ Auslöschung auf (Beugungsminimum), wie in Abbildung 33.19b gezeigt.

Beispiel 33.9

Zwei Spalte der Breite $a = 0{,}015$ mm haben voneinander den Abstand $d = 0{,}06$ mm und werden mit monochromatischem Licht der Wellenlänge $\lambda = 650$ nm beleuchtet. Wie viele helle Streifen lassen sich im zentralen Beugungsmaximum beobachten?

Die Anzahl der hellen Streifen (nicht aber die Winkel, bei denen sie auftreten) im zentralen Beugungsmaximum hängt nicht von der Wellenlänge des Lichts ab, sondern nur vom Verhältnis des Spaltabstands zur Spaltbreite. Dieses ist hier

$$\frac{d}{a} = \frac{0{,}06 \text{ mm}}{0{,}015 \text{ mm}} = 4\,.$$

Das erste Beugungsminimum liegt bei einem Winkel θ, für den gilt

$$\sin\theta = \lambda/a\,.$$

Mit $a = d/4$ ergibt sich daraus

$$\sin\theta = 4\lambda/d\,.$$

Damit fällt das vierte Interferenzmaximum mit dem ersten Beugungsminimum zusammen. Es entstehen also auf jeder Seite des zentralen Maximums drei Interferenzmaxima. Mit dem zentralen Maximum sind insgesamt sieben helle Streifen im zentralen Beugungsmaximum zu beobachten.

Frage

7. Wie viele Interferenzmaxima enthält das zentrale Beugungsmaximum eines Doppelspalt-Beugungsmusters, wenn der Spaltenabstand fünfmal so groß wie die Spaltbreite ist? Wie viele Streifen ergeben sich allgemein, d.h. für $d = Na$?

33.9 Fraunhofersche und Fresnelsche Beugung

Bei der Herleitung der Gleichung (33.23) für das Beugungsmuster beim Einzelspalt wurden folgende Annahmen gemacht:

1. Ebene Wellen fallen so auf den Spalt, daß ihre Strahlen senkrecht auf ihn treffen (die Strahlen sind also parallel zueinander). Damit sind die Amplituden und die Phasen der nach dem Huygensschen Prinzip emittierten Wellen gleich.

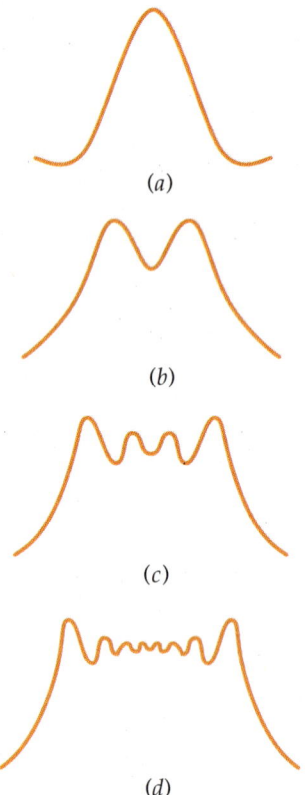

33.28 Die Beugungsmuster an einem Einzelspalt bei verschiedenen Schirmabständen. Bringt man den Schirm näher an den Spalt, so wird das Fraunhofer-Beugungsmuster a) bei weit entferntem Schirm allmählich zum Fresnel-Beugungsmuster, b) wobei der Schirm nahe am Spalt steht.

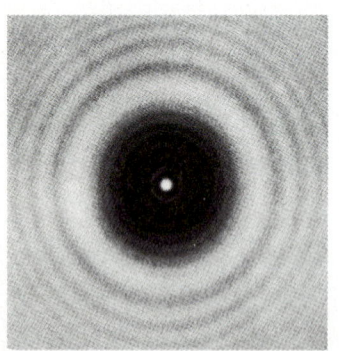

33.29 Das Fresnel-Beugungsmuster an einer undurchsichtigen Scheibe. Im Mittelpunkt des Schattens interferieren die am Rand der Scheibe gebeugten Wellen konstruktiv, und es entsteht der sogenannte *Poissonsche Fleck*. (Aus M. Cagnet, M. Françon, J. C. Thierr: *Atlas optischer Erscheinungen*, Springer-Verlag, Berlin-Heidelberg-New York 1962)

2. Das Beugungsbild wird auf einem weit entfernten Schirm beobachtet, d.h., der Abstand des Schirms vom Spalt ist groß gegenüber der Spaltbreite. Das bedeutet: Die von den Punktquellen ausgehenden Strahlen treffen annähernd parallel zueinander auf dem Schirm auf.

Wenn diese Bedingungen erfüllt sind, spricht man von der **Fraunhoferschen Beugung** (siehe Abbildung 33.19 mit der Intensitätsverteilung beim Einzelspalt). Fraunhofersche Beugungsbilder entstehen also stets in großem Abstand vom Hindernis bzw. von der beugenden Öffnung, wobei die Strahlen annähernd parallel zum Beobachtungsort verlaufen. Die Fraunhofersche Beugung kann auch beobachtet werden, wenn man die parallelen Strahlen mit Hilfe einer Linse auf einen Schirm fokussiert, der sich in der Brennebene der Linse befindet. Wenn der Spalt viele Wellenlängen breit ist, so tritt kein Fraunhofer-Beugungsbild auf, weil der Winkel des ersten Minimums zu klein ist. Ist beispielsweise die Spaltbreite $a = 1000\,\lambda$, dann erscheint das erste Minimum unter einem Winkel θ gegen die Achse, für den $\sin\theta = 1/1000 \approx \theta$ gilt. Dieser kleine Winkel unterscheidet sich kaum von dem Winkel der Strahlen, die von der oberen bzw. von der unteren Kante des Spalts zum zentralen Maximum verlaufen. (In unserer Ableitung haben wir diese Strahlen als parallel angenommen.)

Wenn das Beugungsmuster in geringem Abstand vom Hindernis bzw. von der Öffnung beobachtet wird, spricht man von der **Fresnelschen Beugung**. Dieses Beugungsmuster ist wesentlich komplizierter zu beschreiben als das der Fraunhoferschen Beugung. Abbildung 33.28 verdeutlicht den Übergang von der Fresnelschen zur Fraunhoferschen Beugung bei der Annäherung des Beobachtungsortes an den Spalt.

Abbildung 33.29 zeigt das Fresnel-Beugungsmuster an einer undurchsichtigen runden Scheibe, die von einer Lichtquelle auf ihrer Achse beleuchtet wird. Der helle Fleck im Mittelpunkt entsteht durch konstruktive Interferenz der Lichtwellen, die am Rand der Scheibe gebeugt werden. Dieses Beugungsmuster war zu Beginn des 19. Jahrhunderts Gegenstand einer heftigen Kontroverse zwischen Augustin Fresnel und Denis Poisson. Letzterer versuchte Fresnels Wellentheorie des Lichtes zu widerlegen; er wandte die Theorie auf das vorliegende Muster an und betrachtete die Vorhersage eines hellen Flecks im Mittelpunkt des Schattens als absoluten Widerspruch zu den Tatsachen. Jedoch konnte Fresnel bald den experimentellen Gegenbeweis führen, daß dieser Fleck tatsächlich existiert. Dies überzeugte viele Zweifler von der Richtigkeit der Wellentheorie des Lichts.

Abbildung 33.30 zeigt das Fresnel-Beugungsmuster, das an einer geradlinigen, scharfen Kante entsteht, die mit Licht aus einer Punktquelle beleuchtet wird. Die Lichtintensität (siehe Abbildung 33.30b) geht im geometrischen Schatten nicht abrupt auf null, nimmt aber schnell ab und wird schon im Abstand einiger Wellenlängen von der Kante vernachlässigbar klein. Ein solches Fresnel-Beugungsmuster läßt sich nicht beobachten, wenn man beispielsweise eine normale Glühlampe als Lichtquelle verwendet; denn diese ist nicht punktförmig, so daß die dunklen Beugungsstreifen, die von einem Teil der Lichtquelle herrühren, von den hellen Streifen überdeckt werden, die von einem anderen Teil der Lichtquelle stammen.

33.10 Beugung und Auflösung

Abbildung 33.31 zeigt das Fraunhofer-Beugungsmuster an einer kreisförmigen Öffnung. Dieses Muster ist von großer Bedeutung für das Auflösungsvermögen der optischen Instrumente. Der Winkel θ, bei dem das erste Beugungs-

33.10 Beugung und Auflösung

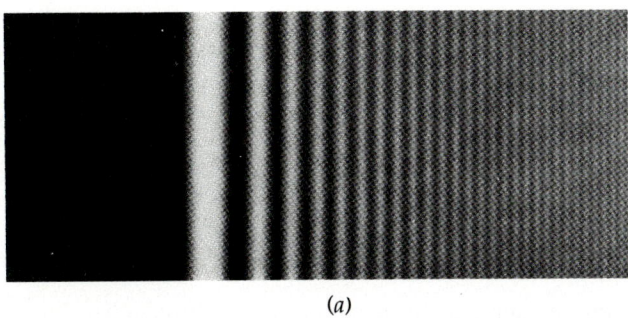

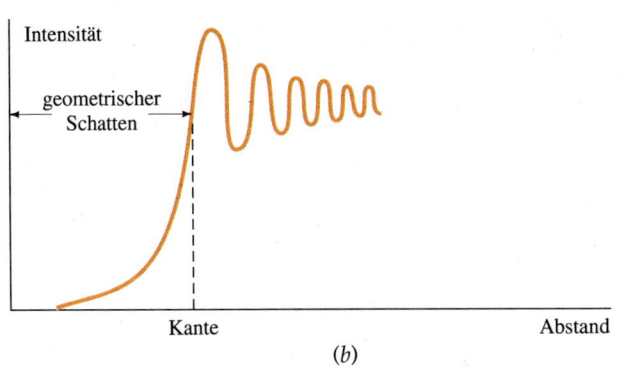

33.30 a) Das Fresnel-Beugungsmuster der Beugung an einer scharfen Kante. (Aus M. Cagnet, M. Françon, J. C. Thierr: *Atlas optischer Erscheinungen*, Springer-Verlag, Berlin-Heidelberg-New York 1962.) b) Die Intensität als Funktion des Abstands entlang einer Geraden senkrecht zur Kante.

minimum auftritt, hängt mit der Wellenlänge λ und dem Durchmesser d der Öffnung folgendermaßen zusammen:

$$\sin\theta = 1{,}22\frac{\lambda}{d}. \qquad 33.27$$

Diese Beziehung ähnelt der Gleichung (33.17). Der Faktor 1,22 rührt von der kreisförmigen Form der beugenden Öffnung her, wie hier nicht gezeigt werden kann. In vielen praktischen Fällen ist der Winkel θ sehr klein, so daß $\sin\theta \approx \theta$ gesetzt werden kann. Das erste Beugungsminimum entsteht daher bei dem Winkel

$$\theta \approx 1{,}22\frac{\lambda}{d}. \qquad 33.28$$

In Abbildung 33.32 strahlen zwei Punktquellen durch eine von ihnen weit entfernte kreisförmige Öffnung. Diese hat ihrerseits einen großen Abstand vom Schirm. In der Abbildung ist auch die Intensitätsverteilung im Fraunhofer-Beugungsmuster eingezeichnet. Wenn der Winkel α, unter dem die beiden Quel-

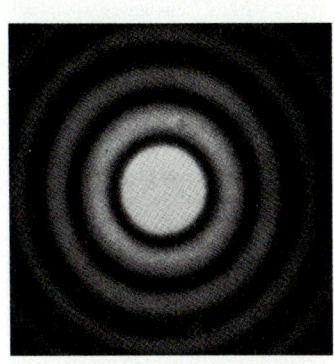

33.31 Fraunhofer-Beugungsmuster der Beugung an einer kreisförmigen Öffnung. (Aus M. Cagnet, M. Françon, J. C. Thierr: *Atlas optischer Erscheinungen*, Springer-Verlag, Berlin-Heidelberg-New York 1962)

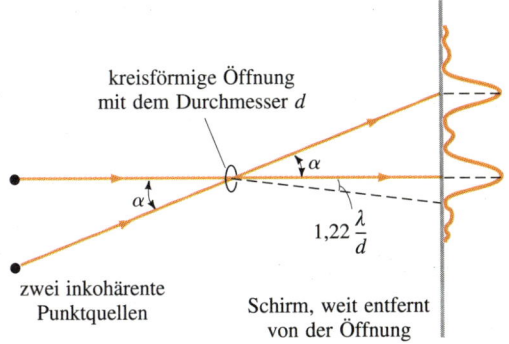

33.32 Zwei Quellen erscheinen am Beobachtungsort (dem Schirm) unter einem Winkel α. Wenn α größer als $1{,}22\,\lambda/d$ ist (dabei ist λ die Wellenlänge des Lichts und d der Durchmesser der Öffnung), dann überlappen sich die beiden Beugungsbilder der Quellen wenig, d. h., diese sind getrennt wahrzunehmen. Wenn α nicht deutlich größer als $1{,}22\,\lambda/d$ ist, so macht es die Überlappung der beiden Beugungsbilder schwer, die beiden Quellen getrennt zu erkennen.

33 Interferenz und Beugung

len erscheinen, deutlich größer als $1{,}22\,\lambda/d$ ist, dann lassen sich die zwei Quellen unterscheiden. Wird α verringert, so wird die Überlappung der Beugungsmuster stärker, und es wird immer schwieriger und schließlich unmöglich, beide Quellen getrennt zu erkennen. Bei dem sogenannten kritischen Winkel α_k

$$\alpha_k = 1{,}22\,\frac{\lambda}{d} \qquad 33.29$$

sind die beiden Quellen gerade noch getrennt wahrnehmbar. Diese Bedingung nennt man **Rayleighsches Kriterium der Auflösung**. Beim Winkel α_k fällt das erste Beugungsminimum der einen Quelle mit dem zentralen Maximum der anderen Quelle zusammen. Abbildung 33.33 zeigt das Beugungsmuster zweier Quellen, die in einem Fall (a) ohne weiteres getrennt wahrzunehmen sind, während im anderen Fall (b) die Grenze der Auflösbarkeit erreicht ist.

Die Gleichung (33.29) hat sehr große praktische Bedeutung; denn sie gibt das Auflösungsvermögen eines optischen Instruments an, beispielsweise eines Mikroskops oder eines Teleskops. Unter dem **Auflösungsvermögen** versteht man die Fähigkeit eines Gerätes (oder auch des Auges), zwei unter einem kleinen Winkel erscheinende Gegenstände oder Lichtquellen getrennt abzubilden oder wahrzunehmen. Wegen der Beugung kann ein Punkt niemals als exakter Punkt abgebildet werden, sondern es ergibt sich immer eine Beugungsscheibe. Mit anderen Worten: Ist der Winkel, unter dem zwei Punktquellen betrachtet werden, sehr klein, so überlappen sich deren Beugungsscheiben, und man kann die Punktquellen nicht mehr getrennt sehen (vgl. Abbildung 33.33 b). Um das Auflösungsvermögen zu erhöhen, kann man gemäß (33.29) den Durchmesser d der Eintrittsöffnung (Linse oder Spiegel) vergrößern und/oder Licht kleinerer Wellenlänge verwenden. Die Objektive astronomischer Teleskope sind meist als sehr große Spiegel ausgeführt (vgl. Kapitel 32), damit eine hohe Lichtstärke erzielt wird; gleichzeitig aber ermöglicht der große Durchmesser auch ein hohes Auflösungsvermögen. In den sogenannten *Immersions-Mikroskopen* wird zum Erzielen einer besseren Auflösung der Raum zwischen Gegenstand und Objektiv mit einem transparenten Öl gefüllt, das eine hohe Brechzahl hat (beispielsweise $n = 1{,}55$). Damit ist die Wellenlänge des in das Objektiv eintretenden Lichts deutlich kleiner als in Luft; denn es gilt $\lambda' = \lambda/n$. Um das Auflösungsvermögen noch weiter zu erhöhen, kann man zusätzlich mit ultraviolettem Licht arbeiten (das eine sehr kleine Wellenlänge hat), das aber auf photographischen Filmen aufgenommen werden muß, da es für das menschliche Auge nicht sichtbar ist. Allerdings müssen dann im Mikroskop Linsen aus Quarz oder bestimmten Kunststoffen eingesetzt werden, weil normales Glas für Ultraviolettstrahlung undurchlässig ist. In Kapitel 35 wird erläutert, daß auch subatomare Teilchen (beispielsweise Elektronen) Welleneigenschaften aufweisen, also Interferenz und Beugung zeigen. Weil die Wellenlänge der Elektronen umgekehrt proportional zu ihrer kinetischen Energie ist, kann durch Wahl der Beschleunigungsspannung die Wellenlänge in einem großen Bereich beliebig eingestellt werden. Da die Wellenlänge der Elektronen um mehrere Größenordnungen kleiner als die des sichtbaren Lichts ist, haben die *Elektronenmikroskope* ein sehr hohes Auflösungsvermögen.

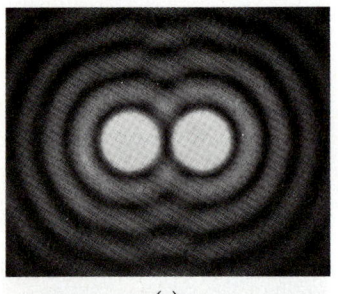

(a)

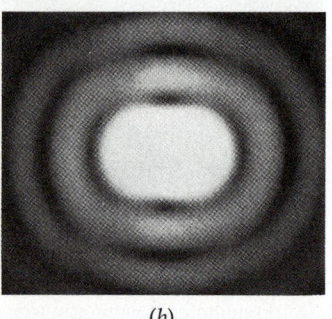

(b)

33.33 Beugungsbilder der Beugung des Lichtes zweier inkohärenter Punktquellen an einer kreisförmigen Öffnung. a) Der Winkel α ist deutlich größer als $1{,}22\,\lambda/d$. b) Hier ist $\alpha = \alpha_k = 1{,}22\,\lambda/d$, d. h., die Grenze der Auflösung ist erreicht. (Teilbilder a und b: aus M. Cagnet, M. Françon, J. C. Thierr: *Atlas optischer Erscheinungen*, Springer-Verlag, Berlin-Heidelberg-New York 1962)

Beispiel 33.10

Wie groß ist der kritische Winkel α_k, unter dem das menschliche Auge zwei Gegenstände noch getrennt wahrnehmen kann? Wie groß ist der Abstand zwischen ihnen, wenn sie 100 m weit entfernt sind? Rechnen Sie mit einem Pupillendurchmesser von 5 mm und einer Lichtwellenlänge von 600 nm.

Mit $d = 5$ mm und $\lambda = 600$ nm erhalten wir aus Gleichung (33.29) den kritischen Winkel der Auflösung zu

$$\alpha_k = 1{,}22 \frac{6 \cdot 10^{-7} \text{ m}}{5 \cdot 10^{-3} \text{ m}} = 1{,}46 \cdot 10^{-4} \text{ rad} .$$

Wenn die Gegenstände voneinander den Abstand y haben und 100 m vom Betrachter entfernt sind, so werden sie im Auge gerade noch getrennt, wenn $\tan \alpha_k = y/(100 \text{ m})$. Damit ist ihr minimaler Abstand

$$y = 100 \text{ m} \cdot \tan \alpha_k \approx 100 \text{ m} \cdot \alpha_k = 1{,}46 \cdot 10^{-2} \text{ m} = 1{,}46 \text{ cm} .$$

Darin haben wir wegen des kleinen Winkels die Näherung $\tan \alpha_k \approx \alpha_k$ angesetzt.

Es ist ganz lehrreich, das durch die Beugung an der Augenlinse bestimmte Auflösungsvermögen (siehe Beispiel 33.10) mit der Begrenzung zu vergleichen, die durch den Abstand der Rezeptoren (Stäbchen und Zäpfchen) auf der Netzhaut gegeben ist. Wie in Kapitel 32 erläutert (siehe dort Aufgabe 7), werden zwei Gegenstände oder Lichtquellen dann noch getrennt wahrgenommen, wenn ihre Bilder auf zwei nicht benachbarte Zäpfchen fallen. Da die Netzhautmitte 2,5 cm von der Augenlinse entfernt ist, ergibt sich mit $\alpha_k = 1{,}46 \cdot 10^{-4}$ rad der Abstand y der Bildpunkte aus der Beziehung

$$\alpha_k = 1{,}46 \cdot 10^{-4} \text{ rad} = \frac{y}{2{,}5 \text{ cm}} .$$

Damit ist

$$y = 3{,}8 \cdot 10^{-4} \text{ cm} = 3{,}8 \cdot 10^{-6} \text{ m} = 3{,}8 \text{ μm} \approx 4 \text{ μm} .$$

In der Mitte der Netzhaut liegt der Bereich des schärfsten Sehens (die sogenannte *Fovea centralis*); denn hier liegen die Zäpfchen am dichtesten beieinander, wobei ihr mittlerer Abstand etwa 1 μm beträgt. Außerhalb dieses Bereichs liegt er zwischen 3 μm und 5 μm. Wir sehen also: Die Unterteilung der Netzhaut ist im Mittel so weit getrieben, daß das vom Durchmesser der Linse bestimmte Auflösungsvermögen des Auges bei sichtbarem Licht gerade ausgenutzt wird.

Übung

Zwei Gegenstände haben einen Abstand von 4 cm. Aus welcher Entfernung kann man sie mit dem bloßen Auge noch getrennt wahrnehmen? Rechnen Sie mit der Lichtwellenlänge 600 nm und dem Pupillendurchmesser 5 mm. (Antwort: 274 m)

33.11 Beugungsgitter

Eine gebräuchliche Einrichtung zum Messen von Lichtwellenlängen ist das **Beugungsgitter**. Es besteht aus einer großen Zahl von äquidistanten Linien, die maschinell in eine ebene Oberfläche (z.B. eine Glas- oder Kunststoffplatte) geritzt wurden. Die Stege zwischen den Linien wirken dabei als enge, dicht beieinanderliegende Spalte, an denen das Licht gebeugt wird. Den Abstand der

Mikroskopische Aufnahme der auf einem Beugungsgitter eingeritzten Linien. (Mit freundlicher Genehmigung der Holotek Ltd., Rochester, NY, U.S.A.)

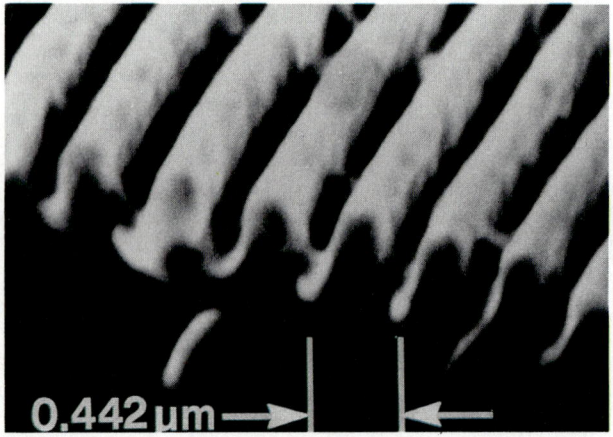

Spalte bezeichnet man als **Gitterkonstante** g. Meist werden die Gitter nicht transparent, sondern als Reflexionsgitter ausgeführt, bei denen das Licht von den Stegen zwischen den eingeritzten Linien reflektiert wird. Die Beugungsgitter haben meist 10000 (oder noch mehr) Spalte pro Zentimeter. Die Gitterkonstante g beträgt in diesem Fall $g = (1\ \text{cm})/10000 = 10^{-4}$ cm.

Abbildung 33.34 zeigt eine ebene Lichtwelle, deren Strahlen senkrecht auf ein transparentes Gitter fallen. Wir nehmen an, daß die Breite jedes Spalts sehr klein ist, so daß er ein ausgedehntes Beugungsmuster erzeugt. Dann entsteht auf einem weit entfernten Schirm ein Beugungsmuster wie von einer großen Zahl äquidistanter Lichtquellen. Die Interferenz-Hauptmaxima liegen bei Winkeln θ, die gegeben sind durch

$$g \sin \theta = m\lambda \qquad m = 0, 1, 2, \ldots \qquad 33.30$$

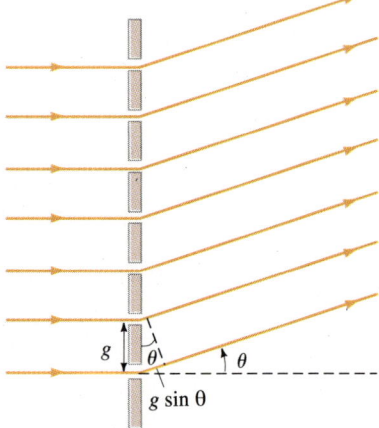

33.34 Licht fällt senkrecht auf ein Beugungsgitter. Beim Winkel θ beträgt der Gangunterschied zweier Strahlen von benachbarten Spalten $g \sin \theta$.

Die Zahl m ist die **Ordnung** des betreffenden Interferenz-Hauptmaximums. Die Lage der Maxima hängt nicht von der Anzahl der Spalte bzw. Linien ab. Aber je mehr Spalte vorliegen, desto schmaler und intensiver werden die Maxima (siehe Abbildung 33.18). Optische Gitter werden in den sogenannten *Spektroskopen* eingesetzt, mit denen die Wellenlängenverteilung des eintreffenden Lichts untersucht werden kann. Die Funktionsweise eines Spektroskops ist folgende: Das Licht passiert einen Eingangsspalt, der in der Brennebene einer Linse liegt, so daß es diese parallel verläßt. Von dort gelangt das Licht zum Gitter. Die von diesem parallel ausgehenden Lichtstrahlen fallen nun nicht auf einen weit entfernten Schirm, sondern werden durch ein Teleskop fokussiert, und die Intensitätsverteilung kann direkt betrachtet oder photographisch bzw. photometrisch registriert werden. Das Teleskop ist auf einer drehbaren Platte gelagert, an der der Winkel θ abgelesen werden kann. In der Vorwärtsrichtung ($\theta = 0$) liegt das Intensitätsmaximum für alle Wellenlängen. Wenn die Lichtquelle nur Strahlung einer einzigen Wellenlänge (sogenannte monochromatische Strahlung) emittiert, ist gemäß Gleichung (33.30) das zugehörige Interferenzmaximum für $m = 1$ bei einem bestimmten Winkel θ zu beobachten. Man spricht hier von einer **Spektrallinie**. Die Menge der Linien, die zu $m = 1$ gehören, nennt man **Spektrum 1. Ordnung**. Entsprechend ist das **Spektrum 2. Ordnung** der Zahl $m = 2$ zugeordnet. Spektren höherer Ordnung sind zu beobachten, wenn der durch (33.30) gegebene Winkel θ kleiner als 90° ist. Bei polychromatischem Licht können sich je nach Wellenlänge und Gitterkonstante die Spektren der verschiedenen Ordnungen überschneiden. So kann beispielsweise die Spektrallinie 3. Ordnung einer bestimmten Wellenlänge bei einem kleineren Winkel auftreten als eine Linie 2. Ordnung einer anderen Wellenlänge. Wenn die Gitterkonstante bekannt ist, kann die Wellenlänge der jeweiligen Linie aus dem gemessenen Winkel θ errechnet werden.

Beispiel 33.11

Licht von einer Natriumdampflampe falle auf ein Beugungsgitter mit 10000 Linien pro Zentimeter. Bei welchen Winkeln erscheinen in 1. Ordnung die beiden gelben Spektrallinien mit den Wellenlängen 589,00 nm und 589,59 nm (vgl. Abschnitt 37.7)?

Für die 1. Ordnung ist $m = 1$. Mit $g = 10^{-4}$ cm $= 10^{-6}$ m und $\lambda = 589 \cdot 10^{-9}$ m ergibt sich nach Gleichung (33.30)

$$\sin \theta = \frac{\lambda}{g} = \frac{589 \cdot 10^{-9}\text{ m}}{10^{-6}\text{ m}} = 0{,}589\,.$$

Also ist der Winkel $\theta = 36{,}09°$. Für $\lambda = 589{,}59$ nm ist entsprechend $\sin \theta = 0{,}58959$ und damit $\theta = 36{,}13°$.

Ein wesentliches Merkmal eines Beugungsgitters ist, wie gut es nahe beieinanderliegende Spektrallinien aufzulösen vermag (zum Zustandekommen der Spektrallinien siehe Kapitel 37 und 38). Zwei Spektrallinien sind mit Hilfe eines Gitters zu trennen, wenn sich ihre Interferenzmaxima nicht überlappen. Nach dem Rayleigh-Kriterium muß also die Winkeldifferenz ihrer Interferenzmaxima größer sein als die Winkeldifferenz zwischen einem Interferenzmaximum und dem ersten Interferenzminimum neben diesem. Das **Auflösungsvermögen** eines Beugungsgitters ist definiert als der Quotient $\lambda/|\Delta\lambda|$, wobei $|\Delta\lambda|$ die kleinste noch trennbare Wellenlängendifferenz zweier Linien ist, die beide nahe bei der Wellenlänge λ liegen. Das Auflösungsvermögen ist proportional zur gesamten Anzahl der beleuchteten Spalte des Gitters; denn je mehr Spalte beleuchtet werden, desto schärfer sind die Interferenzmaxima ausgebildet (vgl. Abbildung 33.18). Wie in Aufgabe 50 hergeleitet wird, ist das Auflösunsvermögen

$$A = \frac{\lambda}{|\Delta\lambda|} = mN\,. \qquad 33.31$$

Darin ist N die Anzahl der beleuchteten Spalte, und m ist die Ordnung. Wenn beispielsweise die beiden Natriumlinien bei 589,00 nm und 589,59 nm getrennt werden sollen, muß das Auflösunsvermögen mindestens

$$A = \frac{589{,}00\text{ nm}}{(589{,}59 - 589{,}00)\text{ nm}} = 998$$

betragen. Das verwendete Gitter muß daher im beleuchteten Bereich 1000 Spalte aufweisen, damit die Na-Doppellinie in der 1. Ordnung ($m = 1$) aufgelöst wird.

Hologramme

Eine interessante Anwendung der Beugungsgitter ist die Erzeugung von dreidimensionalen Photographien, die man als **Hologramme** bezeichnet. Bei der gewöhnlichen Photographie wird das vom Gegenstand reflektierte Licht auf den Film abgebildet, der die resultierende Intensitätsverteilung registriert; somit entsteht ein zweidimensionales Bild. Beim Erzeugen eines Hologramms (Abbildung 33.35) wird ein Laserstrahl in zwei Strahlen aufgeteilt, den Referenzstrahl

33.35 a) Die Erzeugung eines Hologramms. Das vom Referenzstrahl und vom Gegenstandsstrahl erzeugte Interferenzmuster wird auf einem photographischen Film aufgezeichnet. b) Wenn der Film entwickelt und dann mit kohärentem Laserlicht beleuchtet wird, läßt sich ein dreidimensionales Bild beobachten. Hologramme, wie sie beispielsweise auf Kreditkarten angebracht sind, werden als Regenbogen-Hologramme bezeichnet; sie sind komplizierter aufgebaut: Ein horizontaler Streifen des ursprünglichen Hologramms wird verwendet, um ein zweites Hologramm aufzunehmen. Der Betrachter kann ein dreidimensionales Bild des Gegenstandes sehen, wenn er seine Augen vor dem Hologramm hin und her bewegt. Wird dabei (wie es normalerweise der Fall ist) weißes Licht zur Beleuchtung verwendet, so ändert das Hologramm seine Farbe, wenn der Betrachter seinen Abstand (senkrecht) zum Hologramm ändert. Bei Verwendung von Laserlicht verschwindet das Bild, wenn das Auge des Betrachters sich oberhalb oder unterhalb des Bildes vom Streifen befindet.

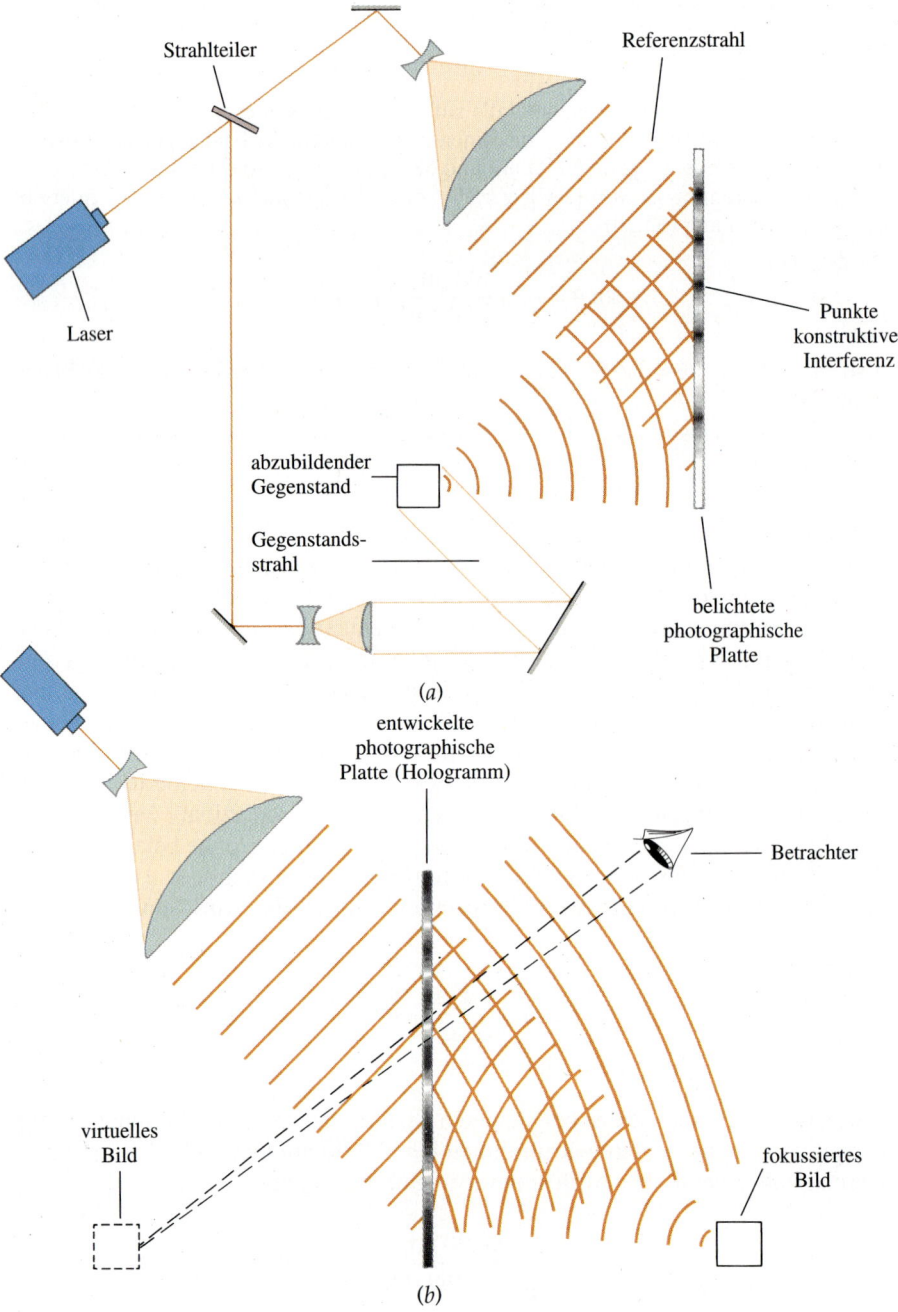

und den Gegenstandsstrahl. Dieser wird vom aufzunehmenden Gegenstand reflektiert und interferiert danach mit dem Referenzstrahl. Das entstehende Interferenzmuster wird schließlich auf einem photographischen Film aufgezeichnet. Dabei ist entscheidend, daß durch die Kohärenz des Laserstrahls die Phasendifferenz zwischen Referenz- und Gegenstandsstrahl zeitlich konstant ist. Nach der Entwicklung des Films bestrahlt man diesen mit Laserlicht; die Streifen des Interferenzmusters wirken nun als Beugungsgitter, und es entsteht ein dreidimensionales Bild des Gegenstands.

Zusammenfassung

1. Zwei Lichtstrahlen gleicher Wellenlänge λ interferieren konstruktiv, wenn ihre Phasendifferenz null oder ein ganzzahliges Vielfaches von 360° (bzw. Gangunterschied λ) beträgt. Sie interferieren destruktiv, wenn ihre Phasendifferenz ein ungeradzahliges Vielfaches von 180° (bzw. Gangunterschied $\lambda/2$) beträgt. Eine Phasendifferenz δ kann durch einen Weg- oder Gangunterschied Δr zustande kommen. Dabei gilt folgender Zusammenhang:

$$\delta = \frac{\Delta r}{\lambda} 2\pi = \frac{\Delta r}{\lambda} 360° .$$

   Ein Phasensprung um 180° tritt bei der Reflexion an der Grenzfläche zu einem optisch dichteren Medium auf, beispielsweise wenn sich das Licht in Luft ausbreitet und an Glas reflektiert wird.

2. Die Interferenz von Lichtwellen, die an der vorderen und an der hinteren Grenzfläche einer dünnen Schicht aus einem Medium mit abweichender optischer Dichte reflektiert werden, führt zu farbigen Zonen (Streifen oder Ringen), die beispielsweise an Seifenblasen oder an Ölfilmen auf Wasser zu beobachten sind. Die Phasendifferenz ergibt sich durch den Wegunterschied (etwa gleich der doppelten Schichtdicke) des an der Rückseite der Schicht reflektierten Strahls gegenüber dem an der ersten Grenzfläche reflektierten Strahl. Zum gesamten Gangunterschied tragen auch die Wellenlängenunterschiede in den verschiedenen Medien sowie die bei den Reflexionen gegebenenfalls auftretenden Phasensprünge bei.

3. Im Michelson-Interferometer wird die Interferenz ausgenutzt, um sehr kleine Abstände (in der Größenordnung der Lichtwellenlänge), kleine Unterschiede von Brechzahlen (etwa bei Gasen) oder auch sehr kleine Winkel zu messen.

4. Gehen Lichtstrahlen von zwei engen Spalten aus, die den Abstand d voneinander haben, so ist bei einem Winkel θ zur Normalen auf der Spaltebene ihr Gangunterschied gleich $d \sin \theta$. Beträgt der Gangunterschied ein ganzzahliges Vielfaches der Wellenlänge, dann resultiert auf einem weit entfernten Schirm konstruktive Interferenz, und die Intensität ist hier maximal. Wenn der Gangunterschied gleich einem ungeradzahligen Vielfachen von $\lambda/2$ ist, so tritt destruktive Interferenz auf, und die Intensität am Schirm ist minimal. Es gilt

$$d \sin \theta = m\lambda \qquad m = 0, 1, 2, \ldots \quad \text{Maxima}$$
$$d \sin \theta = \left(m + \frac{1}{2}\right)\lambda \qquad m = 0, 1, 2, \ldots \quad \text{Minima} .$$

   Wenn die Intensität der Welle von einem einzelnen Spalt am Schirm gleich I_0 ist, so ist sie bei zwei Spalten an Punkten konstruktiver Interferenz gleich $4I_0$ und an Punkten destruktiver Interferenz null. Wenn sehr viele äquidistante Spalte verwendet werden, liegen die Hauptmaxima bei den gleichen Winkeln wie bei zwei Spalten; jedoch ist ihre Intensität sehr viel größer, und sie sind schmaler. Bei N Spalten ergibt sich die Intensität der Hauptmaxima zu $N^2 I_0$, und zwischen benachbarten Hauptmaxima liegen jeweils $N - 2$ Nebenmaxima.

5. Beugung tritt immer dann auf, wenn ein Teil einer Wellenfront durch ein Hindernis oder eine Öffnung begrenzt wird. Die Lichtintensität an irgendeinem Raumpunkt läßt sich mit Hilfe des Huygensschen Prinzips bestimmen,

indem jeder Punkt einer Wellenfront als Punktquelle einer Elementarwelle angesehen und das dabei resultierende Interferenzmuster berechnet wird. Fraunhofer-Beugungsmuster werden bei großen Abständen vom Hindernis oder von der Öffnung beobachtet, so daß die auf den Schirm treffenden Strahlen näherungsweise parallel verlaufen. Sie können auch durch eine Sammellinse fokussiert und direkt betrachtet werden. Beugungseffekte sind oft nicht sichtbar, weil die Wellenlänge zu klein gegen die Abmessung des Gegenstands oder der Öffnung ist. Zudem sind die meisten Lichtquellen räumlich zu ausgedehnt und emittieren auch kein kohärentes Licht. Fresnel-Beugungsmuster lassen sich in der Nähe des Hindernisses oder der Öffnung beobachten.

6. Trifft Licht auf einen Spalt der Breite a, so weist das auf einem weit entfernten Schirm entstehende Intensitätsmuster ein breites zentrales Beugungsmaximum auf. Es wird begrenzt durch die erste Nullstelle der Intensität; diese liegt bei einem Winkel θ, für den gilt:

$$a \sin \theta = \lambda .$$

Die Breite des zentralen Maximums ist also umgekehrt proportional zur Spaltbreite. Weitere Nullstellen der Intensität sind bei der Beugung an einem einzelnen Spalt gegeben durch

$$\sin \theta = m \frac{\lambda}{a} \qquad m = 1, 2, 3, \ldots$$

Auf beiden Seiten des zentralen Maximums existieren Nebenmaxima, allerdings mit wesentlich geringerer Intensität.

7. Das Muster der Fraunhoferschen Interferenz und Beugung an einem Doppelspalt entspricht dem Interferenzmuster zweier einzelner enger Spalte, das mit dem Beugungsmuster eines Einfachspalts moduliert ist.

8. Wenn Licht aus zwei eng beieinanderstehenden Punktquellen durch eine Öffnung tritt, so überlagern sich die Beugungsmuster der beiden Quellen. Wenn der Überlappungsbereich zu groß ist, sind die beiden Quellen nicht getrennt wahrzunehmen. Sie lassen sich nur dann als getrennte Quellen erkennen oder abbilden, wenn der Abstand der Beugungsbilder voneinander mindestens so groß ist, daß das zentrale Beugungsmaximum der einen Quelle in das erste Beugungsminimum der anderen fällt. Dies ist das *Rayleighsche Kriterium* der Auflösung. Bei einer kreisförmigen Öffnung mit dem Durchmesser d ist der kritische Winkel α_k, unter dem zwei Quellen noch zu trennen sind, gegeben durch

$$\alpha_k = 1{,}22 \frac{\lambda}{d} .$$

Darin ist λ die Wellenlänge des Lichts.

9. Ein Beugungsgitter besteht aus einer großen Zahl eng beieinanderliegender, äquidistanter Linien oder Spalte; es dient unter anderem zur Wellenlängenmessung. Die Interferenzmaxima beim Beugungsgitter liegen bei Winkeln θ, für die gilt:

$$g \sin \theta = m\lambda \qquad m = 0, 1, 2, \ldots$$

Hierin ist g die Gitterkonstante (der Abstand der Spalte oder Linien voneinander), und m ist die Ordnung. Das Auflösungsvermögen eines Gitters ist

$$A = \frac{\lambda}{|\Delta \lambda|} = mN .$$

Darin ist N die Anzahl aller beleuchteten Spalte oder Linien.

Aufgaben

Stufe I

33.1 Phasendifferenz und Kohärenz

1. Zwei kohärente Quellen von Mikrowellenstrahlung erzeugen Wellen mit der Wellenlänge 1,5 cm. Die Quellen befinden sich in der x-y-Ebene, und zwar eine auf der y-Achse bei $y = 15$ cm und die andere bei $x = 3$ cm und $y = 14$ cm. Die Quellen seien in Phase. Berechnen Sie die Phasendifferenz der beiden Wellen am Ursprung.

33.2 Interferenz an dünnen Schichten

2. Eine dünne Schicht eines durchsichtigen Materials mit der Brechzahl 1,30 soll als nichtreflektierender Überzug auf einer Glasfläche mit der Brechzahl 1,50 dienen. Wie groß muß die Dicke der Schicht sein, damit sie Licht der Wellenlänge 600 nm (im Vakuum) nicht reflektiert?

3. Der Durchmesser von sehr feinen Drähten läßt sich mit Hilfe von Interferenzmustern sehr genau messen. Abbildung 33.36 zeigt die Meßanordnung mit zwei planparallelen Glasplatten der Länge $\ell = 20$ cm und dem feinen Draht mit dem Durchmesser d. Die Anordnung werde mit dem gelben Licht einer Natriumlampe ($\lambda \approx 590$ nm) beleuchtet. Es lassen sich 19 helle Streifen beobachten. Wie groß ist der Drahtdurchmesser? *Hinweis*: Der 19. Streifen liegt nicht direkt am Ende, jedoch tritt kein 20. Streifen auf.

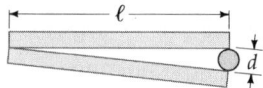

33.36 Zu Aufgabe 3.

33.3 Das Michelson-Interferometer

4. Eine 5 cm lange, leere Zelle mit Glasfenstern werde in einen Arm des Michelson-Interferometers gestellt. Sie werde evakuiert, und die Spiegel werden so justiert, daß im Zentrum ein heller Streifen entsteht. Wenn die Zelle langsam belüftet wird, ergibt sich eine Verschiebung um 49,6 Streifen, wenn das Licht die Wellenlänge 589,29 nm hat. Wie viele Wellenlängen passen in die Zelle a) im evakuierten und b) im belüfteten Zustand? c) Wie groß ist die Brechzahl der Luft, die sich hieraus ergibt?

33.4 Das Interferenzmuster an einem Doppelspalt

5. Zwei enge Spalte haben den Abstand d voneinander. Das Interferenzmuster werde auf einem Schirm im großen Abstand ℓ beobachtet. a) Berechnen Sie den Abstand der Maxima auf dem Schirm für Licht der Wellenlänge 500 nm sowie $\ell = 1$ m und $d = 1$ cm. b) Erwarten Sie bei dieser Anordnung überhaupt Lichtinterferenzen? c) Welchen Abstand müssen die Spalte haben, damit die Maxima jeweils 1 mm voneinander entfernt sind?

6. Ein langer, enger, horizontal angebrachter Spalt befinde sich 1 mm über einem ebenen Spiegel, der ebenfalls horizontal liegt. Das Interferenzmuster, das der Spalt und sein Bild erzeugen, wird auf einem 1 m entfernten Schirm betrachtet. Die Wellenlänge des Lichts betrage 600 nm. a) Berechnen Sie den Abstand des Spiegels vom ersten Maximum. b) Wie viele dunkle Streifen pro Zentimeter sind auf dem Schirm zu beobachten?

7. Das Licht eines Helium-Neon-Lasers ($\lambda = 633$ nm) falle senkrecht auf einen Doppelspalt. Das entstehende Interferenzmuster werde auf einem 12 m entfernten Schirm betrachtet. Der Abstand des ersten Interferenzmaximums vom zentralen Maximum betrage 82 cm. a) Berechnen Sie den Abstand der Spalte voneinander. b) Wie viele Interferenzmaxima sind zu beobachten?

33.5 Vektoraddition von harmonischen Wellen

8. Bestimmen Sie die Resultierende der beiden Wellen

$$E_1 = 4 \sin \omega t \quad \text{und} \quad E_2 = 3 \sin (\omega t + 60°).$$

33.6 Interferenzmuster bei drei oder mehr äquidistanten Quellen

9. Drei äquidistante Spalte haben jeweils einen Abstand von 0,1 mm und werden mit Licht der Wellenlänge 600 nm homogen beleuchtet. Das Interferenzmuster werde auf einem 2 m entfernten Schirm beobachtet. Berechnen Sie die Lage der Interferenzmaxima und -minima.

10. Fünf äquidistante Spalte werden homogen beleuchtet; der Spaltabstand sei gerade so groß, daß für die ersten Interferenzmaxima die Kleinwinkel-Näherung $\sin \theta \approx \theta$ anwendbar ist. a) Berechnen Sie den Winkel

θ_1 zwischen dem ersten Hauptmaximum der Interferenz und dem zentralen Maximum ($\theta = 0$). Vergleichen Sie diesen Winkel mit dem zum ersten Interferenzminimum. b) Skizzieren Sie das Interferenzmuster.

33.7 Beugungsmuster an einem Einzelspalt

11. Die Beziehungen $d \sin \theta = m\lambda$ (Gleichung (33.4)) und $a \sin \theta = m\lambda$ (Gleichung (33.19)) werden zuweilen verwechselt. Erklären Sie für jede Gleichung die Anwendung und die auftretenden Größen.

12. Licht der Wellenlänge 600 nm falle auf einen langen, engen Spalt. Berechnen Sie den Winkel zum ersten Beugungsminimum für eine Spaltbreite von a) 1 mm, b) 0,1 mm und c) 0,01 mm.

13. Ein Spaltbeugungsmuster werde auf einem Schirm beobachtet, der im großen Abstand ℓ vom Spalt steht. Beachten Sie, daß nach Gleichung (33.20) die Breite $2y$ des zentralen Maximums umgekehrt proportional zur Spaltbreite a ist. Berechnen Sie die Breite $2y$ für $\ell = 2$ m, $\lambda = 500$ nm sowie a) $a = 0,1$ mm, b) $a = 0,01$ mm und c) $a = 0,001$ mm.

14. Ebene Mikrowellen treffen auf einen langen, engen Metallspalt der Breite 5 cm. Das erste Beugungsminimum werde bei dem Winkel $\theta = 37°$ beobachtet. Wie groß ist die Wellenlänge der Mikrowellen?

33.8 Interferenz- und Beugungsmuster am Doppelspalt

15. Ein Doppelspalt-Interferenz-Beugungsmuster werde mit Licht der Wellenlänge 500 nm beobachtet. Die Spalte haben den Abstand 0,1 mm und die Breite a. Das fünfte Interferenzmaximum erscheine unter dem gleichen Winkel wie das erste Beugungsminimum. a) Berechnen Sie die Spaltbreite a. b) Wie viele helle Interferenzstreifen sind in diesem Fall im zentralen Beugungsmaximum enthalten?

16. Im *zentralen* Beugungsmaximum eines Doppelspaltmusters seien bei einer bestimmten Wellenlänge 17 Interferenzstreifen enthalten. Wie viele Interferenzstreifen sind im ersten *Neben*maximum der Beugung enthalten?

33.10 Beugung und Auflösung

17. Licht der Wellenlänge 700 nm treffe auf eine kleine, runde Öffnung mit dem Durchmesser 0,1 mm. a) Wie groß ist der Winkel zwischen dem zentralen Maximum und dem ersten Beugungsminimum für ein Beugungsmuster? b) Wie groß ist der Abstand zwischen dem zentralen Maximum und dem ersten Beugungsminimum auf einem 8 m entfernten Schirm?

18. Zwei Lichtquellen ($\lambda = 700$ nm) stehen 10 m vor der Öffnung wie in Aufgabe 17. Wie groß muß der Abstand zwischen den Quellen sein, damit sie aufgrund ihres Beugungsmusters aufgelöst werden können?

19. a) Wie groß muß der Abstand zweier Gegenstände auf dem Mond sein, damit sie mit dem bloßen Auge noch getrennt zu sehen sind? (Der Pupillendurchmesser des Auges betrage 5 mm, die Wellenlänge des Lichts sei 600 nm, und der Abstand Erde – Mond ist 380 000 km.) b) Wie groß ist der Abstand der beiden Gegenstände, wenn sie mit Hilfe eines Teleskops (Spiegeldurchmesser 5 m) noch getrennt zu sehen sind?

20. Welche Öffnung (in mm) muß ein Opernglas mindestens haben, damit der Zuschauer die Wimpern der Sopranistin noch in einer Entfernung von 25 m von der Bühne unterscheiden kann? (Der Abstand der Wimpern betrage 0,5 mm, und die Lichtwellenlänge sei 550 nm.)

33.11 Beugungsgitter

21. Mit einem Beugungsgitter mit 2000 Linien pro Zentimeter sollen die Wellenlängen von zwei Spektrallinien von angeregtem Wasserstoffgas gemessen werden. Unter welchem Winkel θ erscheinen in der 1. Ordnung die beiden violetten Linien mit den Wellenlängen von 434 nm und 410 nm?

22. Mit dem Beugungsgitter von Aufgabe 21 finde man in der 1. Ordnung zwei weitere Linien bei den Winkeln $\theta_1 = 9{,}72 \cdot 10^{-2}$ rad und $\theta_2 = 1{,}32 \cdot 10^{-1}$ rad. Berechnen Sie die Wellenlängen dieser Linien.

23. Wiederholen Sie Aufgabe 21 für ein Beugungsgitter mit 15 000 Linien pro Zentimeter.

24. Ein Beugungsgitter mit 2000 Linien pro Zentimeter werde verwendet, um das Spektrum von Quecksilber zu untersuchen. a) Berechnen Sie die Winkeldifferenz in 1. Ordnung zweier Spektrallinien mit den Wellenlängen 579,0 nm und 577,0 nm. b) Wie breit muß der auf das Gitter auftreffende Strahl sein, damit die beiden Linien aufgelöst werden können?

25. Was ist die größte Wellenlänge, die sich in 5. Ordnung beobachten läßt, wenn man ein Beugungsgitter mit 4000 Linien pro Zentimter verwendet?

Stufe II

26. Laserlicht falle senkrecht auf drei äquidistante, sehr enge Spalte. Wenn einer der beiden Außenspalte bedeckt wird, erscheine das Maximum 1. Ordnung bei einem Winkel von 0,60° zur Normalen. Nun werde der Mittelspalt bedeckt, und die beiden Außenspalte seien offen. Berechnen Sie a) den Winkel des Maximums 1. Odnung und b) die Ordnung des Maximums, das jetzt unter dem gleichen Winkel erscheint wie vorher das Maximum 4. Ordnung.

27. Das Teleskop auf dem Mount Palomar hat einen Spiegeldurchmesser von 5,1 m. Ein Doppelstern sei vier Lichtjahre von der Erde entfernt. Wie groß ist (unter idealen Bedingungen) der Abstand der beiden Sterne voneinander, wenn sie mit diesem Teleskop gerade noch getrennt wahrgenommen werden können?

28. Ein Stück Glimmer der Dicke 1,2 μm befinde sich in Luft. Im Spektrum des reflektierten sichtbaren Lichts sind Lücken (also Absorptionslinien) bei 421 nm, 474 nm, 542 nm und 633 nm zu beobachten. Berechnen Sie die Brechzahl von Glimmer.

29. Bei einem Rubinlaser mit der Wellenlänge 694 nm bestimmt der Rubinkristall den Durchmesser des Laserstrahls, der emittiert wird. Der Durchmesser betrage 2 cm, und der Laser werde auf den Mond gerichtet (Abstand Erde – Mond 380000 km). Berechnen Sie näherungsweise den Durchmesser des Laserstrahls, wenn er den Mond erreicht. Nehmen Sie an, daß die Aufweitung des Strahles nur von der Beugung herrühre.

30. Natriumlicht der Wellenlänge 589 nm falle senkrecht auf ein quadratisches Beugungsgitter (Seitenlänge 2 cm) mit 4000 Linien pro Zentimeter. Das Beugungsmuster werde durch eine Linse der Brennweite 1,5 m auf einen 1,5 m entfernten Schirm abgebildet. Die Linse stehe direkt vor dem Gitter. Berechnen Sie a) die Lage der ersten beiden Interferenzmaxima auf einer Seite des zentralen Maximums, b) die Breite des zentralen Maximums und c) die Auflösung in der 1. Ordnung.

31. Beim zweiten Nebenmaximum des Beugungsmusters eines Spaltes haben die Strahlen vom unteren und vom oberen Ende des Spaltes eine Phasendifferenz von etwa 5π. Im Vektordiagramm, mit dem die Amplitude in diesem Punkt berechnet wird, führen die entsprechenden Zeiger 2,5 Umläufe aus. Es sei I_0 die Intensität im zentralen Maximum. Berechnen Sie die Intensität im zweiten Nebenmaximum.

32. Eine Kameralinse aus Glas mit der Brechzahl 1,6 sei mit einer Beschichtung der Brechzahl 1,38 vergütet, damit sich die Lichtdurchlässigkeit erhöht. Die Beschichtung sei so ausgelegt, daß Licht der Wellenlänge 540 nm nicht reflektiert wird. Betrachten Sie die Linsenoberfläche als eine ebene Platte; die Beschichtung habe überall die gleiche Dicke. a) Wie dick muß die Beschichtung sein, damit sie in der 1. Ordnung die Lichtdurchlässigkeit steigert? b) Gibt es destruktive In-terferenz für andere sichtbare Wellenlängen? c) Um welchen Faktor wird der Reflexionsgrad von Licht der Wellenlänge 400 nm bzw. 700 nm durch diese Beschichtung verringert? Vernachlässigen Sie die Differenz der Amplituden des an beiden Oberflächen reflektierten Lichts.

33. a) Zeigen Sie, daß sich die Lage der Interferenzminima auf einem Schirm im Abstand ℓ von drei äquidistanten Quellen (Abstand d, mit $d \gg \lambda$) näherungsweise berechnen zu

$$y = \frac{n\lambda\ell}{3d} \quad \text{mit } n = 1, 2, 4, 5, 7, 8, 10, \ldots,$$

wobei n kein Vielfaches von 3 ist. b) Berechnen Sie für $\ell = 1$ m, $\lambda = 5 \cdot 10^{-7}$ m und $d = 0,1$ mm die Breite der Hauptmaxima der Interferenz (den Abstand zwischen aufeinanderfolgenden Minima).

34. a) Zeigen Sie, daß sich die Lage der Interferenzminima auf einem Schirm im Abstand ℓ von vier äquidistanten Quellen (Abstand d, mit $d \gg \lambda$) näherungsweise berechnen zu

$$y = \frac{n\lambda\ell}{4d} \quad \text{mit } n = 1, 2, 3, 5, 6, 7, 9, 10, \ldots,$$

wobei n kein Vielfaches von 4 ist. b) Berechnen Sie für $\ell = 2$ m, $\lambda = 6 \cdot 10^{-7}$ m und $d = 0,1$ mm die Breite der Hauptmaxima der Interferenz (den Abstand aufeinanderfolgender Minima). Vergleichen Sie diese Breite mit derjenigen bei Quellen mit demselben Abstand.

35. In einer Lochkamera ist das Bild durch optische Effekte der Öffnung (Strahlen von verschiedenen Bereichen der Öffnung erreichen den Film) und aufgrund der Beugung unscharf. Verkleinert man die Öffnung, dann verringert sich die Unschärfe aufgrund der Öffnungsgröße, aber gleichzeitig vergrößert sich die Unschärfe aufgrund der Beugung. Die Lochgröße für das optimale Bild ist diejenige, bei der die Aufweitung aufgrund der Beugung der Aufweitung aufgrund geometrischer optischer Effekte entspricht. Schätzen Sie die optimale Lochgröße ab, wenn der Abstand Öffnung – Film 10 cm und die Wellenlänge des Lichts 550 nm beträgt.

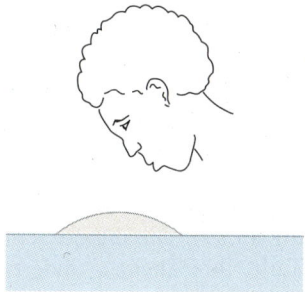

33.37 Zu Aufgabe 36.

36. Ein Öltropfen ($n = 1{,}22$) schwimme auf Wasser ($n = 1{,}33$). Das reflektierte Licht werde direkt über dem Tropfen betrachtet (Abbildung 33.37). Wie dick ist der Tropfen dort, wo der zweite rote Streifen (vom Rand des Tropfens aus gezählt) beobachtet wird? Die Wellenlänge des roten Lichts sei 650 nm.

37. Die Bilder des impressionistischen Malers Georges Seurat (1859 – 1891) sind Beispiele für den „Pointillismus", bei dem das Gemälde aus vielen kleinen, nahe beieinanderliegenden Punkten (Abstand etwa 2 mm) aus wenigen, reinen Farben besteht. Die Vermischung der Farben miteinander geschieht im Auge des Betrachters durch Beugungseffekte. Berechnen Sie den minimalen Betrachtungsabstand, bei dem diese Vermischung gerade noch eintritt. Verwenden Sie die Wellenlänge des sichtbaren Lichts, die hierfür den *größten* Mindestabstand erfordert. (Dann tritt der Effekt im gesamten Spektrum auf.) Der Pupillendurchmesser des Auges betrage 5 mm.

38. Licht der Wellenlänge 550 nm beleuchte einen Doppelspalt mit der Spaltbreite 0,03 mm und dem Spaltabstand 0,15 mm. a) Wie viele Interferenzmaxima fallen in das zentrale Beugungsmaximum? b) Wie groß ist das Verhältnis der Intensität des dritten Interferenzmaximums zu der des ersten Interferenzmaximums? (Das zentrale Interferenzmaximum wird nicht mitgezählt.)

39. Licht falle unter dem Winkel ϕ zur Normalen auf eine vertikale Ebene, die einen Doppelspalt mit dem Spaltabstand d enthält (Abbildung 33.38). Zeigen Sie, daß die Interferenzmaxima bei Winkeln θ liegen, die durch $\sin\theta + \sin\phi = m\lambda/d$ gegeben sind.

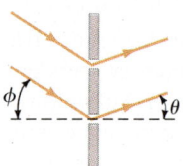

33.38 Zu Aufgabe 39.

Stufe III

40. Eine Anordnung zur Ausmessung von Newtonschen Ringen besteht aus einer Glaslinse mit dem Krümmungsradius R, die auf einer ebenen Glasplatte liegt (Abbildung 33.39). Die dünne Schicht ist in diesem Fall die Luft; ihre Dicke d ändert sich mit dem Radius r. Das Interferenzmuster wird im reflektierten Licht beobachtet. a) Zeigen Sie, daß die Bedingung für

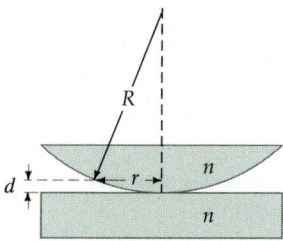

33.39 Zu Aufgabe 40.

einen hellen (konstruktiven) Interferenzring gegeben ist durch

$$d = \left(m + \frac{1}{2}\right)\frac{\lambda}{2} \quad \text{mit } m = 0, 1, 2, \ldots$$

b) Zeigen Sie, daß sich für $d/R \gg 1$ der Radius r eines hellen Rings berechnet zu

$$r = \sqrt{\left(m + \frac{1}{2}\right)\lambda R} \quad \text{mit } m = 0, 1, 2, \ldots$$

c) Wie unterscheiden sich das transmittierte und das reflektierte Muster? d) Wie viele helle Ringe lassen sich in Reflexion beobachten, wenn die Anordnung mit gelbem Natriumlicht ($\lambda \approx 590$ nm) beleuchtet wird? (Es sei $R = 10$ m, und der Linsendurchmesser betrage 4 cm.) e) Wie groß ist der Durchmesser des sechsten hellen Rings? f) Das Glas habe die Brechzahl 1,5, und es werde anstatt der Luft Wasser als dünner Film zwischen der Linse und der Glasplatte verwendet. Welche Änderung tritt an den hellen Ringen auf?

41. Das *Jaminsche Interferometer* dient zur Messung oder zum Vergleich der Brechzahlen von fluiden Medien. Ein Strahl aus monochromatischem Licht wird in zwei Teilstrahlen aufgespalten. Die beiden Teilstrahlen werden getrennt entlang der Achsen zweier zylindrischer Röhren geführt. Nach dem Durchgang durch die Röhren werden die beiden Strahlen wieder zu einem Strahl vereint, der durch ein Teleskop betrachtet wird. Nehmen Sie an, daß jede Röhre 0,4 m lang ist und Natriumlicht der Wellenlänge 589 nm verwendet wird. Beide Röhren seien anfangs evakuiert, und im Mittelpunkt des Betrachtungsfeldes beobachtet man konstruktive Interferenz beider Strahlen. Flutet man eine der beiden Röhren langsam mit Luft, so wechsle der Mittelpunkt des Betrachtungsfeldes 198mal von hell nach dunkel und zurück. a) Wie groß ist die Brechzahl der Luft? b) Angenommen, die Streifen lassen sich auf $\pm 0{,}25$ Streifen genau zählen (ein Streifen entspricht einer vollen Periode der Intensitätsänderung). Wie genau läßt sich dann die Brechzahl der Luft mit diesem Experiment bestimmen?

42. Bei einem Beugungsgitter interessiert nicht nur das Auflösungsvermögen A, sondern auch die Dispersion D. Für die m-te Ordnung ist die Dispersion definiert als $D = \Delta\theta_m/\Delta\lambda$. a) Zeigen Sie, daß sich D schreiben läßt als

$$D = \frac{m}{\sqrt{d^2 - m^2\lambda^2}},$$

wobei d den Abstand der Linien angibt. b) Ein Beugungsgitter mit 2000 Linien pro Zentimeter soll die beiden gelben Natriumlinien (589,0 nm und 589,6 nm) auflösen. Wie viele Linien müssen beleuchtet werden? c) Wie groß ist der Abstand der beiden aufgelösten gelben Spektrallinien auf einem 4 m entfernten Schirm?

43. Licht der Wellenlänge λ werde an einem Spalt der Breite a gebeugt, und das Beugungsmuster werde auf einem Schirm im großen Abstand ℓ vom Spalt beobachtet. a) Zeigen Sie, daß sich die Breite des zentralen Maximums näherungsweise zu $2\ell\lambda/a$ ergibt. b) In den Schirm werde ein Spalt der Breite $2\ell\lambda/a$ geschnitten und beleuchtet. Zeigen Sie, daß sich die Breite seines zentralen Maximums bei gleichem Abstand ℓ auch zu a ergibt (mit der gleichen Näherung).

44. Ein Doppelspalt-Experiment verwende einen Helium-Neon-Laser mit der Wellenlänge 633 nm und Spaltabstand 0,12 mm. Wenn ein Kunststoffstreifen vor einen Spalt gestellt wird, so verschiebt sich das Interferenzmuster um 5,5 Streifen. Wenn das gleiche Experiment unter Wasser durchgeführt wird, dann verschiebt sich das Interferenzmuster nur um 3,5 Streifen. Berechnen Sie a) die Dicke und b) die Brechzahl des Kunststoffstreifens.

45. Drei Spalte, jeweils 0,06 mm voneinander entfernt, werden von einer kohärenten Lichtquelle der Wellenlänge 550 nm beleuchtet. Die Spalte seien so schmal, daß Beugungseffekte (nicht aber Interferenzeffekte) ignoriert werden können. Ein Schirm sei 2,5 m von den Spalten entfernt. Die Intensität auf der Mittellinie betrage 0,05 W/m². Betrachen Sie einen Punkt im Abstand 1,72 cm von der Mittellinie. a) Fertigen Sie für diesen Punkt ein Zeigerdiagramm an. b) Bestimmen Sie mit diesem die Intensität am gegebenen Punkt.

46. Zwei kohärente Quellen befinden sich auf der y-Achse bei $+\lambda/4$ und bei $-\lambda/4$. Sie emittieren Wellen der Wellenlänge λ mit der Intensität I_0. a) Berechnen Sie die Gesamtintensität I als Funktion des Winkels θ gegen die positive x-Achse. b) Tragen Sie $I(\theta)$ in Polarkoordinaten auf.

47. Wiederholen Sie Aufgabe 46 mit vier Quellen, die sich auf der y-Achse bei $+3\lambda/4$, $+\lambda/4$, $-\lambda/4$ und $-3\lambda/4$ befinden.

48. Berechnen Sie für die Beugung an einem Spalt die ersten drei Werte von ϕ (gesamte Phasendifferenz zwischen den Strahlen von den Kanten des Spaltes, die Nebenmaxima bilden. a) Benutzen Sie dazu ein Zeigerdiagramm. b) Setzen Sie $dI/d\phi = 0$, wobei $I(\phi)$ durch (33.26) gegeben ist.

49. Bei einem Beugungsgitter, bei dem alle Flächen senkrecht auf der einfallenden Strahlung stehen, wird der Hauptteil der Energie in die 0. Ordnung gebeugt. Für spektroskopische Zwecke ist das sinnlos, da die Wellenzerlegung bei Ordnungen größer als null auftritt. Deshalb haben moderne Gitter eine bestimmte Oberflächenform („blaze"), wie in Abbildung 33.40 gezeigt. Dadurch wird die Reflexion, die die meiste Energie enthält, zu höheren Ordnungen verschoben. a) Berechnen Sie den Blazewinkel ϕ als Funktion von a (Abstand der Rillen), λ und der Ordnung m. b) Berechnen Sie den Blazewinkel für die Reflexion in die 2. Ordnung für Licht der Wellenlänge 450 nm, das auf ein Gitter mit 10000 Linien pro Zentimeter fällt.

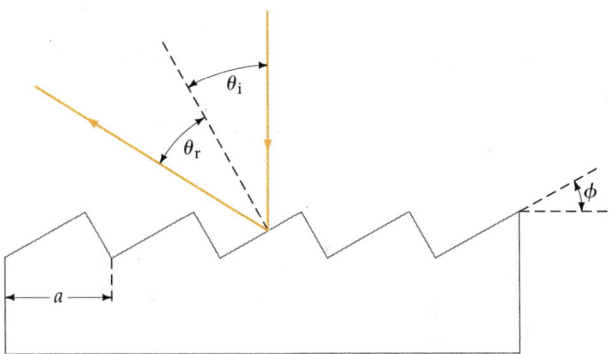

33.40 Zu Aufgabe 49.

50. In dieser Aufgabe soll Gleichung (33.31) für das Auflösungsvermögen eines Beugungsgitters mit N Linien im Abstand d hergeleitet werden. Zuerst ist der Winkelabstand zwischen einem Maximum und einem Minimum für eine Wellenlänge zu bestimmen. Dieser wird dann dem Winkelabstand im Maximum der m-ten Ordnung für zwei nahe beieinanderliegende Wellenlängen gleichgesetzt. a) Zeigen Sie, daß sich die Phasendifferenz ϕ zwischen zwei Strahlen von benachbarten Linien ergibt zu

$$\phi = \frac{2\pi d}{\lambda} \sin\theta.$$

b) Differenzieren Sie diesen Ausdruck, um zu sehen, welche Phasenänderung durch eine kleine Winkeländerung $d\theta$ bewirkt wird.

c) Bei N Linien entspricht der Winkelabstand zwischen einem Interferenzmaximum und einem Minimum einer Phasenänderung von $\mathrm{d}\phi = 2\pi/N$. Zeigen Sie damit, daß sich bei der Wellenlänge λ der Winkelabstand $\mathrm{d}\theta$ zwischen Minimum und Maximum berechnet zu

$$\mathrm{d}\theta = \frac{\lambda}{N d \cos\theta}. \qquad 33.32$$

d) Der Winkel des Interferenzmaximums m-ter Ordnung für eine Wellenlänge λ ist gegeben durch Gleichung (33.30). Berechnen Sie das Differential auf jeder Seite und zeigen Sie, daß der Winkelabstand der Maxima m-ter Ordnung zweier eng beieinanderliegender Wellenlängen, die sich um $\mathrm{d}\lambda$ unterscheiden, gegeben ist durch

$$\mathrm{d}\theta \approx \frac{m\,\mathrm{d}\lambda}{d \cos\theta}. \qquad 33.33$$

e) In Übereinstimmung mit dem Rayleighschen Kriterium der Auflösung sind zwei Wellenlängen in der m-ten Ordnung aufgelöst, wenn der Winkelabstand der Wellenlängen nach Gleichung (33.33) gleich demjenigen von Interferenzmaximum und -minimum nach Gleichung (33.32) ist. Leiten Sie nun, ausgehend von dieser Tatsache, Gleichung (33.31) für das Auflösungsvermögen eines Gitters her.

Teil 6
Moderne Physik

Relativitätstheorie

34

Einstein im Jahr 1916. (Mit freundlicher Genehmigung des Albert Einstein Archives, The Hebrew University of Jerusalem, Israel)

Gegen Ende des 19. Jahrhunderts waren viele Physiker der Meinung, die grundlegenden physikalischen Gesetze seien entdeckt und es könne nur noch darum gehen, die verbliebenen Details auszuarbeiten. Die Newtonschen Axiome und das Gravitationsgesetz schienen neben allen bekannten Bewegungen auf der Erde auch die der Planeten und anderer Himmelskörper richtig zu beschreiben, während die Maxwellschen Gleichungen eine vollständige Beschreibung der elektromagnetischen Effekte zu geben schienen. Selbst als sich Hinweise auf die Existenz von Atomen und Molekülen häuften, nahm man an, daß diese neuen Phänomene ebenfalls in der Maxwellschen und der Newtonschen Theorie ihren Platz finden könnten. Die Entwicklung der Physik nahm jedoch einen anderen Lauf, als es vor diesem Hintergrund erwartet werden konnte. Verknüpft mit Namen wie Becquerel, Planck, Michelson, Lorentz, Einstein, Rutherford, Mil-

34 Relativitätstheorie

likan, Bohr, de Broglie, Schrödinger, Heisenberg und anderen sind Entdeckungen und theoretische Arbeiten, die Anfang des 20. Jahrhunderts zu zwei völlig neuen Theorien führten: der Relativitätstheorie und der Quantenmechanik.

In diesem Kapitel werden wir uns mit der Relativitätstheorie beschäftigen. Sie besteht aus zwei recht verschiedenen Teilen, die beide von Albert Einstein entwickelt wurden: der speziellen und der allgemeinen Relativitätstheorie. Bei der Formulierung der **speziellen Relativitätstheorie** im Jahre 1905 ging Einstein von der Fragestellung aus, wie sich das Verhalten elektromagnetischer Wellen mit den aus der klassischen Mechanik bekannten Vorstellungen über Zeit und Raum verbinden läßt. Er beschränkte sich dabei zunächst auf Inertialsysteme (eine Definition wird weiter unten gegeben), die sich mit konstanter Geschwindigkeit zueinander bewegen. Die spezielle Relativitätstheorie besitzt eine Reihe wichtiger Konsequenzen, die sich auf eine Vielzahl von physikalischen und technischen Problemen anwenden lassen und deren Herleitung nur einen minimalen mathematischen Aufwand erfordert. Die um das Jahr 1916 herum ebenfalls von Einstein entwickelte **allgemeine Relativitätstheorie** ist dagegen mathematisch wesentlich anspruchsvoller. Sie behandelt die Verallgemeinerung der speziellen Relativitätstheorie auf beschleunigte Bezugssysteme und die Gravitation. Anwendungen der allgemeinen Relativitätstheorie finden sich fast ausschließlich in der Kosmologie. In anderen Bereichen der Physik oder in der Technik spielt sie dagegen nahezu keine Rolle. Wir werden uns daher auf die spezielle Relativitätstheorie konzentrieren und die allgemeine Relativitätstheorie nur im letzten Abschnitt dieses Kapitels kurz beschreiben.

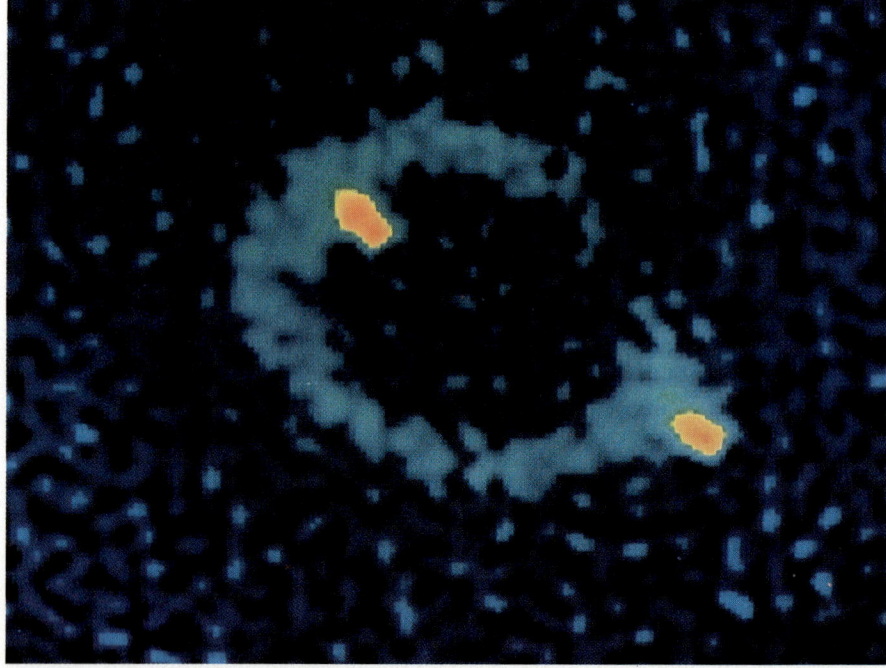

Die ringartige Struktur der Radioquelle MG1131 + 0456 wird auf eine Gravitationslinse zurückgeführt, ein massives Objekt zwischen Beobachter und Quelle, das diese auf einen Ring abbildet. Einstein sagte diesen Effekt zuerst im Jahr 1936 voraus. (Mit freundlicher Genehmigung des National Radio Astronomy Observatory/AUI)

34.1 Das Newtonsche Relativitätsprinzip

Das erste Newtonsche Axiom unterscheidet nicht zwischen einem Massenpunkt in Ruhe und einem Massenpunkt, der sich mit konstanter Geschwindigkeit bewegt. Es besagt, daß ein Massenpunkt seinen augenblicklichen Bewegungszustand – Ruhe oder Bewegung mit konstanter Geschwindigkeit – beibehält, wenn an ihn keine äußeren Kräfte angreifen. Wir untersuchen zunächst den Gültigkeitsbereich dieses Axioms und führen dazu den Begriff des Bezugssystems ein. Ein **Bezugssystem** (manchmal auch Beobachtersystem genannt) ist, allgemein formuliert, ein System von materiellen Körpern und Mechanismen, beispielsweise Maßstäben und Uhren, mit deren Hilfe die Lage (d. h. die Koordinaten) anderer Körper zu einem bestimmten Zeitpunkt relativ zu den Maßstäben angegeben werden kann. Die Newtonsche Mechanik geht generell davon aus, daß Raum und Zeit absolut, räumliche Abstände und zeitliche Differenzen also unabhängig vom Bezugssystem sind. Im Bezugssystem eines Beobachters R_1 bleibt ein ruhender Massenpunkt, auf den keine äußeren Kräfte wirken, nach dem ersten Newtonschen Axiom in Ruhe. Im Bezugssystem eines zweiten Beobachters R_2, der sich relativ zum ersten mit konstanter Geschwindigkeit bewegt, hat der kräftefreie Massenpunkt eine konstante Geschwindigkeit – in Übereinstimmung mit dem ersten Newtonschen Axiom. Bewegt sich R_2 allerdings nicht mit konstanter Geschwindigkeit relativ zu R_1, sondern beschleunigt er, so wird der Beobachter R_2 eine Beschleunigung des Massenpunktes sehen, obwohl keine äußeren Kräfte auf ihn einwirken. Das erste Newtonsche Axiom gilt in einem solchen Bezugssystem offensichtlich nicht. Bezugssysteme, in denen das erste Newtonsche Axiom gültig ist, heißen **Inertialsysteme**. Da das erste Newtonsche Axiom in keiner Weise zwischen einem ruhenden und einem sich gleichförmig bewegenden Massenpunkt unterscheidet, sind alle Bezugssysteme, die sich relativ zu einem Inertialsystem mit konstanter Geschwindigkeit bewegen, ebenfalls Inertialsysteme.

Es stellt sich die Frage, ob alle Inertialsysteme physikalisch gleichwertig sind oder ob sie sich durch geeignete physikalische Experimente unterscheiden lassen. Wir betrachten dazu ein einfaches Gedankenexperiment. Ein Güterzug bewege sich störungsfrei auf langen, gerade verlaufenden Schienen mit konstanter Geschwindigkeit v. Wie in Abbildung 34.1 gezeigt, wählen wir ein Bezugssystem S, in dem die Schienen ruhen, und ein Bezugssystem S′, in dem der Zug ruht, das sich also mit der konstanten Geschwindigkeit v relativ zum Bezugssystem S bewegt.

Wir führen nun eine Reihe mechanischer Experimente in einem geschlossenen Güterwaggon durch. Zunächst stellen wir fest, daß ein im Waggon ruhender, kräftefreier Körper in Ruhe bleibt, das Bezugssystem S′ also ein Inertialsystem ist. Daraus folgt unmittelbar, daß auch das Bezugssystem S ein Inertialsystem darstellt. Lassen wir den Körper fallen, so fällt er im Bezugssystem S′ aufgrund der Gravitationskraft mit der Erdbeschleunigung g senkrecht herunter. Im Bezugssystem S beschreibt der Körper natürlich eine parabolische Bahn, da er hier eine horizontale Anfangsgeschwindigkeit v besitzt. Die Bewegung des Körpers

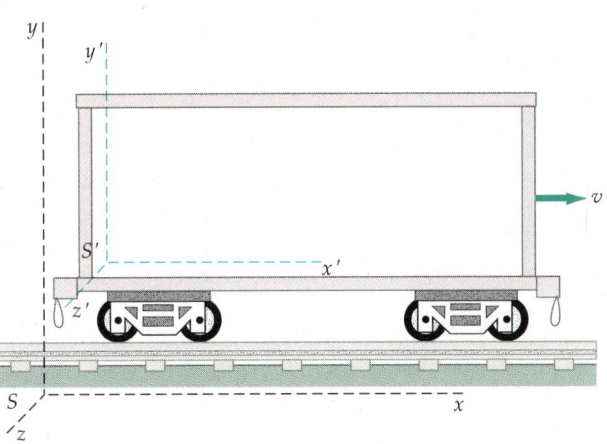

34.1 Ein Güterwaggon ruht in einem Bezugssystem S′, das sich relativ zum Bezugssystem S mit konstanter Geschwindigkeit v bewegt. Im Bezugssystem S ruhen die Schienen. Es läßt sich kein mechanisches Experiment finden, das eine Aussage darüber erlaubt, ob der Waggon nach rechts fährt oder die Schienen sich nach links bewegen.

wird jedoch in beiden Fällen durch das zweite Newtonsche Axiom korrekt beschrieben. Wir stellen sehr bald fest, daß es nicht möglich ist, ein mechanisches Experiment zu finden, durch das sich einem der beiden Inertialsysteme eine Sonderstellung zuschreiben ließe. Die Newtonschen Axiome gelten demnach für das Inertialsystem S genauso wie für das Inertialsystem S'. In der Newtonschen Mechanik ist es also unmöglich, ein absolutes Bezugssystem zu definieren.

Wir fassen unsere Ergebnisse im sogenannten **Newtonschen Relativitätsprinzip** zusammen:

Newtonsches Relativitätsprinzip

> a) Raum und Zeit sind absolut.
> b) Alle relativ zu einem Inertialsystem gleichförmig bewegten Bezugssysteme sind ebenfalls Inertialsysteme und im Rahmen der Newtonschen Mechanik *gleichwertig*.

Dieses Prinzip war bereits Galilei und nach ihm Newton und anderen Wissenschaftlern im 17. Jahrhundert bekannt. An ihm wurde lange Zeit nicht gerüttelt, bis gegen Ende des 19. Jahrhunderts durch die Untersuchung elektromagnetischer Erscheinungen die Vermutung aufkam, es ließe sich ein absolutes Bezugssystem finden. Wir werden im nächsten Abschnitt genauer darauf eingehen.

34.2 Das Michelson-Morley-Experiment

Bei der Behandlung von Wellenerscheinungen haben wir gesehen, daß alle mechanischen Wellen ein Medium benötigen, um sich ausbreiten zu können, und daß die Geschwindigkeit der Wellenbewegung ausschließlich durch die Eigenschaften des Mediums – Gas, Flüssigkeit oder Festkörper – bestimmt wird. (So hängt beispielsweise die Schallgeschwindigkeit in Luft von der Temperatur der Luft ab.) Darüber hinaus ist es bei mechanischen Wellen erlaubt, das jeweilige Medium relativ zur Wellenbewegung als ruhend anzusehen.

Wie sind die Verhältnisse bei Lichtwellen? Aufgrund der zahlreichen Untersuchungen, die seit Newton und Huygens zu optischen Interferenz-, Beugungs- und Polarisationsphänomenen gemacht worden waren, gelangte man Anfang des 19. Jahrhunderts zu der Überzeugung, Licht sei endgültig nicht als Teilchen-, sondern als Wellenerscheinung zu deuten. Wenn dem so war, dann lag es auf der Hand, daß Lichtwellen (allgemein: elektromagnetische Wellen) sich ebenfalls in einem Medium ausbreiten sollten. Diesem Medium gab man den Namen Äther. Der Äther sollte den ganzen Weltraum erfüllen und aus einem materiellen Stoff mit sehr ungewöhnlichen Eigenschaften bestehen. Seine Dichte beispielsweise müßte so klein sein, daß mechanische Körper bei ihrer Bewegung durch ihn keine Reibung erfahren. (Als Beweis für die praktisch vernachlässigbare Dichte des Äthers wurde die Bewegung der Planeten um die Sonne gesehen, die vollkommen ohne Reibung abläuft und ausschließlich durch das Newtonsche Gravitationsgesetz beschrieben werden kann.) Neben einer geringen Dichte schrieb man dem Äther noch eine extrem große Starrheit zu, um damit zum einen die hohe Ausbreitungsgeschwindigkeit des Lichts erklären zu können und zum anderen der Tatsache Rechnung zu tragen, daß Lichtwellen reine Transversalwellen sind. (Nähere Begründungen für diese Annahmen findet man zum Beispiel in M. Born, *Die Relativitätstheorie Einsteins*, 5. Auflage, Springer, Heidelberg 1969, und in F. Hund, *Geschichte der Physikalischen Begriffe*, Teil 1 und 2, Bibliographisches Institut, Mannheim 1978.) Eine weitere wichtige Grundlage des Äthermodells war, daß der Äther als ruhendes System angesehen wurde, auf das sich die

Bewegungen sämtlicher Körper und Erscheinungen beziehen lassen sollten. Der Äther als absolutes Bezugssystem – eine Annahme, die dem Newtonschen Relativitätsprinzip widersprach. Wenn sie stimmen sollte, so hätten sich daraus drastische Konsequenzen für die gesamte Physik ergeben. Daher war man an experimentellen Nachweisen dieser Hypothese besonders interessiert.

Nach der Maxwellschen Theorie des Elektromagnetismus ist die Ausbreitungsgeschwindigkeit von Licht und anderen elektromagnetischen Wellen im Vakuum durch

$$c = \frac{1}{\sqrt{\varepsilon_0 \mu_0}} = 3 \cdot 10^8 \text{ m/s}$$

gegeben, wobei ε_0 und μ_0 die Dielektrizitäts- bzw. Permeabilitätskonstante im Vakuum sind. Die Maxwellschen Gleichungen liefern keine Aussage, in welchem Bezugssystem die Lichtgeschwindigkeit diesen Wert annimmt; man erwartete jedoch, daß c die Lichtgeschwindigkeit bezogen auf den Äther ist. Eine Messung der Lichtgeschwindigkeit in einem Bezugssystem wie der Erde, das sich relativ zum Äther bewegt, müßte daher ein größeres oder kleineres Ergebnis als c liefern, je nach Richtung der Bewegung relativ zum Lichtstrahl.

Im Jahr 1881 begann Albert Michelson damit, die Geschwindigkeit des Lichts relativ zur Erde zu messen und somit die Geschwindigkeit der Erde relativ zum Äther zu bestimmen. Er erkannte, daß die gängigen Methoden zur Messung der Lichtgeschwindigkeit, die auf einfachen Laufzeitmessungen des Lichts beruhen, dazu ungeeignet sind. Wir können dies leicht nachvollziehen, wenn wir den in Abbildung 34.2 gezeigten einfachen Aufbau für eine solche Laufzeitmessung betrachten. Er besteht aus einer Lichtquelle und einem Spiegel im Abstand ℓ davon. Wenn sich Lichtquelle und Spiegel mit einer Geschwindigkeit v in gleicher Richtung durch den Äther bewegen, dann sollte sich das Licht mit der Geschwindigkeit $c - v$ auf den Spiegel zu- und mit der Geschwindigkeit $c + v$ von ihm wegbewegen. Die gesamte Laufzeit wäre daher

$$t_1 = \frac{\ell}{c-v} + \frac{\ell}{c+v} = 2c\frac{\ell}{c^2-v^2} = \frac{2\ell}{c}\left(1 - \frac{v^2}{c^2}\right)^{-1}. \qquad 34.1$$

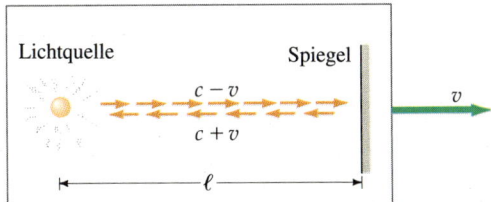

34.2 Eine Lichtquelle und ein Spiegel, die sich mit konstanter Geschwindigkeit v relativ zum „Äther" bewegen. Nach der klassischen Theorie beträgt die Geschwindigkeit des Lichtes relativ zu Lichtquelle und Spiegel in Richtung Spiegel $c - v$, in Gegenrichtung $c + v$.

Dieser Wert unterscheidet sich von der Laufzeit $2\ell/c$, die man erwartet, wenn die Erde im Äther ruht, nur durch den Faktor $(1 - v^2/c^2)^{-1}$, der sehr nahe an 1 liegt, wenn v sehr viel kleiner als c ist. Für kleine Werte von v/c können wir (34.1) unter Verwendung der Binomialentwicklung noch vereinfachen. Es gilt:

$$(1 + x)^n = 1 + nx + n(n-1)\frac{x^2}{2} + \ldots \approx 1 + nx, \qquad 34.2$$

falls x klein gegen 1 ist. Setzen wir $n = -1$ und $x = -v^2/c^2$, so folgt:

$$t_1 \approx \frac{2\ell}{c}\left(1 + \frac{v^2}{c^2}\right). \qquad 34.3$$

34.3 Das Michelson-Interferometer. Die gestrichelte Linie S_1' ist das virtuelle Bild des Spiegels S_1 im Spiegel A. Die beobachtbaren Interferenzstreifen entsprechen denen des kleinen, keilförmigen Luftfilms, der von S_2 und S_1' gebildet wird. Der von S_1 reflektierte Strahl verläuft parallel zur Erdbewegung, der von S_2 reflektierte senkrecht dazu. Die Interferenz zwischen beiden Strahlen hängt von der relativen Anzahl der Wellenberge innerhalb der Laufstrecken und daher von der Geschwindigkeit der Strahlen relativ zur Erde ab. Ist die Geschwindigkeit des Strahls in Bewegungsrichtung der Erde verschieden von der des Strahls senkrecht dazu, so verschiebt sich das Interferenzmuster um eine bestimmte Zahl von Interferenzstreifen, wenn die Apparatur um 90° gedreht wird.

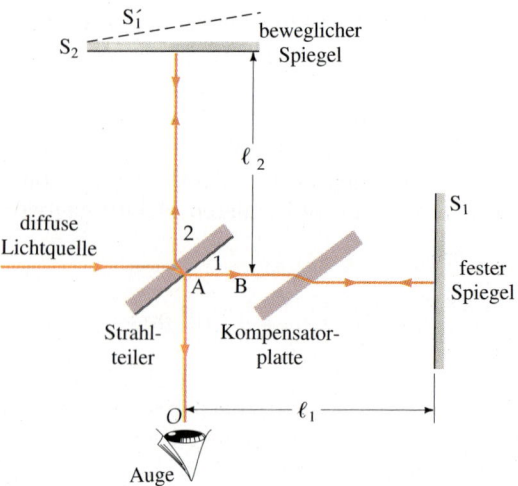

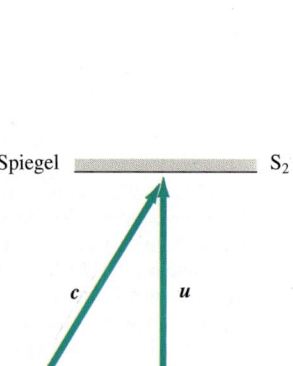

34.4 Skizze für den vom Strahlteiler des Interferometers reflektierten Strahl. Das Interferometer bewegt sich relativ zum Äther mit der Geschwindigkeit v nach rechts, der Lichtstrahl mit Geschwindigkeit u nach oben. Die Geschwindigkeit des Strahls ist im Bezugssystem des Äthers gleich c, die Geschwindigkeit relativ zur Erde daher $u = c - v$. Nach der klassischen Theorie ist der Betrag der Lichtgeschwindigkeit relativ zur Erde also $u = (c^2 - v^2)^{1/2} = c(1 - v^2/c^2)^{1/2}$.

Die Bahngeschwindigkeit der Erde um die Sonne beträgt etwa $3 \cdot 10^4$ m/s. Setzen wir für v diesen Wert ein, so erhalten wir $v/c = (3 \cdot 10^4 \text{ m/s})/(3 \cdot 10^8 \text{ m/s}) = 10^{-4}$ und damit $v^2/c^2 = 10^{-8}$. Der Effekt der Erdbewegung ist also tatsächlich sehr klein und daher auf direktem Weg nur sehr schwer nachzuweisen. Um diese Schwierigkeit zu vermeiden, entschied sich Michelson dafür, v^2/c^2 durch eine Differenzmessung zu bestimmen. Er verwendete dazu das nach ihm benannte Interferometer, das wir schon im Abschnitt 33.3 kennengelernt haben. Wie in Abbildung 34.3 gezeigt, fällt Licht einer Lichtquelle von links auf einen halbdurchlässigen Spiegel (Strahlteiler). Das Licht pflanzt sich parallel zur Erdbewegung fort. Ein Teil des Lichts geht in dieser Richtung durch den Strahlteiler hindurch, ein anderer Teil wird hier um 90° reflektiert. Betrachten wir zunächst den transmittierten Anteil. Für die Strecke AS_1 (vom Strahlteiler A zum Spiegel S_1) und zurück benötigt der Lichtstrahl eine Zeit, die sich aus Gleichung (34.3) ergibt (man braucht lediglich $\ell = \ell_1$ zu setzen). Der am Strahlteiler reflektierte Strahl trifft den Spiegel S_2 mit einer Geschwindigkeit u senkrecht zur Bahngeschwindigkeit v der Erde. Relativ zum Äther bewegt er sich jedoch mit der Geschwindigkeit c. Abbildung 34.4 zeigt, daß die Geschwindigkeit u sich einfach aus der Vektordifferenz $u = c - v$ ergibt. Der Betrag von u ist $\sqrt{c^2 - v^2}$, woraus für die Laufzeit t_2

$$t_2 = \frac{2\ell_2}{\sqrt{c^2 - v^2}} = \frac{2\ell_2}{c}(1 - v^2/c^2)^{-1/2} \qquad 34.4$$

folgt. Benutzen wir wieder die Binomialentwicklung, so erhalten wir

$$t_2 \approx \frac{2\ell_2}{c}\left(1 + \frac{1}{2}\frac{v^2}{c^2}\right). \qquad 34.5$$

Wenn wir annehmen, daß $\ell_1 = \ell_2 = \ell$, dann ist die Differenz der beiden Zeiten:

$$\Delta t = t_1 - t_2 \approx \frac{\ell}{c}\frac{v^2}{c^2}. \qquad 34.6$$

Diese Laufzeitdifferenz müßte man nun durch Interferenz zwischen den beiden Lichtstrahlen messen können. Einer Laufzeit Δt entspricht nämlich eine Differenz in der Anzahl der Wellenlängen, die auf die Strecken AS$_1$A und AS$_2$A passen:

$$\Delta N = \Delta t/T = \nu \Delta t = \frac{c \Delta t}{\lambda},$$

wobei T die Periodendauer, ν die Frequenz und λ die Wellenlänge des Lichts ist.

Dieses Ergebnis hat zunächst aber nur rein theoretische Bedeutung, denn die Genauigkeit, mit der man in der Praxis die Spiegel justieren kann, reicht nicht aus, um ein Interferenzmuster eindeutig auf den Effekt des Äthers und einen dadurch hervorgerufenen Laufzeitunterschied zurückzuführen. Vielmehr muß man davon ausgehen, daß der Grund für ein zu beobachtendes Interferenzmuster in Verkippungen der Spiegel zueinander oder anderen mechanischen Ungenauigkeiten zu finden ist. Die geniale Idee Michelsons war, nicht das Zustandekommen von Interferenz an sich als Nachweis für die Existenz des Äthers zu betrachten, sondern ausschließlich die Änderung eines bestehenden Interferenzmusters. Die in der letzten Gleichung auftretende Differenz ΔN ist nichts anderes als die Zahl der Interferenzstreifen (also z. B. Maxima), die am Auge des Beobachters vorbeiliefen, wenn die Laufzeitdifferenz Δt auf irgendeine Weise „makroskopisch" herbeigeführt werden könnte. Dies ist tatsächlich möglich, indem man die gesamte Apparatur (mit der Lichtquelle) um 90° dreht. Die Abstände der Spiegel voneinander ändern sich dabei nicht, es kann also nicht zu einer Änderung des Interferenzmusters aufgrund neuer Spiegelabstände oder neuer mechanischer Ungenauigkeiten kommen. Nimmt man dagegen die Existenz eines Äthers an, so erhält man nach der Drehumg um 90° eine neue Laufzeitdifferenz, die aus den bisherigen Gleichungen einfach durch Vertauschen der Indizes 1 und 2 folgt und die gerade $-\Delta t$ beträgt. Beobachtet man während der langsam erfolgenden Drehung das Interferenzmuster kontinuierlich, so müßte es sich, wie bereits festgestellt, genau um die Zahl

$$\Delta N = \frac{2c \Delta t}{\lambda} = \frac{2\ell}{\lambda} \frac{v^2}{c^2} \qquad 34.7$$

von Interferenzmaxima verschieben.

Bei seinem ersten Versuch im Jahr 1881 betrug die Länge ℓ etwa 1,2 m und die Wellenlänge $\lambda = 590$ nm. Für $v^2/c^2 = 10^{-8}$ erwartete Michelson eine Verschiebung um $\Delta N = 0{,}04$ Streifen. Der Effekt war jedoch nicht zu beobachten. Da es denkbar war, daß die Erde gerade zum Zeitpunkt des Experiments im Äther ruhte, wiederholte Michelson seine Messungen nach einem halben Jahr, da sich die Erde dann bei ihrer Bahn um die Sonne in die entgegengesetzte Richtung durch den Äther bewegt haben müßte. Obwohl die Meßungenauigkeit in derselben Größenordnung wie die zu erwartende Verschiebung lag, kam Michelson zu dem Schluß, daß sich keine Verschiebung beobachten läßt und die Erde relativ zum Äther ruhen muß. Im Jahr 1887 wiederholte er das Experiment zusammen mit Edward W. Morley. Sie verwendeten jetzt ein verbessertes System zur Drehung der Apparatur, um Verschiebungen der Interferenzstreifen durch mechanische Verformungen auszuschließen. Daneben wurde die effektive Laufstrecke ℓ durch eine Reihe von Reflektoren auf 11 m vergrößert. Abbildung 34.5 zeigt den Aufbau des Michelson-Morley-Experiments. Das erwartete ΔN von 0,4 war etwa 20- bis 40fach größer als die minimale Verschiebung, die mit dieser Apparatur noch gemessen werden konnte. Wiederum zeigte sich jedoch keine Verschiebung. In den Folgejahren wurde dieses Experiment unter verschiedenen Bedingungen von zahlreichen Physikern wiederholt, aber das Ergebnis blieb immer dasselbe: Man beobachtete keine Verschiebung der Interferenzstreifen. Damit war das Fundament für die spezielle Relativitätstheorie gelegt.

34 Relativitätstheorie

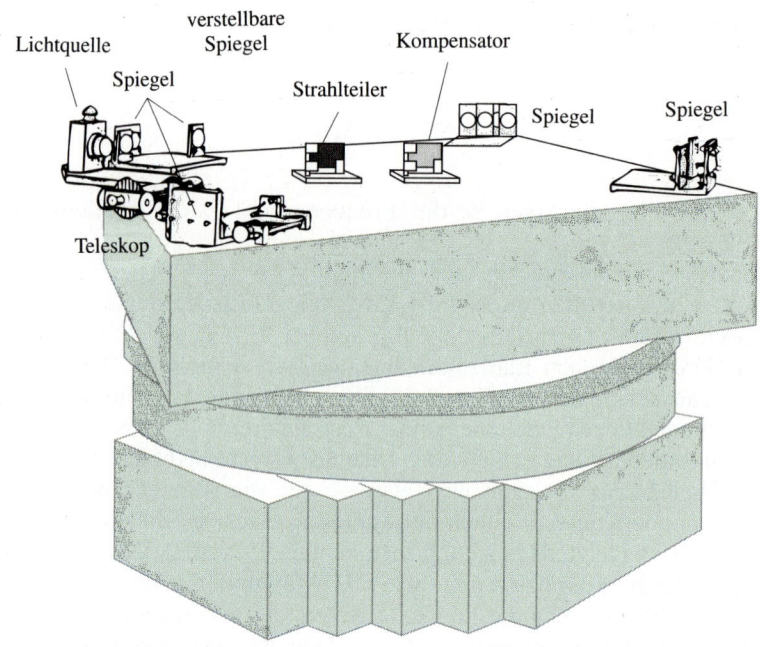

34.5 Skizze des Michelson-Morley-Experiments von 1887. Die optischen Bauteile sind auf einer Steinplatte von 1,5 m Seitenlänge montiert, die in Quecksilber schwimmt. Durch die Lagerung in Quecksilber lassen sich Schwingungen unterdrücken, die die Auflösung in früheren Experimenten herabgesetzt hatte. Die Apparatur kann in horizontaler Richtung frei gedreht werden.

Im Jahr 1905 veröffentlichte Albert Einstein im Alter von 26 Jahren seine bahnbrechende Arbeit „Über die Elektrodynamik bewegter Körper", in der bereits die gesamte spezielle Relativitätstheorie enthalten ist. Einstein postulierte, daß die Messung einer absoluten Geschwindigkeit, d.h. die Feststellung der Existenz eines absoluten Bezugsystems wie das des Äthers, generell unmöglich ist. Das Null-Resultat des Michelson-Morley-Experiments ist nach diesem Postulat zu erwarten, denn man kann die Erde und den Versuchsaufbau einfach als ruhend annehmen. In diesem Fall tritt bei der Drehung um 90° keine Verschiebung ein, da alle Richtungen völlig äquivalent sind. Einstein hat erstaunlicherweise selbst nie die Ergebnisse des Michelson-Morley-Experiments zu erklären versucht. Seine Theorie entstand ganz aus Überlegungen heraus, die er zur Elektrodynamik anstellte und insbesondere zu der ungewöhnlichen Eigenschaft elektromagnetischer Wellen, sich um Vakuum auszubreiten. In seiner Veröffentlichung wird das Michelson-Morley-Experiment nur in einer Nebenbemerkung genannt. Jahre später konnte er sich nicht einmal daran erinnern, ob er die Details des Experiments überhaupt kannte, als er seine Theorie veröffentlichte.

34.3 Die Einsteinschen Postulate

Die spezielle Relativitätstheorie basiert auf nur zwei Postulaten, die Einstein bereits in seiner Arbeit von 1905 formuliert hat. Vereinfacht lauten sie:

> Erstes Postulat: Es gibt kein physikalisch bevorzugtes Inertialsystem. Die Naturgesetze nehmen in allen Inertialsystemen dieselbe Form an.
>
> Zweites Postulat: Die Lichtgeschwindigkeit im Vakuum ist in jedem beliebigen Inertialsystem unabhängig vom Bewegungszustand der Lichtquelle.

Das erste Postulat stellt eine Erweiterung des Newtonschen Relativitätsprinzips auf alle Arten physikalischer Messungen dar, es gilt also nicht nur für die Mechanik. Das zweite Postulat beschreibt eine Eigenschaft, die im Grunde *alle* Wellen gemein haben. So hängt z.B. die Schallgeschwindigkeit nicht von der Bewegung der Schallquelle ab. Wenn der Fahrer eines herannahenden Autos die Hupe betätigt, so hört man einen durch den Doppler-Effekt zu höheren Frequenzen verschobenen Ton (siehe Abschnitt 14.6). Die Ausbreitungsgeschwindigkeit der Wellen hängt jedoch nicht von der Geschwindigkeit des Autos ab, sondern nur von den Eigenschaften der Luft, wie z.B. ihrer Temperatur.

Obwohl jedes der beiden Postulate für sich genommen recht einleuchtend wirkt, sind viele Schlußfolgerungen aus beiden Postulaten zusammen überraschend und widersprechen der Anschauung. Eine wesentliche Schlußfolgerung ist, daß jeder Beobachter denselben Wert für die Lichtgeschwindigkeit mißt, unabhängig von der relativen Geschwindigkeit zwischen Lichtquelle und Beobachter. Um dies zu zeigen, betrachten wir eine Lichtquelle S und zwei Beobachter R_1 und R_2. R_1 befinde sich relativ zu S in Ruhe, R_2 bewege sich mit der Geschwindigkeit v in Richtung S, wie in Abbildung 34.6a gezeigt. Die von R_1 gemessene Lichtgeschwindigkeit beträgt $c = 3 \cdot 10^8$ m/s. Wie groß ist nun die von R_2 gemessene Lichtgeschwindigkeit? Die Antwort lautet entgegen unserer Anschauung *nicht* $c + v$. Denn nach dem ersten Postulat gibt es kein physikalisch bevorzugtes Inertialsystem, und daher läßt sich nicht entscheiden, ob R_1 und S sich bewegen, während R_2 ruht oder umgekehrt. Abbildung 34.6a ist somit äquivalent zu Abbildung 34.6b, in der R_2 ruht, während die Quelle S und der Beobachter R_1 sich bewegen. Nach dem zweiten Postulat ist die Lichtgeschwindigkeit unabhängig vom Bewegungszustand der Lichtquelle. Somit sehen wir anhand von Abbildung 34.6b, daß auch R_2 die Lichtgeschwindigkeit $c = 3 \cdot 10^8$ m/s messen wird. Mit Hilfe dieses Gedankenexperiments gelangen wir zu einer alternativen Formulierung des zweiten Einsteinschen Postulats:

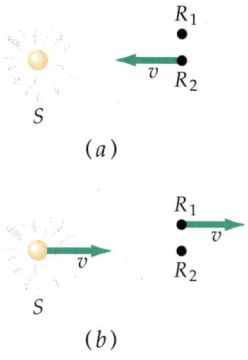

34.6 a) Eine ruhende Lichtquelle S, ein ruhender Beobachter R_1 und ein sich mit der Geschwindigkeit v in Richtung der Quelle bewegender Beobachter R_2. b) Im Ruhesystem des Beobachters R_2 bewegen sich die Quelle S und der Beobachter R_1 mit Geschwindigkeit v nach rechts. Da es kein physikalisch bevorzugtes Inertialsystem gibt, sind beide Sichtweisen äquivalent. Da die Lichtgeschwindigkeit nicht vom Bewegungszustand der Quelle abhängt, messen beide Beobachter für diese denselben Wert.

> **Zweites Postulat (alternativ):** Jeder Beobachter mißt für die Lichtgeschwindigkeit c im Vakuum denselben Wert.

Dieses Ergebnis widerspricht unserer alltäglichen Vorstellung von Relativgeschwindigkeiten. Wenn sich ein Auto mit 50 km/h von einem Beobachter fortbewegt und ein zweites mit 80 km/h in dieselbe Richtung fährt, dann ist die Relativgeschwindigkeit der beiden Autos 30 km/h. Dieses Ergebnis folgt aus einer einfachen Messung und entspricht unserer Vorstellung. Trotzdem messen Beobachter in beiden Autos für einen Lichtstrahl, der sich in ihrer Richtung ausbreitet, dieselbe Geschwindigkeit, wie es die Einsteinschen Postulate fordern. Unsere Vorstellung, daß wir Geschwindigkeiten einfach addieren können, ist nur so lange gültig, wie die betrachtete Geschwindigkeit klein gegenüber der Lichtgeschwindigkeit ist.

34.4 Die Lorentz-Transformation

Die Einsteinschen Postulate besitzen wichtige Konsequenzen für die Messung von Zeit- und Längenintervallen sowie von Relativgeschwindigkeiten. In diesem Abschnitt vergleichen wir Zeit- und Ortsmessungen von Ereignissen wie z.B. Lichtblitzen, die von verschiedenen, sich relativ zueinander bewegenden Beobachtern vorgenommen werden. Dazu verwenden wir zwei Bezugssysteme S und S' mit kartesischen Koordinaten x, y, z und Ursprung O bzw. x', y', z' und O'. Das

34 Relativitätstheorie

Bezugssystem S' bewege sich mit der Geschwindigkeit v in positiver Richtung der x-Achse des Bezugssystems S. Wir denken uns in jedem Bezugssystem ein dichtes Netz von Beobachtern, die mit identischen Uhren und Maßstäben ausgestattet sind (siehe Abbildung 34.7). Man benötigt ein möglichst dichtes Netz von Beobachtern, um bei der Messung von Orten und Zeitpunkten von Ereignissen möglichst genaue Ergebnisse zu erzielen. So wird z. B. eine Zeitmessung eines Ereignisses, das sich in einiger Entfernung von einem Beobachter befindet, schon durch die Laufzeit der Information, z. B. eines Lichtsignales vom Ereignis zum Beobachter, verfälscht. Die Beobachter können solche Schwierigkeiten vermeiden, wenn sie nur lokale Ereignisse, d. h. Ereignisse in ihrer unmittelbaren Umgebung, erfassen und andere Ereignisse den Beobachtern überlassen, für die diese lokal sind.

Wir benutzen nun die Einsteinschen Postulate, um eine allgemeine Beziehung zwischen den Koordinaten x, y, z und dem Zeitpunkt t eines Ereignisses, gemessen im Bezugssystem S, und den entsprechenden Koordinaten x', y', z' und dem Zeitpunkt t', gemessen im Bezugssystem S', herzuleiten. Wir betrachten nur den vereinfachten Fall, in dem die Ursprünge O und O' zu den Zeiten $t = t' = 0$ zusammenfallen. Die klassische (nichtrelativistische) Beziehung, die unter diesen Voraussetzungen unmittelbar aus dem Newtonschen Relativitätsprinzip folgt, ist die sog. **Galilei-Transformation**:

Galilei-Transformation

$$x = x' + vt' \qquad y = y' \qquad z = z' \qquad t = t'. \qquad 34.8\,\text{a}$$

Die inverse Transformation lautet demnach

$$x' = x - vt \qquad y' = y \qquad z' = z \qquad t' = t. \qquad 34.8\,\text{b}$$

Diese beiden Gleichungen geben die experimentellen Beobachtungen richtig wieder, solange die Geschwindigkeit v viel kleiner ist als c, und führen auf die gewöhnliche klassische Additionsvorschrift für Geschwindigkeiten. Besitzt ein Teilchen die Geschwindigkeit $u_x = dx/dt$ im Bezugssystem S, dann ist seine Geschwindigkeit im Bezugssystem S'

$$u'_x = \frac{dx'}{dt'} = \frac{dx'}{dt} = \frac{dx}{dt} - v = u_x - v. \qquad 34.9$$

Durch nochmaliges Differenzieren dieser Gleichung sehen wir, daß die Beschleunigung des Teilchens in beiden Bezugssystemen gleich ist:

$$a_x = \frac{du_x}{dt} = \frac{du'_x}{dt'} = a'_x.$$

Die Galilei-Transformation steht offensichtlich im Widerspruch zu den Einsteinschen Postulaten der speziellen Relativitätstheorie. Bewegt sich nämlich ein Lichtstrahl in S entlang der x-Achse, dann folgt aus der Galilei-Transformation für die Lichtgeschwindigkeit $u'_x = c - v$ in S', nicht aber c, wie es die Einsteinschen Postulate fordern und die Messung der Geschwindigkeit ergibt. Die klassischen Transformationsgesetze müssen daher modifiziert werden. Wir beschäftigen uns nun mit der Herleitung der relativistischen Transformationsgesetze.

Nehmen wir an, daß die relativistische Transformationsformel für x bis auf einen Faktor γ auf der rechten Seite der klassischen Gleichung (34.8 a) entspricht. Die Gleichung ist also von der Form

$$x = \gamma\,(x' + vt'), \qquad 34.10$$

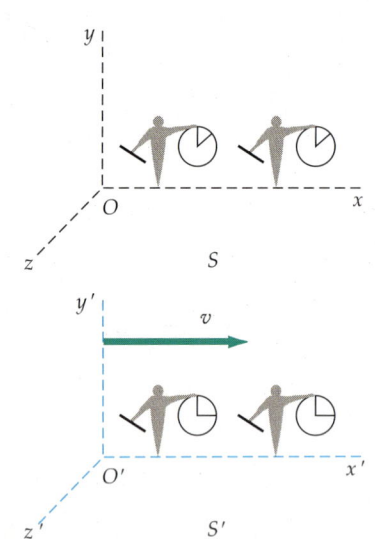

34.7 Die Bezugssysteme S und S' mit einer Relativgeschwindigkeit v. In jedem Bezugssystem existiert ein dichtes Netz von Beobachtern mit Uhren und Maßstäben, die im Ruhezustand vollkommen identisch sind.

wobei γ von v und c abhängen kann, jedoch nicht von den Koordinaten. Die inverse Transformation muß bis auf das Vorzeichen der Geschwindigkeit genauso aussehen:

$$x' = \gamma (x - vt) . \qquad 34.11$$

Wir betrachten ein Lichtsignal, das im Ursprung von S zur Zeit $t = 0$ startet. Da wir angenommen haben, daß die Ursprünge von S und S′ für $t = t' = 0$ zusammenfallen, startet das Lichtsignal auch in S′ zum Zeitpunkt $t' = 0$. Nach den Einsteinschen Postulaten muß die Gleichung für die x-Komponente $x = ct$ in S und $x' = ct'$ in S′ lauten. Ersetzen wir in (34.10) und (34.11) x durch ct und x' durch ct', so erhalten wir

$$ct = \gamma (ct' + vt') = \gamma (c + v) t' \qquad 34.12$$

und

$$ct' = \gamma (ct - vt) = \gamma (c - v) t . \qquad 34.13$$

Wir können nun entweder t' oder t eliminieren und bekommen:

$$\gamma^2 = \frac{1}{1 - v^2/c^2} ,$$

$$\boxed{\gamma = \frac{1}{\sqrt{1 - v^2/c^2}} .} \qquad 34.14$$

(Man beachte, daß γ immer größer als 1 ist und $\gamma \approx 1$ für $v \ll c$ gilt.) Die relativistische Transformationsvorschrift für x und x' ist also durch (34.10) und (34.11) mit γ aus (34.14) gegeben. Die Transformationsgesetze für t und t' lassen sich durch Kombination von (34.10) und (34.11) gewinnen. Ersetzen wir in (34.11) x durch $x = \gamma(x' + vt')$, so ergibt sich

$$x' = \gamma (\gamma (x' + vt') - vt) . \qquad 34.15$$

Diese Gleichung kann nun nach t aufgelöst werden. Für die vollständige relativistische Transformationsvorschrift folgt

$$\boxed{x = \gamma (x' + vt') \qquad y = y' \qquad z = z' \qquad 34.16}$$

$$\boxed{t = \gamma \left(t' + \frac{vx'}{c^2} \right) . \qquad 34.17}$$

Lorentz-Transformation

Die inverse Transformation lautet

$$\boxed{x' = \gamma (x - vt) \qquad y' = y \qquad z' = z , \qquad 34.18}$$

$$\boxed{t' = \gamma \left(t - \frac{vx}{c^2} \right) . \qquad 34.19}$$

Die durch (34.16) bis (34.19) beschriebene Transformation heißt **Lorentz-Transformation** und erfüllt die Einsteinschen Postulate. Sie stellt eine Bezie-

34 Relativitätstheorie

hung her zwischen den Orts- und Zeitkoordinaten x, y, z und t eines Ereignisses in einem Bezugssystem S und den Orts- und Zeitkoordinaten x', y', z' und t' desselben Ereignisses in einem anderen Bezugssystem S', das sich mit der Geschwindigkeit v relativ zu S bewegt. Wir betrachten nun einige Anwendungen der Lorentz-Transformation.

Zeitdehnung

Aus der Lorentz-Transformation folgt unmittelbar der wichtige Effekt der Zeitdehnung, den man auch als Zeitdilatation bezeichnet. Betrachten wir dazu das Zeitintervall zwischen zwei Ereignissen, das in zwei verschiedenen Inertialsystemen gemessen wird. In einem Bezugssystem sollen die Ereignisse am selben Ort, in dem anderen an verschiedenen Orten stattfinden. Dann gilt: Das Zeitintervall für zwei Ereignisse, die man am selben Ort betrachtet, ist immer kleiner als das Zeitintervall für dieselben Ereignisse, die in einem anderen Inertialsystem an verschiedenen Orten stattfinden. Zur Herleitung dieses Zusammenhangs wollen wir uns zwei Ereignisse ansehen, die im Bezugssystem S' durch den Ort x'_0 und die Zeitpunkte t'_1 bzw. t'_2 gegeben sind. Mit Hilfe von (34.17) finden wir für die Zeiten t_1 und t_2 der Ereignisse im Bezugssystem S:

$$t_1 = \gamma \left(t'_1 + \frac{v x'_0}{c^2} \right)$$

und

$$t_2 = \gamma \left(t'_2 + \frac{v x'_0}{c^2} \right)$$

und damit das Zeitintervall

$$t_2 - t_1 = \gamma \, (t'_2 - t'_1) \, .$$

Die Zeit zwischen Ereignissen, die in einem Bezugssystem am selben Ort stattfinden, heißt **Eigenzeit** Δt_E. Das Zeitintervall $\Delta t_E = t'_2 - t'_1$, gemessen im Bezugssystem S', ist eine solche Eigenzeit. Das Zeitintervall $\Delta t = t_2 - t_1$, gemessen in irgendeinem anderen Bezugssystem S, ist, wie die vorstehende Gleichung zeigt, immer um den Faktor γ größer als die Eigenzeit. Diese Dehnung des Zeitintervalls Δt im Vergleich zu Δt_E heißt **Zeitdilatation**:

Zeitdilatation
$$\Delta t = \gamma \, \Delta t_E \, .$$
34.20

Beispiel 34.1

Zwei Ereignisse finden in einem Bezugssystem S' am selben Punkt x'_0 zu den Zeitpunkten t'_1 und t'_2 statt. S' bewege sich relativ zu einem anderen Bezugssystem S mit der Geschwindigkeit v. Wie groß ist die räumliche Distanz der Ereignisse in S?

Aus (34.16) folgt

$$x_1 = \gamma \, (x'_0 + v t'_1)$$

und

$$x_2 = \gamma \, (x'_0 + v t'_2)$$

34.4 Die Lorentz-Transformation

und damit

$$x_2 - x_1 = \gamma v (t'_2 - t'_1) = v (t_2 - t_1).$$

Die räumliche Distanz der beiden Ereignisse im Bezugssystem S entspricht also der Entfernung, die ein Punkt in S', wie z. B. x'_0, im Zeitintervall zwischen den Ereignissen in S zurücklegt.

Wir können die Zeitdilatation auch ohne die Lorentz-Transformation direkt aus den Einsteinschen Postulaten heraus verstehen. Abbildung 34.8a zeigt einen Beobachter A' und einen Spiegel im Abstand d zum Beobachter in einem im Bezugssystem S' ruhenden Raumschiff. Der Beobachter löst einen Lichtblitz aus und mißt die Zeit zwischen dem ursprünglichen Lichtblitz und dem vom Spiegel reflektierten. Da sich das Licht mit der Geschwindigkeit c bewegt, ist diese Zeit

$$\Delta t' = \frac{2d}{c}.$$

Wir betrachten die beiden Ereignisse des ursprünglichen und reflektierten Lichtblitzes nun in einem Bezugssystem S, in dem sich der Beobachter A' und der Spiegel mit Geschwindigkeit v bewegen (Abbildung 34.8b). Im Bezugssystem S finden die Ereignisse an verschiedenen Orten x_1 und x_2 statt. Während des im Bezugssystem S gemessenen Zeitintervalls Δt zwischen ursprünglichem und reflektiertem Lichtblitz legt der Beobachter A' in seinem Raumschiff eine Distanz $v\Delta t$ zurück. Der Abbildung 34.8b entnehmen wir, daß der vom Licht zurückgelegte Weg in S größer ist als in S'. Nach den Einsteinschen Postulaten ist die Lichtgeschwindigkeit c in beiden Bezugssystemen jedoch gleich. Da das Licht in S mit der gleichen Geschwindigkeit einen längeren Weg zurücklegt, braucht es länger, um den Spiegel zu erreichen und zurückzukehren. Das Zeitintervall ist in S also länger als in S'. Dem Dreieck in Abbildung 34.8c entnehmen wir

$$\left(\frac{c\,\Delta t}{2}\right)^2 = d^2 + \left(\frac{v\,\Delta t}{2}\right)^2,$$

woraus

$$\Delta t = \frac{2d}{\sqrt{c^2 - v^2}} = \frac{2d}{c}\frac{1}{\sqrt{1 - v^2/c^2}}$$

34.8 a) Der Beobachter A' und der Spiegel befinden sich im Raumschiff bezogen auf das Bezugssystem S' in Ruhe. Die Zeit, die der Lichtblitz benötigt, um die Strecke zum Spiegel und wieder zurück zu durchqueren, wird vom Beobachter A' zu $2d/c$ gemessen. b) Im Bezugssystem S bewegt sich das Raumschiff mit Geschwindigkeit v nach rechts. Ist die Lichtgeschwindigkeit in beiden Bezugssystemen gleich, so ist die Laufzeit des Lichtes in S länger als $2d/c$, da die zurückgelegte Entfernung größer als $2d/c$ ist. c) Rechtwinkliges Dreieck zur Berechnung der Zeit Δt im Bezugssystem S.

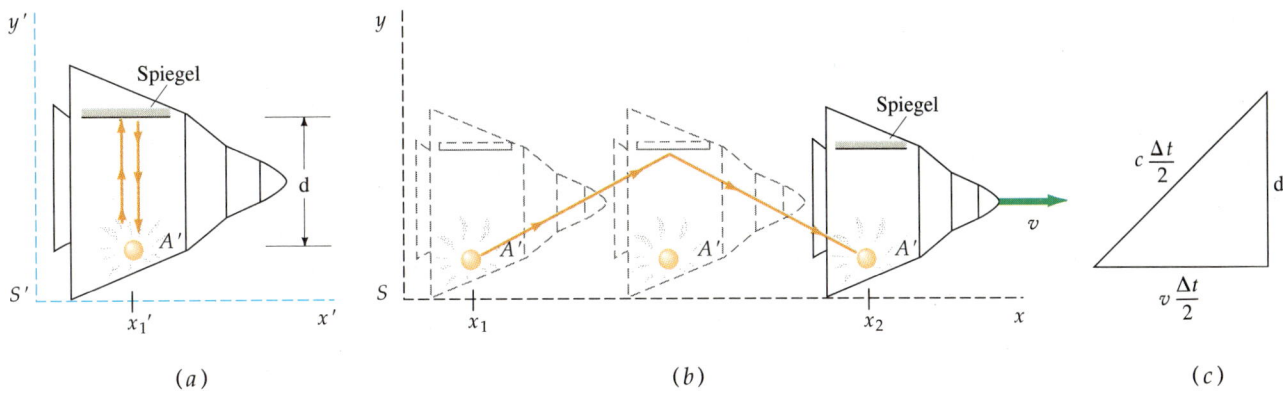

(a)   (b)   (c)

34 Relativitätstheorie

folgt. Benutzen wir noch $\Delta t' = 2d/c$, so erhalten wir

$$\Delta t = \frac{\Delta t'}{\sqrt{1 - v^2/c^2}} = \gamma \, \Delta t' \, .$$

Beispiel 34.2

Astronauten in einem mit $v = 0{,}6\,c$ von der Erde fortfliegenden Raumschiff teilen ihrer Bodenstation mit, daß sie ein Nickerchen einlegen und sich nach einer Stunde wieder melden werden. Wie lange schlafen sie im Bezugssystem der Erde?

Da die Astronauten in ihrem Bezugssystem am selben Ort einschlafen und aufwachen, ist das Zeitintervall für ihren Schlaf von einer Stunde eine Eigenzeit. Im Bezugssystem der Erde legen die Astronauten während dieser Zeit eine beachtliche Distanz zurück. Das Zeitintervall im Erde-Bezugssystem ist daher länger, und zwar um den Faktor γ: Mit $v = 0{,}6\,c$ erhalten wir

$$1 - \frac{v^2}{c^2} = 1 - (0{,}6)^2 = 0{,}64$$

und damit ein γ von

$$\gamma = \frac{1}{\sqrt{1 - v^2/c^2}} = \frac{1}{\sqrt{0{,}64}} = \frac{1}{0{,}8} = 1{,}25 \, .$$

Das Nickerchen dauert im Bezugssystem der Erde also 1,25 Stunden.

Längenkontraktion

Ein eng mit der Zeitdilatation verknüpftes Phänomen ist die **Längenkontraktion**. Die Länge eines Objekts, gemessen in seinem Ruhesystem, heißt Ruhelänge ℓ_R. In jedem Bezugssystem S, in dem sich das Objekt bewegt, ist die dort gemessene Länge kürzer als die Ruhelänge. Zum Beweis betrachten wir einen im Bezugssystem S′ ruhenden Stab, dessen Enden sich an den Orten x'_1 bzw. x'_2 befinden. Die Länge des Stabs in diesem Bezugssystem ist die Ruhelänge $\ell_R = x'_2 - x'_1$. Im Bezugssystem S ist die Länge des Stabes *definiert* als $\ell = x_2 - x_1$, wobei x_2 die Position des einen Endes zu einer Zeit t_2 und x_1 die Position des anderen Endes *zu derselben in S gemessenen Zeit* $t_1 = t_2$ ist. Zur Berechnung von $x_2 - x_1$ zu einer Zeit t verwenden wir (34.18) und erhalten

$$x'_2 = \gamma \, (x_2 - v t_2)$$

sowie

$$x'_1 = \gamma \, (x_1 - v t_1) \, .$$

Wegen $t_2 = t_1$ bekommen wir

$$x'_2 - x'_1 = \gamma \, (x_2 - x_1) \, ,$$

$$x_2 - x_1 = \frac{1}{\gamma} (x'_2 - x'_1) = \sqrt{1 - v^2/c^2} \, (x'_2 - x'_1)$$

und damit

$$L = \frac{1}{\gamma} L_R = \sqrt{1 - v^2/c^2}\, L_R \,.\qquad 34.21 \quad \text{\textit{Längenkontraktion}}$$

Die Länge des Stabs ist also kleiner, wenn sie in einem Bezugssystem gemessen wird, in dem sich der Stab bewegt. Schon bevor Einstein seine Ergebnisse veröffentlichte, hatten Lorentz und FitzGerald das Null-Resultat des Michelson-Morley-Experiments zu erklären versucht, indem sie annahmen, daß sich Entfernungen in der Bewegungsrichtung um den durch (34.21) gegebenen Faktor kontrahieren. Diese Kontraktion heißt deshalb auch **Lorentz-FitzGerald-Kontraktion**.

Ein interessantes Beispiel für die Zeitdilatation und die Längenkontraktion ist das Auftreten von Myonen als sekundäre kosmische Strahlung. Myonen zerfallen nach folgendem Gesetz:

$$N(t) = N_0\, e^{-t/\tau}\,,\qquad 34.22$$

wobei N_0 die ursprüngliche Anzahl von Myonen zum Zeitpunkt $t = 0$ ist, $N(t)$ die Anzahl der Myonen zum Zeitpunkt t und τ die mittlere Lebensdauer, die für ein Myon im Ruhesystem etwa 2 μs beträgt. Da Myonen beim Zerfall von Pionen in der Atmosphäre in einer Höhe von mehreren tausend Metern entstehen, sollten nur wenige Myonen den Meeresspiegel erreichen. Ein typisches Myon mit einer Geschwindigkeit von 0,998 c würde in 2 μs nur etwa 600 m zurücklegen. Die im Bezugssystem der Erde gemessene Lebensdauer des Myons erhöht sich jedoch um den Faktor $1/\sqrt{1 - v^2/c^2}$, der für die angenommene Geschwindigkeit etwa den Wert 15 annimmt. Die Lebensdauer im Bezugssystem der Erde ist also 30 μs. Ein Myon mit der Geschwindigkeit 0,998 c legt etwa 9000 m in dieser Zeit zurück. Aus Sicht des Myons ist seine (Eigen-)Lebensdauer jedoch weiterhin 2 μs. Wie in Abbildung 34.9 gezeigt, kontrahiert sich die Entfernung von 9000 m im Bezugssystem der Erde auf nur 600 m im Bezugssystem des Myons.

Eine experimentelle Überprüfung der klassischen und der relativistischen Vorhersagen für das Auftreten der Myonen in Höhe des Meeresspiegels ist sehr einfach. Angenommen, wir beobachten in einer Höhe von 9000 m in einem Detektor 10^8 Myonen in einem bestimmten Zeitintervall. Wie viele Myonen würden wir in Meereshöhe in demselben Zeitintervall beobachten? Nach der nichtrelativistischen Vorhersage brauchen die Myonen für 9000 m die Zeit 9000 m/0,998 $c \approx 30$ μs, das 15fache der Lebensdauer. Setzt man in (34.22) $N_0 = 10^8$ und $t = 15\tau$, so erhält man

$$N = 10^8 e^{-15} = 30{,}6\,.$$

Wir würden also erwarten, daß von den ursprünglich 100 Millionen Myonen nur 31 nicht vor Erreichen des Meeresspiegels zerfallen.

Nach der relativistischen Vorhersage muß die Erde nur eine Strecke von 600 m im Bezugssystem des Myons zurücklegen. Da dies etwa 2 μs = 1τ dauert, ist die Anzahl der auf Meereshöhe erwarteten Myonen

$$N = 10^8 e^{-1} = 3{,}68 \cdot 10^7\,.$$

Die Relativitätstheorie sagt also voraus, daß wir 36,8 Millionen Myonen in demselben Zeitintervall beobachten würden. Experimente dieser Art haben die relativistische Vorhersage bestätigt.

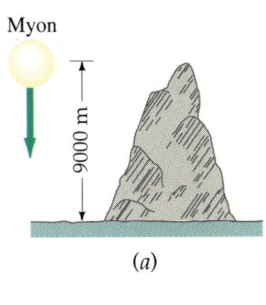

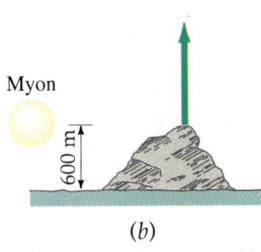

34.9 Obwohl Myonen in großer Höhe oberhalb der Erdoberfläche erzeugt werden und ihre mittlere Eigenlebensdauer (die Lebensdauer im Bezugssystem des Myons, also im Ruhesystem) nur 2 μs beträgt, erreichen viele die Erdoberfläche. a) Im Ruhesystem der Erde hat ein typisches Myon mit $v = 0{,}998\, c$ eine mittlere Lebensdauer von 30 μs und legt in dieser Zeit 9000 m zurück. b) Im Ruhesystem des Myons beträgt die von der Erde in der Lebensdauer des Myons zurückgelegte Entfernung nur 600 m.

34.5 Uhrensynchronisation und Gleichzeitigkeit

Im Abschnitt 34.4 haben wir gesehen, daß die Eigenzeit das Zeitintervall zwischen zwei Ereignissen ist, die in einem Bezugssystem am selben Ort stattfinden. Sie kann daher mit einer einzigen Uhr gemessen werden. In einem anderen Bezugssystem, das sich relativ zum ersten bewegt, finden diese Ereignisse jedoch an verschiedenen Orten statt. Der Zeitpunkt jedes Ereignisses muß also mit verschiedenen Uhren gemessen werden, und das Zeitintervall ergibt sich durch Subtraktion der Zeitpunkte. Dazu müssen die Uhren jedoch **synchronisiert** sein. In diesem Abschnitt werden wir zeigen:

> Zwei Uhren, die in einem Bezugssystem synchronisiert sind, gehen in keinem relativ zum ersten bewegten Bezugssystem synchron.

Eine Folgerung daraus ist:

> Zwei Ereignisse, die in einem Bezugssystem gleichzeitig (simultan) stattfinden, sind in einem relativ zum ersten bewegten Bezugssystem nicht simultan.

Ein gründliches Verständnis dieser Zusammenhänge löst im allgemeinen alle Paradoxa der speziellen Relativitätstheorie. Es ist jedoch oft schwierig, die intuitive Vorstellung von einer absoluten Gleichzeitigkeit aufzugeben.

Betrachten wir nun zwei Uhren, die in einem Bezugssystem S im Abstand ℓ voneinander an den Punkten A und B ruhen. Wie können wir diese Uhren synchronisieren? Wenn der Beobachter im Punkt A einfach die Zeit auf der Uhr B abliest und seine Uhr danach stellt, sind die Uhren damit nicht synchronisiert, da das Licht die Zeit ℓ/c benötigt, um den Weg von B nach A zurückzulegen. Um die Uhren zu synchronisieren, muß der Beobachter im Punkt A daher seine Uhr um ℓ/c relativ zur Uhr im Punkt B vorstellen. Er sieht die Uhr im Punkt B zwar nachgehen, aber er kann schnell ausrechnen, daß die Uhren synchronisiert sind, wenn er die Laufzeit des Lichtes berücksichtigt. Für alle anderen Beobachter, die sich nicht von beiden Uhren gleich weit weg befinden, zeigen die Uhren verschiedene Zeiten an. Berücksichtigen sie jedoch die verschiedenen Laufzeiten des Lichtes, so stellen auch sie die Synchronisation der Uhren fest. Äquivalent zu dieser Methode der Synchronisation ist das Verfahren, einen Beobachter in einem Punkt C in der Mitte zwischen den Punkten A und B ein Lichtsignal aussenden zu lassen. Die Beobachter in A und B stellen ihre Uhren dann auf den Zeitpunkt ein, zu dem das Lichtsignal sie erreicht.

Wir untersuchen nun den Begriff der **Gleichzeitigkeit**. Dazu nehmen wir an, die Uhren in A und B seien synchronisiert. Die Beobachter in A und B vereinbaren, zum Zeitpunkt t_0 ein Lichtsignal loszuschicken. Der Beobachter C sieht die Lichtsignale zur selben Zeit. Da er von A und B gleich weit entfernt ist, schließt er, daß die Lichtsignale gleichzeitig ausgesendet werden. Andere Beobachter im Bezugssystem S sehen, abhängig von ihrem Ort, die Lichtsignale nicht zur selben Zeit. Berücksichtigen sie jedoch die verschiedenen Laufzeiten des Lichts, so stellen auch sie fest, daß die Lichtsignale gleichzeitig ausgesendet wurden. Wir können daher sagen:

34.5 Uhrensynchronisation und Gleichzeitigkeit

> In einem Bezugssystem sind zwei Ereignisse gleichzeitig, wenn die von den Ereignissen ausgesendeten Lichtsignale einen Beobachter, der sich in der Mitte zwischen den Ereignissen befindet, zur selben Zeit erreichen.

Um zu zeigen, daß Ereignisse, die in einem Bezugssystem S gleichzeitig stattfinden, in einem anderen Bezugssystem S′, das sich relativ zu S bewegt, nicht gleichzeitig sind, betrachten wir das folgende von Einstein eingeführte Beispiel. Ein Zug fährt mit konstanter Geschwindigkeit v an einem Bahnsteig vorbei. Der Zug befinde sich im Bezugssystem S′ in Ruhe, der Bahnsteig ruhe im Bezugssystem S. Wir setzen jeweils einen Beobachter A′ und B′ an den Anfang und das Ende und einen weiteren Beobachter C′ in die Mitte des Zuges. Nehmen wir nun an, die Spitze und das Ende des Zuges werden von zwei Blitzen getroffen und die Einschläge passierten im Ruhesystem S des Bahnsteigs gleichzeitig (siehe Abbildung 34.10). Ein Beobachter C auf dem Bahnsteig in der Mitte zwischen den

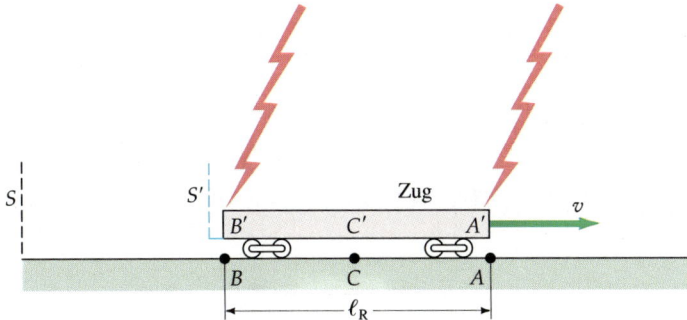

34.10 Zwei Blitze schlagen gleichzeitig an den Enden eines Zuges ein, der sich mit Geschwindigkeit v relativ zum Ruhesystem S des Bahnsteigs bewegt. Das Licht dieser beiden gleichzeitigen Ereignisse erreicht den Beobachter C in der Mitte zur selben Zeit. Die Entfernung zwischen den Einschlagstellen ist $\ell_{R,\text{Bahnsteig}}$.

Punkten A und B, an denen die Blitze einschlagen, sieht diese zu derselben Zeit. Da C′ sich in der Mitte des Zuges befindet, sind die Blitze in S′ genau dann gleichzeitig, wenn C′ sie zur selben Zeit sieht. C′ sieht den Blitz an der Spitze des Zuges jedoch vor dem Blitz am Ende des Zuges. Betrachten wir dazu die Bewegung von C′ im Bezugssystem S in Abbildung 34.11. In der Zeit, die das Licht des vorderen Blitzes benötigt, um von der Zugspitze bis zum Beobachter C′ zu gelangen, hat C′ sich um eine bestimmte Strecke auf die Zugspitze zu- und vom hinteren Ende wegbewegt. Das beim Blitzeinschlag vom Zugende ausgehende Licht hat C′ in dieser Zeit also noch nicht erreicht. Der Beobachter C′ kommt damit zu dem Schluß, daß die Blitze nicht gleichzeitig eingeschlagen sind, sondern daß die Spitze des Zuges vor dem Ende von einem Blitz getroffen wurde. Darüber hinaus werden alle anderen Beobachter in S′ mit C′ übereinstimmen, wenn sie die verschiedenen Laufzeiten des Lichtes berücksichtigt haben.

Sei nun $\ell_{R,\text{Zug}}$ die Ruhelänge des Zuges, also die Länge des Zuges im Bezugssystem S′, in dem er sich nicht bewegt. Sei außerdem $\ell_{R,AB}$ die Ruhelänge der Strecke zwischen den Einschlagstellen A und B auf dem Bahnsteig. Im Bezugssystem S fallen die Einschlagstellen der Blitze zum Zeitpunkt des Einschlags mit der Spitze bzw. dem Ende des Zuges zusammen. Daher ist die Strecke $\ell_{R,AB}$ zwischen den Einschlagstellen gleich der im Ruhesystem S des Bahnsteigs gemessenen Länge ℓ_{Zug} des Zuges. Da sich der Zug in diesem Bezugssystem bewegt, ist diese Länge aufgrund der Längenkontraktion kleiner als die Ruhelänge des Zuges: $\ell_{\text{Zug}} = \ell_{R,\text{Bahnsteig}} < \ell_{R,\text{Zug}}$.

Abbildung 34.12 zeigt die Ereignisse im Ruhesystem S′ des Zuges, in dem sich der Bahnsteig bewegt. In diesem Bezugssystem ist die Distanz zwischen den Einschlagstellen auf dem Bahnsteig kontrahiert, also kürzer als in S. Der Zug ruht, ist also länger als in S. In dem Moment, in dem der Blitz in die Spitze A′ des Zuges einschlägt, befindet sich diese am Punkt A in S, das Ende des Zuges B′ hat

34.11 Das Licht von dem Blitz, der in die Spitze des Zuges einschlägt, erreicht den Beobachter C' in der Mitte des Zuges vor dem Licht, das von dem Blitz am Ende des Zuges ausgeht.

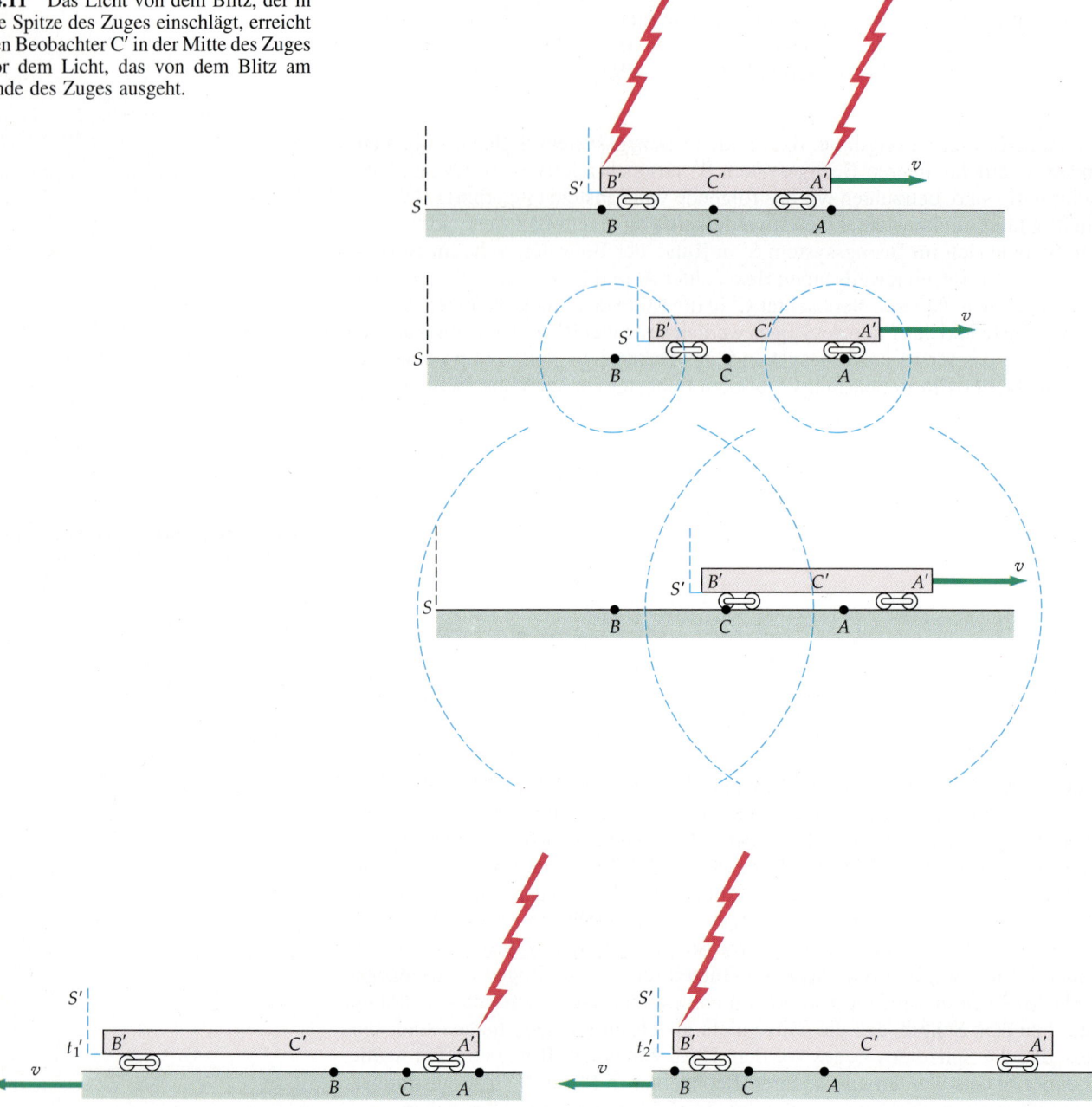

34.12 Die Blitzeinschläge aus Abbildung 34.10 vom Bezugssystem S' des Zuges aus gesehen. In diesem System ist der Abstand zwischen A und B auf dem Bahnsteig kleiner als die Ruhelänge $\ell_{R,Bahnsteig}$. Die Ruhelänge $\ell_{R,Zug}$ ist größer als $\ell_{R,Bahnsteig}$. Der erste Blitz schlägt in der Spitze des Zuges ein, wenn A und A' zusammenfallen. Der zweite Blitz schlägt erst dann am Ende des Zuges ein, wenn B und B' zusammenfallen.

den Punkt B noch nicht erreicht. B' kommt erst bei B an, wenn der Blitz am Ende des Zuges einschlägt.

Im Bezugssystem S schlagen die Blitze gleichzeitig ein. Wir betrachten nun zwei im Bezugssystem S synchronisierte Uhren, die sich an den Punkten A und B auf dem Bahnsteig befinden. Vom Ruhesystem S' des Zuges aus gesehen, bewegen sich Uhren und Bahnsteig am Zug vorbei. In diesem Bezugssystem schlägt zunächst ein Blitz im Punkt A an der Spitze des Zuges ein und etwas später ein weiterer Blitz am Ende des Zuges, das sich nun im Punkt B befindet. Zeigt beispielsweise die Uhr am Punkt A im Augenblick des Blitzeinschlags 12.00 Uhr an, so muß, vom Bezugssystem S' aus gesehen, im selben Augenblick die Uhr am Punkt B eine Zeit vor 12.00 Uhr anzeigen. Auf der B-Uhr ist es erst etwas später, nämlich wenn der Blitz im Punkt B einschlägt, genau 12.00 Uhr. Im Bezugssystem S' sind die Uhren also nicht synchronisiert, die Uhr im Punkt A geht relativ zur Uhr im Punkt B vor. In dieser Uhrenkonstellation wird die Uhr in A auch „führende" Uhr genannt.

Der sich im Bezugssystem S' ergebende Zeitunterschied zweier im Bezugssystem S synchronisierter Uhren läßt sich mit den Gleichungen für die Lorentz-Transformation berechnen. Dazu betrachten wir zwei in S synchronisierte Uhren an den Punkten x_1 und x_2 und berechnen die Zeitpunkte t_1 und t_2, die diese Uhren für einen Zeitpunkt t'_0 in S' anzeigen. Aus (34.19) folgt

$$t'_0 = \gamma \left(t_1 - \frac{vx_1}{c^2}\right)$$

und

$$t'_0 = \gamma \left(t_2 - \frac{vx_2}{c^2}\right)$$

und damit

$$t_2 - t_1 = \frac{v}{c^2}(x_2 - x_1). \qquad 34.23$$

Die führende Uhr am Punkt x_2 geht gegenüber der Uhr am Punkt x_1 um einen Betrag, der proportional zum Ruheabstand $x_2 - x_1$ der Uhren ist, vor.

> Werden zwei Uhren in ihrem Ruhesystem synchronisiert, so sind sie in keinem anderen Bezugssystem synchron. In dem Bezugssystem, in dem die Uhren sich bewegen, geht die führende Uhr um einen Betrag
>
> $$\Delta t_s = \ell_R \frac{v}{c^2}$$
>
> vor (zeigt eine spätere Zeit an), wobei ℓ_R der Ruheabstand der Uhren ist.

Man kann den Zusammenhang auch in allgemeineren, aber anschaulicheren Worten ausdrücken (nach M. Born, *Die Relativitätstheorie Einsteins*, 5. Auflage, Springer, Heidelberg 1969):

> Von irgendeinem Bezugssystem aus beurteilt, scheinen die Uhren jedes anderen dagegen bewegten Systems nachzugehen.

Diese Erkenntnis führt zu als *paradox* bezeichneten Phänomenen, auf die wir später noch eingehen werden.

Fragen

1. Zwei Beobachter bewegen sich relativ zueinander. Unter welchen Bedingungen finden zwei verschiedene Ereignisse für beide Beobachter gleichzeitig statt?
2. Ein Ereignis A finde in einem Bezugssystem vor dem Ereignis B statt. Kann es ein anderes Bezugssystem geben, in dem sich B vor A ereignet?
3. Zwei Ereignisse finden in einem Bezugssystem gleichzeitig und am selben Ort statt. Finden sie auch in anderen Bezugssystemen gleichzeitig statt?

34.6 Der Doppler-Effekt

Die Behandlung des Doppler-Effektes für Schallwellen im Abschnitt 14.9 ergab, daß die Veränderung der Frequenz für eine vorgegebene Geschwindigkeit v davon abhängt, ob sich die Quelle oder der Beobachter mit dieser Geschwindigkeit bewegt. Diese Unterscheidung ist für Schallwellen möglich, weil ein Medium (die Luft) existiert, in der die Bewegung stattfindet. Eine solche Unterscheidung läßt sich für Licht oder andere elektromagnetische Wellen im Vakuum jedoch nicht treffen, denn das Vakuum dient nicht als Medium für die Übertragung dieser Wellen. Die Ausdrücke, die wir für den Doppler-Effekt erhielten, können daher für das Licht nicht gültig sein. Im folgenden wollen wir die für das Licht korrekten relativistischen Gleichungen des Doppler-Effektes herleiten.

Dazu betrachten wir eine Quelle, die sich mit einer konstanten Geschwindigkeit v in Richtung eines Beobachters bewegt, wobei wir im folgenden im Ruhesystem des Beobachters arbeiten. Die Quelle emittiere N elektromagnetische Wellenberge in einem vom Beobachter gemessenen Zeitintervall Δt_B. Während der erste Wellenberg in diesem Zeitintervall eine Entfernung $c\Delta t_B$ zurücklegt, bewegt sich die Quelle um eine Strecke $v\Delta t_B$ auf den Beobachter zu. Die Wellenlänge der vom Beobachter empfangenen Wellen ist daher

$$\lambda' = \frac{c\Delta t_B - v\Delta t_B}{N},$$

und die vom Beobachter gemessene Frequenz der Wellen ist somit

$$\nu' = \frac{c}{\lambda'} = \frac{c}{(c-v)} \frac{N}{\Delta t_B}$$

$$= \frac{1}{(1-v/c)} \frac{N}{\Delta t_B}.$$

Ist die Frequenz der Welle im Ruhesystem der Quelle gleich ν_0, so emittiert sie $N = \nu_0 \Delta t_Q$ Wellenberge im Zeitintervall Δt_Q, wobei Δt_Q ein Eigenzeitintervall ist, da im Ruhesystem der Quelle die Wellenberge immer am selben Ort emittiert werden. Die Zeitintervalle Δt_Q und Δt_B sind über die Gleichung (34.20) für die Zeitdilatation miteinander verbunden. Es gilt $\Delta t_B = \gamma \Delta t_Q$, und wir erhalten für den Fall einer sich auf den Beobachter zubewegenden Quelle

$$\nu' = \frac{1}{(1-v/c)} \frac{N}{\Delta t_B} = \frac{\nu_0 \Delta t_Q}{\Delta t_B} = \frac{\nu_0}{(1-v/c)} \frac{1}{\gamma}$$

oder

$$\nu' = \frac{\sqrt{1-v^2/c^2}}{1-v/c} \nu_0 = \sqrt{\frac{1+v/c}{1-v/c}} \nu_0. \qquad 34.24\,\text{a}$$

Diese Formel unterscheidet sich von der klassischen Gleichung nur durch den Faktor für die Zeitdilatation. Im Fall einer sich vom Beobachter wegbewegenden Quelle ergibt sich

$$\nu' = \frac{\sqrt{1-v^2/c^2}}{1+v/c} \nu_0 = \sqrt{\frac{1-v/c}{1+v/c}} \nu_0. \qquad 34.24\,\text{b}$$

Führt man die Rechnung im Ruhesystem der Quelle durch, so erhält man genau dieselben Ergebnisse. Der Beweis sei dem Leser als Aufgabe (Aufgabe 38) überlassen.

Beispiel 34.3

Das langwelligste Licht der Balmer-Serie von Wasserstoff (siehe Kapitel 35) hat eine Wellenlänge von $\lambda_0 = 656$ nm. Im Licht einer entfernten Galaxie wird die Wellenlänge dieser Linie zu $\lambda' = 1458$ nm gemessen. Wie groß ist die Geschwindigkeit, mit der sich die Galaxie von der Erde wegbewegt?

Substituieren wir $\nu' = c/\lambda'$ und $\nu_0 = c/\lambda_0$ in (34.24b), so erhalten wir

$$\sqrt{\frac{1-v/c}{1+v/c}} = \frac{\nu'}{\nu_0} = \frac{\lambda_0}{\lambda'}.$$

Diese Gleichung läßt sich mit der Abkürzung $\beta = v/c$ noch etwas einfacher schreiben. Quadrieren und Umstellen führt auf

$$\frac{1+\beta}{1-\beta} = \left(\frac{\lambda'}{\lambda_0}\right)^2 = \left(\frac{1458 \text{ nm}}{656 \text{ nm}}\right)^2 = 4{,}94,$$

was sich nach β auflösen läßt:

$$1 + \beta = 4{,}94 - 4{,}94\,\beta,$$

$$\beta = \frac{4{,}94 - 1}{4{,}94 + 1} = 0{,}663 = \frac{v}{c}.$$

Die Galaxie bewegt sich also mit der Geschwindigkeit $v = 0{,}663\,c$ von der Erde weg. Eine derartige Verschiebung des Lichtes zu längeren Wellenlängen heißt **Rotverschiebung**.

34.7 Das Zwillingsparadoxon

Homer und Odysseus seien eineiige Zwillinge. Odysseus reise mit hoher Geschwindigkeit zu einem Planeten weit jenseits des Sonnensystems und kehre schließlich zur Erde zurück, während Homer auf der Erde bleibt. Welcher Zwilling ist nun nach Odysseus' Rückkehr älter – oder sind sie beide gleich alt? Dieses Problem und seine Variationen sind über Jahrzehnte hinweg Gegenstand heftiger Auseinandersetzungen gewesen, obwohl nur wenige die richtige Antwort ablehnten, daß der zu Hause gebliebene Zwilling älter ist. Das Problem stellt ein Paradoxon dar, weil die Zwillinge scheinbar symmetrische Rollen spielen, der Alterungsprozeß jedoch asymmetrisch verläuft. Das Paradoxon läßt sich lösen, wenn man sich vor Augen führt, daß die Rolle der Zwillinge in Wirklichkeit ebenfalls asymmetrisch ist. Das relativistische Ergebnis widerspricht allerdings unserer Anschauung, die auf der festen, jedoch falschen Vorstellung einer absoluten Gleichzeitigkeit beruht. Wir betrachten nun einen Spezialfall mit Zahlenwerten, die zwar nicht praktikabel sind, die die Rechnung jedoch einfach gestalten.

Der Planet P und der auf der Erde zurückbleibende Homer sollen im Bezugssystem S in einem Abstand ℓ_P voneinander ruhen, wie in Abbildung 34.13 gezeigt. Dabei vernachlässigen wir die Bewegung der Erde. Die Bezugssysteme

34.13 Das Zwillingsparadoxon. Die Erde und der Planet P ruhen im Bezugssystem S. Odysseus ruht auf dem Weg zum Planeten im Bezugssystem S' und auf dem Rückweg in S''. Sein Zwillingsbruder Homer bleibt auf der Erde. Nach seiner Rückkehr ist Odysseus jünger als sein Bruder. Die Zwillinge spielen keine symmetrischen Rollen, da Homer in einem Inertialsystem bleibt, während Odysseus zweimal beschleunigt wird, einmal bei der Abreise von der Erde und ein zweites Mal, wenn er die Rückreise nach Hause antritt.

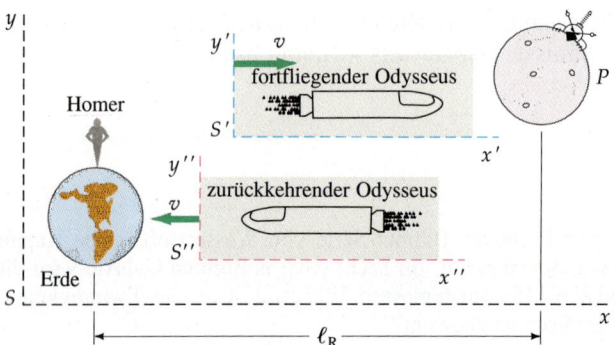

S' und S'' bewegen sich mit der Geschwindigkeit v auf den Planeten zu bzw. vom Planeten fort. Odysseus beschleunigt rasch bis zur Geschwindigkeit v, ruht dann im Bezugssystem S', bis er den Planeten erreicht, an dem er anhält und für einen kurzen Moment in S ruht. Dann beschleunigt er rasch bis zur Geschwindigkeit v in Richtung Erde, ruht in S'', bis er die Erde erreicht und wieder anhält. Wir können annehmen, daß die Beschleunigungszeiten im Vergleich zu den Ruhezeiten vernachlässigbar klein sind, und benutzen nun folgende Werte zur Illustration: $\ell_P = 8$ Lichtjahre und $v = 0{,}8\,c$, so daß $\sqrt{1 - v^2/c^2} = 3/5$ und $\gamma = 5/3$.

Das Problem aus Homers Sicht von der Erde aus zu analysieren, ist einfach. Nach Homers Uhr ruht Odysseus jeweils für einen Zeitraum $\ell_P/v = 10$ Jahren in S' bzw. S''. Homer ist daher zum Zeitpunkt der Rückkehr von Odysseus um 20 Jahre älter. Das Zeitintervall im Bezugssystem S', in dem Odysseus ruht, ist kürzer, da es ein Eigenzeitintervall ist. Odysseus braucht nach seiner Uhr für die Strecke von der Erde zum Planeten

$$\Delta t' = \frac{\Delta t}{\gamma} = \frac{10 \text{ Jahre}}{5/3} = 6 \text{ Jahre} .$$

Da er dieselbe Zeit für den Rückweg benötigt, also ingesamt 12 Jahre, ist er nach seiner Rückkehr 8 Jahre jünger als Homer. Aus Odysseus' Sicht ist die Distanz zwischen Erde und Planet kontrahiert und beträgt nur

$$\ell' = \frac{\ell_R}{\gamma} = \frac{8 \text{ Lichtjahre}}{5/3} = 4{,}8 \text{ Lichtjahre} .$$

Mit einer Geschwindigkeit von $v = 0{,}8\,c$ braucht er, wie bereits erwähnt, nur 6 Jahre für jeden Weg.

Das Problem liegt nun darin, aus Odysseus' Sicht zu verstehen, warum sein Zwillingsbruder in seiner Abwesenheit um 20 Jahre gealtert ist. Wenn wir annehmen, daß Odysseus die ganze Zeit über ruht und Homer sich bewegt, sollte Homers Uhr langsamer gehen und nur $3/5 \cdot 6$ Jahre = 3,6 Jahre für eine Strecke messen. Warum sollte Homer also nicht nur 7,2 Jahre altern? Dies ist nun gerade das Paradoxon. Die Schwierigkeit einer Analyse des Problems aus der Sicht Odysseus' liegt darin, daß er nicht in einem Inertialsystem bleibt. Was passiert genau, wenn Odysseus beschleunigt oder abbremst? Um diese Frage detailliert zu untersuchen, müßten wir beschleunigte Bezugssysteme betrachten. Das aber ist nur mit den Methoden der allgemeinen Relativitätstheorie möglich und geht über den Rahmen des Buches hinaus.

Wir können zu einem gewissen Verständnis der Vorgänge gelangen, wenn wir annehmen, die Zwillinge sendeten regelmäßig Signale aus, so daß sie das Alter des jeweils anderen feststellen könnten. Sie könnten beispielsweise vereinbaren, pro Jahr genau ein Signal zu senden. Die von jedem Zwilling an seinem Ort gemessene Frequenz der hereinkommenden Signale wird natürlich wegen der Doppler-Verschiebung nicht ein Signal pro Jahr sein. Die beobachteten Frequenzen ergeben sich vielmehr aus (34.24a) und (34.24b). Wählen wir $v/c = 0{,}8$ – also $v^2/c^2 = 0{,}64$ –, so bekommen wir für den Fall, daß die Zwillinge sich voneinander entfernen,

$$v' = \frac{\sqrt{1 - v^2/c^2}}{1 + v/c} v_0 = \frac{\sqrt{1 - 0{,}64}}{1 + 0{,}8} v_0 = \frac{1}{3} v_0,$$

und für den Fall, daß sie sich einander nähern, $v' = 3v_0$.

Betrachten wir die Situation zunächst aus Odysseus' Sicht. Während der 6 Jahre, die er von der Erde zum Planeten braucht (die Distanz ist für ihn kontrahiert), mißt er eine Frequenz von 1/3 Signalen pro Jahr, er empfängt also 2 Signale auf dem Hinweg. Nach dem Umkehren erhält er 3 Signale pro Jahr, auf dem gesamten Rückweg also 18 Signale und damit insgesamt 20 Signale. Odysseus erwartet also, daß Homer um 20 Jahre gealtert ist, während für ihn selber erst 12 Jahre vergangen sind.

Betrachten wir nun die Situation aus Homers Sicht. Er mißt eine Frequenz von 1/3 Signalen pro Jahr nicht nur während der 10 Jahre, die Odysseus benötigt, um zum Planeten P zu gelangen, sondern auch noch während der Zeit, die das letzte von Odysseus auf dem Hinweg ausgesendete Signal braucht, um die Erde zu erreichen. Homer kann nicht wissen, daß Odysseus umgekehrt ist, bevor er Signale mit erhöhter Frequenz empfängt. Da der Planet 8 Lichtjahre entfernt ist, erhält er also weitere 8 Jahre lang Signale mit einer Frequenz von 1/3 Signalen pro Jahr, während der ersten 18 Jahre demnach insgesamt 6 Signale. In den verbleibenden 2 Jahren bis zu Odysseus' Rückkehr empfängt Homer 3 Signale pro Jahr, zusammen also 6 Signale. Homer erwartet demnach, daß Odysseus um 12 Jahre gealtert ist.

In dieser Betrachtung wird nun die Asymmetrie in der Rolle der Zwillinge deutlich. Beide Zwillinge kommen zu dem Ergebnis, daß der Zwilling, der beschleunigt wurde, nach seiner Rückkehr jünger ist als der auf der Erde gebliebene.

Die das Zwillingsparadoxon betreffenden Vorhersagen der speziellen Relativitätstheorie wurden an instabilen, geladenen Teilchen überprüft, die so hoch beschleunigt werden können, daß γ sehr viel größer als 1 ist. Die Teilchen lassen sich durch ein Magnetfeld in einer Kreisbahn einfangen, und ihre Lebensdauer kann mit denen identischer Teilchen in Ruhe verglichen werden. In allen solchen Experimenten leben die beschleunigten Teilchen, wie von der Relativitätstheorie vorhergesagt, im Mittel länger. Darüber hinaus konnte man die Vorhersagen durch ein Experiment bestätigen, in dem sehr präzise Atomuhren in Verkehrsflugzeugen um die Erde geflogen wurden. Die Auswertung des Experiments ist jedoch kompliziert, da Gravitationseffekte berücksichtigt werden müssen, und das gelingt nur innerhalb der allgemeinen Relativitätstheorie.

34.8 Die Geschwindigkeitstransformation

Differenzieren wir die Gleichungen der Lorentz-Transformation, so können wir berechnen, wie sich Geschwindigkeiten beim Übergang von einem Bezugssystem zu einem anderen transformieren. Ein Teilchen bewege sich mit der Geschwindigkeit $u'_x = dx'/dt'$ im Bezugssystem S', das sich wiederum relativ zu einem Bezugssystem S mit der Geschwindigkeit v bewegt. Die Geschwindigkeit des Teilchens im Bezugssystem S ist

$$u_x = \frac{dx}{dt}.$$

34 Relativitätstheorie

Aus den Gleichungen (34.16) und (34.17) für die Lorentz-Transformation folgt:

$$dx = \gamma \, (dx' + v \, dt')$$

und

$$dt = \gamma \left(dt' + \frac{v \, dx'}{c^2} \right).$$

Die Geschwindigkeit im Bezugssystem S ist damit

$$u_x = \frac{dx}{dt} = \frac{\gamma \, (dx' + v \, dt')}{\gamma \left(dt' + \dfrac{v \, dx'}{c^2} \right)} = \frac{\dfrac{dx'}{dt'} + v}{1 + \dfrac{v}{c^2} \dfrac{dx'}{dt'}} = \frac{u'_x + v}{1 + v u'_x / c^2}.$$

Besitzt ein Teilchen Geschwindigkeitskomponenten entlang der y- oder z-Achse, so benutzen wir dieselbe Relation zwischen dt und dt' und erhalten mit $dy = dy'$ sowie $dz = dz'$

$$u_y = \frac{dy}{dt} = \frac{dy'}{\gamma \left(dt' + \dfrac{v \, dx'}{c^2} \right)} = \frac{\dfrac{dy'}{dt'}}{\gamma \left(1 + \dfrac{v}{c^2} \dfrac{dx'}{dt'} \right)} = \frac{u'_y}{\gamma \, (1 + v u'_x / c^2)}$$

bzw.

$$u_z = \frac{u'_z}{\gamma \, (1 + v u'_x / c^2)}.$$

Der vollständige Satz an Gleichungen für die relativistische Geschwindigkeitstransformation lautet also:

Relativistische Geschwindigkeitstransformation

$$u_x = \frac{u'_x + v}{1 + v u'_x / c^2}, \qquad 34.25\,\text{a}$$

$$u_y = \frac{u'_y}{\gamma \, (1 + v u'_x / c^2)}, \qquad 34.25\,\text{b}$$

$$u_z = \frac{u'_z}{\gamma \, (1 + v u'_x / c^2)}. \qquad 34.25\,\text{c}$$

Die inversen Transformationsgleichungen sind

$$u'_x = \frac{u_x - v}{1 - v u_x / c^2}, \qquad 34.26\,\text{a}$$

$$u'_y = \frac{u_y}{\gamma \, (1 - v u_x / c^2)}, \qquad 34.26\,\text{b}$$

$$u'_z = \frac{u_z}{\gamma \, (1 - v u_x / c^2)}. \qquad 34.26\,\text{c}$$

Diese Gleichungen unterscheiden sich von dem klassischen und anschaulichen Ergebnis $u_x = u'_x + v$, $u_y = u'_y$ und $u_z = u'_z$, weil die Nenner in (34.25) und (34.26) nicht gleich 1 sind. Für den Grenzfall $v \ll c$ und $u'_x \ll c$, d.h. $\gamma \approx 1$ und $vu'_x/c^2 \ll 1$, gehen die relativistischen Ausdrücke in die klassischen über.

Beispiel 34.4

Ein Überschallflugzeug bewege sich mit einer Geschwindigkeit 1000 m/s (etwa der dreifachen Schallgeschwindigkeit) entlang der x-Achse des Ruhesystems S eines Beobachters. Ein weiteres Flugzeug bewege sich ebenfalls entlang der x-Achse und relativ zum ersten mit der Geschwindigkeit 500 m/s. Wie groß ist die vom Beobachter gemessene Geschwindigkeit des zweiten Flugzeugs?

Nach der klassischen Formel für die Geschwindigkeitsaddition ist die vom Beobachter gemessene Geschwindigkeit des zweiten Flugzeugs 1000 m/s + 500 m/s = 1500 m/s. Bezeichnen wir das Ruhesystem des ersten Flugzeugs, das sich mit $v = 1000$ m/s relativ zum Beobachter bewegt, mit S', und die Geschwindigkeit des zweiten Flugzeugs in S' mit $u'_x = 500$ m/s, so ergibt sich für den relativistischen Korrekturterm für u_x im Nenner von (34.25a)

$$\frac{vu'_x}{c^2} = \frac{(1000)(500)}{(3 \cdot 10^8)^2} \approx 5 \cdot 10^{-12}.$$

Die Korrektur ist so klein, daß für praktische Belange gesagt werden kann, das klassische Ergebnis stimme mit dem relativistischen überein.

Beispiel 34.5

Was ändert sich im Beispiel 34.4, wenn das erste Flugzeug mit der Geschwindigkeit $0{,}8\,c$ und das zweite Flugzeug relativ zum ersten ebenfalls mit der Geschwindigkeit $0{,}8\,c$ fliegen würde?

In diesem Fall gilt für den relativistischen Korrekturterm

$$\frac{vu'_x}{c^2} = \frac{0{,}8\,c \cdot 0{,}8\,c}{c^2} = 0{,}64.$$

Die Geschwindigkeit des zweiten Flugzeugs im Bezugssystem S ist damit

$$u'_x = \frac{0{,}8\,c + 0{,}8\,c}{1 + 0{,}64} = 0{,}98\,c.$$

Dieses Ergebnis unterscheidet sich deutlich von dem auf klassische Weise erzielten Resultat $0{,}8\,c + 0{,}8\,c = 1{,}6\,c$. Allgemein läßt sich mit Hilfe der Gleichung (34.25) zeigen, daß ein Massenpunkt, der sich in einem Bezugssystem mit einer Geschwindigkeit kleiner c bewegt, auch in jedem anderen Bezugssystem eine Geschwindigkeit kleiner c besitzt, wenn die Geschwindigkeit des zweiten Bezugssystems relativ zum ersten kleiner als c ist. In Abschnitt 34.10 werden wir sehen, daß eine unendlich große Energie aufgebracht werden muß, um einen Massenpunkt bis zur Lichtgeschwindigkeit zu beschleunigen. Anders ausgedrückt: Die Lichtgeschwindigkeit c ist für alle massebehafteten Teilchen eine nicht erreichbare Grenzgeschwindigkeit. Masselose Teilchen, beispielsweise Photonen, bewegen sich dagegen immer mit Lichtgeschwindigkeit.

Frage

4. Die Lorentz-Transformationen für y und z stimmen mit den klassischen Beziehungen $y = y'$ und $z = z'$ überein. Die Gleichungen für die relativistische Geschwindigkeitstransformation entsprechen jedoch nicht den klassischen Relationen $u_y = u'_y$ und $u_z = u'_z$. Erklären Sie diesen Sachverhalt!

34.9 Relativistischer Impuls

Wir haben in den letzten Abschnitten gesehen, daß die Einsteinschen Postulate drastische Änderungen in unserer Auffassung von Gleichzeitigkeit und in den Messungen von Zeiten und Längen mit sich bringen. Vielleicht noch wichtiger sind die sich ergebenden Modifikationen unserer Konzepte für Masse, Impuls und Energie. In der klassischen Mechanik ist der Impuls p eines Massenpunkts definiert als das Produkt $p = mu$ der Masse m mit der Geschwindigkeit u. In einem abgeschlossenen System von Massenpunkten ist der Gesamtimpuls des Systems konstant.

In diesem Abschnitt werden wir anhand eines einfachen Gedankenexperiments sehen, daß der klassische Ausdruck für den Impuls, $p = mu$, nur eine Näherung ist. Diese Größe ist somit auch keine Erhaltungsgröße eines abgeschlossenen Systems. Wir betrachten einen Beobachter A in einem Bezugssystem S und einen Beobachter B in einem Bezugssystem S′, das sich relativ zu S mit der Geschwindigkeit v bewegt. Die Beobachter besitzen Bälle der Masse m, die identisch sind, wenn sie sich in Ruhe befinden. Jeder Beobachter wirft seinen Ball in vertikaler Richtung mit einer Geschwindigkeit u_0, so daß der Ball eine Distanz ℓ zurücklegt, einen elastischen Stoß mit dem anderen Ball ausführt und wieder zurückkehrt. Die Abbildung 34.14 zeigt, wie der Stoßprozeß in den beiden Bezugssystemen aussieht. Nach klassischem Verständnis hat jeder Ball einen Vertikalimpuls mu_0. Da die Vertikalkomponenten der Impulse gleich groß sind und entgegengesetztes Vorzeichen besitzen, ist die Vertikalkomponente des Gesamtimpulses vor dem Stoß gleich null. Beim Stoß wird lediglich der Impuls der beiden Bälle umgedreht, so daß die Vertikalkomponente des Gesamtimpulses auch nach dem Stoß gleich null ist.

34.14 a) Der elastische Stoß von zwei identischen Bällen, wie er im Bezugssystem S zu sehen ist. Ist die Vertikalkomponente der Geschwindigkeit des Balls B in S′ gleich u_0, so ist sie u_0/γ in S. b) Derselbe Stoß im Bezugssystem S′. In diesem System hat der Ball A die vertikale Geschwindigkeitskomponente u_0/γ.

Nach der speziellen Relativitätstheorie haben die Vertikalkomponenten der Impulse beider Bälle von den Bezugssystemen der Beobachter aus gesehen nicht den gleichen Betrag und sind nicht entgegengesetzt gerichtet. Werden sie beim Stoß umgekehrt, so bleibt der klassische Impuls daher nicht erhalten. Um das zu zeigen, betrachten wir die Situation zunächst aus der Sicht des Beobachters A in S. Die Geschwindigkeit seines Balles ist $u_{Ay} = +u_0$. Da in S′ für die Geschwindigkeit des Balles, den Beobachter B wirft, $u'_{Bx} = 0$ und $u'_{By} = -u_0$ gilt, folgt mit (34.25b) für die Geschwindigkeitskomponente in y-Richtung im Bezugssystem S: $u_{By} = -u_0/\gamma$. Wird die klassische Beziehung $p = mu$ für den Impuls benutzt, so sind demnach die vertikalen Impulskomponenten für den Beobachter A nicht gleich. Da sich beim Stoß die Richtung des Impulses umkehrt, bleibt zusätzlich der Gesamtimpuls, den der Beobachter A mißt, nicht erhalten. Der Beobachter B kommt durch eine analoge Betrachtung natürlich zu demselben

Ergebnis. Im Grenzfall $u \ll c$ ist $\gamma \approx 1$, und die relativistischen Transformationsgleichungen gehen in die klassischen über, so daß dann der Gesamtimpuls aus der Sicht beider Beobachter erhalten bleibt.

Der Gesamtimpuls eines Systems hat in der klassischen Mechanik deswegen eine große Bedeutung, weil er in allen Prozessen eine Erhaltungsgröße ist, in denen keine äußeren Kräfte auf das System einwirken. Das ist beispielsweise beim Stoß der Fall. Wir haben jedoch andererseits gesehen, daß die Größe $\Sigma m\mathbf{u}$ nur in der Näherung $v \ll c$ erhalten bleibt. Wir werden den relativistischen Impuls $\mathbf{p}$ eines Massenpunkts daher so definieren, daß die folgenden Forderungen erfüllt sind:

1. In Stößen ist $\mathbf{p}$ eine Erhaltungsgröße.
2. Geht u/c gegen null, so strebt $\mathbf{p}$ gegen $m\mathbf{u}$.

Im folgenden befassen wir uns vor allem mit der ersten Forderung. Nehmen wir an, die Größe

$$\mathbf{p} = \frac{m\mathbf{u}}{\sqrt{1 - u^2/c^2}} \qquad 34.27$$

sei der gesuchte **relativistische Impuls**. Bleibt er in elastischen Stößen erhalten? Die zweite Forderung, daß diese Größe gegen $m\mathbf{u}$ strebt, wenn u/c gegen null geht, ist übrigens, wie man leicht sehen kann, erfüllt.

Wenn wir die y-Komponente des relativistischen Impulses beider Bälle im Bezugssystem S berechnen, so werden wir sehen, daß die y-Komponente des relativistischen Gesamtimpulses tatsächlich gleich null ist. Die Geschwindigkeit des Balls A in S ist u_0, die y-Komponente seines relativistischen Impulses also

$$p_{Ay} = \frac{mu_0}{\sqrt{1 - u_0^2/c^2}}.$$

Die Geschwindigkeit des Balles B in S ist etwas komplizierter zu berechnen. Die x-Komponente ist v und die y-Komponente $-u_0/\gamma$. Es folgt

$$u_B^2 = u_{Bx}^2 + u_{By}^2 = v^2 + (-u_0\sqrt{1 - v^2/c^2})^2 = v^2 + u_0^2 - \frac{u_0^2 v^2}{c^2}.$$

Benutzen wir diese Formel, um $\sqrt{1 - u_B^2/c^2}$ zu bestimmen, so erhalten wir

$$1 - \frac{u_B^2}{c^2} = 1 - \frac{v^2}{c^2} - \frac{u_0^2}{c^2} + \frac{u_0^2 v^2}{c^4} = (1 - v^2/c^2)(1 - u_0^2/c^2)$$

und damit

$$\sqrt{1 - u_B^2/c^2} = \sqrt{1 - v^2/c^2}\sqrt{1 - u_0^2/c^2} = \frac{1}{\gamma}\sqrt{1 - u_0^2/c^2}.$$

Die y-Komponente des relativistischen Impulses von Ball B in S ist also

$$p_{By} = \frac{mu_{By}}{\sqrt{1 - u_B^2/c^2}} = \frac{-mu_0/\gamma}{(1/\gamma)\sqrt{1 - u_0^2/c^2}} = \frac{-mu_0}{\sqrt{1 - u_0^2/c^2}}.$$

Wir sehen also, daß $p_{By} = -p_{Ay}$. D.h., die y-Komponente des relativistischen Gesamtimpulses ist gleich null. Zusammenfassend können wir sagen: Falls beim Stoß nur die Geschwindigkeiten umgekehrt werden, bleibt der Gesamtimpuls null und ist demnach eine Erhaltungsgröße.

Gleichung (34.27) läßt sich so interpretieren, daß der relativistische Impuls das Produkt aus der Geschwindigkeit u des Körpers und seiner **relativistischen Masse**

$$m_r = \frac{m_0}{\sqrt{1 - u^2/c^2}}$$

ist. Dabei ist m_0 die Masse des Körpers in seinem Ruhesystem; sie wird mit **Ruhemasse** bezeichnet. Diese Gleichung macht deutlich, daß die Masse eines Körpers anwächst, wenn sich seine Geschwindigkeit erhöht. Bei kleinen Geschwindigkeiten lassen sich m_0 und m_r praktisch nicht voneinander unterscheiden. Wenn u aber in die Größenordnung von c kommt, verhält der Körper sich so, als ob er eine größere Masse hätte. Um mögliche Verwechslungen zu vermeiden, werden wir weder die Ruhemasse m_0 noch die relativistische Masse m_r mit m bezeichnen. Die Ruhemasse m_0 ist in allen Bezugssystemen gleich. Wir schreiben deshalb den relativistischen Impuls als

Relativistischer Impuls
$$\boxed{\boldsymbol{p} = m_r \boldsymbol{u} = \frac{m_0 \boldsymbol{u}}{\sqrt{1 - u^2/c^2}}}.$$
34.28

34.10 Relativistische Energie und Masse-Energie-Äquivalenz

In der klassischen Mechanik ist die resultierende Kraft, die auf einen Massenpunkt einwirkt, gleich der zeitlichen Änderung seines Impulses (vorausgesetzt, die Kraft wird nicht durch eine Gegenkraft kompensiert). Weiterhin ist die Arbeit, die durch diese Kraft verrichtet wird, gleich der Änderung der kinetischen Energie des Massenpunktes. Ganz analog läßt sich in der relativistischen Mechanik die Kraft als zeitliche Änderung des relativistischen Impulses definieren und die Arbeit als Änderung der relativistischen kinetischen Energie. Um den analytischen Ausdruck für die relativistische kinetische Energie zu finden, betrachten wir der Einfachheit halber den eindimensionalen Fall. Es gilt:

$$E_{kin} = \int_{u=0}^{u} \sum F \, ds = \int_{0}^{u} \frac{dp}{dt} \, ds = \int_{0}^{u} u \, dp = \int_{0}^{u} u \, d\left(\frac{m_0 u}{\sqrt{1 - u^2/c^2}}\right),$$
34.29

wobei wir $u = ds/dt$ benutzt haben. In Aufgabe 34.41 wird gezeigt, daß

$$d\left(\frac{m_0 u}{\sqrt{1 - u^2/c^2}}\right) = m_0 \left(1 - \frac{u^2}{c^2}\right)^{-3/2} du.$$

Wenn wir dies in (34.29) einsetzen, erhalten wir

$$E_{kin} = \int_{0}^{u} u \, d\left(\frac{m_0 u}{\sqrt{1 - u^2/c^2}}\right) = \int_{0}^{u} m_0 \left(1 - \frac{u^2}{c^2}\right)^{-3/2} u \, du$$

$$= m_0 c^2 \left(\frac{1}{\sqrt{1 - u^2/c^2}} - 1\right)$$

oder

$$E_{\text{kin}} = \frac{m_0 c^2}{\sqrt{1 - u^2/c^2}} - m_0 c^2 \,. \qquad 34.30$$

Dieser Ausdruck für die kinetische Energie besteht aus zwei Termen. Der erste hängt von der Geschwindigkeit u des Massenpunkts ab, während der zweite Term $m_0 c^2$, unabhängig von der Geschwindigkeit ist und **Ruheenergie** E_0 des Massenpunkts heißt. Die Ruheenergie ist das Produkt aus Ruhemasse und c^2:

$$E_0 = m_0 c^2 \,. \qquad 34.31 \qquad \textit{Ruheenergie}$$

Als **relativistische (Gesamt-)Energie** wird dann die Summe aus kinetischer Energie und Ruheenergie definiert:

$$E = E_{\text{kin}} + m_0 c^2 = \frac{m_0 c^2}{\sqrt{1 - u^2/c^2}} = m_{\text{r}} c^2 \,. \qquad 34.32 \qquad \textit{Relativistische (Gesamt-)Energie}$$

Die relativistische Gesamtenergie eines Massenpunktes entspricht der von einer Kraft an ihm verrichteten Arbeit. Durch diese Arbeit vergrößert sich die Energie des ruhenden Massenpunktes also von $m_0 c^2$ auf $m_{\text{r}} c^2$, wobei m_{r} die relativistische Masse ist.

Eine wichtige Deutung der Beziehung (34.32) ist, daß die bei der Beschleunigung eines Massenpunktes investierte Energie (Arbeit) nicht nur als erhöhte Geschwindigkeit, sondern gleichzeitig auch als Massenzunahme auftaucht. Dies hängt wiederum eng mit der Tatsache zusammen, daß – wie wir in Beispiel 34.7 gesehen haben – die Lichtgeschwindigkeit eine obere, nicht erreichbare (und erst recht nicht überschreitbare) Barriere für die Geschwindigkeit eines Massenpunktes ist. Für $u \to c$ gilt $m_{\text{r}} \to \infty$, und die durch eine gegebene Kraft hervorgerufene Beschleunigung wird immer kleiner. Man kann diese Zusammenhänge auch so interpretieren, daß in der relativistischen Mechanik Energieerhaltung gleichbedeutend ist mit Massenerhaltung oder, anders ausgedrückt: Energie und Masse sind zwei Aspekte ein und derselben Sache. Man spricht daher auch von der **Masse-Energie-Äquivalenz**. Einstein selbst hielt die Gleichung (34.32) für das weitaus wichtigste Resultat der Relativitätstheorie.

Im folgenden werden wir einige Konsequenzen und Anwendungen von Gleichung (34.32) besprechen.

Wir erhalten eine nützliche *Gleichung für die Geschwindigkeit des Massenpunktes*, indem wir Gleichung (34.28) für den relativistischen Impuls mit c^2 multiplizieren und das Ergebnis mit Gleichung (34.32) für die relativistische Energie vergleichen. Es gilt

$$pc^2 = \frac{m_0 c^2 u}{\sqrt{1 - u^2/c^2}} = Eu \,,$$

woraus folgt

$$\frac{u}{c} = \frac{pc}{E} \,. \qquad 34.33$$

Beispiel 34.6

Ein Elektron mit der Ruheenergie 0,511 MeV bewege sich mit der Geschwindigkeit $u = 0,8\,c$. Wie groß sind seine Gesamtenergie, seine kinetische Energie und sein Impuls?

Wir berechnen zunächst den Faktor $1/\sqrt{1 - u^2/c^2}$:

$$\frac{1}{\sqrt{1 - u^2/c^2}} = \frac{1}{\sqrt{1 - 0{,}64}} = \frac{5}{3} = 1{,}67\,.$$

Für die Gesamtenergie gilt

$$E = \frac{m_0 c^2}{\sqrt{1 - u^2/c^2}} = 1{,}67 \cdot 0{,}511 \text{ MeV} = 0{,}853 \text{ MeV}\,.$$

Die kinetische Energie ergibt sich als Differenz aus Gesamtenergie und Ruheenergie:

$$E_{\text{kin}} = E - m_0 c^2 = 0{,}853 \text{ MeV} - 0{,}511 \text{ MeV} = 0{,}342 \text{ MeV}\,.$$

Für den Betrag des Impulses erhalten wir

$$p = \frac{m_0 u}{\sqrt{1 - u^2/c^2}} = 1{,}67 \cdot m_0 \cdot 0{,}8c = \frac{1{,}33 m_0 c^2}{c}$$

$$= \frac{1{,}33 \cdot 0{,}511 \text{ MeV}}{c} = 0{,}680 \text{ MeV}/c\,.$$

Die Einheit MeV/c ist eine gebräuchliche Einheit für den Impuls.

Was läßt sich über den *Zusammenhang zwischen klassischer und relativistischer kinetischer Energie* sagen? Der Ausdruck (34.30) für die kinetische Energie sieht dem klassischen Ausdruck $\frac{1}{2} m_0 u^2$ nicht sehr ähnlich, läßt sich jedoch für den Grenzfall $u \ll c$ in diesen überführen, wenn man $1/\sqrt{1 - u^2/c^2}$ nach (34.2) in eine Reihe entwickelt:

$$\frac{1}{\sqrt{1 - u^2/c^2}} = \left(1 - \frac{u^2}{c^2}\right)^{-1/2}$$

$$= 1 + \frac{1}{2}\frac{u^2}{c^2} + \frac{3}{8}\frac{u^4}{c^4} + \ldots$$

$$\approx 1 + \frac{1}{2}\frac{u^2}{c^2}\,.$$

Wir können die Reihe nach dem zweiten Glied abbrechen und erhalten trotzdem eine gute Näherung, weil der dritte und alle höheren Terme für $u \ll c$ vernachlässigbar klein werden.

Für die kinetische Energie erhalten wir somit

$$E_{\text{kin}} = m_0 c^2 \left(\frac{1}{\sqrt{1 - u^2/c^2}} - 1\right)$$

$$\approx m_0 c^2 \left(1 + \frac{1}{2}\frac{u^2}{c^2} - 1\right)$$

$$\approx \frac{1}{2} m_0 u^2\,.$$

Für kleine Geschwindigkeiten geht der relativistische Ausdruck also in den klassischen über.

Was versteht man unter dem *relativistischen Energiesatz*? In praktischen Anwendungen sind meist eher der Impuls und die Energie eines Massenpunkts als dessen Geschwindigkeit bekannt. Durch Kombination von Gleichung (34.28) für den relativistischen Impuls und von Gleichung (34.32) für die relativistische Energie läßt sich die Geschwindigkeit u eliminieren (siehe Aufgabe 34.27). Das Ergebnis lautet:

$$E^2 = p^2 c^2 + (m_0 c^2)^2 \,. \qquad 34.34$$

Beziehung zwischen Gesamtenergie, Impuls und Ruheenergie

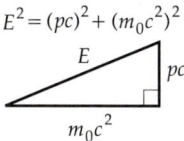

Diese nützliche Beziehung ist als relativistischer Energiesatz bekannt. Man kann ihn sich anhand von Abbildung 34.15 leicht merken. Falls die Energie eines Massenpunkts viel größer als seine Ruheenergie $m_0 c^2$ ist, kann der zweite Term auf der rechten Seite von (34.34) vernachlässigt werden. Es ergibt sich

$$E \approx pc \quad \text{für} \quad E \gg m_0 c^2 \,. \qquad 34.35$$

34.15 Rechtwinkliges Dreieck für den relativistischen Energiesatz.

Für ein masseloses Teilchen wie ein Photon ist (34.35) exakt gültig.

Die Interpretation des Terms $m_0 c^2$ als Ruheenergie ist nicht einfach eine Konvention. Die *Umwandlung von Ruheenergie in kinetische Energie mit entsprechendem Ruhemassendefizit* beobachtet man häufig bei radioaktiven Zerfällen und Kernreaktionen wie der Kernspaltung und -fusion. Wir geben anschließend noch einige Beispiele dafür.

Als erstes Beispiel betrachten wir den vollständig inelastischen Stoß zweier Teilchen, etwa zweier Kerne, die in einem Beschleuniger aufeinandertreffen. Kennzeichen des vollständig inelastischen Stoßes ist, daß die beiden Massen sich im Schwerpunktsystem mit betragsgleichem und entgegengerichtetem Impuls aufeinander zubewegen und nach dem Stoß ruhen. Klassisch betrachtet, geht in diesem Bezugssystem die gesamte kinetische Energie beim Stoß verloren. (Wir wollen hier bewußt davon absehen, daß ein Teil der kinetischen Energie in Wärme umgewandelt wird.) In jedem anderen Bezugssystem fliegen die Teilchen nach dem Stoß mit der Geschwindigkeit des Schwerpunktes weiter, aber das Defizit an kinetischer Energie ist genau so groß wie im Schwerpunktsystem. Wenn wir nun annehmen, die relativistische Energie bleibe erhalten, dann entspricht der Verlust an kinetischer Energie dem Gewinn an Ruheenergie des Systems. Betrachten wir dazu den Stoßprozeß zwischen einem Teilchen mit Ruhemasse $m_{1,0}$, das sich mit einer Anfangsgeschwindigkeit u_1 bewegt, und einem Teilchen mit Ruhemasse $m_{2,0}$ und einer Anfangsgeschwindigkeit u_2. Die Teilchen kollidieren und bleiben zusammen, sie bilden somit ein Teilchen mit Ruhemasse M_0, das sich mit einer Geschwindigkeit u_e bewegt, wie in Abbildung 34.16 gezeigt. Sei E_1 die relativistische Gesamtenergie und $E_{\text{kin},1}$ die kinetische Energie des ersten Teilchens vor dem Stoß, E_2 und $E_{\text{kin},2}$ seien die entsprechenden Energien des zweiten Teilchens. Die ursprüngliche relativistische Gesamtenergie ist

$$E_\text{a} = E_1 + E_2 \,,$$

34.16 Ein vollständig inelastischer Stoß zweier Teilchen. Ein Teilchen der Ruhemasse $m_{1,0}$ stößt mit einem anderen der Ruhemasse $m_{2,0}$ zusammen. Nach dem Stoß bleiben sie miteinander verbunden und bilden ein Teilchen mit Ruhemasse M_0, das sich mit der Geschwindigkeit u_e bewegt, wobei der relativistische Impuls erhalten bleibt. Bei diesem Prozeß geht im klassischen Bild kinetische Energie verloren. Aufgrund der relativistischen Energieerhaltung ist die abgegebene kinetische Energie gleich dem Produkt aus c^2 und dem Zuwachs an Ruhemasse des Systems.

und die ursprüngliche kinetische Energie des Systems ist

$$E_{\text{kin,a}} = E_{\text{kin},1} + E_{\text{kin},2} = (E_1 - m_{1,0}c^2) + (E_2 - m_{2,0}c^2).$$

Nach dem Stoß hat das zusammengesetzte Teilchen die Ruhemasse M_0, die Gesamtenergie E_e und die kinetische Energie $E_{\text{kin,e}} = E_e - M_0 c^2$. Der Verlust an kinetischer Energie des Systems ist damit

$$E_{\text{kin,a}} - E_{\text{kin,e}} = (E_1 + E_2 - m_{1,0}c^2 - m_{2,0}c^2) - (E_e - M_0 c^2). \qquad 34.36$$

Da wir annehmen, daß die relativistische Gesamtenergie erhalten bleibt, gilt also $E_e = E_a = E_1 + E_2$. Einsetzen von $E_1 + E_2 - E_e = 0$ in (34.36) führt auf

$$E_{\text{kin,a}} - E_{\text{kin,e}} = [M_0 - (m_{1,0} + m_{2,0})]\, c^2 = (\Delta m_0)\, c^2, \qquad 34.37$$

wobei $\Delta m_0 = M_0 - (m_{1,0} + m_{2,0})$ der Zuwachs an Ruhemasse des Systems ist.

Zur Illustration nennen wir einige Zahlenbeispiele aus der Atom- und Kernphysik. Dort werden Energien normalerweise in Elektronenvolt (eV) oder Megaelektronenvolt (MeV) angegeben:

$$1\,\text{eV} = 1{,}6 \cdot 10^{-19}\,\text{J}.$$

Eine übliche Einheit für die Masse von Teilchen ist eV/c^2 oder MeV/c^2, da die Ruhemasse gerade die durch c^2 geteilte Ruheenergie des Teilchens ist. In Tabelle 34.1 sind die Ruheenergien für einige Elementarteilchen und leichte Kerne zusammengestellt. Wie man sieht, ist die Ruheenergie (und damit die Ruhemasse) eines Kerns im allgemeinen nicht gleich der Summe der Ruheenergien (Ruhemassen) seiner Bestandteile.

Beispiel 34.7

Ein Deuteron besteht aus einem Proton und einem Neutron. Wie groß ist die Energie, die aufgebracht werden muß, um das Proton und das Neutron voneinander zu trennen?

Aus Tabelle 34.1 entnehmen wir für die Ruheenergie des Deuterons einen Wert von 1875,63 MeV, die des Protons ist 938,28 MeV und die des Neutrons 939,57 MeV. Die Summe der Ruheenergien von Proton und Neutron liegt also um 2,22 MeV höher als die Ruheenergie des Deuterons. Diese Energiedifferenz wird benötigt, um das Deuteron in seine Bestandteile zu zerlegen, und heißt daher **Bindungsenergie** des Deuterons. Man kann dem Deuteron diese Energie durch Beschuß mit Teilchen oder elektromagnetischer Strahlung zuführen.

Bei der Bildung eines Deuterons wird die Bindungsenergie frei. Wenn ein Neutron aus einem Reaktor von einem Proton eingefangen wird und ein Deuteron bildet, so wird die Energie von 2,22 MeV meist in Form elektromagnetischer Strahlung abgegeben.

Das Beispiel 34.7 zeigt eine wichtige Eigenschaft von Atomen und Kernen. Jedes stabile zusammengesetzte Teilchen, wie z. B. das Deuteron (Deuteriumkern) oder ein Heliumkern (bestehend aus zwei Neutronen und zwei Protonen), hat eine Ruhemasse, die kleiner als die Summe der Ruhemassen seiner Bestandteile ist. Die Differenz der Massen multipliziert mit c^2 ist die Bindungsenergie des zusammengesetzten Teilchens. Eine Trennung zusammengesetzter Teilchen kann durch Zufuhr von Energie (beispielsweise elektromagnetischer Strahlung) herbeigeführt werden. Da die Summe der Einzelteilchenmassen nach der Trennung größer ist als die Masse des zusammengesetzten Teilchens, ist in diesem Vorgang Energie in äquivalente Masse umgesetzt worden. Entsprechendes gilt für den umgekehrten Prozeß. Die Bindungsenergien von Atomen und Molekülen liegen

34.10 Relativistische Energie und Masse-Energie-Äquivalenz

Tabelle 34.1 Ruheenergien einiger Elementarteilchen und leichter Kerne. Die Ruhemassen dieser Teilchen erhält man, indem man die Ruheenergie durch c^2 teilt.

Teilchen	Symbol	Ruheenergie/MeV
Photon	γ	0
Elektron (Positron)	e oder e$^-$ (e$^+$)	0,511
Myon	$\mu^\pm$	105,7
Pion	π^0	135
	$\pi^\pm$	139,6
Proton	p	938,280
Neutron	n	939,573
Deuteriumkern	^{2}H oder D	1875,628
Tritiumkern	^{3}H oder T	2808,944
α-Teilchen	^{4}He oder α	3727,409

in der Größenordnung von einigen Elektronenvolt, die Differenz zwischen der Ruhemasse des Moleküls und der Summe der Einzelatommassen ist also vernachlässigbar klein. Die Bindungsenergie von Kernen liegt jedoch in der Größenordnung mehrerer MeV, was zu einer deutlichen Differenz der Ruhemasse des Kerns und der Summe der Nukleonenmassen führt. Einige sehr schwere Kerne, wie z. B. Radiumkerne, sind radioaktiv und zerfallen in einen leichteren Kern, zum Beispiel durch Emission eines α-Teilchens. In diesem Fall hat der ursprüngliche Kern eine höhere Ruheenergie als die Zerfallsprodukte zusammen. Der Energieüberschuß geht in die kinetische Energie der Zerfallsprodukte.

Beispiel 34.8

In einer typischen nuklearen Fusionsreaktion verschmelzen ein Tritiumkern (^{3}H) und ein Deuteriumkern (^{2}H) zu einem Heliumkern (^{4}He), und ein Neutron bleibt übrig:

$$^2\text{H} + {}^3\text{H} \rightarrow {}^4\text{He} + \text{n} .$$

Wieviel Energie wird bei dieser Reaktion frei?

Aus Tabelle 34.1 entnehmen wir, daß die Summe der Ruheenergien des Tritium- und Deuteriumkerns 1875,628 MeV + 2808,944 MeV = 4684,572 MeV ist. Die Summe der Ruheenergien des Heliumkerns und des Neutrons liegt mit 3727,409 MeV + 939,573 MeV = 4666,982 MeV um 17,59 MeV niedriger. Die in der Reaktion freiwerdende Energie ist also 17,59 MeV.

Diese und andere Reaktionen finden kontinuierlich in der Sonne statt, die freiwerdende Energie wird dabei in den Weltraum abgestrahlt. Durch diese Kernfusionen verringert sich die Ruhemasse der Sonne also ständig.

Beispiel 34.9

Ein Wasserstoffatom besteht aus einem Proton und einem Elektron und hat eine Bindungsenergie von etwa 13,6 eV. Um wieviel Prozent ist die Summe der Ruhemassen des Protons und des Elektrons größer als die des Wasserstoffatoms?

Die Summe der Ruheenergien des Protons und Elektrons ist 938,28 MeV + 0,511 MeV = 938,791 MeV, die Summe ihrer Ruhemassen also 938,791 MeV/c^2. Die Masse des Wasserstoffatoms liegt um 13,6 eV/c^2 niedriger. Die prozentuale Differenz ist also:

$$\frac{13{,}6 \text{ eV}/c^2}{938{,}791 \cdot 10^6 \text{ eV}/c^2} = 1{,}45 \cdot 10^{-8} = 1{,}45 \cdot 10^{-6} \% .$$

Die Massendifferenz ist so klein, daß sie sich kaum messen läßt.

Beispiel 34.10

Ein Teilchen der Ruhemasse 2 MeV/c^2 und der kinetischen Energie 3 MeV stößt mit einem ruhenden Teilchen zusammen, dessen Ruhemasse 4 MeV/c^2 beträgt. Nach dem Stoß bleiben die beiden Teilchen miteinander verbunden. Wie groß ist a) der ursprüngliche Gesamtimpuls des Systems, b) die Endgeschwindigkeit und c) die Ruhemasse des Zweiteilchensystems?

a) Da das sich bewegende Teilchen eine kinetische Energie von 3 MeV und eine Ruheenergie von 2 MeV besitzt, ist seine Gesamtenergie $E_1 = 5$ MeV. Seinen Impuls erhalten wir aus (34.34):

$$pc = \sqrt{E_1^2 - (m_0^2 c^2)^2} = \sqrt{(5 \text{ MeV})^2 - (2 \text{ MeV})^2} = \sqrt{21} \text{ MeV}$$

und damit

$$p = 4{,}58 \text{ MeV}/c \ .$$

Dies ist auch der Gesamtimpuls des Systems, da das zweite Teilchen ruht.

b) Wir berechnen die Endgeschwindigkeit des Zweiteilchensystems aus der Gesamtenergie E und dem Impuls p des Systems, indem wir (34.33) verwenden. Aufgrund der Energieerhaltung ist die Gesamtenergie des Systems nach dem Stoß gleich der Summe der ursprünglichen Energien der beiden Teilchen:

$$E_e = E_a = E_1 + E_2 = 5 \text{ MeV} + 4 \text{ MeV} = 9 \text{ MeV} \ .$$

Wegen der Impulserhaltung ist der Impuls des Systems nach dem Stoß gleich dem ursprünglichen Impuls, d.h., $p = 4{,}58$ MeV/c. Die Geschwindigkeit des Zweiteilchensystems nach dem Stoß ist daher

$$\frac{u}{c} = \frac{pc}{E} = \frac{4{,}58 \text{ MeV}}{9 \text{ MeV}} = 0{,}509 \ .$$

c) Wir berechnen die Ruhemasse des Zweiteilchensystems nach (34.34), wobei wir $pc = 4{,}58$ MeV und $E = 9$ MeV setzen. Wir erhalten

$$E^2 = (pc)^2 + (M_0 c^2)^2$$

$$(9 \text{ MeV})^2 = (4{,}58 \text{ MeV})^2 + (M_0 c^2)^2$$

$$M_0 c^2 = \sqrt{81 - 21} \text{ MeV} = 7{,}75 \text{ MeV}$$

$$M_0 = 7{,}75 \text{ MeV}/c^2 \ .$$

Wir können unsere Ergebnisse noch überprüfen, indem wir die kinetische Energie des Anfangs- und Endzustands des Systems berechnen und mit der Differenz in der Ruheenergie des Systems vergleichen. Die kinetische Energie des Anfangszustands ist $E_{\text{kin},a} = 3$ MeV. Die kinetische Energie des Endzustands ist

$$E_{\text{kin},e} = E - M_0 c^2 = 9 \text{ MeV} - 7{,}75 \text{ MeV} = 1{,}25 \text{ MeV} \ .$$

Der Verlust an kinetischer Energie ergibt sich daher zu

$$E_{\text{kin},a} - E_{\text{kin},e} = 3 \text{ MeV} - 1{,}25 \text{ MeV} = 1{,}75 \text{ MeV} \ .$$

Die Ruheenergie des Systems ist im Anfangszustand 2 MeV + 4 MeV = 6 MeV, im Endzustand beträgt sie $M_0 c^2 = 7{,}75$ MeV. Die Ruheenergie nimmt also um 7,75 MeV − 6 MeV = 1,75 MeV zu, was mit dem Verlust an kinetischer Energie übereinstimmt.

34.11 Allgemeine Relativitätstheorie

Einsteins Verallgemeinerung der Relativitätstheorie auf Nicht-Inertialsysteme, die er im Jahr 1916 veröffentlichte, ist als allgemeine Relativitätstheorie bekannt. Sie ist in der mathematischen Formulierung viel komplizierter als die spezielle Relativitätstheorie, und es gibt deutlich weniger Möglichkeiten, sie zu überprüfen. Sie hat jedoch eine immense Bedeutung für unser physikalisches Weltbild. Dieser Bedeutung wegen wollen wir die allgemeine Relativitätstheorie in diesem Buch zumindest kurz streifen.

Die Grundlage der allgemeinen Relativitätstheorie ist das **Äquivalenzprinzip**:

> Ein homogenes Gravitationsfeld ist zu einem gleichmäßig beschleunigten Bezugssystem völlig äquivalent.

Diesem Prinzip begegnet man wegen der Äquivalenz von schwerer und träger Masse bereits in der Newtonschen Mechanik. In einem gleichförmigen Gravitationsfeld erfahren alle Körper unabhängig von ihrer Masse dieselbe Beschleunigung g, da die Gravitationskraft proportional zur schweren Masse ist, während die Beschleunigung umgekehrt proportional zur trägen Masse ist. Betrachten wir dazu ein Raumgebiet, das sich weit weg von jeglicher Materie befindet und einer Beschleunigung a unterliegt, wie in Abbildung 34.17a gezeigt. Im Inneren dieses Gebietes kann kein mechanisches Experiment durchgeführt werden, das einen Hinweis darauf liefert, ob das Gebiet beschleunigt wird oder in einem gleichförmigen Gravitationsfeld $g = a$ ruht, wie in Abbildung 34.17b gezeigt (oder sich in diesem mit konstanter Geschwindigkeit bewegt). In beiden Fällen werden Körper, die fallengelassen werden, eine Beschleunigung $g = -a$ erfahren. Messen Personen innerhalb des Gebietes ihr Gewicht mit einer Federwaage, so ist das Ergebnis ebenfalls in beiden Fällen identisch, nämlich ma.

Einstein ging davon aus, daß das Äquivalenzprinzip in der gesamten Physik, nicht nur in der Mechanik, gilt. Wir betrachten nun einige Konsequenzen dieser Annahme.

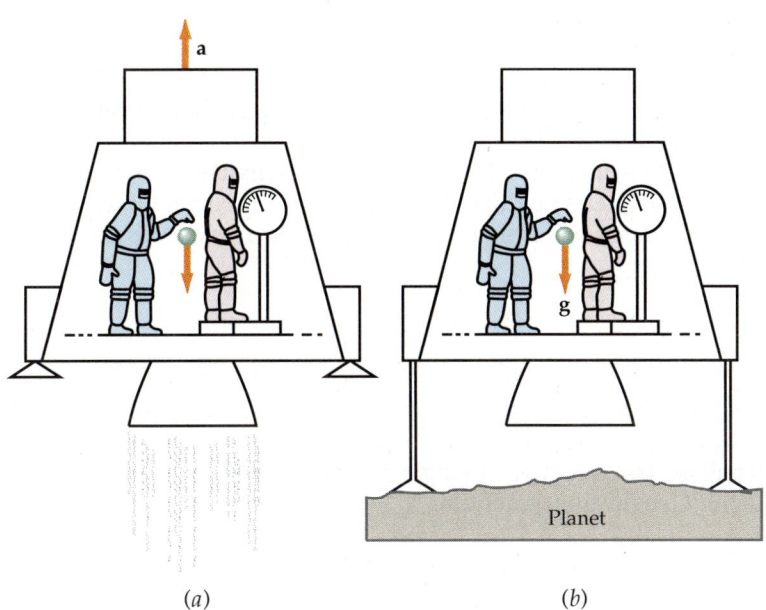

34.17 Die Ergebnisse von Experimenten in einem gleichmäßig beschleunigten Bezugssystem (a) lassen sich nicht von denen in einem gleichförmigen Gravitationsfeld (b) unterscheiden, falls die Beschleunigung a und das Gravitationsfeld g denselben Betrag haben.

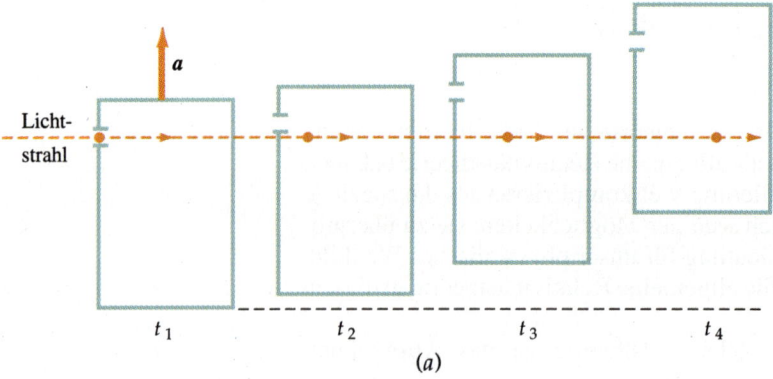
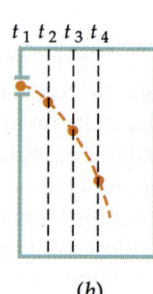

34.18 a) Lichtstrahl, der sich geradlinig durch ein gleichmäßig beschleunigtes Raumgebiet bewegt. Eingezeichnet sind die Positionen des Lichtstrahls zu gleich weit auseinander liegenden Zeitpunkten t_1, t_2, t_3 und t_4. b) Im Bezugssystem des Raumvolumens bewegt sich das Licht entlang einer parabolischen Bahn, genau wie ein horizontal geworfener Ball. Die Vertikalbewegung ist in beiden Teilbildern zur Verdeutlichung stark übertrieben.

Die erste experimentell überprüfbare Schlußfolgerung aus dem Äquivalenzprinzip war die Ablenkung von Licht in einem Gravitationsfeld. Um diesen Effekt zu verstehen, betrachten wir einen Lichtstrahl, der in ein beschleunigtes Raumgebiet eintritt. Abbildung 34.18a zeigt die verschiedenen Positionen des Gebietes (nachfolgend auch Volumen genannt) jeweils nach gleichen Zeitintervallen. Da das Volumen beschleunigt wird, vergrößert sich die nach jedem Zeitintervall zurückgelegte Distanz. Im Inneren des Volumens beschreibt das Licht eine Parabel, wie in Abbildung 34.18 gezeigt. Nach dem Äquivalenzprinzip gibt es jedoch keine Möglichkeit, zwischen einem beschleunigten Volumen und einem in einem gleichförmigen Gravitationsfeld ruhenden bzw. sich gleichförmig bewegenden Volumen zu unterscheiden. Wir schließen daraus, daß das Licht genau wie ein massebehafteter Körper in einem Gravitationsfeld beschleunigt wird. Auch in der Nähe der Erdoberfläche erfährt das Licht eine Beschleunigung, und zwar von 9,81 m/s². Wegen der enormen Geschwindigkeit des Lichts ist dieser Effekt allerdings nur schwer zu messen. Beispielsweise fällt ein Lichtstrahl über eine Distanz von 3000 km, für die er rund 0,01 s braucht, nur um 0,5 mm. Einstein wies darauf hin, daß die Ablenkung von Licht in einem Gravitationsfeld zu beobachten sein müßte, wenn sich Licht von einem weit entfernten Stern nahe an der Sonne vorbeibewegt, wie in Abbildung 34.19 gezeigt. Wegen der Helligkeit der Sonne kann diese Ablenkung normalerweise nicht beobachtet werden, und eine Messung dieses Effektes erfolgte zuerst im Jahr 1919 während einer Sonnenfinsternis. Durch diesen Beweis seiner allgemeinen Relativitätstheorie wurde Einstein weltweit bekannt.

Eine weitere Folgerung aus dem Äquivalenzprinzip ist die Drehung des Merkurperihels um etwa 0,01° pro Jahrhundert – ein Effekt, der bereits lange bekannt war, für den es jedoch vor der allgemeinen Relativitätstheorie keine Erklärung gab.

Eine dritte Folgerung aus der allgemeinen Relativitätstheorie betrifft die Änderung von Zeitintervallen und Lichtfrequenzen in einem Gravitationsfeld. In Kapitel 10 fanden wir für die potentielle Energie zweier Massen M und m im Abstand r

$$E_{\text{pot}} = -\frac{GMm}{r},$$

wobei G die Gravitationskonstante ist und der Nullpunkt der Energieskala so gewählt wurde, daß die Energie für unendlich weit voneinander entfernte Massen gleich null ist. Die potentielle Energie pro Masse im Gravitationsfeld einer Masse M heißt **Gravitationspotential**:

$$\varphi = -\frac{GM}{r}. \qquad 34.38$$

34.19 Die (stark übertriebene) Ablenkung eines Lichtstrahls durch das Gravitationsfeld der Sonne.

Nach der allgemeinen Relativitätstheorie gehen Uhren in Gebieten mit niedrigerem Gravitationspotential langsamer. Der Begriff „niedrig" hat hier eine besondere Bedeutung: Aufgrund des negativen Vorzeichens in (34.38) wird das Gravitationspotential niedriger, wenn sein Betrag steigt. Das Zeitintervall Δt_1 zwischen zwei Ereignissen sei mit einer Uhr gemessen worden, die sich an einem Punkt mit dem Gravitationspotential φ_1 befindet, und Δt_2 sei das Zeitintervall zwischen denselben Ereignissen, aber mit einer Uhr an einem Punkt mit Gravitationspotential φ_2 gemessen. Dann sagt die allgemeine Relativitätstheorie für die relative Differenz der Zeitintervalle einen Wert von etwa

$$\frac{\Delta t_2 - \Delta t_1}{\Delta t} = \frac{1}{c^2}(\varphi_2 - \varphi_1) \qquad 34.39$$

voraus. Da die Differenz normalerweise sehr klein ist, spielt es keine Rolle, durch welches Zeitintervall wir auf der linken Seite dividieren. Eine Uhr in einem Gebiet mit niedrigerem Gravitationspotential geht nach (34.39) langsamer als eine Uhr in einem Gebiet mit höherem (also betragsmäßig kleinerem) Gravitationspotential. Ein angeregtes Atom, das aufgrund von Elektronenübergängen Licht einer bestimmten Wellenlänge, also einer bestimmten Frequenz, aussendet, kann als Uhr angesehen werden. Die Frequenz des abgestrahlten Lichts ist in einem Gebiet mit niedrigem Potential, z.B. in der Nähe der Sonne, kleiner als in einem Gebiet mit höherem Potential, z.B. in der Nähe der Erde. Diese Verschiebung zu einer kleineren Frequenz und damit einer größeren Wellenlänge infolge der Gravitation heißt **Gravitationsrotverschiebung**.

Als letztes Beispiel erwähnen wir die **Schwarzen Löcher**, deren Existenz zuerst von Oppenheimer und Snyder im Jahr 1939 vorhergesagt wurde. Bei Körpern extrem hoher Dichte, beispielsweise Sternen großer Masse am Ende ihrer Entwicklung, kann die Gravitationskraft innerhalb eines kritischen Radius so groß werden, daß nicht einmal Licht oder irgendeine andere elektromagnetische Strahlung aus diesem Gebiet entweichen kann. Der Effekt eines solchen Schwarzen Loches auf Objekte außerhalb des kritischen Radius ist derselbe wie der jedes anderen (normalen) Körpers. Die bemerkenswerteste Eigenschaft Schwarzer Löcher besteht darin, daß keinerlei Information aus dem Inneren nach außen gelangen kann.

Wir greifen zur Herleitung der Beziehung zwischen der Masse und dem Radius eines Schwarzen Lochs auf die Newtonsche Mechanik zurück. Das ist zwar strenggenommen falsch, liefert jedoch dasselbe Resultat wie die relativistische Rechnung. Die Fluchtgeschwindigkeit eines Massenpunkts von der Oberfläche eines Körpers der Masse M mit Radius R ist durch (10.24) gegeben:

$$v_F = \sqrt{\frac{2GM}{R}}.$$

Setzen wir die Fluchtgeschwindigkeit gleich der Lichtgeschwindigkeit und lösen nach dem Radius auf, so erhalten wir den kritischen Radius R_S, der auch **Schwarzschild-Radius** genannt wird:

$$R_S = \frac{2GM}{c^2}. \qquad 34.40$$

Für einen Körper mit der Masse der Sonne liegt der Schwarzschild-Radius bei etwa 3 km. Da von Schwarzen Löchern keine Strahlung ausgeht und ihr Radius extrem klein ist, lassen sie sich nur schwierig beobachten. Die besten Chancen für die Beobachtung hat man bei Doppelsternsystemen, in denen das Schwarze Loch Begleiter eines normalen Sterns ist. Das Schwarze Loch beeinflußt in diesem Fall wesentliche Eigenschaften seines sichtbaren Begleiters. Messungen z.B. der Doppler-Verschiebung des Lichtes, das der normale Stern aussendet, lassen auf die Masse des Begleiters zurückschließen und erlauben eventuell die Entscheidung, ob dieser für ein Schwarzes Loch schwer genug ist. Zur Zeit existieren einige gute Kandidaten, eine zwingende Evidenz liegt jedoch nicht vor.

Zusammenfassung

1. Die spezielle Relativitätstheorie basiert auf den zwei Einsteinschen Postulaten:

   Erstes Postulat: Es gibt kein physikalisch bevorzugtes Bezugssystem.

   Zweites Postulat: Die Lichtgeschwindigkeit im Vakuum ist unabhängig vom Bewegungszustand der Lichtquelle.

   Eine wichtige Folgerung aus diesen Postulaten ist:

   Zweites Postulat (alternative Formulierung): Jeder Beobachter mißt für die Lichtgeschwindigkeit denselben Wert, unabhängig von der Relativbewegung von Quelle und Beobachter.

   Alle Ergebnisse der speziellen Relativitätstheorie lassen sich aus diesen zwei Postulaten herleiten.

2. Mit dem Michelson-Morley-Experiment wurde der Versuch unternommen, eine Absolutbewegung der Erde durch den postulierten Äther zu messen. Dazu wurde die Lichtgeschwindigkeit in Richtung der Erdbewegung mit der Lichtgeschwindigkeit senkrecht zur Erdbewegung verglichen. Das Ergebnis lautet: Die Lichtgeschwindigkeit ist in beiden Richtungen dieselbe. Dieses Resultat steht mit den Einsteinschen Postulaten im Einklang.

3. Die Lorentz-Transformation liefert eine Beziehung zwischen den Koordinaten x, y und z sowie dem Zeitpunkt t eines Ereignisses in einem Bezugssystem S und den Koordinaten x', y' und z' und dem Zeitpunkt t' desselben Ereignisses in einem Bezugssystem S', das sich relativ zu S mit einer Geschwindigkeit v bewegt:

$$x = \gamma (x' + vt') \qquad y = y' \qquad z = z',$$

$$t = \gamma \left(t' + \frac{vx'}{c^2} \right),$$

wobei

$$\gamma = \frac{1}{\sqrt{1 - v^2/c^2}}.$$

Die inverse Transformation lautet:

$$x' = \gamma (x - vt) \qquad y' = y \qquad z' = z,$$

$$t' = \gamma \left(t - \frac{vx}{c^2} \right).$$

Die Gleichungen für die Geschwindigkeitstransformation lauten:

$$u_x = \frac{u'_x + v}{1 + vu'_x/c^2},$$

$$u_y = \frac{u'_y}{\gamma(1 + vu'_x/c^2)},$$

$$u_z = \frac{u'_z}{\gamma(1 + vu'_x/c^2)}.$$

Die dazu inversen Transformationsgleichungen sind:

$$u'_x = \frac{u_x - v}{1 - vu_x/c^2},$$

$$u'_y = \frac{u_y}{\gamma(1 - vu_x/c^2)},$$

$$u'_z = \frac{u_z}{\gamma(1 - vu_x/c^2)}.$$

4. Das Zeitintervall zwischen zwei Ereignissen, die in einem Bezugssystem am selben Ort stattfinden, heißt Eigenzeit. In einem anderen Bezugssystem finden diese Ereignisse an verschiedenen Orten statt, und das Zeitintervall zwischen den Ereignissen ist um einen Faktor γ gedehnt. Dieser Effekt heißt Zeitdilatation. Ein eng damit verbundenes Phänomen ist die Längenkontraktion. Die im Ruhesystem gemessene Länge eines Körpers heißt Ruhelänge ℓ_R. Wird die Länge in einem anderen Bezugssystem gemessen, so beträgt sie ℓ_R/γ, ist also um den Faktor $1/\gamma$ kleiner als die Ruhelänge.

5. Zwei Ereignisse, die in einem Bezugssystem gleichzeitig stattfinden, sind in keinem anderen Bezugssystem, das sich relativ zum ersten bewegt, gleichzeitig. Zwei in ihrem Ruhesystem synchronisierte Uhren sind in einem Bezugssystem, in dem sie sich bewegen, nicht synchron, die führende Uhr geht in diesem Fall um eine Zeit $\Delta t_s = \ell_R v/c^2$ vor. Hierbei ist ℓ_R die Ruhelänge zwischen den Uhren.

6. Die Beziehung zwischen dem relativistischen Impuls eines Massenpunkts und dessen Masse und Geschwindigkeit lautet

$$\boldsymbol{p} = m_r \boldsymbol{u} = \frac{m_0 \boldsymbol{u}}{\sqrt{1 - u^2/c^2}},$$

wobei m_r die relativistische Masse und m_0 die Ruhemasse des Massenpunkts ist.

7. Die kinetische Energie eines Massenpunkts ist durch

$$E_{\text{kin}} = \frac{m_0 c^2}{\sqrt{1 - u^2/c^2}} - m_0 c^2 = \frac{m_0 c^2}{\sqrt{1 - u^2/c^2}} - E_0$$

gegeben, wobei

$$E_0 = m_0 c^2.$$

die Ruheenergie ist. Die relativistische Gesamtenergie ist

$$E = E_{\text{kin}} + E_0 = \frac{m_0 c^2}{\sqrt{1 - u^2/c^2}} = m_{\text{r}} c^2 \ .$$

Die Geschwindigkeit eines Massenpunkts steht zu seinem Impuls und seiner Gesamtenergie in der Beziehung

$$\frac{u}{c} = \frac{pc}{E} \ .$$

Der Zusammenhang zwischen Gesamtenergie, Impuls und Ruheenergie lautet

$$E^2 = p^2 c^2 + (m_0 c^2)^2 \ .$$

Diese Beziehung wird auch relativistischer Energiesatz genannt. Für Massenpunkte, deren Energie viel größer als ihre Ruheenergie ist, gilt die Näherung

$$E \approx pc \quad \text{für} \quad E \gg m_0 c^2 \ .$$

Sie ist für masselose Teilchen wie Photonen exakt gültig.

8. Die gesamte Ruhemasse eines gebundenen Systems von Teilchen, wie z.B. Kernen oder Atomen, ist kleiner als die Summe der Ruhemassen seiner Bestandteile. Die Differenz in der Masse mit c^2 multipliziert ergibt die Bindungsenergie des Systems, d.h. die Energie, die dem System zugeführt werden muß, damit es in seine Bestandteile zerfällt. Die Bindungsenergien von Atomen und Molekülen liegen in der Größenordnung einiger eV oder keV, so daß die Differenz zwischen der Ruhemasse eines Moleküls und der Summe der Einzelatommassen vernachlässigbar klein ist. Die Bindungsenergien von Kernen liegen jedoch in der Größenordnung mehrerer MeV, was zu einer deutlichen Differenz in der Ruhemasse des Kerns und der Summe der Ruhemassen der Nukleonen führt.

9. Die Grundlage der allgemeinen Relativitätstheorie ist das Äquivalenzprinzip: Ein homogenes Gravitationsfeld ist zu einem gleichmäßig beschleunigten Bezugssystem völlig äquivalent. Wichtige experimentelle Prüfsteine der allgemeinen Relativitätstheorie sind die Ablenkung von Licht in einem Gravitationsfeld, die Erklärung der Drehung des Merkurperihels, die Gravitationsrotverschiebung und die Vorhersage der Existenz von Schwarzen Löchern.

Aufgaben

Stufe I

34.2 Das Michelson-Morley-Experiment

1. Bei einer Meßreihe zur Bestimmung der Lichtgeschwindigkeit verwendete Michelson eine Laufstrecke ℓ von 27,4 km. a) Welche Zeit braucht das Licht, um die Strecke 2ℓ zurückzulegen? b) Wie groß ist der klassische Korrekturterm in Gleichung (34.1) in Sekunden ausgedrückt, wenn man annimmt, die Erde bewege sich mit $v = 10^{-4}c$? c) Aus etwa 1600 Messungen erhielt Michelson das Resultat $c = 299\,796 \pm 4$ km/s. Ist dieses Ergebnis genau genug, um den Korrekturterm in Gleichung (34.1) nachweisen zu können?

34.4 Die Lorentz-Transformation

2. Die mittlere Eigenlebensdauer eines Pions ist $2,6 \cdot 10^{-8}$ s. Ein Pionenstrahl habe die Geschwindigkeit $0,85\,c$. a) Wie groß ist die im Laborsystem gemessene Lebensdauer? b) Welche Strecke legen die Pionen im Mittel vor ihrem Zerfall zurück? c) Wie groß ist diese Strecke, wenn die Zeitdilatation vernachlässigt wird?

3. Die mittlere Eigenlebensdauer eines Myons ist 2 µs. In einem Myonenstrahl bewegen sich diese mit der Geschwindigkeit $0,999\,c$. a) Wie groß ist die im Laborsystem gemessene Lebensdauer? b) Welche Strecke legen die Myonen im Mittel vor ihrem Zerfall zurück?

4. Ein Raumschiff verlasse die Erde in Richtung des Sterns Alpha Centauri, der vier Lichtjahre entfernt ist. Die Geschwindigkeit des Raumschiffs betrage $0,75\,c$. Wie lange braucht es für diese Entfernung a) im Ruhesystem der Erde und b) im Ruhesystem eines Astronauten im Raumschiff?

5. Benutzen Sie die Binomialentwicklung (34.2), um folgende Formeln für den Fall $v \ll c$ abzuleiten:

a) $\gamma \approx 1 + \dfrac{1}{2}\dfrac{v^2}{c^2}$

b) $\dfrac{1}{\gamma} \approx 1 - \dfrac{1}{2}\dfrac{v^2}{c^2}$

c) $\gamma - 1 \approx 1 - \dfrac{1}{\gamma} \approx \dfrac{1}{2}\dfrac{v^2}{c^2}$.

Benutzen Sie diese Formeln, wenn möglich, in den folgenden Aufgaben.

6. Überschallflugzeuge erreichen Maximalgeschwindigkeiten von etwa $3 \cdot 10^{-6}\,c$. a) Um welchen Prozentsatz sieht ein Beobachter ein sich mit dieser Geschwindigkeit bewegendes Flugzeug in seiner Länge kontrahiert? b) Wieviel Zeit vergeht nach der Uhr des Piloten, wenn für den Beobachter 1 Jahr = $3,15 \cdot 10^7$ s vergangen sind?

34.5 Uhrensynchronisation und Gleichzeitigkeit

Die Aufgaben 7 bis 11 beziehen sich auf folgende Situation: Ein Beobachter in S′ steckt eine Entfernung $\ell' = 100\,c \cdot \text{min}$ zwischen zwei Punkten A′ und B′ ab und stellt ein Blitzlicht in den Mittelpunkt C′. Er zündet das Blitzlicht und sorgt dafür, daß die Uhren an den Punkten A′ und B′ auf null gestellt werden, wenn der Lichtblitz sie erreicht (siehe Abbildung 34.20). Das System S′ bewege sich relativ zu einem Beobachter C in S, der sich zum Zeitpunkt der Auslösung des Blitzes genau in der Mitte zwischen A′ und B′ befindet, mit der Geschwindigkeit $v = 0,6\,c$ nach rechts. In dem Moment, in dem er den Blitz sieht, stellt er seine Uhr auf null.

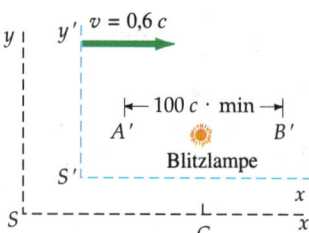

34.20 Zu den Aufgaben 7 bis 11.

7. Wie groß ist die von dem Beobachter C in S gemessene Entfernung der Uhren A′ und B′?

8. Während der Lichtblitz sich in Richtung des Beobachters A′ ausbreitet, bewegt sich dieser mit der Geschwindigkeit $0,6\,c$ in Richtung C. Zeigen Sie, daß die Uhr in S 25 min anzeigt, wenn der Blitz A′ erreicht. (*Hinweis*: In der Zeit t legt das Licht den Weg ct und A′ den Weg $0,6\,ct$ zurück. Die Summe dieser Wege ist gleich der in S gemessenen Entfernung von A′ zum Blitzlicht.)

9. Zeigen Sie, daß die Uhr in S 100 min anzeigt, wenn der Lichtblitz den Beobachter B′ erreicht, der sich mit der Geschwindigkeit $0,6\,c$ von C entfernt.

10. Nach der Uhr des Beobachters in S vergehen zwischen der Wahrnehmung des Lichtblitzes in den Punkten A' und B' 75 min. Wieviel Zeit verstreicht während dieser Zeitspanne auf der Uhr im Punkt A'?

11. Das in Aufgabe 10 berechnete Zeitintervall entspricht der Zeitspanne, um die die Uhr A' von S aus betrachtet gegenüber der Uhr B' vorgeht. Vergleichen Sie das Ergebnis mit $\ell_R v/c^2$.

34.6 Der Doppler-Effekt

12. Wie schnell muß sich ein Beobachter auf eine rote Lichtquelle ($\lambda = 650$ nm) zubewegen, damit sie für ihn grün ($\lambda = 525$ nm) erscheint?

13. Eine entfernte Galaxie bewege sich mit Geschwindigkeit $1{,}85 \cdot 10^7$ m/s von uns fort. Berechnen Sie die relative Rotverschiebung $(\lambda' - \lambda_0)/\lambda_0$ für das Licht der Galaxie.

14. Zeigen Sie, daß für den Fall $v \ll c$ die Doppler-Verschiebung durch $\Delta\nu/\nu \approx \pm v/c$ angenähert werden kann.

15. Licht einer Natriumlinie mit einer Wellenlänge von 589 nm werde von einer Quelle emittiert, die sich relativ zur Erde mit der Geschwindigkeit v bewegt. Die im Bezugssystem der Erde gemessene Wellenlänge sei 620 nm. Berechnen Sie v.

34.7 Das Zwillingsparadoxon

16. Einer Ihrer Freunde, der genauso alt ist wie Sie, reise mit der Geschwindigkeit $0{,}999\,c$ zu einem 15 Lichtjahre entfernten Stern. Er verbringe dort zehn Jahre und kehre mit der Geschwindigkeit $0{,}999\,c$ wieder zurück. Wie lange waren Sie a) aus Ihrer Sicht, b) aus seiner Sicht getrennt?

34.8 Die Geschwindigkeitstransformation

17. Ein Lichtstrahl bewege sich mit Geschwindigkeit c entlang der y'-Achse des Bezugssystems S', das sich seinerseits mit der Geschwindigkeit v in Richtung der x-Achse des Bezugssystems S bewegt. a) Finden Sie die x- und y-Komponente der Lichtgeschwindigkeit in S. b) Zeigen Sie, daß der Betrag der Lichtgeschwindigkeit in S gleich c ist.

18. Ein Teilchen bewege sich mit der Geschwindigkeit $0{,}8\,c$ entlang der x''-Achse des Bezugssystems S'', das sich seinerseits mit der Geschwindigkeit $0{,}8\,c$ in Richtung der x'-Achse des Bezugssystems S' bewegt. Schließlich bewege sich System S' entlang der x-Achse des Bezugssystems S. a) Finden Sie die Geschwindigkeit des Teilchens in S'. b) Wie groß ist die Geschwindigkeit des Teilchens in S?

34.9 Relativistischer Impuls; 34.10 Relativistische Energie und Masse-Energie-Äquivalenz

19. Wieviel Ruhmasse müßte in Energie umgewandelt werden, um a) 1 J zu produzieren, b) eine 100-Watt-Glühbirne zehn Jahre lang leuchten zu lassen?

20. Zeichnen Sie einen Graphen des Impulses p eines Teilchens als Funktion seiner Geschwindigkeit u.

21. a) Berechnen Sie die Ruheenergie eines Gramms Erde. b) Wieviel Geld bekommt man, wenn man diese Energie in elektrische Energie konvertiert und sie für 20 Pfennige pro Kilowattstunde verkauft?

22. Berechnen Sie das Verhältnis der Gesamtenergie zur Ruheenergie für ein Teilchen der Ruhmasse m_0 und der Geschwindigkeit a) $0{,}1\,c$, b) $0{,}5\,c$, c) $0{,}8\,c$ und d) $0{,}99\,c$.

23. Die Gesamtenergie eines Teilchens sei doppelt so groß wie seine Ruheenergie. Berechnen Sie a) u/c des Teilchens. b) Zeigen Sie, daß sein Impuls durch $p = \sqrt{3}\,m_0 c$ gegeben ist.

24. Ein freies Neutron zerfalle in ein Proton und ein Elektron: n $\to$ p + e. (Das dabei ebenfalls auftretende Antineutrino wollen wir hier wegen seiner verschwindenden Masse ignorieren.) Benutzen Sie Tabelle 34.1, um die bei dieser Reaktion freiwerdende Energie zu berechnen.

25. Wieviel Energie wird benötigt, um ein Teilchen der Ruhmasse m_0 aus dem Ruhezustand bis zur Geschwindigkeit a) $0{,}5\,c$, b) $0{,}9\,c$ und c) $0{,}99\,c$ zu beschleunigen? Geben Sie Ihre Ergebnisse in Vielfachen der Ruheenergie an.

26. Wie groß ist der Fehler bei der Benutzung der Formel $p = m_0 u$ für den Impuls eines Teilchens, dessen kinetische Energie gleich seiner Ruheenergie ist?

Stufe II

27. Benutzen Sie (34.28) und (34.32), um die Gleichung $E^2 = p^2 c^2 + m_0^2 c^4$ herzuleiten.

28. Wie lange muß ein Flugzeug mit einer Geschwindigkeit von 2000 km/h fliegen, bis eine im Flugzeug mitgeführte Uhr aufgrund der Zeitdilatation eine Sekunde „verliert"?

29. Benutzen Sie die Binomialentwicklung (34.2) und (34.34), um zu zeigen, daß für den Fall $pc \ll m_0 c^2$ die Gesamtenergie näherungsweise durch

$$E \approx m_0 c^2 + \frac{p^2}{2 m_0}$$

gegeben ist.

30. A und B seien Zwillinge. A reise mit einer Geschwindigkeit von 0,6 c zum Stern Alpha Centauri (vier Lichtjahre von der Erde entfernt) und kehre sofort zurück. Jeder Zwilling sende dem anderen im Abstand von 0,01 Jahren (im jeweiligen Ruhesystem gemessen) Lichtsignale. a) Mit welcher Frequenz erhält B Signale, wenn A sich von ihm wegbewegt? b) Wie viele Signale erhält B mit dieser Frequenz? c) Wie viele Signale erhält B insgesamt, bevor A zurückkehrt? d) Mit welcher Frequenz erhält A Signale, wenn B sich von ihm entfernt? e) Wie viele Signale erhält A mit dieser Frequenz? f) Wie viele Signale erhält A insgesamt? g) Welcher Zwilling ist nach A's Rückkehr jünger und um wie viele Jahre?

31. Im Bezugssystem S finde ein Ereignis B 2 μs nach einem Ereignis A statt. Der Abstand der Ereignisse voneinander betrage $\Delta x = 1{,}5$ km. Wie schnell muß sich ein Beobachter entlang der x-Achse bewegen, damit A und B für ihn gleichzeitig stattfinden? Gibt es einen Beobachter, für den das Ereignis B vor dem Ereignis A stattfindet?

32. Beobachter in einem Bezugssystem S sehen eine Explosion am Ort $x_1 = 480$ m. Eine weitere Explosion finde 5 μs später am Ort $x_2 = 1200$ m statt. Im Bezugssystem S', das sich mit Geschwindigkeit v entlang der x-Achse bewegt, finden die Explosionen am selben Raumpunkt statt. Wie groß ist der Zeitunterschied zwischen den Explosionen in S'?

33. Zeigen Sie, daß die Geschwindigkeit v eines Teilchens mit Ruhemasse m_0 und Gesamtenergie E durch

$$\frac{u}{c} = \left(1 - \frac{(m_0 c^2)^2}{E^2}\right)^{1/2}$$

gegeben ist und daß sich dieser Ausdruck für den Fall $E \gg m_0 c^2$ näherungsweise schreiben läßt als

$$\frac{u}{c} \approx 1 - \frac{(m_0 c^2)^2}{2 E^2}.$$

34. Im Linearbeschleuniger in Stanford werden kleine Pakete aus Elektronen und Positronen aufeinandergeschossen. Im Laborsystem ist jedes Paket etwa 1 cm lang und besitzt einen Durchmesser von 10 μm. Im Kollisionsgebiet besitzt jedes Teilchen eine Energie von 50 GeV, und die Elektronen und Positronen bewegen sich in entgegengesetzter Richtung. a) Wie lang und wie breit ist jedes Paket in seinem Ruhesystem? b) Wie groß muß die Ruhelänge des Beschleunigers mindestens sein, damit beide Enden eines Paketes in seinem eigenen Ruhesystem noch gleichzeitig in den Beschleuniger passen? (Die derzeitige Länge des Beschleunigers beträgt weniger als 1000 m.) c) Wie groß ist die Länge eines Positron-Paketes im Ruhesystem des Elektron-Paketes?

35. Ein Elektron mit Ruheenergie 0,511 MeV besitze eine Gesamtenergie von 5 MeV. a) Berechnen Sie seinen Impuls mit (34.34). b) Berechnen Sie den Wert u/c für das Elektron.

36. Die Ruheenergie des Protons beträgt etwa 938 MeV. Berechnen Sie für den Fall, daß die kinetische Energie ebenfalls den Wert 938 MeV hat, a) seinen Impuls, b) seine Geschwindigkeit.

37. Wie groß ist der prozentuale Fehler, wenn man den Ausdruck $\frac{1}{2} m_0 u^2$ für die kinetische Energie eines Teilchens mit Geschwindigkeit a) 0,1 c und b) 0,9 c benutzt?

38. Beweisen Sie die Gleichung (34.24a) für die Frequenz, die ein Beobachter empfängt, wenn er sich mit Geschwindigkeit v auf eine ruhende Quelle elektromagnetischer Wellen zubewegt.

39. Die Sonne strahlt mit einer Leistung von etwa $4 \cdot 10^{26}$ W. Nehmen Sie an, daß die Energie in einer Reaktion erzeugt wird, deren Nettoeffekt die Verschmelzung von vier Wasserstoffkernen zu einem Heliumkern ist, wobei pro erzeugtem Heliumkern 25 MeV frei werden. Berechnen Sie den Massenverlust der Sonne pro Tag.

40. Das Bezugssystem S' bewege sich mit $v = 0{,}6\,c$ entlang der x'-Achse relativ zum Bezugssystem S. Ein Teilchen, das sich zum Zeitpunkt $t' = 0$ am Punkt $x' = 10$ m befindet, wird plötzlich beschleunigt und bewegt sich dann mit konstanter Geschwindigkeit $c/3$ in negativer x'-Richtung bis zum Zeitpunkt $t'_2 = 60\,m/c$, an dem es abrupt bis zum Stillstand abgebremst wird. Finden Sie a) die in S gemessene Geschwindigkeit des Teilchens, b) die Entfernung, die das Teilchen zurückgelegt hat sowie die Richtung der Bewegung und c) die Zeitspanne für die Bewegung des Teilchens.

41. Zeigen Sie, daß folgende Formel gilt:

$$d\left(\frac{m_0 u}{\sqrt{1 - u^2/c^2}}\right) = m_0 \left(1 - \frac{u^2}{c^2}\right)^{-3/2} du.$$

42. Ein einem Bezugssystem S' fliegen zwei Protonen mit je 0,5 c aufeinander zu. a) Berechnen Sie die Gesamtenergie der beiden Protonen in S'. b) Berechnen Sie die Gesamtenergie der Protonen im Bezugssystem S, das sich relativ zu S' mit 0,5 c bewegt, so daß ein Proton in diesem Bezugssystem ruht.

43. Ein Teilchen der Ruhemasse 1 MeV/c^2 und der kinetischen Energie 2 MeV stoße mit einem ruhenden Teilchen der Ruhemasse 2 MeV/c^2 zusammen. Nach dem Stoß bleiben die Teilchen aneinander gebunden. Berechnen Sie a) die Geschwindigkeit des ersten Teilchens vor dem Stoß, b) die Gesamtenergie des ersten Teilchens vor dem Stoß, c) den ursprünglichen Gesamtimpuls des Systems, d) die gesamte kinetische Energie des Systems nach dem Stoß und e) die Ruhemasse des Systems nach dem Stoß.

44. Der Bahnradius r eines geladenen Teilchens in einem Magnetfeld B hängt mit dem Impuls p des Teilchens über

$$p = Bqr \qquad 34.41$$

zusammen. Diese Gleichung gilt klassisch für den Impuls $p = mu$ und relativistisch für den Impuls $p = m_0 u/\sqrt{1 - u^2/c^2}$. Ein Elektron mit einer kinetischen Energie von 1,50 MeV bewege sich auf einer Kreisbahn senkrecht zu einem magnetischen Feld $B = 5 \cdot 10^{-3}$ T. a) Berechnen Sie den Bahnradius. b) Welches Ergebnis erhalten Sie, wenn Sie die klassischen Beziehungen $p = mu$ und $E_{\text{kin}} = p^2/2m$ benutzen?

45. Ungeachtet ökonomischer und politischer Probleme schlagen Physiker vor, einen Ringbeschleuniger mit Ablenkmagneten einer Feldstärke von 1,5 T um die Erde zu errichten. a) Wie groß wäre die kinetische Energie von Protonen, die sich in diesem Feld mit Radius R_E (= Erdradius) um die Erde bewegten? b) Wie groß wäre die Umlaufperiode der Protonen?

46. Mit einem einfachen Gedankenexperiment zeigte Einstein, daß mit elektromagnetischer Strahlung eine Masse verbunden ist. Betrachten wir einen Kasten der Länge ℓ und Masse M, der auf einer reibungslosen Oberfläche ruht. Am linken Ende des Kastens befinde sich eine Lichtquelle, die Strahlung einer Energie E emittiert, die auf der rechten Seite des Kastens wieder absorbiert wird. Nach der klassischen Theorie des Elektromagnetismus trägt die Strahlung einen Impuls $p = E/c$ (siehe Gleichung 29.24; aber bitte beachten: dort ist die Energie mit dem Symbol W bezeichnet). a) Berechnen Sie die Rückstoßgeschwindigkeit des Kastens bei der Emission unter der Annahme, daß der Impuls erhalten bleibt. (Da p klein ist und M groß, können Sie dazu die Gesetze der klassischen Mechanik anwenden.) b) Bei der Absorption in der rechten Wand des Kastens wird dieser gestoppt, und der Gesamtimpuls ist null. Vernachlässigen wir die sehr kleine Geschwindigkeit des Kastens, so ist die Laufzeit der Strahlung durch den Kasten gleich $\Delta t = \ell/c$. Berechnen Sie die vom Kasten in dieser Zeit zurückgelegte Entfernung. c) Zeigen Sie, daß die elektromagnetische Strahlung die Masse $m = E/c^2$ tragen muß, wenn der Schwerpunkt des Systems in Ruhe bleiben soll.

47. Ein Antiproton $\bar{p}$ besitzt dieselbe Ruheenergie wie ein Proton und läßt sich in der Reaktion $p + p \rightarrow p + p + p + \bar{p}$ erzeugen. Im Experiment werden im Labor ruhende Protonen mit Protonen der kinetischen Energie $E_{\text{kin,L}}$ beschossen. $E_{\text{kin,L}}$ muß so groß sein, daß dabei mindestens ein Betrag von $2m_0c^2$ an kinetischer Energie in Ruheenergie umgewandelt werden kann. Im Laborsystem läßt sich aufgrund der Impulserhaltung nicht die gesamte kinetische Energie in Ruheenergie umwandeln. Im Schwerpunktsystem der zwei ursprünglichen Protonen, in dem sich diese mit gleicher Geschwindigkeit u aufeinander zubewegen, steht der Umwandlung der gesamten kinetischen Energie in Ruheenergie jedoch nichts entgegen. a) Berechnen Sie die Geschwindigkeit u der Protonen für den Fall, daß im Schwerpunktsystem die gesamte kinetische Energie gleich $2m_0c^2$ ist. b) Gehen Sie in das Laborsystem über, das gleichzeitig auch das Ruhesystem eines der Protonen ist, und berechnen Sie die Geschwindigkeit u' des nicht ruhenden Protons. c) Zeigen Sie, daß die kinetische Energie des nicht ruhenden Protons im Laborsystem gleich $6m_0c^2$ ist.

Stufe III

48. Ein Stab mit Ruhelänge ℓ_R liege in einem Winkel θ zu der x-Achse des Bezugssystems S. Zeigen Sie, daß für den Winkel θ' zwischen Stab und x'-Achse des Bezugssystems S', das sich mit Geschwindigkeit v in positiver Richtung der x-Achse bewegt, die Beziehung $\tan \theta' = \gamma \tan \theta$ gilt. Zeigen Sie außerdem, daß die Länge des Stabs in S' gegeben ist durch

$$\ell' = \ell_R \left[\frac{1}{\gamma^2} \cos^2 \theta + \sin^2 \theta \right].$$

49. Ein Teilchen bewege sich mit der Geschwindigkeit u entlang der y-Achse des Bezugssystems S. Zeigen Sie, daß für diesen Spezialfall der Impuls und die Energie des Teilchens im Bezugssystem S durch folgende Gleichungen gegeben sind:

$$p'_x = \gamma \left(p_x - \frac{vE}{c^2} \right) \qquad p'_y = p_y \qquad p'_z = p_z,$$

$$\frac{E'}{c} = \gamma \left(\frac{E}{c} - \frac{vp_x}{c^2} \right).$$

Vergleichen Sie dieses Resultat mit der Lorentz-Transformation für x', y', z' und t'. Die Gleichungen zeigen, daß die Größen p_x, p_y, p_z und E/c sich in derselben Weise transformieren wie x, y, z und ct.

50. Die Gleichung für eine sphärische Wellenfront, die zum Zeitpunkt $t = 0$ vom Ursprung eines Bezugssystems S ausgeht, lautet $x^2 + y^2 + z^2 - (ct)^2 = 0$. Zeigen Sie, daß die Wellenfront auch in einem anderen Bezugssystem S' sphärische Form hat. Sie müssen dabei die Lorentz-Transformation benutzen, um $x'^2 + y'^2 + z'^2 - (ct')^2 = 0$ zu beweisen.

51. In Aufgabe 50 wurde gezeigt, daß die Größe $x^2 + y^2 + z^2 - (ct)^2$ in allen Bezugssystemen denselben Wert, nämlich null, annimmt. Eine solche Größe heißt **Invariante**. Nach den Ergebnissen der Aufgabe 49 muß auch $p_x^2 + p_y^2 + p_z^2 - (E/c)^2$ eine Invariante sein. Zeigen Sie, daß diese Größe in zwei Bezugssystemen S und S' denselben Wert $-m_0 c^2$ annimmt.

52. In einem Bezugssystem S seien zwei Ereignisse um eine Distanz $D = x_2 - x_1$ und eine Zeitspanne $T = t_2 - t_1$ voneinander getrennt. a) Benutzen Sie die Lorentz-Transformation, um zu zeigen, daß in einem Bezugssystem S', das sich mit Geschwindigkeit v relativ zu S bewegt, die Zeitspanne $t_2' - t_1' = \gamma(T - vD/c^2)$ beträgt. b) Zeigen Sie, daß die Ereignisse in S' nur dann gleichzeitig stattfinden können, wenn D größer als cT ist. c) Falls ein Ereignis die *Ursache* für ein anderes ist, muß die Distanz D kleiner als cT sein, da D/c die Mindestlaufzeit eines Signals von x_1 nach x_2 in S ist. Zeigen Sie, daß für den Fall $D < cT$ in allen Bezugssystemen $t_2' > t_1'$ gilt. Dadurch ist nachgewiesen, daß die Ursache der Wirkung in allen Bezugssystemen vorausgeht. d) Nehmen Sie an, ein Signal könne mit einer Geschwindigkeit $c' > c$ ausgesendet werden, so daß im Bezugssystem S die Ursache der Wirkung um $T = D/c'$ vorausgeht. Zeigen Sie, daß in diesem Fall ein Bezugssystem existiert, dessen Geschwindigkeit kleiner als die Lichtgeschwindigkeit ist ($v < c$) und in dem die Wirkung der Ursache vorausgeht.

53. Zwei identische Teilchen der Ruhemasse m_0 bewegen sich in einem Bezugssystem mit einer Geschwindigkeit u aufeinander zu. Die Teilchen kollidieren inelastisch mit einer Feder, die dadurch gestaucht wird (siehe Abbildung 34.21). Ihre gesamte kinetische Energie werde dabei in potentielle Energie der Feder umgewandelt, und die Teilchen ruhen nach dem Stoß. In dieser Aufgabe sollen Sie nachweisen, daß sich aufgrund der Impulserhaltung im System S', in dem eines der beiden Teilchen vor dem Stoß ruht, die Ruhemasse des gesamten Systems nach dem Stoß zu $2m_0/\sqrt{1 - u^2/c^2}$ berechnet. a) Zeigen Sie, daß die Geschwindigkeit des Teilchens, das vor dem Stoß in S' nicht ruht, in diesem Bezugssystem gleich

$$u' = \frac{2u}{1 + u^2/c^2}$$

ist, und benutzen Sie diese Formel, um

$$\sqrt{1 - \frac{u'^2}{c^2}} = \frac{1 - u^2/c^2}{1 + u^2/c^2}$$

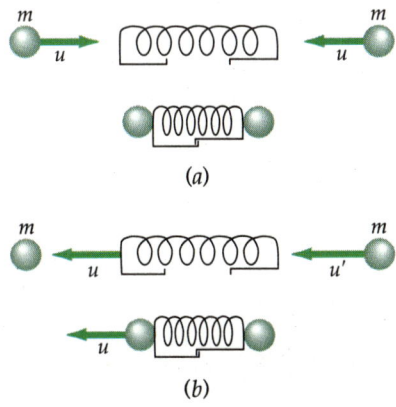

34.21 Zur Aufgabe 53. Ein inelastischer Stoß zweier identischer Teilchen a) im Schwerpunktsystem S und b) im Bezugssystem S', das sich relativ zu S mit der Geschwindigkeit $v = u$ nach rechts bewegt, so daß eines der Teilchen vor dem Stoß ruht. Die als masselos angenommene Feder veranschaulicht die Speicherung potentieller Energie.

abzuleiten. b) Zeigen Sie, daß für den Anfangsimpuls in S' die Beziehung $p' = 2m_0 u/(1 - u^2/c^2)$ gilt. c) Nach dem Stoß bewegt sich das zusammengesetzte Teilchen in S' mit der Geschwindigkeit u (da es in S ruht). Drücken Sie den Impuls des Systems nach dem Stoß in Abhängigkeit der Ruhemasse M_0 des zusammengesetzten Teilchens aus, und leiten Sie aus der Impulserhaltung den Zusammenhang $M_0 = 2m_0/\sqrt{1 - u^2/c^2}$ her. d) Zeigen Sie, daß die Gesamtenergie in beiden Bezugssystemen erhalten bleibt.

54. Eine Scheibe rotiere mit der Winkelgeschwindigkeit ω. In der Mitte der Scheibe und in einer radialen Entfernung r davon befinden sich zwei Uhren. In einem Inertialsystem bewege sich die letztere mit der Geschwindigkeit $u = r\omega$. a) Zeigen Sie, daß für Zeitintervalle Δt_0 auf der ruhenden Uhr und Δt_r auf der sich bewegenden Uhr aus der Zeitdilatation die Beziehung

$$\frac{\Delta t_r - \Delta t_0}{\Delta t_0} \approx \frac{r^2 \omega^2}{2c^2}$$

hergeleitet werden kann, falls $r\omega \ll c$ gilt. b) In einem mit der Scheibe rotierenden Bezugssystem ruhen beide Uhren. Zeigen Sie, daß die Uhr in radialer Distanz r in diesem beschleunigten Bezugssystem einer Pseudokraft $F_r = mr\omega^2$ ausgesetzt ist und daß diese äquivalent zu einem Gravitationspotential $\varphi_r - \varphi_0 = \frac{1}{2} r^2 \omega^2$ ist. Benutzen Sie Gleichung (34.39), um nachzuweisen, daß in diesem Bezugssystem die Differenz der Zeitintervalle dieselbe ist wie im Inertialsystem.

35 Ursprünge der Quantentheorie

Im Kapitel 34 haben wir gesehen, daß die Newtonschen Gesetze modifiziert werden müssen, wenn wir sie auf Objekte anwenden wollen, die sich mit nahezu Lichtgeschwindigkeit bewegen. Um die Jahrhundertwende und in den ersten Jahrzehnten des 20. Jahrhunderts zeigten überraschenderweise viele experimentelle und theoretische Entdeckungen, daß die Gesetze der klassischen Physik auch bei der Anwendung auf mikroskopische Systeme ihre Gültigkeit verlieren. Diese Feststellung hatte ähnlich dramatische Konsequenzen wie das Versagen der Newtonschen Mechanik bei hohen Geschwindigkeiten: Mikroskopische Systeme wie beispielsweise Atome und Atomkerne lassen sich erst durch eine neue Theorie richtig beschreiben, die als *Quantentheorie* oder auch als *Quantenmechanik* bezeichnet wird. Ihr Einfluß auf die weitere Entwicklung unseres Naturverständnisses und der ihr zugrundeliegenden physikalischen Begriffswelt kann gar nicht hoch genug eingeschätzt werden. Sie erzwang in wesentlichen Punkten eine Neuordnung vieler bis dahin als allgemein gültig angesehenen Vorstellungen.

Tabelle 35.1 zeigt einen historischen Abriß der für die Entwicklung der Quantentheorie wegweisenden Experimente und Theorien. Wie man sieht, ist die Formulierung der Quantenmechanik das Ergebnis der Beiträge vieler einzelner Wissenschaftler – ganz im Gegensatz zur Relativitätstheorie, die mit dem Namen eines einzigen Wissenschaftlers, Albert Einstein, verbunden ist. Viele Entdeckungen schienen zunächst nichts miteinander zu tun zu haben, bis sich gegen Ende der zwanziger Jahre eine in sich geschlossene Theorie abzeichnete. Heute bildet die Quantenmechanik die Grundlage für das Verständnis der gesamten mikroskopischen Physik. Obwohl sie äußerst erfolgreich ist, gibt es nach wie vor Debatten über ihre philosophische Interpretation. Wie die spezielle Relativitätstheorie geht auch die Quantenmechanik in die klassische Physik über, wenn wir sie auf makroskopische Systeme anwenden, d.h. auf Objekte, die unserer alltäglichen Erfahrung direkt zugänglich sind.

Die Ursprünge der Quantentheorie liegen nicht etwa in der Entdeckung der Radioaktivität, der Röntgenstrahlung oder der Atomspektren, sondern in der Thermodynamik. Bei dem Versuch, das Strahlungsspektrum eines schwarzen Körpers theoretisch zu beschreiben, sah sich Max Planck zu einer – wie sich bald zeigen sollte – folgenschweren Annahme gezwungen. Danach wird die Strahlungsenergie nicht mehr als eine kontinuierliche Größe behandelt. Sie wird statt dessen in kleinen Paketen, den sog. Quanten, emittiert und absorbiert. Daß diese **Quantisierung** der Strahlungsenergie nicht nur ein Rechentrick ist, sondern eine wichtige und generelle Eigenschaft von Strahlung darstellt, erkannte zuerst Einstein bei seiner Deutung des Photoeffektes. Später wendete dann Niels Bohr die Energiequantisierung auf Atome an. Er entwickelte ein Modell des Wasserstoffatoms, das erstaunlich erfolgreich war. Damit ließen sich die Wellenlängen der von Wasserstoff emittierten Strahlung berechnen. In diesem Kapitel werden wir uns mit der Idee der Energiequantisierung und ihren historischen Ursprüngen beschäftigen.

Tabelle 35.1 Kurzer historischer Abriß einiger bedeutender Experimente und Theorien im Zeitraum von 1881 bis 1932.

1881	Michelson erhält ein Null-Ergebnis für die Absolutbewegung der Erde.
1884	Balmer findet eine empirische Formel für einige Spektrallinien des Wasserstoffs.
1887	Hertz gelingt der Nachweis von elektromagnetischen Wellen, er bestätigt damit die Maxwellsche Theorie und entdeckt den Photoeffekt.
1887	Michelson wiederholt sein Experiment zusammen mit Morley und erhält wieder ein Null-Ergebnis.
1895	Röntgen entdeckt die nach ihm benannte Röntgenstrahlung.
1896	Becquerel entdeckt die Radioaktivität.
1897	J.J. Thomson bestimmt e/m für Kathodenstrahlen und zeigt, daß Elektronen Bausteine von Atomen sind.
1900	Planck erklärt die Hohlraumstrahlung unter Annahme der Energiequantisierung.
1900	Lenard untersucht den Photoeffekt und stellt fest, daß die Energie der Elektronen unabhängig von der Lichtintensität ist.
1905	Einstein stellt seine spezielle Relativitätstheorie auf.
1905	Einstein erklärt den Photoeffekt unter Annahme der Quantisierung des Lichts.
1907	Einstein wendet die Energiequantisierung an, um die Temperaturabhängigkeit der Wärmekapazitäten von Festkörpern zu erklären.
1908	Rydberg und Ritz verallgemeinern Balmers Formel.
1909	Millikans Tröpfchenexperiment beweist die Quantisierung der elektrischen Ladung.
1911	Rutherford beweist die Existenz von Kernen in Atomen durch Streuexperimente mit α-Teilchen.
1912	Friedrich, Knipping und von Laue beobachten Beugungseffekte von Röntgenstrahlung an Kristallen.
1913	Bohr stellt sein Modell des Wasserstoffatoms vor.
1914	Moseley analysiert die Röntgenspektren von Atomen.
1914	Franck und Hertz gelingt der experimentelle Nachweis der Energiequantisierung in Atomen.
1915	Duane und Hunt zeigen, daß die Grenzwellenlänge des Röntgenspektrums durch die Quantentheorie bestimmt ist.
1916	Wilson und Sommerfeld schlagen Quantisierungsbedingungen für ein erweitertes Bohrsches Atommodell vor.
1916	Millikan bestätigt im Experiment Einsteins Gleichung für den Photoeffekt.
1923	Compton beschreibt die Streuung von Röntgenstrahlung an Atomen durch einen Stoßprozeß eines Photons mit einem Elektron und verifiziert seine Ergebnisse experimentell.
1924	De Broglie stellt die Hypothese vom Wellencharakter des Elektrons auf und gibt für das Elektron eine Wellenlänge von h/p an.
1925	Schrödinger entwickelt die Quantenmechanik.
1925	Heisenberg entwickelt die Matrizenmechanik.
1925	Pauli formuliert das nach ihm benannte Pauli-Verbot.
1927	Heisenberg entwickelt die Unschärferelation.
1927	Davisson und Germer beobachten die Beugung von Elektronen an einem Einkristall.
1927	G.P. Thomsen beobachtet Beugung von Elektronen an Metallfolien.
1928	Gamow, Condon und Gurney wenden die Quantenmechanik auf den α-Zerfall an.
1928	Dirac entwickelt die relativistische Quantenmechanik und sagt die Existenz des Positrons voraus.
1932	Chadwick entdeckt das Neutron.
1932	Anderson entdeckt das Positron.

35.1 Strahlung des schwarzen Körpers und Plancksches Wirkungsquantum

Am Ende des 19. Jahrhunderts war die Spektralverteilung der Strahlung eines schwarzen Körpers eines der rätselhaftesten physikalischen Phänomene. Wir haben die Eigenschaften eines schwarzen Körpers schon im Abschnitt 16.3 kennengelernt, wiederholen an dieser Stelle jedoch noch einmal die wesentlichen Ergebnisse. Ein schwarzer Körper ist im Idealfall ein System, das die gesamte einfallende Strahlung absorbiert. Eine gute experimentelle Realisierung eines solchen Körpers ist der in Abbildung 35.1 gezeigte Hohlraum mit einer sehr kleinen Öffnung. Man spricht daher häufig auch von der **Hohlraumstrahlung**, wenn man die Strahlung des schwarzen Körpers meint. In dem Hohlraum befindet sich die Strahlung im thermischen Gleichgewicht mit den Wänden, die die Strahlung ständig emittieren und absorbieren. Durch das Loch kann die Strahlung in den Hohlraum eindringen und natürlich auch austreten. Die Wände werden auf einer gleichmäßigen Temperatur gehalten, die sich variieren läßt. Das Loch muß deshalb klein sein, damit das thermische Gleichgewicht in dem Hohlraum durch die ein- und austretende Strahlung so wenig wie möglich gestört wird. Die Eigenschaften der Strahlung in diesem Hohlraum hängen nur von der Temperatur der Wände ab. Bei Temperaturen unterhalb von 600 °C ist die thermische Strahlung eines schwarzen Körpers nicht sichtbar, da ein Großteil der Energie über den infraroten Bereich des elektromagnetischen Spektrums verteilt ist. Wird der Körper über diese Temperaturen hinaus erhitzt, so steigt die von ihm abgestrahlte Energie nach dem Stefan-Boltzmann-Gesetz (Gleichung 16.17) an, und ihr Strahlungsmaximum verschiebt sich zu kleineren Wellenlängen. Zwischen 600 und 700 °C liegt hinreichend viel Energie im sichtbaren Spektrum, um den Körper dunkelrot erscheinen zu lassen, bei noch höheren Temperaturen erscheint der Körper hellrot oder sogar weißglühend.

Abbildung 35.2 zeigt die von einem schwarzen Körper abgestrahlte Leistung in Abhängigkeit von der Wellenlänge für drei verschiedene Temperaturen. Wir nennen diese Kurven **Spektralverteilungen**. Die Größe P ist die pro Wellenlänge abgestrahlte Leistung, sie ist eine Funktion der Wellenlänge λ und der Temperatur T und heißt **Spektralverteilungsfunktion**. Sie besitzt an der Stelle

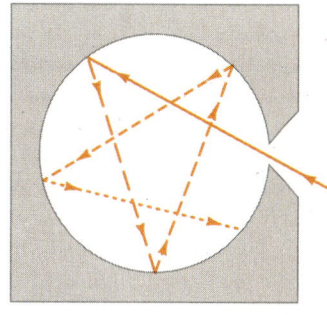

35.1 Experimentelle Realisierung eines schwarzen Körpers. Die durch die kleine Öffnung einfallende Strahlung wird an den Wänden reflektiert und nahezu vollständig absorbiert. Die Wahrscheinlichkeit für ein Entweichen durch die Öffnung ist sehr gering.

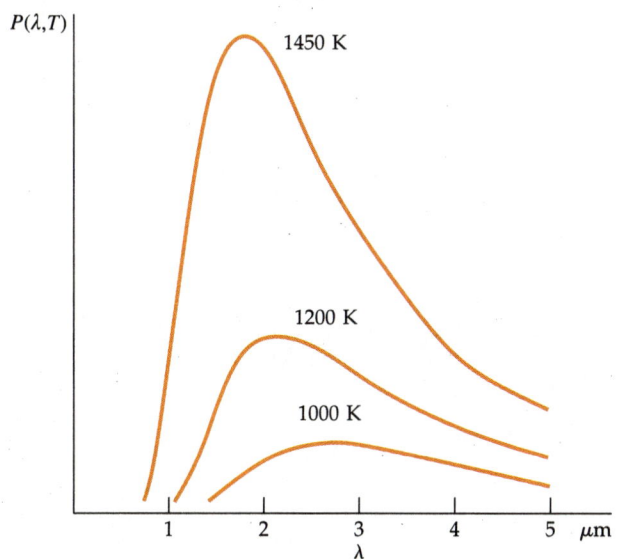

35.2 Spektralverteilungen der Hohlraumstrahlung für drei verschiedene Temperaturen.

35 Ursprünge der Quantentheorie

$\lambda_{\max}$ ein Maximum, das man mit dem im Abschnitt 16.3 behandelten Wienschen Verschiebungsgesetz (Gleichung 16.21) berechnen kann:

$$\lambda_{\max} = \frac{2{,}898\ \text{mm}\cdot\text{K}}{T}.$$

Die Spektralverteilungsfunktion $P(\lambda,T)$ läßt sich innerhalb der klassischen Thermodynamik ohne großen Aufwand bestimmen. Das Ergebnis dieser Rechnung ist das **Rayleigh-Jeans-Gesetz**

$$P(\lambda,T) = \frac{8\pi k_B T}{\lambda^4}, \qquad 35.1$$

wobei k_B die Boltzmann-Konstante ist. Vergleicht man diese Verteilungsfunktion mit der experimentell gewonnenen Verteilung in Abbildung 35.3, so stellt man fest: Eine gute Übereinstimmung gibt es nur im Bereich großer Wellenlängen und eine sehr deutliche Abweichung im Bereich kleiner Wellenlängen. Für den Grenzwert $\lambda \to 0$ geht die experimentell bestimmte Spektralverteilung $P(\lambda,T)$ gegen null, die berechnete Verteilungsfunktion jedoch gegen unendlich, da sie proportional zu λ^{-4} ist. Nach der klassischen Thermodynamik würden schwarze Strahler bei kurzen Wellenlängen also unendlich viel Energie emittieren. Dieses Resultat bezeichnet man als **Ultraviolettkatastrophe**.

Im Jahr 1900 gelang Max Planck die Herleitung einer Verteilungsfunktion $P(\lambda,T)$, die mit den experimentellen Daten im gesamten Wellenlängenbereich übereinstimmt. Dazu war allerdings eine merkwürdige Änderung in der klassischen Berechnung notwendig. Abbildung 35.3 zeigt die Plancksche Verteilungsfunktion für eine Temperatur von 1600 K und die zugehörigen experimentellen Werte sowie die klassische Verteilungsfunktion nach Rayleigh-Jeans. Planck suchte bei seiner Herleitung der Verteilungsfunktion, die die experimentellen Daten richtig wiedergibt, nach einer Korrekturmöglichkeit in der klassischen Berechnung. Diese Suche war von Erfolg gekrönt, als er sich entschloß, die Energie des schwarzen Körpers nicht als eine kontinuierliche Größe zu betrachten, sondern anzunehmen, daß sie in kleinen, diskreten Paketen, sog. Quanten, emittiert und absorbiert wird. Die Energie eines Quantums ist dabei proportional zur Frequenz der Strahlung:

$$E = h\nu. \qquad 35.2$$

Max Planck (1858–1957) (Foto: Max-Planck-Gesellschaft)

Quantisierung der Strahlungsenergie

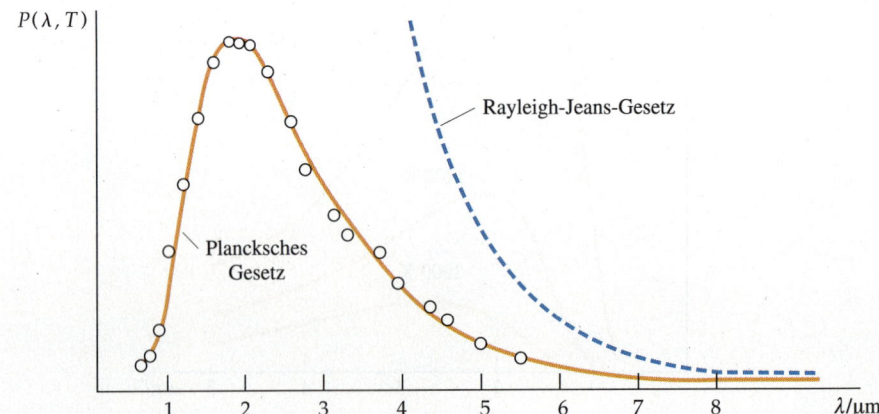

35.3 Spektralverteilung der Hohlraumstrahlung für eine Temperatur von 1600 K. Die Berechnung der Spektralverteilungsfunktion in der klassischen Theorie ergibt das Rayleigh-Jeans-Gesetz, das mit den experimentellen Daten nur im Bereich großer Wellenlängen übereinstimmt.

Die Größe h ist eine Porportionalitätskonstante, die als **Plancksche Konstante** bzw. als **Plancksches Wirkungsquantum** bezeichnet wird. Planck bestimmte ihren Wert durch Anpassung der Spektralverteilungsfunktion an die experimentellen Daten. Der heutige Standardwert liegt bei

$$h = 6{,}626 \cdot 10^{-34}\ \text{J}\cdot\text{s} = 4{,}136 \cdot 10^{-15}\ \text{eV}\cdot\text{s}\ . \qquad 35.3$$

Planck konnte die Konstante h nicht in die klassische Physik einpassen. Die fundamentale Bedeutung der durch (35.2) gegebenen Energiequantisierung erkannte man erst, als Einstein auf ihrer Grundlage den photoelektrischen Effekt erklärte. Bei seinen Überlegungen ging er über Max Planck hinaus und nahm an, daß die Energiequantisierung nicht bloß eine mathematische Hilfskonstruktion ist, sondern eine fundamentale Eigenschaft der elektromagnetischen Strahlung.

35.2 Der photoelektrische Effekt

Im Jahr 1905 verwendete Einstein Plancks Idee der Energiequantisierung zur Erklärung des photoelektrischen Effekts. (Dafür – und nicht für die Entwicklung der Relativitätstheorie – erhielt er im Jahr 1921 den Nobelpreis.) Drei Jahre später wendete er die Energiequantisierung auf ein weiteres ungelöstes physikalisches Problem an, und zwar die Berechnung der experimentell bestimmten spezifischen Wärmekapazität von Festkörpern bei niedrigen Temperaturen. Niels Bohr war schließlich der erste, der die Energiequantisierung zur Beschreibung von Atomspektren heranzog.

Der photoelektrische Effekt, kurz Photoeffekt, wurde von Heinrich Hertz im Jahr 1887 entdeckt und von Philipp Lenard im Jahr 1900 näher untersucht. Abbildung 35.4 zeigt einen entsprechenden Versuchsaufbau. Fällt Licht auf die Metalloberfläche der Kathode K, so werden dort Elektronen herausgeschlagen. Wenn einige von ihnen die Anode A erreichen, so fließt ein Strom im äußeren Stromkreis. Den Elektronenstrom kann man steuern, indem man an die Anode eine gegenüber der Kathode positive bzw. negative Spannung U anlegt. Abbildung 35.5 zeigt den Strom I in Abhängigkeit von der Spannung U für zwei verschiedene Lichtintensitäten. Bei einer positiven Spannung werden die Elektronen zur Anode hin beschleunigt. Ist U groß genug, so erreichen alle emittierten Elektronen die Anode. Eine weitere Erhöhung der Spannung U führt also zu keinem größeren Strom; es stellt sich daher ein Maximalwert ein, den man auch als Sättigungswert bezeichnet. Lenard beobachtete, daß dieser Sättigungswert proportional zur einfallenden Lichtintensität ansteigt. Legt man zwischen Anode und Kathode eine negative Spannung $-U$ an, so werden die Elektronen, die in Richtung Anode fliegen, abgebremst. Es treffen daher nur die Elektronen auf der

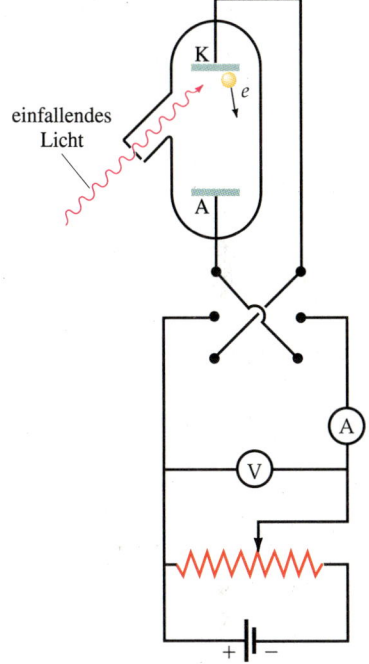

35.4 Schematische Darstellung einer Apparatur zur Untersuchung des Photoeffekts. Licht trifft auf die Kathode K und schlägt Elektronen aus dieser heraus. Die Anzahl der Elektronen, die die Anode A erreichen, wird durch eine Messung des durch die Röhre fließenden Stroms bestimmt. An die Anode kann eine relativ zur Kathode positive oder negative Spannung angelegt werden, um die Elektronen anzuziehen bzw. abzustoßen.

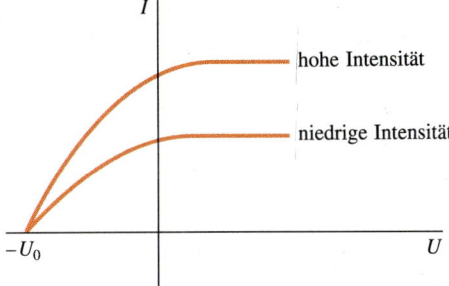

35.5 Der sogenannte Photostrom I in Abhängigkeit der Spannung U für zwei verschiedene Lichtintensitäten. Ist U kleiner als U_0, so fließt kein Strom. Der für große Spannungen U beobachtete Sättigungsstrom ist proportional zur Intensität des einfallenden Lichts.

Anode auf, deren kinetische Energie $\frac{1}{2}mv^2$ größer als eU ist. Überschreitet $|U|$ die maximale Bremsspannung $|U_0|$ (liegt $-U$ in Abbildung 35.5 also unterhalb von $-U_0$), so erreichen schließlich gar keine Elektronen mehr die Anode, und der Strom I wird null. Zwischen der maximalen Bremsspannung und der maximalen kinetischen Energie der Elektronen besteht also die Beziehung

$$\left(\frac{1}{2}mv^2\right)_{\max} = eU_0.$$

Daß die maximale Bremsspannung $-U_0$ nicht von der Lichtintensität des einfallenden Lichts abhängt, war überraschend. Nach dem klassischen Verständnis sollte eine Erhöhung der auf die Kathode treffenden Lichtintensität zu einem Anstieg der von einem Elektron absorbierten Energie und damit auch zu einer größeren kinetischen Energie der emittierten Elektronen führen. Offensichtlich war dies jedoch nicht der Fall. Einstein gelang eine Klärung dieses experimentellen Ergebnisses, indem er postulierte: Licht ist nicht kontinuierlich im Raum verteilt, sondern in kleinen Paketen, den sog. **Photonen**, quantisiert. Die Energie eines jeden Photons ist dabei gleich $h\nu$, wobei h das Plancksche Wirkungsquantum und ν die Frequenz des Lichts ist. Ein durch Licht aus einer Metalloberfläche herausgeschlagenes Elektron erhält die Energie eines einzigen Photons. Wird die Lichtintensität erhöht, so fallen mehr Photonen pro Zeit auf die Metalloberfläche, die von einem Elektron absorbierte Energie erhöht sich jedoch nicht. Ist W_A die Arbeit, die verrichtet werden muß, um das Elektron aus der Metalloberfläche zu lösen, so gilt für die maximale kinetische Energie:

Einsteins photoelektrische Gleichung

$$\left(\frac{1}{2}mv^2\right)_{\max} = eU_0 = h\nu - W_A. \qquad 35.4$$

Die sog. **Austrittsarbeit** W_A hängt vom jeweiligen Metall ab. Einige Elektronen haben eine geringere kinetische Energie als $h\nu - W_A$, da sie durch Stöße im Metall Energie verlieren, bevor sie austreten. Betrachten wir die Gleichung noch einmal genauer. Wenn wir die maximale Bremsspannung gegen die Frequenz des einfallenden Lichtes auftragen, erhalten wir eine Gerade, deren Steigung gleich h/e ist.

Einsteins photoelektrische Gleichung war zunächst eine kühne Vermutung, da es keinerlei Hinweise gab, ob man das Konzept des Planckschen Wirkungsquantums auch außerhalb der Strahlung des schwarzen Körpers anwenden konnte. Experimentelle Daten lagen nicht vor, die eine Abhängigkeit der maximalen Bremsspannung von der Frequenz gezeigt hätten. Der experimentelle Nachweis war schwierig. Erst in den Jahren 1914 und 1916 gelang es R.C. Millikan, diese

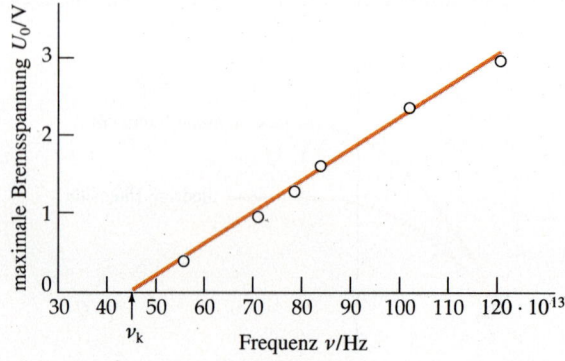

35.6 Millikans Meßwerte für die maximale Bremsspannung U_0 in Abhängigkeit von der Frequenz ν. Die Meßpunkte liegen auf einer Geraden mit Steigung h/e, wie es Einstein vorhergesagt hatte.

Vorhersage im Experiment zu bestätigen. Der von ihm gemessene Wert für h stimmte mit dem überein, den Planck abgeleitet hatte. In Abbildung 35.6 sind Millikans Meßdaten aufgetragen.

Für jedes Metall existiert eine Grenzfrequenz ν_k, unterhalb deren keine Elektronenemission mehr auftritt, da die einfallende Strahlungsenergie dann geringer ist als die benötigte Austrittsarbeit. Dieser Grenzfrequenz entspricht eine Grenzwellenlänge λ_k. Aus (35.4) läßt sich eine Beziehung zwischen der Grenzfrequenz bzw. der Grenzwellenlänge und der Austrittsarbeit ableiten, indem man die kinetische Energie der Elektronen null setzt. Es folgt:

$$W_A = h\nu_k = \frac{hc}{\lambda_k}. \qquad 35.5$$

Die Austrittsarbeit für Metalle beträgt typischerweise einige Elektronenvolt. Da Wellenlängen meist in Nanometern und Energien oft in Elektronenvolt angegeben werden, ist es nützlich, den Wert für hc in diesen Einheiten auszudrücken. Es gilt

$$\begin{aligned} hc &= 4{,}14 \cdot 10^{-15} \text{ eV} \cdot \text{s} \cdot 3 \cdot 10^8 \text{ m/s} \\ &= 1{,}24 \cdot 10^{-6} \text{ eV} \cdot \text{m} = 1240 \text{ eV} \cdot \text{nm}. \end{aligned} \qquad 35.6$$

Beispiel 35.1

Berechnen Sie die Energie von Photonen der Wellenlängen 400 nm (violett) und 700 nm (rot). Diese Wellenlängen stellen etwa die beiden Enden des sichtbaren Spektrums dar.

Nach 35.3 gilt

$$E = h\nu = \frac{hc}{\lambda} = \frac{1240 \text{ eV} \cdot \text{nm}}{400 \text{ nm}} = 3{,}1 \text{ eV}$$

für eine Wellenlänge von $\lambda = 400$ nm. Für $\lambda = 700$ nm beträgt die Energie der Photonen 4/7 dieses Wertes, also 1,77 eV. Das sichtbare Licht enthält also Photonen der Energien 1,8 eV bis 3,0 eV.

Beispiel 35.2

Die Intensität des Sonnenlichtes an der Oberfläche der Erde beträgt etwa 1400 W/m². Berechnen Sie die Anzahl von Photonen, die in einer Sekunde auf eine Fläche von 1 cm² treffen. Gehen Sie dabei von der Annahme aus, daß die durchschnittliche Photonenenergie 2 eV beträgt. Dies entspricht einer Wellenlänge von etwa 600 nm.

Die auf die Erdoberfläche treffende Energie pro Sekunde und Quadratzentimeter beträgt 0,14 J/cm². Da jedes Photon die Energie 2 eV trägt, ist die Anzahl der Photonen:

$$N = \frac{0{,}14 \text{ J}}{2 \text{ eV}} = 4{,}38 \cdot 10^{17}.$$

Aufgrund dieser großen Zahl können wir die Quantisierung der Energie nicht wahrnehmen – wie auch in den meisten anderen alltäglichen Situationen.

Beispiel 35.3

Die Grenzwellenlänge für Kalium liegt bei 564 nm. a) Wie groß ist die Austrittsarbeit W_A? b) Wie groß ist die maximale Bremsspannung U_0 für einfallendes Licht der Wellenlänge 400 nm?

a) Aus 35.5 folgt für die Austrittsarbeit

$$W_A = h\nu_k = \frac{hc}{\lambda_k} = \frac{1240 \text{ eV} \cdot \text{nm}}{564 \text{ nm}} = 2{,}20 \text{ eV} \; .$$

b) Die Energie eines Photons mit Wellenlänge 400 nm beträgt nach Beispiel 35.1 3,1 eV. Daraus ergibt sich eine maximale kinetische Energie der Elektronen von

$$\left(\frac{1}{2} m v^2\right)_{\max} = eU_0 = h\nu - W_A = 3{,}10 \text{ eV} - 2{,}20 \text{ eV} = 0{,}90 \text{ eV} \; .$$

Die maximale Bremsspannung beträgt daher $-0{,}9$ V.

Eine weitere interessante Beobachtung beim Photoeffekt ist das Fehlen jeglicher Zeitverzögerung vom Auftreffen des Lichtes auf der Metalloberfläche bis zur ersten Elektronenemission. Innerhalb der klassischen Theorie ist eine solche Zeitverzögerung zu erwarten, da die von der Oberfläche absorbierte Energie proportional zur Lichtintensität, der Belichtungsdauer und der Größe der beleuchteten Fläche sein sollte. Eine Elektronenemission wäre demnach auch dann möglich, wenn man bei geringerer Intensität einfach die Belichtungszeit erhöht. Ein solcher Zeitverzögerungseffekt tritt jedoch im Experiment nicht auf. Die Interpretation aus Sicht der Quantentheorie ist recht einfach. Für kleine Intensitäten ist zwar die Anzahl der Photonen, die pro Zeit auf das Metall treffen, gering, ihre Energie ist jedoch unabhängig von der Intensität. Es besteht somit eine hohe Wahrscheinlichkeit, daß sofort ein Elektron von einem Photon aus der Metalloberfläche geschlagen wird. Was sich dennoch korrekt aus der klassischen Rechnung ergibt, ist die *mittlere Anzahl* der emittierten Elektronen.

Der hier besprochene Photoeffekt ist auch als *äußerer* Photoeffekt bekannt. Als *inneren* Photoeffekt bezeichnet man in der Festkörperphysik die Freisetzung von gebundenen Ladungsträgern durch Licht, die zu einer Zunahme der elektrischen Leitfähigkeit, beispielsweise in Halbleitern, führt.

35.3 Röntgenstrahlung

Als W. Röntgen im Jahr 1895 mit Elektronenstrahlröhren arbeitete, entdeckte er, daß „Strahlen" aus diesen Röhren durch Materialien dringen können, die für Licht undurchlässig sind. Sie können sogar einen Fluoreszensschirm zum Leuchten anregen oder einen photographischen Film schwärzen. Die Strahlen entstehen dort, wo die Elektronen in der Röhre auf ein Hindernis oder die Glasumwandung der Röhre selbst treffen. Röntgen konnte die Strahlen nicht in einem magnetischen Feld ablenken, was ein Hinweis auf geladene Teilchen gewesen wäre, noch konnte er Beugungs- oder Interferenzerscheinungen wie beim Licht beobachten. Seine weiteren Untersuchungen ergaben, daß alle Materialien bis zu einem bestimmten Grad für die Strahlen durchlässig sind und daß der Grad der Durchlässigkeit mit steigender Dichte des Materials abnimmt. Diese Eigenschaft der

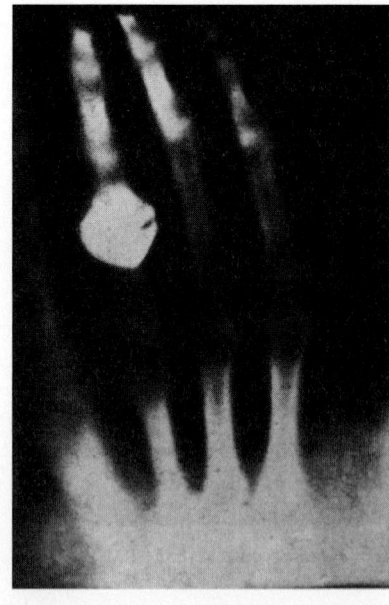

Röntgens erste mit Röntgenstrahlen gemachte Aufnahme von einem Menschen zeigt die Hand seiner Frau; deutlich zeichnet sich der Ring ab, den sie bei der Bestrahlung trug. (Abdruck aus F. Close, M. Marten und C. Sutton, Spurensuche im Teilchenzoo, Spektrum der Wissenschaft, Heidelberg 1987)

35.3 Röntgenstrahlung

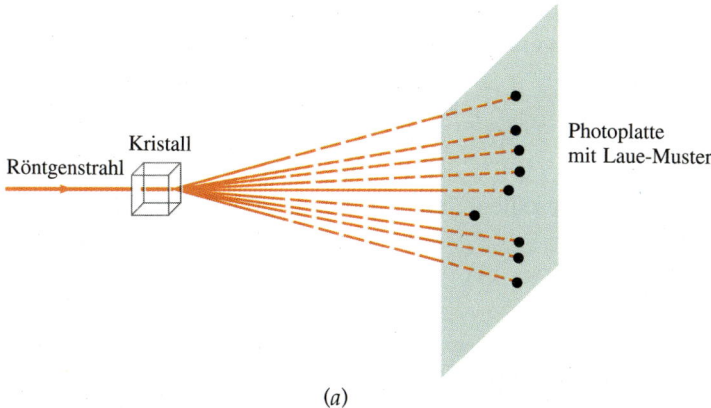

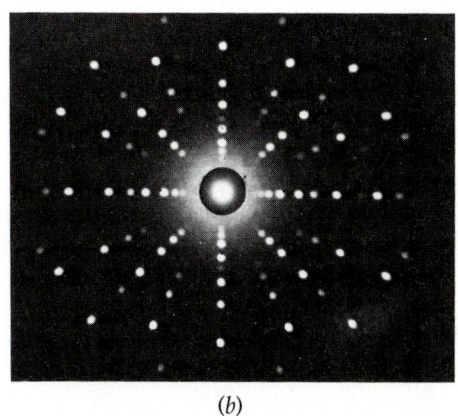

(a) (b)

35.7 a) Schematische Darstellung des Experiments von Max von Laue zur Beugung von Röntgenstrahlen. Der Kristall dient als dreidimensionales Gitter (siehe Abschnitt 39.1), das den Röntgenstrahl beugt und auf einer Photoplatte ein regelmäßiges Punktmuster, ein sog. Laue-Muster, erzeugt. b) Ein modernes Laue-Beugungsmuster von einem Niobdiborid-Kristall, der mit 20-keV-Röntgenstrahlen aus einer Röntgenröhre mit Molybdänanode beschossen wurde. (Mit freundlicher Genehmigung der General Electric Company)

später nach ihm benannten **Röntgenstrahlen** führte innerhalb von wenigen Monaten nach seiner Veröffentlichung bereits zu deren medizinischer Anwendung. Röntgen wurde im Jahr 1901 erster Nobelpreisträger für Physik.

Da die klassische Theorie des Elektromagnetismus die Abstrahlung von elektromagnetischen Wellen durch beschleunigte (oder gebremste) Ladungen voraussagt, war die Vermutung naheliegend, daß es sich bei der Röntgenstrahlung um elektromagnetische Wellen handelt, die bei der Abbremsung der Elektronen durch ein Hindernis erzeugt werden. Wenige Jahre später beobachtete man, daß ein Röntgenstrahl nach dem Durchlaufen von Spalten, die einige Tausendstel Millimeter breit sind, geringfügig verbreitert ist. Dieses wurde als Beugungseffekt interpretiert, und die Wellenlänge des Röntgenstrahls ergab sich zu etwa 0,1 nm. Im Jahr 1912 äußerte Max von Laue die Vermutung, daß das regelmäßige Atomgitter in einem Kristall als dreidimensionales Beugungsgitter für Röntgenstrahlen verwendet werden könne, da die Wellenlänge der Röntgenstrahlung und der Gitterabstand im Kristall von derselben Größenordnung sind. Aufgrund dieser Vermutung führten W. Friedrich und P. Knipper ein Experiment durch, in dem sie einen gebündelten Röntgenstrahl auf einen Kristall richteten und auf eine Photoplatte treffen ließen (siehe Abbildung 35.7a). Neben einem zentralen Strahl beobachteten sie ein regelmäßiges Punktmuster wie in Abbildung 35.7b. Die Auswertung dieses Musters ergab, daß die Wellenlänge ihres Röntgenstrahls zwischen 0,01 nm und 0,05 nm variierte. Dieses bedeutende Experiment bestätigte also zwei Annahmen: 1) Bei Röntgenstrahlen handelt es sich um elektromagnetische Strahlung. 2) Atome sind in Kristallen in regelmäßigen Gittern angeordnet.

Abbildung 35.8 zeigt das typische Spektrum einer Röntgenröhre, in der die Anode aus Molybdän mit Elektronen beschossen wurde. Das Spektrum besteht aus einer Reihe von scharfen Linien, dem sog. **charakteristischen Spektrum**, das einem kontinuierlichen Spektrum, dem sog. **Bremsstrahlungsspektrum**, überlagert ist. Das charakteristische Spektrum ist für ein Material spezifisch und variiert von Element zu Element. Es ist dem optischen Spektrum recht ähnlich, kommt jedoch durch Übergänge innerer Elektronen im Atom zustande, während das optische Spektrum durch Übergänge äußerer Elektronen entsteht. Wir werden das optische und das Röntgenspektrum von Atomen noch ausführlicher im Kapitel 37 behandeln und gehen deshalb an dieser Stelle nicht weiter darauf ein. Das kontinuierliche Bremsstrahlungsspektrum wird durch das starke Abbremsen von Elektronen bei Stoßprozessen im Anodenmaterial erzeugt. Meist entstehen dabei mehrere Photonen. Es kommt jedoch vor, daß ein einziges Photon mit der gesamten Energie eU eines Elektrons, d.h. der maximal möglichen Energie, emittiert wird. Dieser maximalen Energie entspricht eine minimale Wellenlänge λ_{min}, da die Wellenlänge des Photons umgekehrt proportional zu dessen Energie

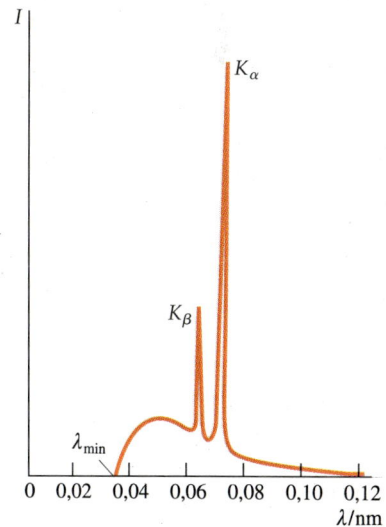

35.8 Röntgenspektrum von Molybdän. Die mit K_α und K_β bezeichneten Intensitätsmaxima sind charakteristische Linien des Molybdäns. Die minimale Wellenlänge λ_{min} ist unabhängig vom benutzten Anodenmaterial und steht mit der Beschleunigungsspannung in der Beziehung $\lambda_{min} = hc/eU$.

1203

ist: $\lambda = hc/h\nu = hc/E$. Zwischen der minimalen Wellenlänge und der Beschleunigungsspannung U der Röntgenröhre besteht der Zusammenhang:

$$\lambda_{\min} = \frac{hc}{E} = \frac{hc}{eU}. \qquad 35.7$$

Für eine Röntgenröhre mit Beschleunigungsspannung 30 keV beträgt die minimale Wellenlänge 0,041 nm.

35.4 Compton-Streuung

Ein weiterer Hinweis auf den Teilchencharakter von Licht, also auf die Richtigkeit des Photonenbildes, geht auf Arthur H. Compton zurück. Er untersuchte in seinen Experimenten die Streuung von Röntgenstrahlen an freien Elektronen. Nach der klassischen Theorie regt eine elektromagnetische Welle der Frequenz ν_1, die auf Ladungen trifft, diese zu Schwingungen derselben Frequenz an. Die schwingenden Ladungen emittieren daraufhin wiederum elektromagnetische Strahlung derselben Frequenz ν_1. Compton zeigte (1921), daß die Elektronen bei der Streuung einen Rückstoß erleiden und daher Energie absorbieren. Bei der Interpretation seiner Ergebnisse ging er davon aus, daß bei dem Streuprozeß jeweils ein Photon mit einem Elektron wechselwirkt. Das Photon besitzt nach seiner Beobachtung nach einem solchen Stoß eine geringere Energie und daher auch eine niedrigere Frequenz als vor dem Stoß.

Wir betrachten nun den Stoß eines Photons mit einem Elektron und berechnen die Wellenlängenverschiebung des Photons mit Hilfe der relativistischen Kinematik. Nach der klassischen Theorie des Elektromagnetismus gilt für die Energie und den Impuls einer elektromagnetischen Welle

$$E = pc. \qquad 35.8$$

Diese Gleichung ist mit dem relativistischen Ausdruck (Gleichung 34.34)

$$E^2 = p^2c^2 + (mc^2)^2$$

konsistent, wenn man die Masse m des Photons als null annimmt. Abbildung 35.9 zeigt die Geometrie des Stoßes eines Photons mit dem Impuls $\boldsymbol{p}_1$ und der entsprechenden Wellenlänge $\lambda_1 = h/p_1$ mit dem anfänglich ruhenden Elektron. Nach dem Stoß besitzt das Photon einen Impuls $\boldsymbol{p}_2$ und die entsprechende Wellenlänge $\lambda_2 = h/p_2$, das Elektron einen Impuls $\boldsymbol{p}_e$. Der Winkel zwischen dem einlaufenden und dem gestreuten Photon sei θ. Unter der Annahme der Energie- und Impulserhaltung läßt sich nun eine Beziehung zwischen der Wellenlängendifferenz und dem Streuwinkel herleiten. Die Impulserhaltung ergibt

$$\boldsymbol{p}_1 = \boldsymbol{p}_2 + \boldsymbol{p}_e \qquad 35.9$$

oder

$$\boldsymbol{p}_e = \boldsymbol{p}_1 - \boldsymbol{p}_2.$$

Bildet man auf beiden Seiten das Skalarprodukt mit sich selbst, so folgt:

$$p_e^2 = p_1^2 + p_2^2 - 2\boldsymbol{p}_1 \cdot \boldsymbol{p}_2 = p_1^2 + p_2^2 - 2p_1p_2 \cos\theta. \qquad 35.10$$

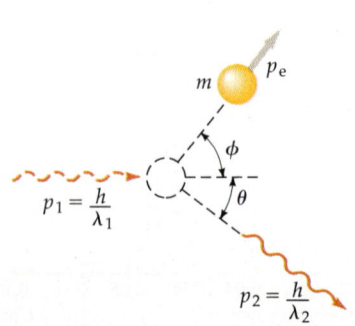

35.9 Compton-Streuung eines Röntgenstrahls an einem Elektron. Das gestreute Photon besitzt wegen des Rückstoßes des Elektrons eine geringere Energie, d.h. eine größere Wellenlänge, als das einfallende Photon. Die Wellenlängendifferenz läßt sich aus der Energie- und Impulserhaltung berechnen.

Die Gesamtenergie vor dem Stoß beträgt $p_1 c + mc^2$, wobei mc^2 die Ruheenergie des Elektrons ist. Nach dem Stoß besitzt das Elektron die Energie $\sqrt{(mc^2)^2 + p_e^2 c^2}$ und das Photon die Energie $p_2 c$. Die Energieerhaltung ergibt daher

$$p_1 c + mc^2 = p_2 c + \sqrt{(mc^2)^2 + p_e^2 c^2}$$

oder

$$-(p_2 - p_1)c + mc^2 = \sqrt{(mc^2)^2 + p_e^2 c^2} \,. \qquad 35.11$$

Quadriert man (35.11) und setzt (35.10) für p_e ein, so läßt sich die resultierende Gleichung nach $p_2 - p_1$ und damit nach $\lambda_2 - \lambda_1$ auflösen. Das Ergebnis lautet:

$$\lambda_2 - \lambda_1 = \frac{h}{mc}(1 - \cos\theta) \,. \qquad 35.12$$

Die Wellenlängendifferenz hängt nicht von der Wellenlänge des einfallenden Photons ab. Die Größe h/mc hängt nur von der Masse des Elektrons ab, sie hat die Dimension einer Länge und wird als **Compton-Wellenlänge** des Elektrons bezeichnet. Ihr Wert beträgt

$$\lambda_C = \frac{h}{mc} = \frac{hc}{mc^2} = \frac{1240 \text{ eV} \cdot \text{nm}}{5{,}11 \cdot 10^5 \text{ eV}} = 2{,}43 \cdot 10^{-12} \text{ m} = 2{,}43 \text{ pm} \,. \qquad 35.13$$

Da der Wert für λ_C sehr klein ist, muß auch λ_1 möglichst klein gewählt werden, damit die relative Differenz $(\lambda_2 - \lambda_1)/\lambda_1$ einen meßbaren Wert erreicht. Compton benutzte Röntgenstrahlung der Wellenlänge 71,1 pm, was einer Energie eines Photons von $E = hc/\lambda = 17{,}4$ keV entspricht. Da diese Energie sehr viel größer als die Bindungsenergie der Elektronen in Atomen ist, die nur einige Elektronenvolt beträgt, können die Elektronen im wesentlichen als frei betrachtet werden. Comptons Ergebnisse stimmten mit (35.12) überein und bestätigten damit das Photonenkonzept.

Beispiel 35.4

Berechnen Sie die prozentuale Änderung der Wellenlänge bei Compton-Streuung von 20-keV-Photonen in einem Winkel von $\theta = 60°$.

Die Wellenlängendifferenz ist durch (35.12) gegeben:

$$\lambda_2 - \lambda_1 = \frac{h}{mc}(1 - \cos\theta) = (2{,}43 \text{ pm})(1 - \cos 60°) = 1{,}22 \text{ pm} \,.$$

Die Wellenlänge der einfallenden Photonen beträgt:

$$\lambda_1 = \frac{1240 \text{ eV} \cdot \text{nm}}{20\,000 \text{ eV}} = 0{,}062 \text{ nm} = 62 \text{ pm} \,.$$

Es folgt eine prozentuale Wellenlängenänderung von

$$\frac{\lambda_2 - \lambda_1}{\lambda_1} = \frac{1{,}22 \text{ pm}}{62 \text{ pm}} = 1{,}97\% \,.$$

35.5 Energiequantisierung in Atomen und Bohrsches Atommodell

Im Jahr 1913 stellte Niels Bohr ein Modell des Wasserstoffatoms vor. Es beruhte auf der Idee der Energiequantisierung und hatte einen aufsehenerregenden Erfolg in der Berechnung der Wellenlängen der bekannten Wasserstofflinien. Zusätzlich ermöglichte es erstmals die Voraussage neuer Linien im Infraroten und Ultravioletten, deren experimenteller Nachweis später gelang.

Gegen Ende des letzten Jahrhunderts gab es eine Fülle spektroskopischer Daten, die man in Experimenten mit Gasatomen gewonnen hatte, die durch elektrische Entladungen zur Lichtemission angeregt worden waren. Zerlegt man das von den Atomen emittierte Licht mit Hilfe eines Spektrometers, so beobachtet man einen Satz von diskreten Linien unterschiedlicher Farbe, d.h. verschiedener Wellenlänge. Die Abstände und Intensitäten der Linien sind für das jeweilige Element charakteristisch. Es war möglich, die Wellenlängen genau zu messen, und man unternahm große Anstrengungen, um Regelmäßigkeiten in den Spektren zu finden. Im Jahr 1884 zeigte der Schweizer Lehrer Johann Balmer, daß die Wellenlängen einiger Linien des Spektrums von Wasserstoff durch die Formel

$$\lambda = (364{,}6 \text{ nm}) \frac{m^2}{m^2 - 4} \qquad 35.14$$

beschrieben werden können, wobei m die Werte, 3, 4, 5, ... annimmt. Abbildung 35.10 zeigt die durch (35.14) beschriebenen Linien des Wasserstoffs, die heute **Balmer-Serie** genannt werden.

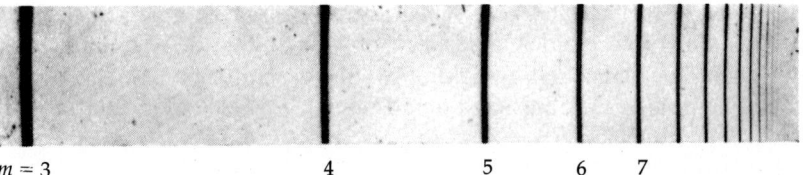

35.10 Die vom Wasserstoff emittierte Balmer-Serie. Die Wellenlängen der Linien sind für die verschiedenen Werte von m durch (35.14) gegeben. (Aus G. Herzberg, *Annalen der Physik* **84** (1927) 565)

Balmer vermutete, daß seine Formel ein Spezialfall einer allgemeineren Gleichung ist, die auch für andere Elemente gilt. Janne Rydberg und Walter Ritz fanden die nach ihnen benannte **Rydberg-Ritz-Formel**, die die reziproke Wellenlänge angibt (die reziproke Wellenlänge wird oft auch Wellenzahl genannt):

$$\frac{1}{\lambda} = RZ^2 \left(\frac{1}{n_2^2} - \frac{1}{n_1^2} \right) \qquad n_1 > n_2 \,. \qquad 35.15$$

Diese Formel gilt nicht nur für Wasserstoff (mit Kernladungszahl $Z = 1$), sondern auch für schwerere Atome mit Kernladung Ze, bei denen alle Elektronen bis auf eines entfernt wurden. Die Größe R heißt **Rydberg-Konstante** – sie ist für alle Serien eines Elements gleich und ändert sich von Element zu Element nur wenig und in systematischer Weise. Für sehr schwere Elemente strebt R gegen den Wert

$$R_\infty = 10{,}97373 \text{ μm}^{-1} \,. \qquad 35.16$$

35.5 Energiequantisierung in Atomen und Bohrsches Atommodell

Für die in Gleichung (35.15) auftretenden Größen RZ^2/n_2^2 und RZ^2/n_1^2 verwendete Rydberg die Bezeichnung „Terme", woraus sich der für Energieniveaudiagramme gebräuchliche Name „Termschema" ableitet (vgl. beispielsweise Abbildung 35.14).

Bilden wir den Kehrwert von Gleichung (35.14), so erhalten wir

$$\frac{1}{\lambda} = \frac{1}{364{,}6 \text{ nm}} \left(\frac{m^2 - 4}{m^2} \right) = \frac{1}{364{,}6 \text{ nm}} \left(\frac{1}{1} - \frac{4}{m^2} \right) = 10{,}97 \text{ µm}^{-1} \left(\frac{1}{2^2} - \frac{1}{m^2} \right).$$

Die Balmer-Formel ist also tatsächlich ein Spezialfall der Rydberg-Ritz-Formel für Wasserstoff mit $n_2 = 2$ und $n_1 = m$. Die Rydberg-Ritz-Formel und einige modifizierte Formeln waren bei der Vorhersage anderer Spektren sehr erfolgreich. Für Wasserstoff konnten Serien im Ultravioletten und Infraroten gefunden werden. Setzt man in (35.15) $n_2 = 1$, so erhält man die **Lyman-Serie** des Wasserstoffs im ultravioletten Bereich; für den Fall $n_2 = 3$ ergibt sich die sog. **Paschen-Serie** des Wasserstoffs im infraroten Bereich des elektromagnetischen Spektrums.

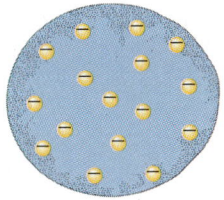

35.11 Thomsons Atommodell. In diesem Modell sind die negativ geladenen Elektronen in einer „Flüssigkeit" positiver Ladung eingebettet (etwa wie Rosinen im Plumpudding). Für eine gegebene Elektronenkonfiguration lassen sich die Resonanzfrequenzen für die Schwingungen der Elektronen berechnen. Nach der klassischen Theorie sollte das Atom Licht mit der Schwingungsfrequenz der Elektronen abstrahlen. Thomson konnte jedoch keine Elektronenkonfiguration finden, bei der die Frequenzen des abgestrahlten Lichts mit den im Spektrum eines Atomes vorkommenden Frequenzen übereinstimmen.

Es gab zahlreiche Modelle, mit deren Hilfe man diese Formeln für das Strahlungsspektrum eines Atoms hätte herleiten können. Ein frühes, sehr verbreitetes Atommodell geht auf J.J. Thomson zurück. In diesem Modell sind die im Atom vorkommenden Elektronen in einer Art Flüssigkeit eingebettet, die den größten Teil der Masse des Atoms trägt und genügend positive Ladung besitzt, um das Atom nach außen hin elektrisch neutral erscheinen zu lassen. Abbildung 35.11 zeigt eine schematische Darstellung des Modells. Nach der klassischen Theorie des Elektromagnetismus strahlen elektrische Ladungen, die mit der Frequenz ν oszillieren, Licht mit derselben Frequenz ab. Thomson suchte daher nach stabilen Elektronenkonfigurationen, deren Normalschwingungen Frequenzen ergeben, die mit denen der Atomspektren übereinstimmen. Er konnte jedoch keine finden. Das Hauptproblem dieser und aller anderen Modelle war ihre Instabilität, da man mit der elektromagnetischen Wechselwirkung allein kein stabiles Gleichgewicht erreichen kann.

Das Thomsonsche Atommodell wurde im Experiment widerlegt, und zwar durch eine Reihe von Versuchen, die H. W. Geiger und E. Marsden um 1911 unter der Leitung von E. Rutherford durchführten. Sie streuten α-Teilchen aus einer radioaktiven Radiumquelle an den Atomen einer Goldfolie. Rutherford konnte zeigen, daß sich die Anzahl der unter großen Streuwinkeln beobachteten α-Teilchen nicht mit einer positiven Ladung erklären läßt, die über das gesamte Volumen eines Atoms mit einem Durchmesser von etwa 0,1 nm verteilt ist. Nach diesen Meßergebnissen sollte die positive Ladung und fast die gesamte Masse eines Atoms in einem sehr kleinen Bereich mit einem Durchmesser von wenigen Femtometern (1 fm = 10^{-15} m) konzentriert sein.

Niels Bohr, der zu dieser Zeit im Labor Rutherfords arbeitete, schlug ein Modell des Wasserstoffatoms vor, das die Arbeiten von Planck, Einstein und Rutherford einbezog und das Wasserstoffspektrum erklären konnte. Danach bewegt sich das Elektron auf einer Kreis- oder Ellipsenbahn um den positiv geladenen Kern – vergleichbar mit der Planetenbewegung um die Sonne. Zwischen Kern und Elektron ist die Coulomb-Kraft wirksam. Eine solch einfache Kreisbewegung ist in Abbildung 35.12 gezeigt. Die Bahn des Elektrons ist aus rein mechanischer Sicht stabil, denn die Coulomb-Anziehung des Kerns wirkt als Zentripetalkraft und hält das Elektron in seiner Kreisbahn. Bei dieser beschleunigten Bewegung sollte es aber nach der klassischen Elektrodynamik Energie in Form von elektromagnetischen Wellen abstrahlen, deren Frequenz durch die Rotationsbewegung bestimmt ist. Das Atom würde also schnell durch die Energieabstrahlung kollabieren, da sich das Elektron auf einer Spiralbahn dem Kern nähert.

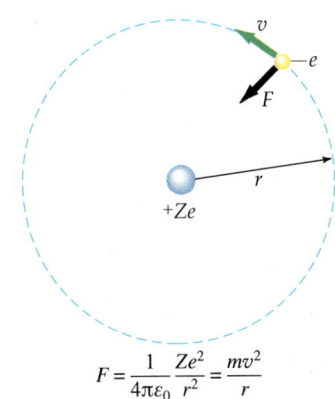

35.12 Ein Elektron der Ladung $-e$, das sich auf einer Kreisbahn mit Radius r um einen Kern der Ladung $+Ze$ bewegt. Die Coulomb-Kraft $Ze^2/4\pi\varepsilon_0 r^2$ ist die Zentripetalkraft, die das Elektron auf seiner Kreisbahn hält.

Bohr „löste" dieses Problem, indem er einfach die Gesetze der Elektrodynamik abänderte. In seinem ersten Postulat fordert er die Gültigkeit der klassischen Mechanik für die Bewegung des Elektrons im Atom, wobei jedoch nur ganz bestimmte Kreisbahnen zu diskreten Energiewerten erlaubt sind:

Erstes Bohrsches Postulat

> Erstes Bohrsches Postulat: In einem Atom bewegt sich ein Elektron nach den Gesetzen der klassischen Mechanik auf diskreten Kreisbahnen mit den Energien E_n.

In seinem zweiten Postulat verbietet er die Energieabstrahlung bei der Bewegung des Elektrons um den Atomkern. Die Kreisbahnen nach dem ersten Postulat sind also stabile Bahnen. Bohr bezeichnete sie als **stationäre Zustände**. Ein Atom strahlt nur dann Energie ab, wenn ein Elektron von einem stationären Zustand höherer Energie in einen stationären Zustand niedrigerer Energie übergeht.

Zweites Bohrsches Postulat

> Zweites Bohrsches Postulat: Die Bewegung des Elektrons erfolgt strahlungslos. Beim Übergang des Elektrons von einem stationären Zustand mit Energie E_a in eine stationären Zustand niedrigerer Energie E_e wird ein Photon der Frequenz
>
> $$\nu = \frac{E_a - E_e}{h} \qquad 35.17$$
>
> emittiert.

Die Frequenz des emittierten Photons ist also nicht durch die Rotationsfrequenz des Elektrons bestimmt, sondern durch die Forderung nach Energieerhaltung bei der Emission.

Kontinuierliches Spektrum (oben) und im Vergleich dazu die charakteristischen Linienspektren (sichtbarer Bereich) von Wasserstoff, Helium, Barium und Quecksilber (von oben nach unten). (Foto: Eastman Kodak und Wabash Instrument Corp.)

Wir betrachten ein Atom mit der Kernladung $+Ze$ und einem einzigen Elektron der Ladung $-e$. Ist der Abstand zwischen Kern und Elektron gleich r, so gilt nach Abschnitt 20.2 für die potentielle Energie:

35.5 Energiequantisierung in Atomen und Bohrsches Atommodell

$$E_{\text{pot}} = -\frac{1}{4\pi\varepsilon_0}\frac{Ze^2}{r}.$$

Für Wasserstoff gilt zwar $Z = 1$, wir behandeln jedoch nicht gleich diesen Spezialfall, sondern wir wollen unsere Ergebnisse auch auf wasserstoffähnliche Atome anwenden. Die Gesamtenergie eines sich mit Geschwindigkeit v auf einer Kreisbahn bewegenden Elektrons ist

$$E = \frac{1}{2}mv^2 + E_{\text{pot}} = \frac{1}{2}mv^2 - \frac{1}{4\pi\varepsilon_0}\frac{Ze^2}{r}.$$

Die kinetische Energie läßt sich über das zweite Newtonsche Gesetz, $F = ma$, berechnen. Dazu setzen wir die Coulomb-Kraft gleich dem Produkt aus der Masse des Elektrons und dessen Zentripetalbeschleunigung:

$$\frac{1}{4\pi\varepsilon_0}\frac{Ze^2}{r^2} = m\frac{v^2}{r},$$

woraus

$$\frac{1}{2}mv^2 = \frac{1}{2}\frac{1}{4\pi\varepsilon_0}\frac{Ze^2}{r} \qquad 35.18$$

folgt. Für Kreisbahnen ist die kinetische Energie also gerade halb so groß wie der Betrag der potentiellen Energie, ein Resultat, das für alle $1/r$-Potentiale gilt. Die Gesamtenergie ist daher

$$E = \frac{1}{2}\frac{1}{4\pi\varepsilon_0}\frac{Ze^2}{r} - \frac{1}{4\pi\varepsilon_0}\frac{Ze^2}{r} = -\frac{1}{2}\frac{1}{4\pi\varepsilon_0}\frac{Ze^2}{r}. \qquad 35.19$$

Benutzen wir Gleichung (35.17) für die Berechnung der Frequenz des abgestrahlten Photons bei einem Übergang eines Elektrons von einer Kreisbahn mit Radius r_1 auf eine Kreisbahn mit r_2, so bekommen wir

$$\nu = \frac{E_a - E_e}{h} = \frac{1}{2}\frac{1}{4\pi\varepsilon_0}\frac{Ze^2}{h}\left(\frac{1}{r_2} - \frac{1}{r_1}\right). \qquad 35.20$$

Damit diese Formel die Rydberg-Ritz-Formel $\nu = c/\lambda = cR(1/n_2^2 - 1/n_1^2)$ ergibt, müssen die Radien r_2 und r_1 also proportional zu n_2 bzw. n_1 sein. Nach längerem Suchen fand Bohr eine Möglichkeit, diese Bedingung zu erfüllen. Er postulierte, daß der Bahndrehimpuls mvr des Elektrons ein natürliches Vielfaches des durch 2π dividierten Planckschen Wirkungsquantums ist:

> **Drittes Bohrsches Postulat:** Der Drehimpuls eines Elektrons in einem stationären Zustand nimmt nur die diskreten Werte
>
> $$mvr = \frac{nh}{2\pi} = n\hbar \qquad 35.21$$
>
> an, wobei n eine natürliche Zahl ist.

Drittes Bohrsches Postulat

Die Konstante

$$\hbar = \frac{h}{2\pi} = 1{,}05 \cdot 10^{-34}\,\text{J}\cdot\text{s}$$

(sprich: „h quer") ist in vielen Fällen gebräuchlicher als h selbst, so wie die Winkelgeschwindigkeit $\omega = 2\pi\nu$ oft üblicher ist als die Frequenz ν. Wir zeigen nun, daß das dritte Bohrsche Postulat auf die Rydberg-Ritz-Formel führt. Dazu lösen wir (35.21) nach v auf, quadrieren die resultierende Gleichung, multiplizieren (35.18) mit $2/m$ und setzen beide Gleichungen gleich:

$$v^2 = n^2 \frac{\hbar^2}{m^2 r^2} = \frac{1}{4\pi\varepsilon_0} \frac{Ze^2}{mr}.$$

Lösen wir diese Gleichung nach r auf, so erhalten wir

$$r = n^2 \, 4\pi\varepsilon_0 \frac{\hbar^2}{mZe^2} = n^2 \frac{a_0}{Z}, \qquad 35.22$$

wobei

$$a_0 = 4\pi\varepsilon_0 \frac{\hbar^2}{me^2} \approx 0{,}0529 \text{ nm} \qquad 35.23$$

Bohrscher Radius

Bohrscher Radius genannt wird. Aus (35.22) und (35.20) folgt

$$\nu = Z^2 \frac{me^4}{(4\pi\hbar)^3 \varepsilon_0^2} \left(\frac{1}{n_2^2} - \frac{1}{n_1^2} \right). \qquad 35.24$$

Ein Vergleich mit der Rydberg-Ritz-Formel (35.15) ergibt die Rydberg-Konstante

$$R = \frac{me^4}{(4\pi\hbar)^3 c\varepsilon_0^2}. \qquad 35.25$$

Bohr benutzte die im Jahre 1913 noch ungenauen Werte für m, e und $\hbar$, um R zu berechnen, und erzielte dennoch innerhalb der Fehlergrenzen eine Übereinstimmung mit dem gemessenen Wert für R.

Abbildung 35.13 zeigt eine schematische Darstellung des Bohrschen Atommodells. Die nach dem Modell möglichen Energiewerte für das Wasserstoffatom ergeben sich aus (35.19), wenn man für den Bahnradius (35.22) einsetzt:

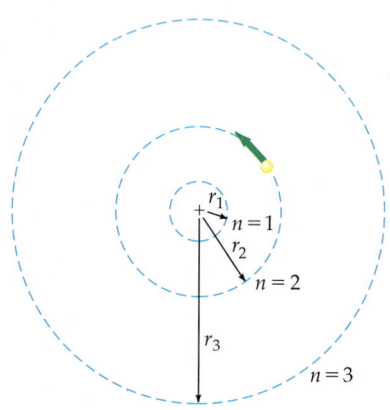

35.13 Stationäre Bahnen des Bohrschen Modells für das Wasserstoffatom. Die Radien der Bahnen sind durch $r_n = n^2 a_0$ gegeben, wobei n eine natürliche Zahl und a_0 der kleinste Bahnradius ist.

Energieniveaus

$$E_n = -\frac{e^4 m}{32\pi^2 \hbar^2 \varepsilon_0^2} \frac{Z^2}{n^2} = -E_0 \frac{Z^2}{n^2}, \qquad 35.26$$

wobei

$$E_0 = \frac{e^4 m}{32\pi^2 \hbar^2 \varepsilon_0^2} \approx 13{,}6 \text{ eV}. \qquad 35.27$$

Die durch (35.26) gegebenen möglichen Energieniveaus werden oft in einem Diagramm, dem sog. **Termschema**, dargestellt (Abbildung 35.14). Das niedrigste Energieniveau heißt Grundzustand und beträgt für ein Wasserstoffatom $-13{,}6$ eV. Im Grenzwert $n \to \infty$ bzw. $r \to \infty$ nimmt E_n den Maximalwert null an. Die Differenz von 13,6 eV zwischen diesen beiden Niveaus ist die Energie, die ein Elektron im Grundzustand des Wasserstoffs aufnehmen muß, um es aus dem Atom zu lösen. Sie heißt **Ionisierungsenergie**.

In Abbildung 35.14 sind die verschiedenen Strahlungsübergänge des Wasserstoffs in Serien angeordnet. Die Frequenz des bei einem dieser Übergänge emittierten Lichts ist nach (35.17) gleich dem Quotienten aus der Energiedifferenz und h. Als Bohr im Jahr 1913 seine Ergebnisse veröffentlichte, waren die Balmer-Serie (entspricht $n_2 = 2$ und $n_1 = 3, 4, 5, \ldots$) und die Paschen-Serie (entspricht $n_2 = 3$ und $n_1 = 4, 5, 6, \ldots$) bekannt. Im Jahr 1916 fand T. Lyman die zu $n_2 = 1$ gehörende Lyman-Serie, in den Jahren 1922 und 1924 beobachteten F. Brackett und H. A. Pfund die zu $n_2 = 4$ bzw. $n_2 = 5$ gehörenden Serien. Von allen diesen Serien liegt nur die Balmer-Serie im sichtbaren Bereich des elektromagnetischen Spektrums, weshalb sie auch als erste beobachtet wurde.

Ein wichtiges Experiment, mit dem das Bohrsche Atommodell auf direkte Weise (unabhängig von der optischen Spektroskopie) bestätigt wurde, gelang 1913/1914 J. Franck und G. Hertz. Sie zeigten, daß Elektronen in inelastischen Stößen mit Quecksilberatomen nur diskrete Energien auf diese übertragen können. Da die gemessenen Energien kleiner als die Ionisierungsenergie von Quecksilber waren und die Atome zur Emission von charakteristischem Licht angeregt wurden, lag der Schluß nahe, daß in den Quecksilberatomen diskrete Energieniveaus existieren. Der **Franck-Hertz-Versuch** gehört heute zum Standardrepertoire des physikalischen Praktikums.

In unserer Herleitung sind wir davon ausgegangen, daß sich das Elektron um einen ruhenden Kern bewegt. Wenn dies richtig wäre, müßte der Kern eine unendlich große Masse besitzen. Da der Kern jedoch „nur" etwa 2000mal schwerer als das Elektron ist, müssen wir bei einer genaueren Betrachtung noch die Kernbewegung berücksichtigen. Dies führt zu einer sehr kleinen Abhängigkeit der Rydberg-Konstante von der Kernmasse.

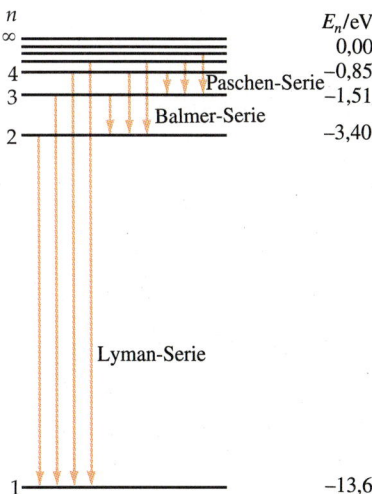

35.14 Termschema für Wasserstoff mit einigen Übergängen aus den Lyman-, Balmer- und Paschen-Serien. Die Energieniveaus sind durch (35.26) gegeben.

Beispiel 35.5

Berechnen Sie die Energie und Wellenlänge der Linie mit der größten Wellenlänge in der Lyman-Serie.

Aus Abbildung 35.14 entnehmen wir, daß die Lyman-Serie den Übergängen in den Grundzustand mit der Energie $E_e = E_1 = -13{,}6$ eV entspricht. Da die Wellenlänge der Linien umgekehrt proportional zur Energiedifferenz ist, entspricht die langwelligste Linie dem Übergang mit der kleinsten Energiedifferenz, also dem vom ersten angeregten Niveau $n = 2$ auf dem Grundzustand $n = 1$. Die Energiedifferenz beträgt 10,2 eV, woraus sich die Wellenlänge des Photons zu

$$\lambda = \frac{hc}{\Delta E} = \frac{1240 \text{ eV} \cdot \text{nm}}{10{,}2 \text{ eV}} = 121{,}6 \text{ nm}$$

ergibt. Die Wellenlänge liegt außerhalb des sichtbaren Bereichs im Ultravioletten. Da alle anderen Linien der Lyman-Serie größere Energien und damit kleinere Wellenlängen besitzen, liegt die gesamte Lyman-Serie im ultravioletten Bereich.

Fragen

1. Wird die Gesamtenergie eines Elektrons größer oder kleiner, wenn es auf eine höhere Bahn (größeres n) übergeht? Wächst oder fällt dabei die kinetische Energie?
2. Wie ändern sich die Abstände zwischen zwei Energieniveaus für wachsendes n?
3. Wie groß ist die kleinste von einem Wasserstoffatom emittierte Wellenlänge?

35.6 Welleneigenschaften des Elektrons und Quantenmechanik

Im Jahr 1924 stellte Louis de Broglie in seiner Dissertation die Vermutung auf, daß Elektronen Welleneigenschaften besitzen. Wenn man dem Photon sowohl Teilchen- als auch Welleneigenschaften zuschreiben kann, warum sollte dies nicht auch für Materie – insbesondere für Elektronen – gelten? Seine Vermutung war in hohem Maße spekulativ, da es zu dieser Zeit keinerlei Hinweise auf Welleneigenschaften des Elektrons gab. Für die Frequenz und die Wellenlänge des Elektrons wählte de Broglie die Gleichungen

$$\nu = \frac{E}{h} \qquad 35.28$$

und

$$\lambda = \frac{h}{p}, \qquad 35.29$$

wobei p der Impuls und E die Energie des Elektrons sind. Gleichung (35.28) ist identisch mit der von Planck bzw. Einstein verwendeten Gleichung für die Energie des Photons. Gleichung (35.29) gilt auch für Photonen, wie man aus der folgenden kleinen Rechnung sehen kann:

$$\lambda = \frac{c}{\nu} = \frac{hc}{h\nu} = \frac{hc}{E}.$$

Da E und p für ein Photon in der Beziehung $E = pc$ stehen, ergibt sich

$$\lambda = \frac{hc}{pc} = \frac{h}{p}.$$

De Broglies Gleichungen sollten für beliebige Materie gelten. Für makroskopische Objekte sind die aus (35.29) berechneten Wellenlängen jedoch so klein, daß Welleneigenschaften wie Interferenz und Beugung nicht beobachtbar sind.

Beispiel 35.6

Berechnen Sie die Wellenlänge eines Teilchens der Masse 10^{-6} g, das sich mit einer Geschwindigkeit von 10^{-6} m/s bewegt.

Aus Gleichung (35.29) folgt

$$\lambda = \frac{h}{p} = \frac{h}{mv} = \frac{6{,}63 \cdot 10^{-34}\,\text{J}\cdot\text{s}}{10^{-9}\,\text{kg} \cdot 10^{-6}\,\text{m/s}} = 6{,}63 \cdot 10^{-19}\,\text{m}\,.$$

Diese Wellenlänge entspricht etwa einem Zehntausendstel des Durchmessers eines Atomkerns. Sogar ein solch kleines Teilchen ist also noch viel zu schwer, als daß sich daran Welleneigenschaften beobachten ließen.

Für niederenergetische Elektronen bietet sich jedoch ein völlig anderes Bild. Betrachten wir ein nichtrelativistisches Elektron mit kinetischer Energie

$$E_{\text{kin}} = \frac{p^2}{2m}.$$

Sein Impuls ist

$$p = \sqrt{2mE_{\text{kin}}}$$

und seine Wellenlänge daher

$$\lambda = \frac{h}{p} = \frac{h}{\sqrt{2mE_{\text{kin}}}} = \frac{hc}{\sqrt{2mc^2 E_{\text{kin}}}}.$$

Wir benutzen $hc = 1240$ eV·nm und $mc^2 = 0{,}511$ MeV und erhalten

$$\lambda = \frac{1{,}226}{\sqrt{E_{\text{kin}}}} \text{ nm} \qquad (E_{\text{kin}} \text{ in eV}). \qquad 35.30$$

Wie man an der Gleichung (35.30) ablesen kann, besitzen Elektronen mit Energien in der Größenordnung von 10 eV eine Wellenlänge von einigen Nanometern. Dies entspricht etwa dem Gitterabstand von Atomen in einem Kristall. Elektronen sollten daher in derselben Weise von Kristallen gestreut werden wie Röntgenstrahlen derselben Wellenlänge.

Beugungs- und Interferenzeffekte von Elektronen wurden zuerst im Jahr 1927 von C. J. Davisson und L. H. Germer entdeckt, indem sie Elektronen auf einen Nickelkristall schossen. Sie beobachteten abhängig vom Streuwinkel Maxima und Minima in der Intensitätsverteilung der gestreuten Elektronen. Mit einem Nickel-Einkristall wiederholten sie die Experimente und konnten den Effekt genauer bestimmen. Der Apparaturaufbau ist in Abbildung 35.15 schematisch wiedergegeben. Abbildung 35.16 zeigt ein typisches mit dieser Apparatur gemessenes Beugungsmuster. Man erkennt deutlich ein ausgeprägtes Intensitätsmaximum unter einem Winkel von 50°. Der Winkel, bei dem die Elektronenintensität maximal wird, hängt vom Gitterabstand der Atome im Kristall und der Wellenlänge der einfallenden Elektronen ab. Davisson und Germer variierten die

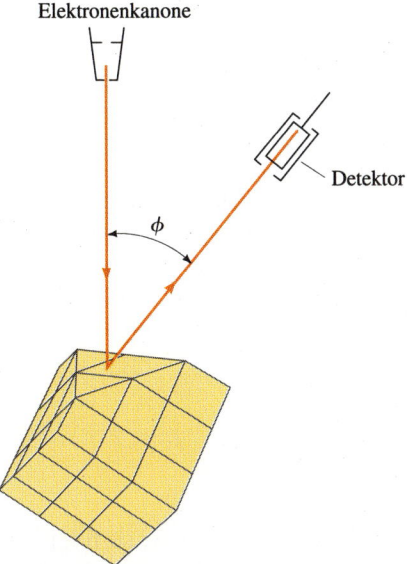

35.15 Das Davisson-Germer-Experiment. Elektronen aus einer Elektronenquelle prallen auf einen Kristall und werden in einen unter dem Winkel ϕ eingestellten Detektor gestreut.

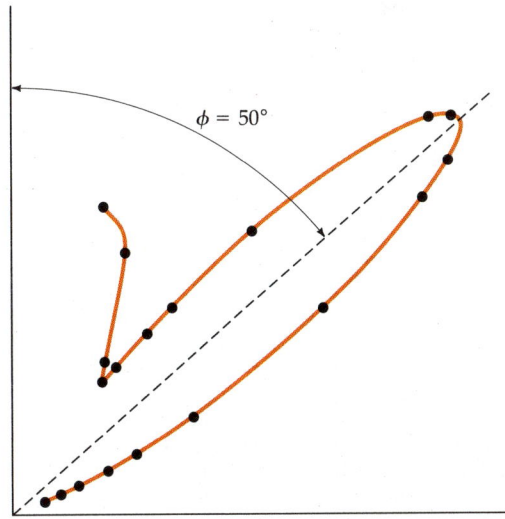

35.16 Winkelabhängigkeit der Intensität der gestreuten Elektronen beim Davisson-Germer-Experiment. Interpretiert man die Intensitätsverteilung als Beugungsmuster, so kann man die Wellenlänge der einfallenden Elektronen aus dem bekannten Gitterabstand und der Position des Maximums berechnen. Das Ergebnis stimmt mit der De-Broglie-Wellenlänge des Elektrons überein.

  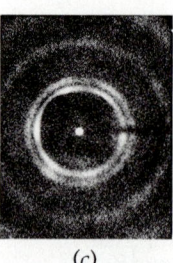 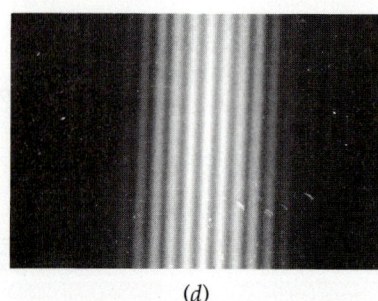

35.17 Beugungsmuster von a) Röntgenstrahlung und b) Elektronen, die auf eine Aluminiumfolie treffen, und c) Neutronen, die auf polykristallines Kupfer prallen. d) Beugungsmuster eines Elektronenstrahls an einem Doppelspalt. Das Muster ist dasselbe wie für Photonen. (Teilbilder a und b: aus *PSSC Physics*, 2nd edition, 1965, D.C. Heath and Company, and Education Development Center, Inc., Newton, MA; Teilbild c: © C.G. Shull; Teilbild d: © Claus Jönsson)

Energie der Elektronen und bestimmten aus den Winkeln der gemessenen Maxima und Minima die Wellenlänge der Elektronen. In allen Fällen erzielten sie eine gute Übereinstimmung der gemessenen Elektronenwellenlänge mit dem von de Broglie vorhergesagten Wert.

Im selben Jahr beobachtete G.P. Thomson, der Sohn von J.J. Thomson, die Beugung von Elektronen beim Durchdringen von Metallfolien, die viele kleine, zufällig orientierte Kristalle enthalten. Das resultierende Beugungsmuster solcher Folien besteht aus einer Reihe konzentrischer Kreise. Es wurde später auch für andere Teilchen, wie Protonen und Neutronen, beobachtet. Die Abbildungen 35.17a bis 35.17c zeigen Beugungsmuster für Röntgenstrahlung, Elektronen und Neutronen vergleichbarer Wellenlänge. Abbildung 35.17d zeigt das Interferenzmuster von Elektronen, die an einem schmalen Doppelspalt gebeugt wurden. Dieses Experiment ist analog zu Youngs Doppelspaltexperiment, mit dem die Beugung von Licht untersucht wurde (siehe Abschnitt 33.4).

Kurz nach der Entdeckung der Welleneigenschaften des Elektrons kam die Vermutung auf, daß man statt Licht auch Elektronen zur Abbildung von Objekten verwenden kann. Abbildung 35.18 zeigt die wesentlichen Bestandteile eines solchen Elektronenmikroskops. Ernst Ruska erhielt für die Entwicklung des Elektronenmikroskops 1986 den Nobelpreis für Physik. Es stellt in der heutigen Forschung ein wichtiges experimentelles Hilfsmittel dar.

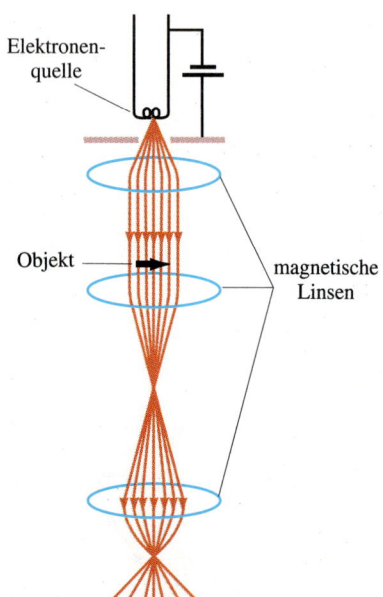

35.18 Schematische Darstellung eines Elektronenmikroskopes. Elektronen aus einer Elektronenquelle werden durch eine hohe Spannung beschleunigt. Der Elektronenstrahl wird durch eine magnetische Linse parallel ausgerichtet, trifft dann auf das zu beobachtende Objekt und wird anschließend durch eine zweite magnetische Linse fokussiert. Die dritte magnetische Linse übernimmt die Aufgabe des Okulars im herkömmlichen Mikroskop. Sie projiziert den Elektronenstrahl auf einen fluoreszierenden Schirm, auf dem das Objekt betrachtet werden kann.

Stehende Wellen und Energiequantisierung

Nach de Broglie läßt sich die Bohrsche Quantisierungsbedingung (35.21) für den Drehimpuls so interpretieren, als sei das Elektron im Wasserstoffatom eine stehende Welle. Die Bewegung des umlaufenden Elektrons kann man sich als Wellenvorgang denken, den man etwa makroskopisch erzeugen könnte, indem man die Enden einer schwingenden Saite miteinander verbindet. Die Bohrsche Quantisierungsbedingung lautet

$$mvr = n\frac{h}{2\pi}.$$

Ersetzt man in dieser Formel den Impuls mv durch h/λ, so folgt

$$\frac{h}{\lambda}r = n\frac{h}{2\pi}$$

und damit

$$n\lambda = 2\pi r = C,\qquad 35.31$$

wobei C der Umfang einer Bohrschen Bahn ist. Wie in Abbildung 35.19 gezeigt, ist die Bohrsche Quantisierungsbedingung daher äquivalent zu der Forderung, daß eine ganzzahlige Anzahl von Wellenbergen auf den Umfang einer Bohrschen Bahn paßt. Ein ganz ähnlicher Effekt taucht auch schon in der klassischen Wellenlehre auf. Dort führt die Existenz von stehenden Wellen auf eine Quantisierung der Frequenz. Wir betrachten dazu die in Abbildung 35.20 dargestellten stehenden Wellen einer an beiden Enden fixierten Saite der Länge ℓ. Die Bedingung für eine stehende Welle lautet

$$n\frac{\lambda}{2} = \ell\,.$$

35.19 Eine stehende Welle auf einer Kreisbahn.

Für Wellen, die sich mit der Geschwindigkeit v auf der Saite ausbreiten, erhält man folgende diskrete Frequenzwerte:

$$\nu = \frac{v}{\lambda} = n\frac{v}{2\ell}\,.$$

Gilt für die Frequenz einer stehenden Welle eine Energiebeziehung wie die in (35.28), so ergibt sich daraus unmittelbar eine Quantisierung der Energie.

Die Idee, diskrete Energien eines Systems durch stehende Wellen zu beschreiben, arbeitete Erwin Schrödinger Mitte der zwanziger Jahre zu einer mathematischen Theorie aus. In dieser Theorie, der sog. **Quantenmechanik** oder **Wellenmechanik**, wird das Elektron durch eine Wellenfunktion Ψ beschrieben, die einer den klassischen Wellengleichungen für Schall- oder Lichtwellen ähnlichen Differentialgleichung genügt. Die Frequenz und Wellenlänge der Wellenfunktion des Elektrons stehen im selben Zusammenhang zur Energie und zum Impuls des Elektrons wie die Frequenz und die Wellenlänge von Lichtwellen zur Energie und zum Impuls des Photons. Schrödinger löste das Problem stehender Wellen für das Wasserstoffatom, den harmonischen Oszillator und für andere

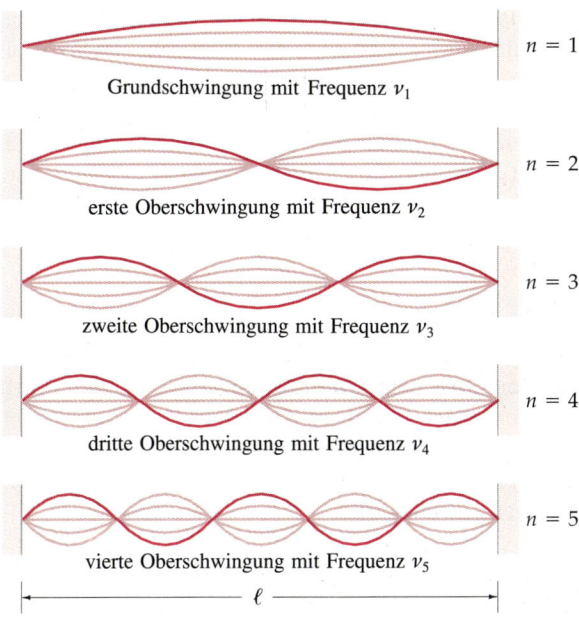

35.20 Stehende Wellen auf einer an beiden Enden fixierten Saite. Die Frequenzen der Wellen sind quantisiert, d. h., sie können nur ein natürliches Vielfaches $n\nu_1$ einer Grundfrequenz ν_1 annehmen.

wichtige Systeme. Die erlaubten Frequenzen führten zusammen mit de Broglies Relation $E = h\nu$ zu denselben Energieniveaus des Wasserstoffatoms, die schon Bohr gefunden hatte. Er zeigte somit, daß die Quantenmechanik eine allgemeine Methode darstellt, um die diskreten Energiewerte eines Systems zu berechnen. Wir werden uns mit dieser Theorie im nächsten Kapitel ausführlich beschäftigen.

Zusammenfassung

1. Die Energie elektromagnetischer Strahlung ist nicht kontinuierlich verteilt, sondern in einzelnen Paketen, den Quanten, mit einer Energie

$$E = h\nu = \frac{hc}{\lambda},$$

wobei ν die Frequenz, λ die Wellenlänge und h das Plancksche Wirkungsquantum ist, das den Wert

$$h = 6{,}626 \cdot 10^{-34} \text{ J}\cdot\text{s} = 4{,}136 \cdot 10^{-15} \text{ eV}\cdot\text{s}$$

hat. In Rechnungen taucht oft die Größe hc auf. Sie hat den Wert

$$hc = 1240 \text{ eV}\cdot\text{nm}.$$

Die Quanteneigenschaft des Lichts zeigt sich im Photoeffekt, bei dem ein Photon von einem Atom unter Emission eines Elektrons absorbiert wird, und im Compton-Effekt, bei dem ein Photon mit einem freien Elektron zusammenstößt und dabei Energie verliert, nach dem Stoß also eine größere Wellenlänge besitzt.

2. Röntgenstrahlen werden emittiert, wenn Elektronen in einer Röntgenröhre auf ein Material geschossen und dadurch abgebremst werden. Das Röntgenspektrum besteht aus einer Reihe von scharfen Linien, die charakteristisches Spektrum genannt werden, und einem kontinuierlichen Spektrum, das man als Bremsstrahlungsspektrum bezeichnet. Die minimale Wellenlänge $\lambda_{\min}$ im kontinuierlichen Spektrum hängt mit der maximalen Energie der Photonen zusammen. Diese ergibt sich aus der maximalen kinetischen Energie der beschleunigten Elektronen. Ist U die Beschleunigungsspannung in der Röntgenröhre, so gilt:

$$\lambda_{\min} = \frac{hc}{eU}.$$

3. Die Wellenlängen der Röntgenstrahlung liegen typischerweise bei einigen Nanometern, was etwa dem Gitterabstand in Kristallen entspricht. Bei der Streuung von Röntgenstrahlung an Kristallen ergeben sich Beugungsmuster. Damit konnte man die elektromagnetische Natur der Röntgenstrahlung nachweisen und außerdem zeigen, daß die Atome in Kristallen auf einem regelmäßigen Gitter angeordnet sind.

4. Bohr entwickelte ein sehr erfolgreiches Modell für das Wasserstoffatom. Er stellte dabei die folgenden Postulate auf:

Erstes Bohrsches Postulat: In einem Atom bewegt sich ein Elektron nach den Gesetzen der klassischen Mechanik auf diskreten Kreisbahnen mit den Energien E_n.

Zweites Bohrsches Postulat: Die Bewegung des Elektrons erfolgt strahlungslos. Beim Übergang des Elektrons von einem stationären Zustand mit Energie E_a in einen stationären Zustand niedrigerer Energie E_e wird ein Photon der Frequenz

$$\nu = \frac{E_a - E_e}{h}$$

emittiert.

Drittes Bohrsches Postulat: Der Drehimpuls eines Elektrons in einem stationären Zustand nimmt nur die diskreten Werte

$$mvr = \frac{nh}{2\pi} = n\hbar$$

an, wobei n eine natürliche Zahl ist und $\hbar = h/2\pi = 1{,}05 \cdot 10^{-34}$ J·s.

Die Bohrschen Postulate führen zu folgenden erlaubten Energieniveaus des Elektrons in einem wasserstoffähnlichen Atom:

$$E_n = -\frac{e^4 m}{32\pi^2 \hbar^2 \varepsilon_0^2} \frac{Z^2}{n^2} = -E_0 \frac{Z^2}{n^2},$$

wobei n eine natürliche Zahl ist und

$$E_0 = \frac{e^4 m}{32\pi^2 \hbar^2 \varepsilon_0^2} \approx 13{,}6 \text{ eV}.$$

Die Radien der stationären Bahnen sind durch

$$r = n^2 \, 4\pi\varepsilon_0 \frac{\hbar^2}{mZe^2} = n^2 \frac{a_0}{Z}$$

gegeben, wobei

$$a_0 = 4\pi\varepsilon_0 \frac{\hbar^2}{me^2} \approx 0{,}0529 \text{ nm}$$

der Bohrsche Radius ist.

5. Die Welleneigenschaften von Elektronen wurden zuerst von de Broglie postuliert. Er stellte folgende Gleichungen für die Frequenz und die Wellenlänge von Elektronen auf:

$$\nu = \frac{E}{h} \quad \text{und} \quad \lambda = \frac{h}{p}.$$

Mit diesen Gleichungen läßt sich die Bohrsche Quantisierungsbedingung als Bedingung für eine stehende Welle interpretieren. Die Welleneigenschaften von Elektronen wurden zuerst von Davisson, Germer und G.P. Thomson experimentell nachgewiesen.

6. In der Quantenmechanik wird das Elektron durch eine Wellenfunktion beschrieben. Die Energiequantisierung ergibt sich in dieser Theorie aufgrund der Forderung stehender Wellen.

Aufgaben

Stufe I

35.2 Der photoelektrische Effekt

1. Berechnen Sie die Energie eines Photons in Joule und in Elektronenvolt für a) eine elektromagnetische Welle mit Frequenz 100 MHz im UKW-Bereich und b) eine elektromagnetische Welle mit Frequenz 900 kHz im Mittelwellenbereich.

2. Licht mit einer Wellenlänge von 300 nm falle auf Kalium. Die emittierten Elektronen haben eine maximale kinetische Energie von 2,03 eV. a) Wie groß ist die Energie der einfallenden Photonen? b) Wie groß ist die Austrittsarbeit für Kalium? c) Wie groß ist die maximale Bremsspannung, wenn das einfallende Licht eine Wellenlänge von 430 nm besitzt? d) Wie groß ist die Grenzwellenlänge des Photoeffekts für Kalium?

3. Die Grenzwellenlänge des Photoeffekts für Silber liegt bei 262 nm. a) Berechnen Sie die Austrittsarbeit für Silber. b) Berechnen Sie die maximale Bremsspannung für einfallende Strahlung der Wellenlänge 175 nm.

4. Ein Lichtstrahl der Wellenlänge 400 nm besitze eine Intensität von 100 W/m^2. a) Wie groß ist die Energie eines Photons in diesem Strahl? b) Wieviel Energie fällt auf eine Fläche von 1 cm^2, die senkrecht zum Strahl steht, in einer Sekunde? c) Wie viele Photonen fallen damit in einer Sekunde auf diese Fläche?

35.3 Röntgenstrahlung

5. Eine Röntgenröhre werde mit der Beschleunigungsspannung 460 kV betrieben. Wie groß ist die minimale Wellenlänge im kontinuierlichen Spektrum der Röhre?

35.4 Compton-Streuung

6. Die Wellenlänge Compton-gestreuter Photonen werde unter einem Streuwinkel von $\theta = 90°$ gemessen. Wenn $\Delta\lambda/\lambda = 1,5\%$ erreichen soll, wie groß muß dann die Wellenlänge der einfallenden Photonen sein?

7. Compton benutzte in seinem Experiment Photonen der Wellenlänge 0,0711 nm. a) Wie groß ist die Energie dieser Photonen? b) Wie groß ist die Wellenlänge eines unter $\theta = 180°$ gestreuten Photons? c) Wie groß ist die Energie des unter diesem Winkel gestreuten Photons? d) Wie groß ist der Impuls des einfallenden bzw. gestreuten Photons? Wie groß ist der Rückstoßimpuls des Elektrons, wenn man Impulserhaltung annimmt?

35.5 Energiequantisierung in Atomen und Bohrsches Atommodell

8. Benutzen Sie die bekannten Werte für die Konstanten in (35.22), um zu zeigen, daß a_0 ungefähr 0,0529 nm beträgt.

9. Berechnen Sie die Energien und die Wellenlängen der Photonen für die drei langwelligsten Linien der Balmer-Serie.

10. a) Berechnen Sie die Energie und die Wellenlänge der Linie mit der kürzesten Wellenlänge der Paschen-Serie ($n_2 = 3$). b) Berechnen Sie die Wellenlängen der drei langwelligsten Linien der Paschen-Serie, und tragen Sie diese auf einer linearen, horizontalen Skala auf.

11. Wiederholen Sie Aufgabe 10 für die Brackett-Serie ($n_2 = 4$).

12. Ein Wasserstoffatom befinde sich in seinem zehnten angeregten Zustand ($n = 11$). a) Wie groß ist der Radius der entsprechenden Kreisbahn des Elektrons? b) Wie groß ist der Drehimpuls des Elektrons? c) Wie groß ist seine kinetische Energie? d) Wie groß ist seine potentielle Energie? e) Wie groß ist die Gesamtenergie des Elektrons?

35.6 Welleneigenschaften des Elektrons und Quantenmechanik

13. Wie groß muß die Beschleunigungsspannung sein, damit ein Elektron nach der Beschleunigung die De-Broglie-Wellenlänge a) 5 nm bzw. b) 0,01 nm besitzt?

14. Ein thermisches Neutron in einem Reaktor besitze eine kinetische Energie von etwa 0,02 eV. Berechnen Sie die De-Broglie-Wellenlänge eines solchen Neutrons aus

$$\lambda = \frac{hc}{\sqrt{2mc^2 E_{\text{kin}}}},$$

wobei $mc^2 = 940$ MeV die Ruheenergie des Neutrons ist.

15. Berechnen Sie die De-Broglie-Wellenlänge eines Protons mit Ruheenergie $mc^2 = 938$ MeV und kinetischer Energie 2 MeV nach der Formel in Aufgabe 14.

16. Berechnen Sie die De-Broglie-Wellenlänge eines Baseballs der Masse 0,145 kg, der sich mit der Geschwindigkeit 30 m/s bewegt.

17. Die Energie des Elektronenstrahls im Experiment von Davisson und Germer betrug 54 eV. Berechnen Sie die Wellenlänge dieser Elektronen.

18. In einem Lithiumchlorid-Kristall beträgt die Distanz zwischen den Li^+- und den Cl^--Ionen etwa 0,257 nm. Berechnen Sie die Energie, die ein Elektron besitzen muß, um eine Wellenlänge, die gleich diesem Abstand ist, zu haben.

19. In einem Elektronenmikroskop werden Elektronen mit der Energie 70 keV benutzt. Berechnen Sie die Energie dieser Elektronen.

Stufe II

20. Ist die kinetische Energie eines Elektrons viel größer als seine Ruheenergie, so ist $E \approx pc$ eine gute Näherung für die Energie eines Elektrons. a) Zeigen Sie, daß in diesem Fall Elektronen und Photonen gleicher Energie die gleiche Wellenlänge haben. b) Berechnen Sie die De-Broglie-Wellenlänge eines Elektrons mit einer Energie von 200 MeV.

21. Eine 100-W-Quelle emittiere Licht der Wellenlänge 600 nm gleichförmig in alle Richtungen. Das menschliche Auge ist in der Lage, dieses Licht zu erkennen, wenn nur 20 Photonen pro Sekunde das dunkeladaptierte Auge (Irisdurchmesser 7 mm) treffen. Wie weit darf die Quelle entfernt sein, damit man sie noch sehen kann?

22. Zeigen Sie, daß für die Geschwindigkeit eines Elektrons auf der n-ten Bohrschen Bahn $v_n = e^2/2\varepsilon_0 hn$ gilt.

23. Die Bindungsenergie eines Elektrons ist die minimale Energie, die aufgebracht werden muß, um ein Elektron aus seinem Grundzustand in einem Atom von diesem zu entfernen. Wie groß ist die Bindungsenergie des Elektrons a) für ein Wasserstoffatom? b) für He^+? c) für Li^{2+}?

24. In einem Wasserstoffatom befinde sich das Elektron zunächst im Zustand $n = 2$ und gehe dann in den Grundzustand über. a) Welche Energie hat das emittierte Photon nach dem Bohrschen Atommodell? b) Wie groß ist der Drehimpuls des Photons, wenn der Gesamtdrehimpuls bei der Emission erhalten bleibt? c) Der Impuls des emittierten Photons ist E/c. Wie groß ist der Rückstoßimpuls des Atoms, wenn der Gesamt-

impuls erhalten bleibt? d) Berechnen Sie die kinetische Energie des Atoms aufgrund des Rückstoßes.

25. Im Schwerpunktsystem des Elektrons und des Kerns eines Atoms sind der Impuls des Elektrons und des Kerns betragsgleich, haben aber unterschiedliche Vorzeichen. a) Sei p der Betrag des Impulses. Zeigen Sie, daß die kinetische Energie des Elektrons und des Kerns gleich

$$E_{kin} = \frac{p^2}{2\mu}$$

ist, wobei

$$\mu = \frac{m_e M}{m_e + M} = \frac{m_e}{1 + \frac{m_e}{M}}$$

die sog. *reduzierte Masse*, m_e die Masse des Elektrons und M die Masse des Kerns ist. Es läßt sich zeigen, daß die Bewegung des Kerns berücksichtigt werden kann, indem man die Masse des Elektrons durch die reduzierte Masse ersetzt. b) Benutzen Sie (35.25), wobei Sie m durch μ ersetzen, um die Rydberg-Konstante für Wasserstoff ($M = m_p$) und für einen sehr schweren Kern ($M = \infty$) zu berechnen. c) Berechnen Sie die durch die Bewegung des Protons verursachte prozentuale Abweichung der Grundzustandsenergie des Wasserstoffs.

26. Die Rotationsenergie eines zweiatomigen Moleküls ist $E_{rot} = L^2/2I$, wobei L der Drehimpuls und I das Trägheitsmoment des Moleküls ist. a) Nehmen Sie an, der Drehimpuls sei nach der Bohrschen Bedingung wie im Bohrschen Atommodell quantisiert. Zeigen Sie, daß die kinetische Energie nur die Werte $E_{rot,n} = n^2 E_{rot,1}$ annimmt, wobei $E_{rot,1} = \hbar^2/2I$ gilt. b) Zeichnen Sie ein Termschema des Moleküls. c) Nehmen Sie an, der Abstand der Atome in einem Wasserstoffmolekül betrage $r = 0,1$ nm und die Rotation verlaufe um den Schwerpunkt senkrecht zur Bindungsrichtung der Atome. Berechnen Sie $E_{rot,1}$ für diesen Fall. d) Wenn $E_{rot,1}$ viel größer als $k_B T$ ist (k_B ist die Boltzmann-Konstante), so können Rotationen der Moleküle nicht durch Stöße der Moleküle in einem Gas angeregt werden und tragen nicht zur inneren Energie des Gases bei. Benutzen Sie das Ergebnis aus c), um die kritische Temperatur $T_c = E_{rot,1}/k_B$ für die Anregungen von Rotationen zu berechnen.

Stufe III

27. In dieser Aufgabe soll die klassisch erwartete, jedoch nicht beobachtete Zeitverzögerung beim Photoeffekt abgeschätzt werden. Die Intensität der einfallenden Strahlung sei 0,01 W/m². a) Berechnen Sie die pro Sekunde auf ein Atom mit der Fläche 0,01 nm² fallende Energie. b) Wie lange dauert es, bis eine der Austrittsarbeit von 2 eV entsprechende Energie auf das Atom gefallen ist?

28. Zeigen Sie, daß ein Photon nicht seine gesamte Energie an ein einzelnes freies Elektron abgeben kann, indem Sie die Impuls- und Energieerhaltung bei einem Stoßprozeß eines Photons mit einem Elektron untersuchen.

29. Ein Elektron und ein Positron bewegen sich mit einer Geschwindigkeit von $3 \cdot 10^6$ m/s aufeinander zu und vernichten sich, wobei zwei Photonen gleicher Energie entstehen. a) Wie groß sind die De-Broglie-Wellenlängen des Elektrons bzw. Positrons? Berechnen Sie b) die Energie, c) den Impuls und d) die Wellenlänge der beiden Photonen.

30. Die Gesamtenergiedichte der Strahlung eines schwarzen Körpers lautet

$$w = \int P(\lambda,T) \, d\lambda \,,$$

wobei $P(\lambda,T)$ durch die Planck-Formel

$$P(\lambda,T) = \frac{8\pi hc \lambda^{-5}}{e^{hc/\lambda k_B T} - 1}$$

gegeben ist. Führen Sie die Substitution $x = hc/\lambda k_B T$ durch, und zeigen Sie, daß sich die Gesamtenergiedichte somit als

$$w = \left(\frac{k_B T}{hc}\right)^4 8\pi hc \int_0^\infty \frac{x^3}{e^x - 1} \, dx = \alpha T^4$$

schreiben läßt, wobei α eine von der Temperatur unabhängige Konstante ist. Die Energiedichte eines schwarzen Körpers ist also proportional zu T^4.

31. Die Umlauffrequenz eines Elektrons in einer Kreisbahn mit Radius r ist $\nu_{um} = v/2\pi r$, wobei v die Umlaufgeschwindigkeit ist. a) Zeigen Sie, daß für den n-ten stationären Zustand

$$\nu_{um} = \frac{Z^2 e^4 m}{32\pi^3 h^3 \varepsilon_0^2} \frac{1}{n^3}$$

gilt. b) Zeigen Sie, daß für $n_1 = n$, $n_2 = n - 1$ und $n \gg 1$ die folgende Näherung gilt:

$$\frac{1}{n_2^2} - \frac{1}{n_1^2} = \frac{2}{n^3} \,.$$

c) Benutzen Sie die Näherung aus b), um mit der Gleichung (35.24) zu zeigen, daß für diesen Fall die Frequenz der Strahlung gerade der Umlauffrequenz entspricht. Dies ist eine Folge des Bohrschen Korrespondenzprinzips: Für große n, d.h. kleine Energiedifferenzen, geht die Quantentheorie in die klassische Theorie über.

Quantenmechanik 36

Nach der klassischen Theorie des Elektromagnetismus beschreibt man Licht durch seine Welleneigenschaften, es zeigt aber auch Teilchencharakter, wie wir im vorangegangenen Kapitel gesehen haben. Diese zweifache Beschreibungsweise – Welle und Teilchen – ist nicht auf Licht beschränkt, sie gilt auch für massebehaftete Teilchen (also solche mit Ruhemasse größer null) wie z. B. Elektronen. De Broglies Idee von den Welleneigenschaften der Teilchen wurde von Erwin Schrödinger in einer detaillierten mathematischen Theorie, der Quantenmechanik, ausgearbeitet. In dieser Theorie werden Teilchen durch Wellenfunktionen beschrieben, die der sog. Schrödinger-Gleichung genügen. Diese Differentialgleichung ähnelt in ihrem Aufbau den klassischen Wellengleichungen, die wir bereits kennengelernt haben. Die Frequenz und die Wellenlänge von Teilchen wird mit der Energie und dem Impuls des Teilchens in derselben Weise verbunden wie die Frequenz und die Wellenlänge des Lichts mit der Energie und dem Impuls eines Photons. Die von Davisson und Germer beobachtete Beugung und Interferenz von Teilchen (siehe Kapitel 35) ist dann eine natürliche Konsequenz der Wellenausbreitung und die Quantisierung der Energie in Atomen, Molekülen und anderen mikroskopischen Systemen eine Folge von stehenden Wellen in diesen Systemen.

In diesem Kapitel werden wir Eigenschaften der Teilchen beschreibenden Wellen mit denen klassischer Wellen vergleichen, die Schrödinger-Gleichung formulieren und diese für einige einfache Fälle lösen.

36.1 Wellenfunktionen von Teilchen

Unsere Untersuchung klassischer Wellen ergab, daß diese sich durch (Wellen-)Funktionen beschreiben lassen, die eine partielle Differentialgleichung, die sog. Wellengleichung, erfüllen. Für eine elektromagnetische Welle stellt das elektrische Feld E (oder alternativ dazu das magnetische Feld B) eine solche Funktion dar. Es erfüllt die im Abschnitt 29.3 hergeleitete Wellengleichung (29.12a) bzw. (29.12b). Da die Energiedichte in einer elektromagnetischen Welle nach (29.16) proportional zum Quadrat der Wellenfunktion ist, ist auch die als Produkt aus Energiedichte und Ausbreitungsgeschwindigkeit definierte Intensität einer Welle proportional zum Quadrat der Wellenfunktion.

36 Quantenmechanik

In der Quantenmechanik wird ein Teilchen, wie z. B. das Elektron, durch eine Wellenfunktion Ψ beschrieben, die der von Erwin Schrödinger im Jahr 1926 formulierten Wellengleichung, der sog. Schrödinger-Gleichung, genügt. Wir werden diese Differentialgleichung im Abschnitt 36.5 noch ausführlich behandeln. Die Wellenfunktion Ψ läßt sich nicht direkt mit einer physikalischen Größe in Verbindung bringen, eine Untersuchung der Energiequantisierung in elektromagnetischen Wellen gibt jedoch einen Hinweis auf eine mögliche Interpretation. Wir betrachten hierzu das schon im Abschnitt 33.4 vorgestellte Doppelspaltexperiment von Young (siehe Abbildung 36.1). Das auf dem Schirm beobachtete Muster wird in der klassischen Theorie der elektromagnetischen Wellen mit der Interferenz von Wellen erklärt, die von den beiden Spalten ausgehen: An einem Punkt P_1 auf dem Schirm, in dem diese eine Phasenverschiebung πn besitzen, ist das resultierende elektrische Feld E und damit die Energiedichte gleich null, und der Schirm bleibt dunkel. In einem anderen Punkt P_2, in dem die Phasendifferenz $2\pi n$ beträgt, ist E maximal, und die Stelle auf dem Schirm erscheint mit maximaler Helligkeit. Wird die Intensität des Lichtes reduziert, so kann man immer noch dasselbe Interferenzmuster beobachten, wenn man den Schirm durch einen photographischen Film ersetzt und diesen über einen längeren Zeitraum belichtet. Bei kurzer Belichtungszeit zeigt sich dagegen kein schwächeres Interferenzmuster (was man nach der klassischen

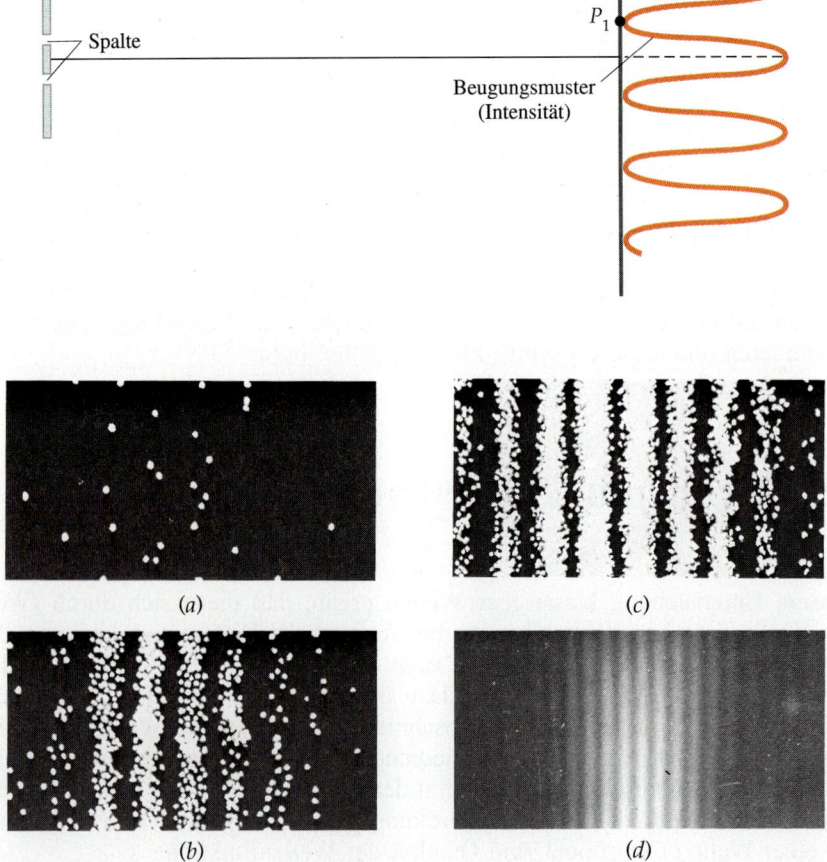

36.1 Das Doppelspaltexperiment von Young. Im Punkt P_2 treffen viele, im Punkt P_1 dagegen gar keine Photonen auf den Schirm. Bei sehr kleinen Intensitäten erreichen nur noch vereinzelt Photonen den Schirm. Die Intensitätsverteilung ist ein Maß für die Wahrscheinlichkeit, mit der ein Photon auf eine bestimmte Stelle trifft.

36.2 Aufbau eines Interferenzmusters beim Doppelspaltexperiment. Die Abbildung ist durch Interferenz von a) 30 Photonen, b) 1000 Photonen und c) 10000 Photonen entstanden. d) zeigt ein Interferenzmuster, das von einigen Millionen Elektronen gebildet wurde. Die Photonen- und Elektronenmuster sind einander äquivalent. (Fotos: a, b, c: E. R. Huggins, d: C. Jönsson)

Theorie erwarten würde), sondern ein aus einzelnen Punkten zusammengesetztes Bild (siehe Abbildung 36.2). Unter der Annahme, daß die Energie der elektromagnetischen Welle der Frequenz ν in Photonen der Energie $h\nu$ quantisiert ist, läßt sich dieses Ergebnis einfach interpretieren. Da die Intensität bzw. die Energiedichte der Welle proportional zu E^2 ist und ein Photon nur die Energie $h\nu$ trägt, erwartet man eine zu E^2 proportionale, räumlich verteilte Photonendichte. Ist die Intensität gering und die Belichtungszeit sehr kurz, so treffen nur wenige Photonen auf den Film und erzeugen dort das beobachtete Punktmuster. An den Punkten destruktiver Interferenz treffen keine Photonen auf den Film, an den Stellen konstruktiver Interferenz beobachtet man dagegen ein deutlich häufigeres Auftreffen, und die Verteilung der Photonen weist zufällige Abweichungen von der klassischen vorhergesagten auf. Wird die Intensität des Lichts erhöht oder die Belichtungszeit des Films vergrößert, so steigt die Zahl der mit dem Film wechselwirkenden Photonen an, die zufälligen Schwankungen mitteln sich heraus, und die Verteilung der Photonen geht in die klassische Verteilung über. Daher beobachtet man auch bei kleinen Intensitäten oder kurzen Belichtungszeiten die korrekte mittlere Verteilung. Da die räumlich verteilte Photonendichte zur Energiedichte und damit auch zum Quadrat der Wellenfunktion E proportional ist, läßt sich E^2 (bis auf einen sogenannten Normierungsfaktor) als Wahrscheinlichkeit für das Auftreten eines Photons in einem bestimmten Volumen definieren. Man spricht auch von der Aufenthaltswahrscheinlichkeitsdichte eines Photons. Führt man das Doppelspaltexperiment mit Elektronen durch, so ergibt sich dasselbe Interferenzmuster wie beim Licht (siehe Abbildung 36.2d). Die Abbildung 36.3 zeigt Interferenzmuster von Elektronen aus einem anderen Experiment. Da massebehaftete Teilchen dieselben Interferenzerscheinungen wie Photonen zeigen, liegt es nahe, das Quadrat der Wellenfunktion Ψ (bis auf einen Normierungsfaktor N^2) als Aufenthaltswahrscheinlichkeitsdichte $P(x)$ eines Teilchens zu interpretieren. In der Schrödinger-Gleichung (siehe Abschnitt 36.5) taucht jedoch die imaginäre Einheit $i = \sqrt{-1}$ auf. Die Wellenfunktionen Ψ sind daher nicht notwendigerweise reell, sondern können komplexe Werte annehmen. Da eine Wahrscheinlichkeit eine reelle Zahl sein muß, ist die zu E^2 analoge Größe das **Betragsquadrat** der Wellenfunktion, $|\Psi|^2 = \Psi^*\Psi$. Die zu Ψ konjugiert komplexe Wellenfunktion wird mit Ψ^* bezeichnet. Sie geht aus Ψ hervor, indem man in ihr i durch −i ersetzt.

Das räumliche Integral der Aufenthaltswahrscheinlichkeitsdichte eines Teilchens über den gesamten Raum muß den Wert eins ergeben, da sich das Teilchen

36.3 Aufbau eines von Elektronen erzeugten Interferenzmusters in einer Fernsehröhre. (Fotos: G.F. Missiroli, G. Pozzi, *Am. J. Phys.* **44** (1976) 306)

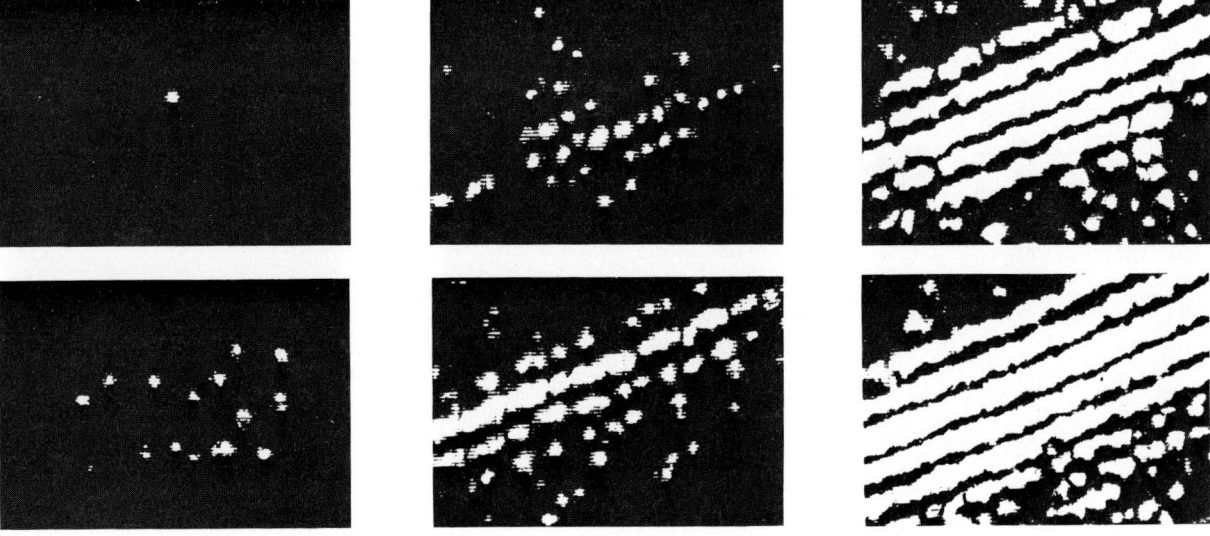

irgendwo im Raum befindet. (Wir werden darauf noch einmal im Abschnitt 36.5 eingehen.) Für den Normierungsfaktor N^2 gilt daher die folgende Bedingung:

$$\int_V P(x)\,dV = \int_V N^2\,|\Psi|^2\,dV = N^2 \int_V |\Psi|^2\,dV = 1\,,$$

woraus

$$N = \frac{1}{\sqrt{\int_V |\Psi|^2\,dV}}$$

folgt. Normiert man die Wellenfunktion, indem man sie mit dem (reellen) Faktor N multipliziert, $\Psi_{\text{norm}} = N\Psi$, so gilt $|\Psi_{\text{norm}}|^2 = N^2\,|\Psi|^2$ und daher folgender Satz:

Aufenthaltswahrscheinlichkeitsdichte

> Die Aufenthaltswahrscheinlichkeitsdichte eines Teilchens ist gleich dem Betragsquadrat seiner normierten Wellenfunktion:
>
> $$P(x) = |\Psi_{\text{norm}}|^2\,.\qquad 36.1$$

Beispiel 36.1

Eine klassische Punktmasse bewege sich mit konstanter Geschwindigkeit zwischen zwei Wänden an den Punkten $x = 0$ und $x = 8$ cm hin und her. a) Wie lautet die Wahrscheinlichkeitsdichte $P(x)$? b) Wie groß ist die Wahrscheinlichkeit, den Massenpunkt zwischen $x = 3{,}0$ cm und $3{,}4$ cm anzutreffen?

a) Da sich das Teilchen mit konstanter Geschwindigkeit bewegt, befindet es sich im Bereich $0 < x < 8$ cm mit gleicher Wahrscheinlichkeit in jedem Punkt. Außerhalb dieses Bereichs ist seine Aufenthaltswahrscheinlichkeit gleich null. Für die Wahrscheinlichkeitsdichte $P(x)$ gilt also:

$$P(x) = P_0 \qquad 0 < x < 8\text{ cm}$$
$$P(x) = 0 \qquad x < 0 \text{ oder } x > 8\text{ cm}\,,$$

wobei P_0 unabhängig von x ist. Da sich das Teilchen irgendwo im Bereich $0 < x < 8$ cm aufhält, gilt:

$$\int_{-\infty}^{+\infty} P(x)\,dx = \int_0^{8\text{ cm}} P_0\,dx = P_0 \cdot 8\text{ cm} = 1\,.$$

Daraus folgt für die Wahrscheinlichkeitsdichte $P_0 = 1/8\text{ cm}^{-1}$.

b) Da die Wahrscheinlichkeitsdichte im Bereich $0 < x < 8$ cm konstant ist, ergibt sich für die Wahrscheinlichkeit, den Massenpunkt in einem Bereich Δx zu finden: $P(x)\,\Delta x = P_0\,\Delta x$. Für $\Delta x = 3{,}4$ cm $- 3{,}0$ cm $= 0{,}4$ cm folgt:

$$P_0\,\Delta x = \frac{1}{8\text{ cm}}\,0{,}4\text{ cm} = 0{,}05\,.$$

36.2 Wellenpakete

In diesem Abschnitt gehen wir noch einmal genauer auf die klassische Wellengleichung

$$\frac{\partial^2 y(x,t)}{\partial x^2} - \frac{1}{v^2}\frac{\partial^2 y(x,t)}{\partial t^2} = 0 \qquad 36.2$$

und auf deren Lösungen ein. Insbesondere untersuchen wir aus harmonischen Wellen aufgebaute Wellenpakete und übertragen unsere Ergebnisse auf die Wellenfunktion von Elektronen. Wir haben bereits gesehen, daß die eine harmonische Welle beschreibende Wellenfunktion der Form

$$y(x,t) = A \cos(kx - \omega t) \qquad 36.3$$

eine Lösung von (36.2) ist. Darin bezeichnet k die Wellenzahl, die mit der Wellenlänge λ über die Beziehung

$$k = \frac{2\pi}{\lambda} \qquad 36.4$$

verknüpft ist, und ω die Kreisfrequenz, die mit der Frequenz ν in Beziehung

$$\omega = 2\pi\nu \qquad 36.5$$

steht. Für die Ausbreitungsgeschwindigkeit v der Welle, ihre Frequenz ν und Wellenlänge λ gilt folgende Relation:

$$v = \frac{\omega}{k} = \frac{2\pi\nu}{2\pi/\lambda} = \nu\lambda \; . \qquad 36.6$$

Oft wird für eine harmonische Welle an Stelle der reellen Wellenfunktion die komplexwertige Wellenfunktion

$$y(x,t) = A\,e^{i(kx - \omega t)} \qquad 36.7$$

verwendet. Durch Einsetzen der zweiten partiellen Ableitungen von (36.7) in (36.2) läßt sich zeigen, daß diese komplexwertige Funktion ebenfalls eine Lösung der Wellengleichung ist. Alternativ dazu läßt sich (36.7) auch nach der Identität

$$e^{i(kx - \omega t)} = \cos(kx - \omega t) + i\sin(kx - \omega t)$$

in Real- und Imaginärteil zerlegen. Man erkennt sofort, daß der Realteil mit der reellen Lösung (36.3) übereinstimmt. Aber auch der Imaginärteil erfüllt die Wellengleichung, und damit ist (36.7) eine mögliche Lösung. Die komplexwertige Wellenfunktion erscheint zunächst unnötig kompliziert, sie erleichtert Rechnungen jedoch oft erheblich. Man muß sich allerdings darüber im klaren sein, daß als Lösung der klassischen Wellengleichung immer nur der Realteil der komplexen Wellenfunktion eine physikalische Bedeutung besitzt.

Die durch die Wellenfunktion (36.7) beschriebenen harmonischen Wellen besitzen eine Gemeinsamkeit: Sie sind räumlich und zeitlich unendlich ausgedehnt. Damit ist ein durch (36.7) beschriebenes Teilchen jedoch nicht lokalisiert: Bildet man nämlich das Betragsquadrat der Wellenfunktion, das nach (36.1) proportional zur Aufenthaltswahrscheinlichkeit des Teilchens ist, so ergibt sich eine Konstante:

$$|\Psi|^2 = \Psi^*\Psi = A^2\, e^{-i(kx-\omega t)}\, e^{i(kx-\omega t)} = A^2 = \text{konst.}$$

Das Teilchen ist also zu jedem Zeitpunkt mit gleicher Wahrscheinlichkeit an jedem Ort. Zur Beschreibung eines lokalisierten Teilchens reicht eine einzelne harmonische Welle mit einer einzigen Kreisfrequenz ω und Wellenzahl k daher nicht aus. Wie wir noch sehen werden, benötigt man statt dessen ein Wellenpaket aus harmonischen Wellen mit einer kontinuierlichen Verteilung von Frequenzen und Wellenzahlen. Um die Eigenschaften von Wellenpaketen zu untersuchen, beschränken wir uns zunnächst auf ein sehr einfaches, nur aus zwei harmonischen Wellen bestehendes Wellenpaket. Die beiden Wellen besitzen verschiedene Frequenz und Wellenzahl, aber gleiche Amplitude. Wir bezeichnen die Wellenzahlen mit k_1 und k_2, die Kreisfrequenzen mit ω_1 und ω_2 und die Amplitude mit A_0. Unser Wellenpaket $\Psi(x,t)$ nimmt dann folgende Form an:

$$\Psi(x,t) = A_0\, e^{i(k_1 x - \omega_1 t)} + A_0\, e^{i(k_2 x - \omega_2 t)}.$$

Wenn wir die Beziehungen $\exp(i\phi) = \cos(\phi) + i\sin(\phi)$ und $\exp(-i\phi) = \cos(\phi) - i\sin(\phi)$ benutzen, können wir diese Gleichung in

$$\Psi(x,t) = A_0 \exp\left[i\left(\frac{k_1+k_2}{2}x + \frac{\omega_1+\omega_2}{2}t\right)\right] \cdot$$
$$\left[\exp i\left(\frac{k_1-k_2}{2}x - \frac{\omega_1-\omega_2}{2}t\right) + \exp i\left(\frac{k_2-k_1}{2}x - \frac{\omega_2-\omega_1}{2}t\right)\right]$$
$$= 2A_0 \cos\left(\frac{k_1-k_2}{2}x - \frac{\omega_1-\omega_2}{2}t\right) \exp\left[i\left(\frac{k_1+k_2}{2}x + \frac{\omega_1+\omega_2}{2}t\right)\right]$$

umformen. Wir definieren eine mittlere Wellenzahl $\overline{k} = \frac{1}{2}(k_1 + k_2)$ und eine mittlere Kreisfrequenz $\overline{\omega} = \frac{1}{2}(\omega_1 + \omega_2)$ und schreiben $\Delta k = k_1 - k_2$ und $\Delta\omega = \omega_1 - \omega_2$ für die auftauchenden Differenzen zwischen den Wellenzahlen und Frequenzen. Dann gilt:

$$\Psi(x,t) = \left[2A_0 \cos\left(\frac{1}{2}\Delta k x - \frac{1}{2}\Delta\omega t\right)\right] e^{i(\overline{k}x - \overline{\omega}t)}. \qquad 36.8$$

In Abbildung 36.4 ist das Wellenpaket $\Psi(x,t)$ in Abhängigkeit vom Ort x zu einem festen Zeitpunkt aufgetragen. Die gestrichelte Linie stellt die Einhüllende des Wellenpakets dar, die durch den in (36.8) in eckigen Klammern stehenden Term gegeben ist. Diese bewegt sich mit der sog. **Gruppengeschwindigkeit**

$$v_G = \frac{\Delta\omega}{\Delta k}. \qquad 36.9$$

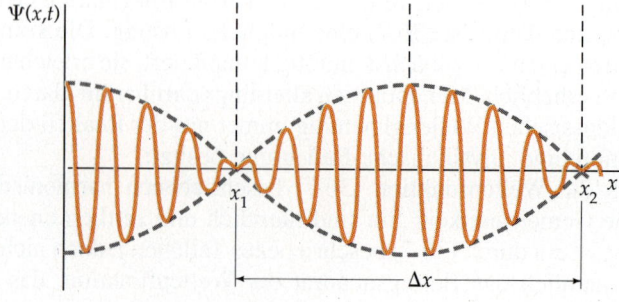

36.4 Ein aus nur zwei Wellen gebildetes Wellenpaket. Die räumliche Ausdehnung Δx des Wellenpakets ist umgekehrt proportional zur Differenz Δk der Wellenzahlen. Trägt man $\Psi(x,t)$ für einen festen Ort x über der Zeit auf, so ergibt sich dasselbe Bild. In diesem Fall ist die zeitliche Ausdehnung Δt umgekehrt proportional zur Differenz $\Delta\omega$ der Kreisfrequenzen.

Der komplexe Anteil des Wellenpakets beschreibt eine sich mit der sog. **Phasengeschwindigkeit** $v_P = \overline{\omega}/\overline{k}$ ausbreitende harmonische Welle. In der Abbildung ist nur der Realteil dieser Funktion innerhalb der Einhüllenden eingezeichnet (durchgezogene Linie).

Die Aufenthaltswahrscheinlichkeitsdichte eines durch dieses Wellenpaket beschriebenen Teilchens ist proportional zum Betragsquadrat der Wellenfunktion $\Psi(x,t)$ und damit proportional zum Quadrat der Einhüllenden. Wir fassen die Entfernung zwischen zwei benachbarten Orten $\Delta x = x_2 - x_1$, für die die Einhüllende den Wert null annimmt, als Maß für die räumliche Ausdehnung des Wellenpakets auf. Da der Kosinus den Wert null annimmt, wenn sein Argument gleich einem ganzzahligen Vielfachen von $\pi/2$ ist, gilt für x_2 und x_1:

$$\frac{1}{2}\Delta k x_2 - \frac{1}{2}\Delta k x_1 = \pi$$

und damit

$$\Delta k\, \Delta x = 2\pi\,. \qquad 36.10$$

Tragen wir $\Psi(x,t)$ für einen festen Ort in Abhängigkeit von der Zeit t auf, so ergibt sich dasselbe Bild wie in Abbildung 36.4, wobei einfach x durch t ersetzt wird. Für die Zeitausdehnung Δt des Wellenpakets gilt damit

$$\Delta \omega\, \Delta t = 2\pi\,. \qquad 36.11$$

Das aus nur zwei harmonischen Wellen bestehende Wellenpaket ist zur Beschreibung eines Teilchens noch immer nicht ausreichend, da die Einhüllende und damit auch die Aufenthaltswahrscheinlichkeitsdichte außerhalb der Bereiche Δx und Δt nicht gegen null geht, sondern wieder ansteigt. Ein allgemeineres, aus einer diskreten Anzahl harmonischer Wellen bestehendes Wellenpaket läßt sich als

$$\Psi(x,t) = \sum A_i\, e^{i(k_i x - \omega_i t)} \qquad 36.12$$

schreiben. Darin ist A_i die Amplitude der harmonischen Welle mit Wellenzahl k_i und Kreisfrequenz ω_i. Aber auch mit diesem Ansatz läßt sich keine Wellenfunktion finden, die außerhalb eines bestimmten Bereiches eine überall verschwindende Einhüllende besitzt. Um ein lokalisiertes Teilchen zu beschreiben, benötigt man ein aus kontinuierlich beitragenden harmonischen Wellen bestehendes Wellenpaket. Dies erreicht man, indem man die Summe in (36.12) durch ein Integral und A_i durch $A(k)\,dk$ ersetzt, wobei $A(k)$ die Verteilungsfunktion der Wellenzahlen ist:

$$\Psi(x,t) = \int dk\, A(k)\, e^{i(kx - \omega t)}\,. \qquad 36.13$$

Mit Methoden der Fourier-Analysis, auf die wir nicht weiter eingehen wollen, läßt sich aus einer gegebenen Verteilung $A(k)$ die Wellenfunktion $\Psi(x,t)$ bestimmen und umgekehrt. Relativ einfach zu berechnen ist der Fall eines Gauß-verteilten $A(k)$. Dann stellt auch die Einhüllende der Wellenfunktion $\Psi(x,t)$ eine Gauß-Verteilung dar (siehe Abbildung 36.5). Die Standardabweichungen der Gauß-Funktionen, σ_x und σ_k, hängen dabei über die Beziehung

$$\sigma_x \sigma_k = \frac{1}{2} \qquad 36.14$$

36.5 Die Abbildung zeigt die Einhüllenden zweier Gauß-förmiger Wellenpakete $\psi(x)$ verschiedener Breite und die entsprechenden Verteilungen der Wellenzahlen $A(k)$. Für die Standardabweichungen gilt $\sigma_x \sigma_k = 1/2$.

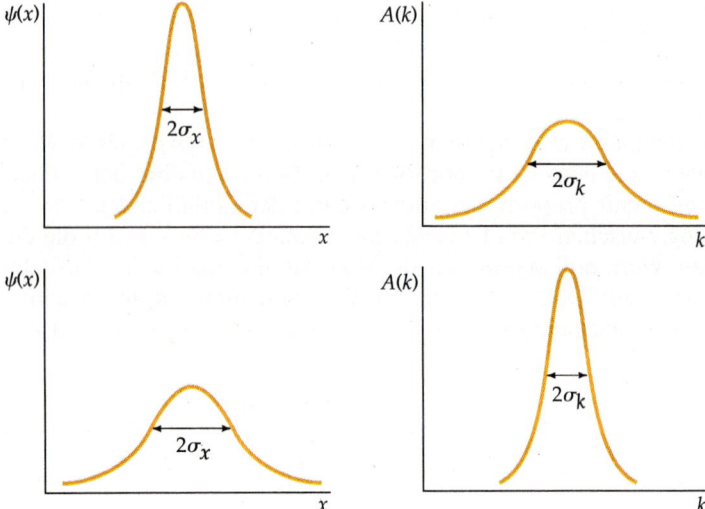

zusammen, und es läßt sich zeigen, daß für jede andere Verteilung das Produkt der Standardabweichungen größer als $\frac{1}{2}$ ist.

Für eine kontinuierliche Verteilung harmonischer Wellen in einem Wellenpaket nimmt die Gruppengeschwindigkeit die Form

$$v_G = \frac{d\omega}{dk} \qquad 36.15$$

an. Die Energie und der Impuls eines Teilchens stehen durch die De-Broglie-Gleichungen mit der Frequenz und der Wellenlänge und damit auch mit der Kreisfrequenz und der Wellenzahl der entsprechenden Wellenfunktion des Teilchens in Beziehung. Es gilt:

$$p = \frac{h}{\lambda} = \frac{h}{2\pi/k} = \hbar k \qquad 36.16$$

und

$$E = h\nu = h\frac{\omega}{2\pi} = \hbar\omega . \qquad 36.17$$

Die kinetische Energie eines sich kräftefrei bewegenden Teilchens beträgt

$$E_{kin} = \frac{1}{2} mv^2 = \frac{p^2}{2m} .$$

Ersetzen wir E_{kin} durch $E = \hbar\omega$ und p durch $\hbar k$, so ergibt sich

$$\hbar\omega = \frac{\hbar^2 k^2}{2m} . \qquad 36.18$$

Für die durch (36.15) gegebene Gruppengeschwindigkeit folgt damit

$$v_G = \frac{d\omega}{dk} = \frac{d}{dk}\left(\frac{\hbar k^2}{2m}\right) = \frac{\hbar k}{m} = \frac{p}{m} = v . \qquad 36.19$$

Die Gruppengeschwindigkeit des Wellenpaketes stimmt also mit der Geschwindigkeit des Teilchens überein. Dieses Ergebnis war zu erwarten, da die Gruppengeschwindigkeit nichts anderes ist als die Geschwindigkeit der Einhüllenden der Wellenfunktion und damit auch der Aufenthaltswahrscheinlichkeitsdichte des Teilchens. Die Phasengeschwindigkeit v_P der einzelnen Wellen stimmt dagegen nicht mit der Geschwindigkeit des Teilchens überein:

$$v_P = \frac{\omega}{k} = \frac{\hbar\omega}{\hbar k} = \frac{E}{p} = \frac{p}{2m} = \frac{v}{2}.$$

Fragen

1. Wie groß sind die Ausdehnungen Δx und Δt für eine harmonische Welle mit einer einzigen Frequenz und Wellenlänge?
2. Spielt bei der Übermittlung von Informationen die Gruppen- oder die Phasengeschwindigkeit die größere Rolle?

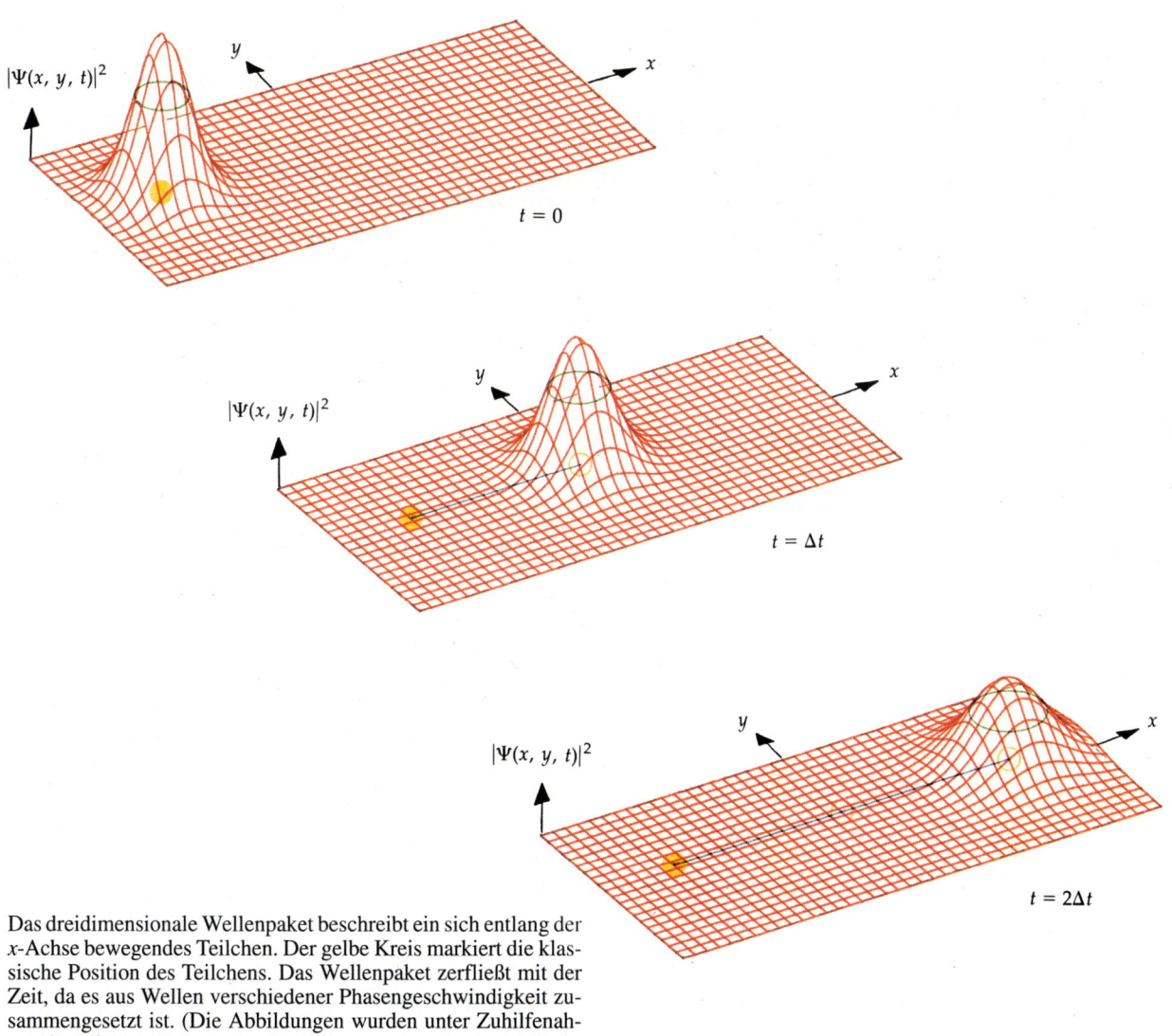

Das dreidimensionale Wellenpaket beschreibt ein sich entlang der x-Achse bewegendes Teilchen. Der gelbe Kreis markiert die klassische Position des Teilchens. Das Wellenpaket zerfließt mit der Zeit, da es aus Wellen verschiedener Phasengeschwindigkeit zusammengesetzt ist. (Die Abbildungen wurden unter Zuhilfenahme eines Computerprogramms erzeugt, das dem Buch S. Brandt, H.D. Dahmen, *Quantum Mechanics on the Personal Computer*, Springer, Heidelberg 1989, beiliegt.)

36.3 Die Unschärferelation

In diesem Abschnitt untersuchen wir, welche Auswirkungen die Welleneigenschaften massebehafteter Teilchen auf Messungen ihres Ortes, ihres Impulses und ihrer Energie haben. Wir betrachten dazu ein Teilchen, z.B. ein Elektron, das durch eine Wellenfunktion $\Psi(x,t)$ beschrieben wird, die wie in (36.13) aus einer kontinuierlichen Überlagerung von harmonischen Wellen besteht. Im ersten Abschnitt dieses Kapitels haben wir gesehen, daß die Größe $|\Psi(x,t)|^2$ sich (bei geeigneter Normierung) als Aufenthaltswahrscheinlichkeitsdichte des Teilchens interpretieren läßt. Wenn wir an einer Reihe von identischen, d.h. durch dieselbe Wellenfunktion $\Psi(x,t)$ beschriebenen Teilchen eine Ortsmessung vornehmen, ist die Verteilung der in der Messung bestimmten Orte daher durch $|\Psi(x,t)|^2$ gegeben. Für die Messung des Ortes eines Teilchens besteht also eine Unschärfe, die mit der räumlichen Ausdehnung des Wellenpakets verknüpft ist. Unsere Betrachtungen im letzten Abschnitt haben gezeigt, daß diese räumliche Ausdehnung des Wellenpakets mit der Verteilung $A(k)$ der Wellenzahlen im Wellenpaket in Beziehung steht. Ist nämlich die räumliche Ausdehnung des Wellenpakets sehr gering, liegt also ein räumlich schmales Wellenpaket vor, so ergibt sich eine breite Verteilung der Wellenzahlen, d.h., die zum Aufbau des Wellenpakets benötigten Wellenzahlen streuen sehr weit. Da die Wellenzahl k jedoch über $p = \hbar k$ mit dem Impuls zusammenhängt, ergibt sich auch eine entsprechend breite Verteilung der auftretenden Impulse. Messen wir gleichzeitig zum Ort den Impuls der identischen Teilchen, so ergibt sich eine entsprechend hohe Impulsunschärfe. Liegt umgekehrt ein räumlich breites Wellenpaket vor, d.h. große Unschärfe in der Messung des Ortes, so ist die Verteilung $A(k)$ schmal und die Unschärfe in der Messung des Impulses gering. Es ist sinnvoll, die Orts- und Impulsunschärfe exakter zu definieren, nämlich als Standardabweichungen der Verteilungen bei der Messung des Ortes und des Impulses:

$$\Delta x = \sigma_x \quad \text{und} \quad \Delta p = \sigma_p \,.$$

Für die Standardabweichung der Wellenzahl gilt $\sigma_k = \sigma_p/\hbar$. Wie schon im letzten Abschnitt erwähnt, nimmt das Produkt $\sigma_x \sigma_k$ das Minimum $\frac{1}{2}$ an, wenn Gauß-Verteilungen vorliegen, und ist für alle anderen Verteilungen größer als $\frac{1}{2}$. Für das Produkt aus Orts- und Impulsunschärfe folgt daher die Relation:

Unschärferelation für Ort und Impuls

$$\Delta x \, \Delta p \geq \frac{1}{2} \hbar \,. \qquad 36.20$$

Die Gleichung (36.20) ist nach Werner Heisenberg, der sie im Jahr 1926 formulierte, als **Heisenbergsche Unschärferelation** benannt. Sie besagt, daß bei einer Messung von Ort und Impuls eines Teilchens das Produkt der Unschärfen immer größer als $\hbar/2$ ist; Ort und Impuls eines Teilchens lassen sich danach nicht gleichzeitig beliebig genau bestimmen.

Nicht nur die räumliche Verteilung eines Wellenpakets $\Psi(x,t)$ hängt für einen festen Zeitpunkt mit der Verteilung $A(k)$ der Wellenzahlen zusammen, in gleicher Weise steht auch die zeitliche Verteilung des Wellenpakets für einen festen Ort mit der Verteilung $A(\omega)$ der Kreisfrequenzen in Beziehung. Zwischen der Kreisfrequenz und der Energie besteht jedoch der Zusammenhang $E = \hbar\omega$. Ein zeitlich schmales Wellenpaket bedingt daher eine breite Verteilung der Energie, ein zeitlich breites Wellenpaket eine schmale Verteilung der Energie. In Analogie zu

(36.20) wird deshalb eine Relation für die Zeit- und Energieunschärfe formuliert:

$$\Delta t \, \Delta E \geq \frac{1}{2} \hbar \, .$$ 36.21 *Unschärferelation für Energie und Zeit*

Die in dieser Relation auftauchenden Unschärfen Δt und ΔE müssen jedoch genau definiert werden. Im Gegensatz zu Δx kann Δt nicht als Standardabweichung einer Messung von Zeitpunkten interpretiert werden, da $|\Psi(x,t)|^2$ nur eine *räumliche* Wahrscheinlichkeitsdichte darstellt, die Zeit also nur als Parameter verwendet wird. Die Größe Δt ist daher zunächst nichts anderes als eine mittlere Aufenthaltsdauer des Teilchens in einer Umgebung des Ortes x.

Interpretiert man Δt jedoch als die für eine Energiemessung eines Teilchens zur Verfügung stehende Zeitspanne, so läßt sich zeigen, daß diese mit der als Standardabweichung definierten Energieunschärfe ΔE nach (36.21) verknüpft ist. Auch für Zerfälle angeregter und instabiler Zustände besitzt die Energie-Zeit-Unschärferelation eine große Bedeutung. In diesem Fall entspricht Δt der mittleren Lebensdauer τ des Zustands und ΔE der Unschärfe der bei dem Zerfall freiwerdenden Energie.

Um die Orts-Impuls-Unschärferelation zu veranschaulichen, betrachten wir in einem Gedankenexperiment die Messung von Ort und Impuls eines Teilchens. Wenn wir die Masse des Teilchens kennen, können wir den Impuls bestimmen, indem wir seinen Ort zu zwei verschiedenen Zeiten messen und seine Geschwindigkeit daraus berechnen. Die Ortsmessung führen wir mit elektromagnetischer Strahlung durch, indem wir diese an dem Teilchen streuen und die Richtung des Streuzentrums bestimmen. Aufgrund der dabei auftretenden Beugungseffekte läßt sich die Position des Teilchens damit nur bis auf eine Ungenauigkeit in der Größenordnung der Wellenlänge λ der Strahlung feststellen. Da wir diese Wellenlänge jedoch beliebig klein wählen können, stellen Beugungseffekte prinzipiell keine Einschränkung dar. Die elektromagnetische Strahlung trägt allerdings einen Impuls. Bei der Streuung der Strahlung durch das Teilchen wird diese abgelenkt, und ihr Impuls ändert sich. Da der Gesamtimpuls erhalten bleibt, ändert sich auch der Impuls des Teilchens, d. h., die Impulsmessung wird beeinträchtigt. Nach der klassischen Theorie des Elektromagnetismus läßt sich dieser Effekt durch Verringerung der Strahlungsintensität unterdrücken. Wir wissen jedoch, daß der Impuls einer elektromagnetischen Welle mit Wellenlänge λ in Photonen des Impulses h/λ quantisiert ist und daß eine Verringerung der Intensität nur die Anzahl der Photonen verringert, nicht deren Impuls. Wir benötigen für die Ortsmessung jedoch mindestens ein am Teilchen gestreutes Photon, um das Teilchen überhaupt orten zu können. Wir stehen daher vor der Wahl, λ klein zu wählen und damit eine große Unschärfe in der Impulsmessung in Kauf zu nehmen oder λ groß zu wählen, so daß sich eine große Ortsunschärfe ergibt. In jedem Fall ist das Produkt der beiden Unschärfen von der Größenordnung der Planckschen Konstante h.

Eine wichtige Konsequenz der Heisenbergschen Unschärferelation ist die Existenz einer minimalen kinetischen Energie, der sog. **Nullpunktsenergie**, die ein Teilchen immer dann besitzt, wenn es in einem bestimmten Raumbereich eingeschlossen ist. Wir zeigen die Existenz der Nullpunktsenergie anhand eines einfachen Beispiels. In einem eindimensionalen Volumen der Länge ℓ sei ein Teilchen der Masse m eingeschlossen. Die Ortsunschärfe kann nicht größer als ℓ sein, und daher folgt aus (36.20) für die Impulsunschärfe

$$\Delta p \geq \frac{\hbar}{2\ell} \, .$$ 36.22

Da der Betrag des Impulses mindestens so groß wie seine Unschärfe sein muß, gilt für die kinetische Energie

$$E_{kin} = \frac{1}{2} mv^2 = \frac{p^2}{2m} \geq \frac{\hbar^2/4\ell^2}{2m} = \frac{\hbar^2}{8m\ell^2} \, . \qquad 36.23$$

Es existiert also eine Nullpunktsenergie, die um so größer ist, je kleiner das Volumen der Länge ℓ gewählt wird. Die obige Rechnung stellt nur eine Abschätzung der Nullpunktsenergie dar. Im Abschnitt 36.6 werden wir die Schrödinger-Gleichung für diesen Fall lösen und einen exakten Ausdruck für die Nullpunktsenergie erhalten, der um einen Faktor $4\pi^2$ größer ist.

Beispiel 36.2

a) Eine Murmel der Masse 25 g befinde sich in einem Kasten der Länge $\ell = 10$ cm. Berechnen Sie die Unschärfe ihres Impulses, ihre daraus folgende minimale Geschwindigkeit und die zugehörige minimale kinetische Energie unter den Annahmen $\Delta x = \ell$ und $p = \Delta p$.
b) Berechnen Sie die entsprechenden Größen für ein in einem Raumbereich der Länge $\ell = 0{,}1$ nm eingeschlossenes Elektron. Diese Ausdehnung liegt in der Größenordnung des Durchmessers eines Atoms.

a) Aus (36.20) erhalten wir mit $\Delta x = 10$ cm

$$\Delta p_{min} = \frac{\hbar}{2\,\Delta x} = \frac{1{,}05 \cdot 10^{-34}\text{ Js}}{2 \cdot 0{,}1 \text{ m}} = 5{,}3 \cdot 10^{-34} \text{ kg m/s} \, .$$

Die entsprechende minimale Geschwindigkeit ist

$$v = \frac{p}{m} = \frac{5{,}3 \cdot 10^{-34} \text{ kg m/s}}{0{,}025 \text{ kg}} = 2{,}1 \cdot 10^{-32} \text{ m/s}$$

und die minimale kinetische Energie

$$E_{kin,min} = \frac{(\Delta p_{min})^2}{2m} = \frac{(5{,}3 \cdot 10^{-34} \text{ kg m/s})^2}{0{,}050 \text{ kg}} = 5{,}6 \cdot 10^{-66} \text{ J} \, .$$

Da die Planck-Konstante sehr klein ist, besitzt die Unschärferelation (36.20) keine Bedeutung für makroskopische Systeme.

b) In diesem Fall erhalten wir eine Impulsunschärfe

$$\Delta p_{min} = \frac{\hbar}{2\,\Delta x} = \frac{1{,}05 \cdot 10^{-34}\text{ Js}}{2 \cdot 10^{-10} \text{ m}} = 5{,}3 \cdot 10^{-25} \text{ kg m/s}$$

und damit eine beachtliche minimale Geschwindigkeit von

$$v = \frac{p}{m} = \frac{5{,}3 \cdot 10^{-25} \text{ kg m/s}}{9{,}1 \cdot 10^{-31} \text{ kg}} = 5{,}8 \cdot 10^5 \text{ m/s} \, .$$

Die minimale kinetische Energie beträgt:

$$E_{kin,min} = \frac{(\Delta p_{min})^2}{2m} = \frac{(5{,}3 \cdot 10^{-25} \text{ kg m/s})^2}{2(9{,}1 \cdot 10^{-31} \text{ kg})} = 1{,}5 \cdot 10^{-19} \text{ J} \approx 1 \text{ eV} \, .$$

Die exakte Rechnung (siehe Abschnitt 36.6) ergibt einen Wert von 37,6 eV.

Fragen

3. Sagt die Heisenbergsche Unschärferelation aus, daß sich der Impuls eines Elektrons unter keinen Umständen exakt feststellen läßt?
4. Warum ist die Heisenbergsche Unschärferelation für makroskopische Körper unwichtig?

36.4 Der Welle-Teilchen-Dualismus

Wir haben gesehen, daß Licht nach der klassischen Theorie als Welle aufgefaßt wird, aber auch Teilcheneigenschaften aufweist, wenn es mit Materie wechselwirkt. Beispiele dafür sind der Photo- und der Compton-Effekt. Dagegen zeigen z.B. Elektronen, die klassisch als Teilchen beschrieben werden, Welleneigenschaften wie Interferenz und Beugung. Diese Aussage können wir noch verallgemeinern: Alles, was Energie und Impuls trägt, zeigt sowohl Wellen- als auch Teilcheneigenschaften. Oft begegnet man der Feststellung, daß z.B. ein Elektron sowohl Teilchen als auch Welle sei. Die Bedeutung dieser Aussage ist jedoch nicht unmittelbar einsichtig, denn in der klassischen Physik schließen sich die Konzepte von Teilchen und Welle aus: Ein **klassisches Teilchen** verhält sich wie eine kleine massive Kugel. Es läßt sich immer in einem Punkt im Raum lokalisieren, trägt eine bestimmte Energie und einen bestimmten Impuls und bewegt sich auf einer durch seine Bewegungsgleichung gegebenen Bahn, ohne daß es zu Interferenz- und Beugungseffekten kommt. Eine **klassische Welle** besitzt dagegen Interferenz- und Beugungsfähigkeit, ihre Energie und ihr Impuls sind kontinuierlich im Raum verteilt. Weder das Konzept eines klassischen Teilchens noch das einer klassischen Welle reicht allein aus, um z.B. ein Elektron zu beschreiben. Man sollte ein Elektron daher weder als Teilchen noch als Welle bezeichnen. Sagt man trotzdem, ein Elektron sei (in einem quantenmechanischen Sinn) ein Teilchen, so sollte man sich immer im klaren über die Bedeutung dieser Bezeichnung sein.

Es stellt sich die Frage, in welchen Fällen die Welleneigenschaften und in welchen die Teilcheneigenschaften eines Elektrons oder eines Photons dominieren. Die Welleneigenschaften beschreiben das Verhalten eines Elektrons oder Photons bei seiner Ausbreitung und das Verhalten eines in einem Potential gebundenen Elektrons sehr zufriedenstellend. Wird in einem Prozeß dagegen Energie übertragen oder ein (quantenmechanisches) Teilchen erzeugt oder vernichtet, so treten die Teilcheneigenschaften in den Vordergrund.

Oft ergeben die Konzepte des klassischen Teilchens bzw. der klassischen Welle dieselben Resultate. Ist die Wellenlänge sehr klein, so kann nicht zwischen der Ausbreitung einer klassischen Welle und der eines kräftefreien klassischen Teilchens unterschieden werden. Beugungseffekte sind in diesem Fall vernachlässigbar, und die Welle breitet sich entlang einer geraden Linie aus. Interferenzeffekte lassen sich für zu kurze Wellenlängen nicht mehr beobachten, da der Abstand zwischen den Interferenzstreifen so klein ist, daß diese nicht mehr aufzulösen sind. Im Fall kurzer Wellenlängen macht es daher keinen Unterschied, welches Konzept verwendet wird. Sind Beugungseffekte vernachlässigbar, so können wir uns die Ausbreitung des Lichts wie in der geometrischen Optik als Ausbreitung einer Welle entlang einem Strahl oder als Strahl von Photonen vorstellen. Auch die Bewegung eines Elektrons können wir uns in diesem Fall entweder als Ausbreitung einer durch seine Wellenfunktion beschriebenen Welle oder als die Bewegung eines klassischen Teilchens vor Augen führen.

Wir können auch in Prozessen, in denen Energie übertragen wird, beide Konzepte verwenden, falls eine große Anzahl von Teilchen an den Prozessen teilnimmt und uns nur die im Mittel übertragene Energie interessiert. So ergibt beispielsweise die klassische Theorie des Elektromagnetismus für den Photoeffekt das korrekte Ergebnis, daß der Photostrom in der Röhre zur Intensität des einfallenden Lichts proportional ist.

36.5 Die Schrödinger-Gleichung

Im Jahr 1926 formulierte Erwin Schrödinger die nach ihm benannte **Schrödinger-Gleichung**, eine der klassischen Wellengleichung (29.7) analoge Wellengleichung zur Beschreibung massebehafteter Teilchen. Wie schon die klassische Gleichung setzt auch die Schrödinger-Gleichung räumliche und zeitliche partielle Ableitungen einer Wellenfunktion miteinander in Beziehung. Es ist nicht möglich, die Schrödinger-Gleichung in irgendeiner Weise herzuleiten, genausowenig, wie sich die Newtonschen Gesetze herleiten lassen. Wie bei jeder fundamentalen Gleichung sollten die sich ergebenden Konsequenzen jedoch konsistent mit den experimentellen Beobachtungen sein. Obwohl es von diesem Standpunkt aus möglich ist, die Schrödinger-Gleichung einfach zu postulieren, erscheint die Überlegung sinnvoll, wie eine Wellengleichung für ein Teilchen aussehen könnte. Wir greifen dazu auf die Wellengleichung für Photonen, d.h. auf die des Lichts, zurück. Als Wellenfunktion wählen wir wie schon im Abschnitt 36.1 das elektrische Feld $E(x,t)$. Die Wellengleichung lautet (siehe Gleichung 29.12a):

$$\frac{\partial^2 E(x,t)}{\partial x^2} = \frac{1}{c^2} \frac{\partial^2 E(x,t)}{\partial t^2}. \qquad 36.24$$

Eine wichtige Klasse von Lösungen dieser Gleichungen bilden die harmonischen Wellen $E(x,t) = E_0 \sin(kx - \omega t)$. Differenzieren wir $E(x,t)$ zweimal nach t, so erhalten wir $\partial^2 E/\partial t^2 = -\omega^2 E_0 \sin(kx - \omega t)$, zweimaliges Differenzieren nach x ergibt $\partial^2 E/\partial x^2 = -k^2 E_0 \sin(kx - \omega t)$. Setzen wir dies in (36.24) ein, sehen wir, daß $E(x,t)$ genau dann eine Lösung der Wellengleichung ist, wenn die Kreisfrequenz ω und die Wellenzahl k die Bedingung

$$-k^2 = -\frac{\omega^2}{c^2}$$

bzw.

$$\omega = kc \qquad 36.25$$

erfüllen. Multiplizieren wir beide Seiten mit $\hbar$, so erkennen wir in dieser Bedingung die Relation zwischen Energie E und Impuls p eines Photons:

$$E = pc. \qquad 36.26$$

Wir verwenden nun die De-Broglie-Gleichungen, um eine zu (36.25) analoge Bedingung an ω und k für ein massives Teilchen zu finden. Ist m die Masse des Teilchens und V seine potentielle Energie, so gilt für seine Gesamtenergie

$$E = \frac{p^2}{2m} + V. \qquad 36.27$$

Setzen wir für E und p die Energie und den Impuls aus den De-Broglie-Gleichungen

$$E = h\nu = \hbar\omega \quad \text{und} \quad p = \frac{h}{\lambda} = \hbar k$$

ein, so ergibt sich folgende Bedingung für ω und k:

$$\hbar\omega = \frac{\hbar^2 k^2}{2m} + V. \qquad 36.28$$

Diese Bedingung unterscheidet sich von (36.25) darin, daß sie die potentielle Energie V enthält und ω nicht mehr linear mit k zusammenhängt. Beim Differenzieren der Wellenfunktion $E(x,t)$ haben wir jeweils einen Faktor ω erhalten bei der Differentiation nach der Zeit t und einen Faktor k bei Differentiation nach dem Ort x. Die Tatsache, daß in (36.28) die Größen ω und k^2 vorkommen, legt daher die Vermutung nahe, daß die Wellengleichung für ein Teilchen die zweite partielle Ableitung der Wellenfunktion nach dem Ort enthält, im Gegensatz zu der klassischen Wellengleichung (36.24) jedoch nur die erste partielle Ableitung der Wellenfunktion nach der Zeit. Außerdem sollte in der Wellengleichung für ein Teilchen dessen potentielle Energie auftauchen.

Wir postulieren nun die Schrödinger-Gleichung, der Einfachheit halber jedoch zunächst nur in ihrer eindimensionalen Form:

$$-\frac{\hbar^2}{2m}\frac{\partial^2 \Psi(x,t)}{\partial x^2} + V(x,t)\,\Psi(x,t) = i\hbar\frac{\partial \Psi(x,t)}{\partial t}. \qquad 36.29$$

Zeitabhängige Schrödinger-Gleichung

Ein wichtiger Unterschied zwischen den klassischen Wellengleichungen und der zeitabhängigen Schrödinger-Gleichung liegt in der expliziten Verwendung der imaginären Zahl $i = \sqrt{-1}$. Es ist daher zu erwarten, daß auch die Lösungen der zeitabhängigen Schrödinger-Gleichung komplexwertig sein können. Im Fall der zeitabhängigen Schrödinger-Gleichung für ein freies Teilchen (potentielle Energie $V(x,t) = 0$) stellt die reelle harmonische Wellenfunktion $\Psi(x,t) = \sin(kx - \omega t)$ daher keine Lösung dar, und wir sind gezwungen, die komplexe harmonische Wellenfunktion $\Psi(x,t) = e^{i(kx - \omega t)}$ zu verwenden.

Die Gleichung (36.29) wird **zeitabhängige Schrödinger-Gleichung** genannt, da potentielle Energie $V(x,t)$ i. a. zeitabhängig ist. Für den stationären Fall, d. h. einer von der Zeit t unabhängigen potentiellen Energie $V(x)$, läßt sich die Schrödinger-Gleichung vereinfachen, indem man die Wellenfunktion $\Psi(x,t)$ über

$$\Psi(x,t) = \psi(x)e^{-i\omega t} \qquad 36.30$$

in einen zeitabhängigen Anteil und eine nur noch vom Ort x abhängige Wellenfunktion $\psi(x)$ separiert. Für die rechte Seite von (36.29) gilt damit

$$i\hbar\frac{\partial \psi(x,t)}{\partial t} = i\hbar(-i\omega)\,\psi(x)e^{-i\omega t} = \hbar\omega\,\psi(x)e^{-i\omega t} = E\psi(x)e^{-i\omega t},$$

wobei wir $E = \hbar\omega$ benutzt haben. Für die linke Seite folgt mit $V(x,t) = V(x)$:

$$-\frac{\hbar^2}{2m}\frac{\partial^2 \psi(x)}{\partial x^2}e^{-i\omega t} + V(x)\,\psi(x)e^{-i\omega t}.$$

36 Quantenmechanik

Einsetzen von (36.30) in (36.29) führt zu

$$-\frac{\hbar^2}{2m}\frac{\partial^2 \psi(x)}{\partial x^2} e^{-i\omega t} + V(x)\psi(x)e^{-i\omega t} = E\psi(x)e^{-i\omega t}.$$

Diese Gleichung gilt für alle Zeitpunkte t, und wir können daher den allen Termen gemeinsamen Faktor $e^{-i\omega t}$ weglassen. Damit erhalten wir eine Differentialgleichung für $\psi(x)$, die sog. **zeitunabhängige Schrödinger-Gleichung**:

Zeitunabhängige Schrödinger-Gleichung

$$-\frac{\hbar^2}{2m}\frac{d^2\psi(x)}{dx^2} + V(x)\,\psi(x) = E\psi(x).\qquad 36.31$$

Da es sich bei der zeitunabhängigen Schrödinger-Gleichung um eine gewöhnliche Differentialgleichung in nur noch einer Variablen x handelt, läßt sich diese wesentlich einfacher lösen als die zeitabhängige Schrödinger-Gleichung (36.29), die eine partielle Differentialgleichung in x und t darstellt. Es läßt sich zeigen, daß die Wellenfunktionen, die Lösungen dieser Gleichung sind, immer reell gewählt werden können.

Wir haben die Größe $|\Psi(x,t)|^2$ als Aufenthaltswahrscheinlichkeitsdichte eines Teilchens zum Zeitpunkt t interpretiert. Ist $\psi(x)$ eine Lösung der zeitunabhängigen Schrödinger-Gleichung für eine potentielle Energie $V(x)$, also eine Lösung für das stationäre Problem, dann gilt nach (36.30)

$$\Psi(x,t) = \psi(x)\, e^{-i\omega t}$$

und damit für das Betragsquadrat der Wellenfunktion

$$|\Psi(x,t)|^2 = |\psi(x)\, e^{-i\omega t}|^2 = |\psi(x)|^2.$$

Für ein stationäres Problem bedeutet $|\psi(x)|^2$ daher die (zeitunabhängige) Aufenthaltswahrscheinlichkeitsdichte des Teilchens. Aus dieser Interpretation ergeben sich einige Bedingungen an die Lösungen $\psi(x)$. Zunächst einmal muß die Wellenfunktion $\psi(x)$ in jedem Punkt x stetig sein, da sonst die Aufenthaltswahrscheinlichkeit des Teilchens unstetig ist. Für potentielle Energien $V(x)$, die in jedem Punkt endlich sind, muß auch die erste Ableitung $d\psi/dx$ der Wellenfunktion in jedem Punkt x stetig sein. Um dies zu zeigen, multiplizieren wir in der zeitunabhängigen Schrödinger-Gleichung (36.31) jeden Term mit $2m/\hbar^2$, schreiben die zweite Ableitung der Wellenfunktion

$$\frac{d^2\psi}{dx^2} \quad \text{als} \quad \frac{d}{dx}\left(\frac{d\psi}{dx}\right)$$

und erhalten damit

$$\frac{d}{dx}\left(\frac{d\psi}{dx}\right) = \frac{2m}{\hbar^2}\,[V(x) - E]\,\psi(x)$$

oder

$$d\left(\frac{d\psi}{dx}\right) = \frac{2m}{\hbar^2}\,[V(x) - E]\,\psi(x)\,dx.$$

Lassen wir dx gegen null gehen, so geht auch $d(d\psi/dx)$, also die Änderung in der ersten Ableitung der Wellenfunktion, gegen null, wenn $V(x)$ endlich bleibt. Dies ist jedoch äquivalent zur Stetigkeit der ersten Ableitung der Wellenfunktion in x, wenn $V(x)$ endlich ist.

Da das durch die zeitunabhängige Schrödinger-Gleichung beschriebene Teilchen sich irgendwo im Raum aufhält, muß das Integral über die Wahrscheinlichkeitsdichte den Wert eins ergeben:

$$\int_{-\infty}^{+\infty} |\psi(x)|^2 \, dx = 1 \, .$$

36.32 *Normierungsbedingung*

Die Gleichung (36.32) heißt **Normierungsbedingung** der Wellenfunktion $\psi(x)$. (Die allgemeinere Form der Normierungsbedingung haben wir bereits im Abschnitt 36.1 kennengelernt.) Damit das Integral über das Betragsquadrat überhaupt existiert, muß die Wellenfunktion $\psi(x)$ für große x schnell gegen null gehen. Eine solche Wellenfunktion nennt man **quadratintegrabel**. Wie wir noch sehen werden, schränkt die Normierungsbedingung die möglichen Lösungen der zeitunabhängigen Schrödinger-Gleichungen deutlich ein.

36.6 Das Teilchen im Kastenpotential

Im folgenden werden wir die zeitunabhängige Schrödinger-Gleichung für den Fall eines in einem eindimensionalen Kasten der Länge ℓ eingeschlossenen Teilchens lösen. Die Beschränkung auf eine Raumrichtung ist zwar unrealistisch, sie macht das Problem aber einfacher und kann als lehrreiches Beispiel dienen. Nach der klassischen Mechanik bewegt sich das Teilchen zwischen den beiden an den Orten $x = 0$ und $x = \ell$ angenommenen Wänden hin und her. Es hält sich an jedem Ort im Kasten mit derselben Wahrscheinlichkeit auf, und die Energie des Teilchens kann jeden beliebigen Wert annehmen.

In der Quantenmechanik wird das Teilchen jedoch durch eine Wellenfunktion ψ beschrieben, die der zeitunabhängigen Schrödinger-Gleichung (36.31) genügt. Die potentielle Energie oder – wie in der Quantenmechanik üblich – kurz das *Potential* $V(x)$ nimmt für einen eindimensionalen Kasten die in Abbildung 36.6 dargestellte Form an und läßt sich als

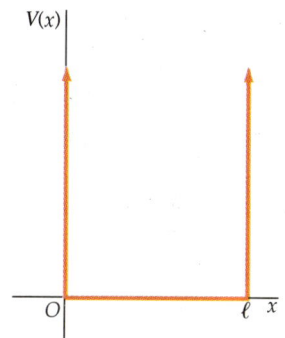

36.6 Das Kastenpotential. Für $x \leq 0$ und $x \geq \ell$ ist das Potential unendlich. Das Teilchen ist im Bereich $0 < x < \ell$, in dem das Potential gleich null ist, eingeschlossen.

$$V(x) = 0 \quad 0 < x < \ell$$
$$V(x) = \infty \quad x < 0 \text{ oder } x > \ell$$

36.33

beschreiben. Das Potential (36.33) wird auch oft als **Potentialtopf mit unendlich hohen Wänden** bezeichnet, da es außerhalb des Kastens, d.h. außerhalb des Bereichs $0 < x < \ell$, unendlich ist. Da die Schrödinger-Gleichung in diesem Außenbereich nur die Lösung $\psi(x) = 0$ besitzt, ist auch die zu $|\psi(x)|^2$ proportionale Aufenthaltswahrscheinlichkeit des Teilchens überall außerhalb des Kastens gleich null. Innerhalb des Kastens, d.h. innerhalb des Bereichs $0 < x < \ell$, ist das Potential in jedem Punkt gleich null. Wir müssen daher nur die zeitunabhängige Schrödinger-Gleichung lösen, wobei die Stetigkeit der Wellenfunktion in den Punkten $x = 0$ und $x = \ell$ die sog. **Randbedingungen** $\psi(x = 0) = 0$ und $\psi(x = \ell) = 0$ liefert, die wir bei der Lösung berücksichtigen müssen. Die Stetigkeit der Ableitung der Wellenfunktion brauchen wir dagegen nicht zu beachten, da das Potential für $x \leq 0$ und $x \geq \ell$ unendlich wird. Innerhalb des Kastens nimmt die zeitunabhängige Schrödinger-Gleichung (36.32) die Form

$$-\frac{\hbar^2}{2m}\frac{d^2\psi(x)}{dx^2} = E\psi(x)$$

bzw.

$$\frac{d^2\psi(x)}{dx^2} = -\frac{2mE}{\hbar^2}\psi(x) = -k^2\psi(x) \qquad 36.34$$

an, wobei

$$k^2 = \frac{2mE}{\hbar^2}. \qquad 36.35$$

Die allgemeine Lösung von (36.34) kann als

$$\psi(x) = A \sin kx + B \cos kx \qquad 36.36$$

geschrieben werden. Darin sind A und B noch zu bestimmende Konstanten. Für den Punkt $x = 0$ gilt

$$\psi(0) = A \sin(k \cdot 0) + B \cos(k \cdot 0) = B,$$

und die Randbedingung $\psi(x = 0) = 0$ liefert somit $B = 0$. Gleichung (36.36) nimmt damit die Form

$$\psi(x) = A \sin kx \qquad 36.37$$

an. Die Randbedingung $\psi(x = \ell) = 0$ ergibt

$$\psi(\ell) = A \sin k\ell = 0. \qquad 36.38$$

Diese Bedingung ist erfüllt, wenn $k\ell$ ein ganzzahliges Vielfaches von π ist. Die Wellenzahl k wird somit auf Werte k_n eingeschränkt, die durch

$$k_n = n\frac{\pi}{\ell} \qquad n = 1, 2, 3, \ldots \qquad 36.39$$

gegeben sind. Für jeden Wert für n existiert dann eine Wellenfunktion

$$\psi_n = A_n \sin \frac{n\pi x}{\ell}. \qquad 36.40$$

Drücken wir k mittels $k = 2\pi/\lambda$ durch die Wellenlänge aus, so läßt sich (36.39) in

$$\ell = n\frac{\lambda_n}{2}$$

umformen. Dies entspricht gerade der Bedingung für eine stehende Welle auf einer an ihren Enden $x = 0$ und $x = \ell$ eingespannten Saite. Da die Energie E mit der Wellenzahl über (36.35) zusammenhängt, kann E nur die Werte

$$E_n = \frac{\hbar^2 k_n^2}{2m} = n^2 \frac{\hbar^2 \pi^2}{2m\ell^2} = n^2 \frac{h^2}{8m\ell^2}$$

oder

$$E_n = n^2 E_1 \qquad 36.41$$

Erlaubte Energiewerte im Kastenpotential

annehmen, wobei

$$E_1 = \frac{h^2}{8m\ell^2} \qquad 36.42$$

Grundzustandsenergie im Kastenpotential

die Grundzustandsenergie, d.h. die Energie des niedrigsten möglichen Zustands, ist. Die Energie ist also quantisiert. In Abbildung 36.7 sind die niedrigsten Energiewerte im Kastenpotential gezeigt. Bemerkenswert ist, daß der niedrigste mögliche Energiewert von null verschieden ist. Ein in ein endliches Volumen eingeschlossenes Teilchen kann nach der Quantenmechanik also nicht ruhen, sondern besitzt immer eine minimale kinetische Energie, die Nullpunktsenergie (vgl. Abschnitt 36.3). (Da im Inneren des Kastens das Potential null ist, stimmt die Gesamtenergie des Teilchens mit seiner kinetischen Energie überein.) Wir haben dieses Resultat schon bei unseren Betrachtungen zur Unschärferelation in Abschnitt 36.3 erhalten, die exakte Rechnung ergibt jedoch einen zusätzlichen Faktor $4\pi^2$. Die Nullpunktsenergie ist um so größer, je kleiner das Volumen ist. Für den Fall des Kastenpotentials variiert E_1 mit $1/\ell^2$. Erweitern wir in (36.42) mit c^2, so folgt:

$$E_1 = \frac{(hc)^2}{8mc^2\ell^2}. \qquad 36.43$$

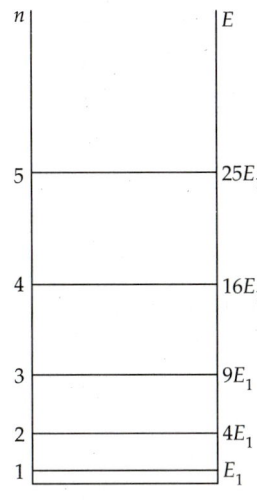

36.7 Die möglichen Energieniveaus für das Kastenpotential. Klassisch kann das Teilchen jeden positiven Energiewert annehmen, quantenmechanisch jedoch nur die Werte $E_n = n^2 E_1 = n^2(h^2/8m\ell^2)$.

Für ein Elektron gilt $hc = 1240$ eV·nm und $mc^2 = 0{,}511$ MeV. Setzt man diese Werte ein, so erhält man eine Grundzustandsenergie von 37,6 eV.

Die Konstanten A_n in (36.40) werden durch die Normierungsbedingung (36.32) bestimmt:

$$\int_{-\infty}^{+\infty} \psi^2 \, dx = \int_0^\ell A_n^2 \sin^2 \frac{n\pi x}{\ell} \, dx = 1.$$

In unserem Fall muß man nur von $x = 0$ bis $x = \ell$ integrieren, da die Wellenfunktion außerhalb dieses Bereichs gleich null ist. Substituieren wir $\theta = n\pi x/\ell$, so folgt

$$\int_0^\ell A_n^2 \sin^2 \frac{n\pi x}{\ell} \, dx = A_n^2 \frac{\ell}{n\pi} \int_0^{n\pi} \sin^2 \theta \, d\theta = 1.$$

Das Integral ergibt den Wert

$$\int_0^{n\pi} \sin^2 \theta \, d\theta = \left[\frac{\theta}{2} - \frac{\sin 2\theta}{4}\right]_0^{n\pi} = \frac{n\pi}{2},$$

und die Normierungsbedingung lautet daher

$$A_n^2 \frac{\ell}{n\pi} \frac{n\pi}{2} = 1,$$

woraus schließlich

$$A_n = \sqrt{\frac{2}{\ell}}$$

folgt. Die Konstante A_n hängt demnach nicht mehr von n ab. Die normierten Wellenfunktionen für das Kastenpotential lauten daher:

Wellenfunktionen des Kastenpotentials

$$\psi_n = \sqrt{\frac{2}{\ell}} \sin \frac{n\pi x}{\ell}.$$ 36.44

Die Zahl n bezeichnet man als **Quantenzahl**. Sie charakterisiert die Wellenfunktion und die Energie eines bestimmten Zustands. In unserer eindimensionalen Betrachtung erhält man sie aufgrund der Randbedingungen für die Wellenfunktion an den Punkten $x = 0$ und $x = \ell$. In drei Raumdimensionen sind drei Quantenzahlen erforderlich, die sich aus den entsprechenden Randbedingungen ergeben.

Abbildung 36.8 zeigt die Aufenthaltswahrscheinlichkeitsdichte $|\psi(x)|^2$ für den Grundzustand $n = 1$, die ersten beiden angeregten Zustände $n = 2$ und $n = 3$ und den Zustand $n = 10$. Für relle Wellenfunktionen stimmt die Aufenthaltswahrscheinlichkeitsdichte $|\psi(x)|^2$ mit dem Quadrat der Wellenfunktionen $\psi^2(x)$ überein. Wir werden aber trotzdem die Bezeichnung $|\psi(x)|^2$ verwenden. Wie man der Abbildung entnehmen kann, ist die Aufenthaltswahrscheinlichkeit des Teilchens für den Grundzustand in der Mitte des Kastens am größten. Im ersten angeregten Zustand beobachtet man das Teilchen nie in der Mitte des Kastens, da $|\psi(x)|^2$ für $x = \ell/2$ gleich null ist. Für sehr große Werte von n liegen die Extrema von $|\psi(x)|^2$ offensichtlich sehr nahe beieinander. In diesem Fall kann nicht mehr zwischen $|\psi(x)|^2$ und dessen Mittelwert (in der Abbildung als gestrichelte Linie angedeutet) unterschieden werden. Damit ist im Grenzfall sehr großer n die Aufenthaltswahrscheinlichkeit des Teilchens in jedem Punkt des Kastens gleich groß, genau wie in der klassischen Mechanik. Dies ist ein Beispiel für das sog. **Bohrsche Korrespondenzprinzip**:

Bohrsches Korrespondenzprinzip

Im Grenzfall großer Quantenzahlen ergeben quantenmechanische und klassische Rechnungen dasselbe Resultat.

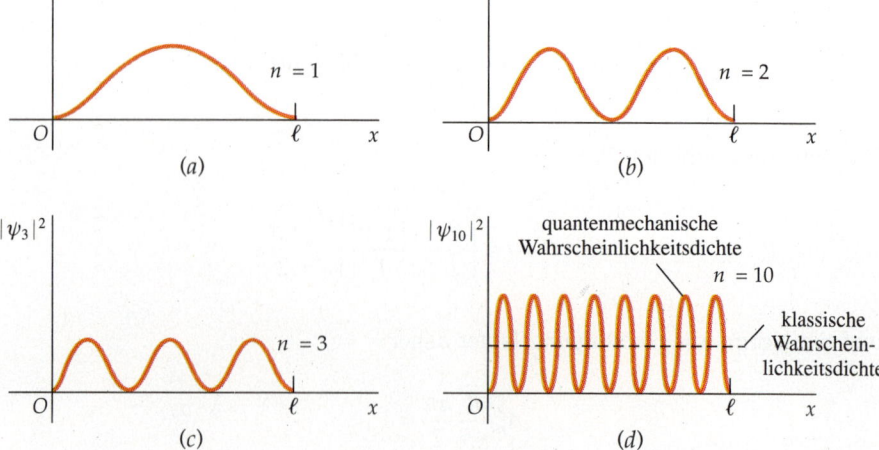

36.8 Die Wahrscheinlichkeitsdichte $|\psi|^2$ eines Teilchens im Kastenpotential der Breite ℓ in Abhängigkeit von x für a) den Grundzustand $n = 1$, b) den ersten angeregten Zustand $n = 2$, c) den zweiten angeregten Zustand $n = 3$ und d) den Zustand $n = 10$. Für große n liegen die Extrema so nahe beieinander, daß nur der (konstante) Mittelwert von $|\psi|^2$ beobachtet werden kann. Dieser stimmt dann mit der klassischen Wahrscheinlichkeitsdichte überein.

In der Atom- und Molekülphysik ist es oft nützlich, sich ein geladenes Teilchen, wie z. B. das Elektron, als eine Ladungswolke vorzustellen, wobei die Ladungsverteilung proportional zu $|\psi(x)|^2$ ist. Wir werden auf diese Interpretation noch in den nächsten Kapiteln zurückkommen. Man sollte mit dieser Interpretation jedoch vorsichtig umgehen, denn ein Elektron, das mit Materie oder Strahlung wechselwirkt, tritt immer als ganze Ladung auf.

Beispiel 36.3

Ein Teilchen befinde sich im Grundzustand eines Kastenpotentials. Berechnen Sie a) die Wahrscheinlichkeit, das Teilchen im Bereich $0 < x < \ell/4$ zu finden und b) die Wahrscheinlichkeit, das Teilchen in einem Bereich $\Delta x = 0{,}01\,\ell$ um den Punkt $x = \frac{1}{2}$ anzutreffen.

a) Die Wahrscheinlichkeit, das Teilchen in einem Bereich dx zu finden, ist gleich

$$P(x)\,dx = \psi^2(x)\,dx = \frac{2}{\ell}\sin^2\frac{\pi x}{\ell}\,dx\,.$$

Damit folgt für die gesuchte Wahrscheinlichkeit:

$$P = \int_0^{\ell/4} \frac{2}{\ell}\sin^2\frac{\pi x}{\ell}\,dx = \frac{2}{\ell}\frac{\ell}{2}\int_0^{\pi/4}\sin^2\theta\,d\theta$$

$$= \frac{2}{\pi}\left[\frac{\theta}{2} - \frac{\sin 2\theta}{4}\right]_0^{\pi/4} = \frac{2}{\pi}\left(\frac{\pi}{8} - \frac{1}{4}\right)$$

$$= 0{,}091\,,$$

wobei wir $\theta = \pi/\ell$ ersetzt haben. Die Wahrscheinlichkeit, das Teilchen im Bereich $0 < x < \ell/4$ anzutreffen, beträgt also etwa 9 Prozent. In Abbildung 36.9 ist dies als schattierte Fläche dargestellt.

b) Da der Bereich $\Delta x = 0{,}01\,\ell$ sehr klein im Vergleich zu ℓ ist, kann man auf eine Integration verzichten. Näherungsweise beträgt die gesuchte Wahrscheinlichkeit

$$P = \psi^2(x)\,\Delta x = \frac{2}{\ell}\sin^2\frac{\pi x}{\ell}\,\Delta x = \frac{2}{\ell}\left(\sin^2\frac{\pi}{2}\right)(0{,}01\,\ell) = 0{,}02\,,$$

also etwa 2 Prozent.

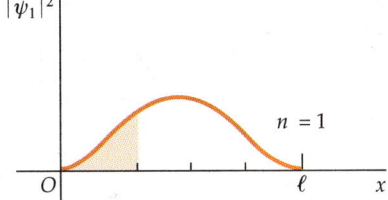

36.9 Die Wahrscheinlichkeitsdichte $|\psi|^2$ in Abhängigkeit von x für den Grundzustand eines Teilchens in einem Kastenpotential. Die Wahrscheinlichkeit, das Teilchen im Bereich $0 < x < \ell/4$ zu finden, entspricht der schraffierten Fläche.

36.7 Das Teilchen in einem Potentialtopf mit endlich hohen Wänden

Im letzten Abschnitt haben wir bei der Lösung der Schrödinger-Gleichung für das Kastenpotential eine Quantisierung der Energie erhalten. Dieser Effekt tritt immer dann auf, wenn ein Teilchen in einem bestimmten Raumbereich eingeschlossen ist. Zur Veranschaulichung wollen wir die Lösung der zeitunabhängigen Schrödinger-Gleichung für den etwas komplizierteren Fall eines endlich tiefen Potentialtopfes betrachten. In diesem Fall lautet das Potential

$$V(x) = 0 \qquad \text{für } 0 < x < \ell$$
$$V(x) = V_0 \qquad \text{für } x \leq 0 \text{ oder } x \geq \ell\,.$$

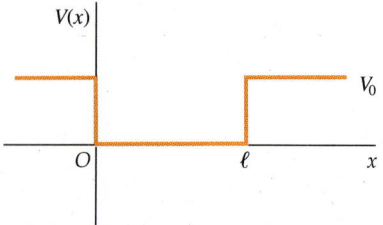

36.10 Der Potentialverlauf für einen Potentialtopf mit endlich hohen Wänden.

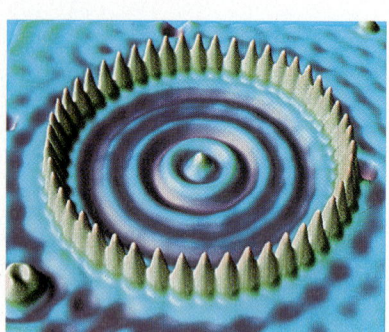

Stehende Elektronenwellen in einem Ring von etwa 50 Eisenatomen auf einer Kupferoberfläche. Die mit einem Rastertunnelmikroskop erzeugte Aufnahme zeigt anschaulich die Aufenthaltswahrscheinlichkeit eines in einem zweidimensionalen Kasten eingesperrten Teilchens – also ein Phänomen, das man bisher nur als abstraktes Modell kannte. Donald M. Eigler und seine Mitarbeiter (Almaden-Forschungszentrum der Firma IBM in San Jose, Kalifornien) hatten bereits vorher festgestellt, daß die leicht beweglichen Leitungselektronen des Kupfers an zufällig auf der Metalloberfläche verteilten Eisenatomen gestreut werden. Das vorliegende Bild zeigt nun das Ergebnis einer durch dieselben Forscher bewußt vorgenommenen Manipulation im Nanometerbereich. Die auf einer äußerst glatten und sauberen Kupferoberfläche aufgestäubten Eisenatome wurden mit einer Spitze des Tunnelmikroskops wie mit einer Pinzette verschoben und zu einem Kreis angeordnet (Durchmesser ca. 14 nm). Innerhalb dieses „Quantengeheges" interferieren die Wellen der Kupferleitungselektronen so, daß sich stehende Wellen, also Schwankungen in der Aufenthaltswahrscheinlichkeitsdichte, bilden. Mit demselben Rastertunnelmikroskop lassen sich diese Dichteschwankungen abtasten und als Bild wiedergeben. (Mit freundlicher Genehmigung von IBM Deutschland)

Es ist an den Stellen $x = 0$ und $x = \ell$ unstetig, jedoch überall endlich. Abbildung 36.10 zeigt den Potentialverlauf. Die Lösungen der zeitunabhängigen Schrödinger-Gleichung hängen davon ab, ob die Gesamtenergie E größer oder kleiner als V_0 ist. Wir werden den Fall $E > V_0$ nicht weiter behandeln, wollen aber kurz anmerken, daß die Energie für ein solches freies Teilchen nicht quantisiert ist, sondern alle Energiewerte größer V_0 annehmen kann. Im folgenden betrachten wir den Fall $E < V_0$.

Innerhalb des Potentialtopfes, also für $0 < x < \ell$, gilt $V(x) = 0$, und die zeitunabhängige Schrödinger-Gleichung nimmt dieselbe Form an wie für das Kastenpotential:

$$\frac{d^2\psi(x)}{dx^2} = -k^2\psi(x),$$

wobei

$$k^2 = \frac{2mE}{\hbar^2}.$$

Die allgemeine Lösung hat wieder die Form

$$\psi(x) = A \sin kx + B \cos kx.$$

In diesem Fall ist $\psi(x)$ an der Stelle $x = 0$ jedoch nicht gleich null. Auch B ist somit von null verschieden. Außerhalb des Topfes lautet die zeitunabhängige Schrödinger-Gleichung:

$$\frac{d^2\psi(x)}{dx^2} = \frac{2m}{\hbar^2}(V_0 - E)\psi(x) = \alpha^2\psi(x),\qquad 36.45$$

wobei

$$\alpha^2 = \frac{2m}{\hbar^2}(V_0 - E) > 0.\qquad 36.46$$

Aus der Lösung der Differentialgleichung (36.45) im Bereich außerhalb des Topfes und den Stetigkeitsbedingungen für $\psi(x)$ und $d\psi(x)/dx$ für die Stellen $x = 0$ und $x = \ell$ lassen sich die Wellenfunktionen und die möglichen Energiewerte berechnen. Die Lösung von (36.45) ist nicht kompliziert (für positive x ist sie von der Form $\psi(x) = e^{-\alpha x}$), die Anwendung der Randbedingungen erfordert jedoch eine längere Rechnung, auf die wir hier verzichten wollen.

Wie wir der Gleichung (36.45) entnehmen können, besitzen die Wellenfunktion $\psi(x)$ und ihre zweite Ableitung $d^2\psi(x)/dx^2$, die die Krümmung beschreibt,

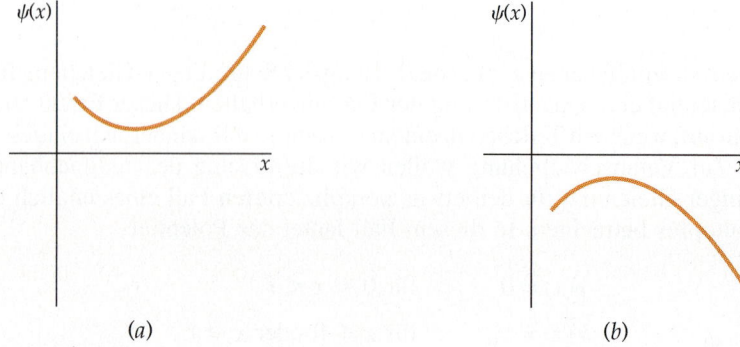

36.11 a) Eine positive Funktion mit positiver Krümmung. b) Eine negative Funktion mit negativer Krümmung.

außerhalb des Topfes dasselbe Vorzeichen. Ist die Wellenfunktion $\psi(x)$ positiv, so gilt das auch für ihre zweite Ableitung, und der Graph von $\psi(x)$ ist wie in Abbildung 36.11a gekrümmt. Für eine negative Wellenfunktion $\psi(x)$ ergibt sich entsprechend ein wie in Abbildung 36.11b gezeigter Verlauf. Dieses Verhalten ist im Inneren des Topfes genau umgekehrt: Hier ist der Graph der Wellenfunktion immer zur x-Achse hin gekrümmt, da $\psi(x)$ und $d^2\psi(x)/dx^2$ unterschiedliche Vorzeichen besitzen. Wegen ihres Krümmungsverhaltens divergiert die Wellenfunktion für $x \to \pm \infty$ für die meisten Energiewerte. Obwohl diese Wellengleichungen die zeitunabhängige Schrödinger-Gleichung erfüllen, sind sie keine Lösung unseres Problems, da sie sich nicht normieren lassen. Nur für ganz bestimmte Werte der Energie ist die Wellenfunktion quadratintegrabel. Diese Energiewerte sind damit für den endlichen Potentialtopf erlaubt.

Abbildung 36.12 zeigt eine quadratintegrable Wellenfunktion, die im Bereich $0 < x < \ell$ eine Wellenlänge λ_1 besitzt, sowie zwei Wellenfunktionen mit geringfügig geringerer bzw. größerer Wellenlänge. In der Abbildung 36.13 sind die Wellenfunktionen und die Wahrscheinlichkeitsdichten für den Grundzustand und die ersten beiden angeregten Zustände dargestellt. Die Wellenlängen innerhalb

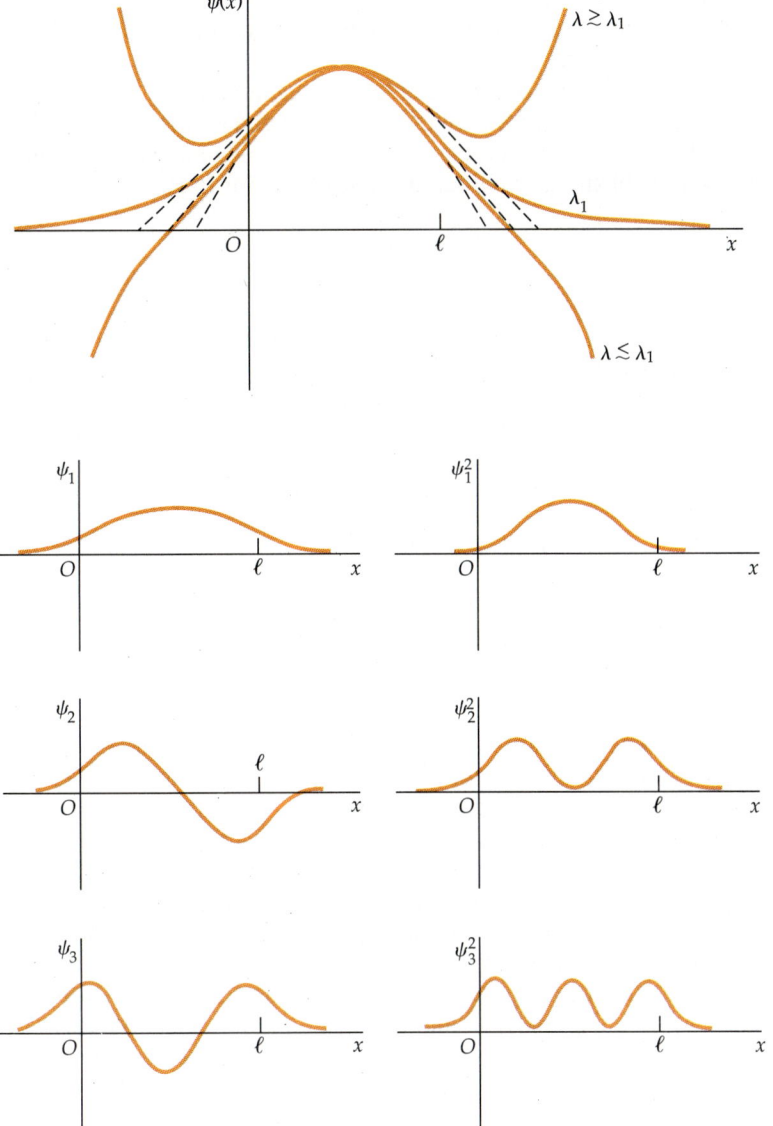

36.12 Drei Lösungen der Schrödinger-Gleichung für den Potentialtopf mit endlich hohen Wänden. Die Wellenlängen liegen nahe bei λ_1, d.h. einer Energie im Bereich der Grundzustandsenergie $E_1 = h^2/2m\lambda_1^2$. Ist die Wellenlänge ein wenig größer als λ_1, divergiert die Wellenfunktion gegen $+\infty$. Für eine Wellenlänge, die etwas kleiner als λ_1 ist, divergiert die Wellenfunktion gegen $-\infty$. Nur im Fall der kritischen Wellenlänge λ_1 geht die Wellenfunktion für große x hinreichend schnell gegen null.

36.13 Die Wellenfunktionen ψ_n und Wahrscheinlichkeitsdichten $|\psi_n|^2$ für die Zustände $n = 1$, 2 und 3 des Potentialtopfs mit endlich hohen Wänden. Man vergleiche die Kurvenverläufe mit denen in Abbildung 36.8. Im Fall des Potentialtopfs mit endlich hohen Wänden erreicht die Wellenfunktion bei $x = 0$ und $x = \ell$ nicht den Wert null. Die Wellenlängen sind etwas größer und die entsprechenden Energiewerte etwas geringer als beim Kastenpotential.

des Bereichs $0 < x < \ell$ sind etwas größer als beim Kastenpotential (Abbildung 36.8), die möglichen Energiewerte liegen dementsprechend etwas niedriger. Ein weiterer Unterschied zum Kastenpotential besteht darin, daß nur endlich viele Energiewerte auftreten können. Die Anzahl der möglichen Zustände hängt von V_0 ab, und für genügend kleines V_0 ist die Existenz nur eines einzigen Energiewerts möglich.

Die in Abbildung 36.13 dargestellten Betragsquadrate der Wellenfunktion erstrecken sich über die Grenzen des Potentialtopfs an den Stellen $x = 0$ und $x = \ell$ hinaus. Es besteht also eine kleine, jedoch nicht verschwindende Wahrscheinlichkeit, das Teilchen in diesem Bereich anzutreffen. Vom Standpunkt der klassischen Mechanik aus kann sich das Teilchen nicht außerhalb des Bereichs $0 < x < \ell$ aufhalten, da seine Energie E dort kleiner als seine potentielle Energie V_0 wäre, das Teilchen also eine negative kinetische Energie besitzen müßte. Anhand der Unschärferelation läßt sich jedoch zeigen, daß der Versuch, das Teilchen außerhalb des Bereichs $0 < x < \ell$ zu orten, in einer Unschärfe in der Impulsmessung resultiert, die einer minimalen kinetischen Energie größer als $V_0 - E$ entspricht. Quantenmechanisch stellt die formal auftretende negative kinetische Energie also keinen Widerspruch dar. Das Teilchen kann sich daher auch außerhalb des Potentialtopfs aufhalten. Die Ausdehnung der Wellenfunktion in klassisch verbotene Gebiete führt zu der Möglichkeit, Potentialbarrieren zu durchdringen. Man spricht auch von Tunneln. Wir werden diese Effekte in Abschnitt 36.10 behandeln.

Die Ergebnisse unserer Betrachtung lassen sich auf alle Probleme übertragen, bei denen für einen bestimmten Bereich $E > V(x)$ und außerhalb dieses Bereichs $E < V(x)$ gilt. Für ein in Abbildung 36.14 gezeigtes allgemeineres Potential $V(x)$ lautet die zeitunabhängige Schrödinger-Gleichung im Inneren

$$\frac{d^2\psi(x)}{dx^2} = -k^2\psi(x),$$

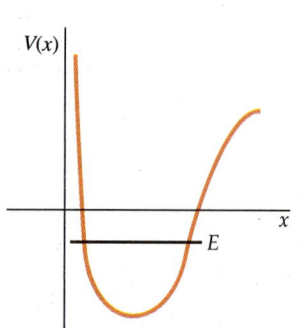

36.14 Eine beliebige Potentialmulde mit einem möglichen Energiewert E. Im Bereich, in dem $E > V(x)$ gilt, unterscheiden sich die Vorzeichen von $\psi(x)$ sowie $d^2\psi/dx^2$, und die Wellenfunktion oszilliert. Außerhalb dieses Bereichs besitzen $\psi(x)$ und $d^2\psi/dx^2$ dasselbe Vorzeichen, und die Wellenfunktion ist nur für bestimmte Energiewerte normierbar.

wobei $k^2 = 2m(E - V(x))/\hbar^2$. Die Lösungen dieser Gleichung im Inneren sind nicht mehr einfach sinus- oder kosinusförmig, da die Wellenzahl k nun ortsabhängig ist. Da ψ und $d^2\psi/dx^2$ jedoch verschiedenes Vorzeichen besitzen, oszillieren die Lösungen auch in diesem Fall um die x-Achse. Außerhalb dieses inneren Bereiches haben ψ und $d^2\psi/dx^2$ dasselbe Vorzeichen, und es existieren nur bestimmte Energiewerte, für die sich die Wellenfunktion normieren läßt.

36.8 Erwartungswerte

In der klassischen Mechanik wird die Bewegung eines Teilchens durch eine Funktion beschrieben, die den Ort des Teilchens in Abhängigkeit von der Zeit angibt. Wie wir gesehen haben, lassen sich mikroskopische Systeme nicht in dieser Weise behandeln. Für ein mikroskopisches Teilchen erhalten wir statt dessen als Lösung der Schrödinger-Gleichung eine Wellenfunktion $\Psi(x,t)$ und eine damit verbundene räumliche Aufenthaltswahrscheinlichkeitsdichte $|\Psi(x,t)|^2$. Wir können daher bestenfalls eine Wahrscheinlichkeit angeben, mit der sich das Teilchen zu einem Zeitpunkt t in einer Umgebung eines Ortes x aufhält. Führen wir an einer großen Anzahl N identischer Teilchen, d. h. Teilchen mit identischer Wellenfunktion, eine Ortsmessung durch, so verteilen sich die dabei gemessenen Positionen der Teilchen entsprechend der durch $|\Psi(x,t)|^2$ gegebenen Wahrscheinlichkeitsverteilung. Der sich bei einer solchen Messung ergebende Mittelwert heißt **Erwartungswert** von x und wird mit $\langle x \rangle$ bezeichnet.

Liegen N identische Teilchen vor, so ist die Anzahl der Teilchen, die in einer Umgebung $\mathrm{d}x$ von x angetroffen werden, gleich $NP(x)\,\mathrm{d}x = N|\Psi(x,t)|^2\,\mathrm{d}x$. Zur Berechnung des Mittelwerts summieren wir alle auftretenden Werte von x auf und dividieren durch die Anzahl der Summe. Die auftretenden Werte von x sind durch $xN|\Psi(x,t)|^2\,\mathrm{d}x$ gegeben. Die Summe bilden wir, indem wir über $\mathrm{d}x$ integrieren, da x eine kontinuierliche Größe ist. Dividieren wir anschließend noch durch die Anzahl N der Messungen, so erhalten wir für den Erwartungswert:

$$\langle x \rangle = \int x |\Psi(x,t)|^2\,\mathrm{d}x .$$

36.47 *Erwartungswert für den Ort*

Für den stationären Fall ist die Aufenthaltswahrscheinlichkeitsdichte der Teilchen unabhängig von der Zeit, und es gilt

$$\langle x \rangle = \int x |\psi(x)|^2\,\mathrm{d}x .$$

36.48 *Erwartungswert für den Ort im stationären Fall*

Der Erwartungswert einer beliebigen Funktion $f(x)$ des Ortes ergibt sich zu

$$\langle f(x) \rangle = \int f(x) |\psi(x)|^2\,\mathrm{d}x .$$

36.49 *Erwartungswert einer Funktion $f(x)$*

Beispiel 36.4

Berechnen Sie a) $\langle x \rangle$ und b) $\langle x^2 \rangle$ für ein Teilchen im Grundzustand des Kastenpotentials.

a) Die Wellenfunktion des Grundzustandes ergibt sich aus (36.44) mit $n = 1$ zu

$$\psi = \sqrt{\frac{2}{\ell}} \sin \frac{\pi x}{\ell} .$$

Damit folgt für den Erwartungswert des Ortes

$$\begin{aligned}\langle x \rangle &= \int_{-\infty}^{+\infty} x\psi^2(x)\,\mathrm{d}x \\ &= \int_0^\ell x \frac{2}{\ell} \sin^2 \frac{\pi x}{\ell}\,\mathrm{d}x \\ &= \frac{2}{\ell}\left(\frac{\ell}{\pi}\right)^2 \int_0^\pi \theta \sin^2 \theta\,\mathrm{d}\theta ,\end{aligned}$$

wobei wir $\theta = x/\ell$ ersetzt haben. Das Integral kann man in Tabellenwerken nachschlagen. Sein Wert ist

$$\int_0^\pi \theta \sin^2 \theta\,\mathrm{d}\theta = \left[\frac{\theta^2}{4} - \frac{\theta \sin 2\theta}{4} - \frac{\cos 2\theta}{8}\right]_0^\pi = \frac{\pi^2}{4} .$$

Für den Erwartungswert des Ortes ergibt sich demnach

$$\langle x \rangle = \frac{2\ell}{\pi^2} \frac{\pi^2}{4} = \frac{\ell}{2} ,$$

was uns nicht überrascht, denn die Wellenfunktion ist spiegelsymmetrisch bezüglich der durch die Kastenmitte gehenden senkrechten Achse $x = \ell/2$.

b) Der Erwartungswert von x^2 lautet

$$\langle x^2 \rangle = \int_{-\infty}^{+\infty} x^2 \psi^2(x)\, dx$$

$$= \int_0^\ell x^2 \frac{2}{\ell} \sin^2 \frac{\pi x}{\ell}\, dx$$

$$= \frac{2}{\ell} \left(\frac{\ell}{\pi}\right)^3 \int_0^\pi \theta^2 \sin^2 \theta\, d\theta\,.$$

Das Integral kann man wieder nachschlagen, und man findet den Wert

$$\int_0^\pi \theta^2 \sin^2 \theta\, d\theta = \left[\frac{\theta^3}{6} - \left(\frac{\theta^2}{4} - \frac{1}{8}\right)\sin 2\theta - \frac{\theta \cos 2\theta}{4}\right]_0^\pi = \frac{\pi^3}{6} - \frac{\pi}{4}\,.$$

Der Erwartungswert von x^2 beträgt damit

$$\langle x^2 \rangle = \frac{2\ell^2}{\pi^3}\left(\frac{\pi^3}{6} - \frac{\pi}{4}\right) = \ell^2 \left(\frac{1}{3} - \frac{1}{2\pi^2}\right) = 0{,}283\, \ell^2\,.$$

36.9 Der quantenmechanische harmonische Oszillator

Wir behandeln nun die Lösung der zeitunabhängigen Schrödinger-Gleichung für den Fall eines eindimensionalen harmonischen Oszillators, dessen Potential

$$V(x) = \frac{1}{2} m\omega^2 x^2 \qquad 36.50$$

lautet, wobei ω die Kreisfrequenz ist. Die Lösung der Schrödinger-Gleichung für dieses in Abbildung 36.15 dargestellte Potential ist von besonderem Interesse, da sich das Resultat in einer Vielzahl von Problemen anwenden läßt, so etwa bei Schwingungen von Molekülen und in Festkörpern.

Nach der klassischen Mechanik kann ein Teilchen im Potential (36.50) entweder im Punkt $x = 0$ ruhen (das Potential ist im Ursprung minimal und die auf das Teilchen wirkende Kraft $F = -dV(x)/dx$ somit gleich null) oder zwischen zwei Punkten $x = -A$ und $x = A$, den sog. klassischen Umkehrpunkten, oszillieren. Im ersten Fall ist die Gesamtenergie E des Teilchens gleich null, im zweiten besitzt das Teilchen eine Gesamtenergie

$$E = \frac{1}{2} m\omega^2 A^2\,, \qquad 36.51$$

denn in den Umkehrpunkten ist die kinetische Energie des Teilchens gleich null, und seine Gesamtenergie ist gleich der potentiellen Energie in diesen Punkten. Das Teilchen kann jeden positiven Wert für die Gesamtenergie E annehmen.

In der klassischen Mechanik ist die Wahrscheinlichkeit, das Teilchen in einer Umgebung dx eines Punktes x zu finden, proportional zur Zeit $dt = dx/v$, die es

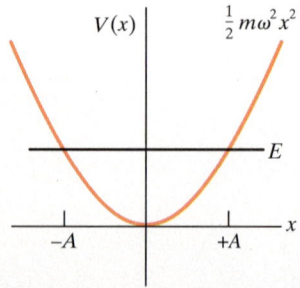

36.15 Das Potential für einen harmonischen Oszillator. Klassisch ist das Teilchen im Bereich $-A < x < +A$ eingeschlossen.

in diesem Bereich verbringt. Die Geschwindigkeit v läßt sich einfach aus der Energieerhaltung gewinnen:

$$\frac{1}{2}mv^2 + \frac{1}{2}m\omega^2 x^2 = E \, .$$

Für die klassische Aufenthaltswahrscheinlichkeit des Teilchens in der Umgebung des Punktes x gilt daher:

$$P_{\text{klass}}(x)\,dx \propto \frac{dx}{v} = \frac{dx}{\sqrt{\frac{2}{m}\left(E - \frac{1}{2}m\omega^2 x^2\right)}} \, . \qquad 36.52$$

Die zeitunabhängige Schrödinger-Gleichung nimmt für den Fall des harmonischen Oszillators die Form

$$-\frac{\hbar^2}{2m}\frac{d^2\psi(x)}{dx^2} + \frac{1}{2}m\omega^2 x^2 \psi(x) = E\psi(x) \qquad 36.53$$

an. Diese Gleichung läßt sich mit den in der theoretischen Physik üblichen Methoden lösen, was für unsere Zwecke jedoch zu langwierig ist. Wir beschränken uns deshalb auf eine qualitative Diskussion. Zunächst einmal stellen wir fest, daß das Potential (spiegel- oder punkt-)symmetrisch bezüglich des Ursprungs ist. Das zur Wahrscheinlichkeitsverteilung proportionale Betragsquadrat der Wellenfunktion, $|\psi(x)|^2$, muß also ebenfalls symmetrisch um den Ursprung sein:

$$|\psi(-x)|^2 = |\psi(x)|^2 \, .$$

Die Wellenfunktion $\psi(x)$ nennt man entweder **symmetrisch**: $\psi(-x) = \psi(x)$ oder **antisymmetrisch**: $\psi(-x) = -\psi(x)$. Aufgrund dieser Symmetrie können wir unsere Suche nach einer Lösung auf den Bereich positiver x-Werte beschränken.

Ist E die Gesamtenergie des Teilchens, so lassen sich die klassischen Umkehrpunkte des Teilchens durch (36.51) bestimmen. Für $x < A$ ist die Gesamtenergie E größer als $V(x)$, für $x > A$ gilt dagegen $E < V(x)$. Unsere Ergebnisse aus Abschnitt 36.7 lassen sich also direkt übertragen: Die zeitunabhängige Schrödinger-Gleichung für $x < A$ lautet

$$\frac{d^2\psi(x)}{dx^2} = -k^2\psi(x) \, ,$$

wobei

$$k^2 = \frac{2m}{\hbar^2}(E - V(x)) \, .$$

Die Wellenfunktion $\psi(x)$ ist immer zur x-Achse hin gekrümmt und oszilliert. Für $x > A$ lautet die zeitunabhängige Schrödinger-Gleichung

$$\frac{d^2\psi(x)}{dx^2} = +\alpha^2\psi(x) \, ,$$

mit

$$\alpha^2 = \frac{2m}{\hbar^2}(E - V(x)) \, ,$$

36 Quantenmechanik

und die Wellenfunktion krümmt sich von der x-Achse weg. Wieder sind nur bestimmte Energiewerte erlaubt, die auf quadratintegrable und somit normierbare Wellenfunktionen führen. In diesem Fall ergeben sich die möglichen Energiewerte zu:

Erlaubte Energiewerte des harmonischen Oszillators

$$E_n = \left(n + \frac{1}{2}\right)\hbar\omega_0 \qquad n = 0, 1, 2, \dots \qquad 36.54$$

In Abbildung 36.16 sind die Wellenfunktionen des Grundzustands und des ersten angeregten Zustands dargestellt. Die Wellenfunktion des Grundzustands ist Gaußförmig und symmetrisch. Die entsprechende Grundzustandsenergie

Grundzustandsenergie des harmonischen Oszillators

$$E_0 = \frac{1}{2}\hbar\omega_0 \qquad 36.55$$

ist wie im Fall des Kastenpotentials mit der Unschärferelation verträglich. Die Wellenfunktion des ersten angeregten Zustands stellt eine antisymmetrische Lösung dar. Die erlaubten Lösungen der Schrödinger-Gleichung lassen sich in der Form

$$\psi_n(x) = C_n\, e^{-m\omega x^2/2\hbar} f_n(x) \qquad 36.56$$

schreiben, wobei C_n die Normierungskonstanten und die Funktionen $f_n(x)$ Polynome der Ordnung n, die sog. Hermite-Polynome, sind. Für gerade Werte der Quantenzahl n sind die Wellenfunktionen symmetrisch, für ungerade Werte von

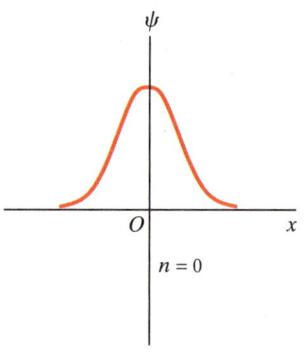

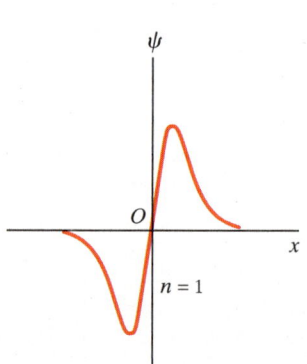

36.16 Die Wellenfunktion für den Grundzustand und den ersten angeregten Zustand des harmonischen Oszillators.

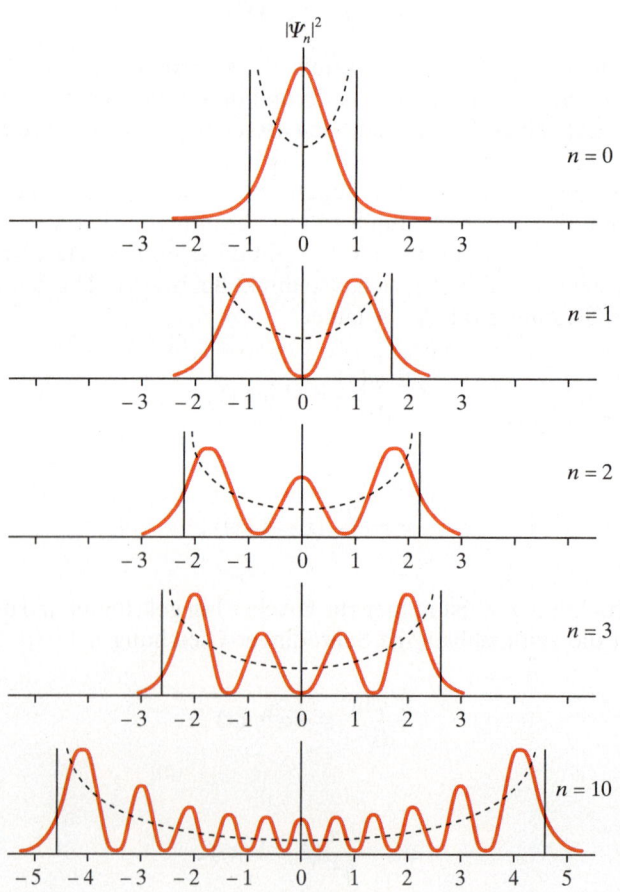

36.17 Die Wahrscheinlichkeitsdichte $|\psi_n(x)|^2$ für den harmonischen Oszillator in Abhängigkeit von der dimensionslosen Variablen $u = \sqrt{m\omega/\hbar}\,x$. Die gestrichelten Kurven stellen die entsprechenden klassischen Wahrscheinlichkeitsdichten zur jeweils selben Energie dar. Die vertikalen Linien markieren die klassischen Umkehrpunkte.

n antisymmetrisch. Abbildung 36.17 zeigt die Wahrscheinlichkeitsverteilung $|\psi(x)|^2$ des Teilchens für die Zustände $n = 0, 1, 2, 3$ und 10 im Vergleich zur klassischen Verteilung. Im Grenzfall großer Quantenzahlen führen auch hier die quantenmechanische und die klassische Rechnung annähernd zum selben Resultat.

36.10 Reflexion und Transmission an einem Potentialwall

In den Abschnitten 36.6, 36.7 und 36.9 haben wir Systeme mit gebundenen Zuständen betrachtet, bei denen für große Werte von $|x|$ die Gesamtenergie E kleiner als das Potential ist. In diesem Abschnitt betrachten wir einige einfache Beispiele für ungebundene Zustände, bei denen die Gesamtenergie E immer größer als $V(x)$ ist. Für diesen Fall haben $\psi(x)$ und $d^2\psi(x)/dx^2$ dasselbe Vorzeichen. Die Wellenfunktion $\psi(x)$ ist stets zur x-Achse hin gekrümmt und oszilliert.

Das Stufenpotential

Wir betrachten ein Teilchen der Energie E, das sich in einem Gebiet bewegt, in dem seine potentielle Energie durch die in Abbildung 36.18 dargestellte Stufenfunktion

$$V(x) = 0 \qquad x < 0$$
$$V(x) = V_0 \qquad x \geq 0$$

gegeben ist. Was passiert, wenn ein sich von links nach rechts bewegendes Teilchen die Potentialstufe erreicht? Innerhalb der klassischen Mechanik ist das Verhalten des Teilchens einfach vorherzusagen. Das Teilchen bewegt sich mit einer Geschwindigkeit $v = \sqrt{2E/m}$ auf die Potentialschwelle zu. Am Punkt $x = 0$ wirkt dann eine stoßartige Kraft auf das Teilchen. Ist seine Energie E kleiner als V_0, so wird das Teilchen reflektiert und bewegt sich mit seiner ursprünglichen Geschwindigkeit in die Gegenrichtung. Ist E größer als V_0, so bewegt es sich weiterhin nach rechts, jedoch mit der reduzierten Geschwindigkeit $v = \sqrt{2(E-V_0)/m}$.

Für den Fall $E < V_0$ ist das quantenmechanische Resultat dem klassischen Ergebnis sehr ähnlich. Abbildung 36.19 zeigt, daß die Wellenfunktion im Bereich $x \geq 0$, wie für den Fall gebundener Zustände im endlich tiefen Potentialtopf, exponentiell abfällt. Die das Teilchen beschreibende Welle dringt also ein kleines Stück in die Potentialschwelle ein, wird jedoch völlig reflektiert. Das Teilchen besitzt dementsprechend eine kleine Aufenthaltswahrscheinlichkeit in diesem Bereich, wird jedoch praktisch nicht an einem weit rechts vom Ursprung liegenden Ort beobachtet.

Für den Fall $E > V_0$ unterscheidet sich das quantenmechanische Ergebnis dagegen deutlich von dem Resultat der klassischen Mechanik. In diesem Fall ändert sich die Wellenlänge der Materiewelle abrupt von $\lambda_1 = h/p_1 = h/\sqrt{2mE}$ nach $\lambda_2 = h/p_2 = h/\sqrt{2m(E-V_0)}$. Wie in der Optik wird ein Teil der Welle reflektiert, ein anderer Teil transmittiert, wenn sich die Wellenlänge plötzlich ändert. Die Wahrscheinlichkeiten für Reflektion und die Transmission, die sog. **Reflexions- und Transmissionskoeffizienten** R und T, lassen sich bestimmen,

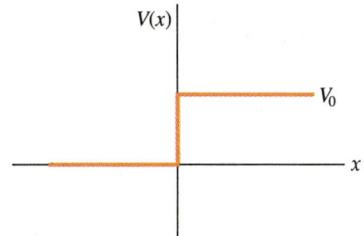

36.18 Das Stufenpotential. Klassisch wird ein von links mit einer Energie $E > V_0$ einlaufendes Teilchen immer transmittiert. Der Potentialsprung führt in diesem Fall nur zu einer im Punkt $x = 0$ stoßartig wirkenden Kraft, die die Geschwindigkeit des Teilchens schlagartig verringert. Quantenmechanisch wird das Teilchen dagegen an der Potentialschwelle mit einer bestimmten Wahrscheinlichkeit reflektiert, auch wenn seine Energie E größer V_0 ist.

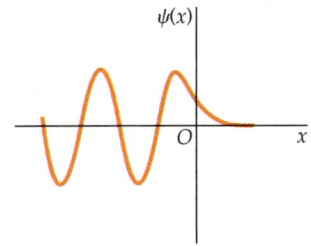

36.19 Für Energien E kleiner V_0 fällt die Wellenfunktion im Bereich $x \geq 0$ exponentiell ab. Daher besitzt das Teilchen in diesem Bereich zwar eine endliche Aufenthaltswahrscheinlichkeit, der Transmissionskoeffizient ist trotzdem gleich null.

indem man die Schrödinger-Gleichung in beiden Bereichen löst und die Amplituden der transmittierten und reflektierten Welle mit der der einfallenden Welle vergleicht. Für den Reflexionskoeffizienten ergibt sich

$$R = \frac{(k_1 - k_2)^2}{(k_1 + k_2)^2},\qquad 36.57$$

wobei k_1 die Wellenzahl der einfallenden Welle und k_2 die der transmittierten Welle ist. Der Transmissionskoeffizient läßt sich aus (36.57) berechnen, da die Summe aus Reflexions- und Transmissionskoeffizient gleich eins sein muß:

$$T + R = 1\ .\qquad 36.58$$

Übung

Drücken Sie den Brechungsindex n des Lichts durch die Wellenzahl k aus, und zeigen Sie, daß Gleichung (30.3) für die Reflexion von Licht bei senkrechtem Einfall damit in Gleichung (36.57) übergeht.

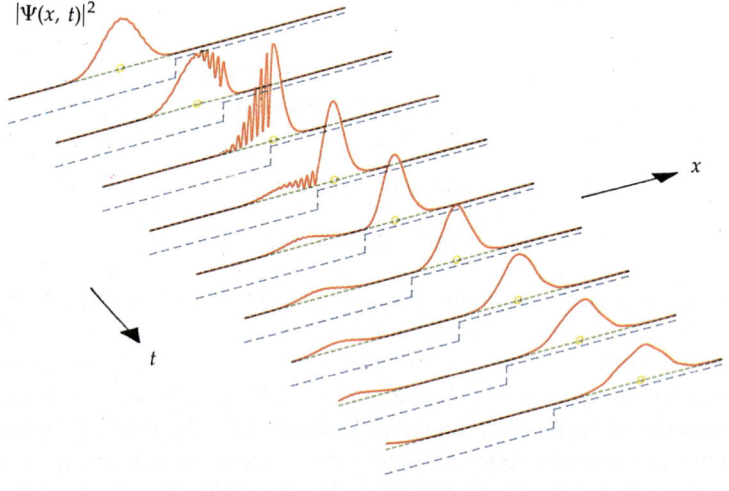

Zeitentwicklung eines Wellenpakets, das ein auf eine Potentialschwelle treffendes Teilchen beschreibt. Die Energie E des Teilchens ist dabei größer als das Schwellenpotential V_0. Die klassische Position des Teilchens wird durch den gelben Kreis markiert. Man sieht deutlich, wie ein Teil des Wellenpakets reflektiert, der andere transmittiert wird. (Die Abbildung wurde unter Zuhilfenahme eines Computerprogramms erzeugt, das dem Buch S. Brandt, H.D. Dahmen, *Quantum Mechanics on the Personal Computer*, Springer, Heidelberg 1989, beiliegt.)

Transmission durch Potentialbarrieren

Wir betrachten im folgenden ein Teilchen, das von links auf die in Abbildung 36.20a dargestellte und durch

$$\begin{aligned}V(x) &= 0 & x &< 0\\ V(x) &= V_0 & 0 &\leq x \leq a\\ V(x) &= 0 & x &> a\end{aligned}$$

beschriebene Potentialbarriere trifft. Die Gesamtenergie E des Teilchens ist geringfügig kleiner als V_0. Nach der klassischen Mechanik wird das Teilchen daher an der Potentialbarriere im Punkt $x = 0$ reflektiert. Die Lösung der zeitunabhängigen Schrödinger-Gleichung ergibt jedoch für $x < 0$ eine sinusförmige Wellenfunktion, an die sich im Punkt $x = 0$ eine exponentiell abfallende Wellenfunktion anschließt, die im Punkt $x = a$ wieder in eine sinusförmige Wellenfunktion übergeht, wie in Abbildung 36.20b gezeigt. Im Bereich $x > a$ besitzt die Wellen-

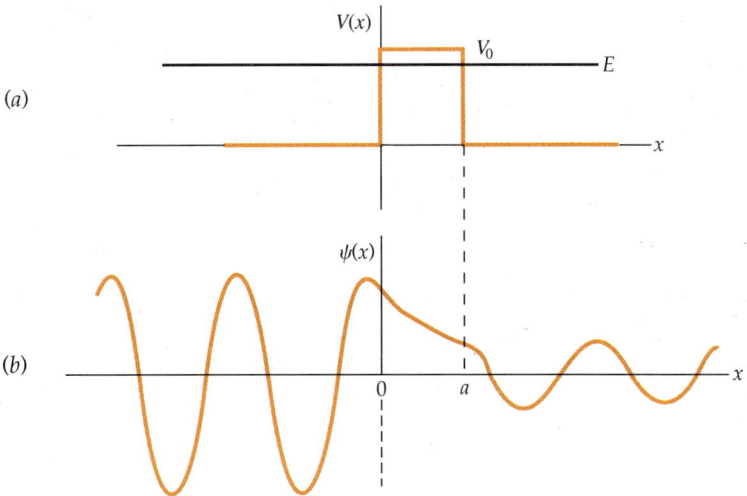

(a)

(b)

36.20 a) Der Potentialverlauf für eine (rechteckige) Barriere. b) Der Verlauf der Wellenfunktion eines Teilchens mit Energie $E < V_0$. Das Teilchen besitzt rechts von der Barriere eine endliche Aufenthaltswahrscheinlichkeit. Es wird also mit einer kleinen Wahrscheinlichkeit transmittiert, obwohl es klassisch nicht in den Bereich $0 \leq x \leq a$ eindringen kann. (Aus *PSSC Physics*, 2nd ed., 1965, D.C. Heath & Co., and Education Development Center, Newton, MA, USA)

funktion dieselbe Wellenlänge wie im Bereich $x < 0$, jedoch eine geringere Amplitude. Es besteht daher eine bestimmte Wahrscheinlichkeit, das Teilchen rechts von der Barriere zu finden, obwohl es klassisch in jedem Fall reflektiert würde. Ist die Größe $\alpha a = \sqrt{2ma^2(V_0 - E)/\hbar^2}$ sehr viel größer als eins, so gilt für den Transmissionskoeffizienten T:

$$T \propto e^{-2\alpha a} \qquad 36.59$$

Transmissionskoeffizient für eine Barriere

mit $\alpha = \sqrt{2m(V_0 - E)/\hbar^2}$. Die Wahrscheinlichkeit für ein Durchdringen (oder Durchtunneln) der Barriere fällt also exponentiell mit der Barrierenbreite a und der Quadratwurzel der relativen Barrierenhöhe $V_0 - E$.

Das Durchdringen von Potentialbarrieren beobachtet man bei klassischen Wellen, ist also kein auf die Quantenmechanik beschränkter Effekt. Abbildung 36.21 zeigt eine schematische Darstellung eines Lichtstrahls, der in einem Prisma auf eine Glas-Luft-Grenzfläche trifft. Ist der Einfallwinkel größer als der kritische Winkel, so tritt der Fall einer Totalreflexion des Lichtstrahls (vgl. Abschnitt 30.4) ein. Aufgrund der Wellennatur des Lichts fällt die Intensität jedoch nicht sofort auf null ab, sondern exponentiell innerhalb einiger Wellenlängen. Wird ein zweites Glasprisma, wie in der Abbildung angedeutet, in die Nähe des ersten gebracht, so wird ein Teil des Lichts in dieses transmittiert. Mit zwei 45°-Prismen und einem Laserstrahl läßt sich dieser Effekt gut beobachten. Die Abbildung 36.22 zeigt einen entsprechenden Effekt für Wasserwellen.

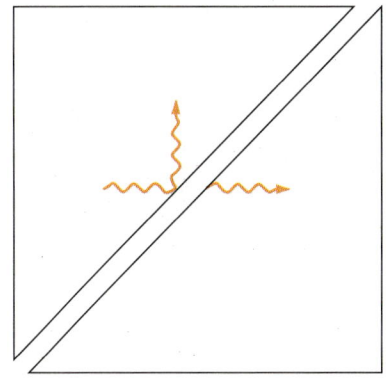

36.21 Transmission von Licht an einer optischen Barriere. Befindet sich das zweite Prisma nahe genug am ersten, so durchdringt ein Teil der Lichtwelle die Barriere, auch wenn der Einfallwinkel des Lichts größer als der kritische Winkel ist.

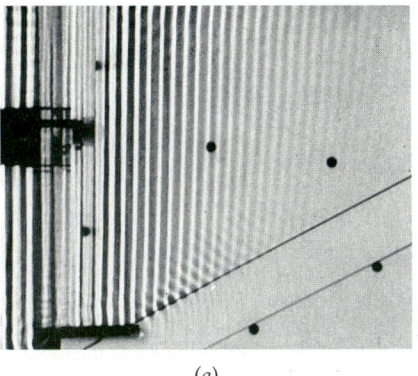

(a)

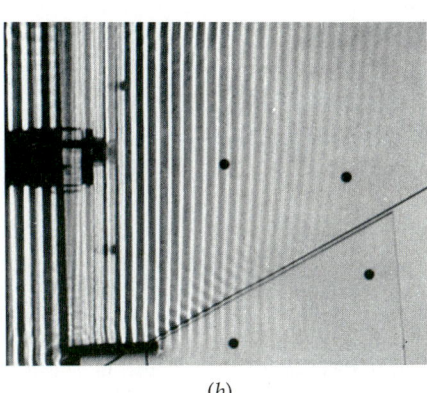

(b)

36.22 Transmission von Wasserwellen beim Übergang von einem Gebiet mit geringer Wassertiefe zu einem Gebiet mit größerer Wassertiefe. a) Die Wasserwellen werden an dem Graben, in dem das Wasser tiefer ist, reflektiert. b) Wird die Breite des Spalts verringert, so tritt Transmission ein.

36 Quantenmechanik

Der bei Potentialbarrieren auftauchende Durchdringungseffekt für Teilchen wird oft als **Tunneleffekt** bezeichnet und besitzt für viele Bereiche der Physik eine große Bedeutung. Im Jahr 1928 nutzte George Gamow den Tunneleffekt, um die große Bandbreite der Halbwertszeiten beim α-Zerfall zu erklären. (α-Teilchen bestehen aus Heliumkernen, also aus je zwei Protonen und Neutronen, die stark aneinander gebunden sind.) Beim α-Zerfall beobachtet man eine Zunahme der Halbwertszeiten mit fallender Energie der α-Teilchen. Die Energien der α-Teilchen variieren dabei von 4 bis 7 MeV, die Halbwertszeiten über die gewaltige Zeitspanne von 10^{-5} bis 10^{10} Jahren. Gamow wählte ein Kastenpotential für die Beschreibung der Potentialverhältnisse im Inneren des radioaktiven Kerns. Außerhalb des Kerns sollte das Potential durch die Coulomb-Abstoßung des zweifach positiven α-Teilchens durch den Kern der Restladung $+Ze$ gegeben sein, also die Form

$$\frac{1}{4\pi\varepsilon_0}\frac{2eZe}{r}$$

besitzen. Der Potentialverlauf ist in Abbildung 36.23 dargestellt. Die Energie E des α-Teilchens im Inneren des Kerns entspricht der gemessenen kinetischen Energie des Teilchens, da für große Entfernungen vom Kern die potentielle Energie gleich null ist. Der Zerfallsvorgang läuft folgendermaßen ab: Im Kern wird zunächst ein α-Teilchen mit Energie E gebildet. Dieses bewegt sich im Kern hin und her und trifft dabei immer wieder auf die sich am Kernradius befindende Potentialbarriere. Bei jedem Aufprall besteht für das Teilchen eine kleine Wahrscheinlichkeit, durch die Barriere zu tunneln und außerhalb des Kerns aufzutauchen. Wie wir der Abbildung 36.23 entnehmen können, führt eine geringe Erhöhung der Energie E zu einer Verkleinerung der relativen Potentialhöhe $V_0 - E$ und einer Verringerung der Potentialbreite. Da der Transmissionskoeffizient sehr empfindlich von diesen beiden Größen abhängt, bedeutet ein kleiner Energiezuwachs einen großen Zuwachs in der Tunnelwahrscheinlichkeit und damit eine drastische Verkürzung der Halbwertszeit. Gamow konnte mit seinem Modell einen Ausdruck für die Halbwertszeit in Abhängigkeit der Energie herleiten, der sich in sehr guter Übereinstimmung mit den experimentellen Ergebnissen befindet.

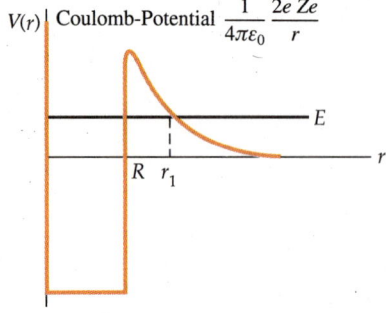

36.23 Modell für das Potential eines α-Teilchens in einem radioaktiven Kern. Die im Bereich $r < R$ dominierende attraktive Kernkraft wird durch ein Kastenpotential beschrieben. Außerhalb des Kerns ist diese anziehende Kraft vernachlässigbar, und das Potential ist durch das Coulombsche Gesetz bestimmt.

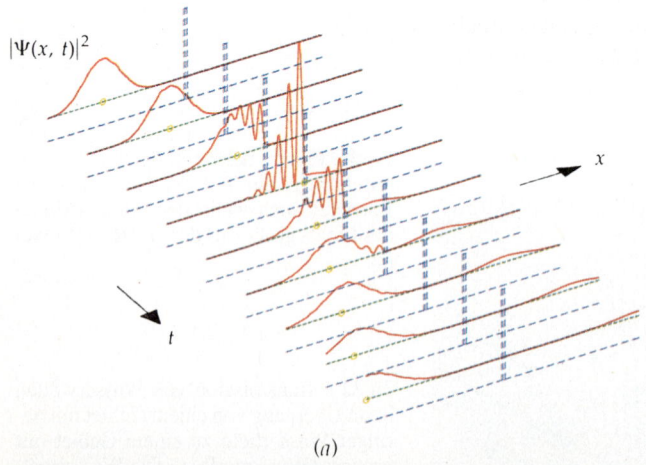

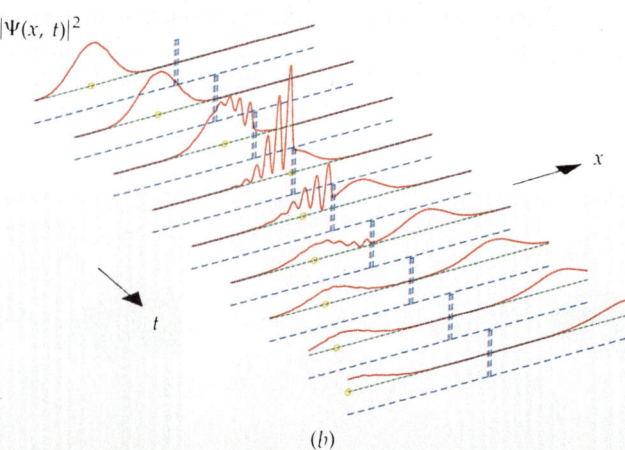

a) Zeitentwicklung eines Wellenpakets, das ein auf eine Potentialbarriere treffendes Teilchen beschreibt. Die Energie E des Teilchens ist kleiner als die Höhe der Barriere, der Großteil wird reflektiert.

b) Dasselbe Wellenpaket trifft auf eine nur halb so hohe Barriere. In diesem Fall ist die Tunnelwahrscheinlichkeit wesentlich größer. In beiden Darstellungen markiert der gelbe Kreis die klassische Position des Teilchens.

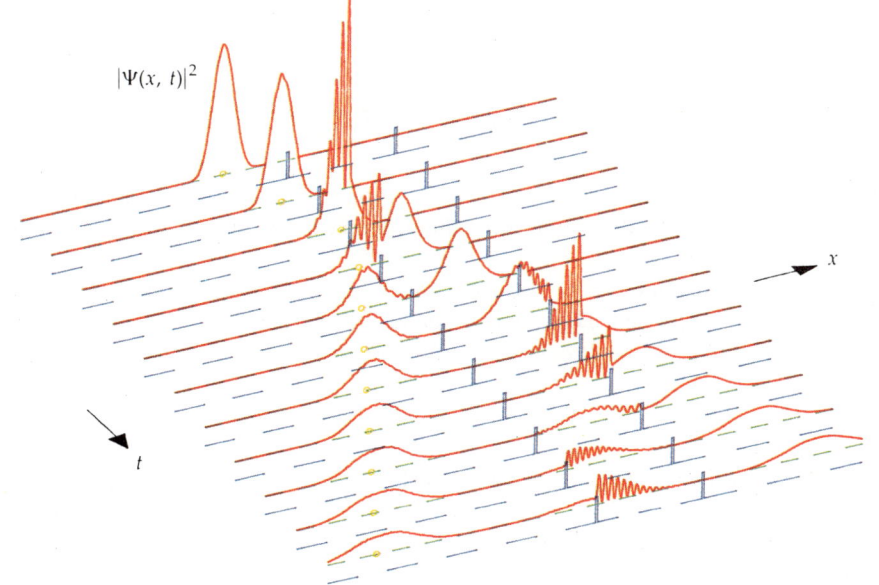

Zeitentwicklung eines Wellenpakets, das ein nacheinander auf zwei Potentialbarrieren treffendes Teilchen beschreibt. An jeder Barriere wird ein Teil des Wellenpakets transmittiert, der andere reflektiert. Ein kleiner Teil des Wellenpakets bleibt zwischen den Barrieren eingeschlossen. (Die Abbildungen wurden unter Zuhilfenahme eines Computerprogramms erzeugt, das dem Buch S. Brandt, H.D. Dahmen, *Quantum Mechanics on the Personal Computer*, Springer, Heidelberg 1989, beiliegt.)

36.11 Die Schrödinger-Gleichung in drei Dimensionen

Die eindimensionale zeitunabhängige Schrödinger-Gleichung läßt sich in einfacher Weise auf drei Raumdimensionen erweitern. In kartesischen Koordinaten lautet sie

$$-\frac{\hbar^2}{2m}\left(\frac{\partial^2\psi}{\partial x^2} + \frac{\partial^2\psi}{\partial y^2} + \frac{\partial^2\psi}{\partial z^2}\right) + V\psi = E\psi\,, \qquad 36.60$$

wobei die Wellenfunktion ψ und das Potential V nun Funktionen der drei Koordinaten x, y und z sind. Als Beispiel betrachten wir nun ein Teilchen in einem dreidimensionalen Kasten, d.h. die Verallgemeinerung des Problems aus Abschnitt 36.6 auf drei Raumdimensionen. Das Potential $V(x, y, z)$ ist gleich null für $0 < x < \ell$, $0 < y < \ell$ und $0 < z < \ell$. Außerhalb dieses Würfels ist das Potential unendlich. Die Lösung der zeitunabhängigen Schrödinger-Gleichung (36.60) lautet:

$$\psi(x, y, z) = A \sin k_1 x \sin k_2 y \sin k_3 z\,, \qquad 36.61$$

wobei A eine durch die Normierungsbedingung bestimmte Konstante ist. Setzen wir (36.61) in (36.60) ein, so erhalten wir für die Energie E:

$$E = \frac{\hbar^2}{2m}(k_1^2 + k_2^2 + k_3^2)\,.$$

Wie schon im eindimensionalen Fall gilt auch hier die Randbedingung, daß die Wellenfunktion an allen Randpunkten des Kastens verschwinden muß. Diese Bedingung ist gerade dann erfüllt, wenn $k_1 = n_1\pi/\ell$, $k_2 = n_2\pi/\ell$ und $k_3 = n_3\pi/\ell$

gilt, wobei n_1, n_2 und n_3 ganze Zahlen 0, 1, 2,... sind. Die Energie ist dementsprechend quantisiert und kann nur die folgenden Werte annehmen:

$$E_{n_1,n_2,n_3} = \frac{\hbar^2\pi^2}{2m\ell^2}(n_1^2 + n_2^2 + n_3^2)\,. \qquad 36.62$$

Die möglichen Energiewerte und Wellenfunktionen sind durch drei Quantenzahlen charakterisiert, die aus den Randbedingungen für jeweils eine Raumrichtung herrühren.

Der Grundzustand, d.h. der Zustand niedrigster Energie, ist durch $n_1 = n_2 = n_3 = 1$ gegeben. Die entsprechende Energie ist

$$E_{1,1,1} = \frac{3\hbar^2\pi^2}{2m\ell^2}\,.$$

Der erste angeregte Energiewert kann auf drei verschiedene Arten erreicht werden: $n_1 = 2$ und $n_2 = n_3 = 1$; $n_2 = 2$ und $n_1 = n_3 = 1$ oder $n_3 = 2$ und $n_1 = n_2 = 1$. Die verschiedenen Kombinationen von Quantenzahlen führen auf verschiedene Wellenfunktionen, jedoch auf dasselbe Energieniveau. Einen solchen Energiewert bezeichnet man als **entartet**. Die Entartung hängt mit der Symmetrie unseres Problems zusammen. Wählen wir einen Kasten mit verschiedenen Kantenlängen ℓ_1, ℓ_2 und ℓ_3, so erhalten wir die möglichen Energieniveaus

$$E_{n_1,n_2,n_3} = \frac{\hbar^2\pi^2}{2m}\left(\frac{n_1^2}{\ell_1^2} + \frac{n_2^2}{\ell_2^2} + \frac{n_3^2}{\ell_3^2}\right), \qquad 36.63$$

die keine Entartung mehr aufweisen. Abbildung 36.24 sind die Energieniveaus des Grundzustands und der ersten beiden angeregten Zustände für einen kubischen Kasten und einen Kasten mit leicht verschiedenen Kantenlängen aufgetragen.

36.24 Termschema für a) ein kubisches Kastenpotential, in dem die angeregten Zustände entartet sind, und b) ein nichtkubisches Kastenpotential. Beim nichtkubischen Kastenpotential ist die Entartung aufgehoben, da keine räumliche Symmetrie mehr besteht.

36.12 Die Schrödinger-Gleichung für zwei identische Teilchen

Unsere bisherige Behandlung der Quantenmechanik beschränkte sich auf den Fall eines einzelnen Teilchens in einem Potential V. Das wichtigste Beispiel für Aufgaben dieser Art ist das Wasserstoffatom, bei dem sich ein einzelnes Elektron im Coulomb-Potential eines Protons aufhält. Betrachten wir kompliziertere Systeme, wie z.B. das Heliumatom, müssen wir die Quantenmechanik auf mehrere Teilchen erweitern.

Für ein Atom mit zwei oder mehreren Elektronen läßt sich die Schrödinger-Gleichung nicht mehr exakt lösen, und man ist daher gezwungen, Näherungsverfahren zu verwenden. Dies verwundert nicht, denn schon in der klassischen Mechanik gibt es für ein Drei-Körper-Problem keine exakte Lösung mehr. In der Quantenmechanik tritt jedoch noch eine zusätzliche Komplikation ein, da die Elektronen nicht mehr unterscheidbar sind. Klassisch lassen sich die Elektronen zu jedem Zeitpunkt mit beliebiger Genauigkeit orten und können somit genau verfolgt werden. Dies ist in der Quantenmechanik aufgrund der Unschärferelation prinzipiell unmöglich, und die Elektronen werden ununterscheidbar (siehe Abbildung 36.25).

Zur Illustration der Konsequenzen der Ununterscheidbarkeit zweier identischer Teilchen betrachten wir den sehr einfachen Fall zweier identischer, nicht miteinander wechselwirkender Teilchen der Masse m in einem Kastenpotential. Die zeitunabhängige Schrödinger-Gleichung lautet in diesem Fall:

$$-\frac{\hbar^2}{2m}\frac{\partial^2\psi(x_1,x_2)}{\partial x_1^2} - \frac{\hbar^2}{2m}\frac{\partial^2\psi(x_1,x_2)}{\partial x_2^2} + V(x)\,\psi(x_1,x_2) = E\,\psi(x_1,x_2)\,, \qquad 36.64$$

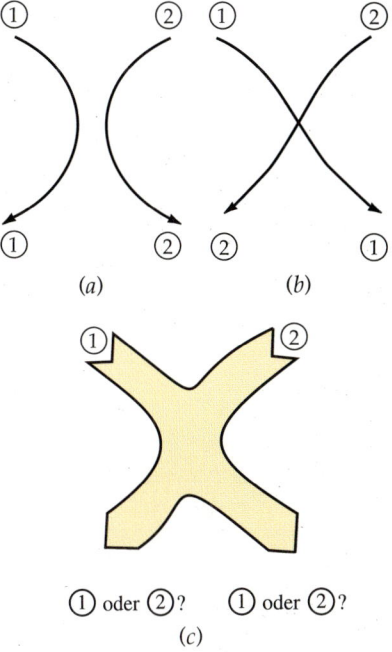

36.25 a) und b) Zwei klassische Teilchenbahnen. Die Teilchen können zu jedem Zeitpunkt unterschieden werden. c) Aufgrund der quantenmechanischen Welleneigenschaften der Teilchen sind die Bahnen verschmiert. Die Teilchen lassen sich daher nicht mehr unterscheiden.

wobei x_1 und x_2 die Koordinaten der beiden Teilchen sind. Wechselwirken die Teilchen miteinander, so enthält das Potential V Terme mit x_1 und x_2, die nicht in Terme separiert werden können, die entweder nur x_1 oder nur x_2 enthalten. Im Fall einer elektrostatischen Abstoßung der Elektronen etwa gilt für das Potential $V(x) = (1/4\pi\varepsilon_0)e^2/|x_2 - x_1|$.

Wechselwirken die Teilchen dagegen nicht, so läßt sich das Potential immer in der Form $V(x_1, x_2) = V_1(x_1) + V_2(x_2)$ schreiben. Im Fall des Kastenpotentials müssen wir die zeitunabhängige Schrödinger-Gleichung nur im Inneren des Kastens, d.h. im Bereich $0 < x < \ell$, lösen, in dem $V = 0$ gilt. Am Rand und außerhalb des Kastens ist die Wellenfunktion gleich null. Die Lösungen der Schrödinger-Gleichung lassen sich in der Form

$$\psi_{n,m}(x_1, x_2) = \psi_n(x_1)\,\psi_m(x_2) \qquad 36.65$$

schreiben, wobei ψ_n und ψ_m die Wellenfunktionen jeweils *eines* Teilchens zu den Quantenzahlen n und m sind. So gilt z.B. für $n = 1$ und $m = 2$:

$$\psi_{1,2} = A\,\sin\frac{\pi x_1}{\ell}\,\sin\frac{2\pi x_2}{\ell}\,. \qquad 36.66$$

Die Wahrscheinlichkeit, Teilchen 1 in einer Umgebung $\mathrm{d}x_1$ des Punkts x_1 *und* Teilchen 2 in einer Umgebung $\mathrm{d}x_2$ des Punktes x_2 zu finden, berechnet sich aus dem Produkt der beiden Einzelwahrscheinlichkeiten:

$$\psi_{n,m}^2(x_1, x_2)\,\mathrm{d}x_1\,\mathrm{d}x_2 = \psi_n^2(x_1)\,\mathrm{d}x_1\,\psi_m^2(x_2)\,\mathrm{d}x_2\,.$$

Dabei ist die geeignete Normierung der Wellenfunktionen vorausgesetzt. Obwohl wir die Teilchen mit 1 und 2 bezeichnet haben, sind wir nicht in der Lage zu entscheiden, welches Teilchen sich in dx_1 und welches sind in dx_2 befindet. Das Quadrat der Wellenfunktion, $\psi^2(x_1, x_2)$, muß daher unter der Vertauschung der Bezeichnungen invariant (unveränderlich) sein:

$$\psi^2(x_2, x_1) = \psi^2(x_1, x_2) \,. \qquad 36.67$$

Diese Bedingung ist erfüllt bei **Symmetrie** bzw. **Antisymmetrie** der Wellenfunktion bezüglich einer Vertauschung von x_1 und x_2:

$$\psi(x_2, x_1) = \psi(x_1, x_2) \qquad \text{symmetrisch} \qquad 36.68$$

oder

$$\psi(x_2, x_1) = -\psi(x_1, x_2) \qquad \text{antisymmetrisch} \,. \qquad 36.69$$

Die Wellenfunktionen (36.65) sind weder symmetrisch noch antisymmetrisch. Bei Vertauschung von x_1 und x_2 in (36.65) erhalten wir eine ganz andere Wellenfunktion. Dies bedeutet, die Teilchen sind unterscheidbar. Wir können aus (36.65) jedoch symmetrische und antisymmetrische Wellenfunktionen gewinnen, indem wir $\psi_{n,m}$ und $\psi_{m,n}$ addieren bzw. voneinander substrahieren. Bei Addition ergibt sich eine symmetrische Wellenfunktion:

$$\psi_s = A'[\psi_n(x_1)\,\psi_m(x_2) + \psi_n(x_2)\,\psi_m(x_1)] \,,$$

bei Subtraktion eine antisymmetrische:

$$\psi_a = A'[\psi_n(x_1)\,\psi_m(x_2) - \psi_n(x_2)\,\psi_m(x_1)] \,.$$

Zwischen den symmetrischen und den antisymmetrischen Wellenfunktionen besteht ein wichtiger Unterschied. Für den Fall $n = m$ ist die antisymmetrische Wellenfunktion für alle Werte von x_1 und x_2 gleich null, die symmetrische Wellenfunktion dagegen nicht. Ist die zwei Teilchen beschreibende Wellenfunktion antisymmetrisch, so dürfen die beiden Quantenzahlen n und m also nicht gleich sein. Es zeigt sich, daß Teilchen wie das Elektron, das Proton oder das Neutron antisymmetrische Wellenfunktionen besitzen. Man nennt diese Teilchen **Fermionen**. Teilchen wie das α-Teilchen, das Deuteron oder das Photon besitzen symmetrische Wellenfunktionen und heißen **Bosonen**.

Für die Fermionen gilt generell das sog. **Pauli-Prinzip** (oft auch Pauli-Verbot genannt):

Pauli-Prinzip | Zwei Fermionen können nicht gleichzeitig einen Zustand mit denselben Quantenzahlen besetzen.

Für Bosonen gilt dieses Prinzip dagegen nicht.

Zusammenfassung

1. Ein Teilchen wird in der Quantenmechanik durch eine Wellenfunktion Ψ beschrieben, die eine Lösung der Schrödinger-Gleichung ist. Das Betragsquadrat der Wellenfunktion, $|\Psi|^2$, ist ein Maß für die Wahrscheinlichkeitsdichte des Teilchens.

2. Durch eine einzelne harmonische Welle mit Frequenz ω und Wellenzahl k kann nur ein vollständig unlokalisiertes (also im gesamten Raum gleichverteiltes) Teilchen beschrieben werden. Zur Beschreibung eines lokalisierten Teilchens braucht man dagegen ein kontinuierliches Wellenpaket, das eine Gruppe von Wellen nahezu gleicher Frequenz und Wellenlänge ist. Das Wellenpaket bewegt sich mit der Gruppengeschwindigkeit

$$v_\text{G} = \frac{d\omega}{dk},$$

   die gleich der Geschwindigkeit des Teilchens ist.

3. Die Beschreibung von Teilchen durch Wellenfunktionen führt zur Unschärferelation, die besagt: Das Produkt der Unschärfen in der Orts- und Impulsmessung eines Teilchens ist immer größer oder gleich einem minimalen Wert, der durch die Plancksche Konstante gegeben ist:

$$\Delta x\, \Delta p \geq \frac{1}{2}\hbar.$$

   In ähnlicher Weise hängt die Unschärfe in der Energiemessung mit der dafür benötigten Zeit zusammen:

$$\Delta E\, \Delta t \geq \frac{1}{2}\hbar.$$

   Eine wichtige Folgerung aus der Unschärferelation ist, daß ein in ein endliches Volumen eingeschlossenes Teilchen immer eine minimale Energie, die Nullpunktsenergie, besitzt.

4. Licht, Elektronen, Neutronen und überhaupt alle Träger von Energie und Impuls weisen Wellen- *und* Teilcheneigenschaften auf. Das Ausbreitungsverhalten wird durch die Welleneigenschaften bestimmt, dabei tritt i.a. Beugung und Interferenz auf. Bei Austausch-, Erzeugungs- und Vernichtungsprozessen treten die Teilcheneigenschaften in den Vordergrund. Da die Wellenlängen für makroskopische Körper sehr klein sind, wird an diesen keine Interferenz und Beugung beobachtet. Bei makroskopischen Austauschprozessen sind in der Regel so viele Quanten beteiligt, daß sich die Quantisierung der Energie nicht bemerkbar macht.

5. Die Wellenfunktion $\Psi(x,t)$ eines Teilchens erfüllt die zeitabhängige Schrödinger-Gleichung

$$-\frac{\hbar^2}{2m}\frac{\partial^2 \Psi(x,t)}{\partial x^2} + V(x,t)\,\Psi(x,t) = i\hbar\,\frac{\partial \Psi(x,t)}{\partial t}.$$

36 Quantenmechanik

Für stationäre Potentiale $V = V(x)$ läßt sich diese Gleichung durch den Separationsansatz

$$\Psi(x,t) = \psi(x)\,e^{-i\omega t}$$

in die zeitunabhängige Schrödinger-Gleichung

$$-\frac{\hbar^2}{2m}\frac{d^2\psi(x)}{dx^2} + V(x)\,\psi(x) = E\,\psi(x)$$

überführen. Die Wellenfunktion $\psi(x)$ muß in jedem Punkt stetig sein, ebenso ihre erste Ableitung $d\psi/dx$, falls das Potential $V(x)$ überall endlich ist. Das Integral über das Betragsquadrat der Wellenfunktion muß existieren und den Wert eins ergeben:

$$\int_{-\infty}^{+\infty} |\psi|^2\,dx = 1\,,$$

da sich das Teilchen mit Wahrscheinlichkeit 1 irgendwo im Raum aufhält. Die Wellenfunktion muß also quadratintegrabel sein. Die oben genannten Randbedingungen führen zu einer Quantisierung der Energie in gebundenen Systemen.

6. Ein eindimensionaler Kasten wird durch das Potential

$$V(x) = 0 \quad\quad 0 < x < \ell$$
$$V(x) = \infty \quad\quad x \leq 0 \text{ oder } x \geq \ell$$

beschrieben. Die Wellenlänge eines in diesem Kasten eingeschlossenen Teilchens erfüllt die Bedingung für eine stehende Welle:

$$n\frac{\lambda}{2} = \ell\,.$$

Daraus folgt, daß die Energie des Teilchens nur die Werte

$$E_n = n^2\,E_1$$

annehmen kann, wobei E_1 die Energie des Grundzustands ist:

$$E_1 = \frac{h^2}{8m\ell^2}\,.$$

Die Wellenfunktionen des Teilchens im Kastenpotential lauten:

$$\psi_n(x) = \sqrt{\frac{2}{\ell}}\,\sin\frac{n\pi x}{\ell}\,.$$

7. Ein geladenes Teilchen (beispielsweise ein Elektron), das sich in einem stationären Zustand befindet, kann man sich als Ladungswolke mit einer zu $|\psi|^2$ proportionalen Ladungsdichte vorstellen.

8. Für große Quantenzahlen ergeben quantenmechanische und klassische Rechnungen dieselben Resultate. Dieses ist die Aussage des Bohrschen Korrespondenzprinzips.

9. In einem endlich tiefen Potentialtopf existiert eine endliche Anzahl von möglichen Energieniveaus, die etwas niedriger als beim Kastenpotential liegen.

10. Der Ortserwartungswert ist als

$$\langle x \rangle = \int x \, |\Psi(x,t)|^2 \, dx$$

definiert. Er stimmt mit dem sich bei einer Ortsmessung an einer großen Anzahl identischer Teilchen ergebenden Mittelwert überein. Für den stationären Fall ergibt sich

$$\langle x \rangle = \int x \, |\psi(x)|^2 \, dx \, .$$

Der Erwartungswert einer Funktion des Ortes ist durch

$$\langle f(x) \rangle = \int f(x) \, |\psi(x)|^2 \, dx$$

gegeben.

11. An einer Potentialschwelle kann ein Teilchen reflektiert werden, auch wenn seine Energie E größer als das Potential V_0 der Schwelle ist. Ein Teilchen mit der Energie E kann einen Bereich, in dem $E < V(x)$ gilt, durchdringen. Dieser Effekt heißt Tunneleffekt. Reflexion und Transmission von Materiewellen können analog zu den entsprechenden Phänomenen von klassischen Wellen behandelt werden.

12. Existieren mehrere Wellenfunktionen zu einem Energiewert, so nennt man dieses Energieniveau entartet. Entartung tritt immer aufgrund einer Symmetrie (räumliche Symmetrie, Vertauschung der Teilchen) auf.

13. Eine Wellenfunktion, die zwei identische Teilchen beschreiben soll, ist immer symmetrisch oder antisymmetrisch bezüglich der Vertauschung der Teilchen. Fermionen, wie das Elektron, Proton oder Neutron, werden durch antisymmetrische Wellenfunktionen beschrieben, Bosonen, wie das α-Teilchen, das Deuteron oder das Photon, durch symmetrische Wellenfunktionen. Die Fermionen unterliegen dem Pauli-Prinzip, d.h., zwei Fermionen können nicht gleichzeitig einen Zustand mit denselben Quantenzahlen besetzen.

Aufgaben

Stufe I

36.2 Wellenpakete

1. Die Wellenfunktion, die ein sich entlang der x-Achse bewegendes Teilchen beschreibt, ist zum Zeitpunkt $t = 0$ durch $\psi(x, 0) = A \cdot \exp(-x^2/4\sigma^2)$ gegeben. Berechnen Sie die Wahrscheinlichkeit, das Elektron in einer Umgebung des dx des Punktes a) $x = 0$, b) $x = \sigma$ und c) $x = 2\sigma$ zu finden. d) In welcher Umgebung hält sich das Teilchen mit größter Wahrscheinlichkeit auf?

2. Ein nichtlokalisiertes Elektron werde durch die Wellenfunktion $\Psi(x, t) = e^{i(kx-\omega t)}$ beschrieben. Die kinetische Energie des Elektrons sei 1 keV. Berechnen Sie k und ω.

36.3 Die Unschärferelation

3. In welchem Zusammenhang stehen der Impuls eines Teilchens und dessen Impulsunschärfe, wenn die Ortsunschärfe eines Wellenpakets, durch das das Teilchen beschrieben wird, gleich dessen De-Broglie-Wellenlänge ist?

4. Wie groß ist die Streuung in der Energie der Photonen, die beim Zerfall eines angeregten Atomzustands der Lebensdauer 10^{-17} s emittiert werden?

5. Ein Wellenpaket der Frequenz ν_0 habe eine zeitliche Ausdehnung von Δt. Wie in Abbildung 36.26 bewege es sich mit Geschwindigkeit v und habe eine räumliche Ausdehnung von $\Delta x = v \Delta t$. N seit die ungefähre Anzahl an Wellenbergen im Bereich Δx. a) In welchem Zusammenhang stehen N, ν_0 und Δt? b) Wie groß ist der ungefähre Wert für die Wellenzahl k?

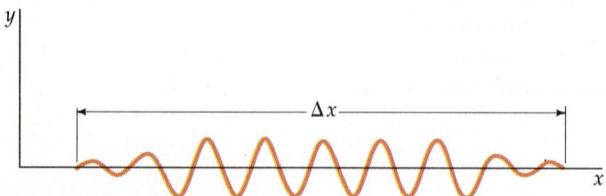

36.26 Zu Aufgabe 5.

36.4 Der Welle-Teilchen-Dualismus

6. Ein Körper der Masse 4 g bewege sich mit der Geschwindigkeit 100 m/s. Wie klein müßte die Öffnung einer Blende sein, damit ein solcher Körper an dieser einen Beugungseffekt zeigt? Zeigen Sie, daß kein normaler Körper dieser Masse durch eine solch kleine Öffnung paßt.

7. Ein Neutron besitze die kinetische Energie 10 MeV. Welche Größe hat ein Objekt, an dem man die Beugung dieses Neutrons beobachten kann, wenn man es als Target verwendet? Gibt es ein solches Objekt?

8. Wie groß ist die De-Broglie-Wellenlänge eines Elektrons, das aus dem Ruhezustand eine Spannung von 200 V durchläuft und dadurch beschleunigt wird? Welche gebräuchlichen Targets kann man verwenden, um die Welleneigenschaften dieses Elektrons zu demonstrieren?

36.5 Die Schrödinger-Gleichung

9. Zeigen Sie, daß die Wellenfunktion $\Psi(x,t) = Ae^{kx-\omega t}$ die zeitabhängige Schrödinger-Gleichung nicht erfüllt.

10. Zeigen Sie, daß die Wellenfunktion $\Psi(x,t) = Ae^{i(kx-\omega t)}$ sowohl die zeitabhängige Schrödinger-Gleichung wie auch die klassische Wellengleichung (36.24) erfüllt.

36.6 Das Teilchen im Kastenpotential

11. Ein Proton befinde sich in einem eindimensionalen Kasten der Länge ℓ. Berechnen Sie Grundzustandsenergie für a) $\ell = 0,1$ nm, die typische Ausdehnung eines Moleküls, und b) $\ell = 1$ fm, die typische Ausdehnung eines Kerns.

12. Ein Körper der Masse 10^{-6} g bewege sich mit Geschwindigkeit 10^{-1} cm/s in einem Kasten der Länge 1 cm. Berechnen Sie den ungefähren Wert der Quantenzahl n.

13. a) Berechnen Sie für den Körper aus Aufgabe 12 die Orts- und Impulsunschärfe unter der Annahme $\Delta x / \ell = 0{,}01\%$ und $\Delta p / p = 0{,}01\%$. b) Welchen Wert nimmt die Größe $(\Delta x \Delta p)/\hbar$ an?

36.8 Erwartungswerte

14. a) Zeigen Sie, daß die klassische Aufenthaltswahrscheinlichkeitsdichte eines Teilchens im eindimensionalen Kastenpotential der Länge ℓ durch $P(x) = 1/\ell$ gegeben ist. b) Benutzen Sie dieses Ergebnis, um die Erwartungswerte $\langle x \rangle$ und $\langle x^2 \rangle$ für ein klassisches Teilchen zu berechnen.

36.10 Reflexion und Transmission an einem Potentialwall

15. Ein freies Teilchen der Masse m bewege sich entlang der x-Achse von links nach rechts. Im Punkt $x = 0$ springt das Potential $V(x)$ von null auf einen konstanten Wert V_0. a) Wie groß ist die Wellenzahl k_2 im Bereich $x > 0$, wenn die Gesamtenergie des Teilchens $E = \hbar^2 k_1^2/2m = 2V_0$ ist? Schreiben Sie Ihr Ergebnis in Abhängigkeit von k_1 und von V_0. b) Berechnen Sie den Reflexionskoeffizienten R. c) Berechnen Sie den Transmissionskoeffizienten T.

16. Nehmen Sie an, das Potential aus Aufgabe 15 springe an $x = 0$ nicht von null auf V_0, sondern auf $-V_0$, so daß das Teilchen schneller wird. Die Wellenzahl im Bereich $x < 0$ sei wieder gleich k_1 und die Energie $E = 2V_0$. a) Wie groß ist die Wellenzahl im Bereich $x > 0$? b) Berechnen Sie den Reflexionskoeffizienten R. c) Berechnen Sie den Transmissionskoeffizienten T.

36.11 Die Schrödinger-Gleichung in drei Dimensionen

17. Ein Teilchen sei in einem dreidimensionalen Kasten der Seitenlängen ℓ_1, $\ell_2 = 2\ell_1$ und $\ell_3 = 3\ell_1$ eingeschlossen. Geben Sie die zu den zehn niedrigsten Energieniveaus gehörenden Quantenzahlen n_1, n_2 und n_3 an.

18. Ein Teilchen befinde sich in einem Kastenpotential, das durch $V(x, y, z) = 0$ für $-\ell/2 < x < \ell/2$, $0 < y < \ell$ und $0 < z < \ell$ und $V = \infty$ außerhalb dieser Grenzen bestimmt ist. a) Finden Sie eine Wellenfunktion für den Grundzustand. b) Vergleichen Sie die möglichen Energieniveaus mit denen in einem Potential, das in x-Richtung für $0 < x < \ell$ gleich null wird.

36.12 Die Schrödinger-Gleichung für zwei identische Teilchen

19. Zeigen Sie, daß (36.66) die Gleichung (36.64) erfüllt, wenn $V = 0$, und bestimmen Sie die Energie dieses Zustands.

20. Wie groß ist die Grundzustandsenergie von zehn nicht wechselwirkenden Bosonen in einem eindimensionalen Kasten der Länge ℓ?

21. Wie groß ist die Grundzustandsenergie von zehn nicht wechselwirkenden Fermionen in einem eindimensionalen Kasten der Länge ℓ, wenn aufgrund der Spin-Quantenzahl (siehe Kapitel 37) jeder Zustand zweifach besetzt werden kann?

Stufe II

22. a) Zeigen Sie, daß für große n die relative Differenz der Energieniveaus im Kastenpotential in guter Näherung durch

$$\frac{E_{n+1} - E_n}{E_n} \approx \frac{2}{n}$$

gegeben ist. b) Wie hängt dieses Ergebnis mit dem Bohrschen Korrespondenzprinzip zusammen?

23. Ein Teilchen befindet sich im ersten angeregten Zustand ($n = 2$) des durch (36.33) gegebenen Kastenpotentials. a) Tragen Sie für diesen Zustand $\psi^2(x)$ über x auf. b) Wie groß ist der Ortserwartungswert dieses Zustands? c) Wie groß ist die Wahrscheinlichkeit, das Teilchen in einer Umgebung dx in der Mitte des Kastens $x = \ell/2$ zu finden? d) Widersprechen sich die Ergebnisse aus b) und c)? Falls nicht, erklären Sie dies.

24. Ein Teilchen der Masse m bewege sich in einem Gebiet mit konstanter potentieller Energie $V(x) = V_0$. a) Zeigen Sie, daß weder $\Psi(x,t) = A \sin(kx - \omega t)$ noch $\Psi(x,t) = A \cos(kx - \omega t)$ der zeitabhängigen Schrödinger-Gleichung genügen. (*Hinweis*: Gilt $C_1 \sin \Phi + C_2 \cos \Phi = 0$ für alle Φ, dann gilt $C_1 = C_2 = 0$.) b) Zeigen Sie, daß $\Psi(x, t) = e^{i(kx - \omega t)} = \cos(kx - \omega t) + i \sin(kx - \omega t)$ die zeitabhängige Schrödinger-Gleichung erfüllt, wenn k, V_0 und ω wie in (36.28) zusammenhängen.

25. Benutzen Sie die möglichen Wellenfunktionen für das Kastenpotential

$$\psi_n(x) = \sqrt{\frac{2}{\ell}} \sin \frac{n\pi x}{\ell} \qquad n = 1, 2, 3, \ldots,$$

um zu zeigen, daß für Ortserwartungswert $\langle x \rangle$ folgende Formel gilt:

$$\langle x^2 \rangle = \frac{\ell^2}{3} - \frac{\ell^2}{2n^2\pi^2}.$$

26. Die Standardabweichung bei Ortsmessungen von Teilchen ist als Quadratwurzel aus dem Mittelwert des Quadrats von $(x - \langle x \rangle)$ definiert:

$$\sigma_x = \sqrt{\langle (x - \langle x \rangle)^2 \rangle}.$$

Zeigen Sie, daß dies als

$$\sigma_x = \sqrt{\langle x^2 \rangle - \langle x \rangle^2}$$

geschrieben werden kann.

27. Benutzen Sie das Ergebnis aus Aufgabe 26, um σ_x für ein klassisches Teilchen in einem Kasten zu berechnen.

28. a) Benutzen Sie die Ergebnisse aus den Aufgaben 25 und 26, um σ_x für ein Teilchen in einem beliebigen Zustand des Kastenpotentials zu berechnen. b) Werten Sie Ihr Ergebnis für $n = 1$ aus. c) Zeigen Sie, daß für große n das Ergebnis in das der Aufgabe 27 übergeht.

29. Benutzen Sie (36.59), um die Wahrscheinlichkeit zu berechnen, mit der ein Proton mit einer einzigen Kollision aus einem Kern tunnelt, wenn die relative Potentialwallhöhe 6 MeV und die Barrierenbreite 10^{-15} m beträgt.

30. Ein Teilchen der Masse m befinde sich in einem Kastenpotential, das durch

$$V(x) = 0 \qquad -\ell/2 < x < +\ell/2$$
$$V(x) = \infty \qquad x < -\ell/2 \text{ oder } x > +\ell/2$$

gegeben ist. Da das Potential punktsymmetrisch bezüglich des Ursprungs ist, muß auch das Betragsquadrat der Wellenfunktion symmetrisch sein. a) Zeigen Sie, daß dies für die Wellenfunktion $\psi(-x) = \psi(x)$ oder $\psi(-x) = -\psi(x)$ impliziert. b) Zeigen Sie, daß die normierbaren Lösungen der Schrödinger-Gleichung durch

$$\psi(x) = \sqrt{\frac{2}{\ell}} \cos \frac{n\pi x}{\ell} \qquad n = 1, 3, 5, 7, \ldots$$

und

$$\psi(x) = \sqrt{\frac{2}{\ell}} \sin \frac{n\pi x}{\ell} \qquad n = 2, 4, 6, 8, \ldots$$

gegeben sind. c) Zeigen Sie, daß die möglichen Energieniveaus dieselben sind, wie die des durch (36.33) gegebenen Kastenpotentials. d) Tragen Sie die Wellenfunktionen und Wahrscheinlichkeitsdichten des Grundzustands und des ersten angeregten Zustands über x auf.

31. a) Berechnen Sie $\langle x \rangle$ und $\langle x^2 \rangle$ für a) den Grundzustand und b) den ersten angeregten Zustand in Aufgabe 30.

32. Ein massives Teilchen bewege sich in einem Potential $V(x) = A|x|$. Versuchen Sie, die Wellenfunktion a) für den Grundzustand, b) für den ersten angeregten Zustand zu zeichnen, ohne die Schrödinger-Gleichung zu lösen.

Stufe III

33. Zeigen Sie, daß für zwei beliebige durch (36.40) gegebene Wellenfunktionen $\psi_n(x)$ und $\psi_m(x)$ folgendes gilt:

$$\int \psi_n(x) \psi_m(x) \, dx = 0 ,$$

wenn $n \neq m$. Diese Eigenschaft quantenmechanischer Wellenfunktionen wird **Orthogonalität** genannt.

34. Ein Teilchen der Masse m besitzt in der Nähe der Erdoberfläche ($z = 0$) die potentielle Energie

$$V = mgz \qquad z > 0$$
$$V = \infty \qquad z < 0 .$$

Tragen Sie $V(z)$ über z auf und zeichnen Sie den klassisch erlaubten Bereich für ein Teilchen der Energie E ein. Skizzieren Sie die kinetische Energie E_{kin} dieses Teilchens. Die Schrödinger-Gleichung für dieses Problem ist schwierig zu lösen. Zeichnen Sie deshalb den aufgrund der Überlegungen des Abschnitts 36.7 erwarteten Verlauf der Wellenfunktionen des Grundzustands und der ersten beiden angeregten Zustände ein.

35. Benutzen Sie die Schrödinger-Gleichung, um zu zeigen, daß der Erwartungswert der kinetischen Energie eines Teilchens durch

$$\langle E_{\text{kin}} \rangle = \int_{-\infty}^{+\infty} \psi(x) \left(-\frac{\hbar^2}{2m} \frac{d^2 \psi(x)}{dx^2} \, dx \right)$$

gegeben ist.

36. Betrachten Sie die eindimensionale klassische Wellengleichung (13.34b). a) Zeigen Sie, daß nach Einsetzen von $\Psi(x,t) = \psi(x) f(t)$ diese die Gestalt

$$\frac{1}{\psi(x)} \frac{d^2 \psi(x)}{dx^2} = \frac{1}{v^2 f(t)} \frac{d^2 f(t)}{dt^2} \qquad 36.70$$

annimmt. In Gleichung (36.70) sind die Variablen x und t separiert. Die linke Seite hängt nicht von t, die rechte nicht von x ab. Beide Seiten müssen damit gleich einer bestimmten Konstanten sein. b) Setzen Sie beide Seiten gleich $-k^2$, und zeigen Sie, daß die Lösung für $f(t)$ die Form $e^{\pm i\omega t}$ besitzt, wobei $\omega = kv$. c) Zeigen Sie, daß die zeitunabhängige Gleichung für $\psi(x)$ durch

$$\frac{d^2 \psi(x)}{dx^2} + k^2 \psi(x) = 0$$

gegeben ist.

37. a) Wiederholen Sie die Methode der Trennung der Variablen aus Aufgabe 36 für den Fall der zeitunabhängigen Schrödinger-Gleichung. Zeigen Sie, daß

$$-\frac{\hbar^2}{2m}\frac{d^2\psi(x)/dx^2}{\psi(x)} + V(x) = i\hbar \frac{df/dt}{f} \qquad 36.71$$

gilt.

b) Wieder müssen beide Seiten gleich einer Konstanten E sein. Zeigen Sie, daß $f(t)$ durch

$$f(t) = e^{-i\omega t}$$

gegeben ist, wobei $\omega = E/\hbar$. Benutzen Sie die De-Broglie-Gleichungen, um zu zeigen, daß E die Gesamtenergie des Teilchens sein muß.

c) Leiten Sie aus der linken Seite von (36.71) die zeitunabängige Schrödinger-Gleichung her.

Atome

37

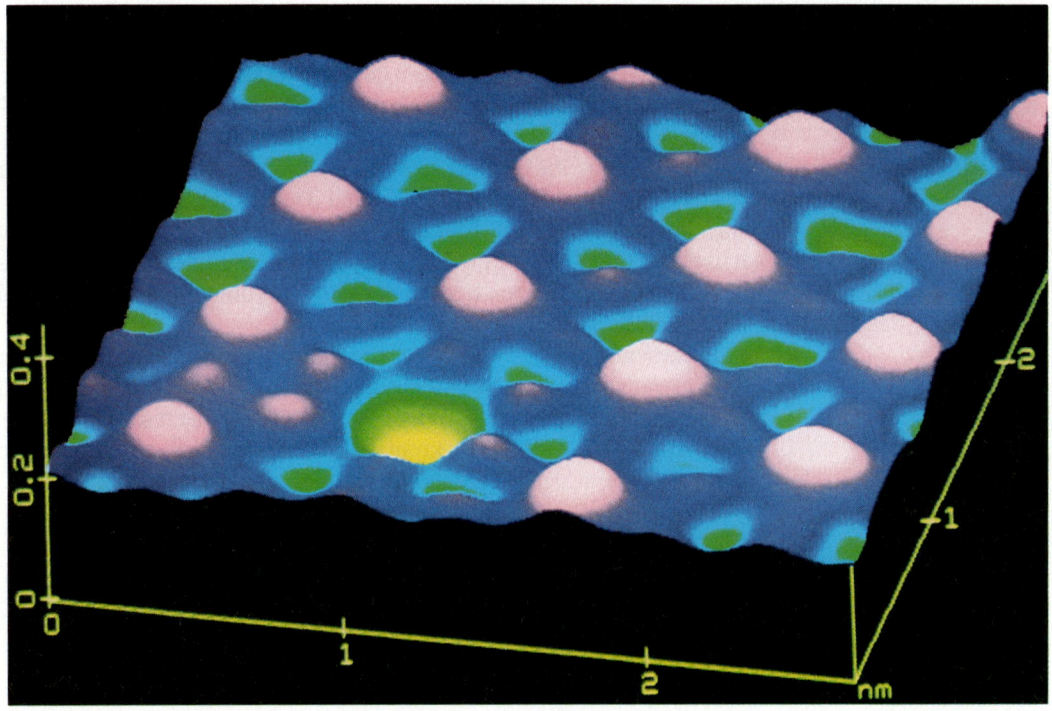

Zur Zeit sind etwas mehr als 100 Elemente bekannt, von denen 92 in der Natur vorkommen. Jedes Element ist dadurch charakterisiert, daß seine Atome Z Protonen und ebenso viele Elektronen sowie N Neutronen haben. Die Protonenzahl Z heißt **Kernladungszahl** oder Ordnungszahl. Das leichteste Atom ist das des Wasserstoffs mit einem Proton. Das zweite (Helium) hat zwei Protonen, das nächste (Lithium) drei Protonen und so weiter. Nahezu die gesamte Masse eines Atoms ist in seinem Kern konzentriert, der die Protonen und Neutronen enthält. Er hat einen Durchmesser von einigen Femtometern (fm; es ist 1 fm = 10^{-15} m). Der Abstand der Elektronen vom Kern liegt bei 0,1 nm = 100 000 fm.

Die chemischen und physikalischen Eigenschaften der Elemente werden von der Anzahl und Verteilung der Elektronen bestimmt. Der Kern hat die elektrische Ladung $+Ze$, wobei $+e$ die Ladung eines Protons ist. Jedes Elektron hat die

Diese Aufnahme wurde mit einem Raster-Tunnel-Mikroskop aufgenommen und zeigt Iodatome (pinkfarben dargestellt), die auf einer Platinoberfläche adsorbiert sind. Die blau-purpurnen Bahnen deuten die Bindungen zwischen den Atomen an. Aus der gelben Vertiefung wurde gerade ein Iodatom entfernt. (Mit freundlicher Genehmigung der Digital Instruments, Inc.)

negative Ladung −e, so daß sich Kern und Elektronenhülle gegenseitig anziehen, während die Elektronen einander abstoßen. Diese sind in Schalen um den Kern angeordnet, die um so mehr Elektronen aufnehmen können, je weiter außen sie sich befinden. Die erste Schale enthält maximal 2 Elektronen, die zweite 8, die dritte 18 und die vierte 32. Die nächsten Schalen könnten noch mehr Elektronen aufnehmen, werden aber bei den bisher bekannten Elementen nicht voll besetzt. Mit der Schalenstruktur der Elektronenhülle läßt sich die Periodizität der chemischen Eigenschaften der Elemente im Periodensystem erklären (siehe Innenseite des vorderen Buchdeckels). Elemente mit nur einem Elektron in der äußersten Schale (wie Wasserstoff, Lithium oder Kalium) sowie solche, denen nur ein Elektron zu einer vollständigen Schale fehlt (wie Fluor, Chlor oder Brom), sind sehr reaktiv und kommen nur in Verbindungen vor. Die Elemente mit vollständig gefüllten, „abgeschlossenen" Elektronenschalen (die Edelgase Helium, Neon, Argon usw.) sind chemisch inert, d.h., sie reagieren praktisch nicht. Die Berechnung der Elektronenkonfigurationen und die damit mögliche Deutung der Eigenschaften gehörten zu den großen Erfolgen der Quantenmechanik in den zwanziger Jahren.

Elektronen und Protonen tragen gleich große, aber entgegengesetzte elektrische Ladungen. Da die Atome meist gleich viele Elektronen und Protonen enthalten, sind sie (die Atome) elektrisch neutral. Gibt ein Atom eines oder mehrere Elektronen ab oder nimmt welche auf, so wird es zu einem *Ion*. Am leichtesten geschieht dies bei den oben erwähnten Elementen, die in der äußersten Schale ein einzelnes Elektron haben oder denen eines zu einer vollen Schale fehlt. Dieser Elektronenübergang von einem Atom zu einem anderen führt zur ionischen Bindung (wie bei NaCl). Viele andere Elemente bilden dagegen sogenannte kovalente Bindungen (siehe Kapitel 38). An der Ausbildung von Bindungen sind fast immer nur die Elektronen der äußersten Schale, die sogenannten **Valenzelektronen**, beteiligt. Der Abstand der Atome in ionisch oder kovalent gebundenen Substanzen liegt in der Größenordnung von einem Ångström (Å, es ist 1 Å = 10^{-10} m).

In diesem Kapitel wenden wir die im vorigen Kapitel behandelten Methoden der Quantenmechanik an und beschreiben mit ihrer Hilfe qualitativ die Struktur des einfachsten Atoms, des Wasserstoffatoms. Danach sehen wir uns – ebenfalls qualitativ – den Aufbau der komplexeren Atome sowie die Zusammenhänge im Periodensystem der Elemente an.

37.1 Das Wasserstoffatom

Mit Hilfe des in Abschnitt 35.5 besprochenen Bohrschen Modells des Wasserstoffatoms konnte man einige Effekte deuten; jedoch zeigten sich bei der Beschreibung auch gravierende Schwächen. So kann es weder die Existenz der stationären Zustände noch die Quantelung des Drehimpulses erklären, sondern bringt lediglich die spektroskopisch beobachteten Übergänge zwischen den Energieniveaus mit diesen Annahmen in Übereinstimmung. Weiterhin erlaubt das Bohrsche Modell keine Aussage über die Intensität von Spektrallinien und versagt bei komplexen Atomen fast völlig. Alle genannten Probleme lassen sich durch Anwendung der Quantenmechanik beheben. Die stationären Zustände des Bohrschen Modells stimmen mit den Lösungen der Schrödinger-Gleichung überein, die stehenden Wellen entsprechen – ähnlich wie Wellen auf einer eingespannten Membran. Die aus den Randbedingungen resultierende Quantelung der Energie führt, in Verbindung mit der Frequenzbedingung $E = h\nu$, zu den diskreten Frequenzen im Spektrum. Alle berechneten Ergebnisse sind in guter Übereinstimmung mit den experimentellen Werten. Die Quantelung des Drehimpulses, die im Bohrschen Modell noch postuliert werden mußte, ergibt sich bei der quantenmechanischen Behandlung zwangsläufig.

In der Quantenmechanik wird ein Elektron durch seine Wellenfunktion ψ beschrieben. Das Quadrat ihres Betrages, $|\psi|^2$, gibt die Wahrscheinlichkeitsdichte an, und $|\psi|^2\,dV$ ist die Wahrscheinlichkeit, das Elektron im Volumenelement dV anzutreffen. Die Quantelung (Quantisierung) der Wellenlänge und der Frequenz und damit der Energie des Elektrons folgt aus den Randbedingungen, denen seine Wellenfunktion unterliegt.

Wir nehmen das Proton, den Kern des Wasserstoffatoms, als ruhend an. Um ihn herum bewegt sich das Elektron mit der **kinetischen Energie** $E_{\text{kin}} = p^2/2\,m$. Es hat die **potentielle Energie** $V(r)$, die von der elektrostatischen Anziehung zwischen Kern und Elektron herrührt:

$$V(r) = -\frac{1}{4\pi\varepsilon_0} \cdot \frac{Ze^2}{r}\,. \qquad 37.1$$

Beim Wasserstoffatom ist $Z = 1$. Mit anderen Werten von Z können wir diese Gleichung auf andere Atome mit einem Elektron anwenden, etwa auf He$^+$, das ionisierte Heliumatom. Die zeitunabhängige Schrödinger-Gleichung für ein Teilchen der Masse m, das sich in den drei Raumrichtungen bewegen kann, lautet gemäß (36.60)

$$-\frac{\hbar^2}{2m}\left(\frac{\partial^2\psi}{\partial x^2} + \frac{\partial^2\psi}{\partial y^2} + \frac{\partial^2\psi}{\partial z^2}\right) + V\psi = E\psi\,. \qquad 37.2$$

Darin ist E die **Gesamtenergie** des Teilchens, also $E = E_{\text{kin}} + V$. Die potentielle Energie $V(r)$ hängt nur vom radialen Abstand $r = (x^2 + y^2 + z^2)^{1/2}$ ab. Daher sind die Polarkoordinaten r, θ und φ zur Formulierung der Wellenfunktion besser geeignet. Sie hängen mit den kartesischen Koordinaten x, y und z folgendermaßen zusammen:

$$\begin{aligned} z &= r\cos\theta \\ x &= r\sin\theta\cos\varphi \\ y &= r\sin\theta\sin\varphi\,. \end{aligned} \qquad 37.3$$

Diese Beziehungen sind in Abbildung 37.1 dargestellt. Die Umrechnung der Schrödinger-Gleichung in Polarkoordinaten ergibt

$$-\frac{\hbar^2}{2m}\frac{1}{r^2}\frac{\partial}{\partial r}\left(r^2\frac{\partial\psi}{\partial r}\right) - \frac{\hbar^2}{2mr^2}\left[\frac{1}{\sin\theta}\frac{\partial}{\partial\theta}\left(\sin\theta\frac{\partial\psi}{\partial\theta}\right) + \frac{1}{\sin^2\theta}\frac{\partial^2\psi}{\partial\varphi^2}\right] + V\psi = E\psi\,. \qquad 37.4$$

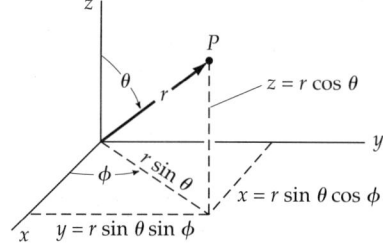

37.1 Der Zusammenhang zwischen Polar- und kartesischen Koordinaten.

Da dieser Gleichungstyp anderen partiellen Differentialgleichungen ähnelt, die in der klassischen Physik schon länger bekannt waren, bot die Lösung keine unüberwindlichen Probleme. Wir wollen uns hier nur einige Eigenschaften der Wellenfunktionen ansehen, die Lösungen dieser Differentialgleichung sind.

Der erste Schritt beim Lösen einer partiellen Differentialgleichung wie (37.4) besteht in der Trennung der Variablen. Dazu wird die Wellenfunktion $\psi(r,\theta,\varphi)$ als Produkt von Funktionen der einzelnen Variablen geschrieben:

$$\psi(r,\theta,\varphi) = R(r)\,f(\theta)\,g(\varphi)\,. \qquad 37.5$$

Hier hängt die Funktion R nur vom Radius r ab, f nur von θ und g nur von φ. Setzen wir diesen Separationsansatz für die Wellenfunktion $\psi(r,\theta,\varphi)$ in (37.4) ein, so läßt sich die partielle Differentialgleichung so umformen, daß man drei gewöhnliche Differentialgleichungen erhält, je eine für die Funktionen $R(r)$, $f(\theta)$ und $g(\varphi)$. Die potentielle Energie $V(r)$ tritt nur in der Gleichung für die Funktion

37 Atome

$R(r)$, der sogenannten Radialgleichung, auf, weil V nicht vom Winkel, sondern nur vom Abstand Kern–Elektron abhängt. Mit anderen Worten: Durch $V(r)$ gemäß (37.1) werden die Lösungen der Gleichungen für $f(\theta)$ und $g(\varphi)$ nicht beeinflußt.

In Abschnitt 36.10 haben wir gesehen, daß die erlaubten Wellenfunktionen bestimmte Eigenschaften haben: Sie sind stetig und können normiert werden. Zu ihrer Beschreibung dienen die drei Quantenzahlen n, ℓ und m, von denen jede einer der drei genannten Variablen zugeordnet ist. (Für ein Teilchen im dreidimensionalen Kasten fanden wir die Quantenzahlen n_1, n_2 und n_3, die voneinander unabhängig sind; die Quantenzahlen n, ℓ und m der Wellenfunktionen in Polarkoordinaten jedoch hängen voneinander ab.) Die Quantenzahlen können beim Wasserstoffatom folgende Werte haben:

Quantenzahlen des Wasserstoffatoms

$$n = 1, 2, 3, \ldots$$
$$\ell = 0, 1, 2, \ldots, n-1$$
$$m = -\ell, -\ell+1, -\ell+2, \ldots, +\ell.$$

37.6

Demnach ist n eine beliebige natürliche Zahl, ℓ ist eine ganze Zahl zwischen 0 und $n-1$, und m (ebenfalls ganzzahlig) kann Werte von $-\ell$ bis $+\ell$ annehmen.

Die Zahl n heißt **Hauptquantenzahl**. Sie hängt mit dem Radialanteil der Wellenfunktion zusammen und dadurch mit der Wahrscheinlichkeit, das Elektron in verschiedenen Abständen vom Kern anzutreffen. Die Quantenzahlen ℓ und m beziehen sich auf den Bahndrehimpuls des Elektrons und auf die Winkelabhängigkeit der Wellenfunktion. Die Zahl ℓ nennt man **Drehimpulsquantenzahl** (oder, etwas genauer, **Bahndrehimpulsquantenzahl**). Der Bahndrehimpuls L des Elektrons ist gegeben durch

$$L = \sqrt{\ell(\ell+1)}\,\hbar.$$

37.7

Die Zahl m wird als **magnetische Quantenzahl** bezeichnet. Sie gibt die Komponente des Drehimpulses in einer bestimmten Richtung an. Im Atom sind alle Richtungen gleichwertig, aber durch Anlegen eines Magnetfeldes kann *eine* Richtung ausgewählt werden. Zeigt das Magnetfeld in z-Richtung, dann gilt für die z-Komponente des Bahndrehimpulses

$$L_z = m\hbar.$$

37.8

Der Bahndrehimpuls des Elektrons ist also gequantelt und hat – in Vielfachen von $\hbar$ angegeben – die Werte $[\ell(\ell+1)]^{1/2}$, während seine z-Komponente $(2\ell+1)$ verschiedene Werte annehmen kann, die von $-\ell$ bis $+\ell$ reichen, ebenfalls in Vielfachen von $\hbar$. Die anschauliche räumliche Darstellung in Abbildung 37.2 zeigt für $\ell = 2$ die möglichen Orientierungen des Bahndrehimpulses. Beachten Sie, daß nur bestimmte Werte des Winkels θ auftreten können, d.h., daß die Richtungen des Bahndrehimpulses gequantelt sind.

$L = \hbar\sqrt{\ell(\ell+1)}$
$= \hbar\sqrt{2(2+1)}$
$= \hbar\sqrt{6}$

37.2 Vektormodell des Bahndrehimpulses. Die möglichen Orientierungen des Bahndrehimpulses des Elektrons und die Werte seiner z-Komponente, sind hier für $\ell = 2$ dargestellt. Der Bahndrehimpuls kann nicht parallel zur z-Achse stehen. Er präzediert um diese Achse.

Beispiel 37.1

Die Bahndrehimpulsquantenzahl eines Atoms betrage $\ell = 2$. Welche Werte von L_z sind möglich, und wie groß ist der kleinstmögliche Winkel zwischen dem Drehimpulsvektor $\boldsymbol{L}$ und der z-Achse?

Die zulässigen Werte von L_z sind $m\hbar$, wobei 5 Werte von m auftreten können: $-2, -1, 0, +1$ und $+2$. Der Betrag von $\boldsymbol{L}$ ist $[\ell(\ell+1)]^{1/2}\,\hbar = \sqrt{6}\,\hbar$. Nach Abbildung 37.1 ist der Winkel θ zur z-Achse gegeben durch

$$\cos\theta = \frac{L_z}{L} = \frac{m\hbar}{\sqrt{\ell(\ell+1)}\,\hbar} = \frac{m}{\sqrt{\ell(\ell+1)}}\,.$$

Der Winkel zur z-Achse ist minimal für $m = +\ell$ oder $m = -\ell$. Mit $\ell = 2$ folgt daraus $\cos\theta = 2/\sqrt{6} = 0{,}816$ und $\theta = 35{,}3°$. Es fällt auf, daß sich der Bahndrehimpuls nicht parallel zur z-Achse einstellen kann. Das ginge nur, wenn L_x und L_y gleichzeitig definiert und beide exakt gleich null wären, was aber aufgrund der Unschärferelation nicht gestattet ist, wenn der Drehimpuls L von null verschieden ist.

Die möglichen Energieniveaus E_n des Wasserstoffatoms und anderer Ein-Elektronen-Atome mit der Kernladungszahl Z (sogenannte wasserstoffähnliche Atome) lassen sich aus den Lösungen der Schrödinger-Gleichung berechnen, wobei die potentielle Energie nach (37.1) eingesetzt wird:

$$E_n = -\frac{Z^2 E_0}{n^2} \quad \text{mit } n = 1, 2, 3, \ldots \qquad 37.9$$

Energieniveaus von Ein-Elektronen-Atomen

Darin ist

$$E_0 = \frac{1}{(4\pi\varepsilon_0)^2} \cdot \frac{e^4 m_e}{2\hbar^2} \approx 13{,}6 \text{ eV}\,.$$

Diese Energiewerte entsprechen denen des Bohrschen Modells. Beachten Sie, daß die Energie negativ ist. Das bedeutet, das Elektron ist an den Kern *gebunden*, und es muß Energie aufgewandt werden, um beide zu trennen. Bei Ein-Elektronen-Atomen hängt die Energie des Elektrons ausschließlich von der Hauptquantenzahl n ab, also nicht von der Bahndrehimpulsquantenzahl ℓ. Hat das Atom jedoch mehrere Elektronen, dann wird deren Energie auch durch ℓ bestimmt, weil die Elektronen miteinander wechselwirken. Je kleiner ℓ ist,

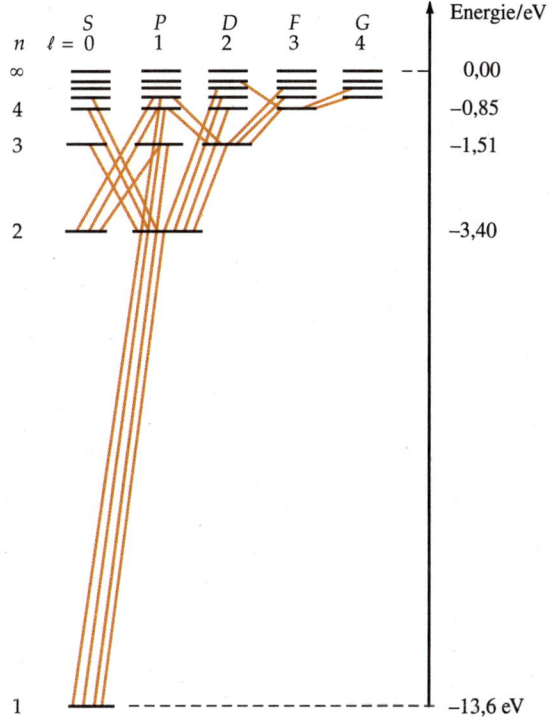

37.3 Termschema des Wasserstoffatoms. In diesem Diagramm (das manchmal auch Grotrian-Diagramm genannt wird) deuten die schrägen Linien die Übergänge an, die bei Emission oder Absorption von Strahlung auftreten können, wobei die Auswahlregel $\Delta\ell = \pm 1$ gilt. Zustände mit gleichem n, aber unterschiedlichem ℓ, haben dieselbe Energie $-E_0/n^2$, mit $E_0 = 13{,}6$ eV, wie beim Bohrschen Atommodell.

desto geringer ist die Energie des betreffenden Elektrons. Weil es in einem Atom keine bevorzugte Richtung gibt, hängt die Energie nur dann von der Magnetquantenzahl m ab, wenn physikalisch eine Richtung ausgezeichnet wird, z.B. durch die Einwirkung eines magnetischen oder elektrischen Feldes.

Das Energieniveauschema (oft auch: Termschema) des Wasserstoffatoms ist in Abbildung 37.3 wiedergegeben. Sie entspricht der Abbildung 35.14, jedoch sind hier für jedes n die Niveaus mit verschiedenen Werten von ℓ separat dargestellt. Die Zustände selbst werden als **Terme** bezeichnet, und bei der Art, wie die Terme gekennzeichnet werden, spricht man häufig von **Termsymbolik**: An die Hauptquantenzahl n wird ein Großbuchstabe angefügt: S für $\ell = 0$, P für $\ell = 1$, D für $\ell = 2$ und F für $\ell = 3$. Somit hat beispielsweise der 2P-Term des Wasserstoffs $n = 2$ und $\ell = 1$. Die Benennungen S, P, D, F rühren von den englischen Bezeichnungen der Spektrallinien her: sharp, principal, diffuse und fundamental. Ab $\ell = 4$ folgen die Buchstaben ab G in alphabetischer Reihenfolge.

Wenn ein Elektron im Atom von einem erlaubten Energiezustand in einen anderen erlaubten übergeht, wird im allgemeinen elektromagnetische Strahlung in Form eines Photons emittiert oder absorbiert. Bei solchen Übergängen treten Spektrallinien auf, die für das betreffende Atom charakteristisch sind. Die möglichen Übergänge werden durch die **Auswahlregeln** bestimmt:

$$\Delta m = 0 \text{ oder } \pm 1$$
$$\Delta \ell = \pm 1 \,. \qquad 37.10$$

Diese Einschränkungen beruhen darauf, daß der Bahndrehimpuls beim Übergang erhalten bleibt. Auch das Photon besitzt einen Drehimpuls, und zwar einen Eigendrehimpuls, der hierbei zu berücksichtigen ist. Seine Komponente beträgt in Richtung einer beliebigen vorgegebenen Achse $1\,\hbar$. Die Frequenz ν einer Spektrallinie ist durch die **Bohrsche Frequenzbedingung** gegeben:

$$h\nu = \frac{hc}{\lambda} = E_2 - E_1 \,. \qquad 37.11$$

Darin ist E_2 die Energie des höheren und E_1 die des niedrigeren der beiden Niveaus, die am betreffenden Übergang beteiligt sind.

37.2 Die Wellenfunktionen des Wasserstoffatoms

Die durch (37.5) gegebenen Wellenfunktionen ψ sind Lösungen der Schrödinger-Gleichung und werden durch die Quantenzahlen n, ℓ und m charakterisiert; daher notiert man die Wellenfunktion als $\psi_{n\ell m}$. Wie im vorigen Abschnitt erwähnt, kann für jedes n die Quantenzahl ℓ insgesamt n Werte haben: $\ell = 0, 1, \ldots, n-1$, und für jedes ℓ gibt es $(2\ell + 1)$ Werte von m. Bei Ein-Elektronen-Atomen wird die Energie nur durch die Hauptquantenzahl bestimmt. Deshalb gibt es beim Wasserstoffatom mehrere Wellenfunktionen, die zum gleichen Energieniveau gehören. Dies nennt man **Entartung** des betreffenden Niveaus. Das niedrigste Niveau mit $n = 1$ ist nicht entartet, da hier ℓ und m den Wert 0 haben. Die Entartung bei Ein-Elektronen-Atomen rührt daher, daß die potentielle Energie nur vom Abstand des Elektrons vom Kern abhängt und – bei Abwesenheit eines äußeren Feldes – keine Richtung im Atom bevorzugt ist.

Das niedrigste Energieniveau im Wasserstoffatom hat die Quantenzahlen $n = 1$, $\ell = 0$ und $m = 0$. Seine Energie beträgt $-13{,}6$ eV. Dieses Ergebnis liefert auch das Bohrsche Modell, in dem der Bahndrehimpuls jedoch einen Wert von $1\,\hbar$ hat, während er bei der quantenmechanischen Beschreibung null ist. Für den Grundzustand, also den Zustand niedrigster Energie, ergibt die Lösung der Schrödinger-Gleichung die einfache Funktion

$$\psi_{100} = C_{100}\,e^{-Zr/a_0}$$

mit

$$a_0 = \frac{4\pi\varepsilon_0 \cdot \hbar^2}{m_e\,e^2} = 0{,}0529\ \text{nm}\ .$$

Darin ist a_0 der erste Bohrsche Radius und C_{100} eine Normierungskonstante. Im dreidimensionalen Raum lautet die Normierungsbedingung (vgl. Gleichung 36.32)

$$\int |\psi|^2\,dV = 1\ .$$

Dabei muß über den gesamten Raum integriert werden, und das Volumenelement dV ist gemäß Abbildung 37.4 in **Polarkoordinaten**

$$dV = (r\sin\theta\,d\varphi)(r\,d\theta)\,dr = r^2 \sin\theta\,dr\,d\theta\,d\varphi\ .$$

Wir integrieren über φ von 0 bis 2π, über θ von 0 bis π sowie über r von 0 bis ∞. Dann lautet die Normierungsbedingung

$$\begin{aligned}
\int |\psi|^2\,dV &= \int_0^\infty \int_0^\pi \int_0^{2\pi} \psi^2 r^2 \sin\theta\,d\varphi\,d\theta\,dr \\
&= \int_0^{2\pi} d\varphi \int_0^\pi \sin\theta\,d\theta \int_0^\infty \psi^2 r^2\,dr \\
&= \int_0^{2\pi} d\varphi \int_0^\pi \sin\theta\,d\theta \int_0^\infty C_{100}^2 r^2 e^{-2Zr/a_0}\,dr = 1\ .
\end{aligned}$$

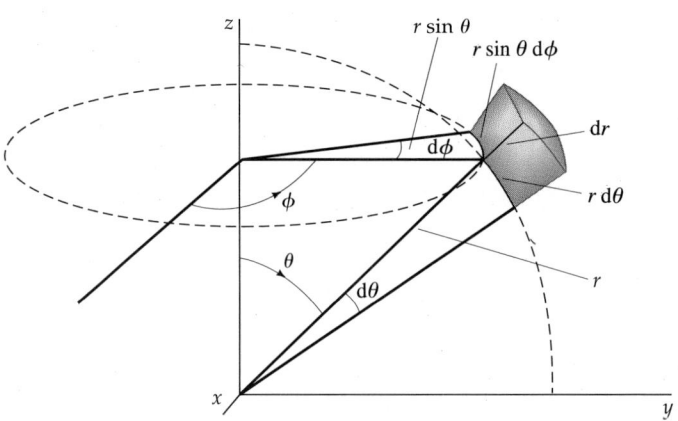

37.4 Das Volumenelement dV in Polarkoordinaten.

Die Wellenfunktion ψ_{100} hängt weder von θ noch von φ ab; somit ergibt die Integration über die Winkel den Wert 4π. Die Auswertung des letzten Integrals liefert

$$\int_0^\infty r^2 \, e^{-2Zr/a_0} \, dr = \frac{a_0^3}{4Z^3},$$

und wir erhalten

$$4\pi C_{100}^2 \left(\frac{a_0^3}{4Z^3}\right) = 1$$

sowie

$$C_{100} = \frac{1}{\sqrt{\pi}} \left(\frac{Z}{a_0}\right)^{3/2}.$$

Damit lautet die normierte Wellenfunktion für den Grundzustand des Wasserstoffatoms

$$\psi_{100} = \frac{1}{\sqrt{\pi}} \left(\frac{Z}{a_0}\right)^{3/2} e^{-Zr/a_0}. \qquad 37.12$$

Die Wahrscheinlichkeit, das Elektron im Volumenelement dV zu finden, ist $|\psi|^2 \, dV$. Die Wahrscheinlichkeitsdichte (Elektronendichteverteilung) $|\psi|^2$ ist in Abbildung 37.5 wiedergegeben. Sie hängt nicht von den Winkeln θ und φ, sondern nur vom Radius r ab, ist also kugelsymmetrisch.

Uns interessiert meist weniger die Wahrscheinlichkeitsdichte, sondern eher die Wahrscheinlichkeit, das Elektron in einem gewissen Abstand r vom Kern anzutreffen, oder genauer gesagt in der Kugelschale zwischen r und $(r + dr)$. Deren

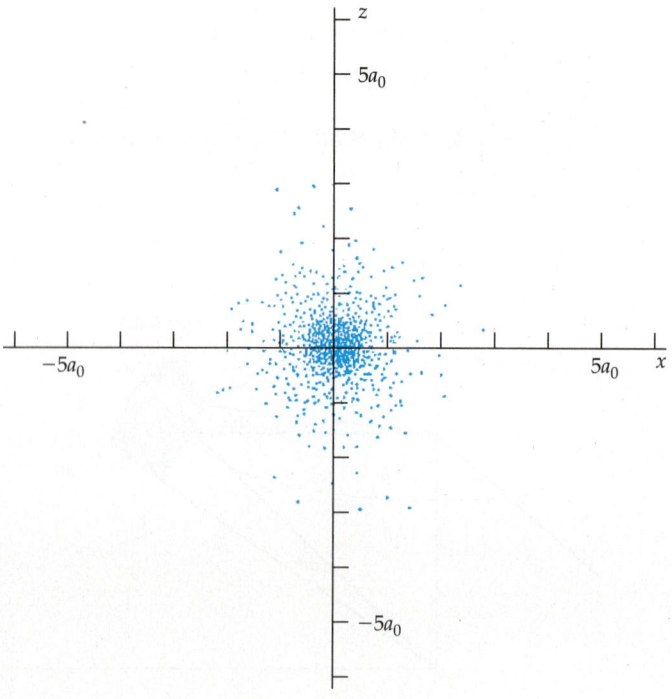

37.5 Die mit einem Computer berechnete Wahrscheinlichkeitsdichte (Elektronendichteverteilung) $|\psi|^2$ für den Grundzustand des Wasserstoffatoms. Sie ist kugelsymmetrisch, hat ihr Maximum am Kern und nimmt nach außen exponentiell mit r ab.

37.2 Die Wellenfunktionen des Wasserstoffatoms

Volumen ist $dV = 4\pi r^2\, dr$. Multiplizieren wir das mit der Wahrscheinlichkeitsdichte $|\psi|^2$, so erhalten wir die radiale Aufenthaltswahrscheinlichkeit: $P(r)\, dr = |\psi|^2\, 4\pi r^2\, dr$. Schließlich ist die **radiale Wahrscheinlichkeitsdichte**

$$P(r) = 4\pi r^2 |\psi|^2.\qquad 37.13$$

Radiale Wahrscheinlichkeitsdichte

Sie ist beim Wasserstoffatom im Grundzustand

$$P(r) = 4\pi r^2 |\psi|^2 = 4\pi r^2 C_{100}^2\, e^{-2Zr/a_0} = 4\left(\frac{Z}{a_0}\right)^3 r^2\, e^{-2Zr/a_0}.\qquad 37.14$$

Das Maximum von $P(r)$ liegt bei $r = a_0/Z$, was für $Z = 1$ gleich dem ersten Bohrschen Radius $a_0 = 0{,}529$ Å entspricht (siehe Abbildung 37.6). Jedoch dürfen wir uns nicht vorstellen, das Elektron befinde sich – wie nach dem Bohrschen Modell – auf einer Kreisbahn mit diesem Radius um den Kern. Hier, bei $r = a_0$, ist für $Z = 1$ lediglich die Aufenthaltswahrscheinlichkeit für das Elektron am größten; bei anderen Radien dagegen ist sie geringer. Manchmal ist es nützlich, sich das Elektron im Atom als eine Ladungswolke mit der Ladungsdichte $\varrho = e|\psi|^2$ vorzustellen, aber man darf nie vergessen, daß das Elektron mit Materie und Strahlung immer als einzelne Ladung wechselwirkt.

Im ersten angeregten Zustand des Wasserstoffatoms ist $n = 2$, und ℓ kann 0 oder 1 sein. Für $\ell = 0$ ist $m = 0$, und die Wellenfunktion ist wieder kugelsymmetrisch:

$$\psi_{200} = C_{200}\left(2 - \frac{Zr}{a_0}\right) e^{-Zr/2a_0}.\qquad 37.15$$

Für $\ell = 1$ kann m den Wert $+1$, 0 oder -1 annehmen. Dann sind die Wellenfunktionen

$$\psi_{210} = C_{210}\,\frac{Zr}{a_0}\, e^{-Zr/2a_0}\cos\theta\qquad 37.16$$

$$\psi_{21\pm 1} = C_{211}\,\frac{Zr}{a_0}\, e^{-Zr/2a_0}\sin\theta\, e^{\pm i\varphi}.\qquad 37.17$$

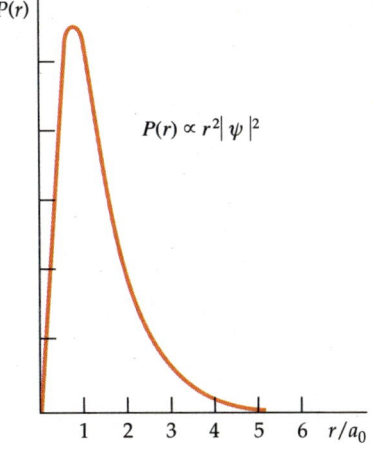

37.6 Für den Grundzustand des Wasserstoffatoms ist hier die radiale Wahrscheinlichkeitsdichte $P(r)$ gegen den Radius r aufgetragen; dieser ist in Vielfachen des ersten Bohrschen Radius a_0 angegeben. $P(r)$ hat hier ihr Maximum bei $r = a_0$.

Allgemein sind die Wellenfunktionen proportional zu $e^{im\varphi}$, also für $m \neq 0$ nicht reell. Wie in Kapitel 36 gezeigt wurde, ist die Wahrscheinlichkeitsdichte $|\psi|^2$ bei komplexen Wellenfunktionen gegeben durch

$$|\psi|^2 = \psi^*\psi.\qquad 37.18$$

Die Funktion ψ^* ist konjugiert-komplex zu ψ (d.h., i ist durch $-i$ ersetzt). Wegen $(e^{im\varphi})^* = e^{-im\varphi}$ und $(e^{im\varphi})^*\, (e^{im\varphi}) = e^{-im\varphi}\, e^{im\varphi} = 1$ hängen die Wahrscheinlichkeitsdichten auch dann *nicht* von m oder φ ab, wenn dies für die Wellenfunktion der Fall ist.

Abbildung 37.7 zeigt für $n = 2$ die Wahrscheinlichkeitsdichten $|\psi|^2$ für die möglichen Werte von ℓ und m. Bei $\ell \neq 0$ liegt keine Kugelsymmetrie vor. In diesen Fällen hängt die Verteilung zusätzlich von ℓ (also vom Winkel) ab, und nicht nur vom radialen Anteil der Wellenfunktion. Die Auswirkung der räumlichen Ausrichtung der Elektronen (in Mehr-Elektronen-Atomen) werden wir im nächsten Kapitel im Zusammenhang mit der chemischen Bindung betrachten.

In Abbildung 37.8 ist die radiale Wahrscheinlichkeitsdichte des Elektrons für $n = 2$ aufgetragen, und zwar ebenfalls gegen r/a_0. Wir sehen, daß sie auch von ℓ

37 Atome

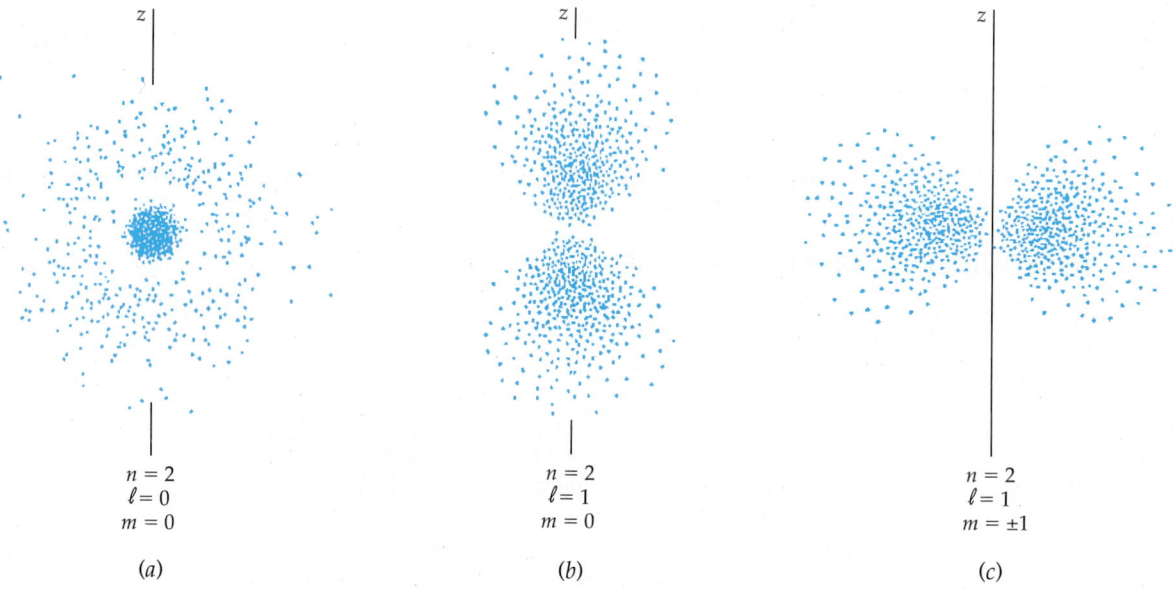

37.7 Das mit einem Computer erzeugte Bild der Wahrscheinlichkeitsdichte $|\psi|^2$ für den Zustand $n = 2$ des Wasserstoffatoms. a) $|\psi|^2$ ist für $\ell = 0$ und $m = 0$ kugelsymmetrisch. b) Für $\ell = 1$ und $m = 0$ ist $|\psi|^2$ proportional zu $\cos^2 \theta$. c) Für $\ell = 1$ und $m = +1$ oder $m = -1$ ist $|\psi|^2$ proportional zu $\sin^2 \theta$.

abhängt. Bei sehr kleinen Radien ($r < a_0$) hat der S-Zustand ($\ell = 0$) eine höhere Wahrscheinlichkeitsdichte als der P-Zustand ($\ell = 1$). Das wirkt sich auf die Elektronenstruktur von Mehr-Elektronen-Atomen aus.

Für $n = 1$ hält sich, wie wir gesehen haben, das Elektron am wahrscheinlichsten beim ersten Bohrschen Radius a_0 auf. Für $n = 2$ und $\ell = 1$ beträgt nach Gleichung (35.22) der wahrscheinlichste Abstand $4a_0$ (zweiter Bohrscher Radius). Für $n = 3$ und $\ell = 2$ ist der entsprechende Wert $9a_0$ (dritter Bohrscher Radius). Die beste Übereinstimmung mit dem Bohrschen Modell ergibt sich jeweils beim größten Wert von ℓ; er ist gleich $n - 1$.

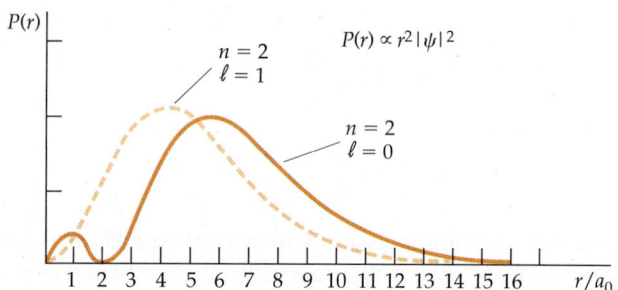

37.8 Die radiale Wahrscheinlichkeitsdichte $P(r)$ des Elektrons im Wasserstoffatom für $n = 2$ in Abhängigkeit von r/a_0. Für $\ell = 1$ liegt das Maximum von $P(r)$ bei $r = 2^2 a_0$. Für $\ell = 0$ liegt es etwas weiter außen, und es tritt ein zweites Maximum nahe am Kern auf.

Beispiel 37.2

Berechnen Sie für den Grundzustand des Wasserstoffatoms die Wahrscheinlichkeit, das Elektron im Intervall $\Delta r = 0{,}02\, a_0$ anzutreffen: a) um $r = a_0$; b) um $r = 2a_0$ herum.

Weil Δr so klein ist, kann die Änderung von $P(r)$ in diesem Bereich vernachlässigt werden. Dann ist die Wahrscheinlichkeit, das Elektron im Intervall Δr anzutreffen,

$$\int_{r-\Delta r/2}^{r+\Delta r/2} P(r)\, dr \approx P(r)\, \Delta r \, .$$

a) Mit Gleichung (37.14) für $P(r)$ erhalten wir mit $Z = 1$ für $r = a_0$

$$P(r)\, \Delta r = 4\left(\frac{1}{a_0}\right)^3 r^2\, e^{-2r/a_0}\, \Delta r = 4\left(\frac{1}{a_0}\right)^3 a_0^2\, e^{-2} \cdot 0{,}02\, a_0 = 0{,}0108 \, .$$

Also beträgt die Chance etwa ein Prozent, das Elektron zwischen 0,99 a_0 und 1,01 a_0 anzutreffen.

b) Entsprechend gilt für $r = 2\,a_0$

$$P(r)\,\Delta r = 4\left(\frac{1}{a_0}\right)^3 r^2\,\mathrm{e}^{-2r/a_0}\,\Delta r = 4\left(\frac{1}{a_0}\right)^3 4a_0^2\,\mathrm{e}^{-4}\cdot 0{,}02\,a_0 = 0{,}00586\,.$$

Die Wahrscheinlichkeit, das Elektron hier vorzufinden, ist nur gut halb so groß wie bei $r = a_0$.

37.3 Magnetische Momente und der Elektronenspin

Wird eine Spektrallinie des Wasserstoffs mit hoher Auflösung aufgenommen, stellt man fest, daß sie aus zwei eng benachbarten Linien besteht. (Bei Mehr-Elektronen-Atomen können es mehr als zwei Linien sein.) Die Aufspaltung der Linie wird **Feinstruktur** genannt. Diesen Effekt – und einige Zusammenhänge im Periodensystem – konnte Pauli im Jahre 1925 erklären. Er postulierte, daß dem Elektron eine weitere Quantenzahl zuzuordnen sei, die einen von zwei möglichen Werten annehmen kann. Im gleichen Jahr interpretierten die Doktoranden Goudsmit und Uhlenbeck in Leiden diese vierte Quantenzahl als Quantenzahl s des Eigendrehimpulses, des sogenannten Spins, des Elektrons (Abbildung 37.9). Bei einem freien Elektron, das keinem elektrischen oder magnetischen Feld ausgesetzt ist, beträgt der Spin $\frac{1}{2}\hbar$, die Spinquantenzahl des Elektrons ist also $s = \frac{1}{2}$. Gebundene Elektronen in Atomen befinden sich immer in einem Magnetfeld, nämlich demjenigen, das von ihrer Bahnbewegung herrührt. In einem solchen *inneren* Magnetfeld (dasselbe gilt auch für ein äußeres Feld) kann sich der Spin des Elektrons „parallel" oder „antiparallel" zur Feldrichtung einstellen. Bezeichnen wir die Feldrichtung willkürlich als z-Richtung, so lauten die Komponenten s_z des Spins in dieser „Vorzugsrichtung": $s_z = m_s \hbar$, wobei $m_s = \pm\frac{1}{2}$ als magnetische Quantenzahl des Spins bezeichnet wird. Analog zum Bahndrehimpuls (Abschnitt 37.1) kann m_s allgemein $(2s + 1)$ Werte annehmen.

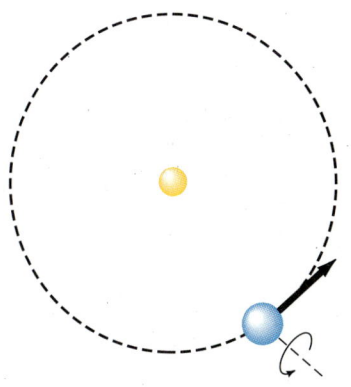

37.9 Das Elektron kann man sich als eine Kugel vorstellen, die eine Umlaufbahn um den Atomkern beschreibt und sich gleichzeitig um ihre eigene Achse dreht.

Wie groß sind die magnetischen Momente, die von der Bahnbewegung und der Eigenrotation des Elektrons herrühren? Nach (27.9) hängt das magnetische Moment $\boldsymbol{\mu}$ einer rotierenden Ladung mit seinem Drehimpuls $\boldsymbol{L}$ zusammen über

$$\boldsymbol{\mu} = \frac{q}{2m_q}\boldsymbol{L}\,. \qquad 37.19$$

(Bitte beachten Sie: In den Kapiteln zur Elektrodynamik haben wir das magnetische Moment mit m_m bezeichnet, wohingegen wir jetzt das Symbol μ verwenden, um Verwechslungen mit den magnetischen Quantenzahlen oder auch mit Massen zu vermeiden.) Darin ist m_q die Masse des Teilchens mit der Ladung q. Mit $q = -e$ und $m_q = m_e$ ist für das Elektron

$$\boldsymbol{\mu} = -\frac{e}{2m_e}\boldsymbol{L}\,. \qquad 37.20$$

Wenden wir diese Gleichung auf den *Bahndrehimpuls* des Elektrons im Wasserstoffatom an, so erhalten wir sein magnetisches Moment μ und dessen z-Komponente μ_z:

$$\mu = -\frac{e}{2m_e} L = -\frac{e}{2m_e} \sqrt{\ell(\ell+1)}\, \hbar = -\sqrt{\ell(\ell+1)}\, \mu_B \qquad 37.21$$

und

$$\mu_z = -\frac{e}{2m_e} m\hbar = -\frac{e\hbar}{2m_e} m = -m\mu_B. \qquad 37.22$$

Darin ist μ_B das *Bohrsche Magneton*. Es hat den Wert

$$\mu_B = \frac{e\hbar}{2m_e} = 9{,}27 \cdot 10^{-24} \text{ J/T} = 5{,}79 \cdot 10^{-5} \text{ eV/T}.$$

Wir sehen, daß aus der Quantelung des Drehimpulses die Quantelung des magnetischen Moments folgt.

Wenn wir das vom Spin herrührende magnetische Moment nach (37.20) berechnen wollen, so erhalten wir Gleichungen, die (37.21) und (37.22) analog sind – wir brauchen nur ℓ durch s und m durch m_s zu ersetzen. Damit ist die z-Komponente seines magnetischen Moments gleich $\pm\frac{1}{2}\mu_B$. Allerdings wird ein doppelt so hoher Wert gemessen, woraus man schließen muß, daß das Elektron ein inneres magnetisches Moment von *einem* Bohrschen Magneton (nicht von einem halben) hat. Üblicherweise schreibt man für die Beziehung zwischen der z-Komponente L_z eines Drehimpulses und der z-Komponente μ_z seines magnetischen Moments:

$$\mu_z = -g\mu_B \frac{L_z}{\hbar} = -\gamma \frac{L_z}{\hbar}. \qquad 37.23$$

Darin ist $\gamma = g\mu_B$ das sogenannte **gyromagnetische Verhältnis** und g der **Landésche g-Faktor**, auf den wir in Zusammenhang mit dem Zeeman-Effekt in Abschnitt 37.5 noch einmal zurückkommen. Das magnetische Moment des Elektrons ist etwa doppelt so hoch, wie nach der einfachen Betrachtung zu erwarten ist. Dies zeigt, daß die Vorstellung vom Elektron als einem rotierenden geladenen Teilchen nicht wörtlich genommen werden darf. Wie das Bohrsche Atommodell kann dieser Vergleich nur dazu dienen, die Ergebnisse der quantenmechanischen Berechnungen anschaulich zu erläutern und die Meßergebnisse zu interpretieren.

Die Feinstruktur des Wasserstoffspektrums (eine ähnliche Linienaufspaltung kann man auch bei den übrigen Elementen beobachten), läßt sich nun folgendermaßen erklären: Im Magnetfeld der Bahnbewegung des Elektrons kann der Spin zwei Richtungen einnehmen, zu denen zwei entsprechende magnetische Momente gehören. Nach Gleichung (27.13) besitzt ein Zustand mit einem magnetischen Moment $\boldsymbol{\mu}$ in einem Magnetfeld $\boldsymbol{B}$ die Energie $-\boldsymbol{\mu}\cdot\boldsymbol{B}$. Da die betrachteten magnetischen Momente und das Magnetfeld sehr klein sind, ist der Energieunterschied zwischen beiden Zuständen ebenfalls sehr gering, und die entsprechenden Spektrallinien liegen somit sehr dicht zusammen.

Mit der magnetischen Quantenzahl m_s des Spins kennen wir nun den ganzen Satz von Quantenzahlen zur Beschreibung der Zustände des Wasserstoffatoms: n, ℓ, m und m_s.

Frage

1. Das Bohrsche Modell und die quantenmechanische Beschreibung mit Hilfe der Schrödinger-Gleichung liefern dieselben Werte für die Energieniveaus. Diskutieren Sie Vor- und Nachteile beider Ansätze.

37.4 Der Stern-Gerlach-Versuch

Durch die Einführung des Elektronenspins konnten die Feinstruktur der Spektrallinien und die Zusammenhänge im Periodensystem erklärt werden. Weiterhin erlaubte sie die Deutung eines berühmten Experiments, das Stern und Gerlach 1921 durchführten. Sie ließen einen Atomstrahl durch ein in z-Richtung inhomogenes Magnetfeld laufen (Abbildung 37.10).

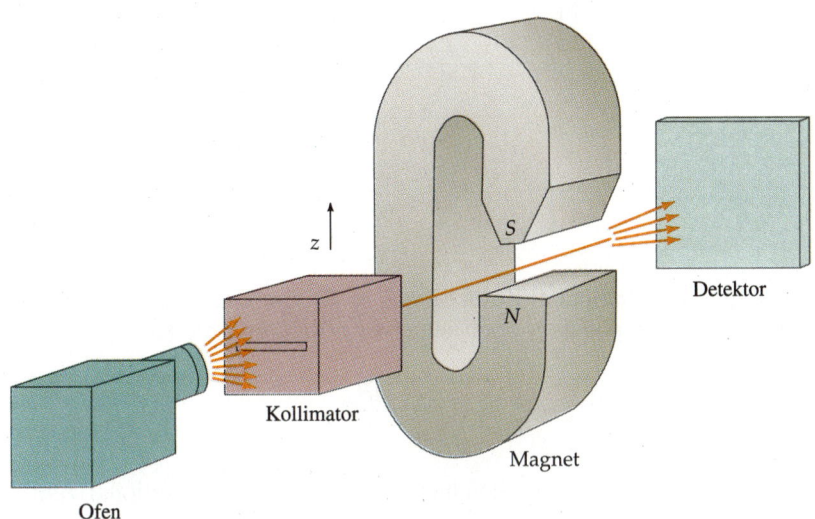

37.10 Der Stern-Gerlach-Versuch. Aus dem Ofen treten Atome unter einem großen Raumwinkel aus und treffen auf ein Blendensystem, das nur die in einer bestimmten Richtung fliegenden Atome hindurchläßt. Dahinter liegt also ein Bündel aus Atomen vor, das man als „Atomstrahl" bezeichnen kann. Der Atomstrahl durchläuft ein inhomogenes Magnetfeld und gelangt zum Detektor (einer Photoplatte).

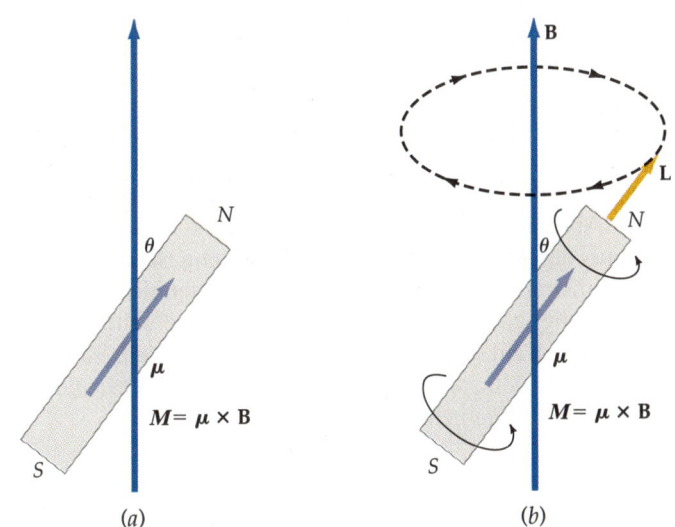

37.11 Ein einfacher Stabmagnet als Modell für ein magnetisches Moment. a) In einem homogenen Magnetfeld wird der Stabmagnet durch das Drehmoment M in die Richtung des Feldes gedreht. b) Wenn der Stabmagnet rotiert, bewirkt dieses Drehmoment eine Präzession um die Richtung des Feldes.

An dem einfachen Beispiel in Abbildung 37.11 können wir uns zunächst klarmachen, wie sich ein magnetisches Moment in einem homogenen Magnetfeld B verhält. Der nicht rotierende Stabmagnet wird durch das Drehmoment M in die Richtung des Feldes gedreht. Wenn der Magnet um seine Längsachse rotiert, dann führt dieser eine Präzession um die Feldrichtung aus.

Bei einem inhomogenen äußeren Magnetfeld ist die Kraft auf einen der Magnetpole größer als die auf den anderen. Abbildung 37.12 zeigt dies für drei gleichartige Stabmagnete, die sich an verschiedenen Stellen in einem inhomo-

37.12 In einem inhomogenen Magnetfeld erfahren Stabmagnete, die um die Feldrichtung präzedieren, in z-Richtung eine Kraft, die von ihren Orientierungen relativ zum Feld abhängt. In diesem Beispiel wird B_z zum Südpol des großen Magneten hin größer, so daß die Kraft in dieser Richtung ansteigt. Die Ablenkung, die die Stabmagnete erfahren, ist jeweils durch Pfeile gekennzeichnet. Die ebenfalls vorhandene Präzession des Stabmagneten um die Feldrichtung ist nur aus Gründen der Übersichtlichkeit nicht mit eingezeichnet.

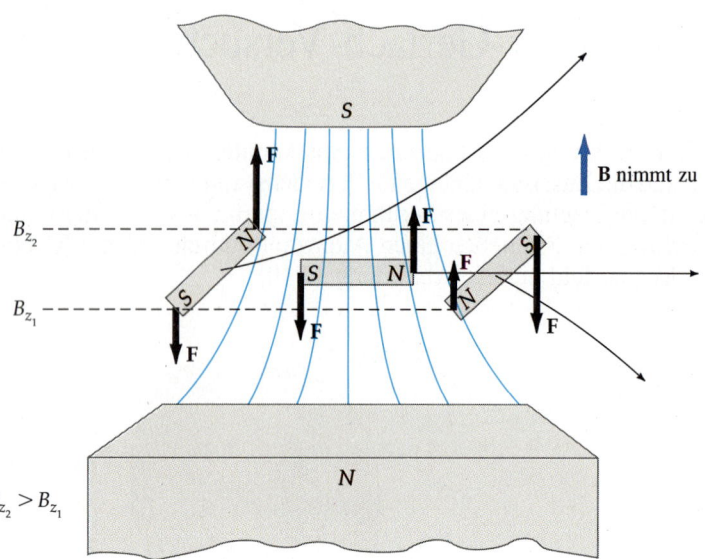

genen Magnetfeld befinden. Zusätzlich zum Drehmoment, das die Präzession hervorruft, wirkt in positiver oder negativer z-Richtung die Kraft

$$F_z = \mu_z \frac{dB_z}{dz} \qquad 37.24$$

auf die Stabmagneten (siehe Gleichung 27.13): Sie ist proportional zum Gradienten von B in z-Richtung sowie zur z-Komponente μ_z des magnetischen Moments der Stabmagneten.

Bei der klassischen Betrachtung erwartet man, daß alle möglichen Orientierungen der magnetischen Momente vorkommen und daher der Atomstrahl kontinuierlich aufgefächert wird, wie in Abbildung 37.10 angedeutet. Nach der Quantentheorie ist jedoch bei einem Atom das magnetische Moment gequantelt, und dessen z-Komponente kann nur $(2J+1)$ Werte haben. Hierbei ist J die Quantenzahl, die dem *gesamten* Drehimpuls des Atoms zugeordnet ist, der sich aus der Vektoraddition von Spin und Bahndrehimpuls der Elektronen ergibt (siehe nächsten Abschnitt). Beim Stern-Gerlach-Versuch wird demnach der gesamte Drehimpuls des Atoms gemessen. Ist $J = 0$, dann ist der Drehimpuls gleich null, und der Atomstrahl wird im inhomogenen Magnetfeld nicht abgelenkt. Bei $J = 1$ gibt es drei mögliche Orientierungen der z-Komponente des magnetischen Moments, und der Strahl wird in drei Teile aufgespalten. Bei $J = \frac{1}{2}$ ergeben sich zwei Teilstrahlen, weil das magnetische Moment zwei Orientierungen relativ zum äußeren Magnetfeld annehmen kann.

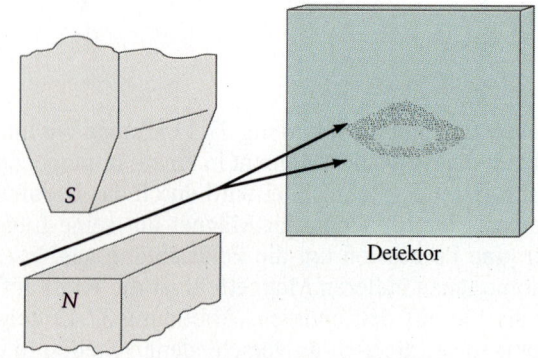

37.13 Das Ergebnis des Stern-Gerlach-Versuchs mit Silberatomen. Das Auftreten von zwei Teilstrahlen deutet darauf hin, daß die magnetischen Momente räumlich in zwei Orientierungen gequantelt sind. Die stärkere Krümmung der oberen Linie am Detektor entsteht dadurch, daß die Inhomogenität des Magnetfeldes in der Nähe des oberen Magnetpols größer ist.

Beim Stern-Gerlach-Versuch von 1921 wurden Silberatome verwendet; ein ähnliches Experiment wurde 1927 von Phipps und Taylor mit Wasserstoffatomen durchgeführt. In beiden Fällen entstanden zwei Teilstrahlen, wie in Abbildung 37.13 gezeigt. Das Elektron im Wasserstoffatom hat im Grundzustand $\ell = 0$, und wir würden keine Aufspaltung erwarten, wenn es keinen Spin hätte. Der gesamte Drehimpuls rührt also vom Elektronenspin her.* Die Aufspaltung in zwei Strahlen stützt den Befund, daß das magnetische Moment, das dem Elektronenspin mit $s = \frac{1}{2}$ entspricht, zwei Orientierungen haben kann. Diese Erscheinung nennt man **räumliche Quantelung**.

Übung

Ein Atomstrahl wird in fünf Teile aufgespalten, wenn er ein inhomogenes Magnetfeld passiert. Wie groß ist die Quantenzahl, die dem gesamten Drehimpuls des Atoms entspricht? (Antwort: 2)

37.5 Die Addition der Drehimpulse und die Spin-Bahn-Kopplung

Allgemein hat jedes Atom einen Gesamtbahndrehimpuls L und einen Spin S, ihre Vektorsumme ergibt den Gesamtdrehimpuls J des Atoms:

$$J = L + S .$$ 37.25 *Gesamtdrehimpuls*

Der Gesamtdrehimpuls ist eine sehr wichtige Größe, weil er bei Zentralkräften erhalten bleibt. Bei einem klassischen System kann der Betrag des gesamten Drehimpulses J beliebige Werte zwischen $(L + S)$ und $(L - S)$ annehmen. Bei quantenmechanischer Behandlung ist die Situation nicht so einfach, denn S und L sind gequantelt und können nur bestimmte Richtungen haben. Auch der gesamte Drehimpuls J kann keine beliebigen Werte aufweisen. Ein Elektron mit dem Spin $s = \frac{1}{2}$ und einem Bahndrehimpuls, der durch die Quantenzahl ℓ charakterisiert ist, besitzt einen gesamten Drehimpuls J mit dem Betrag $[j(j+1)]^{1/2}\hbar$. Dabei ist die Quantenzahl j entweder

$$j = \ell + \frac{1}{2}$$

oder

$$j = \ell - \frac{1}{2} \quad \text{mit } \ell \neq 0 .$$ 37.26

(Die Quantenzahlen für einzelne Elektronen werden allgemein mit kleinen Buchstaben, diejenigen für Systeme aus zwei oder mehreren Elektronen – wie etwa Atome – mit Großbuchstaben gekennzeichnet.)

---

* Der Atomkern hat ebenfalls einen Drehimpuls und damit auch ein magnetisches Moment. Jedoch ist seine Masse beim Wasserstoffatom rund 2000mal größer als die eines Elektrons und bei den anderen Atomen noch größer. Nach (37.19) und (37.22) sollte das magnetische Moment des Wasserstoffatomkerns etwa 1/2000 des Bohrschen Magnetons betragen, weil für m_q die Protonenmasse einzusetzen ist.

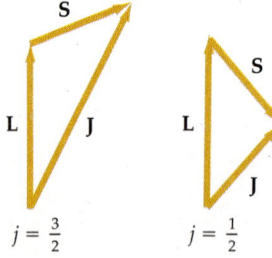

37.14 Dieses Vektordiagramm zeigt die Addition bzw. Subtraktion von Bahndrehimpuls L und Spin S eines Elektrons mit $\ell = 1$ und $s = \frac{1}{2}$. Die Quantenzahl j für den gesamten Drehimpuls J kann zwei Werte haben: $j = \ell + s = \frac{3}{2}$ oder $j = \ell - s = \frac{1}{2}$.

Für $\ell = 0$ ist der gesamte Drehimpuls gleich dem Spin, so daß $j = \frac{1}{2}$ ist. Für $\ell = 1$ sind in Abbildung 37.14 die beiden möglichen Kombinationen mit $j = \frac{3}{2}$ und $j = \frac{1}{2}$ dargestellt. Die Beträge der Vektoren sind proportional zu $[\ell(\ell+1)]^{1/2}\hbar$, $[s(s+1)]^{1/2}\hbar$ und $[j(j+1)]^{1/2}\hbar$. Bahndrehimpuls und Spin nennt man parallel, wenn $j = \ell + s$ ist, und antiparallel bei $j = \ell - s$.

Gleichung (37.26) ist ein Spezialfall einer allgemeineren Beziehung, die die Wechselwirkung von zwei Drehimpulsen beschreibt, wenn mehr als ein Teilchen betrachtet wird. Beispielsweise besitzt das Heliumatom zwei Elektronen, die jeweils Spin und Bahndrehimpuls aufweisen. Allgemein gilt:

> Ist J_1 ein Drehimpuls (Spin- oder Bahndrehimpuls oder eine Kombination aus beiden) und J_2 ein anderer, dann hat der resultierende Drehimpuls $J = J_1 + J_2$ den Betrag $[J(J+1)]^{1/2}\hbar$, wobei J folgende Werte annehmen kann:
>
> $$J = J_1 + J_2,\ J_1 + J_2 - 1,\ \ldots,\ |J_1 - J_2|.\qquad 37.27$$

In einem Magnetfeld, das in z-Richtung verläuft, kann die z-Komponente des Gesamtdrehimpulses einen der $(2J+1)$ Werte

$$m_J = -J, -J+1, \ldots, +J$$

annehmen, wobei m_J die magnetische Quantenzahl des Gesamtdrehimpulses ist.

Beispiel 37.3

Zwei Elektronen haben jeweils den Bahndrehimpuls null. Welche Quantenzahlen sind für den Gesamtdrehimpuls dieses Zwei-Elektronen-Systems möglich?

Hier ist $j_1 = j_2 = \frac{1}{2}$. Nach (37.27) kann $J = 1$ oder $J = 0$ sein. Man spricht dabei von parallelen oder von antiparallelen Spins. Für $J = 1$ ist die Quantenzahl m_J gleich -1, 0 oder $+1$. Dies ist ein **Triplett-Zustand**, da drei Möglichkeiten existieren. Dagegen kann für $J = 0$ nur $m_J = 0$ sein, und es liegt ein **Singulett-Zustand** vor.

Beispiel 37.4

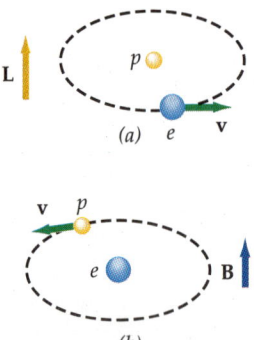

37.15 Die Spin-Bahn-Kopplung, hier am Bohrschen Atommodell gezeigt. a) Das Elektron bewegt sich mit der Geschwindigkeit v um das stationäre Proton. Der Drehimpuls L ist aufwärts gerichtet. b) Das Elektron erfährt das ebenfalls aufwärts gerichtete Magnetfeld B, das von der scheinbaren (relativen) Bewegung des Protons herrührt. Ist der Spin parallel zu L, dann ist das magnetische Moment antiparallel zu L und B, so daß die Energie der Spin-Bahn-Kopplung am größten ist.

Ein Elektron in einem Atom habe den Bahndrehimpuls L_1 mit der Quantenzahl $\ell_1 = 2$. Ein zweites Elektron habe den Bahndrehimpuls L_2 mit $\ell_2 = 3$. Welche Quantenzahlen L sind für den gesamten Bahndrehimpuls $L = L_1 + L_2$ möglich?

Wegen $\ell_1 + \ell_2 = 2 + 3 = 5$ und $|\ell_1 - \ell_2| = |2 - 3| = 1$ kann L einen der Werte 5, 4, 3, 2 und 1 annehmen.

In der spektroskopischen Notation wird die Quantenzahl des Gesamtdrehimpulses des betreffenden Zustands als Index an den Buchstaben gesetzt, der den Bahndrehimpuls angibt. So wird der Grundzustand des Wasserstoffatoms als $1S_{1/2}$ notiert; dabei gibt die vorangestellte Ziffer den Wert der Hauptquantenzahl n an. Für $n = 2$ ist $L = 0$ oder $L = 1$, und der Zustand mit $L = 1$ kann entweder $J = \frac{3}{2}$ oder $J = \frac{1}{2}$ haben. Die entsprechenden Zustände sind damit: $2S_{1/2}$, $2P_{3/2}$ und $2P_{1/2}$. Diese **Terme** (siehe auch Abschnitt 37.1) sind im Grunde nur eine andere Schreibweise von nL_J.

Wie schon erwähnt, haben die beiden Zustände mit gleichen Werten von n und L, aber anderem Spin, geringfügig unterschiedliche Energien, weil Spin und Bahndrehimpuls miteinander wechselwirken. Das nennt man **Spin-Bahn-Kopplung**. Sie führt zur **Feinstruktur-Aufspaltung** der Spektrallinien, etwa zu den Übergängen $2P_{3/2} \rightarrow 2S_{1/2}$ oder $2P_{1/2} \rightarrow 2S_{1/2}$ im Wasserstoffatom. Anhand des einfachen Bohrschen Modells wollen wir die Spin-Bahn-Kopplung veranschaulichen (Abbildung 37.15). Für das Elektron auf der Kreisbahn scheint das Proton eine kreisförmige Bewegung auszuführen, die einem Ringstrom entspricht, der am Ort des Elektrons ein Magnetfeld B erzeugt. Dieses sei aufwärts gerichtet, parallel zu L. Die potentielle Energie V eines magnetischen Moments in einem Magnetfeld hängt von der relativen Orientierung ab und ist nach (27.13)

$$V = -\boldsymbol{\mu} \cdot \boldsymbol{B} = -\mu_z B\,. \qquad 37.28$$

Die potentielle Energie ist minimal, wenn das magnetische Moment parallel zu B steht, und maximal bei antiparalleler Ausrichtung. Das Elektron ist negativ geladen; daher ist sein magnetisches Moment seinem Spin entgegengerichtet. Folglich ist die Energie der Spin-Bahn-Kopplung am höchsten, wenn der Spin parallel zu B und damit auch zu L steht. Somit ist im Wasserstoffatom die Energie des Zustands $2P_{3/2}$ (L und S parallel) etwas höher als die des Zustands $2P_{1/2}$ (L und S antiparallel) (siehe Abbildung 37.16).

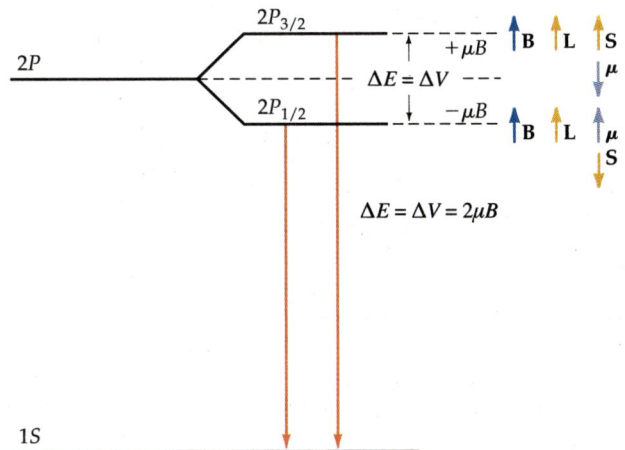

37.16 Das Energieniveaudiagramm des Wasserstoffatoms zur Erklärung der Feinstruktur. Links sind die Energieniveaus bei Abwesenheit eines Magnetfeldes aufgetragen. Rechts ist der Einfluß des Magnetfeldes B zu erkennen, dessen Herkunft in Abbildung 37.15 erläutert ist. Aufgrund der Spin-Bahn-Kopplung spaltet sich das 2P-Niveau in zwei Niveaus auf. Dabei hat der Zustand mit $J = \tfrac{3}{2}$ eine etwas höhere Energie als der mit $J = \tfrac{1}{2}$. Dadurch entsteht die Aufspaltung der Spektrallinie für den Übergang $2P \to 1S$.

Beispiel 37.5

Die Feinstruktur-Aufspaltung der Zustände $2P_{3/2}$ und $2P_{1/2}$ im Wasserstoffatom beträgt $4{,}5 \cdot 10^{-5}$ eV. Wenn auf ein Elektron in einem dieser P-Zustände das innere Magnetfeld B wirkt, so beträgt die Aufspaltung aufgrund der Spin-Bahn-Kopplung ungefähr $\Delta E = 2\mu_B B$ (μ_B ist das Bohrsche Magneton). Schätzen Sie das auf das Elektron einwirkende Magnetfeld B ab.

Es ist

$$\Delta E = 2\mu_B B = 4{,}5 \cdot 10^{-5} \text{ eV}$$

$$B = \frac{4{,}5 \cdot 10^{-5} \text{ eV}}{2\mu_B} = \frac{4{,}5 \cdot 10^{-5} \text{ eV}}{2 \cdot 5{,}79 \cdot 10^{-5} \text{ eV/T}} = 0{,}39 \text{ T}\,.$$

Atome in äußeren Feldern

Die Feinstrukturaufspaltung und damit die Spin-Bahn-Kopplung leiten sich quantenmechanisch exakt aus der sogenannten Dirac-Gleichung (Abschnitt 41.2) her; im semiklassischen Bild kann man sie, wie wir gesehen haben, durch die Wechselwirkung zwischen Elektronenspin und innerem (Bahn-)Magnetfeld erklären. Wichtig ist, daß die Spin-Bahn-Kopplung eine naturgegebene intrinsische Eigenschaft aller Atome ist. Ob man sie messen kann oder nicht, hängt nur von der Auflösung des verwendeten Spektrometers ab.

Setzt man nun Atome gezielt äußeren Feldern – magnetischen oder elektrischen – aus, so wird man (bei genügend hoher Auflösung des Meßgeräts) feststellen, daß die ohne diese Felder gemessenen Spektrallinien in neue Linien aufspalten, deren Abstand von der Stärke der äußeren Felder abhängt. Durch die äußeren Felder wird eine Vorzugsrichtung vorgegeben, um die die Gesamtdrehimpulse J der Atome präzessieren. Das magnetische oder elektrische Moment der Atome kann im äußeren Feld $2J + 1$ Einstellungen einnehmen. Mit anderen Worten: aus einem Energieniveau sind jetzt $2J + 1$ geworden. Durch das externe Feld wird die Gleichwertigkeit aller Raumrichtungen, man spricht auch von *Entartung*, aufgehoben (vgl. Abschnitt 36.10).

Die Aufspaltung von Spektrallinien in einem äußeren Magnetfeld wurde zuerst von P. Zeeman entdeckt, und zwar bereits 1896, also vor dem Bohrschen Atommodell und erst recht lange, bevor das Konzept des Elektronenspins entwickelt war. Das Phänomen der Linienaufspaltung im Magnetfeld wird nach seinem Entdecker **Zeeman-Effekt** genannt. Die Art der Aufspaltung – ob aus einer Linie zwei, drei oder mehr werden – hängt wesentlich davon ab, ob das magnetische Moment μ des Atoms ausschließlich vom Spin- oder Bahnmagnetismus herrührt oder ob es eine Mischung aus beiden ist. Ist $S = 0$ (addieren sich also die einzelnen Elektronenspins im Atom vektoriell zu null), ist also $J = L + S = L$ und $\mu = \mu(L)$, so gilt für die Linienaufspaltung $\Delta E = \mu_B B$ (μ_B ist das Bohrsche Magneton), es kommt (ohne daß wir diesen Effekt hier näher begründen) zu Linientripletts. Man spricht auch vom *normalen Zeeman-Effekt*. Ist $L = 0$, d.h. $J = S$ und $\mu = \mu(S)$, so erhalten wir $\Delta E = 2 \mu_B B$. Dieser Fall ist praktisch nur für freie Elektronen denkbar, denn im Atom gilt immer $L \neq 0$. Im allgemeinen Fall, d.h. wenn gemischter Magnetismus vorliegt (wenn die Spin-Bahn-Kopplung sich also auswirkt), ist $J = L + S$ und $\mu = \mu(L,S)$, und es gilt: $\Delta E = g \mu_B B$. Dabei ist g der *Landésche g-Faktor* (siehe Gleichung 37.23). Er ist so definiert, daß er im Fall des reinen Bahnmagnetismus ($S = 0$) den Wert 1, für freie Elektronen ($L = 0$) den Wert $g_e = 2$ (genaue Messungen ergeben $g_e = 2{,}00232$) und im gemischten Fall (ausgeprägte Spin-Bahn-Kopplung) Werte bis 10 und größer annehmen kann. Die Linienaufspaltung aufgrund des gemischten Magnetismus (es ergeben sich Liniendubletts, -tripletts und zahlreiche andere Multipletts) wird als *anomaler Zeeman-Effekt* bezeichnet.

Der entsprechende Effekt der Linienaufspaltung durch Einfluß eines äußeren elektrischen Feldes wurde 1913 von J. Stark nachgewiesen. Diese nach ihm als **Stark-Effekt** benannte Erscheinung hat für die Entwicklung der modernen Physik und auch in den physikalischen Anwendungen allerdings nie eine so wichtige Rolle gespielt wie der Zeeman-Effekt.

Die Untersuchung der Spektren von Atomen in äußeren Magnetfeldern gehört heute zu den Standardmethoden der Physik. Als ein Beispiel für ein solches Verfahren sei die sogenannte **Elektronenspinresonanz(ESR)-Spektroskopie** genannt, bei der Zeeman-Übergänge (magnetische Dipolübergänge zwischen den einzelnen Einstellungen des magnetischen Moments im äußeren Feld) direkt beobachtet werden können. Die Wellenlänge der Übergänge liegt dabei im cm-Bereich, es handelt sich also um Mikrowellen.

37.6 Das Periodensystem

In der quantenmechanischen Beschreibung wird der Zustand jedes Elektrons in einem Atom durch die vier Quantenzahlen n, ℓ, m und m_s gekennzeichnet. (Da gebundene Elektronen immer dem inneren Magnetfeld im Atom ausgesetzt sind, verwendet man die magnetische Quantenzahl m_s des Spins anstelle der Spinquantenzahl s selber.) Die Energie des Elektrons wird vor allem durch die Hauptquantenzahl n bestimmt (die die Radialabhängigkeit der Wellenfunktion repräsentiert) sowie in geringerem Ausmaß durch die Bahndrehimpuls-Quantenzahl ℓ. Je kleiner die Quantenzahlen n und ℓ sind, desto stärker ist das Elektron gebunden. Die Abhängigkeit der Energie von ℓ tritt nur bei Atomen mit mehreren Elektronen auf und rührt von der gegenseitigen Wechselwirkung der Elektronen im Atom her. Der Zustand eines *einzelnen* Elektrons hinsichtlich seines Drehimpulses wird üblicherweise mit einem Kleinbuchstaben bezeichnet:

Bezeichnung	s	p	d	f	g	h
Wert von ℓ	0	1	2	3	4	5

Diese Kleinbuchstaben entsprechen den Großbuchstaben, die für die *Atom*-Zustände verwendet werden (vgl. den vorigen Abschnitt).

Die Hauptquantenzahl wird häufig durch einen Großbuchstaben repräsentiert, der die jeweilige Schale angibt. So steht K für $n = 1$, L für $n = 2$ (usw., alphabetisch aufsteigend).

Mit Hilfe der hier aufgeführten Bezeichnungen werden die **Elektronenkonfigurationen** der Atome angegeben. Manchmal wird der Zustand eines Elektrons im Atom, der durch die drei Quantenzahlen n, ℓ und m gekennzeichnet ist, auch (Atom-)Orbital genannt. Bei der Besetzung der Zustände gilt das **Pauli-Verbot** (Pauli-Prinzip):

> In einem Atom können niemals zwei Elektronen denselben Quantenzustand einnehmen, d.h., sie können nicht in allen vier Quantenzahlen n, ℓ, m und m_s übereinstimmen.

Dies folgt aus dem allgemeinen Pauli-Prinzip, nach dem die Wellenfunktion des Atoms ihr Vorzeichen wechselt, wenn man zwei Elektronen vertauscht (siehe Abschnitt 36.11). Wir können nun den Aufbau des Periodensystems verstehen, wenn wir uns dieses Prinzip vor Augen halten und außerdem die im vorigen Abschnitt beschriebenen möglichen Werte der Quantenzahlen berücksichtigen: n ist eine natürliche Zahl, ℓ ist eine ganze Zahl von 0 bis $n-1$; ferner kann m zwischen $-\ell$ und $+\ell$ liegen, also $(2\ell + 1)$ Werte haben, und m_s ist $+\frac{1}{2}$ oder $-\frac{1}{2}$. Das leichteste Element, den Wasserstoff, haben wir schon besprochen. Hier ist $n = 1$, $\ell = 0$ und $m = 0$ sowie $m_s = +\frac{1}{2}$ oder $m_s = -\frac{1}{2}$. Das Elektron im Wasserstoffatom nennen wir daher ein 1s-Elektron. Die Ziffer 1 zeigt an, daß $n = 1$, das s steht für den Wert $\ell = 0$.

Für den Aufbau der schwereren Atome sind nun sukzessive Elektronen hinzuzufügen, wobei jeweils der tiefste Energiezustand eingenommen wird, der nach dem Pauli-Verbot möglich ist.

Wolfgang Pauli (1900–1958). (Foto aus dem Bildarchiv von Karl von Meyenn)

Helium ($Z = 2$)

Das auf den Wasserstoff folgende Element Helium hat die Kernladungszahl $Z = 2$ und deshalb zwei Elektronen. Beide befinden sich in der K-Schale mit $n = 1$ und $\ell = 0$ sowie $m = 0$. Eines der Elektronen hat $m_s = +\frac{1}{2}$, und das andere hat $m_s = -\frac{1}{2}$. Diese Konfiguration liegt energetisch tiefer als jede andere Kombination von Quantenzahlen für die beiden Elektronen. Der Gesamtspin ist null, ebenso der

Gesamtdrehimpuls. Wir schreiben die Elektronenkonfiguration des Heliums als $1s^2$, wobei der Exponent 2 die Anzahl der Elektronen angibt. Weil für $n = 1$ der einzige Wert von ℓ null ist, ist die K-Schale mit den beiden Elektronen vollständig gefüllt.

Die Energie, die nötig ist, um das in unserem Modell zuletzt hinzugefügte Elektron vollständig aus dem Atom zu entfernen, heißt **Ionisierungsenergie**. Sie beträgt beim Helium 24,6 eV. Das ist ein sehr hoher Wert; er veranschaulicht, daß das Edelgas Helium chemisch inert ist, d.h., mit anderen Elementen praktisch nicht reagiert.

Beispiel 37.6

Berechnen Sie die Wechselwirkungsenergie der beiden Elektronen im Grundzustand des Heliumatoms und daraus ihren mittleren Abstand.

Würden beide Elektronen nicht aufeinander einwirken, dann wäre nach (37.9) mit $Z = 2$ und $n = 1$ die Energie jedes Elektrons im Grundzustand

$$E_1 = -\frac{Z^2 E_0}{n^2} = -\frac{2^2 \cdot 13{,}6 \text{ eV}}{1^2} = -54{,}4 \text{ eV} .$$

Die Energie beider Elektronen wäre doppelt so groß: $2 \cdot (-54{,}4 \text{ eV}) = -108{,}8 \text{ eV}$. Beim Entfernen eines Elektrons verbliebe das andere mit der Energie $-54{,}4$ eV, also müßte eine Ionisierungsenergie von 54,4 eV zum Herauslösen eines Elektrons aufgewandt werden. Die gemessene Ionisierungsenergie beträgt aber nur 24,6 eV. Daraus folgt die Energie des Grundzustands im Heliumatom zu $-(54{,}4 \text{ eV} + 24{,}6 \text{ eV}) = -79{,}0$ eV. Die Differenz zu $-108{,}8$ eV ist die Wechselwirkungsenergie der beiden Elektronen im Grundzustand: 29,8 eV.

Die potentielle Energie zweier Ladungen e, die einen Abstand r voneinander haben, ist $V = (1/4\pi\varepsilon_0) \cdot e^2/r$. Das setzen wir gleich 29,8 eV:

$$V = \frac{1}{4\pi\varepsilon_0} \cdot \frac{e^2}{r} = 29{,}8 \text{ eV} .$$

Wir wissen aus Abschnitt 37.1, daß $(1/4\pi\varepsilon_0) \cdot e^2/a_0 = 13{,}6$ eV ist ($a_0 = 0{,}0529$ nm). Wenn wir nun die Gleichung mit a_0 erweitern, so können wir den Abstand r der beiden Elektronen berechnen:

$$V = \frac{1}{4\pi\varepsilon_0} \cdot \frac{e^2}{r} \frac{a_0}{a_0} = \frac{1}{4\pi\varepsilon_0} \cdot \frac{e^2}{a_0} \frac{a_0}{r} = 13{,}6 \text{ eV} \cdot \frac{a_0}{r} = 29{,}8 \text{ eV}$$

$$r = \left(\frac{13{,}6 \text{ eV}}{29{,}8 \text{ eV}}\right) a_0 = 0{,}456 \, a_0 = 0{,}024 \text{ nm} .$$

Dieser Abstand r entspricht etwa dem ersten Bohrschen Radius im Heliumatom: $r_1 = a_0/Z = \frac{1}{2} a_0$.

Lithium ($Z = 3$)

Das nächste Element ist Lithium mit drei Elektronen. Weil die K-Schale mit zwei Elektronen vollständig besetzt ist, muß sich das dritte Elektron in einer Schale mit höherer Energie befinden, und zwar in der L-Schale mit $n = 2$. Diese ist vom Kern viel weiter entfernt als die K-Schale mit den beiden inneren Elektronen. Der Radius der L-Schale entspricht dem zweiten Bohrschen Radius. Bei diesem hat das äußerste Elektron des Lithiumatoms die größte Aufenthaltswahrscheinlichkeit. Die Bohrschen Radien sind nach (35.22) proportional zu n^2.

Das elektrische Feld des Kernes wird durch die beiden inneren Elektronen abgeschirmt, so daß das äußere Elektron nur einem Teil des Kernfeldes ausgesetzt ist. Wir erinnern uns daran, daß das elektrische Feld außerhalb einer kugelsymmetrischen Ladungsverteilung sich so verhält, als wäre die gesamte Ladung im Mittelpunkt der Kugel konzentriert. Befände sich das äußerste Elektron im Lithiumatom vollständig außerhalb dieser Kugel mit der Ladung der beiden inneren Elektronen, dann würde es vom Kern nur die Ladung $+1e$ „sehen", weil zwei Drittel der gesamten Kernladung $+3e$ durch die beiden inneren Elektronen abgeschirmt werden. Jedoch hat ein Elektron keine definierte Bahn, sondern eine vom Kernabstand abhängige Aufenthaltswahrscheinlichkeit. Das äußere Elektron durchdringt teilweise die Kugel mit der Ladung der inneren Elektronen und erfährt so im Mittel eine effektive Kernladung $+Z'e$, die etwas größer ist als $+1e$. Nach (35.19) ist die Energie des äußeren Elektrons im mittleren Abstand r von der Punktladung $+Z'e$ gegeben durch

$$E = -\frac{1}{2} \cdot \frac{1}{4\pi\varepsilon_0} \cdot \frac{Z'e^2}{r}. \qquad 37.29$$

Die effektive Kernladung $Z'e$ ist um so größer und die Energie des äußeren Elektrons um so geringer, je stärker dieses die innere Schale durchdringt. Wie aus Abbildung 37.8 hervorgeht, ist die Durchdringung des inneren Bereichs (mit $r < a_0$) um so stärker, je kleiner der Wert von ℓ ist. Aus diesem Grunde hat im Lithiumatom das äußere Elektron die geringste Energie bei $\ell = 0$; es ist also ein s-Elektron. Daraus folgt der Grundzustand des Lithiumatoms zu $1s^22s^1$. Seine Ionisierungsenergie beträgt nur 5,39 eV. Wegen dieser lockeren Bindung des äußeren Elektrons ist Lithium chemisch sehr reaktiv. Das Lithiumatom verhält sich beinahe wie ein Ein-Elektronen-Atom, sein Elektronenspektrum ähnelt daher dem des Wasserstoffatoms.

Beryllium ($Z = 4$)

Das vierte Elektron hat die geringste Energie ebenfalls im 2s-Zustand. Dieser kann durch zwei Elektronen mit unterschiedlichen magnetischen Quantenzahlen m_s des Spins besetzt werden, wobei $n = 2$, $\ell = 0$ und $m = 0$ ist. Das Berylliumatom hat deshalb die Konfiguration $1s^22s^2$.

Bor bis Neon ($Z = 5$ bis $Z = 10$)

Die 2s-Unterschale wurde beim Beryllium vollständig gefüllt, und die weiteren Elektronen müssen die nächste Unterschale mit der geringsten Energie besetzen. Das ist die 2p-Unterschale mit $n = 2$, $\ell = 1$ und drei möglichen Werten von m, nämlich -1, 0 und $+1$. Zudem kann die magnetische Quantenzahl m_s jeweils zwei Werte haben, so daß die 2p-Unterschale insgesamt sechs Elektronen aufnehmen kann. Das Boratom hat die Elektronenkonfiguration $1s^22s^22p^1$. Die folgenden Elemente – Kohlenstoff bis Neon – haben jeweils ein Elektron mehr in der 2p-Unterschale, die beim Neon komplett ist. Die Ionisierungsenergie steigt im großen und ganzen mit der Kernladungszahl Z und beträgt beim Neon, dem letzten Element in dieser Periode, 21,6 eV. Aufgrund dieses hohen Wertes ist das Edelgas Neon mit der Elektronenkonfiguration $1s^22s^22p^6$ chemisch inert, geht also keine Reaktionen ein. Dem vorangehenden Element Fluor fehlt gerade ein Elektron zur gefüllten L-Schale, und es geht sehr leicht Verbindungen mit Elementen ein, die (wie Lithium) ein einzelnes Elektron in der äußersten Schale aufweisen. Dabei entstehen beispielsweise die Ionen F^- und Li^+, die den Ionenkristall LiF bilden.

Natrium bis Argon ($Z = 11$ bis $Z = 18$)

Das elfte Elektron muß in die nächsthöhere Schale mit $n = 3$, die M-Schale, eingebaut werden. Es ist im Mittel sehr weit vom Kern und von den inneren Elektronen entfernt und daher sehr locker gebunden. Die Ionisierungsenergie des Natriums (mit $Z = 11$) beträgt nur 5,14 eV. Deswegen reagiert auch dieses Element sehr leicht mit Elementen wie Fluor, denen ein Elektron zur kompletten äußeren Schale fehlt. Für $n = 3$ kann ℓ gleich 0, 1 oder 2 sein. Auch hier ist, wie beim Lithium erläutert, die Durchdringung der inneren Schalen um so stärker, je geringer ℓ ist, und es werden zuerst die energetisch niedrigsten beiden 3s-Zustände mit $\ell = 0$ besetzt (zwei Zustände wegen der beiden möglichen magnetischen Quantenzahlen des Spins). Die Energiedifferenz der Unterschalen s und p mit gleichem n steigt mit der Anzahl der Elektronen. Natrium hat die Elektronenkonfiguration $1s^2 2s^2 2p^6 3s^1$. Beim folgenden Element Magnesium wird die 2s-Unterschale gefüllt, und ab dem Aluminium wird die 2p-Unterschale besetzt, die dann beim Argon (mit $Z = 18$) komplett ist: $1s^2 2s^2 2p^6 3s^2 3p^6$. Auch Argon ist chemisch inert, weil es eine sehr hohe Ionisierungsenergie hat und weil das Hinzufügen eines weiteren Elektrons energetisch sehr ungünstig ist.

Elemente mit $Z > 18$

Man sollte erwarten, daß das 19. Elektron in die 3d-Unterschale (mit $\ell = 2$) gelangt. Jedoch ist die Durchdringung der inneren Schalen so stark, daß die 4s-Unterschale energetisch unterhalb der 3d-Unterschale liegt. Deshalb haben die Elemente Kalium ($Z = 19$) und Calcium ($Z = 20$) die Elektronenkonfiguration $1s^2 2s^2 2p^6 3s^2 3p^6 4s^1$ bzw. $1s^2 2s^2 2p^6 3s^2 3p^6 4s^2$. Danach ist aber die 3d-Unterschale energetisch am niedrigsten und wird bei den Elementen Scandium bis Zink besetzt. Allerdings haben Chrom ($Z = 24$) und Kupfer ($Z = 29$) nur ein 4s-Elektron, weil die halb und die ganz gefüllte 3d-Unterschale energetisch bevorzugt sind. Die Einzelheiten der Besetzungsreihenfolge gehen aus Tabelle 37.1 hervor. Man nennt die 10 Elemente von $Z = 21$ bis $Z = 30$ **Nebengruppen-Elemente** oder **Übergangsmetalle**. Sie sind chemisch einander sehr ähnlich, weil ihre Eigenschaften vor allem durch die 3d-Elektronen bestimmt werden.

Die Abbildung 37.17 zeigt, daß die erste Ionisierungsenergie (Energie zur Ablösung des ersten Elektrons von einem Atom) der Elemente in jeder Periode mit der Kernladungszahl Z ansteigt. Die geringen Abweichungen von diesem Trend beruhen auf der unterschiedlich starken Durchdringung beim Besetzen neuer Unterschalen sowie auf der Elektron-Elektron-Wechselwirkung, wenn zwei Zustände mit gleichem m besetzt werden.

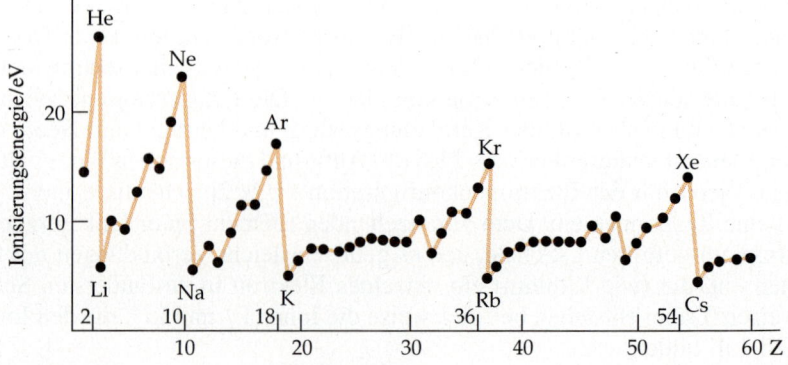

37.17 Die erste Ionisierungsenergie ist die Energie, die nötig ist, um das äußerste Elektron aus dem Atom zu entfernen. Sie ist hier gegen die Kernladungszahl Z aufgetragen. Die Ionisierungsenergie ist in jeder Periode am geringsten bei den Alkalimetallen mit nur einem äußeren Elektron, das durch die inneren Elektronen gut von der Kernladung abgeschirmt wird. Sie ist jeweils am höchsten bei den Edelgasen mit vollständig gefüllter äußerer Schale oder Unterschale.

37.6 Das Periodensystem

Tabelle 37.1 Die Elektronenkonfiguration der Atome in ihrem jeweiligen Grundzustand. Bei den Seltenerd-Elementen (Kernladungszahlen 57 bis 70) und bei einigen schweren Elementen (Kernladungszahlen über 89) ist die Konfiguration nicht völlig geklärt.

Z		Element	Schale: K n: 1 l: s	L 2 s p	M 3 s p d	N 4 s p d f	O 5 s p d f	P 6 s p d	Q 7 s
1	H	Wasserstoff	1						
2	He	Helium	2						
3	Li	Lithium	2	1					
4	Be	Beryllium	2	2					
5	B	Bor	2	2 1					
6	C	Kohlenstoff	2	2 2					
7	N	Stickstoff	2	2 3					
8	O	Sauerstoff	2	2 4					
9	F	Fluor	2	2 5					
10	Ne	Neon	2	2 6					
11	Na	Natrium	2	2 6	1				
12	Mg	Magnesium	2	2 6	2				
13	Al	Aluminium	2	2 6	2 1				
14	Si	Silicium	2	2 6	2 2				
15	P	Phosphor	2	2 6	2 3				
16	S	Schwefel	2	2 6	2 4				
17	Cl	Chlor	2	2 6	2 5				
18	Ar	Argon	2	2 6	2 6				
19	K	Kalium	2	2 6	2 6 .	1			
20	Ca	Calcium	2	2 6	2 6 .	2			
21	Sc	Scandium	2	2 6	2 6 1	2			
22	Ti	Titan	2	2 6	2 6 2	2			
23	V	Vanadium	2	2 6	2 6 3	2			
24	Cr	Chrom	2	2 6	2 6 5	1			
25	Mn	Mangan	2	2 6	2 6 5	2			
26	Fe	Eisen	2	2 6	2 6 6	2			
27	Co	Cobalt	2	2 6	2 6 7	2			
28	Ni	Nickel	2	2 6	2 6 8	2			
29	Cu	Kupfer	2	2 6	2 6 10	1			
30	Zn	Zink	2	2 6	2 6 10	2			
31	Ga	Gallium	2	2 6	2 6 10	2 1			
32	Ge	Germanium	2	2 6	2 6 10	2 2			
33	As	Arsen	2	2 6	2 6 10	2 3			
34	Se	Selen	2	2 6	2 6 10	2 4			
35	Br	Brom	2	2 6	2 6 10	2 5			
36	Kr	Krypton	2	2 6	2 6 10	2 6			
37	Rb	Rubidium	2	2 6	2 6 10	2 6 . .	1		
38	Sr	Strontium	2	2 6	2 6 10	2 6 . .	2		
39	Y	Yttrium	2	2 6	2 6 10	2 6 1 .	2		
40	Zr	Zirconium	2	2 6	2 6 10	2 6 2 .	2		
41	Nb	Niob	2	2 6	2 6 10	2 6 4 .	1		
42	Mo	Molybdän	2	2 6	2 6 10	2 6 5 .	1		
43	Tc	Technetium	2	2 6	2 6 10	2 6 6 .	1		
44	Ru	Ruthenium	2	2 6	2 6 10	2 6 7 .	1		
45	Rh	Rhodium	2	2 6	2 6 10	2 6 8 .	1		
46	Pd	Palladium	2	2 6	2 6 10	2 6 10 .	.		
47	Ag	Silber	2	2 6	2 6 10	2 6 10 .	1		
48	Cd	Cadmium	2	2 6	2 6 10	2 6 10 .	2		
49	In	Indium	2	2 6	2 6 10	2 6 10 .	2 1		
50	Sn	Zinn	2	2 6	2 6 10	2 6 10 .	2 2		
51	Sb	Antimon	2	2 6	2 6 10	2 6 10 .	2 3		
52	Te	Tellur	2	2 6	2 6 10	2 6 10 .	2 4		
53	I	Iod	2	2 6	2 6 10	2 6 10 .	2 5		
54	Xe	Xenon	2	2 6	2 6 10	2 6 10 .	2 6		
55	Cs	Cäsium	2	2 6	2 6 10	2 6 10 .	2 6 . .	1	
56	Ba	Barium	2	2 6	2 6 10	2 6 10 .	2 6 . .	2	
57	La	Lanthan	2	2 6	2 6 10	2 6 10 .	2 6 1 .	2	
58	Ce	Cer	2	2 6	2 6 10	2 6 10 1	2 6 1 .	2	
59	Pr	Praseodym	2	2 6	2 6 10	2 6 10 3	2 6 . .	2	

Tabelle 37.1 (Fortsetzung)

			Schale: K	L	M	N	O	P	Q
			n: 1	2	3	4	5	6	7
Z		Element	l: s	s p	s p d	s p d f	s p d f	s p d	s
60	Nd	Neodym	2	2 6	2 6 10	2 6 10 4	2 6 . .	2	
61	Pm	Promethium	2	2 6	2 6 10	2 6 10 5	2 6 . .	2	
62	Sm	Samarium	2	2 6	2 6 10	2 6 10 6	2 6 . .	2	
63	Eu	Europium	2	2 6	2 6 10	2 6 10 7	2 6 . .	2	
64	Gd	Gadolinium	2	2 6	2 6 10	2 6 10 7	2 6 1 .	2	
65	Tb	Terbium	2	2 6	2 6 10	2 6 10 9	2 6 . .	2	
66	Dy	Dysprosium	2	2 6	2 6 10	2 6 10 10	2 6 . .	2	
67	Ho	Holmium	2	2 6	2 6 10	2 6 10 11	2 6 . .	2	
68	Er	Erbium	2	2 6	2 6 10	2 6 10 12	2 6 . .	2	
69	Tm	Thulium	2	2 6	2 6 10	2 6 10 13	2 6 . .	2	
70	Yb	Ytterbium	2	2 6	2 6 10	2 6 10 14	2 6 . .	2	
71	Lu	Lutetium	2	2 6	2 6 10	2 6 10 14	2 6 1 .	2	
72	Hf	Hafnium	2	2 6	2 6 10	2 6 10 14	2 6 2 .	2	
73	Ta	Tantal	2	2 6	2 6 10	2 6 10 14	2 6 3 .	2	
74	W	Wolfram	2	2 6	2 6 10	2 6 10 14	2 6 4 .	2	
75	Re	Rhenium	2	2 6	2 6 10	2 6 10 14	2 6 5 .	2	
76	Os	Osmium	2	2 6	2 6 10	2 6 10 14	2 6 6 .	2	
77	Ir	Iridium	2	2 6	2 6 10	2 6 10 14	2 6 7 .	2	
78	Pt	Platin	2	2 6	2 6 10	2 6 10 14	2 6 9 .	1	
79	Au	Gold	2	2 6	2 6 10	2 6 10 14	2 6 10 .	1	
80	Hg	Quecksilber	2	2 6	2 6 10	2 6 10 14	2 6 10 .	2	
81	Tl	Thallium	2	2 6	2 6 10	2 6 10 14	2 6 10 .	2 1	
82	Pb	Blei	2	2 6	2 6 10	2 6 10 14	2 6 10 .	2 2	
83	Bi	Bismut	2	2 6	2 6 10	2 6 10 14	2 6 10 .	2 3	
84	Po	Polonium	2	2 6	2 6 10	2 6 10 14	2 6 10 .	2 4	
85	At	Astat	2	2 6	2 6 10	2 6 10 14	2 6 10 .	2 5	
86	Rn	Radon	2	2 6	2 6 10	2 6 10 14	2 6 10 .	2 6	
87	Fr	Francium	2	2 6	2 6 10	2 6 10 14	2 6 10 .	2 6 .	1
88	Ra	Radium	2	2 6	2 6 10	2 6 10 14	2 6 10 .	2 6 .	2
89	Ac	Actinium	2	2 6	2 6 10	2 6 10 14	2 6 10 .	2 6 1	2
90	Th	Thorium	2	2 6	2 6 10	2 6 10 14	2 6 10 .	2 6 2	2
91	Pa	Protactinium	2	2 6	2 6 10	2 6 10 14	2 6 10 1	2 6 2	2
92	U	Uran	2	2 6	2 6 10	2 6 10 14	2 6 10 3	2 6 1	2
93	Np	Neptunium	2	2 6	2 6 10	2 6 10 14	2 6 10 4	2 6 1	2
94	Pu	Plutonium	2	2 6	2 6 10	2 6 10 14	2 6 10 6	2 6 .	2
95	Am	Americium	2	2 6	2 6 10	2 6 10 14	2 6 10 7	2 6 .	2
96	Cm	Curium	2	2 6	2 6 10	2 6 10 14	2 6 10 7	2 6 1	2
97	Bk	Berkelium	2	2 6	2 6 10	2 6 10 14	2 6 10 8	2 6 1	2
98	Cf	Californium	2	2 6	2 6 10	2 6 10 14	2 6 10 10	2 6 .	2
99	Es	Einsteinium	2	2 6	2 6 10	2 6 10 14	2 6 10 11	2 6 .	2
100	Fm	Fermium	2	2 6	2 6 10	2 6 10 14	2 6 10 12	2 6 .	2
101	Md	Mendelevium	2	2 6	2 6 10	2 6 10 14	2 6 10 13	2 6 .	2
102	No	Nobelium	2	2 6	2 6 10	2 6 10 14	2 6 10 14	2 6 .	2
103	Lw	Lawrencium	2	2 6	2 6 10	2 6 10 14	2 6 10 14	2 6 1	2

Fragen

2. Warum ist im Natriumatom die Energie des 3s-Zustands deutlich geringer als die des 3p-Zustands, während beide im Wasserstoffatom dieselbe Energie haben, wenn man von der Feinstruktur absieht?

3. Welchen Hinweis liefert das Periodensystem auf die Existenz von vier verschiedenen Quantenzahlen? Wie würden sich die Eigenschaften des Heliumatoms ändern, wenn es nur die drei Quantenzahlen n, ℓ und m gäbe?

37.7 Spektren im sichtbaren und im Röntgen-Bereich

Spektren im sichtbaren Bereich

Von einem angeregten Zustand eines Atoms spricht man, wenn ein Elektron (oder mehrere) sich in einem Zustand höherer Energie als der des Grundzustands befindet. Der angeregte Zustand kann beispielsweise durch Beschuß mit Elektronen erreicht werden, die durch eine hohe Spannung beschleunigt wurden. Wenn ein Elektron aus einem angeregten Zustand E_2 in einen Zustand mit der geringeren Energie E_1 übergeht, wird elektromagnetische Strahlung emittiert. Deren Frequenz ν ist nach (35.17) proportional zur Energiedifferenz beider Zustände: $\nu = (E_2 - E_1)/h$. Darin ist h das Plancksche Wirkungsquantum. Die Wellenlänge der Strahlung ist $\lambda = c/\nu$. Weil die angeregten Zustände im Atom nur bestimmte Energiewerte haben können, wird Strahlung mit diskreten Frequenzen bzw. Wellenlängen emittiert (oder absorbiert). Die Gesamtheit der auftretenden Linien nennt man das **Spektrum** des betreffenden Atoms.

Um das Spektrum eines Atoms zu erklären, müssen wir seine angeregten Zustände kennen. Dabei ist die Situation bei Mehr-Elektronen-Atomen im allgemeinen viel komplizierter als beim Wasserstoffatom mit nur einem Elektron, denn es können (auch mehrere) Elektronen aus ganz verschiedenen Zuständen angeregt werden. Die Anregungsenergien der äußeren Elektronen, der sogenannten *Valenz-Elektronen*, liegen in der Größenordnung einiger Elektronenvolt. Die bei der Rückkehr in den Grundzustand emittierten Photonen haben Wellenlängen im oder nahe beim sichtbaren Bereich (entsprechend etwa 1,8 eV bis 3 eV).

Die Anregungsenergie läßt sich häufig berechnen, indem man das betreffende Atom wie ein Ein-Elektronen-Atom behandelt, das außer dem Kern eine stabile, kugelförmige negative Ladung enthält, die die Abschirmung durch die inneren Elektronen repräsentiert. Die besten Werte liefert dieses einfache Verfahren bei den Alkalimetallen (Lithium, Natrium, Kalium, Rubidium und Cäsium), die ein einzelnes Außenelektron besitzen.

In Abbildung 37.18 sind die an den optischen Übergängen beteiligten Energieniveaus des Natriumatoms wiedergegeben. Dieses hat die Elektronenkonfiguration des Neons, der ein einzelnes Außenelektron hinzugefügt wurde. Der Spin (Eigendrehimpuls) aller 10 inneren (Neon-)Elektronen addiert sich zu null, und der resultierende Spin des Atoms ist gleich dem des einzelnen Außenelektrons. Wegen der Spin-Bahn-Kopplung haben die Zustände mit $J = L - \frac{1}{2}$ eine etwas geringere Energie als die mit $J = L + \frac{1}{2}$. Daher ist jeder Zustand – außer den S-Zuständen – ein Dublett (allerdings werden die S-Zustände trotzdem häufig als Dubletts notiert). Die Feinstruktur-Aufspaltung ist so gering, daß sie aus der Abbildung nicht hervorgeht.

Der erste angeregte Zustand wird erreicht durch ein Anheben des äußersten Elektrons vom 3s- in das 3p-Niveau, das rund 2,1 eV über dem Grundzustand liegt. Der Energieunterschied zwischen den Zuständen $P_{3/2}$ und $P_{1/2}$ rührt von der Spin-Bahn-Kopplung her und beträgt etwa 0,002 eV. Die Übergänge aus diesen Zuständen in den Grundzustand erzeugen das bekannte gelbe Linienpaar des Natriums:

$$3p\ (^2P_{1/2}) \to 3s\ (^2S_{1/2}) \qquad \lambda = 589{,}59\ \text{nm}$$
$$3p\ (^2P_{3/2}) \to 3s\ (^2S_{1/2}) \qquad \lambda = 588{,}99\ \text{nm}\ .$$

Zwischen den Dublett-Zuständen der Energieniveaus und der Aufspaltung der Linien in Dubletts muß wohl unterschieden werden: Jeder Übergang, der in

37.18 Das Termschema des Natriumatoms. Die schrägen Linien geben die beobachteten Übergänge an. Die Zahlenwerte sind die Wellenlängen in Nanometern (nm), und die Energieskala bezieht sich auf den Grundzustand des Atoms. Oben ist die in der Spektroskopie übliche Schreibweise der Zustände (Termsymbolik) angegeben (vgl. Abschnitt 37.5): Der Exponent gibt an, ob ein Dublett, ein Triplett usw. vorliegt. So bedeutet $^2P_{3/2}$ ein Dublett (hochgestellte 2) mit $L = 1$ (notiert als P) und $J = \frac{3}{2}$.

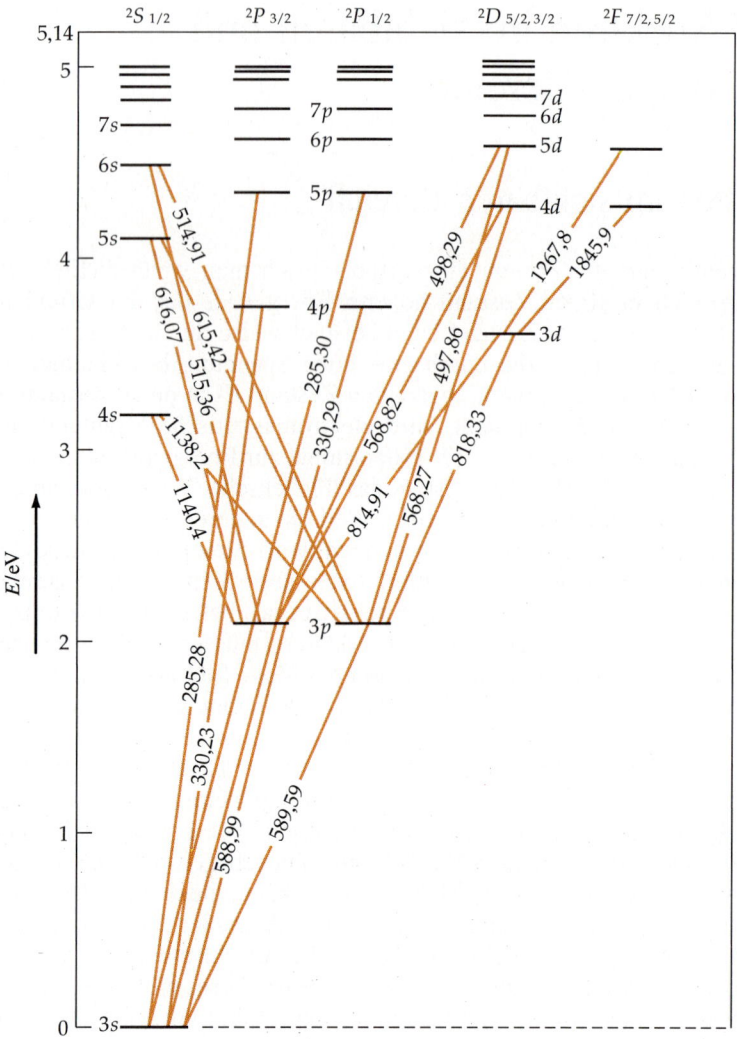

einem S-Zustand beginnt oder endet, ergibt ein Linienpaar, weil ein Dublett- und ein Singulett-Zustand beteiligt sind. (Die Auswahlregel nach (37.10) lautet $\Delta L = \pm 1$ und verbietet daher Übergänge zwischen S-Zuständen.) Zwischen zwei Dublett-Zuständen existieren vier Übergangsmöglichkeiten, von denen eine aufgrund der Auswahlregel für J nicht auftreten kann. Erlaubt sind die Übergänge

$$\Delta J = \pm 1 \text{ oder } 0 ,$$

verboten ist

$$J = 0 \to J = 0 .$$

Daher führen Übergänge zwischen Dublett-Zuständen zu einer Aufspaltung der Linie in ein Triplett. Die Energieniveaus und die Spektren der anderen Alkalimetalle ähneln denen des Natriums.

Die Spektren der Elemente mit zwei Valenzelektronen (dazu zählen Helium sowie die Erdalkalimetalle Beryllium, Magnesium, Calcium usw.) sind wegen der Wechselwirkung der beiden Außenelektronen wesentlich komplexer als die der Alkalimetalle.

Röntgenspektren

Für die Anregung eines inneren Elektrons, beispielsweise in der K-Schale mit $n = 1$, wird eine viel höhere Energie benötigt als bei einem Außenelektron. Das innere Elektron kann aufgrund des Pauli-Verbots nicht in einem besetzten Zustand angehoben werden, also etwa beim Natrium in einen 2s-Zustand, sondern nur in einen höheren Zustand. Deswegen liegt die aufzuwendende Anregungsenergie meist bei mehreren tausend Elektronenvolt (keV). Die Anregung läßt sich, etwa in einer Röntgenröhre, durch Beschuß mit hochenergetischen Elektronen herbeiführen. Wird dadurch ein Elektron aus der K-Schale herausgeschlagen, so entsteht hier eine Lücke, die von einem Elektron aus der L-Schale (oder aus einer höheren Schale) gefüllt werden kann. Bei diesem Übergang wird ein Photon mit einer Energie von größenordnungsmäßig 1 keV emittiert. Die meist sehr scharfe Linie ist Teil des für jede Substanz charakteristischen **Röntgenspektrums**, das außerdem einen kontinuierlichen Anteil enthält. Abbildung 37.19 zeigt das Röntgenspektrum des Molybdäns mit den beiden Linien, die von Zuständen mit $n = 2$ und $n = 3$ zu solchen mit $n = 1$ (K-Schale) führen. Die hier nicht gezeigten L-Linien entsprechen Übergängen von äußeren Schalen in die L-Schale mit $n = 2$.

Die Energien der beteiligten Zustände, und damit die Wellenlängen der Röntgenlinien, können wir mit Hilfe von Gleichung (37.9) abschätzen. Die Energie eines Elektrons mit der Hauptquantenzahl n ist in einem Ein-Elektronen-Atom mit der Kernladungszahl Z

$$E_n = -Z^2 \frac{13{,}6 \text{ eV}}{n^2}.$$

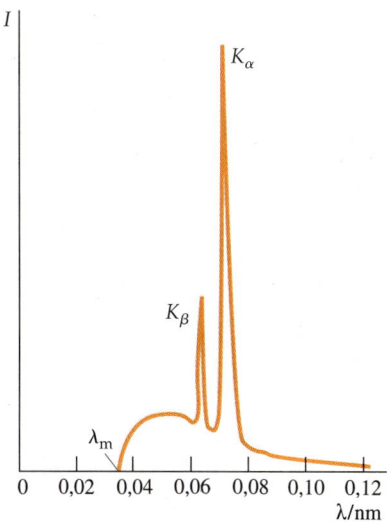

37.19 Das Röntgenspektrum des Molybdäns. Aufgetragen ist die Intensität I der Emission gegen die Wellenlänge λ. Die scharfen Linien sind charakteristisch für das jeweilige Element. Die K-Linien rühren von den Übergängen in die K-Schale her: die K_α-Linie von Übergängen aus der L-Schale und die K_β-Linie von Übergängen aus der M-Schale. Die Grenzwellenlänge λ_m hängt nicht von dem Element ab, das mit Elektronen beschossen wird, sondern von der Spannung U, mit der diese beschleunigt werden: $\lambda_m = hc/eU$.

Alle Atome außer dem des Wasserstoffs enthalten in der K-Schale zwei Elektronen. Jedes von diesen erfährt infolge der Abschirmung durch das andere Elektron eine Kernladung, die geringer als Ze ist. Wenn die effektive Kernladung $(Z-1)e$ beträgt, dann setzen wir in die vorige Gleichung anstelle von Z nun $(Z-1)$ ein und erhalten mit $n = 1$

$$E_1 = -(Z-1)^2 \cdot 13{,}6 \text{ eV}.$$

Mit der gleichen effektiven Kernladung ist die Energie eines Elektrons mit der Hauptquantenzahl n

$$E_n = -(Z-1)^2 \frac{13{,}6 \text{ eV}}{n^2}. \qquad 37.30$$

Geht dieses Elektron in einen Zustand mit $n = 1$ über, dann ist die Wellenlänge der emittierten Spektrallinie

$$\lambda = \frac{hc}{E_n - E_1} = \frac{hc}{(Z-1)^2 \cdot 13{,}6 \text{ eV} \cdot (1 - 1/n^2)}. \qquad 37.31$$

Im Jahre 1913 bestimmte der englische Physiker H. Moseley die charakteristischen Wellenlängen der Röntgenspektren von über 40 Elementen und fand die mit dieser Gleichung beschriebene Abhängigkeit von den Hauptquantenzahlen der beteiligten Zustände. Damit konnte er die Ordnungszahlen bzw. Kernladungszahlen der Elemente ermitteln.

Beispiel 37.7

Berechnen Sie die Wellenlänge der K_α-Linie im Röntgenspektrum von Molybdän ($Z = 42$). Vergleichen Sie den berechneten Wert mit dem von Moseley gemessenen: $\lambda = 0{,}0721$ nm.

Die K_α-Linie stammt aus einem Übergang von $n = 2$ zu $n = 1$. Nach (37.31) ist mit $Z = 42$ und $n = 2$ die Wellenlänge

$$\lambda = \frac{hc}{41^2 \cdot 13{,}6\,\text{eV}\,(1 - \frac{1}{4})} = \frac{1240\,\text{eV} \cdot \text{nm}}{41^2 \cdot 13{,}6\,\text{eV} \cdot \frac{3}{4}} = 0{,}0723\,\text{nm}\,.$$

Das stimmt mit dem experimentellen Wert gut überein.

Fragen

4. Erwarten Sie, daß das optische Spektrum von Kalium dem von Wasserstoff oder eher dem von Helium ähnelt?
5. Erwarten Sie, daß das optische Spektrum von Beryllium dem von Wasserstoff oder eher dem von Helium ähnelt?

37.8 Absorption, Streuung und stimulierte Emission

Informationen über die Energieniveaus eines Atoms erhält man meist aus der Strahlung, die das Atom emittiert, wenn es aus Zuständen mit höherer Energie in solche mit geringerer Energie übergeht. Man kann die Energieniveaus aber auch aus dem Absorptionsspektrum ermitteln. Dazu setzt man die Atome einer kontinuierlichen Strahlung aus. Das Spektrum der von der Probe durchgelassenen Strahlung weist dann dunkle Linien auf, die von der Absorption diskreter Frequenzen herrühren. Die Absorptionsspektren waren die ersten Linienspektren, die man beobachtete. Sie sind leichter zu erzeugen als Emissionsspektren, weil die Atome und Moleküle bei normalen Temperaturen entweder im Grundzustand oder in einem nur gering angeregten Zustand vorliegen. So treten im Absorptionsspektrum des atomaren Wasserstoffs nur die Linien der Lyman-Serie auf, weil sich praktisch alle Atome im Grundzustand befinden.

Abbildung 37.20 zeigt einige Effekte, die möglich sind, wenn ein Photon auf ein Atom trifft. Im Fall a) ist die Energie $h\nu$ des Photons zu gering, um das Atom in einen angeregten Zustand zu überführen. Das Atom verbleibt in seinem Grundzustand, und das Photon wird elastisch gestreut, d. h., seine Energie (und damit seine Frequenz) ändert sich nicht. Wenn die Wellenlänge der auftreffenden Strahlung groß gegenüber dem Atomdurchmesser ist, kann die Streuung wie in der klassischen Theorie des Elektromagnetismus beschrieben werden, und man spricht von der **Rayleigh-Streuung**, benannt nach Lord Rayleigh, der die entsprechende Theorie im Jahre 1871 aufstellte. Die Wahrscheinlichkeit der Rayleigh-Streuung wächst proportional mit $1/\lambda^4$. Deswegen wird im sichtbaren Spektrum das blaue Licht viel stärker gestreut als das rote. Das führt zur blauen Färbung des Himmels. Beim Sonnenuntergang erscheint der Himmel rötlich, weil der blaue Anteil infolge Streuung zum großen Teil aus der Richtung der Sonneneinstrahlung abgelenkt wird.

Die **inelastische Streuung** (Abbildung 37.20b) kann auftreten, wenn das einfallende Photon eine so hohe Energie $h\nu$ hat, daß das Atom in einen angeregten Zustand gelangt. Die Energie des gestreuten Photons ist

$$h\nu' = h\nu - \Delta E\,.$$

Darin ist ΔE die vom Atom aufgenommene Energie, also die Energiedifferenz zwischen Grund- und angeregtem Zustand. Die inelastische Streuung wird oft als

Raman-Streuung bezeichnet, weil sie (an Molekülen) zuerst von dem indischen Physiker C. V. Raman beobachtet wurde.

In Abbildung 37.20c ist die Energie des einfallenden Photons gleich der Energiedifferenz zwischen Grundzustand und unterstem angeregtem Zustand. Das Atom nimmt die Energie des Photons auf, gelangt in den angeregten Zustand und kehrt nach kurzer Zeit in den Grundzustand zurück, wobei es ein Photon emittiert, das dieselbe Frequenz wie das eingestrahlte Photon hat, aber mit ihm nicht in Phase ist. Dieser in mehreren Schritten ablaufende Vorgang heißt **Resonanzabsorption**. Wenn das Atom von einem angeregten Zustand spontan in den Grundzustand zurückkehrt und dabei Strahlung emittiert, sprechen wir von **spontaner Emission**.

In Abbildung 37.20d ist die Energie des eingestrahlten Photons so hoch, daß das Atom einen der höheren angeregten Zustände einnehmen kann. Danach gibt es die zugeführte Energie durch spontane Emission wieder ab, indem es einen oder mehrere Übergänge in tiefere Zustände ausführt. Ein bekanntes Beispiel ist die Absorption ultravioletter Strahlung mit nachfolgender Emission von sichtbarem Licht bei stufenweiser Rückkehr in den Grundzustand. Dies nennen wir **Fluoreszenz**. Die Lebensdauer eines angeregten Zustands liegt meist in der Größenordnung von 10^{-8} s, so daß die Emission praktisch augenblicklich erfolgt. Einige angeregte Zustände haben jedoch eine viel längere Lebensdauer, in der Größenordnung von Millisekunden, Sekunden oder gar Minuten. Solche **metastabilen Zustände** führen zur **Phosphoreszenz**, dem Nachleuchten nach dem Ende der Einstrahlung.

In Abbildung 37.20e ist der **Photoeffekt** dargestellt: Das Atom absorbiert das Photon und wird dabei ionisiert, d. h., es emittiert ein Elektron. Bei der **Compton-Streuung** (Abbildung 37.20f) ist die Energie des eintreffenden Photons viel größer als die Ionisierungsenergie. Beachen Sie, daß hier im Gegensatz zum Photoeffekt neben dem Elektron auch ein Photon emittiert wird.

Abbildung 37.20g zeigt die **stimulierte Emission**, bei der sich das Atom zunächst in einem angeregten Zustand mit der Energie E_2 befindet. Das ankommende Photon hat die Energie $E_2 - E_1$; dabei ist E_1 die Energie des tieferen Zustands, der beispielsweise der Grundzustand sein kann. Das einfallende Photon stimuliert – infolge der Schwingung des elektromagnetischen Feldes – das angeregte Atom zur Emission eines Photons, das dieselbe Richtung, Frequenz und Phase wie das eintreffende Photon hat. Das gilt für ein einzelnes Atom. Wird ein System aus vielen Atomen (z.B. ein Kristall) zur stimulierten Emission angeregt, so zeigt sich eine Besonderheit: Im Unterschied zur spontanen Emission sind bei der stimulierten Emission die von unterschiedlichen Atomen ausgesandten Lichtwellen miteinander in Phase – die insgesamt abgegebene Strahlung ist kohärent.

Atome können nicht nur durch Absorption von Strahlung in einen angeregten Zustand überführt werden, sondern auch durch Stöße mit anderen Teilchen, etwa mit Elektronen oder anderen Atomen. Ebenso kann die Anregungsenergie eines Atoms beim Stoß auf ein Teilchen übertragen werden.

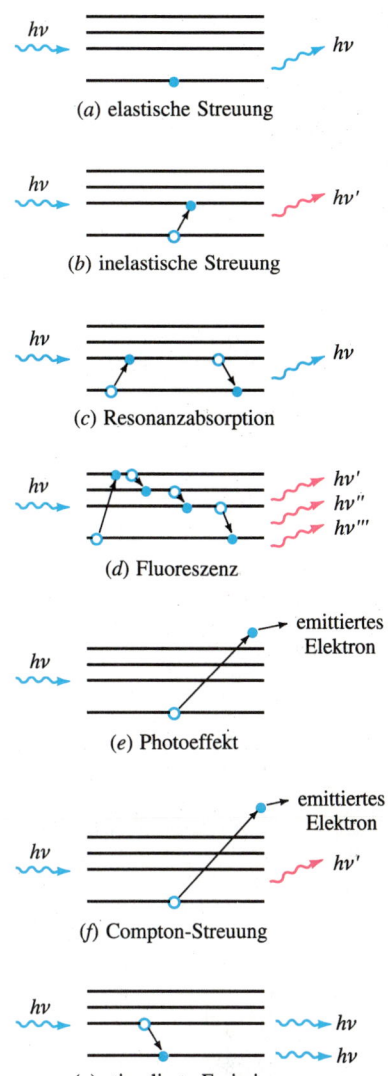

37.20 Effekte bei der Wechselwirkung von einem Photon mit einem Atom. Die waagerechten Linien repräsentieren die beteiligten Energieniveaus; die unterste Linie entspricht jeweils dem Grundzustand. Nähere Erläuterung im Text.

37.9 Der Laser

Das Wort **Laser** besteht aus den Anfangsbuchstaben der englischen Bezeichnung **L**ight **A**mplification by **S**timulated **E**mission of **R**adiation, zu deutsch: „Lichtverstärkung durch stimulierte Emission von Strahlung". Ein Laser gibt einen intensiven Lichtstrahl ab, der aus kohärenten Photonen gleicher Wellenlänge besteht. Nehmen wir an, die Atome des „aktiven Mediums" des Lasers haben den

Grundzustand mit der Energie E_1 und einen angeregten Zustand mit E_2. Werden Photonen mit der Energie $E_2 - E_1$ eingestrahlt, dann kann ein Atom im Grundzustand ein Photon absorbieren und in den angeregten Zustand gelangen. Atome, die sich bereits in diesem Zustand befinden, können durch ein solches Photon zur stimulierten Emission veranlaßt werden. Die relativen Wahrscheinlichkeiten von Absorption und stimulierter Emission wurden zuerst von Einstein berechnet; er konnte zeigen, daß sie gleich sind. Gewöhnlich befinden sich bei normalen Temperaturen praktisch alle Atome im Grundzustand, so daß die Absorption bei weitem überwiegt. Sollen mehr Übergänge durch stimulierte Emission als durch Absorption erfolgen, dann müssen mehr Atome im angeregten als im Grundzustand vorliegen. Dies nennt man **Besetzungsinversion** oder Besetzungsumkehr. Sie ist möglich, wenn der angeregte Zustand hinreichend langlebig (metastabil) ist, und kann zum Beispiel durch das sogenannte **optische Pumpen** erreicht werden. Dabei werden die Atome durch intensive Strahlung in Zustände überführt, deren Energien höher als E_2 liegen. Daraus gelangen die Atome durch spontane Emission oder durch strahlungslose Übergänge (u. a. Stöße) in den Zustand mit der Energie E_2.

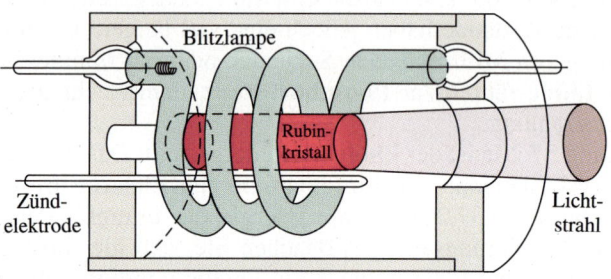

37.21 Schematischer Aufbau des ersten Rubin-Lasers.

In Abbildung 37.21 sehen Sie den Aufbau des ersten **Rubin-Lasers**, der im Jahre 1960 von Maiman gebaut wurde. Er besteht aus einem runden, einige Zentimeter langen Rubinkristall, der von einer spiralförmigen, gasgefüllten Blitzlampe umgeben ist. Die Endflächen des Kristalls stehen exakt senkrecht auf seiner Längsachse. Rubin ist eine Abart des Minerals Korund (Al_2O_3) und erhält seine rote Farbe durch einen geringen Anteil (circa 0,05 Prozent) an Chrom-Ionen. Cr^{3+}-Ionen absorbieren grünes und blaues Licht (Abbildung 37.22).

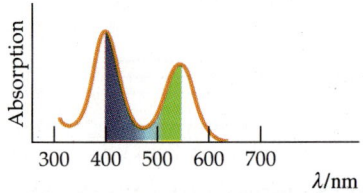

37.22 Die Absorption des Cr^{3+}-Ions im Rubin, hier gegen die Wellenlänge aufgetragen. Der Rubinkristall ist rot, weil die Chrom-Ionen grünes und blaues Licht stark absorbieren (Komplementärfarbe).

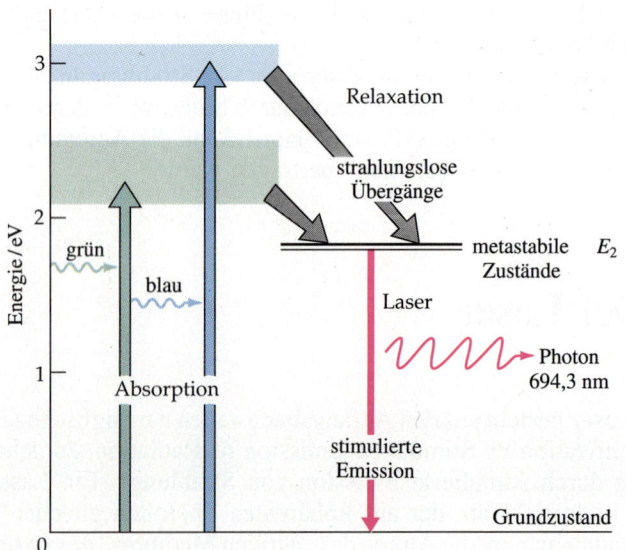

37.23 Die für die Funktion des Rubin-Lasers wichtigen Energieniveaus. Der Rubinkristall wird intensivem grünen und blauen Licht ausgesetzt. Dadurch werden die Cr^{3+}-Ionen in höher liegende Zustände angeregt, die hier in der jeweiligen Färbung dargestellt sind. Anschließend gelangen sie durch strahlungslose Übergänge in metastabile Zustände, die stärker besetzt sind als der Grundzustand (Besetzungsinversion).

Nach dem Zünden der Blitzlampe gelangt ein intensiver, einige Millisekunden dauernder Lichtimpuls in den Rubinkristall, und ein hoher Anteil der Chrom-Ionen wird in Zustände mit hoher Energie angeregt (Abbildung 37.23). Danach geben die Ionen einen Teil der Anregungsenergie durch strahlungslose Prozesse an den Kristall ab und erreichen metastabile Zustände der Energie E_2, die etwa 1,79 eV über dem Grundzustand liegt. Ist die Intensität des Lichtblitzes hoch genug, dann gelangen mehr Atome in den Zustand mit E_2, als im Grundzustand verbleiben. Dies ist die oben erwähnte Besetzungsinversion. Einige Atome im Zustand mit E_2 geben einen Energiebetrag von 1,79 eV durch spontane Emission von Strahlung der Wellenlänge 694,3 nm ab. Ein Teil dieser Photonen stimuliert andere angeregte Atome zur Emission von Photonen derselben Energie bzw. Wellenlänge.

Im Rubin-Laser sind beide Stirnflächen des Kristalls verspiegelt. Eine hat ein Reflexionsvermögen von etwa 99,9 Prozent, und die andere reflektiert nur rund 90 Prozent, läßt also einen merklichen Anteil der Strahlung passieren. Da die Endflächen parallel zueinander sind, bilden sich stehende Wellen aus, und es entsteht ein intensiver Strahl kohärenten Lichtes, der zum Teil aus der durchlässigeren Stirnfläche austritt. Die Ausbildung stehender Wellen in diesem **Laserresonator** ist eine wichtige Voraussetzung für das Funktionieren des Lasers. Abbildung 37.24 zeigt das Prinzip: Bewegen sich Photonen parallel zur Kristallachse, so werden sie von der einen Stirnfläche fast vollständig reflektiert, während an der anderen einige Photonen aus dem Kristall austreten und der größte Teil wieder in den Kristall reflektiert wird. So wird der Photonenstrahl bei jedem Durchlauf intensiver, weil immer mehr Atome zur Emission stimuliert werden.

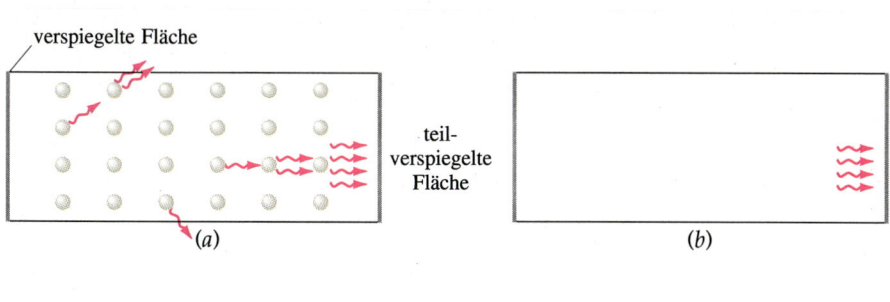

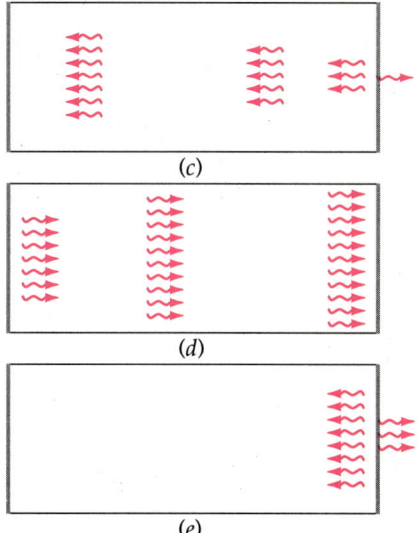

37.24 Das Zustandekommen der Laserstrahlung in einem Laserresonator – hier einem Rubinkristall mit verspiegelten Stirnflächen. a) Einige Atome emittieren spontan Photonen. Ein Teil dieser Photonen bewegt sich beispielsweise parallel zur Kristallachse nach rechts und stimuliert weitere Atome zur Emission in derselben Richtung. (Wir gehen von einer Besetzungsinversion aus.) b) Hier treffen vier Photonen parallel auf die rechte Stirnfläche des Kristalls. c) Ein Photon tritt aus, und die anderen drei werden reflektiert. Auf ihrem Weg durch den Kristall stimulieren sie weitere Atome zur Emission, und die Strahlintensität nimmt zu. d) Nach einiger Zeit erreicht der Strahl, der nun schon aus vielen Photonen besteht, wieder die rechte Stirnfläche. e) Von diesen wird wiederum ein Teil durchgelassen und der größte Teil reflektiert.

Moderne Rubin-Laser geben Lichtblitze von einigen Millisekunden Dauer mit einer Energie von 50 J bis 100 J ab. Der Lichtstrahl kann einen Durchmesser von nur rund 1 mm haben; er divergiert um weniger als 0,30 Grad.

Der erste kontinuierlich arbeitende **Helium-Neon-Laser** wurde 1961 von Javan, Bennet jr. und Herriot gebaut. Abbildung 37.25 zeigt den Aufbau dieses Lasertyps, der oft für physikalische Demonstrationszwecke verwendet wird. Seine Röhre enthält 15 Prozent Helium und 85 Prozent Neon. Ein Ende der Röhre ist als ebener Spiegel ausgebildet und das andere als teilweise durchlässiger konkaver Hohlspiegel.

37 Atome

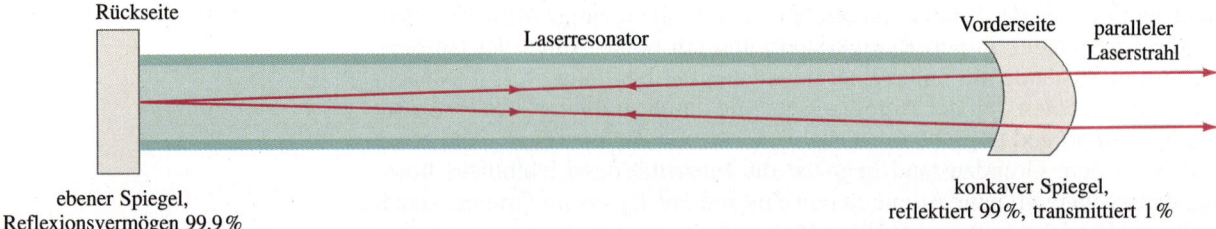

37.25 Schematischer Aufbau des Resonators in einem Helium-Neon-Laser. Statt des teildurchlässigen ebenen Spiegels (wie beim Rubin-Laser) wird hier ein teildurchlässiger konkaver Hohlspiegel (rechts) verwendet, so daß die Ausrichtung der beiden Spiegelflächen nicht absolut exakt sein muß. Außerdem wirkt der Hohlspiegel wie eine Linse, indem er das austretende Licht zu einem parallelen Strahl bündelt.

Im Helium-Neon-Laser kommt die Besetzungsinversion auf etwas andere Weise zustande als beim Rubin-Laser. In Abbildung 37.26 sind die beteiligten Energieniveaus von Helium und Neon aufgetragen (das gesamte Energieniveaudiagramm ist bei beiden Gasen weitaus komplexer). Durch elektrische Entladung können die Heliumatome in einen Zustand $E_{2,He}$, der um 20,61 eV über dem Grundzustand liegt, angeregt werden. Um 0,05 eV darüber liegt ein angeregter Zustand $E_{3,Ne}$ des Neonatoms. In diesen werden die Neonatome durch Stöße mit angeregten Heliumatomen überführt. Dabei stammt die zusätzlich benötigte Energie von 0,05 eV aus der kinetischen Energie der Teilchen. Neon hat einen weiteren möglichen Zustand $E_{2,Ne}$, der 1,96 eV unter $E_{3,Ne}$ liegt und normalerweise unbesetzt ist, d.h., es entsteht unmittelbar eine Besetzungsinversion zwischen $E_{3,Ne}$ und $E_{2,Ne}$. Die stimulierte Emission erzeugt Photonen der Energie 1,96 eV bzw. der Wellenlänge 632,8 nm. Der Helium-Neon-Laser gibt also hellrotes Licht ab. Nach der stimulierten Emission kehren die Neonatome aus dem Zustand $E_{2,Ne}$ durch spontane Emission in den Grundzustand zurück.

An der Funktion des Helium-Neon-Lasers sind vier Energieniveaus beteiligt, an der des Rubin-Lasers aber nur drei. Bei letzterem ist die Besetzungsinversion schwieriger zu erreichen, weil mehr als die Hälfte der Atome aus dem Grundzustand angeregt werden muß. Dagegen wird beim Vier-Niveau-Laser durch die stimulierte Emission ein normalerweise unbesetzter angeregter Zustand erreicht, so daß die Besetzungsinversion ohne weiteres möglich ist.

Der aus einem Laser austretende Lichtstrahl zeichnet sich dadurch aus, daß er einen geringen Durchmesser hat und praktisch parallel sowie kohärent und sehr intensiv ist. Wegen dieser Eigenschaften ist der Laser in den letzten Jahren zu einem nahezu universell einsetzbaren Instrument in Forschung und Technik, ja sogar im Alltag, geworden. Die Kohärenz erlaubt die Erzeugung von Hologrammen (siehe Abschnitt 33.11). Der feine Laserstrahl ermöglicht in der Chirurgie das gezielte Herausschneiden von Krebszellen aus gesundem Gewebe oder das „Anschweißen" der teilweise abgelösten Netzhaut im Auge. Die erwähnten Eigenschaften des Laserstrahls machen ihn in der Vermessungstechnik inzwischen

37.26 Die Energieniveaus, die für die Funktion des Helium-Neon-Lasers entscheidend sind. Durch elektrische Entladung werden die Heliumatome in den Zustand $E_{2,He}$ (20,61 eV über dem Grundzustand) angeregt. Sie stoßen mit Neonatomen zusammen und regen einige von diesen in den Zustand $E_{3,Ne}$ an, 20,66 eV über dem Grundzustand. Das unbesetzte Niveau $E_{2,Ne}$ liegt 1,96 eV unter $E_{3,Ne}$ bzw. 18,70 eV über dem Grundzustand. Dadurch entsteht unmittelbar eine Besetzungsinversion. Die durch stimulierte Emission erzeugten Photonen der Energie 1,96 eV stimulieren weitere angeregte Atome zur Emission gleicher Photonen.

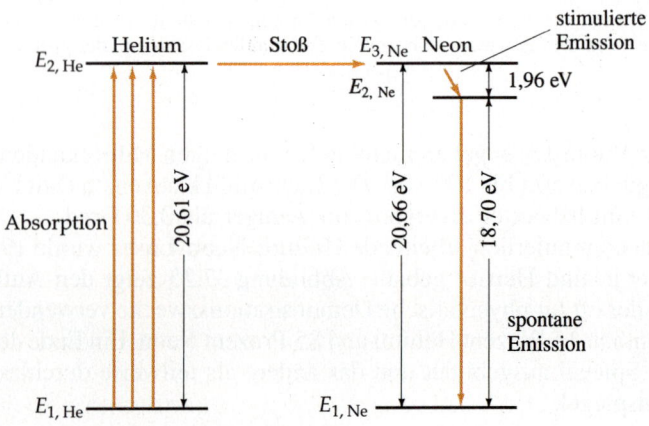

ebenfalls unentbehrlich, weil mit seiner Hilfe beispielsweise Winkel auch über größere Distanzen leicht zu messen sind. Außerdem können große Entfernungen durch Messung der Laufzeit bestimmt werden. Schließlich werden Laserstrahlen auch bei der Erforschung der kontrollierten Kernfusion eingesetzt: Ein intensiver Laserimpuls wird auf sogenannte Pellets aus Deuterium und Tritium gerichtet und heizt sie innerhalb kürzester Zeit auf rund 10^8 K auf, wodurch die Deuterium- und Tritiumkerne fusionieren und eine erhebliche Energiemenge freisetzen.

Die Technik und Anwendung der Laser schreiten so schnell fort, daß hier nur einige neuere Entwicklungen kurz erwähnt werden können. Neben dem Rubin-Laser gibt es eine Reihe von anderen Festkörperlasern, die Strahlung mit Wellenlängen zwischen etwa 170 nm und 3900 nm abgeben. Es wurden auch kontinuierlich arbeitende Laser mit Leistungen von bis zu 1 kW entwickelt, und bei den gepulsten Lasern erreicht man derzeit rund 10^9 W bei Impulsdauern im Nanosekundenbereich.

Verschiedene Gaslaser emittieren Strahlung mit Wellenlängen zwischen fernem Infrarot und Ultraviolett. In **Krypton-** und **Argon-Lasern** werden die Gasatome zunächst in einer Gasentladung durch Elektronenstöße ionisiert. Ebenfalls durch Stöße mit Elektronen wird dann in den Ionen die Besetzungsinversion, also die Anregung eines „Laserniveaus", herbeigeführt. Zur stimulierten Emission von Laserlicht kommt es bei diesen Ionenlasern nur, wenn die Parameter der Gasentladung (wie Gasdruck und Stromdichte) genau eingestellt sind.

Fluoreszierende organische Substanzen, aufgelöst in geeigneten Lösungsmitteln, werden in den abstimmbaren **Farbstofflasern** verwendet. Eine externe Lichtquelle regt die Farbstoffmoleküle an, die danach in mehreren Schritten in den Grundzustand zurückkehren. Bei einigen dieser Übergänge wird Licht emittiert. Die Farbstoffmoleküle sind meist recht groß (oft mit mehreren Ringen) und besitzen neben den elektronischen auch viele Rotations- und Schwingungs-Energieniveaus. Diese liegen relativ dicht beieinander und ergeben eine nahezu kontinuierliche Strahlung. In einem Farbstofflaser befinden sich die Substanzen in einem Resonator, dessen Länge variiert werden kann, so daß bei der jeweiligen Einstellung nur Strahlung mit bestimmten Wellenlängen verstärkt wird – man sagt, Farbstofflaser seien *durchstimmbar* (im Unterschied zu den meisten Gas- oder Festkörperlasern). Farbstofflaser erlauben die Abstimmung der Wellenlänge über einen Bereich von rund 70 nm bei kontinuierlichem Betrieb oder von rund 170 nm bei gepulstem Betrieb.

Der **Titan-Saphir-Laser** ist derzeit der modernste abstimmbare Laser. Er wird mit blauem Laserlicht gepumpt. Das Mineral Saphir besteht fast ausschließlich aus Aluminiumoxid Al_2O_3. Die im Kristall des Lasers eingelagerten Titan-Ionen führen zu weiteren Schwingungsenergieniveaus. Die durch das Pumpen angeregten Ionen kehren in einen elektronischen Zustand zurück, der zum niedrigsten Schwingungsenergieniveau des Kristalls gehört, und emittieren dabei rotes Licht. Die elektronischen Übergänge können in jedem der energetisch dicht beieinander liegenden Schwingungszustände enden; daher wird Licht mit relativ vielen Wellenlängen emittiert. Dieses wird beispielsweise auf ein optisches Gitter geführt, so daß durch Einstellen des Winkels eine bestimmte Wellenlänge ausgewählt werden kann.

Halbleiter- oder **Dioden-Laser** können sehr klein gebaut werden. Laser dieses Typs, die nur so groß wie ein Stecknadelkopf sind, können eine Strahlungsleistung von bis zu 200 mW abgeben. Häufig bestehen diese Laser aus Halbleitern mit p-n-Übergängen (siehe Kapitel 39). Legt man eine elektrische Spannung an, kombinieren die freien Elektronen des Dotierungselements mit den „Löchern" (vgl. Abschnitt 39.6) im Kristallgitter, und es wird Licht emittiert. Einen Resonator, dessen gegenüberliegende Endflächen das Licht reflektieren, erhält man hier meist dadurch, daß der Halbleiterkristall in geeigneter Weise gespalten wird. Das reflektierte Licht seinerseits wird teilweise durch Elektron-Loch-Paare absorbiert, was zur weiteren Rekombination von Elektron-Loch-Paaren führt und dadurch den Lichtstrahl verstärkt.

Bestimmte Lasermedien, beispielsweise neodymdotiertes Ytterbium-Aluminium-Granat (Nd:YAG) geben Strahlung ab, die aus Licht zahlreicher, eng beieinanderliegender Frequenzen besteht. Im Laserresonator bilden sich dann durch Interferenz Schwebungen, die ihrerseits mit einer Frequenz (meist im GHz-Bereich) moduliert sind. Bei geeigneter Ausführung des Laserresonators sind die Lichtwellen – obwohl sie unterschiedliche Frequenz besitzen – bei Emissionsbeginn alle in Phase; man sagt auch: ihre Phasen sind gekoppelt. Die beiden Phänomene, Schwebung und Phasenkopplung, führen zusammen dazu, daß sich sehr kurze (bis herab zu 10^{-15} s) und **intensive Laserpulse** bilden.

Relativ neu ist der **Freie-Elektronen-Laser**; er besteht aus einem Strahl freier Elektronen, die in großen Beschleunigeranlagen (Synchrotrons) durch räumlich periodisch veränderliche Magnetfelder fliegen und dabei zur Emission von kohärentem Licht veranlaßt werden. Dieser Laser liefert eine sehr hohe Strahlungsenergie und kann in einem weiten Wellenlängebereich abgestimmt werden.

Frage

6. Warum kann der Helium-Neon-Laser nicht ohne Helium funktionieren?

Zusammenfassung

1. In der Quantentheorie wird der Zustand des Wasserstoffatoms durch eine Wellenfunktion beschrieben; deren Betragsquadrat gibt die Wahrscheinlichkeitsdichte an, das Elektron in einem bestimmten Bereich anzutreffen. Die Wellenfunktion wird durch vier Quantenzahlen charakterisiert:

$$n = 1, 2, 3, \ldots$$
$$\ell = 0, 1, \ldots, n-1$$
$$m = -\ell, -\ell + 1, \ldots, +\ell$$
$$m_s = +\frac{1}{2} \text{ oder } -\frac{1}{2}.$$

Die Energie des Wasserstoffatoms hängt nur von der Hauptquantenzahl n ab und entspricht der nach dem Bohrschen Modell berechneten Energie. Im Grundzustand mit $n = 1$, $\ell = 0$ und $m = 0$ ist die Wahrscheinlichkeit, das Elektron anzutreffen, kugelsymmetrisch und beim ersten Bohrschen Radius am größten. Die Ladungsdichte des Elektrons ist proportional zur Aufenthaltswahrscheinlichkeit im betreffenden Volumenelement.

2. Bei Mehr-Elektronen-Atomen wird die Energie jedes Elektrons durch die Hauptquantenzahl n (die die Radialabhängigkeit der Wellenfunktion beschreibt) und, in geringerem Ausmaß, durch die Bahndrehimpuls-Quantenzahl ℓ bestimmt. Je kleiner die Quantenzahlen sind, desto geringer ist im allgemeinen die Energie des Elektrons. Die Elektronenkonfiguration der Atome wird durch Symbole bezeichnet, die der jeweiligen Quantenzahl entsprechen.

Für die Bahndrehimpulsquantenzahl ℓ gilt:

Bezeichnung	s	p	d	f	g	h
Wert von ℓ	0	1	2	3	4	5

Für die Hauptquantenzahl n gilt:

Bezeichnung	K	L	M	N	O	P	Q
Wert von n	1	2	3	4	5	6	7

3. Die Elektronenkonfigurationen und damit der Aufbau des Periodensystems werden auch durch das Pauli-Verbot bestimmt, nach dem niemals zwei Elektronen eines Atoms in allen vier Quantenzahlen n, ℓ, m und m_s übereinstimmen können.

4. Die Atomspektren im sichtbaren Wellenlängenbereich rühren von Übergängen der Elektronen in der äußersten Schale her; hier unterliegen die Elektronen dem elektrischen Feld des Kerns und der inneren, abgeschlossenen Elektronenschalen. Eine Linie im Röntgenspektrum entsteht, wenn durch starke Anregung ein Elektron aus einer inneren Schale entfernt wird und anschließend ein Elektron aus einer äußeren Schale den freien Platz in der inneren Schale einnimmt.

5. Stimulierte Emission tritt auf, wenn ein Photon mit „passender" Energie auf ein Atom in einem angeregten Zustand trifft: die Energie des Photons muß gerade der Anregungsenergie des Atoms entsprechen. Dann regt das einfallende Photon das angeregte Atom zur Emission eines Photons an, das in Richtung, Energie und Phase mit dem einfallenden Photon übereinstimmt.

Für die Funktion eines Lasers ist die Besetzungsinversion entscheidend, bei der sich mehr Atome im höher angeregten Zustand befinden als in einem bestimmten, energetisch darunter liegenden Zustand. Ein Laser gibt einen eng gebündelten, intensiven, kohärenten und fast vollkommen parallelen Lichtstrahl ab.

Essay: Atomfallen und Laserkühlung

D. J. Wineland
National Institute of Standards and Technology,
Boulder/Colorado

In der Physik sind oft die genauen Werte der atomaren Energieniveaus von Interesse, um beispielsweise zu überprüfen, ob eine Theorie mit den ermittelten Daten übereinstimmt. Selbst bei geringsten Abweichungen muß die Theorie hinterfragt werden, oder man muß sich auf die Suche nach dem Effekt begeben, der die Differenzen hervorruft.

Die Energieniveaus der Atome werden mit Hilfe spektroskopischer Methoden bestimmt, d.h., es wird die Wellenlänge λ oder die Frequenz ν der Strahlung gemessen, die bei den Übergängen emittiert oder absorbiert wird. Haben die beiden beteiligten Zustände des Atoms die Energien E_1 und E_2, dann ist $E_2 - E_1 = h\nu$. Aus vielen solcher Messungen läßt sich das Energieniveauschema des betreffenden Atoms ermitteln.

Der Meßwert einer Energiedifferenz $(E_2 - E_1)$ ist immer mit einer Unsicherheit ΔE behaftet. Bei der Absorption oder der Emission entspricht ΔE der Breite der Spektrallinie. Je schmaler die Linie ist (d.h., je kleiner der Frequenzbereich ist, den sie umfaßt), desto genauere Werte sind für die Übergangsenergie $E_2 - E_1$ zu erwarten. Nach der Heisenbergschen Unschärferelation (siehe Abschnitt 36.3) ist ΔE um so kleiner, je länger die Zeitspanne Δt ist, die bis zum Auftreten des Übergangs verstreicht, bzw. je größer die Lebensdauer des angeregten Zustands ist. Die Zeitspanne Δt kann man nicht beliebig verlängern, weil neben der Absorption und der Emission auch die Stöße zwischen den Teilchen den Zustand des Atoms beeinflussen. Dadurch kann das Atom beispielsweise früher in den Grundzustand zurückkehren, so daß Δt kleiner und ΔE größer wird.

Die Atome der zu untersuchenden Probe (beispielsweise Heliumgas, das aus einer kleinen Öffnung im Vorratsbehälter in die evakuierte Meßzelle entweicht) befinden sich normalerweise gegenüber der Strahlungsquelle in Bewegung. Das führt zu einer Verschiebung bzw. Verbreiterung der Spektrallinien aufgrund des Doppler-Effekts (siehe Abschnitt 34.6). Die ^{4}He-Atome haben bei Raumtemperatur eine mittlere Geschwindigkeit v von rund $1,5 \cdot 10^5$ cm/s. Bewegt sich ein Atom auf die Strahlungsquelle zu, so verschiebt sich die gemessene Frequenz bei einer Emission um $v/c = 5 \cdot 10^{-6}$ zu höheren Werten (bei einer Absorption zu entsprechend niedrigeren Werten). Bei der Aufnahme der Spektren mit hoher Auflösung macht sich eine solche Abweichung deutlich bemerkbar.

Die Unsicherheit ΔE kann man verringern, indem man die Doppler-Verschiebung reduziert. Dazu schließt man die Atome in ein kleines Volumen ein. Der Trick dabei ist, daß die Atome beim Auftreffen auf die Begrenzungsfläche möglichst wenig beeinflußt werden, damit keine Meßfehler auftreten. Für geladene Teilchen wie Ionen erreicht man dies am besten durch den Einschluß mit Hilfe von elektrischen und magnetischen Feldern. Da diese Felder die inneren Eigenschaften der Ionen nur in geringem Maße stören, bleibt die Meßgenauigkeit gewahrt. Mit anderen Worten: Die „Wände" dieses Behälters reagieren sehr sanft.

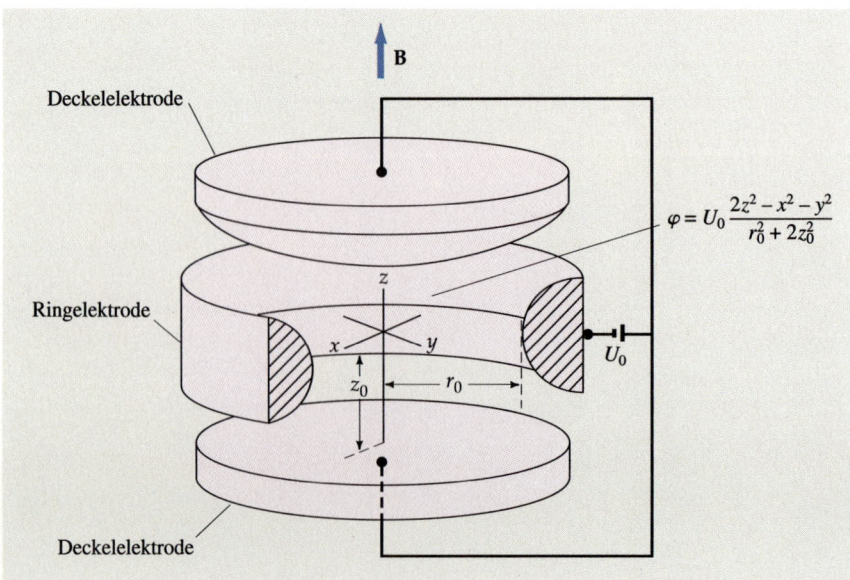

Abbildung 1 Elektrodenanordnung in der Penning- oder Paul-Falle. Die Elektroden sind als Rotationshyperboloide ausgeführt. (Näheres siehe Text.)

Ionenfallen

Ionen können auf verschiedene Weise in elektromagnetischen „Fallen" eingeschlossen werden. Zyklotron (siehe Abschnitt 24.2) und Synchrotron dienen beispielsweise zum Beschleunigen und Speichern hochenergetischer Elementarteilchen. Wir wollen hier kurz eine Einfangmethode aus der Atomspektroskopie beschreiben. In einer Falle, wie sie in Abbildung 1 gezeigt ist, bewirken ein statisches elektrisches und ein statisches magnetisches Feld den Einschluß. Diese Anordnung wird meist Penning-Falle genannt, nach F. M. Penning, der das Prinzip im Jahre 1936 entwickelte.

Nehmen wir an, es sollen positive Ionen wie Be^+ oder Hg^+ gespeichert werden. An beide Deckelelektroden (oben und unten) wird eine positive Spannung U_0 gegenüber der Ringelektrode angelegt. Dadurch erfahren die Ionen eine Kraft in Richtung zur x-y-Ebene; sie werden sich also möglichst weit von den Deckelelektroden entfernen und sind in ihrer Bewegung in z-Richtung stark eingeschränkt. Leider erfahren die Ionen dabei auch eine radiale Kraft, die sie von der z-Achse wegzieht und zur Ringelektrode hin beschleunigt. Dieses Problem kann man beheben, indem man zusätzlich ein statisches Magnetfeld B anlegt, dessen Feldlinien parallel zur z-Achse verlaufen. Dieses axiale Magnetfeld bewirkt zusammen mit dem radialen elektrischen Feld, daß die Ionen sich auf einer Kreisbahn um die z-Achse bewegen und somit in allen drei Raumrichtungen eingeschlossen sind.

Betrachten wir nun quantitativ die Bewegung der Ionen in der Penning-Falle. In dieser sind die als Rotationshyperboloide ausgeführten Elektroden (siehe Abbildung 1 und Abbildung 2) die Äquipotentialflächen für das Potential φ, das (in kartesischen Koordinaten) folgender Beziehung gehorcht:

$$\varphi = U_0 (2z^2 - x^2 - y^2)/(r_0^2 + 2z_0^2) \ .$$

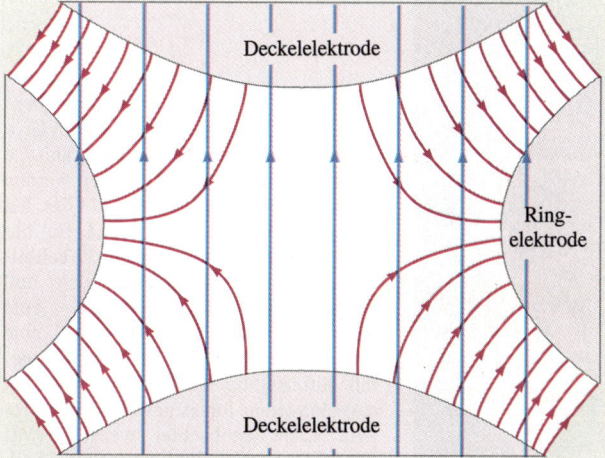

Abbildung 2 Das elektrische Feld (rot) und das magnetische Feld (blau) in der Anordnung nach Abbildung 1.

Nach (20.27) ist die elektrische Feldstärke in z-Richtung $E_z = -d\varphi/dz \propto -z$. Damit ist die auf das Ion ausgeübte Kraft stets zur x-y-Ebene hin ausgerichtet und außerdem proportional zum Abstand von dieser Ebene. Die Kraft, die vom magnetischen Feld herrührt, kann nur senkrecht dazu stehen, also in Richtung der x-y-Ebene wirken. Weil also in z-Richtung ausschließlich die elektrische Kraft F_z wirkt, die proportional zu $-z$ ist, muß die hieraus resultierende Bewegung des Ions eine harmonische Schwingung in z-Richtung sein, deren Frequenz von der Amplitude unabhängig ist (vgl. Abschnitt 12.1). Die Schwingungsfrequenz ν_z des Ions in z-Richtung ist gegeben durch

$$\nu_z^2 = qU_0/[\pi^2 m (r_0^2 + 2z_0^2)] \ .$$

Darin sind q die Ladung und m die Masse des Ions. Schätzen wir die Frequenz ab: Es sei $U_0 = 1$ V, $r_0 = z_0\sqrt{2} = 1$ cm, und es liege das Ion Be^+ vor mit $m = 9$ u (u ist die atomare Masseneinheit). Dann ist $\nu_z \approx 74$ kHz.

In einem Magnetfeld vollführt ein Teilchen mit der Ladung q um die Feldlinien eine Kreisbewegung mit der Zyklotronfrequenz $\nu_c = qB/(2\pi m)$; siehe Gleichung (24.8). Jedoch wirkt hier in der Falle zusätzlich ein Potential φ, das ein elektrisches Feld erzeugt, dessen Stärke proportional zum Abstand von der z-Achse ist. Dieses elektrische Feld steht senkrecht auf dem magnetischen; dadurch verschiebt sich der Mittelpunkt der Zyklotron-Kreisbahn des Ions senkrecht zu beiden Feldern. Dies führt bei zylindrischer Symmetrie der Falle zu einer Kreisbewegung um die z-Richtung. Die Gesamtbewegung des Ions senkrecht zur z-Achse ist damit eine Überlagerung aus der Rotation (deren Frequenz aufgrund des radialen elektrischen Feldes etwas von der Zyklotronfrequenz abweicht) und der Kreisbewegung um die z-Richtung aufgrund des elektrischen und des magnetischen Feldes. Letztere nennt man Magnetronbewegung. Ihre Energie wird beispielsweise in den Magnetronröhren der Mikrowellenöfen ausgenutzt (vgl. Abschnitt 29.5). Die gesamte Bewegung des Ions in der Penning-Falle ist in Abbildung 3 dargestellt.

Stoßen die Ionen in der Falle mit Restgasatomen zusammen, dann wird der Radius der Magnetronbewegung allmählich größer, bis die Ionen auf die Ringelektrode treffen und dort verbleiben. Deshalb werden Ionenfallen meist in einer Vakuumkammer betrieben, in der der Druck in der Größenordnung von 10^{-8} Pa (rund 10^{-13} atm) liegt. Unter diesen Bedingungen können die Ionen tagelang in einer Falle gespeichert werden.

In einem anderen Typ von Ionenfallen haben die Elektroden dieselbe Form wie in der Penning-Falle, aber statt eines statischen Feldes wird ein elektrisches Wechselfeld $U_0 \cos \omega t$ zwischen Deckelelektroden und Ringelektrode angelegt. Hier spricht man von einer Paul-Falle, benannt nach W. Paul, der sie in den frühen

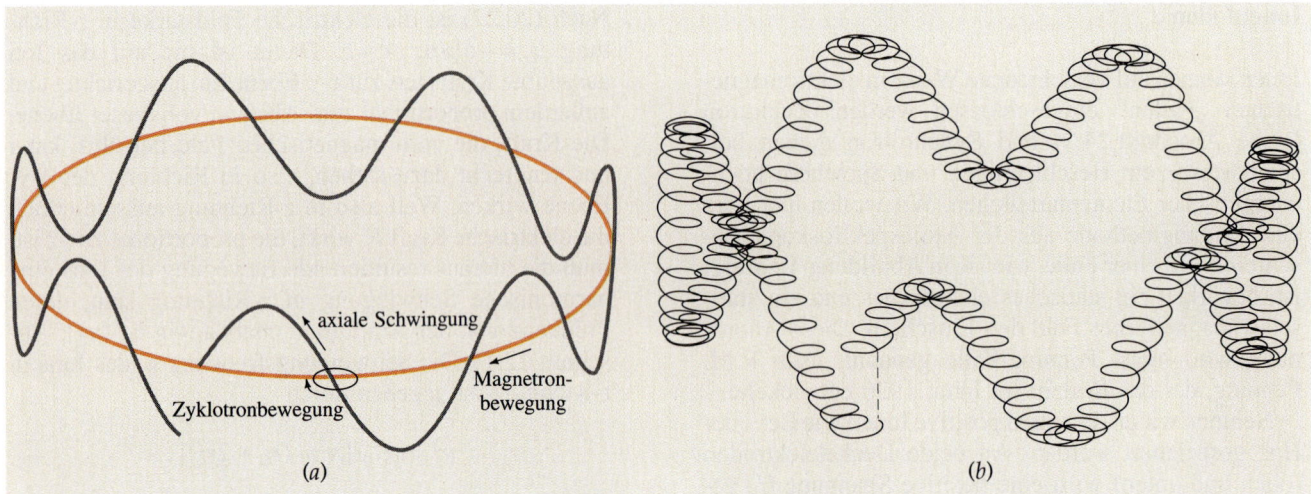

Abbildung 3 a) Die drei Bewegungen eines Ions in der Ionenfalle addieren sich zu einer sehr komplexen Bahn, die in b) gezeigt wird. Das Ion vollführt eine schnelle Kreisbewegung in der Zyklotronbahn; gleichzeitig bewegt sich der Mittelpunkt der Zyklotronbahn auf der viel größeren Kreisbahn der Magnetronbewegung. Außerdem schwingt das Ion in z-Richtung (parallel zur Längsachse der Falle).

50er Jahren entwickelte und dafür 1989 den Nobelpreis erhielt; siehe Abbildung 4. In Abbildung 5 ist die Ultraviolett-Aufnahme eines Hg$^+$-Ions wiedergegeben, das in einer sehr kleinen Paul-Falle eingefangen ist.

Mit Hilfe der beiden eben beschriebenen Fallen können Ionen, Elektronen und auch Positronen oder Antiprotonen so lange eingeschlossen werden, daß die Energieauflösung nicht mehr durch die Aufenthaltsdauer des Teilchens in der Falle beschränkt wird. Für neutrale Teilchen, beispielsweise Atome, gibt es verschiedene Arten von Fallen. Diese arbeiten ebenfalls mit elektrischen und magnetischen Feldern, die am elektrischen oder am magnetischen Dipolmoment des Teilchens angreifen.

Hochauflösende Atomspektroskopie

Mit Hilfe der Atomspektroskopie kann heute die Differenz einzelner Energieniveaus mit einem relativen Fehler von nur 10^{-13} bestimmt werden. Dabei muß man alle äußeren Einflüsse auf das Atom kennen, um aus der

Abbildung 4 Die Elektroden der Penning- oder der Paul-Falle, hier zum Größenvergleich auf eine amerikanische Penny-Münze gelegt. Die Fallen werden in einer Vakuumkammer aus Glas bei Drücken von 10^{-8} Pa betrieben. Bei der Paul-Falle hat das elektrische Wechselfeld zwischen Deckelelektroden und Ringelektrode typischerweise eine Scheitelspannung von 500 V und eine Frequenz von 20 MHz. Da das Quarzgefäß durchsichtig ist, kann das von den eingefangenen Ionen gestreute ultraviolette Licht beobachtet werden. (Mit freundlicher Genehmigung von D. J. Wineland, National Institute of Standards and Technology)

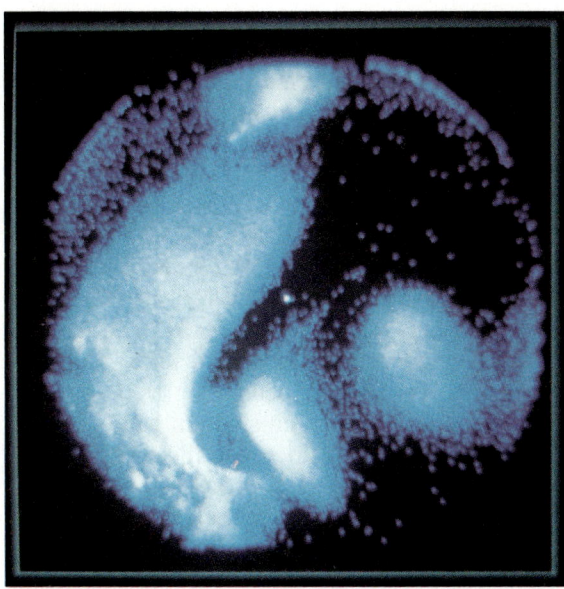

Abbildung 5 Falschfarben-Aufnahme eines *einzelnen* Hg$^+$-Ions (der isolierte kleine Fleck in der Mitte), das in einer Paul-Falle nach Abbildung 4 eingefangen ist. Die Ringelektrode hat einen Durchmesser von 0,9 mm. Das übrige Licht rührt von Reflexionen an den Elektroden her. Das Ion ist auf einen viel kleineren Bereich beschränkt, als der helle Fleck andeutet, weil dessen Größe durch das Auflösungsvermögen der Aufnahmeoptik bestimmt wird. (Mit freundlicher Genehmigung von D. J. Wineland, National Institute of Standards and Technology)

gemessenen Übergangsfrequenz die Frequenz zu ermitteln, die das isolierte und ruhende Atom absorbieren würde. Zum Vergleich: Könnte man mit einem relativen Fehler von nur 10^{-13} die Entfernung der Ostküste von der Westküste der USA messen, so läge die Abweichung bei nur $5 \cdot 10^{-5}$ cm, der Wellenlänge des sichtbaren Lichtes.

Bei einer so hohen Genauigkeit muß man auch Effekte auf das Atom berücksichtigen, die so klein sind, daß man sie normalerweise völlig außer acht lassen darf. Dazu gehört die sogenannte Doppler-Verschiebung zweiter Ordnung. Sie kann abgeleitet werden, indem man (34.24) als Potenzreihe von v/c entwickelt. Der lineare Term stimmt mit dem aus Abschnitt 14.9 überein. Die Doppler-Verschiebung zweiter Ordnung wird durch den zu $(v/c)^2$ proportionalen Term beschrieben und hängt mit der relativistischen Zeitdehnung zusammen. Weil sich das Atom oder das Ion relativ zur (ruhenden) Strahlungsquelle bewegt, scheint die Zeit für dieses Teilchen langsamer zu verstreichen. Deswegen messen wir einen etwas kleineren Wert der Übergangsfrequenz, als wenn es ruhen würde. Dieser Effekt ist nicht groß und führt beispielsweise für ^{9}Be$^+$-Ionen bei Raumtemperatur (300 K) zu einer Verschiebung von $v^2/(2c^2) \approx 5 \cdot 10^{-12}$. Allerdings bereitet der experimentelle Nachweis Schwierigkeiten, weil die Geschwindigkeitsverteilung der Teilchen kaum exakt zu bestimmen ist. Eine Möglichkeit, die Meßgenauigkeit zu steigern, besteht darin, die Temperatur zu senken. Das kann sehr wirkungsvoll mit Hilfe der Laserkühlung geschehen.

Laserkühlung

Meist dienen Laser dazu, hohe Temperaturen zu erzeugen, so in der Chirurgie, beim Schweißen oder bei der Fusion mit Trägheitseinschluß. Wie gleich erläutert wird, kann man mit Hilfe von Laserstrahlen aber auch eine kleine Menge eingefangener Ionen oder Atome auf sehr tiefe Temperaturen kühlen – bis herunter zu rund 1 μK. Dabei wird die Tatsache ausgenutzt, daß bei der Streuung von Licht ein Impulsübertrag von den Photonen auf die Ionen oder Atome stattfindet. Mit geeigneter Richtung und Frequenz der Laserstrahlen kann erreicht werden, daß die Teilchen das Licht nur absorbieren und wieder reemittieren, wenn sich dabei ihr Impuls verringert.

Gegen Ende des 19. Jahrhunderts stellte James Clerk Maxwell fest, daß elektromagnetische Strahlung Impuls auf Materie übertragen kann. Den diskreten Impulsübertrag von elektromagnetischer Strahlung auf Atome behandelte Albert Einstein später in seiner Theorie des thermischen Gleichgewichts von Strahlung und Materie. Schließlich gelang es Otto Frisch im Jahre 1933, den Impulsübertrag von Photonen auf Atome experimentell nachzuweisen. Er bestimmte die Ablenkung eines Natriumatomstrahls durch die Wechselwirkung mit Licht einer Natriumdampflampe, also einer Lichtquelle, deren Frequenz die Resonanzbedingung der Atome erfüllte. Mit Hilfe von abstimmbaren Lasern können solche Effekte heute wesentlich genauer untersucht werden. Außerdem erlaubt die extrem geringe spektrale Bandbreite bestimmter Laser die Kühlung von Atomen durch den Impulsübertrag zwischen Strahlung und Teilchen. Am häufigsten wird die sogenannte Doppler-Kühlung angewendet. Sie beruht ebenfalls auf dem engen Frequenzbereich der Laserstrahlung sowie darauf, daß die Atome nur diskrete Frequenzen absorbieren und aufgrund des Doppler-Effekts eine Frequenzverschiebung „sehen", die von ihrer Geschwindigkeit abhängt.

Wir nehmen zunächst an, daß wir mit einem abstimmbaren Laser das Absorptionsspektrum eines Atoms messen. Die Frequenz der Laserstrahlung liege dicht bei der Frequenz, die dem betrachteten Übergang entspricht. Das Atom sei in Ruhe; dann ist die Absorption am stärksten bei einer bestimmten Frequenz, die wir v_0 nennen wollen. In einem engen Bereich Δv um v_0 herum ist die Absorption ebenfalls recht intensiv. So ist für einen bestimmten Übergang im ^{9}Be$^+$-Ion $v_0 \approx 10^{15}$ Hz und $\Delta v \approx 20$ MHz.

Nun soll sich das Atom bewegen können und von einem Laserstrahl getroffen werden, der beispielsweise von links einfällt. Dessen Strahlungsfrequenz sei

$\nu_L < \nu_0$. Bewegt sich das Atom mit der Geschwindigkeit v nach links, so „sieht" es eine Lichtfrequenz, die ungefähr gleich $\nu_L(1 + v/c)$ ist; vgl. Abschnitt 34.7. Bei einer bestimmten Geschwindigkeit v ist $\nu_L(1 + v/c) \approx \nu_0$, und das Atom absorbiert (und emittiert) in hohem Maße. Bei der Absorption eines Photons wird dessen Impuls auf das Atom übertragen, das dadurch langsamer wird (denn das Atom bewegt sich – wie eben vorausgesetzt – dem Laserstrahl entgegen). Der Impuls des Atoms verringert sich dabei nach (35.29) um etwa h/λ; darin ist λ die Wellenlänge der Laserstrahlung. Die Reemission des Photons (bei der Rückkehr des Atoms in den Grundzustand) ist in allen Richtungen gleich wahrscheinlich und hat daher im Mittel keine Auswirkung auf den Impuls des Atoms. Somit wird bei jeder Absorption und nachfolgender spontaner Emission der Impuls des Atoms im Durchschnitt um h/λ kleiner. (Es gelten übrigens dieselben Gesetze von Energie- und Impulserhaltung wie bei mechanischen Stößen.)

Bewegt sich das Atom nach rechts, dann wird bei jeder Absorption mit Reemission sein Impuls um h/λ erhöht. Jedoch geschieht das viel seltener, weil sich das Atom von der Strahlungsquelle entfernt und dabei etwa die Frequenz $\nu_L(1 - v/c) < \nu_L < \nu_0$ „sieht", die weiter von der Resonanzfrequenz ν_0 entfernt ist. Aufgrund dieser Asymmetrie beim Impulsübertrag werden die Atome im Mittel langsamer, d.h., ihre Temperatur wird geringer. Man arbeitet meist mit drei gegenläufigen Laserstrahlpaaren, die senkrecht aufeinander stehen. Ihre Frequenz ν_L liegt – wie eben beschrieben – etwas unterhalb der Resonanzfrequenz ν_0 der betreffenden Atome, so daß diese in jeder möglichen Richtung abgebremst werden. Solch einen Aufbau nennt man auch „optischen Sirup".

Die Gleichverteilung der Reemissionsrichtungen wirkt aufgrund des Impulsübertrags dem Abkühlungseffekt entgegen. Diese Erwärmung ist ebenso stark wie die Abkühlung, wenn die effektive Temperatur T_{eff} den minimalen Wert $h\Delta\nu/2k_B$ erreicht (k_B ist die Boltzmann-Konstante). Für viele Atomsorten liegt T_{eff} bei 1 mK oder darunter. Bei $^9\text{Be}^+$-Ionen beträgt bei 1 mK die Doppler-Verschiebung zweiter Ordnung etwa $1{,}5 \cdot 10^{-17}$, so daß ihr Einfluß auf die gemessenen Frequenzen mit Hilfe der Laserkühlung deutlich verringert werden kann.

Weitere Anwendungen von Atom-Einfang und Laserkühlung

Der Einfang und die Kühlung von Atomen sind nicht nur bei der genaueren Aufnahme der Spektren nützlich. Betrachten wir noch kurz einige andere Beispiele.

Atomuhren. Bei den derzeit genauesten Uhren dienen die Frequenzen bestimmter atomarer Übergänge oder molekularer Schwingungen als Taktgeber. Beispielsweise wird eine Strahlungsquelle so abgestimmt, daß das betreffende Atom eine maximale Absorption zeigt, die einem seiner Übergänge entspricht. Dann kann die Schwingungsperiode der Strahlungsquelle als Zeiteinheit definiert werden. Der große Vorteil dieser Methode liegt darin, daß – nach dem heutigen Stand des Wissens – alle gleichartigen Atome dasselbe Verhalten zeigen, völlig unabhängig vom Ort. Das ist bei den mechanischen Schwingungen, die früher als Taktgeber dienten, keineswegs der Fall: Zum einen ist es schwierig, die Pendellänge exakt zu reproduzieren, und zum anderen hängt die Erdbeschleunigung vom Ort ab. Schon die heutigen Atomuhren sind um viele Größenordnungen genauer. Sie werden vor allem bei der Navigation von Satelliten und Raumsonden verwendet. Mit Hilfe von Speicher- und Kühlungstechniken sind Atomuhren denkbar, deren Abweichung während der Lebensdauer des Universums nur rund eine Sekunde betrüge.

Untersuchung atomarer Stöße. Bei sehr tiefen Temperaturen, wie sie mit der Laserkühlung erreichbar sind, ist die De-Broglie-Wellenlänge der Atome relativ groß, und die Stoßvorgänge werden durch Quanteneffekte bestimmt. Ist die De-Broglie-Wellenlänge eines Atoms groß gegen den Abstand, bei dem der anziehende Teil des Wechselwirkungspotentials einer Oberfläche spürbar wird, so erfährt das Atom den Einfluß des abstoßenden Teils des Wechselwirkungspotentials. Dadurch kommt es zu einem elastischen Stoßprozeß, und das Atom bleibt nicht an der Oberfläche haften. So könnte man nahezu ideale „Kästen" für die Untersuchung von Atomen realisieren.

Manipulation mit Atomen. Mit Hilfe von optischen Kräften, wie sie bei der Laserkühlung wirken, können neutrale Teilchen abgebremst, Atomstrahlen genau ausgerichtet und Fallen für einzelne Atome geschaffen werden. Diese Fallen sind relativ flach; ihre Tiefe entspricht nur einigen Kelvin. Deshalb werden die Atome zunächst durch ein Paar gegenläufiger Laserstrahlen abgebremst und in der Falle lokalisiert. Mit einer „optischen Pinzette", die aus geeignet fokussierten Laserstrahlen besteht, können Atome (oder andere mikroskopisch kleine Objekte, wie Zellbestandteile) durch bloße Änderung der Strahlrichtung in die gewünschte Position gebracht werden. Diese Methode ist auch bei der Untersuchung von Antimaterie-Teilchen nützlich, die mit Materie nicht in direkten Kontakt kommen dürfen, weil es sonst zu Paarvernichtung bzw. Zerstrahlung käme.

Kondensierte Materie. Ein Verband mehrerer ionisierter Atome in einer Ionenfalle (vgl. Abbildung 6) kann als Coulomb-Kristall angesehen werden. Wegen der durch Laserkühlung erreichten sehr tiefen Temperatur übertrifft die Coulomb-Abstoßung von benachbarten Ionen deren kinetische Energie. Dadurch entsteht eine geordnete Ionenstruktur, beispielsweise in Form von zylindrischen Schalen (Abbildung 7). Wird eine Probe von schwach miteinander wechselwirkenden Atomen (beispielsweise Wasserstoffatomen) in einer Falle gehalten und ausreichend gekühlt, dann könnte ein Zustand erreicht werden, in dem alle Wellenfunktionen der Atome gleich sind und sich im gleichen Bereich des Raumes befinden. Dieser allerdings noch nicht beobachtete Effekt heißt Bose-Einstein-Kondensation.

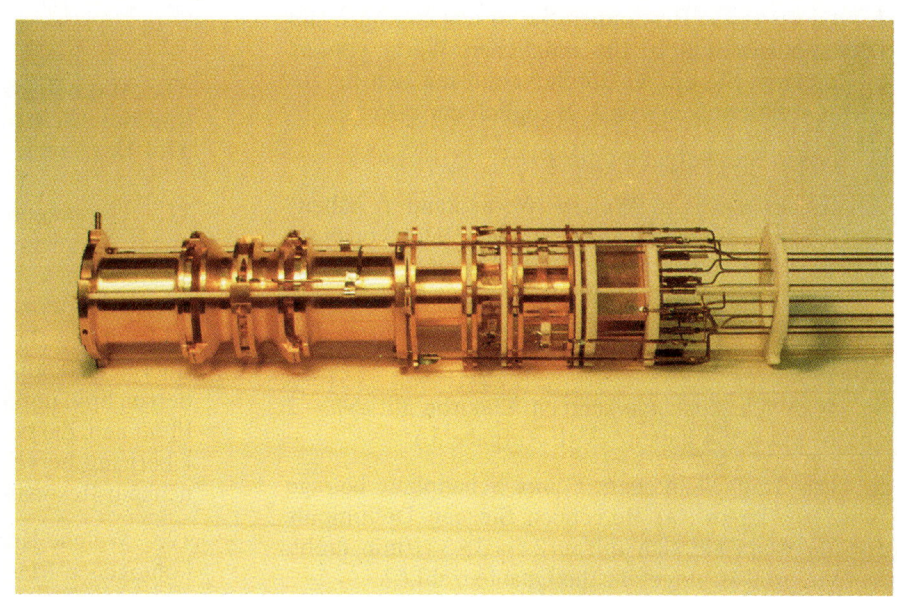

Abbildung 6 Die Penning-Falle, mit der die Aufnahme in Abbildung 7 entstand. Sie ist zylindersymmetrisch mit einem Innendurchmesser von 2,5 cm. Die Enden sind als Deckelelektroden (vgl. Abbildung 1) ausgeführt und haben positives Potential gegenüber den mittleren Elektroden. Ein (hier nicht gezeigter) supraleitender Magnet erzeugt ein homogenes Magnetfeld in Richtung der Längsachse des Zylinders. Die Falle wird in einem evakuierten Quarzgefäß betrieben. Eine Deckelelektrode weist ein Fenster auf, das photographische Aufnahmen in Längsrichtung ermöglicht. (Mit freundlicher Genehmigung von D. J. Wineland, National Institute of Standards and Technology)

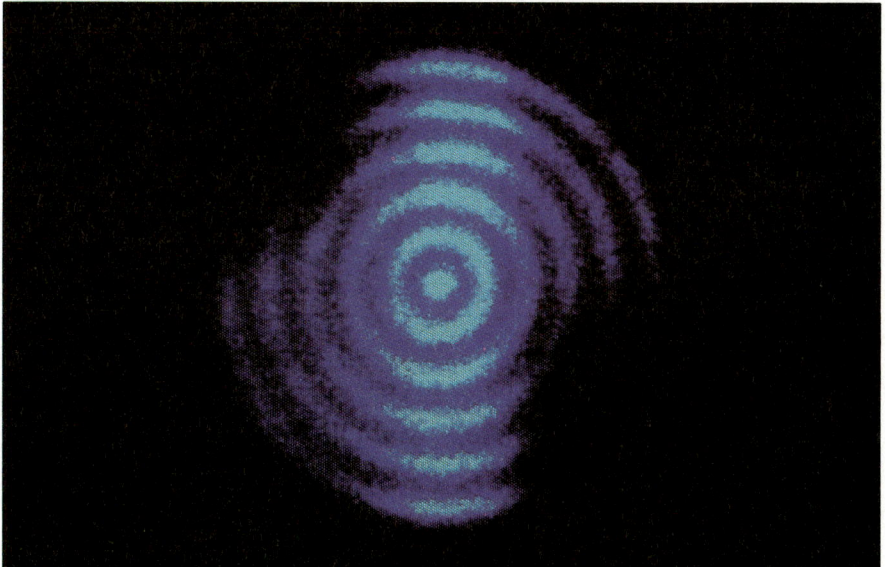

Abbildung 7 UV-Aufnahme einer Wolke aus einigen Be$^+$-Ionen, die sich in einer Penning-Falle nach Abbildung 6 befindet. Die durch Laserkühlung erreichte Temperatur betrug rund 10 mK. Die Ionenwolke wurde in Richtung der z-Achse (der Längsachse der zylindrischen Falle) durch eine der beiden Deckelelektroden betrachtet und aufgenommen. Bei sehr tiefer Temperatur bewirkt die Coulomb-Abstoßung, daß die Teilchen eine geordnete Struktur ausbilden, in diesem Falle zylindrische Schalen, die hier von einem Laserstrahl beleuchtet werden. Die äußerste Schale hat einen Durchmesser von ungefähr 150 μm. (Mit freundlicher Genehmigung von D.J. Wineland, National Institute of Standards and Technology)

Aufgaben

Stufe I

37.1 Das Wasserstoffatom

1. Es sei $\ell = 1$. Bestimmen Sie a) den Betrag L des Drehimpulses und b) die möglichen Werte von m. c) Zeichnen Sie ein Vektordiagramm mit den möglichen Orientierungen von $\boldsymbol{L}$ bezüglich der z-Achse.

2. Lösen Sie Aufgabe 1 für $\ell = 3$.

3. Es sei $n = 3$. a) Welche Werte kann ℓ haben? b) Geben Sie für jedes ℓ die möglichen Werte von m an. c) Für jede Kombination von ℓ und m sind wegen des Elektronenspins zwei Zustände möglich. Bestimmen Sie die Anzahl aller Zustände eines Elektrons mit $n = 3$.

4. Wie viele Zustände kann ein Elektron mit a) $n = 2$ und b) mit $n = 4$ haben? (Vgl. Aufgabe 3.)

5. Das Trägheitsmoment I einer Schallplatte betrage rund 10^{-3} kg·m². a) Berechnen Sie den Drehimpuls $L = I\omega$, wenn sie sich mit $\omega/2\pi = 33{,}3$ U/min dreht. b) Wie groß ist ungefähr die Quantenzahl ℓ?

6. Wie groß ist mindestens der Winkel θ zwischen $\boldsymbol{L}$ und der z-Achse bei a) $\ell = 1$, b) $\ell = 4$ und c) $\ell = 50$?

37.2 Die Wellenfunktionen des Wasserstoffatoms

7. Berechnen Sie für den Grundzustand des Wasserstoffatoms die Werte von a) ψ und b) $|\psi|^2$ sowie c) der radialen Wahrscheinlichkeitsdichte $P(r)$, jeweils bei $r = a_0$. Geben Sie alle Werte in Abhängigkeit von a_0 an.

8. Berechnen Sie für den Grundzustand des Wasserstoffatoms die Wahrscheinlichkeit, das Elektron im Bereich $\Delta r = 0{,}03 \cdot a_0$ anzutreffen: a) bei $r = a_0$ und b) bei $r = 2a_0$.

9. Zeigen Sie, daß die radiale Wahrscheinlichkeitsdichte für $n = 2$, $\ell = 1$ und $m = 0$ eines Ein-Elektronen-Atoms durch

$$P(r) = A\,\cos^2\theta\,r^4 e^{-Zr/a_0}$$

beschrieben werden kann, wobei A eine Konstante ist.

10. Die Konstane C_{200} in (37.15) ist

$$C_{200} = \frac{1}{4\sqrt{2\pi}}\left(\frac{Z}{a_0}\right)^{3/2}.$$

Berechnen Sie für das Wasserstoffatom mit $n = 2$, $\ell = 0$ und $m = 0$ die Werte von a) ψ und b) $|\psi|^2$ sowie c) der radialen Wahrscheinlichkeitsdichte $P(r)$, jeweils bei $r = a_0$. Geben Sie alle Werte in Abhängigkeit von a_0 an.

37.3 Magnetische Momente und der Elektronenspin; 37.4 Der Stern-Gerlach-Versuch

11. Die potentielle Energie eines magnetischen Moments in einem äußeren Magnetfeld $\boldsymbol{B}$ ist $V = -\boldsymbol{\mu}\cdot\boldsymbol{B}$. a) Berechnen Sie die Energiedifferenz beider möglicher Orientierungen eines Elektrons in einem Magnetfeld mit $B = 0{,}600$ T. b) Trifft ein Photon, das dieser Energiedifferenz entspricht, auf das Elektron, so kann dessen Spin umklappen. Bestimmen Sie die Energie der Photonen, die bei dem vorliegenden Magnetfeld diesen Übergang hervorrufen. Man spricht hier von Elektronenspin-Resonanz (ESR).

12. Welche Kraft wirkt auf ein Elektron in einem inhomogenen Magnetfeld mit $dB_z/dz = 850$ T/m?

13. In wie viele Teile wird der Atomstrahl beim Stern-Gerlach-Versuch aufgespalten, wenn die Atome den Gesamtspin null und die Bahndrehimpuls-Quantenzahl $\ell = 1$ haben?

14. Das magnetische Moment von Atomkernen wird oft in Vielfachen des Kernmagnetons $\mu_N = e\hbar/(2m_P)$ angegeben, wobei m_P die Protonenmasse ist. Geben Sie das Kernmagneton a) in Joule pro Tesla und b) in Elektronenvolt pro Gauß an.

37.5 Die Addition der Drehimpulse und die Spin-Bahn-Kopplung

15. In einem bestimmten angeregten Zustand habe das Wasserstoffatom einen Gesamtdrehimpuls, der der Quantenzahl $j = \tfrac{1}{2}$ entspricht. Was können Sie hierbei über die Bahndrehimpuls-Quantenzahl ℓ sagen?

16. Ein Wasserstoffatom befinde sich in einem Zustand mit $n = 3$ und $\ell = 2$. a) Welche Werte sind möglich a) für j und b) für den Betrag des Gesamtdrehimpulses, einschließlich des Spins? c) Welche Werte können die z-Komponenten des gesamten Drehimpulses annehmen?

17. Das Deuteron ist der Atomkern des schweren Wasserstoffs und besteht aus einem Proton und einem Neutron, die jeweils den Spin $\tfrac{1}{2}$ haben. a) Welche

Werte kann für $\ell = 0$ die gesamte Spinquantenzahl des Deuterons annehmen? b) Im Grundzustand hat das Deuteron $\ell = 0$ und $s = 1$. Welchen Betrag hat dabei der Drehimpuls? c) Zeichnen Sie ein Vektordiagramm mit den Spins von Proton, Neutron und Deuteron und bestimmen Sie den Winkel zwischen den Spins von Proton und Neutron.

18. Geben Sie alle spektroskopischen Bezeichnungen der Zustände des atomaren Wasserstoffs für $n = 2$ und für $n = 4$ an, mit der Benennung für den gesamten Drehimpuls.

37.6 Das Periodensystem

19. Welche Elemente haben die Elektronenkonfigurationen a) $1s^2 2s^2 2p^6 3s^2 3p^2$ und b) $1s^2 2s^2 2p^6 3s^2 3p^6 4s^2$?

20. In Abbildung 37.17 erkennt man, daß die Ionisierungsenergie auch beim Gallium ($Z = 31$) und beim Indium ($Z = 49$) abfällt. Erklären Sie dies; nehmen Sie Tabelle 37.1 mit den Elektronenkonfigurationen zu Hilfe.

21. Für welche der nachstehend genannten Elemente erwarten Sie, daß der Grundzustand aufgrund der Spin-Bahn-Kopplung aufgespalten ist: Li, B, Na, Al, K, Cu, Ga, Ag? *Hinweis:* Stellen Sie anhand von Tabelle 37.1 fest, welche Elemente im Grundzustand $\ell = 0$ haben und welche nicht.

22. Befindet sich das äußere Elektron im Lithiumatom auf der Bohrschen Bahn mit $n = 2$, so erfährt es die effektive Kernladung $Z'e = 1e$, und seine Energie ist $-13{,}6\,\text{eV}/2^2 = -3{,}4\,\text{eV}$. Die tatsächliche Ionisierungsenergie von Lithium beträgt allerdings nicht 3,4 eV, sondern 5,39 eV. Berechnen Sie mit diesem Wert nach (37.29) die effektive Kernladungszahl Z' für das äußere Elektron. Nehmen Sie dabei $r = 4a_0$ an.

23. Bestimmen Sie die möglichen Werte der z-Komponente des Bahndrehimpulses a) eines d-Elektrons und b) eines f-Elektrons.

37.7 Spektren im sichtbaren und im Röntgen-Bereich

24. Wie sind die möglichen Elektronenkonfigurationen des ersten angeregten Zustands von a) Wasserstoff, b) Natrium und c) Helium?

25. Bei welchen der nachfolgend genannten Elemente ähnelt das Spektrum im sichtbaren Bereich dem des Wasserstoffs, und bei welchen ähnelt es dem des Heliums: Li, Ca, Ti, Rb, Ag, Cd, Ba, Hg, Fr, Ra?

26. a) Berechnen Sie die beiden nächstgrößeren Wellenlängen nach der K_α-Linie in der K-Serie des Molybdäns. b) Berechnen Sie die kleinste Wellenlänge in dieser Serie.

27. Welches Element hat eine K_α-Linie mit der Wellenlänge 0,3368 nm?

28. Berechnen Sie die Wellenlänge der K_α-Linie a) von Magnesium ($Z = 12$) und b) von Kupfer ($Z = 29$).

29. a) Berechnen Sie mit der effektiven Kernladungszahl $Z - 1$ die Energie eines Elektrons in der K-Schale des Wolframatoms ($Z = 74$). b) Der experimentelle Wert ist 69,5 keV. Berechnen Sie daraus die Abschirmungskonstante σ, mit der die effektive Kernladungszahl als $Z - \sigma$ definiert ist.

37.9 Der Laser

30. Der Impuls eines Rubin-Lasers habe eine mittlere Leistung von 10 MW und dauere 1,5 ns. a) Welche Energie hat der Impuls? b) Wie viele Photonen werden dabei emittiert?

31. Ein Laserstrahl werde auf den Mond gerichtet, der von der Erde $3{,}84 \cdot 10^8$ m entfernt ist. Die Winkeldivergenz des Strahles ist gegeben durch $\sin \theta = 1{,}22\, \lambda/D$. Darin ist λ die Wellenlänge der Laserstrahlung, und D ist der Durchmesser der Laserröhre. Welchen Durchmesser hat der Strahl auf der Mondoberfläche, wenn $D = 10$ cm und $\lambda = 600$ nm ist?

Stufe II

32. Der Drehimpuls des Yttriumatoms im Grundzustand ist durch die Quantenzahl $j = \frac{3}{2}$ charakterisiert. In wie viele Teile wird ein Strahl aus Yttriumatomen beim Stern-Gerlach-Versuch aufgespalten?

33. Bestimmen Sie den Endzustand (oder die resultierende kinetische Energie) eines Elektrons des Wasserstoffatoms, das sich im Grundzustand befindet und ein Photon mit a) 12,09 eV bzw. b) 20 eV absorbiert.

34. Wie groß ist für $\ell = 2$ der Wert von $(L_x^2 + L_y^2)$: a) mindestens, b) höchstens und c) für $m = 1$?

35. Ein Teilchen der Masse m bewege sich mit der Geschwindigkeit v auf einer Kreisbahn (Radius r), die in der x-y-Ebene liegt. Betrachten Sie den Zeitpunkt, zu dem das Teilchen die y-Achse passiert. Multiplizieren Sie das Produkt $\Delta x \Delta p$ mit r/r und stellen Sie die Unschärferelation bezüglich des Winkels φ und der z-Komponente des Drehimpulses auf.

36. Ermitteln Sie den kleinsten Winkel zwischen dem Drehimpuls L und der z-Achse in Abhängigkeit von ℓ.

Zeigen Sie, daß für große Werte von ℓ gilt: $\theta_{min} \approx 1/\sqrt{\ell}$.

37. Beim Übergang von $4P_{3/2}$ bzw. von $4P_{1/2}$ in den Grundzustand emittiert das Kaliumatom Photonen der Wellenlänge 766,41 nm bzw. 769,90 nm. a) Berechnen Sie die Energien dieser Photonen in eV. b) Die Differenz der angegebenen Photonen-Energien ist gleich der Energiedifferenz ΔE der beiden genannten Zustände. Berechnen Sie ΔE. c) Schätzen Sie die Stärke des Magnetfeldes ab, das ein 4p-Elektron im Kaliumatom erfährt.

38. Wenn in einem klassischen System das Verhältnis der Ladung zur Masse nicht überall gleich ist, kann das magnetische Moment ausgedrückt werden durch

$$\mu = g \frac{Q}{2m} L.$$

Darin ist Q die Gesamtladung und m die Gesamtmasse; ferner ist $g \neq 1$. a) Zeigen Sie, daß $g = 2$ ist für einen massiven Zylinder, der um seine Achse rotiert und dessen Ladung gleichmäßig auf der Mantelfläche verteilt ist. b) Zeigen Sie, daß $g = \frac{5}{2}$ ist für eine massive Kugel, bei der die Ladung gleichmäßig auf dem Äquator verteilt ist.

39. Bei einem Stern-Gerlach-Versuch strömen Wasserstoffatome im Grundzustand mit der Geschwindigkeit $v_x = 14{,}5$ km/s aus dem Ofen. Das Magnetfeld verläuft in z-Richtung und hat den maximalen Gradienten $dB_z/dz = 600$ T/m. a) Berechnen Sie die maximale Beschleunigung der Wasserstoffatome. b) Das Magnetfeld habe die Ausdehnung $\Delta x = 75$ cm, und der Detektor liege 1,25 m hinter dem Ende des Magnetfeldes. Berechnen Sie den maximalen Abstand der beiden Linien auf dem Detektor.

40. Die radiale Wahrscheinlichkeitsdichte für ein Ein-Elektronen-Atom im Grundzustand kann als $P(r) = Cr^2 \exp(-2Zr/a_0)$ ausgedrückt werden, wobei C eine Konstante ist. Zeigen Sie, daß $P(r)$ für $r = a_0/Z$ maximal ist.

41. a) Zeigen Sie, daß die radiale Wahrscheinlichkeitsdichte für die Energieniveaus mit $n = 2$ und $\ell = 1$ eines Ein-Elektronen-Atoms als $P(r) = Ar^4 \exp(-Zr/a_0)$ gegeben ist. Darin hängt A von θ ab, jedoch nicht von r. b) Zeigen Sie, daß $P(r)$ für $r = 4a_0/Z$ maximal ist.

42. Das Proton hat den Radius $R_0 \approx 10^{-15}$ m. Die Wahrscheinlichkeit, das Elektron des Wasserstoffatoms im Kern anzutreffen, beträgt demnach

$$P = \int_0^{R_0} P(r)\, dr.$$

Darin ist $P(r)$ die radiale Wahrscheinlichkeitsdichte. Berechnen Sie die Wahrscheinlichkeit P für den Grundzustand des Wasserstoffatoms. *Hinweis:* Zeigen Sie, daß $\exp(-2r/a_0) \approx 1$ gesetzt werden kann, wenn $r \leq R_0$ ist.

43. Zeigen Sie, daß der Erwartungswert der potentiellen Energie $V(r) = -1/(4\pi\varepsilon_0) \cdot Ze^2/r$ für den Grundzustand eines Ein-Elektronen-Atoms gegeben ist durch $\langle V(r) \rangle = -2Z^2 E_0$.

44. Zeigen Sie durch direktes Einsetzen, daß die Wellenfunktion ψ_{100} in (37.12) für den Grundzustand des Wasserstoffatoms eine Lösung der Schrödinger-Gleichung (37.4) in Polarkoordinaten ist.

Stufe III

45. Zeigen Sie durch direktes Einsetzen, daß die Wellenfunktion ψ_{210} in (37.16) eine Lösung der Schrödinger-Gleichung (37.4) in Polarkoordinaten ist.

46. Zeigen Sie, daß für die Quantenzahl n die Anzahl der Zustände im Wasserstoffatom gleich $2n^2$ ist.

47. Ermitteln Sie die beiden Werte von r, bei denen $P(r)$ für die 2s-Wellenfunktion des Wasserstoffatoms ein Maximum hat.

48. Berechnen Sie die Wahrscheinlichkeit, mit der sich das Elektron im Grundzustand des Wasserstoffatoms im Bereich $0 < r < a_0$ aufhält.

38 Moleküle

Isolierte Atome kommen in der Natur nur selten vor. Meist sind sie mit gleichen oder anderen Atomen verbunden, wobei Moleküle oder Festkörper entstehen. Moleküle sind die kleinsten Einheiten einer chemischen Verbindung. Die einfachsten Moleküle bestehen aus zwei gleichen Atomen – Beispiele dafür sind der Sauerstoff (O_2) und der Stickstoff (N_2) in unserer Atmosphäre. Durch Wechselwirkung von Molekülen untereinander entstehen Flüssigkeiten oder Festkörper. In der Molekülphysik interessiert man sich für die Struktur und die Eigenschaften der Moleküle: Nach welchen Gesetzmäßigkeiten sind sie aufgebaut, und wie entstehen sie aus den elementaren Bausteinen, den Atomen? Im Unterschied zu den Atomen besitzen Moleküle innere Freiheitsgrade: Sie können schwingen und rotieren (siehe auch Abschnitt 16.7). Deshalb sind ihre Spektren komplizierter als die der Atome.

Die Struktur der Moleküle und ihre recht komplexen Spektren können mit Hilfe der Quantenmechanik überzeugend erklärt werden. Auch kann sie die Frage beantworten, warum sich gerade zwei (und nicht drei oder vier) Wasserstoffatome zu einem Molekül verbinden und warum die Edelgasatome dies nicht tun. Wie bei den Atomen (Kapitel 37) werden wir uns nur die Grundlagen anschauen und auf weitergehende Betrachtungen verzichten, denn die quantenmechanischen Berechnungen der Moleküle sind recht schwierig.

Wir können die Moleküle von zwei extremen Standpunkten aus betrachten. Nehmen wir als Beispiel das Molekül des gasförmigen Wasserstoffs (H_2). Wir können entweder sagen, hier seien zwei Wasserstoffatome irgendwie miteinander verbunden, oder wir sehen das Molekül als (quantenmechanisch zu behandelndes) System mit zwei Protonen und zwei Elektronen an. Die letztgenannte Methode wird erfolgreicher sein, denn keines der Elektronen im H_2-Molekül kann einem bestimmten Proton zugeordnet werden. Vielmehr erstreckt sich die Wellenfunktion jedes Elektrons über das gesamte Molekül. Bei komplexeren Molekülen allerdings ist eine Betrachtungsweise geeigneter, die zwischen den beiden erwähnten Extremen liegt: Es werden nur diejenigen äußeren Elektronen, die Valenzelektronen, betrachtet, die am Zustandekommen der Bindung beteiligt sind. Kennzeichen der chemischen Bindung ist, daß sich die Spins zweier Valenzelektronen von dicht beieinanderstehenden Atomen antiparallel zueinander einstellen und daß dabei ein sogenanntes **Molekülorbital** entsteht, das der Wellenfunktion der beiden gepaarten Elektronen im ganzen Molekül entspricht. In vielen Fällen können die Molekülorbitale durch Kombination aus den Atomorbitalen gebildet werden, wie wir sie im vorigen Kapitel kennengelernt haben.

38 Moleküle

38.1 Die chemische Bindung

Die zwei wichtigsten Typen der chemischen Bindung sind die ionische und die kovalente Bindung. Dazu kommen – vor allem beim Zusammenhalt von Molekülen in Flüssigkeiten oder Festkörpern – die Van-der-Waals- und die Wasserstoffbrückenbindung sowie die metallische Bindung. Meist entspricht der Bindungscharakter nicht nur einem der genannten Typen, sondern es existieren Mischformen.

Die ionische Bindung

Die **ionische Bindung** (oft auch als heteropolare Bindung bezeichnet), die in sehr vielen Salzen auftritt, ist am einfachsten zu beschreiben. Sie läßt sich bis zu einem gewissen Grad anschaulich mit dem klassischen Bild zweier sich anziehender entgegengesetzt geladener Teilchen erklären. Wir betrachten als Beispiel das Natriumchlorid NaCl (Kochsalz oder Steinsalz). Das äußerste Elektron des Natriumatoms ist ein einzelnes 3s-Elektron, das relativ leicht entfernt werden kann; die Ionisierungsenergie beträgt nur 5,14 eV (vgl. Abbildung 37.17). Die anderen Alkalimetalle besitzen ebenfalls kleine Ionisierungsenergien. Durch Entfernen des äußersten Elektrons entsteht beim Natrium das einfach positiv geladene Ion Na^+ mit einer abgeschlossenen (d.h. vollständig gefüllten), kugelsymmetrischen äußeren Elektronenschale. Dem Chloratom andererseits fehlt gerade ein Elektron zu einer kompletten Außenschale. Die Energie, die bei der Aufnahme eines Elektrons durch ein Atom frei wird, nennt man **Elektronenaffinität**. Sie hat beim Chlor den Wert 3,61 eV. Nimmt ein Chloratom ein Elektron auf, so bildet sich das Chlorid-Ion Cl^-, ebenfalls mit einer kugelsymmetrischen, abgeschlossenen Außenschale. Um aus einem Na- und einem Cl-Atom durch Übertragung eines Elektrons die beiden Ionen Na^+ und Cl^- zu erzeugen, muß man also die Energie 5,14 eV − 3,61 eV = 1,53 eV zuführen, wobei die beiden entstehenden Ionen sehr weit (mathematisch streng: unendlich weit) voneinander entfernt sind. Mit anderen Worten: Bei großer Entfernung zwischen den beiden Atomen wird das Valenzelektron des Natriums aus energetischen Gründen *nicht* zum Chloratom übergehen (es sei denn, die benötigte Energie wird von außen zugeführt). Was passiert aber, wenn die Atome nahe zusammen sind? Dazu betrachten wir die Coulombsche Wechselwirkungsenergie zwischen ihnen, die gleich $-[1/(4\pi\varepsilon_0)] \cdot e^2/r$ ist. Ist der Abstand zwischen beiden Atomen kleiner als rund 0,94 nm, so ist diese negative potentielle Energie betragsmäßig größer als 1,53 eV, so daß die ionischen Zustände der Atome gegenüber den neutralen energetisch bevorzugt sind, also eine geringere Gesamtenergie haben. D.h., das Natriumatom gibt sein Valenzelektron an das Chloratom ab, und es bildet sich als Molekül das Ionenpaar Na^+Cl^-.

Die elektrostatische Anziehung wird immer größer, je näher sich die Ionen kommen. Deshalb sollte man erwarten, daß es keinen Gleichgewichtsabstand gibt. Jedoch tritt bei sehr kleinem Kern-Kern-Abstand ein anderer Effekt auf, und zwar die gegenseitige Abstoßung der Elektronenhüllen aufgrund des **Pauli-Verbots** (Pauli-Prinzips). Danach kann nicht mehr als ein Elektron einen bestimmten Quantenzustand besetzen. Eine zu starke Überlappung der beiden Elektronenschalen wird dadurch verhindert. Diese Abstoßung zeigt sich bei allen Molekülen außer beim H_2, bei dem sie nur durch die gleichnamige Ladung der beiden Protonen hervorgerufen wird. (Die beiden Elektronen haben mit antiparallelen Spins dieselbe Wellenfunktion.)

Wir können uns die Abstoßung aufgrund des Pauli-Verbots einfach vorstellen: Sind beide Ionen weit voneinander entfernt, dann überlappt die Wellenfunktion eines inneren Elektrons des einen Ions mit keiner Wellenfunktion irgendeines Elektrons im anderen Ion. Also können Elektronen auch gleiche Quantenzahlen haben, da sie jeweils nur einem der beiden Kerne zugeordnet sind. (Erinnern wir uns an Abschnitt 36.12. Das Pauli-Verbot hängt mit folgendem Sachverhalt zusammen: Die Wellenfunktion zweier identischer Elektronen ist antisymmetrisch bezüglich des Austauschs beider Elektronen, und eine antisymmetrische Wellenfunktion zweier Elektronen mit denselben Quantenzahlen ist null, wenn die Raumkoordinaten beider Elektronen gleich sind.) Wird der Abstand der Ionen nun aber kleiner, so beginnen die Wellenfunktionen der inneren Elektronen einander zu überlappen, weil sich die Elektronen im selben Teil des Raumes aufhalten. Gemäß dem Pauli-Verbot müssen dann einige Elektronen in Zustände übergehen, die höheren Quantenzahlen entsprechen. Dazu muß Energie aufgewandt werden. Das ist gleichbedeutend mit einer Abstoßung der beiden Ionen bei sehr geringem Abstand. Aufgrund des Pauli-Prinzips wird sich somit ein Gleichgewichtsabstand zwischen den Ionen einstellen.

Die gesamte potentielle Energie des Ionenpaares ist gleich der Summe aus der elektrostatischen Anziehung und der Abstoßung aufgrund des Pauli-Verbots. Die Abhängigkeit der Energie vom Abstand ist in Abbildung 38.1 gezeigt. Beim **Gleichgewichtsabstand** r_0 ist die Energie minimal. Wird der Abstand kleiner als r_0, dann steigt die Energie (aus den eben beschriebenen Gründen) steil an. Die Energie, die man aufwenden muß, um das Ionenpaar (im Gleichgewichtsabstand) in die isolierten neutralen Atome zu überführen, beträgt beim NaCl 4,26 eV. Sie wird auch **Dissoziationsenergie** genannt.

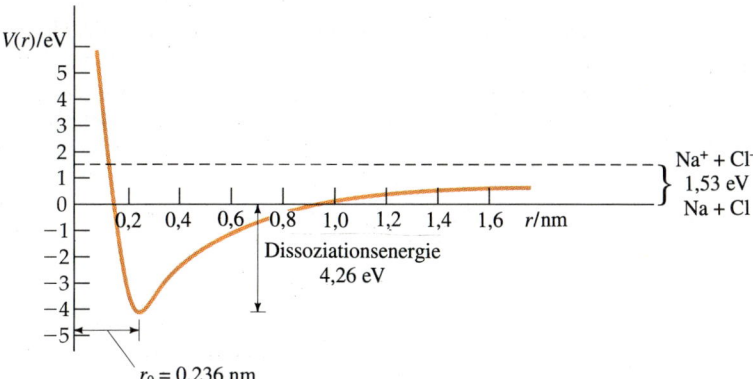

38.1 Die potentielle Energie des Ionenpaares Na^+Cl^- als Funktion des Kern-Kern-Abstands r. Sie hat ihr Minimum beim Gleichgewichtsabstand $r_0 = 0{,}236$ nm. Die Energie der beiden getrennten Ionen beträgt bei unendlich großem Kern-Kern-Abstand ($r = \infty$) 1,53 eV. Diese Energie ist erforderlich, um die beiden Ionen aus den neutralen Atomen zu erzeugen.

Die Na^+Cl^--Ionenpaare können in der Gasphase durch Verdampfen von festem NaCl erzeugt werden. Dieses kristallisiert in einer kubischen Struktur, bei der die beiden Ionensorten die Ecken und Flächenmitten von gegeneinander versetzten Würfeln besetzen (Abschnitt 39.1). Im Kristall haben die entgegengesetzt geladenen Ionen mit 0,28 nm einen etwas größeren Gleichgewichtsabstand als beim freien Ionenpaar in der Gasphase. Wegen der Nachbarschaft weiterer entgegengesetzt geladener Ionen ist im Festkörper die Coulomb-Energie pro Ionenpaar kleiner als in der Gasphase.

Beispiel 38.1

Die Elektronenaffinität von Fluor beträgt 3,45 eV, und der Gleichgewichtsabstand der Ionen im Natriumfluorid (NaF) liegt bei 0,193 nm. a) Wieviel Energie muß aufgewandt werden, um aus den neutralen Atomen Na und F die Ionen Na^+ und F^- zu erzeugen? b) Wie groß ist die Coulomb-Energie zwischen beiden Ionen im Gleichgewichtsabstand? c) Die Dissoziationsenergie des NaF beträgt 4,99 eV. Wie groß ist die Abstoßungsenergie zwischen den Ionen beim Gleichgewichtsabstand?

a) Die Ionisierungsenergie des Na-Atoms beträgt 5,14 eV. Daher ist zur Bildung von Na$^+$ und F$^-$ aus den Atomen folgende Energie aufzuwenden: 5,14 eV − 3,45 eV = 1,69 eV.

b) Wir setzen die elektrostatische potentielle Energie V der Ionen Na$^+$ und F$^-$ bei unendlichem Abstand zunächst gleich null. Dann ist beim Gleichgewichtsabstand

$$V = -\frac{1}{4\pi\varepsilon_0} \cdot \frac{e^2}{r} = -\frac{(8{,}99 \cdot 10^9 \text{ N} \cdot \text{m}^2/\text{C}^2) \cdot (1{,}60 \cdot 10^{-19} \text{ C})^2}{1{,}93 \cdot 10^{-10} \text{ m}}$$

$$= -1{,}19 \cdot 10^{-18} \text{ J}\,.$$

Umrechnen in eV ergibt

$$V = -1{,}19 \cdot 10^{-18} \text{ J}\, \frac{1 \text{ eV}}{1{,}60 \cdot 10^{-19} \text{ J}} = -7{,}45 \text{ eV}\,.$$

c) Nun setzen wir die elektrostatische potentielle Energie V bei unendlichem Abstand gleich 1,69 eV; dies ist die Energie, die nötig ist, um die Ionen aus den neutralen Atomen zu erzeugen. Damit ist beim Gleichgewichtsabstand $V = -7{,}45$ eV $+ 1{,}69$ eV $= -5{,}76$ eV. Weil die Dissoziationsenergie 4,99 eV beträgt, ist die Abstoßungsenergie zwischen Na$^+$ und F$^-$ beim Gleichgewichtsabstand 5,76 eV − 4,99 eV = 0,77 eV.

Die kovalente Bindung

Eine ionische Bindung kann nur zwischen Atomen zustande kommen, deren Elektronenaffinitäten sich deutlich unterscheiden und bei denen durch den Austausch von Elektronen abgeschlossene Elektronenschalen entstehen. Bei identischen Atomen oder anderen Paaren von Atomen, auf die die obigen Merkmale nicht zutreffen, sorgt ein anderer Mechanismus, die **kovalente Bindung** (auch homöopolare Bindung genannt) dafür, daß sich Moleküle bilden können. Als Beispiele seien die Moleküle von Wasserstoff (H$_2$), Stickstoff (N$_2$) oder Kohlenmonoxid (CO) genannt. Wir sehen uns den einfachsten Fall an, das Wasserstoffmolekül. Berechnen wir die Energie, die nötig ist, um durch Übertragung eines Elektrons die Ionen H$^+$ und H$^-$ zu bilden, und addieren die elektrostatische Anziehungsenergie beider Ionen, dann stellen wir fest, daß die Gesamtenergie bei keinem Abstand negativ ist. Somit kann die Bindung im H$_2$-Molekül nicht ionisch sein. Sie läßt sich nicht mehr klassisch erklären, sondern ist vielmehr quantenmechanischer Natur: Die Energieabnahme bei der Annäherung und Bindung der zwei Wasserstoffatome beruht auf der Zugehörigkeit beider Elektronen zu *beiden* Atomen. Eine entscheidende Rolle spielen hierbei die Symmetrieeigenschaften der Wellenfunktionen beider Elektronen.

Das Prinzip der kovalenten Bindung können wir anhand eines einfachen eindimensionalen Beispiels verstehen. Abbildung 38.2 a zeigt zwei räumlich voneinander getrennte Kästen mit endlich hohen Potentialwällen. Es liege ein einzelnes Elektron vor, das sich mit gleicher Wahrscheinlichkeit in jedem der beiden Potentialkästen aufhalten kann. Weil die Kästen identisch sind, muß $|\psi|^2$ symmetrisch zur Mitte zwischen beiden Kästen sein. Dann ist ψ entweder symmetrisch (ψ_S) oder antisymmetrisch (ψ_A). In Abbildung 38.2 b ist der Grundzustand für den Fall wiedergegeben, daß beide Kästen dicht beieinanderliegen. Ganz wichtig ist, daß hier *zwischen* den Kästen die symmetrische Wellenfunktion groß ist, während die antisymmetrische eine Nullstelle hat.

Fügen wir nun ein zweites Elektron hinzu. Die gesamte Wellenfunktion beider Elektronen muß wegen des Pauli-Verbots *antisymmetrisch* bezüglich des Austauschs der Elektronen sein. (Dieser Austausch ist auch gleichbedeutend mit der Vertauschung der Kästen.) Wir können die gesamte Wellenfunktion in einen räumlichen und einen Spinanteil aufspalten.

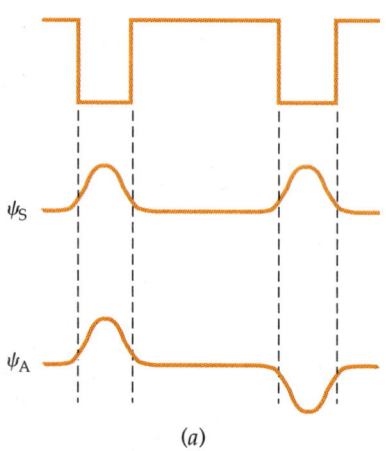

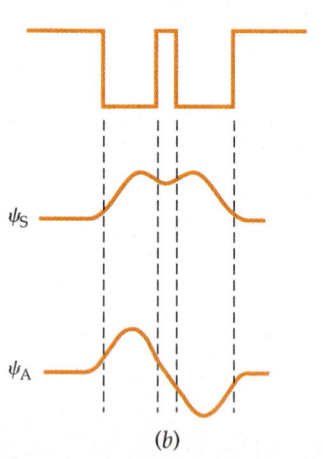

38.2 a) Zwei Kästen mit endlich hohen Potentialwällen sind weit voneinander entfernt. Die Wellenfunktion des Elektrons kann räumlich symmetrisch (ψ_S) oder antisymmetrisch (ψ_A) sein. Die Wahrscheinlichkeitsdichte und die Energie ist jeweils dieselbe. b) Hier befinden sich die beiden Kästen nahe beieinander. Jetzt ist die symmetrische Wellenfunktion in der Mitte zwischen ihnen größer als die antisymmetrische.

Befassen wir uns zuerst mit den Symmetrieeigenschaften des Spinanteils. Haben beide Elektronen parallele Spins (Gesamtspin $S = 1$), so ist mit $m_S = +1$ (m_S ist die magnetische Quantenzahl des Spins) der Spinzustand

$$\varphi_{1,+1} = \uparrow_1 \uparrow_2 \quad \text{mit} \quad S = 1, m_S = +1 \,. \tag{38.1}$$

Darin bedeutet $\uparrow_1$, daß Elektron 1 die magnetische Quantenzahl $m_s = +\frac{1}{2}$ des Spins hat, und $\uparrow_2$ besagt das gleiche für Elektron 2. Entsprechend ist für $m_S = -1$ der Spinzustand

$$\varphi_{1,-1} = \downarrow_1 \downarrow_2 \quad \text{mit} \quad S = 1, m_S = -1 \,. \tag{38.2}$$

Darin bedeutet $\downarrow$, daß das betreffende Elektron (1 bzw. 2) die magnetische Quantenzahl $m_s = -\frac{1}{2}$ des Spins hat. Beachten Sie, daß beide Zustände symmetrisch bezüglich des Austauschs der Elektronen sind. Der Spinzustand für $S = 1$ und $m_S = 0$ ist – wie hier nicht gezeigt werden kann – proportional zu

$$\varphi_{1,0} \approx \uparrow_1 \downarrow_2 + \uparrow_2 \downarrow_1 \quad \text{mit} \quad S = 1, m_S = 0 \,. \tag{38.3}$$

Auch er ist symmetrisch bezüglich des Austauschs der Elektronen. Für antiparallele Spins, also $S = 0$, gilt

$$\varphi_{0,0} \approx \uparrow_1 \downarrow_2 - \uparrow_2 \downarrow_1 \quad \text{mit} \quad S = 0, m_S = 0 \,. \tag{38.4}$$

Dieser Zustand ist antisymmetrisch bezüglich des Austauschs der Elektronen.

Diesen vier Gleichungen entnehmen wir den entscheidenden Sachverhalt: Der Spinanteil der Wellenfunktion ist symmetrisch für parallele Spins und antisymmetrisch für antiparallele Spins. Weil die gesamte Wellenfunktion das Produkt aus räumlichem Anteil und Spinanteil ist, folgt:

> Damit die *gesamte Wellenfunktion* zweier Elektronen *antisymmetrisch* bezüglich des Austauschs der Elektronen ist, muß ihr räumlicher Anteil antisymmetrisch sein, wenn die Spins parallel sind (Gesamtspin $S = 1$); entsprechend muß der räumliche Anteil symmetrisch sein, wenn die Spins der Elektronen antiparallel ($S = 0$) sind.

Kehren wir jetzt zu den beiden Wasserstoffatomen zurück. In Abbildung 38.3 sind eine symmetrische und eine antisymmetrische Wellenfunktion (ψ_S bzw. ψ_A) aufgetragen, und zwar in a) für große Entfernung beider Protonen und in b) für geringen Kern-Kern-Abstand. In c) ist die jeweilige Wahrscheinlichkeitsdichte

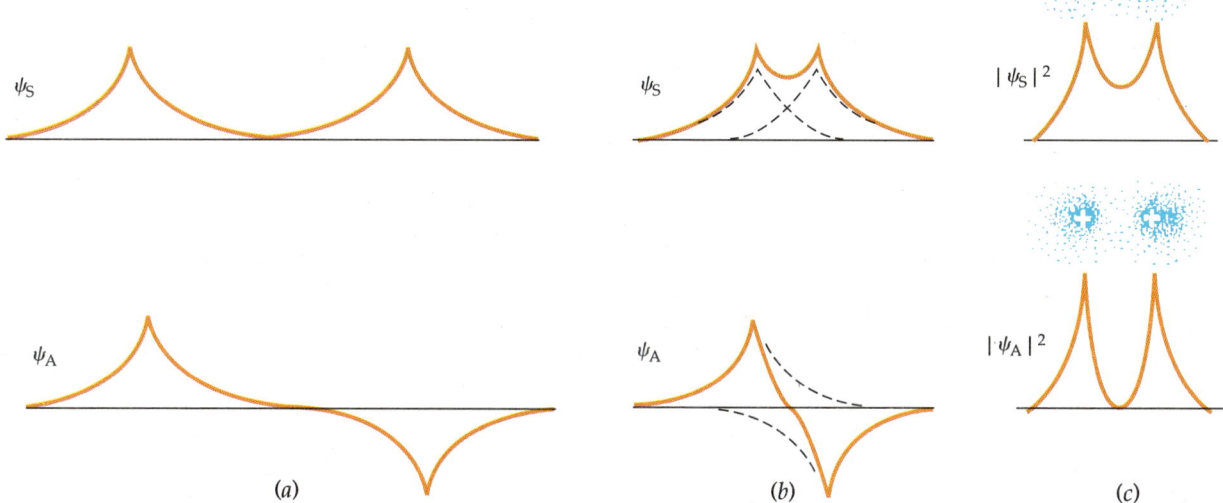

38.3 Für zwei Wasserstoffatome sind hier (eindimensional) die räumlichen Anteile der Wellenfunktionen dargestellt. ψ_S ist die symmetrische und ψ_A die antisymmetrische Wellenfunktion: a) bei großem Abstand, b) bei geringem Abstand der Protonen. c) Die Wahrscheinlichkeitsdichte $|\psi|^2$ der Elektronen bei geringem Abstand. Sie ist zwischen den Kernen groß bei der symmetrischen Wellenfunktion ψ_S. Dadurch kommt die Bindung der Wasserstoffatome im H_2-Molekül zustande. Bei der antisymmetrischen Wellenfunktion ψ_A ist die Ladungsdichte zwischen den Protonen gering, und die Atome bilden kein Molekül.

$|\psi|^2$ gezeigt. Beachten Sie, daß die Wahrscheinlichkeitsdichte der Elektronen zwischen den Protonen groß ist für die symmetrische Wellenfunktion und klein für die antisymmetrische. Wenn die Spins der Elektronen antiparallel sind, was nichts anderes bedeutet, als daß der räumliche Anteil der Wellenfunktion symmetrisch ist, dann sind die Elektronen also häufig zwischen den Protonen zu finden. Eine hohe Aufenthaltswahrscheinlichkeit der Elektronen zwischen den Protonen ist aber gleichbedeutend mit einer Bindung der Atome. Letztlich beruht also auch die kovalente Bindung nach der Quantenmechanik auf elektrostatischen Kräften, nämlich auf der Kompensation der gegenseitigen Abstoßung der positiven Kerne durch die im Fall der symmetrischen Wellenfunktion zwischen ihnen vorhandene negative Ladungsdichte. Der obere Teil von Abbildung 38.3c zeigt, wie die negativ geladene Elektronenwolke zwischen den Protonen konzentriert ist. Umgekehrt: Wenn die Elektronenspins parallel sind, so ist der räumliche Anteil der Wellenfunktion antisymmetrisch, was zu einer sehr geringen Aufenthaltswahrscheinlichkeit der Elektronen zwischen den Protonen führt (unterer Teil von Abbildung 38.3c). In diesem Fall bilden die Atome kein Molekül.

Die gesamte elektrostatische potentielle Energie des H_2-Moleküls setzt sich zusammen aus einem positiven Anteil, der von der gegenseitigen Abstoßung der Elektronen bzw. der Protonen herrührt, und einem negativen Anteil aufgrund der Anziehung zwischen Elektronen und Protonen. In Abbildung 38.4 ist die potentielle Energie V für zwei Wasserstoffatome gegen den Kern-Kern-Abstand aufgetragen, und zwar für den Fall, daß der räumliche Anteil der gesamten Wellenfunktion symmetrisch ist (Kurve V_S), und für den Fall einer asymmetrischen Wellenfunktion (Kurve V_A). Es zeigt sich, daß V bei der symmetrischen Wellenfunktion für nicht zu kleine Abstände negativ ist und ein Minimum durchläuft. (Diese Kurve ähnelt derjenigen für die ionische Bindung in Abbildung 38.1.) Der Abstand beim Minimum der Energiekurve heißt **Gleichgewichtsabstand** oder **Gleichgewichtsbindungslänge** r_0. Er beträgt beim Wasserstoffmolekül 0,074 nm, und die Bindungsenergie ist 4,52 eV. Dagegen ist die Energie beim antisymmetrischen räumlichen Anteil der Wellenfunktion niemals negativ (das bedeutet Abstoßung), so daß es zu keiner Bindung kommen kann. Die potentielle Energie zwischen den beiden H-Atomen im H_2-Molekül läßt sich auch durch das sogenannte Lennard-Jones-Potential beschreiben, auf das wir in den Aufgaben 18 und 19 zu diesem Kapitel eingehen.

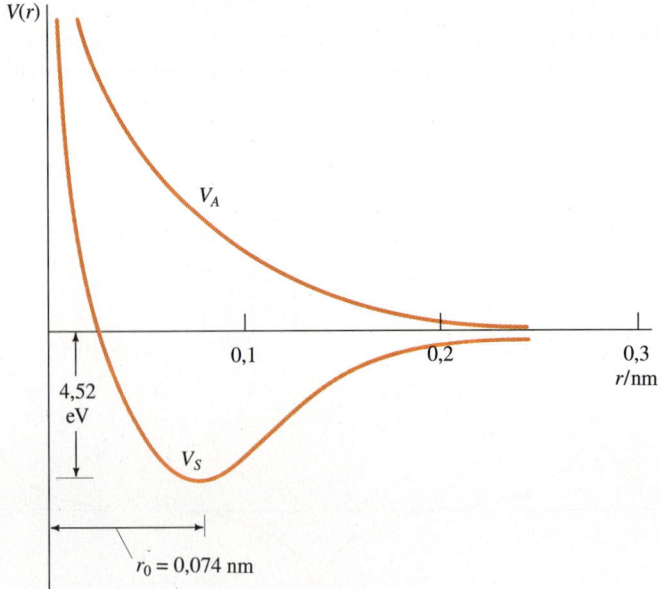

38.4 Die Potentialkurve für zwei Wasserstoffatome in Abhängigkeit vom Kern-Kern-Abstand. Die mit V_S bezeichnete Kurve entspricht der Wellenfunktion mit symmetrischem räumlichem Anteil, während V_A zum antisymmetrischen räumlichen Anteil gehört.

Wir können nun verstehen, warum es kein H_3-Molekül geben kann. Das Elektron des dritten Atoms kann sich nicht in einem 1s-Zustand befinden und gleichzeitig seinen Spin antiparallel zu beiden anderen Elektronen ausrichten. Daher muß es einen Zustand einnehmen, der einer antisymmetrischen Wellenfunktion entspricht. Das führt zur Abstoßung (vgl. Abbildung 38.4).

Warum gibt es kein He_2-Molekül? Die beiden Heliumatome haben insgesamt vier Elektronen. Zwei von diesen könnten eine Bindung erzeugen, wie sie eben für das H_2-Molekül beschrieben wurde. Jedoch müßten die beiden anderen Elektronen dann Zustände besetzen, zu denen eine Gesamtwellenfunktion mit antisymmetrischem räumlichem Anteil gehört, was zur Abstoßung führt. Der Grund ist auch hier das Pauli-Verbot: Werden die zwei He-Atome sehr nahe zusammengebracht, so befinden sich die Elektronen im gleichen Volumen und müssen sich in mindestens einer Quantenzahl unterscheiden. Deshalb werden zwei von ihnen ein höheres Energieniveau besetzen. Dies entspricht der antisymmetrischen Wellenfunktion ψ_A in Abbildung 38.3 b (unten) bzw. der Kurve V_A in Abbildung 38.4. Lediglich bei sehr tiefen Temperaturen oder sehr hohen Drücken kann es zu einer Bindung zwischen Heliumatomen kommen, und zwar aufgrund der Van-der-Waals-Kräfte (s. u.). Die Bindung zeigt sich bei normalen Drücken als Kondensation zur Flüssigkeit. Allerdings ist diese Bindung so schwach, daß Helium unter Atmosphärendruck bereits bei rund 4 K siedet, also einzelne Atome bildet, weil die thermische Bewegung die Bindungskräfte überwindet. Festes Helium kann – gleich, bei welcher Temperatur – nur bei Drücken über 20 bar existieren.

Eine Bindung zwischen zwei gleichen Atomen, wie bei O_2 oder N_2, ist immer rein kovalent. Sind die Atome aber verschieden, dann kann die Bindung oft als eine Mischung aus kovalentem und ionischem Anteil angesehen werden. Selbst beim Ionenpaar Na^+Cl^- besteht für das Elektron, das auf das Cl-Atom überging, noch eine gewisse Aufenthaltswahrscheinlichkeit in der Nähe des Na-Atoms. Seine Wellenfunktion ist hier nicht exakt null. Das Elektron bewirkt eine Bindung, die neben dem ionischen Charakter auch eine gering ausgeprägte kovalente Eigenschaft hat.

Die Größe des **ionischen Anteils** einer Bindung kann anhand des Dipolmoments abgeschätzt werden. Wäre die Bindung im NaCl rein ionisch, dann befände sich das Zentrum der positiven Ladung am Na^+-Ion und das der negativen am Cl^--Ion, und das Dipolmoment des Ionenpaares hätte den Betrag

$$p_{ionisch} = e\, r_0, \qquad 38.5$$

wobei r_0 der Kern-Kern-Gleichgewichtsabstand der beiden Ionen und e die Elementarladung ist. Damit wird

$$p_{ionisch} = e\, r_0$$
$$= (1{,}60 \cdot 10^{-19}\,C) \cdot (2{,}36 \cdot 10^{-10}\,m) = 3{,}78 \cdot 10^{-29}\,C \cdot m\,.$$

Der gemessene Wert ist

$$p_{gemessen} = 3{,}00 \cdot 10^{-29}\,C \cdot m\,.$$

Wir bilden nun den Quotienten aus $p_{gemessen}$ und $p_{ionisch}$ und erhalten den Anteil, zu dem die Bindung ionisch ist: $3{,}00/3{,}78 = 0{,}79$. Wir können also sagen, die Bindung im Ionenpaar Na^+Cl^- ist nur zu 79 Prozent ionisch.

Übung

Der Gleichgewichtsabstand (die Gleichgewichtsbindungslänge) im HCl-Molekül beträgt 0,128 nm. Sein Dipolmoment wurde zu $3{,}60 \cdot 10^{-30}\,C \cdot m$ gemessen. Wie hoch ist der ionische Anteil an der Bindung? (Antwort: 18 Prozent)

Van-der-Waals-Kräfte

Auch zwischen Atomen und Molekülen, die keine ionische oder kovalente Bindung eingehen können, wie bei Helium, gibt es Anziehungskräfte. Man nennt sie **Van-der-Waals-Kräfte**. Sie rühren von der elektrostatischen Anziehung zwischen induzierten oder permanenten Dipolen her und sind wesentlich schwächer als die Kräfte bei einer ionischen oder kovalenten Bindung. Daher genügt oft schon eine kleine Temperaturerhöhung, um den Zusammenhalt durch die thermische Bewegung zu lösen. Dann verdampft die Substanz. Anders ausgedrückt: Die Van-der-Waals-Kräfte führen bei ausreichend tiefer Temperatur zur Kondensation und zum Gefrieren molekularer (oder atomarer) Substanzen. Lediglich Helium wird – wie bereits erwähnt – unter Atmosphärendruck nicht fest. – Die potentielle Wechselwirkungsenergie als Funktion des Kern-Kern-Abstandes r verläuft bei Van-der-Waals-Kräften mit r^{-6} (siehe auch Aufgabe 20).

In Abbildung 38.5 ist am Beispiel H_2O die Anziehung zweier Moleküle veranschaulicht, die ein permanentes Dipolmoment aufweisen. Das elektrische Feld des einen Dipols führt zur Ausrichtung des anderen Moleküls, so daß sich beide anziehen. Dadurch wird die potentielle Energie erniedrigt.

Auch zwischen unpolaren Molekülen treten Van-der-Waals-Kräfte auf. Diese Moleküle haben zwar kein permanentes Dipolmoment, jedoch verändern sich die Positionen ihrer Elektronen ständig (Fluktuationen der Elektronendichte), so daß Dipolmomente entstehen, die Betrag und Richtung schnell wechseln. Diese transienten Dipole eines Moleküls induzieren ihrerseits momentane Dipolmomente in benachbarten Molekülen, und es resultiert im zeitlichen Mittel eine Anziehung zwischen ihnen (Abbildung 38.6). Diese Wechselwirkungen werden auch Londonsche Dispersionskräfte genannt.

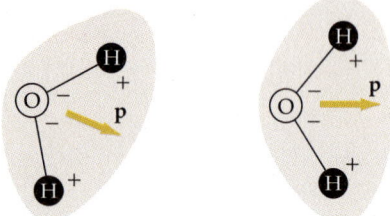

38.5 Die gegenseitige Anziehung zweier Moleküle mit permanentem Dipolmoment p, hier am Beispiel des Wassers gezeigt.

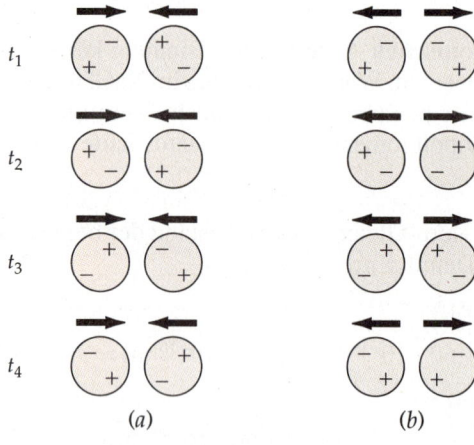

38.6 Die Van-der-Waals-Kräfte zwischen Molekülen, die kein permanentes Dipolmoment aufweisen. a) Mögliche relative Orientierungen der beiden momentanen Dipolmomente, die zu verschiedenen Zeitpunkten eine Anziehung bewirken. b) Einige Orientierungen, die zur Abstoßung führen. Weil das elektrische Feld jedes momentanen Dipols auf das andere Molekül induzierend wirkt, sind diese Orientierungen viel unwahrscheinlicher als die anziehenden relativen Orientierungen in a).

Die Wasserstoffbrückenbindung

Etwas stärker als die durch Van-der-Waals-Kräfte hervorgerufene Bindung ist die Wasserstoffbrückenbindung. Sie ist unter anderem verantwortlich für den relativ hohen Siedepunkt des Wassers und für die Sekundärstruktur von biologischen Makromolekülen. Hier ist vor allem die Helixstruktur der DNA (Desoxyribonucleinsäure) zu nennen. Beim Zustandekommen der Wasserstoffbrückenbindung wirkt ein Proton als Verbindungsglied zwischen zwei anderen Atomen, die

Sauerstoff-, Stickstoff- oder Fluoratome sein können. Am häufigsten sind die Wasserstoffbrückenbindungen zwischen zwei Sauerstoffatomen (wie im Wasser selbst) und die zwischen einem Sauerstoff- und einem Stickstoffatom (wie teilweise in den Peptiden).

Die metallische Bindung

Einen ganz anderen Bindungstyp als die bisher behandelten stellt die metallische Bindung dar. Hier teilen sich nicht zwei oder wenige Atome mehrere Elektronen (oder tauschen sie aus), sondern jedes Valenzelektron gehört zu allen Atomen, d.h., seine Wellenfunktion erstreckt sich über das gesamte Volumen. Mit anderen Worten: Die Valenzelektronen bilden ein Elektronen-„Gas", das in der dreidimensionalen Anordnung der positiven Atomrümpfe frei beweglich ist. Man kann sagen, die gleichmäßig verteilte negative Ladungsdichte hält die positiven Ionen zusammen. In dieser Hinsicht ähnelt die metallische Bindung der kovalenten, umfaßt aber weitaus mehr Atome. Die Anzahl der freien Elektronen in einem Metall liegt bei etwa 1 pro Atom.

Fragen

1. Warum ist der Gleichgewichtsabstand der Kerne im H_2^+-Ion größer als im H_2-Molekül?
2. Ist das N_2-Molekül polar oder unpolar?
3. Kommt Neon als Ne oder als Ne_2 vor? Begründen Sie Ihre Antwort.

38.2 Mehratomige Moleküle

Zu den Molekülen mit mehr als zwei Atomen gehören so einfache wie das Wasser mit der molaren Masse 18 g/mol, aber auch riesige Makromoleküle – etwa von Proteinen – mit molaren Massen von bis zu 10^6 g/mol. Die Struktur auch dieser Moleküle kann im Prinzip mit denselben quantenmechanischen Methoden beschrieben werden, wie wir sie auf zweiatomige Moleküle angewandt haben. Bei vielen größeren Molekülen tritt neben der kovalenten Bindung auch die Wasserstoffbrückenbindung auf. Wir wollen uns hier auf einige einfache Moleküle beschränken: Wasser (H_2O), Ammoniak (NH_3) und Methan (CH_4). An diesen können wir sowohl die Einfachheit als auch die Leistungsfähigkeit der quantenmechanischen Beschreibung illustrieren.

Die wichtigste Bedingung für das Zustandekommen einer kovalenten Bindung ist die Zugehörigkeit der bindenden Elektronen zu allen jeweils beteiligten Atomen. Die Wellenfunktionen der Valenzelektronen müssen sich also so stark wie möglich überlappen. Betrachten wir das beim H_2O-Molekül. Das Sauerstoffatom hat im Grundzustand die Elektronenkonfiguration $1s^2 2s^2 2p^4$. Die 1s- und die 2s-Elektronen nehmen an der Bindung nicht teil, sondern nur die äußersten, die 2p-Elektronen. Die 2p-Unterschale (mit $\ell = 1$, siehe Kapitel 37) kann insgesamt 6 Elektronen aufnehmen. Im isolierten Atom können wir deren Zustände durch die wasserstoffähnlichen Wellenfunktionen mit den magnetischen Quantenzahlen $m = -1, 0$ und $+1$ beschreiben. Geht ein Atom eine Bindung ein, so sind nur ganz bestimmte Linearkombinationen dieser Wellenfunktionen wichtig: im vor-

38 Moleküle

liegenden Fall die sogenannten p_x-, p_y- und p_z-Orbitale (zum Orbitalbegriff siehe auch Kapitel 37). Die Winkelabhängigkeit dieser Orbitale sieht wie folgt aus:

$$p_x \propto \sin\theta \cos\varphi \qquad 38.6$$

$$p_y \propto \sin\theta \sin\varphi \qquad 38.7$$

$$p_z \propto \cos\theta \,. \qquad 38.8$$

Die Elektronendichteverteilungen dieser Orbitale sind in Abbildung 38.7 dargestellt. (Im Gegensatz zu den p-Atomorbitalen sind die s-Atomorbitale kugelsymmetrisch.) Man erkennt in der Abbildung, daß die Elektronendichte jeweils in Richtung der betreffenden Achse maximal ist.

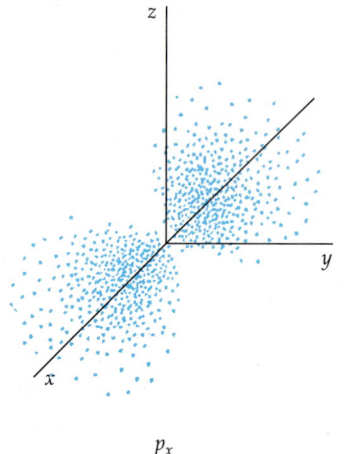
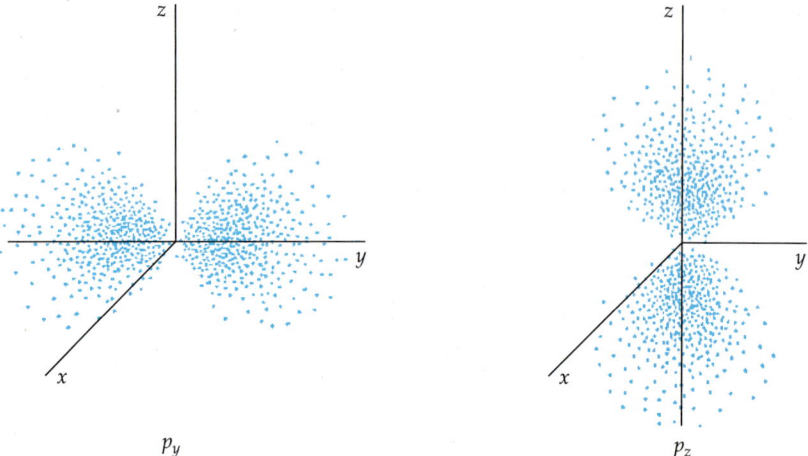

38.7 Die räumliche Verteilung der Elektronendichte der p-Elektronen in den drei Atomorbitalen p_x, p_y und p_z.

Von den vier 2p-Elektronen des Sauerstoffatoms befinden sich zwei (mit antiparallelen Spins) in einem Orbital, beispielsweise im $2p_z$-Orbital, und je eines im $2p_x$- und im $2p_y$-Orbital. Diese beiden Elektronen bilden nun mit je einem 1s-Elektron der beiden Wasserstoffatome eine kovalente Bindung, wie wir sie im vorigen Abschnitt besprochen haben (d.h., die Elektronen paaren ihre Spins, wobei sich die Wellenfunktionen überlappen, siehe Abbildung 38.8). Wegen der gegenseitigen Abstoßung der p-Elektronen sowie der Elektronen der Wasserstoffatome ist der Winkel zwischen den Bindungen größer als 90° (dies ist ja der

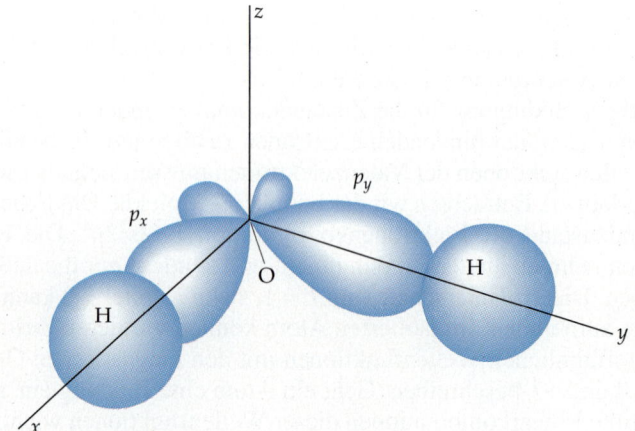

38.8 Schematische Darstellung der Elektronendichteverteilung im H_2O-Molekül. (Wir haben hier stillschweigend ein etwas genaueres Modell gezeichnet, als im Text diskutiert wird: dargestellt sind Hybridorbitale; wir werden sie beim Kohlenstoff kennenlernen.)

Winkel zwischen den p-Orbitalen im Atom). Das Ausmaß der Abstoßung kann quantenmechanisch berechnet werden. Dabei ergibt sich der Bindungswinkel zu 104,5°, wie er auch experimentell ermittelt wurde.

Mit Hilfe ähnlicher Betrachtungen können wir die Struktur des Ammoniakmoleküls (NH_3) erklären. Das Stickstoffatom hat in den drei 2p-Orbitalen je ein Elektron, von denen jedes eine Bindung ausbilden kann, hier zu einem Wasserstoffatom. Auch im NH_3 sind die Bindungswinkel wegen der Abstoßung größer als 90°.

Bei den Bindungen, die das Kohlenstoffatom eingeht, sind die Verhältnisse etwas komplizierter. Hier gibt es verschiedene Bindungstypen, die zur großen Vielfalt der Kohlenstoffverbindungen beitragen. Das C-Atom hat im Grundzustand die Elektronenkonfiguration $1s^2 2s^2 2p^2$. Danach sollte man erwarten, daß es mit den beiden p-Elektronen zwei Bindungen ausbildet, die einen Winkel von rund 90° einschließen. Jedoch ist der Kohlenstoff, wie im Methan CH_4, fast ausnahmslos vierbindig. Somit muß ein Mechanismus wirksam sein, den wir noch nicht betrachtet haben.

Im ersten angeregten Zustand des Kohlenstoffatoms ist eines der beiden 2s-Elektronen in das leere p-Orbital angehoben. Nach dieser sogenannten **Promotion** liegen vier ungepaarte Elektronen vor: 2s, $2p_x$, $2p_y$ und $2p_z$. Nun könnten wir vermuten, daß drei Bindungen mit den p-Elektronen und eine (etwas anders geartete) mit dem s-Elektron ausgebildet werden. Jedoch tritt eine **Hybridisierung** ein, bei der aus den drei p-Orbitalen und dem einen s-Orbital vier neue, gleiche Orbitale entstehen (sp^3-Hybridisierung). Sie können durch Linearkombinationen der Atomorbitale der betreffenden Elektronen beschrieben werden. Da sich die Elektronen in den vier gleichen **Hybridorbitalen** gegenseitig abstoßen, sind diese Orbitale in die Ecken eines regelmäßigen Tetraeders gerichtet (Abbildung 38.9). Diese tetraedrische Struktur finden wir auch beim Ethanmolekül C_2H_6 (Abbildung 38.10). Hier besteht zwischen den beiden Kohlenstoffatomen eine Bindung, so daß die beiden Tetraeder Spitze an Spitze miteinander verbunden sind.

Als weitere Möglichkeit können im Kohlenstoffatom nur zwei p-Elektronen mit dem s-Elektron hybridisieren (sp^2-Hybridisierung). Die drei dadurch gebil-

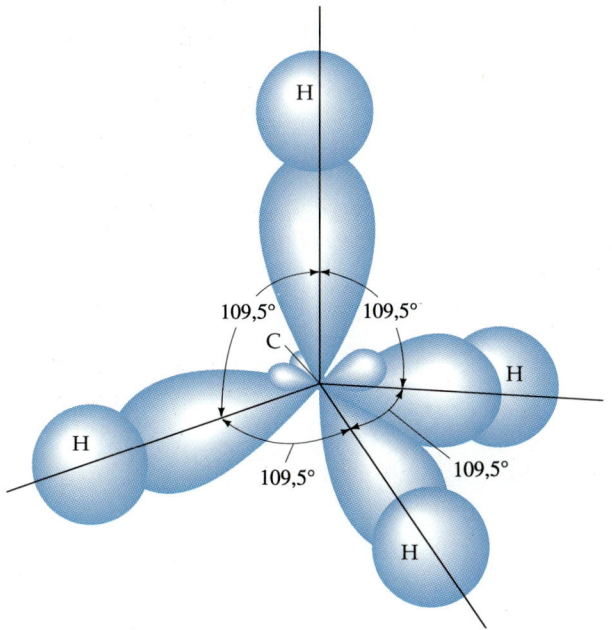

38.9 Die (schematisch dargestellte) Elektronendichteverteilung im Methanmolekül (CH_4).

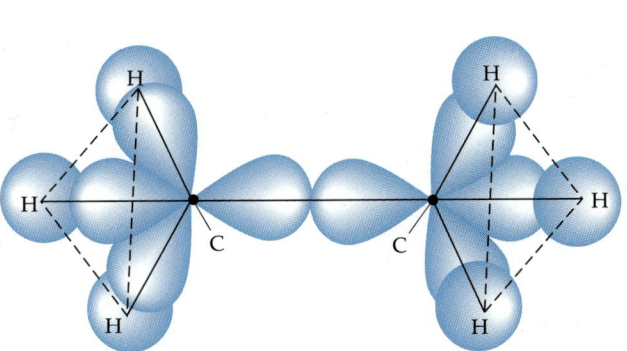

38.10 Die (schematisch wiedergegebene) Elektronendichteverteilung im Ethanmolekül ($H_3C—CH_3$).

38 Moleküle

Tabelle 38.1 Einige wichtige Moleküle

- ● Sauerstoffatome
- ● Wasserstoffatome
- ● Kohlenstoffatome
- ● Stickstoffatome
- ● Schwefelatome

Estradiol $C_{18}H_{24}O_2$

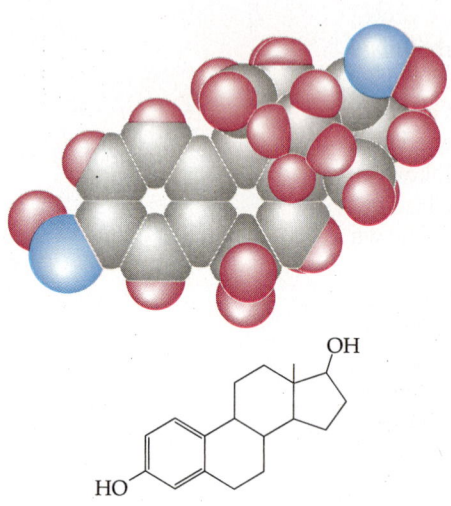

Estradiol ist eines der weiblichen Sexualhormone. Es bildet sich ab der Pubertät, und seine Menge wird in den Wechseljahren geringer.

Cholesterin $C_{27}H_{46}O$

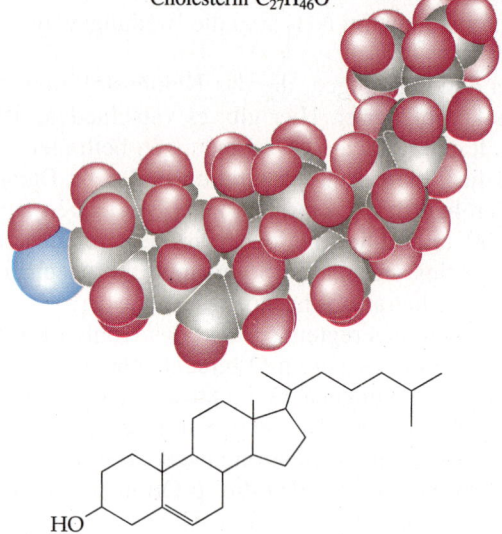

Cholesterin wird in der Leber gebildet und spielt beim Stoffwechsel eine große Rolle. Es ist Baustein der Zellmembran, findet sich im Blutplasma und ist Ausgangssubstanz für die Synthese von Steroidhormonen.

2-Furylmethanthiol C_5H_6OS

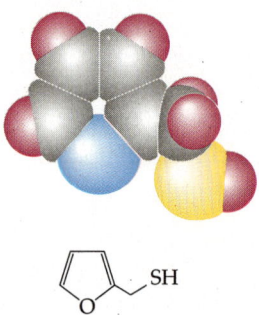

2-Furylmethanthiol ist eine der Substanzen, die für das Aroma des Kaffees verantwortlich sind.

Coffein $C_8H_{10}O_2N_4$

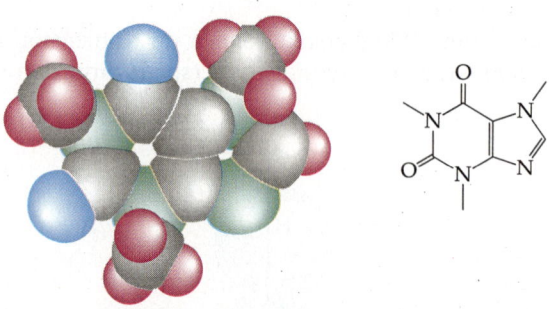

Coffein hat stimulierende Wirkung und ist in Kaffee und Tee enthalten. Es wird auch einigen Erfrischungsgetränken beigegeben.

Citronensäure $C_6H_8O_7$

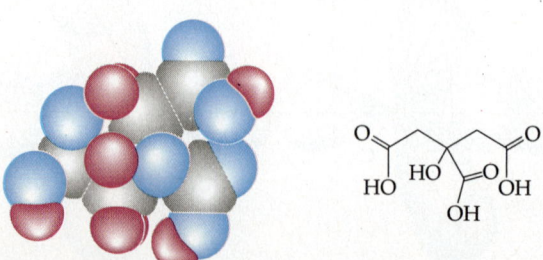

Citronensäure ist in Zitronen, Grapefruits und Orangen enthalten.

Fructose $C_6H_{12}O_6$

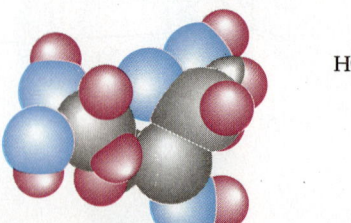

Die Fructose ist ein Zucker, der im Honig und in vielen Früchten vorkommt.

38.2 Mehratomige Moleküle

Morphin $C_{17}H_{19}O_3N$

Morphin, der Hauptbestandteil des Opiums, wirkt auf das Zentralnervensystem. Es ist ein starkes Schmerzmittel und führt sehr leicht zur Abhängigkeit.

Vanillin $C_8H_8O_3$

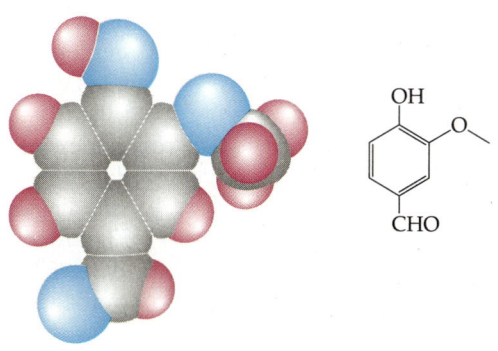

Vanillin ist der Hauptbestandteil des Vanille-Öls und wird als Aroma für viele Süßspeisen, Gebäcke und Speiseeis verwendet.

Pelargonidin $C_{15}H_{11}O_5$

Pelargonidin ist eine der Substanzen, die für die rote Färbung von Himbeeren, Erdbeeren und Äpfeln verantwortlich sind.

para-Hydroxyphenol-2-butanon $C_{10}H_{12}O_2$

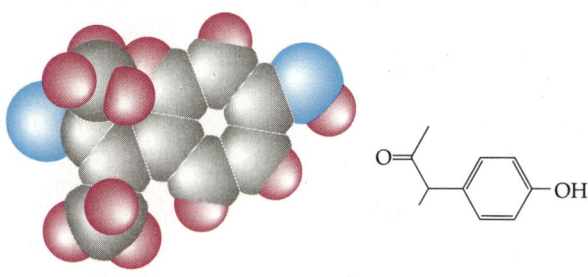

para-Hydroxyphenol-2-butanon (3-(para-Hydroxyphenyl)-butan-2-on) ist die Substanz, durch die das Aroma der Himbeeren hauptsächlich hervorgerufen wird.

Methyl-Cyanacrylat $C_5H_5O_2N$

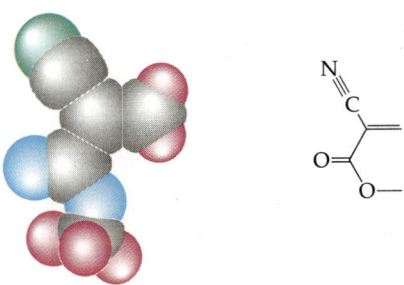

Methyl-Cyanacrylat (Methyl-2-cyanopropenoat) ist der Hauptbestandteil der sogenannten Sekundenkleber.

Trinitrotoluol $C_7H_5O_6N_3$

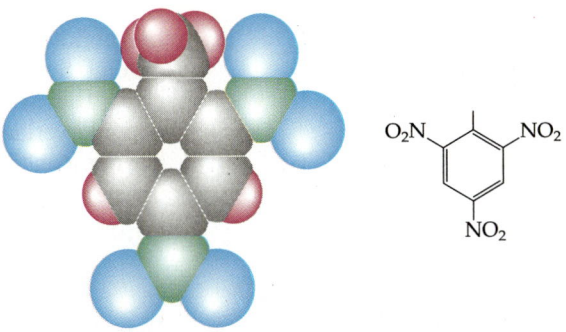

Trinitrotoluol (TNT) ist ein häufig verwendeter konventioneller Sprengstoff. Schon bei geringer Anregungsenergie reagieren die Sauerstoffatome mit den übrigen Atomen des Moleküls unter Bildung von CO_2, H_2O und gasförmigem N_2. Die Explosivwirkung beruht auf dieser plötzlichen Bildung großer Gasmengen aus dem Feststoff.

deten Hybridorbitale liegen in einer Ebene und schließen jeweils einen Winkel von 120° ein. Das an dieser Hybridisierung nicht beteiligte p-Orbital steht senkrecht auf dieser Ebene und wird zur Ausbildung einer Bindung herangezogen, die in gleicher Richtung wie eine der Bindungen verläuft, die mit den Hybridorbitalen gebildet werden. Dann spricht man von einer Doppelbindung, wie z. B. im Ethen $H_2C=CH_2$. Die sp^2-Hybridisierung liegt auch im Graphit vor und führt zu dessen Schichtstruktur (Abschnitt 39.1). Schließlich sei noch die sp-Hybridisierung erwähnt, bei der zwei p-Orbitale unbeteiligt bleiben. Die Hybridorbitale liegen abgewandt voneinander auf einer Geraden, und die beiden p-Elektronen tragen zu einer Dreifachbindung bei, wie etwa im Ethin (Acetylen) HC≡CH. Einige komplexere Moleküle, deren Struktur hier nicht behandelt werden kann, sind in Tabelle 38.1 wiedergegeben.

38.3 Energieniveaus und Spektren zweiatomiger Moleküle

Wie die Atome emittieren auch die Moleküle elektromagnetische Strahlung, wenn sie von einem angeregten Zustand in einen energetisch tieferen (meist den Grundzustand) übergehen. Entsprechend muß für einen Übergang in einen energetisch höheren Zustand Strahlung absorbiert werden. Daher erhält man aus den Emissions- oder Absorptionsspektren der Moleküle Informationen über deren Energieniveaus. Der Einfachheit halber betrachten wir im folgenden nur zweiatomige Moleküle.

Die Energie, die ein zweiatomiges Molekül bei der Absorption aufgenommen hat, kann in drei Formen vorliegen: als elektronische Anregung, als Schwingung der Atome oder als Rotation des Moleküls um seinen Massenmittelpunkt. Die jeweiligen Energien sind recht unterschiedlich, so daß wir sie in der Regel separat betrachten können, wenn keine sehr hohe Genauigkeit gefordert ist. Die zur Anregung eines Elektrons erforderliche Energie liegt – wie bei den Atomen – in der Größenordnung von 1 eV. Dagegen sind die Energien von Schwingung und Rotation deutlich geringer.

Rotationsenergieniveaus

In Abbildung 38.11 ist das einfache Hantelmodell eines zweiatomigen Moleküls gezeigt. Seine Atome haben die Massen m_1 und m_2, und der Kern-Kern-Abstand ist r_0. Das Molekül soll um eine Achse rotieren, die durch seinen Massenmittelpunkt verläuft. Wie in Abschnitt 8.3 gezeigt, ist nach der klassischen Mechanik die Rotationsenergie

$$E_{rot} = \frac{1}{2} I \omega^2 \,. \qquad 38.9$$

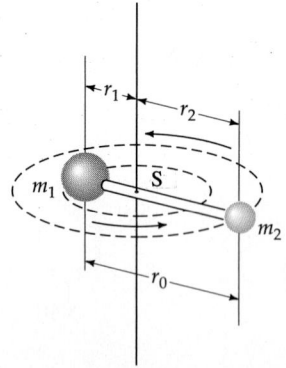

38.11 Die Rotation eines zweiatomigen Moleküls um eine Achse, die durch seinen Massenmittelpunkt (Schwerpunkt) S geht und senkrecht auf der Bindungsachse steht. (Massenmittelpunkt und Schwerpunkt fallen bei Molekülen zusammen, vgl. die Diskussion in den Abschnitten 7.1 und 9.2.)

Darin ist I das Trägheitsmoment, und ω ist die Kreisfrequenz oder Winkelgeschwindigkeit der Rotation. Wir drücken E_{rot} durch den Drehimpuls $L = I\omega$ aus und erhalten

$$E_{rot} = \frac{(I\omega)^2}{2I} = \frac{L^2}{2I} \,. \qquad 38.10$$

38.3 Energieniveaus und Spektren zweiatomiger Moleküle

Aus den Lösungen der Schrödinger-Gleichung für die Rotation ergibt sich die Quantisierung des Drehimpulses L:

$$L^2 = J(J+1)\,\hbar^2 \quad \text{mit} \quad J = 0, 1, 2, \ldots \qquad 38.11$$

Hier ist J die Rotationsquantenzahl. Diese Quantisierungsbedingung ist identisch mit derjenigen für den Bahndrehimpuls eines Elektrons in einem Atom (Gleichung 37.7). In der Spektroskopie wird die Rotationsquantenzahl üblicherweise mit J und nicht mit ℓ bezeichnet. Beachen Sie aber, daß die Größe L in (38.10) den Drehimpuls des gesamen Moleküls angibt, wenn es rotiert, wie in Abbildung 38.11 gezeigt. Die Energieniveaus der Rotation sind damit

$$E_{\text{rot}} = \frac{J(J+1)\,\hbar^2}{2I} = J(J+1)\,B \quad \text{mit} \quad J = 0, 1, 2, \ldots \qquad 38.12 \quad \textit{Rotationsenergieniveaus}$$

Darin ist B die charakteristische Rotationsenergie des betreffenden Moleküls, die auch Rotationskonstante genannt wird. Sie ist umgekehrt proportional zu dessen Trägheitsmoment:

$$B = \frac{\hbar^2}{2I}. \qquad 38.13 \quad \textit{charakteristische Rotationsenergie (Rotationskonstante)}$$

Aus dem Rotationsspektrum eines Moleküls können dessen Rotationsenergieniveaus und damit sein Trägheitsmoment ermittelt werden. Daraus läßt sich wiederum die Bindungslänge errechnen, wenn man die Masse der Atome kennt. Bei einem zweiatomigen Molekül ist das Trägheitsmoment um eine Rotationsachse durch den Massenmittelpunkt des Moleküls (den Molekülschwerpunkt) (siehe Abbildung 38.11)

$$I = m_1 r_1^2 + m_2 r_2^2.$$

Die Abstände r_1 und r_2 der beiden Atome vom Massenmittelpunkt sind gegeben durch $m_1 r_1 = m_2 r_2$. Der Gleichgewichtsabstand der Atome voneinander ist $r_0 = r_1 + r_2$. Damit können wir das Trägheitsmoment (vgl. Aufgabe 14) schreiben als

$$I = \mu r_0^2. \qquad 38.14$$

Darin ist μ die **reduzierte Masse**,

$$\mu = \frac{m_1 m_2}{m_1 + m_2}. \qquad 38.15 \quad \textit{reduzierte Masse}$$

Sind die Massen beider Atome gleich (also $m_1 = m_2 = m$), wie etwa in H_2 oder O_2, dann ist die reduzierte Masse gleich der halben Masse eines Atoms ($\mu = \tfrac{1}{2} m$), und das Trägheitsmoment ist

$$I = \frac{1}{2} m r_0^2. \qquad 38.16$$

Der Bequemlichkeit halber werden die Massen von Atomen und Molekülen oft in der **atomaren Masseneinheit** u angegeben. Diese ist definiert als $\tfrac{1}{12}$ der Masse eines Atoms des Kohlenstoff-12-Isotops (^{12}C). Demnach ist die Masse eines Atoms in u ebenso groß wie seine molare Masse in Gramm. Mit der Avogadro-Zahl $N_A = 6{,}0221 \cdot 10^{23}$ gilt

$$1\,\text{u} = \frac{1\,\text{g}}{N_A} = \frac{10^{-3}\,\text{kg}}{6{,}0221 \cdot 10^{23}} = 1{,}6606 \cdot 10^{-27}\,\text{kg}\,. \qquad 38.17$$

Beispiel 38.2

Berechnen Sie die reduzierte Masse des HCl-Moleküls.

Aus dem Periodensystem (siehe Innenseite des vorderen Buchdeckels) entnehmen wir die Atommassen $m_H = 1{,}01$ u und $m_{Cl} = 35{,}5$ u. Damit ist die reduzierte Masse

$$\mu = \frac{m_1 m_2}{m_1 + m_2} = \frac{(1{,}01\,\text{u})\,(35{,}5\,\text{u})}{1{,}01\,\text{u} + 35{,}5\,\text{u}} = 0{,}982\,\text{u}\,.$$

Beachten Sie, daß die reduzierte Masse kleiner ist als die geringere der beiden Atommassen. Ist – wie hier – eine der beiden Massen wesentlich größer als die andere, so liegt der Massenmittelpunkt des Moleküls nahe beim Mittelpunkt des schwereren Atoms, und die reduzierte Masse ist etwa gleich der des leichteren Atoms.

Beispiel 38.3

Schätzen Sie die charakteristische Rotationsenergie (die Rotationskonstante) des O_2-Moleküls ab. Nehmen Sie dabei den Abstand der Atome zu $r_0 = 0{,}1$ nm an.

Mit der Masse m eines O-Atoms ist gemäß (38.16) das Trägheitsmoment

$$I = \frac{1}{2} m r_0^2\,.$$

Das setzen wir in (38.13) ein und erhalten so für die Rotationskonstante

$$B = \frac{\hbar^2}{m r_0^2}\,.$$

Mit $m = 16\,\text{u} = 16 \cdot (1{,}66 \cdot 10^{-27}\,\text{kg}) = 2{,}66 \cdot 10^{-26}\,\text{kg}$ und $r_0 = 10^{-10}$ m wird

$$B = \frac{\hbar^2}{m r_0^2} = \frac{(1{,}05 \cdot 10^{-34}\,\text{J}\cdot\text{s})^2}{(2{,}66 \cdot 10^{-26}\,\text{kg}) \cdot (10^{-10}\,\text{m})^2}$$
$$= 4{,}14 \cdot 10^{-23}\,\text{J} = 2{,}59 \cdot 10^{-4}\,\text{eV}\,.$$

Dem in Beispiel 38.3 errechneten Wert entnehmen wir, daß die Rotationsenergien um einige Größenordnungen kleiner als die der elektronischen Anregung sind, die bei 1 eV oder höher liegen. Höhere Rotationsenergieniveaus in Molekülen können also durch die Absorption von Photonen niedriger Energie, d. h. Licht im Bereich des fernen Infrarot, besetzt werden. Beachten Sie außerdem, daß die Rotationsenergien wesentlich kleiner sind als die thermische Energie bei Raumtemperatur. Bei $T = 300$ K ist $k_B T = 0{,}026$ eV. Daher kann man bei gewöhnlichen Temperaturen ein Molekül schon durch Stöße mit anderen Teilchen zu Rotationen anregen, jedoch nicht zu elektronischen Übergängen.

Für Übergänge zwischen den Rotationszuständen gilt die Auswahlregel $\Delta J = \pm 1$; die Rotationsquantenzahl kann sich also höchstens um 1 ändern.

Schwingungsenergieniveaus

Die Quantisierung der Energie eines einfachen harmonischen Oszillators war eines der ersten Probleme, dessen Lösung Schrödinger im Zusammenhang mit seiner Wellengleichung veröffentlichte. Die Lösungen der Schrödinger-Gleichung für einen einfachen harmonischen Oszillator ergeben die Energieniveaus (vergleiche Abschnitt 36.9, Gleichung 36.54)

$$E_{\text{vib}} = \left(v + \frac{1}{2}\right) h\nu \quad \text{mit } v = 0, 1, 2, 3, \ldots \qquad 38.18$$

Schwingungsenergieniveaus

Darin ist ν die Frequenz der Schwingung, und v ist die **Schwingungsquantenzahl**. Gleichung (38.18) zeigt, daß zwei Schwingungsenergieniveaus stets den Abstand $h\nu$ haben. Die Frequenz, mit der die Atome eines zweiatomigen Moleküls gegeneinander schwingen, hängt von der Kraft ab, die sie in der Bindung aufeinander ausüben. Nehmen wir an, zwei Körper mit den Massen m_1 und m_2 werden durch eine Feder mit der Kraftkonstante k zusammengehalten. Dann ist (siehe Aufgabe 21) die Frequenz ν, mit der die beiden Körper schwingen,

$$\nu = \frac{1}{2\pi}\sqrt{\frac{k}{\mu}}. \qquad 38.19$$

Auch hier ist μ die reduzierte Masse; siehe (38.15). Wenn man spektroskopisch die Schwingungsenergieniveaus des Moleküls ermittelt, kann man daraus dessen Schwingungsfrequenz und die Kraftkonstante der Bindung berechnen.

Für den Übergang zwischen den Schwingungszuständen gilt bei einem harmonischen Oszillator die Auswahlregel $\Delta v = \pm 1$. Somit wird jeweils ein Photon der Energie $h\nu$ absorbiert oder emittiert, wobei ν identisch mit der Frequenz der angeregten Molekülschwingung ist. Ein typischer Wert von ν ist $5 \cdot 10^{13}$ Hz. Damit haben die Energieniveaus der Schwingung die Größenordnung

$$E \approx h\nu = (4{,}14 \cdot 10^{-15}\ \text{eV}\cdot\text{s}) \cdot (5 \cdot 10^{13}\ \text{s}^{-1}) = 0{,}2\ \text{eV}.$$

Diese Energie ist rund 1000mal größer als die charakteristische Rotationsenergie (vgl. Beispiel 38.3) und etwa 8mal größer als die thermische Energie bei Raumtemperatur, denn bei $T = 300$ K ist $k_\text{B}T = 0{,}026$ eV.

Beispiel 38.4

Die Schwingungsfrequenz des CO-Moleküls beträgt $6{,}42 \cdot 10^{13}$ Hz. Wie groß ist die Kraftkonstante der C-O-Bindung?

Die Massen sind $m_1 = 12$ u (Kohlenstoff) und $m_2 = 16$ u (Sauerstoff). Damit ist die reduzierte Masse

$$\mu = \frac{m_1 m_2}{m_1 + m_2} = \frac{12\ \text{u} \cdot 16\ \text{u}}{12\ \text{u} + 16\ \text{u}} = 6{,}86\ \text{u}.$$

Wir rechnen in SI-Einheiten um, indem wir mit $1{,}66 \cdot 10^{-27}$ kg/u multiplizieren:

$$\mu = 6{,}86\ \text{u} \cdot (1{,}66 \cdot 10^{-27}\ \text{kg/u}) = 1{,}14 \cdot 10^{-26}\ \text{kg}.$$

Nun lösen wir (38.19) nach der Kraftkonstante k auf und setzen die Werte ein:

$$\begin{aligned} k &= (2\pi\nu)^2\, \mu = 4\pi^2 \cdot (6{,}42 \cdot 10^{13}\ \text{Hz})^2 \cdot (1{,}14 \cdot 10^{-26}\ \text{kg}) \\ &= 1{,}86 \cdot 10^3\ \text{N/m}. \end{aligned}$$

Emissionsspektren

Die Abbildung 38.12 zeigt schematisch einige Elektronen-, Schwingungs- und Rotationsenergieniveaus eines zweiatomigen Moleküls. Die Schwingungsenergieniveaus haben, wie bereits erwähnt, gleichen Abstand voneinander ($\Delta E = h\nu$), sie sind *äquidistant*. Das gilt jedoch nicht bei höheren Schwingungsquantenzahlen v, weil die Schwingung dann anharmonisch wird und sich nicht mehr durch den harmonischen Oszillator beschreiben läßt. Die beiden Kurven, die die potentielle Energie V in Abhängigkeit vom Atomabstand r wiedergeben, unterscheiden sich etwas in ihrer Form. Diese Potentialkurven besitzen auch unterschiedliche Gleichgewichtsabstände, d.h., ihre Minima liegen nicht beim gleichen Atomabstand. Die Bindungslänge und die Kraftkonstante ändern sich bei der elektronischen Anregung, so daß auch die Frequenz der Grundschwingung (mit $v = 0$) nicht dieselbe ist. Zudem öffnen sich die Potentialkurven bei höheren Anregungsenergien asymmetrisch (wegen des anharmonischen Charakters der Schwingungen; ein harmonischer Oszillator hat eine parabelförmige Potentialkurve). Bei Übergängen von einem elektronischen Niveau in ein anderes werden Photonen im sichtbaren Bereich des Spektrums oder nahe bei diesem emittiert. Die Emissionsspektren, die von der elektronischen Anregung der Moleküle herrühren, heißen deshalb auch *optische Spektren*.

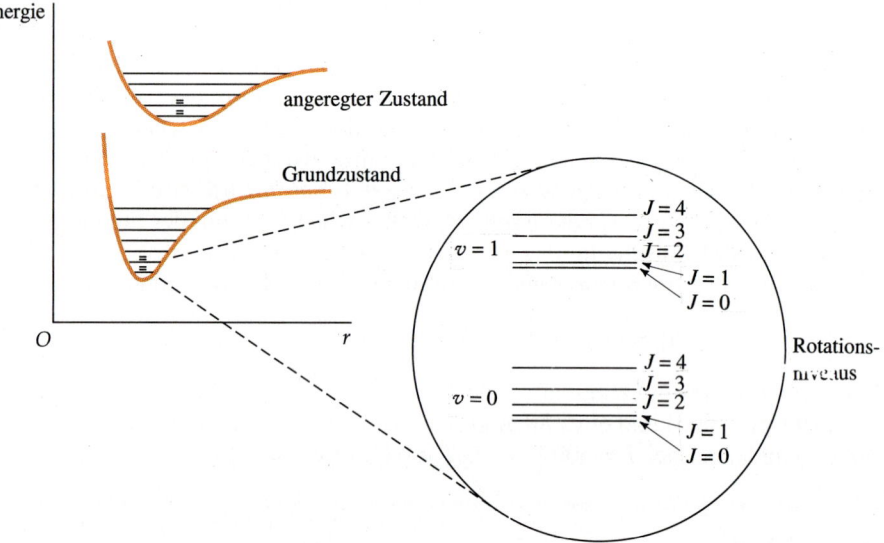

38.12 Einige Energieniveaus eines zweiatomigen Moleküls. Das Diagramm links zeigt zwei elektronische Potentialkurven; die waagerechten Linien repräsentieren die jeweiligen (äquidistanten) Schwingungsenergieniveaus. Rechts ist ein Ausschnitt (für den elektronischen Grundzustand) vergrößert dargestellt. Es handelt sich um die Energieniveaus mit den Rotationsquantenzahlen $J = 0$ bis $J = 4$, und zwar für die beiden energetisch niedrigsten Schwingungsenergieniveaus mit $v = 0$ und $v = 1$.

Der Abstand aufeinanderfolgender Rotationsenergieniveaus steigt proportional zu $J(J+1)$, er kann also leicht in die Größenordnung der Schwingungsenergie-Abstände kommen. Wegen der Auswahlregel $\Delta J = \pm 1$ oder 0 bilden die Rotationsübergänge aber dicht benachbarte Linien. Daher bewirken die Rotationsübergänge in den optischen Spektren eine Feinaufspaltung der Spektrallinien. Wird diese Feinstruktur im Spektrometer nicht aufgelöst, dann erscheinen breite Linien, die sogenannten Rotationsbanden (Abbildung 38.13a). In Abbildung 38.13b ist das Rotations-Schwingungs-Spektrum von N_2 gezeigt.

Absorptionsspektren

In der Molekülspektroskopie werden sehr häufig Infrarotabsorptionstechniken eingesetzt. Durch die Infrarotstrahlung werden nur Schwingungs- und Rotationsübergänge des elektronischen Grundzustands angeregt. Bei Raumtemperatur

38.3 Energieniveaus und Spektren zweiatomiger Moleküle

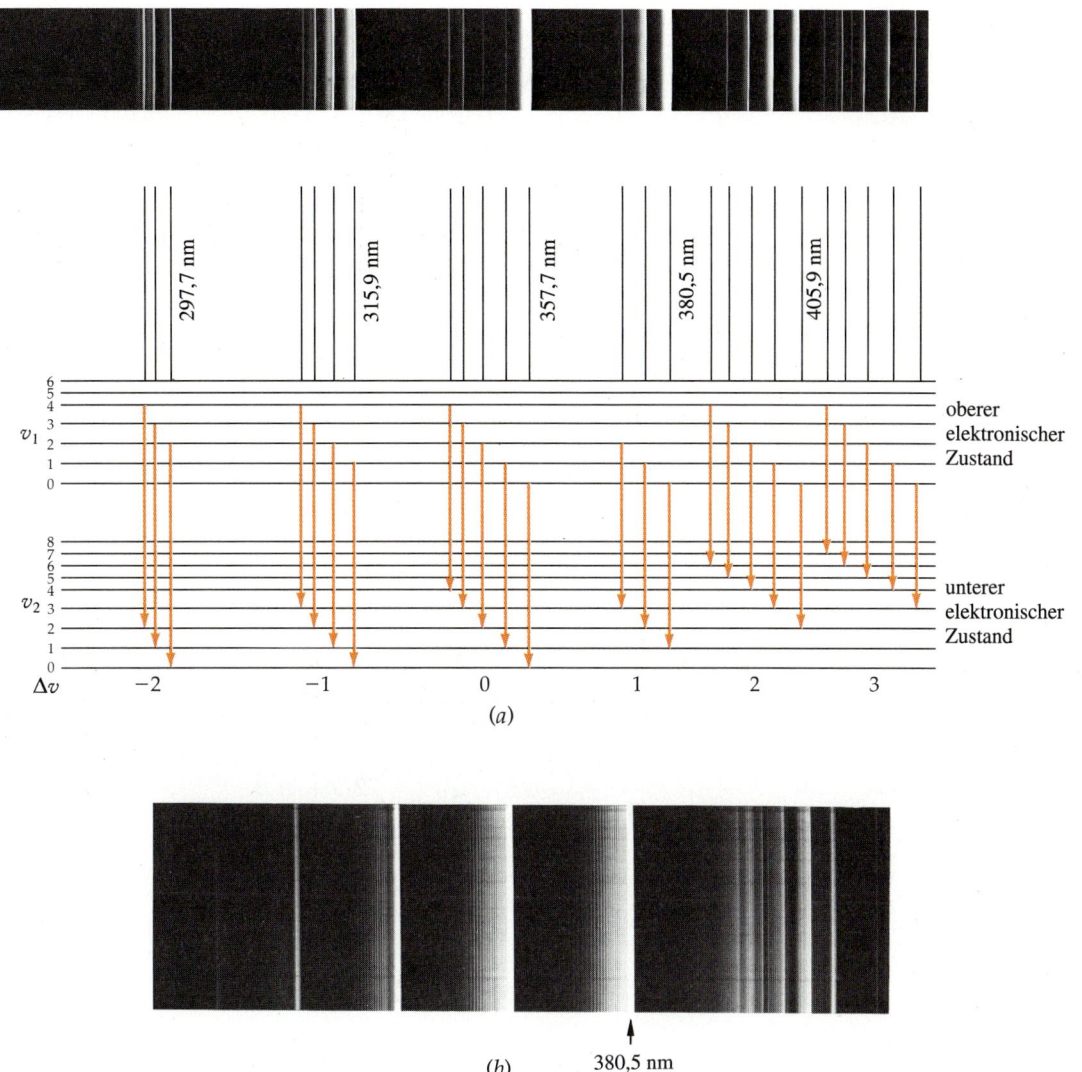

38.13 Ein Ausschnitt aus dem Emissionsspektrum von N_2. a) Diese Banden rühren von Übergängen zwischen Schwingungsniveaus in zwei elektronischen Zuständen her. Die Übergänge sind im Diagramm eingezeichnet. b) Vergrößerung eines Teils des Spektrums in a). Man erkennt, daß die verbreiterten Linien in Wirklichkeit aus Banden mit eng beieinanderliegenden Linien bestehen, die von den Rotationsübergängen herrühren. (Fotos: Dr. J.A. Marquisee)

(um 300 K) ist die thermische Energie $k_B T$ kleiner als die zum Anregen von Schwingungen erforderliche Energie. Daher befinden sich praktisch alle Moleküle im Schwingungsgrundzustand ($v = 0$), bei dem die Schwingungsenergie $E_0 = \frac{1}{2} h\nu$ ist; vgl. (38.18). Durch die Absorption von Strahlung wird also – gemäß der Auswahlregel – nur der Übergang von $v = 0$ zu $v = 1$ hervorgerufen. Die Differenz zwischen den Energieniveaus der Rotation ist jedoch kleiner als $k_B T$, so daß sich die Moleküle bei Raumtemperatur in verschiedenen Rotationszuständen befinden. Nehmen wir an, ein Molekül habe anfangs die Rotationsquantenzahl J und befinde sich im Grundzustand der Schwingung ($v = 0$). Dann ist seine Energie

$$E_J = \frac{1}{2} h\nu + J(J+1)\, B\,. \qquad 38.20$$

Darin ist B die charakteristische Rotationsenergie (Gleichung 38.13). Wenn das Molekül nun Strahlung absorbiert und in das nächsthöhere Schwingungsener-

38 Moleküle

gieniveau (mit $v = 1$) übergeht, erlaubt die Auswahlregel zwei Möglichkeiten hinsichtlich der Änderung der Rotationsquantenzahl J. Geht das Molekül in den Zustand mit $J + 1$ über, so ist seine Energie danach

$$E_{J+1} = \frac{3}{2} h\nu + (J + 1)(J + 2) B .\qquad 38.21$$

Erfolgt der Übergang in das höhere Schwingungsniveau aber in einen Zustand mit $J - 1$, dann hat das Molekül nachher die Energie

$$E_{J-1} = \frac{3}{2} h\nu + (J - 1) JB .\qquad 38.22$$

Wenn die Rotationsquantenzahl um 1 zunimmt, ist die Energiedifferenz

$$\Delta E_{J \to J+1} = E_{J+1} - E_J = h\nu + 2(J + 1) B ,\qquad 38.23$$

mit $J = 0, 1, 2, \ldots$ Nimmt J um 1 ab, so ist die Energiedifferenz

$$\Delta E_{J \to J-1} = E_{J-1} - E_J = h\nu - 2JB ,\qquad 38.24$$

mit $J = 1, 2, 3, \ldots$ (Hier kann J nicht 0 sein, weil von $J = 0$ nur ein Übergang nach $J = +1$ möglich ist.) In Abbildung 38.14 sind die hier beschriebenen Übergänge dargestellt. Die Frequenzen der Übergänge sind

$$\nu_{J \to J+1} = \frac{\Delta E_{J \to J+1}}{h} = \nu + \frac{2(J + 1) B}{h} \quad \text{mit} \quad J = 0, 1, 2, \ldots \qquad 38.25$$

bzw.

$$\nu_{J \to J-1} = \frac{\Delta E_{J \to J-1}}{h} = \nu - \frac{2JB}{h} \quad \text{mit} \quad J = 1, 2, 3, \ldots \qquad 38.26$$

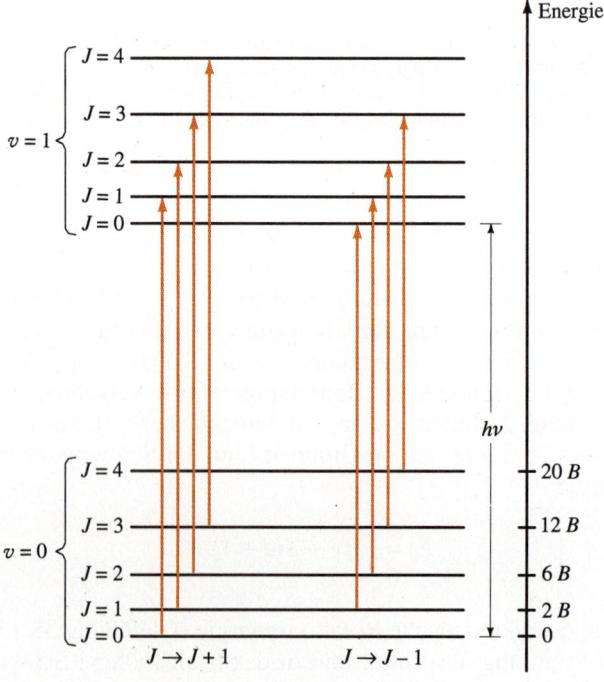

38.14 Bei der Absorption von Infrarotstrahlung kann ein zweiatomiges Molekül aus dem Schwingungsgrundzustand ($v = 0$) in den ersten angeregten Schwingungszustand ($v = 1$) übergehen. Dabei gilt hinsichtlich der Rotationsquantenzahl die Auswahlregel $\Delta J = \pm 1$. Für die Übergänge mit $J \to J + 1$ sind die Energiedifferenzen nach Gleichung (38.23) gleich $(h\nu + 2B)$, $(h\nu + 4B)$, $(h\nu + 6B)$ usw. Für die Übergänge $J \to J - 1$ gilt Gleichung (38.24): Die Energiedifferenzen sind gleich $(h\nu - 2B)$, $(h\nu - 4B)$, $(h\nu - 6B)$ usw.

Die Frequenzen haben also für $J \to J+1$ die Werte $(\nu + 2B/h)$, $(\nu + 4B/h)$, $(\nu + 6B/h)$ usw. Für $J \to J-1$ sind die Frequenzen gleich $(\nu - 2B/h)$, $(\nu - 4B/h)$, $(\nu - 6B/h)$ usw. Dabei entspricht ν der Schwingungsfrequenz des angeregten Moleküls.

Wir fassen zusammen: Durch die Rotationsübergänge wird die bei der Frequenz ν auftretende Spektrallinie, die dem reinen Schwingungsübergang entspräche, in zwei Banden aufgespalten, die jeweils aus Linien im gleichen Abstand $2B/h$ bestehen (Abbildung 38.15). Zwischen beiden Banden existiert bei der Frequenz ν eine Lücke der Breite $4B/h$, weil bei der Absorption für $J = 0$ nicht $\Delta J = -1$ sein kann. Mißt man im Spektrum den Abstand der Linien, so kennt man B, aus dem sich mit (38.13) direkt das Trägheitsmoment I des Moleküls berechnen läßt. Die Frequenz ν des nicht erlaubten reinen Schwingungsübergangs liegt in der Mitte der Lücke zwischen den Banden.

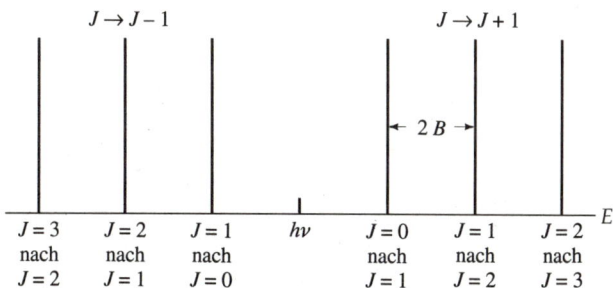

38.15 Die Struktur des Infrarotabsorptionsspektrums eines zweiatomigen Moleküls. Die rechte Bande, der sogenannte **R-Zweig**, resultiert aus Übergängen mit $\Delta J = +1$, während für den **P-Zweig** (links) $\Delta J = -1$ ist. In der Auftragung steigt die Energie E nach rechts. Die Linien beider Banden haben jeweils den Abstand $2B$.

In Abbildung 38.16 ist das mit hoher Auflösung aufgenommene Rotations-Schwingungs-Spektrum von gasförmigem HCl wiedergegeben. Hier ist deutlich die Struktur der beiden eben beschriebenen Banden zu erkennen. Außerdem ist jede Linie in zwei „Peaks" aufgespalten, weil das natürliche Element Chlor zwei Isotope (^{35}Cl und ^{37}Cl) enthält. Daher liegen im Chlorwasserstoff eigentlich zwei Molekülsorten mit unterschiedlichen reduzierten Massen und damit unterschiedlichen Trägheitsmomenten vor.

In Abbildung 38.16 fallen noch weitere zwei Eigenschaften auf: Mit steigender Frequenz nimmt erstens die Intensität der Linien zunächst zu und dann wieder ab; zweitens wird ihr Abstand – anders als eben berechnet – geringer. Der erste Effekt ergibt sich aus folgender Tatsache: Gleiche Intensität aller Absorptions-

38.16 Das Infrarotabsorptionsspektrum von gasförmigem HCl. Jede Linie ist in zwei Anteile aufgespalten, weil das natürliche Chlor zwei Isotope hat: ^{35}Cl (75,5% Häufigkeit) und ^{37}Cl (24,5%). Die mit der Frequenz zu- bzw. abnehmende Intensität der Linien wird im Text erklärt, ebenso der zu höheren Frequenzen hin abnehmende Abstand.

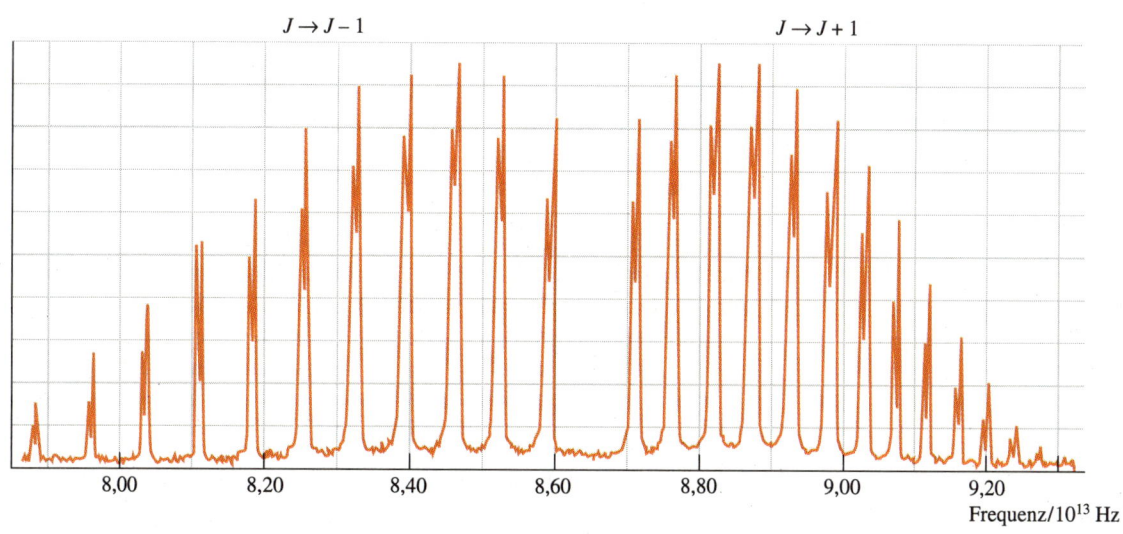

linien ist nur zu erwarten, wenn alle Rotationsenergieniveaus gleich stark besetzt sind. Das ist aber aus zwei Gründen nicht der Fall. Gemäß der Boltzmann-Verteilung nimmt der Anteil der besetzten Zustände mit steigender Energie E proportional zu $e^{-E/k_B T}$ ab. Außerdem können die Energieniveaus entartet sein (siehe Kapitel 37); bei der Berechnung der Besetzungswahrscheinlichkeit eines Zustandes muß man dessen Entartung berücksichtigen. Die Rotationsenergieniveaus sind $(2J + 1)$-fach entartet und daher $(2J + 1)$-fach besetzt. Daher steigt mit zunehmendem J die Besetzung wegen des höheren Entartungsgrades zunächst leicht an und nimmt dann ab, weil sich der Boltzmann-Faktor wegen der höheren Energie stärker auswirkt. Diese Zunahme mit anschließender Abnahme ist in Abbildung 38.16 deutlich erkennbar. Der zweite Effekt hat folgenden Grund: Bei höheren Rotationsquantenzahlen wird das Molekül durch den Zentrifugaleffekt leicht gestreckt und dementsprechend das Trägheitsmoment etwas größer. Gemäß (38.13) nimmt dadurch die Rotationsenergie ab, d.h., die Niveaus liegen bei höherem J enger beieinander.

Fragen

4. In Beispiel 38.4 wurde die Kraftkonstante der Bindung im CO-Molekül berechnet. Wie groß ist sie im Vergleich zu der einer gewöhnlichen Feder?
5. Warum kann bei Raumtemperatur ein Atom nur aus seinem Grundzustand heraus Strahlung absorbieren, während ein zweiatomiges Molekül aus verschiedenen Rotationszuständen heraus absorbieren kann?

Zusammenfassung

1. Zu den verschiedenen Arten der chemischen Bindung zählen die ionische und die kovalente Bindung sowie die metallische, die Wasserstoffbrückenbindung und die Van-der-Waals-Bindung. Bei der ionischen Bindung gehen ein oder mehrere Elektronen von einem Atom auf ein anderes über. Dabei entstehen ein positives und ein negatives Ion, die einander anziehen. Die kovalente Bindung ist ein quantenmechanischer Effekt. Bei ihr gehören einige Elektronen gleichzeitig zu allen an der betreffenden Bindung beteiligten Atomen. Bei der metallischen Bindung wird die dreidimensionale Anordnung aus positiven Atomrümpfen vom Elektronengas, das von den Valenzelektronen herrührt, zusammengehalten.
   Bei der Wasserstoffbrückenbindung, die schwächer als die eben erwähnten Bindungen ist, fungiert ein Proton (Kern des Wasserstoffatoms) als Bindungspartner zweier anderer Atome, die Sauerstoff-, Stickstoff- oder Fluor-Atome sein können. Die Van-der-Waals-Kräfte sind wiederum schwächer und wirken zwischen den transienten elektrischen Dipolen der Moleküle.

2. In einem Molekül, das aus zwei gleichen Atomen besteht (wie etwa H_2), ist die Bindung immer rein kovalent. Bei unterschiedlichen Atomen kann die Bindung zu einem mehr oder weniger großen Anteil ionisch sein. Dieser Anteil kann abgeschätzt werden aus dem Quotienten des gemessenen Moleküldipolmoments $p_{gemessen}$ und (bei einfach geladenen Ionen) der Größe

$$p_{ionisch} = er_0 \, .$$

Darin ist r_0 der Gleichgewichtsabstand der beiden Ionen, und e ist die Elementarladung.

3. Die räumliche Struktur mehratomiger Moleküle wie H_2O und NH_3 kann anhand des winkelabhängigen Anteils der Wellenfunktionen der beteiligten Valenzelektronen erklärt werden (bzw. der räumlichen Ausrichtung der Atomorbitale). Der tetraedrische Aufbau von Molekülen wie CH_4 resultiert aus der Hybridisierung der 2s- und 2p-Elektronen im Kohlenstoffatom.

4. Die Rotationsenergie ist quantisiert, und die Rotationsenergieniveaus eines zweiatomigen Moleküls sind gegeben durch

$$E_J = \frac{J(J+1)\,\hbar^2}{2I} = J(J+1)\,B \quad \text{mit} \quad J = 0, 1, 2, \ldots,$$

wobei

$$B = \frac{\hbar^2}{2I}$$

die charakteristische Rotationsenergie oder Rotationskonstante ist. Sie ist umgekehrt proportional zum Trägheitsmoment I des Moleküls. Ein zweiatomiges Molekül, dessen Atome mit den Massen m_1 und m_2 sich im Gleichgewichtsabstand r_0 befinden, hat ein Trägheitsmoment

$$I = \mu r_0^2,$$

wobei

$$\mu = \frac{m_1 m_2}{m_1 + m_2}.$$

Die Größe μ nennt man reduzierte Masse des Moleküls.

5. Die Schwingungsenergie ist quantisiert, und die Schwingungsenergieniveaus eines zweiatomigen Moleküls sind gegeben durch

$$E_{\text{vib}} = \left(v + \frac{1}{2}\right) h\nu \quad \text{mit} \quad v = 0, 1, 2, 3, \ldots.$$

Darin ist ν die Schwingungsfrequenz des Moleküls, die mit der Kraftkonstanten k der Bindung folgendermaßen zusammenhängt:

$$\nu = \frac{1}{2\pi} \sqrt{\frac{k}{\mu}}.$$

6. Die optischen Spektren der Moleküle enthalten Banden, deren Struktur von Übergängen zwischen verschiedenen Rotationsniveaus herrührt. Informationen über Bindungslängen (Gleichgewichtsabstände) und Kraftkonstanten kann man den Rotations-Schwingungs-Spektren entnehmen, die meist als Infrarotabsorptionsspektren aufgenommen werden. Die erlaubten Übergänge werden durch die Auswahlregeln bestimmt:

$$\Delta v = \pm 1$$
$$\Delta J = \pm 1.$$

Darin ist v die Schwingungs- und J die Rotationsquantenzahl.

Aufgaben

Stufe I

38.1 Die chemische Bindung

1. Berechnen Sie den Abstand der Ionen Na$^+$ und Cl$^-$, für den die potentielle Energie $-1{,}53$ eV beträgt.

2. Die Dissoziationsenergie wird oft in kJ/mol ausgedrückt. a) Wie ist der Umrechnungsfaktor zwischen eV pro Molekül und kJ/mol? b) Berechnen Sie die Dissoziationsenergie des Ionenpaares Na$^+$Cl$^-$ in kJ/mol.

3. Welche Bindungsart erwarten Sie bei a) KF, b) NO und c) Silberatomen im Festkörper?

4. Der Gleichgewichtsabstand der Atome im HF-Molekül beträgt $0{,}0917$ nm, und das Dipolmoment wurde zu $6{,}40 \cdot 10^{-30}$ C·m gemessen. Wie groß ist der ionische Anteil der Bindung?

38.2 Mehratomige Moleküle

5. Ermitteln Sie mit Hilfe von Tabelle 37.1, welche Elemente in der äußeren Elektronenschale dieselbe Konfiguration der Unterschalen haben wie Kohlenstoff. Erwarten Sie für diese Elemente dieselbe Art der Hybridisierung wie beim Kohlenstoff?

38.3 Energieniveaus und Spektren zweiatomiger Moleküle

6. Die charakteristische Rotationsenergie B des N_2-Moleküls beträgt $2{,}48 \cdot 10^{-4}$ eV. Berechnen Sie damit den Abstand der Stickstoffatome im Molekül.

7. Erklären Sie, warum das Trägheitsmoment eines zweiatomigen Moleküls mit zunehmendem Drehimpuls leicht ansteigt.

8. Zeigen Sie, daß die reduzierte Masse eines zweiatomigen Moleküls nahezu gleich der Masse des leichteren Atoms ist, wenn das schwerere Atom eine wesentlich größere Masse hat.

9. Der Abstand der Atome im O_2-Molekül ist in Wirklichkeit etwas größer als der in Beispiel 38.3 angenommene Wert von $0{,}1$ nm, und die charakteristische Rotationsenergie beträgt nicht $2{,}59 \cdot 10^{-4}$ eV, sondern $1{,}78 \cdot 10^{-4}$ eV. Berechnen Sie damit den Abstand der Sauerstoffatome im Molekül.

Stufe II

10. Die Größe $[1/(4\pi\varepsilon_0)] \cdot e^2/r$ wird oft in eV angegeben, wobei r in nm eingesetzt wird. Zeigen Sie, daß $[1/(4\pi\varepsilon_0)] \cdot e^2 = 1{,}44$ eV·nm ist.

11. Betrachten Sie in der Potentialkurve eines zweiatomigen Moleküls zwei verschiedene Schwingungsniveaus. Zeichnen Sie für beide Schwingungsniveaus jeweils einen Mittelwert des Kern-Kern-Abstandes ein. Zeigen Sie, daß aufgrund der Asymmetrie der Kurve dieser mittlere Atomabstand mit höherer Schwingungsenergie zunimmt. (Dies ist der Grund für die Wärmeausdehnung der Festkörper.)

12. a) Berechnen Sie die potentielle Energie, mit der sich die Ionen Na$^+$ und Cl$^-$ beim Gleichgewichtsabstand $r_0 = 0{,}236$ nm anziehen. Vergleichen Sie Ihr Ergebnis mit der in Abbildung 38.1 angegebenen Dissoziationsenergie. b) Wie groß ist die Abstoßungsenergie beider Ionen bei diesem Abstand?

13. Zeigen Sie, daß die reduzierte Masse eines zweiatomigen Moleküls kleiner ist als die geringere der beiden Atommassen.

14. Leiten Sie Gleichung (38.14) in Verbindung mit (38.15) her.

15. Die Kraftkonstante des HF-Moleküls beträgt 970 N/m. Welche Schwingungsfrequenz hat das HF-Molekül?

16. Die Frequenz in der Mitte zwischen den beiden Absorptionsbanden des HCl-Moleküls (Abbildung 38.16) ist $\nu = 8{,}66 \cdot 10^{13}$ Hz, und die Absorptionslinien, in die die beiden Banden aufgespalten sind, haben jeweils etwa den Abstand $\Delta\nu = 6 \cdot 10^{11}$ Hz. Berechnen Sie mit Hilfe dieser Werte a) das unterste Schwingungsenergieniveau und b) das Trägheitsmoment des HCl-Moleküls sowie c) den Gleichgewichtsabstand seiner Atome.

17. Berechnen Sie Kraftkonstante der H-Cl-Bindung aus der reduzierten Masse und der Frequenz der Grundschwingung (siehe Abbildung 38.16).

18. Die potentielle Energie zwischen zwei Atomen in einem Molekül kann näherungsweise durch das Lennard-Jones-Potential beschrieben werden:

$$V = V_0 \left[\left(\frac{a}{r}\right)^{12} - 2\left(\frac{a}{r}\right)^6 \right].$$

Darin sind V_0 und a Konstanten. a) Berechnen Sie, in Abhängigkeit von a, den Abstand r_0 der Atome, für den die potentielle Energie minimal ist. b) Berechnen Sie das zugehörige Minimum der potentiellen Energie, V_{min}. c) Entnehmen Sie der Abbildung 38.4 die Werte von r_0 und V_0 für das Wasserstoffmolekül H_2. Geben Sie das Ergebnis in nm bzw. eV an.

19. Tragen Sie für das Wasserstoffmolekül H_2 die potentielle Energie $V(r)$ gegen den Atomabstand r auf. Verwenden Sie dazu die Gleichung für das Lennard-Jones-Potential aus der vorigen Aufgabe. Tragen Sie die beiden einzelnen Terme (für Anziehung und Abstoßung) sowie die gesamte potentielle Energie auf.

20. In dieser Aufgabe soll die Abstandsabhängigkeit der Van-der-Waals-Kräfte zwischen einem polaren und einem unpolaren Molekül berechnet werden. Das Dipolmoment des polaren Moleküls sei entlang der x-Achse ausgerichtet, und das unpolare Molekül habe von diesem den Abstand x. a) Wie hängt das vom Dipol hervorgerufene elektrische Feld vom Abstand x ab? b) Die potentielle Energie eines elektrischen Dipols p in einem elektrischen Feld E ist $V = -p \cdot E$, und das im unpolaren Molekül induzierte Dipolmoment ist proportional zu E. Berechnen Sie damit die potentielle Wechselwirkungsenergie der beiden Moleküle in Abhängigkeit von ihrem Abstand. c) Berechnen Sie, wie die Kraft F zwischen den Molekülen von deren Abstand x abhängt (es ist $F_x = -dV/dx$).

21. Berechnen Sie – wie in Aufgabe 20 – die Abstandsabhängigkeit der Kraft zwischen zwei polaren Molekülen.

22. Bei einem Molekül wie CO, das ein permanentes Dipolmoment hat, gibt es – infolge Absorption bzw. Emission von Strahlung – Übergänge mit $\Delta J = \pm 1$ zwischen zwei Rotationsenergieniveaus (d.h., die Auswahlregel $\Delta v = \pm 1$ gilt hier nicht). a) Berechnen Sie das Trägheitsmoment des CO-Moleküls beim Gleichgewichtsabstand $r_0 = 0{,}113$ nm sowie die charakteristische Rotationsenergie B (in eV). b) Geben Sie für ein und dasselbe Schwingungsenergieniveau die Rotationsenergieniveaus (in eV) für $J = 0$ bis $J = 5$ an, ausgehend von $E = 0$ für $J = 0$. c) Welche Übergänge sind mit $\Delta J = -1$ erlaubt? Berechnen Sie jeweils die Energie der emittierten Photonen. d) Berechnen Sie jeweils die Wellenlänge der emittierten Photonen. In welchem Bereich des elektromagnetischen Spektrums liegen diese?

Stufe III

23. Zwei Körper mit den Massen m_1 und m_2 seien durch eine Feder mit der Kraftkonstante k verbunden. Der Gleichgewichtsabstand sei r_0. a) Nun werde die Masse m_1 um den Abstand Δr_1 aus der Gleichgewichtslage ausgelenkt. Zeigen Sie, daß die Feder dann die Kraft

$$F = -k \frac{m_1 + m_2}{m_2} \Delta r_1$$

ausübt. b) Zeigen Sie, daß die Schwingungsfrequenz $\nu = (1/2\pi) \cdot (k/\mu)^{1/2}$ ist, wobei μ die reduzierte Masse ist.

24. a) Berechnen Sie die reduzierten Massen der Moleküle $H^{35}Cl$ und $H^{37}Cl$ sowie die relative Differenz $\Delta\mu/\mu$. b) Zeigen Sie, daß eine Mischung beider Moleküle beim Übergang von einem Rotationszustand in einen anderen Spektrallinien mit der relativen Frequenzdifferenz $\Delta\nu/\nu = -\Delta\mu/\mu$ ergibt. c) Berechnen Sie $\Delta\nu/\nu$ und vergleichen Sie Ihr Ergebnis mit Abbildung 38.16.

Festkörper

39

Bis in das vorige Jahrhundert hinein wurden feste Materialien praktisch nur als Baustoffe und als Werkstoffe verwendet. Dabei waren fast nur Eigenschaften wie Festigkeit, Elastizität oder chemische Beständigkeit wichtig. Nach und nach lernte man, die Beschaffenheit der Substanzen gezielt zu beeinflussen oder neue Werkstoffe zu schaffen. Lange bekannt ist die Herstellung von Bronze und von farbigem Glas. Beispiele aus der Gegenwart sind makromolekulare Materialien, dotierte Halbleiter, Verbundwerkstoffe und keramische Werkstoffe.

Schon vor sehr langer Zeit erkannte man, daß bestimmte Substanzen in regelmäßigen Kristallen vorkommen, die oft auch interessant gefärbt sind. Über eine rein phänomenologische Beschreibung kam man aber erst in den letzten Jahrzehnten hinaus. Im 19. Jahrhundert trat eine zuvor völlig unbekannte Materialeigenschaft ins Rampenlicht: die elektrische Leitfähigkeit. Die Gesetzmäßigkeiten, die ihr zugrunde liegen, sind nur mit Hilfe der Quantenmechanik zu verstehen: Ebenso wie die Molekülorbitale aus den Atomorbitalen hervorgehen (Kapitel 38), entstehen die sogenannten Energiebänder bei der Vereinigung der Metallatome zum festen oder flüssigen Verbund. Dieselben quantenmechanischen Methoden sind nicht nur auf Metalle anwendbar, sondern auch auf Ionenkristalle sowie auf eine Substanzklasse, die erst seit wenigen Jahrzehnten intensiv untersucht werden: die Halbleiter. Deren Anwendung – vor allem in der Kommunikationstechnik – brachte ungeahnte Umwälzungen mit sich, die teilweise heute noch nicht abgeschlossen sind. Auch bei den Halbleitern bietet das Bändermodell den Ansatz zur Beschreibung, und wichtige Verfahren wie beispielsweise das Dotieren sind theoretisch untermauert. Mit einem immer besseren Verständnis der Leitungsphänomene schritt auch eine extreme Miniaturisierung voran, die offensichtlich immer noch im Gange ist, mit enormen technologischen und wirtschaftlichen Folgen: So ist heute ein PC mittlerer Preislage leistungsfähiger als noch vor 15 Jahren ein mehrere Millionen DM teurer Großrechner.

Auch die Supraleitung wurde erst in diesem Jahrhundert entdeckt; bei ihrer Erforschung gelangen in den letzten 10 Jahren entscheidende Fortschritte, vor allem durch die Entwicklung von keramischen Materialien, die noch bei Temperaturen von über 125 K supraleitend sind.

Aber nicht nur bestimmte Eigenschaften von Materialien – wie etwa mechanische, thermische, elektrische, magnetische und optische – sind im Rahmen der Festkörperphysik interessant; ausgefeilte theoretische Rechenmethoden haben neue experimentelle Verfahren ermöglicht, beispielsweise die Messung extrem schwacher Magnetfelder (mit Hilfe sogenannter SQUIDs) oder die Raster-Tunnel-Mikroskopie, die sozusagen einen direkten Einblick in Strukturen atomaren Ausmaßes bietet. Die beiden Essays am Ende dieses Kapitel geben einen Einblick in neue Ergebnisse und Methoden.

39.1 Die Struktur von Festkörpern

Aus dem Alltag sind uns die drei Zustandsformen der Materie vertraut: gasförmig, flüssig und fest. Sie unterscheiden sich auf molekularer Ebene – vereinfacht ausgedrückt – in der kinetischen Energie der Moleküle und in der Art und der Stärke der Wechselwirkungen zwischen ihnen. Haben die Moleküle eine hohe kinetische Energie, beeinflussen sich gegenseitig aber nur wenig (außer während der jeweils kurzen Zeitspanne eines Stoßes), so liegt die Substanz als Gas vor.

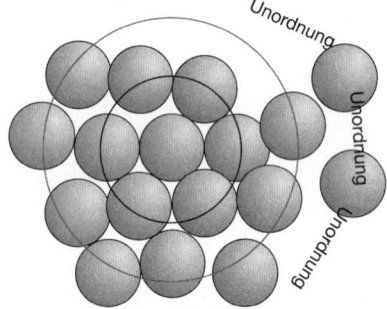

39.1 Modell einer Flüssigkeit. In der unmittelbaren Nachbarschaft eines jeden Moleküls besteht eine gewisse Ordnung, nicht jedoch in größerer Entfernung. (Mit freundlicher Genehmigung aus P. W. Atkins, *The Elements of Physical Chemistry*, Oxford Universitäty Press, Oxford 1992)

In Flüssigkeiten ist der mittlere Abstand zwischen den einzelnen Molekülen deutlich kleiner als bei Gasen, und die Moleküle „spüren" ihre Nachbarn. Die potentielle Wechselwirkungsenergie liegt in der gleichen Größenordnung wie die kinetische Energie der Moleküle. Auch in einer Flüssigkeit bewegen sich die Moleküle über größere Strecken, aber nicht unabhängig von ihren Nachbarn: Flüssigkeiten haben eine **Nahordnung** – eine gewisse Struktur, die über mehrere Moleküldurchmesser reicht und dabei mit zunehmender Entfernung immer weniger stark ausgeprägt ist (Abbildung 39.1). Je höher die Temperatur ist, desto größer ist die kinetische Energie der Moleküle und desto leichter können die kurzreichweitigen zwischenmolekularen Wechselwirkungen überwunden werden. Typisch für eine Flüssigkeit ist, daß sich die zwischen den Molekülen bestehenden Wechselwirkungen durch deren Bewegungen ständig neu orientieren. Die Stärke dieser Wechselwirkungen hängt von der Art der Teilchen ab. In flüssigem Helium beispielsweise treten Van-der-Waals-Bindungen auf, und in flüssigem Wasser spielen Wasserstoffbrückenbindungen eine große Rolle (Kapitel 38).

Kühlt man eine Flüssigkeit so schnell ab, daß den Molekülen die innere Energie (Kapitel 16) entzogen wird, bevor sie sich zu einer neuen Struktur ordnen können, dann entsteht ein **amorpher Festkörper** – sozusagen eine Momentaufnahme einer Flüssigkeit. Daher beschreibt man einen amorphen Festkörper auch als unterkühlte Flüssigkeit. *Amorphe Festkörper erweichen bei Temperaturerhöhung;* sie haben keinen scharfen Schmelzpunkt. Amorphe Festkörper sind isotrop (ihre physikalischen Eigenschaften sind nicht richtungsabhängig). Ein typisches Beispiel eines amorphen Festkörpers ist Glas.

Kühlt man eine Flüssigkeit dagegen so langsam ab, daß sich die kinetische Energie der Teilchen nur allmählich verringert, so ordnen sich die Teilchen zu einer regelmäßigen Struktur, und es entsteht ein **Kristall**. Die Anzahl der Bindungen (Wechselwirkungen) ist maximal; außerdem existiert eine **Fernordnung**. Die gesamte Anordnung der Teilchen entspricht einem Minimum der potentiellen Energie. Die einzelnen Teilchen befinden sich an festen Orten, aber sie sind nicht völlig bewegungslos: Sie schwingen um ihre Gleichgewichtslage. Je höher die Temperatur ist, desto größer ist die Schwingungsamplitude. Bei einer bestimmten Temperatur überwiegt die kinetische Energie die Bindungsenergie zwischen den Teilchen, und der Kristall schmilzt. Kristalline Festkörper haben einen *scharfen Schmelzpunkt*.

Viele Materialien können – je nach ihrer Herstellung – amorph oder in einer kristallinen Phase (oder mehreren) vorkommen (sogenanne *Polymorphie*). Andere Materialien existieren nur in der einen oder in der anderen Form.

Makroskopische Kristalle sind meist aus vielen kleinen Kristallen zusammengesetzt. Solche *polykristallinen Festkörper* entstehen, wenn die Teilchen auf

39.1 Die Struktur von Festkörpern

Polykristallines Kochsalz (NaCl). Diese Falschfarbenaufnahme zeigt die einzelnen Kristallite. Die kubische Grundstruktur ist gut zu erkennen, genauso die Störungen der idealen Struktur durch Versetzungen. (J. Burgess/Science Photo Library/Photo Researchers)

rauhen oder körnigen Oberflächen Aggregate bilden und in unterschiedlichen räumlichen Orientierungen zu Kristallen wachsen. Die häufig unter 1 mm großen Kristallite sind jeweils meist von regelmäßiger Gestalt; sie werden dann als Einkristalle bezeichnet. In ihnen sind die Teilchen auf völlig regelmäßige Weise im Raum angeordnet. In der Natur gibt es durchaus größere Einkristalle; sie können auch im Labor „gezüchtet" werden. Im folgenden werden wir uns auf die Beschreibung der bei den Einkristallen weitgehend realisierten Prinzipien beschränken.

Charakteristisch für einen **Einkristall** ist die Symmetrie und Regelmäßigkeit (Periodizität) seiner Struktur. Die Teilchen bilden ein dreidimensionales, periodisches Muster, das man **Gitter** nennt. Diese Abstraktion bezeichnet eine dreidimensionale Anordnung von Punkten, die alle in gleicher Weise von Nachbarpunkten umgeben sind. Ein Gitter kann somit als Gerüst einer Kristallstruktur aufgefaßt werden. Sind nämlich die Gitterpunkte mit Teilchen besetzt, so liegt eine **Struktur** vor. Je nachdem, welche Gitterpunkte nach welchem Prinzip mit Teilchen besetzt sind, variieren die Kristallstrukturen.

Die Periodizität erlaubt es, das Gitter als Vielfaches einer Einheit, der sogenannten **Elementarzelle**, zu beschreiben. Wird diese Einheit (vergleichbar mit einem Ziegelstein in einer Wand) in allen Raumrichtungen immer wieder angesetzt, so ergibt sich das vollständige Gitter. Die Elementarzelle besitzt alle Symmetrieeigenschaften des ganzen Gitters. Insgesamt gibt es vierzehn verschiedene Elementarzellen (die sogenannten *Bravais-Gitter*), die einen lückenlosen Aufbau räumlicher Gitter ermöglichen. Elementarzellen, die nur in ihren Ecken Gitterpunkte aufweisen, heißen *primitiv*. Eine *raumzentrierte* Elementarzelle hat zusätzlich einen Gitterpunkt in ihrem geometrischen Zentrum. Liegen die Gitterpunkte in allen Ecken und in den Mitten aller Flächen, spricht man von einer

Silicium-Einkristall. Der Durchmesser beträgt 15 cm. Unten ist ein Stück des Keimes zu sehen. (Das Foto wurde freundlicherweise von A. Winnacker, Institut für Werkstoffwissenschaften, Universität Erlangen, zur Verfügung gestellt.)

39.2 Die beiden dichtesten Kugelpakkungen. In a) ist die erste Schicht gezeigt (von oben betrachtet). b) Die Kugeln der zweiten Schicht besetzen Vertiefungen der ersten Lage. Für die Anordnung der dritten Schicht – die Kugeln liegen wiederum in Vertiefungen der darunterliegenden Kugellage – gibt es zwei Möglichkeiten: Entweder liegen die Kugeln genau über denen der ersten Schicht (c) oder aber in den Vertiefungen, die sich *nicht* über den Kugeln der ersten Schicht befinden (d). Im ersten Fall resultiert eine Schichtfolge ABAB ... (die hexagonal dichteste Kugelpackung), im zweiten Fall eine Schichtfolge ABCABC ...; dies ist die kubisch dichteste Kugelpackung. (Mit freundlicher Genehmigung aus P.W. Atkins, *The Elements of Physical Chemistry*, Oxford University Press, Oxford 1992)

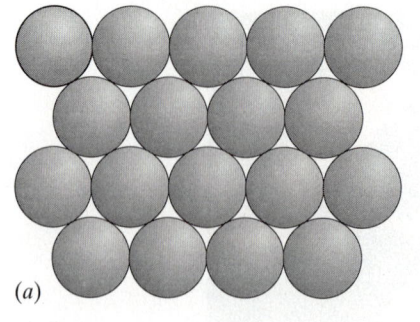
(a)

(c)

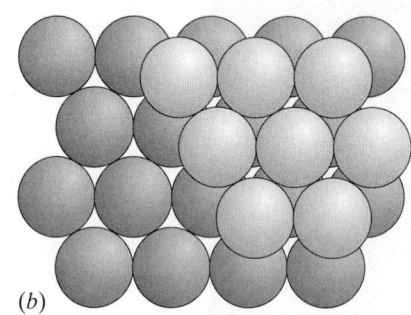
(b)

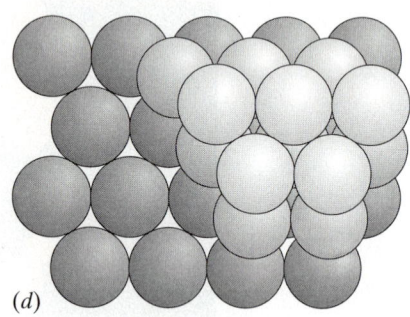
(d)

39.3 Die hexagonal dichteste Kugelpackung. a) Raumfüllendes Modell als Ausschnitt aus der Kugelpackung. In b) sind die Atome als kleine Kreise dargestellt. Die Elementarzelle ist grau hervorgehoben.

(a)

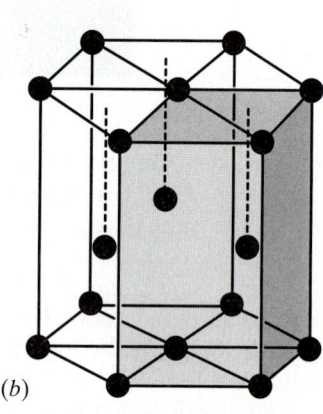
(b)

39.4 Die Elementarzelle der kubisch dichtesten Kugelpackung. a) Die Schichten gemäß Abbildung 39.2 sind hier um 45° geneigt dargestellt. Die kubische Elementarzelle ist gestrichelt angedeutet. In b) sind die Atome als kleine schwarze Kreise dargestellt; die gestrichelten Linien verdeutlichen die Flächenzentrierung.

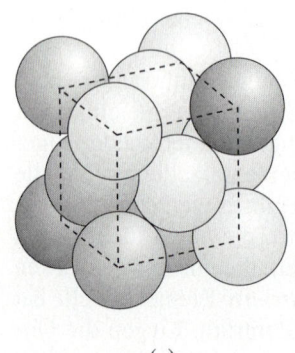
(a)

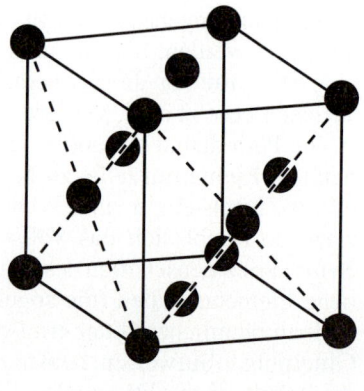
(b)

flächenzentrierten Elementarzelle. Sind (außer den Eckpunkten) nur zwei gegenüberliegende Flächenmitten mit Gitterpunkten besetzt, so heißt sie *basis-* oder *seitenzentriert*.

In welcher Struktur ein Festkörper kristallisiert – wie die mit Teilchen besetzte Elementarzelle also aussieht –, hängt u. a. von der Art der Bindung zwischen den Teilchen (Atome, Moleküle oder Ionen) ab. Dementsprechend können die in Kapitel 38 vorgestellten Bindungen auftreten: die ionische, die kovalente oder die metallische Bindung, ferner die Wasserstoffbrückenbindung oder die Van-der-Waals-Bindung. Wenn unterschiedliche Teilchensorten im Kristall vorkommen wie etwa in Ionenkristallen, spielt auch das Größenverhältnis der Teilchen eine Rolle. Die Kristallstruktur spiegelt stets die energetisch günstigste Anordnung („Packung") der Teilchen wider. Im folgenden betrachten wir die wichtigsten Strukturen.

Metallstrukturen: Packungen identischer Kugeln

In chemisch reinen Metallen kommt nur *eine* Teilchensorte vor. Metallstrukturen lassen sich daher sehr gut durch Anordnungen gleich großer Kugeln veranschaulichen, wobei jede Kugel ein Atom repräsentiert. Es gibt zwei Kugelpackungen, in denen der Raum maximal ausgenutzt ist; in ihnen liegen die Kugeln so platzsparend und dicht wie irgend möglich. Beide, die hexagonal dichteste Kugelpackung und die kubisch dichteste Kugelpackung, unterscheiden sich in der Schichtfolge (Abbildung 39.2): Bezeichnet man in der Packung jeweils die Schichten, in denen die Kugeln senkrecht übereinanderliegen, mit dem gleichen Buchstaben, so lautet die Schichtfolge entweder ABABAB ... oder ABCABCABC ... Das erstgenannte Packungsmuster ist die **hexagonal dichteste Kugelpackung** (abgekürzt hcp vom englischen *h*exagonal *c*lose-*p*acked). Der Name bezieht sich hier auf die Symmetrie der Elementarzelle (Abbildung 39.3). Die Metalle Beryllium und Magnesium, ferner die Lanthanoiden sowie Titan, Mangan, Osmium, Cobalt, Zink, Cadmium und auch das Edelgas Helium kristallisieren in dieser Struktur. Im zweiten Fall (Schichtfolge ABCABC ...) spricht man von der **kubisch dichtesten Kugelpackung** (abgekürzt ccp von *c*ubic *c*lose-*p*acked), deren Elementarzelle kubisch flächenzentriert ist (Abbildung 39.4). Beispiele hierfür sind die Metallstrukturen von Calcium, Aluminium, Blei, Nickel, Platin, Kupfer, Silber und Gold; auch die Edelgase außer Helium kristallisieren in der ccp-Struktur.

In beiden dichtesten Packungen ist jedes Atom von zwölf nächsten Nachbarn umgeben (man sagt auch, die **Koordinationszahl** beträgt 12). Der Anteil des Volumens, der von den Kugeln eingenommen wird – die **Raumerfüllung** oder Packungsdichte –, ist mit 74% in beiden gleich groß. Die große Raumerfüllung erklärt die hohen Dichten der Metalle, die in einer dieser Strukturen kristallisieren.

Eine weniger dichte Kugelpackung ist die **kubisch raumzentrierte Struktur** (abgekürzt bcc von *b*ody-*c*entered *c*ubic). Hier ist die Raumerfüllung 68%; jedes Atom ist von acht nächsten Nachbarn umgeben. Die Elementarzelle der bcc-Struktur ist ein Würfel, in dessen Ecken und in dessen Zentrum sich je ein Atom befindet (Abbildung 39.5). Beispielsweise sind die Atome in den Alkalimetallen (Li, Na, K, Rb und Cs) sowie in Barium, Chrom, Molybdän und Wolfram auf diese Weise angeordnet.

Auch in den dichtesten Kugelpackungen einer bestimmten Teilchensorte wird ein Teil des Volumens nicht von den hier als harte Kugeln betrachteten Teilchen eingenommen. In den Lücken können sich kleinere Kugeln einer anderen Teilchensorte befinden. In Atompackungen sind die Lücken natürlich kein leerer Raum, denn die Elektronendichte von Atomen geht nicht sprunghaft gegen null.

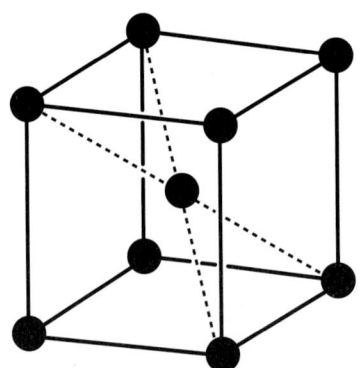

39.5 Die Elementarzelle der kubisch raumzentrierten Struktur.

Die Lücken sind deswegen von Bedeutung, weil sie mit anderen Teilchen besetzt werden können. Dies ist in einigen Legierungen und Ionenkristallen der Fall.

Ionenkristalle

In Ionenkristallen kommen (mindestens) zwei Teilchensorten vor; sie unterscheiden sich in ihrer Ladung und fast immer auch in ihrer Größe. Meist ist der Radius des Anions größer als der des Kations. Ionische Strukturen sind stets weniger dicht gepackt als Metalle; die Koordinationszahlen sind aufgrund der Abstoßung gleichnamiger Ladungen ebenfalls kleiner. (Als Koordinationszahl wird in Ionenkristallen die Anzahl der nächsten Nachbarn mit entgegengesetzter Ladung bezeichnet.) Wichtig sind die Cäsiumchlorid-Struktur (CsCl-Struktur) mit der Koordinationszahl 8 und die Natriumchlorid-Struktur (NaCl-Struktur) mit der Koordinationszahl 6. In welcher Struktur ein ionischer Festkörper kristallisiert, hängt unter anderem vom **Radienverhältnis** der Ionen ab; dies ist der Quotient aus dem Radius des kleineren und dem des größeren Ions. In jeder ionischen Struktur darf das Radienverhältnis einen bestimmten Wert nicht unterschreiten; andernfalls hätten entgegengesetzt geladene Ionen keinen Kontakt mehr, und gleichnamig geladene Ionen müßten sich berühren. Bei einem Radienverhältnis über 0,732 tritt die Cäsiumchlorid-Struktur auf; ist es kleiner, so ist die Natriumchlorid-Struktur energetisch am günstigsten, und zwar bis hinab zu einem Radienverhältnis von etwa 0,414. Noch kleinere Radienverhältnisse führen zu Strukturen mit kleineren Koordinationszahlen, die wir im Rahmen dieses Buches nicht behandeln können. – Ist die Bindung zwischen den Ionen nicht rein ionisch, dann wird die Regel der Radienverhältnisse nicht eingehalten, und es können andere Strukturen auftreten.

In Abbildung 39.6 ist die **Natriumchlorid-Struktur** gezeigt. Das Chlorid-Ion (Cl$^-$) ist etwa doppelt so groß wie das Natrium-Ion (Na$^+$). Beachten Sie, daß die Ionen im Ionenkristall nicht paarweise angeordnet sind; im NaCl-Kristall liegen also keine NaCl-Moleküle vor.

Wir berechnen nun die potentielle Wechselwirkungsenergie der Ionen im NaCl-Kristall. Dazu gehen wir von der potentiellen Energie V_{ij} aus, die ein Ion in der NaCl-Struktur hat. Sie setzt sich aus einem anziehenden (attraktiven) Anteil V_{att} und einem abstoßenden (repulsiven) Anteil V_{rep} zusammen (vgl. Abschnitt 38.1). Die Anziehung der entgegengesetzt geladenen Ionen beruht auf der Coulombschen Wechselwirkung. Der (insgesamt) anziehende Coulombsche Teil läßt sich dementsprechend schreiben als

$$V_{att} = -\alpha \frac{e^2}{4\pi\varepsilon_0 r}. \qquad 39.1$$

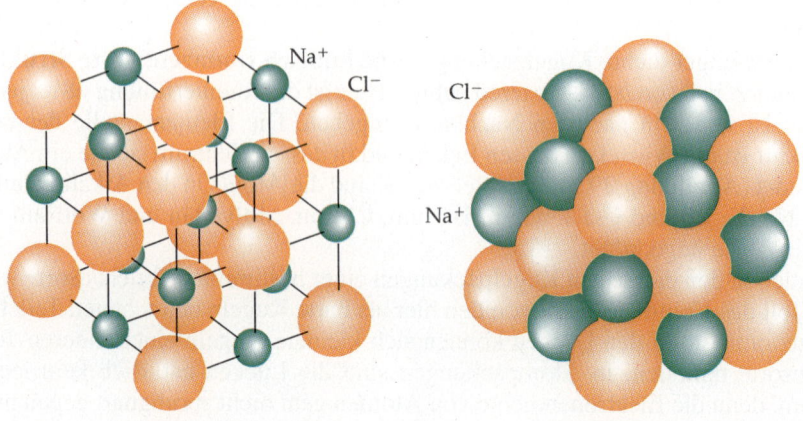

39.6 Die Natriumchlorid-Struktur. Man kann sich ihren Aufbau als Durchdringung zweier kubisch flächenzentrierter Gitter denken, die um eine halbe Kantenlänge ihrer Elementarzelle gegeneinander versetzt sind.

Hierbei steht r für den Abstand der Atomkerne zweier benachbarter entgegengesetzt geladener Ionen im Kristall. Da im NaCl alle Ionen einfach positiv bzw. einfach negativ geladen sind, haben die einander anziehenden Ladungen den Betrag e. Die Größe α ist die **Madelung-Konstante**. Ihr Wert hängt von der Kristallstruktur ab; bei der NaCl-Struktur beträgt er 1,7476. Die Bedeutung der Madelung-Konstante und ihren Wert kann man sich folgendermaßen klarmachen: Hätte jedes Ion im Gitter nur die sechs entgegengesetzt geladenen Nachbarn, so wäre $\alpha = 6$. Jedes Ion „spürt" aber auch die zwölf gleichnamig geladenen Ionen im Abstand $\sqrt{2}\,r$, zudem die acht Ionen mit entgegengesetzter Ladung im Abstand $\sqrt{3}\,r$ und so weiter. Die weiter entfernten Ionen liefern also zur Coulombschen Wechselwirkungsenergie ebenfalls Beiträge. Diese sind alle durch die Madelung-Konstante in (39.1) berücksichtigt. Im NaCl-Kristall ist sie

$$\alpha = 6 - \frac{12}{\sqrt{2}} + \frac{8}{\sqrt{3}} - \ldots \qquad 39.2$$

Bei sehr kleinen Abständen gewinnt die Abstoßung der Elektronenhüllen aufgrund des Pauli-Verbots an Bedeutung. Folgender empirisch gefundener Ansatz beschreibt den abstoßenden Anteil an der potentiellen Energie recht gut:

$$V_{\text{rep}} = \frac{A}{r^n},$$

wobei A und n Konstanten sind. Somit ist im NaCl-Kristall die gesamte potentielle Energie eines Na^+- oder eines Cl^--Ions

$$V_{ij} = V_{\text{att}} + V_{\text{rep}} = -\alpha \frac{e^2}{4\pi\varepsilon_0 r} + \frac{A}{r^n}. \qquad 39.3$$

Halten anziehende und abstoßende Kraft einander die Waage, dann befinden sich die Ionen in ihrem Gleichgewichtsabstand r_0, und die Gesamtkraft auf ein Ion

$$F = -\frac{dV_{ij}}{dr}$$

ist dann null. Dieser Ansatz bietet die Möglichkeit, die Konstante A zu bestimmen: Differenziert man die Wechselwirkungsenergie aus Gleichung (39.3) nach r, setzt dV/dr für den Gleichgewichtsabstand ($r = r_0$) gleich null und löst nach A auf, so erhält man

$$A = \alpha \frac{e^2 r_0^{n-1}}{4\pi\varepsilon_0 n}. \qquad 39.4$$

Mit diesem Ausdruck für A ist bei der Natriumchlorid-Struktur die gesamte potentielle Wechselwirkungsenergie eines Ions im Gitter (Gleichung 39.3)

$$V_{ij} = -\alpha \frac{e^2}{4\pi\varepsilon_0 r_0} \left[\frac{r_0}{r} - \frac{1}{n}\left(\frac{r_0}{r}\right)^n \right]. \qquad 39.5$$

Beim Gleichgewichtsabstand ($r = r_0$) gilt

$$V_{ij}(r_0) = -\alpha \frac{e^2}{4\pi\varepsilon_0 r_0} \left(1 - \frac{1}{n}\right). \qquad 39.6$$

Gleichung (39.6) beschreibt die Wechselwirkung eines einzigen Ionenpaares im NaCl-Kristall. Ein makroskopischer Kristall enthält N Ionenpaare. Dann ist die gesamte potentielle Wechselwirkungsenergie V in einem Kristall aus je N Natrium- und Chlorid-Ionen die Summe aller einzelnen Wechselwirkungsenergien:

Gitterenergie

$$V(r_0) = \sum V_{ij}(r_0) = N\, V_{ij}.$$

Diese Energie wird auch **Gitterenergie** genannt. Würde man umgekehrt die Ionen, ausgehend von ihren Gleichgewichtsabständen, auf unendliche Abstände ($r \to \infty$) bringen, müßte man die Gitterenergie aufbringen; sie wird gewonnen, wenn sich die Ionen aus der Gasphase zum Kristall anordnen.

Die Gitterenergie kann durch kalorische und spektroskopische Messungen experimentell bestimmt werden; den Gleichgewichtsabstand r_0 erhält man aus Röntgenbeugungsexperimenten. Sind beide Größen bekannt, so kann der Exponent n im abstoßenden Beitrag der Wechselwirkungsenergie mit Gleichung (39.6) berechnet werden.

Beispiel 39.1

Die Dichte von festem Natriumchlorid (Kochsalz) ist $\varrho = 2{,}16$ g/cm^3. Experimentell wurde die Gitterenergie zu -770 kJ/mol bestimmt. a) Schätzen Sie den Gleichgewichtsabstand zweier nächstbenachbarter Natrium- und Chlorid-Ionen in festem Kochsalz ab. b) Wie groß ist der Exponent n im abstoßenden Beitrag der potentiellen Wechselwirkungsenergie in Gleichung (39.6)?

a) Zur Abschätzung des Gleichgewichtsabstandes aus der Dichte gehen wir zweckmäßigerweise von einem Mol NaCl aus. Die Masse eines Mols NaCl ist gleich der Summe der atomaren Massen von Natrium und Chlor; also ist $M_{\text{NaCl}} = 58{,}4$ g/mol. Ein Mol NaCl besteht aus $2\,N_A$ Teilchen, nämlich aus je N_A Na$^+$- und Cl$^-$-Ionen ($N_A = 6{,}02 \cdot 10^{23}$ mol^{-1} ist die Avogadro-Zahl). Das Volumen eines Ions können wir abschätzen, indem wir es näherungsweise als Würfel der Kantenlänge r_0 betrachten. Die $2\,N_A$ Ionen haben also das Volumen $2\,N_A r_0^3$. Die Dichte ist der Quotient aus Masse und Volumen:

$$\varrho = \frac{M_{\text{NaCl}}}{2\,N_A r_0^3}.$$

Damit erhält man

$$r_0^3 = \frac{M_{\text{NaCl}}}{2\,N_A \varrho} = \frac{58{,}4 \text{ g}\cdot\text{mol}^{-1}}{2 \cdot 6{,}02 \cdot 10^{23}\text{ mol}^{-1} \cdot 2{,}16\text{ g}\cdot\text{cm}^{-3}},$$

und der Gleichgewichtsabstand ist

$$r_0 = \sqrt[3]{r_0^3} = 2{,}82 \cdot 10^{-8}\text{ cm} = 0{,}282\text{ nm}.$$

b) Aus der gemessenen Gitterenergie $V = -770$ kJ/mol berechnen wir die potentielle Wechselwirkungsenergie pro Ion im NaCl-Kristall:

$$V_{ij}(r_0) = \frac{V}{N_A} = -1{,}28 \cdot 10^{-18}\text{ J}.$$

Aus Gleichung (39.6) läßt sich dann n berechnen. Da in (39.6) die Ladung e auftritt, ist es sehr praktisch, die Energie $V_{ij}(r_0)$ in eV umzurechnen: 1 eV $= e$ J/C. Damit wird

$$V_{ij}(r_0) = -\frac{1{,}28 \cdot 10^{-18}\text{ C}\cdot\text{eV}}{1{,}602 \cdot 10^{-19}\text{ C}} = -7{,}99\text{ eV}$$

$$= -7{,}99\, e\, \frac{\text{J}}{\text{C}}.$$

Setzt man nun diesen Wert für $V_{ij}(r_0)$ und alle anderen Größen, nämlich $e = 1{,}602 \cdot 10^{-19}$ C, $\alpha = 1{,}75$ und $r_0 = 0{,}282$ nm sowie $\varepsilon_0 = 8{,}854 \cdot 10^{-12}$ C$^2 \cdot$ N$^{-1} \cdot$ m^{-2} in Gleichung (39.6) ein und löst nach n auf, so erhält man $n \approx 9$.

In der Natriumchlorid-Struktur kristallisieren außer NaCl auch andere Salze, beispielsweise LiCl, KBr, RbI, AgCl, AgBr, MgO und CaO.

Die zweite wichtige ionische Kristallstruktur, die **Cäsiumchlorid-Struktur**, ist in Abbildung 39.7 gezeigt. Sie tritt auf bei CsCl, CsBr, CsI und CaS.

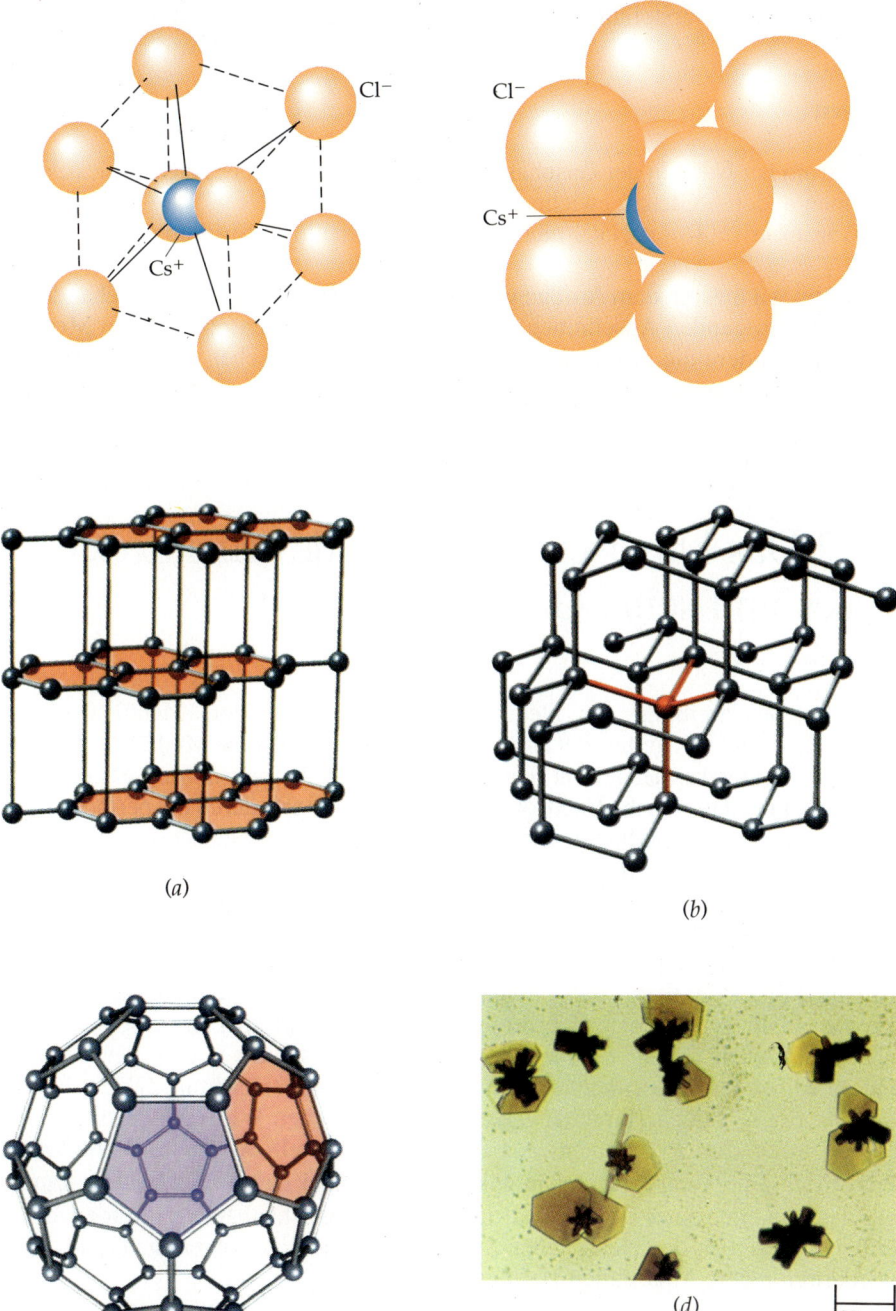

39.7 Die Cäsiumchlorid-Struktur. Das Cäsium-Ion befindet sich im Zentrum einer kubisch primitiven Anordnung von Chlorid-Ionen.

39.8 Die drei kristallinen Modifikationen des Kohlenstoffs. a) Graphit besteht aus planaren, hexagonal strukturierten Schichten, die versetzt übereinanderliegen. Jede Schicht besteht aus sechsgliedrigen Kohlenstoffringen (mit sp²-hybridisierten Kohlenstoffatomen und delokalisierten Elektronen), die ein zweidimensionales Netz bilden. Zwischen den Atomen einer Schicht bestehen starke π-Bindungen; die einzelnen Schichten werden dagegen untereinander durch relativ schwache Bindungen zusammengehalten. Die Struktur erklärt die Eigenschaften von Graphit: Seine elektrische Leitfähigkeit ist eine Folge der delokalisierten Elektronen, und seine Weichheit (vorteilhaft bei der Anwendung als Schmiermittel) beruht darauf, daß die Schichten leicht gegeneinander verschiebbar sind. b) Die Diamantstruktur resultiert aus σ-Bindungen zwischen allen Kohlenstoffatomen: Jedes sp³-hybridisierte C-Atom ist mit vier anderen durch Einfachbindungen verknüpft. (Zur Verdeutlichung ist in der Abbildung ein C-Atom rot hervorgehoben.) Alle Bindungen sind gleich stark, und alle Bindungslängen sind identisch. Die Härte von Diamant resultiert aus dieser Struktur. c) Fullerene sind „fußballförmige" C$_{60}$- oder C$_{70}$-Moleküle, die im Kristall kubisch flächenzentriert angeordnet sind. d) Fullerenkristalle, hier C$_{60}$ mit etwa 17 % C$_{70}$. (Teilbilder a, b, c von P. Hoffmann, ETH Zürich; Teilbild d von W. Krätschmer, MPI für Kernphysik, Heidelberg)

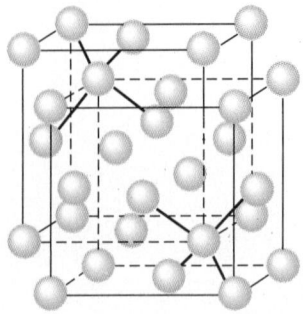

39.9 Die Diamantstruktur, dargestellt als Kombination zweier sich durchdringender kubisch flächenzentrierter Strukturen. (Bei zwei C-Atomen sind die Bindungen zu ihren jeweiligen Nachbarn eingezeichnet.)

Kovalente Festkörper

In Festkörpern mit kovalenten Bindungen wird die Kristallstruktur durch die räumlichen Anforderungen der Bindungen bestimmt, denn *kovalente Bindungen sind gerichtet*. Die geometrischen Aspekte der Kugelpackung sind hier weniger entscheidend. Die Atome bilden ein dreidimensionales Netz, das sich über den ganzen Kristall erstreckt. Ein typisches Beispiel ist die **Diamantstruktur** (Abbildung 39.8b). In ihr sind alle Kohlenstoffatome sp^3-hybridisiert (Abschnitt 38.2) und mit jeweils vier anderen Kohlenstoffatomen verknüpft, die auf den Ecken eines Tetraeders sitzen; die Koordinationszahl ist 4. Auch bestimmte Modifikationen von Silicium und Germanium kristallisieren in dieser Struktur. Eine alternative Darstellung der Diamantstruktur gibt Abbildung 39.9.

Fragen

1. Warum hat NaCl in der Gasphase – also in Form einzelner NaCl-Moleküle – einen anderen Gleichgewichtsabstand als im Kristall?
2. Warum kristallisiert NaCl nicht in der Cäsiumchlorid-Struktur?

Nachdem wir uns mit dem Aufbau von Festkörpern beschäftigt haben, behandeln wir in den folgenden Abschnitten die physikalischen Eigenschaften von Metallen, insbesondere die Frage: Wie lassen sich ihre thermischen und ihre elektrischen Eigenschaften erklären?

39.2 Das klassische Konzept des Elektronengases und seine Grenzen

Bei der Beschreibung der elektrischen Leitfähigkeit von Metallen (Abschnitt 22.5) haben wir das von Drude und Lorentz entwickelte Modell des freien Elektronengases kennengelernt. Diese klassische Modellvorstellung basiert auf der Annahme, daß sich die Elektronen in einem Metall frei durch die periodische, dreidimensionale Anordnung von Gitterionen bewegen. Vorausgesetzt, daß das Innere des Metalls feldfrei, also das elektrische Feld im Innern null ist, bewegen sich die Elektronen wie Gasmoleküle in einem Behälter. Dementsprechend wird hier angenommen, die Elektronenbewegung lasse sich durch eine Maxwell-Boltzmann-Verteilung charakterisieren. Das thermische Gleichgewicht wird dabei durch Stöße der Elektronen mit den Gitterionen aufrechterhalten. Das Modell kann das Ohmsche Gesetz richtig vorhersagen, versagt aber in verschiedenen anderen Punkten: So sagt es einen spezifischen Widerstand ϱ voraus, der um den Faktor 6 über dem experimentell bestimmten Wert liegt (Gleichung 22.32). Auch die postulierte Temperaturabhängigkeit des spezifischen Widerstandes steht im Widerspruch zum Experiment: Als Folge der Maxwell-Boltzmann-Verteilung ergibt sich eine Temperaturabhängigkeit proportional zu $\sqrt{T}$. Schließlich kann aus der Annahme eines freien Elektronengases auch nicht abgeleitet werden, daß einige Materialien den elektrischen Strom leiten, andere dagegen nicht und daß wiederum andere Materialien Halbleiter sind.

Gute elektrische Leiter sind stets auch gute Wärmeleiter. Die klassische Theorie (Wiedemann-Franz-Gesetz; wir wollen hier nicht näher darauf eingehen) geht davon aus, daß hauptsächlich das Elektronengas für die Wärmeleitung in Metallen verantwortlich ist. Sie kann zwar die Wärmeleitung in Metallen qualitativ beschreiben, liefert aber Werte, die mit den im Experiment erhaltenen nicht übereinstimmen.

Wenden wir nun die klassische Theorie des freien Elektronengases auf die molare Wärmekapazität von Metallen an. Die molare Wärmekapazität $C_{V,m}$ bei konstantem Volumen V ist definiert als Ableitung der inneren Energie E nach der Temperatur T bei konstantem Volumen (Abschnitt 16.7):

$$C_{V,m} = \frac{dE}{dT}.$$

Zur inneren Energie (Abschnitt 16.4) tragen in der Regel mehrere Energieformen bei. Entsprechend kann man die molare Wärmekapazität additiv aus einzelnen Beiträgen zusammensetzen, etwa im klassischen Modell von Drude und Lorentz aus den Beiträgen der Gitterschwingungen und der Elektronen zur kinetischen Energie. Aus dem Gleichverteilungssatz (Abschnitt 16.7) folgt für den Beitrag der Gitterschwingungen zu $C_{V,m}$ der Dulong-Petitsche Wert $3R$; im klassischen Bild sollte jedes freie Elektron des Elektronengases eine mittlere kinetische Energie von $\frac{3}{2} k_B T$ haben; sein Beitrag zur molaren Wärmekapazität wäre dann $\frac{3}{2} k_B$; ein Mol Elektronen sollte also mit $\frac{3}{2} R$ beitragen. Insgesamt sollte die molare Wärmekapazität bei konstantem Volumen dann

$$C_{V,m} = 3R + \frac{3}{2} R = \frac{9}{2} R \qquad 39.7$$

sein. Metalle sollten also eine um $\frac{3}{2} R$ größere molare Wärmekapazität als Isolatoren haben. Wiederum widerlegt das Experiment das klassische Modell des freien Elektronengases: Auch die Metalle befolgen die Dulong-Petitsche Regel recht gut. Zwar nimmt $C_{V,m}$ in der Tat mit steigender Temperatur zu, aber die Zunahme erreicht auch bei sehr hohen Temperaturen nicht den erwarteten elektronischen Beitrag von $\frac{3}{2} R$. Der Beitrag des Elektronengases ist bei $T = 300$ K nur $0{,}02\,R$; er steigt proportional mit der Temperatur.

39.3 Das Fermi-Elektronengas

Eine der Schwierigkeiten der klassischen Theorie des freien Elektronengases in Metallen liegt in der Annahme, die mittlere kinetische Energie der Elektronen betrage $\frac{3}{2} k_B T$. Dieses Ergebnis folgt aus dem Gleichverteilungssatz der Energie, der für jedes Teilchensystem gilt, dessen Energie einer Maxwell-Boltzmann-Verteilung (15.33) gehorcht. Jedoch ist aufgrund des Ausschließungsprinzips (Pauli-Verbots) die Energieverteilung der freien Elektronen in Metallen nicht einmal näherungsweise eine Maxwell-Boltzmann-Verteilung, und die mittlere Energie ist daher auch nicht $\frac{3}{2} k_B T$. Wir müssen deshalb eine andere Energieverteilung der Elektronen einführen. Für die Temperatur $T = 0$ K – also am absoluten Nullpunkt – läßt sie sich recht einfach bestimmen, zudem ist sie eine gute Näherung für die Verteilungen bei anderen Temperaturen, bis hinauf zu Temperaturen von einigen tausend K.

Die Energieverteilung am absoluten Nullpunkt der Temperatur

Vom Standpunkt der klassischen Physik aus betrachtet, haben alle zur elektrischen Leitung beitragenden Elektronen eines Leiters am absoluten Nullpunkt ($T = 0$ K) die kinetische Energie null. Wird der Leiter erwärmt, dann nimmt jedes Gitterion im Mittel die kinetische Energie $\frac{3}{2} k_B T$ auf, die an das Elektronengas durch Stöße zwischen den Elektronen und Ionen weitergegeben wird. Im Gleichgewicht sollten dann die Elektronen ebenfalls eine mittlere kinetische Energie von $\frac{3}{2} k_B T$ besitzen.

Da die Elektronen innerhalb des Volumens eingeschlossen sind, das das Metall einnimmt, folgt aus der Heisenbergschen Unschärferelation, daß die kinetische Energie eines Elektrons auch am absoluten Nullpunkt der Temperatur nicht null sein kann. Weiterhin sorgt das Pauli-Verbot (Abschnitt 37.6) dafür, daß sich nicht mehr als zwei Elektronen – und diese mit entgegengesetztem Spin – im niedrigsten Energiezustand befinden können. Wir erwarten, daß die Elektronen ihre niedrigste Energie bei $T = 0$ K annehmen. Es ist hilfreich, zunächst ein eindimensionales Modell aufzustellen und dieses auf die Energien der Elektronen am absoluten Nullpunkt anzuwenden.

Wir betrachten N Elektronen, die sich im Innern des Leiters aufhalten. Etwaige Wechselwirkungen zwischen den Bewegungen der Gitterionen und der Elektronen werden vernachlässigt. (Man nennt dies „adiabatische Näherung" oder Born-Oppenheimer-Näherung.) Die Elektronen bewegen sich zwischen den als ruhend betrachteten Gitterionen und „spüren" dabei das periodische Potential der Gitterionen. An den Grenzflächen des Kristalls ist das Potential sehr hoch (Abbildung 39.10). Wir greifen zunächst eines der N Elektronen des Elektronengases heraus und betrachten den eindimensionalen Fall; dann läßt sich das Verhalten des Elektrons näherungsweise durch das Modell des „eindimensionalen Potentialtopfes mit unendlich hohen Wänden" (Abschnitt 36.6) beschreiben. Die erlaubten Energiezustände werden dabei durch die Gleichungen (36.41) und (36.42) angegeben:

$$E_n = n^2 E_1 \qquad n = 1, 2, 3, \ldots \qquad 39.8$$

mit

$$E_1 = \frac{h^2}{8 m_e \ell^2} . \qquad 39.9$$

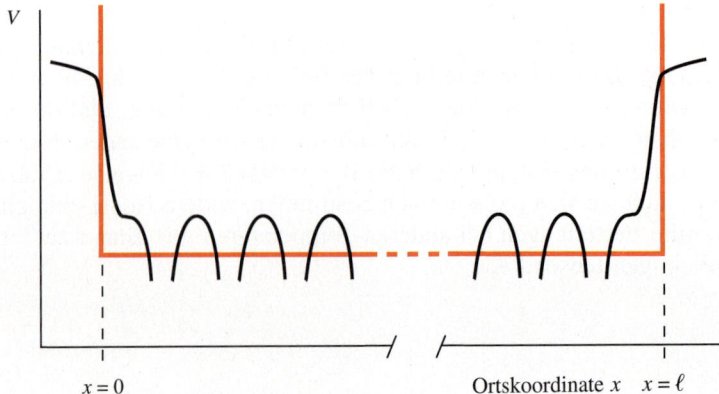

39.10 Schematische Darstellung des Verlaufs der potentiellen Energie für ein freies Elektron in einem periodischen, eindimensionalen Ionengitter. Dieses Potential kann durch ein Kastenpotential angenähert werden (rote Kurve).

Dabei ist ℓ die Breite des Potentialtopfes und E_1 die Energie des niedrigsten Zustandes. Dieser Grundzustand (mit $n = 1$) kann mit zwei Elektronen entgegengesetzten Spins besetzt werden, ebenso der Zustand mit $n = 2$ und so fort. Die insgesamt N Elektronen füllen daher $N/2$ Zustände von $n = 1$ bis $n = N/2$ auf; die Energie des höchsten besetzten Zustandes – also für $n = \frac{1}{2}N$ – bezeichnet man als **Fermi-Energie am absoluten Temperaturnullpunkt** (bei $T = 0$ K). Mit (39.8) und (39.9) läßt sie sich für N Elektronen berechnen:

$$E_F = E_{N/2} = \left(\frac{N}{2}\right)^2 E_1 = \frac{h^2}{32\,m_e}\left(\frac{N}{\ell}\right)^2 = \frac{(hc)^2}{32\,m_e c^2}\left(\frac{N}{\ell}\right)^2 . \qquad 39.10$$

Dabei ist der letzte Schritt einfach eine Erweiterung des Bruches mit c^2, um die numerischen Berechnungen zu vereinfachen. Gleichung (39.10) zeigt, daß (im eindimensionalen Modell) die Fermi-Energie E_F eine Funktion der Elektronenanzahl pro Längeneinheit (N/ℓ), also einer eindimensionalen Elektronendichte, ist. Die mittlere Energie $\langle E \rangle$ der Elektronen erhält man durch Summieren der Energien aller Elektronen und Division durch die Elektronenanzahl (jedes Energieniveau wird doppelt gezählt, da es mit zwei Elektronen besetzt ist):

$$\langle E \rangle = \frac{1}{N} \sum_{n=1}^{N/2} 2n^2 E_1 .$$

Da $N/2 \gg 1$ ist, kann man die Summe durch ein Integral annähern:

$$\sum_{n=1}^{N/2} n^2 \approx \int_0^{N/2} n^2 \, dn = \frac{1}{3}\left(\frac{N}{2}\right)^3 .$$

Dann ist die mittlere Energie der Elektronen

$$\langle E \rangle = \frac{2E_1}{N} \frac{1}{3} \left(\frac{N}{2}\right)^3$$
$$= \frac{1}{3}\left(\frac{N}{2}\right)^2 E_1 = \frac{1}{3} E_F . \qquad 39.11$$

Beispiel 39.2

Wenden Sie das eindimensionale Modell auf metallisches Kupfer an. Die molare Masse von Kupfer beträgt 63,5 g·mol^{-1}, und seine Dichte ist $8{,}93 \cdot 10^3$ kg·m^{-3}. a) Berechnen Sie die Elektronendichte (die Anzahl freier Elektronen pro Volumen) in Kupfer, b) die Fermi-Energie von Kupfer und c) die mittlere Energie der Elektronen. d) Welcher Temperatur entspräche diese mittlere Energie, wenn die Elektronen einer Maxwell-Boltzmann-Verteilung gehorchten?

a) Nimmt man an, daß jedes Kupferatom mit einem Elektron zum Elektronengas beiträgt, dann ist die Anzahldichte der Elektronen gleich der Anzahldichte der Kupferatome. $8{,}93 \cdot 10^3$ kg Kupfer ist eine Stoffmenge von

$$\frac{8{,}930 \cdot 10^6 \text{ g}}{63{,}5 \text{ g·mol}^{-1}} = 140{,}6 \cdot 10^3 \text{ mol} .$$

1 mol enthält $N_A = 6{,}02 \cdot 10^{23}$ Teilchen. In $8{,}93 \cdot 10^3$ kg bzw. 1 m^3 Kupfer befinden sich also $N_A \cdot 140{,}6 \cdot 10^3$ mol $= 8{,}47 \cdot 10^{28}$ freie Elektronen. Die Anzahldichte N/ℓ der Elektronen in einer Dimension ist dann $\sqrt[3]{8{,}47 \cdot 10^{28} \text{ m}^{-3}} = 4{,}39$ nm^{-1}.

b) Mit (39.10) erhalten wir für die Fermi-Energie im eindimensionalen Fall

$$E_F = \frac{(hc)^2}{32\,m_e c^2}\left(\frac{N}{\ell}\right)^2 = \frac{(1240 \text{ eV·nm})^2 \cdot (4{,}39/\text{nm})^2}{32 \cdot 5{,}11 \cdot 10^5 \text{ eV}} = 1{,}82 \text{ eV} .$$

39 Festkörper

c) Die mittlere Energie der Elektronen wird dann mit Gleichung (39.11) berechnet zu $\langle E \rangle = \frac{1}{3} E_F = \frac{1}{3} \cdot 1{,}82 \text{ eV} \approx 0{,}6 \text{ eV}$.

d) Gemäß der Maxwell-Boltzmann-Verteilung ist die mittlere kinetische Energie eines Elektrons $\langle E_{kin} \rangle = \frac{3}{2} k_B T$ bzw. in einer Dimension $\langle E_{kin} \rangle = \frac{1}{2} k_B T$. Die Temperatur, die der Fermi-Energie 0,6 eV entspricht, ist also $T = 2 \langle E_{kin} \rangle / k_B \approx 14\,000$ K.

Die Energiezustände liegen so eng beieinander, daß man sie näherungsweise als Kontinuum betrachten kann (Abbildung 39.11). Wir untersuchen nun, wie sich die N Elektronen auf die einzelnen Energiezustände verteilen. Wir greifen dazu ein Energieintervall dE zwischen E und $E + dE$ heraus. Dieses Intervall ist von dN Elektronen besetzt; dabei ist $n(E) = dN/dE$ die **Anzahldichte** der Elektronen, die die Energie E haben. $n(E)$ gibt uns damit auch ein Bild der Energieverteilung der Elektronen. Um die dN Elektronen auf die Energiezustände zu verteilen, müssen wir die Anzahl der Energiezustände pro Energieintervall dE kennen, die sogenannte Zustandsdichte $g(E)$. Außerdem müssen wir wissen, mit welcher Wahrscheinlichkeit F ein jeder Zustand besetzt ist. Dann können wir die Anzahl der Elektronen im Energieintervall dE zwischen E und $E + dE$ schreiben als

Anzahl der Elektronen im Energieintervall dE

$$dN = n(E)\, dE = g(E)\, dE\, F\,, \qquad 39.12$$

Die **Besetzungswahrscheinlichkeit** F wird auch **Fermi-Faktor** genannt. Er kann für $T = 0$ K zwei Werte, nämlich 0 und 1, annehmen. Am absoluten Nullpunkt der Temperatur hat der Fermi-Faktor den Wert 1 für Zustände mit Energien, die unterhalb der Fermi-Energie E_F liegen; er ist 0, wenn die Zustände Energien haben, die größer als die Fermi-Energie sind:

Fermi-Faktor bei T = 0

$$\begin{aligned} F &= 1 \quad \text{bei} \quad E < E_F \\ F &= 0 \quad \text{bei} \quad E > E_F\,. \end{aligned} \qquad 39.13$$

Die **Zustandsdichte** ist im eindimensionalen Modell

$$g(E) = 2\, \frac{dn(E)}{dE}\,, \qquad 39.14$$

wobei nach Gleichung (39.8) $E = n^2 E_1$ ist; der Faktor 2 berücksichtigt die beiden Einstellmöglichkeiten des Spins in jedem einzelnen Energiezustand. Differenziert man Gleichung (39.8) nach n, so erhält man

$$dE/dn = E_1 \cdot 2n\,. \qquad 39.15$$

Löst man (39.8) nach n auf und setzt dies in (39.15) ein, so folgt

$$dE = 2 E_1 \sqrt{E/E_1}\, dn = 2 \sqrt{E_1 E}\, dn\,.$$

Damit wird die Zustandsdichte (39.14) zu

$$g(E) = \frac{1}{\sqrt{E_1 E}}\,. \qquad 39.16$$

Für die Anzahldichte $n(E)$ in Gleichung (39.12) ergibt sich damit

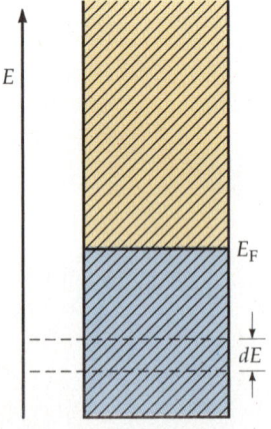

39.11 Die Energiezustände in einem eindimensionalen, rechteckigen, unendlich hohen Potentialtopf. Die Fermi-Energie E_F bei $T = 0$ K entspricht dem höchsten der besetzten Zustände. Die Zustände liegen so eng, daß sie näherungsweise als Kontinuum angesehen werden können. Die Anzahl der Zustände zwischen E und $E + dE$ ist $g(E)\, dE$, wobei $g(E)$ die Zustandsdichte ist.

$$n(E) = \frac{1}{\sqrt{E_1 E}} F \,.$$

Soweit das eindimensionale Modell. In drei Dimensionen ist es deutlich schwieriger, die Zustandsdichte zu berechnen. Wir geben daher nur die Ergebnisse an. Die Fermi-Energie im dreidimensionalen Fall ist

$$E_F = \frac{h^2}{8m_e} \left(\frac{3N}{\pi V}\right)^{2/3} = \frac{(hc)^2}{8m_e c^2} \left(\frac{3N}{\pi V}\right)^{2/3} \,.$$ 39.17 *Fermi-Energie bei T = 0 K (dreidimensionaler Fall)*

Darin ist V das Volumen, das vom Metall eingenommen wird. Wie im eindimensionalen Fall hängt auch hier die Fermi-Energie von der Dichte N/V der Elektronen ab, wobei $N = \int n(E)\,dE$ ist. In Tabelle 39.1 sind die Anzahldichten N/V der freien Elektronen und die berechneten Fermi-Energien für einige Metalle am absoluten Nullpunkt der Temperatur aufgeführt.

Tabelle 39.1 Dichten freier Elektronen und Fermi-Energien bei $T = 0$ K für verschiedene Metalle

Element		$(N/V)/\text{cm}^{-3}$	E_F/eV
Al	Aluminium	$18{,}1 \cdot 10^{22}$	11,7
Ag	Silber	$5{,}86 \cdot 10^{22}$	5,50
Au	Gold	$5{,}90 \cdot 10^{22}$	5,53
Cu	Kupfer	$8{,}47 \cdot 10^{22}$	7,04
Fe	Eisen	$17{,}0 \cdot 10^{22}$	11,2
K	Kalium	$1{,}4 \cdot 10^{22}$	2,11
Li	Lithium	$4{,}70 \cdot 10^{22}$	4,75
Mg	Magnesium	$8{,}60 \cdot 10^{22}$	7,11
Mn	Mangan	$16{,}5 \cdot 10^{22}$	11,0
Na	Natrium	$2{,}65 \cdot 10^{22}$	3,24
Sn	Zinn	$14{,}8 \cdot 10^{22}$	10,2
Zn	Zink	$13{,}2 \cdot 10^{22}$	9,46

Beispiel 39.3

Berechnen Sie die Fermi-Energie bei $T = 0$ K für Kupfer.
Nach (39.17) ist die Fermi-Energie (vergleiche Beispiel 39.2 b)

$$E_F = \frac{(1240\,\text{eV}\cdot\text{nm})^2}{8 \cdot 5{,}11 \cdot 10^5\,\text{eV}} \left(\frac{3N}{\pi V}\right)^{2/3} = (0{,}365\,\text{eV}\cdot\text{nm}^2)\left(\frac{N}{V}\right)^{2/3} \,.$$ 39.18

Die Elektronendichte N/V für Kupfer entnehmen wir der Tabelle 39.1 und erhalten

$$E_F = (0{,}365\,\text{eV}\cdot\text{nm}^2)\,(84{,}7/\text{nm}^3)^{2/3} = 7{,}04\,\text{eV} \,.$$

Beachten Sie, daß E_F bei Zimmertemperatur sehr viel größer als $k_B T$ ist.

Auch im dreidimensionalen Fall wird die Anzahldichte $n(E)$ als $g(E)\,F$ geschrieben. Hierbei ist F wieder der Fermi-Faktor, und $g(E)$ ist die (dreidimensionale) Zustandsdichte. Für diese gilt

$$g(E) = \frac{3N}{2} E_F^{-3/2} E^{1/2} \,.$$ 39.19 *Zustandsdichte (dreidimensionaler Fall)*

Die mittlere Energie $\langle E \rangle$ der Elektronen ist

$$\langle E \rangle = \frac{\int_0^{E_F} E g(E) \, dE}{\int_0^{E_F} g(E) \, dE} = \frac{1}{N} \int_0^{E_F} E g(E) \, dE.$$

Mit Gleichung (39.19) kann man zeigen, daß

$$\int_0^{E_F} g(E) \, dE = N$$

ist, also gleich der Zahl der Elektronen im betrachteten Volumen. Damit wird die mittlere Energie der Elektronen am absoluten Temperaturnullpunkt

mittlere Energie der Elektronen bei $T = 0$ (dreidimensionaler Fall)

$$\langle E \rangle = \frac{3}{5} E_F. \qquad 39.20$$

Die Energieverteilung bei einer Temperatur $T > 0$ K

Bei Temperaturen größer als $T = 0$ K können einige Elektronen höhere Energiezustände besetzen. Der Fermi-Faktor weicht dann etwas von dem ab, der durch Gleichung (39.13) gegeben ist. Die Elektronen können natürlich nur dann in andere Energieniveaus überwechseln, wenn diese nicht besetzt sind. Die kinetische Energie der Gitterionen liegt in der Größenordnung von $k_B T$, so daß die Elektronen nicht wesentlich mehr Energie aus den Stößen mit den Gitterionen aufnehmen können. Bei steigender Temperatur können daher nur solche Elektronen Energie aufnehmen, deren Energie höchstens $k_B T$ unterhalb der Fermi-Energie liegt. Für $T = 300$ K ist $k_B T = 0{,}026$ eV. Abbildung 39.12 zeigt die Zustandsdichte und den Fermi-Faktor sowie deren Produkt, die Anzahldichte $n(E)$. Die **Fermi-Temperatur** T_F wird definiert durch

$$k_B T_F = E_F. \qquad 39.21$$

Darin ist k_B die Boltzmann-Konstante. Bei Temperaturen, die sehr viel kleiner sind als die Fermi-Temperatur, ist die mittlere Energie der Gitterionen sehr viel niedriger als die Fermi-Energie. Die Energieverteilung der Elektronen unterscheidet sich dann nicht sehr von derjenigen bei $T = 0$ K.

39.12 Die Anzahldichte $n(E)$, gezeigt in Teilbild c, ist das Produkt aus der in a) gezeigten Zustandsdichte $g(E)$ und dem Fermi-Faktor F (Teilbild b). Die gestrichelten Linien in b) und c) zeigen den Fermi-Faktor und die Energieverteilung bei der Temperatur $T = 0$ K. Bei höheren Temperaturen werden einige Elektronen, deren Energie in der Nähe der Fermi-Energie liegt, angeregt; dies wird durch die getönten Bereiche in b) und c) angedeutet.

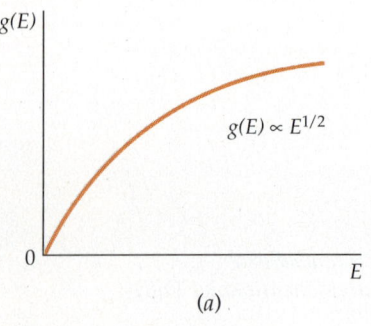
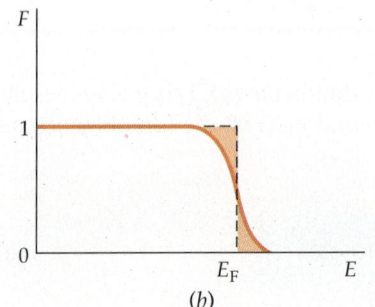
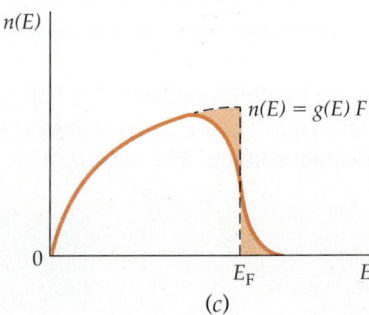

Beispiel 39.4

Berechnen Sie die Fermi-Temperatur von Kupfer.
  Mit $E_F = 7{,}04$ eV und $k_B = 1{,}38 \cdot 10^{-23}$ J/K $= 8{,}62 \cdot 10^{-5}$ eV/K ergibt sich nach (39.21) die Fermi-Temperatur zu

$$T_F = \frac{E_F}{k_B} = \frac{7{,}04 \text{ eV}}{8{,}62 \cdot 10^{-5} \text{ eV/K}} = 81\,700 \text{ K}\,.$$

Beachten Sie, daß die Fermi-Temperatur von Kupfer wesentlich höher ist als die Temperaturen, bei denen Kupfer noch als Festkörper existiert.

Die vollständige, quantenmechanisch zu berechnende Verteilungsfunktion der Elektronen bei einer gegebenen Temperatur wird **Fermi-Dirac-Verteilung(sfunktion)** $F(T)$ genannt. (Für $T = 0$ K geht sie in den Fermi-Faktor über.) Die Energieverteilung $n(E)\,dE$ ist durch (39.12) gegeben. Die Fermi-Dirac-Verteilung für Temperaturen, die sehr viel kleiner als die Fermi-Temperatur sind, ist in Abbildung 39.12b als Funktion der Energie aufgetragen. Bei Temperaturen oberhalb $T = 0$ K gibt es keine Energie, unterhalb derer alle Zustände besetzt und oberhalb derer alle Zustände unbesetzt sind. Also muß hier die Fermi-Energie anders definiert werden:

> Die Fermi-Energie E_F bei einer Temperatur T ist diejenige Energie, bei der die Wahrscheinlichkeit, daß der betreffende Zustand besetzt ist, $\frac{1}{2}$ beträgt. Sie ist also die Energie, bei der die Fermi-Dirac-Verteilung den Wert $\frac{1}{2}$ hat.

Fermi-Energie bei der Temperatur T

Außer bei wirklich extrem hohen Temperaturen ist der Unterschied zwischen der Fermi-Energie bei der Temperatur T und der bei $T = 0$ K sehr klein, weil ja nur solche Elektronen in höhere Energiezustände angeregt werden können, deren Energie höchstens $k_B T$ unter der Fermi-Energie liegt. Die Fermi-Dirac-Verteilung $F(T)$ bei der Temperatur T ist gegeben durch

$$F(T) = \frac{1}{e^{(E - E_F)/k_B T} + 1}\,.$$

39.22 *Fermi-Faktor bei der Temperatur T*

Hieraus ersehen wir: Wenn T gegen 0 geht, so geht auch $e^{(E - E_F)/k_B T}$ gegen 0, sofern $E < E_F$ ist. Ist jedoch $E > E_F$, so geht $e^{(E - E_F)/k_B T}$ gegen ∞. Das ist mit Gleichung (39.13) konsistent. Zusätzlich erkennt man, daß sich $F(T)$ für die wenigen Elektronen, deren Energie deutlich größer als die Fermi-Energie ist, dem Ausdruck $e^{(E_F - E)/k_B T}$ nähert, der proportional zu $e^{-E/k_B T}$ ist. Somit nimmt die Fermi-Dirac-Verteilung zu hohen Energien hin mit $e^{-E/k_B T}$ ab, genau wie die klassische Maxwell-Boltzmann-Verteilung. In diesem Energiebereich gibt es viele unbesetzte Energiezustände, aber nur wenige Elektronen, so daß das Pauli-Verbot keine Rolle spielt und die Energieverteilung der klassischen Verteilung ähnelt. Dieser Sachverhalt ist sehr wichtig bei den Leitungselektronen in Halbleitern, die wir in den Abschnitten 39.5 und 39.6 besprechen werden.

Kontaktspannung

Wenn man zwei verschiedene Metalle miteinander in Kontakt bringt, entsteht zwischen ihnen ein Potentialunterschied. Abbildung 39.13a zeigt die Energiezu-

39.13 a) Die Energiezustände zweier verschiedener Metalle mit verschiedenen Fermi-Energien und Austrittsarbeiten. b) Bei der Berührung fließen Elektronen vom Metall mit der höheren Fermi-Energie zu dem mit der niedrigeren Fermi-Energie. Das geschieht so lange, bis die Fermi-Energien der beiden Metalle gleich sind.

stände zweier Metalle mit verschiedenen Fermi-Energien E_{F1} und E_{F2} und verschiedenen Austrittsarbeiten W_{A1} und W_{A2}. Beim Kontakt verringert sich die Gesamtenergie des Systems, wenn Elektronen nahe der Grenzfläche aus dem Metall mit der höheren Fermi-Energie in das Metall mit der geringeren Fermi-Energie fließen. Das geschieht so lange, bis die Fermi-Energien beider Metalle gleich sind (Abbildung 39.13b). Wenn sich der Gleichgewichtszustand eingestellt hat, ist das Metall mit der ursprünglich kleineren Fermi-Energie negativ geladen und das andere positiv. Damit ist eine Potentialdifferenz zwischen den beiden Metallen entstanden, die sogenannte **Kontaktspannung** U_{kont}. Dieses ist gleich der Differenz der Austrittsarbeiten, dividiert durch die Elektronenladung e:

$$U_{kont} = \frac{W_{A1} - W_{A2}}{e}.$$ 39.23

In Tabelle 39.2 sind die Austrittsarbeiten einiger Metalle aufgeführt.

Tabelle 39.2 Austrittsarbeiten einiger Metalle

Metall		W_A/eV
Ag	Silber	4,7
Au	Gold	4,8
Ca	Calcium	3,2
Cu	Kupfer	4,1
K	Kalium	2,1
Mn	Mangan	3,8
Na	Natrium	2,3
Ni	Nickel	5,2

Beispiel 39.5

Die Grenzwellenlänge beim photoelektrischen Effekt (Abschnitt 35.5) beträgt für Wolfram 271 nm und für Silber 262 nm. Welches Kontaktpotential entsteht, wenn sich die beiden Metalle berühren?

Nach (35.5) berechnet sich die Austrittsarbeit W_A zu

$$W_A = \frac{hc}{\lambda_c},$$

wobei λ_c die Grenzwellenlänge ist. Damit ist die Austrittsarbeit des Wolframs

$$W_{A,W} = \frac{hc}{\lambda_c} = \frac{1240 \text{ eV} \cdot \text{nm}}{271 \text{ nm}} = 4{,}58 \text{ eV}.$$

Für Silber erhalten wir

$$W_{A,Ag} = \frac{1240 \text{ eV} \cdot \text{nm}}{262 \text{ nm}} = 4{,}73 \text{ eV}.$$

Damit ist die Kontaktspannung der beiden Metalle

$$U_{kont} = \frac{W_{A,Ag} - W_{A,W}}{e} = 4{,}73 \text{ V} - 4{,}58 \text{ V} = 0{,}15 \text{ V}.$$

39.4 Die Quantentheorie der elektrischen Leitung

Mit zwei relativ einfachen, aber entscheidenden quantenmechanischen Modifikationen der klassischen Theorie der freien Elektronen läßt sich die elektrische Leitung in Metallen korrekt beschreiben. Zuerst wird die Maxwell-Boltzmann-Verteilung durch die Fermi-Dirac-Verteilung ersetzt, wie im vorigen Abschnitt beschrieben. Zweitens werden die Welleneigenschaften der Elektronen bei der Streuung an den Gitterionen berücksichtigt. Im folgenden wird nur eine qualitative Beschreibung gegeben.

Wegen des Pauli-Verbots könnte man erwarten, daß nur wenige Elektronen an der elektrischen Leitung im Metall teilnehmen. Jedoch werden alle Elektronen gemeinsam durch ein elektrisches Feld beschleunigt. Für eine Temperatur $T = 300$ K (also für die Raumtemperatur, die weit unterhalb der Fermi-Temperatur T_F liegt), ist in Abbildung 39.14 die Fermi-Dirac-Verteilungsfunktion $F(T)$ (für eine Dimension) gegen die Geschwindigkeit aufgetragen. $F(T)$ ist näherungsweise 1 bei Geschwindigkeiten v_x, die im Bereich $-u_F < v_x < u_F$ liegen, wobei u_F die Fermi-Geschwindigkeit ist. Sie berechnet sich aus der Fermi-Energie E_F (man setzt E_F gleich der kinetischen Energie $\frac{1}{2} m_e u_F^2$) zu

$$u_F = \sqrt{\frac{2E_F}{m_e}}. \qquad 39.24$$

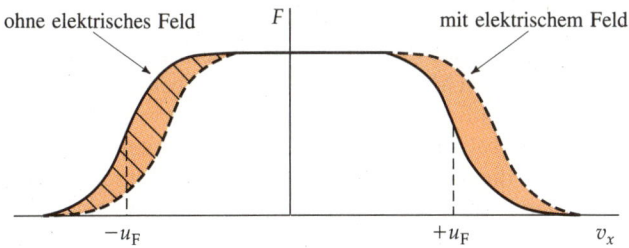

39.14 Die Fermi-Dirac-Verteilungsfunktion in Abhängigkeit von der Geschwindigkeit, hier in einer Dimension: ohne elektrisches Feld (durchgezogen) und mit elektrischem Feld (gestrichelt). Das elektrische Feld zeigt in Richtung der positiven x-Achse. Der Unterschied ist hier stark übertrieben dargestellt.

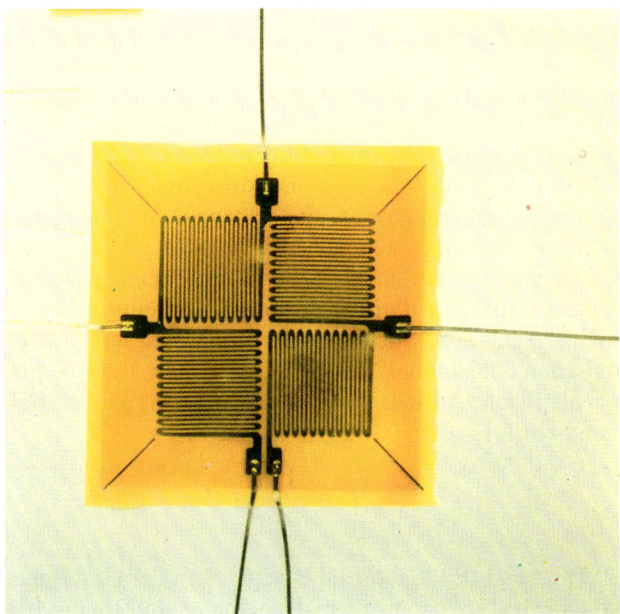

Der spezifische Widerstand eines Festkörpers ändert sich auch bei Dehnung oder Stauchung. Dies wird u. a. bei den Dehnungsmeßstreifen ausgenutzt, die in Waagen, Manometern, Kraftsensoren und anderen Geräten eingesetzt sind. Ein Dehnungsmeßstreifen ist (zum Erzielen einer möglichst großen Länge) meist mäanderförmig ausgebildet. Dieses Gefüge ist auf einem nichtleitenden Untergrund angebracht, der auf das Meßobjekt geklebt wird. Die bei einer Dehnung auftretende Widerstandsänderung des feinen Drahtes (meist aus speziellen Legierungen) wird über empfindliche Meßbrücken erfaßt. Bei der hier gezeigten Anordnung können Dehnungen in vier verschiedenen Richtungen erfaßt werden. (Mit freundlicher Genehmigung von Omega Engineering, Inc., Stamford, CT 06907, U.S.A.)

Beispiel 39.5

Berechnen Sie die Fermi-Geschwindigkeit für Kupfer.

Die Fermi-Energie des Kupfers ist $E_\mathrm{F} = 7{,}04$ eV. Damit ist die Fermi-Geschwindigkeit nach Gleichung (39.24)

$$u_\mathrm{F} = \sqrt{\frac{2 \cdot 7{,}04 \text{ eV}}{9{,}11 \cdot 10^{-31} \text{ kg}} \cdot \frac{1{,}6 \cdot 10^{-19} \text{ J}}{1 \text{ eV}}} = 1{,}57 \cdot 10^{6} \text{ m/s} \ .$$

Die gestrichelte Linie in Abbildung 39.14 zeigt die Änderung des Fermi-Faktors, nachdem das elektrische Feld einige Zeit wirkte. Man erkennt die Verschiebung der Elektronen zu höheren Geschwindigkeiten. Obwohl alle Elektronen von dieser Verschiebung betroffen sind, besteht der Nettoeffekt darin, daß nur Elektronen nahe der Fermi-Energie verschoben werden. Der spezifische Widerstand ϱ berechnet sich wie in (22.32); jedoch wird die mittlere Geschwindigkeit $\langle v \rangle$ durch die Fermi-Geschwindigkeit u_F ersetzt:

$$\varrho = \frac{m_\mathrm{e} u_\mathrm{F}}{n e^2 \ell_\mathrm{e}} \ . \qquad 39.25$$

(Hier steht ℓ_e für die mittlere freie Weglänge der Elektronen.) Nun treten aber zwei Probleme auf. Erstens ist die Fermi-Geschwindigkeit näherungsweise unabhängig von der Temperatur und damit auch der spezifische Widerstand nach (39.25), wenn nicht die mittlere freie Weglänge ℓ_e der Elektronen von der Temperatur abhängig ist. Zweitens weicht der mit (39.25) berechnete Wert für den spezifischen Widerstand noch deutlicher vom experimentell bestimmten Wert ab als der mit dem klassischen Modell (Abschnitt 39.2) berechnete. Dies liegt daran, daß die Fermi-Geschwindigkeit rund 16mal so hoch wie die aus der Maxwell-Boltzmann-Verteilung folgende mittlere Geschwindigkeit ist.

Die Erklärung für die Diskrepanzen liegt in der Berechnung der mittleren freien Weglänge. Aus (39.25) läßt sich die mittlere freie Weglänge ℓ_e bestimmen, wenn man u_F aus (39.24) und den experimentell erhaltenen Wert für den spezifischen Widerstand einsetzt. Kupfer beispielsweise hat einen spezifischen Widerstand $\varrho \approx 1{,}7 \cdot 10^{-8}$ $\Omega \cdot$m. Damit erhält man $\ell_\mathrm{e} \approx 40$ nm. Dieser Wert ist etwa um den Faktor 100 größer als der mit (22.33) klassisch berechnete Wert (der Radius der Kupfer-Ionen ist zu $r \approx 0{,}1$ nm gesetzt, vergleiche Beispiel 22.13). Die starke Abweichung liegt darin begründet, daß in der klassischen Rechnung die Wellennatur der Elektronen nicht berücksichtigt wurde. Der Stoß eines Elektrons mit einem Gitterion entspricht nicht dem klassischen Stoß eines Balls auf einen Baumstamm. Vielmehr wird die Elektronenwelle an dem periodischen räumlichen Gitter gestreut. Allerdings zeigen genaue Rechnungen, daß die Elektronenwelle an einer *perfekten* Kristallstruktur nicht gestreut wird, so daß die mittlere freie Weglänge unendlich groß wird. Streuung ergibt sich aber durch Unregelmäßigkeiten im Kristallgitter, die von Verunreinigungen oder von thermischen Schwingungen der Gitterionen herrühren.

In der klassischen Gleichung (22.33) für die mittlere freie Weglänge läßt sich die Größe πr^2 als Fläche A eines Gitterions verstehen, die von der Elektronenwelle „gesehen" wird. Es gilt

$$\ell_\mathrm{e} = \frac{1}{nA} \ . \qquad 39.26$$

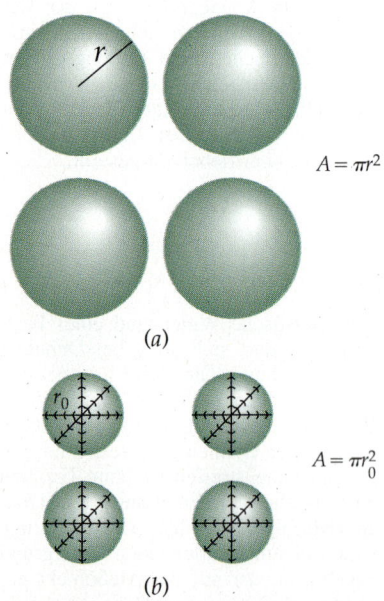

39.15 a) Klassisches Bild der Gitterionen als Kugeln mit dem Radius r, die den Elektronen jeweils die Stoßfläche πr^2 bieten. b) Quantenmechanisches Bild der Gitterionen als Punkte, die in drei Raumrichtungen schwingen. Die Stoßfläche, die sich den Elektronen bietet, ist πr_0^2, wobei r_0 die Schwingungsamplitude der Ionen ist.

Abbildung 39.15 a zeigt das klassische Bild, in dem die Gitterionen jeweils die Querschnittsfläche $A = \pi r^2$ haben. Gemäß der quantenmechanischen Theorie der

Elektronenstreuung hat die Fläche A jedoch nichts mit der Größe der Gitterionen zu tun, sondern ist ein Maß für die Abweichung des Gitters von seiner perfekten Struktur. Nach der quantenmechanischen Vorstellung sind die Gitterionen Punkte, die den Elektronen den Stoßquerschnitt $A = \pi r_0^2$ bieten, wobei r_0 die Amplitude der thermischen Schwingung der Ionen ist (siehe Abbildung 39.15b). Die Fläche ist also proportional zum Quadrat der Amplitude, ebenso die Energie der Schwingung (wenn wir von einer harmonischen Schwingung ausgehen). Damit ist die effektive Fläche A proportional zur Schwingungsenergie der Gitterionen. Nach dem Gleichverteilungssatz ist die Schwingungsenergie proportional zu $k_B T$. Damit ist die mittlere freie Weglänge ℓ_e proportional zu $1/T$, so daß der spezifische Widerstand proportional zur Temperatur T ist, in Übereinstimmung mit den experimentellen Ergebnissen.

Wenn man die von den thermischen Schwingungen herrührende Fläche A berechnet, stellt sich heraus, daß sie bei $T = 300$ K etwa 100mal kleiner ist als die Querschnittsfläche πr^2 eines Gitterions. Man erhält also eine gute Übereinstimmung mit den experimentell gemessenen spezifischen Widerständen, wenn man die klassische mittlere Geschwindigkeit $\langle v \rangle$ durch die Fermi-Geschwindigkeit u_F ersetzt und die Welleneigenschaften der Elektronen berücksichtigt, d.h., deren Stöße mit den Gitterionen als Streuung der Elektronenwellen beschreibt, für die nur Abweichungen von der idealen Gitterstruktur relevant sind.

Auch Verunreinigungen in einem Metall führen zu Abweichungen vom idealen Kristallgitter. Der Einfluß von Verunreinigungen auf den spezifischen Widerstand ist annähernd temperaturunabhängig. Der spezifische Widerstand eines Metalls läßt sich als Summe zweier Komponenten beschreiben: $\varrho = \varrho_t + \varrho_i$. Hier rührt ϱ_t von der thermischen Bewegung der Gitterionen her und ϱ_i von den Verunreinigungen (englisch: *impurities*). Abbildung 39.16 zeigt eine typische Temperaturabhängigkeit des Widerstands eines verunreinigten Metalls. Wenn T gegen null geht, so geht auch ϱ_t gegen null; damit nähert sich der spezifische Widerstand ϱ dem konstanten Wert ϱ_i.

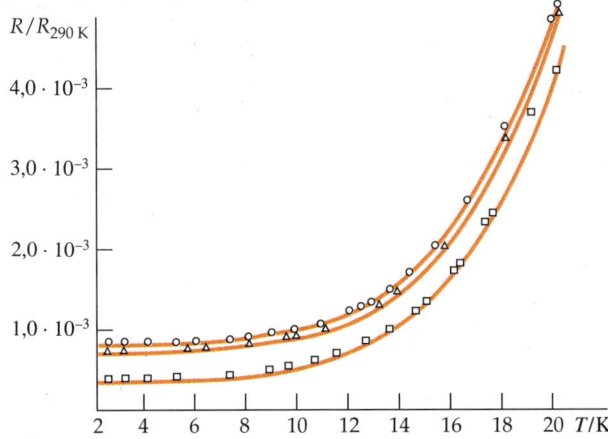

39.16 Die relativen Widerstände dreier verschiedener Natriumproben als Funktion der Temperatur. Die drei Kurven zeigen dieselbe Temperaturabhängigkeit. Die relativen Widerstände differieren aufgrund der unterschiedlich starken Verunreinigung der Proben. (Der relative Widerstand ist hier der Quotient aus dem Widerstand bei einer Temperatur T und dem Widerstand der gleichen Probe bei 290 K.)

Wärmeleitung und Wärmekapazität

Auch bei der Theorie der Wärmeleitung in Metallen führen quantenmechanische Modifikationen zu guten Übereinstimmungen mit experimentellen Werten. Die Maxwell-Boltzmann-Energieverteilung der Elektronen wird durch die Fermi-Dirac-Verteilung ersetzt, so daß sich ein wesentlich kleinerer Beitrag der Elektronen zur Wärmekapazität des Metalls ergibt, als von der klassischen Theorie mit $\frac{3}{2} R$ vorhergesagt. Bei $T = 0$ K ist die mittlere Energie der Elektronen $\frac{3}{5} E_F$ und damit die Gesamtenergie $E = \frac{3}{5} N E_F$. Bei einer Temperatur T werden nur solche Elektronen durch Stöße mit den Gitterionen angeregt, deren Energie schon vor dem Stoß in der Nähe der Fermi-Energie lag. Die mittlere Energie der Gitterionen beträgt ungefähr $k_B T$. Der Anteil der Elektronen, der angeregt wird, liegt nahe bei $k_B T/E_F$, und der Energiezuwachs dieser Elektronen ist ungefähr $k_B T$. Damit ergibt sich die Energie von N Elektronen bei der Temperatur T zu

$$E = \frac{3}{5} N E_F + \alpha' N \frac{k_B T}{E_F} k_B T \ . \qquad 39.27$$

Dabei ist α' eine Konstante der Größenordnung 1. Die Berechnung von α' beinhaltet die vollständige Fermi-Dirac-Verteilung bei einer beliebigen Temperatur und ist sehr schwierig. An dieser Stelle sei nur das Resultat angegeben: $\alpha' = \pi^2/4$. Die Wärmekapazität bei konstantem Volumen ist die Ableitung der in (39.27) gegebenen Energie nach der Temperatur; der Beitrag des Elektronengases ist also

$$C_{V,e} = \frac{dE}{dT} = 2\alpha' N k_B \frac{k_B T}{E_F} \ .$$

Setzt man den angegebenen Wert von α' und $E_F/k_B = T_F$ ein und verwendet $R = N_A \cdot k_B$, erhält man für den Beitrag der Elektronen zur molaren Wärmekapazität bei konstantem Volumen

$$C_{V,m,e} = \frac{\pi^2}{2} R \frac{T}{T_F} \ . \qquad 39.28$$

Aufgrund des hohen Wertes von T_F ist der Beitrag des Elektronengases zur spezifischen Wärme bei Zimmertemperatur ein sehr geringer Bruchteil von R. Die Fermi-Temperatur beispielsweise von Kupfer ist $T_F = 81\,700$ K. Damit ist bei $T = 300$ K die molare Wärmekapazität des Elektronengases

$$C_{V,m} = \frac{\pi^2}{2} \left(\frac{300 \text{ K}}{81\,700 \text{ K}} \right) R \approx 0{,}02 \, R \ .$$

Dies stimmt mit dem experimentellen Wert gut überein.

39.5 Das Bändermodell der Festkörper

In den vorangegangenen Abschnitten haben wir gesehen, daß das Modell der freien Elektronen, mit den erwähnten quantenmechanischen Modifikationen, die elektrische und die Wärmeleitfähigkeit gut beschreibt. Es erklärt aber nicht, *warum* ein Material ein Leiter und ein anderes ein Isolator ist. Die spezifischen Widerstände von Isolatoren und von Leitern unterscheiden sich um viele Größenordnungen. So liegt der spezifische Widerstand eines typischen Isolators (Quarz) bei etwa $10^{16} \, \Omega \cdot$m, während er bei einem typischen Leiter nur rund $10^{-8} \, \Omega \cdot$m beträgt. Um diesen großen Unterschied zu verstehen, müssen wir unser Modell der freien Elektronen verbessern und den Einfluß der Gitterionen auf die elektronischen Energiezustände berücksichtigen.

Betrachten wir die Energiezustände zweier einzelner Atome, die sich einander nähern. Wie wir schon wissen, liegen die Energiezustände eines einzelnen Atoms oft weit auseinander. So beträgt im Wasserstoffatom die Energie $-13{,}6$ eV für

$n = 1$ und $-3{,}4$ eV für $n = 2$. Betrachten wir nun Wasserstoffatome, die einander immer näher kommen. Wenn die Atome noch weit voneinander entfernt sind, hat z.B. der Zustand mit $n = 2$ in jedem Atom die gleiche Energie. Mit sinkendem Abstand beeinflussen sich die beiden Atome immer stärker, wobei aus den beiden entarteten (d.h. energetisch gleichen) Zuständen (mit $n = 2$) nun zwei Zustände entstehen, deren Energien sich im Zwei-Atom-System um mehrere eV unterscheiden: der eine liegt energetisch tiefer als zuvor, der andere höher.

Nähern sich N gleiche Atome einander stark an, daß sich die Elektronenwolken teilweise überlappen (wie es beim Festkörper der Fall ist), so spaltet ein bestimmter Zustand bzw. ein bestimmtes Energieniveau der einzelnen Atome in N verschiedene Energiezustände mit etwas unterschiedlichen Energien auf. Abbildung 39.17 zeigt dies für die 1s- und die 2s-Energieniveaus bei sechs Atomen als

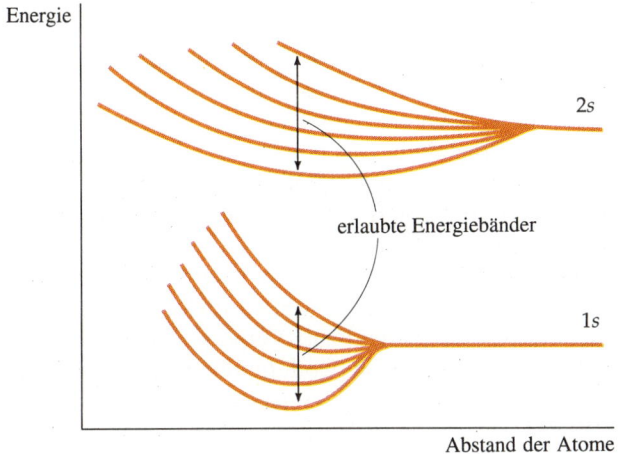

39.17 Die Energieaufspaltung des 1s- und des 2s-Energieniveaus für sechs Atome, als Funktion des Abstands der Atome.

Funktionen ihres Abstands. Je größer die Anzahl der Atome, die zusammenrücken, desto dichter liegen die Niveaus beieinander. In einem makroskopischen Festkörper ist die Anzahl N der Atome sehr groß (in der Größenordnung der Avogadro-Zahl), so daß sich jedes Energieniveau in eine große Anzahl sehr dicht aufeinanderfolgender Niveaus aufspaltet. Diese bezeichnet man insgesamt als **Band**, weil die Energiedifferenz der Niveaus so klein ist, daß sie fast als Kontinuum anzusehen sind. Für die N-fach entarteten Energieniveaus von N separierten Atomen ergibt sich im Verbund der Atome je ein Energieband. Die verschiedenen Bänder können energetisch dicht oder weniger dicht beieinanderliegen, und sie können sich sogar überlappen. Was jeweils geschieht, hängt von der Art der Atome und von der Bindungsart im Festkörper ab.

Jetzt können wir erklären, warum einige Festkörper Leiter, andere dagegen Isolatoren sind. Betrachten wir dazu als Beispiel das Natrium. In einem 3s-Zustand eines einzelnen Atoms können sich zwei Elektronen aufhalten. Jedoch hat das Na-Atom nur ein 3s-Elektron, das 3s-Band im festen Natrium ist also nur halb gefüllt. Zusätzlich überlappt das leere 3p-Band mit dem 3s-Band, wie aus der schematischen Zeichnung in Abbildung 39.18 hervorgeht. Die besetzten Niveaus sind blau unterlegt. Wegen des halbgefüllten Bandes befinden sich unbesetzte Niveaus direkt oberhalb der besetzten Niveaus. Daher können Valenzelektronen durch elektrische Felder leicht in unbesetzte Nivaus angeregt werden. Das erklärt, warum Natrium ein guter Leiter ist. Magnesium hat dagegen zwei 3s-Elektronen, so daß das 3s-Band gefüllt ist. Es überlappt aber mit dem leeren 3p-Band; folglich ist auch Magnesium ein guter Leiter.

Die Bandstruktur eines ionischen Kristalls, etwa NaCl, sieht vollkommen anders aus. Die Energiebänder werden von den Energieniveaus der Ionen Na$^+$ und Cl$^-$ erzeugt. Beide Ionen haben eine abgeschlossene Elektronenschale. Daher

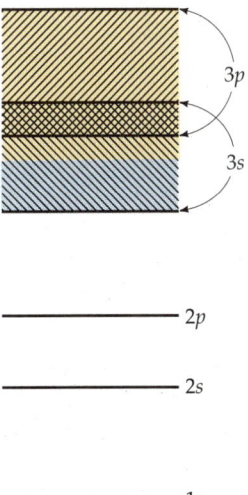

39.18 Die Bandstruktur des Natriums. Das leere 3p-Band überlappt mit dem halbvollen 3s-Band. Unmittelbar oberhalb der gefüllten Zustände existieren viele leere Zustände, in die Elektronen durch ein elektrisches Feld angeregt werden können; daher ist Natrium ein Leiter.

ist das höchste besetzte Band voll. Das nächste erlaubte, aber leere Band rührt von angeregten Zuständen der Na$^+$- und Cl$^-$-Ionen her. Zwischen dem obersten vollen und diesem leeren Band existiert jedoch eine große Energielücke. Ein elektrisches Feld ist in der Regel zu schwach, um Elektronen aus dem besetzten in das leere Band anzuregen. Deshalb ist NaCl ein Isolator. (Bei einem sehr starken elektrischen Feld kann dies jedoch geschehen; man spricht dann von einem dielektrischen Durchschlag.)

Abbildung 39.19 zeigt vier mögliche Bandstrukturen von Festkörpern. Das Band, das von den Valenzelektronen besetzt ist, wird **Valenzband** genannt. Das energetisch niedrigste Band, in dem noch unbesetzte Zustände vorhanden sind, ist das **Leitungsband**. Im Natrium ist das Valenzband, wie gesagt, nur halb gefüllt. In diesem Fall sind Valenz- und Leitungsband identisch. Im Magnesium überlappen das volle 3s- und das leere 3p-Band und bilden eine Kombination aus Valenz- und Leitungsband. Dieses Band ist nur teilweise gefüllt, so daß Magnesium ein Leiter ist.

Die Bandstruktur eines Leiters wie Kupfer ist in Abbildung 39.19a gezeigt. Die energetisch niedrig liegenden Bänder sind mit den Elektronen der inneren Schalen des Atoms besetzt. Gemäß dem Pauli-Verbot können diese Bänder keine weiteren Elektronen aufnehmen. Das höchste Band, das Elektronen enthält, ist nur halb voll und ist damit Leitungs- und Valenzband. Bei sehr tiefen Temperaturen ist seine untere Hälfte gefüllt und die obere leer. Bei höheren Temperaturen befinden sich einige Elektronen aufgrund der thermischen Anregung in höheren Energieniveaus dieses Bandes, aber es gibt noch genügend unbesetzte Zustände. Durch ein elektrisches Feld werden Elektronen beschleunigt und dadurch angeregt, und zwar wegen des Pauli-Verbots in noch höhere Niveaus dieses Bandes. (Das ist deswegen möglich, weil die obere Hälfte des Bandes leer ist.) Diese Elektronen sind also die *Leitungselektronen*.

Abbildung 39.19b zeigt die Bandstruktur eines typischen Isolators. Bei $T = 0$ K ist das höchste Energieband, das Elektronen enthält, vollständig gefüllt. Das nächsthöhere Energieband, das unbesetzte Zustände enthält (das Leitungsband), ist durch eine große Energielücke vom darunterliegenden besetzten Band getrennt. Bei $T = 0$ K ist das Leitungsband leer. Bei Zimmertemperatur werden einige Elektronen in das leere Leitungsband angeregt; jedoch ist für die meisten Elektronen die Energielücke zu groß; denn durch thermische Anregung kann ein Elektron z.B. bei $T = 300$ K nur einen Energiebetrag von durchschnittlich $k_B T = 0{,}026$ eV aufnehmen. Diese Lücke nennt man manchmal auch *verbotenes Band*. Auch durch normale elektrische Felder kann diese Energielücke nicht überwunden werden. Die geringe elektrische Leitfähigkeit, die trotzdem auftritt, rührt von den wenigen thermisch angeregten Elektronen her.

In Abbildung 39.19c überlappen sich Valenzband und Leitungsband. Ein Material wie Magnesium, das diese Bandstruktur hat, ist ein Leiter.

In einigen Materialien ist die Energielücke zwischen dem gefüllten Valenzband und dem leeren Leitungband sehr klein (Abbildung 39.19d). Bei $T = 0$ K ist das Leitungsband leer, und das Material ist ein Isolator. Bei Zimmertemperatur

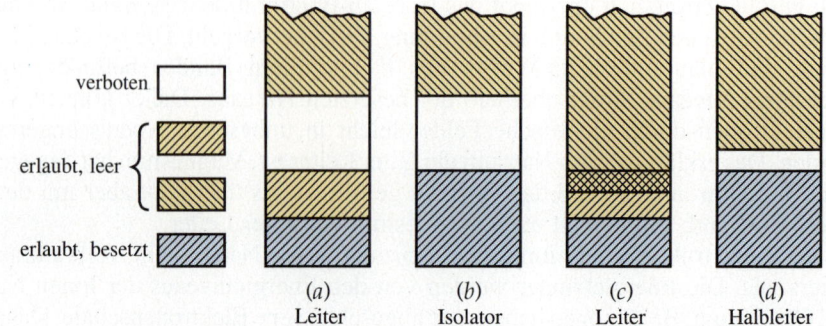

39.19 Vier mögliche Bandstrukturen von Festkörpern. a) Ein typischer Leiter: Das Valenzband ist nur teilweise gefüllt, so daß Elektronen leicht in direkt darüberliegende Niveaus angeregt werden können. b) Ein typischer Isolator: Das volle Valenz- und das Leitungsband sind durch ein verbotenes Band mit großer Energielücke voneinander getrennt. c) Bei diesem Leiter überlappen sich erlaubte Bänder. d) Ein Halbleiter: Die Energielücke zwischen dem vollen Valenzband und dem Leitungsband ist sehr klein; daher können einige Elektronen bei Zimmertemperatur in das Leitungsband angeregt werden. Im Valenzband bleiben dann positiv geladene Löcher zurück.

befindet sich eine bestimmte Anzahl Elektronen aufgrund der thermischen Anregung im Leitungsband. Ein Material mit dieser Eigenschaft wird **Halbleiter** oder auch **Eigenhalbleiter** genannt. Zusätzlich werden bei Anwesenheit eines elektrischen Feldes Elektronen in das Leitungsband angeregt. Für jedes in das Leitungsband angeregte Elektron entsteht im vollen Valenzband ein positiv geladenes *Loch*. (Zur Beschreibung der elektrischen Leitung kann man alternativ auch die Bewegung von Löchern im elektrischen Feld betrachten.) Halbleiter haben die interessante Eigenschaft, daß ihre Leitfähigkeit mit steigender Temperatur zunimmt (also ihr Widerstand sinkt), im Gegensatz zu den metallischen Leitern. Bei höherer Temperatur werden nämlich mehr Elektronen thermisch in das Leitungsband angeregt; dadurch stehen mehr freie Elektronen zur Verfügung.

Ein typischer Halbleiter ist Silicium. In der Valenzschale mit $n = 3$ befinden sich vier Elektronen. In einem Siliciumkristall bildet jedes Atom kovalente Bindungen mit seinen vier Nachbaratomen aus (Abbildung 39.20). Die Abbildung 39.21 zeigt die Energiebänder von Diamant, Silicium und Germanium. Das 2s- und das 2p-Niveau im Diamant, das 3s- und das 3p-Niveau im Silicium und das 4s- und das 4p-Niveau im Germanium können jeweils acht Elektronen aufnehmen. Diese s- und p-Zustände hybridisieren (Abschnitt 38.2) und spalten in zwei Hybridzustände auf, die jeweils vier Elektronen aufnehmen können. Der untere ist mit den Valenzelektronen gefüllt, und der obere ist leer. Bei dem Gleichgewichtsabstand der C-Atome von 0,15 nm im Diamant ist die Energielücke zwischen diesen beiden Zuständen etwa 7 eV groß. Deshalb ist Diamant ein Isolator. In Silicium und Germanium beträgt der Gleichgewichts-Atomabstand 0,24 nm und die Energielücke der Hybridzustände (beim Gleichgewichtsabstand) nur etwa 1 eV. Damit sind diese beiden Elemente Halbleiter.

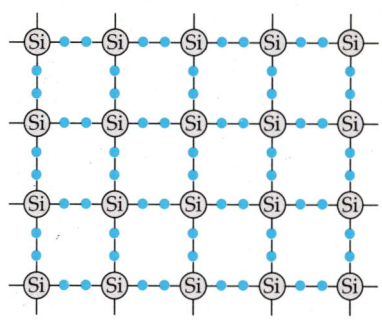

39.20 Ein zweidimensionales, stark vereinfachtes Schema der Struktur des kristallinen Siliciums. Jedes Atom bildet kovalente Bindungen mit seinen vier Nachbaratomen aus.

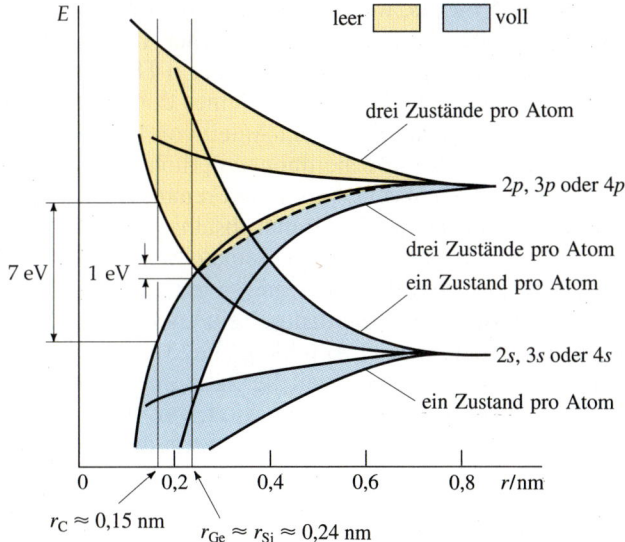

39.21 Die energetische Aufspaltung der 2s- und 2p-Niveaus im Diamant, der 3s- und 3p-Niveaus im Silicium und der 4s- und 4p-Niveaus im Germanium als Funktion des Atomabstands. Die Energielücke zwischen gefüllten und leeren Niveaus beträgt (für den jeweiligen Gleichgewichtsabstand) im Kohlenstoff 7 eV, dagegen in Silicium und Germanium nur etwa 1 eV.

39.6 Dotierte Halbleiter

Im vorigen Abschnitt wurden die Eigenhalbleiter beschrieben, deren Leitfähigkeit auf der geringen Energiedifferenz zwischen Valenz- und Leitungsband beruht. Dagegen sind die technisch angewandten Halbleiter sogenannte **dotierte**

Halbleiter oder auch *Störstellenhalbleiter*. Bei diesen wird der Grundsubstanz, meist Silicium, ein geringer Anteil bestimmter Fremdatome zugesetzt. Diesen Prozeß nennt man **Dotierung**. Abbildung 39.22a zeigt ein Siliciumgitter, in dem einige Siliciumatome durch Arsenatome ersetzt sind. Arsen hat fünf Valenzelektronen, also eines mehr als Silicium. Vier der fünf Arsenelektronen nehmen an den kovalenten Bindungen zu den vier benachbarten Siliciumatomen teil. Das fünfte Elektron ist jedoch nur sehr schwach an das Arsenatom gebunden. Der geringe Anteil an Arsenatomen führt im Silicium zu einigen diskreten Energieniveaus dicht unterhalb des Leitungsbandes. Die Elektronen in diesen Niveaus können also sehr leicht in das Leitungsband angeregt werden, so daß sie zur elektrischen Leitfähigkeit beitragen.

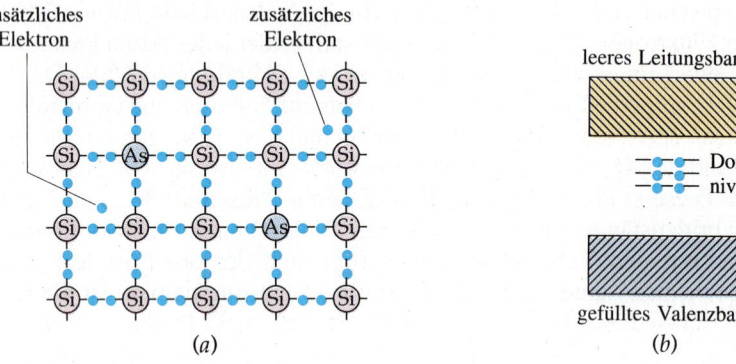

39.22 a) Schematische Darstellung eines mit Arsen dotierten Siliciumkristalls. Das fünfte Valenzelektron des Arsens ist sehr schwach gebunden und kann leicht in das Leitungsband angeregt werden, wo es zur elektrischen Leitung beiträgt. b) Die Bandstruktur eines n-Halbleiters, wie er beispielsweise beim Dotieren von Silicium mit Arsen entsteht. Die Arsenatome liefern gefüllte, diskrete Energieniveaus dicht unterhalb des Leitungsbandes. Diese Niveaus geben sehr leicht Elektronen an das Leitungsband ab.

Abbildung 39.22b zeigt die Bandstruktur des mit Arsen dotierten Siliciumkristalls. Die unter dem leeren Leitungsband in der Lücke liegenden Niveaus rühren vom fünften Valenzelektron des Arsens her. Diese Zustände nennt man **Donator**- oder **Donor-Niveaus**, weil sie Elektronen an das Leitungsband abgeben (lat. *donare*). Hierbei entstehen keine Löcher im Valenzband. Diesen Halbleitertyp nennt man *negativen Halbleiter* oder **n-Halbleiter**, weil fast alle Ladungsträger negativ sind. Die Leitfähigkeit eines dotierten Halbleiters hängt vom Gehalt an Fremdatomen ab. Schon ein Anteil von 10^{-6} Fremdatomen kann die Leitfähigkeit um mehrere Größenordnungen erhöhen.

Ein anderer Halbleitertyp entsteht, wenn die Fremdatome, etwa Gallium, ein Valenzelektron weniger haben als die Grundsubstanz, etwa Silicium (siehe Abbildung 39.23a). Mit drei benachbarten Siliciumatomen bildet das Galliumatom kovalente Bindungen aus, und das „fehlende" vierte Elektron wird durch ein Elektron des Valenzbandes ersetzt, das dadurch ein Loch erhält. Die Bandstruktur von galliumdotiertem Silicium zeigt Abbildung 39.23b. Die dicht über dem Valenzband liegenden Niveaus sind leer, weil die Galliumatome ein Valenzelektron „zu wenig" haben. Diese Niveaus nennt man **Akzeptor-Niveaus**, da sie Elektronen aus dem gefüllten Valenzband aufnehmen, wenn diese thermisch angeregt

39.23 a) Schematische Darstellung eines mit Gallium dotierten Siliciumkristalls. Da Gallium nur drei Valenzelektronen hat, wird das Elektron für die vierte kovalente Bindung dem Valenzband entzogen, das dadurch Löcher erhält. Diese verhalten sich wie positive Ladungsträger und bewirken die elektrische Leitfähigkeit. b) Die Bandstruktur eines p-Halbleiters, wie etwa Silicium, das mit Gallium dotiert ist. Die Galliumatome liefern leere Energieniveaus, die dicht oberhalb des Valenzbands liegen. Diese Zustände nehmen Elektronen aus dem Valenzband auf.

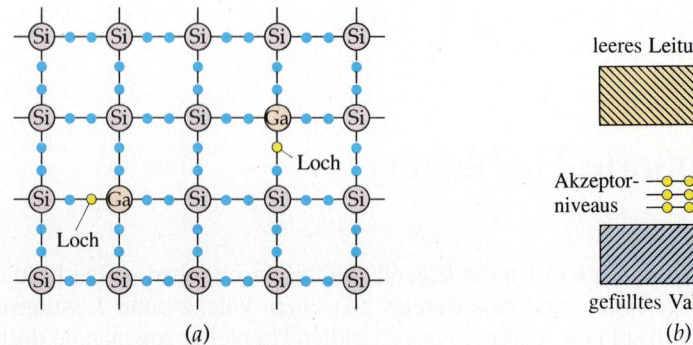

werden. Die dadurch im Valenzband entstehenden Löcher verhalten sich dann wie positive Ladungsträger. Deshalb spricht man hier von einem *positiven Halbleiter* oder **p-Halbleiter**. Mit Hilfe des Hall-Effekts (Abschnitt 24.4) kann man nachweisen, daß die Stromleitung tatsächlich auf der Bewegung positiver Ladungsträger beruht.

39.7 Halbleiterübergangsschichten und ihre Anwendungen

In den technisch gebräuchlichen Halbleiterbauelementen, etwa Dioden oder Transistoren, sind n- und p-Halbleiter miteinander kombiniert (siehe Abbildung 39.24). Meist wird hierfür ein Siliciumkristall auf einer Seite mit einem Donator dotiert und auf der anderen Seite mit einem Akzeptor. Dazwischen befindet sich die sogenannte **Übergangszone** (engl. *junction*).

Wenn ein n- und ein p-Halbleiter miteinander in Kontakt stehen, so gleichen sich die unterschiedlichen Konzentrationen von Elektronen und Löchern in beiden Gebieten aus, indem Elektronen so lange vom n- in das p-Gebiet diffundieren (und Löcher in umgekehrter Richtung), bis sich ein Gleichgewichtszustand eingestellt hat. Insgesamt wird also positive Ladung vom p- zum n-Gebiet transportiert. Anders als bei zwei Metallen, die Kontakt miteinander haben, können sich die Elektronen hier nicht weit von der Grenzfläche entfernen. Also bildet sich am Übergang zwischen n- und p-Gebiet eine Ladungsdoppelschicht, vergleichbar der auf einem Plattenkondensator. Durch die Ladungstrennung entsteht eine Potentialdifferenz, die den weiteren Ladungsfluß verhindert. Im Gleichgewicht hat die n-Seite aufgrund ihrer positiven Nettoladung ein höheres Potential als die p-Seite mit ihrer negativen Nettoladung. Im Übergangsbereich befinden sich jetzt nur wenige Ladungsträger, so daß er einen hohen Widerstand hat. Abbildung 39.25 zeigt das Energiediagramm für einen pn-Übergang. Den Übergangsbereich nennt man auch **ladungsarme Zone**.

Ein Halbleiter mit pn-Übergang läßt sich als einfacher Diodengleichrichter verwenden. In Abbildung 39.26 ist eine äußere Spannung U (von einer Batterie) über einen Widerstand an den Halbleiterübergang angelegt. Wenn der positive Pol der Batterie mit der p-Seite des Übergangs verbunden ist (Abbildung 39.26a), dann ist die Diode in **Durchlaßrichtung** geschaltet. Diese Art der Schaltung verringert die Potentialdifferenz im Übergangsbereich. Die Diffusion der Elektronen und der Löcher wird hierbei stärker (und zwar aufgrund des Bestrebens, den Gleichgewichtszustand wiederherzustellen), so daß ein Strom resultiert. Wenn aber der positive Pol der Batterie mit der n-Seite des Übergangs verbunden ist (Abbildung 39.26b), dann ist die Diode in **Sperrichtung** geschaltet. Hierbei wird die Potentialdifferenz über der ladungsarmen Zone erhöht und die Diffusion der Ladungsträger unterdrückt. In Abbildung 39.27 ist die Strom-

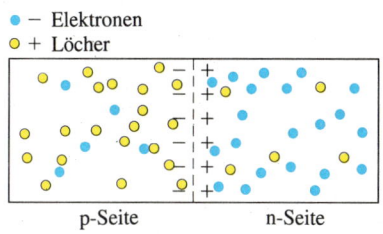

39.24 Ein pn-Halbleiterübergang. Wegen der unterschiedlichen Konzentrationen diffundieren Löcher von der p-Seite zur n-Seite und Elektronen von der n-Seite zur p-Seite. Im Übergangsbereich entsteht dadurch eine Ladungsdoppelschicht, wobei sich negative Ladungen auf der p-Seite und positive Ladungen auf der n-Seite befinden.

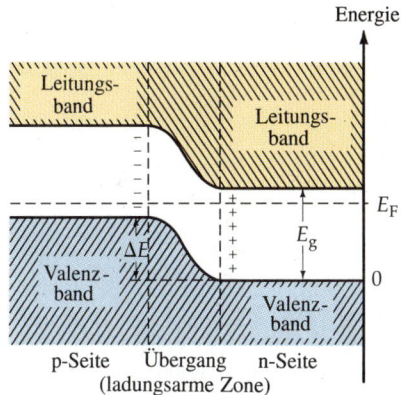

39.25 Elektronische Energieniveaus bei einem pn-Übergang, an den keine Spannung angelegt ist.

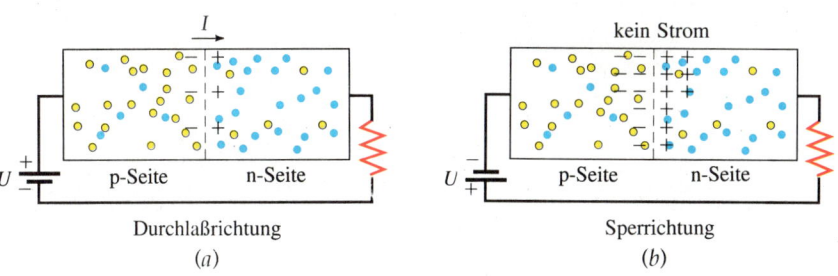

39.26 Die pn-Halbleiter-Diode. a) Der Übergang ist in Durchlaßrichtung geschaltet. Die an ihn angelegte Spannung fördert die Diffusion der Löcher von der p- zur n-Seite (und der Elektronen in der Gegenrichtung) und führt so zu einem Strom I. b) Der pn-Übergang ist in Sperrichtung geschaltet. Die angelegte Spannung verhindert die Diffusion der Ladungsträger durch den Übergangsbereich, und es fließt kein Strom.

39 Festkörper

39.27 Der Strom in Abhängigkeit von der an einen pn-Übergang angelegten Spannung. Beachten Sie den Unterschied der Strom- und der Spannungsskalen für Sperr- und Durchlaßrichtung.

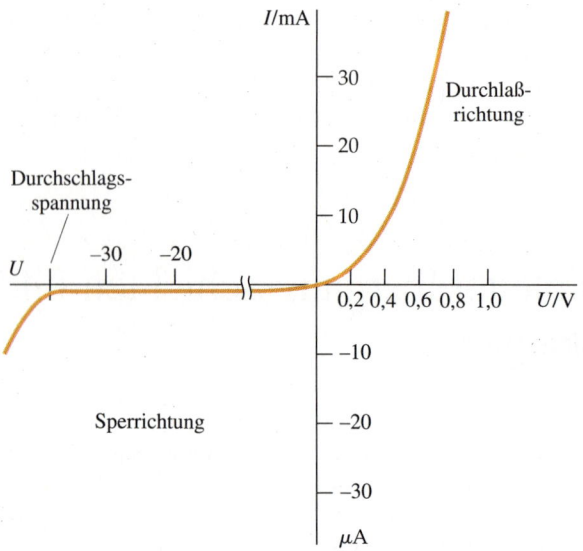

Spannungs-Kennlinie für einen typischen Halbleiterübergang gezeigt. Der Übergang leitet nur in einer Richtung, wie auch die in Abschnitt 28.7 erläuterte Elektronenröhre. Die Halbleiterdioden haben inzwischen die Röhren in nahezu allen Anwendungen ersetzt. Der Abbildung 39.27 entnehmen wir, daß in Sperrrichtung über einen weiten Spannungsbereich nur ein sehr kleiner Strom (nA) fließt. Wird jedoch eine hohe Spannung in Sperrichtung angelegt, nimmt der Strom stark zu. Der Grund dafür ist, daß bei einem zu starken elektrischen Feld Elektronen aus den atomaren Bindungen herausgerissen und durch den Übergangsbereich hindurch beschleunigt werden. Diese Elektronen lösen ihrerseits Elektronen durch Stoßionisation ab, und es kommt zum sogenannten *Lawinendurchschlag*. Dieser Effekt wird in den sogenannten **Z-Dioden** (früher: *Zener-Dioden*) ausgenutzt: sie werden zur Spannungsstabilisierung eingesetzt.

Ein interessanter Effekt entsteht, wenn beide Seiten eines pn-Übergangs so stark dotiert sind, daß die Donatoren auf der n-Seite so viele Elektronen liefern, daß der untere Teil des Leitungsbandes gefüllt ist, und die Akzeptoren auf der p-Seite so viele Elektronen aufnehmen, daß der obere Teil des Valenzbandes nahezu leer ist. Abbildung 39.28a zeigt die zugehörigen Energieniveaus. Da der Übergangsbereich hier sehr schmal ist, können Elektronen die verbotene Zone leicht „durchtunneln" (Abschnitt 36.10). Dieser Elektronenfluß wird **Tunnelstrom** genannt, und eine solche Diode nennt man daher **Tunneldiode**. (Ein anderer Name ist Esaki-Diode.)

Im Gleichgewicht, also ohne angelegte Spannung, fließt in beide Richtungen ein gleich großer Tunnelstrom. Wird eine kleine Vorspannung an den Übergang

39.28 Die elektronischen Energieniveaus bei einem stark dotierten pn-Übergang in einer Tunneldiode. a) Ohne Vorspannung tunneln Elektronen in beiden Richtungen durch den Übergangsbereich. b) Bei einer kleinen Vorspannung steigt der Tunnelstrom in einer Richtung und liefert einen merklichen Beitrag zum Gesamtstrom. c) Bei zunehmender Vorspannung nimmt der Tunnelstrom stark ab.

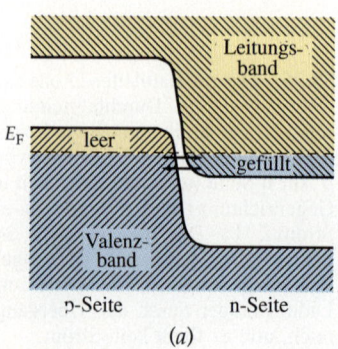
(a)

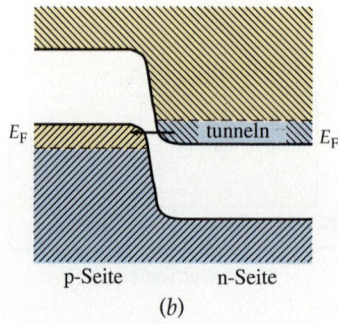
(b)

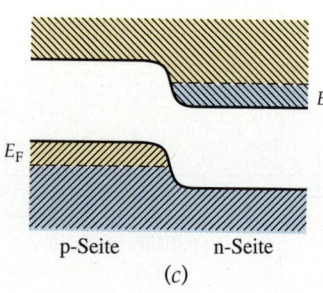
(c)

angelegt (vgl. Abbildung 39.28b), so wird der Tunnelstrom der Elektronen von der n-Seite zur p-Seite größer, während er in der Gegenrichtung abnimmt. Dieser Tunnelstrom ergibt, gemeinsam mit dem normalen Diffusionsstrom, einen beträchtlichen Gesamtstrom. Wird die Vorspannung etwas erhöht (vgl. Abbildung 39.28c), dann wird der Tunnelstrom kleiner. Obwohl der Diffusionsstrom ansteigt, nimmt der Gesamtstrom ab. Bei sehr hoher Vorspannung ist der Tunnelstrom vernachlässigbar, und der Gesamtstrom nimmt mit steigender Vorspannung zu, und zwar aufgrund der Diffusion, wie bei einem gewöhnlichen pn-Übergang. In Abbildung 39.29 ist die Strom-Spannungs-Kennlinie einer Tunneldiode aufgetragen. Solche Dioden werden aufgrund ihrer sehr kurzen Reaktionszeiten verwendet. Wenn man an der steilsten Stelle der Kennlinie arbeitet, ergibt eine kleine Änderung der Vorspannung eine große Änderung des Stroms. Tunneldioden werden in Oszillatorschaltungen (bis in den GHz-Bereich) zur Schwingungserzeugung und -entdämpfung sowie in der Digitaltechnik als bistabiler Speicher oder als extrem schnelle Schalter eingesetzt.

Eine weitere Anwendung von pn-Halbleitern ist die **Solarzelle** (Abbildung 39.30). Wenn ein Photon mit höherer Energie als die Energielücke (1,1 eV in Silicium) auf die p-Seite trifft, kann es ein Elektron aus dem Valenzband in das Leitungsband anregen. Zurück bleibt ein Loch im Valenzband. In diesem Gebiet gibt es jedoch bereits viele Löcher (wegen der p-Dotierung). Einige der Elektronen, die von den Photonen angeregt wurden, rekombinieren mit den Löchern, andere wandern durch das Übergangsgebiet. Von dort werden sie durch das (von der Ladungsdoppelschicht herrührende) elektrische Feld im Übergangsgebiet zur n-Seite hin beschleunigt. Dadurch entsteht ein Überschuß an negativer Ladung auf der n-Seite und ein positiver Ladungsüberschuß auf der p-Seite. Das Ergebnis ist eine Potentialdifferenz zwischen beiden Bereichen, die normalerweise etwa 0,6 V beträgt. Werden beide Bereiche über einen Widerstand R_V verbunden, fließt durch diesen ein Strom. Also wird ein Teil der Lichtenergie in elektrische Energie umgewandelt. Die Stromstärke im Widerstand ist proportional zur Zahl der pro Zeiteinheit einfallenden Photonen, d. h. proportional zur Intensität des einstrahlenden Lichts.

Es gibt noch viele andere Anwendungen von Halbleiten mit pn-Übergängen. Teilchendetektoren, die sogenannten **Oberflächensperrschicht-Zähler**, bestehen aus einem pn-Halbleiterübergang mit einer hohen Sperrspannung, so daß kein Strom fließt. Durchquert aber ein hochenergetisches Teilchen, etwa ein Elektron, den Halbleiter, dann erzeugt es viele Elektron-Loch-Paare, wobei es Energie verliert. Die daraus resultierenden Strompulse zeigen an, daß der Halbleiter von einem Teilchen durchquert wurde. **Leuchtdioden** (**LED**s, Lumineszenzdioden) sind pn-Halbleiterübergänge, an die eine hohe Spannung in Durchlaßrichtung angelegt wird. Daraus resultieren große Überschüsse von Elektronen auf der p-Seite und von Löchern auf der n-Seite des Übergangs. Wird ein elektrisches Feld angelegt, bewegen sich die Elektronen und Löcher aufeinander zu und rekombinieren. Dabei wird Licht emittiert, dessen Farbe vom Halbleitermaterial und der Dotierung abhängt (stickstoffdotiertes Galliumphosphid GaP beispielsweise strahlt grünes Licht ab). Es handelt sich dabei um die Umkehrung des Vorgangs, der in einer Solarzelle abläuft. LEDs werden in der Regel für optische Anzeigen verwendet.

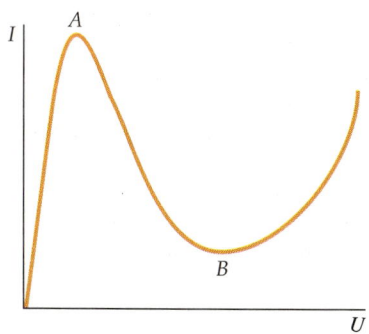

39.29 Der Strom als Funktion der angelegten Spannung bei einer Tunneldiode. Bis zum Punkt A steigt der Tunnelstrom mit zunehmender Vorspannung. Zwischen A und B wird er mit zunehmender Vorspannung kleiner. Ab dem Punkt B ist der Tunnelstrom vernachlässigbar, und die Diode verhält sich wie eine gewöhnliche pn-Halbleiterdiode.

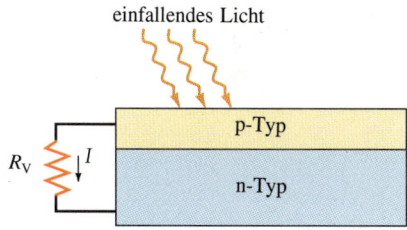

39.30 Ein pn-Halbleiterübergang als Solarzelle. Wenn Licht auf den p-Bereich des Übergangs fällt, werden Elektron-Loch-Paare erzeugt, die zu einem Strom durch den Verbraucherwiderstand R_V führen.

Transistoren

Der Transistor wurde im Jahre 1948 von William Shockley, John Bardeen und Walter H. Brattain erfunden. Er ermöglichte umwälzende technische Neuerungen. Ein einfacher Transistor besteht aus drei verschiedenen Halbleiterschichten, die man **Emitter**, **Basis** und **Kollektor** nennt. Die Basis ist sehr dünn und liegt

39 Festkörper

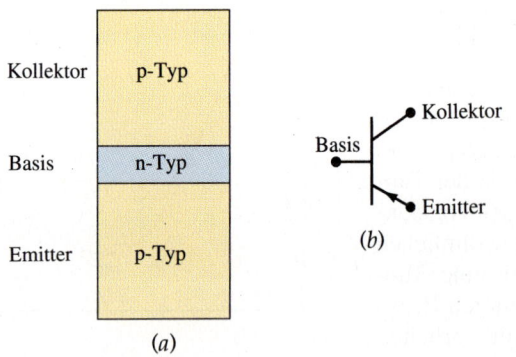

39.31 a) Der pnp-Transistor. Der stark dotierte Emitter emittiert Löcher, die die dünne Basis durchqueren und zum Kollektor gelangen. b) Das Schaltsymbol des pnp-Transistors. Der Pfeil gibt die konventionelle Stromrichtung an, die der Richtung der emittierten Löcher entspricht.

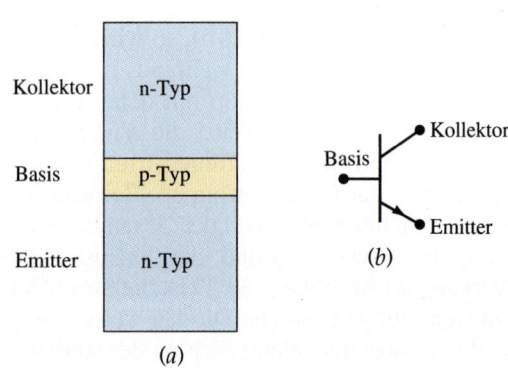

39.32 a) Der npn-Transistor. Der stark dotierte Emitter emittiert Elektronen, die die dünne Basis durchqueren und zum Kollektor gelangen. b) Das Schaltsymbol des npn-Transistors. Der Pfeil gibt die konventionelle Stromrichtung an, die der Richtung der emittierten Elektronen entgegengesetzt ist.

zwischen zwei Halbleitern des anderen Typs. Der Emitter ist sehr viel stärker dotiert als Basis und Kollektor. In einem *npn-Transistor* sind Emitter und Kollektor als n-Halbleiter ausgeführt, und die Basis ist ein p-Halbleiter; in einem *pnp-Transistor* ist die Basis ein n-Halbleiter, und Emitter und Kollektor sind p-Halbleiter. Emitter, Basis und Kollektor entsprechen in ihren Funktionen ewa der Kathode, dem Gitter bzw. der Anode der als Triode ausgeführten Elektronenröhre (Abschnitt 28.7). Allerdings werden im pnp-Transistor Löcher emittiert und keine Elektronen. Die Abbildungen 39.31 und 39.32 zeigen die beiden Transistortypen mit dem jeweiligen Schaltsymbol. Aus den Abbildungen geht hervor, daß ein Transistor aus zwei pn-Übergängen besteht. Wir erläutern hier nur die Arbeitsweise eines pnp-Transistors. Der npn-Transistor funktioniert entsprechend.

Bei normaler Arbeitsweise ist der Emitter-Basis-Übergang in Durchlaßrichtung und der Basis-Kollektor-Übergang in Sperrichtung geschaltet (Abbildung 39.33). Der stark dotierte Emitter emittiert Löcher, die durch den Emitter-Basis-Übergang in die Basis fließen. Da die Basisschicht sehr dünn ist, gelangen die meisten dieser Löcher bis in den Kollektor. Dieser Fluß bildet einen Strom I_C vom Emitter zum Kollektor. Jedoch rekombinieren in der Basis einige Löcher und erzeugen damit einen positiven Ladungsüberschuß, der den Stromfluß verhindert. Um dies zu vermeiden, ist die Basis so in einen Stromkreis eingebunden, daß die Löcher aus ihr abgezogen werden; dies ist der Basisstrom I_B. In Abbildung 39.33 ist der Kollektorstrom I_C fast ebenso groß wie wie der Emitterstrom I_E; dagegen ist I_B sehr viel kleiner als I_C und I_E. Für den Kollektorstrom schreibt man meist

$$I_C = \beta\, I_B \,. \qquad 39.29$$

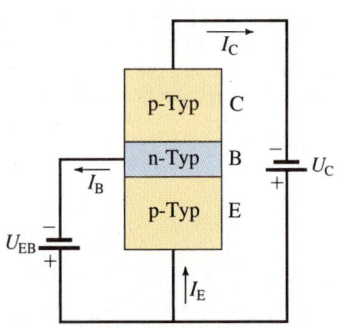

39.33 a) Die Beschaltung des pnp-Transistors für normale Arbeitsweise. Löcher vom Emitter diffundieren leicht durch die Basis, deren Schichtdicke nur einige zehn Nanometer beträgt. Die meisten Löcher fließen zum Kollektor und erzeugen den Kollektorstrom I_C.

Darin ist β die **Stromverstärkung** des Transistors. In der Praxis verwendet man Transistoren mit β-Werten zwischen etwa 10 und mehreren hundert.

Abbildung 39.34 zeigt eine einfache pnp-Transistorverstärkerschaltung: Eine kleine, zeitlich veränderliche Spannung (Signalspannung) u_{ein} ist der Emitter-Basis-Vorspannung U_{EB} überlagert. Der Basisstrom ergibt sich als Summe des Stroms I_B (aufgrund der Emitter-Basis-Spannung U_{EB}) und des Signalstroms i_B (aufgrund der Eingangs- oder Signalspannung u_{ein}). Da u_{ein} entweder positiv oder negativ ist, muß die Spannung U_{EB} groß genug sein, damit der Emitter-Basis-Übergang immer in Durchlaßrichtung geschaltet ist. Der Kollektorstrom besteht aus zwei Teilen: dem Gleichstrom $I_C = \beta\, I_B$ und dem veränderlichen Strom $i_C = \beta\, i_B$. Damit resultiert eine Verstärkung des Eingangsstroms, und zwar ist der

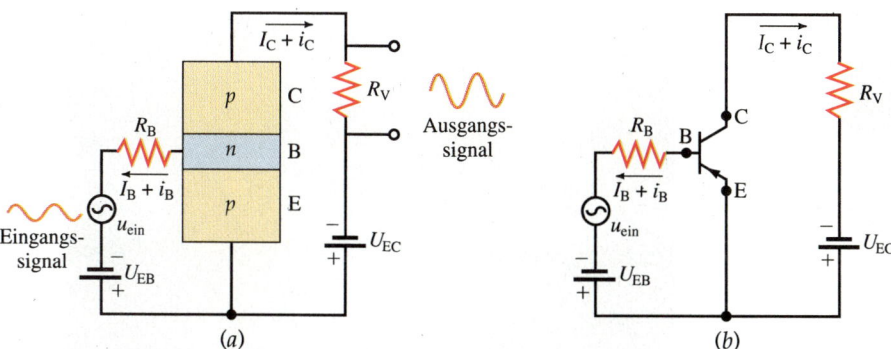

39.34 a) Eine pnp-Transistorverstärkerschaltung. Eine kleine Änderung i_B im Basisstrom I_B bewirkt eine große Änderung i_C im Kollektorstrom I_C. Damit ergibt ein kleines Signal im Basisstromkreis ein großes Signal im Kollektorstromkreis mit dem Verbraucherwiderstand R_V. b) Die Schaltung von a), hier mit dem Schaltsymbol für den pnp-Transistor.

zeitlich veränderliche Ausgangsstrom i_C um den Faktor β größer als der Eingangsstrom i_B. Bei dieser Anwendung sind die Werte der konstanten Ströme I_C und I_B normalerweise nicht interessant. Die Eingangssignalspannung u_{ein} ist mit dem Basisstrom durch das Ohmsche Gesetz verknüpft:

$$i_B = \frac{u_{ein}}{R_B + R_{B,i}}. \qquad 39.30$$

Darin ist $R_{B,i}$ der Innenwiderstand des Transistors zwischen Basis und Emitter. Der Kollektorstrom i_C erzeugt eine Ausgangs- oder Verbraucherspannung u_{aus} über dem Verbraucherwiderstand R_V:

$$u_{aus} = i_C R_V. \qquad 39.31$$

Mit Gleichung (39.29) folgt für den Kollektorstrom

$$i_C = \beta\, i_B = \beta \frac{u_{ein}}{R_B + R_{B,i}}.$$

Die Ausgangsspanung u_{aus} hängt von der Eingangsspannung u_{ein} folgendermaßen ab:

$$u_{aus} = \beta \frac{R_V}{R_B + R_{B,i}} u_{ein}. \qquad 39.32$$

Das Verhältnis der Ausgangs- zur Eingangsspannung bezeichnet man als **Spannungsverstärkung**. Sie ist hier gegeben durch

$$\frac{u_{aus}}{u_{ein}} = \beta \frac{R_V}{R_B + R_{B,i}}. \qquad 39.33$$

(Wir haben hier zeitlich veränderliche Spannungen und Ströme mit Kleinbuchstaben bezeichnet.) Ein typischer Verstärker, etwa in einem Walkman, besteht meist aus mehreren Transistoren, die in Reihe geschaltet sind. Dabei dient der Ausgang des einen Transistors als Eingang für den nächsten. Damit läßt sich das sehr kleine Spannungssignal, das vom Tonkopf abgegeben wird, so weit verstärken, daß der Kopfhörer angesteuert werden kann.

39 Festkörper

In einem photorefraktiven Kristall entsteht ein festes Hell-Dunkel-Muster, wenn beispielsweise zwei Laserstrahlen der gleichen Frequenz innerhalb des Kristalls interferieren.

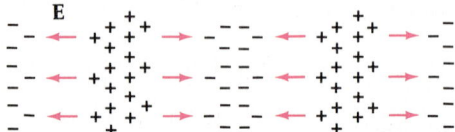

Aufgrund des elektrischen Feldes des Lichts bewegen sich freie Elektronen oder Löcher aus den hellen Bereichen des Kristalls weg. Die entstehende Ladungsanordnung erzeugt ein statisches elektrisches Feld innerhalb des Kristalls.

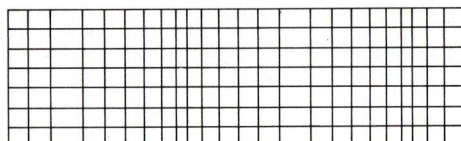

Das statische elektrische Feld beeinflußt die Atome des Kristallgitters. Die Positionen der Atome verschieben sich, und das Gitter wird verzerrt. Durch die Verzerrung des Gitters breitet sich das Licht in einigen Gitterbereichen schneller aus und in anderen langsamer: Die Brechzahl des Kristalls ist nicht überall gleich.

(a)

(b)

(c)

Seit einigen Jahren wird an der Entwicklung optischer Bauelemente gearbeitet, in denen eine einfallende Lichtwelle durch eine zweite gesteuert wird. (In ihnen übernimmt Licht die Rolle der Elektronen; man spricht daher auch von **Photonik**.) Bei der *parametrischen Verstärkung* beispielsweise überträgt eine „Pumpwelle" Energie auf das zu verstärkende optische Signal (die „Signalwelle"); letztere wird dabei „auf Kosten" der Pumpwelle verstärkt. Diese parametrische Verstärkung geschieht in Festkörpern, deren optische Eigenschaften von der Lichtintensität abhängen (sogenannte **optisch nichtlineare Medien**).

Zu den optisch nichtlinearen Medien zählen auch die **photorefraktiven Kristalle**, deren Brechzahl sich, abhängig von der Lichteinstrahlung, verändert: Die in realen Kristallen stets vorhandenen Defekte (etwa Dotierungen oder Versetzungen) können als Quelle von beweglichen Elektronen oder Löchern wirken. Diese bewegen sich bei Lichteinstrahlung in dunkle Gebiete, wobei Ladungen entgegengesetzten Vorzeichens am Ort der Bildung unbeweglich zurückbleiben. Das dadurch entstehende elektrische Feld beeinflußt die Atomabstände und damit die Dichte des Kristalls geringfügig, so daß helle und dunkle Bereiche eines Kristalls unterschiedliche Brechzahlen haben. Bei photorefraktiven Materialien (wie $BaTiO_3$, $LiNbO_3$ und $GaAs$) kommt es schon bei recht niedriger Lichtintensität zu diesem Effekt; darüber hinaus bleibt die veränderte Brechzahl eine gewisse Zeit erhalten, wenn keine weitere Lichteinstrahlung erfolgt. (Abbildung nach D. M. Pepper, J. Feinberg, N. Kukhtarev, „The Photorefractive Effekt", © 1990 Scientific American, Inc.; deutsche Ausgabe: Spektrum der Wissenschaft, Heft 12 (1990), S. 72).

Eine Folge des photorefraktiven Effekts ist die **Strahlauffächerung** (Teilbild b): Bestrahlt man einen photorefraktiven Bariumtitanat-Kristall ($BaTiO_3$) mit einem relativ intensitätsschwachen Strahl eines He-Ne-Lasers, so durchdringt der Laserstrahl den Kristall zunächst unverändert, bevor er nach etwa 1 s sich zu verbreitern beginnt, sich dann krümmt und schließlich in mehrere gekrümmte Strahlen aufspaltet („*auffächert*"). Die einfallende Lichtwelle wird am Brechzahlgitter gebeugt. Die gebeugten Strahlen werden vom einfallenden Strahl parametrisch verstärkt, erzeugen ein neues Brechzahlgitter usw. (Foto: R. S. Cudney, mit freundlicher Genehmigung von F. Feinberg, University of Southern California).

Photorefraktive Kristalle können zur Herstellung phasenkonjugierender Spiegel angewandt werden. Wird ein auf einen $BaTiO_3$-Kristall fallender Laserstrahl infolge der Strahlauffächerung in die Nähe einer Ecke des Kristalls gelenkt (Teilbild c), so wird er zweifach reflektiert; der reflektierte Strahl ist gegenüber dem einfallenden Strahl **phasenkonjugiert**, d.h., die Phasendifferenz zwischen zwei beliebigen Punkten des reflektierten Strahls hat das entgegengesetzte Vorzeichen wie die Phasendifferenz zwischen denselben Punkten des einlaufenden Strahls. Die phasenkonjugierte Welle ist gegenüber der ursprünglichen *zeitumgekehrt*: Die Wellenfront, die als erste am phasenkonjugierenden Spiegel ankommt, wird als letzte (nicht als erste wie bei einem gewöhnlichen Spiegel) reflektiert. (Stellen Sie sich einen rückwärts abgespielten Film vor.) Ein solcher Spiegel ist ideal geeignet, Störungen im Lichtstrahl rückgängig zu machen. (Aus: J. Feinberg, Optical Letters 7 (1982), S. 486–488.) – Die Photonik ist deshalb von steigender Bedeutung, weil mit Licht mehr Informationen pro Zeit übertragen werden können.

39.8 Supraleitung

In Abschnitt 22.2 wurde schon erwähnt, daß es Materialien – die Supraleiter – gibt, deren Widerstand unterhalb einer bestimmten kritischen Temperatur T_c null wird. Die kritische Temperatur (sie wird manchmal auch als Sprungtemperatur bezeichnet) ist von Material zu Material verschieden (Tabelle 39.3). In Anwesenheit eines Magnetfelds ist T_c niedriger als ohne Feld. Bei stärker werdendem Magnetfeld verringert sich T_c. Wenn das Magnetfeld größer als das ebenfalls substanzspezifische kritische Magnetfeld B_c wird, so wird das Material bei keiner Temperatur supraleitend.

Betrachten wir ein supraleitendes Material bei einer Temperatur, die höher als seine kritische Temperatur ist; ferner liege ein kleines, externes Magnetfeld $B < B_c$ an. Wird das Material auf Temperaturen unterhalb seiner kritischen Temperatur abgekühlt, dann wird es supraleitend. Da der Widerstand jetzt null ist, kann keine Spannung im Supraleiter abfallen und auch keine Spannung induziert werden. Aufgrund des Faradayschen Gesetzes kann sich daher das Magnetfeld im Supraleiter nicht ändern. Experimentell beobachtet man jedoch folgendes: Wenn ein Supraleiter in einem externen Magnetfeld unter seine kritische Temperatur abgekühlt wird, so werden die Magnetfeldlinien aus ihm herausgedrängt, und das Magnetfeld innerhalb des Supraleiters ist null (Abbildung 39.35). Diese Erscheinung wurde im Jahre 1933 entdeckt und heißt **Meißner-Ochsenfeld-Effekt**. Der Mechanismus, durch den die Magnetfeldlinien herausgedrückt werden, beruht auf einem supraleitenden Strom auf der Oberfläche des Supraleiters. Das Schweben eines Magneten über einem Supraleiter, wie man es auf der vorderen Umschlagseite und in der Abbildung am Ende des Abschnitts sehen kann, ergibt sich aus der Abstoßung zwischen dem (äußeren) Magnetfeld des Permanentmagneten und dem Magnetfeld, das durch die induzierten Ströme innerhalb des Supraleiters hervorgerufen wird. Nur die sogenannten **Supraleiter 1. Art** oder **Typ-I-Supraleiter** zeigen den vollständig ausgebildeten Meißner-Ochsenfeld-Effekt: Bis zu dem kritischen Feld B_c werden die Feldlinien aus dem Supraleiter hinausgedrängt, und bei stärkerem Feld tritt keine Supraleitung auf. In Abbildung 39.36a ist $\mu_0 M$ (μ_0 ist die magnetische Feldkonstante und M die Magnetisierung) für einen Typ-I-Supraleiter gegen das äußere Magnetfeld B_0 aufgetragen. Ist dieses kleiner als das kritische Feld B_c, so ist das im Supraleiter induzierte Magnetfeld $\mu_0 M$ ebenso groß wie das äußere Magnetfeld, aber diesem entgegengesetzt. Damit ist der Supraleiter ein perfekter Diamagnet. Die Werte von B_c für Typ-I-Supraleiter sind zu klein, als daß diese Materialien in den Wicklungen von supraleitenden Magneten eingesetzt werden können, denn das Magnetfeld des Stromes zerstört die Supraleitung.

Die Magnetisierungskurve bestimmter anderer Materialien, der sogenannten **Supraleiter 2. Art** oder **Typ-II-Supraleiter**, ist in Abbildung 39.36b gezeigt. Diese sind meist Legierungen oder Metalle, die im Normalzustand hohe spezifische Widerstände haben. Typ-II-Supraleiter weisen die elektrischen Merkmale eines Supraleiters auf, mit einer Ausnahme: Bei ihnen tritt neben der stofflichen Phase, die den Meißner-Ochsenfeld-Effekt zeigt (das Magnetfeld wird vollständig aus dem Material verdrängt), noch eine zweite stoffliche Phase auf, in der das Magnetfeld zwar in das Material eindringt, aber dennoch die Supraleitung erhalten bleibt (sogenannte **Shubnikov-Phase**). Der Phasenübergang (im thermodynamischen Sinne) von der ersten zur Shubnikov-Phase findet beim unteren kritischen Feld B_{c1} statt. In der Shubnikov-Phase nimmt die Magnetisierung mit wachsendem Feld monoton ab und wird erst beim oberen kritischen Feld B_{c2} null. B_{c2} kann bis zu einige hundertmal größer sein als die typischen kritischen Felder der Supraleiter 1. Art. Beispielsweise ist $B_{c2} = 23{,}2$ T bei der Legierung Nb_3Ge. Solche Materialien können in supraleitenden Hochfeld-Magneten verwendet werden.

Tabelle 39.3 Kritische Temperaturen einiger supraleitender Materialien

Material		T_c/K
Elemente		
Al	Aluminium	1,14
Hg	Quecksilber	4,15
In	Indium	3,40
Pb	Blei	7,19
Sn	Zinn	3,72
Ta	Tantal	4,48
Verbindungen		
Nb_3Sn		18,05
Nb_3Ge		23,2
NbN		16,0
V_3Ga		16,5
V_3Si		17,1
La_3In		10,4

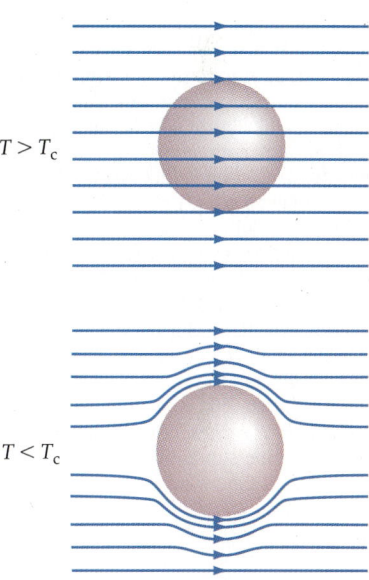

39.35 Der Meißner-Ochsenfeld-Effekt bei einer supraleitenden Kugel, die in einem konstanten äußeren Magnetfeld abgekühlt wird. Wenn die Temperatur unter die kritische Temperatur T_c fällt, werden die Magnetfeldlinien aus der Kugel herausgedrängt.

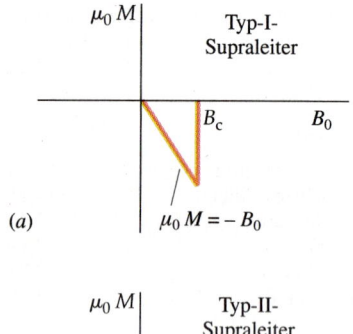

39.36 Das Produkt $\mu_0 M$ als Funktion des äußeren Magnetfelds B_0 für die beiden Supraleiter-Typen (M ist die Magnetisierung). a) In einem Typ-I-Supraleiter ist das resultierende Magnetfeld null, wenn das angelegte Feld kleiner als das kritische Feld B_c ist. Der Grund ist, daß das Feld, das durch die induzierten Ströme auf der Oberfläche des Supraleiters entsteht, gleich groß wie das äußere Feld, aber diesem entgegengesetzt ist. Oberhalb des kritischen Feldes ist das Material ein normaler Leiter, und die Magnetisierung ist so klein, daß sie in diesem Diagramm nicht zu sehen ist. b) Bei einem Typ-II-Supraleiter wird das Magnetfeld unterhalb des kritischen Feldes B_{c1} vollständig aus dem Supraleiter gedrängt. Oberhalb von B_{c1} dringt das Feld in den Supraleiter ein, aber die Supraleitung bleibt erhalten. Erst wenn das größere kritische Feld B_{c2} erreicht wird, verliert das Material seine supraleitende Eigenschaft und wird zu einem normalen Leiter.

Die BCS-Theorie der Supraleitung

Schon vor einiger Zeit erkannte man, daß es sich bei der Supraleitung um ein kollektives Phänomen der Leitungselektronen handelt. Im Jahre 1957 veröffentlichten John Bardeen, Leon Cooper und Bob Schrieffer ihre Theorie der Supraleitung, die heute als **BCS-Theorie** bezeichnet wird. Nach dieser sind die Elektronen bei tiefer Temperatur gepaart. Die Kopplung zwischen ihnen beruht auf ihrer Wechselwirkung mit dem Kristallgitter. Ein Elektron wechselwirkt mit dem Gitter und deformiert es. Das gestörte Gitter wechselwirkt mit einem anderen Elektron in der Weise, daß zwischen den beiden Elektronen eine Anziehung besteht, die bei niedrigen Temperaturen stärker ist als die Coulomb-Abstoßung. Die beiden Elektronen bilden also einen gebundenen Zustand, und man spricht von einem **Cooper-Paar**. Dessen Elektronen haben entgegengesetzte Spins, so daß sie als *ein* Teilchen mit Gesamtspin null betrachtet werden. Solche Teilchen (es handelt sich um Bosonen) unterliegen nicht dem Pauli-Verbot, so daß sich beliebig viele Cooper-Paare im gleichen Quantenzustand mit gleicher Energie befinden können (das Pauli-Verbot gilt nur für Fermionen, also für Teilchen mit halbzahligem Spin). Im Grundzustand des Supraleiters bei $T = 0$ K sind sämtliche Elektronen in Cooper-Paaren gebunden, die alle die gleiche Energie haben. Die Impulse der einzelnen Elektronen sind bei $T = 0$ K gleich groß, aber entgegengesetzt. Um die Bindung der Cooper-Paare aufzubrechen, muß dem Supraleiter Energie zugeführt werden. Diese Energie bezeichnet man als **Supraleiter-Energielücke** E_g. Gemäß der BCS-Theorie gilt am absoluten Temperaturnullpunkt

$$E_g = 3,5 \, k_B T_c . \qquad 39.34$$

Beispiel 39.6

Berechnen Sie die Supraleiter-Energielücke für Quecksilber nach der BCS-Theorie und vergleichen Sie das Ergebnis mit dem gemessenen Wert, $E_g = 1,65 \cdot 10^{-3}$ eV.

Die kritische Temperatur der Supraleitung beträgt beim Quecksilber $T_c = 4,15$ K (siehe Tabelle 39.3). Damit ergibt sich nach der BCS-Theorie (Gleichung 39.34)

$$E_g = 3,5 \cdot (1{,}38 \cdot 10^{-23} \text{ J/K}) \cdot 4{,}15 \text{ K} \cdot \frac{1 \text{ eV}}{1{,}6 \cdot 10^{-19} \text{ J}} = 1{,}25 \cdot 10^{-3} \text{ eV} .$$

Der von der BCS-Theorie vorhergesagte Wert weicht vom gemessenen um 24% ab.

Beachten Sie, daß die Energielücke eines typischen Supraleiters wesentlich kleiner ist als die zwischen Valenz- und Leitungsband bei typischen Halbleitern auftretende Energielücke (Größenordnung 1 eV). Bei einer Temperatur etwas oberhalb 0 K werden einige Cooper-Paare aufgebrochen. Die daraus resultierenden einzelnen, ungepaarten Elektronen wechselwirken mit den verbliebenen Cooper-Paaren und verringern dadurch die Energielücke, die bei der Temperatur T_c schließlich null wird (Abbildung 39.37).

Die bisher besprochenen Cooper-Paare haben keinen Impuls. Somit bewegen sich gleich viele Elektronen in die eine wie in die andere Richtung, und es fließt kein Strom. Wird dem System, z.B. durch Anlegen einer Spannung, Energie $E < E_g$ zugeführt, so bleiben die Cooper-Paare erhalten, besitzen aber einen von null verschiedenen Gesamtimpuls. Alle Cooper-Paare haben dabei den gleichen Impuls: Im Supraleiter fließt ein Strom. Ein normaler Leiter hat einen Wider-

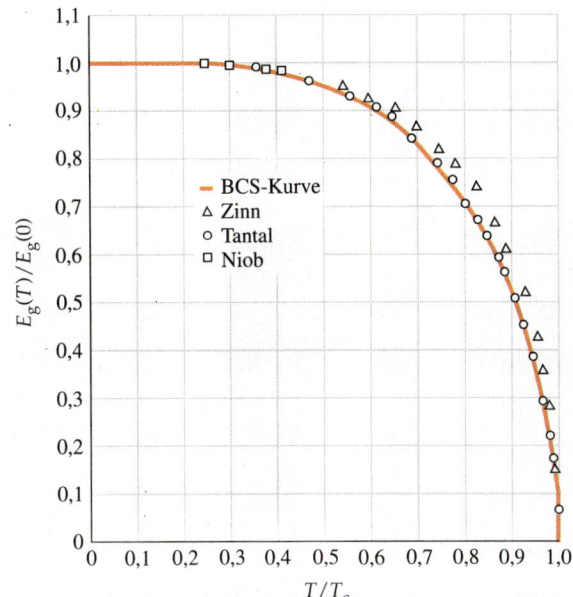

39.37 Die relative Energielücke $E_g(T)/E_g(0)$ als Funktion der relativen Temperatur T/T_c. Die durchgezogene Kurve entspricht der BCS-Theorie.

stand, weil der Impuls der Ladungsträger bei deren Streuung am Gitter verändert wird. Wie besprochen, tritt die Streuung an Verunreinigungen (Fremdatomen) oder an thermischen Schwingungen der Gitterionen auf. In einem Supraleiter werden die Cooper-Paare fortwährend aneinander gestreut; jedoch bleibt bei diesem Vorgang der Gesamtimpuls erhalten, so daß sich keine Änderung des Stromes ergibt. Ein Cooper-Paar kann nicht an einem Gitterion gestreut werden, weil die Paare aufgrund ihrer starken Korrelation als Gesamtheit wirken. Der einzige Weg, den Strom durch Streuung zu verringern, besteht darin, die Bindung der Cooper-Paare aufzubrechen. Dies erfordert eine Energie, die gleich der Energielücke E_g oder größer als diese ist. Bei kleinen Strömen sind Streuvorgänge, bei denen sich der Gesamtimpuls eines Cooper-Paares ändert, völlig ausgeschlossen. Daher haben Supraleiter keinen Widerstand.

Flußquantisierung

Betrachten wir einen supraleitenden Ring der Fläche A, durch den ein Strom fließt. Aufgrund des Ringstroms (und evtl. auch verursacht von Strömen außerhalb des Ringes) existiert ein magnetischer Fluß durch den Ring, für den $\phi_m = B_n A$ ist. Wenn sich dieser Fluß ändert, wird nach dem Faradayschen Gesetz eine Spannung im Ring induziert, die proportional zur Flußänderung ist. Da ein Supraleiter keinen Widerstand hat, kann jedoch keine Spannung induziert werden, so daß der Fluß durch den Ring praktisch eingefroren ist, sich also nicht ändert. Die quantenmechanische Berechnung der Supraleitung (bestätigt durch Experimente) zeigt, daß der Gesamtfluß durch den Ring quantisiert ist. Dabei gilt:

$$\phi_m = n \frac{h}{2e} \qquad n = 1, 2, 3, \ldots \qquad 39.35$$

Die kleinste Einheit des magnetischen Flusses, ein sogenanntes **Flußquant** (oder **Fluxon**), ist gegeben durch

$$\phi_0 = \frac{h}{2e} = 2{,}0678 \cdot 10^{-15} \text{ T} \cdot \text{m}^2 \,. \qquad 39.36$$

a) Schematische Darstellung der Kristallstruktur des hochtemperatursupraleitenden Yttrium-Barium-Kupfer-Oxids. (Foto: IBM Thomas Watson Research Center) b) Flußquanten durchdringen einen supraleitenden Film. Das Bild entstand durch die neuartige „Elektronen-Holographie", bei der kohärente Elektronenstrahlen anstatt kohärenter Lichtstrahlen verwendet werden, um ein Hologramm zu erzeugen. Die Phase von Elektronen wird durch Magnetfelder verschoben, d.h., der Phasenterm ihrer Wellenfunktion verändert sich. (Diese Verschiebung entsteht durch den sogenannten Aharonov-Bohm-Effekt.) Durch Superposition eines solchen phasenverschobenen Strahls mit einem unverschobenen Referenzstrahl entsteht ein Interferenzmuster, das man als Abbild des Magnetfelds interpretieren kann. Für das obere Bild wurde ein Magnetfeld senkrecht an eine dünne, supraleitende Bleischicht angelegt. Solange das Feld schwach war, wurden die Feldlinien aufgrund des Meißner-Ochsenfeld-Effekts aus der Schicht herausgedrängt. Bei zunehmender Feldstärke durchdrangen sie die Schicht jedoch. Die aufgetretenen Flußquanten entstanden durch Wirbelströme innerhalb des Supraleiters und nicht direkt aufgrund des angelegten Feldes. Im oberen Bild ist rechts ein isoliertes Flußquant zu sehen und links ein antiparalleles Paar von Fluxons. Das untere Bild zeigt die Durchdringung einer dickeren Bleischicht durch Schläuche von Flußquanten. (Foto: A. Tonomura, Hitachi Ltd., Saitama, Japan)

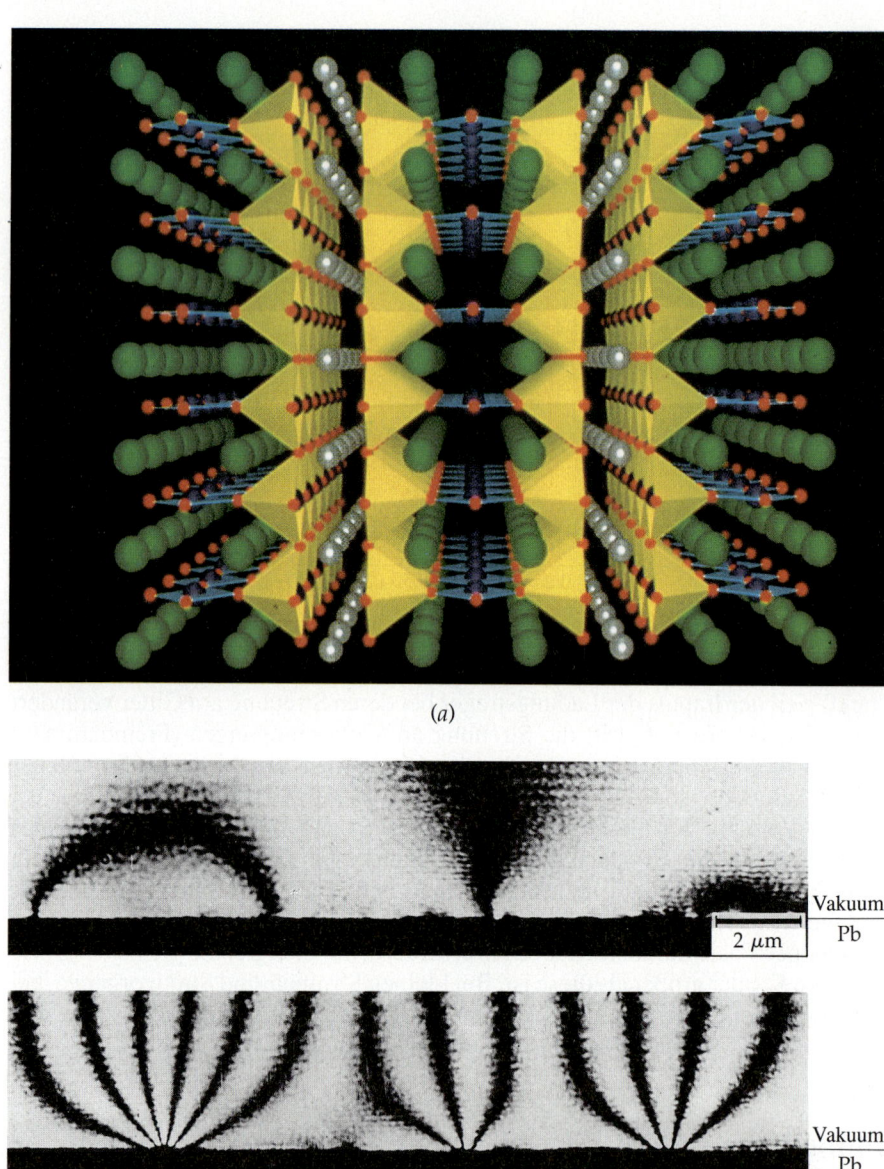

(a)

(b)

Der Faktor 2 im Nenner bestätigt die Vorstellung, daß der Suprastrom mit Ladungsträgern der Ladung $2e$ (eben den Cooper-Paaren) korreliert ist.

Tunneleffekt

In Abschnitt 36.8 wurde ein quantenmechanischer Effekt besprochen, bei der ein Teilchen eine Potentialbarriere durchdringt (Tunneleffekt). Das Tunneln von Elektronen von einem Metall zu einem anderen läßt sich beispielsweise beobachten, wenn beide Metalle durch eine dünne, nur einige nm starke Schicht eines isolierenden Materials, etwa Aluminiumoxid, voneinander getrennt sind. Wenn beide Metalle keine Supraleier sind, gehorcht der durch die Isolationsschicht fließende Strom bei niedriger angelegter Spannung dem Ohmschen Gesetz (Abbildung 39.38a). Ist aber eines der Metalle ein Supraleiter und das andere ein normales Metall, so fließt (bei $T = 0$ K) erst dann ein Strom, wenn die angelegte

Spannung U größer als die kritische Spannung $U_c = E_g/2e$ ist (Abbildung 39.38 b). Darin ist E_g die Supraleiter-Energielücke. Der Strom steigt sprunghaft an, wenn die Energie $2eU$, die ein Cooper-Paar absorbiert, groß genug ist, um seine Bindung aufzubrechen. (Bei Temperaturen oberhalb von $T = 0$ K entsteht ein kleiner Strom, weil einige Elektronen im Supraleiter thermisch angeregt sind. Sie befinden sich dann oberhalb der Energielücke und bilden deshalb kein Cooper-Paar.) Durch Messung der kritischen Spannung U_c kann man also die Energielücke E_g eines Supraleiters exakt bestimmen.

Im Jahre 1962 sagte Brian Josephson in einer theoretischen Arbeit voraus, daß Cooper-Paare widerstandsfrei zwischen zwei Supraleitern tunneln, die durch eine dünne Oxidschicht miteinander verbunden sind. Dies nennt man **Josephson-Kontakt**. Der Strom tritt auf, ohne daß eine Spannung an die beiden Leiter angelegt wird; er ist gegeben durch

$$I = I_{max} \sin(\varphi_2 - \varphi_1) . \qquad 39.37$$

Darin ist I_{max} der maximale Strom. Dieser hängt von der Dicke der Kontaktschicht ab. φ_1 und φ_2 sind die Phasen der Wellenfunktionen der Cooper-Paare im ersten und im zweiten Supraleiter. Die durch Gleichung (39.37) beschriebene Abhängigkeit wurde experimentell beobachtet und heißt **Gleichstrom-Josephson-Effekt**.

Weiterhin sagte Josephson voraus, daß beim Anlegen einer Gleichspannung U über einen Josephson-Kontakt ein Wechselstrom der Frequenz

$$\nu = \frac{2\,eU}{h} \qquad 39.38$$

entsteht. Auch dieser Zusammenhang wurde experimentell beobachtet. Er wird **Wechselstrom-Josephson-Effekt** genannt. Eine Messung der Frequenz ν ermöglicht also eine Bestimmung des Verhältnisses e/h. Da Frequenzen sehr genau gemessen werden können, kann der Wechselstrom-Josephson-Effekt ausgenutzt werden, um präzise Spannungsstandards festzusetzen. Der umgekehrte Effekt wurde ebenfalls beobachtet; bei diesem wird eine Wechselspannung über einen Josephson-Kontakt angelegt, wobei ein Gleichstrom durch die Kontaktschicht resultiert.

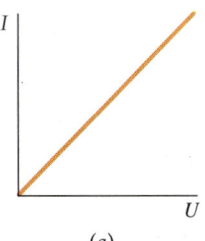

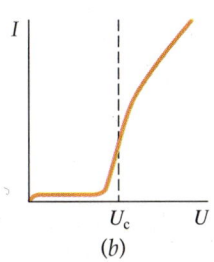

39.38 Der Tunnelstrom (als Funktion der angelegten Spannung) durch eine dünne Isolationsschicht zwischen zwei Metallen. a) Wenn beide Metalle keine Supraleiter sind, gehorcht der Strom dem Ohmschen Gesetz, ist also proportional zur angelegten Spannung. b) Wenn ein Metall ein Supraleiter und das andere ein normales Metall ist, fließt (näherungsweise) erst dann ein Strom, wenn die angelegte Spannung U größer als die kritische Spannung $U_c = E_g/2e$ ist.

Beispiel 39.7

Berechnen Sie die Frequenz ν des Wechselstroms, der durch einen Josephson-Kontakt fließt, wenn die angelegte Gleichspannung $U = 1\ \mu\text{V}$ beträgt.

Aus (39.38) erhalten wir

$$\nu = \frac{2\,eU}{h} = \frac{2 \cdot 1{,}602 \cdot 10^{-19}\,\text{C} \cdot 10^{-6}\,\text{V}}{6{,}626 \cdot 10^{-34}\,\text{J}\cdot\text{s}} = 4{,}836 \cdot 10^{8}\,\text{Hz}$$

$$= 483{,}6\ \text{MHz} .$$

Es läßt sich noch ein dritter Effekt an Josephson-Kontakten beobachten: Wenn man einen supraleitenden Ring, der zwei Josephson-Kontakte enthält, einem konstanten Magnetfeld aussetzt, zeigt der maximale Suprastrom eine Interferenzstruktur, die von der Intensität des Magnetfeldes abhängt (Abbildung 39.39). Dieser Effekt läßt sich ausnutzen, um sehr schwache Magnetfelder zu messen; er ist auch die Grundlage für eine Apparatur, die man als **SQUID** (**S**uperconducting **QU**antum **I**nterference **D**evice) bezeichnet. Mit ihr lassen sich kleine Magnet-

Zwei Josephson-Kontakte. (© 1983 C. Falco/Photo Researches)

39.39 Ein supraleitender Ring mit zwei Josephson-Kontakten. Der Gesamtstrom I_{gesamt} teilt sich in zwei Teilströme, I_1 und I_2, auf. Ohne äußeres Magnetfeld sind die beiden Ströme I_1 und I_2 in Phase. Wird der Ring in ein sehr kleines Magnetfeld eingebracht, so entsteht eine Phasendifferenz zwischen den beiden Strömen. Damit ergeben sich Interferenzen im Gesamtstrom, der den Ring passiert.

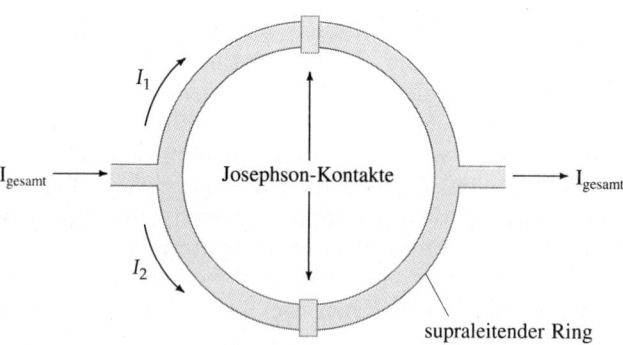

felder bis zu 10^{-14} T nachweisen, etwa auch die Felder, die durch die geringen Ströme im menschlichen Körper hervorgerufen werden (siehe den ersten Essay am Ende dieses Kapitels).

Tabelle 39.4 Kritische Temperaturen einiger neuer, hochtemperatursupraleitender Materialien. (Bei einigen Mischoxiden ist die exakte Zusammensetzung noch unsicher und daher nicht angegeben.)

Material	T_c/K
LaBaCuO	30
La$_2$CuO$_4$	40
YBa$_2$Cu$_3$O$_7$	92
DyBa$_2$Cu$_3$O$_7$	92,5
BiSrCaCuO	120
TlBaCaCuO	125
HgBaCaCuO	133

Hochtemperatur-Supraleitung

Die bis 1986 höchste bekannte kritische Temperatur eines Supraleiters war mit 23,2 K diejenige der Legierung Nb$_3$Ge. Im Jahr 1986 stellten K. Bednorz und A. Müller fest, daß ein Mischoxid von Lanthan, Barium und Kupfer schon bei der kritischen Temperatur von 30 K supraleitend wird. Bald danach, im Jahre 1987, wurde ein Mischoxid von Kupfer, Yttrium und Barium entdeckt (YBa$_2$Cu$_3$O$_7$), ein keramisches Material, das bereits bei 92 K supraleitend wird. In der Folgezeit fand man einige oxidische Materialien mit kritischen Temperaturen bis zu 133 K (Tabelle 39.4). Diese Entdeckungen haben die Forschung auf dem Gebiet der Supraleitung revolutioniert, weil man bei diesen Temperaturen flüssigen Stickstoff, der bei 77 K siedet, als preiswertes Kühlmittel verwenden kann. Es sind jedoch noch viele Probleme nicht gelöst. So wird die Anwendung dieser neuen keramischen Supraleiter durch ihre Sprödigkeit erschwert.

Die neuen Hochtemperatur-Supraleiter sind alle Supraleiter 2. Art mit sehr hohen kritischen Feldern B_{c2}. Für einige wird der Wert von B_{c2} auf bis zu 100 T geschätzt. Obwohl die BCS-Theorie anscheinend der richtige Ansatz zum Beschreiben dieser neuen Supraleiter ist, lassen sich doch einige ihrer Eigenschaften noch nicht deuten. Viele Fragen, auf experimentellem wie auf theoretischem Gebiet, sind noch offen.

Ein würfelförmiger Permanentmagnet schwebt über einer supraleitenden Scheibe aus dem Hochtemperatur-Supraleiter YBa$_2$Cu$_3$O$_7$. Das Schweben ist eine Folge des Meißner-Ochsenfeld-Effekts: Ein Supraleiter verhält sich wie ein idealer Diamagnet und stößt den Permanentmagneten ab. (© 1988 Richard Megna, Fundamental Photographs)

Zusammenfassung

1. Festkörper können amorph oder kristallin sein. Ideale kristalline Festkörper zeichnen sich durch eine regelmäßige, räumlich periodische Struktur aus. Der Struktur liegt ein dreidimensionales Gitter zugrunde, in dem sich eine Grundeinheit, die Elementarzelle, in allen drei Raumrichtungen ständig wiederholt. Es gibt insgesamt 14 verschiedene Elementarzellen (Bravais-Gitter).

2. In welcher Struktur eine Substanz kristallisiert, hängt von der Art der Bindung zwischen den Atomen, Ionen oder Molekülen im Kristall sowie – falls mehr als eine Art von Teilchen im Kristall vorhanden ist – vom Größenverhältnis der Teilchen ab.

3. Die gesamte potentielle Energie aller Teilchen im Kristall heißt Gitterenergie. Man müßte sie aufbringen, würde man alle Teilchen aus ihren Gleichgewichtslagen ($r = r_0$) auf unendliche Abstände ($r = \infty$) bringen. Die Gitterenergie setzt sich aus den anziehenden und abstoßenden Anteilen der Wechselwirkungsenergien aller Teilchen des Kristalls zusammen.

   Bei Ionenkristallen ist die anziehende Wechselwirkung Coulombscher Art (die potentielle Wechselwirkungsenergie also proportional zu r^{-1}) und der abstoßende (elektronische) Anteil der Wechselwirkungsenergie proportional zu r^{-n}, wobei $n \approx 9$.

4. Die elektrische Leitfähigkeit von Metallen resultiert aus der Bewegung von freien Elektronen durch die periodische Anordnung von Gitterionen. Das klassische Drude-Lorentz-Modell des freien Elektronengases beruht auf der Annahme, daß die Geschwindigkeit der Elektronen einer Maxwell-Boltzmann-Verteilung gehorcht. Aus ihm folgt das ohmsche Gesetz; es liefert aber falsche Werte für den spezifischen Widerstand und die Wärmekapazität von Metallen. Es versagt auch bei der Beschreibung der Temperaturabhängigkeit des spezifischen Widerstandes.

5. In der quantenmechanischen Theorie der freien Elektronen in Metallen wird die Maxwell-Boltzmann-Verteilung durch die Fermi-Dirac-Verteilung ersetzt; weiterhin wird die Wellennatur der Elektronen bei der Streuung berücksichtigt. In der Fermi-Dirac-Verteilung sind bei $T = 0$ K alle Energieniveaus unterhalb einer bestimmten Energie, der Fermi-Energie E_F, besetzt; oberhalb dieser Energie sind alle Niveaus leer. Bei höheren Temperaturen werden einige Elektronen, deren Energie knapp unterhalb der Fermi-Energie liegt, in Energieniveaus angeregt, die um maximal $k_\mathrm{B}T$ oberhalb der Fermi-Energie liegen. Die Fermi-Energie bei $T = 0$ K hängt von der Elektronenzahldichte $n = N/V$ ab. Es gilt:

$$E_\mathrm{F} = \frac{(hc)^2}{8m_\mathrm{e}c^2}\left(\frac{3N}{\pi V}\right)^{2/3} = (0{,}365 \text{ eV} \cdot \text{nm}^2) \cdot \left(\frac{N}{V}\right)^{2/3}.$$

Die Fermi-Energie beträgt bei Kupfer rund 7 eV und ist damit sehr viel größer als $k_\mathrm{B}T$ bei Zimmertemperatur (0,026 eV). Bei einer Temperatur T ist die Fermi-Energie als die Energie definiert, für die die Wahrscheinlichkeit $\frac{1}{2}$ beträgt, daß das betreffende Energieniveau besetzt ist. Der Unterschied zwischen der Fermi-Energie bei der Temperatur T gegenüber der bei $T = 0$ K ist normalerweise vernachlässigbar.

6. Wenn sich zwei verschiedene Metalle berühren, fließen Elektronen von dem Metall mit der höheren Fermi-Energie zu dem mit der niedrigeren Fermi-Energie, bis die Fermi-Energien beider Metalle gleich sind. Im Gleichgewichtszustand ergibt sich dadurch eine Potentialdifferenz zwischen den beiden Metallen, die man als Kontaktspannung bezeichnet. Sie ist gleich der Differenz der Austrittsarbeiten beider Metalle, dividiert durch die Elektronenladung e:

$$U_\mathrm{kont} = \frac{W_\mathrm{A1} - W_\mathrm{A2}}{e}.$$

7. In der quantenmechanischen Theorie der Stromleitung wird die mittlere Geschwindigkeit der Elektronen $\langle v \rangle$ im Ausdruck für den spezifischen Widerstand durch die Fermi-Geschwindigkeit u_F ersetzt, die unabhängig von der Temperatur ist. ℓ_e wird interpretiert als mittlere freie Weglänge der Elek-

tronen im Gitter, wobei die Gitterionen als schwingende Punkte angesehen werden, an denen die als Welle aufgefaßten Elektronen gestreut werden. Der aus der quantenmechanischen Theorie berechnete Beitrag des Elektronengases zur Wärmekapazität ist sehr gering, weil nur diejenigen Elektronen angeregt werden, deren Energie in einem Bereich von etwa $k_B T$ unterhalb der Fermi-Energie liegt.

8. Wenn sehr viele Atome eng zusammentreten und einen Festkörper bilden, spalten sich die einzelnen Energieniveaus in sogenannte Bänder erlaubter Energien auf. Die Aufspaltung ist abhängig von der Art der Bindung und vom Abstand der Atome im Gitter. In einem Leiter ist das energetisch höchste Band, das Elektronen enthält, nur teilweise gefüllt, so daß viele verfügbare Zustände für angeregte Elektronen existieren. In einem Isolator ist das oberste Band, das Elektronen enthält (das Valenzband), vollständig gefüllt. Vom nächstoberen erlaubten Band, dem Leitungsband, ist es durch eine große Energielücke getrennt. In einem Halbleiter ist diese Energielücke zwischen dem vollen Valenzband und dem leeren Leitungsband klein. Dadurch kann bei Zimmertemperatur eine gewisse Anzahl Elektronen thermisch in das Leitungsband angeregt werden.

9. Die Leitfähigkeit eines Halbleiters läßt sich durch Dotierung stark erhöhen. Bei einem n-Halbleiter haben die Fremdatome mehr Valenzelektronen als die Grundsubstanz. Die zusätzlichen Elektronen besetzen Energieniveaus unmittelbar unterhalb des Leitungsbandes (Donor-Niveaus). Bei einem p-Halbleiter haben die Fremdatome weniger Valenzelektronen, und die Dotierung ergibt Löcher, die Energieniveaus unmittelbar oberhalb des Valenzbandes besetzen (Akzeptor-Niveaus). Die Verbindung von n- und p-Halbleitern hat viele Anwendungsmöglichkeiten, etwa in Dioden, Solarzellen, LEDs und vielen komplexen Schaltkreisen (ICs).

10. Ein Transistor besteht aus einer sehr dünnen Halbleiterschicht, die sich als sogenannte Basis zwischen zwei Halbleitern des anderen Typus (als Kollektor bzw. Emitter) befindet. Transistoren werden u. a. in Verstärkern verwendet, wobei eine kleine Änderung im Basisstrom eine große Änderung im Kollektorstrom bewirkt.

11. In einem Supraleiter fällt der Widerstand unterhalb der (substanzspezifischen) kritischen Temperatur T_c plötzlich auf null. In Anwesenheit eines äußeren Magnetfelds sinkt die kritische Temperatur, und oberhalb eines kritischen Feldes B_c liegt keine Supraleitung vor. In Typ-I-Supraleitern werden die Magnetfeldlinien vollständig herausgedrängt, und es ist $B = 0$ innerhalb des Supraleiters nur unterhalb von B_c (Meißner-Ochsenfeld-Effekt). Bei Typ-II-Supraleitern gibt es zwei kritische Feldstärken: Unterhalb der ersten, B_{c1}, verhalten sie sich wie Typ-I-Supraleiter, und oberhalb der zweiten (viel stärkeren) kritischen Feldstärke B_{c2} bricht die Supraleitung zusammen. Den Bereich zwischen den beiden kritischen Magnetfeldern bezeichnet man als Shubnikov-Phase. Innerhalb dieses Bereichs ist das Material supraleitend, jedoch ist der Meißner-Ochsenfeld-Effekt unvollständig ausgebildet.

12. Die Supraleitung wird durch die quantenmechanische BCS-Theorie beschrieben, nach der freie Elektronen sogenannte Cooper-Paare bilden. Die Energie, die benötigt wird, um die Bindung eines Cooper-Paares aufzubrechen, bezeichnet man als Energielücke E_g der Supraleitung. Wenn alle Elektronen gepaart sind, kann kein einzelnes Elektron an den Gitterionen gestreut werden, so daß der elektrische Widerstand null wird.

13. Der magnetische Fluß durch einen supraleitenden Ring ist quantisiert. Er kann folgende Werte annehmen:

$$\phi_m = n \frac{h}{2e} \qquad n = 1, 2, 3, \ldots$$

Das Flußquant, die kleinste Einheit des magnetischen Flusses, beträgt $\phi_0 = h/2e = 2{,}0678 \cdot 10^{-15}\ \text{T} \cdot \text{m}^2$.

14. Wenn ein normaler Leiter und ein Supraleiter durch eine dünne Oxidschicht voneinander getrennt sind, tunneln Elektronen durch die Energiebarriere, wenn eine Vorspannung von $E_g/2e$ an der Schicht anliegt. E_g ist die Energie, die benötigt wird, um die Bindung eines Cooper-Paares aufzubrechen; sie läßt sich ermitteln, indem man den Tunnelstrom als Funktion der Vorspannung mißt. Ein System von zwei Supraleitern, die durch eine dünne Oxidschicht voneinander getrennt sind, wird als Josephson-Kontakt bezeichnet. Es fließt ein Gleichstrom durch die Kontaktschicht, ohne daß an diese eine Vorspannung angelegt wird. Diesen Effekt bezeichnet man als Gleichstrom-Josephson-Effekt. Legt man eine Gleichspannung U über den Josephson-Kontakt, dann bewirkt dies einen Wechselstrom der Frequenz $\nu = 2eU/h$; dies ist der Wechselstrom-Josephson-Effekt. Messungen dieses Stromes erlauben eine präzise Bestimmung des Verhältnisses e/h.

15. Seit dem Jahre 1986 wurden mehrere Hochtemperatur-Supraleiter entdeckt. Sie sind sämtlich Supraleiter 2. Art und haben kritische Temperaturen von bis zu 133 K sowie kritische Felder B_{c2} von bis zu 100 T. Mit der BCS-Theorie können diese neuen Supraleiter bisher nur teilweise verstanden werden.

Essay: SQUIDs

Samuel J. Williamson
New York University

Wer hätte gedacht, daß die Wellennatur des Elektrons uns die Chance gibt, die extrem schwachen Magnetfelder im menschlichen Gehirn zu untersuchen? Dieser merkwürdige Zusammenhang wurde durch eine Anordnung möglich, die die quantenmechanischen Eigenschaften von Elektronenwellen nutzt, um die benötigte Empfindlichkeit zu erzielen. Diese Anordnung wurde unter dem Namen **SQUID** (**S**uperconducting **QU**antum **I**nterference **D**evice) bekannt.

Die Anfänge

Die Geburt der SQUIDs vollzog sich in den Laboratorien von Tieftemperatur-Physikern, die von der Supraleitung fasziniert waren. Das Verständnis von SQUIDs beruht auf einer Theorie, die von Brian Josephson im Jahre 1962 entwickelt wurde. Danach können Cooper-Paare aufgrund des Tunneleffekts von einem Supraleiter durch eine dünne Isolierschicht in einen anderen Supraleiter gelangen. Ein praktisches Beispiel einer solchen Anordnung sind zwei Niobschichten, die durch eine dünne Schicht Nioboxid mit hohem spezifischen Widerstand getrennt sind (Nb-NbO-Nb-Kontakt). Wenn man die zwei Niobschichten oberhalb der kritischen Temperatur T_k (9,2 K), bei der Niob supraleitend wird, mit einer Spannungsquelle verbindet, dann diffundieren viele einzelne Elektronen aufgrund des elektrischen Feldes (Ohmsches Gesetz) durch die Barriere. Deren Widerstand liegt in der Größenordnung von einigen Ω.

Unterhalb der kritischen Temperatur treten an der Isolierschicht interessante Effekte auf. Aufgrund des Übergangs in den supraleitenden Zustand liegen die Elektronen im Niob jetzt nicht mehr unkorreliert, sondern als Cooper-Paare vor. Diese bilden ein quantenmechanisches System, das durch Wellenfunktionen beschrieben werden kann. Die Wellenfunktionen der Cooper-Paare in beiden Niobschichten durchdringen von beiden Seiten die Oxidschicht, wobei die Amplitude mit der Eindringtiefe exponentiell abnimmt. Wenn die Kontaktschicht dünn genug ist, überlappen die Wellenfunktionen in der Mitte und koppeln aneinander. Je dünner der Isolator ist, desto stärker ist die Kopplung. Die Kopplung bedeutet nichts anderes, als daß jetzt Cooper-Paare von der einen Niobschicht durch den Isolator, der quantenmechanisch wie eine Potentialbarriere wirkt, in die andere Niobschicht tunneln können. Man bezeichnet einen solchen Aufbau als Josephson- oder Tunnel-Kontakt.

Die Gleichung (39.37) für den Gleichstrom-Josephson-Effekt zeigt, daß der Strom durch die Kontaktstelle sowohl vom maximalen supraleitenden Strom I_{max} als auch von der Phasendifferenz zwischen beiden Wellenfunktionen abhängt. Beim Nb-NbO-Nb-Kontakt liegt der Wert von I_{max} typischerweise zwischen 1 µA und 1 mA. Fließt ein Strom, der I_{max} gerade übersteigt, durch eine Kontaktstelle, so ist die am Kontakt anliegende Spannung sehr viel geringer, als man es bei einem normalen Widerstand erwartet. Hier hängt der Widerstand mit einem zweiten, von Josephson beschriebenen Effekt zusammen, der als Wechselstrom-Josephson-Effekt bezeichnet wird: Cooper-Paare strahlen bei Überschreiten von I_{max} Energie mit der sogenannten Josephson-Frequenz (siehe Gleichung 39.38) ab, wobei ihre potentielle Energie beim Durchqueren der Kontaktstelle abnimmt.

Die Prinzipien

Normalerweise besteht ein SQUID aus zwei parallelgeschalteten Josephson-Kontakten (siehe Abbildung 39.39), die jeweils mit einem Widerstand verbunden sind, damit Hysterese-Effekte vermindert werden. (Wir gehen auf diese technische Einzelheit nicht näher ein.) Diese Anordnung nennt man Gleichstrom-SQUID. Die Stärke des Eingangsstroms wird so gewählt, daß er größer als I_{max} in beiden Kontakten ist; damit ist eine Spannung nachweisbar.

Wenn magnetische Feldlinien einer äußeren Quelle die Fläche innerhalb des SQUID durchsetzen, nimmt die Wellenlänge der Cooper-Paare zu, die sich in einer Richtung durch den Ring bewegen, während die Wellenlänge der Cooper-Paare abnimmt, die sich in entgegengesetzter Richtung durch den Ring bewegen. Dieser unterschiedliche Einfluß eines Magnetfelds auf die Wellenlängen gegensinnig umlaufender Ladungen ist ein bemerkenswertes quantenmechanisches Phänomen. Der Nettoeffekt besteht darin, daß die beiden Ströme nach dem Umlauf im allgemeinen leicht unterschiedliche Phasen haben, so daß es zu Interferenzeffekten kommt. Bei zunehmendem äußerem Magnetfeld entsteht eine Abfolge von konstruktiver und destruktiver Interferenz. Gleichzeitig vergrößert und verkleinert sich mit zunehmendem Magnetfeld die Spannung zwischen den Kontakten periodisch.

Empfindlichkeit

Es ist nicht überraschend, daß die Periode der Wechselspannung in einem SQUID einer Flußänderung um ein Flußquant ($\phi_0 = h/2e$) entspricht. Die zugehörige Änderung des magnetischen Flusses beträgt also $2{,}07 \cdot 10^{-15}$ T · m². Bei einer Fläche im SQUID von 1 mm² entspricht diese Flußänderung einer Änderung des äußeren Magnetfelds um $2 \cdot 10^{-9}$ T. Dieser Wert ist erstaunlich klein, verglichen mit dem Magnetfeld der Erde, das etwa $60 \cdot 10^{-6}$ T beträgt. Dennoch kann man mit einer bestimmten Modifikation die Empfindlichkeit des Schaltkreises noch um einige Größenordnungen erhöhen.

Neben dem SQUID wird eine Spule mit wenigen Drahtwindungen angebracht, die durch einen getrennten Stromkreis versorgt wird und die durch Induktion sehr empfindlich auf Änderungen der Wechselspannung des SQUIDs reagiert. Wenn sich dessen Spannung aufgrund der Änderung des äußeren Magnetfelds beispielsweise erhöht, so stellt sich im separaten Stromkreis der Strom so ein, daß das Magnetfeld der Spule der Änderung des äußeren Magnetfelds entgegenwirkt. Auf diese Weise wird der Gesamtfluß durch das SQUID annähernd konstant gehalten. Schaltet man einen Widerstand mit der Spule in Reihe, dann kann man über die am Widerstand abfallende Spannung kontinuierlich das äußere Magnetfeld messen. Ein solches modernes SQUID ist so empfindlich, daß es Feldänderungen in der Größenordnung von nur $10^{-6} \cdot \phi_0$ nachzuweisen gestattet. Ein Beispiel einer solchen Anordnung ist in Abbildung 1 gezeigt. Diese sogenannten SQUID-Sensoren werden für verschiedene magnetische Untersuchungen verwendet, bei denen eine hohe Empfindlichkeit erforderlich ist.

Biomagnetische Forschung

Wie lassen sich nun die Möglichkeiten der SQUIDs in der Gehirnforschung anwenden? Die Nervenzellen (Neuronen) in der Hirnrinde reagieren auf die Anregung durch ihre Nachbarn mit dem Einlaß von Ionen durch ihre Membranen. Dieser Prozeß erzeugt über einen Zeitraum von etwa 10 ms bis 100 ms einen elektrischen Strom, der entlang der Zelle fließt. Durch die Untersuchung solcher Prozesse erhält man Informationen über die Reizverarbeitung in Sinnesorganen wie Augen, Ohren und Fingerkuppen. Das Magnetfeld eines einzelnen Neurons ist zu schwach, als daß es außerhalb der Kopfhaut gemessen werden könnte. Aber kohärente Aktivitäten vieler Neuronen lassen sich durch einen SQUID-Sensor nachweisen, wie er in Abbildung 2 dargestellt ist. Die Sensor-Elemente sind in flüssiges Helium eingetaucht (bei einer Temperatur von 4,2 K). Der ganze

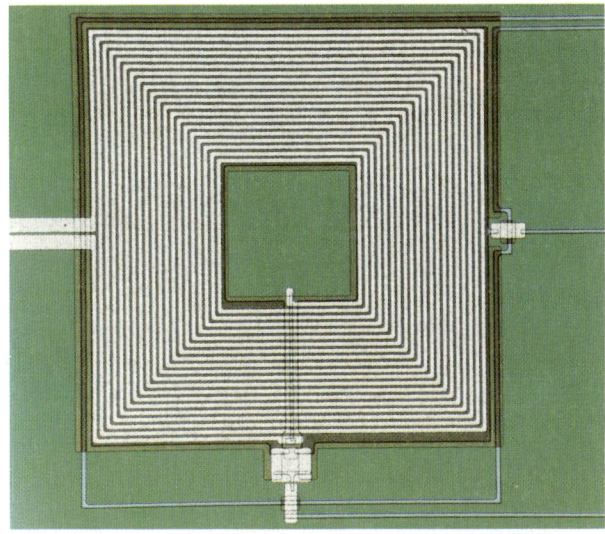

(a)

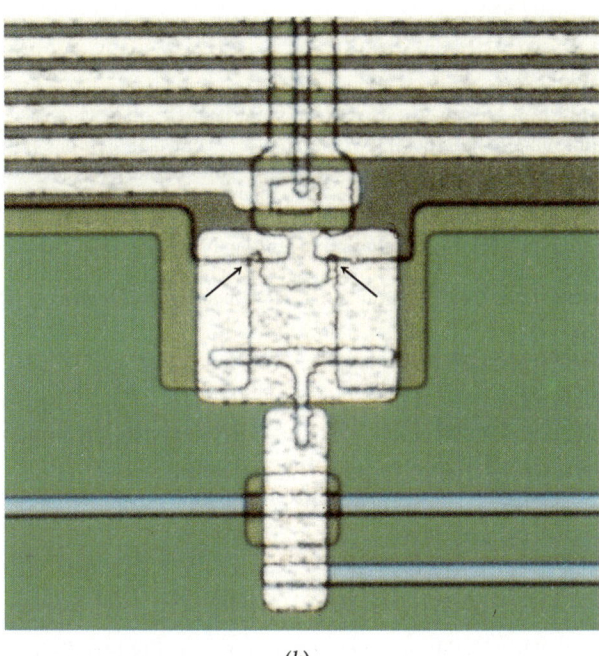

(b)

Abbildung 1 a) Mikrophoto eines SQUID, das durch sukzessives Aufbringen dünner Schichten aus geeigneten Materialien auf einer isolierenden Grundlage hergestellt wurde. Die Schichten sind so dünn, daß man auf die unteren Schichten hindurchsehen kann. Das auffälligste Merkmal ist die spiralförig gewickelte Spule mit 25 Windungen und einer Seitenlänge von nur 0,3 mm. Verbindungen zur Nachweisspule, die auf die Änderung des zu messenden Magnetfelds reagiert, werden über die breiten Leitungen hergestellt, die sich in halber Höhe auf der linken Seite befinden. Der Gleichstrom für die beiden Josephson-Kontakte tritt durch die Leitung auf der unteren Seite rechts ein und verläßt das SQUID durch die Leitung in halber Höhe rechts. Die untere Leitung, die in b) vergrößert dargestellt ist, ist mit den Josephson-Kontakten verbunden. Diese sind jeweils nur 2 μm lang; sie bilden die Spitzen des U-förmigen Stempels (durch die beiden Pfeile gekennzeichnet), gerade unterhalb der Spule. (Foto: IBM Thomas Watson Research Center)

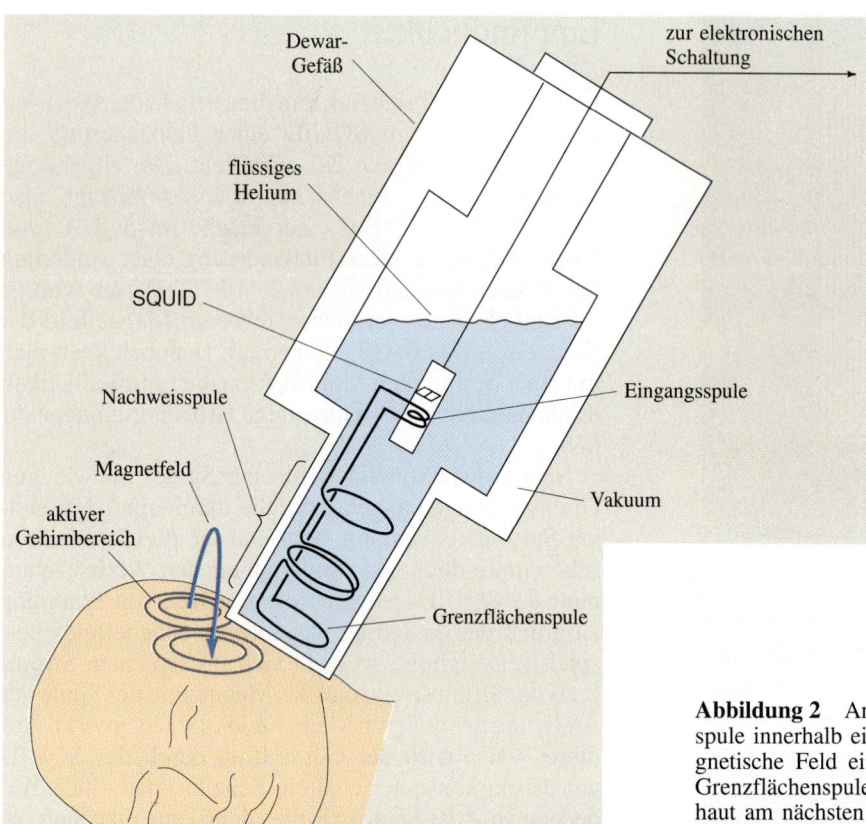

Abbildung 2 Anordnung eines SQUIDs und einer Nachweisspule innerhalb eines Dewargefäßes. Hiermit läßt sich das magnetische Feld eines aktiven Gehirnbereichs nachweisen. Die Grenzflächenspule ist der Teil der Nachweisspule, die der Kopfhaut am nächsten ist und die das stärkste biomagnetische Feld aufnimmt. Die anderen Windungen der Nachweisspule sind so angeordnet, daß der gesamte magnetische Fluß homogener Felder oder homogener Feldgradienten der Umgebung null wird.

Aufbau befindet sich in einem Dewargefäß, also einem Behälter mit vakuumisolierten Wandungen.

Bei biomagnetischen Anwendungen liegt das Hauptproblem nicht in der Empfindlichkeit der Messungen derartig schwacher Magnetfelder; denn es wurden bereits Felder von nur $3 \cdot 10^{-15}$ T nachgewiesen, die also viel schwächer sind als die typischen neuronalen Magnetfelder, die in der Größenordnung von $500 \cdot 10^{-15}$ T liegen. Das Hauptproblem besteht vielmehr darin, daß Umgebungsfelder Störungen hervorrufen, die etwa 10^5mal stärker sind als die biomagnetischen Felder. Die Messungen in einem magnetisch abgeschirmten Raum durchzuführen ist ein Weg, die Schwierigkeiten zu umgehen. Man kann aber auch eine Nachweisspule einsetzen, die aufgrund ihrer besonderen Gestalt die Umgebungsstörungen weitgehend unterdrückt. Die Nachweisspule ist in einem geschlossenen, supraleitenden Stromkreis mit einer kleineren Spule, der sogenannten Eingangsspule verbunden, die sich nahe dem SQUID befindet. Bei dieser Anordnung wird das SQUID also nicht direkt durch das zu messende Magnetfeld (dasjenige des Gehirns) durchsetzt, vielmehr wird die Feldinformation durch zwei zwischengeschaltete Spulen übermittelt. Die Nachweisspule befindet sich direkt an der Kopfhaut und wird somit vom Magnetfeld eines aktiven Gehirnbereichs durchsetzt. Jede Änderung des Flusses dieses Magnetfeldes bewirkt über den geschlossenen Stromkreis, daß auch der magnetische Fluß in der Eingangsspule variiert. Das SQUID wiederum ist induktiv an die Eingangsspule gekoppelt und erfährt daher dieselbe Flußänderung, die sich im SQUID in einer entsprechenden Änderung der Josephson-Wechselspannung niederschlägt. Die Nachweisspule ist als Gradiometer gewickelt, also zur Messung von Feldgradienten ausgelegt, und gegen entfernte Störungsquellen abgeschirmt, die relativ homogene Felder erzeugen. Ein Gradiometer „erster Ordnung" (eine Wicklung im Uhrzeigersinn und eine nahe dabei angebrachte Wicklung gegen den Uhrzeigersinn) reagiert nicht auf ein homogenes Magnetfeld, weil sich die magnetischen Flüsse durch die beiden Windungen gegenseitig aufheben. Dagegen bleibt die Empfindlichkeit für Quellen gewahrt, die sich viel näher bei der einen Windung befinden als bei der anderen. In Abbildung 2 ist ein Gradiometer „zweiter Ordnung" gezeigt, das eine noch bessere Abschirmung gegen entfernte Quellen liefert. Es besteht aus zwei Gradiometern „erster Ordnung", die Rückseite an Rückseite angeordnet sind.

Messungen der Verteilung von magnetischen Feldern an der Kopfhaut liefern Informationen, über die man Ort und Stärke der zugrundeliegenden Gehirnaktivitäten bestimmen kann. Abbildung 3 zeigt eine Anordnung von SQUIDs für derartige Feldverteilungsmessungen. Diese Messungen sind möglich, weil Schädelknochen und Kopfhaut die magnetischen Felder unverzerrt passieren lassen. Daher kann man die Position eines aktiven Gehirnbereichs auf weniger als 3 mm genau lokalisieren. Beispielsweise wurde mit dieser Methode entdeckt, daß Menschen quasi eine „Tonkarte" in der Hirnrinde besitzen, einige Zentimeter oberhalb des Ohres. Töne mit unterschiedlichen Frequenzen rufen Aktivitäten in verschiedenen Bereichen hervor, wohingegen Intensitätsunterschiede relativ wenig Einfluß auf die neuronale Reaktion haben. Vielmehr bewirkt eine sich ändernde Tonintensität, daß sich die Aktivitätsstellen in der Hirnrinde verschieben. Die Stärke der neuronalen Reaktion ändert sich für leicht hörbare Töne nicht, wird aber durch die Aufmerksamkeit beeinflußt: Die neuronale Reaktion fällt intensiver aus, wenn sich ein Mensch auf ein Geräusch konzentriert, als wenn er es nicht beachtet. Viele Forschergruppen verwenden SQUID-Detektoren, um Wahrnehmungen und höhere Funktionen des menschlichen Gehirns zu untersuchen.

Weitere Anwendungen

SQUIDs werden eingesetzt, wenn es darum geht, extrem schwache Magnetfelder oder Ströme zu messen, etwa bei geophysikalischen Untersuchungen; hier werden die niederfrequenten magnetischen Felder von elektromagnetischen Wellen erfaßt, die zwischen Erde und Ionosphäre reflektiert werden, wenn solare Aktivitäten Turbulenzen in der oberen Atmosphäre erzeugen. Weil diese Wellen ziemlich tief in die Erde eindringen, lassen sich durch exakte Messungen magnetischer und elektrischer Felder auch Öllagerstätten oder heiße Quellen im Erdboden auffinden.

Eine andere Anwendung von SQUIDs ist der indirekte Nachweis von Gravitationswellen. Hierzu sollen die winzigen Formänderungen eines massiven Aluminiumstabs aufgezeichnet werden, die das Vorbeilaufen einer solchen Welle anzeigen würden. Weiterhin dienen SQUIDs in Verbindung mit empfindlichen Meßbrücken dazu, extrem kleine Änderungen im Widerstand eines Leiters nachzuweisen, wenn bestimmte Parameter, etwa die Temperatur, verändert werden.

Somit ergeben sich aus der Wellennatur des Elektrons (die man im Aufbau der SQUID-Sensoren ausnutzt) Möglichkeiten zur Untersuchung sehr schwacher Magnetfelder – Möglichkeiten, die in zahlreichen Anwendungsbereichen ausgenutzt werden können.

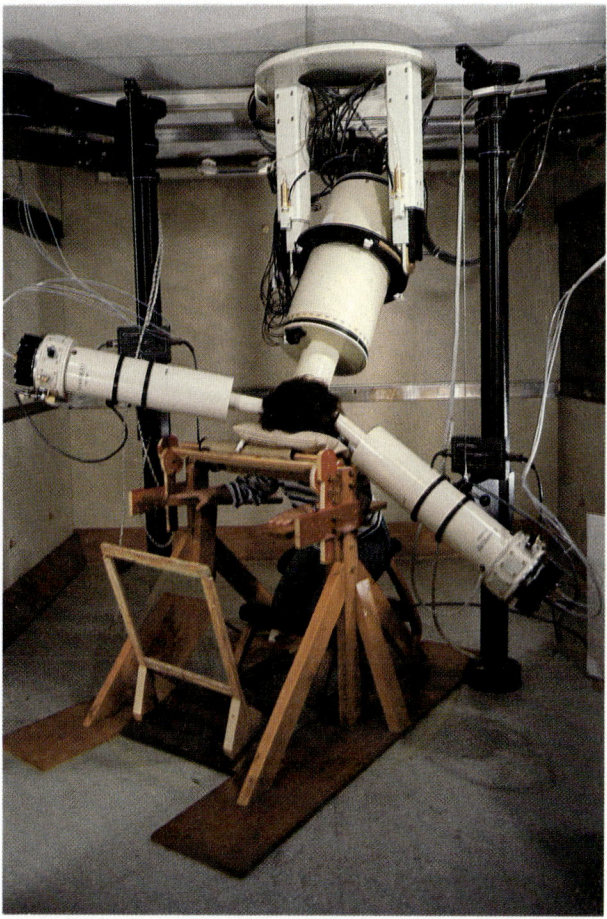

Abbildung 3 Drei SQUID-Systeme überwachen die Gehirnaktivitäten einer Versuchsperson. Sie betätigt jeweils einen elektrischen Schalter, wenn auf dem vor ihm stehenden Schirm ein Bild erscheint. Das an der Decke hängende Dewargefäß enthält fünf SQUID-Sensoren, die die Reaktionen auf den visuellen Reiz in der Gehirnrinde erfassen, und zwar in fünf eng beieinanderliegenden Bereichen der Kopfhaut. Die beiden Dewargefäße links und rechts enthalten je einen SQUID-Sensor, um die Aktivitäten in der Gehirnrinde zu messen, die die beiden Hände steuern. Die SQUID-Sensoren in diesen kleineren Dewargefäßen werden dadurch gekühlt, daß unter hohem Druck stehendes Heliumgas bei niederen Temperaturen sehr schnell in ein größeres Volumen expandiert. (Mit freundlicher Genehmigung von S.J. Williamson)

Essay: Raster-Tunnel-Mikroskopie

Ellen D. Williams
University of Maryland

Heute ist es gesicherte Erkenntnis, daß die Materie aus Atomen aufgebaut ist. Die Hinweise darauf sind allerdings meist indirekter Art. Inzwischen gibt es jedoch einige Methoden, einzelne Atome sichtbar zu machen und ihr Verhalten direkt zu untersuchen: die Transmissions-Elektronenmikroskopie, die Feldionen-Mikroskopie, die optische Nahfeld-Mikroskopie und die vielseitig anwendbare Raster-Sonden-Mikroskopie, deren historischer Ursprung die Raster-Tunnel-Mikroskopie ist. Für die Entwicklung der letzteren erhielten Gert Binnig und Heinrich Rohrer im Jahr 1986 den Nobelpreis für Physik, zusammen mit Ernst Ruska, der für seine Arbeiten zur Entwicklung des Elektronenmikroskops ausgezeichnet wurde. Bei allen Verfahren der Raster-Sonden-Mikroskopie tastet eine feine Spitze, die sogenannte Sonde, das zu untersuchende Objekt in geringem Abstand ab. Die Sonde sammelt Signale, aus denen mit einem Rechner ein Bild zusammengesetzt wird. Bei der Raster-Tunnel-Mikroskopie wird eine extrem feine Metallnadel als Sonde eingesetzt; die Methode ist auf die Untersuchung elektrisch leitender Objekte beschränkt.

Um das Prinzip der Raster-Tunnel-Mikroskopie (STM, vom englischen **S**canning **T**unneling **M**icroscopy) zu verstehen, führen wir uns noch einmal das Verhalten von Elektronen in Metallen (oder in beliebigen anderen leitfähigen Materialien) im Rahmen der Bändertheorie vor Augen. In einem Metall füllen die Leitungselektronen – sie können als Elektronengas aufgefaßt werden – das Leitungsband bis zu einer Obergrenze der Energie, der Fermi-Energie E_F. Die Elektronen mit der Energie E_F besitzen die geringste Bindungsenergie zum Metall, die gerade der Austrittsarbeit von rund 5 eV entspricht (Abschnitte 35.2 und 39.3). Nach der klassischen Theorie können diese Elektronen das Metall nur verlassen, wenn ihnen eine entsprechend hohe Energie zugeführt wird. Indem man zwei verschiedene Metalle sehr nahe aneinanderbringt, wie in Abbildung 1 dargestellt, läßt sich jedoch ein rechteckiger, endlicher hoher Potentialwall erzeugen, ähnlich dem in Abbildung 36.20. Gemäß der quantenmechanischen Beschreibung können Elektronen mit einer Energie, die etwa der Fermi-Energie entspricht, durch diesen Potentialwall vom einen Metall in das andere tunneln. Die Wahrscheinlichkeit für einen solchen Tunnelprozeß ist, wie in Abschnitt 36.10 beschrieben, proportional zu $e^{-\alpha a}$. Dabei ist a der Abstand zwischen den Metallen, und α hängt von der Barrierenhöhe ab, hier also von der Austrittsarbeit.

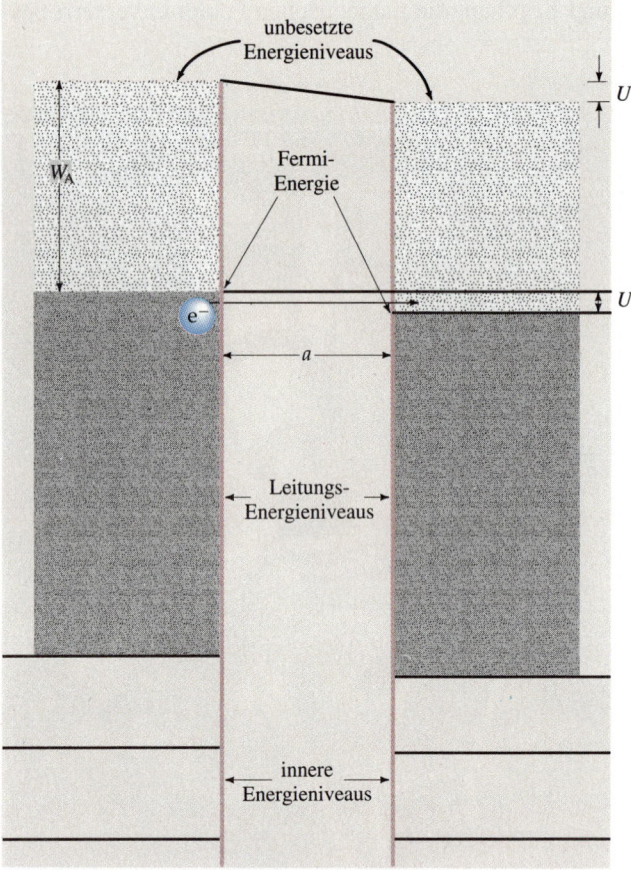

Abbildung 1 Die Energieniveaus zweier Metalle im Abstand a. Die Elektronen in den Leitungs-Niveaus bewegen sich im wesentlichen frei. Die Elektronen mit der höchsten Energie (der Fermi-Energie E_F) werden durch einen Potentialwall der Höhe W_A (der Austrittsarbeit) im Metall gehalten. Um einen hinreichend starken Tunnelstrom zu erhalten, wird an die beiden Metalle eine kleine Spannung U angelegt, die die Energieniveaus (wie in der Abbildung gezeigt) verschiebt, so daß Elektronen aus dem linken Metall durch die Barriere in das rechte Metall tunneln und dort Zustände geringerer Energie besetzen kann.

Das Prinzip der Raster-Tunnel-Mikroskopie ist in Abbildung 2 dargestellt. Wird eine metallische Sonde nahe genug an eine Probe herangebracht und eine kleine Spannung U von etwa 10 mV zwischen Sonde und Probe angelegt, so treten Tunnelprozesse von Elektronen zwischen Sonde und Probe auf. Der Nettofluß von Elektronen äußert sich als Tunnelstrom, der proportional zur Tunnelwahrscheinlichkeit ist. Beim Abtasten der Probe führt jede Erhebung oder Vertiefung in der Oberfläche zur Änderung des Abstands zur Sonde und damit zu einer Veränderung des Tunnelstroms. Da die Tunnelwahrscheinlichkeit exponentiell von diesem Abstand abhängt, genügen schon Abstandsänderungen um rund

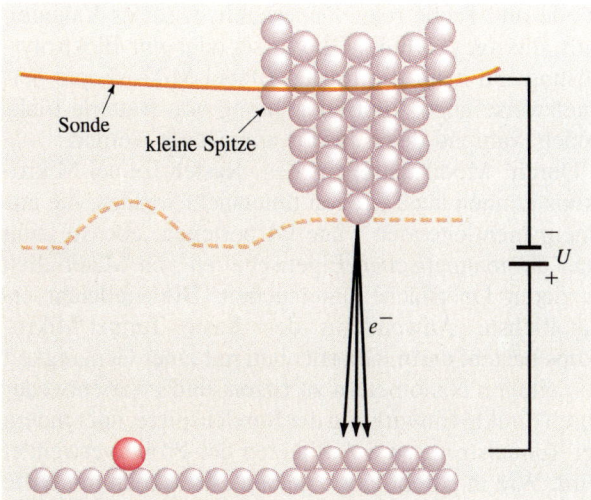

Abbildung 2 Schematische Darstellung des Abtastprozesses: Die Sonde wird über eine Oberfläche geführt. Dabei wird der Abstand Sonde–Oberfläche so reguliert, daß der Tunnelstrom konstant bleibt. Hat die Sonde eine große Ausdehnung (durch die durchgezogene Linie angedeutet), so treten über einen großen Bereich Tunnelprozesse auf, und es wird eine nur geringe Auflösung erreicht. Hat die Sonde jedoch eine Spitze von atomarem Ausmaß, so tritt das Tunneln nur in einem kleinen Bereich auf, und es wird eine Auflösung bis herab zu wenigen Atomdurchmessern möglich. Der Verlauf des Tunnelstroms als Funktion des Ortes spiegelt die Oberflächenbeschaffenheit wieder (gestrichelte Kurve).

0,01 nm, um den Tunnelstrom meßbar zu beeinflussen. Durch Messung des Tunnelstroms beim Abtasten der Probe kann somit im Prinzip ein topographisches Bild der Probenoberfläche erhalten werden. Bei der praktischen Umsetzung dieser Idee sind jedoch einige schwierige technische Probleme zu lösen: die Unterdrückung von Vibrationen, die Herstellung geeigneter Sondenspitzen und die genaue Führung der Sonde.

Die Vibrationen sind äußerst störend, da der Abstand zwischen Sonde und Probe sehr gering ist. Beträgt die Austrittsarbeit 5 eV, so sind Abstände in der Größenordnung einiger Nanometer (das entspricht etwa der Größe eines Atoms) einzustellen. Dabei reicht schon ein leichtes Niesen aus, um Vibrationen zu erzeugen, die die Sonde in die Probe hineintreiben und damit den Aufbau zerstören. Die meisten Vibrationen rühren von Bewegungen des Bodens her. Mit einer typischen Amplitude von etwa 1 μm sind sie um einen Faktor 1000 größer als der zwischen Sonde und Probe einzuhaltende Abstand. Der Aufbau eines Raster-Tunnel-Mikroskops muß daher besonders starr und von Erschütterungen extrem gut abgeschirmt sein.

Das Auflösungsvermögen eines Raster-Tunnel-Mikroskops hängt wesentlich davon ab, wie scharf die Spitze der Sonde ausgebildet ist, denn dies hat Einfluß auf die Genauigkeit, mit der die Oberfläche abgetastet werden kann. Durch elektrochemisches Ätzen ist es möglich, die Enden eines Metalldrahtes bis auf einen Radius von 1 μm = 1000 nm anzuspitzen. Eine Spitze mit einer derart großen Oberfläche ermöglicht jedoch auch Tunnelprozesse in einem Bereich derselben Größenordnung und ist daher für eine Auflösung einzelner Atome unzureichend. Wie in Abbildung 2 dargestellt, weist die Oberfläche einer solchen Sonde jedoch viele kleine Spitzen auf, deren Enden aus nur wenigen Atomen bestehen. Da die Tunnelwahrscheinlichkeit mit dem Abstand exponentiell sinkt, ist sichergestellt, daß Tunnelprozesse von Elektronen vorzugsweise über eine solche Spitze ablaufen.

Es stellt sich die Frage, wie man die Bewegung einer Prüfspitze auf 0,1 nm genau steuern kann. Man benutzt

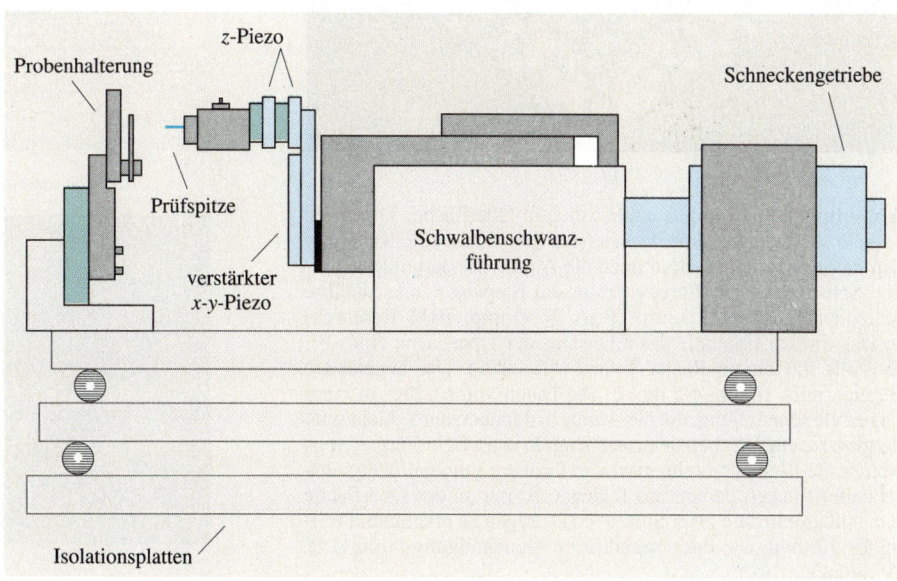

Abbildung 3 Schematische Darstellung eines Raster-Tunnel-Mikroskops. Die Probenhalterung ist starr auf die oberste einer Reihe mehrerer Isolationsplatten montiert. Die Prüfsonde ist an den „Piezos" (Stücke aus piezoelektrischer Keramik zur Steuerung der Sonde) angebracht. Diese wiederum sind an einen schweren Block montiert, der auf einer Schwalbenschwanzführung gleitet. Der Block kann mit einem elektronisch gesteuerten Schneckengetriebe-Motor in Schritten von 4 nm vorwärts oder rückwärts bewegt werden.

hierzu eine piezoelektrische Keramik, also ein Material, das sich beim Anlegen einer äußeren Spannung ausdehnt bzw. kontrahiert. Bei einer Spannung von einem Volt liegt die Expansion in der Größenordnung von einigen Zehnteln eines Nanometers. Eine an der Keramik angebrachte Sonde kann somit sehr präzise bewegt werden. Abbildung 3 zeigt schematisch den Aufbau eines Raster-Tunnel-Mikroskops.

Binnig und Rohrer zeigten, wie die genannten Schwierigkeiten zu bewältigen sind und daß das Raster-Tunnel-Mikroskop ein hervorragendes Instrument zur Untersuchung von Oberflächen darstellt. Die mit ihm beim Abtasten einer Oberfläche gewonnenen Daten geben die Oberflächenhöhe in Abhängigkeit vom Ort an und können graphisch dargestellt werden. Abbildung 4 zeigt das Modell der Oberfläche eines Siliciumkristalls und zum Vergleich die Ergebnisse einer Abtastung mit einem Raster-Tunnel-Mikroskop. Dessen Leistungsfähigkeit wird hier auf eindrucksvolle Weise demonstriert.

Das Raster-Tunnel-Mikroskop hat noch weitere Anwendungsmöglichkeiten. Für den Tunnelprozeß der Elektronen ist nämlich die Art des Materials zwischen Sonde und Probe relativ unerheblich; sei es Vakuum, Luft, flüssiges Helium, Öl, Wasser oder eine Elektrolyt-Lösung. So kann die Raster-Tunnel-Mikroskopie beispielsweise auch zur Beobachtung von Batterie-Elektroden während des Betriebs angewandt werden.

Durch Modifikationen des Raster-Tunnel-Mikroskops können auch Proben untersucht werden, die aus einem nichtleitenden Material bestehen; ebenso kann man die magnetischen Eigenschaften von Materialien an deren Oberfläche untersuchen. Die vielleicht erstaunlichste Anwendung des Raster-Tunnel-Mikroskops besteht darin, Oberflächen mit einer Genauigkeit von einigen Nanometern zu ritzen, und zwar entweder durch direkte Einwirkung der Sondenspitze, oder indem der Tunnelstrom zum Aufheizen der Probe verwendet wird. Wie in Abbildung 5 gezigt, kann man mit Hilfe der Sondenspitze sogar *einzelne Atome* auf der Oberfläche verschieben.

Die Raster-Tunnel-Mikroskopie stellt eine bedeutende praktische Anwendung der Quantenmechanik dar und demonstriert, wie schnell sich grundlegende physikalische Konzepte in moderne Technologien umsetzen lassen.

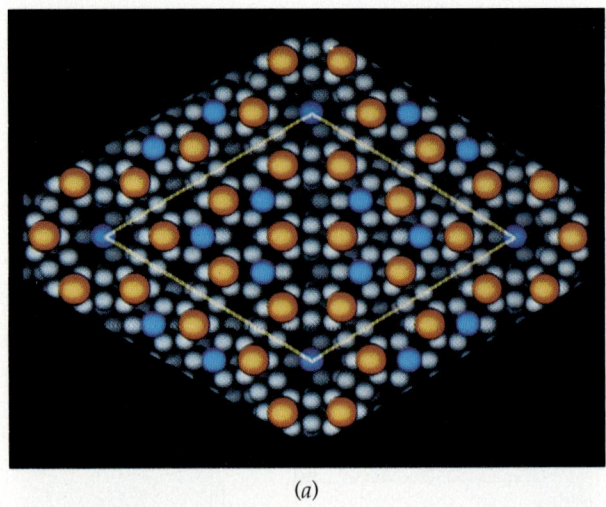

(a)

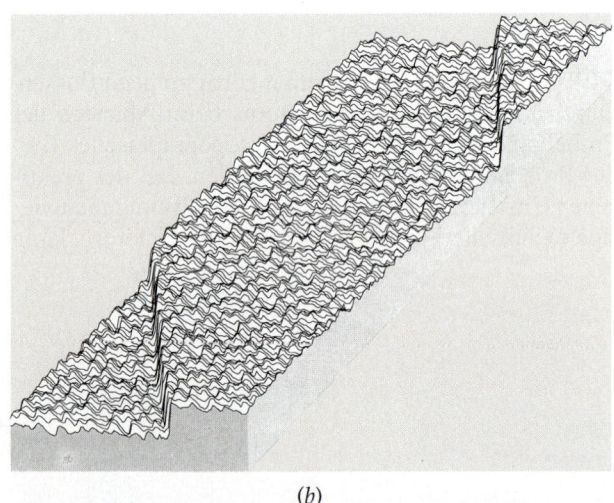

(b)

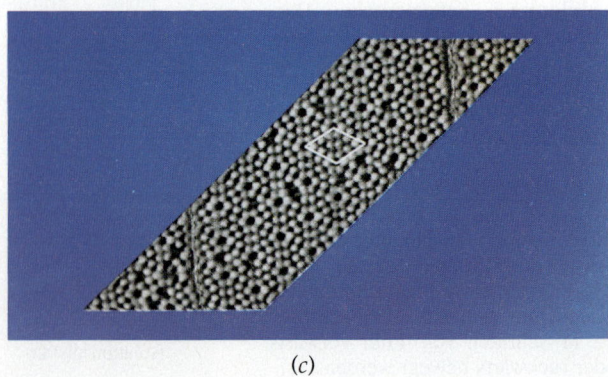

(c)

Abbildung 4 a) Modell einer Silicium-Oberfläche. Die roten Kugeln stellen die Atome der obersten Schicht dar, die Kugeln in den unterschiedlichen Blautönen die Atome der darunter liegenden Schichten. Das Viereck deutet die Elementarzelle an. Ihre Seitenlänge beträgt 2,7 nm. (Foto: R. Trump, IBM Research) b) Das direkte Ergebnis des Abtastens der Oberfläche eines Si-Kristalls mit einem Raster-Tunnel-Mikroskop. Der abgetastete Bereich mißt 10 nm × 5 nm. c) Die Daten von b), hier in einer Graustufendarstellung, die die Atome in der obersten Schicht wiedergibt; sie entsprechen den roten Kugeln in a). Zum Vergleich ist wieder die Elementarzelle markiert. Größere (unregelmäßig aussehende) Lücken deuten auf fehlende Atome in der Oberfläche hin. Außerdem sind zwei Stufenversetzungen zu erkennen. (Teilbilder b) und c): mit freundlicher Genehmigung von E.D. Williams)

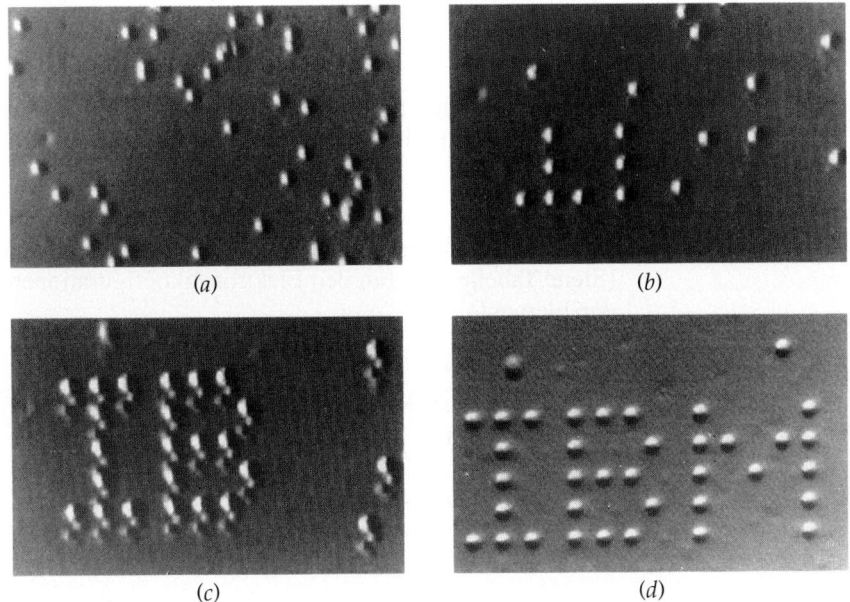

Abbildung 5 Einige Raster-Tunnel-Mikroskop-Aufnahmen, die beim Erzeugen eines Musters von Xenon-Atomen auf einer Nickel-Oberfläche bei einer Temperatur von 4 K erstellt wurden. Die Xenon-Atome sind zunächst zufällig auf der Nickel-Oberfläche verteilt und werden durch Antippen mit der Sondenspitze über die Oberfläche bewegt; schließlich entsteht der Schriftzug der Firma, in deren Forschungslabor das Raster-Tunnel-Mikroskop entwickelt wurde. (Foto: D.M. Eigler, E.K. Schweizer, IBM Corp., Research Division, Almaden Research Center)

Aufgaben

Stufe I

39.1 Die Struktur von Festkörpern

1. Nehmen Sie an, daß harte Kugeln mit dem Radius R die Ecken der Elementarzelle einer kubisch-primitiven Struktur besetzen. a) Die Kugeln berühren sich, der Kristall nimmt so das kleinstmögliche Volumen ein. Wie groß ist die Elementarzelle? b) Welcher Teil des Volumens der kubischen Struktur wird von den harten Kugeln besetzt?

2. Berechnen Sie den Gleichgewichtsabstand r_0 zwischen den K^+- und Cl^--Ionen im KCl. Nehmen Sie an, jedes Ion nehme ein kubisches Volumen der Seitenlänge r_0 ein. Die molare Masse von KCl beträgt 74,55 g/mol, und seine Dichte ist 1,984 g/cm³.

3. Berechnen Sie den Wert von n in Gleichung (39.6), der zur gemessenen Gitterenergie von −741 kJ/mol von LiCl führt. LiCl und NaCl haben die gleiche Struktur, und für LiCl ist der Gleichgewichtsabstand $r_0 = 0,257$ nm.

39.2 Das klassische Konzept des Elektronengases und seine Grenzen

4. Ein Maß für die Dichte des freien Elektronengases in einem Metall ist der Abstand r_k, der definiert ist als der Radius der Kugel, deren Volumen dem Volumen pro Leitungselektron entspricht. a) Zeigen Sie, daß gilt: $r_k = (3/4\,\pi n)^{1/3}$, wobei n die Dichte (Anzahldichte) der freien Elektronen ist. b) Berechnen Sie r_k (in nm) für Kupfer.

5. a) In Kupfer fließe bei einer Temperatur von 300 K ein elektrischer Strom. Bei dieser Temperatur ist die mittlere freie Weglänge der Elektronen $\ell_e = 0,4$ nm und ihre mittlere Geschwindigkeit $\langle v \rangle = 1,7 \cdot 10^5$ m/s. Berechnen Sie den klassischen Wert des spezifischen Widerstands von Kupfer. b) Nach dem klassischen Modell ist ℓ_e temperaturunabhängig, $\langle v \rangle$ jedoch abhängig von der Temperatur. Wie groß ist dann der spezifische Widerstand bei 100 K?

39.3 Das Fermi-Elektronengas

6. Berechnen Sie die Dichte freier Elektronen in a) Silber (Dichte 10,5 g/cm³) und b) Gold (Dichte 19,3 g/cm³) unter der Annahme eines freien Elektrons pro Atom. Vergleichen Sie Ihre Ergebnisse mit den in Tabelle 39.1 aufgeführten Werten.

7. Berechnen Sie die Dichte freier Elektronen in a) Magnesium (Dichte 1,74 g/cm³) und b) Zink (Dichte 7,1 g/cm³) unter der Annahme zweier freier Elektronen pro Atom. Vergleichen Sie Ihre Ergebnisse mit den in Tabelle 39.1 aufgeführten Werten.

8. Berechnen Sie die mittlere Energie der Leitungselektronen bei $T = 0$ K in a) Kupfer und b) Lithium.

9. Berechnen Sie a) die Fermi-Energie und b) die Fermi-Temperatur für Eisen bei $T = 0$ K.

10. a) Zwischen welchen zwei Metallen in Tabelle 39.2 entsteht das größte Kontaktpotential, wenn sie sich berühren? b) Welchen Wert hat das Kontaktpotential?

39.4 Die Quantentheorie der elektrischen Leitung

11. Berechnen Sie mit Gleichung (39.27) die mittlere Energie eines Elektrons in Kupfer bei $T = 300$ K. Setzen Sie dabei $\alpha' = \pi^2/4$. Vergleichen Sie Ihr Ergebnis mit der mittleren Energie und dem klassischen Wert $\frac{3}{2} k_B T$.

12. Wie groß ist die Geschwindigkeit eines Leitungselektrons, dessen Energie der Fermi-Energie E_F für a) Natrium, b) Gold und c) Zinn entspricht?

13. Die spezifischen Widerstände von Natrium, Gold und Zinn bei $T = 273$ K betragen 4,2 $\mu\Omega \cdot$cm, 2,04 $\mu\Omega \cdot$cm bzw. 10,6 $\mu\Omega \cdot$cm. Berechnen Sie mit diesen Werten und den Fermi-Energien von Aufgabe 12 die mittlere freie Weglänge ℓ_e der Leitungselektronen in diesen Metallen.

14. Bei welcher Temperatur entspricht in Kupfer der Beitrag des Elektronengases zur Wärmekapazität einem Zehntel des Beitrags der Gitterschwingungen zur Wärmekapazität?

39.5 Das Bändermodell der Festkörper

15. Die Energielücke zwischen dem Valenz- und dem Leitungsband in Silicium beträgt bei Zimmertemperatur 1,14 eV. Wie groß ist die maximale Wellenlänge eines Photons, das ein Elektron vom oberen Teil des Valenzbandes in den unteren Teil des Leitungsbandes anregen kann?

16. Wiederholen Sie Aufgabe 15 für Germanium; hier beträgt die Energielücke 0,74 eV.

17. Wiederholen Sie Aufgabe 15 für Diamant; hier beträgt die Energielücke 7,0 eV.

18. Ein Photon der Wellenlänge 3,35 μm hat gerade genügend Energie, um ein Elektron vom Valenz- in das Leitungsband in einem Bleisulfid-Kristall anzuregen. a) Berechnen Sie die Energielücke zwischen beiden Bändern. b) Berechnen Sie die Temperatur T, für die der Wert von $k_B T$ der Energielücke entspricht.

39.6 Dotierte Halbleiter

19. Welchen Typ von Halbleiter erhält man, wenn Silicium mit a) Aluminium oder b) Phosphor dotiert wird? (Siehe Tabelle 37.1 mit den Elektronenkonfigurationen der Elemente.)

20. Welchen Typ von Halbleiter erhält man, wenn Silicium mit a) Indium oder b) Antimon dotiert wird? (Siehe Tabelle 37.1 mit den Elektronenkonfigurationen der Elemente.)

39.7 Halbleiterübergangsschichten und Anwendungen

21. Ein einfaches Modell beschreibt den Strom I als Funktion der Vorspannung U an einem pn-Übergang zu

$$I = I_0 \, (e^{eU/k_B T} - 1) \, .$$

Skizzieren Sie I als Funktion von U für sowohl positive als auch negative Vorspannungen.

22. Berechnen Sie mit der Gleichung in Aufgabe 21 bei einer Temperatur von 300 K die Vorspannung U, für die der Exponentialterm die Werte a) 10 und b) 0,1 annimmt.

39.8 Supraleitung

23. a) Berechnen Sie mit Gleichung (39.34) die Supraleiter-Energielücke E_g für Zinn, und vergleichen Sie das Ergebnis mit dem gemessenen Wert ($6 \cdot 10^{-4}$ eV). b) Berechnen Sie aus dem Meßwert die Wellenlänge eines Photons, das genügend Energie hat, um die Bindung eines Cooper-Paares in Zinn bei $T = 0$ K aufzubrechen.

Stufe II

24. Nehmen Sie an, daß identische Bowling-Kugeln in einer hexagonal dichtesten Kugelpackung angeordnet sind. Welcher Teil des gesamten Volumens der Elementarzelle wird durch die Kugeln eingenommen?

25. Schätzen Sie den Anteil freier Elektronen in Kupfer ab, die sich bei a) Zimmertemperatur (300 K) und b) 1000 K in angeregten Zuständen oberhalb der Fermi-Energie befinden.

26. Ein Ionenkristall wird in einem eindimensionalen Modell als Aneinanderreihung abwechselnd positiver und negativer Ionen beschrieben. Deren Abstand sei jeweils r_0. a) Zeigen Sie, daß sich in diesem Modell die anziehende potentielle Energie eines Ions (also in der Reihe) ergibt zu

$$V = -\frac{1}{4\pi\varepsilon_0}\frac{2e^2}{r_0}\left(1 - \frac{1}{2} + \frac{1}{3} - \frac{1}{4} + \frac{1}{5} - \ldots\right).$$

b) Zeigen Sie mit der Beziehung

$$\ln(1+x) = x - \frac{x^2}{2} + \frac{x^3}{3} - \frac{x^4}{4} + \ldots,$$

daß sich die Madelung-Konstante für dieses eindimensionale Modell zu $\alpha = 2\ln 2 = 1{,}386$ ergibt.

27. Schätzen Sie die Fermi-Energie von Zink aus dem elektronischen Beitrag zur molaren Wärmekapazität $(3{,}74 \cdot 10^{-4}\,\text{J/mol}\cdot\text{K}^2)T$ ab.

28. Leiten Sie Gleichung (39.20) für die mittlere Energie eines Fermi-Elektronengases bei $T = 0$ K her.

29. a) Wie viele Atome befinden sich in 10 kg Kupfer? b) Nehmen Sie an, jedes Atom bringe acht Energieniveaus in das gemeinsame Leitungsband ein. Wie groß ist dann die Anzahl aller elektronischen Zustände im Leitungsband der betrachteten Menge metallischen Kupfers? c) Diese Zustände seien bis zur Fermi-Energie gefüllt; berechnen Sie dafür die mittlere Energiedifferenz zwischen zwei Zuständen. d) Vergleichen Sie diesen mittleren Energieniveau-Abstand mit der thermischen Energie $k_\text{B}T$ bei 300 K.

30. Die Dichte der elektronischen Zustände in einem Metall werde durch $g(E) = AE^{1/2}$ beschrieben. Dabei ist A eine Konstante und E die Energie, gemessen ab der unteren Kante des Leitungsbandes. a) Zeigen Sie, daß die Gesamtanzahl der Zustände $\frac{2}{3}AE_\text{F}^{3/2}$ ist. b) Wie groß ist der Anteil der Leitungselektronen, der sich innerhalb des Bereichs $k_\text{B}T$ bei der Fermi-Energie befindet? c) Bestimmen Sie diesen Anteil für Kupfer bei einer Temperatur von 300 K.

31. Wieviel Energie ist aufzuwenden, um ein Ionenpaar aus festem NaCl zu entfernen und aus ihm ein NaCl-Molekül zu bilden?

32. a) Berechnen Sie die Anzahl der Ionen in 10 g KBr und daraus die Anzahl der Energiezustände im Leitungsband. Nehmen Sie dabei an, daß pro Ion acht Zustände existieren. b) Die Breite des KBr-Valenzbandes wurde mit Hilfe der Röntgenspektroskopie zu etwa 1,5 eV gemessen. Schätzen Sie die mittlere Dichte der elektronischen Zustände im Valenzband eines 10-g-Kristalls ab. c) Wie groß ist die Zahl der elektronischen Zustände pro Energieeinheit, wenn die Masse des Kristalls 1 kg beträgt?

33. Nehmen Sie an, daß für den pnp-Transistorverstärker in Abbildung 39.28 gelte: $R_\text{B} = 2\,\text{k}\Omega$ und $R_\text{V} = 10\,\text{k}\Omega$. Weiterhin gelte, daß ein 10-µA-Wechselstrom an der Basis einen 0,5 mA-Wechselstrom am Kollektor erzeugt. Wie groß ist die Spannungsverstärkung?

34. Germanium läßt sich verwenden, um die Energie auftreffender Teilchen zu messen. Nehmen Sie einen Strahl von 660-keV-γ-Quanten an, der vom ^{137}Cs-Isotop emittiert wird. a) Wie viele Elektron-Loch-Paare werden durch diese Photonen erzeugt, wenn die Bandlücke in Germanium 0,72 eV beträgt? b) Der statistische Fehler in der Anzahl N der Paare von a) beträgt $\pm\sqrt{N}$. Wie groß ist die Energieauflösung dieses Detektors im betrachteten Energiebereich der Photonen?

35. Die Strom-Spannungs-Kennlinie einer „guten" Silicium-Diode wird beschrieben durch

$$I = I_0\left(e^{eU/k_\text{B}T} - 1\right).$$

Es gelte: $k_\text{B}T = 0{,}025$ eV (bei Zimmertemperatur), und der Sättigungsstrom betrage $I_0 = 1$ nA. a) Zeigen Sie, daß für eine kleine, in Sperrichtung angelegte Vorspannung der Widerstand 25 MΩ beträgt. *Hinweis*: Setzen Sie die Taylor-Entwicklung der Exponentialfunktion an oder verwenden Sie einen Rechner und berechnen Sie kleine Werte der Vorspannung U. b) Berechnen Sie den Gleichstrom-Widerstand für eine Vorspannung von $+0{,}5$ V. c) Berechnen Sie den Gleichstrom-Widerstand für eine Vorspannung von $-0{,}5$ V. Wie groß ist in diesem Fall der Strom? d) Berechnen Sie den Wechselstrom-Widerstand dU/dI für die Vorspannung von $-0{,}5$ V.

36. Ein Silicium- oder Germaniumatom werde durch ein Arsenatom ersetzt. Dadurch ist ein Elektron des Arsenatoms nicht gebunden, während die anderen vier Elektronen kovalente Bindungen eingehen. Das freie Elektron sieht damit ein einfach geladenes, anziehendes Ladungszentrum. Die Verhältnisse ähneln daher denen bei einem Wasserstoffatom. Im Bohrschen Modell des Wasserstoffatoms bewegt sich das Elektron auf einer Kreisbahn mit dem Radius a_0, für den gilt:

$$a_0 = \frac{e_0 h^2}{\pi m_e e^2}.$$

Wenn sich ein Elektron in einem Kristall bewegt, läßt sich der Einfluß der anderen Atome folgendermaßen berücksichtigen: e_0 wird durch εe_0 ersetzt und m_e durch die effektive Masse des Elektrons. Für Silicium ist $\varepsilon = 12$, und die effektive Masse beträgt $0{,}2\,m_e$. Für Germanium ist $\varepsilon = 16$, und die effektive Masse beträgt $0{,}1\,m_e$. Schätzen Sie den Bohr-Radius des freien Elektrons des Arsenatoms in Silicium und in Germanium ab.

37. Wie in der vorigen Aufgabe werde ein Halbleiter mit Arsen dotiert. Modifizieren Sie Gleichung (37.9) für die Grundzustandsenergie des Wasserstoffatoms, indem Sie e_0 durch εe_0 und m_e durch eine effektive Masse des Elektrons ersetzen. Schätzen Sie so die Bindungsenergie des zusätzlichen Elektrons, das durch Dotieren von a) Silicium und b) Germanium mit Arsen entsteht, ab. c) Nehmen Sie an, Silicium werde mit 1 Arsenatom auf 1 Million Siliciumatome dotiert. Welcher Anteil der Arsenatome würde dann bei Zimmertemperatur ein Elektron zum Leitungsband beitragen?

38. Die Anzahl der Elektronen im Leitungsband eines Isolators oder eines Halbleiters wird vor allem bestimmt durch den Fermi-Faktor $e^{-(E-E_F)/k_BT}$. Die Fermi-Energie E_F liegt etwa in der Mitte zwischen dem nahezu gefüllten Valenzband und dem fast leeren Leitungsband. E_g sei die Energielücke zwischen Valenz- und Leitungsband. Ferner sei E von der Oberkante des Valenzbandes aus gemessen. Dann gilt $E_F = \frac{1}{2} E_g$. Für $E = E_g$ ergibt sich der Fermi-Faktor zu $e^{-E_g/2k_BT}$. Bestimmen Sie diesen für 300 K und für eine typische Energielücke von a) 6,0 eV für einen Isolator und b) 1,0 eV für einen Halbleiter. Erörtern Sie die Signifikanz dieser Ergebnisse für 10^{22} Valenzelektronen pro Kubikzentimeter, wenn $e^{-(E-E_F)/k_BT}$ die Wahrscheinlichkeit angibt, daß ein Elektron die Energie E im Leitungsband besitzt.

39. Der Druck P eines idealen Gases ist mit der mittleren Energie $\langle E \rangle$ der Gasteilchen verknüpft durch $PV = \frac{2}{3} N \langle E \rangle$, wobei N die Anzahl der Teilchen ist. Berechnen Sie auf dieser Grundlage den Druck des Fermi-Elektronengases in Kupfer. Vergleichen Sie das Ergebnis mit dem Atmosphärendruck 10^5 N/m^2.

40. Der Kompressionsmodul K eines Materials kann definiert werden durch

$$K = -V \frac{\partial P}{\partial V}.$$

a) Zeigen Sie, daß der Druck P des Elektronengases sich zu

$$P = \frac{2NE_F}{5V} = CV^{-5/3}$$

ergibt (C ist eine Konstante unabhängig von V). Das Fermi-Elektronengas verhalte sich wie ein ideales Gas ($PV = \frac{2}{3} NE$), und es gelten die Beziehungen (39.17) und (39.20). b) Zeigen Sie, daß dann der Kompressionsmodul des Fermi-Elektronengases

$$K = \frac{5}{3} P = \frac{2NE_F}{3V}$$

ist. c) Berechnen Sie den Wert von K für das Fermi-Elektronengas in Kupfer und vergleichen Sie Ihr Ergebnis mit dem gemessenen Wert $134 \cdot 10^9$ N/m^2.

41. Der spezifische Widerstand von reinem Kupfer nimmt um etwa $1 \cdot 10^{-8}$ $\Omega \cdot$m zu bei Dotierung mit 1% Fremdatomen, die gleichmäßig im Metall verteilt sind. Die mittlere freie Weglänge der Elektronen ℓ_e ergibt sich aus der Summe

$$\frac{1}{\ell_e} = \frac{1}{\ell_{e,t}} + \frac{1}{\ell_{e,i}},$$

wobei $\ell_{e,t}$ auf der thermischen Bewegung der Gitterionen und $\ell_{e,i}$ auf den Verunreinigungen beruht. a) Schätzen Sie $\ell_{e,i}$ anhand der gegebenen Daten ab. b) Wenn d der effektive Durchmesser eines dotierten Ions im Gitter ist (aus der Sicht eines Elektrons), ergibt sich der Streuquerschnitt zu d^2. Schätzen Sie d^2 aus $d = 2r$ ab, wobei r mit $\ell_{e,i}$ durch (22.33) verknüpft ist.

Stufe III

42. a) Berechnen Sie die Kraft $F = -dV/dr$ aus (39.5), und zeigen Sie, daß gilt:

$$F = \alpha \frac{1}{4\pi\varepsilon_0} \frac{e^2}{r_0^2} \left(\frac{r_0^{n+1}}{r^{n+1}} - \frac{r_0^2}{r^2} \right).$$

b) Beachten Sie, daß für $r = r_0$ die Kraft F null wird. Setzen Sie $r = r_0 + \Delta r = r_0 (1 + \varepsilon)$, wobei $\varepsilon = \Delta r / r_0$ ist. Verwenden Sie die Binomialentwicklung $(1 + \varepsilon)^n = 1 + n\varepsilon + n(n-1) \varepsilon^2/2$, und formulieren Sie F als Potenzreihe in Δr. Zeigen Sie, daß sich F ergibt zu

$$F = -C \Delta r + B (\Delta r)^2 + \dots,$$

wobei gilt

$$C = \alpha \frac{1}{4\pi\varepsilon_0} \frac{(n-1) e^2}{r_0^3}$$

und

$$B = \alpha \frac{1}{4\pi\varepsilon_0} \frac{(n^2 + 3n - 4) e^2}{2r_0^4}.$$

43. Die Größe C in Aufgabe 42 ist die Kraftkonstante einer „Feder", die aus einer Kette von abwechselnd positiven und negativen Ionen besteht. Wenn diese Ionen etwas aus ihrem Gleichgewichtsabstand r_0 ausgelenkt werden, schwingen sie mit der Frequenz

$$\nu = \frac{1}{2\pi} \sqrt{\frac{C}{m}}.$$

a) Verwenden Sie die Werte für α, n und r_0 von NaCl sowie die reduzierte Masse des NaCl-Moleküls, um die Schwingungsfrequenz zu berechnen. b) Berechnen Sie die Wellenlänge der dieser Frequenz entsprechenden elektromagnetischen Strahlung. Vergleichen Sie Ihr Ergebnis mit der charakteristischen Infrarot-Absorptionsbande des NaCl, die bei etwa $\lambda = 61$ µm liegt.

44. Der Ausdruck $B(\Delta r)^2$ in Aufgabe 42 ist mit dem thermischen Ausdehnungskoeffizienten eines Festkörpers verknüpft. Die zeitlich gemittelte Kraft muß null sein, da es, gemittelt über die Zeit, keine Nettobeschleunigung gibt. Es gilt:

$$\langle \Delta r \rangle = \frac{B}{C} \langle (\Delta r)^2 \rangle \,.$$

a) Verwenden Sie die Gleichverteilungs-Bedingung

$$\frac{1}{2} C \langle (\Delta r)^2 \rangle = \frac{1}{2} k_B T \,,$$

und zeigen Sie, daß $\langle \Delta r \rangle = (k_B B / C^2) T$ ist, wobei k_B die Boltzmann-Konstante ist. b) Bestimmen Sie den Koeffizienten der thermischen Ausdehnung $k_B B / C^2 r_0^2$ für NaCl und vergleichen Sie das Ergebnis mit dem gemessenen Wert ($4 \cdot 10^{-6}$/K).

45. Betrachten Sie ein Modell für ein Metall, in dem das Gitter aus positiven Ionen als Behälter für ein klassisches Elektronengas mit n Elektronen pro Volumeneinheit betrachtet wird. Im Gleichgewicht ist dabei die mittlere Elektronengeschwindigkeit null, und bei Anlegen eines elektrischen Feldes E werden die Elektronen auf die Driftgeschwindigkeit v beschleunigt. Mit der Relaxationszeit τ aufgrund der Elektron-Gitter-Stöße der Elektronenmasse m lautet die Bewegungsgleichung der Elektronen

$$m \frac{dv}{dt} + \frac{m}{\tau} v = -eE \,.$$

a) Lösen Sie die Gleichung für die Driftgeschwindigkeit in der Richtung des angelegten elektrischen Feldes.
b) Verifizieren Sie das Ohmsche Gesetz, und berechnen Sie den spezifischen Widerstand in Abhängigkeit von n, e, m und der Relaxationszeit τ.

Kernphysik

40

Den ersten Hinweis auf die Existenz von Atomkernen lieferte die 1896 von Henri Becquerel entdeckte Radioaktivität. Nach diesem aufsehenerregenden Ereignis begann man in den Folgejahren mit einer systematischen und intensiven Untersuchung der bei radioaktiven Zerfällen emittierten Strahlung. Ernest Rutherford war der erste, der diese Strahlung in drei verschiedenen Klassen einteilte, und zwar in α-, β- und γ-Strahlung. Als Unterscheidungsmerkmal verwendete er die Fähigkeit der Strahlung, Materie zu durchdringen und Luft zu ionisieren: α-Strahlung besitzt die geringste Eindringtiefe in Materie und das größte Ionisationsvermögen, γ-Strahlung das größte Durchdringungsvermögen und die geringste Ionisationswirkung. Erst später gelang der Nachweis, daß es sich bei der α-Strahlung um Heliumkerne, bei β-Strahlung um Elektronen bzw. Positronen und bei γ-Strahlung um hochenergetische Photonen handelt.

Die Streuexperimente mit α-Teilchen von H. W. Geiger und E. Marsden im Jahr 1911 und der Erfolg des Bohrschen Atommodells führten schließlich zu dem modernen Atombild. Danach besteht ein Atom aus einem kleinen, massiven Kern mit einem Radius in der Größenordnung von 1 bis 10 fm (1 fm = 10^{-15} m) und einer Elektronenwolke, die den Kern in einem relativ großen Abstand von etwa 0,1 nm = 100000 fm umgibt.

Im Jahr 1919 war es wiederum Rutherford, der die ersten künstlichen Kernzerfälle beobachtete. Er konnte beim Beschuß von Stickstoffkernen mit α-Teilchen die Emission von Protonen nachweisen. In den darauffolgenden Jahren wurden derartige Experimente auch an vielen anderen Elementen durchgeführt.

Das Jahr 1932 brachte die Entdeckung zweier neuer bedeutender Teilchen: J. Chadwick fand das Neutron und C. Anderson das Positron. J. D. Cockcroft und E. T. S. Walton gelang im selben Jahr die erste Kernreaktion mit künstlich beschleunigten Teilchen. Erst mit der Entdeckung des Neutrons wurde ein Verständnis der Kernstruktur möglich. Die Entwicklung geeigneter Teilchenbeschleuniger führte schließlich zur Unabhängigkeit von natürlichen Teilchenquellen mit vorgegebenem Strahlungstyp und vorgegebener Energie und ermöglichte viele neue Experimente.

Wir werden in diesem Kapitel zunächst einige grundlegende Merkmale von Atomkernen betrachten und die wichtigsten Eigenschaften der Radioaktivität untersuchen. Danach behandeln wir Kernreaktionen, insbesondere die Kernspaltung und -fusion. Zum Abschluß untersuchen wir die Wechselwirkung verschiedener Teilchen mit Materie und die Auswirkungen von Strahlung auf den menschlichen Körper.

40.1 Eigenschaften der Kerne

Atomkerne bestehen aus nur zwei Arten von Teilchen annähernd gleicher Masse: dem Proton, das die Ladung $+e$ trägt, und dem nur 0,14 Prozent schwereren, ungeladenen Neutron. Die beiden Teilchen werden deshalb zusammenfassend als **Nukleonen** bezeichnet. Die Anzahl Z von Protonen in einem Kern heißt **Ordnungszahl** oder Kernladungszahl. Für ein nicht ionisiertes Atom ist Z somit auch gleich der Anzahl der Elektronen in der Atomhülle. Die Anzahl N der Neutronen im Kern ist für leichte Kerne etwa gleich, für schwerere Kerne etwas größer als die Ordnungszahl Z. Die Summe $A = Z + N$ aus Ordnungszahl und Neutronenzahl nennt man **Massenzahl** eines Kerns. Durch Kombination einer bestimmten Anzahl von Protonen und Neutronen erhält man verschiedene Arten von Kernen, die man als **Nuklide** bezeichnet. Sie werden dadurch gekennzeichnet, daß dem Elementsymbol (z. B. He) die Massenzahl A im Exponenten und häufig zusätzlich die Ordnungszahl Z im Index vorangestellt werden: $^{A}_{Z}X$. (Hier steht X für das Elementsymbol.) Nuklide gleicher Ordnungs- und verschiedener Massenzahl heißen **Isotope**. Manche Elemente treten in nur einem, andere in bis zu sechs verschiedenen stabilen Isotopen auf. Das leichteste Element, der Wasserstoff, kommt z. B. in drei Isotopen vor: dem normalen Wasserstoff (^{1}H), der aus einem einzelnen Proton besteht, dem Deuterium (^{2}H oder auch D) und dem Tritium (^{3}H oder auch T). Das am häufigsten auftretende Isotop des Heliums ist das ^{4}He. Der Kern des ^{4}He-Atoms wird auch α-Teilchen genannt. Ein weiteres Heliumisotop ist das ^{3}He. Obwohl sich die Isotope in ihrer Masse deutlich unterscheiden, besitzen sie alle annähernd dieselben chemischen Eigenschaften, da sie jeweils die gleiche Anzahl an Hüllenelektronen besitzen.

Innerhalb des Kerns übt ein Nukleon eine starke anziehende Kraft auf seine nächsten Nachbarn aus. Diese Kraft heißt **starke Kernkraft** oder **hadronische Kraft** und wird oft auch als starke Wechselwirkung bezeichnet. Sie ist um ein Vielfaches stärker als die elektrostatische Abstoßung zwischen den Protonen und die Gravitationskraft zwischen den Nukleonen. Letztere ist so schwach, daß sie in der Kernphysik stets vernachlässigt werden kann. Die starke Kernkraft ist zwischen zwei Protonen, einem Proton und einem Neutron bzw. zwei Neutronen ungefähr gleich. Zwei Protonen unterliegen jedoch zusätzlich der elektrostatischen Abstoßung, so daß die Anziehung etwas vermindert wird. Die starke Kernkraft fällt rasch mit dem Abstand zwischen den Nukleonen ab und wird innerhalb einiger Femtometer vernachlässigbar. Die starke Kernkraft besitzt also eine verblüffende Eigenschaft, die es weder bei der Gravitation noch bei der elektromagnetischen Wechselwirkung gibt: Sie ist extrem kurzreichweitig und außerhalb des Atomkerns nicht mehr wirksam.

Größe und Form der Kerne

Die Größe, die Form und die innere Struktur von Kernen lassen sich durch Streuexperimente mit hochenergetischen Teilchen untersuchen. Verwendet man Elektronen als Streuteilchen, so erhält man Aufschluß über die Ladungsverteilung, d.h. die Verteilung der Protonen im Kern. Niederenergetische, also langsame Elektronen werden an der Elektronenhülle gestreut und nur die hochenergetischen, also die schnellen Elektronen am Atomkern. Benutzt man Neutronen, so läßt sich der Wirkungsbereich der starken Kernkraft bestimmen. Eine große Anzahl verschiedener Streuexperimente führte zu dem Ergebnis, daß Kerne in guter Näherung sphärische Objekte mit einem näherungsweise durch

$$R = R_0 A^{1/3} \qquad 40.1$$

gegebenen Radius sind, wobei R_0 etwa 1,5 fm beträgt und A die Massenzahl ist. Aus einem zu $A^{1/3}$ proportionalen Kernradius folgt ein zu A proportionales Volumen des Kerns. Da aber auch die Kernmasse etwa linear mit A ansteigt, ist die Nukleonendichte im Kern für alle Kerne etwa gleich. In dieser Hinsicht besitzt der Atomkern ähnliche Eigenschaften wie ein Flüssigkeitströpfchen, dessen Massendichte ebenfalls unabhängig von seinem Radius ist. Auf dieser Analogie basiert das sog. Tröpfchenmodell des Kerns, das einige wichtige Kerneigenschaften zu erklären vermag. Wir werden auf diese Analogie bei der Behandlung der Bindungsenergie der Kerne noch genauer eingehen.

Neutronen- und Ladungszahl

In Abbildung 40.1 ist für die bekannten stabilen Kerne die Neutronenzahl N gegen die Ordnungszahl Z aufgetragen. Für kleine Werte von Z gilt $N \approx Z$, für große Z dagegen $N > Z$. Offensichtlich wird für leichte Kerne eine maximale Stabilität erreicht, wenn die Anzahl an Protonen und Neutronen etwa gleich ist. Bei schwereren Kernen führt die elektrostatische Abstoßung der Protonen dazu, daß die Kerne an Stabilität gewinnen, wenn die Anzahl der Neutronen größer als die der Protonen ist. Wir können diesen Sachverhalt verstehen, wenn wir die Protonen und Neutronen in einem (in unserer Betrachtung der Einfachheit halber eindimensionalen) Kastenpotential anordnen. Abbildung 40.2 zeigt die von acht Neutronen bzw. von vier Neutronen und vier Protonen besetzten Energieniveaus in einem solchen Potential. Aufgrund des Pauli-Prinzips können nur jeweils zwei identische Teilchen (mit entgegengesetztem Spin) ein Energieniveau besetzen.

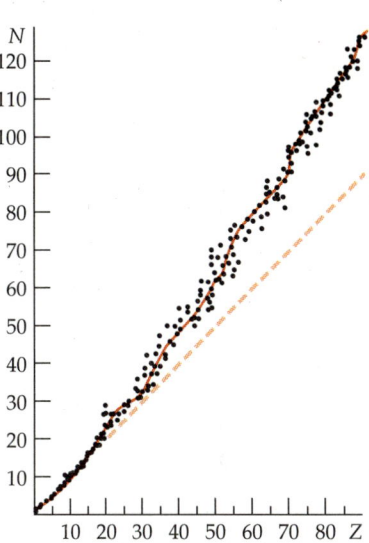

40.1 Auftragung der Neutronenzahl N gegen die Kernladungszahl Z für stabile Nuklide. Auf der gestrichelten Linie gilt $N = Z$.

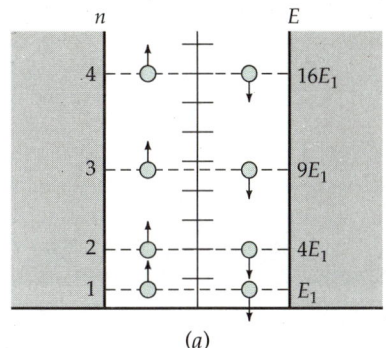
(a)

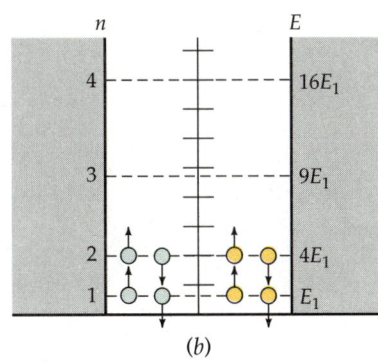
(b)

40.2 a) Acht Neutronen in einem eindimensionalen Kastenpotential. Aufgrund des Pauli-Prinzips können nur je zwei Neutronen (mit entgegengesetztem Spin) ein bestimmtes Energieniveau besetzen. b) Vier Neutronen und vier Protonen im selben Kastenpotential. Da Protonen und Neutronen keine identischen Teilchen sind, können sich jeweils zwei Protonen und zwei Neutronen in einem Energieniveau befinden. Die Gesamtenergie der Teilchen ist deutlich niedriger als in a).

Da Protonen und Neutronen verschiedene Teilchen sind, können sich jeweils zwei Protonen und zwei Neutronen in einem Energieniveau befinden. Die Gesamtenergie ist damit für vier Neutronen und vier Protonen deutlich geringer (Abbildung 40.2b) als für acht Neutronen bzw. Protonen (Abbildung 40.2a). Die Berücksichtigung der elektrostatischen Abstoßung zwischen den Protonen bzw. des entsprechenden Coulomb-Potentials führt zu einer Änderung dieses Ergebnisses. Da das Coulomb-Potential proportional zu Z^2 ist, wird für große Z die Gesamtenergie durch Hinzufügen von zwei Neutronen nicht so stark anwachsen wie durch Hinzufügen von zwei Protonen. Die Folge ist, daß für große Ordnungszahlen Kerne mit $N > Z$ stabiler sind als Kerne mit $N = Z$.

40 Kernphysik

Masse und Bindungsenergie

Wir haben schon bei der Behandlung der Energie in der speziellen Relativitätstheorie im Abschnitt 34.10 gesehen, daß die Masse eines Kerns nicht gleich der Summe der Massen seiner Bestandteile ist. Wenn zwei oder mehrere Nukleonen einen stabilen Kern bilden, nimmt die gesamte Ruhemasse ab, und Energie wird frei. Umgekehrt muß Energie aufgewendet werden, um einen Kern in seine Bestandteile zu zerlegen. Die Energiedifferenz zwischen der Ruheenergie eines Kerns und der seiner einzelnen Bestandteile ist die gesamte **Bindungsenergie** des Kerns. Sie ist gleich der Massendifferenz multipliziert mit c^2, dem Quadrat der Lichtgeschwindigkeit.

Atom- und Kernmassen werden oft in der atomaren Masseneinheit u angegeben, die als ein Zwölftel der Masse des neutralen ^{12}C-Atoms definiert ist (siehe Abschnitt 38.3). Die einer atomaren Masseneinheit entsprechende Ruheenergie ist

$$(1 \text{ u}) \, c^2 = 931{,}5 \text{ MeV} \, . \qquad 40.2$$

Wir betrachten im folgenden einen ^{4}He-Kern, der aus zwei Protonen und zwei Neutronen besteht. Die Masse eines ^{4}He-Atoms läßt sich mit einem Massenspektrometer sehr genau zu 4,002 602 u bestimmen, wobei ein gewisser Anteil der Masse der Hüllenelektronen zuzuschreiben ist. Die Masse eines ^{1}H-Atoms beträgt 1,007 825 u und die des Neutrons 1,008 665 u. Die Summe der Massen zweier Neutronen und zweier ^{1}H-Atome ist gleich 4,032 980 u. Dieser Wert übertrifft die Masse des ^{4}He-Atoms um 0,030 377 u. (Indem wir zwei ^{1}H-Atome an Stelle zweier Protonen verwendet haben, sind die Massen der beiden Hüllenelektronen des ^{4}He-Atoms bereits berücksichtigt. Dieses Verfahren ist zweckmäßig, da meist die atomaren Massen, nicht aber die Kernmassen tabelliert sind.) Aus der Massendifferenz ergibt sich die Bindungsenergie des ^{4}He-Kerns durch Multiplikation mit c^2:

$$(0{,}030\,377 \text{ u}) \, c^2 = (0{,}030\,377 \text{ u}) \, c^2 \, \frac{931{,}5 \text{ MeV}}{(1 \text{ u}) \, c^2} = 28{,}30 \text{ MeV} \, ,$$

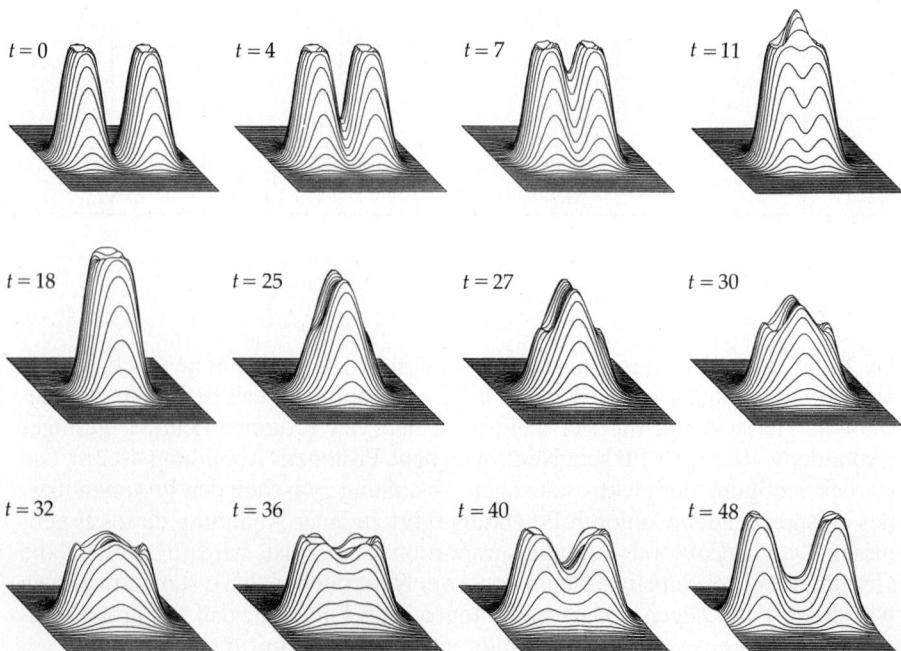

Computersimulation des Stoßes zwischen zwei Kohlenstoff-12-Kernen. Der einfallende Kohlenstoffkern hat eine kinetische Energie von 768 MeV, die gleichmäßig auf die zwölf Nukleonen verteilt ist. Die Grundfläche eines jeden Teilbildes entspricht einer Stoßquerschnittsfläche mit einer Kantenlänge von 18 fm. In senkrechter Richtung ist die Dichte der Kerne (Zahl der Nukleonen pro Volumen) wiedergegeben. Die Höhe der Berge bei $t = 0$ entspricht einer Dichte von $1{,}5 \cdot 10^{11}$ Nukleonen/fm^3. Die Zeiteinheit ist $3{,}3 \cdot 10^{-24}$ s. Die zusammenstoßenden Kohlenstoffkerne gehen für eine kurze Zeit eine Bindung ein, bevor sie sich wieder trennen. Ein Teil der kinetischen Energie des einfallenden Kerns wird beim Stoß in Anregungsenergie der Kerne umgesetzt. (Mit freundlicher Genehmigung von Ronald Y. Cusson)

wobei wir (40.2) benutzt haben. Die Bindungsenergie des ^{4}He beträgt also 28,3 MeV. Im allgemeinen läßt sich die Bindungsenergie E_B eines Kerns der atomaren Masse M_A, der Z Protonen und N Neutronen enthält, nach der Formel

$$E_B = (Zm_H + Nm_n - M_A) c^2 \qquad 40.3$$

berechnen. Darin ist m_H die Masse eines ^{1}H-Atoms und m_n die Masse eines Neutrons. Auch diese Formel ist in Atommassen, nicht in Kernmassen geschrieben. Die Masse der Z Elektronen im Term Zm_H wird durch die Masse von Z Elektronen im Term M_A kompensiert. In Tabelle 40.1 sind die Atommassen einiger ausgewählter Isotope aufgelistet.

Tabelle 40.1 Atommassen von einigen ausgewählten Isotopen

Element	Symbol	Ordnungszahl Z	Atomare Masse / u
Neutron	n	0	1,008665
Wasserstoff	^{1}H	1	1,007825
Deuterium	^{2}H oder D	1	2,014102
Tritium	^{3}H oder T	1	3,016050
Helium	^{3}He	2	3,016030
	^{4}He	2	4,002603
Lithium	^{6}Li	3	6,015125
Bor	^{10}B	5	10,012939
Kohlenstoff	^{12}C	6	12,000000
	^{14}C	6	14,003242
Sauerstoff	^{16}O	8	15,994915
Natrium	^{23}Na	11	22,989771
Kalium	^{39}Ka	19	38,963710
Eisen	^{56}Fe	26	55,939395
Kupfer	^{63}Cu	29	62,929592
Silber	^{107}Ag	47	106,905094
Gold	^{197}Au	79	196,966541
Blei	^{208}Pb	82	207,976650
Polonium	^{212}Po	84	211,989629
Radon	^{222}Rn	86	222,017531
Radium	^{226}Ra	88	226,025360
Uran	^{238}U	92	238,048608
Plutonium	^{242}Pu	94	242,058725

Beispiel 40.1

Berechnen Sie die Bindungsenergie des zweiten Neutrons in einem ^{4}He-Kern.

Aus Tabelle 40.1 entnehmen wir die Atommasse des ^{4}He zu 4,002603 u und die des ^{3}He zu 3,016030 u. Die Summe aus der Atommasse des ^{3}He und der Masse des Neutrons ist 3,01603 u + 1,00866 u = 4,02469 u. Dies ist um 0,02209 u größer als die Atommasse des ^{4}He. Die Bindungsenergie des zweiten Neutrons beträgt daher

$$(\Delta m) c^2 = (0{,}02209 \text{ u}) c^2 \frac{931{,}5 \text{ MeV}}{(1 \text{ u}) c^2} = 20{,}58 \text{ MeV}.$$

In Abbildung 40.3 ist die Bindungsenergie pro Nukleon E_B/A gegen die Massenzahl A aufgetragen. Der Mittelwert von E_B/A liegt bei 8,03 MeV. Der relativ flache Verlauf der Kurve im Bereich $A > 50$ bedeutet, daß die Bindungsenergie

40.3 Die Bindungsenergie pro Nukleon in Abhängigkeit von der Massenzahl A. Im Bereich $A > 50$ verläuft die Kurve relativ flach, die Bindungsenergie ist also etwa proportional zur Massenzahl.

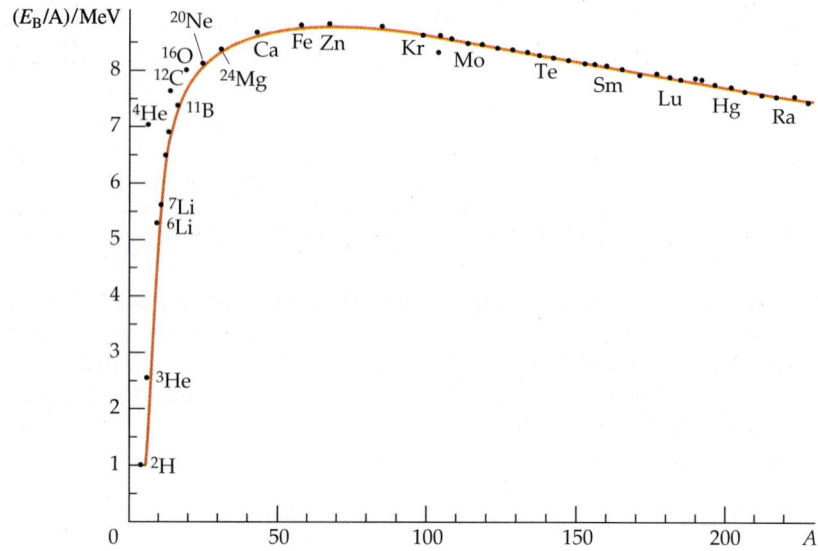

E_B ungefähr proportional zur Anzahl A der Nukleonen im Kern ist. Nehmen wir einmal an, daß jedes Nukleon mit jedem anderen Nukleon eines Kerns eine Bindung eingeht. Für jedes Nukleon liegen dann $(A-1)$ Bindungen vor, für alle Nukleonen zusammen daher $\frac{1}{2} A\,(A-1)$ Bindungen. (Der Faktor $\frac{1}{2}$ berücksichtigt, daß jede Bindung nur einmal gezählt werden darf.) Die gesamte Bindungsenergie sollte demnach proportional zu $A\,(A-1)$ sein, und E_B/A wäre nicht konstant. Die starke Kernkraft muß also einer Art Sättigungseffekt unterliegen. Darunter verstehen wir, daß in einem aus vielen Nukleonen bestehenden Kern jedes einzelne Nukleon nur mit einer maximalen Anzahl benachbarter Nukleonen eine Bindung eingehen kann. Der Sättigungscharakter der starken Kernkraft führt zu einer konstanten Nukleonendichte im Kern in Übereinstimmung mit den schon erwähnten Streuexperimenten. Der steile Anstieg der Bindungsenergie für kleine Massenzahlen A spiegelt die Tatsache wider, daß für Kerne mit wenigen Nukleonen – also für kleine A – die Anzahl der möglichen Bindungspartner für ein Nukleon noch stark zunehmen kann, da der Kern eine entsprechend geringe Ausdehnung besitzt. Der allmähliche Abfall von E_B/A für große Massenzahlen rührt von der Coulomb-Abstoßung der Protonen her, die mit Z^2 anwächst und die Bindungsenergie mindert. Für $A > 260$ wird die Coulomb-Abstoßung so groß, daß die Kerne instabil werden und spontan zerplatzen.

Aufgrund der großen Stärke der Kernkräfte benötigt man viel Energie, um ein Nukleon aus dem Atomkern zu lösen. Sobald es aber nur wenige 10 Femtometer vom Kern entfernt ist, spürt es die anziehende Kernkraft nicht mehr. Ein analoges Phänomen beobachtet man bei einem Flüssigkeitstropfen, aus dem Moleküle abgedampft werden; der Hauptunterschied zwischen den Kernkräften und den Molekularkräften bezieht sich lediglich auf Betrag und Reichweite. Wie die Flüssigkeit hat die Kernmaterie eine nahezu konstante Dichte (dies trifft zumindest auf schwere Kerne zu), und die Oberflächenenergie wächst in beiden Fällen mit der Zahl der Teilchen (Moleküle, Nukleonen) an. Im Jahr 1935 verwendete Carl Friedrich von Weizsäcker diese Analogie, um eine Gleichung für die Bindungsenergie in Abhängigkeit von der Kernladungszahl Z und der Massenzahl A zu formulieren:

$$E_B = E_{Vol} + E_{Ob} + E_{Cb} + E_S + E_\delta$$
$$E_B = [a_1 A - a_2 A^{2/3} - a_3 Z(Z-1)\,A^{-1/3} - a_4\,(A-2Z)^2 A^{-1} \pm a_5 A^{-1}]\,c^2.$$

40.4

Der erste und wichtigste Term dieser Gleichung, die Volumenenergie, beruht auf der wechselseitigen Anziehung der Nukleonen und steigt mit der Massenzahl A an. Diese lineare Zunahme gilt aber nur für die Nukleonen im Kerninnern. An der Kernoberfläche besitzen die Nukleonen eine geringere Anzahl nächster Nachbarn, daher ist deren Bindungsenergie vermindert. Die Korrektur durch diesen Oberflächeneffekt wird im zweiten Term, der Oberflächenenergie, berücksichtigt. Die Oberfläche ist proportional zum Quadrat des Kernradius R und damit nach (40.1) proportional zu $A^{2/3}$. Die Coulomb-Energie, im dritten Term berücksichtigt, führt zu einer Verminderung der Bindungsenergie durch die elektrostatische Abstoßung der Protonen. Diese ist proportional zu $Z(Z-1)/R$, also zu $Z(Z-1)A^{-1/3}$. Der vierte Term besitzt keine Analogie zum Modell eines Flüssigkeitstropfens, sondern ist die schon besprochene quantenmechanische Korrektur aufgrund des Pauli-Prinzips. Dieser sog. Antisymmetrieterm ist abhängig vom Neutronenüberschuß: Für $N = Z$ ist er gleich null, für den Fall eines Neutronenüberschusses $N > Z$ beschreibt er die damit verbundene Verminderung der Bindungsenergie (vgl. Abbildung 40.2). Der letzte Term berücksichtigt schließlich die Möglichkeit, daß sich Nukleonen im Kern zu Paaren zusammenschließen können. Kerne mit einer geraden Protonen- und einer geraden Neutronenzahl sind besonders stabil, solche mit ungerader Protonen- und ungerader Neutronenzahl besonders instabil. Daher ist dieser Energiebeitrag positiv, falls Z und N beide gerade sind, und negativ, falls beide ungerade sind, ansonsten null. Die Vorfaktoren a_1 bis a_5 in (40.4) müssen empirisch bestimmt werden. Aus zahlreichen Messungen von Atommassen ergibt sich:

$$a_1 c^2 = 15{,}7 \text{ MeV}$$

$$a_2 c^2 = 17{,}8 \text{ MeV}$$

$$a_3 c^2 = 0{,}712 \text{ MeV}$$

$$a_4 c^2 = 23{,}6 \text{ MeV}$$

$$a_5 c^2 = 132 \text{ MeV oder } 0\,.$$

Aus (40.4) folgt für die Masse eines Kerns:

$$\begin{aligned}M_A &= Z m_\text{H} + (A-Z) m_\text{n} - E_B \\ &= Z m_\text{H} + (A-Z) m_\text{n} - [a_1 A - a_2 A^{2/3} - a_3 Z(Z-1) A^{-1/3} - a_4 (A-2Z)^2 A^{-1} \pm a_5 A^{-1}] c^2.\end{aligned} \quad 40.5$$

Halbempirische Massenformel

Oberhalb von $A > 40$ gibt (40.5) die Masse eines Kerns mit etwa 1% Genauigkeit wieder, was für ein solch einfaches Modell sehr erstaunlich ist.

Spin und magnetisches Moment

Der Drehimpuls eines Kerns ergibt sich aus den Spins der einzelnen Nukleonen und aus ihren Bahndrehimpulsen. Die Spinquantenzahl des Protons und des Neutrons ist dabei gleich $\frac{1}{2}$. Der resultierende Drehimpuls wird oft als **Kernspin I** bezeichnet, obwohl nicht nur der Spin, sondern auch die Bahndrehimpulse der Nukleonen zu I beitragen. Für Kerne mit gerader Protonenanzahl und gerader Neutronenanzahl ist der Kernspin gleich null. Die Nukleonen schließen sich demnach in Paaren zusammen, so daß sich ihre Drehimpulse zu null addieren.

Im Abschnitt 37.3 haben wir gesehen, daß das magnetische Moment eines Elektrons aufgrund seines Bahndrehimpulses in der Größenordnung des Bohrschen Magnetons $\mu_B = e\hbar/2m_e$ liegt. Sein magnetisches Moment aufgrund des Spins ist nach der sogenannten Dirac-Gleichung (vgl. Abschnitt 41.2) gleich μ_B, nicht aber $\mu_B/2$, wie von der klassischen Physik vorhergesagt.

Das magnetische Moment eines Kerns liegt in der Größenordnung des **Kernmagnetons**

$$\mu_N = \frac{e\hbar}{2m_p} = 5{,}05 \cdot 10^{-27} \text{ J/T} = 3{,}15 \cdot 10^{-8} \text{ eV/T}, \qquad 40.6$$

wobei m_p die Masse des Protons ist. Nehmen wir einmal an, daß die Dirac-Gleichung nicht nur für das Elektron, sondern auch für Protonen und Neutronen gilt. Dann sollte das magnetische Moment, das die drei Teilchen aufgrund ihres Spins haben (genauer: die z-Komponente dieses magnetischen Moments), den Wert 1 annehmen für Protonen und 0 für die (ungeladenen) Neutronen. Die experimentell bestimmten Werte lauten jedoch

$$(\mu_z)_{\text{Proton}} = +2{,}7928\, \mu_N \qquad 40.7$$

für das Proton und

$$(\mu_z)_{\text{Neutron}} = -1{,}9135\, \mu_N \qquad 40.8$$

für das Neutron. Das magnetische Moment des Neutrons besitzt ein negatives Vorzeichen für die z-Komponente, d.h., die Richtung des magnetischen Moments ist dem Spin entgegengesetzt. Beim Proton zeigen Spin und die z-Komponente des magnetischen Momentes in die gleiche Richtung. Bei beiden Nukleonen liegen die Abweichungen zwischen gemessenem magnetischen Moment und dem vorhergesagten Wert in ähnlicher Größenordnung, und zwar bei 1,91 μ_N für das Neutron und 2,79 μ_N für das Proton. Erklären läßt sich diese Abweichung durch den komplexen inneren Aufbau von Proton und Neutron. Sie sind keine Punktteilchen wie das Elektron, sondern aus elementaren Teilchen, den sog. **Quarks**, aufgebaut. Wir werden darauf im Kapitel 41 noch ausführlicher zu sprechen kommen.

Frage

1. Inwiefern unterscheidet sich die starke Kernkraft von der elektromagnetischen Kraft?

40.2 Kernspinresonanz

Im Abschnitt 37.5 haben wir gesehen, daß die Energieniveaus eines Atoms in einem äußeren magnetischen Feld aufgespalten werden (Zeeman-Effekt), und zwar aufgrund der Wechselwirkung des atomaren magnetischen Moments mit dem Magnetfeld. Da Kerne ebenfalls ein magnetisches Moment besitzen, tritt auch hier eine Energieaufspaltung in einem äußeren Magnetfeld ein. Wir betrachten zunächst den einfachst möglichen Fall, den Kern eines ^{1}H-Atoms, der aus einem einzelnen Proton besteht.

Die potentielle Energie eines magnetischen Moments μ in einem äußeren magnetischen Feld B ist durch (27.13) gegeben:

$$V = -\boldsymbol{\mu} \cdot \boldsymbol{B}. \qquad 40.9$$

Sie ist minimal, wenn das magnetische Moment in Richtung des Magnetfelds zeigt, und maximal, wenn es entgegengesetzt gerichtet ist. Da die Spinquantenzahl des Protons $\frac{1}{2}$ ist, besitzt das magnetische Moment des Protons gerade zwei mögliche Ausrichtungen: parallel und antiparallel zum Magnetfeld (siehe Abbildung 40.4). Die damit verbundene Energiedifferenz beträgt

$$\Delta E = 2 (\mu_z)_p B . \qquad 40.10$$

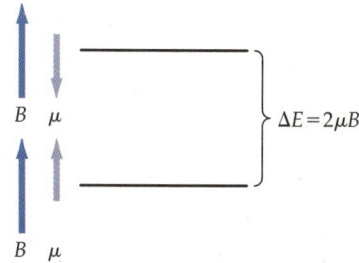

40.4 Ein Proton besitzt in einem äußeren Magnetfeld zwei mögliche Energiezustände, je nachdem, ob sein magnetisches Moment parallel oder antiparallel zum Magnetfeld ausgerichtet ist.

Werden Wasserstoffatome, die sich in einem äußeren Magnetfeld befinden, mit Photonen der Energie ΔE bestrahlt, so können Kerne durch Absorption dieser Photonen von dem niedrigeren Niveau in das höhere Niveau übergehen. Dieses Umklappen der Spins tritt auch bei komplexeren Kernen auf und heißt **Kernspinresonanz** (engl. *Nuclear Magnetic Resonance*, NMR). Nach einer Weile gehen die angeregten Zustände unter Emission eines Photons der Energie ΔE in den energetisch niedrigeren Zustand über. Die Frequenz der Photonen ergibt sich aus

$$h\nu = \Delta E = 2 (\mu_z)_p B .$$

In einem Magnetfeld der Stärke 1 T beträgt die Energiedifferenz

$$\begin{aligned}\Delta E &= 2(\mu_z)_p B \\ &= 2 \cdot 2{,}79 \, \mu_N \cdot \left(\frac{3{,}15 \cdot 10^{-8} \text{ eV/T}}{1 \, \mu_N} \right) \cdot 1 \text{ T} \\ &= 1{,}76 \cdot 10^{-7} \text{ eV} .\end{aligned}$$

Die entsprechende Frequenz der Photonen liegt bei

$$\nu = \frac{\Delta E}{h} = \frac{1{,}76 \cdot 10^{-7} \text{ eV}}{4{,}14 \cdot 10^{-15} \text{ eV s}} = 4{,}25 \cdot 10^7 \text{ Hz} = 42{,}5 \text{ MHz} ,$$

d. h. im Bereich der Radiowellen des elektromagnetischen Spektrums. Durch eine Messung dieser Frequenz für freie Protonen (z. B. in einem Atomstrahl) läßt sich das magnetische Moment des Protons bestimmen.

Ist ein Wasserstoffatom in einem Molekül gebunden, so ist das auf seinen Kern wirkende magnetische Feld aus zwei Anteilen zusammengesetzt. Auf ihn wirkt nicht nur das von außen angelegte magnetische Feld, sondern auch ein lokales inneres Feld, das von den Atomen und Kernen in seiner nächsten Umgebung herrührt und zu einer Abschirmung des äußeren Feldes führt. Da die Resonanzfrequenz proportional zu dem am Kernort wirksamen Magnetfeld ist, kann ihre Messung Aufschluß über das lokale Magnetfeld am Kernort geben und damit auch auf die chemische Umgebung, in der sich das Proton befindet.

Die Kernspinresonanz ist als bildgebendes Verfahren aus der medizinischen Diagnostik nicht mehr wegzudenken. Im Gegensatz zur Röntgenstrahlung ermöglicht die Kernspinresonanz die Abbildung von Gewebe, also von wasserhaltiger Substanz. Bei einer Kernspintomographie-Untersuchung befindet sich der Patient in einem starken homogenen Magnetfeld, dem ein inhomogenes Magnetfeld überlagert wird. Auch hier nutzt man (wie bei der oben beschriebenen Kernspinspektroskopie) aus, daß die von einem Sender emittierten Radiowellen bei der Resonanzfrequenz zu einem Umklappen der im Magnetfeld ausgerichteten Spins führt. Man erhält jetzt aber neben der Information über die chemische Umgebung der Wasserstoffkerne auch eine Ortsinformation: Das überlagerte inhomogene Magnetfeld besitzt eine solche Form, daß jedem Volumenelement des Gewebes eindeutig eine bestimmte Resonanzfrequenz zugeordnet werden kann. Die Amplituden der gemessenen Absorptionssignale sind proportional zur

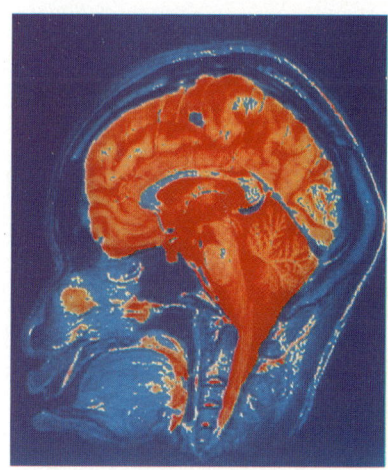

NMR-Tomographie-Bild eines menschlichen Kopfes. Die rot hervorgehobenen Gebiete zeigen Stellen mit hoher Wasserstoff-Kernspinkonzentration, in erster Linie das Gehirn. Das besondere an diesem Bild ist, daß es nicht einfach einem Schnitt durch den Kopf entspricht (2-D-Darstellung). Vielmehr konnten durch spezielle inhomogene Magnetfelder auch Tiefeninformationen erhalten und vom Computer aufbereitet werden. Das Ergebnis ist ein 3-D-Bild (zu erkennen an den hellen, weiter oben, und den dunklen, weiter unten liegenden Hirnwindungen). (Mit freundlicher Genehmigung der Bruker Medizintechnik GmbH, Rheinstetten).

40 Kernphysik

Spinkonzentration im jeweiligen Volumenelement. Im angeschlossenen Computer werden alle gemessenen Spindichten zu einem zwei- oder auch dreidimensionalen Bild zusammengesetzt. Da die Energie der Radiowellen sehr viel kleiner ist als die Energie der Molekülbindungen im Körper und nur sehr kleine Strahlungsintensitäten nötig sind, führt die Kernspinresonanztomographie – auch nach den bisher vorliegenden Erkenntnissen aus dem Einsatz in Kliniken – zu keiner Schädigung der Zellen.

40.3 Radioaktivität

Instabile Kerne nennt man radioaktiv, denn sie zerfallen unter Emission von Strahlung in andere, leichtere Kerne. Der Begriff „Strahlung" bezieht sich hierbei sowohl auf Teilchen wie Elektronen, Neutronen und α-Teilchen als auch auf elektromagnetische Strahlung. Die drei Arten radioaktiver Strahlung wurden α-Strahlung, β-Strahlung und γ-Strahlung genannt, bevor man wußte, daß es sich bei α-Teilchen um ^{4}He-Kerne, bei β-Teilchen um Elektronen (e$^-$) oder Positronen (e$^+$) und bei γ-Strahlung um harte, also energiereiche Photonen handelt.

Im Jahr 1900 entdeckte Rutherford, daß die pro Zeiteinheit von einer radioaktiven Substanz emittierte Strahlung nicht konstant ist, sondern exponentiell abnimmt. Diese exponentielle Abnahme mit der Zeit ist ein Charakteristikum der Radioaktivität und zeigt, daß der radioaktive Zerfall ein statistischer Prozeß ist. Da die Kerne voneinander durch die Atomhüllen sehr gut abgeschirmt werden, haben Druck- oder Temperaturänderungen kaum einen Einfluß auf die Kerneigenschaften, Zerfallsprozesse verlaufen daher nahezu ungestört.

Im folgenden leiten wir aus einer statistischen Betrachtung das exponentielle Zerfallsgesetz ab. Sei N die Anzahl radioaktiver Kerne zu einem Zeitpunkt t. Der Zerfall eines einzelnen Kerns ist ein statistischer Prozeß, also ein zufällig eintretendes Ereignis. Wir erwarten daher, daß die Anzahl der Kerne, die in einem Zeitintervall dt zerfallen, proportional zu N und dt ist. Für die Abnahme von N im Zeitintervall dt gilt daher

$$dN = -\lambda N \, dt , \qquad 40.11$$

wobei λ eine Porportionalitätskonstante, die sog. **Zerfallskonstante**, ist. Die Zerfallsrate dN/dt ist demnach proportional zu N. Dieser Zusammenhang ist für den exponentiellen Zerfall charakteristisch. Wir lösen die Differentialgleichung (40.11), indem wir durch N dividieren und damit die Variablen N und t separieren:

$$\frac{dN}{N} = -\lambda \, dt .$$

Die Integration liefert

$$\ln N = -\lambda t + C , \qquad 40.12$$

wobei C eine Integrationskonstante ist. Indem wir auf beiden Seiten die Exponentialfunktion anwenden, erhalten wir:

$$N = e^{-\lambda t + C} = e^C e^{-\lambda t}$$

$$N = N_0 e^{-\lambda t} . \qquad 40.13$$

$N_0 = e^C$ ist dabei die Anzahl der Kerne zum Zeitpunkt $t = 0$. Die Anzahl der pro Zeiteinheit zerfallenden Kerne heißt Zerfallsrate R:

$$R = -\frac{dN}{dt} = \lambda N = \lambda N_0 \, e^{-\lambda t} = R_0 \, e^{-\lambda t}. \qquad 40.14 \quad \textit{Zerfallsrate}$$

Darin ist

$$R_0 = \lambda N_0 \qquad 40.15$$

die Zerfallsrate zum Zeitpunkt $t = 0$.

Die **mittlere Lebensdauer** τ ist definiert als der Kehrwert der Zerfallskonstanten λ:

$$\tau = \frac{1}{\lambda}. \qquad 40.16$$

Die mittlere Lebensdauer ist mathematisch gesehen analog zu der Zeitkonstanten, mit der die elektrische Ladung auf einem Kondensator in einem RC-Schaltkreis (Abschnitt 23.3) abnimmt. Nach Ablauf der mittleren Lebensdauer hat sich die Anzahl der radioaktiven Kerne auf 37 Prozent des ursprünglichen Werts verringert. Von der mittleren Lebensdauer zu unterscheiden ist die **Halbwertszeit** $t_{1/2}$. Sie ist definiert als die Zeitspanne, innerhalb der die Anzahl der Kerne auf die Hälfte des ursprünglichen Werts gesunken ist. Setzen wir in (40.13) $t = t_{1/2}$ und $N = N_0/2$, so erhalten wir

$$\frac{N_0}{2} = N_0 \, e^{-\lambda t_{1/2}}, \qquad 40.17$$

woraus sich die Halbwertszeit zu

$$t_{1/2} = \frac{\ln 2}{\lambda} = \frac{0{,}693}{\lambda} = 0{,}693 \, \tau \qquad 40.18$$

ergibt. Die Halbwertszeiten von Kernen erstrecken sich über den weiten Bereich von einigen Mikrosekunden bis hin zu 10^{16} Jahren.

In Abbildung 40.5 ist die Anzahl N von Kernen gegen die Zeit t aufgetragen. Multiplizieren wir N mit der Zerfallskonstanten λ, so stellt Abbildung 40.5 auch den Verlauf der Zerfallsrate in Abhängigkeit von t dar.

Die SI-Einheit für den radioaktiven Zerfall ist das **Becquerel** (Bq), definiert als *ein* Zerfall pro Sekunde:

$$1 \, \text{Bq} = 1 \, \text{Zerfall/s}. \qquad 40.19$$

Eine historische Einheit der Radioaktivität ist das **Curie** (Ci), definiert als die Anzahl von Zerfällen pro Sekunde in einem Gramm Radium. Aufgrund des sehr großen Wertes wurde oft auch das Millicurie (mCi) und das Mikrocurie (μCi) verwendet. Zwischen dem Becquerel und dem Curie besteht der folgende Zusammenhang:

$$1 \, \text{Ci} = 3{,}7 \cdot 10^{10} \, \text{Zerfälle/s} = 3{,}7 \cdot 10^{10} \, \text{Bq}. \qquad 40.20$$

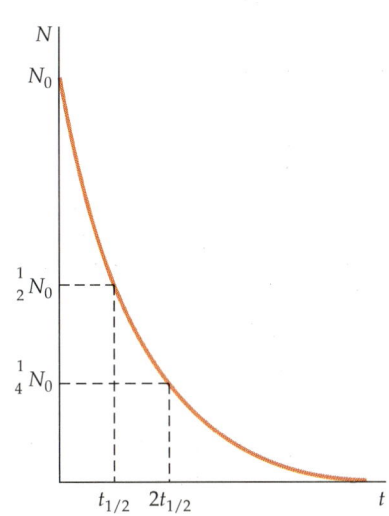

40.5 Der radioaktive Zerfall genügt einem Exponentialgesetz. Nach jeweils einer Halbwertszeit $t_{1/2}$ ist die Anzahl der noch nicht zerfallenen Kerne auf die Hälfte abgesunken. Die Zerfallsrate $R = \lambda N$ zeigt dieselbe Zeitabhängigkeit.

Der Beta-Zerfall

Der β-Zerfall tritt bei Kernen auf, die zu viele oder zu wenige Neutronen besitzen, um stabil zu sein. Beim β-Zerfall bleibt die Massenzahl A des Kerns unverändert, dagegen ändert sich die Ladungszahl Z um $+1$ beim β⁻-Zerfall oder um -1 beim β⁺-Zerfall. (β⁻ und β⁺ stehen synonym für e^- und e^+, also für Elektron und Positron.) Der einfachste β-Zerfall ist der eines freien instabilen Neutrons in ein Proton und ein Elektron mit einer Halbwertszeit von etwa 889 s. Die freiwerdende Energie läßt sich aus der Differenz der Ruhemassen des Neutrons und des Protons und Elektrons berechnen und beträgt 0,782 MeV.

Betrachtet man den β⁻-Zerfall aus einem allgemeineren Blickwinkel, dann gilt: Ein Kern mit der Massenzahl A und der Kernladungszahl Z geht in einen sog. Tochterkern der Massenzahl A und der Kernladungszahl $Z' = Z + 1$ über, wobei ein Elektron emittiert wird. Verteilt sich die beim Zerfall freiwerdende Energie auf den Tochterkern und das Elektron, so ist die Energie des Elektrons eindeutig durch die Energie- und Impulserhaltung bestimmt. Im Experiment beobachtet man jedoch eine Verteilung der Elektronenenergie, die von null bis zur maximal verfügbaren Energie reicht. Abbildung 40.6 zeigt ein typisches Energiespektrum für die bei einem β⁻-Zerfall emittierten Elektronen.

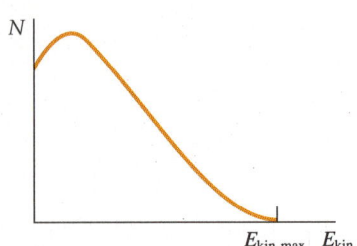

40.6 Die Anzahl der bei einem β-Zerfall emittierten Elektronen gegen ihre kinetische Energie. Da die Elektronen ein kontinuierliches Energiespektrum besitzen und keine einheitliche Energie $E_{kin,max}$, postulierte Wolfgang Pauli die Existenz eines neuen Teilchens, das beim β-Zerfall ebenfalls emittiert wird.

Um die offensichtliche Verletzung der Energieerhaltung im β-Zerfall zu vermeiden, postulierte Wolfgang Pauli im Jahr 1930 die Existenz eines neuen Teilchens, des sog. **Neutrinos**. Dieses Teilchen sollte beim β-Zerfall zusammen mit dem Elektron erzeugt werden und die Überschußenergie tragen. Die Ruhemasse des Neutrinos wurde als null angenommen, da die maximale kinetische Energie der Elektronen gleich der Energiedifferenz ist, die bei dem Zerfall maximal freigesetzt wird. Im Jahr 1948 zeigten Impulsmessungen des emittierten Elektrons und des zurückgestoßenen Kerns, daß das Neutrino auch für die Impulserhaltung benötigt wird. Im Jahr 1956 gelang schließlich der experimentelle Nachweis des Neutrinos (siehe auch den Essay zu Kapitel 7). Wie wir heute mit ziemlicher Sicherheit wissen, existieren drei verschiedene Arten von Neutrinos: das mit dem Elektron assoziierte Elektron-Neutrino ν_e, das mit dem Myon assoziierte Myon-Neutrino ν_μ sowie das mit dem Tauon-Lepton assoziierte Tauon-Neutrino ν_τ. Darüber hinaus besitzt jedes Neutrino jeweils ein eigenes Antiteilchen, die mit $\overline{\nu}_e$, $\overline{\nu}_\mu$ und $\overline{\nu}_\tau$ bezeichnet werden. Wir kommen auf die Neutrinos und ihre Antiteilchen im nächsten Kapitel zurück. Das im β⁻-Zerfall des Neutrons emittierte Neutrino ist das Elektron-Antineutrino $\overline{\nu}_e$. Die vollständige Reaktionsgleichung für diesen Zerfall lautet daher:

$$n \rightarrow p + \beta^- + \overline{\nu}_e \,. \qquad 40.21$$

(p steht für das positiv geladene Proton.) Für die Masse des Elektron-Neutrinos bzw. Elektron-Antineutrinos liegt die heutige obere Grenze bei dem $2 \cdot 10^{-5}$fachen der Elektronenmasse, ist also im Vergleich vernachlässigbar.

Im β⁺-Zerfall geht ein im Kern gebundenes Proton unter Emission eines Positrons und eines Elektron-Neutrinos in ein Neutron über. Für ein freies Proton ist dieser Zerfall aus Gründen der Energieerhaltung nicht möglich, denn die Summe der Ruhemassen von Neutron und Positron ist größer als die Ruhemasse des Protons. Innerhalb eines Kerns ist ein solcher Prozeß jedoch möglich, die nötige Energie stammt hierbei aus der Bindungsenergie des Protons. Ein typischer solcher β⁺-Zerfall ist

$$^{13}_{7}N \rightarrow \,^{13}_{6}C + \beta^+ + \nu_e \,. \qquad 40.22$$

Die beim β-Zerfall auftretenden Elektronen und Positronen werden erst beim Zerfallsprozeß erzeugt, sie sind also nicht als Teilchen im Kern vorhanden.

Ein äußerst wichtiges Beispiel für einen β⁻-Zerfall ist der von ^{14}C. Dieser Zerfall ist die Grundlage für die C-14- oder Radiokohlenstoffmethode, die man zur archäometrischen Datierung von organischen Stoffen heranzieht:

$$^{14}_{6}\text{C} \rightarrow {}^{14}_{7}\text{N} + \beta^- + \bar{\nu}_e \,. \qquad 40.23$$

Die Halbwertszeit für diesen Zerfall beträgt 5730 Jahre. ^{14}C wird in höheren Atmosphärenschichten laufend durch den Beschuß von ^{12}C mit kosmischer Strahlung erzeugt. Die chemischen Eigenschaften von ^{14}C unterscheiden sich nicht von denen des ^{12}C, beide bilden zusammen mit Sauerstoff CO_2-Moleküle. Da lebende Organismen kontinuierlich CO_2 mit ihrer Umwelt austauschen, ist das Verhältnis von ^{14}C zu ^{12}C in einem lebenden Organismus gleich dem Gleichgewichtsverhältnis in der Atmosphäre, das etwa $1,3 \cdot 10^{-12}$ beträgt. Stirbt der Organismus ab, so wird kein weiteres ^{14}C aus der Atmosphäre aufgenommen. Aufgrund des β-Zerfalls von ^{14}C sinkt damit das Verhältnis von ^{14}C zu ^{12}C kontinuierlich. Die Anzahl der pro Minute in einem Gramm Kohlenstoff eines lebendigen Organismus auftretenden Zerfälle läßt sich aus der Halbwertszeit des ^{14}C und der Anzahl der im Gleichgewicht in einem Gramm Kohlenstoff vorkommenden ^{14}C-Atome zu 15 Zerfällen pro Minute berechnen. Aus diesem Ergebnis und der gemessenen Anzahl an Zerfällen pro Minute in einem Gramm Kohlenstoff eines abgestorbenen Organismus (z.B. einer Knochen- oder Holzprobe) läßt sich dessen Alter feststellen. Beträgt die Zerfallsrate z.B. 7,5 Zerfälle pro Minute und Gramm, so ist die Probe eine Halbwertszeit, also 5730 Jahre alt.

Beispiel 40.2

Ein Knochen mit einem Kohlenstoffgehalt von 200 Gramm besitze eine β-Zerfallsrate von 400 Zerfällen pro Minute. Wie alt ist der Knochen?

Wir stellen zunächst fest, daß wir für einen Knochen in einem lebenden Organismus (15 Zerfälle/min·g) · 200 g = 3000 Zerfälle/min erwarten würden. Nach n Halbwertszeiten ist die Zerfallsrate auf einen um einen Faktor $(\frac{1}{2})^n$ geringeren Wert abgefallen, es gilt also

$$\left(\frac{1}{2}\right)^n = \frac{400}{3000}$$

bzw.

$$2^n = \frac{3000}{400} = 7,5 \,.$$

Wir lösen durch Logarithmieren nach n auf und erhalten

$$n \ln 2 = \ln 7,5$$

$$n = \frac{\ln 7,5}{\ln 2} = 2,91 \,.$$

Das Alter des Knochens beträgt demnach

$$t = n t_{1/2} = 2,91 \cdot 5730 \text{ Jahre} = 16\,700 \text{ Jahre} \,.$$

Der Gamma-Zerfall

Beim γ-Zerfall geht ein Kern aus einem angeregten Zustand unter Emission eines Photons in einen Zustand geringerer Energie über. Es handelt sich bei diesem Prozeß also um das nukleare Gegenstück zur spontanen Emission eines Photons durch ein Atom oder ein Molekül. Im Gegensatz zum α- oder β-Zerfall behält der Kern beim γ-Zerfall seine Ladungs- und Massenzahl bei, er zerfällt also nicht in ein anderes Nuklid. Da die Differenzen zwischen den Energieniveaus im Kern in der Größenordnung von 1 MeV liegen, besitzen die emittierten Photonen typischerweise Wellenlängen von 1 pm:

$$\lambda = \frac{hc}{E} \approx \frac{1240 \text{ eV nm}}{1 \text{ MeV}} = 0{,}00124 \text{ nm} = 1{,}24 \text{ pm} \,.$$

Der γ-Zerfall ist ein im allgemeinen sehr schnell ablaufender Prozeß und läßt sich nur deshalb beobachten, weil er normalerweise einem α- oder β-Zerfall folgt. So kann z.B. ein radioaktiver Mutterkern zunächst durch einen β-Zerfall in einen angeregten Zustand eines Tochterkerns zerfallen und dieser anschließend durch γ-Zerfall in seinen Grundzustand übergehen. Die mittlere Lebensdauer beim γ-Zerfall ist meist sehr kurz. Direkte Messungen der mittleren Lebensdauer sind nur bis zu 10^{-11} s möglich, Messungen kürzerer Zeiten sind schwierig, können jedoch in einigen Fällen indirekt durchgeführt werden.

Einige γ-Strahler besitzen eine sehr lange mittlere Lebensdauer in der Größenordnung von Stunden. Solche Kernzustände heißen **metastabile Zustände**.

Der Alpha-Zerfall

Theoretisch sind alle sehr schweren Kerne ($Z > 83$) instabil gegenüber dem α-Zerfall, da die Masse dieser Kerne geringer ist als die Summe der Zerfallsprodukte, also des Tochterkerns und eines α-Teilchens. Wir betrachten als Beispiel den α-Zerfall des ^{232}Th in ^{228}Ra:

$$^{232}\text{Th} \rightarrow {}^{228}\text{Ra} + {}^{4}\text{He} \,. \qquad 40.24$$

Die Masse des ^{232}Th beträgt 232,038124 u, die des Tochterkerns ^{228}Ra 228,031139 u und die des ^{4}He 4,002603 u. Die Summe der Massen der Zerfallsprodukte ist gleich 232,033742 u und damit um 0,00438 u niedriger als die Masse des ^{232}Th. Dies entspricht einer Ruhemassendifferenz von 4,08 MeV. Das ^{232}Th-Isotop ist daher gegenüber dem α-Zerfall instabil. Der Zerfall tritt in der Natur auch tatsächlich auf. Die α-Teilchen besitzen dabei eine kinetische Energie, die wegen des Rückstoßes des ^{228}Ra-Kerns etwas kleiner als die Ruhemassendifferenz von 4,08 MeV ist. Im Gegensatz zum β-Zerfall ist die kinetische Energie der α-Teilchen sehr scharf. Wir benötigen also kein drittes Teilchen wie das Neutrino, um die Energieverteilung zu verstehen.

Bei einem beliebigen α-Zerfall eines Kerns vermindern sich Neutronen- und Kernladungszahl um 2, die Massenzahl also um 4. Der Tochterkern ist meist selbst radioaktiv und zerfällt durch einen weiteren α- oder einen β-Zerfall, oft sind auch beide Zerfälle möglich. α-Zerfälle können somit eine Zerfallsreihe bilden. Da sich die Massenzahl bei einem α-Zerfall immer um 4 vermindert, können insgesamt vier verschiedene Zerfallsreihen existieren, deren Glieder die Massenzahl $4n$, $4n + 1$, $4n + 2$ oder $4n + 3$ besitzen, wobei n eine natürliche Zahl ist. Bis auf eine kommen alle diese Reihen in der Natur vor. Die ($4n + 1$)-Zerfallsreihe mit dem stabilen Endprodukt ^{209}Bi können wir nicht beobachten, da

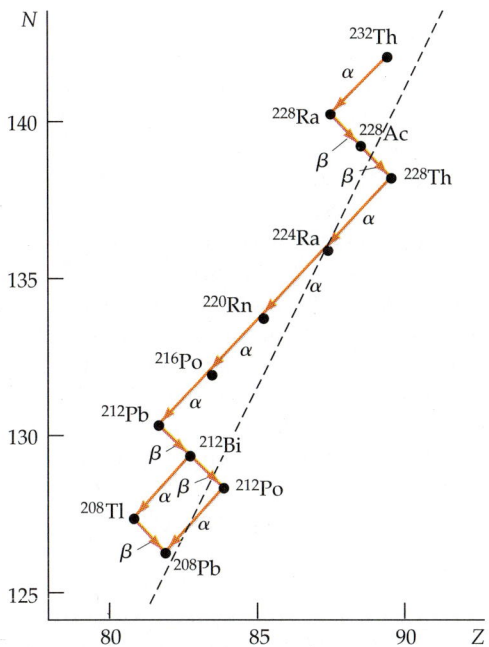

40.7 Die Thorium-Zerfallsreihe, für die $A = 4n$ gilt. Die Zerfallsreihe beginnt mit dem α-Zerfall des ^{232}Th in ^{228}Ra. Das Tochternuklid eines α-Zerfalls liegt oft auf der neutronenreichen Seite der Stabilitätskurve und zerfällt meist per β^--Zerfall. In der Thorium-Reihe geht das ^{228}Ra durch zweimaligen β^--Zerfall in ^{228}Th über. Dann folgen vier α-Zerfälle zum ^{212}Pb und ein β^--Zerfall zu ^{212}Bi. An dieser Stelle verzweigt sich die Reihe, da das ^{212}Bi entweder unter α-Emission zu ^{208}Tl oder unter β^--Emission zu ^{212}Po zerfällt. Die Zweige treffen nach einem weiteren β^-- bzw. α-Zerfall beim stabilen Endpunkt der Kette, dem ^{208}Pb, zusammen.

ihr langlebigstes Zwischenprodukt, das Neptunium-Isotop ^{237}Np, eine Halbwertszeit von nur $2 \cdot 10^6$ Jahren hat. Verglichen mit dem Erdalter ist dies eine sehr kurze Zeitspanne, d.h., die Elemente dieser Reihe sind längst in ihr stabiles Endprodukt zerfallen. Abbildung 40.7 zeigt die Thorium-Zerfallsreihe, die durch $A = 4n$ beschrieben wird.

Die Energie der α-Teilchen aus natürlichen Quellen variiert von 4 bis 7 MeV, die Halbwertszeiten erstrecken sich von 10^{-5} s bis zu 10^{10} Jahren. Je kleiner die Energie der α-Teilchen ist, desto größer ist die Halbwertszeit des radioaktiven Kerns. Wie schon im Abschnitt 36.9 diskutiert, erklärte George Gamow im Jahr 1928 diese enorme Variation in den Halbwertszeiten, indem er den α-Zerfall als Tunnelprozeß eines im Kern gebildeten α-Teilchens durch die Coulomb-Barriere (siehe Abbildung 40.8) beschrieb. Je höher die Energie der α-Teilchen ist, um so niedriger ist die relative Höhe und Breite der Potentialbarriere. Da die Tunnelwahrscheinlichkeit sehr empfindlich von diesen beiden Größen abhängt, liefert schon eine geringe Vergrößerung der Energie des α-Teilchens eine um Größenordnungen kleinere Halbwertszeit. Gamow konnte einen Ausdruck für die Halbwertszeit in Abhängigkeit von der Energie des α-Teilchens herleiten, der in sehr guter Übereinstimmung mit den experimentellen Ergebnissen steht.

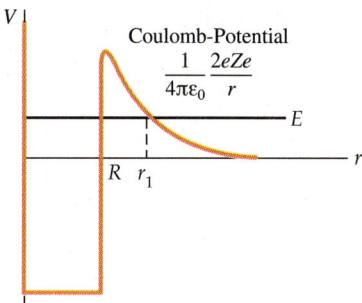

40.8 Modell für das Potential eines α-Teilchens in einem Kern. Die starke Kernkraft im Bereich $r < R$ wird durch ein Kastenpotential beschrieben. Außerhalb des Kerns wird sie vernachlässigbar, und das Potential ist durch das Coulombsche Gesetz gegeben:

$$V = \frac{1}{4\pi\varepsilon_0} \frac{2eZe}{r},$$

wobei Ze die Kernladung und $2e$ die Ladung des α-Teilchens ist.

40.4 Kernreaktionen

Für gewöhnlich erhält man Informationen über den Aufbau der Kerne durch Streuexperimente, d.h., man beschießt die Kerne mit verschiedenen Teilchen und analysiert die gemessenen Daten. Obwohl in den ersten Experimenten dieser Art als Teilchenquellen nur natürliche Strahler verwendet werden konnten, lieferten diese Versuche schon eine Vielzahl wichtiger Resultate. Im Jahr 1932 beobachteten J. D. Cockcroft und E. T. S. Walton die Reaktion (wir lassen hier und bei den folgenden Kernreaktionen sämtliche Hüllenelektronen außer acht)

$$p + {}^{7}_{3}\text{Li} \rightarrow {}^{8}_{4}\text{Be} \rightarrow {}^{4}_{2}\text{He} + {}^{4}_{2}\text{He}.$$

Bei ihrem Experiment verwendeten sie künstlich beschleunigte Protonen, also $^1_1$H$^+$-Teilchen ($\equiv$ p). Etwa zur selben Zeit entwickelten R. van de Graaff den nach ihm benannten elektrostatischen Generator (1931) und E. O. Lawrence und M. S. Livingston das erste Zyklotron (1932). Seitdem gab es enorme Fortschritte bei der Beschleunigung und dem Nachweis von Teilchen. Als Folge konnten eine Vielzahl von Kernreaktionen im Detail untersucht werden.

Trifft ein Teilchen auf einen Kern, so kann das Teilchen entweder elastisch oder inelastisch gestreut werden, wobei im letzteren Fall der Kern in einem angeregten Zustand verbleibt, von dem aus er unter Emission von Photonen oder anderen Teilchen wieder zerfällt. Das Teilchen kann auch von dem Kern absorbiert werden – man spricht dann von reaktiver Streuung. Dabei entsteht ein neuer Kern, der anschließend unter Emission desselben oder anderer Teilchen wieder zerfallen kann. Wird bei einer solchen Kernreaktion Energie freigesetzt, so spricht man von einer **exothermen** Reaktion. Die dabei freiwerdende Energiemenge heißt *Q*-**Wert** der Reaktion. Bei einer exothermen Reaktion ist die Summe der Ruhemassen der einlaufenden Teilchen größer als die der auslaufenden. Der *Q*-Wert ist gerade gleich dieser Ruhemassendifferenz multipliziert mit c^2. Ist die Ruhemasse der auslaufenden Teilchen einer Reaktion größer als die der einlaufenden, so wird bei der Reaktion Energie benötigt, und man spricht von einer **endothermen** Reaktion. In diesem Fall ist der *Q*-Wert negativ. (Die Begriffe endotherm und exotherm sind ebenfalls in der Chemie üblich bei der Beschreibung von chemischen Reaktionen.) Eine endotherme Reaktion besitzt eine Energieschwelle, die man überwinden muß, damit die Reaktion überhaupt ablaufen kann. Diese Energieschwelle ist normalerweise etwas größer als der Betrag des *Q*-Werts, da im allgemeinen eine bestimmte kinetische Energie benötigt wird, um die Impulserhaltung zu gewährleisten.

Der **Wirkungsquerschnitt** σ ist ein Maß für die effektive Größe eines Kerns bei einer bestimmten Reaktion. Sei I die Intensität der einlaufenden Teilchen, d.h. die Anzahl einfallender Teilchen pro Zeit und Fläche, und R die Anzahl der pro Zeiteinheit und Kern stattfindenden Reaktionen, dann ist der (totale) Wirkungsquerschnitt als

$$\sigma = \frac{R}{I} \qquad 40.25$$

definiert. Der Wirkungsquerschnitt hat die Dimension einer Fläche. Da er in der Größenordnung des Quadrats eines Kernradius liegt, also eine sehr kleine Fläche darstellt, verwendet man als Einheit häufig das **Barn**. Es ist definiert als

$$1 \text{ barn} = 10^{-28} \text{ m}^2 \,. \qquad 40.26$$

Beispiel 40.3

Berechnen Sie den *Q*-Wert der Reaktion

$$\text{p} + {}^7_3\text{Li} \rightarrow {}^4_2\text{He} + {}^4_2\text{He}$$

und stellen Sie fest, ob es sich dabei um eine exotherme oder endotherme Reaktion handelt. Die Atommasse des ^{7}Li beträgt 7,016 004 u.

Aus Tabelle 40.1 entnehmen wir die Atommasse 1,007 825 für ^{1}H und die Atommasse 4,002 603 für ^{4}He. Die Gesamtmasse der Ausgangsteilchen beträgt demnach

$$m_\text{a} = 1{,}007\,825 \text{ u} + 7{,}016\,004 \text{ u} = 8{,}023\,829 \text{ u} \,,$$

die der Endprodukte

$$m_\text{e} = 2\,(4{,}002\,603 \text{ u}) = 8{,}005\,206 \text{ u} \,.$$

Die Masse der Endprodukte ist um $\Delta m = 0{,}0182623$ u kleiner als die der Ausgangsteilchen, die Reaktion verläuft daher exotherm. Der Q-Wert ist positiv und beträgt:

$$Q = (\Delta m)\,c^2 = (0{,}018\,623\text{ u})\,c^2\,(931{,}5\text{ MeV}/\text{u}c^2) = 17{,}35\text{ MeV}.$$

Wir haben bei der Rechnung die Atommassen, nicht die Kernmassen verwendet. Da dadurch auf beiden Seiten der Reaktionsgleichung aber die *gleiche* Anzahl von Elektronen (nämlich acht) zu viel berücksichtigt wurde, spielt dies für die Massendifferenz keine Rolle.

Kernreaktionen mit Neutronen

Kernreaktionen mit Neutronen sind wichtig für das Verständnis von Kernreaktoren. Wir wollen daher diese Reaktionen hier eingehender behandeln. Trifft ein Neutron mit einer Energie von mehr als 1 MeV auf einen Kern, dann wird es mit hoher Wahrscheinlichkeit an diesem gestreut. Auch bei elastischer Streuung gibt das Neutron Energie ab, da der Kern einen Rückstoß erfährt. Wird das Neutron in einem Material sehr oft gestreut, dann erreicht seine kinetische Energie schließlich die Größenordnung der thermischen Energie $k_\mathrm{B}T$. (Darin ist k_B die Boltzmann-Konstante und T die absolute Temperatur. Das Produkt $k_\mathrm{B}T$ nimmt für die Raumtemperatur etwa den Wert $\frac{1}{40}$ eV an.) Bei dieser Energie kann das Neutron bei einem elastischen Streuprozeß an einem Kern mit gleicher Wahrscheinlichkeit Energie aufnehmen oder abgeben. Ein Neutron mit einer kinetischen Energie in der Größenordnung von $k_\mathrm{B}T$ heißt **thermisches Neutron**.

Bei kleinen Energien ist die Wahrscheinlichkeit sehr groß, daß das Neutron von einem Kern eingefangen wird. In Abbildung 40.9 ist der Wirkungsquerschnitt für den Einfang von Neutronen durch Silberkerne gegen die kinetische Energie der Neutronen aufgetragen. Die Signalspitzen in dieser Kurve sind auf sog. **Resonanzen** (angeregte Nukleonenzustände, vgl. Beispiel 41.2) zurückzuführen. Mit Ausnahme dieser Resonanzen zeigt die Kurve einen relativ glatten Verlauf. Mit steigender Energie der Neutronen nimmt der Wirkungsquerschnitt mit $1/v$ ab, wobei v die Geschwindigkeit der Neutronen ist. Wir können dieses Verhalten erklären, indem wir ein Neutron betrachten, das sich mit der Geschwindigkeit v an einem Kern vom Durchmesser $2R$ vorbeibewegt. Die Zeit, die das Neutron in der Nähe des Kerns verbringt, ist gleich $2R/v$. Damit ist aber auch der Wirkungsquerschnitt proportional zu $1/v$. Im Resonanzmaximum erreicht der Wirkungsquerschnitt Werte von mehr als 5000 barn – dies liegt um Größenordnungen über dem Querschnitt fernab der Resonanz. Viele andere Elemente zeigen für den Neutroneneinfang ähnliche Resonanzstrukturen in dem Verlauf des Wirkungsquerschnittes. Manche Isotope, wie z. B. das ^{113}Cd, erreichen einen Wirkungsquerschnitt von über 50000 barn und eignen sich daher sehr gut zur Abschirmung niederenergetischer Neutronen.

Ein wichtiger Prozeß, an dem thermische Neutronen teilnehmen, ist die Kernspaltung, die wir im nächsten Abschnitt betrachten werden.

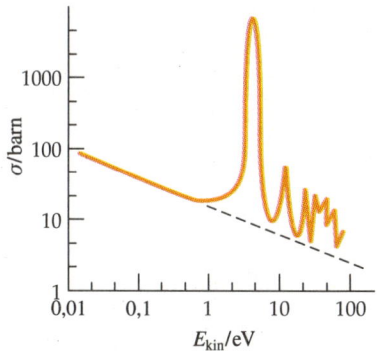

40.9 Wirkungsquerschnitt für den Neutroneneinfang durch Silberkerne. Die gerade Linie zeigt das $1/v$-Verhalten des Wirkungsquerschnitts (v ist die Geschwindigkeit der Neutronen). Diesem sind eine große und mehrere kleinere Resonanzen überlagert.

40.5 Kernspaltung, Kernfusion und Kernreaktionen

In der Abbildung 40.10 ist der sog. Kernmassendefekt pro Nukleon $(M - Zm_\mathrm{p} - Nm_\mathrm{n})/A$ in Einheiten von MeV/c^2 gegen die Massenzahl A aufgetragen. (Der Kernmassendefekt entspricht somit gerade dem Negativen der in

40 Kernphysik

40.10 Der Massendefekt pro Nukleon, $(M - Zm_p - Nm_n)/A$, in Einheiten von MeV/c^2 in Abhängigkeit von der Massenzahl A. Die Ruhemasse pro Nukleon ist für mittelschwere Kerne geringer als für sehr leichte oder sehr schwere Kerne.

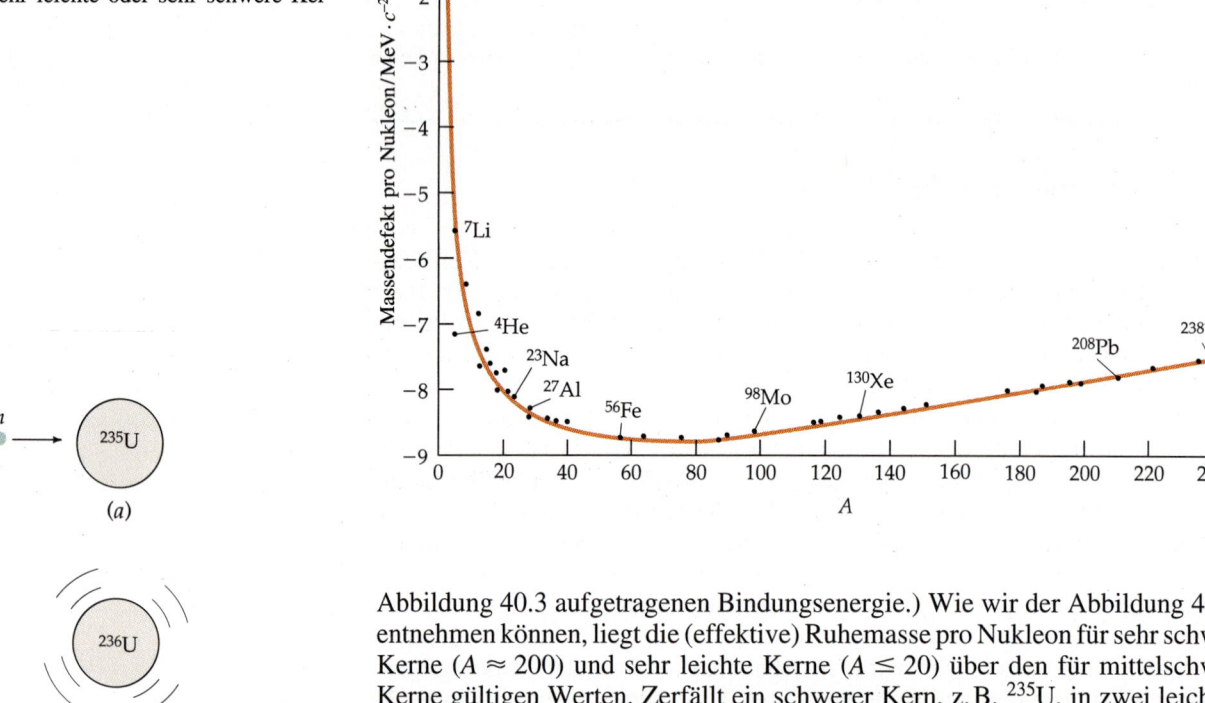

40.11 Schematische Darstellung der Spaltung eines ^{235}U-Kerns. a) Die Absorption eines Neutrons durch den ^{235}U-Kern führt zu b) einem angeregten Zustand des ^{236}U. c) Der ^{236}U-Kern beginnt zu oszillieren und wird instabil. d) Der Kern zerfällt in zwei mittelschwere Tochterkerne und mehrere Neutronen, die weitere Spaltungsprozesse induzieren können.

Abbildung 40.3 aufgetragenen Bindungsenergie.) Wie wir der Abbildung 40.10 entnehmen können, liegt die (effektive) Ruhemasse pro Nukleon für sehr schwere Kerne ($A \approx 200$) und sehr leichte Kerne ($A \lesssim 20$) über den für mittelschwere Kerne gültigen Werten. Zerfällt ein schwerer Kern, z. B. ^{235}U, in zwei leichtere Kerne – ein Prozeß, den wir als **Kernspaltung** bezeichnen –, so besitzen die Nukleonen in den leichteren Kernen eine geringere (effektive) Ruhemasse, und es wird Energie freigesetzt. Dasselbe gilt für einen Prozeß, in dem zwei leichte Kerne, z. B. ^{2}H und ^{3}H, zu einem schwereren Kern verschmelzen. Einen solchen Prozeß nennen wir **Kernfusion**.

In diesem Abschnitt werden wir einige Eigenschaften der Kernspaltung und Kernfusion untersuchen, um das Funktionsprinzip von Kernreaktoren zu verstehen.

Kernspaltung

Bei sehr schweren Kernen mit einer Ladungszahl $Z > 92$ tritt spontane Kernspaltung auf, d.h., die Kerne zerfallen auch ohne äußere Einwirkung. Die spontane Kernspaltung liefert eine obere Grenze für die Kerngröße und damit auch für die Anzahl der möglichen natürlich vorkommenden Elemente. Bei einigen schweren Kernen kann die Kernspaltung durch den Einfang eines Neutrons bewirkt werden. Wir betrachten als Beispiel einen ^{235}U-Kern, der durch den Einfang eines Neutrons zunächst in den angeregten Zustand ^{236}U übergeht. In 15% aller Fälle zerfällt dieser Zustand unter Emission von γ-Strahlung. In den restlichen 85% tritt der in Abbildung 40.11 dargestellte Kernspaltungsprozeß auf. Bohr und Wheeler berechneten mit Hilfe des Tröpfchenmodells die Schwellenenergie E_k zu 5,3 MeV, die für einen Kernspaltungsprozeß eines ^{236}U-Kerns benötigt wird. Die beim Einfang des Neutrons durch den ^{235}U-Kern freiwerdende Bindungsenergie beträgt 6,4 MeV, sie ist somit ausreichend, um die Kernspaltung in Gang zu setzen. Die Kernspaltung eines ^{235}U-Kerns ist daher bereits mit thermischen Neutronen möglich. Für einen ^{238}U-Kern beträgt die Schwellenenergie 5,9 MeV und die Herabsetzung der Bindungsenergie durch den Einfang

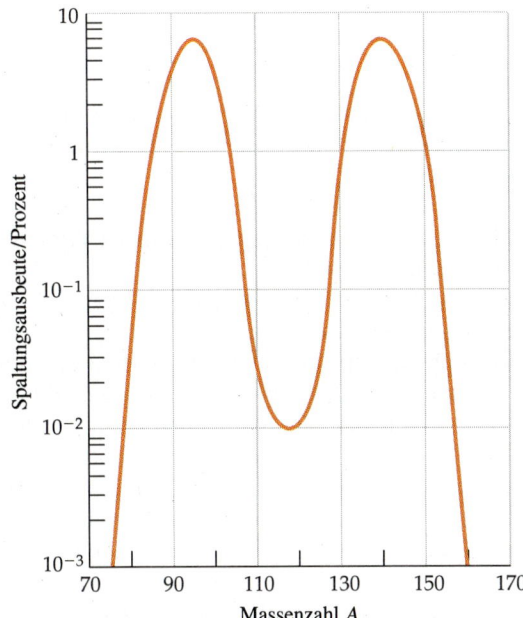

40.12 Die Verteilung möglicher Spaltungsprodukte des ^{235}U. Die Kernspaltung in zwei Kerne unterschiedlicher Masse ist wahrscheinlicher als die in zwei Kerne gleicher Masse.

eines Neutrons etwa 5,2 MeV. Die Kernspaltung tritt dementsprechend erst bei einer kinetischen Energie der Neutronen von 0,7 MeV ein, thermische Neutronen reichen also nicht aus. Besitzt das eingefangene Neutron eine geringere kinetische Energie, so zerfällt der angeregte Zustand ^{239}U durch γ-Strahlung oder durch Emission eines Elektrons (β-Zerfall).

Wie in Abbildung 40.12 gezeigt, kann ein ^{235}U-Kern auf viele verschiedene Weisen zerfallen. Abhängig von der jeweiligen Reaktion können dabei ein, zwei oder drei Neutronen emittiert werden. Die durchschnittliche Anzahl der pro zerfallenden Kern emittierten Neutronen bei der Kernspaltung von ^{235}U liegt bei 2,45. Eine typische Reaktion ist:

$$n + {}^{235}U \to {}^{141}Ba + {}^{92}Kr + 3n.$$

Wir können der Abbildung 40.10 entnehmen, daß die mittlere Bindungsenergie eines Nukleons für Kerne der Massenzahl $A \approx 200$ etwa um ein MeV höher liegt als für Kerne der Massenzahl $A \approx 100$. Bei der Kernspaltung eines Kerns von $A \approx 200$ in zwei Kerne mit $A \approx 100$ wird demnach eine Energie von etwa 200 MeV freigesetzt. Vergleicht man dies mit der Energie von etwa 4 eV, die bei einer typischen Verbrennungsreaktion pro Sauerstoffmolekül frei werden, so gewinnt man eine Vorstellung von der Größenordnung.

Die Kernspaltung des Urans wurde im Jahr 1938 von Hahn und Strassmann entdeckt. Durch sorgfältige chemische Analysen stellten sie fest, daß durch den Beschuß von Uran mit Neutronen mittelschwere Elemente wie Barium oder Lanthan entstehen. Da außerdem bei diesem Prozeß einige Neutronen freigesetzt werden, kam die Frage auf, ob diese Neutronen für weitere Kernspaltungsprozesse genutzt werden können und ob sich damit eine Kettenreaktion in Gang setzen läßt.

Kernreaktoren

Um in einem Kernreaktor eine Kettenreaktion aufrechtzuerhalten, muß im Mittel eines der bei der Kernspaltung eines ^{235}U-Kerns emittierten Neutronen wieder durch einen anderen ^{235}U-Kern eingefangen werden. Wir definieren den sog. **Vermehrungsfaktor** k als Anzahl der Neutronen, die pro Kernspaltung entstehen und weitere Kernspaltungen bewirken. Der maximal mögliche Wert für k beträgt im Fall des ^{235}U 2,5. Der Vermehrungsfaktor ist im allgemeinen jedoch wesentlich kleiner, da die Neutronen in Gebiete mit nicht spaltbarem Material entkommen können oder innerhalb des Spaltmaterials durch nichtspaltbare Kerne eingefangen werden. Gilt $k = 1$, so ist die Kettenreaktion selbsterhaltend. Liegt k unter 1, so bricht die Kettenreaktion ab. Für Werte von k, die deutlich über 1 liegen, wächst die Reaktionsrate drastisch an. In Kernwaffen wird dieser Effekt ausgenützt, für eine Nutzung der Kernspaltung in Reaktoren muß k dagegen möglichst nahe bei 1 gehalten werden.

Bei der Kettenreaktion tritt noch ein weiteres Problem auf: Die bei der Kernspaltung emittierten Neutronen besitzen eine Energie in der Größenordnung von 1 MeV. Der Wirkungsquerschnitt für eine Spaltungsreaktion des ^{235}U ist jedoch für thermische Neutronen wesentlich größer. Die Kettenreaktion kann daher nur aufrechterhalten werden, wenn die Neutronen abgebremst werden, bevor sie den Reaktor verlassen. Besitzen die Neutronen kinetische Energien im Bereich von 1 bis 2 MeV, so verlieren sie sehr rasch Energie in inelastischen Streuprozessen mit ^{238}U-Kernen. Diese bilden den wesentlichen Bestandteil des natürlichen Urans. (Natürliches Uran besteht zu 99,3% aus ^{238}U und zu nur 0,7% aus dem spaltbaren ^{235}U.) Ist die kinetische Energie der Neutronen einmal unter die Anregungsenergie der Kerne im Reaktor gefallen, d.h. niedriger als etwa 1 MeV, so ist der hauptsächlich auftretende Bremsprozeß die elastische Streuung der Neutronen. In einem solchen Prozeß stößt ein Neutron mit einem ruhenden Kern zusammen und überträgt dabei einen Teil seiner kinetischen Energie auf den Kern. Ein nennenswerter Energieübertrag tritt jedoch nur auf, wenn die Massen des Neutrons und des streuenden Kerns in derselben Größenordnung liegen. Aus diesem Grund wird in Reaktoren ein sog. **Moderator** verwendet, der aus einem Material besteht, das leichte Kerne enthält, wie Wasser oder Kohlenstoff. Die Neutronen verlieren durch elastische Stöße mit den Kernen des Moderatormaterials so lange Energie, bis sie sich im thermischen Gleichgewicht mit dem Moderator befinden. Da der Wasserstoff im gewöhnlichen Wasser einen relativ großen Wirkungsquerschnitt für den Neutroneneinfang besitzt, können Reaktoren, in denen gewöhnliches Wasser als Moderator verwendet wird, kaum einen Vermehrungsfaktor von $k \approx 1$ erreichen. Man verwendet daher angereichertes Uran, in dem der Anteil an ^{235}U von 0,7% auf 1 bis 4% erhöht wurde. Natürliches Uran läßt sich als Brennmaterial verwenden, wenn anstatt des gewöhnlichen Wassers (H_2O) als Moderator schweres Wasser (D_2O) verwendet wird.

Die Abbildung 40.13 zeigt den Aufbau eines sog. Druckwasserreaktors. In einem Primärkreislauf wird Wasser, das gleichzeitig als Moderator dient, durch die Kernspaltung im Reaktorkern auf hohe Temperaturen erhitzt. Das Wasser steht dabei unter so hohem Druck, daß es nicht sieden kann. Es wird in einen Wärmetauscher gepumpt und gibt seine Energie an das Wasser im Sekundärkreislauf ab. Der entstehende Wasserdampf treibt schließlich die im Sekundärkreislauf befindlichen Turbinen an, die dann den Strom erzeugen. Das Wasser im Sekundärkreislauf ist von dem des Primärkreislaufs getrennt und kommt daher nicht mit dem radioaktiven Material aus dem Reaktorkern in direkte Berührung.

Um einen Reaktor möglichst sicher zu betreiben, muß man den Vermehrungsfaktor k möglichst genau kontrollieren und regeln können. Bei Verwendung von Wasser als Moderator läßt sich der Vermehrungsfaktor mit einem negativen Rückkopplungsverfahren steuern. Steigt k über 1 an, so nimmt auch die Reaktionsrate und damit die Temperatur im Reaktor zu. Bei steigender Temperatur sinkt jedoch die Dichte des Wassers und dadurch auch die Moderationsfähigkeit im Reaktorkern. Als Folge davon nimmt der Vermehrungsfaktor wieder ab. Eine zweite Regelungsmöglichkeit ist die direkte mechanische Regelung durch Kontrollstäbe aus einem Material mit großem Wirkungsquerschnitt für Neutroneneinfang, beispielsweise Cadmium. Beim Hochfahren des Reaktors befinden sich

40.5 Kernspaltung, Kernfusion und Kernreaktionen

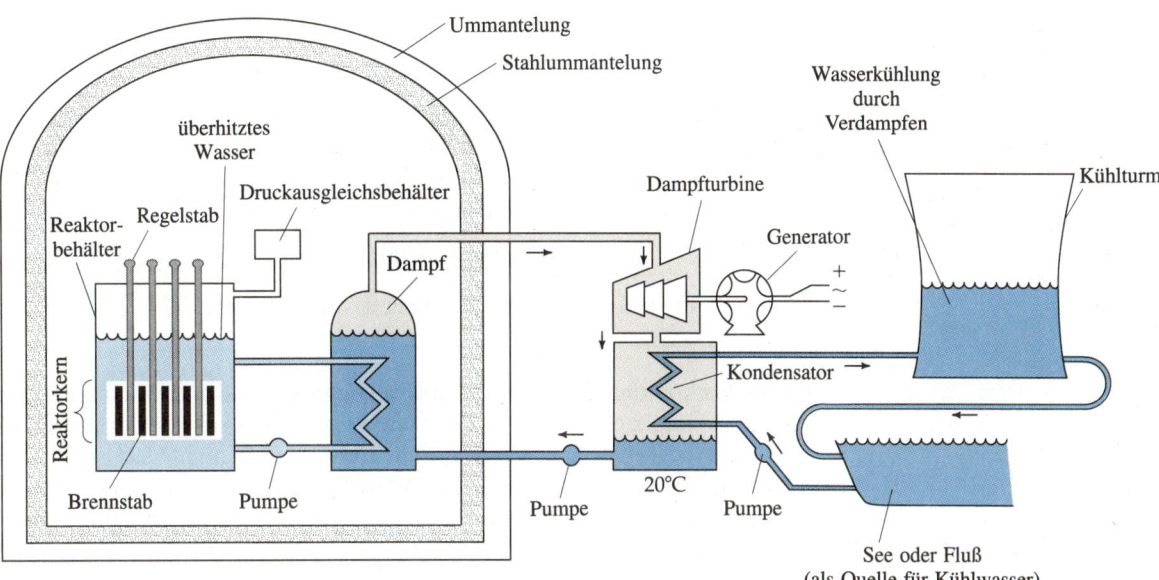

40.13 Vereinfachte Darstellung eines Druckwasserreaktors. Das Wasser im Primärkreislauf dient sowohl als Moderator als auch als Kühlmittel. Es ist vom Wasser im Sekundärkreislauf, dessen Dampf die Turbinen antreibt, getrennt.

die Kontrollstäbe zunächst im Reaktor. Werden die Kontrollstäbe langsam aus dem Reaktor herausgezogen, so werden weniger Neutronen von dem Absorbermaterial eingefangen, und der Vermehrungsfaktor steigt an. Wird k größer als 1, so können die Kontrollstäbe wieder in den Reaktorkern gefahren werden. Eine solche mechanische Regelung ist jedoch nur möglich, wenn einige der bei der Kernspaltung erzeugten Neutronen als sog. **verzögerte Neutronen** auftreten. Die erforderliche Zeit, um Neutronen mit einer Energie von 1 bis 2 MeV auf thermische Energien abzubremsen, beträgt nur einige Millisekunden. Würden alle Neutronen sofort bei der Kernspaltung emittiert – man bezeichnet diese als prompte Neutronen –, so wäre eine mechanische Regelung unmöglich, da der Reaktorkern längst geschmolzen wäre, bevor die Regelungsstäbe wieder abgesenkt sind. Ein Bruchteil von 0,65 Prozent der Neutronen werden jedoch erst mit einer Zeitverzögerung von etwa 14 Sekunden emittiert, und zwar nicht im Kernspaltungsprozeß selbst, sondern im weiteren Zerfall der Kernspaltungsprodukte. Wir untersuchen den Effekt dieser verzögerten Neutronen in dem folgenden Beispiel.

Beispiel 40.4

a) In einem Kernreaktor betrage die durchschnittliche Zeit zwischen zwei Spaltungsgenerationen 1 ms. Darunter versteht man die Zeit, die ein Neutron benötigt, um eine weitere Spaltung zu bewirken. Der Vermehrungsfaktor sei $k = 1,001$. Wie lange dauert es, bis sich die Reaktionsrate R_0 verdoppelt? b) In dem Reaktor aus a) werden 0,65 Prozent der Neutronen mit einer Verzögerung von 14 s emittiert. Bestimmen Sie die durchschnittliche Zeit zwischen zwei Spaltungsgenerationen und die Verdopplungszeit der Reaktionsrate.

a) Für $k = 1,001$ beträgt die Reaktionsrate nach N Generationen $R_0 \cdot 1,001^N$. Wir setzen dies gleich $2R_0$ und lösen nach N auf:

$$R_0 \cdot (1,001)^N = 2R_0$$

$$N \ln 1,001 = \ln 2$$

$$N = \frac{\ln 2}{\ln 1,001} = 693 \approx 700 \ .$$

Nach etwa 700 Generationen verdoppelt sich die Reaktionsrate. Dies entspricht einer Verdopplungszeit von 0,7 s, die für eine mechanische Regelung mit Regelstäben viel zu kurz ist.

b) Da 99,35 Prozent der Neutronen innerhalb von 1 ms erzeugt werden und 0,65 Prozent erst nach 14 s, beträgt die durchschnittliche Zeit zwischen zwei Spaltungsgenerationen

$$\langle t \rangle = 0{,}9935 \cdot 0{,}001 \text{ s} + 0{,}0065 \cdot 14 \text{ s} = 0{,}092 \text{ s}.$$

Durch den kleinen Anteil an verzögerten Neutronen wird dieser Zeitraum also um einen Faktor 100 gedehnt. Die Verdopplungszeit der Reaktionsrate ist demnach gleich

$$700 \cdot 0{,}092 \text{ s} = 64{,}4 \text{ s}$$

und reicht für eine mechanische Regelung des Reaktors aus.

Da die Vorkommen an natürlichem Uran begrenzt sind und es nur einen geringen Anteil an spaltbarem ^{235}U enthält, werden wir mit Reaktoren auf der Basis von ^{235}U unseren Energiebedarf in absehbarer Zukunft nicht decken können. Ein weiteres Hindernis sind die beschränkten Kapazitäten zur Anreicherung von ^{235}U. Ein möglicher Ausweg ist der sog. **Schnelle Brüter**. Fängt ein (relativ häufig vorkommender, jedoch nicht spaltbarer) ^{238}U-Kern ein Neutron ein, so zerfällt er unter β-Zerfall mit einer Halbwertszeit von etwa 20 Minuten in einen ^{239}Np-Kern, der wiederum durch β-Zerfall mit einer Halbwertszeit von ungefähr zwei Tagen in das spaltbare ^{239}Pu zerfällt. Da die Kernspaltung bei ^{239}Pu mit schnellen Neutronen abläuft, wird dabei kein Moderator benötigt. Der Reaktor enthält zu Anfang eine Mischung aus ^{238}U und ^{239}Pu. Wird im Mittel mindestens eines der bei der Kernspaltung eines ^{239}Pu-Kerns erzeugten Neutronen von einem ^{238}U-Kern eingefangen, so kann der Reaktor mehr Brennstoff erbrüten, als er verbraucht. Experimentelle Untersuchungen zeigen, daß ein Schneller Brüter auf diese Weise seinen Brennstoff in etwa 7 bis 10 Jahren verdoppeln kann.

Der Schnelle Brüter weist jedoch zwei schwerwiegende Sicherheitsprobleme auf. Der Anteil der verzögerten Neutronen liegt bei der Kernspaltung von ^{239}Pu bei nur 0,3%, die Zeitspanne zwischen zwei Spaltungsgenerationen liegt damit deutlich unter der gewöhnlicher Reaktoren. Eine mechanische Regelung des Vermehrungsfaktors k ist somit wesentlich schwieriger. Die Betriebstemperatur in einem Schnellen Brüter ist sehr hoch. Da für den Betrieb kein Moderator benötigt wird, verwendet man zur Energieabfuhr flüssige Metalle wie Natrium oder Kalium anstelle von Wasser, das in einem herkömmlichen Reaktor sowohl Kühlmittel als auch Moderator ist. Steigt die Temperatur im Reaktor an, so nimmt die Dichte des Kühlmittels ab. Folglich werden weniger Neutronen durch das Kühlmittel absorbiert, so daß dem Brutprozeß mehr schnelle Neutronen zur Verfügung stehen (positive Rückkopplung).

Sicherheit von Kernreaktoren

Seit dem katastrophalen Unfall im Kernkraftwerk in Tschernobyl 1986 hat es immer wieder erhitzte Diskussionen über die Sicherheit von Kernreaktoren gegeben. Eine weitverbreitete Angst besteht darin, daß ein Kernreaktor wie eine Atombombe explodieren könnte. Dies ist jedoch prinzipiell unmöglich, da sogar in Leichtwasserreaktoren das Uran nur zwischen 1 und 4 Prozent ^{235}U enthält, wogegen das ^{235}U in Kernwaffen auf etwa 90 Prozent angereichert ist. Bei jedem Kernreaktor besteht dagegen prinzipiell die Gefahr einer sog. **Kernschmelze**. Darunter versteht man das Schmelzen des Brennstoffkerns im Reaktor durch eine unkontrollierbare Hitzeentwicklung bei Ausfall des Kühlsystems. Im schlimmsten Fall würde dies zu einem Absinken des Reaktorkerns durch die Umwandung in den Erdboden führen. Bei jedem Kernreaktor, gleich welchen Typs, entsteht das Problem, wo die langlebigen radioaktiven Abfallprodukte schließlich gelagert werden sollen: Endlager müssen langfristig sicher sein.

Kernfusion

Bei der Kernfusion verschmelzen zwei Kerne und bilden dadurch einen schwereren Kern. Eine typische Fusionsreaktion ist

$$^2\text{H} + {}^3\text{H} \rightarrow {}^4\text{He} + \text{n} + 17{,}6 \text{ MeV}, \qquad 40.27$$

bei der ein Deuteriumkern und ein Tritiumkern zu einem Heliumkern verschmelzen. Die bei der Fusion freiwerdende Energie hängt von der jeweiligen Reaktion ab. In diesem Fall beträgt sie 17,6 MeV. Diese Energie ist zwar wesentlich kleiner als die bei einer typischen Kernspaltung freigesetzte Energie, pro Nukleon beträgt sie jedoch 17,6 MeV/5 = 3,52 MeV und liegt damit um einen Faktor 3,5 höher als bei der Kernspaltung. Dort wird pro Nukleon eine Energie von etwa 1 MeV erzeugt.

Die Nutzung von Fusionsprozessen zur Energieerzeugung kann sich als mögliche Alternative zur Kernspaltung erweisen, zumal der Brennstoff in unbegrenzter Menge vorhanden ist und sich im Vergleich zur Kernspaltung weitaus geringere Gefahren ergeben. Einen zur Energieerzeugung tauglichen Reaktor gibt es aber noch nicht. Um die prinzipiellen Schwierigkeiten zu verstehen, wollen wir uns die Reaktion (40.27) etwas genauer ansehen.

Damit eine Fusion möglich wird, muß man zuerst einmal Energie aufwenden, um die Coulomb-Abstoßung zwischen den ^{2}H- und ^{3}H-Kernen zu überwinden. Dafür muß deren kinetische Energie in der Größenordnung von 1 MeV liegen. In Beschleunigern lassen sich solche Energien zwar problemlos erreichen, allerdings erfordern die Kern-Kern-Zusammenstöße – beispielsweise im Kreuzungspunkt zweier gegenläufiger Teilchenstrahlen – mehr Energie, als sie erzeugen. Denn die Wahrscheinlichkeit für einen Streuprozeß ist wesentlich größer als die für einen Fusionsprozeß. Um geeignete Fusionsbedingungen zu erreichen, verwendet man so hohe Temperaturen, daß eine Fusion allein durch zufällige thermische Kollisionen zwischen den Teilchen möglich wird. Da einige dieser Teilchen eine wesentlich höhere Energie als die mittlere Energie $\frac{3}{2} k_\text{B} T$ besitzen und zusätzlich auch Tunnelprozesse durch die Coulomb-Barriere möglich sind, reicht eine mittlere Energie von $k_\text{B} T \approx 10$ keV aus, um bei hinreichend hoher Teilchendichte eine brauchbare Fusionsrate zu erzeugen. Die 10 keV entsprechende Temperatur liegt in der Größenordnung von 100 Millionen Kelvin. Bei derartig hohen Temperaturen besteht die Materie aus einem Gas positiver Ionen und negativer Elektronen, einem sog. **Plasma**. Ein schwerwiegendes Problem bei der Erzeugung einer kontrollierten Kernfusion ist, dieses Plasma über einen hinreichend langen Zeitraum einzuschließen.

Die zur Aufheizung eines Plasmas benötigte Energie ist proportional zur Dichte n der in ihm enthaltenen Ionen, die Kollisionsrate dagegen proportional zu n^2, dem Quadrat der Dichte. Ist τ die Einschlußzeit des Plasmas, so ist die produzierte Energie proportional zu $n^2 \tau$. Soll diese größer sein als die zur Heizung aufgebrachte Energie, so muß die Ungleichung

$$C_1 n^2 \tau > C_2 n$$

erfüllt sein, wobei C_1 und C_2 Konstanten sind. Im Jahr 1957 bestimmte der britische Physiker J. D. Lawson diese Konstanten durch Abschätzungen des Wirkungsgrades für verschiedene hypothetische Fusionsreaktoren und leitete daraus folgende Relation, das sog. **Lawson-Kriterium**, ab:

$$n\tau > 10^{20} \text{ s/m}^3. \qquad 40.28 \quad \textit{Lawson-Kriterium}$$

40 Kernphysik

a) Schemazeichnung eines Fusionsexperiments vom Typ Tokamak. Das Deuterium-Tritium-Plasma wird hierbei durch sein eigenes Magnetfeld und – vor allem – das Feld der Toroidalspulen in einem torusförmigen Vakuumgefäß eingeschlossen. Das Hochfrequenzfeld der Vertikalspulen induziert einen Strom im Plasma, der dieses ohmsch aufheizt. Damit das Plasma die für eine Deuterium-Tritium-Fusion nötige Temperatur von etwa 10^8 K erreicht, muß es zusätzlich durch die Injektion von Neutralteilchen (im Bild nicht gezeigt) aufgeheizt werden. b) Blick in das Plasmagefäß des Fusionsexperiments ASDEX Upgrade im Max-Planck-Institut für Plasmaphysik (IPP) in Garching bei München. c) Ein 1,2-MA-Plasma, das sich gerade im Vakuumgefäß des ASDEX-Upgrade-Experiments entlädt. Bislang konnten in diesen Experimenten Plasmadichten von etwa $1{,}25 \cdot 10^{20}$ Teilchen pro m^3 und Temperaturen von etwa $22 \cdot 10^6$ K erreicht werden. Die Entladung konnte etwa 10 s aufrechterhalten werden, die Energieeinschlußzeit betrug ca. 0,1 s. (Mit freundlicher Genehmigung des Max-Planck-Instituts für Plasmaphysik (IPP), Garching)

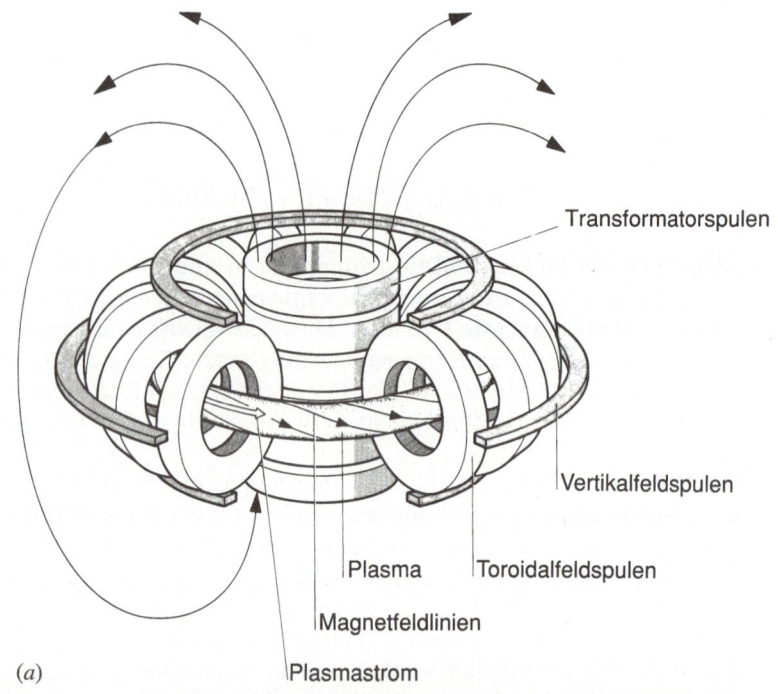

(a)

(b)

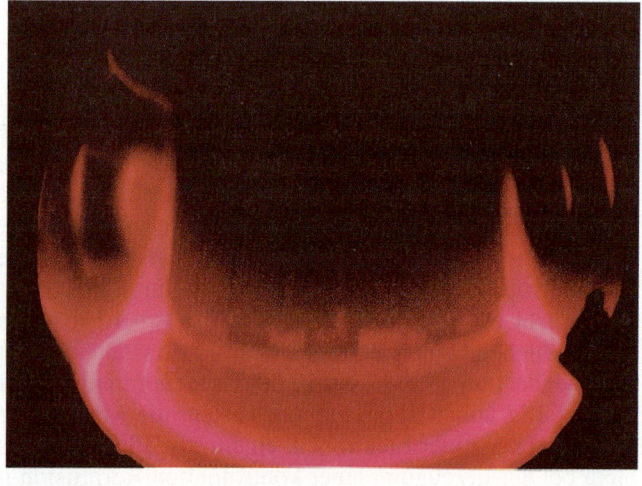

(c)

Derzeit werden zwei verschiedene Methoden in Betracht gezogen, um das Lawson-Kriterium zu erfüllen. Zum einen versucht man, das Plasma in einem Magnetfeld einzuschließen (vgl. Abschnitt 24.2). In einem sogenannten Tokamak, einem Fusionsreaktortyp, der in der ehemaligen Sowjetunion entwickelt wurde, ist das Plasma in einem großen Torus eingeschlossen. Das Magnetfeld ist dabei eine Überlagerung aus einem torusförmigen äußeren Feld und einem Feld, das durch den Plasmastrom innerhalb des Torus erzeugt wird.

In einer zweiten Methode, dem sog. Trägheitseinschluß, wird eine Probe festen Deuteriums und Tritiums von allen Seiten mit starken, gepulsten Lasern beschossen. Die Energie der Laserstrahlen beträgt innerhalb von 10^{-8} s etwa 10^4 J. Computersimulationen zeigen, daß die Probe um einen Faktor 10^4 seiner normalen Dichte komprimiert und auf über 10^8 K erhitzt werden sollte. Dies müßte eine Fusionsenergie von etwa 10^6 J in 10^{-11} s liefern. Dieser Zeitraum ist so kurz, daß der Einschluß allein aufgrund der Trägheit möglich wird. Da die Konstruk-

(a) (b)

a) Die Nova-Target-Kammer, eine Aluminiumkugel mit einem Durchmesser von etwa 5 m, in der zehn hochenergetische Laserstrahlen auf ein wasserstoffhaltiges Target mit einem Durchmesser von 0,5 mm gerichtet sind. b) Die Fusionsreaktion ist als kleiner leuchtender Punkt sichtbar. Innerhalb von $5 \cdot 10^{-11}$ s werden dabei 10^{13} Neutronen freigesetzt. (Mit freundlicher Genehmigung von University of California, Lawrence Livermore National Laboratory, U.S. Department of Energy)

tion eines Fusionsreaktors eine Vielzahl von noch ungelösten praktischen Problemen mit sich bringt, steht nicht zu erwarten, daß die Kernfusion innerhalb der nächsten Jahrzehnte zu einer verfügbaren Energiequelle wird. Auf lange Sicht erscheint dies jedoch möglich.

40.6 Wechselwirkung von Teilchen mit Materie

In diesem Abschnitt untersuchen wir kurz die wesentlichen Wechselwirkungen von geladenen Teilchen, Neutronen und Photonen mit Materie. Das Verständnis dieser Wechselwirkungen ist äußerst wichtig für die Konstruktion geeigneter Detektoren und Abschirmungen sowie die Auswirkungen von Strahlung auf lebende Organismen.

Geladene Teilchen

Durchdringt ein geladenes Teilchen Materie, so verliert es im wesentlichen durch Stoßprozesse mit Elektronen an kinetischer Energie. Diese Stoßprozesse führen in der Regel zur Ionisation der Atome des Materials. Ist die kinetische Energie eines geladenen Teilchens groß gegen die Ionisationsenergie der Atome, so ist der Energieverlust des Teilchens bei einem einzelnen Stoßprozeß mit einem Elektron sehr gering. (Ein schweres geladenes Teilchen kann aus Gründen der Impulserhaltung keinen großen Anteil seiner Energie bei einem Stoß mit einem Elektron verlieren.) Da die Anzahl der Elektronen in der Materie sehr groß ist, kann man den Energieverlust des Teilchens daher als kontinuierlichen Prozeß betrachten. Nach einer recht gut definierten Distanz, der sog. Reichweite, hat das Teilchen seine gesamte kinetische Energie verloren und kommt zur Ruhe. In diesem Bereich ist die Beschreibung durch einen kontinuierlichen Prozeß nicht mehr gültig, es werden einzelne Stoßprozesse wichtig. Bei Elektronen kann dies zu einer großen statistischen Streuung in der Reichweite führen, für Protonen oder andere schwere geladene Teilchen mit einer ursprünglichen Energie einiger MeV variieren die Reichweiten nur sehr gering.

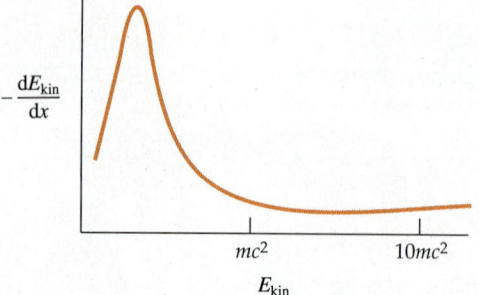

40.14 Der differentielle Energieverlust $-dE_{kin}/dx$ in Abhängigkeit von der kinetischen Energie für ein geladenes Teilchen, das die Strecke x in Materie eindringt. Für Teilchen, deren kinetische Energie größer ist als ihre Ruheenergie, ist $-dE_{kin}/dx$ nahezu konstant. Die Reichweite eines solchen Teilchens ist daher ungefähr proportional zu seiner kinetischen Energie.

Abbildung 40.14 zeigt den differentiellen Energieverlust $-dE_{kin}/dx$ aufgetragen gegen die kinetische Energie E_{kin} des ionisierenden Teilchens (x ist die Weglänge in Materie). $-dE_{kin}/dx$ nimmt im Bereich kleiner kinetischer Energien ein Maximum an, bei höheren Energien ist $-dE_{kin}/dx$ annähernd konstant. Teilchen mit einer kinetischen Energie größer als ihre Ruheenergie nennt man **minimal ionisierende Teilchen**. Für solche Teilchen ist der differentielle Energieverlust nahezu konstant und die Reichweite etwa proportional zu ihrer Energie. In Abbildung 40.15 ist die Reichweite von Protonen in Luft gegen ihre anfängliche kinetische Energie aufgetragen.

Da die geladenen Teilchen ihre kinetische Energie durch Stöße mit den Elektronen des Materials verlieren, ist der differentielle Energieverlust um so größer, je mehr Elektronen das Material enthält, d. h., $-dE_{kin}/dx$ ist näherungsweise proportional zur Dichte der Materie. Die Reichweite eines Protons der Energie 6 MeV in Luft beträgt etwa 40 cm, in Wasser, das eine um einen Faktor 800 höhere Dichte besitzt, beträgt die Reichweite dagegen nur etwa 0,5 mm.

Ist die kinetische Energie des Teilchens sehr groß gegen seine Ruheenergie, so verliert das Teilchen auch Energie in Form von Bremsstrahlung. Wegen ihrer vergleichsweise geringen Masse spielt dieser Prozeß besonders für Elektronen eine Rolle.

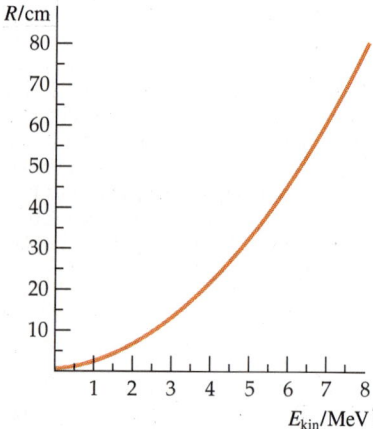

40.15 Die Reichweite von Protonen in trockener Luft als Funktion ihrer kinetischen Energie. Für große Energien besteht ein näherungsweise linearer Zusammenhang zwischen Reichweite und Energie.

Die Tatsache, daß der differentielle Energieverlust für kleine kinetische Energien stark anwächst, führt zu wichtigen Anwendungsmöglichkeiten in der Nuklearmedizin. In Abbildung 40.16 ist der Energieverlust für geladene Teilchen gegen ihre Eindringtiefe in Wasser aufgetragen. Wie man der Abbildung entnehmen kann, geben die Teilchen einen großen Teil ihrer Energie erst gegen Ende

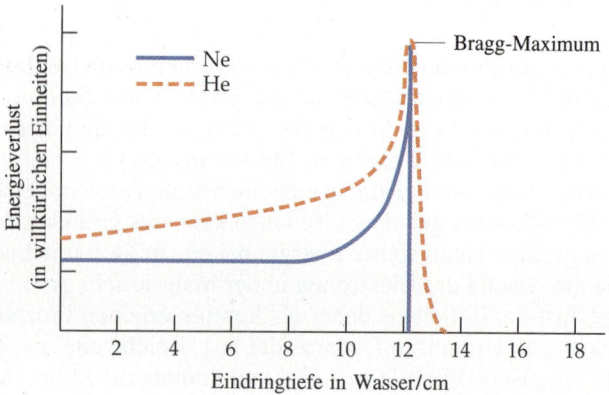

40.16 Der Energieverlust von Helium- und Neon-Ionen in Wasser gegen die Eindringtiefe aufgetragen. Das sog. Bragg-Maximum zeigt, daß die Teilchen den Großteil ihrer Energie abgeben, kurz bevor sie zur Ruhe kommen.

ihrer Reichweite ab. Das entsprechende Energieverlustmaximum in der Kurve heißt Bragg-Maximum oder **Bragg-Peak**. Ein Strahl von schweren geladenen Teilchen kann z.B. dazu genutzt werden, Krebszellen innerhalb des Körpers an einer bestimmten Stelle gezielt zu zerstören, ohne dabei andere, gesunde Zellen zu vernichten. Dazu muß die kinetische Energie der Teilchen sorgfältig auf einen geeigneten Wert eingestellt sein.

Neutronen

Da Neutronen ungeladen sind, wechselwirken sie nicht mit den Elektronen in Materie. Sie werden meist durch Streuung an Kernen oder durch Kerneinfang absorbiert. Bei Energien, die groß gegenüber der thermischen Energie ($k_B T$) sind, beobachtet man hauptsächlich elastische und inelastische Streuung an den Kernen. Jede Streuung oder Absorption bewirkt eine Ablenkung des wechselwirkenden Neutrons aus einem kollimierten Strahl. Dieses Verhalten unterscheidet sich deutlich von dem geladener Teilchen, die durch Stoßprozesse an den Elektronen zwar an Energie verlieren, jedoch im wesentlichen nicht aus dem Strahl abgelenkt werden, bis sie ihre gesamte kinetische Energie verloren haben.

Die Wahrscheinlichkeit, daß ein Neutron innerhalb einer bestimmten Strecke aus einem Strahl abgelenkt wird, ist proportional zur Anzahl der Neutronen im Strahl und zur vorgegebenen Strecke. Sei σ der Wirkungsquerschnitt für die Streuung und Absorption eines Neutrons und I die Intensität des Neutronenstrahls, d.h. die pro Zeit und Fläche einfallende Anzahl an Neutronen. Die Anzahl der pro Zeit aus dem Strahl abgelenkten Neutronen beträgt nach (40.25) pro Kern $R = \sigma I$. Ist n die Dichte der Kerne im Material, d.h. die Anzahl der Kerne pro Volumen, und A die Querschnittsfläche des Strahls, so ist die Anzahl der sich innerhalb der Strecke dx befindenden Kerne gleich $nA\,dx$. Die Anzahl der innerhalb der Distanz dx aus dem Strahl abgelenkten Neutronen beträgt demnach

$$-dN = \sigma I\,(nA\,dx) = \sigma n N\,dx\,. \qquad 40.29$$

Darin ist nA die Gesamtzahl an Neutronen pro Zeiteinheit im Strahl. Die Lösung der durch (40.29) gegebenen Differentialgleichung lautet:

$$N = N_0\,e^{-\sigma n x}\,. \qquad 40.30$$

Dividieren wir beide Seiten dieser Gleichung durch die Querschnittsfläche des Strahls, so ergibt sich für die Intensität des Strahls:

$$I = I_0\,e^{-\sigma n x}\,. \qquad 40.31$$

Die Intensität des Neutronenstrahls fällt also exponentiell mit der Eindringtiefe ab. Aufgrund dieses Verhaltens existiert keine definierte Reichweite der Neutronen. Als Maß für die **Eindringtiefe** kann jedoch die Strecke verwendet werden, innerhalb der die Intensität auf die Hälfte des ursprünglichen Wertes gesunken ist. Wir bezeichnen diese mit $x_{1/2}$ und berechnen sie aus (40.30):

$$\frac{1}{2} N_0 = N_0\,e^{-\sigma n x_{1/2}}$$

$$e^{\sigma n x_{1/2}} = 2$$

$$x_{1/2} = \frac{\ln 2}{\sigma n}\,. \qquad 40.32$$

Beispiel 40.5

Der gesamte Wirkungsquerschnitt für Streu- und Absorptionsprozesse von Neutronen einer bestimmten Energie betrage in Kupfer 0,3 barn, die Kerndichte von Kupfer ist $n = 8{,}45 \cdot 10^{28}$ Kerne/m³. a) Berechnen Sie den Anteil an Neutronen, die weiter als 10 cm in das Kupfer eindringen. b) Bei welcher Eindringtiefe ist nur noch die Hälfte der Neutronen übrig?

a) Für eine Eindringtiefe $x = 10$ cm gilt

$$\sigma n x = 0{,}3 \cdot 10^{28} \text{ m}^2 \cdot 8{,}54 \cdot 10^{28}/\text{m}^3 \cdot 0{,}10 \text{ m} = 0{,}254 \;.$$

Nach (40.30) erreichen von den ursprünglichen N_0 Neutronen nur

$$N = N_0 \, e^{-\sigma n x} = N_0 \, e^{-0{,}254} = 0{,}776 \, N_0$$

diese Eindringtiefe, also nur 77,6 Prozent.

b) Für $n = 8{,}45 \cdot 10^{28}$ Kerne/m³ und $\sigma = 0{,}3 \cdot 10^{-28}$ m² folgt aus (40.32)

$$x_{1/2} = \frac{\ln 2}{0{,}3 \cdot 10^{-28} \text{ m}^2 \cdot 8{,}54 \cdot 10^{28}/\text{m}^3} = \frac{0{,}693}{2{,}54} \text{ m} = 27{,}3 \text{ cm} \;.$$

Photonen

Wie bei den Neutronen fällt auch für Photonen die Strahlintensität exponentiell mit der Eindringtiefe im absorbierenden Material ab. Es gilt ein Zusammenhang wie in (40.31), wobei σ der totale Wirkungsquerschnitt für alle Streu- und Absorptionsprozesse der Photonen in der Materie ist. Die für die Photonen relevanten Prozesse sind der Photoeffekt, die Compton-Streuung und die Paarbildung. Der totale Wirkungsquerschnitt σ ist die Summe aus den Wirkungsquerschnitten dieser Einzelprozesse: σ_{Photo}, σ_{Compton} und σ_{Paar}, wie in Abbildung 40.17 gezeigt. Für kleine Photonenenergien, d.h. Energien kleiner als 1 keV, wird der Wirkungsquerschnitt durch den Photoeffekt bestimmt. Ist die Energie der Photonen groß gegenüber der Bindungsenergie der Elektronen (d.h. einige keV groß), so können die Elektronen als frei angesehen werden, und zum Wirkungsquerschnitt trägt hauptsächlich die Compton-Streuung bei (siehe Abschnitt 35.4). Ist die Photonenenergie größer als die doppelte Ruheenergie eines

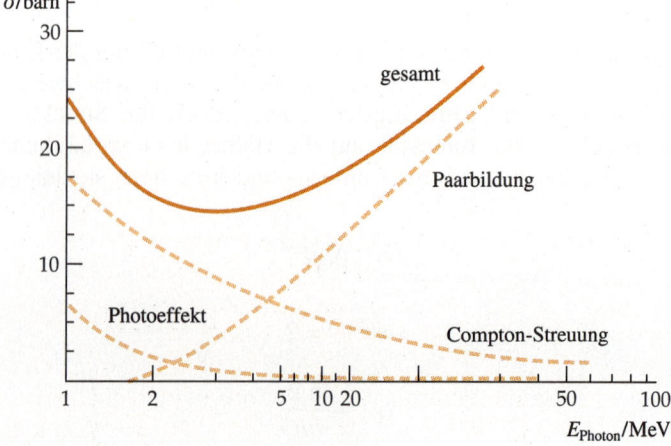

40.17 Die Wirkungsquerschnitte für die Wechselwirkungen von Photonen mit Blei als Funktion der Energie der Photonen. Der gesamte Wirkungsquerschnitt ergibt sich aus der Summe der Wirkungsquerschnitte für den Photoeffekt, die Compton-Streuung und die Paarbildung.

Elektrons, $2m_ec^2 = 1,02$ MeV, so kann ein Photon ein Elektron und ein Positron erzeugen, wobei es gleichzeitig vernichtet wird. Man nennt diesen Prozeß **Paarerzeugung** (oder **Paarbildung**). Der Wirkungsquerschnitt für die Paarerzeugung wächst mit der Photonenenergie stark an und bestimmt den totalen Wirkungsquerschnitt σ bei hohen Energien. An dem Paarerzeugungsprozeß muß ein Kern beteiligt sein, der den Rückstoßimpuls übernimmt, damit der Impulserhaltungssatz erfüllt ist. Eine Paarbildung im Vakuum ist daher nicht möglich (und tritt auch nicht auf). Der Wirkungsquerschnitt ist proportional zu Z^2, dem Quadrat der Ladungszahl des absorbierenden Materials.

Dosisgrößen

Die biologische Wirkung ionisierender Strahlung ist im wesentlichen eine Folge der im biologischen Material erzeugten Ionisationen. So können in Zellen schon wenige Ionisationen ausreichen, um einzelne Funktionen zu beeinträchtigen oder sogar die Teilungsfähigkeit zu zerstören. Zur quantitativen Beschreibung einer Strahlenexposition kann die **Energiedosis** $D = dE/dm$ dienen. Dabei ist dE die mittlere Energie, die durch ionisierende Strahlung auf das Volumenelement dV mit der Masse $dm = \varrho\, dV$ (ϱ ist die Dichte des bestrahlten Materials) übertragen wird. Die SI-Einheit der Energiedosis ist das **Gray** (Gy).

$$1 \text{ Gy} = 1 \text{ J/kg} . \qquad 40.33$$

Die biologische Wirkung einer Strahlenexposition kann jedoch durch die Energiedosis allein nur unzureichend beschrieben werden. So ist zum Beispiel eine Bestrahlung mit α-Teilchen wirksamer als eine Bestrahlung mit Elektronen, auch wenn in beiden Fällen die Energiedosis gleich ist. Ursache ist die unterschiedliche geometrische Verteilung der Ionisationen im bestrahlten Material. In der Bahnspur eines α-Teilchens haben die Ionisationen kleinere Abstände voneinander. Sie sind dadurch biologisch wirksamer als in der Spur eines schnellen Elektrons.

Für Zwecke des Strahlenschutzes wird die Energiedosis mit dem Qualitätsfaktor (RBW-Faktor, relative biologische Wirksamkeit) q multipliziert, um der unterschiedlichen biologischen Wirksamkeit der verschiedenen Strahlenarten Rechnung zu tragen (Tabelle 40.2). Das Produkt aus Qualitätsfaktor und Energiedosis heißt **Äquivalentdosis** H: $H = q\,D$. Die Einheit der Äquivalentdosis ist das **Sievert** (Sv):

$$1 \text{ Sv} = 1 \text{ J/kg} . \qquad 40.34$$

Tabelle 40.2 Qualitätsfaktor q (RBW-Faktor) zur Berücksichtigung der unterschiedlichen biologischen Wirksamkeit verschiedener Strahlungsarten. (Die Werte für Protonen und schwere Ionen hängen von der Teilchenenergie ab; die angegebenen Werte sollen nur die Größenordnung zeigen.)

Art der Strahlung	q
Photonen < 4 MeV	1
Photonen > 4 MeV	1
Elektronen < 30 keV	1
Elektronen > 30 keV	1
langsame Neutronen	5
schnelle Neutronen	15
Protonen	10
α-Teilchen	20
schwere Ionen	20

In Tabelle 40.3 sind verschiedene Einheiten und deren Umrechnung noch einmal zusammengefaßt. In die Tabelle wurden auch die alten (heute nicht mehr zulässigen) Einheiten für die Energiedosis (rad) und für die Äquivalentdosis (rem) aufgenommen, da man noch häufig auf sie stößt.

Die biologischen Wirkungen einer Strahlenexposition können in zwei Gruppen eingeteilt werden, die **akuten Strahlenwirkungen** und die **Spätschäden**. Während Ganzkörperdosen unterhalb von 0,25 Sv beim Menschen keinen akuten Strahlenschaden hervorzurufen scheinen, beeinträchtigen Dosen über 1 Sv z.B. die blutbildenden Organe oder den Gastrointestinaltrakt, und Dosen oberhalb von 5 Sv führen normalerweise innerhalb kurzer Zeit zum Tod.

Unser Wissen über Spätschäden, beruht im wesentlichen auf der Beobachtung der Überlebenden der Kernwaffeneinsätze in Hiroshima und Nagasaki. Der wichtigste Spätschaden ist die Entstehung von Tumoren. Durch Äquivalentdosen im Bereich von etwa 1 bis 2 Sv wird die Wahrscheinlichkeit von Tumorerkrankun-

40 Kernphysik

Tabelle 40.3 Strahlungseinheiten

Größe	Alte bzw. gebräuchliche Einheit		SI-Einheit		Umrechnung
	Name	Symbol	Name	Symbol	
Energie	Elektronenvolt	eV	Joule	J	1 eV = 1,602 · 10^{-19} J
Ionendosis	Röntgen	R	Coulomb pro Kilogramm	C/kg	1 R = 2,58 · 10^{-4} C/kg
Energiedosis	rad	rad	Gray	Gy = J/kg	1 rad = 10^{-2} J/kg = 10^{-2} Gy
Äquivalentdosis	rem	rem	Sievert	Sv	1 rem = 10^{-2} Sv
Aktivität	Curie	Ci	Becquerel	Bq = 1/s	1 Ci = 3,7 · 10^{10} Zerfälle/s = 3,7 · 10^{10} Bq

Tabelle 40.4 Durchschnittliche Äquivalentdosen pro Jahr

Strahlungsquelle	durchschnittliche Äquivalentdosis/ mSv/Jahr
kosmische Strahlung	0,45
innere radioaktive Nuklide	0,35
terrestrische Gammastrahlung	0,6
Luft	1,8
Röntgenuntersuchungen	1,8
globaler Fallout	0,04
Fernsehgeräte	0,01
Kernkraftwerke	0,00003

gen (gegenüber dem Wert ohne Bestrahlung) verdoppelt. Die Beobachtungen deuten darauf hin, daß auch kleine Dosen mit entsprechend geringerer Wahrscheinlichkeit Krebserkrankungen verursachen können. Erbschäden durch ionisierende Strahlung sind bisher nur am Tier nachgewiesen worden, jedoch geht man von einer ähnlichen Verdopplungsdosis aus wie bei der Tumorinduktion. Die Entwicklung des Zentralnervensystems (insbesondere vom 3. bis etwa 5. Monat der Schwangerschaft) ist gegenüber pränatalen Strahlenexpositionen am empfindlichsten.

In Tabelle 40.4 sind durchschnittliche Äquivalentdosen für die Strahlenexposition der Bevölkerung nach ihrer Herkunft aufgeschlüsselt. Die innere Strahlenexposition rührt von radioaktiven Kernen, wie ^{40}K und Uran, im Inneren des Körpers her. Der Großteil des radioaktiven Fallouts besteht aus ^{90}Sr und ^{137}Cs und wurde durch Kernwaffentests und durch den Reaktorunfall von Tschernobyl verursacht. Beide Isotope besitzen eine Halbwertzeit von etwa 30 Jahren. Die kosmische Strahlung wird durch die Atmosphäre weitgehend abgeschirmt. In Meeresspiegelhöhe verursacht sie in einem menschlichen Körper eine Äquivalentdosis von 0,45 mSv pro Jahr. Die Jahresdosis steigt mit der Höhe über dem Meeresspiegel um etwa 0,01 mSv pro 30 m an. Eines der Zerfallsprodukte des Urans ist das ^{222}Rn, das unter α-Emission mit einer Halbwertzeit von 3,82 Tagen zerfällt. Diesem Zerfall folgt eine Reihe weiterer α- und β-Zerfälle bis zum relativ stabilen ^{210}Pb mit einer Halbwertzeit von 22 Jahren. Da das Radon ein Edelgas ist, diffundiert es durch Materie, ohne mit dieser zu reagieren. Es kann aus dem Boden und aus Baumaterialien entweichen und führt zu einer relativ hohen Strahlenexposition durch Einatmung, insbesondere in geschlossenen Räumen, in denen es sich ansammeln kann. Die mittlere Äquivalentdosis beträgt in der Bundesrepublik etwa 1,8 mSv pro Jahr. Die größte Quelle künstlicher Strahlenbelastung stellt die zur medizinischen Diagnostik verwendete Röntgenstrahlung dar. Je nach Geräteausführung und Zweck der Untersuchung variieren die Äquivalentdosen sehr stark und können im Einzelfall auch weit über den in Tabelle 40.4 angegebenen Wert hinausgehen.

Zusammenfassung

1. Kerne bestehen aus N Neutronen und Z Protonen. Die Anzahl Z der Protonen eines Kerns heißt Kernladungszahl, die Summe $A = N + Z$ aus Kernladungszahl und der Anzahl der Neutronen heißt Massenzahl des Kerns.

2. Für leichte Kerne sind N und Z etwa gleich groß, für schwere Kerne dagegen ist N größer als Z.

3. Die meisten Kerne sind annähernd kugelförmig und besitzen ein zu ihrer Massenzahl A proportionales Volumen. Die Kerndichte ist daher unabhängig von der Massenzahl. Der Radius eines Kerns ist in guter Näherung durch

$$R = R_0 A^{1/3}$$

gegeben, wobei R_0 ungefähr 1,5 fm beträgt.

4. Die Masse eines stabilen Kerns ist geringer als die Summe der Massen seiner Bestandteile, der Nukleonen. Die Massendifferenz multipliziert mit c^2 ergibt die Bindungsenergie des Kerns, sie ist etwa proportional zur Massenzahl A.

5. Kerne besitzen aufgrund ihres Spins ein magnetisches Moment. Das magnetische Moment des Protons beträgt $+2{,}7928\,\mu_N$, das des Neutrons $-1{,}9135\,\mu_N$, wobei

$$\mu_N = \frac{e\hbar}{2m_p} = 5{,}05 \cdot 10^{-27}\,\text{J/T} = 3{,}15 \cdot 10^{-8}\,\text{eV/T}$$

(in Analogie zum Bohrschen Magneton) als Kernmagneton bezeichnet wird.

6. Das magnetische Moment eines Protons kann parallel oder antiparallel zu einem äußeren Magnetfeld angeordnet sein. Die Energiedifferenz zwischen diesen beiden Zuständen ist durch

$$\Delta E = 2(\mu_z)_{\text{Proton}} B$$

gegeben. Übergänge zwischen den beiden Zuständen können durch Photonen geeigneter Frequenz induziert werden. Diese Resonanzabsorbtion heißt Kernspinresonanz.

7. Instabile Kerne sind radioaktiv und zerfallen unter Emission von α-Strahlung (He-Kernen), β-Strahlung (Elektronen bzw. Positronen) oder γ-Strahlung (Photonen). Radioaktive Zerfälle sind statistische Prozesse und folgen einem Exponentialgesetz:

$$N = N_0\,e^{-\lambda t},$$

wobei λ die Zerfallskonstante ist. Die Zerfallsrate ist durch

$$R = \lambda N = R_0\,e^{-\lambda t}$$

gegeben. Die Zeit, innerhalb der die Hälfte einer ursprünglich vorhandenen Anzahl von Kernen zerfallen ist, heißt Halbwertszeit. Sie steht mit der Zerfallskonstante in der Beziehung

$$t_{1/2} = \frac{0{,}693}{\lambda}.$$

Die Halbwertszeiten für den α-Zerfall variieren von Bruchteilen von Sekunden bis zu Millionen von Jahren. Für den β-Zerfall betragen sie bis zu Stunden oder Tagen. Die Halbwertszeiten für γ-Zerfälle liegen meist unter einer Mikrosekunde. Das Curie ist definiert als die Anzahl der in einer Sekunde in einem Gramm Radium vorkommenden Zerfälle und entspricht $3{,}7 \cdot 10^{10}$ Zerfällen/s = $3{,}7 \cdot 10^{10}$ Bq.

8. Der Wirkungsquerschnitt σ ist ein Maß für die effektive Größe eines Kernes bei einer bestimmten Kernreaktion. Wirkungsquerschnitte werden häufig in barn gemessen, es gilt: 1 barn = 10^{-28} m^2. Eine wichtige Kernreaktion ist der Einfang eines Neutrons durch einen Kern. Der Wirkungsquerschnitt für diese Reaktion weist starke Resonanzen und ein $1/v$-Verhalten auf, wobei v die Geschwindigkeit der Neutronen ist.

9. Kernspaltung tritt auf, wenn schwere Kerne, wie ^{235}U oder ^{239}Pu, ein Neutron einfangen und anschließend in zwei mittelschwere Kerne zerfallen, die sich aufgrund ihrer elektrostatischen Abstoßung voneinander wegbewegen. Es wird eine große Menge an Energie freigesetzt. Da bei der Kernspaltung außerdem ein oder mehrere Neutronen entstehen, ist eine Kettenreaktion möglich. Diese wird aufrechterhalten, wenn im Mittel eines der Neutronen abgebremst und von einem weiteren spaltbaren Kern eingefangen werden kann. Sehr schwere Kerne (mit Ladungszahlung $Z > 92$) unterliegen der spontanen Kernspaltung ohne äußere Einwirkung.

10. Auch bei der Fusion zweier leichter Kerne, wie ^{2}H und ^{3}H, wird eine große Menge an Energie frei. Eine solche Kernfusion findet im Inneren der Sterne statt, wo die Temperatur groß genug ist ($\approx 10^8$ K), um die Wasserstoffionen durch thermische Bewegung nahe genug aneinanderzubringen, damit sie fusionieren. Eine Nutzung von Fusionsprozessen zur Energieerzeugung in Kraftwerken erscheint aus mehreren Gründen als sinnvoll, ist aber wegen der dabei auftretenden technischen Schwierigkeiten noch nicht in greifbare Nähe gerückt.

11. Geladene Teilchen wechselwirken beim Durchdringen von Materie mit deren Elektronen und verlieren dabei nahezu kontinuierlich an kinetischer Energie. Sie besitzen in einem bestimmten Material recht gut definierte Reichweiten, die etwa proportional zu ihrer Energie und umgekehrt proportional zur Dichte des Materials sind. Neutronen und Photonen besitzen keine wohldefinierte Reichweite. Die Intensität eines Neutronen- oder Photonenstrahls fällt exponentiell mit der Eindringtiefe ab. Neutronen wechselwirken nicht mit den Elektronen der Atomhüllen; sie werden hauptsächlich durch inelastische Streuung und durch Einfang von Kernen aus dem Strahl absorbiert. Photonen können – je nach ihrer Energie – sowohl mit der Elektronenhülle als auch mit dem Kern wechselwirken. Sie werden bei kleinen Energien durch den Photoeffekt absorbiert, bei großen Energien durch die Paarerzeugung. Im Bereich mittlerer Energien beobachtet man hauptsächlich Compton-Streuung.

12. Strahlungsdosen werden üblicherweise in rad gemessen. 1 rad ist definiert als diejenige Strahlungsmenge, die einem absorbierenden Material eine Energie von 10^{-2} J pro Kilogramm zuführt. Das rem ist definiert als die Strahlungsmenge, die denselben biologischen Effekt wie 1 rad γ- oder β-Strahlung besitzt. Es unterscheidet sich von 1 rad nur durch den relativen biologischen Wirksamkeitsfaktor RBW, der für langsame Neutronen etwa 4 bis 5 beträgt, für schnelle Neutronen etwa 10, für α-Teilchen im Energiebereich 5 bis 10 MeV etwa 10 bis 20.

Aufgaben

Stufe I

40.1 Eigenschaften der Kerne

1. Berechnen Sie die Bindungsenergie und die Bindungsenergie pro Nukleon für a) ^{12}C, b) ^{56}Fe, c) ^{238}U, d) ^{6}Li, e) ^{39}K und f) ^{208}Pb. Benutzen Sie dazu die in Tabelle 40.1 angegebenen Massen.

2. Benutzen Sie Gleichung (40.1), um die Radien der folgenden Kerne zu berechnen: a) ^{16}O, b) ^{56}Fe und c) ^{197}Au.

3. Leiten sie Beziehung (40.2) her.

40.3 Radioaktivität

4. Die Halbwertszeit für Radium beträgt 1620 Jahre. Berechnen Sie die Anzahl der in einer Sekunde in einem Gramm Radium auftretenden Zerfälle und zeigen Sie, daß die Aktivität einen Wert von etwa 1 Ci ergibt.

5. An einer radioaktiven Silberfolie mit Halbwertszeit $t_{1/2} = 2{,}4$ min werden mit einem Geigerzähler zum Zeitpunkt $t = 0$ etwa 1000 Zerfälle pro Sekunde gemessen. a) Wie groß ist die Zählrate nach 2,4 min und 4,8 min? b) Wie viele radioaktive Kerne liegen zum Zeitpunkt $t = 0$ und zum Zeitpunkt $t = 2{,}4$ min vor, wenn die Nachweisrate 20 Prozent beträgt? c) Wann beträgt die Zählrate etwa 30 Zerfälle/s?

6. Das einzige stabile Isotop des Natrium ist das ^{23}Na. Welche Art von Zerfall würden Sie für a) ^{22}Na und b) ^{24}Na erwarten?

7. Benutzen Sie Tabelle 40.1, um die Energie des α-Teilchens beim α-Zerfall von a) ^{226}Ra und b) ^{242}Pu zu berechnen.

8. Eine Probe aus Holz enthalte 10 Gramm Kohlenstoff und weise eine ^{14}C-Zerfallsrate von 100 Zerfällen/min auf. Wie alt ist die Probe?

9. Eine Probe eines in einer archäologischen Fundstätte ausgegrabenen Knochens enthalte 175 Gramm Kohlenstoff. Die ^{14}C-Zerfallsrate betrage 8,1 Bq. Wie alt ist der Knochen?

40.4 Kernreaktionen

10. Benutzen Sie Tabelle 40.1, um die Q-Werte für folgende Reaktionen zu berechnen: a) ^{1}H + ^{3}H $\rightarrow$ ^{3}He + n + Q und b) ^{2}H + ^{2}H $\rightarrow$ ^{3}He + n + Q.

11. Benutzen Sie Tabelle 40.1, um die Q-Werte für folgende Reaktionen zu berechnen: a) ^{2}H + ^{2}H $\rightarrow$ ^{3}He + ^{1}H + Q, b) ^{2}H + ^{3}He $\rightarrow$ ^{4}He + ^{1}H + Q und c) ^{6}Li + n $\rightarrow$ ^{3}H + ^{4}He + Q.

40.5 Kernspaltung, Kernfusion und Kernreaktoren

12. Berechnen Sie die Temperatur T, für die $k_B T$ den Wert 10 keV annimmt. (k_B bezeichnet die Boltzmann-Konstante.)

40.6 Wechselwirkung von Strahlung mit Materie

13. Die Reichweite von α-Teilchen der Energie 4 MeV in Luft (Dichte $\varrho = 1{,}29$ mg/cm^3) beträgt 2,5 cm. Berechnen Sie die Reichweite dieser α-Teilchen in a) Wasser und b) Blei ($\varrho = 11{,}2$ mg/cm^3) unter der Annahme, daß die Reichweite umgekehrt proportional zur Dichte des absorbierenden Materials ist.

14. In einem Eisenblock wird die Intensität eines Neutronenstrahls innerhalb einer Strecke von 3 cm um einen Faktor 2 vermindert. Wie dick muß der Eisenblock sein, damit die Intensität um a) einen Faktor 8 und b) einen Faktor 128 reduziert wird?

15. Die Dichte der Kerne in Eisen beträgt $n = 5{,}50 \cdot 10^{28}$ Kerne/m^3. Berechnen Sie den totalen Streu- und Absorptionsquerschnitt für den Neutronenstrahl aus Aufgabe 14.

16. Eine 1,0 cm dicke Bleiplatte vermindert die Intensität eines 15-MeV-γ-Strahls um einen Faktor 2. a) Wie stark wird die Intensität des Strahls durch eine 5 cm dicke Bleiplatte reduziert? b) Wie dick muß die Bleiplatte sein, um die Intensität um einen Faktor 1000 zu vermindern?

17. Die Kerndichte in Blei beträgt $3{,}30 \cdot 10^{28}$ Kerne/m^3. Benutzen Sie die Zahlenwerte aus Aufgabe 16, um den totalen Wirkungsquerschnitt für die Entfernung der 15-MeV-Photonen aus dem Strahl zu berechnen.

Stufe II

18. Zeigen Sie, daß die Aktivität eines Gramms natürlich vorkommenden Kohlenstoffs aufgrund des β-Zerfalls von ^{14}C 15 Zerfälle/min = 0,25 Bq beträgt.

19. a) Zeigen Sie, daß zwischen der Zerfallsrate R_0 zum Zeitpunkt $t = 0$, der Zerfallsrate R_1 zu einem späteren Zeitpunkt t_1 und der Zerfallskonstante λ folgender Zusammenhang besteht:

$$\lambda = t_1^{-1} \ln \frac{R_0}{R_1}$$

und die Halbwertszeit durch

$$t_{1/2} = \frac{0{,}693 \, t_1}{\ln(R_0/R_1)}$$

gegeben ist. b) Benutzen Sie dieses Resultat, um die Zerfallskontante und die Halbwertszeit für einen Zerfall zu bestimmen, bei dem die Aktivität zum Zeitpunkt $t = 0$ gleich 1200 Bq und zum Zeitpunkt $t_1 = 60$ s gleich 800 Bq ist.

20. a) Berechnen Sie aus den Atommassen $m = 14{,}00324$ u für $^{14}_6\text{C}$ und $m = 14{,}00307$ u für $^{14}_7\text{N}$ den Q-Wert für den β-Zerfall

$$^{14}_6\text{C} \to ^{14}_7\text{N} + \beta^- + \overline{\nu}_e \, .$$

b) Erläutern Sie, warum in dieser Rechnung die Masse des β^- nicht zu der des $^{14}_7\text{N}$ addiert werden muß.

21. Das elektrostatische Potential zwischen zwei Ladungen q_1 und q_2 im Abstand r ist durch

$$V = \frac{1}{4\pi\varepsilon_0} \frac{q_1 q_2}{r}$$

gegeben. a) Benutzen Sie (40.1), um die Radien von ^2H und ^3H zu berechnen. b) Berechnen Sie das elektrostatische Potential zwischen diesen beiden Kernen, wenn sie sich gerade berühren, d.h., ihre Mittelpunkte sich gerade in dem Abstand befinden, der der Summe der beiden Radien entspricht.

22. a) Berechnen Sie die Radien von $^{141}_{56}\text{Ba}$ und $^{92}_{36}\text{Kr}$ aus Gleichung (40.1). b) Nehmen Sie an, daß unmittelbar nach der Spaltung eines ^{235}U-Kerns in einen ^{141}Ba-Kern und einen ^{92}Kr-Kern die Tochterkerne sich in einer Entfernung voneinander befinden, die gleich der Summe ihrer Radien ist. Berechnen Sie das elektrostatische Potential zwischen den Tochterkernen (siehe Aufgabe 21) und vergleichen Sie dieses mit der gemessenen Spaltungsenergie von 175 MeV.

23. Die Intensität eines Neutrinostrahls fällt wie die eines Neutronen- oder Photonenstrahls nach Gleichung (40.31) exponentiell mit der Eindringtiefe in ein Material ab. Der Wirkungsquerschnitt für die Absorption eines Neutrinos liegt in der Größenordnung 10^{-20} barn. Bestimmen Sie die Ausmaße eines Eisenblocks ($n = 8{,}50 \cdot 10^{28}$ Kerne/m^3), der benötigt würde, um die Intensität des Strahls um einen Faktor e zu vermindern. Vergleichen Sie das Resultat mit der Entfernung der Erde von der Sonne (ungefähr $1{,}5 \cdot 10^8$ km).

24. Eine abgeschirmte γ-Quelle bewirke eine Strahlungsdosis von 0,05 rad/h auf eine durchschnittlich große Person im Abstand von einem Meter von der Quelle. Für beruflich strahlungsexponierte Personen gilt eine Dosis von 5 rem/Jahr als Grenzwert. In welchem Abstand von der Quelle darf sich eine solche Person aufhalten, wenn 2000 Arbeitsstunden angenommen werden? Nehmen Sie bei Ihrer Rechnung an, daß die Intensität der Quelle mit $1/r^2$ abfällt. (Tatsächlich fällt die Intensität wegen der Absorption der Photonen in der Luft stärker ab.)

25. Im Jahr 1989 behaupteten einige Wissenschaftler, eine Kernfusion bei Zimmertemperatur in einer elektrochemischen Zelle erreicht zu haben („kalte Fusion"). Durch eine Deuterium-Fusion an einer Palladiumelektrode soll die Apparatur eine Leistungsabgabe von 4 W erreicht haben. a) Nehmen Sie an, daß die beiden wahrscheinlichsten Reaktionen

$$^2\text{H} + ^2\text{H} \to ^3\text{He} + \text{n} + 3{,}27 \text{ MeV}$$

und

$$^2\text{H} + ^2\text{H} \to ^3\text{H} + ^1\text{H} + 4{,}03 \text{ MeV}$$

sind und Fusionsreaktionen gleich wahrscheinlich nach einer dieser beiden Formeln verlaufen. Wie viele Neutronen würden Sie erwarten, wenn eine Leistungsabgabe von 4 W erreicht werden soll? b) Wie groß ist die Äquivalentdosis pro Stunde, wenn nur ein Zehntel dieser Neutronen im Körper eines 80 kg schweren Arbeiters in der Nähe der Zelle absorbiert werden? Die Energie dieser Neutronen soll 0,5 MeV und der RBW-Faktor 4 betragen. c) Wie lange würde es dauern, bis der Arbeiter einer Äquivalentdosis von 500 rem ausgesetzt wäre? (Diese Dosis wirkt in der Hälfte aller Fälle letal.)

26. Das Rubidiumisotop ^{87}Rb ist ein β-Strahler mit einer Halbwertszeit von $4{,}9 \cdot 10^{10}$ Jahren, der in ^{87}Sr zerfällt. Es wird zur Bestimmung des Alters von Steinen und Fossilien genutzt. Berechnen Sie das Alter von Steinen, die Fossilien früherer Tiere enthalten und ein Verhältnis von ^{87}Sr zu ^{87}Rb von 0,01 aufweisen, unter der Annahme, daß ursprünglich kein ^{87}Sr vorhanden war.

27. In einem Fusionsreaktor, in dem nur Deuterium als Brennstoff verwendet wird, finden folgende Reaktionen statt:

$$^2\text{H} + ^2\text{H} \to ^3\text{He} + \text{n} + 3{,}27 \text{ MeV} \, ,$$
$$^2\text{H} + ^2\text{H} \to ^3\text{H} + ^1\text{H} + 4{,}03 \text{ MeV} \, .$$

Das in der zweiten Reaktion produzierte ^{3}H reagiert sofort mit einem ^{2}H-Kern:

$$^3\text{H} + {}^2\text{H} \rightarrow {}^4\text{He} + \text{n} + 17{,}7 \text{ MeV} \,.$$

Das Verhältnis von ^{2}H- zu ^{1}H-Atomen in natürlich vorkommendem Wasserstoff beträgt ungefähr $1{,}5 \cdot 10^{-4}$. Wieviel Energie ließe sich in einem solchen Reaktor aus 4 L Wasser erzeugen, wenn alle ^{2}H-Kerne fusioniert würden?

Stufe III

28. Betrachten Sie folgende Fusionsreaktion:

$$^3\text{H} + {}^2\text{H} \rightarrow {}^4\text{He} + \text{n} + 17{,}7 \text{ MeV} \,.$$

Bestimmen Sie die Energie des ^{4}He-Kerns und des Neutrons aus dem gegebenen Q-Wert und dem Impulserhaltungssatz unter der Annahme, daß der ursprüngliche Impuls des Systems gleich null ist.

29. Liegen zum Zeitpunkt $t = 0$ eine Anzahl N_0 radioaktiver Kerne vor, so zerfallen zum Zeitpunkt t (innerhalb eines Zeitintervalls dt) $-\,\text{d}N = \lambda N_0 \text{e}^{-\lambda t}\, \text{d}t$ Kerne. Multipliziert man diese Anzahl mit ihrer Lebensdauer t, summiert über alle möglichen Lebensdauern von $t = 0$ bis $t = \infty$ und dividiert anschließend durch die Anzahl N_0 der Kerne, so ergibt sich die mittlere Lebensdauer τ:

$$\tau = \frac{1}{N_0} \int_0^\infty t\, |\,\text{d}N\,| = \int_0^\infty t\lambda\, \text{e}^{-\lambda t}\, \text{d}t \,.$$

Zeigen Sie, daß $\tau = 1/\lambda$ gilt.

30. Betrachten Sie ein Neutron mit Masse m und Geschwindigkeit v_N, das zentral und elastisch mit einem im Laborsystem ruhenden Kern der Masse M stößt.
a) Zeigen Sie, daß die Geschwindigkeit des Schwerpunkts von Neutron und Kern im Laborsystem $v_\text{S} = mv_\text{N}/(m+M)$ beträgt. b) Wie groß ist die Geschwindigkeit des Kerns im Schwerpunktsystem vor dem Stoß? c) Wie groß ist die Geschwindigkeit des Kerns im Laborsystem nach dem Stoß? d) Zeigen Sie, daß die Energie des Kerns nach dem Stoß im Laborsystem durch

$$\frac{1}{2} M(2v_\text{S})^2 = \frac{4mM}{(m+M)^2} \left(\frac{1}{2}\, mv_\text{N}^2 \right)$$

gegeben ist. e) Zeigen Sie, daß der relative Energieverlust des Neutrons bei diesem elastischen Stoß

$$\frac{-\Delta E}{E} = \frac{4mM}{(m+M)^2} = \frac{4(m/M)}{(1+m/M)^2} \qquad 40.36$$

beträgt.

31. a) Benutzen Sie (40.36), um zu zeigen, daß die Energie eines Neutrons nach N elastischen, zentralen Stößen mit Kohlenstoffkernen ungefähr $0{,}714^N\, E_0$ beträgt, wobei E_0 die anfängliche Energie ist. b) Wie viele Stöße werden benötigt, damit ein Neutron mit der ursprünglichen Energie 2 MeV auf die thermische Energie 0,02 eV gebracht wird? Nehmen Sie für Ihre Abschätzung an, daß sich die Kohlenstoffkerne in Ruhe befinden.

32. In der Sonne und in den anderen Sternen wird Energie durch Kernfusion erzeugt. Einer der dabei auftretenden Fusionszyklen, der Proton-Proton-Zyklus, besteht aus den folgenden Reaktionen:

$$^1\text{H} + {}^1\text{H} + \rightarrow {}^2\text{H} + \beta^+ + \nu_\text{e}$$

$$^1\text{H} + {}^2\text{H} \rightarrow {}^3\text{He} + \gamma$$

gefolgt von

$$^1\text{H} + {}^3\text{He} \rightarrow {}^4\text{He} + \beta^+ + \nu_\text{e} \,.$$

a) Zeigen Sie, daß der Nettoeffekt dieser Reaktionen

$$4\,^1\text{H} \rightarrow {}^4\text{He} + 2\beta^+ + 2\nu_\text{e} + \gamma$$

ist. b) Zeigen Sie, daß dabei eine Energie von 24,7 MeV freigesetzt wird. (Lassen Sie dabei mögliche Annihilationsprozesse der Positronen mit Elektronen außer acht.) c) Die Sonne strahlt mit einer Leistung von etwa 10^{26} W. Nehmen Sie an, die abgestrahlte Energie werde nur in der in a) dargestellten Nettoreaktion erzeugt. Bestimmen Sie die Rate des Protonenverbrauchs in der Sonne. Wie lange ist ein solcher Prozeß prinzipiell möglich, wenn die abgestrahlte Leistung konstant bleibt und die Protonen etwa die Hälfte der Sonnenmasse ($2 \cdot 10^{30}$ kg) ausmachen?

33. In einem Beschleuniger werden mit einer konstanten Rate R_R radioaktive Kerne mit einer Zerfallskonstante λ erzeugt. Die Anzahl N der radioaktiven Kerne erfüllt demnach die Gleichung dN/d$t = R_\text{R} - \lambda N$.
a) Skizzieren Sie den Verlauf von N in Abhängigkeit von t für den Fall, daß $N = 0$ ist für $t = 0$. b) Das Isotop ^{62}Cu werde mit einer Rate von 100 Kernen pro Sekunde von einem auf gewöhnliches Kupfer (^{63}Cu) treffenden Photonenstrahl nach der Reaktion

$$\gamma + {}^{63}\text{Cu} \rightarrow {}^{62}\text{Cu} + \text{n}$$

erzeugt. Die ^{62}Cu-Kerne zerfallen unter β-Emission mit einer Halbwertszeit von 10 min. Nach einer hinreichenden Zeitspanne gilt dN/d$t \approx 0$. Wie viele ^{62}Cu-Kerne liegen dann vor?

# Elementarteilchen 41

Im Jahr 1803 gelang Dalton der erste experimentelle Beweis für die Existenz der Atome – also der kleinsten, nicht mehr (durch chemische Methoden) teilbaren Bausteine der Materie.

Mit der Entdeckung des Elektrons durch Thomson im Jahr 1897, der Entwicklung des Bohrschen Atommodells im Jahr 1913 und der Entdeckung des Neutrons im Jahr 1932 zeigte sich dann, daß die Atome und sogar ihre Kerne eine innere Struktur besitzen. Für kurze Zeit glaubte man an die Existenz von nur vier „Elementarteilchen": dem Proton, dem Neutron, dem Elektron und dem Photon. Doch ebenfalls noch im Jahr 1932 wurde das Positron entdeckt und bald darauf das Myon, das Pion und viele andere Teilchen.

Auf der Suche nach elementaren Teilchen wurden seit den fünfziger Jahren enorme Summen für den Bau von Teilchenbeschleunigern aufgewendet. Gegenwärtig kennen wir mehrere hundert Teilchen, von denen viele einmal als elementar angesehen wurden, und Forschungsgruppen an den großen Beschleunigerzentren rund um die Welt suchen und finden ständig weitere. Einige dieser Teilchen haben eine so kurze Lebensdauer, daß sie nur indirekt nachgewiesen werden können. Viele werden überhaupt nur in hochenergetischen Prozessen in Beschleunigern beobachtet. Zusätzlich zu den gewöhnlichen Teilcheneigenschaften wie Masse, Ladung und Spin wurden neue Charakteristika gefunden, denen man so skurrile Namen wie Strangeness („Seltsamkeit"), Charm, Topness und Bottomness gegeben hat.

In diesem Kapitel betrachten wir zunächst die verschiedenen Möglichkeiten zur Klassifizierung dieser Teilchen und gehen dann auf einige ihrer Eigenschaften genauer ein. Anschließend skizzieren wir die aktuelle Theorie der Elementarteilchen, das sog. *Standardmodell*, nach dem die gesamte bekannte Materie – von den exotischen, in den Beschleunigern produzierten Teilchen bis zum gewöhnlichen Sandkorn – aus nur zwei Arten von Elementarteilchen aufgebaut ist: den Leptonen und den Quarks.

41.1 Hadronen und Leptonen

Alle in der Natur beobachteten Kräfte können letztendlich auf vier fundamentale Wechselwirkungen zurückgeführt werden. In der Reihenfolge abnehmender Stärke sind dies

1. die starke (oder hadronische) Wechselwirkung,
2. die elektromagnetische Wechselwirkung,
3. die schwache Wechselwirkung und
4. die Gravitation.

Kräfte zwischen Molekülen und makroskopische Kräfte, wie Kontaktkräfte, Kräfte durch Seilspannungen oder Federkräfte, lassen sich vollständig auf die elektromagnetische Wechselwirkung zurückführen. Die elektromagnetische Wechselwirkung ist aber auch für die Elementarteilchenphysik von Bedeutung. Dagegen ist die Gravitation, verglichen mit den übrigen Wechselwirkungen, so schwach, daß sie in der Elementarteilchenphysik meist vollständig vernachlässigt werden kann. Die schwache Kraft ist unter anderem für die Wechselwirkungen zwischen Elektronen oder Positronen und Nukleonen verantwortlich, die sich etwa im Betazerfall äußern, den wir schon in Kapitel 40 kennengelernt haben. Die starke Wechselwirkung beschreibt unter anderem die Kräfte zwischen den Nukleonen (Proton und Neutron), die die Atomkerne zusammenhalten. Anhand der vier fundamentalen Wechselwirkungen lassen sich die Elementarteilchen in verschiedene Klassen einteilen. Einige Teilchen unterliegen allen vier Wechselwirkungen, andere dagegen nur einigen von ihnen.

Teilchen, die stark wechselwirken, heißen **Hadronen**. Von ihnen gibt es zwei Arten: die **Baryonen** mit halbzahligem Spin ($\frac{1}{2}, \frac{3}{2}, \frac{5}{2}$ usw.) und die **Mesonen** mit ganzzahligem Spin (0, 1, 2 usw.). Die Baryonen, zu denen auch die Nukleonen zählen, sind die schwersten Elementarteilchen. Die Massen der Mesonen liegen typischerweise zwischen der Masse des Elektrons und derjenigen des Protons.

Die Existenz von Mesonen wurde 1935 durch den japanischen Physiker H. Yukawa vorausgesagt. Er beschrieb die Kernkräfte durch den Austausch eines Teilchens, dessen Masse mit der Reichweite der Kraft in Zusammenhang steht. Yukawas Theorie besitzt Analogien zur Quantentheorie des Elektromagnetismus. In der klassischen Elektrodynamik umgehen wir den Begriff der Fernwirkung, indem wir sagen, die Kraft zwischen zwei Ladungen werde durch das elektromagnetische Feld übertragen. In der quantenmechanischen Beschreibung, der **Quantenelektrodynamik (QED)**, wird das elektromagnetische Feld als Austausch von Photonen beschrieben, die von geladenen Teilchen absorbiert und emittiert werden können. Da diese Photonen nicht direkt beobachtet werden können, nennt man sie **virtuelle Photonen**. Die Emission eines virtuellen Photons durch ein Elektron verletzt den Energieerhaltungssatz. In der Quantenmechanik ist dies jedoch erlaubt, wenn dieser Vorgang in einem genügend kurzen, mit der Unschärferelation in Einklang stehenden Zeitintervall abläuft: Ist ΔE die zur Erzeugung eines virtuellen Photons benötigte Energie, so ist der Prozeß erlaubt, falls das Photon innerhalb der Zeitspanne $\Delta t \approx \hbar/\Delta E$ durch ein anderes Teilchen (oder das emittierende Teilchen selbst) wieder absorbiert wird. Yukawa beschrieb die starke Kraft zwischen zwei Nukleonen als Emission und Absorption eines virtuellen Teilchens der Masse m_π. Um den Energieerhaltungssatz nicht zu verletzen, muß dieses Teilchen nach der Zeit Δt, die durch die Unschärferelation gegeben ist, wieder absorbiert werden:

$$\Delta t \approx \frac{\hbar}{\Delta E} \approx \frac{\hbar}{m_\pi c^2}. \qquad 41.1$$

Da sich das Teilchen höchstens mit Lichtgeschwindigkeit c bewegen kann, ist seine maximale Reichweite

$$d = c\,\Delta t = \frac{\hbar}{m_\pi c}. \qquad 41.2$$

Yukawa setzte diese Distanz gleich der Reichweite der Kernkräfte, die ungefähr $1,5 \cdot 10^{-15}$ m beträgt, und erhielt so eine Abschätzung für die Masse m_π des Teilchens. Lösen wir (41.2) nach m_π auf und multiplizieren mit c^2, so erhalten wir die Ruheenergie des Teilchens:

$$m_\pi c^2 \approx \frac{\hbar c}{d} = \frac{6,58 \cdot 10^{-16}\ \text{eV}\cdot\text{s} \cdot 3 \cdot 10^8\ \text{m/s}}{1,5 \cdot 10^{-15}\ \text{m}}$$
$$\approx 1,30 \cdot 10^8\ \text{eV} = 130\ \text{MeV}\ .$$

Das π-Meson oder **Pion**, das 1947 entdeckt wurde, besitzt gerade diese von Yukawa vorausgesagte Masse.

Teilchen, die über die starke Wechselwirkung zerfallen, haben sehr kurze Lebensdauern in der Größenordnung von 10^{-23} s. Das entspricht ungefähr der Zeit, die das Licht benötigt, um eine Distanz von der Größe des Kerndurchmessers zu durchlaufen. Teilchen, die über die schwache Wechselwirkung zerfallen, besitzen dagegen viel größere Lebenszeiten von etwa 10^{-10} s.

Hadronen sind Teilchen mit einer komplexen inneren Struktur. Wenn wir unter „Elementarteilchen" ausschließlich Punktteilchen ohne innere Struktur verstehen, dann zählen die Hadronen nicht zu den Elementarteilchen. Man geht heute davon aus, daß Hadronen aus den bereits eingangs erwähnten **Quarks** aufgebaut sind, die ihrerseits tatsächlich Elementarteilchen sind. Wir werden die Quarks in Abschnitt 41.4 noch ausführlicher behandeln. In Tabelle 41.1 sind einige Eigenschaften von Hadronen aufgeführt, die gegenüber Zerfällen aufgrund der starken Wechselwirkung stabil sind.

Teilchen, die der schwachen, nicht aber der starken Wechselwirkung unterliegen, nennt man **Leptonen**. Zu den Leptonen gehören die Elektronen, die Myonen

Tabelle 41.1 Hadronen, die gegenüber einem Zerfall aufgrund der starken Wechselwirkung stabil sind

Name	Symbol	Masse, MeV/c^2	Spin, $\hbar$	Ladung, e	Antiteilchen	Mittlere Lebensdauer/s	Typische Zerfallsprodukte*
Baryonen							
Nukleon	p (Proton)	938,3	$\frac{1}{2}$	+1	$\bar{p}^-$	∞	
	n (Neutron)	939,6	$\frac{1}{2}$	0	$\bar{n}$	930	$p + e^- + \bar{\nu}_e$
Lambda	Λ^0	1116	$\frac{1}{2}$	0	$\overline{\Lambda}^0$	$2,5 \cdot 10^{-10}$	$p + \pi^-$
Sigma	Σ^+	1189	$\frac{1}{2}$	+1	$\overline{\Sigma}^-$	$0,8 \cdot 10^{-10}$	$n + \pi^+$
	Σ^0	1193	$\frac{1}{2}$	0	$\overline{\Sigma}^0$	10^{-20}	$\Lambda^0 + \gamma$
	Σ^-	1197	$\frac{1}{2}$	−1	$\overline{\Sigma}^+$	$1,7 \cdot 10^{-10}$	$n + \pi^-$
Xi	Ξ^0	1315	$\frac{1}{2}$	0	$\overline{\Xi}^0$	$3,0 \cdot 10^{-10}$	$\Lambda^0 + \pi^0$
	Ξ^-	1321	$\frac{1}{2}$	−1	$\overline{\Xi}^+$	$1,7 \cdot 10^{-10}$	$\Lambda^0 + \pi^-$
Omega	Ω^-	1672	$\frac{1}{2}$	−1	$\overline{\Omega}^+$	$1,3 \cdot 10^{-10}$	$\Xi^0 + \pi^-$
Mesonen							
Pion	π^+	139,6	0	+1	π^-	$2,6 \cdot 10^{-8}$	$\mu^+ + \nu_\mu$
	π^0	135	0	0	π^0	$0,8 \cdot 10^{-16}$	$\gamma + \gamma$
	π^-	139,6	0	−1	π^+	$2,6 \cdot 10^{-8}$	$\mu^- + \bar{\nu}_\mu$
Kaon	K^+	493,7	0	+1	K^-	$1,24 \cdot 10^{-8}$	$\pi^+ + \pi^0$
	K^0	497,7	0	0	$\overline{K}^0$	$0,88 \cdot 10^{-10}$ und $5,2 \cdot 10^{-8}$**	$\pi^+ + \pi^-$ $\pi^+ + e^- + \bar{\nu}_e$
Eta	η^0	549	0	0		$2 \cdot 10^{-19}$	$\gamma + \gamma$

* Für die meisten Teilchen existieren verschiedene Zerfallskanäle.
** Das K^0 kommt in zwei Varianten mit unterschiedlichen Lebensdauern vor, man nennt sie K^0_{short} und K^0_{long}.

41 Elementarteilchen

und die Neutrinos. Sie alle besitzen eine kleinere Masse als die leichtesten Hadronen – daher auch die Bezeichnung Lepton („leichtes Teilchen"). Das als vorläufig letztes Lepton im Jahr 1975 durch Perl entdeckte *Tauon* hat allerdings eine Masse von 1780 MeV/c^2. Es ist also annähernd doppelt so schwer wie das Proton mit einer Masse von 938 MeV/c^2, so daß wir von einem „schweren Lepton" sprechen müssen. Soweit wir wissen, sind Leptonen strukturlose Punktteilchen und können als wirklich elementar in dem Sinne betrachtet werden, daß sie nicht aus weiteren Teilchen bestehen.

Man geht heute im allgemeinen davon aus, daß es drei *Generationen* von Leptonen gibt, zu denen je zwei Teilchen und deren Antiteilchen gehören: das Elektron und das Elektron-Neutrino, das Myon und das Myon-Neutrino sowie das Tauon und das Tauon-Neutrino. Von den Neutrinos wurde das Tauon-Neutrino bisher als einziges nicht direkt beobachtet. Seine Existenz wird jedoch einmal aus Symmetriegründen nahegelegt und folgt darüber hinaus indirekt aus der Entdeckung des Tauons. Die Massen dieser Teilchen sind sehr unterschiedlich (gemeint sind hier immer die Ruhemassen): Die Elektronenmasse beträgt 0,511 MeV/c^2, die des Myons 105 MeV/c^2 und die des Tauons 1780 MeV/c^2. Die Neutrinos werden meist als masselos angesehen. Es wird jedoch heftig über die Möglichkeit debattiert, ob sie eine zwar sehr kleine, aber eben doch nicht verschwindende Masse von wenigen eV/c^2 besitzen könnten. In Experimenten zur Untersuchung der von der Sonne ausgesandten Neutrinos beobachtet man einen geringeren Neutrinofluß als theoretisch erwartet. Dies ließe sich erklären, wenn man von massebehafteten Neutrinos ausgehen könnte. Darüber hinaus wäre selbst eine noch so kleine Neutrinomasse von großer kosmologischer Tragweite. Die Frage, ob das Universum für alle Zeiten expandiert oder eines Tages eine maximale Ausdehnung erreicht und dann wieder kontrahiert, hängt von dessen Gesamtmasse ab und daher auch von der Ruhemasse der Neutrinos. Es gibt im Universum rund 10^{89} Neutrinos, d.h. etwa 10^9mal so viele wie Protonen und Neutronen zusammen. Der Effekt, den eine endliche Neutrinomasse hätte, wäre also beträchtlich. Die Beobachtung von Elektron-Neutrinos aus der Supernovaexplosion 1987 A erlaubt eine Abschätzung für die Obergrenze der Masse dieser Teilchen: Da die Geschwindigkeit eines massebehafteten Teilchens von seiner Energie abhängt, werden massebehaftete Neutrinos aus einem Supernovaausbruch über eine gewisse Zeit verteilt auf der Erde ankommen. Aus der Tatsache, daß alle bei dem Supernovaereignis 1987 A beobachteten Neutrinos innerhalb von 13 Sekunden auf der Erde eintrafen, erhält man als obere Schranke für ihre Masse einen Wert von 16 eV/c^2. Damit ist jedoch eine verschwindende Masse keineswegs ausgeschlossen.

Frage

1. Das Myon und das Pion besitzen etwa die gleiche Masse. Wodurch unterscheiden sich diese Teilchen?

41.2 Spin und Antiteilchen

Eine wichtige Eigenschaft eines Teilchens ist sein innerer Drehimpuls, der Spin. Wir haben bereits gesehen, daß das Elektron eine Quantenzahl m_s besitzt, die mit der z-Komponente seines durch die Quantenzahl $s = \frac{1}{2}$ charakterisierten Spins zusammenhängt. Elektronen, Protonen, Neutronen, Neutrinos und alle andere Teilchen mit der Spinquantenzahl $s = \frac{1}{2}$ nennt man **Spin-$\frac{1}{2}$-Teilchen**. Sie gehören wie die übrigen Teilchen mit halbzahligem Spin (also $s = \frac{3}{2}, \frac{5}{2}$ usw.) zu den

Zeichnung eines Blasenkammerexperiments. Ein negatives Kaon (K$^-$) tritt von unten in eine Blasenkammer ein und zerfällt in ein π^-, das nach rechts aus dem Bild verschwindet, und ein π^0, das sofort in zwei Photonen zerfällt, deren Bahnen mit gestrichelten Linien angedeutet sind. Jedes Photon erzeugt in der Bleiplatte ein Elektron-Positron-Paar. Die Spirale rechts ist die Bahn eines weiteren Elektrons, das aus einem Atom in der Kammer herausgeschlagen worden ist. (Nach F. Close, M. Marten, C. Sutton, *The Particle Explosion*, Oxford University Press, Oxford 1987)

41.2 Spin und Antiteilchen

sog. **Fermionen** und genügen dem Pauli-Prinzip. Teilchen wie die Mesonen besitzen ganzzahligen Spin ($s = 0, 1, 2 \ldots$). Sie werden **Bosonen** genannt und unterliegen nicht dem Pauli-Prinzip, dürfen also in beliebiger Anzahl dieselben Quantenzustände besetzen.

Spin-$\frac{1}{2}$-Teilchen werden durch die **Dirac-Gleichung** beschrieben, eine relativistische Erweiterung der Schrödinger-Gleichung. Nach der von Dirac im Jahr 1927 vorgeschlagenen Theorie existiert zu jedem Teilchen ein zugehöriges Antiteilchen. Diese Vorhersage erwies sich als fundamental für das Verständnis vom Aufbau der Materie. In der speziellen Relativitätstheorie hängt die Energie eines Teilchens mit seiner Masse und seinem Impuls über $E = \pm \sqrt{p^2 c^2 + m^2 c^4}$ zusammen. Normalerweise wählen wir aus physikalischen Gründen die positive Lösung und vernachlässigen das negative Vorzeichen. Als Lösungen der Dirac-Gleichung treten jedoch auch Wellenfunktionen auf, die zu negativen Energien gehören. Dirac gelang es, diese zunächst unverstandene Lösung physikalisch zu interpretieren, indem er forderte, daß alle Zustände negativer Energie besetzt und daher nicht beobachtbar seien. Nur Löcher in diesem „See" negativer Energiezustände, die so definierten Antiteilchen, sollten sich bemerkbar machen. Diese Interpretation erfuhr nur geringe Aufmerksamkeit, bis Carl Anderson 1932 das Positron entdeckte, das Antiteilchen zum Elektron.

Antiteilchen können nie allein, sondern nur in Teilchen-Antiteilchen-Paaren erzeugt werden. Zur Erzeugung eines Elektron-Positron-Paares aus einem Photon muß dessen Energie größer sein als die Summe der Ruhemassen des Elektrons und Positrons, also größer als $2m_e c^2 \approx 1{,}02$ MeV. Obwohl das Positron stabil ist, ist seine Existenz im Universum wegen der Vielzahl der Elektronen nur von kurzer Dauer, da es sehr schnell in folgender Reaktion vernichtet wird:

$$e^+ + e^- \to \gamma + \gamma \,. \qquad 41.3$$

Die Wahrscheinlichkeit für diese Reaktion ist allerdings nur dann groß, wenn das Positron in Ruhe oder nahezu in Ruhe ist. In der Reaktion müssen zwei Photonen freigesetzt werden, die in entgegengesetzter Richtung auseinanderfliegen, damit die Impulserhaltung gewährleistet ist.

Obwohl wir die Elektronen als *Teilchen* bezeichnen und die Positronen als *Antiteilchen*, sind die Positronen nicht weniger fundamental als die Elektronen. Die Begriffsbildung orientiert sich lediglich an den Verhältnissen in unserem Teil des Universums. Bestünde unsere Materie aus negativen Protonen und positiven Elektronen, würden positive Protonen und negative Elektronen rasch vernichtet werden, und wir würden sie daher als Antiteilchen bezeichnen.

Das Antiproton (p$^-$) wurde 1955 von E. Segré und O. Chamberlain im Bevatron in Berkeley entdeckt. (Das Antiproton kann man auch mit $\bar{\text{p}}$ statt mit p$^-$ bezeichnen. Die Antiteilchen neutraler Teilchen müssen auf jeden Fall mit einem Querbalken geschrieben werden, also z.B. $\bar{\text{n}}$ für das Antineutron. Das Elektron und das Proton werden meist mit e und p bezeichnet, also ohne Angabe der Ladung.) Mit einem Protonenstrahl erzeugten Segré und Chamberlain die Reaktion

$$p^+ + p^+ \to p^+ + p^+ + p^+ + p^- \,. \qquad 41.4$$

Zur Bildung eines Proton-Antiproton-Paars (Abbildung 41.1) wird eine kinetische Energie von mindestens $2m_p c^2 = 1877$ MeV $= 1{,}877$ GeV im Schwerpunktsystem der beiden Protonen benötigt. Im Laborsystem, in dem sich eines der Protonen zu Anfang in Ruhe befindet, muß die kinetische Energie des einlaufenden Protons mindestens $6m_p c^2 = 5{,}63$ GeV betragen (siehe Aufgabe 47 aus Kapitel 34). Diese Energie war vor der Entwicklung der Hochenergiebeschleuniger in den fünfziger Jahren nicht verfügbar. Antiprotonen und Protonen

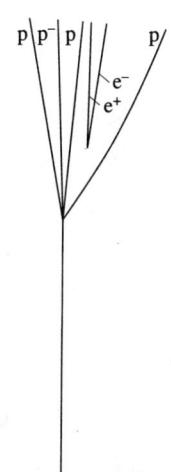

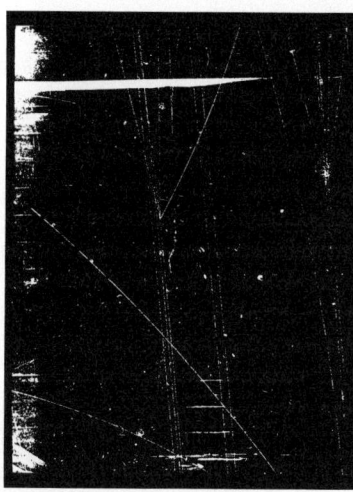

41.1 Blasenkammeraufnahme einer Proton-Antiproton-Paarerzeugung. Ein einlaufendes Proton der Energie 25 GeV trifft auf ein Proton aus der Blasenkammerfüllung (flüssiger Wasserstoff). (Foto und Zeichnung von Richard Ehrlich)

vernichten sich bei einem Zusammenstoß, und es entstehen zwei Gammaquanten in einem ähnlichen Prozeß wie bei einem Zusammenstoß von Elektronen und Positronen.

Beispiel 41.1

Ein Proton und ein Antiproton vernichten sich nach der Reaktion

$$p^+ + p^- \to \gamma + \gamma.$$

Berechnen Sie die Energie und die Wellenlänge der Photonen.

Da sich Proton und Antiproton in Ruhe befinden, folgt aus dem Impulserhaltungssatz, daß die beiden erzeugten Photonen entgegengesetzt gleichen Impuls und damit gleiche Energie besitzen. Die Gesamtenergie auf der linken Seite der Reaktion beträgt $2 m_p c^2$, deshalb ist die Energie jedes der beiden Photonen

$$E_\gamma = m_p c^2 = 938 \text{ MeV}.$$

Die Wellenlänge beträgt somit

$$\lambda = \frac{c}{\nu} = \frac{hc}{h\nu} = \frac{hc}{E_\gamma} = \frac{1240 \text{ eV nm}}{9{,}38 \cdot 10^8 \text{ eV}} = 1{,}32 \cdot 10^{-15} \text{ m} = 1{,}32 \text{ fm}.$$

Luftbild von CERN (Conseil Européen pour la Recherche Nucléaire), dem Zentrum der europäischen Hochenergiephysik in der Nähe von Genf. Der große Kreis zeigt, wo der Tunnel des LEP (Large Electron-Positron Collider, großer Elektron-Positron-Speicherring) unterirdisch verläuft. Der Umfang des Rings beträgt 27 km. (Die gepunktete Linie im Bild ist die Grenze zwischen der Schweiz und Frankreich.) Ziele der Untersuchungen der Zusammenstöße von Elektronen und Positronen sind u.a.: Präzisionsmessungen zur Masse des Z-Bosons (vgl. Abschnitt 41.5), Bestimmung der Zahl der Neutrinoarten und die Überprüfung des Standardmodells der elektroschwachen Wechselwirkung (vgl. Abschnitte 41.6 und 41.7). Die Anlage ist seit Ende 1989 in Betrieb. Ihre Maximalenergie betrug zunächst 2 · 50 GeV und wird schrittweise bis auf 2 · 95 GeV gesteigert. (Foto: CERN)

Blick in den Tunnel des Proton-Antiproton-Beschleunigerrings des CERN. Protonen und Antiprotonen bewegen sich in entgegengesetzter Richtung durch den Ring; zur Führung der Teilchen werden ein- und dieselben Ablenk- und Fokussiermagnete verwendet. Die Magnete befinden sich in den großen rechteckigen Kästen, die im Bild zu sehen sind. (Foto: CERN)

41.3 Erhaltungssätze

Eines der Grundprinzipien in der Natur ist: „Alles, was passieren kann, passiert auch." Wenn ein denkbarer Zerfall oder eine Reaktion nicht stattfindet, muß es dafür einen Grund geben. Dieser Grund wird meist als Erhaltungssatz formuliert. Beispielsweise schließt die Energieerhaltung den Zerfall eines Teilchens in schwerere Produkte aus. Aus der Impulserhaltung folgt, daß bei der Vernichtung von einem Elektron und einem Positron (die sich beide in Ruhe befinden) zwei Photonen emittiert werden. In jeder Reaktion muß außerdem der Drehimpuls erhalten bleiben. Ein vierter Erhaltungssatz, der die Zahl der möglichen Reaktionen und Zerfälle von Teilchen einschränkt, betrifft die Ladungserhaltung: Die Summen der elektrischen Ladungen vor und nach der Reaktion müssen stets übereinstimmen.

Zwei weitere Erhaltungssätze sind in der Elementarteilchenphysik von Bedeutung: die Erhaltung der Baryonenzahl und die der Leptonenzahl. Zum Beispiel würden beim Zerfall

$$p \rightarrow \pi^0 + e^+$$

Ladung, Energie, Impuls und Drehimpuls erhalten bleiben. Der Zerfall wird aber trotzdem nicht beobachtet, weil bei ihm weder die Baryonen- noch die Leptonenzahl erhalten bliebe. Nach den Erhaltungssätzen für die Baryonen- und Leptonenzahl muß mit jedem Teilchen auch ein Antiteilchen desselben Typs erzeugt werden. Geben wir allen Leptonen die **Leptonenzahl** $L = +1$, allen Antileptonen $L = -1$ und allen übrigen Teilchen $L = 0$ und entsprechend allen Baryonen die **Baryonenzahl** $B = +1$, Antibaryonen $B = -1$ und den übrigen $B = 0$, so sagen die entsprechenden Erhaltungssätze, daß sich B und L in keiner Reaktion ändern dürfen. Aus der Erhaltung von Energie und Baryonenzahl folgt zum Beispiel, daß das leichteste Baryon, das Proton, stabil sein muß.

Wegen der Erhaltung der Leptonenzahl muß das im Beta-Zerfall eines freien Neutrons emittierte Neutrino ein Antineutrino sein:

$$n \rightarrow p + e^- + \bar{\nu}_e . \qquad 41.5$$

Daß das Neutrino und das Antineutrino unterschiedliche Teilchen sind, zeigt ein Experiment, in dem ^{37}Cl mit einem intensiven Strahl von Antineutrinos beschossen wird, die bei einem Zerfall von Reaktorneutronen entstehen. Wenn Neutrinos und Antineutrinos identisch wären, würde man dabei die folgende Reaktion erwarten:

$$^{37}\text{Cl} + \bar{\nu}_e \to {}^{37}\text{Ar} + e^- .\qquad 41.6$$

Diese Reaktion wird jedoch nicht beobachtet. Werden dagegen Protonen mit Antineutrinos beschossen, findet die Reaktion

$$p + \bar{\nu}_e \to n + e^+ \qquad 41.7$$

statt. Man beachte, daß die Leptonenzahl auf der linken Seite von Formel (41.6) gleich -1, auf der rechten Seite aber $+1$ ist, während sie auf beiden Seiten von Formel (41.7) gleich -1 ist.

Nicht nur Neutrino und Antineutrino sind unterschiedliche Teilchen, auch die dem Elektron, dem Myon und dem Tauon zugeordneten Neutrinos sind voneinander verschieden. Die Zahlen elektronartiger Leptonen (e und ν_e), myonischer Leptonen (μ und ν_μ) sowie tauonartiger Leptonen (τ und ν_τ) bleiben separat erhalten. Dieser Sachverhalt kann durch die Einführung eigener Leptonenzahlen L_e, L_μ, L_τ für die jeweiligen Teilchen beschrieben werden. Für e und ν_e gilt $L_e = +1$, für ihre Antiteilchen $L_e = -1$, und alle anderen Teilchen bekommen $L_e = 0$ zugeordnet. L_μ und L_τ werden entsprechend vergeben.

Beispiel 41.2

Werden in den folgenden Zerfällen Erhaltungssätze verletzt? Wenn ja, welche?

a) $n \to p + \pi^-$ b) $\Lambda^0 \to p^- + \pi^+$ c) $\mu^- \to e^- + \gamma$

a) In dieser Reaktion, in der neben dem Proton ein Pi-Meson entsteht, treten keine Leptonen auf, die Leptonenzahl bleibt damit erhalten. Die Ladung ist vor und nach dem Zerfall gleich 0, also ebenfalls erhalten. Auch die Baryonenzahl ist am Anfang und am Ende gleich $+1$. Die Ruheenergie des Protons von 938,3 MeV plus der des Pions (139,6 MeV) übersteigt jedoch die Ruheenergie des Neutrons von 939,6 MeV. Der Zerfall verletzt also die Energieerhaltung. b) Hier wird der Zerfall eines Lambda-Teilchens (Λ) betrachtet, das zu den sog. **Resonanzteilchen** gehört. Resonanzteilchen, oft auch kurz Resonanzen genannt, entstehen, wenn Mesonen an Nukleonen gestreut werden. Es handelt sich um angeregte Mesonen- und Nukleonenzustände, die aber wohldefinierte, von den Grundzustandsteilchen abweichende Quantenzahlen und eine größere Ruhemasse haben. Λ-Resonanzen entstehen in der Streuung von Anti-K-Mesonen an Nukleonen. An der Reaktion, die wir betrachten, sind wieder keine Leptonen beteiligt, und die Gesamtladung vor und nach dem Zerfall ist 0. Die Ruheenergie des Λ^0 (1116 MeV) ist größer als die von Antiproton plus Pion; die Energiedifferenz geht in zusätzliche kinetische Energie der Zerfallsprodukte über, so daß die Gesamtenergie erhalten ist. Allerdings bleibt die Baryonenzahl nicht erhalten, denn für das Λ^0 ist sie gleich $+1$, für das Antiproton aber -1.
c) Diese Reaktion verletzt Myon- und Elektron-Leptonenzahl. Das Myon zerfällt aber dennoch, und zwar nach der Reaktion

$$\mu^- \to e^- + \bar{\nu}_e + \nu_\mu ,$$

die alle Erhaltungssätze erfüllt.

Es gibt Erhaltungssätze, die nicht von universeller Bedeutung sind, sondern nur für einige Wechselwirkungen gelten. Insbesondere bleiben einige Größen unter der starken, nicht aber unter der schwachen Wechselwirkung erhalten. Die bedeutendste dieser Größen ist die Quantenzahl **Seltsamkeit** (engl. *strangeness*), die 1952 von M. Gell-Mann und K. Nishijima eingeführt wurde, um das „selt-

41.3 Erhaltungssätze

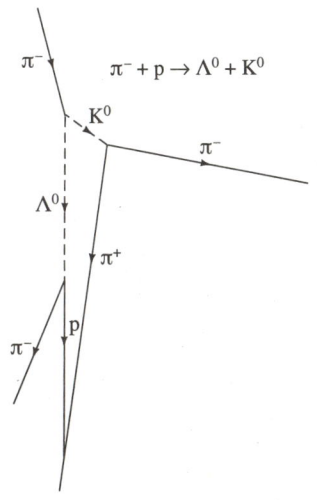
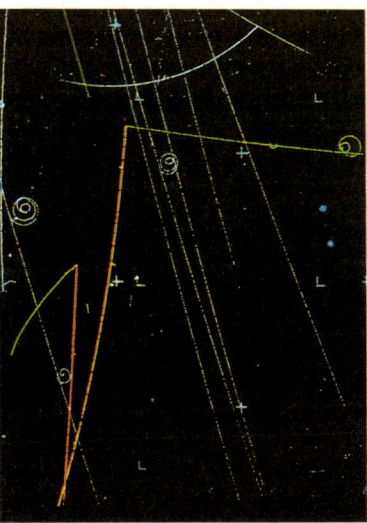

Zeichnung und Aufnahme eines frühen Blasenkammerexperiments am Lawrence-Berkeley-Laboratorium, bei dem zwei seltsame Teilchen, ein K^0 und ein Λ^0, entstanden sind. Die beiden neutralen Teilchen lassen sich aus den Spuren ihrer Zerfallsprodukte identifizieren. Das Lambda-Teilchen bekam seinen Namen wegen der Ähnlichkeit der Spuren seiner Zerfallsprodukte mit dem griechischen Buchstaben Λ. (Foto: Lawrence Berkeley Laboratory/Science Photo Library/Photo Researchers)

same" Verhalten der schweren Baryonen und Mesonen zu erklären. Betrachten wir die Reaktion

$$p + \pi^- \rightarrow \Lambda^0 + K^0, \qquad 41.8$$

an der neben einem Proton und einem Pion ein Lambda-Teilchen (siehe Beispiel 41.2) und ein K-Meson (auch Kaon genannt) beteiligt sind. Der Wirkungsquerschnitt der Reaktion ist so groß, wie man es für eine Reaktion erwartet, der die starke Wechselwirkung zugrunde liegt. Jedoch liegen die Zerfallszeiten sowohl des Λ^0 als auch des K^0 in der Größenordnung von 10^{-10} s, der charakteristischen Zeit für schwache Wechselwirkungsprozesse, und nicht von 10^{-23} s, der typischen Zeitskala für Prozesse der starken Wechselwirkung. Auch andere Teilchen zeigten ein ähnliches Verhalten und wurden daher als **seltsame Teilchen**

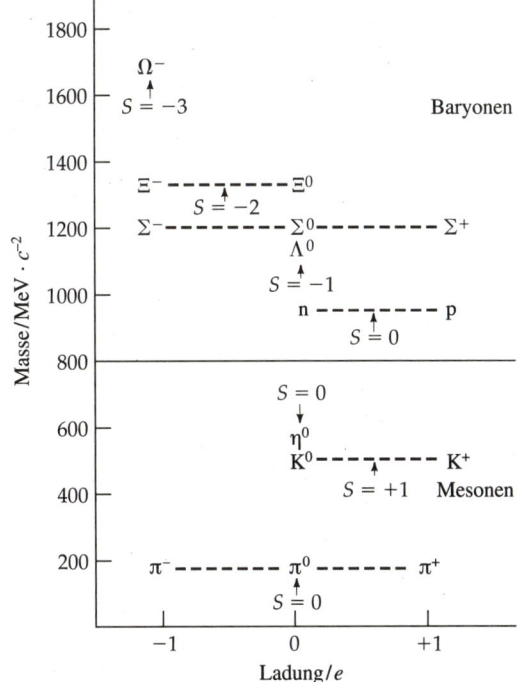

41.2 Die Seltsamkeit der Hadronen als Parameter in einem Ruhemasse-Ladungs-Diagramm. Die Seltsamkeit eines Baryonladungsmultipletts hängt damit zusammen, um wie weit sein Schwerpunkt gegen den des Nukleonendubletts verschoben ist. Bei jeder Verschiebung um $\frac{1}{2}e$ ändert sich die Seltsamkeit um ± 1. Für die Seltsamkeit von Mesonen gilt Entsprechendes, in diesem Fall ist die Verschiebung gegenüber dem Schwerpunkt des Pionentripletts ausschlaggebend. Die historisch bedingte, etwas unglückliche Zuordnung der Seltsamkeit $+1$ zum Kaonendublett hat zur Folge, daß das Strange-Quark die Seltsamkeit -1 trägt. Alle Baryonen, die gegenüber dem Zerfall aufgrund der starken Wechselwirkung stabil sind, tragen daher negative Seltsamkeit oder die Seltsamkeit $S = 0$.

bezeichnet. Sie werden stets in Paaren und nie einzeln erzeugt, auch wenn alle anderen Erhaltungssätze erfüllt sind. Um dieses Verhalten zu erklären, schrieb man den Teilchen eine neue Eigenschaft zu, die Seltsamkeit. Sie wird für gewöhnliche Hadronen wie Nukleonen und Pionen willkürlich gleich 0 gesetzt und für K^0 ebenso willkürlich als +1 gewählt. Nach Formel (41.8) muß dann die Seltsamkeit des Λ^0-Teilchens -1 betragen, damit die Seltsamkeit in dieser Reaktion erhalten bleibt. Die Seltsamkeit anderer Teilchen konnte dann aus weiteren Reaktionen bestimmt werden. In Prozessen der starken Wechselwirkung bleibt die Seltsamkeit erhalten, in solchen, die über die schwache Wechselwirkung verlaufen, kann sich die Seltsamkeit dagegen um ± 1 ändern.

In Abbildung 41.2 sind die Masse und die Seltsamkeit der Baryonen und Mesonen, die gegenüber einem Zerfall aufgrund der starken Wechselwirkung stabil sind, in Abhängigkeit von der Ladung aufgetragen. Wir können daraus ersehen, daß sich diese Teilchen in Seltsamkeitsmultipletts gruppieren, die aus je ein, zwei oder drei Teilchen annähernd gleicher Masse bestehen, und daß die Seltsamkeit eines Multipletts mit seinem „Ladungsmittelpunkt" zusammenhängt.

Beispiel 41.3

Finden Sie heraus, ob die folgenden Zerfälle über die starke oder die schwache Wechselwirkung verlaufen oder gar nicht stattfinden:

$$\text{a) } \Sigma^+ \to p + \pi^0 \qquad \text{b) } \Sigma^0 \to \Lambda^0 + \gamma \qquad \text{c) } \Xi^0 \to n + \pi^0.$$

Die hier betrachteten Sigma(Σ)- und Xi(Ξ)-Teilchen gehören wie das Lambda(Λ)-Teilchen zu den sog. Resonanzen, die in Beispiel 41.2 erläutert wurden. Wir stellen zunächst fest (siehe Tabelle 41.1), daß die Masse eines jeden der zerfallenden Teilchen größer ist als die der Zerfallsprodukte, so daß alle Prozesse energetisch erlaubt sind. Ferner sind keine Leptonen beteiligt, und auch Ladung und Baryonenzahl bleiben in jeder der Reaktionen erhalten. a) Aus Abbildung 41.2 können wir für das Σ^+-Teilchen die Seltsamkeit -1 entnehmen, während die des Protons und des Pions gleich 0 ist. Der Zerfall ist folglich nur über die schwache Wechselwirkung erlaubt. Dieser Prozeß ist tatsächlich eine der Zerfallsmöglichkeiten des Σ^+-Teilchens mit einer Lebensdauer von etwa 10^{-10} s. b) Da die Seltsamkeit des Σ^0 und des Λ^0 -1 beträgt, kann der Prozeß über die starke Wechselwirkung erfolgen. In der Tat handelt es sich hierbei um den dominanten Zerfallskanal des Σ^0 mit einer Lebensdauer von 10^{-20} s. (Der Begriff *Zerfallskanal* bezeichnet einen möglichen Zerfallsprozeß eines Teilchens, wenn mehrere Möglichkeiten für einen Zerfall bestehen.) c) Die Seltsamkeit des Ξ^0 beträgt -2, die von Neutron und Pion hingegen 0. Da sich die Seltsamkeit in einem Prozeß nicht um zwei Einheiten ändern kann, findet dieser Zerfall nicht statt.

Frage

2. Wie kann man entscheiden, ob ein Prozeß über die starke oder die schwache Wechselwirkung verläuft?

41.4 Das Quark-Modell

Wir haben gesehen, daß Leptonen wirklich elementare Teilchen zu sein scheinen, in dem Sinn, daß sie offenbar keine innere Struktur aufweisen, also punktförmig sind. Hadronen dagegen sind komplexe, ausgedehnte und strukturierte Gebilde, und sie zerfallen in andere Hadronen. Man kennt derzeit nur sechs Leptonen, dagegen eine viel größere Anzahl von Hadronen. In Tabelle 41.1 sind nur die gegen einen Zerfall aufgrund der starken Wechselwirkung stabilen Hadronen aufgeführt. Hunderte weiterer Hadronen wurden entdeckt, ihre Eigenschaften wie Ladung, Spin, Masse, Seltsamkeit gemessen und ihre Zerfallsschemata untersucht.

Der größte Fortschritt in unserem Verständnis der Elementarteilchen gelang mit der Entwicklung des Quark-Modells, das im Jahr 1963 von M. Gell-Mann und G. Zweig vorgeschlagen wurde. Nach diesem Modell bestehen alle Hadronen aus Kombinationen von zwei oder drei wirklich elementaren Teilchen, den sog. **Quarks**. (Der Name *Quark* stammt von Gell-Mann und ist einem Zitat aus *Finnegans Wake* von James Joyce entnommen). Im ursprünglichen Modell gab es drei Sorten (**Flavours**) von Quarks: u, d und s (für *u*p, *d*own und *s*trange). Eine ungewöhnliche Eigenschaft der Quarks ist ihre gebrochenzahlige Ladung: Die Ladung des u-Quarks beträgt $\frac{2}{3}e$, die des d- und s-Quarks $-\frac{1}{3}e$. Jedes Quark besitzt einen Spin von $\frac{1}{2}\hbar$ und die Baryonenzahl $\frac{1}{3}$. Die Seltsamkeit des u- und d-Quarks ist 0 und die des s-Quarks -1. Zu jedem Quark existiert ein Antiquark mit entgegengesetzter Ladung, Baryonenzahl und Seltsamkeit. Diese Eigenschaften sind in Tabelle 41.2 zusammengestellt. (Auf die dort ebenfalls genannten Eigenschaften Charm, Topness und Bottomness gehen wir weiter unten ein.) Baryonen bestehen aus drei Quarks (bzw. drei Antiquarks im Fall der Antiteilchen), Mesonen dagegen aus einem Quark und einem Antiquark, ihre Baryonenzahl ist demnach wie gefordert gleich null. Das Proton besteht aus der Kombination uud und das Neutron aus udd. Baryonen mit Seltsamkeit $S = -1$ enthalten ein s-Quark. Alle in Tabelle 41.1 aufgeführten Teilchen können aus diesen drei Quarks und ihren Antiquarks konstruiert werden. (Wegen der Symmetrieeigenschaften der Gesamtwellenfunktion ist der Quark-Inhalt eines Hadrons allerdings nicht immer offensichtlich. So muß zum Beispiel das π^0 als Linearkombination von $u\bar{u}$ und $d\bar{d}$ dargestellt werden.) Der große Erfolg des Quark-Modells bestand darin, daß sämtliche möglichen Kombinationen von drei Quarks oder von einem Quark und einem Antiquark in bekannten Hadronen resultieren. Deutliche Hinweise (wenn auch nur indirekter Art) auf die Existenz von Quarks in den Nukleonen geben hochenergetische Experimente zur sog. tiefinelastischen Streuung. In diesen Experimenten wird ein Nukleon mit Elek-

Tabelle 41.2 Eigenschaften von Quarks und Antiquarks

	Quarks						
Flavour	Spin/$\hbar$	Ladung/e	Baryonenzahl	Seltsamkeit	Charm	Bottomness	Topness
d (down)	$\frac{1}{2}$	$-\frac{1}{3}$	$+\frac{1}{3}$	0	0	0	0
u (up)	$\frac{1}{2}$	$+\frac{2}{3}$	$+\frac{1}{3}$	0	0	0	0
s (strange)	$\frac{1}{2}$	$-\frac{1}{3}$	$+\frac{1}{3}$	-1	0	0	0
c (charm)	$\frac{1}{2}$	$+\frac{2}{3}$	$+\frac{1}{3}$	0	$+1$	0	0
b (bottom)	$\frac{1}{2}$	$-\frac{1}{3}$	$+\frac{1}{3}$	0	0	$+1$	0
t (top)	$\frac{1}{2}$	$+\frac{2}{3}$	$+\frac{1}{3}$	0	0	0	$+1$
	Antiquarks						
$\bar{d}$	$\frac{1}{2}$	$+\frac{1}{3}$	$-\frac{1}{3}$	0	0	0	0
$\bar{u}$	$\frac{1}{2}$	$-\frac{2}{3}$	$-\frac{1}{3}$	0	0	0	0
$\bar{s}$	$\frac{1}{2}$	$+\frac{1}{3}$	$-\frac{1}{3}$	$+1$	0	0	0
$\bar{c}$	$\frac{1}{2}$	$-\frac{2}{3}$	$-\frac{1}{3}$	0	-1	0	0
$\bar{b}$	$\frac{1}{2}$	$+\frac{1}{3}$	$-\frac{1}{3}$	0	0	-1	0
$\bar{t}$	$\frac{1}{2}$	$-\frac{2}{3}$	$-\frac{1}{3}$	0	0	0	-1

41 Elementarteilchen

In dieser Illustration zeigt uns Max, der freundliche Physiker vom Brookhaven National Laboratory auf Long Island, New York, wie sich die Teilchenphysik durch Experimente mit immer größeren Beschleunigungsmaschinen entwickelt hat. Nachdem er Protonen (p), Pionen (π), Kaonen (K) und Antiprotonen ($\bar{p}$) an den Beschleunigern der fünfziger Jahre erforscht hatte (links), ging Max über zu den größeren Maschinen der siebziger Jahre (Mitte), die einen ständig anwachsenden Teilchenzoo hervorbrachten. Darin fanden sich auch das Omega (Ω) und das Psi (J/Ψ), zwei Teilchen, die eine wichtige Rolle bei dem Nachweis spielten, daß die meisten Teilchen aus Quarks aufgebaut sind – so wie das J/Ψ, das aus Charm-Quarks zusammengesetzt ist. In den achtziger Jahren schließlich arbeitet Max mit der neuesten, vorerst letzten Beschleunigergeneration (rechts). Bei diesem Maschinentyp läßt man zwei Teilchenstrahlen frontal zusammenstoßen, um möglichst hohe Kollisionsenergien zu erreichen. Dieser Beschleunigertyp gibt uns den momentan tiefsten Einblick in die Welt der Quarks, in der Zeichnung als Q bezeichnet. (Aus Frank Close, Michael Marten und Christine Sutton, *Spurensuche im Teilchenzoo*, Spektrum der Wissenschaft, Heidelberg 1989. Original der Zeichnung: Brookhaven National Laboratory)

tronen, Myonen oder Neutrinos mit Energien von 15 bis 200 GeV beschossen. Analysen der um große Winkel abgelenkten Teilchen zeigen, daß sich im Inneren des Nukleons Spin-$\frac{1}{2}$-Teilchen befinden, die sehr viel kleiner als das Nukleon sind. Diese Experimente sind analog zu Rutherfords Streuexperimenten mit α-Teilchen an Atomen, aus denen die Existenz eines schweren Kerns aus den um große Winkel abgelenkten α-Teilchen gefolgert wurde.

Um Diskrepanzen zwischen den experimentellen Daten für einige Zerfallsraten und den auf dem Quark-Modell basierenden Rechnungen zu erklären, wurde im Jahr 1967 ein viertes Quark vorgeschlagen. Es trägt die Bezeichnung c, entsprechend einer neuen Quantenzahl, dem sog. **Charm**. Wie die Seltsamkeit bleibt der Charm in der starken Wechselwirkung erhalten, kann sich aber bei schwachen Prozessen um eine Einheit ändern. Im Jahr 1975 wurde ein schweres Meson, das **J/Ψ-** oder kurz **Ψ-Teilchen**, entdeckt, das genau die Eigenschaften hatte, die man für eine $c\bar{c}$-Kombination erwartete. Seitdem wurden auch Mesonen wie $c\bar{d}$ oder cd gefunden; ebenso Baryonen, die das Charm-Quark enthalten. Zwei weitere Quarks, b und t (für *b*ottom und *t*op, manche Physiker bevorzugen *b*eauty und *t*ruth), wurden 1974 vorgeschlagen. Ihre Quantenzahlen werden **Bottomness** und **Topness** genannt. Während im Jahr 1977 das schwere **Y-Meson** oder **Bottomium** entdeckt wurde, das man als Quark-Kombination $b\bar{b}$ interpretiert, gab es bis vor kurzem lediglich Anhaltspunkte für die Existenz des t-Quarks – im April 1994 gelang nun der (indirekte) Nachweis.

Beispiel 41.4

Welche Eigenschaften haben die aus den folgenden Quarks aufgebauten Teilchen: a) $u\bar{d}$, b) $\bar{u}d$, c) dds, d) uss?

a) Da $u\bar{d}$ eine Kombination aus einem Quark und einem Antiquark ist, ist die Baryonenzahl 0; es handelt sich um ein Meson. Es enthält kein Strange-Quark, die Seltsamkeit ist also 0. Die Ladung des Up-Quarks beträgt $+\frac{2}{3}e$ und die des Anti-Down-Quarks $+\frac{1}{3}e$, die Ladung des Mesons ist daher $+1e$. $u\bar{d}$ ist die Quark-Kombination des π^+-Mesons. b) Das Teilchen $\bar{u}d$ ist ebenfalls ein Meson mit Seltsamkeit 0. Seine elektrische Ladung ist $-\frac{2}{3}e + (-\frac{1}{3}e) = -1e$. Es ist die Quark-Kombination des π^--Mesons. c) Das Teilchen dds ist ein Baryon mit Seltsamkeit -1, da es ein Strange-Quark enthält. Die Ladung ist $-\frac{1}{3}e - \frac{1}{3}e - \frac{1}{3}e = -1e$. Es ist die Quark-Kombination des Σ^--Teilchens. d) Die Seltsamkeit des Teilchens uss beträgt -2, die elektrische Ladung ist $+\frac{2}{3}e - \frac{1}{3}e - \frac{1}{3}e = 0$. Hierbei handelt es sich um das Ξ^0-Teilchen.

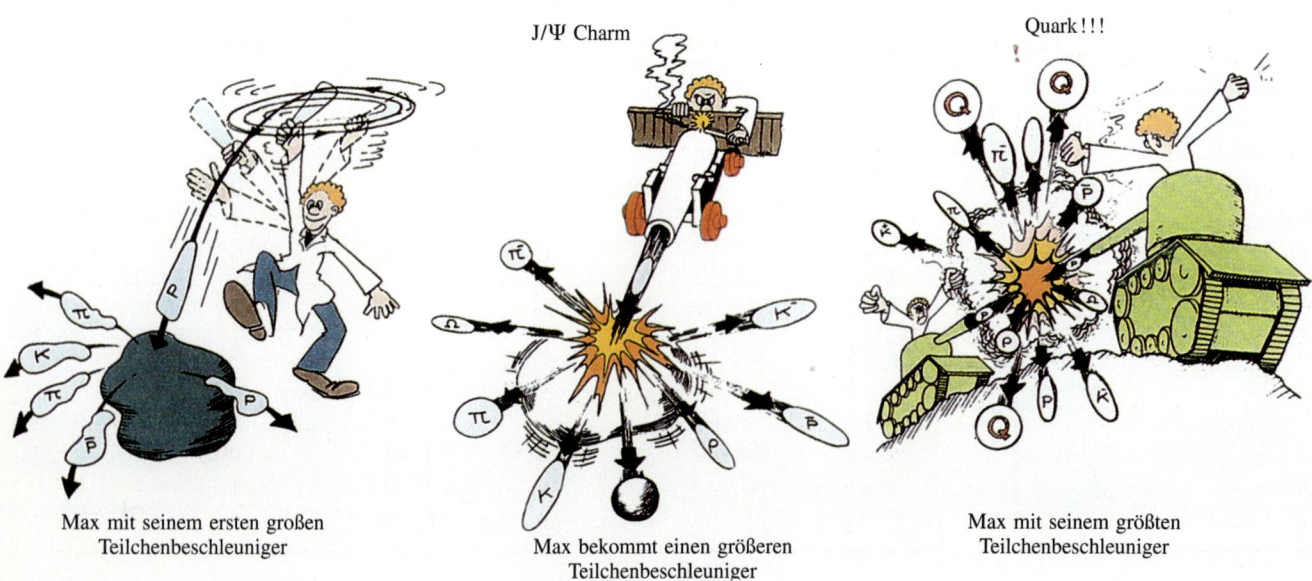

Max mit seinem ersten großen Teilchenbeschleuniger

Max bekommt einen größeren Teilchenbeschleuniger

Max mit seinem größten Teilchenbeschleuniger

Tabelle 41.3 Fundamentale Teilchen und ihre ungefähren Massen*

	leicht	mittel	schwer	Ladung/e
Quarks	u (≈ 400 MeV/c^2)	c ($\approx 1,5$ GeV/c^2)	t (≈ 174 GeV/c^2)	$+\frac{2}{3}$
	d (≈ 700 MeV/c^2)	s ($\approx 0,15$ GeV/c^2)	b ($\approx 4,7$ GeV/c^2)	$-\frac{1}{3}$
Leptonen	e (0,511 MeV/c^2)	μ (106 MeV/c^2)	τ (1,78 GeV/c^2)	-1
	ν_e (<16 eV/c^2)**	ν_μ (<300 keV/c^2)**	ν_τ (<40 MeV/c^2)**	-0

* Da die Quarks immer in Hadronen gebunden sind, kann man ihre Massen nicht genau angeben. Die angegebenen Werte sind lediglich begründete Schätzungen.
** Die Massen sind Obergrenzen. Es ist nicht ausgeschlossen, daß Neutrinos masselos sind.

Die sechs Quarks und die sechs Leptonen (sowie ihre Antiteilchen) werden als fundamentale, elementare Teilchen angesehen, aus denen die gesamte Materie zusammengesetzt ist. In Tabelle 41.3 sind die ungefähren Massen und die Ladungen von Quarks und Leptonen zum Vergleich aufgelistet. Die Massen der Neutrinos in dieser Tabelle sind obere Grenzen und die der Quarks begründete Schätzungen. Für die Existenz aller Teilchen gibt es experimentelle Hinweise. Der indirekte, aber gesicherte Nachweis des Top-Quarks gelang im April 1994 Wissenschaftlern des Fermi National Laboratory bei Chicago. Erstaunlich ist die große Masse des Top-Quarks von etwa 174 GeV/c^2 (der Fehler beträgt rund 10%). Damit ist das Top-Quark das massereichste je nachgewiesene Elementarteilchen.

Quark-Confinement

Trotz eines erheblichen experimentellen Aufwands ist es bisher nicht gelungen, einzelne Quarks zu beobachten. Man geht heute davon aus, daß es grundsätzlich unmöglich ist, Quarks zu isolieren. Dies könnte man dadurch erklären, daß die Kräfte zwischen zwei Quarks mit wachsendem Abstand nicht abnehmen, wie dies bei der elektromagnetischen und der Gravitationskraft der Fall ist, sondern konstant bleiben. Die potentielle Energie würde dann proportional zum Abstand wachsen, und ein unendlicher Energiebetrag wäre nötig, um die Quarks endgültig zu trennen. Führt man einem aus Quarks bestehenden System, wie z.B. einem Nukleon, einen großen Energiebetrag zu, so wird ein Quark-Antiquark-Paar erzeugt, und die ursprünglichen Quarks bleiben im Anfangssystem eingeschlossen (eventuell gruppieren sich die vier Quarks und das Antiquark neu, unter Bildung eines anderen Baryons und eines Mesons). Die Tatsache, daß man Quarks nicht isoliert beobachten kann, ist ihr herausragendes Merkmal. Man spricht vom Confinement (manchmal auch vom Einschluß oder von der Dauerbindung) der Quarks.

Da Quarks nicht voneinander getrennt werden können, sondern immer in einem Baryon oder einem Meson gebunden sind, lassen sich die Quark-Massen nicht exakt messen. Dies ist der Grund dafür, daß die in Tabelle 41.3 aufgeführten Massen lediglich Schätzungen sind.

Fragen

3. Wie können Sie aus dem Quark-Inhalt Baryonen und Mesonen unterscheiden?
4. Gibt es Quark-Antiquark-Kombinationen mit nichtganzzahliger Ladung?

41.5 Feldquanten

Neben den Leptonen und Quarks gibt es eine weitere Elementarteilchengruppe, die Feldquanten. Sie vermitteln die Wechselwirkungen zwischen Leptonen und Quarks und jeder dieser Teilchenarten untereinander. Ihr Spin ist ganzzahlig, sie zählen somit zu den Bosonen. Wie schon zu Anfang dieses Kapitels erläutert, wird das elektromagnetische Feld eines geladenen Teilchens in der Quantenelektrodynamik durch virtuelle Photonen beschrieben, die ständig von diesem emittiert und wieder absorbiert werden. Bei genügend kleinem Abstand zweier geladener Teilchen kann es zum Austausch von virtuellen Photonen kommen: Auf diese Weise wird die elektromagnetische Wechselwirkung durch die Photonen vermittelt. Auch die anderen drei fundamentalen Wechselwirkungen lassen sich in analoger Weise beschreiben.

Das Feldquantum der Gravitation, das **Graviton**, wurde noch nicht gefunden. Die der elektrischen Ladung analoge „Gravitationsladung" ist die Masse.

Die schwache Wechselwirkung wird durch drei sog. **Vektorbosonen** vermittelt: das W^+-, das W^-- und das Z^0-Boson. Diese Teilchen wurden von S. Glashow, A. Salam und S. Weinberg in ihrer Theorie der elektroschwachen Wechselwirkung vorhergesagt, die wir im nächsten Abschnitt behandeln werden. Die W-Bosonen und das Z-Boson wurden zuerst im Jahr 1983 von einer Gruppe von über hundert Wissenschaftlern unter der Leitung von C. Rubbia am CERN bei Genf nachgewiesen. Die Massen von $W^\pm$ (etwa 80 GeV/c^2) und Z^0 (etwa 91 GeV/c^2) wurden in diesem Experiment bestimmt und befinden sich in exzellenter Übereinstimmung mit den theoretisch vorhergesagten Werten. Das W^- ist das Antiteilchen des W^+, ihre Massen sind deshalb gleich.

Die Feldquanten, die die starke Wechselwirkung zwischen Quarks vermitteln, nennt man **Gluonen** (von engl. *glue*: Leim). Isolierte Gluonen wurden, ähnlich wie die Quarks, noch nie beobachtet. Die „Ladung" der starken Wechselwirkung nennt man „Farbladung", kurz „Farbe". Sie tritt in drei Variationen auf, die nach den drei Grundfarben *Rot*, *Grün* und *Blau* benannt wurden. Die Feldtheorie der starken Wechselwirkung nennt man, in Anlehnung an die des Elektromagnetismus, **Quantenchromodynamik (QCD)**.

Tabelle 41.4 gibt einen Überblick über die Bosonen, die die fundamentalen Wechselwirkungen vermitteln.

Tabelle 41.4 Feldquanten der fundamentalen Wechselwirkungen

Wechselwirkung	Boson	Spin	Masse	Ladung
starke	G (Gluon)	1	0	0
schwache	$W^\pm$	1	79,8 GeV/c^2	$\pm 1e$
	Z^0	1	91,2 GeV/c^2	0
elektromagnetische	γ (Photon)	1	0	0
Gravitation	Graviton*	2	0	0

* Noch nicht beobachtet.

Beispiel 41.5

Schätzen Sie die Reichweite der Kraft ab, die durch ein virtuelles Z^0-Boson übertragen wird.

Nach der Unschärferelation beträgt die Zeitdauer, innerhalb der ein Z^0-Teilchen existieren kann, ohne die Energieerhaltung zu verletzen,

$$\Delta t \approx \frac{\hbar}{\Delta E} \approx \frac{\hbar}{m_Z c^2}.$$

Mit (41.2) erhält man daraus die Reichweite:

$$d = c\,\Delta t \approx \frac{\hbar c}{m_Z c^2} = \frac{6{,}58 \cdot 10^{-16}\,\text{eV}\cdot\text{s} \cdot 3 \cdot 10^8\,\text{m/s}}{91 \cdot 10^9\,\text{eV}} \approx 2 \cdot 10^{-18}\,\text{m}\,.$$

41.6 Die Theorie der elektroschwachen Wechselwirkung

In der Theorie der elektroschwachen Wechselwirkung werden die elektromagnetische und die schwache Wechselwirkung als zwei Manifestationen *einer* fundamentaleren Wechselwirkung angesehen. Bei sehr hohen Energien ($\geqslant 100$ GeV) wird die elektroschwache Wechselwirkung durch vier Bosonen übertragen. Aus Symmetriegründen müssen diese ein Triplett aus W^+, W^- und W^0, alle mit gleicher Masse, und ein Singulett B^0 mit einer bestimmten anderen Masse bilden. Weder das W^0 noch das B^0 sind direkt beobachtbar, jedoch zwei Linearkombinationen von ihnen: das Z^0 und das Photon. Die Tatsache, daß das Photon masselos, die W- und Z-Teilchen aber sehr schwer sind, zeigt, daß die in der Theorie angenommene Symmetrie bei niedrigen Energien nicht mehr existiert.

Diese Symmetriebrechung wird durch das sog. **Higgs-Feld** erzeugt, das zugehörige Teilchen ist das **Higgs-Boson**, dessen Ruhemasse man in der Größenordnung von 1 TeV erwartet (1 TeV = 10^{12} eV). Das Higgs-Teilchen wurde noch nicht entdeckt. Rechnungen zeigen, daß es in zentralen Stößen zwischen Protonen mit Energien von etwa 20 TeV erzeugt werden könnte. Ob in absehbarer Zeit Beschleuniger zur Verfügung stehen, mit denen sich solch hohe Energien erreichen lassen, ist fraglich.

41.7 Das Standardmodell

Das Quark-Modell, die Theorie der elektroschwachen Wechselwirkung und die Quantenchromodynamik bilden zusammen das **Standardmodell der Elementarteilchen**. Die fundamentalen Teilchen in diesem Modell sind die in Tabelle 41.3 aufgeführten Leptonen und Quarks, die in jeweils sechs Flavours auftreten, und die Feldquanten der Wechselwirkungen: das Photon, die W- und Z-Teilchen sowie die in acht Formen auftretenden Gluonen. Alle Leptonen und Quarks sind Teilchen mit halbzahligem Spin, also Fermionen, und genügen daher dem Pauli-Prinzip, während die Feldquanten Bosonen, also Teilchen mit ganzzahligem Spin sind, die dem Pauli-Prinzip nicht unterliegen. Alle Kräfte in der Natur lassen sich auf die vier fundamentalen Wechselwirkungen zurückführen: die starke, die elektromagnetische, die schwache und die Gravitationswechselwirkung. Ein Teilchen nimmt an einer dieser Wechselwirkungen teil, wenn es die entsprechende zugehörige „Ladung" trägt, wobei der Begriff der Ladung hier in seiner verallgemeinerten Bedeutung benutzt wird. Die Ladung der elektromagnetischen Wechselwirkung ist die gewöhnliche elektrische Ladung. Die schwache Ladung heißt auch Flavour-Ladung und wird nur von den Leptonen und den Quarks getragen. Die Ladung der starken Wechselwirkung ist die Farbladung. Sie

Ein Pinguin-Teilchenzerfall. So wird der Zerfall eines b-Quarks in ein W^--Boson und ein t-Quark genannt, weil er in der Darstellung als Feynman-Graph (und nach einer kleinen Verfremdung) aussieht wie ein Pinguin. Feynman-Graphen werden in Quantenelektro- und Quantenchromodynamik (QED und QCD) häufig benutzt, um Teilchenreaktionen zu illustrieren. Ende 1993 wurde am Speicherring CESR der Cornell-Universität (Bundesstaat New York) zum ersten Mal die Existenz solcher Pinguine eindeutig nachgewiesen. Wenn das Experiment auch nicht als Nachweis des t-Quarks aufgefaßt werden kann, so wurden damit zumindest die bisher postulierten Eigenschaften dieses Teilchens bestätigt. Im Bild ist noch zu sehen, daß die Zerfallsprodukte zu einem s-Quark rekombinieren; zusätzlich wird ein Photon (γ) emittiert. (Nach M. Albrecht, *Phys. Bl.* **49** (1993) 993)

Hinweis: Innerhalb weniger Monate hat sich die Situation verändert: Der indirekte, aber gesicherte Nachweis des t-Quarks ist im April 1994 Wissenschaftlern des Fermi National Laboratory bei Chicago gelungen.

Tabelle 41.5 Eigenschaften der fundamentalen Wechselwirkungen

	Wechselwirkung				
	Gravitation	schwache	elektro-magnetische	starke	
				fundamentale	restliche
wirkt auf	Masse	Flavour	elektrische Ladung	Farbladung	
teilnehmende Teilchen	alle	Quarks, Leptonen	elektrisch geladene	Quarks, Gluonen	Hadronen
Vermittler-Teilchen	Graviton	$W^\pm$, Z	γ	Gluonen	Mesonen
Kraft auf zwei Quarks in 10^{-18} m*	10^{-41}	0,8	1	25	–
Kraft auf zwei Protonen im Kern*	10^{-36}	10^{-7}	1	–	20

* Stärke relativ zur elektromagnetischen Kraft.

wird von den Quarks und den Gluonen, nicht aber von Leptonen getragen. Die Ladung der Gravitation ist die Masse. Das Photon trägt als Vermittler der elektromagnetischen Wechselwirkung selbst keine elektrische Ladung. Entsprechend sind auch die W- und Z-Bosonen „flavour-neutral". Die Gluonen jedoch, die die starke Kraft zwischen Farbladungen vermitteln, tragen selbst Farbe. Das in Abschnitt 41.4 angesprochene Quark-Confinement hängt gerade mit dieser Eigenschaft zusammen. Tabelle 41.5 faßt einige Eigenschaften der fundamentalen Wechselwirkungen zusammen.

Die gesamte Materie besteht aus Leptonen und Quarks. Während man jedoch keine aus Leptonen zusammengesetzten Teilchen kennt, in denen die Leptonen durch die schwache Kraft aneinander gebunden sind, bestehen Hadronen aus Quarks, die durch die Farbkraft zusammengehalten werden. Ein Ergebnis aus der QCD ist, daß nur farbneutrale Quark-Kombinationen existieren dürfen. Drei Quarks unterschiedlicher Farbe, also je ein rotes, ein grünes und ein blaues, bilden zusammen ein „weißes" Baryon. Ein Meson besteht aus einem Quark einer bestimmten Farbe und einem Antiquark, das die entsprechende Antifarbe trägt. Angeregte Zustände von Hadronen werden als neue Teilchen angesehen (vgl. auch Beispiel 41.2). So ist etwa das Δ^+ ein angeregter Zustand des Protons. Beide bestehen aus der Quark-Kombination uud, das Proton befindet sich aber im Grundzustand mit Spin $\frac{1}{2}$ (in Vielfachen von $\hbar$ angegeben) und Ruheenergie 938 MeV, während das Δ^+ der erste angeregte Zustand ist, mit Spin $\frac{3}{2}$ und einer Ruheenergie von 1232 MeV. Die zwei u-Quarks dürfen denselben Spinzustand $+\frac{1}{2}$ besetzen, ohne das Pauli-Prinzip zu verletzen, da sie unterschiedliche Farben tragen. Alle Baryonen können letztlich in das Proton zerfallen. Das Proton selbst ist aufgrund von Energie- und Baryonenzahlerhaltung stabil.

Die starke Wechselwirkung äußert sich auf zwei Weisen: einmal als fundamentale Farbkraft, die die Quarks aneinander bindet und die durch die Gluonen vermittelt wird, zum anderen ist sie aber auch verantwortlich für die Wechselwirkung zwischen farbneutralen Objekten wie zum Beispiel den Nukleonen. Wodurch werden Protonen und Neutronen im Kern zusammengehalten? Zur Erklärung der Wechselwirkung zwischen Nukleonen muß man berücksichtigen, daß es sich bei ihnen nicht um punktförmige Teilchen handelt, sondern um Gebilde, die sich aus kleineren Einheiten, eben den Quarks, zusammensetzen. Man stellt sich nun vor, daß die Kräfte im Innern der Nukleonen, also zwischen den Quarks, nicht vollständig abgesättigt sind und daß ein Teil der starken Wechselwirkung nach außen reicht. Dieser Wechselwirkungsrest wird als Kernkraft bezeichnet. Ihr Potential fällt nach Yukawa (vgl. auch Abschnitt 41.1) etwa proportional zu $1/r \cdot \exp(-a \cdot r)$ ab, wobei r der Abstand der Nukleonen voneinander ist und a eine Konstante; die Reichweite beträgt ca. 10^{-15} m. Als Feldquanten dieser Restwechselwirkung kommen damit nicht mehr die Gluonen in Frage; nach dem Modell von Yukawa wird ihre Rolle durch Mesonen übernommen, d.h., zwei dicht nebeneinanderstehende Nukleonen tauschen virtuelle Mesonen miteinander aus, wodurch es zur Bindung kommt. In gewisser Weise ist dieses Phänomen analog zum Entstehen von Bindungen zwischen elektrisch neutralen Atomen, die dazu führt, daß sich Moleküle bilden.

Jedes Teilchen besitzt ein Antiteilchen mit gleicher Masse und Spin, aber entgegengesetzter elektrischer Ladung. Bei Leptonen hat die Leptonenzahl L_e, L_μ, L_τ des Antiteilchens ebenfalls das umgekehrte Vorzeichen von der des Teilchens. Beispielsweise ist die Leptonenzahl des Elektrons $L_e = +1$ und die des Positrons $L_e = -1$. Bei Hadronen ergeben sich Baryonenzahl, Seltsamkeit, Charm, Bottomness und Topness jeweils aus den Summen der Quantenzahlen des Quarks, aus denen sie aufgebaut sind. Das Λ^0-Teilchen etwa besteht aus den Quarks uds und hat die Baryonenzahl $B = 1$ und die Seltsamkeit $S = -1$, sein Antiteilchen, das aus $\overline{uds}$ bestehende $\overline{\Lambda}^0$, hat $B = -1$ und $S = +1$. Für ein Teilchen wie das Photon oder das Z^0 gilt: elektrische Ladung = 0, $B = 0$, $L = 0$ und $S = 0$, Charm, Bottomness und Topness sind ebenfalls 0, und es ist sein eigenes Antiteilchen. Man beachte, daß diese Quantenzahlen auch beim K^0-Meson ($d\bar{s}$) alle verschwinden, der einzige Unterschied rührt von der Seltsamkeit her, die hier den Wert $S = +1$ hat. Sein Antiteilchen, das $\overline{K}^0$ ($\bar{d}s$), besitzt die Seltsamkeit $S = -1$, wodurch sich die beiden voneinander unterscheiden lassen. Eine Besonderheit tritt bei den Mesonen π^+ ($u\bar{d}$) und π^- ($\bar{u}d$) auf, die zwar elektrische Ladung besitzen, bei denen aber alle Quantenzahlen verschwinden: Da es für Mesonen keinen Erhaltungssatz gibt, läßt sich nicht sagen, welches der beiden Teilchen als Teilchen und welches als Antiteilchen aufzufassen ist. Ähnliches gilt für die Bosonen W^+ und W^-.

41.8 Große Vereinheitlichte Theorien

Nach dem großen Erfolg der Theorie der elektroschwachen Wechselwirkung wurden Versuche unternommen, diese auch noch mit der starken Wechselwirkung in sogenannten **Großen Vereinheitlichten Theorien** (engl. *Grand Unified Theories*, kurz **GUT**s) zu vereinigen. In einer dieser Theorien werden Leptonen und Quarks als zwei Manifestationen einer einzigen Teilchenklasse angesehen. Unter bestimmten Bedingungen sollten Leptonen und Quarks ineinander umgewandelt werden können, obwohl dadurch die Baryonen- und die Leptonenzahlerhaltung verletzt würde. Eine interessante Vorhersage dieser Theorie ist, daß das Proton kein stabiles Teilchen ist, sondern eine endliche, allerdings sehr große Lebensdauer von etwa 10^{31} Jahren hat. Wegen der großen Lebensdauer ist es sehr schwierig, einen Protonzerfall zu beobachten. Bisherige Versuche dazu sind fehlgeschlagen.

Einsteins Traum war es, alle in der Natur auftretenden Kräfte durch nur eine vereinheitlichte Theorie zu beschreiben. Ob das jemals gelingen wird, ist eine immer noch offene Frage. Mit großem Aufwand wird nach dem Zerfall des Protons und nach anderen Tests Großer Vereinheitlichter Theorien gesucht. Gleichzeitig werden auch ständig neue Theorien formuliert und weiterentwickelt, um unser Verständnis des Universums zu vertiefen.

Zusammenfassung

1. Es gibt vier fundamentale Wechselwirkungen: die starke, die elektromagnetische, die schwache und die Gravitationswechselwirkung. Alle massebehafteten Teilchen spüren die Gravitation, alle elektrisch geladenen Teilchen unterliegen der elektromagnetischen Wechselwirkung. Die verallgemeinerten „Ladungen" der schwachen und der starken Wechselwirkung heißen Flavour- bzw. Farbladung. Quarks und Leptonen besitzen Flavour und spüren die schwache Wechselwirkung. Quarks besitzen darüber hinaus Farbe und unterliegen der starken Wechselwirkung.

2. Nach der Quantenfeldtheorie wird jede Wechselwirkung durch den Austausch eines oder mehrerer Feldquanten vermittelt. Die Feldquanten des Elektromagnetismus und der Gravitation sind das Photon und das Graviton (letzteres wurde noch nicht nachgewiesen). Die Feldquanten der schwachen Wechselwirkung sind das W^+-, das W^-- und das Z^0-Boson, die der starken Wechselwirkung die Gluonen. Alle Feldquanten sind Bosonen: Das Graviton besitzt den Spin 2 (in Vielfachen von $\hbar$), der Spin aller übrigen Feldquanten ist 1. Die starke Kraft zwischen Hadronen wird durch Mesonen übertragen, die ebenfalls Bosonen mit Spin 0 oder 1 sind.

3. Es gibt zwei Gruppen fundamentaler Teilchen, aus denen die gesamte Materie aufgebaut ist: Leptonen und Quarks. Jede Gruppe besteht aus drei Familien. Man nimmt an, daß diese Elementarteilchen weder Ausdehnung noch innere Struktur besitzen. Alle Leptonen und Quarks sind Spin-$\frac{1}{2}$-Teilchen. Die Leptonen nehmen an der schwachen, jedoch nicht an der starken Wechselwirkung teil. Das Elektron e, das Myon μ und das Tauon τ besitzen alle eine Masse und die elektrische Ladung $-1e$, sie unterliegen daher sowohl der Gravitation als auch der elektromagnetischen Wechselwirkung. Die Neutrinos ν_e, ν_μ und ν_τ sind ungeladen. Ob sie eine Masse besitzen, ist eine noch offene Frage. Die sechs Quarks Up-, Down-, Strange-, Charm-, Bottom- und Top-Quark nehmen an allen vier Wechselwirkungen teil. Da sie stets in Hadronen eingeschlossen sind, besitzt man für ihre Massen nur Abschätzungen.

4. Hadronen sind aus Quarks zusammengesetzte Teilchen. Es kommen zwei verschiedene Arten von Hadronen vor, die Baryonen und die Mesonen. Die Baryonen, insbesondere das Proton und das Neutron, bestehen aus drei Quarks und sind Fermionen mit halbzahligem Spin. Mesonen, wie die Pionen und die Kaonen, bestehen aus einem Quark-Antiquark-Paar und sind Bosonen.

5. Einige Größen wie Energie, Impuls, Drehimpuls, elektrische Ladung, Baryonenzahl und jede der drei Leptonenzahlen bleiben in allen Reaktionen und Zerfällen streng erhalten. Andere Quantenzahlen wie Seltsamkeit und Charm bleiben in starken Prozessen erhalten, in schwachen dagegen nicht.

6. Teilchen und ihre Antiteilchen besitzen gleiche Masse und gleichen Spin, aber entgegengesetzte Werte in ihren anderen Quantenzahlen wie Ladung, Baryonen- und Leptonenzahl oder Seltsamkeit. Teilchen-Antiteilchen-Paare können in vielen Prozessen erzeugt werden, wenn die zur Verfügung stehende Energie größer als $2mc^2$ ist, wobei m die Masse des (Anti-)Teilchens ist.

Aufgaben

Verwenden Sie Abbildung 41.2 zur Lösung der folgenden Aufgaben.

Stufe I

41.1 Hadronen und Leptonen

1. Wie groß wäre die Reichweite einer Kraft, die durch ein Kaon übertragen würde?

41.3 Die Erhaltungssätze

2. Stellen Sie fest, ob in den folgenden Prozessen Erhaltungssätze verletzt sind. Wenn ja, nennen Sie diese.
a) $p^+ \to n + e^+ + \bar{\nu}_e$, b) $n \to p^+ + \pi^-$, c) $e^+ + e^- \to \gamma$, d) $p^+ + p^- \to \gamma + \gamma$, e) $\nu_e + p^+ \to n + e^+$.

3. Bestimmen Sie die Änderung der Seltsamkeit in den folgenden Zerfällen. Können die Zerfälle über die starke oder die schwache Wechselwirkung oder überhaupt nicht ablaufen? a) $\Omega^- \to \Lambda^0 + K^-$, b) $\Xi^0 \to p^+ + \pi^-$.

4. a) Welcher der folgenden Zerfälle des Tauons ist möglich?

$$\tau \to \mu^- + \bar{\nu}_\mu + \nu_\tau$$

$$\tau \to \mu^- + \nu_\mu + \bar{\nu}_\tau.$$

b) Berechnen Sie für diesen die kinetische Energie der Zerfallsprodukte.

41.4 Das Quark-Modell

5. Bestimmen Sie Baryonenzahl, Ladung und Seltsamkeit für die folgenden Quark-Kombinationen, und identifizieren Sie diese mit Hadronen.
a) uud, b) udd, c) uus, d) dds, e) uss, f) dss, g) $u\bar{d}$, h) $\bar{u}d$, i) $u\bar{s}$, j) $\bar{u}s$.

6. Das D^+-Meson besitzt keine Seltsamkeit, aber Charm $C = +1$. a) Geben Sie eine mögliche Quark-Kombination für ein Teilchen mit diesen Eigenschaften an. b) Wiederholen Sie a) für das D^--Meson, das Antiteilchen des D^+.

41.5 Feldquanten

7. Die Große Vereinheitlichte Theorie sagt ein X-Teilchen voraus, das ein Quark in ein Lepton verwandelt und umgekehrt. Wie groß ist seine Reichweite, wenn seine Masse 10^{15} GeV/c^2 beträgt?

41.7 Das Standardmodell

8. a) Welche Bedingungen müssen erfüllt sein, damit ein Teilchen mit seinem Antiteilchen identisch ist? Was sind die Antiteilchen von b) π^0 und c) Ξ^0.

Stufe II

9. Finden Sie eine mögliche Quark-Kombination für die folgenden Teilchen: a) $\bar{n}$, b) Ξ^0, c) Σ^+, d) Ω^-.

10. Betrachten Sie das folgende Zerfallsschema:

$$\Xi^0 \to \Lambda^0 + \pi^0$$

$$\Lambda^0 \to p + \pi^-$$

$$\pi^0 \to \gamma + \gamma$$

$$\pi^- \to \mu^- + \bar{\nu}_\mu$$

$$\mu^- \to e^- + \bar{\nu}_e + \nu_\mu.$$

a) Sind alle Endprodukte stabil? Falls nein, vervollständigen Sie die Kette. b) Geben Sie die Bruttoreaktion für den Zerfall des Ξ^0 in die Endprodukte an. c) Überprüfen Sie diese auf die Erhaltung von Ladung, Baryonenzahl, Leptonenzahl und Seltsamkeit. d) Hätte im ersten Schritt statt des Λ^0 auch ein Σ^0 entstehen können?

11. Betrachten Sie das folgende Zerfallsschema:

$$\Omega^- \to \Xi^0 + \pi^-$$

$$\Xi^0 \to \Sigma^+ + e^- + \bar{\nu}_e$$

$$\pi^- \to \mu^- + \bar{\nu}_\mu$$

$$\Sigma^+ \to n + \pi^+$$

$$\pi^+ \to \mu^+ + \nu_\mu$$

$$\mu^+ \to e^+ + \bar{\nu}_\mu + \nu_e$$

$$\mu^- \to e^- + \bar{\nu}_e + \nu_\mu.$$

a) Sind alle Endprodukte stabil? Falls nein, vervollständigen Sie das Schema. b) Geben Sie die Bruttoreaktion

41 Elementarteilchen

für den Zerfall des Ω^- in die Endprodukte an. c) Überprüfen Sie diese auf die Erhaltung von Ladung, Baryonenzahl, Leptonenzahl und Seltsamkeit.

12. Überprüfen Sie die folgenden Zerfälle auf die Erhaltung von Energie, Ladung, Baryonenzahl und Leptonenzahl:

$$\Lambda^0 \to p + \pi^-$$

$$\Sigma^- \to n + p^-$$

$$\mu^- \to e^- + \bar{\nu}_e + \nu_\mu \, .$$

Impuls und Drehimpuls seien erhalten. Welche Erhaltungssätze sind verletzt?

Stufe III

13. a) Berechnen Sie die gesamte kinetische Energie der Zerfallsprodukte in folgender Reaktion:

$$\Lambda^0 \to p + \pi^- \, .$$

Nehmen Sie an, daß das Λ^0 zu Anfang ruht. b) Bestimmen Sie die kinetischen Energien der einzelnen Zerfallsprodukte, indem Sie zunächst das Verhältnis der Energien berechnen.

14. Ein in Ruhe befindliches Σ^0-Teilchen zerfällt in ein Λ^0 und ein Photon. a) Wie groß ist die kinetische Energie der Zerfallsprodukte? b) Berechnen Sie näherungsweise den Impuls des Photons. Nehmen Sie dabei zunächst an, daß die kinetische Energie des Λ^0 gegen die Gesamtenergie des Photons vernachlässigt werden kann. c) Berechnen Sie nun mit diesem Resultat die ungefähre kinetische Energie des Λ^0 und damit wiederum d) eine bessere Näherung für den Impuls und die Energie des Photons.

15. In dieser Aufgabe soll die Differenz der Ankunftszeiten zweier Neutrinos unterschiedlicher Energie berechnet werden, die aus einer 170 000 Lichtjahre entfernten Supernova stammen. Die Energien der Neutrinos seien $E_1 = 20$ MeV und $E_2 = 5$ MeV, ihre Ruhemasse soll als 20 eV/c^2 angenommen werden. Da die Gesamtenergie jeweils sehr groß gegenüber der Ruheenergie ist, liegt die Geschwindigkeit sehr nahe an der Lichtgeschwindigkeit, und die Energie ist in guter Näherung $E \approx pc$. a) Zeigen Sie, daß die Differenz der Ankunftszeiten

$$\Delta t = t_2 - t_1 = x \frac{v_1 - v_2}{v_1 v_2} \approx \frac{x \, \Delta v}{c^2}$$

beträgt, wobei t_1 bzw. t_2 die Zeit ist, die ein Neutrino der Geschwindigkeit v_1 bzw. v_2 benötigt, um die Strecke x zu durchfliegen. b) Die Geschwindigkeit eines Teilchens mit Ruhemasse m_0 und Gesamtenergie E kann aus (34.32) bestimmt werden. Zeigen Sie, daß für $E \gg m_0 c^2$ die Geschwindigkeit näherungsweise durch

$$\frac{v}{c} \approx 1 - \frac{1}{2} \left(\frac{m_0 c^2}{E} \right)^2$$

gegeben ist. c) Mit den Ergebnissen aus a) und b) können Sie nun Δt für $x = 170\,000 \cdot c$ a (a: Einheit Jahr) berechnen. d) Wie ändern sich die Resultate, wenn die Ruhemasse des Neutrinos 40 eV/c^2 beträgt?

42 Astrophysik und Kosmologie

Das optische Bild der Galaxie NGC5128 ist mit dem Radiobild von Centaurus A, einer Radioquelle innerhalb der Galaxie, überlagert. (Die Intensitäten der Radiostrahlung sind in Falschfarben kodiert.) Die optische Erscheinung von NGC5128 ist sehr ungewöhnlich: Man sieht eine elliptische Riesengalaxie, die von einem dichten Staubgürtel umgeben ist, dessen Ebene senkrecht auf der Rotationsachse der Galaxie steht. Detaillierte Computeranalysen zeigen, daß hier vermutlich zwei vollkommen verschiedene Galaxientypen zusammengestoßen sind und nun ein neues System bilden. Die ausgeprägte Doppelstruktur in Form zweier Strahlungskeulen ist bei Centaurus A über 0,19° am Himmel ausgedehnt. Bei einer bekannten Entfernung von $16,3 \cdot 10^6$ Lj entspricht dies einer Ausdehnung von etwa 54000 Lj. Beide Strahlungskeulen sind von noch viel schwächeren und daher auf dieser Abbildung nicht sichtbaren Keulen umgeben, die sich über fast 10° am Himmel erstrecken. (Zum Vergleich: Der Vollmond hat nur einen Durchmesser von 0,5° am Himmel.) Die schmale, kegelförmige rote und blaue Struktur, die sich vom Galaxienkern zur nördlichen Strahlungskeule erstreckt, ist ein sogenannter „Jet", in dem Gas mit hohen Geschwindigkeiten strömt. (Foto: J. Burns/University of Southern California und Anglo-Australian Telescope Board)

Physik ist eine experimentelle Wissenschaft. Die Formulierung unseres heutigen Verständnisses der physikalischen Welt, angefangen mit den Newtonschen Gesetzen über die Maxwellschen Gleichungen bis hin zur Relativitätstheorie und zur Quantenmechanik, basiert auf zahllosen Experimenten und Beobachtungen. In diesem Kapitel schauen wir über die Erde hinaus und wenden die Gesetze der Physik auf das Weltall an. Die **Astrophysik** erforscht die Zusammensetzung und Entwicklung der Sterne und Galaxien. Die **Kosmologie** versucht, die großräumigen Strukturen und die Evolution des Universums zu erklären.

Bei der Beobachtung von Sternen und Galaxien sind die Astrophysiker und Kosmologen auf die Untersuchung elektromagnetischer Strahlung und von Teilchen angewiesen, die meist vor langer Zeit von den Himmelskörpern ausgesandt wurden. Die daraus gewonnenen Informationen bilden die Grundlage ihrer Arbeit zusammen mit der fundamentalen Annahme, daß die auf der Erde gültigen Gesetze der Physik auch im ganzen Universum Bestand haben. Das menschliche Auge war lange Zeit das einzige Instrument, das zur Beobachtung des Universums zur Verfügung stand. Das Auge ist zwar sehr gut an die Verhältnisse auf der Erde angepaßt, als wissenschaftliches Instrument zur Untersuchung der Himmelsphänomene aber unzureichend. Denn es kann die Informationen nur für einen kleinen Bruchteil einer Sekunde speichern, bevor es sie an das Gehirn zur Verarbeitung weiterleitet. Heutzutage erhalten wir fast alle unsere Informationen über das ferne Universum aus Beobachtungen mit Teleskopen in Verbindung mit modernen Detektoren und nachgeschalteten elektronischen Bildverarbeitungssystemen.

42.1 Unser Stern, die Sonne

Die auffälligsten Objekte, die wir am Himmel sehen können, sind der Mond und die Sonne. Letztere ist aus verschiedenen Gründen für uns wichtig. Ohne ihre Strahlung wäre kein Leben auf der Erde möglich. Sie hält eine angenehme mittlere Temperatur an der Oberfläche aufrecht und ist letztlich unsere einzige Energiequelle. Da die Sonne fast die gesamte Masse des Sonnensystems ausmacht, ist ihre Gravitationskraft für die Bewegung der Planeten auf ihren Umlaufbahnen maßgeblich. In diesem Abschnitt beschäftigen wir uns mit der Sonne aber aus einem ganz anderen Grund. Denn sie ist der einzige der etwa 100 Milliarden Sterne der Milchstraße, der in unserer unmittelbaren Nähe liegt, so daß wir seine Oberfläche untersuchen können. Alle anderen Sterne sind so weit entfernt, daß sie selbst in den größten Teleskopen nur als Punktquellen erscheinen. Aus den Untersuchungen unseres Sterns, der Sonne, können wir eine Vorstellung der dort stattfindenden Prozesse entwickeln und diese Erkenntnisse mit gewissen Einschränkungen auf andere Sterne übertragen.

Die Oberfläche und Atmosphäre der Sonne

Das für uns sichtbare Licht der Sonne stammt aus einer sehr dünnen Schicht, der sog. **Photosphäre**. Im allgemeinen wird die Photosphäre mit der Oberfläche der Sonne gleichgesetzt. Die pro Zeit und Fläche abgestrahlte Energie, die von der Sonne kommend die oberste Erdatmosphäre erreicht, wird als **Solarkonstante** S bezeichnet. Sie wurde durch Messungen zu

$$S = 1{,}36 \cdot 10^3 \text{ W/m}^2 \qquad 42.1$$

bestimmt. Diese Größe wird, wie wir in Abschnitt 42.3 sehen werden, bei anderen Sternen Strahlungsstrom oder Strahlungsfluß genannt. Mit der Solarkonstante, dem Abstand Erde–Sonne von $1{,}5 \cdot 10^8$ km und dem Postulat der Energieerhaltung können wir die **Leuchtkraft** L, d.h. die gesamte von der Sonne oder einem anderen Stern abgestrahlte Leistung, berechnen. Die Fläche A einer Kugel mit dem Radius von einer Astronomischen Einheit (AE) – dies ist vereinbarungsgemäß der Abstand zwischen Erde und Sonne – beträgt

$$A = 4\pi r^2 = 4\pi \, (1{,}50 \cdot 10^{11} \text{ m})^2 \, .$$

Bei diesem Radius ist die von der Sonne abgestrahlte Leistung pro Fläche durch die Solarkonstante bestimmt. Daher ist die Leuchtkraft $L_\odot$ der Sonne gegeben durch

$$L_\odot = AS = 4\pi \, (1{,}50 \cdot 10^{11} \text{ m})^2 \cdot 1{,}36 \cdot 10^3 \text{ W/m}^2 = 3{,}85 \cdot 10^{26} \text{ W} \, . \qquad 42.2$$

Selbst wenn wir auf jedem Quadratmeter der Erdoberfläche ein Kraftwerk mit einer Leistung von 1000 MW aufstellen könnten, würden sie alle zusammen nur 0,1 Prozent der Leistung der Sonne produzieren.

Betrachten wir die Sonne als einen schwarzen Strahler, so können wir aus der Leuchtkraft und dem Radius der Sonne ($R_\odot = 6{,}96 \cdot 10^8$ m) die Effektivtemperatur auf der Sonnenoberfläche nach dem Stefan-Boltzmann-Gesetz (Gleichung 16.17) berechnen. Es besagt, daß die von einem schwarzen Körper im thermischen Gleichgewicht abgestrahlte Intensität I (Leistung pro Fläche) proportional zu der vierten Potenz der Oberflächentemperatur ist:

$$I = \sigma T^4 \qquad 42.3$$

mit $\sigma = 5{,}67 \cdot 10^{-8}$ W·m^{-2}·K^{-4} und der absoluten Temperatur T in Kelvin. Setzt man für den Radius der Sonne $R_\odot$, so ist die an der Oberfläche der Sonne abgestrahlte Intensität

$$I = \frac{L_\odot}{4\pi R_\odot^2} \, . \qquad 42.4$$

Die Effektivtemperatur T_{eff} an der Sonnenoberfläche ist nun definiert als die Temperatur, bei der die abgestrahlte Intensität dem Stefan-Boltzmann-Gesetz genügt:

$$I = \frac{L_\odot}{4\pi R_\odot^2} = \sigma T_{\text{eff}}^4 \, .$$

Löst man nach T_{eff} auf, so erhält man

$$T_{\text{eff}} = \left(\frac{I}{\sigma}\right)^{1/4} = \left(\frac{L_\odot}{4\pi R_\odot^2 \sigma}\right)^{1/4} . \qquad 42.5$$

Beispiel 42.1

Wie groß ist die Effektivtemperatur der Sonnenphotosphäre?
Mit $L_\odot = 3{,}85 \cdot 10^{26}$ W aus Gleichung (42.5) ergibt sich durch Einsetzen

$$T_{\text{eff}} = \left(\frac{L_\odot}{4\pi R_\odot^2 \sigma}\right)^{1/4} = \left[\frac{3{,}85 \cdot 10^{26} \text{ W}}{4\pi \, (6{,}96 \cdot 10^8 \text{ m})^2 \cdot 5{,}67 \cdot 10^{-8} \text{ W·m}^{-2} \cdot \text{K}^{-4}}\right]^{1/4}$$
$$= 5800 \text{ K} \, .$$

Die Intensität der Sonnenstrahlung wurde in einem Wellenlängenbereich von 10^{-13} m (Gammastrahlung) bis hin zu 10 m (Radiostrahlung) vermessen. Innerhalb dieses Bereichs strahlt die Sonne 99 Prozent ihrer gesamten Leistung ab. Läßt man die vielen Absorptionslinien außer acht, so wird der Verlauf des Sonnenspektrums über weite Bereiche sehr gut durch das Plancksche Strahlungsgesetz (siehe Kapitel 35) mit einer Temperatur des schwarzen Körpers von $T = 5800$ K beschrieben, wie in Abbildung 42.1 gezeigt. Die Intensitätsverteilung hat ihr Maximum im gelben Bereich der für unser Auge sichtbaren Wellenlängen. Diese Übereinstimmung zwischen theoretischem und beobachtetem Spektrum ist zeitlich sehr konstant und eines der Charakteristika der **ruhigen Sonne**.

Untersuchen wir den Sonnenrand, dann stellen wir fest, daß er scharf begrenzt und dunkler als der Rest der Sonne ist. Aus der Schärfe des Randes schließen wir,

42 Astrophysik und Kosmologie

42.1 Die spektrale Energieverteilung der Sonne kommt der eines Schwarzkörperstrahlers mit einer Temperatur von 5800 K sehr nahe. Die Schulter bei den kurzen Wellenlängen entsteht durch die in der sehr viel heißeren Korona emittierte Röntgenstrahlung.

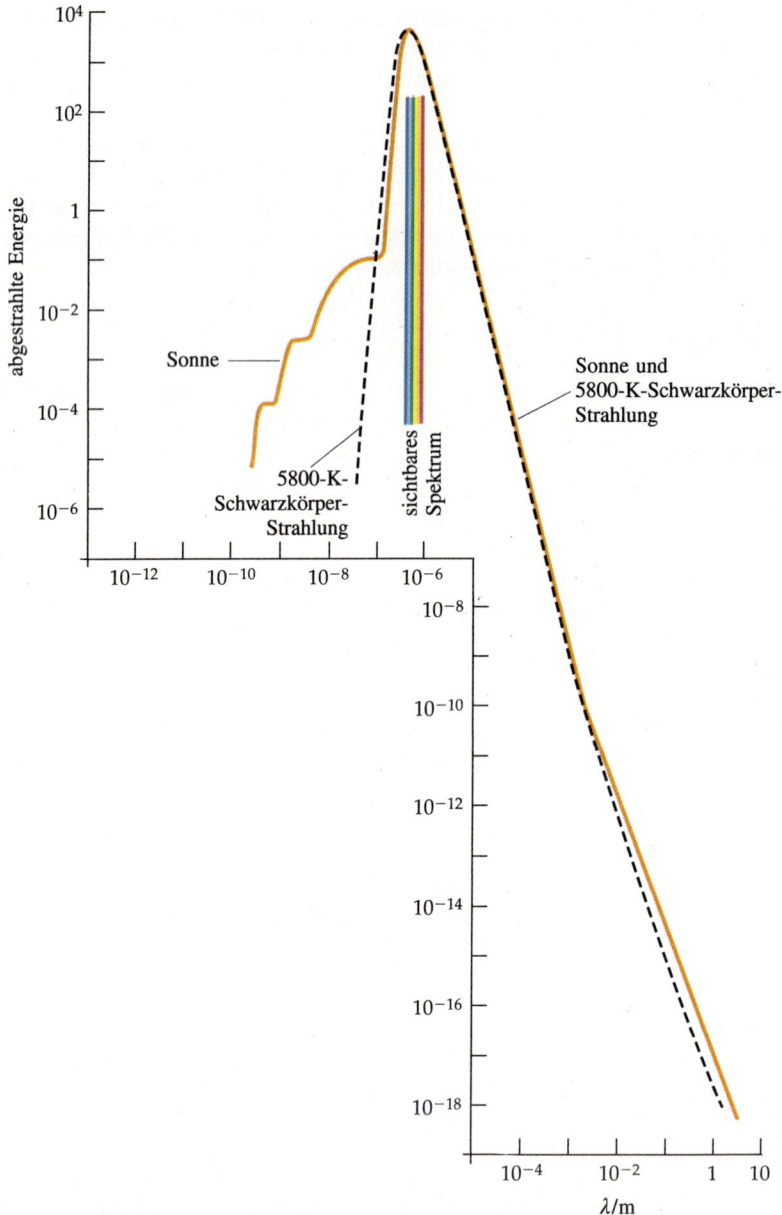

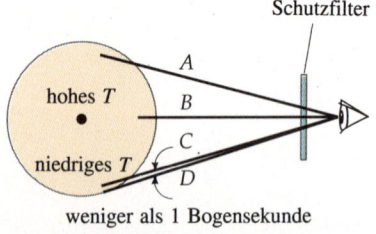

42.2 Das Licht längs des Sehstrahls B stammt aus tieferen Schichten der Photosphäre als das längs des Sehstrahls A, weil die Photospäre bei Betrachtung unter einem senkrechten Winkel transparenter ist als unter einem streifenden Winkel. Daher erscheint der Rand der Sonne dunkler als die Mitte. Der Helligkeitsunterschied zwischen Sehstrahl C und D ist geringer als unser Auflösungsvermögen, und wir sehen somit einen scharfen Sonnenrand.

daß die Photosphäre sehr dünn sein muß: Turbulenzen in der Erdatmosphäre begrenzen die Winkelauflösung optischer Teleskope auf etwa 1 Bogensekunde (1/3600 eines Grads). In der Entfernung der Sonne entspricht dies ungefähr 700 km. Betrachten wir die Sonne, dann ist die Winkelausdehnung des Übergangs der Photosphäre von optisch dünnem, durchsichtigem zu optisch dichtem, undurchsichtigem Gas kleiner als unser Auflösungsvermögen. Daher muß die Photosphäre dünner als 700 km sein; das ist weniger als 0,1 Prozent des Sonnenradius.

Die Randverdunkelung der Sonne ist für uns ein Hinweis auf einen Temperaturgradienten in der Atmosphäre der Sonne. Abbildung 42.2 zeigt zwei Sehstrahlen A und B, entlang denen wir in die Photosphäre schauen können. Weil die Photosphäre unter senkrechtem Einfall transparenter ist als unter einem streifenden Einfall, kommt das Licht entlang dem Sehstrahl B aus einer tieferen Schicht der Sonne als das längs des Sehstrahls A. Da das Innere heißer ist als die äußeren Schichten, kommt das Licht auf Strahl B aus einem heißeren (helleren)

Teil der Sonne als das Licht längs des Strahls A. Daher erscheint das Licht vom Rand dunkler (kühler). Mißt man den Helligkeitsverlauf zwischen Strahl A und B, kann man den Temperaturgradienten in der Photosphäre bestimmen. Dieser ist in der linken Hälfte von Abbildung 42.3 gezeigt. Man beachte den steilen Temperaturanstieg in der rechten Hälfte von Abbildung 42.3 beim Übergang von der Sonnenoberfläche, der Photosphäre, in die Sonnenatmosphäre.

Außerhalb der Photosphäre gibt es zwei Schichten der Sonnenatmosphäre, die im allgemeinen aufgrund der Helligkeit der Photosphäre nicht sichtbar sind. Die innere der beiden Schichten, die **Chromosphäre**, kann man in den ersten Sekunden einer totalen Sonnenfinsternis beobachten. Betrachtet man die Chromosphäre mit hoher Auflösung, so ähnelt sie einer brennenden Steppe, auch wenn jede Feuerzunge etwa 700 km dick und 7000 bis 10 000 km hoch ist und nach 5 bis 15 Minuten wieder verschwindet. Spektroskopische Untersuchungen zeigen, daß die Temperatur in der Chromosphäre mit dem Abstand von der Photosphäre *ansteigt* und im Mittel etwa 15 000 K beträgt.

Bei einer totalen Sonnenfinsternis ist die Chromosphäre verdeckt, dafür wird aber die äußere Schicht der Sonnenatmosphäre, die **Korona**, sichtbar. Sie hat eine sehr unregelmäßige Gestalt, geformt aus schwachen, weißen Lichtstreifen, die sich bis zu zwei oder drei Sonnenradien in den Raum hinein erstrecken können (siehe Abbildung 42.4). Die Temperatur der Korona liegt bei etwa 2 Millionen

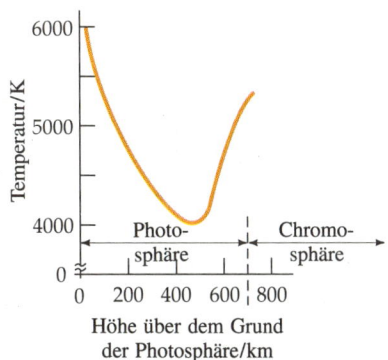

42.3 Die Temperatur der Sonne nimmt vom Grund der Photosphäre nach außen hin ab und hat ein Minimum bei etwa 500 km. Sie steigt dann stark an und erreicht eine mittlere Temperatur von 15 000 K in der Chromosphäre.

42.4 Die Korona aus heißem Gas sehr geringer Dichte wird während einer totalen Sonnenfinsternis sichtbar. (Foto: Patrick Wiggins, © Hansen-Planetarium)

Kelvin. Das Licht der Korona würde das der Photosphäre überstrahlen, wenn das Gas in der Korona nicht eine so geringe Dichte hätte und dadurch die insgesamt abgestrahlte Energie verschwindend klein wäre im Vergleich zu der von der Photosphäre emittierten Strahlung. Die Korona ist jedoch für die relativ hohe Intensität der Sonne im Röntgenbereich verantwortlich. Dies macht sich auch in Abbildung 42.1 in einer Abweichung von der spektralen Verteilung der Strahlung eines schwarzen Körpers zu kleinen Wellenlängen hin bemerkbar. Man vermutet, daß die extremen Temperaturen in der Korona durch Schallwellen hervorgerufen werden, die im Sonneninneren entstehen und sich als Stoßwellen in die Korona fortsetzen. Diese Stoßwellen heizen das Gas der äußeren Atmosphäre auf und führen den Teilchen so viel Energie zu, daß sie dem Gravitationsfeld der Sonne entweichen können. Die hochenergetischen Teilchen, größtenteils Elektronen und Protonen, strömen kontinuierlich aus der Korona und bilden den sogenannten **Sonnenwind**, der das ganze Sonnensystem durchflutet.

Das Innere der Sonne

Wir können nicht durch die Photosphäre in das Innere der Sonne schauen. Folglich ist unser Wissen über die dort stattfindenden Prozesse rein theoretischen Ursprungs. Mit Ausnahme der solaren Neutrinos erreichen uns weder Strahlung noch Teilchen direkt aus dem Inneren der Sonne. In einem vereinfachten theoretischen Modell betrachten wir die Sonne als einen nichtrotierenden Stern im hydrostatischen Gleichgewicht. Aufrecht erhalten wird dieses Gleichgewicht durch den nach innen gerichteten Druck des Gravitationsfeldes und den nach außen gerichteten Strahlungsdruck, der sich als Folge der Fusionsprozesse in der Sonne aufbaut. Obwohl sich die mittlere Dichte von Sonne (1,4 g/cm^3) und Erde (5,5 g/cm^3) nicht sehr unterscheiden, übersteigt der große Druck im Sonneninnern die Coulomb-Kräfte, die die Elektronen an die Atomkerne binden. Daher muß die Materie im Innern der Sonne in einem vollständig ionisierten Zustand, d.h. als Plasma, vorliegen. In diesem Zentralbereich, dem Core, herrschen Temperaturen, die so hoch sind, daß dort Fusionsprozesse ablaufen können.

Beispiel 42.2

Zeigen Sie, daß die Existenz von neutralem Wasserstoff im Sonneninnern unwahrscheinlich ist.

Der Druck p_c im Zentrum der Sonne ist von der Größenordnung $p_c = \mu g$, wobei μ = Masse/Oberfläche $\approx M_\odot/R_\odot^2$ und $g = \frac{1}{2} GM_\odot/R_\odot^2$ die mittlere Schwerebeschleunigung in der Sonne ist (siehe auch Kapitel 10). Der Druck beträgt etwa 10^{16} N/m^2 und ist gerade der Druck, der auf die Hülle eines Wasserstoffatoms im Sonnenzentrum ausgeübt wird. Der Widerstand gegen diese Gravitationskraft kommt von der Coulomb-Kraft, die das Atom zusammenhält. Dieser Druck ist durch die Coulomb-Anziehung zwischen Proton und Elektron pro Einheitsoberfläche des Atoms gegeben. Unter Verwendung des Bohrschen Radius a_0 für das Wasserstoffatom ergibt sich

$$\frac{F}{A} = \frac{\frac{1}{4\pi\varepsilon_0}\frac{e^2}{a_0^2}}{4\pi a_0^2} = \frac{\frac{e^2}{4\pi\varepsilon_0}}{4\pi a_0^4} = \frac{9 \cdot 10^9 \cdot (1{,}6 \cdot 10^{-19})^2}{4\pi (0{,}5 \cdot 10^{-10})^4} \frac{\text{N}}{\text{m}^2}$$

$$= 2{,}9 \cdot 10^{12} \text{ N/m}^2 \, .$$

Der Gravitationsdruck ist also um einen Faktor 1000 stärker als der elektrostatische Gegendruck der Atome. Diese Abschätzung macht die Existenz von neutralem Wasserstoff sehr unwahrscheinlich.

Trotz der hohen Dichte sind die Teilchen selbst im Zentralbereich der Sonne relativ weit voneinander entfernt, so daß sich das Plasma annähernd wie ein ideales Gas verhält. Daher können wir die Zentraltemperatur aus dem idealen Gasgesetz zu $1{,}5 \cdot 10^7$ K berechnen.

Die Energiequelle der Sonne

Verwenden wir den oben berechneten Wert für die Leuchtkraft der Sonne, um ihren momentanen Energieinhalt mit den Gesetzen der Thermodynamik zu berechnen, stellen wir fest: Bereits nach 30 Millionen Jahren hätte sie ihre gesamte Energie abgestrahlt. Da aber auf der Erde schon hundertmal länger Leben existiert, muß die Leuchtkraft der Sonne seit mindestens dieser Zeit, also seit drei Milliarden Jahren, nahezu zeitlich konstant gewesen sein. Dies wiederum erfordert eine Energiequelle, die weit ergiebiger ist, als es das heiße Plasma und das beobachtete Strahlungsfeld vermuten lassen.

Die Energiequelle der Sonne ist die Kernfusion. Nach unserer heutigen Vorstellung entstand die Sonne aus einer interstellaren Gaswolke, die sich unter ihrer eigenen Schwerkraft zu kontrahieren begann. Diese Kontraktion führte zu einem Temperaturanstieg innerhalb der Gaswolke. Bei Temperaturen in der Größenordnung von 150 Millionen Kelvin besitzen dann die Wasserstoffkerne (Protonen) in dem Plasma im Mittel ausreichend Energie (etwa 1 keV) für eine Verschmelzung zu Heliumkernen. Diese Reaktion – genaugenommen ist es eine ganze Kette von Reaktionen – wurde zum ersten Mal 1938 von H. A. Bethe vorgeschlagen und wird als der **Proton-Proton-Zyklus** bezeichnet. Im ersten Schritt reagieren zwei Protonen miteinander und bilden Deuterium:

$$^1H + {}^1H \rightarrow {}^2H + e^+ + \nu_e + 1{,}44 \text{ MeV} \,. \qquad 42.6$$

Die Wahrscheinlichkeit, daß diese Reaktion abläuft, ist nur für die Protonen im hochenergetischen Teil der Maxwell-Boltzmann-Verteilung groß genug. Daher ist die Energieerzeugungsrate der Sonne begrenzt. Je kleiner diese Rate ist, um so größer ist die Lebensdauer eines Sterns. Den ersten, reaktionsbestimmenden Schritt bezeichnet man oft als „Flaschenhals" der solaren Kernfusion. Ist erst einmal Deuterium ^2H nach Reaktionsgleichung (42.6) gebildet, ist folgende Reaktion wahrscheinlich:

$$^2H + {}^1H \rightarrow {}^3He + \gamma + 5{,}49 \text{ MeV} \,, \qquad 42.7$$

gefolgt von

$$^3He + {}^3He \rightarrow {}^4He + 2{}^1H + \gamma + 12{,}86 \text{ MeV} \,. \qquad 42.8$$

Dieser Prozeß, in dem Wasserstoffkerne zu Heliumkernen „verbrannt" werden, ist in Abbildung 42.5 schematisch gezeigt. Es gibt aber noch weitere mögliche Reaktionen, Helium durch Fusionsprozesse zu erzeugen. Die Energieausbeute ist in etwa gleich, allerdings hängen die Reaktionsraten sehr empfindlich von der Temperatur und der Zusammensetzung des Sterninnern ab.

Die im Proton-Proton-Zyklus produzierten Neutrinos verlassen ungehindert den Zentralbereich und ermöglichen uns die einzige direkte Beobachtung des Sonneninnern. Aus der gemessenen Leuchtkraft $L_\odot$ und dem bekannten Q-Wert (siehe Abschnitt 40.4) des vollständigen Proton-Proton-Zyklus läßt sich die Gesamtreaktionsrate berechnen. Weiter zeigen die Neutrinos aus den einzelnen Erzeugungsreaktionen von ^3He unterschiedliche Energiespektren, woraus der Beitrag der einzelnen Reaktionen bestimmt und Informationen über Zusammensetzung und Temperatur des Zentralbereichs gewonnen werden können.

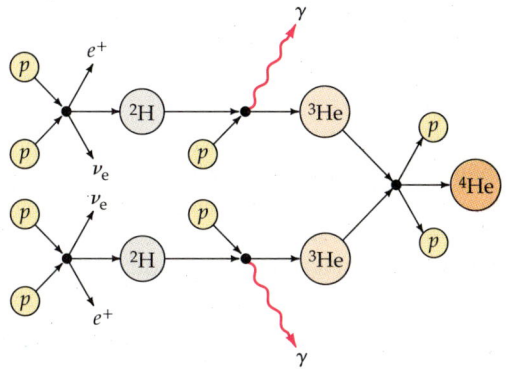

42.5 Der Proton-Proton-Zyklus ist die primäre Energiequelle der Sonne. Die in der ersten Reaktion erzeugten Neutrinos verlassen den Zentralbereich der Sonne ungehindert. Die produzierte Nettoenergie des Zyklus beträgt 26,7 MeV.

Die gemessene Rate, mit der die Neutrinos auf der Erde ankommen, ist signifikant kleiner als die von dem Standardmodell der Sonne theoretisch vorhergesagte. Diese Diskrepanz wird als das **Solar-Neutrino-Problem** bezeichnet.

Das bisher ungelöste Solar-Neutrino-Problem hat mehrere Konsequenzen, von denen zwei für uns besonders wichtig sind. Zuerst könnte eine ernsthafte Lücke in unserem Verständnis der Eigenschaften und des Verhaltens der Neutrinos vorliegen. Falls unsere Vorstellungen von den Neutrinos im wesentlichen richtig sind, wäre zum anderen ein Fehler in dem Standardmodell der Sonne möglich. Ein derartiger Fehler hätte weitreichende Auswirkungen auf die Theorie der Sternentwicklung.

Die aktive Sonne

Neben den relativ stabilen Phänomenen, die wir diskutiert haben, zeigt die Sonne eine Reihe von zeitlich veränderlichen Phänomenen, die meist mit dem Magnetfeld der Sonne in Verbindung stehen. Wir haben schon festgestellt, daß das Sonneninnere ein Plasma aus Protonen und Elektronen sein muß. Die Sonne rotiert je nach der heliographischen Breite mit unterschiedlichen Winkelgeschwindigkeiten. Bei einer gegebenen Breite hat sie wahrscheinlich auch eine mit dem Abstand von der Rotationsachse variierende Winkelgeschwindigkeit. Die komplexe Bewegung des Plasmas aufgrund dieser differentiellen Rotation und das ständige Auf- und Absteigen der geladenen Teilchen in der Konvektionszone zwischen dem Zentralbereich und der Photosphäre ist wahrscheinlich die Ursache für die chaotische Struktur ihres Magnetfeldes (siehe Abbildung 42.6). Diese veränderlichen Strukturen können gelegentlich lokale Magnetfelder von mehr als 1 T erzeugen. Den vorübergehenden Strukturen ist ein mittleres Magnetfeld von 10^{-4} T überlagert. Der Ursprung dieses Feldes ist nicht bekannt; sicher ist nur, daß es nicht ein Überbleibsel aus der Frühzeit der Sonne ist, weil ein solches anfängliches Feld sich bis heute längst aufgelöst hätte. Seine Existenz stellt die theoretischen Modelle für die Sonne vor erhebliche Probleme; sie müssen nicht nur ein globales Magnetfeld, sondern auch die Umkehr der Polarität in Verbindung mit dem **Sonnenfleckenzyklus** erklären.

42.6 Die Magnetfeldlinien der Sonne zeigen eine chaotische Struktur.

Sonnenflecken waren schon in der Zeit vor der Entwicklung des Fernrohrs bekannt. Man beschrieb sie als dunkle Verunreinigungen auf der Sonnenscheibe, bevor sie erstmals im Jahre 1610 von Galilei mit einem Fernrohr beobachtet wurden. Ein heutiges Modell erklärt ihre Herkunft folgendermaßen: Wie in Abbildung 42.7 zu sehen ist, werden die Magnetfeldlinien durch die differentielle Rotation der Sonne zu Bündeln oder Schläuchen verzerrt. An manchen Stellen der Oberfläche stülpen sich diese Schläuche aufgrund von Bewegungen in der Konvektionszone aus der Sonnenoberfläche heraus. An den Ein- und Austrittspunkten entstehen an der Oberfläche Sonnenflecken. Sie erscheinen in der Photosphäre dunkler als die Umgebung, weil sie mit typischerweise 3800 K kühler sind als die Photosphäre. Einer der beiden Sonnenflecken wird als magnetischer Nordpol und der andere als Südpol ausgebildet. Stößt der magnetische Schlauch nicht vollständig durch die Oberfläche, wird nur ein einzelner Sonnenfleck sichtbar.

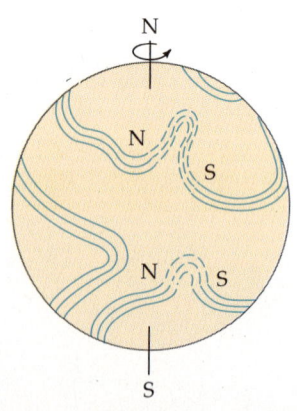

42.7 Die Magnetfeldlinien der Sonne werden durch die Rotation der Sonne gestört. Sonnenflecken treten an den Stellen auf, wo ein Bündel aus Feldlinien die Oberfläche beim Aus- und Eintritt durchstößt.

Die Zahl der Sonnenflecken variiert, wie in Abbildung 42.8 zu sehen ist, regelmäßig zwischen 0 im Minimum bis zu über 150 im Maximum in einem Zyklus von elf Jahren. Zu Beginn eines neuen Zyklus bilden sich die Sonnenflecken in Breiten von etwa 30°. Im Verlauf des elfjährigen Zyklus wandern die Entstehungsgebiete immer näher an den Sonnenäquator heran. Außerdem ist eine zyklische Variation der jährlichen Sonnenfleckenzahl mit einer Periode von etwa 100 Jahren in Abbildung 42.8 zu erkennen. Bis heute gibt es jedoch keine Erklärung für diese Regelmäßigkeiten der aktiven Sonne.

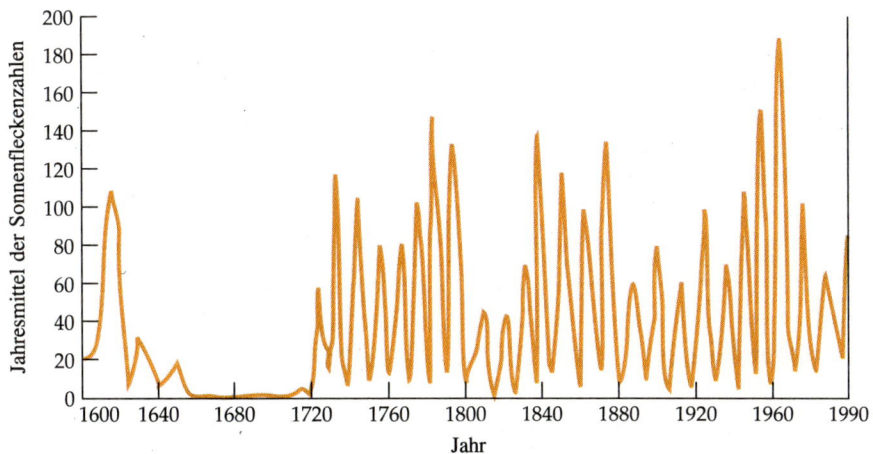

42.8 Die Zahl der Sonnenflecken, aufgetragen gegen die Zeit. Die Fleckenzahl variierte in den letzten 270 Jahren regelmäßig in einem 11-Jahres-Zyklus. Das unverstandene Fehlen von Sonnenflekken zwischen 1650 und 1700, bekannt als das Maunder-Minimum, fällt mit der Kleinen Eiszeit zusammen, einer Periode ungewöhnlich niedriger Temperaturen in Europa.

Von Interesse sind auch die sogenannten **Flares**. Bei ihnen handelt es sich um gewitterartige Phänomene, die in der Umgebung von Sonnenflecken zu beobachten sind und vermutlich mit den zugehörigen Magnetfeldern in Verbindung stehen. Ein spektakuläres Flare ist auf dem Foto oberhalb der Abbildungen 24.11 und 24.12 zu sehen. Es gibt jedoch kein allgemein akzeptiertes Modell zu ihrer Erklärung. Solare Flares brechen explosionsartig aus und emittieren Teilchen und elektromagnetische Strahlung vom Röntgen- bis in den Radiobereich. Sie dauern von wenigen Minuten bis zu einigen Stunden und können Temperaturen bis zu $5 \cdot 10^6$ K erreichen. Die herausgeschleuderten geladenen Teilchen kommen nach etwa einem Tag bei der Erde an und lassen durch ihre Wechselwirkung mit dem Erdmagnetfeld das Nordlicht entstehen. (Siehe auch den Essay im Anschluß an Kapitel 26.) Flares können Radioübertragungen auf der Erde stören und in äußerst seltenen Fällen sogar Spannungsstöße in Überlandleitungen hervorrufen.

Zwei weitere veränderliche Phänomene der aktiven Sonne sind Fackeln und Filamente. **Fackeln** sind hellere (heißere) Gebiete in der Nähe der dunklen Sonnenflecken. Die Entwicklung der Fackeln läßt vermuten, daß es sich dabei um Gebiete erhöhter Massendichte handelt, die eventuell durch die Bewegung der Magnetfeldlinienbündel der Sonnenflecken erzeugt werden. **Filamente** sind dunkle, dünne Linien, die sich über viele tausend Kilometer auf der Sonnenscheibe erstrecken können. Sie liegen nicht auf der Oberfläche der Sonne, sondern ragen in Form von Schleifen und Wirbeln bis zu 100000 Kilometer in den Raum hinaus. Filamente, die zum Beispiel während einer Sonnenfinsternis am Sonnenrand in den Raum hinaus projiziert zu sehen sind, werden **Protuberanzen** genannt. Sie können innerhalb weniger Stunden ausbrechen und wieder verschwinden oder aber auch für mehrere Wochen bestehenbleiben. Obwohl die Protuberanzen wie auch die anderen zeitlich veränderlichen Phänomene in enger Verbindung mit dem Verlauf der Magnetfeldlinien stehen, gibt es kein Modell, das ihnen vollständig gerecht wird.

42.2 Die Sterne

In klaren, dunklen Nächten können wir ohne Einsatz eines Teleskops mit dem bloßen Auge etwa 6000 Sterne sehen. Schon ein flüchtiger Blick an den Nachthimmel offenbart folgende Merkmale: Die Verteilung der Sterne ist nicht gleichförmig, die Sterne haben nicht alle die gleiche Helligkeit, und es gibt ein schwach leuchtendes, unregelmäßiges Band, das den Himmel zweiteilt.

Das diffuse Lichtband, das sich über den ganzen Himmel erstreckt, ist die Milchstraße. (Der Ausdruck *Galaxie* ist aus dem griechischen Wort für „Milch" abgeleitet.) Mit Hilfe von kleinen Fernrohren oder sogar schon mit Feldstechern kann das Band in eine Unzahl von einzelnen Sternen aufgelöst werden. Sie sind Mitglieder einer großen Galaxie, die von schätzungsweise 10^{11} gravitativ aneinander gebundenen Sternen gebildet wird. Die meisten der mit dem bloßen Auge in alle Richtungen sichtbaren Sterne sind Mitglieder unserer Galaxie, der Milchstraße. Sie sind nah genug, so daß wir sie mit dem Auge als Einzelsterne auflösen können.

Die Sternbilder

Zufällige Gruppierungen der helleren Sterne am Himmel nennen wir **Sternbilder**. Die alten Völker brachten sie in Verbindung mit Personen, Göttern und Gegenständen ihrer Mythen und Sagen. Die Sternbilder sowie auch einige auffallende Sterne hatten schon immer auch praktische Bedeutung. Die Seefahrer benutzten jahrhundertelang den Polarstern am Nordhimmel und das Kreuz des Südens am Südhimmel als Navigationshilfe. Im alten Ägypten lernten die Berater des Pharaos, durch die Beobachtung des ersten Erscheinens des hellen Sterns Sirius über dem Horizont zu Beginn des Frühlings den Zeitpunkt des jährlichen lebensnotwendigen Nilhochwassers vorherzusagen. Heute teilen die Astronomen zur einfacheren Orientierung den Himmel in 88 Sternbilder mit genau festgelegten Grenzen ein. Zum Beispiel sagt man, das galaktische Zentrum liege „im Schützen", und meint damit, es liegt in Richtung des Sternbildes des Schützen. (In Wirklichkeit ist das Zentrum der Milchstraße zehnmal weiter als die hellsten Sterne des Sternbildes entfernt.)

Stellare Populationen

Ein Charakteristikum unserer Milchstraße ist, daß in bestimmten Regionen innerhalb eines kleinen Winkeldurchmessers viel mehr Sterne sichtbar sind als in benachbarten Regionen. Solche Konzentrationen werden als **Sternhaufen** bezeichnet. Es gibt zwei verschiedene Arten von Sternhaufen: Galaktische Haufen und Kugelsternhaufen. Die **Galaktischen Haufen**, auch **Offene Haufen** genannt, bestehen aus bis zu einigen hundert Sternen. Eine Aufnahme des Hubble Space Telescope eines solchen Haufens ist in Abschnitt 32.5 gezeigt. Durch die Analyse optischer Spektren stellt man fest, daß die Sterne in den Haufen alle etwa die gleiche Zusammensetzung haben: 70 Prozent der Masse sind Wasserstoff, 28 Prozent Helium, und zwei bis drei Prozent bestehen aus schwereren Elementen, die in der Astrophysik einfach als Metalle bezeichnet werden. Sterne mit einer charakteristischen Zusammensetzung ähnlich unserer Sonne werden als Sterne der **Population I** bezeichnet. **Kugelsternhaufen** können aus 10^3 bis 10^6 in kugelförmiger Struktur angeordneten Sternen bestehen. Die Metallhäufigkeiten sind alle sehr ähnlich, liegen aber deutlich unter denen der Sterne der Population I, typischerweise bei 0,1 bis 0,01 Prozent. Man nennt sie Sterne der **Population II**.

Sterne der Population I sind Sterne der heutigen Generation, die gebildet wurden, nachdem das Gas, das zwischen den Sternen vorhanden ist, durch die Produkte der Kernfusion früherer Sterngenerationen mit Metallen angereichert worden war. Die niedrige Metallhäufigkeit der Sterne der Population II läßt also vermuten, daß diese aus einer viel früheren Sterngeneration stammen und somit auch deutlich älter als die Sterne der Population I sind. Die Tatsache, daß die Kugelsternhaufen vor allem in Gebieten mit wenig Staub und Gas liegen, unterstützt diese Interpretation.

Die Struktur der Milchstraße

Die Größe und Struktur der Milchstraße ist keineswegs offensichtlich – kaum verwunderlich aus der Perspektive eines Beobachters, der sich innerhalb der Galaxie selbst befindet. Sorgfältige Zählungen der Sterne pro Volumen in verschiedene Richtungen machten klar, daß die Milchstraße im wesentlichen eine große Scheibe ist. Bis Anfang des 20. Jahrhunderts glaubten die Astronomen, die Sonne befinde sich im Zentrum dieser Scheibe. Die wirkliche Größe und Gestalt der Milchstraße (siehe Abbildung 42.9) wurde von Harlow Shapley im Jahr 1917 durch eine glänzende Analyse der Verteilung der Kugelsternhaufen abgeleitet. Er entdeckte, daß die etwa 200 bekannten Kugelhaufen anähernd sphärisch im Raum verteilt sind und daß das Zentrum dieser Verteilung mit dem Zentrum der Milchstraße zusammenfallen müsse. Das Zentrum liegt etwa 30 000 Lichtjahre von der Sonne entfernt. Man sagte, Shapley habe die Sonne etwa so aus dem Zentrum der Milchstraße entrückt, wie Kopernikus die Erde aus dem Zentrum des Universums.

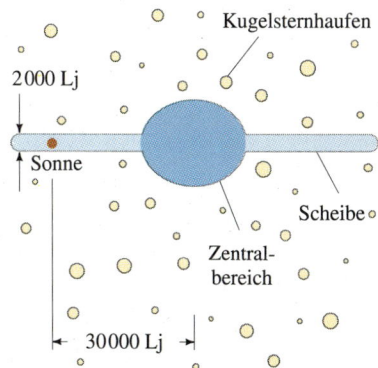

42.9 Ein Diagramm der Milchstraßenstruktur, basierend auf der Arbeit von Harlow Sharpley.

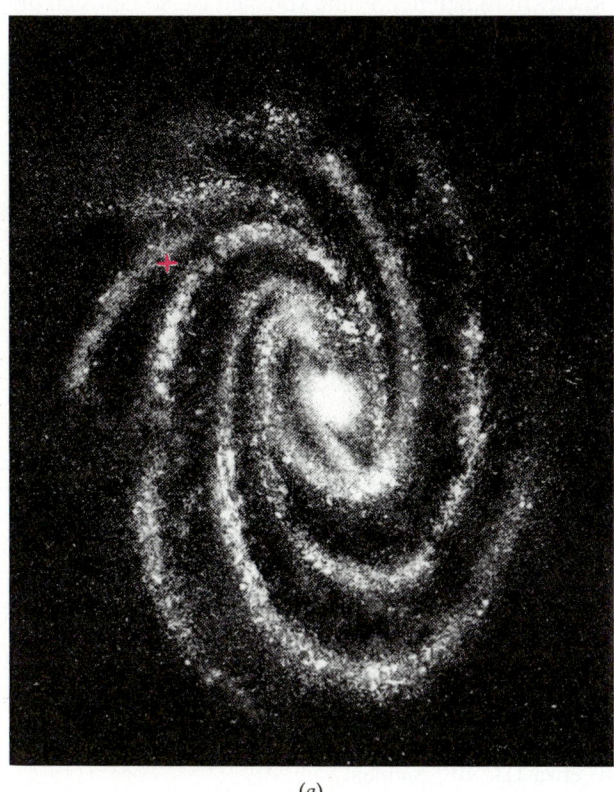

(a)

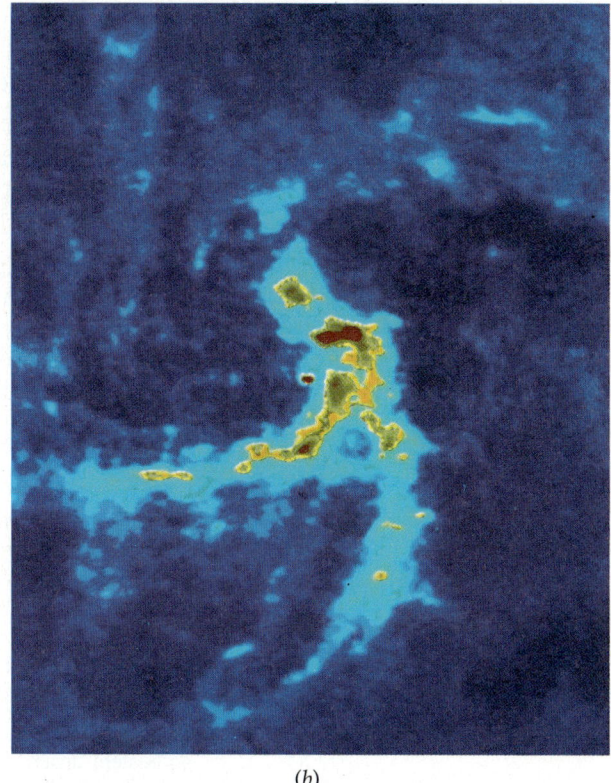

(b)

42.10 a) Die Kombination von optischen Beobachtungen und Messungen im Radiowellenbereich hat die Spiralstruktur der Milchstraße enthüllt. Einem Beobachter außerhalb unserer Galaxie würde sich etwa dieses Bild der Milchstraße präsentieren. Das Kreuz markiert die Position der Sonne. (Aus M. A. Seeds, *Foundations of Astronomy*, Wadsworth Publishing, Inc., 1986; nach G. de Vaucouleurs, W. D. Pence, *The Astronomical Journal* **83**, No. 10 (1978) 1163) b) Der Blick in das Zentrum der Milchstraße ist für optische Beobachtungen durch Staub- und Gaswolken versperrt. Es gibt jedoch Gebiete starker Radioemission im galaktischen Zentrum, die mit einem Radioteleskop ungehindert beobachtet werden können. Eine kompakte Radioquelle, Sagittarius A, scheint die großräumige Bewegung des galaktischen Zentrums zu beherrschen. Die Abbildung, die bei einer Wellenlänge von 6 cm (also im Mikrowellenbereich, siehe Tabelle 29.1) aufgenommen wurde, zeigt den inneren Kernbereich der Milchstraße, der eine Ausdehnung von 8 Lj hat. Der dunkle rote Fleck genau im Zentrum ist Sagittarius A. Einige Astronomen glauben, daß dieses Objekt ein riesiges Schwarzes Loch beherbergt. Das Bild wurde mit dem Very Large Array (VLA) in New Mexico aufgenommen. Es handelt sich dabei um ein Radiointerferometer aus 27 zusammengeschalteten Einzelantennen mit einem effektiven Durchmesser von 20 km. Die Auflösung ist etwa fünfmal besser als die der größten erdgebundenen optischen Teleskope. (Foto: National Radio Observatory/AUI und F. Yusef-Zadeh/Northwestern University)

In Anlehnung an Shapleys Arbeit beobachteten die Astronomen mit neuen, hochauflösenden Teleskopen in benachbarten Galaxien, daß die Verteilung der Sterne in Systemen, die wie die Andromedagalaxie oder die Galaxie in Centaurus in Abbildung 42.17b eine spiralartige Struktur zeigen, zum Teil von dem Alter und der Zusammensetzung der Sterne abhängt, wobei jedoch die Offenen Haufen hauptsächlich in den Spiralarmen gefunden werden. Unter der plausiblen Annahme, daß diese grundlegenden Strukturen in der Verteilung der Sterne auch auf unsere Milchstraße übertragbar sind, ließen sich aus genauen Entfernungsmessungen an 200 Offenen Haufen drei Spiralarme in der Milchstraße bestimmen. Könnten wir also vom galaktischen Nordpol auf die Milchstraße blicken, böte sich wohl ein Bild wie in Abbildung 42.10a.

Die Masse (und die fehlende Masse) der Milchstraße

J. Oort und B. Lindblad bewiesen erstmals 1926 mit Hilfe des Doppler-Effekts, daß die Milchstraße rotiert. Die Sonne bewegt sich offenbar auf einer Kreisbahn mit einer Geschwindigkeit von 250 km/s in Richtung des Sternbildes Schwan. Nehmen wir an, daß die Geschwindigkeit der Sonne konstant ist, so läßt sich die Länge des galaktischen Jahres – nämlich als die Zeit einer vollständigen Umrundung der Milchstraße – und die Masse der Milchstraße berechnen. Da die Sonne 30 000 Lichtjahre vom galaktischen Zentrum entfernt ist, dauert ein galaktisches Jahr $2{,}3 \cdot 10^8$ Jahre.

Beispiel 42.3

Schätzen Sie aus dem Newtonschen Gravitationsgesetz die Masse des Teils der Milchstraße ab, der sich innerhalb der Bahn der Sonne um das galaktische Zentrum befindet.

Setzt man die Gravitationskraft gleich der Masse der Sonne $M_\odot$, multipliziert mit der Zentripetalbeschleunigung, so erhält man

$$\frac{GM_\odot M_G}{R^2} = \frac{M_\odot v^2}{R}, \qquad 42.9$$

wobei M_G die Masse der Milchstraße, v die Bahngeschwindigkeit der Sonne und G die Gravitationskonstante ist. Aufgelöst nach M_G erhält man

$$M_G = \frac{v^2 R}{G} = \frac{(2{,}5 \cdot 10^5 \text{ m/s})^2 \cdot 30\,000 \text{ LJ}}{6{,}67 \cdot 10^{-11} \text{ N} \cdot \text{m}^2/\text{kg}^2}$$

$$= 2{,}66 \cdot 10^{41} \text{ kg} = 1{,}3 \cdot 10^{11} \, M_\odot.$$

Ist also die Masse der Sonne ein repräsentativer Mittelwert für alle Sterne der Milchstraße, so besteht unsere Galaxie aus etwa $1{,}3 \cdot 10^{11}$ Sternen.

Summieren wir die Massen aller sichtbaren Sterne in der Milchstraße, des Staubs und der Gaswolken auf, erhalten wir nur etwa zehn Prozent der Masse, die nötig ist, damit die Milchstraße gravitativ zusammengehalten wird. Diese Diskrepanz wird als das Problem der „fehlenden Masse" bezeichnet. Es existiert für alle Galaxien und selbst für das Universum als Ganzes. Verschiedene Lösungsmöglichkeiten wie Schwarze Löcher, Neutrinos mit endlicher Ruhemasse oder bisher unentdeckte, schwach wechselwirkende, massebehaftete Teilchen, die sogenannten WIMPs (engl. für „weakly interacting massive particles") werden diskutiert und intensiv gesucht. Doch gibt es bis jetzt keine experimentellen Hinweise für eine dieser Möglichkeiten.

42.3 Die Entwicklung der Sterne

Auch wenn keine anerkannte, umfassende Theorie der Sternentstehung existiert, geht man im allgemeinen davon aus, daß sich Sterne aus massereichen Staub- und Gaswolken bilden. Ein solches Sternentstehungsgebiet ist in Abbildung 42.11 gezeigt. Kommt es in der rotierenden Gaswolke zu einer Verdichtung, wird die Gaswolke aufgrund der Gravitationswechselwirkung anfangen, immer mehr Staub und Gas aufzusammeln. Ist die Anfangsmasse der Wolke ausreichend groß, kann durch die fortschreitende Kontraktion und Ansammlung von Materie die Temperatur so weit ansteigen, daß die Kernfusion einsetzt und somit ein neuer Stern geboren wird.

42.11 Der 30-Doradus-Komplex ist auch als Tarantelnebel bekannt. Es handelt sich hierbei um ein riesiges Sternentstehungsgebiet mit vielen jungen, heißen Sternen, die den Gasnebel zum Leuchten anregen. Der Tarantelnebel liegt in der Großen Magellanschen Wolke, ganz in der Nähe von SN1987A, dem hellen Stern in der unteren rechten Ecke. (© Anglo-Australian Telescope Board)

In diesem Abschnitt diskutieren wir, wie sich Sterne entwickeln, nachdem sie einmal gebildet sind. Zwei Größen spielen bei dieser Diskussion eine wichtige Rolle: die Leuchtkraft L und die Effektivtemperatur T_{eff}. Die Effektivtemperatur eines Sterns ist schwierig zu messen. Sie wird üblicherweise entweder durch einen Vergleich der Spektralverteilung des elektromagnetischen Spektrums mit der eines schwarzen Körpers oder aber aus den Absorptionslinien der chemischen Elemente in der Atmosphäre bestimmt.

Die Leuchtkraft ist die gesamte abgestrahlte Leistung eines Sterns. Sie ist durch den auf der Erde ankommenden Strahlungsstrom S – bei der Sonne heißt diese Größe Solarkonstante – und die Entfernung r des Sterns von der Erde festgelegt (Gleichung 42.2):

$$L = 4\pi r^2 S . \qquad 42.10$$

Die Messung der Entfernung ist normalerweise eine sehr schwierige Aufgabe. Bei relativ nahen Sternen kann die Entfernung aus der scheinbaren Bewegung des Sterns aufgrund der Bewegung der Erde um die Sonne bestimmt werden. Während eines vollständigen Umlaufs der Erde bewegt sich der Stern scheinbar vor dem Himmelshintergrund auf einer Kreisbahn mit einem Radiuswinkel θ, der

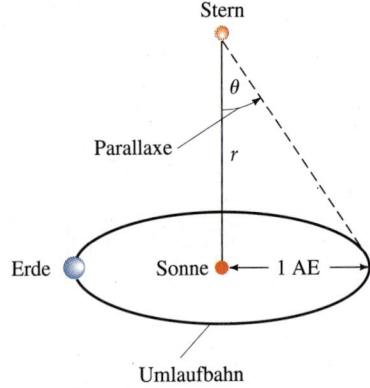

42.12 Die Parallaxen-Methode zur Entfernungsbestimmung naher Sterne. Ein Parsec (1 pc) ist die Entfernung r, aus der der Erdbahnradius (1 AE) unter einem Winkel von 1″ erscheint.

sogenannten **Parallaxe**, wie in Abbildung 42.12 gezeigt. Die Parallaxe ist gegeben durch

$$\theta = \frac{1\,\text{AE}}{r}.\qquad 42.11$$

Astronomische Entfernungen werden meist in Parsec (pc) oder Lichtjahren (Lj) gemessen. Ein Parsec ist die Entfernung, aus der eine Astronomische Einheit (1 AE) unter einem Winkel von einer Bogensekunde (1″ = $\frac{1}{3600}$ Grad) erscheint. Setzen wir $\theta = 1''$ in Gleichung (42.11) ein, erhalten wir

$$1\,\text{pc} = \frac{1\,\text{AE}}{1''} \cdot \frac{3600''}{1°} \cdot \frac{180°}{\pi\,\text{rad}} = 2{,}0626 \cdot 10^5\,\text{AE}\,.\qquad 42.12$$

Mit 1 AE = $1{,}496 \cdot 10^{11}$ m und 1 Lj = $9{,}461 \cdot 10^{15}$ m können wir das Parsec in Metern oder Lichtjahren ausdrücken:

$$1\,\text{pc} = 3{,}086 \cdot 10^{16}\,\text{m} = 3{,}26\,\text{Lj}\,.\qquad 42.13$$

Beispiel 42.4

Proxima Centauri ist der Stern, der am nächsten zur Sonne steht. Aus zwei Messungen der Position von Proxima Centauri in einem Abstand von sechs Monaten ergab sich eine Parallaxe θ von 0,765″. Wie weit ist Proxima Centauri entfernt?

Da 1 AE/1″ = 1 pc entspricht, erhalten wir für $\theta = 0{,}765''$

$$r = \frac{1\,\text{AE}}{\theta} = \frac{1\,\text{AE}}{0{,}765''} = \frac{1\,\text{AE}}{1''}\frac{1''}{0{,}765''} = 1{,}31\,\text{pc} = 4{,}27\,\text{Lj}\,.$$

Die Parallaxen-Methode kann nur auf etwa 8000 Sterne angewendet werden, die der Sonne relativ nahe sind. Für die übrigen ist die Parallaxe unmeßbar klein, und es sind indirekte Entfernungsmessungen notwendig. Diese Methoden basieren zum Beispiel auf der Analyse der Intensitätsschwankungen eines bestimmen Typs von pulsierenden Sternen. Es gibt bisher keine präzisen Methoden, die Entfernungen einzelner, weit entfernter, aber nicht pulsierender Sterne zu bestimmen.

Die verschiedenen Zustände der Sterne können übersichtlich in einem Diagramm dargestellt werden, in dem die Leuchtkraft L gegen die Effektivtemperatur T_{eff} aufgetragen ist. Ein solches Diagramm heißt **Hertzsprung-Russell-**

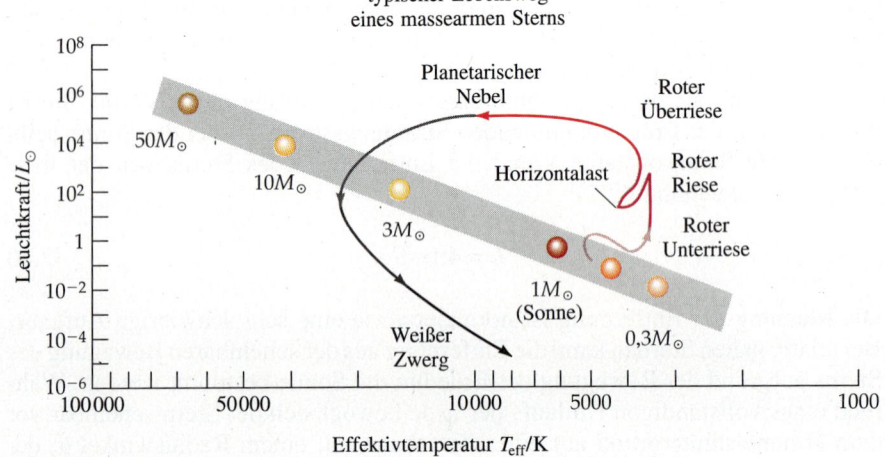

42.13 Ein Hertzsprung-Russell-(H-R-)Diagramm. Die eingezeichneten Punkte zeigen die Lage von Sternen verschiedener Masse kurz nach ihrer Bildung. Das schattierte Band nennt man die Hauptreihe; Sterne, die auf ihr liegen, heißen Hauptreihensterne. Die durchgezogene Linie beschreibt den Lebensweg eines Sternes.

(H-R-)Diagramm. Abbildung 42.13 zeigt ein H-R-Diagramm für einige Sterne mit repräsentativen Massen. Jeder Punkt repräsentiert einen einzelnen Stern. Die große Mehrheit der Sterne fällt in einem H-R-Diagramm in das schattierte Band, die sogenannte **Hauptreihe**. Hauptreihensterne sind in dem Sinne normale Sterne, daß sie eine homogene Mischung außerhalb des Kerns zeigen, daß alle etwa die gleiche chemische Zusammensetzung haben und durch einen der oben besprochenen Prozesse Wasserstoff zu Helium verschmelzen. Wenn Sterne die Hauptreihe verlassen, geschieht dies durch Expansion. Daher nennt man die Sterne auf der Hauptreihe auch häufig **Zwerge**.

Die Position eines Hauptreihensterns im H-R-Diagramm hängt von seiner Leuchtkraft ab, die wiederum primär von der Masse des Sterns bestimmt wird. Die Massen der Sterne reichen von 0,08 $M_\odot$ bis etwa 60 $M_\odot$ ($M_\odot$ ist die Masse der Sonne). Gasförmige Objekte mit Massen kleiner als 0,08 $M_\odot$ haben keine ausreichende Masse, um in ihrem Zentralbereich durch die Eigengravitation die hohen, für eine anhaltende Kernfusion und Energieerzeugung notwendigen Temperaturen zu erzeugen. Objekte mit Massen über 60 $M_\odot$ würden so enorme Temperaturen im Innern erzeugen, daß der nach außen gerichtete Strahlungsdruck den nach innen gerichteten Gravitationsdruck übersteigen würde. Ein derartiges System wäre – abgesehen von der Frage, ob es sich überhaupt bilden könnte – auf jeden Fall sehr instabil.

Die Leuchtkraft eines Sterns ist ungefähr proportional der vierten Potenz seiner Masse:

$$L \propto M^4 . \qquad 42.14$$

Die Lebenszeit eines Sterns t_L ist proportional zu der insgesamt zur Verfügung stehenden Energie, die zu der Sternmasse proportional ($E = mc^2$) und zur Energieabstrahlungsrate umgekehrt proportional ist:

$$t_L = \frac{E}{L} \propto \frac{Mc^2}{M^4} \propto M^{-3} . \qquad 42.15$$

Daher verbrennen massereichere Sterne ihren Wasserstoff schneller als masseärmere Sterne. (Gleichung (42.15) gilt nicht für sehr kleine oder sehr große Sterne, weil die Masse-Leuchtkraft-Beziehung aus Gleichung (42.14) nur als gemitteltes Ergebnis zu verstehen ist. Der Exponent in (42.15) ist größer für sehr kleine Sterne und kleiner für sehr große Sterne.)

Überlegungen zum Energiegleichgewicht der Sterne auf der Hauptreihe führen zu folgender annähernden Proportionalität zwischen Radius und Masse:

$$R \propto M . \qquad 42.16$$

Durch Einsetzen in Gleichung (42.5), die die Effektivtemperatur mit der Leuchtkraft pro Fläche verbindet, finden wir eine Beziehung zwischen der Effektivtemperatur und der Masse des Sterns:

$$T_{\text{eff}} = \left(\frac{L}{4\pi R^2 \sigma}\right)^{1/4} \propto \left(\frac{M^4}{M^2}\right)^{1/4} \propto M^{1/2} . \qquad 42.17$$

Somit haben also Sterne mit größeren Massen höhere Effektivtemperaturen und auch größere Leuchtkräfte als die mit geringeren Massen.

Wenn ein Stern älter wird, verbraucht er seine primäre Energiequelle, den Wasserstoff. Seine weitere Entwicklung nach dem Verbrauch des Wasserstoffvorrats im Zentralbereich hängt von der Anfangsmasse des Sterns auf der Hauptreihe ab. Massearme und massereiche Sterne folgen dann unterschiedlichen Entwicklungswegen. In jedem Fall sind aufeinanderfolgende, auf den Produkten des vorangegangenen Zyklus aufbauende Kernreaktionen die fundamentalen Prozesse. Ist also der Wasserstoff im Zentrum zu Helium verbrannt, muß der Stern mit einem Zyklus beginnen, der Helium schließlich zu Kohlenstoff umwandelt. Bevor dies geschehen kann, muß sich der Zentralbereich weiter bis auf 10^8 K aufgeheizt haben. Dann zündet die Heliumfusion. Die Kette der Ereignisse, die bei diesem Prozeß eine Rolle spielen, ist sehr komplex, ihre Beschreibung würde den Rahmen dieses Buches sprengen. Das Resultat für massearme Sterne lautet: Der Radius (und somit die Oberfläche) wächst an, während die Leuchtkraft annähernd konstant bleibt. Daher verringert sich die Intensität (die Leuchtkraft pro Fläche) und folglich die Effektivtemperatur. Das Strahlungsmaximum verschiebt sich zu größeren Wellenlängen, und da der Stern expandiert, wird er zu einem sog. **Roten Unterriesen**. Die Photosphäre wird mit fallender Effektivtemperatur T_{eff} schnell transparenter, wodurch sich die Leuchtkraft wiederum erhöht und im Endeffekt den Abfall der Temperatur begrenzt. Der Stern ist dann ein sog. **Roter Riese**. Der Entwicklungsweg eines typischen massearmen Sterns ist in dem H-R-Diagramm in Abbildung 42.13 (durchgezogene Linie) gezeigt.

Das Zünden des Heliumbrennens resultiert wieder in einem Ansteigen der Effektivtemperatur des Sterns, der sich dann im H-R-Diagramm auf dem **Horizontalast** bewegt. Ist der Heliumkern ausgebrannt, beginnt das Kohlenstoffbrennen, und der Stern wird zum sog. **Roten Überriesen**. Was danach geschieht, ist nicht geklärt. Nach einer Zahl von Ereignissen, die einen nicht unerheblichen Massenverlust und vielleicht ein mehrmaliges Passieren des Stadiums eines **Planetarischen Nebels** einschließen, wird der Stern zu einem Weißen Zwerg, der langsam abkühlt, bis er ein thermodynamisches Gleichgewicht mit dem Universum erreicht hat. Die Weißen Zwerge werden wir im Abschnitt 42.5 eingehender diskutieren.

Massereiche Sterne, d.h. Sterne mit Massen über $6\,M_\odot$, entwickeln sich, wie von Gleichung (42.15) vorhergesagt, schneller als die massearmen. Zusätzlich können sie durch ihre Eigengravitation sehr hohe Drücke und Temperaturen erreichen – Druck und Temperatur können dann ausreichen, um die Fusionsreaktionen zu zünden, die Sauerstoff, Neon und Silicium und schließlich Eisen produzieren. Diese Reaktionen wechseln sich in immer kürzeren Zeitintervallen ab und führen schließlich zu den Katastrophen, die wir im folgenden Abschnitt betrachten werden.

42.4 Kataklysmische Ereignisse

Gewaltige Explosionen und andere Arten von kataklysmischen (plötzlich auftretenden, zu Vernichtung führenden) Ereignissen sind ein natürlicher Teil in dem Lebenszyklus eines Sterns. Sterne werden in wirbelnden Gaswolken gebildet, bewegen sich im H-R-Diagramm entlang vorgegebener Bahnen und erzeugen während ihrer Entwicklung die schweren Elemente, die dann in nachfolgenden Sterngenerationen enthalten sind.

Novae

Mehr als die Hälfte aller Sterne sind Mitglieder eines **Doppelsternsystems** oder sogar größerer Verbände. Diese Sterne kreisen um ihren gemeinsamen Schwerpunkt, während die Systeme selbst der Rotation der Galaxie folgen. Die Umlaufperioden der Doppelsterne liegen zwischen einigen Stunden bei Systemen mit eng benachbarten Begleitern und Millionen von Jahren, wenn die Begleiter viele Astronomische Einheiten voneinander entfernt sind. Im folgenden sind für uns nur die engen Doppelsterne von Interesse.

Eine vollständige Analyse der Wechselwirkungen zwischen zwei Sternen, die ein enges Doppelsternsystem bilden, würde zu weit führen, wir beschränken uns daher auf die Grundlagen. Stellen wir uns ein Doppelsternsystem vor, dessen beide Sterne mit den Massen M_1 und M_2 auf Kreisbahnen um den gemeinsamen Massenschwerpunkt rotieren. Ein ruhender Beobachter in dem rotierenden System erfährt die resultierende Kraft aus den Gravitationskräften der beiden Sterne und den Scheinkräften aus der Rotation. Abbildung 42.14 zeigt die Äquipotentialflächen eines Doppelsternsystems. Auf der Verbindungslinie der beiden Zentren existiert ein Punkt, an dem das resultierende Potential ein Minimum besitzt. In diesem Punkt ist die resultierende Kraft aus den gemeinsamen Effekten der Rotation und der Gravitationswechselwirkung der Massen M_1 und M_2 gleich null. Dieser Punkt trägt den Namen **Lagrange-Punkt**. Die dreidimensionale Äquipotentialfläche (zum Begriff Äquipotentialfläche siehe Abschnitt 20.6), die den Lagrange-Punkt enthält und beide Sterne umhüllt, wird das **Roche-Volumen** genannt.

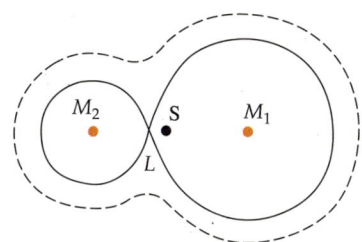

42.14 Querschnitt durch die Äquipotentialflächen eines Doppelsternsystems mit den Massen M_1 und M_2. Der mit L markierte Punkt ist einer der fünf Lagrange-Punkte, an denen das gemeinsame Gravitationspotential ein Minimum besitzt und die resultierende Kraft gleich null ist. S markiert den Massenmittelpunkt des Systems.

Nun stellen Sie sich vor, was passiert, wenn sich einer der beiden Sterne, sagen wir M_1, durch seine natürliche Entwicklung aufzublähen beginnt und sein Roche-Volumen ausfüllt. Die Photosphäre eines jeden Sterns „sieht" außerhalb der Oberfläche ein Vakuum: An jedem Punkt wird der nach außen gerichtete Druck durch die Gravitation ausgeglichen. Im Lagrange-Punkt herrscht nun aber keine Gravitation. Die Materie von M_1 strömt durch den Lagrange-Punkt in das Roche-Volumen von M_2. Befindet sie sich erst einmal dort, dann wird sie gravitativ in Richtung von M_2 angezogen. Da das System rotiert, bewegt sich die Materie wegen der Corioliskraft nicht direkt radial auf M_2 zu, sondern bildet eine rotierende **Akkretionsscheibe** aus (siehe Abbildung 42.15).

Ist M_2 ein normaler Stern, so hat dies keine allzu großen Konsequenzen. Handelt es sich jedoch um einen Weißen Zwerg, kann das kataklysmische Ereignis geschehen, das man **Nova** nennt. Wir wollen zwei Möglichkeiten erörtern.

Materie, die durch den Lagrange-Punkt in die Akkretionsscheibe fließt, wird dort so lange gespeichert, bis Instabilitäten in der Scheibe auftreten, durch die Material auf die Oberfläche des Weißen Zwergs ausgeschüttet wird. Das Auftreffen der Materie erhitzt die Oberfläche, und ein plötzlicher, kurzer Anstieg der Intensität um einen Faktor von 10 bis 100 ist die Folge. Diese Ereignisse wiederholen sich in Abständen von wenigen Wochen bei **Zwergnovae** bis zu Hunderten oder Tausenden von Jahren bei **Rekurrierenden Novae**. Zwischen diesen plötzlichen Intensitätsausbrüchen flackern die Novae.

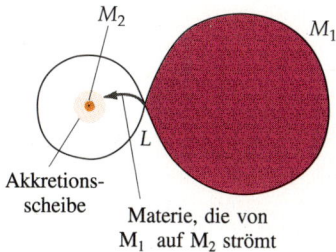

42.15 Materie von M_1 strömt durch den Lagrange-Punkt in das Roche-Volumen von M_2 und bildet dort eine Akkretionsscheibe in der Äquatorebene von M_2. Fällt Materie auf die Scheibe, entsteht ein Gebiet hoher Temperatur und Leuchtkraft, das eine Nova unregelmäßig aufflackern läßt.

Bei den **Klassischen Novae**, die nicht unwesentliche Mengen an Materie in den Raum hinausschleudern und innerhalb weniger Tage um einen Faktor von einer Million heller werden können, vermutet man: Bei dem plötzlichen Einfall von Materie aus der Akkretionsscheibe auf die heiße Oberfläche des Weißen Zwerges sammelt sich ausreichend viel Wasserstoff an, um eine thermonukleare Explosion zu zünden. Nach solch einem Ausbruch kehrt das System in einen ruhigeren Zustand zurück. Die theoretischen Probleme, die bei der Erklärung eines solchen Ereignisses auftauchen, sind jedoch beachtlich, und es herrscht bisher keine Klarheit über die eigentlichen Mechanismen des Ausbruchs.

Supernovae

Die **Supernova** – die kataklysmische Explosion eines ganzen Sterns – ist, was vielleicht überraschend erscheint, besser verstanden als die Nova. Als erstes ist festzustellen, daß Supernovae nicht einfache Novae im großen Maßstab sind. Ihr

42 Astrophysik und Kosmologie

Ursprung ist vollkommen unterschiedlich. In Abschnitt 42.3 haben wir gesehen, was in einem Stern passiert, wenn er seinen Wasserstoff im Zentralbereich aufgebraucht hat und sich von der Hauptreihe im H-R-Diagramm wegzubewegen beginnt. Der Stern fängt an, Helium zu Kohlenstoff zu verbrennen. Ist es ein massearmer Stern, so besitzt er nicht ausreichend Gravitationsenergie, um die Fusion schwererer Kerne im größeren Stil zu zünden.

Bei massereichen Sternen ist die Sitation eine andere. Ist die Masse größer als $8\,M_\odot$, so reicht die Gravitation aus, um den im Zentralbereich verbrauchten Brennstoff durch Materie aus höheren Schichten zu ersetzen.

Die ansteigenden Temperaturen mit über 10^8 K genügen, um die Verschmelzung zu Neon, Silicium bis schließlich zu Eisen zu zünden. Wie wir in Kapitel 40 gesehen haben, ist die spezifische Bindungsenergie des Eisens die höchste von allen Elementen im Periodensystem. Das Verschmelzen von Elementen oberhalb von Eisen erzeugt keine Energie, es wird im Gegenteil Energie benötigt. Daher ist, wenn der Zentralbereich zu Eisen fusioniert wurde, die Kette der thermonuklearen Reaktionen beendet. Die Kontraktion durch die Gravitation verläuft aufgrund des fehlenden entgegenwirkenden Drucks immer schneller, und der Zentralbereich heizt sich auf über 10^9 K auf. Die Strahlung innerhalb des Sterns wird dadurch so intensiv, daß die Eisenkerne photoneninduziert in Helium und Neutronen zerfallen können. Dieser Prozeß entzieht dem Zentralbereich zusätzlich Energie, und der Gravitationskollaps wird beschleunigt:

$$^{56}_{26}\text{Fe} \rightarrow 13\,^{4}_{2}\text{He} + 4\text{n} \;. \qquad 42.18$$

Fangen die Heliumkerne an zu disintegrieren (zu zerfallen), werden wegen der großen Bindungsenergie von Helium große Mengen an Energie entzogen:

$$^{4}_{2}\text{He} \rightarrow 2\text{p} + 2\text{n} \;. \qquad 42.19$$

Der Zentralbereich befindet sich nun im gravitativen freien Fall und komprimiert die Elektronen und Protonen zu Neutronen über den inversen Betazerfall:

$$\text{p} + \text{e}^- \rightarrow \text{n} + \nu_e \;. \qquad 42.20$$

Was dann als nächstes passiert, ist nur noch Gegenstand von theoretischen Mutmaßungen, die wir in Abschnitt 42.5 erkunden werden.

Was mit der Hülle des Sterns – dem Material außerhalb des Zentralbereichs – geschieht, ist zwar theoretisch genauso unklar, dafür aber deutlich sichtbar: Die ganze Hülle wird in einer unglaublich gewaltigen Explosion weggeblasen. Diesen sehr selten auftretenden Vorgang nennt man Supernova. Im Jahr 1987 konnte in der nur 170 000 Lj entfernten Großen Magellanschen Wolke, einer kleinen Nachbargalaxie der Milchstraße, eine Supernova beobachtet werden, die als SN1987A bezeichnet wird. Sie war die erste nach der im Jahr 1604 von Kepler und Galilei beobachteten, die so nah war, daß sie mit bloßem Auge gesehen werden konnte. In den Jahren 1006 und 1054 wurden noch zwei weitere Supernovae registriert. Die letztere Beobachtung stammt von chinesischen Astronomen, der Ort der Supernova-Explosion lag im sogenannten Krebsnebel. Mit dem Einsatz von Teleskopen wurden inzwischen einige Supernovae in anderen Galaxien, teilweise schon kurz nach ihrem Ausbruch, beobachtet.

In ihrem Maximum ist eine Supernova normalerweise heller als die ganze Galaxie, in der sie sich befindet. Die Spektren einer Supernova lassen das Vorhandensein von chemischen Elementen aus dem ganzen Periodensystem erkennen. Dies zeigt, daß ein Teil der Enregie aus dem Zentralbereich nach der Produktion von Eisen für die Herstellung schwererer Elemente verwendet wird. Die Supernova schleudert einen Teil dieses Materials in den Weltraum zurück, wo es dann möglicherweise bei der Bildung einer neuen Generation von Sternen und Planeten wieder kondensiert. Solche Ereignisse sind mit großer Wahrscheinlichkeit der Geburt der Sonne und der Entstehung der Erde vorausgegangen. Wir sind also, wie schon zuvor gesagt, „aus dem Stoff, aus dem die Sterne sind".

Es gibt zwei Arten von Supernovae: *Typ I* und *Typ II*. Die vorausgegangene Beschreibung gilt für Supernovae vom Typ II. Supernovae vom Typ I ereignen sich in massearmen Sternen der Population II. Dieser Widerspruch zu unserer früheren Diskussion der Entwicklung massearmer Sterne hat bisher keine theoretische Erklärung.

42.5 Endzustände der Sterne

Die kataklysmischen Ereignisse am Ende eines Sternlebens ergeben drei mögliche Endzustände: den eines Weißen Zwergs, eines Neutronensterns oder eines Schwarzen Lochs. Die Masse des Sterns, insbesondere des Zentralbereichs, bestimmt, welcher Endzustand erreicht wird.

Weiße Zwerge

Sterne mit Massen kleiner als 6 $M_\odot$ durchlaufen auf ihrem Entwicklungsweg im H-R-Diagramm eine oder mehrere Phasen mit hohem Massenverlust. Wie dies geschieht, ist nicht klar, aber die als Hülle herausgeschleuderte Materie, die, durch den heißen Zentralstern angeregt, als planetarischer Nebel leuchtet, hinterläßt einen im wahrsten Sinne des Wortes **Weißen Zwerg**. Seine Masse liegt bei typischerweise 1 $M_\odot$, der Radius in einer Größenordnung von 10^7 m, was etwa dem Erdradius entspricht, und somit die Dichte etwa bei $5 \cdot 10^5$ g/cm³. Eine Ein-Pfennig-Münze aus dem Material eines Weißen Zwerges hätte eine Masse von ziemlich genau 100 kg.

In Weißen Zwergen haben die thermonuklearen Reaktionen aufgehört, und somit gibt es auch keinen von ihnen herrührenden nach außen gerichteten Druck. Wegen des nach innen gerichteten Gravitationsdrucks kollabiert der Stern so lange, bis die Elektronen sich aufgrund des Pauli-Prinzips einander nicht mehr weiter nähern können. Dann ergibt sich ein Druck nach außen, der sogar größer als der thermische Druck des heißen Zentralbereichs ist. Es ist also der Druck des **entarteten Elektronengases**, der den Gravitationsdruck ausgleicht und eine weitere Kontraktion verhindert. Die explizite Ableitung des Drucks eines entarteten Elektronengases führt zu einer nichtrelativistischen, temperaturunabhängigen Beziehung zwischen dem Radius R eines Weißen Zwergs und seiner Masse M:

$$R = (3{,}1 \cdot 10^{17} \text{ m} \cdot \text{kg}^{1/3}) \left(\frac{Z}{A}\right)^{5/3} M^{-1/3} \qquad 42.21$$

mit der Ordnungszahl Z und der atomaren Massenzahl A der Sternmaterie. Man beachte das interessante Ergebnis, daß mit zunehmender Masse der Radius abnimmt. Dies wirft die Frage auf, ob der Radius des Weißen Zwerges auf null schrumpfen kann, wenn die Masse ausreichend groß und die Elektronen relativistisch werden. Gleichung (42.21) läßt diese Möglichkeit nur im Grenzwert für M gegen unendlich zu. S. Chandrasekhar leitete die entsprechende relativistische Gleichung ab und fand, daß der Radius den Wert null für eine Masse von 1,4 $M_\odot$

erreicht. Diese Masse wird als die **Chandrasekhar-Grenze** bezeichnet. Ihre Gültigkeit wird durch die Tatsache gestützt, daß die Messungen der Massen aller bisher beobachteten Weißen Zwerge einen kleineren Wert ergaben.

Weiße Zwerge geben kontinuierlich Wärme in den Weltraum ab, kühlen mangels thermonuklearer Heizung langsam ab und erlöschen. Wenn ein Weißer Zwerg nicht mehr sichtbar ist, ist er zu einem **Schwarzen Zwerg** geworden, der weiter abkühlt, bis er im thermodynamischen Gleichgewicht mit dem Universum steht. Wahrscheinlich hat diesen Endzustand bisher noch kein Weißer Zwerg erreicht.

Neutronensterne

Bei der Diskussion der Supernovae haben wir gesehen, daß aufgrund der enormen Drücke der Zentralbereich durch inversen Betazerfall in Neutronen umgewandelt wird. Es stellt sich die Frage, was passiert, wenn die Masse des Zentralbereichs nach der Explosion größer als die Chandrasekhar-Grenzmasse ist. Wir können dies qualitativ verstehen, wenn wir uns die Neutronen als ein ideales Gas von Fermionen vorstellen und eine zu (42.21) analoge nichtrelativistische Masse-Radius-Beziehung ableiten. Das Ergebnis lautet

$$R = (1{,}6 \cdot 10^{14}\ \mathrm{m \cdot kg^{1/3}}) M^{-1/3}, \qquad 42.22$$

wobei M die Masse des Zentralbereichs in Kilogramm und R der Radius in Metern ist. Ein Stern mit solchen Eigenschaften wird **Neutronenstern** genannt, weil die Hülle des Sterns durch die Supernovaexplosion vollständig abgestoßen wurde und nur das Zentralgebiet aus Neutronen übrigbleibt. Für $M = 1\ M_\odot$ ergibt Gleichung (42.22) $R = 1{,}27 \cdot 10^4$ m $= 12{,}7$ km.

Die Dichte des Neutronensterns liegt bei $1{,}2 \cdot 10^{14}$ g/cm³. Dies ist nur geringfügig weniger als die Dichte des Neutrons selbst mit $4 \cdot 10^{14}$ g/cm³. Daraus können wir schließen, daß der Gravitationsdruck des Neutronensterns durch die abstoßende Komponente (aufgrund des Pauli-Prinzips) der starken Kernkraft zwischen den Neutronen ausgeglichen wird. Wie aus der vorigen Diskussion zu

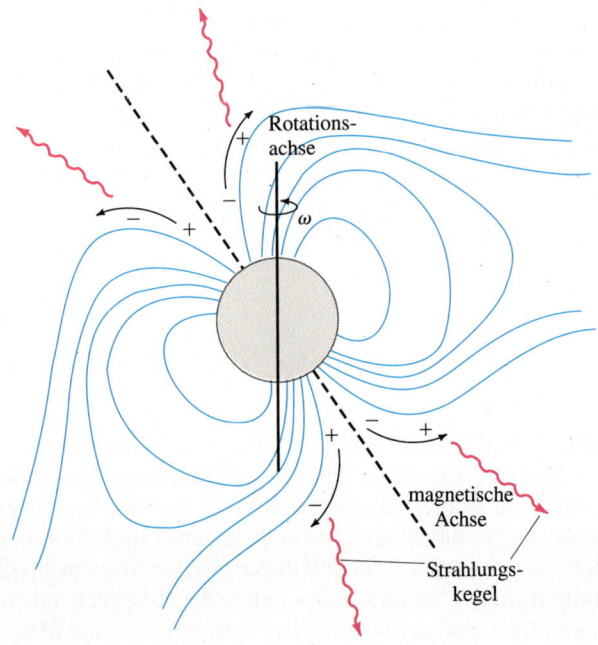

42.16 Bei der Bildung eines Neutronensterns behält dieser den größten Teil des Drehimpulses und des Magnetfelds des ursprünglichen Sterns. Der Neutronenstern rotiert daher sehr schnell und zieht dabei eine stark gestörte Magnetosphäre mit sich. Geladene Teilchen werden beschleunigt und innerhalb eines Kegels entlang der magnetischen Achse gebündelt abgestrahlt. Da die Rotationsachse im allgemeinen nicht mit der Magnetfeldachse zusammenfällt, entsteht ein „kosmischer Leuchtturm".

vermuten ist, kann die Gravitation auch diese abstoßenden Kräfte überwinden. Die zu der Chandrasekhar-Grenze analoge Masse, bei der dies bei einem Neutronenstern geschieht, liegt nach heutigen Theorien zwischen 1,7 $M_\odot$ und 3 $M_\odot$ und legt somit die maximale Masse eines Neutronensterns fest. Die Massen der wenigen identifizierten Neutronensterne liegen alle unterhalb dieser Grenze.

Pulsare sind regelmäßig pulsierende Radioquellen und wurden 1967 in Überresten von Supernovaexplosionen wie z. B. dem Krebsnebel entdeckt. Man geht davon aus, daß es sich hierbei um Neutronensterne handelt. Nach der gängigen Theorie entsteht die beobachtete Strahlung durch die Emission geladener Teilchen von der Oberfläche eines Neutronensterns, die dann, wie in Abbildung 42.16 gezeigt, durch die schnelle Rotation des Sterns entlang den Magnetfeldlinien beschleunigt werden. Der Krebsnebel ist auch im optischen Bereich veränderlich. Er strahlt die unglaubliche Leistung von $3 \cdot 10^{31}$ W bei einer ebenso unglaublich kurzen Rotationsdauer von 0,033 s ab. Durch die ständige Energieabgabe in den Weltraum kühlt sich der Neutronenstern langsam ab und strebt dem thermodynamischen Gleichgewicht mit dem Universum zu.

Schwarze Löcher

Was passiert, wenn die nach der Supernova verbleibende Masse des Zentralbereichs die obere Grenze für die Bildung eines Neutronensterns von 1,7 $M_\odot$ bis 3 $M_\odot$ übersteigt? In Kapitel 10 haben wir gesehen, daß die Fluchtgeschwindigkeit eines Objekts der Masse m aus dem Gravitationsfeld eines großen Objekts der Masse M sich durch Gleichsetzen der potentiellen Energie an der Oberfläche von M mit der kinetischen Energie ergibt. Es folgt

$$v_F = \left(\frac{2GM}{R}\right)^{1/2}. \qquad 42.23$$

Für einen Neutronenstern mit $M = 1\,M_\odot$ erhält man $v_F = 1{,}3 \cdot 10^8$ m/s, was schon mehr als 40 Prozent der Lichtgeschwindigkeit entspricht. Vernachlässigt man relativistische und quantenmechanische Effekte, wird die Fluchtgeschwindigkeit gleich der Lichtgeschwindigkeit c für einen Radius R_S,

$$R_S = \frac{2GM}{c^2}, \qquad 42.24$$

der als **Schwarzschild-Radius** bezeichnet wird. Ist also ein anfänglicher Neutronenstern so massereich, daß sein Radius kleiner als R_S wird, so kann kein massebehaftetes Objekt seine Oberfläche verlassen. Zusätzlich wird die in einer Entfernung R vom Mittelpunkt des Sterns ausgesandte Strahlung mit der Wellenlänge λ gemäß der in Abschnitt 34.11 beschriebenen **Gravitations-Rotverschiebung** zu einer größeren Wellenlänge λ' hin verschoben. Es gilt

$$\frac{\lambda'}{\lambda} = \left(1 - \frac{v_F^2}{c^2}\right)^{-1/2} = \left(1 - \frac{2GM}{c^2 R}\right)^{-1/2} = \left(1 - \frac{R_S}{R}\right)^{-1/2}. \qquad 42.25$$

Schrumpft R auf den Schwarzschild-Radius, strebt λ' gegen unendlich und die Energie ($E = h\nu = hc/\lambda$) gegen null. Ist also $R < R_S$, kann auch keine Energie in Form von Strahlung die Oberfläche verlassen. Solch ein Objekt wird **Schwarzes Loch** genannt, weil es weder Strahlung noch Materie emittiert oder reflektiert und somit als vollkommen schwarz erscheint. Der Radius eines Schwarzen Lochs mit einer Masse von 1 $M_\odot$ beträgt nach diesem Modell nur etwa 3 km. Bisher gibt es keine sicheren Beweise für die Existenz von Schwarzen Löchern, wohl aber eine

42 Astrophysik und Kosmologie

ganze Zahl von Kandidaten, die intensiv erforscht werden. Viele Astrophysiker glauben, daß es im Zentrum der Milchstraße ein massereiches Schwarzes Loch geben muß, das auch für einen Teil der „fehlenden Masse" unserer Galaxie verantwortlich sein könnte. Im Gegensatz zu den Weißen Zwergen und den Neutronensternen kühlen sich die Schwarzen Löcher nicht bis zum thermodynamischen Gleichgewichtszustand ab.

42.6 Galaxien

In Abschnitt 42.2 haben wir gesehen, daß die Milchstraße die Form einer Scheibe mit Spiralstruktur und einem 30000 Lj von der Sonne entfernten Zentralgebiet hat. Die Scheibe ist von einem in etwa sphärischen „Halo" aus Kugelsternhaufen, bestehend aus Sternen der Population II, umgeben. Jetzt wollen wir die Charakteristika der Galaxien im allgemeinen betrachten.

Materie zwischen den Sternen

„Löcher im Himmel" – Gebiete, in denen keine Sterne zu sehen sind – wurden schon in den frühen Tagen der Astronomie beobachtet und als leerer Raum angesehen. Die Untersuchungen von Offenen Haufen führten jedoch vor etwa 60 Jahren zu der Entdeckung einer mehr oder weniger kontinuierlichen Verteilung von winzigen Staubteilchen zwischen den Sternen. Dieser **Interstellare Staub** besteht aus festen Partikeln von Silicat und Carbid mit einem mittleren Durchmesser von nur wenigen hundert Nanometern (entsprechend den Wellenlängen des sichtbaren Lichts). Daher streut und absorbiert er einfallendes Sternlicht. Blaues Licht wird stärker gestreut als rotes; dies ist der Grund dafür, daß das Sternlicht auf dem Weg zur Erde gleich dem Sonnenlicht bei Sonnenuntergang gerötet wird. Der Staub erfüllt zwar die ganze Galaxie, liegt aber auch nur in sehr geringen Konzentrationen vor; das Vakuum des interstellaren Raums ist weitaus besser als jedes im Labor herstellbare.

Spektroskopische Untersuchungen an Doppelsternen zeigen einige Absorptionslinien ohne Dopplerverschiebung. J. F. Hartmann schloß 1904 folgerichtig, daß die unverschobenen Linien eher von der Absorption des Lichts durch eine zwischen uns und dem Doppelsternsystem befindliche Gaswolke herrühren als durch das Gas in der Atmosphäre des Doppelsterns. Obwohl es immer noch schwierig ist, die Existenz von interstellaren Gaswolken in allen Fällen schlüssig zu zeigen, geht man inzwischen allgemein von ihrer Existenz aus. Die Gaswolken bestehen hauptsächlich (manche ausschließlich) aus Wasserstoff.

Der interstellare Staub und die Gaswolken tragen mit schätzungsweise zwei bis drei Prozent zur Gesamtmasse der Milchstraße bei. Es ist nahezu sicher, daß die Menge an Gas und Staub, die bislang unbeobachtet geblieben ist, nicht ausreicht, um die „fehlende Masse" erklären zu können.

Gasnebel

Obwohl die meisten Gaswolken oder Nebel im interstellaren Raum unregelmäßig geformt sind, gibt es einige kreisförmige, was zu der Spekulation führt, sie zögen sich „gerade" aufgrund ihrer eigenen Gravitation zusammen, so daß wir hier sehr frühe Stufen in der Bildung neuer Sterne beobachten könnten. Einige große

Wasserstoffwolken besitzen sphärische Gebiete ionisierten Wasserstoffs mit einer scharfen Trennung zwischen den H- und H$^+$-Gebieten. Die Astrophysiker glauben, daß das ionisierte Gebiet durch ultraviolette Photonen (mit Frequenzen über der Lyman-Grenze) eines heißen, neu gebildeten Sterns im Zentrum des Gebiets aufrechterhalten wird. Die Ansicht, daß neue Sterne in Nebeln in einem fortlaufenden Prozeß gebildet werden, wird stark durch die Beobachtung gestützt, daß unsere Galaxie zwar selbst in der Größenordnung von zehn Milliarden Jahre alt ist, aber dennoch Hauptreihensterne enthält, die nur zwei bis drei Millionen Jahre alt sind. Weiter wurden in den letzten Jahren durch hochaufgelöste Radiobeobachtungen eine große Zahl von jungen, gerade gebildeten Sternen gefunden, die in für optische Wellenlängen vollständig undurchlässige Wolken aus Gas und Staub eingebettet sind.

Klassifikation von Galaxien

Verwaschene, ausgedehnte, lange Zeit als „Nebel" bezeichnete Objekte, die offensichtlich keine Sterne sind, wurden schon seit dem 18. Jahrhundert beobachtet. Was diese wirklich darstellen, war Gegenstand wissenschaftlicher Debatten bis weit in das 20. Jahrhundert hinein. Die Antwort mußte warten, bis Teleskope mit ausreichender Auflösung und Lichtstärke und theoretische Hilfsmittel, um aus den Beobachtungen Entfernungen zu berechnen, entwickelt worden waren. Mitte der zwanziger Jahre dieses Jahrhunderts konnte Edwin Hubble mit dem 2,5-m-Teleskop des Mount-Wilson-Observatoriums arbeiten. Er benutzte dieses damals größte zur Verfügung stehende Teleskop, um die Helligkeiten von seltenen Sternen, den sogenannten Cepheiden*, die er in drei „Nebeln" entdeckt hatte, zu messen. Für den Andromedanebel erhielt er eine Entfernung von $2 \cdot 10^6$ Lj und konnte nun auf einen Schlag zeigen, daß die „Nebel" tatsächlich Galaxien wie unsere eigene sind – wie es schon 150 Jahre zuvor von dem Philosophen Immanuel Kant vorgeschlagen worden war – und daher außerhalb der Milchstraße liegen.

Nach seiner Entdeckung, daß die „Nebel" in Wirklichkeit ferne Galaxien sind, führte Hubble systematische Untersuchungen an einer großen Zahl der sichtbaren Galaxien durch. Er fand heraus, daß alle bis auf wenige in vier allgemeine Kategorien passen. Die meisten haben eine regelmäßige Gestalt und kommen in zwei Variationen vor: als **Elliptische Galaxien**, kurz Ellipsen genannt, die eher rotationssymmetrisch sind, oder als **Spiralgalaxien**. Die Spiralgalaxien haben wiederum zwei Untergruppen: **Normale Spiralen** und **Balkenspiralen**. Den kleinen Prozentsatz, der keine regelmäßige Form aufweist, klassifizierte er als **Irreguläre Galaxien**. Abbildung 42.17 zeigt für jeden Galaxientyp ein Beispiel.

Die Unterschiede der vier Galaxientypen beschränken sich jedoch nicht auf die Geometrie. Ein großer Teil der Sterne in den Spiralen führt eine Rotationsbewegung um das galaktische Zentrum aus, wohingegen die Bewegung der Sterne in den Ellipsen im allgemeinen auf zufälligen Bahnen mit kleiner Rotationskomponente verläuft. Weiterhin besitzen die Ellipsen im Gegensatz zu den Spiralen und Irregulären nur sehr wenig interstellaren Staub und Gas. Aus dieser Tatsache resultiert vermutlich auch das Fehlen von jungen Sternen in den Ellipsen. Mit wenigen Ausnahmen sind die Ellipsen auch viel kleiner als die Spiralen: Sie haben nur etwa 20 Prozent des Durchmessers und ein Tausendstel der Masse einer durchschnittlichen Spiralgalaxie wie unsere Milchstraße.

---

* Cepheiden sind seltene, veränderliche Sterne, bei denen eine Beziehung zwischen der Periode der Intensitätsschwankungen und ihrer absoluten Helligkeit und somit ihrem Abstand von der Sonne besteht. Sie sind einer der Schlüssel zu unserem Wissen über astronomische Entfernungen. Der Polarstern ist ein Veränderlicher aus der Klasse der Cepheiden.

42 Astrophysik und Kosmologie

42.17 Beispiele für die vier Galaxientypen in Hubbles Klassifikationsschema: a) eine elliptische Galaxie (Foto: U.S. Naval Observatories), b) eine normale Spiralgalaxie (© 1980 Anglo-Australian Telescope Board), c) eine Balkenspirale (Foto: D. Malin/© Anglo-Australian Telescope Board) und d) eine irreguläre Galaxie (Foto: California Institute of Technology). Die Milchstraße ist eine normale Spiralgalaxie.

Normale und Aktive Galaxien

Die meisten der schätzungsweise 10^{10} Galaxien im beobachtbaren Universum sind sogenannte **Normale Galaxien**. Der Name soll andeuten, daß sie kaum mehr Aktivität zeigen, als für solche dynamischen Systeme erwartet wird. Der allergrößte Teil dieser Galaxien ist so weit entfernt, daß unsere Instrumente keine internen Details auflösen können. Es können also nur Gesamtspektren und die scheinbare Helligkeit der ganzen Galaxie beobachtet werden. Der von den Sternen überdeckte Geschwindigkeitsbereich Δv kann durch die Doppler-Verbreiterung der Spektrallinien gemessen werden. Es stellt sich heraus, daß in den Normalen Galaxien zwischen Δv und der Gesamtleuchtkraft folgende Beziehung besteht:

$$L \propto (\Delta v)^4 . \qquad 42.26$$

Die Entfernung r einer Galaxie kann durch die Verknüpfung von L mit S und r nach (42.10) aus der gemessenen Doppler-Verbreiterung und der Helligkeit der Galaxie bestimmt werden.

Zu wahrhaft heftigen Ereignissen – selbst im Vergleich zu stellaren Supernovaexplosionen – kommt es in den **Aktiven Galaxien**; ihr Anteil an der Gesamtzahl aller Galaxien ist sehr gering. Man kann mehrere Klassen von Aktiven Galaxien unterscheiden, wobei es sich bei einigen vielleicht überhaupt nicht um Galaxien handelt. Zuerst wurden die nach ihrem Entdecker Carl K. Seyfert benannten **Seyfert-Galaxien** entdeckt. Es handelt sich dabei um Spiralgalaxien mit extrem hellen Zentralbereichen (sog. Seyfert-Kerne). Bei vielen übertrifft das Licht aus dem Kern das aller anderen Sterne der Galaxie und kann in weniger als einem Jahr um einen Faktor zwei in der Intensität schwanken. Variationen der Gesamtintensität auf solch einer Zeitskala bedeuten, daß ihre Quelle eine Ausdehnung von weniger als einem Lichtjahr besitzen muß, aber gleichzeitig soviel Energie wie 10^{11} Sterne erzeugt. Sehr erstaunlich ist auch die Tatsache, daß das Licht einer Seyfert-Galaxie ein Emissionslinienspektrum wie das der Sterne hat. Dies läßt vermuten, daß die gewaltigen Energien nicht durch thermonukleare Reaktionen erzeugt werden. Der Mechanismus der Energieerzeugung ist bisher jedoch noch nicht bekannt.

Eine ähnliche Art extremer Aktivität wird bei einigen Elliptischen Galaxien, den sogenannten **N-Galaxien** und **BL-Lac-Objekten**, beobachtet. Die N-Galaxien sind das elliptische Gegenstück zu den Seyfert-Galaxien: Auch sie besitzen einen sehr hellen Kern. Die BL-Lac-Objekte (nach dem Prototyp BL Lacertae) sind den N-Galaxien sehr ähnlich, zeigen aber Variationen auf wesentlich kürzeren Zeitskalen: Eine Variation der Intensität um einen Faktor zwei kann innerhalb einer Woche, eine vollständige Umkehr der Polarisation des ausgesandten Lichts innerhalb eines Tages auftreten. Die Energiequelle hätte somit einen Durchmesser von etwa einem Lichttag. Man glaubt heute, daß es sich bei BL Lac-Objekten um elliptische Riesengalaxien in etwa 10^9 Lj Entfernung von der Erde handelt.

Einige der Riesenellipsen sind gleichzeitig auch starke Radioquellen. Diese **Radiogalaxien** waren Gegenstand intensiver Untersuchungen mit erstaunlichen Ergebnissen. Zum Beispiel zeigt die Radioquelle Centaurus A eine vom Kern in entgegengesetzte Richtungen ausgehende Doppelstruktur, die sogenannten Strahlungskeulen (siehe erste Seite dieses Kapitels). Es handelt sich um eines der größten Radiostrahlung aussendenden Objekte im Universum. Die Analyse der Spektren lassen auf eine abgestrahlte Energie von 10^{56} J schließen, was etwa der gleichzeitigen Explosion aller Sterne der Milchstraße als Supernovae gleichkommen würde. Die Natur der Energiequelle eines solch kolossalen Ereignisses ist noch immer ein Geheimnis.

In einem Universum voller seltsamer Phänomene gehören wohl die *quasistellar radio sources*, kurz **Quasare** genannt, zu den eigenartigsten. Ihr optisches Bild sieht aus wie das eines Sterns: Es zeigt keine aufgelösten Strukturen. Ihre Spektren ähneln hingegen denen der Seyfert-Galaxien. Hochaufgelöste Radiobilder zeigen bei einigen von ihnen doppelte Strahlungskeulen wie bei den Radiogalaxien. Es ist also keine eindeutige Identifikation möglich. Dazu kommt noch, daß es eine Gruppe von Objekten gibt, die zwanzigmal häufiger sind als die Quasare, die sogenannten **quasistellar objects** oder **QSO**s. Im großen und ganzen gleichen sie den Quasaren, nur sind sie keine Radioquellen.

Vielleicht das seltsamste an den Quasaren ist die Größenordnung der Rotverschiebung in ihren Spektren. *Falls* diese allein von der Doppler-Verschiebung herrührte, bedeutete dies, daß sich einige Quasare mit Geschwindigkeiten größer $0{,}9\,c$ von uns wegbewegen. Dies käme einer Entfernung von 10^{10} Lj gleich, womit die Quasare die am weitesten entfernten Objekte wären. Ihre scheinbare optische Helligkeit S und die große Entfernung ergeben eine Strahlungsleistung von 10^{40} W, mehr als die von 10^{12} Sonnen. Das ist noch nicht alles: Die Intensitäten einiger Quasare variieren innerhalb weniger Stunden entsprechend einer Ausdehnung von nur wenigen Lichtstunden.

Die Natur der Quasare und QSOs ist ein ungelöstes Problem der Astrophysik. Es gibt zwei Denkschulen. Viele Astrophysiker glauben, daß sich die Objekte nicht in solch großen Entfernungen, sondern eher in Entfernungen entsprechend ihrer optischen Helligkeit befinden. Dann stehen die beobachteten großen Rotverschiebungen aber im Widerspruch zu dem weiter unten zu diskutierenden Hubble-Gesetz, das eine sehr einfache und allgemeine Beziehung zwischen den Relativgeschwindigkeiten extragalaktischer Systeme bezüglich der Erde und ihren Entfernungen zur Erde liefert. Andere Astrophysiker denken, die großen Rotverschiebungen seien gute Entfernungsindikatoren, wodurch dann die gewaltige Energieabgabe der Objekte zum Gegenstand der Diskussion wird. Die Erzeugung derartiger Energiemengen könnte z.B. auf den Einfall von Materie aus zwei zusammengestoßenen Galaxien in ein gewaltiges Schwarzes Loch in dem Zentrum einer (oder beider) Galaxien zurückgeführt werden.

Das Hubble-Gesetz

E.P. Hubble erkannte als erster Astronom die Beziehung zwischen der Rotverschiebung in den Spektren von Galaxien und ihrer Entfernung von der Erde. Diese Beziehung ist in Abbildung 42.18 anhand einer Gruppe von Spiralgalaxien verdeutlicht, die von den Astronomen für eine Entfernungskalibration verwendet werden. Vorausgesetzt, die Rotverschiebung beruht auf dem Doppler-Effekt, lautet die Beziehung zwischen der Fluchtgeschwindigkeit v einer Galaxie und ihrer Entfernung r von uns nach dem **Hubble-Gesetz**:

$$v = Hr,\qquad 42.27$$

wobei H die sogenannte **Hubble-Konstante** ist. Abbildung 42.19 zeigt die rotverschobenen Spektren von fünf Galaxien mit Entfernungen zwischen 2,6 Mpc bis 287,5 Mpc (1 Mpc = $1 \cdot 10^6$ pc).

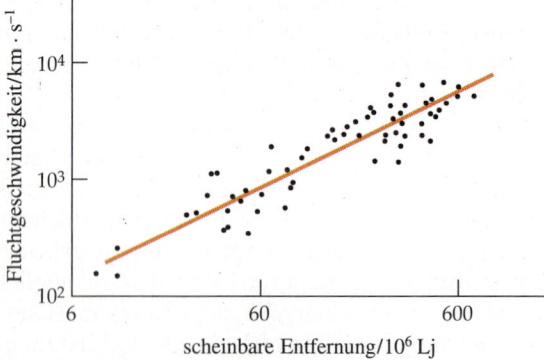

42.18 In diesem Diagramm sind zur Verdeutlichung des Hubble-Gesetzes die Fluchtgeschwindigkeiten einzelner Galaxien gegen ihre scheinbare Entfernung aufgetragen.

Prinzipiell ist es sehr einfach, den Wert von H zu bestimmen, da er direkt mittels v aus den Rotverschiebungen berechnet werden kann. Man bedenke jedoch die Problematik der astronomischen Entfernungsbestimmung und daß deswegen die Entfernungen nur für einen kleinen Bruchteil der 10^{10} Galaxien im beobachtbaren Universum bekannt sind. Daher ist der Wert von H äußerst abhängig von der verwendeten Entfernungskalibration, und die aus verschiedenen

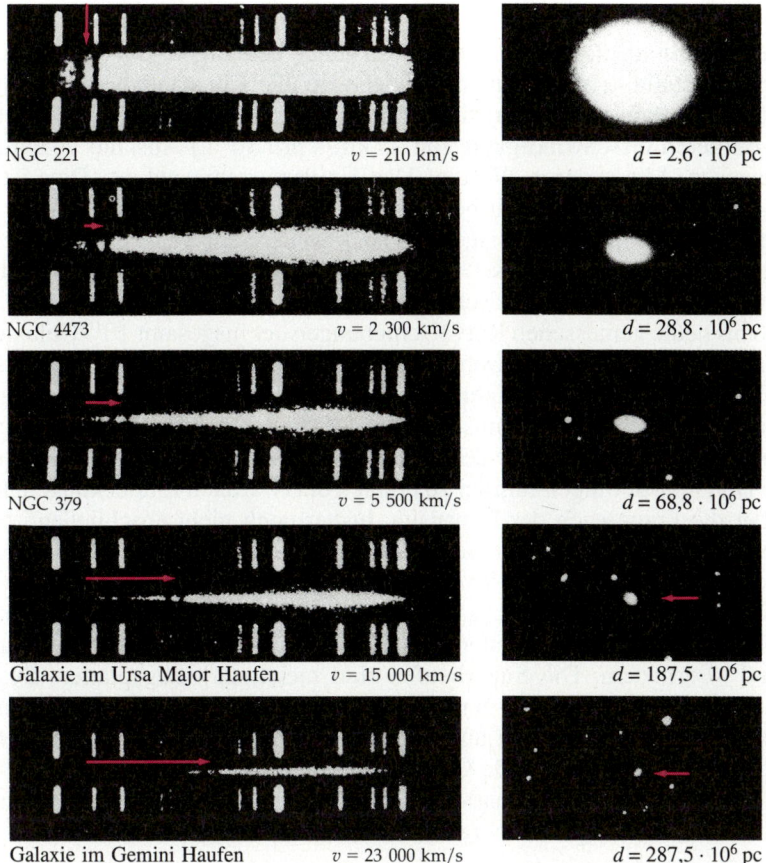

42.19 Die Rotverschiebung der Absorptionslinien Ca, H und K ist hier für die Spektren von fünf Galaxien mit unterschiedlichen Entfernungen gezeigt. Die Linienspektren ober- und unterhalb des Absorptionsspektrums werden als Standards bei der präzisen Bestimmung der Verschiebung verwendet. (Foto: California Institute of Technology)

Methoden der Entfernungsbestimmung abgeleiteten Werte von H stimmen bis heute nicht innerhalb der Fehlergrenzen überein. Ein häufig verwendeter Wert der Hubble-Konstanten ist

$$H = \frac{23 \text{ km/s}}{10^6 \text{ Lj}}.\qquad 42.28$$

Wir werden im weiteren mit diesem Wert arbeiten. Die Dimension von H ist eine reziproke Zeit. Die Größe $1/H$ wird die **Hubble-Zeit** genannt und liegt bei etwa $1{,}3 \cdot 10^{10}$ Jahren. Dies entspräche dem Alter des Universums, wenn man die Gravitationswechselwirkung der voneinander flüchtenden Galaxien vernachlässigt.

Beispiel 42.5

Messungen der Rotverschiebung einer Galaxie im Virgo-Haufen, einer Ansammlung von Galaxien im Sternbild Jungfrau, ergeben eine Fluchtgeschwindigkeit von 1200 km/s. Wie weit ist diese Galaxie entfernt?

Aus dem Hubble-Gesetz erhalten wir für die Entfernung

$$r = \frac{v}{H} = (1200 \text{ km/s}) \frac{10^6 \text{ Lj}}{23 \text{ km/s}} = 52 \cdot 10^6 \text{ Lj}.$$

Das Hubble-Gesetz besagt, daß sich die Galaxien alle von uns fortbewegen, wobei die Fluchtgeschwindigkeit mit zunehmender Entfernung anwächst. Dennoch gibt dies keinen Grund zur Annahme, unsere Lage im Universum sei dadurch ausgezeichnet. Ein Beobachter in einer beliebigen Galaxie würde die gleiche Feststellung treffen und die gleiche Hubble-Konstante berechnen (siehe Aufgabe 12). Somit impliziert das Hubble-Gesetz, daß sich alle Galaxien mit einer mittleren Geschwindigkeit von 23 km/s pro 10^6 Lj Abstand voneinander fortbewegen. Mit anderen Worten: Das Universum expandiert. Dies ist eine fundamentale Entdeckung mit beachtlichen theoretischen Konsequenzen.

Eine offensichtliche Frage ist, ob es noch weitere Hinweise aus Beobachtungen gibt, die das Hubble-Gesetz unterstützen. Zum Beispiel könnte die beobachtete Expansion ein statistischer Zufall sein – eine Konsequenz der „nur" 30 000 bis heute gemessenen Rotverschiebungen der insgesamt 10^{10} Galaxien im beobachtbaren Universum. Daher sind Rotverschiebungs-Durchmusterungen des Universums ein erster wichtiger Schritt zur Untersuchung der Hubble-Expansion. Mit solchen Durchmusterungen wurde vor einigen Jahren begonnen, und bisher wurden etwa 10^{-5} des Volumens des sichtbaren Universums erfaßt. Diese Durchmusterungen führten zu einigen unerwarteten Entdeckungen, konnten aber die Frage nach der Expansion bisher noch nicht abschließend beantworten. Es gibt große „Hohlräume" – englisch **voids** genannt –, in denen die Galaxiendichte nur etwa 20 Prozent des durchschnittlichen Werts beträgt. Die Galaxien selbst tendieren dazu, sich in lokalen Haufen mit einigen Dutzend Galaxien anzuordnen, die lokalen Haufen wiederum in Superhaufen mit einigen tausend Mitgliedern. Die Superhaufen sind meist stark abgeplattete Systeme ohne axiale Symmetrien oder zentrale Verdichtungen; die Galaxien ordnen sich in filamentartigen Strukturen an. Wie sich solche Strukturen im Rahmen der allgemeinen, durch das Hubble-Gesetz beschriebenen Expansion entwickelt haben könnten, stellt eine ernsthafte Herausforderung an die bestehenden Modelle zur Entwicklung der großräumigen Strukturen des Universums dar.

42.7 Gravitation und Kosmologie

Wir haben gesehen, daß das Hubble-Gesetz zwangsläufig zu dem Schluß führt, daß das Universum expandiert. Es liefert uns außerdem ein Maß, nämlich $1/H$, für den Zeitraum seit Beginn der Expansion. In diesem Abschnitt werden wir die theoretischen Grundlagen erörtern, anhand deren es möglich ist, neben der Rotverschiebungs-Durchmusterung weitere Tests der Expansion des Universums durchzuführen.

Die Basis für diese Diskussion ist die eher philosophische Annahme eines zu jeder Zeit homogenen und isotropen Universums, d.h., das Universum soll zu jedem Zeitpunkt überall die gleichen physikalischen Eigenschaften haben und von jedem Standpunkt aus in jeder Richtung gleich aussehen. Diese Annahme nennt man das **kosmologische Prinzip**. Man beachte, daß das Hubble-Gesetz mit dem kosmologischen Prinzip konsistent ist.

Wir haben schon früher gesehen, daß das kosmologische Prinzip sicher *nicht* auf lokalen Skalen erfüllt ist. Selbst auf einer Skala von 10^8 Lj, der typischen Dimension galaktischer Superhaufen, ist das Universum weder homogen noch isotrop. Betrachtet man jedoch Himmelskarten mit einer Tiefe von $2 \cdot 10^9$ Lj, erscheint die Verteilung der Galaxien homogen und isotrop. Es bleibt abzuwarten, ob zum Beispiel auch die Rotverschiebungs-Durchmusterung von Margaret Geller und John Huchra, die bisher nur eine Reichweite von $4 \cdot 10^8$ Lj hat und die oben beschriebenen Strukturen wie voids und Filamente aus Galaxien aufweist, mit zunehmender Tiefe auch beginnt, Homogenität und Isotropie zu zeigen.

Die kritische Massendichte des Universums

Wir haben schon früher festgestellt, daß bei der Hubble-Zeit $1/H = 1{,}3 \cdot 10^{10}$ Jahre der Einfluß der Gravitation vernachlässigt wird. Wir erwarten, abhängig von der Zeit, eine Verlangsamung der Expansion. Ist die Gravitation stark genug, um schließlich die Expansion zu stoppen und in einen Kollaps des Universums umzukehren? Oder wird die Expansion für immer fortschreiten? Die Antwort hängt von der Massendichte des Universums ab. Wir können das verstehen, indem wir uns die Bewegung einer einzelnen Galaxie der Masse m in einer sehr großen Entfernung R zur Erde betrachten. Es sei M die Gesamtmasse aller Galaxien innerhalb des Volumens einer Kugel mit dem Radius R. Die potentielle Gravitationsenergie der Galaxie ist $-GMm/R$. (Dies ist analog zu Gleichung (10.25) für die potentielle Energie eines Teilchens im Abstand r von der Erde.) Die Gesamtenergie der Galaxie beträgt

$$E = E_{\text{kin}} + E_{\text{pot}} = \frac{1}{2} mv^2 - \frac{GMm}{R}. \qquad 42.29$$

In Kapitel 10 haben wir gesehen, daß ein Objekt, das wir mit einer Geschwindigkeit v von der Erde wegschleudern, das Gravitationsfeld nur dann verlassen kann, wenn die Gesamtenergie größer oder gleich null ist. Ähnlich wird sich die Galaxie nur dann weiter von der Erde fortbewegen, wenn ihre Gesamtenergie größer oder gleich null ist. Ist die Gesamtenergie negativ, so hält sie schließlich an und bewegt sich wieder zurück in Richtung Erde. Wir können aus Gleichung (42.29) sehen, daß die Gesamtenergie von der Gesamtmasse M innerhalb des Kugelvolumens mit Radius R, d.h. von der Massendichte $\varrho = M/(\frac{4}{3}\pi R^3)$ abhängt. Wir bekommen die kritische Massendichte des Universums ϱ_k durch Nullsetzen der Gesamtenergie in Gleichung (42.29):

$$\frac{1}{2} mv^2 = \frac{GMm}{R}.$$

Durch Substitution von v mit dem Hubble-Gesetz $v = HR$ (Gleichung 42.27) erhalten wir

$$\frac{1}{2} m (HR)^2 = \frac{GMm}{R}$$

$$\frac{1}{2} H^2 = \frac{GM}{R^3}.$$

Damit gilt

$$\varrho_k = \frac{M}{\frac{4}{3}\pi R^3} = \frac{3H^2}{8\pi G}. \qquad 42.30$$

Setzen wir die Werte für H und G ein, erhalten wir eine kritische Massendichte des Universums von

$$\varrho_k \approx 10^{-26} \text{ kg/m}^3.$$

Dies entspricht etwa fünf Wasserstoffatomen pro Kubikmeter des Weltraums.

Die Bestimmung der heutigen Massendichte des Universums ϱ_0 ist daher ein wichtiges Ziel. Ist sie größer als ϱ_k, wird sich die Expansion umkehren, und das Universum wird kollabieren. Ist sie kleiner, wird die Expansion für immer weitergehen. Sollte ϱ_0 gerade gleich ϱ_k sein, wird das Universum aufhören zu expandieren und in diesem Zustand verharren. Es sollte weiterhin klar sein, daß, wenn ϱ_0 heute größer ist als ϱ_k, es auch immer so bleiben wird, da ja gerade die Energieerhaltung entscheidet, ob Kontraktion oder fortgesetzte Expansion auftreten wird. Da ϱ_0 mit der Zeit in dem Maße abnehmen muß, wie die Expansion voranschreitet, muß auch die Hubble-Konstante abnehmen, um zu gewährleisten, daß ϱ_0 größer als ϱ_k bleibt. Die Hubble-Konstante muß daher eine Funktion der Zeit sein. Der aus dem *sichtbaren* Universum bestimmte Wert von ϱ_0 beträgt nur vier Prozent von ϱ_k, was einem für immer expandieren Universum entspricht. Die schon früher diskutierte „fehlende Masse" des Universums beeinflußt den Wert von ϱ_0. Bisher konnte kein allgemein anerkannter Wert für ϱ_0 bestimmt werden. Nach neueren Untersuchungen liegt er jedoch nahe bei dem Wert von ϱ_k.

Der Schwerpunkt der kosmologischen Forschung liegt heutzutage immer noch in der Entwicklung grundlegender kosmologischer Modelle, mit denen die große Zahl von astronomischen und astrophysikalischen Entdeckungen verglichen werden können. Einige wenige dieser Modelle konnten wir hier kurz diskutieren. Es gibt allerdings einen Kandidaten für ein umfassendes Modell: das Modell des Urknalls. Wir werden einige seiner Erfolge und im letzten Abschnitt dieses Kapitels auch die damit nicht beantwortbaren Fragen zusammenfassen.

42.8 Kosmogenesis

Nach der Vollendung der allgemeinen Relativitätstheorie im Jahr 1915 wandte sich Einstein der Kosmologie zu. Er gründete seine frühen Arbeiten auf der Annahme eines nicht nur homogenen, isotropen, sondern auch zeitlich konstanten Universums. Er entdeckte schnell, daß solch ein statisches Universum wie das von Newtons Gravitationstheorie beschriebene leer ist, d.h., es enthält keine Masse. Daher führte er Masse in das statische Universum durch Hinzufügen einer neuen Kraft über die **kosmologische Konstante** ein. Später bezeichnete er dies als den größten Fehler seines Lebens. Als er von Hubbles Entdeckung des expandierenden Universums hörte, gab er die kosmologische Konstante vollständig auf. Andere jedoch verwarfen das philosophisch sehr attraktive statische Modell nicht so schnell. Sie argumentieren, daß die beobachtete Expansion nicht zu einer Abnahme der Massendichte des Universums führt, wenn neue Materie im Raum in ausreichenden Raten zur Erhaltung der Dichte eines sog. **Steady-State-Universums** erzeugt wird.

Eine Schwierigkeit des Steady-State-Modells des Universums ist als das Olbersche Paradoxon bekannt. Sind die Sterne in einem unendlichen Universum gleichförmig verteilt, ist es gleich, in welche Richtung man schaut, der Sehstrahl trifft schließlich immer auf einen Stern. Daher sollte der Nachthimmel so hell sein wie die Oberfläche eines durchschnittlichen Sterns. (Dies ist genauso, als stünde man in einem unendlich großen Wald, in dem alle Bäume weiß angestrichen sind. Längs jeder Sichtlinie träfe das Auge schließlich auf einen weißen Baum, und so sollte man in allen Richtungen nur noch Weiß sehen.) Warum ist es nachts aber dunkel? Dieses Dilemma heißt Olbersches Paradoxon, nach dem Physiker und Astronomen, der es im 19. Jahrhundert publik gemacht hat. Die Lösung, die Olbers selbst gab, war der interstellare Staub, der das Licht ferner Sterne absorbiert. Dies ist aber kein Ausweg, da der Staub schließlich auch bis zum Glühen erhitzt würde und der Nachthimmel immer noch hell bliebe.

Die Lösung dieses Problems kam mit Hubbles Entdeckung der Expansion des Universums. Da die Lichtgeschwindigkeit endlich ist, bedeutet ein Blick an den Himmel immer auch einen Blick in die Vergangenheit. Schauen wir immer weiter und tiefer in den Raum, blicken wir schließlich in eine Zeit zurück, in der sich gerade die Sterne zu bilden begannen. (In unserem Wald sind also die weit entfernten Bäume noch nicht weiß angestrichen. Ist der Abstand zwischen den Bäumen groß genug, enden viele Sichtlinien auf dunklen Bäumen.)

Der Urknall

Zwei wesentliche astrophysikalische Entdeckungen in den sechziger Jahren dieses Jahrhunderts haben die meisten Wissenschaftler davon überzeugt, daß das Universum nicht konstant in der Zeit ist, sondern aus einem einzelnen Ereignis heraus zu einer bestimmten Zeit in der Vergangenheit entstanden ist und sich seit diesem sog. **Urknall** mit der Zeit entwickelt. Die erste der beiden Entdeckungen, die das Modell eines sich entwickelndes Universum stützen, war die Beobachtung von Martin Ryle, daß es mehr weiter entfernte Radiogalaxien als nahe gibt. Da *größere Entfernung* mit *weiter in der Vergangenheit* gleichzusetzen ist, bedeutet dies, daß das Universum früher anders als heute ausgesehen und sich somit entwickelt hat.

Die zweite Entdeckung war mindestens genauso fundamental wie Hubbles Entdeckung der Expansion des Universums. Bei der Suche nach Möglichkeiten, die kosmischen Elementhäufigkeiten der Elemente schwerer als Helium zu erklären, entdeckten die Kosmologen, daß die Nukleosynthese in den Sternen zwar die Häufigkeit der Elemente schwerer als Helium, aber nicht die von Helium selbst erklären könnte. Helium muß daher während des Urknalls gebildet worden sein. Um die heute beobachteten Heliumhäufigkeiten zu erzeugen, muß der Urknall bei einer extrem hohen Anfangstemperatur stattgefunden haben. Nur dadurch konnte die notwendige Reaktionsrate ausreichend lange aufrechterhalten werden, bis schließlich die Fusion (durch die Abnahme der anfänglichen Dichte aufgrund der schnellen Expansion) beendet und kein weiteres Helium erzeugt wurde. Die hohe Temperatur impliziert ein zugehöriges thermisches Strahlungsfeld, nämlich das eines schwarzen Körpers mit der entsprechenden Temperatur, das mit voranschreitender Expansion weiter abkühlt. Theoretische Analysen sagen aus der geschätzten Zeit, die seit dem Urknall vergangen ist, voraus, daß sich das verbliebene Strahlungsfeld, die sogenannte kosmische Hintergrundstrahlung, auf eine Temperatur von etwa 3 K abgekühlt haben müßte. Dies entspricht einem Schwarzkörperspektrum mit einem Maximum bei einer Wellenlänge λ_{max} im Radiobereich. Im Jahr 1965 wurde die vorhergesagte kosmische Hintergrundstrahlung zufällig von Arno Penzias und Robert Wilson von den Bell-Laboratorien entdeckt. Seit dieser Entdeckung wurde durch sorgfältige Messungen, auch mit Hilfe von Satelliten, die Temperatur der Hintergrundstrahlung auf $2{,}735 \pm 0{,}06$ K bestimmt. Ein wesentliches Ergebnis dieser Entdeckung und der nachfolgenden Messungen ist, daß sie die für die Erfüllung des kosmologischen Prinzips wesentliche Isotropie des Universums bestätigen. Auch konnten minimale Abweichungen von der Isotropie festgestellt werden, die wiederum Voraussetzung für die Bildung der Galaxien sind.

Die Frühgeschichte des Universums

Was passierte während und kurz nach dem Urknall? Das singuläre Ereignis, das die Expansion des Universums ausgelöst hat, muß eine riesige Explosion gewesen sein, die im ganzen Universum gleichzeitig stattgefunden hat. Wir wissen nicht, ob das Universum in dem Augenblick der Explosion ein kleines Volumen (nahezu einen Punkt) oder ein unendliches erfüllte, da uns bis jetzt nicht bekannt ist, ob die heutige mittlere Dichte größer oder kleiner als die kritische Dichte ist, d. h., ob das Universum unendlich oder endlich ist. In jedem Fall ist es die Größe des Raums selbst, die seitdem expandiert.

Die meisten Kosmologen bevorzugen eine theoretische Beschreibung der auf den Urknall folgenden Entwicklung des Universums, die als **kosmologisches Standardmodell** bezeichnet wird. Es beruht hauptsächlich auf den neuesten experimentellen Entdeckungen und theoretischen Fortschritten der Hochenergiephysik und spiegelt die in den letzten Jahren zunehmenden Überlappungen dieser Gebiete an der vordersten Front der physikalischen Forschung wider. Die Erklärungen des Standardmodells für die Entwicklung des Universums von $t = 0$ bis heute ($t = 10^{10}$ Jahre) werden in der folgenden Diskussion dargelegt und in einer zusammenfassenden Übersicht in Abbildung 42.20 gezeigt.

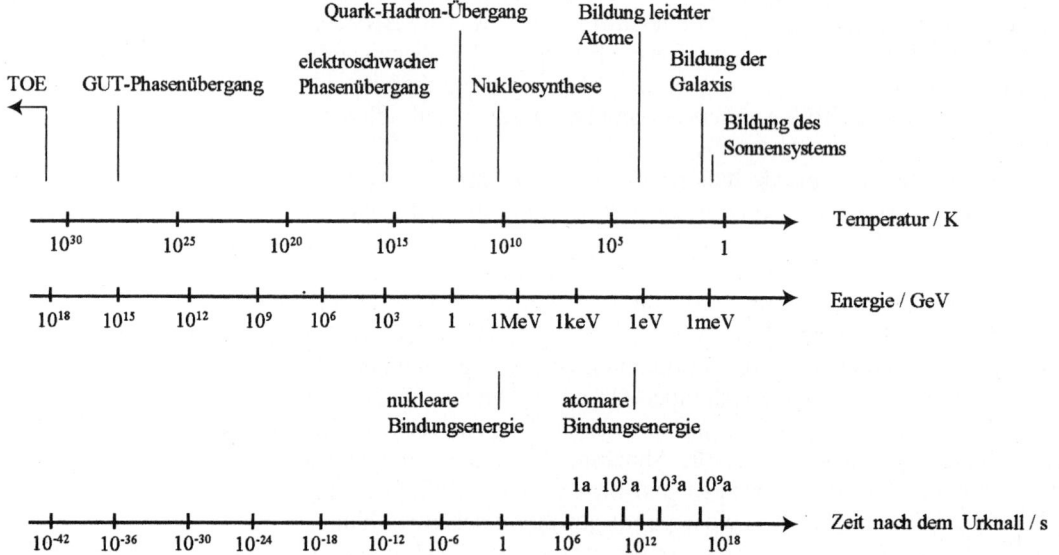

42.20 Die Entwicklung des Universums von $t = 0$ bis heute nach dem Standardmodell.

Am Anfang ($t = 0$) waren die vier grundlegenden Wechselwirkungen der Natur (die starke, die elektromagnetische, die schwache und die Gravitationswechselwirkung) in einer fundamentalen Wechselwirkung vereinigt. Die Physiker konnten erfolgreich Theorien für die Vereinheitlichung der ersten drei Wechselwirkungen entwickeln. Es existiert bisher jedoch keine Theorie, die die Gravitation überzeugend einbindet. Folglich haben wir auch keine Vorstellung davon, was in den ersten 10^{-43} s nach dem Urknall bis zum ersten Phasenübergang, dem „Entkoppeln" der Gravitation, geschehen ist. Zu diesem Zeitpunkt betrug die Temperatur des Universums noch 10^{32} K und die mittlere Energie der erzeugten Teilchen 10^{19} GeV. Bei der weiteren Abkühlung des Universums bis unter eine Temperatur von 10^{32} K blieben die übrigen drei Kräfte vereinigt – sie werden durch die GUTs (Große Vereinheitlichte Theorien, siehe Abschnitt 41.8) beschrieben. Quarks und Leptonen waren ununterscheidbar, und die Quantenzahlen der Teilchen waren keine Erhaltungsgrößen. In dieser Phase trat ein leichter Überschuß von Quarks gegenüber den Antiquarks mit einem Verhältnis von $(10^9 + 1)$ zu 10^9 auf. Dies ist die Materie, die wir heute im Universum beobachten können.

Nach 10^{-35} s hatte sich das Universum ausreichend ausgedehnt, um sich auf 10^{27} K abzukühlen. Zu diesem Zeitpunkt fand ein weiterer Phasenübergang statt, der in den GUTs durch die Entkopplung der starken Wechselwirkung erfaßt wird;

nach dieser Entkopplung waren als vereinigte Kräfte nur noch die elektromagnetische und die schwache Kraft, die zusammen die **elektroschwache Kraft** bildeten, übrig. In dieser Phase schlossen sich die bisher freien, in einer dichten Mischung aus Photonen, Quarks, Leptonen und ihren Antiteilchen vorkommenden Quarks zu Hadronen einschließlich der Nukleonen und ihren Antiteilchen zusammen. Nach einer Zeit von $t = 10^{-6}$ s hatte sich das Universum auf etwa 10^{13} K abgekühlt, und die meisten Hadronen verschwanden, weil bei 10^{13} K, entsprechend $k_B T \approx 1$ GeV, die minimale Energie zur Erzeugung von Nukleonen und Antinukleonen aus Photonen durch die Reaktionen

$$\gamma \rightarrow p^+ + p^- \qquad 42.31\,a$$

und

$$\gamma \rightarrow n + \bar{n} \qquad 42.31\,b$$

erreicht war und sich die Teilchen-Antiteilchenpaare ohne Ersatz vernichteten. Der leichte Überschuß an Quarks führte zu einem leichten Überschuß an Protonen und Neutronen gegenüber ihren Antiteilchen. Durch die Annihilation wurden Photonen und Leptonen erzeugt, die bei $t = 10^{-4}$ s in etwa gleicher Zahl das Universum beherrschten. Dies war die sog. **Leptonenära**. Bei $t = 10$ s war die Temperatur auf 10^{10} K ($k_B T \approx 1$ MeV) gefallen. Weitere Expansion und Abkühlung ließen die mittlere Photonenenergie unter die für die Bildung eines Elektron-Positron-Paares notwendige Energie fallen. Durch Annihilation verschwanden dann alle Positronen, so wie es zuvor mit den Antiprotonen und Antineutronen geschehen war, und es blieb nur ein kleiner Überschuß an Elektronen aus Gründen der Ladungserhaltung übrig, und die **Strahlungsära** begann. Während dieser Zeit waren hauptsächlich Photonen und Neutrinos vorhanden.

Innerhalb einiger weniger Minuten fiel die Temperatur dann so weit, daß die Fusion von Protonen und Neutronen zu Atomkernen, die nicht sofort wieder durch Photodesintegration zerstört werden, möglich wurde. Deuterium, Helium und kleine Mengen an Lithium wurden in dieser **Nukleosynthesephase** erzeugt. Die schnelle Expansion ließ die Temperatur aber rasch zu niedrig für eine weitere Fusion werden, so daß die Bildung schwererer Elemente den Prozessen in den Sternen vorbehalten blieb.

Eine lange Zeit später, als die Temperatur bereits auf 3000 K gefallen war und das Universum etwa 1/1000 seiner heutigen Größe erreicht hatte, fiel $k_B T$ unter die typischen atomaren Ionisierungsenergien, und Atome wurden gebildet. Da die meisten Elektronen nun in den Hüllen der Atome gebunden waren, konnten sich die Photonen „frei" bewegen, und es wurde Licht im Kosmos. Seit dieser Zeit wurde die Energie dieses Strahlungsfeldes durch die Expansion des Universums immer mehr zum Roten verschoben, so daß die gesamte im Universum vorhandene Strahlungsenergie in etwa gleich der Energie der im Universum vorhandenen Masse war. Mit fortschreitender Expansion und Kühlung nahm die Energie der rotverschobenen Strahlung stetig ab, bis bei $t = 10^{10}$ Jahren (heute) die Materie anfängt, das Universum zu dominieren, da sie die Energiedichte der vom Urknall verbliebenen 2,7-K-Strahlung um einen Faktor von 1000 übertrifft.

Unbeantwortete Fragen und die Grenzen unseres Wissens

Das Standardmodell der Entwicklung des Universums und die heutigen Theorien der Entstehung und Entwicklung der Sterne und Galaxien können viele Phänomene erstaunlich gut beschreiben. Dennoch bleiben einige grundlegende Fragen, die bei unserer Diskussion auftraten, unbeantwortet. Wird das Universum für immer weiter expandieren oder wieder in einen Punkt zurückfallen und mit einem neuen Urknall wieder „anfangen"? Die Antwort hängt davon ab, ob die heutige mittlere Massendichte größer oder kleiner als die kritische Massendichte von etwa 10^{-26} kg/m³ ist. Die Unsicherheiten in den bisherigen Messungen erlauben beide Möglichkeiten, der Wert liegt jedoch ungewöhnlich nahe an dem kritischen Wert. Sollte er wirklich gleich dem kritischen Wert sein, stellt sich die zusätzliche Frage „Warum?". Wir haben das ernste Problem der „fehlenden Masse" des Universums kennengelernt und gesehen, wie es vielleicht zu erklären wäre. Die möglichen Erklärungen – Schwarze Löcher oder Neutrinos mit Ruhemasse – lassen wieder neue grundlegende Fragen aufkommen. Um einige von ihnen beantworten zu können, müssen wir an die Grenzen des heutigen physikalischen Wissens vordringen. Zum Beispiel folgt aus der allgemeinen Relativitätstheorie, daß wir in der Nähe einer Masse m nur Ereignisse, die in ihrer Größenordnung kleiner als der sogenannte **Ereignishorizont** ℓ sind, sehen können. Der Ereignishorizont ist definiert als

$$\ell = \frac{Gm}{c^2}. \qquad 42.32$$

Auf der anderen Seite setzt die Unschärferelation der Quantentheorie diese Grenze bei der Comptom-Wellenlänge λ_C:

$$\lambda_C = \frac{h}{mc}. \qquad 42.33$$

Gleichsetzen ergibt die **Planck-Masse** $m = 5{,}5 \cdot 10^{-8}$ kg. Die Länge $\ell = \lambda_C \approx 10^{-35}$ m heißt **Planck-Länge**, und die Zeit, die das Licht braucht, um diese Strecke zurückzulegen,

$$t = \left(\frac{Gh}{c^5}\right)^{1/2} = 1{,}35 \cdot 10^{-43} \text{ s} \qquad 42.34$$

heißt **Planck-Zeit**. Daher ist die Massendichte des Universums für die Planck-Zeit der Quotient aus der Masse m und einem Volumen der Größenordnung $\ell^3 \approx (10^{-35}$ m$)^3$. Die relativistische Raum-Zeit ist dann kein Kontinuum mehr, und es wird sogar eine neue Theorie der Gravitation – die Quantengravitation oder Supergravitation – benötigt.

Vielleicht ist es wirklich so, wie es einige Kosmologen vorschlagen: Wenn sich das Universum ein wenig anders entwickelt hätte, zum Beispiel durch einen ein klein wenig anderen Wert von h oder e oder einer anderen Naturkonstante, wäre vielleicht das Leben auf der Erde oder gar die Erde selbst unmöglich geworden. Dies ist das **anthropische Prinzip**, das besagt, daß das Universum so aussieht, wie es aussieht, weil wir hier sind, um es zu sehen.

Zusammenfassung

1. Die Leuchtkraft L eines Sterns ist die von ihm abgestrahlte Leistung. Die Beziehung zwischen der Leuchtkraft L und dem Strahlungsfluß S, d.h. der pro Einheitsfläche auf der Erde ankommenden Leistung, und der Entfernung des Sterns lautet

$$L = 4\pi r^2 S.$$

Im Fall der Sonne wird S die Solarkonstante genannt.

2. Die Berechnungen der Oberflächentemperaturen der Sterne beruhen auf dem Planckschen Gesetz der Strahlung eines schwarzen Körpers und der Analyse der Spektrallinien der Sternspektren.

3. Die Energiequelle der Sonne ist der Proton-Proton-Fusionszyklus, der mit der Kernreaktion

$$^{1}H + {}^{1}H \rightarrow {}^{2}H + e^{+} + \nu_{e} + 1{,}44 \text{ MeV}$$

beginnt.

4. Die Sterne der Milchstraße werden nach ihrer chemischen Zusammensetzung klassifiziert. Bei Sternen der Population I bestehen zwei bis drei Prozent ihrer Masse aus Elementen schwerer als Helium. Diese Sterne werden als die jüngeren eingestuft, verglichen mit den Sternen der Population II, die so gut wie keine schweren Elemente enthalten.

5. Die Milchstraße ist eine Spiralgalaxie mit etwa 10^{10} Sternen. Die Sonne befindet sich etwa 30 000 Lj vom Zentrum der Milchstraße entfernt. Das Zentrum liegt in der Richtung des Sternbilds des Schützen. Ungefähr 90 Prozent der gravitativen Masse unserer Galaxie besteht aus dunkler, d.h. nicht leuchtender Materie.

6. Das Hertzsprung-Russel-Diagramm verbindet die Leuchtkraft L der Sterne mit ihrer Effektivtemperatur T_{eff}. Beide Größen stehen in Beziehung mit der Sternmasse M

$$L \propto M^{4} \qquad T \propto M^{1/2}.$$

Sterne, die Wasserstoff zu Helium „verbrennen", befinden sich auf der Hauptreihe des H-R-Diagramms.

7. Ist der Vorrat an Wasserstoff für die Fusion erschöpft, entwickeln sich die Sterne entlang verschiedenen Wegen im H-R-Diagramm, die primär von der Anfangsmasse abhängen, und erreichen schließlich einen der drei möglichen Endzustände: Weißer Zwerg, Neutronenstern oder Schwarzes Loch. Elemente schwerer als Eisen werden nur in kataklysmischen Ereignissen, die den beiden letztgenannten Endzuständen vorausgehen, gebildet.

8. Die Masse eines Neutronensterns kann so groß sein, daß er in seinem Endstadium zu einem Gebilde wird, dessen Radius kleiner als der Schwarzschild-Radius R_{S} ist:

$$R_{S} = 2GM/c^{2}$$

Dann kann keine Strahlung und kein Objekt mit Masse die Oberfläche dieses Gebildes verlassen: Es handelt sich um ein Schwarzes Loch.

9. Galaxien außerhalb der Milchstraße wurden erstmals von Edwin Hubble identifiziert. Er zeigte weiter, daß sie mit wenigen Ausnahmen in vier Klassen eingeteilt werden können: Spiralgalaxien, Balkenspiralen, Elliptische und Irreguläre Galaxien.

10. Das Hubble-Gesetz verbindet die aus der Rotverschiebung des Spektrums bestimmte Fluchtgeschwindigkeit einer Galaxie mit ihrer Entfernung von der Erde:

$$v = Hr,$$

wobei der Hubble-Konstanten $H = 75$ km/s pro einer Million Parsec ist. Aus dem Hubble-Gesetz schließen wir auf ein expandierendes Universum. Die Expansion begann vor ungefähr $1/H$ Jahren.

11. Die kritische Dichte des Universums, $\varrho_k \approx 10^{-26}$ kg/m^3, ist diejenige Dichte, bei der die kinetischen Energien der Galaxien gleich ihren potentiellen Energien sind. Wenn die Dichte des Universums gleich diesem Wert sein sollte, wird die Expansion letztendlich aufhören. Bei kleineren Werten wird die Expansion für immer weitergehen, bei größeren schließlich wird sich die Expansion irgendwann umkehren.

12. Das aktuelle Modell zur Beschreibung der Entwicklung des Universums ist das kosmologische Standardmodell, nach dem das Universum vor etwa 10^{10} Jahren mit dem Urknall begann.

13. Das kosmologische Standardmodell wird durch wesentliche experimentelle Beobachtungen gestützt. Insbesondere die Hintergrundstrahlung, die den Spektralverlauf eines schwarzen Körpers mit einer Temperatur von 2,7 K zeigt, ist hier zu nennen. Es gibt aber noch viele grundlegende Fragen, für die bisher keine Antworten gefunden werden konnten.

Aufgaben

Stufe I

42.1 Unser Stern, die Sonne

1. Die potentielle Gravitationsenergie E_{pot} eines sphärischen Körpers mit Masse M und Radius R ist eine Funktion der Massenverteilung. Für die Sonne ist $E_{pot,\odot} = -2GM_\odot^2/R_\odot$. Wie groß wäre die Lebensdauer der Sonne, wenn sie ihre abgestrahlte Energie vollständig aus der gravitativen Kontraktion beziehen müßte? ($M_\odot = 1{,}99 \cdot 10^{30}$ kg)

42.2 Die Sterne

2. Am Ende der Leptonära enthielt das Universum Photonen und Neutrinos in etwa gleicher Anzahl. Daher werden Neutrinos mit Ruhemasse als vielversprechende Kandidaten zur Lösung des Problems der „fehlenden Masse" angesehen. Die meisten der Photonen und Neutrinos gibt es heute noch, und die Dichte der Photonen wurde zu 500 Photonen/cm^3 bestimmt. Wie groß wäre die Masse m_v eines einzelnen Neutrinos (in eV/c^2), wenn die Neutrinos allein für die „fehlende Masse" des Universums aufkommen müßten? Dabei sei vorausgesetzt, daß die Neutrinos noch mit etwa der gleichen Dichte wie die Photonen vorhanden sein sollen und die kosmologische Expansion ihre mittlere Geschwindigkeit so weit reduziert hat, daß ihre Energie im wesentlichen nur noch ihrer Ruhemasse entspricht. Man beachte weiter, daß die beobachtete Masse nur etwa zehn Prozent der für das Universum notwendigen Masse entspricht.

42.3 Die Entwicklung der Sterne

3. Die Astronomen benutzen häufig die *scheinbare Helligkeit m*, gemessen in mag (= Magnitudines oder Größenklassen), als ein Maß zum Vergleich der Strahlungsflüsse der Sterne und setzen sie in Relation zu den Leuchtkräften und Entfernungen von Standardsternen wie der Sonne (siehe Gleichung 42.10). Die Differenz der scheinbaren Helligkeiten zweier Sterne m_1 und m_2 ist definiert als $m_1 - m_2 = -2{,}5 \log(S_1/S_2)$, wobei S_1 und S_2 die Strahlungsflüsse der beiden Sterne sind. Diese Definition berücksichtigt zum einen die logarithmische Empfindlichkeitsfunktion des menschlichen Auges, zum anderen die historische Gegebenheit, daß schwächeren Sternen zahlenmäßig eine größere scheinbare Helligkeit zugeordnet wird. Pollux, einer der beiden Zwillinge im gleichnamigen Sternbild, hat eine scheinbare Helligkeit von 1,16 mag und ist 12 pc entfernt. Beteigeuze, der rechte Schulterstern im Orion, hat bei gleicher Leuchtkraft jedoch eine scheinbare Helligkeit von 0,41 mag. Wie weit ist Beteigeuze entfernt?

4. Bestimmen Sie anhand des H-R-Diagramms die Effektivtemperatur und die Leuchtkraft eines Sterns mit a) 0,3 $M_\odot$ und b) 3 $M_\odot$. c) Wie groß sind die Radien der beiden Sterne? d) Wie groß sind die zu erwartenden Lebenszeiten relativ zu derjenigen der Sonne?

42.4 Kataklysmische Ereignisse

5. Berechnen Sie die zur Photodisintegration (photoneninduzierter Zerfall) in den Gleichungen (42.18) und (42.19) notwendige Energie in MeV.

42.5 Endzustände der Sterne

6. Man betrachte einen Neutronenstern der Masse 2 $M_\odot$. a) Berechnen Sie den Radius des Sterns. b) Wie groß ist die kinetische Rotationsenergie des Neutronensterns, wenn er mit 0,5 Umdrehungen/s rotiert und eine gleichmäßige Dichte besitzt? c) Wie groß ist seine Leuchtkraft, wenn sich seine Rotation um 10^{-8} pro Tag verlangsamt und die kinetische Energie als Strahlung abgegeben wird?

42.6 Galaxien

7. Die Fluchtgeschwindigkeit einer beliebigen Galaxie werde zu 72 000 km/s bestimmt. a) Wie weit ist die Galaxie entfernt? b) Wo liegt nach diesen Werten die obere Grenze des Alters des Universums? c) Der Wert der Hubble-Konstanten hängt sehr empfindlich von der verwendeten Entfernungskalibration ab. Allein innerhalb einer Methode liegen die Fehler in den Entfernungen bei zehn Prozent. Wie wirkt sich dieser Fehler auf das Alter des Universums in b) aus?

8. Der helle Kern einer Seyfert-Galaxie hat 10^{10} $L_\odot$. Die Leuchtkraft verdopple sich innerhalb von 18 Monaten. Zeigen Sie, daß die dazugehörige Energiequelle in dem Galaxienkern einen Durchmesser von etwa $9,5 \cdot 10^4$ AE besitzen muß. Wieviel ist das im Vergleich zum Durchmesser der Milchstraße?

42.8 Kosmogenesis

9. Nach der kosmologischen Theorie ist der mittlere Abstand zwischen den Galaxien und somit die Größe des Universums umgekehrt proportional zu der absoluten Temperatur. Wie groß war das Universum im Verhältnis zu seiner heutigen Größe a) vor 2000 Jahren, b) vor 10^6 Jahren bzw. c) 1 s, d) 10^{-6} s und e) 10 s nach dem Urknall? (Siehe auch Abbildung 42.20.)

10. Bei welcher Wellenlänge liegt das Maximum der Schwarzkörperstrahlung der kosmischen Hintergrundstrahlung?

11. Wie lange brauchte das Universum, um sich auf die Mindesttemperatur zur Bildung von Myonen abzukühlen? Wie groß wäre die Masse der Teilchen, die noch heute aus der mittleren Energie der 2,7-K-Hintergrundstrahlung gebildet werden könnten?

Stufe II

12. Beweisen Sie folgenden Satz: Wenn das Hubble-Gesetz für einen Beobachter in der Milchstraße gültig ist, dann muß es auch für Beobachter in anderen Galaxien gelten. (*Hinweis*: Benutzen Sie die Vektoreigenschaft der Geschwindigkeit.)

13. Angenommen, die Sonne bestand bei ihrer Entstehung zu 70 Prozent aus Wasserstoff. a) Wie viele Wasserstoffkerne befanden sich zu dieser Zeit in der Sonne? b) Wieviel Energie würde bei der Fusion aller Wasserstoffkerne in Heliumkerne freigesetzt? c) Die Astrophysiker sagen voraus, daß die Sonne so lange mit der heutigen Leuchtkraft strahlen kann, bis etwa 23 Prozent des Wasserstoffs verbrannt sein werden. Wie groß wäre unter dieser Annahme die Gesamtlebensdauer der Sonne?

14. Betrachten Sie einen Bedeckungsveränderlichen, der aus zwei Sternen der Masse m_1 und m_2 mit einem Abstand r zwischen beiden Sternen besteht. Die Umlaufebene sei parallel zu unserer Blickrichtung, wodurch sich die beiden Komponenten zweimal pro Umlauf gegenseitig bedecken. Die Doppler-Messungen der Radialgeschwindigkeit jeder Komponente sind unten gezeigt. Nehmen Sie an, daß beide Sterne den gemeinsamen Massenschwerpunkt auf Kreisbahnen umlaufen. a) Wie groß sind die Umlaufperiode T und die Winkelgeschwindigkeit ω des Doppelsterns? b) Zeigen Sie, daß $m_1 + m_2 = \omega^2 r^3 / G$ ist. c) Berechnen Sie die Werte von m_1, m_2 und r aus den Daten der v-t-Kurve.

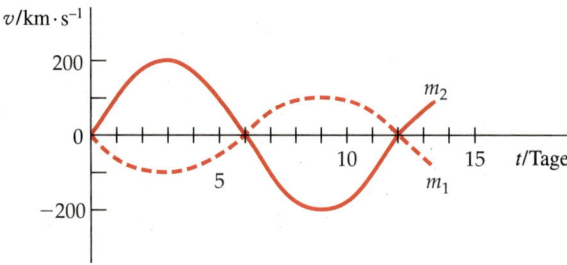

15. Beweisen Sie, daß die Gesamtenergie der Bahnbewegung der Erde $E = (mv^2/2) + (-GM_\odot m/r_E)$

gleich der Hälfte der potentiellen Gravitationsenergie $(-GM_\odot m/r_E)$ ist. r_E ist der Bahnradius der Erde.

16. Berechnen Sie die Rate der Erzeugung von H-Atomen (in m^{-3} pro 10^6 Jahre), die im Steady-State-Modell für die Erhaltung der heutigen Massendichte in einem expandierenden Universum notwendig wäre. Verwenden Sie die Hubble-Konstante (Gleichung 42.28) und eine mittlere Materiedichte des Universums von 1 H-Atom/m^3. Wäre eine solche Rate an spontaner Materieerzeugung überhaupt beobachtbar?

Stufe III

17. Die Fähigkeit eines Planeten, bestimmte Gase in seiner Atmosphäre halten zu können, hängt von der Temperatur der Atmosphäre und der Entweichgeschwindigkeit der Gasmoleküle ab. Überschreitet die mittlere Geschwindigkeit eines bestimmten Gasmoleküls $\frac{1}{6}$ der Entweichgeschwindigkeit, wird es im allgemeinen innerhalb von 10^8 Jahren aus der Atmosphäre verschwunden sein. a) Tragen Sie die mittleren Geschwindigkeiten von H_2O, CO_2, O_2, CH_4, H_2 und He für einen Temperaturbereich von 50 K bis 1000 K gegen die Temperatur auf. Markieren Sie für die Planeten aus Tabelle 42.1 die Werte für $\frac{1}{6}$ der jeweiligen Entweichgeschwindigkeit als Funktion der Temperatur. b) Zei-

Tabelle 42.1 Mittlere Atmosphären-Temperaturen T_{Atmo} sowie relative Massen und Durchmesser einiger Planeten

Planet	T_{Atmo}/K	relative Masse α (Erde = 1,0)	relativer Durchmesser β (Erde = 1,0)
Erde	300	1,00	1,00
Venus	390	0,81	0,95
Merkur	600	0,06	0,38
Jupiter	150	318,00	11,00
Neptun	60	17,00	3,90
Mars	290	0,11	0,53

gen Sie, daß für die Entweichgeschwindigkeit eines Planeten $v = v_{Erde}\sqrt{\alpha/\beta}$ gilt. c) Welche der sechs Gase können wahrscheinlich in den Atmosphären der Planeten des Sonnensystems aus der Tabelle gefunden werden und welche nicht? Begründen Sie Ihre Antwort kurz.

18. Nehmen Sie an, die Leuchtkraft der Sonne vergrößere sich um einen Faktor 100 bei der Entwicklung zum Roten Riesen. Zeigen Sie, daß die Ozeane auf der Erde dann verdampfen werden, der Wasserdampf jedoch nicht aus der Erdatmosphäre entweicht. (Siehe Aufgabe 17, Gleichung (10.24) und Kapitel 15.)

19. Die ungefähre Masse des Staubes in der Milchstraße kann aus der beobachteten Extinktion des Sternlichts berechnet werden. Nehmen Sie einen mittleren Radius eines Staubkorns von R und eine gleichförmige Teilchenzahldichte von n Körnern/cm^3 an. a) Zeigen Sie, daß die mittlere freie Weglänge d_0 eines Photons im interstellaren Staub durch $d_0 = 1/(n\pi R^2)$ gegeben ist. b) Licht, das von einem Stern über eine Entfernung von d zu einem Beobachter auf der Erde gelangt, besitzt eine verringerte Intensität von $I = I_0 \exp(-d/d_0)$. In der Umgebung der Sonne ergeben die Messungen von I ein $d_0 = 3000$ Lj. Berechnen Sie n mit $R = 10^{-5}$ cm. c) Die mittlere Massendichte festen Materials beträgt in der Milchstraße 2 g/cm^3 und die Sterndichte in der Scheibe etwa 1 $M_\odot/300$ Lj^3. Berechnen Sie die Masse (in Einheiten der Sonnenmasse) des Staubes innerhalb eines Volumens von 300 Lj^3.

20. Die Supernova SN1987A hat sicherlich einige schwere Elemente erzeugt. Berechnen Sie zur Verdeutlichung die Energie, die nötig ist, damit zwei ^{56}Fe-Atome zu einem ^{112}Cd-Atom verschmelzen. Vergleichen Sie dies mit der Energie, die bei der Fusion von 56 ^{1}H-Atomen mittels des Proton-Proton-Zyklus zu einem ^{56}Fe-Atom freigesetzt wird, und zeigen Sie, daß mehr als genug Energie vorhanden ist, um ein ^{112}Cd-Atom (Masse: 111,902 762 u) zu erzeugen.

Weiterführende Literatur

Mathematische Grundlagen

G. Behrendt und E. Weimar, *Mathematik für Physiker*, 2 Bände (VCH, Weinheim ²1990)

O. Forster, *Analysis*, 3 Bände (Vieweg, Braunschweig)

S. Großmann, *Mathematischer Einführungskurs für die Physik* (Teubner, Stuttgart ⁶1991)

J. R. Taylor, *Fehleranalyse – Eine Einführung in die Unsicherheiten in physikalischen Messungen* (VCH, Weinheim 1988)

I. Bronstein und K. A. Semendjajew, *Taschenbuch der Mathematik* (Teubner, Leipzig ²⁵1991)

Einführende Lehrbücher und Nachschlagewerke

L. Bergmann und C. Schaefer, *Lehrbuch der Experimentalphysik*, 6 Bände (W. de Gruyter, Berlin)

Berkeley Physik Kurs, 6 Bände (Vieweg, Braunschweig)

S. Brand und H. D. Dahmen, *Physik*, 2 Bände (Springer, Berlin)

W. Demtröder, *Experimentalphysik*, 4 Bände (Springer, Berlin).

K. Dransfeld et al., *Physik*, 4 Bände (Oldenbourg, München)

P. Dobrinski, G. Krakau und A. Vogel, *Physik für Ingenieure* (Teubner, Stuttgart ⁸1993)

Fachlexikon ABC Physik (Harri Deutsch, Frankfurt 1989)

R. P. Feynman, R. B. Leighton und M. Sands, *Vorlesungen über Physik*, 3 Bände (Oldenbourg, München)

C. Gerthsen, H. O. Kneser und H. Vogel, *Physik* (Springer, Berlin ¹⁷1993)

E. Hering, R. Martin und M. Stohrer, *Physik für Ingenieure* (VDI, Düsseldorf ⁴1992)

D. Halliday und R. Resnick, *Physik*, 2 Bände (W. de Gruyter, Berlin).

H. Hänsel und W. Neumann, *Physik*, 4 Bände (Spektrum Akademischer Verlag, Heidelberg).

F. Hund, *Grundbegriffe der Physik*, 2 Bände (Bibliographisches Institut, Mannheim ²1979)

K. Stierstadt, *Physik der Materie* (VCH, Weinheim 1989)

H. A. Stuart und G. Klages, *Kurzes Lehrbuch der Physik* Springer, Berlin ¹³1992)

R. T. Weidner und R. L. Sells, *Elementare moderne Physik* (Vieweg, Braunschweig 1982)

Daten, Zahlenwerte

CRC Handbook of Chemistry and Physics, edited by R. C. Weast und M. J. Astle (CRC Press, Boca Raton)

Theoretische Physik

W. Greiner et al., *Theoretische Physik*, 10 Bände (Harri Deutsch, Frankfurt)

J. Honerkamp und H. Römer, *Klassische Theoretische Physik. Eine Einführung* (Springer, Berlin ²1989)

F. Kuypers, *Klassische Mechanik* (VCH, Weinheim ⁴1993)

L. D. Landau und E. M. Lifschitz, *Lehrbuch der theoretischen Physik*, 10 Bände (Harri Deutsch, Frankfurt)

Mechanik, Strömungslehre, Vakuumtechnik

H. Goldstein, *Klassische Mechanik* (Aula, Wiesbaden ¹¹1991)

F. Scheck, *Mechanik. Von den Newtonschen Gesetzen zum deterministischen Chaos* (Springer, Berlin ³1992)

L. Prandtl, K. Oswatitsch und K. Wieghardt, *Führer durch die Strömungslehre* (Vieweg, Braunschweig ⁹1990)

M. Wutz, H. Adam und W. Walcher, *Theorie und Praxis der Vakuumtechnik* (Vieweg, Braunschweig ⁵1992)

Weiterführende Literatur

Thermodynamik und Statistische Physik

G. Adam und O. Hittmair, *Wärmetheorie* (Vieweg, Braunschweig ^{4}1992)

P.W. Atkins, *Kurzlehrbuch Physikalische Chemie* (Spektrum Akademischer Verlag, Heidelberg 1993)

P.W. Atkins, *Physikalische Chemie* (VCH, Weinheim 1987)

W. Brenig, *Statistische Theorie der Wärme. Gleichgewicht* (Springer, Berlin ^{3}1992)

Th. Filk und H. Römer, *Statistische Mechanik* (VCH, Weinheim 1994)

J. Gmehling und B. Kolbe, *Thermodynamik* (VCH, Weinheim ^{4}1993)

C. Kittel und H. Krömer, *Physik der Wärme* (Oldenbourg, München ^{3}1989)

F. Reif, *Statistische Physik und Theorie der Wärme* (W. de Gruyter, Berlin ^{3}1987)

Elektrizität und Magnetismus, Supraleitung

W. Buckel, *Supraleitung* (VCH, Weinheim ^{5}1994)

J.D. Jackson, *Klassische Elektrodynamik* (W. de Gruyter, Berlin ^{2}1982)

W. von Münch, *Elektrische und magnetische Eigenschaften der Materie* (Teubner, Stuttgart 1987)

H. Römer und M. Forger, *Elementare Feldtheorie. Elektrodynamik, Spezielle Relativitätstheorie, Hydrodynamik* (VCH, Weinheim 1994)

Optik

M. Born, *Optik. Ein Lehrbuch der elektromagnetischen Lichttheorie* (Springer, Berlin ^{3}1972)

J. Eichler und H.-J. Eichler, *Laser. Grundlagen, Systeme, Anwendungen* (Springer, Berlin ^{2}1991)

E. Hecht, *Optik* (Addison-Wesley, Berlin 1989)

M.V. Klein und T.E. Furtak, *Optik* (Springer, Berlin 1988)

H. Römer, *Theoretische Optik* (VCH, Weinheim 1994)

Relativitätstheorie

A. Einstein, *Über die spezielle und die allgemeine Relativitätstheorie* (Vieweg, Braunschweig ^{23}1988)

H. Ruder und M. Ruder, *Die spezielle Relativitätstheorie* (Vieweg, Braunschweig 1993)

R.U. Sexl und H.K. Schmidt, *Raum – Zeit – Relativität* (Vieweg, Braunschweig ^{3}1989)

R.U. Sexl und H.K. Urbantke, *Gravitation und Kosmologie* (Bibliographisches Institut, Mannheim ^{3}1987)

Quantenmechanik

M. Alonso und E.J. Finn, *Quantenphysik* (Addison-Wesley, Bonn ^{2}1986)

A.S. Dawydow, *Quantenmechanik* (Barth, Leipzig ^{8}1993)

S. Flügge, *Rechenmethoden der Quantentheorie* (Springer, Berlin ^{5}1993)

M. Schubert und G. Weber, *Quantentheorie. Grundlagen und Anwendungen* (Spektrum Akademischer Verlag, Heidelberg 1993)

F. Schwabl, *Quantenmechanik* (Springer, Berlin ^{4}1993)

Atome, Moleküle, Festkörper

A. Beiser, *Atome, Moleküle, Festkörper* (Vieweg, Braunschweig 1983)

K. Bethge und G. Gruber, *Physik der Atome und Moleküle* (VCH, Weinheim 1990)

F. Engelke, *Aufbau der Moleküle* (Teubner, Stuttgart ^{2}1992)

J. Guinier, *Die physikalischen Eigenschaften von Festkörpern* (Hanser, München 1992)

H. Haken und H.C. Wolf, *Atom- und Quantenphysik* (Springer, Berlin ^{4}1990)

H. Haken und H.C. Wolf, *Molekülphysik und Quantenchemie* (Springer, Berlin ^{2}1994)

M. Henzler und W. Göpel, *Oberflächenphysik des Festkörpers* (Teubner, Stuttgart 1991)

H. Ibach und H. Lüth, *Festkörperphysik* (Springer, Berlin ^{3}1990)

C. Kittel, *Einführung in die Festkörperphysik* (Oldenbourg, München ^{9}1991)

T. Mayer-Kuckuck, *Atomphysik* (Teubner, Stuttgart ^{3}1985)

G. Schatz, A. Weidinger, *Nukleare Festkörperphysik* (Teubner, Stuttgart 1991)

Kerne und Teilchen, Astrophysik

K. Bethge und U.E. Schröder, *Elementarteilchen und ihre Wechselwirkungen* (Wissenschaftliche Buchgesellschaft, Darmstadt ^{2}1991)

T. Mayer-Kuckuck, *Kernphysik* (Teubner, Stuttgart ^{5}1992)

G. Musiol et al., *Kern- und Elementarteilchenphysik* (VCH, Weinheim 1988)

O. Nachtmann, *Phänomene und Konzepte der Elementarteilchenphysik* (Vieweg, Braunschweig ^{2}1994)

B. Povh, K. Rith, C. Scholz und F. Zetsche, *Teilchen und Kerne* (Springer, Berlin 1993)

R.U. Sexl und H. Sexl, *Weiße Zwerge – Schwarze Löcher* (Vieweg, Braunschweig ^{2}1979)

A. Unsöld und R.B. Baschek, *Der neue Kosmos* (Springer, Berlin ^{5}1991)

A. Weigert und H.J. Wendker, *Astronomie und Astrophysik. Ein Grundkurs* (VCH, Weinheim ^{2}1989)

Namen- und Sachverzeichnis

Die Angaben in Klammern hinter den Seitenzahlen weisen auf die Art der Fundstelle hin: D: Definition, E: Essay, T: Tabelle, Z: Zusammenfassung; keine Angabe bedeutet normaler Text; f: eine folgende Seite, ff: zwei folgende Seiten

A

a-t-Kurve *siehe* Beschleunigung-Zeit-Kurve
Abbildungsfehler 1084 (Z)
–, Astigmatismus 1082 (D)
–, chromatische Aberration 1082 (D)
–, Dispersion 1082 (D)
–, sphärische Aberration 1062 (D), 1081(D)
Abbildungsgleichung
–, dünne Linsen 1073 (D), 1083 (Z)
–, sphärischer Spiegel 1063 (D), 1083 (Z)
Abbildungsmaßstab
–, allgemeine Definition 1083 f (Z)
–, Hohlspiegel 1065 f (D)
–, Medien mit unterschiedlichen Brechzahlen auf beiden Seite einer Linse 1070 (D), 1084 (Z)
–, Sammellinse 1076 (D)
Abendseite der Magnetosphäre, Polarlicht 905 f (E)
Aberrationen *siehe* Abbildungsfehler
Abgasfilter, elektrostatische 713 (E)
abgeschlossenes System 245 (D)
Abkühlungsgesetz, Newtonsches 553 (D), 572 (Z)
Ableitung
–, einer Funktion 24 (D)
–, einer Potenzfunktion 25 (D)
–, partielle 5, 448 (D)
Ablenkwinkel
–, Regenbogen 1040 (D)
–, Teilchenstreuung 205 (D)
Abnahme, exponentielle
–, gedämpfte Schwingung 403 (D)
–, Kondensatorentladung 792 (D)
Abschätzung, von physikalischen Größen 7
absolute Temperatur 512 ff, 534 (Z)
–, *siehe auch* Kelvin-Skala
absoluter Druck 348
absoluter Nullpunkt, Dritter Hauptsatz 608 (D), 610 (Z)
Absorption 1292
–, Polarisation durch 1044 ff
Absorptionsspektren 1326–1330
–, Infrarot-, Linienaufspaltung 1329
–, –, R- und P-Zweig 1329, 1328 f
Abwurfwinkel 54, 56
Aceton, Volumenausdehnungskoeffizient 515 (T)
Achse
–, freie 262 (D)
–, Kristall- *siehe* Festkörper
–, optische 1048 (D)
achsennahe Strahlen,

sphärischer Spiegel 1062 (D)
achsenparalleler Strahl
–, Hohlspiegel 1065 (D)
–, Sammellinse 1076 (D)
–, Zerstreuungslinse 1076 (D)
actio = reactio siehe Newtonsches Axiom, drittes
Addition von Drehimpulsen 1279 ff
Addition von Vektoren *siehe* Vektoraddition
Adhäsionskraft 354 f (D)
Adiabaten-Exponent 460, 568 (D), 573 (Z)
Adiabaten-Gleichung 569 (D), 573 (Z)
adiabatische Arbeit 569 (D)
adiabatische Näherung 1346 (D)
adiabatische Zustandsänderungen 568 ff, 573 (Z)
AE *siehe* Astronomische Einheit
Aerodynamik 110
–, des Radfahrens 368–371 (E)
–, Flugzeugtragfläche 361
Aharonov-Bohm-Effekt 1370
Akkomodation 1089 (D)
Akkretionsscheibe, Doppelsterne 1461 (D)
Akkumulator, Auto- *siehe* Autobatterie
Aktionspotential, Nervenzellen 773 f (E)
Aktionsprinzip 71
–, *siehe auch* Newtonsche Axiome
aktive Bauelemente
–, Transistor 972, 1364 f (D)
–, Triode 971 (D)
Aktivität, Einheit 3 (T)
Akustik 459–506
–, physikalische 481
–, *siehe auch* Schallwellen
akustische Wahrnehmung, Untersuchung mit SQUIDs 1379 (E)
Akzeptor-Niveaus 1360 f (D)
Alkohol *siehe* Ethanol
allgemeine Relativitätstheorie 1150, 1183–1186, 1188 (Z)
–, Äquivalenzprinzip 1183 (D)
–, Gravitationspotential 1184 f (D)
–, Schwarze Löcher 1185 (D)
Alphastrahlung, biologische Wirkung 1417 f
Alphateilchen
–, Potential 1403
–, Ruheenergie 1181 (T)
Alphazerfall 1402 f
–, Energieerhaltung 216 (E)
–, Gamowsches Modell 1252
Aluminium
–, Dichte 340 (T)
–, Elastizitätsmodul 343 (T)
–, Elektronendichte am absoluten

Temperaturnullpunkt 1349 (T)
–, Festigkeit 343 (T)
–, Kompressionsmodul 346 (T)
–, kritische Temperatur für Supraleitung 1367 (T)
–, Längenausdehnungskoeffizient 515 (T)
–, magnetische Suszeptibilität 919 (T)
–, molare Wärmekapazität 541 (T)
–, Schubmodul 345 (T)
–, spezifische Wärme 541 (T)
–, spezifischer Widerstand 754 (T)
–, Temperaturkoeffizienten des Widerstandes 754 (T)
–, Wärmeleitfähigkeit 546 (T)
Aluminiumblock, Auftrieb in Luft 352 f
amorphe Festkörper 1336 (D)
Ampère, André-Marie 811, 843
Ampere 2, 3 (T)
–, Einheit 747 f (D), 858 ff (D), 867 (Z)
Amperemeter 798 ff, 802 (Z)
–, auf Basis eines Kompasses 872
–, Eichung mit Stromwaage 859
–, Symbol in Schaltbildern 798
Ampèresche Ringströme (Kreisströme) 811 f, 917 (D)
–, *siehe auch* Kreisstrom
Ampèrescher (Oberflächen-)Strom 917 (D)
Ampèresches Gesetz 860 (D), 868 (Z)
–, Anwendung auf geraden, stromdurchflossenen Leiter 861 f
–, Anwendung auf Toroid- oder Ringspule 862 f
–, Anwendung auf Zylinderspule 863 f
–, differentielle Form 865 f (D), 868 (Z)
–, Gültigkeitsgrenzen 864 f
–, Integralform 995 f (D), 1011 (Z)
–, Verallgemeinerung 992 f (D), 1011 (Z)
–, Vergleich mit Biot-Savartschem Gesetz 864 f, 1019
–, Vergleich mit Faradayschem Gesetz 993 f
Amperestunde, Ladungskapazität einer Batterie 760 (D)
Amplitude
–, erzwungene Schwingung 408 (D)
–, gedämpfte Schwingung 403 f
–, harmonische Schwingung 381 (D), 386, 410 (Z)
–, harmonische Welle 432 (D)
Analysator 1045 (D)
Analyse
–, Fourier- *siehe* Fourier-Analyse
–, harmonische *siehe* harmonische Analyse
*Anderson, Carl 1*389, 1429
Anfangsbedingungen 29 (D)
–, *LCR*-Reihenschwingkreis 956

1485

Namen- und Sachverzeichnis

Anfangsgeschwindigkeit
–, Stoß 195 (D)
–, Verlassen von gebundenen Bahnen um Erde 313
Anfangswert, Empfindlichkeit gegenüber 411 (E), 413 f (E)
Anfangswertproblem 29 (D)
angetriebene Schwingung *siehe* erzwungene Schwingung
Angriffslinie *siehe* Wirkungslinie
Angriffspunkt einer Kraft 281 f, 291 (Z)
Ångström, Anders Jonas 904 (E)
Anisotropie, optische 1048 (D)
Anker, Gleichstrom-Rotationsmotoren 978 ff (E)
Annäherungsgeschwindigkeit, Stoß 203 (D)
Anode 969 ff
Anomalie des Wassers 531 (D)
Antenne, zum Senden von elektromagnetischen Wellen 1009
anthropisches Prinzip 1478 (D)
antiferromagnetische Materialien 915
Antisymmetrie von Wellenfunktionen 1247 f (D), 1256 (D)
Antiteilchen 1428 ff, 1442 (Z)
–, Standardmodell 1441 (D)
Antrieb, Raketen- 210–213
Anzahldichte
–, von Elektronen in Metall 1348 (D)
–, von Molekülen in Material 921 (D)
Aorta
–, Strömungswiderstand 363
–, Volumenstrom 357
aperiodischer Grenzfall
–, elektrischer Schwingkreis 955
–, mechanische Schwingung *siehe* kritisch gedämpftes System
Aphel 301 (D)
Äquipotentialfläche 699 (D), 704 ff (D)
Äquipotentialraum 704 (D)
Äquivalentdosis 1417 (D)
–, Einheit 1417
–, pro Jahr, verschiedener Strahlungsquellen 1418 (T)
Äquivalentdosisleistung *siehe* Äquivalentdosis pro Jahr
äquivalente Kraft *siehe* Ersatzkraft
Äquivalenz, Masse-Energie- 1177 (D)
Äquivalenzprinzip, allgemeine Relativitätstheorie 1183 (D), 1188 (Z)
Aräometer 375
Arbeit 129–176
–, adiabatische 569 f (D)
–, allgemeine Definition 139 (D)
–, an einem System verrichtete 554–557 (D)
–, bei konstanter Kraft 130–134, 167 (Z)
–, bei veränderlicher Kraft 134 ff, 167 (Z)
–, Einheit 3 (T), 130 (D)
–, entlang beliebigem Weg 137–142
–, Feder 135 f
–, Gravitation 131
–, in drei Dimensionen 137–142
–, in einem Zentralfeld 313
–, potentielle Energie und 144 (D)
–, Schlittenfahren 131 f
–, Skifahren 140 f
–, virtuelle, Teilchensystem 194
–, *siehe auch* Energie

Arbeitspunkt
–, Gleichstrom-Linearmotoren 977 (E)
–, Induktionsmotor 984 (E)
Arbeitssubstanz, Wärmekraftmaschinen 588 (D)
Archimedes, Hebelgesetz 174
Archimedisches Prinzip 350 (D), 367 (Z)
–, Herleitung aus Newtonschen Gesetzen 351
Argon
–, kritische Temperatur 531 (T)
–, molare Wärmekapazitäten 564 (T)
Argon-Laser 1297 (D)
arithmetisches Mittel 4 (D)
ASDEX Upgrade, Fusionsexperiment 1413
Astigmatismus
–, menschliches Auge 1090 (D)
–, schiefer Bündel 1082 (D)
Aston, F.W. 824
Astronomie, Gammastrahlen- 1101
Astronomische Einheit (AE) 14, 302 (D), 1458 (D)
Astrophysik 1445 (D)
–, Galaxien *siehe* Galaxien
–, Kosmologie und 1445–1472
–, Milchstraße *siehe* Milchstraße
–, Sonne *siehe* Sonne
–, Sterne *siehe* Sterne
Asynchronmotor *siehe* Induktionsmotor
Äthanol *siehe* Ethanol
Äthertheorie 1152 f
Atmosphäre
–, Erde *siehe* Erde 576 f (E)
–, Mond- *siehe* Mond, Atmosphäre
–, Planeten- *siehe* Planetenatmosphären
Atmosphäre (atm), Einheit 346
Atmosphärendruck 348
Atmosphärentemperatur, verschiedener Planeten 1482
atmosphärische Druckdifferenz *siehe* Überdruck
atomare Kreisströme 917 (D)
atomare magnetische Momente 920 ff
–, induzierte 930 (D)
atomare Masseneinheit 1323 f (D)
atomare Stöße, Untersuchung mit Laserkühlung 1304 (E)
Atome 1265–1308
–, Absorption von Strahlung 1292
–, Addition von Drehimpulsen 1279 ff
–, Bahndrehimpuls 1275 f (D)
–, Elektronenkonfiguration 1283 f
–, Emission von Strahlung 1293 (D)
–, Energiequantisierung 1206–1211
–, in äußeren Feldern 1281 f
–, in inhomogenem Magnetfeld 1278
–, Laser 1293–1298
–, magnetisches Moment 1275 f (D)
–, Periodensystem 1282–1288
–, Röntgenspektren 1291 f
–, Spektren im sichtbaren Bereich 1289 f
–, Stern-Gerlach-Versuch 1277 ff
–, Wasserstoffatom 1266–1275
–, –, Wellenfunktionen 1270–1275
–, wasserstoffähnliche 1210 (D), 1269 (D)
–, Wechselwirkung mit Licht 1292 f (D)
–, *siehe auch* Periodensystem

Atomfallen 1300–1305 (E)
Atommanipulation, mit Laserkühlung 1304 (E)
Atommassen verschiedener Isotope 1393 (T)
Atommodell
–, Bohrsches *siehe* Bohrsches Atommodell
–, Thomsonsches *siehe* Thomsonsches Atommodell
Atomorbital 1283
Atomspektren
–, im Röntgenbereich 1291 f
–, im sichtbaren Bereich 1289 f
Atomspektroskopie, hochauflösende 1302 f (E)
Atomuhren 1304 (E)
Atwoodsche Fallmaschine 124, 126 f
–, Energieerhaltung 156 f
–, Zugkräfte in Schnur 275
Aufenthaltswahrscheinlichkeit
–, Teilchen allgemein 1224
–, Teilchen im Kastenpotential 1241
Aufenthaltswahrscheinlichkeitsdichte
–, Elektron im Wasserstoffatom 1272
–, Photon 1223 (D)
–, Schrödinger-Gleichung und 1236 (D)
–, Teilchen allgemein 1223 f (D)
–, Teilchen im Kastenpotential 1240 f
–, Teilchen im Potential eines harmonischen Oszillators 1248 (D)
–, Teilchen im Potentialtopf mit endlich hohen Wänden 1243
–, Wellenpakete 1227 (D)
Aufladen eines Kondensators 792–796, 802 (Z)
–, Energiebilanz 795 f
Aufladung, elektrostatische 621
Auflagekraft 85 (D)
Auflösung
–, Beugung und 1132–1135
–, Rayleighsches Kriterium 1134 (D), 1140 (Z)
Auflösungsvermögen 1134 (D)
–, Beugungsgitter 1137, 1140 (Z)
–, des Auges 1135
–, optischer Instrumente 1134 f
Aufpunkt 629 (D)
Auftrieb 349–353
–, Aluminiumblock in Luft 352 f
Auftriebskraft 350 (D)
Auge 1089–1093, 1104 (Z)
–, Akkomodation 1089 (D)
–, Aufbau 1089
–, Auflösungsvermögen 1135
–, deutliche Sehweite 1090 (D)
–, Nahpunkt 1090 (D)
–, Sehfehler 1090 (D)
–, Sehwinkel 1091 (D)
Aurora borealis 903 (E)
–, *siehe auch* Polarlicht
Auroraovale 903 (E), 905 (E)
Ausbreitungsgeschwindigkeit
–, elektromagnetische Wellen im Vakuum 991, 1000 (D), 1012 (Z)
–, harmonische Wellen 432 (D), 452 (Z)
–, Licht
–, –, im Vakuum *siehe* Lichtgeschwindigkeit
–, –, in Materie 1032 f

1486

–, Schallwellen 459–462, 491 f
–, –, siehe auch Schallgeschwindigkeit
–, Wellen allgemein 429 ff, 450, 452 (Z)
–, Wellenpaket 1226 (D), 1228 f (D)
Ausdehnung, thermische 514–517
Ausdehnungskoeffizient
–, kubischer siehe Volumenausdehnungskoeffizient
–, linearer siehe Längenausdehnungskoeffizient
–, thermischer 1387
Ausfallswinkel, Reflexionsgesetz 1030 (D)
Auslenkung, harmonische Schwingung 380 f (D), 410 (Z)
Auslenkungsamplitude
–, Schallwellen in Luft 463 (D)
–, Zusammenhang mit Druckamplitude 465 f, 493 (Z)
Auslenkungswinkel, mathematisches Pendel 396 (D)
äußeres Drehmoment siehe Drehmoment, externes
außerordentlicher Strahl 1048 (D)
Austauschwechselwirkung siehe identische Teilchen, Symmetrie und Antisymmetrie der Wellenfunktion
Austrittsarbeit
–, Kalium 1202
–, photoelektrischer Effekt 1200 (D)
–, verschiedener Metalle 1352 (T)
Auswahlregeln, Atomphysik 1270 (D)
Auto, Schwungradantrieb 272, 274
Autobatterie 759
–, Aufbau 761
–, Aufladen 785 f
Avogadro-Zahl 519 (D), 534 (Z)
Axiome, Newtonsche siehe Newtonsche Axiome
Axon, Nervenzellenfortsatz 772 (E)
Axoplasma, Nervenzellen 772 (E)

B

Bahndrehimpuls
–, magnetisches Moment und 1275 f (D)
–, Vektormodell 1268
Bahndrehimpulsquantenzahl 1268 (D)
Bahnexzentrizität, numerische 302 (D)
Bahnform
–, Bewegung eines Körpers im Gravitationsfeld eines anderen Körpers 319, 328 (Z)
–, Planetenbewegung 301 f, 327 (Z)
Bahnradius, bewegte Punktladung im Magnetfeld 818 (D), 835 (Z)
Bakelit
–, Dielektrizitätszahl 728 (T)
–, Durchschlagsfestigkeit 728 (T)
ballistisches Pendel 202
Balmer, Johann 1206
Balmer-Serie, Wasserstoffspektrum 1206, 1206 f (D)
Band 1357 (D)
–, Leitungs- 1358 (D)
–, Valenz- 1358 (D)
Bandbreite
–, LCR-Reihenschwingkreis 960 (D), 975 (Z)

–, Wellenpulse 483 (D), 495 (Z)
Bändermodell 1356–1359, 1374 (Z)
Bandpaßfilter
–, LCR-Reihenschwingkreis 961
–, Hochpaß 964
–, Tiefpaß 964
Bandsperre, LCR-Parallelschwingkreis 965
Bardeen, John 756, 1363
Barkhausen-Rauschen 925 (D)
Barn, Einheit 1404 (D)
Barometer, U-Rohr- 348
Baryonen 1426 (D)
Baryonenzahl, Erhaltung 1431 f (D)
Baseball, Luftstrom 361
Basis, Transistor 972, 1363 f (D)
Basiseinheiten 2 (D), 9 (Z)
Batterien 758 ff (D)
–, Auto- siehe Autobatterie
–, in Stromkreisen 784 ff
–, Ladungskapazität 760
–, Symbol in Schaltbildern 758
–, Trocken- siehe Trockenbatterie
–, siehe auch Spannungsquellen
BCS-Theorie 756, 1368 f, 1374 (Z)
Becquerel, Henri 1389
Becquerel, Einheit 3 (T), 1399 (D), 1418 (T)
Bedingungen für Reversibilität 593 (D)
Bednorz, J.G. 755 f
Belichtungszeiten, Kamera 1096 f
Bender-Oszillator 411–415 (E)
Benetzung, einer Oberfläche 355
Bentley, Richard 83, 332 (E)
Benzin, Dichte 340 (T)
Benzinmotor siehe Ottomotor
Benzol, Brechzahl 1038 (T)
Beobachtersystem siehe Bezugssystem
Beobachtungswinkel, Regenbogen 1039 (D)
Bernoulli-Gleichung 359 f (D), 367 (Z)
Bernstein
–, spezifischer Widerstand 754 (T)
–, Temperaturkoeffizienten des Widerstandes 754 (T)
Beryllium
–, -Ionen, Strukturbildung in Penning-Falle 1305
–, Elektronenkonfiguration 1285
Beschleuniger
–, Elektronen-, Tastverhältnis 779
–, Protonen- 750
beschleunigte Bezugssysteme 114 ff, 1183 (D), 1188 (Z)
Beschleunigung 26 ff
–, Durchschnitts- siehe Durchschnittsbeschleunigung
–, Einheit 3 (T)
–, Erd- siehe Erdbeschleunigung
–, harmonische Schwingungen 382 (D)
–, konstante, Bewegungsgleichungen 31–36, 38 (Z)
–, Momentan- siehe Momentanbeschleunigung
–, schiefe Ebene 89
–, Tangential- siehe Tangentialbeschleunigung
–, Vektor 50 f, 65 (Z)
–, Winkel- siehe Winkelbeschleunigung

Beschleunigung-Zeit-Kurve 30
Beschleunigungsspannung, Röntgenröhre 1203 f
Besetzungsinversion, Laser 1294 (D), 1299 (Z)
Besetzungswahrscheinlichkeit, Fermi-Elektronengas 1348 (D)
Betastrahlung, biologische Wirkung 1417 f
Betateilchen siehe Elektronen
Betazerfall 1400 f
–, Energieerhaltung 216 f (E)
–, Impulserhaltung 218 (E)
Beton
–, Elastizitätsmodul 343 (T)
–, Festigkeit 343 (T)
–, Wärmeleitfähigkeit 546 (T)
Betrag eines Vektors
–, allgemein 44 (D)
–, Komponentenschreibweise 46 (D)
Betragsquadrat, Wellenfunktion 1223 (D)
Beugung
–, am Doppelspalt 1130 f, 1140 (Z)
–, –, Intensitätsverteilung 1130 (D)
–, am Einzelspalt 1125–1129, 1140 (Z)
–, –, Berechnung der Intensitätsverteilung mit Zeigerdiagramm 1127 ff
–, –, Nullstellen der Intensität 1126 (D)
–, –, zentrales Beugungsmaximum 1126
–, Auflösung und 1132–1135
–, Begriff 1125 (D), 1139 f (Z)
–, Fraunhofersche 1131 f (D), 1133
–, Fresnelsche 1131 f (D), 1133
–, von Röntgenstrahlen siehe Röntgenbeugung
–, von Wellen 486, 495 (Z)
Beugungsgitter 1135–1138, 1140 (Z)
–, Auflösungsvermögen 1137
–, Brechzahlgitter 1366
–, Erzeugung von Spektrallinien 1136 f
–, Lage der Interferenzmaxima 1136 (D)
–, mit Blaze 1145
Beugungsmuster
–, Elektronen 1223
–, Photonen 1222
Beweglichkeit, Elektronen 768 (D), 833 (D)
bewegter Leiter, Induktionsspannung 883–887, 901 (Z)
Bewegung
–, Dreh- siehe Drehbewegungen
–, in einer Dimension 19–42
–, in zwei Dimensionen 43–70
–, lineare siehe lineare Bewegungen
Bewegungsamplitude, Schallwellen in Luft 463 (D)
Bewegungsgleichungen
–, LC-Kreise ohne Wechselspannungsquelle 951 (D)
–, LCR-Kreise ohne Wechselspannungsquelle 954 (D)
–, LCR-Reihenschwingkreis 956 (D)
–, Drehbewegung 228, 265 (Z)
–, harmonische Schwingungen 382 (D)
–, –, Lösung 383 ff
–, Lösung 29 (D)
–, Wellen siehe Wellengleichung
Bewegungsprobleme

Namen- und Sachverzeichnis

–, Lösung mit Hilfe der Newtonschen Axiome 86–92, 99–108
–, –, Vorgehensweise 88 (D), 94 (Z)
–, mehrere miteinander verbundene Körper 110–114
Bezugssystem 73 (D), 93 (Z), 1151 (D), 1186 (Z)
–, beschleunigtes 114 ff, 1183 (D), 1188 (Z)
–, Massenmittelpunkt- 190
–, Null-Impuls- 190
–, siehe auch Inertialsystemsystem
–, siehe auch Koordinatensystem
Bifurkation
–, Computer-Chaos 415 f (E)
–, Weg ins Chaos 413 (E)
bikonkave Linsen 1074 (D)
bikonvexe Linsen 1073 (D)
Bild
–, nach Reflexion 1030 (D)
–, reelles 1062 (D)
–, virtuelles 1059 (D)
Bilderzeugung
–, durch Brechung 1068 ff
–, –, Vorzeichenkonvention 1069 (D)
–, durch Reflexion 1059–1067
–, –, Vorzeichenkonvention 1066 (D)
Bildkonstruktion
–, dicke Linsen 1078
–, dünne Linsen 1075 ff, 1083 (Z)
–, ebener Spiegel 1060
–, Hohlspiegel 1065 ff, 1083 (Z)
–, Konvexspiegel (Wölbspiegel) 1067
–, Linsensysteme 1078–1081
Bildpunkt 1059 (D)
Bildweite 1062 (D)
Billard
–, -Kugel, Rollbewegung 251 f, 275, 277 f
–, -Spiel, Energie- und Impulserhaltung 223
Bimetalle, Temperaturmessung 511
Bindung
–, chemische siehe chemische Bindung
–, ionische siehe ionische Bindung
–, kovalente siehe kovalente Bindung
–, metallische siehe metallische Bindung
–, Van-der-Waals- siehe Van-der-Waals-Bindung
–, Wasserstoffbrücken- siehe Wasserstoffbrückenbindung
Bindungsenergie
–, im Gravitationsfeld der Erde 317 (D)
–, in Molekülen 1310–1317
–, pro Nukleon 1394
–, von Kernen 1392–1395
–, von Teilchen 1180 (D), 1188 (Z)
–, Weizsäcker-Formel 1394 f (D)
Binnendruck siehe Van-der-Waals-Gleichung
Binnig, Gert 1380 (E)
biomagnetische Forschung, mit SQUIDs 1377 ff (E)
Biot, J. 843
Biot-Savartsches Gesetz 848 (D), 866 (Z)
–, Vergleich mit Ampèreschem Gesetz 864 f, 1019
Bismut
–, magnetische Suszeptibilität 919 (T)

–, molare Wärmekapazität 541 (T)
–, spezifische Wärme 541 (T)
Bit 14
Bizepsmuskel
–, Drehmoment 284
–, Spannung 343
Blaze, Beugungsgitter 1145
Blei
–, Dichte 340 (T)
–, Elastizitätsmodul 343 (T)
–, Festigkeit 343 (T)
–, Kompressionsmodul 346 (T)
–, kritische Temperatur für Supraleitung 1367 (T)
–, molare Wärmekapazität 541 (T)
–, Schmelzpunkt 544 (T)
–, Schmelzwärme 544 (T)
–, Schubmodul 345 (T)
–, Siedepunkt 544 (T)
–, spezifische Wärme 541 (T)
–, spezifischer Widerstand 754 (T)
–, Temperaturkoeffizienten des Widerstandes 754 (T)
–, Verdampfungswärme 544 (T)
–, Wärmeleitfähigkeit 546 (T)
Blendenzahl, Kamera 1096 (D), 1105 (Z)
Blindwiderstand
–, Wechselstromkreis mit Kondensator 947 (D)
–, Wechselstromkreis mit Spule 944 (D)
Blitzgerät, elektrische Energie 778
Blut
–, Hall-Effekt 838
–, Strömungsgeschwindigkeit 357 f
–, Viskosität 363 (T), 364 f
Bogenentladung 708 (D)
–, siehe auch Gasentladung
Bogenmaß, Einheit 226 (D)
Bohr, Niels 1206
Bohrsche Frequenzbedingung 1270 (D)
Bohrsche Postulate 1208 f (D), 1217 (Z)
Bohrscher Radius 1210 (D), 1217 (Z)
–, erster 1271 (D)
–, zweiter 1274 (D)
Bohrsches Atommodell 1206–1211, 1216 (Z)
–, Energie des Elektrons im Wasserstoffatom 718
Bohrsches Korrespondenzprinzip 1220, 1240 (D), 1258 (Z)
Bohrsches Magneton 921 (D), 931 (Z), 1276 (D)
Boltzmann, Ludwig 550, 1013 (E)
Boltzmann-Konstante 518 (D), 534 (Z)
Bor, Elektronenkonfiguration 1285
Borat-Flintglas, Brechzahl 1038 (T)
Born-Oppenheimer-Näherung 1346 (D)
Böschungswinkel, Schüttgüter 254 (D)
Bosonen
–, Elementarteilchentheorie 1429 (D)
–, Quantenmechanik identischer Teilchen 1256 (D)
–, Supraleitung 1368
–, siehe auch Pauli-Prinzip
Bowling-Kugel, Rollbewegung 250 f, 276, 278
Boyle, Robert 518
Boyle-Mariotte, Gesetz von 518 (D)

Bragg-Peak, Wechselwirkung von Teilchen mit Materie 1414 f
Brahe, Tycho 301
Brattain, Walter, H. 1363
Brechkraft
–, dünne Linsen 1072 f (D)
–, Einheit 1081 (D)
–, Kombination Brillenglas–Augenlinse 1092
–, Linsensysteme 1080 f (D)
Brechung 1032–1042
–, Bilderzeugung und 1068 ff
–, –, Vorzeichenkonvention 1069 (D)
–, Fermatsches Prinzip und 1043
–, Huygenssches Prinzip und 1033 f
–, von Wellen 485, 495 (Z)
Brechungsgesetz von Snellius 1034 (D), 1050 (Z)
–, Bilderzeugung 1068 f
Brechungsindex siehe Brechzahl
Brechungswinkel 1033 (D)
Brechwert siehe Brechkraft
Brechzahl 1030 (D)
–, verschiedener Materialien 1038 (T)
Brechzahlgitter, nichtlineare Materialien 1366
Bremse, Wirbelstrom- 888
Bremsspannung, photoelektrischer Effekt 1200
Bremsstrahlung 1203 (D)
Bremsung 34 (D)
Bremsweg 34 (D)
Brennebene, dünne Linsen 1075 (D)
Brennpunkte
–, dünne Linsen 1075 (D)
–, sphärische Spiegel 1064 f
Brennpunktsstrahl
–, Hohlspiegel 1065 (D)
–, Sammellinse 1076 (D)
–, Zerstreuungslinse 1076 (D)
Brennweite 1063 (D)
Brennzeit, Raketentreibstoff 212, 214 (Z)
Brewstersches Gesetz 1048 (D)
Brille, als optisches Instrument 1091 f
Broglie, de siehe de Broglie
Brom
–, Schmelzpunkt 544 (T)
–, Schmelzwärme 544 (T)
–, Siedepunkt 544 (T)
–, Verdampfungswärme 544 (T)
Brücke, Wheatstonesche 807
Brückeneinsturz, Resonanzeffekt 442
Bürsten, Kommutator-, Gleichstrom-Rotationsmotoren 978 ff (E)
Byte 14

C

Calcium, Austrittsarbeit 1352 (T)
Callisto, Jupitermond, Umlaufdauer 333
Caloricum siehe Wärmestoff
Candela 2, 3 (T)
Carlson, Chester 714 (E)
Carnot, Sadi 592
Carnot-Prinzip 592 f (D), 609 (Z)
–, siehe auch Zweiter Hauptsatz
Carnotscher Kreisprozeß 583, 594 (D)

1488

Carnotscher Wirkungsgrad 592–597 (D), 609 (Z)
Cäsiumchlorid, Struktur 1343
Cassini, Giovanni 331 (E)
Cavendish, Henry 309
Cavendish-Experiment 310
Celsius-Grad, Umrechnung in Kelvin 514 (D)
Celsius-Skala 510 f (D), 534 (Z)
Centaurus A, Radioquelle 1445
CERN
–, Luftbild 1430
–, Proton-Antiproton-Beschleuniger 1431
cgs-System 3
Chadwick, James 1389
Chamberlain, O. 1429
Chandrasekhar-Grenze, Weiße Zwerge 1464 (D)
Chaos 411–416 (E)
chaotischer Oszillator 411–415 (E)
chaotisches Muster, gemischte Flüssigkeiten 416 (E)
charakteristische Röntgenstrahlung–1203 (D), 1291 f (D)
Charles, Jacques 518
Charm, Quarks 1436 (D)
chemische Bindung 1310–1317, 1330 (Z)
chemische Energie, Energieerhaltung und 164 f
Chlor, kritische Temperatur 531 (T)
Cholesterin, Molekülmodell 1320 (T)
Chrom-Nickel-Stahl
–, spezifischer Widerstand 754 (T)
–, Temperaturkoeffizienten des Widerstandes 754 (T)
chromatische Aberration 1082 (D)
Chromosphäre, der Sonne 1449 (D)
Citronensäure, Molekülmodell 1320 (T)
Clausius, Rudolf 565
Clausius
–, Prinzip von 590 (D), 608 (Z)
–, –, siehe auch Zweiter Hauptsatz
–, Zustandsgleichung 614
Cobalt-Magnetband, magnetische Feldlinien 925
Cockcroft, John Douglas 1389, 1403
Coffein, Molekülmodell 1320 (T)
Compton, Arthur H. 1204
Compton-Streuung 1204 f, 1293 (D)
Compton-Wellenlänge 1205 (D)
Computer-Chaos 415 f (E)
Computertastatur, mit Kondensatoren 727
Cooper, Leon 756
Cooper-Paar 1368 (D)
Corioliskraft 117 (D)
Coulomb, Charles Augustin de 310, 811
Coulomb, Einheit 3 (T), 620 (D)
Coulomb-Kraft 623 (D), 639 (Z)
–, Elektron–Kern- 1209 (D)
Coulomb-Kristalle 1304 f (E)
Coulomb-Potential, Alphazerfall 1252 (D)
Coulombsches Gesetz 623–627 (D), 639 (Z)
–, Berechnungen des elektrischen Feldes 646–654, 675 (Z)
–, einzelne Punktladung 629 (D)
–, Punktladungssystem 629 (D)
Cowan, Clyde 218 (E)

Curie, Einheit 1399 (D), 1418 (T)
Curie-Temperatur, ferromagnetische Materialien 925 (D)
Curiesches Gesetz 924 (D)
c_w-Wert, Radfahren siehe Luftwiderstandsbeiwert

D

Dalton, Gesetz von 532 (D)
Dämon, Maxwellscher 1015 (E)
Dampf (100 °C), Dichte 340 (T)
Dampfdruck 530 (D), 535 (Z)
Dampfdruckkurve 529 f, 531
Dämpfung
–, elektrische siehe gedämpfter Schwingkreis
–, mechanische siehe gedämpfte Schwingung
Dämpfungsglied, LCR-Kreise ohne Wechselspannungsquelle 954
Dämpfungskonstante, mechanische Schwingung 403 f
Davisson, C.J. 1213
Davisson-Germer-Experiment 1213 f
de Broglie, Louis 1212
De-Broglie-Wellenlänge 1212 (D)
–, Elektron 1213 (D), 1217 (Z)
–, Impuls und 1228 (D)
deformierbare Körper 339–376
–, Wellen in 423
–, –, siehe auch mechanische Wellen
Dehnung, Festkörper 342–345, 342 (D), 366 (Z)
Dehnungsmeßstreifen 1353
Dehnungsmodul siehe Elastizitätsmodul
Dendrit, Nervenzellenfortsatz 772 (E)
Depolarisation, Nervenzellen 774 (E)
Descartes, R. 1039
destruktive Interferenz 437 (D)
Deuterium-Tritium-Fusionsreaktion, freiwerdende Energie 1181
Deuteriumkern, Ruheenergie 1181 (T)
deutliche Sehweite 1090 (D)
Dezibel, Einheit 468 (D)
Dezimalsystem 3 (D)
diamagnetische Materialien 915 f, 928 ff, 930 (Z)
Diamagnetismus 928 ff, 930 ff (Z)
Diamant
–, Brechzahl 1038 (T)
–, Längenausdehnungskoeffizient 515 (T)
–, magnetische Suszeptibilität 919 (T)
–, Struktur 1343 f
dichromatische Kristalle 1044 (D)
Dichte 339 f (D), 365 (Z)
–, Anzahl- siehe Anzahldichte
–, Einheit 3 (T), 340
–, optische 1032
–, relative 340
–, verschiedener Substanzen 340 (T)
–, von Wasser 340 f
–, Wellenausbreitung und 429 f
dicke Linsen
–, Bildkonstruktion 1078
–, Hauptebenen 1077 f (D), 1084 (Z)
Dielektrikum 725–729, 739 (Z)

–, elektrisches Feld 726 (D)
dielektrische Polarisation siehe Orientierungspolarisation
–, siehe auch Verschiebungspolarisation
dielektrische Suszeptibilität 727 (D)
dielektrischer Durchschlag 708 ff (D), 712 (Z)
Dielektrizitätskonstante
–, des Vakuums 623 f (D)
–, von Materie 727 (D), 739 (Z)
Dielektrizitätszahl 725 (D), 739 (Z)
–, verschiedener Materialien 728 (T)
Differentialgleichung, harmonische Schwingungen, Lösung 383 ff
–, Lösung, Separation der Variablen 403
Differentialrechnung 24
Diffraktion siehe Beugung
diffuse Reflexion 1030 f (D)
Dimension 9 (Z)
–, einer physikalischen Größe 5 f
Dimensionsanalyse 9 (Z)
–, Formeln 5 f
Diode
–, Halbleiter- siehe Halbleiterdioden
–, Röhren- 969 (D)
Dioden-Laser 1297 (D)
Dioptrie, Einheit 1081 (D)
Dipol
–, elektrischer siehe elektrischer Dipol
–, magnetischer siehe magnetischer Dipol
Dipolantenne siehe Antenne
Dipolmoment
–, elektrisches siehe elektrisches Dipolmoment
–, induziertes siehe induziertes Dipolmoment
–, magnetisches siehe magnetisches Dipolmoment
–, permanentes siehe permanentes Dipolmoment
Dipolstrahlung 1010 (D)
Dirac, Paul Adrien Maurice 1429
Dirac-Gleichung 1429 (D)
diskrete Ladungsverteilungen 619–644
–, elektrisches Potential 688 (D)
diskrete Massenverteilung, Trägheitsmoment 230 (D)
Dispersion 484, 495 (Z)
–, als Abbildungsfehler 1082 (D)
–, Licht 1038, 1050 (Z)
–, mechanische Wellen 425
Dispersionskräfte, Londonsche 1316 (D)
dispersive Medien siehe Dispersion
Dissoziationsenergie 150
–, ionische Bindung 1311 (D)
Divergenz (Differentialoperator) 702 (D), 711 (Z)
Domänen, magnetische siehe Weißsche Bezirke
Donator-Niveaus 1360 (D)
Doppelbrechung, Polarisation und 1048 f
Doppelspalt
–, Beugung siehe Beugung am Doppelspalt
–, Interferenz 1116–1119
–, Interferenzmaxima und -minima 1116 f (D)
Doppelspaltversuch, Youngscher 1222 f
Doppelsterne 1460 f (D)

–, Akkretionsscheibe 1461 (D)
–, Lagrange-Punkt 1461 (D)
–, Roche-Volumen 1461 (D)
Doppler-Effekt
–, elektromagnetische Wellen 492
–, –, Frequenzverschiebung 1300 (E), 1303 (E)
–, relativistische Behandlung 1168 f (D)
–, Rotverschiebung siehe Rotverschiebung
–, Schallwellen 487–492, 496 (Z)
–, –, bewegte Quelle 487 f
–, –, Frequenzverschiebung 488 f
–, –, sich bewegender Empfänger 488 f
–, –, sich bewegendes Medium 489
–, –, Wellenlängen 488
Doppler-Verschiebung siehe Doppler-Effekt, Frequenzverschiebung
Dosisgrößen 1417 f, 1420 (Z)
Dotierung
–, Halbleiter 1360 (D), 1374 (Z)
–, Nd:YAG-Laser 1298 (D)
Drehachsen
–, freie 262 (D)
–, Hauptträgheitsachsen 241 f
–, Trägheitsmoment und 231 (T)
Drehbewegung 225–278
–, Analogien zur linearen Bewegung 228 f, 231, 234 f, 245 (T), 261, 266 f (Z)
–, Bewegungsgleichungen 228, 265 (Z)
–, kinetische Energie 234 ff
–, Leistung 234 f (D)
–, Vektorcharakter der Drehgrößen 256–261
Drehfeld, Induktionsmotor 983 (E)
Drehimpuls 242–249, 242 f (D), 266 (Z)
–, als Vektorprodukt 259 (D), 267 (Z)
–, Bahn- siehe Bahndrehimpuls
–, Drehmoment und 260 f (D)
–, eines Systems 260 (D)
–, Erde 276
–, Kreiselbewegung 263 ff
–, magnetisches Moment und, Elektron 920 (D)
–, Rad 244
–, relativ zum Massenmittelpunkt 252 (D)
–, Scheibe 243
–, von Planeten, bezüglich Sonne 305 (D)
–, zweites Newtonsches Axiom 243 f (D)
Drehimpulserhaltung 245 f (D), 261
Drehimpulsquantenzahl 1268 (D)
Drehimpulsvektor, Winkelgeschwindigkeit und 259 f, 267 (Z)
Drehlager, Kräfte 262 f
Drehmoment 229–233, 229 (D), 266 (Z)
–, als Vektorprodukt 256 (D), 267 (Z)
–, auf Leiterschleife im Magnetfeld 827 ff (D), 836 (Z)
–, auf Permanentmagnet im Magnetfeld 829 f (D), 836 (Z)
–, auf Stabmagnet in inhomogenem Magnetfeld 1277 f
–, Drehimpuls und 260 f (D)
–, elektrischer Dipol in einem elektrischen Feld 637 (D), 640 (Z)
–, externes 232, 261
–, Gleichgewichtsbedingungen 280, 291 (Z)
–, Gleichstrom-Hauptschlußmotor 982 (E)

–, Gleichstrom-Rotationsmotoren 980 (E)
–, internes 231, 261
–, Kräftepaar 287 f (D)
–, Looping 274
–, Planetenbewegung 270
Drehsinn (Uhrzeigersinn, Gegenuhrzeigersinn), 227 (D)
–, Gleichgewichtsbedingungen 280
Drehspiegelmethode, Foucaults 1027
Drehstoß, inelastischer 246
Drehwaage, Messung der Gravitationskonstanten 310
Drehwinkel 226 (D), 265 (Z)
Driftgeschwindigkeit
–, von Elektronen in Metallen 748 (D), 749, 766 ff (D)
–, –, Hall-Effekt 832 (D)
Dritter Hauptsatz, der Thermodynamik 607 f (D), 610 (Z)
–, siehe auch Nernstsches Wärmetheorem
Druck 345 (D)
–, absoluter 348
–, Atmosphären- 348
–, Einheit 3 (T), 345 f, 349
–, in einer Flüssigkeit 345–349 (D), 366 f (Z)
–, kinetische Gastheorie 523 (D)
–, Quecksilbersäule 348 f
–, Über- siehe Überdruck
–, Unter- siehe Unterdruck
Druckamplitude
–, Schallwellen in Luft 464 (D)
–, Zusammenhang mit Auslenkungsamplitude, Schallwellen in Luft 465 f, 493 (Z)
Druckanstieg, unter Wasser 346 f
Druckdifferenz, atmosphärische siehe Überdruck
Druckfestigkeit 344 (D)
Druckmesser 348
Druckspannung 344 (D)
Druckwasserreaktor 1408 f
Druckwelle, Schallgeschwindigkeit in Flüssigkeiten 461
Dualismus Welle-Teilchen 1212–1216, 1233 f, 1257 (Z)
Dulong-Petit-Regel 565
–, Elektronengas in Metallen 1345
dünne Linsen 1071–1077
–, Abbildungsgleichung 1073 (D)
–, Bildkonstruktion 1075 ff
–, Brechkraft 1072 f (D)
–, Brennpunkte 1075 (D)
–, Hauptstrahlen 1075 f (D)
–, Mittelebene 1071 (D)
–, virtueller Gegenstand 1072 (D)
dünne Schichten, Interferenz 1111–1116
Durchflutungsgesetz siehe Ampèresches Gesetz
Durchlaßrichtung, Halbleiterdioden 1361 (D)
Durchschlag, dielektrischer 708 ff (D)
Durchschlagsfestigkeit 714 (Z)
–, verschiedener Materialien 728 (T)
Durchschnittsbeschleunigung 26 (D), 37 (Z)
–, Vektor 50 (D)

Durchschnittsgeschwindigkeit 20 f (D), 37 (Z)
–, Geradensteigung 23 (D)
–, nach Integration 30
–, Vektor 49 (D)
Durchschnittswert, einer Stichprobe 4
Dynamik 71–98
–, Fluid- siehe Fluiddynamik
dynamisches Ungleichgewicht 262 f

E

e/m-Versuch von Thomson 822 f
E-Modul siehe Elastizitätsmodul
Ebene, schiefe siehe schiefe Ebene
ebene elektromagnetische Welle, Wellengleichung 1000 (D)
ebene Spiegel 1059 ff
ebene Wellen 484 (D)
Echelettgitter, Beugungsgitter mit Blaze 1145
Edison, Thomas 937, 969
Effekt
–, Aharonov-Bohm- 1370
–, Doppler- siehe Doppler-Effekt
–, Einstein-De-Haas- 935
–, Hall- siehe Hall-Effekt
–, Josephson- siehe Josephson-Effekt
–, Joule-Thomson- 559
–, Magnus- 361 f
–, Meißner-Ochsenfeld- 1367 (D)
–, photoelektrischer siehe Photoeffekt
–, photorefraktiver 1366 (D)
–, Quanten-Hall- 834 f
–, Stark- 1282 (D)
–, Treibhaus- 576 (E)
–, Tscherenkov- 1101
–, Tunnel- 1252 (D)
–, Venturi- 360 f
–, Zeeman- 1282 (D)
–, siehe auch Experiment
–, siehe auch Versuch
Effektivtemperatur, eines Sterns 1459 (D), 1479 (Z)
Effektivwerte von Spannung und Strom
–, Spannung
–, –, formale Definition 941 (D)
–, –, technische Definiton 941 (D)
–, Stromstärke
–, –, formale Definition 940 f (D)
–, –, technische Definiton 940 f (D)
–, Wechselstromkreis mit Kondensator 947
–, Wechselstromkreis mit mehreren Bauelementen 949 (D)
–, Wechselstromkreis mit Spule 945, 973 (Z)
–, Wechselstromkreis mit Widerstand 940 ff, 973 (Z)
Eichung 75
–, von Amperemetern 859
Eigendrehimpuls siehe Spin
Eigenfrequenz 438 (D)
–, LCR-Parallelschwingkreis 965 (D)
–, LCR-Reihenschwingkreis 956 (D), 958 (D)
–, mechanischer Oszillator allgemein 406 (D)

–, mit Luft gefülltes Rohr   477 f (D)
–, Orgelpfeife   480
–, Saite   438–447
Eigenhalbleiter   1359 (D)
Eigenlebensdauern, von Myonen   1163
Eigenvolumen, reale Gase   528 ff
Eigenzeit   1160 (D), 1187 (Z)
Ein-Elektronen-Atome   siehe wasserstoffähnliche Atome
einatomige Gase, molare Wärmekapazitäten   564 (T)
Eindringtiefe, Teilchenstrahlung in Materie   1415 (D)
Einfallsebene, Reflexionsgesetz   1030 (D)
Einfallswinkel   1030 (D)
eingeschwungener Zustand   407 (D)
Einheiten   1 ff
–, -Normale   75
–, -Systeme   1–15
–, –, cgs   3
–, –, SI   2 (D)
Einheitsvektor   47 (D)
Einhüllende, von Wellenfunktionen   siehe Wellenpakete
Einkristall   1337 (D)
Einschluß, von Ionen mit elektrischen und magnetischen Feldern   1300–1305 (E)
Einschwingvorgang
–, LCR-Reihenschwingkreis   956, 974 (Z)
–, mechanische Schwingungen   407 (D)
Einstein, Albert   1149, 1199 f
Einstein-De-Haas-Effekt   935
Einstein-Modell, molare Wärmekapazität von Festkörpern   583
Einsteins Gedankenexperiment, zur elektromagnetischen Masse   1192
Einsteinsche Postulate   1156 f (D), 1186 (Z)
Einzelspalt, Beugung   siehe Beugung am Einzelspalt
Eis
–, Brechzahl   1038 (T)
–, Dichte   340 (T)
–, Längenausdehnungskoeffizient   515 (T)
–, molare Wärmekapazität   541 (T)
–, spezifische Wärme   541 (T)
–, Wärmeleitfähigkeit   546 (T)
Eisberge, Auftrieb   352
Eisen
–, Elastizitätsmodul   343 (T)
–, Elektronendichte am absoluten Temperaturnullpunkt   1349 (T)
–, Festigkeit   343 (T)
–, Kompressionsmodul   346 (T)
–, relative Permeabilität   927 (T)
–, Sättigungsmagnetisierung   922
–, Schubmodul   345 (T)
–, spezifischer Widerstand   754 (T)
–, Temperaturkoeffizienten des Widerstandes   754 (T)
–, Wärmeleitfähigkeit   546 (T)
Eisen-Silicium, relative Permeabilität   927 (T)
Eisenkern, Spulen mit gemeinsamem   965
Eispunkt, des Wassers   510
elastische Grenze, Festkörper   342
elastische Konstanten   342
elastische Medien, Wellen in   423
–, siehe auch mechanische Wellen

elastischer Stoß   195 (D), 196–200, 214 (Z)
–, Energieübertrag   200
–, kinetische Energie   197 f, 200
–, Rückstoßgeschwindigkeit   196 (Z)
Elastizitätsmodul   342 f (D), 365 (Z)
–, Schallgeschwindigkeit in Festkörpern   460
–, verschiedener Materialien   343 (T)
elektrische Energie   681 f (D)
–, Transport, Leistungsverluste   968
–, siehe auch elektrisches Feld
–, siehe auch elektrostatische (potentielle) Energie
elektrische Felder, in der Natur   628 (T)
elektrische Feldkonstante   623 f (D), 723 (D)
elektrische Feldlinien   632–635 (D), 639 (Z)
–, Regeln zum Zeichnen   634 (D)
–, Richtung   683 (D)
–, siehe auch elektrisches Feld
elektrische Feldstärke, Einheit   3 (T)
elektrische Ladung   618 ff (D), 638 (Z)
–, Einheit   619 (D)
elektrische Leistung   757 (D), 770 (Z)
elektrische Leitung   752 (D)
–, Bändermodell   1357 (D)
–, klassisches Modell   765–769, 771 (Z), 1344 f, 1354, 1373 (Z)
–, quantenmechanisches Modell   769, 771 (Z), 1353–1356, 1373 (Z)
elektrische Schwingung, ungedämpfte   953
elektrische Spannung   681 (D), 710 (Z)
–, Einheit   3 (T), 681 (D)
–, siehe auch Potentialdifferenz
elektrische Stromdichte   753 (D), 770 (Z)
elektrischer Dipol   631 f (D), 639 (Z)
–, elektrisches Feld   701
–, elektrisches Potential   690
–, in elektrischem Feld   636 ff
–, –, Drehmoment   637 (D)
–, –, potentielle Energie   638 (D), 923
elektrischer Fluß   656 f (D), 675 (Z), 993
elektrischer Leiter   621 (D)
elektrischer Strom   747 f (D), 769 (Z)
–, Einheit   747 f (D)
–, Energie   756–761
–, Magnetfeld   848–858
elektrischer Widerstand   751 f (D), 770 (Z)
–, Einheit   751 (D)
–, siehe auch Widerstand
–, siehe auch elektrische Leitung
elektrisches Dipolmoment   632 (D), 639 (Z)
–, induziertes   637 (D)
–, permanentes   637 (D)
elektrisches Feld   627–629 (D)
–, als Gradient des elektrischen Potentials   698–704, 711 (Z)
–, auf der Oberfläche eines Leiters   669–673
–, Berechnung mit Coulombschem Gesetz   646–654
–, Berechnung mit Gaußschem Gesetz   658–669
–, Berechnungen   645–680
–, Bewegung von Punktladungen   635 f

–, einer kontinuierlichen Ladungsverteilung   647 (D), 675 (Z)
–, Einheit   628 (D)
–, elektrischer Dipol   701
–, Energie   729–733, 739 f (Z)
–, –, potentielle, allgemein   681 f (D)
–, Energiedichte   732 f (D), 740 (Z)
–, Feldlinien   siehe Feldlinien
–, homogen geladene Scheibe   652 f, 676 (Z)
–, Homogenität   637 (D)
–, im Dielektrikum   726 (D)
–, im Innern eines Leiters   669
–, influenziertes   670 (D)
–, innerhalb und außerhalb von Ladungsdichten   664–668
–, Kugel homogener Ladungsdichte   667 f, 676 (Z)
–, Kugelschale homogener Ladungsdichte   665 f, 676 (Z)
–, Ladungebene unendlicher Ausdehnung   653 f, 659 ff, 676 (Z)
–, Linienladung endlicher Ausdehnung   647 ff, 676 (Z)
–, Linienladung unendlicher Ausdehnung   649 ff, 661 f, 676 (Z)
–, nichtsymmetrischer Leiter   708 f
–, Punktladung   659
–, Richtung   698 f, 711 (Z)
–, Ringladung   651 f, 676 (Z), 701
–, Stetigkeitsbedingungen   668 f
–, Unstetigkeit der Normalkomponente   668 f
–, wichtiger Ladungsverteilungen   676 (Z)
–, Zylinder homogener Ladungsdichte   663 f, 676 (Z)
–, Zylindermantel homogener Flächenladungsdichte   662 f, 676 (Z)
elektrisches Potential   681–721, 683 (D), 710 (Z)
–, als Integral des elektrischen Feldes   698–704, 711 (Z)
–, diskrete Ladungsverteilungen   688 (D)
–, Einheit   683 (D), 685 (D)
–, elektrischer Dipol   690
–, Erzeugung eines hohen   707 f
–, kontinuierliche Ladungsverteilungen   691–698, 711 (Z)
–, Kugelschale homogener Ladungsverteilung   696 f
–, Ladungsebene unendlicher Ausdehnung   693 ff
–, Linienladung unendlicher Ausdehnung   697 f
–, Proton   687
–, Punktladung   686 (D), 710 (Z)
–, Punktladungssystem   710 (Z)
–, Ringladung   692
–, Scheibe homogener Ladung   692 f
Elektrizität, Begriff   617 (D), 619 (D)
Elektroauto, elektrische Leistung   778
Elektrodenanordnung, Penning- und Paul-Falle   1300
Elektrodynamik   617 f (D)
elektromagnetische Masse, Einsteins Gedankenexperiment   1192
elektromagnetische Theorie des Lichts, Maxwell   1015 (E)

elektromagnetische Wechselwirkung 82 f
elektromagnetische Wellen
–, Ablösung von Antenne 1009
–, Ausbreitungsgeschwindigkeit im Vakuum 991
–, ebene 1000 (D)
–, Energiedichte 1003 (D), 1012 (Z)
–, Impuls 1005 (D), 1012 (Z)
–, Intensität 1004 (D), 1012 (Z)
–, linear polarisierte 1001
–, Poynting-Vektor 1003 (D)
–, Wellengleichung 998–1002
–, zirkular polarisierte 1002
elektromagnetisches Spektrum 1007–1010
–, Tabelle 1008 (T)
Elektromagnetismus 617 f (D)
Elektromotoren 890 f (D), 976–984 (E)
–, Asynchronmotor 983 f (E)
–, Gleichstrom-Hauptschlußmotor 981 (E)
–, Gleichstrom-Linearmotoren 976 (E)
–, Gleichstrom-Nebenschlußmotor 980 (E)
–, Gleichstrom-Rotationsmotoren 977–980 (E)
–, Induktionsmotor 983 f (E)
–, Wechselstrommotoren 982 ff (E)
elektromotorische Kraft (EMK) 758 (D)
Elektron–Kern-Coulomb-Kraft 1209 (D)
Elektronen 1427 f (D)
–, Ablösung aus Metalloberfläche nach Lichteinstrahlung 1200
–, als Elementarteilchen (Leptonen) 1427 f
–, Aufenthaltswahrscheinlichkeitsdichte 1272
–, Beugungsmuster 1223
–, Bindungs- 1310–1317
–, Cooper-Paare 1368 f (D)
–, De-Broglie-Wellenlänge 1213 (D), 1217 (Z)
–, Drehimpuls, und magnetisches Moment 920 (D)
–, Driftgeschwindigkeit 748 (D)
–, Elektrizitätsbegriff 619 (D)
–, Fermi- *siehe* Fermi-Elektronengas
–, freie *siehe* Fermi-Elektronengas
–, gebundene, Geschwindigkeitsänderung in Magnetfeld 929 f
–, –, Lorentz-Kraft 929 f
–, im Wasserstoffatom, Energie 718
–, in metallischen Leitern 621
–, –, Induktionsspannung 884 5
–, –, *siehe auch* elektrische Leitung
–, Pauli-Prinzip *siehe* Pauli-Prinzip
–, reduzierte Masse 1219
–, Ruheenergie 1181 (T)
–, Spin 1275 (D)
–, Valenz- 1266 (D), 1358 (D)
–, Wechselwirkung mit Gitter 769, 1353–1356, 1368 f
–, Welleneigenschaften 1212–1216
Elektronenaffinität 1310 (D)
Elektronenbeschleuniger, Tastverhältnis 779
Elektronenbeugung, Beugungsmuster 1214
Elektronenbeweglichkeit 768 (D), 833 (D)
Elektronenbewegung, Induktionsspannung 884 5

Elektronenblitzgerät, elektrische Energie 778
Elektronendichte
–, Fermi-Elektronengas 1349 (D)
–, –, verschiedener Materialien 1349 (T)
–, in Metallen (klassisch) 766 (D)
Elektronendichteverteilung
–, Grundzustand des Wasserstoffatoms 1272
–, verschiedener Moleküle 1318 f
–, Zustand $n = 2$ des Wasserstoffatoms 1274
Elektronengas
–, Fermi- *siehe* Fermi-Elektronengas
–, klassisches Konzept 1344 f
Elektronengeschwindigkeit
–, effektive, in Metallen 766 (D)
–, mittlere 766 (D)
Elektronenholographie 1370
Elektronenkonfiguration
–, Argon 1286
–, Beryllium 1285
–, Bor 1285
–, eines Atoms 1283 (D), 1298 f (Z)
–, Elemente mit $Z > 18$ 1286
–, Helium 1283 f
–, Lithium 1284
–, Natrium bis Argon 1286
–, Neon 1285
–, Pauli-Prinzip 1283 (D)
–, Tabelle aller Elemente im Grundzustand 1287 f (T)
–, *siehe auch* Periodensystem
Elektronenkonzentration
–, Hall-Effekt 832 f (D)
–, Silber 833 f
Elektronenmikroskop, schematische Darstellung 1214
Elektronenspinresonanz (ESR) 1282, 1306
Elektronenvolt, Einheit, Umrechnung in Joule 685 (D), 710 (Z), 1180 (D)
Elektronenwellen, De-Broglie- 1212–1215
elektroschwache Wechselwirkung
–, Standardmodell der Elementarteilchen 1438, 1439 (D)
–, Standardmodell des Universums 1477 (D)
Elektroskop 621
Elektrostatik, Anwendungen 713 ff (E)
elektrostatische Auflading 621
elektrostatische (potentielle) Energie 690 f (D), 710 f (Z)
–, *LC*-Kreise ohne Wechselspannungsquelle 952 f
–, in Erdatmosphäre gespeicherte 744
–, Speicherung 729–733, 739 f (Z)
–, *siehe auch* elektrische Energie
–, *siehe auch* elektrisches Feld
elektrostatische Influenz 621 (D), 670
elektrostatische Kraft 623 (D), 639 (Z)
–, Überlagerungsprinzip 626 (D)
–, Vergleich zur Gravitationskraft 625
–, *siehe auch* Coulomb-Kraft
elektrostatische Luftfilter 713 (E)
Elementarladung, Einheit 619 (D)
Elementarteilchen 1425

–, Antiteilchen 1428 ff
–, Bosonen 1429 (D)
–, elektroschwache Wechselwirkung 1439
–, Erhaltungssätze 1431–1434
–, Feldquanten 1438
–, Fermionen 1429 (D)
–, Große Vereinheitlichte Theorien 1441
–, Hadronen 1425 ff
–, Leptonen 1427 f
–, Pauli-Prinzip 1429
–, Quantenzahlen 1431–1434 (D)
–, Quark-Modell 1434–1437
–, seltsame 1433 f (D)
–, Spin 1428 ff
–, Standardmodell 1439 ff
–, Standardmodell Universum 1477 (D)
Elementarwellen 1029 (D)
–, Beugung 1125–1131
–, Brechung 1033 f
–, Reflexion 1031 f
Elementarzelle 1337 (D)
Ellenbogengelenk, Drehmoment 284
Ellipse, Planetenbahn 301 f (D)
Emission
–, spontane 1293 (D)
–, stimulierte *siehe* stimulierte Emission
Emissionsgrad 550 (D)
Emissionsspektren, zweiatomiger Moleküle 1326
Emitter, Transistor 972, 1363 f (D)
emittierte Leistung, Erde 575 (E)
Empfindlichkeit, eines Films 1095 f (D)
Endgeschwindigkeit
–, elastischer Stoß 198 f
–, Körper in viskoser Strömung 109 (D)
–, Rakete 212 (D), 214 (Z)
–, Stoß 195 (D)
Energie 129–176
–, *LC*-Kreise ohne Wechselspannungsquelle 952 f
–, Äquivalenzprinzip 1177 (D)
–, Bilanz *siehe* Energiebilanz
–, Bindungsenergie *siehe* Bindungsenergie
–, chemische, und Energieerhaltung 164 f
–, des Elektrons im Wasserstoffatom 718, 1267 (D)
–, des Magnetfelds 898 ff
–, Deuterium-Tritium-Fusionsreaktion 1181
–, Dichte *siehe* Energiedichte
–, Dissoziations- 150
–, –, ionische Bindung 1311 (D)
–, eines Wellenpakets 1228 (D)
–, Einheit 3 (T), 130 (D)
–, elastischer Stoß 197 f, 200
–, elektrische *siehe* elektrische Energie
–, elektromagnetische Wellen 1003 (D)
–, elektrostatische *siehe* elektrostatische Energie
–, Entartung 1254 (D)
–, Erde, Energie- und Leistungshaushalt 575–578 (E)
–, Erhaltung *siehe* Energieerhaltung
–, Fermi- *siehe* Fermi-Energie
–, Gesamt- *siehe* Gesamtenergie
–, Gitter- *siehe* Gitterenergie
–, Gleichverteilungssatz und 564 ff (D), 1345

–, Gravitationsfeld *siehe* Gravitationsfeld
–, in drei Dimensionen 137–142
–, innere *siehe* innere Energie
–, Ionisierungs- *siehe* Ionisierungsenergie
–, kinetische *siehe* kinetische Energie
–, Magnetfeld 898 ff
–, magnetisches Moment
–, –, atomares 1276 (D)
–, –, makroskopisches 923 (D)
–, mechanische *siehe* mechanische Energie
–, mittlere *siehe* mittlere Energie
–, Moleküle 1322–1330
–, potentielle *siehe* potentielle Energie
–, Quantisierung *siehe* Energiequantisierung
–, relativistische 1176–1182, 1187 f (Z)
–, Rotationsenergieniveaus, zweitatomige Moleküle 1322 ff
–, Ruhe- 1177 (D)
–, Schwingungsenergieniveaus, zweitatomige Moleküle 1325
–, Speicherung, elektrostatische 729–733
–, Strahlungs-, Quantisierung 1195, 1198 (D)
–, Stromkreise 784
–, Symmetrie von Zuständen 1254 (D)
–, Teilchensysteme
–, –, kinetische 192 ff
–, –, potentielle 142
–, Transport von elektrischer 968
–, Verdampfungs- 532
–, wasserstoffähnliche Atome 1210 (D), 1269 (D)
–, Wasserstoffatom 1210 (D)
–, zweiatomige Moleküle 1322–1330
–, *siehe auch* Arbeit
Energie-Zeit-Unschärferelation 1231 (D)
Energiebilanz
–, Aufladen eines Kondensators 795 f
–, eines *LR*-Kreises 897 f
–, Entladen eines Kondensators 796 f
–, gedämpfte Schwingung 403 f
–, harmonische Schwingung 388–391
–, Stromkreise 784
Energiedichte
–, des Magnetfelds 899 f (D), 902 (Z)
–, elektrisches Feld 732 f (D), 740 (Z)
–, elektromagnetische Welle 1003 (D), 1012 (Z)
–, gesamte, des schwarzen Körpers 1220
–, Magnetfeld in Koaxialkabel 914
–, mittlere *siehe* mittlere Energiedichte
Energiedosis 1417 (D)
–, Einheit 3 (T), 1417 (D)
Energieerhaltung 129
–, allgemein 163 ff
–, bei Kernzerfällen 216 ff (E)
–, chemische Energie 164 f
–, Drehbewegung 246 f
–, elastischer Stoß 197 f
–, Erhaltungssatz
–, –, allgemeiner 163 ff, 168 (Z)
–, –, der Mechanik 151 (D), 168 (Z)
–, –, der Mechanik, Anwendungen 151–157
–, –, und Lenzsche Regel 881 f
–, Fallbewegung 156 f
–, Feder 154 f
–, fliegender Golfball 164

–, Fluiddynamik 358 f
–, mechanische Energie 150–157
–, Pendel 152
–, Reibung 159–162
–, sich bewegender Mensch 164 f
–, *siehe auch* Energiesatz
–, *siehe auch* Erster Hauptsatz der Thermodynamik
Energiefluß, Richtung *siehe* Poynting-Vektor
Energiegehalt, einer Spule 898 f (D)
Energiehaushalt, Erde 575–578 (E)
Energielücke
–, Bändermodell 1357 f (D)
–, Supraleitung 1368 (D)
Energieniveaus
–, Ein-Elektronen-Atome 1269 (D)
–, Präzisionsmessungen 1300–1305 (E)
–, wasserstoffähnliche Atome 1210 (D), 1217 (Z), 1269 (D)
–, Wasserstoffatom 1210 (D), 1269 (D)
–, zweiatomiger Moleküle 1322–1330
Energieniveauschema *siehe* Termschema
Energiequantisierung 1195, 1198 (D), 1216 (Z)
–, in Atomen 1206–1211
–, stehende Wellen und 1214 f
Energiesatz
–, der Mechanik
–, –, verallgemeinerter 158 f (D)
–, –, Anwendungen 159–162, 168 (Z)
–, relativistischer 1179 (D), 1188 (Z)
–, *siehe auch* Energieerhaltung
–, *siehe auch* Erster Hauptsatz der Thermodynamik
Energiesparbirne, elektrische Leistung 778
Energieübertrag, elastischer Stoß 200
Energieübertragung, harmonische Wellen 434 f
Energieverteilung, Fermi-Elektronengas 1346–1351, 1348–1351
Energieverteilungsfunktion
–, Fermi-Elektronengas 1351
–, Gasmoleküle 527 f (D)
Energiewerte, erlaubte
–, harmonischer Oszillator 1248 (D)
–, Kastenpotential 1239 (D)
Entartung von Energiezuständen 1254 (D), 1259 (Z), 1270 (D)
Entfernungsmessungen, astronomische 1457 f
Enthalpie 563 (D)
Entladen eines Kondensators 790–792, 802 (Z)
–, Energiebilanz 796 f
Entladung
–, Bogen- *siehe* Bogenentladung
–, Funken *siehe* Funkenentladung
–, Gas- *siehe* Gasentladung
–, Korona- *siehe* Korona-entladung
Entladungskreis, primärer und sekundärer, Polarlicht 905 f (E)
Entropie 599–607 (D), 609 f (Z)
–, als Zustandsfunktion 600 f
–, Universum 602 f (D), 609 f (Z)
–, Wahrscheinlichkeit und 605 ff, 610 (Z)
–, Zweiter Hauptsatz und 603 (D), 606

Entropieänderung
–, irreversible Prozesse 602 f
–, reversible Prozesse 600 (D)
Entweichgeschwindigkeit *siehe* Fluchtgeschwindigkeit
Erdbeben, Stärke und Frequenz 497 (E)
–, *siehe auch* seismische Wellen
Erdbeschleunigung 31 (D), 78 f (D), 94 (Z), 307 f, 311 f, 327 (Z)
–, Abhängigkeit von geographischer Breite 98
–, Bestimmung mit mathematischem Pendel 397
Erde
–, Atmosphäre
–, –, Erwärmung 576 f (E)
–, –, gespeicherte elektrostatische Energie 744
–, –, Höhenschichtung 904 (E)
–, –, Temperaturen 1482
–, Aufbau und Zusammensetzung, seismische Wellen 497–501 (E)
–, Dichte 340 (T)
–, Drehimpuls 276
–, Energie- und Leistungshaushalt 575–578 (E)
–, gebundene Bahnen 312–317
–, Magnetfeld 820, 905 (E)
–, –, Lorentz-Kraft 814
–, Oberflächentemperatur 575 f (E)
–, Rotationsperiode 276
–, Trägheitsmoment 276
–, Treibhauseffekt 576 (E)
Erdung 621 (D)
Ereignishorizont 1478 (D)
Erhaltung
–, Drehimpuls *siehe* Drehimpulserhaltung
–, Energie *siehe* Energieerhaltung
–, Impuls *siehe* Impulserhaltung
–, Ladung *siehe* Ladungserhaltung
Erhaltungssätze, Elementarteilchen 1431–1434, 1442 (Z)
Erreger, von Wellen 440 f
Ersatzkapazität 734 f (D)
Ersatzkraft 281 f, 291 (Z)
Ersatzwiderstände 762 (D)
–, Analyse von Stromkreisen 788 ff
Erster Hauptsatz der Thermodynamik 554–557, 572 (Z)
–, differentielle Form 557 (D)
–, *siehe auch* Energieerhaltung
Erwärmung, globale 578 (E)
Erwartungswert
–, klassischer (einer Stichprobe) 4
–, quantenmechanischer 1244–1246, 1259 (Z)
–, –, für beliebige Funktion 1245 (D)
–, –, für den Ort 1245 (D)
–, –, für die kinetische Energie 1262
–, *siehe auch* Mittelwert
erzwungene Schwingung
–, *LCR*-Kreise mit Wechselspannungsquelle 955–965
–, Amplitude 408 (D)
–, Bewegungsgleichung 407
–, Chaos-Experimente 412 (E)
–, durchschnittliche Leistung 421 f
–, mechanisch, allgemein 406–409

1493

–, Phasenkonstante   408 (D)
–, Resonanzfrequenz   408 (D)
Essays
–, Atomfallen und Laserkühlung   1300–1305 (E)
–, Chaos–eine ordentliche Unordnung   411–416 (E)
–, Das Polarlicht   903–907 (E)
–, Die Aerodynamik des Radfahrens   368–371 (E)
–, Elektromotoren   976–984 (E)
–, Elektrostatik und Xerographie   713 ff (E)
–, Entdeckung des Neutrinos   216 ff (E)
–, Fermis Lösung   10–13 (E)
–, Isaac Newton (1642–1727)   329–332 (E)
–, James Clerk Maxwell (1831–1879)   1013 ff (E)
–, Jenseits des (sichtbaren) Regenbogens   1051 ff (E)
–, Raster-Tunnel-Mikroskopie   1380–1383 (E)
–, Reizleitung in Nervenzellen   772–775 (E)
–, SQUIDS   1376–1379 (E)
Estradiol, Molekülmodell   1320 (T)
Ethanol
–, Brechzahl   1038 (T)
–, Dichte   340 (T)
–, molare Wärmekapazität   541 (T)
–, Schmelzpunkt   544 (T)
–, Schmelzwärme   544 (T)
–, Siedepunkt   544 (T)
–, spezifische Wärme   541 (T)
–, Verdampfungswärme   544 (T)
–, Volumenausdehnung
–, –, Temperaturabhängigkeit   517
–, –, Ausdehnungskoeffizient   515 (T)
Eulersche Formel   450 (D)
Euler-Verfahren, numerische Integration   119 (D)
Ewald-Oseen-Theorem   1032
Expansion
–, eines Gases, Entropieänderung   602
–, isobare   561 (D)
–, isotherme   561 (D)
–, Universum   1473 f (D)
Experiment
–, bedeutende historische Experimente zur Quantentheorie   1196 (T)
–, Cavendish-   310
–, Davisson-Germer-   1213
–, Einsteins Gedankenexperiment, zur elektromagnetischen Masse   1192
–, Fusions-   1413
–, Laue-   1203
–, Michelson-Morley-   1152–1156, 1186 (Z)
–, Myonen-, zur Bestätigung der speziellen Relativitätstheorie   1163
–, Oersteds   848
–, *siehe auch* Effekt
–, *siehe auch* Versuch
Exponentialdarstellung, allgemein   7
exponentielle Abnahme
–, gedämpfte Schwingung   403 (D)
–, Kondensatorentladung   792 (D)

F

Fackeln, Sonnenaktivität   1453 (D)
Faden, Zugkraft   87 (D)
Fadenpendel   *siehe* mathematisches Pendel
Fahrenheit-Skala   511 (D)
Fahrstuhl, scheinbare Gewichtskraft   92
Fall, freier   78
Fallbeschleunigung   *siehe* Erdbeschleunigung
Fallbewegung, Energieerhaltung   156 f
Fallen
–, Atom-   *siehe* Atomfallen
–, Ionen-   *siehe* Ionenfallen
Fallkugel-Viskosimeter   110
Fallmaschine, Atwoodsche   *siehe* Atwoodsche Fallmaschine
Fallschirmspringen, Luftwiderstand   110, 119 ff
Farad   3 (T)
–, Einheit   722 (D)
Faraday, Michael   812, 875, 1013 f (E)
Faradaysches Gesetz   878 (D), 900 (Z)
–, Integralform   995 f (D), 1011 (Z)
–, Vergleich mit Ampèreschem Gesetz   993 f
Farbstofflaser   1297 (D)
Farbwahrnehmung, Newtons Experiment   329 (D)
Fassungsvermögen, einer Batterie   760 (D)
Fata Morgana   1036
FCKW   *siehe* Fluorkohlenwasserstoffe
Feder
–, Arbeit   135 f
–, Energieerhaltung   154 f
–, Geschwindigkeit des schwingenden Gegenstandes   391
–, harmonische Schwingungen   *siehe* harmonische Schwingung
–, Hookesches Gesetz   84 f (D)
–, potentielle Energie   145 f, 147
–, senkrecht aufgehängte, Schwingung   392 ff
Federkonstante   84 (D)
Federmodell, Festkörper   84 f, 565
fehlende Masse, Universum   1456
Fehler
–, systematischer   4 (D), 9 (Z)
–, zufälliger   4 (D), 9 (Z)
–, *siehe auch* Meßfehler
Fehleranalyse   *siehe* Meßfehler
Fehlerfortpflanzungsgesetz (Gauß)   5 (D)
Feinstruktur-Aufspaltung–1275 f (D), 1280 f (D)
Feld
–, Begriff   78 (D), 83
–, elektrisches   *siehe* elektrisches Feld
–, Gravitations-   307 (D)
–, magnetisches   *siehe* Magnetfeld
–, Zentral-   303
Feldemission   669
–, Mikrovakuumröhren   971
Felder, gekreuzte   821 (D)
Feldkonstante
–, elektrische   623 f (D), 723 (D)
–, magnetische   812 (D), 844, 866 (Z)
Feldlinien

–, elektrische   632–635 (D), 639 (Z)
–, magnetische   861 (D)
Feldquanten   1438, 1442 (Z)
Feldstärke
–, elektrische   *siehe* elektrische Feldstärke
–, magnetische   *siehe* magnetische Feldstärke
Fermat, Pierre de   1042
Fermatsches Prinzip   1042 (D)
–, Brechung und   1043
–, Reflexion und   1042
Fermi, Enrico   217 (E)
Fermi-Dirac-Verteilung   1351 ff (D), 1373 (Z)
Fermi-Elektronengas   1345–1352
–, Anzahldichte der Elektronen   1348 ff (D)
–, Besetzungswahrscheinlichkeit   1348 (D)
–, Elektronendichte   1349 (D)
–, Energieverteilung bei $T = 0$ 1346–1350
–, Energieverteilung bei $T > 0$ 1350 f
–, Kontaktspannung   1351 f
–, Zustandsdichte   1348 (D)
Fermi-Energie
–, am absoluten Temperaturnullpunkt   1347 ff (D), 1373 (Z)
–, bei Temperatur $T > 0$ 1351 (D)
Fermi-Faktor, als Grenzwert der Fermi-Dirac-Verteilung   1348 (D)
Fermi-Fragen   8 f, 11 ff (E)
Fermi-Geschwindigkeit, Elektronengas   1353 (D), 1373 (Z)
Fermi-Statistik   *siehe* Fermi-Dirac-Verteilung
Fermi-Temperatur   1350 (D)
Fermi-Verteilung   *siehe* Fermi-Dirac-Verteilung
Fermionen   1256 (D)
–, Elementarteilchentheorie   1429 (D)
–, *siehe auch* Pauli-Prinzip
Fermis Lösung, Essay   10–13 (E)
ferne Ladung   672 (D)
Fernglas, Aufbau   1102 ff
Fernordnung in Festkörpern   1336 (D)
Fernwirkung   *siehe* langreichweitige Wirkung
ferrimagnetische Materialien   915
ferromagnetische Materialien   915 f, 925 ff, 930 ff (Z)
–, Curie-Temperatur   925 (D)
Ferromagnetismus   925 ff, 930 ff (Z)
Festkörper
–, amorphe   1336 (D)
–, Bändermodell   1356–1359
–, Begriff   339
–, dotierte Halbleiter   1359 ff
–, Einstein-Modell   583
–, elektrische Leitfähigkeit   *siehe* elektrische Leitung
–, Elektronengas
–, –, Fermi-   *siehe* Fermi-Elektronengas
–, –, klassisch   *siehe* elektrische Leitung
–, Elementarzelle   1337 (D)
–, Energieverteilungen   1345–1352
–, Federmodell   84 f, 565
–, Fernordnung   1336 (D)
–, Gitter   1336–1344
–, Gitterenergie   1341 f (D)
–, Halbleiter   1359 ff

–, Halbleiterübergangsschichten 1361–1366
–, Ionenkristalle 1340–1343
–, Isolator 725 (D), 1357 (D)
–, kovalente 1344
–, kristalline 1336 (D)
–, Kugelpackungen 1339 f
–, Leiter *siehe* elektrische Leitung
–, magnetische Eigenschaften 915–935
–, Metallstrukturen 1339
–, molare Wärmekapazität 566
–, Nahordnung 1336 (D)
–, optisch nichtlineare Materialien 1366
–, optische Eigenschaften 1044–1049, 1416 f
–, polykristalline 1336 (D)
–, Quantentheorie der elektrischen Leitung *siehe* elektrische Leitung
–, Salze 1340–1343
–, Schallgeschwindigkeit 460 (D)
–, Spannung und Dehnung 342–345
–, Struktur 1336–1344, 1372 (Z)
–, Supraleitung *siehe* Supraleitung
–, Transistoren 1363 ff
–, Wärmekapazität
–, –, klassisch 540 (D), 566, 1344 f, 1345
–, –, quantenmechanisch 583, 1355 f
–, Wärmeleitung
–, –, klassisch 1344 f
–, –, quantenmechanisch 1355 f
Festkörper-Laser 1297 f
Festplattenlaufwerk, als Beispiel für Anwendung der Magnetisierung 927
Feynman-Graph 1439
Filamente, Sonnenaktivität 1453 (D)
Filmempfindlichkeit 1095 f (D)
Filter
–, Bandpaß- 961
–, elektrostatische 713 (E)
–, Hochpaß- 964
–, Tiefpaß- 964
Fixpunktfestlegung, Temperaturskala 510
Fizeau, Armand 1026
Fizeaus Zahnradmethode, Messung der Lichtgeschwindigkeit 1026 f
Fläche
–, Einheit 3 (T)
–, Gesamt- *siehe* Gesamtfläche
flache Körper, Trägheitsmoment 240 f
Flächenintegral
–, Anwendung *siehe* Gaußsches Gesetz
–, Zeichen für 646
Flächenladungsdichte 646 (D)
–, Zylindermantel, elektrisches Feld 662 f
Flächennormale, elektrischer Fluß 656 (D)
Flächensatz, Planetenbewegung 301 f (D), 327 (Z)
Flammenausbreitung, im Ottomotor 588 f
Flamsteed, John 331 (E)
Flares, Sonne 820, 1453 (D)
Flasche
–, Leydener 721
–, magnetische 819 f
Flavours, Quarks 1435 (D)
Fluchtgeschwindigkeit 312
–, Erde 316 f (D), 328 (Z)
–, Merkur 317
Fluid 109 (D)

–, Begriff 339
–, nichtviskoses 357 (D)
–, viskoses 362–365
–, *siehe auch* Flüssigkeit
Fluiddynamik
–, Energieerhaltung 358 f
–, nichtviskose Fluide 356–362
Fluorchlorkohlenwasserstoffe (FCKW) 577 f (E)
Fluoreszenz 1293 (D)
Fluß
–, elektrischer *siehe* elektrischer Fluß
–, magnetischer *siehe* magnetischer Fluß
Flüssigkeiten
–, Begriff 339
–, Druck 345–349, 366 f (Z)
–, gemischte, chaotisches Muster 416 (E)
–, inkompressible *siehe* inkompressible Flüssigkeit
–, Nahordnung 1336 (D)
–, Schallgeschwindigkeit 459 f (D)
–, Struktur 1336 (D)
–, *siehe auch* Fluid
Flüssigkeitsmanometer, geschlossenes 348
Flüssigkeitssäule, Druck 346 f
Flußquantisierung 1369 f, 1375 (Z)
Flußspat, Brechzahl 1038 (T)
Fluxon 1369 (D)
Fokussierung
–, des Sonnenlichts, mit Teleskopspiegel und Saphir 1007
–, *siehe auch* Brennpunktstrahlen
Fön, elektrische Leistung 779
Forest, Lee de 970
Formänderungen, Festkörper 342–345
Formelastizität, Begriff 339
Formeln
–, Dimensionsanalyse 5 f
–, Gültigkeit 6
–, Überprüfung 5 f
Fortsätze, von Nervenzellen 772 (E)
Fotokopieren *siehe* Xerographie
Fouceault, Jean Bernard Léon 1024
Fouceaults Drehspiegelmethode, Messung der Lichtgeschwindigkeit 1027
Fourier-Analyse 481 f (D)
–, Wellenpakete 1227 f (D)
–, *siehe auch* harmonische Analyse
Franck, J. 1211
Franck-Hertz-Versuch 1211
Franklin, Benjamin 619, 721
Fraunhofersche Beugung 1131 f (D)
freie Achsen 262 (D)
freie Elektronen in Metallen *siehe* Fermi-Elektronengas
Freie-Elektronen-Laser 1298 (D)
freie Expansion, eines idealen Gases 558
freie Weglänge, mittlere *siehe* mittlere freie Weglänge
freier Fall 78
Freiheitsgrade, Gasmoleküle 564 f (D)
Frequenz
–, Doppler-Effekt *siehe* Doppler-Effekt
–, Eigen- *siehe* Eigenfrequenz
–, eines schwach gedämpften Oszillators 405 (D)
–, Einheit 3 (T)

–, elektromagnetisches Spektrum 1008 (T)
–, Elektronenwellen 1212–1215
–, Fourier-Analyse 481
–, harmonische Schwingungen 381 f (D), 386, 409 (Z)
–, harmonischer Oszillator, quantenmechanischer *siehe* harmonischer Oszillator
–, Kreis- 381 f (D)
–, Larmor- *siehe* Larmor-Frequenz
–, Musikinstumente *siehe* Eigenfrequenz
–, Netz- 937
–, Resonanz- *siehe* Resonanzfrequenz
–, Rotverschiebung *siehe* Rotverschiebung
–, schwarzer Strahler 550–553 (D), 1197 ff
–, Schwebungs- 473 ff
–, seismische Wellen 497 (E)
–, Spektroskopie 1008 (T), 1136 (D), 1289 f, 1328 ff
–, Wellenlänge und 1007 (D)
–, Zyklotron- 818 f
Frequenzabhängigkeit
–, des kapazitiven Widerstands 948
–, Wellenpakete
–, –, klassische 484 (D)
–, –, quantenmechanische 1228 f
Frequenzbandbreite
–, *LCR*-Parallelschwingkreis 965
–, *LCR*-Reihenschwingkreis 960 (D), 975 (Z)
–, Bandpaßfilter 961
–, Wellenpulse 483 (D), 495 (Z)
Frequenzbedingung, Bohrsche *siehe* Bohrsche Frequenzbedingung
Frequenzbereich, menschliches Ohr 468, 470
Frequenzverschiebung, Doppler-Effekt *siehe* Doppler-Effekt
Frequenzweiche, *LCR*-Reihenschwingkreis 964
Fresnel, Augustin 1024, 1132
Fresnelsche Beugung 1131 f (D)
Frisch, Otto 1303 (E)
Fructose, Molekülmodell 1320 (T)
Fullerene, Struktur 1343
Fundamentale *siehe* Grundschwingung
fundamentale Wechselwirkungen 82 f, 94 (Z), 1425 f
–, Eigenschaften 1440 (T)
–, Feldquanten und 1438 (T)
–, *siehe auch* Kraft, fundamentale
Funkenentladung 708 (D)
–, *siehe auch* Gasentladung
Funktion
–, Ableitung 24 (D)
–, Potenz- *siehe* Potenzfunktion
Furylmethanthiol, Molekülmodell 1320 (T)
Fusion 1411 ff, 1420 (Z)
–, Deuterium-Tritium-, freiwerdende Energie 1181
–, in Sternen 1423
–, kalte 1422
–, Lawson-Kriterium 1411 (D)
–, magnetischer Einschluß 1411 ff
–, Plasma 1411 (D)
–, Proton-Proton-Zyklus 1423
–, Reaktortypen 1412

Namen- und Sachverzeichnis

–, Tokamakreaktor, Anordnung der Princeton University 863
–, Trägheitseinschluß 1412 f
Fusionsexperiment
–, ASDEX Upgrade 1413
–, Nova-Targetkammer 1413

G

g-Faktor 1276 (D), 1282 (D)
Galaktische Haufen 1454 (D)
Galaxien 1466–1472
–, Aktive 1469 f
–, Begriff 1454 (D)
–, BL-Lac- 1469 (D)
–, Elliptische 1467 (D)
–, Gasnebel 1466 f
–, Hubble-Gesetz 1470 ff
–, interstellarer Staub 1466
–, Irreguläre 1467 (D)
–, Klassifikation 1467, 1468, 1479 (Z)
–, N- 1469 (D)
–, Normale 1468
–, Quasare 1469 (D)
–, quasistellare Objekte (QSOs) 1469 (D)
–, Radio- 1469 (D)
–, Rotverschiebung 1471
–, Seyfert- 1469 (D)
–, Spiral- 1467 (D)
Galaxis *siehe* Milchstraße
Galilei, Galileo 59, 301, 1025, 1101
Galilei-Transformation 1158 (D)
Galvani, Luigi 772 (E)
Galvanometer 798–801, 802 (Z)
–, Shuntwiderstand 798 (D)
–, Symbol in Schaltbildern 799
–, Tangential- 872
–, Vollausschlag 798 (D)
Gammastrahlenastronomie 1101
Gammastrahlung, Energieerhaltung 216 (E)
Gammazerfall 1402
Gamow, George 1252, 1403
Gamowsches Modell des Alphazerfalls 1252
Gangunterschied 435 f (D), 1110 (D)
–, *siehe auch* Wegunterschied
Gas
–, Begriff 339
–, ideales *siehe* ideale Gas
–, molare Wärmekapazitäten 564 (T)
–, reales 528 (D)
–, Schallgeschwindigkeit 460 (D)
Gasentladung, Luft 708
Gaskonstante 519 (D), 534 (Z)
–, Schallgeschwindigkeit in Gasen 460
Gaslaser 1297 (D)
Gasnebel 1466 f
Gastheorie, kinetische *siehe* kinetische Gastheorie
Gasthermometer 512 ff, 533 (Z)
Gate, Mikrovakuumröhren 971
Gauß, Einheit 814 (D), 835 (Z)
gaußförmige Wellenpakete 1228
Gaußsche Normalverteilung 4
Gaußsche Oberfläche 659 (D), 669–673
Gaußscher Integralsatz 704 (D), 712 (Z), 996 (D)

Gaußsches Fehlerfortpflanzungsgesetz 5 (D)
Gaußsches Gesetz 654–658 (D), 675 (Z)
–, Berechnung verschiedener Feldformen 658–669
–, differentielle Form 997 (D), 1011 (Z)
–, für Magnetismus 995 f (D), 1011 (Z)
–, Integralform 995 f (D), 1011 (Z)
–, mathematische Herleitung 674 f
Gay-Lussac, Joseph 518
Gay-Lussac, Gesetz von 518 (D)
gebrochene Ladung 620
gebundene Bahnen um Erde 312–317
gebundene Elektronen *siehe* Moleküle
gebundene Ladungen 727 (D)
gedackte Orgelpfeife, Eigenfrequenzen 480
gedämpfte Schwingung 401–406, 410 (Z)
–, Chaos-Experimente 412 (E)
–, Energiebilanz 403 f
–, Frequenz 405
–, Gütefaktor 404 (D)
–, Reibungskraft 403 f
–, Zeitkonstante 404 (D)
gedämpfter Schwingkreis 954 (D), 954 (D)
–, aperiodischer Grenzfall 955
–, überdämpfte Schwingung 955
Gedankenexperiment Einsteins, elektromagnetische Masse 1192
Gefrieren, als Phasenübergang 543 (D)
Gefrierpunkt, des Wassers 510
Gegeninduktivität 893 f (D), 901 (Z)
Gegenkraft 81 f (D)
Gegenstand, virtueller 1066 (D)
Gegenstandsweite 1062 (D)
Gegenuhrzeigersinn, Drehung 227 (D)
Gegenwind, Auswirkung beim Radfahren 370 (E)
Geiger, H.W. 1207, 1389
gekreuzte Felder, Geschwindigkeitsfilter 821 (D)
geladene Teilchen, Wechselwirkung mit Materie 1413 ff
Gell-Mann, M. 1432, 1435
Genauigkeit
–, numerische Integration 120 f
–, physikalische Größen 7
–, –, *siehe auch* Meßgenauigkeit
generalisierter Strom 993 (D)
Generator 758 (D)
–, Polarlicht- 905 (E)
–, Van-de-Graaff- 707 f
–, Wechselspannungs- 889 f (D)
–, *siehe auch* Spannungsquellen
geologische Lagerstätten, seismische Erkundung 499 f (E)
geometrische Optik
–, Abbildungsfehler 1081 ff
–, Linsen 1068–1081
–, optische Instrumente *siehe* optische Instrumente
–, Spiegel
–, –, ebene 1059–1062
–, –, sphärische 1062–1068
Geophone, Seismographie 500 (E)
geostationäre Bahn, Satellitenbewegung 309 (D)
gepulste Laser 1298 (D)

Geradensteigung 22 f
Geräusch 481 (D)
gerichtetes Linienelement 43 (D)
Germanium
–, spezifischer Widerstand 754 (T)
–, Temperaturkoeffizienten des Widerstandes 754 (T)
Germer, L.H. 1213
Gesamtbahndrehimpuls, eines Atoms 1279 (D)
Gesamtblindwiderstand, *LCR*-Reihenschwingkreis 957 (D)
Gesamtdrehimpuls, eines Atoms 1278, 1279 f (D)
Gesamtenergie
–, des Elektrons im Wasserstoffatom 1267 (D)
–, gedämpfte Schwingung 403 f
–, harmonische Schwingung 388–391, 410 (Z)
–, im Gravitationsfeld der Erde 318–321
–, in einem allgemeinen Gravitationsfeld 328 (Z)
–, mechanische 151 (D)
–, relativistische 1177 (D), 1188 (Z)
Gesamtfläche, eines Raumbereichs 646 (D)
Gesamtfluß, elektrischer 658 (D), 675 (Z)
Gesamtimpuls eines Systems 187 (D), 214 (Z)
Gesamtladung, eines Körpers 645 (D)
Gesamtlänge, einer Linie 646 (D)
Gesamtspin, eines Atoms 1279 (D)
Gesamtvolumen, eines Körpers 645 (D)
Geschwindigkeit 20–26
–, Anfangs- 195 (D)
–, Annäherungs- 203 (D)
–, aus mechanischer Gesamtenergie 151 f
–, Ausbreitungs- *siehe* Ausbreitungsgeschwindigkeit
–, Durchschnitts- *siehe* Durchschnittsgeschwindigkeit
–, eines an einer Feder schwingenden Gegenstandes 391
–, Einheit 3 (T)
–, End- 195 (D)
–, Gasmoleküle 524 (D)
–, gebundenes Elektron in Magnetfeld 929 f (D)
–, Gleichstrom-Linearmotoren 976 f (E)
–, Grenz- 41
–, harmonische Schwingungen 382 (D)
–, Kreisbewegung 91
–, Licht *siehe* Lichtgeschwindigkeit
–, Massenmittelpunkt 190 ff
–, Momentan- *siehe* Momentangeschwindigkeit
–, quadratisch gemittelte 524 (D), 535 (Z)
–, Relativ- 52 f (D), 65 (Z)
–, Rückstoß- 196 (D)
–, Tangential- *siehe* Tangentialgeschwindigkeit
–, Transformation, relativistische 1172 (D), 1187 (Z)
–, Vektor 48 ff, 65 (Z)
–, Verteilung *siehe* Geschwindigkeitsverteilung
–, von Planeten 305 (D)
–, Winkel- *siehe* Winkelgeschwindigkeit

1496

Geschwindigkeit-Kraft-Kennlinie, Gleichstrom-Linearmotoren 977 (E)
Geschwindigkeit-Zeit-Kurve 29
Geschwindigkeitsfilter 821, 836 (Z)
Geschwindigkeitsverteilung, Apparatur zur Ermittlung 525
–, Gasmoleküle 525–528
Gesetz
–, Abkühlungs-, Newtonsches 553 (D)
–, Ampèresches *siehe* Ampèresches Gesetz
–, Biot-Savartsches *siehe* Biot-Savartsches Gesetz
–, Boyle-Mariottesches 518 (D)
–, Brechungs- *siehe* Brechungsgestz
–, Brewstersches 1048 (D)
–, Coulombsches *siehe* Coulombsches Gesetz
–, Curiesches 924 (D)
–, Daltonsches 532 (D)
–, Durchflutungs- *siehe* Ampèresches Gesetz
–, Faradaysches *siehe* Faradaysches Gesetz
–, Fehlerfortpflanzungs- 5 (D)
–, Gaußsches *siehe* Gaußsches Gesetz
–, Gay-Lussacsches 518 (D)
–, Gravitations- *siehe* Gravitationsgesetz
–, Hagen-Poiseuillesches 364 (D)
–, Hebel- 174
–, Hookesches *siehe* Hookesches Gesetz
–, Hubble- 1470
–, Induktions- *siehe* Faradaysches Gesetz
–, Malussches 1045 (D), 1050 (Z)
–, Ohmsches *siehe* Ohmsches Gesetz
–, Plancksches Strahlungs- 1220
–, Rayleigh-Jeans- 1198 (D)
–, Reflexions- 1030 (D)
–, Snelliussches *siehe* Brechungsgestz
–, Stefan-Boltzmann- *siehe* Stefan-Boltzmann-Gesetz
–, Stokessches, Strömungswiderstand 127
–, Strahlungs- *siehe* Strahlungsgesetze
–, Toricellisches 360
–, Wienschen Verschiebungs- 551 (D), 1198 (D)
–, *siehe auch* Prinzip
–, *siehe auch* Regel
–, *siehe auch* Satz
Gesetze
–, Keplersche 299–302
–, Newtonsche *siehe* Newtonsche Axiome
–, –, *siehe auch* Newtonsches Gravitationsgesetz
–, Strahlungs- *siehe* Strahlungsgesetze
Gewicht
–, Begriff 80 (D)
–, relatives 350 (D)
–, spezifisches *siehe* Wichte
Gewichtskraft 78 ff, 94 (Z)
–, auf dem Mond 79
–, scheinbare *siehe* scheinbare Gewichtskraft
Gewichtsverlust, Auftrieb 350 (D)
Gezeiten
–, Einfluß von Mond und Sonne 337
–, Newtons Erklärung 332 (E)
Gezeitenkraft, Saturnringe 323
Gilbert, William 811
Gitarre

–, Schwingungsmuster 408
–, Stimmen von 475 f
–, *siehe auch* Saite
Gitter
-, Beugungs- *siehe* Beugungsgitter
–, Kristall- 1337 (D)
–, optische *siehe* Beugungsgitter
–, Triode 971 f
Gitterenergie
–, gesamtes Gitter 1342 (D), 1373 (Z)
–, Ion in Natriumchloridstruktur 1341 f (D)
Gitterkonstante, Beugungsgitter 1136 (D)
Gitterspannung, Triode 972
Glas
–, Brechzahl 1038 (T)
–, Brechzahl in Abhängigkeit von der Wellenlänge 1038
–, Dichte 340 (T)
–, Dielektrizitätszahl 728 (T)
–, Durchschlagsfestigkeit 728 (T)
–, Längenausdehnungskoeffizient 515 (T)
–, spezifischer Widerstand 754 (T)
–, Temperaturkoeffizienten des Widerstandes 754 (T)
–, Wärmeleitfähigkeit 546 (T)
Glasfaser, Anwendung der Totalreflexion 1036 f
Glaskugeln, als Linsen 1087
Gleichgewicht
–, indifferentes 149 (D)
–, labiles 149 (D)
–, potentielle Energie und 147–150
–, Stabilität 148 (D), 288 ff, 291 (Z)
–, statisches 279–298
–, –, Beispiele 283–287
–, thermisches 510 (D), 781 (D)
–, *siehe auch* Ungleichgewicht
Gleichgewichtsabstand
–, ionische Bindung 1311 (D)
–, kovalente Bindung 1314 (D)
Gleichgewichtsbedingungen 148 (D), 279 ff, 291 (Z)
Gleichgewichtsbindungslänge, kovalente Bindung 1314 (D)
Gleichgewichtslage, senkrecht aufgehängte schwingende Feder 393 f
Gleichgewichtspunkt, Schwingung um 400 f
Gleichrichter 969 f, 975 (Z)
–, Halbleiterdiode 969 f (D)
–, Halbwellen- 970 (D)
–, Röhrendiode 969 f (D)
–, Vollwellen- 970 (D)
Gleichstrom, pulsierender 970 (D)
Gleichstrom-Hauptschlußmotor 981 f (E)
–, Winkelgeschwindigkeit-Drehmoment-Kennlinie 982 (E)
Gleichstromkreise 781–810
Gleichstrom-Linearmotoren 976 f (E)
Gleichstrom-Nebenschlußmotor 980 f (E)
–, Winkelgeschwindigkeit-Drehmoment-Kennlinie 981 (E)
Gleichstrom-Rotationsmotoren 977–980 (E)
–, Kupferstäbe 978 ff (E)
–, Modellautomotor 980 (E)
–, Motordrehmoment 980 (E)
–, Pkw-Anlassermotor 979 (E)
–, prinzipieller Aufbau 977 f (E)

Gleichungsüberprüfung, Dimensionsanalyse 5 f
Gleichverteilungssatz
–, Fermi-Elektonengas 1345 f
–, ideales Gas 564 ff (D), 574 (Z)
Gleichzeitigkeit 1164–1167 (D), 1187 (Z)
Gleitreibung 99–106
–, Rollbewegung auf schiefer Ebene 250 f
Gleitreibungskraft 99 f (D)
Gleitreibungszahl 101 (D), 102 (T)
Glimmer
–, Dielektrizitätszahl 728 (T)
–, Durchschlagsfestigkeit 728 (T)
globale Erwärmung 578 (E)
Glühbirne, Strahlungsdruck 1006
Glühemission 969
Gluonen 1438 (D)
Glycerin
–, Brechzahl 1038 (T)
–, Viskosität 363 (T)
Gold
–, Austrittsarbeit 1352 (T)
–, Dichte 340 (T)
–, Elektronendichte am absoluten Temperaturnullpunkt 1349 (T)
–, magnetische Suszeptibilität 919 (T)
–, molare Wärmekapazität 541 (T)
–, Schmelzpunkt 544 (T)
–, Schmelzwärme 544 (T)
–, Siedepunkt 544 (T)
–, spezifische Wärme 541 (T)
–, Verdampfungswärme 544 (T)
–, Wärmeleitfähigkeit 546 (T)
Graaff, R. van de 1404
Grad Celsius, Umrechnung in Kelvin 514 (D)
Gradient (Differentialoperator) 147 (D), 168 (Z), 699 (D), 711 (Z)
Gradmaß, Einheit 227 (D)
graphische Integration 29
Graphit
–, Längenausdehnungskoeffizient 515 (T)
–, Struktur 1343
Gravitation 299–337
–, Kosmologie und 1473 f
–, potentielle Energie 144 f
Gravitationsfeld 307 (D)
–, allgemein, potentielle Energie 328 (Z)
–, Begriff 78 (D)
–, der Erde 312–317, 327 (Z)
–, –, Gesamtenergie 318–321
–, –, potentielle Energie 314 f (D), 328 (Z)
–, der Galaxis 336 f
–, einer Kugel 322 f
–, einer Kugelschale 321 f
–, –, Herleitung 323–326
Gravitationsgesetz, Newtonsches 303–309, 327 (Z)
–, –, Geschichte 330 ff (E)
Gravitationskonstante 303 (D), 327 (Z)
–, Messung 309 ff, 311 (T)
Gravitationskraft 78, 303 f (D), 327 (Z)
–, Vergleich zur elektrostatischen Kraft 625
Gravitationslinse 1150
Gravitationspotential, allgemeine Relativitätstheorie 1184 f (D)

Gravitationsrotverschiebung 1185 (D)
–, Schwarze Löcher 1465 (D)
Gravitationswechselwirkung 82 f
Gravitationszentrum *siehe* Schwerpunkt
Graviton 1438 (D)
Gray 3 (T), 1417 (D)
Grenzgeschwindigkeit 41
–, Zyklotron 826 (D)
–, *siehe auch* Endgeschwindigkeit
Grenzwertbildung, mathematische 23 f
Große Magellansche Wolke, Sternhaufen „30 Doradus", Aufnahme mit Weltraumtelekop Hubble 1103
Große Vereinheitlichte Theorien 1441
–, Standardmodell des Universums 1476 f (D)
Größen, physikalische 1 ff, 9 (Z)
–, –, Dimension 5 f
–, –, Rechnen mit 6–9
Größenklassen von Sternen 1480
Größenordnung von physikalischen Größen 7, 8 (D), 9 (Z)
Grotrian-Diagramm 1269
Grundschwingung 438 (D)
Grundwellen
–, einer Saite 439
–, *siehe auch* Grundschwingung
Grundzustandsenergie
–, Kastenpotential 1239 (D)
–, quantenmechanischer harmonischer Oszillator 1248 (D)
Grundzustandswellenfunktion, Wasserstoffatom 1272 (D)
Gruppengeschwindigkeit
–, mechanische Wellen 484 (D), 495 (Z)
–, quantenmechanische Wellenpakete 1226 (D), 1228 (D), 1257 (Z)
gültige Stelle 9 (Z)
–, Regel bei Addition oder Subtraktion 7 (D)
–, Regel bei Multiplikation oder Division 8 (D)
Gütefaktor
–, *LCR*-Reihenschwingkreis 960 (D), 975 (Z)
–, gedämpfte Schwingung 404 (D)
–, *siehe auch* Qualitätsfaktor
GUTs *siehe* Große Vereinheitlichte Theorien
gyromagnetisches Verhältnis 1276 (D)

H

Hadronen 1425 ff, 1442 (Z)
–, Ruhemasse-Ladungs-Diagramm 1433
–, stabile 1427 (T)
hadronische Kraft 1390 (D)
Haftreibung 99–107
–, mikroskopische Betrachtung 100
Haftreibungskraft 99 f (D)
Haftreibungswinkel 254 (D)
Haftreibungszahl 100 (D), 102 (T)
Hagen-Poiseuillesches Gesetz 364 (D), 367 (D)
Haken, reibungsfreier 111 f
Halbleiter 1359 (D)
–, dotierte 1359 ff, 1374 (Z)

–, Eigen- 1359 (D)
–, im Bändermodell 1357 f (D), 1374 (Z)
–, lichtelektrischer, Xerographie 714 (E)
–, n- 1360 (D)
–, p- 1360 f (D)
Halbleiterdiode 969 f (D)
–, als Gleichrichter 969 f (D)
–, elektrischer Widerstand 779
–, Kennlinie 1362
–, pn- 1361 (D)
–, Symbol in Schaltbildern 969 (D)
–, Tunnel- 1362 f (D)
–, Z- 1362 (D)
Halbleiterlaser 1297 (D)
Halbleiterübergangsschichten 1361–1366
–, Transistoren 1363 ff
Halbwellengleichrichter 970 (D)
Halbwertszeit 1399 (D), 1419 (Z)
Hall-Effekt 831–835, 836 (Z)
–, Blut 838
–, Quanten- 834 f
Hall-Konstante 833 (D)
Hall-Spannung 832 f (D)
Hantelmodell, zweiatomige Moleküle 565
Harmonische, erste *siehe* Grundschwingung
harmonische Analyse 481 f (D)
–, *siehe auch* Fourier-Analyse
harmonische Schwingung 379–391, 409 f (Z)
–, Bedingungen für 380 (D)
–, Definitionsgleichung 380 (D)
–, Energiebilanz 388–391
–, Kreisbewegung und 387 f
–, *siehe auch* harmonischer Oszillator
harmonische Synthese 482 f (D)
harmonische Wellen 431 ff, 452 (Z)
–, Ausbreitungsgeschwindigkeit 432 (D)
–, Energieübertragung 434 f
–, Gruppengeschwindigkeit 484 (D)
–, in Quantenmechanik 1225 ff (D)
–, Interferenz 435 ff, 470–476
–, Phasengeschwindigkeit 484 (D)
–, Schall 462–466
–, Superposition 435 ff
–, Wellenfunktion 432 f (D)
harmonischer Oszillator, quantenmechanischer 1246 ff
–, Aufenthaltswahrscheinlichkeitsdichte 1248 (D)
–, erlaubte Energiewerte 1248 (D)
–, Wellenfunktion 1247 f (D)
–, *siehe auch* harmonische Schwingung
Hartgummi
–, spezifischer Widerstand 754 (T)
–, Temperaturkoeffizienten des Widerstandes 754 (T)
Haupt- und Nebenmaxima, Interferenz bei drei oder mehr äquidistanten Quellen 1123 (D)
Hauptebenen, dicke Linsen 1077 f (D)
Hauptquantenzahl 1268 (D)
Hauptsatz, Dritter, der Thermodynamik *siehe* Dritter Hauptsatz
–, Erster *siehe* Erster Hauptsatz
–, Nullter *siehe* Nullter Hauptsatz
–, Zweiter *siehe* Zweiter Hauptsatz
Hauptschlagader *siehe* Aorta

Hauptschlußmotor
–, Gleichstrom- *siehe* Gleichstrom-Hauptschlußmotor
–, Wechselstrom- *siehe* Wechselstrom-Hauptschlußmotor
Hauptstrahlen, Hohlspiegel 1065 (D)
Hauptträgheitsachsen 241 f
–, Drehimpuls und 260
Hebelarm 229 (D)
Hebelgesetz des Archimedes 174
Heisenbergsche Unschärferelation *siehe* Unschärferelation
Helium
–, Dichte 340 (T)
–, Elektronenkonfiguration 1283 f
–, kritische Temperatur 531 (T)
–, molare Wärmekapazitäten 564 (T)
–, Schmelzpunkt 544 (T)
–, Schmelzwärme 544 (T)
–, Siedepunkt 544 (T)
–, Verdampfungswärme 544 (T)
Helium-Neon-Laser 1295 f (D)
Heliumkern, Ruheenergie 1181 (T)
Helix-Nebel 558
Helligkeit, scheinbare, von Sternen 1480
Helmholtz-Spulen 873
Henry, Joseph 812, 875
Henry, Einheit 3 (T), 892 (D), 901 (Z)
Hermite-Polynome 1248
Herschel, Friedrich 1101
Hertz, Gustav 1211
Hertz, Heinrich 991, 1024, 1199
Hertz, Einheit 3 (T)
Hertzsprung-Russell-Diagramm 1458, 1479 (Z)
Herunterspannen, Transformator 968
hexagonal dichteste Kugelpackung 1338, 1339 (D)
Higgs-Boson 1439 (D)
hochauflösende Atomspektroskopie 1302 (E)
Hochpaßfilter, *LCR*-Reihenschwingkreis 964
Hochspannen, Transformator 968
Hochspannungsleitung 968 f
Hochtemperatur-Supraleiter 756, 1372, 1375 (Z)
–, Kristallstruktur 1370
Hohlraumstrahlung 550 (D), 1197 ff
–, Gesamtenergiedichte 1220
–, *siehe auch* schwarzer Körper
Hohlspiegel
–, Bildkonstruktion 1065 ff
–, Hauptstrahlen 1065 (D)
–, Vorzeichenkonvention für die Reflexion 1066 (D)
Hohlzylinder, Trägheitsmoment 231 (T)
Holographie 1137 f
–, Elektronen- 1370
Holz
–, Dichte 340 (T)
–, spezifischer Widerstand 754 (T)
–, Temperaturkoeffizienten des Widerstandes 754 (T)
–, Wärmeleitfähigkeit 546 (T)
Homogenität, des elektrischen Feldes 637 (D)
Hooke, Robert 1023

Hookesches Gesetz 84 f (D), 342, 379 f (D)
Hornhaut–Linse-System, menschliches Auge 1089 (D)
Hörschwelle 468, 470
Hubble, Edwin Powell 1101, 1470
Hubble-Gesetz 1470 ff, 1479 (Z)
Hubble-Konstante 40, 1470 (D), 1480 (Z)
Hubble-Weltraumteleskop 1103
Hubble-Zeit 1471 (D)
Huygens, Christian 1023
Huygens-Fresnel-Prinzip 1029 (D)
Huygenssches Prinzip
–, Brechung und 1033 f
–, Lichtausbreitung 1028 f
–, Reflexion und 1031 f
Hybridorbitale 1319 (D)
Hydrauliklift 347
hydraulisches Prinzip 347
Hydrodynamik *siehe* Fluiddynamik
Hydrophone, Seismographie 499 (E)
hydrostatisches Paradoxon 348
Hysteresekurve 926 (D), 932 (Z)

I

ideales Gas
–, P-V- Diagramm 560 ff
–, Entropieänderung bei Expansion 602
–, freie Expansion 558
–, innere Energie 557 ff (D)
–, kinetische Gastheorie 522–528
–, Temperaturskala 513, 533 (Z)
–, Volumenarbeit 560 ff (D)
–, Wärmekapazität 562–571
–, Zustandsgleichung 518–521, 519 (D), 534 (Z)
identische Teilchen
–, inelastischer Stoß, relativistische Betrachtung 1193
–, kovalente Bindung 1313 (D)
–, Pauli-Prinzip 1256 (D)
–, Schrödinger-Gleichung 1255 f
–, Symmetrie und Antisymmetrie der Wellenfunktion 1256 (D), 1259 (Z)
imaginäre Zahl i 450
Immersions-Mikroskop 1134
Impedanz
–, LCR-Parallelschwingkreis 964 (D)
–, LCR-Reihenschwingkreis 956 (D), 959 (D), 974 (Z)
Impedanzanpassung 760
Impuls 185 ff, 213 (Z)
–, De-Broglie-Wellenlänge und 1228 (D)
–, des elektrischen Feldes 846 f, 866 f (Z)
–, des magnetischen Feldes 846 f, 866 f (Z)
–, elektromagnetische Welle 1005 (D), 1012 (Z), 1204 (D)
–, Photon 1204 (D)
–, Raketenbewegung 210
–, relativistischer 1174 ff (D), 1187 (Z)
–, Teilchensystem 187 (D), 214 (Z)
–, von Laserlicht 1007
–, zweites Newtonsches Axiom 76
Impulsänderung
–, bei Stoß von Gasmolekülen mit Behälterwand 522 f

–, Schallgeschwindigkeit in Flüssigkeiten 462
Impulserhaltung 185–189, 187 (D), 214 (Z)
–, Betazerfall 218 (E)
–, elastischer Stoß 197 f
–, inelastischer Stoß 189
–, magnetische Wechselwirkung zweier bewegter Punktladungen 846 f
–, System aus zwei unterschiedliche Massen 187 f
Impulsübertrag *siehe* Kraftstoß
Impulsunschärfe eines makroskopischen Körpers 1232
indifferentes Gleichgewicht 290 (D)
Indium, kritische Temperatur für Supraleitung 1367 (T)
Induktion
–, magnetische 812 (D), 875–914
–, –, Einheit 3 (T)
–, Selbst- 882 f (D)
Induktionsgesetz *siehe* Faradaysches Gesetz
Induktionsmotor 983 f (E)
–, Winkelgeschwindigkeit-Drehmoment-Kennlinie 983 f (E)
Induktionsspannung 875, 878 (D), 900 (Z)
–, durch Bewegung 883–887, 901 (Z)
–, Kreisstrom 878 f
–, Lenzsche Regel 881 (D)
–, Selbst- 893 f
–, Zylinderspule 879 f
Induktionsstrom 875
–, Lenzsche Regel 881 (D)
induktiv gekoppelte Schaltungen 882
induktive Last 966 (D)
induktiver Widerstand 944 (D), 973 (Z)
Induktivität 891–895
–, als Bauelement 943 ff
–, –, Symbol in Schaltbildern 895 (D)
–, Einheit 3 (T)
–, Toroid mit rechteckigem Querschnitt 914
–, *siehe auch* Spule
induziertes elektrisches Dipolmoment 637 (D)
–, Dielektrika 725 f (D)
induziertes magnetisches Moment
–, atomares 930 (D)
–, Größenabschätzung 929 f
–, Lenzsche Regel 881
inelastische Streuung 1292 (D)
inelastischer Drehstoß 246
inelastischer Stoß 195 (D), 201 ff, 214 (Z)
–, Entropieänderung 603
–, Geschwindigkeit nach Stoß 191 f
–, Impulserhaltung 189
–, kinetische Energie 201
–, relativistische Betrachtung 1182
–, vollständig inelastischer Stoß 195 (D), 214 (Z)
–, zweier identischer Teilchen, relativistische Betrachtung 1193
–, zwischen zwei Fahrzeugen 204
Inertialsystem 73 (D), 93 (Z), 114 ff, 1151 (D)
–, Einsteinsche Postulate 1156 f (D)
Influenz, elektrostatische 621 (D), 670

influenzierte Ladung 670 (D)
influenziertes Feld 670 (D)
–, leitende Platte 672
Influenzkonstante 623 f (D)
Informationsleitung in Nervenzellen *siehe* Reizleitung
Infrarotabsorptionsspektren zweiatomiger Moleküle 1328
–, Linienaufspaltung 1329
–, R- und P-Zweig 1329
inhomogenes Magnetfeld
–, Bewegung einer Punktladung 819 f
–, Drehmoment auf Stabmagnet 1277 f
–, magnetisches Moment eines Atoms und 1278
inkohärente Schallquellen 473, 494 (Z)
inkompressible Flüssigkeit 367 (Z)
–, Dynamik 356–362
Innenwiderstand
–, Batterie 759 (D), 770 (Z)
–, elektrische Meßgeräte 798
innere Energie 554–557 (D), 572 f (Z)
–, eines idealen Gases 557 ff (D)
inneres Drehmoment *siehe* Drehmoment, internes
instabiles Gleichgewicht 289 (D)
Instrumente, Musik- *siehe* Musikinstrumente
–, optische *siehe* optische Instrumente
Integral
–, Flächen- *siehe* Flächenintegral
–, unter einer Kurve 30 (D)
Integralsatz
–, Gaußscher 704 (D), 712 (Z), 996 (D)
–, Stokesscher 866 (D), 868 (Z)
Integration 28–31
–, graphische 29
–, numerische 118–121
Integrationskonstante 29 (D)
Integrierglied 880
Intensität
–, bei Wellenausbreitung 466–470, 466 (D), 494 (Z)
–, Dipolstrahlung, Winkelverteilung 1010
–, elektromagnetische Welle 1004 (D), 1012 (Z)
–, relative, verschiedener Schallquellen 469 (T)
–, Sonnenlicht, Verstärkung 1007
Interferenz 1109 (D), 1139 (Z)
–, am Doppelspalt 1116–1119, 1139 (Z)
–, –, Maxima und Minima 1116 f (D)
–, –, Schema 1117
–, an dünnen Schichten 1111–1116, 1139 (Z)
–, –, Bedingungen 1112 (D)
–, bei drei oder mehr äquidistanten Quellen 1122–1125
–, –, Haupt- und Nebenmaxima 1123 (D)
–, –, Intensitätsmuster 1124
–, destruktive *siehe* destruktive Interferenz
–, harmonische Wellen 435 ff, 452 (Z), 470–476
–, konstruktive *siehe* konstruktive Interferenz
Interferenzstreifen
–, Luftkeil zwischen Glasplatten 1114
–, *siehe auch* Streifenmuster

Namen- und Sachverzeichnis

Interferometer, Jaminsches 1144
–, Michelson- *siehe* Michelson-Interferometer
internationale Temperaturskala von 1990 514 (T)
interne Kräfte, Teilchensystem 183
interstellarer Staub 1466
Invar-Legierung, Längenausdehnungskoeffizient 515 (T)
Inversion, von Wellen 425
Io, Jupitermond, Umlaufdauer 333
Ionen 1266 (D)
–, in metallischen Leitern 621
Ionenbindung *siehe* ionische Bindung
Ionendosis 1418 (T)
Ioneneinschluß, mit elektrischen und magnetischen Feldern 1300–1305 (E)
Ionenfallen 1301–1305 (E)
Ionenkonzentrationen, Nervenzellen 773 (E)
Ionenkristalle 1340–1343, 1373 (Z)
Ionenlaser 1297 (D)
Ionenpumpen 773 (E)
ionische Bindung 1310 ff, 1330 (Z)
–, Pauli-Prinzip 1310 f
–, Potentialkurve 1311
ionischer Anteil, kovalente Bindung 1315 (D)
ionisierende Strahlung 1413–1418
Ionisierungsenergie 718 (D), 1284 (D), 1286
–, Wasserstoffatom 1210 (D)
irreversible Prozesse 585 (D), 609 f (Z)
–, Entropie des Universums 603
isobare Expansion 561 (D)
isobare Zustandsänderungen 573 (Z)
Isolator, elektrischer 725 (D), 739 (Z)
–, –, im Bändermodell 1357 (D), 1374 (Z)
isoliertes System 609 f (Z)
–, *siehe auch* Universum
isotherme Expansion 561 (D)
isotherme Zustandsänderungen 573 (Z)
Isothermen 520 (D)
Isotope 1390 (D)
–, Atommassen 1393 (T)
Isotopenverhältnis, Bestimmung mit Massenspektrometer 824 f
Isotropie
–, mechanische 466
–, optische 1048 (D)

J

Jaminsches Interferometer 1144
Jet, Astrophysik 1445
Jo-Jo, Zugkraft in Schnur 274
Josephson-Effekt
–, Gleichstrom- 1371 (D)
–, Wechselstrom- 1371 (D)
Josephson-Kontakt 1371 (D), 1375 (Z)
–, *siehe auch* SQUIDs
Joule, James Prescott 539, 554
Joule, Einheit 3 (T), 130 (D), 540 (D)
Joule-Thomson-Effekt 559
Joulesche Wärme 757 (D)
Jupiter
–, Atmosphärentemperaturen 1482

Jupiter, Masse 333
Jupitermonde
–, Io, Bestimmung der Lichtgeschwindigkeit nach Römer 1025
–, Umlaufdauer 333

K

Kalibrierung *siehe* Eichung
Kalium
–, Austrittsarbeit 1202, 1352 (T)
–, Elektronendichte am absoluten Temperaturnullpunkt 1349 (T)
Kalkspat, Polarisation 1056
Kalorie, Einheit 540 (D)
Kalorimeter 541 f
Kältemaschinen 590 f (D), 608 (Z)
Kamera 1095 ff, 1104 f (Z)
–, Belichtungszeiten 1096 f
–, Blendenzahl 1096 (D)
–, Loch- 1143
–, Objektivarten 1097
–, Öffnungsverhältnis 1096 (D)
–, Schärfentiefe 1097 (D)
Kamerlingh Onnes, Heike 755
Kaon 1433 f (D)
Kapazität 722 f (D), 739 (Z)
–, als Bauelement *siehe* Kondensator
–, Einheit 3 (T), 722 (D)
–, Ersatz- 734 f (D)
kapazitiver Widerstand 947 (D), 973 (Z)
Kapillardepression 356
Kapillarität 355 (D)
Karussell, Winkelgeschwindigkeit 247 f
Kastenpotential
–, Aufenthaltswahrscheinlichkeit 1240 f
–, Aufenthaltswahrscheinlichkeitsdichte 1240 f
–, erlaubte Energiewerte 1239 (D), 1258 (Z)
–, kubisches 1254
–, Schrödinger-Gleichung 1237–1241
–, Wellenfunktion 1240 (D), 1258 (Z)
Kathode 969 ff
Kathodenstrahlröhre, e/m-Versuch von Thomson 822
Kelvin
–, Einheit 2, 3 (T)
–, Umrechnung in Grad Celsius 514 (D)
Kelvin-Skala 513 f
–, *siehe auch* absolute Temperatur
Kelvin, Lord siehe Thomson, William
Kennlinie
–, Gleichstrom-Hauptschlußmotor 982 (E)
–, Gleichstrom-Linearmotoren 977 (E)
–, Gleichstrom-Nebenschlußmotor 981 (E)
–, Induktionsmotor 983 f (E)
–, ohmscher Widerstand 752
–, pn-Halbleiterdiode 1362
–, Silicium-Diode 1385
–, Tunneldiode 1363
–, Vakuumtriode 972
Kepler, Johannes 301, 305
Keplersche Gesetze 299–302, 301 f (D), 327 (Z)
keramische Oxide, Hochtemperatur-Supraleitung 755, 1372

Kerne
–, Alphazerfall 1402 f
–, Betazerfall 1400 f
–, Bindungsenergie 1392–1395, 1419 (Z)
–, Form 1390 f (D)
–, Fusion *siehe* Fusion
–, Gammazerfall 1402
–, Größe 1390 f (D)
–, Kennzeichnung 1390 (D)
–, Kernladungszahl 1265 (D), 1391 (D), 1418 (Z),
–, magnetisches Moment 1395 f
–, Masse 1392–1395, 1419 (Z)
–, Massenzahl 1418 (Z)
–, Neutronenzahl 1391 (D)
–, Nukleonendichte 1391
–, Radioaktivität *siehe* Radioaktivität
–, Radius 1391
–, Reaktionen *siehe* Kernreaktionen
–, Reaktoren *siehe* Kernreaktoren
–, Spaltung *siehe* Kernspaltung
–, Spin 1395 f, 1419 (Z)
–, Spinresonanz 1396 ff, 1419 (Z)
–, Tröpfchenmodell 1391
–, Wechselwirkung von Teilchen mit Materie *siehe* Wechselwirkung
Kernfusion *siehe* Fusion
Kernkraft
–, Standardmodell 1440 (D)
–, Yukawa-Potential 176
Kernmagneton 1306, 1396 (D), 1419 (Z)
Kernphysik 1389–1423
–, *siehe auch* Kerne
Kernreaktionen 1403 ff, 1419 (Z)
–, endotherme 1404 (D)
–, exotherme 1404 (D)
–, mit Neutronen 1405 (D)
–, Wirkungsquerschnitt 1404 (D)
Kernreaktoren 1407–1411
–, Druckwasser- 1408 f
–, Kontrollstäbe 1408 f
–, Moderator 1408 (D)
–, Regelung 1408 f
–, Schneller Brüter 1410
–, Sicherheit 1410
Kernschmelze 1410
Kernspaltung 1406 f, 1420 (Z)
–, Uran, Schema 1406
–, –, Verteilung der Spaltprodukte 1407
Kernspin 1395 f, 1419 (Z)
Kernspinresonanz 1396 ff, 1419 (Z)
Kernspintomographie 1397 f
Kernzerfälle, Energieerhaltung 216 f (E)
Kettenreaktion 1407 ff (D)
Kilogramm, Einheit 2 (D), 3 (T), 75, 80
Kilopond 80
Kinematik
–, eindimensionale Betrachtung 19–42
–, zweidimensionale Betrachtung 43–70
kinetische Energie 131 f (D), 167 (Z)
–, als Funktion des Impulses 197 f, 213 (Z)
–, Änderung 132, 135, 137
–, der Translationsbewegung 131 f (D)
–, des Elektrons im Wasserstoffatom 1267
–, Drehbewegung 234 ff, 235 (D), 246 f, 266 (Z)

1500

–, elastischer Stoß 197 f, 200
–, Erwartungswert 1262
–, Gasmoleküle 523 (D), 524 (D), 534 (Z), 564
–, harmonische Schwingung 388 ff, 410 (Z)
–, im Gravitationsfeld der Erde 319 ff
–, inelastischer Stoß 192 f, 201
–, mechanische Gesamtenergie 151 (D)
–, Teilchensystem 192 ff (D), 214 (Z)
kinetische Gastheorie 522–528
Kirchhoff, Gustav Robert 1024
Kirchhoffsche Knotenregel 782 (D), 801 (Z)
–, verzeigte Stromkreise 789 f
Kirchhoffsche Maschenregel
–, LC-Kreise ohne Wechselspannungsquelle 951
–, LCR-Kreise ohne Wechselspannungsquelle 954
–, LCR-Reihenschwingkreis 955 f
–, Gleichstrom-Hauptschlußmotor 982 (E)
–, Gleichstrom-Linearmotoren 976 (E)
–, Gleichstrom-Nebenschlußmotor 981 (E)
–, Transformator 966
–, Wechselstromkreis mit Kondensator 946
–, Wechselstromkreis mit Spule 943
Kirchhoffsche Regeln 782–790, 801 (Z)
–, Anwendung auf Wechselstromkreise 938
Klang 481 (D), 495 (Z)
Klangcharakterisierung, Musikinstrumente 482
klassische Energie, Zusammenhang mit relativistischer Energie 1178 f (D)
klassisches Modell
–, der elektrischen Leitung 765–769, 1344, 1354
–, der Wärmekapazität 540, 1344 f
–, der Wärmeleitung 1344
Klaviersaite
–, stehende Wellen 440
–, Stimmen von 475
Klemmenspannung 758 (D), 770 (Z)
Klitzing, Klaus von 834
Knochen
–, Dichte 340 (T)
–, Elastizitätsmodul 343 (T)
–, Festigkeit 343 (T)
Knotenregel *siehe* Kirchhoffsche Knotenregel
Koaxialkabel 724
–, magnetische Energiedichte 914
–, Selbstinduktivität 914
Kobalt *siehe* Cobalt
Kochsalz *siehe* Natriumchlorid
Koeffizient
–, Ausdehnungs- *siehe* Ausdehnungskoeffizient
–, der Oberflächenspannung *siehe* Oberflächenspannung
–, Hall- *siehe* Hall-Konstante
–, Reibungs- *siehe* Reibungszahl
–, Stoß- *siehe* Stoßzahl
–, Temperatur- *siehe* Temperaturkoeffizient
Koerzitivfeld 926 (D)

kohärente Lichtquellen, Erzeugung mit Lloydschem Spiegel 1119
kohärente Schallquellen 473, 494 (Z)
Kohärenz 1110 (D)
Kohäsionskraft 354 f (D)
Kohlendioxid
–, kritische Temperatur 531 (T)
–, magnetische Suszeptibilität 919 (T)
–, molare Wärmekapazitäten 564 (T)
–, Schmelzpunkt 544 (T)
–, Schmelzwärme 544 (T)
–, Siedepunkt 544 (T)
–, Treibhausgas 577 (E)
–, Verdampfungswärme 544 (T)
Kohlenmonoxid, molare Wärmekapazitäten 564 (T)
Kohlenstoff
–, Diamantstruktur 1343
–, Fullerene, Struktur 1343
–, Graphitstruktur 1343
–, Längenausdehnungskoeffizient 515 (T)
–, spezifischer Widerstand 754 (T)
–, Temperaturkoeffizienten des Widerstandes 754 (T)
Kollektor 1363 f (D)
–, Transistor 972
Kollision *siehe* Stoß
Komet Mrkos, Strahlungsdruck der Sonne 1006
Kometenbewegung, Newtons Erklärung 331 f (E)
Kommutator, Gleichstrom-Rotationsmotoren 978 ff (E)
komplex(wertig)e Wellenfunktion 450 (D), 1223 (D)
komplexe Systeme, Chaosforschung 416 (E)
Komponenten eines Vektors *siehe* Vektorkomponenten
Kompressibilität 346 (D), 366 (Z)
–, von Gasen, Begriff 339
Kompression 562
Kompressionsmodul 346 (D), 366 (Z)
–, Fermi-Elektronengas und 1386
–, Schallgeschwindigkeit in Flüssigkeiten 460
–, verschiedener Materialien 346 (T)
Kondensatoren, 721–746, 739 (Z)
–, Aufladung 792–796, 802 (Z)
–, Energie, gespeicherte 730 (D), 740 (Z)
–, Entladung 790–792, 796, 802 (Z)
–, im Wechselstromkreis 946–949
–, Kugel- 745
–, mit Spannungsquelle verbundene 736 ff
–, Parallelschaltung 733 f (D), 740 (Z)
–, Platten- *siehe* Plattenkondensator
–, Reihenschaltung 734 f (D), 740 (Z)
–, Symbol in Schaltbildern 733
–, Zylinder- *siehe* Zylinderkondensator
–, *siehe auch* Kapazität
Kondensieren, Phasenübergang 543 (D)
kondensierte Materie, Begriff 339
konisches Pendel, Drehimpuls 272
konjugiert komplexe Wellenfunktion 1223 (D)
Konkavspiegel *siehe* Hohlspiegel
konservative Kraft 143 (D), 167 (Z), 313
–, Energieerhaltung und 151

–, Feder 145 f
–, potentielle Energie 144 (D), 147 (D)
Konstante
–, Boltzmann- 518 (D)
–, Dämpfungs-, mechanische Schwingung 403
–, elastische 342
–, elektrische Feld- *siehe* elektrische Feldkonstante
–, Feder- 84 (D)
–, Gas- 460, 519 (D)
–, Gitter-, Beugungsgitter 1136 (D)
–, Gravitations- *siehe* Gravitationskonstante
–, Hall- 833 (D)
–, Hubbelsche 40, 1470 (D)
–, Influenz- 623 f (D)
–, Integrations- 29 (D)
–, kosmologische 1474 (D)
–, Kraft-
–, –, Feder 84 (D)
–, –, zweiatomige Moleküle 1325 (D)
–, Madelung- 1341 (D)
–, magnetische Feld- 812 (D), 844
–, Motor-, Elektromotoren 980 (E)
–, Phasen-
–, –, elektrische Schwingungen 938 (D)
–, –, mechanische Schwingungen 381 (D), 408 (D)
–, Plancksche *siehe* Plancksches Wirkungsquantum
–, Rotations-, zweiatomige Moleküle 1323 (D)
–, Rydberg- 1206 (D)
–, Solar- 1446 (D)
–, Stefan-Boltzmann- 550 (D)
–, Torsions- 399 (D)
–, Von-Klitzing- 835 (D)
–, Zeit- *siehe* Zeitkonstante
–, Zerfalls-, Radioaktivität 1399 (D)
konstruktive Interferenz 437 (D)
Kontakt, thermischer 510 (D)
Kontaktkräfte 84 ff
Kontaktspannung 1351 f, 1373 (Z)
Kontaktwinkel, Kohäsion und Adhäsion 355
kontinuierliche Ladungsverteilungen 645–680
–, elektrisches Feld 647 (D), 675 (Z)
–, elektrisches Potential 691–698
kontinuierliche Massenverteilung, Trägheitsmoment 236 (D), 266 (Z)
Kontinuitätsgleichung, Fluiddynamik 357 (D), 367 (Z)
Kontrollstäbe, Kernreaktoren 1408 f
Konvektion 546 (D), 549 f
Konvexspiegel, Bildkonstruktion 1067
–, *siehe auch* Hohlspiegel
Koordinatensystem 73
–, einem Bewegungsproblem angepaßtes 87 f
–, Massenmittelpunkt- 190
–, Wechsel von einem zum andern bei Wellenbewegung 427 f
–, *siehe auch* Bezugssystem
Koordinatentransformation
–, Massenmittelpunktsystem 190 (D)
–, nach Galilei 1158

Namen- und Sachverzeichnis

–, nach Lorentz 1159 f, 1186 (Z)
Koordinationszahl 1339 (D)
Kopernikus, Nikolaus 299 f
Kopplung, induktive 882
Korken, Auftrieb 351 f
Korona, der Sonne 904 (E), 1449 (D)
Korona-Entladung 713 (E)
Körper
–, deformierbare *siehe* deformierbare Körper
–, feste *siehe* Festkörper
–, flüssige *siehe* Flüssigkeit
–, gasförmige *siehe* Gase
–, schwarzer *siehe* schwarzer Körper
–, starrer *siehe* starrer Körper
Körperachse, als Drehachse 231 (T)
Korrespondenzprinzip, Bohrsches *siehe* Bohrsches Korrespondenzprinzip
kosmische Hintergrundstrahlung 1475 (D)
Kosmogenesis 1474–1478
–, Frühgeschichte des Universums 1475 ff
–, Urknall 1475
Kosmologie 1445 (D), 1472–1478
–, Gravitation und 1472 ff
–, Olberssches Paradoxon 1474 (D)
–, *siehe auch* Universum
kosmologische Konstante 1474 (D)
kosmologisches Prinzip 1472 (D)
kosmologisches Standardmodell 1476 (D), 1480 (Z)
kovalente Bindung 1312–1315, 1330 (Z)
–, Gleichgewichtsabstand 1314 (D)
–, ionischer Anteil 1315 (D)
–, Potentialkurve 1314
–, Spinzustände 1313 (D)
–, Wellenfunktionen 1312 f (D)
kovalente Festkörper 1344
Kovolumen *siehe* Van-der-Waals-Gleichung
Kraft 71 (D), 74 (D)
–, als Gradient der potentiellen Energie 144 (D), 147 (D)
–, Angriffspunkt 281 f
–, auf Probeladung 628 (D), 682 (D)
–, beim Radfahren aufzubringende 369 f (E)
–, Druck und 345 (D)
–, eines Magnetfelds *siehe* Magnetfeld
–, –, *siehe auch* magnetische Kraft
–, Einheit 3 (T), 75 f, 80
–, elektromotorische (EMK) 758 (D)
–, elektrostatische *siehe* Coulomb-Kraft
–, –, *siehe auch* elektrostatische Kraft
–, Ersatz- 281 f
–, externe 183
–, –, Gleichgewichtsbedingungen 280, 291 (Z)
–, –, Teilchensystem 183
–, fundamentale 82 f, 94 (Z)
–, Gravitations- 303 f (D)
–, interne 183
–, konservative *siehe* konservative Kraft
–, Kontakt- 84 ff
–, Lorentz- *siehe* Lorentz-Kraft
–, magnetische *siehe* magnetische Kraft
–, nichtkonservative 146
–, Reibungs- *siehe* Reibungskräfte
–, rücktreibende *siehe* rücktreibende Kraft

–, Tangentialkomponente 137 f
–, treibende, erzwungene Schwingung 407, 421 f
–, Wirkungslinie 281, 286
–, zeitliches Mittel 206 (D)
–, –, *siehe auch* Kraftstoß
–, Zentral- 303 (D)
–, *siehe auch* Wechselwirkungen
Kraft-Gegenkraft-Paar 81 f (D)
Kraft-Weg-Kurve 134 f
Kräftediagramm 87 (D)
–, mehrere miteinander verbundene Körper 110–113
kräftefreier Kreisel 263 (D)
Kräftepaare 287 f (D), 291 (Z)
Kraftfeld vom Typ 1/r2 303 (D)
Kraftkonstante
–, der Bindung eines zweiatomigen Moleküls 1325 (D), 1331 (Z)
–, der Feder *siehe* Federkonstante
Kraftstoß 205–209, 205 f (D), 214 (Z)
–, Autounfall 208
–, fallendes Ei 208
–, Golfspiel 209
–, Schallgeschwindigkeit in Flüssigkeiten 462
Krebs-Pulsar 236
Kreisbewegung 61–64, 90 f, 225–229, 265 (Z)
–, Geschwindigkeit 91
–, harmonische Schwingung und 387 f
–, Reibungskräfte 107 f
–, *siehe auch* Drehbewegungen
Kreisel 263 ff
Kreisfrequenz, harmonische Schwingung 409 (Z)
–, harmonische Schwingungen 381 f (D)
Kreisprozeß 561 (D)
–, Carnot- 583, 594 (Z)
–, in Wärmekraftmaschine 586 ff
–, Stirling- *siehe* Stirling-Kreisprozeß
Kreisstrom
–, Amperescher 811 f, 917 (D)
–, atomarer 917 (D)
–, Induktionsspannung 878 f
–, Magnetfeld 849 ff (D), 867 (Z)
–, magnetisches Moment 850 f (D), 867 (Z)
–, Supraleitung 1371 f
–, *siehe auch* Leiterschleife
Kreuzprodukt *siehe* Vektorprodukt
Kristalle 1336 (D)
–, Beugung *siehe* Röntgenbeugung
–, Bildung 1336
–, dichromatische 1044 (D)
–, doppelbrechende 1048 (D)
–, Gitter 1337 (D)
–, photorefraktive 1366 (D)
–, *siehe auch* Festkörper
kritisch gedämpftes System 405 (D)
kritische Temperatur, *P-T-* Diagramm 531
–, Demonstrationsversuch 530
–, Hochtemperatur-Supraleitung, verschiedener Materialien 1372 (T)
–, Supraleitung 755 (D), 1367 (D)
–, –, verschiedener Materialien 1367 (T)
–, verschiedener Substanzen 531 (T)
kritischer Punkt, *P-V-* Diagramm 529 f

–, *siehe auch* kritische Temperatur
kritischer Winkel der Totalreflexion 1035 (D)
Krümmungsradius
–, der brechenden Fläche 1068 f
–, Hohlspiegel 1065 f
Krypton, molare Wärmekapazitäten 564 (T)
Krypton-Laser 1297 (D)
kubisch raumzentrierte Struktur 1338, 1339 (D)
kubischer Ausdehnungskoeffizient 515 (D)
Kugel
–, auf schiefer Ebene, Rollbewegung 252 f
–, Gravitationsfeld 322 f, 328 (Z)
–, homogener Ladungsdichte, elektrisches Feld innerhalb und außerhalb 667 f, 676 (Z)
–, Rollbewegung 250 ff
–, Trägheitsmoment 231 (T), 238
kugelförmiger Leiter, Energiedichte des elektrischen Feldes 732 f
Kugelkondensator, Kapazität 745
Kugelkoordinaten 325
–, *siehe auch* Polarkoordinaten
Kugelpackungen 1338, 1339 (D)
Kugelschale
–, dickwandige, elektrisches Feld innerhalb und außerhalb 670 f
–, Gravitationsfeld 321 f, 328 (Z)
–, –, Herleitung 323–326
–, homogener Ladungsverteilung, elektrisches Feld innerhalb und außerhalb 665 f, 676 (Z)
–, –, elektrisches Potential 696 f
–, Trägheitsmoment 231 (T)
Kugelsternhaufen 1454 (D)
Kugelstoßen, Beispiel für Wurfbewegung 59 (D)
Kugelwelle 466
Kundtsches Rohr, Bestimmung der Schallgeschwindigkeit 504
Kupfer
–, Austrittsarbeit 1352 (T)
–, Dichte 340 (T)
–, Elastizitätsmodul 343 (T)
–, Elektronendichte am absoluten Temperaturnullpunkt 1349 (T)
–, Kompressionsmodul 346 (T)
–, Längenausdehnung, Temperaturabhängigkeit 517
–, Längenausdehnungskoeffizient 515 (T)
–, magnetische Suszeptibilität 919 (T)
–, molare Wärmekapazität 541 (T)
–, Schmelzpunkt 544 (T)
–, Schmelzwärme 544 (T)
–, Schubmodul 345 (T)
–, Siedepunkt 544 (T)
–, spezifische Wärme 541 (T)
–, spezifischer Widerstand 754 (T)
–, Temperaturkoeffizienten des Widerstandes 754 (T)
–, Verdampfungswärme 544 (T)
–, Wärmeleitfähigkeit 546 (T)
Kurve
–, Geschwindigkeit-Zeit- 29
–, Hysterese- *siehe* Hysteresekurve

1502

–, Steigung 25
–, Tangente an 24 f
–, Weg-Zeit- 22–26
Kurzsichtigkeit 1090 (D)

L

Labialpfeife einer Orgel 479
Laborsystem *siehe* Bezugssystem
Laden eines Kondensators 792–796
–, Energiebilanz 795 f
Ladung 618 ff (D), 638 (Z)
–, LC-Kreise ohne Wechselspannungsquelle 952 (D)
–, allgemeine Bedeutung, Standardmodell 1439 (D)
–, auf der Oberfläche eines Leiters 669–673
–, Auflagen eines Kondensators 794 (D)
–, Einheit 3 (T), 620 (D)
–, Elementar- *siehe* Elementarladung
–, Entladen eines Kondensators 791 (D)
–, ferne 672 (D)
–, gebrochene *siehe* gebrochene Ladung
–, gebundene 727 (D)
–, Gesamt- *siehe* Gesamtladung
–, Linien- *siehe* Linienladung
–, magnetische Kraft auf bewegte 813 (D), 835 (Z)
–, Probe- *siehe* Probeladung
–, Punkt- *siehe* Punktladung
–, Ring- *siehe* Ringladung
–, von Oberfläche eingeschlossene 655
–, *siehe auch* elektrische Ladung
Ladung-zu-Masse-Verhältnis, Massenspektrometrie 824 f
Ladungsdichte
–, elektrisches Feld innerhalb und außerhalb 664–668
–, Flächen- *siehe* Flächenladungsdichte
–, im Kondensator 727 (D)
–, Linien- *siehe* Linienladungsdichte
–, Raum- *siehe* Raumladungsdichte
–, *siehe auch* Ladungsverteilung
Ladungsebene unendlicher Ausdehnung
–, elektrisches Feld 653 f, 659 ff, 676 (Z)
–, elektrisches Potential 693 ff
Ladungserhaltung 620, 638 (Z)
Ladungsfluß 706 (D)
Ladungskapazität, einer Batterie 760 (D)
Ladungssystem, Kräfte 625 f
Ladungstrennung 707
–, durch Influenz 621 (D)
Ladungsübertragung, von einem Leiter zum anderen 706 (D)
Ladungsverteilung
–, diskrete 619–644
–, kontinuierliche *siehe* kontinuierliche Ladungsverteilungen
–, *siehe auch* Ladungsdichte
Ladungswolke, Begriff 1241 (D), 1258 (Z)
Ladungszahl, von Kernen *siehe* Ordnungszahl, 1391 (D), 1418 (Z)
Lageenergie 144 (D), 168 (Z)
Lager *siehe* Drehlager
Lagerstätten, geologische, seismische Erkundung 499 f (E)

Lagrange-Punkt, Doppelsterne 1461 (D)
Lambda-Teilchen 1432 (D)
laminare Strömung 363 f (D)
Landé-Faktor 1276 (D), 1282 (D)
Länge
–, Einheit 2, 3 (T)
–, Gesamt- *siehe* Gesamtlänge
Längenänderung, relative *siehe* Dehnung
Längenausdehnungskoeffizient 514 f (D), 534 (Z)
–, verschiedener Materialien 515 (T)
Längenkontraktion 1162 f (D), 1187 (Z)
langreichweitige Wirkung 83
Längswellen *siehe* Longitudinalwellen
Laplace-Operator 703 (D), 712 (Z)
Large Electron-Positron Collider (LEP) 1430
Larmor-Frequenz 935
Laser 1293–1298
–, Anwendung in Holographie 1137 f
–, Argon- 1297 (D)
–, Besetzungsinversion 1294 (D), 1299 (Z)
–, Dioden- 1297 (D)
–, Farbstoff- 1297 (D)
–, Festkörper- 1297 f
–, Freie-Elektronen- 1298 (D)
–, Gas- 1297 (D)
–, gepulste 1298 (D)
–, Halbleiter- 1297 (D)
–, Helium-Neon- 1295 f (D)
–, Ionen- 1297 (D)
–, Krypton- 1297 (D)
–, Nd:YAG- 1298 (D)
–, optisches Pumpen 1294 (D)
–, Resonator 1295 (D)
–, Rubin- 1294 f (D)
–, Titan-Saphir- 1297 (D)
Lasergewehr, Leistung 1007
Laserkühlung 1303 ff (E)
Laserlicht
–, Impuls 1007
–, Strahlungsdruck auf Glaskugel 1006
Last
–, Gleichstrom-Linearmotoren 977 (E)
–, induktive 966 (D)
Lastwiderstand 759 f, 966 (D)
latente Wärme 544 f (D), 571 (Z)
Lateralvergrößerung *siehe* Abbildungsmaßstab
Laue, Max von 1203
Laue-Experiment, Röntgenbeugung 1203
Läufer, Gleichstrom-Rotationsmotoren 978 ff (E)
Laufzeitdiagramme, seismische Wellen 498 f (E)
Lautsprecher, Frequenzweichen 964
Lautstärke 468 ff, 494 (Z)
–, Einheit 468 (D)
–, verschiedener Schallquellen 469 (T)
Lautstärkeempfindung 470
Lawrence, E.O. 825, 1404
Lawson-Kriterium, Kernfusion 1411 (D)
LC-Kreise ohne Wechselspannungsquelle 951 ff, 974 (Z)
LCR-Kreise mit Wechselspannungsquelle 955–965
LCR-Kreise ohne Wechselspannungsquelle 954 f
LCR-Parallelschwingkreis 965 f

–, Eigenfrequenz 965 (D)
–, Impedanz 964 (D)
LCR-Reihenschwingkreis 955–964, 974 (Z)
–, Impedanz 956 (D)
–, Leistungsfaktor 959 (D)
–, Q-Faktor 960 (D)
–, Reaktanz 957 (D)
–, Resonanz 958–964
–, verschiedene Beispiele 961 ff
Lebensdauer, eines Zustands, Energie-Zeit-Unschärferelation 1231 (D)
Leerlaufspannung 758 (D)
Leeuwenhoek, Antonie de 1087
Leinöl, Brechzahl 1038 (T)
Leistung
–, allgemeine Definition 165 f (D)
–, Dosis- *siehe* Äquvalentdosis pro Jahr
–, durchschnittliche *siehe* mittlere Leistung
–, Einheit 3 (T)
–, elektrische, *LCR*-Reihenschwingkreis 959 f (D), 974 (Z)
–, –, Wechselstromkreis mit Kondensator 947 (D)
–, –, Wechselstromkreis mit Spule 945 (D)
–, –, Wechselstromkreis mit Widerstand 939 f (D), 973 (Z)
–, *siehe auch* elektrische Leistung
–, elektromagnetische Wellen 1003
–, Erde, Energie- und Leistungshaushalt 575–578 (E)
–, Joulesche Wärme und 940 (D)
–, Lasergewehr 1007
–, mechanische
–, –, beim Radfahren 369 f (E)
–, –, Drehbewegung 234 f (D), 266 (Z)
–, –, erzwungene Schwingung 421 f
–, –, Schallwellen 467 (D)
–, menschlicher Körper 553
–, mittlere *siehe* mittlere Leistung
–, Strahlungs- 550 (D)
–, –, schwarzer Körper 550–553
–, Wirk- 959 f (D)
Leistungs-Frequenz-Kurven, *LCR*-Reihenschwingkreis 960 (D)
Leistungsfaktor 959 (D), 974 (Z)
Leistungshaushalt, Erde 576 (E)
Leistungsübertragung, harmonische Wellen 434 f, 452 (Z)
Leistungszahl
–, Kältemaschine 590 f (D), 608 (Z)
–, Wärmepumpen 598 f, 609 (Z)
Leiter 621 (D)
–, beliebig geformter 709, 712 (Z)
–, durch Bewegung in Magnetfeld induzierte Spannung 883–887, 901 (Z)
–, elektrisches Feld auf Oberfläche 669–673, 676 (Z)
–, gerader, stromdurchflossener 854–858, 867 (Z)
–, –, Anwendung des Ampèreschen Gesetzes 861 f
–, im Bändermodell 1357 f (D), 1374 (Z)
–, kugelförmiger *siehe* kugelförmiger Leiter
–, Ladungen auf Oberfläche 669–673
–, Ladungen im Innern 669
–, nichtsymmetrischer 708 f

–, *siehe auch* elektrischer Leiter
Leiterschleife
–, Drehmoment im Magnetfeld 827 ff (D)
–, Magnetfeld 849 ff (D)
–, rechteckige, im Magnetfeld 883
–, *siehe auch* Kreisstrom
Leitfähigkeit
–, elektrische *siehe* elektrische Leitung
–, von Metallen 765–769, 771 (Z)
–, Wärme- *siehe* Wärmeleitfähigkeit
Leitung, elektrische *siehe* elektrische Leitung
–, Wärme- *siehe* Wärmeleitung
Leitungsband 1358 (D)
Leitungsstrom, Verallgemeinerung des Ampèreschen Gesetzes 993
Leitwert 751 (D), 770 (Z)
–, Einheit 751 (D)
Lenard, Philipp 1199
Lennard-Jones-Potential 150, 1332
Lenzsche Regel 881 (D), 900 (Z)
–, Energieerhaltungssatz und 881 f
Leptonen 1427 f, 1440, 1442 (Z)
–, Generationen 1428 (D)
–, Massen 1437 (T)
Leptonenära, Standardmodell des Universums 1477 (D)
Leptonenzahl, Erhaltung 1431 f (D)
Leuchtdioden (LEDs) 1363 (D)
Leuchtkraft
–, der Sonne 1446 f (D)
–, eines Sterns 1457 (D), 1459 (D), 1478 (Z)
Leydener Flasche 721, 743
Licht 1023–1057
–, Brechung 1032–1042
–, Dispersion 1038
–, elektromagnetische Theorie, Maxwell 1015 (E)
–, Polarisation, durch Absorption 1044 ff
–, –, durch Doppelbrechung 1048 f
–, –, durch Reflexion 1047 f
–, –, durch Streuung 1046 f
–, Reflexion 1030 ff
Licht–Materie-Wechselwirkungen *siehe* Photon–Atom-Wechselwirkungen
lichtelektrischer Halbleiter, Xerographie 714 (E)
Lichtempfindlichkeit eines Films 1095 f (E)
Lichtenberg-Figuren, durch elektrostatische Aufladung 750
Lichtgeschwindigkeit 1025–1028, 1050
–, Einsteinsche Postulate 1156 f (D)
–, exakte Definition 1027 (D)
–, Fizeaus Zahnradmethode 1026
–, Foucaults Drehspiegelmethode 1027
–, Galileis Methode 1025
–, Methode von Römer 1025
–, Michelson-Morley-Experiment 1153 f (D), 1186 (Z)
Lichtjahr 14
–, Einheit 1028 (D), 1458 (D)
Lichtquanten *siehe* Quanten
Lichtstärke, Einheit 2, 3 (T)
Lichtweg, Umkehrbarkeit 1064
Lichtwellen, Vektoraddition im Zeigerdiagramm 1120 f

Lichtwellenleiter *siehe* Glasfaser
Lick-Observatorium, Linsenteleskop 1101
Lift, Hydraulik- 347
lineare Bewegung, Analogien zu Drehbewegung 228 f, 231, 234 f, 245 (T), 261, 266 f (Z)
lineare Geschwindigkeit *siehe* Tangentialgeschwindigkeit
lineare Polarisation 1001, 1044 (D)
Linearkombination
–, von Vektoren 47 (D)
–, von Wellenfunktionen 446 (D), 451
Linearmotoren, Gleichstrom- 976 f (E)
Linienelement, gerichtetes 43 (D)
Linienintegral, Ampèresches Gesetz, Schwierigkeiten 992 f
Linienladung
–, endlicher Ausdehnung, elektrisches Feld 647 ff, 676 (Z)
–, unendlicher Ausdehnung 649 ff, 661 f, 676 (Z)
–, –, elektrisches Potential 697 f
Linienladungsdichte 646 (D)
Linse
–, bikonkave 1074 (D)
–, bikonvexe 1073 (D)
–, dicke *siehe* dicke Linsen
–, dünne *siehe* dünne Linsen
–, Glaskugel- 1087
–, Gravitations- 1150
–, menschliches Auge 1089 (D)
–, Sammel- 1074 (D)
–, Zerstreuungs- 1073 (D)
Linsengleichung *siehe siehe* Abbildungsgleichung, dünne Linsen
Linsensysteme, Bildkonstruktion 1078–1081
Linsenteleskope, verschiedener Observatorien 1101
Liter, Einheit 340
Lithium
–, Elektronendichte am absoluten Temperaturnullpunkt 1349 (T)
–, Elektronenkonfiguration 1284
Livingston, M.S. 825, 1404
Lloydscher Spiegel, Erzeugung kohärenter Lichtquellen 1110, 1119
Lochkamera 1143
logistische Gleichung, Computer-Chaos 176 f (E)
lokalisiertes Teilchen, quantenmechanische Beschreibung 1227 (D)
Londonsche Dispersionskräfte 1316 (D)
Longitudinalwellen 425 (D), 452 (Z)
–, Schallwellen 459
Looping, Drehmoment 274
Lorentz, Hendrik A. 765
Lorentz-FitzGerald-Kontraktion 1163 (D)
Lorentz-Kraft 813 (D), 835 (Z)
–, auf gebundenes Elektron 929 f (D)
Lorentz-Transformation 1159 f (D), 1186 (Z)
Loschmidtsche Zahl *siehe* Avogadro-Zahl
Love-Wellen, seismische 497 f (E)
LR-Kreise 895–898, 901 (Z)
–, Energiebilanz 897 f
–, Zeitkonstante 896 (D)
Luft

–, als Medium für die Ausbreitung von Schallwellen 462–466
–, Dichte 340 (T)
–, –, Auswirkung beim Radfahren 371 (E)
–, Dielektrizitätszahl 728 (T)
–, Durchschlagsfestigkeit 728 (T)
–, Viskosität 363 (T)
–, Volumenausdehnungskoeffizient 515 (T)
–, Wärmeleitfähigkeit 546 (T)
Luftdruck, exponentielle Abnahme 349
Luftfeuchtigkeit, relative 532 (D), 535 (Z)
Luftfilter, elektrostatische 713 (E)
Luftsäule, stehende Schallwellen 476–480
Luftkeil zwischen Glasplatten, Interferenzerscheinungen 1113
Luftspiegelung 1036 f
Luftstrom
–, bei einem Zerstäuber 362
–, um Baseball 361
–, um Radfahrer 368 f (E)
–, um Tragfläche 361
Lufttemperatur, weltweit gemittelte 578 (E)
Luftwiderstand 110 (D)
–, Fallschirmspringen 110, 119 ff
–, Radfahren 369 (E)
Luftwiderstandsbeiwert 369 (E)
Lupe 1093 ff, 1104 (Z)
–, Vergrößerung 1094 (D)
Lyman-Serie, Wasserstoffspektrum 1207 (D), 1211

M

Machsche Zahl 492 (D)
Madelung-Konstante 1341 (D)
mag, Einheit 1480
Magnesium
–, Elektronendichte am absoluten Temperaturnullpunkt 1349 (T)
–, magnetische Suszeptibilität 919 (T)
Magnetband aus Cobalt, magnetische Feldlinien 925
Magnetfeld 812
–, als Wirbelfeld 865 (D)
–, auf Achse außerhalb einer Zylinderspule 874
–, Auswirkung auf Geschwindigkeit eines gebundenen Elektrons 929 f
–, einer bewegten Punktladung 844–847, 866 (Z)
–, einer Leiterschleife 849 ff (D)
–, einer Ringspule 862 f, 867 (Z)
–, einer Spule mit Kern 918 (D)
–, eines geraden, stromdurchflossenen Leiters 854–858
–, eines Stromelements 848 (D), 866 (Z)
–, Einheit 814 (D), 835 (Z)
–, Energie 898 ff
–, Energiedichte 899 f (D), 902 (Z)
–, Erd- *siehe* Erde, Magnetfeld
–, im Innern einer Spule 851 ff, 867 (Z)
–, im Innern eines ferromagnetischen Stabes 925 (D)
–, inhomogenes *siehe* inhomogenes Magnetfeld

–, Kraft auf bewegte Ladung 813 (D), 835 (Z)
–, Kraft auf stromdurchflossenen Leiterabschnitt 816 (D), 835 (Z)
–, Kraft auf Stromelement 816 (D)
–, magnetische Feldstärke und 919 (D)
–, Quellen 843–874
–, –, formale Beschreibung 865 f (D)
–, Sonne 820
–, Spule mit Eisenkern 927
–, von elektrischen Strömen 848–858
–, *siehe auch* magnetische Induktion
Magnetfeldröhren 999
Magnetfeldverteilung, eines supraleitenden Magneten 854
magnetisch hartes Material 927 (D)
magnetisch weiches Material 927 (D)
magnetische Domänen *siehe* Weißsche Bezirke
magnetische Energie *siehe* Magnetfeld, Energie
magnetische Feldkonstante 812 (D), 844
magnetische Feldlinien 816 (D)
magnetische Feldstärke 812 (D), 918 (D)
–, Einheit 3 (T)
–, Magnetfeld und 919 (D)
–, Magnetisierung und 919 (D)
magnetische Flasche 819 f
magnetische Induktion 812 (D), 875–914
–, Einheit 3 (T)
–, *siehe auch* Magnetfeld
magnetische Kraft 812–817
–, auf bewegte Ladung 813 (D)
–, auf bewegte Punktladung 818–827
–, zweier bewegter Punktladungen aufeinander 845 ff, 866 (Z)
–, *siehe auch* Lorentz-Kraft
magnetische Polstärke 829 (D), 836 (Z)
magnetische Quantenzahl 1268 (D)
–, des Gesamtdrehimpulses 1279 f (D)
–, des Spins 1275 (D)
magnetische Stürme, Magnetosphäre 907 (E)
magnetische Suszeptibilität 919 (D), 931 (Z)
–, verschiedener Materialien 919 (T)
magnetischer Dipol
–, Energie im Magnetfeld 923 (D)
–, Stromschleife 850 f
magnetischer Einschluß, Kernfusion 1411 ff
magnetischer Fluß 876 (D), 900 (Z)
–, Einheit 876 (D), 900 (Z)
–, Gegeninduktivität und 893 f
–, Selbstinduktivität und 891 ff
–, Transformator 966
–, Zylinderspule 877
magnetischer Sextupol 854
magnetisches Dipolmoment *siehe* magnetisches Moment
magnetisches Moment 829 (D), 836 (Z)
–, atomare 920 ff
–, atomares 921 (D)
–, Bahndrehimpuls und 1275 f (D)
–, des Elektrons 915, 921 (D), 931 (Z)
–, Diamagnetismus 929 f
–, eines Kreisstroms 850 f (D), 867 (Z)
–, Energie im Magnetfeld 1276 (D)

–, in inhomogenem Magnetfeld 1278
–, induziertes 881
–, induziertes atomares 930 (D)
–, quantenmechanisch 1275 f (D)
–, Spin und 1276 (D)
–, von Kernen 1395 f
magnetisches Wirbelfeld 998
Magnetisierung 916 f (D), 930 f (Z)
–, Abhängigkeit von äußerem Magnetfeld, paramagnetische Materialien 924 (D)
–, Festplattenlaufwerk als Beispiel für Anwendung 927
–, magnetische Feldstärke und 919 (D)
–, Sättigungs- *siehe* Sättigungsmagnetisierung
Magnetisierungsstrom, Transformator 965
Magnetismus 617 (D)
–, in Materie 915–935
Magnetometer
–, mit Josephson-Kontakten 1371 f
–, *siehe auch* SQUIDs
Magneton
–, Bohrsches *siehe* Bohrsches Magneton
–, Kern- *siehe* Kernmagneton
Magnetopause 905 f (E)
Magnetosphäre 905 f (E)
–, magnetische Stürme 907 (E)
Magnetron 999
Magnetronbewegung, Ionen in Ionenfalle 1301 f (E)
Magnus-Effekt 361 f
Malus, E.L. 1045
Malus, Gesetz von 1045 (D), 1050 (Z)
Mangan
–, Austrittsarbeit 1352 (T)
–, Elektronendichte am absoluten Temperaturnullpunkt 1349 (T)
Manipulation von Atomen, mit Laserkühlung 1304 (E)
Manometer, Flüssigkeits- 348
Maricourt, Pierre de 811
Mariotte, Edme 518
Mars
–, Atmosphärentemperaturen 1482
–, Masse 306
Marsden, E. 1207, 1389
Maschenregel *siehe* Kirchhoffsche Maschenregel
Maschinen
–, Elektro- *siehe* Elektromotoren
–, Kälte- *siehe* Kältemaschinen
–, Wärmekraft- *siehe* Wärmekraftmaschinen
Masse
–, Einheit 2, 3 (T), 75, 80
–, elektromagnetische, Einsteins Gedankenexperiment 1192
–, molare *siehe* molare Masse, 519 (D)
–, reduzierte *siehe* reduzierte Masse
–, schwere 311 f
–, spezifische *siehe* Dichte
–, träge 74 f (D), 311 f
–, von Kernen 1392–1395
Masse-Energie-Äquivalenz 1177 (D)
Maßeinheit 2 (D)
Massenbelegung
–, Ermittlung, halbierter Ring 182
–, Wellenausbreitung und 429 f

Massendefekt, von Kernen 1406
Massendichte *siehe* Dichte
Masseneinheit, atomare 1323 f (D)
Massenelement, Auslenkung 448
Massenformel, Kernmassen 1395 (D)
Massenmittelpunkt
–, Bewegung 182–185, 213 (Z)
–, –, zwei Teilchen 184 f
–, Drehimpuls und 252 (D)
–, Ermittlung 177–182, 213 (Z)
–, –, diskrete Systeme 178 (D)
–, –, drei Teilchen 180
–, –, ebener Körper 179
–, –, einzelner homogener Stab 181
–, –, halbierter Ring 181 f
–, –, kontinuierliche Systeme 178 (D)
–, –, zwei homogene Stäbe 180
–, –, zwei Teilchen 180
–, –, zwei unterschiedliche Massen an Stange 179
–, Geschwindigkeit 190 ff
–, Schwerpunkt und, Unterschied 282, 291 (Z)
–, Trägheitsmoment und 230 ff
Massenmittelpunktsystem 190 ff, 214 (Z)
–, *siehe auch Schwerpunkts*system
Massennormal, internationales 75
Massenpunkt 19 (D)
–, Begriff 130 (D)
Massenspektrometer 824 f, 836 (Z)
Massenverteilung
–, diskrete 230
–, kontinuierliche 236
Massenzahl 1390 (D), 1418 (Z)
Maßzahl 2 (D)
Materialklassen, gemäß Verhalten in Magnetfeld 915 f, 930 (Z)
Materie
–, im elektrischen Feld 727
–, –, *siehe auch* elektrische Leitung
–, –, *siehe auch* Dielektrikum
–, im Magnetfeld 812, 915–935
–, kondensierte, Begriff 339
–, Lichtgeschwindigkeit in 1032 f
–, thermometrische Eigenschaften 510 (D)
–, Wechselwirkung mit Teilchenstrahlung 218 (E), 1413–1418
–, Zustände 339
Mathematical Principles of Natural Philosophy siehe Principia
mathematisches Pendel
–, Auslenkungswinkel 396 (D)
–, Bestimmung der Erdbeschleunigung 397
–, Bewegungsgleichung 395
–, Energieerhaltung 152
–, Schwingungsdauer 396 (D), 410 (Z)
Maxima, Interferenz *siehe* Interferenz
Maxwell, James Clerk 812, 991, 1013 ff (E), 1024
Maxwell-Boltzmann-Verteilung
–, Energie von Gasmolekülen 528 (D)
–, freie Elektronen in Metallen 1344 f, 1373 (Z)
–, Geschwindigkeit von Gasmolekülen 525 ff (D)
Maxwells Wirbelmodell des Magnetfelds 1014 (E)

Maxwellsche Gleichungen 991–1020
–, differentielle Form 996 ff (D), 1011 (Z)
–, im quellfreien Raum *siehe* Maxwellsche Gleichungen im Vakuum
–, im Vakuum 999 (D), 1011 f (Z)
–, Integralform 995 f (D), 1011 (Z)
Maxwellscher Dämon 1015 (E)
Maxwellscher Verschiebungsstrom 992–995, 1011 (Z)
Mechanik
–, deformierbarer Körper 339–376
–, eindimensionale Betrachtung 19–42
–, Strömungs- *siehe* Fluiddynamik, 356–365
–, zweidimensionale Betrachtung 43–70
mechanische Energie, Erhaltung 150–157
mechanische Gesamtenergie 151 (D)
mechanische Spannung 342 (D), 342–345, 366 (Z)
mechanische Wellen 423–457, 423 (D), 451 (Z)
mechanisches Wärmeäquivalent 554 f (D)
Meereswasser, Dichte 340 (T)
mehratomige Gase, molare Wärmekapazitäten 564 (T)
mehratomige Moleküle 1317–1322
Meißner-Ochsenfeld-Effekt 1367 (D)
Membran
–, Nervenzellen- 772 (E)
–, –, Kapazität 742
menschlicher Körper, Strahlungsleistung 553
menschliches Ohr, Empfindlichkeit 468
Merkur
–, Atmosphärentemperaturen 1482
–, Fluchtgeschwindigkeit 317
Mesonen 1426 (D)
Meßfehler 3 ff
–, *siehe auch* Fehler
Meßgenauigkeit 3 ff
Messing
–, Elastizitätsmodul 343 (T)
–, Festigkeit 343 (T)
–, Kompressionsmodul 346 (T)
–, Längenausdehnungskoeffizient 515 (T)
–, Schubmodul 345 (T)
Messung
–, allgemein 4 (D)
–, mehrerer Größen 5
–, quantenmechanisch 1230 ff
Metalle
–, Bindung 1317 (D)
–, elektrische Leitfähigkeit *siehe* elektrische Leitung
–, Struktur 1339
–, Wärmekapazität *siehe* Wärmekapazität
–, Wärmeleitung *siehe* Wärmeleitung
Metallstab
–, auf Metallschienen durch Magnetfeld gleitend 883
–, durch Bewegung in Magnetfeld induzierte Spannung 883–887, 901 (Z)
metastabiler Zustand 1293 (D)
Meter, Einheit 2 (D), 3 (T)
Methan, Treibhausgas 577 (E)
Methanol, Brechzahl 1038 (T)
Methyl-Cyanacrylat, Molekülmodell 1321 (T)

metrisches System 3 (D)
Michell, John 310
Michelson, A.A. 1115
Michelson-Interferometer 1114 ff, 1139 (Z), 1153–1156
Michelson-Morley-Experiment 1152–1156, 1186 (Z)
Mikroelektronik, Vakuum- 971
Mikroskop 1098 f, 1105 (Z)
–, Auflösung 1134 (D)
–, Elektronen- *siehe* Elektronenmikroskop
–, Immersions- 1134
–, Raster-Tunnel- *siehe* Raster-Tunnel-Mikroskop
–, Vergrößerung 1098 (D)
Mikrovakuumröhren 971
Mikrowellen
–, Polarisation 1045
–, Wellenlängenbereich 1008 (T)
Milchstraße
–, Begriff 1454 (D)
–, Gravitationsfeld 336 f
–, Masse 1456
–, Struktur 1455 f, 1479 (Z)
–, *siehe auch* Galaxien
Millikan, R.C. 1200
Millikan-Versuch 619 f
Millimeter Quecksilbersäule, Einheit 349
Minima, Interferenz *siehe* Interferenz
Mischungen, von Flüssigkeiten, chaotisches Muster 416 (E)
Mitchell, John 811
Mittelebene, dünne Linsen 1071 (D)
Mittelwert
–, arithmetischer 4 (D)
–, Beschleunigung *siehe* Durchschnittsbeschleunigung
–, einer kontinuierlich verteilten Größe 939 f (D), 1350 (D)
–, einer periodisch veränderlichen Größe 939 f (D)
–, elektrischer Größen *siehe* Effektivwerte
–, Energie *siehe* mittlere Energie
–, Geschwindigkeit *siehe* Durchschnittsgeschwindigkeit
–, Kraft *siehe* Kraftstoß
–, Leistung *siehe* mittlere Leistung
–, quadratisch gemittelter (rms) 524 (D), 940 (D)
–, quantemechanischer *siehe* Erwartungswert
–, zeitlicher *siehe* zeitlicher Mittelwert
mittlere Beschleunigung *siehe* Durchschnittsbeschleunigung
mittlere Energie, kinetische
–, klassisch 523 (D), 534 (Z), 564
–, quantenmechanisch 1262, 1350 (D)
–, *siehe auch* Energieverteilungsfunktion
mittlere Energiedichte, Schallwellen 467 (D)
mittlere freie Weglänge, von Elektronen in Metallen 767 (D)
mittlere Geschwindigkeit *siehe* Durchschnittsgeschwindigkeit
mittlere Lebensdauer 1399 (D)
mittlere Leistung
–, erzwungene Schwingung 421 f
–, Schallwellen 467 (D)

–, Wechselstromkreis mit Kondensator 947 (D)
–, Wechselstromkreis mit Spule 945 (D)
–, Wechselstromkreis mit Widerstand 939 f (D), 973 (Z)
Modellautomotor, Aufbau 980 (E)
Moden
–, Laserresonator 1295 (D)
–, Schwingungs- 438 (D), 442
Moderator, Kernreaktionen 1408 (D)
Modul
–, E- *siehe* Modul, Elastizitäts-
–, Dehnungs- *siehe* Modul, Elastizitäts-
–, Elastizitäts- 342 (D)
–, Kompressions- 346 (D)
–, Schub- 345 (D)
–, Torsions- *siehe* Modul, Schub-
Moiré-Muster 475
Mol, Einheit 2, 3 (T), 518 f (D)
molare Masse 519 (D)
–, von Luft 460
molare Wärmekapazität 540 (D), 564 ff
–, Festkörper
–, –, klassisch 566, 574 (Z), 1345
–, –, quantentheoretisch 583, 1356, 1374
–, verschiedener Gase 564 (T)
–, verschiedener Substanzen 541 (T)
molekulare Deutung, der Temperatur 522–528
molekulare Ringströme *siehe* Ampèresche Ringströme
Moleküldurchmesser, Näherungswert 529
Moleküle 1309–1333
–, Absorptionsspektren 1326–1330
–, Bindungsarten 1310–1317
–, Emissionsspektren 1326
–, Energieniveaus 1322–1330
–, Geschwindigkeitsverteilung 525–528
–, Hybridorbitale 1319 (D)
–, Impulsänderung bei Stoß auf Wand 522 f
–, Infrarotabsorptionsspektren 1328 f
–, mehratomige 1317–1322
–, Modelle einiger wichtiger 1320 f (T)
–, polare *siehe* polare Moleküle
–, Rotationsniveaus 1322 ff, 1331 (Z)
–, Schwingungsniveaus 1325, 1331 (Z)
–, Spektren zweiatomiger 1322–1330
–, Trägheitsmomente, Gleichverteilungssatz 565
–, Wärmekapazität *siehe* Wärmekapazität
–, zweiatomige 150
–, *siehe auch* zweiatomige Moleküle
Molekülorbital 1309 (D), 1318 f (D)
Molekülspektren 1322–1330, 1331 (Z)
–, Banden 1329 (D)
–, Rotations-Schwingungs- 1328 1330
Molekülwirbelmodell von Maxwell 1014 (E)
Molmasse *siehe* molare Masse
Molybdän, Röntgenspektrum 1203, 1291
Moment
–, Dreh- *siehe* Drehmoment
–, elektrisches Dipol- *siehe* elektrisches Dipolmoment
–, magnetisches Dipol- *siehe* magnetisches Dipolmoment
–, Trägheits- *siehe* Trägheitsmoment
Momentanbeschleunigung 26 (D), 37 (Z)

1506

Momentangeschwindigkeit 23 (D), 37 (Z)
–, Vektor 49 (D)
Mond
–, Atmosphäre, Zusammensetzung 317
–, Beschleunigung auf Bahn um Erde 306
Mondscheibe, Winkel von Erde aus 14
Morgenseite der Magnetosphäre, Polarlicht 905 f (E)
Morley, Edward E. 1115
Morphin, Molekülmodell 1321 (T)
Moseley, H. 1291
Motor
–, Elektro- *siehe* Elektromotoren
–, Otto- *siehe* Ottomotor
Motordrehmoment, Gleichstrom-Rotationsmotoren 980 (E)
Motorkonstante 980 (E)
Motoröl, Viskosität 363, 363 (T)
Mount-Palomar-Observatorium, Spiegelteleskop 1107
Mu-Metall, relative Permeabilität 927 (T)
Müller, K.A. 755 f
Multimeter 800
Musikinstrumente
–, Anwendung stehender Schallwellen in Luftsäulen 479 f
–, Eigenfrequenz *siehe* Eigenfrequenz
–, Flügel 440
–, Horn 481 f
–, Klangcharakterisierung 482
–, Klarinette 481 f
–, Obertöne 441 f (D)
–, Orgel 479 f
–, Saiteninstrumente 440 ff, 475 f
–, stehende Wellen 438–443, 479 f
–, Stimmen von 440 ff, 475 f
–, Synthesizer 483
–, Überlagerung von Grund- und Oberwellen 446 f
Muskelkraft, Bizepsmuskel 284
Myelinscheide, Nervenzellen 774 f (E)
Myon, 1427 f (D)
–, Eigenlebensdauern 1163
–, Ruheenergie 1181 (T)

N

N-Z-Diagramm, von Kernen 1391
Nabla-Operator 147 (D)
Näherung
–, adiabatische 1346 (D)
–, Born-Oppenheimer- 1346 (D)
Nahordnung, in Festkörpern 1336 (D)
Nahpunkt, menschliches Auge 1090 (D)
Nanotechnik
–, Erzeugung eines Quantengeheges 1242
–, *siehe auch* Raster-Tunnel-Mikroskop
Natrium
–, Austrittsarbeit 1352 (T)
–, Elektronendichte am absoluten Temperaturnullpunkt 1349 (T)
–, Elektronenkonfiguration 1286
–, magnetische Suszeptibilität 919 (T)
–, Termschema 1290
Natrium-Kalium-Konzentrationsverhältnis, Nervenzellen 773 (E)
Natriumchlorid

–, Brechzahl 1038 (T)
–, Kristalle 1337
–, Struktur 1340 (D)
Naturkräfte 82 86
natürliche elektrische Felder 628 (T)
Nd:YAG-Laser 1298 (D)
Nebel, planetarische 558
Nebelkammeraufnahme, Bahnkurve eines Elektrons 819
Nebenschlußmotor, Gleichstrom- *siehe* Gleichstrom-Nebenschlußmotor
negative Gesamtenergie, im Gravitationsfeld der Erde 319 (D)
negative Ladung 619 (D)
negative Linsen *siehe* Zerstreuungslinsen
negativer Überdruck 348
Neigungswinkel, schiefe Ebene 253 f (D)
Neon
–, Elektronenkonfiguration 1285
–, kritische Temperatur 531 (T)
–, molare Wärmekapazitäten 564 (T)
Neopren
–, Dielektrizitätszahl 728 (T)
–, Durchschlagsfestigkeit 728 (T)
Neptun
–, Atmosphärentemperaturen 1482
–, Umlaufdauer 303
Nernstsches Wärmetheorem 608 (D), 610 (Z)
–, *siehe auch* Dritter Hauptsatz
Nervenzellen
–, Aufbau 772 (E)
–, Ionenkonzentrationen 773 (E)
–, Kapazität der Zellmembran 742
–, Reizleitung 772–775 (E)
Netzfrequenz 937
Netzspannung 942
Neukurve 926 (D), 932 (Z)
Neuronen *siehe* Nervenzellen
Neurotransmitter 774 f (E)
Neutrinos 1428
–, Bedeutung für Forschung 218 (E)
–, Betazerfall 1400 (D)
–, Entdeckung 216 ff (E)
–, Masse 1428
–, Wechselwirkung mit Materie 218 (E)
Neutronen
–, Entdeckung 217 (E)
–, Kernreaktionen mit 1405
–, Ruheenergie 1181 (T)
–, thermische 1405 (D)
–, verzögerte 1409 (D)
–, Wechselwirkung mit Materie 1415 f
Neutronenbeugung, Beugungsmuster 1214
Neutronensterne 1464 f (D)
–, Radius 1464 (D)
–, rotierende 236
Neutronenzahl 1390 f (D), 1391 (D)
Newton, Einheit 3 (T), 75 f, 80, 93 (Z)
Newton, Isaac 329–332 (E)
–, Brief an Bentley 83, 332 (E)
–, Experiment der gekreuzten Prismen 330 (E)
–, Experiment zur Farbwahrnehmung 329 (E)
–, Experimente zur Erzeugung eines Spektrums 329 (E)

–, langreichweitige Wirkung 83
–, Teilchentheorie des Lichts 1023
–, Wurfbewegung 63 f
–, *siehe auch Principia*
–, *siehe* auch *Opticks*
Newtons Relativitätsprinzip 1150 ff, 1153 (D)
Newtonsche Axiome 71–98
–, Anwendungen 99–128
–, Lösung von Bewegungsproblemen 86–92, 99–108
–, –, Vorgehensweise 88 (D), 94 (Z)
Newtonsche Ringe
–, Ausmessung von 1144
–, Interferenz an dünnen Schichten 1112 (D)
Newtonsches Abkühlungsgesetz 553 (D), 572 (Z), 582
Newtonsches Axiom
–, drittes 72 (D), 80 ff, 93 (Z)
–, erstes 71–74 (D), 93 (Z)
–, zweites 71 (D), 74–77, 93 (Z)
–, –, Drehbewegung 231 (D), 266 (Z)
–, –, Drehimpuls 243 f (D), 260 (D)
–, –, für Teilchensysteme 183 (D)
–, –, Impulsformulierung 76, 186 (D), 213
Newtonsches Gravitationsgesetz 303–309, 327 (Z)
–, Geschichte 330 ff (E)
nichtdispersive Medien 484 (D), 495 (Z)
Nicht-Inertialsysteme 114 ff
nichtkonservative Kraft 146
–, verallgemeinerter Energiesatz der Mechanik 158 f
Nichtleiter 621 (D)
nichtlineare Optik 1366
–, Brechzahlgitter 1366
–, parametrische Verstärkung 1366
–, photorefraktiver Effekt 1366
nichtlineares Verhalten, Schwingungssysteme 412 (E)
nichtohmscher Widerstand 752 (D)
nichtsymmetrischer Leiter, elektrisches Feld 708 f
nichtviskose Fluide 357 (D)
nichtviskose Strömung 356–362, 367 (Z)
nichtzentraler Stoß 205 f (D)
Nickel, Austrittsarbeit 1352 (T)
Niobdiborid-Kristall, Laue-Beugungsmuster 1203
Nishijima, K. 1432
Normalbedingungen, thermodynamische 530, 544
Normale
–, Einheiten- 75
–, Massen- 75
–, Primär- 75
–, Sekundär- 75
–, Spannungs-, Josephson-Kontakt 1371
–, Widerstands-, Quanten-Hall-Effekt 835
Normalenvektor 656 (D)
Normalkomponente des elektrischen Feldes, Unstetigkeit 668 f, 676 (Z)
Normalkraft 85 (D)
Normalverteilung, Gaußsche 4
Normierung, Wellenfunktion 1224 (D), 1237 (D), 1271 (D)

1507

Namen- und Sachverzeichnis

Nova-Target-Kammer, Fusionsexperiment 1413
Novae 1460 f (D)
–, Klassische 1461 (D)
–, Rekurrierende 1461 (D)
–, Zwerg- 1461 (D)
npn-Transistor 1364
Nukleonen 1390 (D)
Nukleonendichte 1391
Nukleosynthesephase, Standardmodell des Universums 1477 (D)
Nuklid 1390 (D)
Nullpunkt, der Temperatur *siehe* absoluter Nullpunkt
Nullpunktsenergie, aus Unschärferelation 1231 f (D)
Nullter Hauptsatz, der Thermodynamik 510 (D)
numerische Bahnexzentrizität 302 (D)
numerische Integration 118–121
–, Genauigkeit 120 f
numerische Methoden, Lösung von Bewegungsgleichungen 118–121
Nutation 264 (D)
Nutzlast einer Rakete 212 (D)

O

Oberfläche, Gaußsche *siehe* Gaußsche Oberfläche
Oberflächenladungen
–, leitende Gegenstände 676 (Z), 669–673
–, *siehe auch* Flächenladungsdichte
Oberflächenspannung 353–356, 354 (D), 367 (Z)
Oberflächensperrschicht-Zähler 1363 (D)
Oberflächenstrom, Ampèrescher 917 (D)
Oberflächentechnik im Nanometerbereich 1242
Oberflächentemperatur, Erde 575 f (E)
Oberflächenuntersuchungen mit Raster-Tunnel-Mikroskop 1382 (E)
Oberflächenwellen 426 f
–, seismische 497 f (E)
Obertonreihe einer Saite 441 f (D)
Objektiv, Mikroskop 1098 (D)
Objektivarten, Kamera 1097
Oersted, Hans Christian 811, 843
Oersteds Experiment 848
Offene Haufen 1454 (D)
offenes Flüssigkeitsmanometer 348
Öffnungsverhältnis, Kamera 1096 (D)
Ohm, Einheit 3 (T), 751 (D)
Ohmmeter 798, 800 f, 802 (Z)
ohmscher Widerstand 752 (D)
–, Spannung-Strom-Kennlinie 752
Ohmsches Gesetz 751 (D), 770 (Z)
–, mikroskopisches Modell der Leitfähigkeit 768 (D)
–, vektorielle Form 753 (D)
–, Wechselstromkreis mit Widerstand 941 (D)
–, Wechselstromkreis mit Spule 945
Okular, Mikroskop 1095, 1098 (D)
Olberssches Paradoxon 1474 (D)
Operator
–, Divergenz 702 (D), 711 (Z)
–, Gradient 147 (D), 168 (Z), 699 (D), 711 (Z)
–, Laplace- 703 (D), 712 (Z)
–, Nabla- 147 (D)
–, Rotation 865 (D), 868 (Z)
Opticks 330 (E)
–, *Queries* 332 (E)
Optik 1023 ff
–, geometrische *siehe* geometrische Optik
–, Laser *siehe* Laser
–, Lichtgeschwindigkeit 1025–1028
–, nichtlineare *siehe* nichtlineare Optik
–, Wellen- *siehe* Wellenoptik
optisch anisotrope Materialien 1048 (D)
optisch isotrope Materialien 1048 (D)
optische Achse 1048 (D)
optische Dichte 1032
optische Instrumente 1089–1108
–, Auflösung 1132–1135
–, Brille 1091 ff
–, Interferometer 1114 ff
–, Kamera 1095 ff
–, Lupe 1093 ff
–, Mikroskop 1098 f
–, Teleskop 1099–1104
optische Pinzetten 1304 (E)
optische Spektren *siehe* Spektren im sichtbaren Bereich
optisches Pumpen, Laser 1294 (D)
Orbitale
–, Atom- 1283 (D)
–, Hybrid- 1319 (D)
–, Molekül- 1309 (D), 1318 f (D)
ordentlicher Strahl 1048 (D)
Ordnung
–, Chaos und 411–416 (E)
–, Entropie und *siehe* Entropie
Ordnungszahl 1265 (D), 1390 f (D)
Orgelpfeife, Eigenfrequenzen und Klangcharakter 479 f, 494 (Z)
Orientierungspolarisation 725 f (D), 739 (Z)
Ort, Erwartungswert 1245 (D)
Ort-Impuls-Unschärferelation 1230 (D)
Orthogonalität, von Wellenfunktionen 1262
Ortsvektor 48 (D), 65 (Z)
Oszillator
–, chaotischer 411–415 (E)
–, gedämpfter *siehe* gedämpfte Schwingung
–, harmonischer *siehe* harmonische Schwingung
–, *siehe auch* harmonischer Oszillator
Ottomotor
–, *P-V-* Diagramm 587 f
–, Flammenausbreitung 588 f
–, Verdichtungsverhältnis 613
–, Wirkungsgrad 613
Ozon 577 (E)

P

P-T- Diagramm 531
P-V- Diagramm 529 f
–, eines idealen Gases 560 ff
–, Ottomotor 587 f
P-Wellen, seismische *siehe* Primärwellen
P-Zweig, Infrarotabsorptionsspektrum 1329
Paarbildung, Wechselwirkung von Photonen mit Materie 1417 (D)
Papier, Dielektrizitätszahl 728 (T)
–, Durchschlagsfestigkeit 728 (T)
para-Hydroxyphenol-2-butanon, Molekülmodell 1321 (T)
Parabolspiegel 1082
Paradoxa, der speziellen Relativitätstheorie 1164, 1167, 1169 ff
Paradoxon, hydrostatisches 348
Paraffin, Dielektrizitätszahl 728 (T)
–, Durchschlagsfestigkeit 728 (T)
Parallaxe eines Sterns 1458 (D)
Parallaxen-Methode, Entfernungsbestimmung naher Sterne 1458
Parallelogramm-Methode, Vektoraddition 44 f
Parallelschaltung
–, von Kondensatoren 733 f (D), 740 (Z)
–, von Widerständen 762 ff (D), 771 (Z)
paramagnetische Materialien 915 f, 922 ff, 930 ff (Z)
–, Abhängigkeit der Magnetisierung von äußerem Magnetfeld 924 (D)
Paramagnetismus 922 ff, 930 ff (Z)
–, am Beispiel von flüssigem Sauerstoff im Magnetfeld 923
parametrische Verstärkung 1366
Parsec, Einheit 14, 1458 (D)
Partialdruck 532 (D)
partielle Ableitung 448 (D)
–, allgemein 5
Pascal, Blaise 347
Pascal, Einheit 3 (T), 345
Pascalsches Prinzip 347 f, 366 (Z)
Paschen-Serie, Wasserstoffspektrum 1207 (D)
Paul, W. 1301 (E)
Paul-Falle, Elektrodenanordnung 1300
Pauli, Wolfgang 217 (E), 1283, 1400
Pauli-Prinzip 1298 (Z)
–, Atome, Periodensystem 1283 (D)
–, Cooper-Paare 1368
–, Elementarteilchen 1429
–, identische Teilchen, allgemein 1256 (D), 1259 (Z)
–, Moleküle 1310 f
–, *siehe auch* Spin
Pegel, Einheit 468 (D)
–, Schall- 468 (D)
–, Schallintensitäts- *siehe* Lautstärke
Pelargonidin, Molekülmodell 1321 (T)
Pendel 394–400
–, ballistisches 202
–, Faden- *siehe* mathematisches Pendel
–, konisches, Drehimpuls 272
–, mathematisches *siehe* mathematisches Pendel
–, physikalisches *siehe* physikalisches Pendel
–, Torsions- *siehe* Torsionspendel
Penduluhr 397
Penning, F.M. 1301 (E)
Penning-Falle
–, Ansicht 1305

–, Elektrodenanordnung 1300
Penzias, Arno 1475
Perihel 301 (D)
Periode
–, allgemein *siehe* Schwingungsdauer
–, Rotations-, Erde 276
–, –, Sonne 275
–, Umlauf-, Planeten 301 f (D), 305 f (D), 327 (Z)
Periodensystem 1282–1288, 1298 (Z)
–, Beryllium ($Z = 4$) 1285
–, Bor bis Neon ($Z = 5$ bis $Z = 10$) 1285
–, Elemente mit $Z > 18$ 1286
–, Helium ($Z = 2$) 1283 f
–, Lithium ($Z = 3$) 1284 f
–, Natrium bis Argon ($Z = 11$ bis $Z = 18$) 1286
–, Pauli-Prinzip 1283 (D)
–, Übergangsmetalle 1286
–, *siehe auch* Elektronenkonfiguration
Periodenverdopplung
–, chaotische Oszillationen 413 (E)
–, Computer-Chaos 415 f (E)
Permalloy, relative Permeabilität 927 (T)
permanentes Dipolmoment, elektrisches 637 (D)
Permanentmagnet, Drehmoment im Magnetfeld 829 f (D)
Permeabilität
–, des Vakuums 812 (D), 844
–, relative *siehe* relative Permeabilität
–, von Materie 812 (D), 919 (D), 926 (D), 932 (Z)
Permeabilitätszahl 812 (D)
Permittivität 727 (D), 735 (Z)
Pferdekarrenbeipiel, Kraft-Gegenkraft-Paar 81 f
Pferdestärke, Einheit 165 (D)
Phase
–, einer Schwingung 381 (D)
–, einer Welle 435 (D)
–, Shubnikov- 1367 (D)
–, thermodynamische 530 f (D), 543 ff
Phasenbeziehung
–, Primärspannung–Sekundärspannung, Transformator 967
–, Strom–Spannung
–, –, Wechselstromkreis mit Widerstand 939 (D)
–, –, Wechselstromkreis mit Kondensator 947, 973 (Z)
–, –, Wechselstromkreis mit Spule 944, 973 (Z)
Phasendiagramme 530–533
Phasendifferenz 435 f (D)
–, Interferenz am Doppelspalt 1118
–, konstante 473
–, Wellen 471 ff (D), 1109 f (D), 1139 (Z)
Phasengeschwindigkeit
–, harmonische Wellen 484 (D), 495 (Z)
–, Wellenpaket 1227 (D), 1229 (D)
Phasenkonjugation, photorefraktiver Effekt 1366 (D)
Phasenkonstante 436 (D)
–, erzwungene Schwingung 408 (D)
–, harmonische Schwingung 410 (Z)
–, harmonische Schwingungen 381 (D)
–, sinusförmige Wechselspannung 938 (D)

Phasensprung, bei Reflexion von Wellen 425
–, Übergang einer Welle von einem Medium in ein anderes 1110 (D)
Phasenübergänge 543 ff
–, beim Wasser 545
–, Supraleitung 1367 (D)
–, Universum 1476
Phasenverschiebung *siehe* Phasendifferenz
Phasenwinkel *siehe* Phasenkonstante
Phosphoreszenz 1293 (D)
Photoeffekt
–, äußerer 1199–1202, 1216 (Z), 1293 (D)
–, Einsteins Gleichung 1200 (D)
–, innerer 1363
Photon–Atom-Wechselwirkungen 1292 f (D)
Photonen 1024
–, Aufenthaltswahrscheinlichkeitsdichte 1223 (D)
–, Begriff 1200 (D)
–, Beugungsmuster 1222
–, Ruheenergie 1181 (T)
–, virtuelle 1426 (D)
–, Wechselwirkung mit Materie 1416 f
Photonik 1366
photorefraktiver Effekt 1366 (D)
Photosphäre der Sonne 1446 ff (D)
physikalische Akustik 481
physikalische Größen *siehe* Größen
physikalisches Pendel 398 f
Pinguin-Teilchenzerfall 1439
Pion 1427 (D)
–, Ruheenergie 1181 (T)
Pkw-Anlassermotor, Aufbau 979 (E)
Planck, Max 1198
Planck-Länge 1478 (D)
Planck-Masse 1478 (D)
Planck-Zeit 1478 (D)
Plancksche Konstante *siehe* Plancksches Wirkungsquantum
Plancksches Strahlungsgesetz 1220
Plancksches Wirkungsquantum 921, 931 (Z), 1199 (D), 1216 (Z)
Planetarischer Nebel 558, 1460 (D)
Planeten, Umlaufdauer 301 f (D), 305 f (D), 327 (Z)
Planetenatmosphären
–, Temperaturen 1482
–, Zusammensetzung 317
Planetenbewegung
–, Drehmoment 270
–, Keplersche Gesetze 299–302, 305 f
Planetenmonde
–, Saturn, Umlaufdauer 333
–, Uranus 333
Plasma
–, Fusion 1411 (D)
–, geladene Teilchen 820 (D), 904 (E)
–, Nervenzellen 772 (E)
Platte, leitende, influenziertes Feld 672
Plattenkondensator 722 f (D)
–, Anwendung der verallgemeinerten Form des Ampèreschen Gesetzes 994 f
–, Kapazität 723 (D), 739 (Z)
–, Kapazität mit und ohne Dielektrikum 729
–, Ladungsdichte 727 (D)

–, Speicherung elektrostatischer Energie 730 f (D)
–, Verschiebungsstrom 994
–, *siehe auch* Kondensatoren
Plexiglas
–, Dielektrizitätszahl 728 (T)
–, Durchschlagsfestigkeit 728 (T)
pn-Halbleiter-Diode 1361 (D)
–, Strom-Spannungs-Kennlinie 1362
pn-Halbleiter-Übergang 1361 ff (D)
pnp-Transistor 1364
Pointillismus, minimaler Betrachtungsabstand 1144
Poise, Einheit 363
Poisson, Denis 1132
Poisson-Gleichung 703 (D), 712 (Z)
Poissonsche Zahl 344 (Z)
polare Moleküle 637 (D)
Polarisation 1044–1049, 1050 (Z)
–, dielektrische
–, –, *siehe* Orientierungspolarisation
–, –, *siehe auch* Verschiebungspolarisation
–, durch Absorption 1044 ff
–, durch Doppelbrechung 1048 f
–, durch Reflexion 1047 f
–, durch Streuung 1046 f
–, Nervenzellen 774 (E)
–, Mikrowellen 1045
Polarisationsfolie 1044 f (D)
Polarisationswinkel, Polarisation durch Reflexion 1047 (D)
Polarisator 1045 (D)
Polarisierbarkeit 725 f (D)
polarisierte elektromagnetische Welle
–, linear 1001
–, zirkular 1002
Polarkoordinaten 1267 (D), 1271 (D)
–, *siehe auch* Kugelkoordinaten
Polarlicht 903–907 (E)
–, Form und Farbe 905 (E)
–, primärer und sekundärer Entladungskreis 905 f (E)
–, Spektrum 904 (E)
Polarlichtgenerator 905 (E)
Polarlichtzonen 903 (E)
Polstärke, magnetische
–, –, Stabmagnet 829 (D), 836 (Z)
–, –, Zylinderspule 874
polykristalline Festkörper 1336 (D)
Polystyrol
–, Dielektrizitätszahl 728 (T)
–, Durchschlagsfestigkeit 728 (T)
Porzellan
–, Dielektrizitätszahl 728 (T)
–, Durchschlagsfestigkeit 728 (T)
positive Gesamtenergie, im Gravitationsfeld der Erde 319 (D)
positive Ladung 619 (D)
positive Linsen *siehe* Sammellinsen
Positron
–, Ladungsbegriff 620
–, Ruheenergie 1181 (T)
Postulate
–, Bohrsche *siehe* Bohrsche Postulate
–, Einsteinsche *siehe* Einsteinsche Postulate
Potential
–, Aktions- *siehe* Aktionspotential

1509

Namen- und Sachverzeichnis

–, Alphateilchen 1403
–, Äquipotentialflächen 699 (D), 704 ff (D)
–, Begriff 149 (D)
–, Coulomb- *siehe* elektrisches Potential
–, eines harmonischen Oszillators *siehe* harmonischer Oszillator
–, elektrisches *siehe* elektrisches Potential
–, Gravitations-, Relativitätstheorie 1184 (D)
–, ionische Bindung 1311
–, Kasten- *siehe* Kastenpotential
–, kovalente Bindung 1314
–, Lennard-Jones- 150, 1332
–, Potentialtopf mit endlich hohen Wänden 1241–1244
–, Potentialtopf mit unendlich hohen Wänden *siehe* Kastenpotential
–, Proton 687
–, Punktladung 686 (D)
–, Punktladungssystem 688 (D)
–, Ringladung 692
–, Ruhe- *siehe* Ruhepotential
–, Schwellen- *siehe* Schwellenpotential
–, Yukawa- 176
–, *siehe auch* potentielle Energie
Potentialbarriere
–, Reflexion und Transmission 1249 f
–, Transmission durch 1250–1253
Potentialdifferenz 682 f (D), 710 (Z)
–, Einheit 683 (D)
Potentialkurve *siehe* Potential
Potentialschwelle *siehe* Potentialbarriere
Potentialtopf mit endlich hohen Wänden 1259 (Z)
–, Schrödinger-Gleichung 1241–1244
–, Sichtbarmachung mit Rastertunnelmikroskop 1242
Potentialtopf mit unendlich hohen Wänden *siehe* Kastenpotential
Potentialwall *siehe* Potentialbarriere
potentielle Energie 142–146 (D)
–, als Integral einer konservativen Kraft 144 (D), 147 (D)
–, Arbeit und 144 (D), 168 (Z)
–, des Elektrons im Wasserstoffatom 1267 (D)
–, elektrischer Dipol in einem elektrischen Feld 638 (D), 640 (Z)
–, elektrischer Dipol in elektrischem Feld 923
–, elektrisches Feld 681 f (D)
–, elektrostatische 690 f (D), 710 f (Z)
–, Feder 145 f
–, Gleichgewicht und 147–150
–, Gravitation 144 f, 168 (Z)
–, harmonische Schwingung 388 ff, 410
–, im Gravitationsfeld der Erde 314 f (D), 318–321, 328 (Z)
–, in einem allgemeinen Gravitationsfeld 328 (Z)
–, Ion in Natriumchlorid-Struktur 1341 (D)
–, magnetischer Dipol in magnetischem Feld 923 (D)
–, mechanische Gesamtenergie, 151 (D)
–, Schwingung mit kleiner Auslenkung 401
–, senkrecht aufgehängte schwingende Feder 393 f

–, *siehe auch* Potential
Potenzen, Zehner- 3 (T)
Potenzfunktion
–, Ableitung 25 (D)
–, Stammfunktion 29 (D)
Poynting, John 1003
Poynting-Vektor 1003 (D), 1012 (Z)
Präzession 264 (D), 267 (Z)
Präzisionsmessungen, atomarer Energieniveaus 1300–1305 (E)
Primärnormal 75
Primärspannung, Transformator 966 (D), 975 (Z)
Primärspule 965 (D)
Primärwellen, seismische 497 f (E)
Princeton University, Tokamakreaktor 863
Principia 330 ff (E)
–, Wurfbewegung 63 f
–, *siehe auch* Newton, Isaac
Prinzip
–, Aktions- *siehe* Newtonsche Axiome
–, anthropisches *siehe* anthropisches Prinzip
–, Äquivalenz *siehe* Äquivalenzprinzip
–, Archimedisches 350 (D), 367 (Z)
–, Carnot- 592 f (D)
–, Clausius 590 (D)
–, Fermatsches 1042 (D)
–, Huygenssches 1028–1033 (D)
–, hydraulisches 347
–, Pascalsches 347 f, 366 (Z)
–, Reaktions- *siehe* Newtonsche Axiome
–, Superpositions- *siehe* Superpositionsprinzip
–, Thomson 589 (D)
–, Trägheits- *siehe* Trägheitsprinzip
–, der Überlagerung elektrostatischer Kräfte 626 (D)
–, *siehe auch* Regel
–, *siehe auch* Gesetz
–, *siehe auch* Satz
Prisma, Lichtbrechung 1036
Prismen, gekreuzte, Newtons Experiment 330 (E)
Probeladung 627 (D)
–, Kraft auf 628 (D), 639 (Z), 682 (D)
Projektion, der Kreisbewegung eines Teilchens 387 f
Projektion eines Vektors 45
Promotion, Molekülorbitale 1319 (D)
Proton
–, Ablenkung im Magnetfeld 819, 827
–, elektrisches Potential 687
–, Elektrizitätsbegriff 619 (D)
–, potentielle Energie in einem elektrischen Feld 684 f
–, Ruheenergie 1181 (T)
Proton-Antiproton-Paarerzeugung 1429
Proton-Proton-Zyklus
–, Fusion in Sternen 1423
–, Sonne 1451 (D), 1479 (Z)
Protonenbeschleuniger 750
Protuberanzen, Sonnenaktivität 1453 (D)
Prozesse
–, irreversible *siehe* irreversible Prozesse
–, Kreis- *siehe* Kreisprozeß
–, reversible *siehe* reversible Prozesse
Ptolemäus, Claudius 299

Puls
–, Breite 483 (D)
–, Dauer 483 (D), 495 (Z)
–, Laser- 1298 (D)
–, *siehe auch* Wellenpuls
Pulsar 1465 (D)
–, Krebs- 236
pulsierender Gleichstrom 970 (D)
Punkt
–, kritischer 529
–, Tripel- 531 (D)
Punktladung
–, Bewegung im Magnetfeld 818–827, 835 (Z)
–, Bewegung in elektrischen Feldern 635 f
–, Coulombsches Gesetz 629 (D), 639 (Z)
–, elektrisches Feld 659
–, elektrisches Potential 686 (D), 710 (Z)
–, Magnetfeld einer bewegten 844–847, 866 (Z)
Punktladungssystem
–, Coulombsches Gesetz 629 (D), 639 (Z)
–, elektrisches Potential 688 (D), 710 (Z)
Punktmasse 19 (D)
Pupille, menschliches Auge 1089 (D)
Pyknometer 371

Q

Q-Faktor
–, LCR-Reihenschwingkreis 960 (D), 975 (Z)
–, *siehe auch* Gütefaktor
–, *siehe auch* Qualitätsfaktor
Q-Wert, einer Kernreaktion 1404 (D)
QCD *siehe* Quantenchromodynamik
QED *siehe* Quantenelektrodynamik
Quader, Trägheitsmoment 231 (T), 237, 240
quadratintegrable Wellenfunktion 1237 (D)
quadratisch gemittelte Größen
–, Geschwindigkeit 524 (D), 535 (Z)
–, Spannung und Stromstärke 940 (D), 973 (Z)
–, *siehe auch* Mittelwert
Qualitätsfaktor
–, biologische Strahlenwirkung 1417 (D)
–, erzwungene Schwingung 407 (D)
–, gedämpfte Schwingung 410 (Z)
–, *siehe auch* Gütefaktor
Quantelung
–, räumliche 1279 (D)
–, *siehe auch* Quantisierung
Quanten 1198 (D), 1216 (Z)
Quanten-Hall-Effekt 834 f, 836 (Z)
Quantenchromodynamik (QCD) 1438 (D)
Quantenelektrodynamik (QED) 1426 (D)
Quantengehege, Erzeugung mit Rastertunnelmikroskop 1242
Quantenmechanik 1215 (D)
–, bedeutende historische Experimente 1196 (T)
–, Erwartungswerte 1244 ff
–, harmonischer Oszillator 1246–1249
–, identische Teilchen 1255 f
–, Kastenpotential 1237–1241

–, Potentialtopf mit endlich hohen Wänden 1241–1244
–, Reflexion und Transmission an Potentialbarrieren 1249–1252
–, Schrödinger-Gleichung, in drei Dimensionen 1253 ff, 1234–1237
–, Tunneleffekt 1250–1252
–, Unschärferelation 1230–1232
–, Ursprünge
–, –, Bohrsches Atommodell 1206–1211
–, –, Compton-Streuung 1204 ff
–, –, Photoeffekt 1199–1202
–, –, Plancksches Wirkungsquantum 1197 ff
–, –, Röntgenstrahlung 1202 ff
–, –, Strahlung des schwarzen Körpers 1197 ff
–, –, Welleneigenschaften des Elektrons 1212–1216
–, Welle-Teilchen-Dualismus 1233 f
–, Wellenfunktionen von Teilchen 1221–1224
–, Wellenpakete 1225–1229
quantenmechanisches Modell
–, der elektrischen Leitung 1353–1356
–, der Wärmekapazität 1356
–, der Wärmeleitung 1355 f
Quantentheorie *siehe* Quantenmechanik
Quantenzahlen
–, Bahndrehimpuls- 1268 (D)
–, Begriff 1240 (D)
–, Elementarteilchen 1431–1434 (D)
–, Haupt- 1268 (D)
–, magnetische *siehe* magnetische Quantenzahl
–, –, des Spins, *siehe* magnetische Quantenzahl des Spins
–, Quarks 1435 f (D)
–, Spin- 1275 (D)
–, Wasserstoffatom 1268 (D), 1298 (Z)
quantisierte Ladung 619
Quantisierung
–, Energie- *siehe* Energiequantisierung
–, Strahlungsenergie 1195, 1198 (D)
Quark-Modell 1434–1437
Quarks 1427 (D), 1435 (D), 1442 (Z)
–, Antiquarks und 1435 (T)
–, bottom 1436 (D)
–, charm 1436 (D)
–, Confinement 1437 (D), 1440
–, down 1435 (D)
–, Eigenschaften 1435 (T)
–, Flavours 1435 (D)
–, Kombinationen 1435 f (D), 1440
–, Ladung 620, 1435 (D)
–, Massen 1437 (T)
–, Quantenzahlen 1435 f (D)
–, strange 1435 (D)
–, top 1436 (D)
–, –, Nachweis 1437
–, up 1435 (D)
Quarzglas, Brechzahl 1038 (T)
Quasare 1469 (D)
quasistationärer Strom 781 (D)
quasistellare Objekte (QSOs) 1469 (D)
Quecksilber
–, Dichte 340 (T)
–, Kompressionsmodul 346 (T)

–, magnetische Suszeptibilität 919 (T)
–, molare Wärmekapazität 541 (T)
–, Schmelzpunkt 544 (T)
–, Schmelzwärme 544 (T)
–, Siedepunkt 544 (T)
–, spezifische Wärme 541 (T)
–, spezifischer Widerstand 754 (T)
–, Supraleitung 755, 1367 (T)
–, Temperaturkoeffizienten des Widerstandes 754 (T)
–, Verdampfungswärme 544 (T)
–, Volumenausdehnungskoeffizient 515 (T)
Quecksilberatom, einzelnes, in Paul-Falle 1303
Quecksilbermanometer 348
Quecksilbersäule, Druck 348 f
Quecksilberthermometer 510 f
Quellen
–, des elektrischen Feldes 998
–, des Magnetfelds 843–874
–, –, formale Beschreibung 865 f (D), 868 (Z), 998
–, für harmonische Schallwellen 462
–, Spannungs- *siehe* Spannungsquellen
Quellenspannung 758 (D), 783 (D)
quellfreier Raum, Maxwellsche Gleichungen 999 (D)
Queries, *Opticks* 332 (E)
Querkontraktion 344 (D)
Querwellen *siehe* Transversalwellen
Querwiderstand *siehe* Shuntwiderstand

R

R-Zweig, Infrarotabsorptionsspektrum 1329
rad, Einheit 1418 (T)
Radfahren, Aerodynamik 368–371 (E)
radiale Wahrscheinlichkeitsdichte, Wasserstoffatom 1273 (D)
radialer Strahl 1065 (D)
Radiant, Einheit 226 (D)
Radienverhältnis in Ionenkristallen 1340 (D)
Radioaktivität 1398–1403
–, Alphazerfall 1402 f
–, Betazerfall 1400 f
–, Energieerhaltung 216 (E)
–, Gammazerfall 1402
–, Halbwertszeit 1399 (D), 1419 (Z)
–, Zerfallskonstante 1399 (D), 1419 (Z)
–, Zerfallsrate 1399 (D)
Radiogalaxien 1469 (D)
Radiometer 1020
Radioquelle, Centaurus A 1445
Radioteleskope 1101
Radius
–, Bahn- *siehe* Bahnradius
–, Bohrscher *siehe* Bohrscher Radius
Rakete
–, Endgeschwindigkeit 212 (D), 214 (Z)
–, Nutzlast 212 (D)
Raketenantrieb 210–213
–, Austrittsgeschwindigkeit des Gases 210 f, 214 (Z)
Raketengleichung 211 (D), 214 (Z)

Raketentreibstoff, Brennzeit 212
Raman, C.V. 1293
Raman-Streuung 1293 (D)
Randbedingungen
–, Berechnung des elektrischen Potentials 686 (D), 698, 705
–, Lösung der Schröderinger-Gleichung 1237 f (D)
–, Lösung der Wellengleichung 444 (D), 453 (Z)
–, Lösung von Bewegungsproblemen 88 (D)
Ranvierscher Schnürring, Nervenzellen 774 f (E)
Raster-Tunnel-Mikroskop 1380–1383 (E)
–, Abtastprozeß 1381 (E)
–, Aufbau 1381 (E)
–, Auflösungsvermögen 1381 (E)
–, Oberflächenuntersuchungen 1382 (E)
–, Prinzip 1380 f (E)
–, Sichtbarmachung von stehenden Elektronenwellen 1242
Raumerfüllung 1339 (D)
Raumladungsdichte 645 (D)
Raumwellen, seismische 497 f (E)
Rauschen, Barkhausen- 925 (D)
Rayleigh-Jeans-Gesetz, Strahlung des schwarzen Körpers 1198 (D)
Rayleigh-Streuung 1292 (D)
Rayleigh-Wellen, seismische 497 f (E)
Rayleighsches Kriterium, der Auflösung 1134 (D), 1140 (Z)
RBW-Faktor 1417 (D)
RC-Stromkreise 790–798
–, Zeitkonstante 791 (D)
Reaktanz, *LCR*-Reihenschwingkreis 957 (D)
Reaktionsprinzip 72 (D), 80 ff
–, *siehe auch* Newtonsche Axiome
reales Gas, Zustandsgleichung 528 (D), 535 (Z)
Rechnen, mit physikalischen Größen 6–9
Rechte-Hand-Regel 813 (D)
–, Leiterschleife im Magnetfeld 828
–, Vektorprodukt 256 (D)
reduzierte Masse
–, Elektron 1219
–, zweiatomige Moleküle 1323 (D), 1331 (Z)
reelles Bild 1062 (D)
Reflexion
–, an einem Potentialwall 1249 f
–, Bilderzeugung und 1059–1067
–, –, Vorzeichenkonvention 1066 (D)
–, diffuse 1030 f (D)
–, Fermatsches Prinzip und 1042
–, Huygenssches Prinzip und 1031 f
–, physikalischer Mechanismus 1031
–, Polarisation durch 1047 f
–, reguläre 1030 (D)
–, Total- *siehe* Totalreflexion
–, von Wellen 425, 485, 495 (Z)
Reflexionsgesetz 1030 (D), 1050 (Z)
Reflexionskoeffizient, quantenmechanisch 1249 (D)
Reflexionsseismographie 499 ff (E)
Reflexionswinkel 1030 (D)
Refraktärperiode, Nervenzellen 774 (E)

Namen- und Sachverzeichnis

Refraktor *siehe* Linsenteleskop
Regel
–, Auswahl-, Atomphysik 1270 (D)
–, Kirchhoffsche Knoten-
  siehe Kirschhoffsche Knotenregel
–, Kirchhoffsche Maschen-
  siehe Kirschhoffsche Maschenregel
–, Lenzsche *siehe* Lenzsche Regel
–, Rechte-Hand- *siehe* Rechte-Hand-Regel
–, von Dulong und Petit 565
–, *siehe auch* Prinzip
–, *siehe auch* Gesetz
–, *siehe auch* Satz
Regenbogen 1039 ff
–, Ablenkwinkel 1040 (D)
–, Beobachtungswinkel 1039 (D)
–, infraroter 1051 ff (E)
–, Winkel minimaler Ablenkung 1041 (D)
Regenbogen-Hologramm 1138
Regime, chaotisches 412 (E)
reguläre Reflexion 1030 (D)
Reibung 99–108
–, Energiebetrachtung 159 ff
–, gedämpfte Schwingung 403 f
–, Kräfte *siehe* Reibungskräfte
–, Rollbewegung 250–255
–, *siehe auch* Gleitreibung
–, *siehe auch* Haftreibung
–, *siehe auch* Rollreibung
Reibungselektrizität 619
reibungsfreie Strömung *siehe* nichtviskose Strömung
reibungsfreier Haken 111 f, 156
Reibungskoeffizient *siehe* Reibungszahl
Reibungskräfte 85
–, als nichtkonservative Kräfte 146
–, Autoreifen auf Straße 105–108
–, bei Kreisbewegung 107 f
–, Kiste auf Boden 102 f
–, Schlittenfahren 103 f
Reibungszahl
–, Gleit- 101 (D), 102 (T)
–, Haft- 100 (D)
–, Roll- 105 f (D)
Reichweite
–, von ionisierenden Teilchen 1414 (D)
–, Wurfbewegung 55 (D), 58 (D), 65 (Z)
Reihenentwicklung, Gleichung für Frequenzverschiebung beim Doppler-Effekt 491
Reihenschaltung
–, von Kondensatoren 734 f (D), 740 (Z)
–, von Widerständen 761 f (D), 770 (Z)
Reines, Frederick 218 (E)
Reizleitung, Nervenzellen 772–775 (E)
Rekursionsformeln 119 (D)
relative biologische Wirksamkeit 1417 (D)
relative Dichte 340 (D)
relative Längenänderung *siehe* Dehnung
relative Permeabilität 926 (D), 932 (Z)
–, verschiedener Materialien 927 (T)
relativer Wirkungsgrad 596 (D), 609 (Z)
relatives Gewicht, Auftrieb 350 (D)
Relativgeschwindigkeit 52 (D), 65 (Z)
relativistische Energie 1176–1182, 1187 f
–, Zusammenhang mit klassischer Energie 1178 f (D)

relativistische Geschwindigkeitstransformation 1172 (D), 1187 (Z)
relativistischer Energiesatz 1179 (D), 1188 (Z)
relativistischer Impuls 1174 ff (D), 1187
Relativitätsprinzip, Newtons *siehe* Newtons Relativitätsprinzip
Relativitätstheorie 1149–1193
–, allgemeine 1150, 1183–1186
–, spezielle *siehe* spezielle Relativitätstheorie
rem, Einheit 1418 (T)
Remanenzfeld 926 (D)
Repolarisation, Nervenzellen 774 (E)
Reservoir, Wärme- 588 (D)
Resonanz 406–409, 440 (D)
–, LCR-Reihenschwingkreis 958–964
–, Brückeneinsturz 442
Resonanzabsorption 1293 (D)
Resonanzen
–, Elementarteilchen 1432 (D)
–, –, bei Kernreaktionen mit Neutronen 1405 (D)
Resonanzfrequenz 438 f (D)
–, LC-Kreise ohne Wechselspannungsquelle 951 (D)
–, *LCR*-Kreise ohne Wechselspannungsquelle 954 (D)
–, *LCR*-Reihenschwingkreis 958 (D)
–, eines Oszillators 406
–, erzwungene Schwingung 408 (D)
–, Musikinstrumente *siehe* Musikinstrumente
–, Saite *siehe* Saite
–, *siehe auch* Eigenfrequenz
Resonanzkreis, *LCR*-Reihenschwingkreis 958 (D)
Resonanzkurven 407 (D)
–, *LCR*-Reihenschwingkreis 960 (D)
Resonator
–, Laser 1295 (D)
–, mechanischer 440 (D)
resultierende Kraft
–, *siehe* Kraft
–, *siehe auch* Ersatzkraft
Reversibilität, Bedingungen für 593 (D)
reversible Prozesse 609 f (Z)
–, Entropie des Universums 603
–, Entropieänderung 600 (D)
reversible Zustandsänderungen 559 (D), 573 (Z)
Reynolds-Zahl 365 (D)
Richardson, O.W. 969
Richterskala, Erdbeben 497 (E)
Ring, Trägheitsmoment 237, 240
Ringladung
–, elektrisches Feld 651 f, 676 (Z), 701
–, elektrisches Potential 692
Ringspule, Anwendung des Ampèreschen Gesetzes 862 f
–, Magnetfeld 867 (Z)
Ringströme (Kreisströme), Ampèresche 811 f
Ritz, Walter 1206
rms *siehe* root mean square
Roche-Volumen, Doppelsterne 1461 (D)
Rohr
–, Kundtsches 504

–, stehende Schallwellen in 476–480
Röhrendiode 969 (D)
Rohrer, Heinrich 1380 (E)
Rollbewegung 249–255, 266 (Z)
–, Bedingung 249 (D)
–, Billard-Kugel 251 f, 275, 277
–, Bowling-Kugel 250 f
–, homogene Kugel 250
–, Kugel auf schiefer Ebene 252 f
–, Reibungskräfte 105 f, 254 f
–, verschiedener Körper 249–255
–, Zylinder auf schiefer Ebene 254 f
Rollreibung 105 f, 254 f
Rollreibungszahl 105 f (D)
Römer, Ole 1025
Röntgen, W.C. 1202
Röntgen, Einheit 1418 (T)
Röntgenbeugung 1216 (Z)
–, Beugungsmuster 1214
–, Laue-Experiment 1203
Röntgenspektrum 1216 (Z)
–, Bremsstrahlungs- 1203 (D)
–, charakteristisches 1203 (D), 1291 f (D)
–, Molybdän 1291
Röntgenstrahlung 1202 ff
–, erste Aufnahme von *Röntgen* 1202
–, *siehe auch* Röntgenspektrum
root mean square (rms)
–, Effektivwerte von Spannung und Strom 940 (D)
–, Molekülgeschwindigkeit 524 (D)
Rotation
–, Differentialoperator 865 (D), 868 (Z)
–, Translation kombiniert mit Rotation *siehe* Rollbewegung
–, *siehe auch* Drehbewegung
Rotations-Schwingungs-Spektrum 1328 ff
–, von Stickstoff (N_2) 1327
Rotationsenergieniveaus, zweiatomiger Moleküle 1322 ff, 1331 (Z)
Rotationsfreiheitsgrade 564 ff (D)
Rotationskonstante, zweiatomiger Moleküle 1323
Rotationsmotoren, Gleichstrom- *siehe* Gleichstrom-Rotationsmotoren
Rotationsperiode
–, Erde 276
–, Sonne 275
Roter Riese 1460 (D)
rotierende Spule
–, in Magnetfeld 889 f, 901 (Z)
–, *siehe auch* Generatoren
Rotor, Gleichstrommotoren 978 ff (E)
Rotverschiebung
–, Gravitations- 1185 (D)
–, von Galaxien 1471
Rotverschiebungs-Durchmusterung, des Universums 1472
Rubin-Laser 1294 f (D)
Rückstellkraft
–, Feder 84 (D)
–, *siehe auch* rücktreibende Kraft
Rückstoßgeschwindigkeit, elastischer Stoß 196 (D)
Rückstoßwinkel, Teilchenstreuung 205 (D)
rücktreibende Kraft
–, *LCR*-Kreise ohne Wechselspannungsquelle 954

1512

–, *LCR*-Reihenschwingkreis 956
–, mechanische 379 f (D)
Rückwärtsspin, Billard-Kugel 251
Ruheenergie 1177 (D)
–, relativistischer Energiesatz und 1179 f
–, von Elementarteilchen 1181 (T)
Ruhemasse 1177–1182, 1188 (Z)
Ruhepotential, Nervenzellen 773 (E)
Rundung, von Zahlen 7, 9 (Z)
Ruska, Ernst 1214, 1380 (E)
Rutherford, Ernest 1389
Rutherfordscher Streuversuch 205 (D)
Rydberg, Janne 1206
Rydberg-Konstante 1206 (D)
Rydberg-Ritz-Formel 1206 f (D)

S

S-Wellen, seismische *siehe* Sekundärwellen
Sägezahnspannung, effektive Stromstärke 942
Saite
–, mit beidseitig fest eingespannten Enden 438–443
–, mit einem fest eingespannten Ende 443
–, Spannung in 440
–, stehende Wellen auf 438–447, 453 (Z)
–, Überlagerung von Grund- und Oberwellen 446 f
–, Wellen auf 429 ff
Sammellinsen 1074 (D), 1084 (Z)
–, Abbildungsmaßstab 1076 (D)
–, Hauptstrahlen 1075 f (D)
Satellitenbewegung 61 f
–, Gesamtenergie 320 f
–, um Erde 308 f
Sättigungsmagnetisierung 921 (D), 932
–, Eisen 922
Saturn, Masse 333
–, Monde, Umlaufdauer 333
–, Ringe 61
–, –, Gezeitenkraft 323
Saturn-V-Rakete 212 f
Satz
–, Drehimpulserhaltung *siehe* Drehimpulserhaltung
–, Energie-
–, –, *siehe* Energiesatz
–, –, *siehe auch* Energieerhaltungssatz
–, Erhaltungs- *siehe* Erhaltung
–, Gaußscher *siehe* Gaußscher Integralsatz
–, Gleichverteilungs- *siehe* Gleichverteilungssatz
–, Haupt- *siehe* Hauptsatz
–, Impulserhaltung *siehe* Impulserhaltung
–, Steinerscher *siehe* Steinerscher Satz, f
–, Stokesscher *siehe* Stokesscher Integralsatz
–, *siehe auch* Gesetz
–, *siehe auch* Regel
–, *siehe auch* Prinzip
Sauerstoff
–, flüssiger, in Magnetfeld 923
–, kritische Temperatur 531 (T)
–, magnetische Suszeptibilität 919 (T)
–, molare Wärmekapazitäten 564 (T)
–, Schmelzpunkt 544 (T)

–, Schmelzwärme 544 (T)
–, Siedepunkt 544 (T)
–, Verdampfungswärme 544 (T)
–, Wärmekapazitäten
Savart, F. 843
Schall-Energiegrößen 468 (D)
Schall-Feldgrößen 468 (D)
Schallgeschwindigkeit
–, Bestimmung 478 f
–, in Festkörpern 460 (D), 493 (Z)
–, in Flüssigkeiten 459 f (D), 493 (Z)
–, –, Herleitung der Gleichung 461 f
–, in Gasen 460 (D), 493 (Z)
–, Kundtsches Rohr 504
Schallintensität 468 ff, 493 f (Z)
Schallintensitätspegel *siehe* Lautstärke
Schallpegel 468 (D)
Schallquellen
–, für harmonische Schallwellen 462
–, Kohärenz von 473
–, relative Intensitäten 469 (T)
Schallstärke 467, 468 ff
Schallwellen 459 (D), 493 (Z)
–, Ausbreitung in Luft 462–466
–, Ausbreitungsgeschwindigkeit *siehe* Schallgeschwindigkeit
–, Doppler-Effekt 487–492
–, harmonische *siehe* harmonische Schallwellen
–, in Luftsäule 476–480
–, Leistung 467 (D)
–, stehende *siehe* stehende Schallwellen
Schaltbilder
–, Symbol für Amperemeter 798
–, Symbol für Batterie 758
–, Symbol für Galvanometer 799
–, Symbol für Halbleiterdiode 969 (D)
–, Symbol für Induktivität (Spule) 895 (D)
–, Symbol für Kapazität (Kondensator) 733
–, Symbol für Röhrendiode 962
–, Symbol für Spannungsquelle 758
–, Symbol für Transformator 965
–, Symbol für Transistor 1364
–, Symbol für Vakuumtriode 972
–, Symbol für Voltmeter 798
–, Symbol für Wechselspannungsquelle 890 (D)
–, Symbol für Widerstand 758
Schärfentiefe, Kamera 1097 (D)
Schätzung *siehe* Abschätzung
Scheibe homogener Ladung
–, elektrisches Feld 652 f, 676 (Z)
–, elektrisches Potential 692 f
Scheinarbeit 159
scheinbare Gewichtskraft 79 f
–, Fahrstuhl 92
scheinbare Tiefe, Brechungseffekt 1070 (D)
Scheinkräfte 114–118
Scheinwiderstand, *LCR*-Reihenschwingkreis 956 (D)
Scheitelwert
–, Spannung, Wechselstromkreis mit Widerstand 938 (D)
–, Stromstärke 939 (D), 973 (Z)
–, –, Wechselstromkreis mit Spule 945
Scherkraft 345 (D)

Scherspannung 345 (D), 366 (Z)
Scherung 345 (D), 366 (Z)
Schichten, dünne, Interferenz 1111–1116
schiefe Ebene
–, Beschleunigung 89
–, rollende Körper 252–255
Schleifen, Stromnetze 783 (D)
Schlierenmethode, Flammenausbreitung im Ottomotor 588 f
Schlittenfahren
–, Arbeit 131 f
–, Reibungskräfte 103 f
–, verallgemeinerter Energiesatz der Mechanik 159 f
Schmelzen, als Phasenübergang 543 (D)
Schmelzkurve 531
Schmelzpunkt
–, unter Normalbedingungen 544 (D)
–, –, verschiedener Substanzen 544 (T)
Schmelzwärme 544 (D), 571 (Z)
–, verschiedener Substanzen 544 (T)
Schmerzschwelle, Hören 468, 470
Schneller Brüter 1410
Schrieffer, J.R. 756
Schrödinger, Erwin 1215, 1222
Schrödinger-Gleichung 1234–1237 (D),
–, Analogie zu klassischen Wellengleichung 1234
–, Aufenthaltswahrscheinlichkeitsdichte und 1236 (D)
–, dreidimensionale 1253 f
–, Erwartungswerte 1244–1246
–, identischer Teilchen 1255 f
–, in Polarkoordinaten 1267 (D)
–, Kastenpotential 1237–1241
–, Potential eines harmonischen Oszillators 1246 ff
–, Potentialtopf mit endlich hohen Wänden 1241–1244
–, Separationsansatz 1235 (D)
–, Transmission durch Potentialwall (Tunneln) 1249–1253
–, Wasserstoffatom 1267 (D)
–, zeitabhängige *siehe* zeitabhängige Schrödinger-Gleichung
–, zeitunabhängige *siehe* zeitunabhängige Schrödinger-Gleichung
Schubkraft, Raketenantrieb 211 (D)
Schubmodul 345 (D), 366 (Z)
–, verschiedener Materialien 345 (T)
Schüttgüter, Böschungswinkel 254 (D)
schwach gedämpfter Oszillator, Frequenz 405 (D)
schwache Wechselwirkung 82 f
–, Standardmodell der Elementarteilchen 1427 f
Schwarze Löcher 1185 (D), 1465 f (D), 1479 (Z)
–, Gravitationsrotverschiebung 1465 (D)
Schwarze Zwerge 1464 (D)
schwarzer Körper
–, Gesamtenergiedichte 1220
–, Strahlung 550–553 (D), 1197 ff
Schwarzschild-Radius 1185 (D), 1465 (D), 1479 (Z)
Schwebungen 473–476, 494 (Z)
–, Stimmen von Musikinstrumenten 475 f
–, *siehe auch* Wellenpakete

1513

Namen- und Sachverzeichnis

Schwebungsfrequenz 473 ff (D)
Schwefel
–, Schmelzpunkt 544 (T)
–, Schmelzwärme 544 (T)
–, Siedepunkt 544 (T)
–, spezifischer Widerstand 754 (T)
–, Temperaturkoeffizienten des Widerstandes 754 (T)
–, Verdampfungswärme 544 (T)
Schwefeldioxid, kritische Temperatur 531 (T)
Schwefelkohlenstoff, Brechzahl 1038 (T)
Schwellenpotential, Nervenzellen 773 (E)
Schwere 78
schwere Masse 311 f
schwerer Kreisel 263 (D)
Schwerpunkt 281 ff
–, Massenmittelpunkt und, Unterschied 282, 291 (Z)
–, Stabilität eines Gleichgewichts 288 ff
Schwerpunktsystem 190 ff, 214 (Z)
–, siehe auch Massenmittelpunktsystem
–, siehe auch Bezugssystem
schwingende Feder siehe Feder
Schwingkreis
–, gedämpfter 954 (D)
–, ungedämpfter 953, 974 (Z)
–, siehe auch LC-Kreise
Schwingung 379–422, 379 (D)
–, erzwungene siehe erzwungene Schwingung
–, gedämpfte siehe gedämpfte Schwingung
–, harmonische siehe harmonische Schwingung
–, um Gleichgewichtspunkt 400 f
Schwingungsbauch 438 (D)
Schwingungsdauer
–, harmonische Schwingungen 381 f (D), 386, 409 (Z)
–, mathematisches Pendel 396 (D), 410 (Z)
–, physikalisches Pendel 398 (D)
–, Torsionspendel 399 (D)
–, siehe auch Periode
Schwingungsenergieniveaus, zweiatomiger Moleküle 1325, 1331 (Z)
Schwingungsfreiheitsgrade 564 f (D)
Schwingungsknoten 438 (D)
Schwingungsmoden
–, Laserresonator 1295 (D)
–, mechanische 438 (D), 442
–, –, Gitarre 408
–, –, Tischglocke 447
Schwungradantrieb, Auto 272, 274
Segré, E. 1429
Sehfehler, menschliches Auge 1090 (D)
Sehnerv, 1089 (D)
Sehweite, deutliche 1090 (D)
Sehwinkel, menschliches Auge 1091 (D)
Seifenblase, Interferenz 1111 f
Seil
–, Spannung 429
–, –, siehe auch Zugkraft
–, Wellen auf 424–428
seismische Wellen 497–501 (E)
–, Arten 497 f (E)
–, siehe auch Erdbeben
Seismogramme 498 f (E)

Seismograph 497 (E)
Seismographie
–, Computereinsatz 500 f (E)
–, Reflexions- 499 ff (E)
seitenverkehrtes Bild 1060 (D)
Sekundärnormal 75
Sekundärspannung, Transformator 966 (D), 975 (Z)
Sekundärspule, 965 (D)
Sekundärwellen, seismische 497 f (E)
Sekunde, Einheit 2 (D), 3 (T)
Selbstinduktion 882 f (D)
Selbstinduktionsspannung 893 (D)
Selbstinduktivität 891 ff (D), 901 (Z)
–, einer Zylinderspule 892 (D), 901 (Z)
–, Einheit 892 (D)
–, Koaxialkabel 914
Seltsamkeit 1432 f (D)
senkrecht aufgehängte Feder siehe Feder
Separation der Variablen
–, bei Lösung von Differentialgleichungen 403
–, Schrödinger-Gleichung 1235 (D), 1258 (Z), 1262 f
–, –, Wasserstoffatom 1267 (D)
Serienschaltung siehe Reihenschaltung
Sextupol, magnetischer 854
Seyfert-Galaxien 1469 (D)
Shapley, Howard 1455
Shockley, William 1363
Shubnikov-Phase 1367 (D)
Shuntwiderstand, Galvanometer 798 (D)
SI-System 2 (D), 9 (Z)
sichtbarer Bereich, Spektren 1289 f
Sieden 531 (D)
Siedepunkt
–, des Wassers 510
–, unter Normalbedingungen 530 (D), 544 (D)
–, –, verschiedener Substanzen 544 (T)
Siemens, Einheit 751 (D)
Sievert 1417 (D)
Sigma-Teilchen 1434 (D)
Silber
–, Austrittsarbeit 1352 (T)
–, Elektronendichte am absoluten Temperaturnullpunkt 1349 (T)
–, Elektronenkonzentration 833 f
–, magnetische Suszeptibilität 919 (T)
–, molare Wärmekapazität 541 (T)
–, Schmelzpunkt 544 (T)
–, Schmelzwärme 544 (T)
–, Siedepunkt 544 (T)
–, spezifische Wärme 541 (T)
–, spezifischer Widerstand 754 (T)
–, Temperaturkoeffizienten des Widerstandes 754 (T)
–, Verdampfungswärme 544 (T)
–, Wärmeleitfähigkeit 546 (T)
Silicat-Flintglas, Brechzahl 1038 (T)
Silicat-Kronglas 1038 (T)
Silicium
–, spezifischer Widerstand 754 (T)
–, Temperaturkoeffizienten des Widerstandes 754 (T)
Silicium-Diode, Strom-Spannungs-Kennlinie 1385
Silicium-Einkristall 1337

Siliciumkegel, Mikrovakuumröhren 971
Singulett-Zustand 1280 (D)
sinusförmige Wechselspannung 938 (D)
Skala, Temperatur- 509–512
Skalar 43 (D)
–, Multiplikation mit Vektor 47
Skalarprodukt 138 (D), 167 (Z)
Snellius, Willebrod 1034
Snelliussches Brechungsgesetz 1034 (D), 1050 (Z)
Solar-Neutrino-Problem 1452 (D)
Solarkonstante 575 (E), 1446 (D), 1478 (Z)
Solarzelle 1363 (D)
Sonargerät 487
Sonne 1446–1453
–, aktive 1453
–, Atmosphäre 904 (E), 1446–1449
–, Chromosphäre 1449 (D)
–, Fusionsreaktionen 1450 ff
–, Gravitationsdruck 1450
–, Korona 1449 (D)
–, Leuchtkraft 1446 f (D)
–, Magnetfeld 1452
–, Neutrinos 1451
–, Oberfläche 1446–1449
–, –, stehende Wellen 482
–, Photosphäre 1446 ff (D)
–, Proton-Proton-Zyklus 1451 (D), 1479 (Z)
–, Rotationsperiode 275
–, ruhige 1447 (D)
–, Spektrum 904 (E), 1448
–, Strahlungsdruck auf Kometenschweif 1006
–, Strahlungstemperatur 581
Sonneneruption 820
Sonnenflecken 1452 f (D)
–, Polarlicht 907 (E)
–, Zyklus 1452 f (D)
Sonnenlicht
–, Strahlungsmaximum 552
–, Verstärkung auf Erdoberfläche 1007
Sonnenwind 904 f (E), 907 (E)
Spannung
–, effektive siehe Effektivwerte von Spannung und Strom
–, elektrische 681 (D)
–, Festkörper 342–345
–, Hall- 832 f (D)
–, mechanische 342–345
–, Saiten- 440
–, Seil- 429
–, Zug- 342–345
Spannungs-Dehnungs-Diagramm, Metallstab 342
Spannungsmeßgeräte siehe Voltmeter
Spannungsnormal, Josephson-Kontakt 1371 (D)
Spannungsquellen 758 ff (D), 770 (Z)
–, ideale 758 (D)
–, mit Kondensatoren verbundene 736 ff
–, reale 758 (D)
–, Symbol in Schaltbildern 758
–, siehe auch Batterien
–, siehe auch Generatoren
Spannungsverstärkung
–, mit Transistoren 972, 1365 (D)

1514

–, mit Vakuumtrioden 972
Speicherung, elektrostatischer Energie 729–733
Spektralbereiche 1008 (T)
Spektrallinien, Beugungsgitter 1136 (D)
Spektralverteilung, allgemein 1197 f (D)
Spektralverteilungsfunktion 1197 f (D)
Spektren
–, Atom- *siehe* Atomspektren
–, Molekül- *siehe* Molekülspektren
Spektrenerzeugung, *Newtons* Experimente 329 (E)
Spektrometer, Massen- 824 f, 836 (Z)
Spektroskope, Beugungsgitter und 1136
Spektrum
–, Begriff 1289 (D)
–, elektromagnetisches 1007–1010
–, –, Tabelle 1008 (T)
–, Fourier-Analyse 481
Sperrichtung, Halbleiterdioden 1361 (D)
spezielle Relativitätstheorie 1150–1193
–, Bestätigung durch Myonenexperiment 1163
–, Doppler-Effekt 1168 f
–, Einsteinsche Postulate 1156 f
–, Geschwindigkeitstransformation 1171 ff
–, Gleichzeitigkeit 1164–1167
–, Längenkontraktion 1162 f
–, Lorentz-Transformation 1157–1163
–, Masse-Energie-Äquivalenz 1176–1182
–, Michelson-Morley-Experiment 1152–1156
–, Newtons Relativitätsprinzip 1150 ff
–, Paradoxa 1164, 1167, 1169 ff
–, relativistischer Impuls 1174 ff
–, Uhrensynchronisation 1164–1167
–, Zeitdehnung 1160 ff
–, Zwillingsparadoxon 1169 ff
spezifische Masse *siehe* Dichte
spezifische Wärme 540 (D)
–, Metalle 580 f
–, verschiedener Substanzen 541 (T)
–, *siehe auch* Wärmekapazität
spezifischer Widerstand 752 (D), 767 (D), 770 (Z)
–, Metalle und Isolatoren 754 (T)
spezifisches Gewicht *siehe* Wichte
sphärische Aberration 1062 (D), 1081 (D)
sphärische Spiegel 1062–1067
–, Abbildungsgleichung 1063 (D)
–, Brennpunkte 1064
–, Hohlspiegel 1065 ff
–, Konvexspiegel (Wölbspiegel) 1067
Spiegel
–, ebene 1059.ff
–, Hohl- *siehe* Hohlspiegel
–, sphärische *siehe* sphärische Spiegel
Spiegelteleskope
–, Bauformen 1102
–, verschiedener Observatorien 1101
Spin
–, Billard-Kugel 251
–, Elektron 1275 (D)
–, Elementarteilchen und 1428 ff
–, magnetisches Moment und 921, 1276 (D)
–, *siehe auch* Schrödinger-Gleichung, identische Teilchen

–, *siehe auch* Pauli-Prinzip
Spin-1/2-Teilchen *siehe* Fermionen
Spin-Bahn-Kopplung 1280 f (D)
Spindrehimpuls *siehe* Spin
Spinquantenzahl 1275 (D)
Spinzustände, kovalente Bindung 1313 (D)
spontane Emission 1293 (D)
Sprungtemperatur, Supraleitung 755 (D)
Spule
–, gespeicherte Energie 898 f (D), 902 (Z)
–, Helmholtz- 873
–, im Wechselstromkreis 943 ff
–, in Magnetfeld rotierende 889 f, 901 (Z)
–, –, *siehe auch* Generatoren
–, induktiver Widerstand 945
–, Magnetfeld im Innern 851 ff
–, mit Eisenkern 965
–, –, Magnetfeld 927
–, mit Kern beliebigen Materials 918, 931 (Z)
–, Symbol in Schaltbildern 895 (D)
–, Zylinder- *siehe* Zylinderspule
–, *siehe auch* Induktivität
SQUIDS 1376–1379 (E)
–, biomagnetische Forschung 1377 ff (E)
–, Empfindlichkeit 1377 (E)
–, Prinzipien 1376 f (E)
–, Untersuchung akustischer Wahrnehmungen 1379 (E)
–, *siehe auch* Josephson-Effekt
Stab
–, Stoßzentrum 277
–, Trägheitsmoment 231 (T)
Stäbchen, menschliches Auge 1089 (D)
stabiler Gleichgewichtspunkt, Schwingung um 400 f
stabiles Gleichgewicht 148 (D), 288 f (D), 291 (Z)
Stabmagnet
–, Drehmoment im Magnetfeld 829 f (D)
–, Drehmoment in inhomogenem Magnetfeld 1277 f
–, zylinderförmiger, Magnetisierung 918
Stahl
–, Elastizitätsmodul 343 (T)
–, Festigkeit 343 (T)
–, Kompressionsmodul 346 (T)
–, Längenausdehnung, Temperaturabhängigkeit 516
–, Längenausdehnungskoeffizient 515 (T)
–, Schubmodul 345 (T)
–, Wärmeleitfähigkeit 546 (T)
Stahlseil, Dehnung bei Belastung 343
Stammfunktion
–, allgemein 28
–, einer Potenzfunktion 29 (D)
Standardabweichung
–, des Mittelwertes 4 (D)
–, einer Stichprobe 4 (D)
–, Fehlerfortpflanzung 5 (D)
Standardbedingungen 520 (D)
–, Schmelzpunkt 544
–, Siedepunkt 530
Standardmodell
–, der Elementarteilchen 1439 ff
–, –, Ladung 1439 (D)
–, –, Quarks und Leptonen 1440 (D)
–, –, Teilchen und Antiteilchen 1441 (D)

–, des Universums 1476 (D), 1480 (Z)
Stark-Effekt 1282 (D)
starke Wechselwirkung 82 f
–, Standardmodell der Elementarteilchen 1425 ff, 1440 (D)
starrer Körper
–, Drehbewegung 226 (D), 265 f (Z)
–, Pendelbewegung *siehe* physikalisches Pendel
–, statisches Gleichgewicht 279–298
–, –, Beispiele 283–287
Starterbatterie, Kennzeichen für Güte 759
stationäre Zustände, Bohrsche Postulate 1208 (D)
stationärer Strom 781 (D)
statisches Gleichgewicht 279–298
–, *siehe auch* Gleichgewicht
–, *siehe auch* starrer Körper
statisches Ungleichgewicht 262 f
Stator, Gleichstrom-Rotationsmotoren 978 ff (E)
Staubabscheider, elektrostatische 713 (E)
Staubsaugermotor 983 (E)
Steady-State-Universum 1474 (D)
Stefan, Josef 550
Stefan-Boltzmann-Gesetz 550 (D), 572 (Z)
Stefan-Boltzmann-Konstante 550 (D)
stehende Elektronenwellen, Sichtbarmachung mit Rastertunnelmikroskop 1242
stehende Schallwellen
–, auf Sonnenoberfläche 482
–, Bedingungen für 476 f (D)
–, in Luftsäule 476–480, 494 (Z)
stehende Wellen 438–447, 453 (Z)
–, Bedingung für 439 (D), 443 (D)
–, Energiequantisierung und 1214 f
–, Wellenfunktion 444 f (D)
–, *siehe auch* stehende Schallwellen
Steigung
–, einer Geraden 22 f
–, einer Kurve 25
Steinerscher Satz, Trägheitsmoment 239 f (D)
Stelle
–, gültige *siehe* gültige Stelle
–, signifikante *siehe* gültige Stelle
Stern-Gerlach-Versuch 1277 ff
Sternbilder 1454
Sterne 1453 ff
–, Doppelsterne *siehe* Doppelsterne
–, Effektivtemperatur 1459 (D), 1479 (Z)
–, Endzustände 1463–1466, 1479 (Z)
–, Entfernungsbestimmung 1457 f
–, Entwicklung 1457–1460
–, Größenklassen 1480
–, Haufen 1454 (D)
–, Helligkeit, scheinbare 1480
–, Hertzsprung-Russell-Diagramm 1458, 1479 (Z)
–, kataklysmische Ereignisse 1460–1463
–, Leuchtkraft 1457 (D), 1459 (D), 1478 (Z)
–, Neutronen- 1464 f (D), 1479 (Z)
–, Novae *siehe* Novae
–, Parallaxe 1458 (D)
–, Populationen 1454 (D), 1479 (Z)
–, Pulsare 1465 (D)

1515

Namen- und Sachverzeichnis

–, Rote Riesen 1460 (D)
–, Schwarze Löcher 1465 f (D), 1479 (Z)
–, Supernovae 1461 ff (D)
–, Weiße Zwerge *siehe* Weiße Zwerge
Sternhaufen „30 Doradus", Große Magellansche Wolke, Aufnahme mit Weltraumtelekop Hubble 1103
Stetigkeit, des elektrischen Feldes 668 f
Steuerlektrode (Gate), Mikrovakuumröhren 971
Stevin, Simon 312
Stichprobe, Meßreihe 4 (D)
Stickstoff (N_2)
–, magnetische Suszeptibilität 919 (T)
–, molare Wärmekapazitäten 564 (T)
–, Rotations-Schwingungs-Spektrum 1327
–, Schmelzpunkt 544 (T)
–, Schmelzwärme 544 (T)
–, Siedepunkt 544 (T)
–, Verdampfungswärme 544 (T)
Stickstoffmonoxid, kritische Temperatur 531 (T)
Stickstoffoxid, molare Wärmekapazitäten 564 (T)
Stimmen von Musikinstrumenten 475 f
Stimmgabel
–, als Wellenerreger 440 f
–, Schwebungen 475
stimulierte Emission 1293 (D), 1299 (Z)
Stirling-Kreisprozeß 613
Stoffmenge, Einheit 2, 3 (T)
Stokesscher Integralsatz 866 (D), 868 (Z), 996 (D)
Stokessches Gesetz, Strömungswiderstand 127
Stömung, nichtviskose *siehe* nichtviskose Strömung
Störung eines Gleichgewichts 290 (D)
Stoß
–, dreidimensionale Betrachtung 203–206
–, eindimensionale Betrachtung 195–203
–, elastischer *siehe* elastischer Stoß
–, inelastischer *siehe* inelastischer Stoß
–, –, relativistische Betrachtung 1182
–, nichtzentraler 205 f (D)
–, vollständig inelastischer, relativistische Betrachtung 1179
–, von Gasmolekülen 522 f
–, zentraler 205 (D)
–, zwischen zwei Kohlenstoffkernen, Computersimulation 1392
Stoßdämpfer 406
Stoßkoeffizient *siehe* Stoßzahl
Stoßoszillator, chaotischer 411–415 (E)
Stoßparameter 204 f (D)
Stoßwelle
–, Schallgeschwindigkeit in Flüssigkeiten 461
–, Schallwellen 492
Stoßzahl 203 (D), 214 (Z)
Stoßzeit, von Elektronen in Metallen 768 (D)
Stoßzentrum, eines Stabes 277
Strahlantrieb *siehe* Raketenantrieb
Strahlauffächerung, photorefraktiver Effekt 1366 (D)
Strahlen 1029 (D)
–, dünne Linsen 1075 f (D)

–, Hohlspiegel 1065 (D)
–, sphärischer Spiegel 1062 (D)
–, Wellenausbreitung 466, 484 f
Strahlenwirkung
–, akute 1417 (D)
–, Spätschäden 1417 (D)
Strahlnäherung, Wellenausbreitung 486 (D), 495 f (Z)
Strahlteiler 1114 (D)
Strahlung
–, Alpha- 1417 f
–, Beta- 1417 f
–, biologische Wirkung 1417 f
–, Brems- 1203 (D)
–, charakteristische 1291 (D)
–, des schwarzen Körpers 550–553 (D), 1197 ff
–, Dosisgrößen 1417 f, 1420 (Z)
–, Gamma- 216 (E), 1417 f
–, ionisierende 1417 f
–, Laser- *siehe* Laser
–, Röntgen- 1202 ff, 1291 (D)
–, Synchrotron- 999
–, Tscherenkov- 1101
–, Wärme- *siehe* Wärmestrahlung
–, Wechselwirkung mit Materie 1413–1418, 1420 (Z)
Strahlungsära, Standardmodell des Universums 1477 (D)
Strahlungsdosen 1417 f, 1420 (Z)
Strahlungsdruck 1005 (D), 1012 (Z)
–, der Sonne auf Kometenschweif 1006
–, Glühbirne 1006
–, Radiometer 1020
–, von Laserlicht auf Glaskugel 1006
Strahlungseinheiten 1418 (T)
Strahlungsenergie, Quantisierung 1195, 1198 (D)
Strahlungsgesetz
–, Plancksches 1220
–, Rayleigh-Jeans- 1198 (D)
–, schwarzer Körper 1197 ff (D), 1220
–, Stefan-Boltzmann- 550–553, 572 (Z)
–, Wiensches Verschiebungs- 1198 (D)
Strahlungsleistung
–, des menschlichen Körpers 553
–, eines Körpers 550 (D), 572 (Z)
Strahlungsmaximum
–, des Sonnenlichts 552
–, eines Körpers bei Raumtemperatur 552
Strahlungstemperatur, Sonne 581
Streifenmuster
–, Interferenz am Doppelspalt 1116 f
–, Interferenz an dünnen Schichten 1114
–, Interferenz bei drei oder mehr äquidistanten Quellen 1124
–, Michelson-Interferometer 1115 f
Streuung 1030 f (D)
–, Compton 1293 (D)
–, Compton- 1204 f
–, inelastische 1292 (D)
–, Polarisation und 1046 f
–, Raman 1293 (D)
–, Rayleigh- 1292 (D)
–, Rutherford- 205 (D)
–, Teilchen- 205 f (D)
Strom
–, elektrischer *siehe* elektrischer Strom

–, verallgemeinerter 993 (D)
–, Verschiebungs- 992–995, 1011 (Z)
–, Wärme- 546 (D), 571 (Z)
–, Wirbel- 887–889
Strom-Spannungs-Kennlinie
–, ohmscher Widerstand 752
–, pn-Halbleiterdiode 1362
–, Silicium-Diode 1385
–, Tunneldiode 1363
–, Vakuumtriode 972
Stromdichte 753 (D), 770 (Z)
–, als Quelle des Magnetfelds 866 (D), 868 (Z)
–, Einheit 3 (T)
stromdurchflossener gerader Leiter 854–858, 867 (Z)
–, Anwendung des Ampèreschen Gesetzes 861 f
stromdurchflossener ringförmiger Leiter *siehe* Kreisstrom
Stromelement 816 (D)
–, Magnetfeld 848 (D), 866 (Z)
Stromkreise
–, *LC*-, ohne Wechselspannungsquelle 951 ff
–, *LCR*-
–, –, mit Wechselspannungsquelle 955–965
–, –, ohne Wechselspannungsquelle 954 f
–, –, Parallel- 965 f
–, –, Reihen- 955–964
–, LR- 895–898
–, *RC*- 790–798
–, Energiebilanz 784
–, Gleich- 781–810
–, verzweigte *siehe* verzweigte Stromkreise
–, Wechsel- 937–990
–, *siehe auch* Stromnetze
Strommeßgeräte *siehe* Amperemeter
Stromnetze, *siehe* Kirchhoffsche Regeln
–, *siehe auch* Stromkreise
Stromrichtung
–, physikalische 748 (D)
–, technische 748 (D)
–, Wechselstrom 938 (D)
Stromstärke 747 f (D)
–, LC-Kreise ohne Wechselspannungsquelle 952 (D)
–, Aufladen eines Kondensators 794 (D)
–, effektive *siehe* effektive Stromstärke
–, Einheit 2, 3 (T)
–, Entladen eines Kondensators 791 (D)
Strömung
–, laminare 363 f (D)
–, nichtviskose 356–362, 367 (Z)
–, turbulente 365
–, viskose 362–365, 367 (Z)
Strömungsgeschwindigkeit 357 (D)
–, Blut 357 f
Strömungsmechanik 356–365
Strömungswiderstand 109 f, 363 f (D), 367 (Z)
Stromverstärkung mit Transistoren 1364 (D)
Stromwaage, Eichung von Amperemetern 859 (D)
Struktur
–, Begriff 1337 (D)

1516

–, Cäsiumchlorid- 1343
–, Diamant- 1343
–, Flüssigkeiten 1336 (D)
–, Fullerene 1343
–, Graphit 1343
–, Hochtemperatur-Supraleiter 1370
–, Metall- 1339
–, Milchstraße 1455 f
–, Natriumchlorid- 1340 (D)
–, siehe auch Festkörper
Strukturuntersuchungen,
 Festkörper siehe Röntgenbeugung
Stufenpotential, Reflexion und
 Transmission 1249 f
Sublimation 531 (D)
Subtraktion von Vektoren 45, 64 (Z)
Supernovae 1461 ff (D)
Superposition
–, harmonische Wellen 435 ff
–, von Lichtwellen, im Zeiger-
 diagramm 1120 f
Superpositionsprinzip
–, elektrostatische Kräfte siehe Über-
 lagerungsprinzip
–, Wellen 428 (D), 452 (Z)
supraleitender Magnet, Feld-
 verteilung 854
Supraleiter
–, 1. Art 1367 (D), 1374 (Z)
–, 2. Art 1367 (D), 1374 (Z)
–, Diamagnetismus 929
Supraleitung 755 f, 1367–1372
–, BCS-Theorie 1368 f, 1374 (Z)
–, Cooper-Paare 1368 (D)
–, Flußquantisierung 1369 f
–, Hochtemperatur- siehe Hochtemperatur-
 Supraleiter
–, Josephson-Effekt 1371 (D)
–, kritische Temperatur 1367 (D)
–, SQUIDS 1376–1379 (E)
–, Tunneleffekt 1370 f
Suszeptibilität
–, dielektrische 727 (D)
–, magnetische siehe magnetische
 Suszeptibilität
Symbole in Schaltbildern siehe Schaltbil-
 der
Symmetrie
–, von Energiezuständen und Entar-
 tung 1254 (D), 1259 (Z)
–, von Stromkreisen, Ausnutzung bei
 Schaltungsanalyse 788 ff
–, von Wellenfunktionen 1247 f (D),
 1256 (Z)
Symmetrieachse, Drehimpuls und 260
symmetrischer Kreisel 263 (D)
Synapsen, Nervenzellen 772 (E)
Synchronisation, von Uhren siehe Uhren-
 synchronisation
Synchrotronstrahlung 999
Synthesizer 483
System
–, abgeschlossenes 245 (D)
–, cgs- 3
–, Dezimal- 3 (D)
–, Einheiten- 1–15
–, metrisches 3 (D)
–, potentielle Energie 142 (D)

–, SI- 2 (D)
–, thermodynamisches siehe thermodynamisches System
–, von Ladungen siehe Ladungssystem
–, von Punktladungen siehe Punktladungssystem
Système Internationale (SI) 2 (D)

T

Tangente an Kurve, Momentan-
 geschwindigkeit 24 f
Tangentialbeschleunigung 227 (D),
 265 (Z)
–, Abhängigkeit von Trägheitsmo-
 ment 233
Tangentialgalvanometer 872
Tangentialgeschwindigkeit 227 (D),
 265 (Z)
Tantal, kritische Temperatur für
 Supraleitung 1367 (T)
Tarantelnebel 1457
Target, Teilchenbeschleuniger 750 (D)
Tastatur, Computer-, mit Kondensato-
 ren 727
Tastverhältnis, Teilchenbeschleuniger 779
Tauon 1428 (D)
Taupunkt 533 (D)
Teilchen 19 (D)
–, Begriff 130 (D)
–, identische siehe identische Teilchen
–, minimal ionisierende 1414 (D)
–, quantenmechanisch 1222 (D), 1257 (Z)
–, –, lokalisiertes 1227 (D)
–, Wechselwirkung mit Materie 1413–
 1418
Teilchen-Welle-Dualismus siehe Welle-
 Teilchen-Dualismus
Teilchenbeschleuniger, Protonen 750
Teilchenstreuung 205 f (D)
Teilchensystem
–, Impuls 187 (D)
–, Impulserhaltung 177–224
–, kinetische Energie 192 ff
–, potentielle Energie 142 (D)
Teilchentheorie des Lichts 1023
–, siehe auch geometrische Optik
Teleskope 1099–1104, 1105 (Z)
–, Auflösung 1134 (D)
–, historische 1101
–, moderne 1101
–, Vergrößerung 1100 (D)
Temperatur 509–538, 509 (D)
–, absolute 512 ff, 534 (Z)
–, Atmosphäre, verschiedener Plane-
 ten 1482
–, Curie- 925 (D)
–, Einheit 2, 3 (T)
–, kritische siehe kritische Temperatur
–, molekulare Deutung 522–528
Temperaturgradient 546 (D)
Temperaturkoeffizient, des elektrischen
 Widerstands 753 (D)
Temperaturkoeffizienten des Widerstandes,
 verschiedener Metalle und Isolato-
 ren 754 (T)
Temperaturskala 509–512, 533 (Z)

–, absolute 512 ff, 534 (Z)
–, Celsius- 510 f (D), 534 (Z)
–, Fahrenheit- 511 (D)
–, idealer Gase 513, 533 (Z)
–, internationale, von 1990 514 (T)
–, Kelvin- 513 f
Terme
–, Begriff 1207 (D)
–, Wasserstoffatom 1210 (D)
Termschema
–, Begriff 1207 (D)
–, des Wasserstoffatoms 1269
–, für kubisches Kastenpotential 1254
–, Natriumatom 1290
–, Wasserstoffatom 1211
Termsymbolik 1270 (D), 1280 (D)
Terpentinöl, Brechzahl 1038 (T)
Tesla, Nikola 937
Tesla, Einheit 3 (T), 814 (D), 835 (Z)
Teslameter 838
Teslatransformator 894
Tetrachlorkohlenstoff, Brechzahl 1038 (T)
Theorem
–, Ewald-Oseen- 1032
–, Nernstsches 608 (D)
Theorie
–, BCS-, Supraleitung 756
–, Große Vereinheitlichte 1441
–, kinetische Gas- 522–528
–, Quanten- siehe Quantenmechanik
–, Relativitäts-
–, –, allgemeine 1150, 1183–1186
–, –, spezielle siehe spezielle Relativitäts-
 theorie
thermische Ausdehnung 514–517
thermischer Ausdehnungskoeffizient 1387
thermischer Kontakt 510 (D)
thermisches Gleichgewicht 510 (D)
–, in Stromkreisen 781 (D)
Thermistor 538
Thermodynamik 509–614, 509 (D)
–, Dritter Hauptsatz siehe Dritter Hauptsatz
–, Erster Hauptsatz siehe Erster Hauptsatz
–, Nullter Hauptsatz siehe Nullter Haupt-
 satz
–, Zweiter Hauptsatz siehe Zweiter
 Hauptsatz
thermodynamische
 Temperatur siehe absolute Temperatur,
 512 ff
thermodynamisches System 554–557 (D),
 602
–, Vorzeichenkonvention bei Wärmeaus-
 tausch 556
Thermoelemente 511
Thermographie 551 f
Thermometer
–, Gas- siehe Gasthermometer
–, Konstruktion 510
–, Quecksilber 510 f
thermometrische Eigenschaften, von
 Materie 510 (D)
Thermostate 511
Thomson, George Paget 1214
Thomson, Joseph John 822, 1207, 1214
Thomson, William 1013 (E)
Thomson
–, Prinzip von 589 (D), 608 (Z)

1517

Namen- und Sachverzeichnis

–, *siehe auch* Zweiter Hauptsatz
Thomsonsches Atommodell 1207
Thompson, Benjamin 539
Thorium, Zerfallsreihe 1403
Tiefe, scheinbare, Brechungseffekt 1070 (D)
Tiefpaßfilter, *LCR*-Reihenschwingkreis 964
Tischglocke, Schwingungsmoden 447
Titan
–, magnetische Suszeptibilität 919 (T)
–, Saturnmond, Umlaufdauer 333
Titan-Saphir-Laser 1297 (D)
Tokamak, Fusionsreaktor 1413
–, –, Princeton University 863
Toluol, Brechzahl 1038 (T)
Ton 481 (D), 495 (Z)
Tonerteilchen, Xerographie 714 (E)
Top-Quark 1436 (D)
–, Nachweis 1437 (D)
Topspin, Billard-Kugel 252
Toroid, mit rechteckigem Querschnitt, Induktivität 914
Toroidspule *siehe* Ringspule
Torr, Einheit 349
Torricelli, Gesetz von 360
Torsionskonstante 399 (D)
Torsionsmodul *siehe* Schubmodul
Torsionspendel 399 f
–, Schwingungsdauer 399 (D)
Torsionswaage, Messung der Gravitationskonstanten 310
Totalreflexion 1035 f (D), 1050 (Z)
träge Masse 74 f (D), 311 f
Tragfläche, Luftstrom 361
Trägheit 72 (D)
Trägheitseinschluß, Kernfusion 1412 f
Trägheitsellipsoid 241 f
Trägheitsmoment 229–233, 266 (Z)
–, Abhängigkeit von Lage der Drehachse 232
–, aufgewickeltes Seil 232 f
–, Berechnung 236–242
–, diskrete Massenverteilung 230 (D)
–, flache Körper 240 f
–, homogene Scheibe 237
–, homogener Zylinder 238
–, kontinuierliche Massenverteilung 236 (D)
–, Kugel 238
–, Moleküle, Gleichverteilungssatz 565
–, Quader 237, 240
–, Ring 237, 240
–, Steinerscher Satz 239 f (D)
–, System aus vier Massen 232
–, Tangentialbeschleunigung und 232, 233
–, verschiedener homogener Körper 231 (T)
–, Zylinder 238
Trägheitsprinzip 71–74 (D)
–, *siehe auch* Newtonsche Axiome
Trajektorie 48 (D)
Transformation
–, Galilei- *siehe* Galilei-Transformation
–, Geschwindigkeits- *siehe* Geschwindigkeit
–, Lorentz- *siehe* Lorentz-Transformation
–, Massenmittelpunktsystem 190 (D)

Transformator 965–969, 975 (Z)
–, Symbol in Schaltbildern 965
–, Tesla- 894
–, Übersetzungsfaktor 966 (D), 975 (Z)
Transformatorenöl
–, Dielektrizitätszahl 728 (T)
–, Durchschlagsfestigkeit 728 (T)
Transistor 1363 ff, 1374 (Z)
–, npn- 1364
–, pnp- 1364
–, Spannungsverstärkung 972, 1365 (D)
–, Stromverstärkung 1364 (D)
–, Symbol in Schaltbildern 1364
Translation 225
–, *siehe auch* Dynamik
–, *siehe auch* Kinematik
–, *siehe auch* lineare Bewegungen
–, *siehe auch* Rollbewegung
Translationsfreiheitsgrade 564 f (D)
Transmission
–, optisch 1044, 1069
–, quantenmechanisch, durch Potentialbarriere 1250–1253
Transmissionsachse, Polarisationsfolie 1044 (D)
Transmissionskoeffizient, quantenmechanischer 1251 (D)
Transmissionsseite, brechende Medien 1069 (D)
Transport von elektrischer Energie, Leistungsverluste 968
Transversalwellen 425 (D), 452 (Z)
Treatise on Electricity and Magnetism, Maxwell 1015 (E)
treibende Kraft, erzwungene Schwingung 407, 421
Treibhauseffekt, Erde 576 (E)
Treibhausgase 576 ff (E)
Trennung der Variablen *siehe* Separation der Variablen
Trinitrotoluol, Molekülmodell 1321 (T)
Triode
–, Kennlinie 972
–, Symbol in Schaltbildern 972
–, Verstärkerschaltung 971 f (D), 972, 975 (Z)
Tripelpunkt
–, des Wassers, Temperaturemessungen 513
–, Phasendiagramm 531 (D), 535 (Z)
Triplett-Zustand 1280 (D)
Tritiumkern, Ruheenergie 1181 (T)
Trockenbatterie, Aufbau 761
Tröpfchenmodell, der Kerne 1391
Tscherenkov-Strahlung 1101
Tubuslänge, Mikroskop 1098 (D)
Tunneldiode 1362 (D)
–, Strom-Spannungs-Kennlinie 1363
Tunneleffekt 1252 (D), 1259 (Z)
–, Supraleitung 1370 f
Tunnelstrom 1362 (D)
Turbomolekularpumpe, Induktionsmotor 984 (E)
turbulente Strömung 365
–, in Windkanal 364
Türklingel 967

U

überdämpftes System
–, elektrischer Schwingkreis 955
–, mechanische Schwingung 405 (D)
Überdruck 348, 366 (Z)
–, negativer 348
Übergangszone, Halbleiter 1361 (D)
Überlagerung
–, von Grund- und Oberwellen 446 f
–, Wellen, allgemein 427
Überlagerungsprinzip, elektrostatische Kräfte 626 (D)
Übersetzungsfaktor, Transformator 966 (D)
Uhrensynchronisation 1164–1167 (D), 1187 (Z)
Uhrzeigersinn, Drehung 227 (D)
Ultraschall 487
Ultraviolettkatastrophe, Strahlungsgesetze 1198
Umbriel, Uranusmond, Umlaufdauer 333
Umdrehung, Einheit 226 (D)
Umgebung, im thermodynamischen Sinn 602
Umlaufdauer von Planeten 301 f (D), 305 f (D), 327 (Z)
Umwandlungsfaktoren, physikalische Größen 7 (D)
ungedämpfter Schwingkreis 953, 973 (Z)
–, *siehe auch LC*-Kreise
Ungenauigkeit *siehe* Meßfehler
Ungleichgewicht 267 (Z)
–, statisches und dynamisches 262 f
–, *siehe auch* Gleichgewicht
Universalmotor 983 (E)
universelle Gaskonstante *siehe* Gaskonstante
universelle Gravitationskonstante *siehe* Gravitationskonstante
Universum
–, Entropie 602 f (D), 609 f (Z)
–, Entwicklung 1476
–, Expansion 1473 f (D), 1480 (Z)
–, fehlende Masse 1456, 1474
–, Frühgeschichte 1475 ff
–, Isotropie 1472
–, kosmische Hintergrundstrahlung 1475 (D)
–, kritische Massendichte 1473 (D), 1480 (Z)
–, Leptonenära 1477 (D)
–, Nukleosynthesephase 1477 (D)
–, Phasenübergänge 1476
–, Rotverschiebungs-Durchmusterung 1472
–, Standardmodell 1476 (D), 1480 (Z)
–, Steady-State- 1474 (D)
–, Strahlungsära 1477 (D)
–, *siehe auch* Kosmologie
Unordnung
–, Chaos und 411–416 (E)
–, Entropie und *siehe* Entropie
Unschärferelation 1257 (Z)
–, Anwendung auf makroskopische Körper 1232
–, für Energie und Zeit 1231 (D)
–, für Ort und Impuls 1230 (D)

Unstetigkeit der Normalkomponente des elektrischen Feldes   668 f, 676 (Z)
unterbrochene Ströme, Ungültigkeit des Ampèreschen Gesetzes   992
Unterdruck   *siehe* negativer Überdruck
Uranspaltung   *siehe* Kernspaltung, Uran
Uranus
–, Masse   333
–, Monde, Umlaufdauer   333
Urkilogramm   2
Urknall   1475
Urmeter   2
Urspannung   758 (D)

V

v-t-Kurve   *siehe* Geschwindigkeit-Zeit-Kurve
Vakuum-Mikroelektronik, Vakuumröhren   971
Vakuumdiode   969 (D)
Vakuumtriode   *siehe* Triode
Valenzband   1358 (D)
Valenzelektronen   1266 (D)
Van-Allen-Gürtel   820
Van-de-Graaff-Generator   707 f
Van-der-Waals-Bindung   1316 (D), 1330 (Z)
Van-der-Waals-Gleichung   528 ff, 535 (Z)
Vanillin, Molekülmodell   1321 (T)
Variablen
–, makroskopische   522
–, Separation   *siehe* Separation der Variablen
Vektor   43 (D)
–, Betrag   *siehe* Betrag eines Vektors
–, der Beschleunigung   50 ff, 65 (Z)
–, der Geschwindigkeit   48 ff, 65 (Z)
–, Multiplikation mit Skalar   47
Vektoraddition
–, Drehimpulse   1279 ff
–, graphisch   43 ff, 64 (Z)
–, Komponentenschreibweise   45 ff, 64 f (Z)
–, Lichtwellen (Zeigerdiagramm)   1120 f
–, Parallelogramm-Methode   44 f
–, Wechselstromphasen (Zeigerdiagramm)   949 f
Vektorbosonen   1438
Vektorcharakter, Größen bei Drehbewegung   256–261
Vektorkomponenten, rechtwinklige   45 f (D)
Vektormodell, Bahndrehimpuls   1268
Vektorprodukt   256–261, 256 ff (D), 267 (Z)
–, Komponentenschreibweise   258 (D)
–, Rechte-Hand-Regel   256 (D)
Vektorsubtraktion   45, 64 (Z)
Venturi-Effekt   360 f
Venus, Atmosphärentemperaturen   1482
verallgemeinerter Strom   993 (D)
Verbrennungsmotor, Kreisprozeß   587
Verbrennungszeit, Raketentreibstoff   212, 214 (Z)
verbundene Körper, Lösung der Bewegungsgleichungen   110–114

Verdampfen   532
–, als Phasenübergang   543 (D)
Verdampfungswärme   544 (D), 571 (Z)
–, verschiedener Substanzen   544 (T)
Verdichtungsverhältnis, Ottomotor   613
Vereinheitlichte Theorien, Große   1441
Vergrößerung
–, laterale   *siehe* Abbildungsmaßstab
–, Lupe   1094 (D), 1104 (Z)
–, Mikroskop   1098 (D), 1105 (Z)
–, Teleskop   1100 (D), 1105 (Z)
–, Winkel-   1094 (D)
Verkettungsgesetz, Ampèresches   *siehe* Ampèresches Gesetz
Vermehrungsfaktor, Kettenreaktion   1407 (D)
Verschiebung   20 (D), 37 (Z)
–, des Angriffspunkts einer nichtkonservativen Kraft   159
Verschiebungsgesetz, Wiensches   551 (D), 572 (Z)
Verschiebungspolarisation   725 f (D), 739 (Z)
Verschiebungsstrom, Maxwellscher   992–995, 1011 (Z)
Verschiebungsvektor   43 (D)
Verstärker   971 f, 975 (Z)
–, parametrischer   1366
Verstärkerschaltung, Transistor   972, 1364 f (D)
–, Transistor-   1365
–, Triode   972
–, Vakuumtriode   972
Versuch
–, *e/m*-, nach Thomson   822 f
–, Franck-Hertz-   1211
–, Millikan-   619 f
–, Rutherfordscher Streu-   205 (D)
–, Stern-Gerlach-   1277 ff
–, Youngscher Doppelspalt-   1117, 1222 f
–, *siehe auch* Experiment
–, *siehe auch* Effekt
Verteilung
–, Fermi-Dirac-   1351 (D)
–, Geschwindigkeit   *siehe* Geschwindigkeit
–, Maxwell-Boltzmann-   *siehe* Maxwell-Boltzmann-Verteilung
–, statistische   4
Verteilungsfunktion
–, Energie   *siehe* Energieverteilungsfunktion
–, Spektral-   1197 f (D)
–, von Wellenzahlen   1227 f (D)
Vertrauensbereich, Fehleranalyse   4
Verzögerung   34 (D)
verzweigte Stromkreise   786 ff
–, Analyse durch Symmetriebetrachtungen   788 ff
–, Vorgehensweise bei Untersuchung   788 (D), 802 (Z)
Verzweigungspunkte, Stromnetze   782 (D)
Viertakt-Verbrennungsmotor   587
–, *siehe auch* Ottomotor
virtuelle Arbeit, Teilchensystem   194
virtuelle Photonen   1426 (Z)
virtueller Gegenstand, dünne Linse   1072 (D)
virtuelles Bild   1059 (D)

viskose Strömung   362–365, 367 (Z)
viskoses Fluid   362–365
Viskosität   109 f, 362 f (D)
–, Blut   364 f
–, dynamische   127
–, Einheit   363
–, verschiedener Flüssigkeiten   363 (T)
vollständig inelastischer Stoß   195 (D), 214 (Z)
–, relativistische Betrachtung   1179
Vollwellengleichrichter   970 (D)
Volt, Einheit   3 (T), 683 (D), 710 (Z)
Voltmeter   798 ff, 802 (Z)
–, Symbol in Schaltbildern   798
Volumen
–, Einheit   3 (T), 340
–, Gesamt-   *siehe* Gesamtvolumen
Volumenarbeit   573 (Z)
–, ideales Gas   560 ff (Z)
Volumenausdehnungskoeffizient   515 (D), 534 (Z)
–, verschiedener Materialien   515 (T)
Volumenelastizität, Begriff   339
Volumenstrom   357 (D), 363, 367 (Z)
Von-Klitzing-Konstante   835 (D), 836 (Z)
Vorsilben für Zehnerpotenzen   3 (T)
Vorwärtsspin, Billard-Kugel   251
Vorzeichenkonvention, bei Wärmeaustausch zwischen System und Umgebung   556

W

W-Bosonen   1438
Waage
–, Strom-   859
–, Torsions-   310
Wahrscheinlichkeit
–, Entropie und   605 ff, 610 (Z)
–, Teilchen   *siehe* Aufenthaltswahrscheinlichkeit
Wahrscheinlichkeitsdichte, radiale   *siehe* radiale Wahrscheinlichkeitsdichte
–, Teilchen   *siehe* Aufenthaltswahrscheinlichkeitsdichte
Walton, E.T.S.   1389, 1403
Wanderungsgeschwindigkeit   *siehe* Driftgeschwindigkeit
Wärme   539–583, 571 (Z)
–, einem System zugeführte   554–557 (D)
–, Joulesche   757 (D)
–, latente   *siehe* latente Wärme
–, spezifische   *siehe* spezifische Wärme
Wärmeäquivalent, mechanisches   554 f (D)
Wärmeaustausch, Vorzeichenkonvention   556
Wärmekapazität   540 f (D)
–, ideales Gas   562–571
–, –, Adiabaten-Exponent   568
–, –, bei konstantem Druck   563 (D), 573 (Z)
–, –, bei konstantem Volumen   562 f (D), 573 (Z)
–, –, Gleichverteilungssatz   562–567
–, Metalle, klassisch   1345
–, –, quantentheoretisch   1356, 1374 (Z)
–, molare   *siehe* molare Wärmekapazität

Namen- und Sachverzeichnis

Wärmekraftmaschinen 586–589, 608 f (Z)
–, in Reihe geschaltete 614
Wärmeleitfähigkeit 546 (D), 571 (Z)
–, verschiedener Materialien 546 (T)
Wärmeleitung 546 ff (D), 571 (Z)
–, Entropieänderung 601 f, 604
–, von Metallen, quantentheoretisch 1355 f
Wärmemenge, Einheit 3 (T)
Wärmepumpen 597 ff, 609 (Z)
Wärmereservoir 588 (D)
Wärmestoff, Theorie vom 539
Wärmestrahlung 546 (D), 550–553, 572 (Z)
Wärmestrom 546 (D), 571 (Z)
Wärmetheorem, Nernstsches 608 (D)
Wärmeübertragung, Mechanismen 546–553, 571 f (Z)
Wärmewiderstand 546 (D), 572 (Z)
–, Parallelschaltung 548 f (D)
–, Reihenschaltung 547 f (D)
Wasser
–, Anomalie 531 (D)
–, Brechzahl 1038 (T)
–, Dampfdruck, Abhängigkeit von Temperatur 530 (T)
–, Dichte 340 f, 340 (T)
–, –, Temperaturabhängigkeit 515 f
–, Dielektrizitätszahl 728 (T)
–, Druck 346 f
–, Durchschlagsfestigkeit 728 (T)
–, Kompressionsmodul 346 (T)
–, kritische Temperatur 531 (T)
–, molare Wärmekapazität 541 (T), 564 (T)
–, Schmelzpunkt 544 (T)
–, Schmelzwärme 544 (T)
–, Siedepunkt 544 (T)
–, spezifische Wärme 541 (T)
–, Tripelpunkt, Temperaturmessungen 513
–, Verdampfungswärme 544 (T)
–, Viskosität 363 (T)
–, Volumenausdehnungskoeffizient 515 (T)
–, Wärmeleitfähigkeit 546 (T)
Wasserfilm, dünner, Interferenz 1111 f
Wassermolekül, computererzeugtes Modell 638
Wasseroberfläche, Wellen auf 426 f
Wasserstoff
–, Dichte 340 (T)
–, kritische Temperatur 531 (T)
–, magnetische Suszeptibilität 919 (T)
–, molare Wärmekapazitäten 564 (T)
wasserstoffähnliche Atome, Energieniveaus 1210 (D), 1217 (Z), 1269 (D)
Wasserstoffatom 1266–1275
–, Bohrsches Modell siehe Bohrsches Atommodell
–, Elektronendichteverteilung 1272
–, Energie des Elektrons 718
–, Energieniveaus 1210 (D)
–, Ionisierungsenergie 1210 (D)
–, Masse 521
–, Quantenzahlen 1268 (D), 1298 (Z)
–, Schrödinger-Gleichung 1267 (D)
–, Termschema 1211, 1269
–, Wellenfunktionen 1270–1275
Wasserstoffbrückenbindung 1316 f (D), 1330 (Z)

Wassertropfen, Entstehung 354
Wasserwellen, Muster 472
Watt, Einheit 3 (T), 165 (D)
Weber 876 (D), 900 (Z)
Wechselspannung
–, Generatoren 888, 889 f (D), 901 (Z)
–, Quelle, Symbol in Schaltbildern 890 (D)
–, Scheitelwert 938 (D)
–, sinusförmige 938 (D)
–, siehe auch Wechselstrom
Wechselstrom
–, Scheitelwert 939 (D)
–, Vorteil gegenüber Gleichstrom 937
–, siehe auch Wechselspannung
Wechselstrom-Asynchronmotor siehe Induktionsmotor
Wechselstrom-Hauptschlußmotor 983 (E)
Wechselstromkreise 937–990
–, LC-, ohne Wechselspannungsquelle 951
–, LCR-
–, –, mit Wechselspannungsquelle 955–965
–, –, ohne Wechselspannungsquelle 954
–, –, Parallel- 965
–, –, Reihen- 955–964
–, Anwendung der Kirchhoffschen Regeln siehe Kirchhoffsche Regeln
–, mit Kondensator 946–949
–, mit Spule 943 ff
–, mit Widerstand 938–942
Wechselstrommotoren 982 ff (E)
Wechselwirkung
–, Elektron–Gitter- 769, 1353–1356, 1368 f
–, elektroschwache 1438, 1439 (D)
–, elementare 82 f
–, fundamentale 1425 f, 1442 (Z)
–, –, Eigenschaften 1440 (T)
–, –, und Feldquanten 1438 (T)
–, Photon–Atom 1292 f (D)
–, schwache 1427 f
–, starke 1425 ff
–, von Teilchen mit Materie 1413–1418, 1420 (Z)
–, –, Dosisgrößen 1417 f
–, –, geladene Teilchen 1413 ff
–, –, Neutronen 1415 f
–, –, Photonen 1416 f
–, siehe auch Kräfte
Wechselwirkungsgesetz, Newtonsches siehe Reaktionsprinzip
Wechselwirkungskraft, Ion in Natriumchlorid-Struktur 1386
Weg-Zeit-Kurve 22–26
Weglänge, mittlere freie siehe mittlere freie Weglänge
Wegunterschied
–, Lichtwellen 1110 (D)
–, mechanische Wellen 471 (D)
–, siehe auch Gangunterschied
Weiße Zwerge 558
–, Chandrasekhar-Grenze 1464 (D)
–, entartetes Elektronengas 1463 (D)
–, Radius 1463 (D)
Weißsche Bezirke 916, 916, 925 (D)
Weitsichtigkeit 1090 (D)
Weizsäcker, Carl Friedrich von 1394
Weizsäcker-Formel, Bindungsenergie der Kerne 1394 f (D)

Welle-Teilchen-Dualismus 1212–1216, 1233 f, 1257 (Z)
Wellen
–, auf Saite 429 ff
–, auf Seil 424–428
–, Ausbreitungsgeschwindigkeit 429 ff
–, Beugung siehe Beugung von Wellen
–, Brechung siehe Brechung von Wellen
–, ebene siehe ebene Wellen
–, elektromagnetische siehe elektromagnetische Wellen
–, Elektronen- 1212–1215
–, Elementar- siehe Elementarwellen
–, harmonische siehe harmonische Wellen
–, in drei Dimensionen 466–470
–, Intensität 466 (D)
–, Inversion 425
–, Licht- 1023, 1028–1049
–, Longitudinal- 425 (D)
–, mechanische siehe mechanische Wellen
–, Oberflächen- 426 f
–, Reflexion siehe Reflexion von Wellen
–, Schall- siehe Schallwellen
–, seismische siehe seismische Wellen
–, stehende siehe stehende Wellen
–, Stoß- siehe Stoßwelle
–, Superpositionsprinzip 428 (D)
–, Transversal- 425 (D)
–, Überlagerung 427
–, Wechsel des Koordinatensystems 427 f
Wellenberge 424–428
Wellenfläche 466
Wellenfront 466, 1028 (D)
Wellenfunktion
–, als Lösung der Schrödinger-Gleichung 1236 f (D)
–, als Lösung der Wellengleichung 449 f (D), 1225 (D)
–, –, komplexe Schreibweise 450
–, antisymmetrische 1247 f (D), 1256 (D)
–, Betragsquadrat 1223 (D)
–, des Wasserstoffgrundzustands 1272 (D)
–, harmonische Wellen 432 f (D), 1000 (D)
–, komplex(wertig)e 1223 (D), 1225
–, kovalente Bindung 1312 (D)
–, Linearkombination mehrerer 446 (D)
–, mechanische Wellen 428 (D)
–, –, stehende 444 f (D)
–, Normierung 1224 (D), 1237 (D)
–, quadratintegrable 1237 (D)
–, symmetrische 1247 f (D), 1256 (D)
–, von Teilchen 1221–1224, 1257 (Z)
–, Wasserstoffatom 1270–1275
Wellengleichung 448–451 (D), 453 (Z)
–, ebene elektromagnetische Welle 1000 (D)
–, für elektrisches Feld 1000 (D)
–, für elektromagnetische Wellen 998–1002
–, für magnetisches Feld 1000 (D)
–, klassische 1225 (D)
–, Lösungen 999 (D)
Wellenkamm 431
Wellenlänge 431 (D), 452 (Z)
–, Compton- 1205 (D)
–, Doppler-Effekt, Schallwellen 488 (D)
–, minimale, Röntgenröhre 1204 (D)

–, Schallwellen in Luft 464
–, Strahlungsmaximum des Sonnenlichts 552
–, Strahlungsmaximum eines Körpers bei Raumtemperatur 552
–, Zusammenhang mit Frequenz 1007 (D)
Wellenmechanik *siehe* Quantenmechanik
Wellenmuster, in Wassertank 472
Wellenoptik 1023
–, Beugung *siehe* Beugung
–, Brechung 1032–1038
–, Dispersion 1038 ff
–, Fermatsches Prinzip 1042 f
–, Interferenz *siehe* Interferenz
–, Lichtausbreitung 1028 ff
–, Polarisation 1044–1049
–, Reflexion 1030 ff
–, Regenbogen 1039–1042
Wellenpakete
–, klassische 483 f (D), 495 (Z)
–, –, Bandbreite 483 (D)
–, –, Dispersion 484 (D)
–, –, Phasen- und Gruppengeschwindigkeit 484 (D)
–, quantenmechanische 1225–1229, 1257 (Z)
–, –, Aufenthaltswahrscheinlichkeitsdichte 1227 (D)
–, –, Dispersion 1228 f
–, –, Fourier-Analyse 1227 f (D)
–, –, gaußförmige 1228
–, –, Gesamtwellenfunktion 1226 (D)
–, –, Phasen- und Gruppengeschwindigkeit 1226 f (D)
–, –, räumliche Bewegung, computerberechnet 1229
Wellenpulse 495 (Z)
–, harmonische Wellen 483 f (D)
–, *siehe auch* Wellenpakete
Wellenzahl 432 (D), 452 (Z)
–, Verteilungsfunktion 1227 f (D)
Welligkeit, bei gleichgerichteter Spannung 970 (D)
Weltraumteleskop Hubble 1103
Westinghouse, George 937
Wheatstonesche Brücke 807
Whipple-Observatorium, Radioteleskop 1101
Wichte 340–341 (D), 365 (Z)
Widerstand 770 (Z)
–, Blind- *siehe* Blindwiderstand
–, Einheit 3 (T)
–, Ersatz- 762 (D)
–, im Wechselstromkreis 938–942
–, induktiver 944 (D), 973 (Z)
–, Innen- 759 (D)
–, kapazitiver 947 (D), 973 (Z)
–, nichtohmscher, Kennlinie 752 (D)
–, ohmscher 752 (D)
–, Parallelschaltung 762 ff (D)
–, Reihenschaltung 761 f (D)
–, Shunt- 798 (D)
–, spezifischer elektrischer *siehe* spezifischer Widerstand
–, Strömung 363 (D)
–, Symbol in Schaltbildern 758
–, Wärme- *siehe* Wärmewiderstand

–, *siehe auch* elektrischer Widerstand
Widerstandsmeßgeräte *siehe* Ohmmeter
Widerstandsnormal, Quanten-Hall-Effekt 835
Wiensches Geschwindigkeitsfilter 821
Wiensches Verschiebungsgesetz 551 (D), 572 (Z), 1198 (D)
Wilson, Robert 1475
Windkanal 364
Windungszahldichte, einer Spule 852 (D), 867 (Z)
Winkel der minimalen Ablenkung, Regenbogen 1041 (D)
Winkel der Totalreflexion 1035 (D)
Winkelbeschleunigung 225–229, 227 (D), 265 (Z)
Winkelgeschwindigkeit 225–229, 227 (D), 265 (Z)
–, Abhängigkeit von Trägheitsmoment 232
–, Drehimpulsvektor und 259 f, 267 (Z)
–, harmonische Schwingung und 387 f
–, Karussell 247 f
Winkelgeschwindigkeit-Drehmoment-Kennlinie
–, Gleichstrom-Hauptschlußmotor 982 (E)
–, Gleichstrom-Nebenschlußmotor 981 (E)
–, Induktionsmotor 983 f (E)
Winkelrichtgröße *siehe* Torsionskonstante
Winkelspiegel 1060 (D)
Winkelvergrößerung, Lupe 1094 (D)
Winkelverteilung
–, Intensität der Dipolstrahlung 1010
–, Teilchenstreuung 205 (D)
Wirbel, als Quellen des Magnetfelds 865 (D), 998
Wirbelmodell von Maxwell 1014 (E)
Wirbelstraßen, in Windkanal 364
Wirbelstrombremse 888
Wirbelströme 887–889, 901 (Z)
Wirbelstromverluste, Transformator 965
Wirkleistung, LCR-Reihenschwingkreis 959 (D)
Wirkung, langreichweitige 83
Wirkungsgrad
–, Carnotscher 583, 592–597 (D)
–, Kältemaschine 590 f (D)
–, Ottomotor 613
–, relativer 596 (D)
–, von in Reihe geschalteten Wärmekraftmaschinen 614
–, Wärmekraftmaschine 588 (D)
–, Wärmepumpen 598
Wirkungslinie einer Kraft 281, 286, 291
Wirkungsquantum, Plancksches *siehe* Plancksches Wirkungsquantum
Wirkungsquerschnitt
–, von Kernreaktionen 1404 (D), 1419 (Z)
–, –, Einheit 1404 (D)
Wismut *siehe* Bismut
Wölbspiegel *siehe* Konvexspiegel
Wolfram
–, Kompressionsmodul 346 (T)
–, magnetische Suszeptibilität 919 (T)
–, molare Wärmekapazität 541 (T)

–, Schubmodul 345 (T)
–, spezifische Wärme 541 (T)
–, spezifischer Widerstand 754 (T)
–, Temperaturkoeffizienten des Widerstandes 754 (T)
Wurfbewegung 53–60, 65 (Z)
–, Newton 63 f
–, Parabel 54 ff
–, Reichweite 55 (D), 58 (D)
–, Winkel 54, 56

X

x-t-Kurve *siehe* Weg-Zeit-Kurve
Xenon, molare Wärmekapazitäten 564 (T)
Xerographie 713 ff (E)

Y

YAG-Laser 1298 (D)
Yerkes-Observatorium, Linsenteleskop 1100, 1107
Young, Thomas 1023, 1116
Young's modulus *siehe* Elastizitätsmodul
Youngscher Doppelspaltversuch 1117, 1222 f
Yttrium-Barium-Kupfer-Oxide, Hochtemperatur-Supraleitung 755 f
Yukawa, H. 1426
Yukawa-Potential 176, 1440 f (D)

Z

Z-Boson 1438
Z-Diode 1362 (D)
Zähigkeit, eines Fluids *siehe* Viskosität
Zahl, Avogadro- 519 (D)
Zahnradmethode, Fizeaus 1026 f
Zedernholzöl, Brechzahl 1038 (T)
Zeeman-Effekt 1282 (D)
Zehnerpotenzen, Vorsilben 3 (T)
Zeigerdiagramm
–, Beugung am Einzelspalt 1127 f
–, Lichtwellen 1120 f
–, Wechselstromkreise 949 f, 973 (Z)
–, –, Vorgehensweise 950
Zeit, Einheit 2, 3 (T)
zeitabhängige Schrödinger-Gleichung 1235 (D), 1257 (Z)
–, Separationsansatz 1235 (D), 1258 (Z)
Zeitdilatation 1160 ff (D), 1187 (Z)
Zeitkonstante
–, RC-Stromkreise 791 (D), 802 (Z)
–, eines LR-Kreises 896 (D), 901 (Z)
–, gedämpfte Schwingung 404 (D)
zeitliche Ableitung einer Funktion 24 (D)
zeitlicher Mittelwert
–, Definitionsgleichung 939 (D)
–, der kinetischen Energie, gedämpfte Schwingung 403
–, der Kraft 206 (D)
–, *siehe auch* Mittelwert
zeitunabhängige Schrödinger-Gleichung 1236 (D), 1258 (Z)
–, Normierungsbedingung 1237 (D)

Zement, Dichte 340 (T)
Zener-Dioden 1362 (D)
zentraler Stoß 205 (D)
zentraler Strahl
–, Hohlspiegel 1065 (D)
–, Sammellinse 1076 (D)
–, Zerstreuungslinse 1076 (D)
Zentralfeld 303
–, Arbeit 313
Zentralkraft 303 (D)
Zentrifugalkraft 116 (D)
Zentripetalbeschleunigung 62 f (D), 66 (Z), 227 (D)
Zentripetalkraft 90 (D)
–, Reibung 107 f
Zerfallskanal, Begriff 1434 (D)
Zerfallskonstante, Radio-
aktivität 1398 (D), 1419 (Z)
Zerfallskurve 1399
Zerfallsrate 1399 (D)
–, Einheit 1399 (D)
Zerfallsreihe, Thorium- 1403
Zerstäuber, Luftstrom 362
Zerstreuungslinsen 1073 (D), 1084 (Z)
–, Hauptstrahlen 1075 f (D)
Ziegelstein, Dichte 340 (T)
Ziliarmuskel, menschliches
Auge 1089 (D)
Zink
–, Elektronendichte am absoluten
Temperaturnullpunkt 1349 (T)
–, molare Wärmekapazität 541 (T)
–, Schmelzpunkt 544 (T)
–, Schmelzwärme 544 (T)
–, Siedepunkt 544 (T)
–, spezifische Wärme 541 (T)
–, Verdampfungswärme 544 (T)
Zinn
–, Elektronendichte am absoluten
Temperaturnullpunkt 1349 (T)
–, kritische Temperatur für
Supraleitung 1367 (T)

Zirkon, Brechzahl 1038 (T)
zirkulare Polarisation
–, elektromagnetische Welle,
allgemein 1002
–, Licht 1044 (D)
Zugfestigkeit 344 (D)
Zugkraft 87 (D), 89 f
–, in einem Seil *siehe* Seilspannung
Zugspannung, Festkörper *siehe* mechanische Spannung
Zusammenstoß *siehe* Stoß
Zustände
–, der Materie 339
–, eingeschwungene 407 (D)
–, metastabile 1293 (D)
–, stationäre 1208 (D)
Zustandsänderungen
–, adiabatische 568 ff (D), 573 (Z)
–, isobare 573 (Z)
–, isotherme 573 (Z)
–, quasistatische 559
–, reversible 559 (D), 573 (Z)
–, *siehe auch* Prozesse
Zustandsdichte 1348 f (D)
Zustandsfunktion, thermodynamische 556 f (D), 600 f
Zustandsgleichung
–, allgemein 520 (D)
–, Clausius- 614
–, idealer Gase 518–521, 519 (D), 534 (Z)
–, realer Gase 528 (D), 535 (Z)
–, Van-der-Waals- 528 (D), 535 (Z)
zweiatomige Gase, molare Wärmekapazitäten 564 (T), 566
zweiatomige Moleküle
–, Hantelmodell 565
–, Kraftkonstante 1325 (D), 1331 (Z)
–, potentielle Energie 150
–, reduzierte Masse 1323 (D), 1331 (Z)
–, Rotationsenergieniveaus 1322 ff
–, Rotationskonstante 1323 (D), 1331 (Z)
–, Schwingungsenergieniveaus 1325

–, Spektren 1322–1330
–, *siehe auch* Moleküle
Zweig, G. 1435
Zweige, Stromnetze 782 (D)
Zweiter Hauptsatz der Thermodynamik 585, 591 (D), 608 (Z)
–, Entropie und 603 (D), 606
–, für Kältemaschinen 590 f (D)
–, für Wärmekraftmaschinen 589 (D)
–, Maxwell 1015 (E)
Zwillingsparadoxon 1169 ff
zyklischer Prozeß *siehe* Kreisprozeß
Zyklonen 117 f
Zyklotron 825 ff
–, Grenzgeschwindigkeit 826 (D)
Zyklotronbewegung, Ionen in Ionenfalle 1301 f (E)
Zyklotronfrequenz 818 (D), 827, 835 (Z)
Zylinder
–, auf schiefer Ebene, Rollbewegung 254 f
–, homogener Ladungsdichte, elektrisches Feld 663 f, 676 (Z)
–, Trägheitsmoment 231 (T), 238
zylinderförmiger Stabmagnet, Magnetisierung 918
Zylinderkondensator 724 f (D)
–, Kapazität 739 (Z)
Zylindermantel
–, homogener Flächenladungsdichte, elektrisches Feld 662 f, 676 (Z)
–, Trägheitsmoment 231 (T)
Zylinderspule
–, Ampèresches Gesetzes 863 f
–, Drehmoment im Magnetfeld 830
–, Induktionsspannung 879 f
–, Magnetfeld auf Achse außerhalb 874
–, Magnetfeld im Innern 851 ff, 853 (D), 867 (Z)
–, magnetischer Fluß 877
–, Polstärke 874
–, Selbstinduktivität 892 (D)
–, Windungszahldichte 852 (D)
–, *siehe auch* Spule

Wichtige Fundamentalkonstanten und abgeleitete Konstanten

Daten aus V. Kose und W. Wöger, Physikalische Blätter 43 (1987) 397

Lichtgeschwindigkeit im Vakuum	$c = 2{,}997\,924\,58 \cdot 10^8$ m s^{-1}		g-Faktor des Elektrons	$g_e = 2{,}002\,319\,304\,386$
magnetische Feldkonstante	$\mu_0 = 4\pi \cdot 10^{-7}$ N A^{-2}		Ruhemasse	
	$= 1{,}256\,637\,061\,4 \cdot 10^{-6}$ V s A^{-1} m^{-1}		– des Elektrons	$m_e = 9{,}109\,389\,7 \cdot 10^{-31}$ kg
elektrische Feldkonstante	$\varepsilon_0 = \dfrac{1}{\mu_0 c^2}$		– des Protons	$m_p = 1{,}672\,623\,1 \cdot 10^{-27}$ kg
	$= 8{,}854\,187\,817 \cdot 10^{-12}$ A s V^{-1} m^{-1}		– des Neutrons	$m_n = 1{,}674\,928\,6 \cdot 10^{-27}$ kg
Gravitationskonstante	$G = 6{,}672\,6 \cdot 10^{-11}$ m^3 kg^{-1} s^{-2}		Sommerfeldsche Feinstrukturkonstante	$\alpha = \dfrac{\mu_0 c e^2}{2 h}$
Faraday-Konstante	$F = 9{,}648\,530\,9 \cdot 10^4$ C mol^{-1}			$= 7{,}297\,353\,08 \cdot 10^{-3}$
Avogadro-Zahl	$N_A = 6{,}022\,136\,7 \cdot 10^{23}$ mol^{-1}		$\dfrac{1}{\alpha}$	$= 137{,}035\,989\,5$
Boltzmann-Konstante	$k_B = 1{,}380\,658 \cdot 10^{-23}$ J K^{-1}		Rydberg-Konstante	$R_\infty = \dfrac{m_e c \alpha^2}{2 h}$
Gaskonstante	$R = N_A k$			
	$= 8{,}314\,510$ J K^{-1} mol^{-1}			$= 1{,}097\,373\,153\,4 \cdot 10^7$ m^{-1}
Plancksches Wirkungsquantum	$h = 6{,}626\,075\,5 \cdot 10^{-34}$ J s			$cR_\infty = 3{,}289\,841\,949\,9 \cdot 10^{15}$ s^{-1}
	$\hbar = \dfrac{h}{2\pi} = 1{,}054\,572\,66 \cdot 10^{-34}$ J s		Bohrscher Radius	$a_0 = \dfrac{\alpha}{4\pi R_\infty} = \dfrac{4\pi \varepsilon_0 \hbar^2}{m_e e_0^2}$
Elementarladung	$e = 1{,}602\,177\,33 \cdot 10^{-19}$ C			$= 0{,}529\,177\,249 \cdot 10^{-10}$ m
magnetisches Moment			Stefan-Boltzmann-Konstante	$\sigma = \dfrac{\pi^2}{60} \dfrac{k^4}{\hbar^3 c^2}$
– des Elektrons	$\mu_e = 9{,}284\,770\,1 \cdot 10^{-24}$ A m^2			
– des Protons	$\mu_p = 1{,}410\,607\,61 \cdot 10^{-26}$ A m^2			$= 5{,}670\,51 \cdot 10^{-8}$ W m^{-2} K^{-4}
– des Neutrons	$\mu_n = 9{,}662\,370\,7 \cdot 10^{-27}$ A m^2		Compton-Wellenlänge	
Bohrsches Magneton	$\mu_B = \dfrac{e\hbar}{2 m_e}$		– des Elektrons	$\lambda_{C,e} = \dfrac{h}{m_e c} = 2{,}426\,310\,58 \cdot 10^{-12}$ m
	$= 9{,}274\,015\,4 \cdot 10^{-24}$ A m^2		– des Protons	$\lambda_{C,p} = \dfrac{h}{m_p c} = 1{,}321\,410\,02 \cdot 10^{-15}$ m
Kernmagneton	$\mu_N = \dfrac{e\hbar}{2 m_p}$		– des Neutrons	$\lambda_{C,n} = \dfrac{h}{m_n c} = 1{,}319\,591\,10 \cdot 10^{-15}$ m
	$= 5{,}050\,786\,6 \cdot 10^{-27}$ A m^2			

Astronomische Größen

Masse der Erde	$M_E = 5{,}97 \cdot 10^{24}$ kg		mittlerer Abstand Erde–Mond	$R_{EM} = 3{,}844 \cdot 10^8$ m
Masse des Mondes	$M_M = 7{,}35 \cdot 10^{22}$ kg		mittlerer Abstand Erde–Sonne	$R_{E\odot} = 1{,}496 \cdot 10^{11}$ m = 1 AE
Masse der Sonne	$M_\odot = 1{,}99 \cdot 10^{30}$ kg		Solarkonstante	$S = 1{,}367 \cdot 10^3$ W/m^2
Äquator-Radius der Erde	$R_E = 6{,}378 \cdot 10^6$ m		1 Lichtjahr (Lj)	$= 9{,}461 \cdot 10^{15}$ m
Radius des Mondes	$R_M = 1{,}74 \cdot 10^6$ m		1 Parsec (pc)	$= 3{,}086 \cdot 10^{16}$ m
Radius der Sonne	$R_\odot = 6{,}96 \cdot 10^8$ m			

Einheiten, die keine SI-Einheiten sind (Auswahl)

Größe	Name	Einheitenzeichen	Definition
Zeit	Minute	min	1 min = 60 s
	Stunde	h	1 h = 60 min = 3 600 s
	Tag	d	1 d = 24 h = 86 400 s
Länge	Ångström	Å	1 Å = 10^{-10} m
Volumen	Liter	L	1 L = 1 dm^3 = 10^{-3} m^3
Fläche	Barn	b	1 b = 10^{-28} m^2
Druck	Bar	bar	1 bar = 10^5 Pa = 10^5 N m^{-2}
	physikalische Atmosphäre	atm	1 atm = 101 325 Pa
	Torr	Torr	1 Torr = $\dfrac{101\,325}{760}$ Pa
Wärmemenge	Kalorie	cal	1 cal = 4,184 J
Energie	Elektronenvolt	eV	1 eV = (e/C) J
			$= 1{,}602 \cdot 10^{-19}$ J
Masse	atomare Masseneinheit	u	1 u = $10^{-3} N_A^{-1}$ kg mol^{-1}
			$= 1{,}660\,540\,2 \cdot 10^{-27}$ kg